U0227078

临汾市山洪灾害评价与防控研究

（上册）

王彦红　主编

黄河水利出版社
·郑州·

内 容 提 要

本书介绍了临汾市山洪灾害的现状和防治的目的与意义，对临汾市各县（市、区）山洪灾害进行了分析评价，从非工程措施的监测站点布设、预报预警、群测群防等方面介绍了非工程措施的基本内容、采取非工程措施进行山洪灾害防治的基本方法。本书的研究成果对临汾市山洪灾害防控具有重要参考价值。

本书融科学性、知识性和实用性于一体，适合临汾市各县（市、区）、乡（镇）、村基层山洪防治技术人员、管理人员阅读参考，也可以作为山洪防治宣传教育资料。

图书在版编目（CIP）数据

临汾市山洪灾害评价与防控研究/王彦红主编. —郑州：黄河水利出版社，2018. 9

ISBN 978 - 7 - 5509 - 2158 - 0

Ⅰ. ①临…　Ⅱ. ①王…　Ⅲ. ①山洪 - 山地灾害 - 风险评价 - 临汾②山洪 - 山地灾害 - 灾害防治 - 临汾　Ⅳ. ①P426. 616

中国版本图书馆 CIP 数据核字（2018）第 223761 号

组稿编辑：王路平　电话：0371-66022212　E-mail：hhslwlp@163. com
田丽萍　66025553　912810592@qq. com

出 版 社：黄河水利出版社　网址：www. yrcp. com
地址：河南省郑州市顺河路黄委会综合楼 14 层　邮政编码：450003

发行单位：黄河水利出版社
发行部电话：0371 - 66026940、66020550、66028024、66022620（传真）
E-mail：hhslcbs@126. com

承印单位：河南瑞之光印刷股份有限公司

开本：787 mm × 1 092 mm　1/16

印张：97

字数：2 240 千字

版次：2018 年 9 月第 1 版　印次：2018 年 9 月第 1 次印刷

定价：620. 00 元（上、中、下册）

《临汾市山洪灾害评价与防控研究》编制委员会

主 任 委 员：王彦红

副主任委员：高小朋　白继中

委　　　员：王云峰　贾小军　韩德宏　陈　前

宋小军　闫思捷　陈素霞　张淑丽

冯云丽　郑文昌　张文雄　王炳鹏

段秀杰　石国胜　冯双明　解　斌

宁红斌　毕慧平　张金虎　宋则红

蒋发强　薛　炜　李姣姣

《临汾市山洪灾害评价与防控研究》
编撰人员

主　编：王彦红

副主编：高小朋　白继中

主要参加人员：

宋小军　闫思捷　薛俊英　王云峰　贾小军
韩德宏　陈　前　陈素霞　张淑丽　陈素平
冯云丽　卢　琼　汪志鹏　费晓轩　王　泽
李　澎　解　斌　乔新伟　贾静静　亢一凡
孙花龙　晋艳芳　李伟芳　张瑞峰　武宏娟
宋　婷　孙风朝　赵德杰

前 言

山洪灾害是山丘区因降水引起的一种灾害形式,受气候、地理环境、降雨和人类活动等多种复杂因素的影响。临汾市属半干旱、半湿润温带大陆性季风气候区,四季分明,雨热同期。降雨主要集中在汛期6~9月,其降雨总量占年雨量的70%左右,且在此期间大多为雷阵雨间有暴雨发生。结合临汾市地形特点,河流多属中小型河流,成灾洪水多由小范围、高强度、短历时暴雨形成,极易发生山洪灾害。山洪灾害对人民的生命财产安全造成了巨大威胁,严重影响着社会、经济发展及全面建设小康社会的进程。

2013年依据《全国中小河流治理和病险水库除险加固、山洪地质灾害防御和综合治理总体规划》,水利部、财政部联合印发了《全国山洪灾害防治项目实施方案(2013—2015年)》,在前期实施的山洪灾害防治县级非工程措施项目的基础上,明确了2013~2015年山洪灾害防治调查评价、非工程措施补充完善和重点山洪沟防洪治理主要建设任务。

山洪灾害防御是我国防汛工作的难点和薄弱环节。根据国务院批复的《全国山洪灾害防治规划》,2013年9月全国启动了新一轮山洪灾害防治项目建设,山西省在2015年底完成全省114个有山洪灾害防治任务的县(市、区)山洪灾害调查评价工作。

临汾市对全市17个山洪灾害防治县(区)、7 703个村庄开展了山洪灾害调查工作,评价了防治区915个重点沿河村落的防洪现状。当前,山洪灾害调查评价工作已经积累了丰富的资料,取得了一些阶段性成果。但是针对某一特定地区,依然缺乏有关山洪灾害评价系统性的资料与成果。本次编著不仅将各县(市、区)防治区系统成果汇编,使得临汾市山洪灾害评价成果更容易得到普及,提高了人们的防洪意识,且为进一步的山洪灾害防治工作开展奠定了坚实的资料与理论基础。

本书由王彦红担任主编,负责总体设计和审稿。高小朋、白继中担任副主编,负责章节编写和修改统筹工作。参加前期资料收集与整理的有宋小军、闫思捷、王云峰、贾小军、薛俊英、韩德宏、陈前、陈素霞等;参加暴雨洪水、临界指标等数据计算和章节编写工作的有张淑丽、冯云丽、卢琼、汪志鹏、费晓轩、王泽、李澎、解斌、乔新伟、贾静静等;参加图表绘制整理等工作的有亢一凡、孙花龙、陈素平、晋艳芳、李伟芳、张瑞峰、武宏娟、宋婷、孙风朝、赵德杰等。

本书在编写过程中得到了临汾市水文水资源勘测分局的大力支持并提供无私帮助,在此谨表示真诚的感谢!

因编写人员水平所限,书中疏漏之处在所难免,敬请专家、读者批评指正。

编 者

2018年8月

目 录

第4篇　各县(市、区)山洪灾害评价与防控研究

(中　册)

(下　册)

第1篇 临汾市山洪灾害评价

第1章　临汾市基本概况

1.1　自然概况

1.1.1　自然地理特征与交通概况

临汾市位于山西省西南部，这里自古以来便是中华民族繁衍生长的场所和我国古代文化的发祥地。北起韩信岭与晋中市、吕梁市毗邻，西临黄河与陕西省隔河相望，东以霍山与长治、晋城两市相邻，南与运城接壤，临汾市行政位置图见图 1-1-1。临汾市辖尧都区、侯马市、霍州市、曲沃县、翼城县、襄汾县、洪洞县、古县、安泽县、浮山县、吉县、乡宁县、大宁县、隰县、永和县、蒲县、汾西县，临汾市县域行政区划图见图 1-1-2。全市共有乡(镇、街道办事处)171 个，其中镇 75 个、乡 76 个，街道办事处 20 个。

临汾地处太原、郑州、西安三个省会城市连接中点，区位优势突出，交通通信便捷。因地处汾水之滨而得名，素有“现代花果城”和“华夏第一都”的美誉。临汾“东临雷霍，西控河汾，南通秦蜀，北达幽并”，地理位置十分重要，自古为兵家必争之地。地理坐标为东经 110°22′～112°34′，北纬 35°23′～36°57′，全市南北长约 170 km，东西宽约 200 km，总面积 20 294 km^2，占山西省总面积的 13%。

2015 年年末全市公路通车里程 18 231 km，其中高速公路 462 km。临汾南北以全国铁路大动脉同蒲铁路纵贯，东西以第二条欧亚大陆桥中的侯西、侯月横穿，三大铁路干线在临汾境内所架构的铁路体系，纵横 1 835 km 的铁路沿线，将临汾的城市触角，伸向了祖国各地。

临汾的公路系统借助于东、西向的 108、109 国道，南北向的 309 国道、晋韩公路，搭建起来总长达 361 km 的公路平台，连接陕、冀、豫。临汾市各县市主要交通线见表 1-1-1。

临汾市地形多样，平川面积 3 933.4 km^2，占总面积的 19.4%；丘陵面积10 421.4 km^2，占总面积的 51.4%；山地面积 5 920.2 km^2，占总面积的 29.2%。在水资源方面，全市有大小河流 200 余条，均属黄河水系。流域面积在 1 000 km^2 以上的有黄河干流、汾河和沁河；在矿产资源方面，临汾市具有得天独厚的优势，目前已探明的矿种有 38 余种，其中燃料矿产 2 种、金属矿产 12 种、非金属矿产 24 种，矿产资源综合优势度为 0.73，在全省 11 个市中位居第二位。具体分布情形见表 1-1-2。

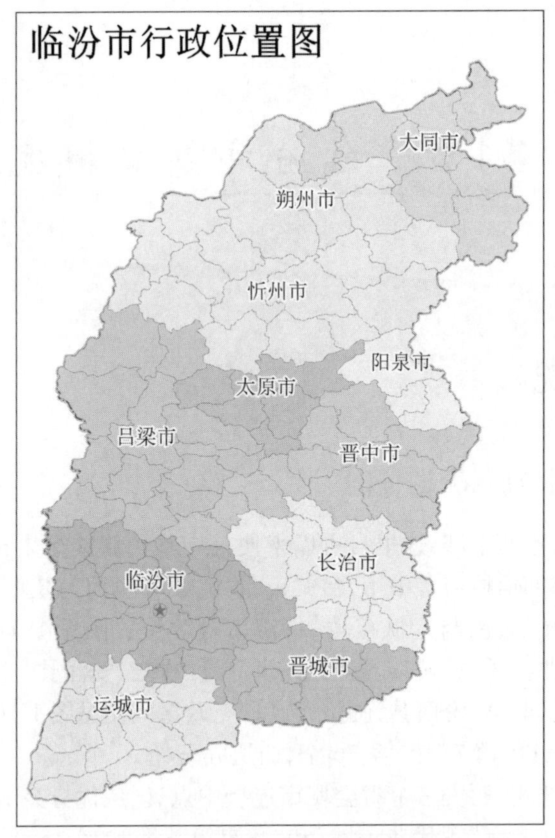

图 1-1-1　临汾市行政位置图

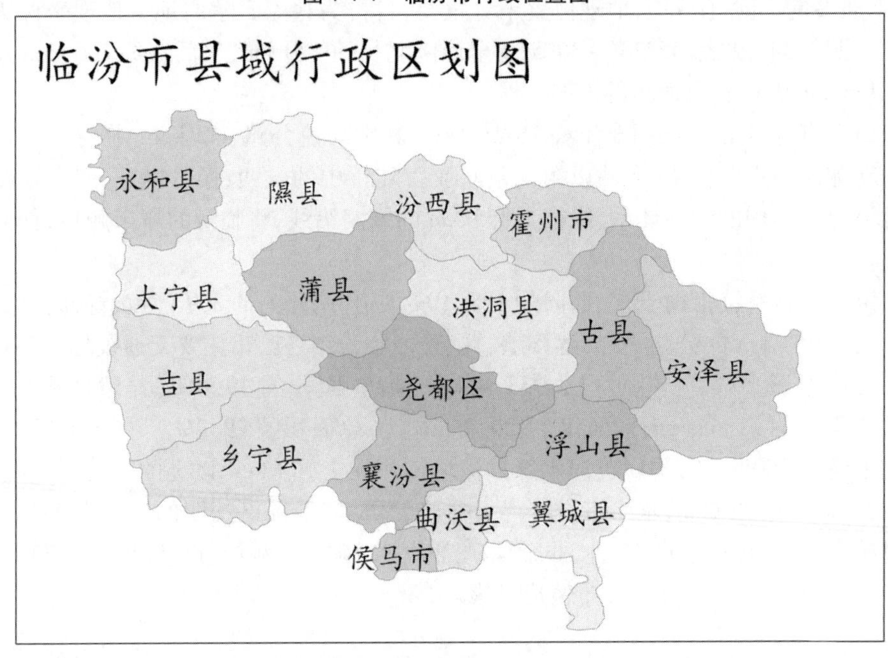

图 1-1-2　临汾市县域行政区划图

表 1-1-1　临汾市各县市主要交通线

名称	公路交通线	铁路交通线
尧都区	大运高速以及连通其他县、市的公路	同蒲铁路、
曲沃县	大运高速公路、晋韩公路	同蒲铁路、侯月铁路
翼城县	晋侯高速公路、坪曲二级公路	侯月铁路
襄汾县	大运高速公路、108 国道	同蒲铁路
洪洞县	大运高速公路、霍侯一级公路、108 国道、309 国道	同蒲铁路
古县	309 国道、省道沁洪线、浮古县等县级公路	
安泽县	309 国道、326 省道	
浮山县	临沁、临翼、临浮、临古四条干线公路	
吉县	临猗至大宁干线公路	
乡宁县	临猗至大宁干线公路	
大宁县	临汾至大宁、大宁至临猗、大宁至隰县	
隰县	209 国道、汾永线、临大线	
永和县	328 省道、临永公路	
蒲县	临大线	
汾西县	桃甘线	
侯马市	大运高速公路、晋韩公路、阳西高速公路等	同蒲铁路、侯月铁路
霍州市	大运高速公路、霍侯公路等	同蒲铁路

表 1-1-2　临汾市各县市地理条件与自然资源

名称	地形地貌	水资源	矿产资源
尧都区	东、西为山地，中部为平原盆地	汾河	煤炭、铁矿石、石膏等
曲沃县	以平原盆地为主，南、北为山地	汾河、浍河、滏河	铜、铁、锌、铝、煤等
翼城县	西和西部为平原，中部为丘陵	浍河、田家河等	煤、铁、石灰石为主
襄汾县	东西为山地，中部为平原	汾河	煤、铁、金、银等
洪洞县	东西为山地丘陵，中部为河谷阶地	汾河等	煤、铁、铜、石膏等
古县	全县多为山地、丘陵，平原较少	涧河、蔺河、蔡子河	煤、铁、铝钒土、铜等
安泽县	全县多为山地、丘陵，平原较少	沁河、东洪驿河、蔺河	煤、铁、石灰石等
浮山县	东南部为山地，西北部分布零星平原	响水河、柏村河等	煤、铁、云母等
吉县	属于黄土高塬残垣沟壑区	黄河等	煤等
乡宁县	全县峰峦叠起、沟壑纵横	鄂河等	煤、石灰石、石英等
大宁县	多沟壑纵横，河谷两岸分布较少平原	听水河、黄河等	煤等
隰县	属于黄土高塬残垣沟壑区，地形复杂	东川河、紫川河等	煤、花岗岩、大理石等
永和县	呈现千沟万壑之貌，沟道纵横	黄河、芝河、桑壁河	矿产资源贫乏
蒲县	大体分为土石山区和沟壑区	听水河、南川河等	原煤、铁矿石等
汾西县	以山地、丘陵为主	团柏河、对竹河等	矿产资源贫乏
侯马市	境内地势较平坦，以平原为主	汾河、浍河	矿产资源相对匮乏
霍州市	平原、丘陵、山地各占三分之一	汾河、南涧河、北涧河	铁、铜、石英砂等

1.1.2 气象水文

临汾市地处半干旱、半湿润温带大陆性季风气候区,四季分明,雨热同期。冬季多偏北风,来自西北方向的干冷气团,水汽缺乏,很少雨雪,气温低而干燥;夏季多南风,是主要降雨季节,气温高而湿润,尤其盆地气候炎热;春季冬夏季风交错,形成温暖多风、干燥少雨天气;秋季温暖气团逐渐南退,极地大陆干冷气团南进,显现出短暂暖湿性的秋高气爽天气。

全市多年平均气温 8.9~12.1 ℃,中部地区高,向东西两翼递减。极端最高气温 42 ℃(侯马),极端最低气温 -25.6 ℃(安泽、临汾)。7 月气温最高,月平均 24.1 ℃。无霜期 125~191 d,年平均日照时数 2 417~2 714 h,最长达 2 985.5 h(隰县),最短只有 1 958.7 h(安泽)。

全市 1956~2000 年平均面雨量为 538.2 mm,最大发生在 1958 年,为 805.1 mm,最小的为 312.3 mm,出现在 1997 年。降雨量分布时空不均。在时程分配上,降雨主要集中在汛期 6~9 月,其降雨总量占年雨量的 70% 左右,且在此期间大多为雷阵雨间有暴雨发生;在区域分布上,山区大于平川、东山大于西山,面雨量多年平均值东部山区 573.3 mm,西部山区 525.9 mm,中部平原区 517.7 mm。1980~2000 年全市水面蒸发量(E601 型)介于 900~1 100 mm 之间,东西两山小,中部平川区大。气候干湿程度差异小,干旱指数在 1.8~2.2 之间,属于半湿润地区。

1.1.3 土壤植被特性

受水热条件影响,临汾市土壤发育较完全,形成深重黏化层,养分含量较为丰富,普遍分布的地带性土壤类型为褐土,还有草原草甸土、棕壤土、沼泽土等几种类型。全市稳产高产肥沃耕地分布集中,由于“二川三山五丘陵”,土地类型多样,宜林草面积大,但森林覆盖率低,水土流失较为严重。后备土地资源仍较为丰富,大量的盐碱荒地、沙荒地、沼泽地可改良开垦为农林牧用地,但需要排水、治河、修建扩岸工程,开发投资很大。

临汾市植物资源丰富,除农作物外,现已调查到的种子植物有 606 种,分属 97 科 386 属,占全省植物区系总种数的 62.1%,总科数的 81.7%,总属数的 79.3%。

在植物分布上,临汾盆地以杨树为主。临汾森林面积较为贫乏,全市森林覆盖率 28.9%。汾河流域植被种类构成丰富,主要乡土乔木树种有油松、白皮松、侧柏、杨树、楸树、泡桐、刺槐等;灌木主要有绣线菊、胡枝子、连翘、黄蔷薇等;草类主要有苔草、白羊草等。在汾河流域千百年的水文与气候等因素影响下,汾河两岸河岸自然生长有大量极具湿地自然野趣的芦苇、浮萍、香蒲等水生植物与亲水植物,形成独特的具湿地特色的自然景观。

东南山区丘陵地带以栎类占优势,东部山地以油松为主,太岳山区以油松、栎类为主,临汾盆地以杨树为主,吕梁山以侧柏、石榆为主,西部黄土残塬丘陵植被区以侧柏、刺槐为主。其中,天然林面积 34.44 万 hm^2,人工林面积 20.03 万 hm^2,木材蓄积量 1 675.14 万 m^3。

2015 年市区建成区新增绿化面积 140.9 万 m^2,绿化覆盖率达到 39.97%,人均公共绿地面积 12.36 m^2。全市建成区新增绿化面积 280.07 万 m^2,绿化覆盖率达到 37.14%,人均公共绿地面积 10.53 m^2。人均道路面积达到 12.43 m^2。

1.1.4　地形地貌特性

临汾市地势呈北高南低,四周高中间低。东有太岳山及中条山、西有吕梁山,两山之间为临汾盆地。盆地北起霍州市境内的南涧河,南到侯马市的紫金山,中间由柴庄隆起将盆地隔为南北两部分,北部呈北东延伸,南部近东西走向。盆地海拔 420 ~ 550 m,由北东向南西倾斜,南北长约 102 km,东西宽平均 24 km,北窄南宽。东北部太岳山是汾河与沁河的分水岭,西北部吕梁山主峰自北向南有:姑射山、术山、豹子梁、脚柱岭,形成汾河与沿黄支流的分水岭。太岳山主峰霍山老爷顶海拔 2 346.8 m,是全市最高点;中条山的舜王坪海拔 2 321 m、吕梁山的紫金山海拔 2 012 m 都是本市较高的山峰;全市最低点在乡宁县师家滩黄河沿岸,海拔不足 400 m。全市山脉多呈锯齿状,北北东走向。在石灰岩分布区,沟谷纵横,地形切割剧烈,有的深达数百米。

按地貌形态特征,将本区划分为三大类,在此基础上,依据其差异性,分为九个亚类。

1.1.4.1　平原地形

1. 河谷低阶地

主要是指汾河、浍河一、二级阶地区,是由河流的堆积作用形成的。河谷中除一、二级阶地间呈现低矮的陡坎之外,一般都较平坦,但阶面均向河谷中心倾斜。河流的坡降一般都不大,汾河在开阔地段为 0.1% ~0.5%,浍河上游为 2%,下游为 1.2%。

2. 河谷高阶地

该地形是指发育于临汾、侯马盆地中的汾河及浍河三、四级阶地,是在河流间断性堆积作用下形成的。四级阶地为本地区发育的主要地貌形态。尤其在汾河的两侧,高阶地的阶面总的来看比较平坦。

3. 山前倾斜平原

由洪积扇组成的山前倾斜平原,也是盆地中主要发育的形态之一。

1.1.4.2　黄土塬及丘陵地形

1. 沟谷切割的黄土塬

在黄土塬周围,由于暂时性水源的长期侵蚀切割作用,较强地发育了黄土冲沟,破坏了塬面结构。冲沟的形状有两种,一种为“V”形,一种为“U”形,以后者为主。冲沟间多呈长梁状,局面呈峁状。

2. 冲沟中等发育的微起伏黄土塬

该类地形发育在浮山境内,地形自东向西、自南向北略有倾斜,并有微起伏。塬面上有较多深度为 60 ~ 80 m 的冲沟。

3. 沟谷弱发育的黄土平台

这类地形发育在东北一带。地形呈稍有起伏的宽阔的平台状。平台的边缘发育有小而短的冲沟。

4. 沟谷发育的黄土梁峁

该地形发育在东部的浇底、塔儿山一带。地形表现出严重的支离破碎,沟谷密布,切割较深,致使局部地段基岩裸露。

1.1.4.3 基岩山地

1. 山坡平缓局部黄土覆盖的中低山

此类地形是指发育于中部地带的紫金山、九原山、塔儿山等孤立的基岩裸露地区,并包括东北部的砂页岩组成的山地。上述山地的主峰海拔,除九原山之外,多在 1 100 ~ 1 400 m,相对高差 500 ~ 800 m。山顶多为浑圆状,山坡陡缓不一,如塔儿山南陡北缓,紫金山北陡南缓。一般沟谷不太发育。局部地段被黄土覆盖。

2. 山坡陡峻沟谷发育的中高山

此类地形是指发育在西北部的吕梁山、东南部的中条山。山脉主峰海拔在 1 800 ~ 2 000 m,最高舜王坪为 2 321 m,相对高差 800 ~ 1 200 m。山势一般陡峻,中条山分水岭东南一侧多陡坎,高达百余米。山峰层峦叠嶂,雄伟壮观。

1.1.5 地质条件

临汾一带地层属鄂尔多斯地块的东南部,地层稍有抬高。发育壶口瀑布的晋陕峡谷位于鄂尔多斯高原的东侧,鄂尔多斯地台处在西部强烈隆升区与东部大幅沉降区之间,它同时受到截然相反的两种性质构造的影响,因而它在地质上表现出东、西两侧很大的差异。自古生代以来,它一直是一个十分稳定的地块,虽然中间也曾有过地壳升降和海陆交替的历史,也只是使盆地的中心有所偏移,而盆地的整体结构并未遭到严重破坏。

在鄂尔多斯地块上,自西向东由新到老依次分布着不同时代的地层。东部黄河沿岸依次出露三叠系、二叠系、石炭系和奥陶系地层。黄河河床流经区域基本为石炭系和二叠系地层分布区,这套地层以薄层砂泥岩互层为主,泥质含量高,岩性极疏松,易于风化,被流水侵蚀切割,常在地貌上形成负地形。黄河河谷区西侧是三叠系地层,易于风化,以厚层石英砂岩为主夹薄层泥岩,硬度较大。黄河河床基本上顺上述抗侵蚀能力弱的石炭系、二叠系地层走向发育。由于石炭系、二叠系地层岩性疏松,抗风化能力弱,常常在地貌上也形成负地形,所以鄂尔多斯高原东部的石炭系、二叠系分布区早在黄河形成前就已经成为南北向侵蚀洼地,这一古地貌形态至今还保留其大致的轮廓。这一古地貌易于流水汇集,进而形成水系并演化成河流的河道。

鄂尔多斯地块东侧以离石大断裂与吕梁—太行断块相邻,南侧以范家庄—西硙口断裂与临汾—运城新断裂相接,在山西境内南北长 400 km,东西宽 30 ~ 60 km,呈狭窄长条状,界河口群、长城系、上第三系出露零星,第四系广泛分布,大部分基岩出露于河谷,岩层总体走向呈南北向,向西缓倾斜。

鄂尔多斯地块位于华北克拉通的西部,是一个极其稳定的地块,大体经历了 6 大构造演化阶段,各阶段具有不同的构造特征和沉积特征。

1.1.5.1 基底结构的发育

基底呈北东或近东西方向的条带状分布,具有焊接增生结构。早元古代及以前的变质基底经过了多期演化过程,至早元古代末期,鄂尔多斯地块进入稳定发展时期。该区基底断裂非常发育,不但数量较多,而且规模较大,由 30 余条多组方向、不同性质的断裂构成断裂网。

1.1.5.2　中元古代早期三叉裂谷的发育

中元古代初,在该区南部形成巨型秦祁贺三叉裂谷系,祁连和秦岭两支裂谷进一步发育成大洋裂谷,沉积了巨厚的复理石建造,广泛出现基性岩。贺兰拗拉槽为秦祁贺三叉裂谷的夭折谷,因此其沉积类型介于地块与大洋裂谷之间。另外,还发育晋豫拗拉槽。

在该区北部发育巨型狼山裂谷系,主裂谷近东西分布,其沉积以渣尔泰群和白云鄂博群为代表,为一套复理石建造,厚度大于 1 万 m,向南发育狼山拗拉槽和燕山—太行山拗拉槽。

中元古代末的蓟县运动使上述三叉裂谷关闭,同时华北克拉通普遍上升。

1.1.5.3　早古生代晚期三叉裂谷的发育

早古生代初期,秦祁贺三叉裂谷重新活动,它基本沿着早期三叉裂谷的断裂发育,祁连和秦岭裂谷进一步发展成大洋裂谷,贺兰裂谷仍为拗拉槽,晋豫中元古代拗拉槽此时已停止活动。在秦祁海沉积了早古生代巨厚的复理石和火山岩建造,总厚可达 2 万 m 以上,并多处发现蛇绿岩套。

贺兰拗拉槽以碳酸盐岩为主,但厚度比鄂尔多斯地块大得多。夹于秦祁贺三叉裂谷及阴山古陆之间的鄂尔多斯地块处于陆表海环境,实质上是面向秦祁海洋的宽广陆架,沉积了以碳酸盐岩为主的寒武系和中、下奥陶统,残余厚度 200 ~ 1 000 m。地块内是大型隆起平台,最明显的特征是杭锦旗—乌审旗—庆阳存在一个“L”,构成秦祁海与鄂尔多斯地块的水下屏障。

随着祁连海和北秦岭海槽在加里东晚期关闭和褶皱成山,转化为稳定区,鄂尔多斯地块在晚奥陶世至早石炭世全面抬升,沉积中断达 1.3 亿年之久。

1.1.5.4　晚古生代至早中生代大华北盆地的形成和发展

中石炭世再度发生海侵时,几乎在整个华北克拉通沉积了海相和海陆交互相的中、上石炭统和下二叠统山西组煤系地层,其海侵范围与早古生代基本相似。从早二叠世下石盒子组沉积时开始,海水完全退出,进入陆相沉积时期。这一阶段从海相、海陆交互相向陆相的转变是一个逐渐演化过程,亦是大华北盆地的逐渐形成过程。

早古生代,阴山隆起成为华北陆表海的北部屏障,随着内蒙古海槽在海西期逐渐关闭和褶皱成山,大华北盆地便有了北部边界。南界是加里东时期形成的北秦岭隆起。东界大体在胶辽隆起西侧。大华北盆地西界与祁连山“前渊”坳陷相通,后者在祁连山与阿拉善南缘之间分布有很厚的泥盆系、石炭系,阿拉善隆起东界至平凉一带可看作大华北盆地西界。

晚古生代,因为秦岭海槽向鄂尔多斯地块俯冲的作用,使早古生代贺兰拗拉槽的古老断裂又重新拉开而形成碰撞谷。因此,在鄂尔多斯地块西部存在一个近南北走向的沉降带,上古生界厚度达 2 000 m 以上。

据华北地区广泛分布中、下三叠统的事实,在早、中三叠世时期,鄂尔多斯和山西及华北地区仍是一个广阔的统一湖盆。

1.1.5.5 中生代大华北盆地的收缩和鄂尔多斯盆地形成

中生代,由于库拉板块向欧亚大陆之下俯冲,在中国东部形成近南北向的左旋剪切应力场,大体在现今渤海湾盆地的范围形成一个华北隆起,其大部分地区缺失上三叠统。华北隆起的形成把晚三叠世的湖盆东界推到太行山以西,湖盆南部通过济源、洛阳延伸到郑州以东,因为那里还保存较厚的上三叠统。但郑州—洛阳以北再无上三叠统分布,可这时的大华北盆地大大缩小。从华北广大地区缺失上三叠统及侏罗纪盆地被分割的状态分析,华北隆起应形成于晚三叠世至侏罗纪初期。另外,鄂尔多斯西缘逆冲带从早三叠世开始逆冲隆起,燕山期达到顶峰,使盆地西部边界更加明确。

印支运动使已收缩的大华北盆地整体平稳抬升,上三叠统遭到较长时期的侵蚀,鄂尔多斯地块形成河谷纵横、残丘广布的古地貌景观。

印支运动后,大华北盆地解体,其西部残留的侏罗纪湖盆进一步缩小,湖盆东界大体在大同—太原—大宁一线,在山西地块西部的大同、宁武盆地分布有与鄂尔多斯地块岩性大体相同的中、下侏罗统。

早燕山运动使该侏罗纪湖盆再次抬升,上侏罗统仅见于鄂尔多斯地块西缘一带。

早燕山运动之后,由于吕梁山的隆起,早白垩世的湖盆局限在该隆起之西,大体与现今鄂尔多斯盆地范围相当,因此鄂尔多斯盆地形成于早白垩世,与北部阴山地区的小盆地及西部的六盘山盆地有狭道相通。早白垩世后,盆地又一次抬升,广泛缺失上白垩统。

1.1.5.6 新生代断陷盆地形成和发展

进入新生代后,由于印度板块、太平洋板块与欧亚板块间的相互作用,华北克拉通主要受北东－南西向挤压力的作用,并派生出近北西－南东方向的张应力,形成两个大型弧形地堑系盆地,即河套弧形地堑盆地和晋陕弧形地堑盆地,叠加在不同性质的大地构造单元之上。

晋陕弧形地堑盆地东北始于山西的大同,西南达陕西的宝鸡,总体呈向东南凸出的弧形,长约 1 000 km,宽 40 ~ 70 km。盆地由桑干河断陷、滹沱河断陷、晋中断陷、汾渭断陷组成。沉积主要为新生界,厚达 7 000 m,正断层发育,最大断距 7 000 m。在鄂尔多斯地块西缘北段还发育可归于河套弧形地堑盆地的银川断陷盆地。该盆地呈北北东延伸,长约 160 km,宽 40 km。盆内新生界厚约 6 800 m,以红层为主。

1.1.6 流域水系

临汾市河流均属于黄河流域,全市有大小流域 200 余条,其中河流长度大于 50 km 的有 9 条,流域面积大于 100 km^2的有 36 条。主要河流有:汾河、昕水河、芝河、州川河、鄂河、沁河等,除汾河、沁河外,多系山溪性河流,坡陡流急,洪水暴涨暴落,来水集中含沙量大。主要河流特征见表 1-1-3。

汾河,本市第一大河,也是山西省的最大河流,黄河的第二大支流。发源于忻州市宁武县管涔山麓的雷鸣寺泉,流经太原、晋中两市,在霍州市王庄流入境内,自北向南穿经霍州市、洪洞、尧都区、襄汾等县(市、区),于侯马市张王村向西进入运城市新绛县。在临汾市的流域面积 8 754 km^2,占全流域总面积的 25.4%,占全市总面积的 49.8%;在临汾市的河长为 173.8 km,属于汾河的下游段。

汾河在本市的主要支流有南涧河、团柏河、洪安涧河、涝河、浍河等,区域内有郭庄泉、霍泉、龙子祠泉出露。干流控制水文站柴庄实测最大洪峰流量为2 450 m^3/s,发生在1958年7月16日,实测多年(1956~2000年)平均流量38.0 m^3/s。

表 1-1-3　临汾市主要河流特征值表

流域	水系	河名	汇入河流名	控制点	面积(km²) 本市以上	面积(km²) 市内	面积(km²) 合计	本市河长(km)	平均纵坡(%)
黄河	黄河	芝河	黄河		19	774	793	62.5	14.0
		东川河	沁水河			583	583	60.0	13.0
		朱家裕				265	265	47.0	4.33
		城川河				955	955	70.5	16.5
		刁家裕				267	267	34.4	18.1
		义亭河				734	734	679	
		昕水河	黄河	大宁	127	4 199	4 326	128.2	4.89
		州川河		吉县		647	647	59.2	16.6
		鄂河		乡宁		761	761	71.1	13.8
	汾河	南涧河	汾河			359	359	40.0	31.0
		团柏河				645	645	65.0	14.0
		古县河	洪安涧河			374	374	36.3	12.5
		洪安涧河	汾河	东庄		1 123	1 123	81.8	10.04
		曲亭河				228	228	55.8	6.52
		涝河		贤庄		878	878	67.3	6.06
		霍都裕				410	410	55.4	12.5
		三官裕				283	283	60.0	17.0
		滏河				294	294	44.0	21.7
		浍河		河运、浍河水库	189	1 349	1 538	107.0	2.90
		汾河	黄河	石滩、柴庄	26 599	8 754	35 353	173.8	
	沁河	蔺河	沁河			277	277	45.4	6.10
		泗河				263	263	45.0	9.70
		兰河				213	213	40.8	9.20
		三交河				339	339	32.8	12.0
		沁河	黄河	飞岭	2 134	2 273	4 407	95.0	

沁河，发源于长治市沁源县铁布山，自安泽县罗云乡义亭村北入境，流经安泽县，到马壁村南入晋城市沁水县。在临汾市境内河长 95 km，流域面积为 2 273 km^2，河道纵坡 2.2%，本段内流域面积大于 100 km^2的支流有洪泽河、蔺河、李元河、王村河、泗河、兰河、石槽河、三交河等八条河。市内大部分为土石丘陵区，分水岭地带为石山区，水量大，含沙量小。干流控制水文站飞岭实测最大洪峰流量为 2 160 m^3/s，出现在 1993 年 8 月 5 日。

黄河干流是晋陕两省天然分界线，自永和县入境，经大宁、吉县于乡宁县出境。在临汾境内全长 170 km，主要支流有芝河、昕水河、州川河、鄂河等，为残垣沟壑区，水土流失严重，各河流含沙量大。

芝河，发源于永和县白家崖，至县内佛堂汇入黄河，由支流坡头川、桑壁川、龙口湾川汇集而成，为黄河的一级支流。河长 62.5 km，流域面积 793 km^2，河道纵坡 14% 左右，河槽较窄，水流湍急，流域内水土流失严重。

昕水河，黄河一级支流，发源于蒲县南耀山，有东川河、西川河、坡川河、义亭河等支流。流经蒲县、隰县、大宁县汇入黄河，流域面积 4 326 km^2，河长 128.2 km，河道平均纵坡 4.89%，是临汾市沿黄最大河流。

州川河，又名清水河，为黄河一级支流，发源于吉县高大山，经吉县县城向西汇入黄河。流域面积 647 km^2，河长 59.2 km，河道平均纵坡 16.6%。

鄂河，也为黄河的一级支流，发源于乡宁县段岭山，途经乡宁县城关向西流入黄河。河长 71.1 km，流域面积 761 km^2，纵坡 13.8%。乡宁水文站实测最大洪峰流量为 720 m^3/s (1999 年 8 月 9 日)。

1.2 社会经济概况

临汾市 2015 年生产总值 1 161.1 亿元，比上年增长 0.2%。其中，第一产业增加值 91.0 亿元，下降 3.4%，占生产总值的比重为 7.8%；第二产业增加值 563.4 亿元，下降 5.2%，占生产总值的比重为 48.5%；第三产业增加值 506.7 亿元，增长 10.3%，占生产总值的比重为 43.7%。第三产业中，房地产业增加值 53.8 亿元，增长 2.0%；批发和零售业增加值 72.8 亿元，增长 2.3%；交通运输、仓储和邮政业增加值 81.1 亿元，增长 2.2%。人均地区生产总值 26 239 元，按 2015 年平均汇率计算为 4 213 美元。2011 ~ 2015 年全市生产总值及其增长速度见图 1-1-3。

临汾市 2015 年公共财政预算收入 88.2 亿元，下降 25.4%，见图 1-1-4。税收收入 52.2 亿元，下降 14.9%，其中，国内增值税、营业税、企业所得税、个人所得税、资源税和城建税共计完成税收 38.7 亿元，下降 15.1%。公共财政预算支出 287.0 亿元，增长 1.6%。其中，教育支出增长 24.8%，农林水事务支出增长 21.1%，社会保障和就业支出增长 19.6%，节能环保支出增长 19.0%，医疗卫生支出增长 13.8%，公共安全支出增长 9.3%。

居民消费价格比上年上涨 2.5%，其中，食品价格上涨 0.5%，见表 1-1-4。工业生产者出厂价格下降 12.7%，其中，生产资料价格下降 12.9%，生活资料价格下降 0.1%。工业生产者购进价格下降 9.7%。

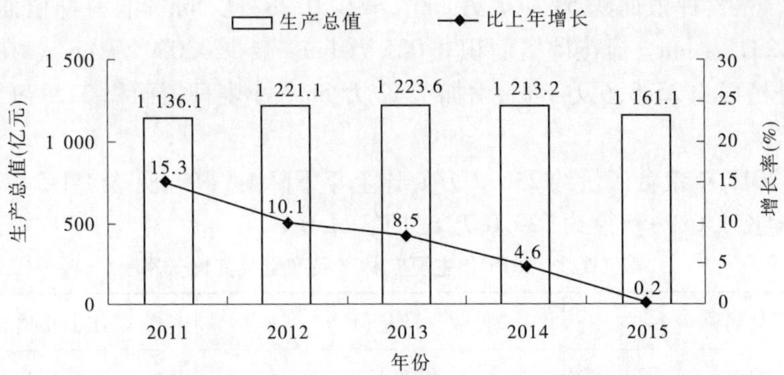

图 1-1-3　2011 ~2015 年全市生产总值及其增长率

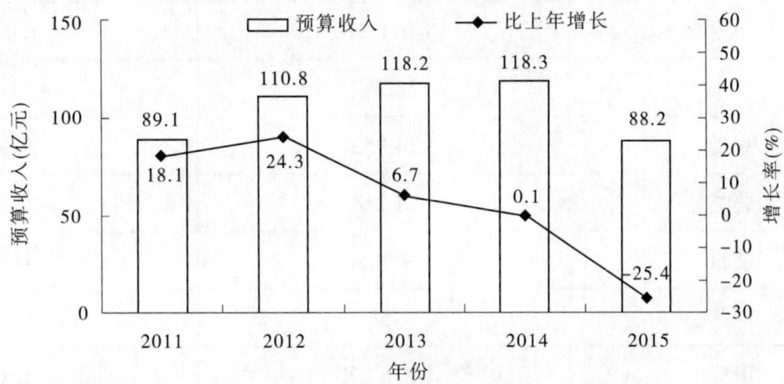

图 1-1-4　2011 ~2015 年公共财政预算收入及其增长率

表 1-1-4　2015 年居民消费价格较上年涨幅　(%)

指标	涨幅
居民消费价格	2. 5
食品	0. 5
烟酒	2. 1
衣着	1. 5
家庭设备用品及维修服务	1. 0
医疗保健和个人用品	2. 5
交通和通信	-1. 8
娱乐教育文化用品及服务	2. 2
居住	9. 1

1. 2. 1　农业

临汾市 2015 年农作物种植面积 55. 937 万 hm^2，比上年减少 0. 616 万 hm^2，下降

1.1%。其中,粮食种植面积51.702万hm^2,减少0.282万hm^2;油料种植面积0.662万hm^2,减少0.231万hm^2;棉花种植面积0.025万hm^2,减少0.034万hm^2。在粮食种植面积中,玉米种植面积25.336万hm^2,增加1.12万hm^2;小麦种植面积21.949万hm^2,减少0.893万hm^2。

临汾市2015年粮食产量约236.2万t,比上年下降14.4%,见表1-1-5。其中,夏粮约107.2万t,增长1.0%;秋粮约129.0万t,下降24.0%。

表1-1-5　2015年主要农林产品产量及其增长率

产品名称	产量(t)	比上年增长(%)
粮食	2 361 708	-14.4
其中:玉米	1 222 465	-22.3
小麦	1 071 812	1.0
谷子	22 347	-33.1
豆类	14 953	-50.8
薯类	24 218	-47.4
油料	9 285	-41.5
棉花	153	-72.9
蔬菜	1 216 020	-6.0
水果	777 852	15.8
其中:苹果	622 578	13.2
红枣	34 923	63.8
食用坚果	35 419	22.2
其中:核桃	34 456	27.2

临汾市2015年完成造林3.219万hm^2。其中,经济林面积0.832万hm^2。全年木材产量27 434 m^3,增长7.2%。

临汾市2015年猪牛羊肉总产量11.6万t,比上年增长3.3%。其中,猪肉产量10.2万t,增长3.4%;牛肉产量0.6万t,下降3.5%;羊肉产量0.8万t,增长8.4%。年末生猪存栏86.3万头,生猪出栏124.1万头。牛奶产量4.0万t,下降1.9%。禽蛋产量11.5万t,增长2.7%。水产品产量0.7万t,增长1.5%。

临汾市2015年末市农业机械总动力484.0万kW,增长2.3%。机械耕地面积37.964万hm^2,比上年增长3.4%,机械播种面积42.125万hm^2,增长3.4%,机械收获面积33.97万hm^2,下降0.9%。临汾市农机化经营总收入达到14.06亿元,增长4.5%。

1.2.2　工业和建筑业

临汾市 2015 年末规模以上工业企业 357 家。全年规模以上工业增加值同比下降 7.1%，见图 1-1-5、表 1-1-6。

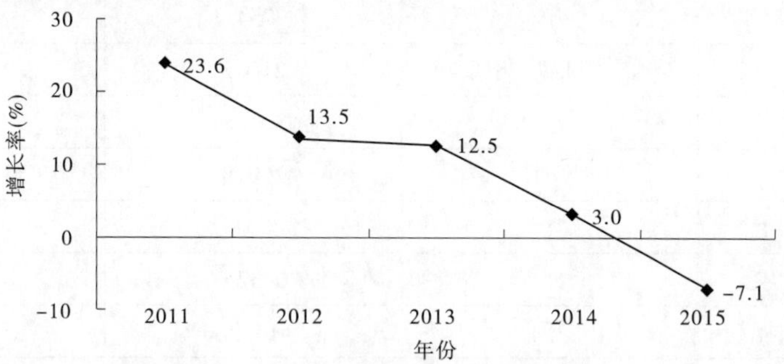

图 1-1-5　2011～2015 年规模以上工业增加值增长率

表 1-1-6　2015 年规模以上工业增加值增长率

指标	比上年增长(%)
规模以上工业	−7.1
其中：轻工业	0.6
重工业	−7.4
其中：国有及国有控股企业	−11.8
其中：集体企业	−14.2
股份制企业	−5.1
外商及港澳台商投资企业	−15.4
其中：煤炭工业	−2.3
焦炭工业	−2.7
电力工业	−4.3
冶金工业	−13.7
化学工业	10.4
建材工业	−26.7
装备制造业	−42.7
医药工业	−12.1
食品工业	10.8

规模以上工业企业原煤产量 5 647.8 万 t，增长 6.9%，见表 1-1-7；发电量 211.2 亿 kW·h，下降 0.8%；焦炭产量 1 754.1 万 t，下降 6.9%；钢材产量 1 261.6 万 t，下降 3.9%。

表 1-1-7　2015 年规模以上工业主要工业产品产量及其增长率

产品名称	单位	产量	比上年增长(%)
原煤	万 t	5 647.8	6.9
洗精煤	万 t	4 489.7	-6.7
焦炭	万 t	1 754.1	-6.9
发电量	亿 kW·h	211.2	-0.8
铁矿石原矿	万 t	301.8	-62.9
饮料酒	万 L	269.8	-33.1
软饮料	t	8 800	-16.2
纱	t	1 325	7
硫酸(折 100%)	万 t	14.2	-3.2
1-4 丁二醇	万 t	6.3	-8.5
粗苯	万 t	18.7	-4.8
化肥(折纯)	万 t	11.3	288.1
塑料制品	万 t	0.94	88.4
水泥	万 t	253.2	-30.5
生铁	万 t	1 040.9	-14.1
粗钢	万 t	998.3	-3.6
钢材	万 t	1 261.6	-3.9
精炼铜	万 t	6.5	-14.7

规模以上工业企业实现主营业务收入 1 268.35 亿元,下降 21.3%。其中,煤炭、焦炭、冶金和电力工业分别实现主营业务收入 404.15 亿元、197.02 亿元、457.26 亿元和 56.87 亿元,分别下降 19.8%、12.3%、29.7%和 8.5%;化学、建材、装备制造、医药和食品工业分别实现主营业务收入 88.94 亿元、8.52 亿元、28.73 亿元、5.16 亿元和 10.97 亿元,分别增长 21.4%、-34.7%、-45.8%、-1.8%和-28.3%。

规模以上工业企业实现利税 22.88 亿元,下降 66.4%;实现利润由上年 0.08 亿元转为亏 31.9 亿元,见表 1-1-8。

表 1-1-8　2015 年规模以上工业企业利润总额　(单位:亿元)

指标	2015 年	2014 年
规模以上工业	-31.9	0.08
其中:国有控股企业	-23.82	-7.89
其中:集体企业	0.94	1.25
股份制企业	-40.95	-13.15
外商及港澳台商投资企业	2.44	4.19

临汾市2015年建筑业实现增加值69.7亿元，比上年下降1.6%。具有建筑业资质等级的总承包和专业承包建筑业企业实现利润2.3亿元，下降28.1%。

1.2.3 固定资产投资

临汾市2015年固定资产投资完成1 401.2亿元，增长14%，见图1-1-6。其中，国有及国有控股投资完成546.2亿元，下降8.5%。在全市固定资产投资中，内资企业投资完成1 391.4亿元，增长13.6%；外商及港澳台商企业投资5.9亿元，增长52.7%。

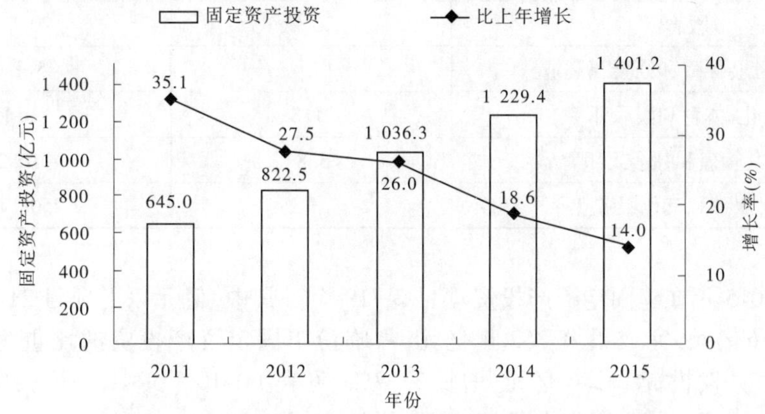

图1-1-6 2011～2015年固定资产投资及其增长率

从三次产业看，第一产业投资完成173.4亿元，增长125%；第二产业投资完成494.5亿元，下降2.2%；第三产业投资完成733.3亿元，增长13.4%。在第二产业中，工业投资完成494.2亿元，下降2.3%。其中，煤炭工业投资96.3亿元，下降37.6%，非煤产业投资397.9亿元，增长13.2%。传统产业（煤炭、焦炭、冶金、电力）投资合计166.7亿元，下降31.3%，非传统产业（食品、建材、化工、装备制造等）投资合计327.5亿元，增长24.6%。2015年分行业固定资产投资及其增长率见表1-1-9。

表1-1-9 2015年分行业固定资产投资及其增长率

行业	投资额（亿元）	比上年增长（%）
总计	1 401.2	14
农林牧渔业	173.4	125
采矿业	130.2	-32.3
制造业	269.1	27.7
电力、燃气及水的生产和供应业	94.9	-7.5
交通运输、仓储和邮政业	127.2	28.8
信息传输、计算机服务和软件业	11.4	64.7
批发和零售业	38.7	10.2
住宿和餐饮业	20.1	34

续表 1-1-9

行业	投资额(亿元)	比上年增长(%)
金融业	0.4	-21.9
房地产业	263.5	1.9
租赁和商务服务业	5.7	88.7
科学研究、技术服务和地质勘查业	8.5	187.7
水利、环境和公共设施管理业	187.4	9.5
教育	26.2	90.8
卫生、社会保障和社会福利业	15.4	5.1
文化、体育和娱乐业	21.8	-0.1
公共管理和社会组织	3.8	-10.2
居民服务和其他服务业	3	2508.1

临汾市 2015 年在建固定资产投资项目 2 719 个。其中,亿元以上项目 214 个,计划总投资1 135.6亿元,完成投资 352.4 亿元,占临汾市固定资产投资的比重为 25.2%。2015 年房地产开发投资 112.6 亿元,增长 33.7%,见表 1-1-10。其中,住宅投资 83.6 亿元,增长 28.8%;商业营业用房投资 17 亿元,增长 61.8%。

表 1-1-10 2015 年房地产开发和销售情况

指标	单位	绝对数	比上年增长(%)
投资完成额	亿元	112.6	33.7
其中:住宅	亿元	83.6	28.8
房屋施工面积	万 m^2	1 065.3	25.2
其中:住宅	万 m^2	763.5	24.6
房屋新开工面积	万 m^2	414.1	63.4
其中:住宅	万 m^2	290.7	50.8
房屋竣工面积	万 m^2	155.9	61.5
其中:住宅	万 m^2	95.9	44.9
商品房销售面积	万 m^2	121.2	-19.1
其中:住宅	万 m^2	111.6	-15.6

1.2.4 能源

临汾市 2015 年一次能源生产折标准煤 4 034.19 万 t,增长 6.87%,二次能源生产折标准煤6 867.1万 t,比上年下降 6.81%。临汾市 2015 年向省外运输煤炭 773.18 万 t,增长 2.59%,外运煤炭占煤炭产量的 6.76%。

临汾市能源工业投资完成 197.72 亿元,下降 21.26%。其中,煤炭工业投资 91.84 亿元,下降 38.2%;电力工业投资 47.11 亿元,下降 37.7%;焦化工业投资 4.46 亿元,下降 20.2%。

临汾市 2015 年全社会用电总量 163.4 亿 kW·h。其中,第一产业用电 4.93 亿 kW·h,占全部用电量的 3.02%;第二产业用电 124.61 亿 kW·h,占全部用电量的 76.26%,其中,工业用电 123.15 亿 kW·h;第三产业用电 15.48 亿 kW·h,占全部用电量的 9.47%;城乡居民用电 18.38 亿 kW·h,占全部用电量的 11.25%。

1.2.5　国内贸易

临汾市 2015 年社会消费品零售总额 572.0 亿元,增长 4.9%,见表 1-1-11。按经营地统计,城镇消费品零售额 455.6 亿元,增长 4.8%;乡村消费品零售额 116.4 亿元,增长 5.5%。按消费形态统计,商品零售额 526.5 亿元,增长 4.5%;餐饮收入额 45.5 亿元,增长 10.4%。2015 年限额以上批发零售额及其增长率见表 1-1-12。

表 1-1-11　2015 年社会消费品零售总额及其增长率

指标	绝对数(亿元)	比上年增长(%)
社会消费品零售总额	572	4.9
分地域:城镇	455.6	4.8
其 中:城区	238.4	4.9
乡村	116.4	5.5
分行业:批发业	75.4	11.6
零售业	450.6	3.4
住宿业	4.6	15.1
餐饮业	41.3	9.6

表 1-1-12　2015 年限额以上批发零售业零售额及其增长率

指标	绝对数(亿元)	比上年增长(%)
汽车类	61.5	-15.1
石油及制品类	42.9	-13.6
建筑及装潢材料类	8.7	3.9
服装、鞋帽、针纺织品类	7.8	-7.5
粮油、食品类	6.8	-3.9
家用电器和音像器材类	6.7	5.3
家具类	6.1	9.6
中西药品类	5.1	14.6
书报杂志类	2.5	33.4
金银珠宝类	1.7	14.5
文化办公用品类	0.7	-6
化妆品类	0.5	-3.7

1.2.6 对外经济

临汾市 2015 年海关进出口总额 30 159 万美元,下降 24.5%,见表 1-1-13、图 1-1-7。其中,进口额 13 544 万美元,下降 39.4%;出口额 16 615 万美元,下降 5.6%。

表 1-1-13 2015 年海关进出口总额及其增长率

指标	绝对数(万美元)	比上年增长(%)
进出口总额	30 160	-24.5
出口额	16 615	-5.6
其中:一般贸易	16 412	-4.55
加工贸易	27.4	-88
其中:机电产品	13 004	-3.74
高新技术产品	60.6	-69.97
其中:国有企业	3 139.8	-22.83
外商投资企业	4 194	-1.94
进口额	13 544	-39.4
其中:一般贸易	13 544	-25.2
加工贸易	0	0
其中:机电产品	192.6	85.04
高新技术产品	3.6	-94.53
其中:国有企业	13.3	1 509.59
外商投资企业	15.9	38.6

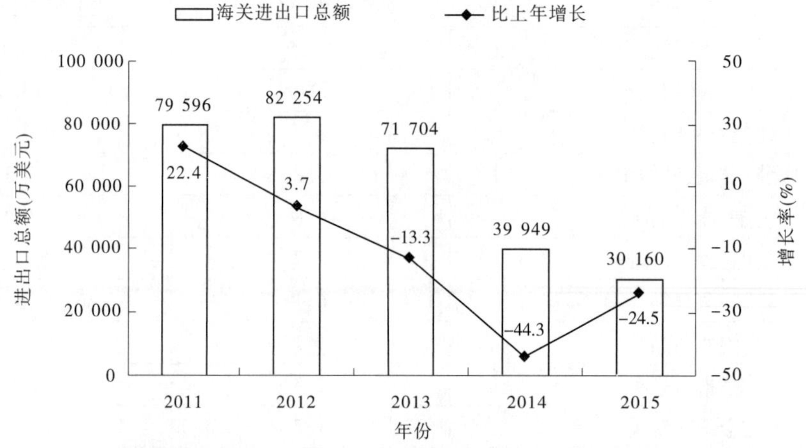

图 1-1-7 2011~2015 年海关进出口总额及其增长率

临汾市 2015 年出口钢材金额 0.4 万美元，下降 99.67%，出口机电产品 13 003.5 万美元，下降 3.74%；出口高新技术产品 3.6 万美元，下降 94.53%。2015 年进口铁矿砂 202.6 万 t，下降 15.18%，进口金额 12 856.9 万美元，下降 41.87%；进口机电产品 192.6 万美元，增长 85.04%。

临汾市 2015 年新设立外商直接投资企业 1 家；按全口径统计，实际使用外商直接投资金额 15 660 万美元，增长 5%。临汾市 2015 年对外经济合作新签合同额 1 000 万美元。2015 年与临汾有贸易往来的主要国家和地区进出口情况见表 1-1-14。

表 1-1-14　2015 年与临汾有贸易往来的主要国家和地区进出口情况

国家和地区	出口额(万美元)	比上年增长(%)	进口额(万美元)	比上年增长(%)
澳大利亚	71.7	-1.82	6 184.3	-46
美国	5 030.9	23.05	13.3	67.74
巴西	67.8	-56.66	2 919.5	-51.81
日本	2 025.9	-10.96	272.3	410.24
乌克兰	34.1	-18.04	1 528.3	
蒙古	0		1 238.1	-53.38
法国	956.5	17.94	18.5	-48.68
南非	114.4	18.98	821.5	
意大利	860.5	17.13	3.6	-25.75
韩国	780.4	-26.68	63.3	

1.2.7　交通、邮电和旅游

临汾市 2015 年末公路通车里程 18 231 km，其中高速公路 462 km，与上年末持平。

临汾市 2015 年末民用汽车保有量 46.7 万辆(包括三轮汽车和低速货车 0.7 万辆)，比上年末增长 10.4%。其中，私人汽车 42.2 万辆，增长 12.3%。本年新注册汽车 6.2 万辆，增长 7.0%。年末轿车保有量 29.8 万辆，比上年末增长 14.7%，其中私人轿车 28.2 万辆，增长 16.0%。

临汾市 2015 年末完成邮电业务总量 50.40 亿元，增长 17.4%。其中，邮政业务总量 2.52 亿元，增长 0.5%；电信业务总量 47.88 亿元，增长 18.5%。年末全市固定电话 34.1 万部，减少 18.5 万部，下降 35.2%；移动电话用户减少 1.06 万户，年末为 396.1 万户(见图 1-1-8)，其中，3G、4G 移动电话用户达到 238.19 万户。移动电话普及率 89.5 部/百人。全市宽带接入用户 65.05 万户，增长 0.9%。

临汾市 2015 年接待海外旅游者 3.6 万人次，接待国内旅游者 3 175.52 万人次，分别增长 5.6% 和 20.89%；旅游外汇收入 1 502.89 万美元，国内旅游收入 294.02 亿元，旅游总收入 294.94 亿元,分别增长 5.04%、21.78% 和 21.73%。

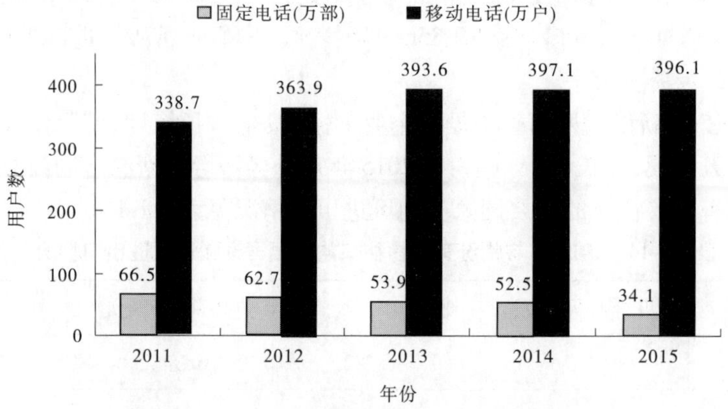

图 1-1-8　2011～2015 年固定、移动电话用户数

1.2.8　金融

临汾市 2015 年末金融机构本外币各项存款余额 1 966.45 亿元,比年初增加 112.87 亿元,比年初增长 6.09%。各项贷款余额 1 079.31 亿元,比年初增加 135.91 亿元,增长 14.41%,见表 1-1-15。

表 1-1-15　2015 年末金融机构本外币存贷款及其增长率

指标	年末数(亿元)	比年初增长(%)
各项存款余额	1 966.45	6.09
其中:单位存款	593.04	2.9
城乡居民储蓄存款	1 373.41	7.5
其中:人民币	1 370.24	7.4
各项贷款余额	1 079.31	14.4
其中:短期贷款	153.94	11.2
中长期贷款	149.25	13.8
其中:个人消费性贷款(人民币)	104.89	33.2

临汾市 2015 年末农村合作金融机构(农村信用社、农村合作银行、农村商业银行)人民币贷款余额 548.74 亿元,比年初增加 61.61 亿元,增长 12.65%;人民币存款余额 814.22 亿元,比年初增加 60.73 亿元,增长 8.06%。2011～2015 年城乡居民储蓄存款余额及其增长率见图 1-1-9。

临汾市 2015 年末共有上市公司 2 家。全市辖区证券市场各类证券成交额 1 912 亿元,增长 158%。年末投资者资金账户累计开户数 16.97 万户,比上年末增长 54.42%。

临汾市 2015 年保费收入 55.26 亿元,增长 27.95%。其中,寿险业务保费收入 41.96 亿元,增长 41.93%;健康险业务保费收入 2.65 亿元;意外险业务保费收入 0.62 亿元;财

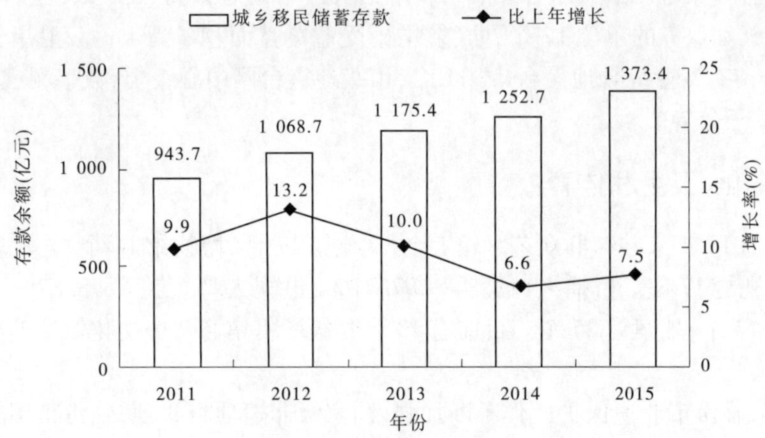

图 1-1-9　2011 ~ 2015 年城乡居民储蓄存款余额及其增长率

产险业务保费收入 13.30 亿元，下降 2.39%。全年支付各类赔款及给付 23.51 亿元，增长 51.38%。

1.2.9　教育和科学技术

临汾市 2015 年末高等院校达到 5 所。新（改、扩）建标准化幼儿园 28 所，改造农村幼儿园 36 所，规划建设面积 8 万多 m^2，建设改造资金近 1.5 亿元。2015 年各类教育发展情况见表 1-1-16。

表 1-1-16　2015 年各类教育发展情况　（单位：人）

指标	招生	在校生	毕业生
研究生	1 103	3 258	1 009
普通高等教育	14 118	47 933	13 490
中等职业教育	9 529	27 246	9 251
普通高中	30 260	94 656	32 420
初中	39 816	134 396	51 885
小学	44 500	276 141	41 718
特殊教育	119	551	7
学前教育	36 010	97 644	35 664

临汾市 2015 年受理专利申请 1 205 件。其中，受理发明专利申请 570 件，比上年增长 17.04%。全市累计认定省级高新技术企业 33 家；省级技术中心 20 家，市级技术中心 49 家；省民营科技型企业 114 家。

临汾市 2015 年末共有市、县产品质量监督检验所 8 个，监督抽查了 111 家企业 182 类产品和商品。全市共有法定计量技术机构 21 个，全年完成强制检定计量器具 237 014 台（件）。

临汾市有气象台(站)17 个,开展 121 电话天气自动答询台(站)17 个。气象系统开展人工影响天气业务的单位 17 个,防雹、增雨受益覆盖面积 2 万 km^2。卫星云图接收站 17 个。临汾市有专业综合地震台(站)1 个,市级地震台网中心 1 个,数字测震地震台网 1 个,数字测震子台 7 个。

1.2.10 文化、卫生和体育

临汾市 2015 年末共有群众艺术馆 1 个,文化馆 17 个,博物馆 14 个,艺术表演团体 20 个。广播电视台 17 座。广播人口覆盖率 97.71%,电视人口覆盖率 98.87%。全市共有公共图书馆 13 个,档案馆 25 个。目前有 13 个县级图书馆和 7 个文化馆达到国家三级标准以上。

2015 年,临汾市非遗保护工作不断加强,国家级非遗项目 3 项,临汾市国家级非遗项目累计达到 21 项,省级非遗项目 114 项,市级非遗项目 231 项。

临汾市 2015 年末共有卫生机构(含诊所、村卫生室)4 389 家,其中妇幼保健院(所、站)17 家。全市卫生机构共有床位 1.92 万张,其中医院床位 1.43 万张,卫生院床位 4 112 张。卫生技术人员 2.41 万人。全市 296.55 万农民参加了合作医疗,参合率 98.47%。

在山西省第十五届运动会资格赛上,临汾市体育代表团在 14 个项目比赛中,共获得金牌 20 枚、银牌 33 枚、铜牌 35 枚,总分 1 014.5 分。2015 年共培训国家二级裁判员 376 名。2015 年销售体育彩票 1.68 亿元。

1.2.11 人口、人民生活和社会保障

据 2015 年人口抽样调查,年末临汾市常住人口为 443.57 万人(见表 1-1-17),比上年末增加 2.11 万人。全年全市出生人口 4.49 万人,人口出生率为 10.15‰;死亡人口 2.39 万人,死亡率为 5.39‰;自然增长率为 4.76‰。人口性别比为 103.87。

表 1-1-17 2015 年人口数及其构成

指标	年末数(人)	比重(%)
全市常住人口	4 435 643	—
其中:城镇	2 156 597	48.62
乡村	2 279 056	51.38
其中:男性	2 259 920	50.95
女性	2 175 723	49.05

临汾市 2015 年居民人均可支配收入 16 347 元,增长 8.6%。按常住地分,全年城镇居民人均可支配收入 25 498 元,比上年增长 8.0%,见图 1-1-10;城镇居民人均消费性支出12 502 元,增长 18.8%。全年农村居民人均可支配收入 9 376 元,增长 7.1%(见图 1-1-11);农村居民人均生活消费支出 6 623 元,增长 10.2%。城镇占调查总户数 20%的低收入家庭人均可支配收入 11 303 元,增长 8.1%;农村占人口 20%的低收入者收

入 3 197 元,增长 12.9%。城镇居民家庭恩格尔系数(居民家庭食品消费支出占家庭消费支出的比重)24.9%,农村居民家庭恩格尔系数 27.3%。

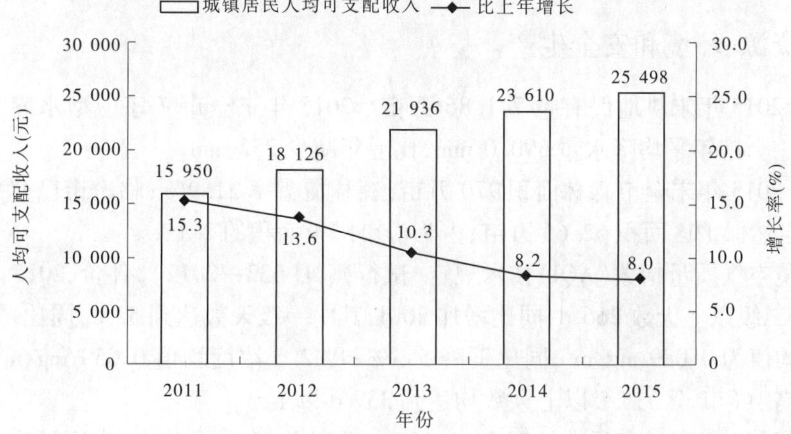

图 1-1-10　2011 ~2015 年城镇居民人均可支配收入及其增长率

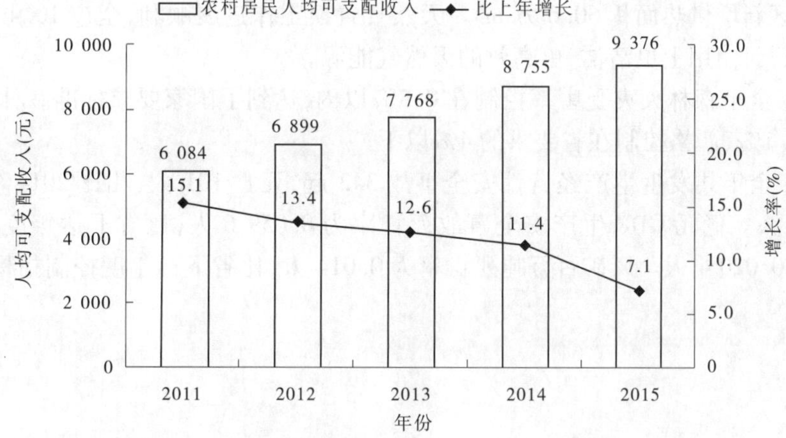

图 1-1-11　2015 年农村居民人均可支配收入及其增长率

临汾市 2015 年末参加基本养老保险的人数为 248.71 万人,比上年增加 3.76 万人;参加城乡居民社会养老保险的人数为 192.83 万人,比上年增加 2.46 万人;参加城镇基本医疗保险的人数为 104.86 万人,比上年增加 0.51 万人;参加失业保险的人数为 34.91 万人,比上年增加 0.02 万人;参加工伤保险的人数为 50.39 万人,比上年增加 1.1 万人,其中农民工 23.23 万人;参加生育保险的人数为 39.64 万人,比去年增加 0.05 万人。

临汾市 2015 年纳入城市最低生活保障的居民 6.14 万人,发放城市低保资金 26 345.6万元,比上年减少 426.9 万元;纳入农村最低生活保障的居民 9.01 万人,发放农村低保资金 24 425.8 万元,比上年减少 12.3 万元。

临汾市 2015 年末各类收养性单位床位数 5 838 张,收养人数 2 549 人。城镇建立各种社区服务机构 243 个。全年销售社会福利彩票 4.47 亿元,直接接收社会捐赠款 83 万元。

2015 年末临汾市市区建成区新增绿化面积 140.9 万 m^2,绿化覆盖率达到 39.97%,人均公共绿地面积 12.36 m^2。全市建成区新增绿化面积 280.07 万 m^2,绿化覆盖率达到 37.14%,人均公共绿地面积 10.53 m^2。人均道路面积达到 12.43 m^2。

1.2.12 资源、环境和安全生产

临汾市 2015 年末耕地保有量 741.86 万亩。2015 年末全市 7 座中型水库蓄水总量 4 866万 m^3。全市年平均降水量 390.0 mm,比上年减少 252 mm。

临汾市 2015 年末全市森林面积 970 万亩,森林覆盖率 31.9%;临汾市已建成自然保护区 3 个,自然保护区面积 62.66 万亩,占临汾市国土面积的 2.1%。

按《环境空气质量指数(AQI)技术规定(试行)(HJ 633—2012)》评价,2015 年市区空气质量好于二级以上天数 266 d,同比增加 26 d,其中一级天数达到 52 d,同比增加 11 d。PM10 浓度均值为 0.089 mg/m^3,同比下降 5.3%;PM2.5 浓度均值 0.059 mg/m^3,同比下降 6.3%。各县(市、区)二级以上天数均达到 337 d 以上。

临汾市 2015 年末城市污水处理率 86.50%,提高 3.85 个百分点;市区城市生活垃圾无害化处理率连续四年达到 100%。临汾市集中供热普及率 81.05%,提高 3.03 个百分点,临汾市区新增供热面积 60.6 万 m^2。天然气置换工作进展顺利,全市 10.4 万户告别人工焦炉煤气,使用上更清洁、更高效的天然气能源。

2015 年全年森林火灾受害率控制在 0.5‰以内,达到了国家要求标准。林业有害生物成灾率 0.1‰,严格控制在省要求的 4‰以下。

2015 年全年共发生生产经营性安全事故 342 起,死亡 101 人,相比 2014 年增加 32 起,减少 22 人。亿元 GDP 生产安全事故死亡率为 0.059 6 人,比省下达年度控制指标(0.080)低 0.020 4 人。煤矿百万吨死亡率为 0.014 人,比省下达年度控制指标(0.098)低 0.084 人。

第2章　临汾市暴雨洪水特征研究

2.1　历史暴雨洪水灾害

暴雨是临汾市夏季常见的一种灾害性天气现象，也是最为严重的自然灾害之一。特别是一些强度高、总量多的特大暴雨，它能造成山洪暴发、土壤流失，甚至水库垮坝、河堤决口，淹没农田、中断交通，引起山体滑坡、地层沉陷、泥石流等一系列次生灾害，给国民经济建设及人民生命财产造成重大损失。暴雨是洪水的重要来源，暴雨的时间和空间分布对洪水的形成过程有着直接的影响，洪水的形成过程还受到水文下垫面及流域特征等因素的制约，如流域形状、河网发育程度，流域内土壤、岩性、地质构造、地形、植被条件、湖泊等。此外，人工水库、河坝等水利工程对洪水的形成与发展也有一定的影响。这些因素造成暴雨洪水研究的复杂性。

暴雨洪水在没有对人类形成威胁时，仅仅是一种水文气象现象，而当涉及人类活动时，即演变成了一种自然灾害。需要强调指出的是，随着建设事业的发展，人们的社会经济活动日趋活跃，这不仅会影响到洪水的形成，而且会影响到洪水的排泄。如临汾市"673"国防棉库将龙头沟圈在库区内，围墙下仅留一个小洞排泄，结果，1982年8月9日该沟发生洪水，洪峰流量仅仅175 m^3/s，但因河道淤塞，水路不畅，滞洪成灾，几千包原棉经洪水浸泡变质造成损失，5名工人在洪水中死亡。此类人为造成洪水灾害的事例相当普遍。就洪水灾害来说，可谓大部分洪水灾害中都有人为加剧的因素。

临汾市常见的暴雨有锋面雨、地形雨、对流雨等，台风雨偶尔也有出现，这几种暴雨的量级大小及其时空分布主要取决于水汽来源、水汽含量、辐合上升运动等水汽动力条件，而地理位置、地形条件是影响水汽动力条件的重要因素。森林植被对暴雨转化为洪水的影响也是非常显著的，在暴雨降落到地面的过程中，最初是植物截留。植物截留是指雨水在植物枝叶表面的吸着力、承托力和水分重力及表面张力等作用下储存于植物枝叶表面的现象。降雨初期，雨滴降落在植物枝叶上被枝叶表面所截留，降雨过程中，截留不断增加，直至满足最大截留量（又称截留容量）。植物枝叶截留的水滴，当期重量超过表面张力时，便落至地面。截留过程延续整个降雨过程。积蓄在枝叶上的水分不断地被新的雨水滴所更替，截留水量最终消耗于蒸散发。此外，在林地的地表层和根系土壤之中，土壤蓄水能力和持水量也成倍加大。因此，森林植被条件好的地带，洪水发生的频次和洪峰流量将大为降低。

山西在上古时期曾经是森林茂盛、气候适宜、生态环境良好的地方。战国时，平川还有大片森林,田、园、林相间并存,到唐代,平川除有些散生树木外,已无森林存在,但较偏、较高的山上森林还很多。之后的破坏便较前为烈,范围也广了,至清代,平川地区连散生树木也少见,丘陵区森林已被毁灭,后经日伪时期滥伐,所剩残林为数极少了,且都是次生林,林相很差。1949 年中华人民共和国成立时,山西森林覆盖率仅为 2.4%,中华人民共和国成立以后,森林面积逐渐增加,到 20 世纪 80 年代末,山西的森林覆盖率达到 13.88%。

根据山西省暴雨洪水分区原则,临汾市属于晋南沿黄支流区。该区位于山西南部,包括黄河龙门以下山西省的大小各支流。该区为全省降水最充沛的地区之一,暴雨洪水频繁。区内有涑水河、沁河、丹河等主要河流,省内流域面积分别为 5 566 km^2、8 000 km^2 和 3 000 km^2。涑水河流域丘陵盆地比重较大,除边山地区易发生洪灾外,多数地区以涝渍灾害为主。沁河是本区最大也是洪水发生最多的河流,历史上曾发生过多次特大洪水,沿河村镇常遭洪水侵害,但该流域地处山区,不易导致大范围洪灾。然而,该河是三(门峡)花(园口)区间的主要洪水来源地之一,当发生大洪水时,会对黄河三花区间形成较大威胁。丹河是本区又一较大支流,该河暴雨洪水也比较频繁,沿河有高平、晋城等重要工业城镇,防洪地位比较重要。

2.2 暴雨时空分布特征

2.2.1 降水量的地区分布及变化

2.2.1.1 1956~2000 年降水量均值的地区分布

临汾市境内 1956~2000 年降水量大都在 475~600 mm 之间。其分布规律为:山区较大、河谷盆地较小,东南部大、西北部小,迎风坡大、背风坡小。年降水量均值从东南向西北递减,与地形走向基本一致,大致趋势呈东北西南向。从太岳山东南的 600 m 向西北到汾河东岸的 500 mm 递减,从汾河西岸的 500 mm 向西北方向到吕梁山南端的 600 mm 递增,从吕梁山南端的 600 mm 向黄河沿岸递减到 475 mm。受地形高程影响形成三个 600 mm 以上的高值区,一处在火焰山南端乡宁县境内关王庙一带,一处在太岳山以东古县北平一带,一处在中条山翼城西闫一带。在汾河盆地形成了 475 mm 的低值区。

临汾市境内实测年均值最大降水量出现在乡宁县的关王庙雨量站,为 636.7 mm;最小值出现在霍州市气象站,年降水量均值为 459.9 mm,极值比 1.38。

2.2.1.2 1980~2000 年降水量均值的地区分布

临汾市 1980~2000 年降水量的地区分布规律与 1956~2000 年降水量地区分布规律基本一致,其差别主要表现在:量级略有所减小,高值区范围减小、低值区范围增大。

年降水量基本在 450~600 mm 之间,分布趋势也是从东南向西北递减,但是量级和范围上都有所变化,降水量普遍减少。高值区中心位置与 1956~2000 年均值等值线完全对应,但大部分地区在量级及范围上有所变化。一是平川区霍州、洪洞一带增加了 450 mm 以下的低值区;二是 500 mm 以下所覆盖的范围比 1956~2000 年增大许多;三是 600 mm 以上高值区中心范围缩小,中心点数值基本一致。

2.2.2　降水量的时序变化特征

2.2.2.1　降水量的年内分配

临汾市降水量年内分配极不均匀，季节变化非常明显。冬季干旱少雨，夏季雨水充沛，秋雨多于春雨。其具体特征如下：

(1)降水量年内分配在地区上的分布特征：降水量年内分配呈单峰型，且连续最大4个月降水量均出现在6～9月；汛期6～9月降水量占年降水量的百分比在64.0%～72.5%，总的趋势是由南向北逐渐增大，且山区大于盆地。南部的侯马、曲沃及襄汾大于66%，尧都区、翼城局部在66%～68%之间，北部大部分地区百分比均在68%以上，东部及西部山区绝大部分在70%以上，霍州市以东个别地方超过72%。侯马市气象站的百分比为64%，为全市最小，霍州市的杨家庄雨量站百分比为72.5%，为全市最大；汛期降水又多集中于7、8两月，占年降水量的比重均超过40%以上。其分布规律与年降水量一致，是东南部大，西南部小，可见7、8月是临汾市降水的主要季节；12月至次年3月，是降水量最少的时期，4个月总降水量占年降水量的百分比不足10%，且在地区上的差异相对较小，变幅在5%～8%之间。

(2)典型年降水量年内分配特征：不同水平年降水量年内分配存在着一定差异，一般丰水年份降水量相对集中，汛期降水量所占比重较大，而枯水年份汛期降水量所占比重较小。以隰县雨量站为例，汛期6～9月降水量占年降水量的百分比，偏丰年为75.6%，平水年为74.7%，枯水年为68.0%。

2.2.2.2　降水量的年际变化

降水量年际变化包括年际间的变化幅度和多年变化过程。用降水量变差系数C_v与极值比表示年际变化幅度，统计降水的丰、平、枯及连丰连枯特征来分析多年变化过程。

1.降水量年际间变化

临汾市降水量变差系数C_v值的地区变化幅度不大，在0.22～0.28之间，一般山区大于盆地。在襄汾县的塔儿山一带有高于0.28的高值区，在霍州市东部的太岳山一带有小于0.22的低值区，黄河沿岸地区小于0.25，昕水河流域大部分大于0.26。临汾市C_v值最高点位于襄汾县东风雨量站，为0.30，最小值为0.22，主要分布在东部和南部局部地区。

各年之间降水量差异较大，年降水量极值比与年降水量变差系数C_v值的对应关系比较一致，极值比大一般C_v值也比较大。在1956～2000年系列中，单站最大、最小年降水量比值，大部分介于2.5～3.5之间。在所选的9个代表站中，侯马市的极值比最大为3.4，隰县极值比最小为2.6。

2.降水量多年变化

临汾市降水量丰枯基本特征：1956～1964年为丰水段，1965年到20世纪70年代末是平水段，从80年代开始到2000年是枯水段。但也存在着地区差异，平水段结束年份西部山区为1978年，平川区和东部山区提前在1976年。在枯水段，东部、西部山区枯水程度剧烈，平川区却比较平缓，还存在个别小的平水年段。

按1956～1960年、1961～1970年、1971～1980年、1981～1990年、1991～2000年，分

别统计各分区代表站分年段平均降水量。1956～1960年段、1961～1970年段、1971～1980年段普遍偏丰,与多年平均(1956～2000年)降水量相比,偏丰幅度在0.7%～19.9%之间;而1981～1990年段和1991～2000年段偏少幅度在1.7%～11.8%。

2.3 小流域洪水过程特征

洪水灾害不仅与洪峰有关,而且与洪水过程关系甚为密切。当河道发生洪水时,将洪水流量过程绘于图纸上,如果洪水过程图形呈现为尖瘦型,则两岸受淹时间短,灾情程度就轻,否则灾情程度就重。洪水过程是一个复杂的随机过程,它不仅有胖瘦之分,而且有单峰与复峰之分,复峰过程又有双峰和多峰的不同情况,在一次多峰洪水过程中,最大洪峰(称为主峰)时间出现的先后也不同,形成过程特征大致要用洪峰(包括峰型)、洪量和洪水总历时来描述。

临汾市地形具有山地加盆地的特点,山地河流集水面积多在5 000 km^2以下,即多属中小型河流。中小型河流的防洪重点主要是中小型水库及沿河重要城镇(包括工矿企业),中小型河流成灾洪水多由小范围、高强度、短历时暴雨形成。临汾市小流域洪水过程有如下特征。

2.3.1 洪水总历时短

洪水总历时的长短主要受暴雨历时的控制,临汾市暴雨历时绝大部分在24 h以内,这就决定了临汾市绝大部分洪水的总历时不可能太长。洪水总历时还与流域调蓄能力大小有关,流域调蓄能力越强,洪水总历时就越长,流域面积是反映流域调蓄能力的一个重要指标。从临汾市历史洪水看,总历时长的洪水一般出现在集水面积比较大的站,总历时短的洪水一般出现在集水面积比较小的站。

2.3.2 以单峰过程为主,洪水上涨历时短

临汾市历史洪水主要以单峰型洪水为主,洪水的峰型是暴雨时程分配雨型的反映,而暴雨时程分配雨型又是暴雨天气系统的影响结果。影响临汾市暴雨的天气系统以中小尺度和局地雷暴雨为主,这种背景下的暴雨具有历时短、强度大的特点,这就决定了临汾市大部分暴雨和洪水发生过程为简单的单峰过程。

临汾市中小流域洪水过程的另一特点是上涨历时短,来势迅猛,流域面积越小这一特点越突出。影响洪水上涨历时的因素也很复杂,首先是与暴雨雨型、强度、历时、雨区分布范围大小及其位置、暴雨中心移动方向和路径等因素有关;其次是与流域形状、坡度、河网密度、植被等因素有关。因此,即使是一个水文站,各场洪水的上涨历时及其占洪水总历时的比例也是不同的;同一场暴雨,不同站的洪水上涨历时及其占洪水总历时的比例也不同。总体上讲,对于本市中小流域大洪水,大部分上涨历时短,来势迅猛,这也给临汾市防洪测报工作增加了难度,提出了较高的要求。

2.3.3　峰高量小

从临汾市历史洪水看,由于多数次洪水历时较短,使得各次洪水总量并不大。虽然峰高量大的洪水在临汾市发生概率小,但是这种洪水一旦发生,其破坏性很大,因此也需提高警惕,避免给当地或下游地区造成人民生命和财产的惨重损失。

第3章 临汾市山洪灾害防治概况

3.1 非工程措施

3.1.1 非工程措施的建设原则

3.1.1.1 坚持科学发展观,体现以人为本原则

非工程防治措施在规划和建设中,必须以科学发展观为指导,坚持以人为本理念,要切实保障人民群众生命财产安全,最大限度地减轻和降低沿山一带广大人民群众因为山洪灾害而造成的人身伤亡和财产损失。

3.1.1.2 坚持防治结合、以防为主原则

要牢固树立安全第一、常备不懈、以防为主的思想理念,始终坚持防、抢、救相结合的"三字防治"方针。要在着力强化暴雨灾害监测预警预报在避险中作用的同时,还要着力强化综合气象观测系统的非工程措施建设。

3.1.1.3 坚持统筹兼顾、突出重点原则

统筹综合系统建设,突出加强防洪减灾最重要、最薄弱环节的暴雨灾害监测网建设和制约观测系统稳定、可靠运行的保障系统建设。做到既要统筹兼顾,又要突出重点,绝不能发生和出现顾此失彼现象。

3.1.1.4 坚持资源整合,加强衔接协调原则

非工程防治措施建设要因地制宜、合理科学,具有较强的实用性和可操作性。充分考虑区域经济社会发展水平,合理确定综合系统建设规模和标准,加强各规划间的衔接和协调作用,避免重复建设现象。

3.1.1.5 坚持强化管理、注重效率原则

要认真落实行政首长负责制、分级管理责任制、分部门责任制、技术人员责任制和岗位责任制,加强指导和监督。严格项目审批和建设管理,确保建设质量,加强运行维护管理,充分发挥水利工程的社会效益和经济效益。

3.1.2 防治措施

3.1.2.1 突出"以人为本,生命至上"的理念,切实增强山洪灾害非工程措施建设的责任感和使命感

山洪预警责任重,群测群防靠群众。在国家决定实施山洪灾害非工程措施项目建设

后，临汾市认识到这是党中央"以人为本"执政理念的具体体现，是做好防汛减灾工作的一次重大的历史性机遇，抓好山洪灾害非工程措施项目建设既是本职工作，也是一项重要的政治任务。基于这一认识，在具体工作中一是带着感情抓项目，即带着对党、对国家的感恩之情，带着对人民群众高度负责之情，抓好项目建设。二是脚踏实地干项目。临汾市把山洪灾害非工程措施项目建设作为市、县水利部门和防办的"一把手"工程，主要领导挂帅，市、县防办主任具体抓。三是高标准，严要求。坚决按照国家、省防办下发的文件要求，一丝不苟抓落实，精益求精提标准，通过实实在在的努力，确保项目顺利推进。

3.1.2.2　**突出"落实责任、跟踪督察"，抓住关键环节，推进工程项目建设**

针对山洪灾害非工程措施项目建设涉及专业多、范围广、技术含量高、时间要求紧的特殊情况，临汾市按照省防办要求，采取集中力量、重点突破的办法，着力抓好4个方面。一是认真细致抓普查。科学普查是搞好山洪灾害防御工作的前提。普查中，临汾市各县(市)水利部门动员了本系统2/3的技术力量，配备专车、分组包片、逐村逐户登记造册。二是落实责任抓机制。建立县、乡、村、组、户5级山洪灾害防御责任体系。完善县级干部包乡镇、乡镇干部分片包村、村干部包组、组长包户、党员干部责任到人的防御山洪灾害工作机制，明确了各级干部的职责。同时在所有受山洪灾害威胁的村庄都选拔配备了雨水情监测员、报警员。三是积极配合抓协调。首先是协调中标企业和项目单位进行合同谈判，及早签订合同。其次是协调县(市)水利局，抓紧组建专门机构，落实专门人员。再次是协调水文、气象部门和专家组成员，帮助指导危险区划定和预警指标的确定。强有力的协调工作为项目顺利实施创造了条件。四是强化督察抓进度。临汾市专门成立了山洪灾害非工程措施建设项目督察组，由1名副主任负责此项工作。针对项目实施进度，抓住设备进场、安装调试、预案编制、宣传演练等关键节点，深入一线督察。

3.1.2.3　**突出"普及实用、全民参与"原则，使山洪灾害防御知识家喻户晓**

为使山洪灾害防御宣传深入人心，临汾市一是利用新闻媒体，着力营造舆论氛围。为此，临汾市电视台播放了山洪灾害宣传标语，开辟宣传专栏，宣传山洪灾害防御常识。同时，各县(市)都在本县(市)电视台播放了山洪灾害防御知识宣传专题片和宣传标语。二是采取集中培训与广泛宣传相结合，增强宣传针对性。为扩大山洪灾害防御知识宣传面，强化宣传效果，临汾市针对不同人群采取了不同形式的宣传，对乡村干部和村级监测预警人员，采取专业辅导、专家授课，要求掌握山洪防御基本常识，熟悉应急响应程序、仪器操作维修等。对山洪威胁区群众，采取大喇叭宣讲，发放宣传单、明白卡等形式广泛宣传，要求熟悉山洪防御基本常识和撤避路线等。为搞好宣传培训活动，统一编制了培训教材，专门购置了投影仪，组织专人根据工程进度在山洪灾害危险区逐乡镇开展集中培训活动。

3.1.2.4　**突出"制度化、信息化"管理机制，切实保障山洪灾害非工程措施项目长久发挥效益**

为确保山洪灾害监测预警系统和防汛会商系统能够长久发挥作用，临汾市在充分调研的基础上，制定了《山洪灾害项目管理办法》《农村预警设备管理办法》《县级防汛会商系统管理规范》《农村简易雨量站、水位站运行管理制度》等规章制度，使山洪灾害监测预警设备和宣传设施的利用和保护都有章可循。同时将山洪灾害项目信息化建设作为主要内容，增设发射台站，消除山区信号盲点，所有监测人员、预警人员、预警喇叭统一号段，统一降低通信传输费用,有力促进了临汾市山洪灾害群测群防体系建设。

3.1.3 临汾市非工程措施建设概况

临汾市各县(市)在地方水利局建立山洪灾害监测预警平台,省、市、县(市)、镇(街道办事处)、村等方面的山洪灾害防治相关信息全部汇集于此平台,市水利局防汛部门根据山洪灾害信息和预测情况,及时发布预警信息。同时县(市)、镇(街道办事处)、村、组建立群测群防的组织体系,开展预测、预警工作。水雨情监测系统主要包括水雨情监测站网布设、信息采集、信息传输、通信组网等。村、组预警的监测设施以简易监测站为主,县(市)、镇(街道办事处)级以自动监测站为主,采用自动和人工的方式,把监测信息汇集于山洪灾害监测预警平台。预警系统由基于平台的自动预警系统和基于简易监测站的群测群防预警系统组成。

自动预警系统的核心是山洪灾害监测预警平台,主要由预警母系统、预警子系统组成,以获取实时水雨情信息,及时制作、发布山洪灾害预警。群测群防的组织体系主要包括建立县(市)、镇(街道办事处、企业)、村、组、户五级山洪灾害防御责任制体系,明确县(市)、镇(街道办事处、企业)、村、组、户防御山洪灾害的组织机构、人员设置、具体职责等。通过建立群测群防责任制组织体系,保障县(市)、镇(街道办事处)、村、组防灾信息上传下达畅通,监测、预警、避灾措施以及预案的宣传、演练落实。

山洪灾害防治县级非工程措施项目(2010~2012年)实施以来,监测预警能力大幅提升,建立了各项防汛工作责任制,在开展防汛检查、山洪灾害防御、通信联络、物资供应保障、防汛机动抢险队伍建设、山洪灾害宣传、洪涝灾情统计等项方面取得了一定成绩、积累了一定经验。临汾市非工程措施主要建设概况如下(以尧都区为例):

目前,尧都区山洪灾害防治非工程措施项目已基本建设完成,包含自动雨量监测站14处、自动水位站3处,简易雨量监测站146处,预警广播50处。这些站点构成尧都区山洪灾害监测预警体系站网;建成由1个县级预警平台、10个乡镇级预警设备(信息平台和无线报警发送站)、50个预警点组成的从预警平台到重点防治区域的报警体系。除此之外,尧都区境内雨量采集点有临汾市水文水资源勘测分局设置的16个自动雨量站。

3.2 工程措施

20世纪中叶,FAO(联合国粮食及农业组织)开始在全球范围内组织山洪灾害治理经验交流和技术共享交流会,目的是促进各国在山洪等自然灾害治理上的互相交流和学习,共享各国发展成熟和行之有效的治理措施。该会议对山洪灾害治理措施的推广和相关理论研究进展的相互交流起到了相当重要的作用。美国也是一个国土面积大国,几乎2/3的国土面积受到山洪灾害的影响,其对山洪灾害的认识起步较早,随着后来的不断发展,也取得了一系列成果。由最初的单纯靠修建一些工程措施逐渐发展为工程措施、生物措施、雨水情监测系统、基层监测预警平台、预警系统以及群测群防组织体系相结合的防治体系,这些技术的成熟发展为美国甚至全球山洪灾害的防御和治理打下了坚实的基础,同时也指明了方向。

中华人民共和国成立以来,对水的控制和利用的研究一直处于国家建设的重点方面,随着国际交流的进一步提升和我国众多学者的不断努力,我国在山洪灾害的治理和研究方面取得了不断的进步和长足的发展,特别是在改革开放以来我国加强对水资源的高效利用的背景下,滑坡、泥石流等自然灾害的防治措施已取得巨大成果,但是由于各种因素的制约,我国的山洪灾害治理工作仍然任重道远。

诸多事实证明,只有工程措施和非工程措施相结合,才是当前治理山洪灾害的最佳手段。目前,我国山洪灾害治理工程措施主要有防洪治理工程、河道整治工程、水土保持工程及生物工程。临汾市工程措施概况如下(以曲沃县为例)。

3.2.1　水库

曲沃县境内现有小型水库10座,分别为沸泉二库、沸泉一库、高显水库、天河水库、溢沟水库、滏河水库、王村水库、新建水库、薛庄水库、浍河水库。其中浍河水库为中型水库,高显水库、天河水库、溢沟水库、滏河水库为小(一)型水库,沸泉一库、沸泉二库、王村水库、新建水库、薛庄水库为小(二)型水库。曲沃县水库主要特征值详见表1-3-1。

表1-3-1　曲沃县水库主要特征值

序号	水库名称	所在河流	所在位置	坝址以上控制面积(km^2)	总库容(万 m^3)	建设年份
1	沸泉二库	沸泉河	曲沃县北董乡景明村	26.0	41.0	1977
2	沸泉一库	沸泉河	曲沃县北董乡景明村	25.0	31.5	1973
3	高显水库	滏河	曲沃县高显镇白集村	306.0	315.0	1974
4	天河水库	沸泉河	曲沃县北董乡西明德村	71.9	270.0	1976
5	溢沟水库	黑河	曲沃县北董乡东闫村	26.0	225.0	1975
6	滏河水库	滏河	曲沃县史村镇吉许村	156.0	398.0	1960
7	王村水库	滏河	曲沃县史村镇王村	24.2	39.5	1962
8	新建水库	滏河	曲沃县曲村镇新建村	23.0	16.6	1965
9	薛庄水库	黑河	曲沃县北董乡薛庄村	4.8	12.0	1973
10	浍河水库	浍河	曲沃县史村镇西吉必村	1 301.0	9 964.0	1960

3.2.2　塘(堰)坝

曲沃县现有塘(堰)坝9座,大部分建设在2000年以后,主要分布在滏河上。各塘(堰)坝主要特征值详见表1-3-2。

表 1-3-2　曲沃县塘(堰)坝主要特征值

序号	塘坝名称	所在位置	总库容(万 m^3)	坝长(m)	坝高(m)
1	王村塘坝	曲沃县史村镇王村	7.2	70	4.5
2	焦庄路坝	曲沃县史村镇焦庄村	8.5	110	12
3	焦庄塘坝	曲沃县史村镇焦庄村	7.0	65	9
4	吉许塘坝	曲沃县史村镇吉许村	4.5	125	10
5	郇村塘坝	曲沃县曲村镇郇村	8.5	95	12
6	靳庄塘坝	曲沃县史村镇靳庄村	5.5	220	6
7	北辛村塘坝	曲沃县曲村镇北辛村	8.0	109	8.2
8	北白集塘坝	曲沃县高显镇北白集村	4.8	150	4.5
9	东韩塘坝	曲沃县乐昌镇东韩村	4.2	110	3.5

第4章 临汾市山洪灾害分析评价基础工作

4.1 评价对象名录确定

根据临汾市对各县(市)山洪灾害内外业调查成果确定各县(市)防治区个数,见表1-4-1。针对临汾市实际情况,主要对河道洪水影响和坡面水流影响的沿河村落进行分析评价,不包括滑坡、泥石流以及干流对支流产生明显顶托等情形。综合考虑村落防洪减灾和地区发展的需要,将重点防治区的村落全部确定为评价对象。

表1-4-1 各县(市)防治区个数

名称	个数		
	一般防治区	重点防治区	非防治区
尧都区	104	54	570
曲沃县	15	41	137
翼城县	28	56	517
襄汾县	46	26	412
洪洞县	82	56	478
古县	64	22	384
安泽县	59	78	246
浮山县	44	25	607
吉县	42	20	330
乡宁县	71	47	849
大宁县	46	86	113
隰县	18	107	235
永和县	23	72	204
蒲县	19	164	280
汾西县	72	26	330
侯马市	4	11	95
霍州市	38	28	226

4.2 小流域地形测绘

4.2.1 小流域划分

临汾市本次工作底图用的是全国山洪灾害项目组提供的成果。结合重点防治区分布和分析评价需要,并依据临汾市1∶5万地形图与第一次水利普查中河湖普查成果,对水利部统一下发的小流域计算单元进行了调整,对小流域的边界、河源与河口位置进行了核对。

为满足评价名录重点防治区洪水分析计算需要,根据重点防治区所在位置,按照《小流域划分及编码规范》(SL 653—2013),对小流域进行了合并,并形成与村落相对应的计算小流域,对邻近重点防治区间无较大支流汇入、洪水组成基本一致的计算小流域合并处理,以下游重点防治区的计算小流域为计算依据。对部分需细分小流域的重点防治区,其流域边界在1∶5万地形图上确定。

4.2.2 流域特征值的确定

(1)根据中央统一下发的工作底图和小流域属性成果,结合实地查勘,量算小流域的面积、主沟道长度,成果见第3篇、第4篇小流域基本信息汇总表。

(2)产、汇流地类核对。确定辖区的植被和土壤的空间分布情况,并在《山西省水文计算手册》中的水文下垫面产流地类图和汇流地类图上进行修正,核算流域产、汇流地类面积。

(3)比降的确定:

①如果重点防治区河道上下游有历史洪痕的沿程分布资料,采用洪痕水面线比降作为水位流量转换中的比降;

②如果有近年来洪水发生时的洪水水面线,采用该水面线比降作为水位流量转换中的比降;

③如果有中小洪水发生时的实测水面线,采用该水面线比降作为水位流量转换中的比降;

④如果没有水面线信息,可采用河床比降作为水位流量转换中的比降。

为了使分析评价成果尽可能合理,《山洪灾害分析评价技术要求》中明确规定,以上4种确定比降的方法中,资料条件允许时,应优先采用第①种方法,然后为第②、③种方法,第④种方法为无资料时采用,并应当通过试算和合理性分析后最后确定。

(4)糙率的确定:

①如果有实测水文资料,应采用该资料进行推算,确定水位流量转换中的糙率;

②如果无实测水文资料,根据《山西省水文计算手册》中的附录Ⅱ调查洪水用表(包括天然河道糙率表和人工渠道糙率表),结合重点防治区所在河流的沟道形态、床面粗糙情况、植被生长状况、弯曲程度以及人工建筑物等因素确定水位流量转换中的糙率。

4.3 重点防治区控制断面及居民户高程测量

河道断面测量包括河道的纵横断面数据。基础断面数据由山西省工程测绘院提供。工作河道断面测量数据采用方法是:重点防治区横断面数据由于山西省工程测绘院数据精度不足,在其数据基础上能够满足水面线推求的条件下适当删减断面数量,由专业测量队进行实地补测,形成河道横断面测量成果。纵断面数据采用省工程测绘院数据,对部分异常点进行核对。

重点防治区的居民户位置和高程数据由山西省工程测绘院提供,由于省工程测绘院所采用的影像较早,部分新建居民点未加入,对成灾点附近的居民点,由测量队进行了校核,发现问题及时修正。

第5章 临汾市设计暴雨分析

5.1 设计点暴雨

设计点暴雨的“点”包含两层含义:一是暴雨统计计算选用的雨量站点;二是根据计算设计洪水的需要,从流域内选出的具有确定地理位置、依靠暴雨参数等值线图用间接方法计算设计暴雨的地点。二者合称“定点”,选用“定点”的个数,根据流域面积大小参考表1-5-1确定。

表1-5-1 定点个数选用表

流域面积(km^2)	<100	100~300	300~500	500~1 000
点数	1~2	2~3	3~4	4~5

计算设计点暴雨的方法有直接法和间接法。

5.1.1 直接法

采用直接法推求设计暴雨时,单站不同历时暴雨的统计参数均值、C_v、C_s/C_v(暴雨C_s/C_v值统一采用3.5),宜采用计算机约束准则适线与专家经验相结合的综合适线方法初定;再利用设计暴雨公式参数约束5种历时频率曲线之间的间距,使之相互间隔合理,不产生相交。

单站某一种历时暴雨统计参数的计算在于寻求“理论”频率曲线与经验频率点据的最佳拟合,经验频率用期望公式计算。特大值经验频率的确定是决定频率曲线上部走向的关键,对单站适线成果会产生较大的影响,因此要充分利用一切可以利用的信息对特大值的重现期进行考证。

单站多种历时暴雨的适线,重点在于协调各频率曲线之间的合理距离,使不同历时的同一统计参数服从“参数—历时”关系的一般规律(见图1-5-1),即均值随着历时延长而递增,在双对数坐标系中表现为微微上凸、连续、单调递增的光滑曲线;变差系数C_v随历时变化的规律多数表现为左偏铃形连续光滑曲线,极大值多出现在60 min或6 h处,少数为单调下降曲线。

5.1.2 间接法

间接法推求设计暴雨,首先确定“定点”及设计暴雨历时,然后在《山西省水文计算手

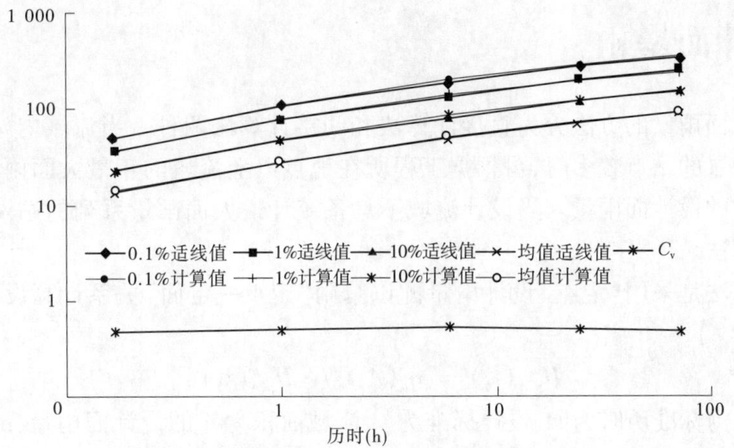

图 1-5-1　设计暴雨查图结果合理性检查及综合分析

册》中的暴雨参数等值线图中查读各县(市、区)定点的各种历时暴雨均值 $\overline{H}$、变差系数 C_v。查图时应注意以下事项:

(1)当"定点"位于等值线图的低值区(-)或高值区(+)时,插值应该小于或大于邻近的等值线值,但不得超过一个级差;当"定点"位于马鞍区(无"+""-"号标示)时,插值一般应取四条等值线的平均值。

(2)等值线图上标有单站参数值,可作为查图内插时的参考。

为规避查图误差向设计洪水传递,需对查图结果进行合理性检查及综合分析。方法是:首先,在双对数坐标系中绘制不同历时均值 $\overline{H}$、C_v 的历时曲线,检查其是否满足"参数—历时"一般规律,如不满足应对查图结果进行调整;然后,根据调整后的参数,用式(1-5-1)计算各历时的设计暴雨 H_p,并在双对数坐标系中绘制 H_p 的历时曲线,该曲线亦为微微上凸、连续、单调递增的光滑曲线。

用经过合理性检查、调整后的参数值,计算各种历时设计点暴雨。

$$H_p = K_p\overline{H} \tag{1-5-1}$$

式中,模比系数 K_p 由《山西水文计算手册》的附表查用。

(3)设计点暴雨计算

$$H_{p,A}^{o}(t_b) = \sum_{i=1}^{n}[c_iH_{p,i}(t_b)] \tag{1-5-2}$$

式中,c_i 为每个定点(雨量站)各自控制的部分面积占流域面积 A 的权重;$H_{p,i}(t_b)$ 为每个定点各标准历时 t_b 的设计雨量,mm;$H_{p,A}^{o}(t_b)$ 是同频率、等历时各定点设计雨量在流域面积 A 上的平均值,而非通常意义上流域重(形)心处一个点的设计点雨量。

流域地势平坦,所选定点均匀分布时设计点雨量的流域平均值可以用算术平均法计算;否则,改用泰森多边形法计算。

例如:临汾市古县黄家窑村的小流域面积为 42.90 km^2,该流域面积小于 100 km^2,所以黄家窑村选取本村作为定点。临汾市浮山县臣南河村的小流域面积为 131.46 km^2,根据算数平均法确定了两个定点。临汾市翼城县两坂村的小流域面积为 191.10 km^2,根据泰森多边形法确定了三个定点。

5.2 设计面暴雨

计算设计面雨量的方法分为直接计算法和间接计算法两种。当流域内站网比较密，有长期雨量记录的站点较多时,可根据工程所在地点以上流域的年最大面雨量系列直接计算各种历时的设计面雨量。当设计流域不具备统计最大面雨量系列的站网条件时,应采用间接计算法。

间接计算法是采用“定点”设计雨量配以暴雨“定点—定面”关系计算设计面雨量的方法,即

$$H_{p,A}(t_b) = \eta_p(A,t_b) \cdot H^o_{p,A}(t_b) \tag{1-5-3}$$

式中,$H_{p,A}(t_b)$为标准历时为t_b、设计标准为p、流域面积为A的设计面雨量,mm;$H^o_{p,A}(t_b)$为设计点雨量的流域平均值,mm;$\eta_p(A,t_b)$为设计暴雨点－面折减系数,按式(1-5-4)计算。

$$\eta_p(A,t_b) = \frac{1}{1 + CA^N} \tag{1-5-4}$$

式中,A为流域面积,km^2;C、N为经验参数。

根据《山西省水文计算手册》水文分区图显示,临汾市处于西区、中区和东区,故C、N数值从表1-5-2中直接查用或内插求得。

求得设计面雨量$H_{p,A}(t_b)$后,首先绘制雨深—历时曲线,应满足“参数—历时”一般规律;然后求解暴雨参数λ,其值应满足$0 \leqslant \lambda < 0.12$。否则,应对各定点雨量均值$\overline{H}$或变差系数$C_v$的查图值进行微调,使之合理,该值即为设计面雨量初值。根据该初值求出暴雨公式的参数S_p、λ和n_s,不同历时面雨量即可由式(1-5-5)或式(1-5-6)求出。

5.3 设计暴雨的历时—雨深关系

设计暴雨的历时—雨深关系,又称设计暴雨公式。《山西省水文计算手册》采用三参数幂函数型对数非线性暴雨公式:

$$H_p(t) = \begin{cases} S_p \cdot t \cdot e^{\frac{n_s}{\lambda}(1-t^\lambda)}, & \lambda \neq 0 \\ S_p \cdot t^{1-n_s}, & \lambda = 0 \end{cases} \tag{1-5-5}$$

也可进一步变形为

$$H_p(t) = \begin{cases} S_p \cdot t^{1-n}, \lambda \neq 0 \\ S_p \cdot t^{1-n_s}, \lambda = 0 \end{cases} \quad (0 \leqslant \lambda < 0.12) \tag{1-5-6}$$

$$n = n_s \frac{t^\lambda - 1}{\lambda \ln t} \tag{1-5-7}$$

式中,n、n_s分别为双对数坐标系中设计暴雨历时—雨强关系曲线的坡度及$t = 1$ h时的斜率;S_p为设计雨力,即1 h设计雨量,mm/h;t为暴雨历时,h;λ为经验参数，当$\lambda = 0$时，式（1-5-5）退化为对数线性暴雨公式。

表1-5-2　定点—定面关系参数查用表

分区	历时	参数	频率(%)												
			均值	0.01	0.1	0.2	0.33	0.5	1	2	3.3	5	10	20	25
西区	10 min	*C*	0.055 7	0.037 3	0.039 4	0.040 3	0.041 2	0.041 7	0.042 2	0.044 6	0.045 6	0.047 1	0.049 7	0.053 0	0.054 3
		N	0.387 8	0.497 7	0.483 1	0.477 4	0.472 0	0.468 6	0.465 5	0.451 4	0.445 1	0.436 1	0.421 2	0.401 7	0.394 4
	60 min	*C*	0.066 7	0.040 2	0.042 9	0.043 9	0.045 0	0.045 7	0.045 9	0.049 3	0.050 7	0.052 8	0.056 5	0.061 8	0.064 1
		N	0.306 2	0.444 6	0.427 7	0.421 1	0.414 8	0.410 8	0.408 5	0.390 2	0.382 4	0.371 2	0.352 1	0.326 6	0.316 4
	6 h	*C*	0.023 9	0.023 9	0.024 0	0.024 0	0.024 3	0.023 9	0.023 9	0.023 9	0.023 8	0.023 7	0.023 6	0.023 3	0.023 3
		N	0.367 7	0.479 2	0.466 6	0.461 7	0.456 2	0.454 1	0.447 2	0.438 9	0.433 3	0.425 0	0.410 7	0.390 6	0.382 0
	24 h	*C*	0.009 8	0.021 2	0.020 1	0.019 6	0.019 5	0.018 8	0.018 1	0.017 1	0.016 5	0.015 5	0.013 8	0.011 4	0.010 5
		N	0.391 1	0.452 0	0.443 7	0.440 6	0.436 3	0.436 0	0.432 0	0.427 4	0.424 5	0.420 4	0.414 0	0.406 5	0.403 7
	3 d	*C*	0.008 7	0.018 7	0.017 7	0.017 2	0.017 2	0.016 5	0.015 8	0.015 0	0.014 4	0.013 6	0.012 1	0.010 0	0.009 2
		N	0.361 3	0.433 7	0.425 3	0.422 2	0.417 6	0.417 5	0.413 3	0.408 5	0.405 3	0.400 7	0.393 3	0.383 1	0.378 8
中区+东区	10 min	*C*	0.044 1	0.052 4	0.052 0	0.051 4	0.051 5	0.050 7	0.050 2	0.049 5	0.049 2	0.048 1	0.046 9	0.045 0	0.044 4
		N	0.422 7	0.410 5	0.410 2	0.411 4	0.410 2	0.412 0	0.412 4	0.413 5	0.413 7	0.415 5	0.417 3	0.420 4	0.421 3
	60 min	*C*	0.045 6	0.051 2	0.050 6	0.050 4	0.050 4	0.049 9	0.049 5	0.049 0	0.048 7	0.048 2	0.047 3	0.046 1	0.045 7
		N	0.365 2	0.373 9	0.372 3	0.371 8	0.370 9	0.371 0	0.370 5	0.370 1	0.369 3	0.368 6	0.367 5	0.366 2	0.365 6
	6 h	*C*	0.015 6	0.025 4	0.024 2	0.023 7	0.023 7	0.023 0	0.022 3	0.021 3	0.020 9	0.020 1	0.018 7	0.016 8	0.016 1
		N	0.439 8	0.418 8	0.420 1	0.420 6	0.420 6	0.421 6	0.422 8	0.425 7	0.425 1	0.426 9	0.430 3	0.435 5	0.438 1
	24 h	*C*	0.011 6	0.015 1	0.013 7	0.013 5	0.013 5	0.013 3	0.013 2	0.012 7	0.012 8	0.012 6	0.012 2	0.011 7	0.011 5
		N	0.370 4	0.446 0	0.448 5	0.445 0	0.445 0	0.439 6	0.434 5	0.4334	0.424 3	0.417 8	0.406 2	0.389 4	0.381 9
	3 d	*C*	0.004 7	0.008 8	0.007 7	0.007 5	0.007 5	0.007 3	0.007 0	0.0066	0.006 6	0.006 3	0.005 8	0.005 2	0.004 9
		N	0.447 2	0.486 2	0.493 4	0.491 2	0.491 2	0.487 7	0.484 5	0.487 3	0.477 9	0.474 1	0.467 2	0.457 1	0.453 3

暴雨公式的三个参数 S_p、n_s、λ 需要根据同频率各标准历时设计雨量 $H_p(t)$,以残差相对值平方和最小为目标求解,其中 S_p 的查图误差控制在 ±5% 以内;$0 \leq \lambda < 0.12$。当 λ 不被满足时,适当调整查图的均值和 C_v,至 λ 满足约束为止。

求得设计暴雨公式参数后,不同历时设计雨量即可由式(1-5-5)或式(1-5-6)计算求得。

5.4 设计暴雨的时程分配——设计时雨型

点雨量时雨型分为日雨型和逐时雨型。根据主雨日所处降雨过程的前、中、后位置,全省分为4个雨型区:北区、西区、中区和东区,临汾市属于西区、中区和东区。日雨型和时雨型“模板”见表1-5-3～表1-5-5。

表列雨型为 $\Delta t = 1$ h 时的基础雨型,当工程控制流域面积较小、汇流时间不足1 h时,可将基础雨型细化为 $\Delta t = \frac{1}{2}$ h 或 $\Delta t = \frac{1}{4}$ h 的派生雨型。派生雨型的构造方法是:把基础雨型中的每个序位 j 离散为 j_1、j_2 两个二级序位或 j_1、j_2、j_3、j_4 四个二级序位,对于 $j=1$ 的主峰时段,前者的峰值应安排在基础雨型靠近第二序位的一边;后者的峰值应安排在靠近基础雨型第二序位的 j_2 或 j_3 位置。其他时段的二级序位按雨量大小由大到小进行安排,如图1-5-2所示。

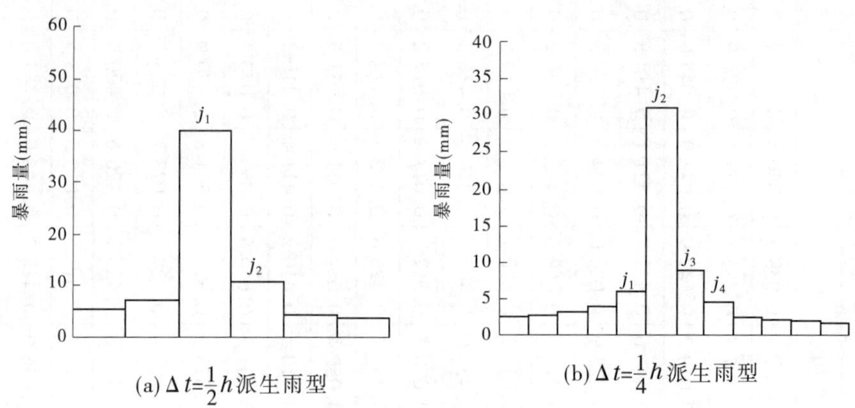

图1-5-2 派生雨型示意图

计算主雨日的设计时雨型,应采用暴雨公式计算的时段雨量序位法,亦可采用百分比法;非主雨日的设计时雨型,宜采用百分比法。

5.4.1 时段雨量序位法

利用暴雨公式(1-5-8)计算时段雨量

$$\Delta H_{p,j} = H_p(t_j) - H_p(t_{j-1}) \quad (j = 1,2,\cdots;t_0 = 0) \tag{1-5-8}$$

式中,j 为表1-5-3～表1-5-5中主雨日时段雨量排位序号,即时段雨量 $\Delta H_{p,i}$ 摆放的序位。

表 1-5-3　西区设计雨型查用表

第　一　日																								
$(H_{3\,d}-H_{24\,h})$(%)	46																							
时程(时)	0~1	1~2	2~3	3~4	4~5	5~6	6~7	7~8	8~9	9~10	10~11	11~12	12~13	13~14	14~15	15~16	16~17	17~18	18~19	19~20	20~21	21~22	22~23	23~24
时程分配 B_j(%)				1	1							2	2	11	20	33	10	3	5	3	2	2	2	3
主　雨　日																								
时程(时)	0~1	1~2	2~3	3~4	4~5	5~6	6~7	7~8	8~9	9~10	10~11	11~12	12~13	13~14	14~15	15~16	16~17	17~18	18~19	19~20	20~21	21~22	22~23	23~24
ΔH 占 S_p(%)													100											
ΔH 占$(H_{6\,h}-S_p)$(%)										15	17	26		27	15									
$\Delta H_{占}(H_{24\,h}-H_{6\,h})$(%)	1	1	3	7	5	5	6	6	12							13	11	6	6	7	5	2	2	2
排位序号	(23)	(24)	(19)	(11)	(16)	(17)	(15)	(14)	(8)	(5)	(4)	(3)	(1)	(2)	(6)	(7)	(9)	(13)	(12)	(10)	(18)	(20)	(21)	(22)
第　三　日																								
$(H_{3\,d}-H_{24\,h})$(%)	54																							
时程(时)	0~1	1~2	2~3	3~4	4~5	5~6	6~7	7~8	8~9	9~10	10~11	11~12	12~13	13~14	14~15	15~16	16~17	17~18	18~19	19~20	20~21	21~22	22~23	23~24
时程分配 B_j(%)	3	4	26	7	4	8	13	3	2	2	5	3	6	4	1	1	2	1	1	1	1		1	1

表 1-5-4　中区设计雨型查用表

第一日																								
$(H_{3\,d}-H_{24\,h})$(%)	56																							
时程(时)	0~1	1~2	2~3	3~4	4~5	5~6	6~7	7~8	8~9	9~10	10~11	11~12	12~13	13~14	14~15	15~16	16~17	17~18	18~19	19~20	20~21	21~22	22~23	23~24
时程分配 B_j(%)	1	1	1	1	3	1	1	1	2	1	1	3	4	2	2	3	6	7	13	17	8	6	7	8
主雨日																								
时程(时)	0~1	1~2	2~3	3~4	4~5	5~6	6~7	7~8	8~9	9~10	10~11	11~12	12~13	13~14	14~15	15~16	16~17	17~18	18~19	19~20	20~21	21~22	22~23	23~24
ΔH 占 S_p(%)												100												
ΔH 占 $(H_{6\,h}-S_p)$(%)										13	24		30	19	14									
ΔH 占 $(H_{24\,h}-H_{6\,h})$(%)	2	3	3	4	6	7	8	9	10							10	8	7	5	4	4	4	4	2
排位序号	(24)	(21)	(22)	(18)	(14)	(13)	(10)	(9)	(7)	(6)	(3)	(1)	(2)	(4)	(5)	(8)	(11)	(12)	(15)	(16)	(19)	(17)	(20)	(23)
第三日																								
$(H_{3\,d}-H_{24\,h})$(%)	44																							
时程(时)	0~1	1~2	2~3	3~4	4~5	5~6	6~7	7~8	8~9	9~10	10~11	11~12	12~13	13~14	14~15	15~16	16~17	17~18	18~19	19~20	20~21	21~22	22~23	23~24
时程分配 B_j(%)	12	10	11	17	11	7	5	6	3	2	2	2	1	1	2	1	1	1	1	1	1	1	1	

表1-5-5　东区设计雨型查用表

第一日																								
$(H_{3\,d}-H_{24\,h})$(%)	46																							
时程(时)	0~1	1~2	2~3	3~4	4~5	5~6	6~7	7~8	8~9	9~10	10~11	11~12	12~13	13~14	14~15	15~16	16~17	17~18	18~19	19~20	20~21	21~22	22~23	23~24
时程分配 B_j(%)	2	3	3	4	2	2	1		1		1	2	2	3	2	2	8	24	10	7	6	3	5	7
主雨日																								
时程(时)	0~1	1~2	2~3	3~4	4~5	5~6	6~7	7~8	8~9	9~10	10~11	11~12	12~13	13~14	14~15	15~16	16~17	17~18	18~19	19~20	20~21	21~22	22~23	23~24
ΔH占S_p(%)													100											
ΔH占$(H_{6\,h}-S_p)$(%)												26		24	22	15	13							
ΔH占$(H_{24\,h}-H_{6\,h})$(%)	3	3	3	5	5	6	5	6	7	11	11							7	5	7	7	4	3	2
排位序号	(20)	(22)	(23)	(18)	(17)	(13)	(15)	(14)	(9)	(8)	(7)	(2)	(1)	(3)	(4)	(5)	(6)	(10)	(16)	(12)	(11)	(19)	(21)	(24)
第三日																								
$(H_{3\,d}-H_{24\,h})$(%)	64																							
时程(时)	0~1	1~2	2~3	3~4	4~5	5~6	6~7	7~8	8~9	9~10	10~11	11~12	12~13	13~14	14~15	15~16	16~17	17~18	18~19	19~20	20~21	21~22	22~23	23~24
时程分配 B_j(%)	5	3	3	3	4	5	4	6	9	18	12	7	3	4	3	3	1	3	2	1				1

逐时段依次用式(1-5-8)计算出时段雨量,并按序位号依次摆放在相应位置,即得逐时雨型。

5.4.2 百分比法

(1)利用设计暴雨公式及其参数计算不同标准历时的设计暴雨量 $H_{p,1\ \mathrm{h}}$(雨力 S_p)、$H_{p,6\ \mathrm{h}}$、$H_{p,24\ \mathrm{h}}$。

(2)把最大 1 h 雨量 $H_{p,1\mathrm{h}}$放在主峰(1 号)位置。

(3)主峰前后两侧 6 h 以内的时段雨量 ΔH_j,按设计雨型表(见表 1-5-3 ~ 表 1-5-5)中查得的百分数 B_j(%)用式(1-5-9)分配

$$\Delta H_j = (H_{p,6\ \mathrm{h}} - H_{p,1\ \mathrm{h}}) \cdot B_j/100 \quad (j = 2,3,4,5,6) \tag{1-5-9}$$

(4)主雨日内其他时段的雨量按式(1-5-10)分配

$$\Delta H_j = (H_{p,24\ \mathrm{h}} - H_{p,6\ \mathrm{h}}) \cdot B_j/100 \quad (j = 7,8,\cdots,23,24) \tag{1-5-10}$$

非主雨日的日雨量按式(1-5-11)分配

$$H_{p,i} = (H_{p,3\ \mathrm{d}} - H_{p,24\ \mathrm{h}}) \cdot B_i/100 \tag{1-5-11}$$

式中,$H_{p,i}$为非主雨日设计日雨量,mm;B_i 为非主雨日的日雨量占非主雨日雨量之和的百分比。

非主雨日的时段雨量按式(1-5-12)分配

$$\Delta H_{i,j} = H_{p,i} \cdot B_j/100 \quad (i = 1,2;j = 1,2,\cdots,23,24) \tag{1-5-12}$$

式中,B_j 为非主雨日的时段雨量占非主雨日雨量的百分比。

5.5 主雨历时与主雨雨量

临汾市形成洪水的暴雨,一般集中分布在主雨峰及其两侧,而不是暴雨全过程。强度比较小的那些时段的降水,对洪水的形成或制约作用不大。从“造洪”角度来说,可以只考虑制造洪水的主要时段降水,即“造洪雨”或主雨,其历时 t_z 称为“主雨历时”。

对于实测暴雨而言,可以根据它的面雨量时程分配按此标准统计计算主雨历时和主雨雨量;设计条件下应该借助暴雨公式求解主雨历时 t_z

$$S_p \frac{1 - n_s t_z^{\lambda}}{t_z^n} = 2.5, n = n_s \frac{t_z^{\lambda} - 1}{\lambda \ln t_z} \tag{1-5-13}$$

式中符号意义同前。

求解主雨历时 t_z 可以采用数值解法,也可以采用图解法。

图解法计算步骤是:令

$$f(t) = \frac{1 - n_s t^{\lambda}}{t^n} S_p \tag{1-5-14}$$

在普通坐标系中绘制$f(t) \sim t$ 曲线,然后在纵坐标上截取$f(t) = 2.5$ 得点 A,过 A 点作水平线,交$f(t) \sim t$ 曲线于 P 点,P 点的横坐标即为主雨历时 t_z,如图 1-5-3 所示。

用式(1-5-15)计算主雨雨量 $H_p(t_z)$

$$H_p(t_z) = S_p t_z^{\ 1-n}, n = n_s \frac{t_z^{\lambda} - 1}{\lambda \ln t_z} \tag{1-5-15}$$

非主雨日的主雨历时及主雨雨量按雨强大于2.5 mm/h 的标准统计计算。

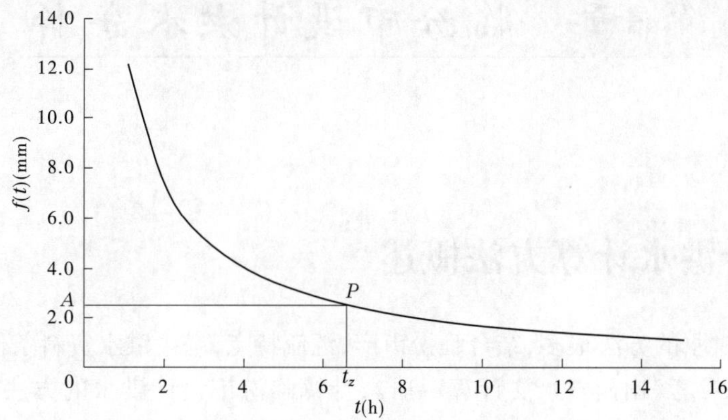

图 1-5-3 主雨历时图解法示意图

第6章 临汾市设计洪水分析

6.1 设计洪水计算方法概述

推求设计洪水的方法很多,结合临汾市产、汇流特点,暴雨洪水资料条件,人类活动状况及实践经验,参考《山西省水文计算手册》,计算临汾市设计洪水的方法主要有根据流量资料计算设计洪水、根据设计暴雨计算设计洪水和水文比拟法推求设计洪水三种方法。

根据涉水工程的规模、重要性、流域资料条件等,应选用不同的方法。

(1)涉水工程地址或上下游邻近地点具有30年以上实测或插补外延的流量资料,应采用频率分析方法计算工程地址处的设计洪水;或先采用频率分析方法计算工程地址上下游邻近地点的设计洪水,然后,采用水文比拟等方法改正到工程所在地,作为涉水工程的设计洪水。

(2)涉水工程所在地区具有30年以上实测或插补外延的暴雨资料,并有暴雨洪水对应关系时,宜采用频率分析方法计算设计暴雨,再推算设计洪水。

(3)对于众多既没有实测流量资料,又缺乏暴雨记录的涉水工程,根据《山西省水文计算手册》所附暴雨统计参数等值线图,首先计算设计暴雨,再用一种或多种方法推算设计洪水。对于只需要设计洪峰流量的一般工程,可采用推理公式法或地区经验公式法;对需要设计洪水流量过程线的工程,宜采用综合瞬时单位线法,也可采用推理公式法。

(4)涉水工程所在流域内暴雨和洪水资料均短缺时,亦可利用邻近地区实测或调查洪水和暴雨资料,先计算出参证流域的设计洪水,经过地区综合分析,采用水文比拟法计算流域设计洪水。

(5)如果涉水工程控制流域内已建有蓄水工程或在建、拟建蓄水工程时,其设计洪水由区间设计洪水与上游蓄水工程下泄洪水经河道流量演算后,叠加而成。

(6)如果涉水工程所在流域内存在设计标准较低的蓄水工程,应该考虑遭遇稀遇暴雨袭击时可能产生的溃坝洪水对工程安全的影响。宜将垮坝流量演算到坝址与区间洪水叠加,评估其对工程安全是否构成威胁。

采用上述途径计算设计洪水时,应充分重视、运用调查洪水资料。设计洪水标准较低的工程,宜对历史上或近期发生的重现期接近于设计标准的暴雨洪水进行调查,直接采用调查洪水或进行适当的调整(如加成),作为该工程的设计洪水。

关于设计洪水分析,《山洪灾害分析评价技术要求》有以下几项假设和规定:

(1)在设计洪水分析中,假定暴雨与洪水同频率,因此设计洪水频率为5年一遇、10

年一遇、20年一遇、50年一遇和100年一遇5种,不考虑可能最大洪水(PMF)计算。

(2)应基于设计暴雨成果,以重点防治区附近的河道控制断面为计算断面,进行各种频率设计洪水的计算和分析。

(3)洪水分析中,应得到选定频率洪水的洪峰、洪量、洪水历时等洪水要素信息。

(4)根据控制断面水位流量关系,将洪峰流量转化为相应水位。

(5)根据《山洪灾害分析评价技术要求》规定,洪水频率与暴雨频率对应,为1%、2%、5%、10%、20%共5种,对应的重现期为100年一遇、50年一遇、20年一遇、10年一遇、5年一遇。

6.2　基础资料准备工作

6.2.1　基础资料的搜集、整理、复核、分析

基础资料是设计洪水分析计算的基础,应当根据流域自然地理特性、水工程特点及设计洪水计算方法,广泛搜集整理有关资料。

(1)流域自然地理特征及与流域产流、汇流有关的河道特征等资料,如流域及工程地理位置、地质、地形、地貌、植被、流域面积、河长、河流纵比降等。

临汾市产流地类主要有变质岩森林山地、变质岩灌丛山地、灰岩灌丛山地、耕种平地、黄土丘陵阶地、灰岩土石山区、灰岩森林山地、黄土丘陵沟壑区、砂页岩森林山地、砂页岩灌丛山地。

临汾市汇流地类主要有森林山地、灌丛山地、黄土丘陵、草坡山地。

(2)分析计算设计洪水需要直接引用的水文气象资料,如暴雨、洪水(包括调查历史洪水)等。

(3)以往规划设计报告及产、汇流分析成果等资料。

(4)流域内水利化与水土保持发展情况,已建、在建和拟建的小型水库、引水工程等对调洪有影响的资料。

计算设计洪水所依据的暴雨、洪水资料,一般为不同历史时期所积累,其精度各异,系列长短不一,难免因个别年份缺测导致系列不连续。因此,对有关资料进行合理性检查、插补和延长是非常必要的。特别是应重点检查和复核测验精度较差的大暴雨、洪水资料及明显受人类活动影响时期的资料。

调查历史洪水由于年代较远,有的河道因自然条件的变化和人类活动的影响,可能已发生了很大的改变,调查时所看到的河段现状、实测的断面、河床质的组成情况等都只反映调查时的状况,与洪水发生时的情况可能有较大的差别,因而应进行合理性检查,以提高调查洪水的精度。

6.2.2　流域特征参数的确定

本书研究运用Arcgis软件在1∶50 000地形图上量算以下流域特征参数:

(1)流域面积A(km^2)——计算断面以上的流域面积。

(2)河长 L(km)——由计算断面至流域最远分水岭、沿主河道量算的距离。

(3)流域平均宽度 B(km)——由式(1-6-1)计算。

$$B = \frac{A}{L} \tag{1-6-1}$$

(4)河流纵比降 J(m/km)——用式(1-6-2)计算。

$$J = \frac{(Z_0 + Z_1)L_1 + (Z_1 + Z_2)L_2 + \cdots + (Z_{n-1} + Z_n)L_n - 2Z_0L}{L^2} \tag{1-6-2}$$

式中,L 为自流域出口断面起沿主河道至分水岭的最长距离,包括主河道以上沟形不明显部分坡面流程的长度,当河道上有瀑布、跌坎、陡坡时,应当把突然变动比降段两端的特征点,都作为计算加权平均比降时的分段点,以使计算的比降反映沿程实际的水力条件,km;Z_0、Z_1、…、Z_n 为自流域出口断面起沿流程比降突变特征点的地面高程,m;L_1、L_2、…、L_n 为两个特征点之间的距离,km。

上述符号意义如图 1-6-1 所示。

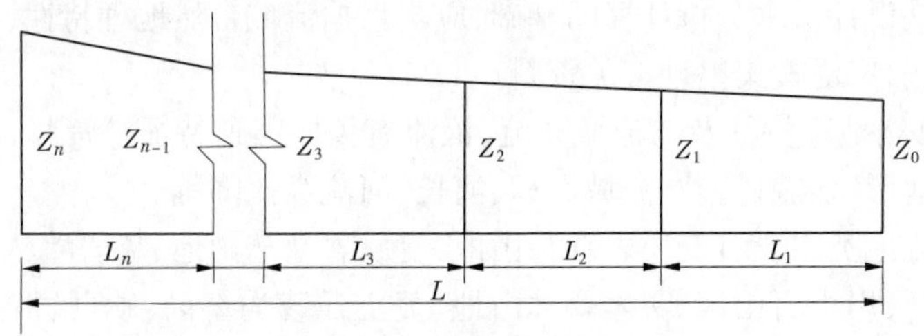

图 1-6-1　河流纵比降计算示意图

6.3　由流量资料推求设计洪水

6.3.1　选样

在本次临汾市山洪灾害评价研究中,部分地区有长系列实测流量资料,采用流量资料计算推求设计洪水,洪峰流量采用年最大值法选样,洪量采用固定时段独立选取年最大值。时段的选定应根据洪水变化过程、水库调洪能力和调洪方式以及下游河段有无防洪、错峰要求等确定。当有连续多峰洪水、下游有防洪要求、防洪库容较大时,设计时段可以长些,反之则短些。一般选用 12 h、24 h、3 d(或 72 h)等。

6.3.2　经验频率

将经过一致性修正后的洪峰流量系列和时段洪量系列分别按大小顺序重新排位。在 n 项连序洪水系列中,按大小顺序排位的第 m 项洪水的经验频率采用数学期望公式计算:

$$P_m = \frac{m}{n+1} \quad (m = 1,2,\cdots,n) \tag{1-6-3}$$

式中,n 为洪水序列项数;m 为洪水连序系列中的序位;P_m 为第 m 项洪水的经验频率。

如果在调查考证期 N 年中有特大洪水 a 个，其中 l 个发生在 n 年内，不连序洪水系列中，洪水的经验频率采用下列数学期望公式计算：

(1)a 个特大洪水的经验频率为：

$$P_M = \frac{M}{N+1} \quad (M = 1,2,\cdots,a) \tag{1-6-4}$$

式中，N 为历史洪水调查考证期；M 为特大洪水序位；P_M 为第 M 项特大洪水的经验频率；a 为特大洪水个数。

(2)$n-l$ 个连序洪水的经验频率为

$$P_m = \frac{a}{N+1} + \left(1 - \frac{a}{N+1}\right)\frac{m-l}{n-l+1} \quad (m = l+1,l+2,\cdots,n) \tag{1-6-5}$$

式中，l 为从 n 项连序系列中抽出的特大洪水个数。

当调查历史洪水个数较多，且量级与实测洪水相互重叠时，特大洪水个数 a 可以根据较大洪水在调查历史时期内的前后期分布状况，寻找一个能够表明在调查期 $N-n$ 内使 $l/n \approx (a-l)/(N-n)$ 关系得到满足的流量 Q_c，在调查考证期 N 内大于等于 Q_c 的洪水个数即为 a。

当调查历史洪水个数较少时，不便于采用上述方法确定 a 值，可以根据模比系数 K(特大洪峰流量与均值之比)大小确定，一般认为模比系数 $K \geqslant 4$ 的调查历史洪水个数即为 a。

6.3.3　统计参数的估计与优化

洪峰流量、时段洪量的均值、变差系数和偏态系数四个统计参数的估计与优化，以皮尔逊Ⅲ型曲线作为概率分布模型。操作步骤如下。

6.3.3.1　用矩法初步估算统计参数

1. 连序系列

$$\overline{X} = \frac{1}{n}\sum_{i=1}^{n} X_i \tag{1-6-6}$$

$$S = \sqrt{\frac{1}{n-1}\sum_{i=1}^{n}(X_i - \overline{X})^2} \tag{1-6-7}$$

$$C_v = S/\overline{X} \tag{1-6-8}$$

$$C_s = \frac{n}{(n-1)(n-2)}\frac{\sum_{i=1}^{n}(X_i - \overline{X})^3}{S^3} \tag{1-6-9}$$

式中，$\overline{X}$ 为系列均值；S 为系列均方差；C_v 为变差系数；C_s 为偏态系数；X_i 为系列变量($i = 1,2,\cdots,n$)；n 为系列项数。

2. 不连序系列

$$\overline{X} = \frac{1}{N}\left(\sum_{j=1}^{a} X_j + \frac{N-a}{n-l}\sum_{i=l+1}^{n} X_i\right) \tag{1-6-10}$$

$$C_v = \frac{1}{\overline{X}}\sqrt{\frac{1}{N-1}\left[\sum_{j=1}^{a}(X_j - \overline{X})^2 + \frac{N-a}{n-l}\sum_{i=l+1}^{n}(X_i - \overline{X})^2\right]} \tag{1-6-11}$$

$$C_s = \frac{N}{(N-1)(N-2)} \frac{\sum_{j=1}^{a}(X_j - \overline{X})^3 + \frac{N-a}{n-l}\sum_{i=l+1}^{n}(X_i - \overline{X})^3}{\overline{X}^3 C_v^3} \tag{1-6-12}$$

式中,X_j 为特大洪水变量;X_i 为实测洪水变量;N 为历史洪水调查考证期;a 为特大洪水个数;l 为从 n 项连序系列中抽出的特大洪水个数。

6.3.3.2 用经验适线法优化参数

首先计算一致性处理后的洪水系列(包括洪峰流量、各时段洪量)的经验频率;然后令 $C_s = nC_v$,用式(1-6-13)计算不同频率的洪峰流量和时段洪量,并将它们与经验频率绘制在同一张概率格纸上,凭借技术人员的实际工作经验,通过不断调整参数,选定一条与经验点据拟合良好的频率曲线,其参数值即优化后的参数值。

6.3.3.3 经验适线注意事项

(1)尽可能照顾经验频率点群的趋势,使频率曲线通过点群的中心;当频率曲线与经验频率点群配合欠佳时,可适当多考虑上部和中部点据。

(2)应分析经验频率点据的精度(包括它们的纵、横坐标可能存在的误差),使频率曲线尽量多地接近或通过比较可靠的经验频率点据。

(3)历史洪水,特别是为首的几个特大历史洪水,一般精度较差,适线时应充分结合技术人员的实际工作经验,不宜机械地通过这些点据,而使频率曲线脱离经验频率点群;但也不能为照顾点群趋势使曲线离开特大值太远,应充分考虑特大历史洪水的可能误差范围,以便调整频率曲线。

6.3.4 设计洪水值的计算

通过经验适线得到频率曲线参数之后,由式(1-6-13)计算设计洪水值。

$$X_p = K_p\overline{X},\ K_p = 1 + \Phi_p C_v \tag{1-6-13}$$

式中,Φ_P 为皮尔逊Ⅲ型曲线中心标准化分布的离均系数,与 C_s 有关,由《山西省水文计算手册》附表Ⅰ-1 查用;K_p 为频率为 p 时的模比系数,根据 C_s/C_v 的比值由《山西省水文计算手册》附表Ⅰ-2 查用。

6.4 由暴雨资料推求设计洪水

根据设计暴雨资料计算设计洪水包括流域水文模型法、推理公式法和地区经验公式法三种方法。

6.4.1 流域产流计算

流域产流计算包括设计净雨深和净雨过程计算两部分。前者采用双曲正切模型计算,后者按主雨日、非主雨日分别采用变损失率推理扣损法和定损失率推理扣损法计算。

6.4.1.1　设计净雨深计算

设计净雨深计算采用双曲正切模型。

1. 双曲正切模型的结构

$$R_p = H_{p,A}(t_z) - F_A(t_z) \cdot \mathrm{th}\left[\frac{H_{p,A}(t_z)}{F_A(t_z)}\right] \tag{1-6-14}$$

或

$$R_p = \varphi \cdot H_{p,A}(t_z), \varphi = 1 - \frac{1}{x}\mathrm{th}x, x = H_{p,A}(t_z)/F_A(t_z) \tag{1-6-15}$$

式中,th 为双曲正切运算符;x 为供水度;t_z 为设计暴雨的主雨历时,h;$H_{p,A}(t_z)$为设计暴雨的主雨面雨量,mm,计算方法见第5章;φ 为洪水径流系数;R_p 为设计洪水净雨深,mm;$F_A(t_z)$为主雨历时内的流域可能损失,mm,角标 A 表示流域平均值(下同)。

流域可能损失用式(1-6-16)计算:

$$F_A(t_z) = S_{r,A}(1 - B_{0,p})t_z^{0.5} + 2K_{S,A}t_z \tag{1-6-16}$$

式中,$S_{r,A}$为流域包气带充分风干时的吸收率,反映流域的综合吸水能力,mm/h$^{1/2}$;$K_{S,A}$为流域包气带饱和时的导水率,mm/h;$B_{0,p}$为设计频率的流域前期土湿标志(流域持水度),由表1-6-1 直接查用或内插求得,当频率小于0.33%时,$B_{0,p}$取0.63,当频率大于10%时,$B_{0,p}$取0.50。

表1-6-1　设计洪水流域前期持水度 $B_{0,p}$ 查用表

频率(%)	0.33	1	2	5	10
$B_{0,p}$	0.63	0.61	0.58	0.54	0.50

多种产流地类组成的复合地类流域,吸收率和导水率分别根据各种地类的面积权重按式(1-6-17)及式(1-6-18)加权计算。

$$S_{r,A} = \sum c_i \cdot S_{r,i} \quad (i = 1,2,\cdots) \tag{1-6-17}$$

$$K_{S,A} = \sum c_i \cdot K_{S,i} \quad (i = 1,2,\cdots) \tag{1-6-18}$$

式中,$S_{r,i}$为单地类包气带充分风干时的吸收率,mm/h$^{1/2}$;$K_{S,i}$为单地类包气带饱和时的导水率,mm/h,从表1-6-2 中查用;c_i 为某种地类面积占流域面积的权重。

2. 使用双曲正切模型计算设计净雨深的工作步骤

(1)计算流域设计暴雨的有关要素,包括各历时设计点暴雨、面暴雨的时深关系、时雨型、主雨历时、主雨雨量等。

(2)通过野外查勘调查,参考产流下垫面分区图,绘制流域下垫面产流地类分区图,量算各种地类面积权重。

(3)根据流域下垫面的不同地类,从表1-6-2 中合理选用相应的单地类吸收率 S_r 及导水率 K_S,然后分别用式(1-6-17)和式(1-6-18)计算流域的吸收率 $S_{r,A}$和导水率 $K_{S,A}$。

(4)从表1-6-1 查出相应频率的流域持水度 $B_{0,p}$,连同 $S_{r,A}$、$K_{S,A}$和 t_z 代入式(1-6-16),计算流域可能损失 $F_A(t_z)$。

(5)根据设计主雨面雨量 $H_{p,A}(t_z)$及流域可能损失 $F_A(t_z)$,用式(1-6-14)或式(1-6-15)计算设计洪水净雨深 R_p。

表 1-6-2　山西省单地类风干流域吸收率 S_r 及饱和流域导水率 K_S 查用表

地类	S_r			K_S		
	最大值	最小值	一般值	最大值	最小值	一般值
灰岩森林山地	43.0	28.0	35.5	4.10	2.60	3.35
灰岩灌丛山地	35.0	26.0	30.5	3.50	2.30	2.90
耕种平地	27.0	27.0	27.0	1.90	1.90	1.90
灰岩土石山区	25.0	23.0	24.0	1.80	1.60	1.70
砂页岩森林山地	23.0	23.0	23.0	1.50	1.50	1.50
变质岩森林山地	22.0	22.0	22.0	1.45	1.45	1.45
黄土丘陵阶地	21.0	21.0	21.0	1.40	1.40	1.40
黄土丘陵沟壑区	20.0	20.0	20.0	1.30	1.30	1.30
砂页岩土石山区	19.0	19.0	19.0	1.25	1.25	1.25
砂页岩灌丛山地	18.0	18.0	18.0	1.20	1.20	1.20
变质岩土石山区	17.0	17.0	17.0	1.15	1.15	1.15
变质岩灌丛山地	16.0	16.0	16.0	1.10	1.10	1.10

(6)非主雨日设计净雨的计算方法与上述主雨日净雨计算方法基本相同,所不同的是 $B_{0,p}$ 的定量。当主雨日居中时,第一日的 $B_{0,p}$ 取表列值的 40%,第三日的 $B_{0,p}$ 取 0.90 ~ 1.0;当主雨日居后时,第一日的 $B_{0,p}$ 取表列值的 40%,第二日的 $B_{0,p}$ 取表列值的 60%。

3. 使用双曲正切模型需要注意的事项

模型模拟的效果,除了模型与实体结构的接近程度有关以外,合理定量三个参数值至关重要,应该缜密考虑,切不可以简单从事。

(1)正确划分地类是决定参数 S_r 及 K_S 的关键环节。划分地类应该采取实地查勘与查图相结合、以查勘为主的原则。《山西省水文计算手册》所附下垫面分区图不能取代野外调查。事实上,下垫面的空间变异并不像下垫面分区图所标示的那样界限分明,分区内的下垫面属性也不一定绝对单一,成图时进行的合并与综合,掩盖了小流域内部下垫面的分异特征。所以,下垫面分区图的实用性会随着流域面积的减小而弱化,野外工作不可或缺。

(2)在盆地,地下水位埋深对吸收率影响较大,但缺乏这方面的观测资料,无法做系统分析,表列值仅适用于地下水位埋深比较大的区域,地下水位埋深较小时,应适当减小吸收率的取值。

(3)对于广阔低缓山坡,且覆盖有薄层黄土或黄土斑状分布、基岩零散出露的土石山区,应该设法确定(包括估计)出黄土、基岩露头各自占流域面积的权重,将其分解为单地类,然后比照复合地类处理,以避免机械采用 80% 作为划分石质山地与土石山区指标产生的参数值突变现象。

(4)对于 12 种地类未能涵盖的下垫面类型,例如,采矿区和城市化地区,由于现实水文站网中没有这些地区的观测资料，不能具体分析它们的吸收率和导水率，只能以 12 种地类中的某种地类参数为参考，综合考虑这些区域的产流特性，确定吸收率和导水率。煤矿开采区主要分布在砂页岩灌丛山地，采矿放顶增加了包气带的导水性，所以建议在表列砂页岩灌丛山地参数的基础上，按采矿面积大小、巷道深浅，适当加大导水率。城市化地区由于不透水面积加大，吸水率和导水率都会降低，建议降低使用表列变质岩灌丛山地参数值。

(5) 灰岩地类应根据流域漏水情况合理选用参数，强漏水区选用参数上限或中上值，中等漏水区选用一般值，弱漏水区选用下限或中下值。

(6) 设计频率的流域前期土湿标志 $B_{0,p}$ 的变化，对设计净雨深会产生一定影响，表列值未考虑土湿沿纬度及高程的变异。实际应用时可以在不超过表列值 ±5% 的范围内调整，高中山地和半湿润地区可适当提高，半干旱地区可适当降低。

6.4.1.2　**净雨过程计算**

净雨过程计算分为主雨日与非主雨日净雨过程计算。

1. 主雨日净雨过程计算

(1) 用数值法或图解法从式(1-6-19)中求解产流历时 t_c。

$$R_p = \begin{cases} n_s S_{p,A} t^{1+\lambda-n}, \lambda \neq 0 \\ n_s S_{p,A} t^{1-n_s}, \lambda = 0 \end{cases} \quad (n = n_s \frac{t^\lambda - 1}{\lambda \ln t}) \tag{1-6-19}$$

式中，R_p 为用双曲正切模型计算的场次洪水设计净雨深，mm；其他符号意义同前。

用图解法求解产流历时的步骤是：令

$$f(t) = \begin{cases} n_s S_{p,A} t^{1+\lambda-n}, \lambda \neq 0 \\ n_s S_{p,A} t^{1-n_s}, \lambda = 0 \end{cases} \quad (n = n_s \frac{t^\lambda - 1}{\lambda \ln t}) \tag{1-6-20}$$

在普通坐标系中绘制 $f(t) \sim t$ 关系曲线，在 $f(t)$ 轴上截取 $OR = R_p$ 作水平线，与 $f(t) \sim t$ 曲线交点的横坐标即为产流历时 t_c。

(2) 计算损失率

$$\mu = (1 - n_s t_c^\lambda) S_{p,A} \cdot t_c^{-n} \ , \ n = n_s \frac{t_c^\lambda - 1}{\lambda \ln t_c} \tag{1-6-21}$$

(3) 计算时段净雨

$$\Delta h_{p,j} = h_p(t_{j-1} + \Delta t) - h_p(t_{j-1}) \tag{1-6-22}$$

$$h_p(t) = H_{p,A}(t) - \mu t \quad (t \leqslant t_c) \tag{1-6-23}$$

式中，Δh_p 为设计时段净雨深，mm；Δt 为计算时段，h；j 为时雨型“模板”中的序位编号；t_{j-1} 为 j 时段的开始时刻；其他符号意义同前。

(4) 把计算出的时段净雨深按序位编号安排在设计时雨型“模板”中相应序位位置，即得主雨日的净雨过程。

2. 非主雨日净雨过程计算

非主雨日的净雨过程，由于雨型不符合暴雨公式所描述的历时规律，不能采用主雨日净雨过程的计算方法，只能根据已知的非主雨日设计时雨型和净雨深采用“平割法”推求，即从设计时雨型柱状图中画一条水平线“平割”柱状图，上下移动，使平割出的时段净雨深之和等于该日总净雨深,这时的时段净雨即为非主雨日净雨过程。

若汇流历时 τ 小于 1 h,且只需要设计洪峰流量时,暴雨及产流计算分别以 $t=10$、20、…、60 min(仍以小时为单位)及 $H_{\frac{1}{6}}$、$H_{\frac{1}{3}}$、…、H_1 分别代入式(1-6-22)、式(1-6-23),计算小于 1 h 的各种历时的产流深。

6.4.2 流域汇流计算

流域降水所产生的净雨在重力与地表阻力综合作用下沿坡面及河网向流域出口断面汇集的过程称为流域汇流。流域汇流计算任务是根据设计暴雨计算出的净雨过程,用某种演算方法或模型,将其转换成流域出口断面的设计洪水过程线。

6.4.2.1 纳什瞬时单位线

纳什瞬时单位线将流域汇流过程假设为 n 个等效线性水库串联体对水流的调蓄过程。把瞬时作用于流域上的单位净雨水体在流域出口断面形成的时间概率密度分布曲线称为瞬时汇流曲线,量纲为 1/[T]。把单位净雨乘以瞬时汇流曲线称为瞬时单位线。

瞬时汇流曲线的数学表达式为

$$u_n(0,t) = \frac{1}{k\Gamma(n)}\left(\frac{t}{k}\right)^{n-1} e^{-\frac{t}{k}} \tag{1-6-24}$$

式中,n 为线性水库个数;k 为一个线性水库的调蓄参数,h;t 为时间,h ;$\Gamma(n)$ 为伽马函数。

单位强度净雨过程在流域出口断面形成的水体时间概率分布函数称为 $S_n(t)$ 曲线,它是瞬时汇流曲线对时间的积分,无量纲。数学表达式为

$$S_n(t) = \int_0^t u_n(0,t)\,\mathrm{d}t = \Gamma(n,m),\ m = t/k \tag{1-6-25}$$

式中,$\Gamma(n,m)$ 称为 n 阶不完全伽马函数。

时段单位净雨在流域出口断面形成的概率密度曲线称为时段汇流曲线,数学表达式为

$$u_n(\Delta t,t) = \begin{cases} S_n(t) & (0 \leqslant t \leqslant \Delta t) \\ S_n(t) - S_n(t-\Delta t) & (t > \Delta t) \end{cases} \tag{1-6-26}$$

流域出口断面的洪水过程根据时段净雨序列与时段汇流曲线用卷积公式计算

$$Q(i\Delta t) = \sum_{j=1}^{M} u_n[\Delta t,(i+1-j)\Delta t]\frac{\Delta h_j}{3.6\Delta t}A \quad (0 \leqslant i+1-j \leqslant M, j=1,2,\cdots,M) \tag{1-6-27}$$

式中,Δt 为计算时段,h;Δh 为时段净雨深,mm;A 为流域面积,km^2;3.6 为单位换算系数;M 为净雨时段数。

6.4.2.2 参数计算

瞬时单位线有两个参数,一个是线性水库个数 n,另一个是线性水库的调蓄参数 k。二者的乘积 m_1($=nk$)称为瞬时汇流曲线的滞时。它的物理意义是瞬时汇流曲线形心的时间坐标,即一阶原点矩,也是单位时段净雨的重心到时段汇流曲线形心的时距。因此,瞬时单位线的两个参数置换成 n 和 m_1,而 k 由 $k=m_1/n$ 计算。

参数 n 采用式(1-6-28)和式(1-6-29)计算

$$n = C_{1,A}\ (A/J)^{\beta_1} \tag{1-6-28}$$

$$C_{1,A} = \sum a_i C_{1,i} \quad (i = 1,2,\cdots) \tag{1-6-29}$$

式中,A 为流域面积,km^2;J 为河流纵比降(‰);$C_{1,A}$为复合地类汇流参数;$C_{1,i}$为单地类汇流参数;β_1 为经验性指数;a_i 为某种地类的面积权重,以小数计。

m_1 采用下列经验公式计算

$$m_1 = m_{\tau,1}\ (\overline{i_\tau})^{-\beta_2} \tag{1-6-30}$$

$$m_{\tau,1} = C_{2,A}\ (L/J^{\frac{1}{3}})^{\alpha} \tag{1-6-31}$$

$$C_{2,A} = \sum a_i C_{2,i} \quad (i = 1,2,\cdots) \tag{1-6-32}$$

$$\overline{i_\tau} = \frac{Q_p}{0.278A} \tag{1-6-33}$$

式中,$\overline{i_\tau}$为 τ 历时平均净雨强度,mm/h;τ 为汇流历时,h;$m_{\tau,1}$为$\overline{i_\tau}=1$ mm/h 时瞬时单位线的滞时,h;Q_p 为设计洪峰流量,m^3/s;L 为河长,km;$C_{2,A}$为复合地类汇流参数;$C_{2,i}$为单地类汇流参数;α、β_2 为经验性指数。

单地类汇流参数 C_1、C_2 和经验性指数 α、β_1、β_2 从表 1-6-3 中查用。

表 1-6-3　综合瞬时单位线参数查用表

汇流地类	C_1	β_1	β_2	C_2 一般值	C_2 范围	α
森林山地	1.357	0.047	0.190	2.757	2.050 ~ 2.950	0.397
灌丛山地	1.257			1.530	1.200 ~ 1.770	
草坡山地	1.046			0.717	0.710 ~ 0.950	
黄土丘陵	1.000			0.620	0.580 ~ 0.700	

6.4.2.3　使用综合瞬时单位线的步骤

(1)在划分下垫面地类的基础上,按植被与地貌的组合情况绘制汇流地类分区图,并量算出各种汇流地类面积占流域面积的权重 a_i。在进行野外查勘时,除了注意面上的植被分布状况,还应该观察河道的清洁程度及河床质组成、两岸形势等,以便合理选用参数 C_2。

(2)用式(1-6-28)计算参数 n;用式(1-6-31)计算 $m_{\tau,1}$。

(3)用交点法求解 τ 历时平均净雨强度$\overline{i_\tau}$。步骤是:假设一组$\overline{i_\tau}$,可由式(1-6-33)求得一组 Q_p;再由式(1-6-30)求得一组 m_1;由 $k = m_1/n$ 可得一组 k;由式(1-6-25)计算或查《山西省水文计算手册》附表Ⅰ-3 得一组 $S_n(t)$ 曲线;由式(1-6-26)得一组时段汇流曲线 $u_n(\Delta t,t)$;由式(1-6-27)得一组洪峰流量 Q'_p。在普通坐标系中绘制 $Q_p \sim \overline{i_\tau}$曲线与 $Q'_p \sim \overline{i_\tau}$曲线,两条曲线交点的横坐标即为 τ 历时平均雨强$\overline{i_\tau}$。

(4)用求解出的 τ 历时平均雨强$\overline{i_\tau}$,由式(1-6-30)计算 m_1;由 $k = m_1/n$ 计算 k;由式(1-6-25)计算 $S_n(t)$曲线;由式(1-6-26)推算时段汇流曲线 $u_n(\Delta t,t)$;由式(1-6-27)推算设计洪水过程线。

对于非主雨日,可根据其净雨过程利用主雨日的时段汇流曲线 $u_n(\Delta t, t)$,由式(1-6-27)推算设计洪水过程线。

6.4.2.4 **注意事项**

在同一种地质、地貌条件下,C_2 值的变幅反映着流域植被的好与差,植被好或较好者,应选用表列数值的上限或中上值;植被差或较差者,应选用下限或中下值。河道清洁、顺直者,宜选用下限或中下值;密布灌丛、遍见巨石者,应选用上限或中上值。

6.5 临汾市设计洪水成果

6.5.1 各县(市、区)设计洪水计算成果

根据当地实际情况对其进行设计洪水计算,成果见第4篇。

6.5.2 设计洪水成果合理性分析

临汾市山洪灾害分析评价设计洪水计算成果主要采用流域模型法成果,对个别小流域不能采用流域模型法的采用经验公式法计算。为保证设计洪水成果的合理性,主要从河道上下游设计洪水成果对照、历史洪水调查成果与设计洪水对比以及洪峰模数分布规律等方面进行成果合理性分析(以襄汾县为例)。

6.5.2.1 **河道上下游设计洪水成果对比分析**

汾城河重点防治区有北贾岗、南贾岗、良陌村,其流域面积分别为7.24 km^2、7.24 km^2、11.36 km^2,百年一遇设计洪水为292 m^3/s、292 m^3/s、309 m^3/s,洪峰流量随流域面积增大而增大,符合洪水形成规律。

邓庄河重点防治区有西张村、赤邓村、小郭村,其流域面积分别为13.58 km^2、17.59 km^2、17.59 km^2,百年一遇设计洪水为239 m^3/s、399 m^3/s、399 m^3/s,洪峰流量随流域面积增大而增大,符合洪水形成规律。

对陶寺河、浪泉河的重点防治区也进行了上下游对比分析,成果符合洪水形成规律,设计洪水成果合理。

6.5.2.2 **历史洪水调查成果与设计洪水对比分析**

《襄汾县历史洪水调查报告》中对三圣沟后枣林坪河段、三官峪青峰崖村河段进行了历史洪水调查。

三圣沟后枣林坪河段历史洪水调查年份为1975年,历史洪水位为774.79 m,根据流域历史洪水调查成果,大约为15年一遇。根据控制断面设计洪水计算成果,历史洪水位相应洪峰流量为135 m^3/s,重现期为12年一遇。与历史洪水调查成果基本一致,设计洪水合理。

三官峪青峰崖村河段历史洪水调查年份为2006年,历史洪水位为859.54 m,根据流域历史洪水调查成果,大约为30年一遇。根据控制断面设计洪水计算成果,历史洪水位相应洪峰流量为230 m^3/s,重现期为18年一遇。与历史洪水调查成果基本一致,设计洪水合理。

6.5.2.3　洪峰模数分布规律分析

从各重点防治区的洪峰模数计算成果分析，主要有以下几个特点：

(1)同一流域自下游向上游洪峰模数呈增长趋势，说明洪峰模数与流域面积、河长、坡降关系密切。如邓庄河从上游至下游，邓庄村、北梁村、河坡村洪峰模数分别为4.92、4.82、4.72，呈减小趋势。其他沟道也有此规律。

(2)洪峰模数与流域下垫面有较大关系。良陌村与赤邓村面积相似，良陌村主要为耕种平地和灰岩灌丛山地，流域面积44.54 km^2，洪峰模数为6.93。赤邓村处于黄土丘陵区，流域面积40.23 km^2，洪峰模数为9.9。说明洪峰模数与流域下垫面有直接关系，其规律符合洪峰形成的内在规律。

(3)洪峰模数与流域形状也有一定的关系。如豁都峪流域呈扇形，邓庄河流域呈长条形，邓庄河洪峰模数较豁都峪洪峰模数大。

从上述合理性分析看，襄汾县设计洪水计算成果可靠。临汾市其余各县(市、区)也做了相应的成果合理性分析，结果显示临汾市各县(市、区)设计洪水计算成果较为合理。

第7章　临汾市山洪灾害分析

7.1　河流洪水水面线计算

推求各个重点防治区河段5年、10年、20年、50年和100年一遇设计洪水水面线，采用由Godunov格式的有限体积法建立的复杂明渠水流运动的高适用性数学模型。

7.1.1　控制方程

描述天然河道一维浅水运动控制方程的向量形式如下

$$\boldsymbol{D}\frac{\partial \boldsymbol{U}}{\partial t}+\frac{\partial \boldsymbol{F}}{\partial x}=\boldsymbol{S} \tag{1-7-1}$$

其中
$$\boldsymbol{D}=\begin{bmatrix}B & 0\\0 & 1\end{bmatrix},\boldsymbol{U}=\begin{bmatrix}Z\\Q\end{bmatrix},\boldsymbol{F}(\boldsymbol{U})=\begin{bmatrix}f_1\\f_2\end{bmatrix}=\begin{bmatrix}Q\\\dfrac{\alpha Q^2}{A}\end{bmatrix},\boldsymbol{S}=\begin{bmatrix}0\\-gA\dfrac{\partial Z}{\partial x}-gAJ\end{bmatrix}$$

式中，B为水面宽度；Q为断面流量；Z为水位；A为过水断面面积；α为动量修正系数，一般默认为1.0；f_1和f_2分别代表向量$\boldsymbol{F}(\boldsymbol{U})$的两个分量，$g$为重力加速度，$t$为时间变量，$J$为沿程阻力损失，其表达式为$J=(n^2Q|Q|)/(A^2R^{4/3})$，$R$为水力半径，$n$为糙率。

浅水方程的以上表达形式在工程上应用较广，源项部分采用水面坡度代表压力项的影响，其优点是水面变化一般比河道底坡变化平缓，因此即使底坡非常陡峭，对计算格式稳定性的影响也不大。另外该形式还可以很好地避免由于采用不理想的底坡项离散方法平衡数值通量时所带来的水量不守恒问题。

7.1.2　数值离散方法

采用中心格式的有限体积法，把变量存在单元的中心，如图1-7-1所示。

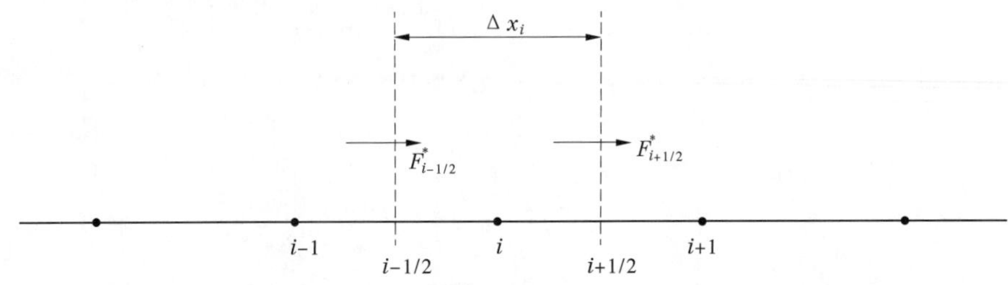

图1-7-1　中心格式的有限体积法示意图

将式(1-7-1)在控制体 i 上进行积分并运用 Gauss 定理离散后得

$$\boldsymbol{U}_i^{n+1} = \boldsymbol{U}_i^n - \frac{\Delta t}{\Delta x_i}\boldsymbol{D}_i^{-1}(\boldsymbol{F}_{i+1/2}^* - \boldsymbol{F}_{i-1/2}^*) + \Delta t\boldsymbol{D}_i^{-1}\boldsymbol{S}_i \tag{1-7-2}$$

式中,$\boldsymbol{U}_i$ 为第 i 个单元变量的平均值;$\boldsymbol{F}_{i-1/2}^*$,$\boldsymbol{F}_{i+1/2}^*$ 分别为单元 i 左右两侧界面的通量值;Δx_i 为第 i 个单元的边长;$\boldsymbol{S}_i$ 为第 i 个单元源项的平均值。

7.1.2.1　HLL 格式的近似 Riemann 解

对界面通量计算采用 HLL(Harten,Lax,van Leer)格式,该格式求解 Riemann 近似问题时形式简单,功能要优于其他格式,通量求解过程如下

$$F^* = \begin{cases} F(U_L) & (s_L \geqslant 0) \\ F_{LR} = \left[\dfrac{B_R s_R f_1^L - B_L s_L f_1^R + B_R s_L s_R (Z_R - Z_L)}{B_R s_R - B_L s_L}, \dfrac{s_R f_2^L - s_L f_2^R + s_L s_R (Q_R - Q_L)}{s_R - s_L}\right]^{\mathrm{T}} & (s_L < 0 < s_R) \\ F(U_R) & (s_R \leqslant 0) \end{cases} \tag{1-7-3}$$

式中,s_L 和 s_R 为计算单元左右两侧的波速,当 $s_L \geqslant 0$ 和 $s_R \leqslant 0$ 时,计算单元界面的通量值分别由其左右两侧单元的水力要素确定,当 $s_L \leqslant 0 \leqslant s_R$ 时,计算单元界面的通量由 HLL 近似 Riemann 解给出。

经过离散后,式(1-7-2)中的连续方程变为如下形式

$$Z_i^{n+1} = Z_i^n - \frac{1}{B_i}\frac{\Delta t}{\Delta x_i}[(f_1)_{i+1/2}^* - (f_1)_{i-1/2}^*] \tag{1-7-4}$$

可以看出,式中变量 Q 被通量 f_1 取代,由于通量 f_1 可以保持很好的守恒特性,而变量 Q 不具备这个特点,因此为了保持计算格式的和谐性,Ying 等提出采用通量 f_1 的值取代输出结果中的 Q 值,而由动量方程计算得出的 Q 值仅作为计算 Riemann 问题的中间变量。

7.1.2.2　二阶数值重构

采用 HLL 格式近似 Riemann 解求解界面通量在空间上仅具有一阶精度,为了使数值解的空间精度提高到二阶,采用 MUSCL 方法对界面左右两侧的变量进行数值重构,其表达式为:

$$\boldsymbol{U}_{i+1/2}^L = \boldsymbol{U}_i + \frac{1}{2}\varphi(r_i)(\boldsymbol{U}_i - \boldsymbol{U}_{i-1}), \boldsymbol{U}_{i+1/2}^R = \boldsymbol{U}_{i+1} - \frac{1}{2}\varphi(r_{i+1})(\boldsymbol{U}_{i+2} - \boldsymbol{U}_{i+1}) \tag{1-7-5}$$

式中:$r_i = (\boldsymbol{U}_{i+1} - \boldsymbol{U}_i)/(\boldsymbol{U}_i - \boldsymbol{U}_{i-1})$,$r_{i+1} = (\boldsymbol{U}_{i+1} - \boldsymbol{U}_i)/(\boldsymbol{U}_{i+2} - \boldsymbol{U}_{i+1})$。$\varphi$ 是限制器函数,本书采用应用较为广泛的 Minmod 限制器,该限制器可以使格式保持较好的 TVD(垂直深度)性质。

为使保持数值解整体上提高到二阶精度,同时维持数值解的稳定性,对时间步采用 Hancock 预测、校正的两步格式:

$$\begin{aligned} \boldsymbol{U}_i^{n+1/2} &= \boldsymbol{U}_i^n - \frac{1}{2}\frac{\Delta t}{\Delta x_i}\boldsymbol{D}_i^{-1}[\boldsymbol{F}_{i+1/2}(\boldsymbol{U}_{i+1/2}^n) - \boldsymbol{F}_{i-1/2}(\boldsymbol{U}_{i-1/2}^n)] \\ \boldsymbol{U}_i^{n+1} &= \boldsymbol{U}_i^{n+1/2} - \frac{\Delta t}{\Delta x_i}\boldsymbol{D}_i^{-1}[\boldsymbol{F}_{i+1/2}^*(\boldsymbol{U}_{i+1/2}^{n+1/2}) - \boldsymbol{F}_{i-1/2}^*(\boldsymbol{U}_{i-1/2}^{n+1/2})] + \Delta t\boldsymbol{D}_i^{-1}\boldsymbol{S}_i \end{aligned} \tag{1-7-6}$$

其中,$\boldsymbol{U}_{i+1/2}^{n+1/2}$,$\boldsymbol{U}_{i-1/2}^{n+1/2}$为计算的中间变量。

7.1.2.3 源项的处理

源项包括水面梯度项和摩阻项。摩阻项直接采用显格式处理。对于水面梯度项的处理,为了保持数值解的光滑性,采用空间数值重构后的水位变量值来计算水面梯度,其表达式如下

$$\partial Z/\partial x_i = (\overline{Z}_{i+1/2} - \overline{Z}_{i-1/2})/\Delta x_i \tag{1-7-7}$$

其中,$\overline{Z}_{i+1/2} = (Z_{i+1/2}^L + Z_{i+1/2}^R)/2$,$\overline{Z}_{i-1/2} = (Z_{i-1/2}^L + Z_{i-1/2}^R)/2$。$Z_{i\pm1/2}^L$和$Z_{i\pm1/2}^R$为采用TVD - MUSCL方法差值后的水位值。

7.1.3 参数的确定

糙率参照重点防治区所在河流的沟道形态、床面粗糙情况、植被生长状况、弯曲程度以及人工建筑物等因素确定:

(1)如果有实测水文资料,应采用该资料进行推算,确定水位流量转换中的糙率;

(2)如果无实测水文资料,应根据沟道特征,参照天然或人工河道典型类型和特征情况下的糙率,确定水位流量转换中的糙率。

通常有基于实测水文资料进行糙率推算、查表法以及糙率公式法3种方法确定河道糙率。

7.1.3.1 基于实测水文资料进行糙率推算

如果为某一河段,根据实测的水位Z、流量Q、断面面积A、湿周χ等,用曼宁公式反算求得糙率n,见式(1-7-8)。

$$n = \frac{A}{Q} R^{2/3} J^{1/2} \tag{1-7-8}$$

7.1.3.2 查表法

当河道的实测资料短缺时,可根据河道特征,查表参照类似的糙率。

7.1.3.3 糙率公式法

在无实测资料,也无类似河道糙率可参考的情况下,用式(1-7-9)计算

$$n = (n_0 + n_1 + n_2 + n_3 + n_4) m_5 \tag{1-7-9}$$

式中,n_0为天然顺直、光滑、均匀渠道的基本糙率;n_1为考虑水面不规则的影响;n_2为河道断面形状以及尺寸变化的影响;n_3为阻水物的影响;n_4为植物的影响;m_5为河道曲折情况的影响。各项的取值可参见表1-7-1。

此外,也可以参考中华人民共和国水利行业标准《水工建筑物与堰槽测流规范》(SL 537—2011),根据相应的地区和类型,选择糙率参数值。

根据临汾市各县(市、区)重点防治区所在河流沟道的河床组成、水流流态以及岸壁特征、植被生长状况、弯曲程度以及人工建筑物等因素,参考天然河道和人工渠道糙率表,对照确定重点防治区河道的糙率值。

表 1-7-1　糙率公式参数选值

河道情况			数值
材料	土料	n_0	0. 020
	石料		0. 025
	细砾		0. 024
	粗砾		0. 028
不规则程度	光滑的	n_1	0. 000
	较小的		0. 005
	中等的		0. 010
	严重的		0. 020
横断面变化	渐变的	n_2	0. 000
	不经常改变的		0. 005
	经常改变的		0. 010 ~ 0. 015
阻水物影响	可以忽略的	n_3	0. 000
	较小的		0. 010 ~ 0. 015
	中等的		0. 020 ~ 0. 030
	严重的		0. 040 ~ 0. 060
植被	低矮的	n_4	0. 005 ~ 0. 010
	中等的		0. 010 ~ 0. 025
	高的		0. 025 ~ 0. 050
	很高的		0. 050 ~ 0. 100
曲折程度	较小的	m_5	1. 000
	中等的		1. 150
	严重的		1. 300

7. 2　洪灾危险区范围确定

根据《山洪灾害分析评价技术要求》，危险区范围为最高历史洪水位和 100 年一遇设计洪水位中的较高水位淹没范围以内的居民区域。

重点防治区 100 年一遇设计洪水的淹没范围主要是根据经核对后的山西省工程测绘院提供的横、纵断面数据，使用设计洪水水面线推求。最高历史洪水位主要是通过查阅《山西省历史洪水调查成果》《山西洪水研究》等文献资料和现场历史洪水调查而得。

7.3 洪灾危险区等级划分

危险区等级划分是在危险区范围划定的基础上,根据洪水的重现期,结合危险区内居民类型将危险区划分为三个等级,即:极高危险区、高危险区、危险区。统计不同等级危险区内人口信息,分析确定最佳的转移路线和临时安置地点。

危险区等级划分方法主要是按照危险区等级划分标准,将洪水重现期小于5年一遇的划分为极高危险区;大于等于5年一遇,小于20年一遇的划分为高危险区;大于等于20年一遇至历史最高重现期的划分为危险区。危险区等级初步划分标准见表1-7-2。

表1-7-2　危险区等级初步划分标准

危险区等级	洪水重现期	说明
极高危险区	小于5年一遇	属较高发生频次
高危险区	大于等于5年一遇,小于20年一遇	属中等发生频次
危险区	大于等于20年一遇至历史最高	属稀遇发生频次

应根据具体情况按照初步划分的危险区适当调整危险区等级:

(1)初步划分的危险区内存在学校、医院等重要设施,应提升一级危险区等级;

(2)河谷形态为窄深型,到达成灾水位以后,水位流量关系曲线陡峭,对人口和房屋影响严重的情况,应提升一级危险区等级。

7.4 洪灾危险区灾情分析

7.4.1 各级危险区人口统计

根据危险区等级最终划分成果和提取或现场调查的重点防治区居民人口高程分布关系,统计各级危险区范围内的人口、户数等信息,填写“现状防洪能力评价表”。

7.4.2 现状防洪能力评价

根据重点防治区100年、50年、20年、10年和5年一遇设计洪水水面线成果,结合重点防治区地形及居民户高程,勾绘各频率设计洪水淹没范围。

7.4.2.1 成灾水位及控制断面的确定

成灾水位通过对比临河一侧居民户高程和重点防治区河段水面线确定,具体方法为:

(1)根据各频率设计洪水淹没范围,确定能够威胁到居民户的最小设计洪水重现期。

(2)将该重现期设计洪水淹没的临河一侧居民户投影到纵断面上,绘制居民户高程与该重现期设计洪水水面线对比示意图,居民户低于水面线即代表被淹没。

(3)距离该水面线最远的居民户高程即为成灾水位,距离该居民户最近的横断面即为控制断面。

7.4.2.2　成灾水位对应频率

根据水位流量关系推求成灾水位对应的洪峰流量,采用插值法利用洪峰流量频率曲线确定其频率,换算成重现期,得到各县(市、区)重点防治区的现状防洪能力,并绘制"各县(市、区)沿河村落现状防洪能力分布图"。

7.4.2.3　水位—流量—人口关系

根据重点防治区 5 个典型频率设计洪水对应的水面线成果,结合重点防治区地形地貌、居民户高程情况,勾绘划定各频率设计洪水淹没范围。统计不同频率设计洪水位下的累积人口、户数,填写"各县(市、区)控制断面水位—流量—人口关系表",并绘制"各县(市、区)沿河村落水位—流量—人口对照图"。

7.4.2.4　各县(市、区)现状防洪能力评价成果

临汾市各县(市、区)都进行了现状防洪能力评价,17 县(市、区)共 915 个重点防治区。本篇中以襄汾县为例给出其现状防洪能力评价成果,其余各县(市、区)成果见第 4 篇。

襄汾县 26 个重点防治区中需进行防洪现状评价的区域共 26 个,经计算分析,现状防洪能力均大于 5 年一遇小于 100 年一遇,其中现状防洪能力大于等于 5 年一遇小于 20 年一遇的有 12 个,现状防洪能力大于等于 20 年一遇且小于 100 年一遇的有 14 个。

根据 26 个重点防治区 5 个典型频率设计洪水对应的水面线成果,结合重点防治区地形地貌、居民户高程情况,勾绘划定其淹没范围,并进行现状防洪能力评价和危险区等级的划分。经统计,襄汾县 26 个重点防治区中极高危险区内没有居民,高危险区内有 681 户 2 874 人,危险区内有 700 户 2 961 人。

第8章 临汾市山洪灾害预警指标

8.1 雨量预警指标

一般情况下,山洪成灾的原因是局地暴雨形成洪水,导致河水急速上涨,水位超过河岸高度形成漫滩,上滩洪水对农田和房屋造成安全威胁。根据河水漫滩的水位,结合实测河流断面资料计算出相应的流量,即为危险流量。由于径流是由降雨产生的,从达到危险流量的时间开始往前推,在一定时间之内的累计降雨量即为临界雨量。

山洪的大小除了与降雨总量、降雨强度有关外,还和流域土壤饱和程度或前期影响雨量密切相关。随着流域前期影响雨量的变化,临界雨量值也会随之发生变化。因此,在建立临界雨量指标时,应该考虑山洪防治区中小流域前期影响雨量,给出不同前期影响雨量条件下的临界雨量。

雨量预警指标计算采用双曲正切产流模型与单位线流域汇流模型,对重点防治区控制断面以上流域进行了产、汇流模拟分析,推求雨量预警指标。

8.1.1 预警时段确定

预警时段是指雨量预警指标中采用的典型降雨历时,是雨量预警指标的重要组成部分。受重点防治区上游集雨面积大小、降雨强度、流域形状及其地形地貌、植被、土壤含水量等因素的影响,预警时段会发生变化,因此需要合理确定。

根据防治区暴雨特性、流域面积大小、平均比降、形状系数、下垫面情况等因素,将预警时段拟定为0.5 h、1 h、2 h、3 h、4 h、5 h和6 h。

8.1.2 流域土壤含水量

流域土壤含水量通过《山西省水文计算手册》中的流域前期持水度 B_0 作为综合反映流域土壤含水量或土壤湿度的间接指标。B_0 取值为0、0.3和0.6,分别代表土壤湿度较干、一般和较湿3种情况。

8.1.3 临界雨量计算

在确定了成灾水位、预警时段以及产、汇流分析方法后,就可以计算不同前期影响雨量(B_0)下各典型时段的危险区临界雨量。具体计算步骤如下:

(1)假设一个最大2 h～最大6 h的降雨总量初值 H。根据设计雨型,分别计算出最大 2 h ~ 最大 6 h 的降雨量 $P'_2 \sim P'_6$。

(2)计算暴雨参数。由式(1-8-1)和式(1-8-2)计算得到不同暴雨参数下的最大 1 h ~ 最大 6 h 的降雨总量值 $H_1 \sim H_6$ 及最大 2 h ~ 最大 6 h 的降雨量 $P_2 \sim P_6$。根据表 1-8-1 中暴雨参数的范围,可以得到多组 $P_2 \sim P_6$,将每组 $P_2 \sim P_6$ 与 $P'_2 \sim P'_6$进行比较,误差平方和最小的那组 $P_2 \sim P_6$ 所用参数即为所要求的暴雨参数。

$$H_p(t) = \begin{cases} S_p \cdot t^{1-n}, \lambda \neq 0 \\ S_p \cdot t^{1-n_s}, \lambda = 0 \end{cases} \qquad (0 \leqslant \lambda < 0.12) \tag{1-8-1}$$

$$n = n_s \frac{t^\lambda - 1}{\lambda \ln t} \tag{1-8-2}$$

式中,n、n_s 分别为双对数坐标系中设计暴雨历时—雨强关系曲线的坡度及 $t = 1$ h 时的斜率;S_p 为设计雨力,即 1 h 设计雨量,mm/h;t 为暴雨历时,h;λ 为经验参数。

表 1-8-1　暴雨参数取值范围

暴雨参数	取值范围	精度	备注
S_p	P_2 ~ 100	0.1	
n_s	0.01 ~ 1	0.01	
λ	0.001 ~ 0.12	0.001	

(3)由步骤(2)计算得的暴雨参数值,用式(1-8-1)和式(1-8-2)可以计算最大 1 h ~ 最大 6 h 的雨量;根据设计雨型,得到典型时段内每小时的雨量 $H_{p1}, H_{p2}, \cdots, H_{p6}$。

(4)使用双曲正切产流模型与单位线流域汇流模型进行产、汇流分析,计算由典型时段内各个小时降雨所形成的洪峰流量 Q_m(具体步骤参见本篇第 6 章相关内容)。

(5)如果 $| Q_m - Q | > 1$ m³/s,则用二分法重新假设 H。

(6)步骤(2) ~ (5),直到 $| Q_m - Q | \leqslant 1$ m³/s,典型时段内各小时的降雨总量即为临界雨量。

根据临汾市各县(市、区)重点防治区成灾水位对应洪峰流量成果,结合上述计算步骤,反推得到这个村落的动态临界雨量,完成临界雨量成果表,并由动态临界雨量绘制出预警雨量临界曲线图。

8.1.4　雨量预警指标综合确定

8.1.4.1　立即转移指标

由于临界雨量是从成灾水位对应流量的洪水推算得到的,所以在数值上认为临界雨量即立即转移指标。

8.1.4.2　准备转移指标

预警时段为 1 h 或者 0.5 h 时,准备转移指标 = 立即转移指标 ×0.7。

预警时段为 2 ~6 h 时,前一个预警时段的立即转移指标即为该预警时段的准备转移指标。

临汾市各县(市、区)重点防治区预警指标成果表、重点防治区预警指标分布图见

第3、4篇。

临汾市蒲县东辛庄村预警时段为1 h,$B_0=0$时立即转移值为75 mm,准备转移值为64 mm。

8.2 水位预警指标

8.2.1 适用条件

只针对具备水位预警条件的预警对象分析水位预警指标。

8.2.2 临界水位计算

水位预警指标是下游危险区成灾水位相应流量对应上游水位站相应流量的水位。水位站临界水位的计算有两种方法:一为水面线推算,根据成灾水位对应的流量按水面线法推算上游水位站的相应水位;二为首先推求水位站的水位流量关系,在关系线上查下游危险村成灾流量的相应水位。水位站水位流量关系采用比降面积法。本书中采用第二种方法推求。

比降面积法计算公式如下

$$Q_C = \frac{\overline{K}S_C^{\frac{1}{2}}}{\sqrt{1 - \frac{(1-\xi)\alpha\,\overline{K}^2}{2gL}\left(\frac{1}{A_{上}^2} - \frac{1}{A_{下}^2}\right)}} \tag{1-8-3}$$

式中:Q_C为恒定流流量,m^3/s。$A_{上}$、$A_{下}$为比降上、下断面过水面积,m^2。g为重力加速度,$g=9.81\ m/s^2$。L为比降上、断面间距,m。S_C为恒定流态下的水面比降。ξ为断面沿程收缩或扩散系数(收缩取负号,扩散取正号代入公式),河段断面收缩时,一般可取$\xi=0$;断面突然扩散时,$\xi=0.5\sim1.0$;逐渐扩散时,$\xi=0.3\sim0.5$,一般可取$\xi=0.3$。α为动能矫正系数,与断面上流速分布是否均匀有关,一般比较顺直、底坡不大且断面较规则的河段,其值介于1.05~1.15之间,取$\alpha=1$。对于山区河流,当底坡较大,且断面较规则、流速分布极不均匀时,可用下式近似计算

$$\alpha = \frac{(1+\varepsilon)^3}{1+3\varepsilon} \tag{1-8-4}$$

$$\varepsilon = \frac{V_m}{V} - 1 \tag{1-8-5}$$

其中:V_m为断面上最大点流速;V为断面平均流速;$\overline{K}$为河段平均输水率。当具有比降上、中、下断面,过水断面沿程收缩或扩散变化不均匀,包括上河段收或扩,下河段扩或收,$\overline{K}$值可用下式计算

$$\overline{K} = \frac{A_{上}R_{上}^{\frac{2}{3}} + 2A_{中}R_{中}^{\frac{2}{3}} + A_{下}R_{下}^{\frac{2}{3}}}{4n} \tag{1-8-6}$$

其中：n 为河段平均糙率；$A_{上}$、$A_{中}$、$A_{下}$ 为上、中、下断面过水面积，m^2；$R_{上}$、$R_{中}$、$R_{下}$ 为上、中、下断面的水力半径，m。

水力半径与断面平均水深一般有良好的关系，可以根据一次实测断面资料计算，并建立断面平均水深与水力半径关系线。当宽深比 $B/\bar{h} \geqslant 100$ 时，也可用平均水深直接代替水力半径，但一个河段内各断面各级水位应一致。

8.2.3　水位预警指标综合确定

水位预警指标包括准备转移和立即转移两级指标，临界水位即为立即转移指标，根据河段地形地貌及河谷形态，将临界水位减去某一差值作为水位预警的准备转移指标，差值取值参考见表 1-8-2。

表 1-8-2　立即转移与准备转移指标差值取值表

河谷形态	差值参考范围(m)
宽浅型	0.1 ~ 0.2
峡谷型	0.3 ~ 0.5

临汾市境内共有自动监测站 278 处，简易雨量站 1 274 处，简易水位站 3 处，均为山洪灾害站点。山洪从水位站演进至下游预警对象的时间不应小于 30 min，否则将失去预警的意义。

第2篇

临汾市山洪灾害防控研究

第1章　山洪灾害防治现状

1.1　非工程措施

2010年7月1日国务院常务会议决定要"加快实施山洪灾害防治规划，加强监测预警系统建设，建立基层防御组织体系，提高山洪灾害防御能力"。按照国务院常务会议精神，水利部、财政部等部(局)在总结试点经验基础上，决定在全国山洪灾害防治区开展山洪灾害防治县级非工程措施建设。计划用3年时间，初步建成覆盖全国1 836个县的县级山洪灾害防治区的非工程措施体系，全面提高我国山洪灾害防御能力，有效减轻人员伤亡，尤其要有效避免群死群伤事件的发生。国家防办承担项目的组织管理工作，积极采取各种措施，推进项目实施。临汾市积极响应国家政策，先后开展了各县(市、区)的非工程措施建设任务，截至2016年，临汾市17个县(市、区)的非工程措施共有2 804处，其中自动监测站278处，简易雨量站1 274处，简易水位站3处，无线预警广播站1 249处。临汾市各县(市、区)详情现状见表2-1-1。

表2-1-1　临汾市非工程措施汇总表

行政区名称	非工程措施(处)			
	自动监测站	简易监测站		无线预警广播站
		简易雨量站	简易水位站	
尧都区	17	146	0	146
曲沃县	13	47	0	56
翼城县	20	58	0	70
襄汾县	6	59	0	54
洪洞县	13	122	0	122
古县	20	94	0	70
安泽县	25	96	0	100
浮山县	10	63	0	63
吉县	13	52	0	46
乡宁县	27	79	3	51
大宁县	19	74	0	80
隰县	25	83	0	99
永和县	19	50	0	41
蒲县	22	92	0	112
汾西县	8	91	0	68
侯马市	7	12	0	18
霍州市	14	56	0	53

1.2 工程措施

工程措施和非工程措施在山洪灾害的防治中均起着至关重要的作用,二者相辅相成,缺一不可。临汾市17个县(市、区)工程措施共有1 499处,其中水库59座,水闸42座,堤防144座,塘坝489座,桥梁399座,路涵366座。临汾市各县(市、区)详情现状见表2-1-2。

表2-1-2 临汾市工程措施汇总表

行政区名称	工程措施(座)					
	水库	水闸	堤防	塘坝	桥梁	路涵
尧都区	8	6	2	3	60	87
曲沃县	10	0	3	9	12	14
翼城县	11	8	6	22	15	22
襄汾县	3	18	9	3	24	83
洪洞县	8	8	4	7	2	18
古县	1	1	0	1	16	4
安泽县	1	1	29	0	27	5
浮山县	6	0	0	30	17	2
吉县	2	0	3	54	12	8
乡宁县	2	0	53	73	41	16
大宁县	0	0	2	72	8	4
隰县	2	0	13	90	52	49
永和县	1	0	2	63	11	9
蒲县	1	0	0	45	79	21
汾西县	0	0	0	14	7	4
侯马市	2	0	1	3	2	20
霍州市	1	0	17	0	14	0

1.3 防治现状及完善措施

《全国山洪灾害山洪规划》提出到2020年“在山洪灾害重点防治区全面建成非工程措施与工程措施相结合的综合防灾减灾体制,在山洪灾害一般防治区初步建立以非工程措施为主的防灾减灾体制,极大程度地减少人员伤亡和财产损失,山洪灾害防治能力与山丘区全面建设小康社会的发展要求相适应”的规划目标。

从临汾市山洪灾害的工程性和非工程性措施现状来看，目前，临汾市17县(市、区)虽然已落实部分工程措施，但运行人员组织机构、预警系统建设、应急防洪预案启动等工作仍需完善。为切实加强山洪灾害防御工作，保障人民生命安全和山区经济社会发展，必须把防御山洪灾害摆在突出位置，认真总结经验教训，研究山洪发生的特点和规律，采取综合防御对策，最大限度地减少灾害损失。

目前，临汾市山洪灾害防治的任务依然艰巨，山洪灾害防御面临的形势依然严峻。因此2016～2020年需要继续加大投入，尽快完成《全国山洪灾害防治项目实施方案(2013—2015年)》确定的建设任务，同时考虑社会经济发展对山洪灾害防治的新要求，进一步提高重点区域的监测预警技术水平与保障能力，扩大群测群防覆盖范围与社会服务能力，在山洪灾害防治区持续开展宣传培训演练，不断提高山丘区群众主动防灾避险意识，逐步实现山洪灾害防治总体目标。

(1)继续完善各级山洪灾害监测预警系统。强化信息共享和综合应用，继续开展平台延伸到乡镇及视频会商系统建设。升级完善省、地市级监测预警信息管理系统，利用大数据、云服务、移动互联网等新技术，提高系统的监测预报预警能力和数据运行维护效率，扩大预警信息覆盖面，逐步开展山洪灾害预警信息社会服务。根据标准升级、技术进步和科技创新及前期设施更新换代需求，对部分监测预警设施进行改造升级(提标升级)，提高可靠性和保障能力，重点加强学校、旅游景区等人口密集地区的预警能力建设。

(2)补充开展山洪灾害调查评价相关工作。对新发现的山洪灾害区域进行补充调查评价，根据实际水雨情、灾情，复核和检验调查评价成果，率定分析预警指标，提高精准度，集成、挖掘分析与应用山洪灾害调查评价成果。开展山洪灾害综合保障体系建设，在重点地区配置必要的救援设备，加强技术支撑保障，强化制度政策保障体系建设。持续开展县、乡、村三级山洪灾害防御预案修订、宣传、培训和演练等群测群防体系建设。开展山洪灾害防治重点县示范建设。

(3)重点山洪沟防洪治理。根据试点经验加大山洪沟防洪治理力度，以保护居民区人员生命安全为重点，守点固岸，对山洪沟沿岸村落、城镇、集中居民点、重要基础设施等采取护岸、堤防等治理措施，与非工程措施相结合形成综合防御体系。

第2章 监测预警系统建设

山洪灾害具有突发性强、点多面广、破坏力大等特点,往往导致人员伤亡,房屋、田地、道路、桥梁等被毁,甚至导致水库、塘坝、堤防溃决,给国民经济和人民生命财产造成严重危害。随着信息技术的高速发展,地理信息系统(GIS)在水利行业已被广泛应用,山洪灾害监测系统利用互联网可获得所需要的各种地理空间信息、属性信息、图像和视频信息,同时可进行地理空间分析,获得更加全面、直观、有效的综合信息,将地理位置和相关属性有机结合起来,根据实际需要将各类数据展示给用户。

山洪灾害监测预警系统由前端数据采集设备、供电设备、传输设备和监控中心组成,前端安装在水库或水电站的数据采集主机将采集到的视频图像、水位、降雨量、水温、气压等数据通过 GPRS 或 3G 等无线方式传输到监控中心,监控中心软件可以显示并分析前端设备采集的数据,当出现警情时会发出预警信息,提醒相关指挥人员做好抢险救灾工作准备。山洪灾害监测预警系统结构示意图和拓扑图见图 2-2-1、图 2-2-2。

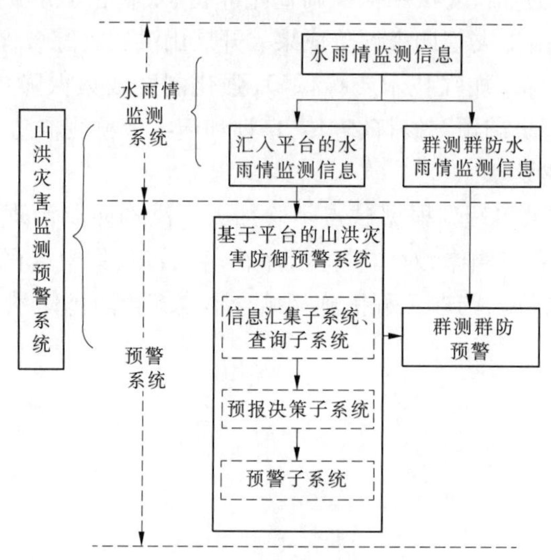

图 2-2-1 山洪灾害监测预警系统结构示意图

由于临汾市各县(市、区)虽建设有大量的非工程措施,但并不完善,不足以将临汾市各县各地进行监测、预警一体化的系统监测,还需进行对非工程措施的继续建设,做到实时监测、提前预警,为临汾市人民生命财产安全负责,防患于未然,实现山洪灾害监测预警一体化。

图 2-2-2　山洪灾害监测预警系统拓扑图

2.1　水雨情监测系统

水雨情监测主要指对水位和雨量的监测，不涉及流量、泥沙、蒸发等其他水情信息监测方案设计。设计内容主要包含水雨情监测站网布设、信息采集、信息传输等。

通过建设实用、可靠的水雨情监测系统，扩大山洪灾害易发区水雨情收集的信息量，提高水雨情信息的收集时效，为山洪灾害的预报预警、做好防灾减灾工作提供准确的基本信息。水雨情监测系统架构见图 2-2-3，由于临汾市当地的环境条件限制，有些地方可能会出现运营商信号无法覆盖的情况，单纯通过 GPRS 方式无法达到通信要求，需要遥测终端机具有多种通信方式，根据地势的不同，可选采用卫星、超短波、短信、GPRS 进行数据传输。

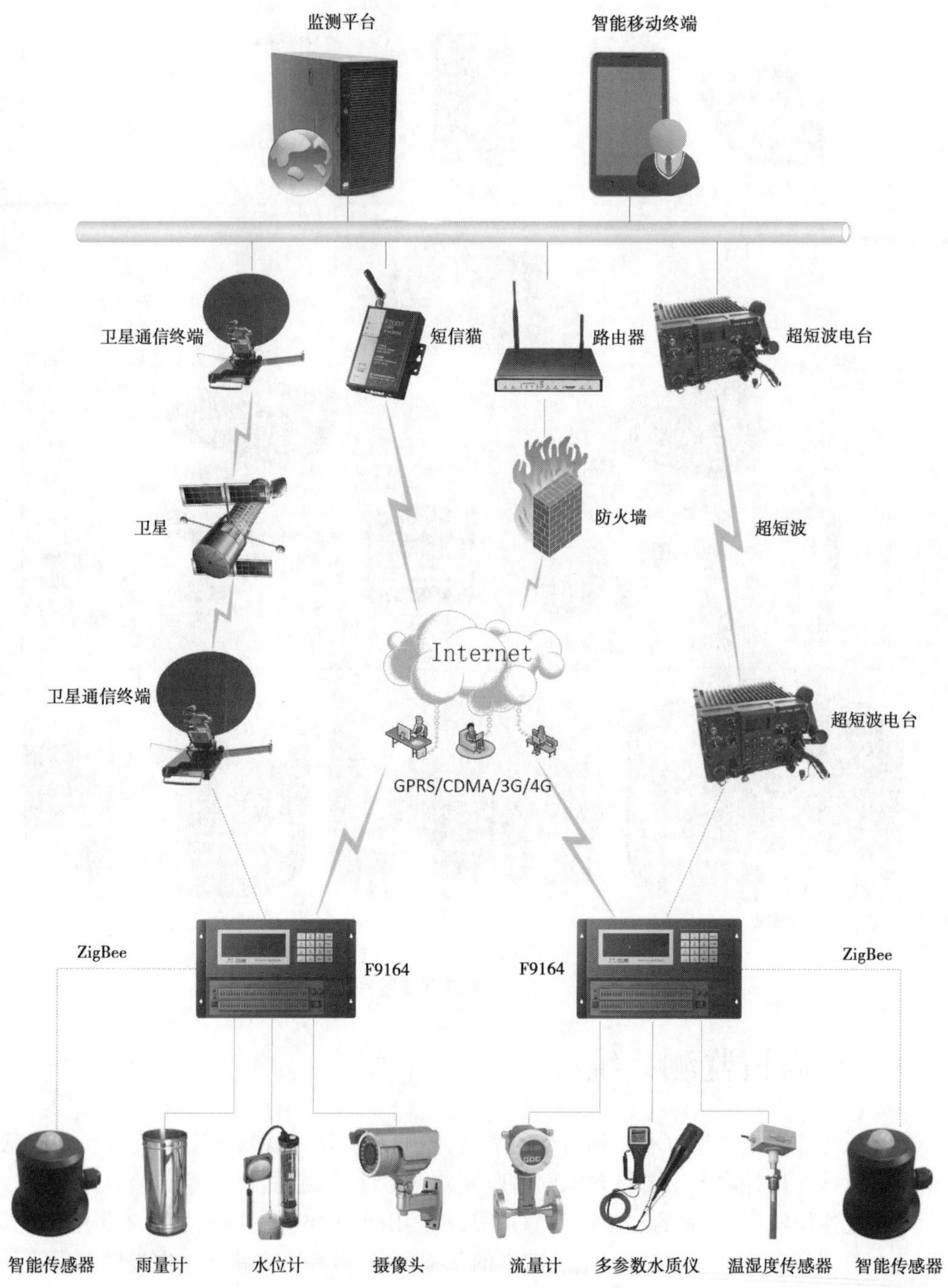

图 2-2-3　水雨情监测系统架构

(1)北斗卫星通信系统。北斗卫星通信系统由卫星、接收站、中心站组成。在北斗卫星通信网络中,监测站和中心站需配置北斗卫星通信终端及天馈线等主要通信设备。

(2)GPRS 通信系统。GPRS 接入方式主要有 Internet 接入、专线接入,可根据需求选用。中心站根据接入方式不同,需配置接入 Internet 的固定 IP 或专线。

(3)超短波通信。在超短波通信网中,测站、中继站、中心站所必需的主要通信设备为超短波电台及天馈线、避雷器等。

(4)短信通信。利用短信通信实现数据传输,各地可根据需求采用点对点通信。

用短信通信方式组成数据传输网,测站需配置短信通信终端及天线、SIM 卡,中心站则根据选用的组网方式不同配置短信通信终端及天线、SIM 卡或者配置短信专用服务器及专线等。

对于有公网覆盖的地区,一般应选用公网进行组网;对于公网未能覆盖的丘陵和低山地区,一般宜选用超短波通信方式进行组网;对于既无公网,又无条件建超短波的地区,则选用卫星通信方式。对于重要监测站且有条件的地区,尽量选用两种不同通信方式组网、实现互为备份、自动切换的功能,确保信息传输信道的畅通。

2.1.1　设计原则

(1)实用、可靠。山洪灾害防御水雨情监测站的环境条件恶劣,监测人员的技术水平参差不齐,系统选用的监测方法、技术、设备应注重实用、可靠,符合山洪灾害监测预警的实际需求。

(2)突出重点,合理布设监测站网。山洪灾害分布面广,优先考虑在当地和人民生命财产危害严重的山洪灾害多发区建立监测系统。在现有的气象及水文站网基础上,充分考虑地理条件、受山洪灾害威胁的程度,以及暴雨分布特点,合理布设水雨情监测站网。

(3)人工监测与自动监测相结合。根据山洪灾害发生点多面广的特点,通信条件好的地方建设自动监测站,通信条件差的偏远自然村建设适量的简易监测站。

(4)因地制宜地选择信息传输通信组网方式。信息传输通信组网的设计应根据山洪灾害防御信息传输实际需求,结合山洪灾害防治区地理环境、气候条件、现有通信资源、供电情况、居民居住分布等实际情况,因地制宜地选择和确定通信方式,以保证信息传输的可能性、实时性和可靠性。充分利用现有的通信资源,专网与公网相结合,节省系统建设、管理及运行的投资。

2.1.2　监测方式及报汛工作体制

根据山洪灾害预警的需要和各地的建站条件,考虑山洪灾害威胁区地形地貌复杂、降雨分布不均、群众居住分散、地方经济发展不均衡等实际情况,水雨情监测站可建成简易站和自动站。其监测方式及报汛工作体制要求如下。

2.1.2.1　简易监测站

为扩大水雨情信息监测的覆盖面,充分发挥村组自防自救的作用,因地制宜地配置简易的雨量、水位监测设施,由乡、村、组采用直观、可行的监测方法进行水雨情信息的监测。利用本区域适用的预警方式进行信息发布,达到群测群防的目的。

简易雨量站、水位站采用有雨定时监测,大到暴雨或水位上涨加密监测的工作形式,及时上报和通知下游相关村组。本地监守人员根据警报级别不同统计水量,并以手机或短信或网络的方式上报中心,由中心平台对数据进行处理,得出山洪、泥石流发生的概率,产生预警信息,通过预警广播系统或LED发布系统进行播报。若当地降水量达到紧急情况,当地监守人员还可直接通过预警广播系统进行紧急人工播报,及时将警报信息通知到各家各户,进行紧急避险。

2.1.2.2 自动监测站

为及时掌握山洪灾害威胁区的雨水情信息,应根据本地区的暴雨洪水特性、区域分布和人员居住、经济布局条件,设立自动监测雨量、水位站点。采用有人看管、无人值守的管理模式,实现水雨情信息的自动采集、传输。

自动监测站采用自报式、查询—应答式相结合的遥测方式及定时自报、事件加报和召测兼容的工作体制;对超短波组网的自动监测站,则采用增量随机自报与定时自报兼容的工作体制。

2.1.3 监测站网布设

站网布设时,在对所在区域历史山洪灾害和经济社会调查及河道资料分析的基础上,充分考虑山洪灾害易发区人口居住密度以及学校、工矿企业的分布情况;以经济、高效和实用为原则,既要照顾受山洪影响的村,又要突出重点,对山洪灾害频发及人口密度大的小流域加大监测站的布设密度,满足山洪灾害实时预报和预警的要求。同时应考虑充分利用水文、气象现有站网,避免重复建设,考虑通信、交通等运行管理维护条件。

2.1.3.1 站点布设原则

1. 雨量站

在山洪灾害严重的区域按照20~100 km^2/站的密度布设自动雨量站;在滑坡、泥石流等地质山洪灾害特别严重的乡(镇)、山洪灾害频发及人口密度大的村组、山洪灾害易发区的暴雨中心,按照20~30 km^2/站的密度布设自动雨量站,视测站重要程度和当地的建站条件、经济条件确定自动站的数量。在自动雨量站未覆盖的区域,按照村(组)布设简易雨量站,布设在代表性好、便于看管维护的地方。

2. 水位站

流域面积超过100 km^2 的山洪灾害严重的流域,且河流沿岸为旗、乡(镇)政府所在地或人口密集区、有重要工矿企业的,布设水位观测站,有条件的布设自动水位站。流域面积50~100 km^2 的山洪灾害严重的小流域,如果河流沿岸有人口较为集中的居民区或有较重要工矿企业、较重要的基础设施,布设简易水位观测站。

站点布设应考虑通信、交通等运行管理维护条件。已有的自动监测水位站应纳入本系统站网,其监测信息应进入县级监测预警平台。

3. 旱情监测站

在人口较多、经济发达、土壤特性典型、对农牧业依赖较高的地区设立旱情自动监测站,采用增量随机自报、定时自报、事件加报和召测兼容的工作体制,采用有人看管、无人值守的管理模式。配置相应的土壤水分传感器,以及采集终端、通信终端设备,使用公网组网,实现土壤墒情信息的自动采集、传输。

2.1.3.2　监测站网确定

根据监测站网布设要求,在重点小流域内的乡(镇),按照全面覆盖、重点突出的原则,确定雨量监测站的位置和数量,以满足山洪灾害水雨情监测信息的需要。

在其他水雨情监测预警空白区增加自动雨量监测站,为了发挥山洪灾害群测群防作用,在未安装自动雨量监测站的村、组设立简易雨量站。在一些易发生洪灾的河流布设自动雨量与简易水位监测一体的监测站,即自动雨量简易水位站。另外布设自动旱情监测站,以便掌握土壤实时墒情信息。

2.1.3.3　监测站点布设技术要求

监测站网主要布设在易遭受山洪灾害的中小流域。通过山洪灾害易发程度降雨分区和区域历史洪水、社会经济调查,在充分利用现有监测站点的基础上,布设监测站网。

1.雨量站布设

(1)分区控制原则:依据山洪灾害易发程度降雨分区,原则上按照 20 ~ 100 km^2/站的密度布设雨量监测站;在高易发降雨区、人口密度较大的山洪灾害频发区适当加密站点。

(2)流域控制原则:布设监测站点时优先考虑山区的中小流域,站点应尽量安置在流域中心等有代表性的、且有人看管的地段,要注意避开雷区。

(3)地形控制原则:山区降雨受地形的抬升作用,布设雨量站时应充分考虑地形和海拔高度等因素。

(4)简易雨量站原则上以自然村为单位进行布设,人员比较分散且受山洪威胁大的自然村可适当增加。

(5)站网布设时充分考虑通信、交通等运行管理维护条件。

(6)已有的雨量监测站纳入本系统站网,其监测信息相应进入监测预警平台。

2.水位站布设

(1)面积超过 100 km^2的山洪灾害严重的流域,且河流沿岸为县、乡政府所在地或人口密集区,有重要工矿企业的,布设水位观测站,有条件的布设自动水位站。

(2)流域面积 50 ~ 100 km^2的山洪灾害严重的小流域,河流沿岸有人口较为集中的居民区或有较重要工矿企业、较重要的基础设施的,布设自动水位观测站或简易水位观测站。其他小流域根据实际情况因地制宜布设简易水位观测站。

(3)对于下游居民集中的水库山塘,没有水位观测设施的,适当增设水位观测设施。

(4)水位站布设地点应考虑预警时效等因素综合确定,尽量在山洪沟河道出口、水库、山塘坝前和人口居住区、工矿企业、学校等防护目标上游。

(5)站网布设时应考虑通信、交通等运行管理维护条件。

(6)已有的水位观测站纳入本系统站网,其观测信息相应进入监测预警平台。

3.视频站布设

(1)主要考虑对人口密集区、危险区和重要的水利工程布设视频站。

(2)视频信息采集传输必须考虑其特殊性,即容量大、误码率要求低,因此不能和传感监测数据合并处理、传输。

(3)布设视频站时,应考虑供电、防雷是否具备条件。

2.1.3.4 临汾市监测设备设施设计要求

1. 简易监测站

1) 雨量观测

简易监测雨量站信息采集设备设施设计技术要求如下:

(1) 临汾市各地应因地制宜地配置简易雨量观测器。雨量观测器的承雨口径尽可能按照《降水量观测规范》(SL 21—2006)规定的要求进行设计。

(2) 为便于观测员直观和方便地观测雨量,承水器皿可设计为透明的装置,并根据区域内雨情的临界值或降雨强度,在承水器皿外进行划分或标注明显的预警标志。

2) 水位观测

对于无条件设立水尺的观测站,则可采用简易、可靠的方法进行人工监测,设计技术要求如下:

(1) 在岸边修建简易的水尺桩,水尺桩可设计为木桩式或石柱型。

(2) 对于无条件建桩的观测站,可选择离河边较近的固定建筑物或岩石上标注水位刻度。

(3) 水位观测尺的刻度以方便观测员直接读数为设置原则,各地应根据当地的实际情况,以现场标注致灾的临界水位值的方法,作为预警的标准。

2. 自动监测站

自动监测站应实现雨量、水位信息自动采集。在设计中,临汾市各地可根据是否需满足基本资料收集的要求,增加固态存储的功能,其存储容量应满足能连续记录 1 年的资料。

1) 雨量观测

雨量信息采集设计主要包括雨量观测场地和雨量传感器,具体技术要求如下:

A. 雨量观测场地

(1) 雨量监测站原则上不新建雨量观测场,已建有雨量观测场的站,将雨量传感器放置在雨量观测场内。

(2) 未建雨量观测场的站,则利用屋顶平台作为观测场,但安装时应注意与建筑物、树木等障碍物的水平距离为障碍物高度的两倍。

B. 雨量传感器

(1) 承雨口口径:$\Phi(200+0.6)$ mm。

(2) 分辨力:当测站为基本雨量站时,年平均降雨量≥800 mm 的测站采用 0.5 mm 的雨量传感器,年平均降雨量<800 mm 的测站采用 0.2 mm 的雨量传感器;对于非基本雨量站,湿润地区可选用 1.0 mm 的雨量传感器,干旱或半干旱地区可选用 0.5 mm 的雨量传感器。

(3) 测量误差(准确度):较大降雨量的误差采用实测降雨量与其自身排水量相比较的相对误差检验,较小降雨量采用绝对误差检验。不同分辨力的雨量传感器量测精度详见表 2-2-1。

表 2-2-1　不同分辨力的雨量传感器量测精度表

分辨力(mm)	自身排水量(mm)					
	≤10	>10	≤12.5	>12.5	≤25.0	>25.0
0.2	±0.2 mm	±2%				
0.5			±0.5 mm	±4%		
1.0					±1 mm	±4%

(4)环境条件:工作温度 0 ~ +50 ℃,工作湿度≤95%(40 ℃)。

(5)可靠性:在满足仪器正常维护条件下,MTBF(平均故障间隔时间)≥25 000 h。

2)水位观测

水位信息采集设计主要包括水位观测设施和水位传感器,具体技术要求如下:

A. 水位传感器选用

各地可根据实际情况选用浮子水位计、压力水位计和超声水位计进行水位观测。对已建有水位自记井且可利用的监测站选用浮子式水位传感器;未建井或不能建井的测站,视河流及水情特点配备压力式(压阻式、气泡式)或超声式水位传感器,主要技术指标应满足:

(1)分辨力:水位传感器的分辨力为 1 cm。

(2)测量误差:95%测点的允许误差为 ±2 cm,99%测点的允许误差为 ±3 cm。

(3)环境条件:工作温度 -30 ~ +50 ℃,工作湿度<95%(40 ℃)。

(4)可靠性:在满足仪器正常维护条件下,MTBF≥25 000 h。

B. 水位自记观测井建设要求

适宜新建水位自记观测井的测站,应以建设简易水位自记井为原则。井筒可采用直立式或斜井式,一般可选用水泥管、钢管、铸铁管或 PE 管;井口直径应根据所采用的浮子式水位计及有关水位观测技术标准进行设计,同时需考虑防淤积的措施。

C. 气泡压力式水位计安装要求

(1)气泡压力式水位计应放置在位于基本水尺断面处的仪器房内,其传感器感应探头需设置在水面以下。

(2)管道敷设时应沿河岸护坡顺坡而下,不能出现负坡,以免感压管内结露,形成水栓。

(3)为解决大变幅水位观测问题,可结合各站实际情况,分多级敷设压力感压气管或至中水处敷设感应探头。

2.2　信息采集、传输系统

2.2.1　系统结构

信息采集与传输系统的数据流程采用自下而上、分级处理的方式,见图 2-2-4。降雨量、水位、视频等现场信息通过建设的监测设备设施,经通信网络传输至本地信息汇集平台,按照水文规范进行标准化处理之后,存入本地规范数据库中。上级部门可以通过信息汇集系统的数据上报模块来获取所需要的信息。

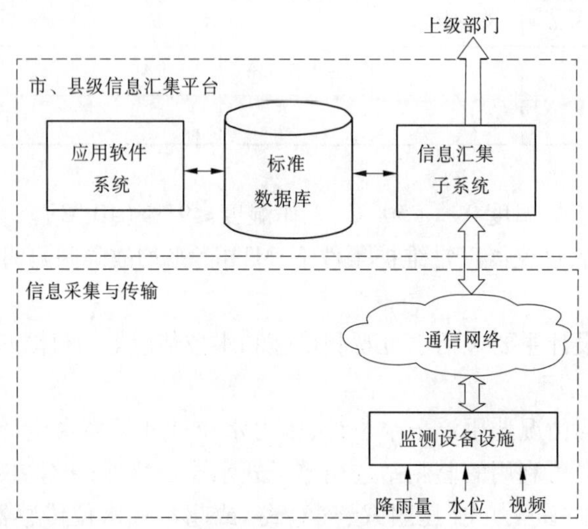

图 2-2-4　信息采集与传输系统逻辑结构图

2.2.2　信息采集

临汾市的信息采集通过临汾市各地的监测站(简易雨量站、简易水位站、自动雨量站、自动水位站)来进行。

2.2.3　信息传输

2.2.3.1　常用通信技术

水雨情数据传输常用的通信方式有卫星、超短波(UHF/VHF)、短信、GPRS,以及程控电话(PSTN)等。

视频数据的传输常用的方式有光纤、超短波、ADSL,随着3G在我国的开通,也可考虑。

1. 卫星通信

卫星通信是利用人造地球卫星作为中继站,转发无线电波实现地球站之间相互通信的一种方式,具有覆盖面大、通信频带宽、组网灵活机动等优点。目前,在国家防汛指挥系统建设中用于测站与中心站间的数据传输的卫星信道主要选用海事卫星和北斗卫星。

1)海事卫星(Inmarsat)通信

海事卫星(Inmarsat)系统是目前世界上唯一为海陆空业务提供全球公众通信和遇险安全通信的定位导航系统。在国家防汛指挥系统数据传输组网中主要应用 Inmarsat - C 站的短数据通信功能实现点对点的传输方式。其特点为:①具有点波束,使得卫星站设备的体积和功耗大大减小,可减少建设成本。②Inmarsat - C 通信频段使用的 L 波段,基本无雨衰现象,能保证通信的畅通率。③具有双向性,中心站可对各测站进行远地编程、巡测和召测。④运行费用按“短数据报告”的包数予以计取。

2)北斗卫星通信

北斗卫星系统是我国自主知识产权的军用卫星定位导航系统,覆盖中国大陆所有地区和海区,是真正意义上的无缝隙覆盖。北斗卫星定位导航系统由空间卫星、地面控制中心站和用户终端3部分构成。其特点为:①容量大、数据传输时效快,系统上下链路每秒钟可同时处理200个不同用户的不同业务或请求;②传输延时小,可在3 s内将用户(测站)的数据发送到用户数据中心;③系统采用码分多址直序扩频通信体制,抗干扰能力强,并在一定程度上保证了数据的保密性;④卫星通信设备集成度高,天线尺寸小,安装简单,可减少投资成本;⑤通信费用按每次发送的帧计费,每帧的报文长度可达到100Bytes;⑥数据传输可靠性高,系统可提供两种通信“确认”方式。在建设时需进行细致的信道测试工作,确定测站和接收中心的最佳通信波束。

卫星通信的适用条件:所建监测站地处高山峡谷、且公网未覆盖和无条件建专用网的区域。

2.超短波通信

超短波工作于VHF/UHF频段,超短波通信的传播机理是对流层内的视距传播与绕射传播。视距传播损耗小,受环境的影响也小,接收信号稳定。但是,由于传播距离较短,一般需要建设中继站进行接力。

超短波通信的特点为:①信道稳定,基本不受天气影响;②技术成熟,设备简单且易于配套;③实时性能好;④通信费用低。

但在选用时应考虑下列问题:①在用户拥挤的地区(多为经济发达地区),同频干扰日趋严重。②山区及远距离的超短波通信需在野外高处建中继站,雷击是一个突出问题。因此,无论从通信的可靠性还是从节约通信网建设投资来考虑,每条超短波电路的专用中继站均不得超过3级。

适用条件:所建监测站地处公用通信网不能覆盖的区域,或位于低山和丘陵地区,且所需建中继站级数不超过3级。

3.PSTN通信

程控电话(PSTN)是普及程度最高的信道资源,它具有设备简单、入网方式简单灵活、适用范围广、传输质量较高、通信费用低廉等优点,可进行话音和数据的传输。

PSTN信道用于数据传输具有的优点:适用范围广;传输速率高,没有无线通信中经常遇到的同频干扰问题,传输质量也较高;技术成熟,设备简单,价格低廉。

选用PSTN组网时必须认真对待的问题:①传输时效。由于PSTN采用电路交换方式进行通信,建立通信要花费30 s左右的时间,在系统容量较大、且采用通用调制解调器的条件下,时效慢的问题相当突出,可通过在中心站安装多条同号电话线和配置MODEM解决。②部分报汛站的电话属农话线路,线路质量不高,防御自然灾害的能力低;当线路较长时,建设、维修费用也高,使应用受到限制。③当采用通用的调制解调器时,其功耗相当大,使用中必须采取节电措施。一般在不工作时,设计为休眠状态;在需要通信时,通过拨号上电或电话振铃信号上电工作。④PSTN属有线通信信道,防雷避雷问题格外重要,若解决措施不得力,电话会构成引雷设备,极易造成设备因雷击而毁坏。

适用条件:被 PSTN 网覆盖、电话通信质量较好且雷击不严重的地区。

4. 短信通信

移动通信是我国近十多年来发展最快的一种通信系统,目前已覆盖我国很多城镇乡村,移动通信系统正得到越来越广泛的应用,对于山洪灾害信息和警报的传输有着十分重要的实际应用价值。目前可利用的短信通信有中国移动的 GSM 短信和中国联通的 CDMA 短信。

短信通信适用于 GSM 网或 CDMA 网所能覆盖的报汛站和地区。利用短信平台组网,具有以下优势:①系统响应速度快,传输时效好,信道稳定可靠。大部分已建系统的运行表明,响应速度仅为几秒钟,传输速率达 9 600 bps 及以上,绝大部分报汛站的数据可在 1 min 左右到达中心站,畅通率可达 98% 以上。②系统容量较大,可传输的数据量大。一条短信息所能容纳的数据量最多可达 100 字节以上。③无需中继,即可用于无线远程传输,加上它属于双向通信,可方便地实施远程控制,所以组网十分灵活。④设备体积小、重量轻、功耗低。由于不需要架设室外天线,安装方便,不仅一次性建设投资少,而且维护管理简单,运行费用低。

适用条件:被中国移动通信网或中国联通通信网所覆盖的地区。

5. GPRS 通信

GPRS 是 GSM 系统的无线分组交换技术,不仅提供点对点、而且提供广域的无限 IP 连接,是一项高速数据处理技术,方法是以“分组”的形式将数据传送到用户手中。GPRS 是作为现行 GSM 网络向第三代移动通信演变的过渡技术,突出的特点是传输速率高和费用低。GPRS 上行速率较 GSM 为高,下行速率则可达 100 Kbps。鉴于 GPRS 的运行速度快、运行成本低,建议尽可能地利用 GPRS 传输。

GPRS 通信具有如下特点:

(1) Internet 识别:GPRS 是无线分组数据系统,只要用户一打开 GPRS 终端,就已经附着到 GPRS 网络上,用户通过 GPRS 系统的网关 GGSN 连接到互联网,GGSN 还提供相应的动态地址分配、路由、名称解析、安全和计费等互联网功能。

(2) 永远在线:不像传统拨号上网那样,断线后需重新拨号。用户随时都与网络保持联系,即使没有数据传送时,用户仍然在网上,与网络保持一种连接。

(3) 快速登录:连接时间很快,GPRS 无线终端一开机,就已经与 GPRS 网络建立了连接,每次登录互联网,只需要一个激活过程,一般仅需 1 ~ 3 s。

(4) 高速传输:由于 GPRS 网络采取了先进的分组交换技术,数据传输最高理论值可达 171. 2 Kbps;

(5) 按量收费:GPRS 网络按照客户接收和发送数据包的数量来收取费用,没有数据流量传递时,客户即使在线,也不收费。

适用条件:已开通 GPRS 业务并被中国移动通信网所覆盖的地区。

6. 光纤通信

光纤即为光导纤维的简称。光纤通信是以光波作为信息载体,以光纤作为传输媒介的一种通信方式。

光纤通信与电气通信相比,主要区别在于其有很多优点:传输频带宽、通信容量大;传输损耗低、中继距离长；线径细、重量轻，原料为石英，节省金属材料，有利于资源合理使用；绝缘、抗电磁干扰性能强；还具有抗腐蚀能力强、抗辐射能力强、可绕性好、无电火花、泄漏少、保密性强等优点。

但是，光纤通信的造价较高，特别是光缆的敷设。另外，光纤通信的维护成本也比较高。

7. ADSL

ADSL 采用频分复用技术把普通的电话线分成了电话、上行和下行三个相对独立的信道，从而避免了相互之间的干扰。ADSL 具有如下优点：

(1) ADSL 的接入速度快。ADSL 可达到下行 8 Mbps、上行 640 Kbps 的传输速度，对于一般的视频信息传输足够了。

(2) ADSL 易于安装、维护。它采用普通电话线路作为传输介质，几乎不需要重新布线，而维护工作由电信部门负责。

(3) 随着 ADSL 在我国的大规模使用，ADSL 的资费已经比较便宜。

8. 3G 和 4G

(1) 3G 是第三代移动通信技术的简称，是指支持高速数据传输的蜂窝移动通信技术。3G 服务能够同时传送声音及数据信息。它的代表特征是提供高速数据业务。

目前存在的 3G 标准有：WCDMA（欧洲版）、CDMA2000（美国版）和 TD－SCDMA（中国版）。

中国移动、中国电信、中国联通已于 2009 年开通 3G 网络，其将是未来无线通信的主流。

(2) 4G 是第四代移动电话行动通信标准，指的是第四代移动通信技术。

4G 集 3G 与 WLAN 于一体，能够快速传输数据、音频、视频和图像等。4G 能够以 100 Mbps 以上的速度下载，比目前的家用宽带 ADSL(4 Mbps) 快 25 倍，并能够满足几乎所有用户对于无线服务的要求。此外，4G 可以在 DSL（数字用户线路）和有线电视调制解调器没有覆盖的地方部署，然后再扩展到整个地区。很明显，4G 有着不可比拟的优越性。

2.2.3.2　推荐通信技术

临汾市各县（市、区）应根据现有通信状况和可利用的通信资源，因地制宜地选用监测站的信息传输通信方式，通信方式的选用原则为：

(1) 公网能够覆盖的地区，应优先考虑选用公网进行组网。

(2) 公网未能覆盖的丘陵和低山地区，可选用超短波通信方式进行组网。

(3) 既无公网，又无条件建超短波的地区，则选用卫星通信方式。

(4) 对于重要监测站且有条件的地区，尽量选用两种不同通信方式组网，实现互为备份、自动切换的功能，确保信息传输信道的畅通。

(5) 视频信息的传输可根据实际条件选择 ADSL、3G、光纤、超短波等方式。

因此，在一般有无线网络覆盖的地方，推荐采用 GPRS 作为水雨情信息传输的通用信道，并可根据实际情况采用北斗卫星作为紧急情况下的通信备用设备。对于视频信息的传输，优先考虑 ADSL 传输方式。

2.3 监测预警平台系统

2.3.1 平台组成与功能

监测预警平台是山洪灾害监测预警系统数据信息处理和服务的核心,主要由计算机网络、数据库、应用系统组成,主要功能包括信息汇集、信息服务、预警信息发布等。

2.3.2 数据库

2.3.2.1 数据库系统选型

山洪灾害监测预警系统涉及气象、水文、水工、经济、地理等多方面信息,数据包括数字、文字、表格、图片、影像等多种形式,数据的存储与应用比较复杂。必须建立强大的综合数据库系统,以实现信息的管理与应用。同时,数据库系统作为山洪监测预警系统的基础功能部件,为各个应用系统提供所需的数据和信息服务,协调各系统间的数据关系,实现各种信息的一致性共享。

根据山洪监测与预警系统站点布设原则,系统需要共享相关部门的各种数据信息,因此数据库管理系统的选择首要考虑与相关部门的数据库系统一致或兼容,以减少部门数据共享交换的成本。另外,数据库管理系统的选择还要考虑与服务器操作系统的匹配,才能更好地发挥数据库的强大功能。鉴于临汾市系统数据涉及范围广、数据形式多样,并考虑数据库在日常运行中维护的方便性,选用 SQL－SERVER2005 数据库管理系统,其具体功能如下:

(1)大型分布式数据库管理系统,支持大数据量存储。

(2)具有并发控制功能,支持事务、锁、触发器等。

(3)支持用户管理、权限管理、数据备份等功能。

(4)支持常见的应用开发工具,易于开发应用。

(5)具有发展潜力,可以满足系统升级需要。

(6)数据库操作简单、使用方便,易于维护、移植。

2.3.2.2 数据库建设内容

系统数据库建设内容应该能够满足山洪监测和防御工作的需要,为山洪监测预警系统提供信息服务。具体内容包括:气象国土数据库、雨水情数据库、工情信息数据库、山洪预警及响应数据库、社会经济及灾情数据库、空间数据库、图形图像数据库等。山洪灾害专题数据库表分别在雨水情数据库、工情信息数据库、社会经济及灾情数据库、山洪预警及响应数据库建立。

1. 气象国土数据库

气象国土数据库用于存放各应用系统所需的气象数据信息。由信息汇集系统从气象国土部门获取后转存入气象国土数据库。数据形式包括文字、图像等。主要有:

(1)气象站实时资料表:气象站测得的雨量、温度、风向、风速等。

(2)热带气旋路径表:不同时刻的热带气旋的位置资料。

(3)短期数值预报成果表:未来3 d内的降雨量时空分布。

(4)卫星云图实时走势图。

2.雨水情数据库

根据临汾市各县(市、区)监测预警系统的要求,按照《山洪灾害防治县级非工程措施建设实施方案编制大纲》和《实时雨水情数据库表结构与标识符》(SL 323—2011)分别建立遥测数据库和实时雨水情数据库。遥测数据库重点是使用其中的测站基础信息、实时信息、测站设备状况等相关表。实时雨水情数据库重点是使用其中的测站基础信息、实时和时段信息以及预报结果等相关表。

根据数据更新频度和性质,把雨水情数据表分成两类:一类是数据更新频度较低或基本不变的项目表,如测站基本信息等,称为基本信息表,这类数据表的记录在系统建设时录入;另一类是更新频度较高的实时雨水情信息表,如实时水位、雨量、测站状况等,称为实时信息表,这类数据表的记录由信息采集系统自动录入。具体如下:

(1)基础信息。测站站点相关信息,雨量站包括站号、站名、站址(所在乡镇、村)、经纬度、高程、设立日期、类别(自动站、简易站)、所属小流域、关联乡村、雨量预警指标、最大雨量(1、3、6、12、24 h)及出现时间、监测人员及联系方式;水位站信息包括站号、站名、站址(所在乡镇、村、组)、经纬度、高程、设立日期、类别(自动站、简易站)、所属小流域、关联乡村、水位预警指标、历史调查最高水位及时间、实测最高水位及时间、监测人员及联系方式等的基本信息,如站名、站码、站类型、河流特征等。

(2)防汛信息。水库、河道的防洪任务信息,河道洪水传播时间信息、河道断面信息、水库库容曲线信息。

(3)实时数据。水库、河道水位、流量以及雨量、蒸发等水文要素的实时数据以及工程调度信息。

(4)特征值数据。水位、流量、雨量、蒸发等各水文要素的旬、月、年量值及其最大、最小值等特征值。

(5)预报信息。用于存储各节点预报信息。

3.工情信息数据库

参照《国家防汛指挥系统工程防洪工程数据库设计报告》(2001年8月)标准建立,主要有河流、水库、堤防等三类防洪工程的基本信息,存储区域内各种水利工程基础信息、特征数据及其运行情况数据。有如下内容:

(1)水库:反映水库的集水面积、总库容、死库容、坝型、坝高、溢流型式、闸门底坎高程。

(2)堤防(段):反映堤防高程、堤防建设水位、堤防建设断面、堤防纵向断面、堤防坡度、堤深、堤基的构造、渗漏系数、险工险段的基本情况。

4.山洪预警及响应数据库

按照《山洪灾害防治县级非工程措施建设实施方案编制大纲》中对山洪预警及响应类的要求,建立山洪预警及响应类数据表,包括系统配置、预警等级、预警状态、预警类型、响应部门、人员、记录、措施和反馈等预警响应重要指标信息。

5. 社会经济及灾情数据库

社会经济数据库存储行政区域、重点防御区域的信息,内容包括人口、企业、耕地、房屋、公共设施、避洪工程等信息,包括乡镇、村、村民组、重点防御区人口、企业、土地、房屋、人均私有财产、农作物、大牲畜、各类固定资产情况,临汾市各县(市、区)乡村基本情况和小流域基本情况。

(1)临汾市各县(市、区)乡村基本情况:县(市、区)简介及各乡(镇)、行政村的基本情况,包括县(市、区)、乡(镇)、村名称、土地面积、耕地面积、总人口、家庭户数、房屋数,历史洪水线下人口、家庭户数、耕地面积、房屋数,可能受山体滑坡、泥石流影响的人口、家庭户数、房屋数,乡镇负责人及联系电话、乡(镇)防汛负责人及联系电话、村负责人及联系电话。

(2)小流域基本情况:包括小流域名称、上级河流、流域面积、河长、河道比降、河源位置、河口位置、涉及乡(镇)数(名)、村数(名)、村组数、户数、人口、房屋数,历史洪水线下人口、家庭户数、房屋数,可能受山体滑坡、泥石流影响的户数、人口、房屋数,关联监测站等。

灾情数据库用于对灾情信息进行查询与评估,为山洪灾害防御提供参考信息。存储历次历史山洪灾害的重要数据信息和实时灾情信息,包括乡(镇)、重点区域的受灾面积、受灾人口、经济损失等灾害重要指标信息,历史上山洪灾害发生总体情况及各典型年的灾害情况,内容包括灾害发生时间、灾害描述等。

6. 空间数据库

在山洪防御预警系统中包括大量以数据格式存储的区域的地形地貌、山洪风险区、撤退道路等空间数据信息。这些信息是山洪防御的依据,借助地理信息系统(GIS)存入空间数据库中。按照行业特性分为基础性公用要素数据、水利公有要素数据及山洪灾害防治专业要素数据三类。

(1)基础电子地图:描述国土资源的基础信息,包括行政区划图、交通设施图。

(2)水利要素分布图:描述水利要素分布特征,包括水系图、测站分布图、水库山塘分布图、防洪工程布置图。

(3)特征要素:描述山洪灾害易发区域基本情况,包括山洪灾害易发区域分布图、安全区与危险区范围布局图、撤退路线位置图。

7. 图形图像数据库

包容多种图形图像数据,如每日逐时卫星云图、水利工程图片图像、灾情图片图像等。

2.3.2.3 数据库结构

数据库结构按照国家相关的行业标准建设,保证数据的兼容和格式的一致,易于实现数据共享与交换。遥测和实时雨水情数据库按照《实时雨水情数据库表结构与标识符》(SL 323—2011)的要求进行数据库表结构的建设;其他数据库参照相关行业标准结合实际情况分别建立。

2.3.3 地理信息系统

地理信息系统能够为山洪防御工作提供空间信息支持。地理信息系统建设包括地理信息系统平台的选择、地理数据收集与处理和地理信息系统应用开发等。

2.3.3.1　地理信息系统平台选择

考虑空间数据存储与管理、应用开发等各方面的要求。选用国产 Supermap GIS 平台。

(1)以类似于关系数据库管理系统(RDBMS)方式存储,方便数据统一管理,具备 RDBMS 的功能。

(2)众多应用系统能够通过采用空间 SQL(SSQL)语言或其他方法共享这些数字化地图,以便维护空间数据的一致性,降低地图数据的工作量。

(3)具有丰富的应用编程接口(API),使系统应用软件在这些 API 和前端 GIS 工具的联合支持下,能够开发出地图浏览、地理数据空间分析、网络分析和 DEM 分析应用等各项功能。

(4)支持基于 Internet 的应用发布。

(5)具备地图浏览、缩放、文字图形标注和专题图等基本功能。

(6)支持等值线、缓冲区、坡度计算、叠加分析等空间分析。

2.3.3.2　数据收集与处理

根据山洪灾害监测预警系统建设需要,空间数据库应采用比例尺不小于万分之一的地形图进行建设。空间数据可通过数字化、外勘调查、测量等多种途径收集。

作为建立全流域地理信息系统的基础资料,空间数据信息应能够全面反映辖区内自然、地理、社会、经济情况等信息。同时,基于山洪系统的专业分析需要,空间数据还应包含地形、等高线等,以满足滑坡、泥石流易发区分析的数据需要。

地理数据的绘制与处理要严格按照空间地理数据库建设的相关要求,应尽量降低数据冗余,保证数据完整性。

2.3.3.3　地理信息系统应用开发

为直观表现汛情、灾情分析等信息,应进行地理信息系统应用开发,给山洪防御工作带来便利。山洪灾害预警系统 GIS 开发应用应具有如下功能:

(1)地图浏览:具备地图的缩放、漫游、距离和面积量算等功能。

(2)标注:能够将描述汛情、灾情等的各种文字信息标注到地图上。

(3)专题图制作:能够根据汛情、灾情、经济、人口等信息制单值专题图、范围专题图、统计专题图等。

(4)能够根据雨水情信息等,绘制雨量等值线、暴雨笼罩面积、洪水淹没区图,表现汛情宏观情况。

(5)灾害易发区分析:能够根据地形数据计算地形坡度,并结合汛情信息分析滑坡、泥石流等灾害易发区范围。

2.3.4　信息的汇集

信息汇集主要由数据接收处理单元(硬件设备)和实时数据接收处理软件构成。数据接收处理单元主要由数据接收通信设备、数据接收处理计算机、电源以及设备安装设施和避雷系统组成。

各自动监测站点的水雨情信息通过数据传输信道传输到平台后,进入数据接收处理计算机,通过数据接收软件实时完成监测站水雨情数据的实时接收处理,并存入数据库中。对于气象、国土等相关部门,信息经处理后,按照统一的数据格式存入数据库中。

2.3.4.1 **功能设计**

根据山洪灾害防御工作的特点和山洪灾害监视预警的需求,利用通信、计算机网络、数据库应用等技术手段,建设省、市(州)和县级防汛指挥部门的山洪灾害防治信息汇集平台,形成一个局域网系统(通常选择以太网),以收集山洪灾害防治区水雨情数据信息以及其他部门的相关信息,形成规范数据库,并提供信息查询等服务。

2.3.4.2 **系统结构**

1. *逻辑结构*

各级信息汇集平台是山洪防治及防汛预警系统数据信息处理和服务的核心,主要由计算机网络系统、数据库系统、汇集上报应用软件组成,其逻辑结构参见图 2-2-5。

计算机网络系统主要为系统数据接收、处理、加工与信息查询、预警指挥与信息发布、信息交换等服务提供硬软件平台。

数据库系统主要为系统维护管理、信息查询与服务、预警指挥提供数据信息。

在建设信息汇集平台时,各级单位应结合本地现有的网络结构、通信信道、网管系统、网络设备状况,按照各自的山洪防治及防汛预警系统对网络和通信的实际要求,充分利用现有资源,合理制订建设方案。

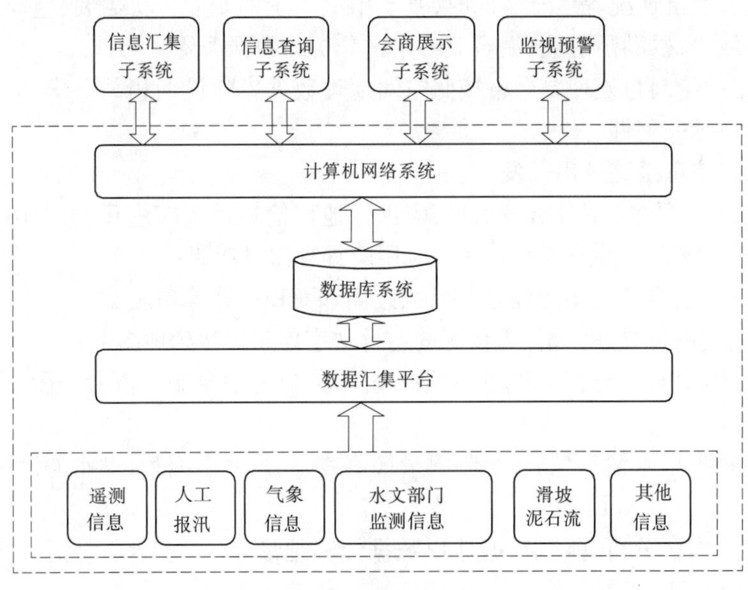

图 2-2-5 信息汇集平台逻辑结构示意图

2. *层次结构*

在层次结构上,信息汇集平台分为省、市、县级。

县级平台汇集本地实时、人工和其他同级部门的共享数据,按照统一规范存入县级规范数据库,并通过数据上报模块向市、省级信息汇集平台上报数据。

市级平台汇集各县上报数据、本地实时、人工和其他同级部门的共享数据,按照统一规范存入市级规范数据库，并通过数据上报模块向省级信息汇集平台上报数据。

省级平台汇集各市、县上报数据和其他部门共享数据，按照统一规范存入省级标准数据中心，并通过数据上报模块向国家防总上报数据。

各级信息汇集平台层次结构示意图参见图 2-2-6。

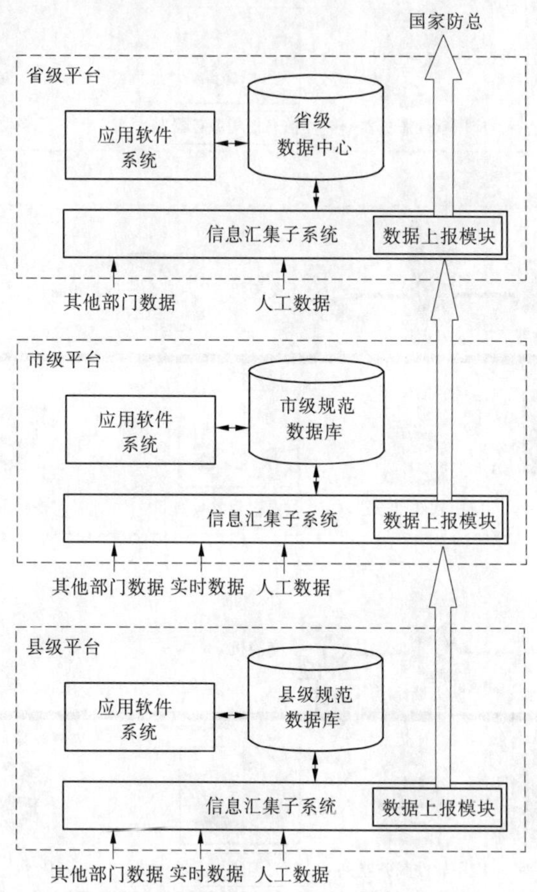

图 2-2-6　各级信息汇集平台层次结构示意图

3. 网络拓扑结构

各级信息汇集平台的计算机网络结构采用以太网交换技术。千兆位以太网或快速交换式以太网技术成熟，组网性价比高，是当前的主流网络交换技术。因此，平台的计算机网络系统可采用千兆位以太网或快速交换式以太网技术，拓扑结构采用星形结构，其拓扑结构示意图见图 2-2-7。

省级、市级、县级之间的数据信息共享与交换可通过路由器与防汛专网互联的方式实现。

各级平台的计算机网络对外互联采用 TCP/IP 协议，局域网内部应支持 TCP/IP、IPX/SPX、NetBEUI 等协议。

4. 网络安全

计算机网络系统是一个以 TCP/IP 为核心的开放式网络体系结构。而开放型网络自

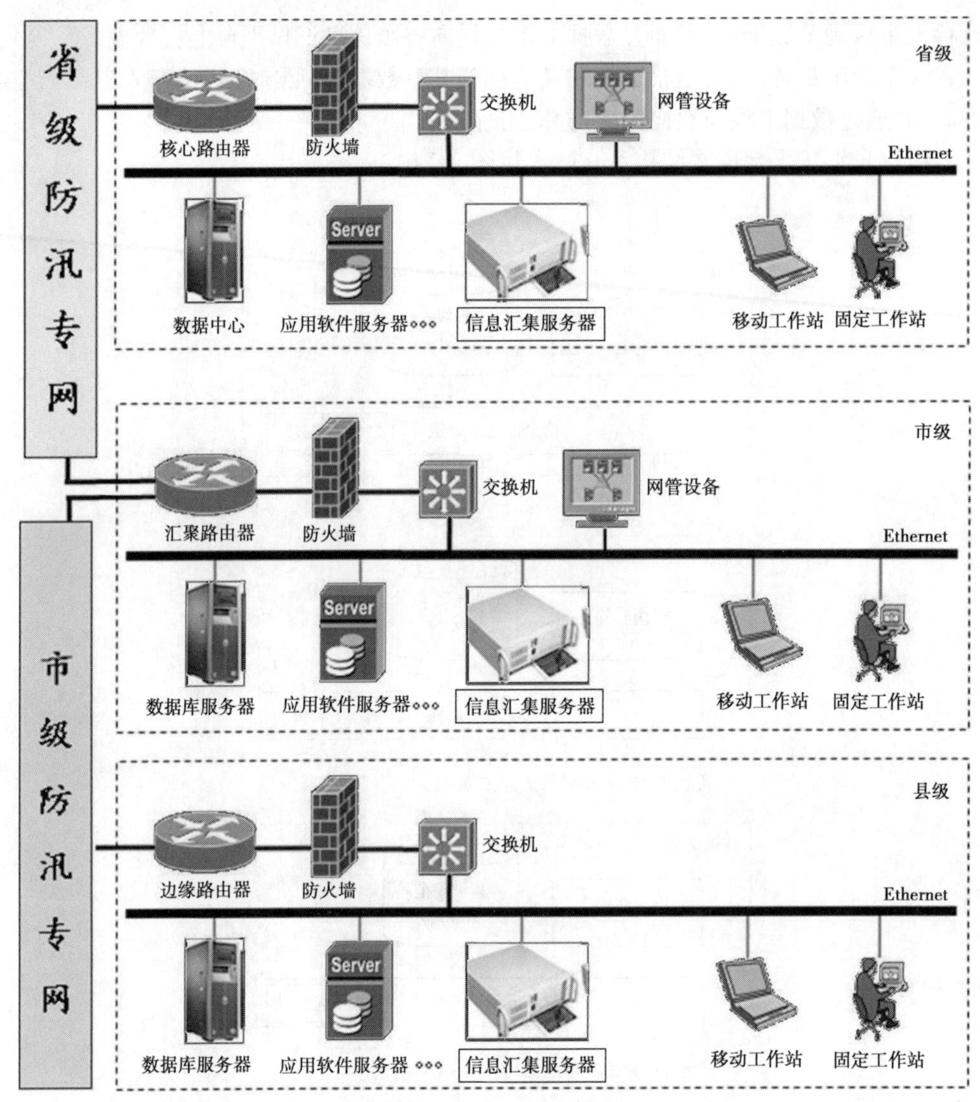

图 2-2-7　网络拓扑结构示意图

身的特点决定了它每时每刻可能遭受来自不同方面的入侵和攻击,这些攻击将会给应用系统带来不可估量的损失。因此,网络信息系统的安全性已成为网络建设中一个重要问题,需建立一个多层次的安全防御框架,以确保系统网络的安全。

网络安全性主要考虑局域网内部的安全、服务器和数据的安全。除了利用网络系统管理工具外,还可采用以下方法和技术中的一种或多种组合:

(1)防火墙技术。利用隔离控制技术,在内部网络和外部网络之间设置屏障,阻止对内部信息资源的非法访问。

(2)入侵检测技术。采用实时的入侵检测技术进行证据记录,并采取相应的防护手段,如跟踪和恢复、断开网络连接等。

(3)内部网的安全。采用认证、授权、用户注册和 VLAN 技术。

(4)服务器的安全。利用操作系统本身所带有的安全机制,制定完善的安全策略。

对重要的服务器启动审计功能。

(5)数据的安全。对外进行信息交换时,采用信息加密和信息确认的手段来确保信息的安全。同时还需考虑数据备份的措施。

(6)配备防病毒软件。要求能杀当前出现的所有病毒,且更新速度要快。

2.3.5　信息服务

信息查询系统针对雨水情、工情、灾情等信息提供分类检索和简单分析,主要包括基础信息查询、气象信息查询、雨水情信息查询、防洪预案信息查询、灾害分布与灾情统计查询、统计报表和输出打印等模块。查询、分析成果根据查询内容采用文字、表格、图形以及地图等形式表现。查询系统要求采用B/S结构模式开发。

2.3.5.1　系统安全

为了保证防洪信息安全,系统应建立先进的安全体系。对于市、旗、乡镇等多级用户,系统采用角色级的身份验证,对不同用户按所属角色开放相应的信息与功能,确保防洪信息安全。

2.3.5.2　基础信息查询

基础信息主要是指在山洪灾害监测预警系统中更新频度较低或基本不变的信息,主要包括水文站点、水库、堤防等基础设施情况,是山洪防御调度工作的重要参考依据。

1. 站点基础信息查询

查询站点的类别(雨量、水文、水位)、站点的观测方式(自动、简易等)、站点位置、所属水系、所属部门等信息。

2. 水利工程信息查询

查询堤防、水库、山塘等水利工程的基本信息。堤防信息包括堤防长度、高程、所属河流、工程建设标准等;水库信息包括水库集水面积、建设洪水位(流量)、库容、坝顶高程等;山塘信息包括山塘位置、山塘容积等信息。

3. 安全区、危险区和重点防护区信息查询

采用地图查询方式,查询安全区、危险区和重点防护区与防洪相关的基本信息,主要有各区域的村落分布、人口密度、监测设施、撤退路线等。

4. 经济社会状况查询

查询各行政区的经济社会信息,如区域人口分布、基本农田、电站、排灌站等基础信息。

2.3.5.3　气象信息查询

查询气象部门发布的天气预报、卫星云图以及台风警报等气象信息,及时掌握未来天气变化趋势。

天气预报:各级气象台发布的短期、中期、长期预报信息,掌握基本天气情况。

卫星云图:查询当前最新的卫星云图以及最近一段时间内的卫星云图变化,掌握天气变化发展情势。

2.3.5.4　雨水情信息查询

实现对行政区域内重点防护区、关键节点水情信息查询,水位、流量过程查询,水位、

流量特征值(最高、最低、最大、最小)查询,不同时间段洪水总量查询,超设防、超警戒、超保证时间查询,退至设防、警戒、保证时间查询。

2.3.5.5 防洪预案信息查询

各乡(镇)等行政区和重点防护区的防洪预案的详细查询,主要包括责任人、联系方式、预警途径等信息,各地区的撤退道路位置及其他相关信息,为预警系统提供基础服务。

2.3.5.6 灾情分布与灾害统计查询

借助地理信息系统实现自动勾绘灾害分布图,统计受灾信息,主要包括受灾范围、受灾人口、倒塌房屋、死亡人口等。

还可将灾害其他统计信息录入系统,实现灾害分布图查询和灾情信息统计等,如各乡镇工业、农业直接经济损失统计分布图,受灾人口分布图等。

2.3.5.7 统计报表

该模块为领导和业务人员对防汛信息和水利动态一目了然,快速浏览而开发,主要有每日水情、雨情、水利要闻等。

2.3.5.8 数据的输出、保存、打印

查询系统具有信息输出和打印功能。通过对采集的水情、雨情信息等实时处理,警示输出不同等级的降雨分布、暴雨中心走向、特大暴雨站点与区域分布。对于超标值在地图上按照级别给出不同警示,给工作人员发布山洪灾害监测预警提供参考。同时,根据预案划定不同的预警级别,安全区、警戒区、危险区等设定水位、雨量的警示值。通过GIS平台实时反映区域的汛情或灾情信息,达到汛期信息表达直观明了的目标。

除具备基础信息、雨水情信息、工情、灾情统计分析信息的数据输出外,还具备表、文字、图形的输出和保存以及打印功能。

2.3.6 预警信息发布模块

山洪灾害监测预警信息发布模块是山洪灾害监测预警系统的重要组成部分,主要内容为预报决策系统,为临汾市各县(市、区)山洪灾害防御指挥部进行山洪灾害监测预警提供依据。预报决策系统主要包括雨水情分析预报、预警信息生成、维护及管理等3个模块。

2.3.6.1 建设原则

为了确保系统的实用性和具有较长的使用周期,更好地实现预报决策功能,系统建设采用国内外成熟、实用的硬件和软件技术,建成一个实用、高效、可靠、易于操作的山洪灾害预报决策系统。

预报决策系统建设遵循以下原则:

(1)可靠性。系统用国内成型的硬件和软件技术,以前置机信息汇集、系统数据中心服务器数据库存储、上传与异地数据库备份的方式保障数据安全可靠;数据库管理技术采用现今成熟的SQL－SERVER软件;系统应用软件采用流程控制与模块控制的分级控制原则,有效控制系统的可靠性与稳定性。

(2)实用性。系统按照信息呈现、信息再加工、信息成果展示的流程,确保原始数据与规整数据同步浏览,信息加工方式以默认与交互结合;预报操作按照常规方案与备用方

案结合的方法;成果展示以图形为主,结合报表与必要的文档,相互链接,实现数据展示的多元化。

(3)开放性与可拓展性。系统采用标准公用数据库接口技术和业内通用的雨水情编码标准,确保开放性。在预报方法上以通用标准为基础,建设具有标准输入输出接口的预报方法库模块,实现预报方法功能扩展性;在预报节点、警报范围上,以标准数据库基础信息表为依据交互增减,实现动态预报、预警范围的扩充。

2.3.6.2 主要模块

雨水情分析预报模块主要由预报方案的编制和软件开发组成,山丘区小流域洪水预报软件是预报决策子系统的核心,开发建立常用预报模型库,并制定模型统一数据交换接口标准,是预报软件开发实现应有功能的基础工作。系统预报软件有以下功能:①建立预报模型库,模型参数能够人工率定或自动率定、优化。②预报系统要基于山洪灾害防治信息汇集及预警平台统一建设的数据库结构。③系统要求做到界面清晰,接口标准,操作简单。④系统具有自动预报和人工交互预报两种功能。⑤系统具有预报成果的可视化和输出功能。

1. 预警信息生成模块

根据预报成果,按照可能达到设防水位、警戒水位(汛限水位)、保证水位等指标,生成实时预警信息,并及时将预警信息发送至预警平台。

2. 系统维护和管理模块

该模块可以对整个系统的内容进行添加和删除,具有控制系统权限的功能。本模块为系统维护管理提供工具。

2.4 预警系统

2.4.1 预警系统生成

根据实时雨水情、水文气象预报信息及预警指标,决定是否编制预警信息。山洪灾害监测预警各县(市、区)等级分为三级:Ⅰ、Ⅱ、Ⅲ级。成灾水位分三级:设防水位、警戒水位、保证水位。三级特征水位具体数字由临汾市各县(市、区)防办根据实际情况确定,具体内容如下。

2.4.1.1 Ⅲ级警报

当预报有强降雨发生,降雨可能接近或达到预警雨量,或者预报水位(流量)可能接近或达到设防水位(流量),可能发生山洪灾害时,或水库、塘坝水位接近汛限水位时,编制Ⅲ级预警信息。

2.4.1.2 Ⅱ级警报

当已有强降雨发生,预报降雨可能达到预警雨量,降雨还将持续,或者预报水位(流量)可能达到警戒水位(流量),山洪灾害即将发生时,或预报水库、塘坝水位可能达到或超过汛限水位时,编制Ⅱ级预警信息。

2.4.1.3 Ⅰ级警报

当已有强降雨发生,实测降雨接近或达到预警雨量,且前期降雨量接近山洪形成区土壤饱和含水量,预报降雨将持续,实测水位(流量)接近或达到保证水位(流量),水位(流量)仍在上涨,将发生严重山洪灾害时,或水库、塘坝水位已经达到设计水位时,编制Ⅰ级预警信息。

预警系统建设是在监测信息采集及预报分析决策的基础上,根据预警信息危急程度及山洪灾害可能危害范围的不同,通过预警程序和方式,将预警信息及时、准确地传送到山洪灾害可能危及区域,使接收预警区域人员根据山洪灾害防御预案,及时采取预防措施,最大限度地减少人员伤亡。

2.4.2 预警系统流程

预警信息可通过监测预警平台制作、发布。县级防汛指挥部门通过监测预警平台向县、乡(镇)、村、组及有关部门和单位责任人发布预警信息,各乡(镇)、村、组和有关单位,根据防御预案组织实施。基于平台的预警流程示意见图2-2-8。

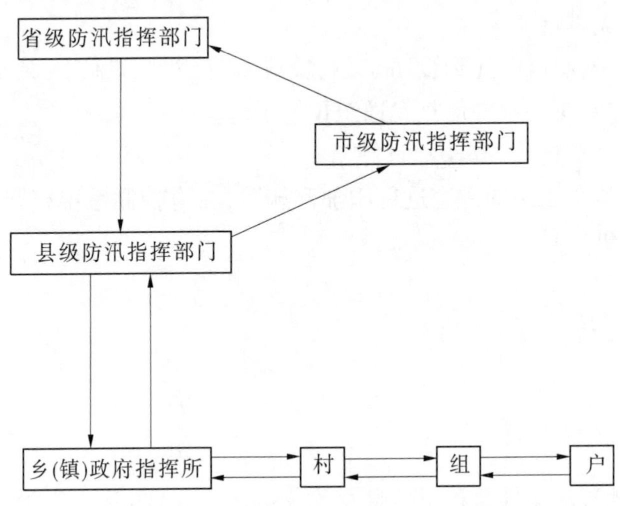

图2-2-8 基于平台的预警流程示意图

群测群防预警信息的获取来自县(市、区)、乡(镇)、村或监测点。由监测人员根据山洪灾害防御宣传培训掌握的经验、技术和监测设施监测信息,发布预警信息。各乡(镇)除接收县防汛部门发布或下发的预警信息,还接收群测群防监测点、村和水库、山塘监测点的预警信息。村、组接收上级部门和群测群防监测点、水库、山塘监测点的预警信息。上游乡镇、村组的预警信息要及时向下游乡镇、村组传递。群测群防预警流程示意见图2-2-9。

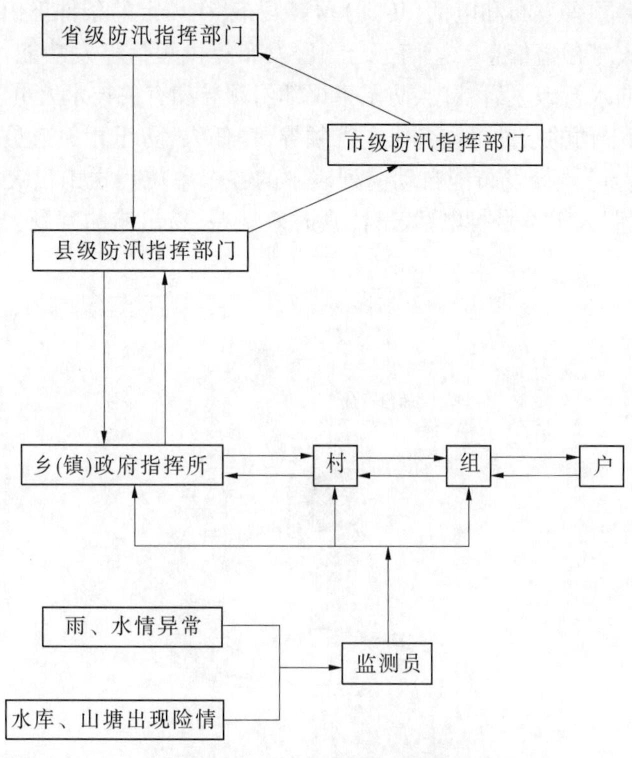

图2-2-9 群测群防预警流程示意图

2.4.3 预警信息发布

2.4.3.1 预警发布权限

根据预警信息获取途径不同,预警发布权限归属不同的防汛负责人(或防汛部门)。县级预警信息由临汾市各县级防汛负责人(或防汛部门)授权后统一发布;群测群防监测点预警信息,由监测人员和相关责任人自行发布。

2.4.3.2 预警发布内容

主要包括:洪水预报,雨量,溪河、水库、山塘水位监测信息,预警等级,准备转移通知、紧急转移命令等。

2.4.3.3 预警信息发布对象

预警信息发布对象为可能受山洪威胁的城镇、乡村、居民点、学校、工矿企业、旅游景点等。根据关联监测站、预警等级确定不同的发布对象。

2.4.3.4 预警发布方式

预警分为两个阶段:内部预警(对防汛人员和相关责任人)和外部预警(对社会公众)。

预警信息发布以平台短信发布为主,还可用Internet公网、语音电话、手机通话、手机短信、传真、有线电视、广播等多种手段。紧急情况下,根据当地预警设备配置情况和山洪灾害威胁情况,按照预案确定的报警信号,利用发送信号弹、鸣锣、启动报警器和无线预警广播、高音喇叭喊话等方式,向灾害可能威胁区域发送警报。

建立短信平台预警发布和电话(传真)预警发布,在规定的条件下由山洪灾害预警系统软件发送山洪灾害预警信息。短信平台预警发布提供短信群发功能,能够在降雨达到一定量级时自动向水行政主管部门、防汛指挥部门领导和有关技术人员、责任人自动发送短信;能够在人工干预的条件下向各级主管领导、责任人、防汛相关人员发送山洪灾害预警短信。电话(传真)预警发布能自动向列表中的各个单位传送山洪灾害预警信息或调度指示文件等,克服人工拨号打电话、发传真时效性差、易出错的问题。短信平台预警示意图见图2-2-10。

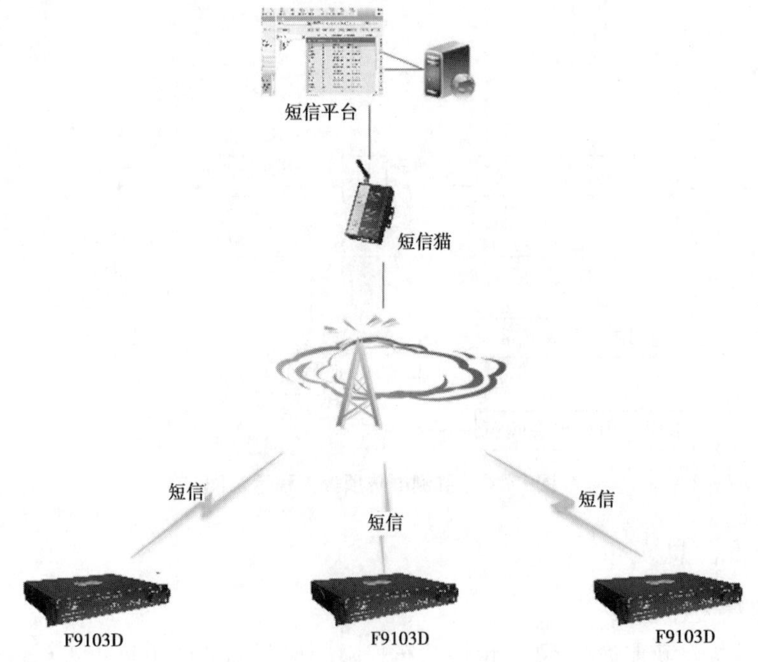

图2-2-10　短信平台预警示意图

2.4.3.5　预警信息发布软件功能

预警信息发布软件主要完成预警信息的处理和发布。为了获得较好的系统运行效率和方便使用,采用B/S体系结构。

预警信息发布软件主要功能如下。

1.预警信息和状态显示

预警系统触发可能成灾区域及成灾区域简易观测站点,加密观测并上传信息;输出达到成灾雨强的区域分布,输出达到成灾水位(流量)河道节点的要素标注图;自动触发可能成灾区域及成灾区域的防洪预案及相关信息;自动触发可能成灾区域及成灾区域的防汛责任人、负责人、防汛机构的相关人员并显示通信状态,将内部报警、预警发布信息用短信方式发送给符合条件的相关负责人;自动触发重点防御区域的安全区、风险区、撤退路线图,触发防洪风险图;自动触发成灾区域雨量、水位、流量等关键要素及相关文档上传防汛部门(省防指、市防指)。

2.预警信息和状态以预警地图和预警列表形式显示

预警地图:根据预警分析结果,在地图上以不同的颜色闪烁的方式,显示各乡(镇)的预警级别等信息;已开始处理的预警取消闪烁,显示目前所处状态(内部预警、已发布预警、已启动响应),响应结束后的预警恢复常态。

预警列表:以列表方式显示预警信息,包括发生乡镇、预警级别、预警时间、预警内容、预警状态等信息,并提供影响范围分析结果等。

3. 预警查询

(1)具备预警指标的查询和设置修改,并规定用户修改权限。

(2)具备预警信息包括历史预警信息发布情况查询。

(3)具备预警反馈信息查询,包括反馈人姓名、单位、电话、预警级别、发送时间、信息内容、回复情况等。

(4)具备响应情况信息查询,设置响应标准、响应部门管理关系等;显示响应反馈信息,并能够实时录入、跟踪进展情况。

2.4.4　预警信息通信方式

根据山洪灾害的特点,可用于预警信息传输的通信方式有电视、广播、Internet 网络、电话、传真、移动通信、短信、报警器、锣鼓号等,预警区根据当地经济状况、现有通信资源条件以及各种通信方式的适用性,并考虑山洪灾害监测预警信息传输的时效性和紧急程度,选用适宜的通信方式组建山洪灾害监测预警信息传输通信网。

为保障预警信息及时发布到乡(镇)、村、组、户,有条件的县(市、区)与乡(镇)应尽可能建立双信道的通信网络,以保证一种信道通信中断时预警信息能够顺利传递。

(1)固定时间发布的预警信息,接收的对象主要是公众,充分考虑通信覆盖面,综合选择多种方式同时发布,选择电视、广播、短信、自动传真等与群众生活联系紧密的通信平台。

(2)不定时的山洪灾害警报信息,时效性要求比较强,通过电话、移动电话等直通方式进行通信。对于特别紧急的情况,警报传输通信必须各种方式并用。当公共通信(固定电话、移动电话)均遭山洪破坏而失效时,有条件的地区可采用卫星通信方式进行应急通信。

(3)对于公共通信条件较好、且运行维护费用有保障的地区,综合运用固定电话、移动电话通话和短信、传真、Internet 网络、有线电视和广播警报系统等多种方式。

(4)对于没有公共通信条件、人口居住比较分散的偏僻山村,通过广播、喇叭、锣鼓、报警器、烟火、人力等,根据已设定的预警信号发布预警信息。

2.4.5　预警指挥系统

2.4.5.1　功能设计

预警指挥系统构建在信息汇集平台之上,通过对信息汇集平台提供的各类与山洪灾害密切相关的数据信息的综合分析与评估,根据设定的预警流程和响应方式,经会商决策,确定山洪灾害预警级别并启动相应预案,将预警信息及时、准确地传送到山洪可能危及区域,使接收预警区域人员根据山洪灾害防御预案,及时采取避险措施,最大限度地减少人员伤亡。

2.4.5.2 建设要求

根据各地区现阶段山洪灾害点多面广,且危害程度不尽相同的特点,预警指挥系统的建设应遵循下列要求:

(1)及时、迅速,实时性强。在系统的建立过程中,要充分考虑预警发布、响应的速度,尽可能迅速地将预警信息准确地传送到可能受灾区域,为可能受灾区域的居民能及时采取相应措施赢得更多的时间,从而避免或减少人员伤亡。

(2)良好的可操作性。在编制软件系统时,尽量照顾用户的习惯,界面友好直观,操作人员一般只需移动鼠标点击功能框即可完成通常的值班操作,技术人员经过简单培训也能胜任日常管理工作。

(3)经济适用、因地制宜。根据经济发展水平及技术条件的不同,综合考虑各地自然地理、现有通信资源、供电情况、居民居住地分布等情况,在保证预警信息能够及时传输的前提下,充分利用现有资源,避免重复建设,因地制宜地建立预警指挥系统,以保证预警信息能够以经济、适用、合理的方式发送。

(4)预警信息系统建设与群测群防相结合。受经济技术水平条件的限制,山洪灾害预警需要群测群防预警与建立技术手段先进的预警系统相结合。

2.4.5.3 预警流程

1. 常规预警流程

对建设有山洪防治及防汛预警平台的各级防汛部门,防汛值班人员监视山洪灾害实时信息;当新预警产生后,系统对防汛值班人员报警;值班人员应立即报告当日防汛带班领导,防汛带班领导根据预警信息确定预警级别和是否组织防汛会商;经防汛带班领导或会商决策,确定预案的启动及级别;根据预案,通过多种方式向社会公众和各级防汛责任人发布预警信息,并通过系统确认防汛责任人已接收到预警信息;社会公众和防汛责任人根据预案及时避险。预警流程示意图见图2-2-11。

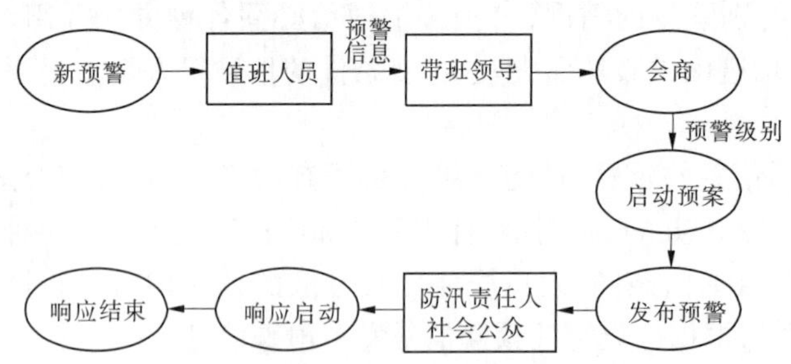

图2-2-11 山洪灾害防御预警流程示意图

出现预警信息后的工作流程(预警状态)可概括为:新预警(出现预警)→内部预警(对防汛人员)→发布预警(对社会公众)→响应启动→响应结束。

2. 紧急情况下的预警流程

群测群防预警信息的获取来自县(市、区)、乡(镇)、村或监测点。由监测人员根据山洪灾害防御培训宣传掌握的经验、技术和监测设施观测信息,发布预警信息。上级防汛指挥部接收群测群防监测点、乡(镇)、村的预警信息,逐级发布。各乡(镇)政府除接收县防汛部门发布或下发的预警信息,还接收群测群防监测点、村和水库、山塘监测点的预警信息。村、组接收上级部门和群测群防监测点、水库、山塘监测点的预警信息。上游村庄的预警信息要及时向下游村庄传递。其预警流程见图 2-2-12。

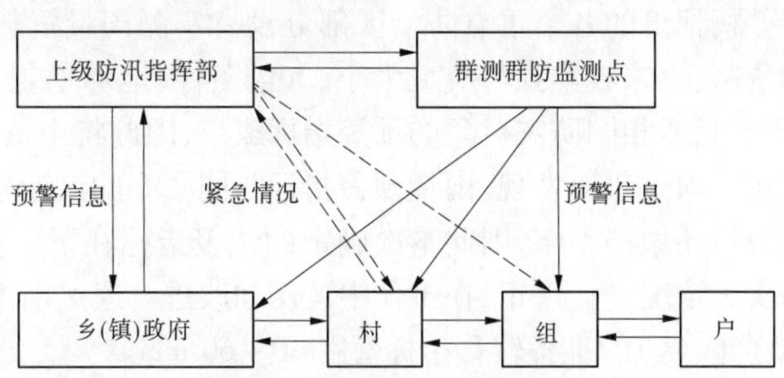

图 2-2-12　基于群测群防的山洪灾害防御预警流程

2.4.5.4　预警指标和等级划分

雨量预警指标采用流域模型法和同频率法。对于受河道洪水影响的重点防治区,雨量预警指标采用流域模型法进行分析;对于受坡面水流影响或没有明显河道无法进行水面线计算的评价对象,雨量预警指标采用同频率法进行分析。

系统对所有监测站实时雨量、实时水位进行分析,根据预警指标决定预警等级。当监测站水雨情达到相应临界值时,即产生预警。

1. 雨量预警指标

1)立即转移指标

由于临界雨量是从成灾水位对应流量的洪水推算得到的,所以在数值上认为临界雨量即立即转移指标。

2)准备转移指标

预警时段为 1 h 或者 0.5 h 时,准备转移指标 = 立即转移指标 ×0.7。

2. 水位预警指标分析

分析防灾对象上游一定距离内水位站的洪水位,将该洪水位作为水位预警指标。《山洪灾害分析评价方法指南》和《山洪灾害分析评价技术要求》规定,根据预警对象控制断面成灾水位,推算上游水位站的相应水位,作为临界水位进行预警。从时间上讲,山洪从水位站演进至下游预警对象的时间应不小于 0.5 h,否则因时间太短而失去预警的意义。因此,只需针对适用水位预警条件的预警对象分析水位预警指标。

1)临界水位分析

在确定了成灾水位后,可用以下方法分析临界水位:

(1)根据水位流量关系,由预警对象控制断面成灾水位推求危险流量 Q,用曼宁公式计算上游水位站在流量为 Q 时的洪水位,该水位即为临界水位。

(2)根据预警对象控制断面成灾水位,采用水面线方法推求上游水位站的相应洪水位,该水位即为临界水位。

2)综合确定预警指标

(1)立即转移指标:临界水位即为水位预警的立即转移指标。

（2）准备转移指标：根据河段地形地貌及河谷形态，将临界水位减去某一差值作为水位预警的准备转移指标，差值取值参考见表1-8-2。

3. 合理性分析

由于山洪灾害分析评价的各个重点防治区部分没有实测雨量资料，没有收集到当地山洪灾害事件实际资料，也未收集到与流域大小、气候条件、地形地貌、植被覆盖、土壤类型、行洪能力等因素相近或相同防灾对象的预警指标成果，因此将雨量预警指标与设计暴雨成果进行比较分析。通过比较发现，雨量预警指标与同频率的设计暴雨量相接近，量级相同。由于合理性分析还做得不够，因此本次确定的预警指标在下一步的工作中还需进行复核、检验，根据实际情况进行修正，在工作中运用和改进。通过山洪灾害分析评价，确定临汾市的17个县（市、区）的准备转移指标值在40～60 mm。

2.4.5.5 预警信息发布及响应

1. 预警发布权限

（1）基于平台进行预警时，预警发布权限归属于各级防汛指挥部指挥长。

（2）依靠群测群防进行预警时，预警发布权限归属于各级防汛指挥部指挥长、各乡（镇）指挥所指挥长、各村的防汛负责人和监测员。

2. 预警发布内容

预警发布内容包括：危险区范围、时间、致险原因（暴雨预报信息，暴雨监测信息，降雨、洪水位是否达到临界值，预警信息等级等）及避险措施。

3. 预警信息发布对象

预警信息发布对象为危险区的相关防汛责任人和社会公众。

4. 预警发布方式

（1）通信网络畅通时，常态通信：语音电话、传真、手机通话、手机短信（群发）；

（2）无通信网络（或通信网络中断）时，应急通信：广播、发送信号弹、鸣锣、启动报警器、高音喇叭喊话、卫星电话。

第3章　群测群防的组织体系建设

由于山洪灾害突发性强，从降雨到发生灾害之间的时间短，且往往在灾害发生时断电、断路、断信号，因此群测群防尤为重要。群测群防组织体系为建立县(市、区)、乡(镇)、村、组、户五级山洪灾害防御责任体系，群测群防组织指挥机构主要在县(市、区)、乡(镇)、村一级建立。

3.1　组织指挥机构

3.1.1　县级组织指挥机构的构成

临汾市各县(市、区)设立指挥部，指挥部与县(市、区)防汛抗旱指挥部合署办公，由县(市、区)防汛抗旱指挥部统一指挥。

指挥部下设办公室、根据实际情况设置工作组(如监测组、信息组、转移组、调度组、保障组)及应急抢险队。

3.1.2　乡(镇)组织指挥机构的构成

在乡(镇)设立山洪灾害防御指挥机构，指挥机构设指挥长、副指挥长，成员由水利、国土、民政、气象、建设、交通、公安、卫生等相关职能部门负责人组成。

指挥机构下设监测、信息、转移、调度、保障等工作组和应急抢险队。

3.1.3　村级组织指挥机构的构成

各行政村设立以村主任为负责人的山洪灾害防御指挥机构，各村应成立以基干民兵为主体的应急抢险队，确定监测预警员，并造花名册报送乡(镇)、县(市、区)指挥机构备查。

3.2　分工与职责

3.2.1　分工

(1)临汾市县级山洪灾害防御指挥部统一领导和组织山洪灾害防御群测群防工作，各相关部门各负其责，相互协作，实施山洪灾害防御工作。县(市、区)指挥部办公室负责指挥部的日常工作。

(2)乡(镇)山洪灾害防御指挥机构在县级山洪灾害防御指挥部的统一领导下开展山洪灾害防御工作,发现异常情况及时向有关部门汇报,并采取相应的应急处理措施。

(3)村级山洪灾害防御指挥机构负责本行政村内水雨情监测、预警、人员转移和抢险工作,必要时支援邻村开展山洪灾害抢险工作。

3.2.2 工作职责

3.2.2.1 行政首长职责

山洪防御工作实行各级人民政府行政首长负责制。行政首长的主要职责如下:

(1)负责组织制定本地区防御山洪的规章和制度,组织做好宣传和思想动员工作,增强各级干部和广大群众防御山洪的意识。

(2)负责组织开展本辖区防御山洪的非工程措施和工程措施的建设,不断提高防御山洪灾害的能力。特别是组织有关部门制订本辖区防御山洪灾害预案,并督促各项措施的落实。

(3)根据汛情,及时做出防御山洪灾害工作部署,组织指挥当地群众参加抢险,贯彻执行上级调度命令。

(4)山洪灾害发生后,要立即组织各方面力量迅速开展救灾工作,安排好群众生活,尽快恢复生产,保持社会稳定。

(5)各级行政首长对本辖区的防御山洪工作必须切实负起责任,确保安全度汛,防止发生重大灾害。

3.2.2.2 县级山洪灾害防御指挥部主要职责

在指挥长的统一领导下,负责全县(市、区)山洪灾害防御工作。具体职责如下:

(1)贯彻执行有关山洪灾害防御工作的法律、法规、方针、政策和上级山洪灾害防御指挥部的指示、命令,统一指挥本县(市、区)内的山洪防御工作。

(2)贯彻“安全第一、常备不懈,以防为主、全力抢险”的方针,部署年度山洪灾害防御工作任务,明确各部门的防御职责,落实工作任务,协调部门之间、上下之间的工作配合,检查督促各有关部门做好山洪灾害防御工作。

(3)遇大暴雨,可能引发山洪灾害时,及时掌握情况,研究对策,指挥协调山洪灾害抢险工作,努力减少灾害损失。

(4)督促有关部门根据山洪灾害防治规划,按照确保重点、兼顾一般的原则,编制并落实本县(市、区)的山洪灾害防御预案。并组织有关人员宣传培训山洪灾害防御预案及相关山洪灾害知识。

(5)建立健全山洪灾害防御指挥部日常办事机构,配备相关人员和必要的设施,开展山洪灾害防御工作。

3.2.2.3 县级山洪灾害防御指挥部办公室主要职责

具体负责指挥部的日常工作。

3.2.2.4 县级指挥部各工作组主要职责

监测组:负责做好水雨情监测及管理、协调工作。

信息组:负责对县防汛指挥部、气象、水文、国土等部门各种信息的收集与整理,及时掌握水雨情、水库溃坝、决堤等信息,为山洪灾害防御指挥决策提供依据。

转移组:负责按照指挥部的命令,组织群众按规定的转移路线转移,一个不漏地动员到户到人,同时确保转移途中和安置后的人员安全。

调度组:负责与水利、公安、民政、卫生等部门的联系,负责调度各类险工险段的抢险救灾工作,负责调度抢险救灾车辆、船舶,负责调度抢险救灾物资、设备。

保障组:负责了解、收集山洪灾害造成的损失情况,派员到灾区实地查灾核灾,汇总、上报灾情数据;做好灾区群众的基本生活保障工作,包括急需物资的组织、供应、调拨和管理等;指导和帮助灾区开展生产自救和恢复重要基础设施;负责救灾应急资金的落实和争取上级财政支持,做好救灾资金、捐赠款物的分配、下拨工作,指导、督促灾区做好救灾款物的使用、发放和信贷工作;组织医疗防疫队伍进入灾区,抢救、治疗和转运伤病员,实施灾区疫情监测,向灾区提供所需药品和医疗器械。

应急抢险队:在紧急情况下听从县级山洪灾害防御指挥部命令,进行有序的抢险救援工作。

信号发送员:在获得险情监测信息或接到紧急避灾转移命令后,立即按预定信号发布报警信号。

3.2.2.5　县级指挥部成员单位职责

在指挥长的统一领导下,水利、国土、民政、公安、卫生等相关职能部门各负其责,相互协调,共同做好山洪灾害防御及抢险救灾工作。

3.2.2.6　乡(镇)山洪灾害防御指挥机构主要职责

(1)制定完善并落实本乡(镇)山洪灾害防御预案,负责山洪灾害防御避灾躲灾有关的责任落实、队伍组建、预案培训演练、物资准备等各项工作。

(2)掌握本乡(镇)山洪险情动态,收集各地雨情、水情、灾情等资料,及时上报发布预警信息,并督促各村定期进行水库、山塘、堤防等险工险段的监测巡查。

(3)指挥调度、发布命令、签发调集抢险物资器材,并组织上报本乡(镇)山洪灾害相关信息。

(4)指挥并组织协调各村进行群众安全转移,落实安置灾民及做好恢复生产工作。

3.2.2.7　乡(镇)指挥部各工作组主要职责

监测组:负责本乡(镇)区域内水雨情的监测工作及水库、山塘、堤防等险工险段的监测巡查,及时提供有关信息,如遇紧急情况可直接报告县级山洪灾害防御指挥部。

信息组:负责对县级山洪灾害防御指挥部、气象、水文、国土等部门汛前各种信息的收集与整理,掌握水雨情、水库溃坝、决堤等信息及本乡(镇)各村组巡查信息员反馈的灾害迹象,及时为指挥决策提供依据。

调度组:按照山洪灾害防御预案和人、财、物总体情况,负责做好抗洪抢险人、财、物的调度工作,确保抗灾工作迅速、有效地进行。

转移组:按照县(市、区)、乡(镇)防汛指挥部的命令及预报通知,组织群众按预定的安全转移路线,一个不漏地动员到户到人。必要时可强制其转移,同时确保转移途中和安置后的人员安全,并负责转移后群众、财产的清点和保护。

保障组:按照县(市、区)、乡(镇)防汛指挥部的命令及预报通知,负责抢险物资、设备供应及后勤保障等工作,负责维护灾区社会秩序。

应急抢险队:在紧急情况下听从命令进行有序的抢险救援工作。

信号发送员:在获得险情监测信息或接到紧急避灾转移命令后,立即按照有关程序并通过各种方式发布报警信号。

3.2.2.8 村级山洪灾害防御指挥机构职责

(1)协助乡(镇)制订和完善山洪灾害防御预案,并负责执行落实;组织参加预案培训演练,落实本村山洪灾害防御避灾躲灾各项工作。

(2)负责山洪灾害危险区的监测和洪灾抢险,随时掌握雨情、水情、灾情、险情动态,负责上报本村的水雨情等资料,组织人员进行水库、山塘、堤防等险工险段的监测巡查,并及时向村民发布预警。

(3)落实上级发布的防御抢险等命令,组织群众安全转移与避险、抢险,落实安置灾民及做好恢复生产工作。

(4)负责灾前灾后各种应急抢险、工程设置修复等工作。

3.2.2.9 村级山洪灾害防御指挥机构工作组主要职责

监测预警队:负责对县(市、区)、乡(镇)防汛指挥部,气象、水文、国土等部门汛前各种信息的接收并及时转报村指挥机构,对本责任区水雨情进行观测,对山塘、水库、堤防等险情进行巡查,及时反馈信息,并按指挥长的命令发布预警、报警信号;紧急情况下,监测人员可自行发布预警、报警信号。

应急抢险队:在工程出险等紧急情况下,听从命令,转移危险区域内的人员和财物,进行有序的抢险救灾工作。

第4章　山洪灾害应急

4.1　总　则

4.1.1　山洪灾害应急预案编制目的

山洪灾害是指山区由于降雨引发的山洪、泥石流、滑坡等对人民生命财产造成损失的灾害。山洪灾害以河道洪水和滑坡灾害为主，为了有效防御山洪灾害、最大限度地减少人员伤亡和财产损失，实现防汛工作中人民生命安全的工作目标，做好洪水灾害突发事件防范与处置工作，使洪水灾害处于可控状态，保证抗洪抢险、救灾工作高效有序进行，杜绝群死群伤事件的发生，指导实施临汾市山洪灾害的防御工作，为临汾市各级县市、乡镇、村落的经济可持续健康发展提供防洪安全保障。

4.1.2　山洪灾害应急预案编制依据

依据《中华人民共和国防洪法》《中华人民共和国水土保持法》《地质灾害防治条例》《中华人民共和国防汛条例》《中华人民共和国气象法》《山西省实施〈中华人民共和国防洪法〉办法》《山西省防汛抗旱应急预案》等法律法规、各级地方人民政府颁布的有关地方性法规、条例和规定等，制订预案。

4.1.3　山洪灾害应急预案编制原则

(1)落实科学发展观，体现以人为本，保障人民群众生命安全为首要目标的原则。

(2)实行各级行政首长负责制、分级管理责任制、分部门负责制、岗位责任制和技术人员责任制的原则。

(3)坚持因地制宜、因害设防，具有实用性和可操作性的原则。

(4)以防洪安全为首要目标，实行安全第一、常备不懈，以防为主、全力抢险的原则。

(5)坚持依法防汛，实行公众参与、军民结合、专群结合、平战结合。中国人民武装警察部队主要承担防汛抗洪的急难险重等攻坚任务。

4.1.4　适用范围

编制临汾市各县(市、区)、乡(镇)、村山洪灾害应急预案，使其适用于各行政区域范围内山洪灾害的预防和应急处置。各预案是在现有工程设施条件下，针对可能发生的山洪灾害所预先制订的防御方案、对策和措施,是实施指挥决策和防御调度、抢险救灾的依据。

4.1.5 山洪灾害应急预案编制

临汾市各级山洪灾害应急预案编制的内容包括:调查了解各县(市、区)自然和社会经济基本情况,历年山洪灾害类型及损失情况,分析山洪灾害成因及特点,确定山洪灾害责任体系、监测防御体系,保证信息通信畅通,确定预警方式,拟定人员转移安置和抢险救灾措施,安排日常宣传和演练工作。

4.2 县(市、区)山洪灾害应急预案

4.2.1 山洪灾害区域划分

4.2.1.1 划分原则

根据临汾市各县(市、区)山洪灾害的形成特点,在调查历史山洪灾害发生区域的基础上,结合临汾市各县(市、区)气候和地形地质条件,人口居住分布,山洪灾害类型、程度和范围,将临汾市各县(市、区)山洪灾害划分为危险区和安全区。

危险区是指受山洪灾害威胁的区域,一旦发生山洪、泥石流、滑坡将直接造成区内人员伤亡以及房屋、设施的破坏。安全区是指不受山洪、泥石流、滑坡威胁,地质结构比较稳定,可安全居住和从事生产活动的区域。安全区是危险区人员临时转移安置的避灾场所。

划分原则如下:

(1)将处于历史洪水线及各河流10年一遇洪水淹没线以下河谷、沟口、河滩、易损堤段以及陡坡下、低洼处、不稳定山体下的村庄、居民点所在区域划入危险区。

(2)将处于历史最高洪水线以上,能避开山洪、泥石流、滑坡威胁,地质结构比较稳定的临时避灾地点划入安全区。

4.2.1.2 “两区”的基本情况

根据区域山洪灾害的形成特点,在调查历史山洪灾害发生区域的基础上,结合分析未来山洪灾害可能发生的类型、程度及影响范围,合理确定危险区、安全区。

安全区划分:非危险区域视为安全区,但非绝对安全,不排除人为和不测造成的危险。个别村庄会受某条沟道山洪灾害的影响,只是相对来说比较安全。

4.2.2 组织指挥体系

4.2.2.1 组织机构

临汾市县级组织指挥机构的构成:有山洪灾害防御任务的县(市、区)防汛抗旱指挥部作为山洪灾害防御指挥部。山洪灾害防御指挥部下设办公室。在紧急状况下,指挥部下设监测、信息、转移、调度、保障等5个工作组及应急抢险队;各工作组要分别确定牵头单位和参加单位。其指挥体系示意图见图2-4-1。

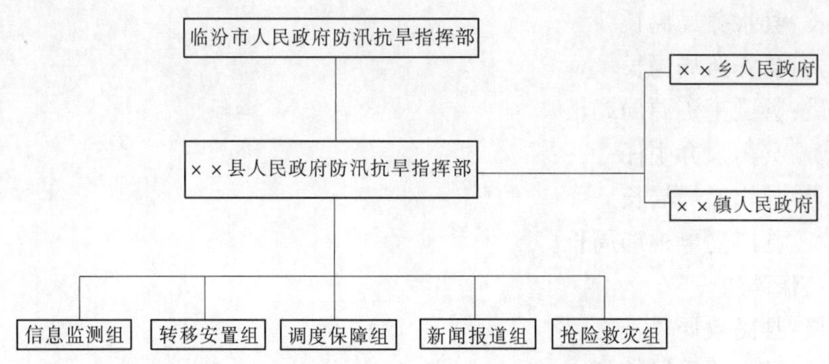

图2-4-1 临汾市各县山洪灾害防御组织指挥体系示意图

1.临汾市各县(市、区)防御山洪灾害指挥部

指 挥:县委副书记、县长

政 委:县委副书记

常务副总指挥:县政府主管农业副县长

副总指挥:县人武部部长、公安局局长、水务局局长

成 员:县委办、政府办、经济发展局、财政局、住建局、民政局、交通局、教育局、农业局、国土资源局、工商局、卫生局、林业局、环保局、气象局、旅游局、商务局、电力局、电信局、文体局、安监局、应急办、广电局、统计局、粮食局、科技局、畜牧局、扶贫办、防汛办、城管局、各乡(镇、街道办)、地质灾害站、水文站、自来水公司、建筑公司、中石油分公司、移动公司、联通公司、供销社等多个单位。

指挥部下设办公室,即县防汛抗旱指挥部办公室(常设机构)。

2.雨水情监测信息组

组 长:县防汛办主任

副组长:县气象局局长

成 员:县防汛办副主任

水库管理处主任

县水文站站长

县地质环境监测站站长

3.专家调度组

组 长:县水务局局长

副组长:县防汛办主任

成 员:县气象局局长

县住建局工程师

县交通局工程师

县电力局工程师

县电信局工程师

县水务局副局长、工程师

4.安全抢险转移组

组 长:县防汛抗旱指挥部副指挥、人武部部长

副组长:县水务局局长

县安监局局长

成　员:县国土资源局局长

县街道办主任

县交通局局长

县广播电视局局长

5. 救灾保障组

组　长:县民政局局长

副组长:县农业局局长

成　员:县国土资源局副局长

县水务局副书记

县交通局副局长

县广播电视局局长

县供电局副局长

县卫生局副局长

县教育局副书记

6. 抢险队

由县人武部牵头,成立以民兵和采油厂职工组成100人防汛抗洪救险队,执行重大山洪灾害抢险任务,由县防汛抗旱指挥部统一指挥调度,抢险队员每年进行调整,并报县防御山洪灾害指挥部备案。

队　长:人武部副部长

副队长:人武部军事科科长

抢险突击队队长:县森林防火办主任。

7. 维护治安队

由县公安局牵头,以公安干警和武警为骨干,成立50人组成的治安队,负责重大山洪灾害抢险救灾过程中的治安维护工作。

队　长:县公安局副局长

副队长:县公安局治安大队队长

县武警中队队长

县级山洪灾害组织指挥机构,鉴于人事变动每年进行调整。

4.2.2.2　分工与职责

1. 县防御山洪灾害指挥部职责

(1)贯彻执行国家有关防御山洪灾害工作的法律、法规、政策和上级相关指示、命令,认真贯彻“安全第一、常备不懈,以防为主、全力抢险”的防汛工作方针。牢固树立防大汛、抗大洪、抢大险和救大灾思想,统一组织协调辖区内的山洪灾害防御工作。

(2)组织制定全县各类山洪灾害防御预案,落实各项度汛措施和责任。

(3)统筹建设辖区内各类山洪灾害防治建设工程,不断提高防御能力。

(4)及时掌握各类汛情,研究落实防御对策,指挥协调防御山洪灾害抢险救灾和开展灾后生产自救。

(5)负责组建防御山洪灾害组织机构,落实经费和物资。

(6)建设完善防御山洪灾害监测预警系统,为合理指挥调度提供科学依据,逐步实现本县山洪灾害防御工作规范化、现代化。

(7)组织防汛安全检查,开展宣传教育工作,督促各有关部门做好防御山洪灾害思想、组织、物资、技术“四落实”。

2. 指挥部主要成员单位职责

(1)人武部职责:负责防御山洪灾害抢险救灾工作,在紧急时期负有执行重大抢险任务、协助组织转移安置和营救遭灾群众的任务。

(2)水务局及防汛办公室职责:负责承担县防御山洪灾害指挥部的日常工作,组织、协调、督促指导全县山洪灾害防御工作的实施,负责监测雨情、水情,掌握险情和灾害情况,组织协调山洪灾害会商调度,传达天气预报形势,执行省、市、县防御山洪灾害的指令,为指挥部当好参谋。

(3)国土资源局及地质环境监测站职责:负责全县滑坡、崩塌、泥石流等地质灾害的监测预防,参与山洪灾害指挥调度,协调各级人民政府组织搬迁撤离和安置,负责地质灾害点治理,及时向县防御山洪灾害指挥部提供防御地质灾害情况,为指挥部当好参谋,参与县城防洪指挥部指挥调度工作。

(4)气象局职责:负责天气形势监测,及时提供短期重要天气预报和中长期天气预报,以及有关气象信息,参与山洪灾害调度会商,提供防御山洪灾害有关信息和气象资料。

(5)民政局职责:负责全县山洪灾害查实和救灾工作。灾情发生后及时组织各相关部门现场核实受灾情况,及时向县防汛抗旱指挥部提供洪灾信息,组织捐赠救助,指挥灾区各级组织转移安置受灾群众,并做好受灾群众的基本生活保障工作。

(6)城管局职责:负责城乡公用基础设施、城镇建筑和小城镇的防洪内涝安全、排涝除险和内涝工程建设管理,并组织实施好县城防洪指挥部的指挥调度工作。

(7)街道办职责:负责辖区山洪灾害防治,并组织实施好县城防洪指挥部指挥调度工作。

(8)采油厂职责:负责辖区山洪灾害防御工作,并组织实施好县城防洪石油新区分指挥部指挥调度工作。

(9)住建局职责:负责指导城镇建设中的防洪工作,恢复山洪毁坏的公用设施,并组织实施好县城防洪长征社区分指挥部指挥调度工作。

(10)交通局职责:负责公路交通运输设施的防洪安全,抢修防御山洪灾害抢险道路和水毁公路交通设施,负责运输抢险物资,及时运送抢险、救灾、救护人员,提供交通设施被山洪灾害毁坏情况。

(11)农业局职责:负责农村救灾和恢复生产,参与全县灾情调查核实工作、农村及农业山洪灾害损失情况调查,并组织实施好县城防洪指挥部指挥调度工作。

(12)财政局职责:负责防洪资金管理,及时筹措和下达防洪抢险救灾资金,对山洪灾害专用资金进行监督管理。

(13)教育局职责:负责全县中、小学校的山洪安全工作,及时组织山洪威胁区校舍的安全转移,杜绝群死群伤事件的发生,并组织实施好县城防洪指挥部指挥调度工作。

(14)经济发展局职责:负责全县基础设施山洪灾害水毁工程修复的规划计划立项、申报审批和投资计划安排。

(15)公安局职责:负责维护灾区社会治安,维护抢险秩序,实施交通管制,打击各类破坏盗窃山洪灾害监测预警设施、防洪抢险物资、防洪工程和抢险交通通信设施的违法行为。

(16)电力局职责:负责保障防洪、抢险、救灾和灾后恢复生产的电力供应,抢修水毁供电设施,确保供电畅通。

(17)电信、移动、联通部门职责:负责防汛期间的通信保障工作,及时传递汛险情,确保防御山洪灾害测报设施及全县通信网络畅通。

(18)卫生局职责:负责山洪灾害伤病员救治、灾区卫生防疫和医疗救护工作。

(19)广播电视局职责:负责发布防汛、气象及山洪灾害信息,做好防御山洪灾害工作的宣传报道,编辑抗洪抢险及山洪灾害实况录像资料。

(20)林业局职责:负责全县山洪造成植被破坏的恢复,组织森林防火抢险队参与抗洪抢险突击队工作,并组织实施好县城防洪指挥部指挥调度工作。

(21)文体局职责:负责检查监督本系统各单位特别是大型文化娱乐场馆的防汛救灾准备和应急撤离实施工作,并组织实施好县城防洪指挥部指挥调度工作。

3.县防御山洪灾害指挥部办公室(县防汛办)职责

(1)负责监测全县雨情、水情、山洪险情和灾情,必要时发布山洪预报和洪水预报,及时向指挥部主要领导请示汇报。

(2)认真执行国家防御山洪灾害有关方针、政策、法律、法规和上级的指示和命令。

(3)负责调查统计上报辖区内山洪灾害情况,协调全县开展防御山洪灾害工作。

(4)负责编制和审查全县各级防御山洪灾害预案,检查督促各项防御山洪灾害预案的实施。

(5)协调组建全县各级山洪灾害防御组织体系建设。

(6)开展防御山洪灾害的宣传培训工作。

(7)完成指挥部交办的其他任务。

4.县防御山洪灾害应急工作小组职责

(1)监测信息组职责:负责发布重要气象和洪水预报,监测雨、水情和灾点险情,及时掌握暴雨、洪水、滑坡、泥石流和水利工程险情,准确传递汛情信息,为总指挥部决策提供科学依据。

(2)专家调度组职责:对监测站的汛险情组织专家进行会商,提出科学对策;负责调度抢险人员,防汛物资、设备,车辆,并负责水利工程运用调度,当好领导参谋。

(3)安全抢险转移组职责:负责按照指挥部的预警通知、命令和指示,按照预案撤离路线,做好受威胁区群众的安全转移工作,首先保证人民生命安全,并组织抢险队进行抢险,将灾害损失降到最低程度。

(4)救灾保障组职责:负责被转移群众的临时安置,提供生活和医疗保障,救助受灾群众;实地调查核实受灾情况,报经县政府审核后逐级按有关规定上报相关部门。

4.2.3　监测预警

4.2.3.1　监测

1. 监测系统的设立

1) 自动监测系统

简要描述区域内设立的自动雨量、水位、流量、泥石流、滑坡等监测站情况。

2) 简易监测系统

简要描述简易雨量、水位观测站以及地质灾害点人工观测情况等。

2. 监测内容

辖区内降雨、水位、流量、泥石流和滑坡等信息。

3. 监测要求

有目的、有步骤、有计划、有针对性地进行监测,突出时效性和准确性,采用自动监测和简易监测相结合的手段,获取实时可靠的监测数据,并及时将结果上报各级指挥部门。监测系统以群测群防为主,专业监测为辅。

4.2.3.2　通信

1. 通信方式的选择

实用、可靠、先进。

2. 通信方式

(1) 山洪灾害自动监测站采用 GSM/GPRS 通信传输信息,简易监测站点采用电话、人工传输信息。

(2) 山洪灾害预警发布的通信方式由电话、传真、广播电视、手机短信、无线语音广播、手摇报警器、铜锣等组成。多种通信方式各自相对独立并互为补充,确保预警和指挥调度信息及时通知到各级部门和危险区群众。

4.2.3.3　预报预警

1. 预报

预报内容分为气象预报、溪河洪水预报、泥石流和滑坡预报。气象预报由气象部门发布,溪河洪水预报由水利部门发布,泥石流和滑坡预报由国土部门发布。

2. 预警

1) 预警指标确定

预警指标确定在 2.4.5.4 部分中已详细介绍,分为准备转移(警戒)和立即转移(危险)两级。

2) 预警等级划分原则

山洪灾害预警等级分为三级(Ⅲ、Ⅱ、Ⅰ),按照发生山洪灾害的可能性、严重性和紧急程度,对应颜色依次为黄色、橙色、红色,三种颜色预警信号分别代表可能(暴雨气象预报)、严重(警戒雨量或警戒水位)、特别严重(危险雨量、危险水位或有泥石流、滑坡征兆)。

3) 预警启用时机

(1) 接到暴雨天气预报,相关行政责任人应引起重视,并发布暴雨预警信息。当降雨量达到相应等级雨量值时,降雨仍在持续,应发布预警信息。

(2)当水位达到相应等级值,且仍在上涨时,应发布预警信息。若可能对下游造成山洪灾害,应向下游发布预警信息。

(3)当出现泥石流、滑坡征兆时,应发布泥石流、滑坡灾害预警信息。

(4)当水库及塘堰坝出现重大险情时,应立即发布预警信息。

4)预警发布及程序

根据监测、预报,按照预警等级及时发布预警。

(1)在一般情况下,可按照县(市、区)→乡(镇)→村→组→户的次序进行预警(见图2-4-2)。

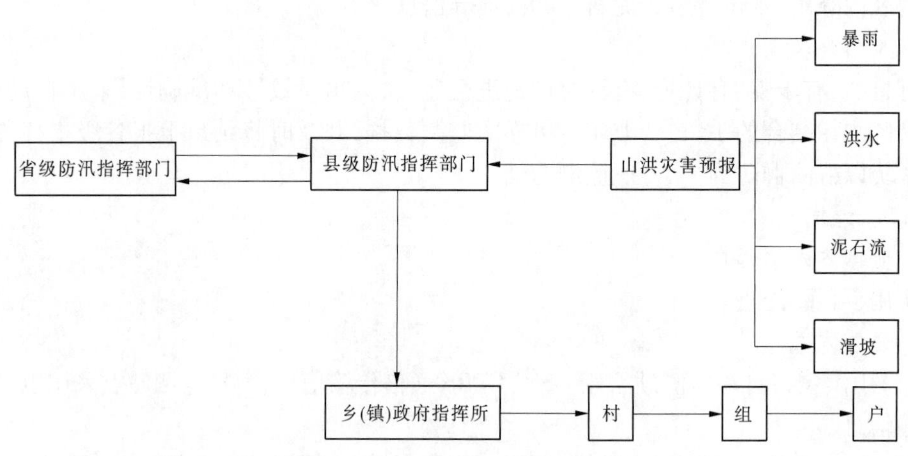

图2-4-2　一般情况预警程序示意图

(2)如遇紧急情况(水库、塘堰坝出现重大险情,滑坡等),可采用快速灵活的预警方式进行预警(见图2-4-3)。

3. 预警、警报方式

预警方式:应根据临汾市各县(市、区)各类灾点的不同情况确定相应的预警处理方式,主要方式有手机短信,电话通知,报警器,锣、鼓、号等。

警报方式:应根据临汾市各县(市、区)各类灾点的不同情况确定相应的警报处理方式,主要方式有无线语音广播报警、手摇报警器报警、铜锣报警、口头通知。

4. 预警发布及响应

(1)接到防汛抗旱指挥部通知将有暴雨时发布Ⅲ级(黄色)预警,同时启动Ⅲ级应急响应。

①县山洪灾害防御指挥部通过电话、传真、手机短信向有关乡镇发出Ⅲ级(黄色)预警。

②通过广播电视播放天气预报,并提醒广大群众注意做好山洪灾害防范准备。

③当接到Ⅲ级(黄色)预警后,各有关人员应迅速上岗到位,注意观察水雨情变化,并加强防范。

(2)当降雨量达到警戒雨量且降雨仍在持续时,或河流水位达到警戒水位,发布Ⅱ级

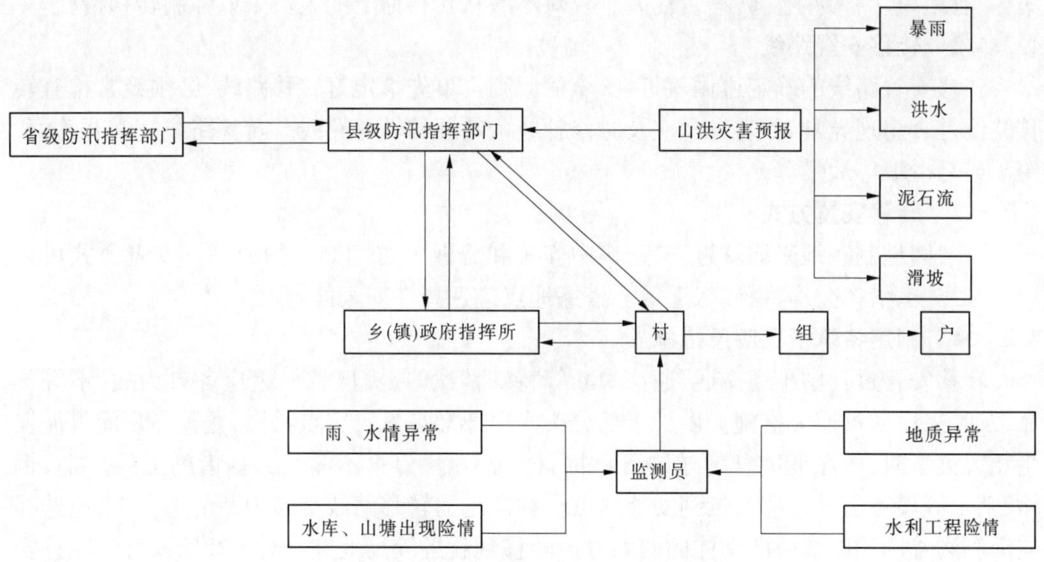

图2-4-3 紧急情况预警程序示意图

(橙色)预警,同时启动Ⅱ级应急响应。

①县山洪灾害防御指挥部通过电话、传真、手机短信向有关乡镇发出Ⅱ级(橙色)预警。

②通过广播电视播放山洪灾害Ⅱ级(橙色)预警信息,提醒广大群众注意防范山洪灾害,危险区人员做好转移准备。

③通过手机短信向县山洪灾害防御指挥部指挥长及指挥部成员单位领导、各乡镇主要领导,县防指所属的监测组、信息组、转移组、调度组、保障组主要成员发布Ⅱ级(橙色)预警,做好相关防范工作。

④有关乡村在接到县防指发布的Ⅱ级(橙色)预警后,通过无线语音广播、铜锣、手摇报警器等向危险区群众发出Ⅱ级(橙色)预警,提醒危险区人员注意防范,做好转移准备。

(3)当降雨量达到危险雨量且降雨仍在持续时,或溪河水位达到危险水位,或有泥石流、滑坡征兆时,发布Ⅰ级(红色)预警,同时启动Ⅰ级应急响应。

①县山洪灾害防御指挥部通过电话、传真、手机短信向有关乡镇发出Ⅰ级(红色)预警,要求有关乡镇立即全面行动,做好抢险救灾转移安置工作。

②通过广播电视播放山洪灾害Ⅰ级(红色)预警信息,要求危险区人员马上转移,有关群众严加防范山洪灾害。

③手机短信报警通知到县主要领导、县山洪灾害防御指挥部指挥长及指挥部成员单位领导、各乡镇主要领导,山洪灾害监测组、信息组、转移组、调度组、保障组主要成员,各行政村负责人,要求危险区人员立即按预定路线撤离至安全区。

4.2.4 转移安置

4.2.4.1 转移安置原则

转移遵循先人员后财产,先老弱病残后一般人员,先低洼处后较高处人员的原则,以集体、有组织转移为主。转移责任人有权对不服从转移命令的人员采取强制转移措施。

4.2.4.2 转移安置路线

转移安置路线的确定遵循就近、安全的原则。事先拟定好转移路线,必须经常检查转移路线是否出现异常,如有异常应及时修补或确定新的转移路线。转移路线宜避开跨河、跨溪或易滑坡等地带。

4.2.4.3 转移安置方式

一般因地制宜地采取就近安置、集中安置和分散安置相结合的原则。安置方式可采取投亲靠友、借住公房、搭建帐篷等。搭篷地点应选择在安全区内。

4.2.4.4 制定特殊情况应急措施

转移安置过程中出现交通、通信中断等特殊情况时,灾区各村组应各自为战、不等不靠,及时采取防灾避灾措施。由村干部分头入户通知易发灾害点村民,尤其是夜间可能发生相关灾害时,要保证信息传递的可靠性,做到不漏一户,不漏一人。借助无线广播、铜锣、哨子等设备引导转移人员到安置地点。在制定的转移路线交通中断的情况下,应选择向河流沟谷两侧山坡或滑动体的两侧方向转移到就近较高地点。对于特殊人群的转移安置,采取专项措施,并派专人负责,确保无一人掉队。各个灾点及威胁区要制作明白卡,将转移线路、安置地点、时机、观测人、报警人、责任人等都要进行详细规定,同时要制定避险应急措施,制作标识牌。

4.2.5 抢险救灾

4.2.5.1 准备

1. 建立抢险救灾工作机制,确定救灾方案

主要包括人员组织、物资调拨、抢险救灾装备及车辆调配和救护等。

2. 抢险救灾准备

抢险救灾准备包括装备、资金、物资准备等。

装备:救助装备由县山洪灾害防御指挥部组织有关单位共同准备。

资金:设立抢险救灾专项资金。

物资:包括抢险物资和救助物资。抢险物资主要包括抢修水利、交通、电力、通信等设施所需的设备和材料,抢救伤员的药品器械及其他紧急抢险所需的物资。救助物资包括食品饮用水、帐篷、衣被和其他生存性救助所需物资等。抢险救助物资由各有关部门储备和筹集。

4.2.5.2 实施

指挥部下设的监测、信息、转移、调度、保障组和应急抢险队应该协调工作、形成合力。对可能造成新的危害的山体、建筑物等要安排专人监测、防御。

4.2.6 保障措施

4.2.6.1 汛前检查

汛前,县(市、区)、乡(镇)要对所辖区域的重要水利工程、河道险工险段、滑坡危险点及通信、监测、预报预警设施进行全面检查,统计危险区内常住人口,登记造册,发现问题

及时处理,做到有险必查、有险必纠、有险必报。

认真开展汛前安全检查,堵塞漏洞、消除隐患。汛前县防汛抗旱指挥部要组织对全县范围内进行防汛安全检查。县(市、区)、乡(镇、街道)、村(社区)要对辖区内的病险库坝、滑坡险段、山洪灾点、河道城镇等进行全面检查,采取"谁检查、谁签字、谁负责"的办法,逐项填写防汛安全检查责任卡,对查出的问题,现场下发整改通知,制定整改措施,落实责任人,堵塞漏洞,消除隐患。同时,对可能发生山洪灾害的所有工程及隐患点落实专人进行监测,对监测到的汛险情要及时报告,保证信息畅通、措施到位、责任到位,确保安全。

4.2.6.2　宣传教育及演练

(1)利用会议、广播、电视、墙报、标语等多种形式,宣传山洪灾害防御常识,增强群众主动防灾避灾意识。

制作有关山洪灾害防御知识的VCD、科普读物和宣传单,在中小学、企业以及危险区内的行政村进行宣传。各单位负责人平时积极做好防灾知识方面的培训和宣传,张贴标语,创建宣传栏,介绍防灾、避灾知识等。

(2)在交通要道口及隐患处设立警示牌。

(3)组织对乡村责任人、预警人员、抢险队员等进行培训,掌握山洪灾害防御基本技能。

(4)乡村要组织群众进行演练,熟悉转移路线及安置地点。

(5)对每一处山洪灾点的预案,所辖乡(镇、街道)、村(社区)必须召开乡(镇、街道)、村(社区)负责人会议进行交待。同时,每个乡(镇、街道)每年要进行一次防御山洪灾害实战演练,使各类抢险救灾应急队伍,在紧急情况下召则即来,来则能战,战则必胜。

4.2.6.3　纪律

为及时、有效地实施预案,各乡镇、各部门要做到:

(1)加强领导,落实责任,各乡镇及相关单位主要领导要负总责,层层落实责任,一级抓一级,确保灾民转移安置工作任务的圆满完成。

(2)服从命令,听从指挥,对山洪灾害防御工作失职、渎职、脱岗离岗、不听指挥的,追究相应责任,情节严重的,追究法律责任。

(3)水、雨情报告要及时,有险要速报,会商要及时,指挥要果断。

(4)暴雨天气,各级防汛办和乡(镇)主要领导及包村干部未经批准,不得离岗外出。

(5)严格执行病险水库塘堰控制蓄水,一天一巡坝,大雨、暴雨天气24 h巡查制度。

(6)各级防汛办及监测、信息组实行24 h值班,确保通信畅通。

(7)对于玩忽职守、工作措施不力或延误时机,造成重大责任事故的,要以《省、市防汛安全事故责任追究办法》有关规定进行处理,构成犯罪的移交司法机关进行处理。

4.3　乡(镇)山洪灾害应急预案

4.3.1　山洪灾害区域划分

临汾市各县(市、区)下属乡(镇)辖区内的划分原则同临汾市县(市、区)山洪灾害应急预案一致(见 4.2.1 节)。

4.3.2 组织指挥体系

4.3.2.1 乡(镇)级组织指挥机构

指挥部组成人员如下:

指 挥 长:乡(镇)长

副指挥长:副乡(镇)长

成　　员:武装部部长

水务中心站站长

农技站站长

财政所所长

民政干部

医院院长

指挥部设在政府办公室,负责指挥部日常事务。

各乡(镇)相应成立防汛领导机构,由乡(镇)长负总责,领导和组织辖区内的山洪灾害防御工作,并成立 50 人以上的应急抢险队伍,同时落实降雨、险工险段、泥石流和滑坡体监测的汛情传递员。

4.3.2.2 职责和分工

(1)本镇镇长对本镇山洪灾害防御预案负总责。

(2)各村村长对本辖区山洪灾害防御预案具体负责。

监测组:由镇村两级机构负责监测雨量,威胁区及溪沟水位,泥石流、滑坡点的位移等信息。

信息组:收集各种信息,掌握暴雨、洪水、预报雨情,为领导决策提供依据。

转移组:按照指挥部命令及预警通知,做好威胁区群众转移工作,同时确保转移途中和安置后的人员安全。

调度组:负责抢险人员的调配、管理抢险救灾物资等工作。

保障组:由民政、卫生等部门人员组成,负责临时转移群众的基本生活和医疗保障组织工作,负责被安置户原屋的搬迁、新的房基审批手续及建设等工作。

应急抢险组:由镇武装干部组织以民兵为主体的应急抢险队伍,负责本辖区抢险救援工作。

信号发送员:每个村组确定一名信息传递员,在获得险情监测信息或接收到紧急避灾转移命令后,立即按预定信号发布报警信号。

4.3.3 监测预警

4.3.3.1 监测系统的设立

1. 自动监测系统

简要描述区域内设立的自动雨量、水位、流量、泥石流、滑坡等监测站情况。

2. 简易监测系统

简要描述简易雨量、水位观测站以及地质灾害点人工观测情况等。

4.3.3.2　实时监测

监测降雨量、河流险工险段的情况,河流水位、泥石流和滑坡等信息。

1. 监测要求

各乡(镇)每村确定一名领导抓好监测工作,各个地质灾害点、河流沿岸的村组各有一名监测人员做好雨情等信息的收集工作,为山洪灾害防御工作提供依据。

2. 人员设置

各乡(镇)每村设一名报汛员,负责村域内险情监测和信息传递工作。

4.3.3.3　通信

结合临汾市各乡(镇)的实际情况,确定通信方式为:固定电话、移动电话、广播等。

4.3.3.4　预报预警

1. 预报内容

沟河洪水水位、泥石流和滑坡预报。

2. 预警内容

暴雨洪水预报信息,降雨量、洪水位是否达到山洪灾害发生的临界值,泥石流和滑坡的监测和预报信息。

3. 预警启用机制

根据气象部门预报降雨强度及降雨范围,将山洪灾害预警分为三个级别。

山洪灾害预警等级分为三级(Ⅲ、Ⅱ、Ⅰ),按照发生山洪灾害的可能性、严重性和紧急程度,对应颜色依次为黄色、橙色、红色,三种颜色的预警信号分别代表可能(暴雨气象预报)、严重(警戒雨量或警戒水位)、特别严重(危险雨量、危险水位或有泥石流、滑坡征兆)。

当气象部门预报强降雨时,山洪灾害威胁预警、监测人员立即进入工作岗位,做好雨量、水位、泥石流及滑坡监测,并及时发布信息,镇村组组织群众组成巡逻小组,发现异常现象向附近群众报警,组织群众向指定地点撤离。

当气象部门预报降雨为大暴雨时,包村干部也要参加巡逻,每间隔1 h,向镇主要领导报告巡逻情况,并严格实行零报告制度,发现异常情况立即向群众报警。在报警发出后要立即向县防汛指挥部报告,镇村领导要迅速赶往该区,指挥救灾。

4. 预警发布及程序

(1)一般情况下,山洪灾害预警信号由县防汛指挥部发布,按县(市、区)→乡(镇)→村→组→户的次序进行预警。

(2)如遇紧急情况(水库、塘堰坝出现重大险情,滑坡等),可采用快速灵活的预警方式进行预警。

(3)预警程序示意图见图2-4-4。

5. 预警方式

应根据临汾市各乡(镇)各类灾点的不同情况确定相应的预警处理方式,主要方式有手机短信,电话通知,报警器,锣、鼓、号等。

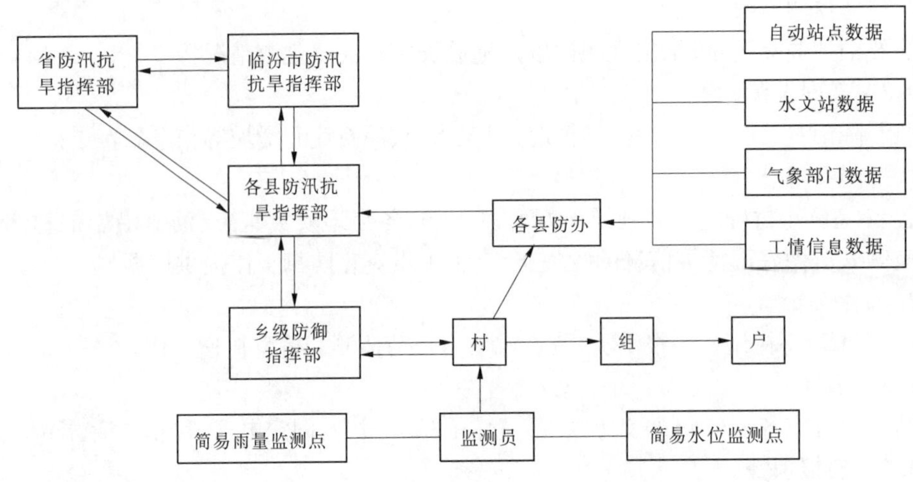

图 2-4-4　预警程序示意图

4.3.4　转移安置

4.3.4.1　转移安置

1. 转移的原则

转移遵循先人员后财产,先老弱病残后一般人员,先低洼处后较高处人员的原则,以集体、有组织转移为主。转移责任人有权对不服从转移命令的人员采取强制转移措施。

2. 转移的地点

转移安置路线的确定遵循就近、安全的原则。事先拟定好转移路线,向附近的高地和安全区撤离,具体路线由各村根据辖区的地形情况制定,必须经常检查转移路线是否出现异常,如有异常应及时修补或确定新的转移线路。转移路线宜避开跨河、跨溪或易滑坡等地带。

3. 安置方式

一般因地制宜地采取就近安置、集中安置和分散安置相结合的原则。安置方式可采取投亲靠友、借住公房、搭建帐篷等。搭篷地点应选择在安全区内,确保每个对象有房住、有饭吃、有衣穿。

4. 避灾的应急措施

转移安置过程中出现交通、通信中断等特殊情况时,灾区各村组应各自为战、不等不靠,及时采取防灾避灾措施。由村干部分头入户通知易发灾害点村民,尤其是夜间可能发生相关灾害时,要保证信息传递的可靠性,做到不漏一户,不漏一人。借助无线广播、铜锣、哨子等设备引导转移人员到安置地点。在制定的转移路线交通中断的情况下,应选择向河流沟谷两侧山坡或滑动体的两侧方向转移到就近较高地点。对于特殊人群的转移安置,采取专项措施,并派专人负责,确保无一人掉队。各个灾点及威胁区要制作明白卡,将转移线路、安置地点、时机、观测人、报警人、责任人等都要进行详细规定,同时要制定避险应急措施,制作标识牌。

4.3.4.2　转移纪律

(1)乡(镇)干部必须亲临一线,现场指挥群众撤离安置;包村干部包到人,确保灾民不掉队。

(2)受灾群众必须服从命令,听从指挥,无条件按照指定转移安置计划命令执行。负责转移的责任人对不服从转移命令的人员可采取强制措施。

(3)未受灾农户或受灾较轻的灾民户应按照统一安排妥善安置受灾严重农户的衣食住行等,不得推诿扯皮,拒绝灾民进住。

(4)在转移安置过程中,对不履行职责的干部和拒不执行安置的农户追究责任,相关人员给予严肃处理。

4.3.5　抢险救灾

4.3.5.1　准备

(1)抢险队伍:镇上组织 50 人,每村至少 20 人,每个村民小组组织 10 人的抢险队。

(2)物资准备:每个村每人 5 个编织袋。

(3)抢险工具:抢险队员配照明设备 1 套,铁锹 1 把。

(4)相关卫生医疗设备。

4.3.5.2　流程

一旦发生险情,及时向上级防汛指挥部门上报,同时做好人员安置疏散,抢险队投入抢险救灾。各部门要积极全力配合,做好后勤保障工作。乡(镇)级抢险救灾流程见图 2-4-5。

4.3.6　保障措施

4.3.6.1　汛前检查

汛前组织人员对所辖区域进行全面检查,如重要水利工程、河道险工险段、滑坡危险点及通信、监测、预报预警设施,并将情况反馈给防汛领导机构,确保安全度汛。统计危险区内常住人口,登记造册,发现问题及时处理,做到有险必查、有险必纠、有险必报。

4.3.6.2　宣传教育

(1)利用会议、广播、电视、墙报、标语等多种形式,宣传山洪灾害防御常识,增强群众主动防灾避灾意识。

(2)在交通要道口及隐患处设立警示牌。

(3)组织对乡村责任人、预警人员、抢险队员等进行培训,掌握山洪灾害防御基本技能。

(4)乡村要组织群众进行演练,熟悉转移路线及安置地点。

(5)对每一处山洪灾害点的预案,所辖村必须召开村负责人会议进行交待。

4.3.6.3　纪律

行政首长总负责,各有关部门分工负责。《中华人民共和国防洪法》明确规定:防汛抗洪工作实行各级人民政府首长负责制,统一指挥,分级负责,抓实抓好,做到有备无患,发生汛情时要立即赶赴现场指挥抗洪和救灾。对于造成重大损失的,要按照《国务院特

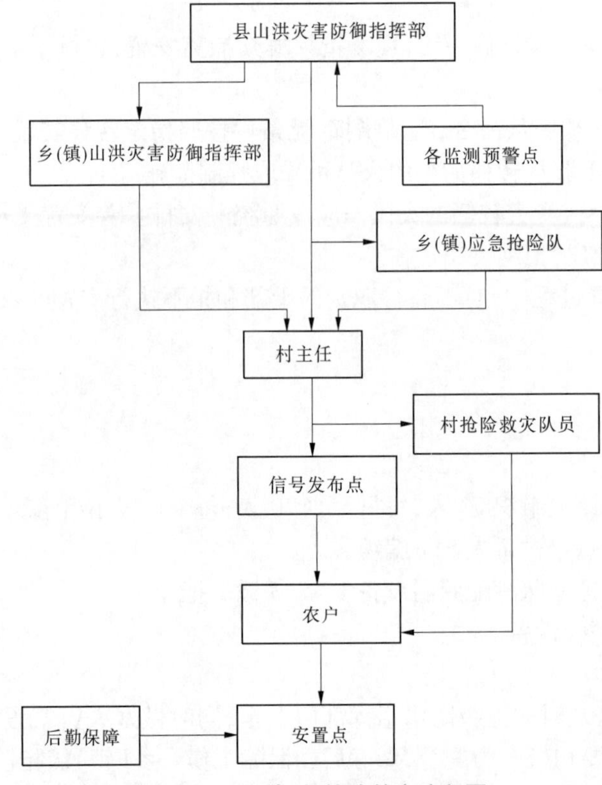

图 2-4-5　乡(镇)级抢险救灾流程图

大安全事故行政责任追究的规定》坚决追究有关领导和当事人的责任。

4.4　村山洪灾害应急预案

4.4.1　山洪灾害区域划分

临汾市各县(市、区)下属村落辖区内的划分原则同临汾市县(市、区)山洪灾害应急预案一致(见 4.2.1 节)。

4.4.2　组织指挥体系

4.4.2.1　组织指挥机构

为了建立防汛快速反应机制,组织和领导山洪灾害防御工作,成立村山洪灾害防御工作组,领导和组织山洪灾害防御工作。其机构设在村委会,组长由村委主任或村支部书记担任。工作组下设信息监测员、转移通知员和 1 个应急抢险队。应急抢险队不少于 20 人。信息监测员向相应工作组报送有关情况。

4.4.2.2　职责和分工

村级组织指挥机构,人员组成如下:

组长:村支部书记

副组长:村委主任

成员:村委副主任、村民

组长负责全村山洪灾害防御工作的组织与指挥。

雨量观测员负责汛期雨量观测,当简易雨量监测点报警时及时报告村委主任。

沟道巡查员负责汛期降雨期间察看沟道洪水情况。同时,密切和上下游巡逻员联系,并及时向村委主任报告洪水情况,紧急情况下可立即通知受威胁村民转移。

4.4.3　监测预警

临汾市各村根据不同区域的气象、水文、地理、地势及居住人口数量等因素,划定好"二区"(危险区、安全区)和转移路线,严格控制好生产、居住和建设活动。让村民熟悉"二区"范围和转移路线,同时熟记紧急避灾躲灾的转移预警信号,明确山洪灾害的监测预警方法和疏散转移方案。预警程序示意图见图 2-4-6。

临汾市各村接到乡(镇)政府的电话通知后,山洪灾害防汛工作组长立即通知信息监测员、转移通知员及应急抢险队,信息监测员和转移通知员在预警期内 24 h 连续监测巡视,发现险情立即发出警报信号,通知到各户,并将有关信息反馈给村和乡(镇)政府。如遇紧急情况,如大体积滑坡,可直接报告区防汛办,由区防汛指挥部统一指挥。

村委主任全面负责山洪灾害防御工作,并负责及时将汛情和处置措施向县、乡两级山洪防御指挥机构报告。

全村各个居民组,分别设小组长,负责做好本组的预警通知、组织转移等工作。各小组的党员、骨干负责老弱病残人员的转移。

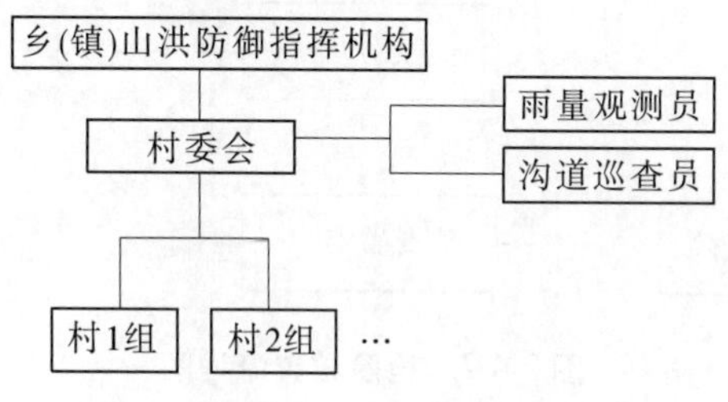

图 2-4-6　一般情况预警程序示意图

报警信号一般为高音喇叭、手摇报警器、锣、鼓、号等。如有险情出现,由各报警点和信息监测员报告给村委主任,并发出警报信号。警报信号的设置因地而异,一般警报信号设置为:断续鸣声,表示险情可能出现,全区动员,提高警惕,指挥人员到位,做好一切准备,部分开始转移;连续鸣声:表示险情出现,继续按预定路线有次序地转移至安全区。

4.4.4　转移安置

4.4.4.1　转移原则和方法

转移工作由转移通知员通知,采取村、组干部包片负责的办法,统一指挥,统一转移。

本着就近、安全的原则进行安排,先人员后财产,先老弱病残人员后一般人员,采取对户、搭棚两种安置方法。信号发送员和转移组成员必须最后离开山洪灾害发生区,并有权对不服从转移命令的人员采取强制转移措施。搭棚地点选择在居住区附近坡度较缓,没有山体滑坡、崩塌迹象的山头上。不能搭在山谷中或其出口两侧的山坡上。雨停后,确认其住房安全后才能允许群众搬回。

制作山洪灾害防治工作明白卡,将转移路线、时机、安置地点、责任人等有关信息发放到每户。另外各村还要制作标识牌,标明安全区、危险区、转移路线、安置地点等。

如果在转移的过程中,原制定的交通、通信线路中断,各村、组要及时抢修或选择其他安全的路线,把群众转移到安全的地方。

4.4.4.2 转移路线

临汾市各村居民接到转移信号后,必须迅速按预定路线转移。各村在汛前拟定好转移路线,汛期必须经常检查路线上是否出现异常,如有异常,则及时修补或改变路线,以免安全路线上出现险情。转移路线应避开跨河、跨溪或易滑坡地带。

4.4.5 抢险救灾

村级抢险救灾流程见图2-4-7。

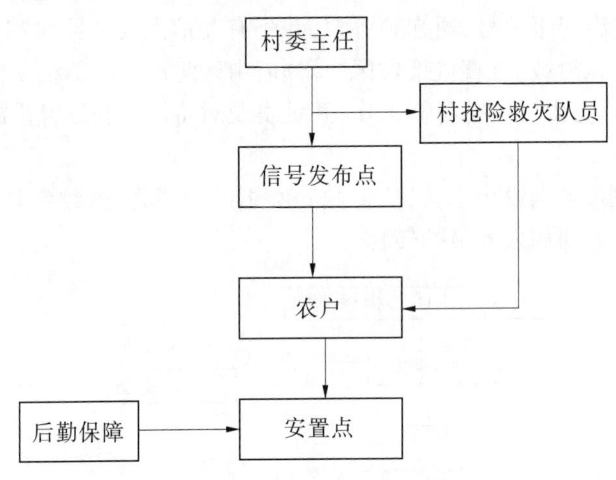

图2-4-7 抢险救灾流程图

4.4.5.1 值班带班

临汾市地区进入汛期,村值班室指定专人负责值守。在接到乡(镇)政府灾害性天气预报(暴雨以上降水)后,村领导应24 h带班,并安排相关人员进行监测。

4.4.5.2 信息发布

根据紧急程度,按照职责分工,应急小组成员分别或同时采用电话、手机短信、村村响广播、手摇警报器、敲锣等方式将台风、暴雨、洪水和可能出现的灾情险情等预警信息及时通知村民。特急情况时,由村两委和中心户长分头入户通知易发灾害点村民,做到不漏一户、不漏一人。发现灾情苗头或出现灾情险情时,要及时上报乡(镇)人民政府。

4.4.5.3 应急巡查

接到灾害性天气预报时,主要水利工程、重点部位责任人要上岗到位,加强巡查;出现暴雨以上降水,村两委组织应急小组不间断进行全面巡查。

4.4.5.4 抢险救灾

巡查人员、村民发现灾情苗头或接到险情报告后，工作小组人员和村两委应在10 min内赶到指定地点，开展抢险救灾，撤离受威胁人员，乡（镇）挂点驻村领导或村委主任应及时向乡（镇）人民政府汇报现场情况。当接到自动监测预警信息或通过简易雨量计监测到本村辖区内或上游邻近村出现局部强降雨达到临界预警值时，应立即启动Ⅱ级村级预警，并通知防汛抢险救灾工作小组成员全部待命，做好群众撤离的各项准备；如果达到村级Ⅰ级预警临界指标，则应组织群众立即转移。撤离过程中，对不愿意撤离的群众，在确保群众安全的前提下，由工作小组实施强制撤离。

4.4.5.5 治安维持

负责人（村干部和小组长）主要负责本村治安巡查、维持工作以及转移群众的财产安全，发现异常情况，及时报告派出所。

4.4.5.6 灾后自救

村两委组织村民开展恢复生活、生产，安置、卫生防疫、水毁抢修等灾后自救工作，并及时补充防汛抢险物资。

4.4.5.7 灾情上报

村两委指定专人负责收集受灾情况和抢险救灾典型事迹，并及时上报乡（镇）人民政府。

4.4.6 保障措施

4.4.6.1 汛前检查

汛前，各村领导小组要对辖区内的桥涵、危险区群众住房、排水、人员转移道路、地质灾害隐患点、泥石流沟道淤积情况、防汛抢险物资的消耗等进行全面普查，对发现的问题造册登记，在汛前进行处理。无能力处理的要及时向上级报告，请求支援。

4.4.6.2 宣传教育及演练

对防汛预案主要内容，要利用会议、广播、墙报、标语等多种形式，向本村群众进行告知宣传。

汛前，乡指挥所和村领导小组应组织预案演练，组织居民熟悉转移路线、程序与安置方案，做到出险时驾轻就熟，迅速避险，确保生命财产安全。

4.4.6.3 防汛纪律

在汛期和山洪灾害防御工作中，本村干部必须严格执行以下纪律：

（1）严格执行防汛纪律。暴雨天气时驻村干部及村主要领导未经批准不得离岗外出；山洪灾害重点防范区居民做到日不入户、夜不入睡。对山洪灾害防御工作失职、渎职、脱岗离岗、不听指挥的，要追究相应责任，情节严重的，追究法律责任。

（2）严格遵守防汛值班制度：①汛期本村领导小组办公室实行昼夜值班，值班室24 h不离人。②值班人员必须坚守岗位，忠于职守，熟悉业务，及时处理日常事务。严格执行村领导带班制度，汛情紧急时，要及时向村主要领导报告雨情、水情。③积极主动抓好信息搜集和整理，认真做好值班记录，全方位掌握情况。④重要情况要及时逐级报告，做到不延时、不误报、不漏报，并随时落实和登记处理结果。⑤凡上级防汛指挥部门的指示及重要会议精神的贯彻落实情况，必须在规定时间内按要求上报和下达。

第5章 临汾市防洪能力区划研究

5.1 区划概述

随着经济社会发展和近年来山洪灾害的不断发生与灾害加剧,山洪灾害防治越来越引起重视,对科学研究水平的要求也越来越高。临汾市地处黄河金三角核心位置,进行相对系统的山洪灾害时空分布、山洪灾害防治区划等研究是十分必要和迫切的。

临汾市防洪能力区划是指根据临汾市当地山洪危险性特征,在其现状防洪能力基础上,参考区域承灾能力及社会经济状况,把山洪灾害划分为不同风险等级的区域。由于山洪发灾突然、空间尺度小、分布数量多、成灾迅速,其水文和动力参数难以进行观测而取得,并且采用遥感技术也难以获得其泛滥范围等多种特殊性,其研究难度较大。本书利用 ARCGIS 技术对临汾市防洪能力进行简单区划研究。

5.2 研究方法

在分析了各沿河村落防洪能力基础上,利用 ARCGIS 反距离权重(IDW)空间插值方法得到临汾市防洪能力区划图。由于客观条件的制约,在研究问题中图层的点要素往往不能覆盖整个研究区域,不规则的分布使研究结果不太可靠。空间插值就是通过已知点的研究来预测研究区内未知点的数值的一种计算方法。随着 GIS 和计算机技术的不断发展,人们对空间数据的质量要求越来越高,空间数据插值技术的作用越发明显。

5.3 研究结果

根据风险区划图所示,临汾市共有 46 个村落属于山洪灾害的极高风险区,40 个村落属于山洪灾害的高风险区,371 个村落属于山洪灾害的中等风险区,212 个村落属于山洪灾害的中低风险区,257 个村落属于山洪灾害的低风险区。临汾市山洪灾害风险区划图见图 2-5-1。

图 2-5-1　临汾市山洪灾害风险区划图

第3篇

典型县（洪洞县）山洪灾害评价与防控研究

第1章　洪洞县基本情况

1.1　地理位置

洪洞县地处临汾盆地北端,东邻安泽、古县,西接汾西、蒲县,北接霍州市,南为尧都区,位于东经111°20～111°54′,北纬36°07～36°30′之间,面积1 501 km^2。

洪洞县东、西、北三面环山,汾河自北而南贯穿中部,南部低平,形成东西高、中部低、北窄南宽的河谷盆地。东为霍山山脉,最高峰老爷顶海拔2 347 m;西为吕梁山脉的青龙山、罗云山,最高峰泰山海拔1 347 m。东西两侧为中低山丘陵,海拔为700～2 000 m,占总面积的20%。从东西山区向中部汾河河谷依次为海拔600～1 000 m的丘陵地区,占总面积的35%;山前倾斜平原海拔480～850 m,占总面积的45%。洪洞县行政区划图如图3-1-1所示。

1.2　社会经济

洪洞县现辖大槐树、甘亭、曲亭、苏堡、广胜寺、明姜、赵城、万安、刘家垣9个镇,淹底、兴唐寺、堤村、辛村、龙马、山头、左木7个乡,466个行政村。至2014年底,全县总人口约为78万人,其中城镇人口约33万人,农村人口约45万人。2014年底全县国内生产总值1 656 933万元,其中第一产业119 833万元,第二产业1 085 824万元,第三产业451 276万元。

洪洞县物产丰富,矿产资源丰富,其中以煤炭为最。旅游资源丰富。农业主要以养殖、蔬菜种养、经济果木林为主。工业主要以精细煤化工、新型建材、装备制造、高新技术、新型材料为主。其中煤开采、煤炭加工转化业和制造业是全县经济发展的主要支柱产业。

1.3　河流水系

洪洞县境内所有的河流都属于黄河流域,流域面积大于50 km^2的主要河流有14条。按照水利部河湖普查河流级别划分原则,1级河流有1条,为汾河;2级河流有12条,分别为团柏河、轰轰涧河、午阳涧河、兴唐寺河、明姜沟、霍泉河、洪安涧河、三交河、大洪峪涧河、师村河、曲亭河、涝河;3级河流有1条,为广胜寺涧河。县境内主要河流为汾河及其支流。

洪洞县河流水系见图3-1-2,主要河流基本情况见表3-1-1。

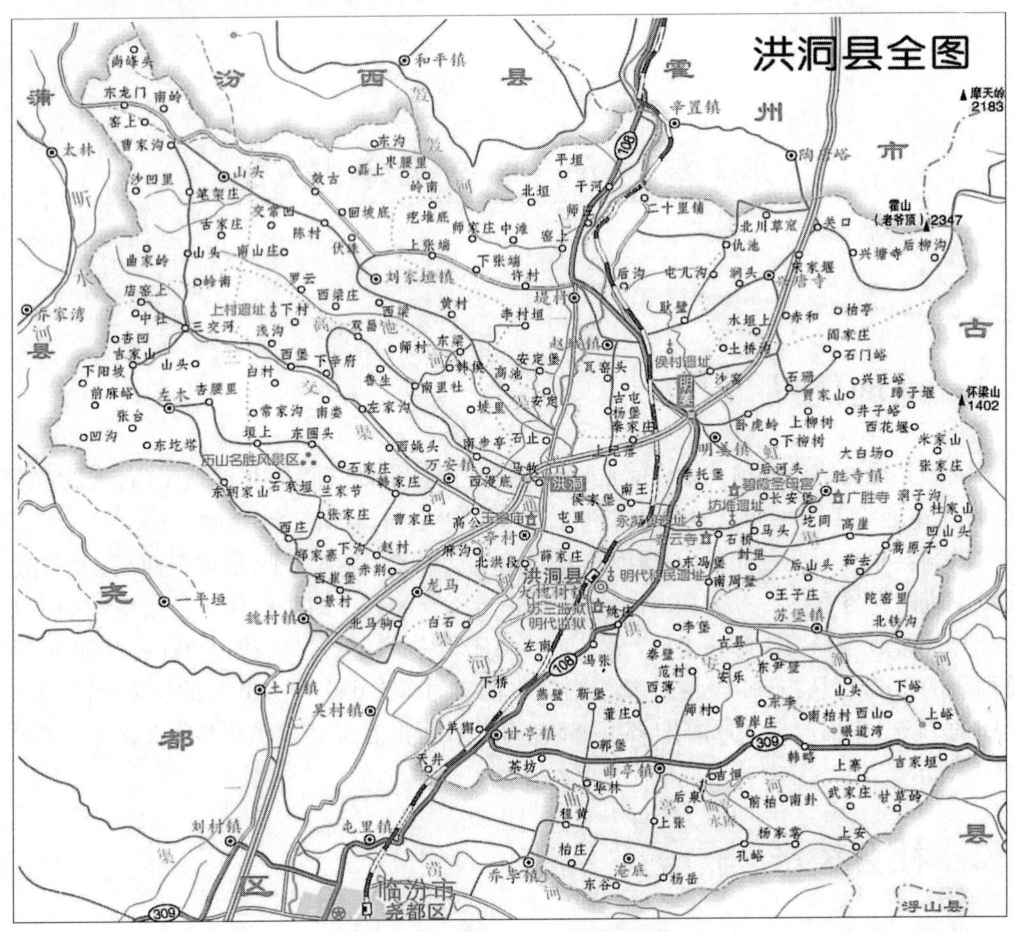

图 3-1-1　洪洞县行政区划图

表 3-1-1　洪洞县主要河流基本情况表

编号	河流名称	上级河流名称	河流级别	流域面积(km^2)	河长(km)	比降(‰)	县境内流域面积(km^2)
1	汾河	黄河	1	39 721	718	1.10	1 495.7
2	团柏河	汾河	2	644	61	11.37	7.6
3	轰轰涧河	汾河	2	82.7	32	20.51	35.7
4	午阳涧河	汾河	2	197	35	18.17	155.9
5	兴唐寺河	汾河	2	69.7	27	38.10	69.7
6	明姜沟	汾河	2	61.2	25	23.12	61.2
7	霍泉河	汾河	2	184	24	12.60	183.6
8	广胜寺涧河	霍泉河	3	85.2	26	12.53	85.2
9	洪安涧河	汾河	2	1 123	84	10.44	136.5
10	三交河	汾河	2	172	40	12.97	171.9

续表 3-1-1

编号	河流名称	上级河流名称	河流级别	流域面积(km^2)	河长(km)	比降(‰)	县境内流域面积(km^2)
11	大洪峪涧河	汾河	2	133	33	15.93	90.9
12	师村河	汾河	2	66.7	19	5.52	66.7
13	曲亭河	汾河	2	211	54	6.44	129.0
14	涝河	汾河	2	888	68	6.38	20.7

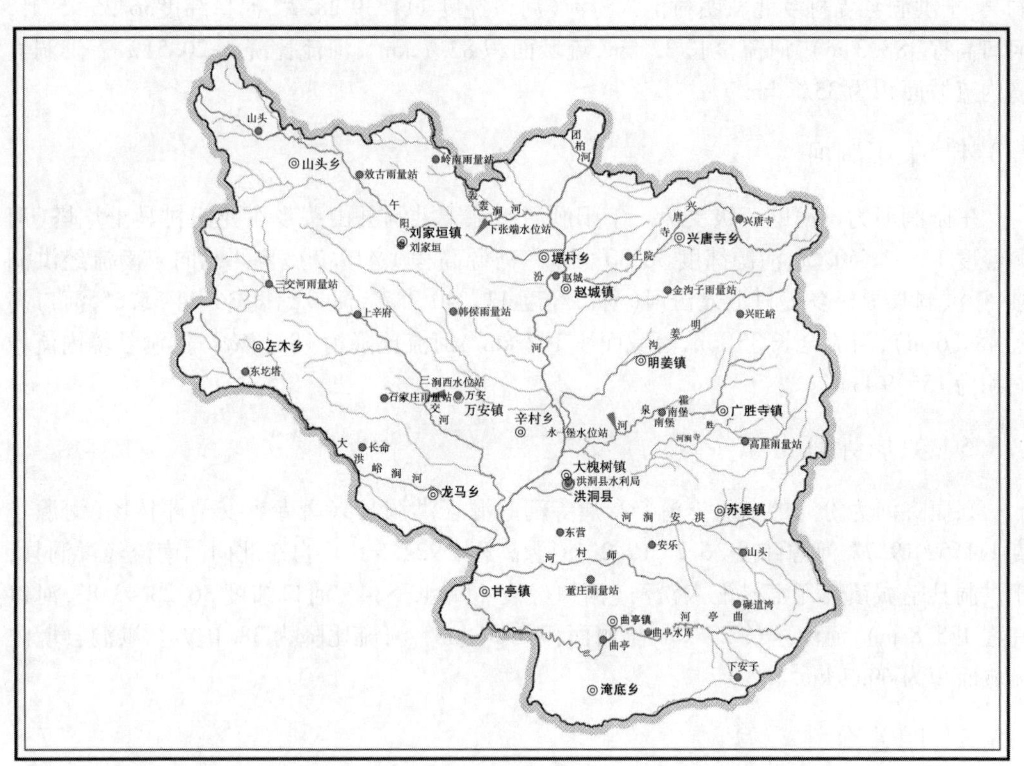

图 3-1-2　洪洞县河流水系图

1.3.1　汾河

汾河为黄河的一级支流。汾河源自吕梁、太行两大山区的支流,穿越太原、临汾两大盆地,至运城市新绛县境内急转西行,于禹门口下游万荣县荣河镇庙前村附近汇入黄河。在临汾境内自北向南流经洪洞县。汾河全长 718 km,流域面积 39 721 km^2,河流比降为 1.10‰。其中汾河在洪洞县境内流域面积为 1 495.7 km^2。

1.3.2　团柏河

团柏河为汾河的一级支流。团柏河起源于隰县黄土镇岭上村太平庄(河源经度

111°14′45.1″,河源纬度36°43′59.0″,河源高程1 305.3 m),自西北向东南流经隰县、汾西县、洪洞县,于洪洞县堤村乡干河村汇入汾河(河口经度111°41′22.0″,河口纬度36°27′51.3″,河口高程508.3 m),河流全长61 km,流域面积644 km²,河流比降为11.37‰。洪洞县境内流域面积为7.6 km²。

1.3.3 轰轰涧河

轰轰涧河为汾河的一级支流。轰轰涧河起源于汾西县邢家要乡邢家要村(河源经度111°26′36.0″,河源纬度36°33′4.3″,河源高程1 289.8 m),自西北向东南流经汾西县、洪洞县,于洪洞县堤村乡北石明村汇入汾河(河口经度111°39′28.7″,河口纬度36°25′45.1″,河口高程488.3 m),河流全长32 km,流域面积82.7 km²,河流比降为20.51‰。洪洞县境内流域面积为35.7 km²。

1.3.4 午阳涧河

午阳涧河为汾河的一级支流。午阳涧河起源于洪洞县山头乡东龙门村马士圪塔(河源经度111°21′50.2″,河源纬度36°30′58.0″,河源高程1 419.7),自西北向东南流经洪洞县,于洪洞县堤村乡堤村汇入汾河(河口经度111°40′9.7″,河口纬度36°24′35.6″,河口高程484.6 m),河流全长35 km,流域面积197 km²,河流比降为18.17‰。洪洞县境内流域面积为155.9 km²。

1.3.5 兴唐寺河

兴唐寺河为汾河的一级支流。兴唐寺河起源于洪洞县兴唐寺乡安子坪林场(河源经度111°52′19.7″,河源纬度36°26′19.2″,河源高程1 924.5 m),自东北向西南流经洪洞县,于洪洞县赵城镇烧瓦窑村汇入汾河(河口经度111°40′8.4″,河口纬度36°23′43.8″,河口高程475.8 m),河流全长27 km,流域面积69.7 km²,河流比降为38.10‰。洪洞县境内流域面积为69.7 km²。

1.3.6 明姜沟

明姜沟为汾河的一级支流。明姜沟起源于洪洞县明姜镇安子坪林场黑神奄(河源经度111°51′28.1″,河源纬度36°23′18.0″,河源高程1 735.9 m),自东北向西南流经洪洞县,于洪洞县大槐树镇苗村汇入汾河(河口经度111°40′5.2″,河口纬度36°17′24.0″,河口高程444.9 m),河流全长25 km,流域面积61.2 km²,河流比降为23.12‰。洪洞县境内流域面积为61.2 km²。

1.3.7 霍泉河

霍泉河为汾河的一级支流。霍泉河起源于洪洞县明姜镇安子坪林场豹子凹(河源经度111°50′37.5″,河源纬度36°20′44.0″,河源高程1 277.3 m),自东北向西南流经洪洞县,于洪洞县大槐树镇南官庄村汇入汾河(河口经度111°39′45.8″,河口纬度36°16′4.0″,河口高程443.0 m),河流全长24 km,流域面积184 km²,河流比降为12.60‰。洪洞县境内流域面积为183.6 km²。

1.3.8　广胜寺涧河

广胜寺涧河为霍泉河的支流。广胜寺涧河起源于洪洞县苏堡镇张家庄侯家安(河源经度111°52′43.8″,河源纬度36°19′29.5″,河源高程993.1 m),自东向西流经洪洞县,于洪洞县大槐树镇南官庄村汇入霍泉河(河口经度111°41′2.6″,河口纬度36°16′37.0″,河口高程449.6 m),河流全长26 km,流域面积85.2 km²,河流比降为12.53‰。洪洞县境内流域面积为85.2 km²。

1.3.9　洪安涧河

洪安涧河为汾河的一级支流。洪安涧河起源于古县北平镇北平林场水眼沟(河源经度111°1′23.3″,河源纬度36°34′58.8″,河源高程1 845.7 m),自东向西流经古县、洪洞县,于洪洞县大槐树镇常青村汇入汾河(河口经度111°38′5.0″,河口纬度36°15′11.1″,河口高程438.7 m),河流全长84 km,流域面积1 123 km²,河流比降为10.44‰。洪洞县境内流域面积为136.5 km²。

1.3.10　三交河

三交河为汾河的一级支流。三交河起源于洪洞县山头乡曲家岑村小庄上(河源经度111°22′5.3″,河源纬度36°25′16.7″,河源高程1 238.1 m),自西北向东南流经洪洞县,于洪洞县辛村乡西里村汇入汾河(河口经度111°37′2.1″,河口纬度36°13′31.3″,河口高程438.7 m),河流全长40 km,流域面积172 km²,河流比降为12.97‰。洪洞县境内流域面积为171.9 km²。

1.3.11　大洪峪涧河

大洪峪涧河为汾河的一级支流。大洪峪涧河起源于洪洞县左木乡段家山村黄北凹(河源经度111°21′47.8″,河源纬度36°22′10.0″,河源高程1 269.8 m),自西北向东南流经洪洞县、尧都区,于洪洞县辛村乡成村汇入汾河(河口经度111°36′22.2″,河口纬度36°12′47.2″,河口高程439.2 m),河流全长33 km,流域面积133 km²,河流比降为15.93‰。洪洞县境内流域面积为90.9 km²。

1.3.12　师村河

师村河为汾河的一级支流。师村河起源于洪洞县曲亭镇师村雪安庄(河源经度111°45′53.4″,河源纬度36°10′43.6″,河源高程633.3 m),自东向西流经洪洞县,于洪洞县甘亭镇杨曲村汇入汾河(河口经度111°35′25.3″,河口纬度36°11′45.3″,河口高程438.8 m),河流全长19 km,流域面积66.7 km²,河流比降为5.52‰。洪洞县境内流域面积为66.7 km²。

1.3.13　曲亭河

曲亭河为汾河的一级支流。曲亭河起源于古县南垣陈香村郭店乡(河源经度

112°0′8.6″,河源纬度36°5′57.7″,河源高程1 050.0 m),自东向西流经古县、洪洞县、尧都区,于洪洞县甘亭镇羊獬村汇入汾河(河口经度111°34′53.2″,河口纬度36°11′16.2″,河口高程433.8 m),河流全长54 km,流域面积211 km^2,河流比降为6.44‰。洪洞县境内流域面积为129.0 km^2。

1.3.14 涝河

涝河为汾河的一级支流。涝河起源于浮山县北王乡北石村浦口(河源经度112°0′51.3″,河源纬度35°59′5.6″,河源高程1 307.9 m),自东南向西北流经浮山县、洪洞县、尧都区,于山西省尧都区屯里镇西高河汇入汾河(河口经度111°29′46.5″,河口纬度36°7′2.0″,河口高程429.3 m),河流全长68 km,流域面积888 km^2,河流比降为6.38‰。洪洞县境内流域面积为20.7 km^2。

1.4 水文气象

洪洞县属北温带半干旱大陆性季风性气候,平川多年平均气温12 ℃,极端最低气温-18.6 ℃(1958年1月6日),极端最高气温40.7 ℃(1966年6月21日)。全年无霜期平川区195 d左右,最长223 d(1975年),最短153 d(1958年);西部山区平均气温8~12 ℃,无霜期只有160 d左右;东部山区平均气温更低,无霜期更短。多年平均降水量520.4 mm,最大年降水量754.8 mm,最小年降水量仅为305.3 mm。年平均蒸发量1 471.85 mm,6~9月降水量占年降水量的70%左右。

1.5 历史山洪灾害

洪洞县境内山洪灾害发生频次较高,是洪洞县的主要自然灾害之一。历史上及中华人民共和国成立后发生过多次大的山洪灾害。首先收集了各种文献对洪洞县山洪灾害的记载,其次在进行重点防治区调查时走访当地村民调查历史洪水情况,整理如下。

1.5.1 文献记载洪水资料

文献记载洪水资料主要来自于《山西省历史洪水调查成果》和《山西洪水研究》,其资料来源于《山西通志》、各市(县)的府志或县志、中央档案馆明清档案部的清代档案奏折以及少量的洪水碑刻和家书等。该县文献洪水记载共计31条。洪水发生年份分别为1274年、1289年、1305年、1445年、1511年、1512年、1539年、1566年、1567年、1582年、1588年、1595年、1613年、1651年、1653年、1662年、1761年、1813年、1843年、1867年、1869年、1878年、1879年、1891年、1895年、1897年、1908年、1939年、1941年、1942年(见表3-1-2)。本次工作还收集了洪洞县文献记载旱情资料(见表3-1-3)。

表3-1-2　洪洞县文献记载洪水统计表

序号	公元	年号	记载	资料来源
1	1274	元至元十一年	文水五月雨雹害稼。洪洞冬大雪	山西自然灾害史年表
2	1289	元至元廿六年	曲沃旱大雨雹。大同夏大雨雹,绛州大旱。绛州夏大旱。介休七月大水。洪洞夏大雨雹。闻喜六月大雨	山西自然灾害史年表
3	1305	元大德九年	平阳雨雹害稼。曲沃雨雹害稼。浮山、洪洞六月雨雹害稼。五月三日怀仁、大同一带地震,怀仁地裂二处,涌黑水	山西自然灾害史年表
4	1445	明正统十年	三月洪洞汾水堤决。太原大水。翼城冬大雨雪,深一丈二尺,树梢皆没,道路不通	山西水旱灾害
5	1511	明正德六年	赵城夏六月大水,城东北大水波涛汹涌。蒲县大饥,人相食	山西通志
6	1512	明正德七年	赵城县大水,城几没	山西自然灾害史年表
7	1539	明嘉靖十八年	洪洞九月大雨雪三昼夜,平地水深丈余,化水成河,一夕大风尽全为冰,至春始消	山西自然灾害史年表
8	1566	明嘉靖四十五年	洪洞丙寅秋九月禾稼已成,猛然墨云大雷,从北如飞,顷刻大雨四集,其色如墨,日夜方止,沟渠皆盈,禾稼尽烂,次年民大饥。霍州九月大雨。朔平七月大雨	山西通志
9	1567	明隆庆元年	曲沃秋大旱。大同大雨雷电,夏临晋大雨。洪洞大雨雹。宁武大雨连日。偏关大雨连日	山西通志
10	1582	明万历十年	祁县、大同、马邑地震。沁州、武乡、闻喜疫。榆次旱,秋七月雨,至十月无霜,禾大熟。赵城汾水溢坏城西偶。临汾尤旱	山西通志
11	1588	明万历十六年	交城六月大雨,文峪河浪高三丈,冲没田庐人畜无算。洪洞赵城大雨,水冲没庐舍城垣	山西自然灾害史年表
12	1595	明万历廿三年	孝义大水,自东门入城,坏庐舍无数。阳曲大饥。山阴、大同夏四月大雪。洪洞大雨雹。永济水	山西通志
13	1613	明万历四十一年	阳曲六至秋七月大雨伤人损稼,七府营雷震死一人。赵城、太平、洪洞香菱大水。襄汾水灾异涨,济屏活门外看桥被冲毁。新绛六月廿一日汾水涨溢,入城民舍倾圮	
14	1651	清顺治八年	洪洞六月十三日夜雷电大雨,汾涧两水暴涨,浪高二丈直冲城下,廓外西南隅庙宇、庐舍漂没无踪,十余日水始退	山西水旱灾害
15	1653	清顺治十年	洪洞涧河大泛冲地	原山西省临汾地区水文计算手册

续表 3-1-2

序号	公元	年号	记 载	资料来源
16	1662	清康熙元年	洪洞、临汾、曲沃秋八月大雨如注连绵弥月，城垣半倾、桥梁尽塌、坏庐舍无数。大宁六月大水	原山西省临汾地区水文计算手册
17	1761	清乾隆廿六年	山西巡抚鄂弼七月廿四日奏：……近省各郡初十以后时雨时晴，自十五日至十九日复连日阴雨昼夜不息，颇有过多之患。……晋省太原、文水、榆次、徐沟等县，并汾平二府，汾阳、平遥、灵石、赵城等县，或汾河水溢，或山河暴涨，濒河村庄地庙间有被淹之处，洼处土房也有塌损，人口并无损伤。……至省南北各府州七月初中两旬均依次得雨，五部深透。……山西布政使宋邦绥八月初五日奏：晋省地方七月十五、六等日大雨连绵，河水涨发，一是渲泄不及，临近汾河之太原、文水、榆次、徐沟、平遥、灵石、赵城等县，先报濒河地面被水漫溢，土房间有塌损。……	
18	1813	清嘉庆十八年	曲沃、洪洞、安泽、太平秋八月淫雨连旬	山西自然灾害史年表
19	1843	清道光廿三年	文水七月从本县麻堡村漫流，淹没民田不下数千顷。汾阳汾水徙入县境，与文水合流，东乡二十六村庄被灾。寿阳夏四月至七月阴雨禾苗不秀。洪洞秋季水淹。襄汾秋雨连绵泉汾泛滥，桥梁石基坍塌	
20	1867	清同治六年	曲沃六年春旱麦无收。太平、临汾、洪洞淫雨连绵亘月禾尽伤	曲沃等县志
21	1869	清同治八年	洪洞夏六月淫雨，河暴涨。平陆六月大雨雹。霍州夏雨雹伤稼	山西自然灾害史年表
22	1878	清光绪四年	绛州：九月初六连雨十有八日，汾水涨溢冲没桥梁无数。平定、昔阳：九月雨伤稼，谷皆黑。虞乡：八月淫雨连旬四十日。洪洞：十月阴雨连绵亘月。沁州：九月大雪。曲沃：九月淫雨。左云：六月大雨，九月大雪。平遥：九月连阴雨，河道淤塞。介休：九月大水。高平：七月久雨，九月大雨。寿阳：是年秋八月阴雨连旬，禾多霉烂。浮山：秋淫雨，春大疫。曲沃：秋九月淫雨三十余日	山西自然灾害史年表

续表 3-1-2

序号	公元	年号	记载	资料来源
23	1879	清光绪五年	永济:八月阴雨连旬,麦多种。太原:七月雨雹尺许,十余村灾。沁水:四月大雨雹。清源:秋九月大水,禾尽淹。汾阳:秋七月东富家堡堤决。翼城、洪洞:十月淫雨连绵。临汾:秋久雨。武乡:九月淫雨。高平:五、六月大雨雹	山西自然灾害史年表
24	1891	清光绪十七年	洪洞六月大水	原山西省临汾地区水文计算手册
25	1895	清光绪廿一年	洪洞、襄陵淫雨连旬,房倒屋塌无数,汾水暴涨,山水暴发,汾东邓庄、小郭、南北梁一带淹没田禾、庐舍甚多。汾城史村漂大王殿碑记:去岁六月间大雨施行……降雨十六日午刻止于十八日早晨,平地汪洋,被灾者不胜屈指	洪洞、襄陵等县志
26	1897	清光绪廿三年	洪洞五月大雨,河水泛涨	原山西省临汾地区水文计算手册
27	1908	清光绪卅四年	浮山:夏四月大雨雪。洪洞:夏大水,连子渠源游塞。秋禾欠收。万荣:秋淫雨	山西自然灾害史年表
28	1939	民国廿八年	山西阳曲等三十八县水灾,全省合计一千五百三十七村,受灾土地一百六十五万六千九百一十八亩,毁房三万七千一百七十间,伤亡四十三人。灾情涉及:阳曲、太原、徐沟、清源、榆次、太谷、祁县、平遥、介休、和顺、昔阳、灵石、平定、寿阳、盂县、汾阳、孝义、交城、文水、临汾、洪洞、曲沃、襄陵、霍县、赵城、虞乡、解州、安邑、新绛、稷山、宁武、神池、忻县、定襄、代县、崞县、繁峙等县	山西自然灾害史年表
29	1941	民国卅年	遭受水灾的有:阳曲、太原、太谷、文水、徐沟、清源、介休、中阳、离石、和顺、寿阳、临汾、洪洞、曲沃、永济、解州、五台等十七县。损房一千三百一十七间,死亡牧畜一百九十八头,受灾人口四万七千四百三十四人,以太谷、介休较重	山西统计年编

续表 3-1-2

序号	公元	年号	记载	资料来源
30	1942	民国卅一年	汾河、团柏河、对竹河大水	调查
31	1942	民国卅一年	有四十五县遭水灾,受灾面积共一百二十五万五千四百八十亩。水灾严重的县有:阳曲、晋泉、太谷、祁县、交城、文水、岚县、徐沟、汾阳、平遥、介休、临汾、洪洞、曲沃、汾城、永济、新绛、稷山、河津、芮城、五台等	山西自然灾害史年表

表 3-1-3　洪洞县文献记载旱情统计表

序号	公元	年号	记载	资料来源
1	1072	北宋熙宁五年	洪洞:八月河东旱	山西自然灾害史年表
2	1270	元至元七年	大同旱。洪洞旱	山西自然灾害史年表
3	1272	元至元九年	洪洞旱,八月旱。稷山旱	山西自然灾害史年表
4	1276	元至元十三年	太原旱。曲沃、河津、稷山、洪洞旱	山西自然灾害史年表
5	1280	元至元十七年	五月忻州蝗,八月平阳旱,洪洞八月旱,曲沃旱	山西自然灾害史年表
6	1285	元至元廿二年	五月平阳旱。高平夏大旱。洪洞五月旱。曲沃旱	山西自然灾害史年表
7	1287	元至元廿四年	洪洞春旱。曲沃旱,二麦枯死。安邑旱	山西自然灾害史年表
8	1291	元至元廿八年	曲沃春旱饥,民流散就食。秋八月廿五日地震。太原七月陨霜杀稼,饥。洪洞、绛州大旱	山西自然灾害史年表
9	1295	元元贞元年	稷山、洪洞、曲沃、绛州七月旱	山西自然灾害史年表
10	1297	元大德元年	太原六月风雹。太原、崞州雨雹害稼,平阳旱。曲沃、洪洞夏六月旱	山西自然灾害史年表
11	1313	元皇庆二年	大同、浮山、洪洞旱	
12	1330	元至顺元年	临县、太原以南、洪洞、曲沃赤地千里,民无所得	山西水旱灾害
13	1347	元至正七年	乡宁、浮山、曲沃、洪洞、稷山、永济、虞乡、芮城、河津、绛州四月大旱,民多饥,人多死	原山西省临汾地区水文计算手册
14	1428	明宣德三年	洪洞、崞县、浮山、襄汾、汾城、绛州旱大饥	山西水旱灾害

续表 3-1-3

序号	公元	年号	记载	资料来源
15	1472	明成化八年	山西全省性大旱	山西通志
16	1484	明成化廿年	曲沃、临汾、洪洞、万荣、夏县、平陆、蒲州、绛州、安邑、临猗、解州、虞乡、晋城、高平秋不雨,次年六月始雨,大旱,饿殍盈野,人相食	山西通志
17	1485	明成化廿一年	蒲县、临县、洪洞、浮山、翼城、曲沃、平陆、芮城、绛州、临猗大旱,人相食	山西水旱灾害
18	1528	明嘉靖七年	襄陵、曲沃、洪洞、赵城旱	原山西省临汾地区水文计算手册
19	1534	明嘉靖十三年	永和、交城、文水、徐沟、寿阳、汾西、洪洞、翼城、临汾、霍州、沁源、安泽旱大饥,禾稼殆尽,饿殍盈野	山西水旱灾害
20	1561	明嘉靖四十年	石楼、太原、阳曲、徐沟、榆次、寿阳、祁县、灵石、洪洞、霍州、芮城旱甚,民饥死者过半	山西自然灾害史年表
21	1565	明嘉靖四十四年	太平、汾阳、洪洞旱。太原十二月十二日地震	山西通志
22	1585~1587	明万历十三年~十五年	太平县,洪洞、临汾、曲沃大旱	原山西省临汾地区水文计算手册
23	1692	清康熙卅一年	蒲县、吉州、临汾、浮山、洪洞、翼城、稷山、河津、解州、平陆、蒲州、芮城旱蝗民饥,人死相枕藉	山西水旱灾害
24	1698	清康熙卅七年	翼城、洪洞、闻喜、浮山、蒲州、永和、平定、交城、襄陵大旱,民大饥。静乐二至三月大雪	山西自然灾害史年表
25	1720	清康熙五十九年	山西全省性大旱	山西自然灾害史年表
26	1721	清康熙六十年	山西全省性持续大旱	山西自然灾害史年表
27	1722	清康熙六十一年	山西全省性大旱,中部尤甚	山西水旱灾害
28	1876	清光绪二年	大宁、太平、洪洞、安泽、临汾光绪二年夏麦歉收,六月大旱	临汾等县志

续表 3-1-3

序号	公元	年号	记载	资料来源
29	1877	清光绪三年	屯留、吉州、临县、河津、汾西、绛州、洪洞、芮城、荣河、朔州、交城、解县旱。虞乡五月大风拔木。祁县寸草不收。永济、垣曲麦欠。昔阳、平定四月廿四日大雪。翼城六月十八日大雷雨拔木。曲沃秋七月大疫	山西自然灾害史年表
30	1892	清光绪十八年	洪洞旱大饥,曲沃润六月廿三大雨	洪洞等县志
31	1935	民国廿四年	全省持续性旱和大旱。怀仁、广灵、朔州、阳高、天镇、大同、太原、介休、文水、定襄、和顺、忻州、岢岚、昔阳、寿阳、兴县、榆社、静乐、新绛、赵城、霍州、临汾、蒲县、安邑、闻喜、虞乡、平陆、曲沃、河津、翼城、新绛、解州、芮城、荣河、永济、浮山、石楼、沁州、长治、潞城、泽州旱	山西自然灾害史年表
32	1936	民国廿五年	十二月太原地震。全省持续性大旱	山西自然灾害史年表
33	1960		山西晋南旱象严重	山西水旱灾害
34	1965		山西全省性大旱。晋南春夏连旱,尤以伏旱为甚	山西水旱灾害
35	1972		山西全省性大旱,整个三伏天无雨	山西水旱灾害
36	1978		全省严重干旱的同时,风、雹、冻、病虫害亦严重发生	山西水旱灾害
37	1987		山西全省性旱,严重的有忻州、吕梁、临汾西部、太原市等	山西水旱灾害

1.5.2 《山西省历史洪水调查成果》中的调查成果

2011 年出版的《山西省历史洪水调查成果》中暴雨洪水调查资料已收集至 2008 年,是目前资料最为可靠、最为完整的历史洪水调查成果。其中收集洪洞县历史洪水调查成果 9 条,发生年份分别为 1614 年、1837 ~ 1840 年、1843 年、1869 年、1895 年、1916 年、1917 年、1927 年、1932 年、1936 年、1937 年、1940 年、1942 年、1949 年、1952 年、1953 年、1954 年、1957 年、1958 年、1960 年。分布在东梁涧河、汾河、轰阳河、洪安涧河、龙马涧河、曲亭河、三交河、午阳涧河流域。洪洞县现有历史洪水调查成果统计表见表 3-1-4。

表3-1-4　洪洞县现有历史洪水调查成果统计表

编号	调查地点				集水面积(km²)	调查洪水			调查单位
	水系	河名	河段名	地点		洪峰流量(m³/s)	发生时间	可靠程度	
1	汾河	汾河	杨洼庄	洪洞县堤村乡杨洼庄村	27 466	1 510	1954 年	较可靠	山西省水利厅
						—	1936 年		
						—	1940 年		
						—	1932 年		
2	汾河	汾河	石滩	洪洞县赵城镇石滩村	28 214	5 450	1843 年	供参考	原临汾地区水文分站
						5 040	1837～1840 年	较可靠	
						3 972	1895	较可靠	
						3 740	1917 年	供参考	
						3 740	1942 年 7 月 16 日	供参考	
						2 800	1957 年 7 月 25 日	可靠	
						2 475	1937 年	较可靠	
3	汾河	洪安涧河	南铁沟	洪洞县苏堡镇南铁沟村	1 002	—	1869 年		山西省水利设计院
						4 580	1916 年	供参考	
						865	1960 年 7 月 22 日	可靠	
4	汾河	午阳涧河	许村	洪洞县堤村乡许村	250	800	1937 年		
						722	1952 年		
						140	1958 年		
5	汾河	三交河		洪洞县	123	370	1927 年		
						251	1949 年		
6	汾河	曲亭河		洪洞县	220	156	1916 年		
						69	1937 年		
7	汾河	轰阳河		洪洞县	81	396	1936 年		
						478	1614 年		
8	汾河	东梁涧河		洪洞县	121	248	1927 年		
						110	1936 年		
9	汾河	龙马涧河		洪洞县	83	960	1917 年		
						169	1953 年		

1.5.3 当地相关部门洪水记载

本次工作收集了地方县志、当地水利及相关部门对洪水的记载,可作为本县历史洪水调查成果的补充。本次共收集洪水记载33条,洪水发生年份分别为1953年、1954年、1956年、1957年、1958年、1959年、1960年、1961年、1963年、1964年、1965年、1966年、1975年、1977年、1979年、1982年、1984年、1985年、1986年、1990年、1992年、1993年、1996年、1999年、2001年、2003年、2004年、2005年、2010年。洪洞县相关部门历史洪水调查成果统计表见表3-1-5。

表3-1-5　洪洞县当地部门历史洪水调查成果统计表

序号	发生时间	位置	洪水灾害描述
1	1953年6月	洪洞县	降雨量达226.9 mm,为常年的4倍,全县50%~60%的小麦发芽霉变
2	1954年9月	三干渠	汾河水暴涨,洪峰达1 500 m^3/s,洪水冲毁三干渠引水坝
3	1956年6月	洪洞县	阴雨连旬,小麦出芽腐烂,损失难以计数
4	1957年	洪洞县	暴雨使汾河、涧河水暴涨,洪水直逼南门外和北门外火车站
5	1958年7月	洪洞县	两次暴雨,洪水泛滥,倒塌房窑633间(孔),死亡5人
6	1959年	洪洞县	受洪涝侵袭倒塌房屋1 440间
7	1960年8月	七一渠	日降雨141.7 mm,汾河水暴涨,冲毁七一渠堤坝40 m
8	1961年	南马驹	大洪峪涧河暴涨,冲毁南马驹堤坝,120户村民住宅进水
9	1963年8~9月	洪洞县	连续6次降雨,倒塌房屋5 240间,死亡30人,伤20人
10	1964年7月	四清桥	连降暴雨,洪水冲毁原四清桥两端
11	1965年7月	赵城	两次暴雨,赵城护城坝被冲毁
12	1966年7月	洪洞县	连降暴雨,其中22日降雨量达94 mm,汇入曲亭水库的洪峰流量达280 m^3/s
13	1975年7月19日	县城	暴雨,洪安涧河河水暴涨,洪峰最大流量达1 750 m^3/s,洪水历时8 h,水位达6 m,洪水冲进洪洞城内,牛站街、估衣街、石塔一带水深1.1 m。月降雨连续21 d,雨量达常年的两倍
14	1977年7月28日	东风渠	暴雨引发洪水,洪水冲进正在施工的东风渠涵洞,淹死民工4人
15	1977年8月	南营村	连日骤雨,洪水滂沱,6日凌晨,汾河水暴涨,洪峰达1 420 m^3/s,汾河东岸的南营村,115户住房进水,2 000亩秋棉作物浸泡在1 m深的洪水中,历时3昼夜,冲毁农田700余亩
16	1979年6月15日	洪洞县	受暴雨袭击,倒塌民房44间
17	1982年	洪洞县	兴唐寺涧河洪水暴涨,最大洪峰达150 m^3/s,冲毁关口、涧头、永丰涧、耿壁4座大桥;石滩出现滑坡,南同蒲铁路运输中断

续表 3-1-5

序号	发生时间	位置	洪水灾害描述
18	1984 年 6 月、9 月	县城	阴雨连绵,小麦出芽严重;28 日,洪洞城区暴雨,玉峰山公路北侧,洪水冲毁五一渠堤,药材公司仓库、百货公司仓库、电业局和物资公司家属院进水,水深 0.66 m,围墙倒塌压死电业局职工 2 人,经济损失 150 万元。9 月 8 日至 23 日,连续降雨 15 d,降雨量 150 mm,倒塌房屋 1 902 间(孔)
19	1985 年	甘亭镇	降褐色暴雨,大风夹杂着冰雹,大如杏核,棉花玉米绝收,西瓜开裂浆流
20	1986 年	刘家垣	暴雨,洪水冲毁赵克公路多处
21	1990 年	洪洞县	6 月 13 日至 28 日,连阴雨,降雨量 82.8 mm
22	1992 年 7 月 31 日	山头、 刘家垣	降雨 100 mm,三交河煤矿坑口进水,交通通信中断
23	1993 年 7、8 月	洪洞县	洪洞县降暴雨 12 h,降雨量 71.8 mm。8 月 4 日两次出现暴雨,降雨量达 74 mm,局部地区大于 130 mm。暴雨持续时间长,来势猛;境内各涧河山洪暴发,汾河洪峰流量达 2 500 m^3/s,220 个村 27 547 户 134 746 人受灾,死亡 6 人,伤 60 人,冲毁土地 99 899 亩,倒塌房屋 1 688 间,直接经济损失 1.3 亿元
24	1996 年 8 月 8 日	洪洞县	赵城水文站实测洪峰流量 970 m^3/s,汾河土堤 4 处决口,长 7.2 km,其中 4 km 土堤严重损坏;淹没土地 2.41 万亩,冲毁 3 500 亩;淹没民营焦化厂 4 座、焦炉 57 座,冲走焦炭和原煤 36.7 t,倒塌房屋 36 间,直接经济损失 3 108 万元
25	1996 年 9 月 17 日	洪洞县	大暴雨,10 万亩良田被淹,部分村庄进水,直接经济损失 2 000 余万元
26	1999 年 7 月 20 日	县城	洪洞发生强对流天气,10 min 强降雨达 24.9 mm,瞬时风力达 9~10 级,县城输电、通信中断
27	2001 年 7 月 26 日	墊堡村	7 月 26 日晚 10 时至 27 日 4 时,暴雨引发洪水,神西沟溪坝溃堤,洪水冲进龙马乡墊堡村,200 余户房屋进水,积水达 1 m;淹没村民电器、家具和粮食;冲毁大秋作物 200 余亩。其他 6 个乡镇 10 个村不同程度受灾。洪水还冲毁了桥梁 1 座、堤坝 350 m,两处高灌站围墙倒塌,机房进水
28	2003 年 8 月	洪洞县	自 24 日至 25 日,2 d 时间出现大暴雨 1 次、大雨 4 次、中雨 7 次、小雨 20 次。26 日再降大雨,24 h 降雨量达到 105.7 mm。秋季连阴雨,百天降雨量达到 455.8 mm。近 10 万人受灾,8 500 人搬迁转移,淹底乡下安子村发生窑顶坍塌,死亡 4 人,伤 3 人。全县 20 万亩农田被淹,3.8 万亩绝收;倒塌房屋 17 900 间,损坏房屋 12 000 间,冲毁乡间道路 200 余条,冲毁堤坝 500 余 m,毁坏蔬菜大棚 158 座,倒塌学校围墙 1 830 m,7.3 万 m^2 校舍成为危房,直接经济损失近亿元

续表 3-1-5

序号	发生时间	位置	洪水灾害描述
29	2004 年 7 月 15 日	县城	普降大到暴雨,9~14 时降雨 37 mm,其中 11~12 时,1 h 降雨量达到 26.4 mm。降水时间长,雨势凶猛,县城部分街道明显积水,玉峰路水深 10 cm,水自东向西淌流半小时之久,交警岗积水深 0.5 m 且持续 1 h,交通受阻。药材公司院内积水,水深 2 m,部分仓库进水;县财政局家属区 3 排民房全部进水;城关兽医站院内进水,积水深 0.5 m,部分房屋进水。直接经济损失 10 万余元
30	2004 年 8 月 9 日	明姜镇	8 月 9 日夜 23 时至次日 1 时左右,明姜镇突降暴雨,雨量之大,持续时间之长,历史罕见,26 个村遭受暴雨袭击,其中孔家滩、陈家庄、南伏牛等村尤重。全镇受灾人口 5 300 人,320 多户民宅进水,倒塌房屋 32 间,倒塌院墙及其他设施 28 处,农作物受灾面积 160 hm^2,其中重灾面积 32 hm^2,毁坏耕地 25 hm^2;冲毁道路 13 条,造成直接经济损失 63.5 万元
31	2005 年 6 月 8 日	县城	6 月 8 日 21 时至次日凌晨 5 时,县城突降大暴雨,降雨量达 84.5 mm,1 h 降雨量最大可达 23.2 mm;造成县城低洼处多处积水严重,县药材公司、财政局家属院、城关兽医院均出现了不同程度的内涝
32	2005 年 9 月	洪洞县	9 月 18 日至 10 月 2 日有两次降雨过程。9 月 18 日至 21 日连续降雨 134.2 mm,其中 9 月 20 日降雨量达 102.6 mm。9 月 27 日至 10 月 2 日降雨量达 67.8 m,全过程降雨总量为 196.1 mm。由于阴雨连绵,光照严重不足,对红枣、苹果、中华圣桃等经济作物的产量和品质影响较重,直接经济损失上千万元
33	2010 年 8 月 9 日	洪洞县	凌晨,全县出现了分布不均强降雨,西部山区降雨较大,截至上午 7 时,山头乡降雨量达到 125.5 mm,堤村达到 62.2 mm。周边县市也出现强降雨天气,致使汾河、洪安涧河及境内多条河流同时出现汛情,其中汾河最大洪峰流量达到 1 400 m^3/s,洪安涧河洪峰流量达到 110 m^3/s,轰轰涧河、午阳涧河、团柏河河水暴涨,达到近 20 年来最大洪水;此次洪水造成 1 人死亡,八一焦厂数千吨焦炭被冲,直接经济损失数千万元

1.6　山洪灾害防治现状

1.6.1　非工程措施

目前,洪洞县山洪灾害防治非工程措施项目已基本建设完成,包含自动雨量监测站10处、自动水位站3处,简易雨量监测站122处,无线预警广播站122处,这些站点构成洪洞县山洪灾害监测预警体系站网;建成由1个县级预警平台、16个乡镇级预警设备(信息平台和无线报警发送站)、122个预警点组成的从预警平台到重点防治区域的报警体系。除此之外,洪洞县境内雨量采集点有临汾市水文水资源勘测分局设置的16个自动雨量站。洪洞县境内自动监测站点分布图见图3-1-3。

项目实施以来,洪洞县监测预警能力大幅提升,建立了各项防汛工作责任制,防汛检查、山洪灾害防御、通信联络、物资供应保障、防汛机动抢险队伍建设、山洪灾害宣传、洪涝灾情统计等项工作取得了一定成绩、积累了一定经验。

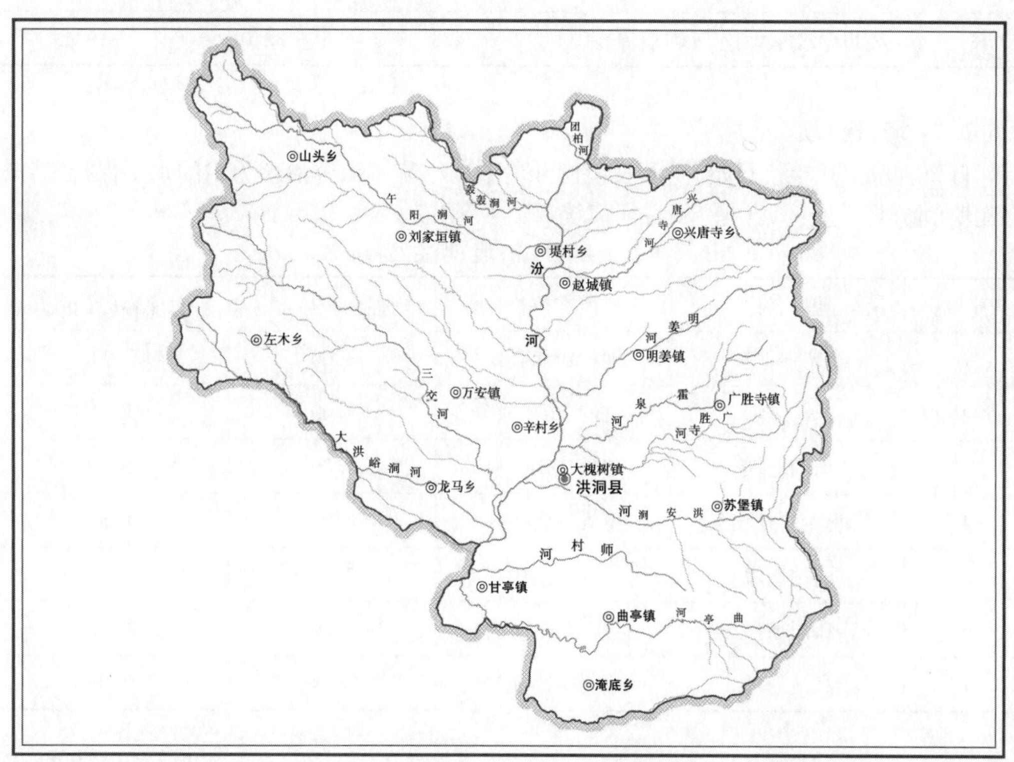

图3-1-3　洪洞县自动监测站点分布图

1.6.2　工程措施

1.6.2.1　水库

洪洞县现有小型水库8座,大部分建立于20世纪70年代。其中长安堡水库、双头水库、下纪落水库位于霍泉河流域,北伏牛水库位于明姜沟,军民水库位于广胜寺涧河,南李村水库位于汾河流域,曲亭水库位于曲亭河流域,莞川堡水库位于兴唐寺河流域。各水库主要特征值详见表3-1-6。

表3-1-6 洪洞县水库特征表

序号	水库名称	水库所在位置	坝控面积(km^2)	总库容(万 m^3)	建成年份
1	北伏牛水库	明姜镇	0.2	18.0	1972
2	长安堡水库	广胜寺镇	19.2	33.4	1959
3	军民水库	大槐树镇	0.07	40.0	1971
4	南李村水库	万安镇	6.4	45.9	1975
5	曲亭水库	曲亭镇	127.5	3 449.0	1960
6	双头水库	广胜寺镇	19.2	14.9	1959
7	下纪落水库	大槐树镇	53.6	39.0	1974
8	苑川堡水库	兴唐寺乡	4.8	32.0	1976

1.6.2.2 塘(堰)坝

自20世纪80年代开始,洪洞县境内开展了以小流域综合治理为主的水土保持工作,修建塘(堰)坝7座。塘(堰)坝特征值统计见表3-1-7。

表3-1-7 洪洞县塘(堰)坝主要特征值

序号	塘坝名称	所在位置	坝控面积(km^2)	总库容(万 m^3)
1	南辛堡塘坝	大槐树镇南辛堡村	3.00	2.00
2	侯村塘坝	曲亭镇侯村	2.00	3.50
3	南沟塘坝	赵城镇南沟村	4.00	15.00
4	鲁生村塘坝	万安镇鲁生村	8.00	4.00
5	前柏塘坝	淹底乡前柏村	2.00	5.00
6	苑川塘坝	兴唐寺乡苑川村	1.00	3.00
7	高池塘坝	辛村乡高池村	15.00	4.50

1.7 合理性分析

临汾市洪洞县位于临汾盆地的北端。全县可分山地、丘陵、山前倾斜平原、河谷阶地四种地貌,新中国成立以来洪涝灾害频繁,多次位于暴雨降水中心,因此作为临汾市17个县(市、区)中的典型县进行重点分析。

第2章　分析评价基础工作

2.1　分析评价名录确定

根据山洪灾害调查成果,洪洞县一般防治区的村落有 82 个、重点防治区的村落有 56 个、非防治区村落有 478 个。主要针对河道洪水影响和坡面水流影响的村落进行分析评价,不包括滑坡、泥石流以及干流对支流产生明显顶托等情形。综合考虑村落防洪减灾和地区发展的需要,将重点防治区的 56 个村落全部确定为评价对象,其中 54 个受河道洪水影响,2 个受坡面汇流影响。56 个重点防治区分别分布在 8 个小流域、14 个乡镇。分析评价名录见表 3-2-1。

表 3-2-1　洪洞县山洪灾害分析评价名录

序号	重点防治区	行政区划代码	所在乡镇	所在河流	影响形式
1	后涧村	141024202214000	堤村乡	轰轰涧河	河道洪水
2	北石明村	141024202212000	堤村乡	轰轰涧河	河道洪水
3	跃上村	141024202213000	堤村乡	轰轰涧河	河道洪水
4	南石明村	141024202211000	堤村乡	午阳涧河	河道洪水
5	曹家沟村	141024205203000	山头乡	午阳涧河	河道洪水
6	伏珠村	141024108212000	刘家垣镇	午阳涧河	河道洪水
7	三峪村	141024108210000	刘家垣镇	午阳涧河	河道洪水
8	下张端村	141024202208000	堤村乡	午阳涧河	河道洪水
9	上张端村	141024202209000	堤村乡	午阳涧河	河道洪水
10	许村	141024202207000	堤村乡	午阳涧河	河道洪水
11	堤村	141024202200000	堤村乡	午阳涧河	河道洪水
12	三交河村	141024206201000	左木乡	三交河	河道洪水
13	东堡村	141024107233000	万安镇	三交河	河道洪水
14	下辛府村	141024107232000	万安镇	三交河	河道洪水
15	左家沟村	141024107225000	万安镇	三交河	河道洪水
16	西姚头村	141024107227000	万安镇	三交河	河道洪水
17	涧西村	141024107215000	万安镇	三交河	河道洪水
18	曹家庄村	141024107206000	万安镇	三交河	河道洪水
19	东梁村	141024107204000	万安镇	三交河	河道洪水
20	西梁村	141024107205000	万安镇	三交河	河道洪水

续表 3-2-1

序号	重点防治区	行政区划代码	所在乡镇	所在河流	影响形式
21	塾堡村	141024204202000	龙马乡	三交河	河道洪水
22	南堡村 1	141024106210000	赵城镇	后沟	河道洪水
23	石南村	141024203205000	辛村乡	石止河	河道洪水
24	石北村	141024203203000	辛村乡	石止河	河道洪水
25	石东村	141024203204000	辛村乡	石止河	河道洪水
26	马一村	141024203206000	辛村乡	西步亭沟	河道洪水
27	马二村	141024203207000	辛村乡	西步亭沟	河道洪水
28	马三村	141024203200000	辛村乡	西漫底沟	河道洪水
29	南马驹村	141024204208000	龙马乡	苏家庄河	河道洪水
30	李家庄村	141024204212000	龙马乡	大洪峪涧河	河道洪水
31	白石村	141024203215000	辛村乡	大洪峪涧河	河道洪水
32	关口村	141024201208000	兴唐寺乡	兴唐寺河	河道洪水
33	涧头村	141024201216000	兴唐寺乡	兴唐寺河	河道洪水
34	耿壁村	141024106220000	赵城镇	兴唐寺河	河道洪水
35	磨头村	141024106206000	赵城镇	兴唐寺河	河道洪水
36	新庄村	141024106215000	赵城镇	兴唐寺河	河道洪水
37	金沟子村	141024105236000	明姜镇	金沟子沟	河道洪水
38	土桥沟村	141024105237000	明姜镇	金沟子沟	河道洪水
39	侯村	141024106216000	赵城镇	金沟子沟	河道洪水
40	王家磨村	141024106221000	赵城镇	金沟子沟	河道洪水
41	耙子里村	141024105226100	明姜镇	霍泉河	河道洪水
42	圪垌村	141024104200000	广胜寺镇	霍泉河	河道洪水
43	南堡村 2	141024104221000	赵城镇	霍泉河	河道洪水
44	板塌村	141024104222000	广胜寺镇	霍泉河	河道洪水
45	营田庄村	141024105219000	明姜镇	霍泉河	河道洪水
46	永一堡村	141024100214000	大槐树镇	霍泉河	河道洪水
47	东永一村	141024100215000	大槐树镇	霍泉河	河道洪水
48	南磨村	141024100217000	大槐树镇	霍泉河	河道洪水
49	东湾村	141024104214000	广胜寺镇	广胜寺涧河	河道洪水
50	曹生村	141024104212000	广胜寺镇	广胜寺涧河	河道洪水
51	西安村	141024104211000	广胜寺镇	广胜寺涧河	河道洪水
52	封里村	141024104207000	广胜寺镇	广胜寺涧河	河道洪水
53	南官庄村	141024100219000	大槐树镇	霍泉河	河道洪水
54	西尹壁村	141024103205000	苏堡镇	西尹壁沟	河道洪水
55	北羊村	141024101207000	甘亭镇	曲亭河	坡面汇流
56	南圪塔村	141024101205100	甘亭镇	曲亭河	坡面汇流

2.2　资料评估与处理

2.2.1　小流域及计算单元划分

根据全国山洪灾害项目组提供的工作底图,结合临汾市 1∶5万地形图与第一次水利普查中河湖普查成果,对洪洞县小流域进行了划分和核对,见附图 3-1。

洪洞县山洪灾害分析评价的 56 个重点防治区主要分布在轰轰涧河、兴唐寺河、三交河、大洪峪涧河、霍泉河、广胜寺涧河等。根据重点防治区所在位置,按照《小流域划分及编码规范》(SL 653—2013),对小流域进行了合并,将洪洞县划分成 8 个小流域,并形成与村落相对应的 35 个计算单元,对邻近重点防治区间无较大支流汇入、洪水组成基本一致的计算小流域合并处理,以下游重点防治区的计算小流域为计算依据。对部分需细分小流域的重点防治区,其流域边界在 1∶5万地形图上确定。

洪洞县小流域划分表与计算单元划分表见表 3-2-2、表 3-2-3 与表 3-2-4。

表 3-2-2　洪洞县小流域划分表

序号	小流域	包含评价对象	对象数量
1	轰轰涧河	后涧村、北石明村、跃上村	3
2	午阳涧河	南石明村、曹家沟村、伏珠村、三峪村、下张端村、上张端村、许村、堤村	8
3	三交河	三交河村、东堡村、下辛府村、左家沟村、西姚头村、涧西村、曹家庄村、东梁村、西梁村、塾堡村、石南村、石北村、石东村、马一村、马二村、马三村	16
4	大洪峪涧河	南马驹村、李家庄村、白石村	3
5	兴唐寺河	南堡村 1、关口村、涧头村、耿壁村、磨头村、新庄村、金沟子村、土桥沟村、侯村、王家磨村	10
6	霍泉河	耙子里村、圪侗村、南堡村 2、板塌村、营田庄村、永一堡村、东永一村、南磨村、东湾村、曹生村、西安村、封里村、南官庄村	13
7	洪安涧河	西尹壁村	1
8	曲亭河	北羊村、南圪塔村	2
合计			56

表 3-2-3　小流域信息表

序号	行政区划名称	所属流域	集水面积（km^2）	序号	行政区划名称	所属流域	集水面积（km^2）
1	后涧村	轰轰涧河	73.42	29	南马驹村	大洪峪涧河	32.85
2	北石明村	轰轰涧河	82.34	30	李家庄村	大洪峪涧河	69.99
3	跃上村	轰轰涧河	82.34	31	白石村	大洪峪涧河	99.28
4	南石明村	午阳涧河	196.02	32	关口村	兴唐寺河	29.50
5	曹家沟村	午阳涧河	18.88	33	涧头村	兴唐寺河	36.70
6	伏珠村	午阳涧河	37.28	34	耿壁村	兴唐寺河	48.77
7	三峪村	午阳涧河	6.29	35	磨头村	兴唐寺河	68.09
8	下张端村	午阳涧河	180.81	36	新庄村	兴唐寺河	13.95
9	上张端村	午阳涧河	180.81	37	金沟子村	兴唐寺河	8.97
10	许村	午阳涧河	188.40	38	土桥沟村	兴唐寺河	10.37
11	堤村	午阳涧河	196.02	39	侯村	兴唐寺河	13.00
12	三交河村	三交河	15.91	40	王家磨村	兴唐寺河	14.53
13	东堡村	三交河	62.81	41	耙子里村	霍泉河	16.60
14	下辛府村	三交河	75.24	42	圪侗村	霍泉河	24.03
15	左家沟村	三交河	99.08	43	南堡村 2	霍泉河	55.69
16	西姚头村	三交河	103.80	44	板塌村	霍泉河	55.69
17	涧西村	三交河	108.30	45	营田庄村	霍泉河	55.69
18	曹家庄村	三交河	120.80	46	永一堡村	霍泉河	83.27
19	东梁村	三交河	122.20	47	东永一村	霍泉河	84.62
20	西梁村	三交河	122.20	48	南磨村	霍泉河	89.57
21	塾堡村	三交河	17.27	49	东湾村	霍泉河	35.22
22	南堡村 1	兴唐寺河	5.53	50	曹生村	霍泉河	36.73
23	石南村	三交河	37.47	51	西安村	霍泉河	37.41
24	石北村	三交河	37.47	52	封里村	霍泉河	61.49
25	石东村	三交河	37.47	53	南官庄村	霍泉河	180.70
26	马一村	三交河	23.90	54	西尹壁村	洪安涧河	13.44
27	马二村	三交河	23.90	55	北羊村	曲亭河	210.22
28	马三村	三交河	27.77	56	南圪塔村	曲亭河	210.22

表3-2-4　计算单元划分表

县(区、市、旗)名称		洪洞县	县(区、市、旗)代码	141024
序号	行政区划代码	行政区划名称	计算单元名称	控制断面代码
1	141024202214000	后涧村	后涧村	1410242022141006301b
2	141024202212000	北石明村	跃上村	1410242022121006300f
3	141024202213000	跃上村	跃上村	1410242022130006303Q
4	141024202211000	南石明村	堤村	1410242022110063005
5	141024205203000	曹家沟村	曹家沟村	1410242052030006300h
6	141024108212000	伏珠村	伏珠村	1410241082120006300Y
7	141024108210000	三峪村	三峪村	1410241082100006302p
8	141024202208000	下张端村	上张端村	1410242022081006303p
9	141024202209000	上张端村	上张端村	1410242022091006302E
10	141024202207000	许村	许村	1410242022070006303x
11	141024202200000	堤村	堤村	1410242022000006300x
12	141024206201000	三交河村	三交河村	1410242062011006302i
13	141024107233000	东堡村	东堡村	1410241072330006300C
14	141024107232000	下辛府村	下辛府村	1410241072320006303l
15	141024107225000	左家沟村	西梁村	1410241072250006303W
16	141024107227000	西姚头村	西梁村	1410241072270006303e
17	141024107215000	涧西村	西梁村	1410241072150006301k
18	141024107206000	曹家庄村	西梁村	1410241072060006300r
19	141024107204000	东梁村	西梁村	1410241072040006300G
20	141024107205000	西梁村	西梁村	14102410720500063038
21	141024204202000	塾堡村	塾堡村	1410242042020006302T
22	141024106210000	南堡村1	南堡村	1410241062100006300c
23	141024203205000	石南村	石东村	1410242032050006302M
24	141024203203000	石北村	石东村	14102420320300063008
25	141024203204000	石东村	石东村	1410242032040006302H
26	141024203206000	马一村	马二村	1410242032060006301D
27	141024203207000	马二村	马二村	1410242032070006301m
28	141024203200000	马三村	马三村	1410242032000006301u
29	141024204208000	南马驹村	南马驹村	1410242042080006300g
30	141024204212000	李家庄村	李家庄村	14102420421200063034
31	141024203215000	白石村	白石村	14102420321510063002
32	141024201208000	关口村	关口村	14102420120810063017

续表 3-2-4

县(区、市、旗)名称		洪洞县	县(区、市、旗)代码	141024
序号	行政区划代码	行政区划名称	计算单元名称	控制断面代码
33	141024201216000	涧头村	涧头村	1410242012161006301e
34	141024106220000	耿壁村	耿壁村	14102410622000063013
35	141024106206000	磨头村	磨头村	1410241062060006301J
36	141024106215000	新庄村	新庄村	1410241062150006300e
37	141024105236000	金沟子村	金沟子村	1410241052360006300f
38	141024105237000	土桥沟村	王家磨村	1410241052370006300x
39	141024106216000	侯村	王家磨村	1410241062160006300B
40	141024106221000	王家磨村	王家磨村	1410241062210006300u
41	141024105226100	耙子里村	耙子里村	1410241052261026302d
42	141024104200000	圪侗村	圪侗村	14102410420000063003
43	141024104221000	南堡村 2	南磨村	1410241042210006301X
44	141024104222000	板塌村	南磨村	14102410422200063004
45	141024105219000	营田庄村	南磨村	1410241052190006303J
46	141024100214000	永一堡村	南磨村	1410241002140006303L
47	141024100215000	东永一村	南磨村	1410241002150006300O
48	141024100217000	南磨村	南磨村	14102410021700063025
49	141024104214000	东湾村	西安村	1410241042140006300M
50	141024104212000	曹生村	西安村	1410241042121006300t
51	141024104211000	西安村	西安村	14102410421100063002
52	141024104207000	封里村	封里村	1410241042071006300U
53	141024100219000	南官庄村	南官庄村	14102410021900063022
54	141024103205000	西尹壁村	西尹壁村	1410241032050006303g
55	141024101207000	北羊村	南圪塔村	14102410120700063004
56	141024101205100	南圪塔村	南圪塔村	14102410120510063005

2.2.1.1　轰轰涧河流域概况

轰轰涧河为汾河的一级支流。轰轰涧河起源于汾西县邢家要乡邢家要村,自西北向东南流经汾西县、洪洞县,于洪洞县堤村乡北石明村汇入汾河,河流全长32 km,流域面积82.7 km^2,河流比降为20.51‰。洪洞县境内流域面积为35.7 km^2。地貌以砂页岩灌丛山地、黄土丘陵阶地和灰岩土石山区为主。流域内分布有3个分析评价的重点防治区,分别为后涧村、北石明村、跃上村。

2.2.1.2　午阳涧河流域概况

午阳涧河为汾河的一级支流。午阳涧河起源于洪洞县山头乡东龙门村马士圪塔,自西北向东南流经洪洞县,于洪洞县堤村乡堤村汇入汾河,河流全长35 km,流域面积197 km^2,河流比降为18.17‰。洪洞县境内流域面积为155.9 km^2。地貌以黄土丘陵阶地、砂页岩灌丛山地、灰岩灌丛山地和砂页岩森林山地为主。流域内有分布8个分析评价的重点防治区,分别为南石明村、曹家沟村、伏珠村、三峪村、下张端村、上张端村、许村、堤村。

2.2.1.3　三交河流域概况

三交河为汾河的一级支流。三交河起源于洪洞县山头乡曲家岑村小庄上,自西北向东南流经洪洞县,于洪洞县辛村乡西里村汇入汾河,河流全长40 km,流域面积172 km^2,河流比降为12.97‰。洪洞县境内流域面积为171.9 km^2。地貌以耕种平地、黄土丘陵阶地、砂页岩灌丛山地和灰岩灌丛山地为主。流域内分布有16个分析评价的重点防治区,分别为三交河村、东堡村、下辛府村、左家沟村、西姚头村、涧西村、曹家庄村、东梁村、西梁村、塾堡村、石南村、石北村、石东村、马一村、马二村、马三村。

2.2.1.4　大洪峪涧河流域概况

大洪峪涧河为汾河的一级支流。大洪峪涧河起源于洪洞县左木乡段家山村黄北凹,自西北向东南流经洪洞县、尧都区,于洪洞县辛村乡戍村汇入汾河,河流全长33 km,流域面积133 km^2,河流比降为15.93‰。洪洞县境内流域面积为90.9 km^2。地貌以耕种平地、黄土丘陵阶地、砂页岩灌丛山地和灰岩灌丛山地为主。流域内分布有3个分析评价的重点防治区,分别为南马驹村、李家庄村、白石村。

2.2.1.5　兴唐寺河流域概况

兴唐寺河为汾河的一级支流。兴唐寺河起源于洪洞县兴唐寺乡安子坪林场,自东北向西南流经洪洞县,于洪洞县赵城镇烧瓦窑村汇入汾河,河流全长27 km,河流比降为38.10‰。洪洞县境内流域面积为69.7 km^2。地貌以耕种平地、黄土丘陵阶地、变质岩灌丛山地、变质岩森林山地和灰岩森林山地为主。流域内分布有10个分析评价的重点防治区,分别为南堡村1、关口村、涧头村、耿壁村、磨头村、新庄村、金沟子、土桥沟村、侯村、王家磨村。

2.2.1.6　霍泉河流域概况

霍泉河为汾河的一级支流。霍泉河起源于洪洞县明姜镇安子坪林场豹子凹,自东北向西南流经洪洞县,于洪洞县大槐树镇南官庄村汇入汾河,河流全长24 km,流域面积184 km^2,河流比降为12.60‰。洪洞县境内流域面积为183.6 km^2。地貌以耕种平地、黄土丘陵阶地、变质岩灌丛山地和灰岩森林山地为主。流域内分布有13个分析评价的重点防治区,分别为耙子里村、圪垌村、南堡村2、板塌村、营田庄村、永一堡村、东永一村、南磨村、东湾村、曹生村、西安村、封里村、南官庄村。

2.2.1.7 洪安涧河流域概况

洪安涧河为汾河的一级支流。洪安涧河起源于古县北平镇北平林场水眼沟,自东向西流经古县、洪洞县,于洪洞县大槐树镇常青村汇入汾河,河流全长 84 km,流域面积 1 123 km^2,河流比降为 10.44‰。洪洞县境内流域面积为 136.5 km^2。地貌以耕种平地、黄土丘陵阶地和砂页岩灌丛山地为主。流域内分布有 1 个分析评价的重点防治区,为西尹壁村。

2.2.1.8 曲亭河流域概况

曲亭河为汾河的一级支流。曲亭河起源于古县南垣陈香村郭店乡,自东向西流经古县、洪洞县、尧都区,于洪洞县甘亭镇羊獬村汇入汾河,河流全长 54 km,流域面积 211 km^2,河流比降为 6.44‰。洪洞县境内流域面积为 129.0 km^2。地貌以耕种平地和黄土丘陵阶地为主。流域内分布有 2 个分析评价的重点防治区,分别为北羊村、南圪塔村。

2.2.2 流域特征值

流域划分以水利部下发的小流域计算单元为基础,用河湖普查成果对其流域边界、河源、河口进行校核。河长数据与比降数据采用由山西省工程测绘院提供的数据,且对所提供数据进行实地核查,并做出相应修改;河道糙率的取值,根据第 1 篇 4.2.2 节中所提到的方法取值。成果见表 3-2-5。

2.2.3 水文气象资料

本次分析评价收集了县境内的雨量、蒸发资料作为山洪灾害分析评价的参考依据。对黄河水利委员会所属的雨量站和气象部门所属的雨量站资料因山洪预报系统未能共享,未做收集。并收集了《山西省水文计算手册》中有关洪洞县设计暴雨和设计洪水的相关图集和资料。

2.2.4 土壤植被资料

根据《山西省水文计算手册》中产、汇流地类确定方法和产、汇流地类下垫面图,对洪洞县山洪灾害防治区产、汇流地类进行了分析,并聘请山西省 213 地质勘测队进行实地核查,核查对象包括土壤、植被、开发利用情况等,尤其对梯田、坡地等小流域治理工程、黄土丘陵区的细化等进行了重点调查。

2.3 方法选择

设计暴雨和设计洪水均采用第 1 篇中所提到的《山西省水文计算手册》中的方法;水位流量关系采用曼宁公式和水面线两种方法进行分析,主要采用水面线法;涉水工程如桥梁、路涵等采用水力学法计算;预警指标根据第 1 篇第 8 章中所提到的方法进行计算。

表 3-2-5　沿河村落计算信息表

行政区划代码	行政区划名称	集雨面积(km^2)	断面代码	比降(‰)	糙率	成灾水位(m)	预警时段(h)	流域土壤含水量限值(%)
141024202214000	后涧村	73.42	1410242022141006301b	13.0	0.026	532.47	0.5、1、2、3、4、5、6	B_0=0、0.3、0.6
141024202212000	北石明村	82.34	1410242022121006300f	11.9	0.026	495.28	0.5、1、2、3、4、5、6	B_0=0、0.3、0.6
141024202213000	跃上村	82.34	1410242022130006303Q	11.9	0.026	508.06	0.5、1、2、3、4、5、6	B_0=0、0.3、0.6
141024202211000	南石明村	196.02	14102420221100063005	12.4	0.027	510.71	0.5、1、2、3、4、5、6	B_0=0、0.3、0.6
141024205203000	曹家沟村	18.88	1410242052030006300h	17.9	0.026	1048.51	0.5、1、2、3、4、5、6	B_0=0、0.3、0.6
141024108212000	伏珠村	37.28	1410241082120006300Y	20.5	0.027	732.71	0.5、1、2、3、4、5、6	B_0=0、0.3、0.6
141024108210000	三峪村	6.29	1410241082100006302p	17.1	0.026	698.79	0.5、1、2、3、4、5、6	B_0=0、0.3、0.6
141024202208000	下张端村	180.81	1410242022081006303p	16.7	0.027	580.15	0.5、1、2、3、4、5、6	B_0=0、0.3、0.6
141024202209000	上张端村	180.81	1410242022091006302E	16.7	0.026	615.51	0.5、1、2、3、4、5、6	B_0=0、0.3、0.6
141024202207000	许村	188.40	1410242022070006303x	14.0	0.031	544.81	0.5、1、2、3、4、5、6	B_0=0、0.3、0.6
141024202200000	堤村	196.02	1410242022000006300x	12.4	0.027	497.80	0.5、1、2、3、4、5、6	B_0=0、0.3、0.6
141024206201000	三交河村	15.91	1410242062011006302i	29.8	0.025	920.60	0.5、1、2、3、4、5、6	B_0=0、0.3、0.6
141024107233000	东堡村	62.81	1410241072330006300C	19.1	0.029	744.72	0.5、1、2、3、4、5、6	B_0=0、0.3、0.6
141024107232000	下辛府村	75.24	1410241072320006303l	33.5	0.026	701.10	0.5、1、2、3、4、5、6	B_0=0、0.3、0.6
141024107225000	左家沟村	99.08	1410241072250006303W	15.3	0.028	656.57	0.5、1、2、3、4、5、6	B_0=0、0.3、0.6
141024107227000	西姚头村	103.80	1410241072270006303e	13.5	0.028	615.90	0.5、1、2、3、4、5、6	B_0=0、0.3、0.6
141024107215000	涧西村	108.30	1410241072150006301k	8.9	0.026	575.93	0.5、1、2、3、4、5、6	B_0=0、0.3、0.6
141024107206000	曹家庄村	120.80	1410241072060006300r	17.3	0.026	534.33	0.5、1、2、3、4、5、6	B_0=0、0.3、0.6
141024107204000	东梁村	122.20	1410241072040006300G	14.5	0.026	502.81	0.5、1、2、3、4、5、6	B_0=0、0.3、0.6

续表 3-2-5

行政区划代码	行政区划名称	集雨面积（km^2）	断面代码	比降（‰）	糙率	成灾水位（m）	预警时段（h）	流域土壤含水量限值（%）
141024107205000	西梁村	122.20	14102410720500063038	12.4	0.026	502.24	0.5、1、2、3、4、5、6	B_0 =0、0.3、0.6
141024204202000	塾堡村	17.27	1410242042020006302T	13.2	0.028	509.95	0.5、1、2、3、4、5、6	B_0 =0、0.3、0.6
141024106210000	南堡村 1	5.53	1410241062100006300c	24.0	0.025	497.53	0.5、1、2、3、4、5、6	B_0 =0、0.3、0.6
141024203205000	石南村	37.47	1410242032050006302M	10.9	0.028	474.44	0.5、1、2、3、4、5、6	B_0 =0、0.3、0.6
141024203203000	石北村	37.47	14102420320300063008	10.9	0.028	475.90	0.5、1、2、3、4、5、6	B_0 =0、0.3、0.6
141024203204000	石东村	37.47	1410242032040006302H	10.9	0.028	475.82	0.5、1、2、3、4、5、6	B_0 =0、0.3、0.6
141024203206000	马一村	23.90	1410242032060006301D	8.0	0.027	465.80	0.5、1、2、3、4、5、6	B_0 =0、0.3、0.6
141024203207000	马二村	23.90	1410242032070006301m	8.0	0.025	464.28	0.5、1、2、3、4、5、6	B_0 =0、0.3、0.6
141024203200000	马三村	27.77	1410242032000006301u	9.7	0.025	466.48	0.5、1、2、3、4、5、6	B_0 =0、0.3、0.6
141024204208000	南马驹村	32.85	1410242042080006300g	30.0	0.026	490.13	0.5、1、2、3、4、5、6	B_0 =0、0.3、0.6
141024204212000	李家庄村	69.99	14102420421200063034	20.7	0.026	534.30	0.5、1、2、3、4、5、6	B_0 =0、0.3、0.6
141024203215000	白石村	99.28	14102420321510063002	12.7	0.026	451.29	0.5、1、2、3、4、5、6	B_0 =0、0.3、0.6
141024201208000	关口村	29.50	14102420120810063017	56.5	0.025	900.69	0.5、1、2、3、4、5、6	B_0 =0、0.3、0.6
141024201216000	涧头村	36.70	1410242012161006301e	30.0	0.025	693.34	0.5、1、2、3、4、5、6	B_0 =0、0.3、0.6
141024106220000	耿壁村	48.77	14102410622000063013	19.0	0.025	600.52	0.5、1、2、3、4、5、6	B_0 =0、0.3、0.6
141024106206000	磨头村	68.09	1410241062060006301J	11.6	0.025	511.49	0.5、1、2、3、4、5、6	B_0 =0、0.3、0.6
141024106215000	新庄村	13.95	1410241062150006300e	4.0	0.025	548.21	0.5、1、2、3、4、5、6	B_0 =0、0.3、0.6
141024105236000	金沟子村	8.97	1410241052360006300f	33.0	0.025	701.86	0.5、1、2、3、4、5、6	B_0 =0、0.3、0.6
141024105237000	土桥沟村	10.37	1410241052370006300x	37.0	0.025	646.69	0.5、1、2、3、4、5、6	B_0 =0、0.3、0.6

续表 3-2-5

行政区划代码	行政区划名称	集雨面积(km^2)	断面代码	比降(‰)	糙率	成灾水位(m)	预警时段(h)	流域土壤含水量限值(%)
141024106216000	侯村	13.00	141024106216000 6300B	20.0	0.025	551.85	0.5、1、2、3、4、5、6	B_0 =0、0.3、0.6
141024106221000	王家磨村	14.53	141024106221000 6300u	98.0	0.025	516.40	0.5、1、2、3、4、5、6	B_0 =0、0.3、0.6
141024105226100	耙子里村	16.60	141024105226102 6302d	38.1	0.025	635.22	0.5、1、2、3、4、5、6	B_0 =0、0.3、0.6
141024104200000	圪侗村	24.03	1410241042000000 63003	30.0	0.025	576.11	0.5、1、2、3、4、5、6	B_0 =0、0.3、0.6
141024104221000	南堡村2	55.69	141024104221000 6301X	12.2	0.025	509.51	0.5、1、2、3、4、5、6	B_0 =0、0.3、0.6
141024104222000	板塌村	55.69	1410241042222000 63004	12.2	0.025	494.04	0.5、1、2、3、4、5、6	B_0 =0、0.3、0.6
141024105219000	营田庄村	55.69	141024105219000 6303J	12.2	0.025	512.80	0.5、1、2、3、4、5、6	B_0 =0、0.3、0.6
141024100214000	永一堡村	83.27	141024100214000 6303L	1.7	0.025	462.09	0.5、1、2、3、4、5、6	B_0 =0、0.3、0.6
141024100215000	东永一村	84.62	141024100215000 6300O	3.3	0.031	463.66	0.5、1、2、3、4、5、6	B_0 =0、0.3、0.6
141024100217000	南磨村	89.57	1410241002170006 3025	2.6	0.025	458.04	0.5、1、2、3、4、5、6	B_0 =0、0.3、0.6
141024104214000	东湾村	35.22	141024104214000 6300M	22.7	0.025	563.98	0.5、1、2、3、4、5、6	B_0 =0、0.3、0.6
141024104212000	曹生村	36.73	141024104212100 6300t	13.5	0.025	525.41	0.5、1、2、3、4、5、6	B_0 =0、0.3、0.6
141024104211000	西安村	37.41	1410241042110006 3002	13.4	0.025	517.72	0.5、1、2、3、4、5、6	B_0 =0、0.3、0.6
141024104207000	封里村	61.49	141024104207100 6300U	7.6	0.032	477.19	0.5、1、2、3、4、5、6	B_0 =0、0.3、0.6
141024100219000	南官庄村	180.70	1410241002190006 3022	2.9	0.025	452.56	0.5、1、2、3、4、5、6	B_0 =0、0.3、0.6
141024103205000	西尹壁村	13.44	141024103205000 6303g	9.0	0.025	521.83	0.5、1、2、3、4、5、6	B_0 =0、0.3、0.6
141024101207000	北羊村	210.22	1410241012070006 3004	—	—	—	0.5、1、2、3、4、5、6	B_0 =0、0.3、0.6
141024101205100	南圪塔村	210.22	1410241012051006 3005	—	—	—	0.5、1、2、3、4、5、6	B_0 =0、0.3、0.6

第3章　设计暴雨分析

3.1　设计暴雨

在山洪灾害分析评价中,设计暴雨计算的目的是推求不同频率设计洪水所需的降雨量及其时程分配,是无实测洪水资料情况下进行设计洪水分析的前提,也是确定预警临界雨量的重要环节,主要依据是《山西省水文计算手册》及其相关图集。

根据《山洪灾害分析评价技术要求》,设计暴雨计算所涉及的小流域指重点防治区控制断面以上流域或以其下游不远处为出口的完整集水区域。结合《山西省水文计算手册》计算方法,设计暴雨计算以重点防治区对应小流域组成的计算单元为单位计算。

设计暴雨计算首先确定暴雨历时、暴雨频率及设计雨型,之后通过设计暴雨有关参数查算、时段设计雨量计算以及设计暴雨时程分配等步骤,即可得到设计暴雨计算成果。

洪洞县56个山洪灾害重点防治区均采用《山西省水文计算手册》中提供的方法进行了设计暴雨计算。对采用流域模型法计算设计洪水的进行设计暴雨时程分配计算,对采用经验公式法计算设计洪水的不进行设计暴雨时程分配计算,计算过程及方法见第1篇第5章内容。

3.2　设计暴雨计算成果

(1)设计暴雨参数查图成果(见表3-3-1)。

(2)35个计算小单元各时段雨量的均值 $\overline{H}$、变差系数 C_v、C_s/C_v 和各时段相应频率的雨量值成果 H_p(见表3-3-2);

(3)35个计算单元所在水文分区的设计雨型;

(4)35个计算单元按设计雨型进行5个频率时程分配的成果(见表3-3-3)。

表 3-3-1　设计暴雨参数查图成果表

序号	计算单元	定点	水文分区	面积（km^2）	不同历时定点暴雨参数									
					10 min		60 min		6 h		24 h		3 d	
					$\overline{H}$(mm)	C_v	$\overline{H}$(mm)	C_v	$\overline{H}$(mm)	C_v	$\overline{H}$(mm)	C_v	$\overline{H}$(mm)	C_v
1	后涧村	轰轰涧河 1	中区	73. 42	13. 8	0. 55	27. 2	0. 49	44. 1	0. 47	67	0. 47	83. 1	0. 46
		轰轰涧河 2			13. 9	0. 54	27	0. 49	44. 8	0. 47	66	0. 46	80. 5	0. 46
		轰轰涧河 3			13. 2	0. 52	26. 6	0. 49	44. 7	0. 47	65	0. 45	79. 5	0. 45
2	跃上村	轰轰涧河 1	中区	82. 34	13. 8	0. 55	27. 2	0. 49	44. 1	0. 47	67	0. 47	83. 1	0. 46
		轰轰涧河 2			13. 9	0. 54	27	0. 49	44. 8	0. 47	66	0. 46	80. 5	0. 46
		轰轰涧河 3			13. 2	0. 52	26. 6	0. 49	44. 7	0. 47	65	0. 45	79. 5	0. 45
3	曹家沟村	午阳涧河 1	中区	18. 88	13. 4	0. 55	26. 9	0. 46	45	0. 44	67. 4	0. 43	86. 2	0. 42
4	伏珠村	午阳涧河 2	中区	37. 28	13. 9	0. 52	27. 3	0. 49	44. 6	0. 48	66. 8	0. 47	84. 7	0. 46
		午阳涧河 5			13. 9	0. 52	27. 1	0. 5	44. 7	0. 49	67	0. 47	81. 9	0. 46
5	三峪村	午阳涧河 5	中区	6. 29	13. 9	0. 52	27. 1	0. 5	44. 7	0. 49	67	0. 47	81. 9	0. 46
6	上张端村	午阳涧河 1	中区	180. 81	13. 4	0. 55	26. 9	0. 46	45	0. 44	67. 4	0. 43	86. 2	0. 42
		午阳涧河 2			13. 9	0. 52	27. 3	0. 49	44. 6	0. 48	66. 8	0. 47	84. 7	0. 46
		午阳涧河 3			13. 6	0. 56	26. 8	0. 55	44. 7	0. 53	68	0. 52	86	0. 51
		午阳涧河 4			13. 8	0. 55	27. 3	0. 53	44	0. 52	67. 5	0. 5	83. 3	0. 49
		午阳涧河 5			13. 9	0. 52	27. 1	0. 5	44. 7	0. 49	67	0. 47	81. 9	0. 46
7	许村	午阳涧河 1	中区	188. 40	13. 4	0. 55	26. 9	0. 46	45	0. 44	67. 4	0. 43	86. 2	0. 42
		午阳涧河 2			13. 9	0. 52	27. 3	0. 49	44. 6	0. 48	66. 8	0. 47	84. 7	0. 46
		午阳涧河 3			13. 6	0. 56	26. 8	0. 55	44. 7	0. 53	68	0. 52	86	0. 51
		午阳涧河 4			13. 8	0. 55	27. 3	0. 53	44	0. 52	67. 5	0. 5	83. 3	0. 49
		午阳涧河 5			13. 9	0. 52	27. 1	0. 5	44. 7	0. 49	67	0. 47	81. 9	0. 46

续表 3-3-1

序号	计算单元	定点	水文分区	面积（km^2）	不同历时定点暴雨参数									
					10 min		60 min		6 h		24 h		3 d	
					$\overline{H}$(mm)	C_v	$\overline{H}$(mm)	C_v	$\overline{H}$(mm)	C_v	$\overline{H}$(mm)	C_v	$\overline{H}$(mm)	C_v
8	堤村	午阳涧河 1	中区	196. 02	13. 4	0. 55	26. 9	0. 46	45	0. 44	67. 4	0. 43	86. 2	0. 42
		午阳涧河 2			13. 9	0. 52	27. 3	0. 49	44. 6	0. 48	66. 8	0. 47	84. 7	0. 46
		午阳涧河 3			13. 6	0. 56	26. 8	0. 55	44. 7	0. 53	68	0. 52	86	0. 51
		午阳涧河 4			13. 8	0. 55	27. 3	0. 53	44	0. 52	67. 5	0. 5	83. 3	0. 49
		午阳涧河 5			13. 9	0. 52	27. 1	0. 5	44. 7	0. 49	67	0. 47	81. 9	0. 46
9	三交河村	三交河 2	中区	15. 91	13. 8	0. 51	27	0. 5	44. 8	0. 48	67	0. 48	84	0. 47
10	东堡村	三交河 1	中区	62. 81	13. 8	0. 52	27. 1	0. 5	44. 8	0. 48	66	0. 47	84. 6	0. 46
		三交河 2			13. 8	0. 51	27	0. 5	44. 8	0. 48	67	0. 48	84	0. 47
		三交河 3			13. 8	0. 51	27. 1	0. 5	44. 3	0. 48	67	0. 48	81. 4	0. 47
11	下辛府村	三交河 1	中区	75. 24	13. 8	0. 52	27. 1	0. 5	44. 8	0. 48	66	0. 47	84. 6	0. 46
		三交河 2			13. 8	0. 51	27	0. 5	44. 8	0. 48	67	0. 48	84	0. 47
		三交河 3			13. 8	0. 51	27. 1	0. 5	44. 3	0. 48	67	0. 48	81. 4	0. 47
12	西梁村	三交河 1	中区	122. 20	13. 8	0. 52	27. 1	0. 5	44. 8	0. 48	66	0. 47	84. 6	0. 46
		三交河 2			13. 8	0. 51	27	0. 5	44. 8	0. 48	67	0. 48	84	0. 47
		三交河 5			13. 6	0. 51	26. 9	0. 49	44. 5	0. 48	68	0. 46	81	0. 46
		三交河 3			13. 8	0. 51	27. 1	0. 5	44. 3	0. 48	67	0. 48	81. 4	0. 47
13	塾堡村	三交河 6	中区	17. 27	12. 1	0. 5	26. 3	0. 48	44. 5	0. 48	66	0. 47	79. 9	0. 47
14	南堡村	后沟 2	中区	5. 53	12	0. 51	26	0. 49	44. 7	0. 49	66. 4	0. 48	78. 8	0. 48
15	石东村	石止河 3	中区	37. 47	14	0. 51	27. 2	0. 49	44. 5	0. 48	67	0. 46	82	0. 46
		石止河 4			12. 1	0. 49	26. 4	0. 48	44. 7	0. 47	64. 5	0. 46	79. 3	0. 46
16	马二村	西步亭沟 1	中区	23. 90	12	0. 48	26	0. 46	44. 5	0. 46	64. 9	0. 45	79. 2	0. 45

续表 3-3-1

序号	计算单元	定点	水文分区	面积(km^2)	不同历时定点暴雨参数									
					10 min		60 min		6 h		24 h		3 d	
					$\overline{H}$(mm)	C_v	$\overline{H}$(mm)	C_v	$\overline{H}$(mm)	C_v	$\overline{H}$(mm)	C_v	$\overline{H}$(mm)	C_v
17	马三村	西漫底沟1	中区	27.77	12	0.48	26	0.46	44.5	0.46	64.9	0.45	79.2	0.45
18	南马驹村	苏家庄河1	中区	32.85	13.4	0.48	26.4	0.46	44.6	0.46	67	0.45	80.8	0.45
19	李家庄村	大洪峪涧河1	中区	69.99	14	0.5	26.9	0.48	44.9	0.47	69	0.46	82	0.46
		大洪峪涧河2			13.7	0.49	27	0.48	44.3	0.48	69	0.47	81.5	0.46
		大洪峪涧河3			13.5	0.48	26.4	0.48	44.8	0.47	68	0.46	80.9	0.45
20	白石村	大洪峪涧河1	中区	99.28	14	0.5	26.9	0.48	44.9	0.47	69	0.46	82	0.46
21	关口村	兴唐寺河1	中区	29.50	12.6	0.52	26.9	0.5	44.9	0.48	64	0.48	79.6	0.47
22	涧头村	兴唐寺河1	中区	36.70	12.6	0.52	26.9	0.5	44.9	0.48	64	0.48	79.6	0.47
		兴唐寺河2			12.6	0.52	26.5	0.52	44.8	0.49	63.5	0.49	79.2	0.48
23	耿壁村	兴唐寺河1	中区	48.77	12.6	0.52	26.9	0.5	44.9	0.48	64	0.48	79.6	0.47
		兴唐寺河2			12.6	0.52	26.5	0.52	44.8	0.49	63.5	0.49	79.2	0.48
		兴唐寺河3			12	0.5	26	0.48	44.9	0.47	63.3	0.47	78.9	0.46
24	磨头村	兴唐寺河1	中区	68.09	12.6	0.52	26.9	0.5	44.9	0.48	64	0.48	79.6	0.47
		兴唐寺河2			12.6	0.52	26.5	0.52	44.8	0.49	63.5	0.49	79.2	0.48
		兴唐寺河3			12	0.5	26	0.48	44.9	0.47	63.3	0.47	78.9	0.46
25	新庄村	兴唐寺河2	中区	13.95	12.6	0.52	26.5	0.52	44.8	0.49	63.5	0.49	79.2	0.48
26	金沟子村	金沟子沟4	中区	8.97	12	0.5	26	0.47	45	0.47	63.6	0.46	79	0.45
27	王家磨村	金沟子沟4	中区	14.53	12	0.5	26	0.47	45	0.47	63.6	0.46	79	0.45
28	耙子里村	霍泉河1	中区	16.60	12.7	0.5	26.2	0.47	44.9	0.47	63	0.46	79.6	0.46
29	圪侗村	霍泉河1	中区	24.03	12.7	0.5	26.2	0.47	44.9	0.47	63	0.46	79.6	0.46

续表 3-3-1

序号	计算单元	定点	水文分区	面积(km^2)	不同历时定点暴雨参数									
					10 min		60 min		6 h		24 h		3 d	
					$\overline{H}$(mm)	C_v	$\overline{H}$(mm)	C_v	$\overline{H}$(mm)	C_v	$\overline{H}$(mm)	C_v	$\overline{H}$(mm)	C_v
30	南磨村	霍泉河 1	中区	89.57	12.7	0.5	26.2	0.47	44.9	0.47	63	0.46	79.6	0.46
		霍泉河 2			11.9	0.47	25.9	0.47	43.5	0.46	60	0.46	77	0.45
		霍泉河 3			11.7	0.47	25.7	0.45	43.1	0.44	60	0.43	76.4	0.43
31	西安村	广胜寺涧河 1	中区	37.41	13.1	0.5	26.7	0.45	43.2	0.44	64	0.44	80	0.43
		广胜寺涧河 3			13	0.48	26.3	0.45	43	0.44	64	0.43	78.8	0.42
32	封里村	广胜寺涧河 1	中区	61.49	13.1	0.5	26.7	0.45	43.2	0.44	64	0.44	80	0.43
		广胜寺涧河 2			13	0.47	26.4	0.45	42.6	0.44	61	0.43	78	0.43
		广胜寺涧河 3			13	0.48	26.3	0.45	43	0.44	64	0.43	78.8	0.42
		广胜寺涧河 4			11.9	0.47	25.8	0.44	42.4	0.44	59.8	0.43	76	0.43
33	南官庄村	霍泉河 1	中区	180.70	12.7	0.5	26.2	0.47	44.9	0.47	63	0.46	79.6	0.46
		霍泉河 2			11.9	0.47	25.9	0.47	43.5	0.46	60	0.46	77	0.45
		广胜寺涧河 1			13.1	0.5	26.7	0.45	43.2	0.44	64	0.44	80	0.43
		广胜寺涧河 4			11.9	0.47	25.8	0.44	42.4	0.44	59.8	0.43	76	0.43
34	西尹壁村	西尹壁沟 1	中区	13.44	12.9	0.46	26.3	0.45	39.9	0.45	59.7	0.44	75	0.44
35	南圪塔村	曲亭河 1	中区	210.22	14.3	0.5	27.8	0.49	39.9	0.49	63	0.46	82	0.46
		曲亭河 2			14	0.48	27.1	0.47	39.8	0.47	60	0.46	78	0.46
		曲亭河 3			13.3	0.47	26.6	0.47	39.7	0.46	59.9	0.45	75	0.45
		曲亭河 4			11.5	0.45	25.7	0.46	39.6	0.43	60	0.42	71.1	0.42
		曲亭河 5			12.1	0.46	26.2	0.46	39.7	0.45	59.4	0.44	71.1	0.43

表 3-3-2　设计暴雨成果表

序号	计算单元名称	历时	均值 $\overline{H}$(mm)	变差系数 C_v	C_s/C_v	重现期雨量值(H_p)(mm)				
						100 年($H_{1\%}$)	50 年($H_{2\%}$)	20 年($H_{5\%}$)	10 年($H_{10\%}$)	5 年($H_{20\%}$)
1	后涧村	10 min	13.8	0.55	3.5	30.6	26.9	22.0	18.2	14.4
		60 min	27.2	0.49	3.5	57.8	51.3	42.5	35.7	28.8
		6 h	44.1	0.47	3.5	103.2	92.0	77.0	65.4	53.4
		24 h	67.0	0.47	3.5	155.0	138.5	116.2	98.9	81.0
		3 d	83.1	0.46	3.5	195.4	174.5	146.6	124.8	102.2
2	跃上村	10 min	13.8	0.55	3.5	30.3	26.6	21.7	18.0	14.2
		60 min	27.2	0.49	3.5	57.3	50.8	42.1	35.4	28.6
		6 h	44.1	0.47	3.5	102.6	91.6	76.6	65.1	53.1
		24 h	67.0	0.47	3.5	155.2	138.6	116.3	99.1	81.2
		3 d	83.1	0.46	3.5	194.8	174.0	146.2	124.5	102.0
3	曹家沟村	10 min	13.4	0.55	3.5	34.0	29.8	24.2	19.9	15.6
		60 min	26.9	0.46	3.5	59.9	53.3	44.5	37.7	30.7
		6 h	45.0	0.44	3.5	103.7	93.0	78.6	67.4	55.9
		24 h	67.4	0.43	3.5	156.4	140.3	118.6	101.6	83.9
		3 d	86.2	0.42	3.5	200.3	180.1	152.8	131.5	109.2
4	伏珠村	10 min	13.9	0.52	3.5	32.2	28.4	23.3	19.4	15.4
		60 min	27.3	0.49	3.5	61.5	54.4	45.0	37.7	30.3
		6 h	44.6	0.48	3.5	109.5	97.3	80.9	68.3	55.3
		24 h	66.8	0.47	3.5	163.0	145.1	121.2	102.5	83.4
		3 d	84.7	0.46	3.5	205.1	182.9	153.2	130.1	106.2

续表 3-3-2

序号	计算单元名称	历时	均值 $\overline{H}$(mm)	变差系数 C_v	C_s/C_v	重现期雨量值(H_p)(mm)				
						100 年($H_{1\%}$)	50 年($H_{2\%}$)	20 年($H_{5\%}$)	10 年($H_{10\%}$)	5 年($H_{20\%}$)
5	三峪村	10 min	13.9	0.52	3.5	35.6	31.3	25.7	21.3	17.0
		60 min	27.1	0.5	3.5	66.9	59.1	48.7	40.7	32.5
		6 h	44.7	0.49	3.5	116.2	103.1	85.4	71.8	57.9
		24 h	67.0	0.47	3.5	168.7	150.0	124.8	105.4	85.5
		3 d	81.9	0.46	3.5	206.2	183.8	153.5	130.2	106.0
6	上张端村	10 min	13.4	0.55	3.5	28.1	24.7	20.2	16.7	13.2
		60 min	26.9	0.46	3.5	55.1	48.7	40.2	33.7	27.0
		6 h	45.0	0.44	3.5	101.8	90.5	75.4	63.6	51.6
		24 h	67.4	0.43	3.5	156.9	139.9	117.0	99.3	80.9
		3 d	86.2	0.42	3.5	201.7	179.9	150.9	128.4	104.9
7	许村	10 min	13.4	0.55	3.5	28.0	24.6	20.1	16.6	13.1
		60 min	26.9	0.46	3.5	54.9	48.5	40.1	33.6	26.9
		6 h	45.0	0.44	3.5	101.5	90.3	75.1	63.5	51.5
		24 h	67.4	0.43	3.5	156.6	139.6	116.8	99.1	80.8
		3 d	86.2	0.42	3.5	201.4	179.6	150.7	128.2	104.8
8	堤村	10 min	13.4	0.55	3.5	27.8	24.5	20.0	16.5	13.1
		60 min	26.9	0.46	3.5	54.7	48.4	39.9	33.4	26.8
		6 h	45.0	0.44	3.5	101.2	90.0	75.0	63.3	51.4
		24 h	67.4	0.43	3.5	156.3	139.3	116.6	98.9	80.7
		3 d	86.2	0.42	3.5	201.1	179.3	150.5	128.1	104.7

续表 3-3-2

序号	计算单元名称	历时	均值 $\overline{H}$(mm)	变差系数 C_v	C_s/C_v	重现期雨量值(H_p)(mm)				
						100 年($H_{1\%}$)	50 年($H_{2\%}$)	20 年($H_{5\%}$)	10 年($H_{10\%}$)	5 年($H_{20\%}$)
9	三交河村	10 min	13.8	0.51	3.5	33.4	29.4	24.2	20.2	16.1
		60 min	27.0	0.5	3.5	63.6	56.3	46.5	39.0	31.4
		6 h	44.8	0.48	3.5	113.1	100.4	83.4	70.2	56.7
		24 h	67.0	0.48	3.5	168.4	149.6	124.3	104.9	84.9
		3 d	84.0	0.47	3.5	213.1	189.6	158.0	133.6	108.4
10	东堡村	10 min	13.8	0.52	3.5	30.4	26.8	22.1	18.4	14.7
		60 min	27.1	0.5	3.5	59.0	52.3	43.3	36.4	29.3
		6 h	44.8	0.48	3.5	107.0	95.1	79.1	66.8	54.1
		24 h	66.0	0.47	3.5	161.2	143.5	119.8	101.4	82.4
		3 d	84.6	0.46	3.5	205.1	182.8	152.9	129.7	105.7
11	下辛府村	10 min	13.8	0.52	3.5	29.9	26.4	21.7	18.1	14.5
		60 min	27.1	0.5	3.5	58.3	51.7	42.8	35.9	28.9
		6 h	44.8	0.48	3.5	106.0	94.3	78.5	66.3	53.7
		24 h	66.0	0.47	3.5	160.3	142.7	119.2	101.0	82.1
		3 d	84.6	0.46	3.5	204.2	182.0	152.3	129.3	105.4
12	西梁村	10 min	13.8	0.52	3.5	28.7	25.3	20.8	17.4	13.9
		60 min	27.1	0.5	3.5	56.4	50.0	41.5	34.9	28.1
		6 h	44.8	0.48	3.5	103.7	92.3	76.9	65.1	52.8
		24 h	66.0	0.47	3.5	157.9	140.8	117.9	100.1	81.7
		3 d	84.6	0.46	3.5	200.2	178.5	149.7	127.3	104.0

续表 3-3-2

序号	计算单元名称	历时	均值 $\overline{H}$(mm)	变差系数 C_v	C_s/C_v	重现期雨量值(H_p)(mm)				
						100 年($H_{1\%}$)	50 年($H_{2\%}$)	20 年($H_{5\%}$)	10 年($H_{10\%}$)	5 年($H_{20\%}$)
13	塾堡村	10 min	12.1	0.5	3.5	28.6	25.3	20.9	17.5	14.0
		60 min	26.3	0.48	3.5	60.1	53.3	44.2	37.3	30.1
		6 h	44.5	0.48	3.5	111.4	99.0	82.5	69.7	56.5
		24 h	66.0	0.47	3.5	163.4	145.4	121.2	102.4	83.1
		3 d	79.9	0.47	3.5	202.5	180.1	150.1	126.9	103.0
14	南堡村	10 min	12.0	0.51	3.5	30.4	26.8	22.1	18.4	14.7
		60 min	26.0	0.49	3.5	63.3	56.0	46.3	38.8	31.1
		6 h	44.7	0.49	3.5	116.5	103.3	85.6	72.0	58.0
		24 h	66.4	0.48	3.5	170.2	151.1	125.3	105.4	85.0
		3 d	78.8	0.48	3.5	205.4	182.2	151.2	127.3	102.7
15	石东村	10 min	14.0	0.51	3.5	29.3	26.0	21.4	18.0	14.4
		60 min	27.2	0.49	3.5	59.4	52.7	43.7	36.8	29.7
		6 h	44.5	0.48	3.5	107.7	95.9	80.0	67.7	55.0
		24 h	67.0	0.46	3.5	157.4	140.5	117.7	100.0	81.7
		3 d	82.0	0.46	3.5	198.5	177.1	148.3	126.0	102.8
16	马二村	10 min	12.0	0.48	3.5	26.9	23.9	19.9	16.7	13.6
		60 min	26.0	0.46	3.5	56.9	50.8	42.4	36.0	29.3
		6 h	44.5	0.46	3.5	105.9	94.6	79.3	67.5	55.3
		24 h	64.9	0.45	3.5	154.8	138.4	116.1	98.9	81.1
		3 d	79.2	0.45	3.5	193.1	172.6	144.9	123.5	101.2

续表 3-3-2

序号	计算单元名称	历时	均值 $\overline{H}$(mm)	变差系数 C_v	C_s/C_v	重现期雨量值(H_p)(mm)				
						100 年($H_{1\%}$)	50 年($H_{2\%}$)	20 年($H_{5\%}$)	10 年($H_{10\%}$)	5 年($H_{20\%}$)
17	马三村	10 min	12.0	0.48	3.5	26.6	23.6	19.7	16.6	13.4
		60 min	26.0	0.46	3.5	56.5	50.4	42.1	35.7	29.1
		6 h	44.5	0.46	3.5	105.3	94.1	78.9	67.2	55.0
		24 h	64.9	0.45	3.5	154.3	137.9	115.8	98.7	80.9
		3 d	79.2	0.45	3.5	192.7	172.2	144.6	123.2	101.0
18	南马驹村	10 min	13.4	0.48	3.5	29.3	26.0	21.7	18.3	14.8
		60 min	26.4	0.46	3.5	57.0	50.9	42.6	36.1	29.5
		6 h	44.6	0.46	3.5	104.3	93.2	78.2	66.7	54.6
		24 h	67.0	0.45	3.5	158.9	142.1	119.4	101.7	83.4
		3 d	80.8	0.45	3.5	196.0	175.2	147.2	125.4	102.9
19	李家庄村	10 min	14.0	0.5	3.5	28.8	25.5	21.2	17.8	14.4
		60 min	26.9	0.48	3.5	56.4	50.2	41.8	35.3	28.6
		6 h	44.9	0.47	3.5	104.6	93.2	77.9	66.1	53.8
		24 h	69.0	0.46	3.5	162.2	144.8	121.4	103.2	84.4
		3 d	82.0	0.46	3.5	196.7	175.7	147.5	125.6	102.9
20	白石村	10 min	14.0	0.5	3.5	27.8	24.7	20.5	17.2	13.9
		60 min	26.9	0.48	3.5	55.0	48.9	40.7	34.4	27.9
		6 h	44.9	0.47	3.5	102.7	91.6	76.6	65.0	53.0
		24 h	69.0	0.46	3.5	160.2	143.1	120.1	102.2	83.7
		3 d	82.0	0.46	3.5	194.8	174.1	146.3	124.7	102.3

续表 3-3-2

序号	计算单元名称	历时	均值 $\overline{H}$(mm)	变差系数 C_v	C_s/C_v	重现期雨量值(H_p)(mm)				
						100 年($H_{1\%}$)	50 年($H_{2\%}$)	20 年($H_{5\%}$)	10 年($H_{10\%}$)	5 年($H_{20\%}$)
21	关口村	10 min	12.6	0.52	3.5	29.8	26.2	21.5	17.9	14.2
		60 min	26.9	0.5	3.5	61.4	54.4	45.0	37.7	30.3
		6 h	44.9	0.48	3.5	111.0	98.7	82.0	69.2	56.0
		24 h	64.0	0.48	3.5	158.9	141.3	117.5	99.2	80.4
		3 d	79.6	0.47	3.5	200.1	178.1	148.5	125.7	102.1
22	涧头村	10 min	12.0	0.51	3.5	30.4	26.8	22.1	18.4	14.7
		60 min	26.0	0.49	3.5	63.3	56.0	46.3	38.8	31.1
		6 h	44.7	0.49	3.5	116.5	103.3	85.6	72.0	58.0
		24 h	66.4	0.48	3.5	170.2	151.1	125.3	105.4	85.0
		3 d	78.8	0.48	3.5	205.4	182.2	151.2	127.3	102.7
23	耿壁村	10 min	12.6	0.52	3.5	27.9	24.6	20.2	16.9	13.4
		60 min	26.9	0.5	3.5	58.9	52.2	43.2	36.3	29.2
		6 h	44.9	0.48	3.5	108.3	96.3	80.1	67.6	54.7
		24 h	64.0	0.48	3.5	156.1	138.9	115.7	97.8	79.3
		3 d	79.6	0.47	3.5	197.3	175.6	146.6	124.2	101.0
24	磨头村	10 min	12.6	0.52	3.5	27.1	23.9	19.7	16.4	13.1
		60 min	26.9	0.5	3.5	57.6	51.0	42.3	35.5	28.6
		6 h	44.9	0.48	3.5	106.7	94.8	78.9	66.6	54.0
		24 h	64.0	0.48	3.5	154.5	137.5	114.7	97.0	78.8
		3 d	79.6	0.47	3.5	195.8	174.3	145.7	123.5	100.5

续表 3-3-2

序号	计算单元名称	历时	均值 $\overline{H}$(mm)	变差系数 C_v	C_s/C_v	重现期雨量值(H_p)(mm)				
						100 年($H_{1\%}$)	50 年($H_{2\%}$)	20 年($H_{5\%}$)	10 年($H_{10\%}$)	5 年($H_{20\%}$)
25	新庄村	10 min	12.6	0.52	3.5	31.2	27.5	22.5	18.7	14.8
		60 min	26.5	0.52	3.5	64.6	57.0	46.9	39.1	31.2
		6 h	44.8	0.49	3.5	115.7	102.4	84.5	70.9	56.9
		24 h	63.5	0.49	3.5	162.6	144.2	119.5	100.5	80.9
		3 d	79.2	0.48	3.5	204.6	181.6	150.8	127.0	102.6
26	金沟子村	10 min	12.0	0.5	3.5	29.2	25.8	21.3	17.8	14.3
		60 min	26.0	0.47	3.5	61.0	54.2	45.1	38.1	30.8
		6 h	45.0	0.47	3.5	110.7	98.7	82.4	69.9	56.9
		24 h	63.6	0.46	3.5	157.6	140.5	117.3	99.4	81.0
		3 d	79.0	0.45	3.5	195.0	174.1	146.1	124.3	101.7
27	王家磨村	10 min	12.0	0.5	3.5	29.0	25.6	21.2	17.7	14.2
		60 min	26.0	0.47	3.5	60.7	53.9	44.9	37.9	30.7
		6 h	45.0	0.47	3.5	110.3	98.3	82.1	69.6	56.7
		24 h	63.6	0.46	3.5	157.3	140.2	117.1	99.3	80.8
		3 d	79.0	0.45	3.5	194.7	173.9	145.9	124.1	101.6
28	耙子里村	10 min	12.7	0.5	3.5	29.9	26.5	21.9	18.3	14.7
		60 min	26.2	0.47	3.5	60.4	53.7	44.7	37.7	30.6
		6 h	44.9	0.47	3.5	108.1	96.4	80.6	68.3	55.7
		24 h	63.0	0.46	3.5	155.0	138.2	115.5	98.0	79.8
		3 d	79.6	0.46	3.5	198.5	177.0	148.0	125.6	102.4

续表 3-3-2

序号	计算单元名称	历时	均值 $\overline{H}$(mm)	变差系数 C_v	C_s/C_v	重现期雨量值(H_p)(mm)				
						100 年($H_{1\%}$)	50 年($H_{2\%}$)	20 年($H_{5\%}$)	10 年($H_{10\%}$)	5 年($H_{20\%}$)
29	圪侗村	10 min	12.7	0.5	3.5	29.2	25.9	21.4	17.9	14.4
		60 min	26.2	0.47	3.5	59.3	52.7	43.9	37.1	30.1
		6 h	44.9	0.47	3.5	106.8	95.3	79.7	67.6	55.1
		24 h	63.0	0.46	3.5	153.9	137.3	114.8	97.4	79.4
		3 d	79.6	0.46	3.5	197.5	176.1	147.3	125.1	102.0
30	南磨村	10 min	12.7	0.5	3.5	26.0	23.1	19.2	16.2	13.1
		60 min	26.2	0.47	3.5	55.4	49.4	41.2	34.9	28.4
		6 h	44.9	0.47	3.5	102.1	91.1	76.3	64.9	53.0
		24 h	63.0	0.46	3.5	146.2	130.6	109.5	93.2	76.2
		3 d	79.6	0.46	3.5	189.6	169.3	142.2	121.1	99.2
31	西安村	10 min	13.1	0.5	3.5	29.0	25.7	21.3	17.9	14.5
		60 min	26.7	0.45	3.5	55.4	49.5	41.6	35.4	29.0
		6 h	43.2	0.44	3.5	98.7	88.5	74.8	64.1	53.0
		24 h	64.0	0.44	3.5	146.8	131.7	111.3	95.4	78.8
		3 d	80.0	0.43	3.5	184.3	165.6	140.4	120.7	100.1
32	封里村	10 min	13.1	0.5	3.5	26.6	23.7	19.7	16.6	13.5
		60 min	26.7	0.45	3.5	52.9	47.4	39.8	34.0	27.9
		6 h	43.2	0.44	3.5	95.4	85.7	72.5	62.2	51.5
		24 h	64.0	0.44	3.5	140.0	125.8	106.5	91.4	75.8
		3 d	80.0	0.43	3.5	180.6	162.3	137.7	118.4	98.2

续表 3-3-2

序号	计算单元名称	历时	均值 $\overline{H}$(mm)	变差系数 C_v	C_s/C_v	重现期雨量值(H_p)(mm)				
						100 年($H_{1\%}$)	50 年($H_{2\%}$)	20 年($H_{5\%}$)	10 年($H_{10\%}$)	5 年($H_{20\%}$)
33	南官庄村	10 min	12.7	0.5	3.5	23.3	20.7	17.2	14.5	11.7
		60 min	26.2	0.47	3.5	49.3	44.1	37.0	31.5	25.8
		6 h	44.9	0.47	3.5	92.4	82.9	70.0	59.9	49.5
		24 h	63.0	0.46	3.5	136.9	122.8	103.8	89.0	73.6
		3 d	79.6	0.46	3.5	178.8	160.3	135.8	116.5	96.4
34	西尹壁村	10 min	12.9	0.46	3.5	29.2	26.0	21.8	18.5	15.1
		60 min	26.3	0.45	3.5	56.3	50.2	42.2	35.9	29.4
		6 h	39.9	0.45	3.5	98.0	87.6	73.7	62.8	51.6
		24 h	59.7	0.44	3.5	139.6	125.0	105.3	89.9	74.0
		3 d	75.0	0.44	3.5	181.2	162.2	136.6	116.7	96.0
35	南圪塔村	10 min	14.3	0.5	3.5	23.9	21.2	17.7	15.0	12.2
		60 min	27.8	0.49	3.5	48.4	43.1	36.1	30.7	25.0
		6 h	39.9	0.49	3.5	88.3	79.0	66.5	56.8	46.7
		24 h	63.0	0.46	3.5	130.4	117.0	99.1	85.1	70.5
		3 d	82.0	0.46	3.5	172.2	154.4	130.7	112.2	92.8

表 3-3-3　设计暴雨时程分配表

序号	计算单元名称	时段长	时段序号	重现期时段雨量值(mm)				
				100 年($H_{1\%}$)	50 年($H_{2\%}$)	20 年($H_{5\%}$)	10 年($H_{10\%}$)	5 年($H_{20\%}$)
1	后涧村	0.5 h	1	2.7	2.4	2.1	1.8	1.5
			2	2.9	2.6	2.2	1.9	1.6
			3	4.7	4.2	3.6	3.1	2.6
			4	5.5	4.9	4.2	3.6	3.0
			5	12.3	11.0	9.3	8.0	6.6
			6	45.5	40.2	33.2	27.8	22.2
			7	8.4	7.6	6.4	5.5	4.6
			8	6.6	5.9	5.0	4.3	3.6
			9	4.2	3.8	3.2	2.7	2.3
			10	3.8	3.4	2.9	2.5	2.0
			11	3.4	3.1	2.6	2.2	1.8
			12	3.1	2.8	2.4	2.1	1.7
2	跃上村	0.5 h	1	2.7	2.5	2.1	1.8	1.5
			2	2.9	2.6	2.2	1.9	1.6
			3	4.7	4.2	3.6	3.1	2.6
			4	5.5	4.9	4.2	3.6	3.0
			5	12.2	11.0	9.3	7.9	6.6
			6	45.1	39.8	32.8	27.5	22.0
			7	8.4	7.5	6.4	5.5	4.5
			8	6.6	5.9	5.0	4.3	3.6
			9	4.2	3.8	3.2	2.7	2.3
			10	3.8	3.4	2.9	2.5	2.0
			11	3.4	3.1	2.6	2.2	1.9
			12	3.2	2.8	2.4	2.1	1.7

续表 3-3-3

序号	计算单元名称	时段长	时段序号	重现期时段雨量值(mm)				
				100年($H_{1\%}$)	50年($H_{2\%}$)	20年($H_{5\%}$)	10年($H_{10\%}$)	5年($H_{20\%}$)
3	曹家沟村	0.5 h	1	2.7	2.4	2.1	1.8	1.5
			2	2.9	2.6	2.2	1.9	1.6
			3	4.6	4.1	3.6	3.1	2.6
			4	5.3	4.8	4.1	3.6	3.0
			5	11.7	10.6	9.2	8.0	6.9
			6	48.2	42.7	35.3	29.6	23.9
			7	8.0	7.3	6.3	5.5	4.7
			8	6.3	5.7	4.9	4.3	3.7
			9	4.0	3.7	3.1	2.7	2.3
			10	3.6	3.3	2.8	2.5	2.1
			11	3.3	3.0	2.6	2.2	1.9
			12	3.1	2.8	2.4	2.1	1.7
4	伏珠村	0.5 h	1	2.9	2.6	2.1	1.8	1.5
			2	3.1	2.7	2.3	2.0	1.6
			3	5.0	4.5	3.7	3.2	2.6
			4	5.8	5.2	4.4	3.7	3.0
			5	13.2	11.8	9.8	8.3	6.8
			6	48.3	42.6	35.2	29.4	23.5
			7	9.0	8.0	6.7	5.7	4.6
			8	7.0	6.3	5.2	4.5	3.6
			9	4.4	3.9	3.3	2.8	2.3
			10	4.0	3.5	3.0	2.5	2.1
			11	3.6	3.2	2.7	2.3	1.9
			12	3.3	3.0	2.5	2.1	1.7

续表 3-3-3

序号	计算单元名称	时段长	时段序号	重现期时段雨量值(mm)				
				100 年($H_{1\%}$)	50 年($H_{2\%}$)	20 年($H_{5\%}$)	10 年($H_{10\%}$)	5 年($H_{20\%}$)
5	三峪村	0.25 h	1	1.4	1.3	1.1	0.9	0.7
			2	1.5	1.3	1.1	0.9	0.8
			3	1.5	1.4	1.1	1.0	0.8
			4	1.6	1.4	1.2	1.0	0.8
			5	2.5	2.2	1.8	1.6	1.3
			6	2.7	2.4	2.0	1.7	1.4
			7	2.9	2.6	2.1	1.8	1.5
			8	3.1	2.8	2.3	2.0	1.6
			9	6.1	5.4	4.5	3.8	3.1
			10	11.5	10.2	8.5	7.1	5.7
			11	41.3	36.4	29.9	24.9	19.8
			12	7.9	7.0	5.8	4.9	3.9
			13	5.1	4.5	3.8	3.2	2.6
			14	4.4	3.9	3.2	2.7	2.2
			15	3.8	3.4	2.9	2.4	2.0
			16	3.4	3.1	2.6	2.2	1.8
			17	2.3	2.1	1.7	1.5	1.2
			18	2.2	2.0	1.6	1.4	1.1
			19	2.1	1.8	1.5	1.3	1.1
			20	2.0	1.8	1.5	1.2	1.0
			21	1.9	1.7	1.4	1.2	1.0
			22	1.8	1.6	1.3	1.1	0.9
			23	1.7	1.5	1.3	1.1	0.9
			24	1.6	1.5	1.2	1.0	0.8

续表 3-3-3

序号	计算单元名称	时段长	时段序号	重现期时段雨量值(mm)				
				100 年($H_{1\%}$)	50 年($H_{2\%}$)	20 年($H_{5\%}$)	10 年($H_{10\%}$)	5 年($H_{20\%}$)
6	上张端村	0.5 h	1	2.9	2.6	2.2	1.8	1.5
			2	3.0	2.7	2.3	2.0	1.6
			3	4.9	4.4	3.7	3.1	2.6
			4	5.6	5.0	4.2	3.6	3.0
			5	12.3	11.0	9.2	7.8	6.4
			6	42.8	37.7	31.0	25.9	20.6
			7	8.5	7.6	6.4	5.4	4.5
			8	6.7	6.0	5.0	4.3	3.5
			9	4.3	3.9	3.3	2.8	2.3
			10	3.9	3.5	2.9	2.5	2.1
			11	3.6	3.2	2.7	2.3	1.9
			12	3.3	2.9	2.5	2.1	1.7
7	许村	0.5 h	1	2.8	2.6	2.1	1.8	1.5
			2	3.0	2.7	2.3	2.0	1.6
			3	4.9	4.3	3.7	3.1	2.6
			4	5.6	5.0	4.2	3.6	3.0
			5	12.3	11.0	9.2	7.8	6.4
			6	42.6	37.6	30.9	25.8	20.6
			7	8.5	7.6	6.4	5.4	4.5
			8	6.7	6.0	5.0	4.3	3.5
			9	4.3	3.9	3.2	2.8	2.3
			10	3.9	3.5	2.9	2.5	2.1
			11	3.6	3.2	2.7	2.3	1.9
			12	3.3	2.9	2.5	2.1	1.7

续表 3-3-3

序号	计算单元名称	时段长	时段序号	重现期时段雨量值(mm)				
				100 年($H_{1\%}$)	50 年($H_{2\%}$)	20 年($H_{5\%}$)	10 年($H_{10\%}$)	5 年($H_{20\%}$)
8	堤村	0.5 h	1	2.8	2.5	2.1	1.8	1.5
			2	3.0	2.7	2.3	2.0	1.6
			3	4.9	4.3	3.7	3.1	2.6
			4	5.6	5.0	4.2	3.6	2.9
			5	12.3	11.0	9.2	7.8	6.4
			6	42.4	37.4	30.8	25.7	20.5
			7	8.5	7.6	6.4	5.4	4.4
			8	6.7	6.0	5.0	4.3	3.5
			9	4.3	3.9	3.2	2.8	2.3
			10	3.9	3.5	2.9	2.5	2.1
			11	3.5	3.2	2.7	2.3	1.9
			12	3.3	2.9	2.5	2.1	1.7
9	三交河村	0.5 h	1	2.9	2.6	2.2	1.9	1.5
			2	3.2	2.8	2.3	2.0	1.6
			3	5.2	4.6	3.8	3.2	2.6
			4	6.0	5.3	4.5	3.8	3.1
			5	13.6	12.1	10.1	8.5	6.9
			6	49.9	44.1	36.4	30.5	24.4
			7	9.3	8.3	6.9	5.8	4.7
			8	7.2	6.4	5.4	4.6	3.7
			9	4.6	4.1	3.4	2.9	2.3
			10	4.1	3.6	3.0	2.6	2.1
			11	3.7	3.3	2.8	2.3	1.9
			12	3.4	3.0	2.5	2.1	1.7

续表 3-3-3

序号	计算单元名称	时段长	时段序号	重现期时段雨量值(mm)				
				100 年($H_{1\%}$)	50 年($H_{2\%}$)	20 年($H_{5\%}$)	10 年($H_{10\%}$)	5 年($H_{20\%}$)
10	东堡村	0.5 h	1	2.9	2.6	2.2	1.8	1.5
			2	3.1	2.7	2.3	2.0	1.6
			3	5.0	4.5	3.7	3.2	2.6
			4	5.8	5.2	4.3	3.7	3.0
			5	13.0	11.6	9.7	8.2	6.7
			6	46.0	40.7	33.6	28.2	22.6
			7	8.9	8.0	6.6	5.6	4.6
			8	7.0	6.2	5.2	4.4	3.6
			9	4.4	3.9	3.3	2.8	2.3
			10	4.0	3.5	3.0	2.5	2.1
			11	3.6	3.2	2.7	2.3	1.9
			12	3.3	3.0	2.5	2.1	1.7
11	下辛府村	0.5 h	1	2.9	2.6	2.1	1.8	1.5
			2	3.1	2.7	2.3	2.0	1.6
			3	5.0	4.4	3.7	3.2	2.6
			4	5.8	5.1	4.3	3.7	3.0
			5	12.9	11.5	9.6	8.1	6.6
			6	45.4	40.2	33.2	27.8	22.3
			7	8.9	7.9	6.6	5.6	4.6
			8	6.9	6.2	5.2	4.4	3.6
			9	4.4	3.9	3.3	2.8	2.3
			10	4.0	3.5	3.0	2.5	2.1
			11	3.6	3.2	2.7	2.3	1.9
			12	3.3	3.0	2.5	2.1	1.7

续表 3-3-3

序号	计算单元名称	时段长	时段序号	重现期时段雨量值(mm)				
				100 年($H_{1\%}$)	50 年($H_{2\%}$)	20 年($H_{5\%}$)	10 年($H_{10\%}$)	5 年($H_{20\%}$)
12	西梁村	0.5 h	1	2.9	2.6	2.1	1.8	1.5
			2	3.1	2.7	2.3	2.0	1.6
			3	4.9	4.4	3.7	3.1	2.6
			4	5.7	5.1	4.3	3.6	3.0
			5	12.7	11.3	9.4	8.0	6.5
			6	43.8	38.8	32.0	26.9	21.6
			7	8.7	7.8	6.5	5.5	4.5
			8	6.8	6.1	5.1	4.4	3.6
			9	4.4	3.9	3.3	2.8	2.3
			10	3.9	3.5	2.9	2.5	2.1
			11	3.6	3.2	2.7	2.3	1.9
			12	3.3	2.9	2.5	2.1	1.7
13	塾堡村	0.5 h	1	3.0	2.6	2.2	1.9	1.5
			2	3.2	2.8	2.4	2.0	1.6
			3	5.4	4.8	4.0	3.4	2.8
			4	6.3	5.6	4.7	4.0	3.2
			5	14.3	12.8	10.7	9.0	7.3
			6	45.7	40.5	33.6	28.2	22.7
			7	9.8	8.7	7.3	6.2	5.0
			8	7.6	6.8	5.7	4.8	3.9
			9	4.7	4.2	3.5	3.0	2.4
			10	4.2	3.7	3.1	2.6	2.2
			11	3.8	3.4	2.8	2.4	2.0
			12	3.5	3.1	2.6	2.2	1.8

续表 3-3-3

序号	计算单元名称	时段长	时段序号	重现期时段雨量值(mm)				
				100 年($H_{1\%}$)	50 年($H_{2\%}$)	20 年($H_{5\%}$)	10 年($H_{10\%}$)	5 年($H_{20\%}$)
14	南堡村	0.25 h	1	1.9	1.7	1.4	1.2	1.0
			2	2.0	1.8	1.5	1.3	1.0
			3	2.1	1.9	1.6	1.3	1.1
			4	2.3	2.0	1.7	1.4	1.1
			5	2.7	2.4	2.0	1.7	1.3
			6	2.9	2.5	2.1	1.8	1.4
			7	3.1	2.7	2.3	1.9	1.5
			8	3.3	2.9	2.4	2.1	1.7
			9	5.6	4.9	4.1	3.5	2.8
			10	6.5	5.8	4.8	4.1	3.3
			11	15.0	13.3	11.0	9.3	7.5
			12	48.3	42.7	35.2	29.5	23.6
			13	10.2	9.1	7.5	6.3	5.1
			14	7.9	7.0	5.8	4.9	4.0
			15	4.9	4.3	3.6	3.0	2.5
			16	4.3	3.9	3.2	2.7	2.2
			17	3.9	3.5	2.9	2.4	2.0
			18	3.6	3.2	2.6	2.2	1.8
			19	2.5	2.2	1.9	1.6	1.3
			20	2.4	2.1	1.8	1.5	1.2
			21	1.9	1.7	1.4	1.2	0.9
			22	1.8	1.6	1.3	1.1	0.9
			23	1.7	1.5	1.3	1.1	0.9
			24	1.7	1.5	1.2	1.0	0.8

续表 3-3-3

序号	计算单元名称	时段长	时段序号	重现期时段雨量值(mm)				
				100 年($H_{1\%}$)	50 年($H_{2\%}$)	20 年($H_{5\%}$)	10 年($H_{10\%}$)	5 年($H_{20\%}$)
15	石东村	0.5 h	1	2.8	2.5	2.1	1.8	1.5
			2	3.0	2.7	2.3	1.9	1.6
			3	5.0	4.5	3.8	3.2	2.6
			4	5.9	5.3	4.4	3.8	3.1
			5	13.6	12.1	10.1	8.6	7.0
			6	45.8	40.6	33.6	28.2	22.7
			7	9.2	8.2	6.9	5.9	4.8
			8	7.2	6.4	5.4	4.6	3.7
			9	4.4	4.0	3.3	2.8	2.3
			10	3.9	3.5	3.0	2.5	2.1
			11	3.6	3.2	2.7	2.3	1.9
			12	3.3	2.9	2.5	2.1	1.7
16	马二村	0.5 h	1	2.8	2.5	2.1	1.8	1.5
			2	3.0	2.7	2.3	2.0	1.6
			3	5.1	4.6	3.9	3.3	2.7
			4	6.0	5.4	4.5	3.9	3.2
			5	13.7	12.3	10.3	8.8	7.2
			6	43.2	38.5	32.1	27.2	22.1
			7	9.4	8.4	7.1	6.0	5.0
			8	7.3	6.5	5.5	4.7	3.8
			9	4.5	4.0	3.4	2.9	2.4
			10	4.0	3.6	3.0	2.6	2.1
			11	3.6	3.2	2.7	2.3	1.9
			12	3.3	2.9	2.5	2.1	1.7

续表 3-3-3

序号	计算单元名称	时段长	时段序号	重现期时段雨量值(mm)				
				100年($H_{1\%}$)	50年($H_{2\%}$)	20年($H_{5\%}$)	10年($H_{10\%}$)	5年($H_{20\%}$)
17	马三村	0.5 h	1	2.8	2.5	2.1	1.8	1.5
			2	3.0	2.7	2.3	2.0	1.6
			3	5.1	4.6	3.8	3.3	2.7
			4	6.0	5.3	4.5	3.8	3.2
			5	13.7	12.2	10.3	8.8	7.2
			6	42.8	38.1	31.8	27.0	21.9
			7	9.3	8.4	7.0	6.0	4.9
			8	7.2	6.5	5.5	4.7	3.8
			9	4.5	4.0	3.4	2.9	2.4
			10	4.0	3.6	3.0	2.6	2.1
			11	3.6	3.2	2.7	2.3	1.9
			12	3.3	2.9	2.5	2.1	1.7
18	南马驹村	0.5 h	1	2.9	2.6	2.2	1.8	1.5
			2	3.1	2.7	2.3	2.0	1.6
			3	4.9	4.4	3.7	3.2	2.6
			4	5.7	5.1	4.3	3.7	3.0
			5	12.6	11.3	9.5	8.2	6.7
			6	44.4	39.6	33.0	28.0	22.8
			7	8.7	7.8	6.6	5.6	4.6
			8	6.8	6.1	5.2	4.4	3.6
			9	4.4	3.9	3.3	2.8	2.3
			10	3.9	3.5	3.0	2.5	2.1
			11	3.6	3.2	2.7	2.3	1.9
			12	3.3	3.0	2.5	2.1	1.8

续表 3-3-3

序号	计算单元名称	时段长	时段序号	重现期时段雨量值(mm)				
				100 年($H_{1\%}$)	50 年($H_{2\%}$)	20 年($H_{5\%}$)	10 年($H_{10\%}$)	5 年($H_{20\%}$)
19	李家庄村	0.5 h	1	3.0	2.6	2.2	1.9	1.6
			2	3.2	2.8	2.4	2.0	1.7
			3	5.0	4.5	3.8	3.2	2.6
			4	5.8	5.2	4.3	3.7	3.0
			5	12.6	11.3	9.4	8.0	6.5
			6	43.8	38.9	32.3	27.2	22.1
			7	8.8	7.8	6.6	5.6	4.6
			8	6.9	6.2	5.2	4.4	3.6
			9	4.5	4.0	3.3	2.9	2.3
			10	4.0	3.6	3.0	2.6	2.1
			11	3.7	3.3	2.8	2.4	1.9
			12	3.4	3.0	2.6	2.2	1.8
20	白石村	0.5 h	1	2.9	2.6	2.2	1.9	1.6
			2	3.1	2.8	2.4	2.0	1.7
			3	5.0	4.5	3.7	3.2	2.6
			4	5.7	5.1	4.3	3.7	3.0
			5	12.4	11.1	9.3	7.9	6.5
			6	42.5	37.8	31.4	26.5	21.4
			7	8.7	7.7	6.5	5.5	4.5
			8	6.8	6.1	5.1	4.4	3.6
			9	4.4	4.0	3.3	2.8	2.3
			10	4.0	3.6	3.0	2.6	2.1
			11	3.7	3.3	2.8	2.3	1.9
			12	3.4	3.0	2.5	2.2	1.8

续表 3-3-3

序号	计算单元名称	时段长	时段序号	重现期时段雨量值(mm)				
				100年($H_{1\%}$)	50年($H_{2\%}$)	20年($H_{5\%}$)	10年($H_{10\%}$)	5年($H_{20\%}$)
21	关口村	0.5 h	1	2.8	2.5	2.1	1.8	1.4
			2	3.0	2.7	2.3	1.9	1.6
			3	5.2	4.6	3.9	3.3	2.7
			4	6.1	5.4	4.5	3.9	3.1
			5	14.3	12.7	10.6	9.0	7.3
			6	47.1	41.6	34.3	28.7	23.0
			7	9.7	8.6	7.2	6.1	5.0
			8	7.4	6.6	5.5	4.7	3.8
			9	4.5	4.0	3.4	2.9	2.3
			10	4.0	3.6	3.0	2.5	2.1
			11	3.6	3.2	2.7	2.3	1.9
			12	3.3	2.9	2.5	2.1	1.7
22	涧头村	0.5 h	1	2.8	2.5	2.1	1.8	1.4
			2	3.0	2.7	2.3	1.9	1.6
			3	5.2	4.6	3.9	3.3	2.7
			4	6.1	5.5	4.6	3.9	3.1
			5	14.4	12.8	10.6	9.0	7.3
			6	46.7	41.3	34.0	28.4	22.7
			7	9.7	8.7	7.2	6.1	4.9
			8	7.5	6.7	5.6	4.7	3.8
			9	4.5	4.1	3.4	2.9	2.3
			10	4.0	3.6	3.0	2.5	2.1
			11	3.6	3.2	2.7	2.3	1.9
			12	3.3	2.9	2.5	2.1	1.7

续表 3-3-3

序号	计算单元名称	时段长	时段序号	重现期时段雨量值(mm)				
				100 年($H_{1\%}$)	50 年($H_{2\%}$)	20 年($H_{5\%}$)	10 年($H_{10\%}$)	5 年($H_{20\%}$)
23	耿壁村	0.5 h	1	2.8	2.5	1.8	1.8	1.4
			2	3.0	2.7	1.9	1.9	1.6
			3	5.2	4.6	3.3	3.3	2.7
			4	6.1	5.4	3.8	3.8	3.1
			5	14.1	12.6	8.9	8.9	7.2
			6	44.8	39.6	27.4	27.4	22.0
			7	9.6	8.5	6.0	6.0	4.9
			8	7.4	6.6	4.7	4.7	3.8
			9	4.5	4.0	2.9	2.9	2.3
			10	4.0	3.6	2.5	2.5	2.1
			11	3.6	3.2	2.3	2.3	1.9
			12	3.3	2.9	2.1	2.1	1.7
24	磨头村	0.5 h	1	2.8	2.5	2.1	1.8	1.4
			2	3.0	2.7	2.3	1.9	1.6
			3	5.1	4.6	3.8	3.3	2.7
			4	6.0	5.4	4.5	3.8	3.1
			5	13.9	12.4	10.3	8.8	7.1
			6	43.7	38.7	31.9	26.8	21.5
			7	9.5	8.4	7.0	6.0	4.9
			8	7.3	6.5	5.5	4.6	3.8
			9	4.5	4.0	3.3	2.8	2.3
			10	4.0	3.6	3.0	2.5	2.1
			11	3.6	3.2	2.7	2.3	1.9
			12	3.3	2.9	2.4	2.1	1.7

续表 3-3-3

序号	计算单元名称	时段长	时段序号	重现期时段雨量值(mm)				
				100年($H_{1\%}$)	50年($H_{2\%}$)	20年($H_{5\%}$)	10年($H_{10\%}$)	5年($H_{20\%}$)
25	新庄村	0.5 h	1	2.8	2.5	2.1	1.8	1.4
			2	3.1	2.7	2.3	1.9	1.6
			3	5.3	4.7	3.9	3.3	2.7
			4	6.3	5.6	4.6	3.9	3.2
			5	15.0	13.3	11.0	9.2	7.4
			6	49.5	43.7	35.9	29.9	23.8
			7	10.1	8.9	7.4	6.2	5.0
			8	7.7	6.9	5.7	4.8	3.9
			9	4.6	4.1	3.4	2.9	2.3
			10	4.1	3.6	3.0	2.6	2.1
			11	3.7	3.3	2.7	2.3	1.9
			12	3.3	3.0	2.5	2.1	1.7
26	金沟子村	0.25 h	1	1.4	1.2	1.0	0.9	0.7
			2	1.4	1.3	1.1	0.9	0.7
			3	1.5	1.3	1.1	0.9	0.8
			4	1.5	1.4	1.2	1.0	0.8
			5	2.5	2.2	1.9	1.6	1.3
			6	2.7	2.4	2.0	1.7	1.4
			7	2.9	2.6	2.2	1.9	1.5
			8	3.2	2.9	2.4	2.0	1.7
			9	6.3	5.6	4.7	4.0	3.3
			10	11.7	10.4	8.7	7.4	6.1
			11	34.9	30.9	25.6	21.4	17.2
			12	8.1	7.2	6.1	5.2	4.2

续表 3-3-3

序号	计算单元名称	时段长	时段序号	重现期时段雨量值(mm)				
				100 年($H_{1\%}$)	50 年($H_{2\%}$)	20 年($H_{5\%}$)	10 年($H_{10\%}$)	5 年($H_{20\%}$)
26	金沟子村	0.25 h	13	5.2	4.7	3.9	3.3	2.7
			14	4.5	4.0	3.4	2.9	2.4
			15	3.9	3.5	3.0	2.5	2.1
			16	3.5	3.2	2.6	2.3	1.9
			17	2.3	2.1	1.8	1.5	1.2
			18	2.2	2.0	1.6	1.4	1.1
			19	2.1	1.8	1.5	1.3	1.1
			20	2.0	1.7	1.5	1.2	1.0
			21	1.9	1.7	1.4	1.2	1.0
			22	1.8	1.6	1.3	1.1	0.9
			23	1.7	1.5	1.3	1.1	0.9
			24	1.6	1.4	1.2	1.0	0.8
27	王家磨村	0.5 h	1	2.8	2.5	2.1	1.8	1.5
			2	3.0	2.7	2.3	1.9	1.6
			3	5.2	4.6	3.9	3.3	2.7
			4	6.1	5.5	4.6	3.9	3.2
			5	14.4	12.8	10.8	9.2	7.5
			6	46.3	41.1	34.1	28.7	23.2
			7	9.7	8.7	7.3	6.2	5.1
			8	7.5	6.7	5.6	4.8	3.9
			9	4.5	4.0	3.4	2.9	2.4
			10	4.0	3.6	3.0	2.6	2.1
			11	3.6	3.2	2.7	2.3	1.9
			12	3.3	2.9	2.5	2.1	1.7

续表 3-3-3

序号	计算单元名称	时段长	时段序号	重现期时段雨量值(mm)				
				100年($H_{1\%}$)	50年($H_{2\%}$)	20年($H_{5\%}$)	10年($H_{10\%}$)	5年($H_{20\%}$)
28	耙子里村	0.5 h	1	2.7	2.4	2.0	1.7	1.4
			2	2.9	2.6	2.2	1.9	1.5
			3	5.0	4.5	3.7	3.2	2.6
			4	5.8	5.2	4.4	3.8	3.1
			5	13.7	12.3	10.3	8.8	7.2
			6	46.6	41.4	34.4	29.0	23.4
			7	9.3	8.3	7.0	5.9	4.9
			8	7.1	6.4	5.4	4.6	3.8
			9	4.4	3.9	3.3	2.8	2.3
			10	3.9	3.5	2.9	2.5	2.0
			11	3.5	3.1	2.6	2.2	1.8
			12	3.2	2.8	2.4	2.0	1.7
29	圪侗村	0.5 h	1	2.7	2.4	2.0	1.7	1.4
			2	2.9	2.6	2.2	1.9	1.5
			3	5.0	4.4	3.7	3.2	2.6
			4	5.8	5.2	4.4	3.7	3.1
			5	13.6	12.2	10.2	8.7	7.1
			6	45.7	40.6	33.7	28.4	23.0
			7	9.2	8.2	6.9	5.9	4.8
			8	7.1	6.3	5.3	4.6	3.7
			9	4.3	3.9	3.3	2.8	2.3
			10	3.9	3.5	2.9	2.5	2.0
			11	3.5	3.1	2.6	2.2	1.8
			12	3.2	2.8	2.4	2.0	1.7

续表 3-3-3

序号	计算单元名称	时段长	时段序号	重现期时段雨量值(mm)				
				100 年($H_{1\%}$)	50 年($H_{2\%}$)	20 年($H_{5\%}$)	10 年($H_{10\%}$)	5 年($H_{20\%}$)
30	南磨村	0.5 h	1	2.6	2.3	2.0	1.7	1.4
			2	2.8	2.5	2.1	1.8	1.5
			3	4.9	4.4	3.7	3.1	2.6
			4	5.7	5.1	4.3	3.7	3.0
			5	13.4	12.0	10.0	8.6	7.0
			6	42.1	37.4	31.2	26.4	21.4
			7	9.1	8.1	6.8	5.8	4.8
			8	7.0	6.3	5.3	4.5	3.7
			9	4.3	3.8	3.2	2.7	2.2
			10	3.8	3.4	2.8	2.4	2.0
			11	3.4	3.0	2.6	2.2	1.8
			12	3.1	2.8	2.3	2.0	1.6
31	西安村	0.5 h	1	2.6	2.3	2.0	1.7	1.4
			2	2.8	2.5	2.1	1.8	1.5
			3	4.5	4.1	3.5	3.0	2.5
			4	5.2	4.7	4.0	3.5	2.9
			5	11.9	10.8	9.2	7.9	6.6
			6	43.5	38.7	32.4	27.5	22.4
			7	8.1	7.3	6.3	5.4	4.5
			8	6.3	5.7	4.9	4.2	3.5
			9	4.0	3.6	3.1	2.6	2.2
			10	3.6	3.2	2.7	2.4	2.0
			11	3.2	2.9	2.5	2.1	1.8
			12	3.0	2.7	2.3	2.0	1.6

续表 3-3-3

序号	计算单元名称	时段长	时段序号	重现期时段雨量值(mm)				
				100 年($H_{1\%}$)	50 年($H_{2\%}$)	20 年($H_{5\%}$)	10 年($H_{10\%}$)	5 年($H_{20\%}$)
32	封里村	0.5 h	1	2.5	2.2	1.9	1.6	1.4
			2	2.7	2.4	2.0	1.8	1.5
			3	4.4	4.0	3.4	2.9	2.5
			4	5.2	4.7	4.0	3.4	2.9
			5	11.9	10.7	9.1	7.9	6.6
			6	41.0	36.6	30.7	26.1	21.3
			7	8.1	7.3	6.2	5.4	4.5
			8	6.3	5.7	4.8	4.2	3.5
			9	3.9	3.5	3.0	2.6	2.2
			10	3.5	3.1	2.7	2.3	1.9
			11	3.1	2.8	2.4	2.1	1.7
			12	2.9	2.6	2.2	1.9	1.6
33	南官庄村	0.5 h	1	2.5	2.3	1.9	1.6	1.4
			2	2.7	2.4	2.1	1.8	1.5
			3	4.5	4.1	3.4	3.0	2.5
			4	5.3	4.7	4.0	3.5	2.9
			5	11.9	10.7	9.1	7.8	6.5
			6	37.4	33.3	27.9	23.7	19.3
			7	8.2	7.4	6.2	5.4	4.5
			8	6.4	5.7	4.9	4.2	3.5
			9	4.0	3.6	3.0	2.6	2.2
			10	3.5	3.2	2.7	2.3	1.9
			11	3.2	2.9	2.4	2.1	1.8
			12	2.9	2.6	2.2	1.9	1.6

续表 3-3-3

序号	计算单元名称	时段长	时段序号	重现期时段雨量值(mm)				
				100 年($H_{1\%}$)	50 年($H_{2\%}$)	20 年($H_{5\%}$)	10 年($H_{10\%}$)	5 年($H_{20\%}$)
34	西尹壁村	0.5 h	1	2.4	2.1	1.8	1.5	1.3
			2	2.6	2.3	1.9	1.7	1.4
			3	4.3	3.9	3.3	2.8	2.3
			4	5.1	4.6	3.9	3.3	2.7
			5	12.1	10.8	9.1	7.8	6.4
			6	44.2	39.4	33.0	28.1	23.0
			7	8.1	7.3	6.1	5.2	4.3
			8	6.2	5.6	4.7	4.0	3.3
			9	3.8	3.4	2.9	2.5	2.0
			10	3.4	3.0	2.6	2.2	1.8
			11	3.0	2.7	2.3	2.0	1.6
			12	2.8	2.5	2.1	1.8	1.5
35	南圪塔村	0.5 h	1	2.3	2.1	1.8	1.5	1.3
			2	2.5	2.3	1.9	1.7	1.4
			3	4.2	3.7	3.2	2.7	2.3
			4	4.9	4.4	3.7	3.2	2.6
			5	11.1	9.9	8.4	7.1	5.9
			6	37.2	33.2	27.7	23.5	19.2
			7	7.6	6.8	5.7	4.9	4.0
			8	5.9	5.3	4.5	3.8	3.2
			9	3.7	3.3	2.8	2.4	2.0
			10	3.3	2.9	2.5	2.2	1.8
			11	3.0	2.7	2.3	2.0	1.6
			12	2.7	2.4	2.1	1.8	1.5

第4章　设计洪水分析

4.1　洪水计算方法

洪洞县 56 个重点防治区均采用由设计暴雨推求设计洪水的方法,采用《山西省水文计算手册》中的流域模型法与经验公式法计算。流域模型法分产流计算和汇流计算两部分。产流计算包括设计净雨深和设计净雨过程计算两部分,前者采用双曲正切模型计算,后者采用变损失率推理扣损法计算;汇流计算采用综合瞬时单位线法;计算过程及方法见第 1 篇第 6 章内容。

4.2　流域特征值

流域特征值包括:各计算单元的面积、主沟道长度、主沟道比降以及产汇流地类面积;各计算单元的面积主要采用水利部统一下发的小流域合并成果,主沟道长度与比降采用山西省测绘院提供的数据,水文下垫面产流地类和汇流地类采用《山西省水文计算手册》中水文下垫面图件,结合实地查勘综合分析确定计算单元产、汇流地类,结果见表 3-2-6。

4.3　设计洪水计算成果

山洪灾害计算单元设计净雨深计算成果见表 3-4-1;山洪灾害计算单元设计净雨过程计算成果见表 3-4-2;控制断面设计洪水成果见表 3-4-3,内容包括:洪洞县 56 个重点防治区控制断面各频率(重现期)设计洪水的洪峰、洪量、洪水历时等洪水要素以及控制断面各频率洪峰水位。洪洞县沿河村落汇流时间见附图 3-2、附图 3-3。

表 3-4-1　计算单元设计净雨深计算成果表

序号	计算单元	重现期	参数			主雨历时(h)	主雨雨量(mm)	净雨深(mm)
			μ	S_r	K_s			
1	后涧村	100 年	7.14	21.45	1.48	15.91	137.91	62.41
		50 年	8.07	21.45	1.48	13.83	118.28	49.72
		20 年	9.76	21.45	1.48	11.10	92.90	34.47
		10 年	11.82	21.45	1.48	9.09	74.38	23.99
		5 年	13.28	21.45	1.48	7.11	56.32	15.96
2	跃上村	100 年	6.88	21.18	1.46	16.22	138.53	62.92
		50 年	7.77	21.18	1.46	14.06	118.64	50.12
		20 年	9.38	21.18	1.46	11.27	93.09	34.74
		10 年	11.35	21.18	1.46	9.22	74.49	24.20
		5 年	12.78	21.18	1.46	7.18	56.31	16.09
3	曹家沟村	100 年	5.66	19.48	1.29	16.53	140.18	69.86
		50 年	6.41	19.48	1.29	14.20	120.35	56.61
		20 年	7.75	19.48	1.29	11.31	95.21	40.50
		10 年	9.37	19.48	1.29	9.25	76.91	29.15
		5 年	10.42	19.48	1.29	7.26	59.29	20.33
4	伏珠村	100 年	9.05	22.82	1.74	16.42	146.79	61.18
		50 年	10.23	22.82	1.74	14.29	125.65	48.39
		20 年	12.40	22.82	1.74	11.49	98.34	33.16
		10 年	15.10	22.82	1.74	9.37	78.22	22.79
		5 年	17.25	22.82	1.74	7.26	58.67	14.92
5	三峪村	100 年	14.25	27.20	2.12	15.86	151.73	55.21
		50 年	16.28	27.20	2.12	13.87	130.09	43.24
		20 年	19.99	27.20	2.12	11.24	102.04	29.14
		10 年	24.61	27.20	2.12	9.23	81.33	19.72
		5 年	28.24	27.20	2.12	7.19	61.07	12.73
6	上张端村	100 年	9.04	23.06	1.78	17.35	142.33	53.76
		50 年	10.17	23.06	1.78	15.01	121.23	42.12
		20 年	12.18	23.06	1.78	11.98	94.32	28.45
		10 年	14.62	23.06	1.78	9.71	74.63	19.29
		5 年	16.42	23.06	1.78	7.46	55.55	12.43

续表 3-4-1

序号	计算单元	重现期	参数			主雨历时(h)	主雨雨量(mm)	净雨深(mm)
			μ	S_r	K_s			
7	许村	100 年	8.90	22.97	1.76	17.35	142.00	53.91
		50 年	10.01	22.97	1.76	15.00	120.94	42.24
		20 年	11.99	22.97	1.76	11.98	94.11	28.53
		10 年	14.39	22.97	1.76	9.71	74.46	19.35
		5 年	16.17	22.97	1.76	7.46	55.42	12.47
8	堤村	100 年	8.78	22.90	1.75	17.35	141.68	54.03
		50 年	9.88	22.90	1.75	15.00	120.66	42.33
		20 年	11.83	22.90	1.75	11.98	93.90	28.60
		10 年	14.20	22.90	1.75	9.71	74.30	19.39
		5 年	15.95	22.90	1.75	7.46	55.30	12.50
9	三交河村	100 年	4.82	18.08	1.20	17.10	153.38	84.82
		50 年	5.37	18.08	1.20	14.80	130.85	68.26
		20 年	6.42	18.08	1.20	11.77	101.83	48.03
		10 年	7.77	18.08	1.20	9.53	80.69	33.92
		5 年	8.97	18.08	1.20	7.31	60.24	22.73
10	东堡村	100 年	6.60	20.36	1.48	16.78	145.61	68.03
		50 年	7.41	20.36	1.48	14.55	124.36	54.12
		20 年	8.90	20.36	1.48	11.64	97.02	37.39
		10 年	10.78	20.36	1.48	9.46	77.02	25.93
		5 年	12.34	20.36	1.48	7.28	57.59	17.10
11	下辛府村	100 年	7.02	20.89	1.54	16.80	144.72	65.20
		50 年	7.89	20.89	1.54	14.57	123.59	51.73
		20 年	9.48	20.89	1.54	11.65	96.42	35.61
		10 年	11.48	20.89	1.54	9.47	76.54	24.60
		5 年	13.13	20.89	1.54	7.29	57.22	16.17
12	西梁村	100 年	7.33	21.45	1.57	16.83	142.38	61.61
		50 年	8.23	21.45	1.57	14.62	121.69	48.74
		20 年	9.88	21.45	1.57	11.74	95.10	33.41
		10 年	11.94	21.45	1.57	9.55	75.57	22.98
		5 年	13.61	21.45	1.57	7.38	56.55	15.04

续表 3-4-1

序号	计算单元	重现期	参数			主雨历时(h)	主雨雨量(mm)	净雨深(mm)
			μ	S_r	K_s			
13	塾堡村	100 年	8.71	24.09	1.69	15.51	146.19	63.30
		50 年	9.77	24.09	1.69	13.65	125.69	50.01
		20 年	11.63	24.09	1.69	11.14	98.98	34.17
		10 年	13.85	24.09	1.69	9.22	79.26	23.42
		5 年	15.44	24.09	1.69	7.26	59.89	15.31
14	南堡村	100 年	6.26	21.00	1.40	16.05	153.82	78.97
		50 年	6.99	21.00	1.40	14.10	131.89	63.03
		20 年	8.31	21.00	1.40	11.45	103.35	43.70
		10 年	9.94	21.00	1.40	9.43	82.32	30.34
		5 年	11.21	21.00	1.40	7.38	61.78	19.96
15	石东村	100 年	8.01	22.32	1.61	14.78	139.02	63.11
		50 年	8.99	22.32	1.61	13.07	119.93	50.20
		20 年	10.72	22.32	1.61	10.74	94.93	34.67
		10 年	12.84	22.32	1.61	8.94	76.31	24.01
		5 年	14.42	22.32	1.61	7.07	57.91	15.86
16	马二村	100 年	7.69	22.78	1.55	14.44	136.14	62.41
		50 年	8.60	22.78	1.55	12.79	117.79	49.79
		20 年	10.20	22.78	1.55	10.56	93.72	34.58
		10 年	12.09	22.78	1.55	8.83	75.83	24.11
		5 年	13.41	22.78	1.55	7.05	58.09	16.12
17	马三村	100 年	8.00	23.21	1.58	14.46	135.65	60.68
		50 年	8.95	23.21	1.58	12.80	117.31	48.31
		20 年	10.61	23.21	1.58	10.57	93.37	33.46
		10 年	12.57	23.21	1.58	8.84	75.55	23.27
		5 年	13.92	23.21	1.58	7.06	57.87	15.52
18	南马驹村	100 年	7.82	22.14	1.62	17.06	143.83	60.26
		50 年	8.82	22.14	1.62	14.78	123.22	47.92
		20 年	10.67	22.14	1.62	11.80	96.69	33.20
		10 年	12.98	22.14	1.62	9.60	77.32	23.16
		5 年	14.85	22.14	1.62	7.42	58.48	15.51

续表 3-4-1

序号	计算单元	重现期	参数			主雨历时(h)	主雨雨量(mm)	净雨深(mm)
			μ	S_r	K_s			
19	李家庄村	100 年	8. 08	22. 39	1. 69	18. 47	149. 72	59. 18
		50 年	9. 09	22. 39	1. 69	15. 95	127. 68	46. 67
		20 年	10. 98	22. 39	1. 69	12. 68	99. 40	31. 88
		10 年	13. 37	22. 39	1. 69	10. 23	78. 77	21. 90
		5 年	15. 46	22. 39	1. 69	7. 82	58. 79	14. 36
20	白石村	100 年	7. 98	23. 01	1. 66	18. 48	147. 72	57. 72
		50 年	9. 00	23. 01	1. 66	15. 96	125. 94	45. 39
		20 年	10. 90	23. 01	1. 66	12. 69	98. 06	30. 86
		10 年	13. 31	23. 01	1. 66	10. 25	77. 71	21. 09
		5 年	15. 40	23. 01	1. 66	7. 83	57. 99	13. 78
21	关口村	100 年	10. 79	24. 65	1. 92	14. 06	139. 92	57. 64
		50 年	12. 08	24. 65	1. 92	12. 42	120. 53	45. 47
		20 年	14. 28	24. 65	1. 92	10. 21	95. 22	31. 00
		10 年	16. 80	24. 65	1. 92	8. 51	76. 45	21. 19
		5 年	18. 38	24. 65	1. 92	6. 76	57. 96	13. 81
22	涧头村	100 年	9. 78	23. 94	1. 82	13. 98	139. 64	60. 32
		50 年	10. 94	23. 94	1. 82	12. 39	120. 28	47. 59
		20 年	12. 96	23. 94	1. 82	10. 21	94. 91	32. 39
		10 年	15. 30	23. 94	1. 82	8. 52	76. 06	22. 09
		5 年	16. 86	23. 94	1. 82	6. 76	57. 45	14. 31
23	耿壁村	100 年	8. 86	23. 23	1. 72	14. 04	137. 14	60. 64
		50 年	9. 90	23. 23	1. 72	12. 43	118. 16	47. 97
		20 年	12. 60	23. 23	1. 72	8. 55	74. 96	23. 79
		10 年	13. 77	23. 23	1. 72	8. 55	74. 96	22. 50
		5 年	15. 16	23. 23	1. 72	6. 79	56. 78	14. 69
24	磨头村	100 年	8. 12	22. 60	1. 63	14. 07	135. 54	61. 60
		50 年	9. 07	22. 60	1. 63	12. 46	116. 77	48. 81
		20 年	10. 70	22. 60	1. 63	10. 27	92. 29	33. 47
		10 年	12. 61	22. 60	1. 63	8. 57	74. 09	23. 00
		5 年	13. 90	22. 60	1. 63	6. 81	56. 12	15. 03

续表 3-4-1

序号	计算单元	重现期	参数			主雨历时(h)	主雨雨量(mm)	净雨深(mm)
			μ	S_r	K_s			
25	新庄村	100 年	8. 08	22. 18	1. 62	13. 70	143. 40	70. 44
		50 年	9. 05	22. 18	1. 62	12. 19	123. 53	55. 98
		20 年	10. 76	22. 18	1. 62	10. 09	97. 40	38. 48
		10 年	12. 81	22. 18	1. 62	8. 44	77. 94	26. 47
		5 年	14. 31	22. 18	1. 62	6. 71	58. 73	17. 22
26	金沟子村	100 年	7. 92	21. 71	1. 62	13. 72	138. 36	66. 38
		50 年	8. 83	21. 71	1. 62	12. 17	119. 68	53. 21
		20 年	10. 40	21. 71	1. 62	10. 07	95. 20	37. 21
		10 年	12. 24	21. 71	1. 62	8. 45	76. 99	26. 11
		5 年	13. 47	21. 71	1. 62	6. 78	58. 95	17. 49
27	王家磨村	100 年	10. 14	23. 35	1. 90	13. 74	138. 04	58. 75
		50 年	11. 28	23. 35	1. 90	12. 19	119. 40	46. 76
		20 年	13. 21	23. 35	1. 90	10. 09	94. 97	32. 36
		10 年	15. 42	23. 35	1. 90	8. 46	76. 80	22. 49
		5 年	16. 78	23. 35	1. 90	6. 79	58. 80	14. 94
28	耙子里村	100 年	16. 52	27. 23	2. 41	13. 78	135. 55	44. 89
		50 年	18. 41	27. 23	2. 41	12. 16	117. 05	35. 31
		20 年	21. 57	27. 23	2. 41	9. 98	92. 89	24. 04
		10 年	25. 09	27. 23	2. 41	8. 32	75. 00	16. 47
		5 年	27. 04	27. 23	2. 41	6. 62	57. 33	10. 84
29	圪峒村	100 年	16. 80	27. 45	2. 44	13. 85	134. 48	43. 36
		50 年	18. 70	27. 45	2. 44	12. 21	116. 10	34. 06
		20 年	21. 86	27. 45	2. 44	10. 02	92. 11	23. 15
		10 年	25. 35	27. 45	2. 44	8. 35	74. 35	15. 84
		5 年	27. 25	27. 45	2. 44	6. 64	56. 82	10. 41
30	南磨村	100 年	10. 81	24. 58	1. 91	12. 90	126. 12	50. 23
		50 年	12. 06	24. 58	1. 91	11. 47	109. 23	39. 70
		20 年	14. 18	24. 58	1. 91	9. 53	87. 12	27. 19
		10 年	16. 59	24. 58	1. 91	8. 02	70. 59	18. 71
		5 年	18. 09	24. 58	1. 91	6. 44	54. 14	12. 36

续表 3-4-1

序号	计算单元	重现期	参数			主雨历时(h)	主雨雨量(mm)	净雨深(mm)
			μ	S_r	K_s			
31	西安村	100 年	15. 11	26. 16	2. 20	14. 39	127. 47	40. 92
		50 年	17. 05	26. 16	2. 20	12. 56	110. 05	32. 43
		20 年	20. 34	26. 16	2. 20	10. 19	87. 61	22. 43
		10 年	24. 07	26. 16	2. 20	8. 43	71. 07	15. 62
		5 年	26. 11	26. 16	2. 20	6. 68	54. 78	10. 54
32	封里村	100 年	11. 74	24. 76	1. 93	13. 05	119. 28	43. 85
		50 年	13. 21	24. 76	1. 93	11. 53	103. 55	34. 87
		20 年	15. 72	24. 76	1. 93	9. 51	83. 00	24. 17
		10 年	18. 58	24. 76	1. 93	7. 96	67. 70	16. 87
		5 年	20. 25	24. 76	1. 93	6. 39	52. 49	11. 40
33	南官庄村	100 年	11. 20	25. 17	1. 92	13. 01	116. 32	41. 49
		50 年	12. 49	25. 17	1. 92	11. 51	100. 79	32. 69
		20 年	14. 63	25. 17	1. 92	9. 54	80. 64	22. 36
		10 年	17. 01	25. 17	1. 92	8. 00	65. 58	15. 39
		5 年	18. 32	25. 17	1. 92	6. 43	50. 60	10. 23
34	西尹壁村	100 年	9. 24	23. 37	1. 60	12. 07	118. 15	52. 61
		50 年	10. 57	23. 37	1. 60	10. 68	102. 45	41. 99
		20 年	13. 01	23. 37	1. 60	8. 79	81. 83	29. 23
		10 年	16. 07	23. 37	1. 60	7. 34	66. 47	20. 44
		5 年	18. 45	23. 37	1. 60	5. 84	51. 21	13. 80
35	南圪塔村	100 年	8. 93	23. 30	1. 59	12. 19	108. 73	44. 38
		50 年	10. 12	23. 30	1. 59	10. 81	94. 16	35. 01
		20 年	12. 24	23. 30	1. 59	8. 96	75. 16	23. 92
		10 年	14. 85	23. 30	1. 59	7. 50	60. 87	16. 40
		5 年	16. 84	23. 30	1. 59	5. 97	46. 60	10. 83

表 3-4-2 计算单元设计净雨过程计算成果表

序号	计算单元	时段长	时段序号	重现期净雨过程(mm)				
				100 年	50 年	20 年	10 年	5 年
1	后涧村	0.5 h	1	1.2	0.2	0.0	0.0	0.0
			2	1.9	0.9	0.0	0.0	0.0
			3	8.7	7.0	4.4	2.1	0.4
			4	41.9	36.2	28.3	21.8	15.6
			5	4.9	3.5	1.5	0.1	0.0
			6	3.0	1.9	0.2	0.0	0.0
			7	0.6	0.0	0.0	0.0	0.0
2	跃上村	0.5 h	1	1.3	0.4	0.0	0.0	0.0
			2	2.0	1.0	0.0	0.0	0.0
			3	8.8	7.1	4.6	2.3	0.5
			4	41.6	35.9	28.2	21.8	15.6
			5	5.0	3.7	1.7	0.1	0.0
			6	3.1	2.0	0.3	0.0	0.0
			7	0.7	0.0	0.0	0.0	0.0
3	曹家沟村	0.5 h	1	1.7	0.9	0.0	0.0	0.0
			2	2.4	1.6	0.2	0.0	0.0
			3	8.9	7.4	5.3	3.4	1.7
			4	45.4	39.5	31.5	25.0	18.7
			5	5.2	4.1	2.4	0.8	0.0
			6	3.5	2.5	1.1	0.0	0.0
			7	1.2	0.5	0.0	0.0	0.0
			8	0.8	0.1	0.0	0.0	0.0
			9	0.5	0.0	0.0	0.0	0.0
4	伏珠村	0.5 h	1	0.5	0.0	0.0	0.0	0.0
			2	1.3	0.1	0.0	0.0	0.0
			3	8.7	6.6	3.6	0.9	0.0
			4	43.7	37.5	29.0	21.9	14.9
			5	4.5	2.9	0.6	0.0	0.0
			6	2.5	1.1	0.0	0.0	0.0

续表 3-4-2

序号	计算单元	时段长	时段序号	重现期净雨过程(mm)				
				100 年	50 年	20 年	10 年	5 年
5	三峪村	0.25 h	1	2.6	1.4	0.0	0.0	0.0
			2	8.0	6.2	3.5	1.0	0.0
			3	37.8	32.3	24.9	18.7	12.7
			4	4.3	2.9	0.8	0.0	0.0
			5	1.5	0.4	0.0	0.0	0.0
6	上张端村	0.5 h	1	1.1	0.1	0.0	0.0	0.0
			2	7.8	5.9	3.1	0.7	0.0
			3	38.3	32.7	24.9	18.6	12.4
			4	4.0	2.5	0.4	0.0	0.0
			5	2.2	0.9	0.0	0.0	0.0
7	许村	0.5 h	1	1.2	0.1	0.0	0.0	0.0
			2	7.9	6.0	3.2	0.8	0.0
			3	38.1	32.6	24.9	18.6	12.5
			4	4.1	2.6	0.5	0.0	0.0
			5	2.3	1.0	0.0	0.0	0.0
8	堤村	0.5 h	1	0.5	0.0	0.0	0.0	0.0
			2	1.2	0.1	0.0	0.0	0.0
			3	7.9	6.0	3.2	0.8	0.0
			4	38.0	32.5	24.8	18.6	12.5
			5	4.1	2.7	0.5	0.0	0.0
			6	2.3	1.1	0.0	0.0	0.0
9	三交河村	0.5 h	1	0.5	0.0	0.0	0.0	0.0
			2	0.8	0.1	0.0	0.0	0.0
			3	2.8	1.9	0.6	0.0	0.0
			4	3.6	2.7	1.3	0.0	0.0
			5	11.2	9.4	6.9	4.7	2.4
			6	47.5	41.5	33.2	26.6	20.0
			7	6.9	5.6	3.7	2.0	0.3
			8	4.8	3.8	2.2	0.7	0.0
			9	2.1	1.4	0.2	0.0	0.0
			10	1.7	1.0	0.0	0.0	0.0
			11	1.3	0.6	0.0	0.0	0.0
			12	1.0	0.4	0.0	0.0	0.0

续表 3-4-2

序号	计算单元	时段长	时段序号	重现期净雨过程(mm)				
				100 年	50 年	20 年	10 年	5 年
10	东堡村	0.5 h	1	1.7	0.8	0.0	0.0	0.0
			2	2.5	1.5	0.0	0.0	0.0
			3	9.7	7.9	5.2	2.8	0.7
			4	42.7	37.0	29.2	22.8	16.4
			5	5.6	4.2	2.2	0.3	0.0
			6	3.7	2.5	0.8	0.0	0.0
			7	1.1	0.2	0.0	0.0	0.0
			8	0.7	0.0	0.0	0.0	0.0
11	下辛府村	0.5 h	1	1.5	0.5	0.0	0.0	0.0
			2	2.3	1.2	0.0	0.0	0.0
			3	9.4	7.6	4.9	2.4	0.4
			4	41.9	36.2	28.4	22.1	15.7
			5	5.4	4.0	1.9	0.1	0.0
			6	3.4	2.2	0.4	0.0	0.0
			7	0.9	0.0	0.0	0.0	0.0
12	西梁村	0.5 h	1	1.3	0.3	0.0	0.0	0.0
			2	2.0	1.0	0.0	0.0	0.0
			3	9.0	7.2	4.5	2.0	0.3
			4	40.1	34.6	27.1	20.9	14.8
			5	5.1	3.7	1.6	0.0	0.0
			6	3.2	2.0	0.2	0.0	0.0
			7	0.7	0.0	0.0	0.0	0.0
13	墊堡村	0.5 h	1	1.0	0.0	0.0	0.0	0.0
			2	1.9	0.7	0.0	0.0	0.0
			3	10.0	7.9	4.8	2.1	0.3
			4	41.4	35.6	27.8	21.3	15.0
			5	5.4	3.8	1.5	0.0	0.0
			6	3.2	1.9	0.1	0.0	0.0

续表 3-4-2

序号	计算单元	时段长	时段序号	重现期净雨过程(mm)				
				100 年	50 年	20 年	10 年	5 年
14	南堡村	0.25 h	1	2.4	1.4	0.1	0.0	0.0
			2	3.4	2.3	0.7	0.0	0.0
			3	11.8	9.8	6.9	4.3	1.9
			4	45.2	39.2	31.1	24.5	18.0
			5	7.1	5.6	3.4	1.4	0.0
			6	4.8	3.5	1.7	0.1	0.0
			7	1.7	0.8	0.0	0.0	0.0
			8	1.2	0.4	0.0	0.0	0.0
			9	0.8	0.0	0.0	0.0	0.0
			10	0.5	0.0	0.0	0.0	0.0
15	石东村	0.5 h	1	1.0	0.1	0.0	0.0	0.0
			2	1.9	0.8	0.0	0.0	0.0
			3	9.6	7.6	4.8	2.2	0.3
			4	41.8	36.1	28.2	21.8	15.5
			5	5.2	3.8	1.5	0.0	0.0
			6	3.1	1.9	0.1	0.0	0.0
16	马二村	0.5 h	1	1.3	0.3	0.0	0.0	0.0
			2	2.1	1.1	0.0	0.0	0.0
			3	9.9	8.0	5.2	2.8	0.7
			4	39.4	34.2	27.0	21.1	15.4
			5	5.5	4.1	2.0	0.2	0.0
			6	3.4	2.2	0.4	0.0	0.0
			7	0.6	0.0	0.0	0.0	0.0
17	马三村	0.5 h	1	1.1	0.1	0.0	0.0	0.0
			2	2.0	0.9	0.0	0.0	0.0
			3	9.7	7.7	5.0	2.5	0.5
			4	38.8	33.7	26.5	20.7	15.0
			5	5.3	3.9	1.7	0.1	0.0
			6	3.2	2.0	0.2	0.0	0.0
			7	0.5	0.0	0.0	0.0	0.0

续表 3-4-2

序号	计算单元	时段长	时段序号	重现期净雨过程(mm)				
				100 年	50 年	20 年	10 年	5 年
18	南马驹村	0.5 h	1	1.0	0.1	0.0	0.0	0.0
			2	1.8	0.7	0.0	0.0	0.0
			3	8.7	6.9	4.2	1.7	0.1
			4	40.5	35.1	27.7	21.5	15.4
			5	4.8	3.4	1.2	0.0	0.0
			6	2.9	1.7	0.1	0.0	0.0
19	李家庄村	0.5 h	1	1.0	0.0	0.0	0.0	0.0
			2	1.8	0.6	0.0	0.0	0.0
			3	8.6	6.7	3.9	1.3	0.0
			4	39.7	34.3	26.8	20.6	14.3
			5	4.7	3.3	1.1	0.0	0.0
			6	2.9	1.6	0.0	0.0	0.0
20	白石村	0.5 h	1	1.0	0.0	0.0	0.0	0.0
			2	1.7	0.6	0.0	0.0	0.0
			3	8.5	6.6	3.8	1.3	0.0
			4	38.5	33.3	26.0	19.8	13.7
			5	4.7	3.2	1.0	0.0	0.0
			6	2.9	1.6	0.0	0.0	0.0
21	关口村	0.5 h	1	0.7	0.0	0.0	0.0	0.0
			2	8.9	6.7	3.5	0.9	0.0
			3	41.7	35.6	27.2	20.3	13.8
			4	4.3	2.6	0.3	0.0	0.0
			5	2.0	0.6	0.0	0.0	0.0
22	涧头村	0.5 h	1	1.2	0.1	0.0	0.0	0.0
			2	9.5	7.3	4.2	1.4	0.1
			3	41.8	35.8	27.5	20.7	14.2
			4	4.8	3.2	0.7	0.0	0.0
			5	2.6	1.2	0.0	0.0	0.0

续表 3-4-2

序号	计算单元	时段长	时段序号	重现期净雨过程(mm)				
				100 年	50 年	20 年	10 年	5 年
23	耿壁村	0.5 h	1	0.7	0.0	0.0	0.0	0.0
			2	1.6	0.5	0.0	0.0	0.0
			3	9.7	7.6	2.6	2.0	0.3
			4	40.4	34.7	21.1	20.5	14.4
			5	5.1	3.6	0.1	0.0	0.0
			6	3.0	1.6	0.0	0.0	0.0
24	磨头村	0.5 h	1	1.1	0.1	0.0	0.0	0.0
			2	2.0	0.8	0.0	0.0	0.0
			3	9.8	7.8	5.0	2.4	0.5
			4	39.6	34.1	26.6	20.5	14.5
			5	5.4	3.9	1.7	0.1	0.0
			6	3.3	2.0	0.2	0.0	0.0
25	新庄村	0.5 h	1	1.3	0.2	0.0	0.0	0.0
			2	2.3	1.1	0.0	0.0	0.0
			3	11.0	8.8	5.6	2.8	0.6
			4	45.5	39.2	30.5	23.5	16.6
			5	6.0	4.4	2.0	0.2	0.0
			6	3.7	2.3	0.3	0.0	0.0
			7	0.6	0.0	0.0	0.0	0.0
26	金沟子村	0.25 h	1	0.5	0.0	0.0	0.0	0.0
			2	0.7	0.2	0.0	0.0	0.0
			3	0.9	0.4	0.0	0.0	0.0
			4	1.2	0.6	0.0	0.0	0.0
			5	4.3	3.4	2.1	1.0	0.1
			6	9.7	8.2	6.1	4.4	2.7
			7	32.9	28.7	23.0	18.4	13.9
			8	6.1	5.0	3.5	2.1	0.9
			9	3.3	2.5	1.3	0.3	0.0
			10	2.5	1.8	0.8	0.0	0.0
			11	2.0	1.3	0.4	0.0	0.0
			12	1.5	0.9	0.1	0.0	0.0

续表 3-4-2

序号	计算单元	时段长	时段序号	重现期净雨过程(mm)				
				100 年	50 年	20 年	10 年	5 年
27	王家磨村	0.5 h	1	1.0	0.1	0.0	0.0	0.0
			2	9.3	7.2	4.2	1.5	0.2
			3	41.2	35.5	27.5	21.0	14.8
			4	4.6	3.0	0.7	0.0	0.0
			5	2.4	1.0	0.0	0.0	0.0
28	粑子里村	0.5 h	1	5.5	3.1	0.4	0.0	0.0
			2	38.4	32.2	23.6	16.5	10.8
			3	1.0	0.0	0.0	0.0	0.0
29	圪侗村	0.5 h	1	5.2	2.8	0.4	0.0	0.0
			2	37.3	31.2	22.8	15.8	10.4
			3	0.8	0.0	0.0	0.0	0.0
30	南磨村	0.5 h	1	8.0	5.9	3.0	0.6	0.0
			2	36.7	31.4	24.1	18.1	12.4
			3	3.7	2.1	0.1	0.0	0.0
			4	1.6	0.3	0.0	0.0	0.0
31	西安村	0.5 h	1	4.4	2.2	0.2	0.0	0.0
			2	35.9	30.2	22.2	15.6	10.5
			3	0.6	0.0	0.0	0.0	0.0
32	封里村	0.5 h	1	6.0	4.1	1.3	0.1	0.0
			2	35.2	30.0	22.8	16.8	11.4
			3	2.2	0.7	0.0	0.0	0.0
33	南官庄村	0.5 h	1	6.3	4.5	1.8	0.2	0.0
			2	31.8	27.1	20.6	15.2	10.2
			3	2.6	1.1	0.0	0.0	0.0
			4	0.8	0.0	0.0	0.0	0.0
34	西尹壁村	0.5 h	1	0.5	0.0	0.0	0.0	0.0
			2	7.5	5.6	2.6	0.4	0.0
			3	39.5	34.1	26.5	20.1	13.8
			4	3.5	2.0	0.1	0.0	0.0
			5	1.6	0.3	0.0	0.0	0.0
35	南圪塔村	0.5 h	1	6.7	4.9	2.2	0.3	0.0
			2	32.8	28.1	21.6	16.1	10.8
			3	3.1	1.7	0.1	0.0	0.0
			4	1.4	0.3	0.0	0.0	0.0

表3-4-3 控制断面设计洪水成果表

序号	行政区划名称	行政区划代码	计算单元名称	控制断面代码	洪水要素	重现期洪水要素值				
						100年	50年	20年	10年	5年
1	后涧村	141024202214000	后涧村	1410242022141006301b	洪峰流量(m^3/s)	791	652	470	330	207
					洪量(万m^3)	458	365	253	176	117
					洪水历时(h)	7	6	6	5	5
					洪峰水位(m)	533.13	532.85	532.47	532.15	531.75
2	北石明村	141024202212000	跃上村	1410242022121006300f	洪峰流量(m^3/s)	846	696	501	353	222
					洪量(万m^3)	518	413	286	199	132
					洪水历时(h)	7	7	6	6	6
					洪峰水位(m)	496.12	495.75	495.21	494.73	494.21
3	跃上村	141024202213000	跃上村	1410242022130006303Q	洪峰流量(m^3/s)	846	696	501	353	222
					洪量(万m^3)	518	413	286	199	132
					洪水历时(h)	7	7	6	6	6
					洪峰水位(m)	509.70	509.36	508.86	507.79	506.7
4	南石明村	141024202211000	堤村	14102420221100063005	洪峰流量(m^3/s)	846	696	501	353	222
					洪量(万m^3)	518	413	286	199	132
					洪水历时(h)	7	7	6	6	6
					洪峰水位(m)	511.89	511.43	510.81	510.34	509.84

续表 3-4-3

序号	行政区划名称	行政区划代码	计算单元名称	控制断面代码	洪水要素	重现期洪水要素值				
						100 年	50 年	20 年	10 年	5 年
5	曹家沟村	141024205203000	曹家沟村	141024205203000 6300h	洪峰流量(m^3/s)	184	153	112	82	55
					洪量(万 m^3)	132	107	76	55	38
					洪水历时(h)	6	6	5	5	4
					洪峰水位(m)	1 048.69	1 048.43	1 048.07	1 047.77	1 047.44
6	伏珠村	141024108212000	伏珠村	1410241082120006300Y	洪峰流量(m^3/s)	294	235	163	106	63
					洪量(万 m^3)	226	179	122	84	55
					洪水历时(h)	7	6	6	6	5
					洪峰水位(m)	733.51	733.31	733.02	732.76	732.46
7	三峪村	141024108210000	三峪村	1410241082100006302p	洪峰流量(m^3/s)	100	81	56	37	22
					洪量(万 m^3)	35	27	18	12	8
					洪水历时(h)	3	2	2	2	2
					洪峰水位(m)	698.86	698.74	698.52	697.97	697.66
8	下张端村	141024202208000	上张端村	1410242022081006303p	洪峰流量(m^3/s)	979	767	503	322	192
					洪量(万 m^3)	972	762	514	349	225
					洪水历时(h)	11	10	10	10	9
					洪峰水位(m)	581.31	580.85	580.20	579.76	579.39

续表 3-4-3

序号	行政区划名称	行政区划代码	计算单元名称	控制断面代码	洪水要素	重现期洪水要素值				
						100 年	50 年	20 年	10 年	5 年
9	上张端村	141024202209000	上张端村	1410242022091006302E	洪峰流量(m^3/s)	979	767	503	322	192
					洪量(万 m^3)	972	762	514	349	225
					洪水历时(h)	11	10	10	10	9
					洪峰水位(m)	616.30	616.00	615.57	615.13	614.65
10	许村	141024202207000	许村	1410242022070006303x	洪峰流量(m^3/s)	1 000	782	513	329	195
					洪量(万 m^3)	1 016	796	538	364	235
					洪水历时(h)	11	10	10	10	9
					洪峰水位(m)	545.70	545.29	544.92	544.55	543.70
11	堤村	141024202200000	堤村	1410242022000006300x	洪峰流量(m^3/s)	1 020	797	523	335	199
					洪量(万 m^3)	1 059	830	561	380	245
					洪水历时(h)	11	10	10	10	10
					洪峰水位(m)	499.06	498.60	498.10	497.10	495.64
12	三交河村	141024206201000	三交河村	1410242062011006302i	洪峰流量(m^3/s)	258	219	167	126	88
					洪量(万 m^3)	135	109	76	54	36
					洪水历时(h)	6	5	4	3	3
					洪峰水位(m)	920.75	920.63	920.43	920.24	920.02

续表 3-4-3

序号	行政区划名称	行政区划代码	计算单元名称	控制断面代码	洪水要素	重现期洪水要素值				
						100 年	50 年	20 年	10 年	5 年
13	东堡村	141024107233000	东堡村	1410241072330006300C	洪峰流量(m^3/s)	689	570	411	293	184
					洪量(万 m^3)	427	340	235	163	107
					洪水历时(h)	7	7	5	5	5
					洪峰水位(m)	745.49	745.09	744.54	744.12	743.66
14	下辛府村	141024107232000	下辛府村	14102410723200063031	洪峰流量(m^3/s)	720	590	421	294	181
					洪量(万 m^3)	488	387	267	184	121
					洪水历时(h)	7	7	6	6	5
					洪峰水位(m)	703.04	702.66	701.90	701.32	700.48
15	左家沟村	141024107225000	西梁村	1410241072250006303W	洪峰流量(m^3/s)	835	675	473	322	193
					洪量(万 m^3)	665	526	361	248	162
					洪水历时(h)	9	8	7	7	7
					洪峰水位(m)	659.50	658.90	657.80	656.78	655.71
16	西姚头村	141024107227000	西梁村	1410241072270006303e	洪峰流量(m^3/s)	835	675	473	322	193
					洪量(万 m^3)	665	526	361	248	162
					洪水历时(h)	9	8	7	7	7
					洪峰水位(m)	617.44	617.14	616.50	615.90	615.40

续表 3-4-3

序号	行政区划名称	行政区划代码	计算单元名称	控制断面代码	洪水要素	重现期洪水要素值				
						100年	50年	20年	10年	5年
17	涧西村	141024107215000	西梁村	1410241072150006301k	洪峰流量(m^3/s)	835	675	473	322	193
					洪量(万 m^3)	665	526	361	248	162
					洪水历时(h)	9	8	7	7	7
					洪峰水位(m)	577.19	576.63	575.26	574.25	573.10
18	曹家庄村	141024107206000	西梁村	1410241072060006300r	洪峰流量(m^3/s)	835	675	473	322	193
					洪量(万 m^3)	665	526	361	248	162
					洪水历时(h)	9	8	7	7	7
					洪峰水位(m)	534.75	534.38	533.40	532.59	531.50
19	东梁村	141024107204000	西梁村	1410241072040006300G	洪峰流量(m^3/s)	835	675	473	322	193
					洪量(万 m^3)	665	526	361	248	162
					洪水历时(h)	9	8	7	7	7
					洪峰水位(m)	503.09	502.74	502.24	501.80	501.37
20	西梁村	141024107205000	西梁村	14102410720500063038	洪峰流量(m^3/s)	835	675	473	322	193
					洪量(万 m^3)	665	526	361	248	162
					洪水历时(h)	9	8	7	7	7
					洪峰水位(m)	503.09	502.74	502.24	501.80	501.37

续表 3-4-3

序号	行政区划名称	行政区划代码	计算单元名称	控制断面代码	洪水要素	重现期洪水要素值				
						100 年	50 年	20 年	10 年	5 年
21	塾堡村	141024204202000	塾堡村	1410242042020006302T	洪峰流量(m^3/s)	195	160	115	80	50
					洪量(万 m^3)	109	86	59	40	26
					洪水历时(h)	5	4	4	4	3
					洪峰水位(m)	511.14	510.90	510.43	509.87	508.90
22	南堡村 1	141024106210000	南堡村	1410241062100006300c	洪峰流量(m^3/s)	107	91	70	53	37
					洪量(万 m^3)	44	35	24	17	11
					洪水历时(h)	4	3	2	2	1
					洪峰水位(m)	497.70	497.40	496.90	496.33	495.70
23	石南村	141024203205000	石东村	1410242032050006302M	洪峰流量(m^3/s)	420	346	251	176	111
					洪量(万 m^3)	236	188	130	90	59
					洪水历时(h)	6	6	5	5	4
					洪峰水位(m)	476.10	475.70	475.10	474.44	473.50
24	石北村	141024203203000	石东村	14102420320300063008	洪峰流量(m^3/s)	420	346	251	176	111
					洪量(万 m^3)	236	188	130	90	59
					洪水历时(h)	6	6	5	5	4
					洪峰水位(m)	477.51	477.18	476.52	475.90	475.29

续表 3-4-3

序号	行政区划名称	行政区划代码	计算单元名称	控制断面代码	洪水要素	重现期洪水要素值				
						100年	50年	20年	10年	5年
25	石东村	141024203204000	石东村	1410242032040006302H	洪峰流量(m^3/s)	420	346	251	176	111
					洪量(万 m^3)	236	188	130	90	59
					洪水历时(h)	6	6	5	5	4
					洪峰水位(m)	477.73	477.22	476.51	475.82	475.05
26	马一村	141024203206000	马二村	1410242032060006301D	洪峰流量(m^3/s)	300	251	186	135	88
					洪量(万 m^3)	149	119	83	58	39
					洪水历时(h)	5	5	4	4	3
					洪峰水位(m)	466.51	466.27	465.90	465.60	465.27
27	马二村	141024203207000	马二村	1410242032070006301m	洪峰流量(m^3/s)	300	251	186	135	88
					洪量(万 m^3)	149	119	83	58	39
					洪水历时(h)	5	5	4	4	3
					洪峰水位(m)	465.05	464.84	464.47	464.15	463.65
28	马三村	141024203200000	马三村	1410242032000006301u	洪峰流量(m^3/s)	342	285	210	151	98
					洪量(万 m^3)	168	134	93	65	43
					洪水历时(h)	5	5	4	4	3
					洪峰水位(m)	466.95	466.78	466.51	466.28	465.62

续表 3-4-3

序号	行政区划名称	行政区划代码	计算单元名称	控制断面代码	洪水要素	重现期洪水要素值				
						100 年	50 年	20 年	10 年	5 年
29	南马驹村	141024204208000	南马驹村	1410242042080006300g	洪峰流量(m^3/s)	277	226	162	112	69
					洪量(万 m^3)	198	157	109	76	51
					洪水历时(h)	7	6	6	5	5
					洪峰水位(m)	490.30	490.23	490.13	490.04	489.93
30	李家庄村	141024204212000	李家庄村	14102420421200063034	洪峰流量(m^3/s)	400	318	215	140	86
					洪量(万 m^3)	414	327	223	153	101
					洪水历时(h)	10	9	9	8	8
					洪峰水位(m)	534.63	534.35	533.85	533.40	533.06
31	白石村	141024203215000	白石村	14102420321510063002	洪峰流量(m^3/s)	477	374	250	160	95
					洪量(万 m^3)	573	451	306	209	137
					洪水历时(h)	12	11	10	10	9
					洪峰水位(m)	452.53	451.81	450.97	450.31	449.90
32	关口村	141024201208000	关口村	14102420120810063017	洪峰流量(m^3/s)	133	104	67	43	25
					洪量(万 m^3)	170	134	91	63	41
					洪水历时(h)	9	9	9	8	7
					洪峰水位(m)	900.74	900.60	900.37	900.19	900.00

续表 3-4-3

序号	行政区划名称	行政区划代码	计算单元名称	控制断面代码	洪水要素	重现期洪水要素值				
						100年	50年	20年	10年	5年
33	洞头村	141024201216000	洞头村	141024201216100630 1e	洪峰流量(m^3/s)	183	143	94	60	36
					洪量(万 m^3)	221	174	119	81	52
					洪水历时(h)	9	9	9	8	7
					洪峰水位(m)	694.16	693.70	692.50	691.45	690.70
34	耿壁村	141024106220000	耿壁村	14102410622000006301 3	洪峰流量(m^3/s)	261	206	145	90	54
					洪量(万 m^3)	296	234	168	110	72
					洪水历时(h)	10	9	9	8	7
					洪峰水位(m)	601.02	600.79	600.52	600.20	599.98
35	磨头村	141024106206000	磨头村	141024106206000630 1J	洪峰流量(m^3/s)	382	303	206	135	82
					洪量(万 m^3)	419	332	228	157	102
					洪水历时(h)	10	10	9	9	8
					洪峰水位(m)	512.09	511.83	511.49	511.19	510.93
36	新庄村	141024106215000	新庄村	141024106215000630 0e	洪峰流量(m^3/s)	190	157	114	81	51
					洪量(万 m^3)	98	78	54	37	24
					洪水历时(h)	5	4	4	4	3
					洪峰水位(m)	549.45	548.93	548.21	547.63	547.00

续表 3-4-3

序号	行政区划名称	行政区划代码	计算单元名称	控制断面代码	洪水要素	重现期洪水要素值				
						100 年	50 年	20 年	10 年	5 年
37	金沟子村	141024105236000	金沟子村	1410241052360006300f	洪峰流量(m^3/s)	100	83	60	44	29
					洪量(万 m^3)	60	48	33	23	16
					洪水历时(h)	4	4	3	3	2
					洪峰水位(m)	696.26	696.05	695.72	695.44	695.12
38	土桥沟村	141024105237000	王家磨村	1410241052370006300x	洪峰流量(m^3/s)	148	122	89	63	40
					洪量(万 m^3)	61	48	34	23	15
					洪水历时(h)	3	3	3	2	2
					洪峰水位(m)	646.95	646.70	646.34	646.01	645.65
39	侯村	141024106216000	王家磨村	1410241062160006300B	洪峰流量(m^3/s)	148	122	89	63	40
					洪量(万 m^3)	61	48	34	23	15
					洪水历时(h)	3	3	3	2	2
					洪峰水位(m)	552.11	552.00	551.87	551.70	551.36
40	王家磨村	141024106221000	王家磨村	1410241062210006300u	洪峰流量(m^3/s)	148	122	89	63	40
					洪量(万 m^3)	61	48	34	23	15
					洪水历时(h)	3	3	3	2	2
					洪峰水位(m)	516.83	516.58	516.29	515.80	515.23

续表 3-4-3

序号	行政区划名称	行政区划代码	计算单元名称	控制断面代码	洪水要素	重现期洪水要素值				
						100年	50年	20年	10年	5年
41	耙子里村	141024105226100	耙子里村	1410241052261026302d	洪峰流量(m^3/s)	175	138	91	59	36
					洪量(万 m^3)	73	57	39	27	18
					洪水历时(h)	4	4	3	3	3
					洪峰水位(m)	635.44	635.27	635.03	634.83	634.65
42	圪侗村	141024104200000	圪侗村	14102410420000063003	洪峰流量(m^3/s)	256	202	133	86	52
					洪量(万 m^3)	102	80	55	37	25
					洪水历时(h)	4	4	3	3	3
					洪峰水位(m)	576.32	576.16	575.89	575.62	575.35
43	南堡村2	141024104221000	南磨村	1410241042210006301X	洪峰流量(m^3/s)	592	485	341	228	141
					洪量(万 m^3)	280	221	151	104	69
					洪水历时(h)	5	5	4	4	4
					洪峰水位(m)	509.74	509.57	509.33	509.10	508.86
44	板塌村	141024104222000	南磨村	14102410422200063004	洪峰流量(m^3/s)	592	485	341	228	141
					洪量(万 m^3)	280	221	151	104	69
					洪水历时(h)	5	5	4	4	4
					洪峰水位(m)	494.79	494.31	493.60	492.92	492.31

续表 3-4-3

序号	行政区划名称	行政区划代码	计算单元名称	控制断面代码	洪水要素	重现期洪水要素值				
						100 年	50 年	20 年	10 年	5 年
45	营田庄村	141024105219000	南磨村	1410241052190006303J	洪峰流量(m^3/s)	592	485	341	228	141
					洪量(万 m^3)	280	221	151	104	69
					洪水历时(h)	5	5	4	4	4
					洪峰水位(m)	512.95	512.77	512.49	512.21	511.40
46	永一堡村	141024100214000	南磨村	1410241002140006303L	洪峰流量(m^3/s)	592	485	341	228	141
					洪量(万 m^3)	280	221	151	104	69
					洪水历时(h)	5	5	4	4	4
					洪峰水位(m)	462.87	462.56	462.09	461.68	461.30
47	东永一村	141024100215000	南磨村	1410241002150006300O	洪峰流量(m^3/s)	592	485	341	228	141
					洪量(万 m^3)	280	221	151	104	69
					洪水历时(h)	5	5	4	4	4
					洪峰水位(m)	463.95	463.78	463.52	463.14	462.96
48	南磨村	141024100217000	南磨村	14102410021700063025	洪峰流量(m^3/s)	592	485	341	228	141
					洪量(万 m^3)	280	221	151	104	69
					洪水历时(h)	5	5	4	4	4
					洪峰水位(m)	458.36	458.19	457.94	457.71	457.47

续表 3-4-3

序号	行政区划名称	行政区划代码	计算单元名称	控制断面代码	洪水要素	重现期洪水要素值				
						100 年	50 年	20 年	10 年	5 年
49	东湾村	141024104214000	西安村	1410241042140006300M	洪峰流量(m^3/s)	195	151	97	62	38
					洪量(万 m^3)	144	114	79	55	37
					洪水历时(h)	6	6	6	5	5
					洪峰水位(m)	564.06	563.89	563.52	563.27	563.07
50	曹生村	141024104212000	西安村	1410241042121006300t	洪峰流量(m^3/s)	195	151	97	62	38
					洪量(万 m^3)	144	114	79	55	37
					洪水历时(h)	6	6	6	5	5
					洪峰水位(m)	526.57	526.15	525.41	524.99	524.52
51	西安村	141024104211000	西安村	14102410421100063002	洪峰流量(m^3/s)	195	151	97	62	38
					洪量(万 m^3)	144	114	79	55	37
					洪水历时(h)	6	6	6	5	5
					洪峰水位(m)	517.91	517.79	517.59	517.45	517.31
52	封里村	141024104207000	封里村	1410241042071006300U	洪峰流量(m^3/s)	272	216	141	92	58
					洪量(万 m^3)	270	214	149	104	70
					洪水历时(h)	8	8	8	7	7
					洪峰水位(m)	477.77	477.57	477.00	476.50	476.06

续表 3-4-3

序号	行政区划名称	行政区划代码	计算单元名称	控制断面代码	洪水要素	重现期洪水要素值				
						100 年	50 年	20 年	10 年	5 年
53	南官庄村	141024100219000	南官庄村	14102410021900063022	洪峰流量(m^3/s)	939	746	489	307	190
					洪量(万 m^3)	750	591	404	278	185
					洪水历时(h)	8	8	8	7	7
					洪峰水位(m)	455.11	454.38	453.02	451.69	450.21
54	西尹壁村	141024103205000	西尹壁村	1410241032050006303g	洪峰流量(m^3/s)	98	80	56	37	23
					洪量(万 m^3)	71	56	39	27	19
					洪水历时(h)	5	5	5	4	3
					洪峰水位(m)	522.07	521.98	521.84	521.70	521.58
55	北羊村	141024101207000	南圪塔村	14102410120700063004	洪峰流量(m^3/s)	1 048	836	562	353	214
					洪量(万 m^3)	933	736	503	345	228
					洪水历时(h)	10	9	9	9	8
					洪峰水位(m)					
56	南圪塔村	141024101205100	南圪塔村	14102410120510063005	洪峰流量(m^3/s)	1 048	836	562	353	214
					洪量(万 m^3)	933	736	503	345	228
					洪水历时(h)	10	9	9	9	8
					洪峰水位(m)					

4.4 成果合理性分析

4.4.1 河道上下游设计洪水成果对比分析

轰轰涧河重点防治区有后涧村、北石明村、跃上村,其流域面积分别为73.42 km^2、82.34 km^2、82.34 km^2,百年一遇设计洪水为791 m^3/s、846 m^3/s、846 m^3/s,洪峰流量随流域面积增大而增大,符合洪水形成规律。

午阳涧河重点防治区有曹家沟村、伏珠村、下张端村、许村、堤村,其流域面积分别为18.88 km^2、37.28 km^2、180.81 km^2、188.40 km^2、196.02 km^2,百年一遇设计洪水为184 m^3/s、294 m^3/s、979 m^3/s、1 000 m^3/s、1 020 m^3/s,洪峰流量随流域面积增大而增大,符合洪水形成规律。

兴唐寺河重点防治区有关口村、涧头村、耿壁村、磨头村,其流域面积分别为29.50 km^2、36.70 km^2、48.77 km^2、68.09 km^2,百年一遇设计洪水为133 m^3/s、183 m^3/s、261 m^3/s、382 m^3/s,洪峰流量随流域面积增大而增大,符合洪水形成规律。

对三交河、霍泉河以及大洪峪涧河上游也进行了上下游对比分析,成果符合洪水形成规律,设计洪水成果合理。

4.4.2 邻近流域设计洪水成果对比分析

对相邻流域面积接近、地类相同、流域形状与河道比降相近的村庄,其设计洪水成果应基本一致。如三交河流域内三交河村与午阳涧河流域内的曹家沟村,面积相近,地类均以砂页岩灌丛山地为主,百年一遇设计洪水为258 m^3/s与184 m^3/s,设计洪水成果相近,成果合理。

4.4.3 历史洪水调查成果与设计洪水对比分析

《洪洞县历史洪水调查报告》中对午阳涧河优珠村河段、兴唐寺河关护站河段进行了历史洪水调查。

午阳涧河伏珠村河段历史洪水调查年份为2011年,历史洪水位为730.39 m,根据流域历史洪水调查成果,大约50年一遇。根据控制断面设计洪水计算成果,历史洪水位相应洪峰流量为280 m^3/s,重现期为45年一遇。与历史洪水调查成果基本一致,设计洪水合理。

兴唐寺河关护站河段历史洪水调查年份为2011年,历史洪水位为1 182.00 m,根据流域历史洪水调查成果,大约35年一遇。根据控制断面设计洪水计算成果,历史洪水位相应洪峰流量为38 m^3/s,重现期为30年一遇。与历史洪水调查成果基本一致,设计洪水合理。

4.4.4 洪峰模数分布规律分析

从各重点防治区的洪峰模数计算成果分析,主要有以下几个特点:

(1)同一流域自下游向上游洪峰模数呈增长趋势。说明洪峰模数与流域面积、河长、坡降密切关系。如三交河从上游至下游三交河村、东堡村、下辛府村、左家沟村、西姚头村、涧西村、曹家庄村、东梁村，洪峰模数分别为16.2、10.97、9.58、8.43、7.71、6.91、6.83，呈减小趋势。其他沟道也有此规律。

(2)洪峰模数与流域下垫面有较大关系。三交河村与王家磨村面积相似，三交河村主要为砂页岩灌丛山地，流域面积15.91 km^2，洪峰模数为16.2。王家磨村主要为黄土丘陵阶地，流域面积14.53 km^2，洪峰模数为10.15。说明洪峰模数与流域下垫面有直接关系，其规律符合洪峰形成的内在规律。

(3)洪峰模数与流域形状也有一定的关系。如广胜寺涧河呈扇形，三交河流域呈长条形，三交河流域重点防治区洪峰模数较广胜寺涧河重点防治区洪峰模数大。

第5章　防洪现状评价

5.1　现状防洪能力评价方法

现状防洪能力评价主要是在设计洪水分析成果的基础上，根据水面线分析成果、划定的危险区范围，并根据省测绘院提供的居民点高程信息，统计各重点防治区5个典型频率设计洪水位下的累计人口、户数，获得水位—流量—人口关系，综合评价现状防洪能力。评价内容主要包括重点防治区成灾水位和控制断面确定、重点防治区控制断面水位—流量关系曲线、重点防治区成灾水位对应洪峰流量的频率分析、重点防治区水位—流量—人口关系统计四部分内容。洪洞县现状防洪能力评价表见表3-5-1，洪洞县沿河村落现状防洪能力分布图见附图3-4。

5.2　设计洪水水面线推求成果

根据洪洞县重点防治区的设计洪水计算成果，考虑河道涉水工程(涵洞、桥梁、堤防)及支流汇入等因素影响，进行了村庄河段的水面线推算；根据水面线推算结果和沿河居民户的分布情况，确定了重点防治区的成灾水位。重点防治区水面线推算成果见图3-5-1～图3-5-10。

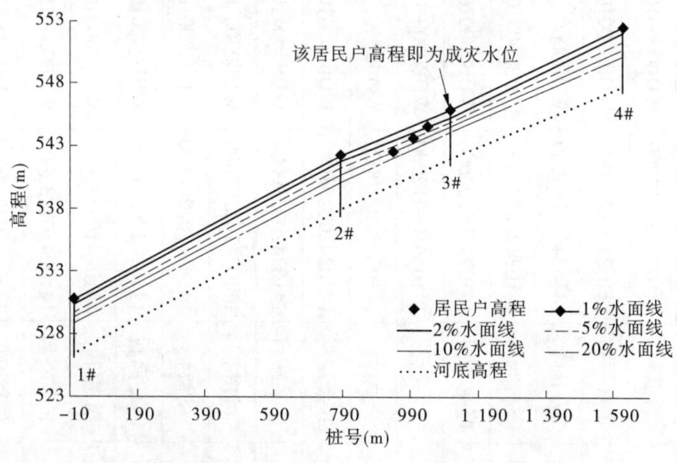

图3-5-1　许村居民户高程与水面线对比示意图

表 3-5-1　现状防洪能力评价表

序号	行政区划名称	行政区划代码	流域代码	断面代码	防洪能力(a)	极高危险区(＜5 年一遇)		高危险区(5～20 年一遇)		危险区(≥20 年一遇)	
						人口	户数	人口	户数	人口	户数
1	后涧村	141024202214000	WDB00001032T0000	1410242022141006301b	20	0	0	3	1	22	6
2	北石明村	141024202212000	WDB00001032T0000	1410242022121006300f	21	0	0	0	0	49	12
3	跃上村	141024202213000	WDB00001032T0000	1410242022130006303Q	12	0	0	3	1	3	1
4	南石明村	141024202211000	WDB0000103M00000	14102420221100063005	18	0	0	10	3	0	0
5	曹家沟村	141024205203000	WDB00001032U0000	1410242052030006300h	60	0	0	0	0	76	14
6	伏珠村	141024108212000	WDB00001033UC000	1410241082120006300Y	9	0	0	56	7	39	9
7	三峪村	141024108210000	WDB00001035U0000	1410241082100006302p	58	0	0	0	0	118	28
8	下张端村	141024202208000	WDB00001036U0000	1410242022081006303p	19	0	0	34	6	41	10
9	上张端村	141024202209000	WDB00001035U0000	1410242022091006302E	19	0	0	1	1	345	3
10	许村	141024202207000	WDB00001036U0000	1410242022070006303x	15	0	0	28	7	26	6
11	堤村	141024202200000	WDB00001036U0000	1410242022000006300x	15	0	0	49	11	15	2
12	三交河村	141024206201000	WDB00001043A0000	1410242062011006302i	39	0	0	50	1	0	0
13	东堡村	141024107233000	WDB00001043A0000	1410241072330006300C	26	0	0	0	0	25	6
14	下辛府村	141024107232000	WDB00001044A0000	1410241072320006303l	7	0	0	7	1	17	4
15	左家沟村	141024107225000	WDB00001041AB000	1410241072250006303W	9	0	0	5	1	7	2
16	西姚头村	141024107227000	WDB00001045A0000	1410241072270006303e	10	0	0	8	2	49	11
17	涧西村	141024107215000	WDB00001045A0000	1410241072150006301k	29	0	0	0	0	33	8
18	曹家庄村	141024107206000	WDB00001045A0000	1410241072060006300r	45	0	0	0	0	37	2

续表 3-5-1

序号	行政区划名称	行政区划代码	流域代码	断面代码	防洪能力(a)	极高危险区(＜5年一遇)		高危险区(5~20年一遇)		危险区(≥20年一遇)	
						人口	户数	人口	户数	人口	户数
19	东梁村	141024107204000	WDB00001045A0000	1410241072040006300G	55	0	0	0	0	48	12
20	西梁村	141024107205000	WDB00001045A0000	14102410720500063038	20	0	0	13	4	10	3
21	塾堡村	141024204202000	WDB00001041AC000	1410242042020006302T	11	0	0	188	45	0	0
22	南堡村1	141024106210000	WDB0000103P00000	1410241062100006300c	70	0	0	0	0	24	7
23	石南村	141024203205000	WDB0000103T00000	1410242032050006302M	10	0	0	15	3	23	5
24	石北村	141024203203000	WDB00001031Z0000	14102420320300063008	10	0	0	61	10	0	0
25	石东村	141024203204000	WDB00001031Z0000	1410242032040006302H	10	0	0	21	4	14	3
26	马一村	141024203206000	WDB00001031a0000	1410242032060006301D	15	0	0	100	19	63	13
27	马二村	141024203207000	WDB00001031b0000	1410242032070006301m	13	0	0	66	17	10	3
28	马三村	141024203200000	WDB00001031b0000	1410242032000006301u	18	0	0	86	20	125	25
29	南马驹村	141024204208000	WDB00001042D0000	1410242042080006300g	20	0	0	66	12	0	0
30	李家庄村	141024204212000	WDB00001043B0000	14102420421200063034	44	0	0	0	0	4	3
31	白石村	141024203215000	WDB00001044B0000	14102420321510063002	28	0	0	0	0	125	29
32	关口村	141024201208000	WDB00001031V0000	14102420120810063017	74	0	0	0	0	3	1
33	涧头村	141024201216000	WDB00001031V0000	1410242012161006301e	53	0	0	0	0	108	28
34	耿壁村	141024106220000	WDB00001032V0000	14102410622000063013	20	0	0	4	2	17	4
35	磨头村	141024106206000	WDB00001033V0000	1410241062060006301J	20	0	0	19	5	62	19
36	新庄村	141024106215000	WDB00001031VA000	1410241062150006300e	20	0	0	4	1	28	8

续表 3-5-1

序号	行政区划名称	行政区划代码	流域代码	断面代码	防洪能力(a)	极高危险区(<5 年一遇)		高危险区(5~20 年一遇)		危险区(≥20 年一遇)	
						人口	户数	人口	户数	人口	户数
37	金沟子村	141024105236000	WDB00001031Y0000	1410241052360006300f	>100	0	0	0	0	0	0
38	土桥沟村	141024105237000	WDB00001031Y0000	1410241052370006300x	48	0	0	0	0	26	6
39	侯村	141024106216000	WDB00001031Y0000	1410241062160006300B	14	0	0	5	1	71	17
40	王家磨村	141024106221000	WDB00001031Y0000	1410241062210006300u	26	0	0	0	0	25	8
41	耙子里村	141024105226100	WDB00001031d0000	1410241052261026302d	39	0	0	0	0	11	3
42	圪侗村	141024104200000	WDB00001032d0000	14102410420000063003	41	0	0	0	0	14	3
43	南堡村 2	141024104221000	WDB00001033d0000	1410241042210006301X	37	0	0	0	0	40	10
44	板塌村	141024104222000	WDB00001033d0000	14102410422200063004	35	0	0	0	0	103	21
45	营田庄村	141024105219000	WDB00001033d0000	1410241052190006303J	50	0	0	0	0	22	3
46	永一堡村	141024100214000	WDB00001034d0000	1410241002140006303L	20	0	0	0	0	133	29
47	东永一村	141024100215000	WDB00001034d0000	1410241002150006300O	26	0	0	0	0	28	6
48	南磨村	141024100217000	WDB00001034d0000	14102410021700063025	28	0	0	0	0	7	2
49	东湾村	141024104214000	WDB00001032dC000	1410241042140006300M	69	0	0	0	0	11	2
50	曹生村	141024104212000	WDB00001032dC000	1410241042121006300t	20	0	0	12	3	40	9
51	西安村	141024104211000	WDB00001032dC000	14102410421100063002	36	0	0	0	0	10	1
52	封里村	141024104207000	WDB00001033dC000	1410241042071006300U	27	0	0	0	0	29	8
53	南官庄村	141024100219000	WDB00001035d0000	14102410021900063022	15	0	0	21	4	120	29
54	西尹壁村	141024103205000	WDB17001S0000000	1410241032050006303g	18	0	0	9	2	21	5
55	北羊村	141024101207000	WDB00001048C0000	14102410120700063004	20	0	0	135	2	28	3
56	南圪塔村	141024101205100	WDB0000104600000	14102410120510063005	20	0	0	110	20	104	20

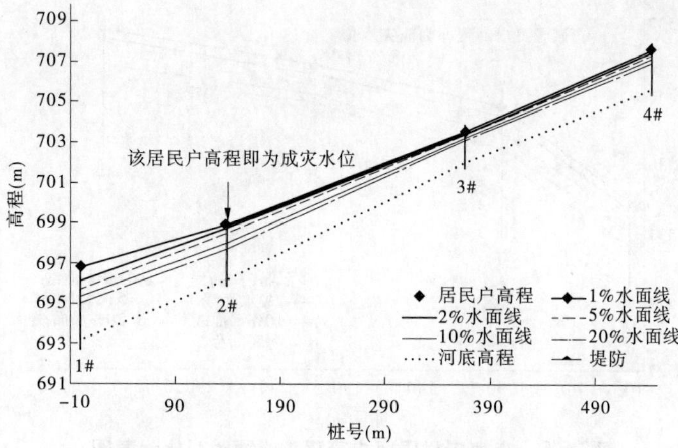

图 3-5-2　三峪村居民户高程与水面线对比示意图

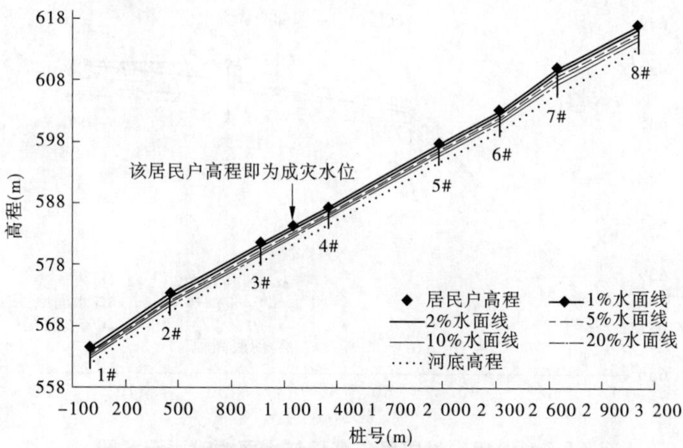

图 3-5-3　上张端村居民户高程与水面线对比示意图

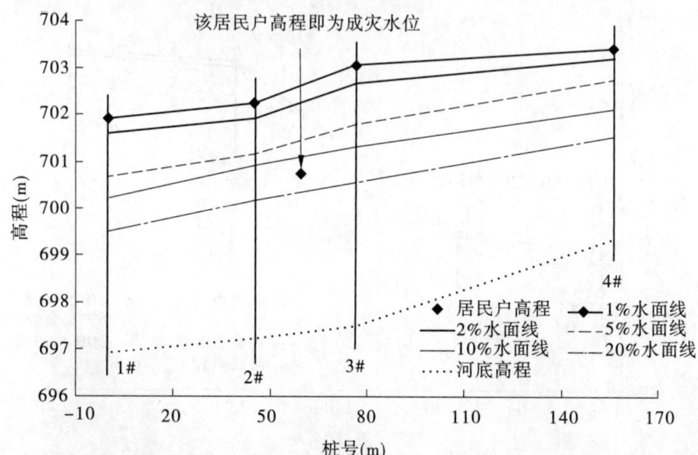

图 3-5-4　下辛府村居民户高程与水面线对比示意图

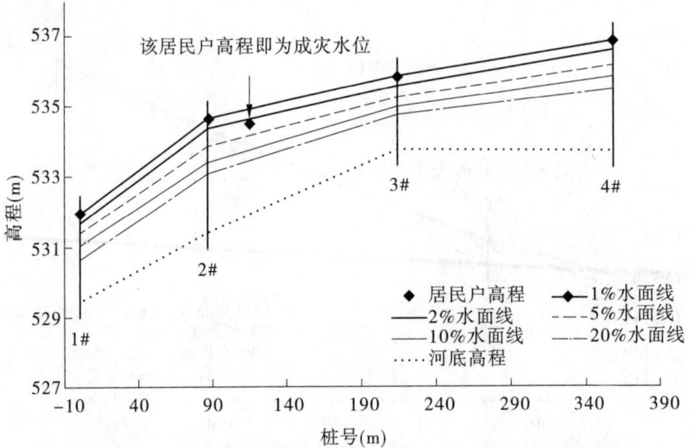

图 3-5-5　李家庄村居民户高程与水面线对比示意图

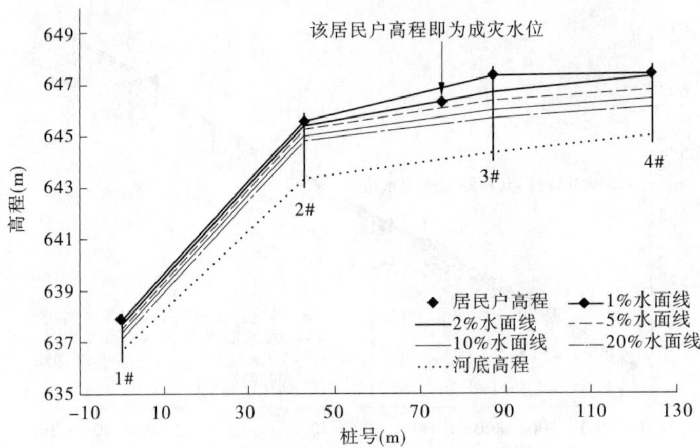

图 3-5-6　土桥沟村居民户高程与水面线对比示意图

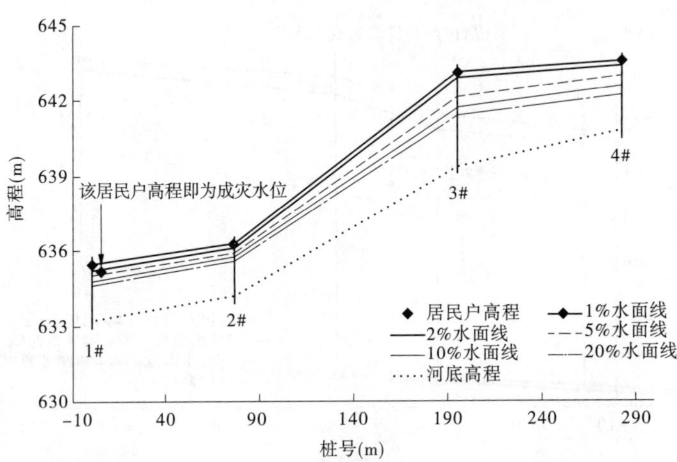

图 3-5-7　耙子里村居民户高程与水面线对比示意图

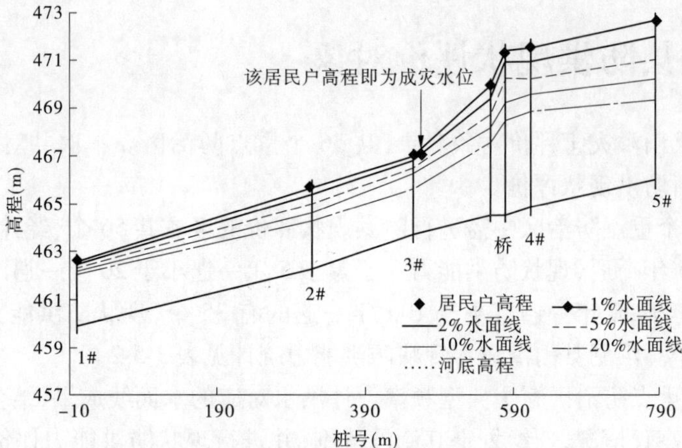

图 3-5-8　马三村居民户高程与水面线对比示意图

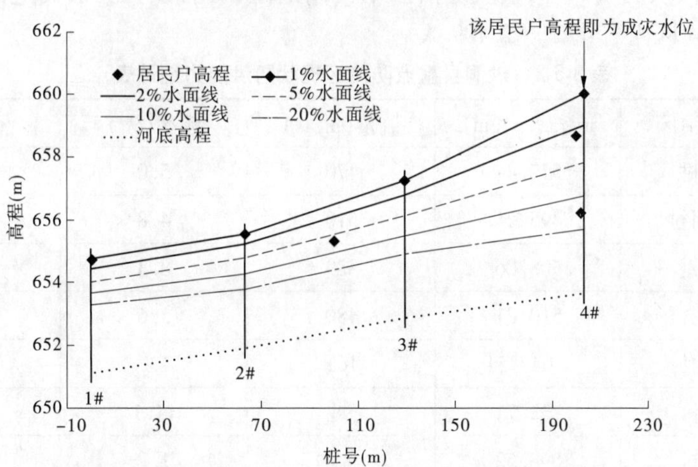

图 3 5 9　左家沟村居民户高程与水面线对比示意图

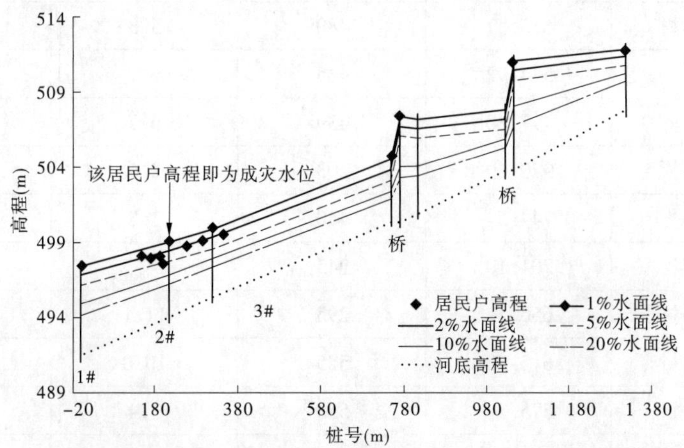

图 3-5-10　南石明村居民户高程与水面线对比示意图

5.3 洪洞县防洪现状评价对象

根据洪洞县山洪灾害评价对象名录,共56个重点防治区。本次共对56个山洪灾害重点防治区进行防洪现状评价。

洪洞县56个重点防治区中需进行防洪现状评价的区域共56个,经计算分析,现状防洪能力均大于5年一遇,现状防洪能力大于等于5年一遇小于20年一遇的有20个,现状防洪能力大于等于20年一遇且小于100年一遇的有35个,现状防洪能力大于等于100年一遇的有1个。洪洞县山洪灾害现状防洪能力统计见表3-5-2。

根据56个重点防治区5个典型频率设计洪水对应的水面线成果,结合重点防治区地形地貌、居民户高程情况,勾绘划定其淹没范围,并进行现状防洪能力评价和危险区等级的划分。经统计,洪洞县56个重点防治区中极高危险区内没有居民,高危险区内有216户1 189人,危险区内有472户2 409人。

表3-5-2 洪洞县重点防治区现状防洪能力统计表

序号	重点防治区	成灾水位(m)	流量(m^3/s)	频率(%)	重现期(a)
1	后涧村	532.47	470	5.0	20
2	北石明村	495.21	510	4.8	21
3	跃上村	508.06	389	8.3	12
4	南石明村	510.81	480	5.6	18
5	曹家沟村	1 048.51	161	1.7	60
6	伏珠村	732.71	98	11.1	9
7	三峪村	698.52	85	1.7	58
8	下张端村	580.15	485	5.3	19
9	上张端村	615.57	480	5.3	19
10	许村	544.92	435	6.7	15
11	堤村	497.80	439	6.7	15
12	三交河村	920.60	203	2.6	39
13	东堡村	744.54	440	3.8	26
14	下辛府村	701.10	245	14.3	7
15	左家沟村	656.57	295	11.1	9
16	西姚头村	615.90	325	10.0	10
17	涧西村	575.26	550	3.4	29
18	曹家庄村	534.33	660	2.2	45
19	东梁村	502.81	699	1.8	55

续表 3-5-2

序号	重点防治区	成灾水位(m)	流量(m^3/s)	频率(%)	重现期(a)
20	西梁村	502.24	475	5.0	20
21	塾堡村	509.95	85	9.1	11
22	南堡村 1	497.53	95	1.4	70
23	石南村	474.44	175	10.0	10
24	石北村	475.90	175	10.0	10
25	石东村	475.82	175	10.0	10
26	马一村	465.90	165	6.7	15
27	马二村	464.28	153	7.7	13
28	马三村	466.48	200	5.6	18
29	南马驹村	490.13	162	5.0	20
30	李家庄村	534.30	300	2.3	44
31	白石村	451.29	295	3.6	28
32	关口村	900.69	120	1.4	74
33	涧头村	693.34	126	2.9	53
34	耿壁村	600.52	145	5.0	20
35	磨头村	511.49	207	5.0	20
36	新庄村	548.21	115	5.0	20
37	金沟子村	701.86	—	—	>100
38	土桥沟村	646.69	120	2.1	48
39	侯村	551.85	82	5.9	14
40	王家磨村	516.40	98	3.8	26
41	耙子里村	635.22	125	2.6	39
42	圪侗村	576.11	185	2.4	41
43	南堡村 2	509.33	435	2.7	37
44	板塌村	494.04	425	2.9	35
45	营田庄村	512.80	485	2.0	50

续表 3-5-2

序号	重点防治区	成灾水位(m)	流量(m^3/s)	频率(%)	重现期(a)
46	永一堡村	462.09	340	5.0	20
47	东永一村	463.66	380	3.8	26
48	南磨村	458.04	390	3.6	28
49	东湾村	563.98	169	1.4	69
50	曹生村	525.41	97	5.0	20
51	西安村	517.72	130	2.8	36
52	封里村	477.19	163	3.7	27
53	南官庄村	452.56	410	6.7	15
54	西尹壁村	521.84	53	5.6	18
55	北羊村	—	—	—	20
56	南圪塔村	—	—	—	20

5.4 洪洞县山洪灾害重点防治区防洪现状能力评价

5.4.1 后涧村防洪现状能力评价

后涧村防洪现状评价图见图 3-5-11。

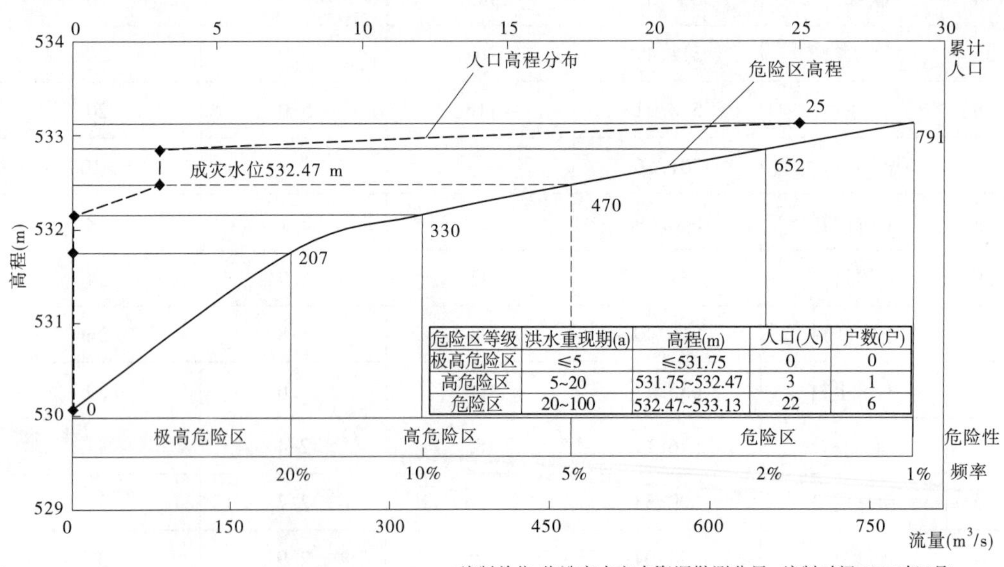

危险区等级	洪水重现期(a)	高程(m)	人口(人)	户数(户)
极高危险区	≤5	≤531.75	0	0
高危险区	5~20	531.75~532.47	3	1
危险区	20~100	532.47~533.13	22	6

图 3-5-11 后涧村防洪现状评价图

5.4.1.1　**后涧村基本情况**

后涧村所在河流为轰轰涧河,为汾河支流。后涧村以上流域面积为 73.42 km²,河长 24.4 km,流域比降 17.5‰。流域内主要为灰岩土石山区和灌丛山地,部分为黄土丘陵阶地。

后涧村隶属于堤村乡后涧行政村,人口 1 280 人。居民区主要分布在轰轰涧河右岸。

5.4.1.2　**后涧村山洪灾害成因与成灾水位确定**

后涧村所在河段的河道较窄,居民户离河较近。水势较大时会溢出河槽,对地势较低的居民户造成灾害。选取最先受灾的居民户所在位置为控制断面,该居民户高程即为成灾水位,成灾水位为 532.47 m。

5.4.1.3　**后涧村控制断面水位—流量关系和成灾水位对应的洪水频率**

根据控制断面处的水位—流量关系确定后涧村成灾水位对应的洪峰流量为 470 m³/s,其相应洪水频率为 50%。

5.4.1.4　**水位—流量—人口关系**

后涧村水位—流量—人口关系对照图见图 3-5-12。

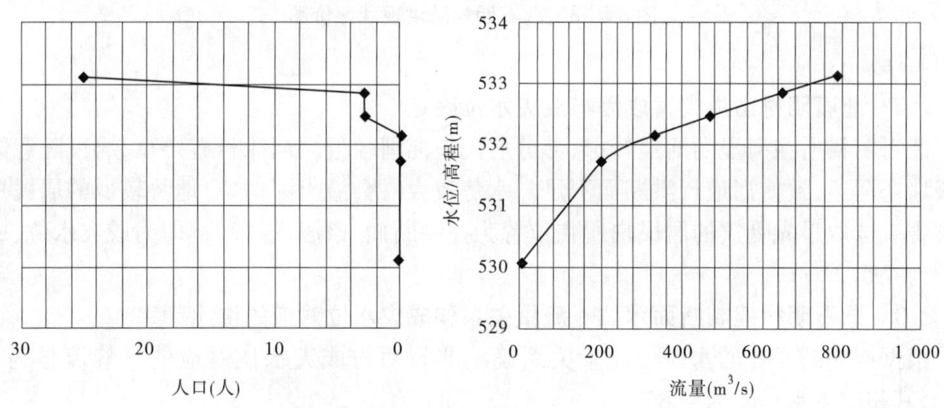

图 3-5-12　后涧村水位—流量—人口关系对照图

5.4.1.5　**各级危险区人口统计**

经统计,后涧村危险区内有 22 人,高危险区内有 3 人。极高危险区内没有居民。

5.4.1.6　**安置点和转移路线**

转移路线:危险区内居民沿最近小路向东地势较高处转移。

安置点:离河较远、地势较高的居民户。

5.4.2　北石明村防洪现状能力评价

北石明村防洪现状评价图见图 3-5-13。

5.4.2.1　**北石明村基本情况**

北石明村所在河流为轰轰涧河,为汾河支流。北石明村以上流域面积为 82.34 km²,河长 27.3 km,流域比降 16.5‰。流域内主要为灰岩土石山区和灌丛山地,部分为黄土丘陵阶地。

北石明村隶属于堤村乡北石明行政村,全村人口 3 467 人。居民区主要分布在轰轰

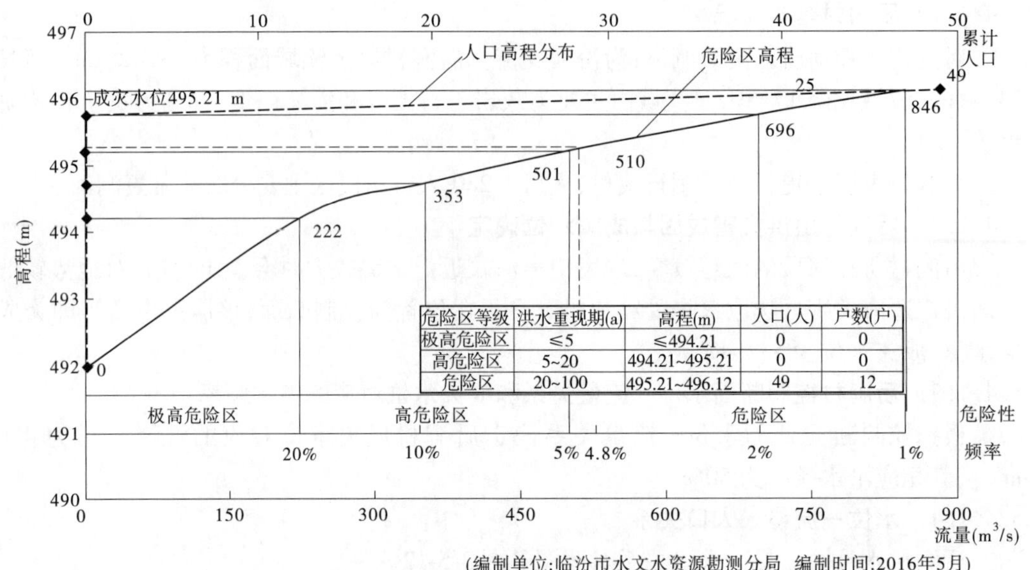

(编制单位:临汾市水文水资源勘测分局 编制时间:2016年5月)

图 3-5-13 北石明村防洪现状评价图

涧河右岸。

5.4.2.2 北石明村山洪灾害成因与成灾水位确定

北石明村所在河段的河道较窄,部分居民户离河较近。河床长有杂草,居民随意倾倒垃圾堵塞河道,致使河道行洪断面不足。水势较大时会溢出河槽,对地势较低的居民户造成灾害。选取最先受灾的居民户所在位置为控制断面,该居民户高程即为成灾水位,成灾水位为 495.21 m。

5.4.2.3 北石明村控制断面水位—流量关系和成灾水位对应的洪水频率

根据控制断面处的水位—流量关系确定北石明村成灾水位对应的洪峰流量为 510 m^3/s,其相应洪水频率为 4.8%。

5.4.2.4 水位—流量—人口关系

北石明村水位—流量—人口关系对照图见图 3-5-14。

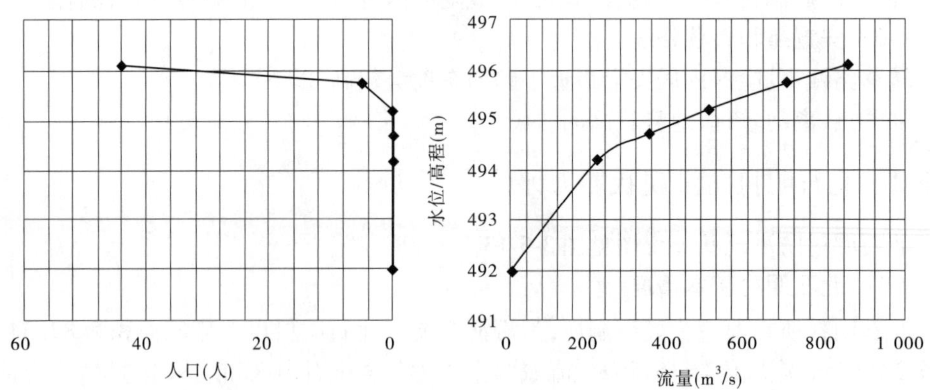

图 3-5-14 北石明村水位—流量—人口关系对照图

5.4.2.5　各级危险区人口统计

经统计,北石明村危险区内有 49 人。高危险区和极高危险区内没有居民。

5.4.2.6　安置点和转移路线

转移路线:危险区内居民沿最近小路向西地势较高处转移。

安置点:离河较远、地势较高的居民户。

5.4.3　跃上村防洪现状能力评价

跃上村防洪现状评价图见图 3-5-15。

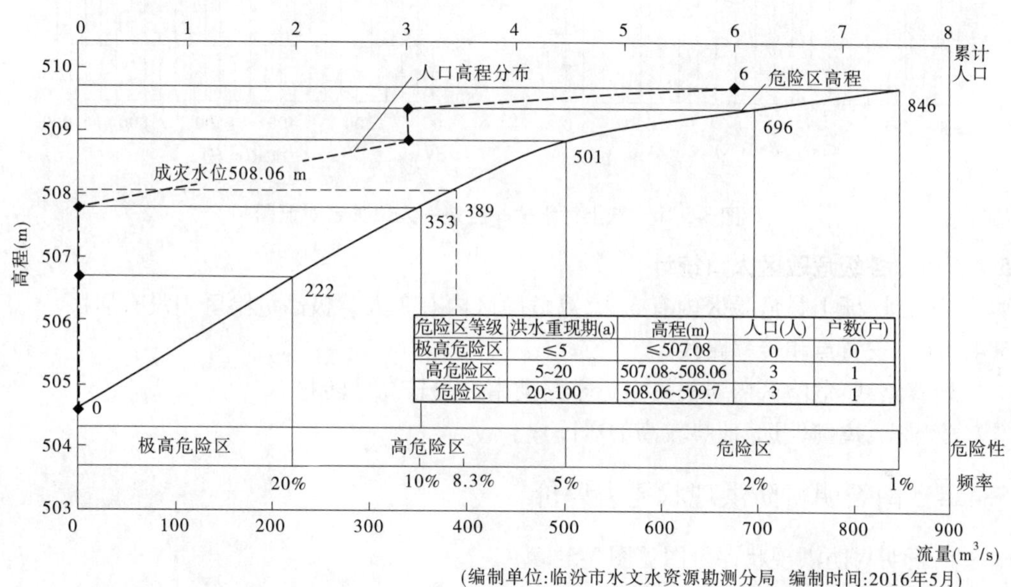

危险区等级	洪水重现期(a)	高程(m)	人口(人)	户数(户)
极高危险区	≤5	≤507.08	0	0
高危险区	5~20	507.08~508.06	3	1
危险区	20~100	508.06~509.7	3	1

图 3-5-15　跃上村防洪现状评价图

5.4.3.1　跃上村基本情况

跃上村所在河流为轰轰涧河,为汾河支流。跃上村以上流域面积为 82.34 km^2,河长 27.3 km,流域比降 16.5‰。流域内主要为灰岩土石山区和灌丛山地,部分为黄土丘陵阶地。

跃上村隶属于堤村乡跃上行政村,全村人口 2 032 人。居民区主要分布在轰轰涧河右岸。

5.4.3.2　跃上村山洪灾害成因与成灾水位确定

跃上村所在河段的河道较窄,部分居民户离河较近。水势较大时会溢出河槽,对地势较低的居民户造成灾害。河床长有杂草,居民随意倾倒垃圾堵塞河道,致使河道行洪断面不足。选取最先受灾的居民户所在位置为控制断面,该居民户高程即为成灾水位,成灾水位为 508.06 m。

5.4.3.3　跃上村控制断面水位—流量关系和成灾水位对应的洪水频率

根据控制断面处的水位—流量关系确定跃上村成灾水位对应的洪峰流量为 389 m^3/s,其相应洪水频率为 8.3%。

5.4.3.4 **水位—流量—人口关系**

跃上村水位—流量—人口关系对照图见图3-5-16。

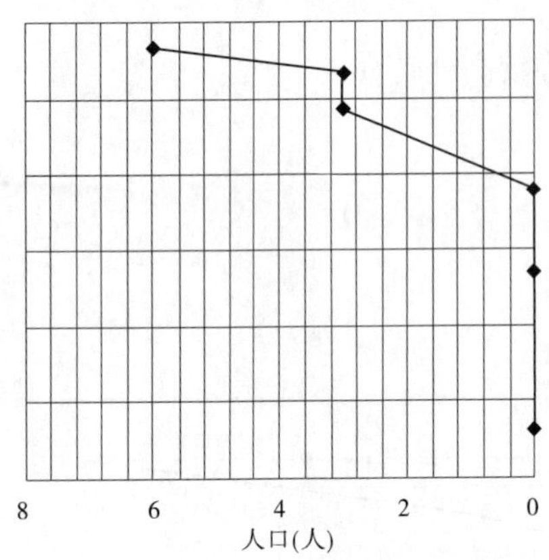

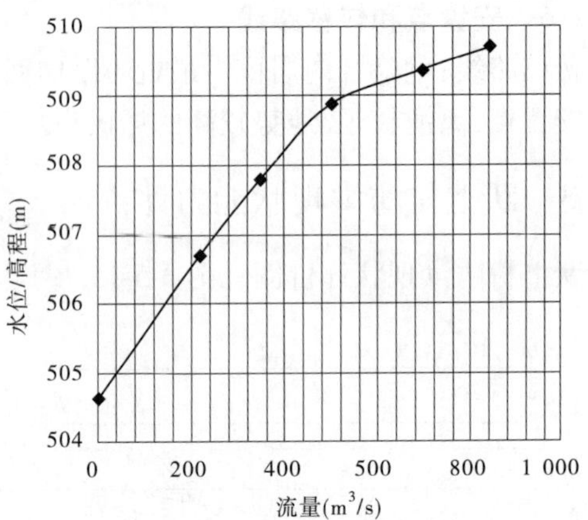

图3-5-16 跃上村水位—流量—人口关系对照图

5.4.3.5 **各级危险区人口统计**

经统计,跃上村危险区内有3人,高危险区内有3人。极高危险区内没有居民。

5.4.3.6 **安置点和转移路线**

转移路线:危险区内居民沿最近小路向南地势较高处转移。

安置点:离河较远、地势较高的居民户。

5.4.4 南石明村防洪现状能力评价

南石明村防洪现状评价图见图3-5-17。

5.4.4.1 **南石明村基本情况**

南石明村所在河流为午阳涧河,为汾河支流。南石明村以上流域面积为196.02 km^2,河长34.8 km,流域比降17.9‰。流域内主要为灌丛山地和黄土丘陵阶地,部分为森林山地、灰岩土石山区和耕种平地。

南石明村隶属于堤村乡南石明行政村,全村人口4 697人。居民区主要分布在午阳涧河右岸。

5.4.4.2 **南石明村山洪灾害成因与成灾水位确定**

南石明村所在河段的河道较窄,居民户离河较近。河床长有杂草,主槽窄浅,两岸滩地种有小麦,不利行洪。水势较大时会溢出河槽,对地势较低的居民户造成灾害。选取最先受灾的居民户所在位置为控制断面,该居民户高程即为成灾水位,成灾水位为510.81 m。

5.4.4.3 **南石明村控制断面水位—流量关系和成灾水位对应的洪水频率**

根据控制断面处的水位—流量关系确定南石明村成灾水位对应的洪峰流量为480 m^3/s,其相应洪水频率为5.6%。

5.4.4.4 **水位—流量—人口关系**

南石明村水位—流量—人口关系对照图见图3-5-18。

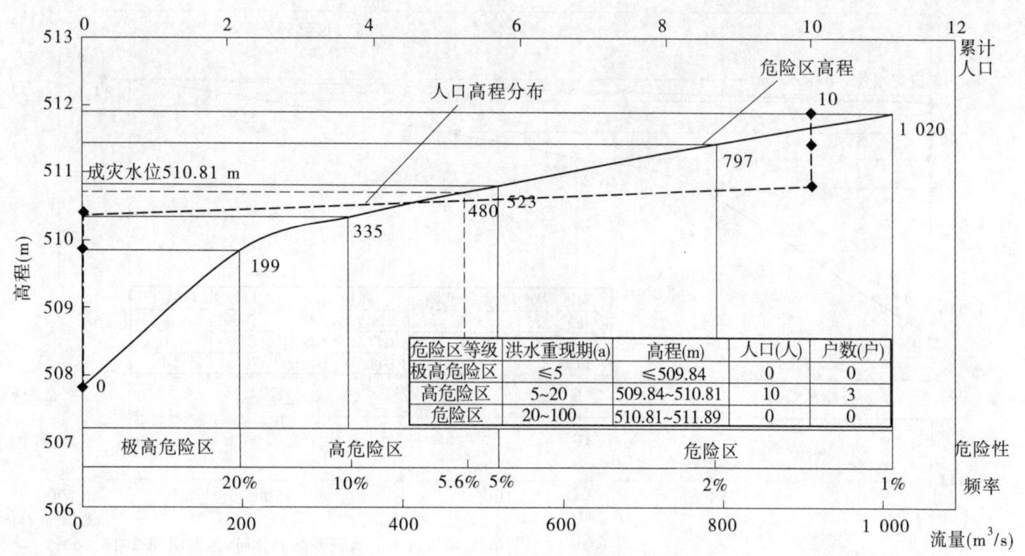

危险区等级	洪水重现期(a)	高程(m)	人口(人)	户数(户)
极高危险区	≤5	≤509.84	0	0
高危险区	5~20	509.84~510.81	10	3
危险区	20~100	510.81~511.89	0	0

(编制单位:临汾市水文水资源勘测分局　编制时间:2016年5月)

图3-5-17　南石明村防洪现状评价图

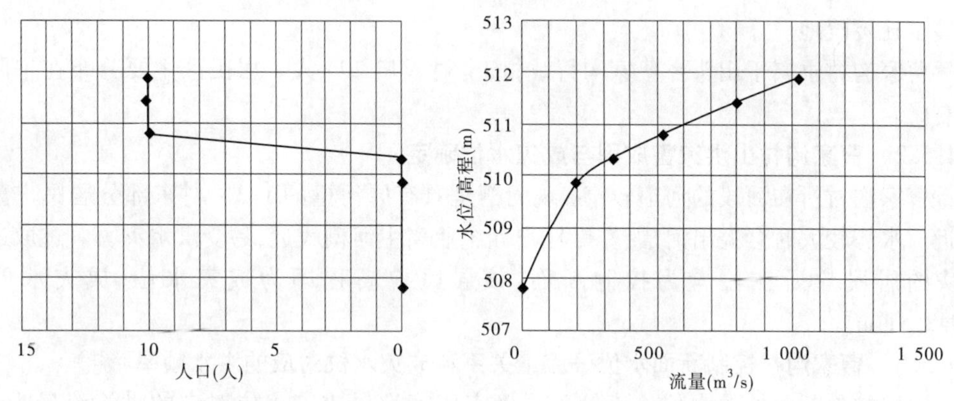

图3-5-18　南石明村水位—流量—人口关系对照图

5.4.4.5　危险区等级划分各级危险区人口统计

经统计,南石明村高危险区内有10人。危险区和极高危险区内没有居民。

5.4.4.6　安置点和转移路线

转移路线:危险区内居民沿最近小路向南地势较高处转移。

安置点:离河较远、地势较高的居民户。

5.4.5　曹家沟村防洪现状能力评价

曹家沟村防洪现状评价图见图3-5-19。

5.4.5.1　曹家沟村基本情况

曹家沟村所在河流为午阳涧河,为汾河支流。曹家沟村以上流域面积为18.88 km²,

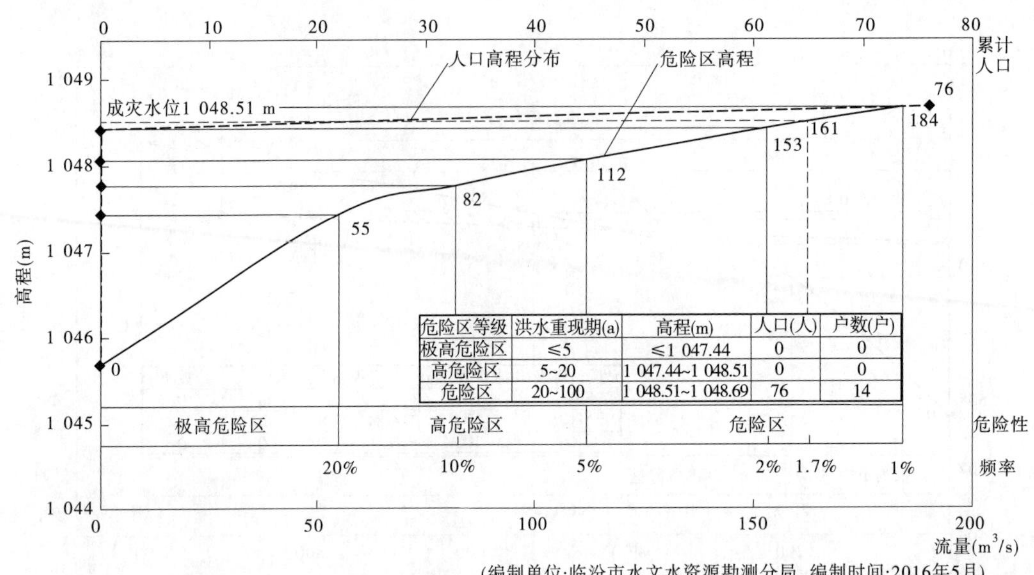

危险区等级	洪水重现期(a)	高程(m)	人口(人)	户数(户)
极高危险区	≤5	≤1 047.44	0	0
高危险区	5~20	1 047.44~1 048.51	0	0
危险区	20~100	1 048.51~1 048.69	76	14

图 3-5-19　曹家沟村防洪现状评价图

河长 6.7 km,流域比降 31.8‰。流域内主要为砂页岩森林山地和砂页岩灌丛山地,部分为黄土丘陵阶地。

曹家沟村隶属于山头乡曹家沟行政村,全村人口 293 人。居民区主要分布在午阳涧河右岸。

5.4.5.2　曹家沟村山洪灾害成因与成灾水位确定

曹家沟村所在河段的河道较窄，现河槽是只有原河槽的 1/3。村东部分居民户离河较近。水势较大时会溢出河槽,左岸住户和企业离主河槽较近,易受洪水灾害。选取最先受灾的居民户所在位置为控制断面,该居民户高程即为成灾水位,成灾水位为 1 048.51 m。

5.4.5.3　曹家沟村控制断面水位—流量关系和成灾水位对应的洪水频率

根据控制断面处的水位—流量关系确定曹家沟村成灾水位对应的洪峰流量为 161 m^3/s,其相应洪水频率为 1.7%。

5.4.5.4　水位—流量—人口关系

曹家沟村水位—流量—人口关系对照图见图 3-5-20。

5.4.5.5　各级危险区人口统计

经统计,曹家沟村危险区内有 76 人。高危险区和极高危险区内没有居民。

5.4.5.6　安置点和转移路线

转移路线:危险区内居民沿最近小路向东地势较高处转移。

安置点:离河较远、地势较高的居民户。

5.4.6　伏珠村防洪现状能力评价

伏珠村防洪现状评价图见图 3-5-21。

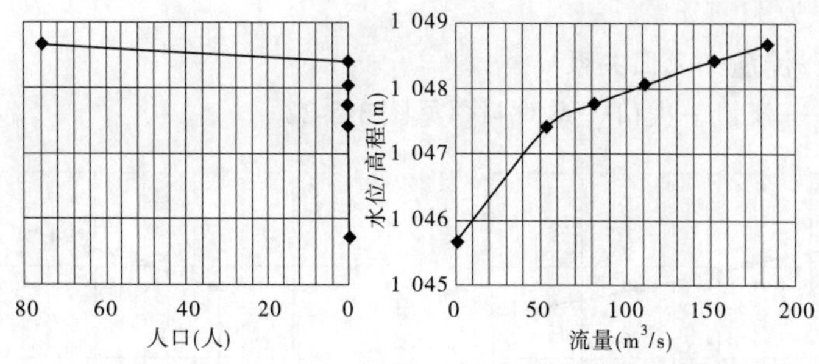

图 3-5-20　曹家沟村水位—流量—人口关系对照图

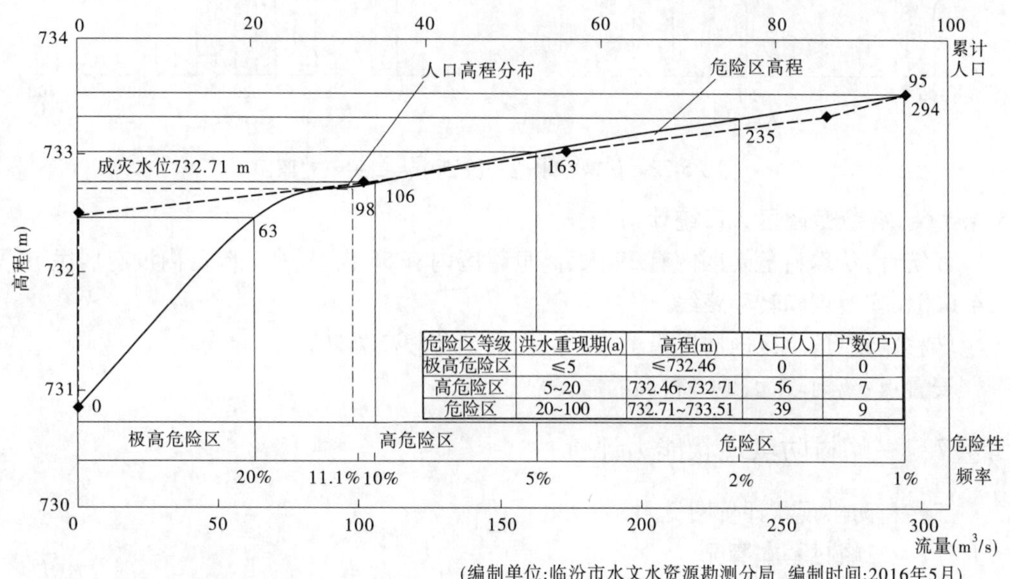

(编制单位:临汾市水文水资源勘测分局　编制时间:2016年5月)

图 3-5-21　伏珠村防洪现状评价图

5.4.6.1　伏珠村基本情况

伏珠村所在河流为午阳涧河,为汾河支流。伏珠村以上流域面积为 37.28 km^2,河长 15.7 km,流域比降 28.5‰。流域内主要为灌丛山地和黄土丘陵阶地,部分为砂页岩森林山地。

伏珠村隶属于刘家垣镇伏珠行政村,全村人口 2 090 人。居民区主要分布在午阳涧河左岸。

5.4.6.2　伏珠村山洪灾害成因与成灾水位确定

伏珠村所在河段的河道较窄,部分居民户离河较近。河床长有杂草,左岸较低,两岸边住有居民,居民随意倾倒垃圾堵塞河道。左岸住户离主河槽较近。涵洞过水能力不足,易形成壅水,居民受洪水灾害威胁。选取最先受灾的居民户所在位置为控制断面,该居民户高程即为成灾水位,成灾水位为 732.71 m。

5.4.6.3　伏珠村控制断面水位—流量关系和成灾水位对应的洪水频率

根据控制断面处的水位—流量关系确定伏珠村成灾水位对应的洪峰流量为 98 m^3/s,

其相应洪水频率为 11.1%。

5.4.6.4　**水位—流量—人口关系**

伏珠村水位—流量—人口关系对照图见图 3-5-22。

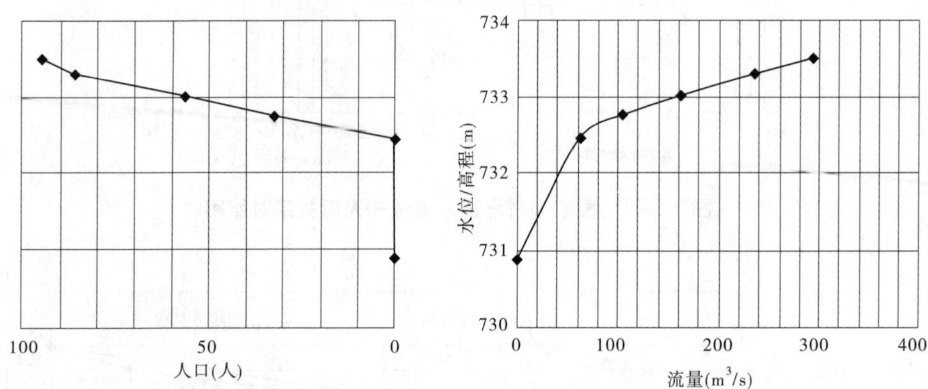

图 3-5-22　伏珠村水位—流量—人口关系对照图

5.4.6.5　**各级危险区人口统计**

经统计,伏珠村危险区内有 39 人,高危险区内有 56 人,极高危险区内没有居民。

5.4.6.6　**安置点和转移路线**

转移路线:危险区内居民沿最近小路向北地势较高处转移。

安置点:离河较远、地势较高的居民户。

5.4.7　三峪村防洪现状能力评价

三峪村防洪现状评价图见图 3-5-23。

5.4.7.1　**三峪村基本情况**

三峪村所在河流为午阳涧河,为汾河支流。三峪村以上流域面积为 6.29 km²,河长 1.4 km,流域比降 22‰。流域内为黄土丘陵阶地。

三峪村隶属于刘家垣镇三峪行政村,全村人口 1 550 人。居民区主要分布在午阳涧河右岸。

5.4.7.2　**三峪村山洪灾害成因与成灾水位确定**

三峪村所在河段的河道较窄,河床长有杂草,部分居民户离河较近。水势较大时会溢出河槽,对地势较低的居民户造成灾害。选取最先受灾的居民户所在位置为控制断面,该居民户高程即为成灾水位,成灾水位为 698.52 m。

5.4.7.3　**三峪村控制断面水位—流量关系和成灾水位对应的洪水频率**

根据控制断面处的水位—流量关系确定三峪村成灾水位对应的洪峰流量为 85 m³/s,其相应洪水频率为 1.7%。

5.4.7.4　**水位—流量—人口关系**

三峪村水位—流量—人口关系对照图见图 3-5-24。

5.4.7.5　**各级危险区人口统计**

经统计,三峪村危险区内有 118 人,高危险区和极高危险区内没有居民。

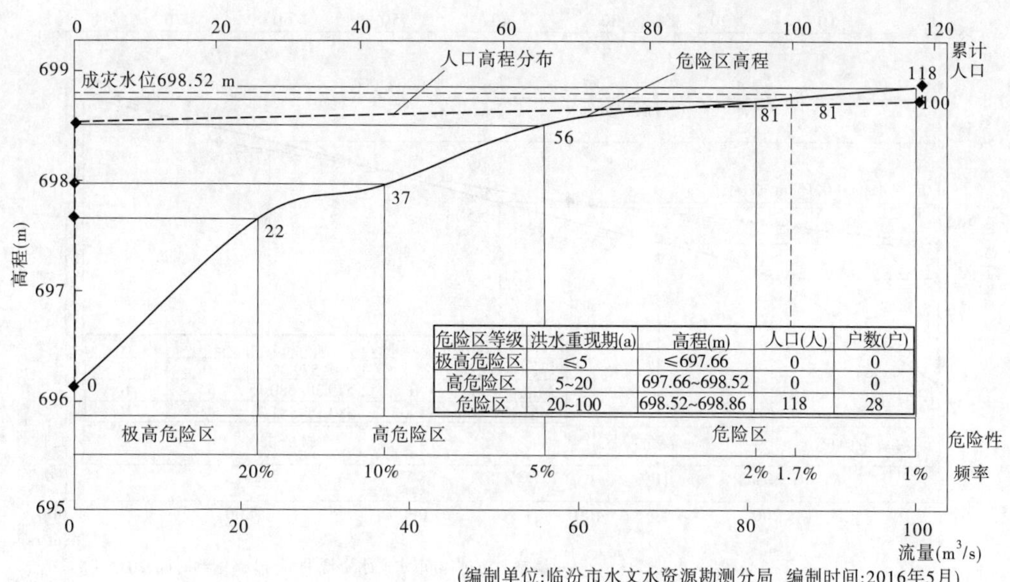

(编制单位:临汾市水文水资源勘测分局　编制时间:2016年5月)

图 3-5-23　三峪村防洪现状评价图

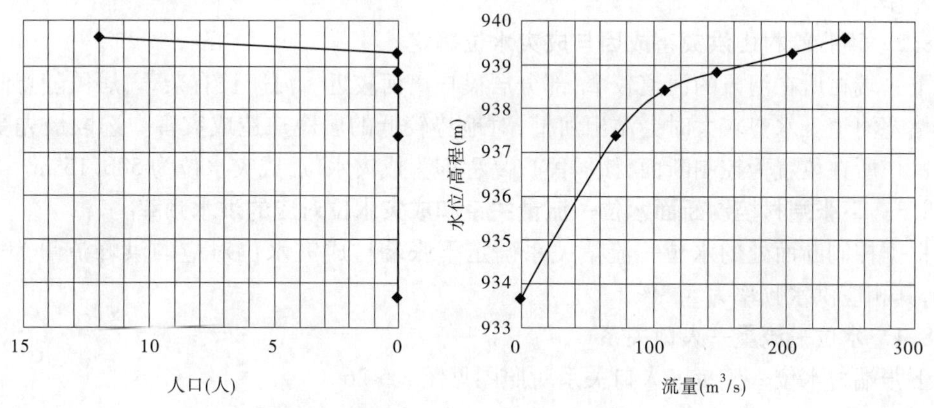

图 3-5-24　三峪村水位—流量—人口关系对照图

5.4.7.6　安置点和转移路线

转移路线:危险区内居民沿最近小路向西地势较高处转移。

安置点:离河较远、地势较高的居民户。

5.4.8　下张端村防洪现状能力评价

下张端村防洪现状评价图见图 3-5-25。

5.4.8.1　下张端村基本情况

下张端村所在河流为午阳涧河,为汾河支流。下张端村以上流域面积为 180.81 km^2,河长 29.5km,流域比降 19.7‰。流域内主要为灌丛山地和黄土丘陵阶地,部分为森林山地、灰岩土石山区。

下张端村隶属于堤村乡下张端行政村,全村人口 1 725 人。居民区主要分布在午阳

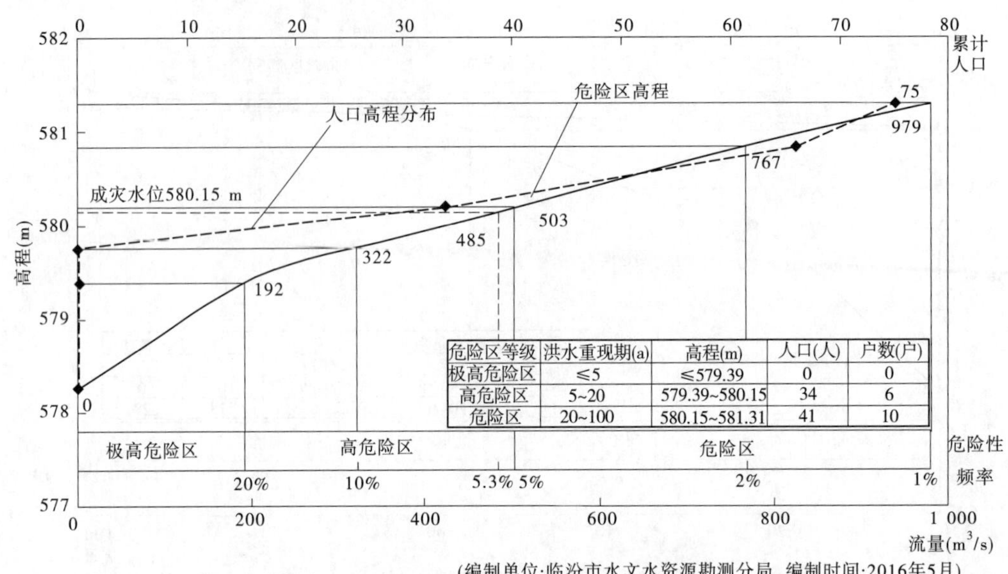

危险区等级	洪水重现期(a)	高程(m)	人口(人)	户数(户)
极高危险区	≤5	≤579.39	0	0
高危险区	5~20	579.39~580.15	34	6
危险区	20~100	580.15~581.31	41	10

图 3-5-25 下张端村防洪现状评价图

涧河左岸。

5.4.8.2 下张端村山洪灾害成因与成灾水位确定

下张端村所在河段的河道较窄,部分居民户离河较近。河床长有杂草,居民随意倾倒垃圾堵塞河道。水势较大时会溢出河槽,对地势较低的居民户造成灾害。选取最先受灾的居民户所在位置为控制断面,该居民户高程即为成灾水位,成灾水位为580.15 m。

5.4.8.3 下张端村控制断面水位—流量关系和成灾水位对应的洪水频率

根据控制断面处的水位—流量关系确定下张端村成灾水位对应的洪峰流量为485 m^3/s,其相应洪水频率为5.3%。

5.4.8.4 水位—流量—人口关系

下张端村水位—流量—人口关系对照图见图3-5-26。

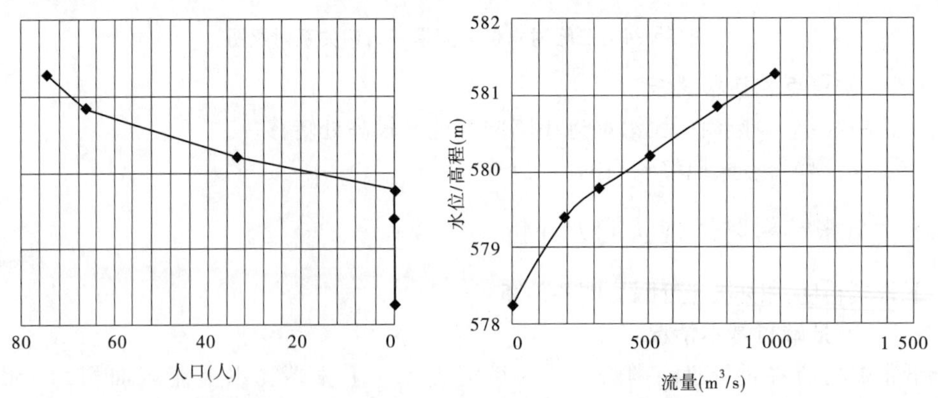

图 3-5-26 下张端村水位—流量—人口关系对照图

5.4.8.5　各级危险区人口统计

经统计,下张端村危险区内有41人,高危险区内有34人,极高危险区内没有居民。

5.4.8.6　安置点和转移路线

转移路线:危险区内居民沿最近小路向北地势较高处转移。

安置点:离河较远、地势较高的居民户。

5.4.9　上张端村防洪现状能力评价

上张端村防洪现状评价图见图3-5-27。

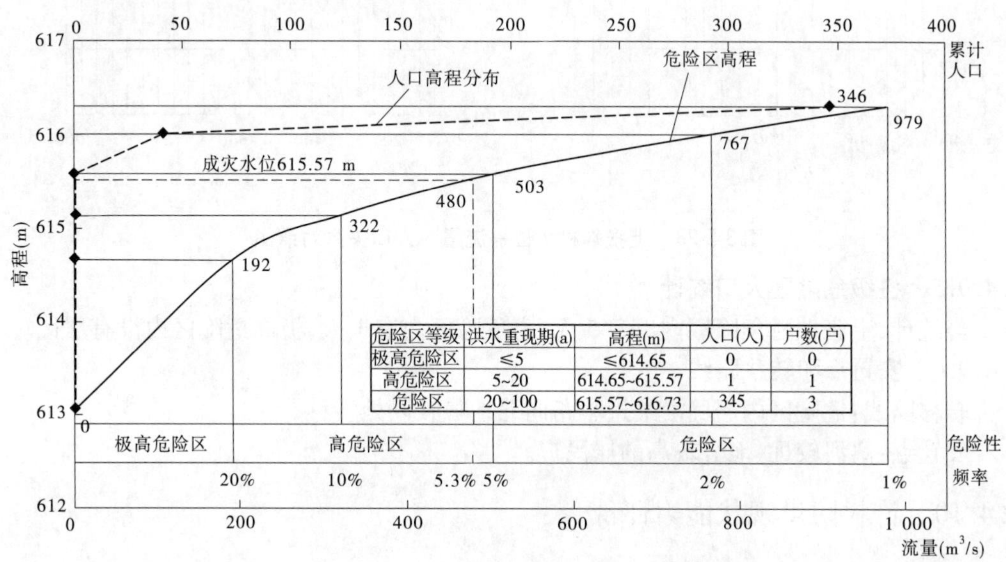

危险区等级	洪水重现期(a)	高程(m)	人口(人)	户数(户)
极高危险区	≤5	≤614.65	0	0
高危险区	5~20	614.65~615.57	1	1
危险区	20~100	615.57~616.73	345	3

(编制单位:临汾市水文水资源勘测分局　编制时间:2016年5月)

图3-5-27　上张端村防洪现状评价图

5.4.9.1　上张端村基本情况

上张端村所在河流为午阳涧河,为汾河支流。上张端村以上流域面积为180.81 km^2,河长29.5 km,流域比降19.7‰。流域内主要为灌丛山地和黄土丘陵阶地,部分为森林山地、灰岩土石山区。

上张端村隶属于堤村乡上张端行政村,全村人口1 155人。居民区主要分布在午阳涧河左岸。

5.4.9.2　上张端村山洪灾害成因与成灾水位确定

上张端村所在河段的河道较窄,河床为砂土质河床,主槽窄浅,左岸滩地宽阔,种有小麦,不利行洪。部分居民户离河较近。水势较大时会溢出河槽,对地势较低的居民户造成灾害。选取最先受灾的居民户所在位置为控制断面,该居民户高程即为成灾水位,成灾水位为615.57 m。

5.4.9.3　上张端村控制断面水位—流量关系和成灾水位对应的洪水频率

根据控制断面处的水位—流量关系确定上张端村成灾水位对应的洪峰流量为480 m^3/s,其相应洪水频率为5.3%。

5.4.9.4　水位—流量—人口关系

上张端村水位—流量—人口关系对照图见图3-5-28。

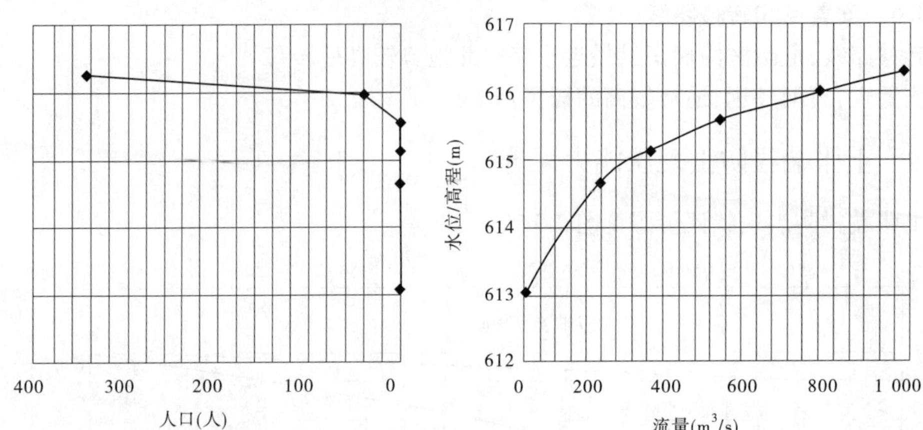

图3-5-28　上张端村水位—流量—人口关系对照图

5.4.9.5　各级危险区人口统计

经统计,上张端村危险区内有345人,高危险区内有1人,极高危险区内没有居民。

5.4.9.6　安置点和转移路线

转移路线:危险区内居民沿最近小路向北地势较高处转移。

安置点:离河较远、地势较高的居民户。

5.4.10　许村防洪现状能力评价

许村防洪现状评价图见图3-5-29。

5.4.10.1　许村基本情况

许村所在河流为午阳涧河,为汾河支流。许村以上流域面积为188.4 km^2,河长32.2 km,流域比降18.7‰。流域内主要为灌丛山地和黄土丘陵阶地,部分为森林山地、灰岩土石山区。

许村隶属于堤村乡许村行政村,全村人口4 350人。居民区主要分布在午阳涧河左岸。

5.4.10.2　许村山洪灾害成因与成灾水位确定

许村所在河段的河道较窄,部分居民户离河较近。河床长有杂草,左岸较低,居民随意倾倒垃圾堵塞河道,致使河道行洪断面不足。水势较大时会溢出堤防,对地势较低的居民户造成灾害。选取最先受灾的居民户所在位置为控制断面,该处堤顶高程即为成灾水位,成灾水位为544.92 m。

5.4.10.3　许村控制断面水位—流量关系和成灾水位对应的洪水频率

根据控制断面处的水位—流量关系确定许村成灾水位对应的洪峰流量为435 m^3/s,其相应洪水频率为6.7%。

5.4.10.4　水位—流量—人口关系

许村水位—流量—人口关系对照图见图3-5-30。

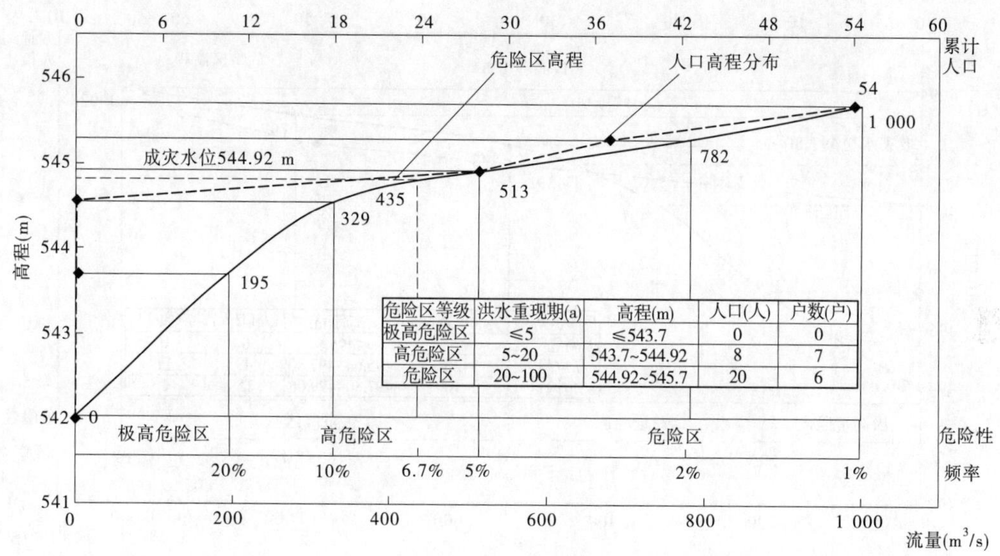

危险区等级	洪水重现期(a)	高程(m)	人口(人)	户数(户)
极高危险区	≤5	≤543.7	0	0
高危险区	5~20	543.7~544.92	8	7
危险区	20~100	544.92~545.7	20	6

图3-5-29　许村防洪现状评价图

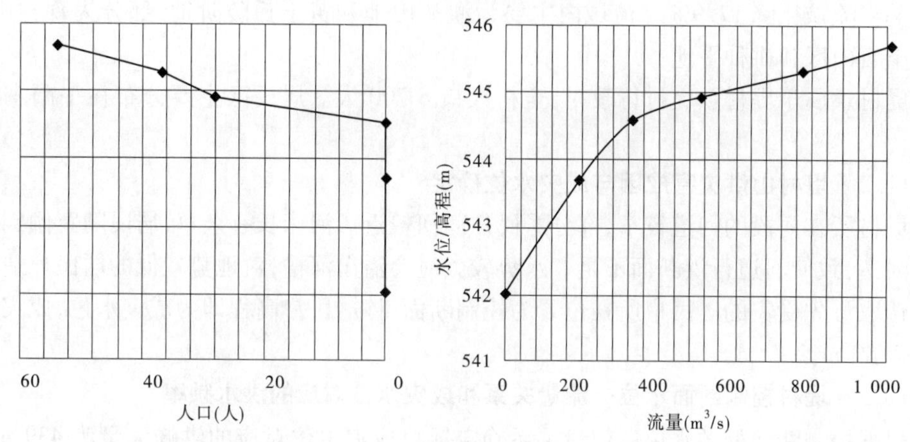

图3-5-30　许村水位—流量—人口关系对照图

5.4.10.5　各级危险区人口统计

经统计,许村危险区内有26人,高危险区内有28人,极高危险区内没有居民。

5.4.10.6　安置点和转移路线

转移路线:危险区内居民沿最近小路向北地势较高处转移。

安置点:离河较远、地势较高的居民户。

5.4.11　堤村防洪现状能力评价

堤村防洪现状评价图见图3-5-31。

5.4.11.1　堤村基本情况

堤村所在河流为午阳涧河,为汾河支流。堤村以上流域面积为196.02 km^2,河长

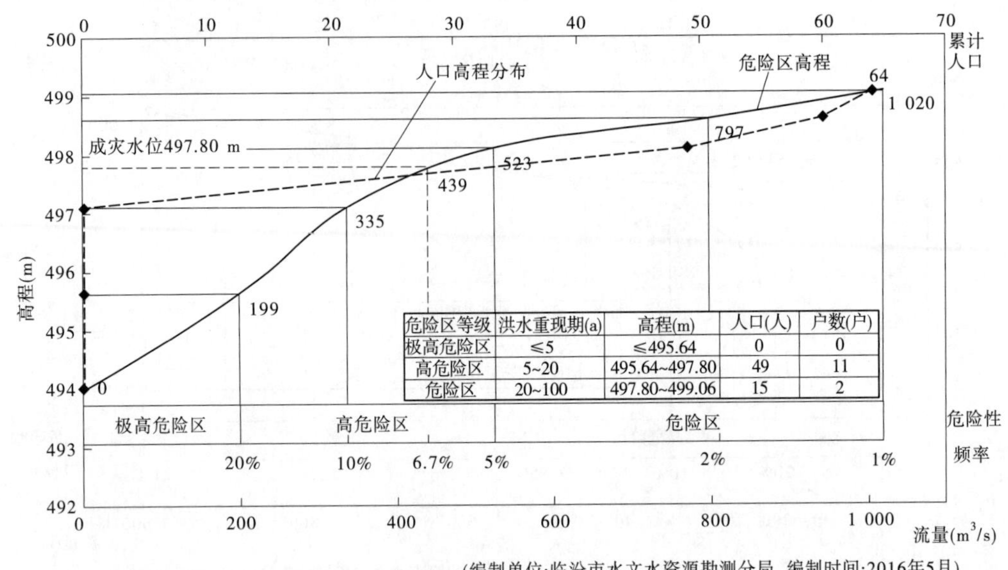

危险区等级	洪水重现期(a)	高程(m)	人口(人)	户数(户)
极高危险区	≤5	≤495.64	0	0
高危险区	5~20	495.64~497.80	49	11
危险区	20~100	497.80~499.06	15	2

(编制单位:临汾市水文水资源勘测分局 编制时间:2016年5月)

图 3-5-31 堤村防洪现状评价图

34.8 km,流域比降 17.9‰。流域内主要为灌丛山地和黄土丘陵阶地,部分为森林山地、灰岩土石山区和耕种平地。

堤村隶属于堤村乡堤村行政村,全村人口 6 700 人。居民区主要分布在午阳涧河右岸。

5.4.11.2 堤村山洪灾害成因与成灾水位确定

堤村所在河段的河道较窄,部分居民户离河较近。河床长有杂草,居民随意倾倒垃圾堵塞河道,致使河道行洪断面不足。水势较大时会溢出河槽,对地势较低的居民户造成灾害。选取最先受灾的居民户所在位置为控制断面,该居民户高程即为成灾水位,成灾水位为 497.80 m。

5.4.11.3 堤村控制断面水位—流量关系和成灾水位对应的洪水频率

根据控制断面处的水位—流量关系确定堤村成灾水位对应的洪峰流量为 439 m³/s,其相应洪水频率为 6.7%。

5.4.11.4 水位—流量—人口关系

堤村水位—流量—人口关系对照图见图 3-5-32。

5.4.11.5 各级危险区人口统计

经统计,堤村危险区内有 15 人,高危险区内有 49 人,极高危险区内没有居民。

5.4.11.6 安置点和转移路线

转移路线:危险区内居民沿最近小路向南地势较高处转移。

安置点:离河较远、地势较高的居民户。

5.4.12 三交河村防洪现状能力评价

三交河村防洪现状评价图见图 3-5-33。

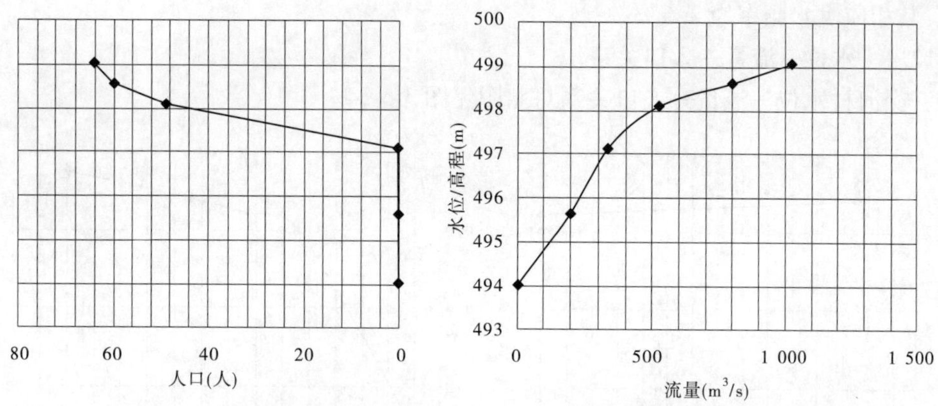

图 3-5-32 堤村水位—流量—人口关系对照图

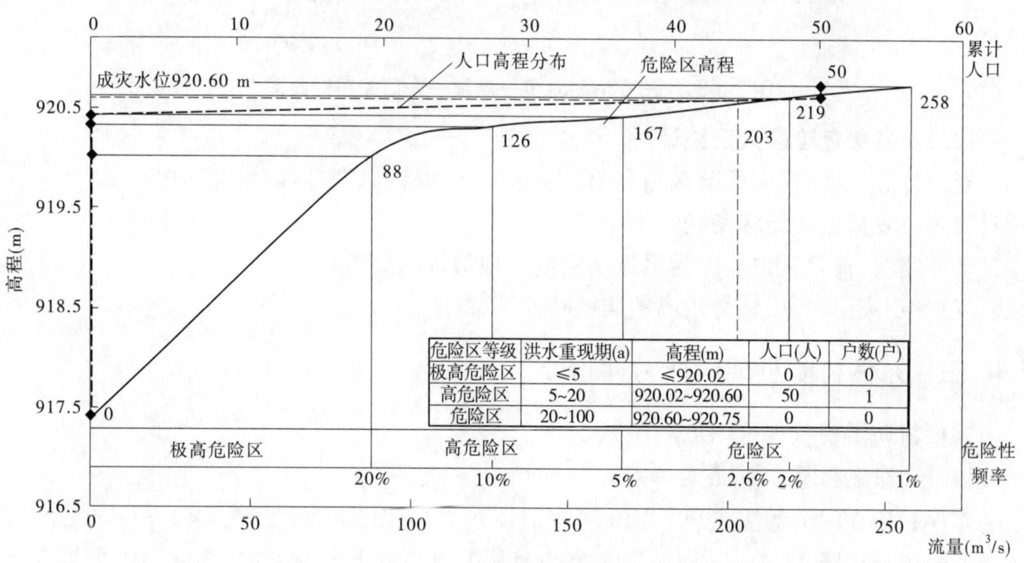

危险区等级	洪水重现期(a)	高程(m)	人口(人)	户数(户)
极高危险区	≤5	≤920.02	0	0
高危险区	5~20	920.02~920.60	50	1
危险区	20~100	920.60~920.75	0	0

(编制单位:临汾市水文水资源勘测分局 编制时间:2016年5月)

图 3-5-33 三交河村防洪现状评价图

5.4.12.1 三交河村基本情况

三交河村所在河流为三交河,为汾河支流。三交河村以上流域面积为 15.91 km²,河长 5.4 km,流域比降 39‰。流域内主要为砂页岩灌丛山地,部分为砂页岩森林山地。

三交河村隶属于左木乡三交河行政村,全村人口 258 人。居民区主要分布在三交河左岸。

5.4.12.2 三交河村山洪灾害成因与成灾水位确定

三交河村所在河段的河道较窄,部分居民户离河较近。居民随意倾倒垃圾堵塞河道,致使河道行洪不畅。水势较大时会溢出堤防,对地势较低的居民户造成灾害。选取最先受灾的居民户所在位置为控制断面,该处堤顶高程即为成灾水位,成灾水位为 920.60 m。

5.4.12.3 三交河村控制断面水位—流量关系和成灾水位对应的洪水频率

根据控制断面处的水位—流量关系确定三交河村成灾水位对应的洪峰流量为 203

m^3/s,其相应洪水频率为2.6%。

5.4.12.4　**水位—流量—人口关系**

三交河村水位—流量—人口关系对照图见图3-5-34。

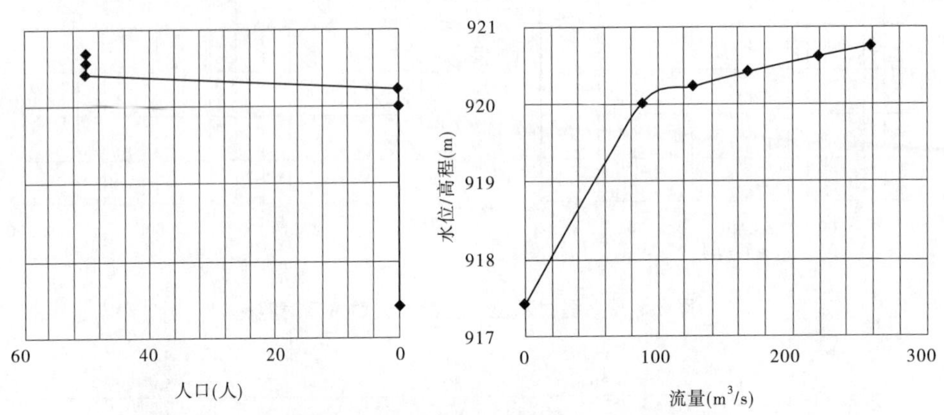

图3-5-34　三交河村水位—流量—人口关系对照图

5.4.12.5　**各级危险区人口统计**

经统计,三交河村高危险区内有50人,危险区和极高危险区内没有居民。

5.4.12.6　**安置点和转移路线**

转移路线:危险区内居民沿最近小路向西地势较高处转移。

安置点:离河较远、地势较高的居民户。

5.4.13　东堡村防洪现状能力评价

东堡村防洪现状评价图见图3-5-35。

5.4.13.1　**东堡村基本情况**

东堡村所在河流为三交河,为汾河支流。东堡村以上流域面积为62.81 km^2,河长16.5 km,流域比降27.1‰。流域内主要为灌丛山地和黄土丘陵阶地,部分为砂页岩森林山地。

东堡村隶属于万安镇东堡行政村,全村人口504人。居民区主要分布在三交河左岸。

5.4.13.2　**东堡村山洪灾害成因与成灾水位确定**

东堡村所在河段的河道较窄,部分居民户离河较近。河床长有杂草、树木,左岸边住有居民。居民随意倾倒垃圾堵塞河道,致使河道行洪不畅,水势较大时会溢出河槽,对地势较低的居民户造成灾害。选取最先受灾的居民户所在位置为控制断面,该居民户高程即为成灾水位,成灾水位为744.54 m。

5.4.13.3　**东堡村控制断面水位—流量关系和成灾水位对应的洪水频率**

根据控制断面处的水位—流量关系确定东堡村成灾水位对应的洪峰流量为440 m^3/s,其相应洪水频率为3.8%。

5.4.13.4　**水位—流量—人口关系**

东堡村水位—流量—人口关系见图3-5-36。

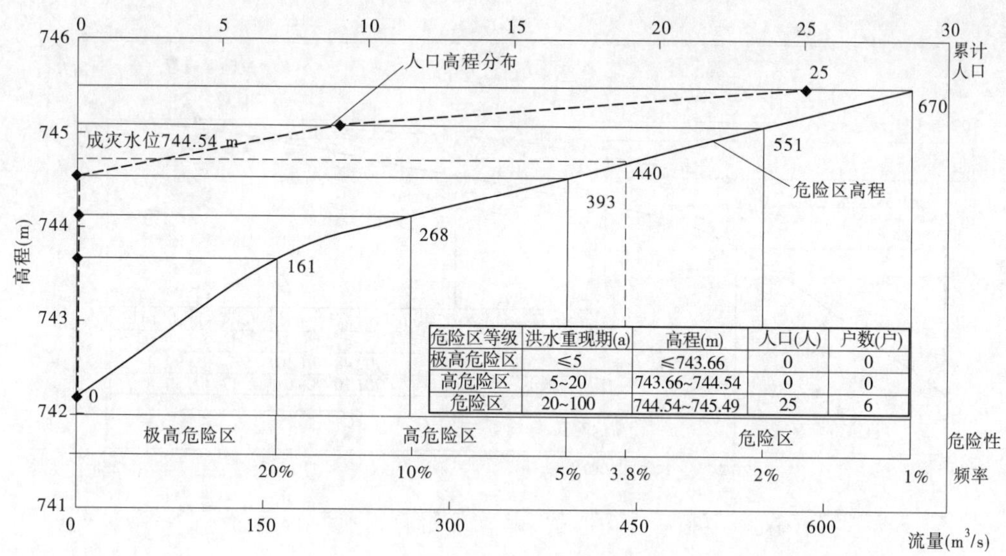

图 3-5-35　东堡村防洪现状评价图

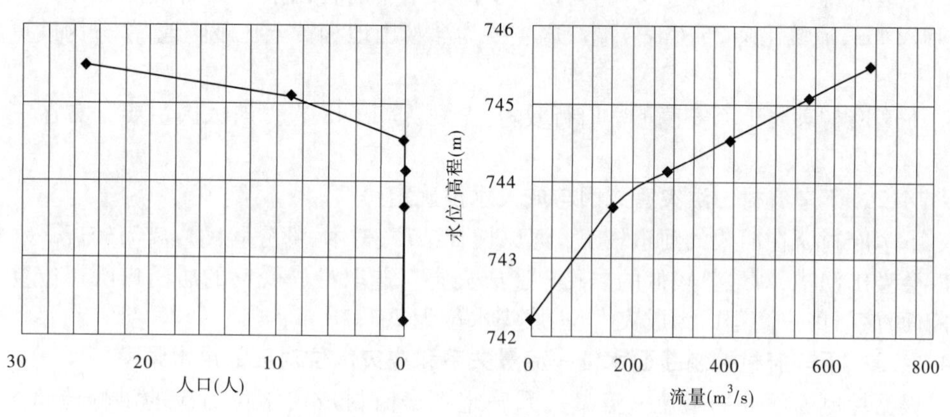

图 3-5-36　东堡村水位—流量—人口关系对照图

5.4.13.5　各级危险区人口统计

经统计,东堡村危险区内有 25 人,高危险区和极高危险区内没有居民。

5.4.13.6　安置点和转移路线

转移路线:危险区内居民沿最近小路向北地势较高处转移。

安置点:离河较远、地势较高的居民户。

5.4.14　下辛府村防洪现状能力评价

下辛府村防洪现状评价图见图 3-5-37。

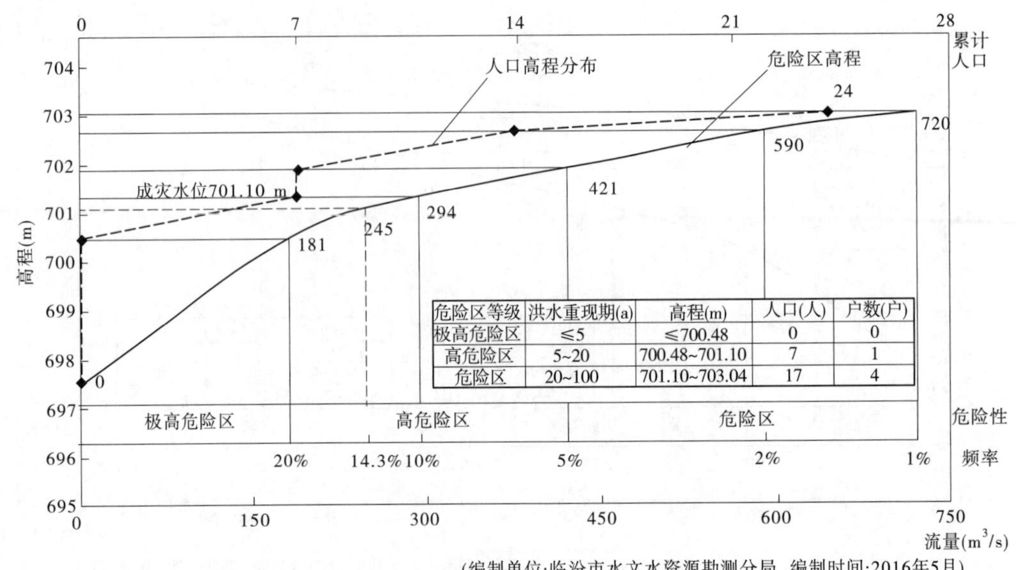

危险区等级	洪水重现期(a)	高程(m)	人口(人)	户数(户)
极高危险区	≤5	≤700.48	0	0
高危险区	5~20	700.48~701.10	7	1
危险区	20~100	701.10~703.04	17	4

(编制单位:临汾市水文水资源勘测分局 编制时间:2016年5月)

图 3-5-37 下辛府村防洪现状评价图

5.4.14.1 下辛府村基本情况

下辛府村所在河流为三交河,为汾河支流。下辛府村以上流域面积为 75.24 km^2,河长 19.2 km,流域比降 25.6‰。流域内主要为灌丛山地和黄土丘陵阶地,部分为砂页岩森林山地。

下辛府村隶属于万安镇下辛府行政村,全村人口 648 人。居民区主要分布在三交河左岸。

5.4.14.2 下辛府村山洪灾害成因与成灾水位确定

下辛府村所在河段的河道较窄,河床长有杂草、树木,部分居民户离河较近。水势较大时会溢出河槽,对地势较低的居民户造成灾害。选取最先受灾的居民户所在位置为控制断面,该居民户高程即为成灾水位,成灾水位为 701.10 m。

5.4.14.3 下辛府村控制断面水位—流量关系和成灾水位对应的洪水频率

根据控制断面处的水位—流量关系确定下辛府村成灾水位对应的洪峰流量为 245 m^3/s,其相应洪水频率为 14.3%。

5.4.14.4 水位—流量—人口关系

下辛府村水位—流量—人口关系见图 3-5-38。

5.4.14.5 各级危险区人口统计

经统计,下辛府村危险区内有 17 人,高危险区内有 7 人,极高危险区内没有居民。

5.4.14.6 安置点和转移路线

转移路线:危险区内居民沿最近小路向北地势较高处转移。

安置点:离河较远、地势较高的居民户。

5.4.15 左家沟村防洪现状能力评价

左家沟村防洪现状评价图见图 3-5-39。

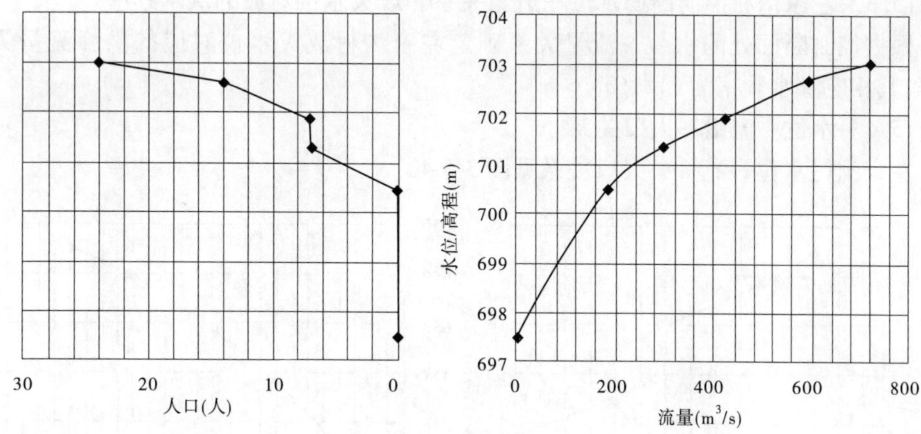

图 3-5-38　下辛府村水位—流量—人口关系对照图

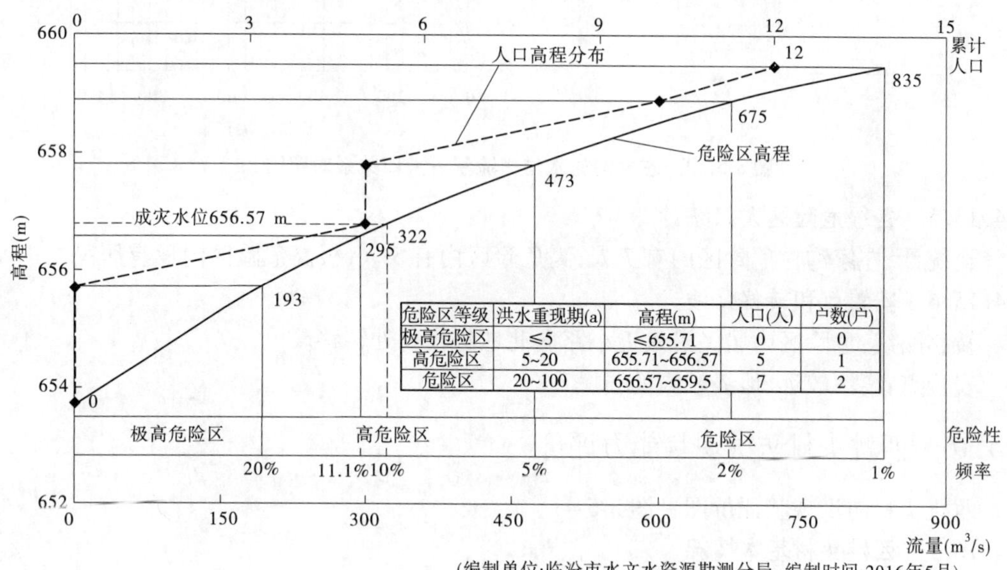

危险区等级	洪水重现期(a)	高程(m)	人口(人)	户数(户)
极高危险区	≤5	≤655.71	0	0
高危险区	5~20	655.71~656.57	5	1
危险区	20~100	656.57~659.5	7	2

图 3-5-39　左家沟村防洪现状评价图

5.4.15.1　左家沟村基本情况

左家沟村所在河流为三交河,为汾河支流。左家沟村以上流域面积为 99.08 km²,河长 20 km,流域比降 21.5‰。流域内主要为灌丛山地和黄土丘陵阶地,部分为砂页岩森林山地。

左家沟村隶属于万安镇左家沟行政村,全村人口 1 197 人。居民区主要分布在三交河左岸。

5.4.15.2　左家沟村山洪灾害成因与成灾水位确定

左家沟村所在河段的河道较窄,河床长有杂草,左岸新建乡村道路,右岸为土坡,部分居民户离河较近。水势较大时会溢出河槽,对地势较低的居民户造成灾害。选取最先受灾的居民户所在位置为控制断面,该居民户高程即为成灾水位,成灾水位为 656.57 m。

5.4.15.3　**左家沟村控制断面水位—流量关系和成灾水位对应的洪水频率**

根据控制断面处的水位—流量关系确定左家沟村成灾水位对应的洪峰流量为 295 m^3/s,其相应洪水频率为 11.1%。

5.4.15.4　**水位—流量—人口关系**

左家沟村水位—流量—人口关系见图 3-5-40。

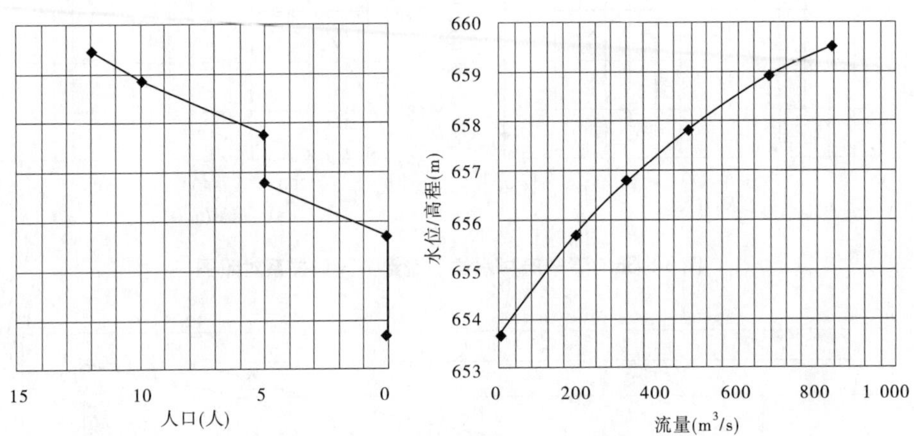

图 3-5-40　左家沟村水位—流量—人口关系对照图

5.4.15.5　**各级危险区人口统计**

经统计,左家沟村危险区内有 7 人,高危险区内有 5 人,极高危险区内没有居民。

5.4.15.6　**安置点和转移路线**

转移路线:危险区内居民沿最近小路向北地势较高处转移。

安置点:离河较远、地势较高的居民户。

5.4.16　西姚头村防洪现状能力评价

西姚头村防洪现状评价图见图 3-5-41。

5.4.16.1　**西姚头村基本情况**

西姚头村所在河流为三交河,为汾河支流。西姚头村以上流域面积为 103.80 km^2,河长 24.6 km,流域比降 21.44‰。流域内主要为灌丛山地和黄土丘陵阶地,部分为砂页岩森林山地。

西姚头村隶属于万安镇西姚头行政村,全村人口 1 309 人。居民区主要分布在三交河右岸。

5.4.16.2　**西姚头村山洪灾害成因与成灾水位确定**

西姚头村所在河段的河道较窄,部分居民户离河较近。河床长有杂草,左岸较低,居民随意倾倒垃圾堵塞河道,致使河道行洪不畅。水势较大时会溢出河槽,对地势较低的居民户造成灾害。选取最先受灾的居民户所在位置为控制断面,该居民户高程即为成灾水位,成灾水位为 615.90 m。

5.4.16.3　**西姚头村控制断面水位—流量关系和成灾水位对应的洪水频率**

根据控制断面处的水位—流量关系确定西姚头村成灾水位对应的洪峰流量为 325

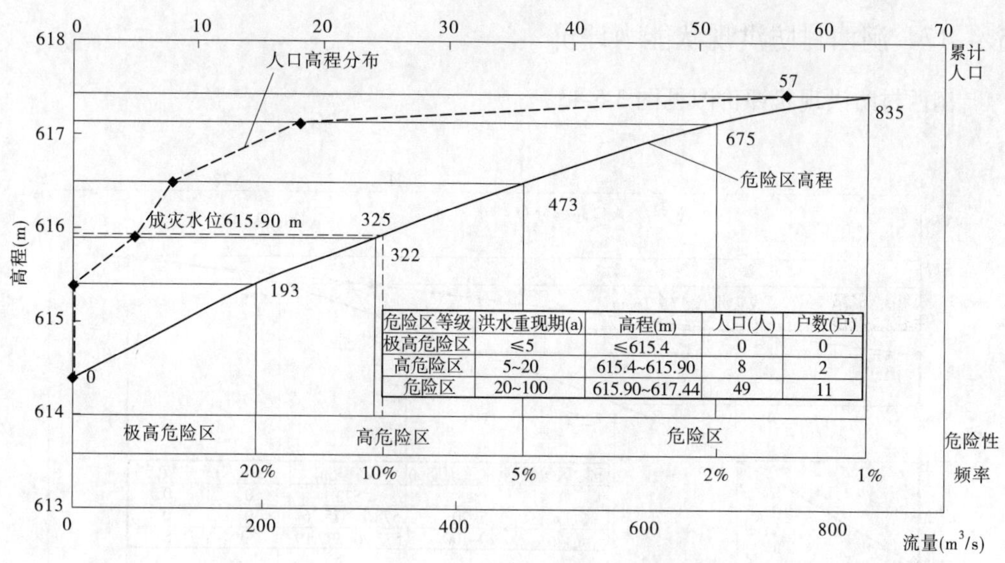

危险区等级	洪水重现期(a)	高程(m)	人口(人)	户数(户)
极高危险区	≤5	≤615.4	0	0
高危险区	5~20	615.4~615.90	8	2
危险区	20~100	615.90~617.44	49	11

(编制单位:临汾市水文水资源勘测分局　编制时间:2016年5月)

图3-5-41　西姚头村防洪现状评价图

m^3/s,其相应洪水频率为10.0%。

5.4.16.4　水位—流量—人口关系

西姚头村水位—流量—人口关系见图3-5-42。

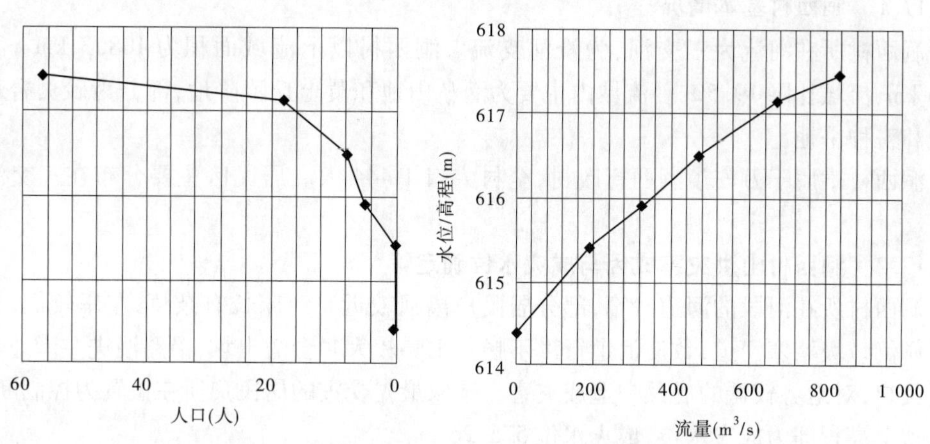

图3-5-42　西姚头村水位—流量—人口关系对照图

5.4.16.5　各级危险区人口统计

经统计,西姚头村危险区内有49人,高危险区内有8人,极高危险区内没有居民。

5.4.16.6　安置点和转移路线

转移路线:危险区内居民沿最近小路向北地势较高处转移。

安置点:离河较远、地势较高的居民户。

5.4.17 涧西村防洪现状能力评价

涧西村防洪现状评价图见图 3-5-43。

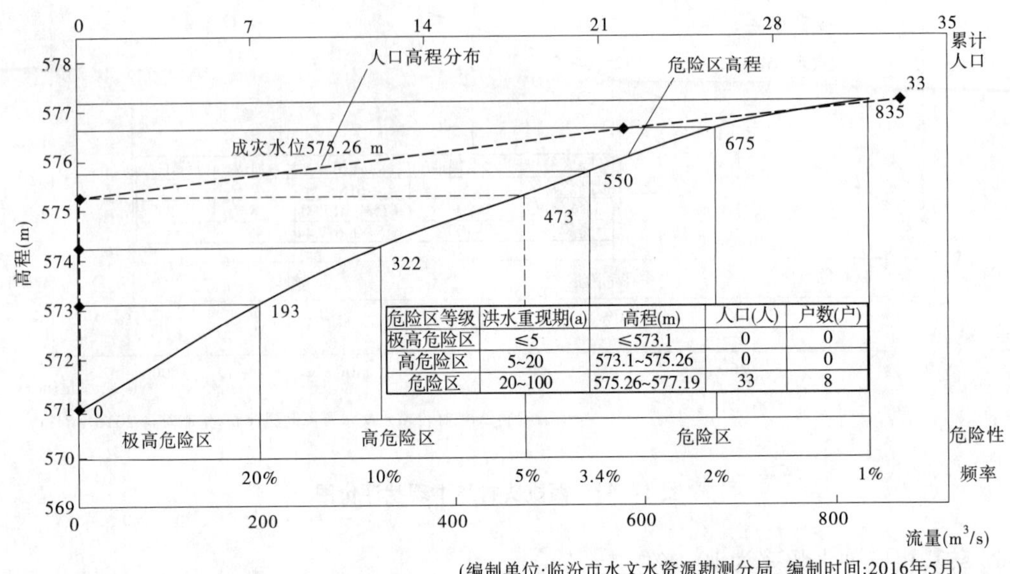

危险区等级	洪水重现期(a)	高程(m)	人口(人)	户数(户)
极高危险区	≤5	≤573.1	0	0
高危险区	5~20	573.1~575.26	0	0
危险区	20~100	575.26~577.19	33	8

图 3-5-43 涧西村防洪现状评价图

5.4.17.1 涧西村基本情况

涧西村所在河流为三交河，为汾河支流。涧西村以上流域面积为 108.3 km^2，河长 27.6 km，流域比降 19.5‰。流域内主要为灌丛山地和黄土丘陵阶地，部分为砂页岩森林山地和耕种平地。

涧西村隶属于万安镇涧西行政村，全村人口 1 444 人。居民区主要分布在三交河右岸。

5.4.17.2 涧西村山洪灾害成因与成灾水位确定

涧西村所在河段的河道较窄，部分居民户离河较近。河床长有杂草，左岸较低，居民随意倾倒垃圾堵塞河道，致使河道行洪不畅。水势较大时会溢出坎，沿路漫进左岸地势低的居民户，对地势较低的居民户造成灾害。选取最先受灾的居民户所在位置为控制断面，该处坎上高程即为成灾水位，成灾水位 575.26 m。

5.4.17.3 涧西村控制断面水位—流量关系和成灾水位对应的洪水频率

根据控制断面处的水位—流量关系确定涧西村成灾水位对应的洪峰流量为 550 m^3/s，其相应洪水频率为 3.4%。

5.4.17.4 水位—流量—人口关系

涧西村水位—流量—人口关系见图 3-5-44。

5.4.17.5 各级危险区人口统计

经统计，涧西村危险区内有 33 人，高危险区和极高危险区内没有居民。

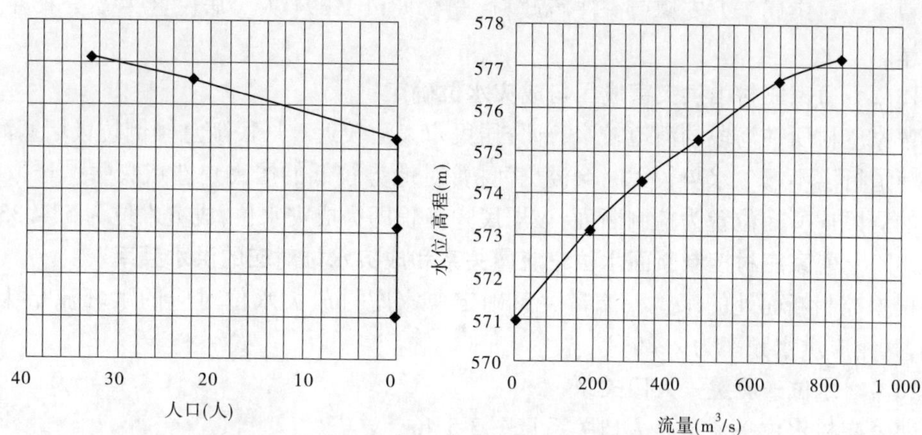

图 3-5-44　涧西村水位—流量—人口关系对照图

5.4.17.6　**安置点和转移路线**

转移路线:危险区内居民沿最近小路向东地势较高处转移。

安置点:离河较远、地势较高的居民户。

5.4.18　曹家庄村防洪现状能力评价

曹家庄村防洪现状评价图见图 3-5-45。

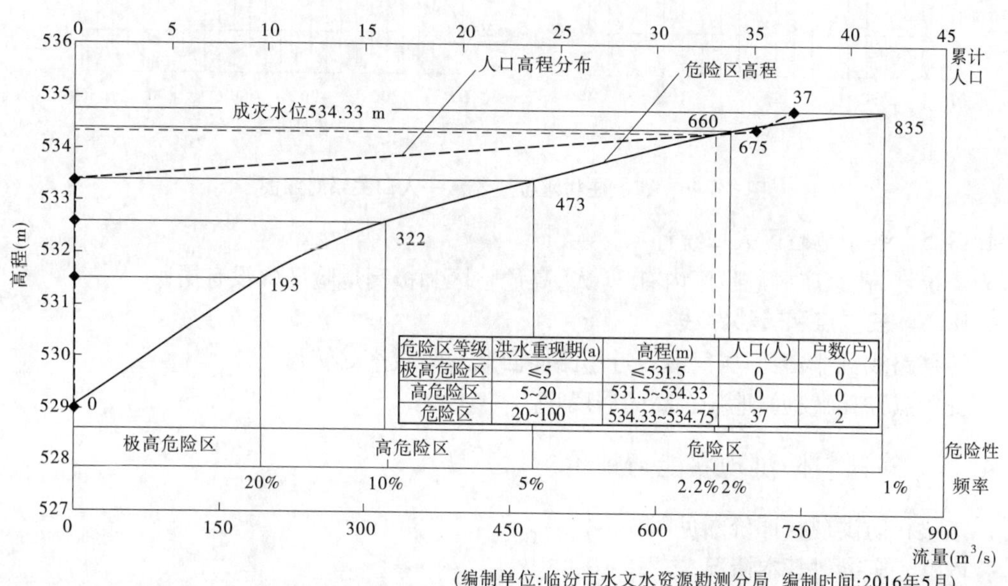

危险区等级	洪水重现期(a)	高程(m)	人口(人)	户数(户)
极高危险区	≤5	≤531.5	0	0
高危险区	5~20	531.5~534.33	0	0
危险区	20~100	534.33~534.75	37	2

图 3-5-45　曹家庄村防洪现状评价图

5.4.18.1　**曹家庄村基本情况**

曹家庄村所在河流为三交河,为汾河支流。曹家庄村以上流域面积为 120.80 km^2,河长 32.6 km,流域比降 17.4‰。流域内主要为灌丛山地和黄土丘陵阶地,部分为砂页岩森林山地和耕种平地。

曹家庄村隶属于万安镇曹家庄行政村,全村人口 1 294 人。居民区主要分布在三交河左岸。

5.4.18.2 **曹家庄村山洪灾害成因与成灾水位确定**

曹家庄村所在河段的河道较窄,部分居民户离河较近。居民随意倾倒垃圾堵塞河道,致使河道行洪不畅。水势较大时会溢出河槽,对地势较低的居民户造成灾害。选取最先受灾的居民户所在位置为控制断面,该居民户高程即为成灾水位,成灾水位为 534.33 m。

5.4.18.3 **曹家庄村控制断面水位—流量关系和成灾水位对应的洪水频率**

根据控制断面处的水位—流量关系确定曹家庄村成灾水位对应的洪峰流量为 660 m^3/s,其相应洪水频率为 2.2%。

5.4.18.4 **水位—流量—人口关系**

曹家庄村水位—流量—人口关系见图 3-5-46。

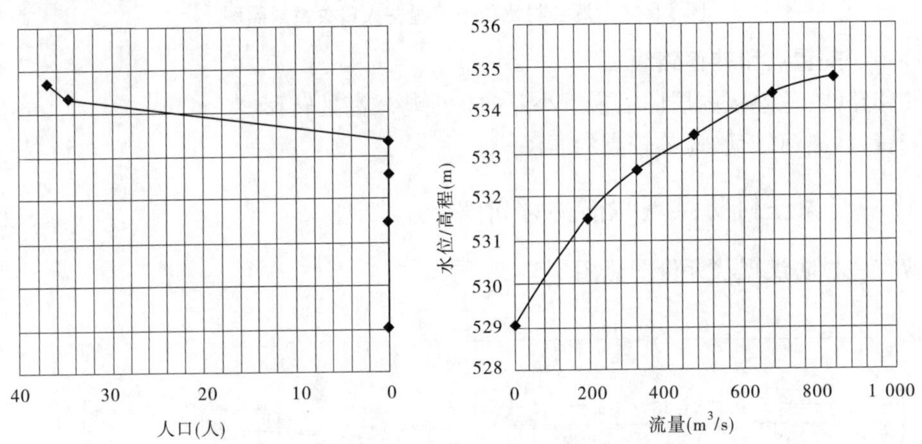

图 3-5-46 曹家庄村水位—流量—人口关系对照图

5.4.18.5 **各级危险区人口统计**

经统计,曹家庄村危险区内有 37 人,高危险区和极高危险区内没有居民。

5.4.18.6 **安置点和转移路线**

转移路线:危险区内居民沿最近小路向西北地势较高处转移。

安置点:离河较远、地势较高的居民户。

5.4.19 东梁村防洪现状能力评价

东梁村防洪现状评价图见图 3-5-47。

5.4.19.1 **东梁村基本情况**

东梁村所在河流为三交河,为汾河支流。东梁村以上流域面积为 122.2 km^2,河长 32.7 km,流域比降 17.7‰。流域内主要为灌丛山地和黄土丘陵阶地,部分为砂页岩森林山地和耕种平地。

东梁村隶属于万安镇东梁行政村,全村人口 840 人。居民区主要分布在三交河右岸。

5.4.19.2 **东梁村山洪灾害成因与成灾水位确定**

东梁村所在河段的河道较窄,部分居民户离河较近。居民随意倾倒垃圾堵塞河道,致

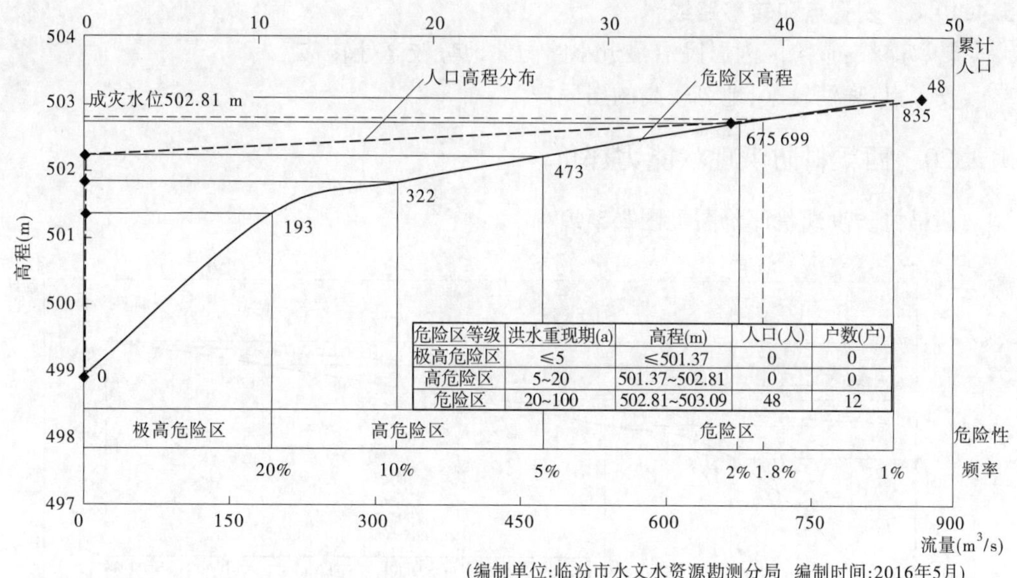

危险区等级	洪水重现期(a)	高程(m)	人口(人)	户数(户)
极高危险区	≤5	≤501.37	0	0
高危险区	5~20	501.37~502.81	0	0
危险区	20~100	502.81~503.09	48	12

图 3-5-47　东梁村防洪现状评价图

使河道行洪不畅。水势较大时会溢出坎,沿路漫进左岸地势低的居民户,对地势较低的居民户造成灾害。选取最先受灾的居民户所在位置为控制断面,该处坎上高程即为成灾水位,成灾水位为 502.81 m。

5.4.19.3　东梁村控制断面水位—流量关系和成灾水位对应的洪水频率

根据控制断面处的水位—流量关系确定东梁村成灾水位对应的洪峰流量为 699 m^3/s,其相应洪水频率为 1.8%。

5.4.19.4　水位—流量—人口关系

东梁村水位—流量—人口关系见图 3-5-48。

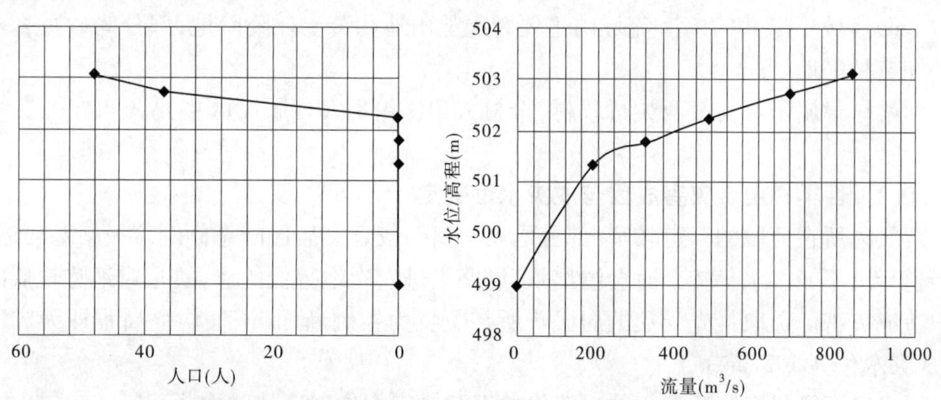

图 3-5-48　东梁村水位—流量—人口关系对照图

5.4.19.5　各级危险区人口统计

经统计,东梁村危险区内有 48 人,高危险区和极高危险区没有居民。

5.4.19.6 安置点和转移路线

转移路线:危险区内居民沿最近小路向北地势较高处转移。

安置点:离河较远、地势较高的居民户。

5.4.20 西梁村防洪现状能力评价

西梁村防洪现状评价图见图 3-5-49。

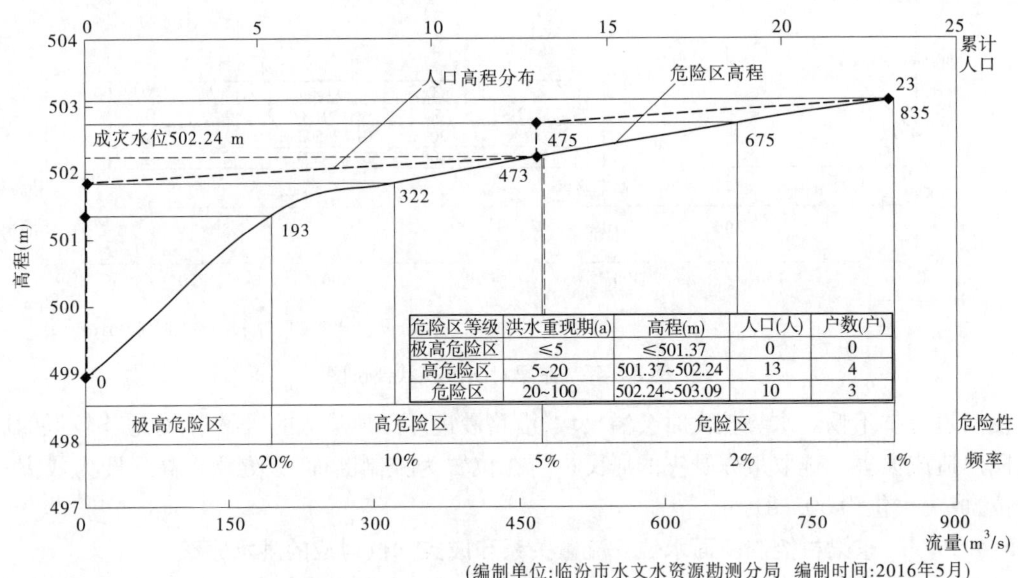

图 3-5-49 西梁村防洪现状评价图

5.4.20.1 西梁村基本情况

西梁村所在河流为三交河,为汾河支流。西梁村以上流域面积为 122.20 km^2,河长 32.7 km,流域比降 17.7‰。流域内主要为灌丛山地和黄土丘陵阶地,部分为砂页岩森林山地和耕种平地。

西梁村隶属于万安镇西梁行政村,全村人口 1 488 人。居民区主要分布在三交河右岸。

5.4.20.2 西梁村山洪灾害成因与成灾水位确定

西梁村所在河段的河道较窄,部分居民户离河较近。居民随意倾倒垃圾堵塞河道,致使河道行洪不畅。水势较大时会溢出坎,沿路漫进左岸地势低的居民户,对地势较低的居民户造成灾害。选取最先受灾的居民户所在位置为控制断面,该处坎上高程即为成灾水位,成灾水位为 502.24 m。

5.4.20.3 西梁村控制断面水位—流量关系和成灾水位对应的洪水频率

根据控制断面处的水位—流量关系确定西梁村成灾水位对应的洪峰流量为 475 m^3/s,其相应洪水频率为 5.0% 。

5.4.20.4 水位—流量—人口关系

西梁村水位—流量—人口关系见图 3-5-50。

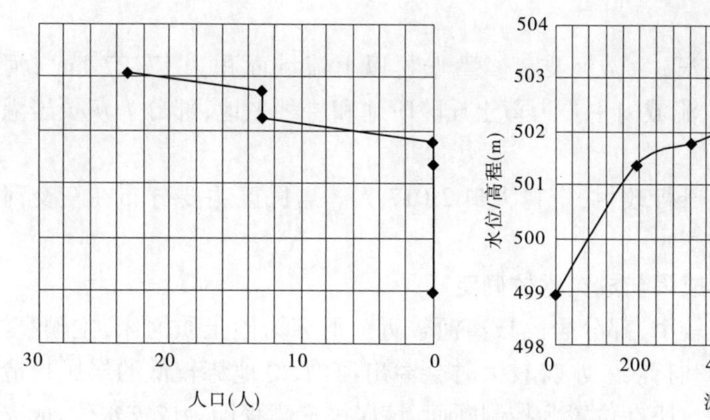

图 3-5-50 西梁村水位—流量—人口关系对照图

5.4.20.5 各级危险区人口统计

经统计,西梁村危险区内有 10 人,高危险区内有 13 人,极高危险区内没有居民。

5.4.20.6 安置点和转移路线

转移路线:危险区内居民沿最近小路向西地势较高处转移。

安置点:离河较远、地势较高的居民户。

5.4.21 塾堡村防洪现状能力评价

塾堡村防洪现状评价图见图 3-5-51。

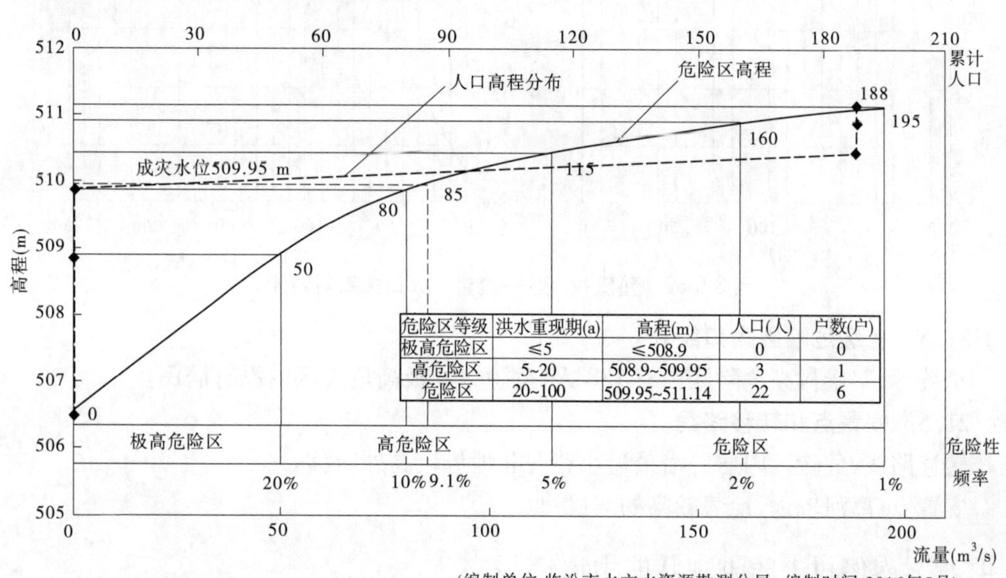

危险区等级	洪水重现期(a)	高程(m)	人口(人)	户数(户)
极高危险区	≤5	≤508.9	0	0
高危险区	5~20	508.9~509.95	3	1
危险区	20~100	509.95~511.14	22	6

(编制单位:临汾市水文水资源勘测分局 编制时间:2016年5月)

图 3-5-51 塾堡村防洪现状评价图

5.4.21.1　**塾堡村基本情况**

塾堡村所在河流为三交河,为汾河支流。塾堡村以上流域面积为 17.27 km²,河长 21.9 km,流域比降 15.7‰。流域内主要为黄土丘陵阶地和耕种平地,部分为灰页岩灌丛山地。

塾堡村隶属于龙马乡塾堡行政村,全村人口 2 017 人。居民区主要分布在三交河右岸。

5.4.21.2　**塾堡村山洪灾害成因与成灾水位确定**

塾堡村所在河段的河道较窄,部分居民户离河较近。河床为砂土质河床,主槽窄浅,两岸滩地宽阔,种有小麦,不利行洪。水势较大时会溢出河槽,对地势较低的居民户造成灾害。选取最先受灾的居民户所在位置为控制断面,该居民户高程即为成灾水位,成灾水位为 509.95 m。

5.4.21.3　**塾堡村控制断面水位—流量关系和成灾水位对应的洪水频率**

根据控制断面处的水位—流量关系确定塾堡村成灾水位对应的洪峰流量为 85 m³/s,其相应洪水频率为 9.1%。

5.4.21.4　**水位—流量—人口关系**

塾堡村水位—流量—人口关系见图 3-5-52。

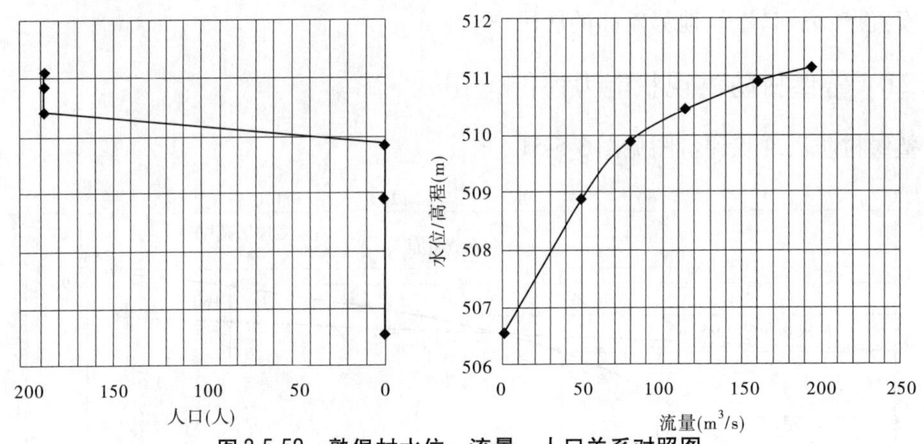

图 3-5-52　塾堡村水位—流量—人口关系对照图

5.4.21.5　**各级危险区人口统计**

经统计,塾堡村高危险区内有 188 人,危险区和极高危险区内没有居民。

5.4.21.6　**安置点和转移路线**

转移路线:危险区内居民沿最近小路向北地势较高处转移。

安置点:离河较远、地势较高的居民户。

5.4.22　南堡村 1 防洪现状能力评价

南堡村 1 防洪现状评价图见图 3-5-53。

5.4.22.1　**南堡村 1 基本情况**

南堡村 1 所在河流为后沟,为汾河支流。南堡村以上流域面积为 5.53 km²,河长 6.4

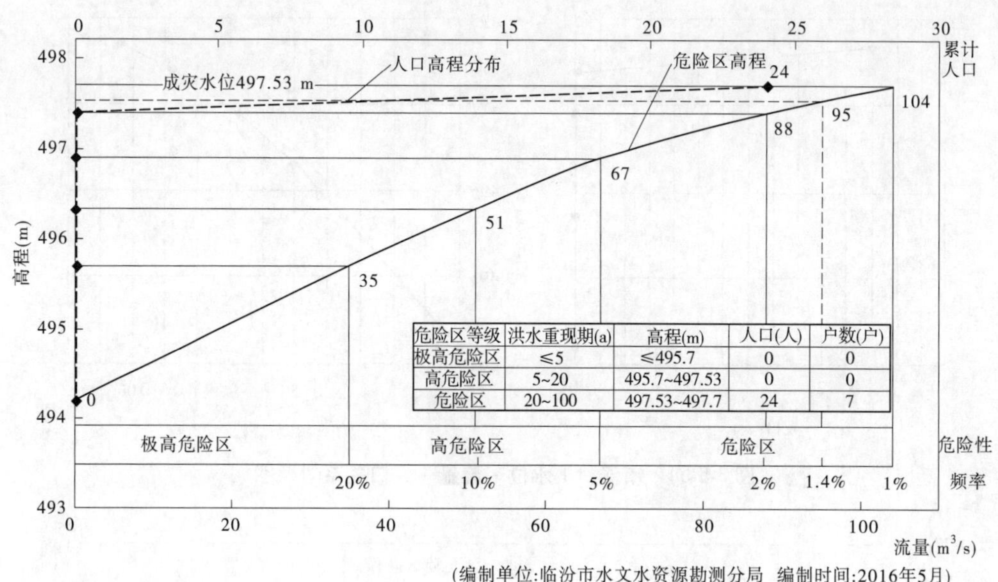

图 3-5-53　南堡村 1 防洪现状评价图

km,流域比降 27.1‰。流域内为黄土丘陵阶地。

南堡村 1 隶属于赵城镇南堡行政村,全村人口 1 007 人。居民区主要分布在后沟右岸。

5.4.22.2　南堡村 1 山洪灾害成因与成灾水位确定

南堡村 1 所在河段的河道较窄,部分居民户离河较近。河床两岸为土坡,河道杂草丛生,居民随意倾倒垃圾堵塞河道,致使河道行洪不畅。水势较大时会溢出堤防,对地势较低的居民户造成灾害。选取最先受灾的居民户所在位置为控制断面,该处堤顶高程即为成灾水位,成灾水位为 497.53 m。

5.4.22.3　南堡村 1 控制断面水位—流量关系和成灾水位对应的洪水频率

根据控制断面处的水位—流量关系确定南堡村成灾水位对应的洪峰流量为 95 m^3/s,其相应洪水频率为 1.4%。

5.4.22.4　水位—流量—人口关系

南堡村 1 水位—流量—人口关系见图 3-5-54。

5.4.22.5　各级危险区人口统计

经统计,南堡村 1 危险区内有 24 人。高危险区和极高危险区内没有居民。

5.4.22.6　安置点和转移路线

转移路线:危险区内居民沿最近小路向北地势较高处转移。

安置点:离河较远、地势较高的居民户。

5.4.23　石南村防洪现状能力评价

石南村防洪现状评价图见图 3-5-55。

5.4.23.1　石南村基本情况

石南村所在河流为石止河,为汾河支流。石南村以上流域面积为 37.47 km^2,河长

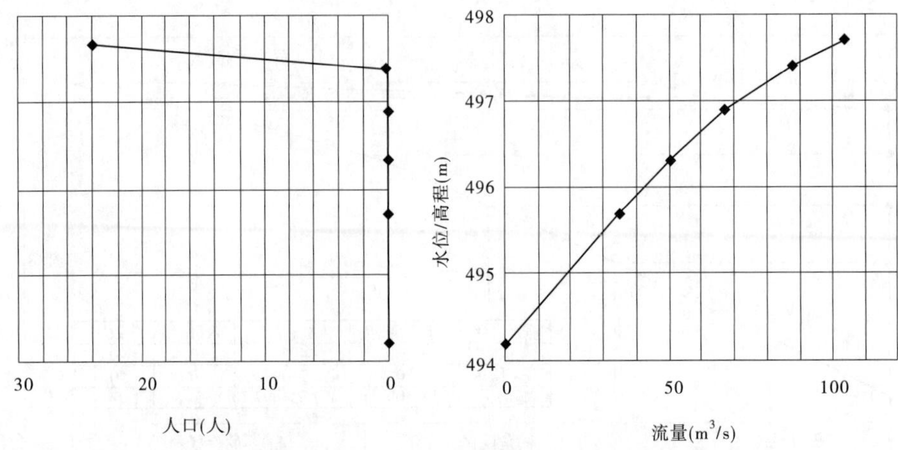

图 3-5-54　南堡村 1 水位—流量—人口关系对照图

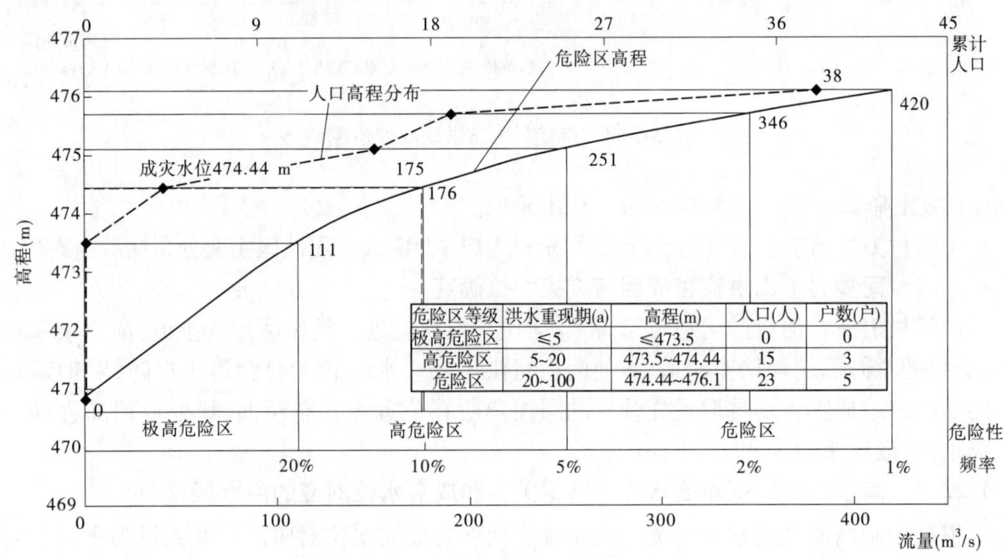

危险区等级	洪水重现期(a)	高程(m)	人口(人)	户数(户)
极高危险区	≤5	≤473.5	0	0
高危险区	5~20	473.5~474.44	15	3
危险区	20~100	474.44~476.1	23	5

(编制单位:临汾市水文水资源勘测分局　编制时间:2016年5月)

图 3-5-55　石南村防洪现状评价图

27.2 km,流域比降 20.8‰。流域内主要为黄土丘陵阶地,部分为灌丛山地和耕种平地。

石南村隶属于辛村乡石南行政村,全村人口 2 468 人。居民区主要分布在石止河右岸。

5.4.23.2　石南村山洪灾害成因与成灾水位确定

石南村所在河段的河道较窄,部分居民户离河较近。河床长有树木、杂草,居民随意倾倒垃圾堵塞河道,致使河道行洪不畅。水势较大时会溢出河槽,对地势较低的居民户造成灾害。选取最先受灾的居民户所在位置为控制断面,该居民户高程即为成灾水位,成灾水位为 474.44 m。

5.4.23.3　石南村控制断面水位—流量关系和成灾水位对应的洪水频率

根据控制断面处的水位—流量关系确定石南村成灾水位对应的洪峰流量为 175 m^3/s,其相应洪水频率为 10.0%。

5.4.23.4　水位—流量—人口关系

石南村水位—流量—人口关系见图3-5-56。

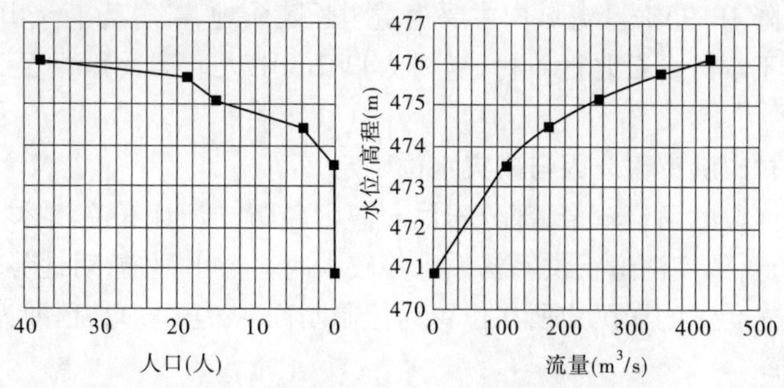

图3-5-56　石南村水位—流量—人口关系对照图

5.4.23.5　各级危险区人口统计

经统计,石南村危险区内有23人,高危险区内有15人,极高危险区内没有居民。

5.4.23.6　安置点和转移路线

转移路线:危险区内居民沿最近小路向南地势较高处转移。

安置点:离河较远、地势较高的居民户。

5.4.24　石北村防洪现状能力评价

石北村防洪现状评价图见图3-5-57。

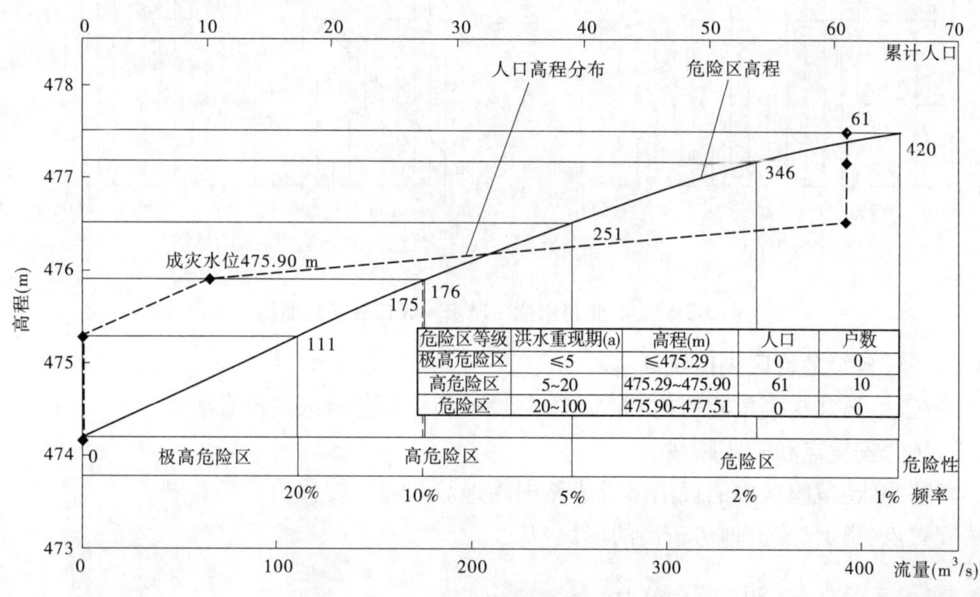

危险区等级	洪水重现期(a)	高程(m)	人口	户数
极高危险区	≤5	≤475.29	0	0
高危险区	5~20	475.29~475.90	61	10
危险区	20~100	475.90~477.51	0	0

(编制单位:临汾市水文水资源勘测分局　编制时间:2016年5月)

图3-5-57　石北村防洪现状评价图

5.4.24.1 石北村基本情况

石北村所在河流为石止河,为汾河支流。石北村以上流域面积为 37.47 km^2,河长 31.6 km,流域比降 19.75‰。流域内主要为黄土丘陵阶地,部分为灌丛山地和耕种平地。

石北村隶属于辛村乡石北行政村,全村人口 2 301 人。居民区主要分布在石止河右岸。

5.4.24.2 石北村山洪灾害成因与成灾水位确定

石北村所在河段的河道较窄,部分居民户离河较近。河床长有树木、杂草,居民随意倾倒垃圾堵塞河道,致使河道行洪不畅。水势较大时会溢出河槽,对地势较低的居民户造成灾害。选取最先受灾的居民户所在位置为控制断面,该居民户高程即为成灾水位,成灾水位为 475.90 m。

5.4.24.3 石北村控制断面水位—流量关系和成灾水位对应的洪水频率

根据控制断面处的水位—流量关系确定石北村成灾水位对应的洪峰流量为 175 m^3/s,其相应洪水频率为 10.0%。

5.4.24.4 水位—流量—人口关系

石北村水位—流量—人口关系见图 3-5-58。

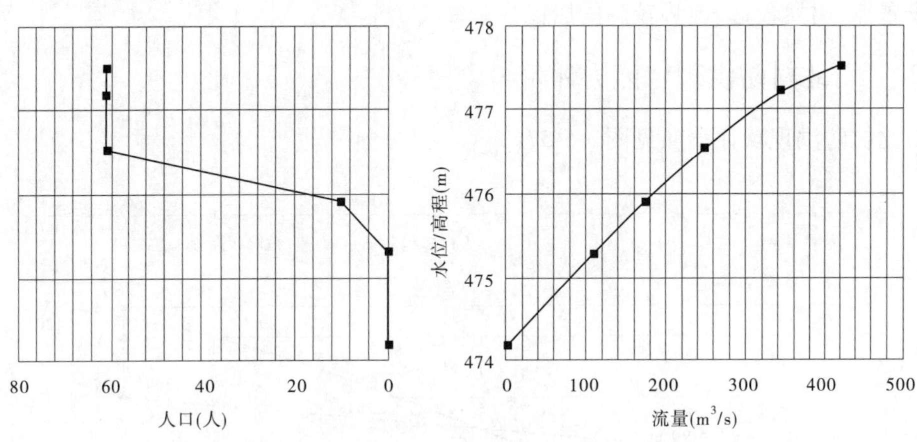

图 3-5-58 石北村水位—流量—人口关系对照图

5.4.24.5 各级危险区人口统计

经统计,石北村高危险区内有 61 人,危险区和极高危险区内没有居民。

5.4.24.6 安置点和转移路线

转移路线:危险区内居民沿最近小路向南地势较高处转移。

安置点:离河较远、地势较高的居民户。

5.4.25 石东村防洪现状能力评价

石东村防洪现状评价图见图 3-5-59。

5.4.25.1 石东村基本情况

石东村所在河流为石止河,为汾河支流。石东村以上流域面积为 37.47 km^2,河长

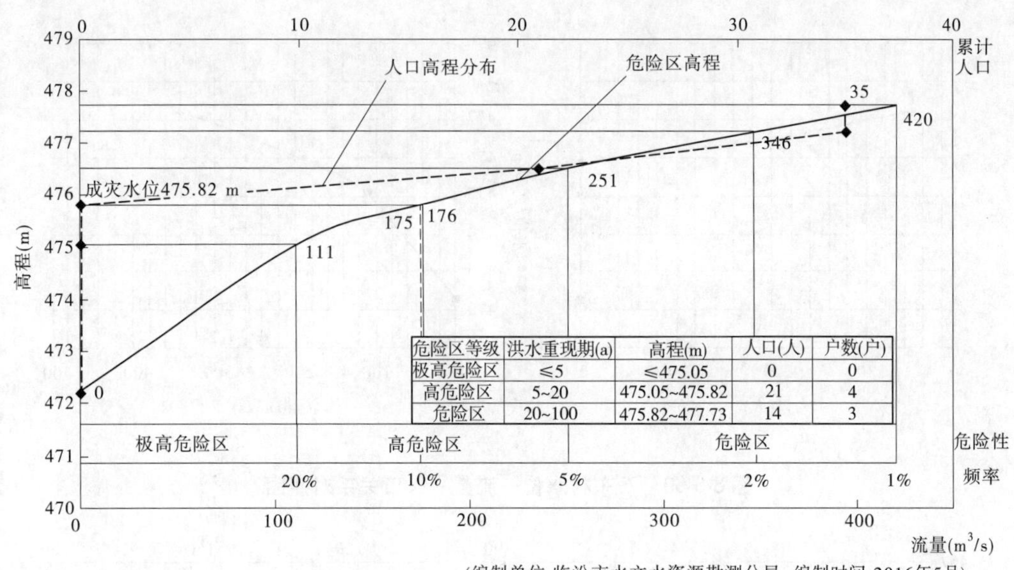

危险区等级	洪水重现期(a)	高程(m)	人口(人)	户数(户)
极高危险区	≤5	≤475.05	0	0
高危险区	5~20	475.05~475.82	21	4
危险区	20~100	475.82~477.73	14	3

图 3-5-59 石东村防洪现状评价图

27.2 km,流域比降20.8‰。流域内主要为黄土丘陵阶地,部分为灌丛山地和耕种平地。。

石东河村隶属于辛村乡石东行政村,全村人口2 213 人。居民区主要分布在石止河右岸。

5.4.25.2 石东村山洪灾害成因与成灾水位确定

石东村所在河段的河道较窄,部分居民户离河较近。水势较大时会溢出河槽,对地势较低的居民户造成灾害。选取最先受灾的居民户所在位置为控制断面,该居民户高程即为成灾水位,成灾水位为475.82 m。

5.4.25.3 石东村控制断面水位—流量关系和成灾水位对应的洪水频率

根据控制断面处的水位—流量关系确定石东村成灾水位对应的洪峰流量为175 m^3/s,其相应洪水频率为10.0%。

5.4.25.4 水位—流量—人口关系

石东村水位—流量—人口关系见图3-5-60。

5.4.25.5 各级危险区人口统计

经统计,石东村危险区内有14人,高危险区内有21人,极高危险区内没有居民。

5.4.25.6 安置点和转移路线

转移路线:危险区内居民沿最近小路向南地势较高处转移。

安置点:离河较远、地势较高的居民户。

5.4.26 马一村防洪现状能力评价

马一村防洪现状评价图见图3-5-61。

5.4.26.1 马一村基本情况

马一村所在河流为西步亭沟,为汾河支流。马一村以上流域面积为23.9 km^2,河长

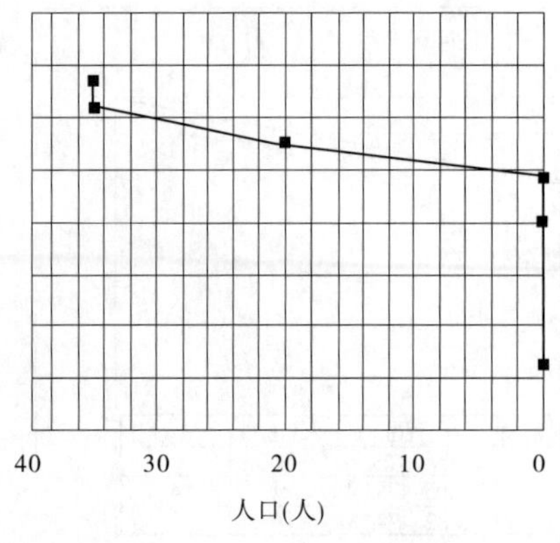

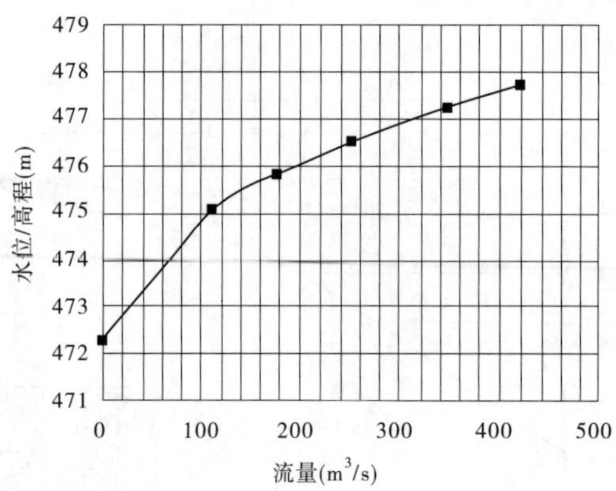

图 3-5-60　石东村水位—流量—人口关系对照图

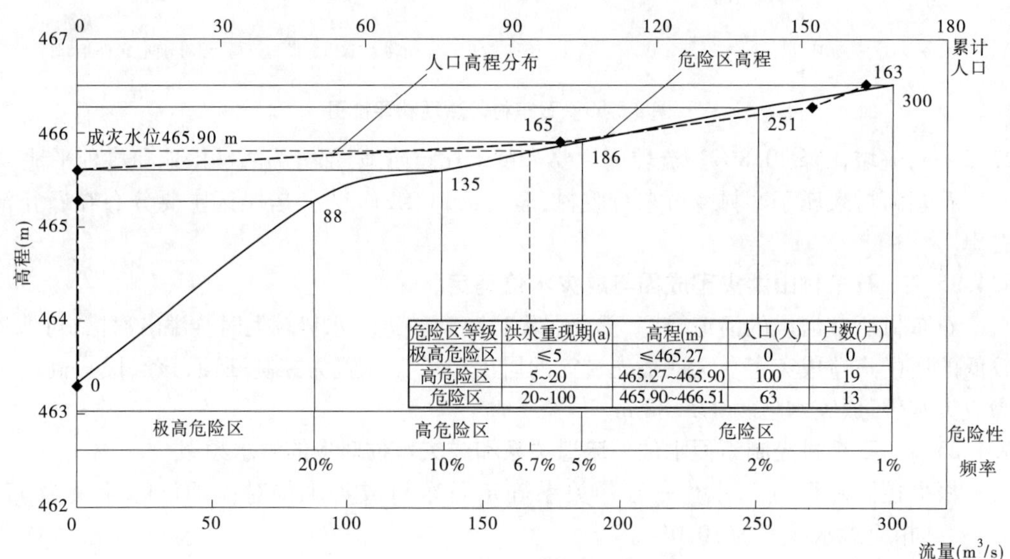

危险区等级	洪水重现期(a)	高程(m)	人口(人)	户数(户)
极高危险区	≤5	≤465.27	0	0
高危险区	5~20	465.27~465.90	100	19
危险区	20~100	465.90~466.51	63	13

(编制单位:临汾市水文水资源勘测分局　编制时间:2016年5月)

图 3-5-61　马一村防洪现状评价图

14.8 km,流域比降 15.8‰。流域内主要为黄土丘陵阶地,部分为耕种平地。

马一村隶属于辛村乡马一行政村,全村人口 2 236 人。居民区主要分布在西步亭沟左岸。

5.4.26.2　马一村山洪灾害成因与成灾水位确定

马一村所在河段的河道较窄,部分居民户离河较近。水势较大时会溢出河槽,对地势较低的居民户造成灾害。选取最先受灾的居民户所在位置为控制断面,该居民户高程即为成灾水位,成灾水位为 465.90 m。

5.4.26.3　马一村控制断面水位—流量关系和成灾水位对应的洪水频率

根据控制断面处的水位—流量关系确定马一村成灾水位对应的洪峰流量为 165

m^3/s,其相应洪水频率为 6.7%。

5.4.26.4　水位—流量—人口关系

马一村水位—流量—人口关系见图 3-5-62。

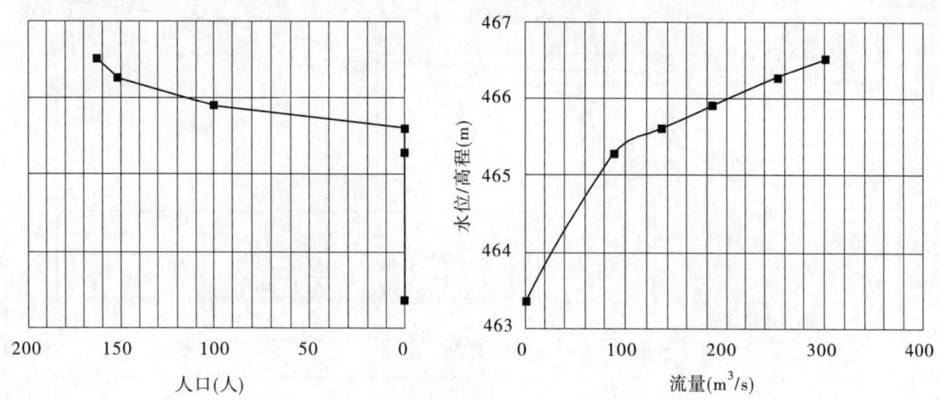

图 3-5-62　马一村水位—流量—人口关系对照图

5.4.26.5　各级危险区人口统计

经统计,马一村危险区内有 63 人,高危险区内有 100 人,极高危险区内没有居民。

5.4.26.6　安置点和转移路线

转移路线:危险区内沿河两岸居民沿最近小路分别向西、向北地势较高处转移。

安置点:离河较远、地势较高的居民户。

5.4.27　马二村防洪现状能力评价

马二村防洪现状评价图见图 3-5-63。

5.4.27.1　马二村基本情况

马二村所在河流为西步亭沟,为汾河支流。马二村以上流域面积为 23.9 km^2,河长 14.8 km,流域比降 15.8‰。流域内主要为黄土丘陵阶地,部分为耕种平地。

马二村隶属于辛村乡马二行政村,全村人口 2 214 人。居民区主要分布在西步亭沟左岸。

5.4.27.2　马二村山洪灾害成因与成灾水位确定

马二村所在河段的河道较窄,部分居民户离河较近。水势较大时会溢出河槽,对地势较低的居民户造成灾害。选取最先受灾的居民户所在位置为控制断面,该居民户高程即为成灾水位,成灾水位为 464.28 m。

5.4.27.3　马二村控制断面水位—流量关系和成灾水位对应的洪水频率

根据控制断面处的水位—流量关系确定马二村成灾水位对应的洪峰流量为 153 m^3/s,其相应洪水频率为 7.7%。

5.4.27.4　水位—流量—人口关系

马二村水位—流量—人口关系见图 3-5-64。

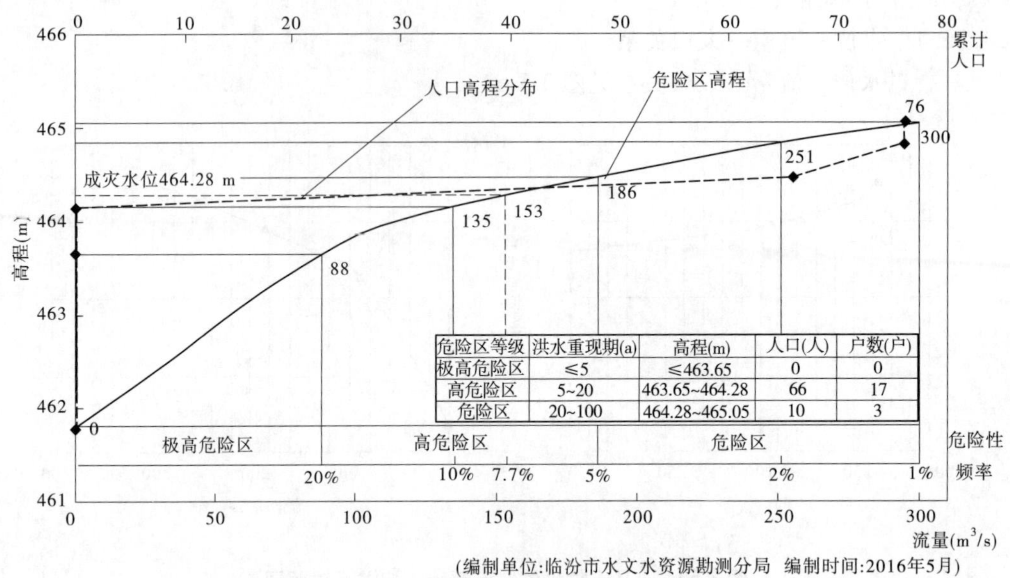

危险区等级	洪水重现期(a)	高程(m)	人口(人)	户数(户)
极高危险区	≤5	≤463.65	0	0
高危险区	5~20	463.65~464.28	66	17
危险区	20~100	464.28~465.05	10	3

图 3-5-63 马二村防洪现状评价图

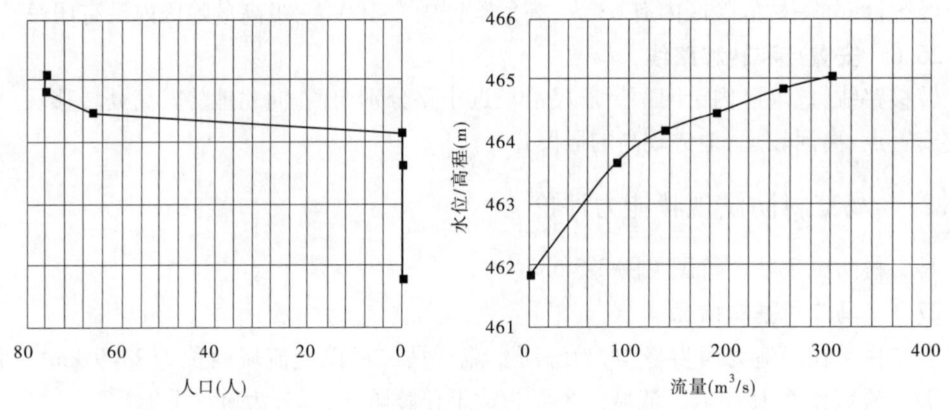

图 3-5-64 马二村水位—流量—人口关系对照图

5.4.27.5 各级危险区人口统计

经统计,马二村危险区内有 10 人,高危险区内有 66 人,极高危险区内没有居民。

5.4.27.6 安置点和转移路线

转移路线:危险区内居民沿最近小路向北地势较高处转移。

安置点:离河较远、地势较高的居民户。

5.4.28 马三村防洪现状能力评价

马三村防洪现状评价图见图 3-5-65。

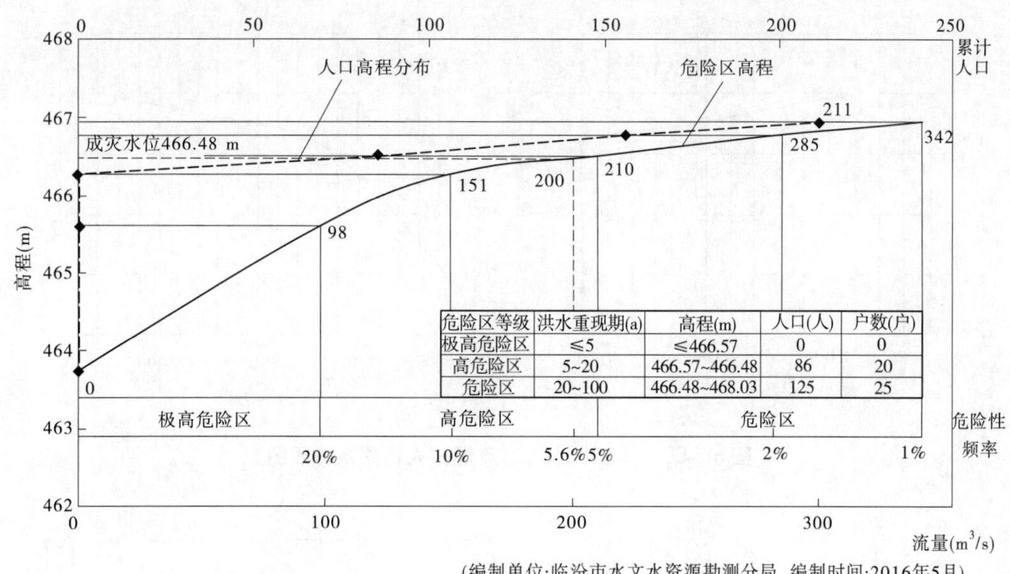

危险区等级	洪水重现期(a)	高程(m)	人口(人)	户数(户)
极高危险区	≤5	≤466.57	0	0
高危险区	5~20	466.57~466.48	86	20
危险区	20~100	466.48~468.03	125	25

图 3-5-65　马三村防洪现状评价图

5.4.28.1　马三村基本情况

马三村所在河流为西漫底沟,为汾河支流。马三村以上流域面积为 27.77 km^2,河长 14.8 km,流域比降 15.8‰。流域内主要为黄土丘陵阶地,部分为耕种平地。

马三村隶属于辛村乡马三行政村,全村人口 2 987 人。居民区主要分布在西漫底沟右岸。

5.4.28.2　马三村山洪灾害成因与成灾水位确定

马三村所在河段的河道较窄,部分居民户离河较近。居民随意倾倒垃圾堵塞河道,致使河道行洪不畅。水势较大时会溢出河槽,对地势较低的居民户造成灾害。选取最先受灾的居民户所在位置为控制断面,该居民户高程即为成灾水位,成灾水位为 466.48 m。

5.4.28.3　马三村控制断面水位—流量关系和成灾水位对应的洪水频率

根据控制断面处的水位—流量关系确定马三村成灾水位对应的洪峰流量为 200 m^3/s,其相应洪水频率为 5.6%。

5.4.28.4　水位—流量—人口关系

马三村水位—流量—人口关系见图 3-5-66。

5.4.28.5　各级危险区人口统计

经统计,马三村危险区内有 125 人,高危险区内有 86 人,极高危险区内没有居民。

5.4.28.6　安置点和转移路线

转移路线:危险区内居民沿最近小路向西地势较高处转移。

安置点:离河较远、地势较高的居民户。

5.4.29　南马驹村防洪现状能力评价

南马驹村防洪现状评价图见图 3-5-67。

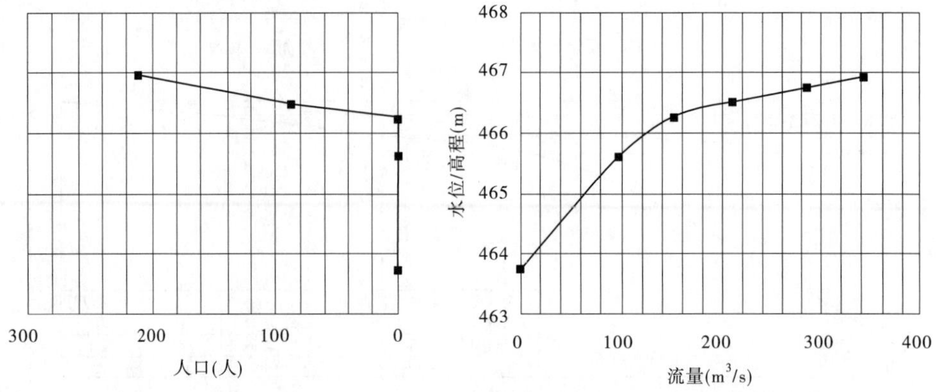

图 3-5-66　马三村水位—流量—人口关系对照图

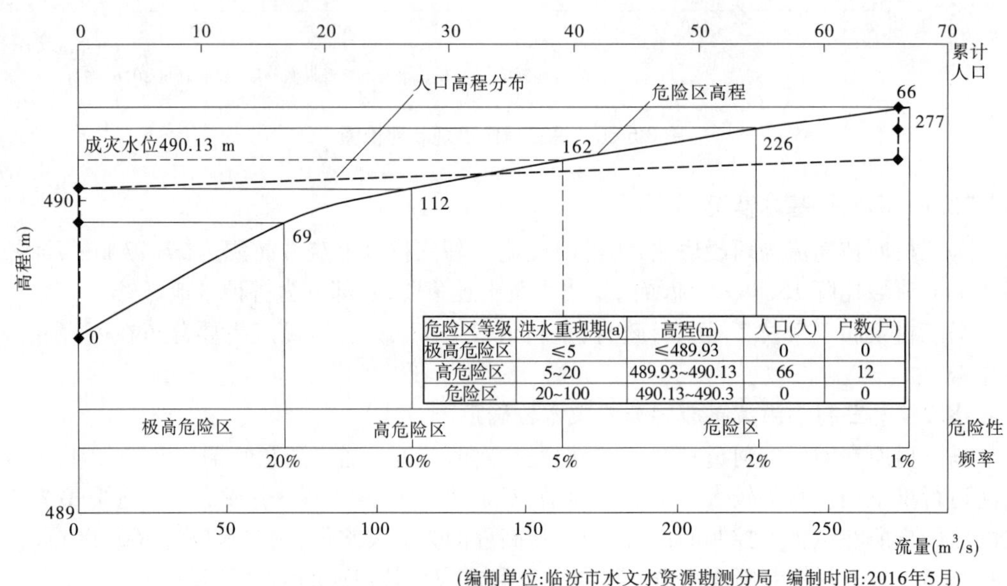

危险区等级	洪水重现期(a)	高程(m)	人口(人)	户数(户)
极高危险区	≤5	≤489.93	0	0
高危险区	5~20	489.93~490.13	66	12
危险区	20~100	490.13~490.3	0	0

图 3-5-67　南马驹村防洪现状评价图

5.4.29.1　南马驹村基本情况

南马驹村所在河流为苏家庄河,为汾河支流。南马驹村以上流域面积为 32.85 km^2,河长 22.1 km,流域比降 22.6‰。流域内主要为灌丛山地和耕种平地,部分为黄土丘陵阶地和砂页岩森林山地。

南马驹村隶属于龙马乡南马驹行政村,全村人口 2 100 人。居民区主要分布在苏家庄河左岸。

5.4.29.2　南马驹村山洪灾害成因与成灾水位确定

南马驹村所在河段的河道较窄,部分居民户离河较近。水势较大时会溢出河槽,对地势较低的居民户造成灾害。选取最先受灾的居民户所在位置为控制断面,该居民户高程即为成灾水位,成灾水位为 490.13 m。

5.4.29.3　南马驹村控制断面水位—流量关系和成灾水位对应的洪水频率

根据控制断面处的水位—流量关系确定南马驹村成灾水位对应的洪峰流量为 162 m^3/s,其相应洪水频率为 5.0%。

5.4.29.4　水位—流量—人口关系

南马驹村水位—流量—人口关系见图 3-5-68。

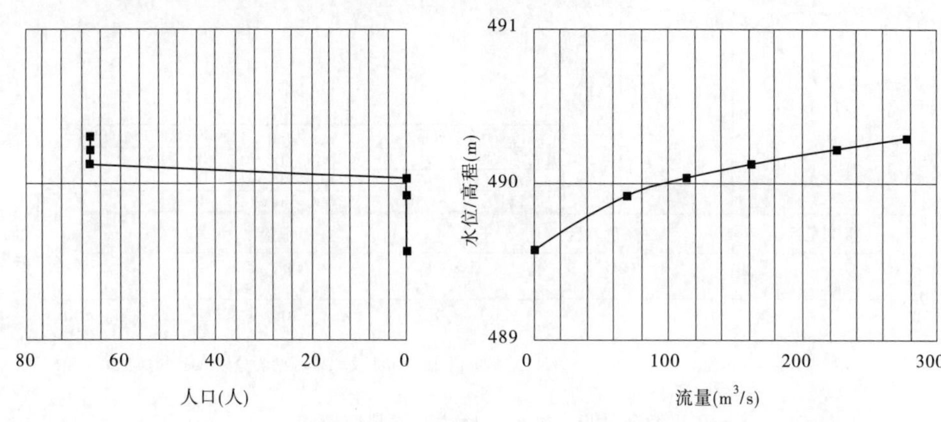

图 3-5-68　南马驹村水位—流量—人口关系对照图

5.4.29.5　各级危险区人口统计

经统计,南马驹村高危险区内有 66 人,危险区和极高危险区内没有居民。

5.4.29.6　安置点和转移路线

转移路线:危险区内居民沿最近小路向北地势较高处转移。

安置点:离河较远、地势较高的居民户。

5.4.30　李家庄村防洪现状能力评价

李家庄村防洪现状评价图见图 3-5-69。

5.4.30.1　李家庄村基本情况

李家庄村所在河流为大洪峪涧河,为汾河支流。李家庄村以上流域面积为 69.99 km^2,河长 24.3 km,流域比降 23.3‰。流域内主要为灌丛山地和耕种平地,部分为黄土丘陵阶地和砂页岩森林山地。

李家庄村隶属于龙马乡李家庄行政村,全村人口 578 人。居民区主要分布在大洪峪涧河左岸。

5.4.30.2　李家庄村山洪灾害成因与成灾水位确定

李家庄村所在河段的河道较窄,部分居民户离河较近。河床为砂砾石河床,两岸土坡,右岸边住有居民,河道内私挖乱采现象严重。水势较大时会溢出河槽,对地势较低的居民户造成灾害。选取最先受灾的居民户所在位置为控制断面,该居民户高程即为成灾水位,成灾水位为 534.30 m。

5.4.30.3　李家庄村控制断面水位—流量关系和成灾水位对应的洪水频率

根据控制断面处的水位—流量关系确定李家庄村成灾水位对应的洪峰流量为 300

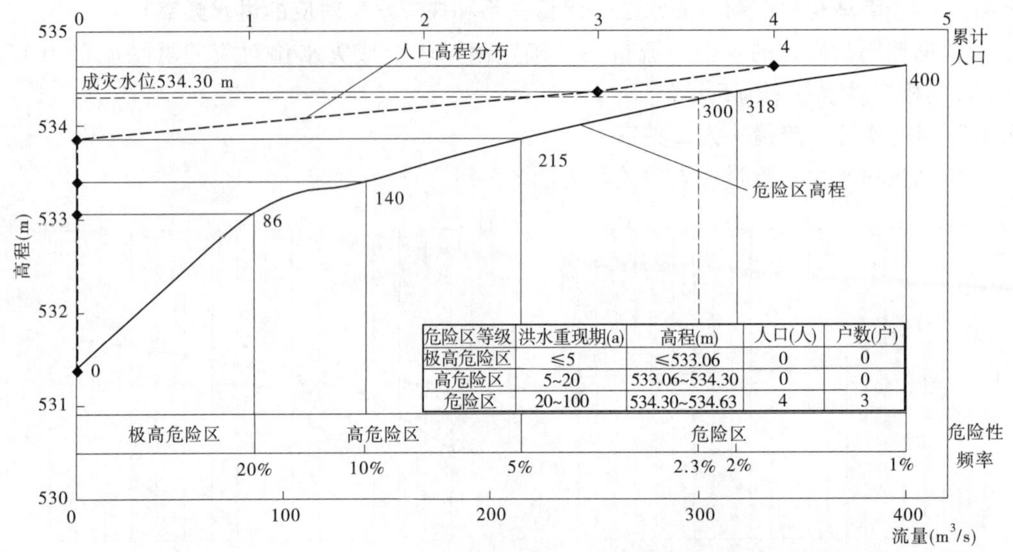

危险区等级	洪水重现期(a)	高程(m)	人口(人)	户数(户)
极高危险区	≤5	≤533.06	0	0
高危险区	5~20	533.06~534.30	0	0
危险区	20~100	534.30~534.63	4	3

图 3-5-69 李家庄村防洪现状评价图

m³/s,其相应洪水频率为 2.3%。

5.4.30.4 水位—流量—人口关系

李家庄村水位—流量—人口关系见图 3-5-70。

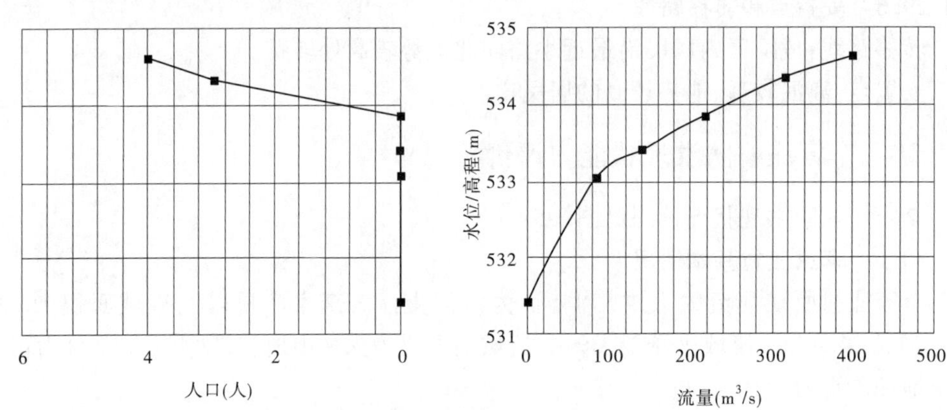

图 3-5-70 李家庄村水位—流量—人口关系对照图

3.4.30.5 各级危险区人口统计

经统计,李家庄村危险区内有 4 人,高危险区和极高危险区内没有居民。

3.4.30.6 安置点和转移路线

转移路线:危险区内居民沿最近小路向北地势较高处转移。

安置点:离河较远、地势较高的居民户。

5.4.31　白石村防洪现状能力评价

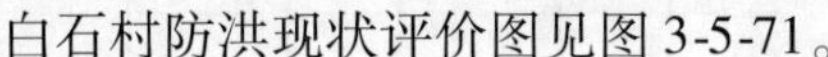

白石村防洪现状评价图见图3-5-71。

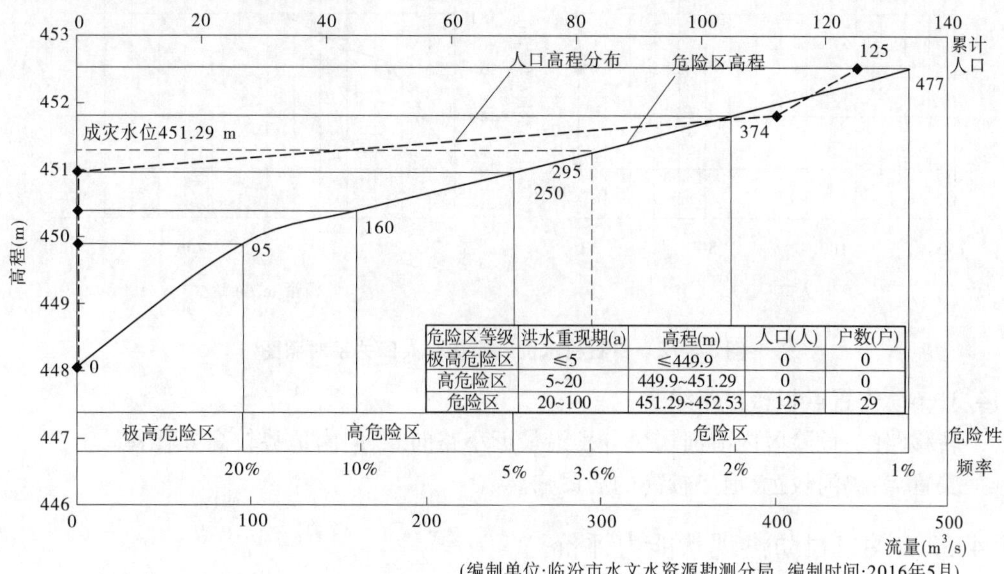

危险区等级	洪水重现期(a)	高程(m)	人口(人)	户数(户)
极高危险区	≤5	≤449.9	0	0
高危险区	5~20	449.9~451.29	0	0
危险区	20~100	451.29~452.53	125	29

图3-5-71　白石村防洪现状评价图

5.4.31.1　白石村基本情况

白石村所在河流为大洪峪涧河,为汾河支流。白石村以上流域面积为99.28 km²,河长31.3 km,流域比降18.7‰。流域内主要为灌丛山地和耕种平地,部分为黄土丘陵阶地和砂页岩森林山地。

白石村隶属于辛村乡白石行政村,全村人口5 258人。居民区主要分布在大洪峪涧河右岸。

5.4.31.2　白石村山洪灾害成因与成灾水位确定

白石村所在河段的河道较窄,部分居民户离河较近。河床及滩地碎石成堆,居民随意倾倒垃圾堵塞河道,致使河道行洪不畅。水势较大时会溢出河槽,对地势较低的居民户造成灾害。选取最先受灾的居民户所在位置为控制断面,该居民户高程即为成灾水位,成灾水位为451.29 m。

5.4.31.3　白石村控制断面水位—流量关系和成灾水位对应的洪水频率

根据控制断面处的水位—流量关系确定白石村成灾水位对应的洪峰流量为295 m³/s,其相应洪水频率为3.6%。

5.4.31.4　水位—流量—人口关系

白石村水位—流量—人口关系见图3-5-72。

5.4.31.5　各级危险区人口统计

经统计,白石村危险区内有125人,高危险区和极高危险区内没有居民。

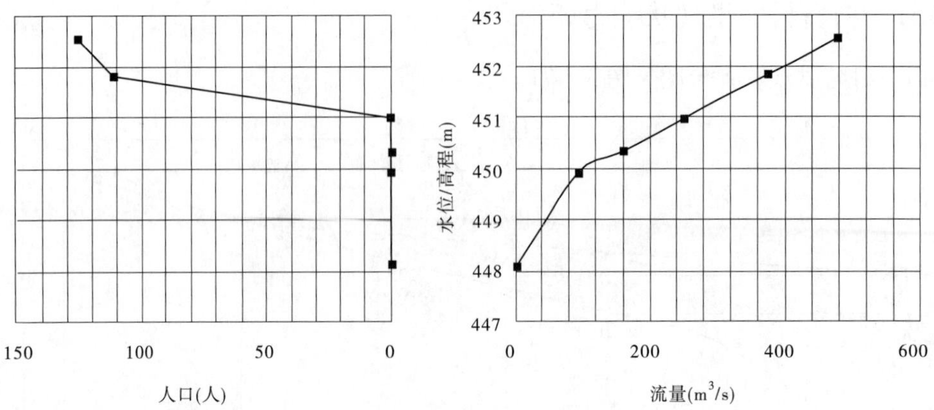

图 3-5-72 白石村水位—流量—人口关系对照图

5.4.31.6 安置点和转移路线

转移路线:危险区内沿河居民分别沿最近小路向北、向南地势较高处转移。

安置点:离河较远、地势较高的居民户。

5.4.32 关口村防洪现状能力评价

关口村防洪现状能力评价见图 3-5-73。

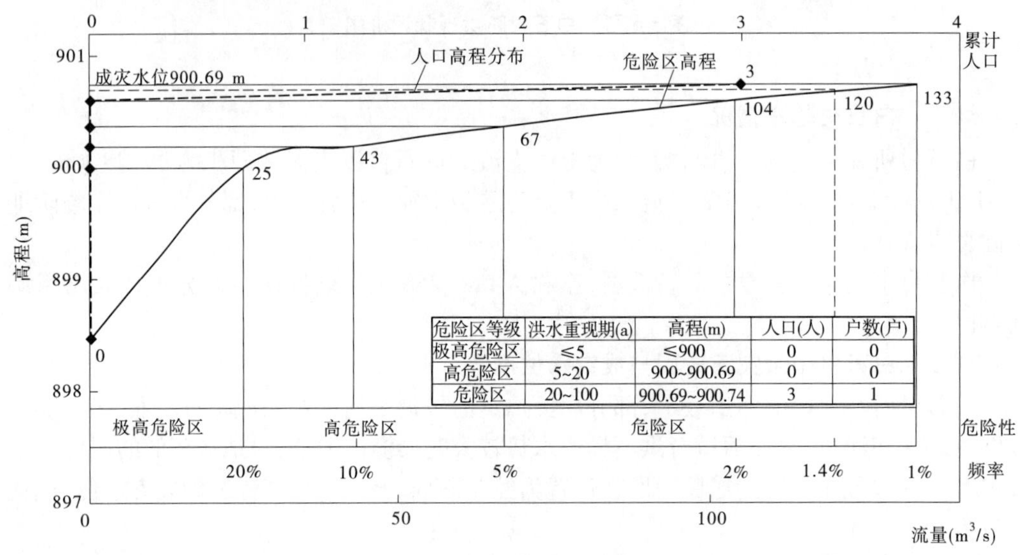

危险区等级	洪水重现期(a)	高程(m)	人口(人)	户数(户)
极高危险区	≤5	≤900	0	0
高危险区	5~20	900~900.69	0	0
危险区	20~100	900.69~900.74	3	1

(编制单位:临汾市水文水资源勘测分局 编制时间:2016年5月)

图 3-5-73 关口村防洪现状能力评价

5.4.32.1 关口村基本情况

关口村所在河流为兴唐寺河,为汾河支流。关口村以上流域面积为 29.5 km^2,河长 16.6 km,流域比降 55.3‰。流域内主要为森林山地和黄土丘陵阶地,部分为变质岩灌丛山地。

关口河村隶属于兴唐寺乡关口行政村,全村人口 1 540 人。居民区主要分布在兴唐寺河右岸。

5.4.32.2　关口村山洪灾害成因与成灾水位确定

关口村所在河段的河道较窄,部分居民户离河较近。河床为砂砾石河床,两岸土坡,南岸边住有居民,居民随意倾倒垃圾堵塞河道,致使河道行洪不畅。水势较大时会溢出河槽,对地势较低的居民户造成灾害。选取最先受灾的居民户所在位置为控制断面,该居民户高程即为成灾水位,成灾水位为 900.69 m。

5.4.32.3　关口村控制断面水位—流量关系和成灾水位对应的洪水频率

根据控制断面处的水位—流量关系确定关口村成灾水位对应的洪峰流量为 120 m^3/s,其相应洪水频率为 1.4%。

5.4.32.4　水位—流量—人口关系

关口村水位—流量—人口关系见图 3-5-74。

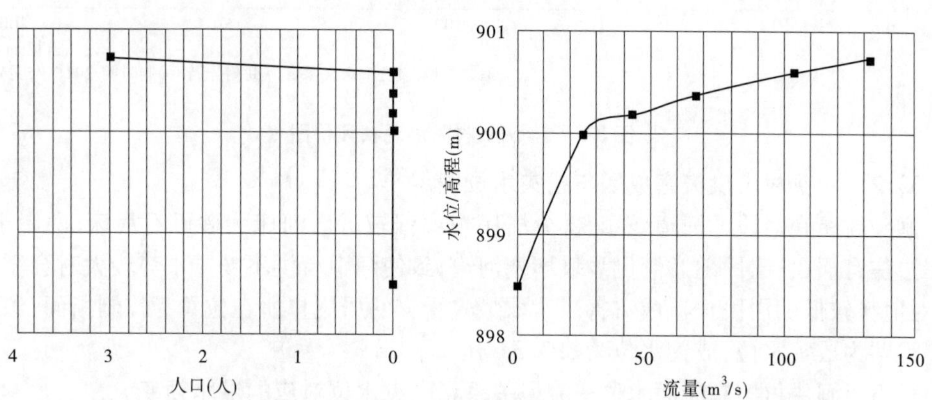

图 3-5-74　关口村水位—流量—人口关系对照图

5.4.32.5　各级危险区人口统计

经统计,关口村危险区内有 3 人,高危险区和极高危险区内没有居民。

5.4.32.6　安置点和转移路线

转移路线:危险区内居民沿最近小路向北地势较高处转移。

安置点:离河较远、地势较高的居民户。

5.4.33　涧头村防洪现状能力评价

涧头村防洪现状评价图见图 3-5-75。

5.4.33.1　涧头村基本情况

涧头村所在河流为兴唐寺河,为汾河支流。涧头村以上流域面积为 36.7 km^2,河长 20.4 km,流域比降 55.3‰。流域内主要为森林山地和黄土丘陵阶地,部分为变质岩灌丛山地。

涧头村隶属于兴唐寺乡涧头行政村,全村人口 1 848 人。居民区主要分布在兴唐寺河右岸。

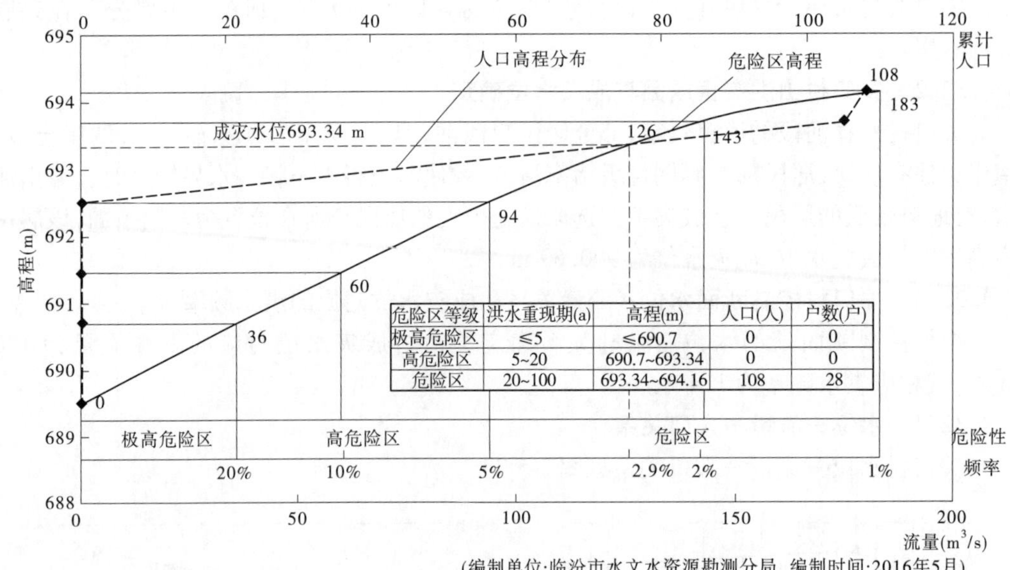

危险区等级	洪水重现期(a)	高程(m)	人口(人)	户数(户)
极高危险区	≤5	≤690.7	0	0
高危险区	5~20	690.7~693.34	0	0
危险区	20~100	693.34~694.16	108	28

图 3-5-75 涧头村防洪现状评价图

5.4.33.2 涧头村山洪灾害成因与成灾水位确定

涧头村所在河段的河道较窄,部分居民户离河较近。河床为砂砾石河床,两岸土坡,两岸边住有居民,居民随意倾倒垃圾堵塞河道,致使河道行洪不畅。水势较大时会溢出河槽,对地势较低的居民户造成灾害。选取最先受灾的居民户所在位置为控制断面,该居民户高程即为成灾水位,成灾水位为 693.34 m。

5.4.33.3 涧头村控制断面水位—流量关系和成灾水位对应的洪水频率

根据控制断面处的水位—流量关系确定涧头村成灾水位对应的洪峰流量为 126 m^3/s,其相应洪水频率为 2.9%。

5.4.33.4 水位—流量—人口关系

涧头村水位—流量—人口关系见图 3-5-76。

5.4.33.5 各级危险区人口统计

经统计,涧头村危险区内有 108 人,高危险区和极高危险区内没有居民。

5.4.33.6 安置点和转移路线

转移路线:危险区内沿河居民分别沿最近小路向北、向南地势较高处转移。

安置点:离河较远、地势较高的居民户。

5.4.34 耿壁村防洪现状能力评价

耿壁村防洪现状评价图见图 3-5-77。

5.4.34.1 耿壁村基本情况

耿壁村所在河流为兴唐寺河,为汾河支流。耿壁村以上流域面积为 48.77 km^2,河长 23.8 km,流域比降 46.9‰。流域内主要为森林山地和黄土丘陵阶地,部分为变质岩灌丛山地。

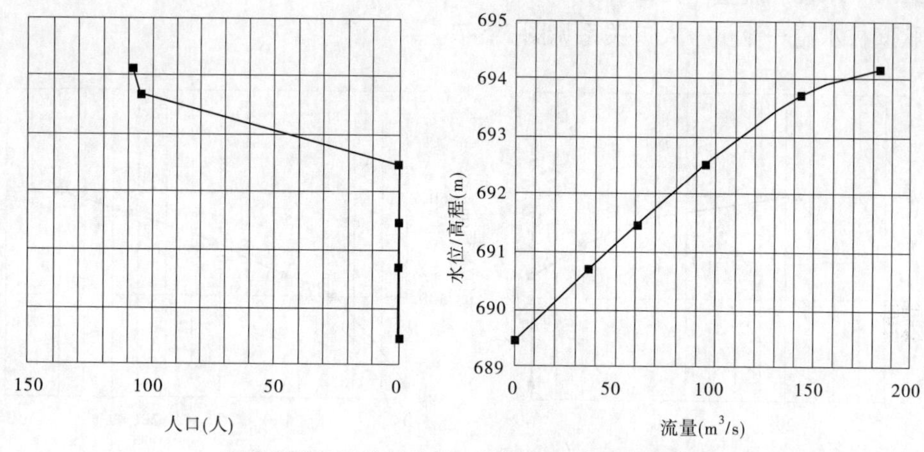

图 3-5-76　涧头村水位—流量—人口关系对照图

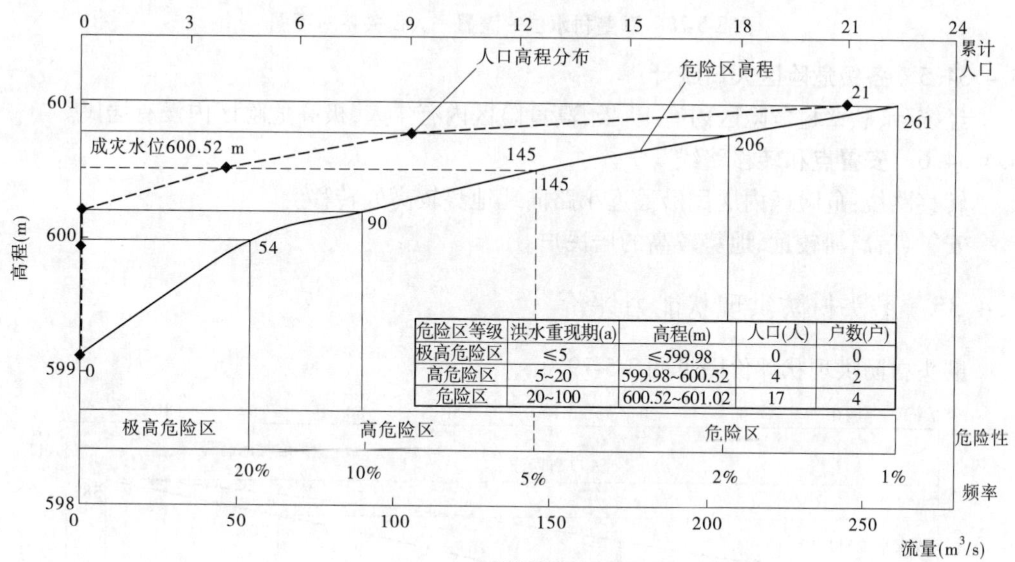

危险区等级	洪水重现期(a)	高程(m)	人口(人)	户数(户)
极高危险区	≤5	≤599.98	0	0
高危险区	5~20	599.98~600.52	4	2
危险区	20~100	600.52~601.02	17	4

(编制单位:临汾市水文水资源勘测分局　编制时间:2016年5月)

图 3-5-77　耿壁村防洪现状评价图

耿壁村隶属于赵城镇耿壁行政村,全村人口 2 025 人。居民区主要分布在兴唐寺河右岸。

5.4.34.2　耿壁村山洪灾害成因与成灾水位确定

耿壁村所在河段的河道较窄,部分居民户离河较近。河床及滩地长有杂草,右岸较低,居民随意倾倒垃圾堵塞河道,致使河道行洪不畅。水势较大时会溢出河槽,对地势较低的居民户造成灾害。选取最先受灾的居民户所在位置为控制断面,该居民户高程即为成灾水位,成灾水位为 600.52 m。

5.4.34.3　耿壁村控制断面水位—流量关系和成灾水位对应的洪水频率

根据控制断面处的水位—流量关系确定耿壁村成灾水位对应的洪峰流量为 145 m^3/s,其相应洪水频率为 5.0%。

5.4.34.4 水位—流量—人口关系

耿壁村水位—流量—人口关系见图 3-5-78。

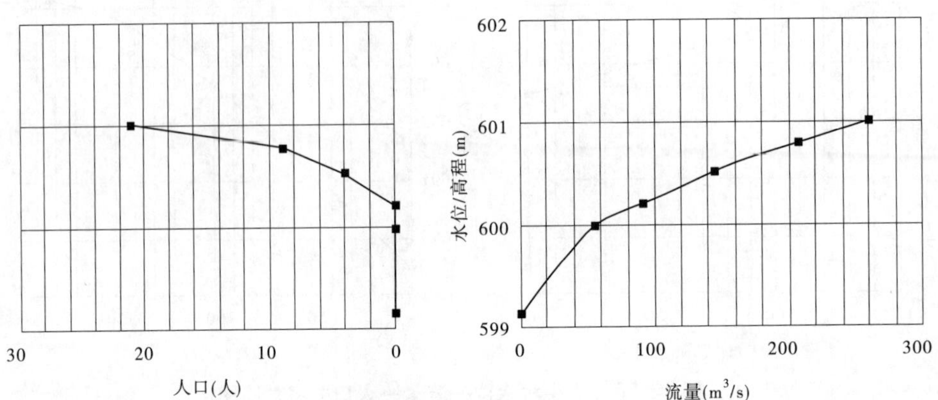

图 3-5-78 耿壁村水位—流量—人口关系对照图

5.4.34.5 各级危险区人口统计

经统计,耿壁村危险区内有 17 人,高危险区内有 4 人,极高危险区内没有居民。

5.4.34.6 安置点和转移路线

转移路线:危险区内居民沿最近小路向北地势较高处转移。

安置点:离河较远、地势较高的居民户。

5.4.35 磨头村防洪现状能力评价

磨头村防洪现状评价图见图 3-5-79。

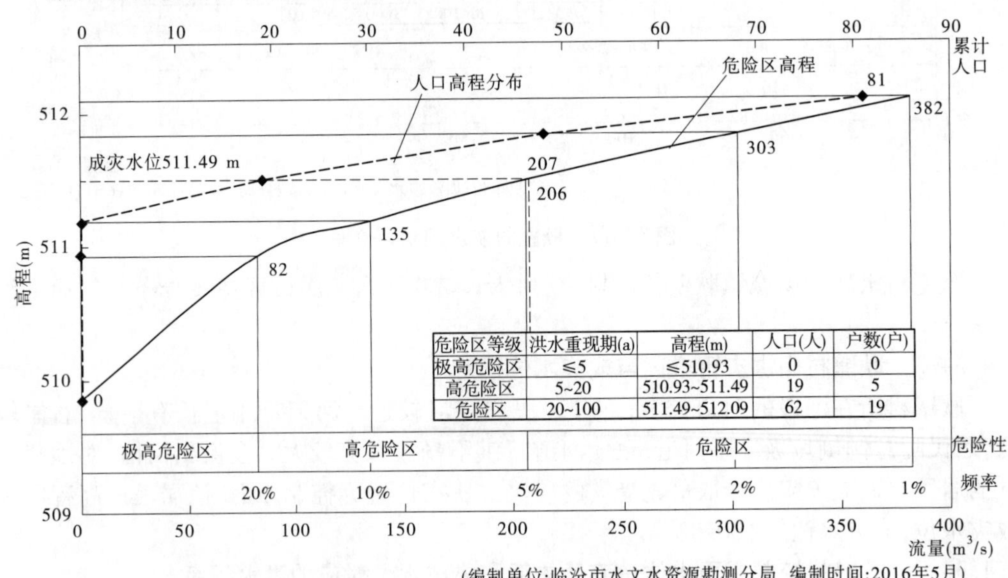

危险区等级	洪水重现期(a)	高程(m)	人口(人)	户数(户)
极高危险区	≤5	≤510.93	0	0
高危险区	5~20	510.93~511.49	19	5
危险区	20~100	511.49~512.09	62	19

(编制单位:临汾市水文水资源勘测分局 编制时间:2016年5月)

图 3-5-79 磨头村防洪现状评价图

5.4.35.1　磨头村基本情况

磨头村所在河流为兴唐寺河,为汾河支流。磨头村以上流域面积为 68.09 km^2,河长 25.7 km,流域比降 23.5%。流域内主要为森林山地和黄土丘陵阶地,部分为变质岩灌丛山地和耕种平地。

磨头村隶属于赵城镇磨头行政村,全村人口 915 人。居民区主要分布在兴唐寺河左岸。

5.4.35.2　磨头村山洪灾害成因与成灾水位确定

磨头村所在河段的河道较窄,部分居民户离河较近。河床长有杂草,居民随意倾倒垃圾堵塞河道,使河道行洪不畅,新增居民临河而建。水势较大时会溢出河槽,对地势较低的居民户造成灾害。选取最先受灾的居民户所在位置为控制断面,该居民户高程即为成灾水位,成灾水位为 511.49 m。

5.4.35.3　磨头村控制断面水位—流量关系和成灾水位对应的洪水频率

根据控制断面处的水位—流量关系确定磨头村成灾水位对应的洪峰流量为 207 m^3/s,其相应洪水频率为 5.0%。

5.4.35.4　水位—流量—人口关系

磨头村水位—流量—人口关系见图 3-5-80。

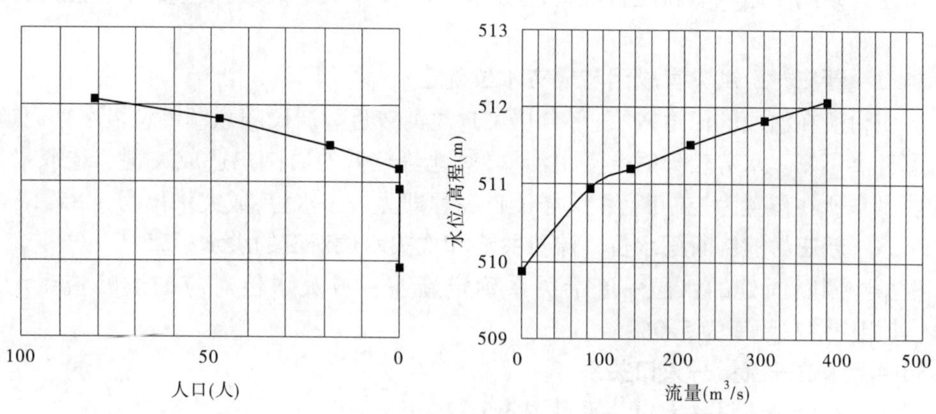

图 3-5-80　磨头村水位—流量—人口关系对照图

5.4.35.5　各级危险区人口统计

经统计,磨头村危险区内有 62 人。高危险区内有 19 人,极高危险区内没有居民。

5.4.35.6　安置点和转移路线

转移路线:危险区内沿河居民分别沿最近小路向北、向南地势较高处转移。

安置点:离河较远、地势较高的居民户。

5.4.36　新庄村防洪现状能力评价

新庄村防洪现状评价图见图 3-5-81。

5.4.36.1　新庄村基本情况

新庄村所在河流为兴唐寺河,为汾河支流。新庄村以上流域面积为 13.95 km^2,河长

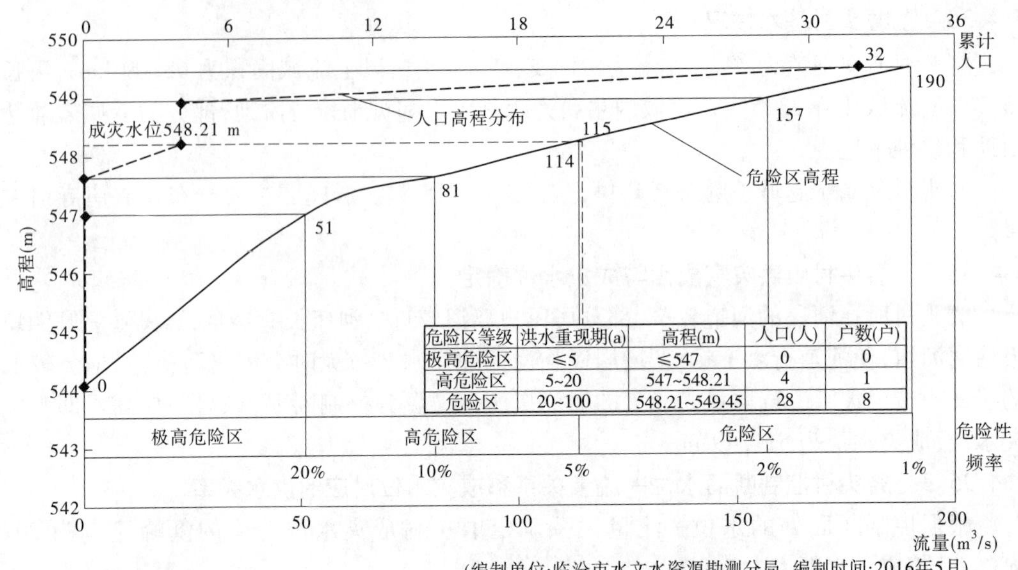

危险区等级	洪水重现期(a)	高程(m)	人口(人)	户数(户)
极高危险区	≤5	≤547	0	0
高危险区	5~20	547~548.21	4	1
危险区	20~100	548.21~549.45	28	8

(编制单位:临汾市水文水资源勘测分局　编制时间:2016年5月)

图 3-5-81　新庄村防洪现状评价图

16.7 km,流域比降24.3‰。流域内主要为黄土丘陵阶地,部分为变质岩灌丛山地。

新庄村隶属于赵城镇新庄行政村,全村人口1 180人。居民区主要分布在兴唐寺河右岸。

5.4.36.2　新庄村山洪灾害成因与成灾水位确定

新庄村所在河段的河道较窄,部分居民户离河较近。居民随意倾倒垃圾堵塞河道,致使河道行洪不畅。水势较大时会溢出河槽,对地势较低的居民户造成灾害。选取最先受灾的居民户所在位置为控制断面,该居民户高程即为成灾水位,成灾水位为548.21 m。

5.4.36.3　新庄村控制断面水位—流量关系和成灾水位对应的洪水频率

根据控制断面处的水位—流量关系确定新庄村成灾水位对应的洪峰流量为115 m³/s,其相应洪水频率为5.0%。

5.4.36.4　水位—流量—人口关系

新庄村水位—流量—人口关系见图3-5-82。

5.4.36.5　各级危险区人口统计

经统计,新庄村危险区内有28人,高危险区内有4人,极高危险区内没有居民。

5.4.36.6　安置点和转移路线

转移路线:危险区内沿河居民分别沿最近小路向北、向南地势较高处转移。

安置点:离河较远、地势较高的居民户。

5.4.37　金沟子村防洪现状能力评价

5.4.37.1　金沟子村基本情况

金沟子村所在河流为金沟子沟,为汾河支流。金沟子村以上流域面积为8.97 km²,河长2.8 km,流域比降39.5‰。流域内主要为黄土丘陵阶地,部分为变质岩灌丛山地和变质岩森林山地。

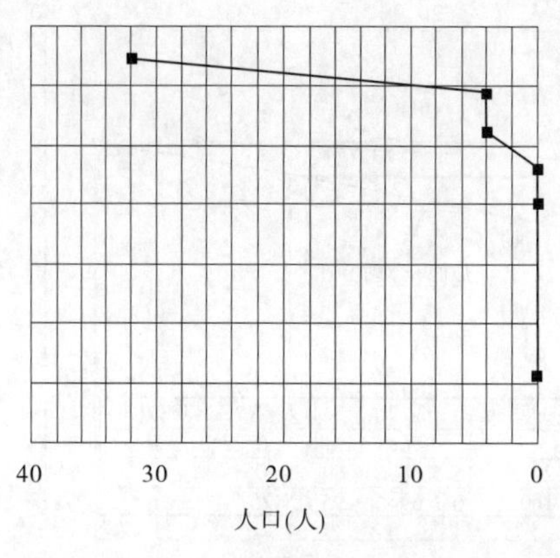

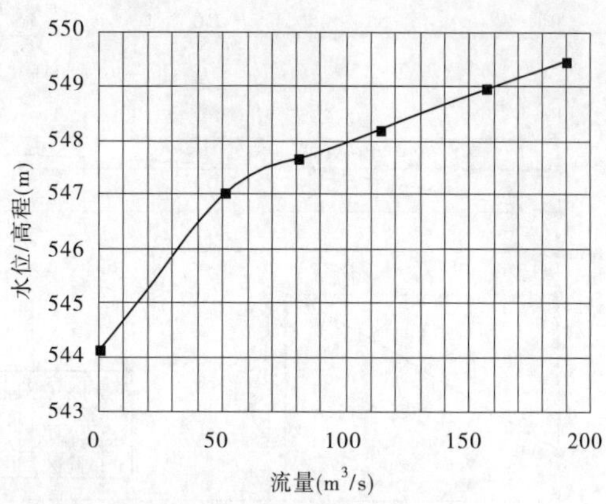

图 3-5-82 新庄村水位—流量—人口关系对照图

金沟子村隶属于明姜镇金沟子行政村,全村人口 496 人。居民区主要分布在金沟子沟右岸。

5.4.37.2 金沟子村防洪现状评价结果

根据沿河居民户院落高程与河道过水能力,将最先致灾的居民点所在断面确定为村庄控制断面。村庄所在河段比降为33‰,主槽糙率为0.025,滩地糙率为0.032。经计算,该村庄 100 年一遇洪峰流量为 100 m^3/s,其相应洪水位为 696.26 m。

金沟子村控制断面处最低居民户高程为 701.86 m,高于百年一遇洪水位,根据山洪灾害危险区划分原则,该村庄为山洪灾害相对安全区。

5.4.38 土桥沟村防洪现状能力评价

土桥沟村防洪现状评价图见图 3-5-83。

5.4.38.1 土桥沟村基本情况

土桥沟村所在河流为金沟子沟,为汾河支流。土桥沟村以上流域面积为 10.37 km^2,河长 4.3 km,流域比降 40.3‰。流域内主要为黄土丘陵阶地,部分为变质岩灌丛山地和变质岩森林山地。

土桥沟村隶属于明姜镇土桥沟行政村,全村人口 496 人。居民区主要分布在金沟子沟右岸。

5.4.38.2 土桥沟村山洪灾害成因与成灾水位确定

土桥沟村所在河段的河道较窄,部分居民户离河较近。河床及滩地长有杂草,居民随意倾倒垃圾堵塞河道。水势较大时会溢出坎,沿路漫进左岸地势低的居民户,对地势较低的居民户造成灾害。选取最先受灾的居民户所在位置为控制断面,该处坎上高程即为成灾水位,成灾水位为 646.69 m。

5.4.38.3 土桥沟村控制断面水位—流量关系和成灾水位对应的洪水频率

根据控制断面处的水位—流量关系确定土桥沟村成灾水位对应的洪峰流量为 120 m^3/s,其相应洪水频率为 2.1%。

5.4.38.4 水位—流量—人口关系

土桥沟村水位—流量—人口关系见图 3-5-84。

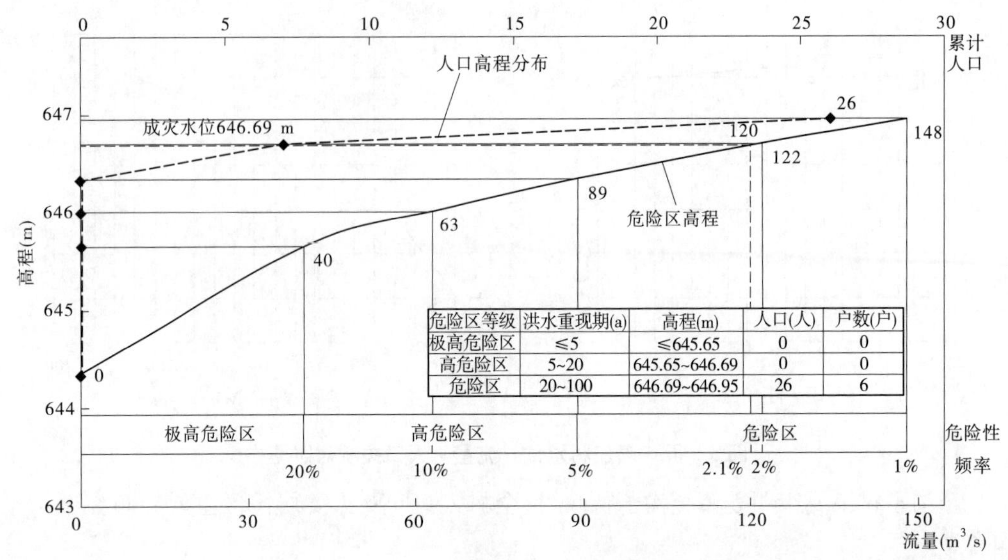

图 3-5-83　土桥沟村防洪现状评价图

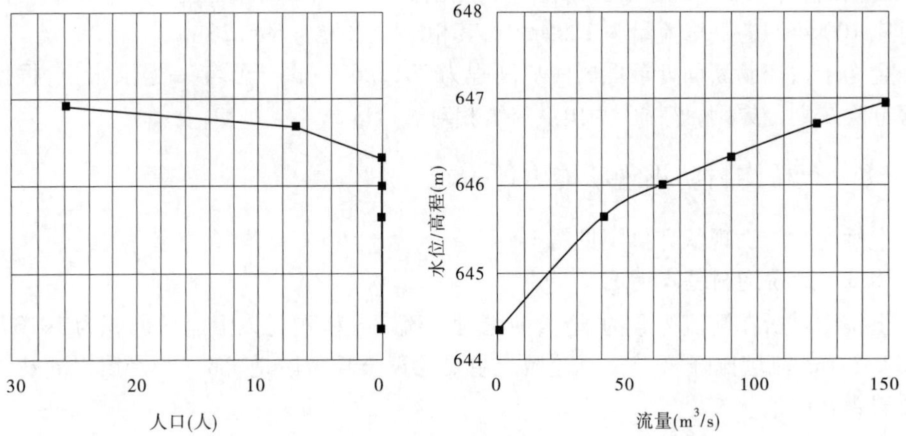

图 3-5-84　土桥沟村水位—流量—人口关系对照图

5.4.38.5　各级危险区人口统计

经统计,土桥沟村危险区内有 26 人,高危险区和极高危险区内没有居民。

5.4.38.6　安置点和转移路线

转移路线:危险区内居民沿最近小路向北地势较高处转移。

安置点:离河较远、地势较高的居民户。

5.4.39　侯村防洪现状能力评价

侯村防洪现状评价图见图 3-5-85。

5.4.39.1　侯村基本情况

侯村所在河流为金沟子沟,为汾河支流。侯村以上流域面积为 13 km^2,河长 15.8

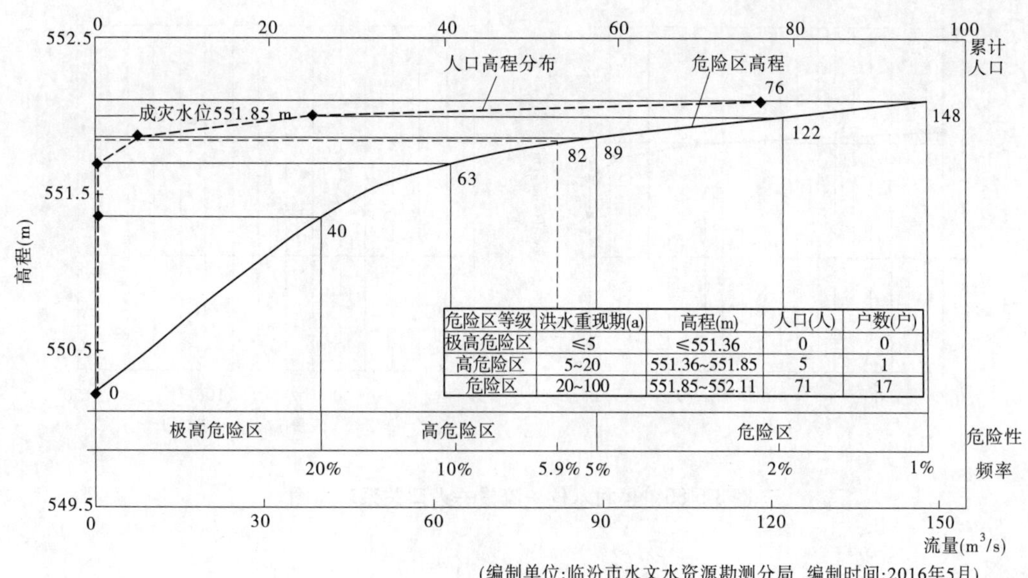

图 3-5-85　侯村防洪现状评价图

km,流域比降 26.9‰。流域内主要为黄土丘陵阶地,部分为变质岩灌丛山地和变质岩森林山地。

侯村隶属于赵城镇侯村行政村,全村人口 6 050 人。居民区主要分布在金沟子沟右岸。

5.4.39.2　侯村山洪灾害成因与成灾水位确定

侯村所在河段的河道较窄,部分居民户离河较近。河床杂草丛生,居民随意倾倒垃圾堵塞河道,致使河道行洪不畅。水势较大时会溢出河槽,对地势较低的居民户造成灾害。选取最先受灾的居民户所在位置为控制断面,该居民户高程即为成灾水位,成灾水位为 551.85 m。

5.4.39.3　侯村控制断面水位—流量关系和成灾水位对应的洪水频率

根据控制断面处的水位—流量关系确定侯村成灾水位对应的洪峰流量为 82 m^3/s,其相应洪水频率为 5.9% 。

5.4.39.4　水位—流量—人口关系

侯村水位—流量—人口关系见图 3-5-86。

5.4.39.5　各级危险区人口统计

经统计,侯村危险区内有 71 人,高危险区内有 5 人,极高危险区内没有居民。

5.4.39.6　安置点和转移路线

转移路线:危险区内居民沿最近小路向北地势较高处转移。

安置点:离河较远、地势较高的居民户。

5.4.40　王家磨村防洪现状能力评价

王家磨村防洪现状评价图见图 3-5-87。

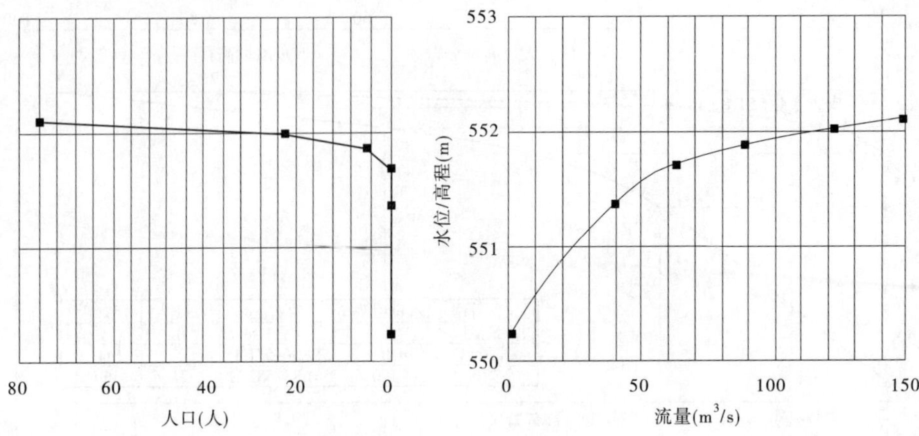

图 3-5-86　侯村水位—流量—人口关系对照图

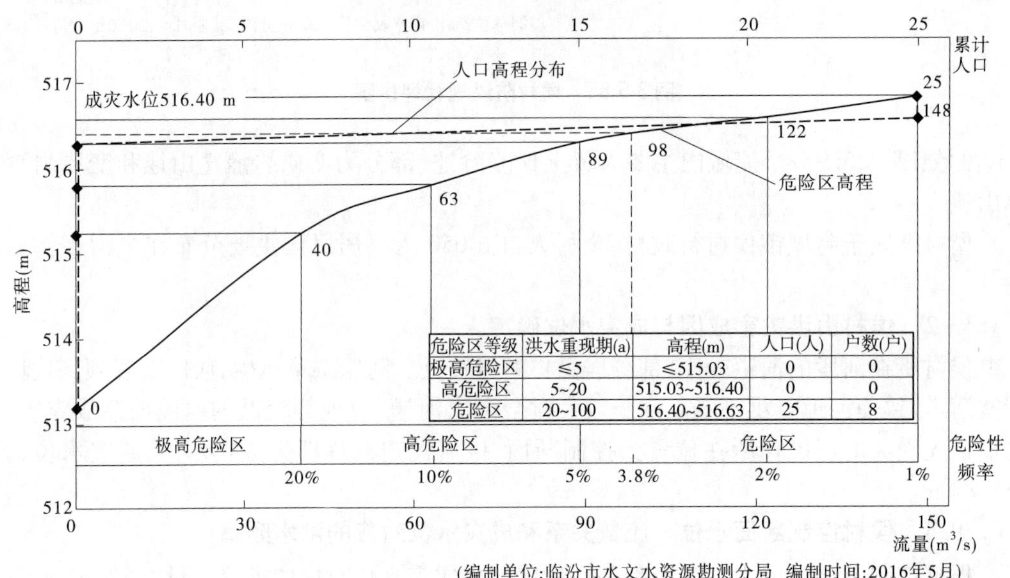

危险区等级	洪水重现期(a)	高程(m)	人口(人)	户数(户)
极高危险区	≤5	≤515.03	0	0
高危险区	5~20	515.03~516.40	0	0
危险区	20~100	516.40~516.63	25	8

(编制单位:临汾市水文水资源勘测分局　编制时间:2016年5月)

图 3-5-87　王家磨村防洪现状评价图

5.4.40.1　王家磨村基本情况

王家磨村所在河流为金沟子沟,为汾河支流。王家磨村以上流域面积为 14.53 km^2,河长 9.3 km,流域比降 27.5‰。流域内主要为黄土丘陵阶地,部分为变质岩灌丛山地、耕种平地和变质岩森林山地。

王家磨村隶属于赵城镇王家磨行政村,全村人口 582 人。居民区主要分布在金沟子沟右岸。

5.4.40.2　王家磨村山洪灾害成因与成灾水位确定

王家磨村所在河段的河道较窄,生活垃圾堵塞,洪水较大时,排水不畅,易阻水,部分居民户离河较近。水势较大时会溢出堤防,对地势较低的居民户造成灾害。选取最先受灾的居民户所在位置为控制断面,该处堤顶高程即为成灾水位,成灾水位为516.40 m。

5.4.40.3　**王家磨村控制断面水位—流量关系和成灾水位对应的洪水频率**

根据控制断面处的水位—流量关系确定王家磨村成灾水位对应的洪峰流量为98 m^3/s,其相应洪水频率为3.8%。

5.4.40.4　**水位—流量—人口关系**

王家磨村水位—流量—人口关系见图3-5-88。

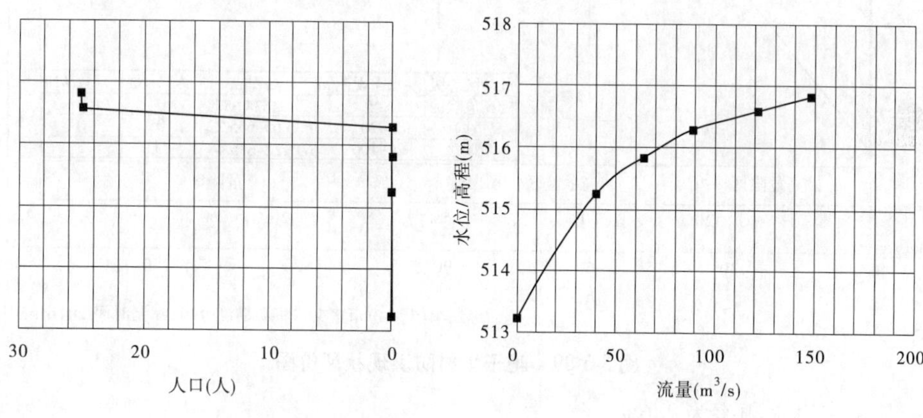

图3-5-88　王家磨村水位—流量—人口关系对照图

5.4.40.5　**各级危险区人口统计**

经统计,王家磨村危险区内有25人,高危险区和极高危险区内没有居民。

5.4.40.6　**安置点和转移路线**

转移路线:危险区内居民沿最近小路向北地势较高处转移。

安置点:离河较远、地势较高的居民户。

5.4.41　耙子里村防洪现状能力评价

耙子里村防洪现状评价图见图3-5-89。

5.4.41.1　**耙子里村基本情况**

耙子里村所在河流为霍泉河,为汾河支流。耙子里村以上流域面积为16.6 km^2,河长6.3 km,流域比降43.8‰。流域内主要为灌丛山地,部分为黄土丘陵阶地和灰岩森林山地。

耙子里村居民区主要分布在霍泉河左岸。

5.4.41.2　**耙子里村山洪灾害成因与成灾水位确定**

耙子里村所在河段的河道较窄,部分居民户离河较近。河道杂草丛生,居民随意倾倒垃圾堵塞河道,部分滩地种树。水势较大时会溢出河槽,对地势较低的居民户造成灾害。选取最先受灾的居民户所在位置为控制断面,该居民户高程即为成灾水位,成灾水位为635.22 m。

5.4.41.3　**耙子里村控制断面水位—流量关系和成灾水位对应的洪水频率**

根据控制断面处的水位—流量关系确定耙子里村成灾水位对应的洪峰流量为125

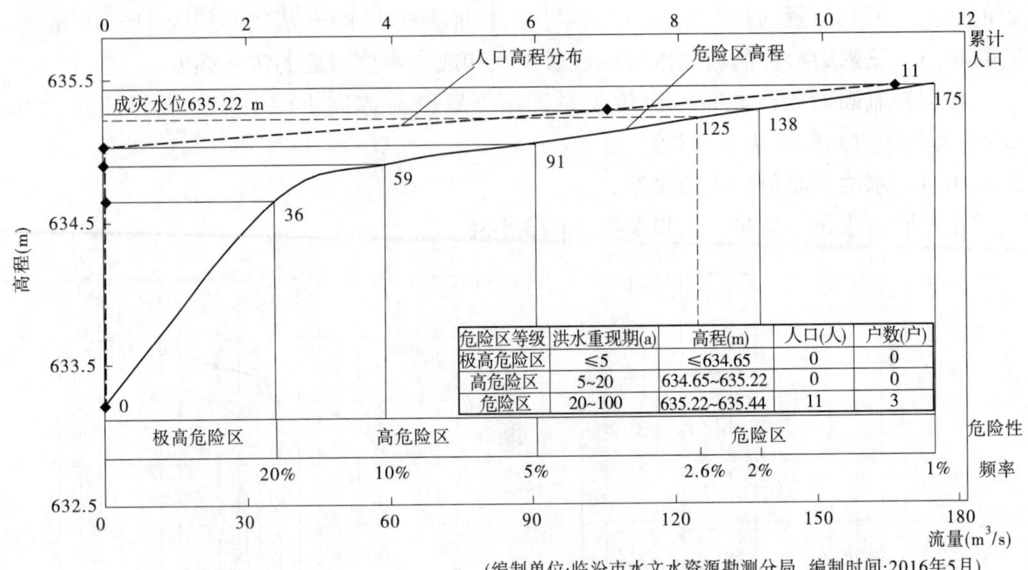

危险区等级	洪水重现期(a)	高程(m)	人口(人)	户数(户)
极高危险区	≤5	≤634.65	0	0
高危险区	5~20	634.65~635.22	0	0
危险区	20~100	635.22~635.44	11	3

图 3-5-89　耙子里村防洪现状评价图

m^3/s,其相应洪水频率为 2.6%。

5.4.41.4　水位—流量—人口关系

耙子里村水位—流量—人口关系见图 3-5-90。

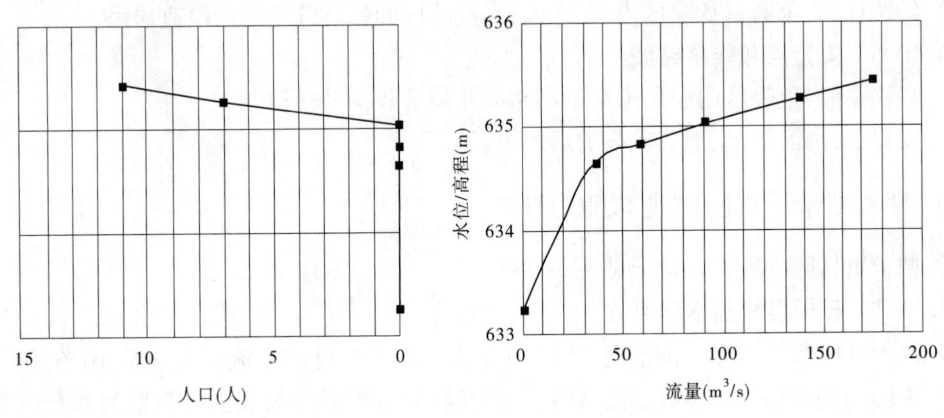

图 3-5-90　耙子里村水位—流量—人口关系对照图

5.4.41.5　各级危险区人口统计

经统计,耙子里村危险区内有 11 人,高危险区和极高危险区内没有居民。

5.4.41.6　安置点和转移路线

转移路线:危险区内居民沿最近小路向西地势较高处转移。

安置点:离河较远、地势较高的居民户。

5.4.42　圪侗村防洪现状能力评价

圪侗村防洪现状评价图见图 3-5-91。

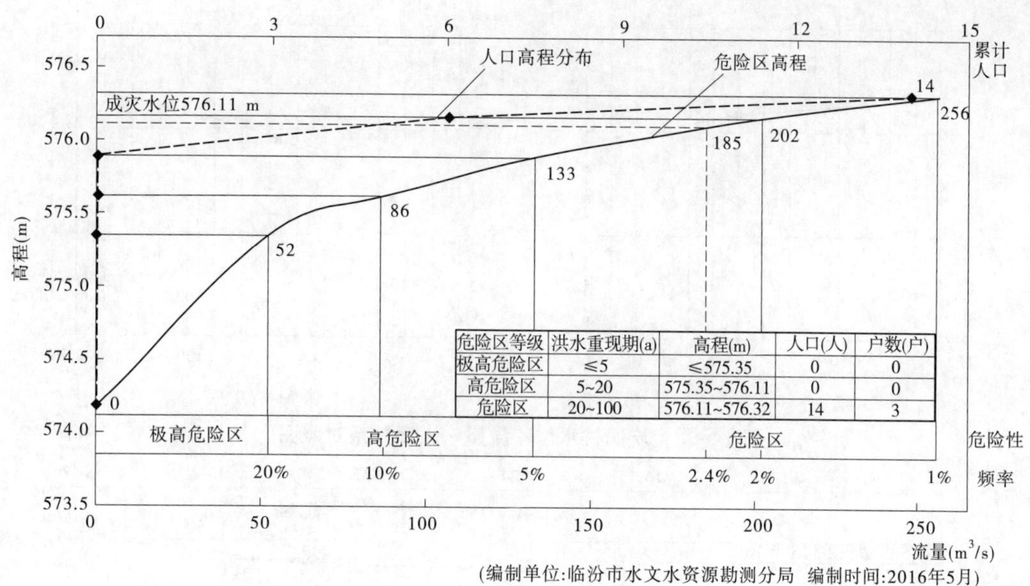

危险区等级	洪水重现期(a)	高程(m)	人口(人)	户数(户)
极高危险区	≤5	≤575.35	0	0
高危险区	5~20	575.35~576.11	0	0
危险区	20~100	576.11~576.32	14	3

图3-5-91　圪侗村防洪现状评价图

5.4.42.1　圪侗村基本情况

圪侗村所在河流为霍泉河,为汾河支流。圪侗村以上流域面积为24.03 km^2,河长9.8 km,流域比降28.0‰。流域内主要为灌丛山地,部分为黄土丘陵阶地和灰岩森林山地。

圪侗村隶属于广胜寺镇圪侗行政村,全村人口1 853人。居民区主要分布在霍泉河左岸。

5.4.42.2　圪侗村山洪灾害成因与成灾水位确定

圪侗村所在河段的河道较窄,部分居民户离河较近。水势较大时会溢出河槽,对地势较低的居民户造成灾害。选取最先受灾的居民户所在位置为控制断面,该居民户高程即为成灾水位,成灾水位为576.11 m。

5.4.42.3　圪侗村控制断面水位—流量关系和成灾水位对应的洪水频率

根据控制断面处的水位—流量关系确定圪侗村成灾水位对应的洪峰流量为185 m^3/s,其相应洪水频率为2.4%。

5.4.42.4　水位—流量—人口关系

圪侗村水位—流量—人口关系见图3-5-92。

5.4.42.5　各级危险区人口统计

经统计,圪侗村危险区内有14人,高危险区和极高危险区内没有居民。

5.4.42.6　安置点和转移路线

转移路线:危险区内居民沿最近小路向东地势较高处转移。

安置点:离河较远、地势较高的居民户。

5.4.43　南堡村2防洪现状能力评价

南堡村2防洪现状评价图见图3-5-93。

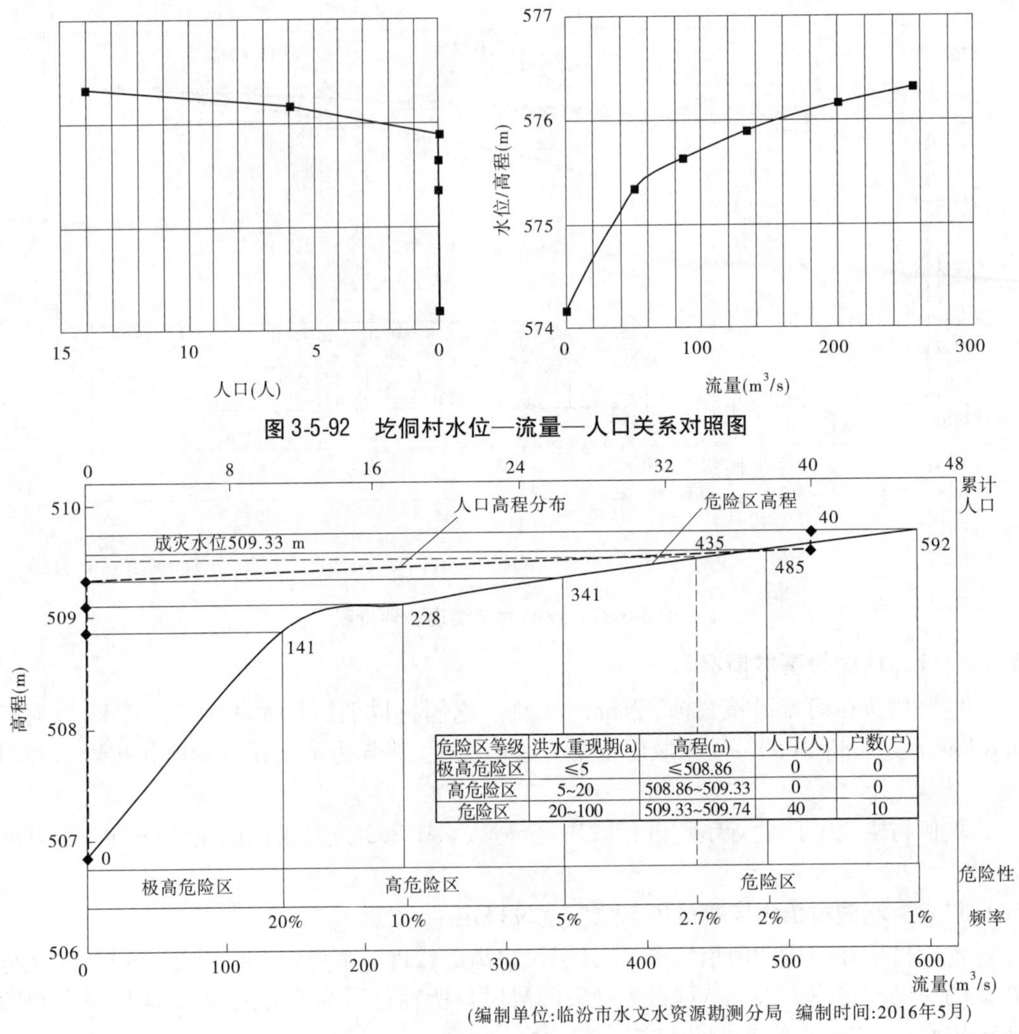

危险区等级	洪水重现期(a)	高程(m)	人口(人)	户数(户)
极高危险区	≤5	≤508.86	0	0
高危险区	5~20	508.86~509.33	0	0
危险区	20~100	509.33~509.74	40	10

图 3-5-92 圪侗村水位—流量—人口关系对照图

图 3-5-93 南堡村 2 防洪现状评价图

5.4.43.1 南堡村 2 基本情况

南堡村 2 所在河流为霍泉河,为汾河支流。南堡村以上流域面积为 55.69 km^2,河长 9.7 km,流域比降 17.6‰。流域内主要为黄土丘陵阶地和灌丛山地,部分为耕种平地和灰岩森林山地。

南堡村 2 隶属于广胜寺镇南堡行政村,全村人口 691 人。居民区主要分布在霍泉河左岸。

5.4.43.2 南堡村 2 山洪灾害成因与成灾水位确定

南堡村 2 所在河段的河道较窄,部分居民户离河较近。水势较大时会溢出河槽,对地势较低的居民户造成灾害。选取最先受灾的居民户所在位置为控制断面,该居民户高程即为成灾水位,成灾水位为 509.33 m。

5.4.43.3 南堡村 2 控制断面水位—流量关系和成灾水位对应的洪水频率

根据控制断面处的水位—流量关系确定南堡村 2 成灾水位对应的洪峰流量为 435

m^3/s,其相应洪水频率为 2.7%。

5.4.43.4　**水位—流量—人口关系**

南堡村 2 水位—流量—人口关系见图 3-5-94。

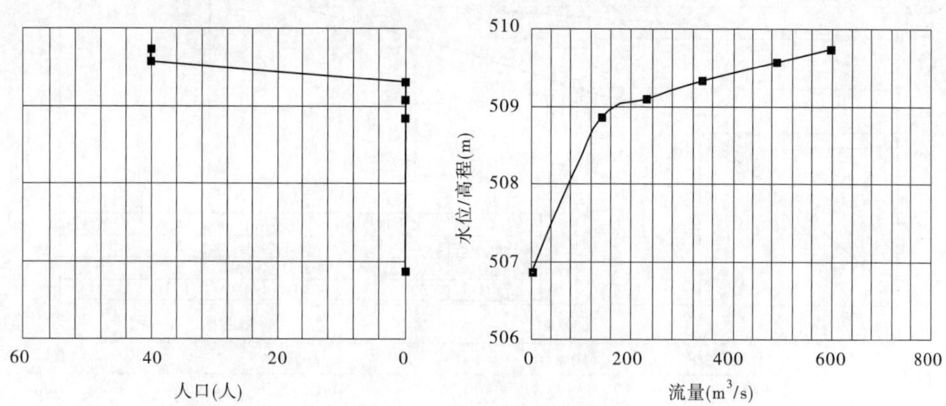

图 3-5-94　南堡村 2 水位—流量—人口关系对照图

5.4.43.5　**各级危险区人口统计**

经统计,南堡村 2 危险区内有 40 人,高危险区和极高危险区内没有居民。

5.4.43.6　**安置点和转移路线**

转移路线:危险区内居民沿最近小路向南地势较高处转移。

安置点:离河较远、地势较高的居民户。

5.4.44　板塌村防洪现状能力评价

板塌村防洪现状评价图见图 3-5-95。

5.4.44.1　**板塌村基本情况**

板塌村所在河流为霍泉河,为汾河支流。板塌村以上流域面积为 55.69 km^2,河长 9.7 km,流域比降 17.6‰。流域内主要为黄土丘陵阶地和灌丛山地,部分为耕种平地和灰岩森林山地。

板塌村隶属于广胜寺镇板塌行政村,全村人口 1 165 人。居民区主要分布在霍泉河右岸。

5.4.44.2　**板塌村山洪灾害成因与成灾水位确定**

板塌村所在河段的河道较窄,部分居民户离河较近。河床及滩地长有杂草,居民随意倾倒垃圾堵塞河道,致使河道行洪不畅。水势较大时会溢出河槽,对地势较低的居民户造成灾害。选取最先受灾的居民户所在位置为控制断面,该居民户高程即为成灾水位,成灾水位为 494.04 m。

5.4.44.3　**板塌村控制断面水位—流量关系和成灾水位对应的洪水频率**

根据控制断面处的水位—流量关系确定板塌村成灾水位对应的洪峰流量为 425 m^3/s,其相应洪水频率为 2.9%。

5.4.44.4　**水位—流量—人口关系**

板塌村水位—流量—人口关系见图 3-5-96。

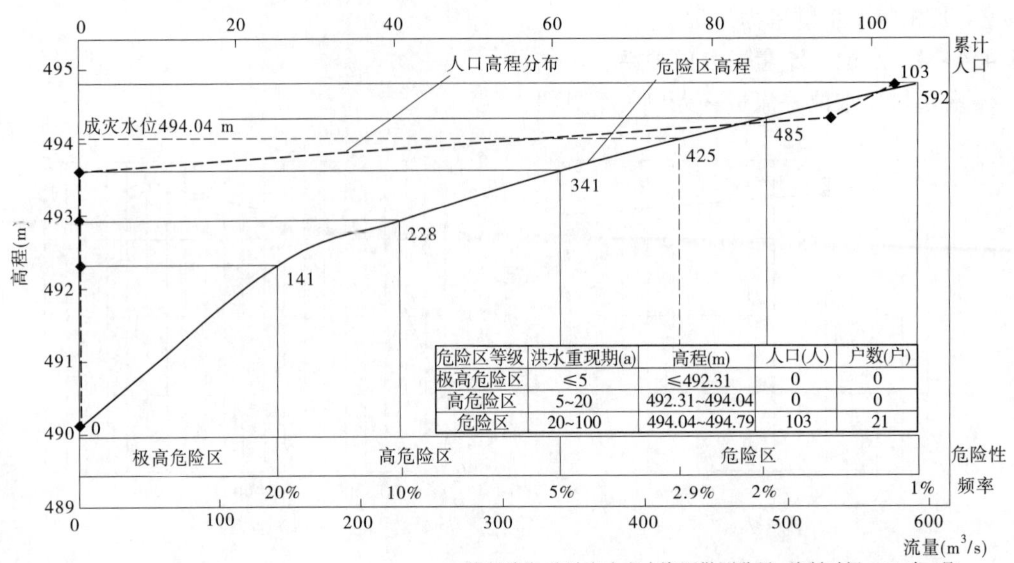

(编制单位:临汾市水文水资源勘测分局　编制时间:2016年5月)

图 3-5-95　板塌村防洪现状评价图

图 3-5-96　板塌村水位—流量—人口关系对照图

5.4.44.5　各级危险区人口统计

经统计,板塌村危险区内有 103 人,高危险区和极高危险区内没有居民。

5.4.44.6　安置点和转移路线

转移路线:危险区内居民沿最近小路向北地势较高处转移。

安置点:离河较远、地势较高的居民户。

5.4.45　营田庄村防洪现状能力评价

营田庄村防洪现状评价图见图 3-5-97。

5.4.45.1　营田庄村基本情况

营田庄村所在河流为霍泉河,为汾河支流。营田庄村以上流域面积为 55.69 km^2,河

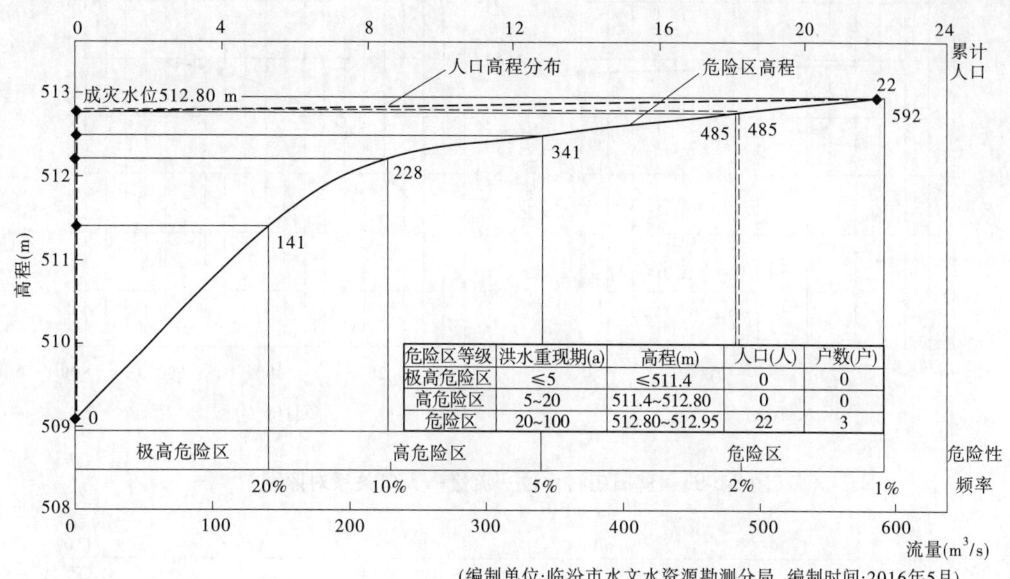

图 3-5-97　营田庄村防洪现状评价图

长 9.7 km,流域比降 17.6‰。流域内主要为黄土丘陵阶地和灌丛山地,部分为耕种平地和灰岩森林山地。

营田庄村隶属于明姜镇营田庄行政村,全村人口 1 469 人。居民区主要分布在霍泉河左岸。

5.4.45.2　营田庄村山洪灾害成因与成灾水位确定

营田庄村所在河段的河道较窄,部分居民户离河较近。水势较大时会溢出河槽,对地势较低的居民户造成灾害。选取最先受灾的居民户所在位置为控制断面,该居民户高程即为成灾水位,成灾水位为 512.80 m。

5.4.45.3　营田庄村控制断面水位—流量关系和成灾水位对应的洪水频率

根据控制断面处的水位—流量关系确定营田庄村成灾水位对应的洪峰流量为 485 m^3/s,其相应洪水频率为 2.0%。

5.4.45.4　水位—流量—人口关系

营田庄村水位—流量—人口关系见图 3-5-98。

5.4.45.5　各级危险区人口统计

经统计,营田庄村危险区内有 22 人,高危险区和极高危险区内没有居民。

5.4.45.6　安置点和转移路线

转移路线:危险区内居民沿最近小路向南地势较高处转移。

安置点:离河较远、地势较高的居民户。

5.4.46　永一堡村防洪现状能力评价

永一堡村防洪现状评价图见图 3-5-99。

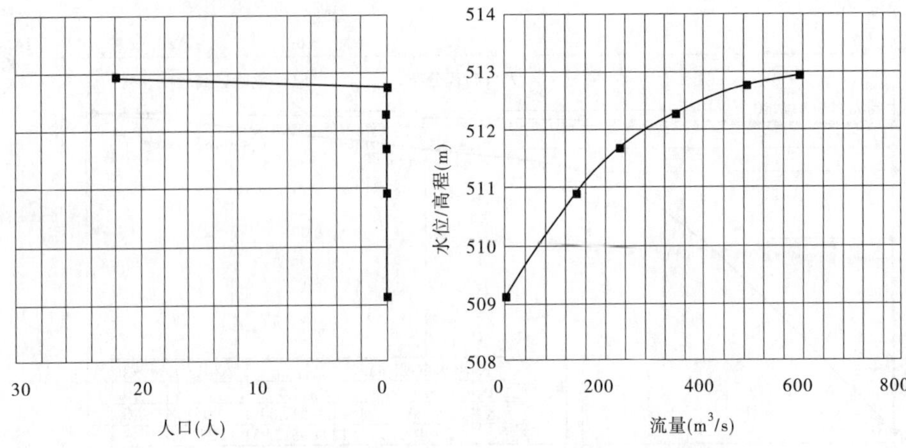

图 3-5-98　营田庄村水位—流量—人口关系对照图

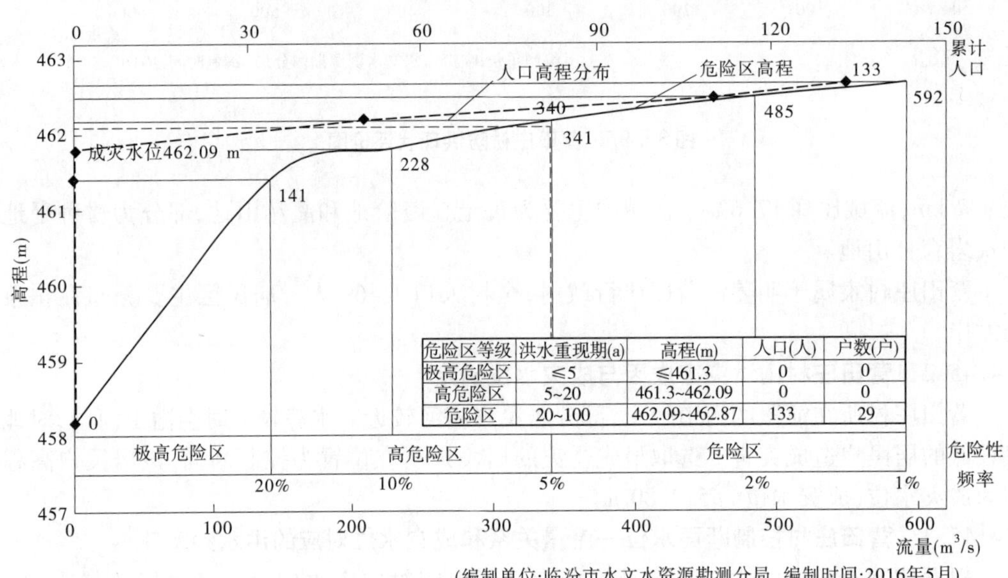

危险区等级	洪水重现期(a)	高程(m)	人口(人)	户数(户)
极高危险区	≤5	≤461.3	0	0
高危险区	5~20	461.3~462.09	0	0
危险区	20~100	462.09~462.87	133	29

(编制单位:临汾市水文水资源勘测分局　编制时间:2016年5月)

图 3-5-99　永一堡村防洪现状评价图

5.4.46.1　永一堡村基本情况

永一堡村所在河流为霍泉河,为汾河支流。永一堡村以上流域面积为 83.27 km^2,河长 15.2 km,流域比降 10.3‰。流域内主要为黄土丘陵阶地、灌丛山地和耕种平地,部分为灰岩森林山地。

永一堡村隶属于大槐树镇永一堡行政村,全村人口 1 198 人。居民区主要分布在霍泉河左岸。

5.4.46.2　永一堡村山洪灾害成因与成灾水位确定

永一堡村所在河段的河道较窄,部分居民户离河较近。河床长有杂草,居民随意倾倒垃圾堵塞河道。右岸漫滩,滩地种树。水势较大时会溢出坎,沿路漫进左岸地势低的居民户,对地势较低的居民户造成灾害。选取最先受灾的居民户所在位置为控制断面,该处坎上高程即为成灾水位,成灾水位为462.09 m。

5.4.46.3 **永一堡村控制断面水位—流量关系和成灾水位对应的洪水频率**

根据控制断面处的水位—流量关系确定永一堡村成灾水位对应的洪峰流量为340 m^3/s,其相应洪水频率为5.0%。

5.4.46.4 **水位—流量—人口关系**

永一堡村水位—流量—人口关系见图3-5-100。

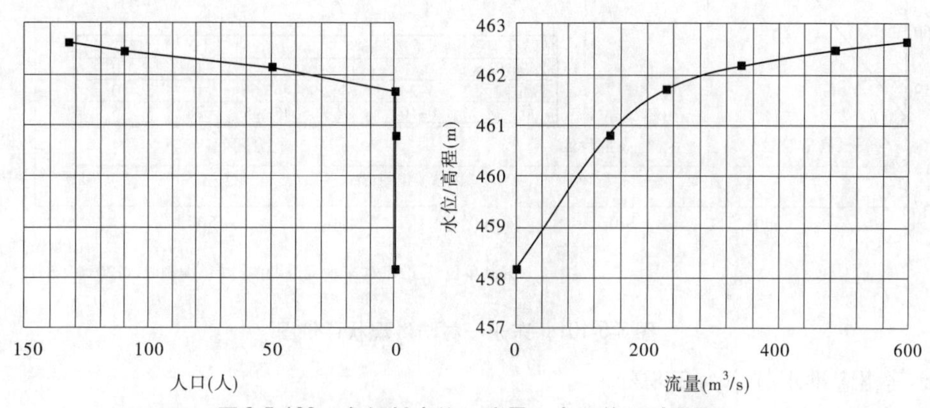

图3-5-100 永堡村水位—流量—人口关系对照图

5.4.46.5 **各级危险区人口统计**

经统计,永一堡村危险区内有133人,高危险区和极高危险区内没有居民。

5.4.46.6 **安置点和转移路线**

转移路线:危险区内居民沿最近小路向东地势较高处转移。

安置点:离河较远、地势较高的居民户。

5.4.47 东永一村防洪现状能力评价

东永一村防洪现状评价图见图3-5-101。

5.4.47.1 **东永一村基本情况**

东永一村所在河流为霍泉河,为汾河支流。东永一村以上流域面积为84.62 km^2,河长15.7 km,流域比降9.7‰。流域内主要为黄土丘陵阶地、灌丛山地和耕种平地,部分为灰岩森林山地。

东永一村隶属于大槐树镇东永一行政村,全村人口790人。居民区主要分布在霍泉河右岸。

5.4.47.2 **东永一村山洪灾害成因与成灾水位确定**

东永一村所在河段的河道较窄,部分居民户离河较近。两岸漫滩,滩地种树,不平整,水势较大时会溢出河槽,对地势较低的居民户造成灾害。选取最先受灾的居民户所在位置为控制断面,该居民户高程即为成灾水位,成灾水位为463.66 m。

5.4.47.3 **东永一村控制断面水位—流量关系和成灾水位对应的洪水频率**

根据控制断面处的水位—流量关系确定东永一村成灾水位对应的洪峰流量为380

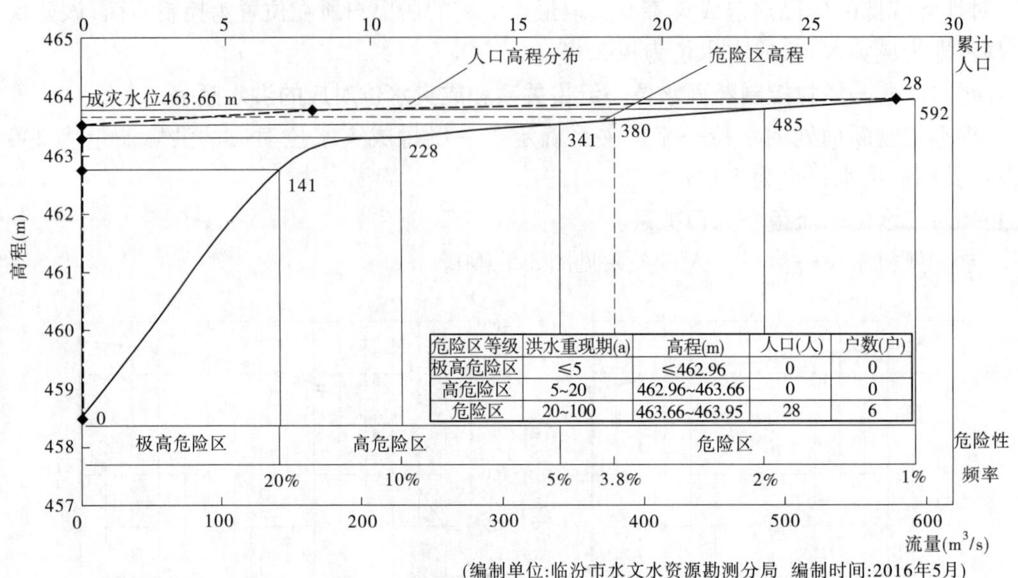

图 3-5-101 东永一村防洪现状评价图

m^3/s,其相应洪水频率为3.8%。

5.4.47.4 水位—流量—人口关系

东永一村水位—流量—人口关系见附图3-5-102。

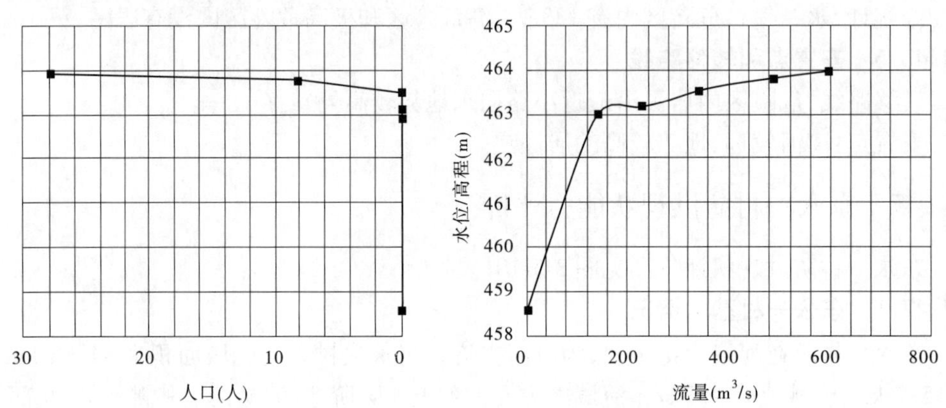

图 3-5-102 东永一村水位—流量—人口关系对照图

5.4.47.5 各级危险区人口统计

经统计,东永一村危险区内有28人,高危险区和极高危险区内没有居民。

5.4.47.6 安置点和转移路线

转移路线:危险区内居民沿最近小路向北地势较高处转移。

安置点:离河较远、地势较高的居民户。

5.4.48 南磨村防洪现状能力评价

南磨村防洪现状评价图见图3-5-103。

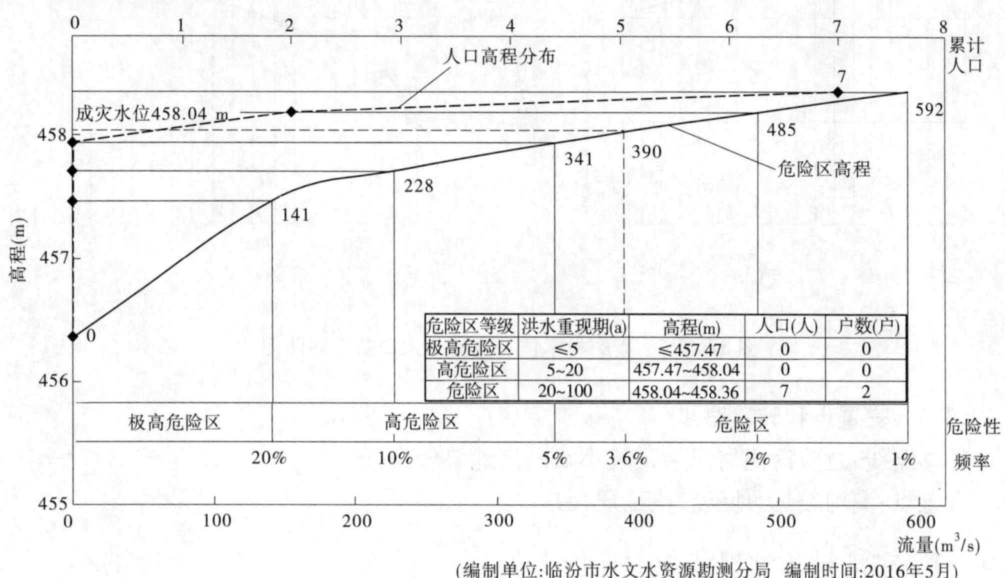

危险区等级	洪水重现期(a)	高程(m)	人口(人)	户数(户)
极高危险区	≤5	≤457.47	0	0
高危险区	5~20	457.47~458.04	0	0
危险区	20~100	458.04~458.36	7	2

图3-5-103 南磨村防洪现状评价图

5.4.48.1 南磨村基本情况

南磨村所在河流为霍泉河,为汾河支流。南磨村以上流域面积为89.57 km^2,河长17.1 km,流域比降8.6‰。流域内主要为黄土丘陵阶地、灌丛山地和耕种平地,部分为灰岩森林山地。

南磨村隶属于大槐树镇南磨行政村,全村人口710人。居民区主要分布在霍泉河左岸。

5.4.48.2 南磨村山洪灾害成因与成灾水位确定

南磨村所在河段的河道较窄,部分居民户离河较近。河床及滩地长有杂草,居民随意倾倒垃圾堵塞河道。水势较大时会溢出河槽,对地势较低的居民户造成灾害。选取最先受灾的居民户所在位置为控制断面,该居民户高程即为成灾水位,成灾水位为458.04 m。

5.4.48.3 南磨村控制断面水位—流量关系和成灾水位对应的洪水频率

根据控制断面处的水位—流量关系确定南磨村成灾水位对应的洪峰流量为390 m^3/s,其相应洪水频率为3.6%。

5.4.48.4 水位—流量—人口关系

南磨村水位—流量—人口关系见图3-5-104。

5.4.48.5 各级危险区人口统计

经统计,南磨村危险区内有7人,高危险区和极高危险区内没有居民。

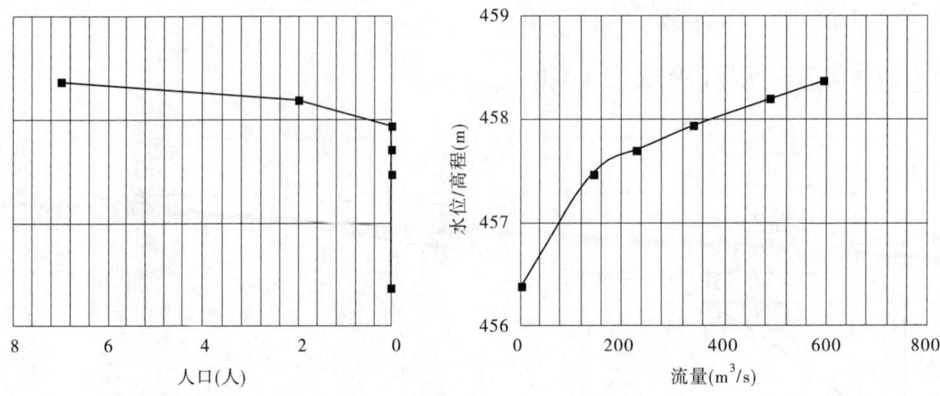

图 3-5-104　南磨村水位—流量—人口关系对照图

5.4.48.6　安置点和转移路线

转移路线:危险区内居民沿最近小路向南地势较高处转移。

安置点:离河较远、地势较高的居民户。

5.4.49　东湾村防洪现状能力评价

东湾村防洪现状评价图见图 3-5-105。

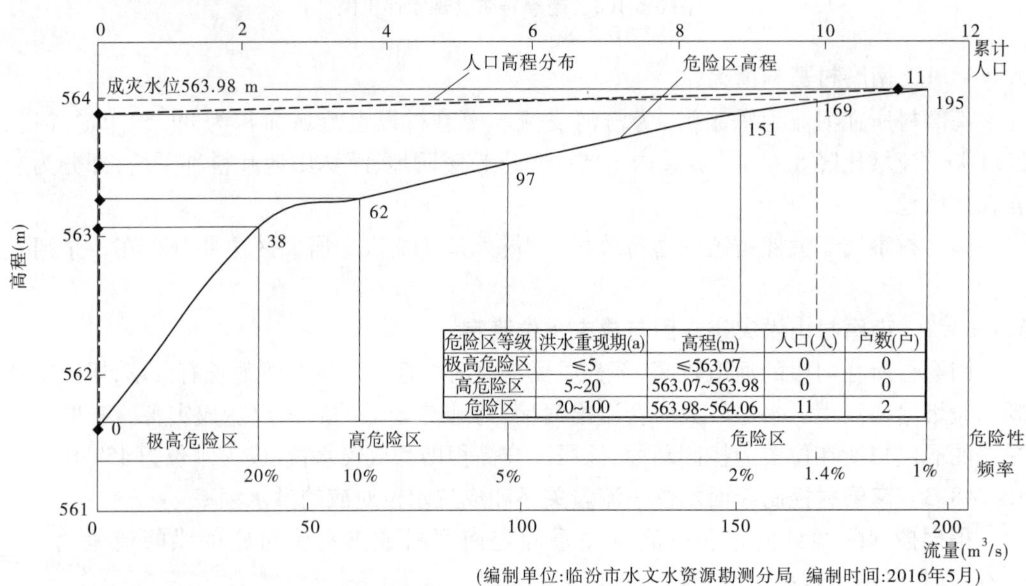

危险区等级	洪水重现期(a)	高程(m)	人口(人)	户数(户)
极高危险区	≤5	≤563.07	0	0
高危险区	5~20	563.07~563.98	0	0
危险区	20~100	563.98~564.06	11	2

图 3-5-105　东湾村防洪现状评价图

5.4.49.1　东湾村基本情况

东湾村所在河流为广胜寺涧河,为霍泉河支流。东湾村以上流域面积为 35.22 km²,

河长 15.8 km,流域比降 30.2‰。流域内为灌丛山地、黄土丘陵阶地和灰岩森林山地。

东湾村隶属于广胜寺镇东湾行政村,全村人口 673 人。居民区主要分布在广胜寺涧河右岸。

5.4.49.2　东湾村山洪灾害成因与成灾水位确定

东湾村所在河段的河道较窄,部分居民户离河较近。河床及滩地长有杂草,居民随意倾倒垃圾堵塞河道,不利行洪。水势较大时会溢出河槽,对地势较低的居民户造成灾害。选取最先受灾的居民户所在位置为控制断面,该居民户高程即为成灾水位,成灾水位为 563.98 m。

5.4.49.3　东湾村控制断面水位—流量关系和成灾水位对应的洪水频率

根据控制断面处的水位—流量关系确定东湾村成灾水位对应的洪峰流量为 169 m^3/s,其相应洪水频率为 1.4%。

5.4.49.4　水位—流量—人口关系

东湾村水位—流量—人口关系见图 3-5-106。

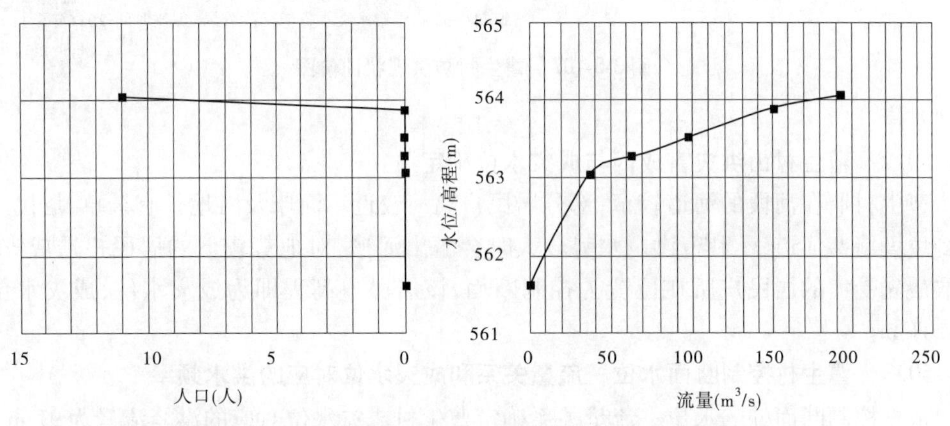

图 3-5-106　东湾村村水位—流量—人口关系对照图

5.4.49.5　各级危险区人口统计

经统计,东湾村危险区内有 11 人,高危险区和极高危险区内没有居民。

5.4.49.6　安置点和转移路线

转移路线:危险区内居民沿最近小路向北地势较高处转移。

安置点:离河较远、地势较高的居民户。

5.4.50　曹生村防洪现状能力评价

曹生村防洪现状评价图见图 3-5-107。

5.4.50.1　曹生村基本情况

曹生村所在河流为广胜寺涧河,为霍泉河支流。曹生村以上流域面积为 36.73 km^2,河长 17.8 km,流域比降 27‰。流域内主要为灌丛山地、黄土丘陵阶地和灰岩森林山地,部分为耕种平地。

曹生村隶属于广胜寺镇曹生行政村,全村人口 2 054 人。居民区主要分布在广胜寺

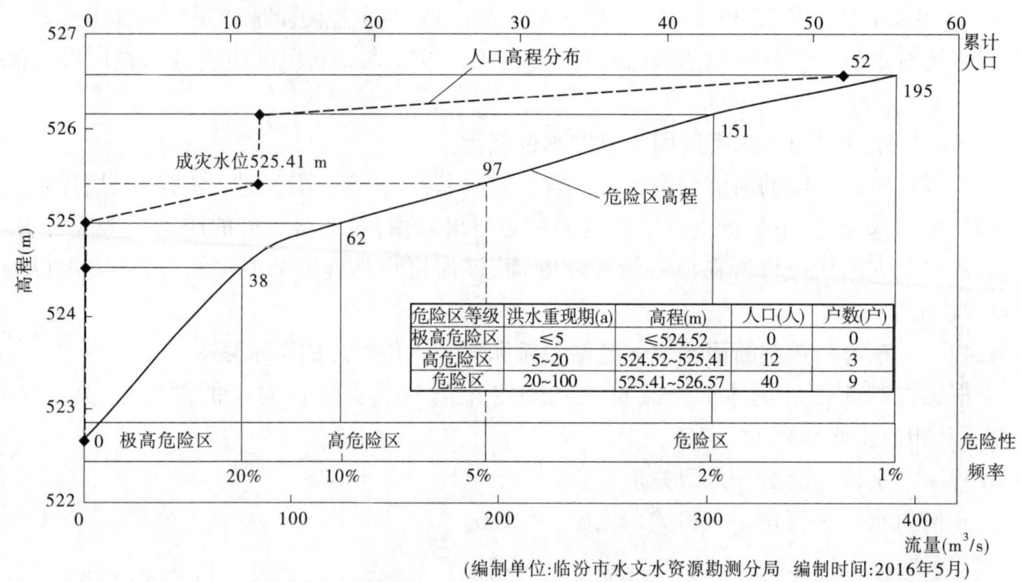

危险区等级	洪水重现期(a)	高程(m)	人口(人)	户数(户)
极高危险区	≤5	≤524.52	0	0
高危险区	5~20	524.52~525.41	12	3
危险区	20~100	525.41~526.57	40	9

图 3-5-107 曹生村防洪现状评价图

涧河左岸。

5.4.50.2 曹生村山洪灾害成因与成灾水位确定

曹生村所在河段的河道较窄,部分居民户离河较近。河床及滩地长有杂草,居民随意倾倒垃圾堵塞河道,不利行洪。水势较大时会溢出河槽,对地势较低的居民户造成灾害。选取最先受灾的居民户所在位置为控制断面,该居民户高程即为成灾水位,成灾水位为525.41 m。

5.4.50.3 曹生村控制断面水位—流量关系和成灾水位对应的洪水频率

根据控制断面处的水位—流量关系确定曹生村成灾水位对应的洪峰流量为97 m^3/s,其相应洪水频率为5.0%。

5.4.50.4 水位—流量—人口关系

曹生村水位—流量—人口关系见图3-5-108。

5.4.50.5 各级危险区人口统计

经统计,曹生村危险区内有40人,高危险区内有12人,极高危险区内没有居民。

5.4.50.6 安置点和转移路线

转移路线:危险区内居民沿最近小路向南地势较高处转移。

安置点:离河较远、地势较高的居民户

5.4.51 西安村防洪现状能力评价

西安村防洪现状评价图见图3-5-109。

5.4.51.1 西安村基本情况

西安村所在河流为广胜寺涧河,为霍泉河支流。西安村以上流域面积为37.41 km^2,河长18.3 km,流域比降26.3‰。流域内主要为灌丛山地、黄土丘陵阶地和灰岩森林山

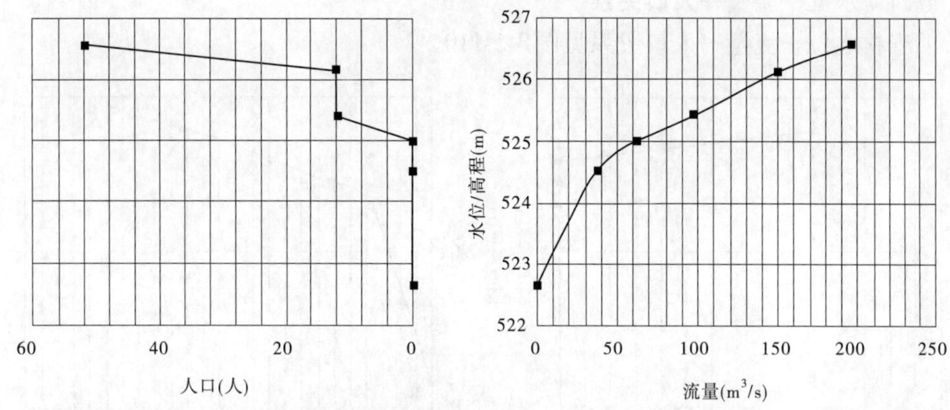

图 3-5-108　曹生村水位—流量—人口关系对照图

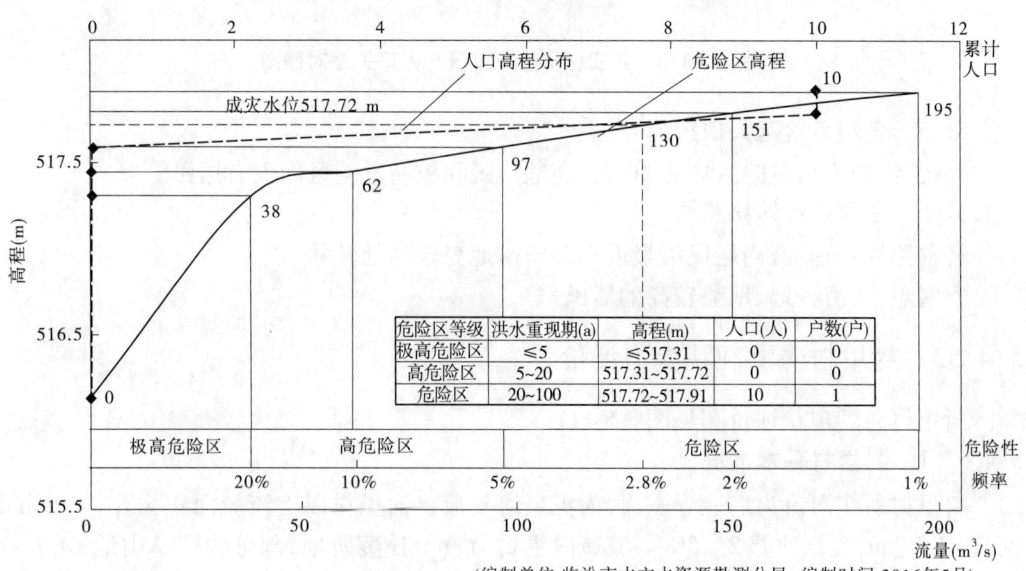

危险区等级	洪水重现期(a)	高程(m)	人口(人)	户数(户)
极高危险区	≤5	≤517.31	0	0
高危险区	5~20	517.31~517.72	0	0
危险区	20~100	517.72~517.91	10	1

图 3-5-109　西安村防洪现状评价图

地,部分为耕种平地。

西安村隶属于广胜寺镇西安行政村,全村人口 667 人。居民区主要分布在广胜寺涧河左岸。

5.4.51.2　西安村山洪灾害成因与成灾水位确定

西安村所在河段的河道较窄,部分居民户离河较近。河床及滩地长有杂草,两岸滩地宽阔,种有小麦、树木,不利行洪。水势较大时会溢出河槽,对地势较低的居民户造成灾害。选取最先受灾的居民户所在位置为控制断面,该居民户高程即为成灾水位,成灾水位为 517.72 m。

5.4.51.3　西安村控制断面水位—流量关系和成灾水位对应的洪水频率

根据控制断面处的水位—流量关系确定西安村成灾水位对应的洪峰流量为 130 m^3/s,其相应洪水频率为 2.8%。

5.4.51.4 **水位—流量—人口关系**

西安村水位—流量—人口关系见图 3-5-110。

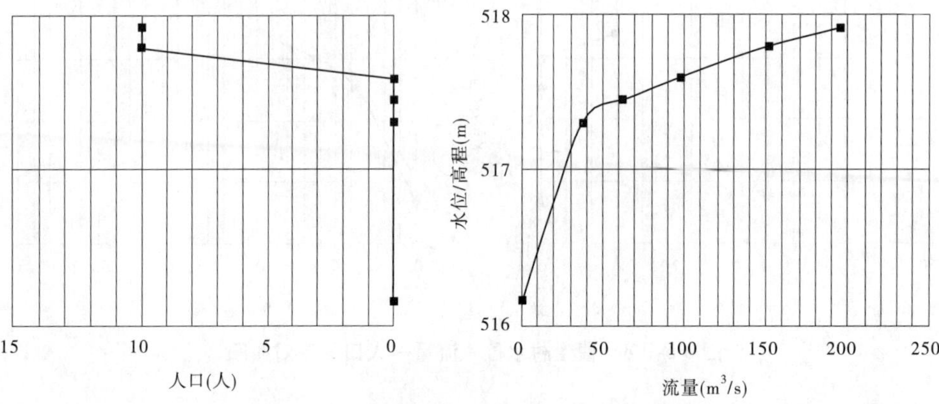

图 3-5-110 西安村水位—流量—人口关系对照图

5.4.51.5 **各级危险区人口统计**

经统计,西安村危险区内有 10 人,高危险区和极高危险区内没有居民。

5.4.51.6 **安置点和转移路线**

转移路线:危险区内居民沿最近小路向南地势较高处转移。

安置点:离河较远、地势较高的居民户。

5.4.52 封里村防洪现状能力评价

封里村防洪现状评价图见图 3-5-111。

5.4.52.1 **封里村基本情况**

封里村所在河流为广胜寺涧河,为霍泉河支流。封里村以上流域面积为 61.49 km^2,河长 22.1 km,流域比降 21.5‰。流域内主要为黄土丘陵阶地,部分为灌丛山地、灰岩森林山地和耕种平地。

封里村隶属于广胜寺镇封里行政村,全村人口 1 317 人。居民区主要分布在广胜寺涧河右岸。

5.4.52.2 **封里村山洪灾害成因与成灾水位确定**

封里村所在河段的河道较窄,部分居民户离河较近。河床及滩地长有杂草,两岸滩地宽阔,种有小麦、树木,不利行洪。水势较大时会溢出河槽,对地势较低的居民户造成灾害。选取最先受灾的居民户所在位置为控制断面,该居民户高程即为成灾水位,成灾水位为 477.19 m。

5.4.52.3 **封里村控制断面水位—流量关系和成灾水位对应的洪水频率**

根据控制断面处的水位—流量关系确定封里村成灾水位对应的洪峰流量为 163 m^3/s,其相应洪水频率为 3.7%。

5.4.52.4 **水位—流量—人口关系**

封里村水位—流量—人口关系见图 3-5-112。

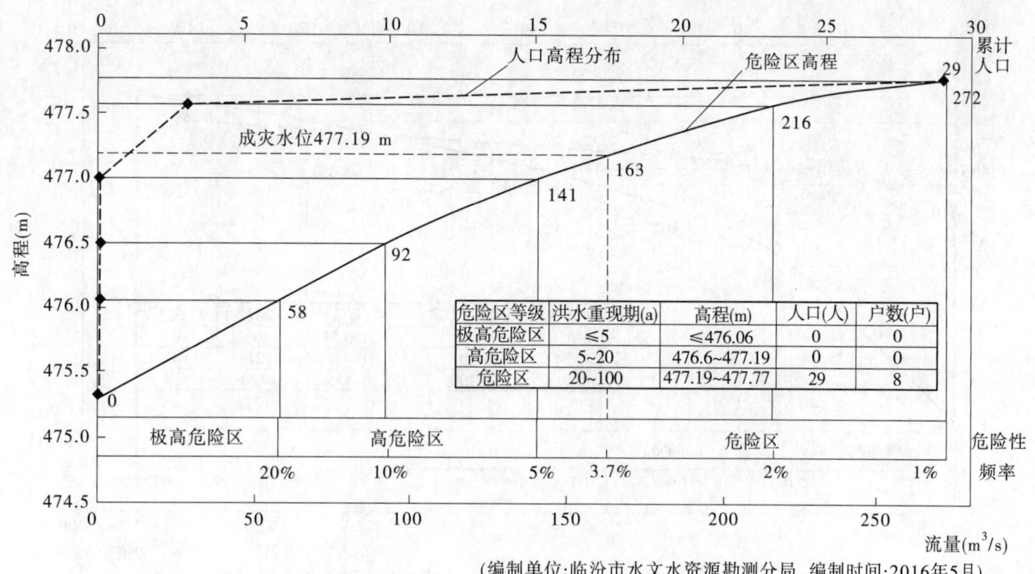

危险区等级	洪水重现期(a)	高程(m)	人口(人)	户数(户)
极高危险区	≤5	≤476.06	0	0
高危险区	5~20	476.6~477.19	0	0
危险区	20~100	477.19~477.77	29	8

图3-5-111　封里村防洪现状评价图

图3-5-112　封里村水位—流量—人口关系对照图

5.4.52.5　各级危险区人口统计

经统计,封里村危险区内有29人,高危险区和极高危险区内没有居民。

5.4.52.6　安置点和转移路线

转移路线:危险区内居民沿最近小路向北地势较高处转移。

安置点:离河较远、地势较高的居民户。

5.4.53　南官庄村防洪现状能力评价

南官庄村防洪现状评价图见图3-5-113。

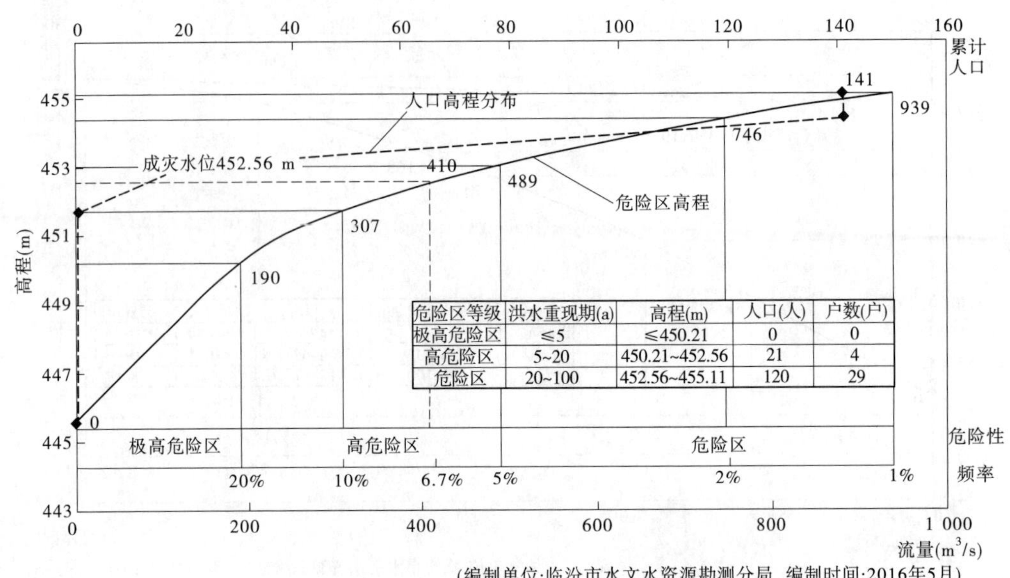

危险区等级	洪水重现期(a)	高程(m)	人口(人)	户数(户)
极高危险区	≤5	≤450.21	0	0
高危险区	5~20	450.21~452.56	21	4
危险区	20~100	452.56~455.11	120	29

(编制单位:临汾市水文水资源勘测分局 编制时间:2016年5月)

图 3-5-113 南官庄村防洪现状评价图

5.4.53.1 南官庄村基本情况

南官庄村所在河流为霍泉河,为汾河支流。南官庄村以上流域面积为 180.7 km^2,河长 19.6 km,流域比降 7.5‰。流域内主要为黄土丘陵阶地和耕种平地,部分为灌丛山地和灰岩森林山地。

南官庄村隶属于大槐树镇南官庄行政村,全村人口 1 920 人。居民区主要分布在霍泉河右岸。

5.4.53.2 南官庄村山洪灾害成因与成灾水位确定

南官庄村所在河段的河道较窄,部分居民户离河较近。河床及滩地长有杂草,居民随意倾倒垃圾堵塞河道。新建移民新村挤占河道。水势较大时会溢出坎,沿路漫进左岸地势低的居民户,对地势较低的居民户造成灾害。选取最先受灾的居民户所在位置为控制断面,该处坎上高程即为成灾水位,成灾水位为 452.56 m。

5.4.53.3 南官庄村控制断面水位—流量关系和成灾水位对应的洪水频率

根据控制断面处的水位—流量关系确定南官庄村成灾水位对应的洪峰流量为 410 m^3/s,其相应洪水频率为 6.7% 。

5.4.53.4 水位—流量—人口关系

南官庄村水位—流量—人口关系见图 3-5-114。

5.4.53.5 各级危险区人口统计

经统计,南官庄村危险区内有 120 人,高危险区内有 21 人,极高危险区内没有居民。

5.4.53.6 安置点和转移路线

转移路线:危险区内居民沿最近小路向北地势较高处转移。

安置点:离河较远、地势较高的居民户。

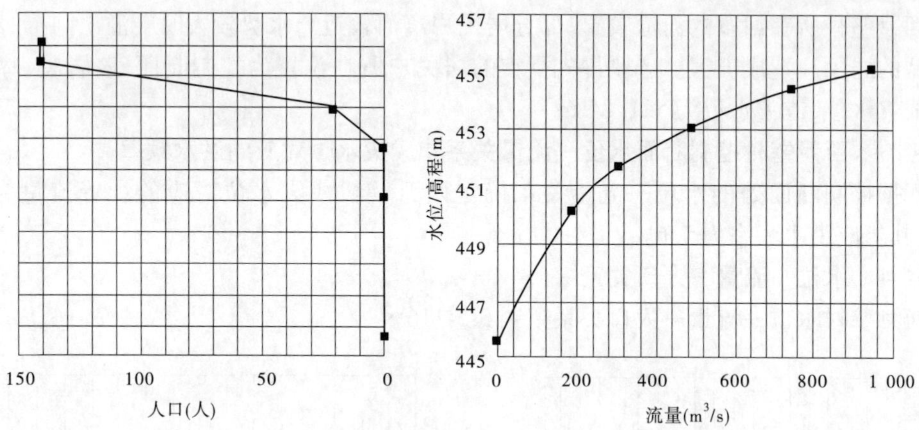

图 3-5-114　南宫村水位—流量—人口关系对照图

5.4.54　西尹壁村防洪现状能力评价

西尹壁村防洪现状评价图见图 3-5-115。

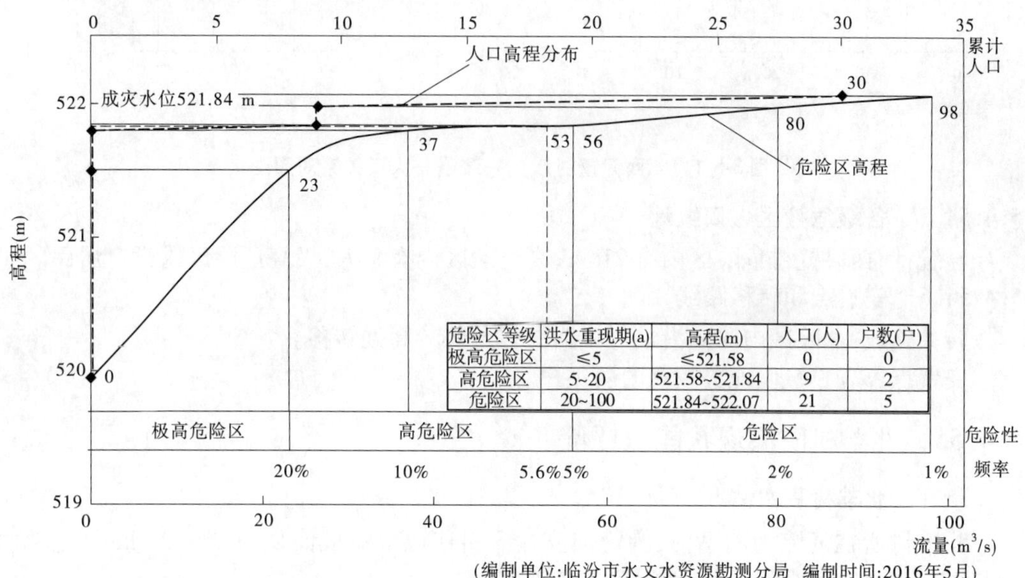

危险区等级	洪水重现期(a)	高程(m)	人口(人)	户数(户)
极高危险区	≤5	≤521.58	0	0
高危险区	5~20	521.58~521.84	9	2
危险区	20~100	521.84~522.07	21	5

图 3-5-115　西尹壁村防洪现状评价图

5.4.54.1　西尹壁村基本情况

西尹壁村所在河流为西尹壁沟，为洪安涧河支流。西尹壁村以上流域面积为 13.44 km^2，河长 8.6 km，流域比降 18.1‰。流域内为黄土丘陵阶地和耕种平地。

西尹壁村隶属于苏堡镇西尹壁行政村，全村人口 1 780 人。居民区主要分布在西尹壁沟右岸。

5.4.54.2　**西尹壁村山洪灾害成因与成灾水位确定**

西尹壁村所在河段的河道较窄,部分居民户离河较近。水势较大时会溢出河槽,对地势较低的居民户造成灾害。选取最先受灾的居民户所在位置为控制断面,该居民户高程即为成灾水位,成灾水位为521.84 m。

5.4.54.3　**西尹壁村控制断面水位—流量关系和成灾水位对应的洪水频率**

根据控制断面处的水位—流量关系确定西尹壁村成灾水位对应的洪峰流量为53 m^3/s,其相应洪水频率为5.6%。

5.4.54.4　**水位—流量—人口关系**

西尹壁村水位—流量—人口关系见图3-5-116。

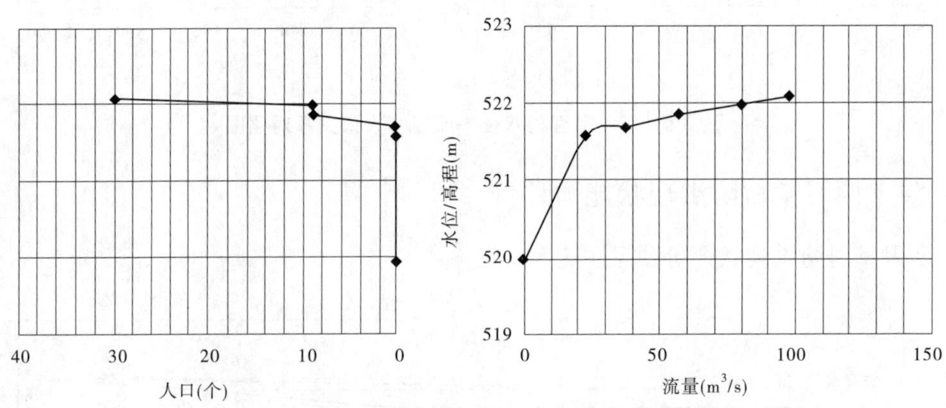

图3-5-116　西尹壁村水位—流量—人口关系对照图

5.4.54.5　**各级危险区人口统计**

经统计,西尹壁村危险区内有21人,高危险区内有9人,极高危险区内没有居民。

5.4.54.6　**安置点和转移路线**

转移路线:危险区内居民沿最近小路向西地势较高处转移。

安置点:离河较远、地势较高的居民户。

5.4.55　北羊村防洪现状能力评价

5.4.55.1　**北羊村基本情况**

北羊村所在河流为曲亭河,为汾河支流。村庄以上流域面积为210.22 km^2,流域内为黄土丘陵阶地和耕种平地,植被覆盖率不高。

北羊村隶属于甘亭镇北羊行政村,全村人口为1 526人,居民区主要分布在曲亭河左岸。

5.4.55.2　**山洪灾害调查及成因分析**

该村居民主要居住在曲亭河左岸,村庄位于曲亭河近河源区,村庄无河槽,通过道路排水,洪水较大时,道路两侧地势较低的居民户遭灾。经实地调查,近年来村庄时有遭灾,雨水主要通过道路汇水,下游河道阻塞,排水不畅,形成城市涝区。

5.4.55.3　**北羊村现状防洪能力分析**

北羊村位于洪洞县的曲亭河左岸,受曲亭河洪水影响,存在过水能力不足等问题,经历史洪水调查,北羊村近年来曾发生过洪水进入村庄东侧地势较低的居民户家中的情况,综合分析判断现状防洪能力为 20 年一遇。

5.4.55.4　村庄各级危险区人口统计

经统计,北羊村危险区内有 28 人,高危险区内有 135 人,极高危险区内没有居民。本次仅统计了北羊村东受威胁的居民,洪水沿道路进入村庄后受威胁的居民户未做统计。

5.4.55.5　安置点和转移路线

转移路线:危险区内居民沿最近小路向道路两侧地势较高处转移。

安置点:道路两侧地势较高的区域。

5.4.56　南圪塔村防洪现状能力评价

5.4.56.1　南圪塔村基本成果

南圪塔村所在河流为曲亭河,为汾河支流。村庄以上流域面积为 210.22 km^2,流域内为黄土丘陵阶地和耕种平地,植被覆盖率不高。

南圪塔村隶属于甘亭镇南羊獬行政村,全村人口为 100 人,居民区主要分布在曲亭河左岸。

5.4.56.2　山洪灾害调查及成因分析

该村居民主要居住在曲亭河左岸,村庄位于曲亭河近河源区,村庄无河槽,通过道路排水,洪水较大时,道路两侧地势较低的居民户遭灾。经实地调查,近年来村庄时有遭灾,雨水主要通过道路汇水,下游河道阻塞,排水不畅,形成城市涝区。

5.4.56.3　南圪塔村现状防洪能力分析

南圪塔村位于洪洞县的曲亭河左岸,受曲亭河洪水影响,存在过水能力不足等问题。经历史洪水调查,南圪塔村近年来曾发生过洪水进入村庄东侧地势较低的居民户家中的情况,综合分析判断现状防洪能力为 20 年一遇。

5.4.56.4　各级危险区人口统计

经统计,南圪塔村危险区内有 104 人,高危险区内有 110 人,极高危险区内没有居民。本次仅统计了南圪塔村东受威胁的居民,洪水沿道路进入村庄后受威胁的居民户未做统计。

5.4.56.5　安置点和转移路线

转移路线:危险区内居民沿最近小路向道路两侧地势较高处转移。

安置点:道路两侧地势较高的区域。

第6章 预警指标分析

根据防洪现状评价成果,对重点防治区进行预警指标计算。预警指标分为雨量和水位两类,包括准备转移和立即转移两级指标,其中水位预警指标只针对适用水位预警条件的预警对象进行分析计算。雨量预警与水位预警计算方法均采用第1篇第8章中所提到的方法。

6.1 雨量预警指标

本次雨量预警指标计算采用双曲正切产流模型与单位线流域汇流模型,对沿河村落控制断面以上流域进行了产、汇流模拟分析,推求雨量预警指标。

洪洞县各重点防治区预警指标成果表见表3-6-1,重点防治区预警指标分布图见附图3-5~附图3-16。

6.2 水位预警指标

6.2.1 适用条件

只针对具备水位预警条件的预警对象分析水位预警指标。

6.2.2 洪洞县水位预警指标

洪洞县共有1个水文站与3个自动水位站,其中涉及本次山洪灾害防治区的水位站有2个,分别为洞西水位站、下张端水位站。洞西水位站预警对象为洞西、曹家庄、东梁和西梁,下张端水位站的预警对象为下张端、上张端、许村、南石明和堤村。

经分析计算,各水位站水位—流量关系见图3-6-1、图3-6-2。洪洞县水位站预警指标成果见表3-6-2。

6.3 预警指标分析成果

(1)56个重点防治区预警指标成果表(见表3-6-1)。

(2)56个重点防治区预警雨量临界曲线图(见图3-6-3)。

(3)56个重点防治区预警指标分布图(见附图3-5~附图3-16)。

表 3-6-1 预警指标成果表

序号	行政区划名称	类别	B_0	降雨历时	预警指标(雨量:mm,水位:m)		临界雨量(mm)/水位(m)	方法
					准备转移	立即转移		
1	后涧村	雨量	0	0.5 h	34	48	48	流域模型法
				1 h	48	57	57	
			0.3	0.5 h	31	44	44	流域模型法
				1 h	44	51	51	
			0.6	0.5 h	27	39	39	流域模型法
				1 h	39	46	46	
2	北石明村	雨量	0	0.5 h	33	47	47	流域模型法
				1 h	47	56	56	
			0.3	0.5 h	30	43	43	流域模型法
				1 h	43	51	51	
			0.6	0.5 h	27	38	38	流域模型法
				1 h	38	45	45	
3	跃上村	雨量	0	0.5 h	29	42	42	流域模型法
				1 h	42	51	51	
			0.3	0.5 h	26	38	38	流域模型法
				1 h	38	45	45	
			0.6	0.5 h	23	33	33	流域模型法
				1 h	33	39	39	

续表 3-6-1

序号	行政区划名称	类别	B_0	降雨历时	预警指标(雨量:mm,水位:m)		临界雨量(mm)/水位(m)	方法
					准备转移	立即转移		
4	南石明村	雨量	0	0.5 h	31	44	44	流域模型法
				1 h	44	52	52	
				2 h	59	63	63	
			0.3	0.5 h	27	39	39	流域模型法
				1 h	39	46	46	
				2 h	51	57	57	
			0.6	0.5 h	24	35	35	流域模型法
				1 h	35	40	40	
				2 h	44	49	49	
			水位		570.65	570.95	570.95	
5	曹家沟村	雨量	0	0.5 h	45	64	64	流域模型法
				1 h	64	73	73	
				2 h	88	99	99	
			0.3	0.5 h	42	59	59	流域模型法
				1 h	59	68	68	
				2 h	82	92	92	
			0.6	0.5 h	38	55	55	流域模型法
				1 h	55	61	61	
				2 h	77	86	86	

续表 3-6-1

序号	行政区划名称	类别	B_0	降雨历时	预警指标(雨量:mm,水位:m)		临界雨量(mm)/水位(m)	方法
					准备转移	立即转移		
6	伏珠村	雨量	0	0.5 h	27	38	38	流域模型法
				1 h	38	46	46	
				2 h	52	57	57	
			0.3	0.5 h	24	34	34	流域模型法
				1 h	34	40	40	
				2 h	46	51	51	
			0.6	0.5 h	21	29	29	流域模型法
				1 h	29	34	34	
				2 h	41	45	45	
7	三峪村	雨量	0	0.5 h	16	23	23	流域模型法
				1 h	23	28	28	
			0.3	0.5 h	13	19	19	流域模型法
				1 h	19	24	24	
			0.6	0.5 h	11	15	15	流域模型法
				1 h	15	19	19	
8	下张端村	雨量	0	0.5 h	32	45	45	流域模型法
				1 h	45	54	54	
				2 h	60	65	65	

续表 3-6-1

序号	行政区划名称	类别	B_0	降雨历时	预警指标(雨量:mm,水位:m)		临界雨量(mm)/水位(m)	方法
					准备转移	立即转移		
8	下张端村	雨量	0.3	0.5 h	28	41	41	流域模型法
				1 h	41	47	47	
				2 h	52	58	58	
			0.6	0.5 h	25	36	36	流域模型法
				1 h	36	41	41	
				2 h	45	51	51	
			水位		570.65	570.95	570.95	
9	上张端村	雨量	0	0.5 h	31	44	44	流域模型法
				1 h	44	53	53	
				2 h	59	65	65	
			0.3	0.5 h	28	40	40	流域模型法
				1 h	40	47	47	
				2 h	52	57	57	
			0.6	0.5 h	24	35	35	流域模型法
				1 h	35	40	40	
				2 h	44	50	50	
			水位		570.65	570.95	570.95	

续表 3-6-1

序号	行政区划名称	类别	B_0	降雨历时	预警指标(雨量:mm,水位:m)		临界雨量(mm)/水位(m)	方法
					准备转移	立即转移		
10	许村	雨量	0	0.5 h	32	45	45	流域模型法
				1 h	45	54	54	
				2 h	60	66	66	
			0.3	0.5 h	28	41	41	流域模型法
				1 h	41	48	48	
				2 h	52	58	58	
			0.6	0.5 h	25	36	36	流域模型法
				1 h	36	41	41	
				2 h	45	51	51	
			水位		570.65	570.95	570.95	
11	堤村	雨量	0	0.5 h	29	42	42	流域模型法
				1 h	42	51	51	
				2 h	56	61	61	
			0.3	0.5 h	26	37	37	流域模型法
				1 h	37	45	45	
				2 h	49	54	54	
			0.6	0.5 h	23	32	32	流域模型法
				1 h	32	38	38	
				2 h	42	47	47	
			水位		570.65	570.95	570.95	

续表 3-6-1

序号	行政区划名称	类别	B_0	降雨历时	预警指标(雨量:mm,水位:m)		临界雨量(mm)/水位(m)	方法
					准备转移	立即转移		
12	三交河村	雨量	0	0.5 h	40	58	58	流域模型法
				1 h	58	70	70	
			0.3	0.5 h	38	55	55	流域模型法
				1 h	55	66	66	
			0.6	0.5 h	35	50	50	流域模型法
				1 h	50	61	61	
13	东堡村	雨量	0	0.5 h	38	55	55	流域模型法
				1 h	55	64	64	
			0.3	0.5 h	35	50	50	流域模型法
				1 h	50	58	58	
			0.6	0.5 h	32	46	46	流域模型法
				1 h	46	53	53	
14	下辛府村	雨量	0	0.5 h	26	37	37	流域模型法
				1 h	37	44	44	
				2 h	50	55	55	
			0.3	0.5 h	23	32	32	流域模型法
				1 h	32	39	39	
				2 h	45	50	50	
			0.6	0.5 h	20	28	28	流域模型法
				1 h	28	33	33	
				2 h	39	45	45	

续表 3-6-1

序号	行政区划名称	类别	B_0	降雨历时	预警指标(雨量:mm,水位:m)		临界雨量(mm)/水位(m)	方法
					准备转移	立即转移		
15	左家沟村	雨量	0	0.5 h	25	36	36	流域模型法
				1 h	36	43	43	
				2 h	49	53	53	
			0.3	0.5 h	22	32	32	流域模型法
				1 h	32	38	38	
				2 h	44	48	48	
			0.6	0.5 h	19	27	27	流域模型法
				1 h	27	32	32	
				2 h	37	42	42	
16	西姚头村	雨量	0	0.5 h	27	38	38	流域模型法
				1 h	38	45	45	
				2 h	51	57	57	
			0.3	0.5 h	23	33	33	流域模型法
				1 h	33	40	40	
				2 h	47	52	52	
			0.6	0.5 h	21	29	29	流域模型法
				1 h	29	34	34	
				2 h	41	46	46	

续表 3-6-1

序号	行政区划名称	类别	B_0	降雨历时	预警指标(雨量:mm,水位:m)		临界雨量(mm)/水位(m)	方法
					准备转移	立即转移		
17	涧西村	雨量	0	0.5 h	36	52	52	流域模型法
				1 h	52	60	60	
				2 h	71	79	79	
			0.3	0.5 h	33	47	47	流域模型法
				1 h	47	55	55	
				2 h	64	72	72	
			0.6	0.5 h	30	43	43	流域模型法
				1 h	43	48	48	
				2 h	58	66	66	
			水位		577.15	577.45	577.45	
18	曹家庄村	雨量	0	0.5 h	46	65	65	流域模型法
				1 h	65	73	73	
				2 h	82	92	92	
			0.3	0.5 h	43	61	61	流域模型法
				1 h	61	67	67	
				2 h	75	86	86	
			0.6	0.5 h	38	55	55	流域模型法
				1 h	55	60	60	
				2 h	68	77	60	
			水位		577.85	578.15	578.15	

续表 3-6-1

序号	行政区划名称	类别	B_0	降雨历时	预警指标(雨量:mm,水位:m)		临界雨量(mm)/水位(m)	方法
					准备转移	立即转移		
19	东梁村	雨量	0	0.5 h	46	65	65	流域模型法
				1 h	65	75	75	
				2 h	85	94	94	
			0.3	0.5 h	43	61	61	流域模型法
				1 h	61	68	68	
				2 h	77	86	86	
			0.6	0.5 h	39	56	56	流域模型法
				1 h	56	61	61	
				2 h	70	79	79	
			水位		578.10	578.40	578.40	
20	西梁村	雨量	0	0.5 h	37	53	53	流域模型法
				1 h	53	60	60	
				2 h	70	76	76	
			0.3	0.5 h	34	48	48	流域模型法
				1 h	48	55	55	
				2 h	62	68	68	
			0.6	0.5 h	31	44	44	流域模型法
				1 h	44	48	48	
				2 h	53	61	61	
			水位		576.60	576.90	576.90	

续表 3-6-1

序号	行政区划名称	类别	B_0	降雨历时	预警指标(雨量:mm,水位:m)		临界雨量(mm)/水位(m)	方法
					准备转移	立即转移		
21	塾堡村	雨量	0	0.5 h	29	42	42	流域模型法
				1 h	42	51	51	
			0.3	0.5 h	26	38	38	流域模型法
				1 h	38	45	45	
			0.6	0.5 h	23	32	32	流域模型法
				1 h	32	39	39	
22	南堡村 1	雨量	0	0.5 h	44	62	62	流域模型法
				1 h	62	79	79	
			0.3	0.5 h	40	58	58	流域模型法
				1 h	58	73	73	
			0.6	0.5 h	37	53	53	流域模型法
				1 h	53	68	68	
23	石南村	雨量	0	0.5 h	28	40	40	流域模型法
				1 h	40	49	49	
			0.3	0.5 h	25	36	36	流域模型法
				1 h	36	44	44	
			0.6	0.5 h	22	31	31	流域模型法
				1 h	31	38	38	

续表 3-6-1

序号	行政区划名称	类别	B_0	降雨历时	预警指标(雨量:mm,水位:m)		临界雨量(mm)/水位(m)	方法
					准备转移	立即转移		
24	石北村	雨量	0	0.5 h	29	41	41	流域模型法
				1 h	41	51	51	
			0.3	0.5 h	26	37	37	流域模型法
				1 h	37	45	45	
			0.6	0.5 h	23	32	32	流域模型法
				1 h	32	39	39	
25	石东村	雨量	0	0.5 h	28	40	40	流域模型法
				1 h	40	49	49	
			0.3	0.5 h	25	36	36	流域模型法
				1 h	36	44	44	
			0.6	0.5 h	22	31	31	流域模型法
				1 h	31	38	38	
26	马一村	雨量	0	0.5 h	31	44	44	流域模型法
				1 h	44	55	55	
			0.3	0.5 h	28	40	40	流域模型法
				1 h	40	49	49	
			0.6	0.5 h	25	35	35	流域模型法
				1 h	35	43	43	

续表 3-6-1

序号	行政区划名称	类别	B_0	降雨历时	预警指标(雨量:mm,水位:m)		临界雨量(mm)/水位(m)	方法
					准备转移	立即转移		
27	马二村	雨量	0	0.5 h	30	43	43	流域模型法
				1 h	43	52	52	
			0.3	0.5 h	27	38	38	流域模型法
				1 h	38	46	46	
			0.6	0.5 h	23	33	33	流域模型法
				1 h	33	41	41	
28	马三村	雨量	0	0.5 h	32	46	46	流域模型法
				1 h	46	56	56	
			0.3	0.5 h	29	41	41	流域模型法
				1 h	41	51	51	
			0.6	0.5 h	25	36	36	流域模型法
				1 h	36	45	45	
29	南马驹村	雨量	0	0.5 h	34	48	48	流域模型法
				1 h	48	57	57	
				2 h	66	74	74	
			0.3	0.5 h	31	44	44	流域模型法
				1 h	44	51	51	
				2 h	61	68	68	
			0.6	0.5 h	27	39	39	流域模型法
				1 h	39	45	45	
				2 h	54	62	62	

续表 3-6-1

序号	行政区划名称	类别	B_0	降雨历时	预警指标(雨量:mm,水位:m)		临界雨量(mm)/水位(m)	方法
					准备转移	立即转移		
30	李家庄村	雨量	0	0.5 h	40	58	58	流域模型法
				1 h	58	66	66	
				2 h	75	83	83	
			0.3	0.5 h	37	53	53	流域模型法
				1 h	53	59	59	
				2 h	67	74	74	
			0.6	0.5 h	34	49	49	流域模型法
				1 h	49	53	53	
				2 h	60	67	67	
31	白石村	雨量	0	0.5 h	44	62	62	流域模型法
				1 h	62	70	70	
				2 h	78	86	86	
				3 h	93	97	97	
			0.3	0.5 h	39	56	56	流域模型法
				1 h	56	64	64	
				2 h	71	77	77	
				3 h	82	85	85	
			0.6	0.5 h	36	52	52	流域模型法
				1 h	52	57	57	
				2 h	62	67	67	
				3 h	72	75	75	

续表 3-6-1

序号	行政区划名称	类别	B_0	降雨历时	预警指标(雨量:mm,水位:m)		临界雨量(mm)/水位(m)	方法
					准备转移	立即转移		
32	关口村	雨量	0	0.5 h	49	70	70	流域模型法
				1 h	70	79	79	
				2 h	88	96	96	
				3 h	103	109	109	
			0.3	0.5 h	45	64	64	流域模型法
				1 h	64	73	73	
				2 h	79	87	87	
				3 h	93	97	97	
			0.6	0.5 h	40	58	58	流域模型法
				1 h	58	65	65	
				2 h	70	78	78	
				3 h	83	88	88	
33	涧头村	雨量	0	0.5 h	42	59	59	流域模型法
				1 h	59	69	69	
				2 h	77	84	84	
				3 h	89	94	94	
			0.3	0.5 h	38	55	55	流域模型法
				1 h	55	63	63	
				2 h	68	76	76	
				3 h	81	85	85	

续表 3-6-1

序号	行政区划名称	类别	B_0	降雨历时	预警指标(雨量:mm,水位:m)		临界雨量(mm)/水位(m)	方法
					准备转移	立即转移		
33	涧头村	雨量	0.6	0.5 h	34	49	49	流域模型法
				1 h	49	56	56	
				2 h	60	67	67	
				3 h	72	76	76	
34	耿壁村	雨量	0	0.5 h	36	52	52	流域模型法
				1 h	52	60	60	
				2 h	67	73	73	
				3 h	78	84	84	
			0.3	0.5 h	33	47	47	流域模型法
				1 h	47	53	53	
				2 h	60	66	66	
				3 h	71	75	75	
			0.6	0.5 h	29	41	41	流域模型法
				1 h	41	46	46	
				2 h	51	57	57	
				3 h	61	65	65	

续表 3-6-1

序号	行政区划名称	类别	B_0	降雨历时	预警指标(雨量:mm,水位:m)		临界雨量(mm)/水位(m)	方法
					准备转移	立即转移		
35	磨头村	雨量	0	0.5 h	35	50	50	流域模型法
				1 h	50	58	58	
				2 h	65	72	72	
			0.3	0.5 h	32	46	46	流域模型法
				1 h	46	52	52	
				2 h	58	65	65	
			0.6	0.5 h	28	41	41	流域模型法
				1 h	41	45	45	
				2 h	50	56	56	
36	新庄村	雨量	0	0.5 h	33	47	47	流域模型法
				1 h	47	58	58	
			0.3	0.5 h	30	43	43	流域模型法
				1 h	43	53	53	
			0.6	0.5 h	27	38	38	流域模型法
				1 h	38	47	47	

续表 3-6-1

序号	行政区划名称	类别	B_0	降雨历时	预警指标(雨量:mm,水位:m)		临界雨量(mm)/水位(m)	方法
					准备转移	立即转移		
37	金沟子村	雨量	0	0.5 h	26	37	37	流域模型法
				1 h	37	46	46	
			0.3	0.5 h	23	32	32	流域模型法
				1 h	32	41	41	
			0.6	0.5 h	20	28	28	流域模型法
				1 h	28	36	36	
38	土桥沟村	雨量	0	0.5 h	34	49	49	流域模型法
				1 h	49	61	61	
			0.3	0.5 h	31	44	44	流域模型法
				1 h	44	56	56	
			0.6	0.5 h	28	40	40	流域模型法
				1 h	40	51	51	
39	侯村	雨量	0	0.5 h	29	41	41	流域模型法
				1 h	41	51	51	
			0.3	0.5 h	26	38	38	流域模型法
				1 h	38	45	45	
			0.6	0.5 h	23	33	33	流域模型法
				1 h	33	39	39	

续表 3-6-1

序号	行政区划名称	类别	B_0	降雨历时	预警指标(雨量:mm,水位:m)		临界雨量(mm)/水位(m)	方法
					准备转移	立即转移		
40	王家磨村	雨量	0	0.5 h	29	41	41	流域模型法
				1 h	41	51	51	
			0.3	0.5 h	26	37	37	流域模型法
				1 h	37	45	45	
			0.6	0.5 h	23	32	32	流域模型法
				1 h	32	39	39	
41	耙子里村	雨量	0	0.5 h	36	52	52	流域模型法
				1 h	52	64	64	
			0.3	0.5 h	32	46	46	流域模型法
				1 h	46	57	57	
			0.6	0.5 h	28	41	41	流域模型法
				1 h	41	50	50	
42	圪侗村	雨量	0	0.5 h	39	56	56	流域模型法
				1 h	56	68	68	
			0.3	0.5 h	35	50	50	流域模型法
				1 h	50	61	61	
			0.6	0.5 h	31	44	44	流域模型法
				1 h	44	53	53	

续表 3-6-1

序号	行政区划名称	类别	B_0	降雨历时	预警指标(雨量:mm,水位:m)		临界雨量(mm)/水位(m)	方法
					准备转移	立即转移		
43	南堡村 2	雨量	0	0.5 h	36	51	51	流域模型法
				1 h	51	63	63	
			0.3	0.5 h	32	46	46	流域模型法
				1 h	46	56	56	
			0.6	0.5 h	28	41	41	流域模型法
				1 h	41	50	50	
44	板塌村	雨量	0	0.5 h	35	50	50	流域模型法
				1 h	50	61	61	
			0.3	0.5 h	32	46	46	流域模型法
				1 h	46	55	55	
			0.6	0.5 h	28	40	40	流域模型法
				1 h	40	49	49	
45	营田庄村	雨量	0	0.5 h	38	54	54	流域模型法
				1 h	54	66	66	
			0.3	0.5 h	34	49	49	流域模型法
				1 h	49	59	59	
			0.6	0.5 h	31	44	44	流域模型法
				1 h	44	53	53	

续表 3-6-1

序号	行政区划名称	类别	B_0	降雨历时	预警指标(雨量:mm,水位:m)		临界雨量(mm)/水位(m)	方法
					准备转移	立即转移		
46	永一堡村	雨量	0	0.5 h	42	59	59	流域模型法
				1 h	59	70	70	
			0.3	0.5 h	38	55	55	流域模型法
				1 h	55	63	63	
			0.6	0.5 h	34	49	49	流域模型法
				1 h	49	55	55	
47	东永一村	雨量	0	0.5 h	45	64	64	流域模型法
				1 h	64	75	75	
			0.3	0.5 h	42	59	59	流域模型法
				1 h	59	68	68	
			0.6	0.5 h	37	53	53	流域模型法
				1 h	53	60	60	
48	南磨村	雨量	0	0.5 h	47	67	67	流域模型法
				1 h	67	77	77	
			0.3	0.5 h	43	61	61	流域模型法
				1 h	61	70	70	
			0.6	0.5 h	39	56	56	流域模型法
				1 h	56	63	63	

续表 3-6-1

序号	行政区划名称	类别	B_0	降雨历时	预警指标(雨量:mm,水位:m)		临界雨量(mm)/水位(m)	方法
					准备转移	立即转移		
49	东湾村	雨量	0	0.5 h	39	56	56	流域模型法
				1 h	56	66	66	
				2 h	77	84	84	
			0.3	0.5 h	35	50	50	流域模型法
				1 h	50	59	59	
				2 h	70	77	77	
			0.6	0.5 h	32	45	45	流域模型法
				1 h	45	51	51	
				2 h	62	69	69	
50	曹生村	雨量	0	0.5 h	30	43	43	流域模型法
				1 h	43	52	52	
				2 h	59	65	65	
			0.3	0.5 h	27	38	38	流域模型法
				1 h	38	45	45	
				2 h	52	57	57	
			0.6	0.5 h	23	33	33	流域模型法
				1 h	33	39	39	
				2 h	45	50	50	

续表 3-6-1

序号	行政区划名称	类别	B_0	降雨历时	预警指标(雨量:mm,水位:m)		临界雨量(mm)/水位(m)	方法
					准备转移	立即转移		
51	西安村	雨量	0	0.5 h	35	50	50	流域模型法
				1 h	50	59	59	
				2 h	67	73	73	
			0.3	0.5 h	31	44	44	流域模型法
				1 h	44	51	51	
				2 h	60	67	67	
			0.6	0.5 h	27	38	38	流域模型法
				1 h	38	45	45	
				2 h	52	58	58	
52	封里村	雨量	0	0.5 h	33	47	47	流域模型法
				1 h	47	57	57	
				2 h	64	70	70	
			0.3	0.5 h	30	43	43	流域模型法
				1 h	43	50	50	
				2 h	57	62	62	
			0.6	0.5 h	26	37	37	流域模型法
				1 h	37	42	42	
				2 h	48	53	53	

续表 3-6-1

序号	行政区划名称	类别	B_0	降雨历时	预警指标(雨量:mm,水位:m)		临界雨量(mm)/水位(m)	方法
					准备转移	立即转移		
53	南官庄村	雨量	0	0.5 h	27	39	39	流域模型法
				1 h	39	47	47	
				2 h	53	58	58	
			0.3	0.5 h	24	34	34	流域模型法
				1 h	34	41	41	
				2 h	46	51	51	
			0.6	0.5 h	20	29	29	流域模型法
				1 h	29	34	34	
				2 h	39	43	43	
54	西尹壁村	雨量	0	0.5 h	32	46	46	流域模型法
				1 h	46	54	54	
				2 h	62	68	68	
			0.3	0.5 h	28	41	41	流域模型法
				1 h	41	48	48	
				2 h	55	62	62	
			0.6	0.5 h	25	36	36	流域模型法
				1 h	36	41	41	
				2 h	49	56	56	

续表 3-6-1

序号	行政区划名称	类别	B_0	降雨历时	预警指标(雨量:mm,水位:m)		临界雨量(mm)/水位(m)	方法
					准备转移	立即转移		
55	北羊村	雨量	0	0.5 h	30	43	43	流域模型法
				1 h	43	51	51	
				2 h	58	63	63	
			0.3	0.5 h	26	38	38	流域模型法
				1 h	38	45	45	
				2 h	51	56	56	
			0.6	0.5 h	23	33	33	流域模型法
				1 h	33	38	38	
				2 h	44	48	48	
56	南圪塔村	雨量	0	0.5 h	30	43	43	流域模型法
				1 h	43	51	51	
				2 h	58	63	63	
			0.3	0.5 h	26	38	38	流域模型法
				1 h	38	45	45	
				2 h	51	56	56	
			0.6	0.5 h	23	33	33	流域模型法
				1 h	33	38	38	
				2 h	44	48	48	

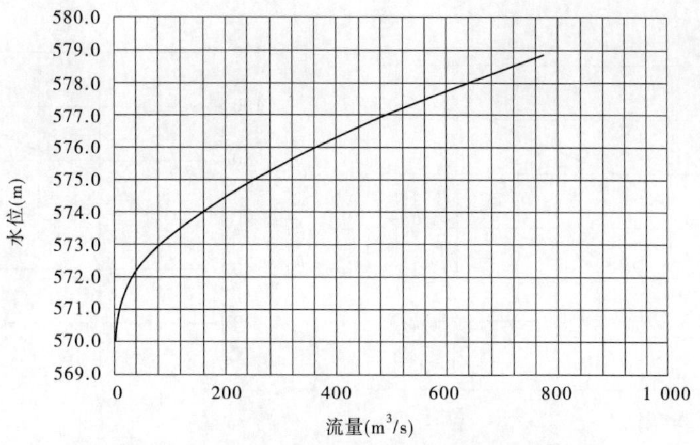

图3-6-1　涧西水位站水位—流量关系图

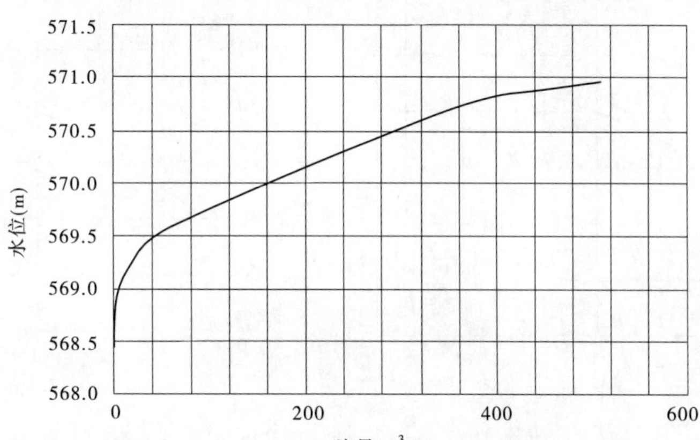

图3-6-2　下张端水位站水位—流量关系曲线图

表3-6-2　洪洞县水位预警临界水位计算成果

序号	水位站名称	所在河流	下游危险村	至村子距离(km)	致灾水位相应流量(m^3/s)	立即转移水位(m)	准备转移水位(m)
1	涧西	三交河	涧西	0	550	577.45	577.15
			曹家庄	2.7	660	578.15	577.85
			东梁	4.3	699	578.40	578.10
			西梁	4.5	475	576.90	576.60
2	下张端	午阳涧河	下张端	0	485	570.95	570.65
			上张端	1.6	480	570.95	570.65
			许村	3.8	435	570.95	570.65
			南石明	7.1	480	570.95	570.65
			堤村	6.5	439	570.95	570.65

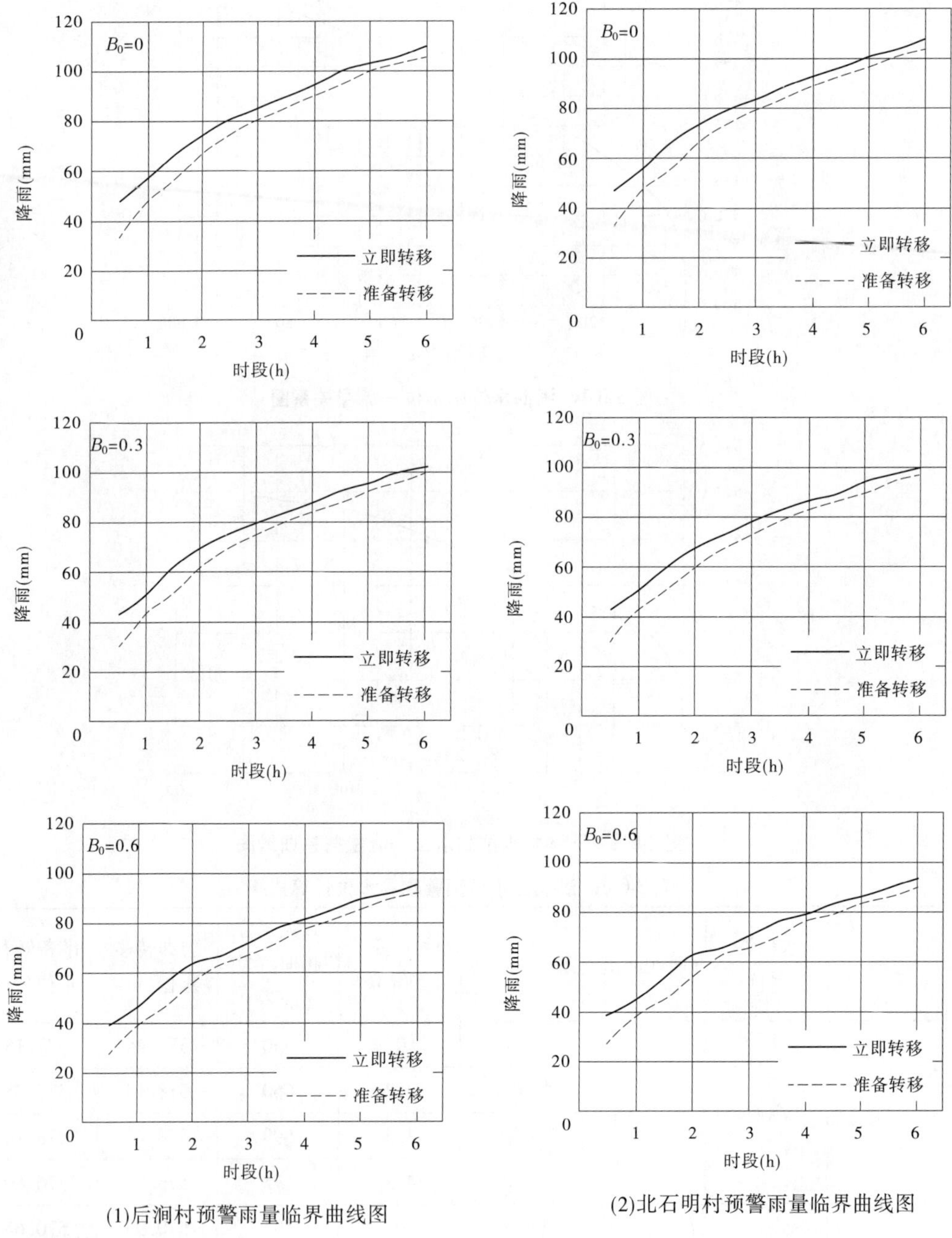

(1)后涧村预警雨量临界曲线图

(2)北石明村预警雨量临界曲线图

图 3-6-3　预警雨量临界曲线图

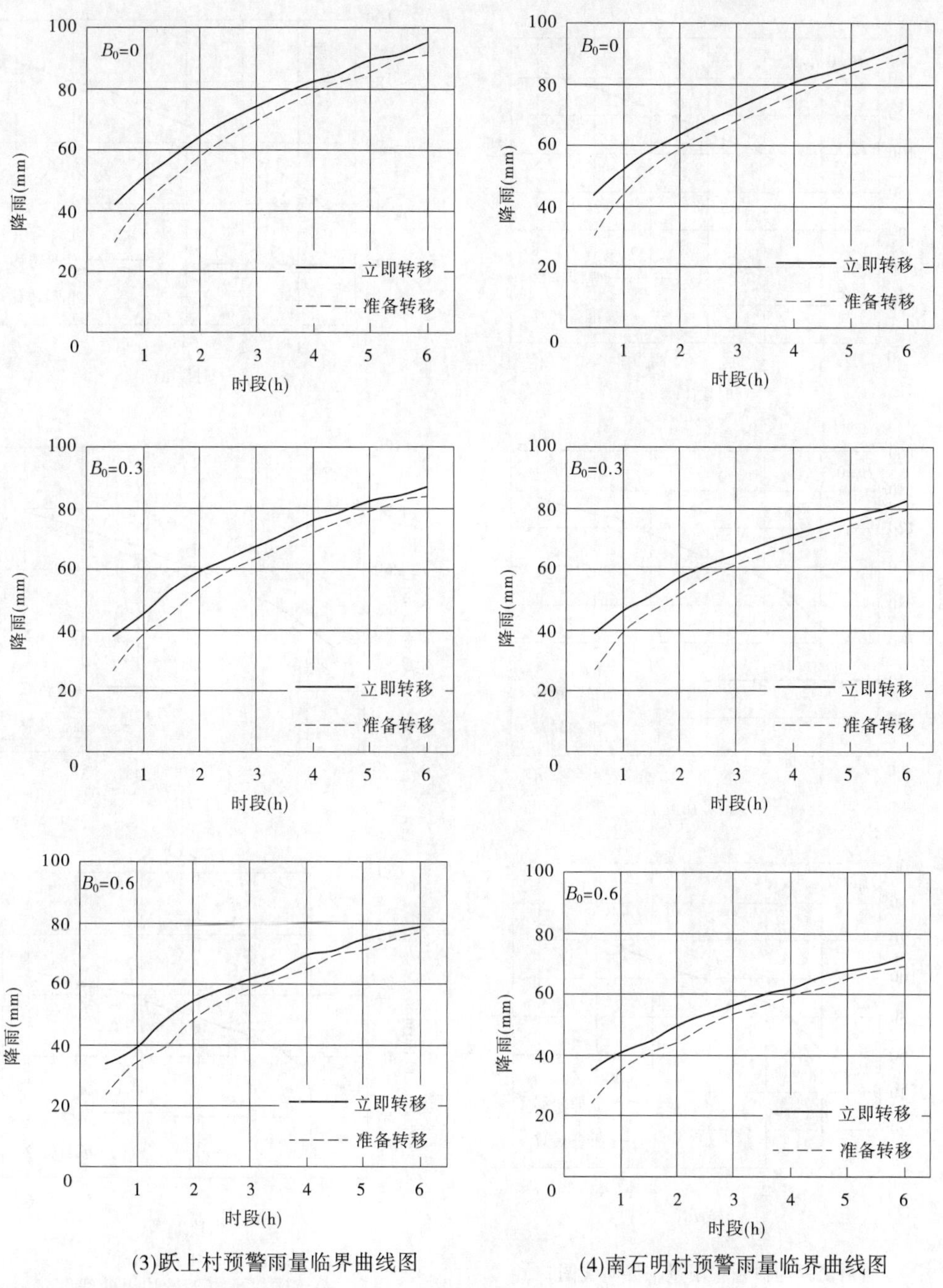

(3)跃上村预警雨量临界曲线图　　(4)南石明村预警雨量临界曲线图

续图 3-6-3

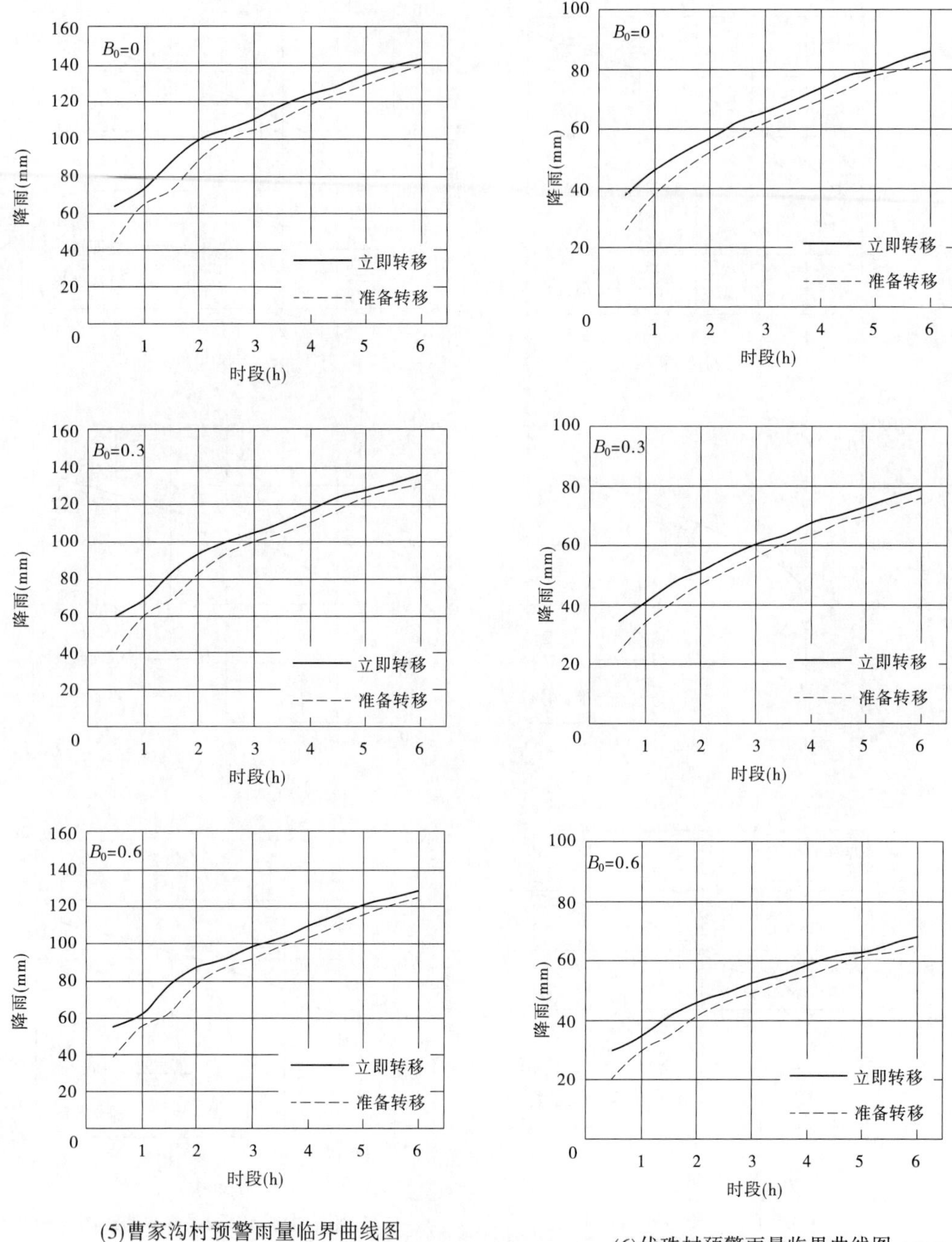

(5)曹家沟村预警雨量临界曲线图

(6)伏珠村预警雨量临界曲线图

续图 3-6-3

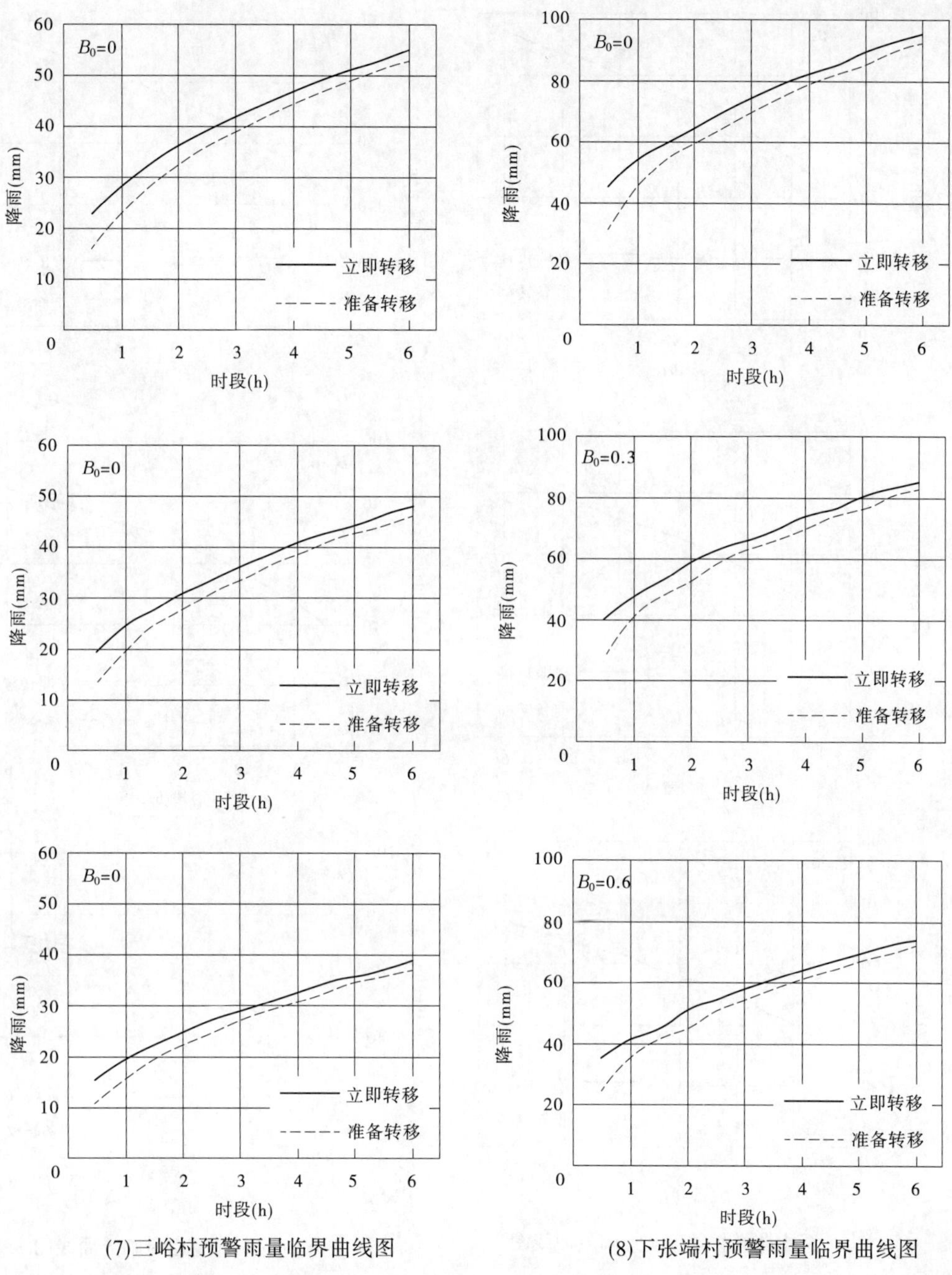

(7)三峪村预警雨量临界曲线图　　(8)下张端村预警雨量临界曲线图

续图 3-6-3

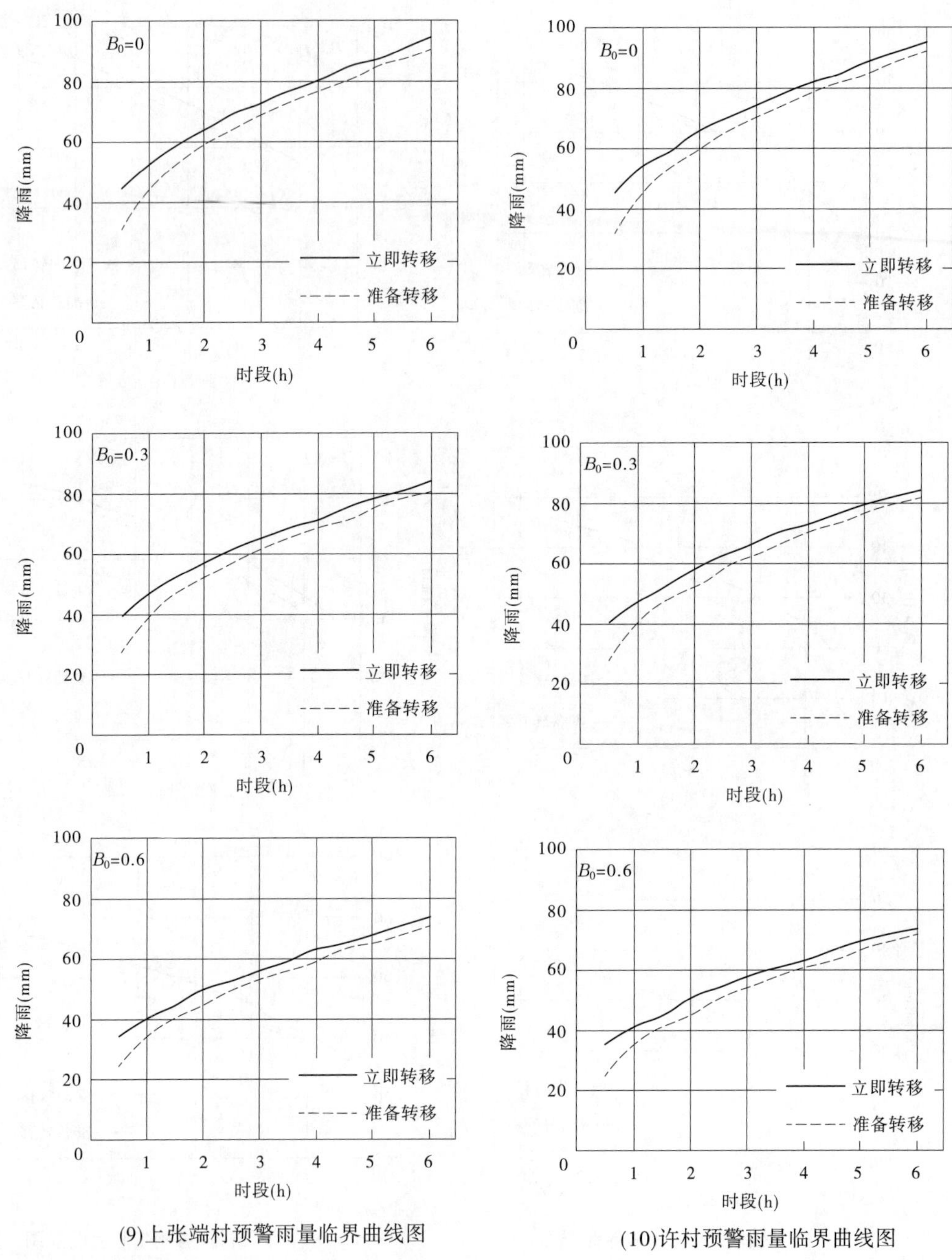

(9)上张端村预警雨量临界曲线图

(10)许村预警雨量临界曲线图

续图 3-6-3

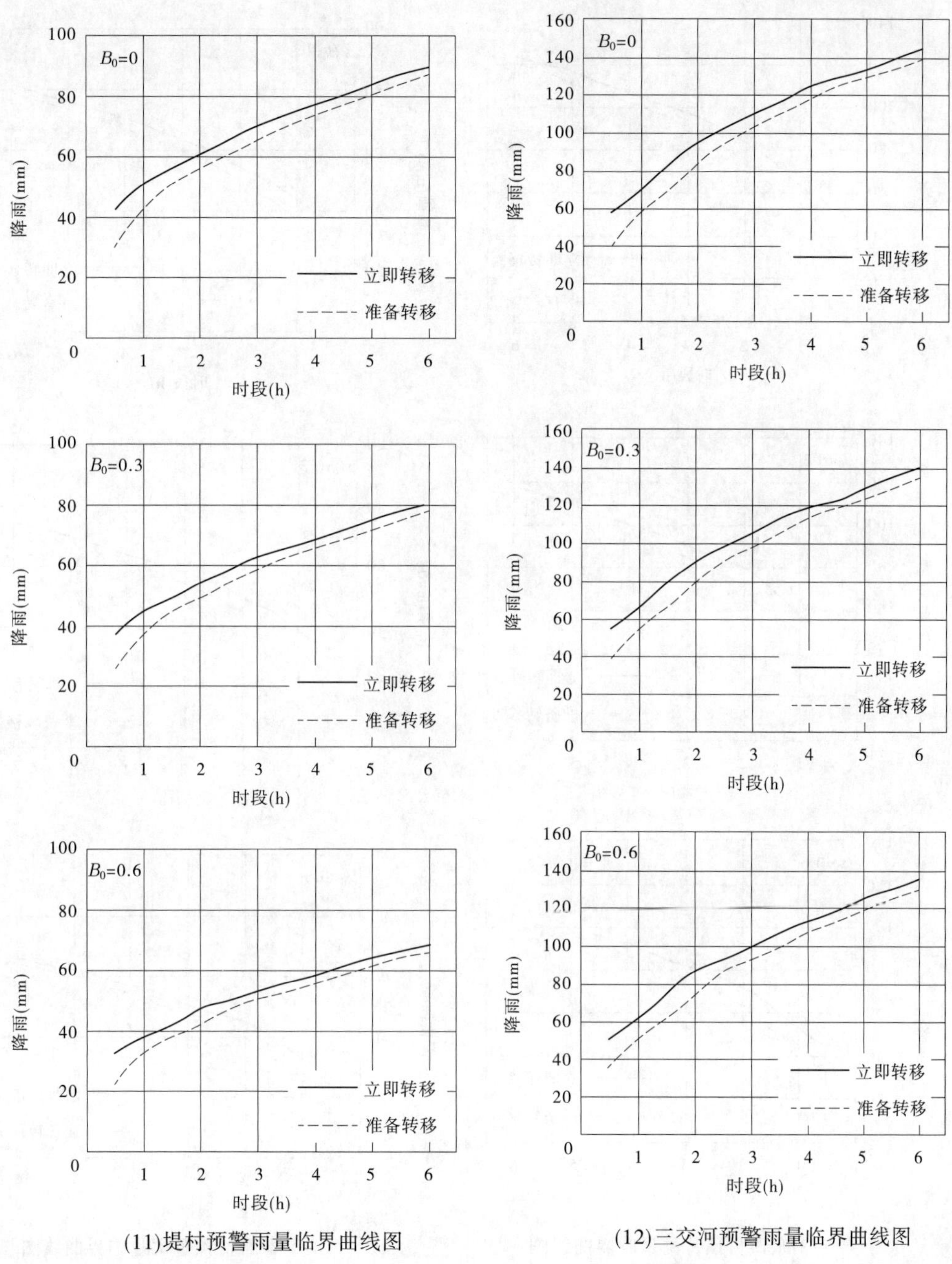

(11)堤村预警雨量临界曲线图

(12)三交河预警雨量临界曲线图

续图 3-6-3

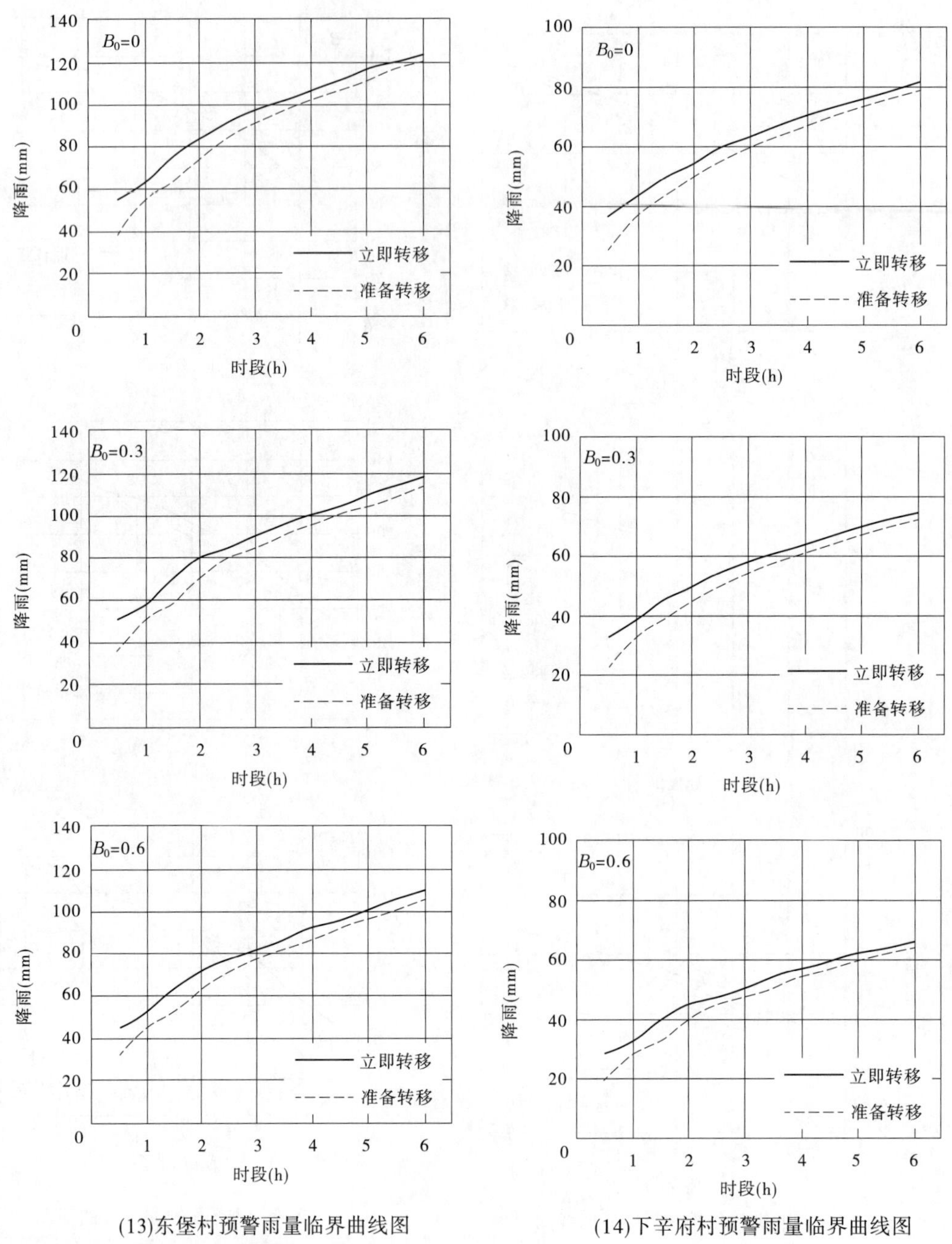

(13)东堡村预警雨量临界曲线图

(14)下辛府村预警雨量临界曲线图

续图 3-6-3

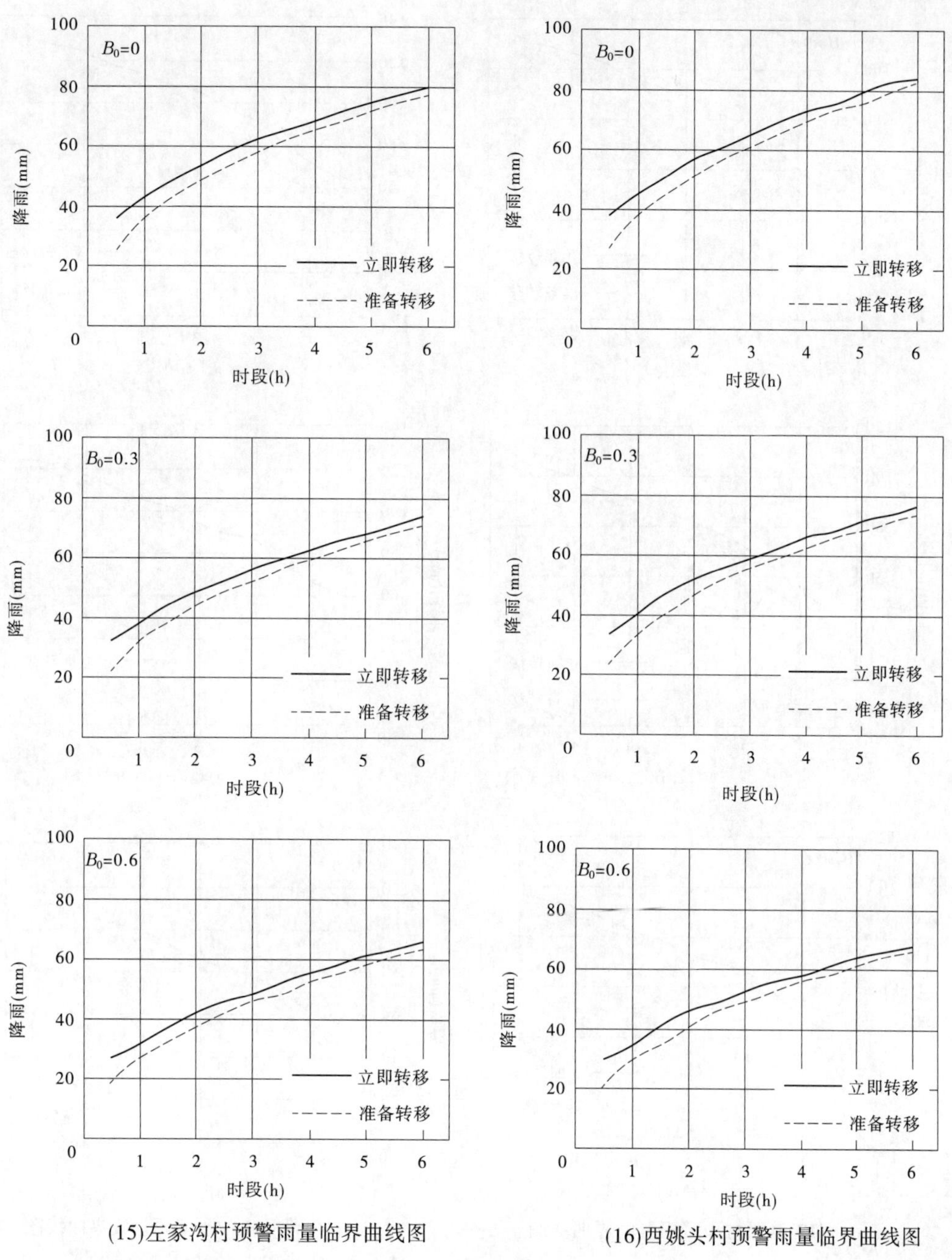

(15)左家沟村预警雨量临界曲线图

(16)西姚头村预警雨量临界曲线图

续图 3-6-3

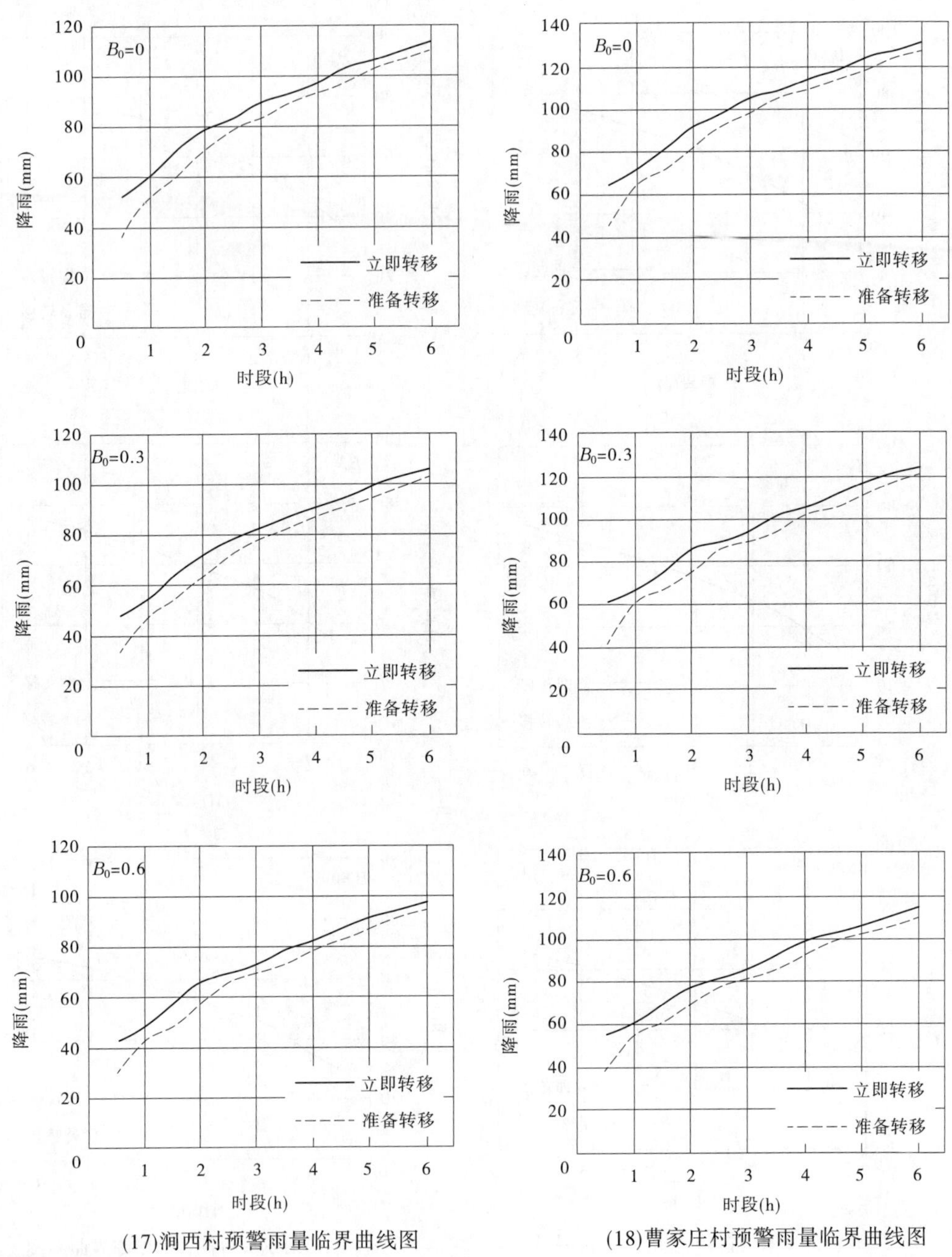

(17)涧西村预警雨量临界曲线图

(18)曹家庄村预警雨量临界曲线图

续图 3-6-3

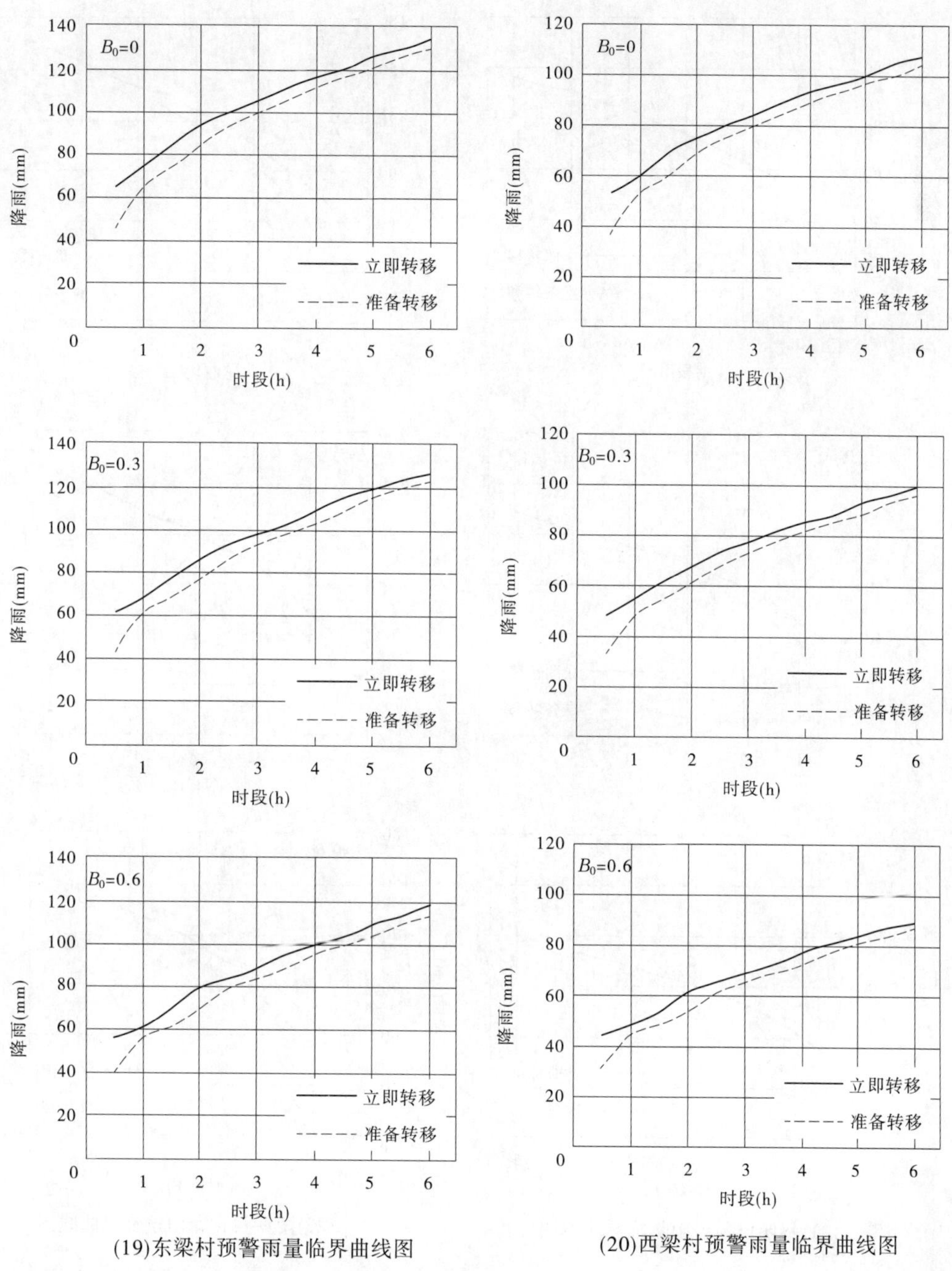

(19)东梁村预警雨量临界曲线图

(20)西梁村预警雨量临界曲线图

续图 3-6-3

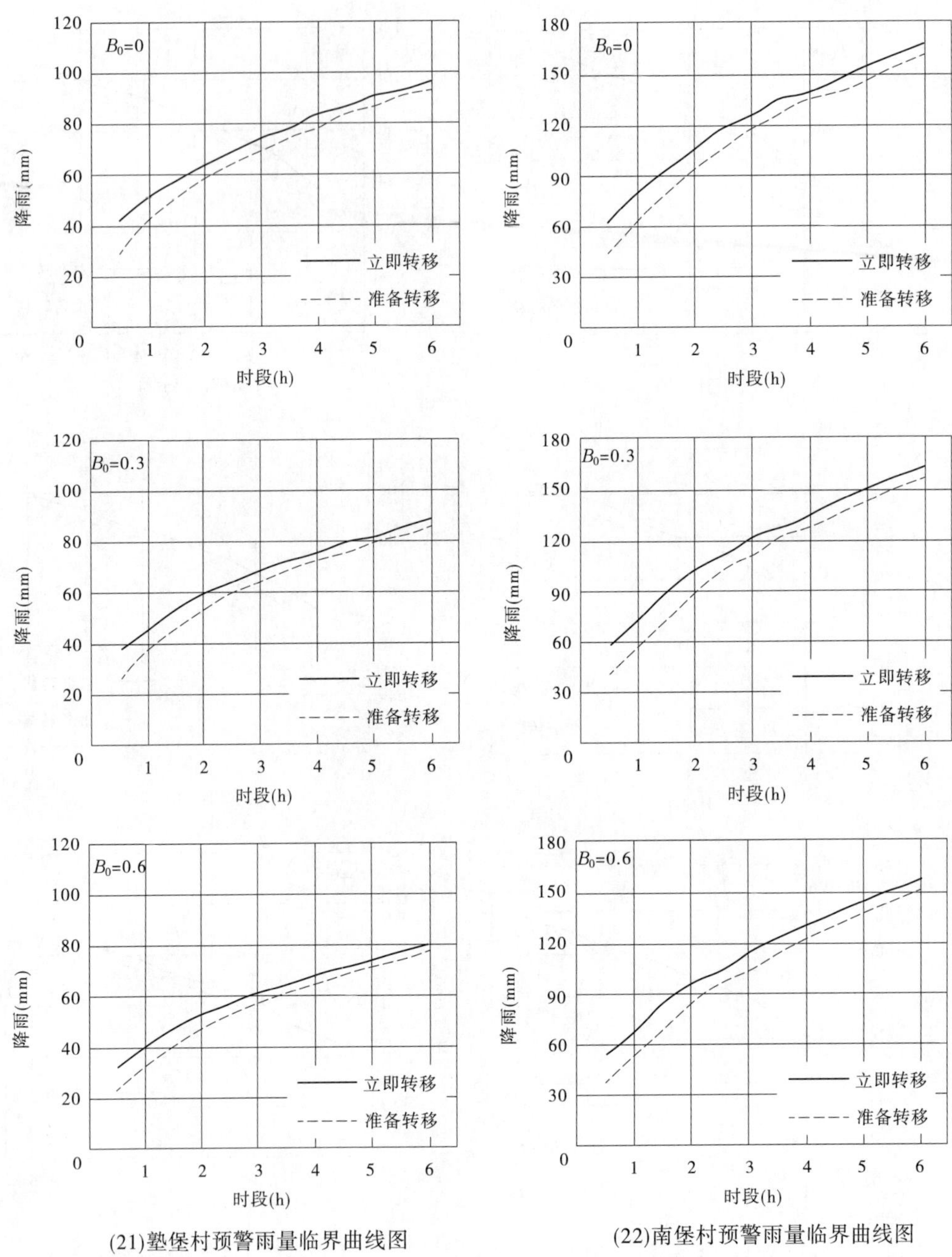

(21)塾堡村预警雨量临界曲线图

(22)南堡村预警雨量临界曲线图

续图 3-6-3

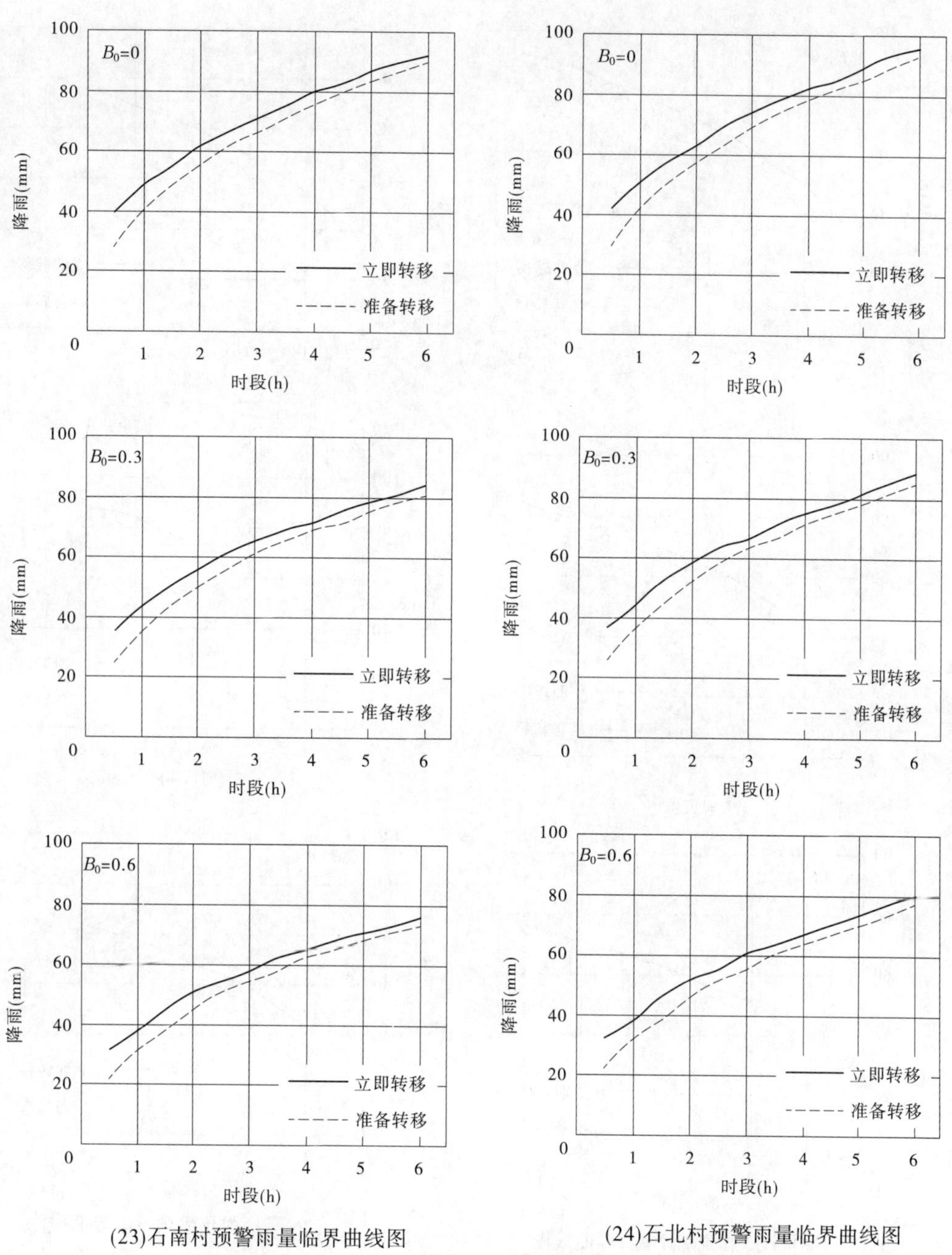

(23)石南村预警雨量临界曲线图　　(24)石北村预警雨量临界曲线图

续图 3-6-3

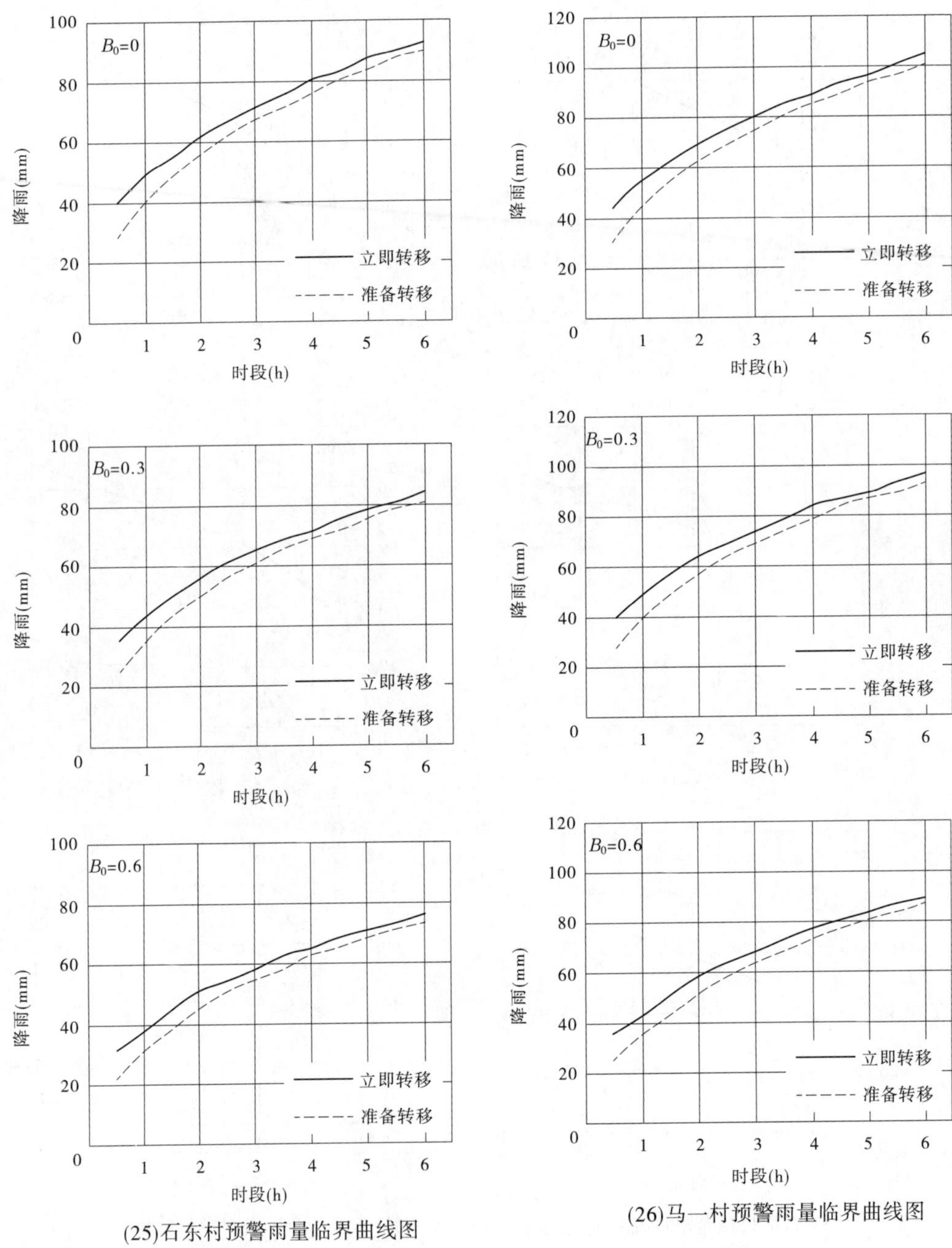

(25)石东村预警雨量临界曲线图

(26)马一村预警雨量临界曲线图

续图 3-6-3

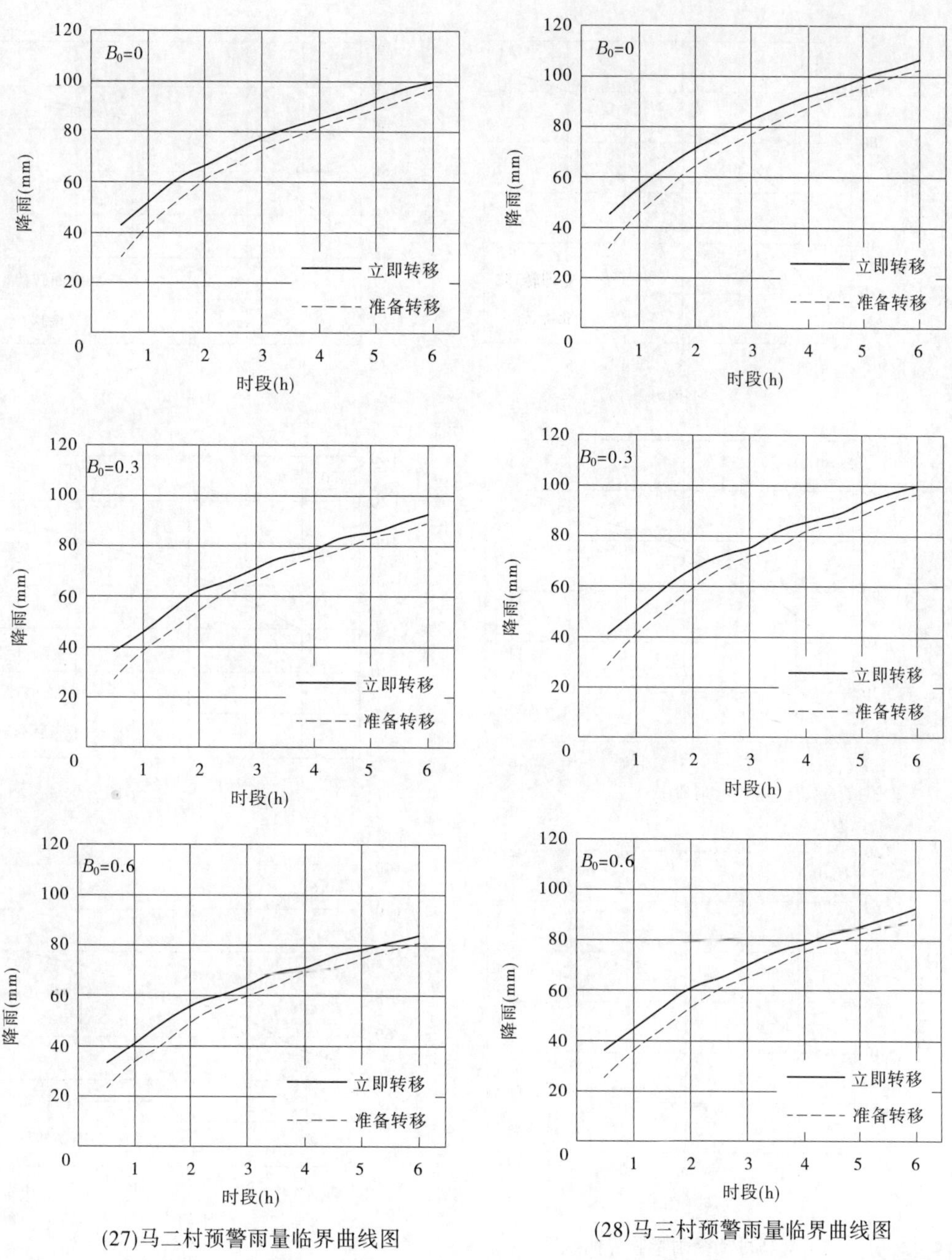

(27)马二村预警雨量临界曲线图

(28)马三村预警雨量临界曲线图

续图 3-6-3

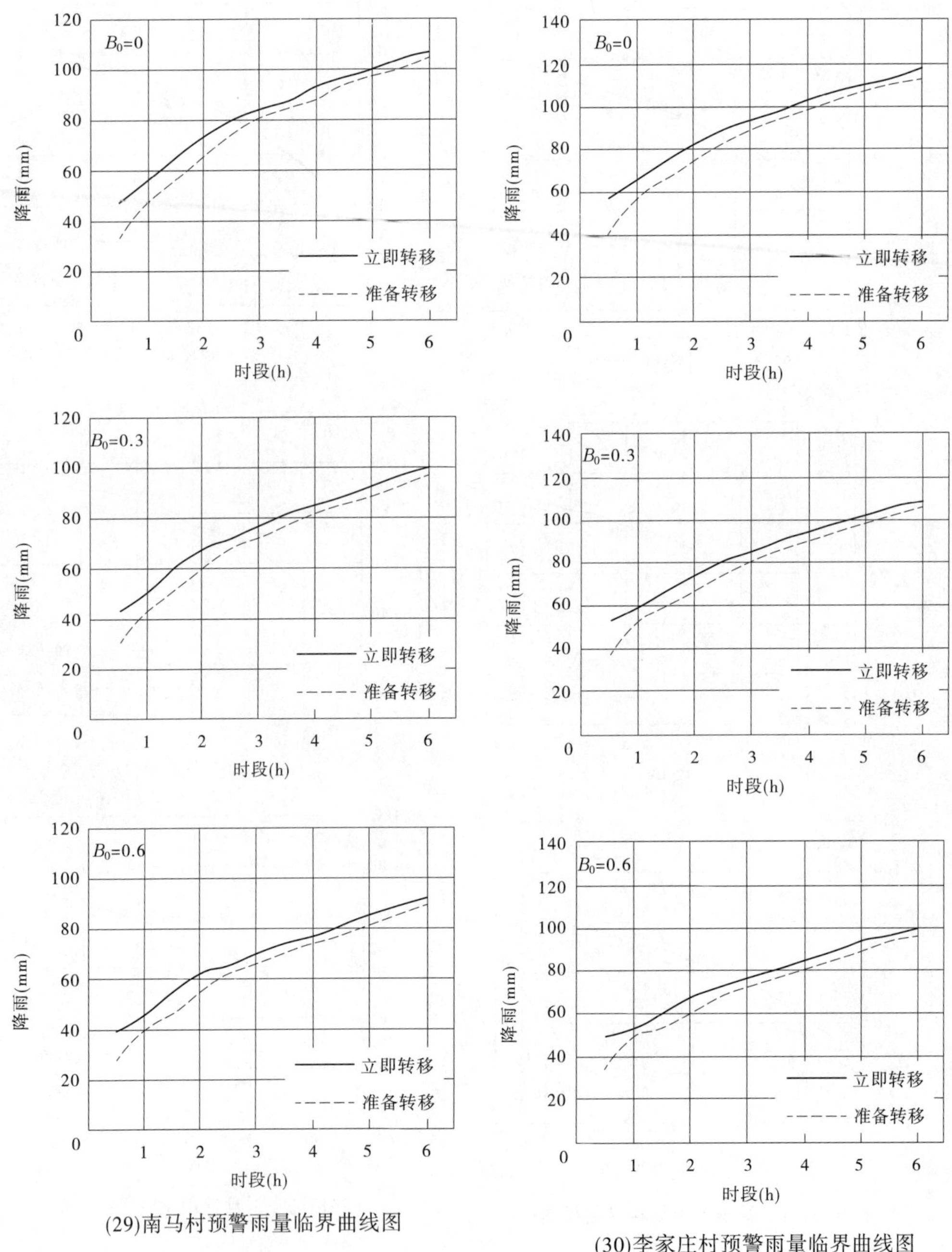

(29)南马村预警雨量临界曲线图

(30)李家庄村预警雨量临界曲线图

续图 3-6-3

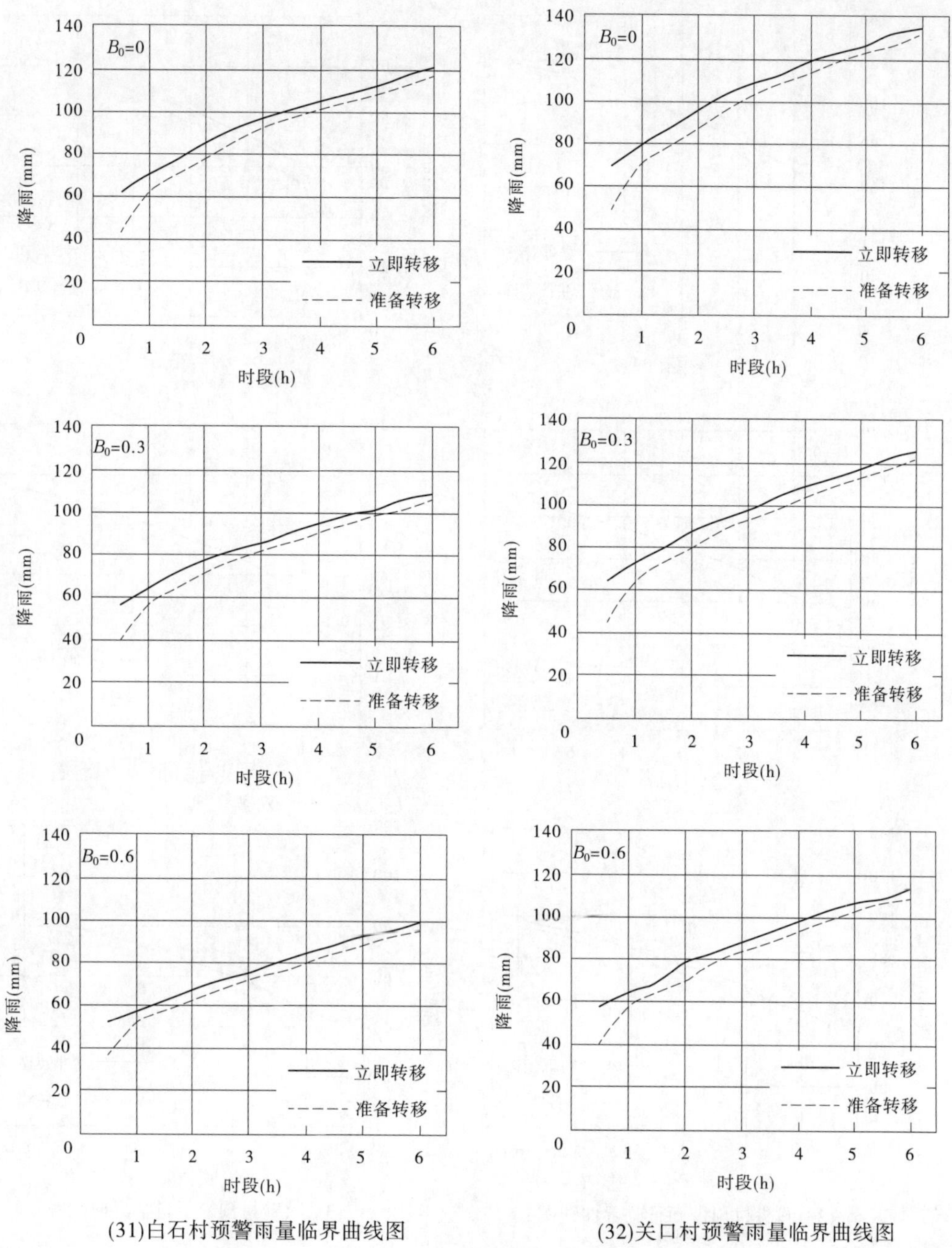

(31)白石村预警雨量临界曲线图　　(32)关口村预警雨量临界曲线图

续图 3-6-3

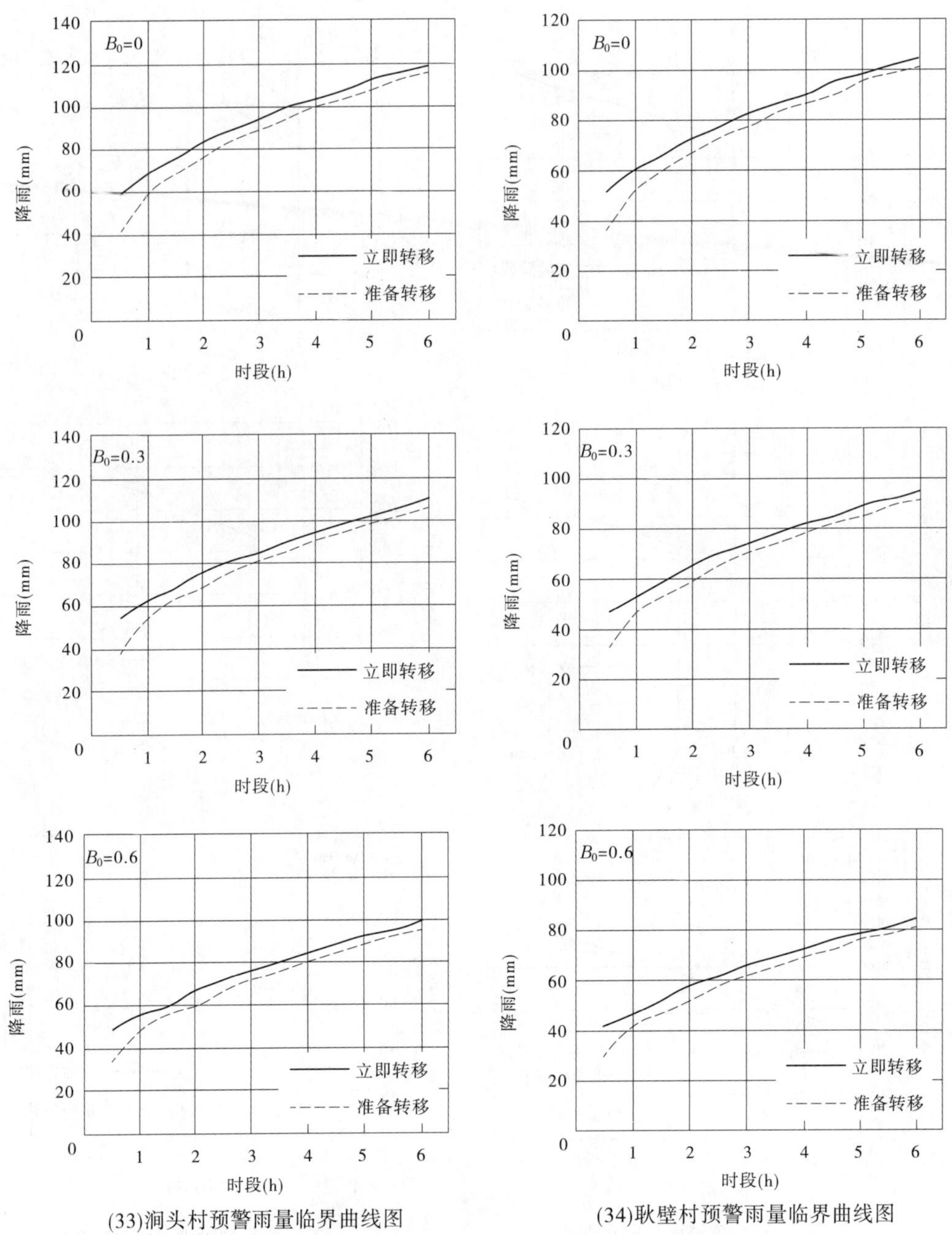

(33)涧头村预警雨量临界曲线图

(34)耿壁村预警雨量临界曲线图

续图 3-6-3

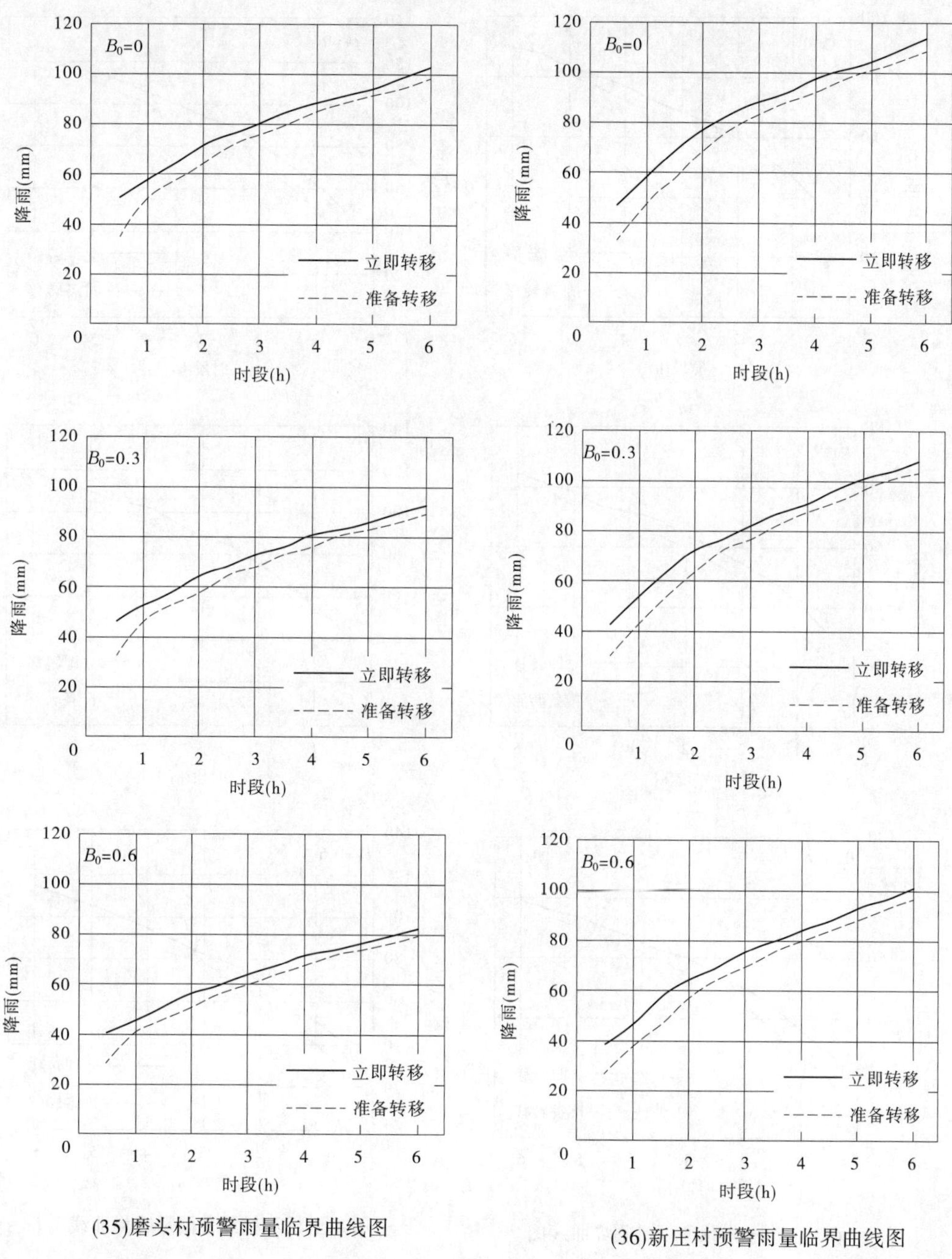

(35)磨头村预警雨量临界曲线图

(36)新庄村预警雨量临界曲线图

续图 3-6-3

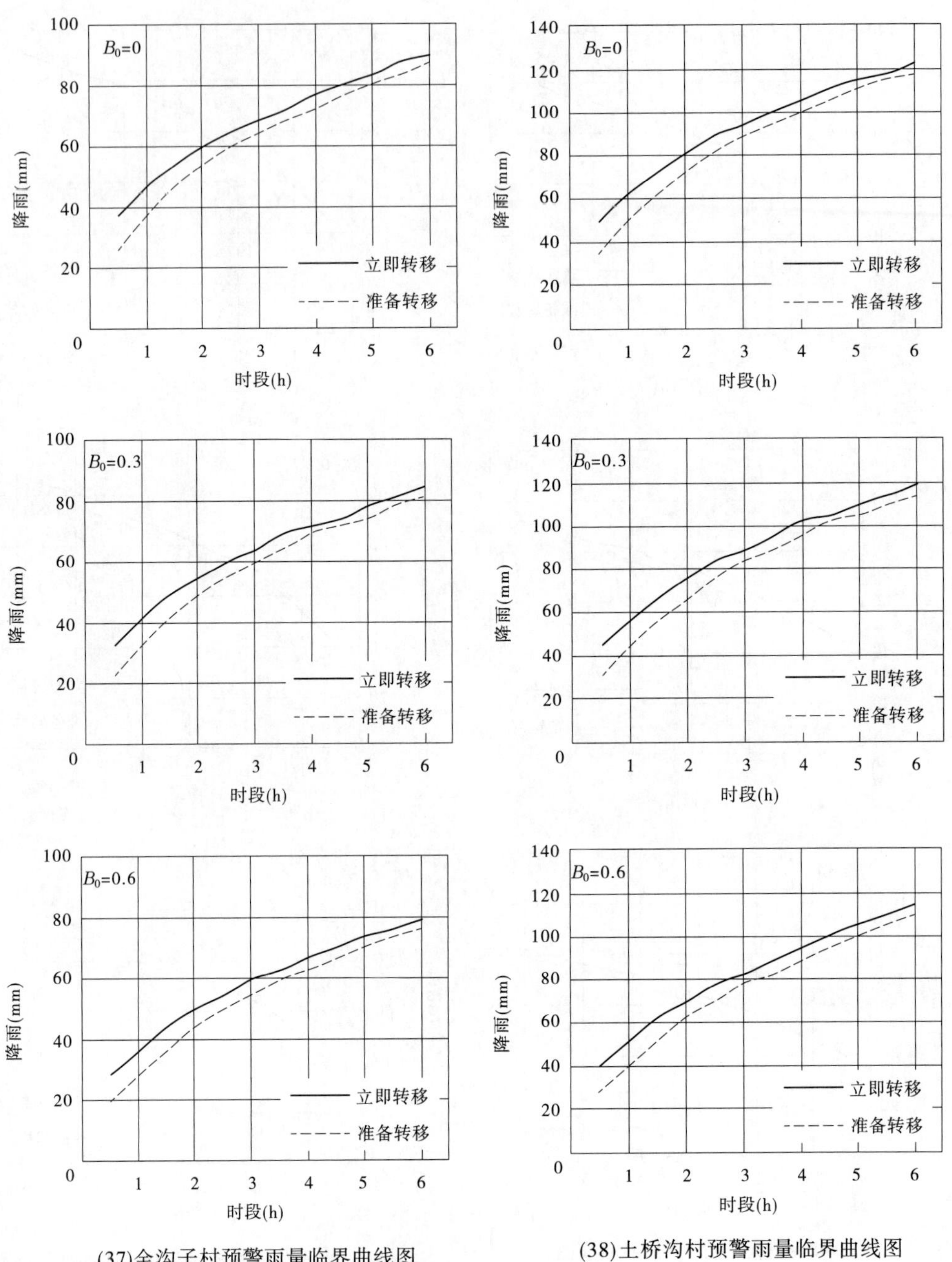

(37)金沟子村预警雨量临界曲线图

(38)土桥沟村预警雨量临界曲线图

续图 3-6-3

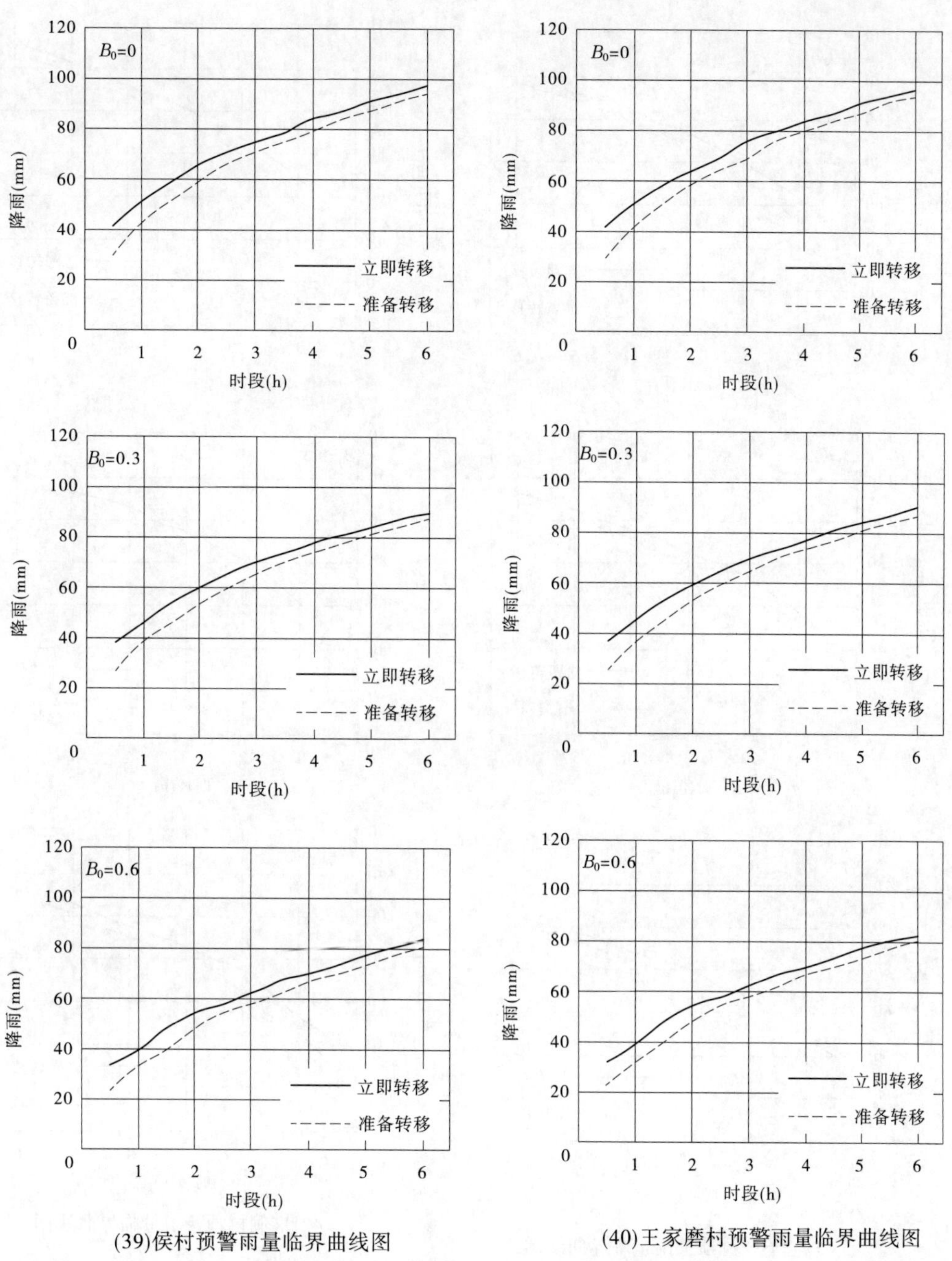

(39)侯村预警雨量临界曲线图

(40)王家磨村预警雨量临界曲线图

续图 3-6-3

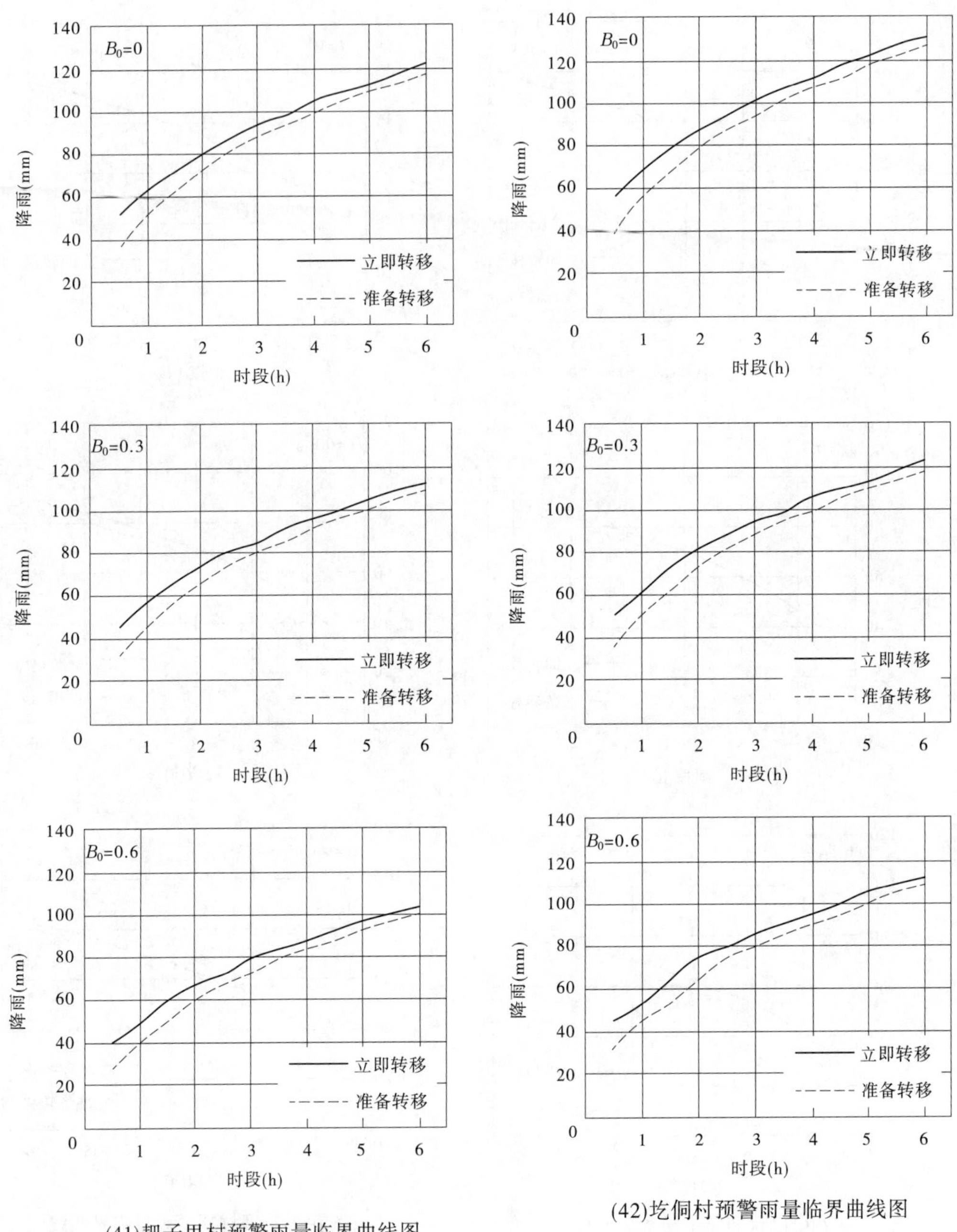

(41)耙子里村预警雨量临界曲线图

(42)圪侗村预警雨量临界曲线图

续图 3-6-3

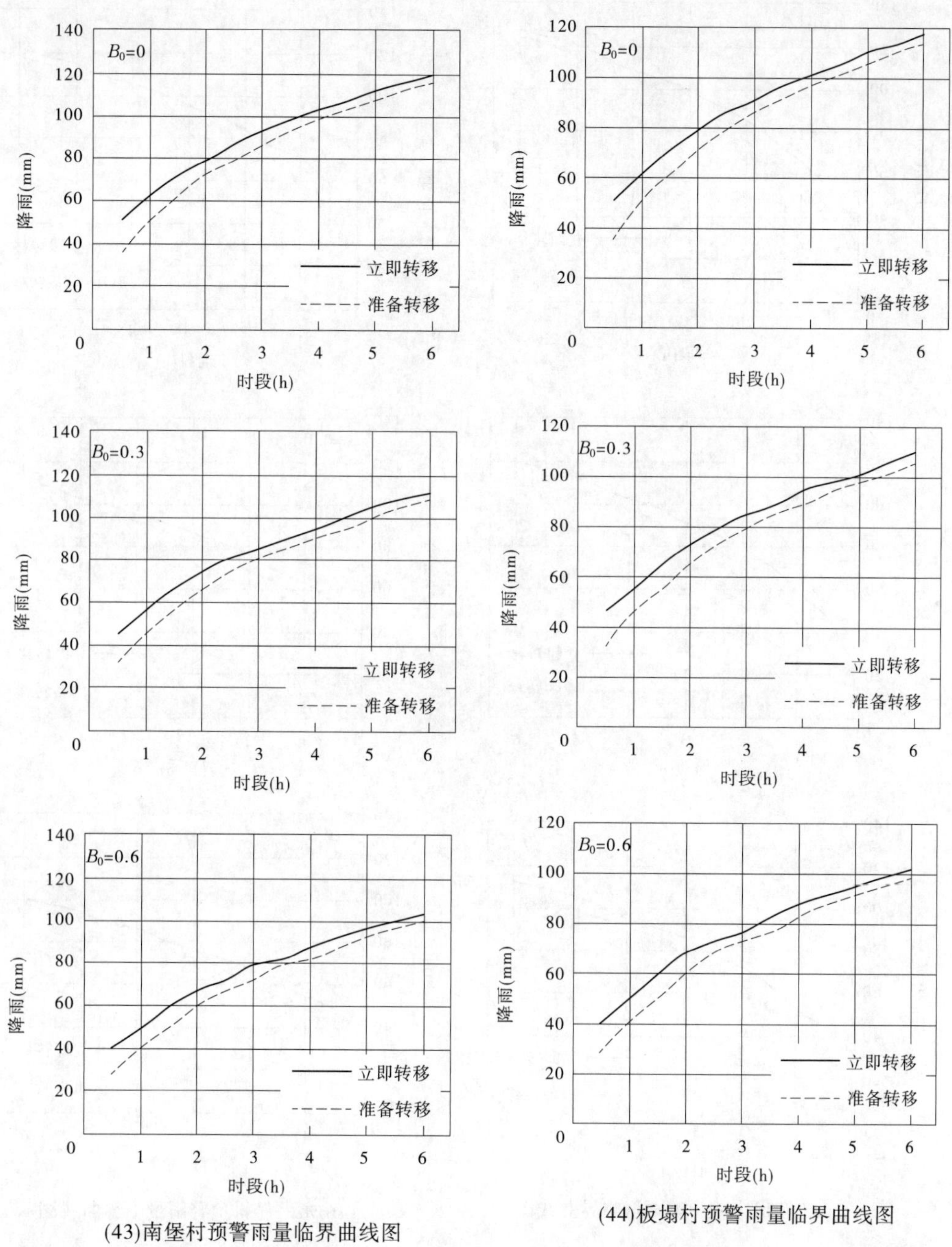

(43)南堡村预警雨量临界曲线图

(44)板塌村预警雨量临界曲线图

续图 3-6-3

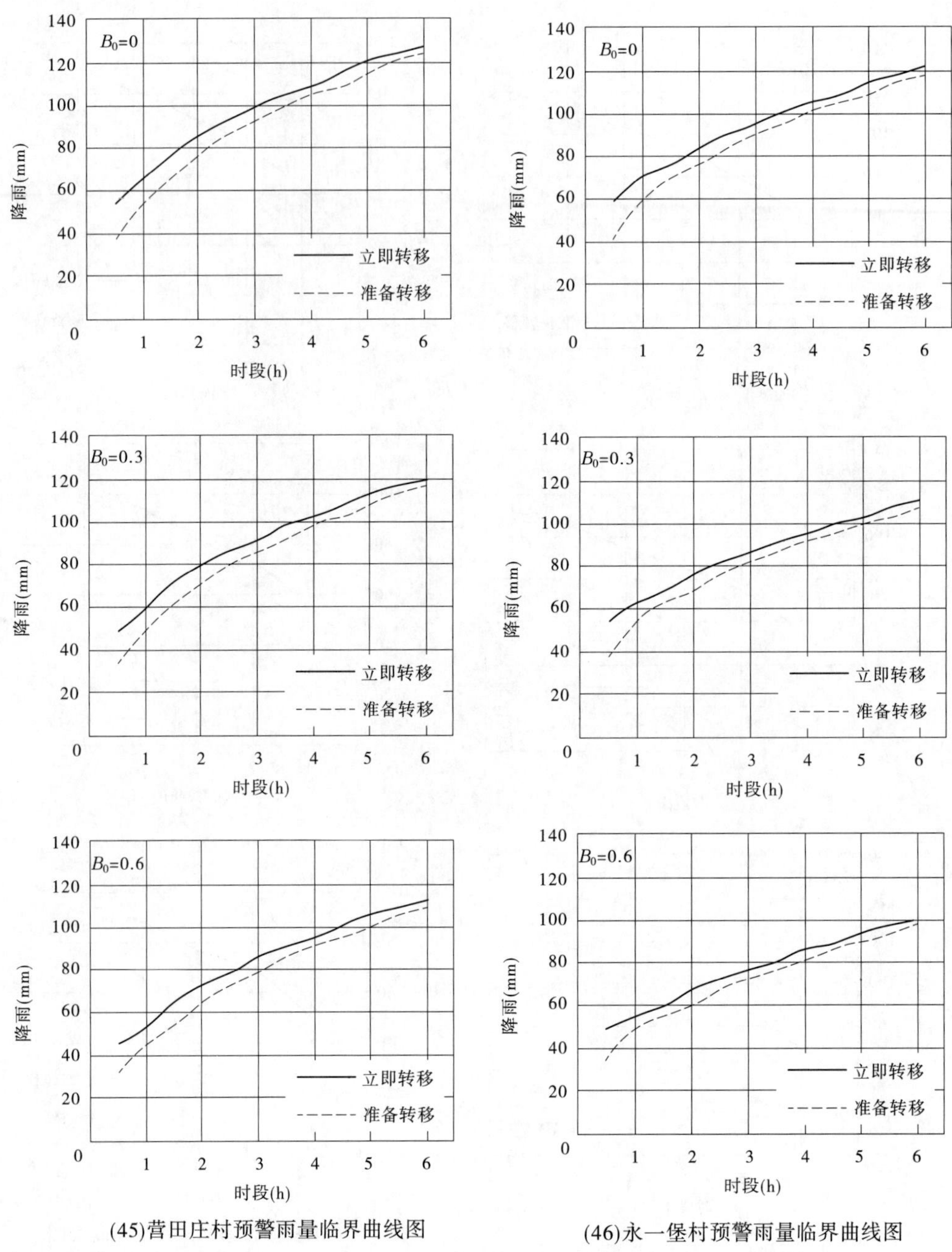

(45)营田庄村预警雨量临界曲线图

(46)永一堡村预警雨量临界曲线图

续图 3-6-3

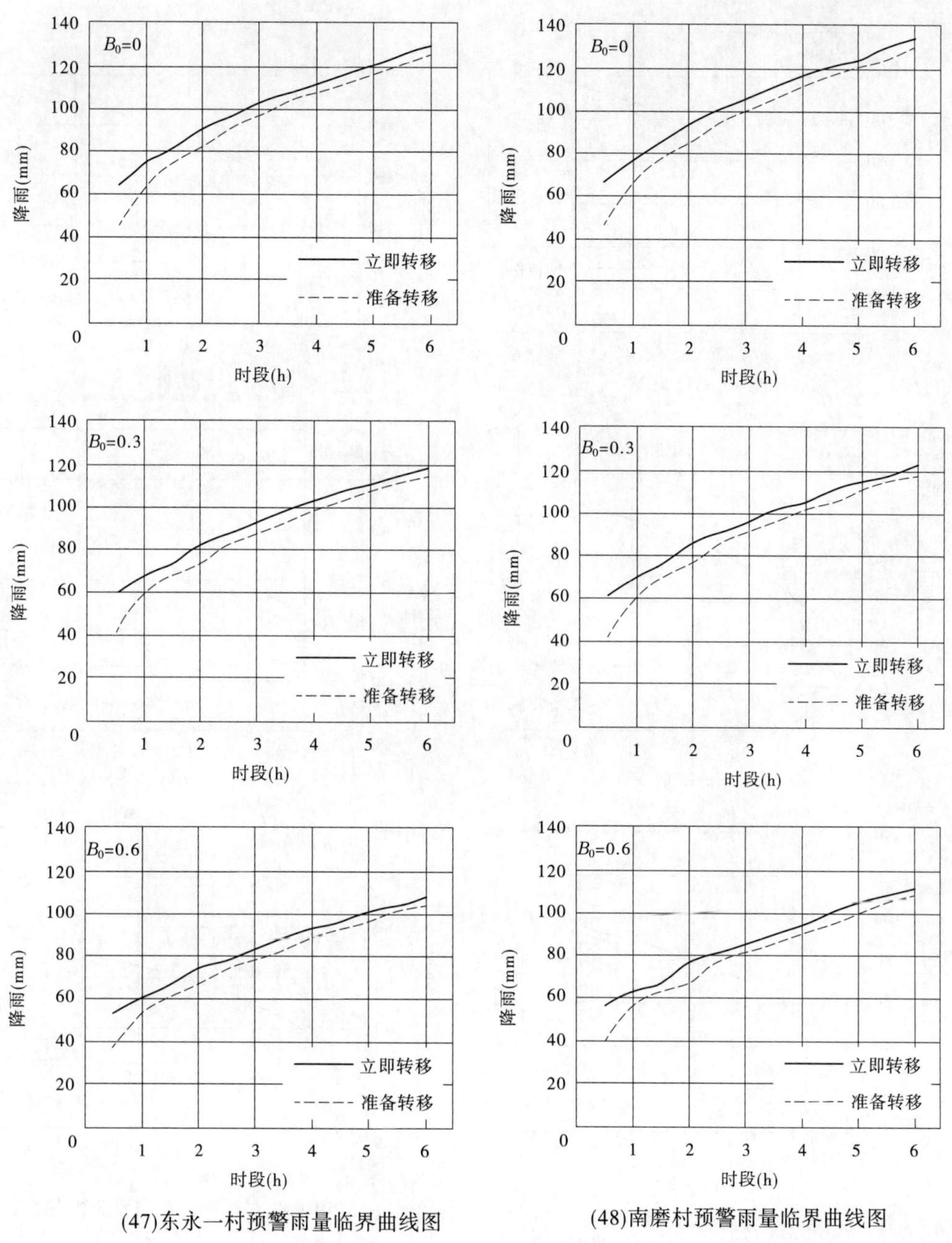

(47)东永一村预警雨量临界曲线图

(48)南磨村预警雨量临界曲线图

续图 3-6-3

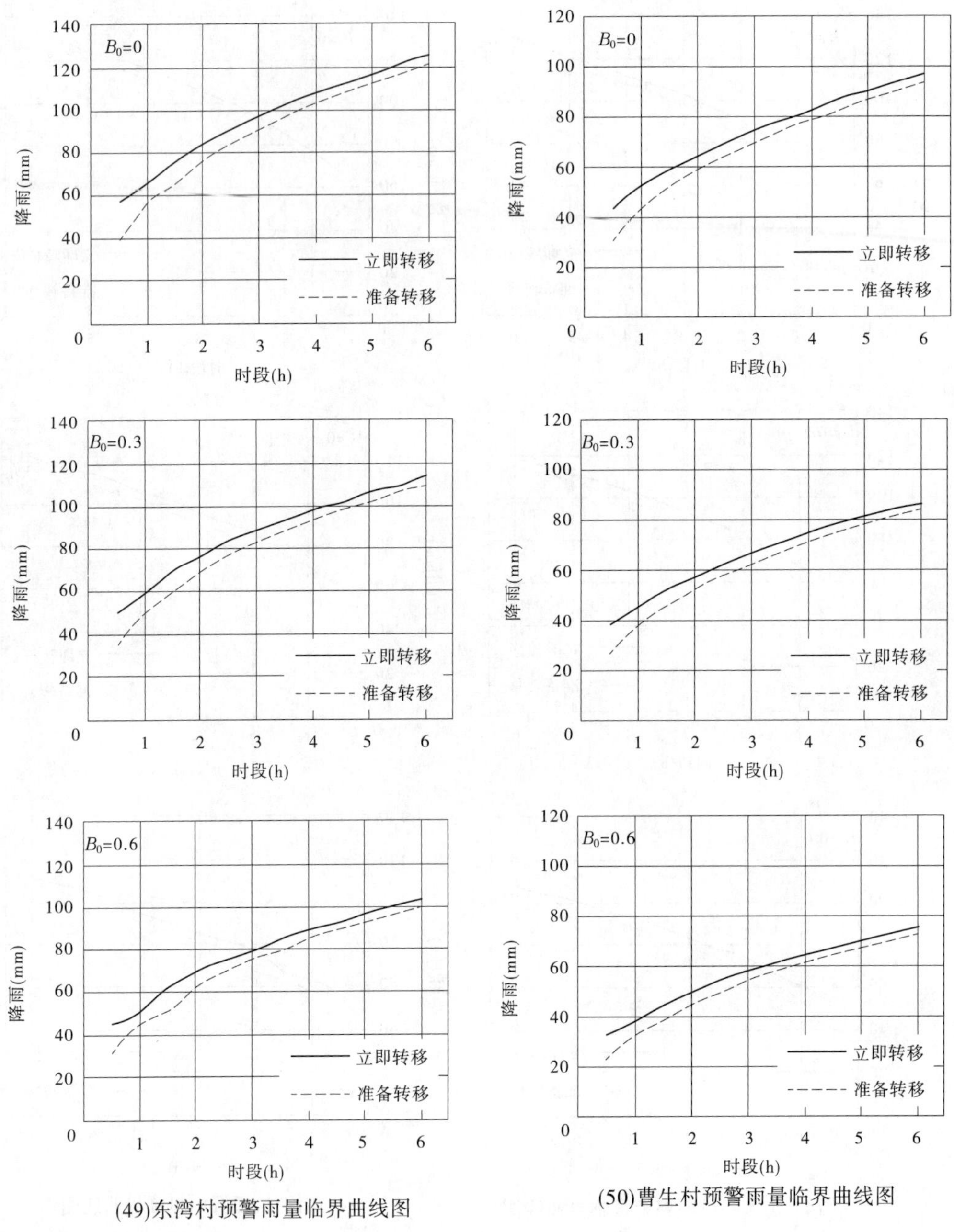

(49)东湾村预警雨量临界曲线图

(50)曹生村预警雨量临界曲线图

续图 3-6-3

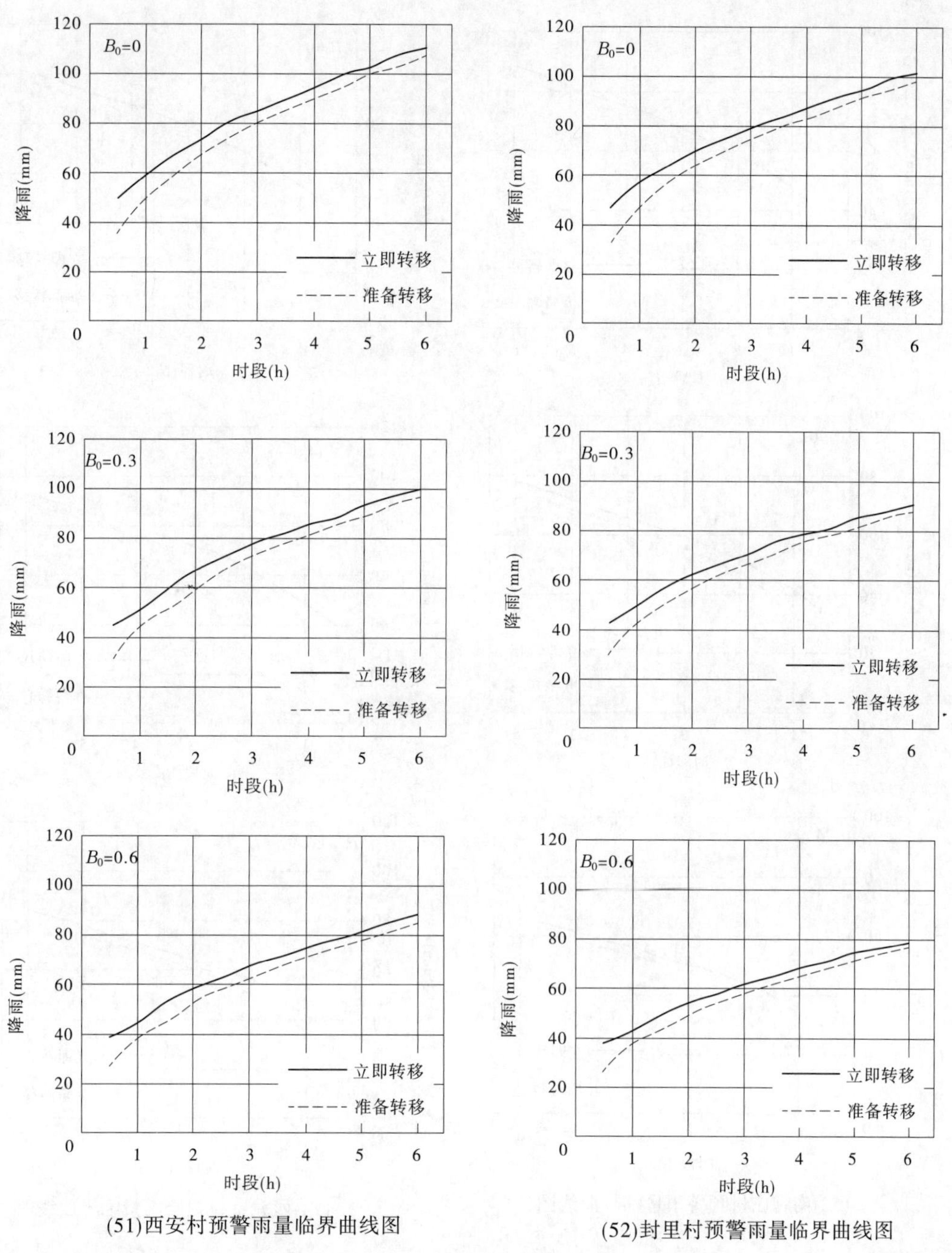

(51)西安村预警雨量临界曲线图

(52)封里村预警雨量临界曲线图

续图 3-6-3

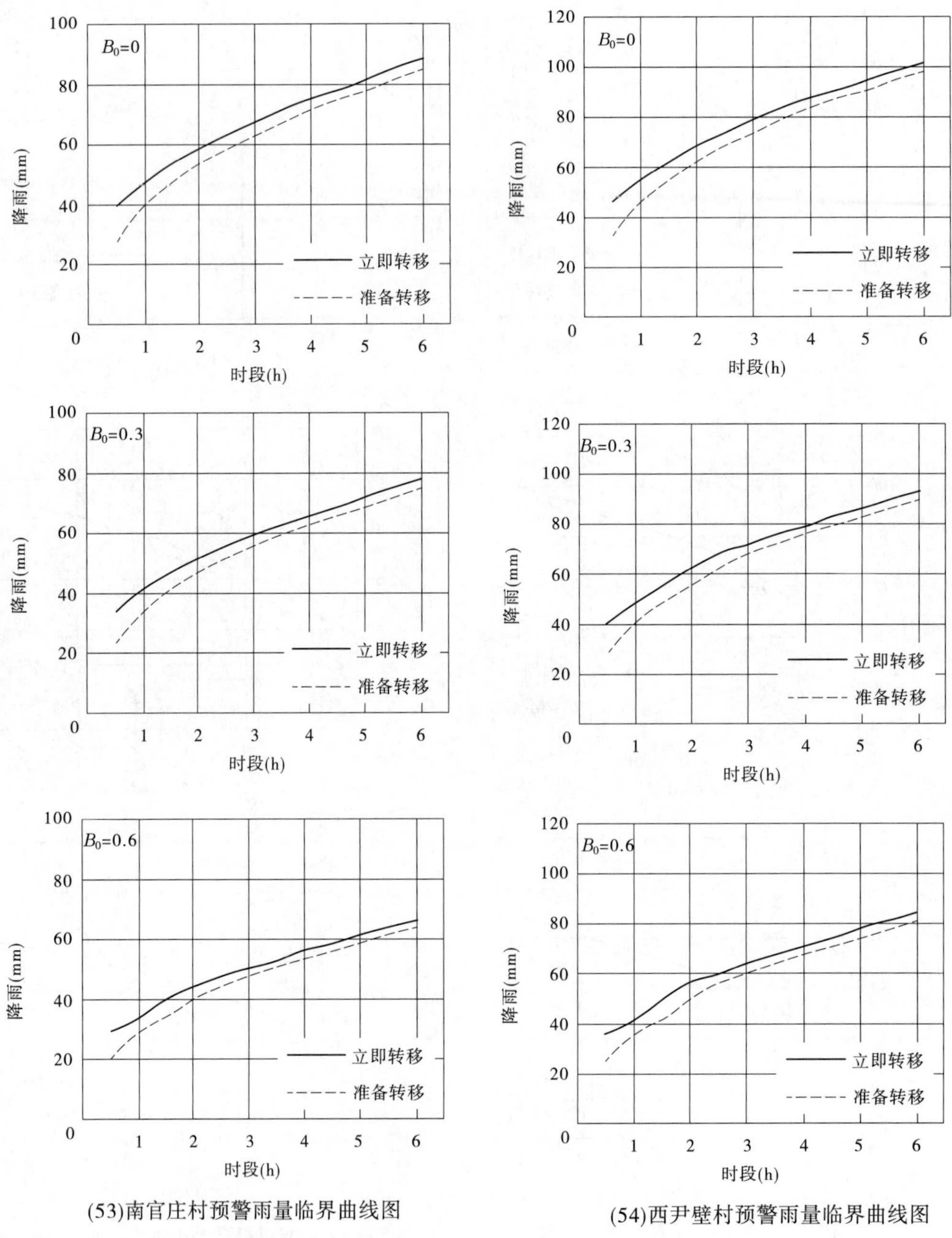

(53)南官庄村预警雨量临界曲线图

(54)西尹壁村预警雨量临界曲线图

续图 3-6-3

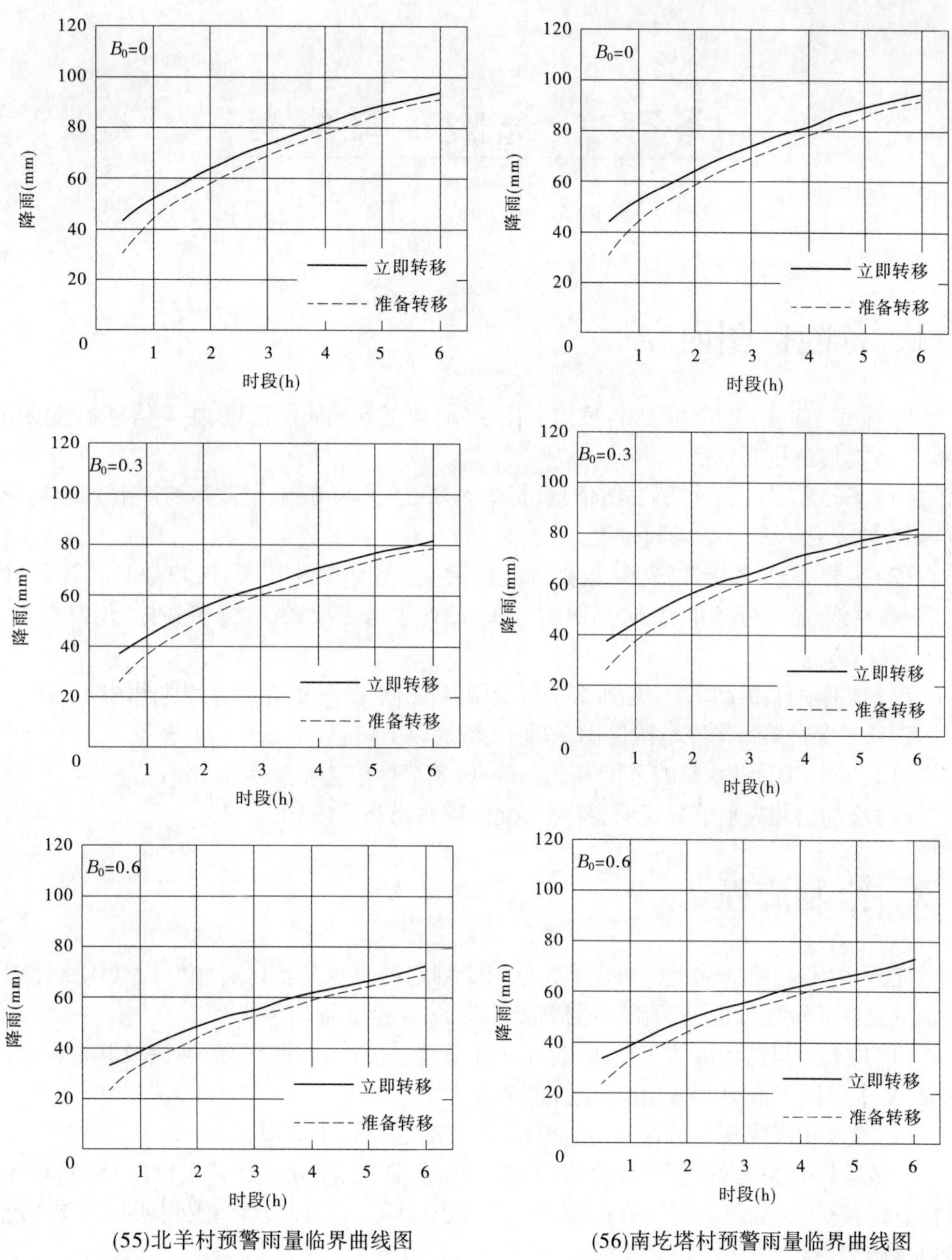

(55)北羊村预警雨量临界曲线图　　(56)南圪塔村预警雨量临界曲线图

续图 3-6-3

第7章 危险区图绘制

7.1 危险区图内容

针对每一个重点防治区进行危险区图绘制，包括基础底图信息、主要信息和辅助信息3类。各类信息主要包括：

(1)基础底图信息：遥感底图信息，行政区划、居民区范围、危险区、控制断面、河流流向、对象在县级行政区的空间位置。

(2)主要信息：各级危险区（极高、高、危险）空间分布及其人口（户数）、房屋统计信息，转移路线、临时安置地点，典型雨型分布、设计洪水主要成果，预警指标、预警方式，责任人、联系方式等。

(3)辅助信息：编制单位、编制时间，以及图名、图例、比例尺、指北针等地图辅助信息。

特殊工况危险区图在危险区图基础上，增加以下信息：

(1)特殊工况、洪水影响范围及其人口、房屋统计信息。

(2)增加工程失事情况说明、特殊工况的应对措施等内容。

7.2 绘制流程

充分运用遥感底图信息，结合第5章勾绘划定的重点防治区各频率设计洪水淹没范围和危险区等级划分情况，绘制不同等级危险区，绘制流程如下：

(1)检查重点防治区的工作底图，尤其注意遥感底图、行政区划、河流及其走向、控制断面、集中居民区范围、交通道路等信息是否完整。

(2)叠加山洪灾害分析评价的主要信息，主要包括以下5项：

①危险区相关信息：各级危险区（极高、高、危险）空间分布及其人口（户数）、房屋统计信息，特殊工况危险区空间分布、人口、户数统计信息，工程失事情况说明和特殊工况的应对措施等内容。

②转移安置信息：即核实后的转移路线、临时安置地点等信息。

③设计暴雨洪水成果信息：典型雨型分布、设计洪水主要成果。

④预警指标成果信息：包括雨量预警指标和水位预警指标、预警方式等。

⑤防汛期组织信息：如责任人，联系方式等。

(3)添加辅助信息，即编制单位、编制时间，以及图名、图例、比例尺、指北针等地图辅助信息。

第8章　山洪灾害非工程措施防御预案

8.1　组织指挥体系

8.1.1　指挥部

洪洞县人民政府成立防汛抗旱指挥部(以下简称县指挥部),负责领导、指挥洪洞县防汛抗洪工作。其组织指挥体系示意图见图 3-8-1。

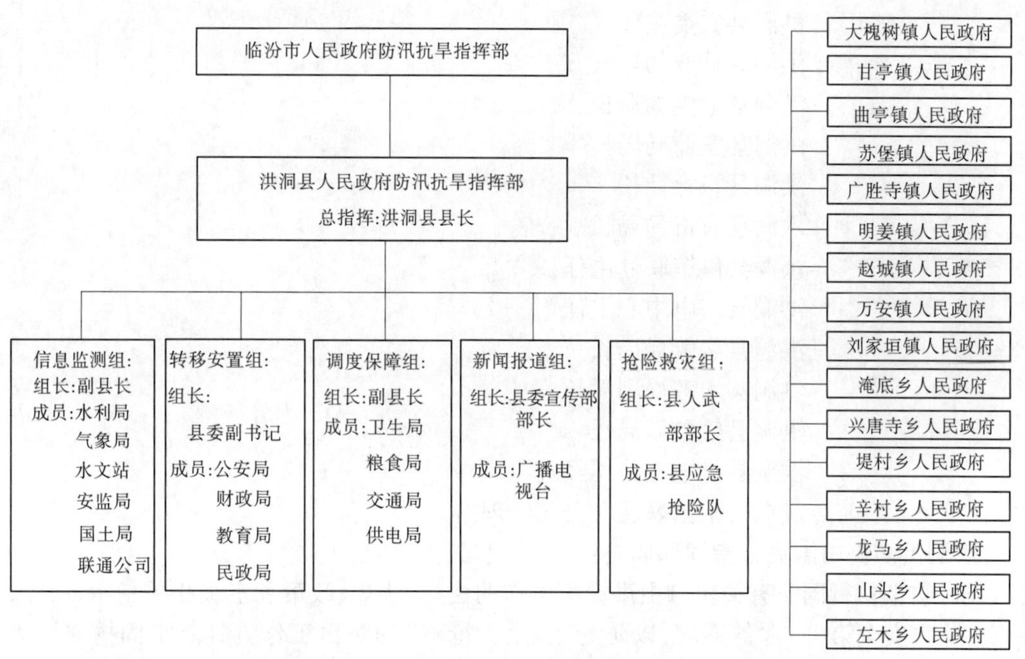

图 3-8-1　洪洞县山洪灾害防御组织指挥体系示意图

总指挥由洪洞县县长担任,全面负责洪洞县的防汛抗旱及抗洪抢险的指挥工作。

总　指　挥:洪洞县县委副书记、洪洞县县长

政　　　委:洪洞县县委副书记、洪洞县统战部部长、洪洞县党校校长

常务副总指挥:洪洞县副县长

副 总 指 挥:洪洞县县委宣传部部长

洪洞县副县长

洪洞县人武部部长
洪洞县公安局局长
洪洞县党委书记
洪洞县水务局局长
洪洞县政府办主任
成　　员:洪洞县发改局局长
洪洞县经信局局长
洪洞县粮食局局长
洪洞县教育局局长、洪洞县党委副书记
洪洞县纪委副书记、洪洞县监察局局长
洪洞县民政局局长
洪洞县国土资源局局长
洪洞县住建局局长
洪洞县交运局局长
洪洞县水务局党总支书记
洪洞县农委主任
洪洞县林业局局长
洪洞县卫生局局长
洪洞县安监局局长
洪洞县报社社长
洪洞县农机局局长
洪洞县供销联社主任
洪洞县广电中心主任
洪洞县房管局局长
洪洞县水务局副局长
洪洞县气象局局长
洪洞县供电支公司经理
洪洞县中国联通分公司经理

洪洞县防御山洪灾害指挥部职责:

(1)贯彻执行国家有关防御山洪灾害工作的法律、法规、政策和上级相关指示、命令,认真贯彻"安全第一、常备不懈,以防为主、全力抢险"的防汛工作方针。牢固树立防大汛、抗大洪、抢大险和救大灾思想,统一组织协调辖区内的山洪灾害防御工作。

(2)组织制订全县各类山洪灾害防御预案,落实各项度汛措施和责任。

(3)统筹建设辖区内各类山洪灾害防治建设工程,不断提高防御能力。

(4)及时掌握各类汛情,研究落实防御对策,指挥协调防御山洪灾害抢险救灾和开展灾后生产自救。

(5)负责组建防御山洪灾害组织机构,落实经费和物资。

(6)建设完善防御山洪灾害监测预警系统,为合理指挥调度提供科学依据,逐步实现洪洞县山洪灾害防御工作规范化、现代化。

(7)组织防汛安全检查,开展宣传教育工作,督促各有关部门防御山洪灾害思想、组织、物资、技术"四落实"。

洪洞县各乡(镇)人民政府分别设立防汛抗旱指挥部,在洪洞县人民政府领导下指挥所辖地区防汛抗洪工作。服从洪洞县防汛抗旱指挥部调度。

洪洞县各乡(镇)防汛抗旱办事机构,要配足人员,配备必要的办公、监测、通信设备,交信工具,保证防汛抢险指令及时传达、汛情信息及时处置反馈。

8.1.2　应急小组

8.1.2.1　组成

1. 信息监测组

组　长:副县长

成　员:水利局

气象局

水文站

安监局

国土局

联通公司

2. 转移安置组

组　长:县委副书记

成　员:公安局

财政局

教育局

民政局

3. 调度保障组

组　长:副县长

成　员:卫生局

粮食局

交通局

供电局

4. 新闻报道组

组　长:县委宣传部部长

成　员:广播电视台

5. 抢险救灾组

组　长:县人武部部长

成　员:县应急抢险队

8.1.2.2　职责

(1)信息监测组职责:负责发布重要气象和洪水预报,监测雨、水情和灾点险情,及时掌握暴雨、洪水、滑坡、泥石流和水利工程险情,准确传递汛情信息,为总指挥部决策提供科学依据。

(2)调度保障组职责:对监测站的汛险情组织专家进行会商,提出科学对策。负责调度抢险人员、防汛物资、设备、车辆,并负责水利工程运用调度,当好领导参谋。

(3)转移安置组职责:负责按照指挥部的预警通知、命令和指示,按照预案撤离路线,做好受威胁区群众的安全转移工作,首先保证人民生命安全,将灾害损失降到最低程度。

(4)抢险救灾组职责:负责被转移群众的临时安置,提供生活和医疗保障,救助受灾群众。实地调查核实受灾情况,报经县政府审核后,按有关规定逐级上报相关部门。

8.2 监测预警

8.2.1 监测信息收集、整理、上报

水雨情监测信息来源主要有以下4种:

(1)监测预警平台接收。24 h监测接收全县13个自动监测站的实时水雨情信息。

(2)人工收集。全县122个简易雨量站收集的水雨情信息,当达到准备转移条件时由各站点负责人报送乡(镇)值班室和县防汛抗旱指挥部办公室。

(3)气象、水文部门报送的水雨情信息。

(4)各类水库、淤地坝、尾矿库、滑坡体等的工情信息。

建立洪洞县防汛办公室信息汇集平台,设立计算机网络、数据库和信息处理系统,为全县山洪灾害防御指挥调度提供科学依据。

8.2.2 预警级别

山洪灾害预警级别分两级:准备转移和立即转移。

根据气象部门预报信息和水雨工情监测信息,经过综合判定,确定预警的级别、范围等。

8.2.2.1 雨情监测情况

准备转移:当辖区内某村雨量站1 h雨量达到35 mm,或6 h雨量达到55 mm,或24 h雨量达到78 mm时,及时向临汾市山洪灾害防御组织有关成员单位发布准备转移的指令,同时报上一级山洪灾害防御指挥部。

立即转移:当辖区内某村雨量站1 h降雨量达到42 mm,或6 h降雨量达到64 mm,或24 h降雨量达到90 mm时,及时向临汾市山洪灾害防御组织有关成员单位发布立即转移的指令,同时报上一级山洪灾害防御指挥部。

洪洞县预警临界雨量成果见表3-6-1。

8.2.2.2 水情监测情况

根据洪洞县13处自动雨量站及122处简易雨量站监测信息,向上下游村庄及时发布预警信息。根据水位站距离堤顶高度将水位分为“安全水位”“警戒水位”“转移水位”。

安全水位:当沟道洪水水位在“安全水位”标示以下或与“安全水位”标示齐平时,为安全水位。当沟道洪水水位超过“安全水位”标示时,应密切监测水位变化。

警戒水位(准备转移):当沟道内洪水水位达到“警戒水位”时为警戒水位,应及时向沟道两侧及下游危险区内居民发布准备转移的指令,同时报上一级防汛指挥部,并密切监

测水位变化。

转移水位(立即转移):当沟道内洪水水位达到"转移水位"时,及时向沟道两侧及下游危险区内居民发布立即转移的指令,同时报上一级防汛指挥部。

8.2.3　预警指令的签发及发布方式

8.2.3.1　预警指令

准备转移预警指令经洪洞县防汛指挥部会商后,由防汛指挥部常务指挥签发。

立即转移预警指令经洪洞县防汛指挥部会商后,由防汛指挥部总指挥签发。

8.2.3.2　发布方式

(1)有线电话、传真和无线电话。洪洞县各行政村基本村村通电话。

(2)语音电话。水库与洪洞县防汛办信息采用语音电话传输。

(3)移动、联通和电信网络基本覆盖全县村组,可以采用短信传输。

(4)电视、广播网络基本覆盖县城和各乡(镇、街道)驻地。

(5)洪洞县城区范围内安装大功率报警器,洪洞县城安装GSM无线高音报警喇叭,街道社区安装预警广播;乡镇驻地和重点山洪灾害区安装大功率报警器、报警高音喇叭、预警广播,配手持扩音器、手摇报警器、铜锣、口哨等。

(6)无线短波和超短波系统、短波电台,对讲机,卫星电话。

8.2.4　预警程序

发布程序分一般情况和紧急情况(程序示意图见图3-8-2):

(1)一般情况下,按市→县→乡(镇)→村→组→户的次序进行预警。

(2)紧急情况下,村级山洪防御机构可直接向本村发布预警信号并组织转移、撤离,同时报告乡(镇)防汛指挥机构和县防汛指挥部办公室。

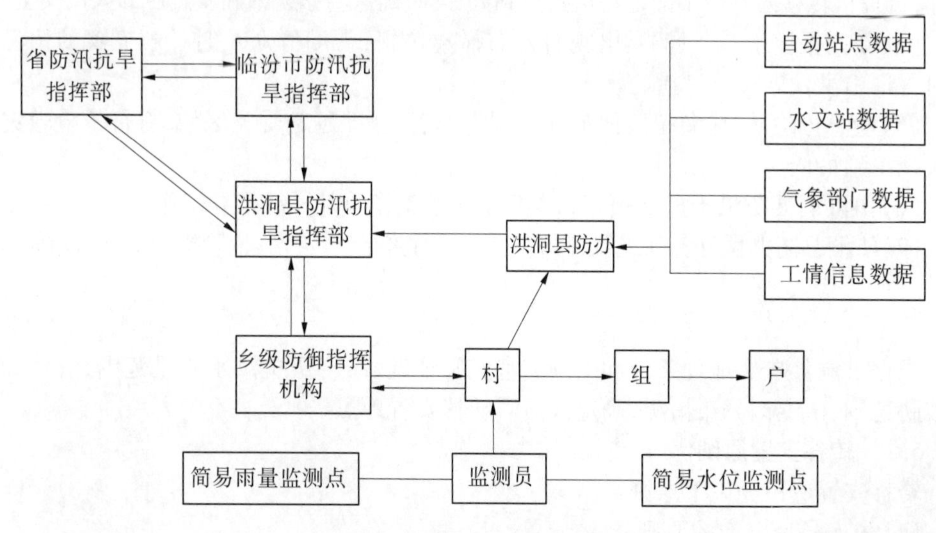

图3-8-2　洪洞县预警程序示意图

8.2.5 预警响应

8.2.5.1 准备转移

由洪洞县防汛指挥部常务副总指挥主持会商,各小组成员参加,针对防御工作做出部署。

(1)信息监测组:加强雨水情变化的观测,加密各工情点的监测巡查。随时掌握各种汛情,及时研判,并将最新信息上报县防汛指挥部。

(2)调度保障组:根据预警范围准备必需的救灾物资,随时待命。

(3)转移安置组:各相关单位、各乡(镇)做好转移准备工作的同时,所包乡(镇)负责人立即奔赴可能发生山洪区域督促指导转移准备工作。

(4)新闻报道组:听从指挥部命令,及时发布雨情以及撤离等指令。

(5)应急抢险队:应急抢险队员集结待命,听从指挥部命令出发抢险。洪洞县武装部组织预备役民兵,洪洞县公安局组建 50 人应急抢险队伍,洪洞县安监局组建 30 人应急抢险队伍,洪洞县住房和城乡建设管理局组织 150 人的抢险队伍,车辆自备。

(6)洪洞县防办做好各项组织、协调工作,及时将汛情、灾情、抢险措施等上报市防办。

8.2.5.2 立即转移

洪洞县防汛指挥部总指挥主持会商,防汛指挥部全体成员参加,部署防御工作。

(1)信息监测组:密切关注汛情的发展变化,做好汛情预测预报。增加值班人员,加强值班。将最新信息及时上报洪洞县防汛指挥部,经分析后报洪洞县政府及临汾市防汛抗旱指挥部办公室,利于领导指挥决策。

(2)调度保障组:将转移群众必需的生活用品和抢险救灾物资及时运达受灾地区,保障人民群众的生活不受影响和抢险救灾的顺利进行。

(3)转移安置组:县、乡、村的各级防汛指挥机构负责人、成员单位负责人应按照职责到分管的区域组织指挥转移工作,全力以赴做好受威胁群众按预定的路线和地点转移的组织工作,负责将转移人一个不漏地动员到户到人,同时确保转移途中和安置后的人员安全。

(4)新闻报道组:在洪洞县电视台发布撤离警报,帮助群众及时了解撤离的信息,并及时报道山洪发展及抗洪措施。

(5)应急抢险队:应急抢险队员在接到指令后,立即赶赴受灾区域,进行抢险救灾,将损失减少到最低。

(6)由洪洞县防汛指挥部领导和专家组成的工作组赴一线指导工作。

(7)洪洞县防办做好各项组织、协调工作,及时将汛情、灾情、抢险措施等上报市防办。

8.2.6 转移安置

根据洪洞县自然地理条件和山洪灾害威胁情况,结合历史洪水淹没范围,滑坡、泥石流威胁范围,山洪沟分布情况,确定人员需转移安置地点。

8.2.6.1 转移安置原则

转移安置应遵循以下原则:

(1)先人员后财产的原则。

(2)先老弱病残人员后一般人员的原则。

(3)因地制宜、因害设防、就近方便,躲灾避险的原则。

(4)集中分散相结合的原则。

转移安置的路线、地点要在乡(镇、街道)、村(社区)预案中进行详细规定,并绘制出转移路线和安置地点图,填写群众转移安置计划表。

各个灾点及威胁区要制作明白卡,将转移线路、安置地点、时机、观测人、报警人、责任人等都要进行详细规定,同时要制定避险应急措施,制作标识牌。

8.2.6.2　转移安置纪律

防御山洪灾害,转移安置群众员是关系民生的大事,各级政府领导干部必须高度重视,县、乡(镇、街道)、村(社区)、组必须层层签订目标责任书,落实转移安置措施,统一指挥调度,分区转移安置。对一些转移难度较大的住户,必要时采取强制措施进行转移,坚决杜绝伤亡事件的发生。

8.2.7　预警解除

根据天气预报和水雨情的变化情况,洪洞县防汛抗旱指挥部会商后,可以决定宣布解除预警。

8.3　保障措施

认真开展汛前安全检查,堵塞漏洞、消除隐患。汛前洪洞县防汛抗旱指挥部要组织全县范围内的防汛安全检查。乡(镇、街道)、村(社区)要对辖区内的病险库坝、滑坡险段、山洪灾点、河道城镇等进行全面检查,采取“谁检查、谁签字、谁负责”的办法,逐项填写防汛安全检查责任卡。对查出的问题,现场下发整改通知,制定整改措施,落实责任人,堵塞漏洞,消除隐患。同时,对可能发生山洪灾害的所有工程及隐患点落实专人进行监测,对监测到的汛险情要及时报告,保证信息畅通、措施到位、责任到位、确保安全。

8.3.1　物资保障

物资部门汛前需准备一定数量的救灾物资,当灾害发生后及时将救灾、抢险物资运抵受灾区域。

8.3.2　电力保障

电力部门要保证防洪工程的电力供应。优先保障抢险、排涝、救灾的应急用电调配和电力供应。

8.3.3　交通保障

交通部门要做好公路交通设施的安全工作,做好受灾人员、物资及设备的运输工作。

8.3.4　通信保障

通信部门要做好山洪灾害发生时通信保障工作。根据险情需要,协调调度全市电信运营企业的应急通信设施。

8.3.5 医疗卫生保障

医疗卫生部门要做好疾病预防控制和医疗救护工作。当灾害发生后,组织卫生力量赶赴灾区,防病治病,预防和控制疫情的发生和流行,并及时向市防汛指挥部提供灾害发生区疫情与防治信息。

8.4 宣传、培训及演练

8.4.1 宣传

充分利用会议、广播、电视以及宣传栏、宣传册、挂图、明白卡、墙报、标语等群众通俗易懂、喜闻乐见的形式,大力宣传山洪灾害防治知识、防御常识及预案的主要内容等。

8.4.2 培训

汛前要对受山洪灾害威胁地区的干部群众进行全方位教育培训,使广大干部群众掌握山洪灾害的预防、避险、救灾等知识,保证每个村民了解预警信号、撤离路线等。增强全民对山洪灾害的防范意识。

8.4.3 演练

汛前,受山洪灾害威胁的地区,要以行政村为单位或多村联合进行山洪灾害防御演练。演练内容包括应急响应、抢险、救灾、转移、后勤保障、人员转移、安置等。

8.4.4 纪律

为了认真做好山洪灾害防御工作,在汛期各级干部必须严格执行以下工作纪律:

(1)各级组织进入汛期都要认真安排好防汛值班,严格执行领导带班制度,值班人员必须24 h坚守工作岗位,及时处理日常事务,保证信息畅通。

(2)主汛期各级防汛组织的主要领导,未经批准不得离岗外出。

(3)洪洞县重点水库、淤地坝、滑坡、泥石流灾点,山洪灾害重点防范区汛期要落实监测人员。实行县级领导包水库、乡(镇、街道)领导包淤地坝、滑坡、山洪灾点,村上领导包组、包户等一系列承包责任制。

(4)认真制订山洪灾害防御预案,并组织现场演练,全面落实防范措施,做到防患于未然。

(5)对于重要汛情立即逐级上报,同时按照预定方案和相关规定进行处理,做到不延时,不误报、不漏报。

(6)出现险情时,辖区主要领导必须立即赶赴现场亲临指挥,确保群众安全转移。

(7)对于玩忽职守、工作措施不力或延误时机,造成重大责任事故的,要根据《省、市防汛安全事故责任追究办法》有关规定进行处理,构成犯罪的移交司法机关进行处理。

第4篇

各县（市、区）山洪灾害评价与防控研究

第1章　尧都区

1.1　尧都区基本情况

1.1.1　地理位置

尧都区位于山西省南部、临汾市中部,是临汾市委、市政府所在地,是临汾市政治、经济、文化、交通中心。东邻浮山、古县,南接襄汾,西连蒲县、吉县和乡宁县,北接洪洞、汾西。位于东经 116°05′~111°48′、北纬 35°35′~36°20′之间,总面积 1 304 km^2,海拔 420~1 200 m。

根据地表形态特征、成因及其物质组成,尧都区地形地貌划分为三大类型,土石山区分布于尧都区西山地带,山坡陡峻,切割强烈,海拔 600~1 200 m;平川区分布于尧都区中部,海拔 420~600 m;黄土丘陵区分布于尧都区东部一带,海拔 600~900 m。尧都区行政区划图如图 4-1-1 所示。

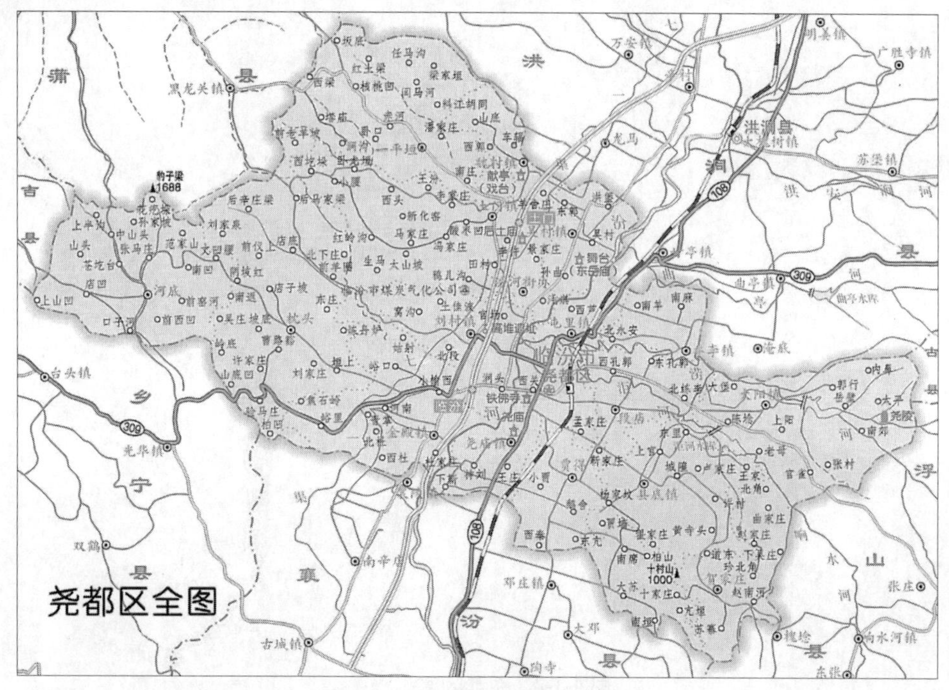

图 4-1-1　尧都区行政区划图

1.1.2 社会经济

尧都区现辖屯里、乔李、大阳、县底、刘村、金殿、吴村、土门、魏村、尧庙 10 个镇，段店、贾得、贺家庄、一平垣、枕头、河底 6 个乡，解放路街道、鼓楼西街街道、水塔街道、南街街道、乡贤街道、辛寺街街道、铁路东街道、车站街道、汾河街道、滨河街道 10 个街道办事处。至 2014 年底，总人口约为 96.5 万人，其中城镇人口约 64.3 万人，农村人口约 32.2 万人。2014 年底全区国内生产总值 2 495 149 万元，其中第一产业 100 057 万元，第二产业 716 450万元，第三产业 1 678 642 万元。

尧都区历史悠久，工业基础优越，旅游行业发达，矿藏资源丰富。工业主要以精密铸造、装备制造、电子等产业为主。农业主要以果蔬生产、畜禽养殖、商品粮为主。其中煤化工、钢铁冶炼是全县经济发展的主要支柱产业。

1.1.3 河流水系

尧都区境内河流都属于黄河流域，流域面积大于 50 km^{2}的主要河流有 14 条。按照水利部河湖普查河流级别划分原则，1 级河流有 1 条，为汾河；2 级河流有 10 条，分别为大洪峪涧河、曲亭河、太涧河、岔口河、涝河、仙洞沟涧河、席坊沟、三圣沟、邓庄河、豁都峪；3 级河流有 2 条，分别为杨村河和洰河；4 级河流有 1 条，为赵南河。县境内主要河流为汾河及其支流。

尧都区河流水系见图 4-1-2，主要河流基本情况见表 4-1-1。

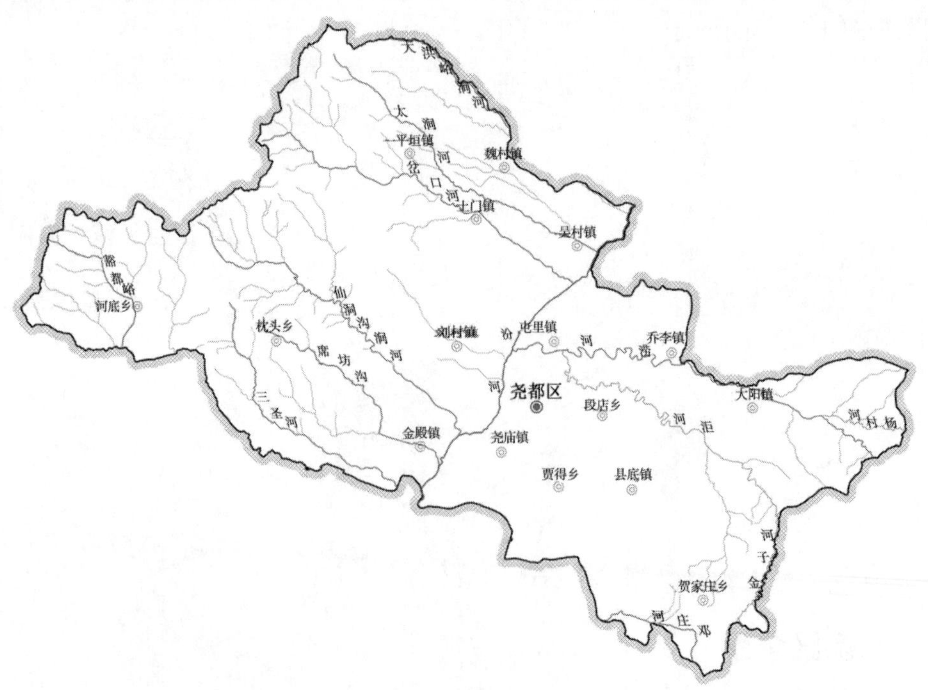

图 4-1-2 尧都区河流水系

表 4-1-1　尧都区主要河流基本情况表

编号	河流名称	上级河流名称	河流等级	流域面积（km²）	河长（km）	比降（‰）	境内流域面积（km²）
1	汾河	黄河	1	39 721	718	1.10	1 297.1
2	大洪峪涧河	汾河	2	133	33	15.93	90.9
3	曲亭河	汾河	2	211	54	6.44	9.7
4	太涧河	汾河	2	62	27	20.80	62.0
5	岔口河	汾河	2	110	30	19.39	110.4
6	涝河	汾河	2	888	68	6.38	243.8
7	杨村河	涝河	3	222	32	13.62	22.8
8	洰河	涝河	3	348	60	5.51	118.8
9	赵南河	洰河	4	53.8	17	14.44	20.1
10	仙洞沟涧河	汾河	2	123	33	20.96	122.5
11	席坊沟	汾河	2	77.2	21	24.79	77.2
12	三圣沟	汾河	2	59.7	25	20.22	57.1
13	邓庄河	汾河	2	110	34	11.46	28.8
14	豁都峪	汾河	2	416	58	11.81	116.6

1.1.3.1　汾河

汾河为黄河的一级支流。汾河源自吕梁、太行两大山区的支流，穿越太原、临汾两大盆地，至运城市新绛县境急转西行，于禹门口下游万荣县荣河镇庙前村附近汇入黄河。在临汾境内自北向南流经尧都区。汾河全长 718 km，流域面积 39 721 km²，河流比降为 1.10‰。其中汾河在尧都区境内流域面积为 1 297.1 km²。

1.1.3.2　大洪峪涧河

大洪峪涧河为汾河的一级支流。大洪峪涧河起源于洪洞县左木乡段家山村黄北凹（河源经度 111°21′47.8″，河源纬度 36°22′10.0″，河源高程 1 269.8 m），自西北向东南流经洪洞县、尧都区，于洪洞县辛村乡成村汇入汾河（河口经度 111°36′22.2″，河口纬度 36°12′47.2″，河口高程 439.2 m），河流全长 33 km，流域面积 133 km²，河流比降为15.93‰。尧都区境内流域面积为 90.9 km²。

1.1.3.3　曲亭河

曲亭河为汾河的一级支流。曲亭河起源于古县南垣陈香村郭店乡（河源经度 112°0′8.6″，河源纬度 36°5′57.7″，河源高程 1 050.0 m），自东向西流经古县、洪洞县、尧都区，于洪洞县甘亭镇羊獬村汇入汾河（河口经度 111°34′53.2″，河口纬度 36°11′16.2″，河口高程 433.8 m），河流全长 54 km，流域面积 211 km²，河流比降为 6.44‰。尧都区境内流域面积为 9.7 km²。

1.1.3.4 太涧河

太涧河为汾河的一级支流。太涧河起源于尧都区一平垣乡段家凹村孟家庄(河源经度111°21′4.1″,河源纬度36°18′41.8″,河源高程1 295.6 m),自西北向东南流经尧都区,于尧都区吴村镇郈村汇入汾河(河口经度111°34′3.4″,河口纬度36°10′51.2″,河口高程434.5 m),河流全长27 km,流域面积62 km^2,河流比降为20.80‰。尧都区境内流域面积为62 km^2。

1.1.3.5 岔口河

岔口河为汾河的一级支流。岔口河起源于尧都区一平垣乡郑家庄神岭(河源经度111°17′23.2″,河源纬度36°15′17.4″,河源高程1 293.6 m),自西北向东南流经尧都区,于尧都区吴村镇孙曲汇入汾河(河口经度111°32′52.7″,河口纬度36°9′33.7″,河口高程430.0 m),河流全长30 km,流域面积110 km^2,河流比降19.39‰。尧都区境内流域面积为110.4 km^2。

1.1.3.6 涝河

涝河为汾河的一级支流。涝河起源于浮山县北王乡北石村浦口(河源经度112°0′51.3″,河源纬度35°59′5.6″,河源高程1 307.9 m),自东南向西北流经浮山县、洪洞县、尧都区,于尧都区屯里镇西高河汇入汾河(河口经度111°29′46.5″,河口纬度36°7′2.0″,河口高程429.3m),河流全长68 km,流域面积888 km^2,河流比降为6.38‰。尧都区境内流域面积为243.8 km^2。

1.1.3.7 杨村河

杨村河为涝河的支流。杨村河起源于浮山县北韩乡茨庄村核桃庄(河源经度112°2′27.3″,河源纬度36°1′49.2″,河源高程1 220.3 m),自西向东流经浮山县、尧都区,于尧都区大阳镇岳壁村涝河水库汇入涝河(河口经度111°45′8.7″,河口纬度36°4′21.2″,河口高程540.1 m),河流全长32 km,流域面积222 km^2,河流比降为13.62‰。尧都区境内流域面积为22. 8 km^2。

1.1.3.8 洰河

洰河为涝河的支流。洰河起源于浮山县槐埝乡峨沟村(河源经度111°41′14.2″,河源纬度36°51′57.7″,河源高程1 005.9 m),自东南向西北流经浮山县、尧都区,于尧都区屯里镇南焦堡汇入涝河(河口经度111°32′20.4″,河口纬度36°7′1.9″,河口高程436.8m),河流全长60 km,流域面积348 km^2,河流比降为5.51‰。尧都区境内流域面积为118.8 km^2。

1.1.3.9 赵南河

赵南河为洰河的支流。赵南河起源于浮山县槐埝乡毕曲村龙尾村(河源经度111°41′10.0″,河源纬度35°53′32.9″,河源高程996.2 m),自南向北流经浮山县、尧都区,于尧都区贺家庄乡口子里村刘家庄汇入洰河(河口经度111°42′53.4″,河口纬度36°0′27.1″,河口高程585.2 m),河流全长17 km,流域面积53.8 km^2,河流比降为14.44‰。尧都区境内流域面积为20.1 km^2。

1.1.3.10 仙洞沟涧河

仙洞沟涧河为汾河的一级支流。仙洞沟涧河起源于尧都区枕头乡仪上村前子孙角村(河源经度111°27′5.2″,河源纬度36°12′2.5″,河源高程1 322 m),自西北向东南流经尧都区,于尧都区金殿镇东麻册汇入汾河(河口经度111°27′5.2″,河口纬度36°3′38.8″,河口高程 424.5 m),河流全长 33 km,流域面积 123 km^2,河流比降为 20.96‰。尧都区境内流域面积为 122.5 km^2。

1.1.3.11　席坊沟

席坊沟为汾河的一级支流。席坊沟起源于尧都区枕头乡枕头村土坡村(河源经度 111°17′29.0″,河源纬度 36°8′13.0″,河源高程 1 164.4 m),自西北向东南流经尧都区,于尧都区金殿镇杜家庄汇入汾河(河口经度 111°26′8.1″,河口纬度 36°2′27.7″,河口高程 424.0 m),河流全长 21 km,流域面积 77.2 km^2,河流比降为 24.79‰。尧都区境内流域面积为 77.2 km^2。

1.1.3.12　三圣沟

三圣沟为汾河的一级支流。三圣沟起源于尧都区枕头乡,自西北向东南流经尧都区、襄汾县,于襄汾县襄陵镇东街村汇入汾河(河口经度 111°25′16.9″,河口纬度36°1′9.4″,河口高程 420.0 m),河流全长 25 km,流域面积 59.7 km^2,河流比降为 20.22‰。尧都区境内流域面积为 57.1 km^2。

1.1.3.13　邓庄河

邓庄河为汾河的一级支流。邓庄河起源于浮山县槐埝乡高庄曲庄(河源经度 111°40′15.5″,河源纬度 35°52′37.7″,河源高程 1 109.0 m),自东向西流经浮山县、尧都区、襄汾县,于襄汾县新城镇赵店村汇入汾河(河口经度 111°25′13.1″,河口纬度 36°55′38.6″,河口高程 417.0 m),河流全长 34 km,流域面积 110 km^2,河流比降为 11.46‰。尧都区境内流域面积为 28.8 km^2。

1.1.3.14　豁都峪

豁都峪为汾河的一级支流。豁都峪起源于尧都区河底乡十亩村杏虎山(河源经度 111°6′38.8″,河源纬度 35°10′59.2″,河源高程 1 550.7 m),自西北向东南流经尧都区、乡宁县、襄汾县,于襄汾县新城镇陈郭村汇入汾河(河口经度 111°12′22.8″,河口纬度 36°2′40.3″,河口高程 759.4 m),河流全长 58 km,流域面积 416 km^2,河流比降为 11.81‰。尧都区境内流域面积为 116.6 km^2。

1.1.4　水文气象

尧都区地处半干旱、半湿润温带大陆性季风气候区,四季分明,雨热同期。冬季多偏北风,水汽缺乏,少雨雪,气温低而干燥;夏季多南风,是主要降雨季节,气温高而湿润,尤其盆地气候炎热;春季冬夏季风交错,形成温暖多风、干燥少雨天气;秋季温暖气团逐渐南退,极地大陆干冷气团南进,显现出短暂暖湿性的秋高气爽天气。区内平均气温为 12.1 ℃,1 月气温最低,7 月气温最高。全年 10 ℃以上积温 4 178.5 ℃,日照时数 2 400~2 600 h,无霜期 171~234 d,年水面蒸发量 1 800~2 000 mm。年降雨量平川区略低于山区,多年平均降雨量为 518.1 mm。

1.1.5　历史山洪灾害

尧都区境内山洪灾害发生频次较高,是尧都区的主要自然灾害之一。历史上及中华人民共和国成立后发生过多次大的山洪灾害。本次首先收集了各种文献对尧都区山洪灾害的记载,其次在进行沿河村落调查时走访当地村民调查历史洪水情况。整理如下。

1.1.5.1 文献记载洪水资料

文献记载洪水资料主要来自于《山西省历史洪水调查成果》和《山西洪水研究》。其资料来源于《山西通志》、各市、县的府志或县志、中央档案馆明清档案部的清代档案奏折以及少量的洪水碑刻和家书等。该县文献洪水记载共计 26 条。洪水发生年份分别为 727 年、1366 年、1476 年、1482 年、1513 年、1567 年、1607 年、1662 年、1860 年、1867 年、1879 年、1880 年、1891 年、1901 年、1904 年、1920 年、1931 年、1934 年、1939 年、1940 年、1941 年、1942 年、1971 年、1980 年(见表 4-1-2)。本次工作还收集了尧都区文献记载旱情资料(见表 4-1-3)。

表 4-1-2 尧都区文献记载洪水统计表

序号	公元	年号	记载	资料来源
1	727	唐开元十五年	临汾五月大水	原山西省临汾地区水文计算手册
2	1366	元至正廿六年	汾阳、平遥、临汾六月大雨雹伤稼	山西水旱灾害
3	1476	明成化十二年	临汾水害稼	山西通志
4	1482	明成化十八年	临汾六月雨伤稼(6 月 16 日后)	华北近五百年旱涝史料(康熙版)
5	1513	明正德八年	太原、临汾、曲沃十月大雨雹,平地水深丈余,冲没人畜房舍	原山西省临汾地区水文计算手册
6	1567	明隆庆元年	临汾五月五日大雨,曲沃秋大旱	原山西省临汾地区水文计算手册
7	1607	明万历卅五年	汾水大涨环抱省城。徐沟五月廿三日大水入南关,平地水深丈余,民居物产漂没无算。太原五月大水。阳曲、临汾、绛、吉等十四州县大水	山西自然灾害史年表
8	1607	明万历卅五年	阳曲、定襄、临汾、绛、吉等十四州县大水	山西通志
9	1662	清康熙元年	洪洞、临汾、曲沃秋八月大雨如注,连绵弥月,城垣半倾、桥梁尽塌、坏庐舍无数。大宁六月大水	原山西省临汾地区水文计算手册
10	1860	清咸丰十年	太平(汾城)十年夏六月十八日晚大雨倾盆,历四时许,平地水深数尺,邑内桥梁十坏八九,报灾者六十余村。临汾六月大雨,民间庐舍塌毁无数。稷山秋大水,村中坏庐舍极多,邻县东教尤甚,水势有高过房檐者,至数月不能尽	原山西省临汾地区水文计算手册

续表 4-1-2

序号	公元	年号	记载	资料来源
11	1867	清同治六年	曲沃六年春旱麦无收。太平、临汾、洪洞淫雨连绵亘月,禾尽伤	曲沃等县志
12	1879	清光绪五年	永济:八月阴雨连旬,麦多种。太原:七月雨雹尺许,十余村灾。沁水:四月大雨雹。清源:秋九月大水,禾尽淹。汾阳:秋七月东富家堡堤决。翼城、洪洞:十月淫雨连绵。临汾:秋久雨。武乡:九月淫雨。高平:五六月大雨雹	山西自然灾害史年表
13	1880	清光绪六年	汾西:五至六月雨雹。沁源:夏大雨雹,禾稼尽伤。临汾:六月雨雹。平陆:葛赵等二十二村被水冲。太原:八月淫雨河溢。左云:夏大雪。高平:夏大雨雹	山西自然灾害史年表
14	1891	清光绪十七年	荣河:秋霖雨。马邑、大同:旱。临汾:五月一日午雨雹。虞乡:淫雨过多水荒。介休、孝义:地震。沁源:大雨雹。太原:大水	山西自然灾害史年表
15	1901	清光绪廿七年	大同、沁州、泽州、临汾、长治、武乡、介休、大水;太原大涝	山西自然灾害史年表
16	1904	清光绪卅年	荣河:水涨入旧城。山西太原以东旱,大同、临汾涝,余正常	山西自然灾害史年表
17	1920	民国九年	临汾六月十六日大雨,汨河漫,六月廿二日大雨。七月旱。襄汾、襄陵六月十六日大雷雨,山水暴涨冲毁邓庄、西梁等。曲沃五月浍河暴涨,淹没无算	临汾、襄汾、曲沃等县志
18	1931	民国廿年	汨河大水	调查
19	1934	民国廿三年	临汾、绛州、荣河、安邑、曲沃、万泉、虞乡、猗氏、临晋、潞城、洪洞、闻喜、河津、隰州、霍州、永和、永济、绛州、垣曲、平陆、黎城、阳城、武乡、陵川、襄垣、长子、长治、泽州、沁州:旱,并有水雹灾情	山西自然灾害史年表
20	1939	民国廿八年	山西阳曲等三十八县水灾,全省合计一千五百三十七村,受灾土地一百六十五万六千九百一十八亩,毁房三万七千一百七十间,伤亡四十三人。灾情涉及阳曲、太原、徐沟、清源、榆次、太谷、祁县、平遥、介休、和顺、昔阳、灵石、平定、寿阳、盂县、汾阳、孝义、交城、文水、临汾、洪洞、曲沃、襄陵、霍县、赵城、虞乡、解州、安邑、新绛、稷山、宁武、神池、忻县、定襄、代县、崞县、繁峙等县	山西自然灾害史年表

续表 4-1-2

序号	公元	年号	记载	资料来源
21	1940	民国廿九年	阳曲、太谷、文水、徐沟、汾阳、孝义、平遥、介休、长治、临汾、临晋、荣河、猗氏、安邑、绛县、灵石、五寨、河津、代县、崞县等县遭水灾,四百一十四村人口受饥	
22	1941	民国卅年	遭受水灾的有阳曲、太原、太谷、文水、徐沟、清源、介休、中阳、离石、和顺、寿阳、临汾、洪洞、曲沃、永济、解州、五台等十七县	山西统计年编
23	1942	民国卅一年	汾河、团柏河、对竹河大水	调查
24	1942	民国卅一年	有四十五县遭水灾,受灾面积共一百二十五万五千四百八十亩。水灾严重的县有:阳曲、晋泉、太谷、祁县、交城、文水、岚县、徐沟、汾阳、平遥、介休、临汾、洪洞、曲沃、汾城、永济、新绛、稷山、河津、芮城、五台等	山西自然灾害史年表
25	1971		六月下旬全省连续降雨,晋东南、运城、临汾等地区有些地方多次降灾害性暴雨。据统计,全省平均降雨量为 120 mm,比历年同期增大 1.2 倍。降雨最多的晋东南地区达 214 mm,比历年增大 2 倍。运城、临汾、晋东南地区和太原市降雨在 100 mm,比历年增大 1 倍左右。忻县、吕梁和雁北地区雨量均比历年有所增大。全省 62 个县(市、区)先后受灾	山西自然灾害史年表
26	1980		7 月 3 日到 7 日,全省 21 个县、市,70 个公社,401 个大队遭受雹、洪、风灾害。文水、柳林两县受灾面积五万多亩,临汾、交城受灾面积三万亩以上,长治、中阳、离石、右玉、阳高、大同受灾面积在一万亩以上,武乡、浑源、霍县、孝义、临县、交口、兴县、岚县受灾面积在万亩以上,石楼、灵邱二县受灾面积不足千亩	

表4-1-3　尧都区文献记载旱情统计表

序号	公元	年号	记载	资料来源
1	1128	金天会六年	隰州:春夏不雨。临汾:民家生魃(干旱)。潞州:大雨雹,蒲晋皆饥	山西自然灾害史年表
2	1441	明正统六年	乡宁、临汾、崞县、夏县、祁县、汾西、阳曲、和顺、芮城旱大饥。浮山、曲沃、安邑旱。蒲县大旱。太原春夏旱	山西水旱灾害
3	1472	明成化八年	山西全省性旱和大旱	山西通志
4	1484	明成化廿年	曲沃、临汾、洪洞、万荣、夏县、平陆、蒲州、绛州、安邑、临猗、解州、虞乡、晋城、高平秋不雨,次年六月始雨大旱,饿殍盈野,人相食	山西通志
5	1488	明弘治元年	高平、乡宁雨雹害稼。太原、临汾旱。石楼旱,秋大雨雹	山西通志
6	1490	明弘治三年	潞城、沁州被水。乡宁、太原、临汾旱。沁州水	山西通志
7	1497	明弘治十年	太原地震,屯留最甚。乡宁、安邑、襄垣旱。襄陵、汾城、临汾大旱	山西通志
8	1505	明弘治十八年	太原、榆次、太谷、临汾、洪洞、浮山大旱,五月不雨,至七月苗尽槁	山西通志
9	1532	明嘉靖十一年	偏关、临汾、襄汾、安邑、解州、平陆、临猗、永济、晋城、太平大旱大饥,民多流亡,死者枕藉	《旱涝史料》山西部分
10	1534	明嘉靖十三年	永和、交城、文水、徐沟、寿阳、汾西、洪洞、翼城、临汾、霍州、沁源、安泽旱大饥,禾稼殆尽,饿殍盈野	山西水旱灾害
11	1564	明嘉靖四十三年	临汾大旱	山西通志
12	1568	明隆庆二年	太平、临汾、曲沃、安泽大旱	原山西省临汾地区水文计算手册
13	1572	明隆庆六年	代州大雨雹,大风拔木。泽州秋禾旱灾。临汾旱	《旱涝史料》山西部分
14	1582	明万历十年	祁县、大同、马邑地震。沁州、武乡、闻喜疫。榆次旱,秋七月雨,至十月无霜,禾大熟。赵城汾水溢坏城西隅。临汾尤旱	山西通志

续表 4-1-3

序号	公元	年号	记载	资料来源
15	1585	明万历十三年	全省性大旱,米价飙升。大同、临汾尤旱	山西自然灾害史年表
16	1585~1587	明万历十三~十五年	太平、洪洞、临汾、曲沃大旱	原山西省临汾地区水文计算手册
17	1590	明万历十八年	临汾夏大旱。崞县大饥。猗氏、万泉七月大水,泛民居甚众。忻州旱。永济大水	山西通志
18	1596	明万历廿四年	太谷雹雨伤稼。绛州六月大雨雹。临县春夏大旱。临汾夏大旱。文水大旱。长子大雨雹伤禾。黎城、长治四月大雪	山西通志
19	1599	明万历廿七年	襄陵、太平、临汾、春大旱	原山西省临汾地区水文计算手册
20	1609	明万历卅七年	太原、临汾、曲沃大旱	山西通志
21	1610	明万历卅八年	吉州、蒲县、汾阳、太原、阳曲、寿阳、平遥、介休、临汾、浮山、曲沃、临猗、稷山、绛州、晋城、定襄、平定、盂县、榆社、武乡,大旱饥,饿殍载道,人相食	山西水旱灾害
22	1611	明万历卅九年	临汾、吉州、绛州、蒲县、猗氏夏旱。稷山夏疫。山西连年荒旱	《旱涝史料》山西部分
23	1613	明万历四十一年	曲沃、翼城四月大疫。浮山大疫。保德夏大旱。稷山旱无麦。临汾、猗氏、绛州、安邑大旱。蒲县、临晋、荣河旱灾	山西通志
24	1613	明万历四十一年	襄陵水荒,曲沃三月大水、太平县大水。临汾秋大旱	原山西省临汾地区水文计算手册
25	1627	明天启七年	沁州、武乡五月雨雹大如鸡子。昔阳、平定地震,达二月余。永和春夏大旱,八月始雨。临晋夏麦不登,秋大旱。临汾尤旱	山西通志
26	1633	明崇祯六年	临汾、太平、大宁大旱。平定旱	原山西省临汾地区水文计算手册

续表 4-1-3

序号	公元	年号	记载	资料来源
27	1640~1641	明崇祯十三~十四年	太平、安泽、大宁、临汾、曲沃大旱	
28	1685	清康熙廿四年	潞城三月不雨,漳水几绝。七月大雨,九月始霁。大同夏旱。太原、临汾、平顺、泽州旱	山西自然灾害史年表
29	1690	清康熙廿九年	太原、大同、闻喜旱。夏县麦不收,荒更甚。垣曲秋旱麦种未播。襄垣、长子、平顺饥。蒲县蝗飞蔽日。洪洞六月蝗。平阳府俱旱蝗。太谷春旱至六月方雨,秋淫雨,晚禾不熟。宁武大饥,人多饥死。代州饥。岚县亢旱岁饥。临汾、垣曲七月地震,秋旱麦种未播。长治四月连霜,树叶枯死。平陆蝗蝻食禾。静乐旱	山西自然灾害史年表
30	1691	清康熙卅年	临汾夏旱蝗虫。绛州、曲沃大旱。浮山六月蝗发。闻喜旱,六月蝗,七月大饥。翼城秋旱,无禾岁饥。河津旱蝗民饥。蒲州蝗旱	山西自然灾害史年表
31	1692	清康熙卅一年	蒲县、吉州、临汾、浮山、洪洞、翼城、稷山、河津、解州、平陆、蒲州、芮城旱蝗民饥,人死相枕藉	山西水旱灾害
32	1694	清康熙卅三年	怀仁饥。保德夏旱秋霜,连续五年霜旱。阳曲大雨,七月汾水涨溢。临汾、平阳蝗旱。临县大饥。沁州连岁荒欠,至是年禾未熟复遭严霜,民流散,饿殍相枕。太原七月大雨河溢,大霜	山西自然灾害史年表
33	1720	清康熙五十九年	山西全省性大旱	山西自然灾害史年表
34	1721	清康熙六十年	山西全省性持续大旱	山西自然灾害史年表
35	1722	清康熙六十一年	山西全省性大旱,中部尤甚	山西水旱灾害
36	1748	清乾隆十三年	太原汾河溢。山西雁北、长治、临汾旱,太原西部山区一带较正常	山西自然灾害史年表
37	1765	清乾隆卅年	山西全省性旱和偏旱,临汾尤旱	山西自然灾害史年表
38	1804	清嘉庆九年	曲沃、太平、安泽、襄陵、临汾大旱,人食树皮草根充饥	原山西省临汾地区水文计算手册

续表 4-1-3

序号	公元	年号	记载	资料来源
39	1805	清嘉庆十年	曲沃、太平、安泽、襄陵、临汾大旱	原山西省临汾地区水文计算手册
40	1846~1847	清道光廿六~廿七年	曲沃、太平、临汾大旱,秋禾无收	原山西省临汾地区水文计算手册
41	1875	清光绪元年	汾西大旱,秋薄收。临汾、太平六月旱	原山西省临汾地区水文计算手册
42	1876	清光绪二年	大宁、太平、洪洞、安泽、临汾光绪二年夏麦歉收,六月大旱	临汾等县志
43	1877	清光绪三年	曲沃、太平、襄陵、临汾、洪洞、大宁、安泽、汾浍几竭,饿殍盈野,人相食	原山西省临汾地区水文计算手册
44	1878	清光绪四年	怀仁、文水、汾阳、孝义、交城、临汾、翼城、吉州、大宁、平顺、祁县、临县、蒲县、泽州、永宁(离石)、霍县、襄陵、乡宁、隰州、壶关、夏县、陵川、高平、泽州、襄垣、盂县、安邑、临晋、稷山、虞乡、芮城:旱。沁水、汾西、屯留:大疫。闻喜、太谷:大饥	山西自然灾害史年表
45	1879	清光绪五年	沁源:天裂。左云、大同:三月大风飞沙,白昼如夜。阳曲、交城:七月冰雹盈尺伤禾。乡宁、临晋、临汾、襄垣:旱	山西自然灾害史年表
46	1893	清光绪十九年	荣河:秋禾尽被虫食。临汾:天旱瘟疫盛行。长治:四月夜雨雹大如拳,击毙狼畜。朔州:旱	山西自然灾害史年表
47	1899	清光绪廿五年	洪洞、临汾春夏无雨,麦禾歉收	原山西省临汾地区水文计算手册
48	1899	清光绪廿五年	祁县:高粱油旱(蚜虫)为害。临县、荣河、临汾、泽州、襄陵:旱。永和:正月十六日大雪,沟渠约五六尺,路径不通月余	山西自然灾害史年表
49	1900	清光绪廿六年	全省性大旱,旱情严重。乡宁、曲沃、太原、榆次、祁县、榆社、临县、新绛、临汾、永宁、浮山、襄陵、翼城、临晋、芮城、荣河、绛州、襄垣、武乡、泽州、沁源、陵川、平顺、壶关、怀仁、左云、吉州、万泉、平陆均有旱情记载	山西自然灾害史年表

续表 4-1-3

序号	公元	年号	记载	资料来源
50	1920	民国九年	山西临汾以南涝,余均旱和大旱。黎城、沁水、泽州、襄垣、长治、武乡、安邑、临晋、虞乡、芮城、平陆、汾西、万泉、临汾、荣河、榆次、榆县、阳曲、平遥、介休、太原、文水、孝义、崞县、应县、代县、忻县、定襄、泽州、新绛、太谷、朔州、昔阳、闻喜、平顺、壶关、襄陵、大同、阳高、浑源、静乐、保德:受旱	山西自然灾害史年表
51	1928	民国十七年	忻州、晋中、临汾、运城、荣河、大同、浑源、阳高、怀仁、朔平、天镇、平鲁、山阴、左云、保德、太谷、太原、孝义、武乡、泽州、河曲:旱	山西自然灾害史年表
52	1929	民国十八年	山西全省连续旱和偏旱。长治、临汾、临县、祁县、怀仁、大同、浑源、昔阳、平遥、介休、新绛、沁源、芮城、万泉、荣河、临晋、猗氏、乡宁、平陆、汾西、安邑、曲沃、长治、武乡:旱	山西自然灾害史年表
53	1935	民国廿四年	全省持续旱和大旱。怀仁、广灵、朔州、阳高、天镇、大同、太原、介休、文水、定襄、和顺、忻州、岢岚、昔阳、寿阳、兴县、榆社、静乐、新绛、赵城、霍州、临汾、蒲县、安邑、闻喜、虞乡、平陆、曲沃、河津、翼城、解州、芮城、荣河、永济、浮山、石楼、沁州、长治、潞城、泽州:旱	山西自然灾害史年表
54	1936	民国廿五年	十二月太原地震。全省持续性大旱	山西自然灾害史年表
55	1951		榆次、兴县、临汾、晋北:旱	山西自然灾害史年表
56	1960		山西晋南旱象严重	山西水旱灾害
57	1965		山西全省性大旱。晋南春夏连旱,尤以伏旱为甚	山西水旱灾害
58	1972		山西全省性大旱,整个三伏天无雨	山西水旱灾害
59	1978		全省严重干旱的同时,风、雹、冻、病虫害亦严重发生	山西水旱灾害
60	1987		山西全省性旱,严重的有忻州、吕梁、临汾西部、太原市等	山西水旱灾害

1.1.5.2 《山西省历史洪水调查成果》中的调查成果

2011 年出版的《山西省历史洪水调查成果》中暴雨洪水调查资料已收集至 2008 年,是目前资料最为可靠、最为完整的历史洪水调查成果。其中收集尧都区历史洪水调查成果 6 条。发生年份分别为 1892 年、1895 年、1931 年、1940 年、1941 年、1958 年,分布在洰河、杨村河、涝河流域。尧都区现有历史洪水调查成果统计表见表 4-1-4。

表 4-1-4 尧都区现有历史洪水调查成果统计表

编号	调查地点				集水面积(km^2)	调查洪水			调查单位
	水系	河名	河段名	地点		洪峰流量(m^3/s)	发生年份	可靠程度	
1	汾河	洰河	南合理庄	临汾市尧都区县底镇南合理庄村	322	2 400	1895	供参考	黄委会
2	汾河	杨村河	下马庄	临汾市尧都区大阳镇下马庄村	195	1 430	1941	较可靠	山西省水利设计院
3	汾河	涝河	河堤	临汾县大阳镇河堤村	561	2 820	1895	供参考	
						1 200	1892	供参考	
						876	1958	可靠	
4	汾河	洰河	合理庄	临汾县县底镇合理庄村	344	1 224	1931	较可靠	
						1 040	1940	较可靠	

1.1.5.3 当地相关部门洪水记载

本次工作收集了地方县志、当地水利及相关部门对洪水的记载,可作为尧都区历史洪水调查成果的补充。本次共收集洪水记载 9 条,洪水发生年份分别为 1966 年、1994 年、1999 年、2000 年、2001 年、2008 年、2009 年、2010 年、2011 年。尧都区相关部门历史洪水调查成果统计表见表 4-1-5。

表 4-1-5 尧都区相关部门历史洪水调查成果统计表

序号	发生时间	位置	洪水灾害描述
1	1966 年 6 月	金殿镇	三圣沟流域内的金殿镇,降雨引起的洪峰流量 12 m^3/s,造成下游 300 亩土地冲毁,企业厂房进水,造成经济损失 200 万元
2	1994 年 7 月	枕头乡	席坊沟流域内枕头乡因降雨引起的洪峰流量 15 m^3/s,造成厂矿企业进水,经济损失 400 万元
3	1999 年 8 月 29 日	柏比河流域	柏比河流域内的贾得大苏、县底(城隍)、贺家庄,持续近 40 min 的一场暴风雨夹杂冰雹袭击贾得、城隍、贺家庄等乡镇,秋作物绝收 3 500余亩,苹果等经济林绝收 3 000 余亩,冲毁道路 15 处、土地 300 余亩,直接经济损失 1 300 余万元

续表 4-1-5

序号	发生时间	位置	洪水灾害描述
4	2000年8月	刘村镇	石板沟流域内的刘村镇部分村庄因降雨引起的洪峰流量10 m^3/s,造成刘村路边20户居民家进水,七一渠堵塞,经抢修,无伤亡事故,经济损失200万元
5	2001年7月27日	土门镇东羊村	岔口河流域内的土门镇东羊村因降雨,7户民宅、40余亩农田被洪水侵袭遭灾,经济损失达数万元
6	2008年7月	金殿镇	席坊沟流域内的金殿镇因降雨引发洪水,村庄进水50户,造成经济损失50万元
7	2009年6月	刘村镇	石板沟流域内的刘村镇部分村庄,降雨引起洪峰流量5 m^3/s,冲毁路面500 m
8	2010年7月	土门镇	岔口河流域内的土门镇部分村庄降雨引起洪峰流量20 m^3/s,大运高速跨引洪灌溉渠涵洞堵塞,洪水溢满高速路,造成部分路段损坏
9	2011年8月	南太涧村	岔口河流域内的吴村和南太涧降雨引起洪峰流量10 m^3/s,从吴村灌溉渠下泄,造成损失100万元

1.2 尧都区山洪灾害分析评价成果

1.2.1 分析评价名录确定

尧都区共有54个重点防治区,重点防治区名录见表4-1-6;尧都区将54个重点防治区划分为51个计算小流域(流域面积相同的村落在表中只体现为一个计算小流域),见表4-1-7。其中包括行政区划名称、面积、主沟道长度、主沟道比降、产流地类、汇流地类。

1.2.2 设计暴雨成果

尧都区的54个重点防治区分为51个计算小流域,各时段雨量的均值$\overline{H}$、变差系数C_v、C_s/C_v和各时段相应频率的雨量值成果H_p见表4-1-8(本次对尧都区54个山洪灾害沿河村落均采用《山西省水文手册》中提供的方法进行了设计暴雨计算。对采用流域模型法计算设计洪水的进行设计暴雨时程分配计算,对采用经验公式法计算设计洪水的不进行设计暴雨时程分配计算)。尧都区沿河村落100年一遇设计暴雨分布图见附图4-1~附图4-4。

1.2.3 设计洪水成果

尧都区的54个重点防治区都进行了设计洪水的推求。其中设计洪水成果表,见表4-1-9(54个沿河村落均采用由设计暴雨推求设计洪水的方法计算,本次采用《山西省水文手册》中的流域模型法与经验公式法计算,对采用流域模型法计算设计洪水的进行设计净雨深计算,对采用经验公式法计算设计洪水的不进行设计净雨深计算)。尧都区沿河村落100年一遇设计洪水分布图见附图4-5。

表4-1-6 尧都区山洪灾害分析评价名录

序号	沿河村落	行政区划代码	所在乡镇	所在河流	影响形式
1	羊舍村	141002108200000	魏村镇	太涧河	河道洪水
2	永胜村	141002106215000	吴村镇	太涧河	河道洪水
3	吴南庄村	141002106204100	吴村镇	岔口河	河道洪水
4	杨家崖村	141002107220112	土门镇	岔口河	河道洪水
5	后桃元村	141002203210102	一平垣乡	岔口河	河道洪水
6	前桃元村	141002203210101	一平垣乡	岔口河	河道洪水
7	岔口村	141002203208101	一平垣乡	岔口河	河道洪水
8	一家庄村	141002203207102	一平垣乡	岔口河	河道洪水
9	营庄村	141002203207101	一平垣乡	岔口河	河道洪水
10	辛店村	141002203202000	一平垣乡	岔口河	河道洪水
11	桑坪村	141002203202100	一平垣乡	岔口河	河道洪水
12	西涧北村	141002107202000	土门镇	岔口河	河道洪水
13	东羊村	141002107206000	土门镇	岔口河	河道洪水
14	魏家庄村	141002107206100	土门镇	岔口河	河道洪水
15	王曲村	141002106201000	吴村镇	岔口河	河道洪水
16	孙曲村	141002106200000	吴村镇	赵南河	河道洪水
17	赵南河村	141002202206000	贺家庄乡	赵南河	河道洪水
18	赵北河村	141002202207000	贺家庄乡	赵南河	河道洪水
19	上吴庄村	141002202213000	贺家庄乡	赵南河	河道洪水
20	浮峪河村	141002202212000	贺家庄乡	仙洞沟涧河	河道洪水
21	曹村	141002204213101	枕头乡	仙洞沟涧河	河道洪水
22	仪上村	141002204213000	枕头乡	仙洞沟涧河	河道洪水
23	枣林村	141002204214000	枕头乡	仙洞沟涧河	河道洪水
24	南岔村	141002204214104	枕头乡	仙洞沟涧河	河道洪水
25	店子坡村	141002204212100	枕头乡	仙洞沟涧河	河道洪水
26	界峪村	141002105221000	金殿镇	仙洞沟涧河	河道洪水
27	涧上村	141002104238000	刘村镇	仙洞沟涧河	河道洪水
28	东麻册村	141002105200000	金殿镇	坡面汇流	河道洪水

续表 4-1-6

序号	沿河村落	行政区划代码	所在乡镇	所在河流	影响形式
29	峪口村	141002105224000	金殿镇	席坊沟 1	坡面汇流
30	朔村	141002105210000	金殿镇	席坊沟 2	河道洪水
31	晋掌村	141002105226000	金殿镇	席坊沟 2	河道洪水
32	北杜村	141002105230000	金殿镇	席坊沟	河道洪水
33	杜家庄村	141002105205000	金殿镇	三圣沟	河道洪水
34	峪里村	141002105235000	金殿镇	三圣沟	河道洪水
35	王庄村	141002105234000	金殿镇	三圣沟	坡面汇流
36	三景村	141002105233000	金殿镇	三圣沟	河道洪水
37	西杜村	141002105232000	金殿镇	三圣沟	河道洪水
38	东靳北村	141002105214000	金殿镇	邓庄河	河道洪水
39	沟东村	141002201236000	贾得乡	柏壁河	河道洪水
40	柏壁村	141002201235000	贾得乡	豁都峪上游 1	河道洪水
41	前十亩村	141002205204000	河底乡	豁都峪上游 1	河道洪水
42	前中山头村	141002205203101	河底乡	豁都峪上游 1	河道洪水
43	后苍圪台村	141002205205000	河底乡	豁都峪上游 1	河道洪水
44	前苍圪台村	141002205205100	河底乡	豁都峪上游 2	河道洪水
45	解家河村	141002205202101	河底乡	豁都峪上游 2	河道洪水
46	张马庄村	141002205202000	河底乡	豁都峪上游 2	河道洪水
47	土窑上村	141002205200101	河底乡	豁都峪上游 1	河道洪水
48	河底村	141002205200000	河底乡	豁都峪上游 1	河道洪水
49	冯南庄村	141002205200105	河底乡	豁都峪上游 3	河道洪水
50	店窝村	141002205206101	河底乡	豁都峪上游 3	河道洪水
51	交口村	141002205207000	河底乡	豁都峪上游 3	河道洪水
52	口子河村	141002205200106	河底乡	豁都峪上游 4	河道洪水
53	靳家川村	141002205209000	河底乡	豁都峪上游 4	河道洪水
54	何家峪村	141002205208000	河底乡	太涧河	河道洪水

表 4-1-7　尧都区小流域基本信息汇总表

序号	行政区划名称	面积(km²)	主沟道长度(km)	主沟道比降(‰)	产流地类(km²)							汇流地类(km²)		
					灰岩森林山地	灰岩灌丛山地	耕种平地	砂页岩森林山地	黄土丘陵阶地	砂页岩灌丛山地	变质岩灌丛山地	森林山地	灌丛山地	草坡山地
1	羊舍村	14.92	5.6	29.3			4.38		1.77	8.77				14.92
2	永胜村	39.13	24.8	23.8		2.46	6.59	7.02	0.53	22.53		7.02	16.18	15.93
3	吴南庄村	40.94	26.0	22.7	7.02	2.46	8.40		0.53	22.53		7.02	16.18	17.74
4	杨家崖村	17.9	6.2	35.9	0.01	0.01		14.52		3.36		14.53	3.37	
5	前桃元村	4.18	3.85	66.5				2.67		1.51			1.51	2.67
6	岔口村	45.70	10.1	36.4	0.14	1.52		25.35		18.69		25.49	20.21	
7	一家庄村	48.94	10.3	31.8	0.14	2.38		25.37		21.05		25.51	23.43	
8	营庄村	53.06	12.6	28.6	0.14	3.33		25.37		24.22		25.51	27.33	0.22
9	辛店村	68.04	16.9	25.2	0.14	5.39		25.37		37.14		25.51	34.9	7.63
10	桑坪村	71.59	18.1	24.5	0.14	5.76		25.49		40.2		25.63	30.5	15.46
11	西涧北村	73.56	20.4	23.8	0.14	5.79		25.37		42.26		25.51	34.86	13.19
12	东羊村	104.35	24.4	22.0	0.14	18.09	3.51	26.90	0.94	54.77		27.04	41.52	35.79
13	魏家庄村	104.50	24.7	22.4	0.14	18.09	3.66	26.90	0.94	54.77		27.04	41.52	35.94
14	王曲村	110.76	28.1	20.4	0.14	18.09	9.75	26.96	0.94	54.88		37.78	41.57	31.41
15	赵南河村	19.18	5.4	19.0					18.8		0.38			19.18
16	赵北河村	22.42	6.9	17.8					22.04		0.38		0.38	22.04

续表 4-1-7

序号	行政区划名称	面积（km^2）	主沟道长度（km）	主沟道比降（‰）	产流地类（km^2）							汇流地类（km^2）		
					灰岩森林山地	灰岩灌丛山地	耕种平地	砂页岩森林山地	黄土丘陵阶地	砂页岩灌丛山地	变质岩灌丛山地	森林山地	灌丛山地	草坡山地
17	上吴庄村	38.60	12.3	12.0					38.22		0.38		0.38	38.22
18	浮峪河村	44.56	15.1	10.5					44.18		0.38		0.38	44.18
19	曹村	7.50	5.1	37.7				2.86		4.64		2.86	2.24	2.4
20	枣林村	8.39	6.3	27.3				0.88		7.51		0.88	1.31	6.2
21	仪上村	10.85	7.1	32.0				4.03		6.82		4.03	3.75	3.07
22	南岔村	20.64	8.0	29.4				4.85		15.79		4.85	5.07	10.72
23	店子坡村	0.53	1.0	43.5				0.04		0.49		0.04	0.49	
24	界峪村	117.43	29.8	25.2		31.84	4.14	15.8		65.65		15.80	56.79	44.84
25	涧上村	120.22	32.5	22.5		31.84	6.93	15.80		65.65		15.80	56.79	47.63
26	东麻册村	121.24	33.5	22.1		31.84	7.95	15.80		65.65		15.80	56.79	48.65
27	峪口村	5.63	3.3	33.2		4.71	0.92						1.96	3.67
28	朔村	20.40	16.4	40.4		10.12	0.98			9.30			10.93	9.47
29	北杜村	23.03	11.2	32.9		8.34	3.01			11.68			7.82	15.21
30	杜家庄村	59.62	7.7	6.2		22.26	15.81			21.55			22.22	37.40
31	峪里村	52.57	17.6	29.3	2.11	13.97	0.05	8.00		28.44		10.11	21.72	20.74
32	王庄村	54.11	18.6	28.9	2.11	14.89	0.67	8.00		28.44		10.11	21.72	22.28
33	三景村	58.00	21.4	26.7	2.11	14.89	4.56	8.00		28.44		10.11	21.72	26.17

续表 4-1-7

序号	行政区划名称	面积(km^2)	主沟道长度(km)	主沟道比降(‰)	产流地类(km^2)							汇流地类(km^2)		
					灰岩森林山地	灰岩灌丛山地	耕种平地	砂页岩森林山地	黄土丘陵阶地	砂页岩灌丛山地	变质岩灌丛山地	森林山地	灌丛山地	草坡山地
34	西杜村	58.40	21.9	26.1	2.11	14.89	4.96	8.00		28.44		10.11	21.72	26.57
35	东靳北村	61.15	24.1	23.8	2.11	14.89	7.71	8.00		28.44		10.11	21.72	29.32
36	沟东村	36.47	14.5	27.4					29.21		7.26		7.26	29.21
37	柏璧村	42.49	15.8	26.2					35.23		7.26		7.26	35.23
38	前十亩村	5.60	4.5	49.5				5.60				5.60		
39	前中山头村	2.76	4.5	21.0				0.45		2.31		0.45	2.31	
40	后苍圪台村	20.91	6.5	38.8				14.27		6.64		14.27	6.64	
41	前苍圪台村	25.15	1.4	23.7				17.66		7.49		17.66	7.49	
42	解家河村	7.70	3.3	51.4				5.54		2.16		5.54	2.16	
43	张马庄村	12.05	5.6	37.7				8.75		3.30		8.75	3.30	
44	土窑上村	16.97	8.5	38.0				11.76		5.21		11.76	5.21	
45	河底村	45.13	10.5	36.63		0.02		30.04		15.07		30.04	15.09	
46	冯南庄村	52.89	10.8	27.2	0.21	1.8		30.14		20.74		30.35	22.54	
47	店窝村	9.98	4.3	47.2				9.98				9.98		
48	交口村	19.51	8.9	33	0.04	0.1		16.37		3.00		16.41	3.10	
49	口子河村	38.15	9.6	31.5	0.25	1.11		32.96		3.83		33.21	4.94	
50	靳家川村	4.65	2.5	40.4	0.50			3.13		1.02		3.63	1.02	
51	何家峪村	3.07	2.1	32.0	0.39			2.68				3.07		

表 4-1-8　尧都区设计暴雨计算成果表

序号	行政区划名称	历时	均值(mm)	变差系数	C_s/C_v	重现期雨量值 H_p(mm)				
						100年($H_{1\%}$)	50年($H_{2\%}$)	20年($H_{5\%}$)	10年($H_{10\%}$)	5年($H_{20\%}$)
1	羊舍村	10 min	11.8	0.45	3.5	26.1	23.3	19.6	16.7	13.7
		60 min	26.0	0.45	3.5	55.6	49.7	41.8	35.6	29.2
		6 h	43.0	0.45	3.5	104.8	93.7	78.7	67.1	55.0
		24 h	65.4	0.45	3.5	155.7	139.2	116.8	99.5	81.5
		3 d	78.0	0.45	3.5	191.5	171.0	143.5	122.2	100.0
2	永胜村	10 min	13.2	0.47	3.5	28.0	24.9	20.9	17.7	14.4
		60 min	27.0	0.47	3.5	57.4	51.2	42.8	36.4	29.7
		6 h	44.0	0.47	3.5	107.9	96.2	80.4	68.2	55.6
		24 h	68.0	0.5	3.5	165.3	147.0	122.4	103.3	83.8
		3 d	82.0	0.46	3.5	197.6	176.4	148.0	125.9	103.1
3	吴南庄村	10 min	13.2	0.47	3.5	27.9	24.8	20.8	17.6	14.3
		60 min	27.0	0.47	3.5	57.2	51.0	42.7	36.3	29.7
		6 h	44.0	0.47	3.5	107.7	96.0	80.3	68.1	55.5
		24 h	68.0	0.5	3.5	165.1	146.8	122.2	103.2	83.7
		3 d	82.0	0.46	3.5	197.4	176.3	147.9	125.9	103.0
4	杨家崖村	10 min	13.7	0.47	3.5	30.9	27.5	22.9	19.4	15.8
		60 min	27.1	0.47	3.5	60.0	53.4	44.6	37.7	30.7
		6 h	44.0	0.47	3.5	109.6	97.5	81.4	68.9	56.0
		24 h	67.8	0.47	3.5	166.8	148.5	123.8	104.7	85.1
		3 d	79.9	0.47	3.5	202.4	180.0	150.0	126.9	103.0

续表 4-1-8

序号	行政区划名称	历时	均值(mm)	变差系数	C_s/C_v	重现期雨量值 H_p(mm)				
						100 年($H_{1\%}$)	50 年($H_{2\%}$)	20 年($H_{5\%}$)	10 年($H_{10\%}$)	5 年($H_{20\%}$)
5	前桃元村	10 min	13.7	0.47	3.5	33.1	29.5	24.6	20.7	16.8
		60 min	27.0	0.47	3.5	62.4	55.5	46.2	39.1	31.7
		6 h	43.0	0.47	3.5	111.9	99.5	82.9	70.1	56.9
		24 h	68.0	0.47	3.5	170.0	151.2	125.9	106.3	86.2
		3 d	81.0	0.47	3.5	208.0	185.0	154.0	130.0	105.4
6	岔口村	10 min	13.7	0.47	3.5	29.0	25.8	21.5	18.2	14.8
		60 min	27.0	0.47	3.5	56.7	50.5	42.2	35.8	29.1
		6 h	43.0	0.47	3.5	105.1	93.7	78.3	66.4	54.0
		24 h	68.0	0.47	3.5	163.1	145.4	121.4	102.9	83.8
		3 d	81.0	0.47	3.5	200.6	178.6	149.1	126.2	102.7
7	一家庄村	10 min	13.7	0.47	3.5	28.8	25.7	21.4	18.1	14.8
		60 min	27.0	0.47	3.5	56.5	50.3	42.0	35.6	29.0
		6 h	43.0	0.47	3.5	104.8	93.4	78.1	66.2	53.9
		24 h	68.0	0.47	3.5	162.8	145.1	121.2	102.8	83.7
		3 d	81.0	0.47	3.5	200.3	178.3	148.9	126.1	102.6
8	营庄村	10 min	13.7	0.47	3.5	28.6	25.5	21.3	18.0	14.7
		60 min	27.0	0.47	3.5	56.2	50.0	41.8	35.4	28.9
		6 h	43.0	0.47	3.5	104.4	93.1	77.8	66.0	53.7
		24 h	68.0	0.47	3.5	162.4	144.8	121.0	102.6	83.6
		3 d	81.0	0.47	3.5	199.9	178.0	148.7	125.9	102.4

续表 4-1-8

序号	行政区划名称	历时	均值(mm)	变差系数	C_s/C_v	重现期雨量值 H_p(mm)				
						100 年($H_{1\%}$)	50 年($H_{2\%}$)	20 年($H_{5\%}$)	10 年($H_{10\%}$)	5 年($H_{20\%}$)
9	辛店村	10 min	13.7	0.47	3.5	27.8	24.7	20.7	17.5	14.3
		60 min	27.1	0.47	3.5	54.9	48.9	40.9	34.7	28.3
		6 h	44.0	0.47	3.5	102.6	91.5	76.6	65.0	53.0
		24 h	67.8	0.47	3.5	160.1	142.8	119.6	101.5	82.9
		3 d	79.9	0.47	3.5	197.3	175.8	147.1	124.8	101.8
10	桑坪村	10 min	13.7	0.47	3.5	27.6	24.6	20.6	17.5	14.2
		60 min	27.0	0.47	3.5	54.7	48.7	40.8	34.6	28.2
		6 h	43.0	0.47	3.5	102.4	91.3	76.4	64.8	52.9
		24 h	68.0	0.47	3.5	159.9	142.6	119.4	101.4	82.8
		3 d	81.0	0.47	3.5	197.1	175.6	146.9	124.7	101.7
11	西涧北村	10 min	13.7	0.47	3.5	27.6	24.6	20.5	17.4	14.2
		60 min	27.0	0.47	3.5	54.6	48.6	40.7	34.5	28.2
		6 h	43.0	0.47	3.5	102.2	91.2	76.3	64.8	52.8
		24 h	68.0	0.47	3.5	159.7	142.5	119.3	101.3	82.7
		3 d	81.0	0.47	3.5	196.9	175.5	146.9	124.7	101.6
12	东羊村	10 min	13.7	0.47	3.5	26.6	23.7	19.8	16.8	13.7
		60 min	27.0	0.47	3.5	52.5	46.9	39.3	33.5	27.4
		6 h	43.0	0.47	3.5	101.2	90.2	75.4	64.0	52.2
		24 h	68.0	0.5	3.5	165.5	146.8	121.8	102.5	82.7
		3 d	81.0	0.47	3.5	193.4	172.5	144.8	123.2	100.7

续表 4-1-8

序号	行政区划名称	历时	均值(mm)	变差系数	C_s/C_v	重现期雨量值 H_p(mm)				
						100 年($H_{1\%}$)	50 年($H_{2\%}$)	20 年($H_{5\%}$)	10 年($H_{10\%}$)	5 年($H_{20\%}$)
13	魏家庄村	10 min	13.7	0.47	3.5	26.5	23.6	19.8	16.8	13.7
		60 min	27.0	0.47	3.5	53.0	47.3	39.6	33.6	27.5
		6 h	43.0	0.47	3.5	100.1	89.4	74.9	63.7	52.1
		24 h	68.0	0.47	3.5	157.0	140.2	117.6	100.0	81.9
		3 d	81.0	0.47	3.5	193.3	172.5	144.7	123.2	100.7
14	王曲村	10 min	13.7	0.47	3.5	26.3	23.5	19.7	16.7	13.6
		60 min	27.0	0.47	3.5	52.8	47.1	39.4	33.5	27.4
		6 h	43.0	0.47	3.5	99.8	89.1	74.6	63.5	51.9
		24 h	68.0	0.47	3.5	156.6	139.9	117.3	99.9	81.7
		3 d	81.0	0.47	3.5	193.0	172.2	144.5	123.0	100.6
15	赵南河村	10 min	12.7	0.48	3.5	29.4	26.1	21.7	18.3	14.8
		60 min	27.0	0.48	3.5	57.8	51.3	42.7	36.0	29.2
		6 h	39.0	0.48	3.5	102.3	90.9	75.6	63.8	51.6
		24 h	60.0	0.48	3.5	147.2	130.9	108.8	91.7	74.2
		3 d	75.5	0.48	3.5	194.2	172.5	143.2	120.7	97.6
16	赵北河村	10 min	12.7	0.48	3.5	29.1	25.9	21.5	18.1	14.7
		60 min	27.0	0.48	3.5	57.3	50.9	42.4	35.8	29.0
		6 h	39.0	0.48	3.5	101.8	90.4	75.2	63.5	51.4
		24 h	60.0	0.48	3.5	146.8	130.5	108.5	91.5	74.0
		3 d	75.5	0.48	3.5	193.8	172.1	143.0	120.5	97.4

续表 4-1-8

序号	行政区划名称	历时	均值(mm)	变差系数	C_s/C_v	重现期雨量值 H_p(mm)				
						100年($H_{1\%}$)	50年($H_{2\%}$)	20年($H_{5\%}$)	10年($H_{10\%}$)	5年($H_{20\%}$)
17	上吴庄村	10 min	12.7	0.48	3.5	28.0	24.9	20.7	17.5	14.1
		60 min	27.0	0.48	3.5	55.6	49.4	41.1	34.7	28.1
		6 h	39.0	0.48	3.5	99.8	88.8	73.9	62.4	50.6
		24 h	60.0	0.48	3.5	146.1	129.9	108.1	91.3	73.9
		3 d	75.5	0.48	3.5	191.6	170.2	141.6	119.5	96.7
18	浮峪河村	10 min	12.7	0.48	3.5	27.5	24.5	20.4	17.2	14.0
		60 min	27.0	0.48	3.5	54.9	48.9	40.7	34.4	27.9
		6 h	39.0	0.48	3.5	99.3	88.4	73.7	62.3	50.6
		24 h	60.0	0.48	3.5	146.1	130.0	108.3	91.6	74.4
		3 d	75.5	0.48	3.5	189.8	168.7	140.5	118.7	96.2
19	曹村	10 min	13.2	0.48	3.5	31.6	28.0	23.3	19.6	15.9
		60 min	27.8	0.48	3.5	65.1	57.8	48.0	40.5	32.8
		6 h	45.0	0.47	3.5	114.0	101.4	84.5	71.4	58.0
		24 h	63.0	0.46	3.5	154.9	138.1	115.4	97.9	79.8
		3 d	79.0	0.46	3.5	198.6	177.0	147.9	125.4	102.2
20	枣林村	10 min	13.2	0.48	3.5	31.4	27.9	23.2	19.5	15.8
		60 min	27.8	0.48	3.5	64.8	57.6	47.9	40.4	32.7
		6 h	45.0	0.47	3.5	113.7	101.2	84.3	71.3	57.9
		24 h	63.0	0.46	3.5	154.7	137.9	115.3	97.8	79.8
		3 d	79.0	0.46	3.5	198.4	176.9	147.8	125.3	102.1

续表 4-1-8

序号	行政区划名称	历时	均值(mm)	变差系数	C_s/C_v	重现期雨量值 H_p(mm)				
						100 年($H_{1\%}$)	50 年($H_{2\%}$)	20 年($H_{5\%}$)	10 年($H_{10\%}$)	5 年($H_{20\%}$)
21	仪上村	10 min	13.2	0.48	3.5	31.1	27.6	22.9	19.3	15.6
		60 min	27.8	0.48	3.5	64.2	57.1	47.4	40.0	32.4
		6 h	45.0	0.47	3.5	113.0	100.5	83.8	70.9	57.6
		24 h	63.0	0.46	3.5	154.1	137.5	114.9	97.5	79.5
		3 d	79.0	0.46	3.5	197.9	176.4	147.5	125.1	101.9
22	南岔村	10 min	13.2	0.48	3.5	30.2	26.8	22.3	18.8	15.2
		60 min	27.8	0.48	3.5	62.8	55.8	46.4	39.2	31.7
		6 h	45.0	0.47	3.5	111.3	99.1	82.6	69.9	56.8
		24 h	63.0	0.46	3.5	152.8	136.3	114.0	96.8	79.0
		3 d	79.0	0.46	3.5	196.6	175.3	146.6	124.4	101.5
23	店子坡村	10 min	13.2	0.48	3.5	34.0	30.1	25.0	21.0	17.0
		60 min	27.8	0.48	3.5	68.9	61.1	50.7	42.7	34.5
		6 h	45.0	0.47	3.5	118.4	105.2	87.5	73.9	59.8
		24 h	63.0	0.46	3.5	158.0	140.7	117.5	99.5	80.9
		3 d	79.0	0.46	3.5	201.3	179.3	149.6	126.7	103.1
24	界峪村	10 min	13.2	0.48	3.5	24.8	22.1	18.4	15.6	12.6
		60 min	27.8	0.48	3.5	54.4	48.4	40.5	34.3	28.0
		6 h	45.0	0.47	3.5	102.6	91.6	76.8	65.4	53.5
		24 h	63.0	0.46	3.5	149.5	133.7	112.5	96.0	78.8
		3 d	79.0	0.46	3.5	184.2	164.8	138.8	118.5	97.4

续表 4-1-8

序号	行政区划名称	历时	均值(mm)	变差系数	C_s/C_v	重现期雨量值 H_p(mm)				
						100 年($H_{1\%}$)	50 年($H_{2\%}$)	20 年($H_{5\%}$)	10 年($H_{10\%}$)	5 年($H_{20\%}$)
25	涧上村	10 min	13.2	0.48	3.5	24.9	22.1	18.4	15.5	12.6
		60 min	27.8	0.48	3.5	53.6	47.8	40.1	34.1	27.8
		6 h	45.0	0.47	3.5	103.7	92.4	77.3	65.6	53.5
		24 h	63.0	0.5	3.5	159.3	141.4	117.3	98.8	79.7
		3 d	79.0	0.46	3.5	184.1	164.6	138.7	118.4	97.3
26	东麻册村	10 min	13.2	0.48	3.5	24.8	22.1	18.4	15.5	12.6
		60 min	27.8	0.48	3.5	53.5	47.8	40.0	34.0	27.8
		6 h	45.0	0.47	3.5	103.6	92.4	77.3	65.6	53.5
		24 h	63.0	0.5	3.5	159.3	141.4	117.3	98.8	79.7
		3 d	79.0	0.46	3.5	184.0	164.6	138.6	118.4	97.3
27	峪口村	10 min	12.8	0.48	3.5	30.8	27.3	22.7	19.1	15.5
		60 min	26.5	0.45	3.5	60.8	54.3	45.5	38.6	31.6
		6 h	45.0	0.45	3.5	108.4	97.0	81.6	69.6	57.2
		24 h	65.2	0.44	3.5	157.0	140.4	118.1	100.7	82.7
		3 d	76.5	0.43	3.5	183.2	164.3	138.7	118.8	98.1
28	朔村	10 min	13.2	0.48	3.5	28.8	25.6	21.4	18.1	14.7
		60 min	27.5	0.46	3.5	59.9	53.4	44.7	38.0	31.0
		6 h	47.0	0.46	3.5	108.9	97.3	81.7	69.6	57.0
		24 h	66.0	0.45	3.5	156.0	139.5	117.2	99.9	82.0
		3 d	77.4	0.44	3.5	184.5	165.4	139.5	119.3	98.3

续表 4-1-8

序号	行政区划名称	历时	均值(mm)	变差系数	C_s/C_v	重现期雨量值 H_p(mm)				
						100 年($H_{1\%}$)	50 年($H_{2\%}$)	20 年($H_{5\%}$)	10 年($H_{10\%}$)	5 年($H_{20\%}$)
29	北杜村	10 min	13.0	0.47	3.5	28.1	25.0	20.9	17.7	14.4
		60 min	27.5	0.46	3.5	58.9	52.5	44.0	37.4	30.6
		6 h	46.0	0.46	3.5	107.5	96.1	80.7	68.8	56.4
		24 h	65.5	0.45	3.5	154.2	138.0	116.1	99.0	81.4
		3 d	77.5	0.44	3.5	183.5	164.5	138.8	118.9	98.1
30	杜家庄村	10 min	13.2	0.48	3.5	26.6	23.7	19.8	16.7	13.6
		60 min	27.5	0.46	3.5	56.3	50.3	42.2	35.9	29.3
		6 h	47.0	0.46	3.5	104.4	93.4	78.5	67.0	55.1
		24 h	66.0	0.45	3.5	151.8	136.0	114.5	97.8	80.5
		3 d	77.4	0.44	3.5	180.9	162.3	137.1	117.6	97.1
31	峪里村	10 min	13.2	0.48	3.5	27.3	24.3	20.3	17.2	14.0
		60 min	27.8	0.47	3.5	59.5	53.0	44.3	37.5	30.5
		6 h	47.0	0.47	3.5	108.3	96.7	81.0	68.9	56.3
		24 h	64.0	0.45	3.5	149.0	133.5	112.5	96.2	79.3
		3 d	79.0	0.45	3.5	185.4	166.0	139.9	119.6	98.5
32	王庄村	10 min	13.2	0.48	3.5	27.2	24.2	20.2	17.1	13.9
		60 min	27.8	0.47	3.5	59.5	53.0	44.3	37.5	30.5
		6 h	47.2	0.47	3.5	108.4	96.8	81.1	69.0	56.4
		24 h	64.0	0.45	3.5	149.0	133.5	112.5	96.2	79.3
		3 d	79.0	0.45	3.5	185.3	165.9	139.8	119.6	98.4

续表 4-1-8

序号	行政区划名称	历时	均值(mm)	变差系数	C_s/C_v	重现期雨量值 H_p(mm)				
						100 年($H_{1\%}$)	50 年($H_{2\%}$)	20 年($H_{5\%}$)	10 年($H_{10\%}$)	5 年($H_{20\%}$)
33	三景村	10 min	13.2	0.48	3.5	27.1	24.1	20.1	17.0	13.8
		60 min	27.8	0.47	3.5	59.1	52.7	44.0	37.2	30.3
		6 h	47.0	0.47	3.5	107.8	96.2	80.7	68.6	56.1
		24 h	64.0	0.45	3.5	148.6	133.1	112.2	96.0	79.1
		3 d	79.0	0.45	3.5	184.9	165.6	139.6	119.4	98.3
34	西杜村	10 min	13.2	0.48	3.5	27.1	24.1	20.1	17.0	13.8
		60 min	27.8	0.47	3.5	59.1	52.7	44.0	37.2	30.3
		6 h	47.0	0.47	3.5	107.8	96.2	80.7	68.6	56.1
		24 h	64.0	0.45	3.5	148.6	133.1	112.2	96.0	79.1
		3 d	79.0	0.45	3.5	184.9	165.6	139.6	119.4	98.3
35	东靳北村	10 min	13.2	0.48	3.5	27.0	24.0	20.0	17.0	13.8
		60 min	27.8	0.47	3.5	58.9	52.5	43.8	37.1	30.2
		6 h	47.0	0.47	3.5	107.6	96.0	80.5	68.5	56.0
		24 h	64.0	0.45	3.5	148.4	132.9	112.1	95.9	79.0
		3 d	79.0	0.45	3.5	184.8	165.4	139.5	119.3	98.3
36	沟东村	10 min	12.5	0.48	3.5	27.2	24.2	20.1	17.0	13.8
		60 min	26.7	0.48	3.5	55.1	49.0	40.9	34.6	28.1
		6 h	39.0	0.48	3.5	98.3	87.5	73.0	61.7	50.1
		24 h	57.8	0.48	3.5	139.6	124.2	103.5	87.6	71.1
		3 d	75.0	0.48	3.5	188.1	167.3	139.3	117.8	95.5

续表 4-1-8

序号	行政区划名称	历时	均值(mm)	变差系数	C_s/C_v	重现期雨量值 H_p(mm)				
						100年($H_{1\%}$)	50年($H_{2\%}$)	20年($H_{5\%}$)	10年($H_{10\%}$)	5年($H_{20\%}$)
37	柏壁村	10 min	12.5	0.48	3.5	26.9	23.9	19.9	16.8	13.7
		60 min	26.7	0.48	3.5	54.4	48.4	40.4	34.1	27.7
		6 h	38.6	0.48	3.5	97.3	86.6	72.2	61.1	49.6
		24 h	57.8	0.48	3.5	138.8	123.6	103.0	87.1	70.8
		3 d	75.0	0.48	3.5	187.6	166.8	139.0	117.5	95.3
38	前十亩村	10 min	12.7	0.48	3.5	31.2	27.7	23.0	19.4	15.6
		60 min	27.3	0.48	3.5	61.5	54.6	45.3	38.2	30.9
		6 h	39.0	0.48	3.5	105.1	93.3	77.5	65.3	52.8
		24 h	57.0	0.48	3.5	142.9	126.8	105.2	88.6	71.6
		3 d	81.0	0.47	3.5	207.6	184.6	153.7	129.8	105.2
39	前中山头村	10 min	12.7	0.48	3.5	32.0	28.4	23.5	19.8	16.0
		60 min	27.3	0.48	3.5	62.4	55.4	46.0	38.7	31.3
		6 h	39.0	0.48	3.5	106.7	94.7	78.6	66.2	53.4
		24 h	58.0	0.48	3.5	146.2	129.7	107.6	90.5	73.0
		3 d	80.8	0.47	3.5	208.1	185.0	153.9	130.0	105.3
40	后苍圪台村	10 min	12.7	0.48	3.5	29.2	25.9	21.6	18.2	14.7
		60 min	27.3	0.48	3.5	58.3	51.8	43.1	36.4	29.4
		6 h	39.0	0.48	3.5	101.7	90.4	75.2	63.4	51.4
		24 h	58.0	0.48	3.5	141.2	125.4	104.2	87.9	71.1
		3 d	80.8	0.47	3.5	204.5	181.9	151.6	128.3	104.1

续表 4-1-8

序号	行政区划名称	历时	均值（mm）	变差系数	C_s/C_v	重现期雨量值 H_p(mm)				
						100年($H_{1\%}$)	50年($H_{2\%}$)	20年($H_{5\%}$)	10年($H_{10\%}$)	5年($H_{20\%}$)
41	前苍圪台村	10 min	12.7	0.48	3.5	28.9	25.6	21.3	18.0	14.6
		60 min	27.3	0.48	3.5	57.8	51.4	42.7	36.1	29.2
		6 h	39.0	0.48	3.5	101.1	89.9	74.7	63.1	51.1
		24 h	57.0	0.48	3.5	140.6	125.0	103.9	87.6	70.9
		3 d	81.0	0.47	3.5	203.9	181.4	151.3	128.0	104.0
42	解家河村	10 min	12.8	0.47	3.5	30.4	27.1	22.6	19.1	30.7
		60 min	27.4	0.47	3.5	60.5	53.8	44.8	37.9	53.7
		6 h	40.0	0.48	3.5	106.5	94.6	78.6	66.3	75.2
		24 h	60.0	0.48	3.5	150.2	133.3	110.6	93.1	
		3 d	79.0	0.47	3.5	201.9	179.6	149.5	126.4	102.5
43	张马庄村	10 min	12.8	0.47	3.5	29.8	26.5	22.1	18.7	15.2
		60 min	27.4	0.47	3.5	59.6	53.0	44.2	37.3	30.3
		6 h	40.0	0.48	3.5	105.3	93.6	77.9	65.7	53.2
		24 h	60.0	0.48	3.5	149.2	132.5	110.0	92.6	74.8
		3 d	79.0	0.47	3.5	201.0	178.8	149.0	125.9	102.2
44	土窑上村	10 min	12.8	0.47	3.5	29.3	26.0	21.7	18.4	14.9
		60 min	27.4	0.47	3.5	58.7	52.2	43.5	36.8	29.9
		6 h	40.0	0.48	3.5	104.3	92.7	77.2	65.1	52.8
		24 h	60.0	0.48	3.5	148.4	131.8	109.4	92.2	74.5
		3 d	79.0	0.47	3.5	200.2	178.1	148.4	125.5	101.9

续表 4-1-8

序号	行政区划名称	历时	均值(mm)	变差系数	C_s/C_v	重现期雨量值 H_p(mm)				
						100 年($H_{1\%}$)	50 年($H_{2\%}$)	20 年($H_{5\%}$)	10 年($H_{10\%}$)	5 年($H_{20\%}$)
45	河底村	10 min	12.7	0.48	3.5	27.6	24.5	20.5	17.3	14.0
		60 min	27.3	0.48	3.5	55.9	49.8	41.5	35.1	28.5
		6 h	39.0	0.48	3.5	99.6	88.6	73.9	62.5	50.8
		24 h	58.0	0.48	3.5	141.1	125.6	104.7	88.6	71.9
		3 d	80.8	0.47	3.5	199.2	177.4	148.2	125.6	102.3
46	冯南庄村	10 min	12.7	0.48	3.5	27.2	24.2	20.2	17.1	13.9
		60 min	27.3	0.48	3.5	55.4	49.3	41.1	34.7	28.2
		6 h	39.0	0.48	3.5	98.9	88.0	73.4	62.1	50.5
		24 h	58.0	0.48	3.5	140.4	125.0	104.3	88.2	71.7
		3 d	80.8	0.47	3.5	198.5	176.8	147.8	125.3	102.1
47	店窝村	10 min	12.8	0.48	3.5	30.6	27.2	22.6	19.0	15.4
		60 min	27.7	0.48	3.5	61.6	54.6	45.4	38.2	30.8
		6 h	40.0	0.48	3.5	105.8	94.1	78.2	66.0	53.5
		24 h	59.0	0.46	3.5	142.4	126.9	106.1	89.9	73.2
		3 d	82.0	0.46	3.5	205.6	183.3	153.2	129.9	105.8
48	交口村	10 min	12.8	0.48	3.5	29.5	26.2	21.8	18.4	14.9
		60 min	28.0	0.48	3.5	60.5	53.7	44.7	37.7	30.5
		6 h	41.0	0.47	3.5	104.8	93.3	77.9	65.9	53.6
		24 h	60.0	0.45	3.5	140.7	125.8	105.6	90.0	73.8
		3 d	81.0	0.46	3.5	201.5	179.7	150.3	127.5	104.0

续表 4-1-8

序号	行政区划名称	历时	均值(mm)	变差系数	C_s/C_v	重现期雨量值 H_p(mm)				
						100年($H_{1\%}$)	50年($H_{2\%}$)	20年($H_{5\%}$)	10年($H_{10\%}$)	5年($H_{20\%}$)
49	口子河村	10 min	12.8	0.48	3.5	28.2	25.1	20.9	17.6	14.2
		60 min	27.7	0.48	3.5	58.1	51.6	42.9	36.2	29.3
		6 h	40.0	0.48	3.5	101.8	90.7	75.7	64.1	52.1
		24 h	59.0	0.46	3.5	138.7	123.9	103.9	88.5	72.5
		3 d	82.0	0.46	3.5	200.5	178.9	149.8	127.3	103.9
50	靳家川村	10 min	12.9	0.47	3.5	31.2	27.8	23.1	19.5	15.9
		60 min	27.6	0.47	3.5	62.6	55.7	46.4	39.3	31.9
		6 h	42.0	0.47	3.5	110.2	98.0	81.6	69.0	56.0
		24 h	62.0	0.47	3.5	154.2	137.1	114.2	96.5	78.2
		3 d	78.0	0.46	3.5	196.9	175.4	146.5	124.2	101.1
51	何家峪村	10 min	13.0	0.47	3.5	31.8	28.3	23.6	19.9	16.1
		60 min	27.6	0.47	3.5	64.0	56.9	47.4	40.1	32.5
		6 h	43.0	0.47	3.5	112.7	100.2	83.5	70.5	57.2
		24 h	63.0	0.47	3.5	157.9	140.4	116.9	98.7	80.0
		3 d	78.0	0.45	3.5	194.1	173.3	145.2	123.5	101.0

表 4-1-9　尧都区设计洪水成果表

序号	行政区划名称	洪水要素	重现期洪水要素值				
			100 年	50 年	20 年	10 年	5 年
1	羊舍村	洪峰流量(m^3/s)	297	258	204	160	117
		洪量(万 m^3)	99	79	56	39	26
		洪水历时(h)	4.0	3.5	2.0	1.5	1.5
		洪峰水位(m)					
2	永胜村	洪峰流量(m^3/s)	236	193	134	91.4	57.2
		洪量(万 m^3)	270	214	148	103	69
		洪水历时(h)	9.5	8.5	8.0	7.5	6.5
		洪峰水位(m)	484.76	484.53	484.09	483.57	483.15
3	吴南庄村	洪峰流量(m^3/s)	222	175	117	76.6	47.2
		洪量(万 m^3)	238	187	128	88	58
		洪水历时(h)	8.5	8.0	7.5	7.0	6.5
		洪峰水位(m)	466.54	466.28	465.92	465.62	465.35
4	杨家崖村	洪峰流量(m^3/s)	120	97.6	67.6	45.3	28.1
		洪量(万 m^3)	126	99	68	47	31
		洪水历时(h)	7.0	6.5	6.0	5.0	4.5
		洪峰水位(m)	931.62	931.43	931.18	930.84	930.48
5	后桃元村	洪峰流量(m^3/s)	28.8	25.5	21.2	17.9	14.5
		洪量(万 m^3)					
		洪水历时(h)					
		洪峰水位(m)	1 020.42	1 020.31	1 020.17	1 020.05	1 019.91
6	前桃元村	洪峰流量(m^3/s)	28.8	25.5	21.2	17.9	14.5
		洪量(万 m^3)					
		洪水历时(h)					
		洪峰水位(m)	1 010.57	1 010.51	1 010.42	1 010.35	1 010.26

续表 4-1-9

序号	行政区划名称	洪水要素	重现期洪水要素值				
			100年	50年	20年	10年	5年
7	岔口村	洪峰流量(m^3/s)	265	216	149	100	61.0
		洪量(万 m^3)	309	245	168	116	77
		洪水历时(h)	9.5	9.0	8.0	8.0	7.0
		洪峰水位(m)	856.72	856.5	856.18	855.9	855.65
8	一家庄村	洪峰流量(m^3/s)	268	213	141	89.8	53.4
		洪量(万 m^3)	304	237	159	108	70
		洪水历时(h)	9.5	8.5	8.0	7.5	7.0
		洪峰水位(m)	240.54	240.45	240.32	240.2	240.09
9	营庄村	洪峰流量(m^3/s)	269	212	140	88.0	51.9
		洪量(万 m^3)	324	253	170	115	74
		洪水历时(h)	10.0	9.0	9.0	8.0	7.5
		洪峰水位(m)	743.48	743.3	743.07	742.86	742.65
10	辛店村	洪峰流量(m^3/s)	333	269	183	122	73.8
		洪量(万 m^3)	443	350	241	166	110
		洪水历时(h)	11.5	10.5	10.0	9.5	9.0
		洪峰水位(m)	650.85	650.4	649.74	649.39	649.1
11	桑坪村	洪峰流量(m^3/s)	360	292	199	133	81.0
		洪量(万 m^3)	466	368	253	175	116
		洪水历时(h)	11.0	11.0	10.0	9.5	8.5
		洪峰水位(m)	629.32	628.89	628.25	627.85	627.54
12	西涧北村	洪峰流量(m^3/s)	405	330	228	154	94.5
		洪量(万 m^3)	487	386	266	184	122
		洪水历时(h)	10.5	10.5	9.0	9.0	8.0
		洪峰水位(m)	584.3	583.8	583.08	582.46	581.87

续表 4-1-9

序号	行政区划名称	洪水要素	重现期洪水要素值				
			100 年	50 年	20 年	10 年	5 年
13	东羊村	洪峰流量(m^3/s)	506	405	271	175	105
		洪量(万 m^3)	639	497	334	227	148
		洪水历时(h)	11.5	11.5	10.0	10.0	9.0
		洪峰水位(m)					
14	魏家庄村	洪峰流量(m^3/s)	598	484	332	221	136
		洪量(万 m^3)	628	496	340	234	155
		洪水历时(h)	10.0	9.5	8.5	8.5	8.0
		洪峰水位(m)	503.5	503.37	503.03	502.77	502.57
15	王曲村	洪峰流量(m^3/s)	552	442	299	196	119
		洪量(万 m^3)	653	515	352	242	160
		洪水历时(h)	11.0	10.5	10.0	9.5	9.0
		洪峰水位(m)	446.66	446.44	446	445.7	445.4
16	孙曲村	洪峰流量(m^3/s)	552	442	299	196	119
		洪量(万 m^3)	653	515	352	242	160
		洪水历时(h)	11.0	10.5	10.0	9.5	9.0
		洪峰水位(m)	455.99	455.5	454.99	454.4	454.02
17	赵南河村	洪峰流量(m^3/s)	280	236	176	127	82.8
		洪量(万 m^3)	122	97	67	47	31
		洪水历时(h)	4.5	4.0	3.0	3.0	2.5
		洪峰水位(m)	722.59	722.49	722.3	722.05	721.50
18	赵北河村	洪峰流量(m^3/s)	286	239	176	126	81.1
		洪量(万 m^3)	141	112	78	54	36
		洪水历时(h)	5.0	4.5	3.5	3.5	3.0
		洪峰水位(m)	701.32	700.93	700.33	699.73	699.06

续表 4-1-9

序号	行政区划名称	洪水要素	重现期洪水要素值				
			100 年	50 年	20 年	10 年	5 年
19	上吴庄村	洪峰流量(m^3/s)	490	410	302	216	138
		洪量(万 m^3)	236	187	129	89	59
		洪水历时(h)	5.0	4.5	4.0	3.5	3.0
		洪峰水位(m)	650.32	649.75	648.95	648.19	647.41
20	浮峪河村	洪峰流量(m^3/s)	525	437	321	229	146
		洪量(万 m^3)	271	215	148	103	68
		洪水历时(h)	5.5	5.0	4.0	4.0	3.5
		洪峰水位(m)	623.70	623.46	623.14	622.95	622.73
21	曹村	洪峰流量(m^3/s)	174	150	118	92.1	66.7
		洪量(万 m^3)	58	47	34	24	16
		洪水历时(h)	3.5	2.5	2.0	1.5	1.5
		洪峰水位(m)	1 085.50	1 085.34	1 085.12	1 084.95	1 084.45
22	仪上村	洪峰流量(m^3/s)	102	85.1	61.8	45.0	29.8
		洪量(万 m^3)	83	68	48	34	23
		洪水历时(h)	5.5	5.0	4.5	4.5	3.5
		洪峰水位(m)	1 035.78	1 035.66	1 035.48	1 035.33	1 035.13
23	枣林村	洪峰流量(m^3/s)	186	160	124	95.9	69.4
		洪量(万 m^3)	68	55	40	29	20
		洪水历时(h)	4.0	3.3	2.5	2.3	1.8
		洪峰水位(m)	1 032.6	1 032.24	1 031.86	1 031.54	1 031.18
24	南岔村	洪峰流量(m^3/s)	465	406	326	261	196
		洪量(万 m^3)	145	119	85	61	42
		洪水历时(h)	4.5	3.5	2.5	1.5	1.5
		洪峰水位(m)	1 009.77	1 009.57	1 009.27	1 008.98	1 008.66

续表 4-1-9

序号	行政区划名称	洪水要素	重现期洪水要素值				
			100 年	50 年	20 年	10 年	5 年
25	店子坡村	洪峰流量(m^3/s)	5.0	4.4	3.7	3.1	2.5
		洪量(万 m^3)					
		洪水历时(h)					
		洪峰水位(m)	1 134.96	1 134.9	1 134.84	1 134.79	1 134.72
26	界峪村	洪峰流量(m^3/s)	550	435	296	194	119
		洪量(万 m^3)	658	523	362	251	167
		洪水历时(h)	11.5	11.0	10.5	10.0	9.5
		洪峰水位(m)	473.02	472.12	470.97	470.03	469.11
27	涧上村	洪峰流量(m^3/s)	586	464	314	205	125
		洪量(万 m^3)	695	547	374	258	170
		洪水历时(h)	11.5	11.0	10.0	10.0	9.5
		洪峰水位(m)					
28	东麻册村	洪峰流量(m^3/s)	575	454	307	200	122
		洪量(万 m^3)	699	551	376	259	171
		洪水历时(h)	11.5	11.0	10.5	10.5	9.5
		洪峰水位(m)					
29	峪口村	洪峰流量(m^3/s)	38.4	34.2	28.6	24.2	19.7
		洪量(万 m^3)					
		洪水历时(h)					
		洪峰水位(m)					
30	朔村	洪峰流量(m^3/s)	189	154	107	71.3	44.3
		洪量(万 m^3)	108	86	60	42	28
		洪水历时(h)	4.5	4.5	4.0	3.5	3.5
		洪峰水位(m)	450.99	450.86	450.69	450.54	450.38

续表 4-1-9

序号	行政区划名称	洪水要素	重现期洪水要素值				
			100年	50年	20年	10年	5年
31	晋掌村	洪峰流量(m^3/s)	263	217	157	108	68.9
		洪量(万 m^3)	128	102	71	50	33
		洪水历时(h)	4.0	4.0	3.5	3.5	3.0
		洪峰水位(m)					
32	北杜村	洪峰流量(m^3/s)	263	217	157	108	68.9
		洪量(万 m^3)	128	102	71	50	33
		洪水历时(h)	4.0	4.0	3.5	3.5	3.0
		洪峰水位(m)					
33	杜家庄村	洪峰流量(m^3/s)	531	431	298	195	120
		洪量(万 m^3)	297	235	162	113	75
		洪水历时(h)	5.0	5.0	5.0	5.0	4.0
		洪峰水位(m)	424.51	424.17	423.71	423.33	423.01
34	峪里村	洪峰流量(m^3/s)	291	232	159	106	66.1
		洪量(万 m^3)	315	252	176	123	83
		洪水历时(h)	9.0	8.5	8.5	8.0	7.0
		洪峰水位(m)	549.60	549.40	549.25	549	548.63
35	王庄村	洪峰流量(m^3/s)	317	253	170	107	64.8
		洪量(万 m^3)	295	233	158	108	71
		洪水历时(h)	7.5	7.5	7.0	6.5	6.0
		洪峰水位(m)					
36	三景村	洪峰流量(m^3/s)	308	245	165	109	67.6
		洪量(万 m^3)	334	267	185	129	86
		洪水历时(h)	9.5	8.5	8.5	8.5	7.5
		洪峰水位(m)	462.67	462.4	461.71	461.26	460.84

续表 4-1-9

序号	行政区划名称	洪水要素	重现期洪水要素值				
			100 年	50 年	20 年	10 年	5 年
37	西杜村	洪峰流量(m^3/s)	308	245	165	109	67.6
		洪量(万 m^3)	334	267	185	129	86
		洪水历时(h)	9.5	8.5	8.5	8.5	7.5
		洪峰水位(m)	472.95	472.73	472.25	471.9	471.62
38	东靳北村	洪峰流量(m^3/s)	351	280	191	127	79.5
		洪量(万 m^3)	354	282	196	137	91
		洪水历时(h)	9.0	8.0	8.0	8.0	7.0
		洪峰水位(m)	432.36	432.14	431.70	431.31	431.03
39	沟东村	洪峰流量(m^3/s)	336	278	202	144	91.7
		洪量(万 m^3)	224	179	125	88	59
		洪水历时(h)	6.5	6.0	5.0	5.0	4.5
		洪峰水位(m)	625.03	624.9	623.94	623.75	623.49
40	柏壁村	洪峰流量(m^3/s)	465	387	284	204	131
		洪量(万 m^3)	255	204	142	99	66
		洪水历时(h)	6.0	5.0	4.5	4.5	3.5
		洪峰水位(m)	598.09	597.99	597.83	597.68	597.51
41	前十亩村	洪峰流量(m^3/s)	38.2	30.7	21.5	14.3	8.7
		洪量(万 m^3)	34	27	19	13	9
		洪水历时(h)	4.3	4.0	3.3	2.8	2.0
		洪峰水位(m)	1 234.93	1 234.85	1 234.73	1 234.59	1 234.48
42	前中山头村	洪峰流量(m^3/s)	39.1	32.8	24.4	18.3	12.4
		洪量(万 m^3)	20	16	12	8	6
		洪水历时(h)	2.8	2.3	2.0	1.5	1.3
		洪峰水位(m)	1 211.26	1 211.15	1 210.96	1 210.8	1 210.61

续表 4-1-9

序号	行政区划名称	洪水要素	重现期洪水要素值				
			100 年	50 年	20 年	10 年	5 年
43	后苍圪台村	洪峰流量(m^3/s)	130	105	72.1	47.8	29.9
		洪量(万 m^3)	129	103	72	50	33
		洪水历时(h)	7.0	6.5	6.0	5.0	5.0
		洪峰水位(m)	1 144.65	1 144.45	1 144.23	1 143.85	1 143.45
44	前苍圪台村	洪峰流量(m^3/s)	148	118	81.0	53.5	33.1
		洪量(万 m^3)	153	122	85	59	39
		洪水历时(h)	7.5	7.0	6.5	6.0	5.5
		洪峰水位(m)	1 104.7	1 104.57	1 104.35	1 104.13	1 103.88
45	解家河村	洪峰流量(m^3/s)	142	120	89.8	66.1	44.4
		洪量(万 m^3)	51	41	28	20	13
		洪水历时(h)	3.3	2.5	2.3	1.8	1.8
		洪峰水位(m)	1 196.35	1 196.17	1 195.9	1 195.66	1 195.4
46	张马庄村	洪峰流量(m^3/s)	78.3	63.3	43.9	29.2	18.3
		洪量(万 m^3)	78	63	43	30	20
		洪水历时(h)	6.0	5.5	5.0	4.5	4.0
		洪峰水位(m)	1 124.99	1 124.7	1 124.2	1 123.64	1 123.05
47	土窑上村	洪峰流量(m^3/s)	98.8	79.4	54.7	36.3	22.5
		洪量(万 m^3)	109	87	61	42	28
		洪水历时(h)	7.5	6.5	6.5	5.5	5.0
		洪峰水位(m)	1 079.99	1 079.82	1 079.58	1 079.34	1 079.12
48	河底村	洪峰流量(m^3/s)	228	182	124	81.3	49.7
		洪量(万 m^3)	271	216	150	104	69
		洪水历时(h)	9.5	8.5	8.5	8.0	7.5
		洪峰水位(m)	1 055.68	1 055.37	1 054.86	1 054.42	1 054.05

续表 4-1-9

序号	行政区划名称	洪水要素	重现期洪水要素值				
			100 年	50 年	20 年	10 年	5 年
49	冯南庄村	洪峰流量(m^3/s)	244	193	130	84.9	51.5
		洪量(万 m^3)	310	247	171	119	79
		洪水历时(h)	10.0	9.5	9.5	9.0	8.0
		洪峰水位(m)	1 002.71	1 002.42	1 001.97	1 001.66	1 001.38
50	店窝村	洪峰流量(m^3/s)	67.8	54.4	38.2	25.5	15.5
		洪量(万 m^3)	62	50	34	24	16
		洪水历时(h)	5.3	5.0	4.5	3.8	3.3
		洪峰水位(m)	1 132.28	1 131.94	1 131.61	1 131.29	1 131.00
51	交口村	洪峰流量(m^3/s)	103	82.3	56.3	37.1	22.8
		洪量(万 m^3)	122	98	69	48	32
		洪水历时(h)	7.5	7.5	7.0	6.0	5.5
		洪峰水位(m)	1 003.22	1 002.98	1 002.66	1 002.36	1 002.07
52	口子河村	洪峰流量(m^3/s)	186	146	98.5	63.8	38.6
		洪量(万 m^3)	223	178	123	85	57
		洪水历时(h)	9.0	8.5	8.5	7.5	7.0
		洪峰水位(m)	999.9	999.48	998.93	998.5	998.04
53	靳家川村	洪峰流量(m^3/s)	42.9	34.9	24.8	16.6	10.3
		洪量(万 m^3)	29	23	16	11	7
		洪水历时(h)	3.3	3.0	2.5	2.0	1.5
		洪峰水位(m)					
54	何家峪村	洪峰流量(m^3/s)	27.3	22.1	15.6	10.4	6.4
		洪量(万 m^3)	20	16	11	8	5
		洪水历时(h)	3.0	2.5	2.0	1.5	1.0
		洪峰水位(m)	1 215.33	1 215.3	1 215.27	1 215.23	1 215.19

1.2.4　现状防洪能力成果

尧都区54个沿河村落中需进行防洪现状评价的区域共54个,经计算分析,现状防洪能力没有小于5年一遇的,现状防洪能力大于等于5年一遇小于20年一遇的有8个,现状防洪能力大于等于20年一遇且小于100年一遇的有40个,现状防洪能力大于等于100年一遇的有6个。

根据54个沿河村落5个典型频率设计洪水对应的水面线成果,结合沿河村落地形地貌、居民户高程情况,勾绘划定其淹没范围,并进行现状防洪能力评价和危险区等级的划分。经统计,尧都区54个沿河村落中高危险区内有43户196人,危险区内有154户743人。现状防洪能力成果见表4-1-10与附图4-6。

1.2.5　预警指标分析成果

尧都区的48个重点防治区进行了雨量(水位)预警指标的确定。尧都区预警指标分析成果表和尧都区沿河村落预警指标分布图见表4-1-11与附图4-7~附图4-12。

表4-1-10　尧都区防洪现状评价成果表

序号	行政区划名称	防洪能力(年)	极高危险区(<5年一遇)		高危险区(5~20年一遇)		危险区(≥20年一遇)	
			人口(人)	房屋(座)	人口(人)	房屋(座)	人口(人)	房屋(座)
1	羊舍村	18	0	0	7	2	37	5
2	永胜村	16	0	0	49	9	54	10
3	吴南庄村	66	0	0	0	0	11	2
4	杨家崖村	20	0	0	0	0	9	3
5	后桃元村	>100	0	0	0	0	0	0
6	前桃元村	>100	0	0	0	0	0	0
7	岔口村	33	0	0	0	0	10	2
8	一家庄村	>100	0	0	0	0	0	0
9	营庄村	>100	0	0	0	0	0	0
10	辛店村	35	0	0	0	0	21	4
11	桑坪村	14	0	0	28	5	11	1
12	西涧北村	55	0	0	0	0	33	5
13	东羊村	30	0	0	0	0	16	4
14	魏家庄村	18	0	0	11	3	5	1
15	王曲村	18	0	0	4	1	5	1
16	孙曲村	41	0	0	0	0	6	2
17	赵南河村	21	0	0	0	0	24	5
18	赵北河村	45	0	0	0	0	12	3
19	上吴庄村	52	0	0	0	0	10	2
20	浮峪河村	66	0	0	0	0	12	3

续表 4-1-10

序号	行政区划名称	防洪能力(年)	极高危险区(<5 年一遇)		高危险区(5~20 年一遇)		危险区(≥20 年一遇)	
			人口(人)	房屋(座)	人口(人)	房屋(座)	人口(人)	房屋(座)
21	曹村	37	0	0	0	0	10	2
22	仪上村	>100	0	0	0	0	0	0
23	枣林村	73	0	0	0	0	15	3
24	南岔村	33	0	0	0	0	13	3
25	店子坡村	54	0	0	0	0	25	5
26	界峪村	48	0	0	0	0	17	3
27	涧上村	20	0	0	0	0	23	5
28	东麻册村	20	0	0	0	0	15	3
29	峪口村	20	0	0	0	0	12	5
30	朔村	48	0	0	0	0	16	3
31	晋掌村	20	0	0	0	0	13	4
32	北杜村	20	0	0	0	0	11	3
33	杜家庄村	18	0	0	59	15	15	4
34	峪里村	20	0	0	15	4	13	4
35	王庄村	20	0	0	0	0	10	2
36	三景村	22	0	0	0	0	13	3
37	西杜村	37	0	0	0	0	28	5
38	东靳北村	11	0	0	18	3	28	5
39	沟东村	25	0	0	0	0	16	4
40	柏壁村	31	0	0	0	0	10	3
41	前十亩村	68	0	0	0	0	14	2
42	前中山头村	>100	0	0	0	0	0	0
43	后苍圪台村	23	0	0	0	0	14	3
44	前苍圪台村	20	0	0	5	1	10	2
45	解家河村	80	0	0	0	0	16	3
46	张马庄村	47	0	0	0	0	17	3
47	土窑上村	48	0	0	0	0	13	2
48	河底村	24	0	0	0	0	12	2
49	冯南庄村	47	0	0	0	0	10	2
50	店窝村	72	0	0	0	0	13	3
51	交口村	51	0	0	0	0	15	3
52	口子河村	50	0	0	0	0	10	2
53	靳家川村	18	0	0	0	0	9	3
54	何家峪村	76	0	0	0	0	11	2

表 4-1-11　尧都区预警指标成果表

序号	行政区划名称	类别	降雨历时	预警指标(雨量:mm,水位:m)		临界雨量(mm)/水位(m)	方法
				准备转移	立即转移		
1	羊舍村	雨量($B_0=0$)	0.5 h	29	42	42	流域模型法
			1 h	42	56	56	
		雨量($B_0=0.3$)	0.5 h	27	38	38	
			1 h	38	51	51	
		雨量($B_0=0.6$)	0.5 h	23	33	33	
			1 h	33	46	46	
2	永胜村	雨量($B_0=0$)	0.5 h	33	47	47	流域模型法
			1 h	47	55	55	
			2 h	62	67	67	
		雨量($B_0=0.3$)	0.5 h	30	43	43	
			1 h	43	49	49	
			2 h	54	61	61	
		雨量($B_0=0.6$)	0.5 h	27	38	38	
			1 h	38	43	43	
			2 h	47	53	53	
3	吴南庄村	雨量($B_0=0$)	0.5 h	45	64	64	流域模型法
			1 h	64	73	73	
			2 h	82	92	92	
		雨量($B_0=0.3$)	0.5 h	42	59	59	
			1 h	59	66	66	
			2 h	74	83	83	
		雨量($B_0=0.6$)	0.5 h	38	55	55	
			1 h	55	59	59	
			2 h	66	74	74	

续表 4-1-11

序号	行政区划名称	类别	降雨历时	预警指标(雨量:mm,水位:m)		临界雨量(mm)/水位(m)	方法
				准备转移	立即转移		
4	杨家崖村	雨量($B_0=0$)	0.5 h	37	53	53	流域模型法
			1 h	53	63	63	
			2 h	68	76	76	
		雨量($B_0=0.3$)	0.5 h	34	49	49	
			1 h	49	57	57	
			2 h	62	68	68	
		雨量($B_0=0.6$)	0.5 h	31	44	44	
			1 h	44	50	50	
			2 h	53	61	61	
5	岔口村	雨量($B_0=0$)	0.5 h	57	82	82	流域模型法
			1 h	82	88	88	
			2 h	97	104	104	
		雨量($B_0=0.3$)	0.5 h	53	76	76	
			1 h	76	84	84	
			2 h	91	96	96	
		雨量($B_0=0.6$)	0.5 h	51	73	73	
			1 h	73	77	77	
			2 h	82	86	86	
6	辛店村	雨量($B_0=0$)	0.5 h	40	58	58	流域模型法
			1 h	58	66	66	
			2 h	73	81	81	
			3 h	86	90	90	
		雨量($B_0=0.3$)	0.5 h	37	53	53	
			1 h	53	60	60	
			2 h	65	73	73	
			3 h	78	82	82	
		雨量($B_0=0.6$)	0.5 h	34	49	49	
			1 h	49	54	54	
			2 h	58	65	65	
			3 h	68	72	72	

续表 4-1-11

序号	行政区划名称	类别	降雨历时	预警指标(雨量:mm,水位:m)		临界雨量(mm)/水位(m)	方法
				准备转移	立即转移		
7	桑坪村	雨量($B_0=0$)	0.5 h	32	45	45	流域模型法
			1 h	45	53	53	
			2 h	59	64	64	
			3 h	68	73	73	
		雨量($B_0=0.3$)	0.5 h	28	41	41	
			1 h	41	47	47	
			2 h	52	57	57	
			3 h	61	65	65	
		雨量($B_0=0.6$)	0.5 h	25	36	36	
			1 h	36	41	41	
			2 h	45	50	50	
			3 h	53	56	56	
		水位		591.5	591.8	591.8	比降面积法
8	西涧北村	雨量($B_0=0$)	0.5 h	49	70	70	流域模型法
			1 h	70	79	79	
			2 h	85	96	96	
		雨量($B_0=0.3$)	0.5 h	46	65	65	
			1 h	65	73	73	
			2 h	79	88	88	
		雨量($B_0=0.6$)	0.5 h	43	61	61	
			1 h	61	66	66	
			2 h	71	79	79	
		水位		592.2	592.5	592.5	比降面积法

续表 4-1-11

序号	行政区划名称	类别	降雨历时	预警指标(雨量:mm,水位:m)		临界雨量(mm)/水位(m)	方法
				准备转移	立即转移		
9	东羊村	雨量($B_0=0$)	0.5 h	37	53	53	流域模型法
			1 h	53	62	62	
			2 h	68	76	76	
			3 h	81	85	85	
		雨量($B_0=0.3$)	0.5 h	34	49	49	
			1 h	49	56	56	
			2 h	61	68	68	
			3 h	72	76	76	
		雨量($B_0=0.6$)	0.5 h	31	44	44	
			1 h	44	50	50	
			2 h	53	61	61	
			3 h	64	67	67	
10	魏家庄村	雨量($B_0=0$)	0.5 h	37	53	53	流域模型法
			1 h	53	63	63	
			2 h	68	76	76	
		雨量($B_0=0.3$)	0.5 h	34	49	49	
			1 h	49	56	56	
			2 h	62	68	68	
		雨量($B_0=0.6$)	0.5 h	31	44	44	
			1 h	44	50	50	
			2 h	53	60	60	
		水位		592.1	592.4	592.4	比降面积法

续表 4-1-11

序号	行政区划名称	类别	降雨历时	预警指标(雨量:mm,水位:m)		临界雨量(mm)/水位(m)	方法
				准备转移	立即转移		
11	王曲村	雨量($B_0=0$)	0.5 h	38	55	55	流域模型法
			1 h	55	63	63	
			2 h	70	77	77	
			3 h	82	85	85	
		雨量($B_0=0.3$)	0.5 h	35	50	50	
			1 h	50	57	57	
			2 h	62	68	68	
			3 h	72	76	76	
		雨量($B_0=0.6$)	0.5 h	32	45	45	
			1 h	45	50	50	
			2 h	54	60	60	
			3 h	63	67	67	
		水位		592	592.3	592	比降面积法
12	孙曲村	雨量($B_0=0$)	0.5 h	39	56	56	流域模型法
			1 h	56	64	64	
			2 h	71	78	78	
			3 h	83	88	88	
		雨量($B_0=0.3$)	0.5 h	35	50	50	
			1 h	50	57	57	
			2 h	63	70	70	
			3 h	74	78	78	
		雨量($B_0=0.6$)	0.5 h	32	46	46	
			1 h	46	51	51	
			2 h	56	61	61	
			3 h	64	68	68	
		水位		592.4	592.7	592.7	比降面积法

续表 4-1-11

序号	行政区划名称	类别	降雨历时	预警指标(雨量:mm,水位:m)		临界雨量(mm)/水位(m)	方法
				准备转移	立即转移		
13	赵南河村	雨量($B_0=0$)	0.5 h	30	43	43	流域模型法
			1 h	43	53	53	
		雨量($B_0=0.3$)	0.5 h	27	38	38	
			1 h	38	48	48	
		雨量($B_0=0.6$)	0.5 h	23	33	33	
			1 h	33	43	43	
14	赵北河村	雨量($B_0=0$)	0.5 h	34	48	48	流域模型法
			1 h	48	59	59	
		雨量($B_0=0.3$)	0.5 h	31	44	44	
			1 h	44	55	55	
		雨量($B_0=0.6$)	0.5 h	28	40	40	
			1 h	40	50	50	
15	上吴庄村	雨量($B_0=0$)	0.5 h	38	55	55	流域模型法
			1 h	55	68	68	
		雨量($B_0=0.3$)	0.5 h	35	50	50	
			1 h	50	62	62	
		雨量($B_0=0.6$)	0.5 h	33	47	47	
			1 h	47	57	57	
16	浮峪河村	雨量($B_0=0$)	0.5 h	32	46	46	流域模型法
			1 h	46	58	58	
		雨量($B_0=0.3$)	0.5 h	29	41	41	
			1 h	41	53	53	
		雨量($B_0=0.6$)	0.5 h	26	37	37	
			1 h	37	47	47	

续表 4-1-11

序号	行政区划名称	类别	降雨历时	预警指标(雨量:mm,水位:m)		临界雨量(mm)/水位(m)	方法
				准备转移	立即转移		
17	曹村	雨量($B_0=0$)	0.5 h	42	59	59	流域模型法
			1 h	59	79	79	
		雨量($B_0=0.3$)	0.5 h	38	55	55	
			1 h	55	75	75	
		雨量($B_0=0.6$)	0.5 h	36	52	52	
			1 h	52	70	70	
18	枣林村	雨量($B_0=0$)	0.5 h	45	64	64	流域模型法
			1 h	64	82	82	
		雨量($B_0=0.3$)	0.5 h	42	59	59	
			1 h	59	77	77	
		雨量($B_0=0.6$)	0.5 h	38	55	55	
			1 h	55	73	73	
19	南岔村	雨量($B_0=0$)	0.5 h	34	48	48	流域模型法
			1 h	48	66	66	
		雨量($B_0=0.3$)	0.5 h	31	44	44	
			1 h	44	62	62	
		雨量($B_0=0.6$)	0.5 h	28	40	40	
			1 h	40	57	57	
20	店子坡村	雨量($B_0=0$)	0.5 h	26	37	37	流域模型法
			1 h	37	48	48	
		雨量($B_0=0.3$)	0.5 h	26	37	37	
			1 h	37	41	41	
		雨量($B_0=0.6$)	0.5 h	19	28	28	
			1 h	28	41	41	

续表 4-1-11

序号	行政区划名称	类别	降雨历时	预警指标(雨量:mm,水位:m)		临界雨量(mm)/水位(m)	方法
				准备转移	立即转移		
21	界峪村	雨量($B_0=0$)	0.5 h	40	58	58	流域模型法
			1 h	58	66	66	
			2 h	74	81	81	
			3 h	86	91	91	
		雨量($B_0=0.3$)	0.5 h	37	53	53	
			1 h	53	60	60	
			2 h	66	73	73	
			3 h	78	82	82	
		雨量($B_0=0.6$)	0.5 h	33	47	47	
			1 h	47	53	53	
			2 h	58	66	66	
			3 h	70	73	73	
		水位		587	587.3	587.3	比降面积法
22	涧上村	雨量($B_0=0$)	0.5 h	33	47	47	流域模型法
			1 h	47	56	56	
			2 h	63	68	68	
			3 h	74	78	78	
		雨量($B_0=0.3$)	0.5 h	30	43	43	
			1 h	43	50	50	
			2 h	56	61	61	
			3 h	65	70	70	
		雨量($B_0=0.6$)	0.5 h	27	38	38	
			1 h	38	44	44	
			2 h	48	53	53	
			3 h	57	61	61	
		水位		586.7	587	587	比降面积法

续表 4-1-11

序号	行政区划名称	类别	降雨历时	预警指标(雨量:mm,水位:m)		临界雨量(mm)/水位(m)	方法
				准备转移	立即转移		
23	东麻册村	雨量($B_0=0$)	0.5 h	33	47	47	流域模型法
			1 h	47	55	55	
			2 h	61	67	67	
			3 h	71	76	76	
		雨量($B_0=0.3$)	0.5 h	29	41	41	
			1 h	41	49	49	
			2 h	53	60	60	
			3 h	64	68	68	
		雨量($B_0=0.6$)	0.5 h	26	37	37	
			1 h	37	42	42	
			2 h	46	52	52	
			3 h	56	59	59	
24	峪口村	雨量($B_0=0.3$)	0.5 h	27	38	38	同频率法
			1 h	38	49	49	
25	朔村	雨量($B_0=0$)	0.5 h	40	58	58	流域模型法
			1 h	58	68	68	
			2 h	81	89	89	
		雨量($B_0=0.3$)	0.5 h	36	52	52	
			1 h	52	63	63	
			2 h	74	83	83	
		雨量($B_0=0.6$)	0.5 h	33	47	47	
			1 h	47	55	55	
			2 h	66	77	77	

续表 4-1-11

序号	行政区划名称	类别	降雨历时	预警指标(雨量:mm,水位:m)		临界雨量(mm)/水位(m)	方法
				准备转移	立即转移		
26	晋掌村	雨量($B_0=0$)	0.5 h	33	47	47	流域模型法
			1 h	47	58	58	
		雨量($B_0=0.3$)	0.5 h	30	43	43	
			1 h	43	51	51	
		雨量($B_0=0.6$)	0.5 h	26	38	38	
			1 h	38	45	45	
27	北杜村	雨量($B_0=0$)	0.5 h	34	48	48	流域模型法
			1 h	48	59	59	
		雨量($B_0=0.3$)	0.5 h	30	43	43	
			1 h	43	53	53	
		雨量($B_0=0.6$)	0.5 h	27	38	38	
			1 h	38	46	46	
28	杜家庄村	雨量($B_0=0$)	0.5 h	58	83	83	流域模型法
			1 h	83	99	99	
		雨量($B_0=0.3$)	0.5 h	54	77	77	
			1 h	77	90	.90	
		雨量($B_0=0.6$)	0.5 h	51	73	73	
			1 h	73	84	84	
29	峪里村	雨量($B_0=0$)	0.5	28	41	41	流域模型法
			1 h	41	49	49	
			2 h	56	60	60	
		雨量($B_0=0.3$)	0.5 h	25	36	36	
			1 h	36	43	43	
			2 h	48	52	52	
		雨量($B_0=0.6$)	0.5 h	22	32	32	
			1 h	32	36	36	
			2 h	41	46	46	
		水位		562	562.3	562	比降面积法

续表 4-1-11

序号	行政区划名称	类别	降雨历时	预警指标(雨量:mm,水位:m)		临界雨量(mm)/水位(m)	方法
				准备转移	立即转移		
30	王庄村	雨量($B_0=0.3$)	0.5 h	29	41	41	同频率法
			1 h	41	53	53	
31	三景村	雨量($B_0=0$)	0.5 h	40	58	58	流域模型法
			1 h	58	67	67	
			2 h	77	84	84	
		雨量($B_0=0.3$)	0.5 h	37	53	53	
			1 h	53	60	60	
			2 h	68	77	77	
		雨量($B_0=0.6$)	0.5 h	34	49	49	
			1 h	49	53	53	
			2 h	60	68	68	
		水位		562.7	563	563	比降面积法
32	西杜村	雨量($B_0=0$)	0.5 h	33	47	47	流域模型法
			1 h	47	55	55	
			2 h	62	67	67	
		雨量($B_0=0.3$)	0.5 h	29	41	41	
			1 h	41	48	48	
			2 h	54	61	61	
		雨量($B_0=0.6$)	0.5 h	26	37	37	
			1 h	37	41	41	
			2 h	47	53	53	
		水位		562.35	562.05	562.05	

续表 4-1-11

序号	行政区划名称	类别	降雨历时	预警指标(雨量:mm,水位:m)		临界雨量(mm)/水位(m)	方法
				准备转移	立即转移		
33	东靳北村	雨量($B_0=0$)	0.5 h	29	42	42	流域模型法
			1 h	42	50	50	
			2 h	57	61	61	
		雨量($B_0=0.3$)	0.5 h	26	37	37	
			1 h	37	44	44	
			2 h	49	53	53	
		雨量($B_0=0.6$)	0.5 h	23	32	32	
			1 h	32	37	37	
			2 h	42	47	47	
		水位		562.1	561.8	562	
34	沟东村	雨量($B_0=0$)	0.5 h	30	43	43	流域模型法
			1 h	43	52	52	
			2 h	60	67	67	
		雨量($B_0=0.3$)	0.5 h	27	39	39	
			1 h	39	46	46	
			2 h	56	62	62	
		雨量($B_0=0.6$)	0.5 h	24	35	35	
			1 h	35	41	41	
			2 h	49	57	57	
35	柏璧村	雨量($B_0=0$)	0.5	34	49	49	流域模型法
			1 h	49	59	59	
		雨量($B_0=0.3$)	0.5 h	32	45	45	
			1 h	45	54	54	
		雨量($B_0=0.6$)	0.5 h	29	41	41	
			1 h	41	48	48	

续表 4-1-11

序号	行政区划名称	类别	降雨历时	预警指标(雨量:mm,水位:m)		临界雨量(mm)/水位(m)	方法
				准备转移	立即转移		
36	前十亩村	雨量($B_0=0$)	0.5 h	47	67	67	流域模型法
			1 h	67	77	77	
			2 h	88	99	99	
		雨量($B_0=0.3$)	0.5 h	45	64	64	
			1 h	64	70	70	
			2 h	79	89	89	
		雨量($B_0=0.6$)	0.5 h	40	58	58	
			1 h	58	64	64	
			2 h	71	83	83	
37	后苍圪台村	雨量($B_0=0$)	0.5 h	36	52	52	流域模型法
			1 h	52	60	60	
			2 h	66	73	73	
		雨量($B_0=0.3$)	0.5 h	33	47	47	
			1 h	47	54	54	
			2 h	60	67	67	
		雨量($B_0=0.6$)	0.5 h	30	43	43	
			1 h	43	48	48	
			2 h	51	60	60	
38	前苍圪台村	雨量($B_0=0$)	0.5 h	35	50	50	流域模型法
			1 h	50	58	58	
			2 h	64	71	71	
		雨量($B_0=0.3$)	0.5 h	32	46	46	
			1 h	46	52	52	
			2 h	58	65	65	
		雨量($B_0=0.6$)	0.5 h	29	41	41	
			1 h	41	46	46	
			2 h	50	57	57	

续表 4-1-11

序号	行政区划名称	类别	降雨历时	预警指标(雨量:mm,水位:m)		临界雨量(mm)/水位(m)	方法
				准备转移	立即转移		
39	解家河村	雨量($B_0=0$)	0.5 h	44	62	62	流域模型法
			1 h	62	79	79	
		雨量($B_0=0.3$)	0.5 h	40	58	58	
			1 h	58	73	73	
		雨量($B_0=0.6$)	0.5 h	36	52	52	
			1 h	52	68	68	
40	张马庄村	雨量($B_0=0$)	0.5 h	51	73	73	流域模型法
			1 h	73	84	84	
			2 h	89	99	99	
		雨量($B_0=0.3$)	0.5 h	48	68	68	
			1 h	68	77	77	
			2 h	82	92	92	
		雨量($B_0=0.6$)	0.5 h	45	64	64	
			1 h	64	70	70	
			2 h	74	83	83	
41	土窑上村	雨量($B_0=0$)	0.5 h	45	64	64	流域模型法
			1 h	64	73	73	
			2 h	79	88	88	
		雨量($B_0=0.3$)	0.5 h	42	59	59	
			1 h	59	66	66	
			2 h	71	79	79	
		雨量($B_0=0.6$)	0.5 h	38	55	55	
			1 h	55	60	60	
			2 h	64	72	72	

续表 4-1-11

序号	行政区划名称	类别	降雨历时	预警指标(雨量:mm,水位:m)		临界雨量(mm)/水位(m)	方法
				准备转移	立即转移		
42	河底村	雨量(B_0=0)	0.5 h	36	52	52	流域模型法
			1 h	52	60	60	
			2 h	66	73	73	
		雨量(B_0=0.3)	0.5 h	33	47	47	
			1 h	47	54	54	
			2 h	60	66	66	
		雨量(B_0=0.6)	0.5 h	30	43	43	
			1 h	43	48	48	
			2 h	51	58	58	
43	冯南庄村	雨量(B_0=0)	0.5 h	42	59	59	流域模型法
			1 h	59	68	68	
			2 h	75	83	83	
			3 h	89	93	93	
		雨量(B_0=0.3)	0.5 h	38	55	55	
			1 h	55	62	62	
			2 h	68	76	76	
			3 h	81	84	84	
		雨量(B_0=0.6)	0.5 h	35	50	50	
			1 h	50	56	56	
			2 h	60	67	67	
			3 h	71	75	75	

续表 4-1-11

序号	行政区划名称	类别	降雨历时	预警指标(雨量:mm,水位:m)		临界雨量(mm)/水位(m)	方法
				准备转移	立即转移		
44	店窝村	雨量($B_0=0$)	0.5 h	49	70	70	流域模型法
			1 h	70	78	78	
			2 h	88	99	99	
		雨量($B_0=0.3$)	0.5 h	46	65	65	
			1 h	65	72	72	
			2 h	42	59	59	
		雨量($B_0=0.6$)	0.5 h	59	65	65	
			1 h	73	83	83	
			2 h	50	57	57	
45	交口村	雨量($B_0=0$)	0.5 h	44	62	62	流域模型法
			1 h	62	73	73	
			2 h	79	88	88	
			3 h	93	97	97	
		雨量($B_0=0.3$)	0.5 h	40	58	58	
			1 h	58	66	66	
			2 h	71	79	79	
			3 h	83	88	88	
		雨量($B_0=0.6$)	0.5 h	37	53	53	
			1 h	53	59	59	
			2 h	63	72	72	
			3 h	75	79	79	

续表 4-1-11

序号	行政区划名称	类别	降雨历时	预警指标(雨量:mm,水位:m)		临界雨量(mm)/水位(m)	方法
				准备转移	立即转移		
46	口子河村	雨量($B_0=0$)	0.5 h	43	62	62	流域模型法
			1 h	62	70	70	
			2 h	78	86	86	
			3 h	91	97	97	
		雨量($B_0=0.3$)	0.5 h	39	56	56	
			1 h	56	64	64	
			2 h	70	78	78	
			3 h	83	88	88	
		雨量($B_0=0.6$)	0.5 h	36	52	52	
			1 h	52	57	57	
			2 h	62	70	70	
			3 h	72	78	78	
47	靳家川村	雨量($B_0=0$)	0.5 h	34	49	49	流域模型法
			1 h	49	59	59	
			2 h	68	74	74	
		雨量($B_0=0.3$)	0.5 h	31	44	44	
			1 h	44	51	51	
			2 h	60	70	70	
		雨量($B_0=0.6$)	0.5 h	28	40	40	
			1 h	40	45	45	
			2 h	56	62	62	

续表 4-1-11

序号	行政区划名称	类别	降雨历时	预警指标(雨量:mm,水位:m)		临界雨量(mm)/水位(m)	方法
				准备转移	立即转移		
48	何家峪村	雨量(B_0=0)	0.5 h	49	70	70	流域模型法
			1 h	70	82	82	
			2 h	96	105	105	
		雨量(B_0=0.3)	0.5 h	45	64	64	
			1 h	64	73	73	
			2 h	85	99	99	
		雨量(B_0=0.6)	0.5 h	40	58	58	
			1 h	58	66	66	
			2 h	79	92	92	

第2章　曲沃县

2.1　曲沃县基本情况

2.1.1　地理位置

曲沃县位于山西省临汾盆地南部,这里自古以来便是中华民族繁衍生长的场所和我国古代文化的发祥地。北部和襄汾县以塔儿山、乔山、垆顶山为界,南部隔紫金山同绛县、闻喜县为邻,东与翼城县接壤,北西与襄汾县隔河相望,西南与侯马市毗连。地理坐标为北纬 35°33′~35°51′,东经 110°24′~112°37′,全县南北长 29.5 km,东西宽 15.4 km,总面积 429 km^2,占全市国土面积的 2.1%。

曲沃县地处侯马断陷盆地南部,为两山夹一盆地的地貌单元,北部为塔儿山隆起,南部为紫金山,盆地呈东西向展部,大部分为冲积平原。地形特征是南、北、东三面高,西面低,形似簸箕。地貌主要分为三种:一是土石山区,北部自东向西有太岳山余脉塔儿山、乔山、垆顶山三峰,塔儿山主峰标高 1 492.6 m,为全县最高点,南部有中条山支脉紫金山东西蜿蜒,主峰标高 1 118 m;二是丘陵阶地区,分布在紫金山、塔儿山地带,标高 500~600 m;三是冲积平原,主要分布在滏河、浍河流域,标高在 500 m 以下,约占全县面积的 70%,是全县粮棉主产区。曲沃县行政区划图如图 4-2-1 所示。

2.1.2　社会经济

曲沃县现辖乐昌、史村、曲村、高显、里村 5 个镇,北董、杨谈 2 个乡,159 个行政村。全县总人口约为 23.3 万人。2014 年底全县国内生产总值 872 658 万元,其中第一产业 125 339 万元,第二产业 528 309 万元,第三产业 219 010 万元。

曲沃县境内矿产资源极其丰实,主要有铜、铁、钴、金等金属矿产和石灰石、石膏、花岗岩、大理石等非金属矿产。农业主要以蔬果种植、渔业养殖、经济作物种植为主。工业主要以冶金焦化、黄金开发、精密铸造、装备制造、新型能源等为主,其中金属冶炼及压延加工、炼焦业、水泥制造业是全县经济发展的主要支柱产业。

2.1.3　河流水系

曲沃县境内河流都属于黄河流域,流域面积大于 50 km^2的主要河流有 6 条。按照水利部河湖普查河流级别划分原则,2 级河流有 3 条,为滏河、排碱沟和浍河;3 级河流有 2

图 4-2-1　曲沃县行政区划图

条,分别为曲村河和黑河;4 级河流有 1 条,为沸泉河。

县境内流域控制面积较大的河流为滏河,流域面积为 186.4 km^2,滏河的主要支流为曲村河,浍河的主要支流为黑河,黑河的主要支流是沸泉河。曲沃县河流水系见图 4-2-2,主要河流基本情况见表 4-2-1。

表 4-2-1　曲沃县主要河流基本情况表

编号	河流名称	上级河流名称	河流级别	流域面积(km^2)	河长(km)	比降(‰)	县境内流域面积(km^2)
1	滏河	汾河	2	323	47	9.02	186.4
2	曲村河	滏河	3	65.1	23	20.49	48.8
3	排碱沟	汾河	2	73.3	16	5.41	154.9
4	浍河	汾河	2	2 052	111	3.24	71.3
5	黑河	浍河	3	424	45	16.88	55.3
6	沸泉河	黑河	4	92.4	25	19.18	22.2

图4-2-2 曲沃县河流水系图

2.1.3.1 滏河

滏河为汾河的一级支流。滏河起源于襄汾县大邓乡洞沟村(河源经度111°36′44.4″,河源纬度35°52′18.7″,河源高程1 189.6 m),自东北向西南流经襄汾县、翼城县、曲沃县,于曲沃县里村镇封王村汇入汾河(河口经度111°24′25.7″,河口纬度36°44′31.9″,河口高程404.5 m),河流全长47 km,流域面积323 km²,河流比降为9.02‰。曲沃县境内流域面积为186.4 km²。

2.1.3.2 曲村河

曲村河为滏河的支流。曲村河起源于襄汾县陶寺乡云合十八盘(河源经度111°35′25.5″,河源纬度36°51′59.6″,河源高程1 179.3 m),自东北向西南流经襄汾县、翼城县、曲沃县,于曲沃县曲村镇北辛河汇入滏河(河口经度111°29′59.6″,河口纬度35°43′6.2″,河口高程450.0 m),河流全长23 km,流域面积65.1 km²,河流比降为20.49‰。曲沃县境内流域面积为48.8 km²。

2.1.3.3 排碱沟

排碱沟起源于曲沃县史村镇南常村(河源经度111°31′41.5″,河源纬度35°40′10.1″,河源高程513.9 m),自东北向西南流经曲沃县、侯马市,于曲沃县高显镇汾阴村汇入汾河(河口经度111°22′59.6″,河口纬度36°42′37.0″,河口高程339.2 m),河流全长16 km,流域面积 73.3 km^2,河流比降为 5.41‰。曲沃县境内流域面积为 154.9 km^2。

2.1.3.4 浍河

浍河为汾河的一级支流。浍河起源于浮山县米家垣乡新庄村花沟(河源经度 112°0′22.7″,河源纬度 35°54′17.3″,河源高程 1 337.7 m),自东向西流经浮山县、翼城县、绛县、曲沃县、侯马市、新绛县,于新绛县开发区西曲村汇入汾河(河口经度 111°11′57.3″,河口纬度 35°35′27.0″,河口高程 390.0 m),河流全长 111 km,流域面积 2 052 km^2,河流比降为3.24‰。曲沃县境内流域面积为 71.3 km^2。

2.1.3.5 黑河

黑河为浍河的支流。黑河起源于绛县么里镇坦址村小岔(河源经度 111°53′27.4″,河源纬度 35°31′33.2″,河源高程 1 733.4 m),自东南向西北流经绛县、曲沃县,于曲沃县北董乡下裴庄村汇入浍河(河口经度 111°30′9.3″,河口纬度 35°37′23.4″,河口高程 440.0 m),河流全长 45 km,流域面积 424 km^2,河流比降为 16.88‰。曲沃县境内流域面积为 55.3 km^2。

2.1.3.6 沸泉河

沸泉河为黑河的支流。沸泉河起源于绛县卫庄镇张上村(河源经度 111°41′7.3″,河源纬度 35°28′27.1″,河源高程 1 265.1 m),自东南向西北流经绛县、曲沃县,于曲沃县北董乡营里村汇入黑河(河口经度 111°31′11.7″,河口纬度 35°36′17.2″,河口高程 455.6 m),河流全长 25 km,流域面积 92.4 km^2,河流比降为 19.18‰。曲沃县境内流域面积为 22.2 km^2。

2.1.4 水文气象

曲沃县地处半干旱、半湿润温带大陆性季风气候区,四季分明,雨热同期。冬季多偏北风,水汽缺乏,很少雨雪,气温低而干燥;夏季多南风,是主要降雨季节,气温高而湿润,尤其盆地气候炎热;春季冬夏季风交错,形成温暖多风、干燥少雨天气;秋季温暖气团逐渐南退,极地大陆干冷气团南进,显现出短暂暖湿性的秋高气爽天气。全县多年平均气温 12.6 ℃。冬夏温差大,1 月最冷,平均气温-3.3 ℃,7 月最热,平均气温 26.4 ℃。全年平均无霜期 190 d,初霜期一般出现在 10 月下旬,最早在 9 月下旬,终霜日在 4 月上旬。多年平均日照时数 2 474 h。多年平均降水量 518.2 mm,降水在时空上的分布很不均匀,在季节分配上有着明显的差异:汛期(6~9 月)降水量最多,占全年总降水量的 70%左右;年最大降水量发生在 7~8 月,占全年总降水量的 40%以上;非汛期降水量很少,12 月及 1 月降水量最少。

2.1.5 历史山洪灾害

曲沃县境内山洪灾害发生频次较高,是曲沃县的主要自然灾害之一。历史上及中华人民共和国成立后发生过多次大的山洪灾害。本次首先收集了各种文献对曲沃县山洪灾害的记载,其次在进行沿河村落调查时走访当地村民调查历史洪水情况,整理如下。

2.1.5.1 文献记载洪水资料

文献记载洪水资料主要来自于《山西省历史洪水调查成果》和《山西洪水研究》。其资料来源于《山西通志》,各市、县的府志或县志,中央档案馆明清档案部的清代档案奏折以及少量的洪水碑刻和家书等。该县文献洪水记载共计 43 条。洪水发生年份分别为 281 年、767 年、817 年、878 年、972 年、1289 年、1290 年、1305 年、1371 年、1513 年、1591 年、1592 年、1613 年、1662 年、1679 年、1683 年、1687 年、1745 年、1751 年、1756 年、1757 年、1813 年、1820 年、1831 年、1832 年、1853 年、1856 年、1878 年、1879 年、1892 年、1916 年、1920 年、1927 年、1939 年、1941 年、1942 年、1952 年、1955 年,见表 4-2-2。本次工作还收集了曲沃县文献记载旱情资料,见表 4-2-3。

表 4-2-2 曲沃县文献记载洪水统计表

序号	公元	年号	记载	资料来源
1	281	西晋太康二年	和顺五月雨雹伤禾。曲沃五月雹伤稼	光绪《山西通志》卷 83 大事志
2	767	唐大历二年	曲沃水	原山西省临汾地区水文计算手册
3	817	唐元和十二年	曲沃夏六月水害稼	原山西省临汾地区水文计算手册
4	878	唐乾符五年	曲沃秋大雨,汾、浍溢流害稼	原山西省临汾地区水文计算手册
5	972	北宋开宝五年	曲沃大水	原山西省临汾地区水文计算手册
6	1289	元至元廿六年	曲沃旱大雨雹。大同夏大雨雹,绛州夏大旱。介休七月大水。洪洞夏大雨雹。闻喜六月大雨	山西自然灾害史年表
7	1290	元至元廿七年	泽州蝗。七月大同路陨霜杀稼。曲沃陨霜杀稼。河东饥。阳城八月沁水溢。泽州瘟疫。洪洞七月陨霜杀禾。大同七月旱。永济大旱。虞乡旱。阳城八月大水。泽州八月大水	山西自然灾害史年表
8	1305	元大德九年	平阳雨雹害稼。曲沃雨雹害稼。浮山、洪洞六月雨雹害稼。五月三日怀仁、大同一带地震,怀仁地裂二处,涌黑水	山西自然灾害史年表
9	1371	明洪武四年	曲沃大水。太谷夏旱	山西水旱灾害
10	1513	明正德八年	太原、临汾、曲沃十月大雨雹,平地水深丈余,冲没人畜房舍	原山西省临汾地区水文计算手册

续表 4-2-2

序号	公元	年号	记载	资料来源
11	1591	明万历十九年	沁源大水,沁河涨溢,淹没农田数百顷。安邑八月久雨败屋。曲沃夏四月霜结冰,六月大雨雹。春三月临晋、猗氏、荣河大雨雪至三尺。静乐四月大雪伤禾	
12	1592	明万历廿年	夏四月曲沃严霜成冰。荣河、宁乡、临晋、猗氏大雪至三月。六月曲沃雨雹	山西通志
13	1613	明万历四十一年	襄陵水荒,曲沃三月大水,太平大水。临汾秋大旱	原山西省临汾地区水文计算手册
14	1662	清康熙元年	洪洞、临汾、曲沃秋八月大雨如注,连绵弥月,城垣半倾、桥梁尽塌、坏庐舍无数。大宁六月大水	原山西省临汾地区水文计算手册
15	1679	清康熙十八年	太平(汾城)、曲沃、新绛秋淫雨廿余日,坏城垣、庐舍无数	原山西省临汾地区水文计算手册
16	1683	清康熙廿二年	曲沃夏大水。曲沃、大宁秋大旱。大同旱	原山西省临汾地区水文计算手册
17	1687	清康熙廿六年	曲沃夏六月大雨,冲毁北门、上西门、中西门吊桥。孝义大雨河水入城	
18	1745	清乾隆十年	曲沃七月浍河大涨,淹没田庐人畜无算。绛州、浍河涨	原山西省临汾地区水文计算手册
19	1751	清乾隆十六年秋	曲沃淫雨,庐舍多坏。运城安邑自闰五月至七月中旬雨水连绵,河涨,人有伤者。平陆河水大溢,河堧田崩塌。垣曲秋堤决水撼南城	
20	1756	清乾隆廿一年	曲沃淫雨历数日,庐舍多坏。万荣荣河秋大雨	原山西省临汾地区水文计算手册
21	1757	清乾隆廿二年	芮城秋淫雨四旬,房屋倾圮甚多。曲沃秋淫雨历数十日,庐舍多坏。隰州东南乡雨雹伤稼禾。繁峙八月大水。介休夏五月淫雨淹田。荣河秋大雨月余,伤民居。汾阳水溢。垣曲黄河溢水之南门。和顺淫雨伤稼。绛州旱	山西自然灾害史年表
22	1813	清嘉庆十八年	曲沃、洪洞、安泽、太平秋八月淫雨连旬	山西自然灾害史年表

续表 4-2-2

序号	公元	年号	记载	资料来源
23	1820	清嘉庆廿五年	曲沃城东水溢冲坏民居。大宁六月大水	原山西省临汾地区水文计算手册
24	1831	清道光十一年	榆次十一月初十日大雪深数尺,道路壅塞,枣树枯。曲沃六月二十三日夜浍水大涨,沿河一带淹死不计其数。襄汾、汾城五月二十五日雷雨,平地水深数尺,房屋倒塌	原山西省晋中地区水文计算手册
25	1832	清道光十二年	寿阳秋七月淫雨弥月。曲沃秋淫雨二十余日。襄汾、襄陵大水,南关厢屯里村被灾较重,冬大雪	
26	1832	清道光十二年	曲沃秋淫雨二十余日大水。襄陵秋大水,南关厢屯里村被害敷重	
27	1853	清咸丰三年	襄汾、汾城六月十八日水淹进城,八月汾水陡涨数尺。襄陵六月间汾水涨溢,村舍庙基尽遭水患。新绛、曲沃、平阳等州县八月间汾水陡涨数尺	
28	1856	清咸丰六年	曲沃秋七月中大雷雨,东西两关各水深五至六尺	原山西省临汾地区水文计算手册
29	1878	清光绪四年	绛州:九月初六连雨十有八日,汾水涨溢,冲没桥梁无数。平定、昔阳:九月雨伤稼,谷皆黑。虞乡:八月淫雨连旬四十日。洪洞:十月阴雨连绵亘月。沁州:九月大雪。曲沃:九月淫雨。左云:六月大雨,九月大雪。平遥:九月连阴雨,河道淤塞。介休:九月大水。高平:七月久雨,九月大雨。寿阳:秋八月阴雨连旬,禾多霉烂。浮山:秋淫雨,春大疫。曲沃:秋九月淫雨三十余日	山西自然灾害史年表
30	1879	清光绪五年	寿阳四月廿八日申村大雨雹,西北乡被灾数十村,田苗荡然改种。平遥八月惠济桥堤决水尽奔,东小关道北门外水深数尺,房屋淹没殆尽,幸城壕桥高捍卫城垣不致损坏。介休八月汾河出岸淹没北张家庄、北辛武、乐善村、宋家圪塔等十几村。又山河淹没避壁龙凤村、常乐村、南庄等村秋禾。曲沃秋八月淫雨二十余日	寿阳等县志

续表 4-2-2

序号	公元	年号	记载	资料来源
31	1892	清光绪十八年	洪洞旱大饥,曲沃闰六月廿三大雨	洪洞等县志
32	1892	清光绪十八年	曲沃闰六月廿三日夜大雨,山水暴发,冲毁民舍田禾无算。县属东北山水暴发。祁县大水灾。翼城六月十八日浍水陡涨,淹没南河坝下	原山西省临汾地区水文计算手册
33	1916	民国五年	曲沃六月十日雨雹,大者如瓜,次者如碗如卵,东北三十余村受灾甚烈	
34	1920	民国九年	临汾六月十六日大雨,洰河漫,六月廿二日大雨。七月旱。襄汾、襄陵六月十六日大雷雨,山水暴涨冲毁邓庄、西梁等。曲沃五月浍河暴涨,淹没无算	临汾、襄汾、曲沃等县志
35	1920	民国九年	曲沃:五月浍河暴涨,淹没无算。永和:五月十一日雨雹南庄、阁底诸村,麦苗摧残无遗	山西自然灾害史年表
36	1920	民国九年	山西临汾以南涝,余均旱和大旱。黎城、沁水、泽州、襄垣、长治、武乡、安邑、临晋、虞乡、芮城、平陆、汾西、万泉、临汾、荣河、榆次、榆县、阳曲、平遥、介休、太原、文水、孝义、崞县、应县、代县、忻县、定襄、泽州、临汾、新绛、太谷、朔州、昔阳、闻喜、平顺、壶关、襄陵、大同、阳高、浑源、静乐、保德、临晋、芮城、襄垣:受旱	山西自然灾害史年表
37	1927	民国十六年	翼城六月十五日大雨,浍水发,沿河地亩全淹,七月初一日又大雨,平地水深数尺,冲坏地亩房舍无算。曲沃六月浍水暴涨,河岸菜禾全无	
38	1939	民国廿八年	山西阳曲等三十八县水灾,全省合计一千五百三十七村,受灾土地一百六十五万六千九百一十八亩,毁房三万七千一百七十间,伤亡四十三人。灾情涉及:阳曲、太原、徐沟、清源、榆次、太谷、祁县、平遥、介休、和顺、昔阳、灵石、平定、寿阳、盂县、汾阳、孝义、交城、文水、临汾、洪洞、曲沃、襄陵、霍县、赵城、虞乡、解州、安邑、新绛、稷山、宁武、神池、忻县、定襄、代县、崞县、繁峙等县	山西自然灾害史年表

续表 4-2-2

序号	公元	年号	记载	资料来源
39	1941	民国卅年	遭受水灾的有:阳曲、太原、太谷、文水、徐沟、清源、介休、中阳、离石、和顺、寿阳、临汾、洪洞、曲沃、永济、解州、五台等十七县	山西统计年编
40	1942	民国卅一年	汾河、团柏河、对竹河大水	调查
41	1942	民国卅一年	有四十五县遭水灾,受灾面积共一百二十五万五千四百八十亩。水灾严重的县有:阳曲、晋泉、太谷、祁县、交城、文水、岚县、徐沟、汾阳、平遥、介休、临汾、洪洞、曲沃、汾城、永济、新绛、稷山、河津、芮城、五台等县	山西自然灾害史年表
42	1952		五台、阳曲、忻县、崞县、繁峙、静乐、宁武、岢岚、榆次、祁县、和顺、离石、昔阳、盂县、寿阳、灵石、交城、晋城、高平、襄垣、长治、荣河、万泉、绛县、安邑、夏县、闻喜、吉县、乡宁、永和、汾西、曲沃:雹灾。平顺、黎城、晋城、安泽、方山:旱灾。屯留:风灾。代县:地震。绛县:虫灾	
43	1955		襄汾:六月三十日下午九时倾盆大雨,历时五时之久,沿东西两山之水漫地滚流。群众反映这是数十年来未有之大水。水利工程 31 座全被冲毁,土地、秋禾、乡民财产均遭受较大损失。冲毁土地 3 000 余亩,塌房 274 间(孔),死 3 人	

表 4-2-3　曲沃县文献记载旱情统计表

序号	公元	年号	记载	资料来源
1	624	唐武德七年	曲沃旱	原山西省临汾地区水文计算手册
2	720	唐开元八年	曲沃旱	原山西省临汾地区水文计算手册
3	832	唐大和六年	曲沃旱	原山西省临汾地区水文计算手册

续表 4-2-3

序号	公元	年号	记载	资料来源
4	991	北宋淳化二年	曲沃春旱、冬夏大旱	原山西省临汾地区水文计算手册
5	1073	北宋熙宁六年	曲沃:七至十二月旱	山西自然灾害史年表
6	1074	北宋熙宁七年	曲沃大旱	原山西省临汾地区水文计算手册
7	1076	北宋熙宁九年	七月太原府汾河秋霖雨,大水涨。八月河北、河东旱。稷山旱。浮山、曲沃、吉州:旱	山西自然灾害史年表
8	1105	北宋崇宁四年	曲沃:旱	山西自然灾害史年表
9	1212	金崇庆元年	河东旱,赈之。曲沃、河津、稷山:旱大饥	山西通志
10	1213	金崇庆二年	河东大旱。稷山、虞乡、曲沃、太谷、永济、吉州:大旱	山西通志
11	1264	元至元元年	夏四月壬子太原、平阳大旱民饥。曲沃旱	山西通志
12	1276	元至元十三年	太原路旱。曲沃、河津、稷山、洪洞旱	山西自然灾害史年表
13	1280	元至元十七年	五月忻州蝗,八月平阳旱,洪洞八月旱,曲沃旱	山西自然灾害史年表
14	1281	元至元十八年	交城饥。三月平阳等旱饥,民流移就食,有饥死者。太原、曲沃旱。浮山三月旱	山西自然灾害史年表
15	1285	元至元廿二年	五月平阳旱。高平夏大旱。洪洞五月旱。曲沃旱	山西自然灾害史年表
16	1286	元至元廿三年	乡宁夏大旱。曲沃饥。太原旱。石楼夏大旱	山西自然灾害史年表
17	1287	元至元廿四年	洪洞春旱。曲沃旱,二麦枯死。安邑旱	山西自然灾害史年表
18	1291	元至元廿八年	曲沃春旱饥,民流散就食。秋八月廿五日地震。太原七月陨霜杀稼,饥。洪洞、绛州大旱	山西自然灾害史年表
19	1295	元元贞元年	稷山、洪洞、曲沃、绛州七月旱	山西自然灾害史年表
20	1297	元大德元年	太原六月风雹。太原、崞州雨雹害稼,平阳旱。曲沃、洪洞夏六月旱	山西自然灾害史年表
21	1327	元泰定四年	晋宁、曲沃、浮山、绛州秋八月旱。荣河秋蝗	山西自然灾害史年表

续表 4-2-3

序号	公元	年号	记载	资料来源
22	1330	元至顺元年	临县、太原以南、洪洞、曲沃赤地千里,民无所得	山西水旱灾害
23	1347	元至正七年	乡宁、浮山、曲沃、洪洞、稷山、永济、虞乡、芮城、河津、绛州四月大旱,民多饥,人多死	原山西省临汾地区水文计算手册
24	1370	明洪武三年	太原、太谷、曲沃旱	山西水旱灾害
25	1409	明永乐七年	静乐七月旱。曲沃旱	山西水旱灾害
26	1433	明宣德八年	曲沃、保德夏四月旱饥。太原旱	山西水旱灾害
27	1434	明宣德九年	山西蝗。曲沃旱	山西水旱灾害
28	1439	明正统四年	太原平阳路春夏旱,大同、偏关旱大饥。襄陵、汾城旱。曲沃春夏旱	山西水旱灾害
29	1441	明正统六年	乡宁、临汾、崞县、夏县、祁县、汾西、阳曲、和顺、芮城旱大饥。浮山、曲沃、安邑旱。蒲县大旱。太原春夏旱	山西水旱灾害
30	1472	明成化八年	山西全省性旱和大旱	山西通志
31	1480	明成化十六年	崞县旱大饥。大同是岁天旱。曲沃干旱。襄垣旱。长治水	山西通志
32	1484	明成化廿年	曲沃、临汾、洪洞、万荣、夏县、平陆、蒲州、绛州、安邑、临猗、解州、虞乡、晋城、高平秋不雨,次年六月始雨大旱,饿殍盈野,人相食	山西通志
33	1495	明弘治八年	宁乡、崞县、曲沃秋七月大旱	山西通志
34	1500	明弘治十三年	曲沃旱	《旱涝史料》山西部分
35	1512	明正德七年	长子大旱,禾苗尽槁。太原、曲沃大旱	山西通志
36	1528	明嘉靖七年	襄陵、曲沃、洪洞、赵城旱	原山西省临汾地区水文计算手册
37	1530	明嘉靖九年	曲沃旱	原山西省临汾地区水文计算手册
38	1567	明隆庆元年	临汾五月五日大雨,曲沃秋大旱	原山西省临汾地区水文计算手册
39	1567	明隆庆元年	曲沃秋大旱。大同大雨雷电,夏临晋大雨。洪洞大雨雹。宁武大雨连日。偏关大雨连日	山西通志

续表 4-2-3

序号	公元	年号	记载	资料来源
40	1568	明隆庆二年	太平、临汾、曲沃、安泽大旱	原山西省临汾地区水文计算手册
41	1585~1587	明万历十三年~十五年	太平、洪洞、临汾、曲沃大旱	原山西省临汾地区水文计算手册
42	1609	明万历卅七年	太原、临汾、曲沃大旱	山西通志
43	1610	明万历卅八年	吉州、蒲县、汾阳、太原、阳曲、寿阳、平遥、介休、临汾、浮山、曲沃、临猗、稷山、绛州、晋城、定襄、平定、盂县、榆社、武乡,大旱饥,饿殍载道,人相食	山西水旱灾害
44	1613	明万历四十一年	曲沃、翼城四月大疫。浮山大疫。保德夏大旱。稷山旱无麦。临汾、猗氏、绛州、安邑大旱。蒲县、临晋、荣河旱灾	山西通志
45	1640~1641	明崇祯十三~十四年	太平、安泽、大宁、临汾、曲沃大旱	
46	1683	清康熙廿二年	曲沃夏大水。曲沃、大宁秋大旱。大同旱	原山西省临汾地区水文计算手册
47	1691	清康熙卅年	临汾夏旱蝗虫。绛州、曲沃大旱。浮山六月蝗发。闻喜旱六月蝗,七月大饥。翼城秋旱,无禾岁饥。河津旱蝗民饥。蒲州蝗旱	山西自然灾害史年表
48	1704	清康熙四十三年	榆次春阴雨平地出水免捐赋。徐沟亢旱不雨,至立秋乃雨。绛州、曲沃、闻喜、荣河旱。朔平、平遥、新绛旱。太原春淫雨夏旱	山西自然灾害史年表
49	1720	清康熙五十九年	山西全省性大旱	山西自然灾害史年表
50	1721	清康熙六十年	山西全省性持续大旱	山西自然灾害史年表
51	1722	清康熙六十一年	山西全省性大旱,中部尤甚	山西水旱灾害
52	1735	清雍正十三年	曲沃、岢岚、垣曲旱饥。猗氏夏大旱无禾,八月多阴雨	山西自然灾害史年表
53	1804	清嘉庆九年	曲沃、太平、安泽、襄陵、临汾大旱,人食树皮草根充饥	原山西省临汾地区水文计算手册
54	1805	清嘉庆十年	曲沃、太平、安泽、襄陵、临汾大旱	原山西省临汾地区水文计算手册
55	1835	清道光十五年	曲沃、太平大旱	

续表 4-2-3

序号	公元	年号	记载	资料来源
56	1846~1847	清道光廿六~廿七年	曲沃、太平、临汾大旱,秋禾无收	原山西省临汾地区水文计算手册
57	1867	清同治六年	曲沃春旱麦无收。太平、临汾、洪洞淫雨连绵亘月,禾尽伤	曲沃等县志
58	1900	清光绪廿六年	全省性大旱,旱情严重。乡宁、曲沃、太原、榆次、祁县、榆社、临县、新绛、临汾、永宁、浮山、襄陵、翼城、临晋、芮城、荣河、绛州、襄垣、武乡、泽州、沁源、陵川、平顺、壶关、怀仁、左云、吉州、万泉、平陆均有旱情记载	山西自然灾害史年表
59	1901	清光绪廿七年	山西临汾以南旱。乡宁、曲沃、浮山、祁县、昔阳、临晋、荣河、沁源、襄陵、闻喜、新绛旱	山西自然灾害史年表
60	1912	民国元年	曲沃秋大旱。闻喜:旱,麦未种。荣河:五月雨雹,秋旱麦未种	山西自然灾害史年表
61	1922	民国十一年	曲沃、襄陵、平陆、翼城:旱。芮城:风灾	
62	1929	民国十八年	山西全省连续旱和偏旱。长治、临汾、临县、祁县、怀仁、大同、浑源、昔阳、平遥、介休、新绛、沁源、芮城、万泉、荣河、临晋、临汾、猗氏、乡宁、平陆、汾西、安邑、曲沃、长治、武乡、怀仁:旱	山西自然灾害史年表
63	1935	民国廿四年	全省持续旱和大旱。怀仁、广灵、朔州、阳高、天镇、大同、太原、介休、文水、定襄、和顺、忻州、岢岚、昔阳、寿阳、兴县、榆社、静乐、新绛、赵城、霍州、临汾、蒲县、安邑、闻喜、虞乡、平陆、曲沃、河津、翼城、新绛、解州、芮城、荣河、永济、浮山、石楼、沁州、长治、潞城、泽州:旱	山西自然灾害史年表
64	1936	民国廿五年	十二月太原地震。全省持续性大旱	山西自然灾害史年表

续表 4-2-3

序号	公元	年号	记载	资料来源
65	1955		天镇、河曲、保德、五台、应县、代县、岚县、大同、山阴、左云、右玉、平鲁、雁北、忻县、太原、榆次、寿阳、昔阳、平定、岚县、石楼、永和、万泉、临猗、曲沃、永和、乡宁、大宁、浮山、霍县、长治、长子、襄垣、黎城、武乡、沁县、平顺、晋城、潞安、陵川、沁源、太谷、祁县、万荣:旱。翼城、夏县:雹灾	山西自然灾害史年表
66	1960		山西晋南旱象严重	山西水旱灾害
67	1965		山西全省性大旱。晋南春夏连旱,尤以伏旱为甚	山西水旱灾害
68	1972		山西全省性大旱,整个三伏天无雨	山西水旱灾害
69	1978		全省严重干旱的同时,风、雹、冻、病虫害亦严重发生	山西水旱灾害
70	1987		山西全省性旱,严重的有忻州、吕梁、临汾西部、太原市等	山西水旱灾害

2.1.5.2 《山西省历史洪水调查成果》中的调查成果

2011 年出版的《山西省历史洪水调查成果》中暴雨洪水调查资料已收集至 2008 年,是目前资料最为可靠、最为完整的历史洪水调查成果。其中收集曲沃县历史洪水调查成果 7 条。洪水发生地点主要为史村镇卫村与辛村,发生年份分别为 1892 年、1900 年、1914 年、1920 年、1927 年,主要分布在浍河流域,见表 4-2-4。

表 4-2-4 曲沃县历史洪水调查成果统计表

编号	调查地点				河长(km)	集水面积(km^2)	调查洪水			调查单位
	水系	河名	河段名	地点			洪峰流量(m^3/s)	发生年份	可靠程度	
1	汾河	浍河	卫村	曲沃县史村镇卫村		1 302	4 410	1892 年	供参考	临汾水利局
							2 920	1914 年	供参考	
							2 520	1920 年 8 月 30 日	较可靠	
							1 300	1927 年	较可靠	
2	汾河	浍河	辛村	曲沃县史村镇辛村		1 301	1 374	1900 年	较可靠	
							2 930	1892 年	较可靠	
							2 200	1920 年	较可靠	

2.1.5.3　当地相关部门洪水记载

本次工作收集了地方县志、当地水利及相关部门对洪水的记载,可作为曲沃县历史洪水调查成果的补充。本次共收集洪水记载13条,洪水发生年份分别为1905年、1954年、1980年、1981年、1989年、1993年、1996年、1998年、2007年,见表4-2-5。

表4-2-5　曲沃县相关部门历史洪水调查成果统计表

序号	发生时间	位置	洪水灾害描述
1	1905年5月	曲沃县	洪峰流量1 000 m^3/s。
2	1905年5月11日	曲沃县	洪峰流量2 450 m^3/s。
3	1905年6月4日	曲沃县	洪峰流量1 400 m^3/s。
4	1954年	曲沃县	洪峰流量1 780 m^3/s。
5	1980年7月28日	曲沃县	24 h降雨146.1 mm。
6	1981年8月18日	曲沃县	24 h降雨90.6 mm。
7	1989年7月19日	杨谈乡、曲村镇	塔山一带2 h降雨量达137 mm,山洪暴发,杨谈乡、曲村镇的20余村被淹,房屋倒塌800余间,冲淹粮食30余万kg,受灾作物2万余亩,经济损失达数百万元
8	1993年	曲沃县	洪峰流量1 060 m^3/s,汾河滩万亩耕地被淹、文敬、赵庄扬水处一级站进水、赵庄村、焦铁厂被围困、总损失3 800万元
9	1996年	曲沃县	24小时降雨167.5 mm。
10	1996年	曲沃县	洪峰流量1 200 m^3/s,抗洪人数4 000多人次,消耗编织草袋2.8万条,打桩200根,投入资金22万元,保护了8 000多人口、万亩余农田
11	1996年7月30日	曲沃县	曲沃县城在14 h内降雨166.3 mm,造成县城内1 237间房屋进水,受灾人口达1.5万人,直接经济损失1 180多万元。县城局部洪涝灾害
12	1998年7月8日	曲沃县	24 h降雨122.8 mm。
13	2007年7月30日	曲沃县	由于突降暴雨,局部最大降雨量达到233 mm,黑河流量达500 m^3/s,受灾人口达6.2万人,直接经济损失5 171万元。边山峪口洪涝灾害

2.2 曲沃县山洪灾害分析评价成果

2.2.1 分析评价名录确定

曲沃县共有41个重点防治区,重点防治区名录见表4-2-6;曲沃县将41个重点防治区划分为31个计算小流域(流域面积相同的村落在表中只体现为一个计算小流域),见表4-2-7。其中包括行政区划名称、面积、主沟道长度、主沟道比降、产流地类、汇流地类。

表4-2-6 曲沃县山洪灾害分析评价名录

序号	沿河村落	行政区划代码	所在乡镇	所在河流	影响形式
1	东闫村	141021200208000	北董乡	沸泉河	河道洪水
2	西闫堡	141021200207100	北董乡	沸泉河	河道洪水
3	西闫村	141021200207000	北董乡	沸泉河	河道洪水
4	景明村	141021200227000	北董乡	沸泉河	河道洪水
5	白水村	141021200206000	北董乡	沸泉河	河道洪水
6	东明德村	141021200205000	北董乡	沸泉河	河道洪水
7	北下郇村	141021200211000	北董乡	黑河	河道洪水
8	李野村	141021200204000	北董乡	黑河	河道洪水
9	西周村	141021200231000	北董乡	黑河	河道洪水
10	上裴庄村	141021200201000	北董乡	黑河	河道洪水
11	河南西村	141021200233000	北董乡	黑河	河道洪水
12	下裴庄村	141021200218000	北董乡	黑河	河道洪水
13	高阳村	141021103208000	高显镇	排碱沟	河道洪水
14	杨家庄村	141021201206000	杨谈乡	滏河	坡面汇流
15	八顷村	141021201203000	杨谈乡	滏河	坡面汇流
16	小八顷	141021201203100	杨谈乡	滏河	坡面汇流
17	问卦村	141021201202000	杨谈乡	滏河	坡面汇流
18	上陈村	141021102216000	曲村镇	滏河	坡面汇流

续表 4-2-6

序号	沿河村落	行政区划代码	所在乡镇	所在河流	影响形式
19	下陈村	141021102215000	曲村镇	滏河	河道洪水
20	西白塚	141021102214100	曲村镇	滏河	坡面汇流
21	白塚村	141021102214000	曲村镇	滏河	坡面汇流
22	下麦沟村	141021201210000	杨谈乡	滏河	坡面汇流
23	山下村	141021201216000	杨谈乡	滏河	坡面汇流
24	北闻喜庄	141021102209100	曲村镇	滏河	坡面汇流
25	义城村	141021102208000	曲村镇	滏河	坡面汇流
26	闻喜庄村	141021102209000	曲村镇	滏河	坡面汇流
27	杨庄村	141021102207000	曲村镇	滏河	坡面汇流
28	下庙神	141021201209100	杨谈乡	滏河	坡面汇流
29	酸枣	141021201209101	杨谈乡	滏河	坡面汇流
30	杨谈村	141021201200000	杨谈乡	滏河	河道洪水
31	赤石峪	141021201207101	杨谈乡	滏河	坡面汇流
32	下院村	141021201207000	杨谈乡	滏河	坡面汇流
33	万户村	141021201204000	杨谈乡	滏河	坡面汇流
34	沟东村	141021201201000	杨谈乡	滏河	坡面汇流
35	石桥堡村	141021201215000	杨谈乡	滏河	坡面汇流
36	下坞村	141021102210000	曲村镇	滏河	河道洪水
37	上麦沟村	141021201211000	杨谈乡	滏河	坡面汇流
38	义合庄村	141021201209000	杨谈乡	滏河	坡面汇流
39	杨谈坡村	141021201212000	杨谈乡	滏河	坡面汇流
40	北容村	141021102211000	曲村镇	滏河	坡面汇流
41	南容村	141021102212000	曲村镇	滏河	坡面汇流

表 4-2-7 曲沃县小流域基本信息汇总表

序号	行政区划名称	面积(km^2)	主沟道长度(km)	主沟道比降(‰)	产流地类(km^2)						汇流地类(km^2)		
					灰岩森林山地	灰岩灌丛山地	耕种平地	变质岩森林山地	黄土丘陵阶地	变质岩灌丛山地	森林山地	灌丛山地	草坡山地
1	东冃村	37.54	9.6	24.1			17.97	4.07	14.63	0.87	4.07	0.87	32.60
2	西冃村	37.54	10.7	22.1			17.97	4.07	14.63	0.87	4.07	0.87	32.60
3	景明村	29.12	9.0	27.1			1.49		27.63				29.12
4	东明德村	70.66	16.0	15.3			22.97	4.07	42.72	0.90	4.07	0.90	65.69
5	北下郇村	316.33	7.5	9.2	48.92	1.75	78.13	162.40	15.35	9.78	211.30	11.52	93.51
6	李野村	319.97	8.7	8.7	48.92	1.75	81.77	162.40	15.35	9.78	211.30	11.52	97.15
7	下裴庄村	423.60	14.7	6.5	48.80	1.75	122.50	166.55	73.36	10.64	215.30	12.40	195.90
8	高阳村	70.03	8.8	4.5			70.03				70.03		
9	杨家庄村	8.74	3.6	34.3					4.97	3.77		1.88	6.87
10	八顷村	9.05	5.7	31.7			1.12		4.26	3.67		2.63	6.42
11	问卦村	11.21	7.7	27.7			3.34		4.24	3.63		2.61	8.60
12	下陈村	18.25	8.1	26.5			6.33		7.98	3.95		1.88	16.37
13	白塚村	32.06	9.6	23.0			12.22		12.25	7.59		4.47	27.59
14	山下村	9.00	7.5	33.9			2.82		3.89	2.29		1.65	7.35
15	北闻喜庄	42.97	8.8	27.7			15.39		14.07	13.51		7.20	35.77

续表 4-2-7

序号	行政区划名称	面积(km^2)	主沟道长度(km)	主沟道比降(‰)	产流地类(km^2)						汇流地类(km^2)		
					灰岩森林山地	灰岩灌丛山地	耕种平地	变质岩森林山地	黄土丘陵阶地	变质岩灌丛山地	森林山地	灌丛山地	草坡山地
16	闻喜庄村	42.97	9.4	24.9			15.39		14.07	13.51		7.20	35.77
17	杨庄村	42.97	9.6	24.3			15.39		14.07	13.51		7.20	35.77
18	下庙神	2.09	3.3	33.0					0.13	1.96		0.72	1.37
19	酸枣	4.70	4.0	30.0					1.30	3.40		1.12	3.58
20	杨谈村	24.64	13.8	17.6			3.43		10.00	11.21		5.54	19.10
21	赤石峪	1.44	3.0	33.0					0.03	1.41		0.83	0.61
22	下院村	4.22	4.0	30.0					0.57	3.65		1.88	2.34
23	万户村	9.05	7.3	39.8			1.12		4.26	3.67		2.63	6.42
24	沟东村	24.64	9.5	34.8			3.43		10.00	11.21		5.54	19.10
25	石桥堡村	4.73	4.0	30.0					2.63	2.10		1.84	2.89
26	下坞村	10.46	7.0	21.2			2.01		4.86	3.59		3.24	7.22
27	上麦沟村	4.69	4.0	30.0					1.30	3.39		1.12	3.57
28	义合庄村	4.69	4.0	30.0			2.01		1.30	3.39		1.12	3.57
29	杨谈坡村	2.52	3.0	33.0					0.82	1.70		1.22	1.30
30	北容村	38.14	8.9	30.2			10.56		14.07	13.51		7.20	30.94
31	南容村	38.14	10.1	24.8			10.56		14.07	13.51		7.20	30.94

2.2.2 设计暴雨成果

曲沃县的41个重点防治区分为31个计算小流域,各时段雨量的均值$\overline{H}$、变差系数C_v、C_s/C_v和各时段相应频率的雨量值成果H_p见表4-2-8(本次对曲沃县41个山洪灾害沿河村落均采用《山西省水文手册》中提供的方法进行了设计暴雨计算。对采用流域模型法计算设计洪水的进行设计暴雨时程分配计算,对采用经验公式法计算设计洪水的不进行设计暴雨时程分配计算)。曲沃县沿河村落100年一遇设计暴雨分布图见附图4-13~附图4-16。

2.2.3 设计洪水成果

曲沃县的41个重点防治区都进行了设计洪水的推求。其中设计洪水成果表见表4-2-9(41个沿河村落均采用由设计暴雨推求设计洪水的方法计算,本次采用《山西省水文手册》中的流域模型法与经验公式法计算,对采用流域模型法计算设计洪水的进行设计净雨深计算,对采用经验公式法计算设计洪水的不进行设计净雨深计算)。曲沃县沿河村落100年一遇设计洪水分布图见附图4-17。

2.2.4 现状防洪能力成果

现状防洪能力评价主要是在设计洪水分析成果的基础上,结合沿河村落地形地貌、居民户高程情况,勾绘划定其淹没范围,进行危险区等级的划分,确定最佳转移路线和临时安置地点,并统计各沿河村落5个典型频率设计洪水位下的累计人口、户数,获得水位—流量—人口关系,综合评价现状防洪能力。本次对曲沃县41个山洪灾害沿河村落进行防洪现状评价。41个沿河村落防洪能力均大于5年一遇,大于等于5年一遇小于20年一遇的有3个,大于等于20年一遇小于100年一遇的有38个。

经统计,曲沃县41个沿河村落中极高危险区内没有人,高危险区内有47户198人,危险区内有596户2 538人。现状防洪能力成果见表4-2-10与附图4-18。

2.2.5 雨量预警指标分析成果

曲沃县的41个重点防治区都进行了雨量预警指标的确定。曲沃县预警指标分析成果表和曲沃县沿河村落预警指标分布图见表4-2-11与附图4-19~附图4-24。

表 4-2-8　曲沃县设计暴雨成果表

序号	行政区划名称	历时	均值(mm)	变差系数	C_s/C_v	重现期雨量值 H_p(mm)				
						100年($H_{1\%}$)	50年($H_{2\%}$)	20年($H_{5\%}$)	10年($H_{10\%}$)	5年($H_{20\%}$)
1	东闫村	10 min	12.1	0.52	3.5	27.9	24.6	20.2	16.8	13.4
		60 min	27.0	0.48	3.5	60.3	53.5	44.4	37.4	30.3
		6 h	45.4	0.48	3.5	108.5	96.6	80.6	68.2	55.4
		24 h	59.3	0.48	3.5	147.8	131.3	109.2	92.1	74.5
		3 d	80.0	0.47	3.5	200.2	178.2	148.7	125.9	102.3
2	西闫村	10 min	12.1	0.52	3.5	27.9	24.6	20.2	16.8	13.4
		60 min	27.0	0.48	3.5	60.3	53.5	44.4	37.4	30.3
		6 h	45.4	0.48	3.5	108.5	96.6	80.6	68.2	55.4
		24 h	59.3	0.48	3.5	147.8	131.3	109.2	92.1	74.5
		3 d	80.0	0.47	3.5	200.2	178.2	148.7	125.9	102.3
3	景明村	10 min	12.1	0.52	3.5	28.3	25.0	20.5	17.0	13.6
		60 min	26.5	0.49	3.5	61.6	54.5	45.1	37.9	30.5
		6 h	46.0	0.49	3.5	111.8	99.2	82.4	69.4	56.1
		24 h	60.0	0.49	3.5	153.5	136.1	112.7	94.7	76.3
		3 d	78.0	0.47	3.5	196.1	174.5	145.6	123.2	100.1
4	东明德村	10 min	12.1	0.52	3.5	26.4	23.3	19.1	15.9	12.7
		60 min	27.0	0.48	3.5	58.1	51.5	42.8	36.0	29.1
		6 h	45.4	0.48	3.5	106.5	94.8	79.0	66.8	54.3
		24 h	59.3	0.48	3.5	147.4	131.0	108.9	91.8	74.3
		3 d	80.0	0.47	3.5	195.0	173.7	145.1	123.0	100.2

续表 4-2-8

序号	行政区划名称	历时	均值(mm)	变差系数	C_s/C_v	重现期雨量值 H_p(mm)				
						100 年($H_{1\%}$)	50 年($H_{2\%}$)	20 年($H_{5\%}$)	10 年($H_{10\%}$)	5 年($H_{20\%}$)
5	北下郇村	10 min	13.0	0.58	3.5	24.8	21.7	17.6	14.4	11.3
		60 min	30.2	0.55	3.5	56.6	49.7	40.4	33.4	26.3
		6 h	39.7	0.55	3.5	107.8	94.9	77.8	64.6	51.3
		24 h	65.0	0.52	3.5	153.7	135.7	111.8	93.4	74.5
		3 d	86.0	0.52	3.5	204.0	180.4	149.5	125.6	100.9
6	李野村	10 min	13.0	0.58	3.5	24.8	21.7	17.5	14.4	11.3
		60 min	30.2	0.55	3.5	56.5	49.6	40.4	33.3	26.3
		6 h	39.7	0.55	3.5	107.7	94.8	77.7	64.6	51.2
		24 h	65.0	0.52	3.5	153.6	135.6	111.7	93.3	74.5
		3 d	86.0	0.52	3.5	203.8	180.3	149.5	125.6	100.9
7	下裴庄村	10 min	13.0	0.58	3.5	22.8	20.0	16.3	13.5	10.6
		60 min	30.2	0.55	3.5	52.5	46.3	38.0	31.7	25.2
		6 h	39.7	0.55	3.5	100.9	89.3	73.9	62.0	49.8
		24 h	65.0	0.52	3.5	144.5	128.1	106.4	89.6	72.3
		3 d	86.0	0.52	3.5	193.3	171.7	143.3	121.2	98.3
8	高阳村	10 min	13.5	0.53	3.5	30.0	26.4	21.6	17.9	14.2
		60 min	26.5	0.53	3.5	61.8	54.4	44.5	37.0	29.3
		6 h	45.8	0.53	3.5	115.1	101.3	83.0	69.0	54.7
		24 h	65.0	0.53	3.5	172.7	152.1	124.6	103.5	82.2
		3 d	75.0	0.51	3.5	197.7	174.6	143.9	120.4	96.2

续表 4-2-8

序号	行政区划名称	历时	均值 (mm)	变差系数	C_s/C_v	重现期雨量值 H_p(mm)				
						100 年($H_{1\%}$)	50 年($H_{2\%}$)	20 年($H_{5\%}$)	10 年($H_{10\%}$)	5 年($H_{20\%}$)
9	杨家庄村	10 min	12.3	0.54	3.5	32.1	28.2	23.0	19.0	14.9
		60 min	28.0	0.52	3.5	69.9	61.5	50.3	41.7	33.0
		6 h	45.5	0.52	3.5	124.0	109.3	89.8	74.8	59.5
		24 h	62.2	0.50	3.5	163.4	144.5	119.0	99.5	79.5
		3 d	74.0	0.46	3.5	185.8	165.6	138.4	117.3	95.6
10	八顷村	10 min	12.3	0.54	3.5	32.1	28.2	22.9	18.9	14.9
		60 min	28.0	0.52	3.5	69.8	61.4	50.2	41.7	33.0
		6 h	45.5	0.52	3.5	123.9	109.2	89.7	74.7	59.5
		24 h	62.2	0.5	3.5	163.3	144.4	119.0	99.4	79.5
		3 d	74.0	0.46	3.5	185.7	165.5	138.4	117.3	95.6
11	问卦村	10 min	12.3	0.54	3.5	31.8	27.9	22.7	18.8	14.8
		60 min	28.0	0.52	3.5	69.3	61.0	49.9	41.4	32.8
		6 h	45.5	0.52	3.5	123.2	108.7	89.2	74.4	59.2
		24 h	62.2	0.50	3.5	162.8	144.0	118.6	99.2	79.3
		3 d	74.0	0.46	3.5	185.3	165.2	138.1	117.1	95.4
12	下陈村	10 min	12.3	0.54	3.5	30.9	27.2	22.1	18.3	14.4
		60 min	28.0	0.52	3.5	67.9	59.7	48.9	40.6	32.1
		6 h	45.5	0.52	3.5	121.5	107.2	88.1	73.5	58.5
		24 h	62.2	0.50	3.5	161.5	142.9	117.8	98.6	78.9
		3 d	74.0	0.46	3.5	184.3	164.3	137.4	116.6	95.1

续表 4-2-8

序号	行政区划名称	历时	均值(mm)	变差系数	C_s/C_v	重现期雨量值 H_p(mm)				
						100 年($H_{1\%}$)	50 年($H_{2\%}$)	20 年($H_{5\%}$)	10 年($H_{10\%}$)	5 年($H_{20\%}$)
13	白塬村	10 min	12.3	0.54	3.5	29.8	26.2	21.3	17.6	13.9
		60 min	28.0	0.52	3.5	66.0	58.1	47.5	39.5	31.3
		6 h	45.5	0.52	3.5	119.2	105.2	86.5	72.2	57.6
		24 h	62.2	0.50	3.5	159.6	141.2	116.6	97.6	78.2
		3 d	74.0	0.46	3.5	182.7	162.9	136.4	115.8	94.5
14	山下村	10 min	13.5	0.54	3.5	35.0	30.7	25.0	20.7	16.3
		60 min	28.1	0.52	3.5	71.2	62.7	51.2	42.5	33.7
		6 h	45.8	0.52	3.5	122.7	108.2	88.9	74.0	59.0
		24 h	62.1	0.50	3.5	164.2	145.1	119.5	99.9	79.9
		3 d	74.1	0.45	3.5	182.9	163.3	137.0	116.6	95.4
15	北闻喜庄	10 min	13.5	0.54	3.5	31.8	27.9	22.8	18.8	14.9
		60 min	28.0	0.52	3.5	66.1	58.2	47.7	39.6	31.4
		6 h	45.8	0.52	3.5	116.5	102.9	84.7	70.7	56.5
		24 h	62.1	0.50	3.5	159.1	140.8	116.3	97.5	78.2
		3 d	74.0	0.45	3.5	178.7	159.8	134.3	114.5	94.0
16	闻喜庄村	10 min	13.5	0.54	3.5	31.8	27.9	22.8	18.8	14.9
		60 min	28.0	0.52	3.5	66.1	58.2	47.7	39.6	31.4
		6 h	45.8	0.52	3.5	116.5	102.9	84.7	70.7	56.5
		24 h	62.1	0.50	3.5	159.1	140.8	116.3	97.5	78.2
		3 d	74.0	0.45	3.5	178.7	159.8	134.3	114.5	94.0

续表 4-2-8

序号	行政区划名称	历时	均值(mm)	变差系数	C_s/C_v	重现期雨量值 H_p(mm)				
						100年($H_{1\%}$)	50年($H_{2\%}$)	20年($H_{5\%}$)	10年($H_{10\%}$)	5年($H_{20\%}$)
17	杨庄村	10 min	13.5	0.54	3.5	31.8	27.9	22.8	18.8	14.9
		60 min	28.0	0.52	3.5	66.1	58.2	47.7	39.6	31.4
		6 h	45.8	0.52	3.5	116.5	102.9	84.7	70.7	56.5
		24 h	62.1	0.50	3.5	159.1	140.8	116.3	97.5	78.2
		3 d	74.0	0.50	3.5	178.7	159.8	134.3	114.5	94.0
18	下庙神村	10 min	13.4	0.50	3.5	36.7	32.2	26.2	21.6	17.0
		60 min	27.6	0.50	3.5	70.2	62.0	51.0	42.6	34.0
		6 h	45.0	0.50	3.5	118.6	105.2	87.1	73.2	59.0
		24 h	62.6	0.50	3.5	162.2	143.8	119.2	100.3	80.8
		3 d	73.5	0.50	3.5	186.4	166.0	138.6	117.5	95.6
19	酸枣村	10 min	13.4	0.50	3.5	35.8	31.4	25.5	21.1	16.6
		60 min	27.6	0.50	3.5	68.8	60.8	50.1	41.8	33.4
		6 h	45.0	0.50	3.5	117.1	103.8	86.0	72.4	58.3
		24 h	62.6	0.50	3.5	161.1	142.9	118.5	99.7	80.4
		3 d	73.5	0.50	3.5	185.5	165.3	138.1	117.0	95.3
20	杨谈村	10 min	13.4	0.54	3.5	33.0	28.9	23.6	19.5	15.4
		60 min	27.8	0.50	3.5	65.0	57.4	47.4	39.6	31.7
		6 h	45.1	0.49	3.5	112.6	99.9	82.9	69.9	56.5
		24 h	62.3	0.50	3.5	156.2	138.7	115.3	97.2	78.5
		3 d	73.5	0.50	3.5	182.2	162.5	136.0	115.4	94.2

续表 4-2-8

序号	行政区划名称	历时	均值(mm)	变差系数	C_s/C_v	重现期雨量值 H_p(mm)				
						100 年($H_{1\%}$)	50 年($H_{2\%}$)	20 年($H_{5\%}$)	10 年($H_{10\%}$)	5 年($H_{20\%}$)
21	赤石峪村	10 min	12.3	0.50	3.5	33.08	29.12	23.85	19.81	15.72
		60 min	26.3	0.50	3.5	67.68	59.62	48.89	40.67	32.31
		6 h	43.0	0.50	3.5	119.1	105.2	86.5	72.2	57.6
		24 h	62.5	0.50	3.5	164.2	145.3	120.0	100.6	80.7
		3 d	73.8	0.50	3.5	190.6	169.4	141.0	119.0	96.4
22	下院村	10 min	12.5	0.50	3.5	33.3	29.3	23.9	19.8	15.6
		60 min	26.4	0.50	3.5	66.2	58.3	47.7	39.6	31.5
		6 h	42.0	0.50	3.5	116.4	102.7	84.4	70.4	56.1
		24 h	62.5	0.50	3.5	164.3	145.3	119.7	100.1	80.02
		3 d	74.0	0.50	3.5	193.2	171.5	142.2	119.7	96.57
23	万户村	10 min	12.3	0.50	3.5	31.1	27.4	22.5	18.7	14.8
		60 min	26.3	0.51	3.5	64.5	56.9	46.7	38.9	30.9
		6 h	43.0	0.51	3.5	115.4	101.9	83.9	70.1	56.1
		24 h	62.5	0.49	3.5	161.4	143.0	118.2	99.2	79.7
		3 d	73.8	0.47	3.5	188.4	167.5	139.5	117.9	95.6
24	沟东村	10 min	13.4	0.54	3.5	33.0	28.9	23.6	19.5	15.3
		60 min	27.6	0.51	3.5	65.4	57.7	47.5	39.6	31.6
		6 h	45.1	0.49	3.5	113.1	100.3	83.1	69.9	56.4
		24 h	62.3	0.48	3.5	155.9	138.5	115.2	97.2	78.6
		3 d	73.5	0.46	3.5	182.2	162.5	136	115.4	94.16

续表 4-2-8

序号	行政区划名称	历时	均值(mm)	变差系数	C_s/C_v	重现期雨量值 H_p(mm)				
						100 年($H_{1\%}$)	50 年($H_{2\%}$)	20 年($H_{5\%}$)	10 年($H_{10\%}$)	5 年($H_{20\%}$)
25	石桥堡村	10 min	12.2	0.53	3.5	31.99	28.11	22.96	19.02	15.03
		60 min	26.8	0.50	3.5	68.4	60.3	49.5	41.2	32.8
		6 h	45.5	0.50	3.5	119.4	105.7	87.3	73.1	58.7
		24 h	61.3	0.50	3.5	155.6	138.3	115.1	97.2	78.7
		3 d	73.8	0.50	3.5	183.1	163.5	137.1	116.6	95.3
26	下坞村	10 min	12.2	0.50	3.5	30.9	27.2	22.2	18.4	14.6
		60 min	26.8	0.50	3.5	66.7	58.8	48.2	40.2	32.0
		6 h	45.5	0.50	3.5	117.3	103.9	85.8	72.0	57.8
		24 h	61.3	0.47	3.5	154.0	137.0	114.1	96.4	78.2
		3 d	73.8	0.45	3.5	181.9	162.4	136.3	116	94.91
27	上麦沟村	10 min	13.5	0.53	3.5	35.4	31.11	25.4	21.04	16.62
		60 min	27.5	0.50	3.5	69.1	61.0	50.3	42.0	33.6
		6 h	45.5	0.50	3.5	117.5	104.2	86.3	72.5	58.4
		24 h	61.8	0.50	3.5	159.4	141.5	117.3	98.7	79.7
		3 d	73.7	0.50	3.5	189.1	168.2	140.0	118.2	95.8
28	义合庄村	10 min	13.5	0.50	3.5	35.4	31.1	25.4	21.0	16.6
		60 min	27.5	0.50	3.5	69.1	61.0	50.3	42.0	33.6
		6 h	45.5	0.49	3.5	117.5	104.2	86.27	72.52	58.4
		24 h	61.8	0.48	3.5	159.4	141.5	117.3	98.73	79.67
		3 d	73.7	0.50	3.5	189.1	168.2	140.0	118.2	95.8

续表 4-2-8

序号	行政区划名称	历时	均值(mm)	变差系数	C_s/C_v	重现期雨量值 H_p(mm)				
						100 年($H_{1\%}$)	50 年($H_{2\%}$)	20 年($H_{5\%}$)	10 年($H_{10\%}$)	5 年($H_{20\%}$)
29	杨谈坡村	10 min	13.5	0.50	3.5	36.7	32.1	26.2	21.6	17.0
		60 min	27.3	0.50	3.5	69.9	61.7	50.8	42.4	33.9
		6 h	45.3	0.50	3.5	117.8	104.5	86.5	72.7	58.6
		24 h	61.9	0.50	3.5	160.8	142.6	118.2	99.4	80.2
		3 d	73.5	0.50	3.5	186.2	165.9	138.5	117.4	95.5
30	北容村	10 min	13.5	0.53	3.5	31.6	27.8	22.8	18.9	14.9
		60 min	27.4	0.50	3.5	62.8	55.6	45.9	38.5	30.9
		6 h	45.3	0.49	3.5	110.5	98.1	81.4	68.6	55.4
		24 h	61.8	0.49	3.5	156.3	138.6	114.9	96.7	77.9
		3 d	73.8	0.47	3.5	184.7	164.4	137.2	116.1	94.4
31	南容村	10 min	13.5	0.53	3.5	31.6	27.8	22.8	18.9	14.9
		60 min	27.4	0.50	3.5	62.8	55.6	45.9	38.5	30.9
		6 h	45.3	0.49	3.5	110.5	98.1	81.4	68.6	55.4
		24 h	61.8	0.49	3.5	156.3	138.6	114.9	96.7	77.9
		3 d	73.8	0.47	3.5	184.7	164.4	137.2	116.1	94.4

表 4-2-9　曲沃县设计洪水成果表

序号	行政区划名称	洪水要素	重现期洪水要素值				
			100年	50年	20年	10年	5年
1	东闫村	洪峰流量(m^3/s)	467	385	279	197	125
		洪量(万 m^3)	232	185	128	89	59
		洪水历时(h)	5.5	4.0	4.0	4.0	3.5
		洪峰水位(m)	529.54	528.58	527.31	526.29	525.33
2	西闫堡	洪峰流量(m^3/s)	447	368	266	187	118
		洪量(万 m^3)	232	185	128	89	59
		洪水历时(h)	5.5	4.5	4.0	4.0	3.5
		洪峰水位(m)	527.40	525.33	522.86	520.75	518.70
3	西闫村	洪峰流量(m^3/s)	447	368	266	187	118
		洪量(万 m^3)	232	185	128	89	59
		洪水历时(h)	5.5	4.5	4.0	4.0	3.5
		洪峰水位(m)	509.91	509.81	509.66	509.54	509.41
4	景明村	洪峰流量(m^3/s)	407	341	253	186	124
		洪量(万 m^3)	209	168	117	82	55
		洪水历时(h)	5.5	5.0	4.0	3.5	3.5
		洪峰水位(m)	503.89	502.20	500.09	498.78	497.91
5	白水村	洪峰流量(m^3/s)	407	341	253	186	124
		洪量(万 m^3)	209	168	117	82	55
		洪水历时(h)	5.5	5.0	4.0	3.5	3.5
		洪峰水位(m)	507.06	505.63	503.84	502.42	500.83
6	东明德村	洪峰流量(m^3/s)	611	496	353	246	153
		洪量(万 m^3)	440	351	243	168	111
		洪水历时(h)	7.5	7.0	6.5	6.0	6.0
		洪峰水位(m)	485.91	484.19	481.83	479.85	477.87

续表 4-2-9

序号	行政区划名称	洪水要素	重现期洪水要素值				
			100 年	50 年	20 年	10 年	5 年
7	北下郇村	洪峰流量(m^3/s)	1 584	1 206	761	456	247
		洪量(万 m^3)	1 779	1 373	899	587	360
		洪水历时(h)	12.0	11.0	11.0	11.0	11.0
		洪峰水位(m)	485.80	485.50	484.42	483.70	483.13
8	李野村	洪峰流量(m^3/s)	1 499	1 136	715	426	233
		洪量(万 m^3)	1 795	1 385	907	592	363
		洪水历时(h)	12.5	11.5	12.0	12.0	11.5
		洪峰水位(m)	477.69	476.80	475.69	474.78	473.95
9	西周村	洪峰流量(m^3/s)	2 175	1 678	1 082	667	376
		洪量(万 m^3)	2 186	1 697	1 126	746	467
		洪水历时(h)	11.0	10.0	10.5	10.5	10.0
		洪峰水位(m)	452.30	451.58	450.75	450.37	450.01
10	上裴庄村	洪峰流量(m^3/s)	2 175	1 678	1 082	667	376
		洪量(万 m^3)	2 186	1 697	1 126	746	467
		洪水历时(h)	11.0	10.0	10.5	10.5	10.0
		洪峰水位(m)	417.77	417.40	416.97	416.57	416.13
11	河南西村	洪峰流量(m^3/s)	2 175	1 678	1 082	667	376
		洪量(万 m^3)	2 186	1 697	1 126	746	467
		洪水历时(h)	11.0	10.0	10.5	10.5	10.0
		洪峰水位(m)	419.79	419.10	418.02	417.15	416.39
12	下裴庄村	洪峰流量(m^3/s)	2 175	1 678	1 082	667	376
		洪量(万 m^3)	2 186	1 697	1 126	746	467
		洪水历时(h)	11.0	10.0	10.5	10.5	10.0
		洪峰水位(m)	417.56	416.99	416.15	415.44	414.81

续表 4-2-9

序号	行政区划名称	洪水要素	重现期洪水要素值				
			100 年	50 年	20 年	10 年	5 年
13	高阳村	洪峰流量(m^3/s)	244	180	108	63.7	35.4
		洪量(万 m^3)	417	320	209	137	84
		洪水历时(h)	13.0	13.0	12.5	11.5	11.0
		洪峰水位(m)	414.49	414.23	413.90	413.65	413.27
14	杨家庄村	洪峰流量(m^3/s)	210	178	136	103	72.9
		洪量(万 m^3)					
		洪水历时(h)					
		洪峰水位(m)					
15	八顷村	洪峰流量(m^3/s)	151	126	93.7	69.2	47.3
		洪量(万 m^3)					
		洪水历时(h)					
		洪峰水位(m)					
16	小八顷	洪峰流量(m^3/s)	151	126	93.7	69.2	47.3
		洪量(万 m^3)					
		洪水历时(h)					
		洪峰水位(m)					
17	问卦村	洪峰流量(m^3/s)	195	163	121	89.1	59.3
		洪量(万 m^3)					
		洪水历时(h)					
		洪峰水位(m)					
18	上陈村	洪峰流量(m^3/s)	325	272	201	147	97.1
		洪量(m^3)					
		洪水历时(h)					
		洪峰水位(m)					

续表 4-2-9

序号	行政区划名称	洪水要素	重现期洪水要素值				
			100 年	50 年	20 年	10 年	5 年
19	下陈村	洪峰流量(m^3/s)	325	272	201	147	97.1
		洪量(万 m^3)	144	115	80	55	36
		洪水历时(h)	4.5	4.0	3.0	3.0	3.0
		洪峰水位(m)	558.14	557.09	555.59	554.34	552.98
20	西白塚	洪峰流量(m^3/s)	508	423	310	224	145
		洪量(万 m^3)					
		洪水历时(h)					
		洪峰水位(m)					
21	白塚村	洪峰流量(m^3/s)	508	423	310	224	145
		洪量(万 m^3)					
		洪水历时(h)					
		洪峰水位(m)					
22	下麦沟村	洪峰流量(m^3/s)	21.1	18.6	15.3	12.7	10.1
		洪量(万 m^3)					
		洪水历时(h)					
		洪峰水位(m)					
23	山下村	洪峰流量(m^3/s)	153	127	92.9	67.9	44.7
		洪量(万 m^3)					
		洪水历时(h)					
		洪峰水位(m)					
24	北闻喜庄	洪峰流量(m^3/s)	704	587	431	311	200
		洪量(万 m^3)					
		洪水历时(h)					
		洪峰水位(m)					

续表 4-2-9

序号	行政区划名称	洪水要素	重现期洪水要素值				
			100 年	50 年	20 年	10 年	5 年
25	义城村	洪峰流量(m^3/s)	685	571	418	301	193
		洪量(万 m^3)					
		洪水历时(h)					
		洪峰水位(m)					
26	闻喜庄村	洪峰流量(m^3/s)	685	571	418	301	193
		洪量(万 m^3)					
		洪水历时(h)					
		洪峰水位(m)					
27	杨庄村	洪峰流量(m^3/s)	680	566	414	298	191
		洪量(万 m^3)					
		洪水历时(h)					
		洪峰水位(m)					
28	下庙神	洪峰流量(m^3/s)	19.3	17.0	14.0	11.7	9.3
		洪量(万 m^3)					
		洪水历时(h)					
		洪峰水位(m)					
29	酸枣	洪峰流量(m^3/s)	34.9	30.8	25.3	21.1	16.9
		洪量(万 m^3)					
		洪水历时(h)					
		洪峰水位(m)					
30	杨谈村	洪峰流量(m^3/s)	330	276	203	149	99.2
		洪量(万 m^3)	188	152	108	76	51
		洪水历时(h)	5.5	5.5	4.5	4.0	4.0
		洪峰水位(m)	563.26	563.15	562.94	562.69	562.38

续表 4-2-9

序号	行政区划名称	洪水要素	重现期洪水要素值				
			100 年	50 年	20 年	10 年	5 年
31	赤石峪	洪峰流量(m^3/s)	13.3	11.7	9.60	8.00	6.30
		洪量(万 m^3)					
		洪水历时(h)					
		洪峰水位(m)					
32	下院村	洪峰流量(m^3/s)	32.9	29.0	23.7	19.6	15.5
		洪量(万 m^3)					
		洪水历时(h)					
		洪峰水位(m)					
33	万户村	洪峰流量(m^3/s)	158	133	99.1	73.8	50.3
		洪量(万 m^3)					
		洪水历时(h)					
		洪峰水位(m)					
34	沟东村	洪峰流量(m^3/s)	337	281	207	152	101
		洪量(万 m^3)					
		洪水历时(h)					
		洪峰水位(m)					
35	石桥堡村	洪峰流量(m^3/s)	34.9	30.7	25.2	20.9	16.6
		洪量(万 m^3)					
		洪水历时(h)					
		洪峰水位(m)					
36	下坞村	洪峰流量(m^3/s)	143	120	87.8	64.2	42.6
		洪量(万 m^3)	82	66	47	33	22
		洪水历时(h)	4.5	4.5	3.5	3.5	2.5
		洪峰水位(m)	487.04	486.82	486.64	486.47	486.30

续表 4-2-9

序号	行政区划名称	洪水要素	重现期洪水要素值				
			100年	50年	20年	10年	5年
37	上麦沟村	洪峰流量(m^3/s)	35.0	30.9	25.4	21.2	16.9
		洪量(万m^3)					
		洪水历时(h)					
		洪峰水位(m)					
38	义合庄村	洪峰流量(m^3/s)	143.0	120.0	88.0	64.0	43.0
		洪量(万m^3)					
		洪水历时(h)					
		洪峰水位(m)					
39	杨谈坡村	洪峰流量(m^3/s)	21.1	18.6	15.3	12.7	10.1
		洪量(万m^3)					
		洪水历时(h)					
		洪峰水位(m)					
40	北容村	洪峰流量(m^3/s)	590	495	367	268	176
		洪量(万m^3)					
		洪水历时(h)					
		洪峰水位(m)					
41	南容村	洪峰流量(m^3/s)	560	468	345	251	164
		洪量(万m^3)					
		洪水历时(h)					
		洪峰水位(m)					

表 4-2-10　曲沃县防洪现状评价成果表

序号	行政区划名称	防洪能力（年）	极高危险区(<5 年一遇)		高危险区(5~20 年一遇)		危险区(≥20 年一遇)	
			人口（人）	户数（户）	人口（人）	户数（户）	人口（人）	户数（户）
1	东闫村	74	0	0	0	0	33	6
2	西闫堡	30	0	0	0	0	12	3
3	西闫村	30	0	0	0	0	12	3
4	景明村	20	0	0	23	5	57	14
5	白水村	20	0	0	5	1	40	8
6	东明德村	30	0	0	0	0	80	19
7	北下郇村	28	0	0	0	0	89	23
8	李野村	84	0	0	0	0	3	1
9	西周村	68	0	0	0	0	35	9
10	上裴庄村	35	0	0	0	0	11	3
11	河南西村	18	0	0	25	7	49	12
12	下裴庄村	17	0	0	109	27	0	0
13	高阳村	14	0	0	30	6	96	22
14	杨家庄村	20	0	0	0	0	12	5
15	八顷村	20	0	0	0	0	22	4
16	小八顷	20	0	0	0	0	31	7
17	间卦村	20	0	0	0	0	67	12
18	上陈村	20	0	0	0	0	65	15
19	下陈村	20	0	0	0	0	41	11
20	西白塚	20	0	0	0	0	99	23

续表 4-2-10

序号	行政区划名称	防洪能力（年）	极高危险区（<5 年一遇）		高危险区（5~20 年一遇）		危险区（>20 年一遇）	
			人口（人）	户数（户）	人口（人）	户数（户）	人口（人）	户数（户）
21	白塚村	20	0	0	0	0	152	37
22	下麦沟村	20	0	0	0	0	186	44
23	山下村	20	0	0	0	0	85	19
24	北闻喜庄	20	0	0	0	0	63	14
25	义城村	20	0	0	0	0	109	21
26	闻喜庄村	20	0	0	0	0	214	45
27	杨庄村	20	0	0	0	0	78	16
28	下庙神村	20	0	0	0	0	15	3
29	酸枣村	20	0	0	0	0	23	5
30	杨谈村	20	0	0	6	1	18	2
31	赤石峪村	20	0	0	0	0	32	14
32	下院村	20	0	0	0	0	54	18
33	万户村	20	0	0	0	0	80	18
34	沟东村	20	0	0	0	0	69	17
35	石桥堡村	20	0	0	0	0	72	23
36	下坞村	24	0	0	0	0	14	3
37	上麦沟村	20	0	0	0	0	144	34
38	义合庄村	20	0	0	0	0	15	3
39	杨谈坡村	20	0	0	0	0	150	32
40	北容村	20	0	0	0	0	43	11
41	南容村	20	0	0	0	0	68	17

表 4-2-11　曲沃县预警指标成果表

序号	行政区划名称	类别	降雨历时	预警指标(mm)		临界雨量(mm)	方法
				准备转移	立即转移		
1	北董乡东闫村	雨量($B_0=0$)	0.5 h	44	62	62	流域模型法
			1 h	62	76	76	
		雨量($B_0=0.3$)	0.5 h	40	58	58	
			1 h	58	70	70	
		雨量($B_0=0.6$)	0.5 h	36	52	52	
			1 h	52	64	64	
2	北董乡西闫村西闫堡	雨量($B_0=0$)	0.5 h	37	53	53	流域模型法
			1 h	53	65	65	
		雨量($B_0=0.3$)	0.5 h	34	49	49	
			1 h	49	59	59	
		雨量($B_0=0.6$)	0.5 h	31	44	44	
			1 h	44	52	52	
3	北董乡西闫村	雨量($B_0=0$)	0.5 h	37	53	53	流域模型法
			1 h	53	65	65	
		雨量($B_0=0.3$)	0.5 h	34	49	49	
			1 h	49	59	59	
		雨量($B_0=0.6$)	0.5 h	31	44	44	
			1 h	44	52	52	
4	北董乡景明村	雨量($B_0=0$)	0.5 h	31	44	44	流域模型法
			1 h	44	55	55	
		雨量($B_0=0.3$)	0.5 h	27	39	39	
			1 h	39	49	49	
		雨量($B_0=0.6$)	0.5 h	24	35	35	
			1 h	35	43	43	

续表 4-2-11

序号	行政区划名称	类别	降雨历时	预警指标(mm)		临界雨量(mm)	方法
				准备转移	立即转移		
5	北董乡白水村	雨量($B_0=0$)	0.5 h	31	44	44	流域模型法
			1 h	44	55	55	
		雨量($B_0=0.3$)	0.5 h	27	39	39	
			1 h	39	49	49	
		雨量($B_0=0.6$)	0.5 h	24	35	35	
			1 h	35	43	43	
6	北董乡东明德村	雨量($B_0=0$)	0.5 h	32	46	46	流域模型法
			1 h	46	56	56	
			2 h	64	72	72	
		雨量($B_0=0.3$)	0.5 h	29	41	41	
			1 h	41	50	50	
			2 h	59	66	66	
		雨量($B_0=0.6$)	0.5 h	26	37	37	
			1 h	37	44	44	
			2 h	52	60	60	
7	北董乡北下郇村	雨量($B_0=0$)	0.5 h	34	49	49	流域模型法
			1 h	49	57	57	
			2 h	64	69	69	
			3 h	75	79	79	
		雨量($B_0=0.3$)	0.5 h	31	44	44	
			1 h	44	51	51	
			2 h	57	62	62	
			3 h	67	72	72	
		雨量($B_0=0.6$)	0.5 h	27	38	38	
			1 h	38	44	44	
			2 h	48	53	53	
			3 h	58	61	61	

续表 4-2-11

序号	行政区划名称	类别	降雨历时	预警指标(mm)		临界雨量(mm)	方法
				准备转移	立即转移		
8	北董乡李野村	雨量($B_0=0$)	0.5 h	48	68	68	流域模型法
			1 h	68	77	77	
			2 h	86	96	96	
			3 h	102	107	107	
		雨量($B_0=0.3$)	0.5 h	44	62	62	
			1 h	62	70	70	
			2 h	78	86	86	
			3 h	93	97	97	
		雨量($B_0=0.6$)	0.5 h	40	58	58	
			1 h	58	64	64	
			2 h	68	77	77	
			3 h	81	85	85	
9	北董乡西周村	雨量($B_0=0$)	0.5 h	49	70	70	流域模型法
			1 h	70	79	79	
			2 h	88	97	97	
		雨量($B_0=0.3$)	0.5 h	45	64	64	
			1 h	64	73	73	
			2 h	79	87	87	
		雨量($B_0=0.6$)	0.5 h	42	59	59	
			1 h	59	65	65	
			2 h	71	77	77	

续表 4-2-11

序号	行政区划名称	类别	降雨历时	预警指标(mm)		临界雨量(mm)	方法
				准备转移	立即转移		
10	北董乡上裴庄村	雨量($B_0=0$)	0.5 h	44	62	62	流域模型法
			1 h	62	70	70	
			2 h	79	86	86	
		雨量($B_0=0.3$)	0.5 h	39	56	56	
			1 h	56	64	64	
			2 h	71	77	77	
		雨量($B_0=0.6$)	0.5 h	36	52	52	
			1 h	52	57	57	
			2 h	62	67	67	
11	北董乡河南西村	雨量($B_0=0$)	0.5 h	36	51	51	流域模型法
			1 h	51	59	59	
			2 h	66	72	72	
		雨量($B_0=0.3$)	0.5 h	32	46	46	
			1 h	46	53	53	
			2 h	59	65	65	
		雨量($B_0=0.6$)	0.5 h	28	41	41	
			1 h	41	45	45	
			2 h	50	55	55	
12	北董乡下裴庄村	雨量($B_0=0$)	0.5 h	36	51	51	流域模型法
			1 h	51	59	59	
			2 h	66	72	72	
		雨量($B_0=0.3$)	0.5 h	32	46	46	
			1 h	46	53	53	
			2 h	59	65	65	
		雨量($B_0=0.6$)	0.5 h	28	41	41	
			1 h	41	45	45	
			2 h	50	55	55	

续表 4-2-11

序号	行政区划名称	类别	降雨历时	预警指标(mm)		临界雨量(mm)	方法
				准备转移	立即转移		
13	高显镇高阳村	雨量($B_0=0$)	0.5 h	31	44	44	流域模型法
			1 h	44	53	53	
			2 h	59	65	65	
			3 h	69	74	74	
			4 h	78	81	81	
		雨量($B_0=0.3$)	0.5 h	27	39	39	
			1 h	39	46	46	
			2 h	51	56	56	
			3 h	60	64	64	
			4 h	67	71	71	
		雨量($B_0=0.6$)	0.5 h	23	33	33	
			1 h	33	39	39	
			2 h	43	47	47	
			3 h	50	53	53	
			4 h	56	59	59	
14	杨谈乡杨家庄村	雨量($B_0=0.3$)	0.5 h	29	42	42	同频率法
			1 h	42	55	55	
15	杨谈乡八顷村	雨量($B_0=0.3$)	0.5 h	29	42	42	同频率法
			1 h	42	55	55	
16	杨谈乡八顷村小八顷	雨量($B_0=0.3$)	0.5 h	29	42	42	同频率法
			1 h	42	55	55	
17	杨谈乡问卦村	雨量($B_0=0.3$)	0.5 h	29	42	42	同频率法
			1 h	42	55	55	
18	曲村镇上陈村	雨量($B_0=0.3$)	0.5 h	29	42	42	同频率法
			1 h	42	55	55	

续表 4-2-11

序号	行政区划名称	类别	降雨历时	预警指标(mm)		临界雨量(mm)	方法
				准备转移	立即转移		
19	曲村镇下陈村	雨量($B_0=0$)	0.5 h	36	52	52	流域模型法
			1 h	52	64	64	
		雨量($B_0=0.3$)	0.5 h	33	47	47	
			1 h	47	59	59	
		雨量($B_0=0.6$)	0.5 h	30	43	43	
			1 h	43	53	53	
20	曲村镇白中村西白塚	雨量($B_0=0.3$)	0.5 h	29	42	42	同频率法
			1 h	42	55	55	
21	曲村镇白塚村	雨量($B_0=0.3$)	0.5 h	29	42	42	同频率法
			1 h	42	55	55	
22	杨谈乡下麦沟村	雨量($B_0=0.3$)	0.5 h	30	43	43	同频率法
			1 h	43	54	54	
23	杨谈乡山下村	雨量($B_0=0.3$)	0.5 h	31	44	44	同频率法
			1 h	44	56	56	
24	曲村镇闻喜庄村北闻喜庄	雨量($B_0=0.3$)	0.5 h	31	44	44	同频率法
			1 h	44	56	56	
25	曲村镇义城村	雨量($B_0=0.3$)	0.5 h	31	44	44	同频率法
			1 h	44	56	56	
26	曲村镇闻喜庄村	雨量($B_0=0.3$)	0.5 h	31	44	44	同频率法
			1 h	44	56	56	
27	曲村镇杨庄村	雨量($B_0=0.3$)	0.5 h	31	44	44	同频率法
			1 h	44	56	56	
28	杨谈乡义合庄村下庙神	雨量($B_0=0.3$)	0.5 h	30	43	43	同频率法
			1 h	43	54	54	

续表 4-2-11

序号	行政区划名称	类别	降雨历时	预警指标(mm)		临界雨量(mm)	方法
				准备转移	立即转移		
29	杨谈乡义合庄村酸枣	雨量($B_0=0.3$)	0.5 h	30	43	43	同频率法
			1 h	43	54	54	
30	杨谈乡杨谈村	雨量($B_0=0$)	0.5 h	36	52	52	流域模型法
			1 h	52	63	63	
		雨量($B_0=0.3$)	0.5 h	34	48	48	
			1 h	48	57	57	
		雨量($B_0=0.6$)	0.5 h	31	44	44	
			1 h	44	51	51	
31	杨谈乡下院村赤石峪	雨量($B_0=0.3$)	0.5 h	28	40	40	同频率法
			1 h	40	51	51	
32	杨谈乡下院村	雨量($B_0=0.3$)	0.5 h	28	40	40	同频率法
			1 h	40	51	51	
33	杨谈乡万户村	雨量($B_0=0.3$)	0.5 h	28	40	40	同频率法
			1 h	40	51	51	
34	杨谈乡沟东村	雨量($B_0=0.3$)	0.5 h	30	43	43	同频率法
			1 h	43	54	54	
35	杨谈乡石桥堡村	雨量($B_0=0.3$)	0.5 h	29	41	41	同频率法
			1 h	41	53	53	
36	曲村镇下坞村	雨量($B_0=0$)	0.5 h	35	50	50	流域模型法
			1 h	50	61	61	
		雨量($B_0=0.3$)	0.5 h	32	46	46	
			1 h	46	57	57	
		雨量($B_0=0.6$)	0.5 h	29	41	41	
			1 h	41	51	51	

续表 4-2-11

序号	行政区划名称	类别	降雨历时	预警指标(mm)		临界雨量(mm)	方法
				准备转移	立即转移		
37	杨谈乡上麦沟村	雨量($B_0=0.3$)	0.5 h	30	43	43	同频率法
			1 h	43	54	54	
38	杨谈乡义合庄村	雨量($B_0=0.3$)	0.5 h	30	43	43	同频率法
			1 h	43	54	54	
39	杨谈乡杨谈坡村	雨量($B_0=0.3$)	0.5 h	30	43	43	同频率法
			1 h	43	54	54	
40	曲村镇北容村	雨量($B_0=0.3$)	0.5 h	30	43	43	同频率法
			1 h	43	54	54	
41	曲村镇南容村	雨量($B_0=0.3$)	0.5 h	30	43	43	同频率法
			1 h	43	54	54	

第3章 翼城县

3.1 翼城县基本情况

3.1.1 地理位置

翼城县位于山西省临汾市东南隅,中条山太行山之间,北纬 34°23′~35°31′,东经 111°34′~112°03′;东邻沁水,西连曲沃,北与浮山、襄汾接壤,南与绛县、垣曲毗邻,东西长约 44 km,南北宽约 25 km,总面积 1 159 km^2。

翼城县总的特点是地势东高西低,东部又向南延伸较远。而东部又是南高北低。北、东、南群山环绕,平原台地堆积地貌、黄土梁峁侵蚀堆积地貌和中山侵蚀,均衡发育。

(1)平原台地堆积地貌:包括上梁庄、北捍、武子宫庄和南梁一线以西的地区,是 20 世纪以来长期下降的地区,堆积了大量的第四纪松散沉积物。平原台地的北部和东部边缘海拔大约 800 m,平原台地的北部地表微向南偏西倾斜,在郑庄、辛安一线以北地面坡度较陡,向南逐渐变缓。平原台地的东部武池、中卫、南梁一带地面微向西倾,靠近东部边缘,坡度也较陡,向西逐渐变缓。

(2)黄土梁峁侵蚀堆积地貌:包括平原台地以东和甘泉、李家山一线以北的地区。海拔由西向东,从 800 m 逐渐上升到 1 200 m 以上,广为黄土覆盖。经历了黄土堆积和被强烈侵蚀两个阶段,形成特有的黄土梁峁地貌。更新世黄土的厚度为 50~100 m,黄土层下覆盖的石炭二叠系、三叠系地层,主要在各大河谷的底部出露。

(3)中山侵蚀地貌:包括黄土梁峁地貌以南的地区,属山丘地貌,一般山峰海拔 1 500~2 000 m,最高峰舜王坪主峰海拔 2 322 m。出露岩层为元古代、古生代的震旦系、寒武系、奥陶系、石炭二叠系地层。山区广为森林植被覆盖,基岩裸露,浮土很少。

翼城县行政区划图如图 4-3-1 所示。

3.1.2 社会经济

翼城县现辖唐兴、南梁、里砦、隆化、桥上、西闫 6 个镇,中卫、南唐、王庄、浇底 4 个乡,214 个行政村。至 2014 年底,全县总人口约 29 万人,其中城镇人口约 8 万人,乡村人口约 21 万人。2014 年全县国内生产总值 687 928 万元,其中第一产业 85 606 万元,第二产业 300 598 万元,第三产业 301 724 万元。

翼城县境内矿产资源丰富,主要有铁、煤、铜、金、石灰岩等,其中尤以煤铁资源为最。

图 4-3-1　翼城县行政区划图

工业主要以铁开采 、煤开采等为主,农业以小麦、玉米为主,钢铁铸造和煤炭开采是全县经济发展的主要支柱产业。

3.1.3　河流水系

翼城县境内所有的河流都属于黄河流域,流域面积大于 50 km^2 的主要河流有 14 条。按照水利部河湖普查河流级别划分原则,1 级河流有 1 条,允西河;2 级河流有 3 条,分别为滏河、浍河、允西河右支;3 级河流有 10 条,分别为曲村河、田家河、滑家河、翟家桥河、范村河、常家河、干河、二曲河、续鲁峪河、樊村河。县境内主要河流为浍河。

翼城县河流水系图见图 4-3-2,主要河流基本情况见表 4-3-1。

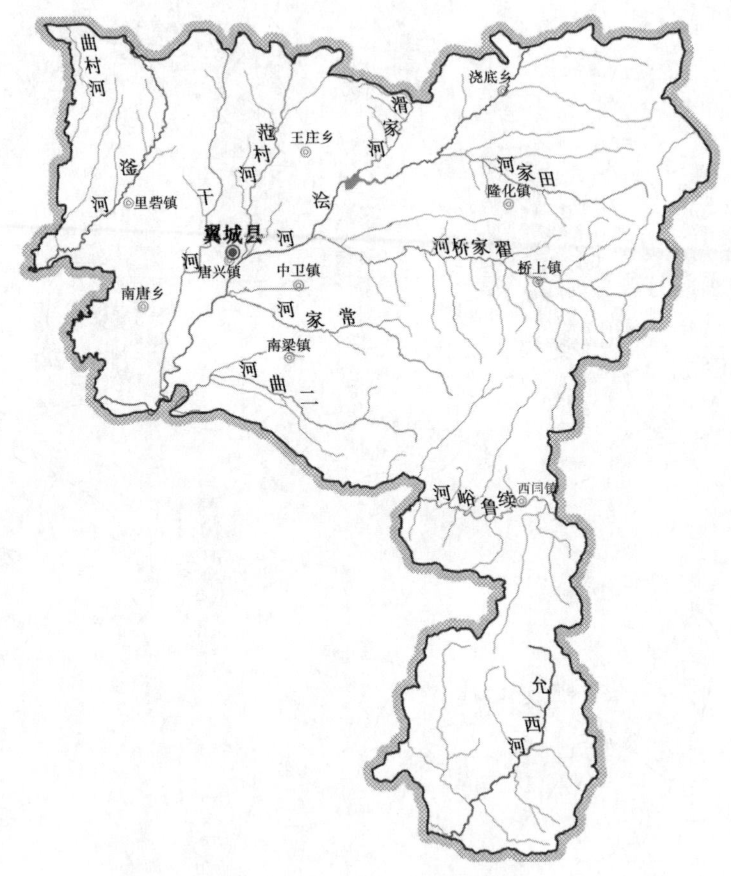

图 4-3-2　翼城县河流水系图

表 4-3-1　翼城县主要河流基本情况表

编号	河流名称	上级河流名称	河流等级	流域面积(km^2)	河长(km)	比降(‰)	县境内流域面积(km^2)
1	滏河	汾河	2	323	47	9.02	114.9
2	曲村河	滏河	3	65.1	23	20.49	13.8
3	浍河	汾河	2	2 052	111	3.24	894.8
4	田家河	浍河	3	67.7	16	26.92	67.7
5	滑家河	浍河	3	121	29	16.03	23.7
6	翟家桥河	浍河	3	182	27	18.13	181.8
7	范村河	浍河	3	57.9	19	15.56	49.0
8	常家河	浍河	3	59.3	19	23.77	59.3
9	干河	浍河	3	63.9	26	11.72	62.7
10	二曲河	浍河	3	110	22	19.10	93.6

续表 4-3-1

编号	河流名称	上级河流名称	河流等级	流域面积（km^2）	河长（km）	比降（‰）	县境内流域面积（km^2）
11	续鲁峪河	浍河	3	370	50	15.30	142.4
12	允西河	黄河	1	557	60	15.38	142.2
13	允西河右支	允西河	2	58.9	14	43.37	46.8
14	樊村河	龙渠河	3	132	23	13.89	15.7

3.1.3.1　滏河

滏河为汾河的一级支流。滏河起源于襄汾县大邓乡洞沟村(河源经度 111°36′44.4″，河源纬度 35°52′18.7″，河源高程 1 189.6 m)，自东北向西南流经襄汾县、翼城县、曲沃县，于曲沃县里村镇封王村汇入汾河(河口经度 111°24′25.7″，河口纬度 36°44′31.9″，河口高程 404.5 m)，河流全长 47 km，流域面积 323 km^2，河流比降为 9.02‰。翼城县境内流域面积为 114.9 km^2。

3.1.3.2　曲村河

曲村河为滏河的支流。曲村河起源于襄汾县陶寺乡云合十八盘(河源经度 111°35′25.5″，河源纬度 36°51′59.6″，河源高程 1 179.3 m)，自东北向西南流经襄汾县、翼城县、曲沃县，于曲沃县曲村镇北辛河汇入滏河(河口经度 111°29′59.6″，河口纬度 35°43′6.2″，河口高程 450.0 m)，河流全长 23 km，流域面积 65.1 km^2，河流比降为 20.49‰。翼城县境内流域面积为 13.8 km^2。

3.1.3.3　浍河

浍河为汾河的一级支流。浍河起源于浮山县米家垣乡新庄村花沟(河源经度 112°00′22.7″，河源纬度 35°54′17.3″，河源高程 1 337.7 m)，自东向西流经浮山县、翼城县、绛县、曲沃县、侯马市、新绛县，于新绛县开发区西曲村汇入汾河(河口经度 111°11′57.3″，河口纬度 35°35′27.0″，河口高程 390.0 m)，河流全长 111 km，流域面积 2 052 km^2，河流比降为 3.24‰。翼城县境内流域面积为 894.8 km^2。浍河流域建设有小河口水库、浍河水库、浍河二库。

3.1.3.4　田家河

田家河为浍河的支流。田家河起源于翼城县隆化镇黄家铺村马槽河(河源经度 112°00′32.5″，河源纬度 35°45′40.5″，河源高程 1 393.6 m)，自东向西流经翼城县，于翼城县浇底乡油庄村汇入浍河(河口经度 111°51′42.2″，河口纬度 35°47′8.0″，河口高程 727.1 m)，河流全长 16 km，流域面积 67.7 km^2，河流比降为 26.92‰。翼城县境内流域面积为 67.7 km^2。

3.1.3.5　滑家河

滑家河为浍河的支流。滑家河起源于浮山县米家垣乡滴水潭村南算坪(河源经度 112°00′3.4″，河源纬度 35°54′48.0″，河源高程 1 293.9 m)，自东北向西南流经浮山县、翼城县，于翼城县王庄乡新村小河口水库汇入浍河(河口经度 111°48′0.7″，河口纬度

35°46′23.0″,河口高程 659.6 m),河流全长 29 km,流域面积 121 km²,河流比降为 16.03‰。翼城县境内流域面积为 23.7 km²。

3.1.3.6 翟家桥河

翟家桥河为浍河的支流。翟家桥河起源于翼城县桥上镇上交村张公曹(河源经度 112°01′16.6″,河源纬度 35°42′50.7″,河源高程 1 265.9 m),自东向西流经翼城县,于翼城县隆化镇大河口村汇入浍河(河口经度 111°46′9.7″,河口纬度 35°44′23.6″,河口高程 583.0 m),河流全长 27 km,流域面积 182 km²,河流比降为 18.13‰。翼城县境内流域面积为 181.8 km²。翟家桥河建有一座小(2)型水库——杨家后水库。

3.1.3.7 范村河

范村河为浍河的支流。范村河起源于浮山县东张镇张家坡村(河源经度 111°47′34.5″,河源纬度 35°50′52.3″,河源高程 1 074.9 m),自北向南流经浮山县、翼城县,于翼城县唐兴镇北关村汇入浍河(河口经度 111°43′10.8″,河口纬度 35°43′42.3″,河口高程 549.8 m),河流全长 19 km,流域面积 57.9 km²,河流比降为 15.56‰。翼城县境内流域面积为 49.0 km²。

3.1.3.8 常家河

常家河为浍河的支流。常家河起源于翼城县中卫乡岳庄村(河源经度111°52′3.4″,河源纬度 35°38′59.1″,河源高程 1 279.7 m),自东向西流经翼城县,于翼城县南梁镇西王村汇入浍河(河口经度 111°42′23.2″,河口纬度 35°42′26.7″,河口高程 530.1 m),河流全长 19 km,流域面积 59.3 km²,河流比降为 23.77‰。翼城县境内流域面积为 59.3 km²。

3.1.3.9 干河

干河为浍河的支流。干河起源于浮山县东张乡南畔山村山羊坡(河源经度 111°42′8.8″,河源纬度 35°51′12.3″,河源高程 1 048.3 m),自北向南流经浮山县、翼城县,于翼城县南唐乡南丁村汇入浍河(河口经度 111°39′33.9″,河口纬度 35°39′13.9″,河口高程 498.8 m),河流全长 26 km,流域面积 63.9 km²,河流比降为 11.72‰。翼城县境内流域面积为 62.7 km²。

3.1.3.10 二曲河

二曲河为浍河的支流。二曲河起源于翼城县南梁镇兴岭村腰西沟(河源经度 111°50′28.4″,河源纬度 35°37′24.0″,河源高程 1 249.6 m),自东向西流经翼城县、绛县,于山西省绛县大交镇大交村汇入浍河(河口经度 111°39′9.7″,河口纬度 35°38′26.2″,河口高程 491.4 m),河流全长 22 km,流域面积 110 km²,河流比降为 19.10‰。翼城县境内流域面积为 93.6 km²。

3.1.3.11 续鲁峪河

续鲁峪河为浍河的支流。续鲁峪河起源于沁水县中村镇松峪村(河源经度 111°58′46.8″,河源纬度 35°39′26.9″,河源高程 1 345.7 m),自东向西流经沁水县、翼城县、绛县,于大交镇大交村汇入浍河(河口经度 111°39′1.8″,河口纬度 35°38′28.1″,河口高程 491.4 m),河流全长 50 km,流域面积 370 km²,河流比降为 15.30‰。翼城县境内流域面积为 142.4 km²。

3.1.3.12　允西河

允西河为黄河的一级支流。允西河起源于翼城县西闫镇大河村垛村(河源经度111°55′13.2″,河源纬度35°30′23.7″,河源高程1 887.9 m),自北向南流经翼城县、垣曲县,于垣曲县古城镇古城村小浪底水库汇入黄河(河口经度111°53′24.8″,河口纬度35°04′46.1″,河口高程219.0 m),河流全长60 km,流域面积557 km^2,河流比降为15.38‰。翼城县境内流域面积为142.2 km^2。

3.1.3.13　允西河右支

允西河右支为允西河的一级支流。允西河右支起源于翼城县西闫镇大河村龙头沟(河源经度111°52′40.8″,河源纬度35°30′23.9″,河源高程1 724.8 m),自北向南流经翼城县,于翼城县西闫镇大河村大西沟汇入允西河(河口经度111°52′41.1″,河口纬度35°24′59.8″,河口高程869.9 m),河流全长14 km,流域面积58.9 km^2,河流比降为43.37‰。翼城县境内流域面积为46.8 km^2。

3.1.3.14　樊村河

樊村河为沁河的二级支流。樊村河起源于翼城县隆化镇辽寨河村小南庄(河源经度112°01′19.6″,河源纬度35°45′30.4″,河源高程1 356.2 m),自西北向东南流经翼城县、沁水县、浮山县,于浮山县寨圪塔乡谭村汇入龙渠河(河口经度112°10′57.4″,河口纬度35°49′43.9″,河口高程926.1 m),河流全长23 km,流域面积132 km^2,河流比降为13.89‰。翼城县境内流域面积为15.7 km^2。

3.1.4　水文气象

翼城县地处中纬度,属暖温带大陆性季风气候,日照丰富,季风强盛,四季分明,为山西省气候光热资源丰富、无霜期较长的地区。冬寒少雪:冬季由于冷空气频繁,太阳辐射量为全年最少时期,大气环流以西北气候控制为主,形成冬季多风少雪、寒冷干燥的气候特征。冬季降水最少月份无降水,1962年为0.5 mm,最大月份1989年达65.6 mm。季平均降水19.4 mm,占年降水量的4%,月平均最低气温-3.5 ℃,出现在1月,极端平均最低气温为-19.1 ℃(1958年1月16日)。春风少雨:春季翼城县正处于印缅暖湿气流和偏北干燥冷空气两股气流交替影响带,因而春季多大风降温天气,3~5月平均风速为2.2 m/s,定时最大风速达19 m/s(1982年5月2日)。春季虽受暖气流影响,但因暖湿气流不强,所以降水偏少。季降水量为38~185 mm,历年平均为9.34 mm,占年降水量的17%。夏热伏旱:夏季因受副热带高压影响和太阳入射角大的原因,气温为全年最高时期。季平均气温为24.9 ℃,月平均气温为30.6 ℃,极端最高达41.3 ℃(1966年6月26日),季平均降水量为292.7 mm,占年雨量的55%。降水振幅很大,以雷阵雨为主,降水强度很大,高度集中。因此,经常发生伏旱,特别是7月入伏以后,出现持续高温少雨的天气。秋多阴雨:入秋后,副热带高压完全退出,暖湿气流仍然明显,同时,又受西南暖气流影响和西伯利亚冷空气入侵,三股气流共同影响,常造成秋季多连阴雨,降水日数季平均为22 d,季平均降水量为127.6 mm,占年降水量的24%。

3.1.5　历史山洪灾害

翼城县境内山洪灾害发生频次较高,是翼城县的主要自然灾害之一。历史上及中华人民共和国成立后发生过多次大的山洪灾害。本次首先收集了各种文献对翼城县山洪灾害的记载,其次在进行沿河村落调查时走访当地村民调查历史洪水情况,整理如下。

3.1.5.1 文献记载洪水资料

文献记载洪水资料主要来自于《山西省历史洪水调查成果》和《山西洪水研究》。该两本书资料来源于《山西通志》,各市、县的府志或县志,中央档案馆明清档案部的清代档案奏折以及少量的洪水碑刻和家书等。该县文献记载洪水共计 26 条。洪水发生年份分别为 1445 年、1482 年、1542 年、1606 年、1631 年、1717 年、1723 年、1833 年、1843 年、1862 年、1867 年、1876 年、1879 年、1880 年、1889 年、1892 年、1914 年、1917 年、1920 年、1924 年、1926 年、1927 年、1942 年、1955 年(见表 4-3-2)。本次工作还收集了翼城县文献记载旱情统计表,见表 4-3-3。

表 4-3-2 翼城县文献记载洪水统计表

序号	公元	年号	记载	资料来源
1	1445	明正统十年	三月洪洞汾水堤决。太原大水。翼城冬大雨雪,深一丈二尺,树梢皆没,道路不通	山西水旱灾害
2	1482	明成化十八年	翼城大风雨,坏庐舍伤稼	山西通志
3	1482	明成化十八年	高平山水暴涨,损伤田禾庐舍无算。翼城雨伤稼。潞州、宁乡水;霍州、汾西、寿阳旱,保德、定州、文水饥	山西通志
4	1542	明嘉靖廿一年	翼城五月浍水暴涨,漂溺东河庐舍	山西通志
5	1606	明万历卅四年	六月翼城大水。荣河河岸崩。猗氏、解州、夏县、平陆、临汾无禾。马邑大水	山西通志
6	1631	明崇祯四年	介休八月淫雨月余,淹塌东半壁,民舍倾圮无算。翼城六月初六日大雨水涨,漂溺东河下神,数百名男女多溺死。长子飞蝗蔽日集树结枝。襄垣雨雹大如卧牛小如拳。沁州夏五月雨雹,大如鸡子,方三十里折树伤禾,击死牛羊无数。太平大饥	山西通志
7	1717	清康熙五十六年	翼城五月廿九日大雷雨,浍河夜涨,漂溺死者百余人	山西自然灾害史年表
8	1723	清雍正元年	翼城滦水复发。介休夏秋大旱。平遥夏旱。宁武大雨	山西自然灾害史年表
9	1833	清道光十三年	榆次旱。翼城六月二十三日夜浍水大涨,东至后土庙,西至东门内半坡沿河一带,淹死人不计其数,南河下民居冲塌者极多	山西水旱灾害

续表4-3-2

序号	公元	年号	记载	资料来源
10	1843	清道光廿三年	新绛下船庄时值暑月,大雨连绵而降,汾水不时暴溢,且向东岸奔流甚急,而逼近土地庙基。吕文稽家书记载:六月十八日处处雨大,黄河开口南北十余里,娄庄水到南门内数十步,村北无水,东门内至东巷。绛县夏大雨。河津六月七日得雨三寸。新绛绛州六月八日得雨深透,六月二十一、二十二日得雨深透,七月一、二日得雨深透。汾西七月一、二日得雨深透。翼城七月四日得雨四寸。浮山七月四日得雨三寸	山西通志
11	1862	清同治元年	代州六月大雨,羊头河暴涨坏民舍。翼城八月淫雨伤禾。高平十一月雨雹,河水溢。榆次闰八月大雨。太原闰八月久雨	山西自然灾害史年表
12	1867	清同治六年	翼城大旱无麦,八月淫雨伤稼。襄陵雨	山西自然灾害史年表
13	1876	清光绪二年	屯留、吉州、临县、河津、汾西、绛州、洪洞、芮城、荣河、朔州、交城、解县旱。虞乡五月大风拔木。祁县寸草不收。永济、垣曲麦歉收。昔阳、平定四月廿四日大雪。翼城六月十八日大雷雨拔木。曲沃秋七月大疫	山西自然灾害史年表
14	1879	清光绪五年	永济:八月阴雨连旬,麦多种。太原:七月雨雹尺许,十余村灾。沁水:四月大雨雹。清源:秋九月大水,禾尽淹。汾阳:秋七月东富家堡堤决。翼城、洪洞:十月淫雨连绵。临汾:秋久雨。武乡:九月淫雨。高平:五六月大雨雹	山西自然灾害史年表
15	1880	清光绪六年	清徐、清源八月望大雨半月,东南泻海村庄被灾。文水八月阴雨连旬文峪水溢。孝义屡有阴雨。翼城秋大雨浍河暴涨,坏河坝。该年八月较大范围阴雨	山西自然灾害史年表
16	1889	清光绪十五年	翼城秋大雨,浍河暴涨冲坏东门外河堤三十余丈。万荣秋淫雨四十日	山西自然灾害史年表
17	1892	清光绪十八年	泽州:大雨连旬。马邑:五月前旱后大雨,次年大饥。应州、大同、怀仁、朔州、宁武、代州等县前旱后水。翼城:六月十八日浍水陡涨,淹没南河坝下。沁源:秋久雨大水伤稼。吉州:九月大雪	山西自然灾害史年表

续表 4-3-2

序号	公元	年号	记载	资料来源
18	1914	民国三年	翼城:五月间大雨雹如核桃状。武乡:五月大雪	山西自然灾害史年表
19	1917	民国六年	介休八月汾、文两河水溢,席村秋禾淹没,水淹祁县一部。稷山六月十八日汾河涨至马王庙后。绛县五月初九雨雹,大水雹来势凶猛,风电交加,倒屋拔木,人畜被打伤者甚多,平地水深数尺,田地大部分被毁,禾苗淹没殆尽,损失之大空前未有。翼城夏五月大雨雹	原山西省晋中地区水文计算手册
20	1920	民国九年	翼城六月廿一日夜大雨平地数尺,淹民舍无数。浍河涸至十六日,殆有尽水。中村北台上等五村房屋淹没殆尽,四野尽成泽国,人民数日不炊,号哭之声,惨不忍闻。稷山汾水涨至马王庙后,廿三日早水落	山西自然灾害史年表
21	1920	民国九年	山西临汾以南涝,余均旱和大旱。黎城、沁水、泽州、襄垣、长治、武乡、安邑、临晋、虞乡、芮城、平陆、汾西、万泉、临汾、荣河、榆次、榆县、阳曲、平遥、介休、太原、文水、孝义、崞县、应县、代县、忻县、定襄、新绛、太谷、朔州、昔阳、闻喜、平顺、壶关、襄陵、大同、阳高、浑源、静乐、保德、襄垣:受旱	山西自然灾害史年表
22	1924	民国十三年	翼城庙下沟山水,六月初一日水势猛	
23	1926	民国十五年	翼城春三月二十五日大雨,河水暴涨,漂没猪羊无数	原山西省运城地区水文计算手册
24	1927	民国十六年	翼城六月十五日大雨,浍水发,沿河地亩全淹,七月初一日又大雨,平地水深数尺,冲坏地亩房舍无算。曲沃六月浍水暴涨,河岸菜禾全无	山西自然灾害史年表
25	1942	民国卅一年	汾河、团柏河、对竹河大水	调查
26	1955		天镇、河曲、保德、五台、应县、代县、岚县、大同、山阴、左云、右玉、平鲁、雁北、忻县、太原、榆次、寿阳、昔阳、平定、石楼、翼城、万泉、临猗、曲沃、乡宁、大宁、浮山、霍县、长治、长子、襄垣、黎城、武乡、沁县、平顺、晋城、潞安、陵川、沁源、太谷、祁县、万荣:旱。翼城、夏县:雹灾	山西自然灾害史年表

表4-3-3　翼城县文献记载旱情统计表

序号	公元	年号	记载	资料来源
1	1472	明成化八年	山西全省性旱和大旱	山西通志
2	1528	明嘉靖七年	榆次、乡宁、翼城、绛州、平陆、闻喜、万荣、夏县、安邑、垣曲夏大旱,饿者相枕	山西自然灾害史年表
3	1534	明嘉靖十三年	翼城、交城、文水、徐沟、寿阳、汾西、洪洞、临汾、霍州、沁源、安泽旱大饥,禾稼殆尽,饿殍盈野	山西水旱灾害
4	1639	明崇祯十二年	翼城、隰县、太原、阳曲、霍州、襄汾、绛县、万泉、万荣、稷山、安泽大旱,蝗伤稼,饿死人甚众	山西水旱灾害
5	1674	清康熙十三年	翼城秋旱无禾岁饥	山西通志
6	1691	清康熙卅年	临汾夏旱蝗虫。绛州、曲沃大旱。浮山六月蝗发。闻喜旱六月蝗,七月大饥。翼城秋旱,无禾岁饥。河津旱蝗民饥。蒲州蝗旱	山西自然灾害史年表
7	1692	清康熙卅一年	蒲县、吉州、临汾、浮山、洪洞、翼城、稷山、河津、解州、平陆、蒲州、芮城旱蝗民饥,人死相枕藉	山西水旱灾害
8	1698	清康熙卅七年	翼城、洪洞、闻喜、浮山、蒲州、平定、交城、襄陵大旱,民大饥。静乐二至三月大雪	山西自然灾害史年表
9	1715	清康熙五十四年	翼城春大旱无麦。解州、绛州、运城旱。浮山冰雹如鹅卵。山西由北往南西半片旱和偏旱,东半片正常偏涝	山西自然灾害史年表
10	1720	清康熙五十九年	山西全省性大旱	山西自然灾害史年表
11	1721	清康熙六十年	山西全省性持续大旱	山西自然灾害史年表
12	1722	清康熙六十一年	山西全省性大旱,中部尤甚	山西水旱灾害
13	1867	清同治六年	翼城大旱无麦,八月淫雨伤稼。襄陵雨	山西自然灾害史年表
14	1878	清光绪四年	怀仁、文水、汾阳、孝义、交城、临汾、翼城、吉州、大宁、平顺、祁县、临县、蒲县、泽州、永宁(离石)、霍县、襄陵、乡宁、隰州、壶关、夏县、陵川、高平、泽州、襄垣、盂县、安邑、临晋、稷山、虞乡、芮城:旱。沁水、汾西、屯留:大疫。闻喜、太谷:大饥	山西自然灾害史年表

续表 4-3-3

序号	公元	年号	记载	资料来源
15	1900	清光绪廿六年	全省性大旱,旱情严重。乡宁、曲沃、太原、榆次、祁县、榆社、临县、新绛、临汾、永宁、浮山、襄陵、翼城、临晋、芮城、荣河、绛州、襄垣、武乡、泽州、沁源、陵川、平顺、壶关、怀仁、左云、吉州、万泉、平陆均有旱情记载	山西自然灾害史年表
16	1922	民国十一年	曲沃、襄陵、平陆、翼城:旱。芮城:风灾	山西自然灾害史年表
17	1935	民国廿四年	全省持续旱和大旱。怀仁、广灵、朔州、阳高、天镇、大同、太原、介休、文水、定襄、和顺、忻州、岢岚、昔阳、寿阳、兴县、榆社、静乐、新绛、赵城、霍州、临汾、蒲县、安邑、闻喜、虞乡、平陆、曲沃、河津、翼城、新绛、解州、芮城、荣河、永济、浮山、石楼、沁州、长治、潞城、泽州:旱	山西自然灾害史年表
18	1936	民国廿五年	十二月太原地震。全省持续性大旱	山西自然灾害史年表
19	1960		山西晋南旱象严重	山西水旱灾害
20	1965		山西全省性大旱。晋南春夏连旱,尤以伏旱为甚	山西水旱灾害
21	1972		山西全省性大旱,整个三伏天无雨	山西水旱灾害
22	1978		全省严重干旱的同时,风、雹、冻、病虫害亦严重发生	山西水旱灾害
23	1987		山西全省性旱,严重的有忻州、吕梁、临汾西部、太原市等	山西水旱灾害

3.1.5.2 《山西省历史洪水调查成果》中的调查成果

2011 年出版的《山西省历史洪水调查成果》中暴雨洪水调查资料已收集至 2008 年,是目前资料最为可靠、最为完整的历史洪水调查成果。其中收集翼城县历史洪水调查成果 5 条。洪水主要发生在王庄乡辛村河段,发生年份分别为 1900 年、1920 年、1941 年、1955 年。续鲁峪河 1982 年西闫村河段发生洪水。翼城县现有历史洪水调查成果统计表见表 4-3-4。

表 4-3-4　翼城县现有历史洪水调查成果统计表

序号	调查地点				集水面积(km^2)	调查洪水			调查单位
	水系	河名	河段名	地点		洪峰流量(m^3/s)	发生时间	可靠程度	
1	汾河	续鲁峪	西闫	翼城县西闫镇西闫村		194	1982 年 7 月 30 日	较可靠	原临汾地区水文分站
2	汾河	浍河	辛村	翼城县王庄乡辛村	337	2 660	1900 年 7 月	供参考	临汾水利局
						2 450	1941 年	供参考	
						1 920	1920 年	供参考	
						526	1955 年	供参考	

3.1.5.3　沿河村落历史洪水调查成果

在对沿河村落入户调查过程中,对所调查村庄历史上较大洪水进行了详细的访问,主要从历史洪水的发生时间、洪水描述、洪水水位以及洪水致灾情况进行了调查。从调查情况来看,受受访者年龄限制,较为可靠的洪水记忆一般在 20 世纪 50 年代以后。由于沿河村落大部分河段都进行了河道整治或受河道冲淤影响,其河道过水断面与历史洪水发生时相比存在较大变动,大部分洪水位已不能反映现状河道的过水能力,但其洪水发生时间具有一定的参考意义。本次工作对沿河村落历史洪水调查进行了整理,可作为该县历史洪水调查成果的补充参考。经统计,沿河村落历史洪水共计 13 场次。洪水发生年份分别为 1961 年、1964 年、1965 年、1972 年、1975 年、1982 年、1990 年、1993 年、1998 年、2003 年、2011 年、2012 年、2013 年、2014 年。翼城县沿河村落历史洪水调查成果统计表见表 4-3-5。

表 4-3-5　翼城县沿河村落洪水调查成果统计表

序号	村名	发生时间	受访者		洪水访问情况
			姓名	年龄	
1	苇沟村	2013 年	李宁多	64	天降暴雨导致苇沟村边地势较低的五六户人家院子全部进水
		2014 年	李宁多	64	天降暴雨导致苇沟村边地势较低的五六户人家院子全部进水
2	北寿城	2003 年	王女士	59	洪水发生时,漫至院墙根上
3	南寿城	1961 年	解兴礼	64	洪水发生时,河宽 50 ~ 60 m
4	上高村	90 年代	王杰	77	洪水发生后,下游山体滑坡,行洪不畅,洪水淤积,从窗户进入居民家中,屋里水有 1 m 来高

续表 4-3-5

序号	村名	发生时间	受访者		洪水访问情况
			姓名	年龄	
5	北关村	2003 年	贾云兰	50	洪水发生时,水从西石桥上下来,北关村地势较低,整个村子全部进水,屋内水有 10 cm 深
6	西石桥	2003 年	龚秀琴	68	洪水发生时,桥眼淤积堵塞,水从三眼桥处漫上公路,道路两旁商铺屋内水深 1.5 m,汽车都从院里冲出来,河边住户屋里水深 1.2 m,部分居民户院墙都冲塌了
7	庄里村	1967 年	王玉生	62	1967 年,历史上发生的最大洪水,洪水漫过下游三眼桥桥面
		2013 年	王玉生	62	洪水从涵洞口漫出河槽,进入煤矿院内
		2014 年	王玉生	62	洪水从涵洞口漫出河槽,进入煤矿院内
8	下交村	1965 年	李世敬	70	山洪溢出河槽,洪水漫上三眼桥,路上水深约 1.5 m
9	寺西村	1993 年	段元萍	51	洪水发生时,水深 50 cm 多
		2013 年	段元萍	51	发生洪水的时候,洪水至地势较低居民户院墙处
10	石门村	1975 年	朱素龙	68	洪水发生时,溢出河道,漫上道路,淹没桥梁
11	高乔村	2013 年	秦华联	51	上游水库放水,洪水漫出河槽,淹了 2 个院子
		2014 年	秦华联	51	天下大雨,洪水从第一个圆管涵漫出,进入周边院落
12	吴寨村	2013 年	卫国庆	53	洪水从村庄背后赵家沟下来,绕过村庄照壁,淹了大路坡下两户人家
			杨红菊	52	
13	南常村	1982 年	张树玉	67	1982 年左右,二曲河发大水,整个村子都进水了。村民家中洪水上炕
		1990 年	黄翼月	65	二曲河流域发生山洪灾害,南常村淹没田地千余亩,受灾人数 220 人,受灾户数 57 户,直接经济损失达到 98 万元
		2013 年	黄翼月	65	二曲河发大水,洪水上路,冲了路边砖厂,地势较低居民户房屋进水

续表 4-3-5

序号	村名	发生时间	受访者		洪水访问情况
			姓名	年龄	
14	程公村	1998 年	崔礼智	65	天降大雨,引发洪水,村里石桥被冲毁
		2013 年	崔礼智	65	洪水发生时,河道左侧七八户居民院子进水,上游二曲河的水也从村头进入村庄,道路淤积严重
15	下白马村	2012 年	任修旺	55	大雨引发山洪,洪水把河槽里的养猪场冲了
		2013 年	任修旺	55	洪水沿农田漫滩,进入养殖厂院落
16	西张村	1964 年	秦治勇	66	故城坝被冲毁,二曲河洪灌渠的水从后沟进入村庄,部分居民户家中进水有 40 cm 深
		1972 年	秦治勇	66	从下白马下来的水,在市场里直接流开,旁边地势较低居民户进水
		2013 年	秦治勇	66	水从下白马下来,在市场里流开了。河边道路上洪水 40 cm 深
		2014 年	秦治勇	66	大雨引发山洪,河道两旁居民户水深 40 ~ 50 cm,出行困难
17	两坂村	60 年代	宋建峰	78	洪水较大时漫过桥梁,下游的养殖厂被淹
18	西闫村	1982 年	张发青	57	洪水发生时,冲走了赶集回来的 8 个人,死了 3 个
		2003 年	香菇厂老板	48	河道洪水将西闫村下游的香菇厂冲了;洪水从圆管涵冲上道路,地势较低居民户受了灾。
		2013 年	张发青	57	天降大雨,洪水溢满河槽,河槽里的房子被冲,煤矿进水
19	北河湾	1982 年	侯怀云	58	洪水发生时,正逢赶集,上游冰箱、锅灶全被冲下来,冲死 3 个人
		2003 年	张瑞聘	74	山洪溢满河槽,北河湾村的老桥被冲
		2013 年	侯怀云	58	天降暴雨,洪水溢满河槽,下游河坝被冲坏
20	底下河	2013 年	何彦荣	60	洪水从河槽里漫出,部分河边居民户家中水深 1 m 多。村庄道路被冲坏,道路两旁房子进水,摩托车被冲走,居民户家中衣柜被冲出来
21	上河村	2011 年	王萍	49	水直接从山上下来,进入山脚下几户人家
		2013 年	王萍	49	山洪漫出上河沟河槽,进入道路右侧地势较低的居民户,道路右岸居民户家中水深 40 cm

续表 4-3-5

序号	村名	发生时间	受访者		洪水访问情况
			姓名	年龄	
22	曹公村	70 年代	贾玉龙	70	河里发洪水,河边木材厂几百方的木材被冲走
		2011 年	贾玉龙	70	洪水溢出河槽,河里的地被冲了
		2012 年	贾玉龙	70	暴雨引发山洪,洪水漫至桥孔,溢出河槽
23	堡子村	1982 年	王国治	55	洪水上路,淹了汽车,人从汽车里跳下来逃生
24	元窑河村	1982 年	张兴一	77	洪水冲坏石坝,冲毁庄稼,进入村庄道路,路边居民户家中水有 1 m 来深
25	贾家庄	2012 年	靳怀仁	64	大雨引发山洪,洪水把左岸岸坡冲坏进了村

3.1.5.4 当地相关部门洪水记载

本次工作收集了地方县志、当地水利及相关部门对洪水的记载,可作为翼城县历史洪水调查成果的补充。本次共收集 4 场次洪水记载,洪水发生年份分别为 1980 年、1981 年、1990 年、2006 年。翼城县相关部门历史洪水调查成果统计表见表 4-3-6。

表 4-3-6 翼城县当地部门历史洪水调查成果统计表

序号	发生时间	位置	洪水灾害描述
1	1980 年 7 月 26～29 日	翼城县	翼城县全县境内连降暴雨,里砦镇老官庄村冲毁大坝一座,淹没农田 100 亩
2	1981 年 7 月 18 日	浇底河	因降雨浇底河发生山体滑坡,受灾面积达 7 500 余亩
3	1990 年 6 月 29 日	南梁镇	二曲河流域发生山洪灾害,南梁镇南常村淹没田地千余亩,受灾人数 220 人,受灾户数 57 户,直接经济损失达到 98 万元,南梁镇东尹村淹没田地 300 余亩,受灾人数 410 人,受灾户数 70 户,直接经济损失达到 53 万元;南梁镇合富村淹没田地 50 余亩,受灾人数 70 人,受灾户数 10 户,直接经济损失达到 5 万元
4	2006 年 7 月	范村河	范村河流域上游发生大洪水,河道堵塞,洪水进村使 78 户房屋进水、16 户房屋成危房

3.2 翼城县山洪灾害分析评价成果

3.2.1 分析评价名录确定

翼城县共有 56 个重点防治区,重点防治区名录见表 4-3-7;翼城县将 56 个重点防治区划分为 45 个计算小流域(流域面积相同的村落在表中只体现为一个计算小流域),见表 4-3-8。其中包括行政区划名称、面积、主沟道长度、主沟道比降、产流地类、汇流地类。

表 4-3-7　翼城县山洪灾害分析评价名录

序号	沿河村落	行政区划代码	所在乡镇	所在河流	影响形式
1	河寨	141022203203101	浇底乡	田家河	河道洪水
2	两坂村	141022103240000	隆化镇	浍河上游	河道洪水
3	枣园村	141022103241000	隆化镇	浍河上游	坡面水流
4	中伯村	141022103242000	隆化镇	滑家河	河道洪水
5	新东坡	141022103241101	隆化镇	滑家河	河道洪水
6	前庄	141022104209000	桥上镇	杨家河	河道洪水
7	南头	141022104209102	桥上镇	杨家河	河道洪水
8	杨家后	141022103215101	隆化镇	翟家桥河	河道洪水
9	张坡	141022104202100	桥上镇	翟家桥河	河道洪水
10	解家	141022104202101	桥上镇	翟家桥河	河道洪水
11	下交村	141022104202000	桥上镇	翟家桥河	河道洪水
12	寺西	141022104200100	桥上镇	翟家桥河	河道洪水
13	东白驹村	141022104201000	桥上镇	翟家桥河	河道洪水
14	西白驹村	141022103208000	隆化镇	翟家桥河	河道洪水
15	尧都村	141022103207000	隆化镇	翟家桥河	河道洪水
16	石门村	141022103206000	隆化镇	翟家桥河	河道洪水
17	下石门村	141022103237000	隆化镇	翟家桥河	河道洪水
18	高家	141022103236100	隆化镇	海子沟	河道洪水
19	屋山村	141022200209000	中卫乡	翟家桥河	坡面水流
20	上石村	141022202206000	王庄乡	范村河	河道洪水
21	寨上村	141022100215000	唐兴镇	干河	河道洪水
22	中石桥村	141022100210000	唐兴镇	干河	河道洪水
23	石潭村	141022202228000	王庄乡	高村河	河道洪水
24	上高村	141022100217000	唐兴镇	高村河	坡面水流
25	西石桥村	141022100209000	唐兴镇	范村河	河道洪水
26	北关村	141022100201000	唐兴镇	范村河	河道洪水
27	吴寨村	141022200216000	中卫乡	吴寨沟	坡面水流
28	浍史村	141022200220000	中卫乡	浍河上游	河道洪水

续表 4-3-7

序号	沿河村落	行政区划代码	所在乡镇	所在河流	影响形式
29	营里村	141022100226000	唐兴镇	干河	河道洪水
30	苇沟村	141022100224000	唐兴镇	苇沟	坡面水流
31	北寿城村	141022100219000	唐兴镇	干河	河道洪水
32	南寿城村	141022100220000	唐兴镇	干河	河道洪水
33	陵下村	141022100222000	唐兴镇	干河	河道洪水
34	南丁村	141022201213000	南唐乡	干河	河道洪水
35	寨子	141022100205100	唐兴镇	干河	河道洪水
36	南常村 1	141022101217000	南梁镇	二曲河	河道洪水
37	南常村 2	141022101217000	南梁镇	南常河	河道洪水
38	程公	141022101219100	南梁镇	南常河	河道洪水
39	下白马	141022101219000	南梁镇	南常河	河道洪水
40	西张村	141022101232000	南梁镇	南常河	河道洪水
41	东尹村	141022101215000	南梁镇	二曲河	坡面水流
42	西尹	141022101215100	南梁镇	二曲河	河道洪水
43	马册村	141022101230000	南梁镇	二曲河	河道洪水
44	南史村	141022101229000	南梁镇	二曲河	河道洪水
45	贾家庄	141022105204101	西闫镇	元窑河	河道洪水
46	元窑河	141022105204100	西闫镇	元窑河	河道洪水
47	底下河	141022105203101	西闫镇	十字河	河道洪水
48	上河村	141022105205000	西闫镇	十字河	河道洪水
49	十河村	141022105204000	西闫镇	十字河	河道洪水
50	曹公村	141022105208000	西闫镇	十字河	河道洪水
51	堡子村	141022105209000	西闫镇	十字河	河道洪水
52	河西	141022105209103	西闫镇	十字河	河道洪水
53	北河湾	141022105209101	西闫镇	续鲁峪河	河道洪水
54	西闫村	141022105200000	西闫镇	续鲁峪河	河道洪水
55	东续村	141022102210000	里砦镇	滏河	河道洪水
56	东午寄村	141022102215000	里砦镇	滏河	河道洪水
57	中河西	141022105214000	西闫镇	允西河	河道洪水

注:表中序号 36、37 的南常村 1、南常村 2 为一个防治区。

表4-3-8　翼城县小流域基本信息汇总表

序号	行政区划名称	面积(km^2)	主沟道长度(km)	主沟道比降(‰)	产流地类(km^2)								汇流地类(km^2)		
					灰岩森林山地	灰岩灌丛山地	砂页岩森林山地	砂页岩灌丛山地	变质岩灌丛山地	变质岩森林山地	黄土丘陵阶地	耕种平地	森林山地	灌丛山地	草坡山地
1	河寨	67.25	16.7	23.5			4.87	7.67			54.71		4.87	7.67	54.71
2	两坂村	191.1	28.4	15.6			41.24	25.84			124		41.24	25.84	124
3	枣园村	4.47	10.6	29.7							1.593	2.879	2.879		1.593
4	中伯村	149.68	23.6	15.6			1.024	32.83			115.826		18.164	15.69	115.826
5	新东坡	151.33	30.1	14.8			1.024	32.83			117.476		1.024	32.83	117.476
6	前庄	5.65	5.0	36.6			1.19	4.46					1.19	4.46	
7	南头	18.48	4.4	42.7				6.123				12.357	12.357	6.123	
8	杨家后	10.04	4.2	36.5			0.978 2	4.096			4.701 8		0.978 2	4.096	4.701 8
9	张坡	11.2	5.0	31.7			0.978 2	5.52			4.701 8		0.978 2	5.52	4.701 8
10	解家	12.12			0.978 2	5.52			4.701 8		0.978 2	5.52	4.701 8	5.48	27.59
11	下交村	49.69	10.5	28.1			8.14	34.56			6.99		8.14	34.56	6.99
12	东白驹村	79.72	13.1	27.9			8.14	34.56			37.02		8.14	34.56	37.02
13	西白驹村	93.7	14.8	27.2			8.14	34.56			51		8.14	34.56	51
14	尧都村	102.1	16.6	26.5	8.14	34.56			59.4		24.72	61.06	59.4	16.577	26.5
15	石门村	110.7	20.7	19.0			10.53	50.01			50.2		10.53	50.01	50.2

续表 4-3-8

序号	行政区划名称	面积(km^2)	主沟道长度(km)	主沟道比降(‰)	产流地类(km^2)								汇流地类(km^2)		
					灰岩森林山地	灰岩灌丛山地	砂页岩森林山地	砂页岩灌丛山地	变质岩灌丛山地	变质岩森林山地	黄土丘陵阶地	耕种平地	森林山地	灌丛山地	草坡山地
16	下石门村	110.7	20.7	19.0			10.53	50.01			50.2		10.53	50.01	50.2
17	高家	17.3	11.7	22.7							16.88	0.42	0.42		16.88
18	上石村	14.58	5.2	35.5							2.796	11.71	11.71		2.796
19	寨上村	17.56	2.6	7.7							5.782	11.71	11.71		5.782
20	中石桥村	19.14	2.6	7.7							7.429	11.71	11.71		7.429
21	石潭村	3.96	2.4	37.7							3.96				3.96
22	上高村	12.07	7.9	20.8							10.2	1.87	1.87		10.2
23	西石桥村	57.45	15.6	13.5					0.33		49.8	7.32	7.32	0.33	49.8
24	吴寨村	1.65									1.65				1.65
25	浍史村	22.96	3.6	15.1							11.29	11.67	11.67		11.29
26	营里村	18.51	18.5	21.8					7.179		11.34			7.18	11.34
27	苇沟村	3.37									3.37				3.37
28	南丁村	63.48	28.3	17.3							18.34	45.14	45.14		18.34
29	寨子	51.48	23.0	18.2							18.34	33.14	33.14		18.34
30	南常村1	26.39	12.5	31.5	1.51	10.6					13.76	0.52	2.03	10.6	13.76

续表 4-3-8

序号	行政区划名称	面积(km^2)	主沟道长度(km)	主沟道比降(‰)	产流地类(km^2)								汇流地类(km^2)		
					灰岩森林山地	灰岩灌丛山地	砂页岩森林山地	砂页岩灌丛山地	变质岩灌丛山地	变质岩森林山地	黄土丘陵阶地	耕种平地	森林山地	灌丛山地	草坡山地
31	南常村2	5. 69	6. 5	36. 1	0. 48						4. 75	0. 46	0. 94		4. 75
32	西尹	9. 26	3. 8	23. 5	1. 148						3. 12	4. 99	4. 99		4. 72
33	马册村	13. 38	3. 7	19. 8	0. 845 2						3. 472	9. 061	9. 061		3. 472
34	贾家庄	13. 12	5. 3	66. 2	13. 12								13. 12		
35	元窑河	14. 82	6. 2	61. 3	14. 82								14. 82		
36	底下河	8. 94	4. 5	54. 7	6. 16		1. 99	0. 79					8. 15	0. 79	
37	上河村	4. 41	3. 2	34. 2			0. 55	3. 86					0. 55	3. 86	
38	十河村	12. 12	5. 3	50. 1	6. 54		4. 08	1. 5					10. 62	1. 5	
39	曹公村	18. 47	7. 3	36. 4	6. 58		5. 36	6. 54					11. 93	6. 54	
40	堡子村	38. 5	11. 7	42. 6	28. 24		2. 87	7. 39					31. 11	7. 39	
41	河西	38. 9	11. 7	42. 6	28. 24		2. 87	7. 79					31. 11	7. 79	
42	西闫村	144. 2	15. 3	14	42. 51	2. 39	62. 4	36. 94					104. 91	39. 33	
43	东续村	65. 44	23. 9	21. 2					36. 43		14. 28	14. 73	14. 73	36. 43	14. 28
44	东午寄村	13. 67	6. 4	38. 4					3. 037		5. 445	5. 188	5. 188	3. 037	5. 445
45	中河西	20. 72	7. 6	68. 2	5. 846				14. 874				5. 846	14. 874	

3.2.2 设计暴雨成果

翼城县的56个重点防治区分为41个计算小流域,各时段雨量的均值 $\overline{H}$、变差系数 C_v、C_s/C_v 和各时段相应频率的雨量值成果 H_p 见表4-3-9(本次对翼城县56个山洪灾害沿河村落均采用《山西省水文手册》中提供的方法进行了设计暴雨计算。对采用流域模型法计算设计洪水的进行设计暴雨时程分配计算,对采用经验公式法计算设计洪水的不进行设计暴雨时程分配计算)。翼城县沿河村落100年一遇设计暴雨分布图分别见附图4-25~附图4-28。

3.2.3 设计洪水成果

翼城县的51个重点防治区进行了设计洪水的推求。其中设计洪水成果表见表4-3-10(51个沿河村落均采用由设计暴雨推求设计洪水的方法计算,本次采用《山西省水文手册》中的流域模型法与经验公式法计算,对采用流域模型法计算设计洪水的进行设计净雨深计算,对采用经验公式法计算设计洪水的不进行设计净雨深计算)。翼城县沿河村落100年一遇设计洪水分布图见附图4-29。

3.2.4 现状防洪能力成果

现状防洪能力评价主要是在设计洪水分析成果的基础上,结合沿河村落地形地貌、居民户高程情况,勾绘划定其淹没范围,进行危险区等级的划分,确定最佳转移路线和临时安置地点,并统计各沿河村落5个典型频率设计洪水位下的累计人口、户数,获得水位—流量—人口关系,综合评价现状防洪能力。本次对翼城县56个山洪灾害沿河村落进行防洪现状评价。现状防洪能力小于100年一遇的有56个沿河村落,在56个沿河村落中需进行防洪现状评价的区域共57个,分布于14个防治区。57个评价区域中,小于5年一遇的有7个,大于等于5年一遇小于20年一遇的有15个,大于等于20年一遇小于100年一遇的有35个。

经统计,翼城县56个沿河村落中极高危险区内有173户790人,高危险区内有230户1 075人,危险区内有523户1 637人。部分村庄河槽夷平,洪水改道,通过村庄道路行洪。本次危险区人口仅统计了村庄区域河道周围可能受灾的居民户,对村庄下游企业或其他村庄可能因改道造成威胁的居民户未做详细统计。现状防洪能力成果见表4-3-11与附图4-30。

3.2.5 雨量预警指标分析成果

翼城县的56个重点防治区都进行了雨量预警指标的确定。翼城县预警指标分析成果表和翼城县沿河村落预警指标分布图见表4-3-12与附图4-31~附图4-36。

表 4-3-9　翼城县设计暴雨计算成果表

序号	计算单元名称	历时	均值(mm)	变差系数	C_s/C_v	重现期雨量值 H_p(mm)				
						100年($H_{1\%}$)	50年($H_{2\%}$)	20年($H_{5\%}$)	10年($H_{10\%}$)	5年($H_{20\%}$)
1	河寨	10 min	15.1	0.56	3.5	35.7	31.2	25.3	20.8	16.3
		60 min	31.0	0.54	3.5	71.2	62.4	50.8	41.9	32.9
		6 h	45.0	0.56	3.5	122.9	107.7	87.6	72.2	56.7
		24 h	61.0	0.56	3.5	167.6	146.7	118.8	97.6	76.3
		3 d	75.6	0.56	3.5	215.7	188.7	152.9	125.7	98.2
2	两坂村	10 min	15.1	0.55	3.5	31.4	27.5	22.4	18.5	14.6
		60 min	30.9	0.53	3.5	63.2	55.5	45.4	37.6	29.7
		6 h	44.0	0.56	3.5	111.8	98.3	80.3	66.5	52.6
		24 h	60.9	0.56	3.5	157.9	138.5	112.8	93.2	73.3
		3 d	75.4	0.56	3.5	207.6	181.8	147.9	122.0	95.7
3	屋山	10 min	13.9	0.52	3.5	35.8	31.5	25.7	21.3	16.9
		60 min	25.3	0.52	3.5	66.7	58.9	48.4	40.4	32.2
		6 h	44.5	0.45	3.5	106.0	94.3	78.7	66.6	54.1
		24 h	57.1	0.42	3.5	133.9	120.5	102.4	88.2	73.3
		3 d	77.5	0.55	3.5	226.2	197.9	160.3	131.7	103.0
4	中伯村	10 min	14.5	0.53	3.5	29.2	25.7	21.1	17.6	14.0
		60 min	29.0	0.49	3.5	59.8	52.8	43.5	36.3	29.0
		6 h	42.0	0.53	3.5	107.1	94.5	77.7	64.8	51.6
		24 h	59.0	0.53	3.5	151.6	133.4	109.3	90.8	71.9
		3 d	78.0	0.56	3.5	217.3	190.2	154.6	127.4	99.8
5	新东坡	10 min	14.5	0.53	3.5	29.2	25.8	21.2	17.6	14.0
		60 min	29.0	0.49	3.5	59.6	52.6	43.3	36.2	28.9
		6 h	42.0	0.53	3.5	106.6	94.1	77.4	64.6	51.5
		24 h	59.0	0.53	3.5	151.4	133.3	109.2	90.7	71.9
		3 d	78.0	0.56	3.5	217.3	190.2	154.5	127.3	99.8

续表 4-3-9

序号	计算单元名称	历时	均值(mm)	变差系数	C_s/C_v	重现期雨量值 H_p(mm)				
						100 年($H_{1\%}$)	50 年($H_{2\%}$)	20 年($H_{5\%}$)	10 年($H_{10\%}$)	5 年($H_{20\%}$)
6	前庄	10 min	14. 8	0. 58	3. 5	41. 5	36. 1	29. 0	23. 7	18. 3
		60 min	30. 5	0. 57	3. 5	85. 9	74. 8	60. 1	48. 9	37. 8
		6 h	49. 1	0. 60	3. 5	148. 4	128. 9	103. 1	83. 7	64. 3
		24 h	62. 8	0. 60	3. 5	195. 8	169. 6	135. 0	109. 0	83. 2
		3 d	77. 5	0. 58	3. 5	236. 4	205. 6	164. 9	134. 2	103. 5
7	杨家后	10 min	14. 8	0. 56	3. 5	39. 5	34. 5	27. 9	22. 9	17. 9
		60 min	30. 3	0. 58	3. 5	83. 5	72. 6	58. 3	47. 4	36. 6
		6 h	47. 1	0. 60	3. 5	143. 1	124. 1	99. 1	80. 3	61. 5
		24 h	59. 6	0. 60	3. 5	183. 2	158. 9	126. 6	102. 4	78. 2
		3 d	83. 5	0. 58	3. 5	253. 4	220. 5	176. 9	144. 0	111. 1
8	下交村	10 min	14. 8	0. 58	3. 5	36. 5	31. 8	25. 6	20. 9	16. 2
		60 min	30. 5	0. 57	3. 5	77. 8	67. 8	54. 6	44. 6	34. 5
		6 h	49. 1	0. 60	3. 5	138. 7	120. 7	96. 8	78. 8	60. 8
		24 h	62. 8	0. 60	3. 5	188. 0	163. 1	130. 3	105. 5	80. 8
		3 d	77. 5	0. 58	3. 5	229. 6	200. 0	160. 8	131. 2	101. 5
9	东白驹村	10 min	14. 8	0. 58	3. 5	34. 5	30. 1	24. 3	19. 9	15. 5
		60 min	30. 5	0. 57	3. 5	74. 2	64. 8	52. 3	42. 8	33. 2
		6 h	49. 1	0. 60	3. 5	132. 6	115. 7	93. 2	76. 1	59. 1
		24 h	62. 8	0. 60	3. 5	179. 2	156. 1	125. 4	102. 2	79. 0
		3 d	77. 5	0. 58	3. 5	222. 1	193. 8	156. 6	128. 4	99. 9
10	西白驹村	10 min	14. 8	0. 58	3. 5	33. 7	29. 4	23. 7	19. 4	15. 1
		60 min	30. 5	0. 57	3. 5	72. 8	63. 5	51. 3	42. 0	32. 7
		6 h	49. 1	0. 60	3. 5	130. 8	114. 1	92. 0	75. 2	58. 4
		24 h	62. 8	0. 60	3. 5	177. 5	154. 6	124. 3	101. 4	78. 5
		3 d	77. 5	0. 58	3. 5	220. 4	192. 4	155. 6	127. 6	99. 4

续表 4-3-9

序号	计算单元名称	历时	均值(mm)	变差系数	C_s/C_v	重现期雨量值 H_p(mm)				
						100 年($H_{1\%}$)	50 年($H_{2\%}$)	20 年($H_{5\%}$)	10 年($H_{10\%}$)	5 年($H_{20\%}$)
11	石门村	10 min	14.7	0.58	3.5	33.4	29.2	23.5	19.3	15.0
		60 min	30.4	0.57	3.5	72.7	63.4	51.1	41.8	32.5
		6 h	48.6	0.59	3.5	130.7	114	91.8	75	58.2
		24 h	62.2	0.59	3.5	176.7	154	123.9	101.1	78.3
		3 d	77.0	0.57	3.5	219.9	192.1	155.4	127.4	99.3
12	下石门村	10 min	14.5	0.57	3.5	31.8	27.8	22.5	18.4	14.4
		60 min	30.3	0.56	3.5	69.1	60.4	49	40.3	31.5
		6 h	47.4	0.57	3.5	124.8	109.2	88.5	72.7	56.8
		24 h	61.6	0.58	3.5	170.3	148.8	120.2	98.5	76.7
		3 d	76.3	0.57	3.5	215.1	188	152.4	125.3	97.8
13	高家	10 min	14.8	0.58	3.5	39.3	34.2	27.5	22.5	17.4
		60 min	30.5	0.57	3.5	82.4	71.8	57.7	47	36.4
		6 h	49.1	0.60	3.5	144.2	125.4	100.4	81.6	62.8
		24 h	62.8	0.60	3.5	192.7	167	133.1	107.6	82.2
		3 d	77.5	0.58	3.5	233.7	203.4	163.3	133	102.7
14	上石村	10 min	13.8	0.53	3.5	33.8	29.7	24.3	20.2	16
		60 min	25.1	0.50	3.5	63.5	56	46	38.4	30.6
		6 h	43.2	0.49	3.5	102.5	91.1	76	64.2	52.1
		24 h	57.4	0.41	3.5	132	118.9	101.1	87.1	72.5
		3 d	74.6	0.53	3.5	208.8	183.5	149.7	124	97.9
15	寨上村	10 min	13.8	0.52	3.5	33.5	29.5	24.2	20.1	15.9
		60 min	25.2	0.51	3.5	61.4	54.3	44.7	37.4	29.9
		6 h	41.5	0.46	3.5	98.6	87.9	73.5	62.4	50.8
		24 h	57.2	0.41	3.5	128.6	116.0	98.9	85.5	71.4
		3 d	75.5	0.53	3.5	210.8	185.3	151.2	125.3	99.0

续表 4-3-9

序号	计算单元名称	历时	均值(mm)	变差系数	C_s/C_v	重现期雨量值 H_p(mm)				
						100 年($H_{1\%}$)	50 年($H_{2\%}$)	20 年($H_{5\%}$)	10 年($H_{10\%}$)	5 年($H_{20\%}$)
16	中石桥村	10 min	13.8	0.52	3.5	33.3	29.3	24.0	20.0	15.9
		60 min	25.2	0.51	3.5	61.2	54.1	44.5	37.2	29.8
		6 h	41.5	0.46	3.5	98.4	87.7	73.3	62.2	50.7
		24 h	57.2	0.41	3.5	128.4	115.9	98.7	85.3	71.3
		3 d	75.5	0.53	3.5	210.6	185.1	151.1	125.2	98.9
17	石潭村	10 min	13.8	0.53	3.5	35.8	31.4	25.7	21.3	16.9
		60 min	25.1	0.50	3.5	66.4	58.6	48	40	31.8
		6 h	43.2	0.49	3.5	105.7	94	78.1	66	53.5
		24 h	57.4	0.41	3.5	134.3	120.8	102.6	88.3	73.4
		3 d	74.6	0.53	3.5	211.2	185.5	151.3	125.2	98.7
18	上高村	10 min	13.1	0.51	3.5	34.6	30.5	25.1	20.9	16.6
		60 min	24.6	0.50	3.5	65.1	57.5	47.4	39.6	31.6
		6 h	42.4	0.50	3.5	112	99	81.6	68.2	54.6
		24 h	58.7	0.50	3.5	159.5	140.9	116	96.9	77.4
		3 d	77.2	0.49	3.5	206.5	182.8	151	126.6	101.6
19	西石桥村	10 min	13.1	0.51	3.5	28.6	25.2	20.8	17.4	13.9
		60 min	24.6	0.50	3.5	56	49.6	41	34.4	27.6
		6 h	42.4	0.50	3.5	101.2	89.6	74.1	62.3	50.1
		24 h	58.7	0.50	3.5	150.4	133.2	110.1	92.4	74.3
		3 d	77.2	0.49	3.5	197.9	175.5	145.6	122.5	98.8
20	吴寨村	10 min	13.8	0.55	3.5	38.9	34	27.5	22.6	17.6
		60 min	29.2	0.54	3.5	78	68.5	55.9	46.3	36.5
		6 h	46.8	0.52	3.5	132.5	116.4	94.9	78.6	61.9
		24 h	60.0	0.56	3.5	175.4	153.3	123.9	101.5	79.2
		3 d	73.8	0.55	3.5	216.6	189.5	153.4	126	98.4

续表 4-3-9

序号	计算单元名称	历时	均值(mm)	变差系数	C_s/C_v	重现期雨量值 H_p(mm)				
						100 年($H_{1\%}$)	50 年($H_{2\%}$)	20 年($H_{5\%}$)	10 年($H_{10\%}$)	5 年($H_{20\%}$)
21	浍史村	10 min	13.8	0.52	3.5	33.3	29.3	24.0	19.9	15.8
		60 min	25.4	0.51	3.5	59.0	52.2	43.1	36.2	29.0
		6 h	39.7	0.45	3.5	95.2	84.9	71.1	60.4	49.4
		24 h	57.2	0.42	3.5	128.4	115.7	98.3	84.8	70.6
		3 d	75.5	0.53	3.5	210.0	184.6	150.8	124.9	98.7
22	营里村	10 min	12.5	0.52	3.5	30.5	26.8	22.0	18.3	14.5
		60 min	27.4	0.51	3.5	65.0	57.4	47.2	39.4	31.4
		6 h	43.8	0.51	3.5	115.6	102.1	84.0	70.2	56.1
		24 h	59.2	0.51	3.5	155.9	137.7	113.2	94.4	75.3
		3 d	77.1	0.5	3.5	205.0	181.3	149.6	125.2	100.2
23	苇沟村	10 min	12.4	0.53	3.5	33.1	29.1	23.8	19.7	15.5
		60 min	27.3	0.51	3.5	68.8	60.7	49.8	41.5	33
		6 h	43.6	0.51	3.5	119.6	105.6	86.8	72.4	57.8
		24 h	59	0.51	3.5	159	140.2	115.1	95.8	76.2
		3 d	77	0.5	3.5	208	183.8	151.4	126.6	101.2
24	南丁村	10 min	12.5	0.52	3.5	27.7	24.4	20.1	16.7	13.3
		60 min	27.4	0.51	3.5	60.6	53.5	44.1	36.8	29.5
		6 h	43.8	0.51	3.5	110.1	97.4	80.4	67.3	53.9
		24 h	59.2	0.51	3.5	150.9	133.4	110.0	92.0	73.6
		3 d	77.1	0.5	3.5	200.3	177.3	146.6	123.0	98.7
25	寨子	10 min	12.5	0.52	3.5	28.3	25.0	20.5	17.1	13.6
		60 min	27.4	0.51	3.5	61.5	54.3	44.7	37.4	29.9
		6 h	43.8	0.51	3.5	111.2	98.3	81.1	67.8	54.3
		24 h	59.2	0.51	3.5	152.2	134.5	110.8	92.6	74.1
		3 d	77.1	0.5	3.5	201.4	178.2	147.3	123.5	99.1

续表 4-3-9

序号	计算单元名称	历时	均值(mm)	变差系数	C_s/C_v	重现期雨量值 H_p(mm)				
						100 年($H_{1\%}$)	50 年($H_{2\%}$)	20 年($H_{5\%}$)	10 年($H_{10\%}$)	5 年($H_{20\%}$)
26	南常村 1	10 min	13.5	0.56	3.5	34.2	29.8	24.1	19.8	15.4
		60 min	29.2	0.55	3.5	73.2	64.1	52.2	43	33.8
		6 h	47.5	0.54	3.5	128.9	113.1	92.1	75.9	59.7
		24 h	60.3	0.56	3.5	171	149.6	121.1	99.5	77.7
		3 d	75.6	0.55	3.5	216.5	189.6	153.8	126.6	99.2
27	南常村 2	10 min	13.5	0.56	3.5	37	32.3	26.1	21.4	16.7
		60 min	29.2	0.55	3.5	77.8	68.2	55.4	45.6	35.8
		6 h	47.5	0.54	3.5	134.4	117.9	95.8	78.8	61.8
		24 h	60.3	0.56	3.5	175.3	153.2	123.7	101.5	79.1
		3 d	75.6	0.55	3.5	220.3	192.7	156.1	128.3	100.3
28	西尹	10 min	12.6	0.51	3.5	30.8	27.2	22.4	18.7	15.0
		60 min	26.9	0.5	3.5	67.9	59.8	49.1	40.9	32.6
		6 h	45.0	0.55	3.5	122.5	107.6	87.8	72.7	57.3
		24 h	57.0	0.55	3.5	164.7	144.1	116.6	95.7	74.7
		3 d	79.0	0.55	3.5	229.2	200.6	162.6	133.7	104.5
29	马册村	10 min	12.6	0.51	3.5	30.3	26.7	22.0	18.4	14.7
		60 min	25.8	0.51	3.5	65.1	57.3	47.0	39.1	31.1
		6 h	44.2	0.55	3.5	119.4	104.7	85.3	70.5	55.5
		24 h	57.8	0.56	3.5	168.6	147.3	118.9	97.4	75.8
		3 d	76.5	0.57	3.5	228.0	198.8	160.1	130.8	101.4
30	贾家庄	10 min	13.9	0.58	3.5	37.5	32.7	26.3	21.4	16.5
		60 min	30	0.57	3.5	81.7	71.2	57.4	46.9	36.4
		6 h	50	0.56	3.5	140.1	122.5	99.1	81.4	63.5
		24 h	62	0.54	3.5	174.2	152.8	124.3	102.6	80.7
		3 d	87.4	0.53	3.5	244.9	215.2	175.6	145.5	114.8

续表 4-3-9

序号	计算单元名称	历时	均值(mm)	变差系数	C_s/C_v	重现期雨量值 H_p(mm)				
						100 年($H_{1\%}$)	50 年($H_{2\%}$)	20 年($H_{5\%}$)	10 年($H_{10\%}$)	5 年($H_{20\%}$)
31	元窑河	10 min	13.9	0.58	3.5	37.3	32.5	26.1	21.3	16.4
		60 min	30	0.57	3.5	81.3	70.9	57.1	46.7	36.2
		6 h	50	0.56	3.5	139.6	122.1	98.8	81.1	63.4
		24 h	62	0.54	3.5	173.8	152.5	124.1	102.4	80.6
		3 d	87.4	0.53	3.5	244.6	214.9	175.4	145.3	114.7
32	底下河	10 min	13.9	0.58	3.5	38.3	33.3	26.7	21.8	16.8
		60 min	30	0.57	3.5	82.9	72.3	58.2	47.6	36.9
		6 h	50	0.56	3.5	141.4	123.7	100	82.1	64.1
		24 h	62	0.54	3.5	175.2	153.6	124.9	103.1	81
		3 d	87.4	0.53	3.5	245.9	216	176.2	145.9	115.1
33	上河村	10 min	13.9	0.58	3.5	39.4	34.3	27.5	22.4	17.3
		60 min	30	0.57	3.5	84.8	73.9	59.5	48.6	37.6
		6 h	50	0.56	3.5	143.5	125.5	101.4	83.2	64.9
		24 h	62	0.54	3.5	176.6	154.9	125.9	103.8	81.5
		3 d	87.4	0.53	3.5	247.3	217.2	177.1	146.6	115.6
34	十河村	10 min	13.9	0.58	3.5	37.7	32.8	26.4	21.5	16.6
		60 min	30	0.57	3.5	82	71.5	57.6	47	36.5
		6 h	50	0.56	3.5	140.4	122.7	99.3	81.5	63.7
		24 h	62	0.54	3.5	174.4	153	124.4	102.7	80.7
		3 d	87.4	0.53	3.5	245.1	215.4	175.8	145.6	114.9
35	曹公村	10 min	13.9	0.58	3.5	36.8	32.1	25.8	21	16.2
		60 min	30	0.57	3.5	80.5	70.2	56.6	46.3	35.9
		6 h	50	0.56	3.5	138.6	121.3	98.2	80.7	63
		24 h	62	0.54	3.5	173.1	151.9	123.6	102.1	80.3
		3 d	87.4	0.53	3.5	243.9	214.3	175	145	114.5

续表 4-3-9

序号	计算单元名称	历时	均值(mm)	变差系数	C_s/C_v	重现期雨量值 H_p(mm)				
						100 年($H_{1\%}$)	50 年($H_{2\%}$)	20 年($H_{5\%}$)	10 年($H_{10\%}$)	5 年($H_{20\%}$)
36	堡子村	10 min	13.9	0.58	3.5	35.1	30.5	24.6	20	15.5
		60 min	30	0.57	3.5	77.5	67.6	54.6	44.6	34.7
		6 h	50	0.56	3.5	135.1	118.3	95.9	78.8	61.7
		24 h	62	0.54	3.5	170.3	149.6	121.9	100.8	79.4
		3 d	87.4	0.53	3.5	241	211.9	173.2	143.7	113.7
37	河西	10 min	13.9	0.58	3.5	35.1	30.5	24.6	20.0	15.5
		60 min	30.0	0.57	3.5	77.0	67.3	54.3	44.5	34.6
		6 h	50.0	0.56	3.5	135.7	118.7	96.1	78.9	61.7
		24 h	62.0	0.56	3.5	175.3	153.4	124.2	102.0	79.7
		3 d	87.4	0.53	3.5	240.9	211.9	173.2	143.7	113.6
38	西闫村	10 min	14.1	0.59	3.5	31.9	27.7	22.2	18.1	14
		60 min	30.4	0.57	3.5	71.8	62.7	50.6	41.4	32.1
		6 h	50.6	0.57	3.5	128.4	112.5	91.3	75.2	59
		24 h	62.8	0.54	3.5	165.8	145.8	119.2	98.8	78.1
		3 d	85.7	0.53	3.5	228.1	200.9	164.9	137.2	109

续表 4-3-9

序号	计算单元名称	历时	均值(mm)	变差系数	C_s/C_v	重现期雨量值 H_p(mm)				
						100年($H_{1\%}$)	50年($H_{2\%}$)	20年($H_{5\%}$)	10年($H_{10\%}$)	5年($H_{20\%}$)
39	东续村	10 min	13.7	0.53	3.5	30.5	26.9	22.0	18.3	14.5
		60 min	28.4	0.52	3.5	65.2	57.3	47.0	39.0	30.9
		6 h	45.8	0.52	3.5	114.0	100.8	83.1	69.5	55.7
		24 h	62.1	0.47	3.5	149.7	133.3	111.3	94.3	76.8
		3 d	74.1	0.45	3.5	177.1	158.3	133.2	113.7	93.4
40	东午寄村	10 min	13.7	0.53	3.5	34.2	30.1	24.6	20.4	16.2
		60 min	28.4	0.52	3.5	71.1	62.5	51.1	42.3	33.5
		6 h	45.8	0.52	3.5	121	106.8	87.8	73.3	58.5
		24 h	62.1	0.47	3.5	155.5	138.3	115.1	97.2	78.8
		3 d	74.1	0.45	3.5	182.1	162.6	136.5	116.2	95.1
41	中河西	10 min	13.9	0.58	3.5	36.6	31.8	25.6	20.9	16.1
		60 min	30.0	0.57	3.5	80.1	69.8	56.3	46.0	35.7
		6 h	50.0	0.56	3.5	138.1	120.9	97.9	80.4	62.8
		24 h	62.0	0.54	3.5	172.8	151.6	123.4	101.9	80.2
		3 d	87.0	0.53	3.5	242.4	213.0	173.9	144.1	113.9

表 4-3-10　翼城县设计洪水成果表

序号	行政区划名称	洪水要素	重现期洪水要素值				
			100 年	50 年	20 年	10 年	5 年
1	河寨	洪峰流量(m^3/s)	914	752	537	379	234
		洪量(万 m^3)	565	449	308	211	136
		洪水历时(h)	7.0	6.5	5.5	5.5	5.0
		洪峰水位(m)	755.5	755.05	754.9	753.9	753.35
2	两坂村	洪峰流量(m^3/s)	1 285	1 029	695	452	267
		洪量(万 m^3)	1 391	1 097	744	505	322
		洪水历时(h)	11.5	11.5	10.5	10.5	10.0
		洪峰水位(m)	688.8	688.05	687.05	686.15	685.25
3	枣园村	洪峰流量(m^3/s)	33.1	29.1	23.9	19.9	15.9
		洪量(万 m^3)					
		洪水历时(h)					
		洪峰水位(m)					
4	中伯村	洪峰流量(m^3/s)	1 398	1 141	803	560	339
		洪量(万 m^3)	1 043	827	567	389	252
		洪水历时(h)	8.0	8.0	7.0	7.0	7.0
		洪峰水位(m)	691.5	691.11	690.65	690.25	689.6
5	新东坡	洪峰流量(m^3/s)	1 270	1 032	720	499	300
		洪量(万 m^3)	1 047	830	569	390	253
		洪水历时(h)	9.0	8.5	7.5	7.5	7.5
		洪峰水位(m)					

续表 4-3-10

序号	行政区划名称	洪水要素	重现期洪水要素值				
			100年	50年	20年	10年	5年
6	前庄	洪峰流量(m^3/s)	89	74	54	39	25
		洪量(万m^3)	66	53	36	25	16
		洪水历时(h)	5.25	4.5	3.75	3.25	2.75
		洪峰水位(m)	1 002.7	1 002.5	1 002.25	1 002.05	1 001.85
7	南头	洪峰流量(m^3/s)	213	170	116	77	43
		洪量(万m^3)	170	133	89	59	36
		洪水历时(h)	6.5	5.8	5.3	4.8	4.3
		洪峰水位(m)	961.2	961.1	960.8	960.2	959.85
8	杨家后	洪峰流量(m^3/s)	220	183	134	97	64
		洪量(万m^3)	108	86	59	40	25
		洪水历时(h)	5.0	4.3	3.3	3.0	2.5
		洪峰水位(m)					
9	张坡	洪峰流量(m^3/s)	221	183	133	96	63
		洪量(万m^3)	120	96	66	45	28
		洪水历时(h)	5.3	4.5	3.5	3.3	2.8
		洪峰水位(m)					
10	解家	洪峰流量(m^3/s)	232	192	139	100	65
		洪量(万m^3)	130	103	71	49	31
		洪水历时(h)	5.5	4.8	3.8	3.5	2.8
		洪峰水位(m)					

续表 4-3-10

序号	行政区划名称	洪水要素	重现期洪水要素值				
			100 年	50 年	20 年	10 年	5 年
11	下交村	洪峰流量(m^3/s)	574	468	332	230	146
		洪量(万 m^3)	528	420	288	197	124
		洪水历时(h)	9.25	8.25	7.5	6.75	6.5
		洪峰水位(m)	925.49	924.67	923.91	923.04	921.45
12	寺西	洪峰流量(m^3/s)	574	468	332	230	146
		洪量(万 m^3)	528	420	288	197	124
		洪水历时(h)	9.25	8.25	7.5	6.75	6.5
		洪峰水位(m)	916.29	915.39	914.03	912.76	911.43
13	东白驹村	洪峰流量(m^3/s)	977	799	565	393	245
		洪量(万 m^3)	777	618	422	287	181
		洪水历时(h)	8.5	7.5	7.0	6.5	6.0
		洪峰水位(m)	858.45	857.8	856.75	855.9	854.8
14	西白驹村	洪峰流量(m^3/s)	1 147	939	664	461	287
		洪量(万 m^3)	897	712	486	330	208
		洪水历时(h)	8.5	8.0	7.0	6.5	6.5
		洪峰水位(m)	826.05	825.75	825.25	824.85	824.4
15	尧都村	洪峰流量(m^3/s)	1 222	999	704	489	303
		洪量(万 m^3)	969	769	524	355	223
		洪水历时(h)	9.0	8.0	7.5	6.5	6.5
		洪峰水位(m)	797.8	797.25	796.75	796.25	795.75

续表 4-3-10

序号	行政区划名称	洪水要素	重现期洪水要素值				
			100年	50年	20年	10年	5年
16	石门村	洪峰流量(m^3/s)	1 039	849	596	405	242
		洪量(万 m^3)	1 060	841	574	390	245
		洪水历时(h)	10.5	9.5	9.5	8.5	8.0
		洪峰水位(m)	745.98	745.63	745.15	744.78	744.41
17	下石门村	洪峰流量(m^3/s)	1 307	1 057	735	499	301
		洪量(万 m^3)	1 256	995	679	461	291
		洪水历时(h)	9.5	9.5	9.0	8.5	8.0
		洪峰水位(m)	706.5	704.3	701.19	698.61	696.13
18	高家	洪峰流量(m^3/s)	392	328	242	176	115
		洪量(万 m^3)	183	145	98	67	42
		洪水历时(h)	5.0	4.5	3.5	3.0	3.0
		洪峰水位(m)					
19	屋山村	洪峰流量(m^3/s)	33.1	29.1	23.9	19.9	15.9
		洪量(万 m^3)					
		洪水历时(h)					
		洪峰水位(m)					
20	上石村	洪峰流量(m^3/s)	92	72	46	29	17
		洪量(万 m^3)	77	61	41	28	18
		洪水历时(h)	5.3	5.3	4.5	4.3	3.5
		洪峰水位(m)					

续表 4-3-10

序号	行政区划名称	洪水要素	重现期洪水要素值				
			100 年	50 年	20 年	10 年	5 年
21	寨上村	洪峰流量(m^3/s)	138	109	71	45	27
		洪量(万 m^3)	89	71	49	33	22
		洪水历时(h)	4.8	4.5	4.3	3.8	3.5
		洪峰水位(m)					
22	中石桥村	洪峰流量(m^3/s)	160	127	83	53	32
		洪量(万 m^3)	98	78	54	37	24
		洪水历时(h)	4.8	4.3	4.3	3.8	3.5
		洪峰水位(m)					
23	石潭村	洪峰流量(m^3/s)	67	55	41	29	19
		洪量(万 m^3)	26	21	15	11	7
		洪水历时(h)	2.5	2.3	2.0	1.5	1.3
		洪峰水位(m)	725.65	725.8	725.9	726	726.1
24	上高村	洪峰流量(m^3/s)	4.7	4.2	3.4	2.9	2.3
		洪量(万 m^3)					
		洪水历时(h)					
		洪峰水位(m)					
25	西石桥村	洪峰流量(m^3/s)	525	426	300	201	120
		洪量(万 m^3)	347	273	185	126	81
		洪水历时(h)	7.0	6.0	5.5	5.5	5.0
		洪峰水位(m)	563.76	563.33	562.6	561.94	561.3

续表 4-3-10

序号	行政区划名称	洪水要素	重现期洪水要素值				
			100 年	50 年	20 年	10 年	5 年
26	北关村	洪峰流量(m^3/s)	525	426	300	201	120
		洪量(万 m^3)	347	273	185	126	81
		洪水历时(h)	7.0	6.0	5.5	5.5	5.0
		洪峰水位(m)	563.76	563.33	562.6	561.94	561.3
27	吴寨村	洪峰流量(m^3/s)	10.4	9.1	7.5	6.2	4.9
		洪量(万 m^3)					
		洪水历时(h)					
		洪峰水位(m)					
28	浍史村	洪峰流量(m^3/s)	197	157	103	67	41
		洪量(万 m^3)	113	90	62	43	28
		洪水历时(h)	4.5	4.3	4.0	3.8	3.5
		洪峰水位(m)					
29	营里村	洪峰流量(m^3/s)	196	162	117	85	55
		洪量(万 m^3)	145	117	82	57	37
		洪水历时(h)	6.0	5.5	4.8	4.5	4.0
		洪峰水位(m)	633.25	633.15	633.05	632.95	632.85
30	苇沟村	洪峰流量(m^3/s)	15.5	13.6	11.2	9.3	7.4
		洪量(万 m^3)					
		洪水历时(h)					
		洪峰水位(m)					

续表 4-3-10

序号	行政区划名称	洪水要素	重现期洪水要素值				
			100 年	50 年	20 年	10 年	5 年
31	南丁村	洪峰流量(m^3/s)	213	161	101	67	39
		洪量(万 m^3)	379	297	200	143	92
		洪水历时(h)	13.5	13.5	13.0	12.0	11.5
		洪峰水位(m)					
32	寨子	洪峰流量(m^3/s)	209	161	105	65	38
		洪量(万 m^3)	317	249	168	114	73
		洪水历时(h)	11.8	11.5	10.8	10.3	9.3
		洪峰水位(m)					
33	南常村 1	洪峰流量(m^3/s)	297	238	164	105	63
		洪量(万 m^3)	187	146	98	65	41
		洪水历时(h)	5.5	5	4.75	4.25	4
		洪峰水位(m)	615.51	615.22	614.8	614.38	614.13
34	南常村 2	洪峰流量(m^3/s)	136	114	84	61	41
		洪量(万 m^3)	50	40	28	19	12
		洪水历时(h)	3.25	2.5	2.5	2.0	1.75
		洪峰水位(m)					
35	东尹村	洪峰流量(m^3/s)	33.1	29.1	23.9	19.9	15.9
		洪量(万 m^3)					
		洪水历时(h)					
		洪峰水位(m)					

续表 4-3-10

序号	行政区划名称	洪水要素	重现期洪水要素值				
			100 年	50 年	20 年	10 年	5 年
36	西尹	洪峰流量(m^3/s)	98	79	54	35	21
		洪量(万 m^3)	62	49	33	22	14
		洪水历时(h)	4.0	4.0	3.3	3.0	2.5
		洪峰水位(m)					
37	马册村	洪峰流量(m^3/s)	115	91	62	39	22
		洪量(万 m^3)	87	67	44	29	18
		洪水历时(h)	5.0	4.8	4.3	4.0	3.3
		洪峰水位(m)					
38	南史村	洪峰流量(m^3/s)	98	77	52	32	18
		洪量(万 m^3)	87	67	44	29	18
		洪水历时(h)	5.8	5.3	4.8	4.0	3.5
		洪峰水位(m)					
39	贾家庄	洪峰流量(m^3/s)	87	63	36	21	11
		洪量(万 m^3)	72	55	35	22	13
		洪水历时(h)	5.25	5.25	4.5	4	3
		洪峰水位(m)	1 324.11	1 323.67	1 323.02	1 322.51	1 322.07
40	元窑河	洪峰流量(m^3/s)	90	64	37	21	11
		洪量(万 m^3)	81	61	39	25	15
		洪水历时(h)	5.75	5.75	5	4.25	3.25
		洪峰水位(m)	1 297.1	1 296.67	1 296.12	1 295.71	1 295.36

续表 4-3-10

序号	行政区划名称	洪水要素	重现期洪水要素值				
			100 年	50 年	20 年	10 年	5 年
41	底下河	洪峰流量(m^3/s)	81	62	38	23	12
		洪量(万 m^3)	60	46	30	19	12
		洪水历时(h)	4.5	4.25	4	3.25	2.5
		洪峰水位(m)	1 163.19	1 162.99	1 162.68	1 162.42	1 162.16
42	上河村	洪峰流量(m^3/s)	77	64	47	35	23
		洪量(万 m^3)	49	40	28	20	13
		洪水历时(h)	4.25	3.75	3.25	2.75	2.25
		洪峰水位(m)	1 138.15	1 138.05	1 137.9	1 137.75	1 137.25
43	十河村	洪峰流量(m^3/s)	113	88	56	34	18
		洪量(万 m^3)	88	68	45	29	18
		洪水历时(h)	5.25	4.75	4.5	4	3.25
		洪峰水位(m)	1 147.05	1 146.95	1 146.8	1 146.65	1 146.4
44	曹公村	洪峰流量(m^3/s)	163	128	85	54	30
		洪量(万 m^3)	150	118	79	53	33
		洪水历时(h)	6.5	6.5	5.75	5.5	4.75
		洪峰水位(m)	1 103.05	1 102.81	1 102.42	1 102.11	1 101.84
45	堡子村	洪峰流量(m^3/s)	165	122	72	42	23
		洪量(万 m^3)	246	189	122	79	48
		洪水历时(h)	11	10.5	10	9.25	8.25
		洪峰水位(m)	1 083.51	1 083.21	1 082.36	1 081.8	1 081.33

续表 4-3-10

序号	行政区划名称	洪水要素	重现期洪水要素值				
			100年	50年	20年	10年	5年
46	河西	洪峰流量(m^3/s)	201	149	88	51	28
		洪量(万 m^3)	236	181	117	75	45
		洪水历时(h)	9.3	8.8	8.5	7.8	7.0
		洪峰水位(m)	1 076.2	1 076.1	1 076.0	1 075.8	1 075.7
47	北河湾	洪峰流量(m^3/s)	688	518	321	194	106
		洪量(万 m^3)	1 050	819	543	358	219
		洪水历时(h)	14	14	13.5	13.5	13
		洪峰水位(m)	1 061.7	1 061.18	1 060.47	1 059.87	1 059.27
48	西闫村	洪峰流量(m^3/s)	688	518	321	194	106
		洪量(万 m^3)	1 050	819	543	358	219
		洪水历时(h)	14	14	13.5	13.5	13
		洪峰水位(m)	1 052.47	1 052.04	1 051.36	1 050.89	1 050.48
49	东续村	洪峰流量(m^3/s)	412	334	231	158	96
		洪量(万 m^3)	505	408	287	201	132
		洪水历时(h)	11.0	11.0	9.5	9.5	9.0
		洪峰水位(m)	524.6	524.45	524.2	524	523.8
50	东午寄村	洪峰流量(m^3/s)	157	128	92	64	40
		洪量(万 m^3)	106.2	85.2	59.2	40.9	26.6
		洪水历时(h)	5.25	4.5	4.25	3.75	3.5
		洪峰水位(m)					
51	中河西	洪峰流量(m^3/s)	252	205	143	99	60
		洪量(万 m^3)	190	151	104	71	45
		洪水历时(h)	6.3	5.8	5.3	4.8	4.5
		洪峰水位(m)	1 233.2	1 233	1 232.65	1 232.35	1 232

表 4-3-11　翼城县防洪现状评价成果表

序号	评价区域	防洪能力（年）	极高危险区（<5 年一遇）		高危险区(5～20 年一遇)		危险区(≥20 年一遇)	
			人口(人)	户数(户)	人口(人)	户数(户)	人口(人)	户数(户)
1	唐兴镇北关村	13	0	0	0	0	123	28
2	唐兴镇西梁村寨子	30	0	0	0	0	56	11
3	唐兴镇西石桥村	13	0	0	4	1	100	23
4	唐兴镇中石桥村	20	0	0	0	0	7	29
5	唐兴镇寨上村	20	0	0	0	0	12	44
6	唐兴镇上高村	7	0	0	106	6	0	0
7	唐兴镇北寿城村	10	0	0	123	28	0	0
8	唐兴镇南寿城村	5	0	0	58	13	0	0
9	唐兴镇陵下村	5	0	0	76	16	0	0
10	唐兴镇苇沟村	4	23	5	0	0	0	0
11	唐兴镇营里村	85	0	0	0	0	8	5
12	南梁镇东尹村	20	0	0	0	0	10	48
13	南梁镇东尹村西尹	20	0	0	0	0	3	13
14	南梁镇南常村 1	50	0	0	0	0	87	18
15	南梁镇南常村 2	4	310	73	0	0	0	0
16	南梁镇合富村(下白马)	10	0	0	238	63	0	0
17	南梁镇合富村(下白马)程公	10	0	0	128	30	0	0
18	南梁镇南史村	20	0	0	0	0	7	23
19	南梁镇马册村	20	0	0	0	0	10	44

续表 4-3-11

序号	评价区域	防洪能力（年）	极高危险区（<5 年一遇）		高危险区(5~20 年一遇)		危险区(≥20 年一遇)	
			人口(人)	户数(户)	人口(人)	户数(户)	人口(人)	户数(户)
20	南梁镇西张村	5	175	40	58	12	0	0
21	里砦镇东续村	85	0	0	0	0	3	1
22	里砦镇东午寄村	20	0	0	0	0	18	7
23	隆化镇石门村	16	0	0	37	9	29	7
24	隆化镇尧都村	71	0	0	0	0	61	14
25	隆化镇西白驹村	44	0	0	0	0	73	22
26	隆化镇上吴东村杨家后	20	0	0	0	0	22	4
27	隆化镇高乔村高家	4	34	6	52	10	0	0
28	隆化镇下石门村	4	20	1	0	0	0	0
29	隆化镇枣园村	20	0	0	0	0	17	6
30	隆化镇两坂村	20	0	0	0	0	5	3
31	隆化镇枣园村新东坡	20	0	0	0	0	29	5
32	隆化镇史伯村(中伯村)	50	0	0	0	0	23	6
33	桥上镇桥上村寺西	15	0	0	31	8	263	2
34	桥上镇东白驹村	66	0	0	0	0	28	7
35	桥上镇下交村	56	0	0	0	0	3	1
36	桥上镇下交村张坡	20	0	0	0	0	39	7
37	桥上镇下交村解家	20	0	0	0	0	38	7
38	桥上镇庄里村(前庄)	6	0	0	10	1	0	0

续表 4-3-11

序号	评价区域	防洪能力(年)	极高危险区(<5 年一遇)		高危险区(5~20 年一遇)		危险区(≥20 年一遇)	
			人口(人)	户数(户)	人口(人)	户数(户)	人口(人)	户数(户)
39	桥上镇庄里村(前庄)南头	52	0	0	0	0	23	5
40	西闫镇西闫村	25	0	0	0	0	84	17
41	西闫镇古十银村底下河	6	0	0	14	3	105	22
42	西闫镇十河村	4	74	17	0	0	0	0
43	西闫镇十河村元窑河	88	0	0	0	0	52	16
44	西闫镇十河村贾家庄	70	0	0	0	0	20	4
45	西闫镇上河村	4	149	30	0	0	0	0
46	西闫镇曹公村	36	0	0	0	0	70	16
47	西闫镇堡子村	44	0	0	0	0	12	3
48	西闫镇堡子村北河湾	17	0	0	17	4	0	0
49	西闫镇堡子村河西	85	0	0	0	0	48	9
50	西闫镇大河村(中河西)	85	0	0	0	0	17	6
51	中卫乡屋山村	20	0	0	0	0	5	2
52	中卫乡吴寨村	5	0	0	123	26	0	0
53	中卫乡浍史村	20	0	0	0	0	23	10
54	南唐乡南丁村	20	0	0	0	0	37	10
55	王庄乡上石村	30	0	0	0	0	2	7
56	王庄乡石潭村	40	0	0	0	0	67	16
57	浇底乡油庄村河寨	4	5	1	0	0	0	0

注:表中序号 14、15 的南常村 1、南常村 2 为一个村落。

表 4-3-12　翼城县预警指标成果表

序号	行政区划名称	类别	降雨历时	预警指标(雨量:mm,水位:m)		临界雨量(mm)/水位(mm)	方法
				准备转移	立即转移		
1	唐兴镇北关村	雨量($B_0=0$)	0.5 h	27	38	38	流域模型法
			1 h	38	46	46	
			2 h	54	61	61	
		雨量($B_0=0.3$)	0.5 h	24	34	34	
			1 h	34	41	41	
			2 h	49	56	56	
		雨量($B_0=0.6$)	0.5 h	21	29	29	
			1 h	29	34	34	
			2 h	42	49	49	
2	唐兴镇西梁村寨子	雨量($B_0=0$)	0.5 h	40	58	58	流域模型法
			1 h	58	66	66	
			2 h	74	81	81	
			3 h	86	91	91	
		雨量($B_0=0.3$)	0.5 h	36	52	52	
			1 h	52	59	59	
			2 h	66	72	72	
			3 h	76	81	81	
		雨量($B_0=0.6$)	0.5 h	33	47	47	
			1 h	47	52	52	
			2 h	58	62	62	
			3 h	65	70	70	

续表 4-3-12

序号	行政区划名称	类别	降雨历时	预警指标（雨量：mm，水位：m）		临界雨量（mm）/水位（mm）	方法
				准备转移	立即转移		
3	唐兴镇西石桥村	雨量（$B_0=0$）	0.5 h	27	38	38	流域模型法
			1 h	38	46	46	
			2 h	54	61	61	
		雨量（$B_0=0.3$）	0.5 h	24	34	34	
			1 h	34	41	41	
			2 h	49	56	56	
		雨量（$B_0=0.6$）	0.5 h	21	29	29	
			1 h	29	34	34	
			2 h	42	49	49	
4	唐兴镇中石桥村	雨量（$B_0=0$）	0.5 h	34	49	49	流域模型法
			1 h	49	57	57	
			2 h	65	72	72	
		雨量（$B_0=0.3$）	0.5 h	30	43	43	
			1 h	43	51	51	
			2 h	59	66	66	
		雨量（$B_0=0.6$）	0.5 h	27	38	38	
			1 h	38	44	44	
			2 h	51	58	58	

续表 4-3-12

序号	行政区划名称	类别	降雨历时	预警指标(雨量:mm,水位:m)		临界雨量(mm)/水位(mm)	方法
				准备转移	立即转移		
5	唐兴镇寨上村	雨量 (B_0 =0)	0.5 h	34	49	49	流域模型法
			1 h	49	58	58	
			2 h	66	72	72	
		雨量 (B_0 =0.3)	0.5 h	31	44	44	
			1 h	44	51	51	
			2 h	60	66	66	
		雨量 (B_0 =0.6)	0.5 h	27	38	38	
			1 h	38	44	44	
			2 h	50	57	57	
6	唐兴镇上高村	雨量 (B_0 =0.3)	0.5 h	29	41	41	同频率法
			1 h	41	50	50	
7	唐兴镇北寿城村	雨量 (B_C =0)	0.5 h	14	20	20	流域模型法
			1 h	20	25	25	
		雨量 (B_0 =0.3)	0.5 h	12	17	17	
			1 h	17	21	21	
		雨量 (B_0 =0.6)	0.5 h	9	14	14	
			1 h	14	17	17	
8	唐兴镇南寿城村	雨量 (B_0 =0)	0.5 h	14	20	20	流域模型法
			1 h	20	25	25	
		雨量 (B_C =0.3)	0.5 h	12	17	17	
			1 h	17	21	21	
		雨量 (B_0 =0.6)	0.5 h	9	14	14	
			1 h	14	17	17	

续表 4-3-12

序号	行政区划名称	类别	降雨历时	预警指标（雨量:mm,水位:m）		临界雨量（mm）/水位（mm）	方法
				准备转移	立即转移		
9	唐兴镇陵下村	雨量（$B_0=0$）	0.5 h	14	20	20	流域模型法
			1 h	20	25	25	
		雨量（$B_0=0.3$）	0.5 h	12	17	17	
			1 h	17	21	21	
		雨量（$B_0=0.6$）	0.5 h	9	14	14	
			1 h	14	17	17	
10	唐兴镇苇沟村	雨量（$B_0=0.3$）	0.5 h	29	41	41	同频率法
			1 h	41	53	53	
11	唐兴镇营里村	雨量（$B_0=0$）	0.5 h	49	70	70	流域模型法
			1 h	70	81	81	
			2 h	97	112	112	
		雨量（$B_0=0.3$）	0.5 h	47	67	67	
			1 h	67	77	77	
			2 h	93	105	105	
		雨量（$B_0=0.6$）	0.5 h	44	62	62	
			1 h	62	70	70	
			2 h	86	99	99	
12	南梁镇东尹村	雨量（$B_0=0.3$）	0.5 h	29	42	42	同频率法
			1 h	42	55	55	

续表 4-3-12

序号	行政区划名称	类别	降雨历时	预警指标(雨量:mm,水位:m)		临界雨量(mm)/水位(mm)	方法
				准备转移	立即转移		
13	南梁镇东尹村西尹	雨量(B_0=0)	0.5 h	55	79	79	流域模型法
			1 h	79	90	90	
			2 h	104	118	118	
		雨量(B_0=0.3)	0.5 h	51	73	73	
			1 h	73	81	81	
			2 h	99	112	112	
		雨量(B_0=0.6)	0.5 h	47	67	67	
			1 h	67	75	75	
			2 h	90	102	102	
14	南梁镇南常村1	雨量(B_0=0)	0.5 h	32	45	45	流域模型法
			1 h	45	57	57	
			2 h	70	84	84	
		雨量(B_0=0.3)	0.5 h	28	40	40	
			1 h	40	50	50	
			2 h	62	73	73	
		雨量(B_0=0.6)	0.5 h	24	35	35	
			1 h	35	43	43	
			2 h	52	63	63	
15	南梁镇合富村(下白马)	雨量(B_0=0)	0.5 h	13	19	19	流域模型法
			1 h	19	22	22	
		雨量(B_0=0.3)	0.5 h	10	14	14	
			1 h	14	20	20	
		雨量(B_0=0.6)	0.5 h	8	12	12	
			1 h	12	16	16	

续表 4-3-12

序号	行政区划名称	类别	降雨历时	预警指标（雨量:mm,水位:m）		临界雨量(mm)/水位(mm)	方法
				准备转移	立即转移		
16	南梁镇合富村（下白马）程公	雨量(B_0=0)	0.5 h	13	19	19	流域模型法
			1 h	19	22	22	
		雨量(B_0=0.3)	0.5 h	10	14	14	
			1 h	14	20	20	
		雨量(B_0=0.6)	0.5 h	8	12	12	
			1 h	12	16	16	
17	南梁镇南史村	雨量(B_0=0)	0.5 h	38	54	54	流域模型法
			1 h	54	63	63	
			2 h	72	78	78	
		雨量(B_0=0.3)	0.5 h	34	49	49	
			1 h	49	56	56	
			2 h	64	69	69	
		雨量(B_0=0.6)	0.5 h	30	43	43	
			1 h	43	48	48	
			2 h	54	61	61	
18	南梁镇马册村	雨量(B_0=0)	0.5 h	38	54	54	流域模型法
			1 h	54	64	64	
			2 h	72	81	81	
		雨量(B_0=0.3)	0.5 h	34	49	49	
			1 h	49	56	56	
			2 h	66	74	74	
		雨量(B_0=0.6)	0.5 h	30	43	43	
			1 h	43	49	49	
			2 h	58	65	65	

续表 4-3-12

序号	行政区划名称	类别	降雨历时	预警指标(雨量:mm,水位:m)		临界雨量(mm)/水位(mm)	方法
				准备转移	立即转移		
19	南梁镇西张村	雨量($B_0=0$)	0.5 h	12	18	18	流域模型法
			1 h	18	23	23	
			2 h	27	32	32	
		雨量($B_0=0.3$)	0.5 h	11	15	15	
			1 h	15	19	19	
			2 h	23	27	27	
		雨量($B_0=0.6$)	0.5 h	8	12	12	
			1 h	12	15	15	
			2 h	19	21	21	
20	里砦镇东续村	雨量($B_0=0$)	0.5 h	51	73	73	流域模型法
			1 h	73	83	83	
			2 h	88	99	99	
			3 h	105	109	109	
		雨量($B_0=0.3$)	0.5 h	49	70	70	
			1 h	70	77	77	
			2 h	82	92	92	
			3 h	96	101	101	
		雨量($B_0=0.6$)	0.5 h	46	65	65	
			1 h	65	70	70	
			2 h	74	84	84	
			3 h	89	94	94	

续表 4-3-12

序号	行政区划名称	类别	降雨历时	预警指标(雨量:mm,水位:m)		临界雨量(mm)/水位(mm)	方法
				准备转移	立即转移		
21	里砦镇东午寄村	雨量($B_0=0$)	0.5 h	38	55	55	流域模型法
			1 h	55	66	66	
			2 h	77	86	86	
		雨量($B_0=0.3$)	0.5 h	35	50	50	
			1 h	50	59	59	
			2 h	71	79	79	
		雨量($B_0=0.6$)	0.5 h	32	46	46	
			1 h	46	53	53	
			2 h	64	73	73	
22	隆化镇石门村	雨量($B_0=0$)	0.5 h	40	58	58	流域模型法
			1 h	58	65	65	
			2 h	73	83	83	
		雨量($B_0=0.3$)	0.5 h	37	53	53	
			1 h	53	59	59	
			2 h	66	76	76	
		雨量($B_0=0.6$)	0.5 h	34	49	49	
			1 h	49	53	53	
			2 h	59	69	69	

续表 4-3-12

序号	行政区划名称	类别	降雨历时	预警指标(雨量:mm,水位:m)		临界雨量(mm)/水位(mm)	方法
				准备转移	立即转移		
23	隆化镇尧都村	雨量($B_0=0$)	0.5 h	38	55	55	流域模型法
			1 h	55	64	64	
			2 h	74	83	83	
		雨量($B_0=0.3$)	0.5 h	35	50	50	
			1 h	50	57	57	
			2 h	68	77	77	
		雨量($B_0=0.6$)	0.5 h	32	46	46	
			1 h	46	51	51	
			2 h	62	72	72	
24	隆化镇西白驹村	雨量($B_0=0$)	0.5 h	46	65	65	流域模型法
			1 h	65	75	75	
			2 h	90	102	102	
		雨量($B_0=0.3$)	0.5 h	43	61	61	
			1 h	61	70	70	
			2 h	85	96	96	
		雨量($B_0=0.6$)	0.5 h	40	58	58	
			1 h	58	64	64	
			2 h	78	89	89	

续表 4-3-12

序号	行政区划名称	类别	降雨历时	预警指标(雨量:mm,水位:m)		临界雨量(mm)/水位(mm)	方法
				准备转移	立即转移		
25	隆化镇上吴东村杨家后	雨量(B_0 =0)	0.5 h	45	64	64	流域模型法
			1 h	64	77	77	
		雨量(B_0 =0.3)	0.5 h	42	59	59	
			1 h	59	73	73	
		雨量(B_0 =0.6)	0.5 h	38	55	55	
			1 h	55	66	66	
26	隆化镇高乔村高家	雨量(B_0 =0)	0.5 h	12	18	18	流域模型法
			1 h	18	23	23	
		雨量(B_0 =0.3)	0.5 h	11	15	15	
			1 h	15	19	19	
		雨量(B_0 =0.6)	0.5 h	8	12	12	
			1 h	12	15	15	
27	隆化镇下石门村	雨量(B_0 =0)	0.5 h	21	30	30	流域模型法
			1 h	30	37	37	
			2 h	42	48	48	
		雨量(B_0 =0.3)	0.5 h	18	26	26	
			1 h	26	32	32	
			2 h	36	41	41	
		雨量(B_0 =0.6)	0.5 h	16	22	22	
			1 h	22	26	26	
			2 h	30	34	34	
28	隆化镇枣园村	雨量(B_0 =0.3)	0.5 h	29	42	42	同频率法
			1 h	41	52	52	

续表 4-3-12

序号	行政区划名称	类别	降雨历时	预警指标(雨量:mm,水位:m)		临界雨量(mm)/水位(mm)	方法
				准备转移	立即转移		
29	隆化镇两坂村	雨量($B_0=0$)	0.5 h	27	38	38	流域模型法
			1 h	38	47	47	
			2 h	56	66	66	
		雨量($B_0=0.3$)	0.5 h	24	34	34	
			1 h	34	41	41	
			2 h	49	58	58	
		雨量($B_0=0.6$)	0.5 h	21	29	29	
			1 h	29	35	35	
			2 h	42	50	50	
		水位		976.4	976.7	976.7	比降面积法
30	隆化镇枣园村新东坡	雨量($B_0=0$)	0.5 h	32	46	46	流域模型法
			1 h	46	54	54	
			2 h	63	69	69	
		雨量($B_0=0.3$)	0.5 h	29	41	41	
			1 h	41	48	48	
			2 h	58	65	65	
		雨量($B_0=0.6$)	0.5 h	26	38	38	
			1 h	38	43	43	
			2 h	51	58	58	

续表 4-3-12

序号	行政区划名称	类别	降雨历时	预警指标(雨量:mm,水位:m)		临界雨量(mm)/水位(mm)	方法
				准备转移	立即转移		
31	隆化镇史伯村(中伯村)	雨量(B_0=0)	0.5 h	34	48	48	流域模型法
			1 h	48	57	57	
			2 h	66	74	74	
		雨量(B_0=0.3)	0.5 h	31	44	44	
			1 h	44	51	51	
			2 h	61	68	68	
		雨量(B_0=0.6)	0.5 h	28	40	40	
			1 h	40	45	45	
			2 h	54	62	62	
		水位		741.45	741.75	741.75	比降面积法
32	桥上镇桥上村寺西	雨量(B_0=0)	0.5 h	41	59	59	流域模型法
			1 h	59	67	67	
			2 h	77	89	89	
		雨量(B_0=0.3)	0.5 h	39	55	55	
			1 h	55	62	62	
			2 h	70	81	81	
		雨量(B_0=0.6)	0.5 h	36	51	51	
			1 h	51	56	56	
			2 h	63	73	73	

续表 4-3-12

序号	行政区划名称	类别	降雨历时	预警指标(雨量:mm,水位:m)		临界雨量(mm)/水位(mm)	方法
				准备转移	立即转移		
33	桥上镇东白驹村	雨量($B_0=0$)	0.5 h	39	56	56	流域模型法
			1 h	56	64	64	
			2 h	77	86	86	
		雨量($B_0=0.3$)	0.5 h	36	52	52	
			1 h	52	59	59	
			2 h	71	79	79	
		雨量($B_0=0.6$)	0.5 h	33	47	47	
			1 h	47	53	53	
			2 h	64	73	73	
34	桥上镇下交村	雨量($B_0=0$)	0.5 h	57	82	82	流域模型法
			1 h	82	92	92	
			2 h	106	123	123	
		雨量($B_0=0.3$)	0.5 h	55	78	78	
			1 h	78	86	86	
			2 h	99	115	115	
		雨量($B_0=0.6$)	0.5 h	52	74	74	
			1 h	74	81	81	
			2 h	92	107	107	

续表 4-3-12

序号	行政区划名称	类别	降雨历时	预警指标(雨量:mm,水位:m)		临界雨量(mm)/水位(mm)	方法
				准备转移	立即转移		
35	桥上镇下交村张坡	雨量(B_0=0)	0.5 h	43	61	61	流域模型法
			1 h	61	75	75	
		雨量(B_0=0.3)	0.5 h	40	58	58	
			1 h	58	68	68	
		雨量(B_0=0.6)	0.5 h	37	53	53	
			1 h	53	64	64	
36	桥上镇下交村解家	雨量(B_0=0)	0.5 h	43	61	61	流域模型法
			1 h	61	73	73	
		雨量(B_0=0.3)	0.5 h	39	56	56	
			1 h	56	68	68	
		雨量(B_0=0.6)	0.5 h	37	53	53	
			1 h	53	63	63	
37	桥上镇庄里村(前庄)	雨量(B_0=0)	0.5 h	31	44	44	流域模型法
			1 h	44	53	53	
		雨量(B_0=0.3)	0.5 h	28	40	40	
			1 h	40	49	49	
		雨量(B_0=0.6)	0.5 h	25	35	35	
			1 h	35	42	42	

续表 4-3-12

序号	行政区划名称	类别	降雨历时	预警指标(雨量:mm,水位:m)		临界雨量(mm)/水位(mm)	方法
				准备转移	立即转移		
38	桥上镇庄里村(前庄)南头	雨量(B_0=0)	0.5 h	46	65	65	流域模型法
			1 h	65	75	75	
			2 h	86	96	96	
		雨量(B_0=0.3)	0.5 h	42	59	59	
			1 h	59	67	67	
			2 h	78	87	87	
		雨量(B_0=0.6)	0.5 h	38	55	55	
			1 h	55	60	60	
			2 h	70	79	79	
39	西闫镇西闫村	雨量(B_0=0)	0.5 h	44	62	62	流域模型法
			1 h	62	72	72	
			2 h	80	88	88	
			3 h	95	102	102	
		雨量(B_0=0.3)	0.5 h	40	57	57	
			1 h	57	65	65	
			2 h	71	78	78	
			3 h	84	90	90	
		雨量(B_0=0.6)	0.5 h	36	52	52	
			1 h	52	57	57	
			2 h	62	68	68	
			3 h	73	78	78	

续表 4-3-12

序号	行政区划名称	类别	降雨历时	预警指标(雨量:mm,水位:m)		临界雨量(mm)/水位(mm)	方法
				准备转移	立即转移		
40	西闫镇古十银村底下河	雨量(B_0=0)	0.5 h	26	38	38	流域模型法
			1 h	38	47	47	
			2 h	55	63	63	
		雨量(B_0=0.3)	0.5 h	23	33	33	
			1 h	33	40	40	
			2 h	48	54	54	
		雨量(B_0=0.6)	0.5 h	18	26	26	
			1 h	26	33	33	
			2 h	39	44	44	
41	西闫镇十河村	雨量(B_0=0)	0.5 h	23	32	32	流域模型法
			1 h	32	39	39	
			2 h	45	50	50	
		雨量(B_0=0.3)	0.5 h	19	28	28	
			1 h	28	34	34	
			2 h	38	42	42	
		雨量(B_0=0.6)	0.5 h	15	22	22	
			1 h	22	27	27	
			2 h	32	35	35	

续表 4-3-12

序号	行政区划名称	类别	降雨历时	预警指标(雨量:mm,水位:m)		临界雨量(mm)/水位(mm)	方法
				准备转移	立即转移		
42	西闫镇十河村元窑河	雨量(B_0=0)	0.5 h	58	83	83	流域模型法
			1 h	83	97	97	
			2 h	110	125	125	
		雨量(B_0=0.3)	0.5 h	53	76	76	
			1 h	76	87	87	
			2 h	98	113	113	
		雨量(B_0=0.6)	0.5 h	48	69	69	
			1 h	69	76	76	
			2 h	86	98	98	
43	西闫镇十河村贾家庄	雨量(B_0=0)	0.5 h	54	77	77	流域模型法
			1 h	77	89	89	
			2 h	103	119	119	
		雨量(B_0=0.3)	0.5 h	49	70	70	
			1 h	70	80	80	
			2 h	92	105	105	
		雨量(B_0=0.6)	0.5 h	43	61	61	
			1 h	61	69	69	
			2 h	79	92	92	

续表 4-3-12

序号	行政区划名称	类别	降雨历时	预警指标(雨量:mm,水位:m)		临界雨量(mm)/水位(mm)	方法
				准备转移	立即转移		
44	西闫镇上河村	雨量($B_0=0$)	0.5 h	20	28	28	流域模型法
			1 h	28	36	36	
		雨量($B_0=0.3$)	0.5 h	17	25	25	
			1 h	25	31	31	
		雨量($B_0=0.6$)	0.5 h	15	21	21	
			1 h	21	27	27	
45	西闫镇曹公村	雨量($B_0=0$)	0.5 h	53	76	76	流域模型法
			1 h	76	86	86	
			2 h	97	110	110	
		雨量($B_0=0.3$)	0.5 h	50	71	71	
			1 h	71	78	78	
			2 h	88	99	99	
		雨量($B_0=0.6$)	0.5 h	45	65	65	
			1 h	65	70	70	
			2 h	79	89	89	

续表 4-3-12

序号	行政区划名称	类别	降雨历时	预警指标(雨量:mm,水位:m)		临界雨量(mm)/水位(mm)	方法
				准备转移	立即转移		
46	西闫镇堡子村	雨量(B_0=0)	0.5 h	51	73	73	流域模型法
			1 h	73	86	86	
			2 h	97	108	108	
			3 h	117	127	127	
		雨量(B_0=0.3)	0.5 h	46	66	66	
			1 h	66	77	77	
			2 h	86	95	95	
			3 h	104	113	113	
		雨量(B_0=0.6)	0.5 h	42	60	60	
			1 h	60	68	68	
			2 h	75	83	83	
			3 h	90	99	99	
47	西闫镇堡子村北河湾	雨量(B_0=0)	0.5 h	37	53	53	流域模型法
			1 h	53	62	62	
			2 h	70	77	77	
			3 h	83	90	90	
		雨量(B_0=0.3)	0.5 h	33	48	48	
			1 h	48	55	55	
			2 h	61	68	68	
			3 h	73	78	78	
		雨量(B_0=0.6)	0.5 h	30	42	42	
			1 h	42	48	48	
			2 h	53	58	58	
			3 h	62	67	67	

续表 4-3-12

序号	行政区划名称	类别	降雨历时	预警指标(雨量:mm,水位:m)		临界雨量(mm)/水位(mm)	方法
				准备转移	立即转移		
48	西闫镇堡子村河西	雨量(B_0=0)	0.5 h	51	73	73	流域模型法
			1 h	73	86	86	
			2 h	95	105	105	
			3 h	112	119	119	
		雨量(B_0=0.3)	0.5 h	47	67	67	
			1 h	67	77	77	
			2 h	85	96	96	
			3 h	102	107	107	
		雨量(B_0=0.6)	0.5 h	43	61	61	
			1 h	61	68	68	
			2 h	74	83	83	
			3 h	89	93	93	
49	西闫镇大河村(中河西)	雨量(B_0=0)	0.5 h	54	77	77	流域模型法
			1 h	77	88	88	
			2 h	104	118	118	
		雨量(B_0=0.3)	0.5 h	51	73	73	
			1 h	73	81	81	
			2 h	99	112	112	
		雨量(B_0=0.6)	0.5 h	48	68	68	
			1 h	68	75	75	
			2 h	93	105	105	

续表 4-3-12

序号	行政区划名称	类别	降雨历时	预警指标(雨量:mm,水位:m)		临界雨量(mm)/水位(mm)	方法
				准备转移	立即转移		
50	中卫乡屋山村	雨量(B_0=0.3)	0.5 h	29	42	42	同频率法
			1 h	42	55	55	
51	中卫乡吴寨村	雨量(B_0=0.3)	0.5 h	32	46	46	同频率法
			1 h	46	59	59	
52	中卫乡浍史村	雨量(B_0=0)	0.5 h	32	46	46	流域模型法
			1 h	46	55	55	
		雨量(B_0=0.3)	0.5 h	28	41	41	
			1 h	41	48	48	
		雨量(B_0=0.6)	0.5 h	25	36	36	
			1 h	36	41	41	
53	南唐乡南丁村	雨量(B_0=0)	0.5 h	35	50	50	流域模型法
			1 h	50	59	59	
			2 h	66	72	72	
			3 h	76	81	81	
			4 h	85	89	89	
		雨量(B_0=0.3)	0.5 h	32	46	46	
			1 h	46	53	53	
			2 h	58	63	63	
			3 h	67	71	71	
			4 h	75	78	78	
		雨量(B_0=0.6)	0.5 h	28	40	40	
			1 h	40	45	45	
			2 h	49	53	53	
			3 h	57	60	60	
			4 h	64	66	66	

续表 4-3-12

序号	行政区划名称	类别	降雨历时	预警指标(雨量:mm,水位:m)		临界雨量(mm)/水位(mm)	方法
				准备转移	立即转移		
54	王庄乡上石村	雨量($B_0=0$)	0.5 h	38	55	55	流域模型法
			1 h	55	64	64	
			2 h	72	79	79	
		雨量($B_0=0.3$)	0.5 h	34	49	49	
			1 h	49	56	56	
			2 h	64	71	71	
		雨量($B_0=0.6$)	0.5 h	31	44	44	
			1 h	44	49	49	
			2 h	55	62	62	
55	王庄乡石潭村	雨量($B_0=0$)	0.5 h	32	46	46	流域模型法
			1 h	46	59	59	
		雨量($B_0=0.3$)	0.5 h	29	41	41	
			1 h	41	55	55	
		雨量($B_0=0.6$)	0.5 h	26	37	37	
			1 h	37	50	50	
56	浇底乡油庄村河寨	雨量($B_0=0$)	0.5 h	12	18	18	流域模型法
			1 h	18	23	23	
		雨量($B_0=0.3$)	0.5 h	11	15	15	
			1 h	15	19	19	
		雨量($B_0=0.6$)	0.5 h	8	12	12	
			1 h	12	15	15	

临汾市山洪灾害评价与防控研究

（中册）

王彦红　主编

黄河水利出版社

·郑州·

前　言

山洪灾害是山丘区因降水引起的一种灾害形式,受气候、地理环境、降雨和人类活动等多种复杂因素的影响。临汾市属半干旱、半湿润温带大陆性季风气候区,四季分明,雨热同期。降雨主要集中在汛期6~9月,其降雨总量占年雨量的70%左右,且在此期间大多为雷阵雨间有暴雨发生。结合临汾市地形特点,河流多属中小型河流,成灾洪水多由小范围、高强度、短历时暴雨形成,极易发生山洪灾害。山洪灾害对人民的生命财产安全造成了巨大威胁,严重影响着社会、经济发展及全面建设小康社会的进程。

2013年依据《全国中小河流治理和病险水库除险加固、山洪地质灾害防御和综合治理总体规划》,水利部、财政部联合印发了《全国山洪灾害防治项目实施方案(2013—2015年)》,在前期实施的山洪灾害防治县级非工程措施项目的基础上,明确了2013~2015年山洪灾害防治调查评价、非工程措施补充完善和重点山洪沟防洪治理主要建设任务。

山洪灾害防御是我国防汛工作的难点和薄弱环节。根据国务院批复的《全国山洪灾害防治规划》,2013年9月全国启动了新一轮山洪灾害防治项目建设,山西省在2015年底完成全省114个有山洪灾害防治任务的县(市、区)山洪灾害调查评价工作。

临汾市对全市17个山洪灾害防治县(区)、7 703个村庄开展了山洪灾害调查工作,评价了防治区915个重点沿河村落的防洪现状。当前,山洪灾害调查评价工作已经积累了丰富的资料,取得了一些阶段性成果。但是针对某一特定地区,依然缺乏有关山洪灾害评价系统性的资料与成果。本次编著不仅将各县(市、区)防治区系统成果汇编,使得临汾市山洪灾害评价成果更容易得到普及,提高了人们的防洪意识,且为进一步的山洪灾害防治工作开展奠定了坚实的资料与理论基础。

本书由王彦红担任主编,负责总体设计和审稿。高小朋、白继中担任副主编,负责章节编写和修改统筹工作。参加前期资料收集与整理的有宋小军、闫思捷、王云峰、贾小军、薛俊英、韩德宏、陈前、陈素霞等;参加暴雨洪水、临界指标等数据计算和章节编写工作的有张淑丽、冯云丽、卢琼、汪志鹏、费晓轩、王泽、李澎、解斌、乔新伟、贾静静等;参加图表绘制整理等工作的有亢一凡、孙花龙、陈素平、晋艳芳、李伟芳、张瑞峰、武宏娟、宋婷、孙风朝、赵德杰等。

本书在编写过程中得到了临汾市水文水资源勘测分局的大力支持并提供无私帮助,在此谨表示真诚的感谢!

因编写人员水平所限,书中疏漏之处在所难免,敬请专家、读者批评指正。

编　者

2018年8月

目　录

前　言

（上　册）

第1篇　临汾市山洪灾害评价

第2篇　临汾市山洪灾害防控研究

第3篇　典型县（洪洞县）山洪灾害评价与防控研究

第4篇　各县(市、区)山洪灾害评价与防控研究

(中　册)

(下　册)

第4章　襄汾县

4.1　襄汾县基本情况

4.1.1　地理位置

襄汾县位于山西省南部,北与尧都区接壤,南与曲沃县为邻,西靠乡宁,东有太岳山,与浮山、翼城相连。地理坐标:北纬 35°42′~36°02′,东经 111°04′~112°39′。全县东西长 50 km,南北宽约 40 km,总面积 1 034 km^2。县境内交通便利,南同蒲铁路、霍侯一级路、大运高速路纵贯全境。

襄汾县东有塔儿山高耸而峙,西有姑射山犹如屏障,中部汾河由北而南纵贯全县,将全县分为河东、河北两个部分。由于汾河的垂直下切作用形成了南北和中间凹,向东向西逐步递增的地形景观。襄汾县行政区划图如图 4-4-1 所示。

4.1.2　社会经济

襄汾县现辖新城、赵康、汾城、南贾、古城、襄陵、邓庄 7 个镇,陶寺、永固、景毛、西贾、南辛店、大邓 6 个乡,354 个行政村。至 2014 年底,全县总人口约为 49 万人,其中城镇人口约 21 万人,农村人口约 28 万人。2014 年底全县国内生产总值 1 222 838 万元,其中第一产业 141 831 万元,第二产业 681 110 万元,第三产业 399 897 万元。

襄汾县境内有储量丰富的煤、铁、金、银、石膏等矿产资源。工业主要以煤开采、洗煤业、煤焦化为主。农业主要以小麦、玉米、红薯、谷子、大豆等作物为主。煤开采和煤炭加工转化业是全县经济发展的主要支柱产业。

4.1.3　河流水系

襄汾县境内河流都属于黄河流域,流域面积大于 50 km^2 的主要河流有 11 条。按照水利部河湖普查河流级别划分原则,1 级河流有 1 条,为汾河;2 级河流有 9 条,分别为三圣沟、浪泉河、邓庄河、陶寺河、豁都峪、三官峪、滏河、汾城河和三泉河;3 级河流有 1 条,为曲村河。县境内主要河流为汾河及其支流。襄汾县河流水系图见图 4-4-2,主要河流基本情况见表 4-4-1。

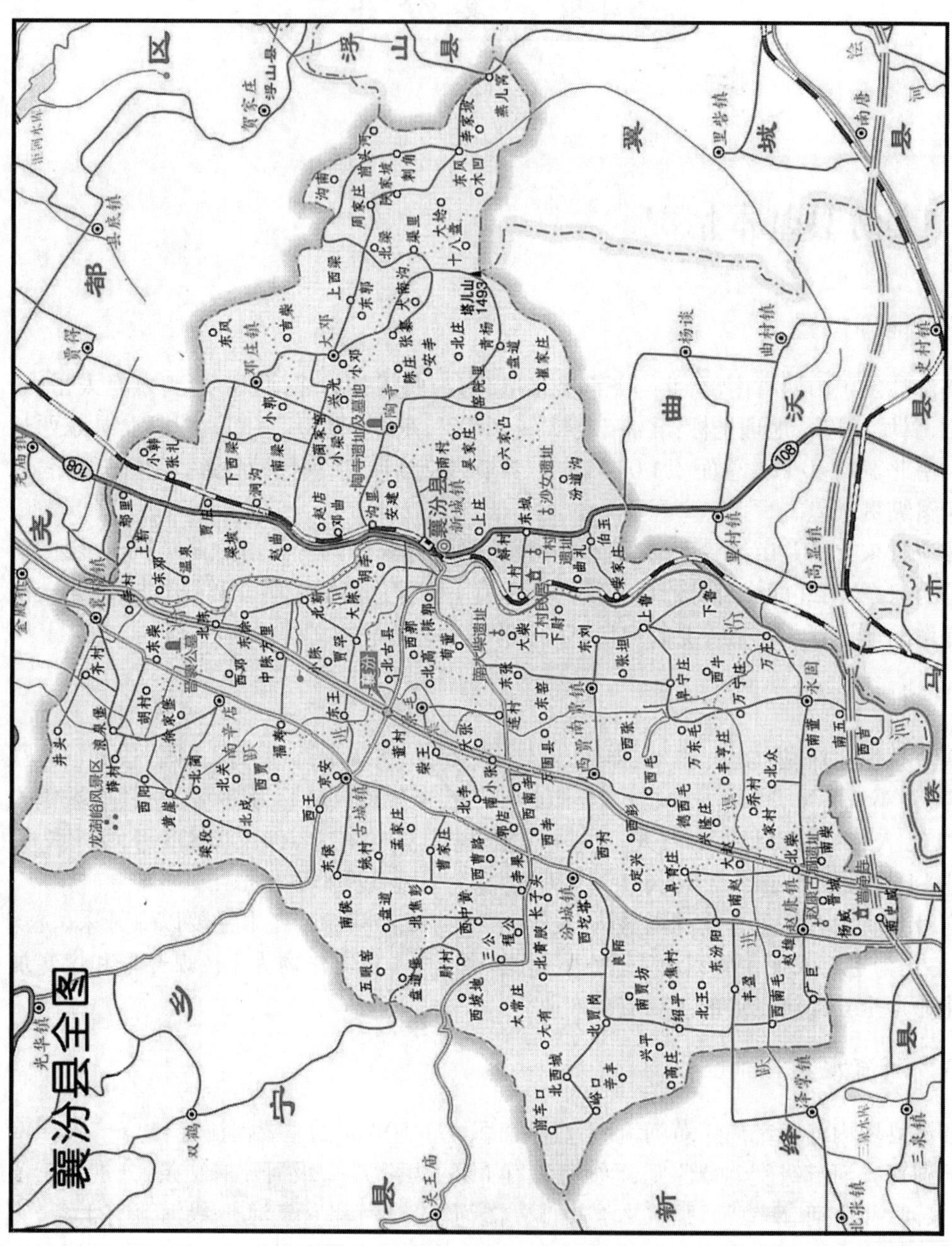

图 4-4-1　襄汾县行政区划图

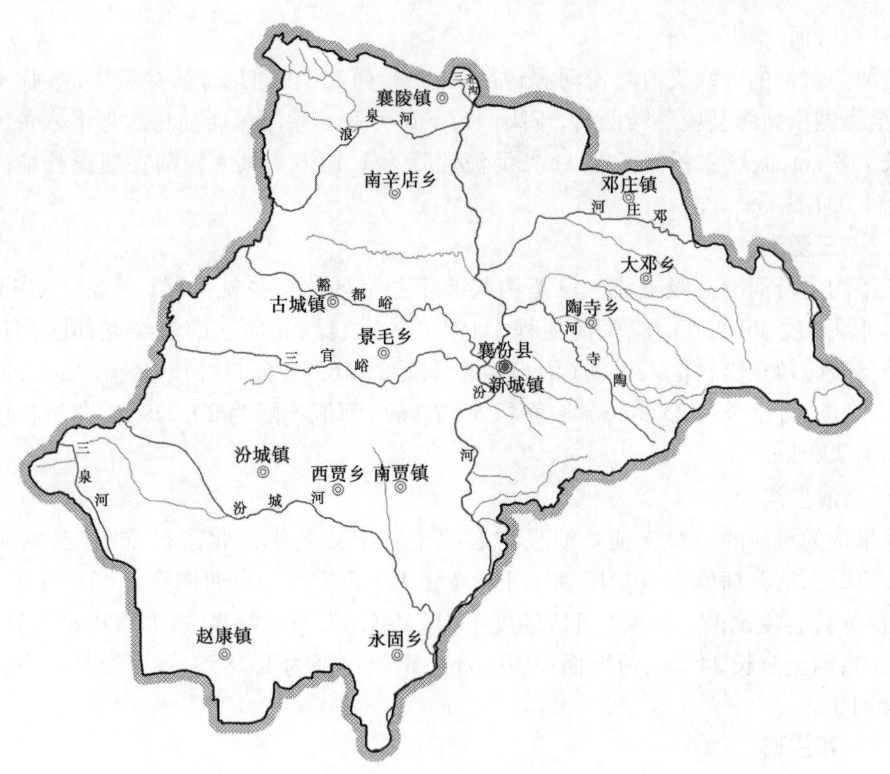

图4-4-2 襄汾县河流水系图

表4-4-1 襄汾县主要河流基本情况表

编号	河流名称	上级河流名称	河流级别	流域面积(km²)	河长(km)	比降(‰)	县境内流域面积(km²)
1	汾河	黄河	1	39 721	718	1.10	1 031.3
2	三圣沟	汾河	2	59.7	25	20.22	2.3
3	浪泉河	汾河	2	104	24	13.85	89.1
4	邓庄河	汾河	2	110	34	11.46	8.3
5	陶寺河	汾河	2	101	22	13.98	100.5
6	豁都峪	汾河	2	416	58	11.81	56.0
7	三官峪	汾河	2	355	49	11.93	81.2
8	滏河	汾河	2	323	47	9.02	3.0
9	曲村河	滏河	3	65.1	23	20.49	2.5
10	汾城河	汾河	2	180	32	8.27	165.2
11	三泉河	汾河	2	214	36	8.81	17.0

4.1.3.1 汾河

汾河为黄河的一级支流。汾河源自吕梁、太行两大山区的支流,穿越太原、临汾两大盆地,至运城市新绛县境急转西行,于禹门口下游万荣县荣河镇庙前村附近汇入黄河。汾河全长 718 km,流域面积 39 721 km^2,河流比降为 1.10‰。其中汾河在襄汾县境内流域面积为 1 031.3 km^2。

4.1.3.2 三圣沟

三圣沟为汾河的一级支流。三圣沟起源于尧都区枕头乡枕头村(河源经度 111°15′44.7″,河源纬度 36°08′53.0″,河源高程 1 192.4 m),自西北向东南流经尧都区、襄汾县,于襄汾县襄陵镇东街村汇入汾河(河口经度 111°25′16.9″,河口纬度 36°01′9.4″,河口高程 420.0 m),河流全长 25 km,流域面积 59.7 km^2,河流比降为 20.22‰。襄汾县境内流域面积为 2.3 km^2。

4.1.3.3 浪泉沟

浪泉沟为汾河的一级支流。浪泉沟起源于乡宁县光华镇北家村石凹庄(河源经度 111°16′20.4″,河源纬度 36°01′19.4″,河源高程 1 025.7 m),自西向东流经乡宁县、襄汾县,于襄汾县襄陵镇汇入汾河(河口经度 111°24′46.7″,河口纬度 36°00′20.8″,河口高程 421.2 m),河流全长 24 km,流域面积 104 km^2,河流比降为 13.85‰。襄汾县境内流域面积为 89.1 km^2。

4.1.3.4 邓庄河

邓庄河为汾河的一级支流。邓庄河起源于浮山县槐埝乡(河源经度 111°40′15.5″,河源纬度 35°52′37.7″,河源高程 1 109.0 m),自东向西流经浮山县、尧都区、襄汾县,于襄汾县新城镇赵店村汇入汾河(河口经度 111°25′13.1″,河口纬度 36°55′38.6″,河口高程 417.0 m),河流全长 34 km,流域面积 110 km^2,河流比降为 11.46‰。襄汾县境内流域面积为 8.3 km^2。

4.1.3.5 陶寺河

陶寺河为汾河的一级支流。陶寺河起源于襄汾县陶寺乡下庄村杜家庄(河源经度 111°35′35.8″,河源纬度 35°53′7.4″,河源高程 922.8 m),自东向西流经襄汾县,于襄汾县新城镇沟尔里村汇入汾河(河口经度 111°26′13.3″,河口纬度 36°54′11.3″,河口高程 416.8 m),河流全长 22 km,流域面积 101 km^2,河流比降为 13.98‰。襄汾县境内流域面积为 100.5 km^2。

4.1.3.6 豁都峪

豁都峪为汾河的一级支流。豁都峪起源于尧都区河底乡十亩村杏虎山(河源经度 111°06′38.8″,河源纬度 35°10′59.2″,河源高程 1 550.7 m),自西北向东南流经尧都区、乡宁县、襄汾县,于襄汾县新城镇陈郭村汇入汾河(河口经度 111°12′22.8″,河口纬度 36°02′40.3″,河口高程 759.4 m),河流全长 58 km,流域面积 416 km^2,河流比降为 11.81‰。襄汾县境内流域面积为 56.0 km^2。

4.1.3.7 三官峪

三官峪为汾河的一级支流。三官峪起源于乡宁县管头镇圪咀村牛汾坪(河源经度 111°03′26.8″,河源纬度 36°01′25.3″,河源高程 1 201.5 m),自西北向东南流经乡宁县、襄汾县,于襄汾县新城镇柴寺村汇入汾河(河口经度 111°25′16. 1″,河口纬度 35°52′28. 7″,河口高程 413. 3 m),河流全长 49 km,流域面积 355 km^2,河流比降为 11. 93‰。襄汾县境内流域面积为 81. 2 km^2。

4.1.3.8　滏河

滏河为汾河的一级支流。滏河起源于襄汾县大邓乡洞沟村(河源经度 111°36′44. 4″,河源纬度 35°52′18. 7″,河源高程 1 189. 6 m),自东向西流经襄汾县、翼城县、曲沃县,于曲沃县里村镇封王村汇入汾河(河口经度 111°24′25. 7″,河口纬度 36°44′31. 9″,河口高程 404. 5 m),河流全长 47 km,流域面积 323 km^2,河流比降为 9. 02‰。襄汾县境内流域面积为 3. 0 km^2。

4.1.3.9　曲村河

曲村河为滏河的支流。曲村河起源于襄汾县陶寺乡云合十八盘(河源经度 111°35′25. 5″,河源纬度 36°51′59. 6″,河源高程 1 179. 3 m),自东北向西南流经襄汾县、翼城县、曲沃县,于曲沃县曲村镇北辛河汇入滏河(河口经度 111°29′59. 6″,河口纬度 35°43′6. 2″,河口高程 450. 0 m),河流全长 23 km,流域面积 65. 1 km^2,河流比降为 20. 49‰。襄汾县境内流域面积为 2. 5 km^2。

4.1.3.10　汾城河

汾城河为汾河的一级支流。汾城河起源于乡宁县关王庙乡太尔凹村(河源经度 111°08′53. 2″,河源纬度 35°51′40. 0″,河源高程 990. 0 m),自西北向东南流经乡宁县、襄汾县,于襄汾县永固乡车回东村汇入汾河(河口经度 111°23′14. 9″,河口纬度 36°43′26. 3″,河口高程 399. 9 m),河流全长 32 km,流域面积 180 km^2,河流比降为 8. 27‰。襄汾县境内流域面积为 165. 2 km^2。

4.1.3.11　三泉河

三泉河为汾河的一级支流。三泉河起源于乡宁县关王庙乡后野头村西南沟(河源经度 111°06′40. 2″,河源纬度 35°49′31. 6″,河源高程 1 148. 6 m),自北向南流经乡宁县、襄汾县、新绛县,于新绛县龙兴镇桥东村汇入汾河(河口经度 111°11′55. 3″,河口纬度 35°35′35. 2″,河口高程 390. 0 m),河流全长 36 km,流域面积 214 km^2,河流比降为 8. 81‰。襄汾县境内流域面积为 17. 0 km^2。

4.1.4　水文气象

襄汾县属温带大陆性季风气候区,一年四季分明,春暖、夏热、秋凉、冬冷。冬夏两季略长,春秋两季略短,多年平均气温 12. 5 ℃。冬夏温差较大,极端最高气温 41. 2 ℃(发生于 2005 年 6 月 23 日),最低气温 -22 ℃(发生于 1990 年 2 月 1 日),1 月最冷,平均气温 -3. 5 ℃,7 月下旬 8 月上旬最热,平均气温 27. 6 ℃。冬春季节少雨多风,夏秋季节高热多雨,冬季多为西北风,春季多为东南风,且多发生程度不同的沙尘暴扬沙天气。年平均风速为 2. 2 m/s,多年平均日照时数 2 295. 8 h,2 月日照最短,6 月日照最长。多年平均无霜期天数为 205 d 左右,初霜出现在 10 月中下旬,终霜出现在 4 月中下旬。多年平均降水量 507. 3 mm,多年平均蒸发量 1 708. 9 mm,年内降水量时空分布极不均匀,6 ~ 9 月占全年降水量的 68. 2%,年际变化较大,二者相差 2. 98 倍。降水在地域分布上也有差异,汾河河槽区、东西两山沟壑区降雨量偏多,且自南向北递次减少,其余地区降水略偏少。

4.1.5 历史山洪灾害

襄汾县境内山洪灾害发生频次较高,是襄汾县的主要自然灾害之一。历史上及中华人民共和国成立后发生过多次大的山洪灾害。本次首先收集了各种文献对襄汾县山洪灾害的记载,其次在进行沿河村落调查时走访当地村民调查历史洪水情况,整理如下。

4.1.5.1 文献记载洪水资料

文献记载洪水资料主要来自于《山西省历史洪水调查成果》和《山西洪水研究》。其资料来源于《山西通志》、各市、县的府志或县志、中央档案馆明清档案部的清代档案奏折以及少量的洪水碑刻和家书等。该县文献洪水记载共计 29 条。洪水发生年份分别为 1543 年、1605 年、1613 年、1648 年、1652 年、1678 年、1679 年、1775 年、1813 年、1819 年、1831 年、1832 年、1841 年、1843 年、1853 年、1854 年、1860 年、1867 年、1881 年、1895 年、1920 年、1939 年、1942 年、1955 年(见表 4-4-2)。本次工作还收集了襄汾县文献记载旱情资料(见表 4-4-3)。

表 4-4-2 襄汾县文献记载洪水统计表

序号	公元	年号	记载	资料来源
1	1543	明嘉靖廿二年	襄陵汾水泛涨异常	山西水旱灾害
2	1605	明万历卅三年	襄汾、襄陵汾水泛溢异常,一时滩地尽皆溃陷,中流忽浪涌起如峰,船坏,死殆以百计	山西水旱灾害
3	1613	明万历四十一年	阳曲六至秋七月大雨伤人损稼,七府营雷震死一人。赵城、太平、洪洞、襄陵大水。襄汾水灾异涨,济屏活门外看桥冲毁。新绛六月廿一日汾水涨溢,入城民舍倾圮	
4	1613	明万历四十一年	襄陵水荒,曲沃三月大水、太平县大水。临汾秋大旱	原山西省临汾地区水文计算手册
5	1648	清顺治五年	襄汾太平秋七月大雨,汾河涨,两岸树梢皆没。太原、文水大水伤稼	
6	1652	清顺治九年	襄汾、襄陵淫雨浃旬,汾流泛涨,民舍多漂没。稷山六月淫雨,河水横溢至城下,漂没田舍无算。新绛六月十三日汾水涨溢,冲南门柱安两坊,水深丈许,街巷结伐,以济房舍大半倾圮,西北诸村多遭漂没,行庄为甚	

续表 4-4-2

序号	公元	年号	记载	资料来源
7	1678	清康熙十七年	荣河大雨雹,河水溢败民田。稷山伤稼。平陆八月霖雨四旬。襄陵秋七月阴雨。绛州秋九月大雨雪深数尺,树木皆折。大宁八、九月淫雨三旬	山西通志
8	1679	清康熙十八年	太平(汾城)、曲沃、新绛秋淫雨二十余日,坏城垣庐舍无数	原山西省临汾地区水文计算手册
9	1775	清乾隆四十年	襄陵夏大雨。绛州大水,平地深丈余,范庄一带更甚。太原六月二十日雨,水漂没城西南数村	山西自然灾害史年表
10	1813	清嘉庆十八年	曲沃、洪洞、安泽、太平秋八月淫雨连旬	山西自然灾害史年表
11	1813	清嘉庆十八年	襄陵秋八月淫雨十余天。泽州秋雨月余。河津八月霖雨十日。寿阳六月河水大溢。临晋大雨十昼夜,连绵前后二十余日。临猗淫雨伤稼	山西自然灾害史年表
12	1819	清嘉庆廿四年	太平秋淫雨。大宁六月大水	山西自然灾害史年表
13	1831	清道光十一年	榆次十一月初十日大雪深数尺,道路壅塞枣树枯。曲沃六月二十三日夜浍水大涨,沿河一带淹死不计其数。襄汾汾城五月二十五日雷雨,平地水深数尺,房屋倒塌	原山西省晋中地区水文计算手册
14	1832	清道光十二年	寿阳秋七月淫雨弥月。曲沃秋淫雨二十余日。襄汾、襄陵大水,南关厢屯里村被灾较重,冬大雪	
15	1832	清道光十二年	曲沃秋淫雨 20 余日大水。襄陵秋大水,南关厢屯里村被害敷重	
16	1841	清道光廿一年	文水溢,决堤伤稼。襄汾、襄陵汾水倾圮殿之东壁与院西墙复通颓崩焉。稷山大雨连天,康泉潦水横流无度,水满石砌而挤遂圮。河津也大雨如注,洪水横流,深者数丈	
17	1843	清道光廿三年	文水漫流淹没民田不下数千顷。汾阳汾水徙入县境,与文水合流,东乡二十六村庄被灾。寿阳夏四月至七月阴雨禾苗不秀。洪洞秋季水淹。襄汾秋雨连绵,泉汾泛滥,桥梁石基坍塌	

续表 4-4-2

序号	公元	年号	记载	资料来源
18	1853	清咸丰三年	襄汾、汾城六月十八日水淹进城,八月汾水陡涨数尺。襄陵六月间汾水涨溢,村舍庙基尽遭水患。新绛、曲沃、平阳等州县八月间汾水陡涨数尺	
19	1854	清咸丰四年	汾阳八月九日文峪河决,襄陵七月淫雨伤稼	山西自然灾害史年表
20	1860	清咸丰十年	太平(汾城)夏六月十八日晚大雨倾盆,历四时许,平地水深数尺,邑内桥梁十坏八九,报灾者六十余村。临汾六月大雨,民间庐舍塌毁无数。稷山秋大水,村中坏庐舍极多,邻县东教尤甚,水势有高过房檐者,至数月不能尽	原山西省临汾地区水文计算手册
21	1867	清同治六年	翼城大旱无麦,八月淫雨伤稼。襄陵雨	山西自然灾害史年表
22	1881	清光绪七年	襄汾、太平夏五月初八日雨雹,汾水暴涨	
23	1895	清光绪廿一年	洪洞、襄陵淫雨连旬,房倒屋塌无数,汾水暴涨,山水暴发,汾东邓庄、小郭、南北梁一带淹没田禾、庐舍甚多。汾城史村漂大王殿碑记:去岁六月间大雨施行……降雨十六日午刻止于十八日早晨,平地汪洋	洪洞、襄陵等县志
24	1920	民国九年	临汾六月十六日大雨,洰河漫,六月廿二日大雨。七月旱。襄汾、襄陵六月十六日大雷雨,山水暴涨,冲毁邓庄、西梁等。曲沃五月浍河暴涨,淹没无算	临汾、襄汾、曲沃等县志
25	1920	民国九年	山西临汾以南涝,余均旱和大旱。黎城、沁水、泽州、襄垣、长治、武乡、安邑、临晋、虞乡、芮城、平陆、汾西、万泉、临汾、荣河、榆次、榆县、阳曲、平遥、介休、太原、文水、孝义、崞县、应县、代县、忻县、定襄、泽州、新绛、太谷、朔州、昔阳、闻喜、平顺、壶关、襄陵、大同、阳高、浑源、静乐、保德:受旱	山西自然灾害史年表

续表 4-4-2

序号	公元	年号	记载	资料来源
26	1939	民国廿八年	山西阳曲等三十八县水灾,全省合计一千五百三十七村,受灾土地一百六十五万六千九百一十八亩,毁房三万七千一百七十间,伤亡四十三人。灾情涉及:阳曲、太原、徐沟、清源、榆次、太谷、祁县、平遥、介休、和顺、昔阳、灵石、平定、寿阳、盂县、汾阳、孝义、交城、文水、临汾、洪洞、曲沃、襄陵、霍县、赵城、虞乡、解州、安邑、新绛、稷山、宁武、神池、忻县、定襄、代县、崞县、繁峙等县	山西自然灾害史年表
27	1942	民国卅一年	汾河、团柏河、对竹河大水	调查
28	1942	民国卅一年	有四十五县遭水灾,受灾面积共一百二十五万五千四百八十亩。水灾严重的县有:阳曲、晋泉、太谷、祁县、交城、文水、岚县、徐沟、汾阳、平遥、介休、临汾、洪洞、曲沃、汾城、永济、新绛、稷山、河津、芮城、五台等县	山西自然灾害史年表
29	1955		襄汾县:六月三十日下午九时倾盆大雨,历时五时之久,沿东西两山之水漫地滚流。群众反映这是数十年来未有之大水。水利工程 31 座全被冲毁,土地、秋禾、乡民财产均遭受较大损失。冲毁土地 3 000 余亩,塌房 274 间(孔),死 3 人	

表 4-4-3　襄汾县文献记载旱情统计表

序号	公元	年号	记载	资料来源
1	1428	明宣德三年	洪洞、崞县、浮山、襄汾、汾城、绛州旱大饥	山西水旱灾害
2	1439	明正统四年	太原春夏旱,大同、偏关旱大饥。襄陵、汾城旱。曲沃春夏旱	山西水旱灾害
3	1472	明成化八年	山西全省性旱和大旱	山西通志
4	1497	明弘治十年	太原地震,屯留最甚。乡宁、安邑、襄垣旱。襄陵、汾城、临汾大旱	山西通志
5	1528	明嘉靖七年	襄陵、曲沃、洪洞、赵城旱	原山西省临汾地区水文计算手册
6	1532	明嘉靖十一年	偏关、临汾、襄汾、安邑、解州、平陆、临猗、永济、晋城、太平大旱大饥,民多流亡,死者枕藉	旱涝史料(山西部分)

续表 4-4-3

序号	公元	年号	记载	资料来源
7	1565	明嘉靖四十四年	太平、汾阳、洪洞旱。太原十二月十二日地震	山西通志
8	1568	明隆庆二年	太平、临汾、曲沃、安泽大旱	原山西省临汾地区水文计算手册
9	1585~1587	明万历十三~十五年	太平、洪洞、临汾、曲沃大旱	原山西省临汾地区水文计算手册
10	1599	明万历廿七年	襄陵、太平、临汾、春大旱	原山西省临汾地区水文计算手册
11	1628	明崇祯元年	太平、永和、蒲县、隰县旱。永和雨雹伤禾。广昌、广灵、山阴陨霜损稼。大同尤旱	山西通志
12	1629	明崇祯二年	浑源、广灵饥。朔州旱到秋薄收。襄汾大旱。永和雨雹伤稼	山西通志
13	1633	明崇祯六年	临汾、太平、大宁大旱。平定旱	原山西省临汾地区水文计算手册
14	1638	明崇祯十一年	文水、阳曲、襄陵、灵石、安邑、稷山旱,介休夏旱无麦秋旱	
15	1639	明崇祯十二年	永和、隰县、太原、阳曲、翼城、霍州、襄汾、绛县、万泉、万荣、稷山、安泽大旱,蝗伤稼,饿死人甚众	山西水旱灾害
16	1640~1641	明崇祯十三~十四年	太平、安泽、大宁、临汾、曲沃大旱	
17	1698	清康熙卅七年	翼城、洪洞、闻喜、浮山、蒲州、永和、平定、交城、襄陵大旱,民大饥。静乐二至三月大雪	山西自然灾害史年表
18	1720	清康熙五十九年	山西全省性大旱	山西自然灾害史年表
19	1721	清康熙六十年	山西全省性持续大旱	山西自然灾害史年表
20	1722	清康熙六十一年	山西全省性大旱,中部尤甚	山西水旱灾害
21	1742	清乾隆七年	高平、泽州雨雹伤稼。襄陵、汾城旱	山西自然灾害史年表

续表 4-4-3

序号	公元	年号	记载	资料来源
22	1743	清乾隆八年	襄陵、稷山、平定、长治、昔阳旱	山西自然灾害史年表
23	1804	清嘉庆九年	曲沃、太平、安泽、襄陵、临汾大旱,人食树皮草根充饥	原山西省临汾地区水文计算手册
24	1805	清嘉庆十年	曲沃、太平、安泽、襄陵、临汾大旱	原山西省临汾地区水文计算手册
25	1807	清嘉庆十二年	太平、安泽秋大旱,民饥愈甚	原山西省临汾地区水文计算手册
26	1807	清嘉庆十二年	襄陵大旱。壶关六月雹大如鸡卵。河曲秋大雨伤禾。稷山旱,旱后秋大水,漂没房屋无数。平陆旱。灵石七月淫雨。汾阳秋大水	山西自然灾害史年表
27	1835	清道光十五年	曲沃、太平大旱	
28	1846 ~ 1847	清道光廿六 ~ 廿七年	曲沃、太平、临汾大旱,秋禾无收	原山西省临汾地区水文计算手册
29	1875	清光绪元年	汾西大旱,秋薄收。临汾、太平六月旱	原山西省临汾地区水文计算手册
30	1876	清光绪二年	大宁、太平、洪洞、安泽、临汾夏麦歉收,六月大旱	临汾等县志
31	1878	清光绪四年	怀仁、文水、汾阳、孝义、交城、临汾、翼城、吉州、大宁、平顺、祁县、临县、蒲县、泽州、永宁(离石)、霍县、襄陵、乡宁、隰州、壶关、夏县、陵川、高平、泽州、襄垣、盂县、安邑、临晋、稷山、虞乡、芮城:旱。沁水、汾西、屯留:大疫。闻喜、太谷:大饥	山西自然灾害史年表
32	1880	清光绪六年	临县、灵石:狼灾。洪洞:地震。绛州:鼠灾。和顺:雹灾。襄陵:旱	
33	1899	清光绪廿五年	祁县:高粱油旱(蚜虫)为害。临县、荣河、临汾、泽州、襄陵:旱。永和:正月十六日大雪,沟渠约五六尺,路径不通月余	山西自然灾害史年表

续表 4-4-3

序号	公元	年号	记载	资料来源
34	1900	清光绪廿六年	全省性大旱,旱情严重。乡宁、曲沃、太原、榆次、祁县、榆社、临县、新绛、临汾、永宁、浮山、襄陵、翼城、临晋、芮城、荣河、绛州、襄垣、武乡、泽州、沁源、陵川、平顺、壶关、怀仁、左云、吉州、万泉、平陆均有旱情记载	山西自然灾害史年表
35	1901	清光绪廿七年	山西临汾以南旱。乡宁、曲沃、浮山、祁县、昔阳、临晋、荣河、沁源、襄陵、闻喜、新绛旱	山西自然灾害史年表
36	1920	民国九年	山西临汾以南涝,余均旱和大旱。黎城、沁水、泽州、襄垣、长治、武乡、安邑、临晋、虞乡、芮城、平陆、汾西、万泉、临汾、荣河、榆次、榆县、阳曲、平遥、介休、太原、文水、孝义、崞县、应县、代县、忻县、定襄、泽州、临汾、新绛、太谷、朔州、昔阳、闻喜、平顺、壶关、襄陵、大同、阳高、浑源、静乐、保德、临晋、芮城、襄垣:受旱	山西自然灾害史年表
37	1922	民国十一年	曲沃、襄陵、平陆、翼城:旱。芮城:风灾	山西自然灾害史年表
38	1936	民国廿五年	十二月太原地震。全省持续性大旱	山西自然灾害史年表
39	1940	民国廿九年	榆次、和顺、沁县、盂县、寿阳、浮山、灵石、宁武、神池、五寨、忻县、定襄、代县、崞县、繁峙等县遭雹灾。介休、临汾、新绛遭受虫灾。岢岚、沁水、安泽、襄陵、安邑、新绛、稷山、等县遭旱灾	山西自然灾害史年表
40	1941	民国卅年	祁县、昔阳、汾城、安邑、新绛、稷山、汾西、五台等县遭受旱灾	山西自然灾害史年表
41	1960		山西晋南旱象严重	山西水旱灾害
42	1965		山西全省性大旱。晋南春夏连旱,尤以伏旱为甚	山西水旱灾害
43	1972		山西全省性大旱,整个三伏天无雨	山西水旱灾害
44	1978		全省严重干旱的同时,风、雹、冻、病虫害亦严重发生	山西水旱灾害
45	1987		山西全省性旱,严重的有忻州、吕梁、临汾西部、太原市等	山西水旱灾害

4.1.5.2 《山西省历史洪水调查成果》中的调查成果

2011 年出版的《山西省历史洪水调查成果》中暴雨洪水调查资料已收集至 2008 年，是目前资料最为可靠、最为完整的历史洪水调查成果。其中收集襄汾县历史洪水调查成果 2 条。洪水发生地点为新城镇史村与柴庄村，发生年份分别为 1895 年、1937 年、1954 年、1958 年，主要分布在汾河流域，见表 4-4-4。

表 4-4-4　襄汾县现有历史洪水调查成果统计表

序号	调查地点				集水面积(km^2)	调查洪水			调查单位
	水系	河名	河段名	地点		洪峰流量(m^3/s)	发生时间	可靠程度	
1	汾河	汾河	史村	襄汾县新城镇史村	33 528	3 620	1895 年 6 月 18 日	较可靠	山西省水利厅
						1 780	1954 年 9 月 5 日	可靠	
						1 670	1937 年	较可靠	
2	汾河	汾河	柴庄	襄汾县新城镇柴庄村	33 932	3 520	1895 年 6 月 18 日	较可靠	山西省水利厅
						2 830	1937 年	较可靠	
						2 450	1958 年 7 月 16 日	可靠	

4.1.5.3 当地相关部门洪水记载

本次工作收集了地方县志、当地水利及相关部门对洪水的记载，可作为襄汾县历史洪水调查成果的补充。本次共收集洪水记载 14 条，洪水发生年份分别为 1920 年、1930 年、1953 年、1956 年、1958 年、1964 年、1984 年、1988 年、1989 年、1993 年、1996 年、2003 年，见表 4-4-5。

表 4-4-5　襄汾县当地部门历史洪水调查成果统计表

序号	发生时间	位置	洪水灾害描述
1	1920 年 7 月 31 日	邓庄、下西梁等村	7 月 31 日，大雷雨。山洪暴发，邓庄民商房屋、货物冲毁甚多，下西梁等村田禾被害严重
2	1930 年 7 月	东南毛、北柴、官庄等村	7 月，大雨，东南毛、北柴、官庄等村平地水深数尺，官庄村居民围墙全部倒塌。8 月、9 月，淫雨 40 日，墙倒屋塌者甚多
3	1953 年 7 月 28 日	三官峪河、贾朱村	7 月 28 日，暴雨，三官峪洪水流量达 966 m^3/s，5 个村庄被淹；北中黄、南中黄村内水深 2 m，房屋倒塌甚多。同日，豁都峪洪水进入贾朱村，积水深 2 m，村民屋内进水，有老人小孩乘坐木盆或装面用的长方形箱柜从洪水中漂出村庄
4	1956 年 6 月	襄汾县	淫雨近半个月。县内小麦霉烂生芽，损失严重，民众均食出芽麦

续表 4-4-5

序号	发生时间	位置	洪水灾害描述
5	1958 年	襄汾县	汾水洪峰 2 450 m^3/s,滩地庄稼全部被淹
6	1964 年	襄陵、李村	汛期汾水猛涨,河堤崩溃。襄陵东街、李村粮棉田被冲毁 1 031 亩,损失价值 6 万余元
7	1984 年 7 月 17 日	襄汾县	特大暴雨,2 h 降水 138 mm,全县 5.2 万余亩庄稼被冲毁
8	1988 年	襄汾县	连续降雨,日雨量多至 89.3 mm。8 月又大雨连绵。7、8 两月总雨量 473.3 mm。秋庄稼出芽、霉烂不计其数。襄陵、城关、永固及汾城、南贾、邓庄、大邓、浪泉 8 乡镇 1.8 万户,8.2 万人受灾。洪水淹没耕地 8 万亩
9	1988 年 8 月 13 ~ 14 日	襄汾县	暴雨引发山洪。汾城一带 5 万多亩土地被冲毁,3 万亩大秋淹没;40 多个村庄受淹,倒塌房屋 697 间,死亡 2 人,砸伤 10 人,淹死大牲畜 8 头,猪、羊、兔、鸡 2 700 多只。尉村一妇女因寻找残疾丈夫被洪水冲出 3 里多远,溺于三公村。三公村受灾最重。14 日早 6 时许,山洪卷着石头从北门、东门涌入村中。村内水深 1 m,最深达 2 m,540 户受灾,重灾 346 户,倒塌房屋 342 间,损坏房屋 647 间,70 户 282 人无家可归,倒塌围墙 3 200 m,淹没粮食 22.5 万 kg。死亡猪、羊、鸡 640 只(头),冲毁土地 320 亩,淹没庄稼 483 亩,冲毁水利设施 28 处,渠道 1 000 m
10	1988 年 7 月 5 ~ 10 日	侯村、杜村等	连续降雨 160.8 mm,其中 8 日降雨 81.8 mm。豁都峪山洪暴发,侯村至杜村涧滩内焦窝多被冲毁
11	1989 年 6 月 12 ~ 14 日	襄汾县	连续降雨 102.4 mm。全县成熟小麦出芽 870 万 kg。西中黄、西李、安咸平、东吉、西吉遭遇洪水,倒塌房屋 30 间
12	1993 年 8 月 5 日	襄汾县	汾河大汛。襄陵、南辛店、贾罕、赵曲、城关、景毛、南贾、永固 9 个乡镇 141 个村庄 29 100 户 12 万人受灾。淹没棉花 2 万亩,玉米、豆类、水稻等 4 万亩,药材、西瓜、花生 8 900 亩;冲毁水井 35 眼,涵洞 12 处,土石坝 1 700 m,鱼池 30 个计 300 亩;4 个村进水,损坏房屋 923 间,直接经济损失 8 000 万元
13	1996 年 8 月 6 日	永固乡	汾河大水,堤坝决口 6 处。永固乡西吉村 4 000 亩庄稼、300 亩鱼池受淹。南五、西吉、东吉 3 村受灾。汾河滩涂 3.74 万亩农田遭淹,3.18 万亩成灾,直接经济损失 480 万元
14	2003 年 8 月 26 日	东侯村	豁都峪山洪暴发,洪水进入古城镇东侯村,直接经济损失 35 万元

4.2　襄汾县山洪灾害分析评价成果

4.2.1　分析评价名录确定

襄汾县共有 26 个重点防治区,重点防治区名录见表 4-4-6;襄汾县将 26 个重点防治区划分为 12 个计算小流域(流域面积相同的村落在表中只体现为一个计算小流域),见表 4-4-7。其中包括行政区划名称、面积、主沟道长度、主沟道比降、产流地类、汇流地类。

4.2.2　设计暴雨成果

襄汾县的 26 个重点防治区分为 12 个计算小流域,各时段雨量的均值 $\overline{H}$ 、变差系数 C_v、C_s/C_v 和各时段相应频率的雨量值成果 H_p 见表 4-4-8(本次对襄汾县 26 个山洪灾害沿河村落均采用《山西省水文手册》中提供的方法进行了设计暴雨计算。对采用流域模型法计算设计洪水的进行设计暴雨时程分配计算,对采用经验公式法计算设计洪水的不进行设计暴雨时程分配计算)。襄汾县沿河村落 100 年一遇设计暴雨分布图见附图 4-37 ~ 附图 4-40。

4.2.3　设计洪水成果

襄汾县的 26 个重点防治区都进行了设计洪水的推求。其中设计洪水成果表见表 4-4-9(26 个沿河村落均采用由设计暴雨推求设计洪水的方法计算,本次采用《山西省水文手册》中的流域模型法与经验公式法计算,对采用流域模型法计算设计洪水的进行设计净雨深计算,对采用经验公式法计算设计洪水的不进行设计净雨深计算)。襄汾县沿河村落 100 年一遇设计洪水分布图见附图 4-41。

4.2.4　现状防洪能力成果

现状防洪能力评价主要是在设计洪水分析成果的基础上,结合沿河村落地形地貌、居民户高程情况,勾绘划定其淹没范围,进行危险区等级的划分,确定最佳转移路线和临时安置地点,并统计各沿河村落 5 个典型频率设计洪水位下的累计人口、户数,获得水位—流量—人口关系,综合评价现状防洪能力。本次对襄汾县 26 个山洪灾害沿河村落进行防洪现状评价。现状防洪能力均大于 5 年一遇小于 100 年一遇,其中现状防洪能力大于等于 5 年一遇小于 20 年一遇的有 12 个,现状防洪能力大于等于 20 年一遇且小于 100 年一遇的有 14 个。

经统计,襄汾县 26 个沿河村落中极高危险区内没有居民,高危险区内有 681 户 2 874 人,危险区内有 700 户 2 961 人。现状防洪能力成果见表 4-4-10 与附图 4-42。

4.2.5　雨量预警指标分析成果

襄汾县的 26 个重点防治区都进行了雨量预警指标的确定。襄汾县预警指标分析成果表和襄汾县沿河村落预警指标分布图见表 4-4-11 与附图 4-43 ~ 附图 4-48。

表 4-4-6　襄汾县山洪灾害分析评价名录

序号	沿河村落	行政区划代码	所在乡镇	所在河流	影响形式
1	浪泉村	141023105216000	襄陵镇	浪泉河	河道洪水
2	薛村	141023105217000	襄陵镇	浪泉河	河道洪水
3	景村	141023105218000	襄陵镇	浪泉河	河道洪水
4	西阳村	141023105219000	襄陵镇	浪泉河	河道洪水
5	北侯村	141023104216000	古城镇	豁都峪	河道洪水
6	东侯村	141023104214000	古城镇	豁都峪	河道洪水
7	常村	141023104218000	古城镇	豁都峪	河道洪水
8	北街	141023104204000	古城镇	豁都峪	河道洪水
9	东街	141023104201000	古城镇	豁都峪	河道洪水
10	曹家庄村	141023104226000	古城镇	三官峪	河道洪水
11	北相李村	141023104234000	古城镇	三官峪	河道洪水
12	陈郭村	141023100227000	新城镇	三官峪	河道洪水
13	北贾岗村	141023102236000	汾城镇	汾城河	河道洪水
14	南贾岗村	141023102228000	汾城镇	汾城河	河道洪水
15	良陌村	141023102221000	汾城镇	汾城河	河道洪水
16	邓庄村	141023106202000	邓庄镇	邓庄河	河道洪水
17	北梁村	141023106208000	邓庄镇	邓庄河	河道洪水
18	河坡村	141023106205000	邓庄镇	邓庄河	河道洪水
19	西张村	141023205211000	大邓乡	邓庄河	河道洪水
20	赤邓村	141023205202000	大邓乡	邓庄河	河道洪水
21	小郭村	141023106203000	邓庄镇	邓庄河	河道洪水
22	南梁村	141023106204000	邓庄镇	邓庄河	河道洪水
23	陶寺村	141023200201000	陶寺乡	陶寺河	河道洪水
24	店头	141023100234102	新城镇	陶寺河	河道洪水
25	沟尔里村	141023100238000	新城镇	陶寺河	河道洪水
26	城尔里村	141023100237000	新城镇	陶寺河	河道洪水

表4.4-7　襄汾县小流域基本信息汇总表

序号	行政区划名称	流域面积(km^2)	主沟道长度(km)	主沟道比降(‰)	产流地类(km^2)							汇流地类(km^2)		
					灰岩森林山地	灰岩灌丛山地	耕种平地	砂页岩森林山地	黄土丘陵阶地	砂页岩灌丛山地	变质岩灌丛山地	森林山地	灌丛山地	黄土丘陵
1	薛村	17.88	8.7	31.6		13.75	4.13					4.13	11.39	2.36
2	西阳村	9.08	5.3	33.2		6.20	2.88					2.88	5.50	0.70
3	东街	345.80	32.9	18.2	28.76	96.25		138.54		82.25		167.3	115.40	63.10
4	陈郭村	275.80	28.9	18.1	59.50	51.90		60.08		104.32		119.60	131.02	25.18
5	南贾岗村	35.40	7.2	38.9	4.86	11.98	14.98	2.21		1.37		22.06	13.34	
6	良陌村	44.54	11.4	19.2	4.86	11.98	24.12	2.21		1.37		31.20	13.34	
7	河坡村	60.59	27.2	14.1			12.45		40.89		7.25	12.45	7.25	40.89
8	西张村	24.21	13.6	28.5			2.33		15.35		6.53	2.33	6.53	15.35
9	南梁村	40.23	17.6	22.7			18.10		15.60		6.53	18.10	6.53	15.60
10	陶寺村	22.63	7.1	39.0			0.05		7.68		14.90		14.95	7.68
11	店头	55.22	16.2	19.8			10.16		31.13		13.93	10.16	13.93	31.13
12	城尔里村	92.84	15.7	20.5			15.87		48.13		28.84	15.87	28.84	48.13

表 4-4-8　襄汾县设计暴雨计算成果表

序号	计算单元名称	历时	均值(mm)	变差系数	C_s/C_v	重现期雨量值 H_p(mm)				
						100 年($H_{1\%}$)	50 年($H_{2\%}$)	20 年($H_{5\%}$)	10 年($H_{10\%}$)	5 年($H_{20\%}$)
1	薛村	10 min	12. 3	0. 48	3. 5	28. 1	25. 0	20. 8	17. 5	14. 2
		60 min	27. 2	0. 46	3. 5	59. 7	53. 3	44. 6	37. 9	31. 0
		6 h	44. 9	0. 44	3. 5	105. 3	94. 4	79. 5	68. 0	56. 0
		24 h	61. 0	0. 43	3. 5	140. 8	126. 4	106. 9	91. 7	75. 9
		3 d	77. 1	0. 4	3. 5	173. 1	156. 3	133. 6	115. 7	97. 0
2	西阳村	10 min	12. 2	0. 5	3. 5	28. 9	25. 7	21. 3	17. 9	14. 5
		60 min	27. 0	0. 5	3. 5	61. 1	54. 5	45. 6	38. 7	31. 6
		6 h	45. 0	0. 4	3. 5	107. 4	96. 2	81. 0	69. 2	56. 9
		24 h	61. 5	0. 4	3. 5	143. 6	128. 9	108. 9	93. 3	77. 1
		3 d	77. 0	0. 4	3. 5	174. 2	157. 3	134. 3	116. 3	97. 3
3	东街	10 min	12. 7	0. 49	3. 5	22. 1	19. 6	16. 3	13. 8	11. 2
		60 min	28. 0	0. 48	3. 5	48. 9	43. 6	36. 5	30. 9	25. 2
		6 h	42. 0	0. 47	3. 5	91. 5	81. 9	69. 0	59. 0	48. 6
		24 h	60. 0	0. 45	3. 5	129. 7	116. 7	99. 3	85. 6	71. 2
		3 d	80. 8	0. 44	3. 5	172. 6	155. 4	132. 8	114. 9	96. 0
4	陈郭村	10 min	12. 8	0. 49	3. 5	23. 0	20. 4	17. 0	14. 3	11. 6
		60 min	28. 9	0. 48	3. 5	51. 2	45. 6	38. 2	32. 4	26. 5
		6 h	44. 8	0. 45	3. 5	95. 6	85. 7	72. 3	62. 0	51. 1
		24 h	65. 0	0. 44	3. 5	135. 0	121. 6	103. 6	89. 5	74. 7
		3 d	80. 0	0. 42	3. 5	173. 9	157. 0	134. 5	116. 8	98. 0

续表 4-4-8

序号	计算单元名称	历时	均值(mm)	变差系数	C_s/C_v	重现期雨量值 H_p(mm)				
						100 年($H_{1\%}$)	50 年($H_{2\%}$)	20 年($H_{5\%}$)	10 年($H_{10\%}$)	5 年($H_{20\%}$)
5	南贾岗村	10 min	12.2	0.5	3.5	27.7	24.5	20.2	16.9	13.6
		60 min	28.0	0.49	3.5	59.6	52.9	44.0	37.2	30.1
		6 h	44.9	0.45	3.5	107.7	96.2	80.7	68.7	56.2
		24 h	65.0	0.44	3.5	148.6	133.3	112.6	96.5	79.7
		3 d	80.0	0.43	3.5	187.3	168.1	142.3	122.1	101.0
6	良陌村	10 min	12.2	0.5	3.5	27.2	24.1	19.9	16.6	13.3
		60 min	28.0	0.49	3.5	58.8	52.3	43.5	36.7	29.8
		6 h	44.9	0.45	3.5	106.6	95.3	80.0	68.1	55.8
		24 h	65.0	0.44	3.5	146.9	131.8	111.4	95.5	78.9
		3 d	80.0	0.43	3.5	185.6	166.7	141.1	121.2	100.3
7	河坡村	10 min	13.0	0.56	3.5	27.2	24.1	19.9	16.7	13.4
		60 min	26.5	0.48	3.5	52.6	46.9	39.2	33.2	27.0
		6 h	39.9	0.48	3.5	95.6	85.5	71.7	61.1	50.1
		24 h	61.0	0.47	3.5	145.0	129.5	108.7	92.5	75.8
		3 d	75.0	0.46	3.5	175.4	157.0	132.4	113.2	93.2
8	西张村	10 min	12.5	0.5	3.5	29.3	25.9	21.4	17.9	14.4
		60 min	26.4	0.48	3.5	57.2	50.8	42.2	35.5	28.7
		6 h	40.0	0.48	3.5	102.3	91.0	75.8	64.1	52.0
		24 h	62.0	0.47	3.5	150.2	133.8	111.5	94.3	76.6
		3 d	74.1	0.46	3.5	183.8	163.9	137.1	116.4	94.9

续表 4-4-8

序号	计算单元名称	历时	均值(mm)	变差系数	C_s/C_v	重现期雨量值 H_p(mm)				
						100 年($H_{1\%}$)	50 年($H_{2\%}$)	20 年($H_{5\%}$)	10 年($H_{10\%}$)	5 年($H_{20\%}$)
9	南梁村	10 min	12.5	0.5	3.5	27.2	24.2	20.0	16.8	13.6
		60 min	26.4	0.48	3.5	53.8	47.9	40.0	33.8	27.5
		6 h	40.0	0.48	3.5	98.2	87.7	73.5	62.5	51.1
		24 h	62.0	0.47	3.5	148.0	132.2	110.9	94.4	77.3
		3 d	74.1	0.46	3.5	176.3	157.8	132.8	113.4	93.2
10	陶寺村	10 min	12.0	0.5	3.5	28.3	25.0	20.7	17.3	13.9
		60 min	26.0	0.48	3.5	56.2	49.9	41.4	34.9	28.2
		6 h	40.3	0.47	3.5	102.2	91.1	76.1	64.5	52.5
		24 h	65.0	0.45	3.5	152.1	136.0	114.2	97.2	79.7
		3 d	73.0	0.44	3.5	175.2	156.9	132.2	113.0	93.0
11	店头	10 min	12.0	0.5	3.5	26.2	23.2	19.3	16.2	13.0
		60 min	26.1	0.48	3.5	52.2	46.5	38.8	32.9	26.8
		6 h	40.2	0.47	3.5	96.8	86.5	72.7	61.9	50.8
		24 h	64.6	0.46	3.5	148.2	132.6	111.6	95.2	78.2
		3 d	73.5	0.45	3.5	172.9	154.9	130.8	111.9	92.3
12	城尔里村	10 min	12.0	0.5	3.5	25.2	22.3	18.5	15.5	12.4
		60 min	26.1	0.48	3.5	51.4	45.7	38.0	32.1	26.0
		6 h	40.2	0.47	3.5	96.0	85.7	71.8	61.0	49.9
		24 h	64.6	0.46	3.5	145.8	130.5	110.0	94.0	77.4
		3 d	73.5	0.45	3.5	170.4	152.8	129.2	110.7	91.4

表 4-4-9　襄汾县设计洪水成果表

序号	行政区划名称	洪水要素	重现期洪水要素值				
			100 年	50 年	20 年	10 年	5 年
1	浪泉村	洪峰流量(m^3/s)	144	111	71	46	28
		洪量(万 m^3)	71	56	38	26	18
		洪水历时(h)	4.0	4.0	3.0	3.0	2.5
		洪峰水位(m)					
2	薛村	洪峰流量(m^3/s)	144	111	71	46	28
		洪量(万 m^3)	71	56	38	26	18
		洪水历时(h)	4.0	4.0	3.0	3.0	2.5
		洪峰水位(m)					
3	景村	洪峰流量(m^3/s)	56	50	42	35	29
		洪量(万 m^3)					
		洪水历时(h)					
		洪峰水位(m)					
4	西阳村	洪峰流量(m^3/s)	56	50	42	35	29
		洪量(万 m^3)					
		洪水历时(h)					
		洪峰水位(m)					
5	北侯村	洪峰流量(m^3/s)	767	577	361	225	135
		洪量(万 m^3)	1 403	1 104	751	513	337
		洪水历时(h)	17.5	17.5	17.5	17.0	17.0
		洪峰水位(m)					

续表 4-4-9

序号	行政区划名称	洪水要素	重现期洪水要素值				
			100 年	50 年	20 年	10 年	5 年
6	东侯村	洪峰流量(m^3/s)	767	577	361	225	135
		洪量(万 m^3)	1 403	1 104	751	513	337
		洪水历时(h)	17.5	17.5	17.5	17.0	17.0
		洪峰水位(m)					
7	常村	洪峰流量(m^3/s)	767	577	361	225	135
		洪量(万 m^3)	1 403	1 104	751	513	337
		洪水历时(h)	17.5	17.5	17.5	17.0	17.0
		洪峰水位(m)					
8	北街	洪峰流量(m^3/s)	767	577	361	225	135
		洪量(万 m^3)	1 403	1 104	751	513	337
		洪水历时(h)	17.5	17.5	17.5	17.0	17.0
		洪峰水位(m)	504.92	504.64	504.2	503.9	503.63
9	东街	洪峰流量(m^3/s)	767	577	361	225	135
		洪量(万 m^3)	1 403	1 104	751	513	337
		洪水历时(h)	17.5	17.5	17.5	17.0	17.0
		洪峰水位(m)	493.66	493.42	492.78	492.35	491.95
10	曹家庄村	洪峰流量(m^3/s)	681	516	327	207	124
		洪量(万 m^3)	1 175	928	636	438	290
		洪水历时(h)	16.0	16.0	16.0	15.5	15.5
		洪峰水位(m)					

续表 4-4-9

序号	行政区划名称	洪水要素	重现期洪水要素值				
			100 年	50 年	20 年	10 年	5 年
11	北相李村	洪峰流量(m^3/s)	681	516	327	207	124
		洪量(万 m^3)	1 175	928	636	438	290
		洪水历时(h)	16.0	16.0	16.0	15.5	15.5
		洪峰水位(m)					
12	陈郭村	洪峰流量(m^3/s)	681	516	327	207	124
		洪量(万 m^3)	1 175	928	636	438	290
		洪水历时(h)	16.0	16.0	16.0	15.5	15.5
		洪峰水位(m)	420.23	419.17	417.82	416.81	415.77
13	北贾岗村	洪峰流量(m^3/s)	292	229	148	94	56
		洪量(万 m^3)	159	125	84	58	38
		洪水历时(h)	5.0	4.5	4.5	4.0	3.5
		洪峰水位(m)					
14	南贾岗村	洪峰流量(m^3/s)	292	229	148	94	56
		洪量(万 m^3)	159	125	84	58	38
		洪水历时(h)	5.0	4.5	4.5	4.0	3.5
		洪峰水位(m)					
15	良陌村	洪峰流量(m^3/s)	309	242	155	98	58
		洪量(万 m^3)	204	160	109	74	49
		洪水历时(h)	5.5	5.5	5.5	5.0	4.5
		洪峰水位(m)					

续表 4-4-9

序号	行政区划名称	洪水要素	重现期洪水要素值				
			100 年	50 年	20 年	10 年	5 年
16	邓庄村	洪峰流量(m^3/s)	286	227	154	101	63
		洪量(万 m^3)	335	266	183	127	85
		洪水历时(h)	10. 5	9. 5	9. 0	8. 5	8. 0
		洪峰水位(m)	493. 30	492. 86	491. 20	490. 69	490. 24
17	北梁村	洪峰流量(m^3/s)	286	227	154	101	63
		洪量(万 m^3)	335	266	183	127	85
		洪水历时(h)	10. 5	9. 5	9. 0	8. 5	8. 0
		洪峰水位(m)					
18	河坡村	洪峰流量(m^3/s)	286	227	154	101	63
		洪量(万 m^3)	335	266	183	127	85
		洪水历时(h)	10. 5	9. 5	9. 0	8. 5	8. 0
		洪峰水位(m)	467. 76	467. 64	467. 44	467. 26	467. 10
19	西张村	洪峰流量(m^3/s)	239	197	143	102	64
		洪量(万 m^3)	158	126	87	61	40
		洪水历时(h)	6. 0	5. 5	4. 5	4. 5	3. 5
		洪峰水位(m)	549. 38	549. 03	548. 25	547. 62	547. 02
20	赤邓村	洪峰流量(m^3/s)	399	327	234	159	99
		洪量(万 m^3)	218	173	118	82	54
		洪水历时(h)	6. 0	4. 5	4. 5	4. 5	3. 5
		洪峰水位(m)					

续表 4-4-9

序号	行政区划名称	洪水要素	重现期洪水要素值				
			100 年	50 年	20 年	10 年	5 年
21	小郭村	洪峰流量(m^3/s)	399	327	234	159	99
		洪量(万 m^3)	218	173	118	82	54
		洪水历时(h)	6.0	4.5	4.5	4.5	3.5
		洪峰水位(m)					
22	南梁村	洪峰流量(m^3/s)	399	327	234	159	99
		洪量(万 m^3)	218	173	118	82	54
		洪水历时(h)	6.0	4.5	4.5	4.5	3.5
		洪峰水位(m)					
23	陶寺村	洪峰流量(m^3/s)	137	113	82	57	37
		洪量(万 m^3)	164	133	94	67	45
		洪水历时(h)	8.5	8.0	7.0	6.5	5.5
		洪峰水位(m)	523.91	523.75	523.51	523.30	523.09
24	店头	洪峰流量(m^3/s)	546	453	330	236	150
		洪量(万 m^3)	325	259	179	125	83
		洪水历时(h)	6.0	6.0	5.0	4.5	4.5
		洪峰水位(m)	435.47	435.21	434.83	434.63	434.37
25	沟尔里村	洪峰流量(m^3/s)	512	416	287	193	120
		洪量(万 m^3)	547	435	300	208	137
		洪水历时(h)	10.0	10.0	8.5	8.5	8.0
		洪峰水位(m)	421.71	421.53	421.29	421.07	420.73
26	城尔里村	洪峰流量(m^3/s)	512	416	287	193	120
		洪量(万 m^3)	547	435	300	208	137
		洪水历时(h)	10.0	10.0	8.5	8.5	8.0
		洪峰水位(m)	417.93	417.67	417.28	416.96	416.62

表 4-4-10　襄汾县防洪现状评价成果表

序号	行政区划名称	防洪能力（年）	极高危险区（<5 年一遇）		高危险区（5～20 年一遇）		危险区（≥20 年一遇）	
			人口（人）	户数（户）	人口（人）	户数（户）	人口（人）	户数（户）
1	浪泉村	30	0	0	0	0	447	106
2	薛村	30	0	0	0	0	116	23
3	景村	30	0	0	0	0	695	158
4	西阳村	30	0	0	0	0	298	71
5	北侯村	30	0	0	0	0	122	34
6	东侯村	30	0	0	0	0	356	76
7	常村	45	0	0	0	0	94	25
8	北街村	45	0	0	0	0	22	6
9	东街村	45	0	0	0	0	40	9
10	曹家庄村	15	0	0	135	31	11	3
11	北相李村	15	0	0	152	31	6	2
12	陈郭村	14	0	0	73	20	0	0
13	北贾岗村	20	0	0	184	43	0	0
14	南贾岗村	20	0	0	175	42	9	2
15	良陌村	20	0	0	223	53	5	1
16	邓庄村	16	0	0	98	26	264	65
17	北梁村	16	0	0	246	51	44	9
18	河坡村	16	0	0	2	1	6	2
19	西张村	11	0	0	20	6	31	9
20	赤邓村	11	0	0	277	65	26	6
21	小郭村	11	0	0	403	102	24	6
22	南梁村	11	0	0	338	70	16	3
23	陶寺村	11	0	0	256	65	36	10
24	店头	78	0	0	0	0	60	15
25	沟尔里村	25	0	0	0	0	45	15
26	城尔里村	15	0	0	18	5	76	17

表4.4-11 襄汾县预警指标分析成果表

序号	行政区划名称	类别	降雨历时	预警指标(雨量:mm,水位:m)		临界雨量(mm)/水位(m)	方法
				准备转移	立即转移		
1	浪泉村	雨量(B_0=0)	0.5 h	42	59	59	流域模型法
			1 h	59	70	70	
		雨量(B_0=0.3)	0.5 h	37	53	53	
			1 h	53	63	63	
		雨量(B_0=0.6)	0.5 h	33	47	47	
			1 h	47	55	55	
2	薛村	雨量(B_0=0)	0.5 h	42	59	59	流域模型法
			1 h	59	70	70	
		雨量(B_0=0.3)	0.5 h	37	53	53	
			1 h	53	63	63	
		雨量(B_0=0.6)	0.5 h	33	47	47	
			1 h	47	55	55	
3	景村	雨量(B_0=0)	0.5 h	37	53	53	流域模型法
			1 h	53	64	64	
		雨量(B_0=0.3)	0.5 h	33	47	47	
			1 h	47	56	56	
		雨量(B_0=0.6)	0.5 h	28	41	41	
			1 h	41	48	48	

续表 4-4-11

序号	行政区划名称	类别	降雨历时	预警指标(雨量:mm,水位:m)		临界雨量(mm)/水位(m)	方法
				准备转移	立即转移		
4	西阳村	雨量(B_0=0)	0.5 h	37	53	53	流域模型法
			1 h	53	64	64	
		雨量(B_0=0.3)	0.5 h	33	47	47	
			1 h	47	56	56	
		雨量(B_0=0.6)	0.5 h	28	41	41	
			1 h	41	48	48	
5	北侯村	雨量(B_0=0)	0.5 h	32	45	45	流域模型法
			1 h	45	54	54	
			2 h	60	66	66	
			3 h	70	75	75	
			4 h	79	82	82	
		雨量(B_0=0.3)	0.5 h	28	41	41	
			1 h	41	47	47	
			2 h	52	57	57	
			3 h	61	65	65	
			4 h	69	72	72	
		雨量(B_0=0.6)	0.5 h	25	35	35	
			1 h	35	40	40	
			2 h	44	48	48	
			3 h	52	55	55	
			4 h	58	61	61	

续表 4-4-11

序号	行政区划名称	类别	降雨历时	预警指标(雨量:mm,水位:m)		临界雨量(mm)/水位(m)	方法
				准备转移	立即转移		
6	东侯村	雨量(B_0=0)	0.5 h	32	45	45	流域模型法
			1 h	45	54	54	
			2 h	60	66	66	
			3 h	70	75	75	
			4 h	79	82	82	
		雨量(B_0=0.3)	0.5 h	28	41	41	
			1 h	41	47	47	
			2 h	52	57	57	
			3 h	61	65	65	
			4 h	69	72	72	
		雨量(B_0=0.6)	0.5 h	25	35	35	
			1 h	35	40	40	
			2 h	44	48	48	
			3 h	52	55	55	
			4 h	58	61	61	
7	常村	雨量(B_0=0)	0.5 h	32	45	45	流域模型法
			1 h	45	54	54	
			2 h	60	66	66	
			3 h	70	75	75	
			4 h	79	82	82	

续表 4-4-11

序号	行政区划名称	类别	降雨历时	预警指标(雨量:mm,水位:m)		临界雨量(mm)/水位(m)	方法
				准备转移	立即转移		
7	常村	雨量(B_0 =0.3)	0.5 h	28	41	41	流域模型法
			1 h	41	47	47	
			2 h	52	57	57	
			3 h	61	65	65	
			4 h	69	72	72	
		雨量(B_0 =0.6)	0.5 h	25	35	35	
			1 h	35	40	40	
			2 h	44	48	48	
			3 h	52	55	55	
			4 h	58	61	61	
8	北街村	雨量(B_0 =0)	0.5 h	52	74	74	流域模型法
			1 h	74	90	90	
			2 h	107	121	121	
			3 h	129	137	137	
			4 h	148	153	153	
		雨量(B_0 =0.3)	0.5 h	49	70	70	
			1 h	70	84	84	
			2 h	102	115	115	
			3 h	121	129	129	
			4 h	139	148	148	
		雨量(B_0 =0.6)	0.5 h	46	65	65	
			1 h	65	77	77	
			2 h	93	108	108	
			3 h	114	121	121	
			4 h	131	139	139	
		水位		613.70	614.00	614.00	比降面积法

续表 4-4-11

序号	行政区划名称	类别	降雨历时	预警指标(雨量:mm,水位:m)		临界雨量(mm)/水位(m)	方法
				准备转移	立即转移		
9	东街村	雨量(B_0 =0)	0.5 h	52	74	74	流域模型法
			1 h	74	90	90	
			2 h	107	121	121	
			3 h	129	137	137	
			4 h	148	153	153	
		雨量(B_0 =0.3)	0.5 h	49	70	70	
			1 h	70	84	84	
			2 h	102	115	115	
			3 h	121	129	129	
			4 h	139	148	148	
		雨量(B_0 =0.6)	0.5 h	46	65	65	
			1 h	65	77	77	
			2 h	93	108	108	
			3 h	114	121	121	
			4 h	131	139	139	
		水位		613.70	614.00	614.00	
10	曹家庄村	雨量(B_0 =0)	0.5 h	27	39	39	流域模型法
			1 h	39	47	47	
			2 h	53	58	58	
			3 h	63	66	66	
			4 h	71	73	73	
		雨量(B_0 =0.3)	0.5 h	24	34	34	
			1 h	34	41	41	
			2 h	46	50	50	
			3 h	54	58	58	
			4 h	61	64	64	

续表 4-4-11

序号	行政区划名称	类别	降雨历时	预警指标(雨量:mm,水位:m)		临界雨量(mm)/水位(m)	方法
				准备转移	立即转移		
10	曹家庄村	雨量(B_0 =0.6)	0.5 h	20	29	29	流域模型法
			1 h	29	34	34	
			2 h	38	42	42	
			3 h	45	48	48	
			4 h	50	53	53	
11	北相李村	雨量(B_0 =0)	0.5 h	27	39	39	流域模型法
			1 h	39	47	47	
			2 h	53	58	58	
			3 h	63	66	66	
			4 h	71	73	73	
		雨量(B_0 =0.3)	0.5 h	24	34	34	
			1 h	34	41	41	
			2 h	46	50	50	
			3 h	54	58	58	
			4 h	61	64	64	
		雨量(B_0 =0.6)	0.5 h	20	29	29	
			1 h	29	34	34	
			2 h	38	42	42	
			3 h	45	48	48	
			4 h	50	53	53	

续表 4-4-11

序号	行政区划名称	类别	降雨历时	预警指标(雨量:mm,水位:m)		临界雨量(mm)/水位(m)	方法
				准备转移	立即转移		
12	陈郭村	雨量($B_0=0$)	0.5 h	27	38	38	流域模型法
			1 h	38	46	46	
			2 h	52	57	57	
			3 h	61	65	65	
			4 h	69	73	73	
		雨量($B_0=0.3$)	0.5 h	23	33	33	
			1 h	33	40	40	
			2 h	45	49	49	
			3 h	53	56	56	
			4 h	60	63	63	
		雨量($B_0=0.6$)	0.5 h	20	28	28	
			1 h	28	33	33	
			2 h	37	41	41	
			3 h	44	47	47	
			4 h	50	52	52	
		水位		642.5	642.8	642.8	比降面积法
13	北贾岗村	雨量($B_0=0$)	0.5 h	44	62	62	流域模型法
			1 h	62	74	74	
			2 h	82	89	89	
		雨量($B_0=0.3$)	0.5 h	39	56	56	
			1 h	56	66	66	
			2 h	72	81	81	

续表 4-4-11

序号	行政区划名称	类别	降雨历时	预警指标(雨量:mm,水位:m)		临界雨量(mm)/水位(m)	方法
				准备转移	立即转移		
13	北贾岗村	雨量(B_0=0.6)	0.5 h	35	50	50	流域模型法
			1 h	50	58	58	
			2 h	63	71	71	
14	南贾岗村	雨量(B_0=0)	0.5 h	44	62	62	流域模型法
			1 h	62	74	74	
			2 h	82	89	89	
		雨量(B_0=0.3)	0.5 h	39	56	56	
			1 h	56	66	66	
			2 h	72	81	81	
		雨量(B_0=0.6)	0.5 h	35	50	50	
			1 h	50	58	58	
			2 h	63	71	71	
15	良陌村	雨量(B_0=0)	0.5 h	47	67	67	流域模型法
			1 h	67	78	78	
			2 h	86	96	96	
		雨量(B_0=0.3)	0.5 h	43	61	61	
			1 h	61	70	70	
			2 h	78	86	86	
		雨量(B_0=0.6)	0.5 h	38	55	55	
			1 h	55	61	61	
			2 h	68	74	74	

续表 4-4-11

序号	行政区划名称	类别	降雨历时	预警指标(雨量:mm,水位:m)		临界雨量(mm)/水位(m)	方法
				准备转移	立即转移		
16	邓庄村	雨量($B_0=0$)	0.5 h	26	38	38	流域模型法
			1 h	38	45	45	
			2 h	51	56	56	
		雨量($B_0=0.3$)	0.5 h	23	33	33	
			1 h	33	39	39	
			2 h	46	50	50	
		雨量($B_0=0.6$)	0.5 h	20	29	29	
			1 h	29	33	33	
			2 h	38	43	43	
17	北梁村	雨量($B_0=0$)	0.5 h	26	38	38	流域模型法
			1 h	38	45	45	
			2 h	51	56	56	
		雨量($B_0=0.3$)	0.5 h	23	33	33	
			1 h	33	39	39	
			2 h	46	50	50	
		雨量($B_0=0.6$)	0.5 h	20	29	29	
			1 h	29	33	33	
			2 h	38	43	43	

续表 4-4-11

序号	行政区划名称	类别	降雨历时	预警指标(雨量:mm,水位:m)		临界雨量(mm)/水位(m)	方法
				准备转移	立即转移		
18	河坡村	雨量(B_0 =0)	0.5 h	19	28	28	流域模型法
			1 h	28	33	33	
			2 h	38	42	42	
		雨量(B_0 =0.3)	0.5 h	17	24	24	
			1 h	24	29	29	
			2 h	33	36	36	
		雨量(B_0 =0.6)	0.5 h	14	20	20	
			1 h	20	24	24	
			2 h	27	30	30	
19	西张村	雨量(B_0 =0)	0.5 h	29	41	41	流域模型法
			1 h	41	49	49	
		雨量(B_0 =0.3)	0.5 h	26	37	37	
			1 h	37	44	44	
		雨量(B_0 =0.6)	0.5 h	23	32	32	
			1 h	32	39	39	
20	赤邓村	雨量(B_0 =0)	0.5 h	55	79	79	流域模型法
			1 h	79	88	88	
		雨量(B_0 =0.3)	0.5 h	51	73	73	
			1 h	73	81	81	
		雨量(B_0 =0.6)	0.5 h	48	68	68	
			1 h	68	74	74	

续表 4-4-11

序号	行政区划名称	类别	降雨历时	预警指标(雨量:mm,水位:m)		临界雨量(mm)/水位(m)	方法
				准备转移	立即转移		
21	小郭村	雨量(B_0 =0)	0.5 h	55	79	79	流域模型法
			1 h	79	88	88	
		雨量(B_0 =0.3)	0.5 h	51	73	73	
			1 h	73	81	81	
		雨量(B_0 =0.6)	0.5 h	48	68	68	
			1 h	68	74	74	
22	南梁村	雨量(B_0 =0)	0.5 h	55	79	79	流域模型法
			1 h	79	88	88	
		雨量(B_0 =0.3)	0.5 h	51	73	73	
			1 h	73	81	81	
		雨量(B_0 =0.6)	0.5 h	48	68	68	
			1 h	68	74	74	
23	陶寺村	雨量(B_0 =0)	0.5 h	14	20	20	流域模型法
			1 h	20	25	25	
		雨量(B_0 =0.3)	0.5 h	12	17	17	
			1 h	17	21	21	
		雨量(B_0 =0.6)	0.5 h	10	14	14	
			1 h	14	18	18	

续表 4-4-11

序号	行政区划名称	类别	降雨历时	预警指标(雨量:mm,水位:m)		临界雨量(mm)/水位(m)	方法
				准备转移	立即转移		
24	店头	雨量(B_0 =0)	0.5 h	43	61	61	流域模型法
			1 h	61	71	71	
		雨量(B_0 =0.3)	0.5 h	39	56	56	
			1 h	56	66	66	
		雨量(B_0 =0.6)	0.5 h	36	52	52	
			1 h	52	59	59	
25	沟尔里村	雨量(B_0 =0)	0.5 h	25	36	36	流域模型法
			1 h	36	44	44	
		雨量(B_0 =0.3)	0.5 h	23	32	32	
			1 h	32	39	39	
		雨量(B_0 =0.6)	0.5 h	19	28	28	
			1 h	28	33	33	
26	城尔里村	雨量(B_0 =0)	0.5 h	22	31	31	流域模型法
			1 h	31	38	38	
		雨量(B_0 =0.3)	0.5 h	19	27	27	
			1 h	27	33	33	
		雨量(B_0 =0.6)	0.5 h	16	23	23	
			1 h	23	28	28	

第5章　古　县

5.1　古县基本情况

5.1.1　地理位置

古县位于临汾市东北部,地理坐标东经111°47′~112°11′,北纬36°02′~36°35′。地处太岳山东麓,沁水盆地西缘中段,东靠安泽,西临洪洞,南和浮山、尧都区衔接,北与霍州市、沁源县毗连。面积1 222 km^2。

古县地势北部、东部高,山岭连绵重叠,最高峰霍山主峰老爷顶,海拔2 346.8 m;西南部低,为黄土丘陵,连绵起伏,沟壑纵横。涧河北支由北而南,纵贯县境中北部,出境处海拔仅有590 m(城关镇偏涧村下河滩)。全县相对高差达1 756.8 m。古县行政区划图如图4-5-1所示。

5.1.2　社会经济

古县现辖岳阳、北平、古阳、旧县4个镇,石壁、永乐、南垣3个乡,115个行政村。至2014年底,全县总人口约为9.4万人,其中城镇人口约3.6万人,农村人口约5.8万人。2014年底全县国内生产总值447 462万元,其中第一产业24 768万元,第二产业337 118万元,第三产业85 576万元。

古县山川秀美,物产富饶,以煤、铁、铝钒土、铜和耐火黏土为最。工业主要以原煤和焦炭为主,农业主要以经济林种植为主,原煤开采、焦炭生产是全县经济发展的主要支柱产业。

5.1.3　河流水系

古县境内所有的河流都属于黄河流域,流域面积大于50 km^2的主要河流有11条。按照水利部河湖普查河流级别划分原则,2级河流有6条,为洪安涧河、曲亭河、柏子河、蔺河、李垣河、兰村河;3级河流有3条,分别为大南坪河、麦沟河、旧县河;4级河流有2条,分别为永乐河和石壁河。县境内主要河流为洪安涧河与旧县河。

古县河流水系图见图4-5-2,主要河流基本情况见表4-5-1。

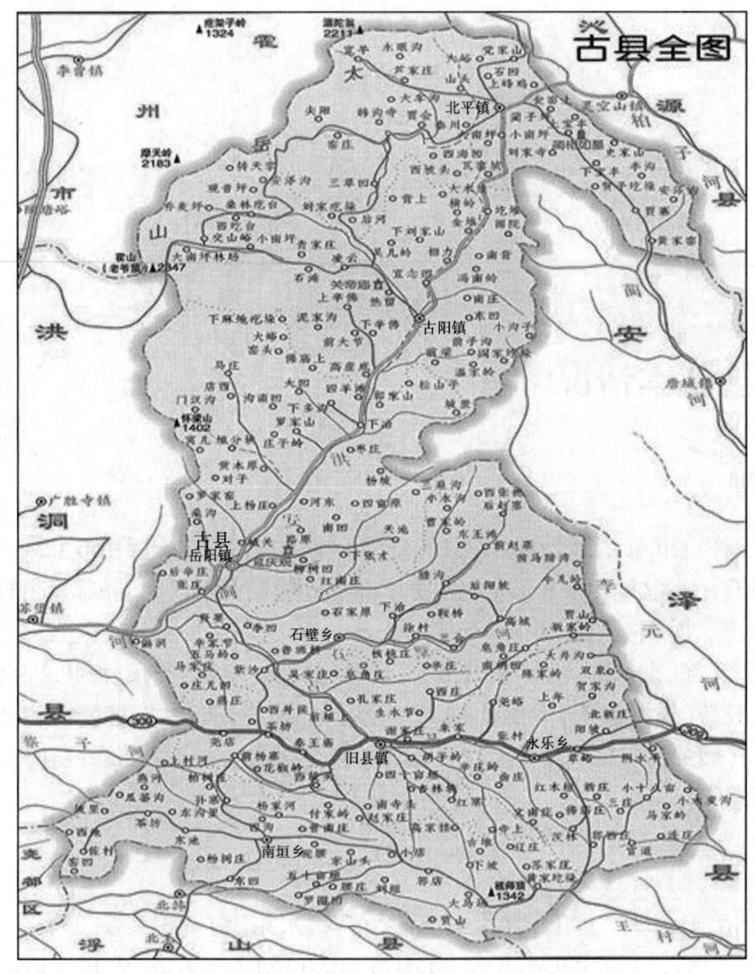

图 4-5-1　古县行政区划图

表 4-5-1　古县主要河流基本情况表

编号	河流名称	上级河流名称	河流等级	流域面积(km²)	河长(km)	比降(‰)	县境内流域面积(km²)
1	洪安涧河	汾河	2	1 123	84	10.44	974.3
2	大南坪河	洪安涧河	3	71.2	17	17.52	71.2
3	麦沟河	洪安涧河	3	70.5	24	18.88	65.4
4	旧县河	洪安涧河	3	381	40	12.13	380.1
5	永乐河	旧县河	4	101.3	15	13.76	101.3
6	石壁河	旧县河	4	100	23	13.57	100.0
7	曲亭河	汾河	2	211	54	6.44	71.9

续表 4-5-1

编号	河流名称	上级河流名称	河流等级	流域面积(km^2)	河长(km)	比降(‰)	县境内流域面积(km^2)
8	柏子河	沁河	2	266	46	12.37	2.7
9	蔺河	沁河	2	285	46	6.74	48.6
10	李垣河	沁河	2	150	39	10.55	4.7
11	兰村河	沁河	2	55.4	15	15.60	16.8

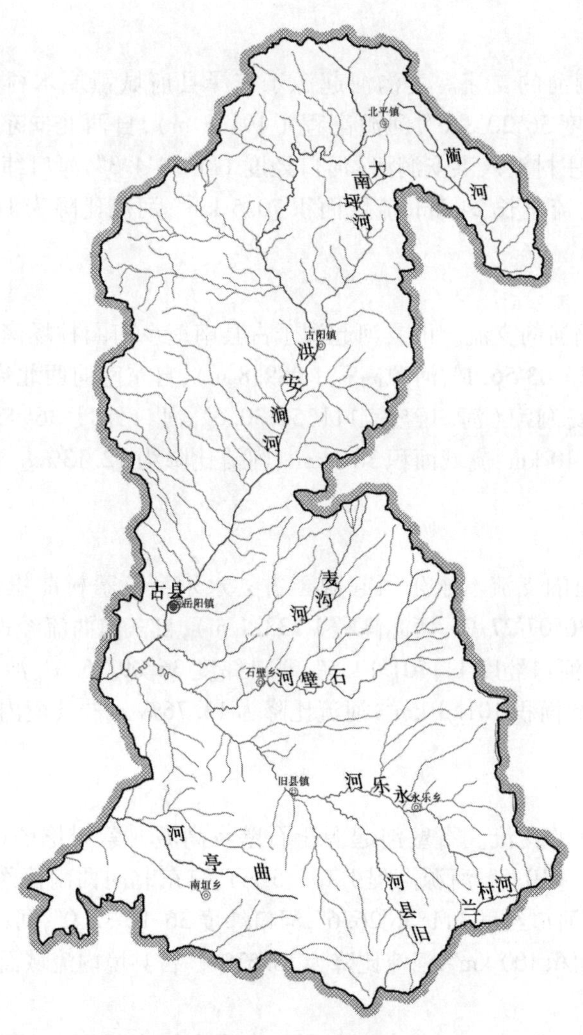

图 4-5-2　古县河流水系图

5.1.3.1　洪安涧河

洪安涧河为汾河的一级支流。洪安涧河起源于古县北平镇北平林场水眼沟(河源经度 111°01′23.3″,河源纬度 36°34′58.8″,河源高程 1 845.7 m),自西向北流经古县、洪洞县,于洪洞县大槐树镇常青村汇入汾河(河口经度 111°38′5.0″,河口纬度 36°15′11.1″,河口高程 438.7 m),河流全长 84 km,流域面积 1 123 km²,河流比降为 10.44‰。古县境内流域面积为 974.3 km²。

5.1.3.2 大南坪河

大南坪河为洪安涧河的支流。大南坪河起源于古县北平镇千佛沟村麻糊沟(河源经度 112°05′18.6″,河源纬度 36°30′31.8″,河源高程 1 313.6 m),自西北向东南流经古县,于古县古阳镇古阳村汇入洪安涧河(河口经度 112°01′6.4″,河口纬度 36°25′1.0″,河口高程 928.4 m),河流全长 17 km,流域面积 71.2 km²,河流比降为 17.52‰。古县境内流域面积为 71.2 km²。

5.1.3.3 麦沟河

麦沟河为洪安涧河的支流。麦沟河起源于安泽县府城镇原木村火烧凹(河源经度 112°03′1.5″,河源纬度 36°20′3.6″,河源高程 1 191.8 m),自西北向东南流经安泽县、古县,于古县岳阳镇张庄村汇入洪安涧河(河口经度 111°54′4.3″,河口纬度 36°14′54.8″,河口高程 638.8 m),河流全长 24 km,流域面积 70.5 km²,河流比降为 18.88‰。古县境内流域面积为 65.4 km²。

5.1.3.4 旧县河

旧县河为洪安涧河的支流。旧县河起源于古县南垣乡南圈林场南安(河源经度 112°03′48.5″,河源纬度 36°03′56.1″,河源高程 1 289.8 m),自东南向西北流经古县,于古县岳阳镇五马村汇入洪安涧河(河口经度 111°52′30.6″,河口纬度 36°13′50.9″,河口高程 603.0 m),河流全长 40 km,流域面积 381 km²,河流比降为 12.13‰。古县境内流域面积为 380.1 km²。

5.1.3.5 永乐河

永乐河为旧县河的支流。永乐河起源于古县永乐乡范寨村曲里沟(河源经度 112°08′28.6″,河源纬度 36°07′27.0″,河源高程 1 133.1 m),自东向西流经古县,于古县旧县镇交口河汇入旧县河(河口经度 111°01′14.5″,河口纬度 36°09′26.6″,河口高程 845.6 m),河流全长 15 km,流域面积 101.3 km²,河流比降为 13.76‰。古县境内流域面积为 101.3 km²。

5.1.3.6 石壁河

石壁河为旧县河的支流。石壁河起源于石壁乡高城村紫树圪塔(河源经度 112°05′51.9″,河源纬度 36°17′10.5″,河源高程 1 151.5 m),自东北向西南流经古县,于古县石壁乡贾村汇入旧县河(河口经度 111°56′26.6″,河口纬度 36°12′32.0″,河口高程 715.3 m),河流全长 23 km,流域面积 100 km²,河流比降为 13.57‰。古县境内流域面积为 100.0 km²。

5.1.3.7 曲亭河

曲亭河为汾河的一级支流。曲亭河起源于古县南垣乡(河源经度 112°00′8.6″,河源纬度 36°05′57.7″,河源高程 1 050.0 m),自东向西流经古县、洪洞县、尧都区,于洪洞县甘亭镇羊獬村汇入汾河(河口经度 111°34′53.2″,河口纬度 36°11′16.2″,河口高程 433.8 m),河流全长 54 km,流域面积 211 km²,河流比降为 6.44‰。古县境内流域面积为 71.9 km²。

5.1.3.8　柏子河

柏子河为沁河的一级支流。柏子河起源于沁源县灵空山镇黑峪村(河源经度112°03′28.4″,河源纬度36°39′15.3″,河源高程1 848.6 m),自西北向东南流经沁源县,于沁源县中峪乡龙头汇入沁河(河口经度112°17′18.8″,河口纬度36°23′42.0″,河口高程945.1 m),河流全长46 km,流域面积266 km^2,河流比降为12.37‰,古县境内流域面积为2.7 km^2。

5.1.3.9　蔺河

蔺河为沁河的一级支流。蔺河起源于古县北平镇李子坪村上峰鸡(河源经度112°04′39.2″,河源纬度36°33′9.2″,河源高程1 419.7 m),自西北向东南流经古县、安泽县,于安泽县和川镇和川村汇入沁河(河口经度112°15′18.1″,河口纬度36°15′22.4″,河口高程890.0 m),河流全长46 km,流域面积285 km^2,河流比降为6.74‰。古县境内流域面积为48.6 km^2。

5.1.3.10　李垣河

李垣河为沁河的一级支流。李垣河起源于古县古阳镇江水坪村艾蒿原(河源经度112°15′14.2″,河源纬度36°24′28.0″,河源高程1 355.47 m),自西北向东南流经古县、安泽县,于安泽县府城镇高壁村汇入沁河(河口经度112°15′14.2″,河口纬度36°09′40.9″,河口高程848.7 m),河流全长39 km,流域面积150 km^2,河流比降为10.55‰。古县境内流域面积为4.7 km^2。

5.1.3.11　兰村河

兰村河为沁河的一级支流。兰村河起源于古县永乐乡范寨村官道(河源经度112°07′39.5″,河源纬度36°05′11.8″,河源高程1 167.4 m),自西向东流经古县、安泽县,于安泽县冀氏镇兰村汇入沁河(河口经度112°16′5.1″,河口纬度36°05′23.5″,河口高程828.3 m),河流全长15 km,流域面积55.4 km^2,河流比降为15.60‰。古县境内流域面积为16.8 km^2。

5.1.4　水文气象

古县属于曲型的半干旱大陆型气候,四季分明,其特征是:春季干旱多风,夏季高温多雨,秋季凉爽湿润,冬季寒冷干燥。年平均气温11.8 ℃,无霜期平均187 d。年平均降水量为558.5 mm,其中丰水年(1975年)为795.5 mm,枯水年(1965年)为295.2 mm。降水分布规律基本上是:东北部多,西南部少;高山地带多,丘陵地带少。北部石山地貌区610 mm,中东部土石山区558 mm,南部丘陵沟壑区548 mm。

5.1.5　历史山洪灾害

古县境内山洪灾害发生频次较高,是古县的主要自然灾害之一。历史上及中华人民共和国成立后发生过多次大的山洪灾害。本次首先收集了各种文献对古县山洪灾害的记载,其次在进行沿河村落调查时走访当地村民调查历史洪水情况。整理如下。

5.1.5.1　文献记载洪水资料

文献记载洪水资料主要来自于《山西省历史洪水调查成果》和《山西洪水研究》。其资料来源于《山西通志》、各市、县的府志或县志、中央档案馆明清档案部的清代档案奏折以及少量的洪水碑刻和家书等。该县文献洪水记载共 2 条。洪水发生年份分别为 1652 年、1942 年,见表 4-5-2。本次工作还收集了古县文献记载旱情资料,见表 4-5-3。

表 4-5-2　古县文献记载洪水统计表

序号	公元	年号	记载	资料来源
1	1652	清顺治九年	古县岳阳九月各处水涨,上下川冲地数顷,大雨河水泛溢。安泽九月各处水涨,冲地数千顷,大雨河水泛溢	原山西省临汾地区水文计算手册
2	1942	民国卅一年	汾河、团柏河、对竹河大水	调查

表 4-5-3　古县文献记载旱情统计表

序号	公元	年号	记载	资金来源
1	1472	明成化八年	山西全省性旱和大旱	山西通志
2	1720	清康熙五十九年	山西全省性大旱	山西自然灾害史年表
3	1721	清康熙六十年	山西全省性持续大旱	山西自然灾害史年表
4	1722	清康熙六十一年	山西全省性大旱,中部尤甚	山西水旱灾害
5	1936	民国廿五年	十二月太原地震。全省持续性大旱	山西自然灾害史年表
6	1960		山西晋南旱象严重	山西水旱灾害
7	1965		山西全省性大旱。晋南春夏连旱,尤以伏旱为甚	山西水旱灾害
8	1972		山西全省性大旱,整个三伏天无雨	山西水旱灾害
9	1978		全省严重干旱的同时,风、雹、冻、病虫害亦严重发生	山西水旱灾害
10	1987		山西全省性旱,严重的有忻州、吕梁、临汾西部、太原市等	山西水旱灾害

5.1.5.2　《山西省历史洪水调查成果》中的调查成果

2011 年出版的《山西省历史洪水调查成果》中暴雨洪水调查资料已收集至 2008 年,是目前资料最为可靠、最为完整的历史洪水调查成果。其中收集古县历史洪水调查成果 1 条。洪水主要发生在岳阳镇涧上村,发生时间为 1917 年,主要分布在洪安涧河流域,见表 4-5-4。

表 4-5-4　古县历史洪水调查成果统计表

编号	调查地点				河长(km)	集水面积(km^2)	调查洪水			调查单位
	水系	河名	河段名	地点			洪峰流量(m^3/s)	发生年份	可靠程度	
1	汾河	洪安涧河	涧上	古县岳阳镇涧上村			4 960	1 917		

5.1.5.3　当地相关部门洪水记载

本次工作收集了地方县志、当地水利及相关部门对洪水的记载,可作为古县历史洪水调查成果的补充。本次共收集洪水记载 10 条,洪水发生年份分别为 1895 年、1897 年、1922 年、1933 年、1968 年、1975 年、1988 年、2003 年、2009 年、2010 年。古县相关部门历史洪水调查成果统计表见表 4-5-5。

表 4-5-5　古县相关部门历史洪水调查成果统计表

序号	发生时间	位置	洪水灾害描述
1	1895 年	古县	秋淫雨,倒房无数
2	1897 年	古县	农历五月大雨,涧水涨,伤人畜很多
3	1922 年	县城	县城洪峰 2 350 m^3/s
4	1933 年	古县	农历六月大雨连绵,河洪为灾,冲没栏石桥牌坊一座,洪水冲走二人(姓黄夫妇)
5	1968 年	县城	旧城南门外农田尽毁,城内段姓房屋塌,压死女孩 2 人
6	1975 年	黄家窑村	北平镇黄家窑村蔺河流域局部暴雨,冲毁道路约 80 m,淹没农田 40 余亩
7	1988 年 7 月	古县	连日降大雨,境内公路遭到严重破坏
8	2003 年 4 月 17 日	古阳镇	古阳镇江水平流域局部暴雨,江水平煤矿进水,损失惨重
9	2009 年 7 月 19 日	古县	全县境内普降大到暴雨,降雨量 109.1 mm,洪峰流量 100 m^3/s,淹没农田 130 亩,房屋受损 27 间,桥梁受灾 5 座。损失惨重
10	2010 年 8 月 9 日	洪安涧河流域	凌晨 2 ~ 3 时,洪安涧河岳阳镇城关到下冶局部突降暴雨,42 户 150 余口人家中进水,冲毁农田 200 余亩,损失惨重

5.2 古县山洪灾害分析评价成果

5.2.1 分析评价名录确定

古县共有22个重点防治区,重点防治区名录见表4-5-6。古县将22个重点防治区划分为22个计算小流域,基本信息见表4-5-7。其中包括行政区划名称、面积、主沟道长度、主沟道比降、产流地类、汇流地类。

5.2.2 设计暴雨成果

古县22个计算小流域各时段雨量的均值$\overline{H}$、变差系数C_v、C_s/C_v和各时段相应频率的雨量值成果H_p见表4-5-8(本次对古县22个山洪灾害沿河村落均采用《山西省水文手册》中提供的方法进行了设计暴雨计算。对采用流域模型法计算设计洪水的进行设计暴雨时程分配计算,对采用经验公式法计算设计洪水的不进行设计暴雨时程分配计算)。古县沿河村落100年一遇设计暴雨分布图见附图4-49~附图4-52。

5.2.3 设计洪水成果

古县的22个重点防治区都进行了设计洪水的推求。其中设计洪水成果表见表4-5-9(22个沿河村落均采用由设计暴雨推求设计洪水的方法计算,本次采用《山西省水文手册》中的流域模型法与经验公式法计算,对采用流域模型法计算设计洪水的进行设计净雨深计算,对采用经验公式法计算设计洪水的不进行设计净雨深计算)。古县沿河村落100年一遇设计洪水分布图见附图4-53。

5.2.4 现状防洪能力成果

现状防洪能力评价主要是在设计洪水分析成果的基础上,结合沿河村落地形地貌、居民户高程情况,勾绘划定其淹没范围,进行危险区等级的划分,确定最佳转移路线和临时安置地点,并统计各沿河村落5个典型频率设计洪水位下的累计人口、户数,获得水位—流量—人口关系,综合评价现状防洪能力。本次对古县22个山洪灾害沿河村落进行防洪现状评价。现状防洪能力小于100年一遇的有22个沿河村落。22个沿河村落中,大于等于5年一遇小于20年一遇的有3个,大于等于20年一遇小于100年一遇的有19个。

经统计,古县22个沿河村落中极高危险区内没有人,高危险区内有17户95人,危险区内有125户496人。现状防洪能力成果见表4-5-10与附图4-54。

5.2.5 雨量预警指标分析成果

古县的22个重点防治区都进行了雨量预警指标的确定。古县预警指标分析成果表和古县沿河村落预警指标分布图见表4-5-11与附图4-55~附图4-60。

表 4-5-6　古县山洪灾害分析评价名录

序号	沿河村落	行政区划代码	所在乡镇	所在河流	影响形式
1	李子坪村	141025101210000	北平镇	蔺河	河道洪水
2	上宝丰村	141025101211000	北平镇	蔺河	河道洪水
3	下宝丰村	141025101212000	北平镇	蔺河	河道洪水
4	黄家窑村	141025101214000	北平镇	蔺河	河道洪水
5	麻胡沟村	141025101208100	北平镇	大南坪河	河道洪水
6	千佛沟村	141025101208000	北平镇	大南坪河	河道洪水
7	金堆村	141025102212000	古阳镇	大南坪河	河道洪水
8	安吉村	141025102210000	古阳镇	大南坪河	河道洪水
9	北节底村	141025102201102	古阳镇	豁都峪	河道洪水
10	凌云村	141025102201000	古阳镇	豁都峪	河道洪水
11	柳沟村	141025102201101	古阳镇	豁都峪	河道洪水
12	元围村	141025102201107	古阳镇	豁都峪	河道洪水
13	热留移民新村	141025102200104	古阳镇	豁都峪	河道洪水
14	下辛佛村	141025102203000	古阳镇	豁都峪	河道洪水
15	乔家山村	141025102204000	古阳镇	豁都峪	河道洪水
16	下冶村	141025100215000	岳阳镇	豁都峪	河道洪水
17	辛庄村	141025100209000	岳阳镇	豁都峪	河道洪水
18	徐村	141025200205100	石壁乡	石壁河	河道洪水
19	石壁村	141025200203000	石壁乡	石壁河	河道洪水
20	永乐村	141025201202000	永乐乡	旧县河	河道洪水
21	钱家峪村	141025103202000	旧县镇	旧县河	河道洪水
22	旧县村	141025103200000	旧县镇	旧县河	河道洪水

表 4-5-7　古县小流域基本信息汇总表

序号	行政区划名称	流域面积(km^2)	主沟道长度(km)	主沟道比降(‰)	产流地类(km^2)							汇流地类(km^2)		
					灰岩森林山地	灰岩灌丛山地	砂页岩森林山地	变质岩森林山地	黄土丘陵阶地	砂页岩灌丛山地	变质岩灌丛山地	森林山地	灌丛山地	草坡丘陵
1	李子坪村	5.04	4.0	28.10	0.96		4.08					5.04		
2	上宝丰村	7.46	5.5	22.30	0.96		6.5					7.46		
3	下宝丰村	19.94	8.3	17.80	0.96		18.49			0.49		19.45	0.49	
4	黄家窑村	43.90	15.1	13.40	0.98		27.97			14.95		28.94	14.96	
5	麻胡沟村	2.01	1.0	47.50			2.01					2.01		
6	千佛沟村	4.66	2.3	28.00			4.66					4.66		
7	金堆村	32.64	10.0	20.90	7.89	1.03	12.73			10.99		20.61	12.03	
8	安吉村	15.56	4.9	36.70			6.22			9.34		6.22	9.34	
9	北节底村	138.11	19.0	20.20	84.48	8.29	0.81	26.08			18.45	111.37	26.74	
10	凌云村	31.56	11.9	36.80	9.58	0.04	0.12	21.66		0.16		31.35	0.21	
11	柳沟村	38.27	13.0	34.80	15.31	0.3	0.16	21.66		0.84		37.13	1.14	
12	元围村	177.86	30.4	20.30	100.5	9.04	0.98	47.74		1.15	18.45	149.24	28.62	
13	热留移民新村	185.91	29.0	20.20	102.5	10.03	1.23	47.72		5.98	18.45	151.4	34.51	
14	下辛佛村	15.89	8.8	47.80	4.77		5.27	1.9		3.95		11.94	3.95	
15	乔家山村	7.60	2.9	28.80	2.37		3.16	0.07		1.99		5.61	1.64	0.35
16	下冶村	24.79	7.2	34.70	11.67		2.19	5.76		5.17		19.62	3.69	1.48
17	辛庄村	32.71	18.4	35.60	19.13	0.55	2.97			10.06		22.1	10.29	0.32
18	徐村	49.11	14.4	16.50			2.15		46.96			1.92	0.23	46.96
19	石壁村	91.58	21.7	13.50	7.36				81.69	2.53		7.13	2.76	81.69
20	永乐村	35.80	9.2	17.70			8.70		16.06	11.04		8.7	11.04	16.06
21	钱家峪村	29.01	7.6	17.90					7.62	21.39			21.39	7.62
22	旧县村	188.81	20.2	17.20	32.59	52.12			104.10			32.35	52.36	104.10

表 4-5-8　古县设计暴雨计算成果表

序号	计算单元名称	历时	均值(mm)	变差系数	C_s/C_v	重现期雨量值 H_p(mm)				
						100 年($H_{1\%}$)	50 年($H_{2\%}$)	20 年($H_{5\%}$)	10 年($H_{10\%}$)	5 年($H_{20\%}$)
1	李子坪村	10 min	13.2	0.56	3.5	36.4	31.8	25.7	21.1	16.5
		60 min	27.3	0.52	3.5	69.1	60.8	49.7	41.2	32.6
		6 h	46.0	0.52	3.5	127.6	112.5	92.3	76.8	61.1
		24 h	74.0	0.52	3.5	201.5	177.3	145.0	120.3	95.3
		3 d	93.0	0.48	3.5	242.5	215.2	178.5	150.3	121.3
2	上宝丰村	10 min	13.2	0.56	3.5	35.9	31.3	25.3	20.8	16.2
		60 min	27.3	0.52	3.5	68.2	60.0	49.1	40.7	32.3
		6 h	46.0	0.52	3.5	126.6	111.6	91.6	76.3	60.7
		24 h	74.0	0.52	3.5	200.6	176.6	144.4	119.9	95.0
		3 d	93.0	0.48	3.5	241.8	214.6	178.0	149.9	121.0
3	下宝丰村	10 min	13.2	0.56	3.5	34.1	29.8	24.1	19.8	15.5
		60 min	27.3	0.52	3.5	65.6	57.7	47.3	39.3	31.1
		6 h	46.0	0.52	3.5	123.3	108.8	89.3	74.5	59.4
		24 h	74.0	0.52	3.5	197.5	173.9	142.5	118.4	94.0
		3 d	93.0	0.48	3.5	239.1	212.3	176.4	148.7	120.1
4	黄家窑村	10 min	13.2	0.56	3.5	32.0	28.0	22.7	18.6	14.6
		60 min	27.3	0.52	3.5	63.4	55.8	45.6	37.9	30.0
		6 h	46.0	0.52	3.5	121.1	106.8	87.7	73.1	58.2
		24 h	74.0	0.52	3.5	195.1	171.8	140.8	117.0	92.8
		3 d	93.0	0.48	3.5	234.0	207.7	172.5	145.3	117.3
5	麻胡沟村	10 min	13.2	0.55	3.5	37.4	32.7	26.5	21.8	17.1
		60 min	29.2	0.57	3.5	78.2	68.1	54.8	44.7	34.6
		6 h	45.0	0.57	3.5	141.6	123.5	99.6	81.4	63.2
		24 h	73.0	0.53	3.5	200.6	176.2	143.5	118.6	93.4
		3 d	88.0	0.49	3.5	234.6	207.7	171.6	143.9	115.5

续表 4-5-8

序号	计算单元名称	历时	均值(mm)	变差系数	C_s/C_v	重现期雨量值 H_p(mm)				
						100 年($H_{1\%}$)	50 年($H_{2\%}$)	20 年($H_{5\%}$)	10 年($H_{10\%}$)	5 年($H_{20\%}$)
6	千佛沟村	10 min	13.2	0.55	3.5	36.4	31.9	25.9	21.3	16.7
		60 min	29.2	0.57	3.5	76.6	66.8	53.7	43.8	33.9
		6 h	45.0	0.57	3.5	139.7	122.0	98.3	80.4	62.5
		24 h	73.0	0.53	3.5	199.2	174.9	142.5	117.9	92.9
		3 d	88.0	0.49	3.5	233.4	206.7	170.9	143.3	115.1
7	金堆村	10 min	13.2	0.55	3.5	32.4	28.4	23.1	19.1	15.0
		60 min	29.2	0.57	3.5	70.2	61.3	49.5	40.5	31.6
		6 h	45.0	0.57	3.5	131.0	114.6	92.7	76.1	59.5
		24 h	73.0	0.53	3.5	189.3	166.5	136.1	112.8	89.2
		3 d	88.0	0.49	3.5	222.5	197.5	163.9	138.0	111.3
8	安吉村	10 min	12.7	0.55	3.5	32.7	28.7	23.3	19.2	15.0
		60 min	26.7	0.52	3.5	65.2	57.4	47.0	39.0	30.9
		6 h	45.0	0.52	3.5	120.9	106.7	87.6	72.9	58.1
		24 h	69.0	0.52	3.5	185.4	163.3	133.7	111.1	88.2
		3 d	84.0	0.48	3.5	216.7	192.4	159.7	134.6	108.7
9	北节底村	10 min	13.1	0.54	3.5	27.7	24.3	19.9	16.5	13.1
		60 min	28.6	0.51	3.5	56.9	50.3	41.5	34.8	27.9
		6 h	44.0	0.51	3.5	106.2	94.3	78.3	66.0	53.4
		24 h	68.0	0.49	3.5	160.2	142.4	118.5	100.1	81.1
		3 d	87.0	0.47	3.5	203.1	181.1	151.8	129.0	105.4
10	凌云村	10 min	12.9	0.52	3.5	30.6	26.9	22.1	18.4	14.6
		60 min	28.0	0.47	3.5	59.2	52.7	43.9	37.1	30.1
		6 h	43.0	0.47	3.5	106.6	95.1	79.5	67.5	55.0
		24 h	65.0	0.48	3.5	159.5	141.8	117.8	99.4	80.4
		3 d	81.0	0.46	3.5	200.0	178.4	149.3	126.8	103.5

续表 4-5-8

序号	计算单元名称	历时	均值(mm)	变差系数	C_s/C_v	重现期雨量值 H_p(mm)				
						100 年($H_{1\%}$)	50 年($H_{2\%}$)	20 年($H_{5\%}$)	10 年($H_{10\%}$)	5 年($H_{20\%}$)
11	柳沟村	10 min	12.9	0.52	3.5	30.1	26.6	21.8	18.2	14.5
		60 min	28.0	0.47	3.5	58.6	52.1	43.4	36.7	29.8
		6 h	43.0	0.47	3.5	105.9	94.4	79.0	67.0	54.7
		24 h	65.0	0.48	3.5	158.8	141.1	117.3	99.0	80.1
		3 d	81.0	0.46	3.5	199.3	177.8	148.9	126.5	103.3
12	元围村	10 min	13.1	0.54	3.5	26.7	23.4	19.2	16.0	12.6
		60 min	28.6	0.51	3.5	54.9	48.6	40.3	33.8	27.2
		6 h	44.0	0.51	3.5	103.1	91.6	76.3	64.5	52.3
		24 h	68.0	0.49	3.5	156.7	139.3	116.2	98.3	79.8
		3 d	87.0	0.47	3.5	199.2	177.7	149.2	127.0	104.0
13	热留移民新村	10 min	13.1	0.54	3.5	26.5	23.3	19.1	15.9	12.6
		60 min	28.6	0.51	3.5	54.7	48.4	40.1	33.7	27.1
		6 h	44.0	0.51	3.5	102.7	91.4	76.1	64.3	52.2
		24 h	68.0	0.49	3.5	156.3	139.1	116.0	98.1	79.7
		3 d	87.0	0.47	3.5	198.8	177.4	149.0	126.9	103.8
14	下辛佛村	10 min	13.3	0.53	3.5	33.2	29.2	23.9	19.8	15.7
		60 min	27.2	0.47	3.5	61.0	54.2	45.1	38.1	30.9
		6 h	44.0	0.47	3.5	109.3	97.4	81.4	69.0	56.3
		24 h	67.0	0.48	3.5	168.3	149.5	124.1	104.5	84.4
		3 d	82.0	0.47	3.5	208.0	185.0	154.2	130.4	105.8
15	乔家山村	10 min	13.6	0.52	3.5	34.6	30.5	25.0	20.8	16.5
		60 min	27.1	0.47	3.5	62.9	55.9	46.5	39.3	31.8
		6 h	44.0	0.47	3.5	110.9	98.7	82.4	69.8	56.8
		24 h	66.0	0.48	3.5	168.1	149.1	123.8	104.1	84.0
		3 d	82.0	0.47	3.5	209.6	186.4	155.2	131.2	106.4

续表 4-5-8

序号	计算单元名称	历时	均值(mm)	变差系数	C_s/C_v	重现期雨量值 H_p(mm)				
						100 年($H_{1\%}$)	50 年($H_{2\%}$)	20 年($H_{5\%}$)	10 年($H_{10\%}$)	5 年($H_{20\%}$)
16	下冶村	10 min	13.0	0.51	3.5	31.3	27.7	22.8	19.0	15.2
		60 min	27.8	0.46	3.5	59.8	53.2	44.4	37.6	30.6
		6 h	43.0	0.46	3.5	107.1	95.6	80.0	68.0	55.5
		24 h	65.0	0.47	3.5	160.9	143.1	119.1	100.6	81.5
		3 d	81.0	0.47	3.5	207.2	184.2	153.3	129.5	104.9
17	辛庄村	10 min	13.0	0.49	3.5	29.8	26.4	21.9	18.5	14.9
		60 min	27.2	0.45	3.5	56.6	50.7	42.6	36.3	29.8
		6 h	43.0	0.45	3.5	102.7	91.9	77.2	65.9	54.1
		24 h	64.0	0.47	3.5	157.3	139.9	116.6	98.6	80.0
		3 d	82.0	0.47	3.5	206.8	184.0	153.5	129.9	105.6
18	徐村	10 min	14.5	0.52	3.5	32.7	28.9	23.8	19.8	15.8
		60 min	29.0	0.52	3.5	62.2	55.1	45.6	38.3	30.8
		6 h	45.0	0.52	3.5	112.9	99.9	82.5	69.1	55.5
		24 h	67.0	0.53	3.5	173.3	152.8	125.3	104.3	82.9
		3 d	83.0	0.53	3.5	224.6	197.7	162.0	134.6	106.8
19	石壁村	10 min	14.5	0.52	3.5	30.9	27.3	22.5	18.8	15.0
		60 min	29.0	0.52	3.5	59.5	52.7	43.7	36.7	29.5
		6 h	45.0	0.52	3.5	109.5	97.0	80.2	67.3	54.1
		24 h	67.0	0.53	3.5	169.8	149.8	123.1	102.6	81.8
		3 d	83.0	0.53	3.5	221.1	194.8	159.9	133.1	105.8
20	永乐村	10 min	15.1	0.54	3.5	35.8	31.4	25.7	21.3	16.9
		60 min	30.0	0.52	3.5	66.7	58.8	48.3	40.3	32.1
		6 h	43.0	0.52	3.5	116.3	102.7	84.5	70.6	56.3
		24 h	66.0	0.52	3.5	170.4	150.3	123.5	103.0	82.1
		3 d	87.0	0.51	3.5	230.0	203.1	167.1	139.5	111.4

续表 4-5-8

序号	计算单元名称	历时	均值(mm)	变差系数	C_s/C_v	重现期雨量值 H_p(mm)				
						100 年($H_{1\%}$)	50 年($H_{2\%}$)	20 年($H_{5\%}$)	10 年($H_{10\%}$)	5 年($H_{20\%}$)
21	钱家峪村	10 min	14.8	0.49	3.5	33.9	30.1	24.9	20.9	16.9
		60 min	28.8	0.50	3.5	61.9	54.8	45.3	38.0	30.5
		6 h	40.0	0.50	3.5	107.7	95.4	78.8	66.0	53.0
		24 h	64.0	0.50	3.5	160.1	141.7	117.0	98.1	78.7
		3 d	83.0	0.50	3.5	219.2	193.9	160.1	134.1	107.4
22	旧县村	10 min	15.1	0.54	3.5	30.0	26.4	21.7	18.1	14.4
		60 min	30.0	0.52	3.5	57.5	50.8	41.9	35.0	28.0
		6 h	43.0	0.52	3.5	103.5	91.7	75.8	63.5	51.0
		24 h	66.0	0.52	3.5	156.0	138.2	114.5	96.2	77.4
		3 d	87.0	0.51	3.5	216.2	191.3	158.4	133.0	106.8

表 4-5-9　古县设计洪水成果表

序号	行政区划名称	洪水要素	重现期洪水要素值				
			100 年	50 年	20 年	10 年	5 年
1	李子坪村	洪峰流量(m^3/s)	41.0	32.0	21.0	13.0	8.00
		洪量(万 m^3)	39.0	29.0	19.0	13.0	8.00
		洪水历时(h)	4.8	4.3	3.5	2.8	1.8
		洪峰水位(m)	1 254.63	1 254.48	1 254.26	1 254.04	1 253.88
2	上宝丰村	洪峰流量(m^3/s)	53.0	42.0	28.0	17.0	10.0
		洪量(万 m^3)	61.0	46.0	30.0	20.0	13.0
		洪水历时(h)	6.5	5.8	4.5	4.0	3.0
		洪峰水位(m)	1 224.55	1 224.15	1 224.08	1 224.01	1 223.94

续表 4-5-9

序号	行政区划名称	洪水要素	重现期洪水要素值				
			100 年	50 年	20 年	10 年	5 年
3	下宝丰村	洪峰流量(m^3/s)	113	90.0	60.0	37.0	21.0
		洪量(万 m^3)	171	129	85.0	57.0	35.0
		洪水历时(h)	10.0	8.5	8.0	7.0	6.0
		洪峰水位(m)	1 182.13	1 181.94	1 181.66	1 181.38	1 181.13
4	黄家窑村	洪峰流量(m^3/s)	225	178	123	78.0	45.0
		洪量(万 m^3)	400	305	202	135	84.0
		洪水历时(h)	13.5	12.5	11.0	10.0	9.5
		洪峰水位(m)	1 102.93	1 102.79	1 102.6	1 102.32	1 102.08
5	麻胡沟村	洪峰流量(m^3/s)	34.0	28.0	20.0	14.0	8.00
		洪量(万 m^3)	20.0	16.0	11.0	7.00	4.00
		洪水历时(h)	3.0	2.5	2.0	1.5	1.0
		洪峰水位(m)	1 236.70	1 236.58	1 236.40	1 236.21	1 235.94
6	千佛沟村	洪峰流量(m^3/s)	55.0	44.0	31.0	21.0	12.0
		洪量(万 m^3)	46.0	36.0	24.0	16.0	10.0
		洪水历时(h)	4.8	4.3	3.5	2.8	2.0
		洪峰水位(m)	1 205.47	1 205.36	1 205.18	1 204.83	1 204.55
7	金堆村	洪峰流量(m^3/s)	210	163	104	64.0	35.0
		洪量(万 m^3)	253	196	128	84.0	51.0
		洪水历时(h)	9.0	8.5	8.0	7.5	6.5
		洪峰水位(m)	1 042.63	1 042.41	1 042.09	1 041.77	1 041.37

续表 4-5-9

序号	行政区划名称	洪水要素	重现期洪水要素值				
			100年	50年	20年	10年	5年
8	安吉村	洪峰流量(m^3/s)	160	131	94.0	65.0	42.0
		洪量(万 m^3)	141.0	111.0	75.0	51.0	33.0
		洪水历时(h)	7.5	6.5	5.0	4.5	4.0
		洪峰水位(m)	970.31	970.20	969.89	969.63	969.26
9	北节底村	洪峰流量(m^3/s)	454	335	201	124	72.0
		洪量(万 m^3)	587	455	302	202	129
		洪水历时(h)	11.5	11.5	11.0	10.5	10.5
		洪峰水位(m)	1 008.21	1 007.92	1 007.45	1 007.16	1 006.93
10	凌云村	洪峰流量(m^3/s)	111	85.0	53.0	33.0	20.0
		洪量(万 m^3)	158	124	85.0	58.0	39.0
		洪水历时(h)	9.5	9.5	8.5	8.0	7.0
		洪峰水位(m)	1 041.20	1 040.51	1 039.56	1 038.89	1 038.37
11	柳沟村	洪峰流量(m^3/s)	143	110	69.0	44.0	26.0
		洪量(万 m^3)	189	149	102	70.0	47.0
		洪水历时(h)	9.5	9.5	8.5	8.0	7.5
		洪峰水位(m)	1 003.95	1 003.24	1 002.75	1 002.60	1 002.40
12	元围村	洪峰流量(m^3/s)	474	351	215	132	76.0
		洪量(万 m^3)	778	605	404	271	174
		洪水历时(h)	14.0	14.5	14.0	13.5	13.0
		洪峰水位(m)	999.59	999.33	998.92	998.53	998.21

续表 4-5-9

序号	行政区划名称	洪水要素	重现期洪水要素值				
			100 年	50 年	20 年	10 年	5 年
13	热留移民新村	洪峰流量(m^3/s)	607	454	277	172	100
		洪量(万 m^3)	817	636	425	285	183
		洪水历时(h)	12.0	12.0	12.0	11.5	11.5
		洪峰水位(m)	951.97	951.61	951.14	950.51	950.07
14	下辛佛村	洪峰流量(m^3/s)	80.0	62.0	40.0	26.0	16.0
		洪量(万 m^3)	85.0	67.0	46.0	32.0	21.0
		洪水历时(h)	6.5	6.5	5.5	5.0	4.0
		洪峰水位(m)	928.29	928.15	927.97	927.85	927.69
15	乔家山村	洪峰流量(m^3/s)	62.0	49.0	32.0	21.0	13.0
		洪量(万 m^3)	41.0	32.0	22.0	15.0	10.0
		洪水历时(h)	3.8	3.5	3.0	2.8	2.3
		洪峰水位(m)	879.16	878.95	878.62	878.37	878.15
16	下冶村	洪峰流量(m^3/s)	108	82.0	52.0	33.0	20.0
		洪量(万 m^3)	110	87.0	59.0	41.0	27.0
		洪水历时(h)	7.0	7.0	6.0	5.5	5.0
		洪峰水位(m)	818.20	818.07	817.88	817.33	817.01
17	辛庄村	洪峰流量(m^3/s)	235	179	115	74.0	45.0
		洪量(万 m^3)	122	96.0	65.0	45.0	30.0
		洪水历时(h)	4.0	4.0	4.0	3.5	3.5
		洪峰水位(m)	746.68	746.43	746.12	745.88	745.68

续表 4-5-9

序号	行政区划名称	洪水要素	重现期洪水要素值				
			100 年	50 年	20 年	10 年	5 年
18	徐村	洪峰流量(m^3/s)	673	563	412	296	188
		洪量(万 m^3)	376	295	200	137	89.0
		洪水历时(h)	6.0	5.5	4.5	4.5	4.0
		洪峰水位(m)	846.61	846.39	846.05	845.76	845.46
19	石壁村	洪峰流量(m^3/s)	875	713	501	341	203
		洪量(万 m^3)	623	487	327	222	144
		洪水历时(h)	7.5	7.5	6.5	6.0	5.5
		洪峰水位(m)	777.25	775.41	774.67	774.02	773.34
20	永乐村	洪峰流量(m^3/s)	357	293	206	144	87.0
		洪量(万 m^3)	285	226	155	107	70.0
		洪水历时(h)	7.5	7.0	6.0	5.5	5.0
		洪峰水位(m)	961.10	960.70	960.23	959.61	957.32
21	钱家峪村	洪峰流量(m^3/s)	320	266	193	138	86.0
		洪量(万 m^3)	220	175	121	84.0	56.0
		洪水历时(h)	6.5	6.0	5.0	4.5	4.0
		洪峰水位(m)	879.36	878.93	878.24	877.65	876.91
22	旧县村	洪峰流量(m^3/s)	939	706	443	274	158
		洪量(万 m^3)	856	663	439	292	185
		洪水历时(h)	9.0	9.0	9.0	8.5	8.5
		洪峰水位(m)	825.38	824.01	821.97	820.59	819.49

表 4-5-10　古县防洪现状评价成果表

序号	行政区划名称	防洪能力（年）	极高危险区（<5 年一遇）		高危险区(5～20 年一遇)		危险区(≥20 年一遇)	
			人口(人)	户数(户)	人口(人)	户数(户)	人口(人)	户数(户)
1	李子坪村	33	0	0	0	0	13	2
2	上宝丰村	32	0	0	0	0	49	14
3	下宝丰村	39	0	0	0	0	66	20
4	黄家窑村	60	0	0	0	0	10	2
5	麻胡沟村	56	0	0	0	0	10	3
6	千佛沟村	38	0	0	0	0	11	4
7	金堆村	60	0	0	0	0	30	7
8	安吉村	50	0	0	0	0	10	3
9	北节底村	17	0	0	5	1	5	1
10	凌云村	25	0	0	0	0	10	3
11	柳沟村	21	0	0	0	0	11	3
12	元围村	16	0	0	8	1	9	2
13	热留移民新村	20	0	0	70	13	70	14
14	下辛佛村	57	0	0	0	0	12	2
15	乔家山村	54	0	0	0	0	10	3
16	下冶村	22	0	0	0	0	52	13
17	辛庄村	13	0	0	12	2	9	2
18	徐村	67	0	0	0	0	15	4
19	石壁村	75	0	0	0	0	10	3
20	永乐村	22	0	0	0	0	12	5
21	钱家峪村	24	0	0	0	0	21	4
22	旧县村	51	0	0	0	0	51	11

表 4-5-11 古县预警指标成果表

序号	行政区划名称	类别	降雨历时	预警指标(雨量:mm,水位:m)		临界雨量(mm)/水位(m)	方法
				准备转移	立即转移		
1	李子坪村	雨量(B_0 =0)	0.5 h	47	67	67	流域模型法
			1 h	67	78	78	
			2 h	86	95	95	
		雨量(B_0 =0.3)	0.5 h	45	64	64	
			1 h	64	71	71	
			2 h	79	84	84	
		雨量(B_0 =0.6)	0.5 h	41	58	58	
			1 h	58	63	63	
			2 h	70	76	76	
2	上宝丰村	雨量(B_0 =0)	0.5 h	49	70	70	流域模型法
			1 h	70	80	80	
			2 h	89	95	95	
		雨量(B_0 =0.3)	0.5 h	45	64	64	
			1 h	64	73	73	
			2 h	79	86	86	
		雨量(B_0 =0.6)	0.5 h	42	60	60	
			1 h	60	66	66	
			2 h	70	76	76	

续表 4-5-11

序号	行政区划名称	类别	降雨历时	预警指标(雨量:mm,水位:m)		临界雨量(mm)/水位(m)	方法
				准备转移	立即转移		
3	下宝丰村	雨量(B_0=0)	0.5 h	49	70	70	流域模型法
			1 h	70	82	82	
			2 h	89	95	95	
			3 h	103	112	112	
		雨量(B_0=0.3)	0.5 h	46	66	66	
			1 h	66	74	74	
			2 h	81	86	86	
			3 h	93	101	101	
		雨量(B_0=0.6)	0.5 h	43	61	61	
			1 h	61	67	67	
			2 h	72	76	76	
			3 h	82	91	91	
4	黄家窑村	雨量(B_0=0)	0.5 h	55	79	79	流域模型法
			1 h	79	88	88	
			2 h	96	103	103	
			3 h	109	118	118	
		雨量(B_0=0.3)	0.5 h	52	74	74	
			1 h	74	82	82	
			2 h	88	94	94	
			3 h	99	108	108	
		雨量(B_0=0.6)	0.5 h	49	70	70	
			1 h	70	75	75	
			2 h	80	85	85	
			3 h	89	97	97	

续表 4-5-11

序号	行政区划名称	类别	降雨历时	预警指标(雨量:mm,水位:m)		临界雨量(mm)/水位(m)	方法
				准备转移	立即转移		
5	麻胡沟村	雨量($B_0=0$)	0.5 h	53	76	76	流域模型法
			1 h	76	90	90	
		雨量($B_0=0.3$)	0.5 h	49	70	70	
			1 h	70	86	86	
		雨量($B_0=0.6$)	0.5 h	47	67	67	
			1 h	67	77	77	
6	千佛沟村	雨量($B_0=0$)	0.5 h	52	74	74	流域模型法
			1 h	74	84	84	
			2 h	99	112	112	
		雨量($B_0=0.3$)	0.5 h	49	70	70	
			1 h	70	77	77	
			2 h	93	105	105	
		雨量($B_0=0.6$)	0.5 h	45	64	64	
			1 h	64	70	70	
			2 h	85	96	96	
7	金堆村	雨量($B_0=0$)	0.5 h	47	67	67	流域模型法
			1 h	67	77	77	
			2 h	85	94	94	
			3 h	100	105	105	
		雨量($B_0=0.3$)	0.5 h	43	61	61	
			1 h	61	70	70	
			2 h	77	86	86	
			3 h	91	97	97	
		雨量($B_0=0.6$)	0.5 h	39	56	56	
			1 h	56	63	63	
			2 h	68	77	77	
			3 h	81	87	87	
		水位		1 044.3	1 044.6	1 044.6	比降面积法

续表 4-5-11

序号	行政区划名称	类别	降雨历时	预警指标(雨量:mm,水位:m)		临界雨量(mm)/水位(m)	方法
				准备转移	立即转移		
8	安吉村	雨量(B_0 =0)	0.5 h	47	67	67	流域模型法
			1 h	67	77	77	
			2 h	90	102	102	
		雨量(B_0 =0.3)	0.5 h	45	64	64	
			1 h	64	70	70	
			2 h	85	97	97	
		雨量(B_0 =0.6)	0.5 h	42	59	59	
			1 h	59	66	66	
			2 h	79	89	89	
9	北节底村	雨量(B_0 =0)	0.5 h	26	37	37	流域模型法
			1 h	37	45	45	
			2 h	52	57	57	
			3 h	62	66	66	
		雨量(B_0 =0.3)	0.5 h	22	32	32	
			1 h	32	39	39	
			2 h	44	49	49	
			3 h	53	56	56	
		雨量(B_0 =0.6)	0.5 h	18	26	26	
			1 h	26	32	32	
			2 h	36	40	40	
			3 h	44	47	47	
		水位		995.45	995.75	995.75	比降面积法

续表 4-5-11

序号	行政区划名称	类别	降雨历时	预警指标(雨量:mm,水位:m)		临界雨量(mm)/水位(m)	方法
				准备转移	立即转移		
10	凌云村	雨量(B_0 =0)	0.5 h	35	50	50	流域模型法
			1 h	50	59	59	
			2 h	66	72	72	
			3 h	78	82	82	
		雨量(B_0 =0.3)	0.5 h	32	45	45	
			1 h	45	52	52	
			2 h	59	65	65	
			3 h	68	73	73	
		雨量(B_0 =0.6)	0.5 h	28	40	40	
			1 h	40	45	45	
			2 h	50	55	55	
			3 h	58	62	62	
11	柳沟村	雨量(B_0 =0)	0.5 h	28	41	41	流域模型法
			1 h	41	49	49	
			2 h	56	61	61	
			3 h	65	69	69	
		雨量(B_0 =0.3)	0.5 h	25	35	35	
			1 h	35	42	42	
			2 h	48	52	52	
			3 h	57	60	60	
		雨量(B_0 =0.6)	0.5 h	21	30	30	
			1 h	30	35	35	
			2 h	40	43	43	
			3 h	47	50	50	
		水位		995.05	995.35	995.35	比降面积法

续表 4-5-11

序号	行政区划名称	类别	降雨历时	预警指标(雨量:mm,水位:m)		临界雨量(mm)/水位(m)	方法
				准备转移	立即转移		
12	元围村	雨量(B_0 =0)	0.5 h	35	50	50	流域模型法
			1 h	50	59	59	
			2 h	66	73	73	
			3 h	79	84	84	
			4 h	89	93	93	
		雨量(B_0 =0.3)	0.5 h	31	44	44	
			1 h	44	51	51	
			2 h	58	63	63	
			3 h	68	73	73	
			4 h	76	80	80	
		雨量(B_0 =0.6)	0.5 h	26	38	38	
			1 h	38	44	44	
			2 h	49	53	53	
			3 h	57	61	61	
			4 h	64	67	67	
13	热留移民新村	雨量(B_0 =0)	0.5 h	40	58	58	流域模型法
			1 h	58	68	68	
			2 h	77	83	83	
			3 h	89	94	94	
		雨量(B_0 =0.3)	0.5 h	36	52	52	
			1 h	52	60	60	
			2 h	67	72	72	
			3 h	78	82	82	
		雨量(B_0 =0.6)	0.5 h	32	46	46	
			1 h	46	51	51	
			2 h	57	62	62	
			3 h	65	70	70	
		水位		995.85	996.15	996.15	比降面积法

续表 4-5-11

序号	行政区划名称	类别	降雨历时	预警指标(雨量:mm,水位:m)		临界雨量(mm)/水位(m)	方法
				准备转移	立即转移		
14	下辛佛村	雨量(B_0 =0)	0.5 h	44	62	62	流域模型法
			1 h	62	74	74	
			2 h	81	89	89	
			3 h	94	101	101	
		雨量(B_0 =0.3)	0.5 h	40	58	58	
			1 h	58	66	66	
			2 h	72	81	81	
			3 h	86	91	91	
		雨量(B_0 =0.6)	0.5 h	36	52	52	
			1 h	52	59	59	
			2 h	64	72	72	
			3 h	76	81	81	
15	乔家山村	雨量(B_0 =0)	0.5 h	22	31	31	流域模型法
			1 h	31	39	39	
			2 h	44	49	49	
		雨量(B_0 =0.3)	0.5 h	19	27	27	
			1 h	27	33	33	
			2 h	37	42	42	
		雨量(B_0 =0.6)	0.5 h	15	21	21	
			1 h	21	26	26	
			2 h	30	34	34	

续表 4-5-11

序号	行政区划名称	类别	降雨历时	预警指标(雨量:mm,水位:m)		临界雨量(mm)/水位(m)	方法
				准备转移	立即转移		
16	下冶村	雨量($B_0=0$)	0.5 h	32	46	46	流域模型法
			1 h	46	55	55	
			2 h	62	68	68	
		雨量($B_0=0.3$)	0.5 h	28	41	41	
			1 h	41	48	48	
			2 h	54	59	59	
		雨量($B_0=0.6$)	0.5 h	24	35	35	
			1 h	35	41	41	
			2 h	46	51	51	
17	辛庄村	雨量($B_0=0$)	0.5 h	27	38	38	流域模型法
			1 h	38	47	47	
		雨量($B_0=0.3$)	0.5 h	23	33	33	
			1 h	33	41	41	
		雨量($B_0=0.6$)	0.5 h	19	28	28	
			1 h	28	33	33	
18	徐村	雨量($B_0=0$)	0.5 h	46	65	65	流域模型法
			1 h	65	79	79	
		雨量($B_0=0.3$)	0.5 h	43	61	61	
			1 h	61	73	73	
		雨量($B_0=0.6$)	0.5 h	39	56	56	
			1 h	56	67	67	
		水位		859.7	860	860	比降面积法

续表 4-5-11

序号	行政区划名称	类别	降雨历时	预警指标(雨量:mm,水位:m)		临界雨量(mm)/水位(m)	方法
				准备转移	立即转移		
19	石壁村	雨量(B_0=0)	0.5 h	48	68	68	流域模型法
			1 h	68	79	79	
			2 h	93	105	105	
		雨量(B_0=0.3)	0.5 h	45	64	64	
			1 h	64	73	73	
			2 h	88	99	99	
		雨量(B_0=0.6)	0.5 h	42	59	59	
			1 h	59	66	66	
			2 h	82	92	92	
		水位		860.25	860.55	860.55	比降面积法
20	永乐村	雨量(B_0=0)	0.5 h	39	56	56	流域模型法
			1 h	56	65	65	
			2 h	77	86	86	
		雨量(B_0=0.3)	0.5 h	36	52	52	
			1 h	52	59	59	
			2 h	71	79	79	
		雨量(B_0=0.6)	0.5 h	33	47	47	
			1 h	47	53	53	
			2 h	64	72	72	

续表 4-5-11

序号	行政区划名称	类别	降雨历时	预警指标(雨量:mm,水位:m)		临界雨量(mm)/水位(m)	方法
				准备转移	立即转移		
21	钱家峪村	雨量(B_0 =0)	0.5 h	37	53	53	流域模型法
			1 h	53	63	63	
		雨量(B_0 =0.3)	0.5 h	35	50	50	
			1 h	50	57	57	
		雨量(B_0 =0.6)	0.5 h	32	46	46	
			1 h	46	51	51	
22	旧县村	雨量(B_0 =0)	0.5 h	43	61	61	流域模型法
			1 h	61	72	72	
			2 h	79	88	88	
		雨量(B_0 =0.3)	0.5 h	39	56	56	
			1 h	56	64	64	
			2 h	71	79	79	
		雨量(B_0 =0.6)	0.5 h	35	50	50	
			1 h	50	56	56	
			2 h	62	71	71	
		水位		891.3	891.6	891.6	比降面积法

第6章 安泽县

6.1 安泽县基本情况

6.1.1 地理位置

安泽县位于山西省临汾市的东部,北部、东部分别为长治市的沁源县、屯留县、长子县,南部为晋城市的沁水县,西部为古县、浮山县。地理坐标东经111°05′01″～112°34′20″,北纬35°53′28″～36°32′38″之间,南北长约91 km,东西宽约43 km,全县总面积为1 967 km^2。全县辖7个乡镇,104个行政村。

县城居县境中略偏西,西距古县境12 km,东到屯留县31 km,北距沁源界38 km,南至沁水界48 km。

安泽县交通便利,有309国道线贯穿全县49 km,省道326线贯穿全县53 km,县乡公路153 km,乡村公路481 km。309国道东西横穿县境,西去临汾市80 km,东到长治市112 km,北至省城太原市314 km。安泽县地理位置示意图如图4-6-1所示。

6.1.2 社会经济

安泽县现辖府城、和川、唐城、冀氏4个镇,杜村、马壁、良马3个乡,104个行政村。至2014年底,全县总人口为8.4万人,其中城镇人口3.2万人,乡村人口5.2万人。2014年全县国内生产总值462 685万元,其中第一产业40 743万元,第二产业354 575万元,第三产业67 367万元。

安泽县境内物华天宝,资源丰富,有尚未大面积开发的煤炭,是全国连翘生产第一县。农业主要以玉米为主,年产量稳定在10万t以上。工业主要以煤开采、洗煤为主,其中煤开采和煤炭加工转化业是全县经济发展的主要支柱产业。

6.1.3 河流水系

安泽县境内所有的河流都属于黄河流域,分属于沁河水系与汾河水系,主要分布在沁河水系。流域面积大于50 km^2的河流有13条,其中沁河水系12条,汾河水系1条。按照水利部河湖普查河流级别划分原则,1级河流有1条,为沁河;2级河流有10条,分别为东洪驿河、蔺河、李垣河、郭都河、兰村河、王村河、泗河、兰河、石槽河和马壁河;3级河流有2条,分别为横水河和麦沟河。安泽县河流水系图见图4-6-2,主要河流基本情况见表4-6-1。

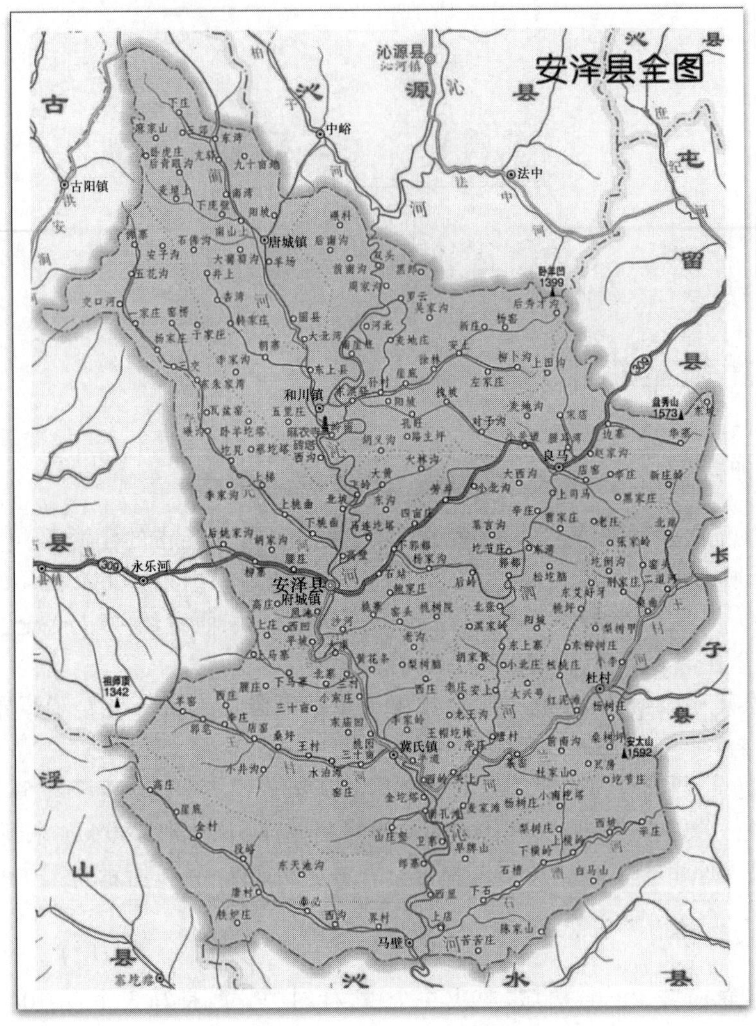

图 4-6-1　安泽县地理位置图

6.1.3.1　沁河

沁河为黄河的一级支流。沁河起源于山西省沁源县王陶乡土岭上河底村(河源经度 111°59′12.6″,河源纬度 36°47′13.6″,河源高程 2 321.6 m),自北向南流经山西省沁源县、安泽县、沁水县、阳城县、泽州县、河南省济源市,于山西省阳城县山河镇万杆村省界汇入黄河(河口经度 112°37′49.4″,河口纬度 36°15′54.1″,河口高程 259.0 m),河流全长 495 km,流域面积 13 065 km^2,河流比降为 2.03‰。流域总面积为 13 065 km^2,安泽县境内流域面积为 1 944.2 km^2。

6.1.3.2　东洪驿河

东洪驿河为沁河的一级支流。东洪驿河起源于安泽县和川镇上田村秀才沟(河源经度 112°26′23.5″,河源纬度 36°19′59.2″,河源高程 1 259.7 m),自东北向西南流经上田村、徐林、东洪驿村、西洪驿村,于安泽县和川镇西洪驿村汇入沁河(河口经度 112°15′20.6″,

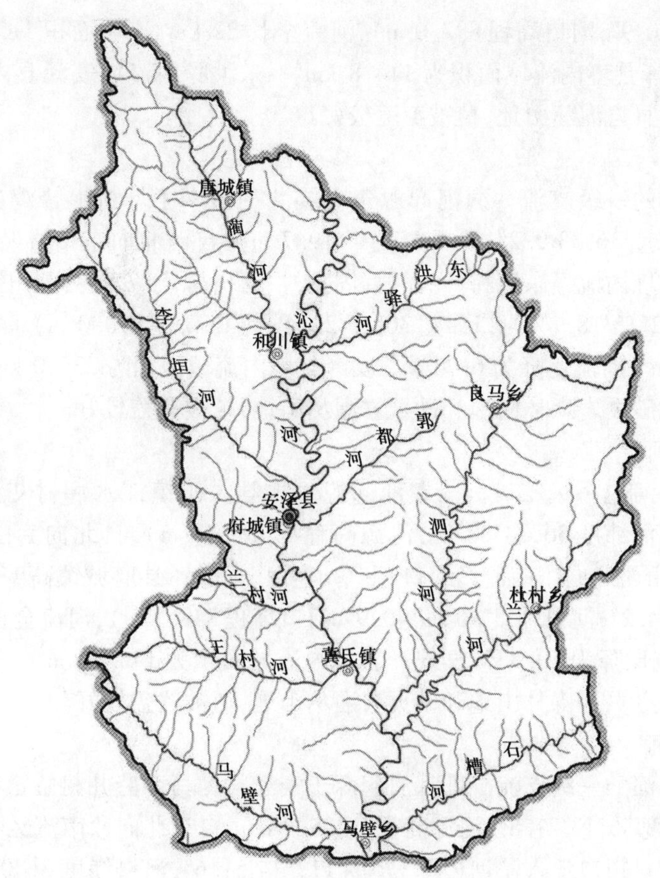

图 4-6-2　安泽县河流水系图

表 4-6-1　安泽县主要河流基本情况表

编号	河流名称	上级河流名称	河流等级	流域面积(km²)	河长(km)	比降(‰)	县境内流域面积(km²)
1	沁河	黄河	1	13 065	495	2.03	1 944.2
2	东洪驿河	沁河	2	115	22	11.49	114.8
3	蔺河	沁河	2	285	46	6.47	235.0
4	李垣河	沁河	2	150	39	10.55	145.4
5	郭都河	沁河	2	58.4	18	14.96	58.4
6	兰村河	沁河	2	55.4	15	15.60	38.6
7	王村河	沁河	2	121	22	13.70	121.0
8	泗河	沁河	2	261	52	9.23	256.3
9	兰河	沁河	2	358	47	8.29	209.5
10	横水河	兰河	3	81.2	16	15.21	1.4
11	石槽河	沁河	2	171	27	13.34	129.3
12	马壁河	沁河	2	174	38	13.92	157.6
13	麦沟河	洪安涧河	3	70.5	25	18.88	5.1

河口纬度 36°16′0.9″,河口高程 897.0 m),河流全长 22 km,流域面积 115 km^2,河流比降为 11.49‰。安泽县境内流域面积为 114.8 km^2。东洪驿河流域安泽县内大部分为砂页岩森林山地和砂页岩灌丛山地,植被覆盖较好。

6.1.3.3 蔺河

蔺河为沁河的一级支流。蔺河起源于古县北平镇李子坪村上峰鸡(河源经度 112°04′39.2″,河源纬度 36°33′9.2″,河源高程 1 419.7 m),自西北向东南流经山西省古县、安泽县。在安泽县境内流经东湾村、亢驿村、固县村、河川村,于安泽县和川镇和川村汇入沁河(河口经度 112°15′18.1″,河口纬度 36°15′22.4″,河口高程 890.0 m),河流全长 46 km,流域面积 285 km^2,河流比降为 6.74‰。安泽县境内流域面积为 235.0 km^2。蔺河流域安泽县内大部分为砂页岩森林山地和砂页岩灌丛山地,植被覆盖较好。

6.1.3.4 李垣河

李垣河为沁河的一级支流。李垣河起源于古县古阳镇江水坪村艾蒿原(河源经度 112°15′14.2″,河源纬度 36°24′28.0″,河源高程 1 355.47 m),自北向南由古县流入安泽县,在安泽县内由西北向东南流经交口、上掌、李垣,于安泽县府城镇高壁村汇入沁河(河口经度 112°15′14.2″,河口纬度 36°09′40.9″,河口高程 848.7 m),河流全长 39 km,流域面积 150 km^2,河流比降为 10.55‰。安泽县境内流域面积为 145.4 km^2。李垣河流域在安泽县内大部分为砂页岩森林山地和砂页岩灌丛山地,植被覆盖较好。

6.1.3.5 郭都河

郭都河为沁河的一级支流。郭都河起源于安泽县良马乡劳井村缸窑(河源经度 112°23′1.5″,河源纬度 36°13′21.8″,河源高程 1 205.9 m),自东北向西南流经劳井、郭都,于安泽县府城镇第五村川口汇入沁河(河口经度 112°14′51.6″,河口纬度 36°08′40.4″,河口高程 850.0 m),河流全长 18 km,流域面积 58.4 km^2,河流比降为 14.96‰。安泽县境内流域面积为 58.4 km^2。郭都河流域在安泽县内大部分为砂页岩森林山地和砂页岩灌丛山地,植被覆盖较好。

6.1.3.6 兰村河

兰村河为沁河的一级支流。兰村河起源于古县永乐乡范寨村官道(河源经度 112°07′39.5″,河源纬度 36°05′11.8″,河源高程 1 167.4 m),自西向东由古县流入安泽县,于安泽县冀氏镇兰村汇入沁河(河口经度 112°16′5.1″,河口纬度 36°05′23.5″,河口高程 828.3 m),河流全长 15 km,流域面积 55.4 km^2,河流比降为 15.60‰,安泽县境内流域面积为 38.6 km^2。兰村河流域在安泽县内大部分为砂页岩森林山地和砂页岩灌丛山地,植被覆盖较好。

6.1.3.7 王村河

王村河为沁河的一级支流。王村河起源于安泽县冀氏镇李庄村东吴岭(河源经度 112°05′18.8″,河源纬度 36°02′52.2″,河源高程 1 260 m),自西向东流经李庄、核桃庄、王村沟口,于安泽县冀氏镇兰村汇入沁河(河口经度 112°18′5.2″,河口纬度 36°02′25.2″,河口高程 818.5 m),河流全长 22 km,流域面积 121 km^2,河流比降为 13.70‰。安泽县境内流域面积为 121 km^2。王村河流域在安泽县内大部分为砂页岩森林山地和砂页岩灌丛山地,植被覆盖较好。

6.1.3.8　泗河

泗河为沁河的一级支流。泗河起源于安泽县良马乡华寨村松沟(河源经度 112°33′16.5″,河源纬度 36°15′13.3″,河源高程 1 353.6 m),自东向西由华寨村流至良马村,经过良马村后由东北向西南流经英寨、上寨、东唐,于安泽县冀氏镇北孔滩村汇入沁河(河口经度 112°20′3.6″,河口纬度 36°00′13.4″,河口高程 798.4 m),河流全长 52 km,流域面积 261 km^2,河流比降为 9.23‰。安泽县境内流域面积为 256.3 km^2。泗河流域在安泽县内大部分为砂页岩森林山地和砂页岩灌丛山地,植被覆盖较好。

6.1.3.9　兰河

兰河为沁河的一级支流。兰河起源于长子县石哲镇东沟(河源经度 112°38′56.4″,河源纬度 36°10′32.9″,河源高程 1 248.1 m),自西北向东南流经长子县、安泽县,在安泽县境内自东北向西南流经小李、杜村、文洲,于安泽县冀氏镇北孔滩村神湾汇入沁河(河口经度 112°20′20.6″,河口纬度 35°59′11.5″,河口高程 794.3 m),河流全长 47 km,流域面积 358 km^2,河流比降为 8.29‰。安泽县境内流域面积为 209.5 km^2。兰河流域在安泽县内大部分为砂页岩森林山地和砂页岩灌丛山地,植被覆盖较好。

6.1.3.10　横水河

横水河为兰河的一级支流。横水河起源于长子县石哲镇庙底(河源经度 112°36′18.8″,河源纬度 36°05′14.7″,河源高程 1 381.7 m),自东向西流经长子县、安泽县,于安泽县杜村乡杜村汇入兰河(河口经度 112°28′42.6″,河口纬度 36°04′40.4″,河口高程 977.2 m),河流全长 16 km,流域面积 81.2 km^2,河流比降为 15.21‰。安泽县境内流域面积为 1.4 km^2。横水河流域在安泽县内大部分为砂页岩森林山地和砂页岩灌丛山地,植被覆盖较好。

6.1.3.11　石槽河

石槽河为沁河的一级支流。石槽河起源于沁水县十里乡南峪村(河源经度 112°32′53.2″,河源纬度 36°00′3.5″,河源高程 1 110.4 m),自东北向西南流经沁水县和安泽县,在安泽县境内流经王河、石槽村,于安泽县马壁乡海东村汇入沁河(河口经度 112°20′15.0″,河口纬度 35°55′0.0″,河口高程 752.3 m),河流全长 27 km,流域面积 171 km^2,河流比降为 13.34‰,安泽县境内流域面积为 129.3 km^2。石槽河流域在安泽县内大部分为砂页岩森林山地和砂页岩灌丛山地,植被覆盖较好。

6.1.3.12　马壁河

马壁河为沁河的一级支流。马壁河起源于浮山县北韩乡茨庄村(河源经度 112°03′26.8″,河源纬度 36°02′27.1″,河源高程 1 316.3 m),自西北向东南流经浮山县、安泽县,在安泽县境内流经段峪、秦壁,于安泽县马壁乡马壁村汇入沁河(河口经度 112°19′8.0″,河口纬度 36°53′53.0″,河口高程 739.8 m),河流全长 38 km,流域面积 174 km^2,河流比降为 13.92‰。安泽县境内流域面积为 157.6 km^2。马壁河流域在安泽县内大部分为砂页岩森林山地和砂页岩灌丛山地,植被覆盖较好。

6.1.3.13　麦沟河

麦沟河为汾河水系洪安涧河的支流。麦沟河起源于安泽县府城镇原木村火烧凹(河源经度 112°03′1.5″,河源纬度 36°20′3.6″,河源高程 1 191.8 m),自北向南由安泽县流向古县,于古县岳阳镇张庄村汇入洪安涧河(河口经度111°54′4.3″,河口纬度36°14′54.8″,河口高程638.8 m),河流全长25 km,流域面积70.5 km^2,河流比降为18.88‰。安泽县境内流域面积为5.1 km^2。麦沟河流域在安泽县内大部分为砂页岩森林山地和砂页岩灌丛山地,植被覆盖较好。

6.1.4 水文气象

安泽县地处我国东部季风暖温带半湿润地区的西缘,大陆性季风显著,四季分明,冬长夏短,雨热同季,冬季少雪,春季多风,夏季雨量集中,秋季较短,气候温和。东西两侧山区气候寒冷,中部各地带气候温和。多年平均气温9.3 ℃,多年平均年降水量552.1 mm,降水量年际变化大,年内分配不均匀,汛期6~9月降水量占全年降水量的70%,年水面蒸发量1 516.5 mm,无霜期180 d,最大冻土深度为81 cm,日照2 450 h。

安泽县境几乎全在沁河水系,总面积1 967 km^2,只有11.9 km^2在汾河水系。沁河干流自上而下依次设有孔家坡、飞岭、张峰、润城、五龙口等水文站,其中安泽县境内仅有飞岭一处水文站。飞岭水文站始建于1956年12月,控制面积2 683 km^2。沁河径流主要为大气降水补给,河川水资源量相对丰富,多年平均降水量是山西省黄河流域平均值的1.3倍,径流量年际变化较大,飞岭站年最大与最小之比高达20倍。径流年内分配不均,汛期水量占年来水量的54.2%,多年月平均流量以8月为最大,占全年的19.3%,2月最小,占全年径流量的4.6%左右。沁河流域洪水均由暴雨形成,暴雨量级一般不大,持续时间不长,笼罩面积也不大。暴雨的地区分布一般是由北向南递增,且基本上是由流域周围的山地向河谷递减,多年平均24 h点雨量飞岭为78 mm。总的来看,暴雨发生的概率,下游比上游多,暴雨的量级下游比上游大。洪水主要集中在6~9月,最大洪峰大多发生在7、8月,而最大3 d洪量大多发生在8月。最早涨洪时间为4月下旬,最晚为10月下旬。飞岭站实测历年最大洪峰流量为2 160 m^3/s(1993年)。沁河流域植被条件较好,水土流失较小。年内泥沙主要集中于汛期,汛期输沙量占到全年的90%以上;年际变化较大。飞岭站多年平均悬移质输沙量为114.2万t,推移质由于无实测资料,根据我国山区河流一般规律,推移质为悬移质的15%~30%;结合当地情况,沁河流域属土石山,林区约占一半,推移质按悬移质的15%考虑,多年平均输沙量为131.3万t,平均输沙模数为489.5 t/(km^2·a),实测年最大输沙量为432万t(1966年),最小输沙量为0.4万t(1997年),相差近1 080倍。多年平均含沙量为4.8 kg/m^3,汛期平均含沙量为8.82 kg/m^3。

6.1.5 历史山洪灾害

6.1.5.1 文献记载洪水资料

文献记载洪水资料主要来自于《山西省历史洪水调查成果》和《山西洪水研究》。这两本书的资料来源于《山西通志》,各市、县的府志或县志,中央档案馆明清档案部的清代档案奏折以及少量的洪水碑刻和家书等。该县文献记载洪水发生年份从明清时期到20世纪30年代,见表4-6-2。本次工作还收集了安泽县文献记载旱情资料,见表4-6-3。

表4-6-2　安泽县文献记载洪水统计表

序号	公元	年号	记载	资料来源
1	1614	明万历四十二年	秋九月保德、阳曲、高平、武乡、榆社、临汾地震。岳阳涧河水溢。安泽大水,涧河水涨,漂没地亩甚多。万荣大旱	山西通志
2	1624	明天启四年	安泽沁漳水俱涨,田地多侵。沁源延狼屋河雷雨大作,河水溢,村人多溺	
3	1652	清顺治九年	古县岳阳九月各处水涨,上下川冲地数顷,大雨河水泛溢。安泽九月各处水涨,冲地数千顷,大雨河水泛溢	原山西省临汾地区水文计算手册
4	1700	清康熙卅九年	安泽涧水泛涨,冲没城外水地	原山西省临汾地区水文计算手册
5	1813	清嘉庆十八年	曲沃、洪洞、安泽、太平秋八月淫雨连旬	山西自然灾害史年表
6	1860	清咸丰十年	安泽六月十八日午大雨如注至翌辰始停,涧水泛涨自东山底至城根汪洋一片,冲毁护城河堤六十余丈,并南城一角	安泽县志
7	1880	清光绪六年	安泽秋八月阴雨连旬	
8	1895	清光绪廿一年	安泽秋阴雨连旬,房屋倒塌无数,上谷村一带有依山为屋庐者,夜半醒觉屋动摇亦不介意。次早启户不得,开毁门视之,则屋已为水驱至沟,并无塌损,遂大惊异	安泽重修县志
9	1897	清光绪廿三年	安泽五月大雨,冲伤人无数,汪洋一片	原山西省临汾地区水文计算手册
10	1922	民国十一年	安泽五月廿日黎明雷电交作,大雨倾盆,西北一带山水暴发	
11	1932	民国廿一年	安泽岳阳六月廿一日、廿二日大雨。廿七日至廿九日大雨,河堤一片汪洋,河涨冲田舍牛羊。沁源夏秋大涝,河水大涨,漂没农田数十顷	

表 4-6-3　安泽县文献记载旱情统计表

序号	公元	年号	记载	资料来源
1	1472	明成化八年	山西全省性旱和大旱	山西通志
2	1534	明嘉靖十三年	永和、交城、文水、徐沟、寿阳、汾西、洪洞、翼城、临汾、霍州、沁源、安泽旱大饥,禾稼殆尽,饿殍盈野	山西水旱灾害
3	1568	明隆庆二年	太平、临汾、曲沃、安泽大旱	原山西省临汾地区水文计算手册
4	1639	明崇祯十二年	永和、隰县、太原、阳曲、翼城、霍州、襄汾、绛县、万泉、万荣、稷山、安泽大旱,蝗伤稼,饿死人甚众	山西水旱灾害
5	1640~1641	明崇祯十三~十四年	太平、安泽、大宁、临汾、曲沃大旱	
6	1720	清康熙五十九年	山西全省性大旱	山西自然灾害史年表
7	1721	清康熙六十年	山西全省性持续大旱	山西自然灾害史年表
8	1722	清康熙六十一年	山西全省性大旱,中部尤甚	山西水旱灾害
9	1804	清嘉庆九年	曲沃、太平、安泽、襄陵、临汾大旱,人食树皮草根充饥	原山西省临汾地区水文计算手册
10	1805	清嘉庆十年	曲沃、太平、安泽、襄陵、临汾大旱	原山西省临汾地区水文计算手册
11	1807	清嘉庆十二年	太平、安泽秋大旱,民饥愈甚	原山西省临汾地区水文计算手册
12	1876	清光绪二年	大宁、太平、洪洞、安泽、临汾夏麦歉收,六月大旱	临汾等县志
13	1936	民国廿五年	十二月太原地震。全省持续性大旱	山西自然灾害史年表
14	1940	民国廿九年	榆次、和顺、沁县、盂县、寿阳、浮山、灵石、宁武、神池、五寨、忻县、定襄、代县、崞县、繁峙等县遭雹灾。介休、临汾、新绛遭受虫灾。岢岚、沁水、安泽、襄陵、安邑、新绛、稷山等县遭旱灾	山西自然灾害史年表

续表 4-6-3

序号	公元	年号	记载	资料来源
15	1952		五台、阳曲、忻县、崞县、繁峙、静乐、宁武、岢岚、榆次、祁县、和顺、离石、昔阳、盂县、寿阳、灵石、交城、晋城、高平、襄垣、长治、荣河、万泉、绛县、安邑、夏县、闻喜、安泽、乡宁、永和、汾西、曲沃:雹灾。平顺、黎城、晋城、安泽、方山:旱灾。屯留:风灾。代县:地震。绛县:虫灾	山西自然灾害史年表
16	1960		山西晋南旱象严重	山西水旱灾害
17	1965		山西全省性大旱。晋南春夏连旱,尤以伏旱为甚	山西水旱灾害
18	1972		山西全省性大旱,整个三伏天无雨	山西水旱灾害
19	1978		全省严重干旱的同时,风、雹、冻、病虫害亦严重发生	山西水旱灾害
20	1987		山西全省性旱,严重的有忻州、吕梁、临汾西部、太原市等	山西水旱灾害

6.1.5.2 《山西省历史洪水调查成果》中的调查成果

2011 年出版的《山西省历史洪水调查成果》中暴雨洪水调查资料已收集至 2008 年,是目前资料最为可靠、最为完整的历史洪水调查成果。其中收集的安泽县历史洪水发生在 1910～1993 年,主要分布在沁河、沁河与兰河流域,见表 4-6-4。

表 4-6-4　安泽县历史洪水调查成果统计表

序号	调查地点				集水面积(km^2)	调查洪水			调查单位
	水系	河名	河段名	地点		洪峰流量(m^3/s)	发生时间	可靠程度	
1	沁河	沁河	荆村	安泽县和川镇荆村	2 500	2 390	1917 年	供参考	原临汾地区水利局
						1 610	1937 年	供参考	
						1 080	1945 年	供参考	
2	沁河	沁河	飞岭	安泽县府城镇飞岭村	2 683	2 960	1910 年	供参考	原临汾地区水利局水文分站
						2 160	1993 年 8 月 5 日	供参考	
						1 540	1937 年	可靠	

续表 4-6-4

序号	调查地点				集水面积(km²)	调查洪水			调查单位
	水系	河名	河段名	地点		洪峰流量(m³/s)	发生时间	可靠程度	
3	沁河	沁河	岭南	安泽县和川镇岭南村	2 503	1 530	1917 年	供参考	黄委会
						1 340	1937 年	供参考	
						890	1953 年	供参考	
						650	1954 年	供参考	
4	沁河	沁河	高壁	安泽县府城镇高壁村	2 824	2 870	1937 年	供参考	黄委会
						2 000	1917 年	供参考	
						1 650	1943 年	供参考	
						980	1953 年	供参考	
						565	1954 年	供参考	
5	沁河	沁河	半道	安泽县冀氏镇半道村	3 265	1 600	1937 年	供参考	黄委会
						1 460	1943 年	供参考	
						1 100	1953 年	供参考	
						778	1954 年	供参考	
6	沁河	泗河	关上	安泽县冀氏镇关上村	260	1 730	1917 年	供参考	黄委会
						1 110	1943 年	供参考	
7	沁河	兰河	圈门口	安泽县杜村乡圈门口村	332	2 090	1917 年	供参考	黄委会
						816	1953 年	供参考	

6.1.5.3 沿河村落历史洪水调查成果

在对沿河村落入户调查过程中,对该村庄历史上较大洪水进行了详细的访问,主要从历史洪水的发生时间、洪水描述、洪水水位以及洪水致灾情况进行了调查。从调查情况来看,受受访者年龄限制,较为可靠的洪水记忆一般在 20 世纪 50 年代以后。由于沿河村落大部分河段都进行了河道整治或受河道冲淤影响,其河道过水断面与历史洪水发生时相比存在较大变动,大部分洪水位已不能反映现状河道的过水能力,但其洪水发生时间具有一定的参考意义。本次工作对沿河村落历史洪水调查进行了整理,可作为该县历史洪水调查成果的补充参考。详见表 4-6-5。

表 4-6-5　安泽县历史洪水调查成果统计表

序号	村名	发生时间	受访者		洪水访问情况
			姓名	年龄	
1	安上	1960 年左右	李震喜	65	东洪驿主干(南北走向)洪水漫上河岸,淹没右岸农田,将农田中劳动的农民冲走
2	东洪驿	1950 年左右	杨郭索	74	洪水溢出河道,淹没右岸农田
3	南湾	1993 年	李杨群	55	洪水溢出河道,淹没右岸农田及乡村道路
4	固县	1993 年	张建设	62	洪水溢出河槽,漫上滩地
5	五十亩	2013 年	张录生	62	洪水溢满主河槽
6	交口河	1960 年左右	高富宝	63	洪水刚满河槽
7	连家庄	1960 年左右	谭中海	68	洪水溢出河道,淹没左岸农户院子
8	寺洼	1960 年左右	翟昌运	65	洪水溢出河道
9	店上	20 世纪 50 年代	王虎	67	50 年代河水满槽,曾使用河水运木头
		20 世纪 60 年代	王虎	67	暴雨连下十几天,洪水与左岸公路持平,溢出河道,淹没村庄
10	高壁	1993 年	丁双虎	69	河水溢出河道,漫到左岸居民房屋边
11	劳井	1965 年左右	孙秋香	57	大水溢出河道,漫上村西河道右岸道路
12	川口	1983 年	马桂梅	74	洪水发生时,大水溢出河道,漫上右岸菜地,水深 0.5 m
13	坡底	1965 年左右	李至安	62	大雨夹杂着冰雹,洪水漫上桥面,溢出河道
14	石桥沟	1993 年	杨腊红	52	洪水发生时,河水漫上左岸道路,进入村民院子,水深半米
		2003 年	杨腊红	52	洪水溢出河道,进入村民院子,生活用品被冲泡,道路旁面包车被洪水冲到下游
15	凤池	1970 年左右	刘文明	65	洪水发生时,洪水溢出河道,漫上道路
16	孔村	2000 年	任红梅	49	洪水发生时,溢出河道,漫上右岸村民院子
17	兰村	1975 年左右	李凤喜	60	洪水淹没左岸农田和村庄,很多窑洞进水,羊群被冲走,放羊的村民丧生
18	白村	1965 年左右	刘连成	60	洪水溢出河槽,漫进右岸村庄,水深约 0.5 m
19	四道河	1965 年左右	冯春才	64	洪水溢出河道,漫上右岸道路,进入村民院子,生活用品被冲泡,两间土房被毁

续表 4-6-5

序号	村名	发生时间	受访者		洪水访问情况
			姓名	年龄	
20	苍耳湾	1972 年	司长友	67	洪水溢出河道,淹没左岸村庄,进入农户院子,冲泡了生活用品,冲走了部分牲畜
		2013 年	司长友	67	洪水溢出河道,漫进右岸村民地势较低的院子
21	宋店	1957 年	邱国福	64	洪水溢出河道,漫上右岸玉米地
		1988 年	刘连仓	57	洪水溢出河道,淹没现在整个村南居民区,路面水深约 1 m 左右
22	郭家坡	1999 年	李保龙	50	洪水溢出河道,漫上道路,漫过桥梁,进入公路桥下游农户院子
23	店窑	1982 年	刘玉根	62	洪水溢出河道,漫上右岸乡村路
24	良马	1957 年	马富贵	75	洪水溢出河道,淹没了村庄内河道旁部分民房
		1985 年	田振中	65	洪水溢出河道,淹没右岸村庄,村中道路水深 0.5 m
25	杜村	1967 年	袁福义	61	洪水溢出河道,漫进现在广场边的院子
26	上水磨	1960 年左右	魏原林	42	洪水溢出河道,淹没现在的村庄
27	马地沟	1965 年左右	蒋福顺	60	河水溢出河槽,洪水与村中道路齐平
28	高峪	1973 年	周崔良	66	洪水溢出河道,淹没左岸农田
29	下横岭	1970 年左右	孟青音	82	洪水溢出河道,漫上右岸道路,冲毁岸边菜地
30	荆村	1976 年	郭宝柱	56	洪水溢出河道,漫上右岸村庄,水深 0.5 m
31	界村	1993 年	杨邦财	67	洪水溢出河道,漫上道路
32	槐树底	1955 年	吕锡亮	57	洪水溢出河道,漫上右岸道路,淹没村旁道路,漫入村民院子
33	新窑	1955 年	吕锡亮	57	洪水溢出河道,漫上右岸道路,淹没村旁道路,漫入村民院子

6.1.5.4 当地相关部门洪水记载

本次工作收集了地方县志、当地水利及相关部门对洪水的记载,可作为安泽县历史洪水调查成果的补充,详见表 4-6-6。

表4-6-6　安泽县当地部门历史洪水调查成果统计表

序号	发生时间	位置	洪水灾害描述
1	1917年5月18日	府城	农历五月十八日,义唐河洪水数丈,冲进府城,大街水深数尺,西门卖饭老王一家三口亡命
2	1937年1月	李垣河	1月上旬夜,李垣河洪水暴涨,巨石滚滚,声如雷震,村多遭水浸,李垣村开店郭玉林夫妻被洪水冲走,尸骨未见
3	1940年7月12日	沁河	7月22日,沁河发大洪水,冲地数千亩,下游倒屋上百
4	1952年7月	川口村	7月中旬,郭都河猛发洪水,川口村水盈三尺,冲走洪洞运棉马车三辆
5	1956年7月21~25日	安泽县	7月21~25日大雨,冲田地1 080公顷,死7人,伤牲畜38头,猪羊43只
6	1971年9月10~15日	良马公社	良马公社连降暴雨,塌房51间,窑53孔,死16人。24日3 h降雨92 mm,冲毁边寨水库,毁房69间,冲地73 hm^2,减产31万kg
7	1979年7月30日	安泽县	良马、罗云、唐城公社1.5 h降雨70 mm,伴7级大风,沁河、蔺河、泗河、王村河暴涨,全县5个公社17个大队101个生产队报告,冲地40 hm^2,倒树8 100株,受灾面积363 hm^2
8	1988年8月15日	安泽县	凌晨,沁河洪峰(府城)达800 m^3/s。淹没秋田2 200 hm^2,毁地830 hm^2,淹浸房屋5 045间(县城486间),毁房198间(县城92间),死亡2人,倒树48 600株,经济损失1 176万元。县城动员2 400人抗洪救灾
9	1993年8月	安泽县	8月4日夜,沁河暴发洪水,5日凌晨1时,最高洪峰达2 300 m^3/s,洪泛10多h,沿河罗云、和川、城关、冀氏、马壁五乡镇灾害严重,仅县城被淹1 129户,重灾490户,120户倒塌房屋504间,450户受浸泡造成危房1 080间。全县受灾8 217户,淹没农田1 865 hm^2,完全冲毁地466 hm^2,损失畜禽2.5万头(只),树木100万株,毁桥梁22座,公路35 km,水利设施109处。直接经济损失达13 250万元

续表 4-6-6

序号	发生时间	位置	洪水灾害描述
10	2006 年 7 月	府城镇、冀氏镇	府城镇义唐河洪水冲毁五里庙供水站护管堤河坝 30 m、地埋电缆 50 m、提水管道 40 m、输水管道 320 m、护管顺河坝 2 处 1 200 m,冲毁三里桥液化气站漫水桥 1 座,部分防汛物资和液化气钢瓶被水冲走,合计损失 8.32 万元。府城镇石桥沟河山洪突发,河水猛涨,其中石桥沟小学房屋水毁严重,学校被迫停课。烤烟服务中心水深最深达 1.5 m,库房被淹。一些居民房被山洪袭击,落水后淤泥达 7 cm 厚,部分房屋出现下陷、裂缝和墙壁倒塌现象。农作物大面积扑倒 15 910 亩,其中绝收 2 600 亩。冲毁桥梁、涵洞 4 座,河坝 200 m、田间路 80 余 km,直接经济损失 1 991 多万元。冀氏镇共淹没大秋作物 2 300 亩,冲断漫水桥 3 座,冲坏坝 560 m,损坏路基 30 km。冰雹毁灭挂果树木 1 300 株,蔬菜 6 800 亩,绝收 2 200 亩,大风刮倒树木 12 000 株,危房 66 间,直接经济损失 2 800 万元左右
11	2007 年 8 月 28 日	安泽县	上游沁源、罗云连降大雨,沁河洪峰以 400 m^3/s 的速度到达县城和各乡镇
12	2008 年 5 月	和川镇、杜村乡	和川镇亢驿村河坝坍塌 67 m,冲毁耕地 14 亩,水淹耕地 28 亩,山洪泥石流淹没房屋 30 间。杜村乡兰河上游魏家湾、郭庄、陈家沟、桑曲、小李村 6 个村的玉米青苗、烟叶苗、青椒苗等受灾面积达 10 000 余亩,全乡共冲毁堤坝 300 m、道路 200 m、漫水桥 3 处、土地 500 亩,冲走黄牛 5 头、蜜蜂 10 余箱,受灾人口 3 000 余人,直接经济损失 180 万元
13	2008 年 6 月	马壁乡	马壁乡马壁村、东里村洪水淹没冲毁耕地 760 亩,倒塌土坯房 3 间。东里村小麦倒伏 42 亩,玉米淹没 85 亩
14	2009 年 5 月 12 日	杜村乡	杜村乡 5 月 10 日下午 3:00 ~ 5:00 下了 2 h 大暴雨,山洪泻流,冲毁瓦窑村耕地 35 亩,河阳管灌工程 150 m,圪劳湾漫水桥一座

6.2　安泽县山洪灾害分析评价成果

6.2.1　分析评价名录确定

安泽县共有 78 个重点防治区,重点防治区名录见表 4-6-7;安泽县将 78 个重点防治区划分为 69 个计算小流域(流域面积相同的村落在表中只体现为一个计算小流域),见表 4-6-8,其中包括行政区划名称、面积、主沟道长度、主沟道比降、产流地类、汇流地类。

表 4-6-7　安泽县山洪灾害分析评价名录

序号	沿河村落	行政区划代码	所在乡镇	所在河流	影响形式
1	新庄村	141026101216100	和川镇	东洪驿河	河道洪水
2	城关村	141026101215104	和川镇	东洪驿河	河道洪水
3	安上村	141026101215000	和川镇	东洪驿河	河道洪水
4	东洪驿村	141026101203000	和川镇	东洪驿河	河道洪水
5	前岭底村	141026102212100	唐城镇	蔺河支沟	河道洪水
6	黄岭圪台村	141026102212102	唐城镇	蔺河支沟	河道洪水
7	上庄村	141026102212000	唐城镇	蔺河支沟	河道洪水
8	下庄村	141026102212104	唐城镇	蔺河支沟	河道洪水
9	麻家山村	141026102211101	唐城镇	蔺河支沟	河道洪水
10	东湾村	141026102210000	唐城镇	蔺河	河道洪水
11	亢驿村	141026102209000	唐城镇	蔺河	河道洪水
12	南湾村	141026102208000	唐城镇	蔺河	河道洪水
13	唐城风山选煤厂	141026102200000	唐城镇	蔺河	河道洪水
14	梨八沟村	141026102207000	唐城镇	蔺河支沟	河道洪水
15	上庞壁村	141026102206100	唐城镇	庞壁沟	河道洪水
16	下庞壁村	141026102206000	唐城镇	庞壁沟	河道洪水
17	车村	141026102206101	唐城镇	蔺河	河道洪水
18	唐城永鑫焦化厂	141026102200000	唐城镇	蔺河	河道洪水
19	议宁村	141026102203000	唐城镇	蔺河	河道洪水
20	大米圪塔村	141026102203100	唐城镇	蔺河	河道洪水
21	固县村	141026102201000	唐城镇	蔺河	河道洪水
22	井上村	141026102202000	唐城镇	蔺河支沟	河道洪水
23	佛寨村	141026100215000	府城镇	李垣河	河道洪水

续表 4-6-7

序号	沿河村落	行政区划代码	所在乡镇	所在河流	影响形式
24	交口河村	141026100217102	府城镇	小东沟河	河道洪水
25	石头坪村	141026100217100	府城镇	李垣河	河道洪水
26	五十亩地村	141026100214101	府城镇	寺村沟河	河道洪水
27	连家庄村	141026100218102	府城镇	李垣河	河道洪水
28	寺洼村	141026100219101	府城镇	李垣河	河道洪水
29	圪旯村	141026100219100	府城镇	李垣河	河道洪水
30	店上村	141026100219102	府城镇	李垣河	河道洪水
31	下梯村	141026100220100	府城镇	李垣河	河道洪水
32	高壁村	141026100206000	府城镇	李垣河	河道洪水
33	劳井村	141026202208000	良马乡	郭都河	河道洪水
34	文上村	141026202207000	良马乡	郭都河	河道洪水
35	雷鼓台村	141026202206102	良马乡	郭都河	河道洪水
36	石站村	141026100203101	府城镇	郭都河	河道洪水
37	大黄沟村	141026100203102	府城镇	第五河	河道洪水
38	川口村	141026100203100	府城镇	郭都河	河道洪水
39	兰村	141026103208000	冀氏镇	兰村河	河道洪水
40	李庄村	141026103207000	冀氏镇	王村河	河道洪水
41	王村	141026103205000	冀氏镇	王村河	河道洪水
42	沟口村	141026103201000	冀氏镇	王村河	河道洪水
43	陡坡村	141026103201102	冀氏镇	王村河	河道洪水
44	寺圪塔村	141026103200102	冀氏镇	王村河	河道洪水
45	冀氏村	141026103200000	冀氏镇	王村河	河道洪水
46	苍耳湾村	141026202202000	良马乡	泗河	河道洪水
47	四道河村	141026202200103	良马乡	泗河	河道洪水
48	宋店村(左支)	141026202201000	良马乡	将军沟河	河道洪水
49	宋店村(主沟)	141026202201000	良马乡	将军沟河	河道洪水

续表 4-6-7

序号	沿河村落	行政区划代码	所在乡镇	所在河流	影响形式
50	良马村(泗河)	141026202200000	良马乡	泗河	河道洪水
51	良马村(麦地沟)	141026202200000	良马乡	麦地沟河	河道洪水
52	郭家坡村	141026202200100	良马乡	麦地沟河	河道洪水
53	新庄村	141026202203103	良马乡	小寨沟河	河道洪水
54	店窑村	141026202203100	良马乡	小寨沟河	河道洪水
55	杜村	141026201200000	杜村乡	兰河	河道洪水
56	马地沟口村	141026201200101	杜村乡	马地沟河	河道洪水
57	下横岭村	141026200210102	马壁乡	石槽河	河道洪水
58	才元村	141026200209101	马壁乡	石槽河	河道洪水
59	黑叶沟村	141026200212100	马壁乡	石槽河	河道洪水
60	荆村	141026200201000	马壁乡	马壁河	河道洪水
61	南架村	141026200201102	马壁乡	马壁河	河道洪水
62	下段村	141026200202101	马壁乡	马壁河	河道洪水
63	南窑村	141026200204102	马壁乡	马壁河	河道洪水
64	界村	141026200204101	马壁乡	马壁河	河道洪水
65	槐树底村	141026200200100	马壁乡	马壁河	河道洪水
66	议亭村	141026101213000	和川镇	议亭河	河道洪水
67	周家沟村	141026101210101	和川镇	议亭河	河道洪水
68	罗云村	141026101210000	和川镇	议亭河	河道洪水
69	沟口村	141026101217100	和川镇	议亭河	河道洪水
70	坡底村	141026100211103	府城镇	各条沟河	河道洪水
71	瓦窑村	141026100200101	府城镇	义唐河	河道洪水
72	石桥沟村	141026100212000	府城镇	石桥沟河	河道洪水
73	凤池村	141026100201000	府城镇	凤池河	河道洪水
74	三十亩村	141026103201100	府城镇	王村河	河道洪水
75	孔村	141026100204000	府城镇	孔村河	河道洪水

续表 4-6-7

序号	沿河村落	行政区划代码	所在乡镇	所在河流	影响形式
76	白村	141026103211000	冀氏镇	白村河	河道洪水
77	南孔滩村	141026103202000	冀氏镇	斜沟河	河道洪水
78	高峪村	141026200207102	马壁乡	高峪河	河道洪水

6.2.2 设计暴雨成果

安泽县的 78 个重点防治区分为 69 个计算小流域,各时段雨量的均值 $\overline{H}$ 、变差系数 C_v、C_s/C_v 和各时段相应频率的雨量值成果 H_p 见表 4-6-9(本次对安泽县 78 个山洪灾害沿河村落均采用《山西省水文手册》中提供的方法进行了设计暴雨计算。对采用流域模型法计算设计洪水的进行设计暴雨时程分配计算,对采用经验公式法计算设计洪水的不进行设计暴雨时程分配计算)。安泽县沿河村落 100 年一遇设计暴雨分布图见附图 4-61 ~ 附图 4-64。

6.2.3 设计洪水成果

安泽县的 78 个重点防治区都进行了设计洪水的推求。其中设计洪水成果表见表 4-6-10(78 个沿河村落均采用由设计暴雨推求设计洪水的方法计算,本次采用《山西省水文手册》中的流域模型法与经验公式法计算,对采用流域模型法计算设计洪水的进行设计净雨深计算,对采用经验公式法计算设计洪水的不进行设计净雨深计算)。安泽县沿河村落 100 年一遇设计洪水分布图见附图 4-65。

6.2.4 现状防洪能力成果

现状防洪能力评价主要是在设计洪水分析成果的基础上,结合沿河村落地形地貌、居民户高程情况,勾绘划定其淹没范围,进行危险区等级的划分,确定最佳转移路线和临时安置地点,并统计各沿河村落 5 个典型频率设计洪水位下的累计人口、户数,获得水位—流量—人口关系,综合评价现状防洪能力。本次对安泽县 78 个山洪灾害沿河村落进行防洪现状评价。现状防洪能力小于 100 年一遇的有 78 个沿河村落,分布于 11 个小流域。78 个沿河村落中,现状防洪能力小于 5 年一遇的有 1 个,大于等于 5 年一遇小于 20 年一遇的有 6 个,大于等于 20 年一遇小于 100 年一遇的有 74 个。经统计,安泽县 78 个沿河村落中极高危险区内有 5 户 20 人,高危险区内有 50 户 241 人,危险区内有 592 户(企业按 1 户计)2 942 人。现状防洪能力成果见表 4-6-11 与附图 4-66。

6.2.5 雨量预警指标分析成果

安泽县的 78 个重点防治区都进行了雨量预警指标的确定。安泽县预警指标分析成果表和安泽县沿河村落预警指标分布图见表 4-6-12 与附图 4-67 ~ 附图 4-72。

表4-6-8 安泽县小流域基本信息汇总表

序号	行政区划名称	流域面积(km^2)	主沟道长度(km)	主沟道比降(‰)	产流地类(km^2)				汇流地类(km^2)		
					灰岩森林山地	砂页岩森林山地	砂页岩灌丛山地	黄土丘陵阶地	森林山地	灌丛山地	黄土丘陵
1	新庄村	25.78	7.90	18.36		11.35	14.43		11.35	14.43	
2	城关村	31.49	9.08	16.39		11.35	20.14		11.35	20.14	
3	安上村	33.22	11.02	14.10		10.16	23.06		10.16	23.06	
4	东洪驿村	115.70	23.40	11.60		30.42	85.26		30.42	85.26	
5	前岭底村	2.28	1.08	33.38		2.28			2.28		
6	黄岭圪台村	7.95	3.63	26.16		7.21	0.74		7.21	0.74	
7	上庄村	12.67	4.46	25.38		10.53	2.14		10.53	2.14	
8	下庄村	18.76	5.82	19.37		14.36	4.40		14.36	4.40	
9	麻家山村	6.72	3.19	32.13		6.24	0.48		6.24	0.48	
10	南湾村	105.30	16.76	9.90	1.18	70.36	33.78		71.54	33.78	
11	唐城村	139.00	25.60	10.50	1.12	96.20	41.60		97.40	41.60	
12	梨八沟村	8.77	3.37	36.62		8.77			8.77		
13	上庞壁村	17.20	5.50	9.80		17.20			17.20		
14	下庞壁村	25.36	8.31	23.44		25.36			25.36		
15	议宁村	142.00	26.00	10.50	1.20	99.20	41.60		100.40	41.60	
16	大米圪塔村	170.94	27.10	12.60	0.95	109.50	60.48		110.45	60.48	
17	固县村	195.80	29.00	7.70	1.08	127.90	66.80		128.98	66.80	
18	井上村	6.32	5.19	26.10		6.32			6.32		

续表 4-6-8

序号	行政区划名称	流域面积(km^2)	主沟道长度(km)	主沟道比降(‰)	产流地类(km^2)				汇流地类(km^2)		
					灰岩森林山地	砂页岩森林山地	砂页岩灌丛山地	黄土丘陵阶地	森林山地	灌丛山地	黄土丘陵
19	交口河村	3.44	4.73	16.70		3.44			3.44		
20	石头坪村	26.34	11.60	12.90		26.34			26.34		
21	五十亩地村	7.56	4.16	28.50		7.56			7.56		
22	连家庄村	84.10	23.75	12.00		81.30	2.80	0.27	81.30	2.80	0.27
23	寺洼村	93.65	25.40	11.60		89.21	4.44	0.36	89.21	4.44	0.36
24	店上村	103.10	27.60	11.10		96.90	5.80	0.36	96.90	5.80	0.36
25	下梯村	125.00	31.60	11.20		118.80	5.80	0.40	118.80	5.80	0.40
26	高壁村	150.20	40.51	101.00		125.60	24.60	0.40	125.60	24.60	0.40
27	劳井村	8.06	6.96	25.30		7.62	0.45		7.62	0.45	
28	文上村	31.70	9.60	24.50		27.50	4.20		27.50	4.20	
29	雷鼓台村	51.70	20.20	16.30		27.00	24.70		27.00	24.70	
30	大黄沟村	58.44	17.30	13.00		44.91	13.52		44.91	13.52	
31	川口村	58.43	19.90	16.30		33.72	24.71		33.72	24.71	
32	兰村	55.65	8.76	14.80		36.88	18.77		36.88	18.77	
33	李庄村	20.20	1.60	25.10		19.60	0.60		19.60	0.60	
34	王村	80.60	13.20	23.10		65.20	15.40		65.20	15.40	
35	沟口村 1	12.93	4.00	25.10		5.46	7.46		5.46	7.46	

续表 4-6-8

序号	行政区划名称	流域面积(km^2)	主沟道长度(km)	主沟道比降(‰)	产流地类(km^2)				汇流地类(km^2)		
					灰岩森林山地	砂页岩森林山地	砂页岩灌丛山地	黄土丘陵阶地	森林山地	灌丛山地	黄土丘陵
36	陡坡村	118.25	19.90	14.80		79.28	38.97		79.28	38.97	
37	冀氏村	121.28	21.70	15.00		79.28	42.00		79.28	42.00	
38	苍耳湾村	25.11	11.53	13.70		16.38	8.73		16.38	8.73	
39	四道河村	29.53	13.23	12.00		16.39	13.14		16.39	13.14	
40	宋店村(左支)	12.54	8.60	10.60		12.16	0.38		12.16	0.38	
41	宋店村(主沟)	19.67	8.60	10.60		18.31	1.36		18.31	1.36	
42	良马村(泗河)	65.47	14.20	7.20		43.46	22.01		43.46	22.01	
43	郭家坡村	10.47	6.80	14.20		10.45	0.02		10.45	0.02	
44	新庄村	8.40	4.10	25.10		4.10	4.30		4.10	4.30	
45	店窑村	11.59	6.96	24.10		3.62	7.97		3.62	7.97	
46	杜村	211.80	20.20	9.60		73.50	138.30		73.50	138.30	
47	马地沟口村	4.42	4.50	42.00		4.07	0.35		4.07	0.35	
48	下横岭村	107.80	24.70	13.00		47.58	60.23		47.58	60.23	
49	才元村	112.56	19.90	14.20		48.55	64.01		48.55	64.01	
50	黑叶沟村	132.30	23.50	14.10		54.86	77.44		54.86	77.44	
51	荆村	45.01	11.10	12.00		44.82	0.19		44.82	0.19	
52	南架村	59.30	15.20	12.50		59.30			59.30		

续表 4-6-8

序号	行政区划名称	流域面积(km^2)	主沟道长度(km)	主沟道比降(‰)	产流地类(km^2)				汇流地类(km^2)		
					灰岩森林山地	砂页岩森林山地	砂页岩灌丛山地	黄土丘陵阶地	森林山地	灌丛山地	黄土丘陵
53	下段村	83.35	17.90	12.10		83.35			83.35		
54	南窑村	152.80	31.40	14.20		124.70	28.10		124.70	28.10	
55	界村	161.80	33.67	14.00		133.70	28.05		133.70	28.05	
56	槐树底村	165.50	36.74	13.40		133.80	31.69		133.80	31.69	
57	议亭村	12.76	5.67	23.78		9.13	3.63		9.13	3.63	
58	周家沟村	43.08	12.47	16.34		13.46	29.62		13.46	29.62	
59	罗云村	13.00	4.33	28.10			13.00			13.00	
60	沟口村 2	10.43	5.20	25.23			10.43			10.43	
61	坡底村	3.25	3.00	33.30		3.25			3.25		
62	瓦窑村/西沟村	41.40	11.90	16.80		24.76	16.63	0.01	24.76	16.63	0.01
63	石桥沟村	3.67	2.92	29.50			3.67			3.67	
64	凤池村	9.61	6.08	25.90		4.28	5.33		4.28	5.33	
65	三十亩村	102.22	18.10	22.00		64.92	37.31				
66	孔村	31.31	12.91	15.60		19.95	11.36		19.95	11.36	
67	白村	14.32	9.34	23.30		6.11	8.21		6.11	8.21	
68	南孔滩村	7.20	4.30	28.40		0.11	7.09		0.11	7.09	
69	高峪村	7.22	5.89	28.30		5.19	2.03		5.19	2.03	

表 4-6-9　安泽县设计暴雨计算成果表

序号	计算单元名称	历时	均值(mm)	变差系数	C_s/C_v	重现期雨量值 H_p(mm)				
						100 年($H_{1\%}$)	50 年($H_{2\%}$)	20 年($H_{5\%}$)	10 年($H_{10\%}$)	5 年($H_{20\%}$)
1	新庄村	10 min	12.1	0.57	3.5	31.5	27.4	22.1	18.1	14.1
		60 min	28.2	0.58	3.5	71.9	62.6	50.3	40.9	31.6
		6 h	47.0	0.59	3.5	141.5	123.1	98.8	80.4	62.0
		24 h	73.5	0.58	3.5	212.6	185.2	148.8	121.2	93.7
		3 d	87.0	0.54	3.5	245.4	215.3	175.3	144.8	113.9
2	城关村	10 min	12.1	0.57	3.5	31.1	27.1	21.9	17.9	13.9
		60 min	28.0	0.58	3.5	70.1	61.0	49.0	40.0	30.9
		6 h	46.0	0.59	3.5	138.3	120.4	96.6	78.6	60.7
		24 h	73.5	0.58	3.5	211.0	183.8	147.7	120.4	93.1
		3 d	87.0	0.54	3.5	244.6	214.6	174.8	144.4	113.7
3	安上村	10 min	12	0.58	3.5	31.19	27.1	21.81	17.785	13.76
		60 min	28.8	0.57	3.5	70.8	61.8	49.88	40.846	31.8
		6 h	47.3	0.56	3.5	135.6	118.6	96.02	78.851	61.6
		24 h	70.5	0.56	3.5	196.2	171.6	138.9	114.16	89.2
		3 d	89.6	0.55	3.5	255.6	223.8	181.7	149.63	117.2
4	东洪驿村	10 min	12.3	0.58	3.5	28.8	25.1	20.2	16.4	12.71
		60 min	29	0.57	3.5	65.4	57.1	46.2	37.9	29.6
		6 h	47.1	0.56	3.5	127.1	111.4	90.4	74.4	58.3
		24 h	70.4	0.56	3.5	188.2	164.9	134	110.4	86.6
		3 d	89.8	0.54	3.5	245.9	215.9	176.2	145.9	115.1
5	前岭底村	10 min	13.5	0.55	3.5	37.4	32.7	26.6	21.9	17.2
		60 min	28.4	0.52	3.5	74.9	65.7	53.3	43.9	34.5
		6 h	46.3	0.56	3.5	135.6	119.0	96.8	79.9	62.8
		24 h	72.0	0.52	3.5	199.3	175.0	142.8	118.1	93.2
		3 d	86.0	0.47	3.5	221.7	197.1	164.0	138.4	112.2

续表 4-6-9

序号	计算单元名称	历时	均值（mm）	变差系数	C_s/C_v	重现期雨量值 H_p（mm）				
						100 年（$H_{1\%}$）	50 年（$H_{2\%}$）	20 年（$H_{5\%}$）	10 年（$H_{10\%}$）	5 年（$H_{20\%}$）
6	黄岭圪台村	10 min	13.6	0.56	3.5	36.5	31.9	25.9	21.3	16.7
		60 min	28.3	0.52	3.5	72.7	63.6	51.8	42.6	33.4
		6 h	46.4	0.57	3.5	133.6	117.1	95.3	78.6	61.7
		24 h	72.5	0.53	3.5	202.1	177.2	144.0	118.8	93.3
		3 d	86.0	0.48	3.5	223.5	198.3	164.6	138.6	111.9
7	上庄村	10 min	13.5	0.56	3.5	35.5	31.1	25.2	20.7	16.2
		60 min	28.4	0.53	3.5	72.1	63.1	51.2	42.1	32.9
		6 h	46.4	0.57	3.5	133.6	117.1	95.0	78.3	61.4
		24 h	73.0	0.53	3.5	201.1	176.6	143.7	118.7	93.3
		3 d	87.0	0.48	3.5	225.0	199.7	165.8	139.7	112.8
8	下庄村	10 min	13.6	0.55	3.5	34.4	30.1	24.5	20.3	16.0
		60 min	28.4	0.52	3.5	70.7	61.9	50.3	41.4	32.5
		6 h	46.4	0.58	3.5	132.1	115.8	94.1	77.4	60.7
		24 h	72.5	0.53	3.5	199.6	175.1	142.4	117.6	92.4
		3 d	87.0	0.49	3.5	227.6	201.7	166.9	140.2	112.8
9	麻家山村	10 min	13.3	0.52	3.5	33.8	29.8	24.5	20.4	16.3
		60 min	28.3	0.53	3.5	74.3	65.0	52.6	43.2	33.7
		6 h	46.3	0.59	3.5	137.8	120.3	97.2	79.6	61.9
		24 h	70.5	0.52	3.5	193.9	170.3	138.9	115.0	90.7
		3 d	84.0	0.50	3.5	225.8	199.6	164.5	137.5	110.0
10	东湾村	10 min	13.7	0.57	3.5	31.7	27.6	22.3	18.3	14.2
		60 min	30	0.56	3.5	67.2	58.8	47.7	39.2	30.7
		6 h	46.9	0.55	3.5	125.3	110.0	89.6	74.0	58.3
		24 h	70.6	0.54	3.5	183.6	161.5	132.0	109.5	86.7
		3 d	86	0.51	3.5	224.1	198.1	163.5	136.8	109.5

续表 4-6-9

序号	计算单元名称	历时	均值(mm)	变差系数	C_s/C_v	重现期雨量值 H_p(mm)				
						100年($H_{1\%}$)	50年($H_{2\%}$)	20年($H_{5\%}$)	10年($H_{10\%}$)	5年($H_{20\%}$)
11	唐城永鑫焦化厂	10 min	13.7	0.57	3.5	30.7	26.8	21.7	17.7	13.8
		60 min	30	0.56	3.5	65.7	57.5	46.6	38.4	30.1
		6 h	46.9	0.55	3.5	123.2	108.2	88.2	72.9	57.5
		24 h	70.6	0.54	3.5	181.5	159.7	130.7	108.5	86.0
		3 d	86	0.51	3.5	222.1	196.4	162.2	135.9	108.9
12	梨八沟村	10 min	13.2	0.55	3.5	35.0	30.7	24.9	20.5	16.1
		60 min	28.2	0.53	3.5	71.8	62.9	51.1	42.1	33.0
		6 h	45.5	0.56	3.5	131.6	115.4	93.8	77.3	60.7
		24 h	70.0	0.53	3.5	193.1	169.6	138.0	114.0	89.8
		3 d	84.5	0.48	3.5	219.4	194.7	161.6	136.1	109.8
13	上庞壁村	10 min	13.6	0.57	3.5	36.0	31.5	25.4	20.8	16.2
		60 min	30.1	0.55	3.5	76.0	66.4	53.7	44.1	34.4
		6 h	47.9	0.56	3.5	137.6	120.5	97.8	80.5	63.1
		24 h	70.2	0.54	3.5	193.7	169.9	138.1	114.0	89.5
		3 d	88.0	0.52	3.5	241.9	213.0	174.5	145.1	115.1
14	下庞壁村	10 min	13.5	0.57	3.5	34.9	30.5	24.6	20.1	15.7
		60 min	28.5	0.55	3.5	70.7	61.8	50.0	41.1	32.1
		6 h	45.8	0.56	3.5	130.0	113.9	92.4	76.1	59.7
		24 h	70.9	0.54	3.5	194.1	170.3	138.5	114.3	89.9
		3 d	85.0	0.52	3.5	232.4	204.7	167.7	139.5	110.8
15	议宁村	10 min	13.7	0.57	3.5	30.6	26.7	21.6	17.7	13.8
		60 min	30.0	0.56	3.5	65.5	57.4	46.5	38.3	30.0
		6 h	46.9	0.55	3.5	123.1	108.1	88.1	72.9	57.4
		24 h	70.6	0.54	3.5	181.3	159.6	130.6	108.4	85.9
		3 d	86.0	0.51	3.5	222.0	196.2	162.1	135.9	108.9

续表 4-6-9

序号	计算单元名称	历时	均值(mm)	变差系数	C_s/C_v	重现期雨量值 H_p(mm)				
						100 年($H_{1\%}$)	50 年($H_{2\%}$)	20 年($H_{5\%}$)	10 年($H_{10\%}$)	5 年($H_{20\%}$)
16	大米圪塔村	10 min	12. 1	0. 56	3. 5	28. 7	25. 0	20. 1	16. 5	12. 8
		60 min	27. 4	0. 57	3. 5	60. 6	53. 1	43. 0	35. 4	27. 7
		6 h	45. 9	0. 57	3. 5	120. 3	105. 4	85. 7	70. 6	55. 4
		24 h	75. 0	0. 55	3. 5	195. 1	170. 6	138. 4	113. 8	89. 0
		3 d	85. 0	0. 53	3. 5	222. 2	196. 5	162. 5	136. 3	109. 3
17	固县村	10 min	12. 9	0. 57	3. 5	27. 8	24. 2	19. 6	16	12. 5
		60 min	29. 3	0. 56	3. 5	61. 4	53. 8	43. 8	36. 1	28. 4
		6 h	46. 5	0. 55	3. 5	118. 6	104. 2	85. 2	70. 6	55. 9
		24 h	70. 3	0. 54	3. 5	177. 7	156. 5	128. 3	106. 7	84. 6
		3 d	85. 6	0. 52	3. 5	220. 1	194. 4	160. 6	134. 5	107. 7
18	井上村	10 min	13. 0	0. 57	3. 5	36. 4	31. 8	25. 6	20. 9	16. 2
		60 min	29. 0	0. 56	3. 5	75. 5	65. 9	53. 1	43. 5	33. 8
		6 h	45. 4	0. 56	3. 5	136. 4	119. 3	96. 6	79. 3	61. 9
		24 h	70. 0	0. 54	3. 5	194. 4	170. 4	138. 4	114. 1	89. 6
		3 d	83. 0	0. 51	3. 5	226. 9	200. 1	164. 3	136. 9	109. 0
19	佛寨村	10 min	13. 4	0. 56	3. 5	37. 8	33. 0	26. 7	21. 9	17. 0
		60 min	29. 0	0. 53	3. 5	73. 5	64. 6	52. 7	43. 6	34. 4
		6 h	45. 2	0. 52	3. 5	128. 9	113. 5	93. 0	77. 3	61. 3
		24 h	68. 0	0. 52	3. 5	184. 3	162. 2	132. 6	110. 1	87. 2
		3 d	84. 0	0. 51	3. 5	230. 6	203. 4	166. 9	139. 1	110. 7
20	石头坪村	10 min	13. 3	0. 55	3. 5	33. 6	29. 4	23. 9	19. 6	15. 4
		60 min	29. 0	0. 48	3. 5	61. 7	55. 0	45. 9	38. 8	31. 6
		6 h	45. 2	0. 46	3. 5	113. 0	100. 6	84. 0	71. 2	58. 0
		24 h	68. 0	0. 53	3. 5	179. 9	158. 5	129. 8	107. 8	85. 5
		3 d	83. 8	0. 52	3. 5	228. 9	201. 7	165. 3	137. 5	109. 2

续表 4-6-9

序号	计算单元名称	历时	均值(mm)	变差系数	C_s/C_v	重现期雨量值 H_p(mm)				
						100年($H_{1\%}$)	50年($H_{2\%}$)	20年($H_{5\%}$)	10年($H_{10\%}$)	5年($H_{20\%}$)
21	五十亩地村	10 min	13.4	0.56	3.5	36.7	32	25.9	21.2	16.6
		60 min	29	0.53	3.5	71.8	63.1	51.5	42.6	33.7
		6 h	45.2	0.52	3.5	126.9	111.8	91.6	76.2	60.5
		24 h	68	0.52	3.5	182.6	160.8	131.6	109.4	86.7
		3 d	84	0.51	3.5	229.3	202.2	166.1	138.4	110.2
22	连家庄村	10 min	13.4	0.56	3.5	31.9	27.9	22.6	18.6	14.5
		60 min	29	0.53	3.5	64.1	56.4	46.1	38.2	30.2
		6 h	45.2	0.52	3.5	117.3	103.4	84.9	70.7	56.3
		24 h	68	0.52	3.5	174.6	154	126.4	105.3	83.8
		3 d	84	0.51	3.5	222.2	196.1	161.5	134.9	107.6
23	寺洼村	10 min	13.8	0.56	3.5	31.6	27.6	22.4	18.4	14.4
		60 min	29.1	0.54	3.5	63.6	55.9	45.7	37.9	30
		6 h	45.2	0.53	3.5	116.6	102.8	84.4	70.4	56
		24 h	68.1	0.53	3.5	173.9	153.4	126	105	83.6
		3 d	84.1	0.52	3.5	221.6	195.6	161.1	134.6	107.4
24	店上村	10 min	13.8	0.56	3.5	31.3	27.4	22.2	18.2	14.2
		60 min	29.1	0.54	3.5	63.1	55.5	45.4	37.6	29.8
		6 h	45.2	0.53	3.5	116	102.3	84	70	55.8
		24 h	68.1	0.53	3.5	173.3	152.9	125.6	104.7	83.4
		3 d	84.1	0.52	3.5	221	195.1	160.7	134.3	107.2
25	下梯村	10 min	13.4	0.56	3.5	30.7	26.8	21.8	17.9	14.0
		60 min	29.0	0.53	3.5	62.1	54.7	44.7	37.1	29.4
		6 h	45.2	0.52	3.5	114.7	101.2	83.1	69.3	55.3
		24 h	68.0	0.52	3.5	172.0	151.8	124.8	104.1	83.0
		3 d	84.0	0.51	3.5	219.7	194.0	159.9	133.7	106.8

续表 4-6-9

序号	计算单元名称	历时	均值(mm)	变差系数	C_s/C_v	重现期雨量值 H_p(mm)				
						100 年($H_{1\%}$)	50 年($H_{2\%}$)	20 年($H_{5\%}$)	10 年($H_{10\%}$)	5 年($H_{20\%}$)
26	高壁村	10 min	13.9	0.56	3.5	30.4	26.6	21.5	17.7	13.8
		60 min	29.4	0.54	3.5	62	54.5	44.5	36.9	29.1
		6 h	45.2	0.53	3.5	114.6	101	82.9	69	54.9
		24 h	68.2	0.53	3.5	171.1	151	124.2	103.6	82.6
		3 d	84.1	0.52	3.5	219	193.4	159.5	133.3	106.6
27	劳井村	10 min	13.4	0.6	3.5	39	33.8	27	21.8	16.7
		60 min	30	0.59	3.5	79.8	69.3	55.6	45.2	34.8
		6 h	46.2	0.57	3.5	141.9	123.7	99.6	81.3	63.1
		24 h	70.1	0.56	3.5	199.1	174	140.6	115.2	89.8
		3 d	92.1	0.55	3.5	267.6	234.2	189.7	156	122
28	文上村	10 min	13.4	0.6	3.5	36.1	31.3	25.0	20.2	15.5
		60 min	30.0	0.59	3.5	75.1	65.4	52.4	42.7	32.9
		6 h	46.2	0.57	3.5	136.2	118.9	95.9	78.4	61.0
		24 h	70.1	0.56	3.5	194.3	169.9	137.6	113.0	88.3
		3 d	92.1	0.55	3.5	262.9	230.2	186.9	153.9	120.6
29	石站村	10 min	13.4	0.6	3.5	34.8	30.1	24.1	19.5	15.0
		60 min	30.0	0.59	3.5	73.0	63.5	51.0	41.5	32.1
		6 h	46.2	0.57	3.5	133.5	116.6	94.1	77.1	59.9
		24 h	70.1	0.56	3.5	191.7	167.8	136.0	111.9	87.5
		3 d	92.1	0.55	3.5	260.4	228.1	185.4	152.8	119.8
30	大黄沟村	10 min	14.2	0.6	3.5	36.5	31.6	25.2	20.4	15.7
		60 min	30.0	0.58	3.5	71.9	62.8	50.7	41.5	32.3
		6 h	47.0	0.55	3.5	130.3	114.1	92.5	76.2	59.6
		24 h	70.0	0.57	3.5	194.0	169.6	137.2	112.6	87.9
		3 d	91.0	0.56	3.5	260.6	227.9	184.6	151.7	118.5

续表 4-6-9

序号	计算单元名称	历时	均值(mm)	变差系数	C_s/C_v	重现期雨量值 H_p(mm)				
						100年($H_{1\%}$)	50年($H_{2\%}$)	20年($H_{5\%}$)	10年($H_{10\%}$)	5年($H_{20\%}$)
31	川口村	10 min	13.6	0.6	3.5	34.4	29.8	23.8	19.3	14.8
		60 min	29.6	0.59	3.5	72.4	63	50.6	41.2	31.8
		6 h	46.1	0.57	3.5	132.7	115.9	93.6	76.7	59.7
		24 h	70.1	0.56	3.5	191	167.2	135.6	111.5	87.3
		3 d	92.1	0.55	3.5	259.7	227.5	184.9	152.5	119.6
32	兰村	10 min	14.4	0.57	3.5	35.4	30.9	24.9	20.4	15.8
		60 min	30.2	0.55	3.5	69.6	61	49.6	40.9	32.1
		6 h	45.1	0.54	3.5	123	108.1	88.2	73	57.7
		24 h	66.5	0.54	3.5	176.5	155.1	126.6	104.8	82.7
		3 d	89.6	0.53	3.5	245.2	215.6	176.4	146.4	115.9
33	李庄村	10 min	14.5	0.6	3.5	40.1	34.8	27.8	22.5	17.3
		60 min	31.0	0.58	3.5	79.1	68.8	55.2	44.9	34.7
		6 h	45.0	0.58	3.5	135.7	118.4	95.3	77.8	60.3
		24 h	65.1	0.57	3.5	185.6	161.9	130.4	106.6	82.7
		3 d	92.2	0.56	3.5	269.2	235.2	190.1	155.9	121.5
34	王村	10 min	14.5	0.6	3.5	36.0	31.3	25.0	20.3	15.6
		60 min	31.0	0.58	3.5	72.8	63.4	51.0	41.5	32.1
		6 h	45.0	0.58	3.5	128.2	111.9	90.3	73.9	57.5
		24 h	65.1	0.57	3.5	178.8	156.3	126.3	103.5	80.6
		3 d	92.2	0.56	3.5	261.9	229.1	185.7	152.7	119.4
35	沟口村1	10 min	14.5	0.62	3.5	41.8	36.1	28.7	23.1	17.6
		60 min	30.5	0.58	3.5	83.2	72.3	57.8	46.8	35.9
		6 h	47.5	0.6	3.5	143.5	125.0	100.2	81.5	62.8
		24 h	66.0	0.58	3.5	196.1	170.4	136.6	111.0	85.5
		3 d	90.0	0.57	3.5	268.3	233.9	188.4	153.9	119.3

续表 4-6-9

序号	计算单元名称	历时	均值(mm)	变差系数	C_s/C_v	重现期雨量值 H_p(mm)				
						100 年($H_{1\%}$)	50 年($H_{2\%}$)	20 年($H_{5\%}$)	10 年($H_{10\%}$)	5 年($H_{20\%}$)
36	陡坡村	10 min	14. 7	0. 65	3. 5	34. 5	30. 0	24. 0	19. 5	15. 0
		60 min	30. 6	0. 61	3. 5	70. 5	61. 4	49. 5	40. 5	31. 4
		6 h	48. 6	0. 61	3. 5	126. 7	110. 7	89. 5	73. 4	57. 2
		24 h	67. 6	0. 589	3. 5	181. 0	158. 2	128. 0	105. 0	81. 9
		3 d	92. 8	0. 57	3. 5	252. 5	220. 6	178. 5	146. 5	114. 1
37	冀氏村	10 min	14. 6	0. 66	3. 5	34. 8	30. 2	24. 2	19. 6	15. 1
		60 min	30. 7	0. 62	3. 5	71. 4	62. 2	49. 9	40. 7	31. 5
		6 h	48. 8	0. 62	3. 5	128. 2	111. 9	90. 2	73. 8	57. 3
		24 h	67. 9	0. 59	3. 5	182. 0	159. 0	128. 5	105. 4	82. 1
		3 d	93. 0	0. 58	3. 5	252. 6	220. 6	178. 5	146. 5	114. 1
38	苍耳湾村	10 min	12. 3	0. 62	3. 5	34. 3	29. 6	23. 5	18. 9	14. 4
		60 min	28. 2	0. 61	3. 5	76. 4	66. 1	52. 6	42. 5	32. 4
		6 h	47. 4	0. 6	3. 5	143	124. 2	99. 2	80. 5	61. 8
		24 h	69. 5	0. 58	3. 5	202. 4	176. 2	141. 6	115. 4	89. 2
		3 d	93. 6	0. 57	3. 5	276. 6	241. 2	194. 4	159	123. 4
39	四道河村	10 min	12. 3	0. 62	3. 5	33. 9	29. 3	23. 3	18. 7	14. 2
		60 min	28. 2	0. 61	3. 5	75. 8	65. 6	52. 2	42. 1	32. 1
		6 h	47. 4	0. 6	3. 5	142. 2	123. 5	98. 7	80	61. 5
		24 h	69. 5	0. 58	3. 5	201. 6	175. 7	141. 2	115. 1	89
		3 d	93. 6	0. 57	3. 5	275. 8	240. 6	194	158. 6	123. 2
40	宋店村(左支)	10 min	12. 1	0. 61	3. 5	34. 7	30	23. 9	19. 3	14. 7
		60 min	28. 1	0. 6	3. 5	77. 3	67	53. 5	43. 3	33. 1
		6 h	47. 4	0. 59	3. 5	144. 1	125. 3	100. 3	81. 6	62. 8
		24 h	69. 5	0. 57	3. 5	201. 9	176. 1	141. 8	115. 8	89. 8
		3 d	90. 4	0. 56	3. 5	265. 5	231. 9	187. 4	153. 6	119. 6

续表 4-6-9

序号	计算单元名称	历时	均值(mm)	变差系数	C_s/C_v	重现期雨量值 H_p(mm)				
						100 年($H_{1\%}$)	50 年($H_{2\%}$)	20 年($H_{5\%}$)	10 年($H_{10\%}$)	5 年($H_{20\%}$)
41	宋店村(主沟)	10 min	12.1	0.61	3.5	33.8	29.3	23.3	18.8	14.3
		60 min	28.1	0.6	3.5	75.8	65.8	52.5	42.5	32.5
		6 h	47.4	0.59	3.5	142.2	123.6	99.1	80.6	62.1
		24 h	69.5	0.57	3.5	200.3	174.7	140.8	115.1	89.3
		3 d	90.4	0.56	3.5	264	230.7	186.5	152.9	119.2
42	良马村(泗河)	10 min	12.2	0.62	3.5	31.4	27.1	21.6	17.4	13.3
		60 min	28.2	0.61	3.5	71.4	61.9	49.4	40	30.6
		6 h	47.4	0.6	3.5	136.5	118.7	95.2	77.5	59.7
		24 h	69.5	0.58	3.5	195.7	170.8	137.8	112.7	87.6
		3 d	92	0.57	3.5	264.8	231.3	187.1	153.5	119.7
43	郭家坡村	10 min	12.1	0.61	3.5	35.1	30.4	24.1	19.5	14.8
		60 min	28.4	0.6	3.5	78.1	67.7	54	43.7	33.4
		6 h	47.3	0.59	3.5	145.3	126.3	101.2	82.2	63.3
		24 h	69.9	0.57	3.5	203.1	177.1	142.6	116.5	90.3
		3 d	91	0.56	3.5	267.8	233.9	188.9	154.9	120.6
44	新庄村	10 min	12.1	0.62	3.5	35.9	31.0	24.6	19.8	15.0
		60 min	28.2	0.61	3.5	79.8	69.0	54.8	44.2	33.7
		6 h	47.3	0.6	3.5	147.7	128.1	102.2	82.8	63.4
		24 h	69.3	0.58	3.5	205.4	178.7	143.4	116.7	90.0
		3 d	93.2	0.57	3.5	279.1	243.3	195.8	159.9	123.9
45	店窑村	10 min	12.1	0.62	3.5	35.3	30.5	24.2	19.5	14.8
		60 min	28.2	0.61	3.5	78.8	68.2	54.2	43.7	33.3
		6 h	47.3	0.6	3.5	146.5	127.1	101.5	82.2	63
		24 h	69.3	0.58	3.5	204.4	178	142.8	116.3	89.7
		3 d	93.2	0.57	3.5	278.2	242.5	195.3	159.5	123.7

续表 4-6-9

序号	计算单元名称	历时	均值(mm)	变差系数	C_s/C_v	重现期雨量值 H_p(mm)				
						100 年($H_{1\%}$)	50 年($H_{2\%}$)	20 年($H_{5\%}$)	10 年($H_{10\%}$)	5 年($H_{20\%}$)
46	杜村	10 min	12.7	0.62	3.5	28.8	24.9	19.8	16	12.2
		60 min	28.4	0.61	3.5	65	56.4	45.1	36.6	28.1
		6 h	47.2	0.6	3.5	127.9	111.3	89.3	72.7	56.1
		24 h	69.8	0.6	3.5	194	168.8	135.7	110.6	85.4
		3 d	98.9	0.57	3.5	276.1	241.3	195.8	161	125.7
47	马地沟口村	10 min	12.6	0.61	3.5	37.7	32.6	26	20.9	15.9
		60 min	28.2	0.6	3.5	80.5	69.8	55.6	45	34.4
		6 h	47.2	0.6	3.5	148.9	129.1	103	83.3	63.7
		24 h	69.6	0.6	3.5	214.4	185.8	148	119.6	91.4
		3 d	97.6	0.57	3.5	293.8	256	206	168.1	130.2
48	下横岭村	10 min	12.5	0.63	3.5	31.4	27.1	21.5	17.2	13
		60 min	28.3	0.61	3.5	68.6	59.5	47.4	38.4	29.4
		6 h	45.9	0.6	3.5	131.5	114.3	91.6	74.4	57.3
		24 h	69	0.6	3.5	196.8	171.1	137.2	111.5	85.8
		3 d	93.4	0.58	3.5	271.2	236.4	190.6	155.8	120.8
49	才元村	10 min	13.2	0.64	3.5	32.6	28.1	22.2	17.8	13.4
		60 min	29.0	0.64	3.5	72.6	62.7	49.6	39.8	30.1
		6 h	45.0	0.65	3.5	139.9	120.8	95.7	76.8	58.2
		24 h	68.0	0.635	3.5	208.0	179.6	142.3	114.3	86.5
		3 d	90.0	0.58	3.5	272.7	237.3	190.6	155.3	119.9
50	黑叶沟村	10 min	12.0	0.63	3.5	32.4	27.9	22.0	17.6	13.2
		60 min	27.5	0.64	3.5	71.6	61.8	48.9	39.2	29.6
		6 h	45.0	0.63	3.5	137.9	119.1	94.5	75.9	57.6
		24 h	68.0	0.62	3.5	205.2	177.6	141.2	113.7	86.5
		3 d	90.0	0.59	3.5	269.2	234.4	188.8	154.1	119.3

续表 4-6-9

序号	计算单元名称	历时	均值(mm)	变差系数	C_s/C_v	重现期雨量值 H_p(mm)				
						100 年($H_{1\%}$)	50 年($H_{2\%}$)	20 年($H_{5\%}$)	10 年($H_{10\%}$)	5 年($H_{20\%}$)
51	荆村	10 min	15	0. 55	3. 5	36. 8	32. 2	26. 2	21. 6	16. 9
		60 min	30. 2	0. 54	3. 5	65. 8	57. 8	47. 2	39	30. 8
		6 h	39. 8	0. 53	3. 5	112. 4	98. 9	80. 9	67. 2	53. 2
		24 h	64. 1	0. 53	3. 5	164. 8	145. 1	118. 7	98. 6	78. 2
		3 d	83. 4	0. 52	3. 5	225. 6	198. 8	163. 1	135. 8	108
52	南架村	10 min	14. 5	0. 48	3. 5	33. 2	29. 2	23. 9	19. 9	15. 8
		60 min	31. 0	0. 55	3. 5	68. 3	60. 0	49. 1	40. 7	32. 2
		6 h	44. 8	0. 57	3. 5	123. 1	108. 0	87. 9	72. 5	57. 0
		24 h	64. 5	0. 57	3. 5	175. 7	153. 7	124. 4	102. 1	79. 7
		3 d	84. 0	0. 57	3. 5	239. 5	209. 2	169. 2	138. 8	108. 1
53	下段村	10 min	14. 6	0. 59	3. 5	33. 9	29. 6	24. 0	19. 7	15. 4
		60 min	30. 0	0. 55	3. 5	66. 0	57. 9	47. 2	39. 0	30. 7
		6 h	45. 0	0. 58	3. 5	118. 9	104. 4	84. 9	70. 0	55. 1
		24 h	65. 0	0. 55	3. 5	177. 4	154. 9	125. 1	102. 4	79. 7
		3 d	85. 0	0. 58	3. 5	240. 0	209. 7	169. 8	139. 4	108. 8
54	南窑村	10 min	15. 0	0. 55	3. 5	34. 3	29. 8	23. 9	19. 5	15. 0
		60 min	30. 2	0. 54	3. 5	63. 6	55. 5	44. 8	36. 7	28. 6
		6 h	39. 8	0. 53	3. 5	112. 6	98. 5	79. 9	65. 6	51. 3
		24 h	64. 1	0. 53	3. 5	169. 3	148. 3	120. 4	99. 2	77. 7
		3 d	83. 4	0. 52	3. 5	227. 3	199. 6	163. 1	135. 1	106. 7
55	界村	10 min	14. 9	0. 59	3. 5	34	29. 6	23. 8	19. 3	14. 9
		60 min	30. 3	0. 57	3. 5	63. 2	55. 2	44. 6	36. 5	28. 4
		6 h	40. 2	0. 57	3. 5	112	98. 1	79. 5	65. 4	51. 2
		24 h	65. 1	0. 56	3. 5	168. 6	147. 7	120	98. 9	77. 5
		3 d	83. 7	0. 54	3. 5	226. 7	199. 1	162. 7	134. 9	106. 5

续表 4-6-9

序号	计算单元名称	历时	均值（mm）	变差系数	C_s/C_v	重现期雨量值 H_p（mm）				
						100 年（$H_{1\%}$）	50 年（$H_{2\%}$）	20 年（$H_{5\%}$）	10 年（$H_{10\%}$）	5 年（$H_{20\%}$）
56	槐树底村	10 min	14.9	0.59	3.5	33.9	29.5	23.7	19.3	14.9
		60 min	30.3	0.57	3.5	63.1	55.1	44.5	36.4	28.4
		6 h	40.2	0.57	3.5	111.9	97.9	79.4	65.3	51.1
		24 h	65.1	0.56	3.5	168.4	147.6	119.9	98.8	77.5
		3 d	83.7	0.54	3.5	226.5	198.9	162.6	134.8	106.4
57	议亭村	10 min	12.3	0.56	3.5	32.8	28.7	23.2	19.0	14.8
		60 min	28.0	0.57	3.5	72.8	63.4	51.1	41.7	32.3
		6 h	46.3	0.58	3.5	140.0	122.1	98.2	80.1	62.1
		24 h	73.0	0.56	3.5	207.8	181.6	146.6	120.1	93.5
		3 d	86.0	0.53	3.5	241.1	211.8	172.9	143.2	113.0
58	周家沟村	10 min	12.8	0.55	3.5	31.1	27.2	22.1	18.2	14.3
		60 min	28.5	0.58	3.5	70.0	61.1	49.3	40.4	31.4
		6 h	47.4	0.57	3.5	136.6	119.1	96.0	78.5	60.9
		24 h	73.0	0.57	3.5	204.8	179.0	144.6	118.5	92.3
		3 d	86.7	0.53	3.5	238.5	209.8	171.5	142.3	112.6
59	罗云村	10 min	12.6	0.56	3.5	33.6	29.4	23.7	19.5	15.2
		60 min	28.6	0.57	3.5	73.9	64.5	52.0	42.5	33.1
		6 h	47.3	0.57	3.5	141.6	123.5	99.5	81.3	63.1
		24 h	73.1	0.57	3.5	210.7	183.8	148.1	121.0	93.9
		3 d	86.7	0.53	3.5	243.0	213.5	174.2	144.3	113.9
60	沟口村 2	10 min	12.3	0.56	3.5	32.9	28.8	23.3	19.1	14.9
		60 min	27.4	0.56	3.5	71.9	62.7	50.6	41.4	32.2
		6 h	46.5	0.58	3.5	139.5	121.6	97.9	79.9	61.9
		24 h	73.0	0.57	3.5	212.9	185.5	149.3	121.9	94.4
		3 d	86.5	0.53	3.5	243.0	213.5	174.2	144.2	113.8

续表 4-6-9

序号	计算单元名称	历时	均值(mm)	变差系数	C_s/C_v	重现期雨量值 H_p(mm)				
						100年($H_{1\%}$)	50年($H_{2\%}$)	20年($H_{5\%}$)	10年($H_{10\%}$)	5年($H_{20\%}$)
61	坡底村	10 min	14.3	0.56	3.5	40.5	35.3	28.6	23.4	18.2
		60 min	30.1	0.54	3.5	76.9	67.5	54.9	45.3	35.6
		6 h	45.5	0.53	3.5	132.9	116.8	95.3	78.9	62.3
		24 h	68.9	0.53	3.5	189	166.1	135.4	112.1	88.4
		3 d	87.2	0.53	3.5	247.2	217.1	177	146.4	115.5
62	瓦窑村	10 min	14.2	0.56	3.5	35.6	31.1	25.1	20.6	16.0
		60 min	31.0	0.58	3.5	73.2	63.9	51.8	42.5	33.2
		6 h	46.0	0.55	3.5	132.9	116.2	94.1	77.3	60.4
		24 h	69.5	0.57	3.5	192.1	168.0	135.9	111.5	87.0
		3 d	92.0	0.58	3.5	273.6	238.2	191.5	156.2	120.8
63	石桥沟村	10 min	14.1	0.57	3.5	40.4	35.2	28.4	23.2	18
		60 min	30.2	0.55	3.5	78	68.3	55.3	45.5	35.5
		6 h	45.5	0.54	3.5	134.8	118.2	96.2	79.4	62.5
		24 h	69	0.53	3.5	189.1	166.1	135.4	112	88.4
		3 d	90.6	0.53	3.5	256.7	225.4	183.8	152.1	119.9
64	凤池村	10 min	14.2	0.57	3.5	39.1	34.1	27.5	22.5	17.4
		60 min	30.2	0.55	3.5	75.9	66.4	53.8	44.3	34.7
		6 h	45.5	0.54	3.5	132	115.9	94.3	78	61.4
		24 h	68.9	0.53	3.5	186.9	164.2	134	110.9	87.6
		3 d	89.6	0.53	3.5	251.9	221.3	180.6	149.5	118
65	三十亩村	10 min	14.2	0.63	3.5	36.0	31.1	24.6	19.8	15.0
		60 min	30.7	0.6	3.5	72.6	62.9	50.3	40.7	31.2
		6 h	45.0	0.6	3.5	130.9	113.9	91.4	74.3	57.3
		24 h	67.9	0.59	3.5	190.1	165.5	133.0	108.3	83.7
		3 d	90.0	0.58	3.5	261.8	228.1	183.9	150.3	116.5

续表 4-6-9

序号	计算单元名称	历时	均值(mm)	变差系数	C_s/C_v	重现期雨量值 H_p(mm)				
						100 年($H_{1\%}$)	50 年($H_{2\%}$)	20 年($H_{5\%}$)	10 年($H_{10\%}$)	5 年($H_{20\%}$)
66	孔村	10 min	14	0.6	3.5	37.7	32.7	26.1	21.1	16.2
		60 min	30.1	0.59	3.5	76.1	66.1	53	43.1	33.2
		6 h	45.7	0.58	3.5	136.1	118.6	95.4	77.8	60.3
		24 h	69	0.57	3.5	194.7	169.9	137.1	112.2	87.2
		3 d	92.1	0.56	3.5	267.1	233.4	188.8	155	120.9
67	白村	10 min	14.9	0.66	3.5	45.2	38.8	30.4	24.1	18
		60 min	30.7	0.62	3.5	88.4	76.3	60.4	48.4	36.5
		6 h	48.8	0.62	3.5	151.4	131.1	104.4	84.2	64.1
		24 h	67.9	0.6	3.5	207.5	179.8	143.2	115.7	88.4
		3 d	92.9	0.58	3.5	280.8	244.4	196.2	159.7	123.3
68	南孔滩村	10 min	14.0	0.65	3.5	43.7	37.6	29.5	23.5	17.6
		60 min	30.0	0.63	3.5	87.0	74.8	58.9	46.9	35.2
		6 h	45.0	0.64	3.5	150.7	129.9	102.7	82.3	62.1
		24 h	68.0	0.6	3.5	207.2	179.5	142.8	115.2	87.9
		3 d	90.0	0.58	3.5	274.0	238.4	191.2	155.6	120.0
69	高峪村	10 min	14.2	0.59	3.5	42.8	37	29.3	23.5	17.9
		60 min	29.7	0.58	3.5	82.6	71.4	56.7	45.7	34.8
		6 h	44.5	0.57	3.5	143.5	124.3	98.9	79.8	60.9
		24 h	67.9	0.57	3.5	203.5	176.4	140.5	113.6	86.8
		3 d	86.2	0.56	3.5	276.6	239.7	191	154.4	118

表 4-6-10 安泽县设计洪水成果表

序号	行政区划名称	洪水要素	重现期洪水要素值				
			100 年	50 年	20 年	10 年	5 年
1	新庄村	洪峰流量(m^3/s)	246	200	142	98	57
		洪量(万 m^3)	297	232	154	102	62
		洪水历时(h)	10.5	9.0	7.8	7.0	6.0
		洪峰水位(m)	1 065.4	1 065	1 064.65	1 064.25	1 063.9
2	城关村	洪峰流量(m^3/s)	282	228	161	115	64
		洪量(万 m^3)	360	281	186	128	74
		洪水历时(h)	11.8	9.5	8.3	8.0	6.8
		洪峰水位(m)	1 049.3	1 049.15	1 048.9	1 048.75	1 048.5
3	安上村	洪峰流量(m^3/s)	283	231	165	114	68
		洪量(万 m^3)	354	281	192	130	82
		洪水历时(h)	10.25	9.5	8.5	8	7
		洪峰水位(m)	1 036.19	1 035.95	1 035.62	1 035.31	1 035
4	东洪驿村	洪峰流量(m^3/s)	668	538	378	254	147
		洪量(万 m^3)	1 143	903	612	413	259
		洪水历时(h)	16	14	13.5	13	12.5
		洪峰水位(m)	907.37	906.91	906.32	905.77	904.99
5	前岭底村	洪峰流量(m^3/s)	34	28	21	14	9
		洪量(万 m^3)	22	17	11	8	5
		洪水历时(h)	3.0	2.5	1.8	1.5	1.0
		洪峰水位(m)	1 245.2	1 245.15	1 245.05	1 244.95	1 244.9

续表 4-6-10

序号	行政区划名称	洪水要素	重现期洪水要素值				
			100 年	50 年	20 年	10 年	5 年
6	黄岭圪台村	洪峰流量(m^3/s)	79	64	45	30	17
		洪量(万 m^3)	76	60	40	27	17
		洪水历时(h)	6.5	5.5	4.8	3.8	3.3
		洪峰水位(m)	1 171.65	1 171.55	1 171.45	1 171.35	1 171.20
7	上庄村	洪峰流量(m^3/s)	120	98	69	46	26
		洪量(万 m^3)	123	96	64	43	27
		洪水历时(h)	7.3	6.8	5.8	5.0	4.3
		洪峰水位(m)	1 158.65	1 158.55	1 158.40	1 158.20	1 158
8	下庄村	洪峰流量(m^3/s)	158	129	90	59	34
		洪量(万 m^3)	182	142	95	63	39
		洪水历时(h)	8.5	7.8	7.0	6.0	5.3
		洪峰水位(m)	1 139.90	1 139.70	1 139.40	1 139.00	1 138.70
9	麻家山村	洪峰流量(m^3/s)	72	59	42	28	16
		洪量(万 m^3)	65	51	34	23	14
		洪水历时(h)	5.8	5.0	4.3	3.5	2.8
		洪峰水位(m)	1 160.35	1 159.65	1 159.40	1 159.20	1 159.00
10	东湾村	洪峰流量(m^3/s)	509	408	274	172	96
		洪量(万 m^3)	925	727	490	329	206
		洪水历时(h)	15.0	15.0	14.5	14.0	13.0
		洪峰水位(m)	1 082	1 081.90	1 081.70	1 081.55	1 081.30

续表 4-6-10

序号	行政区划名称	洪水要素	重现期洪水要素值				
			100 年	50 年	20 年	10 年	5 年
11	亢驿村	洪峰流量(m^3/s)	509	408	274	172	96
		洪量(万 m^3)	925	727	490	329	206
		洪水历时(h)	15.0	15.0	14.5	14.0	13.0
		洪峰水位(m)	1 065.45	1 065.30	1 065.05	1 064.70	1 064.40
12	南湾村	洪峰流量(m^3/s)	509	408	274	172	96
		洪量(万 m^3)	925	727	490	329	206
		洪水历时(h)	15	15	14.5	14	13
		洪峰水位(m)	1 043.65	1 043.39	1 043.05	1 042.59	1 042.2
13	唐城风山选煤厂	洪峰流量(m^3/s)	553	439	294	189	107
		洪量(万 m^3)	1 190	934	642	442	278
		洪水历时(h)	18.50	18.25	17.75	17.25	16.25
		洪峰水位(m)	1 033.83	1 033.39	1 031.93	1 031.26	1 030.6
14	梨八沟村	洪峰流量(m^3/s)	86	71	49	32	19
		洪量(万 m^3)	79	62	42	28	17
		洪水历时(h)	6.3	5.3	4.8	3.8	3.3
		洪峰水位(m)	1 148.10	1 147.95	1 147.35	1 147.05	1 146.80
15	上庞壁村	洪峰流量(m^3/s)	126	102	69	44	25
		洪量(万 m^3)	164	129	88	59	37
		洪水历时(h)	9.0	8.5	7.5	6.8	6.0
		洪峰水位(m)	1 094.65	1 094.25	1 094.00	1 093.8	1 093.6

续表 4-6-10

序号	行政区划名称	洪水要素	重现期洪水要素值				
			100 年	50 年	20 年	10 年	5 年
16	下庞壁村	洪峰流量(m^3/s)	221	179	123	78	44
		洪量(万 m^3)	227	177	117	78	48
		洪水历时(h)	8.3	7.5	6.8	6.3	5.5
		洪峰水位(m)	1 047.65	1 047.40	1 047.20	1 046.95	1 046.70
17	车村	洪峰流量(m^3/s)	553	439	294	189	107
		洪量(万 m^3)	1 190	934	642	442	278
		洪水历时(h)	18.5	18.25	17.75	17.25	16.25
		洪峰水位(m)	1 026.50	1 026.20	1 025.80	1 025.45	1 025.20
18	唐城永鑫焦化厂	洪峰流量(m^3/s)	553	439	294	189	107
		洪量(万 m^3)	1 190	934	642	442	278
		洪水历时(h)	18.50	18.25	17.75	17.25	16.25
		洪峰水位(m)	1 017.20	1 015.98	1 015.25	1 014.74	1 014.30
19	议宁村	洪峰流量(m^3/s)	553	439	288	179	100
		洪量(万 m^3)	1 212	951	639	428	267
		洪水历时(h)	18.5	18.5	18.0	17.5	16.5
		洪峰水位(m)	995.95	995.85	995.65	995.50	995.30
20	大米圪塔村	洪峰流量(m^3/s)	659	509	338	220	111
		洪量(万 m^3)	1 582	1 198	778	531	304
		洪水历时(h)	22.0	19.5	19.0	18.5	17.5
		洪峰水位(m)	986.15	986.05	985.80	985.60	985.30

续表 4-6-10

序号	行政区划名称	洪水要素	重现期洪水要素值				
			100 年	50 年	20 年	10 年	5 年
21	固县村	洪峰流量(m^3/s)	674	535	351	217	122
		洪量(万 m^3)	1 612	1 263	847	566	352
		洪水历时(h)	20.5	20	20	19.5	18.5
		洪峰水位(m)	960.65	960.11	959.77	959.38	958.74
22	井上村	洪峰流量(m^3/s)	55	44	30	20	11
		洪量(万 m^3)	60	47	31	21	13
		洪水历时(h)	6.3	5.5	4.8	3.8	3.0
		洪峰水位(m)	1 133.45	1 133.25	1 132.90	1 132.60	1 132.30
23	佛寨村	洪峰流量(m^3/s)	27	22	15	10	6
		洪量(万 m^3)	29	23	16	11	7
		洪水历时(h)	4.5	3.8	3.3	2.5	1.0
		洪峰水位(m)	1 235.70	1 235.65	1 235.60	1 235.59	1 235.60
24	交口河村	洪峰流量(m^3/s)	28	22	16	10	6
		洪量(万 m^3)	29	23	16	11	7
		洪水历时(h)	4.5	3.75	3.25	2.75	1.25
		洪峰水位(m)	1 155.90	1 155.79	1 155.62	1 155.44	1 155.10
25	石头坪村	洪峰流量(m^3/s)	112	90	59	38	23
		洪量(万 m^3)	195	151	103	71	47
		洪水历时(h)	11.5	10.8	9.8	9.0	8.0
		洪峰水位(m)	1 131.45	1 131.40	1 131.20	1 131.05	1 131

续表 4-6-10

序号	行政区划名称	洪水要素	重现期洪水要素值				
			100 年	50 年	20 年	10 年	5 年
26	五十亩地村	洪峰流量(m^3/s)	66	54	37	24	14
		洪量(万 m^3)	63	50	34	23	15
		洪水历时(h)	5.75	5.25	4.5	3.75	3.25
		洪峰水位(m)	1 168.41	1 168.20	1 167.87	1 167.57	1 167.30
27	连家庄村	洪峰流量(m^3/s)	279	218	137	85	48
		洪量(万 m^3)	638	500	336	226	143
		洪水历时(h)	18	17.5	17	16	15
		洪峰水位(m)	1 008.69	1 008.33	1 007.80	1 007.37	1 007.00
28	寺洼村	洪峰流量(m^3/s)	298	232	146	90	51
		洪量(万 m^3)	702	550	369	248	156
		洪水历时(h)	18.5	18.5	17.5	16.5	16
		洪峰水位(m)	995.47	995.08	994.41	993.83	993.30
29	圪旯村	洪峰流量(m^3/s)	313	244	153	94	54
		洪量(万 m^3)	769	602	404	271	171
		洪水历时(h)	19.5	19.5	18.5	17.5	17
		洪峰水位(m)	980.70	980.55	980.35	980.20	979.45
30	店上村	洪峰流量(m^3/s)	313	244	153	94	54
		洪量(万 m^3)	769	602	404	271	171
		洪水历时(h)	19.5	19.5	18.5	17.5	17
		洪峰水位(m)	976.60	976.33	975.89	975.57	975.26

续表 4-6-10

序号	行政区划名称	洪水要素	重现期洪水要素值				
			100年	50年	20年	10年	5年
31	下梯村	洪峰流量(m^3/s)	349	269	168	104	59
		洪量(万 m^3)	915	715	479	321	202
		洪水历时(h)	21.0	21.0	20.5	19.5	18.5
		洪峰水位(m)	925.75	925.40	924.90	924.50	924.15
32	高壁村	洪峰流量(m^3/s)	402	311	195	120	68
		洪量(万 m^3)	1 121	878	588	394	247
		洪水历时(h)	23	23	22	21.5	20.5
		洪峰水位(m)	861.92	861.41	860.65	859.87	859.31
33	劳井村	洪峰流量(m^3/s)	69	55	38	24	13
		洪量(万 m^3)	81	64	43	29	18
		洪水历时(h)	7	6.5	5.5	4.75	3.75
		洪峰水位(m)	1 035.13	1 034.80	1 034.21	1 033.44	1 032.70
34	文上村	洪峰流量(m^3/s)	227	183	123	78	43
		洪量(万 m^3)	305	240	160	107	66
		洪水历时(h)	10.5	9.8	9.3	8.3	7.5
		洪峰水位(m)	978.15	977.70	977.10	976.45	975.85
35	雷鼓台村	洪峰流量(m^3/s)	304	245	168	108	61
		洪量(万 m^3)	513	404	273	183	113
		洪水历时(h)	13.0	12.5	12.0	11.5	10.5
		洪峰水位(m)	928.90	928.60	928.10	927.65	927.20

续表 4-6-10

序号	行政区划名称	洪水要素	重现期洪水要素值				
			100 年	50 年	20 年	10 年	5 年
36	石站村	洪峰流量(m^3/s)	304	245	168	108	61
		洪量(万 m^3)	513	404	273	183	113
		洪水历时(h)	13.0	12.5	12.0	11.5	10.5
		洪峰水位(m)	907.50	907.15	906.55	905.95	905.40
37	大黄沟村	洪峰流量(m^3/s)	390	314	213	134	77
		洪量(万 m^3)	544	425	284	190	118
		洪水历时(h)	11.5	11.0	10.5	9.5	9.0
		洪峰水位(m)	891.55	891.25	890.75	890.20	889.70
38	川口村	洪峰流量(m^3/s)	331	266	181	115	65
		洪量(万 m^3)	570	449	302	202	125
		洪水历时(h)	13.5	13	12.5	12	11
		洪峰水位(m)	853.87	853.49	852.87	852.31	851.78
39	兰村	洪峰流量(m^3/s)	363	293	199	126	74
		洪量(万 m^3)	471	372	253	172	110
		洪水历时(h)	10.5	10.5	9.5	9	8.5
		洪峰水位(m)	837.28	837.08	836.76	836.53	836.28
40	李庄村	洪峰流量(m^3/s)	277	224	154	101	59
		洪量(万 m^3)	187	147	99	66	41
		洪水历时(h)	6.0	5.3	4.8	4.3	3.8
		洪峰水位(m)	1 028.40	1 027.95	1 027.40	1 026.80	1 026.30

续表 4-6-10

序号	行政区划名称	洪水要素	重现期洪水要素值				
			100 年	50 年	20 年	10 年	5 年
41	王村	洪峰流量(m^3/s)	472	375	245	152	85
		洪量(万 m^3)	704	552	371	247	153
		洪水历时(h)	12. 5	12. 5	12. 5	11. 0	11. 0
		洪峰水位(m)	907. 30	907. 15	906. 90	906. 70	906. 45
42	沟口村 1	洪峰流量(m^3/s)	183	150	107	73	44
		洪量(万 m^3)	141	112	76	52	33
		洪水历时(h)	6. 5	5. 8	5. 3	4. 5	3. 8
		洪峰水位(m)	861. 95	861. 50	861. 25	860. 95	860. 65
43	陡坡村	洪峰流量(m^3/s)	589	469	309	191	106
		洪量(万 m^3)	1 048	822	552	369	229
		洪水历时(h)	15. 5	15. 0	15. 0	14. 0	13. 5
		洪峰水位(m)	840. 90	840. 75	840. 50	840. 10	839. 90
44	寺圪塔村	洪峰流量(m^3/s)	601	478	314	193	106
		洪量(万 m^3)	1 096	860	576	384	236
		洪水历时(h)	16. 0	15. 5	15. 5	15. 0	14. 0
		洪峰水位(m)	825. 25	825. 10	823. 90	823. 40	822. 90
45	冀氏村	洪峰流量(m^3/s)	601	478	314	193	106
		洪量(万 m^3)	1 096	860	576	384	236
		洪水历时(h)	16. 0	15. 5	15. 5	15. 0	14. 0
		洪峰水位(m)	823. 50	823. 30	823. 05	822. 75	822. 50

续表 4-6-10

序号	行政区划名称	洪水要素	重现期洪水要素值				
			100 年	50 年	20 年	10 年	5 年
46	苍耳湾村	洪峰流量(m^3/s)	185	148	101	66	36
		洪量(万 m^3)	271	212	142	94	56
		洪水历时(h)	10.75	10	9.25	8.5	7.25
		洪峰水位(m)	1 141.99	1 141.85	1 141.62	1 141.42	1 141.30
47	四道河村	洪峰流量(m^3/s)	213	170	117	76	42
		洪量(万 m^3)	321	252	168	112	68
		洪水历时(h)	11.25	10.5	10	9	8
		洪峰水位(m)	1 128.79	1 128.45	1 128.00	1 127.62	1 127.30
48	宋店村(主沟)	洪峰流量(m^3/s)	133	106	71	45	24
		洪量(万 m^3)	201	157	105	69	42
		洪水历时(h)	10.25	9.75	9	8	6.75
		洪峰水位(m)	1 144.75	1 144.50	1 144.11	1 143.64	1 143.30
49	宋店村(左支)	洪峰流量(m^3/s)	85	68	46	28	15
		洪量(万 m^3)	130	102	67	44	27
		洪水历时(h)	9.5	8.75	7.75	6.5	5.5
		洪峰水位(m)	1 143.50	1 143.11	1 142.69	1 142.33	1 142.00
50	良马村(泗河)	洪峰流量(m^3/s)	370	295	199	125	68
		洪量(万 m^3)	662	519	345	227	137
		洪水历时(h)	14	13.5	13	12.5	11.5
		洪峰水位(m)	1 119.50	1 118.86	1 117.99	1 117.16	1 116.60

续表 4-6-10

序号	行政区划名称	洪水要素	重现期洪水要素值				
			100年	50年	20年	10年	5年
51	良马村(麦地沟)	洪峰流量(m^3/s)	81	65	44	28	15
		洪量(万 m^3)	109	85	57	37	23
		洪水历时(h)	8.5	7.75	6.75	5.75	4.75
		洪峰水位(m)	1 116.69	1 116.39	1 115.97	1 115.60	1 115.20
52	郭家坡村	洪峰流量(m^3/s)	81	65	44	28	15
		洪量(万 m^3)	109	85	57	37	23
		洪水历时(h)	8.5	7.75	6.75	5.75	4.75
		洪峰水位(m)	1 119.91	1 119.72	1 119.45	1 119.20	1 118.90
53	新庄村	洪峰流量(m^3/s)	110	90	64	44	26
		洪量(万 m^3)	96	76	51	34	21
		洪水历时(h)	6.8	5.8	4.8	4.0	3.3
		洪峰水位(m)	1 189.50	1 189.35	1 189.10	1 188.80	1 188.50
54	店窑村	洪峰流量(m^3/s)	138	113	81	57	34
		洪量(万 m^3)	135	107	72	49	30
		洪水历时(h)	7.25	6.75	5.75	5	4.25
		洪峰水位(m)	1 145.36	1 145.13	1 144.79	1 144.48	1 144.10
55	杜村	洪峰流量(m^3/s)	1 205	956	654	424	230
		洪量(万 m^3)	2 125	1 651	1 088	712	426
		洪水历时(h)	17.5	15.5	15	14.5	14
		洪峰水位(m)	979.19	978.78	978.49	978.06	977.58

续表 4-6-10

序号	行政区划名称	洪水要素	重现期洪水要素值				
			100 年	50 年	20 年	10 年	5 年
56	马地沟口村	洪峰流量(m^3/s)	49	40	28	18	10
		洪量(万 m^3)	49	38	25	16	10
		洪水历时(h)	5. 75	5	3. 75	3	2. 25
		洪峰水位(m)	979. 06	978. 85	978. 52	978. 24	977. 93
57	下横岭村	洪峰流量(m^3/s)	554	436	295	187	100
		洪量(万 m^3)	1 095	851	561	367	220
		洪水历时(h)	17	16	15. 5	14. 5	13. 5
		洪峰水位(m)	905. 71	905. 40	905. 00	904. 62	904. 03
58	才元村	洪峰流量(m^3/s)	732	578	392	250	132
		洪量(万 m^3)	1 259	973	633	408	238
		洪水历时(h)	16. 5	14. 0	13. 5	13. 5	12. 0
		洪峰水位(m)	876. 85	876. 65	875. 70	875. 15	874. 60
59	黑叶沟村	洪峰流量(m^3/s)	802	631	426	270	142
		洪量(万 m^3)	1 451	1 122	731	472	275
		洪水历时(h)	17. 5	15. 0	14. 5	14. 5	13. 0
		洪峰水位(m)	827. 65	827. 50	827. 30	827. 10	826. 60
60	荆村	洪峰流量(m^3/s)	194	149	93	57	32
		洪量(万 m^3)	309	241	162	109	69
		洪水历时(h)	12. 25	11. 75	10. 75	10. 25	9. 5
		洪峰水位(m)	1 112. 49	1 112. 20	1 111. 72	1 111. 32	1 111. 00

续表 4-6-10

序号	行政区划名称	洪水要素	重现期洪水要素值				
			100年	50年	20年	10年	5年
61	南架村	洪峰流量(m^3/s)	252	198	126	77	44
		洪量(万 m^3)	475	372	249	167	105
		洪水历时(h)	14.5	14.5	13.5	12.5	12.0
		洪峰水位(m)	1 082.70	1 082.50	1 081.90	1 081.55	1 081.30
62	下段村	洪峰流量(m^3/s)	311	241	149	91	51
		洪量(万 m^3)	640	496	328	218	136
		洪水历时(h)	16.5	16.0	15.5	14.5	14.0
		洪峰水位(m)	1 057.15	1 056.85	1 056.45	1 056.10	1 055.80
63	南窑村	洪峰流量(m^3/s)	475	363	220	130	71
		洪量(万 m^3)	1 107	854	560	366	222
		洪水历时(h)	20.0	20.0	19.5	18.5	18.0
		洪峰水位(m)	841.60	840.90	840.15	839.55	839.05
64	界村	洪峰流量(m^3/s)	474	359	216	128	70
		洪量(万 m^3)	1 145	882	577	375	228
		洪水历时(h)	21	20.5	19.5	19.5	18.5
		洪峰水位(m)	795.33	794.82	794.00	793.37	792.86
65	槐树底村	洪峰流量(m^3/s)	467	354	212	126	69
		洪量(万 m^3)	1 171	902	589	384	232
		洪水历时(h)	21.5	21.5	20.5	20	19.5
		洪峰水位(m)	780.07	779.62	778.92	778.29	777.64

续表 4-6-10

序号	行政区划名称	洪水要素	重现期洪水要素值				
			100 年	50 年	20 年	10 年	5 年
66	议亭村	洪峰流量(m^3/s)	121	99	70	47	27
		洪量(万 m^3)	136	106	71	47	28
		洪水历时(h)	8. 0	7. 3	6. 3	5. 3	4. 5
		洪峰水位(m)	950. 70	950. 50	950. 25	949. 95	949. 60
67	周家沟村	洪峰流量(m^3/s)	356	289	205	141	83
		洪量(万 m^3)	478	375	252	168	103
		洪水历时(h)	12. 0	10. 3	9. 5	8. 8	7. 8
		洪峰水位(m)	941. 30	941. 10	940. 80	940. 55	940. 20
68	罗云村	洪峰流量(m^3/s)	204	171	128	94	62
		洪量(万 m^3)	159	126	86	58	36
		洪水历时(h)	8. 5	6. 5	5. 5	4. 3	3. 5
		洪峰水位(m)	933. 4	933. 3	933. 2	933. 1	932. 9
69	沟口村 2	洪峰流量(m^3/s)	175	147	111	82	55
		洪量(万 m^3)	128	101	68	46	28
		洪水历时(h)	8. 5	6. 3	5. 0	3. 8	3. 0
		洪峰水位(m)	928. 25	928. 15	927. 65	927. 40	927. 00
70	坡底村	洪峰流量(m^3/s)	36	29	20	14	9
		洪量(万 m^3)	29	23	16	11	7
		洪水历时(h)	4	3. 5	2. 75	2. 25	1. 75
		洪峰水位(m)	998. 06	997. 08	996. 67	995. 67	994. 95

续表 4-6-10

序号	行政区划名称	洪水要素	重现期洪水要素值				
			100 年	50 年	20 年	10 年	5 年
71	瓦窑村	洪峰流量(m^3/s)	385	314	221	146	84
		洪量(万 m^3)	403	318	214	144	91
		洪水历时(h)	9.0	8.5	8.0	7.3	6.5
		洪峰水位(m)	869.10	868.95	868.70	868.45	868.25
72	石桥沟村	洪峰流量(m^3/s)	67	56	42	32	21
		洪量(万 m^3)	39	32	22	16	10
		洪水历时(h)	4.25	3.5	2.75	2.25	1.75
		洪峰水位(m)	863.38	863.13	862.79	862.47	862.03
73	凤池村	洪峰流量(m^3/s)	103	85	61	42	25
		洪量(万 m^3)	93	74	51	35	23
		洪水历时(h)	6.5	5.75	5	4.25	3.75
		洪峰水位(m)	853.22	852.89	852.43	851.98	851.59
74	三十亩村	洪峰流量(m^3/s)	548	436	288	187	96
		洪量(万 m^3)	967	754	499	345	199
		洪水历时(h)	15.0	15.0	14.5	14.0	13.0
		洪峰水位(m)	855.75	855.60	855.40	855.25	855.00
75	孔村	洪峰流量(m^3/s)	216	174	118	75	42
		洪量(万 m^3)	312	245	164	110	68
		洪水历时(h)	11	10.5	9.75	8.75	8
		洪峰水位(m)	843.81	843.53	843.06	842.60	842.14

续表 4-6-10

序号	行政区划名称	洪水要素	重现期洪水要素值				
			100 年	50 年	20 年	10 年	5 年
76	白村	洪峰流量(m^3/s)	162	132	94	65	38
		洪量(万 m^3)	168	133	94	65	40
		洪水历时(h)	8	7.25	6.5	6	5
		洪峰水位(m)	841.73	841.50	840.81	840.39	839.88
77	南孔滩村	洪峰流量(m^3/s)	135	111	81	57	35
		洪量(万 m^3)	89	71	48	32	20
		洪水历时(h)	6.0	5.3	4.3	3.3	2.5
		洪峰水位(m)	804.35	804.25	804.10	804.00	803.85
78	高峪村	洪峰流量(m^3/s)	76	62	42	27	15
		洪量(万 m^3)	75	58	39	25	15
		洪水历时(h)	6.5	5.75	4.75	4	3.25
		洪峰水位(m)	805.54	805.37	805.09	804.79	804.5

表 4-6-11　安泽县防洪现状评价成果表

序号	行政区划名称	防洪能力(年)	极高危险区(<5 年一遇)		高危险区(5~20 年一遇)		危险区(≥20 年一遇)	
			人口(人)	户数(户)	人口(人)	户数(户)	人口(人)	户数(户)
1	新庄村	64	0	0	0	0	11	1
2	城关村	64	0	0	0	0	12	3
3	安上村	15	0	0	1	1	76	17
4	东洪驿村	27	0	0	0	0	60	19

续表 4-6-11

序号	行政区划名称	防洪能力(年)	极高危险区(<5年一遇)		高危险区(5~20年一遇)		危险区(≥20年一遇)	
			人口(人)	户数(户)	人口(人)	户数(户)	人口(人)	户数(户)
5	前岭底村	50	0	0	0	0	17	6
6	黄岭圪台村	82	0	0	0	0	11	3
7	上庄村	74	0	0	0	0	8	2
8	下庄村	55	0	0	0	0	14	4
9	麻家山村	90	0	0	0	0	12	4
10	东湾村	77	0	0	0	0	8	2
11	亢驿村	63	0	0	0	0	9	3
12	南湾村	50	0	0	0	0	30	5
13	唐城风山选煤厂	32	0	0	0	0	60	1
14	梨八沟村	75	0	0	0	0	12	3
15	上庞壁村	50	0	0	0	0	15	5
16	下庞壁村	75	0	0	0	0	11	3
17	车村	78	0	0	0	0	10	2
18	唐城永鑫焦化厂	36	0	0	0	0	800	1
19	议宁村	64	0	0	0	0	15	4
20	大米圪塔村	32	0	0	0	0	13	4
21	固县村	20	0	0	4	1	75	19

续表 4-6-11

序号	行政区划名称	防洪能力（年）	极高危险区(<5 年一遇)		高危险区(5 ~20 年一遇)		危险区(≥20 年一遇)	
			人口(人)	户数(户)	人口(人)	户数(户)	人口(人)	户数(户)
22	井上村	77	0	0	0	0	11	3
23	佛寨村	33	0	0	0	0	8	2
24	交口河村	24	0	0	0	0	23	9
25	石头坪村	51	0	0	0	0	10	3
26	五十亩地村	65	0	0	0	0	27	7
27	连家庄村	31	0	0	0	0	14	6
28	寺洼村	28	0	0	0	0	10	4
29	圪旯村	57	0	0	0	0	11	3
30	店上村	58	0	0	0	0	50	19
31	下梯村	90	0	0	0	0	16	3
32	高壁村	13	0	0	8	4	62	19
33	劳井村	70	0	0	0	0	10	9
34	文上村	67	0	0	0	0	12	3
35	雷鼓台村	72	0	0	0	0	12	4
36	石站村	73	0	0	0	0	11	3
37	大黄沟村	79	0	0	0	0	13	2
38	川口村	42	0	0	0	0	56	19

续表 4-6-11

序号	行政区划名称	防洪能力(年)	极高危险区(<5年一遇)		高危险区(5~20年一遇)		危险区(≥20年一遇)	
			人口(人)	户数(户)	人口(人)	户数(户)	人口(人)	户数(户)
39	兰村	35	0	0	0	0	59	17
40	李庄村	95	0	0	0	0	13	4
41	王村	31	0	0	0	0	11	2
42	沟口村1	82	0	0	0	0	15	5
43	陡坡村	67	0	0	0	0	12	4
44	寺圪塔村	48	0	0	0	0	33	11
45	冀氏村	90	0	0	0	0	15	5
46	苍耳湾村	<5	20	5	17	5	36	10
47	四道河村	70	0	0	0	0	43	12
48	宋店村(左支)	22	0	0	0	0	15	4
49	宋店村(主沟)	39	0	0	0	0	130	37
50	良马村(泗河)	41	0	0	0	0	72	28
51	良马村(麦地沟)	32	0	0	0	0	60	17
52	郭家坡村	17	0	0	15	3	0	0
53	新庄村	57	0	0	0	0	14	4
54	店窑村	35	0	0	0	0	41	14
55	杜村	39	0	0	0	0	38	12

续表 4-6-11

序号	行政区划名称	防洪能力(年)	极高危险区(<5 年一遇)		高危险区(5~20 年一遇)		危险区(≥20 年一遇)	
			人口(人)	户数(户)	人口(人)	户数(户)	人口(人)	户数(户)
56	马地沟口村	55	0	0	0	0	14	5
57	下横岭村	45	0	0	0	0	25	6
58	才元村	39	0	0	0	0	27	9
59	黑叶沟村	53	0	0	0	0	10	3
60	荆村	25	0	0	0	0	35	11
61	南架村	67	0	0	0	0	14	4
62	下段村	82	0	0	0	0	11	3
63	南窑村	72	0	0	0	0	11	3
64	界村	27	0	0	0	0	60	21
65	槐树底村	33	0	0	0	0	61	15
66	议亭村	82	0	0	0	0	12	4
67	周家沟村	83	0	0	0	0	10	2
68	罗云村	65	0	0	0	0	9	2
69	沟口村 2	77	0	0	0	0	11	3
70	坡底村	23	0	0	0	0	18	8
71	瓦窑村	53	0	0	0	0	20	6
72	石桥沟村	7	0	0	23	7	95	12

续表 4-6-11

序号	行政区划名称	防洪能力(年)	极高危险区(<5 年一遇)		高危险区(5~20 年一遇)		危险区(≥20 年一遇)	
			人口(人)	户数(户)	人口(人)	户数(户)	人口(人)	户数(户)
73	凤池村	16	0	0	50	1	49	10
74	三十亩村	61	0	0	0	0	15	5
75	孔村	43	0	0	0	0	29	6
76	白村	8	0	0	123	28	60	14
77	南孔滩村	65	0	0	0	0	15	4
78	高峪村	64	0	0	0	0	31	7

表 4-6-12　安泽县预警指标成果表

序号	行政区划名称	类别	降雨历时	预警指标(雨量:mm,水位:m)		临界雨量(mm)/水位(m)	方法
				准备转移	立即转移		
1	马壁乡石槽村才元	雨量(B_0=0)	0.5 h	57	81	81	流域模型法
			1 h	81	89	89	
			2 h	97	104	104	
			3 h	110	120	120	
		雨量(B_0=0.3)	0.5 h	54	77	77	
			1 h	77	83	83	
			2 h	89	96	96	
			3 h	101	109	109	
		雨量(B_0=0.6)	0.5 h	51	72	72	
			1 h	72	77	77	
			2 h	82	87	87	
			3 h	91	99	99	

续表 4-6-12

序号	行政区划名称	类别	降雨历时	预警指标(雨量:mm,水位:m)		临界雨量(mm)/水位(m)	方法
				准备转移	立即转移		
2	唐城镇下庞壁村车村	雨量(B_0=0)	0.5 h	62	88	88	流域模型法
			1 h	88	97	97	
			2 h	104	110	110	
			3 h	116	123	123	
			4 h	131	139	139	
		雨量(B_0=0.3)	0.5 h	59	84	84	
			1 h	84	91	91	
			2 h	96	101	101	
			3 h	106	112	112	
			4 h	119	127	127	
		雨量(B_0=0.6)	0.5 h	55	79	79	
			1 h	79	84	84	
			2 h	88	92	92	
			3 h	96	102	102	
			4 h	108	114	114	
3	和川镇安上城关	雨量(B_0=0)	0.5 h	60	85	85	流域模型法
			1 h	85	94	94	
			2 h	102	111	111	
		雨量(B_0=0.3)	0.5 h	57	81	81	
			1 h	81	88	88	
			2 h	95	103	103	
		雨量(B_0=0.6)	0.5 h	54	77	77	
			1 h	77	82	82	
			2 h	88	95	95	

续表 4-6-12

序号	行政区划名称	类别	降雨历时	预警指标(雨量:mm,水位:m)		临界雨量(mm)/水位(m)	方法
				准备转移	立即转移		
4	府城镇第五村大黄沟	雨量(B_0 =0)	0.5 h	78	112	112	流域模型法
			1 h	112	120	120	
			2 h	128	136	136	
			3 h	144	155	155	
		雨量(B_0 =0.3)	0.5 h	75	107	107	
			1 h	107	113	113	
			2 h	120	127	127	
			3 h	134	144	144	
		雨量(B_0 =0.6)	0.5 h	72	102	102	
			1 h	102	107	107	
			2 h	112	118	118	
			3 h	124	133	133	
		水位		940.35	940.65	940.65	比降面积法
5	唐城镇议宁村大米圪塔	雨量(B_0 =0)	0.5 h	47	67	67	流域模型法
			1 h	67	75	75	
			2 h	82	87	87	
			3 h	92	98	98	
			4 h	104	110	110	
		雨量(B_0 =0.3)	0.5 h	44	62	62	
			1 h	62	69	69	
			2 h	74	79	79	
			3 h	83	88	88	
			4 h	94	99	99	
		雨量(B_0 =0.6)	0.5 h	40	58	58	
			1 h	58	62	62	
			2 h	66	70	70	
			3 h	73	78	78	
			4 h	82	88	88	

续表 4-6-12

序号	行政区划名称	类别	降雨历时	预警指标(雨量:mm,水位:m)		临界雨量(mm)/水位(m)	方法
				准备转移	立即转移		
6	唐城镇东湾村	雨量($B_0=0$)	0.5 h	61	87	87	流域模型法
			1 h	87	95	95	
			2 h	102	109	109	
			3 h	116	124	124	
			4 h	134	143	143	
		雨量($B_0=0.3$)	0.5 h	58	83	83	
			1 h	83	89	89	
			2 h	95	101	101	
			3 h	107	114	114	
			4 h	123	132	132	
		雨量($B_0=0.6$)	0.5 h	55	78	78	
			1 h	78	83	83	
			2 h	87	92	92	
			3 h	97	104	104	
			4 h	112	120	120	

续表 4-6-12

序号	行政区划名称	类别	降雨历时	预警指标(雨量:mm,水位:m)		临界雨量(mm)/水位(m)	方法
				准备转移	立即转移		
7	冀氏镇沟口村陡坡	雨量(B_0=0)	0.5 h	61	87	87	流域模型法
			1 h	87	95	95	
			2 h	102	109	109	
			3 h	116	124	124	
			4 h	133	142	142	
		雨量(B_0=0.3)	0.5 h	58	83	83	
			1 h	83	89	89	
			2 h	94	100	100	
			3 h	107	114	114	
			4 h	122	131	131	
		雨量(B_0=0.6)	0.5 h	55	78	78	
			1 h	78	82	82	
			2 h	87	91	91	
			3 h	97	103	103	
			4 h	111	119	119	
		水位		891.05	891.35	891.35	比降面积法
8	府城镇佛寨村	雨量(B_0=0)	0.5 h	47	67	67	流域模型法
			1 h	67	78	78	
			2 h	83	92	92	
		雨量(B_0=0.3)	0.5 h	43	61	61	
			1 h	61	68	68	
			2 h	76	84	84	
		雨量(B_0=0.6)	0.5 h	41	58	58	
			1 h	58	63	63	
			2 h	70	76	76	

续表 4-6-12

序号	行政区划名称	类别	降雨历时	预警指标(雨量:mm,水位:m)		临界雨量(mm)/水位(m)	方法
				准备转移	立即转移		
9	府城镇李垣村圪旯	雨量($B_0=0$)	0.5 h	58	83	83	流域模型法
			1 h	83	92	92	
			2 h	99	105	105	
			3 h	110	117	117	
			4 h	123	130	130	
			5 h	136	142	142	
		雨量($B_0=0.3$)	0.5 h	55	79	79	
			1 h	79	85	85	
			2 h	91	95	95	
			3 h	100	106	106	
			4 h	111	118	118	
			5 h	124	130	130	
		雨量($B_0=0.6$)	0.5 h	52	74	74	
			1 h	74	78	78	
			2 h	82	86	86	
			3 h	90	95	95	
			4 h	99	104	104	
			5 h	110	117	117	

续表 4-6-12

序号	行政区划名称	类别	降雨历时	预警指标(雨量:mm,水位:m)		临界雨量(mm)/水位(m)	方法
				准备转移	立即转移		
10	和川镇河东村沟口	雨量($B_0=0$)	0.5 h	57	82	82	流域模型法
			1 h	82	105	105	
		雨量($B_0=0.3$)	0.5 h	54	78	78	
			1 h	78	100	100	
		雨量($B_0=0.6$)	0.5 h	52	74	74	
			1 h	74	94	94	
11	冀氏镇沟口	雨量($B_0=0$)	0.5 h	64	91	91	流域模型法
			1 h	91	110	110	
			2 h	123	137	137	
		雨量($B_0=0.3$)	0.5 h	61	88	88	
			1 h	88	104	104	
			2 h	116	130	130	
		雨量($B_0=0.6$)	0.5 h	58	83	83	
			1 h	83	97	97	
			2 h	109	121	121	
		水位		890.20	890.50	890.50	比降面积法

续表 4-6-12

序号	行政区划名称	类别	降雨历时	预警指标(雨量:mm,水位:m)		临界雨量(mm)/水位(m)	方法
				准备转移	立即转移		
12	马壁乡下石村黑叶沟	雨量(B_0 =0)	0.5 h	61	87	87	流域模型法
			1 h	87	95	95	
			2 h	102	109	109	
			3 h	116	125	125	
		雨量(B_0 =0.3)	0.5 h	58	83	83	
			1 h	83	89	89	
			2 h	95	101	101	
			3 h	106	115	115	
		雨量(B_0 =0.6)	0.5 h	55	78	78	
			1 h	78	83	83	
			2 h	88	93	93	
			3 h	97	105	105	
13	唐城镇上庄村黄岭圪台	雨量(B_0 =0)	0.5 h	62	88	88	流域模型法
			1 h	88	100	100	
			2 h	111	122	122	
		雨量(B_0 =0.3)	0.5 h	59	84	84	
			1 h	84	94	94	
			2 h	103	113	113	
		雨量(B_0 =0.6)	0.5 h	55	79	79	
			1 h	79	86	86	
			2 h	95	103	103	

续表 4-6-12

序号	行政区划名称	类别	降雨历时	预警指标(雨量:mm,水位:m)		临界雨量(mm)/水位(m)	方法
				准备转移	立即转移		
14	冀氏镇冀氏村	雨量(B_0=0)	0.5 h	66	94	94	流域模型法
			1 h	94	102	102	
			2 h	109	116	116	
			3 h	123	131	131	
			4 h	141	151	151	
		雨量(B_0=0.3)	0.5 h	62	89	89	
			1 h	89	95	95	
			2 h	101	107	107	
			3 h	113	121	121	
			4 h	130	140	140	
		雨量(B_0=0.6)	0.5 h	59	85	85	
			1 h	85	89	89	
			2 h	93	99	99	
			3 h	103	110	110	
			4 h	119	128	128	
		水位		891.20	891.50	891.50	比降面积法

续表 4-6-12

序号	行政区划名称	类别	降雨历时	预警指标（雨量:mm,水位:m）		临界雨量（mm）/水位（m）	方法
				准备转移	立即转移		
15	唐城镇井上	雨量（$B_0=0$）	0.5 h	66	95	95	流域模型法
			1 h	95	102	102	
			2 h	111	122	122	
		雨量（$B_0=0.3$）	0.5 h	62	88	88	
			1 h	88	95	95	
			2 h	103	111	111	
		雨量（$B_0=0.6$）	0.5 h	59	84	84	
			1 h	84	88	88	
			2 h	95	103	103	
16	唐城镇亢驿	雨量（$B_0=0$）	0.5 h	58	83	83	流域模型法
			1 h	83	92	92	
			2 h	99	105	105	
			3 h	112	120	120	
			4 h	129	138	138	
		雨量（$B_0=0.3$）	0.5 h	55	79	79	
			1 h	79	85	85	
			2 h	91	97	97	
			3 h	103	110	110	
			4 h	119	126	126	
		雨量（$B_0=0.6$）	0.5 h	52	75	75	
			1 h	75	79	79	
			2 h	83	88	88	
			3 h	93	99	99	
			4 h	107	115	115	

续表 4-6-12

序号	行政区划名称	类别	降雨历时	预警指标(雨量:mm,水位:m)		临界雨量(mm)/水位(m)	方法
				准备转移	立即转移		
17	良马乡郭都村(新窑)雷鼓台	雨量(B_0 =0)	0.5 h	63	90	90	流域模型法
			1 h	90	100	100	
			2 h	108	115	115	
			3 h	121	132	132	
		雨量(B_0 =0.3)	0.5 h	60	86	86	
			1 h	86	93	93	
			2 h	100	106	106	
			3 h	112	122	122	
		雨量(B_0 =0.6)	0.5 h	57	81	81	
			1 h	81	87	87	
			2 h	93	98	98	
			3 h	102	111	111	
18	唐城镇梨八沟村	雨量(B_0 =0)	0.5 h	60	85	85	流域模型法
			1 h	85	97	97	
			2 h	108	118	118	
		雨量(B_0 =0.3)	0.5 h	56	80	80	
			1 h	80	90	90	
			2 h	98	109	109	
		雨量(B_0 =0.6)	0.5 h	52	75	75	
			1 h	75	83	83	
			2 h	91	99	99	

续表 4-6-12

序号	行政区划名称	类别	降雨历时	预警指标(雨量:mm,水位:m)		临界雨量(mm)/水位(m)	方法
				准备转移	立即转移		
19	冀氏镇李庄	雨量(B_0 =0)	0.5 h	64	91	91	流域模型法
			1 h	91	109	109	
			2 h	123	137	137	
		雨量(B_0 =0.3)	0.5 h	61	87	87	
			1 h	87	102	102	
			2 h	115	129	129	
		雨量(B_0 =0.6)	0.5 h	57	82	82	
			1 h	82	95	95	
			2 h	107	120	120	
20	和川镇罗云	雨量(B_0 =0)	0.5 h	52	74	74	流域模型法
			1 h	74	98	98	
		雨量(B_0 =0.3)	0.5 h	49	70	70	
			1 h	70	93	93	
		雨量(B_0 =0.6)	0.5 h	46	66	66	
			1 h	66	86	86	
21	唐城镇三交麻家山	雨量(B_0 =0)	0.5 h	62	88	88	流域模型法
			1 h	88	102	102	
			2 h	114	126	126	
		雨量(B_0 =0.3)	0.5 h	59	84	84	
			1 h	84	96	96	
			2 h	106	116	116	
		雨量(B_0 =0.6)	0.5 h	55	79	79	
			1 h	79	89	89	
			2 h	98	107	107	

续表 4-6-12

序号	行政区划名称	类别	降雨历时	预警指标(雨量:mm,水位:m)		临界雨量(mm)/水位(m)	方法
				准备转移	立即转移		
22	马壁乡荆村南架	雨量($B_0=0$)	0.5 h	58	83	83	流域模型法
			1 h	83	93	93	
			2 h	99	106	106	
			3 h	113	120	120	
			4 h	129	137	137	
		雨量($B_0=0.3$)	0.5 h	55	79	79	
			1 h	79	86	86	
			2 h	91	97	97	
			3 h	103	109	109	
			4 h	117	124	124	
		雨量($B_0=0.6$)	0.5 h	52	74	74	
			1 h	74	79	79	
			2 h	83	87	87	
			3 h	93	98	98	
			4 h	105	112	112	
23	冀氏镇南孔滩村	雨量($B_0=0$)	0.5 h	59	84	84	流域模型法
			1 h	84	112	112	
		雨量($B_0=0.3$)	0.5 h	55	79	79	
			1 h	79	107	107	
		雨量($B_0=0.6$)	0.5 h	53	76	76	
			1 h	76	101	101	

续表 4-6-12

序号	行政区划名称	类别	降雨历时	预警指标(雨量:mm,水位:m)		临界雨量(mm)/水位(m)	方法
				准备转移	立即转移		
24	马壁乡刘村南窑	雨量(B_0=0)	0.5 h	55	79	79	流域模型法
			1 h	79	87	87	
			2 h	94	100	100	
			3 h	106	112	112	
			4 h	118	125	125	
			5 h	131	138	138	
		雨量(B_0=0.3)	0.5 h	52	75	75	
			1 h	75	81	81	
			2 h	86	91	91	
			3 h	96	101	101	
			4 h	107	113	113	
			5 h	119	125	125	
		雨量(B_0=0.6)	0.5 h	49	70	70	
			1 h	70	74	74	
			2 h	78	82	82	
			3 h	86	90	90	
			4 h	94	100	100	
			5 h	106	112	112	

续表 4-6-12

序号	行政区划名称	类别	降雨历时	预警指标(雨量:mm,水位:m)		临界雨量(mm)/水位(m)	方法
				准备转移	立即转移		
25	唐城镇下庞壁村上庞壁	雨量(B_0 =0)	0.5 h	59	84	84	流域模型法
			1 h	84	96	96	
			2 h	103	111	111	
			3 h	121	130	130	
		雨量(B_0 =0.3)	0.5 h	55	79	79	
			1 h	79	89	89	
			2 h	94	101	101	
			3 h	110	120	120	
		雨量(B_0 =0.6)	0.5 h	51	73	73	
			1 h	73	82	82	
			2 h	87	92	92	
			3 h	99	109	109	
26	唐城镇上庄前岭底	雨量(B_0 =0)	0.5 h	51	73	73	流域模型法
			1 h	73	97	97	
		雨量(B_0 =0.3)	0.5 h	47	67	67	
			1 h	67	88	88	
		雨量(B_0 =0.6)	0.5 h	43	61	61	
			1 h	61	83	83	

续表 4-6-12

序号	行政区划名称	类别	降雨历时	预警指标(雨量:mm,水位:m)		临界雨量(mm)/水位(m)	方法
				准备转移	立即转移		
27	冀氏镇沟口村三十亩村	雨量(B_0 =0)	0.5 h	57	81	81	流域模型法
			1 h	81	90	90	
			2 h	98	105	105	
			3 h	111	121	121	
		雨量(B_0 =0.3)	0.5 h	54	77	77	
			1 h	77	84	84	
			2 h	90	97	97	
			3 h	102	111	111	
		雨量(B_0 =0.6)	0.5 h	51	72	72	
			1 h	72	78	78	
			2 h	83	88	88	
			3 h	92	100	100	
28	唐城镇上庄	雨量(B_0 =0)	0.5 h	62	88	88	流域模型法
			1 h	88	97	97	
			2 h	107	117	117	
		雨量(B_0 =0.3)	0.5 h	59	84	84	
			1 h	84	91	91	
			2 h	99	109	109	
		雨量(B_0 =0.6)	0.5 h	55	79	79	
			1 h	79	84	84	
			2 h	91	99	99	

续表 4-6-12

序号	行政区划名称	类别	降雨历时	预警指标(雨量:mm,水位:m)		临界雨量(mm)/水位(m)	方法
				准备转移	立即转移		
29	府城镇花车石头坪	雨量(B_0 =0)	0.5 h	51	73	73	流域模型法
			1 h	73	82	82	
			2 h	89	95	95	
			3 h	101	109	109	
			4 h	118	124	124	
		雨量(B_0 =0.3)	0.5 h	47	68	68	
			1 h	68	74	74	
			2 h	80	86	86	
			3 h	91	98	98	
			4 h	107	113	113	
		雨量(B_0 =0.6)	0.5 h	44	63	63	
			1 h	63	68	68	
			2 h	72	76	76	
			3 h	81	87	87	
			4 h	95	101	101	
30	府城镇第五村石站	雨量(B_0 =0)	0.5 h	64	91	91	流域模型法
			1 h	91	100	100	
			2 h	108	116	116	
			3 h	122	133	133	
		雨量(B_0 =0.3)	0.5 h	61	87	87	
			1 h	87	94	94	
			2 h	101	107	107	
			3 h	113	123	123	

续表 4-6-12

序号	行政区划名称	类别	降雨历时	预警指标(雨量:mm,水位:m)		临界雨量(mm)/水位(m)	方法
				准备转移	立即转移		
30	府城镇第五村石站	雨量(B_0 =0.6)	0.5 h	57	82	82	流域模型法
			1 h	82	88	88	
			2 h	94	99	99	
			3 h	103	112	112	
		水位		940.00	940.30	940.30	比降面积法
31	冀氏镇冀氏寺圪塔	雨量(B_0 =0)	0.5 h	57	81	81	流域模型法
			1 h	81	90	90	
			2 h	96	103	103	
			3 h	110	117	117	
			4 h	125	134	134	
		雨量(B_0 =0.3)	0.5 h	54	77	77	
			1 h	77	83	83	
			2 h	89	94	94	
			3 h	100	106	106	
			4 h	115	122	122	
		雨量(B_0 =0.6)	0.5 h	51	72	72	
			1 h	72	77	77	
			2 h	81	85	85	
			3 h	90	96	96	
			4 h	103	111	111	
		水位		890.85	891.15	891.15	比降面积法

续表 4-6-12

序号	行政区划名称	类别	降雨历时	预警指标(雨量:mm,水位:m)		临界雨量(mm)/水位(m)	方法
				准备转移	立即转移		
32	府城镇府城村(南滩)瓦窑	雨量($B_0=0$)	0.5 h	71	101	101	流域模型法
			1 h	101	114	114	
			2 h	121	129	129	
		雨量($B_0=0.3$)	0.5 h	68	97	97	
			1 h	97	108	108	
			2 h	114	120	120	
		雨量($B_0=0.6$)	0.5 h	65	93	93	
			1 h	93	101	101	
			2 h	106	112	112	
33	冀氏镇王村	雨量($B_0=0$)	0.5 h	50	71	71	流域模型法
			1 h	71	80	80	
			2 h	87	94	94	
			3 h	100	109	109	
		雨量($B_0=0.3$)	0.5 h	46	66	66	
			1 h	66	73	73	
			2 h	80	85	85	
			3 h	90	99	99	
		雨量($B_0=0.6$)	0.5 h	43	62	62	
			1 h	62	67	67	
			2 h	72	76	76	
			3 h	81	88	88	
		水位		890.60	890.90	890.90	比降面积法

续表 4-6-12

序号	行政区划名称	类别	降雨历时	预警指标(雨量:mm,水位:m)		临界雨量(mm)/水位(m)	方法
				准备转移	立即转移		
34	良马乡文上	雨量(B_0=0)	0.5 h	62	89	89	流域模型法
			1 h	89	102	102	
			2 h	109	116	116	
			3 h	126	138	138	
		雨量(B_0=0.3)	0.5 h	59	85	85	
			1 h	85	95	95	
			2 h	101	107	107	
			3 h	116	128	128	
		雨量(B_0=0.6)	0.5 h	56	80	80	
			1 h	80	88	88	
			2 h	93	98	98	
			3 h	106	117	117	
35	马壁乡唐村(上唐村)下段	雨量(B_0=0)	0.5 h	59	85	85	流域模型法
			1 h	85	94	94	
			2 h	101	107	107	
			3 h	114	120	120	
			4 h	128	136	136	

续表 4-6-12

序号	行政区划名称	类别	降雨历时	预警指标(雨量:mm,水位:m)		临界雨量(mm)/水位(m)	方法
				准备转移	立即转移		
35	马壁乡唐村(上唐村)下段	雨量(B_0 =0.3)	0.5 h	56	80	80	流域模型法
			1 h	80	87	87	
			2 h	93	98	98	
			3 h	103	109	109	
			4 h	116	124	124	
		雨量(B_0 =0.6)	0.5 h	52	75	75	
			1 h	75	80	80	
			2 h	84	88	88	
			3 h	93	98	98	
			4 h	104	111	111	
36	唐城镇下庞壁村	雨量(B_0 =0)	0.5 h	74	106	106	流域模型法
			1 h	106	119	119	
			2 h	127	136	136	
		雨量(B_0 =0.3)	0.5 h	71	101	101	
			1 h	101	113	113	
			2 h	119	126	126	
		雨量(B_0 =0.6)	0.5 h	68	97	97	
			1 h	97	106	106	
			2 h	110	117	117	

续表 4-6-12

序号	行政区划名称	类别	降雨历时	预警指标(雨量:mm,水位:m)		临界雨量(mm)/水位(m)	方法
				准备转移	立即转移		
37	府城镇上梯/下梯	雨量(B_0 =0)	0.5 h	60	85	85	流域模型法
			1 h	85	93	93	
			2 h	100	106	106	
			3 h	112	118	118	
			4 h	124	131	131	
			5 h	137	144	144	
		雨量(B_0 =0.3)	0.5 h	56	80	80	
			1 h	80	87	87	
			2 h	92	97	97	
			3 h	102	107	107	
			4 h	113	118	118	
			5 h	124	130	130	
		雨量(B_0 =0.6)	0.5 h	53	75	75	
			1 h	75	80	80	
			2 h	84	88	88	
			3 h	91	96	96	
			4 h	101	105	105	
			5 h	111	117	117	
		水位		929.90	930.20	929.90	比降面积法

续表 4-6-12

序号	行政区划名称	类别	降雨历时	预警指标(雨量:mm,水位:m)		临界雨量(mm)/水位(m)	方法
				准备转移	立即转移		
38	唐城镇上庄/下庄	雨量(B_0 =0)	0.5 h	58	82	82	流域模型法
			1 h	82	92	92	
			2 h	100	109	109	
		雨量(B_0 =0.3)	0.5 h	54	78	78	
			1 h	78	85	85	
			2 h	92	100	100	
		雨量(B_0 =0.6)	0.5 h	51	73	73	
			1 h	73	79	79	
			2 h	84	92	92	
39	和川镇上田新庄	雨量(B_0 =0)	0.5 h	62	89	89	流域模型法
			1 h	89	97	97	
			2 h	106	115	115	
		雨量(B_0 =0.3)	0.5 h	59	85	85	
			1 h	85	91	91	
			2 h	98	107	107	
		雨量(B_0 =0.6)	0.5 h	56	80	80	
			1 h	80	85	85	
			2 h	91	98	98	

续表 4-6-12

序号	行政区划名称	类别	降雨历时	预警指标(雨量:mm,水位:m)		临界雨量(mm)/水位(m)	方法
				准备转移	立即转移		
40	良马乡小寨村新庄	雨量($B_0=0$)	0.5 h	59	84	84	流域模型法
			1 h	84	100	100	
			2 h	111	122	122	
		雨量($B_0=0.3$)	0.5 h	55	79	79	
			1 h	79	93	93	
			2 h	103	115	115	
		雨量($B_0=0.6$)	0.5 h	52	75	75	
			1 h	75	86	86	
			2 h	97	107	107	
41	唐城镇议宁	雨量($B_0=0$)	0.5 h	59	84	84	流域模型法
			1 h	84	93	93	
			2 h	99	105	105	
			3 h	111	118	118	
			4 h	125	133	133	
		雨量($B_0=0.3$)	0.5 h	55	79	79	
			1 h	79	86	86	
			2 h	92	96	96	
			3 h	102	107	107	
			4 h	113	121	121	
		雨量($B_0=0.6$)	0.5 h	52	75	75	
			1 h	75	79	79	
			2 h	84	87	87	
			3 h	91	97	97	
			4 h	102	108	108	

续表 4-6-12

序号	行政区划名称	类别	降雨历时	预警指标(雨量:mm,水位:m)		临界雨量(mm)/水位(m)	方法
				准备转移	立即转移		
42	和川镇议亭	雨量($B_0=0$)	0.5 h	66	94	94	流域模型法
			1 h	94	102	102	
			2 h	112	122	122	
		雨量($B_0=0.3$)	0.5 h	62	89	89	
			1 h	89	96	96	
			2 h	104	114	114	
		雨量($B_0=0.6$)	0.5 h	60	85	85	
			1 h	85	89	89	
			2 h	97	105	105	
43	和川镇罗云周家沟	雨量($B_0=0$)	0.5 h	61	87	87	流域模型法
			1 h	87	95	95	
			2 h	102	109	109	
		雨量($B_0=0.3$)	0.5 h	58	83	83	
			1 h	83	89	89	
			2 h	95	101	101	
		雨量($B_0=0.6$)	0.5 h	55	78	78	
			1 h	78	83	83	
			2 h	87	92	92	

续表 4-6-12

序号	行政区划名称	类别	降雨历时	预警指标(雨量:mm,水位:m)		临界雨量(mm)/水位(m)	方法
				准备转移	立即转移		
44	和川镇安上	雨量(B_0=0)	0.5 h	41	59	59	流域模型法
			1 h	59	68	68	
			2 h	74	80	80	
		雨量(B_0=0.3)	0.5 h	38	55	55	
			1 h	55	62	62	
			2 h	67	73	73	
		雨量(B_0=0.6)	0.5 h	35	51	51	
			1 h	51	56	56	
			2 h	60	64	64	
45	和川镇东洪驿	雨量(B_0=0)	0.5 h	47	68	68	流域模型法
			1 h	68	76	76	
			2 h	82	89	89	
			3 h	94	102	102	
		雨量(B_0=0.3)	0.5 h	45	64	64	
			1 h	64	70	70	
			2 h	75	81	81	
			3 h	86	93	93	
		雨量(B_0=0.6)	0.5 h	42	60	60	
			1 h	60	64	64	
			2 h	68	73	73	
			3 h	77	84	84	
		水位		1 021.67	1 021.97	1 021.97	比降面积法

续表 4-6-12

序号	行政区划名称	类别	降雨历时	预警指标(雨量:mm,水位:m)		临界雨量(mm)/水位(m)	方法
				准备转移	立即转移		
46	唐城镇南湾	雨量(B_0=0)	0.5 h	59	85	85	流域模型法
			1 h	85	93	93	
			2 h	100	106	106	
			3 h	113	120	120	
		雨量(B_0=0.3)	0.5 h	56	80	80	
			1 h	80	87	87	
			2 h	92	97	97	
			3 h	103	109	109	
		雨量(B_0=0.6)	0.5 h	53	75	75	
			1 h	75	80	80	
			2 h	84	88	88	
			3 h	94	99	99	
47	唐城风山选煤厂	雨量(B_0=0)	0.5 h	48	68	68	流域模型法
			1 h	68	76	76	
			2 h	83	89	89	
			3 h	94	100	100	
			4 h	106	113	113	
		雨量(B_0=0.3)	0.5 h	45	64	64	
			1 h	64	70	70	
			2 h	75	80	80	
			3 h	85	90	90	
			4 h	95	102	102	

续表 4-6-12

序号	行政区划名称	类别	降雨历时	预警指标(雨量:mm,水位:m)		临界雨量(mm)/水位(m)	方法
				准备转移	立即转移		
47	唐城风山选煤厂	雨量(B_0 =0.6)	0.5 h	41	59	59	流域模型法
			1 h	59	64	64	
			2 h	68	71	71	
			3 h	75	80	80	
			4 h	84	90	90	
48	唐城永鑫焦化厂	雨量(B_0 =0)	0.5 h	52	74	74	流域模型法
			1 h	74	82	82	
			2 h	89	95	95	
			3 h	100	106	106	
			4 h	113	119	119	
		雨量(B_0 =0.3)	0.5 h	49	69	69	
			1 h	69	76	76	
			2 h	81	86	86	
			3 h	91	96	96	
			4 h	102	108	108	
		雨量(B_0 =0.6)	0.5 h	45	65	65	
			1 h	65	69	69	
			2 h	73	77	77	
			3 h	81	86	86	
			4 h	90	96	96	

续表 4-6-12

序号	行政区划名称	类别	降雨历时	预警指标(雨量:mm,水位:m)		临界雨量(mm)/水位(m)	方法
				准备转移	立即转移		
49	唐城镇固县	雨量($B_0=0$)	0.5 h	43	61	61	流域模型法
			1 h	61	69	69	
			2 h	75	80	80	
			3 h	86	90	90	
			4 h	95	100	100	
			5 h	105	110	110	
		雨量($B_0=0.3$)	0.5 h	40	57	57	
			1 h	57	63	63	
			2 h	67	72	72	
			3 h	76	81	81	
			4 h	85	90	90	
			5 h	94	99	99	
		雨量($B_0=0.6$)	0.5 h	36	52	52	
			1 h	52	56	56	
			2 h	60	63	63	
			3 h	66	70	70	
			4 h	74	78	78	
			5 h	82	86	86	

续表 4-6-12

序号	行政区划名称	类别	降雨历时	预警指标(雨量:mm,水位:m)		临界雨量(mm)/水位(m)	方法
				准备转移	立即转移		
50	府城镇寺村五十亩地	雨量(B_0 =0)	0.5 h	62	88	88	流域模型法
			1 h	88	97	97	
			2 h	106	116	116	
		雨量(B_0 =0.3)	0.5 h	59	84	84	
			1 h	84	90	90	
			2 h	98	107	107	
		雨量(B_0 =0.6)	0.5 h	55	79	79	
			1 h	79	84	84	
			2 h	91	97	97	
51	府城镇花车交口河	雨量(B_0 =0)	0.5 h	45	64	64	流域模型法
			1 h	64	73	73	
			2 h	83	92	92	
		雨量(B_0 =0.3)	0.5 h	43	61	61	
			1 h	61	68	68	
			2 h	73	80	80	
		雨量(B_0 =0.6)	0.5 h	38	55	55	
			1 h	55	58	58	
			2 h	64	69	69	

续表 4-6-12

序号	行政区划名称	类别	降雨历时	预警指标(雨量:mm,水位:m)		临界雨量(mm)/水位(m)	方法
				准备转移	立即转移		
52	府城镇上掌连家庄	雨量(B_0 =0)	0.5 h	46	66	66	流域模型法
			1 h	66	74	74	
			2 h	81	87	87	
			3 h	92	97	97	
			4 h	103	108	108	
			5 h	114	119	119	
		雨量(B_0 =0.3)	0.5 h	43	61	61	
			1 h	61	68	68	
			2 h	73	78	78	
			3 h	82	87	87	
			4 h	92	97	97	
			5 h	103	107	107	
		雨量(B_0 =0.6)	0.5 h	39	56	56	
			1 h	56	61	61	
			2 h	65	69	69	
			3 h	72	76	76	
			4 h	80	85	85	
			5 h	90	94	94	

续表 4-6-12

序号	行政区划名称	类别	降雨历时	预警指标(雨量:mm,水位:m)		临界雨量(mm)/水位(m)	方法
				准备转移	立即转移		
53	府城镇李垣寺洼	雨量(B_0 =0)	0.5 h	44	63	63	流域模型法
			1 h	63	71	71	
			2 h	78	83	83	
			3 h	88	94	94	
			4 h	99	105	105	
			5 h	109	113	113	
		雨量(B_0 =0.3)	0.5 h	41	58	58	
			1 h	58	65	65	
			2 h	70	74	74	
			3 h	79	84	84	
			4 h	87	93	93	
			5 h	97	102	102	
		雨量(B_0 =0.6)	0.5 h	37	53	53	
			1 h	53	58	58	
			2 h	61	65	65	
			3 h	69	72	72	
			4 h	76	81	81	
			5 h	85	89	89	

续表 4-6-12

序号	行政区划名称	类别	降雨历时	预警指标(雨量:mm,水位:m)		临界雨量(mm)/水位(m)	方法
				准备转移	立即转移		
54	府城镇李垣店上	雨量(B_0 =0)	0.5 h	54	78	78	流域模型法
			1 h	78	86	86	
			2 h	93	99	99	
			3 h	105	110	110	
			4 h	116	123	123	
			5 h	129	135	135	
		雨量(B_0 =0.3)	0.5 h	51	73	73	
			1 h	73	79	79	
			2 h	85	90	90	
			3 h	94	100	100	
			4 h	105	110	110	
			5 h	116	122	122	
		雨量(B_0 =0.6)	0.5 h	48	68	68	
			1 h	68	72	72	
			2 h	76	80	80	
			3 h	84	88	88	
			4 h	93	97	97	
			5 h	103	108	108	

续表 4-6-12

序号	行政区划名称	类别	降雨历时	预警指标(雨量:mm,水位:m)		临界雨量(mm)/水位(m)	方法
				准备转移	立即转移		
55	府城镇高壁村	雨量(B_0 =0)	0.5 h	34	49	49	流域模型法
			1 h	49	56	56	
			2 h	62	68	68	
			3 h	72	76	76	
			4 h	80	84	84	
			5 h	87	90	90	
			6 h	93	96	96	
		雨量(B_0 =0.3)	0.5 h	31	44	44	
			1 h	44	50	50	
			2 h	55	59	59	
			3 h	63	67	67	
			4 h	70	73	73	
			5 h	77	80	80	
			6 h	83	86	86	
		雨量(B_0 =0.6)	0.5 h	28	40	40	
			1 h	40	44	44	
			2 h	47	51	51	
			3 h	54	57	57	
			4 h	59	62	62	
			5	66	69	69	
			6 h	72	74	74	
		水位		925.55	925.85	925.85	比降面积法

续表 4-6-12

序号	行政区划名称	类别	降雨历时	预警指标(雨量:mm,水位:m)		临界雨量(mm)/水位(m)	方法
				准备转移	立即转移		
56	良马乡劳井	雨量(B_0 =0)	0.5 h	66	95	95	流域模型法
			1 h	95	105	105	
			2 h	114	122	122	
		雨量(B_0 =0.3)	0.5 h	64	91	91	
			1 h	91	97	97	
			2 h	105	115	115	
		雨量(B_0 =0.6)	0.5 h	60	85	85	
			1 h	85	93	93	
			2 h	98	105	105	
57	府城镇第五村川口	雨量(B_0 =0)	0.5 h	57	81	81	流域模型法
			1 h	81	89	89	
			2 h	96	104	104	
			3 h	109	119	119	
		雨量(B_0 =0.3)	0.5 h	53	76	76	
			1 h	76	83	83	
			2 h	89	95	95	
			3 h	100	108	108	
		雨量(B_0 =0.6)	0.5 h	50	72	72	
			1 h	72	77	77	
			2 h	81	86	86	
			3 h	91	97	97	
		水位		940.7	941	941	比降面积法

续表 4-6-12

序号	行政区划名称	类别	降雨历时	预警指标(雨量:mm,水位:m)		临界雨量(mm)/水位(m)	方法
				准备转移	立即转移		
58	府城镇义唐村坡底	雨量(B_0=0)	0.5 h	47	67	67	流域模型法
			1 h	67	78	78	
			2 h	89	99	99	
		雨量(B_0=0.3)	0.5 h	43	61	61	
			1 h	61	73	73	
			2 h	83	88	88	
		雨量(B_0=0.6)	0.5 h	41	58	58	
			1 h	58	63	63	
			2 h	73	80	80	
59	府城镇石桥沟村	雨量(B_0=0)	0.5 h	28	40	40	流域模型法
			1 h	40	58	58	
		雨量(B_0=0.3)	0.5 h	26	37	37	
			1 h	37	51	51	
		雨量(B_0=0.6)	0.5 h	22	32	32	
			1 h	32	46	46	
60	府城镇凤池	雨量(B_0=0)	0.5 h	41	58	58	流域模型法
			1 h	58	68	68	
			2 h	76	84	84	
		雨量(B_0=0.3)	0.5 h	37	53	53	
			1 h	53	62	62	
			2 h	68	76	76	
		雨量(B_0=0.6)	0.5 h	34	49	49	
			1 h	49	56	56	
			2 h	62	67	67	

续表 4-6-12

序号	行政区划名称	类别	降雨历时	预警指标(雨量:mm,水位:m)		临界雨量(mm)/水位(m)	方法
				准备转移	立即转移		
61	府城镇孔村	雨量(B_0 =0)	0.5 h	58	82	82	流域模型法
			1 h	82	93	93	
			2 h	100	107	107	
			3 h	115	125	125	
		雨量(B_0 =0.3)	0.5 h	54	78	78	
			1 h	78	87	87	
			2 h	93	98	98	
			3 h	105	116	116	
		雨量(B_0 =0.6)	0.5 h	51	73	73	
			1 h	73	80	80	
			2 h	85	90	90	
			3 h	96	106	106	
62	冀氏镇兰村	雨量(B_0 =0)	0.5 h	58	83	83	流域模型法
			1 h	83	92	92	
			2 h	99	106	106	
			3 h	113	122	122	
		雨量(B_0 =0.3)	0.5 h	55	78	78	
			1 h	78	85	85	
			2 h	91	98	98	
			3 h	103	112	112	
		雨量(B_0 =0.6)	0.5 h	51	74	74	
			1 h	74	79	79	
			2 h	84	89	89	
			3 h	93	101	101	

续表 4-6-12

序号	行政区划名称	类别	降雨历时	预警指标(雨量:mm,水位:m)		临界雨量(mm)/水位(m)	方法
				准备转移	立即转移		
63	冀氏镇白村	雨量(B_0 =0)	0.5 h	39	56	56	流域模型法
			1 h	56	63	63	
			2 h	71	76	76	
		雨量(B_0 =0.3)	0.5 h	36	52	52	
			1 h	52	58	58	
			2 h	64	69	69	
		雨量(B_0 =0.6)	0.5 h	33	47	47	
			1 h	47	52	52	
			2 h	57	61	61	
64	良马乡良马四道河	雨量(B_0 =0)	0.5 h	65	93	93	流域模型法
			1 h	93	105	105	
			2 h	112	119	119	
			3 h	128	141	141	
		雨量(B_0 =0.3)	0.5 h	62	89	89	
			1 h	89	99	99	
			2 h	105	111	111	
			3 h	119	131	131	
		雨量(B_0 =0.6)	0.5 h	59	85	85	
			1 h	85	93	93	
			2 h	97	102	102	
			3 h	109	121	121	

续表 4-6-12

序号	行政区划名称	类别	降雨历时	预警指标(雨量:mm,水位:m)		临界雨量(mm)/水位(m)	方法
				准备转移	立即转移		
65	良马乡边寨(苍耳湾)	雨量(B_0=0)	0.5 h	22	32	32	流域模型法
			1 h	32	39	39	
			2 h	44	48	48	
			3 h	53	54	54	
		雨量(B_0=0.3)	0.5 h	20	28	28	
			1 h	28	34	34	
			2 h	38	42	42	
			3 h	45	48	48	
		雨量(B_0=0.6)	0.5 h	17	24	24	
			1 h	24	28	28	
			2 h	32	34	34	
			3 h	37	41	41	
66	宋店村(左支)	雨量(B_0=0)	0.5 h	50	72	72	流域模型法
			1 h	72	80	80	
			2 h	89	95	95	
			3 h	101	111	111	
		雨量(B_0=0.3)	0.5 h	47	67	67	
			1 h	67	74	74	
			2 h	81	86	86	
			3 h	92	101	101	
		雨量(B_0=0.6)	0.5 h	43	61	61	
			1 h	61	68	68	
			2 h	73	76	76	
			3 h	81	89	89	

续表 4-6-12

序号	行政区划名称	类别	降雨历时	预警指标(雨量:mm,水位:m)		临界雨量(mm)/水位(m)	方法
				准备转移	立即转移		
67	宋店村(主沟)	雨量(B_0 =0)	0.5 h	58	82	82	流域模型法
			1 h	82	93	93	
			2 h	102	109	109	
			3 h	115	125	125	
		雨量(B_0 =0.3)	0.5 h	54	78	78	
			1 h	78	86	86	
			2 h	94	99	99	
			3 h	105	116	116	
		雨量(B_0 =0.6)	0.5 h	51	73	73	
			1 h	73	79	79	
			2 h	85	90	90	
			3 h	94	103	103	
68	良马乡良马郭家坡	雨量(B_0 =0)	0.5 h	45	64	64	流域模型法
			1 h	64	73	73	
			2 h	81	88	88	
			3 h	94	103	103	
		雨量(B_0 =0.3)	0.5 h	41	58	58	
			1 h	58	67	67	
			2 h	73	78	78	
			3 h	86	93	93	
		雨量(B_0 =0.6)	0.5 h	37	53	53	
			1 h	53	61	61	
			2 h	64	69	69	
			3 h	75	84	84	

续表 4-6-12

序号	行政区划名称	类别	降雨历时	预警指标(雨量:mm,水位:m)		临界雨量(mm)/水位(m)	方法
				准备转移	立即转移		
69	良马乡小寨村店窑	雨量(B_0=0)	0.5 h	55	79	79	流域模型法
			1 h	79	90	90	
			2 h	100	109	109	
		雨量(B_0=0.3)	0.5 h	52	75	75	
			1 h	75	84	84	
			2 h	92	101	101	
		雨量(B_0=0.6)	0.5 h	49	70	70	
			1 h	70	78	78	
			2 h	86	94	94	
70	良马乡良马村(泗河)	雨量(B_0=0)	0.5 h	58	82	82	流域模型法
			1 h	82	90	90	
			2 h	97	104	104	
			3 h	110	119	119	
		雨量(B_0=0.3)	0.5 h	54	78	78	
			1 h	78	83	83	
			2 h	89	95	95	
			3 h	101	108	108	
		雨量(B_0=0.6)	0.5 h	51	73	73	
			1 h	73	77	77	
			2 h	81	86	86	
			3 h	91	98	98	

续表 4-6-12

序号	行政区划名称	类别	降雨历时	预警指标（雨量：mm，水位：m）		临界雨量（mm）/水位（m）	方法
				准备转移	立即转移		
71	良马乡良马村（麦地沟）	雨量（$B_0=0$）	0.5 h	55	79	79	流域模型法
			1 h	79	90	90	
			2 h	98	105	105	
			3 h	114	125	125	
		雨量（$B_0=0.3$）	0.5 h	52	75	75	
			1 h	75	84	84	
			2 h	89	95	95	
			3 h	103	116	116	
		雨量（$B_0=0.6$）	0.5 h	49	70	70	
			1 h	70	77	77	
			2 h	81	86	86	
			3 h	94	103	103	
72	杜村乡杜村	雨量（$B_0=0$）	0.5 h	49	70	70	流域模型法
			1 h	70	77	77	
			2 h	84	90	90	
			3 h	96	103	103	
		雨量（$B_0=0.3$）	0.5 h	46	66	66	
			1 h	66	71	71	
			2 h	77	82	82	
			3 h	87	94	94	
		雨量（$B_0=0.6$）	0.5 h	43	62	62	
			1 h	62	65	65	
			2 h	69	73	73	
			3 h	78	84	84	

续表 4-6-12

序号	行政区划名称	类别	降雨历时	预警指标(雨量:mm,水位:m)		临界雨量(mm)/水位(m)	方法
				准备转移	立即转移		
73	杜村乡杜村马地沟口	雨量(B_0 =0)	0.5 h	60	85	85	流域模型法
			1 h	85	97	97	
			2 h	108	118	118	
		雨量(B_0 =0.3)	0.5 h	55	79	79	
			1 h	79	93	93	
			2 h	102	111	111	
		雨量(B_0 =0.6)	0.5 h	53	76	76	
			1 h	76	85	85	
			2 h	92	103	103	
74	马壁乡郎寨高峪	雨量(B_0 =0)	0.5 h	64	91	91	流域模型法
			1 h	91	102	102	
			2 h	114	124	124	
		雨量(B_0 =0.3)	0.5 h	62	88	88	
			1 h	88	97	97	
			2 h	105	115	115	
		雨量(B_0 =0.6)	0.5 h	58	82	82	
			1 h	82	90	90	
			2 h	98	107	107	

续表 4-6-12

序号	行政区划名称	类别	降雨历时	预警指标(雨量:mm,水位:m)		临界雨量(mm)/水位(m)	方法
				准备转移	立即转移		
75	马壁乡王河下横岭	雨量($B_0=0$)	0.5 h	55	79	79	流域模型法
			1 h	79	86	86	
			2 h	93	99	99	
			3 h	105	113	113	
			4 h	122	130	130	
		雨量($B_0=0.3$)	0.5 h	52	75	75	
			1 h	75	80	80	
			2 h	86	91	91	
			3 h	96	103	103	
			4 h	111	119	119	
		雨量($B_0=0.6$)	0.5 h	49	70	70	
			1 h	70	74	74	
			2 h	78	83	83	
			3 h	87	93	93	
			4 h	100	108	108	
76	马壁乡荆村	雨量($B_0=0$)	0.5 h	42	60	60	流域模型法
			1 h	60	69	69	
			2 h	75	81	81	
			3 h	87	93	93	
		雨量($B_0=0.3$)	0.5 h	39	56	56	
			1 h	56	62	62	
			2 h	67	73	73	
			3 h	77	83	83	

续表 4-6-12

序号	行政区划名称	类别	降雨历时	预警指标(雨量:mm,水位:m)		临界雨量(mm)/水位(m)	方法
				准备转移	立即转移		
76	马壁乡荆村	雨量(B_0=0.6)	0.5 h	42	60	60	流域模型法
			1 h	60	69	69	
			2 h	75	81	81	
			3 h	87	93	93	
77	马壁乡刘村界村	雨量(B_0=0)	0.5 h	42	59	59	流域模型法
			1 h	59	68	68	
			2 h	74	79	79	
			3 h	84	89	89	
			4 h	93	98	98	
			5 h	103	107	107	
		雨量(B_0=0.3)	0.5 h	38	55	55	
			1 h	55	61	61	
			2 h	66	71	71	
			3 h	75	79	79	
			4 h	83	87	87	
			5 h	92	96	96	
		雨量(B_0=0.6)	0.5 h	35	50	50	
			1 h	50	55	55	
			2 h	58	61	61	
			3 h	65	68	68	
			4 h	72	76	76	
			5 h	79	83	83	

续表 4-6-12

序号	行政区划名称	类别	降雨历时	预警指标(雨量:mm,水位:m)		临界雨量(mm)/水位(m)	方法
				准备转移	立即转移		
78	马壁乡马壁村(移民新村)槐树底	雨量(B_0 =0)	0.5 h	44	63	63	流域模型法
			1 h	63	71	71	
			2 h	77	83	83	
			3 h	88	93	93	
			4 h	98	103	103	
			5 h	107	112	112	
		雨量(B_0 =0.3)	0.5 h	41	58	58	
			1 h	58	64	64	
			2 h	69	74	74	
			3 h	78	82	82	
			4 h	87	91	91	
			5 h	96	101	101	
		雨量(B_0 =0.6)	0.5 h	37	53	53	
			1 h	53	58	58	
			2 h	61	65	65	
			3 h	68	71	71	
			4 h	75	79	79	
			5 h	83	88	88	

第7章　浮山县

7.1　浮山县基本情况

7.1.1　地理位置

浮山县属于太岳山余脉,地处太岳山南麓,临汾盆地东延。地理坐标为北纬35°49～36°46′,东经110°41′～113°13′。东西长51.7 km,南北宽31.8 km, 国土面积938 km^2。

浮山县境内地形分为西部残垣平川区、中部坡梁沟壑丘陵区、东部和西南部土石山区三大主体地貌单位。地貌大致为东高西低,东部山岭起伏,有大圪塔山、媳妇山、蘑菇山圪塔;西部黄土丘陵,有黄花岭和月山岭;中东部的四十里岭为分水岭,横穿南北;南部有二峰山和司空山;北部有北天坛山;中部有天坛山和分布不均的小平原。海拔高度平均为1 044.8 m,最高为寨圪塔乡的西凹东山,海拔为1 511.8 m;县城海拔800 m。浮山县行政区划图如图4-7-1所示。

7.1.2　社会经济

浮山县现辖天坛、响水河2个镇,张庄、东张、槐埝、北王、北韩、米家垣、寨圪塔7个乡,185个行政村。全县总人口约为11.1万人。2014年底全县国内生产总值469 559万元,其中第一产业45 256万元,第二产业334 020万元,第三产业90 283万元。

浮山县境内矿产资源丰富,主要有煤、铁、云母、石英石、重晶石、石灰石等。工业主要以煤焦、煤电、煤化工产业和铁矿产业为主。农业主要以绿色谷子、高产小麦和蔬菜种养加工为主。其中铁矿石、煤开采和煤炭加工转化业是全县经济发展的主要支柱产业。

7.1.3　河流水系

浮山县境内所有的河流都属于黄河流域,流域面积大于50 km^{2}的主要河流有13条。按照水利部河湖普查河流级别划分原则,2级河流有5条,为涝河、邓庄河、浍河、马壁河和龙渠河;3级河流有6条,分别为杨村河、洰河、滑家河、范村河、干河、樊村河;4级河流有2条,分别为孔家河、赵南河。县境内主要河流为涝河与洰河。

浮山县河流水系见图4-7-2,主要河流基本情况见表4-7-1。

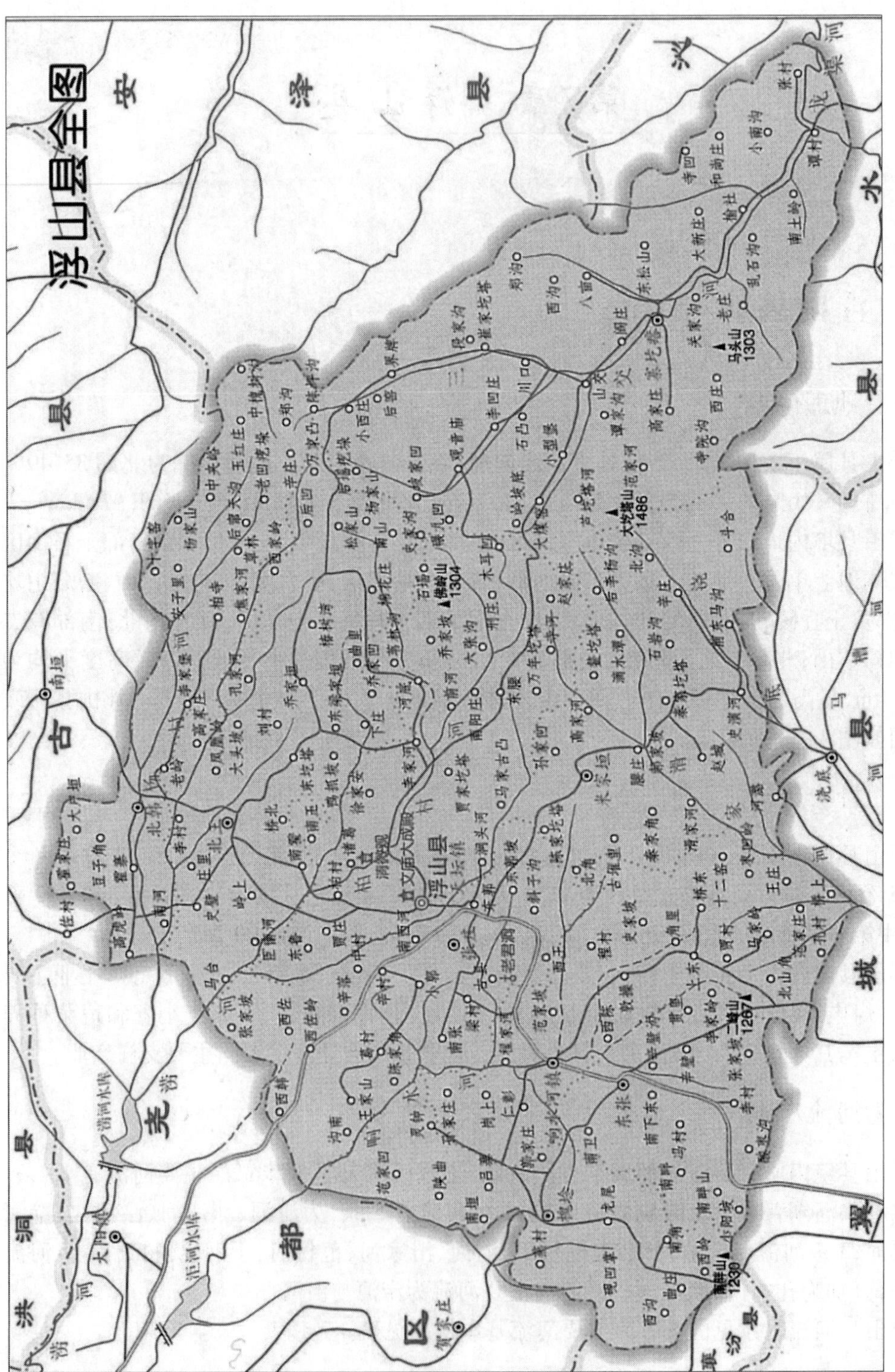

图 4-7-1　浮山县行政区划图

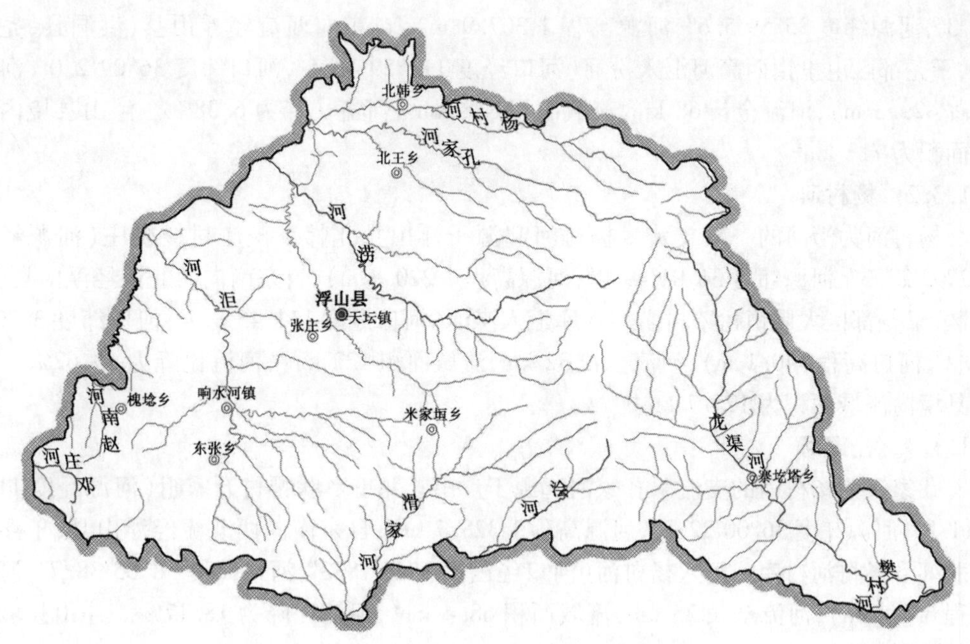

图 4-7-2　浮山县河流水系图

表 4-7-1　浮山县主要河流基本情况表

编号	河流名称	上级河流名称	河流等级	流域面积(km^2)	河长(km)	比降(‰)	县境内流域面积(km^2)
1	涝河	汾河	2	888	68	6.38	712
2	杨村河	涝河	3	222	32	13.62	125.7
3	孔家河	杨村河	4	68.4	25	18.17	68.4
4	洰河	涝河	3	348	60	5.51	228.9
5	赵南河	洰河	4	53.8	17	14.44	33.7
6	邓庄河	汾河	2	110	34	11.46	8.3
7	浍河	汾河	2	2 052	111	3.24	151.6
8	滑家河	浍河	3	121	29	16.03	97.1
9	范村河	浍河	3	57.9	19	15.56	8.9
10	干河	浍河	3	63.9	26	11.72	1.3
11	马壁河	沁河	2	174	38	13.92	8.3
12	龙渠河	沁河	2	468	50	10.15	218.9
13	樊村河	龙渠河	3	132	23	13.89	2.4

7.1.3.1　涝河

涝河为汾河的一级支流。涝河起源于浮山县北王乡北石村浦口(河源经度 112°00′

51.3″,河源纬度35°59′5.6″,河源高程1 307.9 m),自东向西流经浮山县、洪洞县、尧都区,于尧都区屯里镇西高河汇入汾河(河口经度111°29′46.5″,河口纬度36°07′2.0″,河口高程429.3 m),河流全长68 km,流域面积888 km^2,河流比降为6.38‰。浮山县境内流域面积为712 km^2。

7.1.3.2 杨村河

杨村河为涝河的一级支流。杨村河起源于浮山县北韩乡茨庄村核桃庄(河源经度112°02′27.3″,河源纬度36°01′49.2″,河源高程1 220.3 m),自东南向西北流经浮山县、尧都区,于尧都区大阳镇岳壁村涝河水库汇入涝河(河口经度111°45′8.7″,河口纬度36°04′21.2″,河口高程540.1 m),河流全长32 km,流域面积222 km^2,河流比降为13.62‰。浮山县境内流域面积为125.7 km^2。

7.1.3.3 孔家河

孔家河为杨村河的支流。孔家河起源于浮山县北王乡驮腰村万家咀(河源经度112°2′11.8″,河源纬度36°00′22.2″,河源高程1 328.7 m),自东南向西北流经浮山县,于浮山县北韩乡杨村河村南河汇入杨村河(河口经度111°49′18.3″,河口纬度36°03′38.7″,河口高程637.5 m),河流全长25 km,流域面积68.4 km^2,河流比降为18.17‰。浮山县境内流域面积为68.4 km^2。

7.1.3.4 洰河

洰河为涝河的支流。洰河起源于浮山县槐埝乡峨沟村而后村(河源经度111°41′14.2″,河源纬度36°51′57.7″,河源高程1 005.9 m),自东北向西南流经浮山县、尧都区,于尧都区屯里镇南焦堡汇入涝河(河口经度111°32′20.4″,河口纬度36°07′1.9″,河口高程436.8 m),河流全长60 km,流域面积348 km^2,河流比降为5.51‰。浮山县境内流域面积为228.9 km^2。

7.1.3.5 赵南河

赵南河为洰河的支流。赵南河起源于浮山县槐埝乡毕曲村龙尾村(河源经度111°41′10.0″,河源纬度35°53′32.9″,河源高程996.2 m),自南向北流经浮山县、尧都区,于尧都区贺家庄乡口子里村刘家庄汇入洰河(河口经度111°42′53.4″,河口纬度36°00′27.1″,河口高程585.2 m),河流全长17 km,流域面积53.8 km^2,河流比降为14.44‰。浮山县境内流域面积为33.7 km^2。

7.1.3.6 邓庄河

邓庄河为汾河的一级支流。邓庄河起源于浮山县槐埝乡高庄村曲庄(河源经度111°40′15.5″,河源纬度35°52′37.7″,河源高程1 109.0 m),自东向西流经浮山县、尧都区、襄汾县,于襄汾县新城镇赵店村汇入汾河(河口经度111°25′13.1″,河口纬度36°55′38.6″,河口高程417.0 m),河流全长34 km,流域面积110 km^2,河流比降为11.46‰。浮山县境内流域面积为8.3 km^2。

7.1.3.7 浍河

浍河为汾河的一级支流。浍河起源于浮山县米家垣乡新庄村花沟(河源经度112°00′22.7″,河源纬度35°54′17.3″,河源高程1 337.7 m),自东向西流经浮山县、翼城县、绛县、曲沃县、侯马市、新绛县,于新绛县开发区西曲村汇入汾河(河口经度111°11′57.3″,河口纬度35°35′27.0″,河口高程390.0 m),河流全长111 km,流域面积2 052 km²,河流比降为3.24‰。浮山县境内流域面积为151.6 km²。

7.1.3.8　滑家河

滑家河为浍河的支流。滑家河起源于浮山县米家垣乡滴水潭村南算坪(河源经度112°00′3.4″,河源纬度35°54′48.0″,河源高程1 293.9 m),自东北向西南流经浮山县、翼城县,于翼城县王庄乡新村小河口水库汇入浍河(河口经度111°48′0.7″,河口纬度35°46′23.0″,河口高程659.6m),河流全长29 km,流域面积121 km²,河流比降为16.03‰。浮山县境内流域面积为97.1 km²。

7.1.3.9　范村河

范村河为浍河的支流。范村河起源于浮山县东张乡张家坡村(河源经度111°47′34.5″,河源纬度35°50′52.3″,河源高程1 074.9 m),自北向南流经浮山县、翼城县,于翼城县唐兴镇北关村汇入浍河(河口经度111°43′10.8″,河口纬度35°43′42.3″,河口高程549.8 m),河流全长19 km,流域面积57.9 km²,河流比降为15.56‰。浮山县境内流域面积为8.9 km²。

7.1.3.10　干河

干河为浍河的支流。干河起源于浮山县东张乡南畔山村山羊坡(河源经度111°42′8.8″,河源纬度35°51′12.3″,河源高程1 048.3 m),自北向南流经浮山县、翼城县,于翼城县南唐乡南丁村汇入浍河(河口经度111°39′33.9″,河口纬度35°39′13.9″,河口高程498.8 m),河流全长26 km,流域面积63.9 km²,河流比降为11.72‰。浮山县境内流域面积为1.3 km²。

7.1.3.11　马壁河

马壁河为沁河的支流。马壁河起源于浮山县北韩乡茨庄村(河源经度112°03′26.8″,河源纬度36°02′27.1″,河源高程1 316.3 m),自西北向东南流经浮山县、安泽县,于安泽县马壁乡马壁村汇入沁河(河口经度112°19′8.0″,河口纬度36°53′53.0″,河口高程739.8 m),河流全长38 km,流域面积174 km²,河流比降为13.92‰。浮山县境内流域面积为8.3 km²。

7.1.3.12　龙渠河

龙渠河为沁河的支流。龙渠河起源于浮山县北韩乡茨庄村郑沟(河源经度112°02′51.6″,河源纬度36°00′56.2″,河源高程1 384.7 m),自西北向东南流经浮山县、沁水县,于沁水县郑庄镇王壁村河汇入沁河(河口经度112°19′8.3″,河口纬度35°48′45.3″,河口高程720.1 m),河流全长50 km,流域面积468 km²,河流比降为10.15‰。浮山县境内流域面积为218.9 km²。

7.1.3.13　樊村河

樊村河为龙渠河的支流。樊村河起源于翼城县隆化镇辽寨河村小南庄(河源经度112°01′19.6″,河源纬度35°45′30.4″,河源高程1 356.2 m),自西向东流经翼城县、沁水县、浮山县,于浮山县寨圪塔乡谭村汇入龙渠河(河口经度112°10′57.4″,河口纬度35°49′43.9″,河口高程926.1 m),河流全长23 km,流域面积132 km²,河流比降为13.89‰。浮山县境内流域面积为2.4 km²。

7.1.4 水文气象

浮山县境内属暖温带大陆性气候,年平均温度 11.2 ℃。受季风影响,四季分明。春季多西北风,夏季为东南风,春季 3 月下旬至 5 月下旬多风少雨,夏季 6 月上旬至 8 月中旬雨量集中,秋季 8 月下旬至 10 月下旬云高气爽,冬季 11 月上旬至来年 3 月中下旬寒冷少雪。无霜期平均 197 d。1956～2000 年多年平均降雨量 555.2 mm。

7.1.5 历史山洪灾害

浮山县境内山洪灾害发生频次较高,是浮山县的主要自然灾害之一。历史上及中华人民共和国成立后发生过多次大的山洪灾害。本次首先收集了各种文献对浮山县山洪灾害的记载,其次在进行沿河村落调查时走访当地村民调查历史洪水情况,整理如下。

7.1.5.1 文献记载洪水资料

文献记载洪水资料主要来自于《山西省历史洪水调查成果》和《山西洪水研究》。其资料来源于《山西通志》,各市、县的府志或县志,中央档案馆明清档案部的清代档案奏折以及少量的洪水碑刻和家书等。该县文献洪水记载共计 13 条。洪水发生年份分别为 1305 年、1307 年、1308 年、1715 年、1716 年、1736 年、1744 年、1843 年、1878 年、1903 年、1908 年、1922 年、1931 年,见表 4-7-2。本次工作还收集了浮山县文献记载旱情资料。见表 4-7-3。

表 4-7-2 浮山县文献记载洪水统计表

序号	公元	年号	记载	资料来源
1	1305	元大德九年	平阳雨雹害稼。六月大同路大雨雹害稼。曲沃雨雹害稼。浮山、洪洞六月雨雹害稼。五月三日怀仁、大同一带地震,怀仁地裂二处,涌黑水	山西自然灾害史年表
2	1307	元大德十一年	八月文水、平遥、祁县、霍邑水。河津、稷山、浮山、绛州大水	山西自然灾害史年表
3	1308	元至大元年	浮山七月大水。绛州大水。五月晋宁等处蝗,八月大宁雨雹,曲沃夏五月蝗	山西自然灾害史年表
4	1715	清康熙五十四年	翼城春大旱无麦。解州、绛州、运城旱。浮山冰雹如鹅卵。山西由北往南西半片旱和偏旱,东半片正常偏涝	山西自然灾害史年表
5	1716	清康熙五十五年	浮山五月雨雹害稼	山西自然灾害史年表
6	1736	清乾隆元年	荣河水冲地三百余顷。浮山六月大雨	山西自然灾害史年表
7	1744	清乾隆九年	浮山六月初二午刻大雨。和顺、灵丘旱。高平、泽州雨雹伤稼	山西自然灾害史年表

续表 4-7-2

序号	公元	年号	记载	资料来源
8	1843	清道光廿三年	新绛下船庄时值暑月,大雨连绵而降,汾水不时暴溢,且向东岸奔流甚急,而逼近土地庙基。吕文楷家书记载:六月十八日处处雨大,黄河开口南北十余里,娄庄水到南门内数十步,村北无水,东门内至东巷。绛县夏大雨。河津六月七日得雨三寸。新绛、绛州六月八日得雨深透,六月二十一、二十二日得雨深透,七月一、二日得雨深透。汾西七月一、二日得雨深透。翼城七月四日得雨四寸。浮山七月四日得雨三寸	
9	1878	清光绪四年	绛州:九月初六连雨十有八日,汾水涨溢冲没桥梁无数。平定、昔阳:九月雨伤稼,谷皆黑。虞乡:八月淫雨连旬四十日。洪洞:十月阴雨连绵亘月。沁州:九月大雪。曲沃:九月淫雨。左云:六月大雨,九月大雪。平遥:九月连阴雨,河道淤塞。介休:九月大水。高平:七月久雨,九月大雨。寿阳:秋八月阴雨连旬,禾多霉烂。浮山:秋淫雨,春大疫。曲沃:秋九月淫雨三十余日	山西自然灾害史年表
10	1903	清光绪廿九年	全省偏涝。浮山:大有麦,六月十九日夜霹雳一声风雨骤至,大风拔木,狗被吹上天空,小车不翼而飞。虞乡:底水涨发,淹地数十顷。泽州:大风	山西自然灾害史年表
11	1908	清光绪卅四年	浮山:夏四月大雨雪。洪洞:夏大水,连子渠源淤塞,秋禾歉收。万荣:秋淫雨	山西自然灾害史年表
12	1922	民国十一年	浮山:大雪,平地二三尺	山西自然灾害史年表
13	1931	民国廿年	洰河大水	调查

表 4-7-3　浮山县文献记载旱情统计表

序号	公元	年号	记载	资料来源
1	1026	北宋天圣四年	浮山:六月大旱	山西自然灾害史年表
2	1076	北宋熙宁九年	七月太原府汾河秋霖雨,大水涨。石州(离石)麦秀两歧。八月河北、河东旱。稷山旱。浮山、曲沃、吉州:旱	山西自然灾害史年表

续表 4-7-3

序号	公元	年号	记载	资料来源
3	1313	元皇庆二年	大同、浮山、洪洞旱	
4	1327	元泰定四年	晋宁、曲沃、浮山、绛州秋八月旱。荣河秋蝗	山西自然灾害史年表
5	1347	元至正七年	乡宁、浮山、曲沃、洪洞、稷山、永济、虞乡、芮城、河津、绛州四月大旱,民多饥,人多死	原山西省临汾地区水文计算手册
6	1428	明宣德三年	洪洞、崞县、浮山、襄汾、汾城、绛州旱大饥	山西水旱灾害
7	1441	明正统六年	乡宁、临汾、崞县、夏县、祁县、汾西、阳曲、和顺、芮城旱大饥。浮山、曲沃、安邑旱。蒲县大旱,太原春夏旱	山西水旱灾害
8	1472	明成化八年	山西全省性旱和大旱	山西通志
9	1485	明成化廿一年	蒲县、临县、洪洞、浮山、翼城、曲沃、平陆、芮城、绛州、临猗大旱,人相食	山西水旱灾害
10	1574	明万历二年	山阴大雨七日,平地起水丈余。浮山旱。大同七月大雨连旬	山西水旱灾害
11	1610	明万历卅八年	吉州、蒲县、汾阳、太原、阳曲、寿阳、平遥、介休、临汾、浮山、曲沃、临猗、稷山、绛州、晋城、定襄、平定、盂县、榆社、武乡,大旱饥,饿殍载道,人相食	山西水旱灾害
12	1692	清康熙卅一年	蒲县、吉州、临汾、浮山、洪洞、翼城、稷山、河津、解州、平陆、蒲州、芮城旱蝗民饥,人死相枕藉	山西水旱灾害
13	1698	清康熙卅七年	翼城、洪洞、闻喜、浮山、蒲州、永和、平定、交城、襄陵大旱,民大饥。静乐二至三月大雪	山西自然灾害史年表
14	1720	清康熙五十九年	山西全省性大旱	山西自然灾害史年表
15	1721	清康熙六十年	山西全省性持续大旱	山西自然灾害史年表
16	1722	清康熙六十一年	山西全省性大旱,中部尤甚	山西水旱灾害
17	1900	清光绪廿六年	全省性大旱,旱情严重。乡宁、曲沃、太原、榆次、祁县、榆社、临县、新绛、临汾、永宁、浮山、襄陵、翼城、临晋、芮城、荣河、绛州、襄垣、武乡、泽州、沁源、陵川、平顺、壶关、怀仁、左云、吉州、万泉、平陆均有旱情记载	山西自然灾害史年表

续表 4-7-3

序号	公元	年号	记载	资料来源
18	1901	清光绪廿七年	山西临汾以南旱。乡宁、曲沃、浮山、祁县、昔阳、临晋、荣河、沁源、襄陵、闻喜、新绛旱	山西自然灾害史年表
19	1935	民国廿四年	全省持续旱和大旱。怀仁、广灵、朔州、阳高、天镇、大同、太原、介休、文水、定襄、和顺、忻州、岢岚、昔阳、寿阳、兴县、榆社、静乐、新绛、赵城、霍州、临汾、蒲县、安邑、闻喜、虞乡、平陆、曲沃、河津、翼城、新绛、解州、芮城、荣河、永济、浮山、石楼、沁州、长治、潞城、泽州:旱	山西自然灾害史年表
20	1936	民国廿五年	十二月太原地震。全省持续性大旱	山西自然灾害史年表
21	1942	民国卅一年	太原、运城、襄垣、高平、沁水、屯留、陵川、昔阳、浮山、安邑、垣曲:旱。中阳、汾西、五寨:雹灾。绛州:蝗灾	山西自然灾害史年表
22	1955		天镇、河曲、保德、五台、应县、代县、岚县、大同、山阴、左云、右玉、平鲁、雁北、忻县、太原、榆次、寿阳、昔阳、平定、岚县、石楼、永和、万泉、临猗、曲沃、永和、乡宁、大宁、浮山、霍县、长治、长子、襄垣、黎城、武乡、沁县、平顺、晋城、潞安、陵川、沁源、太谷、祁县、万荣:旱。翼城、夏县:雹灾	山西自然灾害史年表
23	1960		山西晋南旱象严重	山西水旱灾害
24	1965		山西全省性大旱。晋南春夏连旱,尤以伏旱为甚	山西水旱灾害
25	1972		山西全省性大旱,整个三伏天无雨	山西水旱灾害
26	1978		全省严重干旱的同时,风、雹、冻、病虫害亦严重发生	山西水旱灾害
27	1987		山西全省性旱,严重的有忻州、吕梁、临汾西部、太原市等	山西水旱灾害

7.1.5.2　《山西省历史洪水调查成果》中的调查成果

2011 年出版的《山西省历史洪水调查成果》中暴雨洪水调查资料已收集至 2008 年,是目前资料最为可靠、最为完整的历史洪水调查成果。其中收集浮山县历史洪水调查成果 3 条。洪水主要发生在北王乡承相村、臣南村、马台村,发生年份为 1944 年。主要分布在柏村河流域。浮山县现有历史洪水调查成果统计表见表 4-7-4。

表 4-7-4　浮山县历史洪水调查成果统计表

编号	调查地点				集水面积(km²)	调查洪水			调查单位
	水系	河名	河段名	地点		洪峰流量(m^3/s)	发生年份	可靠程度	
1	汾河	柏村河	承相	浮山县北王乡承相村	123	238	1944		
2	汾河	柏村河	臣南	浮山县北王乡臣南村	127	656	1944		
3	汾河	柏村河	马台	浮山县北王乡马台村	181	1 720	1944		

7.1.5.3　当地相关部门洪水记载

本次工作收集了地方县志、当地水利及相关部门对洪水的记载,可作为浮山县历史洪水调查成果的补充。本次共收集洪水记载 12 条,洪水发生年份分别为 1946 年、1962 年、1968 年、1978 年、1984 年、1985 年、1998 年、2006 年、2007 年、2010 年、2012 年,见表 4-7-5。

表 4-7-5　浮山县相关部门历史洪水调查成果统计表

序号	发生时间	位置	洪水灾害描述
1	1946 年	马台村	丞相河流域北王乡马台村冲毁房屋 30 间,耕地 200 余亩,树木 500 余株
2	1962 年 5 月	响水河镇	响水河流域响水河镇 3 个村洪水造成 20 余间房屋受灾,冲毁桥梁 1 座,部分耕地无法耕种,损失惨重
3	1968 年	张家河村	杨村河流域北王乡张家河村冲毁房屋 35 间,耕地 120 余亩,树木 300 余株
4	1978 年	东张乡	响水河流域东张乡 6 个村耕地塌陷 1 230 余亩,无法耕种
5	1978 年	辛庄村	杨村河流域北王乡辛庄村冲毁房屋 78 间,耕地 168 余亩,树木 260 余株
6	1984 年	桥北河	丞相河流域北王乡桥北河冲毁房屋 9 间,耕地 15 余亩,树木 200 余株
7	1985 年	北王乡	丞相河流域北王乡丞相河冲毁房屋 8 间,耕地 80 余亩,树木 200 余株
8	1998 年 8 月	山交村	山交河流域寨圪塔乡山交村大雨导致山体滑坡,5 户村民受灾
9	2006 年 8 月	石口村	山交河流域寨圪塔乡石口村大雨导致山体滑坡

续表 4-7-5

序号	发生时间	位置	洪水灾害描述
10	2007 年 9 月	石口村	山交河流域寨圪塔乡石口村大雨导致山体滑坡
11	2010 年 7 月	北韩乡	杨村河流域北韩乡杨村河洪水冲毁房屋 41 间
12	2012 年 7 月	北韩乡	杨村河流域北韩乡大雨导致山洪暴发,冲毁拦河坝 2 处,耕地数百亩,损失惨重

7.2　浮山县山洪灾害分析评价成果

7.2.1　分析评价名录确定

浮山县共有 25 个重点防治区,重点防治区名录见表 4-7-6;浮山县将 25 个重点防治区划分为 25 个计算小流域,小流域基本信息见表 4-7-7,其中包括行政区划名称、面积、主沟道长度、主沟道比降、产流地类、汇流地类。

表 4-7-6　浮山县山洪灾害分析评价名录

序号	沿河村落	行政区划代码	所在乡镇	所在河流	影响形式
1	北韩村	141027204200000	北韩乡	柏村河	河道洪水
2	杨村河村	141027204205000	北韩乡	柏村河	河道洪水
3	李家河	141027100236100	天坛镇	丞相河	河道洪水
4	水地庄	141027100236101	天坛镇	丞相河	河道洪水
5	后交村	141027100236000	天坛镇	丞相河	河道洪水
6	老炭窑	141027100237106	天坛镇	丞相河	河道洪水
7	丞相河村	141027203215000	北王乡	丞相河	河道洪水
8	臣南河村	141027203214000	北王乡	丞相河	河道洪水
9	马台村	141027203213000	北王乡	丞相河	河道洪水
10	翟底村	141027201225000	东张乡	响水河	河道洪水
11	严家河村	141027201213000	东张乡	响水河	河道洪水
12	东张村	141027201200000	东张乡	响水河	河道洪水
13	梁家河村	141027101200000	响水河镇	响水河	河道洪水
14	尧上	141027101200100	响水河镇	响水河	河道洪水
15	程家河	141027101203101	响水河镇	响水河	河道洪水
16	红凹	141027206215103	寨圪塔乡	三交河	坡面汇流
17	崔家圪塔	141027206215102	寨圪塔乡	三交河	河道洪水
18	川口村	141027206215000	寨圪塔乡	三交河	河道洪水
19	柳林	141027206213102	寨圪塔乡	三交河	河道洪水
20	山交村	141027206213000	寨圪塔乡	三交河	河道洪水

续表 4-7-6

序号	沿河村落	行政区划代码	所在乡镇	所在河流	影响形式
21	玉泊	141027206209103	寨圪塔乡	三交河	河道洪水
22	院头村	141027206209000	寨圪塔乡	三交河	河道洪水
23	西坪	141027206209101	寨圪塔乡	三交河	河道洪水
24	寺方元	141027206205102	寨圪塔乡	三交河	河道洪水
25	东范	141027206205100	寨圪塔乡	三交河	河道洪水

7.2.2 设计暴雨成果

浮山县 25 个计算小流域各时段雨量的均值 $\overline{H}$、变差系数 C_v、C_s/C_v 和各时段相应频率的雨量值成果 H_p 见表 4-7-8(本次对浮山县 25 个山洪灾害沿河村落均采用《山西省水文手册》中提供的方法进行了设计暴雨计算。对采用流域模型法计算设计洪水的进行设计暴雨时程分配计算,对采用经验公式法计算设计洪水的不进行设计暴雨时程分配计算)。浮山县沿河村落 100 年一遇设计暴雨分布图见附图 4-73 ~ 附图 4-76。

7.2.3 设计洪水成果

浮山县的 25 个重点防治区都进行了设计洪水的推求。其中设计洪水成果表见表 4-7-9(25 个沿河村落均采用由设计暴雨推求设计洪水的方法计算,本次采用《山西省水文手册》中的流域模型法与经验公式法计算,对采用流域模型法计算设计洪水的进行设计净雨深计算,对采用经验公式法计算设计洪水的不进行设计净雨深计算)。浮山县沿河村落 100 年一遇设计洪水分布图见附图 4-77。

7.2.4 现状防洪能力成果

现状防洪能力评价主要是在设计洪水分析成果的基础上,结合沿河村落地形地貌、居民户高程情况,勾绘划定其淹没范围,进行危险区等级的划分,确定最佳转移路线和临时安置地点,并统计各沿河村落 5 个典型频率设计洪水位下的累计人口、户数,获得水位—流量—人口关系,综合评价现状防洪能力。本次对浮山县 25 个山洪灾害沿河村落进行防洪现状评价。现状防洪能力大于等于 100 年一遇的有 1 个,小于 100 年一遇的有 24 个沿河村落。24 个沿河村落中,大于等于 5 年一遇小于 20 年一遇的有 1 个,大于等于 20 年一遇小于 100 年一遇的有 23 个。

经统计,浮山县 25 个沿河村落中极高危险区内没有居民户,高危险区内有 3 户 12 人,危险区内有 190 户 741 人。现状防洪能力成果见表 4-7-10 与附图 4-78。

7.2.5 雨量预警指标分析成果

浮山县的 25 个重点防治区都进行了雨量预警指标的确定。浮山县预警指标分析成果表和浮山县沿河村落预警指标分布图见表 4-7-11 与附图 4-79 ~ 附图 4-84。

表 4-7-7　浮山县小流域基本信息汇总表

序号	行政区划名称	流域面积(km^2)	主沟道长度(km)	主沟道比降(‰)	产流地类(km^2)				汇流地类(km^2)		
					砂页岩森林山地	黄土丘陵阶地	砂页岩灌丛山地	变质岩灌丛山地	森林山地	灌丛山地	草坡丘陵
1	北韩村	93.76	20.8	18.7	1.21	50.17	42.38		1.21	42.38	50.17
2	杨村河村	122.79	25.6	15.7	1.21	79.25	42.33		1.21	42.33	79.25
3	李家河	23.35	12.9	24.3	2.86	3.88	16.61		2.86	10.13	10.36
4	水地庄	27.22	12.2	26.5	2.09	2.50	22.63		2.09	21.68	3.45
5	后交村	51.77	14.5	26.7	4.97	6.80	40.00		4.97	32.27	14.53
6	老炭窑	55.30	15.2	25.6	4.95	10.57	39.78		4.95	32.09	18.26
7	丞相河村	126.64	27.3	16.9	4.97	80.53	41.14		4.97	33.33	88.34
8	臣南河村	131.46	29.5	16.0	4.97	85.35	41.14		4.97	33.33	93.16
9	马台村	183.53	22.7	15.3	4.95	137.50	41.08		4.95	33.30	145.28
10	翟底村	9.04	12.6	29.0		0.05		8.99		8.28	0.76
11	严家河村	3.55	1.5	25.4		3.55					3.55
12	东张村	19.04	4.1	23.9		7.09		11.95		8.92	10.12
13	梁家河村	67.93	15.7	13.0		55.42		12.51		9.22	58.71
14	尧上	21.51	8.9	10.5		21.51					21.51
15	程家河	124.28	17.3	13.7		111.78		12.50		9.21	115.07
16	红凹	16.49	6.8	23.5	16.49				16.49		
17	崔家圪塔	24.38	8.6	20.6	22.78		1.60		22.78	1.60	
18	川口村	24.74	11.9	19.4	22.19		2.55		22.19	2.55	

续表 4-7-7

序号	行政区划名称	流域面积(km^2)	主沟道长度(km)	主沟道比降(‰)	产流地类(km^2)				汇流地类(km^2)		
					砂页岩森林山地	黄土丘陵阶地	砂页岩灌丛山地	变质岩灌丛山地	森林山地	灌丛山地	草坡丘陵
19	柳林	65.55	13.7	17.5	59.18		6.37		59.18	6.37	
20	山交村	86.38	14.4	16.9	73.72		12.66		73.72	12.66	
21	玉泊	88.81	15.7	15.6	73.80		15.01		73.80	15.01	
22	院头村	102.14	17.8	14.8	81.86		20.28		81.86	20.28	
23	西坪	103.09	18.9	14.5	81.86		21.23		81.86	21.23	
24	寺方元	160.25	23.0	12.7	119.50		40.75		119.5	40.75	
25	东范	175.98	24.6	12.6	132.40		43.58		132.4	43.58	

表 4-7-8 浮山县设计暴雨成果表

序号	计算单元名称	历时	均值(mm)	变差系数	C_s/C_v	重现期雨量值 H_p(mm)				
						100 年($H_{1\%}$)	50 年($H_{2\%}$)	20 年($H_{5\%}$)	10 年($H_{10\%}$)	5 年($H_{20\%}$)
1	北韩村	10 min	13.8	0.47	3.5	29.6	26.3	21.8	18.3	14.8
		60 min	27.8	0.47	3.5	54.8	48.8	40.6	34.3	27.8
		6 h	39.8	0.46	3.5	96.9	86.3	72.1	61.1	49.8
		24 h	60.0	0.45	3.5	145.4	129.8	108.7	92.4	75.5
		3 d	77.0	0.43	3.5	188.3	168.3	141.6	120.8	99.1
2	杨村河村	10 min	13.8	0.47	3.5	28.1	24.9	20.7	17.5	14.2
		60 min	27.8	0.47	3.5	53.1	47.3	39.4	33.4	27.2
		6 h	39.8	0.46	3.5	94.5	84.3	70.6	60.0	49.0
		24 h	60.0	0.45	3.5	141.2	126.2	106.0	90.2	73.9
		3 d	77.0	0.43	3.5	183.2	164.0	138.4	118.4	97.5

续表 4-7-8

序号	计算单元名称	历时	均值(mm)	变差系数	C_s/C_v	重现期雨量值 H_p(mm)				
						100年($H_{1\%}$)	50年($H_{2\%}$)	20年($H_{5\%}$)	10年($H_{10\%}$)	5年($H_{20\%}$)
3	李家河	10 min	13.9	0.52	3.5	34.0	29.9	24.6	20.4	16.2
		60 min	29.0	0.49	3.5	61.8	54.8	45.5	38.3	30.9
		6 h	39.6	0.45	3.5	99.0	88.4	74.2	63.3	51.9
		24 h	57.9	0.43	3.5	129.6	116.4	98.5	84.6	70.1
		3 d	78.0	0.42	3.5	180.7	162.5	137.9	118.7	98.6
4	水地庄	10 min	14.0	0.52	3.5	34.0	29.9	24.5	20.4	16.2
		60 min	29.0	0.5	3.5	61.8	54.8	45.4	38.2	30.8
		6 h	39.6	0.45	3.5	98.8	88.3	74.1	63.1	51.6
		24 h	57.9	0.43	3.5	128.8	115.8	98.1	84.3	69.9
		3 d	78.0	0.42	3.5	180.3	162.1	137.6	118.5	98.4
5	后交村	10 min	13.9	0.52	3.5	32.2	28.4	23.3	19.4	15.4
		60 min	29.0	0.49	3.5	59.3	52.6	43.7	36.8	29.7
		6 h	39.6	0.45	3.5	96.1	86.0	72.2	61.6	50.5
		24 h	57.9	0.43	3.5	126.8	114.1	96.8	83.3	69.2
		3 d	78.0	0.42	3.5	178.1	160.3	136.2	117.4	97.7
6	老炭窑	10 min	13.9	0.52	3.5	31.7	28.0	22.9	19.1	15.2
		60 min	28.0	0.49	3.5	57.8	51.3	42.6	35.9	29.1
		6 h	39.6	0.45	3.5	94.5	84.5	71.0	60.6	49.8
		24 h	57.9	0.43	3.5	127.5	114.7	97.2	83.7	69.5
		3 d	78.0	0.41	3.5	174.7	157.6	134.5	116.3	97.2
7	丞相河村	10 min	13.9	0.52	3.5	28.6	25.3	20.9	17.4	13.9
		60 min	29.0	0.49	3.5	54.2	48.2	40.2	34.0	27.6
		6 h	39.6	0.45	3.5	90.6	81.1	68.4	58.5	48.2
		24 h	57.9	0.43	3.5	122.6	110.5	94.1	81.2	67.7
		3 d	78.0	0.42	3.5	171.2	154.4	131.8	114.1	95.4

续表 4-7-8

序号	计算单元名称	历时	均值(mm)	变差系数	C_s/C_v	重现期雨量值 H_p(mm)				
						100 年($H_{1\%}$)	50 年($H_{2\%}$)	20 年($H_{5\%}$)	10 年($H_{10\%}$)	5 年($H_{20\%}$)
8	臣南河村	10 min	13.9	0.52	3.5	28.5	25.2	20.8	17.4	13.9
		60 min	29.0	0.49	3.5	54.1	48.1	40.1	33.9	27.5
		6 h	39.6	0.45	3.5	90.4	81.0	68.3	58.4	48.1
		24 h	57.9	0.43	3.5	122.4	110.4	93.9	81.1	67.7
		3 d	78.0	0.42	3.5	171.0	154.2	131.7	114.0	95.3
9	马台村	10 min	13.9	0.52	3.5	26.7	23.6	19.5	16.4	13.2
		60 min	29.0	0.49	3.5	51.8	46.1	38.5	32.6	26.5
		6 h	39.6	0.45	3.5	88.1	78.9	66.7	57.1	47.1
		24 h	57.9	0.43	3.5	120.2	108.5	92.5	80.0	66.9
		3 d	78.0	0.42	3.5	168.0	151.6	129.7	112.4	94.2
10	翟底村	10 min	13.3	0.51	3.5	33.3	29.4	24.2	20.2	16.1
		60 min	27.3	0.47	3.5	61.2	54.4	45.2	38.2	30.9
		6 h	39.9	0.46	3.5	101.0	90.1	75.5	64.2	52.4
		24 h	57.6	0.45	3.5	137.7	122.9	103.1	87.7	71.7
		3 d	76.0	0.44	3.5	184.4	165.0	138.9	118.6	97.5
11	严家河村	10 min	12.6	0.53	3.5	34.0	29.9	24.4	20.2	16.0
		60 min	27.8	0.49	3.5	65.0	57.5	47.5	39.8	31.9
		6 h	39.9	0.48	3.5	107.8	95.7	79.6	67.1	54.3
		24 h	57.6	0.47	3.5	143.1	127.2	105.8	89.3	72.4
		3 d	77.0	0.46	3.5	194.7	173.5	144.9	122.8	99.9
12	东张村	10 min	13.3	0.51	3.5	32.1	28.3	23.3	19.4	15.5
		60 min	27.3	0.47	3.5	59.3	52.7	43.9	37.1	30.1
		6 h	39.9	0.46	3.5	98.9	88.3	74.1	63.0	51.5
		24 h	57.6	0.45	3.5	136.0	121.5	102.0	86.9	71.2
		3 d	76.0	0.44	3.5	182.8	163.7	137.9	117.8	97.0

续表 4-7-8

序号	计算单元名称	历时	均值(mm)	变差系数	C_s/C_v	重现期雨量值 H_p(mm)				
						100 年($H_{1\%}$)	50 年($H_{2\%}$)	20 年($H_{5\%}$)	10 年($H_{10\%}$)	5 年($H_{20\%}$)
13	梁家河村	10 min	12.6	0.53	3.5	28.4	25.0	20.5	17.1	13.6
		60 min	27.8	0.49	3.5	56.4	50.0	41.5	35.0	28.2
		6 h	39.9	0.48	3.5	97.6	86.9	72.7	61.6	50.2
		24 h	57.6	0.47	3.5	134.3	119.8	100.3	85.2	69.6
		3 d	77.0	0.46	3.5	185.5	165.7	139.2	118.6	97.2
14	尧上	10 min	12.7	0.51	3.5	30.5	26.9	22.2	18.5	14.8
		60 min	27.6	0.47	3.5	58.7	52.2	43.4	36.7	29.8
		6 h	39.7	0.46	3.5	99.2	88.6	74.3	63.2	51.7
		24 h	57.7	0.45	3.5	135.2	120.8	101.5	86.4	70.8
		3 d	77.0	0.44	3.5	184.9	165.6	139.5	119.2	98.1
15	程家河	110 min	12.6	0.53	3.5	26.5	23.4	19.2	16.1	12.8
		160 min	27.8	0.49	3.5	53.0	47.1	39.3	33.2	26.9
		42 h	39.9	0.48	3.5	93.0	83.1	69.7	59.3	48.6
		60 h	57.6	0.47	3.5	129.7	116.0	97.6	83.3	68.4
		4 d	77.0	0.46	3.5	180.0	161.2	136.1	116.4	95.9
16	红凹	10 min	15.0	0.56	3.5	40.1	35.1	28.4	23.3	18.2
		60 min	31.7	0.54	3.5	72.3	63.4	51.5	42.4	33.3
		6 h	39.9	0.54	3.5	118.8	104.4	85.1	70.5	55.6
		24 h	63.0	0.52	3.5	163.1	143.6	117.6	97.7	77.5
		3 d	83.3	0.47	3.5	211.2	187.9	156.6	132.4	107.5
17	崔家圪塔	10 min	15.0	0.56	3.5	39.2	34.3	27.7	22.8	17.8
		60 min	31.7	0.54	3.5	71.0	62.2	50.5	41.7	32.8
		6 h	39.9	0.54	3.5	117.3	103.1	84.1	69.7	55.1
		24 h	63.0	0.52	3.5	161.9	142.7	116.8	97.1	77.0
		3 d	83.3	0.47	3.5	210.0	186.9	155.8	131.8	107.1

续表 4-7-8

序号	计算单元名称	历时	均值(mm)	变差系数	C_s/C_v	重现期雨量值 H_p(mm)				
						100 年($H_{1\%}$)	50 年($H_{2\%}$)	20 年($H_{5\%}$)	10 年($H_{10\%}$)	5 年($H_{20\%}$)
18	川口村	10 min	15.0	0.56	3.5	39.2	34.2	27.7	22.7	17.8
		60 min	31.7	0.54	3.5	70.9	62.1	50.5	41.7	32.7
		6 h	39.9	0.54	3.5	117.3	103.1	84.1	69.7	55.1
		24 h	63.0	0.52	3.5	161.8	142.6	116.8	97.0	77.0
		3 d	83.3	0.47	3.5	210.0	186.9	155.8	131.8	107.1
19	柳林	10 min	15.0	0.56	3.5	35.8	31.3	25.5	21.0	16.5
		60 min	31.7	0.54	3.5	66.1	58.0	47.3	39.2	30.9
		6 h	39.9	0.54	3.5	110.1	97.1	79.7	66.4	52.9
		24 h	63.0	0.52	3.5	151.4	134.1	110.9	93.0	74.7
		3 d	83.3	0.47	3.5	200.9	179.5	150.7	128.4	105.2
20	山交村	10 min	15.0	0.56	3.5	34.9	30.5	24.8	20.5	16.1
		60 min	31.6	0.55	3.5	64.8	56.9	46.5	38.5	30.4
		6 h	39.7	0.53	3.5	107.6	95.0	78.1	65.2	52.1
		24 h	62.0	0.5	3.5	146.2	129.8	107.9	90.9	73.5
		3 d	83.3	0.47	3.5	199.5	178.2	149.8	127.7	104.7
21	玉泊	10 min	15.0	0.56	3.5	35.6	31.1	25.2	20.6	16.1
		60 min	31.7	0.54	3.5	65.8	57.7	46.9	38.7	30.4
		6 h	39.9	0.54	3.5	109.7	96.6	79.2	65.8	52.2
		24 h	63.0	0.52	3.5	150.9	133.5	110.3	92.4	74.1
		3 d	83.3	0.47	3.5	202.1	180.3	151.1	128.5	105.0

续表 4-7-8

序号	计算单元名称	历时	均值(mm)	变差系数	C_s/C_v	重现期雨量值 H_p(mm)				
						100 年($H_{1\%}$)	50 年($H_{2\%}$)	20 年($H_{5\%}$)	10 年($H_{10\%}$)	5 年($H_{20\%}$)
22	院头村	10 min	15.0	0.56	3.5	35.1	30.6	24.8	20.4	15.9
		60 min	31.7	0.54	3.5	65.1	57.0	46.4	38.3	30.1
		6 h	39.9	0.54	3.5	108.9	95.9	78.6	65.3	51.9
		24 h	63.0	0.52	3.5	150.1	132.9	109.8	92.1	73.9
		3 d	83.3	0.47	3.5	201.3	179.6	150.6	128.1	104.7
23	西坪	10 min	15.0	0.56	3.5	35.3	30.8	24.9	20.4	15.9
		60 min	31.7	0.54	3.5	65.5	57.4	46.6	38.4	30.1
		6 h	39.9	0.54	3.5	109.1	96.0	78.7	65.4	51.9
		24 h	63.0	0.52	3.5	149.4	132.3	109.5	92.0	73.9
		3 d	83.3	0.47	3.5	199.3	178.0	149.6	127.5	104.5
24	寺方元	10 min	15.0	0.56	3.5	33.3	29.1	23.6	19.4	15.2
		60 min	31.7	0.54	3.5	62.5	54.8	44.6	36.9	29.0
		6 h	39.9	0.54	3.5	105.3	92.9	76.3	63.6	50.7
		24 h	63.0	0.52	3.5	145.3	129.0	107.1	90.2	72.8
		3 d	83.3	0.47	3.5	195.2	174.6	147.2	125.8	103.4
25	东范	10 min	15.0	0.56	3.5	32.9	28.8	23.3	19.2	15.0
		60 min	31.7	0.54	3.5	62.0	54.4	44.3	36.6	28.8
		6 h	39.9	0.54	3.5	104.6	92.3	75.9	63.2	50.4
		24 h	63.0	0.52	3.5	144.7	128.4	106.7	89.9	72.6
		3 d	83.3	0.47	3.5	194.5	174.0	146.7	125.4	103.2

表 4-7-9　浮山县设计洪水成果表

序号	行政区划名称	洪水要素	重现期洪水要素值				
			100 年	50 年	20 年	10 年	5 年
1	北韩村	洪峰流量(m^3/s)	649	567	400	277	169
		洪量(万 m^3)	578	461	320	223	149
		洪水历时(h)	8.50	8.00	7.00	7.00	6.50
		洪峰水位(m)	732.93	731.87	730.33	729.06	727.72
2	杨村河村	洪峰流量(m^3/s)	844	685	483	331	201
		洪量(万 m^3)	717	571	397	277	185
		洪水历时(h)	8.50	8.00	7.50	7.50	7.00
		洪峰水位(m)	667.77	666.58	664.95	663.54	662.16
3	李家河	洪峰流量(m^3/s)	211	173	126	90	58
		洪量(万 m^3)	149	122	88	64	44
		洪水历时(h)	6.00	5.50	5.00	5.00	4.50
		洪峰水位(m)	889.64	889.15	888.45	887.79	887.03
4	水地庄	洪峰流量(m^3/s)	213	174	125	89	57
		洪量(万 m^3)	175	144	105	76	52
		洪水历时(h)	6.50	6.00	6.00	5.50	5.00
		洪峰水位(m)	890.61	889.94	889.06	888.33	887.5
5	后交村	洪峰流量(m^3/s)	380	309	223	157	99
		洪量(万 m^3)	317	260	188	136	93
		洪水历时(h)	7.50	7.00	6.50	6.50	6.00
		洪峰水位(m)	872.49	871.81	870.9	870.13	869.61

续表 4-7-9

序号	行政区划名称	洪水要素	重现期洪水要素值				
			100 年	50 年	20 年	10 年	5 年
6	老炭窑	洪峰流量(m^3/s)	364	296	212	148	93
		洪量(万 m^3)	328	268	193	138	95
		洪水历时(h)	7.50	7.00	6.50	6.50	6.00
		洪峰水位(m)	902.19	901.9	901.48	901.09	900.71
7	丞相河村	洪峰流量(m^3/s)	834	677	482	327	204
		洪量(万 m^3)	677	549	390	278	190
		洪水历时(h)	8.50	8.00	7.50	7.50	7.00
		洪峰水位(m)	686.69	686.05	685.2	684.44	683.71
8	臣南河村	洪峰流量(m^3/s)	833	675	480	324	202
		洪量(万 m^3)	699	566	403	287	196
		洪水历时(h)	8.50	8.00	8.00	8.00	7.50
		洪峰水位(m)	662.9	662.06	661.06	660.24	659.49
9	马台村	洪峰流量(m^3/s)	1 332	1 085	774	525	329
		洪量(万 m^3)	926	749	531	376	256
		洪水历时(h)	7.50	7.00	7.00	7.00	6.50
		洪峰水位(m)	644.83	643.88	642.56	641.37	640.29
10	翟底村	洪峰流量(m^3/s)	52.1	46.2	38.4	32.3	26.1
		洪量(万 m^3)					
		洪水历时(h)					
		洪峰水位(m)	956.69	955.90	954.81	953.92	952.99

续表 4-7-9

序号	行政区划名称	洪水要素	重现期洪水要素值				
			100 年	50 年	20 年	10 年	5 年
11	严家河村	洪峰流量(m^3/s)	26.6	23.5	19.4	16.2	12.9
		洪量(万 m^3)					
		洪水历时(h)					
		洪峰水位(m)	793.85	793.73	793.56	793.43	793.28
12	东张村	洪峰流量(m^3/s)	291	247	187	141	97
		洪量(万 m^3)	126	103	74	54	37
		洪水历时(h)	4.50	4.00	3.00	3.00	3.00
		洪峰水位(m)	781.38	781.14	780.82	780.56	780.31
13	梁家河村	洪峰流量(m^3/s)	728	601	438	312	200
		洪量(万 m^3)	408	329	232	164	110
		洪水历时(h)	6.00	5.50	5.00	5.00	5.00
		洪峰水位(m)	726.68	726.33	726.04	725.58	724.81
14	尧上	洪峰流量(m^3/s)	314	264	196	142	94
		洪量(万 m^3)	128	104	73	52	36
		洪水历时(h)	4.00	3.50	3.00	3.00	2.50
		洪峰水位(m)	718.18	717.83	717.28	716.77	716.27
15	程家河	洪峰流量(m^3/s)	1 242	1 023	744	523	333
		洪量(万 m^3)	682	548	385	271	182
		洪水历时(h)	6.50	6.00	5.50	5.50	5.00
		洪峰水位(m)	707.9	707.45	706.87	706.32	705.79

续表 4-7-9

序号	行政区划名称	洪水要素	重现期洪水要素值				
			100年	50年	20年	10年	5年
16	红凹	洪峰流量(m^3/s)	106	83	54	34	20
		洪量(万 m^3)	122	97	66	45	28
		洪水历时(h)	7.50	7.50	6.50	6.00	5.00
		洪峰水位(m)					
17	崔家圪塔	洪峰流量(m^3/s)	142	110	72	45	26
		洪量(万 m^3)	179	142	96	66	42
		洪水历时(h)	8.50	8.50	8.00	7.50	6.50
		洪峰水位(m)	0	0	0	0	0
18	川口村	洪峰流量(m^3/s)	126	99	63	39	23
		洪量(万 m^3)	183	145	98	67	43
		洪水历时(h)	10.00	9.50	8.50	8.00	7.50
		洪峰水位(m)	1 115.93	1 115.31	1 114.37	1 113.63	1 113.05
19	柳林	洪峰流量(m^3/s)	277	213	136	86	50
		洪量(万 m^3)	439	348	237	162	104
		洪水历时(h)	13.00	12.50	12.00	11.50	11.00
		洪峰水位(m)	1 083.18	1 083.05	1 082.92	1 082.81	1 082.7
20	山交村	洪峰流量(m^3/s)	370	286	183	115	67
		洪量(万 m^3)	563	447	306	209	134
		洪水历时(h)	13.00	12.50	12.00	11.50	11.50
		洪峰水位(m)	1 077.97	1 077.59	1 077.08	1 076.75	1 076.47

续表 4-7-9

序号	行政区划名称	洪水要素	重现期洪水要素值				
			100 年	50 年	20 年	10 年	5 年
21	玉泊	洪峰流量(m^3/s)	365	282	178	111	64
		洪量(万 m^3)	598	474	322	219	139
		洪水历时(h)	14.00	13.50	13.00	12.50	12.00
		洪峰水位(m)	1 067.51	1 067.36	1 067.00	1 066.69	1 066.42
22	院头村	洪峰流量(m^3/s)	537	415	271	168	98
		洪量(万 m^3)	685	541	368	249	159
		洪水历时(h)	15.00	15.00	14.00	13.50	13.00
		洪峰水位(m)	1 046.82	1 046.13	1 045.31	1 044.75	1 044.37
23	西坪	洪峰流量(m^3/s)	393	302	190	117	67
		洪量(万 m^3)	693	549	373	253	161
		洪水历时(h)	15.50	15.00	14.00	14.00	13.50
		洪峰水位(m)	1 039.11	1 038.81	1 038.37	1 037.47	1 036.99
24	寺方元	洪峰流量(m^3/s)	530	402	254	158	91
		洪量(万 m^3)	1 028	814	554	375	239
		洪水历时(h)	17.50	17.00	17.00	16.50	16.00
		洪峰水位(m)	997.32	996.8	996.19	995.69	995.24

续表 4-7-9

序号	行政区划名称	洪水要素	重现期洪水要素值				
			100 年	50 年	20 年	10 年	5 年
25	东范	洪峰流量(m^3/s)	552	418	264	165	95
		洪量(万 m^3)	1 117	884	601	406	259
		洪水历时(h)	18.0	17.5	17.5	17.0	16.5
		洪峰水位(m)	974.34	973.19	971.86	970.97	970.26

表 4-7-10　浮山县防洪现状评价成果表

序号	行政区划名称	防洪能力(年)	极高危险区(<5 年一遇)		高危险区(5～20 年一遇)		危险区(≥20 年一遇)	
			人口(人)	户数(户)	人口(人)	户数(户)	人口(人)	户数(户)
1	北韩村	88	0	0	0	0	10	4
2	杨村河村	82	0	0	0	0	12	3
3	李家河	76	0	0	0	0	21	5
4	水地庄	65	0	0	0	0	12	3
5	后交村	55	0	0	0	0	12	2
6	老炭窑	27	0	0	0	0	2	1
7	丞相河村	65	0	0	0	0	27	8
8	臣南河村	85	0	0	0	0	22	5
9	马台村	52	0	0	0	0	66	19

续表 4-7-10

序号	行政区划名称	防洪能力（年）	极高危险区（<5 年一遇）		高危险区（5～20 年一遇）		危险区（≥20 年一遇）	
			人口（人）	户数（户）	人口（人）	户数（户）	人口（人）	户数（户）
10	翟底村	24	0	0	0	0	42	9
11	严家河村	23	0	0	0	0	33	6
12	东张村	24	0	0	0	0	57	14
13	梁家河村	10	0	0	12	3	82	19
14	尧上	81	0	0	0	0	18	4
15	程家河	82	0	0	0	0	21	5
16	红凹	20	0	0	0	0	18	5
17	崔家圪塔	>100	0	0	0	0	0	0
18	川口村	53	0	0	0	0	36	10
19	柳林	57	0	0	0	0	15	4
20	山交村	34	0	0	0	0	125	29
21	玉泊	85	0	0	0	0	20	6
22	院头村	83	0	0	0	0	45	15
23	西坪	72	0	0	0	0	17	7
24	寺方元	85	0	0	0	0	17	4
25	东范	91	0	0	0	0	11	3

表 4-7-11　浮山县预警指标成果表

序号	行政区划名称	类别	降雨历时	预警指标(mm)		临界雨量(mm)	方法
				准备转移	立即转移		
1	北韩乡北韩村	雨量(B_0 =0)	0.5 h	38	55	55	流域模型法
			1 h	55	59	59	
			2 h	71	79	79	
		雨量(B_0 =0.3)	0.5 h	37	53	53	
			1 h	53	57	57	
			2 h	66	77	77	
		雨量(B_0 =0.6)	0.5 h	36	52	52	
			1 h	52	55	55	
			2 h	64	74	74	
2	北韩乡杨村河村	雨量(B_0 =0)	0.5 h	43	61	61	流域模型法
			1 h	61	70	70	
			2 h	82	92	92	
		雨量(B_0 =0.3)	0.5 h	40	58	58	
			1 h	58	64	64	
			2 h	75	86	86	
		雨量(B_0 =0.6)	0.5 h	37	53	53	
			1 h	53	58	58	
			2 h	68	77	77	

续表 4-7-11

序号	行政区划名称	类别	降雨历时	预警指标(mm)		临界雨量(mm)	方法
				准备转移	立即转移		
3	天坛镇后交村李家河	雨量(B_0 =0)	0.5 h	46	65	65	流域模型法
			1 h	65	75	75	
			2 h	90	102	102	
		雨量(B_0 =0.3)	0.5 h	44	62	62	
			1 h	62	70	70	
			2 h	85	96	96	
		雨量(B_0 =0.6)	0.5 h	40	58	58	
			1 h	58	64	64	
			2 h	79	89	89	
4	天坛镇后交村水地庄	雨量(B_0 =0)	0.5 h	46	65	65	流域模型法
			1 h	65	73	73	
			2 h	85	96	96	
		雨量(B_0 =0.3)	0.5 h	43	61	61	
			1 h	61	67	67	
			2 h	78	89	89	
		雨量(B_0 =0.6)	0.5 h	39	56	56	
			1 h	56	61	61	
			2 h	71	81	81	

续表 4-7-11

序号	行政区划名称	类别	降雨历时	预警指标(mm)		临界雨量(mm)	方法
				准备转移	立即转移		
5	天坛镇后交村	雨量($B_0=0$)	0.5 h	43	61	61	流域模型法
			1 h	61	68	68	
			2 h	79	89	89	
		雨量($B_0=0.3$)	0.5 h	39	56	56	
			1 h	56	64	64	
			2 h	74	83	83	
		雨量($B_0=0.6$)	0.5 h	37	53	53	
			1 h	53	57	57	
			2 h	66	76	76	
6	天坛镇赵家垣村老炭窑	雨量($B_0=0$)	0.5 h	34	49	49	流域模型法
			1 h	49	56	56	
			2 h	65	72	72	
		雨量($B_0=0.3$)	0.5 h	31	44	44	
			1 h	44	51	51	
			2 h	59	66	66	
		雨量($B_0=0.6$)	0.5 h	28	41	41	
			1 h	41	45	45	
			2 h	51	58	58	

续表 4-7-11

序号	行政区划名称	类别	降雨历时	预警指标(mm)		临界雨量(mm)	方法
				准备转移	立即转移		
7	北王乡丞相河村	雨量(B_0=0)	0.5 h	40	58	58	流域模型法
			1 h	58	66	66	
			2 h	78	87	87	
		雨量(B_0=0.3)	0.5 h	37	53	53	
			1 h	53	60	60	
			2 h	71	79	79	
		雨量(B_0=0.6)	0.5 h	34	49	49	
			1 h	49	55	55	
			2 h	64	72	72	
8	北王乡臣南河村	雨量(B_0=0)	0.5 h	43	61	61	流域模型法
			1 h	61	68	68	
			2 h	79	89	89	
		雨量(B_0=0.3)	0.5 h	39	56	56	
			1 h	56	63	63	
			2 h	74	83	83	
		雨量(B_0=0.6)	0.5 h	36	52	52	
			1 h	52	57	57	
			2 h	66	74	74	

续表 4-7-11

序号	行政区划名称	类别	降雨历时	预警指标(mm)		临界雨量(mm)	方法
				准备转移	立即转移		
9	北王乡马台村	雨量($B_0=0$)	0.5 h	37	53	53	流域模型法
			1 h	53	61	61	
			2 h	71	79	79	
		雨量($B_0=0.3$)	0.5 h	34	49	49	
			1 h	49	55	55	
			2 h	66	74	74	
		雨量($B_0=0.6$)	0.5 h	31	44	44	
			1 h	44	50	50	
			2 h	60	69	69	
10	东张乡翟底村	雨量($B_0=0$)	0.5 h	39	56	56	流域模型法
			1 h	56	68	68	
		雨量($B_0=0.3$)	0.5 h	35	50	50	
			1 h	50	59	59	
		雨量($B_0=0.6$)	0.5 h	31	44	44	
			1 h	44	51	51	
11	东张乡严家河村	雨量($B_0=0$)	0.5 h	19	28	28	流域模型法
			1 h	28	34	34	
		雨量($B_0=0.3$)	0.5 h	17	24	24	
			1 h	24	31	31	
		雨量($B_0=0.6$)	0.5 h	14	20	20	
			1 h	20	26	26	

续表 4-7-11

序号	行政区划名称	类别	降雨历时	预警指标(mm)		临界雨量(mm)	方法
				准备转移	立即转移		
12	东张乡东张村	雨量(B_0=0)	0.5 h	35	51	51	流域模型法
			1 h	51	60	60	
		雨量(B_0=0.3)	0.5 h	32	46	46	
			1 h	46	56	56	
		雨量(B_0=0.6)	0.5 h	29	41	41	
			1 h	41	51	51	
13	响水河镇梁家河村	雨量(B_0=0)	0.5 h	18	26	26	流域模型法
			1 h	26	32	32	
		雨量(B_0=0.3)	0.5 h	16	22	22	
			1 h	22	27	27	
		雨量(B_0=0.6)	0.5 h	13	19	19	
			1 h	19	23	23	
14	响水河镇梁家河村尧上	雨量(B_0=0)	0.5 h	43	61	61	流域模型法
			1 h	61	75	75	
		雨量(B_0=0.3)	0.5 h	39	56	56	
			1 h	56	70	70	
		雨量(B_0=0.6)	0.5 h	36	52	52	
			1 h	52	64	64	

续表 4-7-11

序号	行政区划名称	类别	降雨历时	预警指标(mm)		临界雨量(mm)	方法
				准备转移	立即转移		
15	响水河镇岗上村程家河	雨量(B_0=0)	0.5 h	40	58	58	流域模型法
			1 h	58	68	68	
		雨量(B_0=0.3)	0.5 h	37	53	53	
			1 h	53	64	64	
		雨量(B_0=0.6)	0.5 h	34	49	49	
			1 h	49	57	57	
16	寨圪塔乡川口村红凹	雨量(B_0=0.3)	0.5 h	34	48	48	同频率法
			1 h	48	59	59	
17	寨圪塔乡川口村崔家圪塔	雨量(B_0=0)	0.5 h	59	85	85	流域模型法
			1 h	85	95	95	
			2 h	104	115	115	
			3 h	121	129	129	
		雨量(B_0=0.3)	0.5 h	57	82	82	
			1 h	82	88	88	
			2 h	96	105	105	
			3 h	111	117	117	
		雨量(B_0=0.6)	0.5 h	53	76	76	
			1 h	76	81	81	
			2 h	88	96	96	
			3 h	100	105	105	

续表 4-7-11

序号	行政区划名称	类别	降雨历时	预警指标(mm)		临界雨量(mm)	方法
				准备转移	立即转移		
18	寨圪塔乡川口村	雨量(B_0 =0)	0.5 h	52	75	75	流域模型法
			1 h	75	84	84	
			2 h	92	99	99	
			3 h	105	114	114	
		雨量(B_0 =0.3)	0.5 h	49	70	70	
			1 h	70	78	78	
			2 h	84	90	90	
			3 h	96	104	104	
		雨量(B_0 =0.6)	0.5 h	45	65	65	
			1 h	65	71	71	
			2 h	76	81	81	
			3 h	86	93	93	
19	寨圪塔乡山交村柳林	雨量(B_0 =0)	0.5 h	51	73	73	流域模型法
			1 h	73	79	79	
			2 h	88	94	94	
			3 h	100	103	103	
			4 h	109	114	114	
		雨量(B_0 =0.3)	0.5 h	47	67	67	
			1 h	67	74	74	
			2 h	79	86	86	
			3 h	89	94	94	
			4 h	98	105	105	
		雨量(B_0 =0.6)	0.5 h	44	62	62	
			1 h	62	66	66	
			2 h	71	77	77	
			3 h	81	84	84	
			4 h	89	94	94	

续表 4-7-11

序号	行政区划名称	类别	降雨历时	预警指标(mm)		临界雨量(mm)	方法
				准备转移	立即转移		
20	寨圪塔乡山交村	雨量(B_0=0)	0.5 h	34	49	49	流域模型法
			1 h	49	57	57	
			2 h	63	68	68	
			3 h	73	78	78	
		雨量(B_0=0.3)	0.5 h	31	44	44	
			1 h	44	50	50	
			2 h	55	60	60	
			3 h	64	69	69	
		雨量(B_0=0.6)	0.5 h	28	39	39	
			1 h	39	44	44	
			2 h	48	51	51	
			3 h	55	59	59	
21	寨圪塔乡院头村玉泊	雨量(B_0=0)	0.5 h	56	80	80	流域模型法
			1 h	80	88	88	
			2 h	95	102	102	
			3 h	108	116	116	
			4 h	125	132	132	
		雨量(B_0=0.3)	0.5 h	53	75	75	
			1 h	75	81	81	
			2 h	87	93	93	
			3 h	99	105	105	
			4 h	113	121	121	
		雨量(B_0=0.6)	0.5 h	49	70	70	
			1 h	70	75	75	
			2 h	79	84	84	
			3 h	88	95	95	
			4 h	102	109	109	

续表 4-7-11

序号	行政区划名称	类别	降雨历时	预警指标(mm)		临界雨量（mm）	方法
				准备转移	立即转移		
22	寨圪塔乡院头村	雨量(B_0 =0)	0.5 h	68	96	96	流域模型法
			1 h	96	105	105	
			2 h	112	119	119	
			3 h	127	135	135	
			4 h	146	155	155	
		雨量(B_0 =0.3)	0.5 h	64	92	92	
			1 h	92	98	98	
			2 h	104	110	110	
			3 h	117	124	124	
			4 h	134	144	144	
		雨量(B_0 =0.6)	0.5 h	61	87	87	
			1 h	87	91	91	
			2 h	96	101	101	
			3 h	107	113	113	
			4 h	122	131	131	
23	寨圪塔乡院头村西坪	雨量(B_0 =0)	0.5 h	53	76	76	流域模型法
			1 h	76	85	85	
			2 h	92	98	98	
			3 h	104	111	111	
			4 h	119	126	126	
		雨量(B_0 =0.3)	0.5 h	50	72	72	
			1 h	72	78	78	
			2 h	84	89	89	
			3 h	95	100	100	
			4 h	108	115	115	
		雨量(B_0 =0.6)	0.5 h	47	67	67	
			1 h	67	72	72	
			2 h	76	80	80	
			3 h	85	89	89	
			4 h	96	103	103	

续表 4-7-11

序号	行政区划名称	类别	降雨历时	预警指标(mm)		临界雨量(mm)	方法
				准备转移	立即转移		
24	寨圪塔乡范村寺方元	雨量(B_0=0)	0.5 h	53	76	76	流域模型法
			1 h	76	84	84	
			2 h	90	99	99	
			3 h	103	109	109	
			4 h	114	116	116	
		雨量(B_0=0.3)	0.5 h	50	71	71	
			1 h	71	78	78	
			2 h	84	89	89	
			3 h	94	97	97	
			4 h	102	107	107	
		雨量(B_0=0.6)	0.5 h	47	67	67	
			1 h	67	71	71	
			2 h	75	79	79	
			3 h	83	88	88	
			4 h	92	94	94	
25	寨圪塔乡范村东范	雨量(B_0=0)	0.5 h	54	77	77	流域模型法
			1 h	77	86	86	
			2 h	92	99	99	
			3 h	103	109	109	
			4 h	114	119	119	
		雨量(B_0=0.3)	0.5 h	51	73	73	
			1 h	73	79	79	
			2 h	85	89	89	
			3 h	94	97	97	
			4 h	102	107	107	
		雨量(B_0=0.6)	0.5 h	48	68	68	
			1 h	68	73	73	
			2 h	77	81	81	
			3 h	83	88	88	
			4 h	92	96	96	

第8章 吉 县

8.1 吉县基本情况

8.1.1 地理位置

吉县又名吉洲,以明代曾设平阳府吉洲而得名。地处黄河中游,山西吕梁山南麓,以石头山、金岗岭、姑射山为界,东与蒲县、尧都区接壤,西濒黄河与陕西宜川相望,南以下张尖为界与乡宁县昌宁镇相连,北以处鹤沟为界与大宁毗邻。地理坐标:北纬 35°53′10″~36°21′02″之间,东经 110°27′30″~111°07′20″。东西最长跨度 62 km,南北宽度 48 km,从高程为1 820 m的高天山至 405 m 的黄河畔,总面积为 1 777.26 km^2,占临汾市面积的 8.8%。

吉县的地形成东高西低的倾斜状,高差达 1 400 m,境内山峦起伏,梁峁交错,沟壑纵横,切割严重,各区域之间自然条件差异很大。吕梁山支脉分两支穿越全县,一支由人祖山、管头山、高祖山组成,以人祖山最高,高程为 1 742.6 m。山势走向呈 NNE-SSW。另一支由石头山、金岗岭、高天山、云太山组成,以高天山最高,高程为 1 820.5 m,山势走向呈ENE-WSW。境内地形复杂,受降雨时空分布影响,天然植被分布不匀,林草大多分布在东北部。全县水土流失面积 12.5 万 hm^2,占总面积的 70.3%;林地和灌木面积 为 4.63 万 hm^2,现已初步治理 6.6 万 hm^2,占应治理的 52.8%。

吉县是个黄土残垣沟壑区,露头地层形成较晚,表面为第四系上更新统风积黄土所覆盖。在人祖山、管头山、高天山、石头山地区为中生界三叠系红色砂岩和砂质泥岩,在风积黄土下部为第三系红土,多夹有石炭结核层。黄红土厚达数十米以至百米以上。在黄河沿岸清水河中下游和义亭河沿岸,分布有古生界三叠系红色砂岩。由于地层主要为二叠系以后的陆相沉积,没有地下矿藏的露头。第三系红土和第四系黄土组成了吉县黄土高原。严重的水土流失把吉县黄土高原切割得千沟万壑,有程度不同的水蚀、风蚀,所以致使吉县地貌十分复杂。吉县地理位置示意图如图 4-8-1 所示。

8.1.2 社会经济

吉县现辖吉昌、屯里、壶口 3 个镇,车城乡、文城乡、东城乡、柏山寺乡、中垛乡 5 个乡,79 个行政村。至 2014 年底,吉县总人口为 10.8 万人,其中城镇人口 5.7 万人,乡村人口 5.1 万人。2014 年全县国内生产总值 187 068 万元,其中第一产业 54 846 万元,第二产业 85 418 万元,第三产业 46 804 万元。

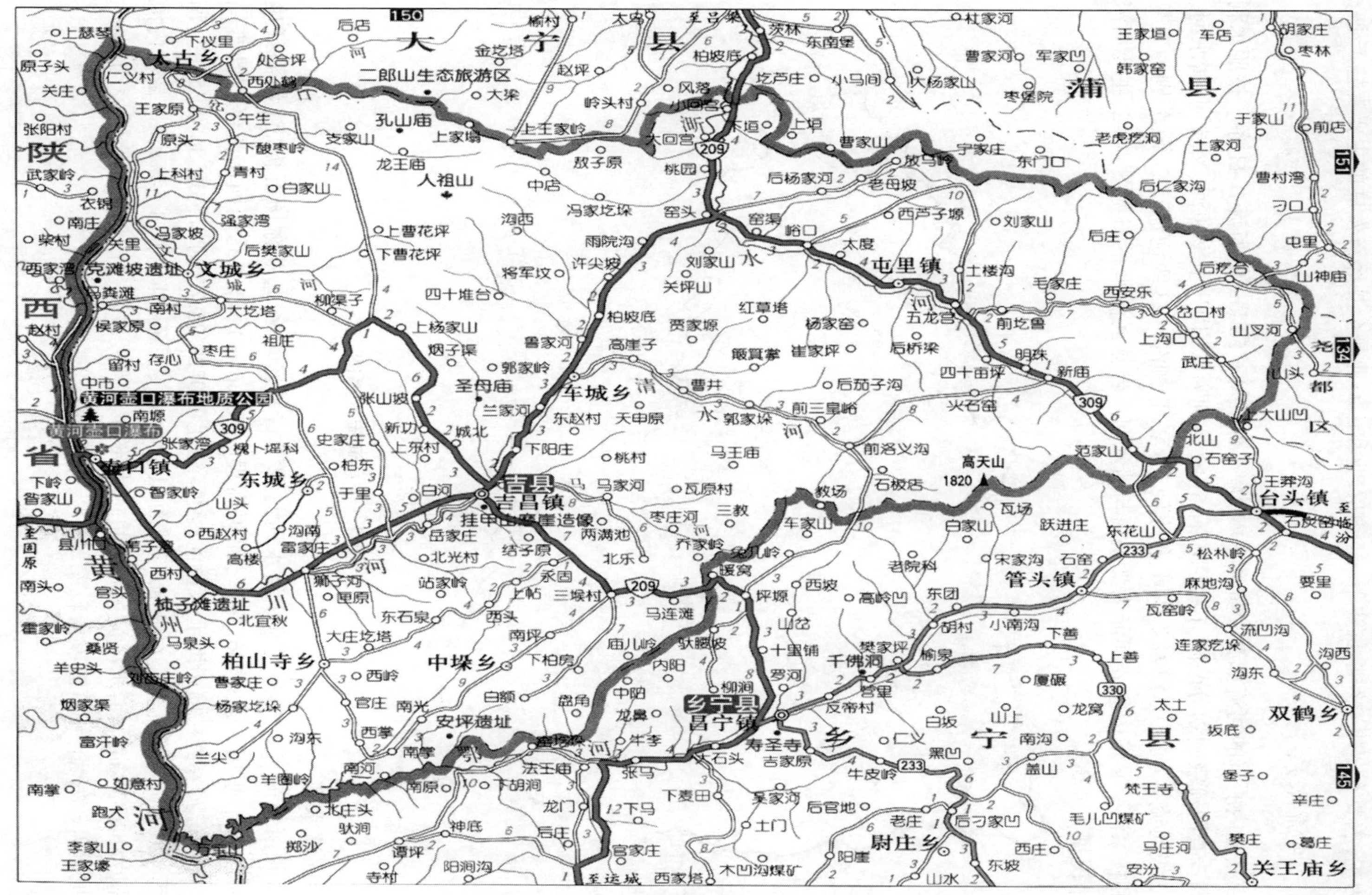

图 4-8-1　吉县地理位置图

吉县境内煤炭资源丰富,尚无大面积开发的煤炭储量有 10 亿多 t。农业主要以经济林种植为主,主要有苹果、核桃、红枣等。其中农业和旅游业是全县经济发展的主要支柱产业。

8.1.3 河流水系

吉县境内所有的河流都属于黄河流域,流域面积大于 50 km²的河流有 11 条。按照水利部河湖普查河流级别划分原则,1 级河流有 5 条,分别为岔口河、王家源河、文城河、清水河、鄂河;2 级河流有 4 条,分别为义亭河、鲁家河、马家河、柳沟河;3 级河流有 2 条,分别为大东沟河和杨家河。县境内主要河流为义亭河与清水河。吉县河流水系图见图 4-8-2,主要河流基本情况见表 4-8-1。

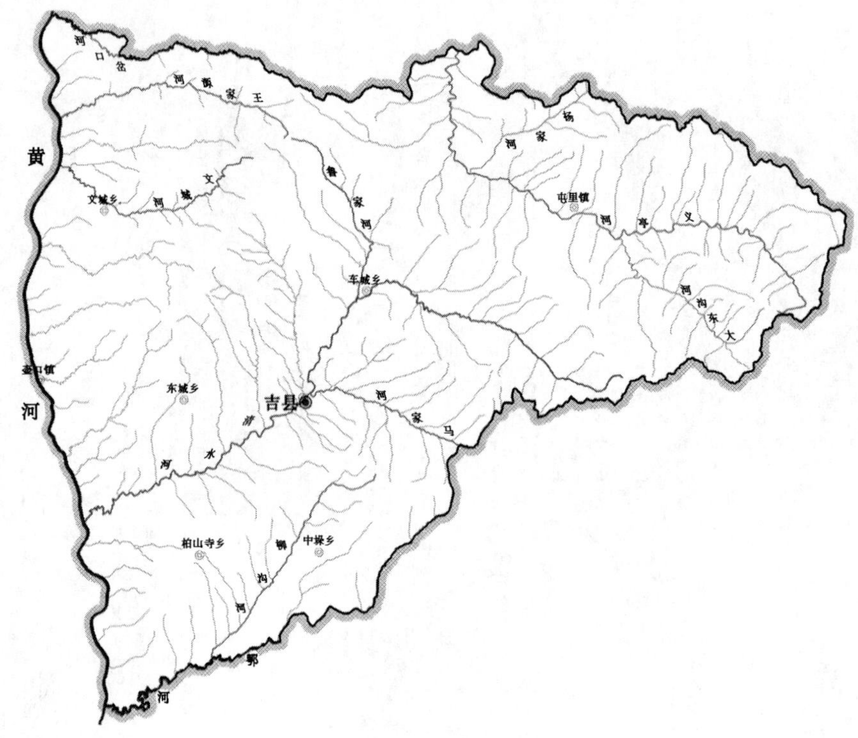

图 4-8-2　吉县河流水系图

8.1.3.1　清水河

清水河为黄河的一级支流。清水河起源于吉县车城乡屯里林场石板店(河源经度 110°56′26.9″,河源纬度 36°06′38.7″,河源高程 1 600.6 m),自东北向西南流经吉县吉昌镇,于吉县车城乡真村柿子滩汇入黄河(河口经度 110°29′25.7″,河口纬度 36°00′54.3″,河口高程 420.0 m),河流全长 64 km,流域面积 646 km²,河流比降为 14.84‰。吉县境内流域面积为 626.3 km²。清水河流域吉县境内大部分为砂页岩森林山地和黄土丘陵沟壑,上游植被覆盖较好,下游植被覆盖较差。

表 4-8-1　吉县主要河流基本情况表

编号	河流名称	上级河流名称	河流级别	流域面积 (km^2)	河长 (km)	比降 (‰)	境内流域面积 (km^2)
1	清水河	黄河	1	646	64	14.84	626.3
2	鲁家河	清水河	2	84.7	16	17.68	84.7
3	马家河	清水河	2	123	20	17.37	123
4	鄂河	黄河	1	762	73	13.30	762
5	柳沟河	鄂河	2	76.3	21	16.42	76.3
6	义亭河	昕水河	2	778	72	8.48	504.2
7	大东沟河	义亭河	3	103	18	21.65	103
8	杨家河	义亭河	3	65.3	22	19.01	65.3
9	岔口河	黄河	1	111	29	25.59	111
10	王家源河	黄河	1	60.5	22	33.09	60.5
11	文城河	黄河	1	69.3	22	33.86	69.3

8.1.3.2　鲁家河

鲁家河为清水河的一级支流。鲁家河起源于吉县文城乡山西省人祖山省级自然保护区店庄(河源经度 110°39′57.7″,河源纬度 36°16′8.3″,河源高程 1 366.9 m),自西北向东南流经吉县,于吉县车城乡车城村汇入清水河(河口经度 110°43′12.8″,河口纬度 36°9′42.9″,河口高程 905.6 m),河流全长 16 km,流域面积 84.7 km^2,河流比降为 17.68‰。吉县境内流域面积为 84.7 km^2。

8.1.3.3　马家河

马家河为清水河的一级支流。马家河起源于乡宁县昌宁镇摩托垣村苏家岭(河源经度 110°50′51.6″,河源纬度 36°05′48.9″,河源高程 1 303.2 m),自东南向西北流经吉县,于吉县吉昌镇城区汇入清水河(河口经度 110°40′54.2″,河口纬度 36°06′1.0″,河口高程 813.4 m),河流全长 20 km,流域面积 123 km^2,河流比降为 17.37‰。吉县境内流域面积为 123 km^2。

8.1.3.4　鄂河

鄂河为黄河的一级支流。鄂河起源于乡宁县管头镇管头林场段山岭(河源经度 110°59′46.5″,河源纬度 36°07′9.4″,河源高程 1 589.6 m),自东北向西南流经吉县,于乡宁县枣岭乡掷沙村万宝山汇入黄河(河口经度 110°30′31.3,河口纬度 36°53′30.7″,河口高程 400.0 m),河流全长 73 km,流域面积 762 km^2,河流比降为 13.30‰。吉县境内流域面积为 762 km^2。

8.1.3.5　柳沟河

柳沟河为鄂河的一级支流。柳沟河起源于吉县中垛乡永固村南牛堤(河源经度 110°44′4.9″,河源纬度 36°02′34.6″,河源高程 1 125.2 m),自东北向西南流经吉县,于吉县中垛乡南光村腰西汇入鄂河(河口经度 110°35′58.1″,河口纬度 35°55′30.6″,河口高程 664.9

m),河流全长 21 km,流域面积 76.3 km^2,河流比降为 16.42‰。在吉县境内流域面积为 76.3 km^2。柳沟河上游建有上岾水库。

8.1.3.6 **义亭河**

义亭河为昕水河的一级支流。义亭河起源于吉县屯里镇屯里林场后棉花凹(河源经度 111°04′5.6″,河源纬度 36°09′15.6″,河源高程 1 687.7 m),自东向西流经吉县屯里镇,在屯里镇窑渠村自南向北流经大宁县,于大宁县昕水镇城关村汇入昕水河(河口经度 110°44′40.0″,河口纬度 36°27′41.7″,河口高程 710.0 m),河流全长 72 km,流域面积 778 km^2,河流比降为 8.48‰。吉县境内流域面积为 504.2 km^2。义亭河流域吉县境内大部分为砂页岩森林山地和砂页岩灌丛山地,植被覆盖较好。吉县境内分布有多座淤地坝。

8.1.3.7 **大东沟河**

大东沟河为义亭河的一级支流。大东沟河起源于吉县屯里镇屯里林场腰庄(河源经度 111°03′26.6″,河源纬度 36°09′21.9″,河源高程 1 650.4 m),自东南向西北流经吉县,于吉县屯里镇五龙宫村汇入义亭河(河口经度 110°56′10.6″,河口纬度 36°12′9.2″,河口高程 1 091.5 m),河流全长 18 km,流域面积 103 km^2,河流比降为 21.65‰。吉县境内流域面积为 103 km^2。

8.1.3.8 **杨家河**

杨家河为义亭河的一级支流。杨家河起源于大宁县三多乡盘龙山林场东门口(河源经度 110°00′31.7″,河源纬度 36°16′56.5″,河源高程 945 m),自东北向西南流经大宁县、吉县放马岭,于吉县屯里镇窑曲村县底汇入义亭河(河口经度 110°48′49.1″,河口纬度 36°14′45.1″,河口高程 1 091.5 m),河流全长 22 km,流域面积 65.3 km^2,河流比降为 21. 65‰。吉县境内流域面积为 65.3 km^2。

8.1.3.9 **岔口河**

岔口河为黄河的一级支流。岔口河起源于大宁县太古乡二郎山林场大卧卜沟(河源经度 110°40′18.3″,河源纬度 36°18′32.3″,河源高程 1 439.5 m),自东向西流经大宁县、吉县,于吉县文城乡王家垣村仁义村汇入黄河(河口经度 110°27′48.5″,河口纬度 36°20′59.0″,河口高程 480.0 m),河流全长 29 km,流域面积 111 km^2,河流比降为 25.59‰。吉县境内流域面积为 26.8 km^2。

8.1.3.10 **王家源河**

王家源河为黄河的一级支流。王家源河起源于吉县文城乡山西省人祖山省级自然保护区(河源经度 110°39′45.6″,河源纬度 36°16′25.6″,河源高程 1 425.4 m),自东向西流经吉县,于吉县乡文城乡办林场汇入黄河(河口经度 110°28′12.5″,河口纬度 36°16′55.0″,河口高程 479.7 m),河流全长 22 km,流域面积 60.5 km^2,河流比降为 33.09‰。吉县境内流域面积为 60.5 km^2。

8.1.3.11 **文城河**

文城河为黄河的一级支流。文城河起源于吉县文城乡山西省人祖山省级自然保护区上曹花坪(河源经度 110°37′57.7″,河源纬度 36°15′22.5″,河源高程 1 489.8 m),自东向西流经吉县文城乡,于吉县文城乡文成村冯家坡汇入黄河(河口经度 110°28′11.3″,河口纬度 36°15′2.4″,河口高程 479.0 m),河流全长 22 km,流域面积 69.3 km^2,河流比降为

33.86‰。吉县境内流域面积为 69.3 km²。

8.1.4　水文气象

吉县属暖温带大陆性气候。冬季寒冷干燥,夏季温度较高,7、8、9 三个月雨量集中,但由于降水分配不均且气温较高,常形成伏旱,春季干旱多风,气温回升快,昼夜温差大,十年九春旱。秋季常有短时连阴雨出现,年平均降雨量为 541.1 mm,最高年平均降雨量为 828.9 mm,日最大降雨量为 151.3 mm,年日照时数 2 538.8 h。

8.1.5　历史山洪灾害

吉县境内山洪灾害发生频次较高,是吉县的主要自然灾害之一。历史上及中华人民共和国成立后发生过多次大的山洪灾害。本次首先收集了各种文献对吉县山洪灾害的记载,其次对沿河村落历史洪水情况进行了调查走访。整理如下。

8.1.5.1　文献记载洪水资料

本次收集和摘录了《山西省历史洪水调查成果》和《山西洪水研究》中记载的洪水资料。这两本书中记载的资料来源于《山西通志》各市、县的府志或县志,中央档案馆明清档案部的清代档案奏折以及少量的洪水碑刻和家书等。本次共整理有关吉县洪水文献记载 18 条,洪水发生年份从明清时期到 20 世纪 80 年代,详见表 4-8-2。本次工作还收集了吉县文献记载的旱情资料,见表 4-8-3。

表 4-8-2　吉县文献记载洪水统计表

序号	公元	年号	记载	资料来源
1	1485	明成化廿一年	吉县夏五月大水,漂没城郭民舍至半	山西自然灾害史年表
2	1542	明嘉靖廿一年	吉县大水,漂没城郭民舍至半	原山西省临汾地区水文计算手册
3	1543	明嘉靖廿二年	吉县五月大水漂没城郭。霍州大水。长治七月大雨河溢	山西通志
4	1562	明嘉靖四十一年	吉县三月大水	原山西省临汾地区水文计算手册
5	1607	明万历卅五年	阳曲汾水大涨环抱省城。徐沟五月廿三日大水入南关,平地水深丈余,民居物产漂没无算。太原五月大水。阳曲、临汾、绛、吉等十四州县大水	山西自然灾害史年表
6	1607	明万历卅五年	阳曲、定襄、临汾、绛、吉等十四州县大水	山西通志“大事记”
7	1659	清顺治十六年	大同六月大雨。潞城、平顺六月雨雹伤稼。长治雨雹伤禾,六月大水。吉州夏四月大饥,雨雹折木。荣河雨雹连三日,二麦俱枯,因多麦复发芽	山西通志

续表 4-8-2

序号	公元	年号	记载	资料来源
8	1662	清康熙元年	万荣荣河七月雨至九月秋分止。吉县大雨数月,毁坏城庐舍。大宁六月大水。运城、解州秋八月大雨四十日,盐池被害。安邑八月大雨如注者半月,墙屋倾圮,强半人多僦居庙宇。临猗、猗氏八月大雨泛,初九至二十五日,大雨如注,昼夜不绝。临晋秋淫雨数月。平陆壬寅阴雨四旬,山崩涧徙,坏民田舍。芮城壬寅秋八月淫雨两旬,屋垣多倾,城东北路村平地水出如河	山西自然灾害史年表
9	1669	清康熙八年	黎城、猗氏、汾西雨雹,八月饥。昔阳凤凰山神泉忽涌,名为灵瑞泉。太原四月大雪	山西通志
10	1733	清雍正十一年	吉县夏大水,禾不伤,洪水溢出扶风桥,任瑛将桥加高数尺	原山西省临汾地区水文计算手册
11	1838	清道光十八年	吉县六月州川河水暴发,漂没民房庙宇甚多,昌济桥漂没,扶风桥石栏冲决	原山西省临汾地区水文计算手册
12	1843	清道光廿三年	神池六月二十六日、七月十一日分别得雨二寸。偏关七月十一日得雨三寸。五寨七月十一、十二日得雨深透。保德七月十一至十三日、十四日得雨三寸。河曲七月十一、十三、十四日得雨三寸。临县七月六日、十一至十三日得雨四寸。平陆七月十四日河水暴涨溢五里余,太阳渡居民半溺水中,沿河地亩尽为沙盖。河干庐舍塌坏无算,葛赵村西河水大涨,有禹王庙外四面皆水,内四十人不得出,人得无恙,俗传庙里有避水珠云。垣曲黄河溢至南城砖垛,次日始落,淹没无算。吉县癸卯夏大雨拔木,折坏民房甚多。临猗、临晋六月八日得雨三寸,七月一、二日得雨深透。平陆七月一、二日得雨二寸。芮城七月一日得雨二寸	山西通志
13	1848	清道光廿八年	吉州雨雹伤稼	山西自然灾害史年表

续表 4-8-2

序号	公元	年号	记载	资料来源
14	1863	清同治二年	襄垣九月阴雨旬日。河津水,河水绕县城。安邑七月雨冰雹,大者如鸡卵。吉州五月雨雹伤稼,太原十一月大雪	山西自然灾害史年表
15	1866	清同治五年	吉县秋大雨四十余日	原山西省临汾地区水文计算手册
16	1892	清光绪十八年	泽州:大雨连旬。马邑:五月前旱后大雨,次年大饥。应州、大同、怀仁、朔州、宁武、代州等县前旱后水。翼城:六月十八日浍水陡涨,淹没南河坝下。沁源:秋久雨大水伤稼。吉州:九月大雪	山西自然灾害史年表
17	1952		五台、阳曲、忻县、崞县、繁峙、静乐、宁武、岢岚、榆次、祁县、和顺、离石、昔阳、盂县、寿阳、灵石、交城、晋城、高平、襄垣、长治、荣河、万泉、绛县、安邑、夏县、闻喜、吉县、永和、汾西、曲沃:雹灾。平顺、黎城、晋城、安泽、方山:旱灾。屯留:风灾。代县:地震。绛县:虫灾	山西自然灾害史年表
18	1982		7 月 29 日至 8 月 3 日,发生中华人民共和国成立以来最严重的一次洪水灾害。一连六日降暴雨和大暴雨,全省平均降雨量 115.9 mm,降雨大的沁水县为 428 mm,垣曲县为 383 mm,阳城县为 361 mm,平陆、运城、晋城、夏县等 10 个县都在 200 mm 以上,仅有一个县降水量在 200 mm 以下,150 mm 以上。当时洪安涧河、亳清河、涑水河、浍河、桃河都发生较大洪水,全省 60 座大中型水库蓄水量由 2.7 亿 m^3 猛增到 5.18 亿 m^3。沁水县杏梅二河汇合处,流量达 2 900 m^3/s。阳城县境内获择河流量猛增到 1 800 m^3/s,冲垮河坝 100 多 km,冲垮大桥 11 处。全省重灾县 13 个:石楼、柳林、交口、永和、大宁、吉县、和顺、昔阳、平定、盂县、平陆、河津、阳泉郊区	山西自然灾害史年表

表 4-8-3　吉县文献记载旱情统计表

序号	公元	年号	记载	资料来源
1	1012	北宋大中祥符五年	吉州:四月慈州(吉州)饥。吉州旱	山西自然灾害史年表
2	1076	北宋熙宁九年	七月太原府汾河秋霖雨,大水涨。石州(离石)麦秀两歧。八月河北、河东旱。稷山旱。浮山、曲沃、吉州:旱	山西自然灾害史年表
3	1084	北宋元丰七年	吉州、绛州:旱	山西自然灾害史年表
4	1211	金大安三年	河东大旱。曲沃、虞乡、河津、稷山、吉州、永济:二月大旱	山西通志
5	1213	金崇庆二年	河东大旱。稷山、虞乡、曲沃、太谷、永济、吉州:大旱	山西通志
6	1472	明成化八年	山西全省性旱和大旱	山西通志
7	1610	明万历卅八年	吉州、蒲县、汾阳、太原、阳曲、寿阳、平遥、介休、临汾、浮山、曲沃、临猗、稷山、绛州、晋城、定襄、平定、盂县、榆社、武乡,大旱饥,饿殍载道,人相食	山西水旱灾害
8	1611	明万历卅九年	临汾、吉州、绛州、蒲县、猗氏夏旱。稷山夏疫。山西连年荒旱	《旱涝史料》山西部分
9	1634	明崇祯七年	吉州、绛县、万泉、夏县、解县、蒲州、垣曲大旱大饥,人相食	山西水旱灾害
10	1650	清顺治七年	保德、河曲、岢岚、离石、吉县、吉州、寿阳、万泉春夏旱,饥民多鬻子女为食	山西水旱灾害
11	1656	清顺治十三年	泽州、吉州春夏连旱	山西通志
12	1692	清康熙卅一年	蒲县、吉州、临汾、浮山、洪洞、翼城、稷山、河津、解州、平陆、蒲州、芮城旱蝗民饥,人死相枕藉	山西水旱灾害
13	1712	清康熙五十一年	吉州、蒲县、吉县旱	山西通志
14	1720	清康熙五十九年	山西全省性大旱	山西自然灾害史年表
15	1721	清康熙六十年	山西全省性持续大旱	山西自然灾害史年表
16	1722	清康熙六十一年	山西全省性大旱,中部尤甚	山西水旱灾害
17	1877	清光绪三年	屯留、吉州、临县、河津、汾西、绛州、洪洞、芮城、荣河、朔州、交城、解县旱。虞乡五月大风拔木。祁县寸草不收。永济、垣曲麦歉收。昔阳、平定四月廿四日大雪。翼城六月十八日大雷雨拔木。曲沃秋七月大疫	山西自然灾害史年表

续表 4-8-3

序号	公元	年号	记载	资料来源
18	1878	清光绪四年	怀仁、文水、汾阳、孝义、交城、临汾、翼城、吉州、大宁、平顺、祁县、临县、蒲县、泽州、永宁(离石)、霍县、襄陵、吉县、隰州、壶关、夏县、陵川、高平、泽州、襄垣、盂县、安邑、临晋、稷山、虞乡、芮城:旱。沁水、汾西、屯留:大疫。闻喜、太谷:大饥	山西自然灾害史年表
19	1890	清光绪十六年	翼城:六月初八大风拔木。吉县:旱	山西自然灾害史年表
20	1936	民国廿五年	十二月太原地震。全省持续性大旱	山西自然灾害史年表
21	1960		山西晋南旱象严重	山西水旱灾害
22	1965		山西全省性大旱。晋南春夏连旱,尤以伏旱为甚	山西水旱灾害
23	1972		山西全省性大旱,整个三伏天无雨	山西水旱灾害
24	1978		全省严重干旱的同时,风、雹、冻、病虫害亦严重发生	山西水旱灾害
25	1987		山西全省性旱,严重的有忻州、吕梁、临汾西部、太原市等	山西水旱灾害

8.1.5.2 《山西省历史洪水调查成果》中的调查成果

2011 年出版的《山西省历史洪水调查成果》中暴雨洪水调查资料已收集至 2008 年,是目前资料最为可靠、最为完整的历史洪水调查成果,共收集吉县历史洪水调查成果 3 场次,发生在吉昌镇河段,发生年份分别为 1937 年、1958 年、1971 年,见表 4-8-4。

表 4-8-4　吉县历史洪水调查成果统计表

编号	调查地点				河长(km)	集水面积(km^2)	调查洪水			调查单位
	水系	河名	河段名	地点			洪峰流量(m^3/s)	发生时间	可靠程度	
1	沿黄支流	清水河	吉县	吉昌镇		434	1 480	1937 年 8 月 2 日	供参考	原临汾区水文分站
							1 050	1971 年 9 月 2 日	可靠	
							623	1958 年	可靠	

8.1.5.3 沿河村落历史洪水调查成果

在对沿河村落入户调查过程中,对该村庄历史上较大洪水进行了详细的访问,主要从历史洪水的发生时间、洪水描述、洪水水位以及洪水致灾情况进行了调查。从调查情况来看,受受访者年龄限制,较为可靠的洪水记忆一般在20世纪50年代以后。由于沿河村落大部分河段都进行了河道整治,或受洪水影响河床发生冲淤变化,其河道过水断面与历史洪水发生时相比存在较大变动,大部分洪水位已不能反映现状河道的过水能力,但其洪水发生时间具有一定的参考意义。本次工作对沿河村落历史洪水调查进行了整理,可作为该县历史洪水调查成果的补充参考。调查的洪水发生年份从1950年到2014年,详见表4-8-5。

表4-8-5　吉县历史洪水调查成果统计表

序号	村名	发生时间	受访者		洪水访问情况
			姓名	年龄	
1	芦家河	1970年左右	徐金娥	70	洪水溢满河槽,冲毁耕地
		2010年	李德英	66	大雨持续近两个小时,河水漫上道路,洪水位与河边院子基本持平,大水冲毁部分河滩耕地
2	古芦沟	1950年左右	王红山	76	洪水漫上滩地,冲毁耕地
3	王家河村	1980年左右	王红菊	54	天降暴雨引发了洪水
4	岩坪	1975年左右	宋书宝	67	洪水淹没了河里的庄稼
5	明珠村	1975年左右	高凤珍	70	天降大雨,河里发生了洪水
6	四十亩坪	1975年左右	张金锁	61	天降暴雨引发洪水,洪水涨至右岸水窑边,河水最深处有2.5 m
		2014年	张金锁	61	河里发水时,洪水淹没漫水桥,河里最大水深有60 cm
7	岔口村	1980年左右	刘方斌	62	洪水溢出主槽,淹没滩地
		2000年左右	刘方斌	62	洪水冲毁广场处小桥,溢出河槽,广场附近村民住户进水
8	五龙宫	1972年左右	占新华	81	洪水暴涨,水面离桥孔最高处约30 cm,有洪水漫进家户半米深
9	县底	1982年左右	王明贵	66	天降暴雨导致河水暴涨,村中石拱桥的桥孔几乎被全部淹没
10	白河	1990年	高月贤	61	洪水漫上村东柏油道路,水深约0.5 m
11	柏浪沟	1984年	白玉清	63	天降暴雨引发洪水,洪水溢满了河道
12	圪针沟	1962年	王有安	66	县城部分被淹,死亡19人
		2007年	王有安	66	洪水溢出河道,漫过桥梁
13	侯家沟	1995年	功原勤	64	洪水溢出河道,漫进居民院子,进入窑洞
14	结子沟	1995年	张营生	70	洪水溢出河道,淹没道路

续表 4-8-5

序号	村名	发生时间	受访者		洪水访问情况
			姓名	年龄	
15	淇北沟	1975 年左右	陈永春	60	暴雨引发山洪,河道中的牛被洪水冲走
16	水洞沟	1972 年左右	陈太芝	70	水漫到河道旁农田,进入农户院落
		2013 年	陈太芝	70	天降大雨,河水溢满河道
17	小府	1966 年	梁建华	76	天降暴雨,洪水溢出河道
		1972 年左右	梁建华	76	洪水溢出河道,淹没周围菜园,冲走 7 头牛

8.1.5.4　相关部门洪水记载

本次工作收集了地方县志、当地水利及相关部门对洪水的记载,可作为吉县历史洪水调查成果的补充。洪水发生年份分别为 1542 年、1964 年、1966 年、1971 年、1979 年、1988 年,见表 4-8-6。

表 4-8-6　吉县历史洪水调查成果统计表

序号	发生时间	位置	洪水灾害描述
1	1542 年	县城	河水冲垮城郭、民舍至半
2	1964 年	吉县	洪水冲毁河堤,死 16 人,吉县水文站洪峰流量 581 m^3/s
3	1966 年	县城	洪水涌入街道,吉县水文站洪峰流量 736 m^3/s
4	1971 年	吉县	吉县水文站有记载以来最大流量 1 050 m^3/s,洪水从扶风桥上通过
5	1979 年	城关	7 月 23 日晚城关暴雨,降水量 81.5 mm,洪水进入街道 0.4 m,吉县水文站洪峰流量 455 m^3/s
6	1988 年	县城	7 月,县城 20 min 降水 60 mm,清水河、马家河两河洪水相顶,洪水暴涨,纸厂进水 1.5 m,吉县水文站洪峰流量 628 m^3/s

8.2　吉县山洪灾害分析评价成果

8.2.1　分析评价名录确定

吉县共有 20 个重点防治区,重点防治区名录见表 4-8-7;吉县将 20 个重点防治区划分为 18 个计算小流域(流域面积相同的村落在表中只体现为一个计算小流域),基本信息见表 4-8-8,其中包括行政区划名称、面积、主沟道长度、主沟道比降、产流地类、汇流地类。

表 4-8-7　吉县山洪灾害分析评价名录

序号	沿河村落	行政区划代码	所在乡镇	所在河流	影响形式
1	芦家河	141028101214101	屯里镇	大东沟河	河道洪水
2	古芦沟	141028101214102	屯里镇	大东沟河	河道洪水
3	王家河村	141028101214000	屯里镇	大东沟河	河道洪水
4	岩坪	141028101213101	屯里镇	大东沟河	河道洪水
5	明珠村	141028101213000	屯里镇	大东沟河	河道洪水
6	四十亩坪	141028101204100	屯里镇	大东沟河	河道洪水
7	城底	141028101204101	屯里镇	大东沟河	河道洪水
8	岔口	141028101217106	屯里镇	义亭河	河道洪水
9	圪鲁	141028101204102	屯里镇	义亭河	河道洪水
10	五龙宫	141028101204000	屯里镇	义亭河	河道洪水
11	县底	141028101206101	屯里镇	杨家河	河道洪水
12	窑曲	141028101206000	屯里镇	杨家河	河道洪水
13	白河	141028100215103	吉昌镇	白河沟	河道洪水
14	柏浪沟	141028100202100	吉昌镇	柏浪沟	河道洪水
15	圪针沟	141028100201102	吉昌镇	圪针沟	河道洪水
16	侯家沟	141028100204101	吉昌镇	侯家沟	河道洪水
17	结子沟	141028100202102	吉昌镇	结子沟	河道洪水
18	淇北沟	141028100202106	吉昌镇	淇北沟	河道洪水
19	水洞沟	141028100203000	吉昌镇	水洞沟	河道洪水
20	小府	141028100200000	吉昌镇	马家河	河道洪水

表 4-8-8 吉县小流域基本信息汇总表

序号	行政区划名称	流域面积(km^2)	主沟道长度(km)	主沟道比降(‰)	产流地类(km^2)					汇流地类(km^2)		
					灰岩森林山地	灰岩灌丛山地	砂页岩森林山地	砂页岩灌丛山地	黄土丘陵沟壑	森林山地	灌丛山地	草坡山地
1	芦家河	6.40	3.39	43.5			6.40			6.40		
2	古芦沟	12.94	3.82	43.4			12.94			12.94		
3	王家河村	21.66	5.24	35.4			21.66			21.66		
4	岩坪	44.62	8.95	28.7			43.24	1.38		43.24	1.38	
5	明珠村	55.00	10.41	27.9			47.86	7.14		47.86	7.14	
6	四十亩坪	93.55	14.59	23.6			81.85	11.70		81.85	11.70	
7	城底	96.71	15.53	22.8			81.86	14.85		81.86	14.85	
8	岔口	24.03	8.87	28.3			23.47	0.56		23.47	0.56	
9	五龙宫	132.90	23.42	18.0			102.40	30.50		102.40	30.50	
10	县底	65.41	22.76	18.9			16.57		48.84	16.57		48.84
11	白河	29.42	14.64	22.3			10.13	6.08	13.21	10.13	6.08	13.21
12	柏浪沟	2.56	3.00	42.3					2.56			2.56
13	圪针沟	1.42	2.52	19.6					1.42			1.42
14	侯家沟	0.81	2.45	43.7					0.81			0.81
15	结子沟	2.00	3.30	28.5					2.00			2.00
16	淇北沟	0.43	1.00	24.0					0.43			0.43
17	水洞沟	3.18	4.16	35.9					3.18			3.18
18	小府	122.90	20.20	16.5			4.57	25.07	93.26	4.57	25.07	93.26

8.2.2 设计暴雨成果

吉县计算小流域各时段雨量的均值 $\overline{H}$、变差系数 C_v、C_s/C_v 和各时段相应频率的雨量值成果 H_p 见表 4-8-9(本次对吉县 20 个山洪灾害沿河村落均采用《山西省水文手册》中提供的方法进行了设计暴雨计算。对采用流域模型法计算设计洪水的进行设计暴雨时程分配计算,对采用经验公式法计算设计洪水的不进行设计暴雨时程分配计算)。吉县沿河村落 100 年一遇设计暴雨分布图见附图 4-85~附图 4-88。

8.2.3 设计洪水成果

吉县的 20 个重点防治区都进行了设计洪水的推求。其中设计洪水成果表见表 4-8-10(20 个沿河村落均采用由设计暴雨推求设计洪水的方法计算,本次采用《山西省水文手册》中的流域模型法与经验公式法计算,对采用流域模型法计算设计洪水的进行设计净雨深计算,对采用经验公式法计算设计洪水的不进行设计净雨深计算)。吉县沿河村落 100 年一遇设计洪水分布图见附图 4-89。

8.2.4 现状防洪能力成果

现状防洪能力评价主要是在设计洪水分析成果的基础上,结合沿河村落地形地貌、居民户高程情况,勾绘划定其淹没范围,进行危险区等级的划分,确定最佳转移路线和临时安置地点,并统计各沿河村落 5 个典型频率设计洪水位下的累计人口、户数,获得水位—流量—人口关系,综合评价现状防洪能力。本次对吉县 20 个山洪灾害沿河村落进行防洪现状评价。现状防洪能力均小于 100 年一遇,分布于 11 个防治区。20 个沿河村落现状防洪能力小于 5 年一遇的有 4 个,大于等于 5 年一遇小于 20 年一遇的有 5 个,大于等于 20 年一遇小于 100 年一遇的有 11 个。

经统计,吉县 20 个沿河村落中极高危险区内有 19 户 77 人,高危险区内有 136 户 496 人,危险区内有 236 户 925 人。其中县城周边的沿河村落因为城市的发展,村庄与县城已无明显界限,因此在进行县城周边危险区人口统计时只统计村庄所在沟道上游居民人口。现状防洪能力成果见表 4-8-11 与附图 4-90。

8.2.5 雨量预警指标分析成果

吉县的 20 个重点防治区都进行了雨量预警指标的确定。吉县预警指标分析成果表和吉县沿河村落预警指标分布图见表 4-8-12 与附图 4-91~附图 4-96。

表 4-8-9　吉县设计暴雨计算成果表

序号	计算单元名称	历时	均值(mm)	变差系数	C_s/C_v	重现期雨量值 H_p(mm)				
						100 年($H_{1\%}$)	50 年($H_{2\%}$)	20 年($H_{5\%}$)	10 年($H_{10\%}$)	5 年($H_{20\%}$)
1	芦家河	10 min	12.4	0.48	3.5	30.3	26.8	22.1	18.5	14.9
		60 min	27.4	0.48	3.5	63	55.8	46.2	38.8	31.2
		6 h	41.8	0.47	3.5	107.7	95.6	79.5	67.1	54.3
		24 h	56.6	0.47	3.5	139.3	124.1	103.7	87.9	71.6
		3 d	81.5	0.46	3.5	201.9	180.1	150.8	128.1	104.6
2	古芦沟	10 min	12.4	0.48	3.5	29.3	25.9	21.4	17.9	14.4
		60 min	27.4	0.48	3.5	61.3	54.3	45	37.8	30.5
		6 h	41.8	0.47	3.5	105.5	93.8	78.1	65.9	53.4
		24 h	56.6	0.47	3.5	137.4	122.6	102.6	87.1	71.1
		3 d	81.5	0.46	3.5	199.6	178.2	149.4	127.1	104
3	王家河村	10 min	12.4	0.48	3.5	28.3	25.1	20.7	17.4	14
		60 min	27.4	0.48	3.5	59.7	52.9	43.9	36.9	29.8
		6 h	41.8	0.47	3.5	103.6	92.1	76.8	64.9	52.7
		24 h	56.6	0.47	3.5	135.7	121.2	101.6	86.3	70.6
		3 d	81.5	0.46	3.5	197.6	176.5	148.2	126.2	103.4
4	岩坪	10 min	12.4	0.48	3.5	26.7	23.7	19.6	16.5	13.3
		60 min	27.4	0.48	3.5	57	50.6	42.1	35.5	28.7
		6 h	41.8	0.47	3.5	100.2	89.3	74.6	63.2	51.5
		24 h	56.6	0.47	3.5	132.6	118.6	99.7	84.9	69.7
		3 d	81.5	0.46	3.5	194	173.6	146	124.6	102.4

续表 4-8-9

序号	计算单元名称	历时	均值(mm)	变差系数	C_s/C_v	重现期雨量值 H_p(mm)				
						100 年($H_{1\%}$)	50 年($H_{2\%}$)	20 年($H_{5\%}$)	10 年($H_{10\%}$)	5 年($H_{20\%}$)
5	明珠村	10 min	12.4	0.49	3.5	26.2	23.2	19.2	16.1	13
		60 min	27.3	0.48	3.5	56.5	50.2	41.8	35.2	28.6
		6 h	42.5	0.47	3.5	99.1	88.4	74	62.9	51.4
		24 h	56	0.47	3.5	129.5	116	97.7	83.5	68.7
		3 d	80.5	0.46	3.5	188.8	169.2	142.7	122.1	100.6
6	四十亩坪/城底	10 min	12.4	0.49	3.5	24.6	21.9	18.1	15.3	12.3
		60 min	27.3	0.48	3.5	53.8	47.9	40	33.8	27.5
		6 h	42.5	0.47	3.5	95.7	85.5	71.8	61.2	50.1
		24 h	56	0.47	3.5	126.2	113.3	95.7	82	67.8
		3 d	80.5	0.46	3.5	185.1	166.1	140.4	120.4	99.5
7	岔口	10 min	12.4	0.48	3.5	28.1	24.9	20.6	17.3	13.9
		60 min	27.1	0.48	3.5	58.7	52	43.1	36.2	29.2
		6 h	40.5	0.48	3.5	101.6	90.2	75.1	63.3	51.2
		24 h	55	0.48	3.5	133.7	119.1	99.5	84.3	68.6
		3 d	84.6	0.47	3.5	208.1	185.6	155.3	131.8	107.5
8	五龙宫/圪鲁	10 min	12.4	0.49	3.5	23.7	21.1	17.5	14.8	12
		60 min	26.8	0.49	3.5	51.1	45.5	38	32.1	26.1
		6 h	40.8	0.48	3.5	92.6	82.7	69.3	58.9	48.1
		24 h	56.4	0.48	3.5	127.8	114.4	96.4	82.3	67.7
		3 d	84.3	0.47	3.5	196.2	175.6	148	126.4	104

续表 4-8-9

序号	计算单元名称	历时	均值（mm）	变差系数	C_s/C_v	重现期雨量值 H_p(mm)				
						100 年($H_{1\%}$)	50 年($H_{2\%}$)	20 年($H_{5\%}$)	10 年($H_{10\%}$)	5 年($H_{20\%}$)
9	县底/窑渠村	10 min	11.8	0.5	3.5	25.2	22.3	18.4	15.4	12.3
		60 min	25.2	0.49	3.5	52.3	46.4	38.4	32.2	25.9
		6 h	40.5	0.49	3.5	97.5	86.7	72.2	61	49.5
		24 h	61.8	0.48	3.5	145.4	129.9	108.9	92.5	75.6
		3 d	83.8	0.48	3.5	203.8	181.7	152	129	105.2
10	白河	10 min	12.4	0.51	3.5	28.6	25.1	20.6	17.2	13.6
		60 min	25.5	0.49	3.5	58.5	51.7	42.6	35.6	28.5
		6 h	42	0.49	3.5	101.1	89.8	74.6	62.9	50.8
		24 h	55.7	0.47	3.5	135	120.5	101	85.8	70.2
		3 d	79.6	0.45	3.5	188.4	168.8	142.3	121.7	100.3
11	柏浪沟	10 min	12.5	0.49	3.5	31.8	28	23.1	19.3	15.4
		60 min	26	0.48	3.5	63.4	56.1	46.3	38.8	31.1
		6 h	43	0.47	3.5	110	97.7	81.3	68.6	55.6
		24 h	62.1	0.45	3.5	151.2	135.1	113.4	96.6	79.2
		3 d	79.4	0.42	3.5	185.6	166.8	141.5	121.8	101.1
12	圪针沟	10 min	12.5	0.49	3.5	32.0	28.2	23.3	19.4	15.5
		60 min	26.2	0.48	3.5	64.0	56.6	46.8	39.2	31.4
		6 h	43.0	0.47	3.5	110.8	98.4	81.8	69.1	55.9
		24 h	62.1	0.45	3.5	151.3	135.2	113.5	96.7	79.2
		3 d	79.4	0.42	3.5	185.9	167.2	141.8	122.0	101.2

续表 4-8-9

序号	计算单元名称	历时	均值(mm)	变差系数	C_s/C_v	重现期雨量值 H_p(mm)				
						100 年($H_{1\%}$)	50 年($H_{2\%}$)	20 年($H_{5\%}$)	10 年($H_{10\%}$)	5 年($H_{20\%}$)
13	侯家沟	10 min	12.4	0.49	3.5	32.3	28.5	23.5	19.6	15.7
		60 min	25.8	0.48	3.5	64.7	57.2	47.2	39.6	31.7
		6 h	42.6	0.47	3.5	110.3	98	81.5	68.7	55.6
		24 h	59.8	0.45	3.5	147.2	131.5	110.3	93.8	76.9
		3 d	79.5	0.44	3.5	194	173.6	146.1	124.7	102.5
14	结子沟	10 min	12.5	0.49	3.5	31.7	28.1	23.3	19.5	15.7
		60 min	26.2	0.48	3.5	63.8	56.7	47	39.5	31.9
		6 h	43	0.47	3.5	111	98.8	82.3	69.6	56.5
		24 h	62.1	0.45	3.5	152.3	136	113.9	96.8	79.1
		3 d	79.4	0.42	3.5	188	168.9	143.1	122.9	101.8
15	淇北沟	10 min	12.4	0.49	3.5	31.6	28.7	23.7	19.9	16.0
		60 min	25.8	0.48	3.5	64.8	57.6	47.8	40.2	32.4
		6 h	42.6	0.47	3.5	110.7	98.8	82.2	69.5	56.3
		24 h	59.8	0.45	3.5	144.9	132.3	110.8	94.1	76.9
		3 d	79.5	0.44	3.5	198.8	175.2	147.3	125.6	103.1
16	水洞沟	10 min	12.5	0.49	3.5	31.6	27.8	22.9	19.2	15.3
		60 min	26.1	0.48	3.5	63.2	55.9	46.2	38.7	31
		6 h	43	0.47	3.5	109.7	97.5	81.1	68.5	55.5
		24 h	62.1	0.45	3.5	150.7	134.7	113.1	96.4	79.1
		3 d	79.4	0.44	3.5	191.7	171.6	144.6	123.6	101.7
17	小府	10 min	12.7	0.48	3.5	24.2	21.5	17.9	15.2	12.3
		60 min	26.8	0.47	3.5	51.7	46.1	38.6	32.8	26.8
		6 h	43.9	0.46	3.5	94.9	85	71.7	61.3	50.5
		24 h	60.7	0.46	3.5	134.9	121.3	102.8	88.3	73.3
		3 d	79.5	0.44	3.5	176.4	159	135.3	116.7	97.3

表 4-8-10 吉县设计洪水成果表

序号	行政区划名称	洪水要素	重现期洪水要素值				
			100年	50年	20年	10年	5年
1	芦家河	洪峰流量(m^3/s)	49	40	28	19	12
		洪量(万 m^3)	41	33	23	16	11
		洪水历时(h)	4.50	4.00	3.75	3.00	2.25
		洪峰水位(m)	1 421.22	1 421.10	1 420.84	1 420.60	1 420.33
2	古芦沟	洪峰流量(m^3/s)	90	72	51	34	21
		洪量(万 m^3)	81	65	45	31	21
		洪水历时(h)	5.50	5.25	4.75	4.50	3.75
		洪峰水位(m)	1 396.09	1 395.94	1 395.70	1 395.36	1 394.52
3	王家河村	洪峰流量(m^3/s)	126	100	69	46	28
		洪量(万 m^3)	131	105	73	51	34
		洪水历时(h)	7.00	6.75	6.25	5.75	5.00
		洪峰水位(m)	1 356.22	1 356.05	1 355.77	1 355.53	1 355.23
4	岩坪	洪峰流量(m^3/s)	193	152	103	67	40
		洪量(万 m^3)	257	205	143	99	66
		洪水历时(h)	9.75	9.50	9.00	8.75	8.00
		洪峰水位(m)	1 266.80	1 266.57	1 266.25	1 266.00	1 265.78
5	明珠村	洪峰流量(m^3/s)	233	184	125	82	50
		洪量(万 m^3)	317	254	178	125	83
		洪水历时(h)	10.50	10.25	9.75	9.25	8.75
		洪峰水位(m)	1 235.60	1 234.93	1 234.28	1 233.74	1 233.29

续表 4-8-10

序号	行政区划名称	洪水要素	重现期洪水要素值				
			100 年	50 年	20 年	10 年	5 年
6	四十亩坪	洪峰流量(m^3/s)	323	251	166	108	66
		洪量(万 m^3)	528	424	297	208	139
		洪水历时(h)	13.50	13.00	13.00	12.50	12.00
		洪峰水位(m)	1 148.57	1 147.83	1 147.18	1 146.74	1 146.36
7	城底	洪峰流量(m^3/s)	323	251	166	108	66
		洪量(万 m^3)	528	424	297	208	139
		洪水历时(h)	13.50	13.00	13.00	12.50	12.00
		洪峰水位(m)	1 136.50	1 136.13	1 135.59	1 135.15	1 134.80
8	岔口	洪峰流量(m^3/s)	107	84	57	36	22
		洪量(万 m^3)	141	113	78	54	36
		洪水历时(h)	8.50	8.00	7.75	7.00	6.25
		洪峰水位(m)	1 317.03	1 316.63	1 316.09	1 315.60	1 315.17
9	圪鲁	洪峰流量(m^3/s)	353	271	175	111	67
		洪量(万 m^3)	695	555	384	265	176
		洪水历时(h)	16.5	16	16	15.5	14.5
		洪峰水位(m)	1 134.45	1 134.05	1 133.5	1 133	1 132.5
10	五龙宫	洪峰流量(m^3/s)	353	271	175	111	67
		洪量(万 m^3)	695	555	384	265	176
		洪水历时(h)	16.50	16.00	16.00	15.50	14.50
		洪峰水位(m)	1 099.87	1 099.01	1 098.56	1 098.21	1 097.93

续表 4-8-10

序号	行政区划名称	洪水要素	重现期洪水要素值				
			100 年	50 年	20 年	10 年	5 年
11	县底	洪峰流量(m^3/s)	415	333	231	160	97
		洪量(万 m^3)	397	314	216	148	96
		洪水历时(h)	10.00	9.00	7.50	7.50	6.50
		洪峰水位(m)	952.54	952.00	951.52	951.13	949.41
12	窑曲村	洪峰流量(m^3/s)	415	333	231	160	97
		洪量(万 m^3)	397	314	216	148	96
		洪水历时(h)	10.00	9.00	7.50	7.50	6.50
		洪峰水位(m)	953.15	952.8	952.1	951.55	951
13	白河	洪峰流量(m^3/s)	159	127	88	59	36
		洪量(万 m^3)	185	149	104	73	48
		洪水历时(h)	8.75	8.00	7.50	7.00	6.25
		洪峰水位(m)	809.86	809.55	809.07	807.99	807.3
14	柏浪沟	洪峰流量(m^3/s)	70	60	47	36	26
		洪量(万 m^3)	19	15	11	8	5
		洪水历时(h)	2.00	2.00	1.25	1.00	0.75
		洪峰水位(m)	835.27	835.07	834.78	834.52	834.26
15	圪针沟	洪峰流量(m^3/s)	38.6	30.5	20.5	13.5	6.7
		洪量(万 m^3)					
		洪水历时(h)					
		洪峰水位(m)	835.40	835.23	834.08	833.60	833.28

续表 4-8-10

序号	行政区划名称	洪水要素	重现期洪水要素值				
			100 年	50 年	20 年	10 年	5 年
16	侯家沟	洪峰流量(m^3/s)	23	20	15	12	9
		洪量(万 m^3)	6	5	3	2	2
		洪水历时(h)	1.00	1.00	0.50	0.50	0.25
		洪峰水位(m)	846.13	846.07	845.99	845.92	845.84
17	结子沟	洪峰流量(m^3/s)	54	47	37	29	21
		洪量(万 m^3)	15	12	9	6	4
		洪水历时(h)	2.00	1.50	1.25	0.75	0.75
		洪峰水位(m)	821.94	821.65	820.88	820.55	820.24
18	淇北沟	洪峰流量(m^3/s)	12.3	9.8	6.6	4.4	2.2
		洪量(万 m^3)					
		洪水历时(h)					
		洪峰水位(m)	837.66	837.59	837.48	837.2	836.99
19	水洞沟	洪峰流量(m^3/s)	80	68	53	41	29
		洪量(万 m^3)	23	19	13	9	6
		洪水历时(h)	2.00	2.00	1.50	1.25	1.00
		洪峰水位(m)	866.22	865.99	865.64	865.34	865.01
20	小府	洪峰流量(m^3/s)	985	816	596	436	291
		洪量(万 m^3)	731	592	420	298	203
		洪水历时(h)	8.75	7.75	6.75	6.50	6.50
		洪峰水位(m)	827.54	827.1	826.35	825.69	824.92

表 4-8-11　吉县防洪现状评价成果表

序号	行政区划名称	防洪能力(年)	极高危险区(<5 年一遇)		高危险区(5~20 年一遇)		危险区(≥20 年一遇)	
			人口（人）	户数（户）	人口（人）	户数（户）	人口（人）	户数（户）
1	芦家河	6	0	0	13	5	17	4
2	古芦沟	8	35	10	57	18	32	9
3	王家河村	13	0	0	29	8	7	2
4	岩坪	60	0	0	0	0	7	2
5	明珠村	80	0	0	0	0	11	3
6	四十亩坪	72	0	0	0	0	17	6
7	城底村	13	0	0	59	15	61	16
8	岔口	<5	18	4	12	2	33	9
9	圪鲁	83	0	0	0	0	38	9
10	五龙宫	40	0	0	1	1	79	21
11	县底	37	0	0	10	3	0	0
12	窑曲村	37	0	0	0	0	45	4
13	白河	>20	0	0	0	0	65	1
14	柏浪沟	<5	0	0	5	1	25	6
15	圪针沟	25	0	0	18	5	35	8
16	侯家沟	<5	12	4	8	2	16	6
17	结子沟	34	0	0	61	15	56	14
18	淇北沟	11	0	0	22	6	72	21
19	水洞沟	<5	12	1	156	41	48	13
20	小府	36	0	0	45	14	261	82

表 4-8-12　吉县预警指标成果表

序号	行政区划名称	类别	降雨历时	预警指标(雨量:mm,水位:m)		临界雨量(mm)/水位(m)	方法
				准备转移	立即转移		
1	屯里镇王家河村芦家河	雨量($B_0=0$)	0.5 h	26	37	37	流域模型法
			1 h	37	45	45	
			2 h	51	57	57	
		雨量($B_0=0.3$)	0.5 h	24	34	34	
			1 h	34	40	40	
			2 h	44	49	49	
		雨量($B_0=0.6$)	0.5 h	20	29	29	
			1 h	29	32	32	
			2 h	38	43	43	
2	屯里镇王家河村古芦沟	雨量($B_0=0$)	0.5 h	21	30	30	流域模型法
			1 h	30	37	37	
			2 h	43	47	47	
		雨量($B_0=0.3$)	0.5 h	19	27	27	
			1 h	27	32	32	
			2 h	36	41	41	
		雨量($B_0=0.6$)	0.5 h	15	22	22	
			1 h	22	26	26	
			2 h	29	35	35	
3	屯里镇王家河村	雨量($B_0=0$)	0.5 h	31	45	45	流域模型法
			1 h	45	53	53	
			2 h	60	66	66	
		雨量($B_0=0.3$)	0.5 h	28	40	40	
			1 h	40	47	47	
			2 h	52	59	59	
		雨量($B_0=0.6$)	0.5 h	25	35	35	
			1 h	35	40	40	
			2 h	44	51	51	

续表 4-8-12

序号	行政区划名称	类别	降雨历时	预警指标(雨量:mm,水位:m)		临界雨量(mm)/水位(m)	方法
				准备转移	立即转移		
4	屯里镇明珠村岩坪	雨量(B_0=0)	0.5 h	44	63	63	流域模型法
			1 h	63	72	72	
			2 h	80	88	88	
			3 h	94	99	99	
		雨量(B_0=0.3)	0.5 h	41	58	58	
			1 h	58	65	65	
			2 h	72	79	79	
			3 h	84	89	89	
		雨量(B_0=0.6)	0.5 h	37	53	53	
			1 h	53	59	59	
			2 h	64	70	70	
			3 h	74	78	78	
5	屯里镇明珠村	雨量(B_0=0)	0.5 h	48	68	68	流域模型法
			1 h	68	77	77	
			2 h	84	93	93	
			3 h	99	105	105	
		雨量(B_0=0.3)	0.5 h	44	63	63	
			1 h	63	70	70	
			2 h	77	84	84	
			3 h	89	94	94	
		雨量(B_0=0.6)	0.5 h	41	58	58	
			1 h	58	64	64	
			2 h	69	75	75	
			3 h	79	84	84	

续表 4-8-12

序号	行政区划名称	类别	降雨历时	预警指标(雨量:mm,水位:m)		临界雨量(mm)/水位(m)	方法
				准备转移	立即转移		
6	屯里镇五龙宫村四十亩坪	雨量(B_0=0)	0.5 h	46	66	66	流域模型法
			1 h	66	74	74	
			2 h	81	88	88	
			3 h	94	98	98	
			4 h	103	108	108	
		雨量(B_0=0.3)	0.5 h	43	61	61	
			1 h	61	67	67	
			2 h	73	79	79	
			3 h	84	88	88	
			4 h	93	97	97	
		雨量(B_0=0.6)	0.5 h	40	57	57	
			1 h	57	61	61	
			2 h	65	70	70	
			3 h	73	78	78	
			4 h	81	85	85	
7	屯里镇五龙宫村城底	雨量(B_0=0)	0.5 h	29	42	42	流域模型法
			1 h	42	49	49	
			2 h	55	60	60	
			3 h	65	68	68	
			4 h	72	75	75	
		雨量(B_0=0.3)	0.5 h	26	37	37	
			1 h	37	43	43	
			2 h	48	53	53	
			3 h	56	60	60	
			4 h	63	66	66	
		雨量(B_0=0.6)	0.5 h	23	33	33	
			1 h	33	37	37	
			2 h	41	44	44	
			3 h	47	50	50	
			4 h	53	56	56	

续表 4-8-12

序号	行政区划名称	类别	降雨历时	预警指标(雨量:mm,水位:m)		临界雨量(mm)/水位(m)	方法
				准备转移	立即转移		
8	屯里镇安乐村岔口	雨量(B_0=0)	0.5 h	20	29	29	流域模型法
			1 h	29	34	34	
			2 h	39	44	44	
			3 h	46	49	49	
		雨量(B_0=0.3)	0.5 h	17	24	24	
			1 h	24	29	29	
			2 h	34	37	37	
			3 h	40	43	43	
		雨量(B_0=0.6)	0.5 h	14	20	20	
			1 h	20	24	24	
			2 h	27	31	31	
			3 h	33	35	35	
9	屯里镇五龙宫村	雨量(B_0=0)	0.5 h	38	54	54	流域模型法
			1 h	54	62	62	
			2 h	68	74	74	
			3 h	79	83	83	
			4 h	87	91	91	
		雨量(B_0=0.3)	0.5 h	35	49	49	
			1 h	49	56	56	
			2 h	61	66	66	
			3 h	70	73	73	
			4 h	77	81	81	
		雨量(B_0=0.6)	0.5 h	31	45	45	
			1 h	45	49	49	
			2 h	53	57	57	
			3 h	60	63	63	
			4 h	66	69	69	
		水位		1226.42	1226.72	1226.72	比降面积法

续表 4-8-12

序号	行政区划名称	类别	降雨历时	预警指标(雨量:mm,水位:m)		临界雨量(mm)/水位(m)	方法
				准备转移	立即转移		
10	屯里镇窑曲村县底	雨量($B_0=0$)	0.5 h	36	51	51	流域模型法
			1 h	51	59	59	
			2 h	71	81	81	
		雨量($B_0=0.3$)	0.5 h	33	46	46	
			1 h	46	53	53	
			2 h	64	73	73	
		雨量($B_0=0.6$)	0.5 h	29	42	42	
			1 h	42	48	48	
			2 h	56	65	65	
11	吉昌镇兰村白河	雨量($B_0=0$)	0.5 h	30	43	43	流域模型法
			1 h	43	51	51	
			2 h	59	66	66	
			3 h	71	75	75	
		雨量($B_0=0.3$)	0.5 h	27	39	39	
			1 h	39	45	45	
			2 h	52	59	59	
			3 h	63	67	67	
		雨量($B_0=0.6$)	0.5 h	25	35	35	
			1 h	35	39	39	
			2 h	44	52	52	
			3 h	55	58	58	
12	吉昌镇西关村柏浪沟	雨量($B_0=0$)	0.5 h	26	37	37	流域模型法
			1 h	37	44	44	
		雨量($B_0=0.3$)	0.5 h	23	33	33	
			1 h	33	39	39	
		雨量($B_0=0.6$)	0.5 h	20	29	29	
			1 h	29	33	33	

续表 4-8-12

序号	行政区划名称	类别	降雨历时	预警指标(雨量:mm,水位:m)		临界雨量(mm)/水位(m)	方法
				准备转移	立即转移		
13	吉昌镇东关村圪针沟	雨量($B_0=0$)	0.5 h	14	20	20	流域模型法
			1 h	20	25	25	
		雨量($B_0=0.3$)	0.5 h	12	17	17	
			1 h	17	21	21	
		雨量($B_0=0.6$)	0.5 h	9	13	13	
			1 h	13	17	17	
14	吉昌镇学背后村侯家沟	雨量($B_0=0$)	0.5 h	20	29	29	流域模型法
			1 h	29	34	34	
		雨量($B_0=0.3$)	0.5 h	17	24	24	
			1 h	24	29	29	
		雨量($B_0=0.6$)	0.5 h	14	20	20	
			1 h	20	24	24	
15	吉昌镇西关村结子沟	雨量($B_0=0$)	0.5 h	34	48	48	流域模型法
			1 h	48	57	57	
		雨量($B_0=0.3$)	0.5 h	31	44	44	
			1 h	44	52	52	
		雨量($B_0=0.6$)	0.5 h	28	40	40	
			1 h	40	46	46	
16	吉昌镇西关村淇北沟	雨量($B_0=0$)	0.5 h	20	29	29	流域模型法
			1 h	29	34	34	
		雨量($B_0=0.3$)	0.5 h	17	24	24	
			1 h	24	29	29	
		雨量($B_0=0.6$)	0.5 h	14	20	20	
			1 h	20	24	24	

续表 4-8-12

序号	行政区划名称	类别	降雨历时	预警指标(雨量:mm,水位:m)		临界雨量(mm)/水位(m)	方法
				准备转移	立即转移		
17	吉昌镇桥南村(水洞沟)	雨量($B_0=0$)	0.5 h	26	37	37	流域模型法
			1 h	37	44	44	
		雨量($B_0=0.3$)	0.5 h	23	33	33	
			1 h	33	39	39	
		雨量($B_0=0.6$)	0.5 h	20	29	29	
			1 h	29	33	33	
18	吉昌镇小府村	雨量($B_0=0$)	0.5 h	34	48	48	流域模型法
			1 h	48	57	57	
			2 h	69	79	79	
		雨量($B_0=0.3$)	0.5 h	31	44	44	
			1 h	44	52	52	
			2 h	63	73	73	
		雨量($B_0=0.6$)	0.5 h	28	40	40	
			1 h	40	46	46	
			2 h	58	67	67	
		水位		910.06	910.36	910.36	比降面积法
19	屯里镇窑曲村	雨量($B_0=0$)	0.5 h	36	51	51	流域模型法
			1 h	51	59	59	
			2 h	71	81	81	
		雨量($B_0=0.3$)	0.5 h	33	46	46	
			1 h	46	53	53	
			2 h	64	73	73	
		雨量($B_0=0.6$)	0.5 h	29	42	42	
			1 h	42	48	48	
			2 h	56	65	65	

续表 4-8-12

序号	行政区划名称	类别	降雨历时	预警指标(雨量:mm,水位:m)		临界雨量(mm)/水位(m)	方法
				准备转移	立即转移		
20	屯里镇五龙宫村圪鲁	雨量($B_0=0$)	0.5 h	46	65	65	流域模型法
			1 h	65	73	73	
			2 h	80	86	86	
			3 h	91	96	96	
			4 h	100	105	105	
		雨量($B_0=0.3$)	0.5 h	42	60	60	
			1 h	60	67	67	
			2 h	72	77	77	
			3 h	82	86	86	
			4 h	90	94	94	
		雨量($B_0=0.6$)	0.5 h	39	56	56	
			1 h	56	60	60	
			2 h	64	69	69	
			3 h	72	76	76	
			4 h	79	82	82	

第9章　乡宁县

9.1　乡宁县基本情况

9.1.1　地理位置

乡宁县地处吕梁山南端,位于东经 110°30′18″~111°16′57″,北纬 35°41′30 ″~36°09′07″之间。东与临汾、襄汾相接,西隔黄河与陕西省韩城、宜川相望,南与河津、稷山、新绛接壤,北与吉县相接。东西长约 70 km,南北宽约 50 km,总面积 2 029 km^2。

乡宁县处于中低山区,海拔 1 000~1 500 m,西部为黄土残塬区,梁峁发育,基岩山区山岭重叠,延绵起伏,中部是黄河与汾水的分水岭。总观地势东北高、西南低:最高处为北部边缘的高天山,海拔 1 869 m;最低处为西部黄河岸边的师家滩,海拔 381.5 m。地区相对高差 1 487.5 m。

境内紫荆山断裂带天然地将该区分成两个地质地貌单元。东部以吕梁山为主体,是裸露的基岩山区,西部为黄土覆盖的高原区。基岩山区出露地层有太古界涑水群,古生界寒武系、奥陶系、石炭系、二叠系,西部黄土塬出露二/三叠系、第三系、第四系松散堆积物。

乡宁县地理位置示意图如图 4-9-1 所示。

9.1.2　社会经济

乡宁县现辖昌宁、管头、光华、台头、西坡 5 个镇,双鹤、尉庄、关王庙、枣岭、西交口 5 个乡,183 个行政村,784 个自然村。到 2014 年底,乡宁县总人口 23.8 万人,其中城镇人口 8.2 万人。2014 年全县国内生产总值 834 249 万元。

乡宁县境内矿产资源丰富,主要有煤、铁、铝等,以煤为最。工业主要有原煤开采、焦化洗煤等多个行业,其中煤炭开采和煤炭加工转化业,是全县经济发展的主要支柱产业。

9.1.3　河流水系

乡宁县境内所有的河流都属于黄河流域,分属于沿黄支流与汾河水系。流域面积大于 50 km^2的河流有 17 条,按照水利部河湖普查河流级别划分原则,境内的 1 级河流有 3 条,分别为鄂河、顺义河、遮马峪;2 级河流有 11 条,分别为马家河、下善河、冷泉河、浪泉沟、豁都峪、三官峪、汾城河、三泉河、马壁峪、黄华峪、瓜峪河,其中马家河、下善河、冷泉河为鄂河支流,浪泉沟、豁都峪、三官峪、汾城河、三泉河、马壁峪、黄华峪、瓜峪河隶属于汾

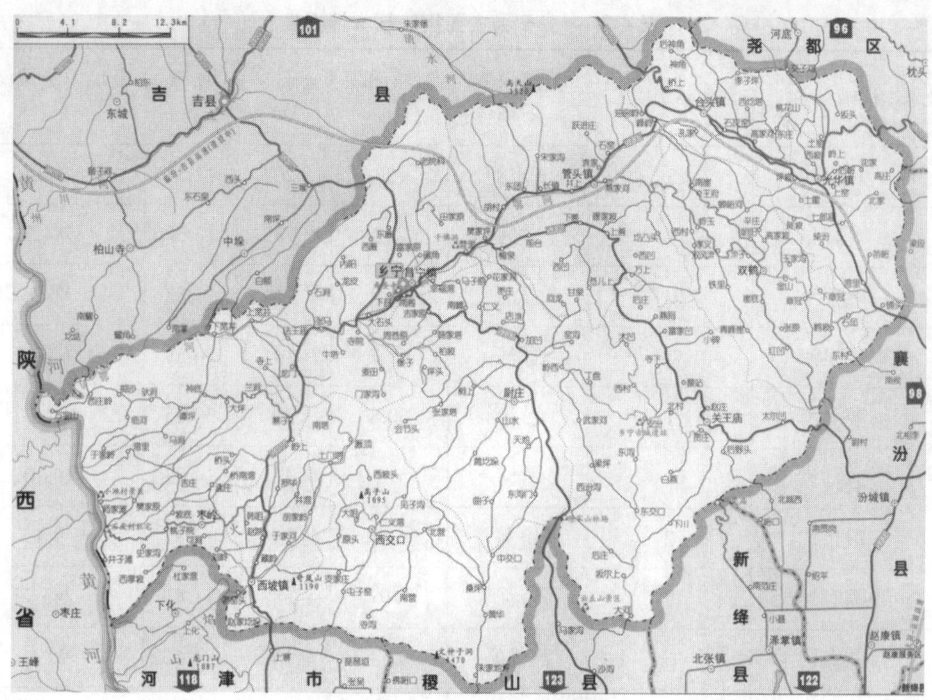

图 4-9-1 乡宁县地理位置

河。3 级河流有 3 条,分别为高家河、小峪河、西汾峪,为汾河的二级支流。乡宁县河流水系见图 4-9-2,主要河流基本情况见表 4-9-1。

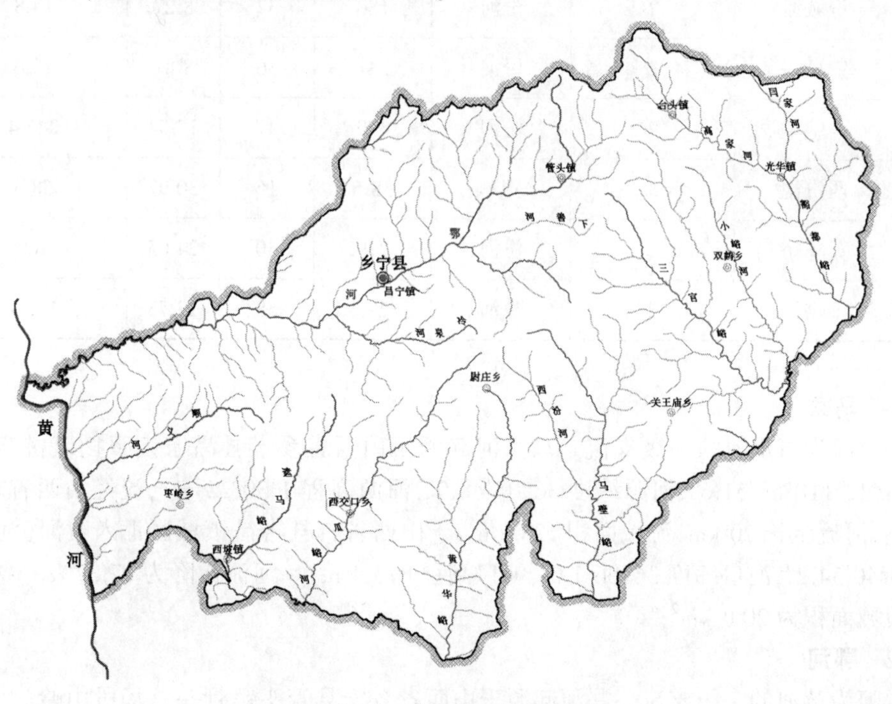

图 4-9-2 乡宁县河流水系图

表 4-9-1　乡宁县主要河流基本情况表

编号	河流名称	河流等级	上级河流名称	流域面积(km²)	河长(km)	比降(‰)	县境内流域面积(km²)
1	马家河	2	清水河	123	20	17.37	20.0
2	鄂河	1	黄河	762	73	13.30	584.3
3	下善河	2	鄂河	86	14	21.83	86.0
4	冷泉河	2	鄂河	68.7	14	26.59	68.7
5	顺义河	1	黄河	60.8	20	30.45	60.8
6	遮马峪	1	黄河	181	43	14.03	103.0
7	浪泉沟	2	汾河	104	24	13.85	9.4
8	豁都峪	2	汾河	416	58	11.81	243.9
9	高家河	3	豁都峪	92.1	19	24.47	92.1
10	三官峪	2	汾河	335	49	11.93	273.9
11	小峪河	3	三官峪	67.9	24	21.13	65.9
12	汾城河	2	汾河	180	32	8.27	14.8
13	三泉河	2	汾河	241	36	8.81	12.0
14	马壁峪	2	汾河	329	47	17.54	242.4
15	西汾沟	3	马壁峪	58.6	16	30.97	58.6
16	黄华峪	2	汾河	279	40	24.05	169
17	瓜峪河	2	汾河	296	58	13.73	162.1

9.1.3.1　马家河

马家河为清水河的一级支流。马家河起源于山西省乡宁县昌宁镇摩托垣村苏家岭(河源经度 110°50′51.6″,河源纬度 36°05′48.9″,河源高程 1 303.2 m),流经山西省吉县、乡宁县,河流全长 20 km,流域面积 123 km^2,于山西省吉县吉昌镇城区汇入黄河(河口经度 110°40′54.2″,河口纬度 36°06′1.0″,河口高程 813.4 m)。河流比降为 17.37‰。乡宁县境内流域面积为 20.0 km^2。

9.1.3.2　鄂河

鄂河为黄河的一级支流。鄂河起源于山西省乡宁县管头镇管头林场段山岭(河源经度 110°59′46.5″,河源纬度 36°07′9.4″,河源高程 1 589.6 m),流经山西省乡宁县、吉县,河流全长 73 km,流域面积 762 km²,于山西省乡宁县枣岭乡掷沙村万宝山汇入黄河(河口经度 110°30′31.3,河口纬度 36°53′30.7″,河口高程 400.0 m)。河流比降为 13.30‰。乡宁县境内流域面积为 584.3 km²。

9.1.3.3　下善河

下善河为鄂河的一级支流。下善河起源于山西省乡宁县管头镇苍上村磁窑沟(河源经度 111°00′32.0″,河源纬度 35°57′13.2″,河源高程 1 386.2 m),流经山西省乡宁县,河流全长 14 km,流域面积 86.0 km²,于山西省乡宁县管头镇樊家坪村樊家坪汇入鄂河(河口经度 110°54′12.6″,河口纬度 35°59′43.5″,河口高程 1 028.8 m)。河流比降为 21.83‰。乡宁县境内流域面积为 86 km²。

9.1.3.4　冷泉河

冷泉河为鄂河的一级支流。冷泉河起源于山西省乡宁县尉庄乡店淹村店儿坪(河源经度 110°55′16.5″,河源纬度 35°55′43.8″,河源高程 1 527.5 m),流经山西省乡宁县,河流全长 14 km,流域面积 68.7 km²,于山西省乡宁县昌宁镇寺院村汇入鄂河(河口经度 110°47′23.8″,河口纬度 35°56′45.5″,河口高程 886.9 m)。河流比降为 26.59‰。乡宁县境内流域面积为 68.7 km²。

9.1.3.5　顺义河

顺义河为黄河的一级支流。顺义河起源于山西省乡宁县枣岭乡岭上村(河源经度 111°43′41.0″,河源纬度 35°51′51.7″,河源高程 1 110.2 m),流经山西省乡宁县,河流全长 20 km,流域面积 60.8 km²,于山西省乡宁县枣岭乡师家滩村汇入黄河(河口经度 110°33′38.46″,河口纬度 35°49′8.3″,河口高程 390.0 m)。河流比降为 30.45‰。乡宁县境内流域面积为 60.8 km²。

9.1.3.6　遮马峪

遮马峪为黄河的一级支流。遮马峪起源于山西省乡宁县西交口乡敖顶村面坪(河源经度 110°47′29.1″,河源纬度 35°53′2.4″,河源高程 1 201.8 m),流经山西省乡宁县、河津市,河流全长 43 km,流域面积 181 km²,于山西省河津市清涧街道办事处龙门村汇入黄河(河口经度 110°35′56.9″,河口纬度 35°39′33.5″,河口高程 370.00 m)。河流比降为 14. 03‰。乡宁县境内流域面积为 103 km²。

9.1.3.7　浪泉沟

浪泉沟为汾河的一级支流。浪泉沟起源于山西省乡宁县光华镇北家村石凹庄(河源经度 111°16′20.4″,河源纬度 36°01′19.4″,河源高程 1 025.7 m),流经山西省乡宁县、襄汾县,河流全长 24 km,流域面积 104 km²,于山西省襄汾县襄陵镇李村屯大村汇入汾河(河口经度 111°24′46.7″,河口纬度 36°00′20.8″,河口高程 421.2 m)。河流比降为 13.85‰。乡宁县境内流域面积为 9.4 km²。

9.1.3.8　豁都峪

豁都峪为汾河的一级支流。豁都峪起源于山西省尧都区河底乡十亩村(河源经度 111°06′38.8″,河源纬度 36°10′59.2″,河源高程 1 550.7 m),流经山西省尧都区、襄汾县、乡宁县,河流全长 58 km,流域面积 416 km²,于山西省襄汾县新城镇陈郭村汇入汾河(河口经度 111°25′32.1″,河口纬度 35°52′35.1″,河口高程 412.6 m),河流比降为 11.81‰。乡宁县境内流域面积为 243.9 km²。

9.1.3.9 高家河

高家河为豁都峪的支流。高家河起源于山西省乡宁县台头镇神角村后神角(河源经度 111°03′28.7″,河源纬度 36°07′42.5″,河源高程 1 542.7 m),流经山西省乡宁县,河流全长 19 km,流域面积 92.1 km²,于山西省乡宁县光华镇光华村汇入汾河(河口经度 111°12′22.8″,河口纬度 36°02′40.3″,河口高程 759.4 m),河流比降为 24.47‰。乡宁县境内流域面积为 92.1 km²。

9.1.3.10 三官峪

三官峪为汾河的一级支流。三官峪起源于山西省乡宁县管头镇圪咀村牛汾坪(河源经度 111°03′26.8″,河源纬度 36°01′25.3″,河源高程 1 201.5 m),流经山西省乡宁县、襄汾县,河流全长 49 km,流域面积 335 km²,于山西省襄汾县新城镇柴寺村汇入汾河(河口经度 111°25′16.1″,河口纬度 35°52′28.7″,河口高程 413.3 m),河流比降为 11.93‰。乡宁县境内流域面积为 273.9 km²。

9.1.3.11 小峪河

小峪河为三官峪的支流。小峪河起源于山西省乡宁县双鹤乡蝉峪河村后曲里(河源经度 111°06′46.2″,河源纬度 36°03′10.3″,河源高程 1 251.2 m),流经山西省乡宁县,河流全长 24 km,流域面积 67.9 km²,于山西省乡宁县双鹤乡红凹村三官庙汇入三官峪(河口经度 111°12′30.0″,河口纬度 35°53′39.7″,河口高程 657.8 m),河流比降为 21.13‰。乡宁县境内流域面积为 65.9 km²。

9.1.3.12 汾城河

汾城河为汾河的一级支流。汾城河起源于山西省乡宁县关王庙乡太尔凹村(河源经度 111°08′53.2″,河源纬度 35°51′40.0″,河源高程 990.0 m),流经山西省乡宁县、襄汾县,河流全长 32 km,流域面积 180 km²,于山西省襄汾县永固乡车回东村汇入汾河(河口经度 111°23′14.9″,河口纬度 36°43′26.3″,河口高程 399.9 m),河流比降为 8.27‰。乡宁县境内流域面积为 14.8 km²。

9.1.3.13 三泉河

三泉河为汾河的一级支流。三泉河起源于山西省乡宁县关王庙乡后野头村西南沟(河源经度 111°06′40.2″,河源纬度 35°49′31.6″,河源高程 1 148.6 m),流经山西省乡宁县、襄汾县、新绛县,河流全长 36 km,流域面积 241 km²,于山西省新绛县龙兴镇桥东村汇入汾河(河口经度 111°11′55.3″,河口纬度 35°35′35.2″,河口高程 390.0 m),河流比降为 8. 81‰。乡宁县境内流域面积为 12.0 km²。

9.1.3.14 马壁峪

马壁峪为汾河的一级支流。马壁峪起源于山西省乡宁县关王庙乡窑沟村(河源经度 110°58′6.0″,河源纬度 35°55′47.5″,河源高程 1 468.4 m),流经山西省乡宁县、稷山县,河流全长 47 km,流域面积 329 km²,于山西省稷山县稷峰镇管村汇入汾河(河口经度 111°01′35.0″,河口纬度 35°35′55.9″,河口高程 379.6 m),河流比降为 17.54‰。乡宁县境内流域面积为 242.4 km²。

9.1.3.15　西汾沟

西汾沟为马壁峪的支流。西汾沟起源于山西省乡宁县尉庄乡加凹村桥上(河源经度 110°56′50.9″,河源纬度 35°55′13.9″,河源高程 1 464.9 m),流经山西省乡宁县,河流全长 16 km,流域面积 58.6 km^2,于山西省乡宁县关王庙乡梁坪村东交口河汇入马壁峪(河口经度 111°01′46.5″,河口纬度 35°48′50.9″,河口高程 870.0 m),河流比降为 30.97‰。乡宁县境内流域面积为 58.6 km^2。

9.1.3.16　黄华峪

黄华峪为汾河的一级支流。黄华峪起源于山西省乡宁县尉庄乡尉庄村辛家湾(河源经度 110°55′49.6″,河源纬度 35°53′21.8″,河源高程 1 428.8 m),流经山西省乡宁县、稷山县,河流全长 40 km,流域面积 279 km^2,于山西省稷山县稷峰镇下迪村汇入汾河(河口经度 110°53′22.1″,河口纬度 35°34′37.4″,河口高程 379.4 m),河流比降为 24.05‰。乡宁县境内流域面积为 169 km^2。

9.1.3.17　瓜峪河

瓜峪河为汾河的一级支流。瓜峪河起源于山西省乡宁县尉庄乡桐上村老庄(河源经度 110°55′57.1″,河源纬度 35°55′20.3″,河源高程 1 577.4 m),流经山西省乡宁县、河津市、稷山县,河流全长 58 km,流域面积 296 km^2,于山西省稷山县城区街道办事处西王村汇入汾河(河口经度 110°49′12.9″,河口纬度 35°33′42.4″,河口高程 374.8 m),河流比降为 13.73‰。乡宁县境内流域面积为 162.1 km^2。

9.1.4　水文气象

乡宁县属半干旱大陆性气候,四季分明,冬春干旱多风,夏季炎热少雨,秋季温凉多雨。降水量年内分配极不均匀,季节变化非常明显,雨季一般集中在 7~9 月,占全年降雨量的 60%以上。降水量年际变化较大,乡宁县 1956~2000 年平均降雨量为 564.2 mm,最大降雨量为 829.9 mm,发生在 1958 年,最小降雨量 310.9 mm,发生在 1997 年,年降水量最大最小值比达 2.8 倍。多年平均气温 9.9 ℃,多年平均蒸发量 1 681.9 mm。

1980 年 1 月在鄂河乡宁县昌宁镇下县村设立乡宁水文站,为一区域代表站。据乡宁水文站多年资料统计,鄂河多年平均年径流量 1 640 万 m^3,年际变化大,最大最小年径流比为 13,年内径流比较集中,一般在汛期的两三个月。洪水来势凶猛,历时很短,一般为 1 h左右,年输沙量为 375 万 t 左右。

9.1.5　历史山洪灾害

9.1.5.1　文献记载洪水资料

文献记载洪水资料主要来自于《山西省历史洪水调查成果》和《山西洪水研究》。这两本书的资料来源于《山西通志》,各市、县的府志或县志,中央档案馆明清档案部的清代档案奏折以及少量的洪水碑刻和家书等。该县文献记载洪水共计 6 场次。洪水发生年份分别为 1488 年、1709 年、1716 年、1717 年、1917 年、1952 年,见表 4-9-2。本次工作还收集了乡宁县文献记载旱情资料,见表 4-9-3。

表 4-9-2　乡宁县文献记载洪水统计表

序号	公元	年号	记载	资料来源
1	1488	明弘治元年	高平、乡宁雨雹害稼。太原、临汾旱。石楼旱,秋大雨雹	山西通志
2	1709	清康熙四十八年	乡宁河水涨溢,溺人无数	山西自然灾害史年表
3	1716	清康熙五十五年	乡宁四月廿八日雨雹,船窝镇、莫回窑沟水涨发,冲毙人畜	
4	1717	清康熙五十六年	安邑夏旱。乡宁六月大雨	山西自然灾害史年表
5	1917	民国六年	永和:八月大水,坡水至城关,尽成泽国。乡宁:阴历六月十五日天忽瞑晦,大雨如注	山西自然灾害史年表
6	1917	民国六年	临县六月十六日城西暴雨地积尺许,西门出山水入城,冲伤河渠民舍数处,十七日城南雨雹,受灾者七十余村。乡宁阴历六月十五日,天忽瞑晦,大雨如注。永和八月大水,坡水暴至城关,尽成泽国。该年黄、沁、丹三河并涨,是一场大范围雨洪	临县旧县志
7	1952		五台、阳曲、忻县、崞县、繁峙、静乐、宁武、岢岚、榆次、祁县、和顺、离石、昔阳、盂县、寿阳、灵石、交城、晋城、高平、襄垣、长治、荣河、万泉、绛县、安邑、夏县、闻喜、吉县、乡宁、永和、汾西、曲沃:雹灾。平顺、黎城、晋城、安泽、方山:旱灾。屯留:风灾。代县:地震。绛县:虫灾	山西自然灾害史年表

表 4-9-3　乡宁县文献记载旱情统计表

序号	公元	年号	记载	资料来源
1	1286	元至元廿三年	乡宁夏大旱。曲沃饥。太原旱。石楼夏大旱	山西自然灾害史年表
2	1347	元至正七年	乡宁、浮山、曲沃、洪洞、稷山、永济、虞乡、芮城、河津、绛州四月大旱,民多饥,人多死	原山西省临汾地区水文计算手册
3	1427	明宣德二年	太原、乡宁、太谷旱	山西水旱灾害
4	1441	明正统六年	乡宁、临汾、崞县、夏县、祁县、汾西、阳曲、和顺、芮城旱大饥。浮山、曲沃、安邑旱。蒲县大旱。太原春夏旱	山西水旱灾害

续表 4-9-3

序号	公元	年号	记载	资料来源
5	1472	明成化八年	山西全省性旱和大旱	山西通志
6	1490	明弘治三年	潞城、沁州被水。乡宁、太原、临汾旱。沁州水	山西通志
7	1497	明弘治十年	太原地震,屯留最甚。乡宁、安邑、襄垣旱。襄陵、汾城、临汾大旱	山西通志
8	1528	明嘉靖七年	榆次、乡宁、翼城、绛州、平陆、闻喜、万荣、夏县、安邑、垣曲夏大旱,饿者相枕	
9	1650	清顺治七年	保德、河曲、岢岚、离石、乡宁、吉州、寿阳、万泉春夏旱,饥民多鬻子女为食	山西水旱灾害
10	1695	清康熙卅四年	保德夏旱秋霜。临县冬无雪。岚县夏涝麦歉收。河津、荣河二县汾水冲。沁州六月大雨雹。介休旱,八月陨霜杀稼。和顺淫雨连月,七月严霜杀稼。静乐七月旱。离石夏秋大旱。乡宁、永和旱。山西临汾以西旱,余均正常	山西自然灾害史年表
11	1697	清康熙卅六年	临县、石楼、永和、蒲县、乡宁、大宁、隰县、静乐、汾阳、孝义、文水、介休、闻喜、盂县、左权、昔阳、和顺夏大旱	山西水旱灾害
12	1712	清康熙五十一年	吉州、蒲县、乡宁旱	山西通志
13	1720	清康熙五十九年	山西全省性大旱	山西自然灾害史年表
14	1721	清康熙六十年	山西全省性持续大旱	山西自然灾害史年表
15	1722	清康熙六十一年	山西全省性大旱,中部尤甚	山西水旱灾害
16	1878	清光绪四年	怀仁、文水、汾阳、孝义、交城、临汾、翼城、吉州、大宁、平顺、祁县、临县、蒲县、泽州、永宁(离石)、霍县、襄陵、乡宁、隰州、壶关、夏县、陵川、高平、泽州、襄垣、盂县、安邑、临晋、稷山、虞乡、芮城:旱。沁水、汾西、屯留:大疫。闻喜、太谷:大饥	山西自然灾害史年表
17	1879	清光绪五年	沁源:天裂。左云、大同:三月大风飞沙,白昼如夜。阳曲、交城:七月冰雹盈尺伤禾。乡宁、临晋、临汾、襄垣:旱	山西自然灾害史年表

续表 4-9-3

序号	公元	年号	记载	资料来源
18	1900	清光绪廿六年	全省性大旱,旱情严重。乡宁、曲沃、太原、榆次、祁县、榆社、临县、新绛、临汾、永宁、浮山、襄陵、翼城、临晋、芮城、荣河、绛州、襄垣、武乡、泽州、沁源、陵川、平顺、壶关、怀仁、左云、吉州、万泉、平陆均有旱情记载	山西自然灾害史年表
19	1901	清光绪廿七年	山西临汾以南旱。乡宁、曲沃、浮山、祁县、昔阳、临晋、荣河、沁源、襄陵、闻喜、新绛旱	山西自然灾害史年表
20	1929	民国十八年	山西全省连续旱和偏旱。长治、临汾、临县、祁县、怀仁、大同、浑源、昔阳、平遥、介休、新绛、沁源、芮城、万泉、荣河、临晋、临汾、猗氏、乡宁、平陆、汾西、安邑、曲沃、长治、武乡、怀仁:旱	山西自然灾害史年表
21	1936	民国廿五年	十二月太原地震。全省持续性大旱	山西自然灾害史年表
22	1955		天镇、河曲、保德、五台、应县、代县、岚县、大同、山阴、左云、右玉、平鲁、雁北、忻县、太原、榆次、寿阳、昔阳、平定、岚县、石楼、永和、万泉、临猗、曲沃、永和、乡宁、大宁、浮山、霍县、长治、长子、襄垣、黎城、武乡、沁县、平顺、晋城、潞安、陵川、沁源、太谷、祁县、万荣:旱。翼城、夏县:雹灾	山西自然灾害史年表
23	1960		山西晋南旱象严重	山西水旱灾害
24	1965		山西全省性大旱。晋南春夏连旱,尤以伏旱为甚	山西水旱灾害
25	1972		山西全省性大旱,整个三伏天无雨	山西水旱灾害
26	1978		全省严重干旱的同时,风、雹、冻、病虫害亦严重发生	山西水旱灾害
27	1987		山西全省性旱,严重的有忻州、吕梁、临汾西部、太原市等	山西水旱灾害

9.1.5.2 《山西省历史洪水调查成果》中的调查成果

2011 年出版的《山西省历史洪水调查成果》中暴雨洪水调查资料已收集至 2008 年，是目前资料最为可靠、最为完整的历史洪水调查成果。其中收集乡宁县历史洪水调查成果 4 场次。洪水主要发生时段有 4 年，分别为 1937 年、1953 年、1957 年、1958 年，主要分布在豁都峪与鄂河流域，见表 4-9-4。

表 4-9-4　乡宁县历史洪水调查成果统计表

编号	调查地点				河长(km)	集水面积(km^2)	调查洪水			调查单位
	水系	河名	河段名	地点			洪峰流量(m^3/s)	发生年份	可靠程度	
1	沿黄支流	豁都峪	湾里	光华镇湾里村		320	124	1957		
							155	1958		
2	沿黄支流	鄂河	乡宁	昌宁镇乡宁村		333	2 450	1937		
							317	1953		

9.1.5.3 沿河村落历史洪水调查成果

在对沿河村落入户调查过程中，对该村庄历史上较大洪水进行了详细的访问，主要从历史洪水的发生时间、洪水描述、洪水水位以及洪水致灾情况进行了调查。从调查情况来看，受受访者年龄限制，较为可靠的洪水记忆一般在 20 世纪 50 年代以后。由于沿河村落大部分河段都进行了河道整治或受河道冲淤影响，其河道过水断面与历史洪水发生时相比存在较大变动，大部分洪水位已不能反映现状河道的过水能力，但其洪水发生时间具有一定的参考意义。本次工作对沿河村落历史洪水调查进行了整理，可作为该县历史洪水调查成果的补充参考，详见表 4-9-5。

表 4-9-5　乡宁县历史洪水调查成果统计表

序号	村名	发生时间	受访者		洪水访问情况	历史洪水位(m)
			姓名	年龄		
1	安汾	20 世纪 70 年代	连奎柱	61	河里发大水。当时修建了涵洞，洪水冲毁了下游涵洞。河道两岸都是石坝，左边高，右边低	
2	丁家湾	1974 年左右	张发明	63	河水漫顶，滩地水深 30 cm 左右，现在的坝比原来的高一些；1976 年，连续下雨 15 d	
		1998 年	张树玉	67	夏天晚上下了一晚上的雨，河里发了大水，河水漫过堤防，学校、铁厂、洗煤厂都让淹了	
3	丁石	1961 年	张师傅	73	河里发大水，是张师傅记忆中最大的一次洪水，河水有 3 m 深，水面到了桥前	753.58
		2013 年	吕生枝	66	水流至吕生枝家门口	

续表 4-9-5

序号	村名	发生时间	受访者		洪水访问情况	历史洪水位(m)
			姓名	年龄		
4	东沟	20 世纪 80 年代	耿忠明	55	河里发大水,水漫到公路旁的篮球场,河道最深处水深为 2 m,洪水威胁到公路旁的 2 户人家	
		20 世纪 80 年代	王武明	48	以前发大水时,河里最深有 2 m 左右	
5	东红花坪	1981 年	陈平安	71	当时两岸公路均为河道,水深 2~3 m,冲走了一辆卡车;三四年前,桥堵了,洪水漫上路,大河小学被淹	
		2011 年左右	陈平安	71	下暴雨,河里水较大,桥被堵,漫上公路	
6	东交口	20 世纪 70 年代	赵玉莲	74	下乡插队的时候,河里发大水,水漫到公路右侧的大槐树旁,冲走了许多农具和骡子。右侧支沟涵洞过水能力不足,洪水淹没了洞口人家	
7	东团	1970 年	裴续平	65	1970 年左右,是村民裴续平记忆中发生的最大洪水。洪水水面宽 50 多 m,水深 1 m 多	
8	樊家坪	2005 年前	王保娣	64	10 多年前,下大雨,村民王保娣家房屋下游水泥厂遭大水淹没	
9	光华	1996 年	栗光耀	58	村民栗光耀记忆中最大的洪水发生在 1996 年。栗光耀 1994 年住到河边,当时河水漫到了自家院子后门口,当时水面宽和河宽差不多,有 40 m	
		2012 年前后	栗光耀	58	河里发大水,水将自家后院的小菜地冲毁了	807.62
10	韩家河	1995 年前	韩张斗	42	20 多年前,河里发大水,河水都上了路(当时是旧路,现在的路是 2010 年修的),洪水充满河槽,一天洪水都下不去。发大水时水面宽 35 m,最大水深 2.5 m	958.44
11	后冷泉	1975 年前	贺银海	68	下大雨、冰雹的时候,河里的水都上了右岸,淹了路边的土地	
12	胡村	1965 年前	王粉青	85	50 多年前,河里发大水,河里有半槽水	
13	虎峪	1978 年	夏敏学	49	阴历五月二十六日,河道发大水,河水漫到村民夏敏学家地里(当时是自己的土地,现在是自家的院子)	1 042.72
		2014 年	夏敏学	49	河水约 1.5 m 深	

续表 4-9-5

序号	村名	发生时间	受访者		洪水访问情况	历史洪水位(m)
			姓名	年龄		
14	集庄沟	1999 年	杨喜才	53	河里发大洪水,洪水漫过河槽,淹了村民杨喜才河边的房子,房子被冲毁	
		1999 年	贾任祥	65	发较大洪水的时候,洪水溢过村中小桥,冲毁了一户河边居民的房子。当时河边居民少,耕地多,洪水淹没了大片耕地	
15	井上	1975 年前	张银弟	85	40 多年前,河里水深有 40 cm,河宽是现在的 2 倍。自家的老房让洪水淹了,村民下河捞木材	
		2005 年	王春梅	59	2005 年夏天,下了一个小时的暴雨,公路上的水冲到村民王春梅自家房子背后,将自家的厕所和路边的小房子都冲毁了	
16	梁坪	1949 年	王二晓	75	1949 年,河宽 44 m,河水最深处 0.5 m 左右	
17	罗河	1995 年前	闫海管	56	20 年前,河里发大水,水面比自家院子低 2 m	997.51
		2006 年前后	杜金堂	50	河里发大水,河里水漫到对岸大树根底	
18	门家沟	1975 年前后	王炳章	60	阴历八月十三,下了几个小时的雨,中午从地里回来,河水太大无法过河,河水满槽,河里的大石头都被大水冲下来了。水都到了右岸的老核桃树树根,两岸边的地都让水漫了	
19	门家沟	1975 年前后	张灵花	60	40 多年前,河里发大水,洪水满槽,当时河两边没有住户,两边的土地被洪水冲了	
20	南崖	1975 年前	王天亮	63	40 多年前,河里发大水,河里的水有 2 m 多深,上游的大树被河水冲到下游	
		2014 年	王天亮	63	河里涨水的时候,水深 1 m,洪水淹没了左岸最低一户居民的院子	
21	碾角	70 年代	邓春光	57	70 年代,降雨持续一个小时的时候,河里开始发大水。河水水面差不多与村民邓春光的院子齐平	1 010.92
		1999 年左右	吴晴子	54	1999 年左右,村民吴晴子印象中下了一场大雨,河里发了大水。水漫到右岸的路上,冲走了路上一辆小轿车	

续表 4-9-5

序号	村名	发生时间	受访者		洪水访问情况	历史洪水位(m)
			姓名	年龄		
22	裴家河	1982 年	马张锁	63	河里发大水,来自上游神角的洪水溢满河槽,河水最深处有 1 人多高,河面有 20 多 m 宽	
		2002 年	马张锁	63	河里发大水,河水漫上了路,新的路都让冲垮了一段(台头—神角段),广场附近的村户家里进了水	
		2010 年	肖青青	26	夏天河里发大水,水漫上了桥,进了桥边的人家	
23	前神角	2002 年前后	张崔红	40	2002 年前后,河里发大水,大水漫到了路上,煤矿进了水,造成部分损失,据老人们说这是几十年不遇的大水	
24	桥北新村	1959 年	任发祥	66	8 月,河里发大水,洪水冲出河道,到了食品站,淹没了许多住户,淹死了 10 多人,西交口乡戏台被冲走	
		2009 年	马云永	55	河里发大水,水面离左岸岸上有 1 m 左右,河里水深 4 m 左右	
25	任家河	1995 年前	闫淑兰	84	20 多年前,河里发大水,河水深 2 m 多,水面与村口第一户人家院子齐平	
		1998 年左右	王国祥	45	河里发大水,河里水面离右岸人家院子基地 1 尺高	1 056.45
		2014 年	闫淑兰	84	河流最深处水深 0.6 m	
26	沙坪	2010 年	刘效学	60	沙坪煤矿,也就是现在的吉县煤矿遭遇水灾。当时上游下大雨,上游公路流下洪水,加之大宁煤矿和吉县煤矿的涵洞都堵塞了,导致河道排水不畅,洪水把吉县煤矿淹了	
27	石灰窑	1967~1968 年	刘宝财	66	河里发大水,当时水面宽有 60~70 m,河有 2~3 m 深,满河都是水,河水满滩流	
		2000 年左右	刘宝财	66	河里发水,漫上了路面,从路上流进低于路面的居民户	
28	寺院	1965 年前	岳高荣	65	50 年前,河里发大水,河水漫过路边石坝,淹没了土地	894.37
		2002 年前后	岳高荣	65	大雨下了一个多小时,河里发大水,大水涨落过程持续了 4~5 h	

续表 4-9-5

序号	村名	发生时间	受访者		洪水访问情况	历史洪水位(m)
			姓名	年龄		
29	土窑	1975 年前	刘凯龙	54	40 年前,河里发大水,河水漫滩流,河右岸全是耕地,庄稼都让冲毁了,发大水时河水最深的地方有 2 m	
30	王府	1985 年前	朱兰花	78	30 多年前,河里发大水,洪水溢满河槽,洪水漫到了左岸槐树根	1 124.14
		2013 年	朱兰花	78	阳历 7 月初,下了一天的雨,河水溢出河道上了路面	
31	王家沟	20 世纪 60 年代	张创家	60	满槽的洪水漫上了路和滩地,路上洪水有 1 人深	
		2005 年	王纷芳	43	下暴雨的时候,河水满槽,冲走了几个孩子	
32	吴家河	20 世纪 60 年代	王安稳	68	农业合作社时,河里水常常溢满河槽,连路边的庄稼都被冲走了	
		1985~1986 年	王银财	70	阴历六七月,大雨连续下了三四个小时,河里发大水,河滩地里种的庄稼都让大水冲了,路面比原来的河滩高 1 m 左右。河里 1 m 高的石头都让洪水冲走了。河水最深处有 5~6 m 深	
		2010 年前后	王安稳	68	当时在修路,河道里堆放土石,导致排水不畅,水上了路进了农户吴启灵家中	
33	下善	1965 年前	连理胜	71	50 多年前,河里发水,洪水与左岸梯田齐平	
34	崖坪	1998 年	王三建	50	发生大洪水,右支涵洞被堵,淹没了旁边商店	
35	于家河	1985 年前	任师傅	60	30 年前,下了一个小时的暴雨,水漫过桥;20 年前,雨下了 2~3 h,水漫过桥 1 m 深;十几年前,河水冲走了一个孩子,当时水不太大,有半米深	
		1998 年左右	郭长生	60	河里发大水,桥边几户人家被淹,冲走了十几岁的放牛娃	
36	张家庄	20 世纪 80 年代	王次牛	64	河里发大水,河水经常溢上岸,沿路冲下	
		2009 年	王次牛	64	河里发大水,将旧桥冲塌	
37	长镇	20 世纪 60~70 年代	李永亭	50	河里洪水有 1 m 左右深	
		1965 年左右	王金锁	71	河里发生较大洪水,当时洪水水面宽 100 m,水有 1 人多深,淹没了大片耕地	

续表 4-9-5

序号	村名	发生时间	受访者		洪水访问情况	历史洪水位(m)
			姓名	年龄		
38	赵岭	2014 年	修理厂员工	40	2014 年发生洪水,赵岭村上游涵洞无法完全排水致洪水沿路面向下游排泄,涵洞与桥梁阻塞,致下游沿路居民与企业遭灾	
39	赵院	1955 年			山洪泛滥,造成人畜伤亡,房屋倒塌	
		2014 年			2014 年,日降雨 150 mm,洪水满槽上路,沿河两岸居民房屋进水	
40	庄头	1998 年前后	刘英堂	67	当时安大公路位置较低。河里发大水,水溢出河道,漫过公路,直接进了路旁的居民户,房屋里水深约 40 cm	

9.1.5.4　当地相关部门洪水记载

本次工作收集了地方县志、当地水利及相关部门对洪水的记载,可作为本县历史洪水调查成果的补充,详见表 4-9-6。

表 4-9-6　乡宁县历史洪水调查成果统计表

序号	发生时间	位置	洪水灾害描述
1	1936 年 8 月 9 日	县城东门、县坡暖泉湾	县城东门外汪洋一片,水位升到东门瓮城之上(今东门大桥之上),冲走"镇水铁牛"与张姓店房 1 座,店主人一家两口亦被洪水卷走。县坡暖泉湾、南河菜园全被淹没,损失惨重
2	1942 年 6 月	马匹峪	千余人畜从稷山往本县运粮,行至马匹峪,大雨倾盆,山洪猛发,洪水卷走运粮民工 60 余人、牲畜 80 余头、大车 60 多辆
3	1951 年 7 月 3 日	城关地区	城关地区日降雨 121 mm。倒塌房屋 10 间,冲毁暖泉湾菜地 15 亩
4	1954 年 7 月	冷泉河	冷泉河山洪暴发,冲毁兴建的河滩淤地石坝 63 条,农田 1 260亩
5	1955 年 8 月 12 日	西坡地区	西坡地区暴雨成灾。日降雨 120 mm,山洪泛滥,造成人畜伤亡,房屋倒塌
6	1958 年	台头地区	7 月 1 日,台头地区暴雨,日降雨 135 mm,洪水泛上街道,冲入商店民房。8 月 11 日,台头地区暴雨,日降雨 137.1 mm,洪水再次卷入商店民房。同日,光华地区降雨 115.5 mm,冲毁农田 60 亩
7	1959 年 8 月	瓜峪河	瓜峪河出现特大洪水,将西交口乡舞台漂走,睡在舞台上的 13 名工人亦被吞没

续表 4-9-6

序号	发生时间	位置	洪水灾害描述
8	1977 年 7 月 6 日	城关地区	城关地区暴雨,日降雨量 105 mm,河水猛涨,冲毁南河菜园 6 亩。洪水卷入电厂仓库,损失 8 万元;泛入县兽医院,室内外积水深 0.7 m
9	1978 年 7 月	城关、下善地区	城关、下善地区大暴雨,山洪暴发。泛入县城内公路管理站和工商局,淹没家具,冲走木料。下善一带冲毁农田石坝 51 条 2 100 m,耕地 1 350 亩,冲走牛羊 22 头,粮食 5 000 余 kg
10	1979 年 9 月 18 日	城关、下善地区	城关、下善地区大暴雨,山洪暴发。泛入县城内公路管理站和工商局,淹没家具,冲走木料。下善一带冲毁农田石坝 51 条 2 100 m,耕地 1 350 亩,冲走牛羊 22 头,粮食 5 000 余 kg
11	1985 年 9 月 7~23 日	全县	阴雨连绵 17 天,降雨 186 mm。全县塌房 568 间,房屋漏水 4 315间,出现危房 1 385 间;房屋倒塌压死 2 人,重伤 4 人,压死牲畜 22 头、猪 12 头;85 所小学因校舍危险被迫停课;冲坏秋田 3.79 万亩,秋作物霉烂减产 105 万 kg

9.2　乡宁县山洪灾害分析评价成果

9.2.1　分析评价名录确定

乡宁县共有 47 个重点防治区,重点防治区名录见表 4-9-7;乡宁县将 47 个重点防治区划分为 41 个计算小流域(流域面积相同的村落在表中只体现为一个计算小流域),基本信息见表 4-9-8,其中包括行政区划名称、面积、主沟道长度、主沟道比降、产流地类、汇流地类。

9.2.2　设计暴雨成果

乡宁县的 47 个重点防治区分为 41 个计算小流域,各时段雨量的均值 $\overline{H}$、变差系数 C_v、C_s/C_v 和各时段相应频率的雨量值成果 H_p 见表 4-9-9(本次对乡宁县 47 个山洪灾害沿河村落均采用《山西省水文手册》中提供的方法进行了设计暴雨计算。对采用流域模型法计算设计洪水的进行设计暴雨时程分配计算,对采用经验公式法计算设计洪水的不进行设计暴雨时程分配计算)。乡宁县沿河村落 100 年一遇设计暴雨分布图见附图 4-97~附图 4-100。

9.2.3　设计洪水成果

乡宁县的 47 个重点防治区都进行了设计洪水的推求。其中设计洪水成果表见

表4-9-10(47个沿河村落均采用由设计暴雨推求设计洪水的方法计算,本次采用《山西省水文手册》中的流域模型法与经验公式法计算,对采用流域模型法计算设计洪水的进行设计净雨深计算,对采用经验公式法计算设计洪水的不进行设计净雨深计算)。乡宁县沿河村落100年一遇设计洪水分布图见附图4-101。

表4-9-7　乡宁县山洪灾害分析评价名录

序号	沿河村落	行政区划代码	所在乡镇	所在河流	影响形式
1	井上村	141029103205000	管头镇	鄂河上游	河道洪水
2	长镇村	141029103206000	管头镇	鄂河上游	河道洪水
3	铺上村	141029103205102	管头镇	鄂河上游	河道洪水
4	东团村	141029103208000	管头镇	鄂河上游	河道洪水
5	集庄沟村	141029103210102	管头镇	集庄沟	河道洪水
6	胡村	141029103209000	管头镇	鄂河上游	河道洪水
7	丁家湾村	141029103210100	管头镇	鄂河上游	河道洪水
8	下善村	141029103211000	管头镇	下善河	河道洪水
9	虎峪村	141029103211100	管头镇	下善河	河道洪水
10	樊家坪村	141029103210000	管头镇	下善河	河道洪水
11	门家沟村	141029100217000	昌宁镇	冷泉河	河道洪水
12	吴家河村	141029202211104	尉庄乡	冷泉河	河道洪水
13	韩家河村	141029202211102	尉庄乡	冷泉河	河道洪水
14	后冷泉村	141029202211103	尉庄乡	冷泉河	河道洪水
15	寺院村	141029100210000	昌宁镇	冷泉河	河道洪水
16	任家河村	141029100205102	昌宁镇	任家河	河道洪水
17	碾角村	141029100205000	昌宁镇	任家河	河道洪水
18	罗河村	141029100205103	昌宁镇	任家河	河道洪水
19	桥北新村	141029203205100	西交口乡	瓜峪	河道洪水
20	王家沟村	141029104206102	西坡镇	遮马峪	河道洪水
21	于家河村	141029104207000	西坡镇	遮马峪	河道洪水
22	崖坪村	141029104205101	西坡镇	遮马峪	河道洪水
23	赵院村	141029104203000	西坡镇	遮马峪	河道洪水
24	地坪村	141029104201104	西坡镇	遮马峪	河道洪水
25	赵岭村	141029104201102	西坡镇	遮马峪	河道洪水
26	安汾村	141029201213101	关王庙乡	马壁峪	河道洪水
27	东沟村	141029201213000	关王庙乡	马壁峪	河道洪水
28	庄头村	141029201213105	关王庙乡	马壁峪	河道洪水
29	梁坪村	141029201220000	关王庙乡	西汾沟	河道洪水

续表 4-9-7

序号	沿河村落	行政区划代码	所在乡镇	所在河流	影响形式
30	前店村	141029201220102	关王庙乡	西汾沟	河道洪水
31	西峰沟村	141029201220103	关王庙乡	西汾沟	河道洪水
32	鸡儿架	141029201220100	关王庙乡	西汾沟	河道洪水
33	东交口村	141029201213100	关王庙乡	西汾沟	河道洪水
34	丁石村	141029201221103	关王庙乡	马壁峪	河道洪水
35	西红花坪	141029201222102	关王庙乡	马壁峪	河道洪水
36	大河村	141029201222000	关王庙乡	马壁峪	河道洪水
37	东红花坪	141029201222101	关王庙乡	马壁峪	河道洪水
38	土窑村	141029101214000	光华镇	闫家河	河道洪水
39	光华村	141029101200000	光华镇	闫家河	河道洪水
40	前神角村	141029102206100	台头镇	高家河	河道洪水
41	裴家河村	141029102200102	台头镇	高家河	河道洪水
42	沙坪村	141029102200100	台头镇	高家河	河道洪水
43	张家庄村	141029102200101	台头镇	高家河	河道洪水
44	石灰窑村	141029102200103	台头镇	高家河	河道洪水
45	前高家河村	141029102201000	台头镇	高家河	河道洪水
46	南崖村	141029200222000	双鹤乡	三官峪	河道洪水
47	王府村	141029200221000	双鹤乡	三官峪	河道洪水

9.2.4　现状防洪能力成果

现状防洪能力评价主要是在设计洪水分析成果的基础上,结合沿河村落地形地貌、居民户高程情况,勾绘划定其淹没范围,进行危险区等级的划分,确定最佳转移路线和临时安置地点,并统计各沿河村落 5 个典型频率设计洪水位下的累计人口、户数,获得水位—流量—人口关系,综合评价现状防洪能力。本次对乡宁县 47 个山洪灾害沿河村落进行防洪现状评价。现状防洪能力均小于 100 年一遇,分布于 10 个防治区。47 个沿河村落中,小于 5 年一遇的有 0 个,大于等于 5 年一遇小于 20 年一遇的有 25 个,大于等于 20 年一遇小于 100 年一遇的有 22 个。

经统计,乡宁县 47 个沿河村落中极高危险区内有 61 户 379 人;高危险区内有 142 户 919 人;危险区内有 569 户 2 566 人。现状防洪能力成果见表 4-9-11 与附图 4-102。

9.2.5　雨量预警指标分析成果

乡宁县的 47 个重点防治区都进行了雨量预警指标的确定。乡宁县预警指标分析成果表和乡宁县沿河村落预警指标分布图见表 4-9-12 与附图 4-103~附图 4-108。

表 4-9-8　乡宁县小流域基本信息汇总表

序号	行政区划名称	流域面积(km^2)	主沟道长度(km)	主沟道比降(‰)	产流地类(km^2)					汇流地类(km^2)		
					灰岩森林山地	灰岩灌丛山地	砂页岩森林山地	砂页岩灌丛山地	黄土丘陵沟壑	森林山地	灌丛山地	草坡山地
1	井上村	55.61	13.0	25.6			42.11	13.50		42.11	13.50	
2	长镇村	68.40	16.4	21.3			44.87	23.53		44.87	23.53	
3	东团村	93.14	17.2	21.1			61.88	31.11	0.15	61.88	31.11	0.15
4	集庄沟村	12.39	8.29	27.8					12.39			12.39
5	胡村	130.20	18.8	19.7			77.75	32.49	19.96	77.75	32.49	19.96
6	丁家湾村	146.42	22.8	17.6			77.75	32.49	36.18	77.75	32.49	36.18
7	下善村	19.97	7.73	22.2			15.13	4.84		15.13	4.84	
8	虎峪村	26.39	10.0	22.0			21.22	4.84	0.33	21.22	4.84	0.33
9	樊家坪村	85.85	15.3	19.5			10.99	43.87	30.99	10.99	43.87	30.99
10	门家沟村	7.11	4.35	33.3					7.11			7.11
11	吴家河村	31.78	11.32	33.1			1.42	4.37	25.99	1.42	4.37	25.99
12	韩家河村	51.39	13.2	29.0			1.42	4.37	45.60	1.42	4.37	45.60
13	后冷泉村	56.22	16.5	24.6			1.42	4.37	50.43	1.42	4.37	50.43
14	寺院村	69.05	17.1	23.9			1.42	4.37	63.26	1.42	4.37	63.26
15	任家河村	22.16	9.15	25.5			0.35	0.30	21.51	0.35	0.30	21.51
16	碾角村	26.25	12.0	22.6			0.35	0.30	25.60	0.35	0.30	25.60
17	罗河村	32.92	12.1	22.3			0.35	0.30	32.27	0.35	0.30	32.27
18	桥北新村	19.85	11.7	25.0				1.03	18.82		1.03	18.82
19	王家沟村	26.90	11.8	19.2					26.90			26.90
20	于家河村	39.32	17.6	18.5		0.12			39.20		0.12	39.20
21	崖坪村	4.68	3.34	40.1					4.68			4.68

续表 4-9-8

序号	行政区划名称	流域面积(km^2)	主沟道长度(km)	主沟道比降(‰)	产流地类(km^2)					汇流地类(km^2)		
					灰岩森林山地	灰岩灌丛山地	砂页岩森林山地	砂页岩灌丛山地	黄土丘陵沟壑	森林山地	灌丛山地	草坡山地
22	赵院村	21.25	7.73	25.4					21.25			21.25
23	地坪村	24.60	9.64	22.7					24.60			24.60
24	赵岭村	5.97	3.93	32.6					5.97			5.97
25	安汾村	64.49	12.8	24.2	20.47		44.02			64.49		
26	东沟村	82.03	15.6	22.7	35.98		46.05			82.03		
27	庄头村	89.03	17.8	21.6	42.98		46.05			89.03		
28	梁坪村	41.52	11.2	29.7	26.71		14.81			41.52		
29	东交口村	58.41	16.2	29.5	43.60		14.81			58.41		
30	丁石村	199.10	26.3	21.4	129.00	4.48	65.62			194.62	4.48	
31	大河村	240.56	31.2	21.1	159.10	15.20	65.62	0.64		224.72	15.20	0.64
32	土窑村	155.05	19.2	22.0	18.33	25.45	77.05	34.22		95.38	59.67	
33	光华村	162.17	19.9	21.7	25.45	24.67	77.05	35.00		102.50	59.67	
34	前神角村	7.82	3.73	73.60			7.82			7.82		
35	裴家河村	15.98	6.18	50.50			15.98			15.98		
36	沙坪村	11.44	4.53	44.50			11.44			11.44		
37	张家庄村	16.80	7.25	45.50			16.80			16.80		
38	石灰窑村	49.22	9.90	36.20	0.72	0.76	46.30	1.44		47.02	2.20	
39	前高家河村	59.56	13.4	29.20	1.32	2.37	51.35	4.52		52.67	6.89	
40	南崖村	14.77	3.92	36.6			10.01	4.76		10.01	4.76	
41	王府村	17.54	4.86	30.4			10.82	6.72		10.82	6.72	

表 4-9-9　乡宁县设计暴雨计算成果表

序号	行政区划名称	历时	均值(mm)	变差系数	C_s/C_v	重现期雨量值 H_p(mm)				
						100 年($H_{1\%}$)	50 年($H_{2\%}$)	20 年($H_{5\%}$)	10 年($H_{10\%}$)	5 年($H_{20\%}$)
1	井上村	10 min	13.0	0.48	3.5	27.8	24.6	20.4	17.1	13.8
		60 min	28.5	0.47	3.5	54.5	48.7	40.9	34.8	28.6
		6 h	42.0	0.41	3.5	93.3	84.0	71.5	61.7	51.4
		24 h	61.0	0.42	3.5	127.6	115.6	99.2	86.3	72.7
		3 d	78.0	0.44	3.5	178.3	160.2	135.9	116.8	97.0
2	长镇村	10 min	13.0	0.48	3.5	27.2	24.1	20.0	16.8	13.6
		60 min	28.5	0.47	3.5	53.6	47.9	40.3	34.4	28.2
		6 h	42.0	0.41	3.5	92.2	83.1	70.8	61.1	51.0
		24 h	61.0	0.42	3.5	126.5	114.7	98.5	85.8	72.3
		3 d	78.0	0.44	3.5	177.1	159.2	135.1	116.3	96.6
3	东团村	10 min	13.0	0.48	3.5	26.2	23.3	19.3	16.3	13.2
		60 min	28.5	0.47	3.5	52.1	46.7	39.3	33.6	27.6
		6 h	42.0	0.41	3.5	90.4	81.6	69.6	60.2	50.3
		24 h	61.0	0.42	3.5	124.8	113.1	97.4	84.9	71.7
		3 d	78.0	0.44	3.5	175.1	157.6	133.9	115.4	96.0
4	集庄沟村	10 min	13.0	0.48	3.5	31.4	27.7	22.9	19.2	15.4
		60 min	29.0	0.47	3.5	58.5	52.2	43.7	37.1	30.3
		6 h	41.0	0.41	3.5	99.5	89.3	75.7	65.0	53.8
		24 h	64.0	0.4278	3.5	140.0	126.2	107.5	92.8	77.5
		3 d	78.0	0.43	3.5	181.7	163.2	138.3	118.8	98.5

续表 4-9-9

序号	行政区划名称	历时	均值(mm)	变差系数	C_s/C_v	重现期雨量值 H_p(mm)				
						100年($H_{1\%}$)	50年($H_{2\%}$)	20年($H_{5\%}$)	10年($H_{10\%}$)	5年($H_{20\%}$)
5	胡村	10 min	13.0	0.48	3.5	25.2	22.5	18.7	15.7	12.8
		60 min	28.8	0.47	3.5	50.1	44.9	37.9	32.4	26.8
		6 h	41.5	0.41	3.5	88.1	79.6	68.1	59.0	49.5
		24 h	62.5	0.42	3.5	124.8	113.4	97.7	85.4	72.4
		3 d	78.0	0.44	3.5	171.2	154.4	131.7	113.9	95.2
6	丁家湾村	10 min	13.0	0.48	3.5	24.8	22.1	18.4	15.5	12.6
		60 min	29.0	0.47	3.5	49.6	44.5	37.6	32.2	26.5
		6 h	41.0	0.41	3.5	87.7	79.3	67.8	58.7	49.2
		24 h	64.0	0.42	3.5	124.3	112.8	97.3	85.1	72.1
		3 d	78.0	0.43	3.5	170.3	153.7	131.1	113.5	94.9
7	下善村	10 min	13.0	0.48	3.5	30.3	26.8	22.1	18.6	14.9
		60 min	29.0	0.47	3.5	59.1	52.5	43.9	37.1	30.2
		6 h	42.0	0.43	3.5	101.6	91.0	76.9	65.8	54.3
		24 h	65.0	0.42	3.5	140.5	126.8	108.2	93.6	78.4
		3 d	80.0	0.41	3.5	178.3	161.0	137.5	119.1	99.8
8	虎峪村	10 min	13.0	0.48	3.5	29.7	26.2	21.7	18.2	14.7
		60 min	29.0	0.47	3.5	58.2	51.8	43.2	36.6	29.8
		6 h	42.0	0.43	3.5	100.5	90.1	76.1	65.2	53.9
		24 h	65.0	0.42	3.5	139.4	125.9	107.5	93.1	78.0
		3 d	80.0	0.41	3.5	177.2	160.0	136.8	118.6	99.5

续表 4-9-9

序号	行政区划名称	历时	均值(mm)	变差系数	C_s/C_v	重现期雨量值 H_p(mm)				
						100 年($H_{1\%}$)	50 年($H_{2\%}$)	20 年($H_{5\%}$)	10 年($H_{10\%}$)	5 年($H_{20\%}$)
9	樊家坪村	10 min	13.0	0.48	3.5	26.5	23.5	19.6	16.5	13.3
		60 min	29.0	0.47	3.5	53.3	47.6	39.9	33.9	27.8
		6 h	42.0	0.43	3.5	94.3	84.8	72.0	62.0	51.5
		24 h	65.0	0.42	3.5	133.3	120.8	103.7	90.3	76.1
		3 d	80.0	0.41	3.5	171.0	154.9	133.0	115.7	97.6
10	门家沟村	10 min	13.2	0.49	3.5	32.3	28.5	23.6	19.7	15.8
		60 min	28.5	0.45	3.5	64.1	56.8	47.2	39.8	32.1
		6 h	45.0	0.46	3.5	110.8	99.0	83.2	70.9	58.1
		24 h	68.0	0.41	3.5	152.2	137.2	116.8	100.9	84.1
		3 d	80.0	0.41	3.5	181.5	163.7	139.6	120.6	100.8
11	吴家河村	10 min	13.0	0.48	3.5	28.8	25.5	21.1	17.8	14.4
		60 min	29.0	0.45	3.5	59.0	52.5	43.8	37.1	30.2
		6 h	45.0	0.45	3.5	105.9	94.8	80.0	68.5	56.5
		24 h	69.0	0.42	3.5	150.3	135.6	115.6	99.9	83.5
		3 d	80.0	0.41	3.5	176.3	159.4	136.3	118.2	99.2
12	韩家河村	10 min	13.0	0.48	3.5	27.6	24.5	20.3	17.1	13.8
		60 min	29.0	0.45	3.5	57.1	50.8	42.5	36.1	29.4
		6 h	45.0	0.45	3.5	103.3	92.7	78.3	67.2	55.5
		24 h	69.0	0.42	3.5	147.8	133.5	114.0	98.8	82.7
		3 d	80.0	0.41	3.5	174.0	157.4	134.8	117.1	98.5

续表 4-9-9

序号	行政区划名称	历时	均值(mm)	变差系数	C_s/C_v	重现期雨量值 H_p(mm)				
						100 年($H_{1\%}$)	50 年($H_{2\%}$)	20 年($H_{5\%}$)	10 年($H_{10\%}$)	5 年($H_{20\%}$)
13	后冷泉村	10 min	13.0	0.48	3.5	27.3	24.3	20.2	17.0	13.7
		60 min	29.0	0.45	3.5	56.7	50.5	42.3	35.9	29.3
		6 h	45.0	0.45	3.5	102.8	92.2	78.0	66.9	55.3
		24 h	69.0	0.42	3.5	147.2	133.0	113.7	98.5	82.6
		3 d	80.0	0.41	3.5	173.5	157.0	134.5	116.9	98.4
14	寺院村	10 min	13.1	0.49	3.5	26.7	23.7	19.8	16.7	13.5
		60 min	28.8	0.45	3.5	56.8	50.6	42.2	35.7	29.0
		6 h	45.0	0.45	3.5	103.7	92.8	78.2	66.8	55.0
		24 h	68.5	0.42	3.5	146.4	132.3	113.1	98.0	82.1
		3 d	80.0	0.41	3.5	172.3	156.0	133.8	116.4	98.0
15	任家河村	10 min	12.7	0.48	3.5	28.6	25.3	21.0	17.6	14.2
		60 min	28.2	0.45	3.5	60.8	54.0	45.1	38.1	30.9
		6 h	45.6	0.46	3.5	107.2	95.8	80.6	68.7	56.4
		24 h	63.0	0.43	3.5	143.1	128.7	109.1	93.9	78.0
		3 d	78.0	0.42	3.5	176.5	159.0	135.4	116.9	97.6
16	碾角村	10 min	12.7	0.48	3.5	28.2	25.0	20.7	17.4	14.1
		60 min	28.2	0.45	3.5	60.2	53.5	44.6	37.8	30.7
		6 h	45.6	0.46	3.5	106.4	95.1	80.1	68.3	56.1
		24 h	63.0	0.43	3.5	142.4	128.2	108.7	93.6	77.8
		3 d	78.0	0.42	3.5	175.8	158.5	135.0	116.6	97.4

续表 4-9-9

序号	行政区划名称	历时	均值(mm)	变差系数	C_s/C_v	重现期雨量值 H_p(mm)				
						100 年($H_{1\%}$)	50 年($H_{2\%}$)	20 年($H_{5\%}$)	10 年($H_{10\%}$)	5 年($H_{20\%}$)
17	罗河村	10 min	12.7	0.48	3.5	27.7	24.6	20.4	17.2	13.9
		60 min	28.2	0.45	3.5	59.3	52.8	44.1	37.3	30.3
		42 h	45.6	0.46	3.5	105.3	94.2	79.4	67.7	55.7
		60 h	63.0	0.43	3.5	141.4	127.3	108.1	93.1	77.5
		4 d	78.0	0.42	3.5	174.8	157.6	134.4	116.2	97.1
18	桥北新村	10 min	13.0	0.49	3.5	30.5	27.0	22.4	18.8	15.2
		60 min	29.0	0.48	3.5	62.5	55.5	46.1	38.8	31.4
		6 h	44.0	0.47	3.5	112.6	100.4	83.9	71.1	57.9
		24 h	70.0	0.44	3.5	161.1	144.3	121.5	103.8	85.5
		3 d	84.0	0.42	3.5	195.1	175.4	148.8	128.1	106.4
19	王家沟村	10 min	12.5	0.5	3.5	28.7	25.5	21.1	17.7	14.2
		60 min	28.0	0.48	3.5	62.7	55.5	45.8	38.3	30.7
		6 h	44.0	0.51	3.5	113.7	100.8	83.6	70.3	56.7
		24 h	65.3	0.45	3.5	155.1	138.5	116.0	98.6	80.6
		3 d	79.0	0.44	3.5	189.0	169.3	142.7	122.0	100.4
20	于家河村	10 min	12.5	0.5	3.5	28.0	24.8	20.5	17.2	13.9
		60 min	28.0	0.48	3.5	61.4	54.3	44.9	37.6	30.1
		6 h	44.0	0.51	3.5	112.0	99.4	82.5	69.4	56.0
		24 h	65.3	0.45	3.5	153.7	137.3	115.1	97.9	80.1
		3 d	79.0	0.44	3.5	187.8	168.2	141.9	121.4	100.0

续表 4-9-9

序号	行政区划名称	历时	均值(mm)	变差系数	C_s/C_v	重现期雨量值 H_p(mm)				
						100 年($H_{1\%}$)	50 年($H_{2\%}$)	20 年($H_{5\%}$)	10 年($H_{10\%}$)	5 年($H_{20\%}$)
21	崖坪村	10 min	12.5	0.51	3.5	31.9	28.2	23.2	19.4	15.5
		60 min	28.5	0.48	3.5	67.4	59.5	49.0	40.9	32.7
		6 h	44.0	0.51	3.5	118.8	105.3	87.2	73.2	58.9
		24 h	64.7	0.46	3.5	159.5	142.2	118.9	100.8	82.1
		3 d	78.5	0.44	3.5	192.7	172.5	145.1	123.8	101.7
22	赵院村	10 min	12.5	0.51	3.5	29.6	26.2	21.6	18.1	14.5
		60 min	28.5	0.48	3.5	63.7	56.3	46.4	38.8	31.1
		6 h	44.0	0.51	3.5	114.4	101.4	84.1	70.8	57.1
		24 h	64.7	0.46	3.5	156.0	139.2	116.6	99.0	80.9
		3 d	78.5	0.44	3.5	189.7	169.9	143.1	122.3	100.7
23	地坪村	10 min	12.5	0.51	3.5	29.4	25.9	21.4	17.9	14.3
		60 min	28.5	0.48	3.5	63.2	55.9	46.1	38.6	30.9
		6 h	44.0	0.51	3.5	113.8	101.0	83.7	70.5	56.8
		24 h	64.7	0.46	3.5	155.5	138.8	116.3	98.8	80.7
		3 d	78.5	0.44	3.5	189.3	169.5	142.9	122.1	100.5
24	赵岭村	10 min	12.5	0.51	3.5	31.6	27.9	23.0	19.2	15.4
		60 min	28.5	0.48	3.5	66.9	59.1	48.7	40.7	32.5
		6 h	44.0	0.51	3.5	118.2	104.8	86.8	72.9	58.7
		24 h	64.7	0.46	3.5	159.1	141.9	118.6	100.6	82.0
		3 d	78.5	0.44	3.5	192.4	172.2	144.8	123.6	101.6

续表 4-9-9

序号	行政区划名称	历时	均值(mm)	变差系数	C_s/C_v	重现期雨量值 H_p(mm)				
						100 年($H_{1\%}$)	50 年($H_{2\%}$)	20 年($H_{5\%}$)	10 年($H_{10\%}$)	5 年($H_{20\%}$)
25	安汾村	10 min	13.3	0.49	3.5	28.8	25.5	21.1	17.7	14.3
		60 min	29.0	0.49	3.5	57.4	51.1	42.6	36.0	29.3
		6 h	44.0	0.44	3.5	104.6	93.7	79.0	67.5	55.6
		24 h	73.0	0.42	3.5	155.5	140.3	119.5	103.3	86.3
		3 d	90.0	0.42	3.5	204.4	184.0	156.5	135.0	112.3
26	东沟村	10 min	13.3	0.49	3.5	28.1	24.9	20.6	17.3	14.0
		60 min	29.0	0.49	3.5	56.5	50.2	41.9	35.4	28.8
		6 h	44.0	0.44	3.5	103.4	92.6	78.1	66.8	55.0
		24 h	73.0	0.42	3.5	154.2	139.1	118.7	102.6	85.8
		3 d	90.0	0.42	3.5	203.2	182.9	155.7	134.3	111.9
27	庄头村	10 min	13.3	0.49	3.5	27.9	24.7	20.5	17.2	13.9
		60 min	29.0	0.49	3.5	56.1	49.9	41.6	35.2	28.6
		6 h	44.0	0.44	3.5	102.9	92.2	77.8	66.5	54.8
		24 h	73.0	0.42	3.5	153.8	138.7	118.4	102.4	85.7
		3 d	90.0	0.42	3.5	202.7	182.5	155.4	134.1	111.7
28	梁坪村	10 min	13.3	0.49	3.5	29.6	26.3	21.8	18.3	14.8
		60 min	29.0	0.49	3.5	61.2	54.2	44.9	37.7	30.3
		6 h	44.0	0.44	3.5	103.8	93.2	78.9	67.8	56.1
		24 h	73.0	0.42	3.5	133.3	122.7	108.0	96.3	83.7
		3 d	90.0	0.42	3.5	206.4	185.7	157.8	135.9	113.0

续表 4-9-9

序号	行政区划名称	历时	均值(mm)	变差系数	C_s/C_v	重现期雨量值 H_p(mm)				
						100年($H_{1\%}$)	50年($H_{2\%}$)	20年($H_{5\%}$)	10年($H_{10\%}$)	5年($H_{20\%}$)
29	东交口村	10 min	13.3	0.49	3.5	28.8	25.5	21.2	17.8	14.4
		60 min	29.0	0.49	3.5	59.9	53.1	43.9	36.9	29.7
		6 h	44.0	0.44	3.5	102.3	91.9	77.8	66.9	55.4
		24 h	73.0	0.42	3.5	132.0	121.5	107.1	95.6	83.2
		3 d	90.0	0.42	3.5	204.9	184.4	156.8	135.2	112.5
30	丁石村	10 min	13.3	0.50	3.5	25.5	22.6	18.7	15.7	12.7
		60 min	28.9	0.49	3.5	53.6	47.6	39.5	33.3	26.9
		6 h	44.0	0.45	3.5	97.3	87.3	73.8	63.3	52.4
		24 h	73.0	0.42	3.5	137.7	125.6	109.1	96.1	82.2
		3 d	90.0	0.42	3.5	197.3	177.8	151.8	131.4	109.8
31	大河村	10 min	13.3	0.50	3.5	24.9	22.1	18.3	15.4	12.4
		60 min	28.9	0.49	3.5	52.6	46.7	38.8	32.7	26.4
		6 h	44.0	0.45	3.5	96.0	86.1	72.9	62.5	51.8
		24 h	73.0	0.42	3.5	136.4	124.4	108.2	95.4	81.7
		3 d	90.0	0.42	3.5	195.7	176.4	150.8	130.6	109.3
32	土窑村	10 min	13.1	0.47	3.5	24.7	22.0	18.4	15.6	12.7
		60 min	28.3	0.46	3.5	52.2	46.6	39.0	33.2	27.1
		6 h	42.0	0.47	3.5	94.6	84.7	71.3	61.0	50.2
		24 h	62.0	0.43	3.5	132.7	119.4	101.4	87.4	72.7
		3 d	78.9	0.42	3.5	174.8	157.4	134.2	115.9	96.7

续表 4-9-9

序号	行政区划名称	历时	均值(mm)	变差系数	C_s/C_v	重现期雨量值 H_p(mm)				
						100 年($H_{1\%}$)	50 年($H_{2\%}$)	20 年($H_{5\%}$)	10 年($H_{10\%}$)	5 年($H_{20\%}$)
33	光华村	10 min	13.1	0.47	3.5	24.5	21.9	18.3	15.5	12.7
		60 min	28.3	0.46	3.5	52.0	46.4	38.9	33.0	27.0
		6 h	42.0	0.47	3.5	94.3	84.4	71.1	60.8	50.1
		24 h	62.0	0.43	3.5	132.4	119.1	101.2	87.2	72.6
		3 d	78.9	0.42	3.5	174.4	157.1	133.9	115.7	96.6
34	前神角村	10 min	13.1	0.47	3.5	30.9	27.5	22.9	19.4	15.8
		60 min	28.3	0.46	3.5	63.1	56.2	46.9	39.7	32.3
		6 h	43.0	0.46	3.5	108.4	96.8	81.0	68.9	56.3
		24 h	61.0	0.44	3.5	144.2	129.0	108.5	92.6	76.1
		3 d	80.0	0.44	3.5	194.4	174.0	146.4	125.0	102.7
35	裴家河村	10 min	13.1	0.47	3.5	29.8	26.6	22.2	18.8	15.2
		60 min	28.3	0.46	3.5	61.3	54.7	45.7	38.7	31.5
		6 h	43.0	0.46	3.5	106.4	95.0	79.7	67.8	55.4
		24 h	61.0	0.44	3.5	142.6	127.7	107.5	91.8	75.5
		3 d	80.0	0.44	3.5	192.9	172.7	145.4	124.2	102.2
36	沙坪村	10 min	13.1	0.47	3.5	30.4	27.0	22.6	19.1	15.5
		60 min	28.3	0.46	3.5	62.2	55.4	46.3	39.2	31.9
		6 h	43.0	0.46	3.5	107.4	95.9	80.4	68.3	55.9
		24 h	61.0	0.44	3.5	143.4	128.4	108.0	92.2	75.8
		3 d	80.0	0.44	3.5	193.6	173.3	145.9	124.6	102.5

续表 4-9-9

序号	行政区划名称	历时	均值(mm)	变差系数	C_s/C_v	重现期雨量值 H_p(mm)				
						100 年($H_{1\%}$)	50 年($H_{2\%}$)	20 年($H_{5\%}$)	10 年($H_{10\%}$)	5 年($H_{20\%}$)
37	张家庄村	10 min	13.1	0.47	3.5	29.8	26.5	22.1	18.7	15.2
		60 min	28.3	0.46	3.5	61.2	54.5	45.6	38.6	31.5
		6 h	43.0	0.46	3.5	106.2	94.9	79.5	67.7	55.4
		24 h	61.0	0.44	3.5	142.5	127.6	107.4	91.8	75.5
		3 d	80.0	0.44	3.5	192.8	172.6	145.3	124.2	102.2
38	石灰窑村	10 min	13.1	0.47	3.5	27.6	24.6	20.5	17.4	14.2
		60 min	28.3	0.46	3.5	57.8	51.5	43.1	36.6	29.9
		6 h	43.0	0.46	3.5	102.1	91.3	76.7	65.3	53.6
		24 h	61.0	0.44	3.5	139.0	124.6	105.1	90.0	74.2
		3 d	80.0	0.44	3.5	189.3	169.6	143.1	122.5	101.0
39	前高家河村	10 min	13.1	0.47	3.5	27.2	24.2	20.2	17.1	13.9
		60 min	28.3	0.46	3.5	57.0	50.9	42.6	36.2	29.5
		6 h	43.0	0.46	3.5	101.2	90.5	76.0	64.8	53.2
		24 h	61.0	0.44	3.5	138.2	123.9	104.6	89.6	73.9
		3 d	80.0	0.44	3.5	188.5	168.9	142.6	122.1	100.7
40	南崖村	10 min	13.1	0.48	3.5	30.6	27.2	22.6	19.0	15.4
		60 min	29.0	0.46	3.5	62.0	55.3	46.4	39.5	32.4
		6 h	45.0	0.43	3.5	107.6	96.5	81.5	69.8	57.6
		24 h	64.0	0.43	3.5	146.3	131.4	111.2	95.4	79.0
		3 d	78.0	0.4	3.5	175.5	158.5	135.4	117.3	98.3
41	王府村	10 min	13.1	0.48	3.5	30.3	26.9	22.4	18.8	15.2
		60 min	29.0	0.46	3.5	61.5	54.9	46.1	39.2	32.1
		6 h	45.0	0.43	3.5	107.0	96.0	81.1	69.5	57.4
		24 h	64.0	0.43	3.5	145.8	131.0	110.9	95.2	78.8
		3 d	78.0	0.4	3.5	175.2	158.2	135.2	117.1	98.1

表 4-9-10　乡宁县设计洪水成果表

序号	行政区划名称	洪水要素	重现期洪水要素值				
			100 年	50 年	20 年	10 年	5 年
1	井上村	洪峰流量(m^3/s)	207	165	113	76	48
		洪量(万 m^3)	294	239	172	123	85
		洪水历时(h)	9.5	9.5	8.5	8	7.5
		洪峰水位(m)	1 180.63	1 180.41	1 179.71	1 179.49	1 179.22
2	长镇村	洪峰流量(m^3/s)	235	186	128	86	56
		洪量(万 m^3)	361	294	212	152	106
		洪水历时(h)	10.5	10.5	9.5	9	9
		洪峰水位(m)	1 127.0	1 126.5	1 126.0	1 125.5	1 125.0
3	铺上村	洪峰流量(m^3/s)	207	165	113	76	48
		洪量(万 m^3)	294	239	172	123	85
		洪水历时(h)	9.5	9.5	8.5	8	7.5
		洪峰水位(m)	1 157.84	1 157.41	1 156.90	1 156.3	1 155.88
4	东团村	洪峰流量(m^3/s)	301	238	162	109	71
		洪量(万 m^3)	475	387	279	200	140
		洪水历时(h)	11.5	11.5	11	10	9.5
		洪峰水位(m)	1 119.72	1 119.29	1 118.57	1 117.81	1 117.14
5	集庄沟村	洪峰流量(m^3/s)	259	221	170	130	93
		洪量(万 m^3)	78	64	46	33	23
		洪水历时(h)	4.5	3	3	2.5	2.5
		洪峰水位(m)	1 073.72	1 073.48	1 073.12	1 072.75	1 072.57
6	胡村	洪峰流量(m^3/s)	458	360	253	164	100
		洪量(万 m^3)	639	519	373	268	187
		洪水历时(h)	11	9.5	9	8.5	8
		洪峰水位(m)	1 091.31	1 091.05	1 090.55	1 089.62	1 089.11

续表 4-9-10

序号	行政区划名称	洪水要素	重现期洪水要素值				
			100年	50年	20年	10年	5年
7	丁家湾村	洪峰流量(m^3/s)	460	363	250	166	107
		洪量(万 m^3)	712	579	414	297	206
		洪水历时(h)	11	10.5	9.5	9	8.5
		洪峰水位(m)	1 040.43	1 040.13	1 039.83	1 039.47	1 039.05
8	下善村	洪峰流量(m^3/s)	105	84	59	40	25
		洪量(万 m^3)	121	98	70	50	34
		洪水历时(h)	6.25	6.25	5.5	5.5	5
		洪峰水位(m)	1 194.87	1 194.61	1 194.3	1 194.12	1 193.74
9	虎峪村	洪峰流量(m^3/s)	119	95	66	44	28
		洪量(万 m^3)	156	126	90	64	43
		洪水历时(h)	8	8	7	6.5	6
		洪峰水位(m)	1 143.77	1 142.99	1 142.36	1 141.85	1 141.38
10	樊家坪村	洪峰流量(m^3/s)	536	441	319	226	149
		洪量(万 m^3)	508	415	300	216	150
		洪水历时(h)	9.5	9	7.5	7.5	7.5
		洪峰水位(m)	1 039.68	1 039.25	1 038.5	1 038	1 037.5
11	门家沟村	洪峰流量(m^3/s)	179	153	119	93	67
		洪量(万 m^3)	53	43	31	22	15
		洪水历时(h)	3.5	2.5	2.25	2	1.5
		洪峰水位(m)	1 030.24	1 029.94	1 029.5	1 029.1	1 028.6
12	吴家河村	洪峰流量(m^3/s)	434	364	273	205	161
		洪量(万 m^3)	215	175	125	89	65
		洪水历时(h)	5.75	5	4	3.75	3.5
		洪峰水位(m)	1 013.22	1 012.9	1 012.35	1 011.97	1 011.76

续表 4-9-10

序号	行政区划名称	洪水要素	重现期洪水要素值				
			100 年	50 年	20 年	10 年	5 年
13	韩家河村	洪峰流量(m^3/s)	658	554	417	312	214
		洪量(万 m^3)	334	271	193	138	95
		洪水历时(h)	6.5	5.5	4.5	4.0	4.0
		洪峰水位(m)	961.29	960.45	959.97	959.49	959.19
14	后冷泉村	洪峰流量(m^3/s)	664	558	417	310	212
		洪量(万 m^3)	362	294	210	150	103
		洪水历时(h)	7.0	6.0	4.5	4.5	4.5
		洪峰水位(m)	937.8	937.28	936.53	935.89	935.2
15	寺院村	洪峰流量(m^3/s)	821	688	512	380	257
		洪量(万 m^3)	449	364	258	183	124
		洪水历时(h)	7	6	5	4.5	4.5
		洪峰水位(m)	896.32	895.72	895.06	894.49	893.8
16	任家河村	洪峰流量(m^3/s)	386	327	250	191	136
		洪量(万 m^3)	157	128	92	66	46
		洪水历时(h)	5	4	3.25	3	2.75
		洪峰水位(m)	1 057.97	1 057.61	1 057.08	1 056.57	1 056.13
17	碾角村	洪峰流量(m^3/s)	412	348	264	201	142
		洪量(万 m^3)	184	150	108	78	53
		洪水历时(h)	5.25	4.50	3.50	3.50	3.25
		洪峰水位(m)	1 012.41	1 012.12	1 011.69	1 011.32	1 010.9
18	罗河村	洪峰流量(m^3/s)	412	348	264	201	142
		洪量(万 m^3)	227	185	134	96	66
		洪水历时(h)	5.75	4.75	3.75	3.50	3.25
		洪峰水位(m)	998.3	997.95	997.45	997	995.7

续表 4-9-10

序号	行政区划名称	洪水要素	重现期洪水要素值				
			100 年	50 年	20 年	10 年	5 年
19	桥北新村	洪峰流量(m^3/s)	340	288	220	167	118
		洪量(万 m^3)	155	125	89	63	43
		洪水历时(h)	5.75	4.75	3.75	3.25	2.75
		洪峰水位(m)	895.07	894.67	894.07	893.54	892.97
20	王家沟村	洪峰流量(m^3/s)	456	385	291	219	153
		洪量(万 m^3)	210	169	119	84	56
		洪水历时(h)	5.75	5.00	3.75	3.25	3.25
		洪峰水位(m)	917.12	916.94	916.77	916.35	916
21	于家河村	洪峰流量(m^3/s)	563	473	353	263	182
		洪量(万 m^3)	300	242	170	119	79
		洪水历时(h)	6.75	5.75	4.50	4.00	3.75
		洪峰水位(m)	828.9	828.45	827.7	827.15	826.55
22	崖坪村	洪峰流量(m^3/s)	130	112	87	67	49
		洪量(万 m^3)	39	31	22	16	10
		洪水历时(h)	3.00	2.50	2.00	1.75	1.25
		洪峰水位(m)	781	780.7	780.2	779.8	779.3
23	赵院村	洪峰流量(m^3/s)	430	365	278	212	149
		洪量(万 m^3)	167	135	95	67	45
		洪水历时(h)	5.25	4.50	3.25	2.75	2.50
		洪峰水位(m)	781	780.7	780.2	779.8	779.3
24	地坪村	洪峰流量(m^3/s)	458	388	294	220	156
		洪量(万 m^3)	192	155	109	76	51
		洪水历时(h)	5.50	4.75	3.50	3.00	3.00
		洪峰水位(m)	773.15	772.75	772.15	771.4	770.85

续表 4-9-10

序号	行政区划名称	洪水要素	重现期洪水要素值				
			100 年	50 年	20 年	10 年	5 年
25	赵岭村	洪峰流量(m^3/s)	156	134	104	80	58
		洪量(万 m^3)	49	40	28	20	13
		洪水历时(h)	3.25	2.75	2.25	1.75	1.50
		洪峰水位(m)	766.5	766.35	766.15	765.95	765.75
26	安汾村	洪峰流量(m^3/s)	178	135	86	54	32
		洪量(万 m^3)	302	238	163	112	74
		洪水历时(h)	11.00	11.00	10.00	10.00	9.50
		洪峰水位(m)	1 033.9	1 033.5	1 033.05	1 032.7	1 032.45
27	东沟村	洪峰流量(m^3/s)	180	134	83	52	31
		洪量(万 m^3)	339	266	181	124	81
		洪水历时(h)	12.00	12.00	11.50	11.00	10.00
		洪峰水位(m)	966.12	965.73	965.15	964.68	964.27
28	庄头村	洪峰流量(m^3/s)	183	136	84	53	32
		洪量(万 m^3)	351	276	187	128	84
		洪水历时(h)	13.00	13.00	12.50	12.00	10.50
		洪峰水位(m)	927.89	927.35	926.59	926	925.58
29	梁坪村	洪峰流量(m^3/s)	102	74	45	28	16
		洪量(万 m^3)	163	126	84	56	37
		洪水历时(h)	9.75	9.50	8.75	8.00	7.00
		洪峰水位(m)	1 025.73	1 025.43	1 025.13	1 024.71	1 024.39
30	前店村	洪峰流量(m^3/s)	102	74	45	28	16
		洪量(万 m^3)	163	126	84	56	37
		洪水历时(h)	9.75	9.50	8.75	8.00	7.00
		洪峰水位(m)	997.63	997.3	996.93	996.7	996.6

续表 4-9-10

序号	行政区划名称	洪水要素	重现期洪水要素值				
			100 年	50 年	20 年	10 年	5 年
31	西峰沟村	洪峰流量(m^3/s)	102	74	45	28	16
		洪量(万 m^3)	163	126	84	56	37
		洪水历时(h)	9.75	9.50	8.75	8.00	7.00
		洪峰水位(m)	978.36	977.99	977.38	977.06	976.79
32	鸡儿架	洪峰流量(m^3/s)	105	76	46	28	16
		洪量(万 m^3)	207	159	105	70	45
		洪水历时(h)	11.00	11.00	10.00	9.50	8.75
		洪峰水位(m)	929.3	929.1	928.85	928.65	928.5
33	东交口村	洪峰流量(m^3/s)	105	76	46	28	16
		洪量(万 m^3)	207	159	105	70	45
		洪水历时(h)	11.00	11.00	10.00	9.50	8.75
		洪峰水位(m)	874.15	873.95	873.55	873.3	873.1
34	丁石村	洪峰流量(m^3/s)	235	171	104	64	37
		洪量(万 m^3)	630	487	323	217	140
		洪水历时(h)	17.00	16.50	16.00	16.00	15.00
		洪峰水位(m)	743.18	742.29	741.07	740.28	739.64
35	西红花坪	洪峰流量(m^3/s)	246	179	109	66	39
		洪量(万 m^3)	715	551	365	243	156
		洪水历时(h)	18.00	18.00	17.50	17.00	16.50
		洪峰水位(m)	673.55	673.2	672.7	672.35	672.05
36	大河村	洪峰流量(m^3/s)	246	179	109	66	39
		洪量(万 m^3)	715	551	365	243	156
		洪水历时(h)	18.00	18.00	17.50	17.00	16.50
		洪峰水位(m)	666.4	666	665.45	665	664.65

续表 4-9-10

序号	行政区划名称	洪水要素	重现期洪水要素值				
			100 年	50 年	20 年	10 年	5 年
37	东红花坪村	洪峰流量(m^3/s)	246	179	109	66	39
		洪量(万 m^3)	715	551	365	243	156
		洪水历时(h)	18.00	18.00	17.50	17.00	16.50
		洪峰水位(m)	666.4	666	665.45	665	664.65
38	土窑村	洪峰流量(m^3/s)	399	305	195	125	76
		洪量(万 m^3)	709	564	390	271	181
		洪水历时(h)	13.00	13.00	13.00	12.00	11.00
		洪峰水位(m)	840.26	839.97	839.55	839.18	838.65
39	光华村	洪峰流量(m^3/s)	419	317	201	128	77
		洪量(万 m^3)	700	553	379	261	173
		洪水历时(h)	13.50	13.50	13.50	13.00	12.50
		洪峰水位(m)	807.88	807.29	806.55	805.92	805.38
40	前神角村	洪峰流量(m^3/s)	63	51	37	26	16
		洪量(万 m^3)	51	41	29	20	14
		洪水历时(h)	4.50	4.00	3.75	3.00	2.50
		洪峰水位(m)	1 264.15	1 263.95	1 263.7	1 263.5	1 263.25
41	裴家河村	洪峰流量(m^3/s)	95	77	54	36	23
		洪量(万 m^3)	100	81	57	40	27
		洪水历时(h)	6.75	6.25	5.75	5.25	4.50
		洪峰水位(m)	1 115.1	1 114.75	1 114.3	1 113.9	1 113.6
42	沙坪村	洪峰流量(m^3/s)	77	62	44	30	19
		洪量(万 m^3)	73	59	42	29	20
		洪水历时(h)	5.75	5.25	4.75	4.25	3.75
		洪峰水位(m)	1 056.4	1 056.15	1 155.75	1 155.4	1 155.05

续表 4-9-10

序号	行政区划名称	洪水要素	重现期洪水要素值				
			100年	50年	20年	10年	5年
43	张家庄村	洪峰流量(m^3/s)	92	74	52	35	22
		洪量(万 m^3)	105	85	60	42	29
		洪水历时(h)	7.25	6.75	6.25	5.50	5.00
		洪峰水位(m)	1 086.56	1 085.23	1 083.92	1 083.14	1 082.42
44	石灰窑村 1	洪峰流量(m^3/s)	224	176	118	76	47
		洪量(万 m^3)	337	270	189	132	89
		洪水历时(h)	11.50	11.25	10.75	10.25	9.50
		洪峰水位(m)	1 013.25	1 012.9	1 012.5	1 012.1	1 011.8
	石灰窑村 2	洪峰流量(m^3/s)	9.9	8.8	7.3	6.2	5
		洪量(万 m^3)					
		洪水历时(h)					
		洪峰水位(m)	1 004.57	1 004.44	1 004.2	1 004.05	1 003.83
45	前高家河村	洪峰流量(m^3/s)	224	176	118	76	47
		洪量(万 m^3)	337	270	189	132	89
		洪水历时(h)	11.50	11.25	10.75	10.25	9.50
		洪峰水位(m)	913.31	930.92	930.4	929.97	929.59
46	南崖村	洪峰流量(m^3/s)	124	101	73	53	35
		洪量(万 m^3)	98	80	57	41	28
		洪水历时(h)	5.50	5.25	4.75	4.25	4.00
		洪峰水位(m)	1 152.93	1 152.65	1 152.19	1 153.83	1 151.45
47	王府村	洪峰流量(m^3/s)	135	111	80	58	39
		洪量(万 m^3)	119	97	70	51	35
		洪水历时(h)	6.25	5.75	5.25	4.75	4.50
		洪峰水位(m)	1 125.7	1 125.55	1 125.1	1 124.9	1 124.65

表 4-9-11　乡宁县防洪现状评价成果表

序号	行政区划名称	防洪能力（年）	极高危险区(<5 年一遇)		高危险区(5~20 年一遇)		危险区(≥20 年一遇)	
			人口(人)	户数(户)	人口(人)	户数(户)	人口(人)	户数(户)
1	井上村	5	0	0	10	2	50	11
2	长镇村	5	0	0	39	11	98	23
3	铺上村	6	0	0	20	4	15	3
4	东团村	53	0	0	0	0	100	20
5	集庄沟村	5	0	0	64	15	198	47
6	胡村	50	0	0	0	0	47	11
7	丁家湾村	14	0	0	260	1	0	0
8	下善村	9	0	0	52	11	14	3
9	虎峪村	67	0	0	0	0	11	3
10	樊家坪村	44	0	0	0	0	30	8
11	门家沟村	5	10	3	48	18	0	0
12	吴家河村	24	0	0	0	0	60	13
13	韩家河村	83	0	0	0	0	42	9
14	后冷泉村	28	0	0	0	0	40	10
15	寺院村	26	0	0	0	0	76	21
16	任家河村	13	0	0	14	2	62	10
17	碾角村	5	16	4	44	12	64	19
18	罗河村	5	17	4	0	0	0	0
19	桥北新村	5	11	4	48	10	69	14
20	王家沟村	13	0	0	11	3	15	4
21	于家河村	19	0	0	9	2	40	8
22	崖坪村	5	150	1	0	0	0	0
23	赵院村	5	12	3	64	17	144	34
24	地坪村	5	31	11	0	0	0	0

续表 4-9-11

序号	行政区划名称	防洪能力(年)	极高危险区(<5年一遇)		高危险区(5~20年一遇)		危险区(≥20年一遇)	
			人口(人)	户数(户)	人口(人)	户数(户)	人口(人)	户数(户)
25	赵岭村	5	25	5	0	0	0	0
26	安汾村	7	0	0	7	3	0	0
27	东沟村	15	0	0	9	2	13	9
28	庄头村	63	0	0	0	0	7	2
29	梁坪村	20	0	0	32	7	76	19
30	前店村	77	0	0	0	0	25	5
31	西峰沟村	31	0	0	0	0	25	5
32	鸡儿架	71	0	0	0	0	23	6
33	东交口村	50	0	0	0	0	10	3
34	丁石村	42	0	0	0	0	99	19
35	西红花坪	80	0	0	0	0	25	6
36	大河村	30	0	0	0	0	304	65
37	东红花坪村	30	0	0	0	0	304	65
38	土窑村	6	0	0	50	1	60	0
39	光华村	6	0	0	11	3	11	3
40	前神角村	11	0	0	60	1	0	0
41	裴家河村	15	0	0	15	4	11	3
42	沙坪村	5	83	20	11	3	89	22
43	张家庄村	35	0	0	0	0	163	35
44	石灰窑村	23	0	0	0	0	102	24
45	前高家河村	46	0	0	0	0	20	1
46	南崖村	5	19	5	41	10	12	3
47	王府村	25	0	0	0	0	11	3

表 4-9-12　乡宁县预警指标成果表

序号	行政区划名称	类别	降雨历时	预警指标(雨量:mm,水位:m)		临界雨量(mm)/水位(m)	方法
				准备转移	立即转移		
1	管头镇井上村	雨量($B_0=0$)	0.5 h	22	31	31	流域模型法
			1 h	31	38	38	
			2 h	43	47	47	
			3 h	51	54	54	
		雨量($B_0=0.3$)	0.5 h	19	27	27	
			1 h	27	32	32	
			2 h	37	41	41	
			3 h	44	47	47	
		雨量($B_0=0.6$)	0.5 h	16	23	23	
			1 h	23	27	27	
			2 h	30	33	33	
			3 h	36	38	38	
2	管头镇长镇村	雨量($B_0=0$)	0.5 h	18	25	25	流域模型法
			1 h	25	31	31	
			2 h	36	39	39	
			3 h	42	45	45	
		雨量($B_0=0.3$)	0.5 h	15	22	22	
			1 h	22	26	26	
			2 h	30	33	33	
			3 h	36	38	38	
		雨量($B_0=0.6$)	0.5 h	12	18	18	
			1 h	18	21	21	
			2 h	24	26	26	
			3 h	29	31	31	

续表 4-9-12

序号	行政区划名称	类别	降雨历时	预警指标(雨量:mm,水位:m)		临界雨量(mm)/水位(m)	方法
				准备转移	立即转移		
3	管头镇井上村铺上	雨量($B_0=0$)	0.5 h	23	33	33	流域模型法
			1 h	33	40	40	
			2 h	45	50	50	
			3 h	53	57	57	
		雨量($B_0=0.3$)	0.5 h	21	30	30	
			1 h	30	34	34	
			2 h	39	43	43	
			3 h	46	49	49	
		雨量($B_0=0.6$)	0.5 h	17	25	25	
			1 h	25	29	29	
			2 h	32	36	36	
			3 h	38	40	40	
4	管头镇东团村	雨量($B_0=0$)	0.5 h	40	57	57	流域模型法
			1 h	57	65	65	
			2 h	72	78	78	
			3 h	82	87	87	
			4 h	90	96	96	
		雨量($B_0=0.3$)	0.5 h	37	53	53	
			1 h	53	59	59	
			2 h	64	70	70	
			3 h	74	78	78	
			4 h	82	85	85	
		雨量($B_0=0.6$)	0.5 h	34	48	48	
			1 h	48	52	52	
			2 h	57	61	61	
			3 h	64	68	68	
			4 h	71	74	74	

续表 4-9-12

序号	行政区划名称	类别	降雨历时	预警指标(雨量:mm,水位:m)		临界雨量(mm)/水位(m)	方法
				准备转移	立即转移		
5	管头镇樊家坪村集庄沟	雨量($B_0=0$)	0.5 h	11	15	15	流域模型法
			1 h	15	19	19	
		雨量($B_0=0.3$)	0.5 h	9	13	13	
			1 h	13	16	16	
		雨量($B_0=0.6$)	0.5 h	7	10	10	
			1 h	10	12	12	
6	管头镇胡村	雨量($B_0=0$)	0.5 h	39	56	56	流域模型法
			1 h	56	64	64	
			2 h	71	78	78	
			3 h	83	88	88	
		雨量($B_0=0.3$)	0.5 h	36	52	52	
			1 h	52	58	58	
			2 h	64	69	69	
			3 h	74	78	78	
		雨量($B_0=0.6$)	0.5 h	33	47	47	
			1 h	47	51	51	
			2 h	56	61	61	
			3 h	64	68	68	
7	管头镇樊家坪村丁家湾	雨量($B_0=0$)	0.5 h	28	40	40	流域模型法
			1 h	40	47	47	
			2 h	53	57	57	
			3 h	62	65	65	
		雨量($B_0=0.3$)	0.5 h	25	35	35	
			1 h	35	41	41	
			2 h	46	50	50	
			3 h	54	57	57	
		雨量($B_0=0.6$)	0.5 h	22	31	31	
			1 h	31	35	35	
			2 h	39	42	42	
			3 h	45	48	48	

续表 4-9-12

序号	行政区划名称	类别	降雨历时	预警指标(雨量:mm,水位:m)		临界雨量(mm)/水位(m)	方法
				准备转移	立即转移		
8	管头镇下善村	雨量($B_0=0$)	0.5 h	28	41	41	流域模型法
			1 h	41	48	48	
			2 h	55	60	60	
			3 h	65	69	69	
		雨量($B_0=0.3$)	0.5 h	25	36	36	
			1 h	36	42	42	
			2 h	48	53	53	
			3 h	57	61	61	
		雨量($B_0=0.6$)	0.5 h	22	31	31	
			1 h	31	36	36	
			2 h	40	45	45	
			3 h	48	52	52	
9	管头镇下善村虎峪	雨量($B_0=0$)	0.5 h	34	48	48	流域模型法
			1 h	26	38	38	
			2 h	38	53	53	
			3 h	53	68	68	
		雨量($B_0=0.3$)	0.5 h	30	43	43	
			1 h	22	32	32	
			2 h	32	45	45	
			3 h	45	58	58	
		雨量($B_0=0.6$)	0.5 h	26	38	38	
			1 h	18	26	26	
			2 h	26	37	37	
			3 h	37	48	48	

续表 4-9-12

序号	行政区划名称	类别	降雨历时	预警指标(雨量:mm,水位:m)		临界雨量(mm)/水位(m)	方法
				准备转移	立即转移		
10	管头镇樊家坪村	雨量($B_0=0$)	0.5 h	38	55	55	流域模型法
			1 h	55	62	62	
			2 h	71	81	81	
		雨量($B_0=0.3$)	0.5 h	35	51	51	
			1 h	51	57	57	
			2 h	64	74	74	
		雨量($B_0=0.6$)	0.5 h	33	47	47	
			1 h	47	51	51	
			2 h	58	67	67	
11	昌宁镇门家沟村	雨量($B_0=0$)	0.5 h	11	15	15	流域模型法
			1 h	15	19	19	
		雨量($B_0=0.3$)	0.5 h	9	13	13	
			1 h	13	16	16	
		雨量($B_0=0.6$)	0.5 h	7	10	10	
			1 h	10	12	12	
12	尉庄乡堡子村吴家河	雨量($B_0=0$)	0.5 h	34	48	48	流域模型法
			1 h	48	61	61	
		雨量($B_0=0.3$)	0.5 h	31	44	44	
			1 h	44	55	55	
		雨量($B_0=0.6$)	0.5 h	28	40	40	
			1 h	40	50	50	
13	尉庄乡堡子村韩家河	雨量($B_0=0$)	0.5 h	41	58	58	流域模型法
			1 h	58	73	73	
		雨量($B_0=0.3$)	0.5 h	38	54	54	
			1 h	54	68	68	
		雨量($B_0=0.6$)	0.5 h	35	50	50	
			1 h	50	62	62	

续表 4-9-12

序号	行政区划名称	类别	降雨历时	预警指标(雨量:mm,水位:m)		临界雨量(mm)/水位(m)	方法
				准备转移	立即转移		
14	尉庄乡堡子村后冷泉	雨量($B_0=0$)	0.5 h	33	47	47	流域模型法
			1 h	47	59	59	
		雨量($B_0=0.3$)	0.5 h	30	43	43	
			1 h	43	54	54	
		雨量($B_0=0.6$)	0.5 h	27	39	39	
			1 h	39	48	48	
15	昌宁镇寺院村	雨量($B_0=0$)	0.5 h	33	47	47	流域模型法
			1 h	47	58	58	
		雨量($B_0=0.3$)	0.5 h	30	42	42	
			1 h	42	52	52	
		雨量($B_0=0.6$)	0.5 h	27	38	38	
			1 h	38	47	47	
16	昌宁镇碾角村任家河	雨量($B_0=0$)	0.5 h	30	43	43	流域模型法
			1 h	43	56	56	
		雨量($B_0=0.3$)	0.5 h	27	39	39	
			1 h	39	51	51	
		雨量($B_0=0.6$)	0.5 h	24	35	35	
			1 h	35	45	45	
17	昌宁镇碾角村	雨量($B_0=0$)	0.5 h	11	15	15	流域模型法
			1 h	15	19	19	
		雨量($B_0=0.3$)	0.5 h	9	13	13	
			1 h	13	16	16	
		雨量($B_0=0.6$)	0.5 h	7	10	10	
			1 h	10	12	12	
		水位		1 024.6	1 024.9	1 024.9	比降面积法

续表 4-9-12

序号	行政区划名称	类别	降雨历时	预警指标(雨量:mm,水位:m)		临界雨量(mm)/水位(m)	方法
				准备转移	立即转移		
18	昌宁镇碾角村罗河	雨量($B_0=0$)	0.5 h	11	15	15	流域模型法
			1 h	15	19	19	
		雨量($B_0=0.3$)	0.5 h	9	13	13	
			1 h	13	16	16	
		雨量($B_0=0.6$)	0.5 h	7	10	10	
			1 h	10	12	12	
		水位		1 024.4	1 024.7	1 024.7	比降面积法
19	西交口乡仁义湾村桥北新村	雨量($B_0=0$)	0.5 h	21	30	30	流域模型法
			1 h	30	40	40	
		雨量($B_0=0.3$)	0.5 h	18	26	26	
			1 h	26	35	35	
		雨量($B_0=0.6$)	0.5 h	15	22	22	
			1 h	22	30	30	
20	西坡镇胡家岭村王家沟	雨量($B_0=0$)	0.5 h	31	44	44	流域模型法
			1 h	44	61	61	
		雨量($B_0=0.3$)	0.5 h	28	39	39	
			1 h	39	55	55	
		雨量($B_0=0.6$)	0.5 h	25	35	35	
			1 h	35	49	49	
21	西坡镇于家河村	雨量($B_0=0$)	0.5 h	35	50	50	流域模型法
			1 h	50	65	65	
		雨量($B_0=0.3$)	0.5 h	32	46	46	
			1 h	46	60	60	
		雨量($B_0=0.6$)	0.5 h	29	41	41	
			1 h	41	54	54	

续表 4-9-12

序号	行政区划名称	类别	降雨历时	预警指标(雨量:mm,水位:m)		临界雨量(mm)/水位(m)	方法
				准备转移	立即转移		
22	西坡镇井湾村崖坪	雨量($B_0=0$)	0.5 h	22	32	32	流域模型法
			1 h	32	49	49	
		雨量($B_0=0.3$)	0.5 h	20	28	28	
			1 h	28	43	43	
		雨量($B_0=0.6$)	0.5 h	17	24	24	
			1 h	24	38	38	
23	西坡镇赵院村	雨量($B_0=0$)	0.5 h	13	18	18	流域模型法
			1 h	18	25	25	
		雨量($B_0=0.3$)	0.5 h	11	15	15	
			1 h	15	21	21	
		雨量($B_0=0.6$)	0.5 h	8	12	12	
			1 h	12	17	17	
24	西坡镇藏岭村地坪	雨量($B_0=0$)	0.5 h	11	15	15	流域模型法
			1 h	15	21	21	
		雨量($B_0=0.3$)	0.5 h	9	12	12	
			1 h	12	17	17	
		雨量($B_0=0.6$)	0.5 h	7	10	10	
			1 h	10	13	13	
25	西坡镇藏岭村赵岭	雨量($B_0=0$)	0.5 h	10	14	14	流域模型法
			1 h	14	20	20	
		雨量($B_0=0.3$)	0.5 h	8	12	12	
			1 h	12	18	18	
		雨量($B_0=0.6$)	0.5 h	7	9	9	
			1 h	9	13	13	

续表 4-9-12

序号	行政区划名称	类别	降雨历时	预警指标(雨量:mm,水位:m)		临界雨量(mm)/水位(m)	方法
				准备转移	立即转移		
26	关王庙乡东沟村安汾	雨量($B_0=0$)	0.5 h	27	39	39	流域模型法
			1 h	40	47	47	
			2 h	53	57	57	
			3 h	62	65	65	
			4 h	68	72	72	
		雨量($B_0=0.3$)	0.5 h	24	34	34	
			1 h	35	41	41	
			2 h	46	50	50	
			3 h	54	57	57	
			4 h	60	63	63	
		雨量($B_0=0.6$)	0.5 h	20	29	29	
			1 h	31	35	35	
			2 h	39	42	42	
			3 h	45	48	48	
			4 h	51	53	53	
27	关王庙乡东沟村	雨量($B_0=0$)	0.5 h	27	39	39	流域模型法
			1 h	39	48	48	
			2 h	55	61	61	
			3 h	66	71	71	
			4 h	76	81	81	
		雨量($B_0=0.3$)	0.5 h	24	34	34	
			1 h	34	41	41	
			2 h	47	52	52	
			3 h	56	61	61	
			4 h	66	70	70	
		雨量($B_0=0.6$)	0.5 h	20	28	28	
			1 h	28	34	34	
			2 h	39	43	43	
			3 h	47	50	50	
			4 h	54	57	57	

续表 4-9-12

序号	行政区划名称	类别	降雨历时	预警指标(雨量:mm,水位:m)		临界雨量(mm)/水位(m)	方法
				准备转移	立即转移		
28	关王庙乡东沟村庄头	雨量(B_0=0)	0.5 h	39	56	56	流域模型法
			1 h	56	67	67	
			2 h	75	82	82	
			3 h	89	95	95	
			4 h	101	108	108	
		雨量(B_0=0.3)	0.5 h	35	50	50	
			1 h	50	59	59	
			2 h	66	72	72	
			3 h	78	83	83	
			4 h	89	94	94	
		雨量(B_0=0.6)	0.5 h	31	45	45	
			1 h	45	51	51	
			2 h	56	61	61	
			3 h	66	71	71	
			4 h	75	80	80	
29	关王庙乡梁坪村	雨量(B_0=0)	0.5 h	30	43	43	流域模型法
			1 h	43	52	52	
			2 h	60	66	66	
			3 h	71	78	78	
			4 h	84	90	90	
		雨量(B_0=0.3)	0.5 h	26	37	37	
			1 h	37	45	45	
			2 h	51	57	57	
			3 h	63	68	68	
			4 h	73	78	78	
		雨量(B_0=0.6)	0.5 h	21	31	31	
			1 h	31	37	37	
			2 h	42	47	47	
			3 h	51	56	56	
			4 h	60	65	65	

续表 4-9-12

序号	行政区划名称	类别	降雨历时	预警指标(雨量:mm,水位:m)		临界雨量(mm)/水位(m)	方法
				准备转移	立即转移		
30	关王庙乡梁坪村前店	雨量($B_0=0$)	0.5 h	41	58	58	流域模型法
			1 h	58	70	70	
			2 h	79	88	88	
			3 h	95	102	102	
			4 h	111	119	119	
		雨量($B_0=0.3$)	0.5 h	36	52	52	
			1 h	52	61	61	
			2 h	69	77	77	
			3 h	83	90	90	
			4 h	97	105	105	
		雨量($B_0=0.6$)	0.5 h	32	45	45	
			1 h	45	52	52	
			2 h	59	65	65	
			3 h	71	76	76	
			4 h	82	90	90	
31	关王庙乡梁坪村西峰沟	雨量($B_0=0$)	0.5 h	33	47	47	流域模型法
			1 h	47	57	57	
			2 h	65	73	73	
			3 h	79	86	86	
			4 h	92	98	98	
		雨量($B_0=0.3$)	0.5 h	29	41	41	
			1 h	41	50	50	
			2 h	56	63	63	
			3 h	69	74	74	
			4 h	79	86	86	
		雨量($B_0=0.6$)	0.5 h	24	35	35	
			1 h	35	41	41	
			2 h	47	52	52	
			3 h	57	62	62	
			4 h	67	72	72	

续表 4-9-12

序号	行政区划名称	类别	降雨历时	预警指标(雨量:mm,水位:m)		临界雨量(mm)/水位(m)	方法
				准备转移	立即转移		
32	关王庙乡东沟村东交口	雨量($B_0=0$)	0.5 h	35	50	50	流域模型法
			1 h	50	61	61	
			2 h	69	77	77	
			3 h	84	90	90	
			4 h	97	103	103	
		雨量($B_0=0.3$)	0.5 h	31	44	44	
			1 h	44	53	53	
			2 h	60	67	67	
			3 h	72	79	79	
			4 h	83	90	90	
		雨量($B_0=0.6$)	0.5 h	26	37	37	
			1 h	37	45	45	
			2 h	50	55	55	
			3 h	61	65	65	
			4 h	70	75	75	
33	关王庙乡坂尔上村丁石	雨量($B_0=0$)	0.5 h	31	45	45	流域模型法
			1 h	45	55	55	
			2 h	62	68	68	
			3 h	74	80	80	
			4 h	85	89	89	
			5 h	95	100	100	
			6 h	105	109	109	
		雨量($B_0=0.3$)	0.5 h	27	39	39	
			1 h	39	47	47	
			2 h	54	59	59	
			3 h	64	69	69	
			4 h	74	78	78	
			5 h	82	87	87	
			6 h	91	95	95	

续表 4-9-12

序号	行政区划名称	类别	降雨历时	预警指标(雨量:mm,水位:m)		临界雨量(mm)/水位(m)	方法
				准备转移	立即转移		
33	关王庙乡坂尔上村丁石	雨量($B_0=0.6$)	0.5 h	23	33	33	流域模型法
			1 h	33	39	39	
			2 h	44	49	49	
			3 h	53	57	57	
			4 h	61	65	65	
			5 h	69	72	72	
			6 h	76	79	79	
34	关王庙乡大河村	雨量($B_0=0$)	0.5 h	29	41	41	流域模型法
			1 h	48	62	62	
			2 h	73	84	84	
			3 h	91	99	99	
			4 h	105	112	112	
			5 h	118	123	123	
			6 h	128	134	134	
		雨量($B_0=0.3$)	0.5 h	25	35	35	
			1 h	43	55	55	
			2 h	67	77	77	
			3 h	84	92	92	
			4 h	98	104	104	
			5 h	111	116	116	
			6 h	121	127	127	
		雨量($B_0=0.6$)	0.5 h	20	29	29	
			1 h	38	48	48	
			2 h	60	70	70	
			3 h	77	85	85	
			4 h	91	97	97	
			5 h	103	108	108	
			6 h	114	117	117	

续表 4-9-12

序号	行政区划名称	类别	降雨历时	预警指标(雨量:mm,水位:m)		临界雨量(mm)/水位(m)	方法
				准备转移	立即转移		
35	关王庙乡大河村东红花坪	雨量($B_0=0$)	0.5 h	29	41	41	流域模型法
			1 h	41	50	50	
			2 h	58	64	64	
			3 h	69	74	74	
			4 h	79	83	83	
			5 h	87	92	92	
			6 h	97	100	100	
		雨量($B_0=0.3$)	0.5 h	25	35	35	
			1 h	35	43	43	
			2 h	49	55	55	
			3 h	59	64	64	
			4 h	68	72	72	
			5 h	76	80	80	
			6 h	83	87	87	
		雨量($B_0=0.6$)	0.5 h	20	29	29	
			1 h	29	35	35	
			2 h	40	45	45	
			3 h	49	52	52	
			4 h	56	59	59	
			5 h	63	67	67	
			6 h	71	74	74	
36	光华镇土窑村	雨量($B_0=0$)	0.5 h	20	29	29	流域模型法
			1 h	29	36	36	
			2 h	41	46	46	
			3 h	50	54	54	
			4 h	58	61	61	

续表 4-9-12

序号	行政区划名称	类别	降雨历时	预警指标(雨量:mm,水位:m)		临界雨量(mm)/水位(m)	方法
				准备转移	立即转移		
36	光华镇土窑村	雨量($B_0=0.3$)	0.5 h	18	25	25	流域模型法
			1 h	25	31	31	
			2 h	35	39	39	
			3 h	43	46	46	
			4 h	49	53	53	
		雨量($B_0=0.6$)	0.5 h	14	20	20	
			1 h	20	25	25	
			2 h	29	32	32	
			3 h	35	38	38	
			4 h	40	43	43	
		水位		864.5	864.8	864.8	比降面积法
37	光华镇光华村	雨量($B_0=0$)	0.5 h	21	30	30	流域模型法
			1 h	30	37	37	
			2 h	43	47	47	
			3 h	52	56	56	
			4 h	60	64	64	
		雨量($B_0=0.3$)	0.5 h	18	26	26	
			1 h	26	32	32	
			2 h	36	41	41	
			3 h	44	47	47	
			4 h	51	55	55	
		雨量($B_0=0.6$)	0.5 h	15	21	21	
			1 h	21	26	26	
			2 h	29	33	33	
			3 h	36	38	38	
			4 h	42	44	44	
		水位		864.55	864.85	864.85	比降面积法

续表 4-9-12

序号	行政区划名称	类别	降雨历时	预警指标(雨量:mm,水位:m)		临界雨量(mm)/水位(m)	方法
				准备转移	立即转移		
38	台头镇神角村(后神角)前神角	雨量($B_0=0$)	0.5 h	32	46	46	流域模型法
			1 h	46	53	53	
			2 h	64	73	73	
		雨量($B_0=0.3$)	0.5 h	29	41	41	
			1 h	41	49	49	
			2 h	55	65	65	
		雨量($B_0=0.6$)	0.5 h	26	37	37	
			1 h	37	41	41	
			2 h	48	54	54	
39	台头镇台头村裴家河	雨量($B_0=0$)	0.5 h	35	50	50	流域模型法
			1 h	50	59	59	
			2 h	66	73	73	
			3 h	80	87	87	
		雨量($B_0=0.3$)	0.5 h	31	45	45	
			1 h	45	52	52	
			2 h	58	65	65	
			3 h	71	77	77	
		雨量($B_0=0.6$)	0.5 h	28	40	40	
			1 h	40	46	46	
			2 h	50	55	55	
			3 h	61	66	66	

续表 4-9-12

序号	行政区划名称	类别	降雨历时	预警指标(雨量:mm,水位:m)		临界雨量(mm)/水位(m)	方法
				准备转移	立即转移		
40	台头镇台头村沙坪	雨量($B_0=0$)	0.5 h	18	26	26	流域模型法
			1 h	26	31	31	
			2 h	37	42	42	
			3 h	46	48	48	
		雨量($B_0=0.3$)	0.5 h	15	21	21	
			1 h	21	27	27	
			2 h	32	35	35	
			3 h	38	42	42	
		雨量($B_0=0.6$)	0.5 h	12	18	18	
			1 h	18	22	22	
			2 h	26	29	29	
			3 h	31	33	33	
41	台头镇台头村张家庄	雨量($B_0=0$)	0.5 h	43	61	61	流域模型法
			1 h	61	71	71	
			2 h	79	88	88	
			3 h	96	104	104	
		雨量($B_0=0.3$)	0.5 h	39	56	56	
			1 h	56	65	65	
			2 h	71	78	78	
			3 h	86	93	93	
		雨量($B_0=0.6$)	0.5 h	36	51	51	
			1 h	51	58	58	
			2 h	63	69	69	
			3 h	74	81	81	

续表 4-9-12

序号	行政区划名称	类别	降雨历时	预警指标(雨量:mm,水位:m)		临界雨量(mm)/水位(m)	方法
				准备转移	立即转移		
42	台头镇台头村石灰窑	雨量($B_0=0$)	0.5 h	37	53	53	流域模型法
			1 h	53	61	61	
			2 h	69	76	76	
			3 h	82	88	88	
		雨量($B_0=0.3$)	0.5 h	33	48	48	
			1 h	48	55	55	
			2 h	62	67	67	
			3 h	72	78	78	
		雨量($B_0=0.6$)	0.5 h	30	43	43	
			1 h	43	48	48	
			2 h	54	57	57	
			3 h	63	67	67	
43	台头镇高家河村(前高家河)	雨量($B_0=0$)	0.5 h	43	61	61	流域模型法
			1 h	61	70	70	
			2 h	78	85	85	
			3 h	92	98	98	
		雨量($B_0=0.3$)	0.5 h	39	56	56	
			1 h	56	63	63	
			2 h	70	76	76	
			3 h	82	87	87	
		雨量($B_0=0.6$)	0.5 h	36	51	51	
			1 h	51	56	56	
			2 h	61	67	67	
			3 h	71	76	76	
		水位		1 009	1 009.3	1 009.3	比降面积法

续表 4-9-12

序号	行政区划名称	类别	降雨历时	预警指标(雨量:mm,水位:m)		临界雨量(mm)/水位(m)	方法
				准备转移	立即转移		
44	双鹤乡南崖村	雨量($B_0=0$)	0.5 h	21	30	30	流域模型法
			1 h	30	36	36	
			2 h	42	48	48	
		雨量($B_0=0.3$)	0.5 h	17	25	25	
			1 h	25	30	30	
			2 h	35	41	41	
		雨量($B_0=0.6$)	0.5 h	15	21	21	
			1 h	21	24	24	
			2 h	29	33	33	
45	双鹤乡王府村	雨量($B_0=0$)	0.5 h	40	57	57	流域模型法
			1 h	57	65	65	
			2 h	75	86	86	
		雨量($B_0=0.3$)	0.5 h	37	53	53	
			1 h	53	59	59	
			2 h	67	77	77	
		雨量($B_0=0.6$)	0.5 h	34	48	48	
			1 h	48	53	53	
			2 h	60	68	68	
46	关王庙乡梁坪村鸡儿架	雨量($B_0=0$)	0.5 h	38	54	54	流域模型法
			1 h	54	66	66	
			2 h	74	80	80	
			3 h	87	92	92	
			4 h	98	102	102	

续表 4-9-12

序号	行政区划名称	类别	降雨历时	预警指标(雨量:mm,水位:m)		临界雨量(mm)/水位(m)	方法
				准备转移	立即转移		
46	关王庙乡梁坪村鸡儿架	雨量(B_0=0.3)	0.5 h	34	48	48	流域模型法
			1 h	48	57	57	
			2 h	64	70	70	
			3 h	76	81	81	
			4 h	86	90	90	
		雨量(B_0=0.6)	0.5 h	29	41	41	
			1 h	41	48	48	
			2 h	54	59	59	
			3 h	64	69	69	
			4 h	72	76	76	
47	关王庙乡大河村西红花坪	雨量(B_0=0)	0.5 h	35	50	50	流域模型法
			1 h	50	60	60	
			2 h	68	75	75	
			3 h	81	86	86	
			4 h	90	95	95	
			5 h	100	103	103	
			6 h	108	111	111	
		雨量(B_0=0.3)	0.5 h	31	44	44	
			1 h	44	52	52	
			2 h	59	65	65	
			3 h	70	75	75	
			4 h	79	83	83	
			5 h	86	90	90	
			6 h	93	97	97	
		雨量(B_0=0.6)	0.5 h	26	38	38	
			1 h	38	44	44	
			2 h	49	54	54	
			3 h	58	62	62	
			4 h	66	69	69	
			5 h	73	76	76	
			6 h	79	82	82	

第10章 大宁县

10.1 大宁县基本情况

10.1.1 地理位置

大宁县地处山西省吕梁山南端,临汾市的西部,黄河东岸。位于东经 111°28′~111°01′,北纬 36°17′~36°37′之间。县境北与永和县接壤,南同吉县毗连,东与蒲县、隰县为邻,西与陕西省延长县隔黄河相望,东西长 50 km,南北宽 38 km,总面积 966 km^2。

大宁县地形地貌为黄土高原残垣沟壑区,境内沟壑纵横,山峦逶迤,梁峁层叠,垣坡连绵。南部有盘龙山、二郎山,北部有双座山,中部昕水河川绵延至黄河,形成川、垣、山三个台阶的掌形地貌,整个地形东高西低,向西逐渐倾斜,海拔最低为 481 m,最高为 1 719 m。从川到山形成中部河川区、南北部土石山区、东部残垣沟壑区和西部破碎残垣沟壑区等四种地貌单元。大宁县行政区划图见图 4-10-1。

10.1.2 社会经济

大宁县现辖昕水、曲峨 2 个镇,太德、三多、徐家垛、太古 4 个乡,84 个行政村。至 2014 年底,大宁县总人口为 6.6 万人,其中城镇人口 2.7 万人,乡村人口 3.9 万人。2014 年全县国内生产总值 47 768 万元,其中第一产业 15 489 万元,第二产业 4 809 万元,第三产业 27 470 万元。

大宁县自然资源储量丰富,已探明的矿产资源有煤、石材、矿泉水等。工业主要以原煤、焦炭、水泥、味精等为主,农业以小麦、玉米为主,其中农业种植是全县经济发展的主要产业。

10.1.3 河流水系

大宁县境内所有的河流都属于黄河流域,流域面积大于 50 km^2的主要河流有 9 条。按照水利部河湖普查河流级别划分原则,1 级河流有 3 条,为峪里沟、昕水河、岔口河;2 级河流有 4 条,分别为刁家峪、茹古沟、义亭河、河底沟;3 级河流有 2 条,分别杨家河和堡子河。县境内主要河流为昕水河和义亭河。大宁县河流水系图见图 4-10-2,主要河流基本情况见表 4-10-1。

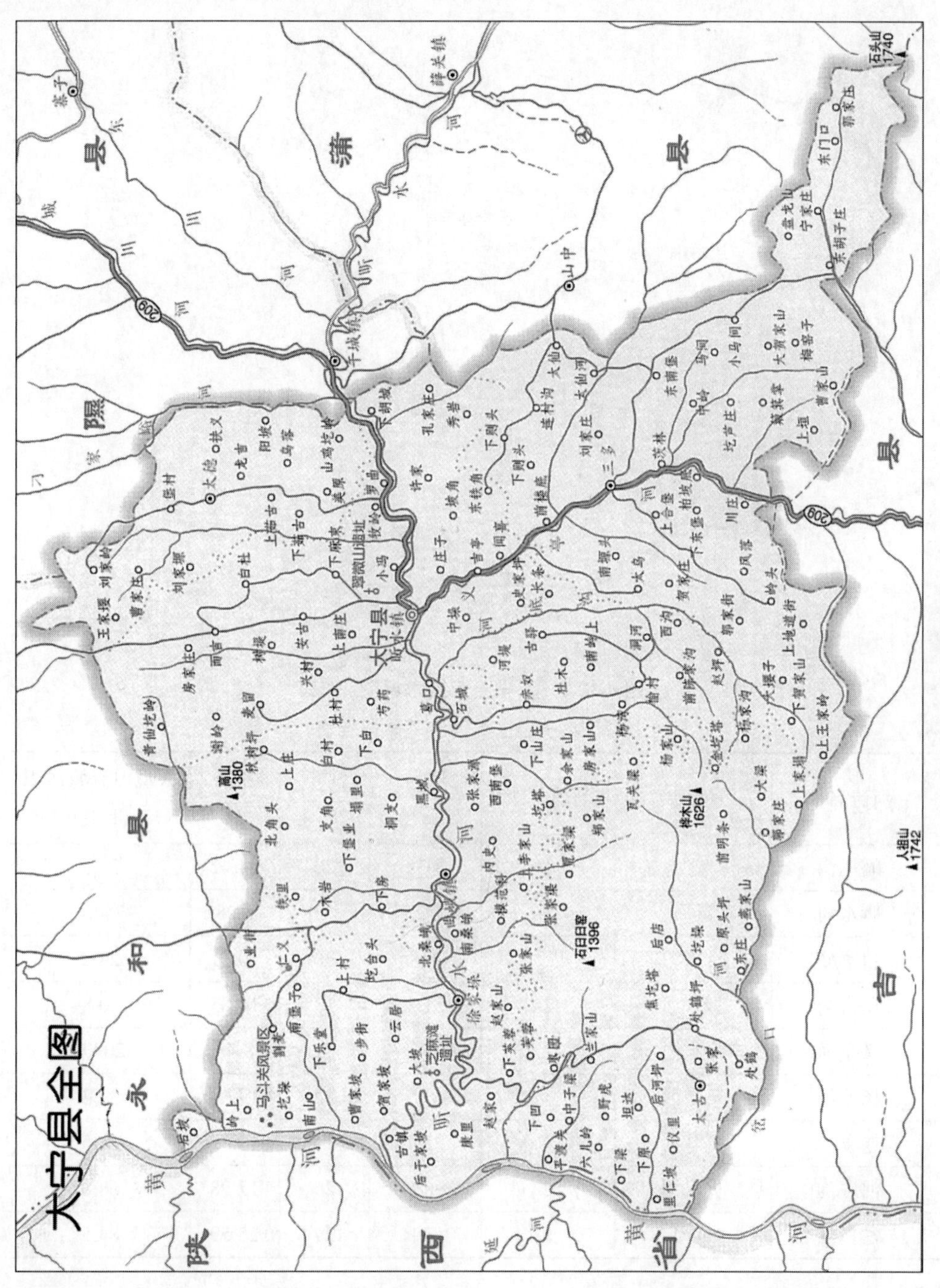

图 4-10-1　大宁县行政区划图

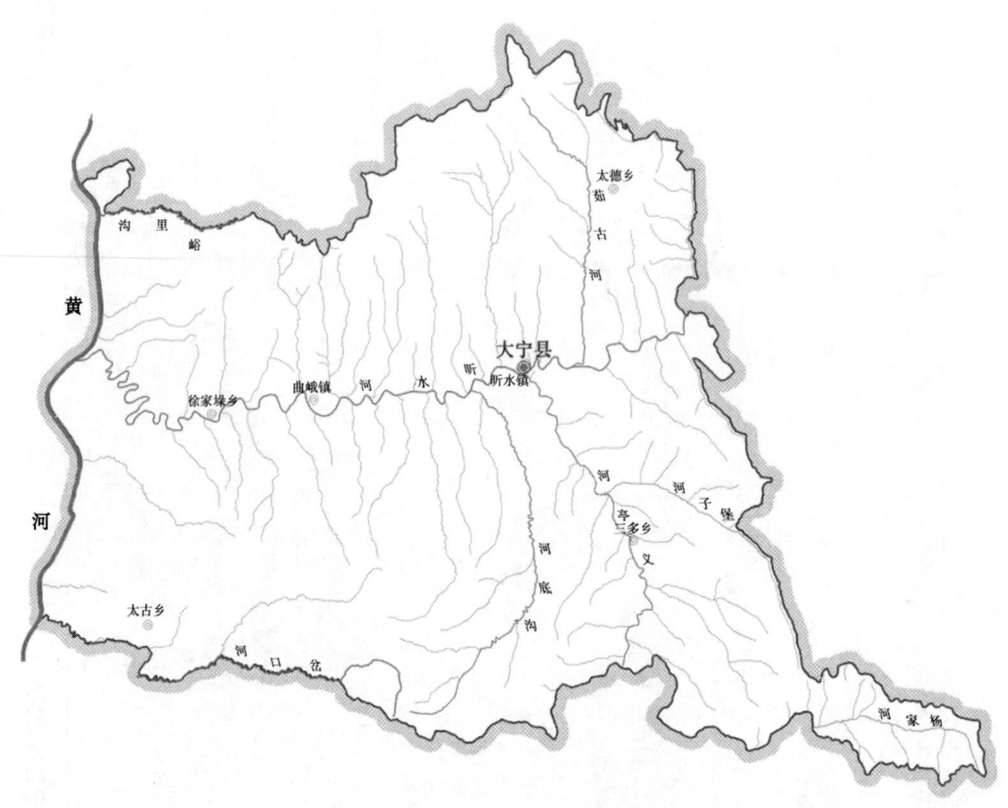

图 4-10-2　大宁县河流水系图

表 4-10-1　大宁县主要河流基本情况表

编号	河流名称	上级河流名称	河流等级	流域面积 (km²)	河长 (km)	比降 (‰)	县境内流域面积 (km²)
1	峪里沟	黄河	1	81.2	26	24.42	30.5
2	昕水河	黄河	1	4325	140	5.28	744.4
3	刁家峪	昕水河	2	158	38	10.21	24.2
4	茹古沟	昕水河	2	51.4	18	14.85	50.8
5	义亭河	昕水河	2	778	72	8.48	209.9
6	杨家河	义亭河	3	65.3	22	19.01	32.3
7	堡子河	义亭河	3	95.7	24	18.35	31.5
8	河底沟	昕水河	2	68.8	26	17.98	68.8
9	岔口河	黄河	1	111	29	25.59	84.5

10.1.3.1　昕水河

昕水河为黄河的一级支流。昕水河起源于蒲县太林乡东河村朱家庄(河源经度110°20′45.6″,河源纬度36°32′4.6″,河源高程1 455.7 m),自北向南流经蒲县屯里,在屯里自东向西流经隰县、大宁县,于大宁县徐家垛乡余家坡村古镇汇入黄河(河口经度110°28′58.2″,河口纬度36°28′3.8″,河口高程500.0 m),河流全长140 km,流域面积4 325 km^2,河流比降为5.28‰。大宁县境内流域面积为744.4 km^2。昕水河流域大宁县境内建有大宁水文站。

10.1.3.2　峪里沟

峪里沟为黄河的一级支流。峪里沟起源于大宁县昕水镇北山林场肖家岭(河源经度110°42′6.3″,河源纬度36°34′41.0″,河源高程1 309.2 m),自东北向西南流经大宁县、永和县,于大宁县徐家垛乡岭上村汇入黄河(河口经度110°29′31.9″,河口纬度36°34′46.1″,河口高程520.0 m),河流全长26 km,流域面积81.2 km^2,河流比降为24.42‰。大宁县境内流域面积为30.5 km^2。

10.1.3.3　岔口河

岔口河起源于大宁县太古乡二郎山林场大卧卜沟(河源经度110°40′18.3″,河源纬度36°18′32.3″,河源高程1 439.5m),自东向西流经大宁县、吉县,于吉县文城乡王家垣村仁义村汇入黄河(河口经度110°27′48.5″,河口纬度36°20′59.0″,河口高程480.0 m),河流全长29 km,流域面积111 km^2,河流比降为25.59‰。

10.1.3.4　刁家峪

刁家峪为昕水河的一级支流。刁家峪起源于永和县桑壁镇林场核桃凹(河源经度111°45′38.6″,河源纬度36°45′1.8″,河源高程1 258.1 m),自北向南流经永和县、隰县、大宁县,于隰县午城镇午城村店窑坡汇入昕水河(河口经度110°50′47.2″,河口纬度36°29′42.3″,河口高程770.0 m),河流全长38 km,流域面积158 km^2,河流比降为10.21‰。大宁县境内流域面积为24.2 km^2。

10.1.3.5　茹古沟

茹古沟为昕水河的一级支流。茹古沟起源于大宁县太德乡北山林场王家崾(河源经度111°44′36.3″,河源纬度36°35′13.5″,河源高程1 084.4 m),自北向南流经大宁县峪里,于大宁县太德乡北山林场王家崾汇入昕水河(河口经度110°46′21.0″,河口纬度36°27′52.5″,河口高程718.1 m),河流全长18 km,流域面积51.4 km^2,河流比降为14.85‰。大宁县境内流域面积为50.8 km^2。

10.1.3.6　义亭河

义亭河为昕水河的一级支流。义亭河起源于吉县屯里镇屯里林场后棉花凹(河源经度111°04′5.6″,河源纬度36°09′15.6″,河源高程1 687.7 m),自东南向西北流经吉县屯里镇,在屯里镇窑渠村自南向北流经大宁县,于大宁县昕水镇城关村汇入昕水河(河口经度110°44′40.0″,河口纬度36°27′41.7″,河口高程710.0 m),河流全长72 km,流域面积778 km^2,河流比降为8.48‰。大宁县境内流域面积为209.9 km^2。义亭河流域大宁县境内大部分为砂页岩森林山地和砂页岩灌丛山地,植被覆盖较好。义亭河流域在大宁县境内建有20余座淤地坝。

10.1.3.7　杨家河

杨家河为义亭河的一级支流。杨家河起源于大宁县三多乡盘龙山林场东门口(河源经度110°00′31.7″,河源纬度36°16′56.5″,河源高程945 m),自东北向西南流经大宁县、吉县,于吉县屯里镇窑曲村县底汇入义亭河(河口经度 110°48′49.1″,河口纬度 36°14′45.1″,河口高程 1 091.5 m),河流全长 22 km,流域面积 65.3 km^2,河流比降为 19.01‰。在大宁县境内流域面积为 32.3 km^2。

10.1.3.8 **堡子河**

堡子河为义亭河的一级支流。堡子河起源于蒲县山中乡川南岭村羊道角(河源经度 110°57′55.4″,河源纬度 36°18′59.0″,河源高程 1 335.8 m),自东南向西北流经大宁县、吉县,于大宁县三多乡楼底村汇入义亭河(河口经度 110°47′31.5″,河口纬度 36°24′25.2″,河口高程 758.0 m),河流全长 24 km,流域面积 95.7 km^2,河流比降为 18.35‰。在大宁县境内流域面积为 31.5 km^2。

10.1.3.9 **河底沟**

河底沟为昕水河的一级支流。河底沟起源于大宁县太古乡二郎山林场中贺家山(河源经度 111°40′52.0″,河源纬度 36°18′27.0″,河源高程 1 341.4 m),自南向北流经大宁县,于大宁县昕水镇葛口村汇入昕水河(河口经度 110°42′53.6″,河口纬度 36°27′15.0″,河口高程 689.8 m),河流全长 26 km,流域面积 68.8 km^2,河流比降为 17.98‰。

10.1.4 水文气象

大宁县区域内属大陆性暖温带亚干旱季风气候区,主要特点是冬季长、夏季短,四季分明,寒暑变化大。多年平均气温为 10.6 ℃,年平均日照时数为 2 466.7 h,能够满足作物生长对光能的需求;无霜期 198 d;年蒸发量 1 639.8 mm,属于半干旱地区;封冻期为 11 月至次年 2 月,解冻期为 3~10 月。流域内灾害性天气较多,主要有干旱、冰雹、大风、霜冻、阴雨、洪灾等,尤以干旱为重。无霜期短,多年平均在 198 d 左右;最大冻土深 0.6 cm。

昕水河上设有一座水文站,位于大宁县昕水镇葛口村,控制流域面积 3 992 km^2。据葛口水文站 1956~1996 年观测资料,昕水河年径流量 1.51 亿 m^3,其中年均清水流量为 5 910 万 m^3。

10.1.5 历史山洪灾害

大宁县境内山洪灾害发生频次较高,是本县的主要自然灾害之一。历史上及中华人民共和国成立后发生过多次大的山洪灾害。本次首先收集了各种文献对大宁县山洪灾害的记载,其次在进行沿河村落调查时走访当地村民调查历史洪水情况。整理如下:

10.1.5.1 **文献记载洪水资料**

文献记载洪水资料主要来自于《山西省历史洪水调查成果》和《山西洪水研究》。这两本书的资料来源于《山西通志》,各市、县的府志或县志,中央档案馆明清档案部的清代档案奏折以及少量的洪水碑刻和家书等。该县文献记载洪水共计 11 场次。洪水发生年份分别是 1301 年、1308 年、1649 年、1652 年、1662 年、1679 年、1684 年、1819 年、1820 年、1868 年、1982 年(见表 4-10-2)。本次工作还收集了大宁县文献记载旱情资料,见表 4-10-3。

表4-10-2 大宁县文献记载洪水统计表

序号	公元	年号	记载	资料来源
1	1301	元大德五年	大宁水	山西自然灾害史年表
2	1308	元至大元年	浮山七月大水。绛州:大水。五月晋宁等处蝗,八月大宁雨雹,曲沃夏五月蝗	山西自然灾害史年表
3	1649	清顺治六年	大宁、保德水	原山西省晋东南地区水文计算手册
4	1652	清顺治九年	大宁六月大水,冲民田数十顷。蒲县大水,大雨如注,横水暴涨,山谷崩陷人畜多溺死者。闻喜六月大水。万荣荣河大雨,河水泛溢,人被冲者众	山西水旱灾害
5	1652	清顺治九年	长治、阳曲、祁县、岚县、临县雨雹伤稼。沁水旱。平遥、蒲县、闻喜、绛州、岳阳、大宁、平定、寿阳、稷山、荣河水。秋八月翼城地震	山西通志
6	1662	清康熙元年	洪洞、临汾、曲沃秋八月大雨如注,连绵弥月,城垣半倾、桥梁尽塌,坏庐舍无数。大宁六月大水	原山西省临汾地区水文计算手册
7	1662	清康熙元年	万荣荣河七月雨至九月秋分止。吉县大雨数月,毁坏城庐舍。大宁六月大水。运城、解州秋八月大雨四十日,盐池被害。安邑八月大雨如注者半月,墙屋倾圮,强半人多僦居庙宇。临猗、猗氏八月大雨泛,初九至二十五日,大雨如注,昼夜不绝。临晋秋淫雨数月。平陆壬寅阴雨四旬,山崩涧徙,坏民田舍。芮城壬寅秋八月淫雨二旬,屋垣多倾,城东北路村平地水出如河	山西自然灾害史年表
8	1679	清康熙十八年	大宁秋淫雨廿余日,坏城垣庐舍无数。运城秋霖雨四旬,水决盐池	山西通志
9	1684	清康熙廿三年	大宁秋七月淫雨二旬,谷麦伤岁饥。隰县秋淫雨五十余日	原山西省晋中地区水文计算手册
10	1819	清嘉庆廿四年	太平秋淫雨。大宁六月大水	山西自然灾害史年表
11	1820	清嘉庆廿五年	曲沃城东水溢冲坏民居。大宁六月大水	原山西省临汾地区水文计算手册

续表 4-10-2

序号	公元	年号	记载	资料来源
12	1868	清同治七年	大宁大水侵城五尺余,冲民田数顷。隰县六月初九日午,大雨须臾水数尺,漂没南城门扇,河水汪洋莫测,道路被害者甚多	大宁等县志
13	1982		7 月 29 日至 8 月 3 日,发生中华人民共和国成立以来最严重的一次洪水灾害。一连六日降暴雨和大暴雨,全省平均降雨量 115.9 mm,降雨大的沁水县为 428 mm,垣曲县为 383 mm,阳城县为 361 mm,平陆、运城、晋城、夏县等 10 个县都在 200 mm 以上,仅有一个县降水量在 200 mm 以下,150 mm 以上。当时洪安涧河、亳清河、涑水河、浍河、桃河都发生较大洪水,全省 60 座大中型水库蓄水量由 2.7 亿 m^3 猛增到 5.18 亿 m^3。沁水县杏梅二河汇合处,流量达 2 900 m^3/s。阳城县境内获泽河流量猛增到 1 800 m^3/s,冲垮河坝 100 多 km,冲垮大桥 11 处。全省重灾县 13 个:石楼、柳林、交口、永和、大宁、吉县、和顺、昔阳、平定、盂县、平陆、河津、阳泉郊区	山西自然灾害史年表

表 4-10-3 大宁县文献记载旱情统计表

序号	公元	年号	记载	资料来源
1	1472	明成化八年	山西全省性旱和大旱	山西通志
2	1633	明崇祯六年	临汾、太平、大宁大旱。平定旱	原山西省临汾地区水文计算手册
3	1640~1641	明崇祯十三~十四年	太平、安泽、大宁、临汾、曲沃大旱	
4	1683	清康熙廿二年	曲沃夏大水。曲沃、大宁秋大旱。大同旱	原山西省临汾地区水文计算手册
5	1697	清康熙卅六年	临县、石楼、永和、蒲县、乡宁、大宁、隰县、静乐、汾阳、孝义、文水、介休、闻喜、盂县、左权、昔阳、和顺夏大旱	山西水旱灾害
6	1720~1721	清康熙五十九~六十年	大宁六十年旱荒	原山西省临汾地区水文计算手册
7	1722	清康熙六十一年	山西全省性大旱,中部尤甚	山西水旱灾害

续表 4-10-3

序号	公元	年号	记载	资料来源
8	1876	清光绪二年	大宁、太平、洪洞、安泽、临汾夏麦歉收,六月大旱	临汾等县志
9	1878	清光绪四年	怀仁、文水、汾阳、孝义、交城、临汾、翼城、吉州、大宁、平顺、祁县、临县、蒲县、泽州、永宁(离石)、霍县、襄陵、乡宁、隰州、壶关、夏县、陵川、高平、泽州、襄垣、盂县、安邑、临晋、稷山、虞乡、芮城:旱。沁水、汾西、屯留:大疫。闻喜、太谷:大饥	山西自然灾害史年表
10	1936	民国廿五年	十二月太原地震。全省持续性大旱	山西自然灾害史年表
11	1955		天镇、河曲、保德、五台、应县、代县、岚县、大同、山阴、左云、右玉、平鲁、雁北、忻县、太原、榆次、寿阳、昔阳、平定、岚县、石楼、永和、万泉、临猗、曲沃、永和、乡宁、大宁、浮山、霍县、长治、长子、襄垣、黎城、武乡、沁县、平顺、晋城、潞安、陵川、沁源、太谷、祁县、万荣:旱。翼城、夏县:雹灾	山西自然灾害史年表
12	1960		山西晋南旱象严重	山西水旱灾害
13	1965		山西全省性大旱。晋南春夏连旱,尤以伏旱为甚	山西水旱灾害
14	1972		山西全省性大旱,整个三伏天无雨	山西水旱灾害
15	1978		全省严重干旱的同时,风、雹、冻、病虫害亦严重发生	山西水旱灾害
16	1987		山西全省性旱,严重的有忻州、吕梁、临汾西部、太原市等	山西水旱灾害

10.1.5.2 《山西省历史洪水调查成果》中的调查成果

2011 年出版的《山西省历史洪水调查成果》中,暴雨洪水调查资料已收集至 2008 年,是目前资料最为可靠、最为完整的历史洪水调查成果。其中收集大宁县历史洪水调查成果 4 场次,洪水发生在昕水河葛口村河段,发生年份分别为 1868 年、1915 年、1958 年、1969 年。大宁县现有历史洪水调查成果统计表见表 4-10-4。

表 4-10-4　大宁县现有历史洪水调查成果统计表

序号	调查地点				河长(km)	集水面积(km^2)	调查洪水			调查单位
	水系	河名	河段名	地点			洪峰流量(m^3/s)	发生时间	可靠程度	
1	沿黄支流	昕水河	大宁	大宁县昕水镇葛口村		3 992	5 290	1868 年	供参考	黄委会大宁水文站、原临汾地区水文分站
							2 880	1969 年 7 月 27 日	较可靠	
							2 740	1915 年	较可靠	
							2 740	1958 年	可靠	

10.1.5.3　沿河村落历史洪水调查成果

在对沿河村落入户调查过程中,对该村庄历史上较大洪水进行了详细的访问,主要从历史洪水的发生时间、洪水描述、洪水水位以及洪水致灾情况进行了调查。从调查情况来看,受受访者年龄限制,较为可靠的洪水记忆一般在 20 世纪 50 年代以后。由于沿河村落大部分河段都进行了河道整治或受河道冲淤影响,其河道过水断面与历史洪水发生时相比存在较大变动,大部分洪水位已不能反映现状河道的过水能力,但其洪水发生时间具有一定的参考意义。本次工作对沿河村落历史洪水调查进行了整理,可作为该县历史洪水调查成果的补充参考。经统计,沿河村落历史洪水共计 8 场次。洪水发生年份分别为 70 年代、1975 年、80 年代、1980 年、1995 年、2000 年、2013 年、2015 年。大宁县沿河村落历史洪水调查成果统计表见表 4-10-5。

10.1.5.4　当地相关部门洪水记载

本次工作收集了地方县志、当地水利及相关部门对洪水的记载,可作为本县历史洪水调查成果的补充。本次共收集 7 场次洪水记载,洪水发生年份分别为 1957 年、1962 年、1966 年、1971 年、1977 年、1984 年、2008 年。大宁县当地部门历史洪水调查成果统计表见表 4-10-6。

表 4-10-5　大宁县沿河村落历史洪水调查成果统计表

序号	村名	发生时间	受访者		洪水访问情况
			姓名	年龄	
1	赵坪	70 年代	吴梅燕	60	洪水漫上村道路,进入路旁地势较低的居民户院子,家里的鸡蛋、箱子都被冲跑了
2	西关村桥沟	1975 年	曹主任	56	上游修有 1 个小型坝,发洪水坝被冲了,冲走一个老汉
3	洞河	1980 年以前	刘相红	45	洪水最大至村庄居民户院旁的道路下 20 cm 处
4	荷叶沟	1995 年左右	贺云平	48	洪水上路,水与桥眼齐平,车子、锅灶全被冲了

续表 4-10-5

序号	村名	发生时间	受访者		洪水访问情况
			姓名	年龄	
5	麻東沟	2000 年左右	刘贵琴	60	洪水最大,河槽水深 8~9 m,宽约 15 m
		2013 年	孟宽平	60	连续下雨好几天,洪水发生时正好到河槽里的菜地,菜地离河底深约 3 m,河底宽约 5 m
		2015 年	刘贵琴	60	河槽宽约 10 m,深约 3 m
6	东关村	2013 年	龚纪亭	56	雨下了 40 多分钟,涵洞过水能力不足,直接通过道路排水,地势较低的居民户进水
7	义亭社区	80 年代	许小云	64	洪水较大时,直接从山上下来,进入居民户院中,沟道里也全是水,水有 1 m 来深
		2013 年	许小云	64	边坡水进入紧邻山坡的居民户,院里全漫,路上水深 20 cm

表 4-10-6　大宁县当地部门历史洪水调查成果统计表

序号	发生时间	位置	洪水灾害描述
1	1957 年 7 月 4 日	昕水镇	昕水河洪水进入县城,房屋倒塌 50 余间
2	1962 年 9 月 21 日	昕水镇	连续降雨 20 d,县城内倒塌房屋 153 间,压死 5 头牲口
3	1966 年 7 月 15 日	昕水镇	杜村流域降暴雨,桥沟洪水淹没中学下院
4	1971 年 7 月 6 日	曲峨镇、三多乡、太古乡	曲峨镇榆村流域、三多乡乌啼流域和太古乡坦埮流域同时降暴雨 3 h,降水 43.7 mm,其中榆村、三多、南堡、太古雨量最大,受灾严重
5	1977 年 7 月 6 日	昕水镇	昕水河急剧上涨,冲走羊 120 只、排灌机械 3 套,冲毁土地 4 500 亩
6	1984 年 5 月 10 日	割麦、曲峨、徐家垛、太德	太德流域、割麦流域和堡业流域内的割麦、曲峨、徐家垛、太德 4 个公社遭到暴雨袭击,23 个大队 88 个生产队的 2 620 亩粮、棉作物受到了严重灾害
7	2008 年 6 月 7 日	昕水镇	昕水镇麻束流域突降大暴雨 30 min,致使百余户人家进水

10.2 大宁县山洪灾害分析评价成果

10.2.1 分析评价名录确定

大宁县共有 86 个重点防治区,重点防治区名录见表 4-10-7;大宁县将 86 个重点防治区划分为 87 个计算小流域,见表 4-10-8,其中包括行政区划名称、面积、主沟道长度、主沟道比降、产流地类、汇流地类。

10.2.2 设计暴雨成果

大宁县的 86 个重点防治区分为 87 个计算小流域,各时段雨量的均值 $\overline{H}$、变差系数 C_v、C_s/C_v 和各时段相应频率的雨量值成果 H_p 见表 4-10-9(本次对大宁县 86 个山洪灾害沿河村落均采用《山西省水文手册》中提供的方法进行了设计暴雨计算。对采用流域模型法计算设计洪水的进行设计暴雨时程分配计算,对采用经验公式法计算设计洪水的不进行设计暴雨时程分配计算)。大宁县沿河村落 100 年一遇设计暴雨分布图见附图 4-109~附图 4-112。

10.2.3 设计洪水成果

大宁县的 86 个重点防治区(87 个计算小流域)都进行了设计洪水的推求。其中设计洪水成果表见表 4-10-10(86 个沿河村落均采用由设计暴雨推求设计洪水的方法计算,本次采用《山西省水文手册》中的流域模型法与经验公式法计算,对采用流域模型法计算设计洪水的进行设计净雨深计算,对采用经验公式法计算设计洪水的不进行设计净雨深计算)。大宁县沿河村落 100 年一遇设计洪水分布图见附图 4-113。

10.2.4 现状防洪能力成果

现状防洪能力评价主要是在设计洪水分析成果的基础上,结合沿河村落地形地貌、居民户高程情况,勾绘划定其淹没范围,进行危险区等级的划分,确定最佳转移路线和临时安置地点,并统计各沿河村落 5 个典型频率设计洪水位下的累计人口、户数,获得水位—流量—人口关系,综合评价现状防洪能力。本次共对 87 个村落进行防洪现状评价。现状防洪能力小于 5 年一遇的有 2 个,现状防洪能力大于等于 5 年一遇小于 20 年一遇的有 1 个,现状防洪能力大于等于 20 年一遇且小于 100 年一遇的有 82 个,现状防洪能力大于等于 100 年一遇的有 2 个。

经统计,大宁县 87 个村落中极高危险区内有 53 户 192 人,高危险区内有 1 户 3 人,危险区内有 434 户 1 925 人。其中有 5 个沿河村落位于大宁城区周边,发生较大洪水时,洪水漫延或改道进入城区道路,城区内受山洪灾害威胁的人口未做统计。现状防洪能力成果见表 4-10-11 与附图 4-114。

10.2.5　雨量预警指标分析成果

大宁县的86个重点防治区(87个计算小流域)都进行了雨量预警指标的确定。大宁县预警指标分析成果表和大宁县沿河村落预警指标分布图见表4-10-12与附图4-115~附图4-120。

表4-10-7　大宁县山洪灾害分析评价名录

序号	沿河村落	行政区划代码	所在乡镇	所在河流	影响形式
1	田家庄	141030200218104	三多乡	杨家河	河道洪水
2	宁家庄	141030200218101	三多乡	杨家河	河道洪水
3	马家崾村	141030200218000	三多乡	杨家河	河道洪水
4	田间	141030200208100	三多乡	义亭河	坡面水流
5	川庄村	141030200208000	三多乡	义亭河	河道洪水
6	南岭村	141030200210000	三多乡	义亭河	坡面水流
7	柏坡底	141030200209100	三多乡	义亭河	坡面水流
8	柏洲	141030200210101	三多乡	义亭河	坡面水流
9	茨林村	141030200209000	三多乡	义亭河	河道洪水
10	三多村	141030200200000	三多乡	义亭河	河道洪水
11	太仙河	141030200211100	三多乡	义亭河	河道洪水
12	后楼底	141030200201000	三多乡	义亭河	河道洪水
13	前楼底	141030200201100	三多乡	义亭河	坡面水流
14	闻西	141030100210100	昕水镇	义亭河	河道洪水
15	上吉亭	141030100210000	昕水镇	义亭河	河道洪水
16	下吉亭	141030100210101	昕水镇	义亭河	坡面水流
17	义亭社区	141030100201100	昕水镇	义亭河	坡面水流
18	南关村	141030100201000	昕水镇	义亭河	坡面水流
19	赵坪	141030101216101	曲峨镇	河底沟	河道洪水
20	西沟	141030101216102	曲峨镇	河底沟	河道洪水
21	陈家沟	141030101216100	曲峨镇	河底沟	坡面水流
22	洞河	141030101211101	曲峨镇	河底沟	河道洪水
23	峪里1	141030101212103	曲峨镇	河底沟	河道洪水
24	丁家河	141030101212102	曲峨镇	河底沟	河道洪水
25	南岭上	141030101213100	曲峨镇	河底沟	坡面水流
26	上杜木	141030101213000	曲峨镇	河底沟	坡面水流
27	下杜木	141030101213101	曲峨镇	河底沟	坡面水流

续表 4-10-7

序号	沿河村落	行政区划代码	所在乡镇	所在河流	影响形式
28	燕家河	141030201207104	太德乡	茹古沟	河道洪水
29	幸福沟	141030201207100	太德乡	茹古沟	坡面水流
30	峪里 2	141030201205100	太德乡	茹古沟	河道洪水
31	白杜村	141030100214000	昕水镇	茹古沟	坡面水流
32	茹古沟	141030201205102	太德乡	茹古沟	河道洪水
33	大冯村	141030100203100	昕水镇	茹古沟	河道洪水
34	下胡城	141030100204102	昕水镇	昕水河	河道洪水
35	坡根底	141030100204100	昕水镇	昕水河	河道洪水
36	贺家	141030100205101	昕水镇	昕水河	坡面水流
37	罗曲村	141030100204000	昕水镇	昕水河	河道洪水
38	许家	141030100205100	昕水镇	昕水河	坡面水流
39	牧林	141030100204101	昕水镇	昕水河	河道洪水
40	小冯村	141030100203000	昕水镇	昕水河	坡面水流
41	上麻束	141030100214101	昕水镇	昕水河	坡面水流
42	下麻束	141030100214102	昕水镇	昕水河	坡面水流
43	圪塔上	141030100212101	昕水镇	昕水河	坡面水流
44	麻束沟	141030100214100	昕水镇	昕水河	河道洪水
45	东关村	141030100200000	昕水镇	昕水河	坡面水流
46	桥沟	141030100202100	昕水镇	昕水河	河道洪水
47	西关村	141030100202000	昕水镇	昕水河	坡面水流
48	古乡村	141030100211000	昕水镇	昕水河	坡面水流
49	兴村	141030100216100	昕水镇	昕水河	坡面水流
50	荷叶沟	141030100217100	昕水镇	昕水河	河道洪水
51	葛口村	141030100209000	昕水镇	昕水河	河道洪水
52	石城村	141030100208000	昕水镇	昕水河	河道洪水
53	秋卜坪	141030101204100	曲峨镇	昕水河	坡面水流
54	上山庄	141030101215000	曲峨镇	昕水河	坡面水流
55	下山庄	141030101215100	曲峨镇	昕水河	坡面水流
56	甘棠村	141030101203000	曲峨镇	昕水河	坡面水流
57	黑城村	141030101202000	曲峨镇	昕水河	河道洪水
58	内史村	141030101210000	曲峨镇	昕水河	坡面水流

续表 4-10-7

序号	沿河村落	行政区划代码	所在乡镇	所在河流	影响形式
59	道教村	141030101201000	曲峨镇	昕水河	河道洪水
60	曲峨	141030101200000	曲峨镇	昕水河	坡面水流
61	南风	141030101200101	曲峨镇	昕水河	坡面水流
62	北风	141030101200100	曲峨镇	昕水河	坡面水流
63	下山腰	141030202208100	徐家垛乡	昕水河	坡面水流
64	南桑峨村	141030202208000	徐家垛乡	昕水河	坡面水流
65	北桑峨村	141030202207000	徐家垛乡	昕水河	坡面水流
66	黄家垛	141030202200100	徐家垛乡	昕水河	坡面水流
67	徐家垛村	141030202200000	徐家垛乡	昕水河	坡面水流
68	李家垛村	141030202204000	徐家垛乡	昕水河	坡面水流
69	姚家滩	141030202203103	徐家垛乡	昕水河	坡面水流
70	大坡	141030202204101	徐家垛乡	昕水河	坡面水流
71	贺家坡	141030202213100	徐家垛乡	昕水河	坡面水流
72	古镇	141030202202100	徐家垛乡	昕水河	坡面水流
73	东庄村	141030203203000	太古乡	岔口河	坡面水流
74	圪垛	141030203203103	太古乡	岔口河	坡面水流
75	河沿子	141030203203101	太古乡	岔口河	坡面水流
76	后坡村	141030202214101	徐家垛乡	沿黄支流	坡面水流
77	岭上村	141030202214000	徐家垛乡	沿黄支流	坡面水流
78	南山	141030202214102	徐家垛乡	沿黄支流	坡面水流
79	曹家坡	141030202213102	徐家垛乡	沿黄支流	坡面水流
80	前于家坡	141030202202000	徐家垛乡	沿黄支流	坡面水流
81	后于家坡	141030202202101	徐家垛乡	沿黄支流	坡面水流
82	南坡	141030202203100	徐家垛乡	沿黄支流	坡面水流
83	平渡关	141030203205100	太古乡	沿黄支流	坡面水流
84	后河沟	141030203200102	太古乡	沿黄支流	坡面水流
85	后坡	141030203201100	太古乡	沿黄支流	坡面水流
86	里仁坡村	141030203201102	太古乡	沿黄支流	坡面水流

表 4-10-8　大宁县小流域基本信息汇总表

序号	行政区划名称	流域面积(km^2)	主沟道长度(km)	主沟道比降(‰)	产流地类(km^2)			汇流地类(km^2)		
					砂页岩森林山地	砂页岩灌丛山地	黄土丘陵沟壑	森林山地	灌丛山地	草坡山地
1	田家庄	14.39	6.5	37.1	14.39			14.39		
2	宁家庄	18.89	7.8	33.5	16.75		2.14	16.75		2.14
3	马家崾村	24.50	9.2	30.1	16.75		7.75	16.75		7.75
4	田间	0.72					0.72			0.72
5	川庄村(义亭河左支)	4.78	4.3	29.0			4.78			4.78
6	川庄村(义亭河右支)	3.26	2.8	22.4			3.26			3.26
7	南岭村	0.74					0.74			0.74
8	柏坡底	1.34					1.34			1.34
9	柏洲	0.95					0.95			0.95
10	茨林村	35.80	9.3	34.0			35.80			35.80
11	三多村	4.97	4.2	45.0			4.97			4.97
12	太仙河	5.77	4.2	32.9			5.77			5.77
13	后楼底	95.79	23.2	20.6	2.22	1.04	92.53	2.22	1.04	92.53
14	前楼底	0.69					0.69			0.69
15	闻西	6.55	3.9	37.0			6.55			6.55
16	上吉亭	2.22	2.9	59.5			2.22			2.22
17	下吉亭	1.05					1.05			1.05
18	义亭社区	0.10					0.10			0.10

续表 4-10-8

序号	行政区划名称	流域面积(km^2)	主沟道长度(km)	主沟道比降(‰)	产流地类(km^2)			汇流地类(km^2)		
					砂页岩森林山地	砂页岩灌丛山地	黄土丘陵沟壑	森林山地	灌丛山地	草坡山地
19	南关村	0.43					0.43			0.43
20	赵坪	20.56	8.4	29.5	4.93		15.63	4.93		15.63
21	西沟	30.44	11.9	20.7	4.05		26.39	4.05		26.39
22	陈家沟	3.37					3.37			3.37
23	洞河	9.11	5.8	22.5			9.11			9.11
24	峪里 1	47.52	16.5	18.1	4.05		43.47	4.05		43.47
25	丁家河	51.92	20.9	15.6	4.05		47.87	4.05		47.87
26	南岭上	0.77					0.77			0.77
27	上杜木	0.30					0.30			0.30
28	下杜木	0.60					0.60			0.60
29	燕家河	11.00	3.9	24.6		0.40	10.60		0.40	10.60
30	幸福沟	3.06					3.06			3.06
31	峪里 2	25.80	7.7	21.8		0.40	25.40		0.40	25.40
32	白杜村	0.95					0.95			0.95
33	茹古沟	41.23	11.2	16.9		0.40	40.83		0.40	40.83
34	大冯村	52.02	16.7	14.5		0.40	51.62		0.40	51.62
35	下胡城	10.62	8.2	29.2			10.62			10.62
36	坡根底	16.67	4.9	20.0			16.67			16.67

续表 4-10-8

序号	行政区划名称	流域面积(km^2)	主沟道长度(km)	主沟道比降(‰)	产流地类(km^2)			汇流地类(km^2)		
					砂页岩森林山地	砂页岩灌丛山地	黄土丘陵沟壑	森林山地	灌丛山地	草坡山地
37	贺家	0.30					0.30			0.30
38	罗曲村	7.16	9.0	30.1			7.16			7.16
39	许家	0.67					0.67			0.67
40	牧林	2.10					2.10			2.10
41	小冯村	2.65					2.65			2.65
42	上麻束	0.68					0.68			0.68
43	下麻束	0.54					0.54			0.54
44	圪塔上	1.80					1.80			1.80
45	麻束沟	11.10	8.4	28.6			11.10			11.10
46	东关村	0.10					0.10			0.10
47	桥沟	3.36	5.3	35.7			3.36			3.36
48	西关村	0.99					0.99			0.99
49	古乡村	1.33					1.33			1.33
50	兴村	0.53					0.53			0.53
51	荷叶沟	42.25	15.8	24.4		22.45	19.80		22.45	19.80
52	葛口村	3.92	4.5	40.1			3.92			3.92
53	石城村	11.50	9.2	30.9			11.50			11.50
54	秋卜坪	0.28					0.28			0.28

续表 4-10-8

序号	行政区划名称	流域面积（km^2）	主沟道长度（km）	主沟道比降（‰）	产流地类（km^2）			汇流地类（km^2）		
					砂页岩森林山地	砂页岩灌丛山地	黄土丘陵沟壑	森林山地	灌丛山地	草坡山地
55	上山庄	0.61				0.61			0.61	
56	下山庄	0.37				0.37			0.37	
57	甘棠村	2.51				0.50	2.01		0.50	2.01
58	黑城村	15.42	8.9	35.8		1.56	13.86		1.56	13.86
59	内史村	0.60					0.60			0.60
60	道教村	4.84	4.5	38.6		0.83	4.01		0.83	4.01
61	曲峨	2.74				1.15	1.59		1.15	1.59
62	南风	0.90					0.90			0.90
63	北风	1.07				0.56	0.51		0.56	0.51
64	下山腰	0.77				0.77			0.77	
65	南桑峨村	7.03				7.03			7.03	
66	北桑峨村	3.14	6.2	45.6		0.30	2.84		0.30	2.84
67	黄家垛	5.85	6.3	55.5	1.26	4.59		1.26	4.59	
68	徐家垛村	1.68				0.24	1.44		0.25	1.44
69	李家垛村	1.61				0.27	1.34		0.27	1.34
70	姚家滩	1.16					1.16			1.16
71	大坡	0.63					0.63			0.63
72	贺家坡	0.79					0.79			0.79

续表 4-10-8

序号	行政区划名称	流域面积（km^2）	主沟道长度（km）	主沟道比降（‰）	产流地类（km^2）			汇流地类（km^2）		
					砂页岩森林山地	砂页岩灌丛山地	黄土丘陵沟壑	森林山地	灌丛山地	草坡山地
73	古镇	0.21					0.21			0.21
74	东庄村	1.31				1.31			1.31	
75	圪垛	0.89				0.89			0.89	
76	河沿子	0.28				0.28			0.28	
77	后坡村	0.62					0.62			0.62
78	岭上村	1.28					1.28			1.28
79	南山	0.47					0.47			0.47
80	曹家坡	1.02					1.02			1.02
81	前于家坡	0.84					0.84			0.84
82	后于家坡	0.43					0.43			0.43
83	南坡	1.04					1.04			1.04
84	平渡关	1.50					1.50			1.50
85	后河沟	1.06					1.06			1.06
86	后坡	4.45					4.45			4.45
87	里仁坡村	0.67					0.67			0.67

表 4-10-9 大宁县设计暴雨计算成果表

序号	计算单元名称	历时	均值(mm)	变差系数	C_s/C_v	重现期雨量值 H_p(mm)				
						100年($H_{1\%}$)	50年($H_{2\%}$)	20年($H_{5\%}$)	10年($H_{10\%}$)	5年($H_{20\%}$)
1	田家庄	10 min	11.8	0.49	3.5	27.9	24.7	20.3	17.0	13.6
		60 min	25.0	0.49	3.5	57.8	51.0	42.1	35.2	28.2
		6 h	41.0	0.49	3.5	104.8	92.8	76.8	64.5	52.0
		24 h	60.4	0.48	3.5	149.9	133.4	111.2	94.0	76.4
		3 d	85.8	0.46	3.5	209.8	187.3	157.1	133.6	109.4
2	宁家庄	10 min	11.8	0.49	3.5	27.5	24.2	20.0	16.7	13.4
		60 min	25.0	0.49	3.5	57.0	50.4	41.6	34.8	27.9
		6 h	41.0	0.49	3.5	103.7	91.9	76.2	64.0	51.6
		24 h	60.4	0.48	3.5	148.9	132.6	110.6	93.6	76.1
		3 d	85.8	0.46	3.5	208.6	186.4	156.4	133.1	109.0
3	马家畛村	10 min	11.8	0.49	3.5	27.0	23.8	19.6	16.4	13.2
		60 min	25.0	0.49	3.5	56.2	49.7	41.0	34.3	27.5
		6 h	41.0	0.49	3.5	102.7	91.0	75.5	63.5	51.2
		24 h	60.4	0.48	3.5	147.8	131.7	110.0	93.1	75.8
		3 d	85.8	0.46	3.5	207.4	185.4	155.7	132.6	108.7
4	田间	10 min	11.9	0.52	3.5	33.2	29.1	23.8	19.7	15.5
		60 min	25.8	0.51	3.5	63.4	55.8	45.8	38.1	30.2
		6 h	38.9	0.49	3.5	110.3	97.4	80.3	67.2	53.7
		24 h	61.6	0.49	3.5	158.0	140.0	115.9	97.3	78.3
		3 d	83.1	0.49	3.5	220.6	195.4	161.5	135.5	108.9

续表 4-10-9

序号	计算单元名称	历时	均值(mm)	变差系数	C_s/C_v	重现期雨量值 H_p(mm)				
						100 年($H_{1\%}$)	50 年($H_{2\%}$)	20 年($H_{5\%}$)	10 年($H_{10\%}$)	5 年($H_{20\%}$)
5	川庄村(义亭河左支)	10 min	11.9	0.52	3.5	31.5	27.6	22.5	18.6	14.7
		60 min	25.2	0.51	3.5	60.7	53.4	43.7	36.3	28.8
		6 h	38.8	0.5	3.5	106.9	94.4	77.8	65.0	51.9
		24 h	61.0	0.49	3.5	154.8	137.3	113.8	95.7	77.2
		3 d	83.0	0.46	3.5	206.3	184.0	154.0	130.8	106.8
6	川庄村(义亭河右支)	10 min	11.9	0.52	3.5	31.9	28.0	22.8	18.9	14.9
		60 min	25.2	0.51	3.5	61.4	54.0	44.2	36.7	29.0
		6 h	38.8	0.5	3.5	107.8	95.1	78.3	65.4	52.2
		24 h	61.0	0.49	3.5	155.6	138.0	114.3	96.1	77.4
		3 d	82.1	0.46	3.5	205.0	182.8	152.9	129.8	105.9
7	南岭村	10 min	11.8	0.52	3.5	33.0	28.9	23.6	19.5	15.4
		60 min	25.8	0.51	3.5	63.2	55.6	45.6	37.9	30.1
		6 h	38.8	0.49	3.5	110.1	97.3	80.2	67.1	53.7
		24 h	61.5	0.49	3.5	157.6	139.6	115.6	97.1	78.1
		3 d	82.9	0.49	3.5	220.1	194.9	161.1	135.2	108.6
8	柏坡底	10 min	11.9	0.53	3.5	33.1	29.0	23.6	19.4	15.3
		60 min	24.9	0.51	3.5	62.3	54.7	44.8	37.1	29.4
		6 h	38.7	0.50	3.5	108.5	95.8	78.9	65.8	52.6
		24 h	61.2	0.49	3.5	157.8	139.9	115.7	97.1	78.1
		3 d	82.1	0.46	3.5	206.6	184.1	153.9	130.5	106.4

续表 4-10-9

序号	计算单元名称	历时	均值(mm)	变差系数	C_s/C_v	重现期雨量值 H_p(mm)				
						100年($H_{1\%}$)	50年($H_{2\%}$)	20年($H_{5\%}$)	10年($H_{10\%}$)	5年($H_{20\%}$)
9	柏洲	10 min	11.7	0.52	3.5	32.6	28.6	23.3	19.2	15.2
		60 min	25.8	0.51	3.5	62.8	55.3	45.3	37.7	29.9
		6 h	38.7	0.49	3.5	109.7	97.0	79.9	66.9	53.5
		24 h	61.4	0.49	3.5	156.9	139.1	115.1	96.8	77.9
		3 d	82.7	0.48	3.5	215.6	191.3	158.8	133.7	108.0
10	茨林村	10 min	11.8	0.53	3.5	28.1	24.7	20.1	16.6	13.1
		60 min	24.8	0.51	3.5	54.6	48.1	39.5	32.9	26.2
		6 h	38.5	0.5	3.5	98.9	87.6	72.5	60.8	48.9
		24 h	61.3	0.49	3.5	148.8	132.5	110.4	93.3	75.7
		3 d	81.8	0.46	3.5	195.9	175.2	147.3	125.6	103.1
11	三多村	10 min	11.5	0.53	3.5	30.9	27.0	21.9	18.1	14.2
		60 min	24.6	0.51	3.5	59.2	52.0	42.6	35.3	28.0
		6 h	38.2	0.5	3.5	105.3	93.0	76.6	64.0	51.2
		24 h	61.4	0.49	3.5	155.6	138.1	114.4	96.2	77.6
		3 d	81.6	0.47	3.5	206.2	183.5	153.1	129.5	105.3
12	太仙河	10 min	11.0	0.52	3.5	28.7	25.2	20.5	17.0	13.4
		60 min	24.0	0.51	3.5	58.5	51.5	42.2	35.1	27.8
		6 h	39.8	0.49	3.5	105.9	93.6	77.3	64.8	51.9
		24 h	61.0	0.48	3.5	153.0	136.1	113.3	95.7	77.5
		3 d	81.0	0.46	3.5	200.9	179.2	150.0	127.4	104.1

续表 4-10-9

序号	计算单元名称	历时	均值(mm)	变差系数	C_s/C_v	重现期雨量值 H_p(mm)				
						100 年($H_{1\%}$)	50 年($H_{2\%}$)	20 年($H_{5\%}$)	10 年($H_{10\%}$)	5 年($H_{20\%}$)
13	后楼底	10 min	11.6	0.53	3.5	23.8	21.0	17.3	14.4	11.5
		60 min	24.6	0.52	3.5	49.8	44.0	36.3	30.4	24.4
		6 h	38.8	0.5	3.5	94.0	83.5	69.5	58.6	47.4
		24 h	61.5	0.49	3.5	142.4	127.2	106.7	90.7	74.2
		3 d	80.3	0.47	3.5	188.8	169.0	142.3	121.6	100.0
14	前楼底	10 min	11.6	0.53	3.5	32.8	28.7	23.3	19.2	15.1
		60 min	24.6	0.52	3.5	62.8	55.2	45.0	37.3	29.4
		6 h	38.8	0.50	3.5	110.1	97.1	79.8	66.5	53.0
		24 h	61.5	0.49	3.5	159.0	140.9	116.6	97.9	78.8
		3 d	80.3	0.47	3.5	206.3	183.4	152.7	129.0	104.6
15	闻西	10 min	11.7	0.53	3.5	31.0	27.2	22.0	18.2	14.2
		60 min	24.7	0.52	3.5	59.9	52.7	43.1	35.7	28.3
		6 h	39.5	0.49	3.5	106.3	93.9	77.5	64.8	51.9
		24 h	61.7	0.49	3.5	155.8	138.3	114.9	96.8	78.2
		3 d	78.2	0.47	3.5	196.9	175.3	146.3	123.8	100.7
16	上吉亭	10 min	11.9	0.54	3.5	33.3	29.1	23.5	19.3	15.0
		60 min	24.7	0.53	3.5	62.8	55.1	44.9	37.2	29.3
		6 h	39.7	0.49	3.5	109.2	96.4	79.4	66.3	52.9
		24 h	61.8	0.49	3.5	158.2	140.4	116.5	98.0	79.1
		3 d	77.3	0.48	3.5	200.3	177.8	147.6	124.4	100.5

续表 4-10-9

序号	计算单元名称	历时	均值(mm)	变差系数	C_s/C_v	重现期雨量值 H_p(mm)				
						100 年($H_{1\%}$)	50 年($H_{2\%}$)	20 年($H_{5\%}$)	10 年($H_{10\%}$)	5 年($H_{20\%}$)
17	下吉亭	10 min	11.9	0.54	3.5	33.8	29.5	23.9	19.6	15.3
		60 min	24.7	0.52	3.5	63.4	55.7	45.5	37.7	29.8
		6 h	40.0	0.49	3.5	110.3	97.4	80.3	67.1	53.6
		24 h	61.9	0.49	3.5	160.2	142.0	117.6	98.9	79.6
		3 d	70.0	0.48	3.5	182.4	161.9	134.3	113.1	91.3
18	义亭社区	10 min	12.1	0.54	3.5	35.2	30.8	25	20.5	16.1
		60 min	25	0.53	3.5	67.7	59.4	48.3	39.8	31.3
		6 h	40.6	0.52	3.5	118.2	103.9	84.9	70.3	55.6
		24 h	62.2	0.51	3.5	169	149	122.3	101.9	81.1
		3 d	76.8	0.49	3.5	205.5	181.9	150.3	126	101.1
19	南关村	10 min	12.1	0.54	3.5	34.8	30.4	24.6	20.2	15.8
		60 min	25.6	0.53	3.5	67.9	59.5	48.6	40.2	31.6
		6 h	41.9	0.49	3.5	116.0	102.4	84.3	70.4	56.2
		24 h	61.9	0.48	3.5	158.9	141.1	117.3	98.8	79.9
		3 d	76.7	0.45	3.5	191.0	170.5	142.9	121.6	99.4
20	赵坪	10 min	12.0	0.53	3.5	30	26	21	17	14
		60 min	25.1	0.52	3.5	60	52	43	35	28
		6 h	41.2	0.51	3.5	108	95	78	66	52
		24 h	63.9	0.49	3.5	159	142	118	99	80
		3 d	82.9	0.48	3.5	208	185	154	130	106

续表 4-10-9

序号	计算单元名称	历时	均值(mm)	变差系数	C_s/C_v	重现期雨量值 H_p(mm)				
						100 年($H_{1\%}$)	50 年($H_{2\%}$)	20 年($H_{5\%}$)	10 年($H_{10\%}$)	5 年($H_{20\%}$)
21	西沟	10 min	12.0	0.53	3.5	28.8	25.2	20.6	17.0	13.4
		60 min	25.1	0.52	3.5	58.1	51.0	41.7	34.6	27.4
		6 h	41.2	0.51	3.5	106.2	93.8	77.4	64.7	51.7
		24 h	63.9	0.49	3.5	157.5	140.1	116.6	98.5	79.9
		3 d	82.9	0.48	3.5	206.2	183.5	153.1	129.6	105.4
22	陈家沟	10 min	11.8	0.53	3.5	31.9	28.0	22.7	18.7	14.7
		60 min	25.1	0.52	3.5	63.2	55.5	45.2	37.4	29.4
		6 h	40.6	0.51	3.5	112.8	99.4	81.6	68.0	54.1
		24 h	63.6	0.49	3.5	163.4	144.8	120.0	100.8	81.2
		3 d	82.1	0.48	3.5	211.9	188.1	156.3	131.7	106.5
23	洞河	10 min	11.80	0.53	3.5	31	27	22	18	14
		60 min	25.10	0.52	3.5	61	54	44	36	29
		6 h	40.60	0.51	3.5	110	97	80	67	53
		24 h	63.60	0.49	3.5	161	143	119	100	81
		3 d	82.10	0.48	3.5	209	186	155	131	106
24	峪里 1	10 min	12.0	0.53	3.5	27.5	24.1	19.7	16.3	12.8
		60 min	25.1	0.52	3.5	56.1	49.3	40.4	33.5	26.6
		6 h	41.2	0.51	3.5	103.6	91.6	75.6	63.3	50.8
		24 h	63.9	0.49	3.5	154.8	137.8	114.9	97.2	79.0
		3 d	82.9	0.48	3.5	202.5	180.4	150.8	127.8	104.1

续表 4-10-9

序号	计算单元名称	历时	均值(mm)	变差系数	C_s/C_v	重现期雨量值 H_p(mm)				
						100 年($H_{1\%}$)	50 年($H_{2\%}$)	20 年($H_{5\%}$)	10 年($H_{10\%}$)	5 年($H_{20\%}$)
25	丁家河	10 min	12.0	0.53	3.5	27.3	23.9	19.5	16.2	12.8
		60 min	25.1	0.52	3.5	55.7	49.0	40.2	33.4	26.5
		6 h	41.2	0.51	3.5	103.1	91.2	75.3	63.1	50.6
		24 h	63.9	0.49	3.5	153.9	137.1	114.4	96.8	78.7
		3 d	82.9	0.48	3.5	202.1	180.1	150.6	127.7	104.0
26	南岭上	10 min	12.0	0.54	3.5	34.2	29.9	24.2	19.9	15.5
		60 min	25.6	0.52	3.5	66.3	58.2	47.6	39.5	31.2
		6 h	41.7	0.49	3.5	114.8	101.4	83.6	69.8	55.8
		24 h	62.2	0.49	3.5	161.7	143.3	118.7	99.7	80.3
		3 d	80.2	0.46	3.5	202.5	180.4	150.8	127.8	104.1
27	上杜木	10 min	12.0	0.54	3.5	34.7	30.3	24.5	20.2	15.8
		60 min	25.6	0.52	3.5	67.0	58.9	48.2	39.9	31.6
		6 h	41.7	0.49	3.5	115.8	102.3	84.3	70.4	56.3
		24 h	62.2	0.49	3.5	162.5	144.0	119.2	100.0	80.5
		3 d	80.2	0.46	3.5	203.4	181.2	151.4	128.2	104.4
28	下杜木	10 min	12.1	0.54	3.5	34.6	30.3	24.5	20.1	15.7
		60 min	25.7	0.52	3.5	66.8	58.7	48.0	39.8	31.4
		6 h	41.8	0.49	3.5	115.4	101.9	83.9	70.1	56.1
		24 h	62.2	0.49	3.5	162.0	143.6	118.9	99.8	80.4
		3 d	79.6	0.45	3.5	197.9	176.7	148.1	126.0	103.1

续表 4-10-9

序号	计算单元名称	历时	均值(mm)	变差系数	C_s/C_v	重现期雨量值 H_p(mm)				
						100年($H_{1\%}$)	50年($H_{2\%}$)	20年($H_{5\%}$)	10年($H_{10\%}$)	5年($H_{20\%}$)
29	燕家河	10 min	12.4	0.53	3.5	31.8	27.8	22.6	18.7	14.7
		60 min	25.0	0.53	3.5	62.5	54.7	44.4	36.5	28.6
		6 h	40.0	0.54	3.5	111.6	97.9	79.8	65.9	52.0
		24 h	61.0	0.52	3.5	162.4	143.3	117.7	98.0	78.0
		3 d	75.3	0.50	3.5	197.6	174.9	144.6	121.3	97.4
30	幸福沟	10 min	12.1	0.53	3.5	32.7	28.7	23.3	19.2	15.1
		60 min	24.6	0.52	3.5	62.9	55.1	44.9	37.1	29.2
		6 h	39.8	0.51	3.5	109.7	96.7	79.4	66.1	52.6
		24 h	61.0	0.49	3.5	157.5	139.6	115.6	97.2	78.3
		3 d	76.2	0.48	3.5	196.8	174.8	145.2	122.4	98.9
31	峪里2	10 min	12.1	0.53	3.5	29.4	25.8	21.0	17.3	13.6
		60 min	24.6	0.52	3.5	57.7	50.6	41.4	34.3	27.1
		6 h	39.8	0.51	3.5	103.2	91.1	75.0	62.7	50.1
		24 h	61.0	0.49	3.5	151.2	134.5	111.9	94.4	76.5
		3 d	76.2	0.48	3.5	190.3	169.3	141.2	119.5	97.1
32	白杜村	10 min	12.3	0.54	3.5	35.0	30.6	24.7	20.3	15.9
		60 min	25.6	0.53	3.5	67.0	58.6	47.6	39.2	30.8
		6 h	40.0	0.52	3.5	115.6	101.6	83.1	68.9	54.5
		24 h	61.8	0.50	3.5	162.9	144.1	118.8	99.3	79.5
		3 d	76.0	0.50	3.5	204.8	180.9	149.1	124.7	99.8

续表 4-10-9

序号	计算单元名称	历时	均值（mm）	变差系数	C_s/C_v	重现期雨量值 H_p(mm)				
						100 年($H_{1\%}$)	50 年($H_{2\%}$)	20 年($H_{5\%}$)	10 年($H_{10\%}$)	5 年($H_{20\%}$)
33	茹古沟	10 min	12.1	0.53	3.5	28.3	24.8	20.2	16.7	13.2
		60 min	24.6	0.52	3.5	55.9	49.2	40.2	33.4	26.5
		6 h	39.8	0.51	3.5	100.9	89.2	73.6	61.6	49.4
		24 h	61.0	0.49	3.5	149.0	132.6	110.5	93.4	75.9
		3 d	76.2	0.48	3.5	188.0	167.4	139.8	118.5	96.4
34	大冯村	10 min	12.1	0.53	3.5	28.1	24.6	20.1	16.6	13.1
		60 min	24.6	0.52	3.5	56.3	49.4	40.4	33.4	26.4
		6 h	39.8	0.51	3.5	102.7	90.5	74.4	62.0	49.3
		24 h	61.0	0.49	3.5	152.4	135.2	112.0	94.2	75.9
		3 d	76.2	0.48	3.5	189.1	168.1	139.9	118.1	95.7
35	下胡城	10 min	11.9	0.51	3.5	29.8	26.2	21.4	17.8	14.1
		60 min	24.1	0.51	3.5	56.9	50.1	41.0	34.1	27.1
		6 h	38.0	0.50	3.5	102.0	90.1	74.2	62.1	49.7
		24 h	61.0	0.49	3.5	153.1	136.0	112.9	95.1	76.9
		3 d	76.5	0.49	3.5	197.6	175.3	145.4	122.3	98.7
36	坡根底	10 min	11.9	0.49	3.5	28.1	24.8	20.4	17.1	13.7
		60 min	24.0	0.49	3.5	53.9	47.7	39.3	32.9	26.4
		6 h	38.0	0.49	3.5	98.6	87.3	72.3	60.7	48.9
		24 h	61.0	0.49	3.5	151.8	134.9	112.1	94.6	76.5
		3 d	76.7	0.46	3.5	187.0	167.0	140.1	119.2	97.6

续表 4-10-9

序号	计算单元名称	历时	均值(mm)	变差系数	C_s/C_v	重现期雨量值 H_p(mm)				
						100 年($H_{1\%}$)	50 年($H_{2\%}$)	20 年($H_{5\%}$)	10 年($H_{10\%}$)	5 年($H_{20\%}$)
37	贺家	10 min	12.0	0.54	3.5	34.7	30.4	24.6	20.2	15.8
		60 min	24.0	0.52	3.5	62.3	54.7	44.7	37.0	29.2
		6 h	37.7	0.50	3.5	107.3	94.7	77.8	64.9	51.8
		24 h	61.0	0.49	3.5	158.6	140.5	116.2	97.5	78.4
		3 d	76.7	0.45	3.5	191.3	170.8	143.1	121.7	99.5
38	罗曲村	10 min	11.9	0.53	3.5	31.4	27.5	22.3	18.4	14.4
		60 min	24.6	0.52	3.5	59.9	52.6	42.9	35.6	28.1
		6 h	39.0	0.50	3.5	105.9	93.5	77.0	64.3	51.3
		24 h	61.6	0.49	3.5	155.7	138.2	114.7	96.6	78.0
		3 d	76.5	0.49	3.5	198.8	176.3	146.1	122.9	99.0
39	许家	10 min	12.0	0.53	3.5	34.1	29.8	24.2	20.0	15.7
		60 min	24.8	0.52	3.5	61.9	54.4	44.5	36.9	29.2
		6 h	37.6	0.49	3.5	107.0	94.5	77.8	65.0	52.0
		24 h	61.6	0.49	3.5	157.6	139.8	115.8	97.3	78.3
		3 d	77.1	0.45	3.5	191.6	171.0	143.4	122.0	99.8
40	牧林	10 min	12.1	0.53	3.5	33.2	29.0	23.6	19.4	15.2
		60 min	24.5	0.52	3.5	62.8	55.1	45.0	37.3	29.4
		6 h	40.0	0.50	3.5	109.8	96.9	79.6	66.4	53.0
		24 h	61.7	0.49	3.5	159.6	141.5	117.2	98.5	79.4
		3 d	76.4	0.49	3.5	201.3	178.3	147.6	123.9	99.7

续表 4-10-9

序号	计算单元名称	历时	均值(mm)	变差系数	C_s/C_v	重现期雨量值 H_p(mm)				
						100 年($H_{1\%}$)	50 年($H_{2\%}$)	20 年($H_{5\%}$)	10 年($H_{10\%}$)	5 年($H_{20\%}$)
41	小冯村	10 min	12.0	0.54	3.5	33.4	29.2	23.6	19.4	15.1
		60 min	25.5	0.52	3.5	63.5	55.7	45.5	37.7	29.8
		6 h	39.9	0.49	3.5	109.5	96.7	79.8	66.8	53.5
		24 h	61.8	0.48	3.5	155.4	138.1	114.9	96.9	78.5
		3 d	76.5	0.48	3.5	197.9	175.7	145.9	123.0	99.4
42	上麻束	10 min	12.2	0.54	3.5	34.8	30.4	24.7	20.3	15.9
		60 min	25.6	0.52	3.5	66.7	58.4	47.5	39.2	30.8
		6 h	40.0	0.52	3.5	115.4	101.5	83.1	69.0	54.7
		24 h	61.8	0.50	3.5	163.7	144.6	119.1	99.5	79.6
		3 d	76.2	0.50	3.5	205.7	181.8	149.8	125.2	100.2
43	下麻束	10 min	12.2	0.54	3.5	34.9	30.5	24.7	20.3	15.9
		60 min	25.4	0.52	3.5	66.8	58.5	47.6	39.3	30.8
		6 h	40.0	0.52	3.5	115.0	101.2	82.9	68.9	54.6
		24 h	61.8	0.49	3.5	161.6	143.1	118.2	99.1	79.5
		3 d	76.4	0.49	3.5	203.2	179.9	148.7	124.7	100.2
44	圪塔上	10 min	12.2	0.54	3.5	34.1	29.8	24.1	19.8	15.5
		60 min	25.6	0.53	3.5	66.6	58.4	47.6	39.3	30.9
		6 h	41.7	0.50	3.5	115.1	101.4	83.3	69.4	55.3
		24 h	61.9	0.49	3.5	160.2	142.0	117.7	98.9	79.7
		3 d	76.5	0.49	3.5	201.9	178.8	147.9	124.2	99.9

续表 4-10-9

序号	计算单元名称	历时	均值(mm)	变差系数	C_s/C_v	重现期雨量值 H_p(mm)				
						100 年($H_{1\%}$)	50 年($H_{2\%}$)	20 年($H_{5\%}$)	10 年($H_{10\%}$)	5 年($H_{20\%}$)
45	麻束沟	10 min	12.2	0.54	3.5	31.80	27.80	22.50	18.50	14.50
		60 min	24.9	0.53	3.5	61.50	53.90	43.80	36.20	28.40
		6 h	40.2	0.52	3.5	109.80	96.60	79.10	65.70	52.10
		24 h	62.2	0.51	3.5	162.20	143.50	118.30	99.00	79.20
		3 d	76.0	0.51	3.5	202.70	179.00	147.50	123.30	98.60
46	东关村	10 min	12.1	0.54	3.5	35.2	30.8	25	20.5	16.1
		60 min	25	0.53	3.5	67.7	59.4	48.3	39.8	31.3
		6 h	40.6	0.52	3.5	118.2	103.9	84.9	70.3	55.6
		24 h	62.2	0.51	3.5	169	149	122.3	101.9	81.1
		3 d	76.8	0.49	3.5	205.5	181.9	150.3	126	101.1
47	桥沟	10 min	12.1	0.54	3.5	33.2	29	23.5	19.3	15.1
		60 min	25	0.53	3.5	64.5	56.4	45.9	37.8	29.7
		6 h	40.6	0.52	3.5	114	100.2	81.9	68	53.8
		24 h	62.2	0.51	3.5	165.5	146.1	120.2	100.4	80.1
		3 d	76.8	0.49	3.5	201.5	178.5	147.8	124.2	99.9
48	西关村	10 min	12.1	0.54	3.5	34.1	29.9	24.3	20.0	15.7
		60 min	25.6	0.53	3.5	66.9	58.8	48.1	40.0	31.6
		6 h	41.9	0.49	3.5	115.2	101.8	84.0	70.2	56.2
		24 h	61.9	0.48	3.5	158.9	141.1	117.1	98.6	79.6
		3 d	76.7	0.45	3.5	191.8	171.2	143.4	121.9	99.6

续表 4-10-9

序号	计算单元名称	历时	均值(mm)	变差系数	C_s/C_v	重现期雨量值 H_p(mm)				
						100 年($H_{1\%}$)	50 年($H_{2\%}$)	20 年($H_{5\%}$)	10 年($H_{10\%}$)	5 年($H_{20\%}$)
49	古乡村	10 min	12.1	0.55	3.5	34.7	30.2	24.4	19.9	15.5
		60 min	25.6	0.53	3.5	66.9	58.7	47.8	39.5	31.1
		6 h	41.9	0.49	3.5	114.4	101.0	83.2	69.5	55.6
		24 h	61.9	0.48	3.5	157.9	140.3	116.6	98.4	79.6
		3 d	76.7	0.47	3.5	196.3	174.5	145.4	122.9	99.7
50	兴村	10 min	12.2	0.55	3.5	35.3	30.8	24.9	20.4	15.9
		60 min	25.7	0.53	3.5	69.5	60.8	49.3	40.5	31.7
		6 h	41.5	0.53	3.5	119.9	105.4	86.0	71.2	56.2
		24 h	61.9	0.50	3.5	165.4	146.1	120.3	100.5	80.3
		3 d	76.7	0.50	3.5	207.3	183.2	150.9	126.2	100.9
51	荷叶沟	10 min	12.1	0.55	3.5	29	25.5	20.6	16.9	13.2
		60 min	25.4	0.53	3.5	59	51.6	42.1	34.8	27.5
		6 h	41.8	0.52	3.5	107	94.5	77.7	64.8	51.7
		24 h	62.5	0.51	3.5	158	139.9	115.8	97.3	78.3
		3 d	76.0	0.50	3.5	194	171.7	142.4	119.9	96.7
52	葛口村	10 min	12.0	0.55	3.5	33.4	29.1	23.4	19.2	14.9
		60 min	25.6	0.53	3.5	65.2	57.1	46.6	38.5	30.3
		6 h	41.9	0.49	3.5	112.5	99.4	81.9	68.5	54.8
		24 h	62.0	0.48	3.5	156.3	139.0	115.7	97.7	79.2
		3 d	76.7	0.45	3.5	187.9	167.9	141.0	120.1	98.5

续表 4-10-9

序号	计算单元名称	历时	均值(mm)	变差系数	C_s/C_v	重现期雨量值 H_p(mm)				
						100年($H_{1\%}$)	50年($H_{2\%}$)	20年($H_{5\%}$)	10年($H_{10\%}$)	5年($H_{20\%}$)
53	石城村	10 min	12.1	0.54	3.5	31.6	27.6	22.3	18.3	14.3
		60 min	25.7	0.52	3.5	61.9	54.4	44.5	37.0	29.3
		6 h	41.8	0.49	3.5	109.2	96.6	79.8	66.8	53.6
		24 h	62.2	0.49	3.5	156.5	139.1	115.6	97.5	78.9
		3 d	76.6	0.45	3.5	184.9	165.4	139.1	118.7	97.5
54	秋卜坪	10 min	12.3	0.56	3.5	36.5	31.8	25.6	20.9	16.3
		60 min	25.7	0.53	3.5	69.6	60.8	49.3	40.5	31.6
		6 h	41.0	0.53	3.5	119.9	105.3	86.0	71.2	56.2
		24 h	63.4	0.50	3.5	169.4	149.6	123.1	102.8	82.1
		3 d	75.8	0.50	3.5	205.5	181.5	149.5	124.9	99.9
55	上山庄	10 min	12.2	0.55	3.5	35.5	31.0	25.0	20.5	15.9
		60 min	25.7	0.52	3.5	66.4	58.3	47.6	39.5	31.2
		6 h	41.3	0.49	3.5	114.6	101.2	83.4	69.8	55.8
		24 h	63.5	0.49	3.5	164.9	146.1	120.9	101.6	81.7
		3 d	79.9	0.46	3.5	202.0	180.0	150.4	127.5	103.8
56	下山庄	10 min	12.2	0.55	3.5	35.8	31.2	25.2	20.6	16.0
		60 min	25.7	0.52	3.5	66.8	58.7	48.0	39.7	31.4
		6 h	41.3	0.49	3.5	115.1	101.6	83.8	70.0	56.0
		24 h	63.4	0.49	3.5	165.1	146.3	121.0	101.7	81.7
		3 d	80.0	0.45	3.5	199.4	178.0	149.2	126.8	103.7

续表 4-10-9

序号	计算单元名称	历时	均值(mm)	变差系数	C_s/C_v	重现期雨量值 H_p(mm)				
						100年($H_{1\%}$)	50年($H_{2\%}$)	20年($H_{5\%}$)	10年($H_{10\%}$)	5年($H_{20\%}$)
57	甘棠村	10 min	12.1	0.55	3.5	34.1	29.7	23.9	19.6	15.2
		60 min	25.6	0.53	3.5	66.2	58.0	47.3	39.1	30.8
		6 h	42.4	0.49	3.5	114.4	101.0	83.3	69.6	55.6
		24 h	63.0	0.48	3.5	159.9	142.1	118.2	99.8	80.9
		3 d	76.5	0.46	3.5	191.5	170.7	142.8	121.1	98.8
58	黑城村	10 min	12.2	0.56	3.5	32.2	28.1	22.6	18.4	14.3
		60 min	25.8	0.53	3.5	62.7	54.9	44.7	36.9	29.0
		6 h	41.4	0.51	3.5	110.2	97.2	80.0	66.7	53.3
		24 h	63.0	0.49	3.5	157.9	140.2	116.5	98.2	79.4
		3 d	81.8	0.46	3.5	199.7	178.3	149.6	127.3	104.2
59	内史村	10 min	12.3	0.56	3.5	36.4	31.7	25.5	20.8	16.1
		60 min	25.8	0.53	3.5	67.7	59.3	48.2	39.7	31.2
		6 h	40.8	0.51	3.5	117.1	103.1	84.5	70.3	55.8
		24 h	64.4	0.50	3.5	169.9	150.2	123.8	103.5	82.9
		3 d	78.8	0.50	3.5	212.9	188.1	155.0	129.6	103.6
60	道教村	10 min	12.2	0.56	3.5	34.1	29.6	23.8	19.4	15.0
		60 min	25.7	0.53	3.5	65.6	57.5	46.8	38.7	30.4
		6 h	42.6	0.49	3.5	113.1	99.9	82.4	68.9	55.2
		24 h	63.0	0.48	3.5	158.8	141.2	117.6	99.3	80.6
		3 d	76.5	0.48	3.5	196.6	174.6	145.1	122.4	99.0

续表 4-10-9

序号	计算单元名称	历时	均值(mm)	变差系数	C_s/C_v	重现期雨量值 H_p(mm)				
						100 年($H_{1\%}$)	50 年($H_{2\%}$)	20 年($H_{5\%}$)	10 年($H_{10\%}$)	5 年($H_{20\%}$)
61	曲峨	10 min	12.2	0.57	3.5	35.4	30.7	24.7	20.0	15.4
		60 min	25.8	0.53	3.5	66.2	57.9	47.0	38.7	30.3
		6 h	41.0	0.51	3.5	114.8	101.1	83.0	69.2	55.0
		24 h	64.6	0.49	3.5	166.1	147.2	121.8	102.4	82.4
		3 d	77.0	0.49	3.5	202.4	179.3	148.4	124.7	100.3
62	南风	10 min	12.2	0.56	3.5	35.7	31.1	25.0	20.4	15.8
		60 min	25.8	0.53	3.5	68.5	59.8	48.4	39.7	31.0
		6 h	40.9	0.53	3.5	118.9	104.5	85.4	70.8	55.9
		24 h	64.9	0.49	3.5	169.2	149.8	123.7	103.7	83.2
		3 d	76.8	0.48	3.5	200.3	177.8	147.5	124.2	100.3
63	北风	10 min	12.2	0.56	3.5	35.6	31.0	24.9	20.4	15.8
		60 min	25.8	0.53	3.5	68.2	59.5	48.2	39.6	30.9
		6 h	40.8	0.53	3.5	118.5	104.1	85.1	70.5	55.8
		24 h	64.9	0.49	3.5	168.9	149.5	123.5	103.6	83.1
		3 d	76.8	0.49	3.5	203.4	180.1	149.0	125.0	100.5
64	下山腰	10 min	12.2	0.56	3.5	35.8	31.2	25.1	20.5	15.9
		60 min	25.8	0.52	3.5	67.4	59.0	47.9	39.5	31.0
		6 h	40.8	0.52	3.5	117.2	103.2	84.6	70.3	55.8
		24 h	65.0	0.49	3.5	169.5	150.0	123.9	103.8	83.3
		3 d	79.0	0.49	3.5	209.7	185.7	153.5	128.8	103.5

续表 4-10-9

序号	计算单元名称	历时	均值(mm)	变差系数	C_s/C_v	重现期雨量值 H_p(mm)				
						100 年($H_{1\%}$)	50 年($H_{2\%}$)	20 年($H_{5\%}$)	10 年($H_{10\%}$)	5 年($H_{20\%}$)
65	南桑峨村	10 min	12.2	0.58	3.5	34.6	30.0	24.0	19.5	15.0
		60 min	25.8	0.53	3.5	64.7	56.6	45.8	37.7	29.5
		6 h	40.7	0.52	3.5	112.9	99.5	81.6	67.9	54.0
		24 h	65.0	0.49	3.5	165.2	146.5	121.4	102.0	82.2
		3 d	78.1	0.48	3.5	199.7	177.5	147.6	124.5	100.8
66	北桑峨村	10 min	12.2	0.57	3.5	35.2	30.5	24.5	19.9	15.3
		60 min	25.9	0.54	3.5	67.6	59.2	48.0	39.5	31.0
		6 h	43.0	0.50	3.5	117.5	103.6	85.1	71.0	56.5
		24 h	65.0	0.49	3.5	167.2	148.3	123.0	103.5	83.5
		3 d	76.0	0.49	3.5	199.5	176.8	146.4	122.9	98.9
67	黄家垛	10 min	12.3	0.57	3.5	34.7	30.1	24.1	19.6	15.1
		60 min	25.9	0.54	3.5	66.2	57.9	47.0	38.7	30.4
		6 h	42.9	0.50	3.5	116.0	102.3	84.1	70.2	55.9
		24 h	66.0	0.49	3.5	168.2	149.3	123.9	104.3	84.2
		3 d	78.5	0.49	3.5	204.6	181.4	150.3	126.3	101.8
68	徐家垛村	10 min	12.3	0.58	3.5	36.6	31.8	25.4	20.6	15.9
		60 min	25.9	0.53	3.5	67.6	59.0	47.7	39.1	30.5
		6 h	40.5	0.53	3.5	117.4	103.2	84.4	70.1	55.5
		24 h	66.5	0.49	3.5	172.1	152.4	125.9	105.5	84.7
		3 d	77.1	0.49	3.5	203.6	180.3	149.2	125.2	100.7

续表 4-10-9

序号	计算单元名称	历时	均值（mm）	变差系数	C_s/C_v	重现期雨量值 H_p(mm)				
						100 年($H_{1\%}$)	50 年($H_{2\%}$)	20 年($H_{5\%}$)	10 年($H_{10\%}$)	5 年($H_{20\%}$)
69	李家垛村	10 min	12.3	0.59	3.5	37.1	32.2	25.7	20.8	15.9
		60 min	26.1	0.52	3.5	67.6	59.1	47.8	39.3	30.6
		6 h	40.5	0.53	3.5	116.8	102.8	84.2	70.0	55.5
		24 h	66.1	0.49	3.5	171.6	151.8	125.3	105.0	84.2
		3 d	78.5	0.48	3.5	203.9	181.0	150.3	126.6	102.2
70	姚家滩	10 min	12.4	0.59	3.5	37.8	32.8	26.1	21.1	16.2
		60 min	26.2	0.53	3.5	68.5	59.8	48.3	39.6	30.8
		6 h	40.4	0.53	3.5	118.2	104.0	85.1	70.6	55.9
		24 h	67.2	0.49	3.5	174.0	154.0	127.2	106.5	85.5
		3 d	78.5	0.48	3.5	204.4	181.4	150.6	126.8	102.4
71	大坡	10 min	12.4	0.59	3.5	38.2	33.1	26.4	21.4	16.4
		60 min	26.2	0.54	3.5	70.5	61.4	49.4	40.4	31.3
		6 h	40.3	0.54	3.5	120.2	105.5	86.0	71.1	56.1
		24 h	65.8	0.49	3.5	171.4	151.6	125.2	104.8	84.0
		3 d	77.8	0.48	3.5	203.4	180.4	149.7	126.0	101.7
72	贺家坡	10 min	12.4	0.60	3.5	34.7	30.4	24.6	20.2	15.8
		60 min	26.3	0.54	3.5	62.3	54.7	44.7	37.0	29.2
		6 h	40.2	0.54	3.5	107.3	94.7	77.8	64.9	51.8
		24 h	65.0	0.49	3.5	158.6	140.5	116.2	97.5	78.4
		3 d	77.6	0.48	3.5	191.3	170.8	143.1	121.7	99.5

续表 4-10-9

序号	计算单元名称	历时	均值(mm)	变差系数	C_s/C_v	重现期雨量值 H_p(mm)				
						100年($H_{1\%}$)	50年($H_{2\%}$)	20年($H_{5\%}$)	10年($H_{10\%}$)	5年($H_{20\%}$)
73	古镇	10 min	12.4	0.60	3.5	39.1	33.9	27.0	21.8	16.7
		60 min	26.3	0.52	3.5	70.5	61.5	49.7	40.7	31.7
		6 h	40.1	0.54	3.5	119.2	104.8	85.7	71.1	56.2
		24 h	65.0	0.49	3.5	171.1	151.1	124.5	104.1	83.2
		3 d	77.6	0.49	3.5	207.2	183.4	151.5	127.1	102.0
74	东庄村	10 min	12.4	0.55	3.5	35.1	30.6	24.7	20.2	15.8
		60 min	25.0	0.51	3.5	65.8	57.8	47.2	39.1	30.9
		6 h	43.2	0.51	3.5	117.3	103.4	84.9	70.8	56.4
		24 h	65.1	0.51	3.5	177.1	156.2	128.3	106.9	85.2
		3 d	83.5	0.50	3.5	224.5	198.4	163.6	136.8	109.5
75	圪垛	10 min	12.4	0.55	3.5	35.4	30.8	24.9	20.4	15.9
		60 min	25.0	0.51	3.5	66.2	58.1	47.5	39.4	31.1
		6 h	43.2	0.51	3.5	117.8	103.9	85.3	71.1	56.7
		24 h	65.1	0.51	3.5	177.6	156.6	128.6	107.2	85.3
		3 d	83.5	0.50	3.5	225.1	198.9	163.9	137.1	109.7
76	河沿子	10 min	12.4	0.55	3.5	35.9	31.4	25.4	20.8	16.2
		60 min	25.0	0.51	3.5	67.2	59.0	48.3	40.0	31.6
		6 h	43.2	0.51	3.5	119.1	105.0	86.3	71.9	57.3
		24 h	65.1	0.51	3.5	178.7	157.5	129.3	107.6	85.6
		3 d	83.5	0.50	3.5	226.3	199.9	164.7	137.6	110.0

续表 4-10-9

序号	计算单元名称	历时	均值(mm)	变差系数	C_s/C_v	重现期雨量值 H_p(mm)				
						100 年($H_{1\%}$)	50 年($H_{2\%}$)	20 年($H_{5\%}$)	10 年($H_{10\%}$)	5 年($H_{20\%}$)
77	后坡村	10 min	12.6	0.60	3.5	39.3	33.9	27.0	21.8	16.6
		60 min	26.3	0.56	3.5	74.2	64.3	51.4	41.7	32.0
		6 h	40.1	0.56	3.5	121.7	106.4	86.3	70.9	55.4
		24 h	61.1	0.49	3.5	160.2	141.7	117.0	97.9	78.5
		3 d	75.0	0.49	3.5	199.3	176.5	145.9	122.4	98.3
78	岭上村	10 min	12.5	0.60	3.5	38.5	33.3	26.5	21.3	16.3
		60 min	26.2	0.57	3.5	74.0	64.0	51.0	41.2	31.4
		6 h	40.1	0.57	3.5	122.8	107.3	86.6	71.0	55.3
		24 h	62.4	0.49	3.5	162.7	143.9	118.8	99.5	79.8
		3 d	75.5	0.49	3.5	199.7	176.9	146.3	122.8	98.7
79	南山	10 min	12.4	0.59	3.5	38.4	33.2	26.5	21.5	16.4
		60 min	26.2	0.56	3.5	73.4	63.7	50.9	41.3	31.7
		6 h	40.2	0.56	3.5	123.3	107.8	87.3	71.8	56.1
		24 h	63.8	0.49	3.5	167.0	147.6	121.8	102.0	81.7
		3 d	76.1	0.49	3.5	202.5	179.3	148.2	124.3	99.9
80	曹家坡	10 min	12.4	0.60	3.5	38.5	33.3	26.5	21.3	16.3
		60 min	26.3	0.55	3.5	71.3	61.9	49.7	40.4	31.2
		6 h	40.1	0.55	3.5	121.0	106.0	86.1	71.0	55.7
		24 h	64.9	0.50	3.5	171.2	151.2	124.4	103.8	82.9
		3 d	77.3	0.47	3.5	198.2	176.2	146.7	124.0	100.6

续表 4-10-9

序号	计算单元名称	历时	均值(mm)	变差系数	C_s/C_v	重现期雨量值 H_p(mm)				
						100年($H_{1\%}$)	50年($H_{2\%}$)	20年($H_{5\%}$)	10年($H_{10\%}$)	5年($H_{20\%}$)
81	前于家坡	10 min	12.5	0.60	3.5	38.9	33.6	26.7	21.6	16.4
		60 min	26.3	0.54	3.5	70.6	61.5	49.5	40.4	31.3
		6 h	40.3	0.54	3.5	119.8	105.1	85.7	70.9	55.9
		24 h	65.0	0.50	3.5	171.8	151.7	124.8	104.2	83.2
		3 d	78.0	0.50	3.5	210.3	185.8	153.2	128.1	102.5
82	后于家坡	10 min	12.5	0.60	3.5	39.3	34.0	27.0	21.8	16.6
		60 min	26.3	0.54	3.5	71.2	62.0	50.0	40.8	31.6
		6 h	40.3	0.54	3.5	120.5	105.8	86.2	71.3	56.2
		24 h	65.0	0.50	3.5	172.5	152.3	125.2	104.5	83.3
		3 d	78.0	0.50	3.5	211.1	186.5	153.6	128.4	102.7
83	南坡	10 min	12.6	0.59	3.5	38.5	33.3	26.6	21.5	16.5
		60 min	26.0	0.53	3.5	68.3	59.6	48.2	39.5	30.7
		6 h	40.3	0.53	3.5	117.9	103.7	84.8	70.4	55.7
		24 h	68.0	0.49	3.5	176.4	156.0	128.9	107.9	86.6
		3 d	80.0	0.49	3.5	211.9	187.7	155.2	130.3	104.7
84	平渡关	10 min	12.7	0.60	3.5	39.1	33.8	26.9	21.7	16.5
		60 min	26.1	0.54	3.5	68.8	59.9	48.3	39.4	30.6
		6 h	40.1	0.54	3.5	119.2	104.6	85.3	70.5	55.6
		24 h	68.8	0.50	3.5	180.3	159.3	131.2	109.5	87.5
		3 d	80.0	0.50	3.5	214.9	189.9	156.6	131.0	104.8

续表 4-10-9

序号	计算单元名称	历时	均值(mm)	变差系数	C_s/C_v	重现期雨量值 H_p(mm)				
						100年($H_{1\%}$)	50年($H_{2\%}$)	20年($H_{5\%}$)	10年($H_{10\%}$)	5年($H_{20\%}$)
85	后河沟	10 min	12.6	0.57	3.5	37.2	32.3	25.9	21.1	16.2
		60 min	25.8	0.56	3.5	72.0	62.7	50.5	41.2	31.9
		6 h	43.5	0.53	3.5	125.4	109.9	89.5	73.8	58.1
		24 h	67.0	0.50	3.5	177.8	157.3	129.7	108.6	87.0
		3 d	83.2	0.50	3.5	224.0	198.0	163.2	136.5	109.2
86	后坡	10 min	12.5	0.57	3.5	35.9	31.1	24.9	20.3	15.6
		60 min	26.1	0.56	3.5	67.9	59.2	47.7	39.1	30.4
		6 h	40.1	0.53	3.5	116.6	102.2	83.1	68.5	53.9
		24 h	61.0	0.53	3.5	164.9	145.2	118.9	98.7	78.3
		3 d	75.0	0.51	3.5	202.6	178.8	147.1	122.8	98.0
87	里仁坡村	10 min	12.5	0.55	3.5	36.4	31.8	25.7	21.1	16.4
		60 min	26.1	0.54	3.5	68.7	59.9	48.4	39.6	30.8
		6 h	40.1	0.54	3.5	121.6	106.6	86.7	71.6	56.3
		24 h	68.8	0.50	3.5	180.6	159.5	131.3	109.7	87.6
		3 d	80.0	0.50	3.5	216.0	190.8	157.3	131.5	105.2

表 4-10-10　大宁县设计洪水成果表

序号	行政区划名称	洪水要素	重现期洪水要素值				
			100 年	50 年	20 年	10 年	5 年
1	田家庄	洪峰流量(m^3/s)	77.1	60.4	41.0	26.4	15.4
		洪量(万 m^3)	89	70	47	32	21
		洪水历时(h)	6.80	6.30	5.80	5.00	4.30
		洪峰水位(m)	1 255.30	1 255.00	1 254.65	1 254.30	1 253.95
2	宁家庄	洪峰流量(m^3/s)	104	82.1	56.2	37.7	22.4
		洪量(万 m^3)	120	96	66	45	29
		洪水历时(h)	7.75	7.25	6.50	6.00	5.00
		洪峰水位(m)	1 221.95	1 221.50	1 220.85	1 220.25	1 219.60
3	马家崾村	洪峰流量(m^3/s)	168	136	96.5	68.8	44.9
		洪量(万 m^3)	168	136	96	67	45
		洪水历时(h)	8.25	7.50	6.50	5.75	5.25
		洪峰水位(m)	1 189.45	1 189.00	1 188.30	1 187.75	1 187.15
4	田间	洪峰流量(m^3/s)	6.10	5.40	4.40	3.70	2.90
		洪量(万 m^3)					
		洪水历时(h)					
		洪峰水位(m)					
5	川庄村(义亭河左支)	洪峰流量(m^3/s)	122	103	78.8	59.6	41.0
		洪量(万 m^3)	34	27	19	13	8
		洪水历时(h)	2.75	2.00	2.00	1.25	1.25
		洪峰水位(m)	837.20	836.95	836.65	836.35	836.05
6	川庄村(义亭河右支)	洪峰流量(m^3/s)	90.8	77.3	59.2	45.0	31.3
		洪量(万 m^3)	24	19	13	9	6
		洪水历时(h)	2.00	2.00	1.25	1.00	0.75
		洪峰水位(m)	843.40	843.20	842.95	842.65	841.90

续表 4-10-10

序号	行政区划名称	洪水要素	重现期洪水要素值				
			100 年	50 年	20 年	10 年	5 年
7	南岭村	洪峰流量(m^3/s)	6.20	5.50	4.50	3.80	3.00
		洪量(万 m^3)					
		洪水历时(h)					
		洪峰水位(m)					
8	柏坡底	洪峰流量(m^3/s)	10.7	9.40	7.70	6.40	5.10
		洪量(万 m^3)					
		洪水历时(h)					
		洪峰水位(m)					
9	柏洲	洪峰流量(m^3/s)	7.80	6.90	5.70	4.70	3.80
		洪量(万 m^3)					
		洪水历时(h)					
		洪峰水位(m)					
10	茨林村	洪峰流量(m^3/s)	645	541	403	297	198
		洪量(万 m^3)	230	181	123	84	54
		洪水历时(h)	5.50	4.25	3.00	2.75	2.50
		洪峰水位(m)	805.4	805.2	804.95	804.7	803.55
11	三多村	洪峰流量(m^3/s)	128	109	82.9	62.7	43.1
		洪量(万 m^3)	35	28	19	13	8
		洪水历时(h)	3.00	2.00	1.75	1.25	1.25
		洪峰水位(m)					
12	太仙河	洪峰流量(m^3/s)	139	118	90.0	68.0	48.0
		洪量(万 m^3)	41	32	22	15	10
		洪水历时(h)	3.30	2.50	2.00	1.50	1.30
		洪峰水位(m)					

续表 4-10-10

序号	行政区划名称	洪水要素	重现期洪水要素值				
			100年	50年	20年	10年	5年
13	后楼底	洪峰流量(m^3/s)	994	824	598	428	271
		洪量(万 m^3)	568	449	306	208	134
		洪水历时(h)	7.50	6.50	5.00	5.00	5.00
		洪峰水位(m)	765.25	764.95	764.50	764.15	763.70
14	前楼底	洪峰流量(m^3/s)	5.80	5.10	4.20	3.50	2.70
		洪量(万 m^3)					
		洪水历时(h)					
		洪峰水位(m)					
15	闻西	洪峰流量(m^3/s)	174	148	113	85.5	59.2
		洪量(万 m^3)	47	37	25	17	11
		洪水历时(h)	3.25	2.50	2.00	1.25	1.25
		洪峰水位(m)	749.55	749.20	748.75	748.20	747.60
16	上吉亭	洪峰流量(m^3/s)	16.9	14.9	12.2	10.1	8.00
		洪量(万 m^3)					
		洪水历时(h)					
		洪峰水位(m)					
17	下吉亭	洪峰流量(m^3/s)	8.70	7.60	6.30	5.20	4.10
		洪量(万 m^3)					
		洪水历时(h)					
		洪峰水位(m)					
18	义亭社区	洪峰流量(m^3/s)	2.50	2.20	1.80	1.50	1.10
		洪量(万 m^3)					
		洪水历时(h)					
		洪峰水位(m)					

续表 4-10-10

序号	行政区划名称	洪水要素	重现期洪水要素值				
			100 年	50 年	20 年	10 年	5 年
19	南关村	洪峰流量(m^3/s)	3.90	3.40	2.80	2.30	1.80
		洪量(万 m^3)					
		洪水历时(h)					
		洪峰水位(m)					
20	赵坪	洪峰流量(m^3/s)	248	203	145	104	67.0
		洪量(万 m^3)	147	116	79	54	34
		洪水历时(h)	6.25	5.00	4.25	4.00	3.25
		洪峰水位(m)	995.61	995.37	995.02	994.74	994.44
21	西沟	洪峰流量(m^3/s)	385	317	228	165	106
		洪量(万 m^3)	215	170	116	79	50
		洪水历时(h)	6.75	5.75	4.25	4.00	3.50
		洪峰水位(m)	934.80	934.15	932.95	931.80	930.35
22	陈家沟	洪峰流量(m^3/s)	24.3	21.4	17.5	14.5	11.4
		洪量(万 m^3)					
		洪水历时(h)					
		洪峰水位(m)					
23	洞河	洪峰流量(m^3/s)	195	164	123	92.0	63.0
		洪量(万 m^3)	69	55	37	25	16
		洪水历时(h)	4.25	3.25	2.50	2.25	1.75
		洪峰水位(m)	920.76	920.45	919.97	919.54	919.07
24	峪里 1	洪峰流量(m^3/s)	557	459	329	237	153
		洪量(万 m^3)	326	258	175	119	76
		洪水历时(h)	7.50	6.25	4.75	4.50	4.00
		洪峰水位(m)	860.25	859.80	859.10	858.50	857.85

续表 4-10-10

序号	行政区划名称	洪水要素	重现期洪水要素值				
			100年	50年	20年	10年	5年
25	丁家河	洪峰流量(m^3/s)	562	463	332	236	148
		洪量(万 m^3)	353	279	190	129	82
		洪水历时(h)	8.00	6.50	5.00	5.00	4.50
		洪峰水位(m)	802.70	802.10	801.65	801.20	800.70
26	南岭上	洪峰流量(m^3/s)	6.80	6.00	4.90	4.10	3.20
		洪量(万 m^3)					
		洪水历时(h)					
		洪峰水位(m)					
27	上杜木	洪峰流量(m^3/s)	2.70	2.30	1.90	1.60	1.30
		洪量(万 m^3)					
		洪水历时(h)					
		洪峰水位(m)					
28	下杜木	洪峰流量(m^3/s)	5.40	4.70	3.90	3.20	2.60
		洪量(万 m^3)					
		洪水历时(h)					
		洪峰水位(m)					
29	燕家河	洪峰流量(m^3/s)	281	237	179	134	90.8
		洪量(万 m^3)	85	67	45	30	19
		洪水历时(h)	4.50	3.50	2.25	2.00	1.50
		洪峰水位(m)					
30	幸福沟	洪峰流量(m^3/s)	22.3	19.6	16.0	13.3	10.5
		洪量(万 m^3)					
		洪水历时(h)					
		洪峰水位(m)					

续表 4-10-10

序号	行政区划名称	洪水要素	重现期洪水要素值				
			100 年	50 年	20 年	10 年	5 年
31	峪里 2	洪峰流量(m^3/s)	506	425	317	234	148
		洪量(万 m^3)	175	139	95	64	38
		洪水历时(h)	5.00	4.00	2.75	2.50	2.25
		洪峰水位(m)					
32	白杜村	洪峰流量(m^3/s)	8.40	7.30	6.00	4.90	3.90
		洪量(万 m^3)					
		洪水历时(h)					
		洪峰水位(m)					
33	茹古沟	洪峰流量(m^3/s)	677	565	417	305	200
		洪量(万 m^3)	271	214	146	99	63
		洪水历时(h)	5.75	4.75	3.50	3.25	2.75
		洪峰水位(m)					
34	大冯村	洪峰流量(m^3/s)	717	597	435	312	195
		洪量(万 m^3)	351	276	187	125	79.1
		洪水历时(h)	6.50	5.50	4.00	4.00	3.50
		洪峰水位(m)	735.25	734.80	734.15	733.50	732.70
35	下胡城	洪峰流量(m^3/s)	216	182	137	102	68.2
		洪量(万 m^3)	72	56	38	26	16
		洪水历时(h)	4.25	3.00	2.25	1.75	1.75
		洪峰水位(m)	762.40	762.30	762.05	761.75	761.35
36	坡根底	洪峰流量(m^3/s)	347	295	224	169	115
		洪量(万 m^3)	108	85	58	39	25
		洪水历时(h)	4.75	3.50	2.25	2.00	1.75
		洪峰水位(m)	759.85	759.50	758.90	758.50	758.00

续表 4-10-10

序号	行政区划名称	洪水要素	重现期洪水要素值				
			100 年	50 年	20 年	10 年	5 年
37	贺家	洪峰流量(m^3/s)	2.50	2.20	1.80	1.50	1.10
		洪量(万 m^3)					
		洪水历时(h)					
		洪峰水位(m)					
38	罗曲村	洪峰流量(m^3/s)	152	128	96.1	71.4	48.0
		洪量(万 m^3)	51	40	27	19	12
		洪水历时(h)	3.50	2.75	2.25	1.75	1.50
		洪峰水位(m)					
39	许家	洪峰流量(m^3/s)	5.50	4.90	4.00	3.30	2.60
		洪量(万 m^3)					
		洪水历时(h)					
		洪峰水位(m)					
40	牧林	洪峰流量(m^3/s)	16.1	14.2	11.6	9.60	7.60
		洪量(万 m^3)					
		洪水历时(h)					
		洪峰水位(m)					
41	小冯村	洪峰流量(m^3/s)	19.9	17.5	14.3	11.9	9.40
		洪量(万 m^3)					
		洪水历时(h)					
		洪峰水位(m)					
42	上麻束	洪峰流量(m^3/s)	6.00	5.30	4.30	3.60	2.80
		洪量(万 m^3)					
		洪水历时(h)					
		洪峰水位(m)					

续表 4-10-10

序号	行政区划名称	洪水要素	重现期洪水要素值				
			100 年	50 年	20 年	10 年	5 年
43	下麻束	洪峰流量(m^3/s)	4.80	4.20	3.50	2.90	2.30
		洪量(万 m^3)					
		洪水历时(h)					
		洪峰水位(m)					
44	圪塔上	洪峰流量(m^3/s)	14.9	13.1	10.7	8.90	7.00
		洪量(万 m^3)					
		洪水历时(h)					
		洪峰水位(m)					
45	麻束沟	洪峰流量(m^3/s)	222	186	140	102	67.3
		洪量(万 m^3)	84	66	45	30	19
		洪水历时(h)	4.75	3.50	2.75	2.50	2.00
		洪峰水位(m)	723.80	722.53	721.73	720.84	719.95
46	东关村	洪峰流量(m^3/s)	2.50	2.20	1.80	1.50	1.10
		洪量(万 m^3)					
		洪水历时(h)					
		洪峰水位(m)					
47	桥沟	洪峰流量(m^3/s)	82.0	69.0	52.0	39.0	26.0
		洪量(万 m^3)	27	21	14	10	6
		洪水历时(h)	2.50	2.25	1.75	1.25	1.00
		洪峰水位(m)	727.02	726.81	726.50	726.20	725.85
48	西关村	洪峰流量(m^3/s)	8.70	7.70	6.30	5.20	4.10
		洪量(万 m^3)					
		洪水历时(h)					
		洪峰水位(m)					

续表 4-10-10

序号	行政区划名称	洪水要素	重现期洪水要素值				
			100年	50年	20年	10年	5年
49	古乡村	洪峰流量(m^3/s)	11.4	10.0	8.20	6.80	5.40
		洪量(万 m^3)					
		洪水历时(h)					
		洪峰水位(m)					
50	兴村	洪峰流量(m^3/s)	4.90	4.30	3.50	2.90	2.30
		洪量(万 m^3)					
		洪水历时(h)					
		洪峰水位(m)					
51	荷叶沟	洪峰流量(m^3/s)	402	330	235	166	106
		洪量(万 m^3)	318	253	173	119	76
		洪水历时(h)	8.50	7.75	6.00	5.50	5.00
		洪峰水位(m)	710.60	710.06	709.29	708.65	707.94
52	葛口村	洪峰流量(m^3/s)	109	92.6	70.4	53.2	36.9
		洪量(万 m^3)	30	24	17	12	8
		洪水历时(h)	2.25	2.00	1.75	1.25	1.00
		洪峰水位(m)					
53	石城村	洪峰流量(m^3/s)	249	210	158	118	80.3
		洪量(万 m^3)	85	68	47	32	21
		洪水历时(h)	4.25	3.50	2.50	2.25	1.75
		洪峰水位(m)					
54	秋卜坪	洪峰流量(m^3/s)	2.60	2.30	1.80	1.50	1.20
		洪量(万 m^3)					
		洪水历时(h)					
		洪峰水位(m)					

续表 4-10-10

序号	行政区划名称	洪水要素	重现期洪水要素值				
			100 年	50 年	20 年	10 年	5 年
55	上山庄	洪峰流量(m^3/s)	5.40	4.80	3.90	3.20	2.60
		洪量(万 m^3)					
		洪水历时(h)					
		洪峰水位(m)					
56	下山庄	洪峰流量(m^3/s)	3.30	2.90	2.40	2.00	1.60
		洪量(万 m^3)					
		洪水历时(h)					
		洪峰水位(m)					
57	甘棠村	洪峰流量(m^3/s)	19.8	17.4	14.2	11.8	9.30
		洪量(万 m^3)					
		洪水历时(h)					
		洪峰水位(m)					
58	黑城村	洪峰流量(m^3/s)	315	263	195	144	96.6
		洪量(万 m^3)	116	92	64	44	28
		洪水历时(h)	4.75	4.00	2.75	2.50	2.25
		洪峰水位(m)					
59	内史村	洪峰流量(m^3/s)	5.40	4.80	3.90	3.20	2.50
		洪量(万 m^3)					
		洪水历时(h)					
		洪峰水位(m)					
60	道教村	洪峰流量(m^3/s)	111	93.2	69.8	52.1	35.5
		洪量(万 m^3)	38	30	21	15	10
		洪水历时(h)	3.00	2.25	2.25	1.75	1.50
		洪峰水位(m)					

续表 4-10-10

序号	行政区划名称	洪水要素	重现期洪水要素值				
			100 年	50 年	20 年	10 年	5 年
61	曲峨	洪峰流量(m^3/s)	21.4	18.7	15.2	12.6	9.90
		洪量(万 m^3)					
		洪水历时(h)					
		洪峰水位(m)					
62	南风	洪峰流量(m^3/s)	8.10	7.10	5.80	4.70	3.70
		洪量(万 m^3)					
		洪水历时(h)					
		洪峰水位(m)					
63	北风	洪峰流量(m^3/s)	9.50	8.30	6.80	5.60	4.40
		洪量(万 m^3)					
		洪水历时(h)					
		洪峰水位(m)					
64	下山腰	洪峰流量(m^3/s)	6.90	6.00	4.90	4.10	3.20
		洪量(万 m^3)					
		洪水历时(h)					
		洪峰水位(m)					
65	南桑峨村	洪峰流量(m^3/s)	45.3	39.7	32.2	26.5	20.8
		洪量(万 m^3)					
		洪水历时(h)					
		洪峰水位(m)					
66	北桑峨村	洪峰流量(m^3/s)	81.4	68.5	51.5	38.6	26.5
		洪量(万 m^3)	26	21	14	10	6
		洪水历时(h)	2.50	2.00	2.00	1.50	1.25
		洪峰水位(m)	611.60	611.35	611.00	610.70	610.35

续表 4-10-10

序号	行政区划名称	洪水要素	重现期洪水要素值				
			100 年	50 年	20 年	10 年	5 年
67	黄家垛	洪峰流量(m^3/s)	65.6	54.1	38.8	27.6	17.8
		洪量(万 m^3)	49	39	27	19	12
		洪水历时(h)	4.75	3.75	3.25	3.00	2.25
		洪峰水位(m)					
68	徐家垛村	洪峰流量(m^3/s)	14.2	12.5	10.1	8.30	6.50
		洪量(万 m^3)					
		洪水历时(h)					
		洪峰水位(m)					
69	李家垛村	洪峰流量(m^3/s)	13.7	12.0	9.70	8.00	6.30
		洪量(万 m^3)					
		洪水历时(h)					
		洪峰水位(m)					
70	姚家滩	洪峰流量(m^3/s)	10.3	9.00	7.30	6.00	4.70
		洪量(万 m^3)					
		洪水历时(h)					
		洪峰水位(m)					
71	大坡	洪峰流量(m^3/s)	5.90	5.20	4.20	3.40	2.70
		洪量(万 m^3)					
		洪水历时(h)					
		洪峰水位(m)					
72	贺家坡	洪峰流量(m^3/s)	7.40	6.50	5.20	4.30	3.30
		洪量(万 m^3)					
		洪水历时(h)					
		洪峰水位(m)					

续表 4-10-10

序号	行政区划名称	洪水要素	重现期洪水要素值				
			100 年	50 年	20 年	10 年	5 年
73	古镇	洪峰流量(m^3/s)	1.90	1.70	1.40	1.10	0.90
		洪量(万 m^3)					
		洪水历时(h)					
		洪峰水位(m)					
74	东庄村	洪峰流量(m^3/s)	11.1	9.80	8.00	6.60	5.30
		洪量(万 m^3)					
		洪水历时(h)					
		洪峰水位(m)					
75	圪垛	洪峰流量(m^3/s)	7.80	6.90	5.60	4.70	3.70
		洪量(万 m^3)					
		洪水历时(h)					
		洪峰水位(m)					
76	河沿子	洪峰流量(m^3/s)	2.50	2.20	1.80	1.50	1.20
		洪量(万 m^3)					
		洪水历时(h)					
		洪峰水位(m)					
77	后坡村	洪峰流量(m^3/s)	6.20	5.30	4.30	3.50	2.70
		洪量(万 m^3)					
		洪水历时(h)					
		洪峰水位(m)					

续表 4-10-10

序号	行政区划名称	洪水要素	重现期洪水要素值				
			100 年	50 年	20 年	10 年	5 年
78	岭上村	洪峰流量(m^3/s)	12.2	10.6	8.40	6.80	5.20
		洪量(万 m^3)					
		洪水历时(h)					
		洪峰水位(m)					
79	南山	洪峰流量(m^3/s)	4.60	4.00	3.20	2.60	2.00
		洪量(万 m^3)					
		洪水历时(h)					
		洪峰水位(m)					
80	曹家坡	洪峰流量(m^3/s)	9.50	8.30	6.70	5.40	4.20
		洪量(万 m^3)					
		洪水历时(h)					
		洪峰水位(m)					
81	前于家坡	洪峰流量(m^3/s)	7.80	6.80	5.50	4.50	3.50
		洪量(万 m^3)					
		洪水历时(h)					
		洪峰水位(m)					
82	后于家坡	洪峰流量(m^3/s)	4.10	3.60	2.90	2.40	1.80
		洪量(万 m^3)					
		洪水历时(h)					
		洪峰水位(m)					

续表 4-10-10

序号	行政区划名称	洪水要素	重现期洪水要素值				
			100 年	50 年	20 年	10 年	5 年
83	南坡	洪峰流量(m^3/s)	9.30	8.10	6.60	5.40	4.20
		洪量(万 m^3)					
		洪水历时(h)					
		洪峰水位(m)					
84	平渡关	洪峰流量(m^3/s)	13.1	11.4	9.20	7.50	5.90
		洪量(万 m^3)					
		洪水历时(h)					
		洪峰水位(m)					
85	后河沟	洪峰流量(m^3/s)	10.0	8.70	7.00	5.70	4.50
		洪量(万 m^3)					
		洪水历时(h)					
		洪峰水位(m)					
86	后坡	洪峰流量(m^3/s)	32.9	28.7	23.2	19.1	14.9
		洪量(万 m^3)					
		洪水历时(h)					
		洪峰水位(m)					
87	里仁坡村	洪峰流量(m^3/s)	6.20	5.40	4.40	3.60	2.80
		洪量(万 m^3)					
		洪水历时(h)					
		洪峰水位(m)					

表 4-10-11　大宁县防洪现状评价成果表

序号	行政区划名称	防洪能力（年）	极高危险区(<5 年一遇)		高危险区(5~20 年一遇)		危险区(≥20 年一遇)	
			人口（人）	户数（户）	人口（人）	户数（户）	人口（人）	户数（户）
1	田家庄	75	0	0	0	0	11	2
2	宁家庄	83	0	0	0	0	9	2
3	马家崾村	48	0	0	0	0	13	2
4	田间	20	0	0	0	0	14	4
5	川庄村(义亭河左支)	85	0	0	0	0	14	3
6	川庄村(义亭河右支)	45	0	0	0	0	23	4
7	南岭村	20	0	0	0	0	15	4
8	柏坡底	20	0	0	0	0	9	2
9	柏洲	20	0	0	0	0	14	4
10	茨林村	90	0	0	0	0	19	3
11	三多村	20	0	0	0	0	16	4
12	太仙河	20	0	0	0	0	17	4
13	后楼底	83	0	0	0	0	15	3
14	前楼底	20	0	0	0	0	20	5
15	闻西	89	0	0	0	0	13	3
16	上吉亭	20	0	0	0	0	47	10
17	下吉亭	20	0	0	0	0	45	12
18	义亭社区	<5	106	34	0	0	0	0

续表 4-10-11

序号	行政区划名称	防洪能力（年）	极高危险区(<5年一遇)		高危险区(5~20年一遇)		危险区(≥20年一遇)	
			人口（人）	户数（户）	人口（人）	户数（户）	人口（人）	户数（户）
19	南关村	20	0	0	0	0	37	9
20	赵坪	82	0	0	0	0	30	4
21	西沟	23	0	0	0	0	14	4
22	陈家沟	20	0	0	0	0	33	8
23	洞河	30	0	0	0	0	45	8
24	峪里1	58	0	0	0	0	21	5
25	丁家河	35	0	0	0	0	14	4
26	南岭上	20	0	0	0	0	14	4
27	上杜木	20	0	0	0	0	23	6
28	下杜木	20	0	0	0	0	15	5
29	燕家河	20	0	0	0	0	10	3
30	幸福沟	20	0	0	0	0	6	3
31	峪里2	20	0	0	0	0	14	3
32	白杜村	20	0	0	0	0	15	5
33	茹古沟	20	0	0	0	0	12	3
34	大冯村	78	0	0	0	0	12	3
35	下胡城	41	0	0	0	0	14	3
36	坡根底	31	0	0	0	0	11	3

续表 4-10-11

序号	行政区划名称	防洪能力(年)	极高危险区(<5 年一遇)		高危险区(5~20 年一遇)		危险区(≥20 年一遇)	
			人口(人)	户数(户)	人口(人)	户数(户)	人口(人)	户数(户)
37	贺家	20	0	0	0	0	22	5
38	罗曲村	20	0	0	0	0	100	1
39	许家	20	0	0	0	0	23	7
40	牧林	70	0	0	0	0	23	3
41	小冯村	20	0	0	0	0	60	13
42	上麻束	20	0	0	0	0	18	4
43	下麻束	20	0	0	0	0	17	4
44	圪塔上	20	0	0	0	0	27	7
45	麻束沟	52	0	0	0	0	5	2
46	东关村	<5	86	19	0	0	0	0
47	桥沟	8	0	0	3	1	11	2
48	西关村	20	0	0	0	0	30	6
49	古乡村	20	0	0	0	0	31	6
50	兴村	20	0	0	0	0	14	4
51	荷叶沟	50	0	0	0	0	63	16
52	葛口村	20	0	0	0	0	43	10
53	石城村	20	0	0	0	0	14	3
54	秋卜坪	20	0	0	0	0	15	3

续表 4-10-11

序号	行政区划名称	防洪能力（年）	极高危险区(<5年一遇)		高危险区(5~20年一遇)		危险区(≥20年一遇)	
			人口（人）	户数（户）	人口（人）	户数（户）	人口（人）	户数（户）
55	上山庄	20	0	0	0	0	25	7
56	下山庄	20	0	0	0	0	15	4
57	甘棠村	20	0	0	0	0	24	6
58	黑城村	20	0	0	0	0	19	4
59	内史村	20	0	0	0	0	20	6
60	道教村	20	0	0	0	0	102	29
61	曲峨	20	0	0	0	0	35	9
62	南风	20	0	0	0	0	48	10
63	北风	20	0	0	0	0	18	4
64	下山腰	20	0	0	0	0	7	3
65	南桑峨村	20	0	0	0	0	26	7
66	北桑峨村	>100	0	0	0	0	0	0
67	黄家垛	>100	0	0	0	0	0	0
68	徐家垛村	20	0	0	0	0	40	9
69	李家垛村	20	0	0	0	0	12	3
70	姚家滩	20	0	0	0	0	14	3
71	大坡	20	0	0	0	0	12	5
72	贺家坡	20	0	0	0	0	13	3

续表 4-10-11

序号	行政区划名称	防洪能力（年）	极高危险区(<5 年一遇)		高危险区(5~20 年一遇)		危险区(≥20 年一遇)	
			人口（人）	户数（户）	人口（人）	户数（户）	人口（人）	户数（户）
73	古镇	20	0	0	0	0	26	5
74	东庄村	20	0	0	0	0	40	11
75	圪垛	20	0	0	0	0	12	3
76	河沿子	20	0	0	0	0	12	2
77	后坡村	20	0	0	0	0	22	6
78	岭上村	20	0	0	0	0	34	6
79	南山	20	0	0	0	0	23	4
80	曹家坡	20	0	0	0	0	23	5
81	前于家坡	20	0	0	0	0	13	5
82	后于家坡	20	0	0	0	0	13	2
83	南坡	20	0	0	0	0	19	4
84	平渡关	20	0	0	0	0	28	6
85	后河沟	20	0	0	0	0	8	2
86	后坡	20	0	0	0	0	14	4
87	里仁坡村	20	0	0	0	0	38	7

表 4-10-12　大宁县预警指标成果表

序号	行政区划名称	类别	降雨历时	预警指标(雨量:mm,水位:m)		临界雨量(mm)/水位(m)	方法
				准备转移	立即转移		
1	昕水镇东关村	雨量($B_0=0.3$)	0.5 h	26	37	37	同频率法
			1 h	37	48	48	
2	昕水镇南关村	雨量($B_0=0.3$)	0.5 h	27	39	39	同频率法
			1 h	39	50	50	
3	昕水镇南关村义亭社区	雨量($B_0=0.3$)	0.5 h	26	37	37	同频率法
			1 h	37	48	48	
4	昕水镇西关村	雨量($B_0=0.3$)	0.5 h	27	39	39	同频率法
			1 h	39	50	50	
5	昕水镇西关村桥沟	雨量($B_0=0$)	0.5 h	22	32	32	流域模型法
			1 h	32	40	40	
		雨量($B_0=0.3$)	0.5 h	20	29	29	
			1 h	29	34	34	
		雨量($B_0=0.6$)	0.5 h	17	24	24	
			1 h	24	32	32	
6	昕水镇小冯村	雨量($B_0=0.3$)	0.5 h	27	38	38	同频率法
			1 h	38	48	48	
7	昕水镇小冯村大冯村	雨量($B_0=0$)	0.5 h	33	47	47	流域模型法
			1 h	47	59	59	
		雨量($B_0=0.3$)	0.5 h	30	43	43	
			1 h	43	54	54	
		雨量($B_0=0.6$)	0.5 h	27	39	39	
			1 h	39	49	49	

续表 4-10-12

序号	行政区划名称	类别	降雨历时	预警指标(雨量:mm,水位:m)		临界雨量(mm)/水位(m)	方法
				准备转移	立即转移		
8	昕水镇罗曲村	雨量($B_0=0$)	0.5 h	24	35	35	流域模型法
			1 h	35	42	42	
		雨量($B_0=0.3$)	0.5 h	21	30	30	
			1 h	30	37	37	
		雨量($B_0=0.6$)	0.5 h	18	26	26	
			1 h	26	32	32	
9	昕水镇罗曲村坡根底	雨量($B_0=0$)	0.5 h	28	40	40	流域模型法
			1 h	40	52	52	
		雨量($B_0=0.3$)	0.5 h	25	36	36	
			1 h	36	47	47	
		雨量($B_0=0.6$)	0.5 h	22	32	32	
			1 h	32	42	42	
10	昕水镇罗曲村牧林	雨量($B_0=0$)	0.5 h	28	41	41	流域模型法
			1 h	41	48	48	
		雨量($B_0=0.3$)	0.5 h	24	34	34	
			1 h	34	42	42	
		雨量($B_0=0.6$)	0.5 h	21	30	30	
			1 h	30	37	37	
11	昕水镇罗曲村下胡城	雨量($B_0=0$)	0.5 h	30	42	42	流域模型法
			1 h	42	54	54	
		雨量($B_0=0.3$)	0.5 h	27	38	38	
			1 h	38	49	49	
		雨量($B_0=0.6$)	0.5 h	24	34	34	
			1 h	34	44	44	

续表 4-10-12

序号	行政区划名称	类别	降雨历时	预警指标(雨量:mm,水位:m)		临界雨量(mm)/水位(m)	方法
				准备转移	立即转移		
12	昕水镇秀岩村许家	雨量($B_0=0.3$)	0.5 h	26	37	37	同频率法
			1 h	37	46	46	
13	昕水镇秀岩村贺家	雨量($B_0=0.3$)	0.5 h	26	37	37	同频率法
			1 h	37	46	46	
14	昕水镇石城村	雨量($B_0=0$)	0.5 h	30	43	43	流域模型法
			1 h	43	54	54	
		雨量($B_0=0.3$)	0.5 h	27	39	39	
			1 h	39	49	49	
		雨量($B_0=0.6$)	0.5 h	24	35	35	
			1 h	35	43	43	
15	昕水镇葛口村	雨量($B_0=0$)	0.5 h	33	47	47	流域模型法
			1 h	47	58	58	
		雨量($B_0=0.3$)	0.5 h	30	42	42	
			1 h	42	53	53	
		雨量($B_0=0.6$)	0.5 h	26	37	37	
			1 h	37	45	45	
16	昕水镇吉亭村(上吉亭)	雨量($B_0=0$)	0.5 h	28	41	41	流域模型法
			1 h	41	48	48	
		雨量($B_0=0.3$)	0.5 h	24	34	34	
			1 h	34	42	42	
		雨量($B_0=0.6$)	0.5 h	21	30	30	
			1 h	30	37	37	

续表 4-10-12

序号	行政区划名称	类别	降雨历时	预警指标(雨量:mm,水位:m)		临界雨量(mm)/水位(m)	方法
				准备转移	立即转移		
17	昕水镇吉亭村(上吉亭)闻西	雨量($B_0=0$)	0.5 h	36	52	52	流域模型法
			1 h	52	65	65	
		雨量($B_0=0.3$)	0.5 h	33	47	47	
			1 h	47	60	60	
		雨量($B_0=0.6$)	0.5 h	30	43	43	
			1 h	43	54	54	
18	昕水镇吉亭村(上吉亭)下吉亭	雨量($B_0=0.3$)	0.5 h	26	37	37	同频率法
			1 h	37	47	47	
19	昕水镇古乡村	雨量($B_0=0.3$)	0.5 h	27	39	39	同频率法
			1 h	39	50	50	
20	昕水镇安古村圪塔上	雨量($B_0=0.3$)	0.5 h	27	39	39	同频率法
			1 h	39	50	50	
21	昕水镇白杜村	雨量($B_0=0.3$)	0.5 h	27	39	39	同频率法
			1 h	39	49	49	
22	昕水镇白杜村麻束沟	雨量($B_0=0$)	0.5 h	34	49	49	流域模型法
			1 h	49	62	62	
		雨量($B_0=0.3$)	0.5 h	31	45	45	
			1 h	45	56	56	
		雨量($B_0=0.6$)	0.5 h	28	41	41	
			1 h	41	51	51	
23	昕水镇白杜村上麻束	雨量($B_0=0.3$)	0.5 h	27	39	39	同频率法
			1 h	39	49	49	
24	昕水镇白杜村下麻束	雨量($B_0=0.3$)	0.5 h	27	39	39	同频率法
			1 h	39	49	49	

续表 4-10-12

序号	行政区划名称	类别	降雨历时	预警指标(雨量:mm,水位:m)		临界雨量(mm)/水位(m)	方法
				准备转移	立即转移		
25	昕水镇麦留村兴村	雨量($B_0=0.3$)	0.5 h	28	40	40	同频率法
			1 h	40	51	51	
26	昕水镇杜村荷叶沟	雨量(0)	0.5 h	41	59	59	流域模型法
			1 h	59	66	66	
			2 h	73	83	83	
		雨量($B_0=0.3$)	0.5 h	38	55	55	
			1 h	55	60	60	
			2 h	66	76	76	
		雨量(0.6)	0.5 h	35	51	51	
			1 h	51	54	54	
			2 h	59	68	68	
27	曲峨镇曲风村(曲峨)	雨量($B_0=0.3$)	0.5 h	28	40	40	同频率法
			1 h	40	50	50	
28	曲峨镇曲风村(曲峨)北风	雨量($B_0=0.3$)	0.5 h	28	40	40	同频率法
			1 h	40	50	50	
29	曲峨镇曲风村(曲峨)南风	雨量($B_0=0.3$)	0.5 h	28	40	40	同频率法
			1 h	40	50	50	
30	曲峨镇道教村	雨量($B_0=0$)	0.5 h	27	39	39	流域模型法
			1 h	39	49	49	
		雨量($B_0=0.3$)	0.5 h	24	35	35	
			1 h	35	44	44	
		雨量($B_0=0.6$)	0.5 h	21	30	30	
			1 h	30	37	37	

续表 4-10-12

序号	行政区划名称	类别	降雨历时	预警指标(雨量:mm,水位:m)		临界雨量(mm)/水位(m)	方法
				准备转移	立即转移		
31	曲峨镇黑城村	雨量($B_0=0$)	0.5 h	29	41	41	流域模型法
			1 h	41	51	51	
		雨量($B_0=0.3$)	0.5 h	26	37	37	
			1 h	37	46	46	
		雨量($B_0=0.6$)	0.5 h	23	33	33	
			1 h	33	40	40	
32	曲峨镇甘棠村	雨量($B_0=0.3$)	0.5 h	28	39	39	同频率法
			1 h	39	50	50	
33	曲峨镇白村(上白村)秋卜坪	雨量($B_0=0.3$)	0.5 h	28	40	40	同频率法
			1 h	40	51	51	
34	曲峨镇内史村	雨量($B_0=0.3$)	0.5 h	28	39	39	同频率法
			1 h	39	50	50	
35	曲峨镇榆村洞河	雨量($B_0=0$)	0.5 h	29	41	41	流域模型法
			1 h	41	52	52	
		雨量($B_0=0.3$)	0.5 h	26	37	37	
			1 h	37	46	46	
		雨量($B_0=0.6$)	0.5 h	23	33	33	
			1 h	33	42	42	
36	曲峨镇古驿村丁家河	雨量($B_0=0$)	0.5 h	31	45	45	流域模型法
			1 h	45	55	55	
		雨量($B_0=0.3$)	0.5 h	28	40	40	
			1 h	40	49	49	
		雨量($B_0=0.6$)	0.5 h	25	36	36	
			1 h	36	43	43	

续表 4-10-12

序号	行政区划名称	类别	降雨历时	预警指标(雨量:mm,水位:m)		临界雨量(mm)/水位(m)	方法
				准备转移	立即转移		
37	曲峨镇古驿村峪里	雨量($B_0=0$)	0.5 h	40	57	57	流域模型法
			1 h	57	70	70	
		雨量($B_0=0.3$)	0.5 h	37	53	53	
			1 h	53	65	65	
		雨量($B_0=0.6$)	0.5 h	34	49	49	
			1 h	49	59	59	
38	曲峨镇杜木村(上杜木)	雨量($B_0=0.3$)	0.5 h	28	39	39	同频率法
			1 h	39	49	49	
39	曲峨镇杜木村(上杜木)南岭上	雨量($B_0=0.3$)	0.5 h	28	39	39	同频率法
			1 h	39	49	49	
40	曲峨镇杜木村(上杜木)下杜木	雨量($B_0=0.3$)	0.5 h	28	39	39	同频率法
			1 h	39	50	50	
41	曲峨镇山庄村(上山庄)	雨量($B_0=0.3$)	0.5 h	28	39	39	同频率法
			1 h	39	49	49	
42	曲峨镇山庄村(上山庄)下山庄	雨量($B_0=0.3$)	0.5 h	28	39	39	同频率法
			1 h	39	49	49	
43	曲峨镇花间村陈家沟	雨量($B_0=0.3$)	0.5 h	26	38	38	同频率法
			1 h	38	48	48	
44	曲峨镇花间村赵坪	雨量($B_0=0$)	0.5 h	33	48	48	流域模型法
			1 h	48	59	59	
		雨量($B_0=0.3$)	0.5 h	30	43	43	
			1 h	43	53	53	
		雨量($B_0=0.6$)	0.5 h	27	39	39	
			1 h	39	47	47	

续表 4-10-12

序号	行政区划名称	类别	降雨历时	预警指标(雨量:mm,水位:m)		临界雨量(mm)/水位(m)	方法
				准备转移	立即转移		
45	曲峨镇花间村西沟	雨量($B_0=0$)	0.5 h	29	41	41	流域模型法
			1 h	41	50	50	
		雨量($B_0=0.3$)	0.5 h	26	37	37	
			1 h	37	45	45	
		雨量($B_0=0.6$)	0.5 h	23	32	32	
			1 h	32	39	39	
46	三多乡三多村	雨量($B_0=0$)	0.5 h	21	30	30	流域模型法
			1 h	30	38	38	
		雨量($B_0=0.3$)	0.5 h	19	27	27	
			1 h	27	34	34	
		雨量($B_0=0.6$)	0.5 h	16	23	23	
			1 h	23	29	29	
47	三多乡楼底村(后楼底)	雨量($B_0=0$)	0.5 h	37	53	53	流域模型法
			1 h	53	66	66	
		雨量($B_0=0.3$)	0.5 h	34	49	49	
			1 h	49	60	60	
		雨量($B_0=0.6$)	0.5 h	31	45	45	
			1 h	45	55	55	
		水位		890.70	891.00	891.00	比降面积法
48	三多乡楼底村(后楼底)前楼底	雨量($B_0=0.3$)	0.5 h	26	37	37	同频率法
			1 h	37	47	47	
49	三多乡川庄村田间	雨量($B_0=0.3$)	0.5 h	26	37	37	同频率法
			1 h	37	48	48	

续表 4-10-12

序号	行政区划名称	类别	降雨历时	预警指标(雨量:mm,水位:m)		临界雨量(mm)/水位(m)	方法
				准备转移	立即转移		
50	三多乡茨林村	雨量($B_0=0$)	0.5 h	33	48	48	流域模型法
			1 h	48	65	65	
		雨量($B_0=0.3$)	0.5 h	30	43	43	
			1 h	43	60	60	
		雨量($B_0=0.6$)	0.5 h	27	39	39	
			1 h	39	55	55	
51	三多乡茨林村柏坡底	雨量($B_0=0.3$)	0.5 h	26	37	37	同频率法
			1 h	37	47	47	
52	三多乡南岭村	雨量($B_0=0.3$)	0.5 h	26	37	37	同频率法
			1 h	37	47	47	
53	三多乡南岭村柏洲	雨量($B_0=0.3$)	0.5 h	26	37	37	同频率法
			1 h	37	47	47	
54	三多乡东南堡村太仙河	雨量($B_0=0$)	0.5 h	27	39	39	流域模型法
			1 h	39	49	49	
		雨量($B_0=0.3$)	0.5 h	25	35	35	
			1 h	35	44	44	
		雨量($B_0=0.6$)	0.5 h	21	30	30	
			1 h	30	38	38	
55	三多乡马家嵝村	雨量($B_0=0$)	0.5 h	33	46	46	流域模型法
			1 h	46	54	54	
			2 h	61	68	68	
		雨量($B_0=0.3$)	0.5 h	30	42	42	
			1 h	42	48	48	
			2 h	54	61	61	
		雨量($B_0=0.6$)	0.5 h	26	37	37	
			1 h	37	42	42	
			2 h	46	53	53	

续表 4-10-12

序号	行政区划名称	类别	降雨历时	预警指标(雨量:mm,水位:m)		临界雨量(mm)/水位(m)	方法
				准备转移	立即转移		
56	三多乡马家岖村宁家庄	雨量($B_0=0$)	0.5 h	48	69	69	流域模型法
			1 h	69	80	80	
			2 h	87	99	99	
			3 h	106	111	111	
		雨量($B_0=0.3$)	0.5 h	46	65	65	
			1 h	65	73	73	
			2 h	79	89	89	
			3 h	96	102	102	
		雨量($B_0=0.6$)	0.5 h	42	60	60	
			1 h	60	66	66	
			2 h	71	80	80	
			3 h	86	91	91	
57	三多乡马家岖村田家庄	雨量($B_0=0$)	0.5 h	35	51	51	流域模型法
			1 h	51	60	60	
			2 h	67	75	75	
			3 h	79	85	85	
		雨量($B_0=0.3$)	0.5 h	32	46	46	
			1 h	46	53	53	
			2 h	58	67	67	
			3 h	72	75	75	
		雨量($B_0=0.6$)	0.5 h	29	41	41	
			1 h	41	46	46	
			2 h	51	57	57	
			3 h	60	65	65	

续表 4-10-12

序号	行政区划名称	类别	降雨历时	预警指标(雨量:mm,水位:m)		临界雨量(mm)/水位(m)	方法
				准备转移	立即转移		
58	太德乡茹古村(上茹古)茹古沟	雨量($B_0=0$)	0.5 h	27	39	39	流域模型法
			1 h	39	49	49	
		雨量($B_0=0.3$)	0.5 h	24	35	35	
			1 h	35	45	45	
		雨量($B_0=0.6$)	0.5 h	21	31	31	
			1 h	31	39	39	
59	太德乡曹家庄村幸福沟	雨量($B_0=0.3$)	0.5 h	27	38	38	同频率法
			1 h	38	48	48	
60	太德乡曹家庄村燕家河	雨量($B_0=0$)	0.5 h	29	41	41	流域模型法
			1 h	41	52	52	
		雨量($B_0=0.3$)	0.5 h	26	37	37	
			1 h	37	48	48	
		雨量($B_0=0.6$)	0.5 h	23	33	33	
			1 h	33	42	42	
61	徐家垛乡徐家垛村	雨量($B_0=0.3$)	0.5 h	28	40	40	同频率法
			1 h	40	50	50	
62	徐家垛乡徐家垛村黄家垛	雨量($B_0=0.3$)	0.5 h	28	40	40	同频率法
			1 h	40	51	51	
63	徐家垛乡于家坡村(前于家坡)	雨量($B_0=0.3$)	0.5 h	29	41	41	同频率法
			1 h	41	51	51	

续表 4-10-12

序号	行政区划名称	类别	降雨历时	预警指标(雨量:mm,水位:m)		临界雨量(mm)/水位(m)	方法
				准备转移	立即转移		
64	徐家垛乡于家坡村(前于家坡)古镇	雨量(B_0=0.3)	0.5 h	29	41	41	同频率法
			1 h	41	51	51	
65	徐家垛乡于家坡村(前于家坡)后于家坡	雨量(B_0=0.3)	0.5 h	29	41	41	同频率法
			1 h	41	51	51	
66	徐家垛乡芙芸村(上芙芸)南坡	雨量(B_0=0.3)	0.5 h	28	40	40	同频率法
			1 h	40	50	50	
67	徐家垛乡芙芸村(上芙芸)姚家滩	雨量(B_0=0.3)	0.5 h	28	40	40	同频率法
			1 h	40	50	50	
68	徐家垛乡李家垛村	雨量(B_0=0.3)	0.5 h	28	40	40	同频率法
			1 h	40	51	51	
69	徐家垛乡李家垛村大坡	雨量(B_0=0.3)	0.5 h	28	41	41	同频率法
			1 h	41	51	51	
70	徐家垛乡北桑峨村	雨量(B_0=0.3)	0.5 h	28	40	40	同频率法
			1 h	40	51	51	
71	徐家垛乡南桑峨村	雨量(B_0=0.3)	0.5 h	28	40	40	同频率法
			1 h	40	50	50	
72	徐家垛乡南桑峨村下山腰	雨量(B_0=0.3)	0.5 h	27	39	39	同频率法
			1 h	39	50	50	
73	徐家垛乡乐堂村(上乐堂)贺家坡	雨量(B_0=0.3)	0.5 h	28	41	41	同频率法
			1 h	41	51	51	

续表 4-10-12

序号	行政区划名称	类别	降雨历时	预警指标(雨量:mm,水位:m)		临界雨量(mm)/水位(m)	方法
				准备转移	立即转移		
74	徐家垛乡乐堂村(上乐堂)曹家坡	雨量($B_0=0.3$)	0.5 h	28	41	41	同频率法
			1 h	41	52	52	
75	徐家垛乡岭上村	雨量($B_0=0.3$)	0.5 h	30	42	42	同频率法
			1 h	42	54	54	
76	徐家垛乡岭上村后坡村	雨量($B_0=0.3$)	0.5 h	30	42	42	同频率法
			1 h	42	53	53	
77	徐家垛乡岭上村南山	雨量($B_0=0.3$)	0.5 h	28	41	41	同频率法
			1 h	41	52	52	
78	太古乡太古村后河沟	雨量($B_0=0.3$)	0.5 h	28	41	41	同频率法
			1 h	41	53	53	
79	太古乡仪里村(上仪里)后坡	雨量($B_0=0.3$)	0.5 h	30	42	42	同频率法
			1 h	42	53	53	
80	太古乡仪里村(上仪里)里仁坡村	雨量($B_0=0.3$)	0.5 h	28	40	40	同频率法
			1 h	40	51	51	
81	太古乡东庄村	雨量($B_0=0.3$)	0.5 h	27	39	39	同频率法
			1 h	39	50	50	
82	太古乡东庄村河沿子	雨量($B_0=0.3$)	0.5 h	27	39	39	同频率法
			1 h	39	50	50	
83	太古乡东庄村圪垛	雨量($B_0=0.3$)	0.5 h	27	39	39	同频率法
			1 h	39	50	50	

续表 4-10-12

序号	行政区划名称	类别	降雨历时	预警指标(雨量:mm,水位:m)		临界雨量(mm)/水位(m)	方法
				准备转移	立即转移		
84	太古乡六儿岭村平渡关	雨量($B_0=0.3$)	0.5 h	28	41	41	同频率法
			1 h	41	51	51	
85	三多乡川庄村 1	雨量($B_0=0$)	0.5 h	35	51	51	流域模型法
			1 h	51	64	64	
		雨量($B_0=0.3$)	0.5 h	33	46	46	
			1 h	46	60	60	
		雨量($B_0=0.6$)	0.5 h	30	42	42	
			1 h	42	54	54	
86	三多乡川庄村 2	雨量($B_0=0$)	0.5 h	31	44	44	流域模型法
			1 h	44	53	53	
		雨量($B_0=0.3$)	0.5 h	27	39	39	
			1 h	39	48	48	
		雨量($B_0=0.6$)	0.5 h	24	34	34	
			1 h	34	42	42	
87	太德乡茹古村(上茹古)峪里	雨量($B_0=0$)	0.5 h	27	39	39	流域模型法
			1 h	39	49	49	
		雨量($B_0=0.3$)	0.5 h	25	35	35	
			1 h	35	44	44	
		雨量($B_0=0.6$)	0.5 h	22	31	31	
			1 h	31	38	38	

第11章　隰　县

11.1　隰县基本情况

11.1.1　地理位置

隰县位于吕梁山南麓,山西省西南部,为临汾市西部山区的次级中心城镇。地理坐标为:东经 110°45′~111°15′;北纬 36°28′~36°52′。东与汾西县相连,西与永和县交界,西南、东南分别与蒲县、大宁毗邻,北与石楼、交口接壤,县境南北长 48 km,东西宽 46 km。国土面积为 1 413.11 km^2。

隰县地处晋西黄土高原,吕梁山中段,全县土地总面积为 1 413.11 km^2,属典型黄土高原残垣沟壑区,塬沟相对高差在 150~200 m,黄土冲沟自塬头切向沟底,直达三叠纪砂页岩之上。隰县总观地势东北高,西南低。全县主要有两大川、七大塬、八大沟。两川是东川和城川;七塬是无愚塬、陡坡塬、乔村塬、北庄塬、唐户塬、阳头升塬和后堰塬;八沟是刁家峪沟、卫家峪沟、朱家峪沟、石马沟、古城沟、南峪沟、峪里沟、回珠沟。隰县行政区划图如图 4-11-1 所示。

11.1.2　社会经济

隰县现辖龙泉、黄土、午城 3 个镇,城南、阳头升、寨子、下李、陡坡 5 个乡,100 个行政村。至 2014 年底,全县总人口约为 12 万人,其中城镇人口 5.4 万人,乡村人口 6.6 万人。2014 年全县国内生产总值 126 453 万元,其中第一产业 34 990 万元,第二产业 20 095 万元,第三产业 71 368 万元。

隰县境内矿产资源丰富,能源工业发展潜力较大,现已探明的有煤、花岗岩、大理石等。工业主要以原煤开采为主,农业主要以经济林种植为主,主要有梨、苹果等。其中农业是全县经济发展的主要支柱产业。

11.1.3　河流水系

隰县境内所有的河流都属于黄河流域,流域面积大于 50 km^2 的主要河流有 12 条。按照水利部河湖普查河流级别划分原则,1 级河流有 1 条,为昕水河;2 级河流有 5 条,分别为耙子河、东川河、城川河、刁家峪、团柏河;3 级河流有 6 条,分别为紫峪河、回珠河、古城河、朱家峪、北沟河、卫家峪。县境内主要河流为东川河、城川河。

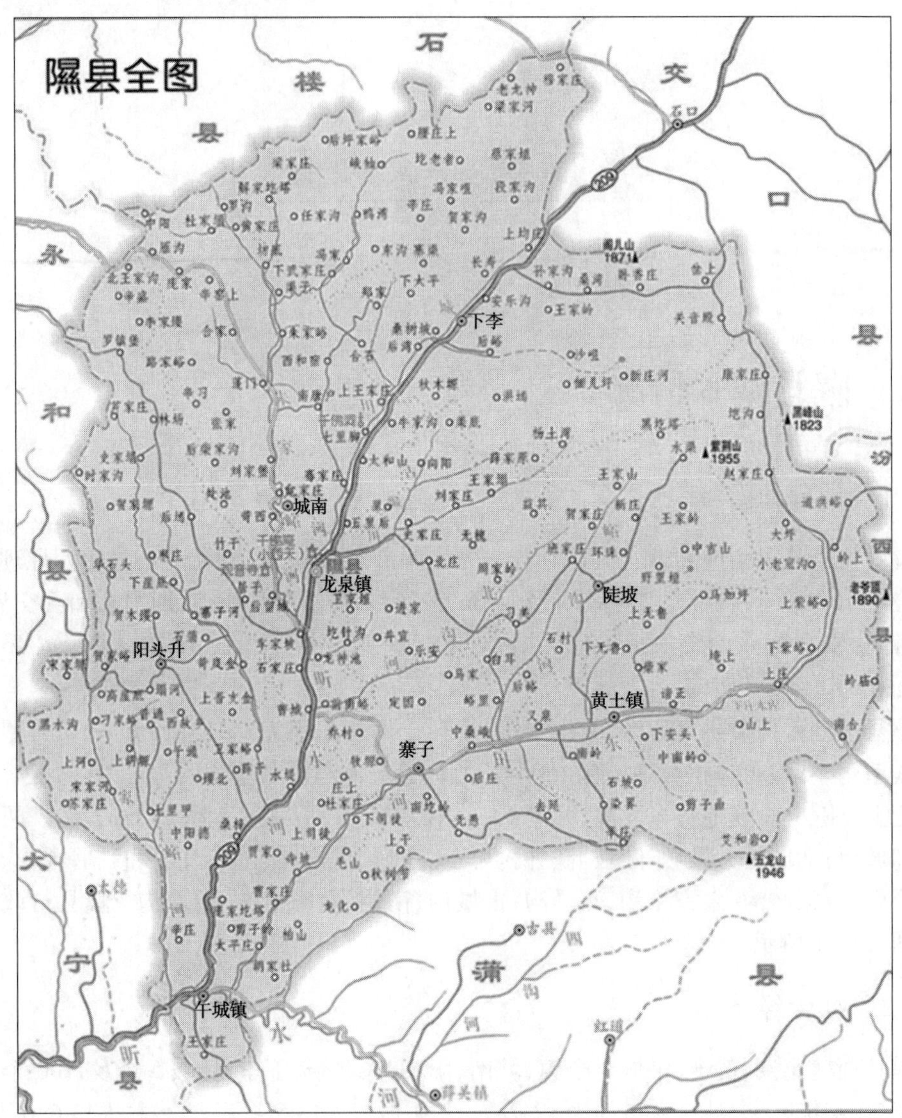

图 4-11-1　隰县行政区划图

隰县河流水系图见图 4-11-2,主要河流基本情况见表 4-11-1。

11.1.3.1　昕水河

昕水河为黄河的一级支流。昕水河起源于蒲县太林乡东河村朱家庄(河源经度 110°20′45.6″,河源纬度 36°32′4.6″,河源高程 1 455.7 m),自北向南流经蒲县屯里,在屯里自东向西流经隰县、大宁县,于大宁县徐家垛乡余家坡村古镇汇入黄河(河口经度 110°28′58.2″,河口纬度 36°28′3.8″,河口高程 500.0 m),河流全长 140 km,流域面积 4 325 km^2,河流比降为 5.28‰。隰县境内流域面积为 1 379.7 km^2。

图4-11-2　隰县河流水系图

表4-11-1　隰县主要河流基本情况表

编号	河流名称	上级河流名称	河流级别	流域面积(km^2)	河长(km)	比降(‰)	县境内流域面积(km^2)
1	昕水河	黄河	1	4 325	140	5.28	1 379.7
2	耙子河	昕水河	2	62.1	22	18.06	18.4
3	东川河	昕水河	2	593.0	63	9.48	439.7
4	紫峪河	东川河	3	84.7	16	22.73	83.7
5	回珠河	东川河	3	55.4	15	17.01	55.4
6	城川河	昕水河	2	943.0	64	8.47	804.3
7	古城河	城川河	3	83.6	26	17.81	83.6
8	朱家峪	城川河	3	264.0	41	7.83	256.0
9	北沟河	城川河	3	74.0	28	17.29	74.0
10	卫家峪	城川河	3	91.8	30	11.12	86.0
11	刁家峪	昕水河	2	158.1	38	10.21	99.7
12	团柏河	汾河	2	643.8	61	11.37	12.0

11.1.3.2　**耙子河**

耙子河为昕水河的一级支流。耙子河起源于蒲县古县乡曹村(河源经度111°5′11.5″,河源纬度36°34′1.2″,河源高程1 287.1 m),自东北向西南流经蒲县,于蒲县薛关镇常家湾村张庄汇入昕水河(河口经度111°54′53.2″,河口纬度36°29′31.5″,河口高程814.5m),河流全长22 km,流域面积62.1 km^2,河流比降为18.06‰。隰县境内流域面积为18.4 km^2。

11.1.3.3 **东川河**

东川河为昕水河的一级支流。东川河起源于蒲县克城镇东辛庄窑沟(河源经度111°22′26.6″,河源纬度36°35′3.6″,河源高程1 467.6 m),自东北向西南流经蒲县、隰县,于隰县午城镇川口村汇入昕水河(河口经度111°52′46.1″,河口纬度36°29′55.4″,河口高程784.7 m),河流全长63 km,流域面积593 km^2,河流比降为9.48‰。隰县境内流域面积为439.7 km^2。

11.1.3.4 **紫峪河**

紫峪河为东川河的一级支流。紫峪河起源于隰县黄土镇岭上村路家沟(河源经度111°11′33.6″,河源纬度36°45′13.7″,河源高程1 516.1m),自北向南流经隰县,于隰县黄土镇上庄村汇入东川河(河口经度111°12′6.4″,河口纬度36°38′28.8″,河口高程1 166.8 m),河流全长16 km,流域面积84.7 km^2,河流比降为22.73‰。隰县境内流域面积为83.7 km^2。

11.1.3.5 **回珠河**

回珠河为东川河的一级支流。回珠河起源于隰县陡坡乡吕梁山国有林管理局下河家山(河源经度111°8′10.9″,河源纬度36°43′4.8″,河源高程1 361.8 m),自东北向西南流经隰县,于隰县黄土镇黄土村回珠汇入东川河(河口经度111°5′25.8″,河口纬度36°37′2.1″,河口高程1 028.8 m),河流全长15 km,流域面积55.4 km^2,河流比降为17.01‰。隰县境内流域面积为55.4 km^2。

11.1.3.6 **城川河**

城川河为昕水河的一级支流。城川河起源于交口县石口乡龙神殿粗村(河源经度111°9′55.0″,河源纬度36°55′1.1″,河源高程1 410.5 m),自东北向西南流经交口县、隰县,于隰县午城镇午城村汇入昕水河(河口经度110°51′34.2″,河口纬度36°30′0.5″,河口高程770.0 m),河流全长64 km,流域面积943 km^2,河流比降为8.47‰。隰县境内流域面积为804.3 km^2。

11.1.3.7 **古城河**

古城河为城川河的一级支流。古城河起源于隰县下李乡吕梁山国有林管理局新庄河(河源经度111°7′34.4″,河源纬度36°47′28.7″,河源高程1 590.7 m),自东北向西南流经隰县,于隰县龙泉镇城关村古城村汇入城川河(河口经度110°5′55.8″,河口纬度36°42′1.4″,河口高程958.8 m),河流全长26 km,流域面积83.6 km^2,河流比降为17.81‰。隰县境内流域面积为83.6 km^2。

11.1.3.8 **朱家峪**

朱家峪为城川河的一级支流。朱家峪起源于隰县下李乡梁家河村双字坪(河源经度111°2′36.1″,河源纬度36°54′5.9″,河源高程1 393.6 m),自东北向西南流经隰县峨仙、堡子,在堡子自北向南流经城南乡,于隰县龙泉镇城关村古城村汇入城川河(河口经度110°55′10.2″,河口纬度36°40′18.6″,河口高程932.4 m),河流全长41 km,流域面积264 km^2,河流比降为7.83‰。隰县境内流域面积为256.0 km^2。

11.1.3.9　北沟河

北沟河为城川河的一级支流。北沟河起源于隰县下李乡吕梁山国有林管理局黑疙塔(河源经度111°7′51.6″,河源纬度36°45′38.6″,河源高程1 578.5 m),自东北向西南流经隰县,于隰县龙泉镇城关村古城村汇入城川河(河口经度110°55′52.4″,河口纬度36°37′42.1″,河口高程883.9 m),河流全长28 km,流域面积74.0 km^2,河流比降为17.29‰。隰县境内流域面积为74.0 km^2。

11.1.3.10　卫家峪

卫家峪为城川河的一级支流。卫家峪起源于隰县阳头升乡罗镇堡村(河源经度110°48′31.7″,河源纬度36°37′24.0″,河源高程1 187.8 m),自西北向东南流经隰县、永和县,于隰县午城镇水堤村汇入城川河(河口经度110°54′13.4″,河口纬度36°34′54.5″,河口高程830.6 m),河流全长30 km,流域面积91.8 km^2,河流比降为11.12‰。隰县境内流域面积为86.0 km^2。

11.1.3.11　刁家峪

刁家峪为昕水河的一级支流。刁家峪起源于永和县桑壁镇乡林场核桃凹(河源经度111°45′38.6″,河源纬度36°45′1.8″,河源高程1 258.1 m),自北向南流经永和县、隰县、大宁县,于隰县午城镇午城村店窑坡汇入昕水河(河口经度110°50′47.2″,河口纬度36°29′42.3″,河口高程770.0 m),河流全长38 km,流域面积158.1 km^2,河流比降为10.21‰。隰县境内流域面积为99.7 km^2。

11.1.3.12　团柏河

团柏河为汾河的一级支流。团柏河起源于隰县黄土镇岭上村太平庄(河源经度111°14′45.1″,河源纬度36°43′59.0″,河源高程1 305.3 m),流经隰县、汾西县、洪洞县,于洪洞县堤村乡干河村汇入汾河(河口经度111°41′22.0″,河口纬度36°27′51.3″,河口高程508.3 m),河流全长61 km,流域面积643.8 km^2,河流比降为11.37‰。隰县境内流域面积为12.0 km^2。

11.1.4　水文气象

隰县海拔大部分在950～1 300 m,属暖温带大陆性季风气候,多年平均降水量在527.1 mm,但年内分布不均,主要集中在7、8、9月份,且以暴雨的形式出现。蒸发量大于降水量,年平均水面蒸发量为1 832.6 mm,折算天然水体蒸发量为916 mm,是降水量的1.7倍,所以该地区极易发生旱灾。多年平均气温9 ℃左右,无霜期163 d,日照时间长,光热资源丰富。

11.1.5　历史山洪灾害

隰县境内山洪灾害发生频次较高,是隰县的主要自然灾害之一。历史上及中华人民共和国成立后发生过多次大的山洪灾害。本次首先收集了各种文献对隰县山洪灾害的记载,其次在进行沿河村落调查时走访当地村民调查历史洪水情况。

11.1.5.1　文献记载洪水资料

文献记载洪水资料主要来自于《山西省历史洪水调查成果》和《山西洪水研究》。这两本书的资料来源于《山西通志》,各市、县的府志或县志,水利部档案馆明清档案部的清代档案奏折以及少量的洪水碑刻和家书等。该县文献记载洪水共计6场次。洪水发生年份分别为公元864年、1363年、1684年、1757年、1838年、1886年(见表4-11-2)。本次工作还收集了隰县文献记载的旱情统计表,见表4-11-3。

表4-11-2 隰县文献记载洪水统计表

序号	公元	年号	记载	资料来源
1	864	唐咸通五年	冬隰石汾等州大雨雪,平地深五尺	原山西省晋中地区水文计算手册
2	1363	元至正廿三年	七月隰州、隰县大雨雹害稼	山西水旱灾害
3	1684	清康熙廿三年	大宁秋七月淫雨二旬,谷麦伤岁饥。隰县秋淫雨五十余日	原山西省晋中地区水文计算手册
4	1757	清乾隆廿二年	芮城秋淫雨四旬,房屋倾圮甚多。曲沃秋淫雨历数十日,庐舍多坏。隰州东南乡雨雹伤稼禾。繁峙八月大水。介休夏五月淫雨渰田。荣河秋大雨月余,伤民居。汾阳水溢。垣曲黄河溢水之南门。和顺淫雨伤稼。绛州旱	山西自然灾害史年表
5	1838	清道光十八年	隰州雨雹。泽州雨雹损禾。阳城夏雨雹杀禾	山西自然灾害史年表
6	1886	清光绪十二年	隰县、隰州寨子河等村被水冲没	

表4-11-3 隰县文献记载旱情统计表

序号	公元	年号	记载	资料来源
1	1128	金天会六年	隰州:春夏不雨。临汾:民家生魃(干旱)。潞州:大雨雹蒲晋皆饥	山西自然灾害史年表
2	1472	明成化八年	山西全省性旱和大旱	山西通志
3	1617	明万历四十五年	蒲、解、绛、隰、沁州、岳阳、万泉、稷山、闻喜、安邑、阳城、长子复旱,飞蝗头翅尽赤,翳日蔽天。沁源蝗	山西通志
4	1628	明崇祯元年	太平、永和、蒲、隰县旱。永和雨雹伤禾。广昌、广灵、山阴陨霜损稼。大同尤旱	山西通志
5	1639	明崇祯十二年	永和、隰县、太原、阳曲、翼城、霍州、襄汾、绛县、万泉、万荣、稷山、安泽大旱,蝗伤稼,饿死人甚众	山西水旱灾害

续表 4-11-3

序号	公元	年号	记载	资料来源
6	1697	清康熙卅六年	临县、石楼、永和、蒲县、乡宁、大宁、隰县、静乐、汾阳、孝义、文水、介休、闻喜、盂县、昔阳、和顺夏大旱	山西水旱灾害
7	1720	清康熙五十九年	山西全省性大旱	山西自然灾害史年表
8	1721	清康熙六十年	山西全省性持续大旱	山西自然灾害史年表
9	1722	清康熙六十一年	山西全省性大旱，中部尤甚	山西水旱灾害
10	1878	清光绪四年	怀仁、文水、汾阳、孝义、交城、临汾、翼城、吉州、大宁、平顺、祁县、临县、蒲县、泽州、永宁(离石)、霍县、襄陵、乡宁、隰州、壶关、夏县、陵川、高平、泽州、襄垣、盂县、安邑、临晋、稷山、虞乡、芮城：旱。沁水、汾西、屯留：大疫。闻喜、太谷：大饥	山西自然灾害史年表
11	1936	民国廿五年	十二月太原地震。全省持续性大旱	山西自然灾害史年表
12	1960		山西晋南旱象严重	山西水旱灾害
13	1965		山西全省性大旱。晋南春夏连旱，尤以伏旱为甚	山西水旱灾害
14	1972		山西全省性大旱，整个三伏天无雨	山西水旱灾害
15	1978		全省严重干旱的同时，风、雹、冻、病虫害亦严重发生	山西水旱灾害
16	1987		山西全省性旱，严重的有忻州、吕梁、临汾西部、太原市等	山西水旱灾害

11.1.5.2　《山西省历史洪水调查成果》中的调查成果

2011 年出版的《山西省历史洪水调查成果》中，暴雨洪水调查资料已收集至 2008 年，是目前资料最为可靠、最为完整的历史洪水调查成果。其中未收集隰县历史洪水调查成果。

11.1.5.3　沿河村落历史洪水调查成果

在对沿河村落入户调查过程中，对该村庄历史上较大洪水进行了详细的访问，主要从历史洪水的发生时间、洪水描述、洪水水位以及洪水致灾情况进行了调查。从调查情况来看，受受访者年龄限制，较为可靠的洪水记忆一般在 20 世纪 50 年代以后。由于沿河村落大部分河段都进行了河道整治或受河道冲淤影响，其河道过水断面与历史洪水发生时相比存在较大变动,大部分洪水位已不能反映现状河道的过水能力,但其洪水发生时间具有一定的参考意义。本次工作对沿河村落历史洪水调查进行了整理,可作为该县历史洪水调查成果的补充参考。经统计,洪水发生年份分别为70年代、80年代、1994年、1995年、1997年、2002年、2004年、2005年、2007年、2013年,见表4-11-4。

表4-11-4 隰县历史洪水调查成果统计表

序号	村名	发生时间	受访者		洪水访问情况
			姓名	年龄	
1	谙正	2002年左右	刘兰基	67	河水经常涨满河槽,洪水最大时溢出河道,淹没两岸边耕地
2	陈家河	1995年	李黄生	75	河里发大水,洪水溢出河槽,漫上了路
3	长寿	2013年	刘书记	48	河里发大水,洪水溢满河槽
4	张村	50、60年代	任兰生	81	河里经常发大水,洪水都漫上了河滩
		1975年左右	秦根旺	60	河里发大水,满河槽都是水,下游公路上都是水
		2013年	任兰生	81	河里发水,漫上了河滩,漫进两岸玉米地,地里积水70~80 cm深,桥孔快被淹没了
5	后华石头	1975年	王铁福	68	持续降雨引发河里大水,满河滩都是水,两岸滩地上的庄稼全被冲毁,农作物损失惨重
		2013年	王铁福	68	农历六月,降雨持续一个多小时,河道里发洪水,洪水面与主河槽持平
6	前华石头	1971年	薛贺生	68	农历八月十五前后,大雨持续一个多小时引发洪水,满河槽全是水,主河槽最深处水有3 m多深,地势低的地方河水都进了村子
		2013年	薛贺生	68	大雨持续一个小时引发洪水,村里地势较低处的路面让洪水淹了,右岸河滩地玉米苗大部分被冲毁
7	高崖底	1985年前后	曹玲女	84	河里发大水,沿河的庄稼被冲,收成降低
		2013年	韩春萍	42	大雨引发洪水,河左岸玉米地大部分被淹
8	贺家峪	1975年左右	李兰亭	60	大雨持续一个多小时,引发洪水,两岸耕地被冲毁
			贺锁龙	63	河里发大水,水面快与河槽持平,差不多进了贺军喜家的院子

续表 4-11-4

序号	村名	发生时间	受访者		洪水访问情况
			姓名	年龄	
9	刁家峪	1975 年左右	王玉明	54	河里发大水,将村里当时的沿河小路都淹了
		2013 年	霍记平	52	暴雨引发洪水,河里的水快将左岸岸边村民的水井淹没
10	圪针沟	1997 年	程建军	46	村庄上游下大雨,引发大水,水漫上河边小路。靠河最近的人家,院墙都让水漫了半米深,河滩庄稼被冲毁
11	龙神沟	1968 ~ 1971 年	张富生	75	暴雨引发洪水,水面离左岸路面有 1 m 左右
12	汪家沟	1982 年左右	薛乃照	56	河里发大水,满河滩都是水,水漫上了路
13	刘家庄	1999 年左右	刘小明	48	河里发大水,河水溢出河道进了村子和居民家的院子,村子巷子里的水有一尺多深
		2013 年	刘茂兰	57	暴雨发洪水,洪水漫上了桥
14	枣林	1985 年左右	刘桂花	68	河里发了好几次大水,洪水最大的时候,水快上了自家的院子
		2013 年	刘桂花	68	洪水溢出河槽,鱼池被冲毁
15	古城	1972 年	王镜荣	62	古城沟流域暴雨,降雨量 125 mm,河水猛涨,大洪水漫过古城沟大桥,洪水冲入民宅,使 100 余间房屋受损
		2013 年	土镜荣	62	天降大雨,洪水溢满河槽,河里水有 1 人多深
16	回珠	1995 年	王富生	73	河里发大水,右岸桥边居民窑洞进水,左岸河水漫上王富生家的苹果园
		2002 年	苏四汝	75	河里发大水,桥孔排水不畅,自家院子进水有半米深
17	枣庄	1975 年前后	宛春新	50	大雨引发洪水,上游淤地坝被冲毁,洪水漫进河滩耕地
18	下崖底	1994 年前后	刘秋兰	65	暴雨引发洪水,上游坝被冲毁,河水漫上居民院前的路上,牛被冲走,河滩里的庄稼被冲毁
		2013 年	刘秋兰	65	降雨持续了 5 ~ 6 d,河里发大水,河水从主河槽溢出,冲毁左岸耕地,水漫到右岸居民(刘秋兰)门前路上

续表 4-11-4

序号	村名	发生时间	受访者		洪水访问情况
			姓名	年龄	
19	卫家峪	1994 年	刘新爱	60	农历六月二十八,降雨持续了好久,大水从晚上九点多漫上居民户,老百姓从家里跑出来,一天水才落下去,五天都不能进地,上游沟里的鱼池里的鱼全被冲下来了
		2007 年	刘新爱	60	河里涨水,水面与河槽齐平,将村里正在修建的桥冲毁
		2013 年	郭炳爱	51	暴雨引发洪水,洪水溢出河槽,进村的山路上满是泥,导致居民进村受阻
20	赵家庄	2003 ~ 2004 年	刘峰义	64	河水漫上公路,滩地庄稼被冲毁
21	大坪	1970 年前后	张麦贵	68	天降大雨导致河里经常发大水
		2013 年	张麦贵	68	6 月持续降雨,河道涨水,右岸的玉米地全被冲毁,村里沿河路上积水有 30 cm 深
22	峪里	2013 年	马虎平	43	河里发水,河槽水面与右岸齐平
23	梁家河	2013 年			暴雨引发洪水,河水从河槽溢出来
24	鸭湾	2013 年	雷国祥	93	降雨持续数天引发洪水,河水漫上桥,沿公路流进两岸的居民户。桥上的水泥栏杆被冲毁。白天洪水持续数小时(60 年来这是最大一场洪水),路上水深 60 cm。路边村委会办公室内预警广播等设备受损
25	解家圪塔	1972 年前后	宋存地	74	暴雨引发洪水,洪水漫上滩地,河滩耕地都被冲毁
26	渠子	1972 年前后	韩明亮	79	暴雨引发洪水,河水漫上右岸公路
27	朱家峪	1982 年左右	李进元	66	大雨引发洪水,河水溢出河道,漫上路面
28	后庄	2004 年	杨计浪	67	大雨引发洪水,洪水溢出河道,村民围墙被冲毁,院子水深有 1 m
		2013 年	刘平平	70	河里发大水,洪水进了院子,院子水深有 1 m
29	路家峪	1983 年左右	吴存祥	78	暴雨引发山洪,洪水溢满河槽
		2005 年	吕建云	41	河里发大水,河水也上了自家院子
		2013 年	吴存祥	78	雨水多,降雨持续时间长,村上游坝淤蓄满水被冲毁,河滩地全是水

续表 4-11-4

序号	村名	发生时间	受访者		洪水访问情况
			姓名	年龄	
30	蓬门	80 年代	郭金富	63	天降大雨,洪水溢出河槽,漫到了路上
		1990 年前	米仙爱	50	河里发大水,河水漫过村里大桥,当时河左岸的庄稼都让冲了
		2013 年	米仙爱	50	河水漫上了主沟桥下游的菜地
31	柴家沟	1990 年前后	刘俊明	73	河里发大水,洪水漫上左岸路
		2013 年	刘俊明	73	洪水溢出河槽,主河槽上小桥被冲毁
32	半沟	1960 年前后	马栓浪	58	沟里发大水,河左岸居民院子都上了水,主河槽有 1 人多深
		1993 年前后	韩天福	45	河里经常涨水,河滩到处都是水
		2013 年	韩天福	45	上游骨干坝放水,淹了下游耕地

11.1.5.4　当地相关部门洪水记载

本次工作收集了地方县志、当地水利及相关部门对洪水的记载,可作为隰县历史洪水调查成果的补充。本次共收集 9 场次洪水记载,洪水发生年份分别为 1956 年、1967 年、1972 年、1989 年、1993 年、2001 年、2002 年、2007 年、2008 年,见表 4-11-5。

表 4-11-5　隰县历史洪水调查成果统计表

序号	发生时间	位置	洪水灾害描述
1	1956 年 8 月 4 日	午城镇	午城镇城川河流域暴雨,降雨量 102 mm,河水猛涨,大洪水漫过 209 国道水堤段,洪水卷走一人(刘绍汉),冲毁公路 58 m,损失惨重
2	1967 年 8 月 17 日	龙泉镇、城南乡	龙泉镇、城南乡城川河流域暴雨,降雨量 128 mm,河水猛涨,大洪水漫过车家坡大桥,洪水冲入民宅,使 80 余间房屋受损,淹没农田 580 亩
3	1972 年 7 月 23 日	龙泉镇	龙泉镇,古城沟流域暴雨,降雨量 125 mm,河水猛涨,大洪水漫过古城沟大桥,洪水冲入民宅,使 100 余间房屋受损
4	1989 年 7 月 21 日	城南乡、午城镇	城南乡、午城镇城川河流域暴雨,降雨量 98 mm,河水猛涨,大洪水漫过 209 国道桑梓段,洪水卷走 2 人(慕玉平等)、拉货车 1 辆、白面 1 车,损失惨重
5	1993 年 7 月 18 日	龙泉镇	龙泉镇大洪沟流域暴雨,降雨量 96 mm,洪水淹没隰县人民医院,积水高达 90 cm,住院部床、被损失严重
6	2001 年 8 月 3 日	龙泉镇	龙泉镇大洪沟流域暴雨,降雨量 85 mm,洪水淹没南唐沟居民房屋,积水高达 100 cm,财产损失严重
7	2002 年 9 月 3 日	黄土镇	黄土镇东川河流域暴雨,降雨量 108 mm,河水猛涨,洪水冲毁谙正村淤地坝 4 条、农田 130 亩,洪水冲入民宅,使 20 余间房屋受损

续表 4-11-5

序号	发生时间	位置	洪水灾害描述
8	2007 年 8 月 12 日	午城镇	午城镇卫家峪流域暴雨,降雨量 113 mm,河水猛涨,洪水冲毁卫家峪村淤地坝 5 条 、农田 150 亩,经济损失严重
9	2008 年 6 月 30 日	黄土镇	黄土镇东川河流域暴雨,降雨量 112 mm,洪水泛滥,冲毁谙正、古县护岸坝 430 m,淹没农田 270 亩

11.2 隰县山洪灾害分析评价成果

11.2.1 分析评价名录确定

隰县共有 107 个重点防治区(包含 3 家企业),重点防治区名录见表 4-11-6;隰县将 107 个重点防治区划分为 102 个计算小流域(流域面积相同的村落在表中只体现为一个计算小流域),基本信息见表 4-11-7,其中包括行政区划名称、面积、主沟道长度、主沟道比降、产流地类、汇流地类。

11.2.2 设计暴雨成果

隰县的 107 个重点防治区分为 102 个计算小流域,各时段雨量的均值 $\overline{H}$ 、变差系数 C_v、C_s/C_v 和各时段相应频率的雨量值成果 H_p 见表 4-11-8(本次对隰县 107 个山洪灾害沿河村落/企业均采用《山西省水文手册》中提供的方法进行了设计暴雨计算。对采用流域模型法计算设计洪水的进行设计暴雨时程分配计算,对采用经验公式法计算设计洪水的不进行设计暴雨时程分配计算)。隰县沿河村落 100 年一遇设计暴雨分布图见附图 4-121 ~ 附图 4-124。

11.2.3 设计洪水成果

隰县的 107 个重点防治区都进行了设计洪水的推求。其中设计洪水成果表见表 4-11-9(107 个沿河村落/企业均采用由设计暴雨推求设计洪水的方法计算,本次采用《山西省水文手册》中的流域模型法与经验公式法计算,对采用流域模型法计算设计洪水的进行设计净雨深计算,对采用经验公式法计算设计洪水的不进行设计净雨深计算)。隰县沿河村落 100 年一遇设计洪水分布图见附图 4-125。

表 4-11-6 隰县山洪灾害分析评价名录

序号	沿河村落/企业	行政区划代码	所在乡镇	所在河流	影响形式
1	上均庄	141031203203000	下李乡	城川河	河道洪水
2	下均庄	141031203203100	下李乡	城川河	河道洪水
3	桑湾	141031203204000	下李乡	城川河	河道洪水
4	王家庄	141031203204102	下李乡	城川河	河道洪水

续表 4-11-6

序号	沿河村落/企业	行政区划代码	所在乡镇	所在河流	影响形式
5	孙家庄	141031203204100	下李乡	城川河	河道洪水
6	长寿	141031203202000	下李乡	城川河	河道洪水
7	上李村	141031203200100	下李乡	城川河	坡面汇流
8	下李	141031203200000	下李乡	城川河	坡面汇流
9	桑树坡	141031203200101	下李乡	城川河	坡面汇流
10	前峪	141031203209100	下李乡	城川河	河道洪水
11	后湾	141031203201102	下李乡	城川河	坡面汇流
12	张村	141031203201000	下李乡	城川河	河道洪水
13	七里脚	141031204210000	城南乡	城川河	坡面汇流
14	上友	141031204211000	城南乡	城川河	河道洪水
15	明月泉	141031204211100	城南乡	城川河	河道洪水
16	千家庄	141031204209000	城南乡	城川河	河道洪水
17	后瓦窑坡	141031100202100	龙泉镇	城川河	河道洪水
18	前瓦窑坡	141031100202102	龙泉镇	城川河	河道洪水
19	刘家庄	141031100207000	龙泉镇	古城河	河道洪水
20	枣林	141031100207100	龙泉镇	古城河	河道洪水
21	木家河	141031203207110	下李乡	古城河	河道洪水
22	汪家沟	141031100208000	龙泉镇	古城河	河道洪水
23	靳家庄	141031100208101	龙泉镇	古城河	坡面汇流
24	路家沟	141031100208100	龙泉镇	古城河	坡面汇流
25	向阳村	141031100208103	龙泉镇	古城河	坡面汇流
26	古城	141031100202000	龙泉镇	古城河	河道洪水
27	梁家河	141031203216000	下李乡	朱家峪	河道洪水
28	峨仙	141031203215000	下李乡	朱家峪	坡面汇流
29	天桥	141031203212101	下李乡	朱家峪	河道洪水
30	鸭湾	141031203212000	下李乡	朱家峪	河道洪水

续表 4-11-6

序号	沿河村落/企业	行政区划代码	所在乡镇	所在河流	影响形式
31	东沟	141031203211100	下李乡	朱家峪	河道洪水
32	冯家	141031203211000	下李乡	朱家峪	坡面汇流
33	后坪家峪	141031203218105	下李乡	朱家峪	河道洪水
34	前坪家峪	141031203218102	下李乡	朱家峪	河道洪水
35	后庄	141031203218100	下李乡	朱家峪	河道洪水
36	前庄	141031203218104	下李乡	朱家峪	河道洪水
37	解家圪塔	141031203218000	下李乡	朱家峪	河道洪水
38	任家沟	141031203218101	下李乡	朱家峪	河道洪水
39	郭家沟	141031203218103	下李乡	朱家峪	河道洪水
40	罗沟	141031204212102	城南乡	朱家峪	河道洪水
41	杜家塌	141031204212103	城南乡	朱家峪	河道洪水
42	坊底	141031204212000	城南乡	朱家峪	河道洪水
43	渠子	141031204217000	城南乡	朱家峪	河道洪水
44	朱家峪	141031204218000	城南乡	朱家峪	河道洪水
45	后庄	141031204219101	城南乡	朱家峪	河道洪水
46	上蓬门	141031204219100	城南乡	朱家峪	河道洪水
47	路家峪	141031204219000	城南乡	朱家峪	河道洪水
48	梨博园	141031204219000	城南乡	朱家峪	河道洪水
49	蓬门	141031204221000	城南乡	朱家峪	河道洪水
50	刘家堡	141031204207100	城南乡	朱家峪	坡面汇流
51	苛西	141031204202101	城南乡	朱家峪	河道洪水
52	柴家沟	141031204202102	城南乡	朱家峪	河道洪水
53	李城	141031204202000	城南乡	朱家峪	坡面汇流
54	半沟	141031204202100	城南乡	刁家峪	河道洪水
55	前留城	141031204201000	城南乡	朱家峪	河道洪水
56	圪针沟	141031204206101	城南乡	城川河	河道洪水

续表 4-11-6

序号	沿河村落/企业	行政区划代码	所在乡镇	所在河流	影响形式
57	龙神沟	141031204206100	城南乡	城川河	河道洪水
58	北沟河	141031202209101	陡坡乡	北沟河	坡面汇流
59	陈家河	141031100210000	龙泉镇	北沟河	河道洪水
60	后南峪	141031204200100	城南乡	北沟河	坡面汇流
61	前南峪	141031204200101	城南乡	北沟河	坡面汇流
62	韩家庄	141031200216103	阳头升乡	卫家峪	河道洪水
63	史家塌	141031200216101	阳头升乡	卫家峪	河道洪水
64	王家沟	141031200216000	阳头升乡	卫家峪	坡面汇流
65	枣庄	141031200215101	阳头升乡	卫家峪	河道洪水
66	下崖底	141031200215000	阳头升乡	卫家峪	河道洪水
67	寨子河	141031200215100	阳头升乡	卫家峪	坡面汇流
68	岢岚金	141031200214000	阳头升乡	卫家峪	坡面汇流
69	下吾子金	141031200214100	阳头升乡	卫家峪	坡面汇流
70	卫家峪	141031101211000	午城镇	卫家峪	河道洪水
71	西坡底	141031100200100	龙泉镇	城川河	坡面汇流
72	吕家沟	141031100201102	龙泉镇	城川河	坡面汇流
73	窑上	141031100201100	龙泉镇	城川河	坡面汇流
74	下王家庄	141031100201101	龙泉镇	城川河	坡面汇流
75	桑梓	141031101209000	午城镇	城川河	坡面汇流
76	后华石头	141031200202103	阳头升乡	刁家峪	河道洪水
77	前华石头	141031200202102	阳头升乡	刁家峪	河道洪水
78	李家圪垛	141031200202101	阳头升乡	刁家峪	河道洪水
79	贺家峪	141031200202000	阳头升乡	刁家峪	河道洪水
80	高崖底	141031200202100	阳头升乡	刁家峪	河道洪水
81	刁家峪	141031200201000	阳头升乡	刁家峪	河道洪水
82	宋家塬	141031200202104	阳头升乡	刁家峪	河道洪水
83	半沟	141031200201102	阳头升乡	朱家峪	河道洪水
84	上河	141031200201100	阳头升乡	刁家峪	河道洪水
85	宋家河	141031200204000	阳头升乡	刁家峪	河道洪水
86	枣庄河	141031200204102	阳头升乡	刁家峪	河道洪水
87	赵家庄	141031102211103	黄土镇	紫峪河	河道洪水

续表 4-11-6

序号	沿河村落/企业	行政区划代码	所在乡镇	所在河流	影响形式
88	大坪石料厂	141031102211100	黄土镇	紫峪河	河道洪水
89	大坪	141031102211100	黄土镇	紫峪河	河道洪水
90	岭上石料厂	141031102211000	黄土镇	紫峪河	河道洪水
91	煜佳冶炼公司	141031102211000	黄土镇	紫峪河	河道洪水
92	上紫峪	141031102211101	黄土镇	紫峪河	坡面汇流
93	下紫峪	141031102210102	黄土镇	紫峪河	河道洪水
94	南合	141031102210101	黄土镇	东川河	河道洪水
95	谙正	141031102203000	黄土镇	东川河	河道洪水
96	黄土	141031102200000	黄土镇	东川河	河道洪水
97	赵家	141031102208000	黄土镇	回珠河	坡面汇流
98	回珠	141031102200100	黄土镇	回珠河	河道洪水
99	古县	141031102202000	黄土镇	东川河	河道洪水
100	义泉	141031102201000	黄土镇	东川河	坡面汇流
101	解家河	141031202206102	陡坡乡	东川河	坡面汇流
102	后峪	141031202206103	陡坡乡	东川河	河道洪水
103	峪里	141031201205000	寨子乡	东川河	河道洪水
104	中桑峨	141031201203000	寨子乡	东川河	河道洪水
105	下桑峨	141031201202000	寨子乡	东川河	坡面汇流
106	桑峨咀	141031201202102	寨子乡	东川河	河道洪水
107	寨子	141031201200000	寨子乡	东川河	坡面汇流

11.2.4 现状防洪能力成果

现状防洪能力评价主要是在设计洪水分析成果的基础上,结合沿河村落地形地貌、居民户高程情况,勾绘划定其淹没范围,进行危险区等级的划分,确定最佳转移路线和临时安置地点,并统计各沿河村落5个典型频率设计洪水位下的累计人口、户数,获得水位–流量–人口关系,综合评价现状防洪能力。本次对隰县107个山洪灾害沿河村落/企业进行防洪现状评价。107个沿河村落/企业中,现状防洪能力小于5年一遇的有4个,大于等于5年一遇小于20年一遇的有10个,大于等于20年一遇的有93个。

经统计,隰县107个沿河村落中极高危险区内有70人,高危险区内有429人,危险区内有3 703人。现状防洪能力成果见表4-11-10与附图4-126。

11.2.5 雨量预警指标分析成果

隰县的107个重点防治区都进行了雨量预警指标的确定。隰县预警指标分析成果表和隰县沿河村落预警指标分布图见表4-11-11与附图4-127~附图4-132。

表4-11-7　隰县小流域基本信息汇总表

序号	行政区划名称	流域面积(km^2)	主沟道长度(km)	主沟道比降(‰)	产流地类(km^2)							汇流地类(km^2)		
					灰岩森林山地	灰岩灌丛山地	砂页岩森林山地	砂页岩灌丛山地	变质岩灌丛山地	变质岩森林山地	黄土丘陵沟壑	森林山地	灌丛山地	黄土丘陵
1	上均庄	134.8	21.2	14.1	66.57	63.53		0.11	0.05	0.01	4.54	66.58	63.69	4.54
2	下均庄	48.09	17.27	26.8	28.75				5.35	5.18	8.82	33.93	5.35	8.82
3	桑湾	35.26	11.5	27.8	24.74				5.35	5.18	0	29.92	5.35	
4	王家庄	44.78	11.46	32.5	29.41				5.31	4.99	5.07	34.4	5.31	5.07
5	长寿	204.1	25.19	14.4	98.83	63.53		0.11	5.4	5.18	31.02	104.01	69.03	31.02
6	上李村	0.52									0.52			0.52
7	下李	0.38									0.38			0.38
8	桑树坡	1.2									1.2			1.2
9	前峪	34.43	8.13	16.6					2.34	2.9	29.19	2.9	2.34	29.19
10	后湾	2.18									2.18			2.18
11	张村	273	31.49	13.7	98.84	63.53		0.11	8.32	7.59	94.61	106.43	71.95	94.61
12	七里脚	1.25									1.25			1.25
13	上友	303	36.2	13.2	98.84	63.53		3.24	5.18	7.59	124.62	106.43	71.95	124.62
14	明月泉	303.3	36.3	13.2	98.84	63.53		0.11	8.32	7.59	124.92	106.43	71.95	124.92
15	千家庄	311	37.6	13.1	98.84	63.53		0.11	8.32	7.59	132.62	106.43	71.95	132.62
16	后瓦窑坡	329	42.2	12.2	98.84	63.53		0.11	8.32	7.59	150.62	106.43	71.95	150.62
17	刘家庄	35.25	22.98	21.7	6.45				4.57	4.99	19.23	11.44	4.57	19.23
18	枣林	38.32	25.31	20.1	6.45				4.57	4.99	22.31	11.44	4.57	22.31

续表 4-11-7

序号	行政区划名称	流域面积(km^2)	主沟道长度(km)	主沟道比降(‰)	产流地类(km^2)							汇流地类(km^2)		
					灰岩森林山地	灰岩灌丛山地	砂页岩森林山地	砂页岩灌丛山地	变质岩灌丛山地	变质岩森林山地	黄土丘陵沟壑	森林山地	灌丛山地	黄土丘陵
19	木家河	6.891	5.18	54.7							6.89			6.89
20	汪家沟	13.6	10.48	20.6							13.6			13.6
21	靳家庄	0.53									0.53			0.53
22	路家沟	0.71									0.71			0.71
23	向阳村	0.34									0.34			0.34
24	古城	83.82	32.81	17.7	6.45				4.57	4.99	67.81	11.44	4.57	67.81
25	梁家河	7.107	5.6	35.1	2.39						4.72	2.39		4.72
26	峨仙	2.13									2.13			2.13
27	天桥	37.08	16.56	19.1	5.57						31.51	5.24		46.41
28	鸭湾	40.74	17.98	18.6	5.24						35.5	5.24		35.5
29	东沟	14.83	6.16	15.5							14.83			14.83
30	冯家	0.53									0.53			0.53
31	后坪家峪	2.8									2.8			2.8
32	前坪家峪	6.271	2.17	33.5							6.27			6.27
33	后庄	12.34	4.24	23							12.34			12.34
34	解家圪塔	16.05	7.47	16.2							16.05			16.05
35	任家沟	2.93	2.01	22.5							2.93			2.93
36	郭家沟	28.22	9.1	12.4							28.22			28.22

续表 4-11-7

序号	行政区划名称	流域面积(km^2)	主沟道长度(km)	主沟道比降(‰)	产流地类(km^2)							汇流地类(km^2)		
					灰岩森林山地	灰岩灌丛山地	砂页岩森林山地	砂页岩灌丛山地	变质岩灌丛山地	变质岩森林山地	黄土丘陵沟壑	森林山地	灌丛山地	黄土丘陵
37	罗沟	4.63	2.21	24.3							4.63			4.63
38	杜家塌	11.3	1.6	15.7							11.3			11.3
39	坊底	24.58	6.87	9.9							24.58			24.58
40	渠子	61.8	13.51	10.5							61.8			61.8
41	朱家峪	152.7	30.58	11.3	5.24						147.43	5.24		147.43
42	后庄	10.94	5.95	17.7							10.94			10.94
43	上蓬门	10.94	5.95	17.7							10.94			10.94
44	路家峪	9.21	4.56	20.3							9.21			9.21
45	梨博园	13.34	6.05	18							13.34			13.34
46	蓬门	36.61	10.41	13.7							36.61			36.61
47	刘家堡	1.45									1.45			1.45
48	苛西	217	40.9	9.6	5.24						211.76	5.24		211.76
49	柴家沟	9.75	5.26	18.9							9.75			9.75
50	李城	0.45									0.45			0.45
51	半沟	16.57	9.23	19.4							16.57			16.57
52	前留城	264	46.9	8.4	5.24						258.76	5.24		258.76
53	圪针沟	15.87	7.151	21.3							15.87			15.87

续表 4-11-7

序号	行政区划名称	流域面积(km^2)	主沟道长度(km)	主沟道比降(‰)	产流地类(km^2)							汇流地类(km^2)		
					灰岩森林山地	灰岩灌丛山地	砂页岩森林山地	砂页岩灌丛山地	变质岩灌丛山地	变质岩森林山地	黄土丘陵沟壑	森林山地	灌丛山地	黄土丘陵
54	龙神沟	18.28	9.515	17.6							18.28			18.28
55	北沟河	0.64									0.64			0.64
56	陈家河	31.78	19.05	19	0.03				0.84	1.62	29.28	1.66	0.84	29.28
57	后南峪	0.53									0.53			0.53
58	前南峪	0.55									0.55			0.55
59	韩家庄	5.82	2.58	25.2							5.82			5.82
60	史家塌	18.95	10.3	14.8							18.95			18.95
61	王家沟	0.48									0.48			0.48
62	枣庄	31.67	13.59	10.6							31.67			31.67
63	下崖底	36.95	16	9.7							36.95			36.95
64	寨子河	1.19									1.19			1.19
65	岢岚金	0.79									0.79			0.79
66	下吾子金	1.87									1.87			1.87
67	卫家峪	79.15	27.71	9.6							79.15			79.15
68	西坡底	1.18									1.18			1.18
69	吕家沟	2.27									2.27			2.27
70	窑上	2.27									2.27			2.27

续表 4-11-7

序号	行政区划名称	流域面积（km^2）	主沟道长度（km）	主沟道比降（‰）	产流地类（km^2）							汇流地类（km^2）		
					灰岩森林山地	灰岩灌丛山地	砂页岩森林山地	砂页岩灌丛山地	变质岩灌丛山地	变质岩森林山地	黄土丘陵沟壑	森林山地	灌丛山地	黄土丘陵
71	下王家庄	0.46									0.46			0.46
72	桑梓	10.01									10.01			10.01
73	后华石头	22.29	11.89	14.8							22.29			22.29
74	前华石头	23.97	13.55	13.6							23.97			23.97
75	李家圪垛	27.6	16.96	11.7							27.6			27.6
76	贺家峪	30.16	18.49	10.1							30.16			30.16
77	高崖底	40.31	19.87	9.6							40.31			40.31
78	刁家峪	61.81	22.54	9.1							61.81			61.81
79	宋家塬	7.2	2.5	10.7							7.2			7.2
80	半沟	6.63	3.6	42.3							6.63			6.63
81	上河	114.8	24	8							114.8			114.8
82	宋家河	123.5	25.2	8							123.5			123.5
83	枣庄河	134.6	31.58	8.8							134.6			134.6
84	赵家庄	27.89	7.72	26.1	27.89							27.89		
85	大坪	41.3	10.96	23.5	41.3							41.3		
86	岭上石料厂	47.94	12.86	22.6										
87	上紫峪	0.23								0.23		0.23		

续表 4-11-7

序号	行政区划名称	流域面积(km²)	主沟道长度(km)	主沟道比降(‰)	产流地类(km²)							汇流地类(km²)		
					灰岩森林山地	灰岩灌丛山地	砂页岩森林山地	砂页岩灌丛山地	变质岩灌丛山地	变质岩森林山地	黄土丘陵沟壑	森林山地	灌丛山地	黄土丘陵
88	下紫峪	75.36	19.58	21.3	66.97	0.49				7.9		74.87	0.49	
89	南合	150	18.9	9.2	22.75	4.3	46.27	76.68				69.02	80.98	
90	谙正	4.65	5.78	34							4.65			4.65
91	黄土	5.19	3.97	42.3							5.19			5.19
92	赵家	0.75									0.75			0.75
93	回珠	55.63	17.82	22.5	10.59				10.85	3.69	30.5	14.28	10.85	30.5
94	古县	5.14	3.07	36.2							5.14			5.14
95	义泉	4.91									4.91			4.91
96	解家河	0.46									0.46			0.46
97	后峪	34.34	23.61	20.6	2.87				4.29	2.18	25	5.05	4.29	25
98	峪里	39.01	24.62	19.4	2.87				4.29	2.18	29.67	5.05	4.29	29.67
99	中桑峨	2.61	2.44	42.6							2.61			2.61
100	下桑峨	1.86									1.86			1.86
101	桑峨咀	8.14	1.75	58.9							8.14			8.14
102	寨子	1.95								1.95			1.95	

表 4-11-8　隰县设计暴雨计算成果表

序号	计算单元名称	流域代码	历时	均值(mm)	变差系数(C_v)	C_s/C_v	重现期雨量值 H_p(mm)				
							100年($H_{1\%}$)	50年($H_{2\%}$)	20年($H_{5\%}$)	10年($H_{10\%}$)	5年($H_{20\%}$)
1	上均庄	WDA7100126U00000	10 min	12.3	0.44	3.5	21.4	19.2	16.3	13.9	11.5
			60 min	25	0.43	3.5	45.7	41.1	34.9	30.1	25
			6 h	43.5	0.43	3.5	86.4	78.2	66.9	58.1	48.8
			24 h	61.7	0.42	3.5	129.2	117.5	101.4	88.7	75.2
			3 d	82.1	0.42	3.5	181.2	163.8	140.2	121.6	102.1
2	下均庄	WDA7100122UE0000	10 min	12.2	0.44	3.5	24	21.4	18	15.4	12.6
			60 min	24.8	0.43	3.5	49.8	44.6	37.7	32.3	26.6
			6 h	43	0.43	3.5	91.1	82	69.6	60	49.9
			24 h	60.2	0.42	3.5	131.9	119.2	101.9	88.3	74
			3 d	80	0.42	3.5	177.4	160.1	136.7	118.3	99
3	桑湾	WDA7100122UE0000	10 min	12.2	0.44	3.5	24.6	22.0	18.5	15.8	12.9
			60 min	24.8	0.43	3.5	50.9	45.6	38.4	32.9	27.1
			6 h	43.0	0.43	3.5	92.6	83.2	70.6	60.7	50.4
			24 h	60.2	0.42	3.5	133.3	120.4	102.8	89.0	74.5
			3 d	80.0	0.42	3.5	179.0	161.4	137.6	119.0	99.5
4	王家庄	WDA7100122UE0000	10 min	12.2	0.44	3.5	24.1	21.6	18.1	15.5	12.7
			60 min	24.8	0.43	3.5	50.1	44.9	37.9	32.4	26.7
			6 h	43.0	0.43	3.5	91.5	82.3	69.9	60.1	50.0
			24 h	60.2	0.42	3.5	132.2	119.5	102.1	88.4	74.1
			3 d	80.0	0.42	3.5	177.8	160.4	136.9	118.4	99.1

续表 4-11-8

序号	计算单元名称	流域代码	历时	均值(mm)	变差系数(C_v)	C_s/C_v	重现期雨量值 H_p(mm)				
							100年($H_{1\%}$)	50年($H_{2\%}$)	20年($H_{5\%}$)	10年($H_{10\%}$)	5年($H_{20\%}$)
5	长寿	WDA7100122UE0000	10 min	12.3	0.44	3.5	20.2	18.1	15.4	13.2	11
			60 min	25	0.43	3.5	43.5	39.2	33.4	28.9	24.1
			6 h	43.5	0.43	3.5	82.9	75.1	64.4	56	47.1
			24 h	61.7	0.42	3.5	124.2	113	97.6	85.4	72.6
			3 d	82.1	0.42	3.5	170.2	154.5	133	116.1	98.3
6	上李村	WDA7100129U00000	10 min	12.3	0.44	3.5	29.6	26.4	22.1	18.8	15.4
			60 min	25.1	0.43	3.5	58.8	52.6	44.3	37.8	31.0
			6 h	44.0	0.42	3.5	103.6	93.0	78.6	67.5	55.8
			24 h	63.2	0.41	3.5	146.4	131.9	112.1	96.8	80.7
			3 d	84.1	0.41	3.5	195.3	175.8	149.5	128.9	107.4
7	下李	WDA710012AU00000	10 min	12.3	0.44	3.5	29.7	26.5	22.2	18.9	15.5
			60 min	25.1	0.43	3.5	59.0	52.8	44.4	37.9	31.1
			6 h	44.0	0.42	3.5	103.9	93.2	78.9	67.7	55.9
			24 h	63.2	0.41	3.5	146.6	132.1	112.3	96.9	80.7
			3 d	84.1	0.41	3.5	195.6	176.1	149.7	129.1	107.5
8	桑树坡	WDA710012BU00000	10 min	12.3	0.44	3.5	29.1	26.0	21.8	18.5	15.1
			60 min	25.1	0.43	3.5	58.1	51.9	43.7	37.3	30.6
			6 h	44.0	0.42	3.5	102.7	92.1	78.0	66.9	55.3
			24 h	63.2	0.41	3.5	145.6	131.1	111.7	96.4	80.4
			3 d	84.1	0.41	3.5	194.3	175.0	148.9	128.5	107.1

续表 4-11-8

序号	计算单元名称	流域代码	历时	均值(mm)	变差系数(C_v)	C_s/C_v	重现期雨量值 H_p(mm)				
							100年($H_{1\%}$)	50年($H_{2\%}$)	20年($H_{5\%}$)	10年($H_{10\%}$)	5年($H_{20\%}$)
9	前峪	WDA7100122UF0000	10 min	12.1	0.44	3.5	24.6	22.0	18.5	15.7	12.9
			60 min	24.6	0.43	3.5	49.8	44.6	37.7	32.3	26.7
			6 h	41.0	0.43	3.5	89.9	80.6	68.3	58.6	48.6
			24 h	56.1	0.45	3.5	130.1	116.8	98.7	84.6	69.9
			3 d	78.3	0.44	3.5	181.5	162.9	137.9	118.4	98.1
10	后湾	WDA710012BU00000	10 min	12.3	0.44	3.5	28.7	25.6	21.5	18.2	14.9
			60 min	25.1	0.43	3.5	57.4	51.3	43.2	36.8	30.2
			6 h	44.0	0.42	3.5	101.8	91.3	77.3	66.4	54.9
			24 h	63.2	0.41	3.5	144.7	130.6	111.2	96.1	80.2
			3 d	84.1	0.41	3.5	193.4	174.3	148.3	128.0	106.8
11	张村	WDA710012BU00000	10 min	12.2	0.44	3.5	19.2	17.3	14.7	12.7	10.5
			60 min	24.8	0.43	3.5	41.6	37.6	32.1	27.8	23.3
			6 h	42.7	0.43	3.5	79.7	72.3	62.1	54	45.6
			24 h	59.8	0.43	3.5	120.1	109.2	94.1	82.3	69.8
			3 d	80.8	0.42	3.5	167.4	151.8	130.6	113.9	96.2
12	七里脚	WDA710012DU00000	10 min	12.3	0.44	3.5	27.4	24.4	20.5	17.4	14.2
			60 min	25.1	0.43	3.5	55.2	49.4	41.6	35.5	29.2
			6 h	44.0	0.42	3.5	99.0	88.9	75.3	64.7	53.7
			24 h	63.2	0.41	3.5	142.3	128.4	109.6	94.9	79.4
			3 d	84.1	0.41	3.5	190.5	171.8	146.5	126.7	105.9

续表 4-11-8

序号	计算单元名称	流域代码	历时	均值(mm)	变差系数(C_v)	C_s/C_v	重现期雨量值 H_p(mm)				
							100 年($H_{1\%}$)	50 年($H_{2\%}$)	20 年($H_{5\%}$)	10 年($H_{10\%}$)	5 年($H_{20\%}$)
13	上友	WDA710012EU00000	10 min	12.3	0.44	3.5	18.8	17.0	14.4	12.4	10.4
			60 min	25.1	0.43	3.5	40.8	37.0	31.6	27.4	23.0
			6 h	44.0	0.42	3.5	78.5	71.2	61.2	53.3	45.0
			24 h	63.2	0.41	3.5	118.5	107.6	92.8	81.0	68.6
			3 d	84.1	0.41	3.5	166.2	150.7	129.5	112.9	95.4
14	明月泉	WDA710012EU00000	10 min	12.3	0.44	3.5	18.7	16.9	14.4	12.4	10.3
			60 min	25.1	0.43	3.5	40.7	36.8	31.5	27.3	22.9
			6 h	44	0.42	3.5	78.2	71.0	61.0	53.1	44.9
			24 h	63.2	0.41	3.5	118.1	107.3	92.5	80.8	68.5
			3 d	84.1	0.41	3.5	165.9	150.4	129.3	112.7	95.2
15	千家庄	WDA710012EU00000	10 min	12.3	0.44	3.5	18.7	16.9	14.4	12.4	10.3
			60 min	25.1	0.43	3.5	40.7	36.8	31.5	27.3	22.9
			6 h	44.0	0.42	3.5	78.2	71.0	61.0	53.1	44.9
			24 h	63.2	0.41	3.5	118.1	107.3	92.5	80.8	68.5
			3 d	84.1	0.41	3.5	165.9	150.4	129.3	112.7	95.2
16	后瓦窑坡	WDA710012GU00000	10 min	12.3	0.44	3.5	18.5	16.7	14.2	12.3	10.2
			60 min	25.1	0.43	3.5	40.3	36.5	31.3	27.1	22.8
			6 h	44.0	0.42	3.5	77.7	70.5	60.6	52.8	44.6
			24 h	63.2	0.41	3.5	117.5	106.7	92.0	80.4	68.1
			3 d	84.1	0.41	3.5	165.3	149.9	128.9	112.4	94.9

续表 4-11-8

序号	计算单元名称	流域代码	历时	均值(mm)	变差系数(C_v)	C_s/C_v	重现期雨量值 H_p(mm)				
							100年($H_{1\%}$)	50年($H_{2\%}$)	20年($H_{5\%}$)	10年($H_{10\%}$)	5年($H_{20\%}$)
17	刘家庄	WDA7100121UG0000	10 min	11.8	0.47	3.5	25.2	22.4	18.6	15.7	12.7
			60 min	24.2	0.46	3.5	51.4	45.7	38.1	32.3	26.2
			6 h	40.2	0.46	3.5	93	83.1	69.7	59.4	48.6
			24 h	58.3	0.45	3.5	134.8	121	102.2	87.6	72.3
			3 d	78.6	0.45	3.5	185.2	165.9	140	119.8	98.8
18	枣林	WDA7100121UG0000	10 min	11.8	0.47	3.5	25	22.2	18.5	15.6	12.7
			60 min	24.2	0.46	3.5	51.1	45.4	37.9	32.1	26.1
			6 h	40.2	0.46	3.5	92.6	82.7	69.5	59.2	48.5
			24 h	58.3	0.45	3.5	134.4	120.7	102	87.4	72.2
			3 d	78.6	0.45	3.5	184.8	165.6	139.7	119.6	98.6
19	木家河	WDA7100121UGA000	10 min	11.5	0.46	3.5	26.7	23.7	19.8	16.8	13.6
			60 min	25.5	0.46	3.5	59.1	52.3	43.3	36.3	29.2
			6 h	40.2	0.51	3.5	106.1	93.8	77.6	65.0	52.1
			24 h	55.3	0.48	3.5	140.4	124.7	103.5	87.2	70.5
			3 d	78.0	0.53	3.5	216.3	190.2	155.5	129.0	102.1
20	汪家沟	WDA7100121UGA000	10 min	11.8	0.47	3.5	29.1	25.8	21.4	18	14.6
			60 min	24.2	0.46	3.5	57.7	51.2	42.6	35.9	29.1
			6 h	40.2	0.46	3.5	101.1	90	75.2	63.7	51.9
			24 h	58.3	0.45	3.5	142.4	127.3	106.9	91	74.6
			3 d	78.6	0.45	3.5	193.9	173.2	145.3	123.7	101.3

续表 4-11-8

序号	计算单元名称	流域代码	历时	均值(mm)	变差系数(C_v)	C_s/C_v	重现期雨量值 H_p(mm)				
							100 年($H_{1\%}$)	50 年($H_{2\%}$)	20 年($H_{5\%}$)	10 年($H_{10\%}$)	5 年($H_{20\%}$)
21	靳家庄	WDA7100121UGAA00	10 min	11.8	0.47	3.5	29.9	26.6	22.0	18.5	15.0
			60 min	24.2	0.46	3.5	59.0	52.4	43.6	36.7	29.7
			6 h	40.2	0.46	3.5	102.8	91.5	76.4	64.7	52.6
			24 h	58.3	0.45	3.5	143.8	128.5	107.7	91.6	74.9
			3 d	78.6	0.45	3.5	195.6	174.6	146.4	124.5	101.8
22	路家沟	WDA7100121UGAA00	10 min	11.8	0.47	3.5	29.8	26.4	21.9	18.5	14.9
			60 min	24.2	0.46	3.5	58.8	52.2	43.4	36.6	29.6
			6 h	40.2	0.46	3.5	102.5	91.2	76.2	64.5	52.5
			24 h	58.3	0.45	3.5	143.7	128.2	107.5	91.5	74.8
			3 d	78.6	0.45	3.5	195.3	174.3	146.2	124.3	101.7
23	向阳村	WDA7100121UGAA00	10 min	11.8	0.47	3.5	30.1	26.7	22.2	18.7	15.1
			60 min	24.2	0.46	3.5	59.3	52.6	43.8	37.0	29.9
			6 h	40.2	0.46	3.5	103.2	91.8	76.7	64.9	52.8
			24 h	58.3	0.45	3.5	144.2	128.7	107.8	91.7	75.0
			3 d	78.6	0.45	3.5	195.9	174.9	146.6	124.7	101.9
24	古城	WDA7100122UG0000	10 min	11.9	0.47	3.5	23.4	20.8	17.3	14.7	11.9
			60 min	24.2	0.46	3.5	47.8	42.6	35.7	30.3	24.8
			6 h	39.5	0.46	3.5	87.3	78.2	65.9	56.3	46.3
			24 h	57.4	0.45	3.5	128	115.1	97.6	84	69.7
			3 d	77.9	0.45	3.5	178.6	160.3	135.7	116.5	96.4

续表 4-11-8

序号	计算单元名称	流域代码	历时	均值(mm)	变差系数(C_v)	C_s/C_v	重现期雨量值 H_p(mm)				
							100年($H_{1\%}$)	50年($H_{2\%}$)	20年($H_{5\%}$)	10年($H_{10\%}$)	5年($H_{20\%}$)
25	梁家河	WDA7100121UH0000	10 min	12.5	0.43	3.5	27.4	24.5	20.6	17.6	14.4
			60 min	25.4	0.42	3.5	55.9	50	42.2	36.1	29.8
			6 h	44.1	0.42	3.5	98.2	88.2	74.8	64.3	53.4
			24 h	59.6	0.41	3.5	135.2	122	104.1	90	75.3
			3 d	78.5	0.4	3.5	175	158.2	135.3	117.4	98.6
26	峨仙	WDA7100122UH0000	10 min	12.5	0.43	3.5	23.9	21.4	18.1	15.5	12.8
			60 min	25.4	0.42	3.5	50.0	44.9	38.0	32.7	27.1
			6 h	44.1	0.42	3.5	90.5	81.6	69.5	60.1	50.2
			24 h	59.6	0.41	3.5	128.2	116.1	99.6	86.7	73.0
			3 d	78.5	0.4	3.5	169.2	153.3	131.5	114.5	96.5
27	天桥	WDA7100122UH0000	10 min	12.5	0.43	3.5	24.6	22.1	18.6	15.9	13.1
			60 min	25.4	0.42	3.5	51.4	46.1	39.0	33.5	27.8
			6 h	44.1	0.42	3.5	92.4	83.2	70.9	61.2	51.1
			24 h	59.6	0.41	3.5	129.8	117.5	100.7	87.5	73.6
			3 d	78.5	0.4	3.5	169.3	153.4	131.7	114.7	96.8
28	鸭湾	WDA7100122UH0000	10 min	12.5	0.43	3.5	23.8	21.4	18.2	15.6	13
			60 min	25.4	0.42	3.5	50.9	45.7	38.7	33.3	27.6
			6 h	43.8	0.42	3.5	91.6	82.4	70.2	60.5	50.5
			24 h	58.1	0.41	3.5	126.1	114.1	97.9	85.1	71.6
			3 d	77.8	0.41	3.5	168.8	152.8	131.1	114	96

续表 4-11-8

序号	计算单元名称	流域代码	历时	均值(mm)	变差系数(C_v)	C_s/C_v	重现期雨量值 H_p(mm)				
							100 年($H_{1\%}$)	50 年($H_{2\%}$)	20 年($H_{5\%}$)	10 年($H_{10\%}$)	5 年($H_{20\%}$)
29	东沟	WDA7100121UHB000	10 min	12.5	0.43	3.5	26.3	23.5	19.8	16.9	13.9
			60 min	25.3	0.42	3.5	54.2	48.5	41.0	35.1	29.0
			6 h	43.5	0.42	3.5	94.2	84.8	72.0	62.0	51.5
			24 h	56.6	0.41	3.5	126.7	114.5	97.8	84.7	71.0
			3 d	77.1	0.41	3.5	172.8	156.0	133.2	115.3	96.5
30	冯家	WDA7100123UH0000	10 min	12.5	0.43	3.5	29.4	26.3	22.1	18.9	15.5
			60 min	25.4	0.42	3.5	59.3	53.1	44.8	38.3	31.5
			6 h	44.1	0.42	3.5	102.4	92.0	77.9	66.9	55.4
			24 h	59.6	0.41	3.5	138.7	124.9	106.3	91.6	76.4
			3 d	78.5	0.40	3.5	179.0	161.6	137.9	119.3	99.9
31	后坪家峪	WDA7100121UHC000	10 min	12.6	0.43	3.5	28.6	25.6	21.5	18.3	15.1
			60 min	25.6	0.42	3.5	57.8	51.7	43.7	37.4	30.8
			6 h	43.0	0.42	3.5	98.0	88.0	74.5	64.0	53.0
			24 h	55.0	0.42	3.5	128.4	115.5	98.1	84.5	70.2
			3 d	75.8	0.42	3.5	177.0	159.1	135.0	116.2	96.5
32	前坪家峪	WDA7100121UHC000	10 min	12.6	0.43	3.5	27.8	24.8	20.9	17.8	14.6
			60 min	25.6	0.42	3.5	56.4	50.5	42.7	36.5	30.1
			6 h	43.0	0.42	3.5	96.3	86.5	73.3	63.0	52.2
			24 h	55.0	0.42	3.5	127.0	114.4	97.3	83.8	69.8
			3 d	75.8	0.42	3.5	175.3	157.8	134.0	115.4	96.0

续表 4-11-8

序号	计算单元名称	流域代码	历时	均值(mm)	变差系数(C_v)	C_s/C_v	重现期雨量值 H_p(mm)				
							100年($H_{1\%}$)	50年($H_{2\%}$)	20年($H_{5\%}$)	10年($H_{10\%}$)	5年($H_{20\%}$)
33	后庄	WDA7100121UHC000	10 min	12.6	0.43	3.5	26.9	24.0	20.2	17.3	14.2
			60 min	25.6	0.42	3.5	54.9	49.2	41.6	35.6	29.4
			6 h	43.0	0.42	3.5	94.5	84.9	72.0	62.0	51.5
			24 h	55.0	0.42	3.5	125.5	113.1	96.2	83.1	69.3
			3 d	75.8	0.42	3.5	173.5	156.2	132.8	114.6	95.4
34	解家圪塔	WDA7100122UHC000	10 min	12.6	0.43	3.5	26.5	23.7	19.9	17	14
			60 min	25.6	0.42	3.5	54.3	48.6	41.1	35.2	29.1
			6 h	43	0.42	3.5	93.7	84.2	71.5	61.5	51.1
			24 h	55	0.42	3.5	124.7	112.5	95.8	82.7	69.1
			3 d	75.8	0.42	3.5	172.7	155.5	132.3	114.2	95.2
35	任家沟	WDA7100123UHC000	10 min	12.6	0.43	3.5	28.6	25.5	21.5	18.3	15.0
			60 min	25.6	0.42	3.5	57.7	51.7	43.6	37.3	30.8
			6 h	43.0	0.42	3.5	97.9	87.9	74.4	63.9	52.9
			24 h	55.0	0.42	3.5	128.4	115.5	98.1	84.4	70.2
			3 d	75.8	0.42	3.5	176.9	159.1	135.0	116.1	96.5
36	郭家沟	WDA7100123UHC000	10 min	12.6	0.43	3.5	25.4	22.8	19.2	16.4	13.5
			60 min	25.6	0.42	3.5	52.6	47.2	39.9	34.3	28.4
			6 h	43.0	0.42	3.5	91.6	82.4	70.1	60.4	50.3
			24 h	55.0	0.42	3.5	122.9	110.9	94.6	81.9	68.5
			3 d	75.8	0.42	3.5	170.6	153.8	131.0	113.2	94.5

续表 4-11-8

序号	计算单元名称	流域代码	历时	均值(mm)	变差系数(C_v)	C_s/C_v	重现期雨量值 H_p(mm)				
							100 年($H_{1\%}$)	50 年($H_{2\%}$)	20 年($H_{5\%}$)	10 年($H_{10\%}$)	5 年($H_{20\%}$)
37	罗沟	WDA7100121UHCA00	10 min	12.6	0.43	3.5	28.1	25.1	21.1	18.0	14.8
			60 min	25.6	0.42	3.5	57.0	51.0	43.1	36.9	30.4
			6 h	43.0	0.42	3.5	97.0	87.1	73.8	63.4	52.5
			24 h	55.0	0.42	3.5	127.6	114.9	97.6	84.1	70.0
			3 d	75.8	0.42	3.5	176.0	158.3	134.4	115.7	96.2
38	杜家塌	WDA7100121UHCA00	10 min	12.6	0.43	3.5	27.6	24.7	20.8	17.7	14.6
			60 min	25.6	0.42	3.5	56.2	50.3	42.5	36.4	30.0
			6 h	43.0	0.42	3.5	96.0	86.3	73.1	62.8	52.1
			24 h	55.0	0.42	3.5	126.8	114.2	97.1	83.7	69.7
			3 d	75.8	0.42	3.5	175.1	157.5	133.8	115.3	95.9
39	坊底	WDA7100121UHCA00	10 min	11.5	0.46	3.5	26.7	23.7	19.8	16.8	13.6
			60 min	25.5	0.46	3.5	59.1	52.3	43.3	36.3	29.2
			6 h	40.2	0.51	3.5	106.1	93.8	77.6	65.0	52.1
			24 h	55.3	0.48	3.5	140.4	124.7	103.5	87.2	70.5
			3 d	78.0	0.53	3.5	216.3	190.2	155.5	129.0	102.1
40	渠子	WDA7100124UHC000	10 min	12.6	0.43	3.5	23.7	21.2	17.9	15.4	12.7
			60 min	25.6	0.42	3.5	49.7	44.7	37.9	32.6	27.1
			6 h	43	0.42	3.5	88	79.3	67.7	58.5	48.9
			24 h	55	0.42	3.5	119.4	108	92.5	80.2	67.4
			3 d	75.8	0.42	3.5	166.8	150.6	128.7	111.5	93.4

续表 4-11-8

序号	计算单元名称	流域代码	历时	均值(mm)	变差系数(C_v)	C_s/C_v	重现期雨量值 H_p(mm)				
							100年($H_{1\%}$)	50年($H_{2\%}$)	20年($H_{5\%}$)	10年($H_{10\%}$)	5年($H_{20\%}$)
41	朱家峪	WDA7100124UH0000	10 min	12.5	0.43	3.5	21.1	19	16.1	13.9	11.5
			60 min	25.4	0.42	3.5	45.5	41.1	35	30.3	25.3
			6 h	43.5	0.42	3.5	83.4	75.5	64.7	56.3	47.4
			24 h	57.1	0.41	3.5	117.2	106.5	91.8	80.2	68
			3 d	77.1	0.41	3.5	160.9	146	125.7	109.8	92.9
42	后庄	WDA7100121UHD000	10 min	12.5	0.46	3.5	29.3	26	21.6	18.2	14.8
			60 min	25.7	0.46	3.5	59.4	52.8	44	37.2	30.2
			6 h	42.6	0.45	3.5	103.1	91.9	76.9	65.2	53.3
			24 h	58	0.45	3.5	139.8	125.2	105.3	89.9	73.9
			3 d	76	0.45	3.5	185.2	165.6	139.1	118.6	97.3
43	上蓬门	WDA7100121UHD000	10 min	12.5	0.47	3.5	28.9	25.6	21.3	17.9	14.4
			60 min	25.7	0.46	3.5	58.2	51.7	43.1	36.5	29.6
			6 h	42.6	0.45	3.5	101.1	90.2	75.6	64.3	52.6
			24 h	58.0	0.45	3.5	138.6	124.1	104.5	89.2	73.4
			3 d	76.0	0.45	3.5	183.6	164.2	138.1	117.8	96.8
44	路家峪	WDA7100121UHDA00	10 min	12.5	0.46	3.5	32	27	22.4	18.9	16.4
			60 min	25.7	0.46	3.5	65.8	54.4	45.3	38.3	33.7
			6 h	42.6	0.45	3.5	107.3	93.9	78.5	66.5	55.6
			24 h	58	0.45	3.5	146.1	126.7	106.5	90.7	75.7
			3 d	76	0.45	3.5	191.4	167.4	140.5	119.6	99.2

续表 4-11-8

序号	计算单元名称	流域代码	历时	均值(mm)	变差系数(C_v)	C_s/C_v	重现期雨量值 H_p(mm)				
							100 年($H_{1\%}$)	50 年($H_{2\%}$)	20 年($H_{5\%}$)	10 年($H_{10\%}$)	5 年($H_{20\%}$)
45	梨博园	WDA7100121UHDA00	10 min	12.5	0.46	3.5	29.6	26.2	21.8	18.4	14.9
			60 min	25.7	0.46	3.5	59.3	53.1	44.2	37.4	30.3
			6 h	42.6	0.45	3.5	102.5	92.2	77.2	65.5	53.4
			24 h	58	0.45	3.5	139.8	125.5	105.5	90.1	74
			3 d	76	0.45	3.5	185	165.9	139.4	118.8	97.4
46	蓬门	WDA7100122UHD000	10 min	12.5	0.47	3.5	26.6	23.6	19.6	16.6	13.4
			60 min	25.7	0.46	3.5	54.5	48.5	40.6	34.4	28
			6 h	42.6	0.45	3.5	96.4	86.2	72.5	61.9	50.8
			24 h	58	0.45	3.5	134.2	120.4	101.8	87.3	72.1
			3 d	76	0.45	3.5	178.9	160.3	135.2	115.7	95.4
47	刘家堡	WDA7100125UH0000	10 min	12.5	0.43	3.5	28.8	25.8	21.7	18.5	15.2
			60 min	25.4	0.42	3.5	58.3	52.2	44.0	37.7	31.0
			6 h	44.1	0.42	3.5	101.2	90.9	77.0	66.1	54.8
			24 h	59.6	0.41	3.5	137.8	124.2	105.7	91.2	76.1
			3 d	78.5	0.40	3.5	177.9	160.6	137.2	118.8	99.5
48	苛西	WDA7100125UH0000	10 min	12.5	0.43	3.5	20.4	18.4	15.6	13.4	11.1
			60 min	25.4	0.42	3.5	44.3	40.0	34.1	29.4	24.6
			6 h	44.1	0.42	3.5	82.1	74.3	63.7	55.4	46.6
			24 h	59.6	0.41	3.5	116.7	106.0	91.3	79.8	67.5
			3 d	78.5	0.40	3.5	160.4	145.4	125.0	109.0	92.0

续表 4-11-8

序号	计算单元名称	流域代码	历时	均值(mm)	变差系数(C_v)	C_s/C_v	重现期雨量值 H_p(mm)				
							100年($H_{1\%}$)	50年($H_{2\%}$)	20年($H_{5\%}$)	10年($H_{10\%}$)	5年($H_{20\%}$)
49	柴家沟	WDA7100121UHE000	10 min	12.4	0.47	3.5	29.9	26.5	22	18.5	14.9
			60 min	25.1	0.46	3.5	58.5	52	43.2	36.4	29.5
			6 h	40.8	0.46	3.5	101.4	90.3	75.4	63.9	52
			24 h	58.4	0.45	3.5	141.3	126.4	106.1	90.5	74.3
			3 d	77.4	0.45	3.5	189.4	169.2	142.1	121.1	99.3
50	李城	WDA7100126UH0000	10 min	12.5	0.43	3.5	29.5	26.3	22.2	18.9	15.6
			60 min	25.4	0.42	3.5	59.4	53.2	44.9	38.4	31.6
			6 h	44.1	0.42	3.5	102.6	92.1	78.0	67.0	55.4
			24 h	59.6	0.41	3.5	138.9	125.0	106.3	91.7	76.4
			3 d	78.5	0.40	3.5	179.2	161.7	138.0	119.4	99.9
51	半沟	WDA7100124V00000	10 min	12.4	0.47	3.5	29.7	26.3	21.8	18.3	14.8
			60 min	25.1	0.46	3.5	58.2	51.6	42.9	36.2	29.3
			6 h	40.8	0.46	3.5	100.9	89.9	75.1	63.7	51.8
			24 h	58.4	0.45	3.5	140.9	126	105.9	90.3	74.1
			3 d	77.4	0.45	3.5	188.9	168.8	141.8	120.9	99.2
52	前留城	WDA7100127UH0000	10 min	12.5	0.43	3.5	19.8	17.8	15.1	13.0	10.8
			60 min	25.4	0.42	3.5	43.3	39.1	33.4	28.9	24.2
			6 h	44.1	0.42	3.5	80.7	73.1	62.8	54.6	46.0
			24 h	59.6	0.41	3.5	115.1	104.7	90.3	79.0	67.1
			3 d	78.5	0.40	3.5	158.7	144.0	124.0	108.2	91.5

续表 4-11-8

序号	计算单元名称	流域代码	历时	均值(mm)	变差系数(C_v)	C_s/C_v	重现期雨量值 H_p(mm)				
							100 年($H_{1\%}$)	50 年($H_{2\%}$)	20 年($H_{5\%}$)	10 年($H_{10\%}$)	5 年($H_{20\%}$)
53	圪针沟	WDA7100121UI0000	10 min	12	0.48	3.5	27.7	24.5	20.3	17	13.7
			60 min	23.9	0.47	3.5	53.4	47.4	39.3	33.1	26.7
			6 h	38	0.47	3.5	93.4	83.1	69.3	58.7	47.7
			24 h	55.8	0.46	3.5	133.7	119.5	100.3	85.4	70
			3 d	75.6	0.45	3.5	181.4	162.3	136.6	116.7	95.9
54	龙神沟	WDA710012IU00000	10 min	12	0.48	3.5	27.5	24.3	20.1	16.9	13.6
			60 min	23.9	0.47	3.5	53.1	47	39.1	32.9	26.6
			6 h	38	0.47	3.5	92.9	82.7	69	58.4	47.5
			24 h	55.8	0.46	3.5	133.2	119.1	100	85.2	69.9
			3 d	75.6	0.45	3.5	180.9	161.9	136.3	116.4	95.8
55	北沟河	WDA7100122UJ0000	10 min	11.7	0.47	3.5	29.6	26.3	21.8	18.3	14.8
			60 min	24.0	0.47	3.5	59.1	52.4	43.4	36.5	29.5
			6 h	39.9	0.47	3.5	103.9	92.3	76.7	64.7	52.4
			24 h	58.3	0.46	3.5	146.0	130.1	108.7	92.2	75.1
			3 d	76.8	0.45	3.5	190.9	170.4	142.9	121.5	99.4
56	陈家河	WDA7100122UJ0000	10 min	11.7	0.47	3.5	25.3	22.4	18.6	15.7	12.7
			60 min	24	0.47	3.5	51.9	46.1	38.4	32.4	26.2
			6 h	39.9	0.47	3.5	94.7	84.3	70.5	59.7	48.6
			24 h	58.3	0.46	3.5	137.5	123	103.5	88.4	72.7
			3 d	76.8	0.45	3.5	181.4	162.5	137.1	117.2	96.6

续表 4-11-8

序号	计算单元名称	流域代码	历时	均值(mm)	变差系数(C_v)	C_s/C_v	重现期雨量值 H_p(mm)				
							100 年($H_{1\%}$)	50 年($H_{2\%}$)	20 年($H_{5\%}$)	10 年($H_{10\%}$)	5 年($H_{20\%}$)
57	后南峪	WDA7100123UJ0000	10 min	11.1	0.47	3.5	28.3	25.1	20.8	17.5	14.1
			60 min	23.9	0.47	3.5	58.4	51.8	42.9	36.1	29.1
			6 h	39.8	0.47	3.5	104.7	93.0	77.3	65.2	52.8
			24 h	59.1	0.46	3.5	147.6	131.6	109.9	93.2	75.9
			3 d	78.5	0.46	3.5	198.6	177.0	147.8	125.3	102.0
58	前南峪	WDA7100123UJ0000	10 min	11.1	0.47	3.5	28.3	25.1	20.8	17.5	14.1
			60 min	23.9	0.47	3.5	58.4	51.7	42.9	36.1	29.1
			6 h	39.8	0.47	3.5	104.7	93.0	77.3	65.2	52.7
			24 h	59.1	0.46	3.5	147.6	131.5	109.9	93.2	75.9
			3 d	78.5	0.46	3.5	198.6	176.9	147.8	125.3	102.0
59	韩家庄	WDA7100121UK0000	10 min	12.5	0.48	3.5	30.4	26.9	22.2	18.6	15.0
			60 min	25.6	0.48	3.5	60.5	53.5	44.2	37.1	29.8
			6 h	41.2	0.48	3.5	106.1	94.1	78.1	65.7	53.0
			24 h	60.1	0.47	3.5	149.2	132.9	111.0	94.0	76.5
			3 d	76.5	0.47	3.5	192.9	171.7	143.3	121.3	98.6
60	史家埸	WDA7100122UK0000	10 min	12.5	0.48	3.5	28.6	25.3	20.9	17.6	14.1
			60 min	25.6	0.48	3.5	57.5	50.9	42.2	35.4	28.5
			6 h	41.2	0.48	3.5	102.4	90.9	75.6	63.8	51.6
			24 h	60.1	0.47	3.5	145.7	130.0	108.9	92.5	75.5
			3 d	76.5	0.47	3.5	189.2	168.6	141.0	119.6	97.5

续表 4-11-8

序号	计算单元名称	流域代码	历时	均值(mm)	变差系数(C_v)	C_s/C_v	重现期雨量值 H_p(mm)				
							100 年($H_{1\%}$)	50 年($H_{2\%}$)	20 年($H_{5\%}$)	10 年($H_{10\%}$)	5 年($H_{20\%}$)
61	王家沟	WDA7100122UK0000	10 min	12.5	0.48	3.5	32.4	28.7	23.7	19.9	16.0
			60 min	25.6	0.48	3.5	63.8	56.4	46.6	39.1	31.4
			6 h	41.2	0.48	3.5	110.3	97.7	81.0	68.1	54.8
			24 h	60.1	0.47	3.5	152.8	135.8	113.1	95.5	77.5
			3 d	76.5	0.47	3.5	196.9	175.1	145.7	123.1	99.8
62	枣庄	WDA7100122UK0000	10 min	12.5	0.48	3.5	28.2	24.9	20.6	17.3	13.9
			60 min	24	0.48	3.5	55.3	48.9	40.5	34	27.4
			6 h	41.5	0.48	3.5	99.9	88.7	73.8	62.2	50.4
			24 h	60.8	0.47	3.5	148.9	132.9	111.3	94.5	77.2
			3 d	80.1	0.46	3.5	194.5	173.7	145.8	124.1	101.7
63	下崖底	WDA7100122UK0000	10 min	12.5	0.48	3.5	28	24.8	20.5	17.2	13.9
			60 min	24	0.48	3.5	55	48.7	40.3	33.8	27.2
			6 h	41.5	0.48	3.5	99.5	88.4	73.5	62	50.2
			24 h	60.8	0.47	3.5	148.5	132.5	111	94.3	77.1
			3 d	80.1	0.46	3.5	194	173.4	145.5	123.9	101.6
64	寨子河	WDA7100124UK0000	10 min	12.5	0.48	3.5	32.4	28.7	23.7	19.9	16.0
			60 min	25.6	0.48	3.5	63.8	56.4	46.6	39.1	31.4
			6 h	41.2	0.48	3.5	110.3	97.7	81.0	68.1	54.8
			24 h	60.1	0.47	3.5	152.8	135.8	113.1	95.5	77.5
			3 d	76.5	0.47	3.5	196.9	175.1	145.7	123.1	99.8

续表 4-11-8

序号	计算单元名称	流域代码	历时	均值(mm)	变差系数(C_v)	C_s/C_v	重现期雨量值 H_p(mm)				
							100年($H_{1\%}$)	50年($H_{2\%}$)	20年($H_{5\%}$)	10年($H_{10\%}$)	5年($H_{20\%}$)
65	岢岚金	WDA7100124UK0000	10 min	12.5	0.48	3.5	32.2	28.5	23.5	19.7	15.8
			60 min	25.6	0.48	3.5	63.3	56.0	46.3	38.8	31.1
			6 h	41.2	0.48	3.5	109.7	97.2	80.6	67.7	54.6
			24 h	60.1	0.47	3.5	152.3	135.5	112.8	95.3	77.3
			3 d	76.5	0.47	3.5	196.4	174.6	145.4	122.8	99.6
66	下吾子金	WDA7100125UK0000	10 min	12.5	0.48	3.5	31.6	27.9	23.1	19.4	15.5
			60 min	25.6	0.48	3.5	62.4	55.1	45.6	38.2	30.6
			6 h	41.2	0.48	3.5	108.5	96.2	79.7	67.0	54.0
			24 h	60.1	0.47	3.5	151.3	134.6	112.2	94.9	77.1
			3 d	76.5	0.47	3.5	195.2	173.7	144.7	122.3	99.3
67	卫家峪	WDA7100126UK0000	10 min	12.4	0.48	3.5	26.2	23.2	19.3	16.2	13.1
			60 min	25.1	0.48	3.5	52.2	46.3	38.4	32.3	26.1
			6 h	40	0.48	3.5	95.9	85.3	71.2	60.2	48.9
			24 h	60.1	0.47	3.5	144.7	129.4	108.7	92.6	76
			3 d	80.1	0.46	3.5	190.1	170.1	143.1	122.2	100.4
68	西坡底	WDA710012GU00000	10 min	12.3	0.44	3.5	29.1	26.0	21.8	18.5	15.1
			60 min	25.1	0.43	3.5	58.1	51.9	43.7	37.3	30.6
			6 h	44.0	0.42	3.5	102.7	92.1	78.0	66.9	55.3
			24 h	63.2	0.41	3.5	145.6	131.2	111.7	96.4	80.4
			3 d	84.1	0.41	3.5	194.3	175.0	148.9	128.5	107.1

续表 4-11-8

序号	计算单元名称	流域代码	历时	均值(mm)	变差系数(C_v)	C_s/C_v	重现期雨量值 H_p(mm)				
							100 年($H_{1\%}$)	50 年($H_{2\%}$)	20 年($H_{5\%}$)	10 年($H_{10\%}$)	5 年($H_{20\%}$)
69	吕家沟	WDA710012HU00000	10 min	12.3	0.44	3.5	28.7	25.6	21.4	18.2	14.9
			60 min	25.1	0.43	3.5	57.4	51.3	43.1	36.8	30.2
			6 h	44.0	0.42	3.5	101.7	91.3	77.3	66.3	54.9
			24 h	63.2	0.41	3.5	144.7	130.5	111.2	96.0	80.2
			3 d	84.1	0.41	3.5	193.3	174.2	148.3	128.0	106.8
70	窑上	WDA710012HU00000	10 min	12.3	0.44	3.5	28.7	25.6	21.4	18.2	14.9
			60 min	25.1	0.43	3.5	57.4	51.3	43.1	36.8	30.2
			6 h	44.0	0.42	3.5	101.7	91.3	77.3	66.3	54.9
			24 h	63.2	0.41	3.5	144.7	130.5	111.2	96.0	80.2
			3 d	84.1	0.41	3.5	193.3	174.2	148.3	128.0	106.8
71	下王家庄	WDA710012HU00000	10 min	12.3	0.44	3.5	29.6	26.4	22.1	18.8	15.4
			60 min	25.1	0.43	3.5	58.9	52.7	44.3	37.8	31.1
			6 h	44.0	0.42	3.5	103.7	93.1	78.7	67.5	55.9
			24 h	63.2	0.41	3.5	146.5	131.9	112.2	96.8	80.7
			3 d	84.1	0.41	3.5	195.4	175.9	149.6	129.0	107.4
72	桑梓	WDA710012KU00000	10 min	11.1	0.47	3.5	28.2	25.0	20.8	17.5	14.1
			60 min	23.9	0.47	3.5	58.3	51.7	42.8	36.0	29.0
			6 h	39.8	0.47	3.5	104.6	92.9	77.2	65.1	52.7
			24 h	59.1	0.46	3.5	147.5	131.5	109.8	93.1	75.9
			3 d	78.5	0.46	3.5	198.5	176.8	147.7	125.2	102.0

续表 4-11-8

序号	计算单元名称	流域代码	历时	均值(mm)	变差系数(C_v)	C_s/C_v	重现期雨量值 H_p(mm)				
							100年($H_{1\%}$)	50年($H_{2\%}$)	20年($H_{5\%}$)	10年($H_{10\%}$)	5年($H_{20\%}$)
73	后华石头	WDA7100121V00000	10 min	12.6	0.49	3.5	29	25.6	21.1	17.7	14.2
			60 min	25.6	0.49	3.5	58	51.3	42.3	35.4	28.4
			6 h	41.2	0.49	3.5	103.4	91.6	76	63.9	51.5
			24 h	60.3	0.48	3.5	148.1	131.9	110.1	93.2	75.8
			3 d	76.5	0.47	3.5	188.5	168.1	140.6	119.3	97.3
74	前华石头	WDA7100121V00000	10 min	12.6	0.49	3.5	28.8	25.5	21	17.6	14.1
			60 min	25.6	0.49	3.5	57.8	51	42.1	35.3	28.3
			6 h	41.2	0.49	3.5	103.1	91.4	75.8	63.7	51.4
			24 h	60.3	0.48	3.5	147.8	131.6	109.9	93.1	75.7
			3 d	76.5	0.47	3.5	188.2	167.8	140.4	119.2	97.2
75	李家圪垛	WDA7100121V00000	10 min	12.6	0.49	3.5	28.5	25.2	20.8	17.4	14.0
			60 min	25.6	0.49	3.5	57.3	50.6	41.8	35.0	28.1
			6 h	41.2	0.49	3.5	102.5	90.9	75.4	63.4	51.2
			24 h	60.3	0.48	3.5	147.2	131.1	109.5	92.8	75.5
			3 d	76.5	0.47	3.5	187.6	167.3	140.0	118.9	97.1
76	贺家峪	WDA7100121V00000	10 min	12.6	0.50	3.5	28.7	25.3	20.8	17.4	13.9
			60 min	25.4	0.50	3.5	56.8	50.1	41.3	34.6	27.7
			6 h	40.8	0.49	3.5	101.3	89.8	74.5	62.7	50.6
			24 h	60.4	0.48	3.5	146.7	130.8	109.3	92.6	75.5
			3 d	76.4	0.47	3.5	186.8	166.6	139.5	118.5	96.8

续表 4-11-8

序号	计算单元名称	流域代码	历时	均值(mm)	变差系数(C_v)	C_s/C_v	重现期雨量值 H_p(mm)				
							100 年($H_{1\%}$)	50 年($H_{2\%}$)	20 年($H_{5\%}$)	10 年($H_{10\%}$)	5 年($H_{20\%}$)
77	高崖底	WDA7100122V00000	10 min	12.6	0.50	3.5	28	24.7	20.3	17	13.6
			60 min	25.4	0.50	3.5	55.7	49.2	40.6	34	27.3
			6 h	40.8	0.49	3.5	99.9	88.6	73.6	62	50.1
			24 h	60.4	0.48	3.5	145.3	129.6	108.5	92	75.1
			3 d	76.4	0.47	3.5	185.3	165.4	138.6	117.9	96.4
78	刁家峪	WDA7100123V00000	10 min	12.6	0.50	3.5	26.9	23.7	19.6	16.4	13.1
			60 min	25.4	0.50	3.5	53.9	47.7	39.5	33.1	26.6
			6 h	40.8	0.49	3.5	97.6	86.7	72.1	60.9	49.3
			24 h	60.4	0.48	3.5	143	127.7	107	91	74.4
			3 d	76.4	0.47	3.5	182.9	163.5	137.2	116.8	95.7
79	宋家塬	WDA7100121VB0000	10 min	12.5	0.51	3.5	31.7	27.8	22.8	18.9	15.0
			60 min	25.1	0.50	3.5	60.6	53.4	43.9	36.5	29.1
			6 h	40.4	0.49	3.5	105.7	93.5	77.3	64.8	52.1
			24 h	60.4	0.48	3.5	151.7	134.8	112.3	94.8	76.9
			3 d	76.2	0.47	3.5	191.6	170.6	142.4	120.5	98.0
80	半沟	WDA7100122UHF000	10 min	12.6	0.49	3.5	31.0	27.4	22.5	18.8	15.1
			60 min	25.6	0.49	3.5	61.3	54.1	44.5	37.2	29.7
			6 h	41.2	0.49	3.5	107.5	95.1	78.7	66.0	53.0
			24 h	60.3	0.48	3.5	151.9	135.1	112.4	94.9	76.9
			3 d	76.5	0.47	3.5	192.6	171.4	143.1	121.1	98.5

续表 4-11-8

序号	计算单元名称	流域代码	历时	均值(mm)	变差系数(C_v)	C_s/C_v	重现期雨量值 H_p(mm)				
							100年($H_{1\%}$)	50年($H_{2\%}$)	20年($H_{5\%}$)	10年($H_{10\%}$)	5年($H_{20\%}$)
81	上河	WDA7100124V00000	10 min	12.6	0.49	3.5	25.0	22.1	18.3	15.4	12.4
			60 min	25.6	0.49	3.5	51.0	45.2	37.5	31.6	25.5
			6 h	41.2	0.49	3.5	93.7	83.5	69.7	59.0	48.0
			24 h	60.3	0.48	3.5	138.8	124.2	104.5	89.1	73.1
			3 d	76.5	0.47	3.5	178.8	160.0	134.7	115.0	94.5
82	宋家河	WDA7100124V00000	10 min	12.6	0.49	3.5	24.8	21.9	18.1	15.2	12.3
			60 min	25.6	0.49	3.5	50.6	44.9	37.3	31.4	25.3
			6 h	41.2	0.49	3.5	93.2	83.0	69.3	58.7	47.8
			24 h	60.3	0.48	3.5	138.3	123.8	104.1	88.8	73.0
			3 d	76.5	0.47	3.5	178.2	159.6	134.3	114.7	94.4
83	枣庄河	WDA7100125V00000	10 min	12.6	0.49	3.5	24.5	21.7	18.0	15.1	12.1
			60 min	25.6	0.49	3.5	49.9	44.3	36.8	31.0	25.0
			6 h	41.2	0.49	3.5	92.0	82.0	68.5	58.1	47.3
			24 h	60.3	0.48	3.5	137.2	122.8	103.4	88.3	72.6
			3 d	76.5	0.47	3.5	177.2	158.7	133.7	114.2	94.0
84	赵家庄	WDA71101E0000000	10 min	11.9	0.48	3.5	26.2	23.2	19.2	16.2	13
			60 min	24.6	0.47	3.5	54.6	48.5	40.3	33.9	27.5
			6 h	43.6	0.47	3.5	102.1	91	76	64.4	52.5
			24 h	64.1	0.46	3.5	152.9	136.8	115	98.1	80.6
			3 d	85	0.46	3.5	204.9	183.1	153.8	131.1	107.5

续表 4-11-8

序号	计算单元名称	流域代码	历时	均值(mm)	变差系数(C_v)	C_s/C_v	重现期雨量值 H_p(mm)				
							100 年($H_{1\%}$)	50 年($H_{2\%}$)	20 年($H_{5\%}$)	10 年($H_{10\%}$)	5 年($H_{20\%}$)
85	大坪	WDA71102E0000000	10 min	11.9	0.48	3.5	25.4	22.5	18.7	15.7	12.7
			60 min	24.6	0.47	3.5	53.2	47.3	39.3	33.2	26.9
			6 h	43.6	0.47	3.5	100.2	89.4	74.8	63.5	51.8
			24 h	64.1	0.46	3.5	150.9	135.2	113.9	97.3	80
			3 d	85	0.46	3.5	202.8	181.4	152.5	130.1	106.9
86	岭上石料厂	WDA71102E0000000	10 min	11.9	0.48	3.5	25	22.2	18.4	15.5	12.5
			60 min	24.6	0.47	3.5	52.7	46.8	38.9	32.9	26.7
			6 h	43.6	0.47	3.5	99.5	88.7	74.3	63.1	51.5
			24 h	64.1	0.46	3.5	150.1	134.5	113.4	96.9	79.8
			3 d	85	0.46	3.5	201.9	180.7	152	129.8	106.6
87	上紫峪	WDA71102E0000000	10 min	12.4	0.48	3.5	32.4	28.7	23.7	19.9	16.0
			60 min	25.0	0.47	3.5	62.0	55.0	45.6	38.3	30.9
			6 h	40.1	0.47	3.5	105.7	93.9	78.1	65.9	53.4
			24 h	58.3	0.46	3.5	146.4	130.4	108.9	92.2	75.1
			3 d	77.5	0.45	3.5	193.5	172.7	144.7	123.1	100.6
88	下紫峪	WDA71103E0000000	10 min	11.9	0.48	3.5	23.7	21.1	17.5	14.8	11.9
			60 min	24.6	0.47	3.5	50.4	44.8	37.4	31.7	25.8
			6 h	43.6	0.47	3.5	96.2	86.0	72.3	61.6	50.5
			24 h	64.1	0.46	3.5	146.8	131.8	111.3	95.4	78.8
			3 d	85.0	0.46	3.5	197.2	176.8	149.3	127.9	105.6

续表 4-11-8

序号	计算单元名称	流域代码	历时	均值(mm)	变差系数(C_v)	C_s/C_v	重现期雨量值 H_p(mm)				
							100 年($H_{1\%}$)	50 年($H_{2\%}$)	20 年($H_{5\%}$)	10 年($H_{10\%}$)	5 年($H_{20\%}$)
89	南合	WDA7110700000000	10 min	12.5	0.53	3.5	25.4	22.4	18.3	15.2	12.1
			60 min	25.6	0.52	3.5	54.0	47.7	39.2	32.7	26.1
			6 h	42.6	0.52	3.5	103.6	91.8	75.9	63.7	51.2
			24 h	65.8	0.51	3.5	158.6	141.1	117.5	99.2	80.4
			3 d	86.1	0.51	3.5	215.5	191.5	159.2	134.2	108.6
90	谙正	WDA7110A00000000	10 min	11	0.48	3.5	26.9	23.8	19.7	16.5	13.3
			60 min	24	0.48	3.5	57.7	51	42.2	35.3	28.4
			6 h	41.5	0.48	3.5	106.4	94.3	78.3	65.8	53.1
			24 h	60.8	0.47	3.5	152.1	135.5	113.1	95.7	77.9
			3 d	80.1	0.46	3.5	199.2	177.7	148.7	126.3	103.1
91	黄土	WDA7110C00000000	10 min	11.0	0.48	3.5	26.8	23.7	19.6	16.4	13.2
			60 min	24.0	0.48	3.5	57.5	50.8	42.0	35.2	28.3
			6 h	41.5	0.48	3.5	106.1	94.1	78.1	65.7	53.0
			24 h	60.8	0.47	3.5	151.9	135.3	112.9	95.6	77.8
			3 d	80.1	0.46	3.5	198.9	177.4	148.5	126.1	103.0
92	赵家	WDA71103H0000000	10 min	11.0	0.48	3.5	28.3	25.0	20.7	17.3	13.9
			60 min	24.0	0.48	3.5	60.0	53.1	43.9	36.8	29.5
			6 h	41.5	0.48	3.5	109.5	97.0	80.4	67.6	54.4
			24 h	60.8	0.47	3.5	154.8	137.7	114.7	96.9	78.6
			3 d	80.1	0.46	3.5	202.3	180.2	150.6	127.7	104.0

续表 4-11-8

序号	计算单元名称	流域代码	历时	均值(mm)	变差系数(C_v)	C_s/C_v	重现期雨量值 H_p(mm)				
							100 年($H_{1\%}$)	50 年($H_{2\%}$)	20 年($H_{5\%}$)	10 年($H_{10\%}$)	5 年($H_{20\%}$)
93	回珠	WDA71103H0000000	10 min	11	0.48	3.5	22.9	20.4	16.9	14.2	11.5
			60 min	24	0.48	3.5	50.8	45.1	37.4	31.5	25.5
			6 h	41.5	0.48	3.5	97.1	86.4	72.1	61.1	49.7
			24 h	60.8	0.47	3.5	143	127.9	107.5	91.7	75.2
			3 d	80.1	0.46	3.5	189.4	169.5	142.7	121.9	100.3
94	古县	WDA7110E00000000	10 min	11.0	0.48	3.5	26.8	23.7	19.6	16.4	13.2
			60 min	24.0	0.48	3.5	57.5	50.9	42.0	35.2	28.3
			6 h	41.5	0.48	3.5	106.2	94.1	78.1	65.7	53.0
			24 h	60.8	0.47	3.5	151.9	135.3	112.9	95.6	77.8
			3 d	80.1	0.46	3.5	199.0	177.5	148.5	126.1	103.0
95	义泉	WDA7110F00000000	10 min	11.0	0.48	3.5	26.9	23.8	19.6	16.5	13.2
			60 min	24.0	0.48	3.5	57.6	50.9	42.1	35.3	28.3
			6 h	41.5	0.48	3.5	106.3	94.2	78.2	65.8	53.1
			24 h	60.8	0.47	3.5	152.0	135.4	113.0	95.7	77.8
			3 d	80.1	0.46	3.5	199.1	177.5	148.6	126.2	103.0
96	解家河	WDA71102K0000000	10 min	11.1	0.47	3.5	28.4	25.1	20.9	17.6	14.2
			60 min	23.9	0.47	3.5	58.5	51.9	43.0	36.2	29.2
			6 h	39.8	0.47	3.5	104.9	93.1	77.4	65.3	52.8
			24 h	59.1	0.46	3.5	147.8	131.7	110.0	93.2	75.9
			3 d	78.5	0.46	3.5	198.8	177.1	147.9	125.4	102.1

续表 4-11-8

序号	计算单元名称	流域代码	历时	均值(mm)	变差系数(C_v)	C_s/C_v	重现期雨量值 H_p(mm)				
							100年($H_{1\%}$)	50年($H_{2\%}$)	20年($H_{5\%}$)	10年($H_{10\%}$)	5年($H_{20\%}$)
97	后峪	WDA71102K0000000	10 min	11.1	0.47	3.5	23.9	21.2	17.6	14.9	12.0
			60 min	23.9	0.47	3.5	51.0	45.2	37.6	31.8	25.7
			6 h	39.8	0.47	3.5	94.9	84.6	70.7	59.9	48.8
			24 h	59.1	0.46	3.5	138.5	124.0	104.4	89.1	73.3
			3 d	78.5	0.46	3.5	188.2	168.3	141.5	120.6	99.0
98	峪里	WDA71102K0000000	10 min	11.1	0.47	3.5	23.6	21	17.5	14.7	11.9
			60 min	23.9	0.47	3.5	50.5	44.9	37.3	31.5	25.6
			6 h	39.8	0.47	3.5	94.4	84.1	70.3	59.6	48.6
			24 h	59.1	0.46	3.5	137.9	123.5	104	88.8	73.1
			3 d	78.5	0.46	3.5	187.6	167.8	141.1	120.3	98.8
99	中桑峨	WDA7110G00000000	10 min	11.6	0.49	3.5	29.4	26.0	21.4	17.9	14.3
			60 min	23.6	0.49	3.5	58.9	51.8	42.4	35.3	28.0
			6 h	37.6	0.51	3.5	102.1	90.2	74.3	62.1	49.7
			24 h	56.5	0.46	3.5	140.1	124.9	104.3	88.4	72.0
			3 d	76.5	0.52	3.5	211.2	185.9	152.3	126.6	100.5

续表 4-11-8

序号	计算单元名称	流域代码	历时	均值(mm)	变差系数(C_v)	C_s/C_v	重现期雨量值 H_p(mm)				
							100 年($H_{1\%}$)	50 年($H_{2\%}$)	20 年($H_{5\%}$)	10 年($H_{10\%}$)	5 年($H_{20\%}$)
100	下桑峨	WDA7110G00000000	10 min	11.6	0.49	3.5	29.7	26.2	21.6	18.1	14.5
			60 min	23.6	0.49	3.5	59.3	52.2	42.8	35.6	28.2
			6 h	37.6	0.51	3.5	102.7	90.7	74.7	62.4	49.9
			24 h	56.5	0.46	3.5	140.7	125.2	104.6	88.6	72.1
			3 d	76.5	0.52	3.5	211.8	186.5	152.7	126.9	100.7
101	桑峨咀	WDA7110H00000000	10 min	11.6	0.49	3.5	28.2	24.9	20.5	17.2	13.8
			60 min	23.6	0.49	3.5	56.8	50.0	41.0	34.1	27.1
			6 h	37.6	0.51	3.5	99.6	88.0	72.6	60.7	48.7
			24 h	56.5	0.46	3.5	137.9	123.0	102.9	87.4	71.4
			3 d	76.5	0.52	3.5	208.3	183.6	150.6	125.4	99.7
102	寨子	WDA7110H00000000	10 min	11.6	0.49	3.5	29.6	26.2	21.6	18.1	14.5
			60 min	23.6	0.49	3.5	59.3	52.1	42.7	35.5	28.2
			6 h	37.6	0.51	3.5	102.6	90.6	74.7	62.4	49.9
			24 h	56.5	0.46	3.5	140.6	125.2	104.6	88.6	72.1
			3 d	76.5	0.52	3.5	211.7	186.4	152.7	126.9	100.7

表 4-11-9　隰县设计洪水成果表

序号	行政区划名称	洪水要素	重现期洪水要素值				
			100 年	50 年	20 年	10 年	5 年
1	上均庄	洪峰流量(m^3/s)	154	114	71	45	28
		洪量(万 m^3)	292	229	156	108	72
		洪水历时(h)	13	13	12.5	12	11
		洪峰水位(m)	1 235.55	1 235.26	1 234.62	1 234.28	1 234.02
2	下均庄	洪峰流量(m^3/s)	99	74	46	29	18
		洪量(万 m^3)	148	116	79	55	37
		洪水历时(h)	9.75	9.5	8.75	8.25	7
		洪峰水位(m)	1 192.31	1 192.11	1 191.66	1 191.32	1 191.03
3	桑湾	洪峰流量(m^3/s)	57	42	26	16	10
		洪量(万 m^3)	91	71	48	33	22
		洪水历时(h)	8.75	8.25	7.5	6.75	5.25
		洪峰水位(m)					
4	王家庄	洪峰流量(m^3/s)	91	68	42	27	16
		洪量(万 m^3)	132	103	70	48	32
		洪水历时(h)	9.25	9	8.25	7.5	6.5
		洪峰水位(m)					
5	孙家庄	洪峰流量(m^3/s)	100	74	46	29	18
		洪量(万 m^3)	139	109	74	51	34
		洪水历时(h)	9.25	9	8.25	7.5	6.5
		洪峰水位(m)					
6	长寿	洪峰流量(m^3/s)	237	177	110	70	44
		洪量(万 m^3)	461	362	248	171	116
		洪水历时(h)	14.5	14.5	14.5	14	13
		洪峰水位(m)	1 167.55	1 167.58	1 167.45	1 166.5	1 165.91

续表 4-11-9

序号	行政区划名称	洪水要素	重现期洪水要素值				
			100 年	50 年	20 年	10 年	5 年
7	上李村	洪峰流量(m^3/s)	5.1	4.6	3.9	3.3	2.7
		洪量(万 m^3)					
		洪水历时(h)					
		洪峰水位(m)					
8	下李	洪峰流量(m^3/s)	4.1	3.7	3.1	2.6	2.2
		洪量(万 m^3)					
		洪水历时(h)					
		洪峰水位(m)					
9	桑树坡	洪峰流量(m^3/s)	6.1	5.5	4.6	3.9	3.2
		洪量(万 m^3)					
		洪水历时(h)					
		洪峰水位(m)					
10	前峪	洪峰流量(m^3/s)	403	339	255	191	132
		洪量(万 m^3)	186	150	107	76	52
		洪水历时(h)	5.25	4.25	3.75	3.5	3.25
		洪峰水位(m)	1 117.8	1 117.55	1 117.15	1 116.85	1 116.55
11	后湾	洪峰流量(m^3/s)	13.7	12.2	10.3	8.8	7.3
		洪量(万 m^3)					
		洪水历时(h)					
		洪峰水位(m)					
12	张村	洪峰流量(m^3/s)	387	292	186	119	74
		洪量(万 m^3)	682	539	372	258	176
		洪水历时(h)	15	15	14.5	14.5	14
		洪峰水位(m)	1 086.85	1 086.78	1 085.92	1 085.53	1 085.19

续表 4-11-9

序号	行政区划名称	洪水要素	重现期洪水要素值				
			100 年	50 年	20 年	10 年	5 年
13	七里脚	洪峰流量(m^3/s)	6.3	5.6	4.8	4.1	3.3
		洪量(万 m^3)					
		洪水历时(h)					
		洪峰水位(m)					
14	上友	洪峰流量(m^3/s)	460	344	220	142	89
		洪量(万 m^3)	776	614	424	295	202
		洪水历时(h)	15	15	14.5	14.5	14
		洪峰水位(m)	1 020.8	1 020.6	1 020.35	1 019.95	1 019.7
15	明月泉	洪峰流量(m^3/s)	460	344	220	142	89
		洪量(万 m^3)	777	615	424	296	202
		洪水历时(h)	15	15	14.5	14.5	14
		洪峰水位(m)	1 018.5	1 018.45	1 018.3	1 018.25	1 018.15
16	千家庄	洪峰流量(m^3/s)	476	356	228	147	92
		洪量(万 m^3)	802	635	438	306	209
		洪水历时(h)	15	15.5	14.5	14.5	14
		洪峰水位(m)	994	993.8	993.55	993.35	993.15
17	后瓦窑坡	洪峰流量(m^3/s)	499	374	240	155	97
		洪量(万 m^3)	860	682	471	329	225
		洪水历时(h)	15.5	16	15	15	14.5
		洪峰水位(m)	961.35	960.5	960	959.6	959.25
18	前瓦窑坡	洪峰流量(m^3/s)	499	374	240	155	97
		洪量(万 m^3)	860	682	471	329	225
		洪水历时(h)	15.5	16	15	15	14.5
		洪峰水位(m)	961.35	960.5	960	959.6	959.25

续表 4-11-9

序号	行政区划名称	洪水要素	重现期洪水要素值				
			100 年	50 年	20 年	10 年	5 年
19	刘家庄	洪峰流量(m^3/s)	155	124	85	55	33
		洪量(万 m^3)	169	134	92	63	42
		洪水历时(h)	8	7.75	7.25	6.75	6
		洪峰水位(m)	1 098.05	1 097.92	1 097.55	1 097.1	1 096.72
20	枣林	洪峰流量(m^3/s)	169	135	93	60	36
		洪量(万 m^3)	185	146	101	69	46
		洪水历时(h)	8.25	8	7.25	7	6.25
		洪峰水位(m)	1 072.17	1 072.01	1 071.75	1 071.52	1 071.32
21	木家河	洪峰流量(m^3/s)	75	62	45	33	22
		洪量(万 m^3)	48	39	27	19	13
		洪水历时(h)	4.3	3.5	3.0	2.8	2.0
		洪峰水位(m)					
22	汪家沟	洪峰流量(m^3/s)	51.5	42.1	30.1	21.7	13.4
		洪量(万 m^3)					
		洪水历时(h)					
		洪峰水位(m)	1 089.84	1 089.81	1 089.77	1 089.71	1 089.64
23	靳家庄	洪峰流量(m^3/s)	5.5	4.9	4.1	3.4	2.8
		洪量(万 m^3)					
		洪水历时(h)					
		洪峰水位(m)					
24	路家沟	洪峰流量(m^3/s)	7.2	6.4	5.4	4.5	3.7
		洪量(万 m^3)					
		洪水历时(h)					
		洪峰水位(m)					

续表 4-11-9

序号	行政区划名称	洪水要素	重现期洪水要素值				
			100 年	50 年	20 年	10 年	5 年
25	向阳村	洪峰流量(m^3/s)	4.3	3.8	3.2	2.7	2.2
		洪量(万 m^3)					
		洪水历时(h)					
		洪峰水位(m)					
26	古城	洪峰流量(m^3/s)	445	358	252	168	103
		洪量(万 m^3)	400	318	221	153	102
		洪水历时(h)	8.5	8	7.5	7.5	7
		洪峰水位(m)	968.24	967.6	966.72	965.91	965.19
27	梁家河	洪峰流量(m^3/s)	69	57	41	29	18
		洪量(万 m^3)	32	26	18	13	9
		洪水历时(h)	3	2.75	2.5	2	1.75
		洪峰水位(m)	1 347.36	1 347.25	1 347.06	1 346.36	1 345.94
28	峨仙	洪峰流量(m^3/s)	14.5	12.8	10.6	8.9	7.2
		洪量(万 m^3)					
		洪水历时(h)					
		洪峰水位(m)					
29	天桥	洪峰流量(m^3/s)	300	248	183	132	89
		洪量(万 m^3)	200	162	115	82	57
		洪水历时(h)	5.75	5.5	5.25	4.75	4.5
		洪峰水位(m)	1 174.15	1 174	1 173.85	1 173.65	1 173.45
30	鸭湾	洪峰流量(m^3/s)	300	248	183	132	89
		洪量(万 m^3)	200	162	115	82	57
		洪水历时(h)	5.75	5.5	5.25	4.75	4.5
		洪峰水位(m)	1 153	1 152.79	1 152.44	1 152.06	1 151.67

续表 4-11-9

序号	行政区划名称	洪水要素	重现期洪水要素值				
			100 年	50 年	20 年	10 年	5 年
31	东沟	洪峰流量(m^3/s)	273	234	182	141	102
		洪量(万 m^3)	86	70	51	37	26
		洪水历时(h)	3.5	2.5	2.5	2.25	2
		洪峰水位(m)	1 145.35	1 145.1	1 144.95	1 144.75	1 144.55
32	冯家	洪峰流量(m^3/s)	5.9	5.2	4.3	3.6	2.9
		洪量(万 m^3)					
		洪水历时(h)					
		洪峰水位(m)					
33	后坪家峪	洪峰流量(m^3/s)	31	28	24	20	17
		洪量(万 m^3)					
		洪水历时(h)					
		洪峰水位(m)					
34	前坪家峪	洪峰流量(m^3/s)	77	65	49	37	26
		洪量(万 m^3)	38	31	22	16	11
		洪水历时(h)	3	3	2.5	2.25	1.75
		洪峰水位(m)					
35	后庄	洪峰流量(m^3/s)	263	227	178	139	102
		洪量(万 m^3)	72	59	43	31	22
		洪水历时(h)	3	2.25	2	2	1.5
		洪峰水位(m)					
36	前庄	洪峰流量(m^3/s)	263	227	178	139	102
		洪量(万 m^3)	72	59	43	31	22
		洪水历时(h)	3	2.25	2	2	1.5
		洪峰水位(m)					

续表 4-11-9

序号	行政区划名称	洪水要素	重现期洪水要素值				
			100年	50年	20年	10年	5年
37	解家圪塔	洪峰流量(m^3/s)			9		
		洪量(万 m^3)					
		洪水历时(h)					
		洪峰水位(m)			1 114.82		
38	任家沟	洪峰流量(m^3/s)	33	30	25	21	18
		洪量(万 m^3)					
		洪水历时(h)					
		洪峰水位(m)					
39	郭家沟	洪峰流量(m^3/s)	239	200	150	112	76
		洪量(万 m^3)	160	132	96	70	49
		洪水历时(h)	5.75	5.25	4.75	4.25	4
		洪峰水位(m)					
40	罗沟	洪峰流量(m^3/s)	42	38	32	27	23
		洪量(万 m^3)					
		洪水历时(h)					
		洪峰水位(m)					
41	杜家塌	洪峰流量(m^3/s)	120	102	78	60	43
		洪量(万 m^3)	40	33	24	17	12
		洪水历时(h)	2.5	2.5	2	1.75	1.75
		洪峰水位(m)					
42	坊底	洪峰流量(m^3/s)	159	136	106	82	58
		洪量(万 m^3)	48	39	27	19	12
		洪水历时(h)	3.25	2.5	2	1.75	1.25
		洪峰水位(m)					

续表 4-11-9

序号	行政区划名称	洪水要素	重现期洪水要素值				
			100 年	50 年	20 年	10 年	5 年
43	渠子	洪峰流量(m^3/s)	672	566	430	324	227
		洪量(万 m^3)	320	262	189	137	97
		洪水历时(h)	5.5	4.75	4.25	4	3.75
		洪峰水位(m)	1 072.95	1 072.22	1 071.14	1 070.1	1 068.86
44	朱家峪	洪峰流量(m^3/s)	1002	830	615	443	294
		洪量(万 m^3)	701	571	411	297	209
		洪水历时(h)	8	7.5	7	7	6.5
		洪峰水位(m)	1 058.53	1 058.05	1 057.36	1 056.4	1 055.03
45	后庄	洪峰流量(m^3/s)	121	103	79	61	43
		洪量(万 m^3)	41	33	23	17	11
		洪水历时(h)	3	2.5	2.25	1.75	1.5
		洪峰水位(m)	1 084.35	1 084.2	1 084	1 083.8	1 083.6
46	上蓬门	洪峰流量(m^3/s)	126	105	78	58	40
		洪量(万 m^3)	74	60	43	31	21
		洪水历时(h)	4.5	4	3.5	3	2.75
		洪峰水位(m)					
47	路家峪	洪峰流量(m^3/s)	47.1	37.2	24.8	16.7	8.3
		洪量(万 m^3)					
		洪水历时(h)					
		洪峰水位(m)	1 093.85	1 093.75	1 093.63	1 093.62	1 093.04
48	梨博园	洪峰流量(m^3/s)	93	80	61	47	33
		洪量(万 m^3)	34	28	20	14	10
		洪水历时(h)	3	2	2	2	1
		洪峰水位(m)	1 068.94	1 068.85	1 068.73	1 068.62	1 068.17

续表 4-11-9

序号	行政区划名称	洪水要素	重现期洪水要素值				
			100 年	50 年	20 年	10 年	5 年
49	蓬门	洪峰流量(m^3/s)	523	440	331	249	172
		洪量(万 m^3)	220	178	126	90	61
		洪水历时(h)	5	4.25	3.5	3.5	3
		洪峰水位(m)	1 061.77	1 060.06	1 057.35	1 055.93	1 054.62
50	刘家堡	洪峰流量(m^3/s)	10.4	9.2	7.6	6.4	5.2
		洪量(万 m^3)					
		洪水历时(h)					
		洪峰水位(m)					
51	苛西	洪峰流量(m^3/s)	1 360	1 124	828	596	393
		洪量(万 m^3)	982	799	573	412	288
		洪水历时(h)	8.5	8	7.5	7	7
		洪峰水位(m)	965.2	964.9	964.5	964.15	963.8
52	柴家沟	洪峰流量(m^3/s)	90	77	60	46	32
		洪量(万 m^3)	29	23	16	12	8
		洪水历时(h)	2	2	1.5	1.5	1
		洪峰水位(m)	1 047.73	1 047.61	1 047.28	1 046.77	1 046.24
53	李城	洪峰流量(m^3/s)	5	4.4	3.7	3.1	2.5
		洪量(万 m^3)					
		洪水历时(h)					
		洪峰水位(m)					
54	半沟	洪峰流量(m^3/s)	122	104	82	63	45
		洪量(万 m^3)	38	28	20	14	10
		洪水历时(h)	3	2	1.5	1.5	1
		洪峰水位(m)	973.45	973.35	973.2	973.07	972.91

续表 4-11-9

序号	行政区划名称	洪水要素	重现期洪水要素值				
			100 年	50 年	20 年	10 年	5 年
55	前留城	洪峰流量(m^3/s)	1 499	1 236	908	651	428
		洪量(万 m^3)	1165	948	680	490	344
		洪水历时(h)	9	8.5	8	8	8
		洪峰水位(m)	934	933.6	933	932.5	931.95
56	圪针沟	洪峰流量(m^3/s)	265	223	167	124	84
		洪量(万 m^3)	91	72	50	35	23
		洪水历时(h)	3.75	3	2.75	2.25	2
		洪峰水位(m)	940.47	940.13	939.7	939.27	938.86
57	龙神沟	洪峰流量(m^3/s)	277	232	174	128	86
		洪量(万 m^3)	104	83	57	40	26
		洪水历时(h)	4	3.25	3	2.5	2.25
		洪峰水位(m)	911.86	911.52	910.96	910.46	909.92
58	北沟河	洪峰流量(m^3/s)	6.5	5.8	4.8	4.1	3.3
		洪量(万 m^3)					
		洪水历时(h)					
		洪峰水位(m)					
59	陈家河	洪峰流量(m^3/s)	310	256	187	136	90
		洪量(万 m^3)	187	149	104	72	48
		洪水历时(h)	6.5	5.25	4.5	4.25	3.75
		洪峰水位(m)	1 050.84	1 050.35	1 049.48	1 049.09	1 048.64
60	后南峪	洪峰流量(m^3/s)	5.4	4.8	4	3.3	2.7
		洪量(万 m^3)					
		洪水历时(h)					
		洪峰水位(m)					

续表 4-11-9

序号	行政区划名称	洪水要素	重现期洪水要素值				
			100年	50年	20年	10年	5年
61	前南峪	洪峰流量(m^3/s)	5.6	4.9	4.1	3.5	2.8
		洪量(万 m^3)					
		洪水历时(h)					
		洪峰水位(m)					
62	韩家庄	洪峰流量(m^3/s)	59	48	35	24	15
		洪量(万 m^3)	39	31	21	15	10
		洪水历时(h)	3.75	3.25	3	2.25	2
		洪峰水位(m)					
63	史家塌	洪峰流量(m^3/s)	119	95	67	46	28
		洪量(万 m^3)	120	96	66	46	30
		洪水历时(h)	7.25	6.5	6	5.5	4.75
		洪峰水位(m)					
64	王家沟	洪峰流量(m^3/s)	5.3	4.7	3.9	3.3	2.6
		洪量(万 m^3)					
		洪水历时(h)					
		洪峰水位(m)					
65	枣庄	洪峰流量(m^3/s)	263	220	163	119	77
		洪量(万 m^3)	132	105	73	50	33
		洪水历时(h)	6	4.5	3.5	3.5	2.5
		洪峰水位(m)	1 016.35	1 016.14	1 015.84	1 015.59	1 015.31
66	下崖底	洪峰流量(m^3/s)	272	227	167	122	78
		洪量(万 m^3)	145	115	80	55	36
		洪水历时(h)	6	5	4	3.5	3
		洪峰水位(m)	996.99	996.85	996.65	996.47	996.25

续表 4-11-9

序号	行政区划名称	洪水要素	重现期洪水要素值				
			100 年	50 年	20 年	10 年	5 年
67	寨子河	洪峰流量(m^3/s)	5.6	4.9	4.1	3.4	2.8
		洪量(万 m^3)					
		洪水历时(h)					
		洪峰水位(m)					
68	岢岚金	洪峰流量(m^3/s)	4.5	4	3.3	2.8	2.2
		洪量(万 m^3)					
		洪水历时(h)					
		洪峰水位(m)					
69	下吾子金	洪峰流量(m^3/s)	13	11.5	9.5	8	6.4
		洪量(万 m^3)					
		洪水历时(h)					
		洪峰水位(m)					
70	卫家峪	洪峰流量(m^3/s)	471	389	281	201	127
		洪量(万 m^3)	303	241	166	114	75
		洪水历时(h)	7.5	6.5	5.5	5	4.5
		洪峰水位(m)	883.18	882.8	882.24	881.74	881.12
71	西坡底	洪峰流量(m^3/s)	5.7	4.5	3.8	2.5	2.6
		洪量(万 m^3)					
		洪水历时(h)					
		洪峰水位(m)					
72	吕家沟	洪峰流量(m^3/s)	13.9	12.5	10.5	9	7.4
		洪量(万 m^3)					
		洪水历时(h)					
		洪峰水位(m)					

续表 4-11-9

序号	行政区划名称	洪水要素	重现期洪水要素值				
			100 年	50 年	20 年	10 年	5 年
73	窑上	洪峰流量(m^3/s)	13.9	12.5	10.5	9	7.4
		洪量(万 m^3)					
		洪水历时(h)					
		洪峰水位(m)					
74	下王家庄	洪峰流量(m^3/s)	4.9	4.4	3.7	3.2	2.6
		洪量(万 m^3)					
		洪水历时(h)					
		洪峰水位(m)					
75	桑梓	洪峰流量(m^3/s)	5.9	5.2	4.3	3.7	3.0
		洪量(万 m^3)					
		洪水历时(h)					
		洪峰水位(m)					
76	后华石头	洪峰流量(m^3/s)	339	284	211	156	105
		洪量(万 m^3)	151	120	83	58	38
		洪水历时(h)	5.5	4.5	3.5	3.25	2.75
		洪峰水位(m)	1 014.31	1 014.26	1 014.05	1 013.85	1 013.58
77	前华石头	洪峰流量(m^3/s)	343	286	211	156	104
		洪量(万 m^3)	161	129	89	62	40
		洪水历时(h)	5.75	4.5	3.75	3.5	3
		洪峰水位(m)	1 000.05	999.86	999.49	999.09	998.49
78	李家圪垛	洪峰流量(m^3/s)	365	302	220	160	105
		洪量(万 m^3)	198	158	109	75	49
		洪水历时(h)	6.3	5.3	4.3	4.0	3.5
		洪峰水位(m)	980.1	980.3	980.45	980.7	980.85

续表 4-11-9

序号	行政区划名称	洪水要素	重现期洪水要素值				
			100 年	50 年	20 年	10 年	5 年
79	贺家峪	洪峰流量(m^3/s)	365	302	220	160	105
		洪量(万 m^3)	198	158	109	75	49
		洪水历时(h)	6.25	5.25	4.25	4	3.5
		洪峰水位(m)	969.93	969.53	968.93	968.41	967.76
80	高崖底	洪峰流量(m^3/s)	455	376	272	198	129
		洪量(万 m^3)	259	206	143	98	64
		洪水历时(h)	6.75	5.5	4.75	4.5	4
		洪峰水位(m)	960.97	960.41	959.67	959.07	958.41
81	刁家峪	洪峰流量(m^3/s)	623	512	369	267	173
		洪量(万 m^3)	384	305	211	145	95
		洪水历时(h)	7.5	6.5	5.25	5	4.5
		洪峰水位(m)	942.9	942.5	941.94	941.34	940.73
82	宋家塬	洪峰流量(m^3/s)	191	163	125	95	66
		洪量(万 m^3)	50	40	28	19	13
		洪水历时(h)	3.25	2.5	2	1.5	1.25
		洪峰水位(m)					
83	半沟	洪峰流量(m^3/s)	85	71	52	38	26
		洪量(万 m^3)	50	40	28	20	13
		洪水历时(h)	4.25	3.5	3.25	2.5	2
		洪峰水位(m)					
84	上河	洪峰流量(m^3/s)	1 166	966	701	501	317
		洪量(万 m^3)	670	533	368	253	166
		洪水历时(h)	7.5	6.5	5.5	5	5
		洪峰水位(m)	925.95	925.1	924.35	923.55	922.75

续表 4-11-9

序号	行政区划名称	洪水要素	重现期洪水要素值				
			100 年	50 年	20 年	10 年	5 年
85	宋家河	洪峰流量(m^3/s)	1 222	1 011	733	523	330
		洪量(万 m^3)	714	569	392	270	177
		洪水历时(h)	7.5	6.5	5.5	5.5	5
		洪峰水位(m)	913.65	913.25	912.65	912	911.2
86	枣庄河	洪峰流量(m^3/s)	1 228	1 012	729	516	323
		洪量(万 m^3)	763	607	418	288	188
		洪水历时(h)	8	7	6	5.5	5.5
		洪峰水位(m)	877.5	877	876	875.35	874.65
87	赵家庄	洪峰流量(m^3/s)	49	35	21	13	7
		洪量(万 m^3)	72	55	36	24	15
		洪水历时(h)	7.75	7.25	6.5	5.5	3.5
		洪峰水位(m)	1 481.4	1 481.25	1 481.02	1 480.78	1 480.57
88	大坪石料厂	洪峰流量(m^3/s)	59	42	25	15	9
		洪量(万 m^3)	103	79	52	34	22
		洪水历时(h)	9.5	9.25	8.5	7.25	5.25
		洪峰水位(m)	1 414.16	1 414.06	1 414.02	1 413.88	1 413.76
89	大坪	洪峰流量(m^3/s)	59	42	25	15	9
		洪量(万 m^3)	103	79	52	34	22
		涨洪历时(h)					
		洪水历时(h)	9.5	9.25	8.5	7.25	5.25
		洪峰水位(m)	1 433.19	1 432.95	1 432.55	1 432.24	1 431.99
90	岭上石料厂	洪峰流量(m^3/s)	62	44	26	16	9
		洪量(万 m^3)	119	91	60	40	25
		涨洪历时(h)					
		洪水历时(h)	10.75	10.25	9.5	8.25	6
		洪峰水位(m)	1 373.12	1 372.97	1 372.76	1 372.56	1 372.38

续表 4-11-9

序号	行政区划名称	洪水要素	重现期洪水要素值				
			100 年	50 年	20 年	10 年	5 年
91	煜佳冶炼公司	洪峰流量(m^3/s)	62	44	26	16	9
		洪量(万 m^3)	119	91	60	40	25
		洪水历时(h)	10.75	10.25	9.5	8.25	6
		洪峰水位(m)	1 350.96	1 350.55	1 349.97	1 349.59	1 349.26
92	上紫峪	洪峰流量(m^3/s)	3.6	3.2	2.6	2.2	1.8
		洪量(万 m^3)					
		洪水历时(h)					
		洪峰水位(m)					
93	下紫峪	洪峰流量(m^3/s)	90	65	39	24	14
		洪量(万 m^3)	188	145	96	64	41
		洪水历时(h)	12.5	12.5	11.5	10.5	9
		洪峰水位(m)	1 244.5	1 244.35	1 244.1	1 243.9	1 243.6
94	南合	洪峰流量(m^3/s)	542	411	258	159	90
		洪量(万 m^3)	882	689	461	308	194
		涨洪历时(h)					
		洪水历时(h)	15.5	14.5	14	14	13
		洪峰水位(m)	1 245.25	1 244.9	1 244.25	1 243.75	1 243.25
95	谙正	洪峰流量(m^3/s)	94	80	61	47	33
		洪量(万 m^3)	33	26	18	13	8
		洪水历时(h)	3	2.25	2	1.5	1.25
		洪峰水位(m)	1 083.23	1 083.12	1 082.95	1 082.8	1 082.63
96	黄土	洪峰流量(m^3/s)	123	105	82	63	45
		洪量(万 m^3)	37	29	20	14	9
		洪水历时(h)	3.3	2.3	2.0	1.3	1.3
		洪峰水位(m)	1 040.2	1 040.15	1 040.1	1 040	1 039.95

续表 4-11-9

序号	行政区划名称	洪水要素	重现期洪水要素值				
			100 年	50 年	20 年	10 年	5 年
97	赵家	洪峰流量(m^3/s)	7.7	6.8	5.7	4.8	3.8
		洪量(万 m^3)					
		洪水历时(h)					
		洪峰水位(m)					
98	回珠	洪峰流量(m^3/s)	301	237	164	109	63
		洪量(万 m^3)	292	230	156	106	69
		洪水历时(h)	8.5	7.5	7.5	7	6
		洪峰水位(m)	1 029.45	1 029.25	1 028.95	1 028.7	1 028.4
99	古县	洪峰流量(m^3/s)	59	48	35	26	17
		洪量(万 m^3)	37	29	20	14	9
		洪水历时(h)	3.75	3.25	2.75	2.25	1.75
		洪峰水位(m)					
100	义泉	洪峰流量(m^3/s)	39.7	35.2	29.1	24.5	19.7
		洪量(万 m^3)					
		洪水历时(h)					
		洪峰水位(m)					
101	解家河	洪峰流量(m^3/s)	4.7	4.1	3.4	2.9	2.3
		洪量(万 m^3)					
		洪水历时(h)					
		洪峰水位(m)					
102	后峪	洪峰流量(m^3/s)	234	190	135	94	58
		洪量(万 m^3)	190	151	104	71	47
		洪水历时(h)	7.25	6.5	5.75	5.25	5
		洪峰水位(m)	1 039.45	1 039.35	1 038.4	1 037.85	1 037.35

续表 4-11-9

序号	行政区划名称	洪水要素	重现期洪水要素值				
			100 年	50 年	20 年	10 年	5 年
103	峪里	洪峰流量(m^3/s)	251	203	144	101	62
		洪量(万 m^3)	216	171	118	81	53
		洪水历时(h)	7.75	6.75	6.25	5.75	5.25
		洪峰水位(m)	1 006.9	1 006.64	1 006.29	1 005.96	1 005.21
104	中桑峨	洪峰流量(m^3/s)	29	25	21	17	14
		洪量(万 m^3)					
		洪水历时(h)					
		洪峰水位(m)					
105	下桑峨	洪峰流量(m^3/s)	11.1	9.7	8	6.7	5.3
		洪量(万 m^3)					
		洪水历时(h)					
		洪峰水位(m)					
106	桑峨咀	洪峰流量(m^3/s)	120	100	74	54	36
		洪量(万 m^3)	55	44	31	21	14
		洪水历时(h)	3.75	3.25	2.75	2.25	2
		洪峰水位(m)					
107	寨子	洪峰流量(m^3/s)	18.8	16.6	13.6	11.4	9.1
		洪量(万 m^3)					
		洪水历时(h)					
		洪峰水位(m)					

表 4-11-10　隰县防洪现状评价成果表

序号	沿河村落/企业	防洪能力(年)	极高危险区(<5年一遇)		高危险区(5~20年一遇)		危险区(≥20年一遇)	
			人口(人)	户数(户)	人口(人)	户数(户)	人口(人)	户数(户)
1	上均庄	23	0	0	0	0	200	1
2	下均庄	21	0	0	0	0	14	5
3	桑湾	20	0	0	0	0	93	26
4	王家庄	20	0	0	0	0	36	6
5	孙家庄	20	0	0	0	0	13	5
6	长寿	27	0	0	0	0	35	7
7	上李村	20	0	0	0	0	36	13
8	下李	20	0	0	0	0	42	10
9	桑树坡	20	0	0	0	0	88	34
10	前峪	83	0	0	0	0	52	14
11	后湾	20	0	0	0	0	19	6
12	张村	41	0	0	0	0	68	13
13	七里脚	20	0	0	0	0	58	22
14	上友	67	0	0	0	0	29	9
15	明月泉	36	0	0	0	0	50	12
16	千家庄	61	0	0	0	0	23	6
17	后瓦窑坡	90	0	0	0	0	34	8
18	前瓦窑坡	90	0	0	0	0	26	7

续表 4-11-10

序号	沿河村落/企业	防洪能力（年）	极高危险区（<5 年一遇）		高危险区(5～20 年一遇)		危险区(≥20 年一遇)	
			人口(人)	户数(户)	人口(人)	户数(户)	人口(人)	户数(户)
19	刘家庄	22	0	0	0	0	64	12
20	枣林	13	0	0	5	1	0	0
21	木家河	20	0	0	0	0	16	4
22	汪家沟	35	0	0	0	0	9	2
23	靳家庄	20	0	0	0	0	35	7
24	路家沟	20	0	0	0	0	11	6
25	向阳村	20	0	0	0	0	24	7
26	古城	33	0	0	0	0	25	6
27	梁家河	12	0	0	230	1	0	0
28	峨仙	20	0	0	0	0	31	12
29	天桥	55	0	0	0	0	20	3
30	鸭湾	<5	26	4	11	3	31	6
31	东沟	60	0	0	0	0	31	4
32	冯家	20	0	0	0	0	67	12
33	后坪家峪	20	0	0	0	0	26	5
34	前坪家峪	20	0	0	0	0	11	4
35	后庄	20	0	0	0	0	16	4
36	前庄	20	0	0	0	0	16	4

续表 4-11-10

序号	沿河村落/企业	防洪能力(年)	极高危险区(<5 年一遇)		高危险区(5~20 年一遇)		危险区(≥20 年一遇)	
			人口(人)	户数(户)	人口(人)	户数(户)	人口(人)	户数(户)
37	解家圪塔	20	0	0	0	0	26	6
38	任家沟	20	0	0	0	0	45	7
39	郭家沟	20	0	0	0	0	17	4
40	罗沟	20	0	0	0	0	18	5
41	杜家塌	20	0	0	0	0	34	7
42	坊底	20	0	0	0	0	57	11
43	渠子	72	0	0	0	0	13	3
44	朱家峪	11	0	0	14	6	113	36
45	后庄	<5	12	3	18	4	29	5
46	上蓬门	20	0	0	0	0	50	12
47	路家峪	6	0	0	6	1	10	2
48	梨博园	6	0	0	5	1	0	0
49	蓬门	23	0	0	0	0	56	16
50	刘家堡	20	0	0	0	0	60	13
51	苛西	52	0	0	0	0	8	3
52	柴家沟	13	0	0	7	2	3	1
53	李城	20	0	0	0	0	48	10
54	半沟	23	0	0	0	0	12	3

续表 4-11-10

序号	沿河村落/企业	防洪能力(年)	极高危险区(<5 年一遇)		高危险区(5~20 年一遇)		危险区(≥20 年一遇)	
			人口(人)	户数(户)	人口(人)	户数(户)	人口(人)	户数(户)
55	前留城	43	0	0	0	0	68	17
56	圪针沟	80	0	0	0	0	8	2
57	龙神沟	84	0	0	0	0	10	2
58	北沟河	20	0	0	0	0	40	12
59	陈家河	24	0	0	0	0	14	3
60	后南峪	20	0	0	0	0	90	18
61	前南峪	20	0	0	0	0	73	19
62	韩家庄	20	0	0	0	0	10	3
63	史家塌	20	0	0	0	0	31	6
64	王家沟	20	0	0	0	0	73	14
65	枣庄	80	0	0	0	0	19	4
66	下崖底	7	0	0	4	1	33	3
67	寨子河	20	0	0	0	0	43	8
68	岢岚金	20	0	0	0	0	37	10
69	下吾子金	20	0	0	0	0	24	9
70	卫家峪	5	0	0	87	22	67	13
71	西坡底	20	0	0	0	0	47	15
72	吕家沟	20	0	0	0	0	23	4

续表 4-11-10

序号	沿河村落/企业	防洪能力(年)	极高危险区(<5年一遇)		高危险区(5~20年一遇)		危险区(≥20年一遇)	
			人口(人)	户数(户)	人口(人)	户数(户)	人口(人)	户数(户)
73	窑上	20	0	0	0	0	14	4
74	下王家庄	20	0	0	0	0	49	11
75	桑梓	20	0	0	0	0	47	15
76	后华石头	10	0	0	14	3	40	5
77	前华石头	68	0	0	0	0	16	4
78	李家圪垛	62	0	0	0	0	23	5
79	贺家峪	75	0	0	0	0	10	2
80	高崖底	29	0	0	0	0	17	3
81	刁家峪	87	0	0	0	0	14	4
82	宋家塬	20	0	0	0	0	45	11
83	半沟	20	0	0	0	0	25	6
84	上河	78	0	0	0	0	18	5
85	宋家河	61	0	0	0	0	24	5
86	枣庄河	44	0	0	0	0	21	6
87	赵家庄	62	0	0	0	0	8	2
88	大坪石料厂	35	0	0	0	0	9	2
89	大坪	40	0	0	0	0	10	1
90	岭上石料厂	60	0	0	0	0	10	1

续表 4-11-10

序号	沿河村落/企业	防洪能力(年)	极高危险区(<5 年一遇)		高危险区(5~20 年一遇)		危险区(≥20 年一遇)	
			人口(人)	户数(户)	人口(人)	户数(户)	人口(人)	户数(户)
91	煜佳冶炼公司	54	0	0	0	0	10	1
92	上紫峪	20	0	0	0	0	56	13
93	下紫峪	33	0	0	0	0	39	8
94	南合	90	0	0	0	0	27	10
95	谙正	<5	19	5	16	4	44	9
96	黄土	66	0	0	0	0	31	8
97	赵家	20	0	0	0	0	41	14
98	回珠	<5	13	2	8	1	11	1
99	古县	20	0	0	0	0	147	29
100	义泉	20	0	0	0	0	85	17
101	解家河	20	0	0	0	0	29	13
102	后峪	64	0	0	0	0	19	4
103	峪里	5	0	0	4	1	0	0
104	中桑峨	20	0	0	0	0	18	7
105	下桑峨	20	0	0	0	0	42	13
106	桑峨咀	20	0	0	0	0	16	5
107	寨子	20	0	0	0	0	30	5

表 4-11-11　隰县预警指标成果表

序号	行政区划名称	类别	降雨历时	预警指标(雨量:mm,水位:m)		临界雨量(mm)/水位(m)	方法
				准备转移	立即转移		
1	龙泉镇城北(古城)	雨量($B_0=0$)	0.5 h	31	44	44	流域模型法
			1 h	44	52	52	
			2 h	63	71	71	
		雨量($B_0=0.3$)	0.5 h	28	40	40	
			1 h	40	47	47	
			2 h	56	64	64	
		雨量($B_0=0.6$)	0.5 h	25	35	35	
			1 h	35	41	41	
			2 h	48	56	56	
		水位		1 026.52	1 026.82	1 026.82	比降面积法
2	龙泉镇城北(古城)后瓦窑坡	雨量($B_0=0$)	0.5 h	32	46	46	流域模型法
			1 h	46	55	55	
			2 h	62	68	68	
			3 h	73	77	77	
			4 h	81	85	85	
		雨量($B_0=0.3$)	0.5 h	28	40	40	
			1 h	40	48	48	
			2 h	54	59	59	
			3 h	63	67	67	
			4 h	71	75	75	
		雨量($B_0=0.6$)	0.5 h	24	35	35	
			1 h	35	40	40	
			2 h	45	49	49	
			3 h	53	57	57	
			4 h	60	64	64	

续表 4-11-11

序号	行政区划名称	类别	降雨历时	预警指标(雨量:mm,水位:m)		临界雨量(mm)/水位(m)	方法
				准备转移	立即转移		
3	龙泉镇城北(古城)前瓦窑坡	雨量(B_0 =0)	0.5 h	32	46	46	流域模型法
			1 h	46	55	55	
			2 h	62	68	68	
			3 h	73	77	77	
			4 h	81	85	85	
		雨量(B_0 =0.3)	0.5 h	28	40	40	
			1 h	40	48	48	
			2 h	54	59	59	
			3 h	63	67	67	
			4 h	71	75	75	
		雨量(B_0 =0.6)	0.5 h	24	35	35	
			1 h	35	40	40	
			2 h	45	49	49	
			3 h	53	57	57	
			4 h	60	64	64	
4	龙泉镇刘家庄	雨量(B_0 =0)	0.5 h	31	44	44	流域模型法
			1 h	44	52	52	
			2 h	60	67	67	
		雨量(B_0 =0.3)	0.5 h	28	40	40	
			1 h	40	46	46	
			2 h	53	59	59	
		雨量(B_0 =0.6)	0.5 h	25	35	35	
			1 h	35	39	39	
			2 h	45	52	52	

续表 4-11-11

序号	行政区划名称	类别	降雨历时	预警指标(雨量:mm,水位:m)		临界雨量(mm)/水位(m)	方法
				准备转移	立即转移		
5	龙泉镇刘家庄枣林	雨量($B_0=0$)	0.5 h	26	38	38	流域模型法
			1 h	38	45	45	
			2 h	52	57	57	
		雨量($B_0=0.3$)	0.5 h	23	33	33	
			1 h	33	39	39	
			2 h	45	50	50	
		雨量($B_0=0.6$)	0.5 h	20	28	28	
			1 h	28	33	33	
			2 h	38	43	43	
6	龙泉镇汪家沟	雨量($B_0=0$)	0.5 h	21	30	30	流域模型法
			1 h	30	36	36	
		雨量($B_0=0.3$)	0.5 h	18	25	25	
			1 h	25	32	32	
		雨量($B_0=0.6$)	0.5 h	15	21	21	
			1 h	21	26	26	
7	龙泉镇陈家河	雨量($B_0=0$)	0.5 h	30	43	43	流域模型法
			1 h	43	53	53	
		雨量($B_0=0.3$)	0.5 h	27	39	39	
			1 h	39	48	48	
		雨量($B_0=0.6$)	0.5 h	24	34	34	
			1 h	34	42	42	
8	午城镇卫家峪	雨量($B_0=0$)	0.5 h	17	24	24	流域模型法
			1 h	24	30	30	
		雨量($B_0=0.3$)	0.5 h	14	21	21	
			1 h	21	26	26	
		雨量($B_0=0.6$)	0.5 h	12	17	17	
			1 h	17	21	21	

续表 4-11-11

序号	行政区划名称	类别	降雨历时	预警指标(雨量:mm,水位:m)		临界雨量(mm)/水位(m)	方法
				准备转移	立即转移		
9	黄土镇黄土	雨量(B_0 =0)	0.5 h	65	93	93	流域模型法
			1 h	93	115	115	
		雨量(B_0 =0.3)	0.5 h	62	89	89	
			1 h	89	110	110	
		雨量(B_0 =0.6)	0.5 h	59	84	84	
			1 h	84	105	105	
10	黄土镇黄土回珠	雨量(B_0 =0)	0.5 h	17	24	24	流域模型法
			1 h	24	30	30	
			2 h	35	38	38	
		雨量(B_0 =0.3)	0.5 h	15	21	21	
			1 h	21	26	26	
			2 h	29	33	33	
		雨量(B_0 =0.6)	0.5 h	12	17	17	
			1 h	17	21	21	
			2 h	24	26	26	
11	黄土镇古县	雨量(B_0 =0)	0.5 h	57	82	82	流域模型法
			1 h	82	102	102	
		雨量(B_0 =0.3)	0.5 h	54	78	78	
			1 h	78	97	97	
		雨量(B_0 =0.6)	0.5 h	51	73	73	
			1 h	73	91	91	
12	黄土镇谙正	雨量(B_0 =0)	0.5 h	14	20	20	流域模型法
			1 h	20	25	25	
		雨量(B_0 =0.3)	0.5 h	12	17	17	
			1 h	17	21	21	
		雨量(B_0 =0.6)	0.5 h	9	14	14	
			1 h	14	17	17	

续表 4-11-11

序号	行政区划名称	类别	降雨历时	预警指标(雨量:mm,水位:m)		临界雨量(mm)/水位(m)	方法
				准备转移	立即转移		
13	黄土镇上庄南合	雨量($B_0=0$)	0.5 h	50	72	72	流域模型法
			1 h	72	81	81	
			2 h	88	96	96	
			3 h	101	107	107	
		雨量($B_0=0.3$)	0.5 h	47	67	67	
			1 h	67	74	74	
			2 h	80	87	87	
			3 h	92	96	96	
		雨量($B_0=0.6$)	0.5 h	44	62	62	
			1 h	62	67	67	
			2 h	72	78	78	
			3 h	81	85	85	
14	黄土镇上庄下紫峪	雨量($B_0=0$)	0.5 h	30	42	42	流域模型法
			1 h	42	52	52	
			2 h	60	66	66	
			3 h	72	76	76	
			4 h	81	85	85	
			5 h	90	93	93	
		雨量($B_0=0.3$)	0.5 h	25	36	36	
			1 h	36	45	45	
			2 h	51	57	57	
			3 h	62	66	66	
			4 h	70	74	74	
			5 h	77	80	80	
		雨量($B_0=0.6$)	0.5 h	21	30	30	
			1 h	30	36	36	
			2 h	42	46	46	
			3 h	51	54	54	
			4 h	58	61	61	
			5 h	64	67	67	
		水位		1 243.96	1 244.26	1 244.26	比降面积法

续表 4-11-11

序号	行政区划名称	类别	降雨历时	预警指标(雨量:mm,水位:m)		临界雨量(mm)/水位(m)	方法
				准备转移	立即转移		
15	黄土镇 岭上赵家庄	雨量(B_0 =0)	0.5 h	33	47	47	流域模型法
			1 h	47	58	58	
			2 h	66	73	73	
			3 h	79	84	84	
		雨量(B_0 =0.3)	0.5 h	28	41	41	
			1 h	41	50	50	
			2 h	56	63	63	
			3 h	69	74	74	
		雨量(B_0 =0.6)	0.5 h	24	34	34	
			1 h	34	41	41	
			2 h	47	53	53	
			3 h	57	62	62	
16	阳头升乡 刁家峪	雨量(B_0 =0)	0.5 h	38	55	55	流域模型法
			1 h	55	67	67	
		雨量(B_0 =0.3)	0.5 h	35	50	50	
			1 h	50	62	62	
		雨量(B_0 =0.6)	0.5 h	32	46	46	
			1 h	46	56	56	
17	阳头升乡 刁家峪上河	雨量(B_0 =0)	0.5 h	39	56	56	流域模型法
			1 h	56	68	68	
		雨量(B_0 =0.3)	0.5 h	36	52	52	
			1 h	52	63	63	
		雨量(B_0 =0.6)	0.5 h	33	48	48	
			1 h	48	57	57	

续表 4-11-11

序号	行政区划名称	类别	降雨历时	预警指标(雨量:mm,水位:m)		临界雨量(mm)/水位(m)	方法
				准备转移	立即转移		
18	阳头升乡刁家峪半沟	雨量(B_0=0)	0.5 h	58	83	83	流域模型法
			1 h	83	102	102	
		雨量(B_0=0.3)	0.5 h	54	78	78	
			1 h	78	95	95	
		雨量(B_0=0.6)	0.5 h	51	73	73	
			1 h	73	90	90	
19	阳头升乡贺家峪	雨量(B_0=0)	0.5 h	40	57	57	流域模型法
			1 h	57	71	71	
		雨量(B_0=0.3)	0.5 h	37	52	52	
			1 h	52	65	65	
		雨量(B_0=0.6)	0.5 h	34	48	48	
			1 h	48	60	60	
20	阳头升乡贺家峪高崖底	雨量(B_0=0)	0.5 h	32	46	46	流域模型法
			1 h	46	57	57	
		雨量(B_0=0.3)	0.5 h	29	42	42	
			1 h	42	52	52	
		雨量(B_0=0.6)	0.5 h	26	38	38	
			1 h	38	46	46	
21	阳头升乡贺家峪李家圪垛	雨量(B_0=0)	0.5 h	43	61	61	流域模型法
			1 h	61	77	77	
		雨量(B_0=0.3)	0.5 h	40	57	57	
			1 h	57	72	72	
		雨量(B_0=0.6)	0.5 h	37	53	53	
			1 h	53	66	66	

续表 4-11-11

序号	行政区划名称	类别	降雨历时	预警指标(雨量:mm,水位:m)		临界雨量(mm)/水位(m)	方法
				准备转移	立即转移		
22	阳头升乡 贺家峪前华石头	雨量(B_0=0)	0.5 h	40	57	57	流域模型法
			1 h	57	72	72	
		雨量(B_0=0.3)	0.5 h	37	52	52	
			1 h	52	67	67	
		雨量(B_0=0.6)	0.5 h	34	48	48	
			1 h	48	61	61	
23	阳头升乡 贺家峪后华石头	雨量(B_0=0)	0.5 h	27	38	38	流域模型法
			1 h	38	49	49	
		雨量(B_0=0.3)	0.5 h	24	34	34	
			1 h	34	44	44	
		雨量(B_0=0.6)	0.5 h	21	30	30	
			1 h	30	38	38	
24	阳头升乡 贺家峪宋家塬	雨量(B_0=0)	0.5 h	77	110	110	流域模型法
			1 h	110	134	134	
		雨量(B_0=0.3)	0.5 h	74	106	106	
			1 h	106	128	128	
		雨量(B_0=0.6)	0.5 h	70	100	100	
			1 h	100	122	122	
25	阳头升乡 宋家河	雨量(B_0=0)	0.5 h	38	54	54	流域模型法
			1 h	54	65	65	
		雨量(B_0=0.3)	0.5 h	35	49	49	
			1 h	49	60	60	
		雨量(B_0=0.6)	0.5 h	32	45	45	
			1 h	45	54	54	

续表 4-11-11

序号	行政区划名称	类别	降雨历时	预警指标(雨量:mm,水位:m)		临界雨量(mm)/水位(m)	方法
				准备转移	立即转移		
26	阳头升乡宋家河枣庄河	雨量($B_0=0$)	0.5 h	35	50	50	流域模型法
			1 h	50	61	61	
		雨量($B_0=0.3$)	0.5 h	32	46	46	
			1 h	46	55	55	
		雨量($B_0=0.6$)	0.5 h	29	42	42	
			1 h	42	50	50	
27	阳头升乡下崖底	雨量($B_0=0$)	0.5 h	18	26	26	流域模型法
			1 h	26	33	33	
		雨量($B_0=0.3$)	0.5 h	16	23	23	
			1 h	23	29	29	
		雨量($B_0=0.6$)	0.5 h	13	19	19	
			1 h	19	24	24	
28	阳头升乡下崖底枣庄	雨量($B_0=0$)	0.5 h	30	43	43	流域模型法
			1 h	43	54	54	
		雨量($B_0=0.3$)	0.5 h	27	39	39	
			1 h	39	49	49	
		雨量($B_0=0.6$)	0.5 h	24	35	35	
			1 h	35	43	43	
29	寨子乡下桑峨桑峨咀	雨量($B_0=0$)	0.5 h	47	67	67	流域模型法
			1 h	67	87	87	
		雨量($B_0=0.3$)	0.5 h	44	62	62	
			1 h	62	82	82	
		雨量($B_0=0.6$)	0.5 h	41	58	58	
			1 h	58	77	77	

续表 4-11-11

序号	行政区划名称	类别	降雨历时	预警指标(雨量:mm,水位:m)		临界雨量(mm)/水位(m)	方法
				准备转移	立即转移		
30	寨子乡中桑峨	雨量(B_0 =0)	0.5 h	54	78	78	流域模型法
			1 h	78	95	95	
		雨量(B_0 =0.3)	0.5 h	51	73	73	
			1 h	73	90	90	
		雨量(B_0 =0.6)	0.5 h	47	68	68	
			1 h	68	85	85	
31	寨子乡峪里	雨量(B_0 =0)	0.5 h	20	28	28	流域模型法
			1 h	28	34	34	
			2 h	39	43	43	
			3 h	47	50	50	
		雨量(B_0 =0.3)	0.5 h	17	24	24	
			1 h	24	29	29	
			2 h	34	39	39	
			3 h	42	45	45	
		雨量(B_0 =0.6)	0.5 h	14	20	20	
			1 h	20	24	24	
			2 h	29	33	33	
			3 h	36	38	38	
32	陡坡乡 石村后峪	雨量(B_0 =0)	0.5 h	38	54	54	流域模型法
			1 h	54	64	64	
			2 h	78	89	89	
		雨量(B_0 =0.3)	0.5 h	35	50	50	
			1 h	50	58	58	
			2 h	72	83	83	
		雨量(B_0 =0.6)	0.5 h	32	45	45	
			1 h	45	52	52	
			2 h	64	75	75	

续表 4-11-11

序号	行政区划名称	类别	降雨历时	预警指标(雨量:mm,水位:m)		临界雨量(mm)/水位(m)	方法
				准备转移	立即转移		
33	下李乡张村	雨量(B_0=0)	0.5 h	27	39	39	流域模型法
			1 h	39	48	48	
			2 h	54	60	60	
			3 h	65	69	69	
			4 h	73	76	76	
		雨量(B_0=0.3)	0.5 h	24	34	34	
			1 h	34	41	41	
			2 h	47	52	52	
			3 h	56	60	60	
			4 h	63	66	66	
		雨量(B_0=0.6)	0.5 h	20	28	28	
			1 h	28	34	34	
			2 h	39	43	43	
			3 h	46	49	49	
			4 h	53	56	56	
34	下李乡长寿	雨量(B_0=0)	0.5 h	25	36	36	流域模型法
			1 h	36	44	44	
			2 h	51	56	56	
			3 h	61	65	65	
			4 h	69	72	72	
		雨量(B_0=0.3)	0.5 h	21	31	31	
			1 h	31	38	38	
			2 h	43	48	48	
			3 h	52	56	56	
			4 h	59	62	62	
		雨量(B_0=0.6)	0.5 h	17	25	25	
			1 h	25	31	31	
			2 h	35	39	39	
			3 h	43	46	46	
			4 h	49	52	52	

续表 4-11-11

序号	行政区划名称	类别	降雨历时	预警指标(雨量:mm,水位:m)		临界雨量(mm)/水位(m)	方法
				准备转移	立即转移		
35	下李乡 均庄(上均庄)	雨量(B_0 =0)	0.5 h	25	35	35	流域模型法
			1 h	35	44	44	
			2 h	50	55	55	
			3 h	60	65	65	
			4 h	69	72	72	
		雨量(B_0 =0.3)	0.5 h	21	30	30	
			1 h	30	37	37	
			2 h	43	47	47	
			3 h	52	55	55	
			4 h	59	62	62	
		雨量(B_0 =0.6)	0.5 h	17	24	24	
			1 h	24	30	30	
			2 h	35	39	39	
			3 h	42	45	45	
			4 h	48	52	52	
36	下李乡均庄 (上均庄) 下均庄	雨量(B_0 =0)	0.5 h	27	38	38	流域模型法
			1 h	38	47	47	
			2 h	54	59	59	
			3 h	64	69	69	
		雨量(B_0 =0.3)	0.5 h	23	33	33	
			1 h	33	40	40	
			2 h	46	51	51	
			3 h	55	59	59	
		雨量(B_0 =0.6)	0.5 h	19	27	27	
			1 h	27	33	33	
			2 h	38	42	42	
			3 h	45	49	49	

续表 4-11-11

序号	行政区划名称	类别	降雨历时	预警指标(雨量:mm,水位:m)		临界雨量(mm)/水位(m)	方法
				准备转移	立即转移		
37	下李乡桑湾	雨量(B_0=0)	0.5 h	26	37	37	流域模型法
			1 h	37	46	46	
			2 h	53	59	59	
			3 h	63	67	67	
			4 h	72	76	76	
		雨量(B_0=0.3)	0.5 h	22	31	31	
			1 h	31	39	39	
			2 h	44	50	50	
			3 h	53	58	58	
			4 h	62	66	66	
		雨量(B_0=0.6)	0.5 h	18	25	25	
			1 h	25	32	32	
			2 h	37	41	41	
			3 h	44	48	48	
			4 h	51	53	53	
38	下李乡 桑湾孙家庄	雨量(B_0=0)	0.5 h	27	38	38	流域模型法
			1 h	38	46	46	
			2 h	53	58	58	
			3 h	63	67	67	
		雨量(B_0=0.3)	0.5 h	23	33	33	
			1 h	33	40	40	
			2 h	45	51	51	
			3 h	55	58	58	
		雨量(B_0=0.6)	0.5 h	19	27	27	
			1 h	27	32	32	
			2 h	38	42	42	
			3 h	45	49	49	

续表 4-11-11

序号	行政区划名称	类别	降雨历时	预警指标(雨量:mm,水位:m)		临界雨量(mm)/水位(m)	方法
				准备转移	立即转移		
39	下李乡 桑湾王家庄	雨量(B_0=0)	0.5 h	27	39	39	流域模型法
			1 h	39	48	48	
			2 h	54	60	60	
			3 h	65	69	69	
		雨量(B_0=0.3)	0.5 h	23	33	33	
			1 h	33	41	41	
			2 h	47	51	51	
			3 h	56	59	59	
		雨量(B_0=0.6)	0.5 h	20	28	28	
			1 h	28	33	33	
			2 h	38	43	43	
			3 h	46	49	49	
40	下李乡 二老坡木家河	雨量(B_0=0)	0.5 h	56	79	79	流域模型法
			1 h	79	97	97	
		雨量(B_0=0.3)	0.5 h	52	74	74	
			1 h	74	90	90	
		雨量(B_0=0.6)	0.5 h	49	70	70	
			1 h	70	85	85	
41	下李乡后峪前峪	雨量(B_0=0)	0.5 h	33	47	47	流域模型法
			1 h	47	59	59	
		雨量(B_0=0.3)	0.5 h	30	43	43	
			1 h	43	54	54	
		雨量(B_0=0.6)	0.5 h	27	39	39	
			1 h	39	48	48	

续表 4-11-11

序号	行政区划名称	类别	降雨历时	预警指标(雨量:mm,水位:m)		临界雨量(mm)/水位(m)	方法
				准备转移	立即转移		
42	下李乡 冯家东沟	雨量($B_0=0$)	0.5 h	44	62	62	流域模型法
			1 h	62	81	81	
		雨量($B_0=0.3$)	0.5 h	41	58	58	
			1 h	58	76	76	
		雨量($B_0=0.6$)	0.5 h	38	54	54	
			1 h	54	70	70	
43	下李乡 鸭湾	雨量($B_0=0$)	0.5 h	20	28	28	流域模型法
			1 h	28	34	34	
			2 h	39	44	44	
		雨量($B_0=0.3$)	0.5 h	17	24	24	
			1 h	24	30	30	
			2 h	35	38	38	
		雨量($B_0=0.6$)	0.5 h	14	20	20	
			1 h	20	24	24	
			2 h	29	34	34	
44	下李乡 鸭湾天桥	雨量($B_0=0$)	0.5 h	37	53	53	流域模型法
			1 h	53	65	65	
		雨量($B_0=0.3$)	0.5 h	34	49	49	
			1 h	49	59	59	
		雨量($B_0=0.6$)	0.5 h	31	44	44	
			1 h	44	53	53	

续表 4-11-11

序号	行政区划名称	类别	降雨历时	预警指标(雨量:mm,水位:m)		临界雨量(mm)/水位(m)	方法
				准备转移	立即转移		
45	下李乡 梁家河	雨量($B_0=0$)	0.5 h	28	40	40	流域模型法
			1 h	40	49	49	
		雨量($B_0=0.3$)	0.5 h	24	35	35	
			1 h	35	44	44	
		雨量($B_0=0.6$)	0.5 h	21	30	30	
			1 h	30	37	37	
46	下李乡 解家圪塔	雨量($B_0=0$)	0.5 h	38	54	54	流域模型法
			1 h	54	68	68	
		雨量($B_0=0.3$)	0.5 h	35	50	50	
			1 h	50	63	63	
		雨量($B_0=0.6$)	0.5 h	32	45	45	
			1 h	45	57	57	
47	下李乡 解家圪塔后庄	雨量($B_0=0$)	0.5 h	42	60	60	流域模型法
			1 h	60	77	77	
		雨量($B_0=0.3$)	0.5 h	39	56	56	
			1 h	56	72	72	
		雨量($B_0=0.6$)	0.5 h	36	52	52	
			1 h	52	66	66	
48	下李乡 解家圪塔任家沟	雨量($B_0=0$)	0.5 h	50	71	71	流域模型法
			1 h	71	90	90	
		雨量($B_0=0.3$)	0.5 h	46	66	66	
			1 h	66	85	85	
		雨量($B_0=0.6$)	0.5 h	43	61	61	
			1 h	61	79	79	

续表 4-11-11

序号	行政区划名称	类别	降雨历时	预警指标(雨量:mm,水位:m)		临界雨量(mm)/水位(m)	方法
				准备转移	立即转移		
49	下李乡解家圪塔前坪家峪	雨量(B_0=0)	0.5 h	52	74	74	流域模型法
			1 h	74	93	93	
		雨量(B_0=0.3)	0.5 h	49	70	70	
			1 h	70	87	87	
		雨量(B_0=0.6)	0.5 h	46	66	66	
			1 h	66	82	82	
50	下李乡解家圪塔郭家沟	雨量(B_0=0)	0.5 h	42	60	60	流域模型法
			1 h	60	73	73	
		雨量(B_0=0.3)	0.5 h	39	56	56	
			1 h	56	67	67	
		雨量(B_0=0.6)	0.5 h	36	51	51	
			1 h	51	61	61	
51	下李乡解家圪塔前庄	雨量(B_0=0)	0.5 h	42	60	60	流域模型法
			1 h	60	77	77	
		雨量(B_0=0.3)	0.5 h	39	56	56	
			1 h	56	72	72	
		雨量(B_0=0.6)	0.5 h	36	52	52	
			1 h	52	66	66	
52	下李乡解家圪塔后坪家峪	雨量(B_0=0)	0.5 h	70	100	100	流域模型法
			1 h	100	122	122	
		雨量(B_0=0.3)	0.5 h	66	95	95	
			1 h	95	117	117	
		雨量(B_0=0.6)	0.5 h	64	91	91	
			1 h	91	111	111	

续表 4-11-11

序号	行政区划名称	类别	降雨历时	预警指标(雨量:mm,水位:m)		临界雨量(mm)/水位(m)	方法
				准备转移	立即转移		
53	城南乡 留城(前留城)	雨量(B_0=0)	0.5 h	32	46	46	流域模型法
			1 h	46	54	54	
			2 h	65	74	74	
		雨量(B_0=0.3)	0.5 h	29	41	41	
			1 h	41	49	49	
			2 h	59	68	68	
		雨量(B_0=0.6)	0.5 h	26	37	37	
			1 h	37	43	43	
			2 h	53	61	61	
54	城南乡 李城半沟	雨量(B_0=0)	0.5 h	20	29	29	流域模型法
			1 h	29	36	36	
		雨量(B_0=0.3)	0.5 h	28	40	40	
			1 h	40	50	50	
		雨量(B_0=0.6)	0.5 h	22	31	31	
			1 h	31	38	38	
55	城南乡 李城苛西	雨量(B_0=0)	0.5 h	33	47	47	流域模型法
			1 h	47	56	56	
			2 h	68	77	77	
		雨量(B_0=0.3)	0.5 h	30	43	43	
			1 h	43	51	51	
			2 h	62	71	71	
		雨量(B_0=0.6)	0.5 h	27	39	39	
			1 h	39	45	45	
			2 h	55	65	65	

续表 4-11-11

序号	行政区划名称	类别	降雨历时	预警指标(雨量:mm,水位:m)		临界雨量(mm)/水位(m)	方法
				准备转移	立即转移		
56	城南乡 李城柴家沟	雨量(B_0 =0)	0.5 h	27	38	38	流域模型法
			1 h	38	48	48	
		雨量(B_0 =0.3)	0.5 h	23	33	33	
			1 h	33	42	42	
		雨量(B_0 =0.6)	0.5 h	20	29	29	
			1 h	29	36	36	
57	城南乡 石家庄龙神沟	雨量(B_0 =0)	0.5 h	47	68	68	流域模型法
			1 h	68	85	85	
		雨量(B_0 =0.3)	0.5 h	44	63	63	
			1 h	63	79	79	
		雨量(B_0 =0.6)	0.5 h	41	58	58	
			1 h	58	73	73	
58	城南乡 石家庄圪针沟	雨量(B_0 =0)	0.5 h	47	68	68	流域模型法
			1 h	68	86	86	
		雨量(B_0 =0.3)	0.5 h	44	63	63	
			1 h	63	80	80	
		雨量(B_0 =0.6)	0.5 h	41	58	58	
			1 h	58	74	74	
59	城南乡 千家庄	雨量(B_0 =0)	0.5 h	30	43	43	流域模型法
			1 h	43	52	52	
			2 h	59	65	65	
			3 h	69	74	74	
			4 h	79	82	82	

续表 4-11-11

序号	行政区划名称	类别	降雨历时	预警指标(雨量:mm,水位:m)		临界雨量(mm)/水位(m)	方法
				准备转移	立即转移		
59	城南乡千家庄	雨量(B_0=0.3)	0.5 h	27	38	38	流域模型法
			1 h	38	45	45	
			2 h	51	56	56	
			3 h	60	65	65	
			4 h	68	72	72	
		雨量(B_0=0.6)	0.5 h	23	32	32	
			1 h	32	38	38	
			2 h	43	47	47	
			3 h	51	54	54	
			4 h	57	60	60	
60	城南乡上友	雨量(B_0=0)	0.5 h	30	43	43	流域模型法
			1 h	43	52	52	
			2 h	59	65	65	
			3 h	69	74	74	
			4 h	79	82	82	
		雨量(B_0=0.3)	0.5 h	27	38	38	
			1 h	38	45	45	
			2 h	51	56	56	
			3 h	60	65	65	
			4 h	68	72	72	
		雨量(B_0=0.6)	0.5 h	23	32	32	
			1 h	32	38	38	
			2 h	43	47	47	
			3 h	51	54	54	
			4 h	57	60	60	

续表 4-11-11

序号	行政区划名称	类别	降雨历时	预警指标(雨量:mm,水位:m)		临界雨量(mm)/水位(m)	方法
				准备转移	立即转移		
61	城南乡坊底	雨量(B_0=0)	0.5 h	42	60	60	流域模型法
			1 h	60	73	73	
		雨量(B_0=0.3)	0.5 h	39	56	56	
			1 h	56	68	68	
		雨量(B_0=0.6)	0.5 h	36	51	51	
			1 h	51	62	62	
62	城南乡坊底罗沟	雨量(B_0=0)	0.5 h	53	75	75	流域模型法
			1 h	75	94	94	
		雨量(B_0=0.3)	0.5 h	50	71	71	
			1 h	71	89	89	
		雨量(B_0=0.6)	0.5 h	46	66	66	
			1 h	66	83	83	
63	城南乡坊底杜家塌	雨量(B_0=0)	0.5 h	34	48	48	流域模型法
			1 h	48	62	62	
		雨量(B_0=0.3)	0.5 h	31	44	44	
			1 h	44	57	57	
		雨量(B_0=0.6)	0.5 h	28	40	40	
			1 h	40	52	52	
64	城南乡渠子	雨量(B_0=0)	0.5 h	35	49	49	流域模型法
			1 h	49	62	62	
		雨量(B_0=0.3)	0.5 h	32	45	45	
			1 h	45	57	57	
		雨量(B_0=0.6)	0.5 h	29	41	41	
			1 h	41	51	51	

续表 4-11-11

序号	行政区划名称	类别	降雨历时	预警指标(雨量:mm,水位:m)		临界雨量(mm)/水位(m)	方法
				准备转移	立即转移		
65	城南乡 朱家峪	雨量(B_0 =0)	0.5 h	23	33	33	流域模型法
			1 h	33	41	41	
			2 h	48	53	53	
		雨量(B_0 =0.3)	0.5 h	21	29	29	
			1 h	29	36	36	
			2 h	43	48	48	
		雨量(B_0 =0.6)	0.5 h	18	25	25	
			1 h	25	30	30	
			2 h	37	43	43	
66	城南乡 路家峪上蓬门	雨量(B_0 =0)	0.5 h	61	87	87	流域模型法
			1 h	87	107	107	
		雨量(B_0 =0.3)	0.5 h	58	83	83	
			1 h	83	101	101	
		雨量(B_0 =0.6)	0.5 h	55	79	79	
			1 h	79	95	95	
67	城南乡 路家峪后庄	雨量(B_0 =0)	0.5 h	14	20	20	流域模型法
			1 h	20	25	25	
		雨量(B_0 =0.3)	0.5 h	12	17	17	
			1 h	17	21	21	
		雨量(B_0 =0.6)	0.5 h	9	14	14	
			1 h	14	17	17	

续表 4-11-11

序号	行政区划名称	类别	降雨历时	预警指标(雨量:mm,水位:m)		临界雨量(mm)/水位(m)	方法
				准备转移	立即转移		
68	城南乡蓬门	雨量($B_0=0$)	0.5 h	20	28	28	流域模型法
			1 h	28	35	35	
			2 h	40	44	44	
		雨量($B_0=0.3$)	0.5 h	17	25	25	
			1 h	25	30	30	
			2 h	35	40	40	
		雨量($B_0=0.6$)	0.5 h	14	21	21	
			1 h	21	25	25	
			2 h	30	35	35	
69	岭上石料厂	雨量($B_0=0$)	0.5 h	33	46	46	流域模型法
			1 h	46	57	57	
			2 h	65	72	72	
			3 h	78	83	83	
			4 h	88	93	93	
		雨量($B_0=0.3$)	0.5 h	28	41	41	
			1 h	41	49	49	
			2 h	56	62	62	
			3 h	67	72	72	
			4 h	76	81	81	
		雨量($B_0=0.6$)	0.5 h	24	34	34	
			1 h	34	40	40	
			2 h	46	51	51	
			3 h	56	60	60	
			4 h	64	67	67	

续表 4-11-11

序号	行政区划名称	类别	降雨历时	预警指标(雨量:mm,水位:m)		临界雨量(mm)/水位(m)	方法
				准备转移	立即转移		
70	岭上煜佳冶炼公司	雨量(B_0 =0)	0.5 h	32	46	46	流域模型法
			1 h	46	56	56	
			2 h	64	71	71	
			3 h	77	83	83	
			4 h	87	92	92	
		雨量(B_0 =0.3)	0.5 h	28	40	40	
			1 h	40	48	48	
			2 h	55	61	61	
			3 h	66	71	71	
			4 h	76	79	79	
		雨量(B_0 =0.6)	0.5 h	23	33	33	
			1 h	33	40	40	
			2 h	45	50	50	
			3 h	55	59	59	
			4 h	63	66	66	
71	黄土镇岭上大坪	雨量(B_0 =0)	0.5 h	29	41	41	流域模型法
			1 h	41	52	52	
			2 h	59	65	65	
			3 h	71	75	75	
			4 h	81	84	84	
		雨量(B_0 =0.3)	0.5 h	25	35	35	
			1 h	35	44	44	
			2 h	50	56	56	
			3 h	60	65	65	
			4 h	69	73	73	
		雨量(B_0 =0.6)	0.5 h	20	29	29	
			1 h	29	36	36	
			2 h	41	46	46	
			3 h	50	54	54	
			4 h	57	61	61	

续表 4-11-11

序号	行政区划名称	类别	降雨历时	预警指标(雨量:mm,水位:m)		临界雨量(mm)/水位(m)	方法
				准备转移	立即转移		
72	大坪石料厂	雨量(B_0=0)	0.5 h	30	43	43	流域模型法
			1 h	43	53	53	
			2 h	61	67	67	
			3 h	72	78	78	
			4 h	82	87	87	
		雨量(B_0=0.3)	0.5 h	26	37	37	
			1 h	37	45	45	
			2 h	52	58	58	
			3 h	63	67	67	
			4 h	71	75	75	
		雨量(B_0=0.6)	0.5 h	21	30	30	
			1 h	30	37	37	
			2 h	43	47	47	
			3 h	51	56	56	
			4 h	59	63	63	
73	城南乡 上友明月泉	雨量(B_0=0)	0.5 h	30	43	43	流域模型法
			1 h	43	52	52	
			2 h	59	65	65	
			3 h	69	74	74	
			4 h	79	82	82	
		雨量(B_0=0.3)	0.5 h	27	38	38	
			1 h	38	45	45	
			2 h	51	56	56	
			3 h	60	65	65	
			4 h	68	72	72	
		雨量(B_0=0.6)	0.5 h	23	32	32	
			1 h	32	38	38	
			2 h	43	47	47	
			3 h	51	54	54	
			4 h	57	60	60	

续表 4-11-11

序号	行政区划名称	类别	降雨历时	预警指标(雨量:mm,水位:m)		临界雨量(mm)/水位(m)	方法
				准备转移	立即转移		
74	阳头升乡王家沟史家塌	雨量(B_0 =0)	0.5 h	47	67	67	流域模型法
			1 h	67	81	81	
		雨量(B_0 =0.3)	0.5 h	44	62	62	
			1 h	62	75	75	
		雨量(B_0 =0.6)	0.5 h	40	58	58	
			1 h	58	70	70	
75	阳头升乡王家沟韩家庄	雨量(B_0 =0)	0.5 h	58	83	83	流域模型法
			1 h	83	102	102	
		雨量(B_0 =0.3)	0.5 h	55	79	79	
			1 h	79	97	97	
		雨量(B_0 =0.6)	0.5 h	52	74	74	
			1 h	74	90	90	
76	城南乡路家峪	雨量(B_0 =0)	0.5 h	22	32	32	流域模型法
			1 h	32	40	40	
		雨量(B_0 =0.3)	0.5 h	20	28	28	
			1 h	28	35	35	
		雨量(B_0 =0.6)	0.5 h	16	23	23	
			1 h	23	29	29	
77	路家峪梨博园	雨量(B_0 =0)	0.5 h	19	27	27	流域模型法
			1 h	27	34	34	
		雨量(B_0 =0.3)	0.5 h	16	23	23	
			1 h	23	29	29	
		雨量(B_0 =0.6)	0.5 h	13	19	19	
			1 h	19	24	24	

续表 4-11-11

序号	行政区划名称	类别	降雨历时	预警指标(雨量:mm,水位:m)		临界雨量(mm)/水位(m)	方法
				准备转移	立即转移		
78	陡坡乡 黑桑北沟河	雨量($B_0=0.3$)	0.5 h	25	35	35	同频率法
			1 h	35	45	45	
79	下李乡峨仙	雨量($B_0=0.3$)	0.5 h	25	36	36	同频率法
			1 h	36	46	46	
80	下李乡冯家	雨量($B_0=0.3$)	0.5 h	25	36	36	同频率法
			1 h	36	46	46	
81	城南乡曹城后南峪	雨量($B_0=0.3$)	0.5 h	24	34	34	同频率法
			1 h	34	44	44	
82	下李乡张村后湾	雨量($B_0=0.3$)	0.5 h	25	36	36	同频率法
			1 h	36	46	46	
83	陡坡乡 石村解家河	雨量($B_0=0.3$)	0.5 h	24	34	34	同频率法
			1 h	34	44	44	
84	龙泉镇 汪家沟靳家庄	雨量($B_0=0.3$)	0.5 h	25	35	35	同频率法
			1 h	35	45	45	
85	阳头升乡岢岚金	雨量($B_0=0.3$)	0.5 h	26	38	38	同频率法
			1 h	38	48	48	
86	城南乡李城	雨量($B_0=0.3$)	0.5 h	25	36	36	同频率法
			1 h	36	46	46	
87	城南乡 员家庄刘家堡	雨量($B_0=0.3$)	0.5 h	25	36	36	同频率法
			1 h	36	46	46	
88	龙泉镇 汪家沟路家沟	雨量($B_0=0.3$)	0.5 h	25	35	35	同频率法
			1 h	35	45	45	
89	龙泉镇城南村 (南关)吕家沟	雨量($B_0=0.3$)	0.5 h	25	36	36	同频率法
			1 h	36	46	46	

续表 4-11-11

序号	行政区划名称	类别	降雨历时	预警指标(雨量:mm,水位:m)		临界雨量(mm)/水位(m)	方法
				准备转移	立即转移		
90	城南乡七里脚	雨量(B_0 =0.3)	0.5 h	25	36	36	同频率法
			1 h	36	46	46	
91	城南乡 曹城前南峪	雨量(B_0 =0.3)	0.5 h	24	34	34	同频率法
			1 h	34	44	44	
92	下李乡 下李桑树坡	雨量(B_0 =0.3)	0.5 h	25	36	36	同频率法
			1 h	36	46	46	
93	午城镇桑梓	雨量(B_0 =0.3)	0.5 h	24	34	34	同频率法
			1 h	34	44	44	
94	下李乡 下李上李村	雨量(B_0 =0.3)	0.5 h	25	36	36	同频率法
			1 h	36	46	46	
95	黄土镇 岭上上紫峪	雨量(B_0 =0.3)	0.5 h	26	37	37	同频率法
			1 h	37	47	47	
96	阳头升乡王家沟	雨量(B_0 =0.3)	0.5 h	25	36	36	同频率法
			1 h	36	47	47	
97	龙泉镇城关 (西门)西坡底	雨量(B_0 =0.3)	0.5 h	25	36	36	同频率法
			1 h	36	46	46	
98	下李乡下李	雨量(B_0 =0.3)	0.5 h	25	36	36	同频率法
			1 h	36	46	46	
99	寨子乡下桑峨	雨量(B_0 =0.3)	0.5 h	25	35	35	同频率法
			1 h	35	45	45	
100	龙泉镇城南村 (南关)下王家庄	雨量(B_0 =0.3)	0.5 h	25	36	36	同频率法
			1 h	36	46	46	
101	阳头升乡 岢岚金下吾子金	雨量(B_0 =0.3)	0.5 h	26	38	38	同频率法
			1 h	38	48	48	

续表 4-11-11

序号	行政区划名称	类别	降雨历时	预警指标(雨量:mm,水位:m)		临界雨量(mm)/水位(m)	方法
				准备转移	立即转移		
102	龙泉镇汪家沟向阳村(龙神殿)	雨量(B_0 =0.3)	0.5 h	25	35	35	同频率法
			1 h	35	45	45	
103	龙泉镇城南村(南关)窑上	雨量(B_0 =0.3)	0.5 h	25	36	36	同频率法
			1 h	36	46	46	
104	黄土镇义泉	雨量(B_0 =0.3)	0.5 h	24	35	35	同频率法
			1 h	35	46	46	
105	寨子乡寨子	雨量(B_0 =0.3)	0.5 h	25	35	35	同频率法
			1 h	35	45	45	
106	阳头升乡下崖底寨子河	雨量(B_0 =0.3)	0.5 h	26	38	38	同频率法
			1 h	38	48	48	
107	黄土镇赵家	雨量(B_0 =0.3)	0.5 h	24	35	35	同频率法
			1 h	35	46	46	

第12章 永和县

12.1 永和县基本情况

12.1.1 地理位置

永和县地处吕梁山脉南端,晋陕大峡谷黄河中游东岸,临汾市西北边陲,位于东经110°22′~110°50′、北纬36°22′~36°31′之间。南与大宁县接壤,北与离石市的石楼县毗邻,西与陕西省的延川县隔河相望,东与隰县相连。全县总面积1 214.38 km^2,辖2镇5个乡,即芝河镇、桑壁镇、坡头乡、交口乡、南庄乡、打石腰乡和阁底乡,79个村委,309个自然村组。

永和县属晋西黄土残垣丘陵沟壑区,山塬墚峁与河川沟渠纵横交错,形成千沟万壑的地貌。

总体地形地貌可概括为:三山五垣两川一道岸,形成千沟万壑之貌。全县东、西、南三面环山,中部为河谷地,主要河流流向与地势倾向和两侧山脉走向大体一致,山脉的脊线成为河流的天然分水岭;支流上游地处石质地区,节理发育,渗漏严重,水量很小或时有时无,属时令河且上游集水面积不大,流量较小,但切割严重。

芝河自永和县东北斜流向西南,注入黄河,把全境分为两个大三角形。永和县境内有三大山系,九座大山,2 500多条沟道,墚峁重叠,沟壑纵横。黄河流经县境68 km,林草覆盖率低,水土流失比较严重。县城西部一支以四十里山为最高,海拔1 399 m;县城东部一支地势高亢,海拔在1 500 m以上,茶布山海拔1 521 m,为县内最高峰;县境南部一支,海拔也在1 500 m左右;西部黄河岸畔,海拔在600 m以下。永和县行政区划图如图4-12-1所示。

12.1.2 社会经济

永和县现辖芝河、桑壁2个镇,阁底、南庄、打石腰、交口、坡头5个乡,79个行政村。至2014年底,全县总人口为6.5万人,其中城镇人口2.5万人,乡村人口4.5万人。2014年全县国内生产总值65 521万元,其中第一产业24 898万元,第二产业6 931万元,第三产业33 692万元。

永和县境内矿藏资源贫乏,分布有少量煤炭、煤层气及石材等。农业主要以小米、红枣、棉花为主,农业种植是全县经济发展的主要支柱产业。

图 4-12-1　永和县行政区划图

12.1.3　河流水系

永和县境内所有的河流都属于黄河流域,流域面积大于 50 km^2 的主要河流有 9 条。按照水利部河湖普查河流级别划分原则,1 级河流有 4 条,分别为冯家河、马家河、芝河、峪里沟;2 级河流有 4 条,分别为王家塬沟、段家河、桑壁河、刁家峪河;3 级河流有 1 条,为卫家峪河。县境内主要河流为芝河。永和县河流水系图见图 4-12-2,主要河流基本情况见表 4-12-1。

12.1.3.1　**冯家河**

冯家河为黄河的一级支流。冯家河起源于石楼县合河乡南陀崾村后山(河源经度 110°34′8.3″,河源纬度 36°52′0.5″,河源高程 1 128.0 m),自东南向西北流经石楼县、永和县,于石楼县合河乡杨家沟村后北头汇入黄河(河口经度 110°24′16.5″,河口纬度 36°54′10.7″,河口高程 560.0 m),河流全长 20 km,流域面积 61.3 km^2,河流比降为 20.74‰。永和县境内流域面积为 18.5 km^2。

图 4-12-2　永和县河流水系图

表 4-12-1　永和县主要河流基本情况表

编号	河流名称	上级河流名称	河流级别	流域面积 (km^2)	河长 (km)	比降 (‰)	县境内流域面积(km^2)
1	冯家河	黄河	1	61.3	20	20.74	18.5
2	马家河	黄河	1	55.6	15	27.19	55.6
3	芝河	黄河	1	806.0	67	9.65	767.9
4	王家塬沟	芝河	2	61.0	15	16.74	59.3
5	段家河	芝河	2	103.0	18	15.52	94.1
6	桑壁河	芝河	2	185.0	31	14.50	180.9
7	卫家峪	城川河	3	91.8	30	11.12	5.8
8	刁家峪	昕水河	2	158.0	28	10.21	34.2
9	峪里沟	黄河	1	81.2	26	24.42	30.5

12.1.3.2　马家河

马家河为黄河的一级支流。马家河起源于永和县打石腰乡马家岭村下山里村(河源经度 110°33′10.8″,河源纬度36°46′11.6″,河源高程 1 308.2 m),自东北向西南流经永和县,于永和县打石腰乡尉家坬村冯家山村汇入黄河(河口经度110°26′44.8″,河口纬度 36°44′2.6″,河口高程 520.0 m),河流全长 15 km,流域面积 55.6 km^2,河流比降为 27.19‰。永和县境内流域面积为 55.6 km^2。

12.1.3.3　芝河

芝河为黄河的一级支流。芝河起源于石楼县合河乡珍珠塌村(河源经度 110°38′29.4″,河源纬度 36°55′33.6″,河源高程 1 241.5 m),自西北向东南流经石楼县、永和县,于永和县阁底乡高原村佛堂村汇入黄河(河口经度110°29′31.9″,河口纬度36°34′46.1″,河口高程520.0 m),河流全长67 km,流域面积806 km²,河流比降为9.65‰。永和县境内流域面积为767.9 km²。

12.1.3.4　王家塬沟

王家塬沟为芝河的一级支流。王家塬沟起源于永和县坡头乡任家庄范家峪村(河源经度110°46′14.6″,河源纬度36°45′56.3″,河源高程1 282.4 m),自东南向西北流经永和县,于永和县坡头乡坡头村岔上汇入芝河(河口经度110°41′10.6″,河口纬度36°49′25.6″,河口高程971.8 m),河流全长15 km,流域面积61.0 km²,河流比降为16.74‰。永和县境内流域面积为59.3 km²。

12.1.3.5　段家河

段家河为芝河的一级支流。段家河起源于石楼县合河乡郭家沟村(河源经度110°37′49.5″,河源纬度36°53′50.3″,河源高程1 232.5 m),自北向南流经石楼县、永和县,于永和县芝河镇城关村河西坡村汇入芝河(河口经度110°37′26.2″,河口纬度36°45′46.7″,河口高程883.2 m),河流全长18 km,流域面积103 km²,河流比降为15.52‰。永和县境内流域面积为94.1 km²。

12.1.3.6　桑壁河

桑壁河为芝河的一级支流。桑壁河起源于永和县桑壁镇乡林场乔家山(河源经度110°43′36.3″,河源纬度36°44′49.4″,河源高程1 321.6 m),自北向南流经永和县,于永和县交口乡交口村汇入芝河(河口经度110°35′20.5″,河口纬度36°37′51.4″,河口高程711.0 m),河流全长31 km,流域面积185 km²,河流比降为14.50‰。永和县境内流域面积为180.9 km²。

12.1.3.7　卫家峪

卫家峪为城川河的支流。卫家峪起源于隰县阳头升乡罗镇堡村(河源经度110°48′31.7″,河源纬度36°37′24.0″,河源高程1 187.8 m),自北向南流经隰县、永和县,于隰县午城镇水堤村汇入城川河(河口经度110°54′13.4″,河口纬度36°34′54.5″,河口高程830.6 m),河流全长30 km,流域面积91.8 km²,河流比降为11.12‰。永和县境内流域面积为5.8 km²。

12.1.3.8　刁家峪

刁家峪为昕水河的支流。刁家峪起源于永和县桑壁镇乡林场核桃凹(河源经度111°45′38.6″,河源纬度36°45′1.8″,河源高程1 258.1 m),自北向南流经永和县、隰县、大宁县,于隰县午城镇午城村店窑坡汇入昕水河(河口经度110°50′47.2″,河口纬度36°29′42.3″,河口高程770.0 m),河流全长28 km,流域面积158 km²,河流比降为10.21‰。永和县境内流域面积为34.2 km²。

12.1.3.9　峪里沟

峪里沟为黄河的一级支流。峪里沟起源于大宁县昕水镇北山林场肖家岭(河源经度110°42′6.3″,河源纬度36°34′41.0″,河源高程1 309.2 m),自东北向西南流经大宁县、永和县,于大宁县徐家垛乡岭上村汇入黄河(河口经度110°29′31.9″,河口纬度36°34′46.1″,河口高程520.0 m),河流全长26 km,流域面积81.2 km²,河流比降为24.42‰。永和县境内流域面积为30.5 km^2。

12.1.4 水文气象

永和县气候属于暖温带大陆性气候,四季分明。冬季长而干寒,夏季短而高温多雨、雨热同季,秋季较短、气候温和。多年平均气温9.4 ℃,1月最低 -10 ℃,7月最高23 ℃,霜冻期为10月上旬至次年4月下旬,无霜期158~204 d,全年日照为4 433.5 h。降水量年际变化大,年最多降雨量为797 mm,年最少降雨量为287.7 mm,年内分配不均匀,汛期6~9月降水量占全年降水量的70%。年蒸发量为1 618.9 mm,年平均风速2.0 m/s。

12.1.5 历史山洪灾害

永和县境内山洪灾害发生频次较高,是永和县的主要自然灾害之一。历史上及中华人民共和国成立后发生过多次大的山洪灾害。本次首先收集了各种文献对永和县山洪灾害的记载,其次在进行沿河村落调查时走访当地村民调查历史洪水情况,整理如下。

12.1.5.1 文献记载洪水资料

文献记载洪水资料主要来自于《山西省历史洪水调查成果》和《山西洪水研究》。这两本书资料来源于《山西通志》,各市、县的府志或县志,中央档案馆明清档案部的清代档案奏折以及少量的洪水碑刻和家书等。该县文献记载洪水共计8场次,洪水发生年份分别为1363年、1519年、1628年、1917年、1920年、1952年、1982年(见表4-12-2)。本次工作还收集了永和县文献记载旱情资料,见表4-12-3。

表4-12-2 永和县文献记载洪水统计表

序号	公元	年号	记载	资料来源
1	1363	元至正廿三年	七月隰州、永和县大雨雹害稼	山西水旱灾害
2	1519	明正德十四年	永和八月十五夜大雨,潦水暴至几没城,漂溺居民甚众,雹大如杵,平地三尺余,积月始消	山西自然灾害史年表
3	1628	明崇祯元年	太平、永和、蒲、隰县旱。永和雨雹伤禾。广昌、广灵、山阴陨霜损稼。大同尤旱	山西通志
4	1917	民国六年	永和:八月大水,坡水暴至城关,尽成泽国。乡宁:农历六月十五日天忽暝晦,大雨如注	山西自然灾害史年表
5	1917	民国六年	临县六月十六日城西暴雨地积尺许,西门出山水入城,冲伤河渠民舍数处,十七日城南雨雹,受灾者七十余村。乡宁农历六月十五日,天忽暝晦,大雨如注。永和八月大水,坡水暴至城关,尽成泽国。该年黄、沁、丹三河并涨,是一场大范围雨洪	临县旧县志
6	1920	民国九年	曲沃:五月浍河暴涨,淹没无算。永和:五月十一日雨雹南庄、阁底诸村,麦苗摧残无遗	山西自然灾害史年表

续表 4-12-2

序号	公元	年号	记载	资料来源
7	1952		五台、阳曲、忻县、崞县、繁峙、静乐、宁武、岢岚、榆次、祁县、和顺、离石、昔阳、盂县、寿阳、灵石、交城、晋城、高平、襄垣、长治、荣河、万泉、绛县、安邑、夏县、闻喜、吉县、乡宁、永和、汾西、曲沃:雹灾。平顺、黎城、晋城、安泽、方山:旱灾。屯留:风灾。代县:地震。绛县:虫灾	山西自然灾害史年表
8	1982		7 月 29 日至 8 月 3 日,发生中华人民共和国成立以来最严重的一次洪水灾害。一连 6 日降暴雨和大暴雨,全省平均降雨量 115.9 mm,降雨大的沁水县为 428 mm,垣曲县为 383 mm,阳城县为 361 mm,平陆、运城、晋城、夏县等 10 个县都在 200 mm 以上,仅有一个县降水量在 200 mm 以下,150 mm 以上。当时洪安涧河、亳清河、涑水河、浍河、桃河都发生较大洪水,全省 60 座大中型水库蓄水量由 2.7 亿 m^3 猛增到 5.18 亿 m^3。沁水县杏梅二河汇合处,流量达 2 900 m^3/s。阳城县境内获择河流量猛增到 1 800 m^3/s,冲垮河坝 100 多 km,冲垮大桥 11 处。全省重灾县 13 个:石楼、柳林、交口、永和、大宁、吉县、和顺、昔阳、平定、盂县、平陆、河津、阳泉郊区	山西自然灾害史年表

表 4-12-3　永和县文献记载旱情统计表

公元	年号	记载	资料来源
1472	明成化八年	山西全省性旱和大旱	山西通志
1534	明嘉靖十三年	永和、交城、文水、徐沟、寿阳、汾西、洪洞、翼城、临汾、霍州、沁源、安泽旱大饥,禾稼殆尽,饿殍盈野	山西水旱灾害
1580	明万历八年	永和旱	山西通志
1628	明崇祯元年	太平、永和、蒲、隰县旱。永和雨雹伤禾。广昌、广灵、山阴陨霜损稼。大同尤旱	山西通志
1639	明崇祯十二年	永和、隰县、太原、阳曲、翼城、霍州、襄汾、绛县、万泉、万荣、稷山、安泽大旱,蝗伤稼,饿死人甚众	山西水旱灾害

续表 4-12-3

公元	年号	记载	资料来源
1695	清康熙三十四年	保德夏旱秋霜。临县冬无雪。岚县夏涝麦欠收。河津、荣河二县汾水冲。沁州六月大雨雹。介休旱,八月陨霜杀稼。和顺淫雨连月,七月严霜杀稼。静乐七月旱。离石夏秋大旱。乡宁、永和旱。山西临汾以西旱,余均正常	山西自然灾害史年表
1696	清康熙三十五年	保德夏旱秋霜。静乐春大旱,秋雨两月不止,八月霜杀禾殆尽,岁大饥。汾阳夏旱。永宁夏秋大旱,禾尽槁,大饥。翼城秋蚜蚄害稼。闻喜大旱。永和连年大旱。沁源连年被霜灾。岚县岁饥馑,陨霜杀稼民大饥,民食树皮。武乡夏霖雨历五、六月至七月初始霁,未几陨霜,秋禾一粒未收,大饥。盂县、介休、和顺旱,秋霜杀稼。石楼旱	山西自然灾害史年表
1697	清康熙三十六年	临县、石楼、永和、蒲县、乡宁、大宁、隰县、静乐、汾阳、孝义、文水、介休、闻喜、盂县、左权、昔阳、和顺夏大旱	山西水旱灾害
1698	清康熙三十七年	翼城、洪洞、闻喜、浮山、蒲州、永和、平定、交城、襄陵大旱,民大饥。静乐二至三月大雪	山西自然灾害史年表
1720	清康熙五十九年	山西全省性大旱	山西自然灾害史年表
1721	清康熙六十年	山西全省性持续大旱	山西自然灾害史年表
1722	清康熙六十一年	山西全省性大旱,中部尤甚	山西水旱灾害
1800	清嘉庆五年	永和秋禾被旱成灾	山西自然灾害史年表
1892	清光绪十八年	临晋夏旱,多蝗,冬奇寒,黄河结冰,自龙门至砥柱,行人车马履冰而渡,花木冻死甚多。芮城冬大寒,黄河冰坚。荣河四月暴风大木折拔,冬雨雪三尺。永和夏旱,蝗飞蔽日,食苗殆尽,至冬无收	

续表 4-12-3

公元	年号	记载	资料来源
1892	清光绪十八年	太谷:大疫。浮山:冬大寒。万泉、永宁、永和、襄垣、临晋:旱。荣河:四月暴风大木折拔。怀仁:饥	山西自然灾害史年表
1924	民国十三年	临县:灾。曲沃:冬大疫。永和:大旱。武乡:春夏旱	山西自然灾害史年表
1936	民国廿五年	十二月太原地震。全省持续性大旱	山西自然灾害史年表
1955		天镇、河曲、保德、五台、应县、代县、岚县、大同、山阴、左云、右玉、平鲁、雁北、忻县、太原、榆次、寿阳、昔阳、平定、岚县、石楼、永和、万泉、临猗、曲沃、永和、乡宁、大宁、浮山、霍县、长治、长子、襄垣、黎城、武乡、沁县、平顺、晋城、潞安、陵川、沁源、太谷、祁县、万荣:旱。翼城、夏县:雹灾	山西自然灾害史年表
1960		山西晋南旱象严重	山西水旱灾害
1965		山西全省性大旱。晋南春夏连旱,尤以伏旱为甚	山西水旱灾害
1972		山西全省性大旱,整个三伏天无雨	山西水旱灾害
1978		全省严重干旱的同时,风、雹、冻、病虫害亦严重发生	山西水旱灾害
1987		山西全省性旱,严重的有忻州、吕梁、临汾西部、太原市等	山西水旱灾害

12.1.5.2 《山西省历史洪水调查成果》中的调查成果

2011 年出版的《山西省历史洪水调查成果》暴雨洪水调查资料已收集至 2008 年,是目前资料最为可靠、最为完整的历史洪水调查成果。其中收集永和县历史洪水调查成果 8 场次。洪水发生年份主要为 1977 年;在芝河镇城关村河段有 5 年,分别为 1918 年、1923 年、1925 年、1956 年、1957 年;主要分布在芝河流域。永和县现有历史洪水调查成果统计表见表 4-12-4。

表 4-12-4 永和县现有历史洪水调查成果统计表

<table>
<tr><th rowspan="2">序号</th><th colspan="4">调查地点</th><th rowspan="2">集水面积(km²)</th><th colspan="3">调查洪水</th><th rowspan="2">调查单位</th></tr>
<tr><th>水系</th><th>河名</th><th>河段名</th><th>地点</th><th>洪峰流量(m³/s)</th><th>发生时间</th><th>可靠程度</th></tr>
<tr><td>1</td><td>沿黄支流</td><td>芝河</td><td>城关桥</td><td>永和县芝河镇城关桥</td><td>297</td><td>979</td><td>1977 年 7 月 6 日</td><td>较可靠</td><td>原临汾地区水文分站</td></tr>
<tr><td>2</td><td>沿黄支流</td><td>芝河</td><td>城西</td><td>永和县芝河镇城西</td><td>413</td><td>1 620</td><td>1977 年 7 月 6 日</td><td>供参考</td><td>原临汾地区水文分站</td></tr>
<tr><td>3</td><td>沿黄支流</td><td>芝河</td><td>交口</td><td>永和县交口乡交口村</td><td>535</td><td>1 700</td><td>1977 年 7 月 6 日</td><td>较可靠</td><td>原临汾地区水文分站</td></tr>
<tr><td>4</td><td>沿黄支流</td><td>千只沟</td><td>千只沟</td><td>永和县交口乡交口村南</td><td>736</td><td>1 980</td><td>1977 年 7 月 6 日</td><td>较可靠</td><td>原临汾地区水文分站</td></tr>
<tr><td>5</td><td>沿黄支流</td><td>桑壁河</td><td>交口(桑壁河)</td><td>永和县交口乡交口村东</td><td>185</td><td>227</td><td>1977 年 7 月 6 日</td><td>供参考</td><td>原临汾地区水文分站</td></tr>
<tr><td>6</td><td>沿黄支流</td><td>芝河</td><td>午门</td><td>永和县坡头乡午门村</td><td>224</td><td>767</td><td>1977 年</td><td>供参考</td><td>原临汾地区水文分站</td></tr>
<tr><td>7</td><td>沿黄支流</td><td>芝河</td><td>河口</td><td>永和县芝河镇河口村</td><td>102</td><td>486</td><td>1977 年</td><td>较可靠</td><td>原临汾地区水文分站</td></tr>
<tr><td rowspan="5">8</td><td rowspan="5">沿黄支流</td><td rowspan="5">芝河</td><td rowspan="5">城关</td><td rowspan="5">永和县芝河镇城关村</td><td rowspan="5">1 246</td><td>1 100</td><td>1925 年</td><td></td><td rowspan="5"></td></tr>
<tr><td>586</td><td>1918 年</td><td></td></tr>
<tr><td>586</td><td>1956 年</td><td></td></tr>
<tr><td>555</td><td>1923 年</td><td></td></tr>
<tr><td>205</td><td>1957 年</td><td></td></tr>
</table>

12.1.5.3 沿河村落历史洪水调查成果

在对沿河村落入户调查过程中,对该村庄历史上较大洪水进行了详细的访问,主要从历史洪水的发生时间、洪水描述、洪水水位以及洪水致灾情况进行了调查。从调查情况来看,受年龄所限,受访者较为可靠的洪水记忆一般在 20 世纪 50 年代以后。由于沿河村落大部分河段都进行了河道整治或受河道冲淤影响,其河道过水断面与历史洪水发生时相比存在较大变动,大部分洪水位已不能反映现状河道的过水能力,但其洪水发生时间具有一定的参考意义。本次工作对沿河村落历史洪水调查进行了整理,可作为该县历史洪水调查成果的补充参考。经统计,沿河村落历史洪水共计 8 场次,洪水发生年份分别为 70 年代、90 年代、2003 年、2007 年、2010 年、2013 年、2014 年、2015 年。永和县沿河村落历史洪水调查成果统计表见表 4-12-5。

表4-12-5　永和县沿河村落历史洪水调查成果统计表

序号	村名	发生时间	受访者		洪水访问情况
			姓名	年龄	
1	葛家河	2014年	黄宝生	50	天降暴雨引发山洪,洪水与公路快齐平
2	刘家庄	2003年	马忠堂	61	降雨持续20多天,河水溢满河道,水深6~7 m
3	榆林则	2003年	白虎林	38	洪水最大导致桥眼快满,洪水流速快,还冲走二三百只羊
4	塔只上	90年代	王乃荣	64	洪水经常上路,把桥淹了,河边滩地上的庄稼都被冲毁了
5	赵家沟	90年代	宋德友	69	暴雨持续造成大水,水最大的时候溢出河槽
6	兰家沟	1975年左右	李二平	53	天降暴雨引发洪水,洪水漫至现在河边最低居民户院子
7	上刘台	2010年	马远亮	59	降雨积满河道,上游沟道较窄,地势较低的居民户院子进水
		2013年	马远亮	59	天降大雨溢满河槽,河槽水深约3 m
8	方底村	2007年	杨蛇应	71	暴雨溢出河道,沿河最近的一排房子全部进了水
9	上桑壁	70年代	张林财	50	张林财家房后的人片田地被洪水冲毁
		2013年	张林财	50	当洪水发生时,水起浪有1人来高,水从左岸玉米地漫至村庄道路旁居民户门前
10	下桑壁	2003年	肖让承	58	天降暴雨,洪水溢满河道,3个桥眼都快溢满了
		2013年	王小平	57	洪水发生时,三眼桥被堵,洪水上路,桥前道路旁小商铺进水,家里水有1寸高,货品被冲,路上水有80 cm高
		2015年	肖让承	58	天降暴雨,洪水溢满河道
11	东峪沟	2003年	柳海平	40	天降大雨,洪水溢满河道
12	西沟村	1998年左右	杜文静	59	洪水将河里的农田全部冲毁
		2015年	杜文静	59	洪水冲毁河道右侧滩地农田半块,部分河段塌方,车辆掉进河里

12.1.5.4 当地相关部门洪水记载

本次工作收集了地方县志、当地水利及相关部门对洪水的记载,可作为永和县历史洪水调查成果的补充。本次共收集 4 场次洪水记载,洪水发生年份分别为 1966 年、1981 年、1991 年、2010 年。永和县相关部门历史洪水调查成果统计表见表 4-12-6。

表 4-12-6 永和县当地部门历史洪水调查成果统计表

序号	发生时间	位置	洪水灾害描述
1	1966 年 6 月 16 ~ 26 日	永和县	连降暴雨(夹冰雹)3 次,不少土石坝被冲毁,全县 69 个公社的 199 个大队 64 个生产队的 1.7 万亩农作物受灾
2	1981 年 8 月 15 日	永和县	连降大雨 16 h,降雨量 187.5 mm,全县淹没农田 2.3 万亩,倒塌房屋 450 间,砸死 2 人,伤亡大牲畜 13 头,羊 364 只,洪水冲毁桥梁 1 座,道路 90 余条,造成经济损失千万元
3	1991 年 7 月 27 日	永和县	不到 50 min 时间降雨 91 mm,芝河洪水流量猛增到 1 800 m^3/s。全县有 1.1 万亩农田受灾,832 户农民秋粮绝收,26 户 65 间民房倒塌,775 户房屋进水;冲毁大小石坝 774 条,公路 80 余处 106 km,人畜饮水工程 20 处,破坏输电通信线路 0.8 万 m,造成直接经济损失 1 271 万元。城关榨油厂价值 80.5 万元的财产被洪水洗劫一空
4	2010 年 7 月 15 日	刘家庄	芝河镇刘家庄 1.5 h 内雨量站记录 74.9 mm,并同时夹有冰雹,造成刘家庄一个村 0.98 万亩庄稼基本绝收,冰雹造成 123 头羊、2 头骡子死亡。河槽内洪水暴涨,沿岸基本农田被淹没。据估计直接经济损失 900 万元

12.2 永和县山洪灾害分析评价成果

12.2.1 分析评价名录确定

永和县共有 72 个重点防治区,重点防治区名录见表 4-12-7;永和县将 72 个重点防治区划分为 67 个计算小流域(流域面积相同的村落在表中只体现为一个计算小流域),基本信息见表 4-12-8,其中包括行政区划名称、面积、主沟道长度、主沟道比降、产流地类、汇流地类。

12.2.2 设计暴雨成果

永和县的 72 个重点防治区分为 67 个计算小流域,各时段雨量的均值 $\overline{H}$、变差系数 C_v、C_s/C_v 和各时段相应频率的雨量值成果 H_p 见表 4-12-9(本次对永和县 72 个山洪灾害沿河村落均采用《山西省水文手册》中提供的方法进行了设计暴雨计算。对采用流域模型法计算设计洪水的进行设计暴雨时程分配计算,对采用经验公式法计算设计洪水的不进行设计暴雨时程分配计算)。永和县沿河村落 100 年一遇设计暴雨分布图见附图 4-133 ~ 附图 4-136。

12.2.3 设计洪水成果

永和县的 72 个重点防治区都进行了设计洪水的推求。其中设计洪水成果表见表 4-12-10(72 个沿河村落均采用由设计暴雨推求设计洪水的方法计算,本次采用《山西省水文手册》中的流域模型法与经验公式法计算,对采用流域模型法计算设计洪水的进行设计净雨深计算,对采用经验公式法计算设计洪水的不进行设计净雨深计算)。永和县沿河村落 100 年一遇设计洪水分布图见附图 4-137。

表 4-12-7 永和县山洪灾害分析评价名录

序号	沿河村落	行政区划代码	所在乡镇	所在河流	影响形式
1	李家崖	141032203202104	坡头乡	芝河	河道洪水
2	白家崖	141032203202000	坡头乡	芝河	河道洪水
3	成家坪	141032203202103	坡头乡	芝河	坡面汇流
4	均庄	141032203202102	坡头乡	芝河	河道洪水
5	后塔子	141032203202100	坡头乡	芝河	河道洪水
6	塔只上	141032203202101	坡头乡	芝河	河道洪水
7	兰家沟	141032203203101	坡头乡	芝河	河道洪水
8	呼家庄	141032203203000	坡头乡	芝河	河道洪水
9	赵家沟	141032203203100	坡头乡	芝河	河道洪水
10	渠底	141032203201102	坡头乡	芝河	坡面汇流
11	新村	141032203201101	坡头乡	芝河	坡面汇流
12	岔口	141032203201000	坡头乡	芝河	河道洪水
13	方底	141032203204102	坡头乡	芝河	河道洪水
14	榆林只	141032203204103	坡头乡	芝河	河道洪水
15	孙家庄	141032203204000	坡头乡	芝河	河道洪水
16	土罗	141032203204101	坡头乡	芝河	河道洪水
17	永平庄	141032203201105	坡头乡	芝河	河道洪水
18	南峪	141032203201104	坡头乡	芝河	坡面汇流
19	柳沟	141032203201100	坡头乡	芝河	河道洪水
20	坡头	141032203200000	坡头乡	芝河	河道洪水
21	聂家山	141032203200100	坡头乡	芝河	河道洪水
22	午门	141032203200101	坡头乡	芝河	河道洪水
23	王家坪	141032100204101	芝河镇	芝河	河道洪水

续表 4-12-7

序号	沿河村落	行政区划代码	所在乡镇	所在河流	影响形式
24	前麻峪	141032100204102	芝河镇	芝河	坡面汇流
25	官庄	141032100204000	芝河镇	芝河	河道洪水
26	川口	141032100204100	芝河镇	芝河	河道洪水
27	后桑壁	141032100203000	芝河镇	芝河	河道洪水
28	东峪沟	141032100202000	芝河镇	芝河	河道洪水
29	北庄	141032100202103	芝河镇	芝河	河道洪水
30	后圪瞪	141032100202102	芝河镇	芝河	河道洪水
31	前圪瞪	141032100202101	芝河镇	芝河	河道洪水
32	龙口湾	141032100202100	芝河镇	芝河	坡面汇流
33	城关	141032100200000	芝河镇	芝河	坡面汇流
34	西沟	141032100200100	芝河镇	芝河	河道洪水
35	药家湾	141032100201000	芝河镇	芝河	坡面汇流
36	闫家腰	141032100201101	芝河镇	芝河	坡面汇流
37	下刘台	141032100210100	芝河镇	芝河	坡面汇流
38	前甘露河	141032100212000	芝河镇	芝河	河道洪水
39	延家河	141032100212100	芝河镇	芝河	河道洪水
40	范家峪	141032203205104	坡头乡	王家塬沟	河道洪水
41	上刘台	141032203205105	坡头乡	王家塬沟	河道洪水
42	任家庄	141032203205000	坡头乡	王家塬沟	河道洪水
43	贺家崖	141032203206100	坡头乡	王家塬沟	河道洪水
44	索驼	141032203206000	坡头乡	王家塬沟	河道洪水
45	岔上	141032203200102	坡头乡	王家塬沟	河道洪水
46	葛家河	141032100207101	芝河镇	段家河	河道洪水
47	红花峁	141032100207102	芝河镇	段家河	坡面汇流
48	刘家庄	141032100207000	芝河镇	段家河	河道洪水
49	李家渠	141032100207100	芝河镇	段家河	河道洪水
50	杨家庄	141032100207103	芝河镇	段家河	河道洪水
51	贺家庄	141032100206101	芝河镇	段家河	河道洪水
52	段家河	141032100206102	芝河镇	段家河	河道洪水
53	榆林则	141032100206000	芝河镇	段家河	河道洪水
54	梁家坡	141032100206100	芝河镇	段家河	河道洪水
55	呼家岔	141032100205102	芝河镇	段家河	河道洪水

续表 4-12-7

序号	沿河村落	行政区划代码	所在乡镇	所在河流	影响形式
56	龙吞泉	141032100205100	芝河镇	段家河	河道洪水
57	辛庄	141032101210100	桑壁镇	桑壁河	河道洪水
58	长索	141032101209000	桑壁镇	桑壁河	河道洪水
59	上桑壁	141032101200100	桑壁镇	桑壁河	河道洪水
60	下桑壁	141032101200000	桑壁镇	桑壁河	河道洪水
61	岔儿上	141032101202100	桑壁镇	桑壁河	河道洪水
62	后河 1	141032101205101	桑壁镇	桑壁河	河道洪水
63	前龙石腰	141032101204000	桑壁镇	桑壁河	河道洪水
64	后河 2	141032101212000	桑壁镇	沿黄支流	河道洪水
65	前河	141032101212100	桑壁镇	沿黄支流	河道洪水
66	北河路	141032201202000	南庄乡	沿黄支流	坡面汇流
67	前崖头	141032201206105	南庄乡	沿黄支流	坡面汇流
68	贺家河	141032202201100	打石腰乡	沿黄支流	坡面汇流
69	马家河	141032202205100	打石腰乡	沿黄支流	坡面汇流
70	乌华沟	141032200210101	阁底乡	沿黄支流	坡面汇流
71	河里	141032204208100	交口乡	沿黄支流	坡面汇流
72	峪里	141032204212000	交口乡	沿黄支流	坡面汇流

12.2.4 现状防洪能力成果

现状防洪能力评价主要是在设计洪水分析成果的基础上,结合沿河村落地形地貌、居民户高程情况,勾绘划定其淹没范围,进行危险区等级的划分,确定最佳转移路线和临时安置地点,并统计各沿河村落 5 个典型频率设计洪水位下的累计人口、户数,获得水位—流量—人口关系,综合评价现状防洪能力。本次对永和县 72 个山洪灾害沿河村落进行防洪现状评价。现状防洪能力小于 5 年一遇的有 2 个,大于等于 5 年一遇小于 20 年一遇的有 1 个,大于等于 20 年一遇的有 69 个。

经统计,永和县 72 个沿河村落中极高危险区内有 32 人,高危险区内有 117 人,危险区内有 1 569 人。现状防洪能力成果见表 4-12-11 与附图 4-138。

12.2.5 雨量预警指标分析成果

永和县的 72 个重点防治区都进行了雨量预警指标的确定。永和县预警指标分析成果表和永和县沿河村落预警指标分布图见表 4-12-12 与附图 4-139 ~ 附图 4-144。

表 4-12-8　永和县小流域基本信息汇总表

序号	行政区划名称	流域面积(km^2)	主沟道长度(km)	主沟道比降(‰)	产流地类(km^2)		汇流地类(km^2)	
					砂页岩灌丛山地	黄土丘陵沟壑	灌丛山地	黄土丘陵
1	李家崖村	13.06	3.8	20.7		13.06		13.06
2	成家坪村	0.94	0.9			0.94		0.94
3	均庄村	38.55	7.4	16.5		38.55		38.55
4	后塔子村	47.82	10.3	14.1		47.82		47.82
5	兰家沟村	2.85	2.26	35		2.85		2.85
6	呼家庄村	7.4	4	22.5		7.4		7.4
7	赵家沟村	9.28	3.37	15.8		9.28		9.28
8	渠底村	2.21	1.8			2.21		2.21
9	新村	5.58	3.8			5.58		5.58
10	岔口	44.42	15.4	15.6		44.42		44.42
11	方底村	13.73	6.1	13.4		13.73		13.73
12	榆林只村	27.49	7.9	9.7		27.49		27.49
13	孙家庄村	28.52	8.4	11.2		28.52		28.52
14	土罗村	31.62	10.5	9.8		31.62		31.62
15	永平庄村	42.66	14	9.9		42.66		42.66
16	南峪村	2.56	1.6			2.56		2.56
17	柳沟村	5.24	3.6	23.1		5.24		5.24
18	聂家山村	10.74	5	30.5		10.74		10.74
19	坡头村	144.48	19.2	12.5		144.48		144.48

续表 4-12-8

序号	行政区划名称	流域面积(km^2)	主沟道长度(km)	主沟道比降(‰)	产流地类(km^2)		汇流地类(km^2)	
					砂页岩灌丛山地	黄土丘陵沟壑	灌丛山地	黄土丘陵
20	王家坪村	225.72	19.2	16.7	7.42	218.3	7.42	218.3
21	前麻峪村	4.96	3.1			4.96		4.96
22	官庄村	244.92	22.3	15	7.42	237.5	7.42	237.5
23	川口村	250.62	23	14.3	7.42	243.2	7.42	243.2
24	后桑壁村	10.81	5.5	36.4	4.05	6.77	4.05	6.77
25	东峪沟村	23.64	10.1	22.6	11.27	12.37	11.27	12.37
26	北庄村	13.07	4	44.6	11.28	1.79	11.28	1.79
27	前圪蹬村	16.99	5.4	37.3	11.28	5.71	11.28	5.71
28	龙口湾村	1.4	1			1.4		1.4
29	城关村	0.43	0.5			0.43		0.43
30	西沟村	10.64	7.2	30.8		10.64		10.64
31	药家湾村	3.8	2.5			3.8		3.8
32	闫家腰村	4.9	3.1			3.8		3.8
33	下刘台村	1.91	1.1			1.91		1.91
34	前甘露河村	17.78	6.3	26.4		17.78		17.78
35	延家河村	31.19	8.7	27.9	2.14	29.05	2.14	29.05
36	范家峪村	8.12	4.4	38.3		8.12		8.12
37	上刘台村	17.26	7.95	21.1		17.26		17.26
38	任家庄村	23.25	9.9	18.1		23.25		23.25

续表 4-12-8

序号	行政区划名称	流域面积(km^2)	主沟道长度(km)	主沟道比降(‰)	产流地类(km^2)		汇流地类(km^2)	
					砂页岩灌丛山地	黄土丘陵沟壑	灌丛山地	黄土丘陵
39	贺家崖村	22.95	5.1	23.2	7.48	15.47	7.48	15.47
40	索驼村	55.83	12.2	16.8	7.48	48.35	7.48	48.35
41	岔上村	61.14	15.3	15.6	7.48	53.66	7.48	53.66
42	葛家河村	12.99	5.7	27.4		12.99		12.99
43	红花峁村	5.89	4			5.89		5.89
44	刘家庄村	27.11	9.8	20.8		27.11		27.11
45	李家渠村	27.11	9.8	20.8		27.11		27.11
46	杨家庄村	44.22	13.7	18.1		44.22		44.22
47	贺家庄村	11.33	5.4	30.9		11.33		11.33
48	段家河村	10.07	4.4	25.5		10.07		10.07
49	榆林则村	30.24	8.4	21.4		30.24		30.24
50	呼家岔村	36.71	11.4	17.4		36.71		36.71
51	龙吞泉村	94.85	16.2	16.4		94.85		94.85
52	辛庄村	24.57	8.3	23.2	12.85	11.72	12.85	11.72
53	长索村	36.43	12.6	17.6	12.85	23.58	12.85	23.58
54	上桑壁村	48.73	16.2	15.4	16.71	32.02	16.71	32.02

续表 4-12-8

序号	行政区划名称	流域面积(km^2)	主沟道长度(km)	主沟道比降(‰)	产流地类(km^2)		汇流地类(km^2)	
					砂页岩灌丛山地	黄土丘陵沟壑	灌丛山地	黄土丘陵
55	下桑壁村	62.44	18.4	13.6	16.71	45.73	16.71	
56	岔儿上村	15.00	20.5	15.5	1.19	13.81	1.19	13.81
57	后河村1	14.84	6.3	25.3	6.87	7.97	6.87	7.97
58	前龙石腰村	139.83	26.6	13.4	30.66	109.17	30.66	109.17
59	后河村2	11.29	6.5	38.5		11.29		11.29
60	前河村	13.49	7.5	29.1		13.49		13.49
61	北河路村	5.55	0.9			5.55		5.55
62	前崖头村	0.45	0.8			0.45		0.45
63	贺家河村	3.29	3.4			3.29		3.29
64	马家河村	4.89	3.3			4.89		4.89
65	乌华沟村	3.59	2.7			3.59		3.59
66	河里村	2.37	1.8			2.37		2.37
67	峪里村	0.4	0.7			0.4		0.4

表 4-12-9　永和县设计暴雨成果表

序号	计算单元名称	历时	均值(mm)	变差系数	C_s/C_v	重现期雨量值 H_p(mm)				
						100 年($H_{1\%}$)	50 年($H_{2\%}$)	20 年($H_{5\%}$)	10 年($H_{10\%}$)	5 年($H_{20\%}$)
1	李家崖村	10 min	13.0	0.48	3.5	29.8	26.4	21.8	18.3	14.8
		60 min	26.8	0.47	3.5	59.4	52.7	43.7	36.8	29.7
		6 h	41.8	0.48	3.5	104.0	92.4	76.9	64.9	52.6
		24 h	58.8	0.48	3.5	145.2	129.2	107.8	91.2	74.1
		3 d	71.6	0.47	3.5	177.2	157.9	132.1	112.0	91.3
2	成家坪村	10 min	13.0	0.48	3.5	29.4	26.0	21.5	18.1	14.6
		60 min	26.8	0.47	3.5	58.7	52.1	43.2	36.4	29.4
		6 h	41.8	0.48	3.5	103.1	91.6	76.3	64.4	52.2
		24 h	58.8	0.48	3.5	144.3	128.5	107.2	90.8	73.8
		3 d	71.6	0.47	3.5	176.4	157.2	131.5	111.6	91.1
3	均庄村	10 min	13.0	0.48	3.5	28.1	24.9	20.7	17.4	14.0
		60 min	26.8	0.47	3.5	56.8	50.4	41.9	35.4	28.6
		6 h	41.8	0.48	3.5	100.7	89.5	74.7	63.2	51.3
		24 h	58.8	0.48	3.5	142.0	126.6	105.8	89.7	73.1
		3 d	71.6	0.47	3.5	174.0	155.3	130.1	110.6	90.4
4	后塔子村	10 min	13.0	0.48	3.5	13.0	0.5	3.5	13.0	0.5
		60 min	26.8	0.47	3.5	26.8	0.5	3.5	26.8	0.5
		6 h	41.8	0.48	3.5	41.8	0.5	3.5	41.8	0.5
		24 h	58.8	0.48	3.5	58.8	0.5	3.5	58.8	0.5
		3 d	71.6	0.47	3.5	71.6	0.5	3.5	71.6	0.5

续表 4-12-9

序号	计算单元名称	历时	均值(mm)	变差系数	C_s/C_v	重现期雨量值 H_p(mm)				
						100 年($H_{1\%}$)	50 年($H_{2\%}$)	20 年($H_{5\%}$)	10 年($H_{10\%}$)	5 年($H_{20\%}$)
5	兰家沟村	10 min	12.8	0.46	3.5	30.9	27.4	22.8	19.3	15.6
		60 min	26.5	0.45	3.5	61.0	54.3	45.3	38.4	31.2
		6 h	42.2	0.45	3.5	104.7	93.4	78.3	66.5	54.4
		24 h	59.0	0.45	3.5	143.1	128.0	107.5	91.6	75.1
		3 d	73.2	0.45	3.5	179.9	160.8	135.0	114.9	94.2
6	呼家庄村	10 min	12.8	0.46	3.5	29.8	26.5	22.0	18.6	15.1
		60 min	26.5	0.45	3.5	59.2	52.7	44.0	37.3	30.4
		6 h	42.2	0.45	3.5	102.5	91.5	76.8	65.3	53.4
		24 h	59.0	0.45	3.5	141.2	126.3	106.3	90.7	74.5
		3 d	73.2	0.45	3.5	177.9	159.1	133.7	114.0	93.6
7	赵家沟村	10 min	12.9	0.47	3.5	30.3	26.8	22.2	18.7	15.1
		60 min	26.7	0.46	3.5	59.9	53.2	44.3	37.4	30.3
		6 h	42.0	0.46	3.5	103.5	92.2	77.1	65.4	53.3
		24 h	58.9	0.46	3.5	142.6	127.3	106.8	90.8	74.3
		3 d	72.9	0.45	3.5	176.6	157.9	132.8	113.2	93.0
8	渠底村	10 min	12.5	0.5	3.5	32.3	28.4	23.4	19.5	15.6
		60 min	26.8	0.48	3.5	66.6	58.6	48.2	40.1	31.9
		6 h	42.0	0.52	3.5	114.9	101.4	83.6	69.8	55.7
		24 h	59.0	0.48	3.5	152.3	135.0	111.8	94.0	75.8
		3 d	71.5	0.5	3.5	191.4	169.2	139.6	116.8	93.5

续表 4-12-9

序号	计算单元名称	历时	均值(mm)	变差系数	C_s/C_v	重现期雨量值 H_p(mm)				
						100 年($H_{1\%}$)	50 年($H_{2\%}$)	20 年($H_{5\%}$)	10 年($H_{10\%}$)	5 年($H_{20\%}$)
9	新村	10 min	12.5	0.5	3.5	31.3	27.6	22.7	18.9	15.1
		60 min	26.8	0.48	3.5	64.5	56.9	46.8	39.0	31.1
		6 h	42.0	0.52	3.5	113.5	100.2	82.4	68.8	54.9
		24 h	59.0	0.5	3.5	155.2	137.1	113.0	94.6	75.7
		3 d	72.0	0.5	3.5	190.9	168.8	139.4	116.8	93.6
10	岔口村	10 min	12.7	0.46	3.5	26.2	23.4	19.5	16.5	13.4
		60 min	26.1	0.46	3.5	54.0	48.1	40.2	34.1	27.8
		6 h	42.2	0.46	3.5	97.3	86.9	72.9	62.1	50.8
		24 h	59.6	0.46	3.5	138.6	124.2	104.7	89.5	73.7
		3 d	75.9	0.46	3.5	180.7	161.7	136.0	116.0	95.3
11	方底村	10 min	12.7	0.47	3.5	29.1	25.8	21.4	18.0	14.5
		60 min	26.1	0.46	3.5	57.9	51.5	42.9	36.3	29.5
		6 h	42.2	0.45	3.5	100.5	89.8	75.3	64.1	52.5
		24 h	59.6	0.44	3.5	138.7	124.5	105.2	90.2	74.6
		3 d	75.9	0.44	3.5	179.5	161.0	135.9	116.4	96.1
12	榆林只村	10 min	12.7	0.46	3.5	27.3	24.3	20.2	17.1	13.9
		60 min	26.1	0.46	3.5	55.8	49.6	41.4	35.1	28.5
		6 h	42.2	0.46	3.5	99.6	88.8	74.4	63.2	51.7
		24 h	59.6	0.46	3.5	140.9	126.1	106.1	90.5	74.4
		3 d	75.9	0.46	3.5	183.0	163.6	137.4	117.1	96.0

续表 4-12-9

序号	计算单元名称	历时	均值(mm)	变差系数	C_s/C_v	重现期雨量值 H_p(mm)				
						100 年($H_{1\%}$)	50 年($H_{2\%}$)	20 年($H_{5\%}$)	10 年($H_{10\%}$)	5 年($H_{20\%}$)
13	孙家庄村	10 min	12.7	0.46	3.5	27.2	24.2	20.2	17.1	13.9
		60 min	26.1	0.46	3.5	55.6	49.5	41.3	35.0	28.5
		6 h	42.2	0.46	3.5	99.4	88.7	74.3	63.1	51.6
		24 h	59.6	0.46	3.5	140.7	125.9	106.0	90.4	74.3
		3 d	75.9	0.46	3.5	182.8	163.4	137.3	117.0	96.0
14	土罗村	10 min	12.7	0.46	3.5	27.0	24.0	20.0	17.0	13.8
		60 min	26.1	0.46	3.5	55.3	49.2	41.1	34.8	28.3
		6 h	42.2	0.46	3.5	99.0	88.3	74.0	62.9	51.4
		24 h	59.6	0.46	3.5	140.3	125.6	105.7	90.2	74.2
		3 d	75.9	0.46	3.5	182.4	163.0	137.0	116.8	95.8
15	永平庄村	10 min	12.7	0.46	3.5	26.3	23.4	19.6	16.6	13.5
		60 min	26.1	0.46	3.5	54.2	48.2	40.3	34.2	27.9
		6 h	42.2	0.46	3.5	97.5	87.1	73.1	62.2	50.9
		24 h	59.6	0.46	3.5	138.9	124.4	104.8	89.6	73.8
		3 d	75.9	0.46	3.5	180.9	161.8	136.1	116.1	95.4
16	南峪村	10 min	13.0	0.5	3.5	33.9	29.8	24.5	20.3	16.1
		60 min	27.3	0.5	3.5	66.5	58.7	48.5	40.6	32.5
		6 h	43.2	0.49	3.5	117.7	103.8	85.4	71.2	56.8
		24 h	60.1	0.549	3.5	169.5	148.7	120.9	99.8	78.5
		3 d	75.8	0.48	3.5	196.1	174.1	144.6	121.9	98.5

续表 4-12-9

序号	计算单元名称	历时	均值(mm)	变差系数	C_s/C_v	重现期雨量值 H_p(mm)				
						100 年($H_{1\%}$)	50 年($H_{2\%}$)	20 年($H_{5\%}$)	10 年($H_{10\%}$)	5 年($H_{20\%}$)
17	柳沟村	10 min	13.0	0.5	3.5	33.1	29.1	23.9	19.8	15.8
		60 min	27.3	0.5	3.5	65.2	57.6	47.5	39.8	31.9
		6 h	43.2	0.49	3.5	116.0	102.4	84.2	70.3	56.1
		24 h	60.1	0.549	3.5	168.0	147.4	120.1	99.2	78.1
		3 d	75.8	0.48	3.5	194.6	172.9	143.7	121.2	98.1
18	聂家山村	10 min	12.5	0.52	3.5	31.4	27.6	22.5	18.7	14.8
		60 min	26.8	0.5	3.5	64.8	56.9	46.5	38.5	30.5
		6 h	42.0	0.53	3.5	114.0	100.4	82.3	68.5	54.4
		24 h	60.0	0.5	3.5	155.6	137.7	113.7	95.3	76.4
		3 d	72.5	0.51	3.5	193.4	170.9	140.8	117.6	94.0
19	坡头村	10 min	13.0	0.48	3.5	23.7	21.2	17.7	15.0	12.3
		60 min	26.8	0.47	3.5	49.6	44.3	37.2	31.7	26.0
		6 h	41.8	0.48	3.5	90.6	81.2	68.5	58.6	48.4
		24 h	58.8	0.48	3.5	130.3	117.1	99.2	85.1	70.5
		3 d	71.6	0.47	3.5	164.5	147.8	125.1	107.4	88.9
20	王家坪村	10 min	13.0	0.48	3.5	22.6	20.2	16.9	14.3	11.7
		60 min	26.8	0.47	3.5	48.5	43.4	36.3	30.9	25.3
		6 h	41.8	0.48	3.5	90.5	81.0	68.2	58.2	47.8
		24 h	58.8	0.48	3.5	131.6	118.2	99.9	85.6	70.7
		3 d	71.6	0.47	3.5	168.8	151.5	128.0	109.8	90.7

续表 4-12-9

序号	计算单元名称	历时	均值(mm)	变差系数	C_s/C_v	重现期雨量值 H_p(mm)				
						100年($H_{1\%}$)	50年($H_{2\%}$)	20年($H_{5\%}$)	10年($H_{10\%}$)	5年($H_{20\%}$)
21	前麻峪村	10 min	12.5	0.52	3.5	32.7	28.7	23.4	19.4	15.3
		60 min	26.8	0.51	3.5	66.9	58.7	47.8	39.5	31.1
		6 h	41.7	0.53	3.5	116.7	102.6	84.0	69.7	55.2
		24 h	60.5	0.5	3.5	158.3	140.0	115.5	96.7	77.4
		3 d	73.0	0.51	3.5	196.9	173.8	143.0	119.4	95.3
22	官庄村	10 min	13.0	0.48	3.5	22.4	20.0	16.7	14.2	11.6
		60 min	26.8	0.47	3.5	48.1	43.0	36.1	30.7	25.1
		6 h	41.8	0.48	3.5	89.9	80.5	67.8	57.9	47.6
		24 h	58.8	0.48	3.5	130.9	117.6	99.4	85.2	70.5
		3 d	71.6	0.47	3.5	168.1	150.8	127.5	109.4	90.4
23	川口村	10 min	13.0	0.48	3.5	22.3	19.9	16.6	14.1	11.5
		60 min	26.8	0.47	3.5	47.9	42.9	36.0	30.6	25.0
		6 h	41.8	0.48	3.5	89.7	80.3	67.7	57.8	47.5
		24 h	58.8	0.48	3.5	130.7	117.4	99.3	85.1	70.4
		3 d	71.6	0.47	3.5	167.9	150.7	127.4	109.3	90.4
24	后桑壁村	10 min	12.9	0.54	3.5	33.0	28.8	23.3	19.2	15.0
		60 min	26.2	0.52	3.5	65.2	57.2	46.7	38.6	30.5
		6 h	43.8	0.51	3.5	113.2	99.9	82.1	68.5	54.7
		24 h	60.7	0.5	3.5	157.2	139.4	115.4	96.8	77.9
		3 d	75.2	0.5	3.5	196.6	174.1	144.0	120.8	97.1

续表 4-12-9

序号	计算单元名称	历时	均值(mm)	变差系数	C_s/C_v	重现期雨量值 H_p(mm)				
						100 年($H_{1\%}$)	50 年($H_{2\%}$)	20 年($H_{5\%}$)	10 年($H_{10\%}$)	5 年($H_{20\%}$)
25	东峪沟村	10 min	12.9	0.54	3.5	32.3	28.2	22.9	18.8	14.7
		60 min	26.9	0.52	3.5	65.0	57.1	46.6	38.6	30.5
		6 h	43.8	0.51	3.5	113.1	99.9	82.2	68.6	54.8
		24 h	60.7	0.5	3.5	155.0	137.5	113.9	95.7	77.2
		3 d	75.2	0.5	3.5	195.2	172.9	143.1	120.2	96.7
26	北庄村	10 min	12.9	0.54	3.5	32.8	28.7	23.2	19.1	14.9
		60 min	26.9	0.52	3.5	65.8	57.8	47.2	39.0	30.8
		6 h	43.8	0.51	3.5	114.1	100.7	82.8	69.1	55.1
		24 h	60.7	0.5	3.5	155.9	138.3	114.5	96.1	77.4
		3 d	75.2	0.5	3.5	196.1	173.7	143.6	120.6	96.9
27	前圪塄村	10 min	12.9	0.54	3.5	32.3	28.2	22.9	18.8	14.7
		60 min	26.9	0.52	3.5	65.0	57.1	46.6	38.6	30.5
		6 h	43.8	0.51	3.5	113.1	99.9	82.2	68.6	54.8
		24 h	60.7	0.5	3.5	155.0	137.5	113.9	95.7	77.2
		3 d	75.2	0.5	3.5	195.2	172.9	143.1	120.2	96.7
28	龙口湾村	10 min	12.9	0.54	3.5	35.0	30.6	24.8	20.4	15.9
		60 min	26.9	0.52	3.5	69.5	60.9	49.7	41.0	32.3
		6 h	43.8	0.51	3.5	118.6	104.5	85.8	71.4	56.8
		24 h	60.7	0.5	3.5	159.9	141.5	116.9	97.9	78.5
		3 d	75.2	0.5	3.5	200.3	177.1	146.1	122.4	98.1

续表 4-12-9

序号	计算单元名称	历时	均值(mm)	变差系数	C_s/C_v	重现期雨量值 H_p(mm)				
						100 年($H_{1\%}$)	50 年($H_{2\%}$)	20 年($H_{5\%}$)	10 年($H_{10\%}$)	5 年($H_{20\%}$)
29	城关村	10 min	12.2	0.52	3.5	34.4	30.2	24.6	20.4	16.1
		60 min	27.0	0.51	3.5	66.4	58.4	47.8	39.6	31.3
		6 h	38.6	0.51	3.5	113.7	100.2	82.2	68.4	54.4
		24 h	60.2	0.5	3.5	157.3	138.9	114.5	95.7	76.5
		3 d	71.5	0.48	3.5	187.2	166.1	137.8	116.0	93.6
30	西沟村	10 min	13.1	0.56	3.5	35.4	30.8	24.8	20.3	15.7
		60 min	27.1	0.54	3.5	67.7	59.1	47.8	39.3	30.7
		6 h	40.8	0.54	3.5	115.7	101.5	82.7	68.3	53.8
		24 h	60.0	0.53	3.5	161.3	142.0	116.2	96.5	76.5
		3 d	73.9	0.52	3.5	200.4	176.7	145.0	120.8	96.1
31	药家湾村	10 min	12.2	0.52	3.5	32.8	28.7	23.4	19.4	15.3
		60 min	27.0	0.51	3.5	63.8	56.1	45.9	38.0	30.1
		6 h	38.6	0.51	3.5	110.5	97.4	80.0	66.7	53.1
		24 h	60.2	0.5	3.5	154.5	136.7	112.8	94.5	75.8
		3 d	71.5	0.48	3.5	184.3	163.6	136.0	114.6	92.7
32	闫家腰村	10 min	12.2	0.52	3.5	32.5	28.5	23.2	19.2	15.1
		60 min	27.0	0.51	3.5	63.4	55.7	45.5	37.7	29.9
		6 h	38.6	0.51	3.5	109.9	96.9	79.6	66.3	52.8
		24 h	60.2	0.5	3.5	154.0	136.3	112.5	94.3	75.6
		3 d	71.5	0.48	3.5	183.7	163.2	135.6	114.4	92.5

续表 4-12-9

序号	计算单元名称	历时	均值(mm)	变差系数	C_s/C_v	重现期雨量值 H_p(mm)				
						100 年($H_{1\%}$)	50 年($H_{2\%}$)	20 年($H_{5\%}$)	10 年($H_{10\%}$)	5 年($H_{20\%}$)
33	下刘台村	10 min	12.5	0.55	3.5	35.3	30.8	25.0	20.5	16.0
		60 min	27.0	0.52	3.5	70.3	61.3	49.4	40.4	31.4
		6 h	39.0	0.57	3.5	118.2	103.4	83.9	69.0	54.0
		24 h	58.5	0.5	3.5	154.8	136.6	112.3	93.6	74.6
		3 d	68.5	0.548	3.5	198.1	173.5	140.7	115.8	90.7
34	前甘露河村	10 min	13.1	0.57	3.5	35.0	30.4	24.4	19.9	15.4
		60 min	27.1	0.54	3.5	65.5	57.2	46.3	38.0	29.7
		6 h	39.8	0.54	3.5	111.9	98.2	80.1	66.3	52.3
		24 h	59.8	0.53	3.5	158.3	139.5	114.3	95.0	75.4
		3 d	73.9	0.52	3.5	198.5	175.1	143.9	120.0	95.6
35	延家河村	10 min	13.1	0.57	3.5	33.1	28.8	23.2	19.0	14.8
		60 min	27.1	0.54	3.5	63.3	55.4	44.9	37.0	29.0
		6 h	39.9	0.54	3.5	109.7	96.3	78.7	65.2	51.5
		24 h	59.8	0.53	3.5	155.8	137.4	112.9	94.0	74.8
		3 d	73.9	0.52	3.5	196.0	173.0	142.4	118.9	94.9
36	范家峪村	10 min	12.7	0.47	3.5	29.9	26.5	22.0	18.5	14.9
		60 min	26.1	0.47	3.5	60.1	53.3	44.2	37.2	30.1
		6 h	42.2	0.47	3.5	105.8	94.0	78.3	66.1	53.6
		24 h	60.1	0.47	3.5	148.5	132.4	110.6	93.8	76.4
		3 d	75.9	0.46	3.5	187.4	167.2	140.0	119.0	97.3

续表 4-12-9

序号	计算单元名称	历时	均值(mm)	变差系数	C_s/C_v	重现期雨量值 H_p(mm)				
						100 年($H_{1\%}$)	50 年($H_{2\%}$)	20 年($H_{5\%}$)	10 年($H_{10\%}$)	5 年($H_{20\%}$)
37	上刘台村	10 min	12.7	0.47	3.5	28.7	25.5	21.1	17.8	14.4
		60 min	26.1	0.47	3.5	58.1	51.5	42.8	36.1	29.2
		6 h	42.2	0.47	3.5	103.3	91.9	76.6	64.8	52.6
		24 h	60.1	0.47	3.5	146.2	130.4	109.2	92.7	75.7
		3 d	75.9	0.45	3.5	181.8	162.7	137.0	117.0	96.2
38	任家庄村	10 min	12.7	0.47	3.5	28.2	25.0	20.7	17.5	14.1
		60 min	26.1	0.47	3.5	57.2	50.7	42.2	35.6	28.8
		6 h	42.2	0.47	3.5	102.1	90.9	75.8	64.2	52.2
		24 h	60.1	0.47	3.5	145.1	129.5	108.5	92.2	75.4
		3 d	75.9	0.46	3.5	183.7	164.2	137.8	117.4	96.2
39	贺家崖村	10 min	12.6	0.49	3.5	29.0	25.6	21.1	17.7	14.2
		60 min	27.0	0.48	3.5	59.3	52.5	43.5	36.5	29.4
		6 h	42.4	0.48	3.5	105.8	94.0	78.2	66.0	53.4
		24 h	61.2	0.48	3.5	149.4	133.1	111.1	94.1	76.5
		3 d	75.6	0.47	3.5	186.2	166.0	138.9	117.9	96.2
40	索驼村	10 min	12.7	0.47	3.5	26.5	23.5	19.5	16.4	13.3
		60 min	26.1	0.47	3.5	54.8	48.7	40.5	34.2	27.7
		6 h	42.2	0.47	3.5	99.5	88.6	74.1	62.8	51.2
		24 h	60.1	0.47	3.5	142.8	127.6	107.1	91.2	74.7
		3 d	75.9	0.46	3.5	180.5	161.4	135.7	115.7	95.0

续表 4-12-9

序号	计算单元名称	历时	均值(mm)	变差系数	C_s/C_v	重现期雨量值 H_p(mm)				
						100 年($H_{1\%}$)	50 年($H_{2\%}$)	20 年($H_{5\%}$)	10 年($H_{10\%}$)	5 年($H_{20\%}$)
41	岔上村	10 min	12.7	0.47	3.5	26.3	23.3	19.3	16.3	13.2
		60 min	26.1	0.47	3.5	54.5	48.4	40.3	34.1	27.6
		6 h	42.2	0.47	3.5	99.1	88.3	73.9	62.6	51.0
		24 h	60.1	0.47	3.5	142.4	127.3	106.9	91.0	74.6
		3 d	75.9	0.46	3.5	180.1	161.1	135.4	115.5	94.8
42	葛家河村	10 min	12.5	0.52	3.5	31.4	27.6	22.5	18.7	14.8
		60 min	26.8	0.5	3.5	64.8	56.9	46.5	38.5	30.5
		6 h	42.0	0.53	3.5	114.0	100.4	82.3	68.5	54.4
		24 h	60.0	0.5	3.5	155.6	137.7	113.7	95.3	76.4
		3 d	72.5	0.51	3.5	193.4	170.9	140.8	117.6	94.0
43	红花峁村	10 min	13.2	0.54	3.5	35.5	31.0	25.1	20.6	16.1
		60 min	27.1	0.52	3.5	67.5	59.2	48.2	39.8	31.3
		6 h	41.0	0.52	3.5	113.9	100.3	82.1	68.3	54.1
		24 h	59.2	0.51	3.5	156.2	137.9	113.5	94.8	75.7
		3 d	71.7	0.5	3.5	189.9	168.0	138.7	116.2	93.2
44	刘家庄村	10 min	13.2	0.53	3.5	33.7	29.5	24.0	19.8	15.5
		60 min	27.1	0.51	3.5	64.2	56.4	46.2	38.4	30.4
		6 h	41.1	0.5	3.5	108.5	95.8	79.1	66.2	53.0
		24 h	59.1	0.49	3.5	148.6	131.9	109.6	92.3	74.6
		3 d	71.5	0.49	3.5	184.1	163.3	135.5	114.1	92.1

续表 4-12-9

序号	计算单元名称	历时	均值(mm)	变差系数	C_s/C_v	重现期雨量值 H_p(mm)				
						100 年($H_{1\%}$)	50 年($H_{2\%}$)	20 年($H_{5\%}$)	10 年($H_{10\%}$)	5 年($H_{20\%}$)
45	李家渠村	10 min	13.2	0.53	3.5	32.3	28.2	23.0	18.9	14.9
		60 min	27.1	0.51	3.5	62.3	54.7	44.8	37.2	29.5
		6 h	41.1	0.5	3.5	106.8	94.3	77.8	65.0	52.0
		24 h	59.1	0.49	3.5	148.1	131.4	109.1	91.8	74.1
		3 d	71.5	0.49	3.5	182.8	162.2	134.6	113.4	91.5
46	杨家庄村	10 min	13.2	0.53	3.5	31.0	27.2	22.1	18.2	14.4
		60 min	27.1	0.51	3.5	60.4	53.1	43.5	36.2	28.7
		6 h	41.1	0.5	3.5	104.4	92.4	76.3	63.9	51.2
		24 h	59.1	0.49	3.5	146.0	129.7	107.8	90.8	73.4
		3 d	71.5	0.49	3.5	180.7	160.4	133.3	112.4	90.9
47	贺家庄村	10 min	13.0	0.56	3.5	35.1	30.6	24.6	20.1	15.6
		60 min	27.2	0.54	3.5	67.1	58.6	47.4	38.9	30.4
		6 h	40.0	0.54	3.5	114.2	100.1	81.5	67.4	53.0
		24 h	59.0	0.53	3.5	157.8	139.0	113.8	94.5	74.9
		3 d	71.6	0.52	3.5	193.9	171.0	140.4	116.9	93.1
48	段家河村	10 min	13.2	0.56	3.5	35.8	31.2	25.1	20.5	15.9
		60 min	27.2	0.54	3.5	68.0	59.3	48.0	39.3	30.7
		6 h	40.0	0.55	3.5	115.7	101.3	82.3	67.8	53.2
		24 h	58.9	0.54	3.5	160.9	141.3	115.2	95.3	75.2
		3 d	71.5	0.53	3.5	197.1	173.4	141.9	117.8	93.3

续表 4-12-9

序号	计算单元名称	历时	均值(mm)	变差系数	C_s/C_v	重现期雨量值 H_p(mm)				
						100 年($H_{1\%}$)	50 年($H_{2\%}$)	20 年($H_{5\%}$)	10 年($H_{10\%}$)	5 年($H_{20\%}$)
49	榆林则村	10 min	13.2	0.56	3.5	33.4	29.1	23.5	19.2	14.9
		60 min	27.2	0.54	3.5	63.9	55.9	45.3	37.3	29.2
		6 h	40.0	0.55	3.5	109.8	96.5	78.8	65.2	51.5
		24 h	59.0	0.54	3.5	154.1	135.9	111.6	92.9	74.0
		3 d	71.6	0.53	3.5	190.0	167.8	138.1	115.3	92.0
50	呼家岔村	10 min	13.0	0.56	3.5	32.4	28.2	22.8	18.6	14.5
		60 min	27.2	0.54	3.5	62.9	55.1	44.7	36.8	28.8
		6 h	40.0	0.54	3.5	109.0	95.8	78.3	64.9	51.3
		24 h	59.0	0.53	3.5	153.0	135.0	110.9	92.4	73.6
		3 d	71.6	0.52	3.5	189.0	167.0	137.5	114.9	91.8
51	龙吞泉村	10 min	13.2	0.53	3.5	28.6	25.1	20.5	17.0	13.4
		60 min	27.1	0.51	3.5	56.6	50.0	41.1	34.3	27.3
		6 h	41.1	0.5	3.5	99.7	88.4	73.3	61.6	49.6
		24 h	59.1	0.49	3.5	141.2	125.8	104.9	88.7	72.1
		3 d	71.5	0.49	3.5	176.0	156.6	130.6	110.4	89.6
52	辛庄村	10 min	12.7	0.52	3.5	30.4	26.7	21.8	18.1	14.3
		60 min	26.1	0.51	3.5	60.9	53.6	43.9	36.5	29.0
		6 h	42.0	0.51	3.5	108.2	95.6	78.7	65.8	52.6
		24 h	60.9	0.5	3.5	154.2	136.8	113.4	95.4	76.9
		3 d	75.3	0.49	3.5	191.3	169.9	141.2	119.0	96.3

续表 4-12-9

序号	计算单元名称	历时	均值(mm)	变差系数	C_s/C_v	重现期雨量值 H_p(mm)				
						100 年($H_{1\%}$)	50 年($H_{2\%}$)	20 年($H_{5\%}$)	10 年($H_{10\%}$)	5 年($H_{20\%}$)
53	长索村	10 min	12.7	0.52	3.5	29.5	25.9	21.2	17.6	13.9
		60 min	26.1	0.51	3.5	59.4	52.3	42.9	35.7	28.4
		6 h	42.0	0.51	3.5	106.3	94.0	77.5	64.9	52.0
		24 h	60.9	0.5	3.5	152.3	135.3	112.3	94.6	76.4
		3 d	75.3	0.49	3.5	189.5	168.4	140.1	118.2	95.8
54	上桑壁村	10 min	12.7	0.53	3.5	28.9	25.4	20.7	17.2	13.6
		60 min	26.0	0.52	3.5	58.5	51.5	42.2	35.1	27.9
		6 h	42.0	0.52	3.5	105.4	93.2	76.8	64.2	51.4
		24 h	60.9	0.51	3.5	152.1	135.0	112.0	94.3	76.1
		3 d	75.3	0.5	3.5	189.4	168.3	139.9	118.0	95.5
55	下桑壁村	10 min	12.7	0.53	3.5	28.2	24.8	20.3	16.8	13.3
		60 min	26.0	0.52	3.5	57.3	50.5	41.5	34.5	27.5
		6 h	42.0	0.52	3.5	104.1	92.0	76.0	63.6	50.9
		24 h	60.9	0.51	3.5	151.8	134.8	111.8	94.0	75.8
		3 d	75.3	0.5	3.5	191.1	169.5	140.5	118.2	95.3
56	岔儿上村	10 min	12.8	0.55	3.5	34.1	28.9	23.3	19.1	14.9
		60 min	26.1	0.53	3.5	67.9	57.1	46.4	38.3	30.1
		6 h	42.8	0.53	3.5	114.6	100.8	82.4	68.4	54.1
		24 h	61.0	0.52	3.5	151.2	143.3	117.8	98.2	78.3
		3 d	75.3	0.52	3.5	175.7	179.0	147.0	122.5	97.6

续表 4-12-9

序号	计算单元名称	历时	均值(mm)	变差系数	C_s/C_v	重现期雨量值 H_p(mm)				
						100 年($H_{1\%}$)	50 年($H_{2\%}$)	20 年($H_{5\%}$)	10 年($H_{10\%}$)	5 年($H_{20\%}$)
57	后河村 1	10 min	12.8	0.55	3.5	33.1	28.9	23.3	19.1	14.9
		60 min	26.1	0.53	3.5	65.3	57.2	46.5	38.3	30.1
		6 h	42.8	0.53	3.5	114.7	100.8	82.4	68.4	54.1
		24 h	61.0	0.52	3.5	162.4	143.3	117.8	98.2	78.3
		3 d	75.3	0.52	3.5	203.0	179.0	147.0	122.6	97.6
58	前龙石腰村	10 min	12.7	0.52	3.5	25.9	22.8	18.7	15.5	12.3
		60 min	26.1	0.51	3.5	53.8	47.5	39.1	32.6	26.1
		6 h	42.0	0.51	3.5	99.3	88.0	72.9	61.2	49.3
		24 h	60.9	0.5	3.5	145.9	129.9	108.2	91.5	74.2
		3 d	75.3	0.49	3.5	184.3	164.0	136.6	115.5	93.7
59	后河村 2	10 min	12.4	0.5	3.5	30.1	26.5	21.8	18.1	14.5
		60 min	25.3	0.5	3.5	60.9	53.7	44.1	36.8	29.3
		6 h	42.2	0.5	3.5	109.2	96.4	79.5	66.5	53.2
		24 h	60.4	0.5	3.5	156.4	138.6	114.7	96.3	77.5
		3 d	76.5	0.5	3.5	200.7	177.6	146.8	123.2	98.9
60	前河村	10 min	12.4	0.5	3.5	29.8	26.3	21.6	18.0	14.3
		60 min	25.3	0.5	3.5	60.5	53.3	43.8	36.5	29.1
		6 h	42.2	0.5	3.5	108.5	95.9	79.1	66.2	52.9
		24 h	60.4	0.5	3.5	155.8	138.1	114.3	96.0	77.3
		3 d	76.5	0.5	3.5	200.0	177.1	146.5	122.9	98.7

续表 4-12-9

序号	计算单元名称	历时	均值(mm)	变差系数	C_s/C_v	重现期雨量值 H_p(mm)				
						100 年($H_{1\%}$)	50 年($H_{2\%}$)	20 年($H_{5\%}$)	10 年($H_{10\%}$)	5 年($H_{20\%}$)
61	北河路村	10 min	12.5	0.55	3.5	34.1	29.8	24.1	19.8	15.5
		60 min	27.0	0.52	3.5	68.3	59.6	48.0	39.3	30.5
		6 h	39.0	0.57	3.5	115.8	101.4	82.3	67.8	53.1
		24 h	58.5	0.5	3.5	152.9	135.0	111.1	92.8	74.0
		3 d	68.5	0.548	3.5	195.9	171.7	139.4	114.9	90.2
62	前崖头村	10 min	12.2	0.52	3.5	34.4	30.2	24.6	20.4	16.1
		60 min	27.0	0.51	3.5	66.4	58.4	47.7	39.6	31.3
		6 h	38.6	0.51	3.5	113.7	100.2	82.2	68.4	54.4
		24 h	60.2	0.5	3.5	157.3	138.9	114.5	95.7	76.5
		3 d	71.5	0.48	3.5	187.2	166.1	137.8	115.9	93.6
63	贺家河村	10 min	12.2	0.52	3.5	32.9	28.8	23.5	19.5	15.3
		60 min	26.8	0.51	3.5	63.9	56.1	45.9	38.1	30.1
		6 h	38.6	0.51	3.5	110.6	97.4	80.0	66.7	53.1
		24 h	60.2	0.5	3.5	154.9	137.1	113.1	94.7	75.9
		3 d	71.5	0.48	3.5	184.6	163.9	136.1	114.8	92.8
64	马家河村	10 min	12.2	0.52	3.5	32.5	28.5	23.2	19.2	15.1
		60 min	27.0	0.51	3.5	63.4	55.7	45.5	37.8	29.9
		6 h	38.6	0.51	3.5	109.9	96.9	79.6	66.3	52.8
		24 h	60.2	0.5	3.5	154.0	136.3	112.5	94.3	75.6
		3 d	71.5	0.48	3.5	183.7	163.2	135.6	114.4	92.5

续表 4-12-9

序号	计算单元名称	历时	均值(mm)	变差系数	C_s/C_v	重现期雨量值 H_p(mm)				
						100 年($H_{1\%}$)	50 年($H_{2\%}$)	20 年($H_{5\%}$)	10 年($H_{10\%}$)	5 年($H_{20\%}$)
65	乌华沟村	10 min	12.3	0.57	3.5	34.9	30.4	24.5	20.0	15.5
		60 min	26.5	0.52	3.5	68.3	59.5	47.9	39.2	30.4
		6 h	38.6	0.57	3.5	115.2	100.9	81.9	67.5	52.9
		24 h	58.5	0.5	3.5	154.0	136.0	111.8	93.2	74.3
		3 d	71.5	0.51	3.5	193.6	170.9	140.5	117.2	93.5
66	河里村	10 min	12.5	0.56	3.5	35.9	31.3	25.2	20.6	15.9
		60 min	26.3	0.56	3.5	70.5	61.3	49.1	39.9	30.8
		6 h	38.6	0.56	3.5	117.4	102.6	83.0	68.1	53.1
		24 h	58.6	0.5	3.5	153.2	135.4	111.6	93.3	74.7
		3 d	74.2	0.5	3.5	198.5	175.5	144.8	121.1	97.0
67	峪里村	10 min	12.4	0.56	3.5	31.0	27.1	21.9	17.9	14.0
		60 min	26.0	0.52	3.5	63.3	55.4	45.0	37.0	29.0
		6 h	43.0	0.55	3.5	113.5	99.9	81.8	67.9	53.8
		24 h	63.0	0.5	3.5	161.3	142.9	118.2	99.2	79.7
		3 d	76.0	0.5	3.5	195.9	173.6	143.8	120.9	97.3

表 4-12-10　永和县设计洪水成果表

序号	行政区划名称	洪水要素	重现期洪水要素值				
			100 年	50 年	20 年	10 年	5 年
1	李家崖村	洪峰流量(m^3/s)	410.1	349.6	268.7	205.4	144.3
		洪量(万 m^3)	122.7	98.7	69.3	48.7	32.6
		洪水历时(h)	4.3	3.3	2.5	2.3	1.8
		洪峰水位(m)					
2	白家崖村	洪峰流量(m^3/s)	410.1	349.6	268.7	205.4	144.3
		洪量(万 m^3)	122.7	98.7	69.3	48.7	32.6
		洪水历时(h)	4.3	3.3	2.5	2.3	1.8
		洪峰水位(m)	1 133.90	1 133.75	1 133.60	1 133.45	1 133.30
3	成家坪村	洪峰流量(m^3/s)	13.4	11.8	10.1	8.3	6.7
		洪量(万 m^3)					
		洪水历时(h)					
		洪峰水位(m)					
4	均庄村	洪峰流量(m^3/s)	725.8	615.5	468.4	354.2	245.5
		洪量(万 m^3)	248.6	199.6	140.1	98.3	65.8
		洪水历时(h)	5.0	4.0	3.0	2.8	2.5
		洪峰水位(m)	1 100.40	1 100.05	1 099.20	1 098.75	1 098.20
5	后塔子村	洪峰流量(m^3/s)	705.0	592.0	443.0	330.0	225.0
		洪量(万 m^3)	303.0	243.0	171.0	120.0	80.0
		洪水历时(h)	6.3	5.0	4.0	4.0	3.5
		洪峰水位(m)					
6	塔只上村	洪峰流量(m^3/s)	705.0	592.0	443.0	330.0	225.0
		洪量(万 m^3)	303.0	243.0	171.0	120.0	80.0
		洪水历时(h)	6.3	5.0	4.0	4.0	3.5
		洪峰水位(m)					

续表 4-12-10

序号	行政区划名称	洪水要素	重现期洪水要素值				
			100 年	50 年	20 年	10 年	5 年
7	兰家沟村	洪峰流量(m^3/s)	75.0	67.0	53.0	42.0	30.0
		洪量(万 m^3)	19.0	16.0	11.0	8.0	6.0
		洪水历时(h)	2.0	1.8	1.3	1.0	1.0
		洪峰水位(m)	1 119.40	1 119.20	1 118.90	1 118.70	1 118.45
8	呼家庄村	洪峰流量(m^3/s)	179.3	153.9	120.0	93.2	67.2
		洪量(万 m^3)	48.9	39.6	28.3	20.2	13.8
		洪水历时(h)	3.0	2.3	2.0	1.5	1.3
		洪峰水位(m)	1 086.75	1 086.60	1 086.35	1 086.20	1 085.95
9	赵家沟村	洪峰流量(m^3/s)	214.0	183.0	142.0	109.0	77.0
		洪量(万 m^3)	62.0	50.0	36.0	25.0	17.0
		洪水历时(h)	4.5	3.5	2.3	2.0	1.8
		洪峰水位(m)					
10	渠底村	洪峰流量(m^3/s)	23.2	20.6	16.7	14.1	11.1
		洪量(万 m^3)					
		洪水历时(h)					
		洪峰水位(m)					
11	新村	洪峰流量(m^3/s)	59.0	52.1	42.8	35.6	28.3
		洪量(万 m^3)	43.2	34.6	24.1	17.0	11.1
		洪水历时(h)	3.3	2.5	2.0	1.8	1.3
		洪峰水位(m)					
12	岔口村	洪峰流量(m^3/s)	582	489	366	274	187
		洪量(万 m^3)	272	219	155	109	74
		洪水历时(h)	6.0	4.8	4.0	3.8	3.3
		洪峰水位(m)	1 036.45	1 036.15	1 035.80	1 035.40	1 034.85

续表 4-12-10

序号	行政区划名称	洪水要素	重现期洪水要素值				
			100年	50年	20年	10年	5年
13	方底村	洪峰流量(m^3/s)	253.0	214.0	163.0	124.0	87.0
		洪量(万 m^3)	88.0	71.0	51.0	36.0	25.0
		洪水历时(h)	4.0	3.0	2.8	2.5	2.0
		洪峰水位(m)					
14	榆林只村	洪峰流量(m^3/s)	478.0	405.7	309.3	234.9	163.9
		洪量(万 m^3)	174.5	140.6	99.2	70.0	47.2
		洪水历时(h)	4.8	4.0	3.0	2.8	2.5
		洪峰水位(m)					
15	孙家庄村	洪峰流量(m^3/s)	483.2	409.6	311.6	236.3	164.6
		洪量(万 m^3)	180.6	145.5	102.6	72.4	48.9
		洪水历时(h)	4.8	4.0	3.0	2.8	2.5
		洪峰水位(m)					
16	土罗村	洪峰流量(m^3/s)	485.3	409.9	309.7	233.4	161.3
		洪量(万 m^3)	198.9	160.2	113.0	79.7	53.8
		洪水历时(h)	5.0	4.3	3.3	3.3	2.8
		洪峰水位(m)					
17	永平庄村	洪峰流量(m^3/s)	580.9	488.5	366.5	274.8	188.5
		洪量(万 m^3)	262.4	211.3	149.0	105.1	71.0
		洪水历时(h)	5.8	4.8	3.8	3.5	3.3
		洪峰水位(m)					
18	南峪村	洪峰流量(m^3/s)	86.9	74.8	58.6	45.8	33.2
		洪量(万 m^3)	21.3	16.9	11.7	8.2	5.4
		洪水历时(h)	2.0	2.0	1.5	1.0	0.8
		洪峰水位(m)					

续表 4-12-10

序号	行政区划名称	洪水要素	重现期洪水要素值				
			100 年	50 年	20 年	10 年	5 年
19	柳沟村	洪峰流量(m^3/s)	147	126	97	75	53
		洪量(万 m^3)	43	34	23	16	11
		洪水历时(h)	3.5	2.5	2.0	1.5	1.3
		洪峰水位(m)					
20	坡头村	洪峰流量(m^3/s)	1 502.1	1 275.3	905.4	594.3	312.2
		洪量(万 m^3)	789.8	636.4	449.0	317.2	215.5
		洪水历时(h)	6.0	5.0	4.0	4.0	4.0
		洪峰水位(m)	994.50	993.45	992.70	992.00	991.20
21	聂家山村	洪峰流量(m^3/s)	278.9	236.8	180.8	138.0	96.3
		洪量(万 m^3)	83.6	66.9	46.3	32.3	21.0
		洪水历时(h)	4.0	3.3	2.3	2.0	1.5
		洪峰水位(m)					
22	午门村	洪峰流量(m^3/s)	1 625.0	1 334.0	960.8	696.8	449.3
		洪量(万 m^3)	1241.1	996.2	697.5	495.2	332.9
		洪水历时(h)	10.0	9.0	8.0	7.5	7.5
		洪峰水位(m)					
23	王家坪村	洪峰流量(m^3/s)	1 625.0	1 334.0	960.8	696.8	449.3
		洪量(万 m^3)	1 241.1	996.2	697.5	495.2	332.9
		洪水历时(h)	10.0	9.0	8.0	7.5	7.5
		洪峰水位(m)					
24	前麻峪村	洪峰流量(m^3/s)	52.6	46.5	38.5	31.9	25.6
		洪量(万 m^3)					
		洪水历时(h)					
		洪峰水位(m)					

续表 4-12-10

序号	行政区划名称	洪水要素	重现期洪水要素值				
			100 年	50 年	20 年	10 年	5 年
25	官庄村	洪峰流量(m^3/s)	1 691.9	1 386.1	995.9	712.4	455.1
		洪量(万 m^3)	1 332.8	1 069.9	749.2	524.6	352.2
		洪水历时(h)	10.0	9.0	8.0	8.0	8.0
		洪峰水位(m)	923.75	923.15	922.35	921.55	920.70
26	川口村	洪峰流量(m^3/s)	1 691.9	1 386.1	995.9	712.4	455.1
		洪量(万 m^3)	1 332.8	1 069.9	749.2	524.6	352.2
		洪水历时(h)	10.0	9.0	8.0	8.0	8.0
		洪峰水位(m)	913.65	912.95	912.40	911.95	911.45
27	后桑壁村	洪峰流量(m^3/s)	252.6	211.1	156.4	115.6	77.9
		洪量(万 m^3)	106.5	85.5	59.6	41.4	27.0
		洪水历时(h)	5.0	4.0	3.0	2.8	2.3
		洪峰水位(m)	1 027.70	1 027.25	1 026.50	1 025.40	1 024.40
28	东峪沟村	洪峰流量(m^3/s)	286.0	235.0	170.0	123.0	81.0
		洪量(万 m^3)	182.0	146.0	102.0	71.0	46.0
		洪水历时(h)	6.8	5.5	4.5	4.3	3.8
		洪峰水位(m)	901.74	901.43	900.85	900.42	899.97
29	北庄村	洪峰流量(m^3/s)	252.1	209.8	154.2	112.9	75.9
		洪量(万 m^3)	127.4	102.8	72.4	50.7	33.4
		洪水历时(h)	5.8	4.5	3.5	3.3	2.8
		洪峰水位(m)					
30	后圪瞪村	洪峰流量(m^3/s)	252.1	209.8	154.2	112.9	75.9
		洪量(万 m^3)	127.4	102.8	72.4	50.7	33.4
		洪水历时(h)	5.8	4.5	3.5	3.3	2.8
		洪峰水位(m)					

续表 4-12-10

序号	行政区划名称	洪水要素	重现期洪水要素值				
			100 年	50 年	20 年	10 年	5 年
31	前圪蹬村	洪峰流量(m^3/s)	296.7	247.7	184.4	132.1	88.3
		洪量(万 m^3)	157.3	126.8	92.6	62.2	40.8
		洪水历时(h)	6.0	5.0	4.0	3.5	3.0
		洪峰水位(m)	984.40	984.05	983.70	983.35	982.95
32	龙口湾村	洪峰流量(m^3/s)	14.6	13.1	10.7	8.8	7.1
		洪量(万 m^3)					
		洪水历时(h)					
		洪峰水位(m)					
33	城关村	洪峰流量(m^3/s)	4.5	4.0	3.4	2.7	2.2
		洪量(万 m^3)					
		洪水历时(h)					
		洪峰水位(m)					
34	西沟村	洪峰流量(m^3/s)	255.0	213.0	158.0	117.0	78.0
		洪量(万 m^3)	85.0	67.0	46.0	31.0	20.0
		洪水历时(h)	4.3	3.3	2.5	2.3	1.8
		洪峰水位(m)					
35	药家湾村	洪峰流量(m^3/s)	40.4	35.5	29.4	24.2	19.2
		洪量(万 m^3)					
		洪水历时(h)					
		洪峰水位(m)					
36	闫家腰村	洪峰流量(m^3/s)	52.2	45.7	37.5	31.4	24.7
		洪量(万 m^3)					
		洪水历时(h)					
		洪峰水位(m)					

续表 4-12-10

序号	行政区划名称	洪水要素	重现期洪水要素值				
			100年	50年	20年	10年	5年
37	下刘台村	洪峰流量(m^3/s)	20.1	17.8	14.2	12.2	9.4
		洪量(万 m^3)					
		洪水历时(h)					
		洪峰水位(m)					
38	前甘露河村	洪峰流量(m^3/s)	454.1	380.4	287.3	208.7	138.3
		洪量(万 m^3)	134.9	106.8	76.1	49.5	31.4
		洪水历时(h)	4.5	3.5	2.5	2.3	2.0
		洪峰水位(m)	861.50	861.05	860.35	859.70	858.95
39	延家河村	洪峰流量(m^3/s)	602.0	500.0	367.0	267.0	173.0
		洪量(万 m^3)	231.0	183.0	125.0	85.0	54.0
		洪水历时(h)	5.5	4.5	3.3	3.0	2.8
		洪峰水位(m)	829.70	829.27	828.66	828.14	827.55
40	范家峪村	洪峰流量(m^3/s)	199.2	170.6	132.5	102.4	73.1
		洪量(万 m^3)	56.6	45.5	32.0	22.5	15.1
		洪水历时(h)	3.3	2.5	2.0	1.8	1.5
		洪峰水位(m)					
41	上刘台村	洪峰流量(m^3/s)	311.0	263.0	200.0	151.0	105.0
		洪量(万 m^3)	116.0	93.0	66.0	46.0	31.0
		洪水历时(h)	4.5	3.8	2.8	2.8	2.3
		洪峰水位(m)	1 097.51	1 097.11	1 096.50	1 095.96	1 095.36
42	任家庄村	洪峰流量(m^3/s)	412.6	349.6	265.6	201.1	139.5
		洪量(万 m^3)	153.8	123.6	86.7	60.9	40.7
		洪水历时(h)	5.0	4.0	3.0	2.8	2.3
		洪峰水位(m)	1 070.55	1 070.30	1 069.95	1 069.65	1 069.25

续表 4-12-10

序号	行政区划名称	洪水要素	重现期洪水要素值				
			100 年	50 年	20 年	10 年	5 年
43	贺家崖村	洪峰流量(m^3/s)	390.3	329.3	248.0	186.6	129.0
		洪量(万 m^3)	163.9	132.0	92.9	65.4	43.7
		洪水历时(h)	5.3	4.3	3.3	3.0	2.5
		洪峰水位(m)	1 063.60	1 063.25	1 062.55	1 061.80	1 060.10
44	索驼村	洪峰流量(m^3/s)	718.0	604.3	451.7	337.2	223.9
		洪量(万 m^3)	359.1	288.5	202.3	143.8	94.9
		洪水历时(h)	6.5	5.0	4.0	4.0	4.0
		洪峰水位(m)					
45	岔上村	洪峰流量(m^3/s)	735.8	617.2	458.6	340.9	228.1
		洪量(万 m^3)	390.9	314.0	220.1	156.4	104.7
		洪水历时(h)	6.5	5.5	4.5	4.5	4.0
		洪峰水位(m)					
46	葛家河村	洪峰流量(m^3/s)	300.0	253.0	190.0	142.0	96.0
		洪量(万 m^3)	93.0	75.0	52.0	36.0	24.0
		洪水历时(h)	3.8	3.0	2.5	2.3	2.0
		洪峰水位(m)	1 077.83	1 077.46	1 076.92	1 076.46	1 075.96
47	红花峁村	洪峰流量(m^3/s)	175.0	148.2	112.6	85.1	58.6
		洪量(万 m^3)	45.6	36.4	25.3	17.4	11.3
		洪水历时(h)	3.0	2.3	2.0	1.5	1.3
		洪峰水位(m)	1 073.30	1 072.95	1 072.50	1 072.05	1 071.55
48	刘家庄村	洪峰流量(m^3/s)	499.0	417.0	310.0	228.0	149.0
		洪量(万 m^3)	187.0	150.0	104.0	72.0	46.0
		洪水历时(h)	5.0	4.0	3.3	3.0	2.8
		洪峰水位(m)	1 006.1	1 005.6	1 004.8	1 004.1	1 003.3

续表 4-12-10

序号	行政区划名称	洪水要素	重现期洪水要素值				
			100年	50年	20年	10年	5年
49	李家渠村	洪峰流量(m^3/s)	553.7	463.9	345.7	255.6	171.2
		洪量(万 m^3)	190.5	152.3	105.7	73.1	47.7
		洪水历时(h)	4.8	4.0	3.0	2.8	2.5
		洪峰水位(m)					
50	杨家庄村	洪峰流量(m^3/s)	766.0	638.6	471.3	345.3	228.4
		洪量(万 m^3)	300.9	240.4	166.5	115.0	74.9
		洪水历时(h)	5.5	4.5	3.5	3.5	3.0
		洪峰水位(m)					
51	贺家庄村	洪峰流量(m^3/s)	311.9	262.2	196.7	146.2	98.2
		洪量(万 m^3)	88.2	70.0	48.0	32.7	20.8
		洪水历时(h)	4.0	3.0	2.3	2.0	1.5
		洪峰水位(m)					
52	段家河村	洪峰流量(m^3/s)	291.4	245.3	184.4	137.3	92.2
		洪量(万 m^3)	80.1	63.4	43.2	29.3	18.6
		洪水历时(h)	4.0	2.8	2.3	1.8	1.5
		洪峰水位(m)					
53	榆林则村	洪峰流量(m^3/s)	617.0	514.0	378.0	275.0	179.0
		洪量(万 m^3)	223.0	176.0	120.0	82.0	52.0
		洪水历时(h)	5.5	4.3	3.3	3.0	2.5
		洪峰水位(m)	992.03	991.48	990.08	988.23	986.59
54	梁家坡村	洪峰流量(m^3/s)	617.0	514.0	378.0	275.0	179.0
		洪量(万 m^3)	223.0	176.0	120.0	82.0	52.0
		洪水历时(h)	5.5	4.3	3.3	3.0	2.5
		洪峰水位(m)	974.9	974.6	974.2	973.7	971.9

续表 4-12-10

序号	行政区划名称	洪水要素	重现期洪水要素值				
			100 年	50 年	20 年	10 年	5 年
55	呼家岔村	洪峰流量(m^3/s)	710.1	590.5	432.9	314.7	204.7
		洪量(万 m^3)	267.5	212.0	144.7	98.3	62.5
		洪水历时(h)	5.5	4.5	3.3	3.0	2.8
		洪峰水位(m)	946.20	945.85	945.45	945.10	944.65
56	龙吞泉村	洪峰流量(m^3/s)	1 325.8	1 106.2	814.2	587.1	376.9
		洪量(万 m^3)	602.1	480.5	332.6	229.5	149.8
		洪水历时(h)	6.5	5.5	4.0	4.0	4.0
		洪峰水位(m)					
57	辛庄村	洪峰流量(m^3/s)	311.0	257.0	186.0	134.9	88.7
		洪量(万 m^3)	184.4	147.5	102.4	70.9	46.2
		洪水历时(h)	6.8	5.5	4.3	4.0	3.5
		洪峰水位(m)	1 011.15	1 011.00	1 010.80	1 010.60	1 010.40
58	长索村	洪峰流量(m^3/s)	425.7	350.5	252.1	182.2	118.9
		洪量(万 m^3)	263.8	210.6	145.7	100.6	65.4
		洪水历时(h)	7.0	6.0	4.8	4.5	4.0
		洪峰水位(m)	966.20	964.90	963.00	961.50	960.00
59	上桑壁村	洪峰流量(m^3/s)	483.0	398.0	285.0	204.0	129.0
		洪量(万 m^3)	349.0	278.0	192.0	132.0	85.0
		洪水历时(h)	8.3	7.0	5.5	5.3	5.0
		洪峰水位(m)	938.34	936.83	935.18	934.25	933.70
60	下桑壁村	洪峰流量(m^3/s)	620.0	509.0	363.0	257.0	162.0
		洪量(万 m^3)	438.0	349.0	240.0	164.0	106.0
		洪水历时(h)	8.5	7.5	6.0	5.5	5.5
		洪峰水位(m)	924.73	924.09	923.20	922.53	921.95

续表 4-12-10

序号	行政区划名称	洪水要素	重现期洪水要素值				
			100 年	50 年	20 年	10 年	5 年
61	岔儿上村	洪峰流量(m^3/s)	203.8	185.6	134.2	97.2	63.3
		洪量(万 m^3)	43.2	94.9	65.1	44.5	28.5
		洪水历时(h)	2.8	4.8	3.8	3.5	3.0
		洪峰水位(m)					
62	后河村 1	洪峰流量(m^3/s)	246.0	204.2	149.1	108.4	71.5
		洪量(万 m^3)	121.1	96.5	66.6	45.7	29.4
		洪水历时(h)	5.5	4.5	3.5	3.3	2.8
		洪峰水位(m)	939.65	939.30	938.85	938.45	937.40
63	前龙石腰村	洪峰流量(m^3/s)	1 147.4	934.4	656.3	460.9	285.6
		洪量(万 m^3)	915.3	727.8	500.2	342.8	221.5
		洪水历时(h)	10.0	8.5	7.5	7.0	7.0
		洪峰水位(m)					
64	后河村 2	洪峰流量(m^3/s)	243.2	206.1	156.4	118.2	81.5
		洪量(万 m^3)	83.4	66.4	45.8	31.5	20.5
		洪水历时(h)	4.5	3.5	2.5	2.3	1.8
		洪峰水位(m)	1 001.60	1 001.45	1 001.30	1 001.10	1 000.85
65	前河村	洪峰流量(m^3/s)	276.7	234.1	177.2	133.5	91.6
		洪量(万 m^3)	98.8	78.6	54.3	37.3	24.2
		洪水历时(h)	4.8	3.5	2.8	2.5	2.0
		洪峰水位(m)	986.05	985.80	985.50	985.25	984.90
66	北河路村	洪峰流量(m^3/s)	58.8	51.8	42.5	35.6	28.3
		洪量(万 m^3)					
		洪水历时(h)					
		洪峰水位(m)					

续表 4-12-10

序号	行政区划名称	洪水要素	重现期洪水要素值				
			100 年	50 年	20 年	10 年	5 年
67	前崖头村	洪峰流量(m^3/s)	4.7	4.2	3.4	2.9	2.3
		洪量(万 m^3)					
		洪水历时(h)					
		洪峰水位(m)					
68	贺家河村	洪峰流量(m^3/s)	34.7	30.6	25.2	21.0	16.7
		洪量(万 m^3)					
		洪水历时(h)					
		洪峰水位(m)					
69	马家河村	洪峰流量(m^3/s)	51.7	45.6	37.5	31.2	24.8
		洪量(万 m^3)					
		洪水历时(h)					
		洪峰水位(m)					
70	乌华沟村	洪峰流量(m^3/s)	38.3	33.5	27.2	22.7	18.1
		洪量(万 m^3)					
		洪水历时(h)					
		洪峰水位(m)					
71	河里村	洪峰流量(m^3/s)	25.1	22.1	18.2	15.1	11.9
		洪量(万 m^3)					
		洪水历时(h)					
		洪峰水位(m)					
72	峪里村	洪峰流量(m^3/s)	4.9	4.3	3.5	2.9	2.2
		洪量(万 m^3)					
		洪水历时(h)					
		洪峰水位(m)					

表4-12-11　永和县防洪现状评价成果表

序号	行政区划名称	防洪(年)	极高危险区(<5年一遇)		高危险区(5~20年一遇)		危险区(≥20年一遇)	
			人口(人)	户数(户)	人口(人)	户数(户)	人口(人)	户数(户)
1	李家崖村	20	0	0	0	0	21	7
2	白家崖村	59	0	0	0	0	10	2
3	成家坪村	20	0	0	0	0	23	7
4	均庄村	68	0	0	0	0	12	4
5	后塔子村	20	0	0	0	0	10	2
6	塔只上村	20	0	0	0	0	34	8
7	兰家沟村	<5	5	2	12	5	0	0
8	呼家庄村	54	0	0	0	0	19	6
9	赵家沟村	20	0	0	0	0	24	6
10	渠底村	20	0	0	0	0	13	4
11	新村	20	0	0	0	0	32	10
12	岔口村	53	0	0	0	0	20	7
13	方底村	<5	27	4	0	0	33	9
14	榆林只村	20	0	0	0	0	20	6
15	孙家庄村	20	0	0	0	0	17	6
16	土罗村	20	0	0	0	0	11	3
17	永平庄村	20	0	0	0	0	31	9
18	南峪村	20	0	0	0	0	10	3

续表 4-12-11

序号	行政区划名称	防洪（年）	极高危险区（＜5 年一遇）		高危险区（5～20 年一遇）		危险区（≥20 年一遇）	
			人口（人）	户数（户）	人口（人）	户数（户）	人口（人）	户数（户）
19	柳沟村	20	0	0	0	0	18	6
20	坡头村	61	0	0	0	0	33	10
21	聂家山村	20	0	0	0	0	22	8
22	午门村	79	0	0	0	0	21	7
23	王家坪村	20	0	0	0	0	17	5
24	前麻峪村	20	0	0	0	0	10	3
25	官庄村	57	0	0	0	0	41	13
26	川口村	54	0	0	0	0	32	9
27	后桑壁村	45	0	0	0	0	15	4
28	东峪沟村	90	0	0	0	0	79	23
29	北庄村	20	0	0	0	0	12	3
30	后圪墱村	20	0	0	0	0	13	3
31	前圪墱村	70	0	0	0	0	10	2
32	龙口湾村	20	0	0	0	0	10	2
33	城关村	20	0	0	0	0	35	9
34	西沟村	85	0	0	0	0	11	2
35	药家湾村	20	0	0	0	0	13	4
36	闫家腰村	20	0	0	0	0	45	12

续表 4-12-11

序号	行政区划名称	防洪(年)	极高危险区(<5年一遇)		高危险区(5～20年一遇)		危险区(≥20年一遇)	
			人口(人)	户数(户)	人口(人)	户数(户)	人口(人)	户数(户)
37	下刘台村	20	0	0	0	0	10	3
38	前甘露河村	67	0	0	0	0	19	6
39	延家河村	95	0	0	0	0	24	7
40	范家峪村	20	0	0	0	0	17	6
41	上刘台村	85	0	0	0	0	80	24
42	任家庄村	63	0	0	0	0	23	8
43	贺家崖村	51	0	0	0	0	14	4
44	索驼村	20	0	0	0	0	55	17
45	岔上村	20	0	0	0	0	14	4
46	葛家河村	73	0	0	0	0	51	15
47	红花峁村	20	0	0	0	0	14	4
48	刘家庄村	88	0	0	0	0	19	5
49	李家渠村	20	0	0	0	0	16	5
50	杨家庄村	20	0	0	0	0	21	6
51	贺家庄村	20	0	0	0	0	17	5
52	段家河村	20	0	0	0	0	10	3
53	榆林则村	52	0	0	0	0	22	7
54	梁家坡村	42	0	0	0	0	18	5

续表 4-12-11

序号	行政区划名称	防洪(年)	极高危险区(<5 年一遇)		高危险区(5~20 年一遇)		危险区(≥20 年一遇)	
			人口(人)	户数(户)	人口(人)	户数(户)	人口(人)	户数(户)
55	呼家岔村	75	0	0	0	0	15	4
56	龙吞泉村	20	0	0	0	0	32	10
57	辛庄村	78	0	0	0	0	10	3
58	长索村	78	0	0	0	0	29	8
59	上桑壁村	22	0	0	0	0	37	11
60	下桑壁村	8	0	0	105	26	17	38
61	岔儿上村	20	0	0	0	0	10	2
62	后河村 1	52	0	0	0	0	10	3
63	前龙石腰村	20	0	0	0	0	24	7
64	后河村 2	55	0	0	0	0	21	7
65	前河村	60	0	0	0	0	24	7
66	北河路村	20	0	0	0	0	36	9
67	前崖头村	20	0	0	0	0	10	3
68	贺家河村	20	0	0	0	0	18	6
69	马家河村	20	0	0	0	0	12	4
70	乌华沟村	20	0	0	0	0	10	2
71	河里村	20	0	0	0	0	22	7
72	峪里村	20	0	0	0	0	11	4

表 4-12-12　永和县预警指标成果表

序号	行政区划名称	类别	降雨历时	预警指标(雨量:mm,水位:m)		临界雨量(mm)/水位(m)	方法
				准备转移	立即转移		
1	芝河镇城关村	雨量(B_0 = 0.3)	0.5 h	30	42	42	同频率法
			1 h	42	53	53	
2	芝河镇城关村西沟村	雨量(B_0 = 0)	0.5 h	65	93	93	流域模型法
			1 h	93	118	118	
		雨量(B_0 = 0.3)	0.5 h	62	88	88	
			1 h	88	111	111	
		雨量(B_0 = 0.6)	0.5 h	58	83	83	
			1 h	83	105	105	
3	芝河镇药家湾村	雨量(B_0 = 0.3)	0.5 h	30	42	42	同频率法
			1 h	42	53	53	
4	芝河镇药家湾村闫家腰	雨量(B_0 = 0.3)	0.5 h	30	42	42	同频率法
			1 h	42	53	53	
5	芝河镇东峪沟村	雨量(B_0 = 0)	0.5 h	46	65	65	流域模型法
			1 h	65	78	78	
			2 h	97	112	112	
		雨量(B_0 = 0.3)	0.5 h	43	61	61	
			1 h	61	73	73	
			2 h	91	107	107	
		雨量(B_0 = 0.6)	0.5 h	40	57	57	
			1 h	57	68	68	
			2 h	86	101	101	
6	芝河镇东峪沟村龙口湾	雨量(B_0 = 0.3)	0.5 h	29	42	42	同频率法
			1 h	42	53	53	

续表 4-12-12

序号	行政区划名称	类别	降雨历时	预警指标(雨量:mm,水位:m)		临界雨量(mm)/水位(m)	方法
				准备转移	立即转移		
7	芝河镇东峪沟村前圪蹬	雨量(B_0 =0)	0.5 h	50	71	71	流域模型法
			1 h	71	88	88	
		雨量(B_0 =0.3)	0.5 h	47	68	68	
			1 h	68	83	83	
		雨量(B_0 =0.6)	0.5 h	45	64	64	
			1 h	64	78	78	
8	芝河镇东峪沟村后圪蹬	雨量(B_0 =0)	0.5 h	44	63	63	流域模型法
			1 h	63	78	78	
		雨量(B_0 =0.3)	0.5 h	41	59	59	
			1 h	59	73	73	
		雨量(B_0 =0.6)	0.5 h	38	55	55	
			1 h	55	67	67	
9	芝河镇东峪沟村北庄	雨量(B_0 =0)	0.5 h	44	63	63	流域模型法
			1 h	63	78	78	
		雨量(B_0 =0.3)	0.5 h	41	59	59	
			1 h	59	73	73	
		雨量(B_0 =0.6)	0.5 h	38	55	55	
			1 h	55	67	67	
10	芝河镇后桑壁村	雨量(B_0 =0)	0.5 h	44	62	62	流域模型法
			1 h	62	80	80	
		雨量(B_0 =0.3)	0.5 h	41	58	58	
			1 h	58	75	75	
		雨量(B_0 =0.6)	0.5 h	38	54	54	
			1 h	54	70	70	

续表 4-12-12

序号	行政区划名称	类别	降雨历时	预警指标(雨量:mm,水位:m)		临界雨量(mm)/水位(m)	方法
				准备转移	立即转移		
11	芝河镇官庄村	雨量(B_0 =0)	0.5 h	34	48	48	流域模型法
			1 h	48	57	57	
			2 h	69	78	78	
		雨量(B_0 =0.3)	0.5 h	31	44	44	
			1 h	44	51	51	
			2 h	63	72	72	
		雨量(B_0 =0.6)	0.5 h	28	40	40	
			1 h	40	45	45	
			2 h	56	65	65	
12	芝河镇官庄村川口	雨量(B_0 =0)	0.5 h	36	51	51	流域模型法
			1 h	51	60	60	
			2 h	73	84	84	
		雨量(B_0 =0.3)	0.5 h	33	47	47	
			1 h	47	54	54	
			2 h	67	77	77	
		雨量(B_0 =0.6)	0.5 h	30	43	43	
			1 h	43	49	49	
			2 h	59	69	69	
13	芝河镇官庄村王家坪	雨量(B_0 =0)	0.5 h	30	43	43	流域模型法
			1 h	43	51	51	
		雨量(B_0 =0.3)	0.5 h	27	38	38	
			1 h	38	45	45	
		雨量(B_0 =0.6)	0.5 h	24	34	34	
			1 h	34	40	40	

续表 4-12-12

序号	行政区划名称	类别	降雨历时	预警指标(雨量:mm,水位:m)		临界雨量(mm)/水位(m)	方法
				准备转移	立即转移		
14	芝河镇官庄村前麻峪	雨量(B_0=0.3)	0.5 h	28	40	40	同频率法
			1 h	40	52	52	
15	芝河镇杜家庄村龙吞泉	雨量(B_0=0)	0.5 h	36	51	51	流域模型法
			1 h	51	65	65	
		雨量(B_0=0.3)	0.5 h	33	48	48	
			1 h	48	60	60	
		雨量(B_0=0.6)	0.5 h	31	44	44	
			1 h	44	55	55	
		水位		925.80	926.10	926.10	比降面积法
16	芝河镇杜家庄村呼家岔	雨量(B_0=0)	0.5 h	31	44	44	流域模型法
			1 h	44	56	56	
		雨量(B_0=0.3)	0.5 h	28	40	40	
			1 h	40	51	51	
		雨量(B_0=0.6)	0.5 h	25	35	35	
			1 h	35	45	45	
17	芝河镇榆林则村	雨量(B_0=0)	0.5 h	48	69	69	流域模型法
			1 h	69	88	88	
		雨量(B_0=0.3)	0.5 h	45	64	64	
			1 h	64	82	82	
		雨量(B_0=0.6)	0.5 h	41	59	59	
			1 h	59	76	76	

续表 4-12-12

序号	行政区划名称	类别	降雨历时	预警指标(雨量:mm,水位:m)		临界雨量(mm)/水位(m)	方法
				准备转移	立即转移		
18	芝河镇榆林则村梁家坡	雨量(B_0 =0)	0.5 h	48	69	69	流域模型法
			1 h	69	88	88	
		雨量(B_0 =0.3)	0.5 h	45	64	64	
			1 h	64	82	82	
		雨量(B_0 =0.6)	0.5 h	41	59	59	
			1 h	59	76	76	
19	芝河镇榆林则村贺家庄	雨量(B_0 =0)	0.5 h	44	63	63	流域模型法
			1 h	63	82	82	
		雨量(B_0 =0.3)	0.5 h	42	60	60	
			1 h	60	77	77	
		雨量(B_0 =0.6)	0.5 h	39	55	55	
			1 h	55	72	72	
20	芝河镇榆林则村段家河	雨量(B_0 =0)	0.5 h	42	60	60	流域模型法
			1 h	60	78	78	
		雨量(B_0 =0.3)	0.5 h	39	56	56	
			1 h	56	73	73	
		雨量(B_0 =0.6)	0.5 h	36	52	52	
			1 h	52	68	68	
21	芝河镇刘家庄村	雨量(B_0 =0)	0.5 h	50	72	72	流域模型法
			1 h	72	91	91	
		雨量(B_0 =0.3)	0.5 h	47	68	68	
			1 h	68	86	86	
		雨量(B_0 =0.6)	0.5 h	44	63	63	
			1 h	63	80	80	

续表 4-12-12

序号	行政区划名称	类别	降雨历时	预警指标(雨量:mm,水位:m)		临界雨量(mm)/水位(m)	方法
				准备转移	立即转移		
22	芝河镇刘家庄村李家渠	雨量($B_0=0$)	0.5 h	40	57	57	流域模型法
			1 h	57	74	74	
		雨量($B_0=0.3$)	0.5 h	37	53	53	
			1 h	53	69	69	
		雨量($B_0=0.6$)	0.5 h	35	49	49	
			1 h	49	65	65	
23	芝河镇刘家庄村葛家河	雨量($B_0=0$)	0.5 h	60	85	85	流域模型法
			1 h	85	110	110	
		雨量($B_0=0.3$)	0.5 h	56	80	80	
			1 h	80	104	104	
		雨量($B_0=0.6$)	0.5 h	53	76	76	
			1 h	76	97	97	
24	芝河镇刘家庄村红花峁	雨量($B_0=0.3$)	0.5 h	29	42	42	同频率法
			1 h	42	53	53	
25	芝河镇刘家庄村杨家庄	雨量($B_0=0$)	0.5 h	42	59	59	流域模型法
			1 h	59	75	75	
		雨量($B_0=0.3$)	0.5 h	39	56	56	
			1 h	56	71	71	
		雨量($B_0=0.6$)	0.5 h	36	52	52	
			1 h	52	66	66	
26	芝河镇红花沟村下刘台	雨量($B_0=0.3$)	0.5 h	30	42	42	同频率法
			1 h	42	53	53	

续表 4-12-12

序号	行政区划名称	类别	降雨历时	预警指标(雨量:mm,水位:m)		临界雨量(mm)/水位(m)	方法
				准备转移	立即转移		
27	芝河镇前甘露河村	雨量(B_0=0)	0.5 h	56	80	80	流域模型法
			1 h	80	103	103	
		雨量(B_0=0.3)	0.5 h	53	75	75	
			1 h	75	98	98	
		雨量(B_0=0.6)	0.5 h	50	71	71	
			1 h	71	93	93	
28	芝河镇前甘露河村延家河	雨量(B_0=0)	0.5 h	50	72	72	流域模型法
			1 h	72	92	92	
		雨量(B_0=0.3)	0.5 h	47	67	67	
			1 h	67	87	87	
		雨量(B_0=0.6)	0.5 h	44	63	63	
			1 h	63	81	81	
29	桑壁镇桑壁村	雨量(B_0=0)	0.5 h	26	37	37	流域模型法
			1 h	37	44	44	
			2h	53	59	59	
		雨量(B_0=0.3)	0.5 h	23	33	33	
			1 h	33	39	39	
			2h	47	54	54	
		雨量(B_0=0.6)	0.5 h	20	28	28	
			1 h	28	34	34	
			2 h	42	49	49	

续表 4-12-12

序号	行政区划名称	类别	降雨历时	预警指标(雨量:mm,水位:m)		临界雨量(mm)/水位(m)	方法
				准备转移	立即转移		
30	桑壁镇桑壁村上桑壁	雨量($B_0=0$)	0.5 h	33	47	47	流域模型法
			1 h	47	56	56	
			2 h	68	78	78	
		雨量($B_0=0.3$)	0.5 h	30	43	43	
			1 h	43	51	51	
			2 h	63	72	72	
		雨量($B_0=0.6$)	0.5 h	27	39	39	
			1 h	39	46	46	
			2 h	57	66	66	
31	桑壁镇护国村岔儿上	雨量($B_0=0$)	0.5 h	36	52	52	流域模型法
			1 h	52	64	64	
		雨量($B_0=0.3$)	0.5 h	33	47	47	
			1 h	47	58	58	
		雨量($B_0=0.6$)	0.5 h	30	43	43	
			1 h	43	53	53	
32	桑壁镇前龙石腰村	雨量($B_0=0$)	0.5 h	32	46	46	流域模型法
			1 h	46	54	54	
		雨量($B_0=0.3$)	0.5 h	29	42	42	
			1 h	42	48	48	
		雨量($B_0=0.6$)	0.5 h	26	38	38	
			1 h	38	43	43	
		水位		815.15	815.45	815.45	比降面积法

续表 4-12-12

序号	行政区划名称	类别	降雨历时	预警指标(雨量:mm,水位:m)		临界雨量(mm)/水位(m)	方法
				准备转移	立即转移		
33	桑壁镇兴义村后河	雨量($B_0=0$)	0.5 h	44	63	63	流域模型法
			1 h	63	79	79	
		雨量($B_0=0.3$)	0.5 h	41	59	59	
			1 h	59	73	73	
		雨量($B_0=0.6$)	0.5 h	39	55	55	
			1 h	55	68	68	
34	桑壁镇长索村	雨量($B_0=0$)	0.5 h	44	63	63	流域模型法
			1 h	63	75	75	
		雨量($B_0=0.3$)	0.5 h	41	59	59	
			1 h	59	70	70	
		雨量($B_0=0.6$)	0.5 h	38	54	54	
			1 h	54	65	65	
35	桑壁镇郑家垣村辛庄	雨量($B_0=0$)	0.5 h	44	64	64	流域模型法
			1 h	64	77	77	
		雨量($B_0=0.3$)	0.5 h	42	60	60	
			1 h	60	72	72	
		雨量($B_0=0.6$)	0.5 h	39	56	56	
			1 h	56	66	66	
36	桑壁镇后河村	雨量($B_0=0$)	0.5 h	51	73	73	流域模型法
			1 h	73	93	93	
		雨量($B_0=0.3$)	0.5 h	48	69	69	
			1 h	69	88	88	
		雨量($B_0=0.6$)	0.5 h	46	65	65	
			1 h	65	83	83	

续表 4-12-12

序号	行政区划名称	类别	降雨历时	预警指标(雨量:mm,水位:m)		临界雨量(mm)/水位(m)	方法
				准备转移	立即转移		
37	桑壁镇后河村前河	雨量(B_0=0)	0.5 h	49	70	70	流域模型法
			1 h	70	89	89	
		雨量(B_0=0.3)	0.5 h	41	59	59	
			1 h	59	70	70	
		雨量(B_0=0.6)	0.5 h	38	54	54	
			1 h	54	65	65	
38	阁底乡乌华村乌华沟	雨量(B_0=0.3)	0.5 h	29	41	41	同频率法
			1 h	41	51	51	
39	南庄乡北河路村	雨量(B_0=0.3)	0.5 h	29	41	41	同频率法
			1 h	41	52	52	
40	南庄乡白家腰村前崖头	雨量(B_0=0.3)	0.5 h	27	39	39	同频率法
			1 h	39	49	49	
41	打石腰乡李家垣村贺家河	雨量(B_0=0.3)	0.5 h	27	39	39	同频率法
			1 h	39	49	49	
42	打石腰乡马家岭村马家河	雨量(B_0=0.3)	0.5 h	30	42	42	同频率法
			1 h	42	53	53	
43	坡头乡坡头村	雨量(B_0=0)	0.5 h	33	47	47	流域模型法
			1 h	47	60	60	
		雨量(B_0=0.3)	0.5 h	30	43	43	
			1 h	43	55	55	
		雨量(B_0=0.6)	0.5 h	27	39	39	
			1 h	39	49	49	

续表 4-12-12

序号	行政区划名称	类别	降雨历时	预警指标(雨量:mm,水位:m)		临界雨量(mm)/水位(m)	方法
				准备转移	立即转移		
44	坡头乡坡头村聂家山	雨量($B_0=0$)	0.5 h	37	52	52	流域模型法
			1 h	52	69	69	
		雨量($B_0=0.3$)	0.5 h	37	52	52	
			1 h	52	69	69	
		雨量($B_0=0.6$)	0.5 h	37	52	52	
			1 h	52	69	69	
45	坡头乡坡头村午门	雨量($B_0=0$)	0.5 h	33	47	47	流域模型法
			1 h	47	60	60	
		雨量($B_0=0.3$)	0.5 h	30	43	43	
			1 h	43	55	55	
		雨量($B_0=0.6$)	0.5 h	27	39	39	
			1 h	39	49	49	
46	坡头乡坡头村岔上	雨量($B_0=0$)	0.5 h	37	52	52	流域模型法
			1 h	52	64	64	
		雨量($B_0=0.3$)	0.5 h	34	49	49	
			1 h	49	60	60	
		雨量($B_0=0.6$)	0.5 h	31	45	45	
			1 h	45	55	55	
47	坡头乡岔口村	雨量($B_0=0$)	0.5 h	33	47	47	流域模型法
			1 h	47	59	59	
		雨量($B_0=0.3$)	0.5 h	30	43	43	
			1 h	43	54	54	
		雨量($B_0=0.6$)	0.5 h	27	39	39	
			1 h	39	48	48	

续表 4-12-12

序号	行政区划名称	类别	降雨历时	预警指标(雨量:mm,水位:m)		临界雨量(mm)/水位(m)	方法
				准备转移	立即转移		
48	坡头乡岔口村柳沟	雨量($B_0=0$)	0.5 h	48	68	68	流域模型法
			1 h	68	89	89	
		雨量($B_0=0.3$)	0.5 h	45	64	64	
			1 h	64	83	83	
		雨量($B_0=0.6$)	0.5 h	43	61	61	
			1 h	61	78	78	
49	坡头乡岔口村新村(石罗沟)	雨量($B_0=0.3$)	0.5 h	28	39	39	同频率法
			1 h	39	51	51	
50	坡头乡岔口村渠底	雨量($B_0=0.3$)	0.5 h	28	40	40	同频率法
			1 h	40	51	51	
51	坡头乡岔口村南峪	雨量($B_0=0.3$)	0.5 h	28	41	41	同频率法
			1 h	41	52	52	
52	坡头乡岔口村永平庄	雨量($B_0=0$)	0.5 h	33	46	46	流域模型法
			1 h	46	58	58	
		雨量($B_0=0.3$)	0.5 h	30	42	42	
			1 h	42	53	53	
		雨量($B_0=0.6$)	0.5 h	27	38	38	
			1 h	38	47	47	
53	坡头乡白家崖村	雨量($B_0=0$)	0.5 h	41	58	58	流域模型法
			1 h	58	77	77	
		雨量($B_0=0.3$)	0.5 h	38	54	54	
			1 h	54	72	72	
		雨量($B_0=0.6$)	0.5 h	35	50	50	
			1 h	50	67	67	

续表 4-12-12

序号	行政区划名称	类别	降雨历时	预警指标(雨量:mm,水位:m)		临界雨量(mm)/水位(m)	方法
				准备转移	立即转移		
54	坡头乡白家崖村后塔子	雨量(B_0=0)	0.5 h	31	44	44	流域模型法
			1 h	44	56	56	
		雨量(B_0=0.3)	0.5 h	28	40	40	
			1 h	40	51	51	
		雨量(B_0=0.6)	0.5 h	25	36	36	
			1 h	36	46	46	
55	坡头乡白家崖村前塔子(塔子山)	雨量(B_0=0)	0.5 h	31	44	44	流域模型法
			1 h	44	56	56	
		雨量(B_0=0.3)	0.5 h	28	40	40	
			1 h	40	51	51	
		雨量(B_0=0.6)	0.5 h	25	36	36	
			1 h	36	46	46	
56	坡头乡白家崖村均庄	雨量(B_0=0)	0.5 h	43	62	62	流域模型法
			1 h	62	81	81	
		雨量(B_0=0.3)	0.5 h	40	58	58	
			1 h	58	76	76	
		雨量(B_0=0.6)	0.5 h	38	54	54	
			1 h	54	71	71	
57	坡头乡白家崖村成家坪	雨量(B_0=0.3)	0.5 h	27	39	39	同频率法
			1 h	39	50	50	
58	坡头乡白家崖村李家崖	雨量(B_0=0)	0.5 h	61	87	87	流域模型法
			1 h	87	116	116	
		雨量(B_0=0.3)	0.5 h	58	83	83	
			1 h	83	111	111	
		雨量(B_0=0.6)	0.5 h	56	79	79	
			1 h	79	107	107	

续表 4-12-12

序号	行政区划名称	类别	降雨历时	预警指标(雨量:mm,水位:m)		临界雨量(mm)/水位(m)	方法
				准备转移	立即转移		
59	坡头乡呼家庄村	雨量(B_0 =0)	0.5 h	49	70	70	流域模型法
			1 h	70	92	92	
		雨量(B_0 =0.3)	0.5 h	46	66	66	
			1 h	66	87	87	
		雨量(B_0 =0.6)	0.5 h	44	62	62	
			1 h	62	82	82	
60	坡头乡呼家庄村赵家沟	雨量(B_0 =0)	0.5 h	39	55	55	流域模型法
			1 h	55	73	73	
		雨量(B_0 =0.3)	0.5 h	36	51	51	
			1 h	51	68	68	
		雨量(B_0 =0.6)	0.5 h	33	47	47	
			1 h	47	62	62	
61	坡头乡呼家庄村兰家沟	雨量(B_0 =0)	0.5 h	21	30	30	流域模型法
			1 h	30	40	40	
		雨量(B_0 =0.3)	0.5 h	19	27	27	
			1 h	27	34	34	
		雨量(B_0 =0.6)	0.5 h	17	24	24	
			1 h	24	29	29	
62	坡头乡孙家庄村	雨量(B_0 =0)	0.5 h	34	49	49	流域模型法
			1 h	49	62	62	
		雨量(B_0 =0.3)	0.5 h	31	44	44	
			1 h	44	57	57	
		雨量(B_0 =0.6)	0.5 h	28	40	40	
			1 h	40	51	51	

续表 4-12-12

序号	行政区划名称	类别	降雨历时	预警指标(雨量:mm,水位:m)		临界雨量(mm)/水位(m)	方法
				准备转移	立即转移		
63	坡头乡孙家庄村土罗	雨量(B_0=0)	0.5 h	40	57	57	流域模型法
			1 h	57	72	72	
		雨量(B_0=0.3)	0.5 h	37	53	53	
			1 h	53	67	67	
		雨量(B_0=0.6)	0.5 h	34	48	48	
			1 h	48	61	61	
64	坡头乡孙家庄村方底	雨量(B_0=0)	0.5 h	24	34	34	流域模型法
			1 h	34	42	42	
		雨量(B_0=0.3)	0.5 h	21	30	30	
			1 h	30	38	38	
		雨量(B_0=0.6)	0.5 h	18	25	25	
			1 h	25	32	32	
65	坡头乡孙家庄村榆林只	雨量(B_0=0)	0.5 h	40	58	58	流域模型法
			1 h	58	75	75	
		雨量(B_0=0.3)	0.5 h	38	54	54	
			1 h	54	69	69	
		雨量(B_0=0.6)	0.5 h	35	49	49	
			1 h	49	64	64	
66	坡头乡任家庄村	雨量(B_0=0)	0.5 h	40	58	58	流域模型法
			1 h	58	75	75	
		雨量(B_0=0.3)	0.5 h	38	54	54	
			1 h	54	69	69	
		雨量(B_0=0.6)	0.5 h	35	49	49	
			1 h	49	64	64	

续表 4-12-12

序号	行政区划名称	类别	降雨历时	预警指标(雨量:mm,水位:m)		临界雨量(mm)/水位(m)	方法
				准备转移	立即转移		
67	坡头乡任家庄村范家峪	雨量(B_0=0)	0.5 h	47	68	68	流域模型法
			1 h	68	87	87	
		雨量(B_0=0.3)	0.5 h	44	63	63	
			1 h	63	82	82	
		雨量(B_0=0.6)	0.5 h	42	60	60	
			1 h	60	77	77	
68	坡头乡任家庄村上刘台	雨量(B_0=0)	0.5 h	51	73	73	流域模型法
			1 h	73	93	93	
		雨量(B_0=0.3)	0.5 h	48	69	69	
			1 h	69	87	87	
		雨量(B_0=0.6)	0.5 h	45	64	64	
			1 h	64	81	81	
69	坡头乡索驼村	雨量(B_0=0)	0.5 h	32	46	46	流域模型法
			1 h	46	57	57	
		雨量(B_0=0.3)	0.5 h	29	42	42	
			1 h	42	52	52	
		雨量(B_0=0.6)	0.5 h	26	37	37	
			1 h	37	46	46	
70	坡头乡索驼村贺家崖	雨量(B_0=0)	0.5 h	41	59	59	流域模型法
			1 h	59	75	75	
		雨量(B_0=0.3)	0.5 h	38	54	54	
			1 h	54	70	70	
		雨量(B_0=0.6)	0.5 h	35	50	50	
			1 h	50	65	65	
71	交口乡义合村河里	雨量(B_0=0.3)	0.5 h	29	41	41	同频率法
			1 h	41	52	52	
72	交口乡峪里村	雨量(B_0=0.3)	0.5 h	29	41	41	同频率法
			1 h	41	52	52	

临汾市山洪灾害评价与防控研究

（下册）

王彦红　主编

黄河水利出版社

·郑州·

前 言

山洪灾害是山丘区因降水引起的一种灾害形式,受气候、地理环境、降雨和人类活动等多种复杂因素的影响。临汾市属半干旱、半湿润温带大陆性季风气候区,四季分明,雨热同期。降雨主要集中在汛期6~9月,其降雨总量占年雨量的70%左右,且在此期间大多为雷阵雨间有暴雨发生。结合临汾市地形特点,河流多属中小型河流,成灾洪水多由小范围、高强度、短历时暴雨形成,极易发生山洪灾害。山洪灾害对人民的生命财产安全造成了巨大威胁,严重影响着社会、经济发展及全面建设小康社会的进程。

2013年依据《全国中小河流治理和病险水库除险加固、山洪地质灾害防御和综合治理总体规划》,水利部、财政部联合印发了《全国山洪灾害防治项目实施方案(2013—2015年)》,在前期实施的山洪灾害防治县级非工程措施项目的基础上,明确了2013~2015年山洪灾害防治调查评价、非工程措施补充完善和重点山洪沟防洪治理主要建设任务。

山洪灾害防御是我国防汛工作的难点和薄弱环节。根据国务院批复的《全国山洪灾害防治规划》,2013年9月全国启动了新一轮山洪灾害防治项目建设,山西省在2015年底完成全省114个有山洪灾害防治任务的县(市、区)山洪灾害调查评价工作。

临汾市对全市17个山洪灾害防治县(区)、7 703个村庄开展了山洪灾害调查工作,评价了防治区915个重点沿河村落的防洪现状。当前,山洪灾害调查评价工作已经积累了丰富的资料,取得了一些阶段性成果。但是针对某一特定地区,依然缺乏有关山洪灾害评价系统性的资料与成果。本次编著不仅将各县(市、区)防治区系统成果汇编,使得临汾市山洪灾害评价成果更容易得到普及,提高了人们的防洪意识,且为进一步的山洪灾害防治工作开展奠定了坚实的资料与理论基础。

本书由王彦红担任主编,负责总体设计和审稿。高小朋、白继中担任副主编,负责章节编写和修改统筹工作。参加前期资料收集与整理的有宋小军、闫思捷、王云峰、贾小军、薛俊英、韩德宏、陈前、陈素霞等;参加暴雨洪水、临界指标等数据计算和章节编写工作的有张淑丽、冯云丽、卢琼、汪志鹏、费晓轩、王泽、李澎、解斌、乔新伟、贾静静等;参加图表绘制整理等工作的有亢一凡、孙花龙、陈素平、晋艳芳、李伟芳、张瑞峰、武宏娟、宋婷、孙风朝、赵德杰等。

本书在编写过程中得到了临汾市水文水资源勘测分局的大力支持并提供无私帮助,在此谨表示真诚的感谢!

因编写人员水平所限,书中疏漏之处在所难免,敬请专家、读者批评指正。

编 者

2018年8月

目 录

第4篇　各县(市、区)山洪灾害评价与防控研究

(中　册)

(下　册)

第13章　蒲　县

13.1　蒲县基本情况

13.1.1　地理位置

蒲县位于山西省西南部,吕梁山南端,县境似海棠状。东与洪洞县接壤,西与大宁县毗连,南与吉县、尧都区相邻,北与隰县、汾西县交界。境内东至太林乡孔加坡,西至山中乡丰台村,东西长 48.5 km;南起黑龙关镇屯里南山,北至克城镇泰山梁,南北宽 49.4 km,面积 1 510.61 km^2,其中耕地面积 25 万亩。地理坐标为东经 110°51′ ~ 111°23′,北纬 36°11′ ~ 36°38′。蒲县地理位置图见图 4-13-1。

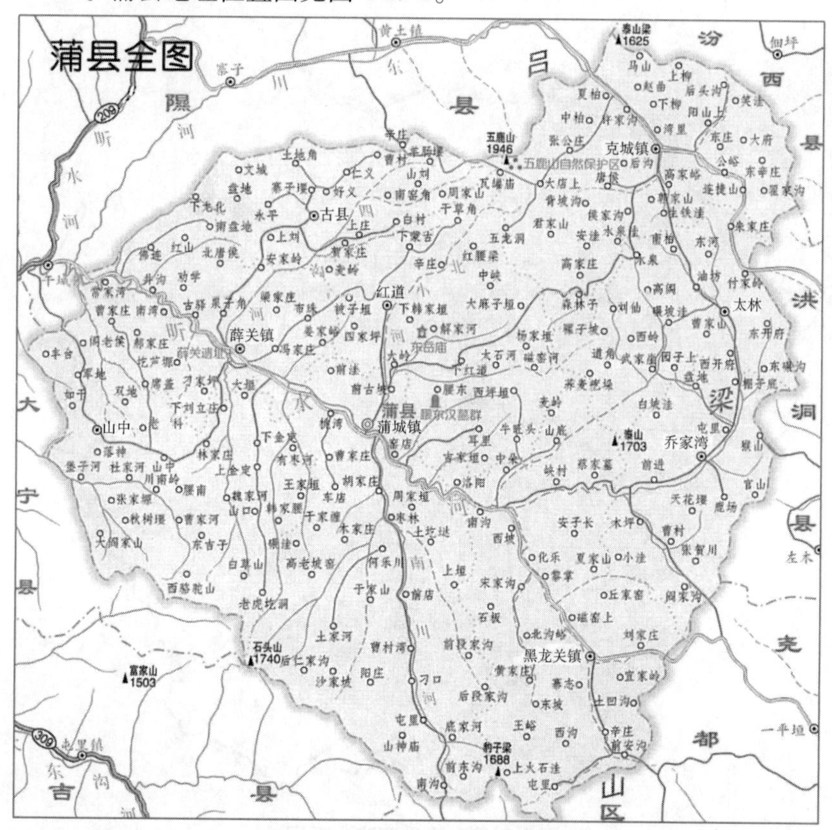

图 4-13-1　蒲县地理位置图

13.1.2 社会经济

蒲县辖蒲城、薛关、黑龙关、克城4个镇,山中、古县、红道、乔家湾、太林5个乡,95个行政村。至2014年底,全县总人口为11万人,其中城镇人口5.9万人,乡村人口5.1万人。2014年全县国内生产总值524 864万元,其中第一产业19 766万元,第二产业409 833万元,第三产业95 265万元。

蒲县境内地下矿产资源丰富,能源工业发展潜力较大,现已探明的有原煤、铁矿石、铝矾土、天然气等。工业主要有原煤开采、焦化洗煤等多个行业,其中煤炭开采和煤炭加工转化业是全县经济发展的主要支柱产业。

13.1.3 河流水系

蒲县境内所有的河流都属于黄河流域,流域面积大于50 km^2 的主要河流有13条。按照水利部河湖普查河流级别划分原则,1级河流有1条,为昕水河;2级河流有9条,分别为黑龙关河、中垛河、南川河、北川河、南沟、枣家河、四沟河、耙子河,东川河;3级河流有3条,分别为屯里沟、解家河、堡子河。蒲县境内主要河流为昕水河。

蒲县河流水系图见图4-13-2,主要河流基本情况见表4-13-1。

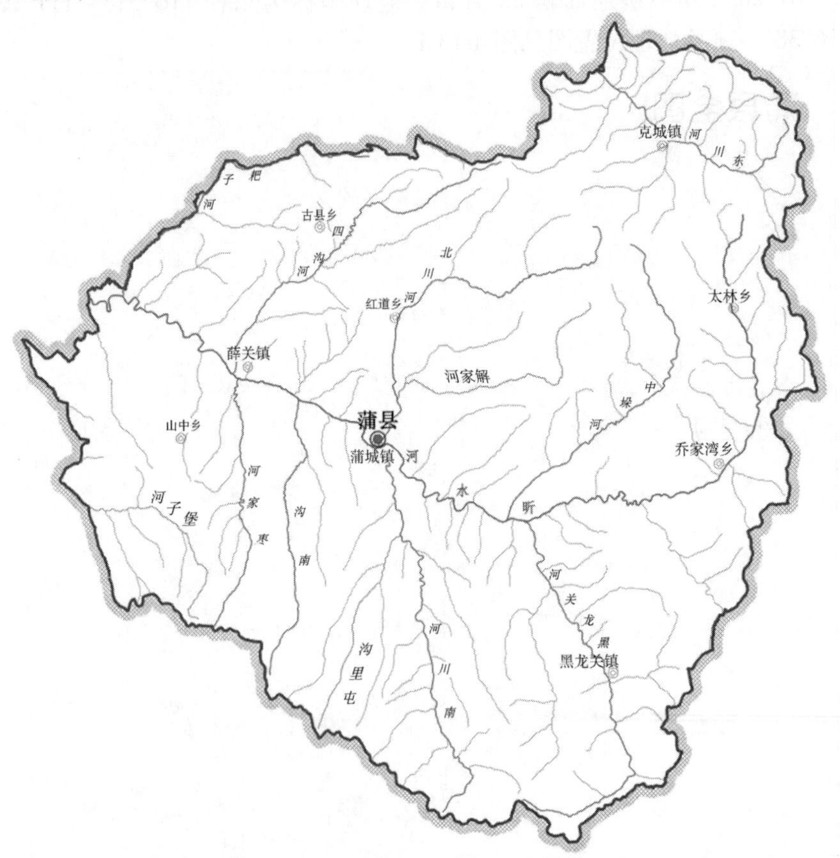

图4-13-2 蒲县河流水系图

表 4-13-1　蒲县主要河流基本情况表

编号	河流名称	上级河流名称	河流等级	流域面积(km²)	河长(km)	比降(‰)	境内流域面积(km²)
1	昕水河	黄河	1	4 325.0	140	5.28	1 511.4
2	黑龙关河	昕水河	2	170.0	28	10.62	166.3
3	中垛河	昕水河	2	80.3	25	18.78	80.3
4	南川河	昕水河	2	185.0	28	14.67	185.0
5	屯里沟	南川河	3	58.3	14	26.60	58.3
6	北川河	昕水河	2	156.0	27	19.03	156.0
7	解家河	北川河	3	67.3	18	26.04	67.3
8	南沟	昕水河	2	50.3	19	21.50	50.3
9	枣家河	昕水河	2	60.8	18	17.35	60.8
10	四沟河	昕水河	2	96.2	25	18.78	96.2
11	耙子河	昕水河	2	62.1	22	18.06	43.7
12	东川河	昕水河	2	593.0	63	9.48	152.2
13	堡子河	义亭河	3	95.7	24	18.35	64.2

13.1.3.1　昕水河

昕水河为黄河的一级支流。昕水河起源于蒲县太林乡东河村朱家庄(河源经度110°20′45.6″,河源纬度36°32′4.6″,河源高程1 455.7 m),自东南向西北流经蒲县、大宁县,于大宁县徐家垛乡余家坡村古镇汇入黄河(河口经度110°28′58.2″,河口纬度36°28′3.8″,河口高程500.0 m),河流全长140 km,流域面积4 325 km²,河流比降为5.28‰。蒲县境内流域面积为1 511.4 km²。

13.1.3.2　黑龙关河

黑龙关河为昕水河的一级支流。黑龙关河起源于蒲县黑龙关镇碾沟村上火石洼(河源经度111°11′24.2″,河源纬度36°13′0.5″,河源高程1 500.5 m),自西北向东南流经蒲县,于蒲县黑龙关镇前庄村岔上汇入昕水河(河口经度111°11′30.5″,河口纬度36°22′5.1″,河口高程1 042.7 m),河流全长28 km,流域面积170 km²,河流比降为10.62‰。蒲县境内流域面积为166.3 km²。

13.1.3.3　中垛河

中垛河为昕水河的一级支流。中垛河起源于蒲县太林乡高阁村下辛庄(河源经度111°16′2.2″,河源纬度36°31′3.5″,河源高程1 513.7 m),自东北向西南流经蒲县,于蒲县黑龙关镇肖家沟村汇入昕水河(河口经度111°10′51.8″,河口纬度36°22′8.1″,河口高程1 036.7 m),河流全长25 km,流域面积80.3 km²,河流比降为18.78‰。蒲县境内流域面积为80.3 km²。

13.1.3.4 南川河

南川河为昕水河的一级支流。南川河起源于蒲县蒲城镇南耀村曹碾沟(河源经度111°8′3.9″,河源纬度36°12′38.2″,河源高程1 538.4 m),自南向北流经蒲县,于蒲县蒲城镇城关村荆坡村汇入昕水河(河口经度111°6′8.7″,河口纬度36°24′28.6″,河口高程957.0 m),河流全长28 km,流域面积185 km²,河流比降为14.67‰。蒲县境内流域面积为185 km²。

13.1.3.5 屯里沟

屯里沟起源于蒲县蒲城镇碾凹村后仁家沟(河源经度111°2′56.0″,河源纬度36°15′22.4″,河源高程1 536.4 m),自西南向东北流经蒲县,于蒲县蒲城镇枣林村屯里汇入南川河(河口经度111°6′8.7″,河口纬度36°24′28.6″,河口高程1 034.3 m),河流全长14 km,流域面积58.3 km²,河流比降为26.60‰。蒲县境内流域面积为58.3 km²。屯里沟流域平均年降水为511.8 mm,平均年径流深50.0 mm。

13.1.3.6 北川河

北川河为昕水河的一级支流。北川河起源于蒲县克城镇马武村安窊(河源经度111°14′30.7″,河源纬度36°31′39.2″,河源高程1 578.8 m),自东向西流经蒲县红道乡,在红道乡自北向南流经前古坡,于蒲县蒲城镇城关村汇入昕水河(河口经度111°5′24.9″,河口纬度36°24′27.9″,河口高程948.9 m),河流全长27 km,流域面积156.0 km²,河流比降为19.03‰。蒲县境内流域面积为156.0 km²。

13.1.3.7 解家河

解家河为北川河的一级支流。解家河起源于蒲县克城镇马武村背里(河源经度111°14′14.2″,河源纬度36°29′15。2″,河源高程1 626.6 m),自东向西流经蒲县,于蒲县蒲城镇城关村前古坡汇入北川河(河口经度111°6′19.8″,河口纬度36°26′7.0″,河口高程994.5 m),河流全长18 km,流域面积67.3 km²,河流比降为26.04‰。蒲县境内流域面积为67.3 km²。

13.1.3.8 南沟

南沟为昕水河的一级支流。南沟起源于蒲县山中乡山口村老虎圪洞(河源经度111°0′55.8″,河源纬度36°17′8.5″,河源高程1 504.7 m),自南向北流经蒲县,于蒲县薛关镇乔子滩南沟汇入昕水河(河口经度111°2′12.6″,河口纬度36°26′6.1″,河口高程905.0 m),河流全长19 km,流域面积50.3 km²,河流比降为21.50‰。蒲县境内流域面积为50.3 km²。

13.1.3.9 枣家河

枣家河为昕水河的一级支流。枣家河起源于蒲县山中乡枣家河村蔡家沟(河源经度111°58′38.7″,河源纬度36°18′47.7″,河源高程1 361.5 m),自南向北流经蒲县,于蒲县薛关镇薛关村南沟汇入昕水河(河口经度111°59′42.2″,河口纬度36°26′48.2″,河口高程878.5 m),河流全长18 km,流域面积60.8 km²,河流比降为17.35‰。蒲县境内流域面积为60.8 km²。

13.1.3.10 四沟河

四沟河为昕水河的一级支流。四沟河起源于蒲县古县乡马场村(河源经度

111°10′38.7″,河源纬度36°33′47.7″,河源高程1 735.2 m),自东北向西南流经蒲县,于蒲县薛关镇薛关村南沟汇入昕水河(河口经度111°59′30.5″,河口纬度36°26′56.1″,河口高程877.1 m),河流全长25 km,流域面积96.2 km^2,河流比降为18.78‰。蒲县境内流域面积为96.2 km^2。

13.1.3.11　耙子河

耙子河为昕水河的一级支流。耙子河起源于蒲县古县乡曹村(河源经度111°5′11.5″,河源纬度36°34′1.2″,河源高程1 287.1 m),自东向西流经蒲县,于蒲县薛关镇常家湾村张庄汇入昕水河(河口经度111°54′53.2″,河口纬度36°29′31.5″,河口高程814.5 m),河流全长22 km,流域面积62.1 km^2,河流比降为18.06‰。蒲县境内流域面积为43.7 km^2。

13.1.3.12　东川河

东川河为昕水河的一级支流。东川河起源于蒲县克城镇东辛庄窑沟(河源经度111°22′26.6″,河源纬度36°35′3.6″,河源高程1 467.6 m),自东北向西南流经蒲县,河流全长63 km,流域面积593 km^2,于蒲县午城镇川口村川口汇入昕水河(河口经度111°52′46.1″,河口纬度36°29′55.4″,河口高程784.7 m),河流全长63 km,流域面积593 km^2,河流比降为9.48‰。蒲县境内流域面积为152.2 km^2。

13.1.3.13　堡子河

堡子河为义亭河的一级支流。堡子河起源于蒲县山中乡川南岭村羊道角(河源经度110°57′55.4″,河源纬度36°18′59.0″,河源高程1 335.8 m),自东南向西北流经大宁县、蒲县,于大宁县三多乡楼底村汇入义亭河(河口经度110°47′31.5″,河口纬度36°24′25.2″,河口高程758.0 m),河流全长24 km,流域面积95.7 km^2,河流比降为18.35‰。蒲县境内流域面积为64.2 km^2。

13.1.4　水文气象

蒲县境内属暖温带大陆性气候,受季风影响,四季分明。春季多风少雨,夏季雨量集中,秋季云高气爽,冬季寒冷少雪。蒲县年均日照时数为2 557.2 h,年均日照率58%左右,热量利用率1%左右。境内平均气温变幅在4～10 ℃,平均为8.6 ℃,1月气温最低,月均气温－6.7 ℃,极端最低气温－23.2 ℃;7月气温最高,月均气温26.7 ℃,极端最高气温36.4 ℃。平均初霜日10月5日,最早初霜日9月25日,最迟初霜日10月16日;平均终霜日4月11日,最早终霜日3月29日,最迟终霜日5月6日。平均无霜期171 d,最长无霜期190 d,最短无霜期153 d。

13.1.5　历史山洪灾害

蒲县历史洪水调查已有成果资料来源于《山西洪水研究》、本次山洪灾害沿河村落历史洪水调查成果、当地部门的洪水记载等。

13.1.5.1　文献记载洪水资料

文献记载洪水资料主要来自于《山西洪水研究》,其资料来源于《山西通志》,各市、县的府志或县志,中央档案馆明清档案部的清代档案奏折以及少量的洪水碑刻和家书等。

该县文献记载洪水共计8场次。洪水发生年份分别为1571年、1643年、1652年、1652年、1680年、1702年、1703年、1975年,见表4-13-2。本次工作还收集了蒲县文献记载旱情资料,见表4-13-3。

表4-13-2 蒲县文献记载洪水统计表

序号	公元	年号	记载	资料来源
1	1571	明隆庆五年	祁县夏雨雹伤麦,七月暴风雨拔树,是年疫。平陆秋大雨雹伤稼。蒲县六月大雨雹	山西通志
2	1643	明崇祯十六年	山西不雨人相食。蒲县水骤涨冲北而注,洗荡田地住居殆尽	旱涝史料(山西部分)
3	1652	清顺治九年	大宁六月大水冲民田数十顷。蒲县大水,大雨如注,横水暴涨,山谷崩陷,人畜多溺死者。闻喜六月大水。万荣荣河大雨,河水泛溢,人被冲者众	山西水旱灾害
4	1652	清顺治九年	长治、阳曲、祁县、岚县、临县雨雹伤稼。沁水旱。平遥、蒲县、闻喜、绛州、岳阳、大宁、平定、寿阳、稷山、荣河水。秋八月翼城地震	山西通志
5	1680	清康熙十九年	蒲县淫雨四旬伤禾	
6	1702	清康熙四十一年	蒲州雨雹	山西通志
7	1703	清康熙四十二年	蒲州雨雹。平遥、定襄水	山西通志
8	1975		蒲县7月20日井儿上发生24 h降雨量为457.2 mm的特大暴雨。壶关,桥上8月6日日降雨量达395.5 mm,冲毁发电站,电话中断,损失重大。同日平顺县杏城出现24 h 550 mm降水的特大暴雨	山西自然灾害史年表

表4-13-3 蒲县文献记载旱情统计表

序号	公元	年号	记载	资料来源
1	1441	明正统六年	乡宁、临汾、崞县、夏县、祁县、汾西、阳曲、和顺、芮城旱大饥。浮山、曲沃、安邑旱。蒲县大旱。太原春夏旱	山西水旱灾害
2	1472	明成化八年	山西全省性旱和大旱	山西通志
3	1484	明成化廿年	曲沃、临汾、洪洞、万荣、夏县、平陆、蒲州、绛州、安邑、临猗、解州、虞乡、晋城、高平秋不雨,次年六月始雨大旱,饿殍盈野,人相食	山西通志
4	1485	明成化廿一年	蒲县、临县、洪洞、浮山、翼城、曲沃、平陆、芮城、绛州、临猗大旱,人相食	山西水旱灾害
5	1504	明弘治十七年	太原、榆次春旱,太谷大旱,蒲州旱	山西通志

续表 4-13-3

序号	公元	年号	记载	资料来源
6	1610	明万历卅八年	吉州、蒲县、汾阳、太原、阳曲、寿阳、平遥、介休、临汾、浮山、曲沃、临猗、稷山、绛州、晋城、定襄、平定、盂县、榆社、武乡,大旱饥,饿殍载道,人相食	山西水旱灾害
7	1611	明万历卅九年	临汾、吉州、绛州、蒲县、猗氏夏旱。稷山夏疫。山西连年荒旱	旱涝史料(山西部分)
8	1613	明万历四十一年	曲沃、翼城、夏四月大疫。浮山大疫。保德夏大旱。稷山旱无麦。临汾、猗氏、绛州、安邑大旱。蒲县、临晋、荣河旱灾	山西通志
9	1617	明万历四十五年	蒲、解、绛、隰、沁州、岳阳、万泉、稷山、闻喜、安邑、阳城、长子复旱,飞蝗头翅尽赤,翳日蔽天。沁源蝗	山西通志
10	1628	明崇祯元年	太平、永和、蒲、蒲县旱。永和雨雹伤禾。广昌、广灵、山阴陨霜损稼。大同尤旱	山西通志
11	1634	明崇祯七年	吉州、绛县、万泉、夏县、解县、蒲州、垣曲大旱大饥,人相食	山西水旱灾害
12	1692	清康熙卅一年	蒲县、吉州、临汾、浮山、洪洞、翼城、稷山、河津、解州、平陆、蒲州、芮城旱蝗民饥,人死相枕藉	山西水旱灾害
13	1697	清康熙卅六年	临县、石楼、永和、蒲县、乡宁、大宁、蒲县、静乐、汾阳、孝义、文水、介休、闻喜、盂县、左权、昔阳、和顺夏大旱	山西水旱灾害
14	1698	清康熙卅七年	翼城、洪洞、闻喜、浮山、蒲州、永和、平定、交城、襄陵大旱,民大饥。静乐二至三月大雪	山西自然灾害史年表
15	1712	清康熙五十一年	吉州、蒲县、乡宁旱	山西通志
16	1720	清康熙五十九年	山西全省性大旱	山西自然灾害史年表
17	1721	清康熙六十年	山西全省性持续大旱	山西自然灾害史年表
18	1722	清康熙六十一年	山西全省性大旱,中部尤甚	山西水旱灾害
19	1878	清光绪四年	怀仁、文水、汾阳、孝义、交城、临汾、翼城、吉州、大宁、平顺、祁县、临县、蒲县、泽州、永宁(离石)、霍县、襄陵、乡宁、隰州、壶关、夏县、陵川、高平、泽州、襄垣、盂县、安邑、临晋、稷山、虞乡、芮城:旱。沁水、汾西、屯留:大疫。闻喜、太谷:大饥	山西自然灾害史年表

续表 4-13-3

序号	公元	年号	记载	资料来源
20	1935	民国 廿四年	全省持续旱和大旱。怀仁、广灵、朔州、阳高、天镇、大同、太原、介休、文水、定襄、和顺、忻州、岢岚、昔阳、寿阳、兴县、榆社、静乐、新绛、赵城、霍州、临汾、蒲县、安邑、闻喜、虞乡、平陆、曲沃、河津、翼城、新绛、解州、芮城、荣河、永济、浮山、石楼、沁州、长治、潞城、泽州:旱	山西自然灾害史年表
21	1936	民国 廿五年	十二月太原地震。全省持续性大旱	山西自然灾害史年表
22	1960		山西晋南旱象严重	山西水旱灾害
23	1965		山西全省性大旱。晋南春夏连旱,尤以伏旱为甚	山西水旱灾害
24	1972		山西全省性大旱,整个三伏天无雨	山西水旱灾害
25	1978		全省严重干旱的同时,风、雹、冻、病虫害亦严重发生	山西水旱灾害
26	1987		山西全省性旱,严重的有忻州、吕梁、临汾西部、太原市等	山西水旱灾害

13.1.5.2 《山西省历史洪水调查成果》中的调查成果

2011 年出版的《山西省历史洪水调查成果》中,暴雨洪水调查资料已收集至 2008 年,是目前资料最为可靠、最为完整的历史洪水调查成果。其中未收集蒲县历史洪水调查成果。

13.1.5.3 沿河村落历史洪水调查成果

在对沿河村落入户调查过程中,对该村庄历史上较大洪水进行了详细的访问,主要从历史洪水的发生时间、洪水描述、洪水水位以及洪水致灾情况进行了调查。从调查情况来看,受受访者年龄所限,较为可靠的洪水记忆一般在 20 世纪 50 年代以后。由于沿河村落大部分河段都进行了河道整治或受河道冲淤影响,其河道过水断面与历史洪水发生时相比存在较大变动,大部分洪水位已不能反映现状河道的过水能力,但其洪水发生时间具有一定的参考意义。本次工作对沿河村落历史洪水调查进行了整理,可作为该县历史洪水调查成果的补充参考。经统计,沿河村落历史洪水共计 22 场次。洪水发生年份分别为 1950 年、1955 年、1958 年、1963 年、1965 年、1968 年、1970 年、1972 年、1975 年、1980 年、1982 年、1986 ~ 1988 年、1990 年、1991 年、1993 年、1998 年、2000 年、2003 年、2005 年、2008 年、2013 年、2015 年,见表 4-13-4。

表 4-13-4　蒲县历史洪水调查成果统计表

序号	村名	发生时间	受访者		洪水访问情况
			姓名	年龄	
1	连捷山	1963 年	裴奎有	63	河里发大水,河滩到处都是水
2	北辛庄	1955 年	刘胜德	70	河里发大水,冲毁滩地庄稼
		2015 年	刘胜德	70	天降大雨引发洪水,河水最深约有 1 m 深
3	柳树洼	1985 年前	何富翠	74	河里发大水,洪水溢出河道,进入居民家,居民家水有半米深
		2013 年	何富翠	74	暴雨引发洪水,洪水漫进路边地势低的家户中
4	上梁路	近十年内	赵静安	52	近 10 年之内有过两次洪水漫路,进入居民家
5	马驹沟	1993 年	赵交林	51	河里发大水,沿河桥梁被冲毁,上游居民户进水
		2008 年	赵交林	51	河里发大水,河水溢出河道,居民家进水
6	张公庄	1993 年前后	王兰林	46	大雨引发山洪,村庄多次进水,冲走汽车,焦化厂,居民家进水
		2013 年	王兰林	46	降雨引发洪水,村庄大面积进水
7	郃家湾	1975 年前后	张玉玲	71	暴雨引发洪水,洪水溢满河槽
8	屯里	1982 年左右	张锁林	54	大雨引发洪水,洪水漫上了桥
9	后古坡	2013 年前	金秀莲	74	暴雨引发洪水,河水翻过右岸石坝,漫进院子,地里庄稼全被冲毁,上游 40 cm 粗的树木沿河冲下,路上全是水
10	前古坡	1972 年前后	刘泉生	63	暴雨引发洪水,河滩地洪水横流,水漫上左岸公路
11	南沟(枣家河)	1972 年前后	魏东锁	62	大雨引发洪水,洪水溢出河道,大桥上水有 1 m 深,沿河两岸庄稼被冲毁
12	南沟	1965 年前	曹国杰	80	1965 年前大水漫上庙,近十年,河里最大漫上村里的小桥,路面上积水有 0.5 m 深
13	西队(后沟)	1990 年	乔生兆	75	农历五月二十,暴雨持续 45 min,引发洪水,2 个村民被洪水冲走致死,沿河左岸村民家外墙被冲毁,下游村民家里都进了水
14	前蒲伊	1970 年前后	任月斯	67	记忆中最大的水上了右岸的路
15	山底	2003 年	刘海龙	43	降雨引发洪水,河水漫上公路

续表 4-13-4

序号	村名	发生时间	受访者		洪水访问情况
			姓名	年龄	
16	曹洼	1967～1968 年间	焦龙昌	60	河里发大水,满河滩都是水,水漫进居民院子
17	碾沟	1980 年前后	梁文龙	60	暴雨引发洪水,洪水漫过小桥
18	油坊	1950 年前后	马月爱	70	听老人说 1950 年前后,河里的水最大,洪水都能淹到右岸现在的居民住地
		1982 年前后	冯延庆	67	暴雨引发洪水,冲毁沿河耕地,修了桥以后,洪水还上过桥面
19	辛庄	1950 年前后	史普平	60	河里发大水,山洪漫上滩地
20	太林	1975 年前	陈天民	56	暴雨引发山洪,洪水溢满河道
		1991 年左右	陈天民	56	河里发水,桥梁阻塞,洪水进村,致使居民户受灾
21	牛上角	1965 年前	王建魁	58	天降大雨,山洪溢满整个河道
		2005 年前	王建魁	58	洪水进入村子,洪水淹没村庄,240 口人受灾
22	乔家湾	1975 年前	出租车司机	48	河里发大水,洪水漫滩
		2005 年	出租车司机	48	暴雨引发洪水,洪水溢出河道,上游道路拐弯处的企业院内进水
23	南峪 1	1975 年前	任春生	49	河里发大水,洪水漫上滩地
24	前堡	1993 年	李红家	55	河里发大水,洪水进入河道右岸居民户
		1998 年	李红家	55	河里发大水,洪水进入河道右岸居民户
25	尚店	1970～1980 年间	王自英	83	洪水进入旁边居民户院中,院子里水有 1 m 深
		2003 年	王自英	83	天降暴雨,洪水漫过道路,河槽洪水快与桥眼齐平
26	曹村	1980～1990 年	郭四蛋	51	村庄主沟发大水,村子里有居民户家里进水
27	曹家沟	1970 年前	席红长	79	河里发大水,洪水淹没滩地,河水有 1 m 深

续表 4-13-4

序号	村名	发生时间	受访者		洪水访问情况
			姓名	年龄	
28	南湾	1970 年前	郑发民	69	70 cm 粗的树从上游冲下来,主河槽水满
		1992 年前	王龙凤	65	河里发大水,印象中最大的水和原来的坝快平了
29	麻家沟	1958 年	席王官	79	河里发大水,淹没滩地
30	黑龙关	1975 年	王双成	68	天降大雨引发洪水,河水溢满河道
		1986 ~ 1988 年	王双成	68	持续的降雨导致洪水溢满河槽
31	菩萨洼	1970 ~ 1980 年间	郭杰奎	61	天降暴雨引发山洪,洪水漫上村中道路
		1998 年	郭杰奎	61	由于持续的降雨,洪水溢出河槽漫上道路
		2013 年	郭杰奎	61	河道发大水的时候,河水最深有 1 m
32	碗窑上	1980 ~ 1990 年	席德友	68	河水漫上桥,河右侧居民家进水,有一个桥孔被堵
		2013 年	席德友	68	持续大雨引发山洪,河里最大水深有 1 m
33	温家山	2008 年左右	白爱秀	47	河里发水的时候,洪水漫上了桥和路
34	西沟湾	1960 以前	刘公顺	43	天降大雨引发大水
		2000 年左右	刘公顺	43	河里发水,下游路面汽车被冲走
35	小原子	1970 – 1980 年间	孙朝霞	57	由于持续的降雨,经常引发大水
		2008 年	孙朝霞	57	天降大雨引发大水
36	杨家沟	1965 年左右	王扎锁	65	发洪水的时候,洪水溢出河槽,漫上道路
		1988 年左右	王扎锁	65	河里发大水,上游冲毁一间瓦房
37	化乐	1968 年	韩根锁	65	天降暴雨,洪水溢满河道
		1993 年	韩根锁	65	发洪水的时候,河水漫上桥,进入居民区,冲毁两岸滩地

13.1.5.4　当地部门洪水记载

本次工作收集了地方县志、当地水利及相关部门对洪水的记载,可作为蒲县历史洪水调查成果的补充。本次共收集 7 场次洪水记载,洪水发生年份分别为 1843 年、1956 年、1960 年、1964 年、1975 年、1985 年、2003 年,见表 4-13-5。

表 4-13-5 蒲县历史洪水调查成果统计表

序号	发生时间	位置	洪水灾害描述
1	1843 年	蒲县	清道光二十三年(1843)八月,洪水冲毁书院
2	1956 年	昕水河 北川河	昕水河、北川河洪水冲毁耕地 1.4 万 hm^2、房屋 60 余间,淹死 7 人,伤 8 人,淹死牛 22 头、羊 48 只,冲走粮食 2 630 kg
3	1960 年	县城	县城遭受洪水袭击,冲毁耕地 66.67 hm^2,淹死 9 人,蒲县中学等单位被淹。7 日后洪水方退
4	1964 年	北川河	北川河洪水高出河堤、桥面 1 m 多,糖业、饮食、百货、交电、医院等单位被淹,房屋倒塌,交通通信中断,直接损失达 20 多万元
5	1975 年 7 月 20～26 日	蒲县	昕水河、北川河洪水漫进县城,全县 14 个公社遭受不同程度洪灾,受灾面积 0.31 hm^2,冲毁沟堤 314 座、水库 1 座、水利工程 20 余处,倒塌房屋 34 间,死亡 1 人、羊 47 只,损失粮食 1.77 万 kg,折断树木 430 余株。同年 8 月 17 日下午,克城公社遭受洪灾,冲毁河堤 7 条
6	1985 年 3 月	昕水河 南川河 北川河	3 月下旬,昕水河、南川河、北川河洪水暴涨,冲毁耕地 230 hm^2
7	2003 年	昕水河 南川河 北川河	昕水河、南川河、北川河洪水暴涨,河水与桥面平,其势惊人

13.2 蒲县山洪灾害分析评价成果

13.2.1 分析评价名录确定

蒲县共有 164 个重点防治区,重点防治区名录见表 4-13-6;蒲县将 164 个重点防治区划分为 153 个计算小流域(流域面积相同的村落在表中只体现为一个计算小流域),基本信息见表 4-13-7。其中包括行政区划名称、面积、主沟道长度、主沟道比降、产流地类、汇流地类。

表 4-13-6 蒲县山洪灾害分析评价名录

序号	沿河村落	行政区划代码	所在乡镇	所在河流	影响形式
1	东辛庄	141033103211000	克城镇	东川河	河道洪水
2	后贺家峪	141033103210102	克城镇	东川河	坡面水流
3	连捷山	141033103210000	克城镇	东川河	河道洪水
4	公峪	141033103209000	克城镇	东川河	河道洪水

续表 4-13-6

序号	沿河村落	行政区划代码	所在乡镇	所在河流	影响形式
5	堡上	141033103209100	克城镇	东川河	河道洪水
6	马道街	141033103212105	克城镇	东川河	河道洪水
7	笑窊	141033103212106	克城镇	东川河	坡面水流
8	北辛庄	141033103212000	克城镇	东川河	河道洪水
9	坡头	141033103212104	克城镇	东川河	坡面水流
10	阳山上	141033103212111	克城镇	东川河	坡面水流
11	会条窊	141033103212101	克城镇	东川河	河道洪水
12	大方台	141033103200105	克城镇	东川河	河道洪水
13	克城官庄	141033103200104	克城镇	东川河	河道洪水
14	唐侯	141033103208103	克城镇	东川河	河道洪水
15	侯家沟	141033103208106	克城镇	东川河	坡面水流
16	柳树洼	141033103208105	克城镇	东川河	河道洪水
17	梁路河底	141033103208104	克城镇	东川河	河道洪水
18	上梁路	141033103208000	克城镇	东川河	河道洪水
19	高家峪	141033103208101	克城镇	东川河	河道洪水
20	下梁路	141033103200102	克城镇	东川河	河道洪水
21	克城	141033103200000	克城镇	东川河	河道洪水
22	阳坡	141033103200101	克城镇	东川河	坡面水流
23	湾里	141033103200100	克城镇	东川河	河道洪水
24	马驹沟	141033103203100	克城镇	东川河	河道洪水
25	下柳	141033103201000	克城镇	东川河	河道洪水
26	许家沟	141033103203000	克城镇	东川河	河道洪水
27	下河北	141033103202000	克城镇	东川河	河道洪水
28	张公庄	141033103205000	克城镇	东川河	河道洪水
29	下柏	141033103204000	克城镇	东川河	河道洪水
30	磨沟	141033103204100	克城镇	东川河	河道洪水
31	朱家庄	141033204201100	太林乡	昕水河	河道洪水
32	小凹	141033204201103	太林乡	昕水河	河道洪水
33	半沟	141033204201101	太林乡	昕水河	坡面水流
34	东河	141033204201000	太林乡	昕水河	河道洪水
35	辛庄	141033204201102	太林乡	昕水河	河道洪水
36	南柏	141033204202102	太林乡	昕水河	河道洪水

续表 4-13-6

序号	沿河村落	行政区划代码	所在乡镇	所在河流	影响形式
37	太林碾沟	141033204202000	太林乡	昕水河	河道洪水
38	油坊	141033204202101	太林乡	昕水河	河道洪水
39	太林	141033204200000	太林乡	昕水河	河道洪水
40	东开府官庄	141033204208102	太林乡	昕水河	河道洪水
41	牛上角	141033204207100	太林乡	昕水河	河道洪水
42	西开府	141033204207000	太林乡	昕水河	河道洪水
43	棚子底	141033203203102	乔家湾乡	昕水河	河道洪水
44	道子里	141033203203100	乔家湾乡	昕水河	河道洪水
45	井上	141033203203000	乔家湾乡	昕水河	河道洪水
46	盘地	141033203202101	乔家湾乡	昕水河	河道洪水
47	槐树	141033203203101	乔家湾乡	昕水河	河道洪水
48	后堡屯里	141033203202100	乔家湾乡	昕水河	河道洪水
49	后堡	141033203202000	乔家湾乡	昕水河	河道洪水
50	刘家山	141033203201100	乔家湾乡	昕水河	河道洪水
51	石河	141033203201101	乔家湾乡	昕水河	坡面水流
52	南峪	141033203201000	乔家湾乡	昕水河	河道洪水
53	乔家湾	141033203200000	乔家湾乡	昕水河	河道洪水
54	对子角	141033203205102	乔家湾乡	昕水河	坡面水流
55	野峪	141033203205101	乔家湾乡	昕水河	河道洪水
56	马如河	141033203205000	乔家湾乡	昕水河	坡面水流
57	前堡	141033203207000	乔家湾乡	昕水河	河道洪水
58	辛家湾	141033203207100	乔家湾乡	昕水河	河道洪水
59	前进	141033203206000	乔家湾乡	昕水河	河道洪水
60	窑湾	141033203206100	乔家湾乡	昕水河	河道洪水
61	峡	141033102212103	黑龙关镇	昕水河	坡面水流
62	阳庄	141033102212101	黑龙关镇	昕水河	河道洪水
63	前庄	141033102212000	黑龙关镇	昕水河	河道洪水
64	洛阳	141033102214101	黑龙关镇	昕水河	坡面水流
65	荆坡石堆	141033100207107	蒲城镇	昕水河	坡面水流
66	河西	141033100201102	蒲城镇	昕水河	坡面水流
67	姜家峪	141033101203102	薛关镇	昕水河	坡面水流
68	略东	141033101201000	薛关镇	昕水河	河道洪水

续表 4-13-6

序号	沿河村落	行政区划代码	所在乡镇	所在河流	影响形式
69	后沟	141033101200101	薛关镇	昕水河	河道洪水
70	后坡河	141033203208105	乔家湾乡	曹村河	河道洪水
71	前坡河	141033203208101	乔家湾乡	曹村河	河道洪水
72	张贺川	141033203208103	乔家湾乡	曹村河	河道洪水
73	尚店石堆	141033203208102	乔家湾乡	曹村河	河道洪水
74	尚店	141033203208000	乔家湾乡	曹村河	河道洪水
75	曹村	141033203209000	乔家湾乡	曹村河	河道洪水
76	岔上	141033203210105	乔家湾乡	曹村河	河道洪水
77	高阁西沟	141033204203100	太林乡	中垛河	坡面水流
78	东庙凹	141033204203101	太林乡	中垛河	坡面水流
79	高阁	141033204203000	太林乡	中垛河	河道洪水
80	神坡	141033204203102	太林乡	中垛河	河道洪水
81	碾坡凹	141033204206100	太林乡	中垛河	河道洪水
82	后蒲伊	141033204206101	太林乡	中垛河	河道洪水
83	前蒲伊	141033204206000	太林乡	中垛河	河道洪水
84	武家崖	141033204205101	太林乡	中垛河	河道洪水
85	山底	141033102213101	黑龙关镇	中垛河	河道洪水
86	曹洼	141033102213102	黑龙关镇	中垛河	河道洪水
87	中朵	141033102213000	黑龙关镇	中垛河	坡面水流
88	屈家沟	141033102213100	黑龙关镇	中垛河	坡面水流
89	肖家沟	141033102214000	黑龙关镇	中垛河	坡面水流
90	南曜	141033100210000	蒲城镇	南川河	河道洪水
91	底家河	141033100210101	蒲城镇	南川河	河道洪水
92	牛窑	141033100210102	蒲城镇	南川河	坡面水流
93	窑儿湾	141033100208103	蒲城镇	南川河	河道洪水
94	曹村湾	141033100212102	蒲城镇	南川河	河道洪水
95	茹家坪	141033100212000	蒲城镇	南川河	河道洪水
96	郜家湾	141033100212103	蒲城镇	南川河	河道洪水
97	前店	141033100212104	蒲城镇	南川河	河道洪水
98	疙瘩上	141033100212105	蒲城镇	南川河	坡面水流
99	卧口	141033100205102	蒲城镇	南川河	河道洪水
100	枣林屯里	141033100205103	蒲城镇	南川河	河道洪水

续表 4-13-6

序号	沿河村落	行政区划代码	所在乡镇	所在河流	影响形式
101	胡家庄	141033100205100	蒲城镇	南川河	坡面水流
102	天嘉庄	141033100207102	蒲城镇	南川河	坡面水流
103	荆坡	141033100207000	蒲城镇	南川河	河道洪水
104	安窊	141033103207100	克城镇	北川河	坡面水流
105	田家沟	141033103207104	克城镇	北川河	坡面水流
106	中峡	141033202200103	红道乡	北川河	坡面水流
107	前峡	141033202200102	红道乡	北川河	坡面水流
108	后古坡	141033202200000	红道乡	北川河	河道洪水
109	返底	141033202200104	红道乡	北川河	河道洪水
110	三场	141033202203100	红道乡	北川河	坡面水流
111	前古坡	141033100200100	蒲城镇	北川河	河道洪水
112	乔子滩南沟	141033101212100	薛关镇	南沟	河道洪水
113	枣家河	141033200206000	山中乡	枣家河	坡面水流
114	贺家河	141033200206104	山中乡	枣家河	河道洪水
115	薛关南沟	141033101200102	薛关镇	枣家河	河道洪水
116	后河	141033201201105	古县乡	四沟河	河道洪水
117	西河	141033201201104	古县乡	四沟河	河道洪水
118	贺家庄	141033201201103	古县乡	四沟河	河道洪水
119	薛关	141033101200000	薛关镇	四沟河	河道洪水
120	碾沟屯里	141033102205101	黑龙关镇	黑龙关河	河道洪水
121	曹家沟	141033102205105	黑龙关镇	黑龙关河	河道洪水
122	黑龙关碾沟	141033102205000	黑龙关镇	黑龙关河	河道洪水
123	南湾	141033102205102	黑龙关镇	黑龙关河	河道洪水
124	高那凹	141033102206102	黑龙关镇	黑龙关河	河道洪水
125	炉止	141033102206100	黑龙关镇	黑龙关河	河道洪水
126	后西沟	141033102206101	黑龙关镇	黑龙关河	河道洪水
127	西沟	141033102206000	黑龙关镇	黑龙关河	河道洪水
128	寨志	141033102207000	黑龙关镇	黑龙关河	河道洪水
129	刘家庄	141033102201000	黑龙关镇	黑龙关河	河道洪水
130	耙子	141033102201103	黑龙关镇	黑龙关河	河道洪水
131	屯里坡	141033102200103	黑龙关镇	黑龙关河	河道洪水
132	东庄	141033102200100	黑龙关镇	黑龙关河	河道洪水

续表 4-13-6

序号	沿河村落	行政区划代码	所在乡镇	所在河流	影响形式
133	黑龙关	141033102200000	黑龙关镇	黑龙关河	河道洪水
134	麻家沟	141033102200102	黑龙关镇	黑龙关河	河道洪水
135	席家沟	141033102200104	黑龙关镇	黑龙关河	河道洪水
136	阳湾	141033102200101	黑龙关镇	黑龙关河	河道洪水
137	黑龙关宋家沟	141033102200105	黑龙关镇	黑龙关河	河道洪水
138	磁窑上	141033102203102	黑龙关镇	黑龙关河	河道洪水
139	碗窑上	141033102203101	黑龙关镇	黑龙关河	河道洪水
140	菩萨洼	141033102203000	黑龙关镇	黑龙关河	河道洪水
141	店上	141033102210104	黑龙关镇	黑龙关河	河道洪水
142	温家山	141033102210103	黑龙关镇	黑龙关河	河道洪水
143	贺家沟	141033102210102	黑龙关镇	黑龙关河	河道洪水
144	黎掌	141033102210000	黑龙关镇	黑龙关河	坡面水流
145	王峪	141033102204100	黑龙关镇	黑龙关河	坡面水流
146	疙塔上	141033102204103	黑龙关镇	黑龙关河	河道洪水
147	东坡	141033102204106	黑龙关镇	黑龙关河	坡面水流
148	西沟湾	141033102204105	黑龙关镇	黑龙关河	河道洪水
149	黄家庄	141033102204000	黑龙关镇	黑龙关河	河道洪水
150	黄家庄河底	141033102204104	黑龙关镇	黑龙关河	河道洪水
151	小原子	141033102209103	黑龙关镇	黑龙关河	河道洪水
152	杨家沟	141033102209104	黑龙关镇	黑龙关河	河道洪水
153	宋家沟	141033102209000	黑龙关镇	黑龙关河	坡面水流
154	三官楼	141033102209105	黑龙关镇	黑龙关河	坡面水流
155	柳沟	141033102208100	黑龙关镇	黑龙关河	坡面水流
156	化乐	141033102208000	黑龙关镇	黑龙关河	河道洪水
157	桥沟	141033102208101	黑龙关镇	黑龙关河	河道洪水
158	武家沟	141033102211000	黑龙关镇	黑龙关河	坡面水流
159	西坡	141033102211100	黑龙关镇	黑龙关河	河道洪水
160	北盘地沟	141033201206101	古县乡	耙子河	坡面水流
161	新庄	141033200202106	山中乡	堡子河	河道洪水
162	川南岭	141033200202000	山中乡	堡子河	河道洪水
163	杜家河	141033200202101	山中乡	堡子河	河道洪水
164	堡子河	141033200202100	山中乡	堡子河	河道洪水

表 4-13-7　蒲县小流域基本信息汇总表

序号	行政区划名称	流域面积（km^2）	主沟道长度（km）	主沟道比降（‰）	产流地类（km^2）					汇流地类（km^2）		
					灰岩森林山地	灰岩灌丛山地	砂页岩森林山地	砂页岩灌丛山地	黄土丘陵阶地	森林山地	灌丛山地	黄土丘陵
1	东辛庄	6.49	2.7	22.4			3.62	2.87		3.62	2.87	
2	后贺家峪	2.77	2.3	31.1			2.22	0.55		2.22	0.55	
3	连捷山	1.54	1.7	39.9			0.71	0.83		0.71	0.83	
4	公峪	21.54	5.6	19.6			6.95	14.59		6.95	14.59	
5	堡上	23.05	6.4	17.4			6.95	16.1		6.95	16.1	
6	马道街	32.26	8.5	14.7			10.81	21.45		10.81	21.45	
7	笑窊	0.8					0.4	0.4		0.4	0.4	
8	北辛庄	4.89	3.1	16.5			2.18	2.72		2.18	2.72	
9	坡头	0.4						0.4			0.4	
10	阳山上	0.4						0.4			0.4	
11	会条窊	12.72	5.4	13.8			2.18	10.55		2.18	10.55	
12	大方台	46.97	8.8	14.6			14.25	32.72		14.25	32.72	
13	克城官庄	49.98	9.5	13.5			12.98	37		12.98	37	
14	唐侯	5.05	2.1	34.1			4.71	0.34		4.71	0.34	
15	侯家沟	1.6	1.7	45			1.6			1.6		
16	柳树洼	4.2	2.7	38.9			3.73	0.47		3.73	0.47	
17	梁路河底	15.14	3.7	29.5			13.04	2.1		13.04	2.1	
18	上梁路	16.68	4.7	23			13.9	2.78		13.9	2.78	
19	梁路中心校	8.54	4.3	24				8.54			8.54	

续表 4-13-7

序号	行政区划名称	流域面积(km²)	主沟道长度(km)	主沟道比降(‰)	产流地类(km²)					汇流地类(km²)		
					灰岩森林山地	灰岩灌丛山地	砂页岩森林山地	砂页岩灌丛山地	黄土丘陵阶地	森林山地	灌丛山地	黄土丘陵
20	下梁路	26.38	5.6	20.4			19.28	7.1		19.28	7.1	
21	克城	85.94	11	11.8			36.82	49.12		36.82	49.12	
22	阳坡	1.08					0.42	0.66		0.42	0.66	
23	湾里	92.01	11.9	11.6			37.65	54.36		37.65	54.36	
24	马驹沟	3.47	3.6	31.5			2.04	1.43		2.04	1.43	
25	下柳	9.38	4.5	35			0.2	9.18		0.2	9.18	
26	许家沟	0.7	1.1	49.1			0.45	0.25		0.45	0.25	
27	下河北	109.52	15.9	8.6			40.05	69.47		40.05	69.47	
28	张公庄	14.08	5.8	51	8.97	0.93	3.11	1.07		12.08	2.01	
29	下柏	25.25	10.4	23.7	16.75		1.4	7.1		18.15	7.1	
30	磨沟	146.22	17.2	8.9	16.7	4.2	46.02	79.3		62.72	83.5	
31	朱家庄	1.2	1.5	30			1.2			1.2		
32	小凹	2.3	2.3	28			2.3			2.3		
33	半沟	3.1					3.1			3.1		
34	东河	7.9	4.6	17			7.9			7.9		
35	辛庄	4.07	4.1	29			4.07			4.07		
36	南柏	2.86	1.5	25.1			2.86			2.86		
37	太林碾沟	7.86	3.4	18.8			7.86			7.86		
38	油坊	11.14	4.5	17.5			11.14			11.14		

续表 4-13-7

序号	行政区划名称	流域面积(km^2)	主沟道长度(km)	主沟道比降(‰)	产流地类(km^2)					汇流地类(km^2)		
					灰岩森林山地	灰岩灌丛山地	砂页岩森林山地	砂页岩灌丛山地	黄土丘陵阶地	森林山地	灌丛山地	黄土丘陵
39	太林	31.61	7.7	14.6			31.61			31.61		
40	东开府官庄	5.14	3.3	23.6			4.58	0.56		4.58	0.56	
41	牛上角	41.93	9.3	13.6			41.5	0.43		41.5	0.43	
42	西开府	48.55	11.3	11.9			48.55			48.55		
43	道子里	55.57	13.4	10.1			55.14	0.43		55.14	0.43	
44	井上	69.56	14.7	10			63.57	5.99		63.57	5.99	
45	盘地	4.88	2.4	50.4			2.33	2.55		2.33	2.55	
46	槐树	8.48	5.7	19.5			4.2	4.28		4.2	4.28	
47	后堡屯里	81.52	15.4	9.9			68.08	13.44		68.08	13.44	
48	刘家山	5.12	2.2	32.5			2.67	2.45		2.67	2.45	
49	石河	0.79					0.1	0.69		0.1	0.69	
50	南峪	14.4	4.3	18.8			3.62	10.78		3.62	10.78	
51	乔家湾	90.74	18.4	8.6			64.3	26.44		64.3	26.44	
52	对子角	0.16						0.16			0.16	
53	野峪	10.5	3.2	24.2			2.02	8.48		2.02	8.48	
54	马如河	4.92	2.7	39.7		0.16	1.81	2.95		1.81	3.11	
55	前堡	6.65	6.4	22.5			6.45	0.2		6.45	0.2	
56	前进	127	22.9	8.3	4.08	9.01	67.54	46.37		71.62	55.38	
57	窑湾	138.4	25.3	8.3	11.4	13.09	67.54	46.37		78.94	59.46	

续表 4-13-7

序号	行政区划名称	流域面积(km^2)	主沟道长度(km)	主沟道比降(‰)	产流地类(km^2)					汇流地类(km^2)		
					灰岩森林山地	灰岩灌丛山地	砂页岩森林山地	砂页岩灌丛山地	黄土丘陵阶地	森林山地	灌丛山地	黄土丘陵
58	峡村	1.14							1.14			1.14
59	阳庄	205	31.6	7.3	18.5	32.8	80.5	72.7	0.5	99	105.5	0.5
60	洛阳	3.43							3.43			3.43
61	荆坡石堆	0.41							0.41			0.41
62	河西	1.07							1.07			1.07
63	姜家峪	0.18							0.18			0.18
64	略东	17.78	7.5	30.3					17.78			17.78
65	后沟	3.48	3.6	26.7					3.48			3.48
66	后坡河	1.98	1.5	30.8			1.98			1.98		
67	前坡河	5.12	3.3	21			5	0.12		5	0.12	
68	张贺川	4.13	2.1	32.5				4.13		0	4.13	
69	尚店石堆	6.34	3.2	12.7				6.34			6.34	
70	尚店	21.69	6.5	13.6			9.95	11.74		9.95	11.74	
71	曹村	6.19	3	27.2			0.61	5.58		0.61	5.58	
72	岔上	43.94	13.6	13.6	2.17	4.22	11.57	25.98		13.74	30.2	
73	高阁西沟	1.4	1.2	25.8			1.4			1.4		
74	东庙凹	5.3	6.2	21.5			5.3			5.3		
75	高阁	7.75	5.1	19.5			7.75			7.75		
76	神坡	11.2	6.6	19.4			11.2			11.2		

续表 4-13-7

序号	行政区划名称	流域面积(km^2)	主沟道长度(km)	主沟道比降(‰)	产流地类(km^2)					汇流地类(km^2)		
					灰岩森林山地	灰岩灌丛山地	砂页岩森林山地	砂页岩灌丛山地	黄土丘陵阶地	森林山地	灌丛山地	黄土丘陵
77	碾坡凹	16.05	6.8	17.3			15.38	0.67		15.38	0.67	
78	后蒲伊	16.31	7.9	19.7			15.15	1.16		15.15	1.16	
79	前蒲伊	20.75	9	16.1			16.5	4.25		16.5	4.25	
80	武家崖	24.31	9.1	18.5			15.15	9.16		15.15	9.16	
81	山底	63.01	20.5	19.2	15.95	11.81	20.98	12.23	2.04	36.93	24.04	2.04
82	曹洼	72.26	21.7	18.9	15.95	11.81	20.98	12.23	11.29	36.93	24.04	11.29
83	中朵	0.72							0.72			0.72
84	屈家沟	0.86							0.86			0.86
85	肖家沟	0.54							0.54			0.54
86	南曜	11.61	3.3	31.7			11.11	0.5		11.11	0.5	
87	底家河	6.23	4.3	39.1			6.23			6.23		
88	牛窑	2.74					2.74			2.74		
89	窑儿湾	34.32	7.5	25			32.82	1.5		32.82	1.5	
90	曹村湾	61.6	11.3	22.3			56	5.6		56	5.6	
91	茹家坪	68.5	13.7	21.5			60.7	7.8		60.7	7.8	
92	郃家湾	73.38	14.4	20.5			64.05	9.34		64.05	9.34	
93	疙珆上	0.62						0.62		0	0.62	
94	卧口	82.73	18.9	18.2			64.05	18.68		64.05	18.68	
95	枣林屯里	58.37	13.6	26.3			44.43	12.2	1.74	44.43	12.2	1.74

续表 4-13-7

序号	行政区划名称	流域面积（km²）	主沟道长度（km）	主沟道比降（‰）	产流地类（km²）					汇流地类（km²）		
					灰岩森林山地	灰岩灌丛山地	砂页岩森林山地	砂页岩灌丛山地	黄土丘陵阶地	森林山地	灌丛山地	黄土丘陵
96	胡家庄	0.25							0.25			0.25
97	天嘉庄	3.4							3.4			3.4
98	荆坡	185.5	27.7	15.2			121.8	44.39	19.31	121.8	44.39	19.31
99	安窊	3.12	2	30.4			3.12			3.12		
100	田家沟	4.12	2.4	26.6			4.12			4.12		
101	中峡	0.91				0.35	0.05		0.51	0.05	0.35	0.51
102	前峡	0.54							0.54			0.54
103	后古坡	54.05	16.4	22.7	24.96	3.73	6.34	3.78	15.25	31.3	7.51	15.25
104	返底	72.53	19.4	21.2	31.55	3.35	5.2	3.5	28.93	36.75	6.85	28.93
105	三场	0.5							0.5			0.5
106	前古坡	152.1	25.7	20.1	49.3	7.99	9.34	4.89	80.58	58.64	12.88	80.58
107	乔子滩南沟	48.34	20.6	19.8			12.69	4.04	31.61	12.69	4.04	31.61
108	枣家河	3.74							3.74			3.74
109	贺家河	37.18	12.4	20.3			10.5	6.7	19.98	10.5	6.7	19.98
110	薛关南沟	60.6	19.7	15.5			10.64	4.64	45.32	10.64	4.64	45.32
111	后河	22.9	12	37	2.2				20.7	2.2		20.7
112	西河	28.73	15.2	26.5	2.2				26.53	2.2		26.53
113	贺家庄	22.55	9.5	34.5	0.18				22.37	0.18		22.37
114	薛关	92.33	28.4	16.7	2.2				90.13	2.2		90.13

续表 4-13-7

序号	行政区划名称	流域面积(km^2)	主沟道长度(km)	主沟道比降(‰)	产流地类(km^2)					汇流地类(km^2)		
					灰岩森林山地	灰岩灌丛山地	砂页岩森林山地	砂页岩灌丛山地	黄土丘陵阶地	森林山地	灌丛山地	黄土丘陵
115	碾沟屯里	3.84	3.1	40			3.84			3.84		
116	曹家沟	2.45	3	32.4			2.45			2.45		
117	黑龙关碾沟	7.54	3.6	23.1			3.86	3.68		3.86	3.68	
118	南湾	29.1	10.1	17.7	0.87	0.24	18.46	9.53		19.33	9.77	
119	高那凹	32.02	11.7	16.1	0.87	0.24	19.03	11.88		19.9	12.12	
120	炉止	2.23	1.3	45.9			0.86	1.37		0.86	1.37	
121	后西沟	3.5	2.2	40.4			1.71	1.79		1.71	1.79	
122	西沟	6.74	3.3	29.5			1.85	4.89		1.85	4.89	
123	寨志	48.11	14.8	13.3	0.87	0.24	23.49	23.51		24.36	23.75	
124	刘家庄	4.88	2.5	22.7			4.88			4.88		
125	耙子沟	17.16	4	20.9			14.71	2.45		14.71	2.45	
126	黑龙关	18.64	5.3	17.6			12.05	6.59		12.05	6.59	
127	麻家沟	4	3	36.1			0.92	3.08		0.92	3.08	
128	席家沟	74.73	17	12.3	0.87	0.24	38.52	35.1		39.39	35.34	
129	黑龙关宋家沟	2.26	2	48.3				2.26			2.26	
130	菩萨洼	7.43	6.2	32.1				7.43			7.43	
131	店上	107.3	21.1	11.7	2.27	2.84	39.54	62.65		41.81	65.49	
132	温家山	2.8	2.2	55.4				2.8			2.8	
133	黎掌	0.61						0.61			0.61	

续表 4-13-7

序号	行政区划名称	流域面积(km^2)	主沟道长度(km)	主沟道比降(‰)	产流地类(km^2)					汇流地类(km^2)		
					灰岩森林山地	灰岩灌丛山地	砂页岩森林山地	砂页岩灌丛山地	黄土丘陵阶地	森林山地	灌丛山地	黄土丘陵
134	王峪	3.5	2.8	43			3.5			3.5		
135	疙塔上	5.67	4.7	31.5			5.67			5.67		
136	东坡	1.26					0.58	0.68		0.58	0.68	
137	西沟湾	6.08	3.6	36.6			5.91	0.17		5.91	0.17	
138	黄家庄	15.43	7.1	25.2			12.69	2.74		12.69	2.74	
139	黄家庄河底	18.9	8.1	23.7			14.67	4.23		14.67	4.23	
140	小原子	29.95	12.1	22.1			17.69	12.26		17.69	12.26	
141	杨家沟	31.38	13.2	21.7			17.69	13.69		17.69	13.69	
142	宋家沟	0.63						0.63			0.63	
143	三官楼	0.3						0.3			0.3	
144	柳沟	0.52						0.52			0.52	
145	化乐	162.6	24.4	11.3	3.33	4.54	59.17	95.56		62.5	100.1	
146	桥沟	4.04	5.2	45.6	0.99	0.55	0.17	2.33		1.16	2.88	
147	武家沟	1.45						1.45			1.45	
148	西坡	174.3	27.2	11	3.18	6.12	59.3	105.7		62.48	111.82	
149	北盘地沟	1.08							1.08			1.08
150	新庄	11.15	5.7	31.9			2.13	1.05	7.97	2.13	1.05	7.97
151	川南岭	20.31	8.6	23.3			2.1	0.8	17.41	2.1	0.8	17.41
152	杜家河	28.44	10.6	21.5			2.1	0.8	25.54	2.1	0.8	25.54
153	堡子河	53.52	14.4	18.5			2.1	0.8	50.62	2.1	0.8	50.62

13.2.2 设计暴雨成果

蒲县的164个重点防治区分为153个计算小流域,各时段雨量的均值$\overline{H}$、变差系数C_v、C_s/C_v和各时段相应频率的雨量值成果H_p见表4-13-8(本次对蒲县164个山洪灾害沿河村落均采用《山西省水文手册》中提供的方法进行了设计暴雨计算。对采用流域模型法计算设计洪水的进行设计暴雨时程分配计算,对采用经验公式法计算设计洪水的不进行设计暴雨时程分配计算)。蒲县沿河村落100年一遇设计暴雨分布图见附图4-145~附图4-148

13.2.3 设计洪水成果

蒲县的164个重点防治区都进行了设计洪水的推求。其中设计洪水成果表,见表4-13-9(164个沿河村落均采用由设计暴雨推求设计洪水的方法计算,本次采用《山西省水文手册》中的流域模型法与经验公式法计算,对采用流域模型法计算设计洪水的进行设计净雨深计算,对采用经验公式法计算设计洪水的不进行设计净雨深计算)。蒲县沿河村落100年一遇设计洪水分布图见附图4-149。

13.2.4 现状防洪能力成果

现状防洪能力评价主要是在设计洪水分析成果的基础上,结合沿河村落地形地貌、居民户高程情况,勾绘划定其淹没范围,进行危险区等级的划分,确定最佳转移路线和临时安置地点,并统计各沿河村落5个典型频率设计洪水位下的累计人口、户数,获得水位—流量—人口关系,综合评价现状防洪能力。经分析评价,164个分析评价对象中,有126个受河道洪水与水利工程的影响,38个受坡面水流影响。126个受河道洪水与水利工程影响的沿河村落中,现状防洪能力在5年一遇以下的有5个,5~20年一遇的有21个, 20~100年一遇的有100个。38个受坡面水流影响的沿河村落现状防洪能力为20年一遇。经统计,全县164个沿河村落中位于极高危险区、高危险区、危险区的分别占危险区总人口的1%、30%和69%。现状防洪能力成果见表4-13-10与附图4-150。

13.2.5 雨量预警指标分析成果

蒲县的164个重点防治区都进行了雨量预警指标的确定。蒲县预警指标分析成果表和蒲县沿河村落预警指标分布图见表4-13-11与附图4-151~附图4-156。

表 4-13-8　蒲县设计暴雨计算成果表

序号	计算单元名称	历时	均值(mm)	变差系数	C_s/C_v	重现期雨量值 H_p(mm)				
						100 年($H_{1\%}$)	50 年($H_{2\%}$)	20 年($H_{5\%}$)	10 年($H_{10\%}$)	5 年($H_{20\%}$)
1	东辛庄	10 min	12.6	0.53	3.5	33.2	29.0	23.6	19.4	15.3
		60 min	26.9	0.52	3.5	67.2	58.9	48.0	39.7	31.3
		6 h	44.1	0.52	3.5	121.4	106.9	87.5	72.7	57.7
		24 h	66.6	0.51	3.5	175.9	155.4	128.0	106.9	85.4
		3 d	87.6	0.51	3.5	235.5	207.9	171.1	142.9	114.1
2	后贺家峪	10 min	12.6	0.53	3.5	34.2	29.9	24.3	20.1	15.7
		60 min	26.9	0.52	3.5	68.9	60.4	49.2	40.7	32.0
		6 h	44.1	0.52	3.5	123.7	108.8	89.0	73.9	58.5
		24 h	66.6	0.51	3.5	178.0	157.1	129.2	107.8	86.0
		3 d	87.6	0.51	3.5	237.8	209.9	172.5	143.9	114.8
3	连捷山	10 min	12.6	0.53	3.5	34.74	30.4	24.71	20.373	16
		60 min	26.9	0.52	3.5	69.8	61.2	49.88	41.21	32.4
		6 h	44.1	0.52	3.5	124.8	109.8	89.77	74.485	59
		24 h	66.6	0.51	3.5	179	157.9	129.8	108.21	86.3
		3 d	87.6	0.51	3.5	239.1	210.9	173.3	144.44	115.1
4	公峪	10 min	12.6	0.53	3.5	31.0	27.2	22.1	18.3	14.4
		60 min	26.9	0.52	3.5	63.7	56.0	45.7	37.8	29.9
		6 h	44.1	0.52	3.5	116.9	103.0	84.6	70.4	56.0
		24 h	66.6	0.51	3.5	171.5	151.8	125.4	105.0	84.3
		3 d	87.6	0.51	3.5	230.6	203.9	168.2	140.8	112.8

续表 4-13-8

序号	行政区划名称	历时	均值(mm)	变差系数	C_s/C_v	重现期雨量值 H_p(mm)				
						100 年($H_{1\%}$)	50 年($H_{2\%}$)	20 年($H_{5\%}$)	10 年($H_{10\%}$)	5 年($H_{20\%}$)
5	堡上	10 min	12.6	0.53	3.5	30.9	27.0	22.0	18.2	14.3
		60 min	26.9	0.52	3.5	63.5	55.8	45.5	37.7	29.8
		6 h	44.1	0.52	3.5	116.6	102.7	84.4	70.2	55.9
		24 h	66.6	0.51	3.5	171.2	151.5	125.2	104.9	84.2
		3 d	87.6	0.51	3.5	230.3	203.6	168.0	140.7	112.7
6	马道街	10 min	12.6	0.53	3.5	30.1	26.4	21.5	17.7	14.0
		60 min	26.9	0.52	3.5	62.2	54.7	44.7	37.0	29.3
		6 h	44.1	0.52	3.5	114.9	101.3	83.3	69.4	55.3
		24 h	66.6	0.51	3.5	169.5	150.1	124.2	104.2	83.7
		3 d	87.6	0.51	3.5	228.4	202.1	166.9	139.9	112.2
7	笑窊	10 min	12.5	0.54	3.5	35.5	31.0	25.1	20.6	16.1
		60 min	26.7	0.53	3.5	71.4	62.5	50.7	41.8	32.7
		6 h	44.1	0.53	3.5	127.6	112.0	91.3	75.4	59.4
		24 h	66.6	0.52	3.5	183.0	161.0	131.8	109.4	86.8
		3 d	88.0	0.51	3.5	241.2	212.7	174.7	145.6	115.9
8	北辛庄	10 min	12.5	0.54	3.5	33.8	29.5	23.9	19.6	15.35
		60 min	26.7	0.53	3.5	68.6	60.0	48.7	40.1	31.5
		6 h	44.1	0.53	3.5	124	108.8	88.8	73.5	58.0
		24 h	66.6	0.52	3.5	179.7	158.4	129.9	108.1	85.9
		3 d	88.0	0.51	3.5	237.4	209.6	172.4	143.9	114.9

续表 4-13-8

序号	行政区划名称	历时	均值(mm)	变差系数	C_s/C_v	重现期雨量值 H_p(mm)				
						100 年($H_{1\%}$)	50 年($H_{2\%}$)	20 年($H_{5\%}$)	10 年($H_{10\%}$)	5 年($H_{20\%}$)
9	坡头	10 min	12.5	0.54	3.5	35.8	31.3	25.4	20.9	16.3
		60 min	26.7	0.53	3.5	72.0	63.0	51.2	42.2	33.0
		6 h	44.1	0.53	3.5	128.4	112.7	91.8	75.9	59.8
		24 h	66.6	0.52	3.5	183.6	161.6	132.2	109.7	87.0
		3 d	88.0	0.51	3.5	242.1	213.4	175.2	145.9	116.2
10	阳山上	10 min	12.5	0.54	3.5	35.8	31.3	25.4	20.9	16.3
		60 min	26.7	0.53	3.5	72.0	63.0	51.2	42.2	33.0
		6 h	44.1	0.53	3.5	128.4	112.7	91.8	75.9	59.8
		24 h	66.6	0.52	3.5	183.6	161.6	132.2	109.7	87.0
		3 d	88.0	0.51	3.5	242.1	213.4	175.2	145.9	116.2
11	会条窊	10 min	12.5	0.54	3.5	32.3	28.2	22.9	18.8	14.7
		60 min	26.7	0.53	3.5	66.1	57.9	47.1	38.8	30.5
		6 h	44.1	0.53	3.5	120.8	106.2	86.7	71.9	56.8
		24 h	66.6	0.52	3.5	176.7	155.9	128.1	106.8	85.1
		3 d	88.0	0.51	3.5	234.1	206.8	170.4	142.5	114.0
12	大方台	10 min	12.6	0.53	3.5	29.1	25.5	20.8	17.2	13.6
		60 min	26.9	0.52	3.5	60.6	53.3	43.6	36.2	28.7
		6 h	44.1	0.52	3.5	112.8	99.6	81.9	68.4	54.6
		24 h	66.6	0.51	3.5	167.3	148.3	122.9	103.2	83.1
		3 d	87.6	0.51	3.5	226.0	200.2	165.5	138.9	111.6

续表 4-13-8

序号	行政区划名称	历时	均值(mm)	变差系数	C_s/C_v	重现期雨量值 H_p(mm)				
						100 年($H_{1\%}$)	50 年($H_{2\%}$)	20 年($H_{5\%}$)	10 年($H_{10\%}$)	5 年($H_{20\%}$)
13	克城官庄	10 min	12.6	0.53	3.5	29.0	25.5	20.7	17.1	13.5
		60 min	26.9	0.52	3.5	60.7	53.3	43.6	36.1	28.6
		6 h	44.1	0.52	3.5	113.2	99.8	82.0	68.4	54.5
		24 h	66.6	0.51	3.5	168.3	149.1	123.3	103.4	83.1
		3 d	87.6	0.51	3.5	226.1	200.3	165.7	139.0	111.7
14	唐侯	10 min	12.5	0.53	3.5	33.2	29.0	23.6	19.4	15.3
		60 min	25.6	0.52	3.5	65.0	56.9	46.4	38.3	30.2
		6 h	42.6	0.52	3.5	117.4	103.2	84.5	70.2	55.6
		24 h	65.8	0.51	3.5	174.9	154.5	127.1	106.2	84.8
		3 d	86.1	0.51	3.5	232.2	205.0	168.7	140.8	112.4
15	侯家沟	10 min	12.5	0.53	3.5	34.4	30.1	24.4	20.1	15.8
		60 min	25.6	0.52	3.5	66.9	58.6	47.7	39.5	31.1
		6 h	42.6	0.52	3.5	119.8	105.4	86.2	71.5	56.6
		24 h	65.8	0.51	3.5	177.2	156.3	128.5	107.1	85.4
		3 d	86.1	0.51	3.5	234.9	207.2	170.2	141.9	113.1
16	柳树洼	10 min	12.5	0.53	3.5	33.4	29.2	23.7	19.6	15.4
		60 min	25.6	0.52	3.5	65.3	57.3	46.6	38.5	30.4
		6 h	42.6	0.52	3.5	117.8	103.6	84.8	70.4	55.8
		24 h	65.8	0.51	3.5	175.3	154.8	127.4	106.3	84.9
		3 d	86.1	0.51	3.5	232.7	205.4	169	141	112.5

续表 4-13-8

序号	行政区划名称	历时	均值(mm)	变差系数	C_s/C_v	重现期雨量值 H_p(mm)				
						100 年($H_{1\%}$)	50 年($H_{2\%}$)	20 年($H_{5\%}$)	10 年($H_{10\%}$)	5 年($H_{20\%}$)
17	梁路河底	10 min	12.5	0.53	3.5	31.4	27.5	22.4	18.5	14.5
		60 min	25.6	0.52	3.5	62.2	54.6	44.5	36.8	29.1
		6 h	42.6	0.52	3.5	113.8	100.2	82.2	68.4	54.3
		24 h	65.8	0.51	3.5	171.3	151.5	125.0	104.7	83.8
		3 d	86.1	0.51	3.5	228.3	201.8	166.3	139.1	111.3
18	上梁路	10 min	12.5	0.53	3.5	31.2	27.4	22.2	18.4	14.4
		60 min	25.6	0.52	3.5	61.9	54.3	44.3	36.7	29
		6 h	42.6	0.52	3.5	113.4	99.9	81.9	68.2	54.2
		24 h	65.8	0.51	3.5	170.9	151.3	124.8	104.5	83.7
		3 d	86.1	0.51	3.5	227.9	201.4	166.1	138.9	111.2
19	梁路中心校	10 min	12.5	0.53	3.5	32.4	28.4	23.1	19	14.9
		60 min	25.6	0.52	3.5	63.8	55.9	45.6	37.7	29.7
		6 h	42.6	0.52	3.5	115.8	101.9	83.5	69.4	55.1
		24 h	65.8	0.51	3.5	173.4	153.2	126.2	105.5	84.4
		3 d	86.1	0.51	3.5	230.6	203.6	167.7	140.1	111.9
20	下梁路	10 min	12.5	0.53	3.5	30.3	26.5	21.6	17.8	14.0
		60 min	25.6	0.52	3.5	60.4	53.0	43.3	35.9	28.4
		6 h	42.6	0.52	3.5	111.3	98.2	80.6	67.2	53.5
		24 h	65.8	0.51	3.5	168.9	149.5	123.6	103.6	83.2
		3 d	86.1	0.51	3.5	225.6	199.6	164.7	138.0	110.6

续表 4-13-8

序号	行政区划名称	历时	均值(mm)	变差系数	C_s/C_v	重现期雨量值 H_p(mm)				
						100 年($H_{1\%}$)	50 年($H_{2\%}$)	20 年($H_{5\%}$)	10 年($H_{10\%}$)	5 年($H_{20\%}$)
21	克城	10 min	12.5	0.53	3.5	27.3	24.0	19.6	16.2	12.8
		60 min	25.6	0.52	3.5	57.1	50.2	41.2	34.2	27.2
		6 h	42.6	0.52	3.5	107.8	95.3	78.5	65.7	52.6
		24 h	65.8	0.51	3.5	163.3	145.0	120.3	101.3	81.7
		3 d	86.1	0.51	3.5	220.5	195.6	162.1	136.3	109.9
22	阳坡	10 min	12.5	0.53	3.5	34.7	30.3	24.7	20.3	16.0
		60 min	25.6	0.52	3.5	67.4	59.1	48.1	39.7	31.3
		6 h	42.6	0.52	3.5	120.5	105.9	86.6	71.9	56.9
		24 h	65.8	0.51	3.5	177.7	156.8	128.8	107.4	85.5
		3 d	86.1	0.51	3.5	235.6	207.7	170.6	142.2	113.3
23	湾里	10 min	12.5	0.53	3.5	27.1	23.8	19.4	16.1	12.7
		60 min	25.6	0.52	3.5	56.8	50.0	41.0	34.1	27.1
		6 h	42.6	0.52	3.5	107.4	95.0	78.3	65.5	52.4
		24 h	65.8	0.51	3.5	162.9	144.7	120.1	101.1	81.6
		3 d	86.1	0.51	3.5	220.1	195.2	161.9	136.2	109.8
24	马驹沟	10 min	12.1	0.52	3.5	32	28.1	22.9	18.9	14.9
		60 min	24.8	0.51	3.5	62.7	55.1	45	37.3	29.5
		6 h	41.7	0.51	3.5	113.8	100.3	82.3	68.6	54.6
		24 h	64.9	0.50	3.5	170.7	151	124.6	104.4	83.7
		3 d	86.2	0.50	3.5	229.8	203.2	167.7	140.4	112.5

续表 4-13-8

序号	行政区划名称	历时	均值(mm)	变差系数	C_s/C_v	重现期雨量值 H_p(mm)				
						100年($H_{1\%}$)	50年($H_{2\%}$)	20年($H_{5\%}$)	10年($H_{10\%}$)	5年($H_{20\%}$)
25	下柳	10 min	12.5	0.54	3.5	32.8	28.7	23.2	19.1	14.9
		60 min	26.7	0.53	3.5	67.0	58.6	47.6	39.3	30.8
		6 h	44.1	0.53	3.5	121.9	107.1	87.5	72.5	57.2
		24 h	66.6	0.52	3.5	177.7	156.8	128.8	107.3	85.4
		3 d	88.0	0.51	3.5	235.3	207.8	171.2	143.0	114.3
26	许家沟	10 min	12.1	0.52	3.5	33.3	29.2	23.8	19.7	15.5
		60 min	24.8	0.51	3.5	64.7	56.9	46.5	38.6	30.5
		6 h	41.7	0.51	3.5	116.5	102.6	84.2	70.1	55.7
		24 h	64.9	0.50	3.5	173.1	153	126.1	105.4	84.3
		3 d	86.2	0.50	3.5	232.7	205.6	169.4	141.6	113.3
27	下河北	10 min	12.5	0.53	3.5	26.5	23.3	19.1	15.8	12.5
		60 min	25.6	0.52	3.5	55.9	49.2	40.4	33.6	26.8
		6 h	42.6	0.52	3.5	106.2	93.9	77.6	64.9	52.0
		24 h	65.8	0.51	3.5	161.5	143.5	119.3	100.4	81.2
		3 d	86.1	0.51	3.5	218.6	194.0	161.0	135.5	109.4
28	张公庄	10 min	12.1	0.52	3.5	30.1	26.4	21.5	17.8	14.1
		60 min	24.8	0.51	3.5	59.6	52.4	42.9	35.6	28.2
		6 h	41.7	0.51	3.5	109.7	96.8	79.7	66.5	53.1
		24 h	64.9	0.50	3.5	166.7	147.7	122.3	102.7	82.6
		3 d	86.2	0.50	3.5	225.2	199.4	164.9	138.4	111.2

续表 4-13-8

序号	行政区划名称	历时	均值(mm)	变差系数	C_s/C_v	重现期雨量值 H_p(mm)				
						100 年($H_{1\%}$)	50 年($H_{2\%}$)	20 年($H_{5\%}$)	10 年($H_{10\%}$)	5 年($H_{20\%}$)
29	下柏	10 min	12.1	0.52	3.5	28.9	25.4	20.7	17.2	13.6
		60 min	24.8	0.51	3.5	57.8	50.8	41.7	34.6	27.5
		6 h	41.7	0.51	3.5	107.3	94.8	78.1	65.3	52.2
		24 h	64.9	0.50	3.5	164.2	145.7	120.8	101.6	81.9
		3 d	86.2	0.50	3.5	222.5	197.2	163.3	137.2	110.5
30	磨沟	10 min	12.5	0.53	3.5	25.1	22.1	18.2	15.1	12.0
		60 min	25.6	0.52	3.5	53.1	46.9	38.6	32.3	25.8
		6 h	42.6	0.52	3.5	102.0	90.4	74.9	62.9	50.6
		24 h	65.8	0.51	3.5	157.3	139.9	116.6	98.6	79.9
		3 d	86.1	0.51	3.5	214.3	190.5	158.4	133.7	108.2
31	朱家庄	10 min	12.6	0.53	3.5	34.9	30.6	24.8	20.5	16.1
		60 min	26.3	0.52	3.5	68.6	60.2	49.1	40.6	32.0
		6 h	43.6	0.51	3.5	121.9	107.3	88.0	73.2	58.1
		24 h	66.5	0.50	3.5	176.2	155.8	128.5	107.5	86.1
		3 d	86.4	0.50	3.5	232.4	205.4	169.3	141.6	113.3
32	小凹	10 min	12.6	0.53	3.5	34.4	30.1	24.4	20.1	15.8
		60 min	26.3	0.52	3.5	67.7	59.4	48.4	40.1	31.6
		6 h	43.6	0.51	3.5	120.7	106.3	87.2	72.5	57.6
		24 h	66.5	0.50	3.5	175.2	155.0	127.9	107.1	85.8
		3 d	86.4	0.50	3.5	231.2	204.4	168.6	141.1	113.0

续表 4-13-8

序号	行政区划名称	历时	均值(mm)	变差系数	C_s/C_v	重现期雨量值 H_p(mm)				
						100年($H_{1\%}$)	50年($H_{2\%}$)	20年($H_{5\%}$)	10年($H_{10\%}$)	5年($H_{20\%}$)
33	半沟	10 min	12.6	0.53	3.5	34.1	29.8	24.2	20.0	15.7
		60 min	26.3	0.52	3.5	67.2	59.0	48.1	39.8	31.4
		6 h	43.6	0.51	3.5	120.1	105.8	86.8	72.2	57.4
		24 h	66.5	0.50	3.5	174.6	154.5	127.6	106.8	85.7
		3 d	86.4	0.50	3.5	230.6	203.9	168.2	140.8	112.8
34	东河	10 min	12.5	0.53	3.5	32.5	28.5	23.1	19.1	15.0
		60 min	25.6	0.52	3.5	64.0	56.1	45.7	37.8	29.8
		6 h	42.6	0.52	3.5	116.1	102.1	83.7	69.5	55.2
		24 h	65.8	0.51	3.5	173.6	153.4	126.4	105.6	84.5
		3 d	86.1	0.51	3.5	230.8	203.8	167.8	140.2	112.0
35	辛庄	10 min	12.6	0.53	3.5	33.5	29.3	23.9	19.7	15.5
		60 min	26.3	0.52	3.5	68.7	60	48.7	40.1	31.3
		6 h	43.6	0.51	3.5	116	102.5	84.6	70.9	56.8
		24 h	66.5	0.40	3.5	148.6	134.2	114.5	99	82.9
		3 d	86.4	0.50	3.5	229.9	203.3	167.8	140.5	112.6
36	南柏	10 min	12.6	0.53	3.5	34.2	29.9	24.3	20.0	15.7
		60 min	26.3	0.52	3.5	67.4	59.1	48.2	39.9	31.4
		6 h	43.6	0.51	3.5	120.2	105.9	86.8	72.3	57.5
		24 h	66.5	0.50	3.5	174.8	154.7	127.6	106.9	85.7
		3 d	86.4	0.50	3.5	230.8	204.0	168.3	140.9	112.9

续表 4-13-8

序号	行政区划名称	历时	均值(mm)	变差系数	C_s/C_v	重现期雨量值 H_p(mm)				
						100 年($H_{1\%}$)	50 年($H_{2\%}$)	20 年($H_{5\%}$)	10 年($H_{10\%}$)	5 年($H_{20\%}$)
37	太林碾沟	10 min	12.6	0.53	3.5	32.9	28.8	23.4	19.3	15.1
		60 min	26.3	0.52	3.5	65.3	57.3	46.7	38.7	30.5
		6 h	43.6	0.51	3.5	117.6	103.6	85.1	70.9	56.4
		24 h	66.5	0.50	3.5	172.3	152.6	126.2	105.8	85.1
		3 d	86.4	0.50	3.5	227.9	201.7	166.6	139.7	112.1
38	油坊	10 min	12.6	0.53	3.5	32	28	22.8	18.9	14.9
		60 min	26.3	0.52	3.5	66.3	58	47	38.8	30.3
		6 h	43.6	0.51	3.5	113	100	82.6	69.4	55.7
		24 h	66.5	0.40	3.5	146.1	132.1	113	97.9	82.2
		3 d	86.4	0.50	3.5	226.7	200.7	165.9	139.1	111.7
39	太林	10 min	12.6	0.53	3.5	29.8	26.2	21.4	17.7	14
		60 min	26.3	0.52	3.5	62.7	54.9	44.7	36.9	29
		6 h	43.6	0.51	3.5	108.6	96.3	79.8	67.1	54.1
		24 h	66.5	0.40	3.5	142.3	128.8	110.6	96.1	80.9
		3 d	86.4	0.50	3.5	221.8	196.6	163	137	110.4
40	东开府官庄	10 min	12.6	0.52	3.5	32.9	28.8	23.5	19.4	15.3
		60 min	26.2	0.51	3.5	65.4	57.5	47.0	39.0	30.9
		6 h	44.0	0.51	3.5	119.2	105.0	86.2	71.8	57.1
		24 h	66.8	0.51	3.5	177.5	156.8	129.1	107.9	86.2
		3 d	86.3	0.51	3.5	232.7	205.4	169.0	141.1	112.6

续表 4-13-8

序号	行政区划名称	历时	均值(mm)	变差系数	C_s/C_v	重现期雨量值 H_p(mm)				
						100 年($H_{1\%}$)	50 年($H_{2\%}$)	20 年($H_{5\%}$)	10 年($H_{10\%}$)	5 年($H_{20\%}$)
41	牛上角	10 min	12.6	0.53	3.5	29.1	25.6	20.9	17.3	13.7
		60 min	26.3	0.52	3.5	61.5	53.9	43.9	36.3	28.5
		6 h	43.6	0.51	3.5	107.2	95	78.8	66.4	53.5
		24 h	66.5	0.40	3.5	140.9	127.7	109.7	95.5	80.5
		3 d	86.4	0.50	3.5	220.1	195.3	162	136.3	109.9
42	西开府	10 min	12.6	0.53	3.5	29	25.5	20.7	17.2	13.5
		60 min	26.3	0.52	3.5	59.2	52.1	42.6	35.4	28.1
		6 h	43.6	0.51	3.5	109.5	96.8	79.9	66.9	53.6
		24 h	66.5	0.50	3.5	164.1	145.9	121.3	102.3	82.8
		3 d	86.4	0.50	3.5	219.2	194.5	161.4	135.9	109.7
43	道子里	10 min	12.6	0.53	3.5	28.6	25.1	20.5	17.0	13.4
		60 min	26.3	0.52	3.5	58.6	51.5	42.2	35.1	27.9
		6 h	43.6	0.51	3.5	108.7	96.2	79.4	66.5	53.3
		24 h	66.5	0.50	3.5	163.3	145.2	120.8	102.0	82.5
		3 d	86.4	0.50	3.5	218.2	193.7	160.9	135.5	109.4
44	井上	10 min	12.7	0.52	3.5	27.6	24.3	19.9	16.6	13.1
		60 min	26.4	0.51	3.5	57.4	50.6	41.5	34.6	27.5
		6 h	43.7	0.51	3.5	107.5	95.1	78.6	65.8	52.8
		24 h	66.6	0.50	3.5	161.6	143.8	119.8	101.2	82.1
		3 d	86.1	0.50	3.5	216.6	192.4	159.9	134.8	109

续表 4-13-8

序号	行政区划名称	历时	均值(mm)	变差系数	C_s/C_v	重现期雨量值 H_p(mm)				
						100 年($H_{1\%}$)	50 年($H_{2\%}$)	20 年($H_{5\%}$)	10 年($H_{10\%}$)	5 年($H_{20\%}$)
45	盘地	10 min	12.4	0.48	3.5	30.5	27.0	22.3	18.7	15.0
		60 min	26.3	0.48	3.5	61.9	54.8	45.3	38.0	30.5
		6 h	43.5	0.48	3.5	113.5	100.6	83.4	70.2	56.6
		24 h	66.7	0.48	3.5	168.2	149.5	124.4	105.0	85.0
		3 d	85.5	0.50	3.5	227.0	200.8	165.8	138.8	111.3
46	槐树	10 min	12.4	0.48	3.5	29.5	26.1	21.5	18.1	14.5
		60 min	26.3	0.48	3.5	62.6	55.4	45.8	38.5	30.9
		6 h	43.5	0.48	3.5	108.6	96.3	79.9	67.2	54.2
		24 h	55.7	0.48	3.5	141.0	125.4	104.4	88.2	71.6
		3 d	85.5	0.50	3.5	225.3	199.4	164.7	138.1	110.8
47	后堡屯里	10 min	12.7	0.52	3.5	27.2	23.9	19.6	16.3	13
		60 min	26.4	0.51	3.5	56.6	49.9	41	34.2	27.2
		6 h	43.7	0.51	3.5	106.4	94.2	77.9	65.3	52.5
		24 h	66.6	0.50	3.5	160.5	142.9	119.1	100.7	81.8
		3 d	86.1	0.50	3.5	215.4	191.4	159.2	134.3	108.7
48	刘家山	10 min	12.4	0.47	3.5	29.8	26.4	21.9	18.4	14.9
		60 min	26.3	0.48	3.5	62.6	55.4	45.9	38.5	30.9
		6 h	45.0	0.48	3.5	115.9	102.7	85.1	71.5	57.6
		24 h	66.8	0.48	3.5	169.2	150.5	125.2	105.7	85.7
		3 d	83.5	0.47	3.5	210.9	187.7	156.6	132.5	107.7

续表 4-13-8

序号	行政区划名称	历时	均值(mm)	变差系数	C_s/C_v	重现期雨量值 H_p(mm)				
						100年($H_{1\%}$)	50年($H_{2\%}$)	20年($H_{5\%}$)	10年($H_{10\%}$)	5年($H_{20\%}$)
49	石河	10 min	12.4	0.47	3.5	31.4	27.8	23.0	19.4	15.6
		60 min	26.3	0.48	3.5	65.3	57.8	47.8	40.1	32.2
		6 h	45.0	0.48	3.5	119.4	105.7	87.5	73.5	59.1
		24 h	66.8	0.48	3.5	172.4	153.1	127.1	107.1	86.5
		3 d	83.5	0.47	3.5	214.4	190.6	158.7	134.1	108.7
50	南峪	10 min	13.0	0.49	3.5	30.7	27.1	22.3	18.7	14.9
		60 min	26.5	0.48	3.5	60.9	53.9	44.6	37.4	30.1
		6 h	44.6	0.48	3.5	111.1	98.6	81.9	69	55.8
		24 h	66.6	0.48	3.5	165.8	147.6	123.1	104.1	84.5
		3 d	84.0	0.48	3.5	212.3	188.8	157.2	132.8	107.7
51	乔家湾	10 min	12.7	0.51	3.5	26.6	23.4	19.3	16.1	12.8
		60 min	26.4	0.50	3.5	55.3	48.9	40.3	33.7	27
		6 h	43.7	0.50	3.5	104.5	92.7	76.9	64.7	52.2
		24 h	66.6	0.50	3.5	159	141.7	118.3	100.2	81.5
		3 d	85.7	0.50	3.5	212.3	188.8	157.2	132.9	107.8
52	对子角	10 min	12.3	0.48	3.5	32.4	28.7	23.7	19.9	16.0
		60 min	26.2	0.48	3.5	65.0	57.5	47.6	39.9	32.1
		6 h	43.0	0.48	3.5	117.4	104.0	86.2	72.4	58.2
		24 h	66.5	0.48	3.5	171.6	152.3	126.3	106.3	85.8
		3 d	84.9	0.47	3.5	219.5	195.1	162.3	137.0	111.0

续表 4-13-8

序号	行政区划名称	历时	均值（mm）	变差系数	C_s/C_v	重现期雨量值 H_p（mm）				
						100 年（$H_{1\%}$）	50 年（$H_{2\%}$）	20 年（$H_{5\%}$）	10 年（$H_{10\%}$）	5 年（$H_{20\%}$）
53	野峪	10 min	12.3	0.48	3.5	29.3	25.9	21.4	17.9	14.4
		60 min	26.2	0.48	3.5	59.7	52.8	43.7	36.7	29.5
		6 h	43.0	0.48	3.5	110.5	98.0	81.3	68.5	55.3
		24 h	66.5	0.48	3.5	165.2	147.0	122.5	103.5	84.0
		3 d	84.9	0.47	3.5	212.2	189.0	157.9	133.8	108.9
54	马如河	10 min	12.3	0.48	3.5	30.3	26.8	22.1	18.5	14.9
		60 min	26.2	0.48	3.5	61.4	54.3	44.9	37.7	30.3
		6 h	43.0	0.48	3.5	112.6	99.9	82.8	69.6	56.1
		24 h	66.5	0.48	3.5	167.4	148.8	123.8	104.5	84.6
		3 d	84.9	0.47	3.5	214.6	191.0	159.3	134.8	109.6
55	前堡	10 min	12.7	0.50	3.5	31.8	28	23	19.1	15.2
		60 min	26.4	0.49	3.5	63	55.6	45.8	38.3	30.6
		6 h	43.8	0.49	3.5	114.5	101.4	83.8	70.3	56.5
		24 h	66.6	0.49	3.5	170.4	151.2	125.4	105.5	85.1
		3 d	85.0	0.49	3.5	221.2	196.1	162.5	136.6	110.1
56	前进	10 min	12.7	0.51	3.5	25.5	22.5	18.5	15.5	12.4
		60 min	26.4	0.50	3.5	53.6	47.4	39.2	32.8	26.3
		6 h	43.7	0.50	3.5	102.1	90.7	75.4	63.5	51.3
		24 h	66.6	0.50	3.5	156.2	139.4	116.6	99	80.7
		3 d	85.7	0.50	3.5	209.4	186.4	155.5	131.6	107

续表 4-13-8

序号	行政区划名称	历时	均值(mm)	变差系数	C_s/C_v	重现期雨量值 H_p(mm)				
						100年($H_{1\%}$)	50年($H_{2\%}$)	20年($H_{5\%}$)	10年($H_{10\%}$)	5年($H_{20\%}$)
57	窑湾	10 min	12.6	0.53	3.5	25.1	22.2	18.3	15.3	12.2
		60 min	26.3	0.52	3.5	52.6	46.7	38.7	32.5	26.1
		6 h	43.6	0.51	3.5	100.8	89.7	74.7	63.1	51.1
		24 h	66.5	0.50	3.5	155.7	138.9	116.3	98.8	80.6
		3 d	86.4	0.50	3.5	208.1	185.3	154.7	131.0	106.5
58	峡村	10 min	12.6	0.53	3.5	35.0	30.6	24.9	20.5	16.1
		60 min	26.3	0.52	3.5	68.7	60.3	49.1	40.7	32.0
		6 h	43.6	0.51	3.5	121.9	107.4	88.0	73.2	58.2
		24 h	66.5	0.50	3.5	176.3	155.9	128.5	107.5	86.1
		3 d	86.4	0.50	3.5	232.5	205.5	169.4	141.7	113.4
59	阳庄	10 min	12.6	0.53	3.5	23.5	20.9	17.3	14.5	11.7
		60 min	26.3	0.52	3.5	49.8	44.3	36.9	31.2	25.3
		6 h	43.6	0.51	3.5	96.3	85.9	72.0	61.1	49.9
		24 h	66.5	0.50	3.5	149.8	134.2	112.9	96.3	79.1
		3 d	86.4	0.50	3.5	198.7	177.6	149.1	126.9	103.9
60	洛阳	10 min	12.5	0.53	3.5	33.8	29.6	24.0	19.8	15.5
		60 min	26.0	0.52	3.5	65.5	57.5	46.9	38.8	30.6
		6 h	42.2	0.51	3.5	117.2	103.2	84.6	70.4	55.9
		24 h	65.4	0.51	3.5	173.4	153.2	126.1	105.3	84.1
		3 d	85.0	0.50	3.5	226.6	200.4	165.3	138.4	110.9

续表 4-13-8

序号	行政区划名称	历时	均值(mm)	变差系数	C_s/C_v	重现期雨量值 H_p(mm)				
						100 年($H_{1\%}$)	50 年($H_{2\%}$)	20 年($H_{5\%}$)	10 年($H_{10\%}$)	5 年($H_{20\%}$)
61	荆坡石堆	10 min	12.5	0.53	3.5	35.4	31.0	25.2	20.8	16.3
		60 min	26.0	0.52	3.5	68.1	59.8	48.8	40.4	31.9
		6 h	42.2	0.51	3.5	120.5	106.1	86.9	72.2	57.3
		24 h	65.4	0.51	3.5	176.4	155.6	127.8	106.5	84.9
		3 d	85.0	0.50	3.5	230.0	203.2	167.4	139.9	111.9
62	河西	10 min	11.0	0.47	3.5	27.9	24.7	20.4	17.1	13.8
		60 min	23.5	0.52	3.5	60.3	53.2	43.8	36.5	29.1
		6 h	40.2	0.47	3.5	106.8	94.4	78.0	65.3	52.3
		24 h	56.2	0.47	3.5	141.2	125.8	105.1	89.1	72.6
		3 d	77.0	0.49	3.5	204.0	180.6	149.4	125.4	100.8
63	姜家峪	10 min	11.0	0.47	3.5	28.6	25.3	21.0	17.6	14.2
		60 min	23.5	0.52	3.5	61.6	54.4	44.7	37.3	29.8
		6 h	40.2	0.47	3.5	108.4	95.9	79.1	66.3	53.1
		24 h	56.2	0.47	3.5	142.4	126.8	105.9	89.7	73.0
		3 d	77.0	0.49	3.5	205.7	182.0	150.4	126.1	101.3
64	略东	10 min	11.0	0.47	3.5	25.0	22.2	18.3	15.4	12.4
		60 min	23.5	0.52	3.5	55.3	48.8	40.2	33.6	26.8
		6 h	40.2	0.47	3.5	100.3	88.8	73.6	61.8	49.7
		24 h	56.2	0.47	3.5	135.5	121.1	101.7	86.6	71.0
		3 d	77.0	0.49	3.5	197.0	174.9	145.2	122.3	98.8

续表 4-13-8

序号	行政区划名称	历时	均值(mm)	变差系数	C_s/C_v	重现期雨量值 H_p(mm)				
						100 年($H_{1\%}$)	50 年($H_{2\%}$)	20 年($H_{5\%}$)	10 年($H_{10\%}$)	5 年($H_{20\%}$)
65	后沟	10 min	11.0	0.52	3.5	29	25.4	20.7	17.1	13.5
		60 min	23.4	0.51	3.5	59.9	52.7	43.1	35.8	28.4
		6 h	40.2	0.5	3.5	106.7	94.1	77.4	64.6	51.5
		24 h	56.2	0.50	3.5	148.5	131.4	108.6	91	73
		3 d	77.0	0.49	3.5	201.9	178.9	148.1	124.5	100.2
66	后坡河	10 min	12.9	0.48	3.5	32.5	28.7	23.8	19.9	16.0
		60 min	26.4	0.47	3.5	63.5	56.3	46.7	39.3	31.6
		6 h	44.0	0.47	3.5	113.4	100.7	83.7	70.6	57.2
		24 h	65.8	0.47	3.5	165.9	147.6	123.1	104.1	84.5
		3 d	82.0	0.46	3.5	205.7	183.3	153.3	130.1	106.0
67	前坡河	10 min	12.9	0.48	3.5	31.5	27.9	23.0	19.3	15.5
		60 min	26.4	0.47	3.5	61.9	54.9	45.5	38.3	30.9
		6 h	44.0	0.47	3.5	111.3	98.9	82.3	69.5	56.3
		24 h	65.8	0.47	3.5	164.0	146.1	121.9	103.3	84.0
		3 d	82.0	0.46	3.5	203.7	181.7	152.1	129.1	105.4
68	张贺川	10 min	12.8	0.47	3.5	31.1	27.5	22.8	19.2	15.5
		60 min	26.3	0.47	3.5	61.7	54.7	45.4	38.2	30.8
		6 h	43.5	0.47	3.5	111.3	98.8	82.2	69.4	56.1
		24 h	65.6	0.47	3.5	163.6	145.7	121.6	102.9	83.7
		3 d	82.0	0.47	3.5	207.7	184.8	154.1	130.4	105.9

续表 4-13-8

序号	行政区划名称	历时	均值(mm)	变差系数	C_s/C_v	重现期雨量值 H_p(mm)				
						100 年($H_{1\%}$)	50 年($H_{2\%}$)	20 年($H_{5\%}$)	10 年($H_{10\%}$)	5 年($H_{20\%}$)
69	尚店石堆	10 min	12.8	0.47	3.5	30.6	27.1	22.4	18.9	15.2
		60 min	26.3	0.47	3.5	60.9	54.0	44.8	37.7	30.4
		6 h	43.5	0.47	3.5	110.2	97.9	81.5	68.8	55.7
		24 h	65.6	0.47	3.5	162.6	144.8	121.0	102.5	83.5
		3 d	82.0	0.47	3.5	206.6	183.9	153.4	129.9	105.6
70	尚店	10 min	12.9	0.48	3.5	29.2	25.8	21.4	17.9	14.4
		60 min	26.4	0.47	3.5	58.2	51.7	42.9	36.2	29.3
		6 h	44.0	0.47	3.5	106.5	94.8	79.1	67	54.5
		24 h	65.8	0.47	3.5	159.3	142.2	119.1	101.2	82.7
		3 d	82.0	0.46	3.5	198.8	177.6	149.1	127	104
71	曹村	10 min	12.9	0.48	3.5	31.3	27.6	22.9	19.2	15.4
		60 min	26.4	0.47	3.5	61.6	54.5	45.2	38.1	30.7
		6 h	44.0	0.47	3.5	110.8	98.5	82	69.2	56.1
		24 h	65.8	0.47	3.5	163.5	145.7	121.7	103.1	83.9
		3 d	82.0	0.46	3.5	203.2	181.3	151.8	128.9	105.3
72	岔上	10 min	12.9	0.48	3.5	27.6	24.4	20.3	17.0	13.7
		60 min	26.4	0.47	3.5	55.7	49.5	41.2	34.8	28.2
		6 h	44.0	0.47	3.5	103.1	91.9	76.9	65.2	53.2
		24 h	65.8	0.47	3.5	155.8	139.3	116.9	99.6	81.6
		3 d	82.0	0.46	3.5	195.3	174.7	147.0	125.4	103.0

续表 4-13-8

序号	行政区划名称	历时	均值(mm)	变差系数	C_s/C_v	重现期雨量值 H_p(mm)				
						100 年($H_{1\%}$)	50 年($H_{2\%}$)	20 年($H_{5\%}$)	10 年($H_{10\%}$)	5 年($H_{20\%}$)
73	高阁西沟	10 min	12.5	0.53	3.5	34.6	30.3	24.6	20.3	15.9
		60 min	26.0	0.52	3.5	66.9	58.7	47.9	39.6	31.3
		6 h	42.2	0.51	3.5	119.0	104.7	85.8	71.3	56.6
		24 h	65.4	0.51	3.5	175.0	154.5	127.0	106.0	84.5
		3 d	85.0	0.50	3.5	228.4	201.9	166.4	139.2	111.4
74	东庙凹	10 min	12.5	0.53	3.5	33.3	29.1	23.7	19.5	15.3
		60 min	26.0	0.52	3.5	64.7	56.8	46.3	38.4	30.3
		6 h	42.2	0.51	3.5	116.2	102.3	83.9	69.8	55.5
		24 h	65.4	0.51	3.5	172.4	152.4	125.5	104.9	83.8
		3 d	85.0	0.50	3.5	225.5	199.4	164.6	137.9	110.6
75	高阁	10 min	12.5	0.53	3.5	32.7	28.7	23.3	19.2	15.1
		60 min	26.0	0.52	3.5	63.8	56.0	45.7	37.9	29.9
		6 h	42.2	0.51	3.5	115.1	101.4	83.2	69.3	55.1
		24 h	65.4	0.51	3.5	171.4	151.5	124.9	104.4	83.6
		3 d	85.0	0.50	3.5	224.3	198.5	164.0	137.4	110.3
76	神坡	10 min	12.5	0.53	3.5	32.1	28.1	22.9	18.8	14.8
		60 min	26.0	0.52	3.5	62.9	55.2	45.1	37.4	29.5
		6 h	42.2	0.51	3.5	113.8	100.3	82.4	68.7	54.7
		24 h	65.4	0.51	3.5	170.2	150.5	124.2	103.9	83.2
		3 d	85.0	0.50	3.5	223.0	197.4	163.2	136.9	109.9

续表 4-13-8

序号	行政区划名称	历时	均值（mm）	变差系数	C_s/C_v	重现期雨量值 H_p（mm）				
						100 年（$H_{1\%}$）	50 年（$H_{2\%}$）	20 年（$H_{5\%}$）	10 年（$H_{10\%}$）	5 年（$H_{20\%}$）
77	碾坡凹	10 min	12.5	0.53	3.5	31.5	27.6	22.4	18.5	14.5
		60 min	26.0	0.52	3.5	61.9	54.3	44.4	36.8	29.1
		6 h	42.2	0.51	3.5	112.5	99.2	81.5	68.0	54.2
		24 h	65.4	0.51	3.5	168.8	149.4	123.4	103.3	82.9
		3 d	85.0	0.50	3.5	221.5	196.2	162.3	136.2	109.5
78	后蒲伊	10 min	12.5	0.53	3.5	31.4	27.5	22.4	18.5	14.5
		60 min	26.0	0.52	3.5	61.8	54.3	44.4	36.8	29.1
		6 h	42.2	0.51	3.5	112.4	99.2	81.5	67.9	54.1
		24 h	65.4	0.51	3.5	168.8	149.4	123.3	103.3	82.9
		3 d	85.0	0.50	3.5	221.5	196.1	162.3	136.2	109.5
79	前蒲伊	10 min	12.5	0.53	3.5	30.9	27.1	22	18.2	14.3
		60 min	26.0	0.52	3.5	61.1	53.6	43.9	36.4	28.8
		6 h	42.2	0.51	3.5	111.4	98.3	80.8	67.4	53.8
		24 h	65.4	0.51	3.5	167.7	148.5	122.7	102.9	82.6
		3 d	85.0	0.50	3.5	220.4	195.2	161.6	135.7	109.2
80	武家崖	10 min	12.5	0.53	3.5	30.6	26.8	21.8	18.0	14.2
		60 min	26.0	0.52	3.5	60.5	53.2	43.5	36.1	28.6
		6 h	42.2	0.51	3.5	110.7	97.7	80.4	67.1	53.5
		24 h	65.4	0.51	3.5	167.0	147.9	122.3	102.6	82.4
		3 d	85.0	0.50	3.5	219.6	194.6	161.1	135.4	109.0

续表 4-13-8

序号	行政区划名称	历时	均值(mm)	变差系数	C_s/C_v	重现期雨量值 H_p(mm)				
						100 年($H_{1\%}$)	50 年($H_{2\%}$)	20 年($H_{5\%}$)	10 年($H_{10\%}$)	5 年($H_{20\%}$)
81	山底	10 min	12.5	0.53	3.5	27.9	24.5	20.1	16.6	13.2
		60 min	26.0	0.52	3.5	56	49.4	40.6	33.8	27
		6 h	41.8	0.51	3.5	103.9	92	76.1	63.9	51.3
		24 h	64.7	0.51	3.5	158.4	140.8	117.1	98.7	79.8
		3 d	83.8	0.50	3.5	209	185.8	154.6	130.5	105.7
82	曹洼	10 min	12.5	0.53	3.5	27.5	24.2	19.8	16.4	13
		60 min	26.0	0.52	3.5	55.4	48.8	40.2	33.5	26.8
		6 h	41.8	0.51	3.5	103.1	91.3	75.6	63.4	51
		24 h	64.7	0.51	3.5	157.5	140	116.5	98.3	79.6
		3 d	83.8	0.50	3.5	208	185	154	130.1	105.4
83	中朵	10 min	12.5	0.53	3.5	35.1	30.7	25.0	20.6	16.1
		60 min	26.0	0.52	3.5	67.6	59.3	48.4	40.1	31.6
		6 h	42.2	0.51	3.5	119.9	105.5	86.5	71.9	57.0
		24 h	65.4	0.51	3.5	175.8	155.2	127.5	106.3	84.7
		3 d	85.0	0.50	3.5	229.4	202.7	167.0	139.6	111.7
84	屈家沟	10 min	12.5	0.53	3.5	35.0	30.6	24.9	20.5	16.1
		60 min	26.0	0.52	3.5	67.4	59.2	48.3	40.0	31.5
		6 h	42.2	0.51	3.5	119.7	105.3	86.3	71.7	56.9
		24 h	65.4	0.51	3.5	175.6	155.0	127.4	106.2	84.7
		3 d	85.0	0.50	3.5	229.2	202.5	166.9	139.5	111.6

续表 4-13-8

序号	行政区划名称	历时	均值(mm)	变差系数	C_s/C_v	重现期雨量值 H_p(mm)				
						100 年($H_{1\%}$)	50 年($H_{2\%}$)	20 年($H_{5\%}$)	10 年($H_{10\%}$)	5 年($H_{20\%}$)
85	肖家沟	10 min	12.5	0.53	3.5	35.3	30.9	25.1	20.7	16.2
		60 min	26.0	0.52	3.5	67.9	59.6	48.6	40.2	31.8
		6 h	42.2	0.51	3.5	120.2	105.8	86.7	72.1	57.2
		24 h	65.4	0.51	3.5	176.1	155.4	127.7	106.4	84.8
		3 d	85.0	0.50	3.5	229.7	203.0	167.2	139.8	111.8
86	南曜	10 min	12.8	0.46	3.5	29.4	26.1	21.7	18.4	14.9
		60 min	26.8	0.45	3.5	57.1	50.9	42.5	36.1	29.4
		6 h	39.9	0.45	3.5	98.1	87.6	73.5	62.6	51.3
		24 h	57.8	0.45	3.5	135.7	121.5	102.3	87.4	71.9
		3 d	80.0	0.44	3.5	189.8	170.1	143.6	123.0	101.5
87	底家河	10 min	12.8	0.46	3.5	30.3	26.9	22.4	18.9	15.3
		60 min	26.8	0.45	3.5	58.5	52.1	43.5	36.9	30.0
		6 h	39.9	0.45	3.5	99.8	89.1	74.7	63.5	52.0
		24 h	57.8	0.45	3.5	137.2	122.8	103.3	88.1	72.3
		3 d	80.0	0.44	3.5	191.6	171.6	144.7	123.8	102.0
88	牛窑	10 min	12.8	0.46	3.5	31.2	27.7	23.1	19.5	15.8
		60 min	26.8	0.45	3.5	60.0	53.3	44.5	37.7	30.7
		6 h	39.9	0.45	3.5	101.5	90.6	75.9	64.5	52.7
		24 h	57.8	0.45	3.5	138.8	124.0	104.2	88.8	72.8
		3 d	80.0	0.44	3.5	193.4	173.2	145.9	124.6	102.6

续表 4-13-8

序号	行政区划名称	历时	均值(mm)	变差系数	C_s/C_v	重现期雨量值 H_p(mm)				
						100年($H_{1\%}$)	50年($H_{2\%}$)	20年($H_{5\%}$)	10年($H_{10\%}$)	5年($H_{20\%}$)
89	窑儿湾	10 min	12.8	0.46	3.5	27.3	24.3	20.3	17.1	13.9
		60 min	26.8	0.45	3.5	53.9	48.1	40.3	34.2	28.0
		6 h	39.9	0.45	3.5	94.1	84.2	70.8	60.5	49.7
		24 h	57.8	0.45	3.5	131.9	118.3	100.0	85.6	70.7
		3 d	80.0	0.44	3.5	185.4	166.5	140.9	121.0	100.2
90	曹村湾	10 min	12.8	0.46	3.5	25.8	23.0	19.2	16.3	13.3
		60 min	26.8	0.45	3.5	51.6	46.1	38.7	33.0	27.0
		6 h	39.9	0.45	3.5	91.2	81.7	69.0	59.0	48.6
		24 h	57.8	0.45	3.5	129.0	116.0	98.2	84.3	69.9
		3 d	80.0	0.44	3.5	182.2	163.8	139.0	119.6	99.3
91	茹家坪	10 min	12.8	0.46	3.5	25.6	22.8	19.0	16.2	13.2
		60 min	26.8	0.45	3.5	51.2	45.7	38.4	32.7	26.9
		6 h	39.9	0.45	3.5	90.6	81.2	68.6	58.7	48.4
		24 h	57.8	0.45	3.5	128.5	115.5	97.8	84.1	69.7
		3 d	80.0	0.44	3.5	181.6	163.3	138.6	119.3	99.1
92	郃家湾	10 min	12.6	0.47	3.5	25.4	22.6	18.9	16	13.1
		60 min	26.4	0.46	3.5	50.9	45.5	38.2	32.6	26.7
		6 h	39.8	0.45	3.5	90.2	80.9	68.3	58.5	48.3
		24 h	57.7	0.45	3.5	128.1	115.1	97.6	83.9	69.6
		3 d	80.0	0.44	3.5	181.2	162.9	138.3	119.1	99

续表 4-13-8

序号	行政区划名称	历时	均值(mm)	变差系数	C_s/C_v	重现期雨量值 H_p(mm)				
						100 年($H_{1\%}$)	50 年($H_{2\%}$)	20 年($H_{5\%}$)	10 年($H_{10\%}$)	5 年($H_{20\%}$)
93	疙垴上	10 min	12.8	0.46	3.5	32.2	28.6	23.8	20.1	16.3
		60 min	26.8	0.45	3.5	61.6	54.8	45.8	38.8	31.6
		6 h	39.9	0.45	3.5	103.6	92.4	77.3	65.7	53.6
		24 h	57.8	0.45	3.5	140.4	125.4	105.2	89.5	73.3
		3 d	80.0	0.44	3.5	195.5	174.9	147.2	125.6	103.2
94	卧口	10 min	12.6	0.47	3.5	24.8	22.1	18.5	15.7	12.8
		60 min	26.4	0.46	3.5	50.1	44.7	37.6	32	26.3
		6 h	39.8	0.45	3.5	89.2	80	67.6	57.9	47.8
		24 h	57.7	0.45	3.5	127.1	114.3	97	83.4	69.3
		3 d	80.0	0.44	3.5	180.4	162.3	137.8	118.7	98.7
95	枣林屯里	10 min	12.4	0.47	3.5	25.8	22.9	19.1	16.2	13.2
		60 min	25.9	0.46	3.5	51.6	46	38.6	32.8	26.9
		6 h	39.9	0.46	3.5	91.2	81.7	68.9	58.9	48.5
		24 h	57.6	0.46	3.5	129	116	98.2	84.3	69.9
		3 d	79.3	0.45	3.5	182.6	164.1	139.2	119.7	99.4
96	胡家庄	10 min	11.8	0.49	3.5	31.3	27.7	22.8	19.1	15.2
		60 min	24.0	0.5	3.5	62.3	54.9	45.2	37.7	30.1
		6 h	39.9	0.49	3.5	108.9	96.2	79.3	66.3	53.0
		24 h	57.8	0.49	3.5	152.4	134.9	111.7	93.7	75.3
		3 d	80.5	0.48	3.5	211.3	187.4	155.4	130.8	105.5

续表 4-13-8

序号	行政区划名称	历时	均值(mm)	变差系数	C_s/C_v	重现期雨量值 H_p(mm)				
						100 年($H_{1\%}$)	50 年($H_{2\%}$)	20 年($H_{5\%}$)	10 年($H_{10\%}$)	5 年($H_{20\%}$)
97	天嘉庄	10 min	11.8	0.49	3.5	29.8	26.3	21.6	18.1	14.4
		60 min	24.0	0.50	3.5	59.7	52.6	43.2	36.1	28.8
		6 h	39.9	0.49	3.5	105.6	93.3	76.9	64.4	51.6
		24 h	57.8	0.49	3.5	149.5	132.6	109.9	92.5	74.6
		3 d	80.5	0.48	3.5	207.7	184.4	153.2	129.2	104.4
98	荆坡	10 min	12.8	0.46	3.5	22.1	19.8	16.6	14.1	11.5
		60 min	26.8	0.45	3.5	46	41.2	34.7	29.7	24.4
		6 h	39.9	0.45	3.5	84.5	76	64.3	55.3	45.8
		24 h	57.8	0.45	3.5	123.2	111	94.4	81.4	67.8
		3 d	80.0	0.44	3.5	174.7	157.4	133.9	115.6	96.3
99	安窊	10 min	12.0	0.53	3.5	32.1	28.1	22.8	18.8	14.8
		60 min	23.4	0.51	3.5	60.9	53.6	43.8	36.4	28.8
		6 h	40.2	0.50	3.5	105.2	92.8	76.4	63.8	50.9
		24 h	56.2	0.50	3.5	149.6	132.4	109.4	91.6	73.5
		3 d	77.0	0.49	3.5	202.2	179.1	148.3	124.6	100.2
100	田家沟	10 min	12.0	0.53	3.5	32.1	28.1	22.8	18.8	14.8
		60 min	24.0	0.52	3.5	61.2	53.7	43.8	36.2	28.6
		6 h	39.8	0.51	3.5	108.5	95.6	78.4	65.3	51.9
		24 h	61.1	0.50	3.5	160.1	141.7	117.1	98.1	78.7
		3 d	80.0	0.50	3.5	212.8	188.2	155.3	130.1	104.3

续表 4-13-8

序号	行政区划名称	历时	均值(mm)	变差系数	C_s/C_v	重现期雨量值 H_p(mm)				
						100 年($H_{1\%}$)	50 年($H_{2\%}$)	20 年($H_{5\%}$)	10 年($H_{10\%}$)	5 年($H_{20\%}$)
101	中峡	10 min	12.0	0.53	3.5	33.4	29.2	23.7	19.6	15.4
		60 min	24.0	0.52	3.5	63.3	55.5	45.3	37.4	29.5
		6 h	39.8	0.51	3.5	111.1	97.8	80.2	66.7	53.0
		24 h	61.1	0.50	3.5	162.5	143.6	118.4	99.1	79.3
		3 d	80.0	0.50	3.5	215.6	190.5	157.0	131.3	105.0
102	前峡	10 min	12.0	0.53	3.5	33.7	29.5	24.0	19.8	15.5
		60 min	24.0	0.52	3.5	63.7	55.9	45.6	37.7	29.7
		6 h	39.8	0.51	3.5	111.7	98.4	80.6	67.0	53.2
		24 h	61.1	0.50	3.5	163.0	144.0	118.7	99.3	79.5
		3 d	80.0	0.50	3.5	216.2	191.0	157.4	131.6	105.2
103	后古坡	10 min	12.0	0.53	3.5	27.3	24.0	19.5	16.2	12.8
		60 min	24	0.52	3.5	53.8	47.4	38.8	32.3	25.6
		6 h	39.8	0.51	3.5	98.9	87.5	72.2	60.5	48.5
		24 h	61.1	0.50	3.5	150.5	133.8	111.3	93.9	76
		3 d	80.0	0.50	3.5	202.3	179.5	149	125.5	101.4
104	返底	10 min	12.0	0.53	3.5	26.1	22.9	18.7	15.5	12.3
		60 min	24.0	0.52	3.5	52.5	46.3	38.0	31.6	25.1
		6 h	39.8	0.51	3.5	96.1	85.1	70.3	59.0	47.4
		24 h	61.1	0.50	3.5	142.8	127.1	105.9	89.5	72.6
		3 d	80.0	0.50	3.5	195.2	173.4	144.2	121.6	98.3

续表 4-13-8

序号	行政区划名称	历时	均值(mm)	变差系数	C_s/C_v	重现期雨量值 H_p(mm)				
						100年($H_{1\%}$)	50年($H_{2\%}$)	20年($H_{5\%}$)	10年($H_{10\%}$)	5年($H_{20\%}$)
105	三场	10 min	12.0	0.53	3.5	33.7	29.5	24.0	19.8	15.5
		60 min	24.0	0.52	3.5	63.8	56.0	45.7	37.8	29.8
		6 h	39.8	0.51	3.5	111.8	98.4	80.7	67.1	53.3
		24 h	61.1	0.50	3.5	163.0	144.1	118.8	99.3	79.5
		3 d	80.0	0.50	3.5	216.3	191.1	157.5	131.6	105.3
106	前古坡	10 min	11.9	0.50	3.5	23.8	21.0	17.2	14.3	11.4
		60 min	23.9	0.50	3.5	48.9	43.2	35.6	29.8	23.8
		6 h	39.6	0.50	3.5	91.2	81.0	67.3	56.6	45.7
		24 h	58.7	0.50	3.5	137.6	122.8	102.8	87.2	71.1
		3 d	78.1	0.50	3.5	189.6	168.8	140.9	119.2	96.8
107	乔子滩南沟	10 min	11.1	0.50	3.5	24.3	21.4	17.6	14.7	11.8
		60 min	23.8	0.50	3.5	52.6	46.5	38.4	32.1	25.7
		6 h	40.6	0.50	3.5	98.9	87.6	72.5	60.9	49
		24 h	58.0	0.50	3.5	144.1	128.1	106.5	89.8	72.7
		3 d	80.8	0.49	3.5	201.7	179.3	149.3	126.2	102.3
108	枣家河	10 min	11.1	0.50	3.5	28.5	25.1	20.6	17.1	13.6
		60 min	24.0	0.51	3.5	59.7	52.6	43.1	35.8	28.4
		6 h	40.3	0.50	3.5	109.3	96.4	79.2	66.1	52.7
		24 h	60.1	0.50	3.5	157.2	139.1	115.0	96.4	77.4
		3 d	80.5	0.49	3.5	210.9	186.9	154.8	130.0	104.7

续表 4-13-8

序号	行政区划名称	历时	均值(mm)	变差系数	C_s/C_v	重现期雨量值 H_p(mm)				
						100 年($H_{1\%}$)	50 年($H_{2\%}$)	20 年($H_{5\%}$)	10 年($H_{10\%}$)	5 年($H_{20\%}$)
109	贺家河	10 min	11.1	0.5	3.5	24.8	21.9	18.0	15.0	12.0
		60 min	23.8	0.50	3.5	53.6	47.3	39.0	32.6	26.1
		6 h	40.6	0.50	3.5	100.2	88.7	73.4	61.6	49.5
		24 h	58.0	0.50	3.5	145.5	129.2	107.3	90.4	73.0
		3 d	80.8	0.49	3.5	203.2	180.6	150.2	126.8	102.7
110	薛关南沟	10 min	11.4	0.50	3.5	24.4	21.5	17.8	14.8	11.9
		60 min	24.0	0.50	3.5	52	46	38	31.8	25.5
		6 h	40.2	0.50	3.5	97	86	71.2	59.9	48.2
		24 h	57.6	0.50	3.5	141.6	126	104.9	88.5	71.7
		3 d	80.0	0.49	3.5	198.3	176.4	147	124.3	100.9
111	后河	10 min	11.0	0.52	3.5	26.4	23.1	18.9	15.6	12.4
		60 min	23.4	0.51	3.5	55.5	48.9	40.1	33.4	26.5
		6 h	40.2	0.50	3.5	101.0	89.3	73.6	61.6	49.4
		24 h	56.2	0.50	3.5	143.2	127.1	105.5	88.7	71.6
		3 d	77.0	0.49	3.5	196.0	174.0	144.6	121.9	98.5
112	西河	10 min	11.0	0.52	3.5	25.9	22.8	18.6	15.4	12.2
		60 min	23.4	0.51	3.5	54.8	48.2	39.6	33.0	26.2
		6 h	40.2	0.50	3.5	100.0	88.5	73.0	61.1	49.1
		24 h	56.2	0.50	3.5	142.3	126.4	104.9	88.3	71.3
		3 d	77.0	0.49	3.5	194.9	173.2	143.9	121.4	98.2

续表 4-13-8

序号	行政区划名称	历时	均值(mm)	变差系数	C_s/C_v	重现期雨量值 H_p(mm)				
						100年($H_{1\%}$)	50年($H_{2\%}$)	20年($H_{5\%}$)	10年($H_{10\%}$)	5年($H_{20\%}$)
113	贺家庄	10 min	11.2	0.51	3.5	26.4	23.2	19.0	15.8	12.5
		60 min	23.0	0.51	3.5	54.9	48.3	39.7	33.1	26.3
		6 h	40.0	0.50	3.5	99.8	88.3	72.8	60.9	48.8
		24 h	56.0	0.50	3.5	143.3	127.1	105.4	88.7	71.6
		3 d	77.0	0.49	3.5	196.0	174.1	144.6	121.9	98.5
114	薛关	10 min	11.0	0.52	3.5	23.1	20.4	16.8	14.0	11.1
		60 min	23.4	0.51	3.5	49.8	44.0	36.3	30.4	24.3
		6 h	40.2	0.50	3.5	93.2	82.7	68.6	57.8	46.6
		24 h	56.2	0.50	3.5	135.9	121.1	101.0	85.5	69.5
		3 d	77.0	0.49	3.5	188.0	167.4	139.8	118.4	96.3
115	碾沟屯里	10 min	13.0	0.47	3.5	31.7	28.1	23.3	19.6	15.8
		60 min	26.9	0.46	3.5	61.8	54.9	45.7	38.6	31.2
		6 h	42.0	0.46	3.5	106.3	94.7	79.0	67.0	54.5
		24 h	60.0	0.46	3.5	147.0	131.1	109.8	93.3	76.2
		3 d	77.1	0.45	3.5	188.9	168.8	141.8	120.8	99.0
116	曹家沟	10 min	13.0	0.47	3.5	32.2	28.5	23.6	19.9	16
		60 min	26.9	0.46	3.5	62.6	55.6	46.2	39	31.6
		6 h	42.0	0.46	3.5	107.2	95.4	79.7	67.5	54.9
		24 h	60.0	0.46	3.5	147.7	131.8	110.3	93.6	76.4
		3 d	77.1	0.45	3.5	189.8	169.6	142.3	121.2	99.3

续表 4-13-8

序号	行政区划名称	历时	均值(mm)	变差系数	C_s/C_v	重现期雨量值 H_p(mm)				
						100 年($H_{1\%}$)	50 年($H_{2\%}$)	20 年($H_{5\%}$)	10 年($H_{10\%}$)	5 年($H_{20\%}$)
117	黑龙关碾沟	10 min	13	0.47	3.5	30.8	27.3	22.7	19.1	15.4
		60 min	26.9	0.46	3.5	60.5	53.7	44.7	37.8	30.6
		6 h	42.0	0.46	3.5	104.7	93.2	77.9	66	53.8
		24 h	60.0	0.46	3.5	145.4	129.9	108.9	92.6	75.7
		3 d	77.1	0.46	3.5	190.5	170	142.4	121	98.9
118	南湾	10 min	12.9	0.47	3.5	28.1	24.9	20.7	17.5	14.1
		60 min	26.9	0.46	3.5	56.6	50.4	42	35.6	28.9
		6 h	42.5	0.46	3.5	101.1	90.2	75.6	64.3	52.6
		24 h	61.5	0.46	3.5	144.5	129.3	108.8	92.8	76.3
		3 d	76.9	0.45	3.5	181.9	163	137.4	117.5	96.8
119	高那凹	10 min	13.0	0.47	3.5	28.2	25.0	20.8	17.5	14.2
		60 min	26.9	0.46	3.5	56.3	50.1	41.8	35.4	28.8
		6 h	42.0	0.46	3.5	99.4	88.7	74.4	63.3	51.8
		24 h	60.0	0.46	3.5	140.5	125.8	105.9	90.4	74.3
		3 d	77.1	0.45	3.5	182.1	163.1	137.6	117.7	97.0
120	炉止	10 min	13.0	0.47	3.5	32.2	28.5	23.6	19.9	16.0
		60 min	26.4	0.47	3.5	63.1	55.9	46.4	39.0	31.5
		6 h	43.0	0.47	3.5	111.0	98.5	81.9	69.1	55.9
		24 h	63.0	0.47	3.5	158.4	141.0	117.5	99.4	80.8
		3 d	80.8	0.47	3.5	205.9	183.2	152.6	129.0	104.8

续表 4-13-8

序号	行政区划名称	历时	均值(mm)	变差系数	C_s/C_v	重现期雨量值 H_p(mm)				
						100 年($H_{1\%}$)	50 年($H_{2\%}$)	20 年($H_{5\%}$)	10 年($H_{10\%}$)	5 年($H_{20\%}$)
121	后西沟	10 min	13	0.47	3.5	31.7	28.1	23.3	19.6	15.8
		60 min	26.9	0.46	3.5	61.8	54.9	45.7	38.5	31.2
		6 h	42.0	0.46	3.5	106.3	94.6	79	66.9	54.5
		24 h	60.0	0.46	3.5	146.9	131.1	109.8	93.2	76.2
		3 d	77.1	0.46	3.5	192.1	171.3	143.3	121.7	99.3
122	西沟	10 min	12.7	0.47	3.5	30.1	26.8	22.3	18.9	15.4
		60 min	26.9	0.46	3.5	60.6	54	45.2	38.3	30.9
		6 h	43.0	0.46	3.5	108.2	96.5	80.7	68.5	55.2
		24 h	63.0	0.46	3.5	154.6	137.8	115.2	97.7	79.2
		3 d	76.6	0.45	3.5	189.5	169.3	141.9	120.7	98.8
123	寨志	10 min	12.9	0.47	3.5	26.9	23.9	19.9	16.8	13.6
		60 min	26.9	0.46	3.5	54.7	48.7	40.7	34.5	28.2
		6 h	42.5	0.46	3.5	98.6	88.1	74	63	51.7
		24 h	61.5	0.46	3.5	142	127.3	107.3	91.7	75.6
		3 d	76.9	0.45	3.5	179.5	160.9	135.9	116.4	96.1
124	刘家庄	10 min	12.8	0.48	3.5	31.4	27.8	23.0	19.2	15.5
		60 min	26.5	0.47	3.5	61.7	54.7	45.4	38.2	30.8
		6 h	43.0	0.47	3.5	109.8	97.5	81.2	68.5	55.5
		24 h	64.0	0.47	3.5	159.1	141.7	118.3	100.2	81.5
		3 d	79.1	0.46	3.5	196.6	175.3	146.8	124.6	101.7

续表 4-13-8

序号	行政区划名称	历时	均值(mm)	变差系数	C_s/C_v	重现期雨量值 H_p(mm)				
						100 年($H_{1\%}$)	50 年($H_{2\%}$)	20 年($H_{5\%}$)	10 年($H_{10\%}$)	5 年($H_{20\%}$)
125	耙子沟	10 min	12.8	0.48	3.5	29.5	26.1	21.6	18.1	14.6
		60 min	26.5	0.47	3.5	58.7	52.0	43.2	36.4	29.4
		6 h	43.0	0.47	3.5	105.9	94.2	78.6	66.5	54.0
		24 h	64.0	0.47	3.5	155.3	138.6	116.0	98.5	80.4
		3 d	79.1	0.46	3.5	192.7	172.1	144.4	122.9	100.6
126	黑龙关	10 min	12.8	0.48	3.5	29.5	26.1	21.6	18.1	14.6
		60 min	26.5	0.47	3.5	58.7	52	43.2	36.4	29.4
		6 h	43.0	0.47	3.5	105.9	94.2	78.6	66.5	54
		24 h	64.0	0.47	3.5	155.3	138.6	116	98.5	80.4
		3 d	79.1	0.46	3.5	192.7	172.1	144.4	122.9	100.6
127	麻家沟	10 min	12.8	0.48	3.5	31.8	28.2	23.3	19.5	15.7
		60 min	26.4	0.47	3.5	60.6	53.6	44.5	37.4	30.2
		6 h	40.0	0.47	3.5	104.5	92.8	77.2	65.2	52.8
		24 h	60.0	0.47	3.5	148.3	132	110.2	93.3	75.9
		3 d	75.2	0.46	3.5	187.3	167.1	139.8	118.7	96.9
128	席家沟	10 min	13.0	0.47	3.5	25.7	22.9	19.1	16.1	13.1
		60 min	26.9	0.46	3.5	52.7	47.0	39.4	33.5	27.3
		6 h	42.0	0.46	3.5	96.4	86.2	72.6	61.9	50.9
		24 h	60.0	0.46	3.5	140.8	126.3	106.7	91.4	75.5
		3 d	77.1	0.45	3.5	176.9	158.8	134.3	115.2	95.3

续表 4-13-8

序号	行政区划名称	历时	均值(mm)	变差系数	C_s/C_v	重现期雨量值 H_p(mm)				
						100年($H_{1\%}$)	50年($H_{2\%}$)	20年($H_{5\%}$)	10年($H_{10\%}$)	5年($H_{20\%}$)
129	黑龙关宋家沟	10 min	13.0	0.47	3.5	32.1	28.4	23.6	19.8	16.0
		60 min	26.3	0.46	3.5	62.3	55.3	46.0	38.8	31.4
		6 h	43.0	0.46	3.5	108.4	96.5	80.6	68.2	55.5
		24 h	62.0	0.46	3.5	153.7	137.1	114.6	97.3	79.4
		3 d	80.5	0.46	3.5	201.7	179.8	150.4	127.6	104.0
130	菩萨洼	10 min	12.9	0.48	3.5	31.1	27.5	22.8	19.1	15.3
		60 min	26.4	0.47	3.5	60.4	53.5	44.4	37.4	30.1
		6 h	42.0	0.47	3.5	106.5	94.7	78.8	66.6	54
		24 h	62.5	0.47	3.5	154.1	137.3	114.7	97.2	79.2
		3 d	77.8	0.46	3.5	192.3	171.6	143.7	122.1	99.8
131	店上	10 min	13.0	0.47	3.5	24.8	22.1	18.4	15.6	12.7
		60 min	26.9	0.46	3.5	51.1	45.6	38.2	32.4	26.5
		6 h	42.0	0.46	3.5	94.6	84.7	71.3	60.8	50.0
		24 h	60.0	0.46	3.5	140.8	126.3	106.7	91.4	75.5
		3 d	77.1	0.45	3.5	177.9	159.7	135.1	115.9	95.8
132	温家山	10 min	12.7	0.49	3.5	32.4	28.6	23.6	19.7	15.7
		60 min	26.2	0.48	3.5	62.2	55	45.5	38.1	30.6
		6 h	41.0	0.48	3.5	108.8	96.5	80	67.3	54.2
		24 h	61.8	0.48	3.5	156.5	139	115.6	97.4	78.8
		3 d	77.3	0.47	3.5	196.6	174.9	145.8	123.3	100.1

续表 4-13-8

序号	行政区划名称	历时	均值（mm）	变差系数	C_s/C_v	重现期雨量值 H_p（mm）				
						100 年（$H_{1\%}$）	50 年（$H_{2\%}$）	20 年（$H_{5\%}$）	10 年（$H_{10\%}$）	5 年（$H_{20\%}$）
133	黎掌	10 min	12.8	0.48	3.5	33.3	29.5	24.4	20.4	16.4
		60 min	26.4	0.47	3.5	62.9	55.7	46.2	38.9	31.3
		6 h	40.0	0.47	3.5	107.3	95.3	79.3	66.8	54.1
		24 h	60.0	0.47	3.5	150.8	134.1	111.7	94.4	76.5
		3 d	75.2	0.46	3.5	190.1	169.4	141.5	120.0	97.7
134	王峪	10 min	12.8	0.48	3.5	32.0	28.3	23.4	19.6	15.7
		60 min	26.4	0.47	3.5	60.8	53.9	44.7	37.6	30.3
		6 h	40.0	0.47	3.5	104.8	93.1	77.4	65.4	52.9
		24 h	60.0	0.47	3.5	148.5	132.3	110.3	93.4	75.9
		3 d	75.2	0.46	3.5	187.6	167.3	140.0	118.8	96.9
135	疙塔上	10 min	12.8	0.48	3.5	31.4	27.8	23.0	19.3	15.5
		60 min	26.4	0.47	3.5	59.9	53.1	44.0	37.0	29.9
		6 h	40.0	0.47	3.5	103.7	92.1	76.7	64.8	52.5
		24 h	60.0	0.47	3.5	147.6	131.5	109.8	93.0	75.7
		3 d	75.2	0.46	3.5	186.6	166.4	139.3	118.3	96.6
136	东坡	10 min	12.8	0.48	3.5	32.9	29.1	24.0	20.2	16.2
		60 min	26.4	0.47	3.5	62.2	55.1	45.7	38.4	31.0
		6 h	40.0	0.47	3.5	106.5	94.6	78.6	66.3	53.7
		24 h	60.0	0.47	3.5	150.1	133.5	111.3	94.1	76.3
		3 d	75.2	0.46	3.5	189.3	168.7	141.0	119.6	97.4

续表 4-13-8

序号	行政区划名称	历时	均值(mm)	变差系数	C_s/C_v	重现期雨量值 H_p(mm)				
						100年($H_{1\%}$)	50年($H_{2\%}$)	20年($H_{5\%}$)	10年($H_{10\%}$)	5年($H_{20\%}$)
137	西沟湾	10 min	13.0	0.47	3.5	31.2	27.6	22.9	19.3	15.5
		60 min	26.9	0.46	3.5	61	54.1	45.1	38	30.8
		6 h	42.0	0.46	3.5	105.2	93.7	78.3	66.3	54
		24 h	60.0	0.46	3.5	146	130.3	109.2	92.8	75.9
		3 d	77.1	0.46	3.5	191.1	170.5	142.7	121.2	99
138	黄家庄	10 min	12.8	0.48	3.5	29.9	26.4	21.9	18.3	14.8
		60 min	26.4	0.47	3.5	57.5	51.0	42.4	35.7	28.8
		6 h	40.0	0.47	3.5	100.7	89.6	74.7	63.2	51.3
		24 h	60.0	0.47	3.5	144.8	129.2	108.1	91.7	74.8
		3 d	75.2	0.46	3.5	183.6	164.0	137.5	117.0	95.8
139	黄家庄河底	10 min	12.8	0.48	3.5	29.5	26.1	21.6	18.1	14.6
		60 min	26.4	0.47	3.5	56.9	50.5	42.0	35.4	28.6
		6 h	40.0	0.47	3.5	99.9	88.9	74.2	62.8	51.1
		24 h	60.0	0.47	3.5	144.0	128.6	107.6	91.4	74.6
		3 d	75.2	0.46	3.5	182.9	163.3	137.1	116.7	95.6
140	小原子	10 min	12.7	0.48	3.5	28	24.8	20.6	17.4	14.1
		60 min	26.4	0.47	3.5	55.1	49	40.8	34.4	27.9
		6 h	39.9	0.47	3.5	98.1	87.3	73	61.8	50.3
		24 h	59.8	0.47	3.5	141.9	126.7	106.3	90.4	74
		3 d	75.9	0.46	3.5	177.7	159.2	134.2	114.8	94.6

续表 4-13-8

序号	行政区划名称	历时	均值(mm)	变差系数	C_s/C_v	重现期雨量值 H_p(mm)				
						100 年($H_{1\%}$)	50 年($H_{2\%}$)	20 年($H_{5\%}$)	10 年($H_{10\%}$)	5 年($H_{20\%}$)
141	杨家沟	10 min	12.7	0.48	3.5	28	24.8	20.6	17.4	14.1
		60 min	26.4	0.47	3.5	55.1	49	40.8	34.4	27.9
		6 h	39.9	0.47	3.5	98.1	87.3	73	61.8	50.3
		24 h	59.8	0.47	3.5	141.9	126.7	106.3	90.4	74
		3 d	75.9	0.46	3.5	177.7	159.2	134.2	114.8	94.6
142	宋家沟	10 min	13.0	0.47	3.5	32.1	28.4	23.6	19.8	16.0
		60 min	26.3	0.46	3.5	62.3	55.3	46.0	38.8	31.4
		6 h	43.0	0.46	3.5	108.4	96.5	80.6	68.2	55.5
		24 h	62.0	0.46	3.5	153.7	137.1	114.6	97.3	79.4
		3 d	80.5	0.46	3.5	201.7	179.8	150.4	127.6	104.0
143	三官楼	10 min	12.8	0.48	3.5	33.6	29.8	24.6	20.7	16.6
		60 min	26.4	0.47	3.5	63.4	56.2	46.6	39.2	31.6
		6 h	40.0	0.47	3.5	108.0	95.9	79.7	67.2	54.4
		24 h	60.0	0.47	3.5	151.3	134.5	112.0	94.6	76.7
		3 d	75.2	0.46	3.5	190.8	169.9	141.9	120.2	97.9
144	柳沟	10 min	12.8	0.48	3.5	33.4	29.6	24.4	20.5	16.5
		60 min	26.4	0.47	3.5	63.0	55.8	46.3	39.0	31.4
		6 h	40.0	0.47	3.5	107.5	95.5	79.4	66.9	54.1
		24 h	60.0	0.47	3.5	150.9	134.2	111.8	94.4	76.6
		3 d	75.2	0.46	3.5	190.3	169.5	141.6	120.0	97.7

续表 4-13-8

序号	行政区划名称	历时	均值(mm)	变差系数	C_s/C_v	重现期雨量值 H_p(mm)				
						100 年($H_{1\%}$)	50 年($H_{2\%}$)	20 年($H_{5\%}$)	10 年($H_{10\%}$)	5 年($H_{20\%}$)
145	化乐	10 min	12.7	0.48	3.5	23.5	20.9	17.5	14.8	12
		60 min	26.5	0.47	3.5	48.6	43.4	36.4	30.9	25.3
		6 h	41.4	0.47	3.5	90.7	81.2	68.4	58.5	48.1
		24 h	61.7	0.47	3.5	136.1	122.2	103.4	88.6	73.3
		3 d	77.1	0.46	3.5	174.8	156.9	132.8	114	94.3
146	桥沟	10 min	12.8	0.48	3.5	31.8	28.1	23.3	19.5	15.7
		60 min	26.4	0.47	3.5	60.5	53.6	44.5	37.4	30.2
		6 h	40.0	0.47	3.5	104.5	92.8	77.2	65.2	52.8
		24 h	60.0	0.47	3.5	148.3	132.0	110.2	93.3	75.9
		3 d	75.2	0.46	3.5	187.3	167.0	139.8	118.7	96.9
147	武家沟	10 min	12.2	0.48	3.5	31.3	27.6	22.9	19.2	15.4
		60 min	26.0	0.47	3.5	61.0	54.1	44.8	37.7	30.4
		6 h	40.0	0.47	3.5	106.3	94.4	78.5	66.2	53.6
		24 h	60.0	0.47	3.5	149.9	133.4	111.2	94.0	76.3
		3 d	80.5	0.46	3.5	202.4	180.4	150.8	127.9	104.2
148	西坡	10 min	12.6	0.48	3.5	23.3	20.7	17.3	14.7	11.9
		60 min	26.3	0.47	3.5	48.2	43.0	36.1	30.7	25.2
		6 h	39.7	0.47	3.5	90.2	80.8	68.1	58.3	48.0
		24 h	59.5	0.47	3.5	136.0	122.2	103.4	88.7	73.4
		3 d	76.6	0.46	3.5	174.2	156.5	132.5	113.7	94.2

续表 4-13-8

序号	行政区划名称	历时	均值(mm)	变差系数	C_s/C_v	重现期雨量值 H_p(mm)				
						100 年($H_{1\%}$)	50 年($H_{2\%}$)	20 年($H_{5\%}$)	10 年($H_{10\%}$)	5 年($H_{20\%}$)
149	北盘地沟	10 min	11.1	0.49	3.5	28.7	25.3	20.9	17.4	13.9
		60 min	23.0	0.49	3.5	58.9	51.9	42.7	35.7	28.5
		6 h	40.0	0.50	3.5	107.2	94.6	77.9	65.0	52.0
		24 h	58.0	0.50	3.5	155.5	137.5	113.3	94.8	75.9
		3 d	76.0	0.49	3.5	201.3	178.3	147.4	123.7	99.4
150	新庄	10 min	11.0	0.50	3.5	26.8	23.6	19.4	16.1	12.9
		60 min	24.0	0.50	3.5	57.4	50.6	41.6	34.7	27.6
		6 h	41.0	0.50	3.5	106.8	94.3	77.8	65.0	52.0
		24 h	60.0	0.50	3.5	155.0	137.4	113.7	95.4	76.8
		3 d	81.0	0.49	3.5	209.1	185.5	153.8	129.5	104.5
151	川南岭	10 min	11.0	0.50	3.5	25.8	22.8	18.7	15.6	12.4
		60 min	24.0	0.50	3.5	55.7	49.2	40.4	33.8	26.9
		6 h	41.0	0.50	3.5	104.6	92.5	76.3	63.9	51.2
		24 h	60.0	0.50	3.5	152.8	135.6	112.4	94.5	76.2
		3 d	81.0	0.49	3.5	206.7	183.5	152.4	128.4	103.8
152	杜家河	10 min	11.0	0.50	3.5	25.2	22.2	18.3	15.2	12.2
		60 min	24.0	0.50	3.5	54.7	48.2	39.7	33.2	26.5
		6 h	41.0	0.50	3.5	103.1	91.2	75.4	63.2	50.7
		24 h	60.0	0.50	3.5	151.4	134.4	111.5	93.9	75.8
		3 d	81.0	0.49	3.5	205.1	182.2	151.5	127.7	103.4

续表 4-13-8

序号	行政区划名称	历时	均值(mm)	变差系数	C_s/C_v	重现期雨量值 H_p(mm)				
						100年($H_{1\%}$)	50年($H_{2\%}$)	20年($H_{5\%}$)	10年($H_{10\%}$)	5年($H_{20\%}$)
153	堡子河	10 min	11.0	0.50	3.5	23.9	21.1	17.4	14.5	11.6
		60 min	24.0	0.50	3.5	52.3	46.3	38.2	32.0	25.6
		6 h	41.0	0.50	3.5	100.0	88.6	73.4	61.6	49.6
		24 h	60.0	0.50	3.5	148.1	131.7	109.5	92.4	74.8
		3 d	81.0	0.49	3.5	201.5	179.3	149.3	126.2	102.4

表 4-13-9　蒲县设计洪水成果表

序号	行政区划名称	洪水要素	重现期洪水要素值				
			100年	50年	20年	10年	5年
1	东辛庄	洪峰流量(m^3/s)	73.6	60.4	42.8	30.2	19
		洪量(万 m^3)	55	44	30	20	13
		洪水历时(h)	5	4.3	3.5	3	2.5
		洪峰水位(m)	1 398.7	1 398.6	1 398.4	1 398.25	1 398.1
2	后贺家峪	洪峰流量(m^3/s)	20.8	18.3	14.9	12.4	9.8
		洪量(万 m^3)					
		洪水历时(h)					
		洪峰水位(m)					
3	连捷山	洪峰流量(m^3/s)	25	20	15	11	7
		洪量(万 m^3)	14	11	8	5	3
		洪水历时(h)	2.25	2	1.5	1	0.75
		洪峰水位(m)	1 380.85	1 380.68	1 380.43	1 380.11	1 379.89

续表 4-13-9

序号	行政区划名称	洪水要素	重现期洪水要素值				
			100 年	50 年	20 年	10 年	5 年
4	公峪	洪峰流量(m^3/s)	200	164	115	80	51
		洪量(万 m^3)	181	144	99	68	44
		洪水历时(h)	8.3	7.3	5.5	5	4.8
		洪峰水位(m)	1 350.4	1 350.3	1 349.9	1 349.65	1 349.35
5	堡上	洪峰流量(m^3/s)	202.8	165	116	80.5	50.8
		洪量(万 m^3)	194	154.3	106.1	72.8	46.7
		洪水历时(h)	8.5	7.5	6	5.5	5
		洪峰水位(m)	1 346.25	1 346.45	1 346.65	1 346.85	1 347
6	马道街	洪峰流量(m^3/s)	242	196	135	93	57
		洪量(万 m^3)	265	210	144	99	63
		洪水历时(h)	9.8	8.8	7.3	6.8	6.3
		洪峰水位(m)	1 325.45	1 325.35	1 325.15	1 324.8	1 324.55
7	笑窊	洪峰流量(m^3/s)	11.6	10.2	8.3	6.9	5.4
		洪量(万 m^3)					
		洪水历时(h)					
		洪峰水位(m)					
8	北辛庄	洪峰流量(m^3/s)	54	44	31	22	14
		洪量(万 m^3)	44	35	24	16	10
		洪水历时(h)	4.75	3.75	3.25	2.75	2.25
		洪峰水位(m)	1 373.55	1 373.46	1 373.24	1 373.02	1 372.74
9	坡头	洪峰流量(m^3/s)	7	6.2	5	4.1	3.3
		洪量(万 m^3)					
		洪水历时(h)					
		洪峰水位(m)					

续表 4-13-9

序号	行政区划名称	洪水要素	重现期洪水要素值				
			100年	50年	20年	10年	5年
10	阳山上	洪峰流量(m^3/s)	7	6.2	5	4.1	3.3
		洪量(万 m^3)					
		洪水历时(h)					
		洪峰水位(m)					
11	会条窊	洪峰流量(m^3/s)	134	110	79	55	35
		洪量(万 m^3)	116	92	63	43	28
		洪水历时(h)	7.5	6.5	4.8	4.3	3.8
		洪峰水位(m)	1 327.7	1 327.4	1 327.15	1326.9	1 325.35
12	大方台	洪峰流量(m^3/s)	344	279	193	132	82
		洪量(万 m^3)	378	300	206	141	91
		洪水历时(h)	10.5	9.5	8	7.5	6.8
		洪峰水位(m)	1 319.65	1 319.52	1 319.35	1 319.25	1 319.1
13	克城官庄	洪峰流量(m^3/s)	365	296	204	139	86.6
		洪量(万 m^3)	408	324	222	152	97.3
		洪水历时(h)	10.5	10	8.5	7.75	7
		洪峰水位(m)	1 313.05	1 312.9	1 312.75	1 312.6	1 311.8
14	唐侯	洪峰流量(m^3/s)	52	42	29	20	12
		洪量(万 m^3)	38	30	20	13	8
		洪水历时(h)	3.8	3.5	3	2.5	1.8
		洪峰水位(m)	1 392.9	1 392.8	1 392.65	1 392.55	1 392.4
15	侯家沟	洪峰流量(m^3/s)	11.7	10.2	8.4	6.9	5.5
		洪量(万 m^3)					
		洪水历时(h)					
		洪峰水位(m)					

续表 4-13-9

序号	行政区划名称	洪水要素	重现期洪水要素值				
			100 年	50 年	20 年	10 年	5 年
16	柳树洼	洪峰流量(m^3/s)	40	32	22	15	9
		洪量(万 m^3)	32	25	17	11	7
		洪水历时(h)	4	3.5	2.75	2.25	1.5
		洪峰水位(m)	1 360.49	1 360.38	1 360.23	1 360.09	1 359.9
17	梁路河底	洪峰流量(m^3/s)	121	96	65	44	25
		洪量(万 m^3)	112	87	58	39	24
		洪水历时(h)	7	5.8	5	4.8	4
		洪峰水位(m)	1 345.15	1 345	1 344.85	1 344.65	1 344.5
18	上梁路	洪峰流量(m^3/s)	120	95	64	42	24
		洪量(万 m^3)	123	96	64	43	27
		洪水历时(h)	7.5	6.5	5.75	5.25	4.5
		洪峰水位(m)	1 336.15	1 335.9	1 335.58	1 335.29	1 335.01
19	高家峪	洪峰流量(m^3/s)	78.8	61.9	42.7	29.5	17.7
		洪量(万 m^3)					
		洪水历时(h)					
		洪峰水位(m)	1 339.85	1 339.45	1 339.2	1 339.05	1 338.8
20	下梁路	洪峰流量(m^3/s)	180	143	96	64	37
		洪量(万 m^3)	193	151	102	68	43
		洪水历时(h)	9	7.5	6.8	6.3	5.5
		洪峰水位(m)	1 311.9	1 311.8	1 311.6	1 311.45	1 311.3
21	克城	洪峰流量(m^3/s)	489	389	260	172	101
		洪量(万 m^3)	636	502	341	231	147
		洪水历时(h)	12.5	12	10.5	10	9.5
		洪峰水位(m)	1 304.2	1 304.05	1 303.9	1 303.75	1 303.5

续表 4-13-9

序号	行政区划名称	洪水要素	重现期洪水要素值				
			100年	50年	20年	10年	5年
22	阳坡	洪峰流量(m^3/s)	14.4	12.7	10.4	8.6	6.8
		洪量(万 m^3)					
		洪水历时(h)					
		洪峰水位(m)					
23	湾里	洪峰流量(m^3/s)	511	406	271	179	105
		洪量(万 m^3)	680	538	366	248	158
		洪水历时(h)	13	12.5	11	10	10
		洪峰水位(m)	1 296.4	1 296.25	1 296	1 295.8	1 295.55
24	马驹沟	洪峰流量(m^3/s)	33	27	19	13	8
		洪量(万 m^3)	27	21	14	10	6
		洪水历时(h)	3.75	3.25	2.5	2	1.25
		洪峰水位(m)	1 301.07	1 300.68	1 300.34	1 300.06	1 299.77
25	下柳	洪峰流量(m^3/s)	127	106	78	57	38
		洪量(万 m^3)	89	71	49	34	22
		洪水历时(h)	6.5	5.3	4	3.3	2.8
		洪峰水位(m)	1 306.35	1 306.05	1 305.65	1 305.4	1 305.15
26	许家沟	洪峰流量(m^3/s)	12.5	10.4	7.6	5.6	3.6
		洪量(万 m^3)	6	4	3	2	1
		洪水历时(h)	1	0.75	0.5	0.25	1.25
		洪峰水位(m)	1 290.32	1 290.01	1 289.82	1 289.66	1 289.47
27	下河北	洪峰流量(m^3/s)	534	425	282	182	107
		洪量(万 m^3)	803	635	432	294	187
		洪水历时(h)	14.5	14	12.5	12	11.5
		洪峰水位(m)	1 278.7	1 278.55	1 278.25	1 278	1 277.75

续表 4-13-9

序号	行政区划名称	洪水要素	重现期洪水要素值				
			100 年	50 年	20 年	10 年	5 年
28	张公庄	洪峰流量(m^3/s)	55	40	23	14	8
		洪量(万 m^3)	53	41	26	17	11
		洪水历时(h)	5.5	5	4.5	3.75	2.5
		洪峰水位(m)	1 396.3	1 396.01	1 395.6	1 395.2	1 394.89
29	下柏	洪峰流量(m^3/s)	77	56	33	19	11
		洪量(m^3)	97	74	48	31	19
		洪水历时(h)	7.8	7.5	6.5	5.8	4.5
		洪峰水位(m)	1 289.9	1 289.45	1 288.9	1 288.55	1 288.25
30	磨沟	洪峰流量(m^3/s)	563	431	273	170	97
		洪量(m^3)	876	685	460	308	195
		洪水历时(h)	14.5	14	13	13	12.5
		洪峰水位(m)	1 262.4	1 261.8	1 261	1 260.3	1 259.75
31	朱家庄	洪峰流量(m^3/s)	20.2	17.8	14.5	12	9.5
		洪量(万 m^3)					
		洪水历时(h)					
		洪峰水位(m)	1 417.95	1 417.9	1 417.85	1 417.8	1 417.75
32	小凹	洪峰流量(m^3/s)	35.7	31.4	25.6	21.3	16.8
		洪量(万 m^3)					
		洪水历时(h)					
		洪峰水位(m)	1 391.3	1 391.25	1 391.2	1 391.15	1 391.1
33	半沟	洪峰流量(m^3/s)	24.3	21.4	17.5	14.5	11.5
		洪量(万 m^3)					
		洪水历时(h)					
		洪峰水位(m)					

续表 4-13-9

序号	行政区划名称	洪水要素	重现期洪水要素值				
			100年	50年	20年	10年	5年
34	东河	洪峰流量(m^3/s)	52	41	27	18	10
		洪量(万 m^3)	58	46	30	20	13
		洪水历时(h)	5.8	5.3	4.5	4	3
		洪峰水位(m)	1 358.00	1 357.95	1 357.85	1 357.45	1 357.2
35	辛庄	洪峰流量(m^3/s)	30	24	17	11	7
		洪量(万 m^3)	29	23	16	11	7
		洪水历时(h)	4.25	4	3	2.5	1.5
		洪峰水位(m)	1 342.66	1 342.46	1 341.88	1 341.59	1 341.3
36	南柏	洪峰流量(m^3/s)	42.8	37.6	30.8	25.5	20.2
		洪量(万 m^3)					
		洪水历时(h)					
		洪峰水位(m)	1 392.1	1 392.05	1 391.9	1 391.85	1 391.75
37	太林碾沟	洪峰流量(m^3/s)	60	48	32	21	12
		洪量(万 m^3)	59	46	31	21	13
		洪水历时(h)	5.5	4.75	4.5	3.5	3
		洪峰水位(m)	1 362.46	1 362.31	1 361.63	1 361.11	1 360.58
38	油坊	洪峰流量(m^3/s)	73	58	39	26	15
		洪量(万 m^3)	77	62	42	29	18
		洪水历时(h)	6.25	5.75	5.25	4.5	3.75
		洪峰水位(m)	1 359.15	1 358.9	1 358.55	1 358.25	1 357.95
39	太林	洪峰流量(m^3/s)	155	121	80	51	29
		洪量(万 m^3)	206	164	112	77	49
		洪水历时(h)	9.25	9	8.5	8	7.25
		洪峰水位(m)	1316.31	1316	1 315.1	1 314.64	1 314.12

续表 4-13-9

序号	行政区划名称	洪水要素	重现期洪水要素值				
			100 年	50 年	20 年	10 年	5 年
40	东开府官庄	洪峰流量(m^3/s)	44	35	24	17	10
		洪量(万 m^3)	40	32	21	14	9
		洪水历时(h)	4.5	4	3.5	2.8	2
		洪峰水位(m)	1 309.45	1 309.35	1 309.25	1 309.15	1 308.9
41	牛上角	洪峰流量(m^3/s)	178	137	89	56	33
		洪量(万 m^3)	268	213	146	100	64
		洪水历时(h)	11	10.5	10.5	9.5	8.5
		洪峰水位(m)	1 295.12	1 294.55	1 293.94	1 293.48	1 293.08
42	西开府	洪峰流量(m^3/s)	197	150	95	59	34
		洪量(万 m^3)	327	256	172	116	73
		洪水历时(h)	13	12	11.5	10.5	10
		洪峰水位(m)	1 271.86	1 271.36	1 270.67	1 270.13	1 269.71
43	棚子底	洪峰流量(m^3/s)	204	155	97	60	34
		洪量(万 m^3)	370	290	195	131	83
		洪水历时(h)	14	13	13	12	11
		洪峰水位(m)	1 252.75	1 252.65	1 252.45	1 252.25	1 252.1
44	道子里	洪峰流量(m^3/s)	204	155	97	60	34
		洪量(万 m^3)	370	290	195	131	83
		洪水历时(h)	14	13	13	12	11
		洪峰水位(m)	1 252.75	1 252.65	1 252.45	1 252.25	1 252.1
45	井上	洪峰流量(m^3/s)	252	192	121	75	43
		洪量(万 m^3)	463	363	245	164	104
		洪水历时(h)	15.5	14	13.5	13	12
		洪峰水位(m)	1251.8	1 250.9	1 249.76	1 249.05	1 248.71

续表 4-13-9

序号	行政区划名称	洪水要素	重现期洪水要素值				
			100 年	50 年	20 年	10 年	5 年
46	盘地	洪峰流量(m^3/s)	58	48	35	26	17
		洪量(万 m^3)	38	31	21	15	10
		洪水历时(h)	3.8	3.3	2.8	2.5	1.8
		洪峰水位(m)	1 315.4	1 315.3	1 315.1	1 314.95	1 314.8
47	槐树	洪峰流量(m^3/s)	65	52	37	26	17
		洪量(万 m^3)	60	48	34	24	16
		洪水历时(h)	5.3	5	4.5	4	3.3
		洪峰水位(m)	1 260.75	1 260.7	1 260.65	1 260.5	1 259.75
48	后堡屯里	洪峰流量(m^3/s)	301	233	145	91	52
		洪量(万 m^3)	542	431	288	194	123
		洪水历时(h)	15.5	14.5	13.5	13.5	12.5
		洪峰水位(m)	1 242.8	1 242.36	1 241.68	1 241.2	1 240.82
49	后堡	洪峰流量(m^3/s)	323	247	157	99	58
		洪量(万 m^3)	604	476	323	219	140
		洪水历时(h)	16.5	15.5	14.5	14	13
		洪峰水位(m)	1 230.72	1 230.15	1 229.34	1 228.67	1 228
50	刘家山	洪峰流量(m^3/s)	59	49	36	26	17
		洪量(万 m^3)	41	33	23	16	10
		洪水历时(h)	4.3	3.5	3	2.5	2
		洪峰水位(m)	1 252.85	1 252.75	1 252.65	1 252.5	1 252.35
51	石河	洪峰流量(m^3/s)	19	13.9	8.4	6.4	4
		洪量(万 m^3)					
		洪水历时(h)					
		洪峰水位(m)					

续表 4-13-9

序号	行政区划名称	洪水要素	重现期洪水要素值				
			100 年	50 年	20 年	10 年	5 年
52	南峪	洪峰流量（m^3/s）	143	119	86	62	41
		洪量（万 m^3）	114	91	64	45	29
		洪水历时（h）	7	5.75	4.5	4	3.75
		洪峰水位（m）	1 224.5	1 224.35	1 224.05	1 223.85	1 223.6
53	乔家湾	洪峰流量（m^3/s）	323	247	157	99	58
		洪量（万 m^3）	604	476	323	219	140
		洪水历时（h）	16.5	15.5	14.5	14	13
		洪峰水位（m）	1 230.72	1 230.15	1 229.34	1 228.67	1 228
54	对子角	洪峰流量（m^3/s）	3.1	2.8	2.3	1.9	1.6
		洪量（万 m^3）					
		洪水历时（h）					
		洪峰水位（m）					
55	野峪	洪峰流量（m^3/s）	119.3	100.2	74.2	54.2	36.6
		洪量（万 m^3）	83.7	67	46.7	32.5	21.5
		洪水历时（h）	6	5	3.75	3.25	3
		洪峰水位（m）	1 245.8	1 245.65	1 245.45	1 245.25	1 245.1
56	马如河	洪峰流量（m^3/s）	56.8	47.4	34.7	25.3	16.5
		洪量（万 m^3）	38	30	21	14	10
		洪水历时（h）	4	3.3	2.8	2.5	1.8
		洪峰水位（m）					
57	前堡	洪峰流量（m^3/s）	40	32	21	14	8
		洪量（万 m^3）	48	38	26	18	11
		洪水历时（h）	5.75	5.25	4.5	3.75	2.75
		洪峰水位（m）	1 225.82	1 225.6	1 225.02	1 224.72	1 224.44

续表 4-13-9

序号	行政区划名称	洪水要素	重现期洪水要素值				
			100年	50年	20年	10年	5年
58	辛家湾	洪峰流量(m^3/s)	400	303	191	119	69.3
		洪量(万 m^3)					
		洪水历时(h)					
		洪峰水位(m)	1 203.75	1 203.4	1 202.95	1 202.6	1 201.7
59	前进	洪峰流量(m^3/s)	400	303	191	119	69.3
		洪量(万 m^3)	766	602	407	275	176
		洪水历时(h)	17	16	15.5	15.5	14.5
		洪峰水位(m)	1 198.79	1 198.08	1 197.19	1 196.54	1 195.99
60	窑湾	洪峰流量(m^3/s)	407	306	192	118	69
		洪量(万 m^3)	765	599	403	272	174
		洪水历时(h)	16.5	15.5	15.5	15	14
		洪峰水位(m)	1 161.2	1 161	1 160.6	1 160.35	1 160.15
61	峡村	洪峰流量(m^3/s)	29.6	23.4	15.7	10.5	6
		洪量(万 m^3)					
		洪水历时(h)					
		洪峰水位(m)					
62	阳庄	洪峰流量(m^3/s)	495.5	372.7	233.4	145.5	84.9
		洪量(万 m^3)					
		洪水历时(h)					
		洪峰水位(m)	1 066.65	1 066.05	1 065.85	1 065.5	1 065.15
63	前庄	洪峰流量(m^3/s)	495	373	233	145	85
		洪量(万 m^3)	999	783	528	357	231
		洪水历时(h)	17.5	17	17	16.5	16
		洪峰水位(m)	1 064.1	1 063.85	1 063.5	1 063.1	1 062.85

续表 4-13-9

序号	行政区划名称	洪水要素	重现期洪水要素值				
			100 年	50 年	20 年	10 年	5 年
64	洛阳	洪峰流量(m^3/s)	83.6	63.8	39.7	22.1	10.9
		洪量(万 m^3)					
		洪水历时(h)					
		洪峰水位(m)					
65	荆坡石堆	洪峰流量(m^3/s)	9	6.6	3.7	2.3	1.2
		洪量(万 m^3)					
		洪水历时(h)					
		洪峰水位(m)	1 261.65	1 261.5	1 261.4	1 261.25	1 260.9
66	河西	洪峰流量(m^3/s)	27.6	21.8	14.7	11.3	4.8
		洪量(万 m^3)					
		洪水历时(h)					
		洪峰水位(m)					
67	姜家峪	洪峰流量(m^3/s)	4.6	3.7	2.5	1.6	0.8
		洪量(万 m^3)					
		洪水历时(h)					
		洪峰水位(m)					
68	略东	洪峰流量(m^3/s)	330	280	212	160	110
		洪量(万 m^3)	114	91	63	43	28
		洪水历时(h)	4.3	3.5	2.5	2.3	2
		洪峰水位(m)					
69	后沟	洪峰流量(m^3/s)	82	69	52	40	27
		洪量(万 m^3)	25	20	13	9	6
		洪水历时(h)	2	2	1.5	1.25	1
		洪峰水位(m)	891.25	891.09	890.84	890.62	890.26

续表 4-13-9

序号	行政区划名称	洪水要素	重现期洪水要素值				
			100 年	50 年	20 年	10 年	5 年
70	后坡河	洪峰流量(m^3/s)	36.9	32.7	27.2	22.9	18.6
		洪量(万 m^3)					
		洪水历时(h)					
		洪峰水位(m)	1 323	1 322.95	1 322.85	1 322.8	1 322.7
71	前坡河	洪峰流量(m^3/s)	37	30	21	14	9
		洪量(万 m^3)	35	28	19	13	9
		洪水历时(h)	4.5	4	3.3	2.8	2
		洪峰水位(m)	1 294.2	1 294.15	1 294.1	1 294	1 293.95
72	张贺川	洪峰流量(m^3/s)	68	58	44	33	23
		洪量(万 m^3)	34	27	19	14	9
		洪水历时(h)	3.5	3	2.5	2	1.5
		洪峰水位(m)	1 279.55	1 279.5	1 279.25	1 279.1	1 279
73	尚店石堆	洪峰流量(m^3/s)	77	65	49	36	25
		洪量(万 m^3)	52	42	29	21	14
		洪水历时(h)	4.8	4	3.3	2.8	2.5
		洪峰水位(m)					
74	尚店	洪峰流量(m^3/s)	148	120	84	59	37
		洪量(万 m^3)	154	123	86	60	40
		洪水历时(h)	8.25	7	6.25	5.75	5
		洪峰水位(m)	1 261.52	1 260.62	1 259.49	1 258.77	1 258.34
75	曹村	洪峰流量(m^3/s)	80	67	50	36	25
		洪量(万 m^3)	50	40	28	20	13
		洪水历时(h)	4.75	3.75	3.25	2.5	2.25
		洪峰水位(m)	1 250.79	1 250.66	1 250.47	1 250.31	1 250.1

续表 4-13-9

序号	行政区划名称	洪水要素	重现期洪水要素值				
			100 年	50 年	20 年	10 年	5 年
76	岔上	洪峰流量(m^3/s)	217	172	117	77	47
		洪量(万 m^3)	270	215	148	103	68
		洪水历时(h)	10	9.3	8.5	8	7.5
		洪峰水位(m)	1 178.45	1 178.75	1 179	1 179.2	1 179.4
77	高阁西沟	洪峰流量(m^3/s)	22.7	17.5	11.1	6.9	3.4
		洪量(万 m^3)					
		洪水历时(h)					
		洪峰水位(m)					
78	东庙凹	洪峰流量(m^3/s)	27.7	25.5	17	11	6.3
		洪量(万 m^3)	32	31	20	14	9
		洪水历时(h)	5	5	4	3	1.5
		洪峰水位(m)					
79	高阁	洪峰流量(m^3/s)	51	40	27	18	10
		洪量(万 m^3)	58	46	31	21	13
		洪水历时(h)	6	5.5	4.8	4	3
		洪峰水位(m)	1 423.10	1 423.00	1 422.35	1 422.15	1 421.95
80	神坡	洪峰流量(m^3/s)	65	51	34	22	13
		洪量(万 m^3)	83	65	44	29	19
		洪水历时(h)	7.5	6.8	6	5	4
		洪峰水位(m)	1 393.8	1 393.7	1 393.55	1 393.45	1 393.3
81	碾坡凹	洪峰流量(m^3/s)	89	69	46	29	17
		洪量(万 m^3)	114	89	60	40	25
		洪水历时(h)	8.3	7.5	6.8	5.8	5
		洪峰水位(m)	1 377.15	1 377	1 376.85	1 376.75	1 376.5

续表 4-13-9

序号	行政区划名称	洪水要素	重现期洪水要素值				
			100 年	50 年	20 年	10 年	5 年
82	后蒲伊	洪峰流量(m^3/s)	90	70	46	30	17
		洪量(万 m^3)	118	93	62	42	26
		洪水历时(h)	8.5	7.8	7	6	5.3
		洪峰水位(m)	1 365.35	1 365.2	1 365.05	1 364.9	1 364.75
83	前蒲伊	洪峰流量(m^3/s)	106	83	54	35	20
		洪量(万 m^3)	150	117	79	53	34
		洪水历时(h)	9.75	8.5	7.75	7	6.25
		洪峰水位(m)	1 348	1 347.76	1 347.36	1 347.06	1 346.62
84	武家崖	洪峰流量(m^3/s)	140	109	72	47	27
		洪量(万 m^3)	170	133	90	60	38
		洪水历时(h)	9	7.8	7.3	6.8	5.8
		洪峰水位(m)	1 332	1 331.85	1 331.7	1 331.6	1 331.5
85	山底	洪峰流量(m^3/s)	176	130	79	48	27
		洪量(万 m^3)	286	221	145	96	60
		洪水历时(h)	12	12	11	10.5	9.5
		洪峰水位(m)	1 130.74	1 130.34	1 129.86	1 129.51	1 129.22
86	曹洼	洪峰流量(m^3/s)	227	171	103	62	35
		洪量(万 m^3)	342	264	175	116	73
		洪水历时(h)	12	11.5	11	10.5	9.5
		洪峰水位(m)	1 101.45	1 101.12	1 100.6	1 100.23	1 099.93
87	中朵	洪峰流量(m^3/s)	15.5	11.4	7	3.5	1.5
		洪量(万 m^3)					
		洪水历时(h)					
		洪峰水位(m)					

续表 4-13-9

序号	行政区划名称	洪水要素	重现期洪水要素值				
			100 年	50 年	20 年	10 年	5 年
88	屈家沟	洪峰流量(m^3/s)	19.5	13.5	8.3	4.1	1.7
		洪量(万 m^3)					
		洪水历时(h)					
		洪峰水位(m)					
89	肖家沟	洪峰流量(m^3/s)	11.8	8.6	5.3	2.7	1.1
		洪量(万 m^3)					
		洪水历时(h)					
		洪峰水位(m)					
90	南曜	洪峰流量(m^3/s)	75	61	43	28	18
		洪量(万 m^3)	64	51	36	25	17
		洪水历时(h)	5.3	4.8	4.3	3.8	3.3
		洪峰水位(m)	1 365.5	1 365.3	1 365.05	1 364.75	1 364.5
91	底家河	洪峰流量(m^3/s)	38	30	21	14	9
		洪量(万 m^3)	35	28	20	14	9
		洪水历时(h)	4.5	4.3	3.5	3	2.3
		洪峰水位(m)	1 354.8	1 354.7	1 354.6	1 354.45	1 354.3
92	牛窑	洪峰流量(m^3/s)	19.5	14.4	8.3	4.4	2
		洪量(万 m^3)					
		洪水历时(h)					
		洪峰水位(m)					
93	窑儿湾	洪峰流量(m^3/s)	141	112	75	49	30
		洪量(万 m^3)	177	141	99	69	47
		洪水历时(h)	8.8	8.3	8	7.3	6.8
		洪峰水位(m)	1 275.95	1 275.8	1 275.65	1 275.5	1 275

续表 4-13-9

序号	行政区划名称	洪水要素	重现期洪水要素值				
			100 年	50 年	20 年	10 年	5 年
94	曹村湾	洪峰流量(m^3/s)	202	157	104	67	42
		洪量(m^3)	305	243	170	119	80
		洪水历时(h)	11	11	10.5	10	9.5
		洪峰水位(m)	1 195.35	1 195.2	1 195	1 194.9	1 194.75
95	茹家坪	洪峰流量(m^3/s)	208	162	107	69	43
		洪量(m^3)	337	269	188	132	89
		洪水历时(h)	12.3	12	11.5	11	10.3
		洪峰水位(m)	1 154.35	1 153.95	1 153.4	1 153	1 152.6
96	郜家湾	洪峰流量(m^3/s)	206	160	105	68	40
		洪量(万 m^3)	359	287	201	140	92
		洪水历时(h)	13	12.75	12.25	11.75	11
		洪峰水位(m)	1 141.15	1 140.81	1 140.34	1 139.91	1 139.55
97	前店	洪峰流量(m^3/s)	206	160	105	67.6	40
		洪量(万 m^3)					
		洪水历时(h)					
		洪峰水位(m)	1 141.25	1 141.1	1 140.85	1 140.65	1 140.25
98	疙瘩上	洪峰流量(m^3/s)	14.8	11.9	8.2	5.6	3.3
		洪量(万 m^3)					
		洪水历时(h)					
		洪峰水位(m)					
99	卧口	洪峰流量(m^3/s)	226	174	114	74	45
		洪量(万 m^3)	405	324	227	159	107
		洪水历时(h)	13.5	13.5	13.5	12.5	12
		洪峰水位(m)	1 074.88	1 074.46	1 073.9	1 073.44	1 073.03

续表 4-13-9

序号	行政区划名称	洪水要素	重现期洪水要素值				
			100 年	50 年	20 年	10 年	5 年
100	枣林屯里	洪峰流量(m^3/s)	203	159	107	69	43
		洪量(万 m^3)	296	237	166	116	79
		洪水历时(h)	11	10.5	10.5	9.5	9
		洪峰水位(m)	1 037.48	1 036.25	1 034.63	1 033.26	1 032.16
101	胡家庄	洪峰流量(m^3/s)	6.7	5.3	3.6	2.3	1.2
		洪量(万 m^3)					
		洪水历时(h)					
		洪峰水位(m)					
102	天嘉庄	洪峰流量(m^3/s)	55.4	40.9	23.4	12.8	10.2
		洪量(万 m^3)					
		洪水历时(h)					
		洪峰水位(m)					
103	荆坡	洪峰流量(m^3/s)	416	319	207	133	82
		洪量(万 m^3)	835	667	464	323	218
		洪水历时(h)	17.5	17	17	16	16
		洪峰水位(m)	963.36	962.89	962.24	961.71	961.17
104	安窊	洪峰流量(m^3/s)	27.5	22	15.2	9.8	5.7
		洪量(万 m^3)	19.2	15.1	10.2	6.9	4.4
		洪水历时(h)	3	2.5	2	1.5	0.75
		洪峰水位(m)					
105	田家沟	洪峰流量(m^3/s)	35.4	29.2	20.7	13.2	6.3
		洪量(万 m^3)					
		洪水历时(h)					
		洪峰水位(m)					

续表 4-13-9

序号	行政区划名称	洪水要素	重现期洪水要素值				
			100 年	50 年	20 年	10 年	5 年
106	中峡	洪峰流量(m^3/s)	9.5	7.4	4.9	3.2	1.7
		洪量(万 m^3)					
		洪水历时(h)					
		洪峰水位(m)					
107	前峡	洪峰流量(m^3/s)	8.5	6.8	4.2	2.7	1.1
		洪量(万 m^3)					
		洪水历时(h)					
		洪峰水位(m)					
108	后古坡	洪峰流量(m^3/s)	159	116	69	40	22
		洪量(万 m^3)	202	155	100	65	40
		洪水历时(h)	9.5	9	8.5	8	7
		洪峰水位(m)	1 159.34	1 158.99	1 158.47	1 158.09	1 157.8
109	返底	洪峰流量(m^3/s)	223	164	98	58	32
		洪量(万 m^3)	272	209	1 36	89	55
		洪水历时(h)	10	10	9	8.5	7.5
		洪峰水位(m)	1 080.35	1 079.95	1 079.45	1 079.05	1 078.7
110	三场	洪峰流量(m^3/s)	8.3	6.6	4.1	2.5	0.9
		洪量(万 m^3)					
		洪水历时(h)					
		洪峰水位(m)					
111	前古坡	洪峰流量(m^3/s)	479	354	215	130	73
		洪量(万 m^3)	578	445	292	192	120
		洪水历时(h)	11.5	11	10.5	10.5	10
		洪峰水位(m)	993.87	992.57	990.92	989.62	989.05

续表 4-13-9

序号	行政区划名称	洪水要素	重现期洪水要素值				
			100 年	50 年	20 年	10 年	5 年
112	乔子滩南沟	洪峰流量(m^3/s)	311	249	173	120	73
		洪量(万 m^3)	300	237	162	110	70
		洪水历时(h)	9.25	8.25	7.25	6.75	6.25
		洪峰水位(m)	908.6	908.31	907.91	907.53	907.04
113	枣家河	洪峰流量(m^3/s)	72.8	57.7	39.1	26.2	15
		洪量(万 m^3)					
		洪水历时(h)					
		洪峰水位(m)					
114	贺家河	洪峰流量(m^3/s)	274	221	154	1 08	66
		洪量(万 m^3)	237	187	128	87	56
		洪水历时(h)	8.3	7	6.3	5.8	5.3
		洪峰水位(m)	976.4	976.05	975.5	975.05	974.6
115	薛关南沟	洪峰流量(m^3/s)	455	369	260	182	112
		洪量(万 m^3)	368	291	198	135	87
		洪水历时(h)	8.5	7.5	6.5	6.25	5.75
		洪峰水位(m)	883.77	883.34	883.01	882.54	881.18
116	后河	洪峰流量(m^3/s)	307	252	183	130	84
		洪量(万 m^3)	1 36	107	73	49	31
		洪水历时(h)	4.8	4	3.5	3	2.8
		洪峰水位(m)					
117	西河	洪峰流量(m^3/s)	350	287	207	148	95
		洪量(万 m^3)	172	135	92	62	40
		洪水历时(h)	5.3	4.3	3.8	3.8	3.3
		洪峰水位(m)	1 047.95	1 047.8	1 047.4	1 047.2	1 046.95

续表 4-13-9

序号	行政区划名称	洪水要素	重现期洪水要素值				
			100 年	50 年	20 年	10 年	5 年
118	贺家庄	洪峰流量(m^3/s)	399	335	250	185	124
		洪量(万 m^3)	143	114	78	53	34
		洪水历时(h)	4.8	3.8	2.8	2.5	2.3
		洪峰水位(m)					
119	薛关	洪峰流量(m^3/s)	873	716	513	361	223
		洪量(万 m^3)	520	411	280	190	122
		洪水历时(h)	7.5	6.5	5.5	5	5
		洪峰水位(m)					
120	碾沟屯里	洪峰流量(m^3/s)	30	24	17	12	7
		洪量(万 m^3)	24	19	13	9	6
		洪水历时(h)	3.5	3.3	2.5	2	1.3
		洪峰水位(m)	1 320.15	1 320.05	1 320	1 319.95	1 319.8
121	曹家沟	洪峰流量(m^3/s)	19	15	11	7	5
		洪量(万 m^3)	16	12	9	6	4
		洪水历时(h)	2.75	2.5	2	1.25	2.25
		洪峰水位(m)	1 274.59	1 274.5	1 274.34	1 274.17	1 274
122	黑龙关碾沟	洪峰流量(m^3/s)	67	54	39	28	18
		洪量(万 m^3)	50	40	29	20	14
		洪水历时(h)	4.25	4.25	3.5	3	2.5
		洪峰水位(m)	1 235.85	1 235.75	1 235.55	1 235.35	1 235.15
123	南湾	洪峰流量(m^3/s)	135	107	73	48	30
		洪量(万 m^3)	174	139	97	68	46
		洪水历时(h)	9	8.5	8	7.5	6.75
		洪峰水位(m)	1 227.35	1 227.19	1 227	1 226.61	1 226.11

续表 4-13-9

序号	行政区划名称	洪水要素	重现期洪水要素值				
			100 年	50 年	20 年	10 年	5 年
124	高那凹	洪峰流量(m^3/s)	139	110	75	49	30
		洪量(万 m^3)	188	150	105	74	50
		洪水历时(h)	9.5	9	8.5	8	7.3
		洪峰水位(m)	1 204.4	1 204.3	1 204.2	1 204.1	1 204
125	炉止	洪峰流量(m^3/s)	42.9	38.1	31.7	26.8	21.7
		洪量(万 m^3)					
		洪水历时(h)					
		洪峰水位(m)	1 218.35	1 218.3	1 218.25	1 218.2	1 218.15
126	后西沟	洪峰流量(m^3/s)	49	41	30	22	15
		洪量(万 m^3)	27	22	16	11	8
		洪水历时(h)	3	2.5	2.25	1.75	1.5
		洪峰水位(m)	1 222	1 221.75	1 221.35	1 221	1 220.65
127	西沟	洪峰流量(m^3/s)	69	58	43	31	20
		洪量(万 m^3)	50	40	29	20	14
		洪水历时(h)	4.75	4.25	3.25	2.75	2.5
		洪峰水位(m)	1 215.08	1 214.98	1 214.85	1 214.72	1 214.55
128	寨志	洪峰流量(m^3/s)	199	158	107	72	44
		洪量(万 m^3)	289	232	163	114	77
		洪水历时(h)	11.25	10.25	9.75	9.5	8.75
		洪峰水位(m)	1 184.76	1 184.31	1 183.69	1 183.23	1 182.81
129	刘家庄	洪峰流量(m^3/s)	39	32	22	15	9
		洪量(万 m^3)	32	26	18	12	8
		洪水历时(h)	3.8	3.8	3	2.5	1.8
		洪峰水位(m)	1 248.75	1 248.55	1 248.4	1 248.2	1 248

续表 4-13-9

序号	行政区划名称	洪水要素	重现期洪水要素值				
			100年	50年	20年	10年	5年
130	耙子沟	洪峰流量(m^3/s)	114	91	63	43	26
		洪量(万 m^3)	111	88	61	42	28
		洪水历时(h)	6.8	6	5.5	5	4.3
		洪峰水位(m)	1 207.8	1 207.5	1 207.3	1 207.15	1 207
131	屯里坡	洪峰流量(m^3/s)	124	100	70	49	30
		洪量(万 m^3)					
		洪水历时(h)					
		洪峰水位(m)	1 185.4	1 185.3	1 185.2	1 185.1	1 185
132	东庄	洪峰流量(m^3/s)	124	100	70	49	30
		洪量(万 m^3)					
		洪水历时(h)					
		洪峰水位(m)	1 177	1 176.8	1 176.65	1 176.55	1 176.4
133	黑龙关	洪峰流量(m^3/s)	124	100	70	49	30
		洪量(万 m^3)	114	91	63	44	29
		洪水历时(h)	6.5	5.75	5.25	4.75	4.25
		洪峰水位(m)	1 172.48	1 172.25	1 171.97	1 171.71	1 171.45
134	麻家沟	洪峰流量(m^3/s)	47	39	28	21	14
		洪量(万 m^3)	28	23	16	11	8
		洪水历时(h)	3	2.75	2.5	2	1.5
		洪峰水位(m)	1 193.63	1 193.53	1 193.38	1 193.24	1 192.57
135	席家沟	洪峰流量(m^3/s)	277	217	145	95	59
		洪量(万 m^3)	434	348	244	171	115
		洪水历时(h)	13	12.5	12	11.5	10.5
		洪峰水位(m)	1 161.25	1 161.05	1 160.8	1 160.55	1 160.25

续表 4-13-9

序号	行政区划名称	洪水要素	重现期洪水要素值				
			100 年	50 年	20 年	10 年	5 年
136	阳湾	洪峰流量(m^3/s)	276.8	217.2	144.7	95.2	59.1
		洪量(万 m^3)					
		洪水历时(h)					
		洪峰水位(m)	1 161.25	1 161.05	1 160.8	1 160.55	1 160.25
137	黑龙关宋家沟	洪峰流量(m^3/s)	49.5	44	36.7	31.1	25.2
		洪量(万 m^3)					
		洪水历时(h)					
		洪峰水位(m)	1 167.5	1 167.45	1 167.4	1 167.35	1 167.3
138	磁窑上	洪峰流量(m^3/s)	72	60	44	32	22
		洪量(万 m^3)	56	46	32	23	16
		洪水历时(h)	5.25	4.5	3.75	3.25	2.75
		洪峰水位(m)	1 155.2	1 154.95	1 154.55	1 154.2	1 153.9
139	碗窑上	洪峰流量(m^3/s)	72	60	44	32	22
		洪量(万 m^3)	56	46	32	23	16
		洪水历时(h)	5.25	4.5	3.75	3.25	2.75
		洪峰水位(m)	1 150.57	1 150.37	1 149.98	1 149.72	1 149.46
140	菩萨洼	洪峰流量(m^3/s)	72	60	44	32	22
		洪量(万 m^3)	56	46	32	23	16
		洪水历时(h)	5.25	4.5	3.75	3.25	2.75
		洪峰水位(m)	1 147.62	1 147.42	1 147.13	1 146.81	1 146.54
141	店上	洪峰流量(m^3/s)	107	86	59	39	24
		洪量(m^3)	78	62	43	30	20
		洪水历时(h)	5	4.5	4.3	3.8	3.3
		洪峰水位(m)					

续表 4-13-9

序号	行政区划名称	洪水要素	重现期洪水要素值				
			100 年	50 年	20 年	10 年	5 年
142	温家山	洪峰流量(m^3/s)	49	42	32	24	17
		洪量(万 m^3)	22	18	12	9	6
		洪水历时(h)	2.5	2.25	2	1.5	1
		洪峰水位(m)	1 131.63	1 131.49	1 131.24	1 130.89	1 130.62
143	贺家沟	洪峰流量(m^3/s)	381	298	198	129	80
		洪量(m^3)	608	487	340	238	159
		洪水历时(h)	14.5	13.5	13	12.5	12
		洪峰水位(m)	1 124.8	1 124.5	1 124.1	1 123.6	1 123.35
144	黎掌	洪峰流量(m^3/s)	10.6	8.1	5	3	1.2
		洪量(万 m^3)					
		洪水历时(h)					
		洪峰水位(m)					
145	王峪	洪峰流量(m^3/s)	28	23	16	11	6
		洪量(万 m^3)	21	17	12	8	5
		洪水历时(h)	3.3	2.8	2.3	1.8	1
		洪峰水位(m)					
146	疙塔上	洪峰流量(m^3/s)	34	27	19	12	7
		洪量(万 m^3)	34	27	19	13	8
		洪水历时(h)	4.5	4.3	3.5	2.8	2
		洪峰水位(m)	1 301.55	1 301.45	1 301.35	1 301.3	1 301.2
147	东坡	洪峰流量(m^3/s)	24.6	21.9	18.2	15.3	12.4
		洪量(万 m^3)					
		洪水历时(h)					
		洪峰水位(m)					

续表 4-13-9

序号	行政区划名称	洪水要素	重现期洪水要素值				
			100 年	50 年	20 年	10 年	5 年
148	西沟湾	洪峰流量(m^3/s)	69	58	43	31	20
		洪量(万 m^3)	50	40	29	20	14
		洪水历时(h)	4.75	4.25	3.25	2.75	2.5
		洪峰水位(m)	1 215.08	1 214.98	1 214.85	1 214.72	1 214.55
149	黄家庄	洪峰流量(m^3/s)	80	64	44	28	17
		洪量(万 m^3)	91	73	50	35	23
		洪水历时(h)	7	6.5	6	5.3	4.5
		洪峰水位(m)	1 270.5	1 270.4	1 270.25	1 269.75	1 267.95
150	黄家庄河底	洪峰流量(m^3/s)	94	74	51	33	20
		洪量(万 m^3)	112	89	61	43	28
		洪水历时(h)	7.5	7	6.5	5.8	5.3
		洪峰水位(m)	1 233.95	1 233.8	1 233.65	1 233.5	1 233.35
151	小原子	洪峰流量(m^3/s)	133	105	71	47	28
		洪量(万 m^3)	188	150	104	72	48
		洪水历时(h)	10	9.25	8.75	8.25	7.25
		洪峰水位(m)	1 156.09	1 155.89	1 155.64	1 155.42	1 155.21
152	杨家沟	洪峰流量(m^3/s)	133	105	71	47	28
		洪量(万 m^3)	188	150	104	72	48
		洪水历时(h)	10	9.25	8.75	8.25	7.25
		洪峰水位(m)	1 134.65	1 134.37	1 133.96	1 133.35	1 132.95
153	宋家沟	洪峰流量(m^3/s)	10.9	8.4	5.2	3.1	1.4
		洪量(万 m^3)					
		洪水历时(h)					
		洪峰水位(m)					

续表 4-13-9

序号	行政区划名称	洪水要素	重现期洪水要素值				
			100 年	50 年	20 年	10 年	5 年
154	三官楼	洪峰流量(m^3/s)	5.2	4	2.5	1.7	0.9
		洪量(万 m^3)					
		洪水历时(h)					
		洪峰水位(m)					
155	柳沟	洪峰流量(m^3/s)	9.1	6.9	4.3	2.8	1.2
		洪量(万 m^3)					
		洪水历时(h)					
		洪峰水位(m)					
156	化乐	洪峰流量(m^3/s)	504	390	256	166	101
		洪量(万 m^3)	861	687	478	333	223
		洪水历时(h)	16	15	14.5	14.5	13.5
		洪峰水位(m)	1 091.14	1 090.77	1 090.25	1 089.81	1 089.39
157	桥沟	洪峰流量(m^3/s)	58.1	51.6	42.9	36.2	29.3
		洪量(万 m^3)					
		洪水历时(h)					
		洪峰水位(m)	1 089.1	1 089	1 088.9	1 088.8	1 088.65
158	武家沟	洪峰流量(m^3/s)	20.2	17.5	10.5	6.6	3
		洪量(万 m^3)					
		洪水历时(h)					
		洪峰水位(m)					
159	西坡	洪峰流量(m^3/s)	518	401	263	170	103
		洪量(万 m^3)	917	732	509	355	237
		洪水历时(h)	16.5	16	15	15	14.5
		洪峰水位(m)	1 057.2	1 057.05	1 056.85	1 056.65	1 056.5

续表 4-13-9

序号	行政区划名称	洪水要素	重现期洪水要素值				
			100 年	50 年	20 年	10 年	5 年
160	北盘地沟	洪峰流量(m^3/s)	23.2	18.3	13.4	8.5	4
		洪量(万 m^3)					
		洪水历时(h)					
		洪峰水位(m)					
161	新庄	洪峰流量(m^3/s)	155	129	95	70	46
		洪量(万 m^3)	79	63	43	29	19
		洪水历时(h)	5	4	3.3	2.5	2.3
		洪峰水位(m)					
162	川南岭	洪峰流量(m^3/s)	280	234	172	126	84
		洪量(万 m^3)	141	111	76	52	33
		洪水历时(h)	5.8	4.8	3.5	3.3	2.8
		洪峰水位(m)					
163	杜家河	洪峰流量(m^3/s)	380	317	233	171	1 14
		洪量(万 m^3)	194	153	105	71	46
		洪水历时(h)	6.3	5.3	3.8	3.5	3
		洪峰水位(m)					
164	堡子河	洪峰流量(m^3/s)	653	543	398	291	193
		洪量(万 m^3)	349	276	188	128	82.5
		洪水历时(h)	7	6	4.5	4	3.5
		洪峰水位(m)					

表 4-13-10　蒲县防洪现状评价成果表

序号	行政区划名称	防洪能力（年）	极高危险区（<5 年一遇）		高危险区（5~20 年一遇）		危险区（≥20 年一遇）	
			人口（人）	户数（户）	人口（人）	户数（户）	人口（人）	户数（户）
1	东辛庄	39	0	0	0	0	68	10
2	后贺家峪	20	0	0	0	0	26	5
3	连捷山	14	0	0	6	1	55	13
4	公峪	25	0	0	0	0	48	9
5	堡上	26	0	0	0	0	23	4
6	马道街	25	0	0	0	0	40	2
7	笑窊	20	0	0	0	0	39	6
8	北辛庄	7	0	0	100	1	27	4
9	坡头	20	0	0	0	0	41	8
10	阳山上	20	0	0	0	0	30	4
11	会条窊	85	0	0	0	0	40	1
12	大方台	55	0	0	0	0	50	2
13	克城官庄	28	0	0	0	0	15	1
14	唐侯	55	0	0	0	0	28	6
15	侯家沟	20	0	0	0	0	26	5
16	柳树洼	<5	6	1	9	4	19	5
17	梁路河底	21	0	0	0	0	11	2
18	上梁路	<5	26	5	46	8	102	18
19	高家峪	53	0	0	0	0	30	1
20	下梁路	70	0	0	0	0	29	5
21	克城	70	0	0	0	0	24	5
22	阳坡	20	0	0	0	0	18	4
23	湾里	26	0	0	0	0	25	2
24	马驹沟	70	0	0	0	0	95	18
25	下柳	75	0	0	0	0	53	7
26	许家沟	66	0	0	0	0	8	2
27	下河北	29	0	0	0	0	15	1
28	张公庄	14	0	0	54	12	143	25
29	下柏	90	0	0	0	0	41	8
30	磨沟	67	0	0	0	0	15	1
31	朱家庄	29	0	0	0	0	25	4

续表 4-13-10

序号	行政区划名称	防洪能力（年）	极高危险区（<5 年一遇）		高危险区（5～20 年一遇）		危险区（≥20 年一遇）	
			人口（人）	户数（户）	人口（人）	户数（户）	人口（人）	户数（户）
32	小凹	56	0	0	0	0	14	3
33	半沟	20	0	0	0	0	16	3
34	东河	24	0	0	0	0	27	9
35	辛庄	30	0	0	0	0	54	4
36	南柏	70	0	0	0	0	51	7
37	太林碾沟	35	0	0	0	0	9	1
38	油坊	11	0	0	545	15	54	11
39	太林	43	0	0	0	0	169	26
40	东开府官庄	71	0	0	0	0	14	3
41	牛上角	58	0	0	0	0	31	6
42	西开府	48	0	0	0	0	45	1
43	棚子底	21	0	0	0	0	10	1
44	道子里	65	0	0	0	0	13	3
45	井上	15	0	0	120	1	0	0
46	盘地	80	0	0	0	0	150	1
47	槐树	33	0	0	0	0	12	1
48	后堡屯里	28	0	0	0	0	40	1
49	后堡	8	0	0	69	7	6	1
50	刘家山	85	0	0	0	0	110	1
51	石河	20	0	0	0	0	11	1
52	南峪	6	0	0	781	3	0	0
53	乔家湾	8	0	0	69	7	6	1
54	对子角	20	0	0	0	0	13	3
55	野峪	55	0	0	0	0	26	6
56	马如河	20	0	0	0	0	17	4
57	前堡	37	0	0	0	0	108	23
58	辛家湾	90	0	0	0	0	12	1

续表 4-13-10

序号	行政区划名称	防洪能力（年）	极高危险区（<5 年一遇）		高危险区（5～20 年一遇）		危险区（≥20 年一遇）	
			人口（人）	户数（户）	人口（人）	户数（户）	人口（人）	户数（户）
59	前进	35	0	0	0	0	110	2
60	窑湾	38	0	0	0	0	10	1
61	峡	20	0	0	0	0	21	4
62	阳庄	93	0	0	0	0	11	2
63	前庄	75	0	0	0	0	21	8
64	洛阳	20	0	0	0	0	46	7
65	荆坡石堆	20	0	0	0	0	28	5
66	河西	20	0	0	0	0	13	3
67	姜家峪	20	0	0	0	0	19	3
68	略东	20	0	0	0	0	16	4
69	后沟	<5	8	1	6	1	98	17
70	后坡河	60	0	0	0	0	11	2
71	前坡河	60	0	0	0	0	34	6
72	张贺川	62	0	0	0	0	10	1
73	尚店石堆	88	0	0	0	0	11	2
74	尚店	30	0	0	0	0	41	9
75	曹村	5	0	0	11	2	66	12
76	岔上	90	0	0	0	0	10	2
77	高阁西沟	20	0	0	0	0	23	6
78	东庙凹	20	0	0	0	0	24	6
79	高阁	53	0	0	0	0	10	1
80	神坡	80	0	0	0	0	13	3
81	碾坡凹	80	0	0	0	0	10	2
82	后蒲伊	85	0	0	0	0	30	5
83	前蒲伊	6	0	0	9	2	23	5
84	武家崖	21	0	0	0	0	13	3
85	山底	90	0	0	0	0	27	6

续表 4-13-10

序号	行政区划名称	防洪能力（年）	极高危险区（<5 年一遇）		高危险区（5～20 年一遇）		危险区（≥20 年一遇）	
			人口（人）	户数（户）	人口（人）	户数（户）	人口（人）	户数（户）
86	曹洼	72	0	0	0	0	2	1
87	中朵	20	0	0	0	0	18	4
88	屈家沟	20	0	0	0	0	10	5
89	肖家沟	20	0	0	0	0	24	4
90	南曜	80	0	0	0	0	13	1
91	底家河	55	0	0	0	0	14	3
92	牛窑	20	0	0	0	0	11	3
93	窑儿湾	62	0	0	0	0	10	1
94	曹村湾	70	0	0	0	0	28	4
95	茹家坪	89	0	0	0	0	12	3
96	郃家湾	26	0	0	0	0	17	3
97	前店	60	0	0	0	0	16	3
98	疙垛上	20	0	0	0	0	14	3
99	卧口	72	0	0	0	0	11	2
100	枣林屯里	27	0	0	0	0	59	9
101	胡家庄	20	0	0	0	0	18	3
102	天嘉庄	20	0	0	0	0	19	4
103	荆坡	6	0	0	32	6	104	20
104	安窊	20	0	0	0	0	10	3
105	田家沟	20	0	0	0	0	12	3
106	中峡	20	0	0	0	0	11	3
107	前峡	20	0	0	0	0	17	4
108	后古坡	38	0	0	0	0	28	5
109	返底	73	0	0	0	0	26	5
110	三场	20	0	0	0	0	14	3
111	前古坡	12	0	0	30	8	105	16
112	乔子滩南沟	6	0	0	20	1	6	2

续表4-13-10

序号	行政区划名称	防洪能力（年）	极高危险区（<5年一遇）		高危险区（5~20年一遇）		危险区（≥20年一遇）	
			人口（人）	户数（户）	人口（人）	户数（户）	人口（人）	户数（户）
113	枣家河	20	0	0	0	0	16	3
114	贺家河	75	0	0	0	0	10	2
115	薛关南沟	28	0	0	0	0	10	2
116	后河	20	0	0	0	0	27	6
117	西河	37	0	0	0	0	3	1
118	贺家庄	20	0	0	0	0	50	7
119	薛关	30	0	0	0	0	26	2
120	碾沟屯里	65	0	0	0	0	500	1
121	曹家沟	31	0	0	0	0	29	5
122	黑龙关碾沟	<5	26	5	0	0	0	0
123	南湾	36	0	0	19	4	76	13
124	高那凹	68	0	0	0	0	15	1
125	炉止	63	0	0	0	0	12	3
126	后西沟	6	0	0	450	1	0	0
127	西沟	65	0	0	0	0	85	16
128	寨志	11	0	0	210	1	0	0
129	刘家庄	82	0	0	0	0	20	1
130	耙子沟	65	0	0	0	0	200	1
131	屯里坡	60	0	0	0	0	10	1
132	东庄	78	0	0	0	0	23	5
133	黑龙关	13	0	0	18	6	99	21
134	麻家沟	6	0	0	17	3	95	18
135	席家沟	26	0	0	0	0	10	1
136	阳湾	75	0	0	0	0	14	3
137	黑龙关宋家沟	58	0	0	0	0	73	10
138	磁窑上	90	0	0	0	0	11	2
139	碗窑上	29	0	0	0	0	30	6

续表 4-13-10

序号	行政区划名称	防洪能力（年）	极高危险区（<5 年一遇）		高危险区（5～20 年一遇）		危险区（≥20 年一遇）	
			人口（人）	户数（户）	人口（人）	户数（户）	人口（人）	户数（户）
140	菩萨洼	6	0	0	22	3	52	7
141	店上	65	0	0	0	0	61	13
142	温家山	12	0	0	11	3	17	4
143	贺家沟	65	0	0	0	0	61	13
144	黎掌	20	0	0	0	0	33	6
145	王峪	20	0	0	0	0	20	3
146	疙塔上	70	0	0	0	0	15	1
147	东坡	20	0	0	0	0	42	5
148	西沟湾	<5	37	7	5	1	0	0
149	黄家庄	78	0	0	0	0	10	1
150	黄家庄河底	65	0	0	0	0	10	3
151	小原子	24	0	0	0	0	34	7
152	杨家沟	11	0	0	5	1	13	2
153	宋家沟	20	0	0	0	0	25	5
154	三官楼	20	0	0	0	0	35	8
155	柳沟	20	0	0	0	0	31	5
156	化乐	17	0	0	17	3	85	17
157	桥沟	23	0	0	0	0	18	3
158	武家沟	20	0	0	0	0	40	8
159	西坡	25	0	0	0	0	15	1
160	北盘地沟	20	0	0	0	0	13	3
161	新庄	20	0	0	0	0	10	1
162	川南岭	20	0	0	0	0	14	7
163	杜家河	20	0	0	0	0	12	6
164	堡子河	20	0	0	0	0	35	10

表 4-13-11　蒲县预警指标成果表

序号	行政区划名称	类别	降雨历时	预警指标(雨量:mm,水位:m)		临界雨量(mm)/水位(m)	方法
				准备转移	立即转移		
1	蒲城镇城关村(东关)前古坡	雨量($B_0=0$)	0.5 h	23	32	32	流域模型法
			1 h	32	40	40	
			2 h	45	50	50	
			3 h	54	58	58	
		雨量($B_0=0.3$)	0.5 h	19	28	28	
			1 h	28	34	34	
			2 h	39	42	42	
			3 h	46	49	49	
		雨量($B_0=0.6$)	0.5 h	16	23	23	
			1 h	23	27	27	
			2 h	32	36	36	
			3 h	39	41	41	
2	蒲城镇桃湾村(南桃湾)河西村	雨量($B_0=0.3$)	0.5 h	25	35	35	同频率法
			1 h	35	46	46	
3	蒲城镇枣林村胡家庄	雨量($B_0=0.3$)	0.5 h	25	36	36	同频率法
			1 h	36	47	47	
4	蒲城镇枣林村卧口	雨量($B_0=0$)	0.5 h	42	60	60	流域模型法
			1 h	60	69	69	
			2 h	75	81	81	
			3 h	86	91	91	
			4 h	95	99	99	
		雨量($B_0=0.3$)	0.5 h	39	56	56	
			1 h	56	62	62	
			2 h	67	73	73	
			3 h	77	81	81	
			4 h	84	89	89	

续表 4-13-11

序号	行政区划名称	类别	降雨历时	预警指标(雨量:mm,水位:m)		临界雨量(mm)/水位(m)	方法
				准备转移	立即转移		
4	蒲城镇枣林村卧口	雨量(B_0=0.6)	0.5 h	36	51	51	流域模型法
			1 h	51	56	56	
			2 h	59	64	64	
			3 h	67	70	70	
			4h	74	77	77	
5	蒲城镇枣林村屯里	雨量(B_0=0)	0.5 h	34	49	49	流域模型法
			1 h	49	56	56	
			2 h	63	69	69	
			3 h	73	78	78	
		雨量(B_0=0.3)	0.5 h	31	44	44	
			1 h	44	50	50	
			2 h	56	61	61	
			3 h	64	69	69	
		雨量(B_0=0.6)	0.5 h	31	44	44	
			1 h	44	50	50	
			2 h	56	61	61	
			3 h	64	69	69	
6	蒲城镇荆坡村	雨量(B_0=0)	0.5 h	20	28	28	流域模型法
			1 h	28	34	34	
			2 h	39	43	43	
			3 h	46	49	49	
			4h	51	55	55	

续表 4-13-11

序号	行政区划名称	类别	降雨历时	预警指标(雨量:mm,水位:m)		临界雨量(mm)/水位(m)	方法
				准备转移	立即转移		
6	蒲城镇荆坡村	雨量(B_0=0.3)	0.5 h	17	24	24	流域模型法
			1 h	24	29	29	
			2 h	33	36	36	
			3 h	39	42	42	
			4h	45	46	46	
		雨量(B_0=0.6)	0.5 h	14	20	20	
			1 h	20	24	24	
			2 h	27	29	29	
			3 h	32	34	34	
			4h	36	38	38	
		水位		1 025.76	1 026.06	1 026.06	
7	蒲城镇荆坡村天嘉庄	雨量(B_0=0.3)	0.5 h	25	36	36	同频率法
			1 h	36	47	47	
8	蒲城镇荆坡村石堆	雨量(B_0=0.3)	0.5 h	28	39	39	同频率法
			1 h	39	50	50	
9	蒲城镇刁口村窑儿湾	雨量(B_0=0)	0.5 h	42	60	60	流域模型法
			1 h	60	69	69	
			2 h	77	85	85	
			3 h	91	97	97	
		雨量(B_0=0.3)	0.5 h	39	55	55	
			1 h	55	62	62	
			2 h	69	76	76	
			3 h	81	87	87	
		雨量(B_0=0.6)	0.5 h	35	50	50	
			1 h	50	56	56	
			2 h	61	67	67	
			3 h	71	76	76	

续表 4-13-11

序号	行政区划名称	类别	降雨历时	预警指标(雨量:mm,水位:m)		临界雨量(mm)/水位(m)	方法
				准备转移	立即转移		
10	蒲城镇南曜村	雨量(B_0 =0)	0.5 h	46	66	66	流域模型法
			1 h	66	74	74	
			2 h	85	98	98	
		雨量(B_0 =0.3)	0.5 h	43	61	61	
			1 h	61	68	68	
			2 h	77	88	88	
		雨量(B_0 =0.6)	0.5 h	40	57	57	
			1 h	57	61	61	
			2 h	68	80	80	
11	蒲城镇南曜村底家河	雨量(B_0 =0)	0.5 h	44	62	62	流域模型法
			1 h	62	72	72	
			2 h	80	92	92	
		雨量(B_0 =0.3)	0.5 h	40	57	57	
			1 h	57	64	64	
			2 h	72	83	83	
		雨量(B_0 =0.6)	0.5 h	37	52	52	
			1 h	52	58	58	
			2 h	65	73	73	
12	蒲城镇南曜村牛窑	雨量(B_0 =0.3)	0.5 h	26	37	37	同频率法
			1 h	37	48	48	
13	蒲城镇茹家坪村	雨量(B_0 =0)	0.5 h	44	64	64	流域模型法
			1 h	64	72	72	
			2 h	79	85	85	
			3 h	91	96	96	
			4h	100	105	105	

续表 4-13-11

序号	行政区划名称	类别	降雨历时	预警指标(雨量:mm,水位:m)		临界雨量(mm)/水位(m)	方法
				准备转移	立即转移		
13	蒲城镇茹家坪村	雨量(B_0 =0.3)	0.5 h	41	59	59	流域模型法
			1 h	59	65	65	
			2 h	71	77	77	
			3 h	81	85	85	
			4 h	90	94	94	
		雨量(B_0 =0.6)	0.5 h	38	54	54	
			1 h	54	58	58	
			2 h	63	68	68	
			3 h	71	75	75	
			4 h	78	82	82	
14	蒲城镇茹家坪村曹村湾	雨量(B_0 =0)	0.5 h	42	60	60	流域模型法
			1 h	60	69	69	
			2 h	76	83	83	
			3 h	88	93	93	
		雨量(B_0 =0.3)	0.5 h	39	55	55	
			1 h	55	62	62	
			2 h	68	74	74	
			3 h	78	83	83	
		雨量(B_0 =0.6)	0.5 h	35	51	51	
			1 h	51	55	55	
			2 h	60	65	65	
			3 h	69	72	72	
15	蒲城镇茹家坪村郜家湾	雨量(B_0 =0)	0.5 h	33	46	46	流域模型法
			1 h	46	54	54	
			2 h	60	66	66	
			3 h	70	74	74	
			4 h	78	82	82	

续表 4-13-11

序号	行政区划名称	类别	降雨历时	预警指标(雨量:mm,水位:m)		临界雨量(mm)/水位(m)	方法
				准备转移	立即转移		
15	蒲城镇茹家坪村郜家湾	雨量($B_0=0.3$)	0.5 h	29	42	42	流域模型法
			1 h	42	48	48	
			2 h	53	57	57	
			3 h	62	65	65	
			4 h	69	72	72	
		雨量($B_0=0.6$)	0.5 h	26	37	37	
			1 h	37	42	42	
			2 h	45	49	49	
			3 h	52	55	55	
			4 h	58	61	61	
16	蒲城镇茹家坪村前店	雨量($B_0=0$)	0.5 h	33	46	46	流域模型法
			1 h	46	54	54	
			2 h	60	66	66	
			3 h	70	74	74	
			4 h	78	82	82	
		雨量($B_0=0.3$)	0.5 h	29	42	42	
			1 h	42	48	48	
			2 h	53	57	57	
			3 h	62	65	65	
			4 h	69	72	72	
		雨量($B_0=0.6$)	0.5 h	26	37	37	
			1 h	37	42	42	
			2 h	45	49	49	
			3 h	52	55	55	
			4 h	58	61	61	

续表 4-13-11

序号	行政区划名称	类别	降雨历时	预警指标(雨量:mm,水位:m)		临界雨量(mm)/水位(m)	方法
				准备转移	立即转移		
17	蒲城镇茹家坪村疙珆上	雨量(B_0 =0.3)	0.5 h	26	37	37	同频率法
			1 h	37	48	48	
18	薛关镇薛关村	雨量(B_0 =0)	0.5 h	31	45	45	流域模型法
			1 h	45	55	55	
		雨量(B_0 =0.3)	0.5 h	28	41	41	
			1 h	41	49	49	
		雨量(B_0 =0.6)	0.5 h	25	36	36	
			1 h	36	44	44	
19	薛关镇薛关村后沟	雨量(B_0 =0)	0.5 h	14	20	20	流域模型法
			1 h	20	25	25	
		雨量(B_0 =0.3)	0.5 h	12	17	17	
			1 h	17	21	21	
		雨量(B_0 =0.6)	0.5 h	9	14	14	
			1 h	14	17	17	
20	薛关镇薛关村南沟	雨量(B_0 =0)	0.5 h	34	49	49	流域模型法
			1 h	49	57	57	
			2 h	69	79	79	
		雨量(B_0 =0.3)	0.5 h	31	45	45	
			1 h	45	52	52	
			2 h	63	72	72	
		雨量(B_0 =0.6)	0.5 h	28	40	40	
			1 h	40	46	46	
			2 h	56	65	65	

续表 4-13-11

序号	行政区划名称	类别	降雨历时	预警指标（雨量：mm，水位：m）		临界雨量（mm）/水位（m）	方法
				准备转移	立即转移		
21	薛关镇略东村	雨量（B_0 = 0）	0.5 h	36	52	52	流域模型法
			1 h	52	67	67	
		雨量（B_0 = 0.3）	0.5 h	33	48	48	
			1 h	48	61	61	
		雨量（B_0 = 0.6）	0.5 h	30	43	43	
			1 h	43	56	56	
22	薛关镇布珠村姜家峪	雨量（B_0 = 0.3）	0.5 h	24	35	35	同频率法
			1 h	35	46	46	
23	薛关镇乔子滩村南沟	雨量（B_0 = 0）	0.5 h	23	33	33	流域模型法
			1 h	33	39	39	
			2 h	46	51	51	
		雨量（B_0 = 0.3）	0.5 h	20	28	28	
			1 h	28	34	34	
			2 h	40	44	44	
		雨量（B_0 = 0.6）	0.5 h	17	24	24	
			1 h	24	28	28	
			2 h	33	38	38	
24	黑龙关镇黑龙关村	雨量（B_0 = 0）	0.5 h	19	27	27	流域模型法
			1 h	27	34	34	
			2 h	38	43	43	
		雨量（B_0 = 0.3）	0.5 h	17	24	24	
			1 h	24	29	29	
			2 h	34	37	37	
		雨量（B_0 = 0.6）	0.5 h	14	20	20	
			1 h	20	24	24	
			2 h	27	31	31	

续表 4-13-11

序号	行政区划名称	类别	降雨历时	预警指标(雨量:mm,水位:m)		临界雨量(mm)/水位(m)	方法
				准备转移	立即转移		
25	黑龙关镇黑龙关村东庄	雨量(B_0 =0)	0.5 h	19	27	27	流域模型法
			1 h	27	34	34	
			2 h	38	43	43	
		雨量(B_0 =0.3)	0.5 h	17	24	24	
			1 h	24	29	29	
			2 h	34	37	37	
		雨量(B_0 =0.6)	0.5 h	14	20	20	
			1 h	20	24	24	
			2 h	27	31	31	
26	黑龙关镇黑龙关村阳湾	雨量(B_0 =0)	0.5 h	46	66	66	流域模型法
			1 h	66	74	74	
			2 h	82	88	88	
			3 h	94	98	98	
		雨量(B_0 =0.3)	0.5 h	43	62	62	
			1 h	62	68	68	
			2 h	74	80	80	
			3 h	84	89	89	
		雨量(B_0 =0.6)	0.5 h	40	57	57	
			1 h	57	62	62	
			2 h	67	71	71	
			3 h	75	78	78	
27	黑龙关镇黑龙关村麻家沟	雨量(B_0 =0)	0.5 h	25	35	35	流域模型法
			1 h	35	42	42	
		雨量(B_0 =0.3)	0.5 h	21	30	30	
			1 h	30	37	37	
		雨量(B_0 =0.6)	0.5 h	19	27	27	
			1 h	27	32	32	

续表 4-13-11

序号	行政区划名称	类别	降雨历时	预警指标(雨量:mm,水位:m)		临界雨量(mm)/水位(m)	方法
				准备转移	立即转移		
28	黑龙关镇黑龙关村屯里坡	雨量($B_0=0$)	0.5 h	47	68	68	流域模型法
			1 h	68	77	77	
			2 h	84	97	97	
		雨量($B_0=0.3$)	0.5 h	44	63	63	
			1 h	63	70	70	
			2 h	77	88	88	
		雨量($B_0=0.6$)	0.5 h	41	58	58	
			1 h	58	64	64	
			2 h	69	79	79	
29	黑龙关镇黑龙关村席家沟	雨量($B_0=0$)	0.5 h	36	52	52	流域模型法
			1 h	52	60	60	
			2 h	66	71	71	
			3 h	76	81	81	
		雨量($B_0=0.3$)	0.5 h	33	48	48	
			1 h	48	54	54	
			2 h	58	64	64	
			3 h	67	71	71	
		雨量($B_0=0.6$)	0.5 h	30	43	43	
			1 h	43	47	47	
			2 h	51	55	55	
			3 h	58	61	61	
30	黑龙关镇黑龙关村宋家沟	雨量($B_0=0$)	0.5 h	52	74	74	流域模型法
			1 h	74	95	95	
		雨量($B_0=0.3$)	0.5 h	50	71	71	
			1 h	71	90	90	
		雨量($B_0=0.6$)	0.5 h	46	66	66	
			1 h	66	85	85	

续表 4-13-11

序号	行政区划名称	类别	降雨历时	预警指标(雨量:mm,水位:m)		临界雨量(mm)/水位(m)	方法
				准备转移	立即转移		
31	黑龙关镇刘家庄村	雨量(B_0 =0)	0.5 h	50	71	71	流域模型法
			1 h	71	82	82	
			2 h	96	110	110	
		雨量(B_0 =0.3)	0.5 h	47	68	68	
			1 h	68	74	74	
			2 h	87	102	102	
		雨量(B_0 =0.6)	0.5 h	44	62	62	
			1 h	62	69	69	
			2 h	79	94	94	
32	黑龙关镇刘家庄村耙子沟	雨量(B_0 =0)	0.5 h	48	68	68	流域模型法
			1 h	68	78	78	
			2 h	86	98	98	
		雨量(B_0 =0.3)	0.5 h	45	64	64	
			1 h	64	72	72	
			2 h	79	89	89	
		雨量(B_0 =0.6)	0.5 h	41	59	59	
			1 h	59	65	65	
			2 h	70	82	82	
33	黑龙关镇菩萨洼村	雨量(B_0 =0)	0.5 h	24	34	34	流域模型法
			1 h	34	41	41	
		雨量(B_0 =0.3)	0.5 h	21	30	30	
			1 h	30	36	36	
		雨量(B_0 =0.6)	0.5 h	18	26	26	
			1 h	26	30	30	

续表 4-13-11

序号	行政区划名称	类别	降雨历时	预警指标（雨量:mm,水位:m）		临界雨量(mm)/水位(m)	方法
				准备转移	立即转移		
34	黑龙关镇菩萨洼村碗窑上	雨量($B_0=0$)	0.5 h	13	18	18	流域模型法
			1 h	18	23	23	
		雨量($B_0=0.3$)	0.5 h	11	15	15	
			1 h	15	19	19	
		雨量($B_0=0.6$)	0.5 h	9	12	12	
			1 h	12	15	15	
35	黑龙关镇菩萨洼村磁窑上	雨量($B_0=0$)	0.5 h	44	62	62	流域模型法
			1 h	62	74	74	
		雨量($B_0=0.3$)	0.5 h	41	59	59	
			1 h	59	69	69	
		雨量($B_0=0.6$)	0.5 h	38	55	55	
			1 h	55	64	64	
36	黑龙关镇黄家庄村	雨量($B_0=0$)	0.5 h	47	68	68	流域模型法
			1 h	68	78	78	
			2 h	85	97	97	
			3 h	103	109	109	
		雨量($B_0=0.3$)	0.5 h	44	63	63	
			1 h	63	72	72	
			2 h	77	87	87	
			3 h	93	98	98	
		雨量($B_0=0.6$)	0.5 h	41	59	59	
			1 h	59	65	65	
			2 h	69	78	78	
			3 h	84	88	88	

续表 4-13-11

序号	行政区划名称	类别	降雨历时	预警指标(雨量:mm,水位:m)		临界雨量(mm)/水位(m)	方法
				准备转移	立即转移		
37	黑龙关镇黄家庄村王峪	雨量(B_0 =0.3)	0.5 h	27	38	38	同频率法
			1 h	38	48	48	
38	黑龙关镇黄家庄村疙坮上	雨量(B_0 =0)	0.5 h	47	68	68	流域模型法
			1 h	68	77	77	
			2 h	85	98	98	
		雨量(B_0 =0.3)	0.5 h	45	64	64	
			1 h	64	72	72	
			2 h	79	89	89	
		雨量(B_0 =0.6)	0.5 h	41	59	59	
			1 h	59	64	64	
			2 h	68	81	81	
39	黑龙关镇黄家庄村河底	雨量(B_0 =0)	0.5 h	45	64	64	流域模型法
			1 h	64	74	74	
			2 h	80	92	92	
			3 h	98	103	103	
		雨量(B_0 =0.3)	0.5 h	42	60	60	
			1 h	60	68	68	
			2 h	73	82	82	
			3 h	88	93	93	
		雨量(B_0 =0.6)	0.5 h	38	55	55	
			1 h	55	61	61	
			2 h	66	73	73	
			3 h	78	83	83	

续表 4-13-11

序号	行政区划名称	类别	降雨历时	预警指标(雨量:mm,水位:m)		临界雨量(mm)/水位(m)	方法
				准备转移	立即转移		
40	黑龙关镇黄家庄村西沟湾	雨量(B_0=0)	0.5 h	24	34	34	流域模型法
			1 h	34	42	42	
			2 h	48	49	49	
		雨量(B_0=0.3)	0.5 h	21	30	30	
			1 h	30	34	34	
			2 h	41	45	45	
		雨量(B_0=0.6)	0.5 h	17	24	24	
			1 h	24	29	29	
			2 h	34	37	37	
41	黑龙关镇黄家庄村东坡	雨量(B_0=0.3)	0.5 h	27	38	38	同频率法
			1 h	38	48	48	
42	黑龙关镇碾沟村	雨量(B_0=0)	0.5 h	19	27	27	流域模型法
			1 h	27	34	34	
			2 h	38	43	43	
		雨量(B_0=0.3)	0.5 h	17	24	24	
			1 h	24	29	29	
			2 h	34	37	37	
		雨量(B_0=0.6)	0.5 h	14	20	20	
			1 h	20	24	24	
			2 h	27	31	31	
43	黑龙关镇碾沟村屯里	雨量(B_0=0)	0.5 h	47	68	68	流域模型法
			1 h	68	77	77	
			2 h	89	102	102	

续表 4-13-11

序号	行政区划名称	类别	降雨历时	预警指标(雨量:mm,水位:m)		临界雨量(mm)/水位(m)	方法
				准备转移	立即转移		
43	黑龙关镇碾沟村屯里	雨量(B_0 =0.3)	0.5 h	43	61	61	流域模型法
			1 h	61	69	69	
			2 h	82	94	94	
		雨量(B_0 =0.6)	0.5 h	40	57	57	
			1 h	57	64	64	
			2 h	75	85	85	
44	黑龙关镇碾沟村南湾	雨量(B_0 =0)	0.5 h	40	57	57	流域模型法
			1 h	57	66	66	
			2 h	73	81	81	
		雨量(B_0 =0.3)	0.5 h	37	52	52	
			1 h	52	60	60	
			2 h	66	72	72	
		雨量(B_0 =0.6)	0.5 h	34	48	48	
			1 h	48	53	53	
			2 h	58	64	64	
45	黑龙关镇碾沟村曹家沟	雨量(B_0 =0)	0.5 h	40	57	57	流域模型法
			1 h	57	69	69	
		雨量(B_0 =0.3)	0.5 h	38	54	54	
			1 h	54	58	58	
		雨量(B_0 =0.6)	0.5 h	33	47	47	
			1 h	47	53	53	
46	黑龙关镇西沟村(前西沟)	雨量(B_0 =0)	0.5 h	43	61	61	流域模型法
			1 h	61	72	72	
		雨量(B_0 =0.3)	0.5 h	39	56	56	
			1 h	56	66	66	
		雨量(B_0 =0.6)	0.5 h	39	56	56	
			1 h	56	66	66	

续表 4-13-11

序号	行政区划名称	类别	降雨历时	预警指标(雨量:mm,水位:m)		临界雨量(mm)/水位(m)	方法
				准备转移	立即转移		
47	黑龙关镇西沟村(前西沟)炉止	雨量(B_0=0)	0.5 h	52	74	74	流域模型法
			1 h	74	93	93	
		雨量(B_0=0.3)	0.5 h	50	71	71	
			1 h	71	87	87	
		雨量(B_0=0.6)	0.5 h	46	66	66	
			1 h	66	82	82	
48	黑龙关镇西沟村(前西沟)后西沟	雨量(B_0=0)	0.5 h	25	35	35	流域模型法
			1 h	35	42	42	
		雨量(B_0=0.3)	0.5 h	21	30	30	
			1 h	30	37	37	
		雨量(B_0=0.6)	0.5 h	19	27	27	
			1 h	27	32	32	
49	黑龙关镇西沟村(前西沟)高那凹	雨量(B_0=0)	0.5 h	46	65	65	流域模型法
			1 h	65	73	73	
			2 h	81	89	89	
			3 h	95	100	100	
		雨量(B_0=0.3)	0.5 h	42	60	60	
			1 h	60	67	67	
			2 h	73	80	80	
			3 h	86	91	91	
		雨量(B_0=0.6)	0.5 h	39	56	56	
			1 h	56	61	61	
			2 h	66	72	72	
			3 h	76	80	80	

续表 4-13-11

序号	行政区划名称	类别	降雨历时	预警指标(雨量:mm,水位:m)		临界雨量(mm)/水位(m)	方法
				准备转移	立即转移		
50	黑龙关镇寨志村	雨量(B_0 =0)	0.5 h	29	41	41	流域模型法
			1 h	41	48	48	
			2 h	54	59	59	
			3 h	63	67	67	
		雨量(B_0 =0.3)	0.5 h	25	36	36	
			1 h	36	42	42	
			2 h	47	52	52	
			3 h	55	58	58	
		雨量(B_0 =0.6)	0.5 h	22	32	32	
			1 h	32	36	36	
			2 h	40	43	43	
			3 h	46	49	49	
51	黑龙关镇化乐村	雨量(B_0 =0)	0.5 h	30	42	42	流域模型法
			1 h	42	50	50	
			2 h	55	60	60	
			3 h	65	69	69	
			4 h	72	75	75	
		雨量(B_0 =0.3)	0.5 h	27	38	38	
			1 h	38	44	44	
			2 h	49	53	53	
			3 h	56	60	60	
			4 h	63	66	66	
		雨量(B_0 =0.6)	0.5 h	24	34	34	
			1 h	34	38	38	
			2 h	41	45	45	
			3 h	48	51	51	
			4 h	53	56	56	

续表 4-13-11

序号	行政区划名称	类别	降雨历时	预警指标(雨量:mm,水位:m)		临界雨量(mm)/水位(m)	方法
				准备转移	立即转移		
52	黑龙关镇化乐村柳沟	雨量(B_0=0.3)	0.5 h	27	38	38	同频率法
			1 h	38	48	48	
53	黑龙关镇化乐村桥沟	雨量(B_0=0)	0.5 h	54	78	78	流域模型法
			1 h	78	90	90	
		雨量(B_0=0.3)	0.5 h	50	71	71	
			1 h	71	85	85	
		雨量(B_0=0.6)	0.5 h	47	68	68	
			1 h	68	77	77	
54	黑龙关镇宋家沟村	雨量(B_0=0.3)	0.5 h	27	38	38	同频率法
			1 h	38	48	48	
55	黑龙关镇宋家沟村小原子	雨量(B_0=0)	0.5 h	35	50	50	流域模型法
			1 h	50	58	58	
			2 h	64	71	71	
			3 h	76	81	81	
		雨量(B_0=0.3)	0.5 h	32	46	46	
			1 h	46	52	52	
			2 h	57	63	63	
			3 h	67	72	72	
		雨量(B_0=0.6)	0.5 h	29	41	41	
			1 h	41	46	46	
			2 h	49	55	55	
			3 h	59	62	62	
56	黑龙关镇宋家沟村杨家沟	雨量(B_0=0)	0.5 h	27	39	39	流域模型法
			1 h	39	46	46	
			2 h	52	57	57	
			3 h	62	65	65	

续表 4-13-11

序号	行政区划名称	类别	降雨历时	预警指标(雨量:mm,水位:m)		临界雨量(mm)/水位(m)	方法
				准备转移	立即转移		
56	黑龙关镇宋家沟村杨家沟	雨量($B_0=0.3$)	0.5 h	24	35	35	流域模型法
			1 h	35	40	40	
			2 h	45	50	50	
			3 h	53	57	57	
		雨量($B_0=0.6$)	0.5 h	21	30	30	
			1 h	30	34	34	
			2 h	38	42	42	
			3 h	45	48	48	
57	黑龙关镇宋家沟村三官楼	雨量($B_0=0.3$)	0.5 h	27	38	38	同频率法
			1 h	38	48	48	
58	黑龙关镇黎掌村	雨量($B_0=0.3$)	0.5 h	27	38	38	同频率法
			1 h	38	48	48	
59	黑龙关镇黎掌村贺家沟	雨量($B_0=0$)	0.5 h	45	64	64	流域模型法
			1 h	64	71	71	
			2 h	78	84	84	
			3 h	90	94	94	
		雨量($B_0=0.3$)	0.5 h	42	59	59	
			1 h	59	65	65	
			2 h	71	76	76	
			3 h	80	85	85	
		雨量($B_0=0.6$)	0.5 h	38	55	55	
			1 h	55	59	59	
			2 h	63	68	68	
			3 h	71	75	75	

续表 4-13-11

序号	行政区划名称	类别	降雨历时	预警指标(雨量:mm,水位:m)		临界雨量(mm)/水位(m)	方法
				准备转移	立即转移		
60	黑龙关镇黎掌村温家山	雨量(B_0=0)	0.5 h	32	46	46	流域模型法
			1 h	46	58	58	
		雨量(B_0=0.3)	0.5 h	28	41	41	
			1 h	41	53	53	
		雨量(B_0=0.6)	0.5 h	26	37	37	
			1 h	37	48	48	
61	黑龙关镇黎掌村店上	雨量(B_0=0)	0.5 h	45	64	64	流域模型法
			1 h	64	71	71	
			2 h	78	84	84	
			3 h	90	94	94	
		雨量(B_0=0.3)	0.5 h	42	59	59	
			1 h	59	65	65	
			2 h	71	76	76	
			3 h	80	85	85	
		雨量(B_0=0.6)	0.5 h	38	55	55	
			1 h	55	59	59	
			2 h	63	68	68	
			3 h	71	75	75	
62	黑龙关镇武家沟村	雨量(B_0=0.3)	0.5 h	22	37	37	同频率法
			1 h	37	47	47	
63	黑龙关镇武家沟村西坡	雨量(B_0=0)	0.5 h	34	48	48	流域模型法
			1 h	48	55	55	
			2 h	61	67	67	
			3 h	71	75	75	
			4 h	79	82	82	

续表 4-13-11

序号	行政区划名称	类别	降雨历时	预警指标(雨量:mm,水位:m)		临界雨量(mm)/水位(m)	方法
				准备转移	立即转移		
63	黑龙关镇武家沟村西坡	雨量(B_0 =0.3)	0.5 h	31	44	44	流域模型法
			1 h	44	50	50	
			2 h	54	59	59	
			3 h	63	67	67	
			4 h	70	73	73	
		雨量(B_0 =0.6)	0.5 h	28	39	39	
			1 h	39	44	44	
			2 h	47	51	51	
			3 h	54	57	57	
			4 h	60	63	63	
		水位		1 087.45	1 087.75	1 087.75	
64	黑龙关镇前庄村(背庄)	雨量(B_0 =0)	0.5 h	46	66	66	流域模型法
			1 h	66	74	74	
			2 h	82	88	88	
			3 h	93	98	98	
			4 h	103	108	108	
		雨量(B_0 =0.3)	0.5 h	43	61	61	
			1 h	61	68	68	
			2 h	73	79	79	
			3 h	83	87	87	
			4 h	92	96	96	
		雨量(B_0 =0.6)	0.5 h	39	56	56	
			1 h	56	60	60	
			2 h	65	69	69	
			3 h	73	76	76	
			4 h	80	83	83	

续表 4-13-11

序号	行政区划名称	类别	降雨历时	预警指标(雨量:mm,水位:m)		临界雨量(mm)/水位(m)	方法
				准备转移	立即转移		
65	黑龙关镇前庄村(背庄)阳庄	雨量(B_0 =0)	0.5 h	48	69	69	流域模型法
			1 h	69	78	78	
			2 h	85	91	91	
			3 h	97	102	102	
			4 h	107	112	112	
		雨量(B_0 =0.3)	0.5 h	45	64	64	
			1 h	64	71	71	
			2 h	77	82	82	
			3 h	87	92	92	
			4 h	96	100	100	
		雨量(B_0 =0.6)	0.5 h	42	59	59	
			1 h	59	64	64	
			2 h	68	73	73	
			3 h	76	80	80	
			4 h	84	87	87	
66	黑龙关镇前庄村(背庄)峡村	雨量(B_0 =0.3)	0.5 h	28	40	40	同频率法
			1 h	40	51	51	
67	黑龙关镇中朵村	雨量(B_0 =0.3)	0.5 h	28	39	39	同频率法
			1 h	39	50	50	
68	黑龙关镇中朵村屈家沟	雨量(B_0 =0.3)	0.5 h	28	39	39	同频率法
			1 h	39	50	50	
69	黑龙关镇中朵村山底	雨量(B_0 =0)	0.5 h	45	64	64	流域模型法
			1 h	64	74	74	
			2 h	83	90	90	
			3 h	96	102	102	

续表 4-13-11

序号	行政区划名称	类别	降雨历时	预警指标(雨量:mm,水位:m)		临界雨量(mm)/水位(m)	方法
				准备转移	立即转移		
69	黑龙关镇中朵村山底	雨量(B_0 =0.3)	0.5 h	41	59	59	流域模型法
			1 h	59	66	66	
			2 h	74	80	80	
			3 h	85	91	91	
		雨量(B_0 =0.6)	0.5 h	37	53	53	
			1 h	53	59	59	
			2 h	64	70	70	
			3 h	74	78	78	
70	黑龙关镇中朵村曹洼	雨量(B_0 =0)	0.5 h	43	61	61	流域模型法
			1 h	61	71	71	
			2 h	79	87	87	
			3 h	93	98	98	
		雨量(B_0 =0.3)	0.5 h	39	56	56	
			1 h	56	64	64	
			2 h	71	77	77	
			3 h	82	87	87	
		雨量(B_0 =0.6)	0.5 h	35	50	50	
			1 h	50	56	56	
			2 h	62	67	67	
			3 h	71	76	76	
71	黑龙关镇肖家沟村	雨量(B_0 =0.3)	0.5 h	28	39	39	同频率法
			1 h	39	50	50	
72	黑龙关镇肖家沟村洛阳	雨量(B_0 =0.3)	0.5 h	28	39	39	同频率法
			1 h	39	50	50	

续表 4-13-11

序号	行政区划名称	类别	降雨历时	预警指标(雨量:mm,水位:m)		临界雨量(mm)/水位(m)	方法
				准备转移	立即转移		
73	克城镇克城村	雨量(B_0=0)	0.5 h	50	71	71	流域模型法
			1 h	71	80	80	
			2 h	87	97	97	
			3 h	103	109	109	
		雨量(B_0=0.3)	0.5 h	47	67	67	
			1 h	67	74	74	
			2 h	80	89	89	
			3 h	94	99	99	
		雨量(B_0=0.6)	0.5 h	44	62	62	
			1 h	62	68	68	
			2 h	73	80	80	
			3 h	85	90	90	
74	克城镇克城村湾里	雨量(B_0=0)	0.5 h	39	56	56	流域模型法
			1 h	56	64	64	
			2 h	71	79	79	
			3 h	84	89	89	
		雨量(B_0=0.3)	0.5 h	36	52	52	
			1 h	52	59	59	
			2 h	65	71	71	
			3 h	75	79	79	
		雨量(B_0=0.6)	0.5 h	34	48	48	
			1 h	48	53	53	
			2 h	57	63	63	
			3 h	66	70	70	

续表 4-13-11

序号	行政区划名称	类别	降雨历时	预警指标(雨量:mm,水位:m)		临界雨量(mm)/水位(m)	方法
				准备转移	立即转移		
75	克城镇克城村阳坡	雨量(B_0 =0.3)	0.5 h	27	39	39	同频率法
			1 h	39	50	50	
76	克城镇克城村下梁路	雨量(B_0 =0)	0.5 h	51	73	73	流域模型法
			1 h	73	83	83	
			2 h	90	104	104	
		雨量(B_0 =0.3)	0.5 h	48	68	68	
			1 h	68	77	77	
			2 h	82	96	96	
		雨量(B_0 =0.6)	0.5 h	44	63	63	
			1 h	63	71	71	
			2 h	75	86	86	
77	克城镇克城村官庄	雨量(B_0 =0)	0.5 h	42	61	61	流域模型法
			1 h	61	70	70	
			2 h	76	86	86	
		雨量(B_0 =0.3)	0.5 h	40	57	57	
			1 h	57	64	64	
			2 h	69	79	79	
		雨量(B_0 =0.6)	0.5 h	37	52	52	
			1 h	52	59	59	
			2 h	62	71	71	
78	克城镇克城村大方台	雨量(B_0 =0)	0.5 h	49	70	70	流域模型法
			1 h	70	80	80	
			2 h	87	99	99	
		雨量(B_0 =0.3)	0.5 h	46	66	66	
			1 h	66	75	75	
			2 h	79	92	92	

续表 4-13-11

序号	行政区划名称	类别	降雨历时	预警指标(雨量:mm,水位:m)		临界雨量(mm)/水位(m)	方法
				准备转移	立即转移		
78	克城镇克城村大方台	雨量(B_0 =0.6)	0.5 h	43	62	62	流域模型法
			1 h	62	69	69	
			2 h	72	83	83	
79	克城镇下柳村	雨量(B_0 =0)	0.5 h	48	68	68	流域模型法
			1 h	68	82	82	
		雨量(B_0 =0.3)	0.5 h	46	65	65	
			1 h	65	77	77	
		雨量(B_0 =0.6)	0.5 h	43	61	61	
			1 h	61	72	72	
80	克城镇河北村(下河北)	雨量(B_0 =0)	0.5 h	42	59	59	流域模型法
			1 h	59	67	67	
			2 h	74	80	80	
			3 h	85	90	90	
		雨量(B_0 =0.3)	0.5 h	39	55	55	
			1 h	55	61	61	
			2 h	67	72	72	
			3 h	76	81	81	
		雨量(B_0 =0.6)	0.5 h	36	51	51	
			1 h	51	55	55	
			2 h	60	64	64	
			3 h	68	71	71	
81	克城镇许家沟村	雨量(B_0 =0)	0.5 h	52	74	74	流域模型法
			1 h	74	85	85	
		雨量(B_0 =0.3)	0.5 h	52	74	74	
			1 h	74	85	85	
		雨量(B_0 =0.6)	0.5 h	47	68	68	
			1 h	68	74	74	

续表 4-13-11

序号	行政区划名称	类别	降雨历时	预警指标(雨量:mm,水位:m)		临界雨量(mm)/水位(m)	方法
				准备转移	立即转移		
82	克城镇许家沟村马驹沟	雨量($B_0=0$)	0.5 h	47	68	68	流域模型法
			1 h	68	79	79	
			2 h	96	114	114	
		雨量($B_0=0.3$)	0.5 h	45	64	64	
			1 h	64	74	74	
			2 h	89	106	106	
		雨量($B_0=0.6$)	0.5 h	43	61	61	
			1 h	61	69	69	
			2 h	82	98	98	
83	克城镇下柏村	雨量($B_0=0$)	0.5 h	43	61	61	流域模型法
			1 h	61	72	72	
			2 h	80	90	90	
			3 h	98	103	103	
		雨量($B_0=0.3$)	0.5 h	38	54	54	
			1 h	54	64	64	
			2 h	72	80	80	
			3 h	86	92	92	
		雨量($B_0=0.6$)	0.5 h	34	48	48	
			1 h	48	55	55	
			2 h	61	68	68	
			3 h	73	79	79	
84	克城镇下柏村磨沟	雨量($B_0=0$)	0.5 h	47	67	67	流域模型法
			1 h	67	75	75	
			2 h	82	89	89	
			3 h	95	100	100	

续表 4-13-11

序号	行政区划名称	类别	降雨历时	预警指标(雨量:mm,水位:m)		临界雨量(mm)/水位(m)	方法
				准备转移	立即转移		
84	克城镇下柏村磨沟	雨量(B_0 =0.3)	0.5 h	44	62	62	流域模型法
			1 h	62	69	69	
			2 h	75	81	81	
			3 h	85	90	90	
		雨量(B_0 =0.6)	0.5 h	40	58	58	
			1 h	58	62	62	
			2 h	67	72	72	
			3 h	76	80	80	
85	克城镇张公庄村	雨量(B_0 =0)	0.5 h	26	37	37	流域模型法
			1 h	37	46	46	
			2 h	53	57	57	
		雨量(B_0 =0.3)	0.5 h	22	32	32	
			1 h	32	40	40	
			2 h	44	51	51	
		雨量(B_0 =0.6)	0.5 h	18	25	25	
			1 h	25	32	32	
			2 h	38	41	41	
86	克城镇马武村安窊	雨量(B_0 =0.3)	0.5 h	26	37	37	同频率法
			1 h	37	47	47	
87	克城镇马武村田家沟	雨量(B_0 =0.3)	0.5 h	26	37	37	同频率法
			1 h	37	47	47	
88	克城镇梁路村(上梁路)	雨量(B_0 =0)	0.5 h	19	27	27	流域模型法
			1 h	27	33	33	
			2 h	38	41	41	

续表 4-13-11

序号	行政区划名称	类别	降雨历时	预警指标(雨量:mm,水位:m)		临界雨量(mm)/水位(m)	方法
				准备转移	立即转移		
88	克城镇梁路村(上梁路)	雨量(B_0=0.3)	0.5 h	16	23	23	流域模型法
			1 h	23	28	28	
			2 h	32	35	35	
		雨量(B_0=0.6)	0.5 h	13	19	19	
			1 h	19	23	23	
			2 h	26	28	28	
	克城镇梁路村(上梁路)梁路中心校	雨量(B_0=0)	0.5 h	37	53	53	流域模型法
			1 h	53	64	64	
			2 h	78	89	89	
		雨量(B_0=0.3)	0.5 h	34	49	49	
			1 h	49	58	58	
			2 h	72	83	83	
		雨量(B_0=0.6)	0.5 h	32	46	46	
			1 h	46	53	53	
			2 h	67	78	78	
89	克城镇梁路村(上梁路)高家峪	雨量(B_0=0)	0.5 h	35	50	50	流域模型法
			1 h	50	60	60	
			2 h	73	83	83	
		雨量(B_0=0.3)	0.5 h	32	46	46	
			1 h	46	54	54	
			2 h	67	77	77	
		雨量(B_0=0.6)	0.5 h	30	42	42	
			1 h	42	49	49	
			2 h	61	73	73	

续表 4-13-11

序号	行政区划名称	类别	降雨历时	预警指标(雨量:mm,水位:m)		临界雨量(mm)/水位(m)	方法
				准备转移	立即转移		
90	克城镇梁路村(上梁路)唐侯	雨量(B_0 =0)	0.5 h	47	68	68	流域模型法
			1 h	68	79	79	
			2 h	96	110	110	
		雨量(B_0 =0.3)	0.5 h	45	64	64	
			1 h	64	73	73	
			2 h	89	102	102	
		雨量(B_0 =0.6)	0.5 h	41	59	59	
			1 h	59	66	66	
			2 h	80	94	94	
91	克城镇梁路村(上梁路)河底	雨量(B_0 =0)	0.5 h	39	56	56	流域模型法
			1 h	56	64	64	
			2 h	72	81	81	
		雨量(B_0 =0.3)	0.5 h	35	51	51	
			1 h	51	57	57	
			2 h	64	73	73	
		雨量(B_0 =0.6)	0.5 h	33	46	46	
			1 h	46	50	50	
			2 h	56	65	65	
92	克城镇梁路村(上梁路)柳树洼	雨量(B_0 =0)	0.5 h	19	27	27	流域模型法
			1 h	27	37	37	
			2 h	41	45	45	
		雨量(B_0 =0.3)	0.5 h	17	24	24	
			1 h	24	32	32	
			2 h	34	41	41	
		雨量(B_0 =0.6)	0.5 h	14	20	20	
			1 h	20	24	24	
			2 h	27	33	33	

续表 4-13-11

序号	行政区划名称	类别	降雨历时	预警指标(雨量:mm,水位:m)		临界雨量(mm)/水位(m)	方法
				准备转移	立即转移		
93	克城镇梁路村(上梁路)侯家沟	雨量($B_0=0.3$)	0.5 h	27	39	39	同频率法
			1 h	39	50	50	
94	克城镇公峪村	雨量($B_0=0$)	0.5 h	41	59	59	流域模型法
			1 h	59	67	67	
			2 h	77	87	87	
		雨量($B_0=0.3$)	0.5 h	38	55	55	
			1 h	55	61	61	
			2 h	70	80	80	
		雨量($B_0=0.6$)	0.5 h	35	51	51	
			1 h	51	55	55	
			2 h	62	73	73	
95	克城镇公峪村堡上	雨量($B_0=0$)	0.5 h	43	61	61	流域模型法
			1 h	61	68	68	
			2 h	77	88	88	
		雨量($B_0=0.3$)	0.5 h	40	57	57	
			1 h	57	62	62	
			2 h	70	81	81	
		雨量($B_0=0.6$)	0.5 h	37	53	53	
			1 h	53	56	56	
			2 h	63	74	74	
96	克城镇连捷山村	雨量($B_0=0$)	0.5 h	35	51	51	流域模型法
			1 h	51	64	64	
		雨量($B_0=0.3$)	0.5 h	33	47	47	
			1 h	47	53	53	
		雨量($B_0=0.6$)	0.5 h	28	41	41	
			1 h	41	48	48	

续表 4-13-11

序号	行政区划名称	类别	降雨历时	预警指标(雨量:mm,水位:m)		临界雨量(mm)/水位(m)	方法
				准备转移	立即转移		
97	克城镇连捷山村后贺家峪	雨量($B_0=0.3$)	0.5 h	29	41	41	同频率法
			1 h	41	52	52	
98	克城镇东辛庄村	雨量($B_0=0$)	0.5 h	45	64	64	流域模型法
			1 h	64	75	75	
			2 h	92	106	106	
		雨量($B_0=0.3$)	0.5 h	43	61	61	
			1 h	61	69	69	
			2 h	85	100	100	
		雨量($B_0=0.6$)	0.5 h	39	56	56	
			1 h	56	64	64	
			2 h	79	92	92	
99	克城镇北辛庄村	雨量($B_0=0$)	0.5 h	28	41	41	流域模型法
			1 h	41	48	48	
			2 h	58	65	65	
		雨量($B_0=0.3$)	0.5 h	26	37	37	
			1 h	37	42	42	
			2 h	51	57	57	
		雨量($B_0=0.6$)	0.5 h	22	32	32	
			1 h	32	37	37	
			2 h	44	53	53	

续表 4-13-11

序号	行政区划名称	类别	降雨历时	预警指标(雨量:mm,水位:m)		临界雨量(mm)/水位(m)	方法
				准备转移	立即转移		
100	克城镇北辛庄村会条窊	雨量(B_0 =0)	0.5 h	54	78	78	流域模型法
			1 h	78	87	87	
			2 h	104	120	120	
		雨量(B_0 =0.3)	0.5 h	51	73	73	
			1 h	73	81	81	
			2 h	97	114	114	
		雨量(B_0 =0.6)	0.5 h	48	69	69	
			1 h	69	76	76	
			2 h	90	106	106	
101	克城镇北辛庄村坡头	雨量(B_0 =0.3)	0.5 h	29	41	41	流域模型法
			1 h	41	53	53	
102	克城镇北辛庄村马道街	雨量(B_0 =0)	0.5 h	42	60	60	流域模型法
			1 h	60	69	69	
			2 h	75	85	85	
		雨量(B_0 =0.3)	0.5 h	39	55	55	
			1 h	55	63	63	
			2 h	68	78	78	
		雨量(B_0 =0.6)	0.5 h	36	51	51	
			1 h	51	57	57	
			2 h	61	70	70	
103	克城镇北辛庄村笑窊	雨量(B_0 =0.3)	0.5 h	29	41	41	同频率法
			1 h	41	53	53	
104	克城镇北辛庄村阳山上	雨量(B_0 =0.3)	0.5 h	28	41	41	同频率法
			1 h	41	53	53	

续表 4-13-11

序号	行政区划名称	类别	降雨历时	预警指标(雨量:mm,水位:m)		临界雨量(mm)/水位(m)	方法
				准备转移	立即转移		
105	山中乡川南岭村	雨量(B_0=0)	0.5 h	32	46	46	流域模型法
			1 h	46	58	58	
		雨量(B_0=0.3)	0.5 h	29	42	42	
			1 h	42	52	52	
		雨量(B_0=0.6)	0.5 h	26	38	38	
			1 h	38	47	47	
106	山中乡川南岭村堡子河	雨量(B_0=0)	0.5 h	30	43	43	流域模型法
			1 h	43	54	54	
		雨量(B_0=0.3)	0.5 h	28	39	39	
			1 h	39	49	49	
		雨量(B_0=0.6)	0.5 h	25	35	35	
			1 h	35	44	44	
107	山中乡川南岭村杜家河	雨量(B_0=0)	0.5 h	32	45	45	流域模型法
			1 h	45	57	57	
		雨量(B_0=0.3)	0.5 h	29	41	41	
			1 h	41	51	51	
		雨量(B_0=0.6)	0.5 h	26	37	37	
			1 h	37	46	46	
108	山中乡川南岭村新庄	雨量(B_0=0)	0.5 h	33	47	47	流域模型法
			1 h	47	59	59	
		雨量(B_0=0.3)	0.5 h	30	43	43	
			1 h	43	54	54	
		雨量(B_0=0.6)	0.5 h	27	38	38	
			1 h	38	48	48	

续表 4-13-11

序号	行政区划名称	类别	降雨历时	预警指标(雨量:mm,水位:m)		临界雨量(mm)/水位(m)	方法
				准备转移	立即转移		
109	山中乡枣家河村	雨量(B_0 =0.3)	0.5 h	25	36	36	同频率法
			1 h	36	46	46	
110	山中乡枣家河村贺家河	雨量(B_0 =0)	0.5 h	43	61	61	流域模型法
			1 h	61	71	71	
			2 h	85	98	98	
		雨量(B_0 =0.3)	0.5 h	40	57	57	
			1 h	57	65	65	
			2 h	78	89	89	
		雨量(B_0 =0.6)	0.5 h	37	52	52	
			1 h	52	59	59	
			2 h	70	82	82	
111	古县乡白村贺家庄	雨量(B_0 =0)	0.5 h	35	50	50	流域模型法
			1 h	50	64	64	
		雨量(B_0 =0.3)	0.5 h	32	46	46	
			1 h	46	59	59	
		雨量(B_0 =0.6)	0.5 h	29	42	42	
			1 h	42	54	54	
112	古县乡白村西河	雨量(B_0 =0)	0.5 h	36	51	51	流域模型法
			1 h	51	64	64	
		雨量(B_0 =0.3)	0.5 h	33	46	46	
			1 h	46	58	58	
		雨量(B_0 =0.6)	0.5 h	29	42	42	
			1 h	42	52	52	

续表 4-13-11

序号	行政区划名称	类别	降雨历时	预警指标(雨量:mm,水位:m)		临界雨量(mm)/水位(m)	方法
				准备转移	立即转移		
113	古县乡白村后河	雨量(B_0=0)	0.5 h	33	47	47	流域模型法
			1 h	47	59	59	
		雨量(B_0=0.3)	0.5 h	30	43	43	
			1 h	43	54	54	
		雨量(B_0=0.6)	0.5 h	27	38	38	
			1 h	38	48	48	
114	古县乡北盘地村北盘地沟	雨量(B_0=0.3)	0.5 h	24	35	35	同频率法
			1 h	35	45	45	
115	红道乡古坡村(后古坡)	雨量(B_0=0)	0.5 h	33	46	46	流域模型法
			1 h	46	56	56	
			2 h	64	70	70	
			3 h	76	81	81	
		雨量(B_0=0.3)	0.5 h	29	41	41	
			1 h	41	49	49	
			2 h	55	62	62	
			3 h	67	72	72	
		雨量(B_0=0.6)	0.5 h	25	35	35	
			1 h	35	41	41	
			2 h	47	52	52	
			3 h	56	61	61	
116	红道乡古坡村(后古坡)前峡	雨量(B_0=0.3)	0.5 h	26	37	37	同频率法
			1 h	37	47	47	
117	红道乡古坡村(后古坡)中峡	雨量(B_0=0.3)	0.5 h	26	37	37	同频率法
			1 h	37	47	47	

续表 4-13-11

序号	行政区划名称	类别	降雨历时	预警指标(雨量:mm,水位:m)		临界雨量(mm)/水位(m)	方法
				准备转移	立即转移		
118	红道乡古坡村(后古坡)返底	雨量(B_0=0)	0.5 h	38	54	54	流域模型法
			1 h	54	65	65	
			2 h	73	81	81	
			3 h	87	93	93	
		雨量(B_0=0.3)	0.5 h	34	49	49	
			1 h	49	57	57	
			2 h	64	72	72	
			3 h	78	83	83	
		雨量(B_0=0.6)	0.5 h	30	43	43	
			1 h	43	50	50	
			2 h	55	62	62	
			3 h	67	71	71	
119	红道乡百店村三场	雨量(B_0=0.3)	0.5 h	26	37	37	同频率法
			1 h	37	47	47	
120	乔家湾乡乔家湾村	雨量(B_0=0)	0.5 h	26	38	38	流域模型法
			1 h	38	44	44	
			2 h	50	55	55	
			3 h	59	62	62	
			4 h	65	68	68	
		雨量(B_0=0.3)	0.5 h	23	33	33	
			1 h	33	39	39	
			2 h	44	47	47	
			3 h	51	54	54	
			4 h	57	59	59	

续表 4-13-11

序号	行政区划名称	类别	降雨历时	预警指标(雨量:mm,水位:m)		临界雨量(mm)/水位(m)	方法
				准备转移	立即转移		
120	乔家湾乡乔家湾村	雨量(B_0=0.6)	0.5 h	20	29	29	流域模型法
			1 h	29	33	33	
			2 h	36	39	39	
			3 h	42	45	45	
			4 h	47	49	49	
		水位		1 235.37	1 235.67	1 235.67	
121	乔家湾乡南峪村	雨量(B_0=0)	0.5 h	51	73	73	流域模型法
			1 h	73	83	83	
			2 h	104	120	120	
		雨量(B_0=0.3)	0.5 h	48	68	68	
			1 h	68	78	78	
			2 h	97	114	114	
		雨量(B_0=0.6)	0.5 h	45	64	64	
			1 h	64	73	73	
			2 h	90	106	106	
122	乔家湾乡南峪村刘家山	雨量(B_0=0)	0.5 h	48	69	69	流域模型法
			1 h	69	82	82	
		雨量(B_0=0.3)	0.5 h	45	64	64	
			1 h	64	75	75	
		雨量(B_0=0.6)	0.5 h	41	59	59	
			1 h	59	69	69	
123	乔家湾乡南峪村石河	雨量(B_0=0.3)	0.5 h	27	38	38	同频率法
			1 h	38	50	50	

续表 4-13-11

序号	行政区划名称	类别	降雨历时	预警指标(雨量:mm,水位:m)		临界雨量(mm)/水位(m)	方法
				准备转移	立即转移		
124	乔家湾乡后堡村	雨量(B_0 =0)	0.5 h	26	38	38	流域模型法
			1 h	38	44	44	
			2 h	50	55	55	
			3 h	59	62	62	
			4 h	65	68	68	
		雨量(B_0 =0.3)	0.5 h	23	33	33	
			1 h	33	39	39	
			2 h	44	47	47	
			3 h	51	54	54	
			4 h	57	59	59	
		雨量(B_0 =0.6)	0.5 h	20	29	29	
			1 h	29	33	33	
			2 h	36	39	39	
			3 h	42	45	45	
			4 h	47	49	49	
125	乔家湾乡后堡村屯里	雨量(B_0 =0)	0.5 h	40	58	58	流域模型法
			1 h	58	66	66	
			2 h	72	79	79	
			3 h	84	88	88	
			4 h	92	96	96	
		雨量(B_0 =0.3)	0.5 h	37	53	53	
			1 h	53	59	59	
			2 h	65	70	70	
			3 h	74	78	78	
			4 h	82	86	86	

续表 4-13-11

序号	行政区划名称	类别	降雨历时	预警指标(雨量:mm,水位:m)		临界雨量(mm)/水位(m)	方法
				准备转移	立即转移		
125	乔家湾乡后堡村屯里	雨量(B_0 =0.6)	0.5 h	34	49	49	流域模型法
			1 h	49	53	53	
			2 h	57	61	61	
			3 h	64	68	68	
			4 h	71	74	74	
126	乔家湾乡后堡村盘地	雨量(B_0 =0)	0.5 h	46	66	66	流域模型法
			1 h	66	79	79	
		雨量(B_0 =0.3)	0.5 h	43	61	61	
			1 h	61	73	73	
		雨量(B_0 =0.6)	0.5 h	40	57	57	
			1 h	57	68	68	
127	乔家湾乡井上村	雨量(B_0 =0)	0.5 h	33	47	47	流域模型法
			1 h	47	55	55	
			2 h	61	66	66	
			3 h	71	75	75	
			4 h	79	82	82	
		雨量(B_0 =0.3)	0.5 h	30	43	43	
			1 h	43	48	48	
			2 h	54	58	58	
			3 h	62	66	66	
			4 h	69	72	72	
		雨量(B_0 =0.6)	0.5 h	26	38	38	
			1 h	38	42	42	
			2 h	46	49	49	
			3 h	52	55	55	
			4 h	58	61	61	

续表 4-13-11

序号	行政区划名称	类别	降雨历时	预警指标(雨量:mm,水位:m)		临界雨量(mm)/水位(m)	方法
				准备转移	立即转移		
128	乔家湾乡井上村道子里	雨量(B_0=0)	0.5 h	51	73	73	流域模型法
			1 h	73	81	81	
			2 h	88	96	96	
			3 h	101	107	107	
			4 h	112	116	116	
		雨量(B_0=0.3)	0.5 h	47	68	68	
			1 h	68	75	75	
			2 h	80	86	86	
			3 h	91	96	96	
			4 h	100	105	105	
		雨量(B_0=0.6)	0.5 h	44	62	62	
			1 h	62	68	68	
			2 h	72	77	77	
			3 h	81	85	85	
			4 h	88	92	92	
129	乔家湾乡井上村槐树	雨量(B_0=0)	0.5 h	43	61	61	流域模型法
			1 h	61	69	69	
			2 h	79	89	89	
		雨量(B_0=0.3)	0.5 h	39	56	56	
			1 h	56	62	62	
			2 h	70	81	81	
		雨量(B_0=0.6)	0.5 h	37	52	52	
			1 h	52	56	56	
			2 h	63	73	73	

续表 4-13-11

序号	行政区划名称	类别	降雨历时	预警指标(雨量:mm,水位:m)		临界雨量(mm)/水位(m)	方法
				准备转移	立即转移		
130	乔家湾乡井上村棚子底	雨量(B_0 =0)	0.5 h	37	53	53	流域模型法
			1 h	53	62	62	
			2 h	68	74	74	
			3 h	78	83	83	
			4 h	87	91	91	
		雨量(B_0 =0.3)	0.5 h	34	49	49	
			1 h	49	55	55	
			2 h	60	65	65	
			3 h	69	74	74	
			4 h	77	81	81	
		雨量(B_0 =0.6)	0.5 h	30	43	43	
			1 h	43	48	48	
			2 h	52	56	56	
			3 h	59	63	63	
			4 h	66	69	69	
131	乔家湾乡马如河村	雨量(B_0 =0.3)	0.5 h	26	38	38	同频率法
			1 h	38	49	49	
132	乔家湾乡马如河村野峪	雨量(B_0 =0)	0.5 h	43	62	62	流域模型法
			1 h	62	73	73	
		雨量(B_0 =0.3)	0.5 h	40	57	57	
			1 h	57	67	67	
		雨量(B_0 =0.6)	0.5 h	37	53	53	
			1 h	53	62	62	
133	乔家湾乡马如河村对子角	雨量(B_0 =0.3)	0.5 h	26	38	38	同频率法
			1 h	38	49	49	

续表 4-13-11

序号	行政区划名称	类别	降雨历时	预警指标(雨量:mm,水位:m)		临界雨量(mm)/水位(m)	方法
				准备转移	立即转移		
134	乔家湾乡前进村	雨量(B_0 =0)	0.5 h	40	57	57	流域模型法
			1 h	57	66	66	
			2 h	72	78	78	
			3 h	83	88	88	
			4 h	92	97	97	
		雨量(B_0 =0.3)	0.5 h	37	53	53	
			1 h	53	59	59	
			2 h	65	70	70	
			3 h	74	78	78	
			4 h	82	86	86	
		雨量(B_0 =0.6)	0.5 h	34	48	48	
			1 h	48	53	53	
			2 h	57	61	61	
			3 h	64	67	67	
			4 h	71	74	74	
		水位		1 236.69	1 236.99	1 236.99	
135	乔家湾乡前进村窑湾	雨量(B_0 =0)	0.5 h	41	59	59	流域模型法
			1 h	59	67	67	
			2 h	74	80	80	
			3 h	85	90	90	
			4 h	94	99	99	
		雨量(B_0 =0.3)	0.5 h	38	54	54	
			1 h	54	61	61	
			2 h	66	71	71	
			3 h	76	80	80	
			4 h	84	87	87	

续表 4-13-11

序号	行政区划名称	类别	降雨历时	预警指标(雨量:mm,水位:m)		临界雨量(mm)/水位(m)	方法
				准备转移	立即转移		
135	乔家湾乡前进村窑湾	雨量(B_0 =0.6)	0.5 h	34	49	49	流域模型法
			1 h	49	54	54	
			2 h	58	62	62	
			3 h	65	69	69	
			4 h	72	76	76	
136	乔家湾乡前堡村	雨量(B_0 =0)	0.5 h	45	64	64	流域模型法
			1 h	64	74	74	
			2 h	82	94	94	
		雨量(B_0 =0.3)	0.5 h	43	61	61	
			1 h	61	69	69	
			2 h	73	81	81	
		雨量(B_0 =0.6)	0.5 h	38	54	54	
			1 h	54	61	61	
			2 h	65	73	73	
137	乔家湾乡前堡村辛家湾	雨量(B_0 =0)	0.5 h	40	57	57	流域模型法
			1 h	57	66	66	
			2 h	72	78	78	
			3 h	83	88	88	
			4 h	92	97	97	
		雨量(B_0 =0.3)	0.5 h	37	53	53	
			1 h	53	59	59	
			2 h	65	70	70	
			3 h	74	78	78	
			4 h	82	86	86	

续表 4-13-11

序号	行政区划名称	类别	降雨历时	预警指标(雨量:mm,水位:m)		临界雨量(mm)/水位(m)	方法
				准备转移	立即转移		
137	乔家湾乡前堡村辛家湾	雨量(B_0 =0.6)	0.5 h	34	48	48	流域模型法
			1 h	48	53	53	
			2 h	57	61	61	
			3 h	64	67	67	
			4 h	71	74	74	
		水位		1 236.40	1 236.70	1 236.70	
138	乔家湾乡尚店村	雨量(B_0 =0)	0.5 h	41	58	58	流域模型法
			1 h	58	68	68	
			2 h	73	83	83	
		雨量(B_0 =0.3)	0.5 h	38	54	54	
			1 h	54	62	62	
			2 h	67	76	76	
		雨量(B_0 =0.6)	0.5 h	35	50	50	
			1 h	50	56	56	
			2 h	59	68	68	
139	乔家湾乡尚店村前坡河	雨量(B_0 =0)	0.5 h	50	71	71	流域模型法
			1 h	71	79	79	
			2 h	89	102	102	
		雨量(B_0 =0.3)	0.5 h	46	66	66	
			1 h	66	72	72	
			2 h	82	94	94	
		雨量(B_0 =0.6)	0.5 h	43	61	61	
			1 h	61	66	66	
			2 h	72	85	85	

续表 4-13-11

序号	行政区划名称	类别	降雨历时	预警指标(雨量:mm,水位:m)		临界雨量(mm)/水位(m)	方法
				准备转移	立即转移		
140	乔家湾乡尚店村石堆	雨量(B_0=0)	0.5 h	46	66	66	流域模型法
			1 h	66	78	78	
		雨量(B_0=0.3)	0.5 h	43	62	62	
			1 h	62	73	73	
		雨量(B_0=0.6)	0.5 h	40	57	57	
			1 h	57	68	68	
141	乔家湾乡尚店村张贺川	雨量(B_0=0)	0.5 h	44	62	62	流域模型法
			1 h	62	78	78	
		雨量(B_0=0.3)	0.5 h	41	59	59	
			1 h	59	74	74	
		雨量(B_0=0.6)	0.5 h	38	55	55	
			1 h	55	69	69	
142	乔家湾乡尚店村后坡河	雨量(B_0=0)	0.5 h	69	98	98	流域模型法
			1 h	98	117	117	
		雨量(B_0=0.3)	0.5 h	66	95	95	
			1 h	95	109	109	
		雨量(B_0=0.6)	0.5 h	61	88	88	
			1 h	88	101	101	
143	乔家湾乡曹村	雨量(B_0=0)	0.5 h	14	20	20	流域模型法
			1 h	20	25	25	
		雨量(B_0=0.3)	0.5 h	12	17	17	
			1 h	17	21	21	
		雨量(B_0=0.6)	0.5 h	9	14	14	
			1 h	14	17	17	

续表 4-13-11

序号	行政区划名称	类别	降雨历时	预警指标(雨量:mm,水位:m)		临界雨量(mm)/水位(m)	方法
				准备转移	立即转移		
144	乔家湾乡木枰村岔上	雨量(B_0 =0)	0.5 h	49	70	70	流域模型法
			1 h	70	79	79	
			2 h	87	97	97	
			3 h	103	109	109	
		雨量(B_0 =0.3)	0.5 h	46	65	65	
			1 h	65	73	73	
			2 h	79	88	88	
			3 h	94	100	100	
		雨量(B_0 =0.6)	0.5 h	42	60	60	
			1 h	60	67	67	
			2 h	71	79	79	
			3 h	84	89	89	
145	太林乡太林村	雨量(B_0 =0)	0.5 h	46	66	66	流域模型法
			1 h	66	75	75	
			2 h	83	90	90	
			3 h	96	101	101	
		雨量(B_0 =0.3)	0.5 h	43	61	61	
			1 h	61	68	68	
			2 h	75	81	81	
			3 h	86	91	91	
		雨量(B_0 =0.6)	0.5 h	39	56	56	
			1 h	56	61	61	
			2 h	67	72	72	
			3 h	76	80	80	

续表 4-13-11

序号	行政区划名称	类别	降雨历时	预警指标(雨量:mm,水位:m)		临界雨量(mm)/水位(m)	方法
				准备转移	立即转移		
146	太林乡东河村	雨量(B_0 =0)	0.5 h	40	57	57	流域模型法
			1 h	57	66	66	
			2 h	73	83	83	
		雨量(B_0 =0.3)	0.5 h	37	52	52	
			1 h	52	61	61	
			2 h	65	75	75	
		雨量(B_0 =0.6)	0.5 h	33	47	47	
			1 h	47	53	53	
			2 h	58	65	65	
147	太林乡东河村朱家庄	雨量(B_0 =0)	0.5 h	57	81	81	流域模型法
			1 h	81	95	95	
		雨量(B_0 =0.3)	0.5 h	52	74	74	
			1 h	74	90	90	
		雨量(B_0 =0.6)	0.5 h	52	74	74	
			1 h	74	85	85	
148	太林乡东河村半沟	雨量(B_0 =0.3)	0.5 h	28	40	40	同频率法
			1 h	40	51	51	
149	太林乡东河村辛庄	雨量(B_0 =0)	0.5 h	43	61	61	流域模型法
			1 h	61	72	72	
			2 h	82	89	89	
		雨量(B_0 =0.3)	0.5 h	40	57	57	
			1 h	57	64	64	
			2 h	72	81	81	
		雨量(B_0 =0.6)	0.5 h	38	54	54	
			1 h	54	58	58	
			2 h	65	73	73	

续表 4-13-11

序号	行政区划名称	类别	降雨历时	预警指标(雨量:mm,水位:m)		临界雨量(mm)/水位(m)	方法
				准备转移	立即转移		
150	太林乡东河村小凹	雨量(B_0 =0)	0.5 h	69	98	98	流域模型法
			1 h	98	111	111	
		雨量(B_0 =0.3)	0.5 h	66	95	95	
			1 h	95	106	106	
		雨量(B_0 =0.6)	0.5 h	61	88	88	
			1 h	88	101	101	
151	太林乡碾沟村	雨量(B_0 =0)	0.5 h	46	66	66	流域模型法
			1 h	66	74	74	
			2 h	84	94	94	
			3 h	102	109	109	
		雨量(B_0 =0.3)	0.5 h	43	61	61	
			1 h	61	69	69	
			2 h	75	85	85	
			3 h	93	98	98	
		雨量(B_0 =0.6)	0.5 h	39	56	56	
			1 h	56	61	61	
			2 h	67	77	77	
			3 h	84	88	88	
152	太林乡碾沟村油坊	雨量(B_0 =0)	0.5 h	31	44	44	流域模型法
			1 h	44	53	53	
			2 h	58	65	65	
		雨量(B_0 =0.3)	0.5 h	28	41	41	
			1 h	41	46	46	
			2 h	51	59	59	
		雨量(B_0 =0.6)	0.5 h	25	35	35	
			1 h	35	40	40	
			2 h	44	49	49	

续表 4-13-11

序号	行政区划名称	类别	降雨历时	预警指标(雨量:mm,水位:m)		临界雨量(mm)/水位(m)	方法
				准备转移	立即转移		
153	太林乡碾沟村南柏	雨量(B_0 =0)	0.5 h	61	88	88	流域模型法
			1 h	88	103	103	
		雨量(B_0 =0.3)	0.5 h	59	84	84	
			1 h	84	95	95	
		雨量(B_0 =0.6)	0.5 h	56	79	79	
			1 h	79	90	90	
154	太林乡高阁村	雨量(B_0 =0)	0.5 h	51	73	73	流域模型法
			1 h	73	82	82	
			2 h	89	102	102	
		雨量(B_0 =0.3)	0.5 h	47	68	68	
			1 h	68	77	77	
			2 h	82	94	94	
		雨量(B_0 =0.6)	0.5 h	44	62	62	
			1 h	62	69	69	
			2 h	73	83	83	
155	太林乡高阁村西沟	雨量(B_0 =0.3)	0.5 h	27	39	39	同频率法
			1 h	39	50	50	
156	太林乡高阁村东庙凹	雨量(B_0 =0.3)	0.5 h	27	39	39	同频率法
			1 h	39	50	50	
157	太林乡高阁村神坡	雨量(B_0 =0)	0.5 h	54	78	78	流域模型法
			1 h	78	89	89	
			2 h	97	108	108	
			3 h	116	122	122	
		雨量(B_0 =0.3)	0.5 h	52	74	74	
			1 h	74	82	82	
			2 h	89	99	99	
			3 h	105	111	111	

续表 4-13-11

序号	行政区划名称	类别	降雨历时	预警指标(雨量:mm,水位:m)		临界雨量(mm)/水位(m)	方法
				准备转移	立即转移		
157	太林乡高阁村神坡	雨量(B_0=0.6)	0.5 h	48	69	69	流域模型法
			1 h	69	75	75	
			2 h	80	89	89	
			3 h	95	101	101	
158	太林乡河底村武家崖	雨量(B_0=0)	0.5 h	37	52	52	流域模型法
			1 h	52	61	61	
			2 h	67	76	76	
			3 h	81	85	85	
		雨量(B_0=0.3)	0.5 h	34	48	48	
			1 h	48	55	55	
			2 h	60	67	67	
			3 h	72	76	76	
		雨量(B_0=0.6)	0.5 h	31	44	44	
			1 h	44	49	49	
			2 h	53	59	59	
			3 h	63	67	67	
159	太林乡蒲伊村(前蒲伊)	雨量(B_0=0)	0.5 h	24	34	34	流域模型法
			1 h	34	41	41	
			2 h	46	51	51	
			3 h	53	58	58	
		雨量(B_0=0.3)	0.5 h	21	30	30	
			1 h	30	36	36	
			2 h	39	44	44	
			3 h	46	50	50	

续表 4-13-11

序号	行政区划名称	类别	降雨历时	预警指标(雨量:mm,水位:m)		临界雨量(mm)/水位(m)	方法
				准备转移	立即转移		
159	太林乡蒲伊村(前蒲伊)	雨量(B_0=0.6)	0.5 h	18	25	25	流域模型法
			1 h	25	29	29	
			2 h	32	37	37	
			3 h	40	41	41	
160	太林乡蒲伊村(前蒲伊)碾坡凹	雨量(B_0=0)	0.5 h	53	76	76	流域模型法
			1 h	76	86	86	
			2 h	94	106	106	
			3 h	112	119	119	
		雨量(B_0=0.3)	0.5 h	50	71	71	
			1 h	71	79	79	
			2 h	85	96	96	
			3 h	102	107	107	
		雨量(B_0=0.6)	0.5 h	47	67	67	
			1 h	67	73	73	
			2 h	79	86	86	
			3 h	91	97	97	
161	太林乡蒲伊村(前蒲伊)后蒲伊	雨量(B_0=0)	0.5 h	54	78	78	流域模型法
			1 h	78	87	87	
			2 h	96	107	107	
			3 h	114	120	120	
		雨量(B_0=0.3)	0.5 h	51	73	73	
			1 h	73	81	81	
			2 h	88	98	98	
			3 h	103	109	109	

续表 4-13-11

序号	行政区划名称	类别	降雨历时	预警指标(雨量:mm,水位:m)		临界雨量(mm)/水位(m)	方法
				准备转移	立即转移		
161	太林乡蒲伊村(前蒲伊)后蒲伊	雨量(B_0=0.6)	0.5 h	48	68	68	流域模型法
			1 h	68	74	74	
			2 h	79	87	87	
			3 h	93	98	98	
162	太林乡西开府村	雨量(B_0=0)	0.5 h	48	68	68	流域模型法
			1 h	68	77	77	
			2 h	84	90	90	
			3 h	96	101	101	
			4 h	106	111	111	
		雨量(B_0=0.3)	0.5 h	44	63	63	
			1 h	63	70	70	
			2 h	76	82	82	
			3 h	87	91	91	
			4 h	95	100	100	
		雨量(B_0=0.6)	0.5 h	41	58	58	
			1 h	58	63	63	
			2 h	67	73	73	
			3 h	76	80	80	
			4 h	83	87	87	

续表 4-13-11

序号	行政区划名称	类别	降雨历时	预警指标(雨量:mm,水位:m)		临界雨量(mm)/水位(m)	方法
				准备转移	立即转移		
163	太林乡西开府村牛上角	雨量(B_0 =0)	0.5 h	48	68	68	流域模型法
			1 h	68	77	77	
			2 h	85	92	92	
			3 h	98	102	102	
		雨量(B_0 =0.3)	0.5 h	44	63	63	
			1 h	63	70	70	
			2 h	77	82	82	
			3 h	88	92	92	
		雨量(B_0 =0.6)	0.5 h	41	58	58	
			1 h	58	63	63	
			2 h	68	73	73	
			3 h	77	81	81	
164	太林乡东开府村官庄	雨量(B_0 =0)	0.5 h	53	76	76	流域模型法
			1 h	76	85	85	
			2 h	99	114	114	
		雨量(B_0 =0.3)	0.5 h	50	71	71	
			1 h	71	79	79	
			2 h	90	106	106	
		雨量(B_0 =0.6)	0.5 h	47	68	68	
			1 h	68	72	72	
			2 h	82	98	98	

第14章　汾西县

14.1　汾西县基本情况

14.1.1　地理位置

汾西县地处黄河中游,吕梁山的东麓,山西省中南部,临汾市西北端。东经111°13′12″至111°40′43″,北纬36°27′6″至36°48′13″之间。东临霍州市,西依隰县、蒲县,北靠灵石、交口,南与洪洞接壤。国土面积875 km^2。

汾西县地处吕梁山大背斜东翼汾河以西的向斜中,地势西北高,东南低,西部最高的老爷顶海拔1 890.8 m,东南部最低处的团柏河出境地海拔550 m,高差1 340.8 m。由于地壳不断抬升,水流不断侵蚀,地表形成了沟壑纵横、梁峁起伏、土地支离破碎的黄土残垣沟壑区的地形地貌。

汾西县行政区划图如图4-14-1所示。

14.1.2　社会经济

汾西县现辖永安、对竹、勍香、和平、僧念5个镇,佃坪、团柏、邢家要3个乡,126个行政村。全县总人口约为14.3万人。2014年底全县国内生产总值188 965万元,其中第一产业29 726万元,第二产业63 949万元,第三产业95 290万元。

汾西县境内矿产资源丰富,主要有煤、硫、石膏、铁矿等。工业主要以铸造、煤开采和煤气化为主。农业主要以养殖业和经济林种植为主。其中旱作农业种植是全县经济发展的主要支柱产业。

14.1.3　河流水系

汾西县境内所有的河流都属于汾河流域,流域面积大于50 km^2的主要河流有6条。按照水利部河湖普查河流级别划分原则,2级河流有3条,分别为对竹河、团柏河和轰轰涧河;3级河流有3条,分别为白家河、康和河和佃坪河。县境内主要河流为团柏河与对竹河

汾西县河流水系图见图4-14-2,主要河流基本情况见表4-14-1。

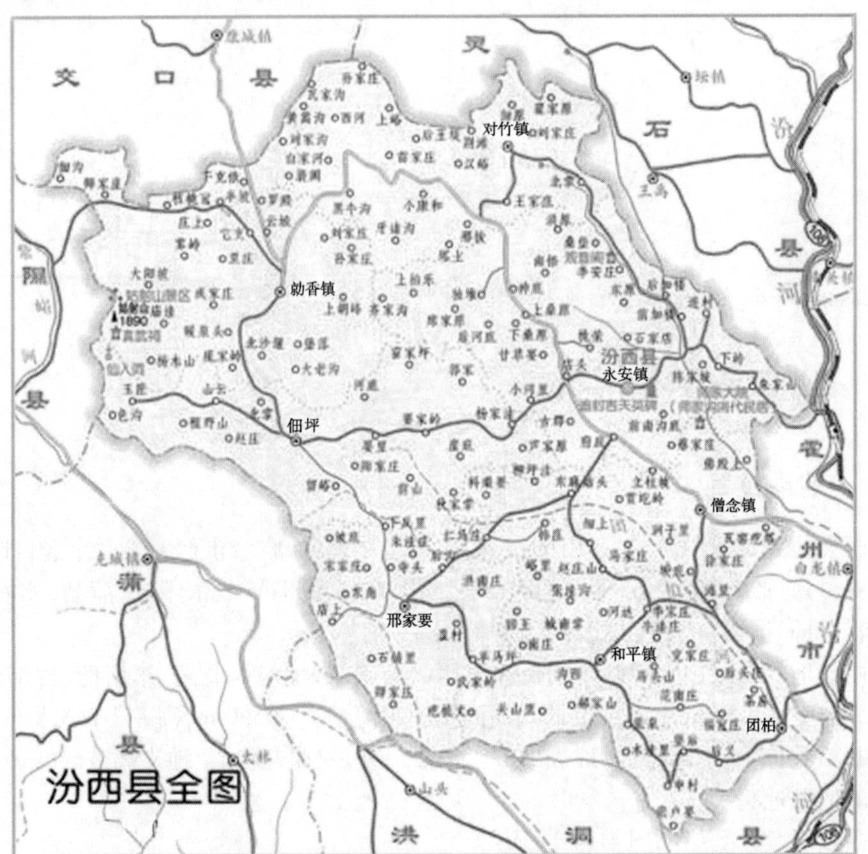

图 4-14-1　汾西县行政区划图

图 4-14-2　汾西县河流水系图

表 4-14-1　汾西县主要河流基本情况表

编号	河流名称	上级河流名称	河流等级	流域面积(km^2)	河长(km)	比降(‰)	境内流域面积(km^2)
1	对竹河	汾河	2	282	51	10.98	185.6
2	团柏河	汾河	2	644	61	11.37	573.0
3	白家河	团柏河	3	50	13	13.48	33.7
4	康和河	团柏河	3	49.8	11	16.57	49.8
5	佃坪河	团柏河	3	146	34	19.01	144.6
6	轰轰涧河	汾河	2	82.7	32	20.51	47.0

14.1.3.1　对竹河

对竹河为汾河的一级支流。对竹河起源于灵石县梁家焉乡角角焉(河源经度111°24′51.8″,河源纬度36°49′52.5″,河源高程1195.4 m),自西北向东南流经灵石县、汾西县、霍州市,于霍州市白龙镇涧北村汇入汾河(河口经度111°42′43.3″,河口纬度36°34′35.1″,河口高程539.8 m),河流全长51 km,流域面积282 km^2,河流比降为10.98‰。汾西县境内流域面积为185.6 km^2。

14.1.3.2　团柏河

团柏河为汾河的一级支流。团柏河起源于隰县黄土镇岭上村太平庄(河源经度111°14′45.1″,河源纬度36°43′59.0″,河源高程1 305.3 m),自西北向东南流经隰县、汾西县、洪洞县,于洪洞县堤村乡干河村汇入汾河(河口经度111°41′22.0″,河口纬度36°27′51.3″,河口高程508.3 m),河流全长61 km,流域面积644 km^2,河流比降为11.37‰。汾西县境内流域面积为573.0 km^2。

14.1.3.3　白家河

白家河为团柏河的支流。白家河起源于汾西县对竹镇西河村瓦家沟(河源经度111°22′53.2″,河源纬度36°47′38.7″,河源高程1 262 m),自西北向南流经汾西县,于汾西县勍香镇云城村东阳沟汇入团柏河(河口经度111°21′31.7″,河口纬度36°42′26.4″,河口高程1 073.2 m),河流全长13 km,流域面积50.0 km^2,河流比降为13.48‰。汾西县境内流域面积为33.7 km^2。

14.1.3.4　康和河

康和河为团柏河的支流。康和河起源于汾西县对竹镇塔上村(河源经度111°27′18.7″,河源纬度36°43′1.1″,河源高程1 024.0 m),自西北向东南流经汾西县,于汾西县永安镇申家庄村汇入团柏河(河口经度111°30′35.7″,河口纬度36°38′33.1″,河口高程864.6 m),河流全长11 km,流域面积49.8 km^2,河流比降为16.57‰。汾西县境内流域面积为49.8 km^2。

14.1.3.5　佃坪河

佃坪河为团柏河的支流。佃坪河起源于汾西县佃坪乡徐庄村宋家山(河源经度111°16′8.9″,河源纬度36°37′42.2″,河源高程1 446.9 m),自西向东流经汾西县,于汾西县僧念镇细上村北方庄村汇入团柏河(河口经度 111°33′6.6″,河口纬度 36°35′57.4″,河口高程 733.6 m),河流全长 34 km,流域面积 146 km²,河流比降为 19.01‰。汾西县境内流域面积为 144.6 km²。

14.1.3.6 轰轰涧河

轰轰涧河为汾河的一级支流。轰轰涧河起源于汾西县邢家要乡邢家要村(河源经度 111°26′36.0″,河源纬度 36°33′4.3″,河源高程 1 289.8 m),自西北向东南流经汾西县、洪洞县,于洪洞县堤村乡北石明村汇入汾河(河口经度 111°39′28.7″,河口纬度 36°25′45.1″,河口高程 488.3 m),河流全长 32 km,流域面积 82.7 km²,河流比降为 20.51‰。汾西县境内流域面积为 47.0 km²。

14.1.4 水文气象

汾西县属温带大陆性气候半干旱地区,四季分明。春温、夏热、秋凉、冬冷,冬夏两季略长,春秋两季略短。多年平均气温 10.1 ℃,最高 10.5 ℃,最低 9.1 ℃,≥10 ℃的积温,一般 3 461.2 ℃,最小 3 259.7 ℃,年日照时数 2 614.5 h。无霜期 187 d,最多 228 d,最少 165 d,初霜期一般出现在 9 月,终霜期在 3 月。冻土深度在 0.7 ~ 1.0 m。冬夏温差大,1 月最冷,平均气温 -3.5 ℃,7 月最热,平均气温 26.3 ℃。春冬两季多风,春季多为东南风,冬季多为西北风,年平均风速 2.2 m/s。

全县年平均降雨量 536.4 mm。降雨量年内分布不均匀,主要集中在汛期 6 ~ 9 月,占年降雨量的 65.95%。冬春季雨雪偏少,暴雨多出现在 7 ~ 8 月。降水量年际变化较大,年最大降雨量 832.0 mm(1975 年),最小降雨量 287.8 mm(1997 年),二者之比为2.89∶1。全县各河流均为季节性河流。

14.1.5 历史山洪灾害

14.1.5.1 文献记载洪水资料

文献记载洪水资料主要来自于《山西省历史洪水调查成果》和《山西洪水研究》。其资料来源于《山西通志》,各市、县的府志或县志,中央档案馆明清档案部的清代档案奏折以及少量的洪水碑刻和家书等。该县文献洪水记载共计 5 条。洪水发生年份分别为 1669 年、1843 年、1880 年、1942 年、1952 年,见表 4-14-2。本次工作还收集了汾西县文献记载旱情资料,见表 4-14-3。

14.1.5.2 《山西省历史洪水调查成果》中的调查成果

2011 年出版的《山西省历史洪水调查成果》中暴雨洪水调查资料已收集至 2008 年,是目前资料最为可靠、最为完整的历史洪水调查成果。其中收集汾西县历史洪水调查成果 1 条。洪水发生地点为团柏乡上团柏村,发生年份主要为 1920 年、1942 年、1958 年。主要分布在团柏河流域,见表 4-14-4。

14.1.5.3 当地相关部门洪水记载

本次工作收集了地方县志、当地水利及相关部门对洪水的记载,可作为汾西县历史洪水调查成果的补充。本次共收集洪水记载 6 条,洪水发生年份分别为 1958 年、1969 年、1974 年、1975 年、1985 年,见表 4-14-5。

表 4-14-2　汾西县文献记载洪水统计表

序号	公元	年号	记载	资料来源
1	1669	清康熙八年	吉州三月黄河覆冰。猗氏、文水大旱岁饥。黎城、猗氏、汾西雨雹,八月饥。昔阳凤凰山神泉忽涌,名为灵瑞泉。太原四月大雪	山西通志
2	1843	清道光廿三年	新绛时值暑月,大雨连绵而降,汾水不时暴溢,且向东岸奔流甚急,而逼近土地庙基。吕文稽家书记载:六月十八日处处雨大,黄河开口南北十余里,娄庄水到南门内数十步,村北无水,东门内至东巷。绛县夏大雨。河津六月七日得雨三寸。新绛、绛州六月八日得雨深透,六月二十一、二十二日得雨深透,七月一、二日得雨深透。汾西七月一、二日得雨深透。翼城七月四日得雨四寸。浮山七月四日得雨三寸	
3	1880	清光绪六年	汾西:五至六月雨雹。沁源:夏大雨雹,禾稼尽伤。临汾:六月雨雹。平陆:葛赵等二十二村被水冲。太原:八月淫雨河溢。左云:夏大雪。高平:夏大雨雹	山西自然灾害史年表
4	1942	民国卅一年	汾河、团柏河、对竹河大水	调查
5	1952		五台、阳曲、忻县、崞县、繁峙、静乐、宁武、岢岚、榆次、祁县、和顺、离石、昔阳、盂县、寿阳、灵石、交城、晋城、高平、襄垣、长治、长治市、荣河、万泉、绛县、安邑、夏县、闻喜、吉县、乡宁、永和、汾西、曲沃:雹灾。平顺、黎城、晋城、安泽、方山:旱灾。屯留:风灾。代县:地震。绛县:虫灾	

表 4-14-3　汾西县文献记载旱情统计表

序号	公元	年号	记载	资料来源
1	1441	明正统六年	乡宁、临汾、崞县、夏县、祁县、汾西、阳曲、和顺、芮城旱大饥。浮山、曲沃、安邑旱。蒲县大旱。太原春夏旱	山西水旱灾害
2	1472	明成化八年	山西全省性旱和大旱	山西通志

续表 4-14-3

序号	公元	年号	记载	资料来源
3	1482	明成化十八年	高平山水暴涨,损伤田禾庐舍无算。翼城雨伤稼。潞州、宁乡水;霍州、汾西、寿阳旱,保德、定州、文水饥	雍正山西通志
4	1534	明嘉靖十三年	永和、交城、文水、徐沟、寿阳、汾西、洪洞、翼城、临汾、霍州、沁源、安泽旱大饥,禾稼殆尽,饿殍盈野	山西水旱灾害
5	1601	明万历廿九年	山西全省性旱和大旱。秋七月荣河水溢,冲坏民田。汾西、汾州诸县五月不雨,八月严霜杀稼,大饥	山西通志
6	1720	清康熙五十九年	山西全省性大旱	山西自然灾害史年表
7	1721	清康熙六十年	山西全省性持续大旱	山西自然灾害史年表
8	1722	清康熙六十一年	山西全省性大旱,中部尤甚	山西水旱灾害
9	1875	清光绪元年	汾西大旱,秋薄收。临汾、太平六月旱	原山西省临汾地区水文计算手册
10	1876	清光绪二年	屯留、吉州、临县、河津、汾西、绛州、洪洞、芮城、荣河、朔州、交城、解县旱。虞乡五月大风拔木。祁县寸草不收。永济、垣曲麦欠。昔阳、平定四月廿四日大雪。翼城六月十八日大雷雨拔木。曲沃秋七月大疫	山西自然灾害史年表
11	1878	清光绪四年	怀仁、文水、汾阳、孝义、交城、临汾、翼城、吉州、大宁、平顺、祁县、临县、蒲县、泽州、永宁(离石)、霍县、襄陵、乡宁、隰州、壶关、夏县、陵川、高平、泽州、襄垣、盂县、安邑、临晋、稷山、虞乡、芮城:旱。沁水、汾西、屯留:大疫。闻喜、太谷:大饥	山西自然灾害史年表
12	1920	民国九年	山西临汾以南涝,余均旱和大旱。黎城、沁水、泽州、襄垣、长治、武乡、安邑、临晋、虞乡、芮城、平陆、汾西、万泉、临汾、荣河、榆次、榆县、阳曲、平遥、介休、太原、文水、孝义、崞县、应县、代县、忻县、定襄、泽州、临汾、新绛、太谷、朔州、昔阳、闻喜、平顺、壶关、襄陵、大同、阳高、浑源、静乐、保德、临晋、芮城、襄垣:受旱	山西自然灾害史年表

续表 4-14-3

序号	公元	年号	记载	资料来源
13	1929	民国十八年	山西全省连续旱和偏旱。长治、临汾、临县、祁县、怀仁、大同、浑源、昔阳、平遥、介休、新绛、沁源、芮城、万泉、荣河、临晋、临汾、猗氏、乡宁、平陆、汾西、安邑、曲沃、长治、武乡、怀仁:旱	山西自然灾害史年表
14	1936	民国廿五年	十二月太原地震。全省持续性大旱	山西自然灾害史年表
15	1941	民国卅年	祁县、昔阳、汾城、安邑、新绛、稷山、汾西、五台等县遭受旱灾	山西自然灾害史年表
16	1960		山西晋南旱象严重	山西水旱灾害
17	1965		山西全省性大旱。晋南春夏连旱,尤以伏旱为甚	山西水旱灾害
18	1972		山西全省性大旱,整个三伏天无雨	山西水旱灾害
19	1978		全省严重干旱的同时,风、雹、冻、病虫害亦严重发生	山西水旱灾害
20	1987		山西全省性旱,严重的有忻州、吕梁、临汾西部、太原市等	山西水旱灾害

表 4-14-4　汾西县历史洪水调查成果统计表

编号	调查地点				河长(km)	集水面积(km^2)	调查洪水			调查单位
	水系	河名	河段名	地点			洪峰流量(m^3/s)	发生年份	可靠程度	
1	汾河	团柏河	上团柏	汾西县团柏乡上团柏村		670	2 760	1942		
							891	1920		
							404	1958		

表 4-14-5　汾西县相关部门历史洪水调查成果统计表

序号	发生时间	位置	洪水灾害描述
1	1958 年 7 月 20 日	团柏村	降雨 73 mm,暴雨冲坏下游洪灌渠两条,冲毁滩地 500 余亩
2	1969 年 8 月 13 日	下庄村	大暴雨加冰雹,降雨量达 86.7 mm,冰雹打坏已经成熟的大秋作物 350 余亩,冲毁沟坝地 160 多亩,乡村公路被冲毁 5 处,大风刮断电线 23 处
3	1974 年 7 月 3 日	邢家要村	降雨量 59.7 mm,该乡镇 1973 年新建的生产坝 141 座,冲的只余下 14 座
4	1975 年 7 月 14 日	窑铺村	暴雨加冰雹,3 h 降雨量 55.5 mm,窑铺村委 100 余亩沟坝地冲毁 70% 以上
5	1985 年 5 月 11 日	康和村	7 h 降雨 71.7 mm,其中 30 min 最大降雨达 32 mm,冲毁生产坝 65 座,冲坏沟坝地 500 余亩
6	1985 年 5 月 11 日	勍香村	7 h 降雨 73.6 mm,冲倒电线杆 30 根,5 个乡镇通信联络中断,65 处煤窑坑口进水,冲走硫铁矿 4 000 余 t,直接经济损失 130 余万元

14.2　汾西县山洪灾害分析评价成果

14.2.1　分析评价名录确定

汾西县共有26个重点防治区，名录见表4-14-6；汾西县将26个重点防治区划分为26个计算小流域，基本信息见表4-14-7，其中包括行政区划名称、面积、主沟道长度、主沟道比降、产流地类、汇流地类。

14.2.2　设计暴雨成果

汾西县的26个计算小流域各时段雨量的均值$\overline{H}$、变差系数C_v、C_s/C_v和各时段相应频率的雨量值成果H_p见表4-14-8（本次对汾西县26个山洪灾害沿河村落均采用《山西省水文手册》中提供的方法进行了设计暴雨计算。对采用流域模型法计算设计洪水的进行设计暴雨时程分配计算，对采用经验公式法计算设计洪水的不进行设计暴雨时程分配计算）。汾西县沿河村落100年一遇设计暴雨分布图见附图4-157～附图4-160。

14.2.3　设计洪水成果

汾西县的26个重点防治区都进行了设计洪水的推求。其中设计洪水成果，见表4-14-9（26个沿河村落均采用由设计暴雨推求设计洪水的方法计算，本次采用《山西省水文手册》中的流域模型法与经验公式法计算，对采用流域模型法计算设计洪水的进行设计净雨深计算，对采用经验公式法计算设计洪水的不进行设计净雨深计算）。汾西县沿河村落100年一遇设计洪水分布图见附图4-161。

14.2.4　现状防洪能力成果

现状防洪能力评价主要是在设计洪水分析成果的基础上，结合沿河村落地形地貌、居民户高程情况，勾绘划定其淹没范围，进行危险区等级的划分，确定最佳转移路线和临时安置地点，并统计各沿河村落5个典型频率设计洪水位下的累计人口、户数，获得水位—流量—人口关系，综合评价现状防洪能力。本次对汾西县26个山洪灾害沿河村落进行防洪现状评价。现状防洪能力小于100年一遇的有26个沿河村落。26个沿河村落中，大于等于5年一遇小于20年一遇的有5个，大于等于20年一遇小于100年一遇的有21个。

经统计，汾西县26个沿河村落中极高危险区内没有居民户，高危险区内有23户110人，危险区内有114户622人。现状防洪能力成果见表4-14-10与附图4-162。

14.2.5　雨量预警指标分析成果

汾西县的26个重点防治区都进行了雨量预警指标的确定。汾西县预警指标分析成果表和汾西县沿河村落预警指标分布图见表4-14-11与附图4-163～附图4-168。

表 4-14-6　汾西县山洪灾害分析评价名录

序号	沿河村落	行政区划代码	所在乡镇	所在河流	影响形式
1	对竹	141034101200000	对竹镇	对竹河	河道洪水
2	刘家庄	141034101204000	对竹镇	对竹河	河道洪水
3	下庄	141034101203000	对竹镇	对竹河	河道洪水
4	北掌	141034101208000	对竹镇	对竹河	河道洪水
5	野村	141034101208100	对竹镇	对竹河	河道洪水
6	冯村	141034100213000	永安镇	对竹河	河道洪水
7	李安庄村	141034100214000	永安镇	对竹河	河道洪水
8	赵家坡	141034100217000	永安镇	对竹河	河道洪水
9	后加楼村	141034100216000	永安镇	对竹河	河道洪水
10	前加楼村	141034100201000	永安镇	对竹河	河道洪水
11	涧底	141034100211000	永安镇	对竹河	河道洪水
12	它支	141034102211000	勍香镇	团柏河	坡面水流
13	暖泉头	141034102211000	勍香镇	团柏河	河道洪水
14	广落庄	141034102214101	勍香镇	团柏河	河道洪水
15	云城	141034102212000	勍香镇	团柏河	河道洪水
16	堡落村	141034102202000	勍香镇	团柏河	河道洪水
17	西村	141034102204000	勍香镇	团柏河	坡面水流
18	回城村	141034102205000	勍香镇	团柏河	河道洪水
19	上团柏村	141034201203000	团柏乡	团柏河	河道洪水
20	徐庄	141034200201000	佃坪乡	佃坪河	河道洪水
21	圪垛沟	141034200202100	佃坪乡	佃坪河	河道洪水
22	蔡家坡	141034200202101	佃坪乡	佃坪河	坡面水流
23	东峪	141034200203000	佃坪乡	佃坪河	河道洪水
24	佃坪	141034200200000	佃坪乡	佃坪河	坡面水流
25	圪台头	141034200206000	佃坪乡	佃坪河	河道洪水
26	留峪	141034200205000	佃坪乡	佃坪河	坡面水流

表 4-14-7　汾西县小流域基本信息汇总表

序号	计算单元名称	流域面积(km^2)	主沟道长度(km)	主沟道比降(‰)	产流地类(km^2)						汇流地类(km^2)		
					黄土丘陵阶地	灰岩土石山区	砂页岩灌丛山地	砂页岩森林山地	灰岩灌丛山地	灰岩森林山地	森林山地	灌丛山地	草坡山地
1	对竹	84.81	12.3	14.3	78.48		6.33					3.24	81.57
2	刘家庄	12.13	6.1	19.0	12.09		0.04					0.04	12.09
3	下庄	13.93	7.3	16.9	12.79		1.14					1.14	12.79
4	北掌	114.27	16.5	10.9	98.65		15.62					12.53	101.74
5	野村	115.79	18.3	11.9	98.65		17.14					14.05	101.74
6	冯村	129.84	19.8	11.8	104.50		25.34					22.25	107.59
7	李安庄村	139.10	23.2	11.3	104.50		34.60					31.51	107.59
8	赵家坡	142.28	24.8	11.0	104.50		37.78					34.69	107.59
9	后加楼村	174.86	26.8	10.7	112.90		61.96					58.87	115.99
10	前加楼村	177.07	28.7	11.1	112.90		64.17					61.08	115.99
11	涧底	219.50	30.7	10.8	126.20		93.30					89.14	130.36
12	它支	1.03	0.8	15.0	1.03								1.03
13	暖泉头	8.59	6.5	29.7			7.49			1.10	1.22	7.37	
14	广落庄	12.57	8.8	23.8	0.04		11.43			1.10	1.22	11.31	0.04
15	云城	47.57	12.7	13.0	47.57								47.57
16	堡落村	13.95	5.5	25.8	1.44		12.51					12.51	1.44
17	西村	6.57	3.9	21.3	1.91		4.66					4.66	1.91
18	回城村	216.97	25.8	15.1	103.70	1.06	33.53		25.88	52.80	52.94	60.33	103.70

续表 4-14-7

序号	计算单元名称	流域面积(km^2)	主沟道长度(km)	主沟道比降(‰)	产流地类(km^2)						汇流地类(km^2)		
					黄土丘陵阶地	灰岩土石山区	砂页岩灌丛山地	砂页岩森林山地	灰岩灌丛山地	灰岩森林山地	森林山地	灌丛山地	草坡山地
19	上团柏村	9.31	5.1	27.6		3.17	6.14						9.31
20	徐庄	18.81	6.4	19.7			2.23		6.21	10.37	10.42	8.39	
21	圪垛沟	1.99	1.9	33.3			1.76		0.23			1.99	
22	蔡家坡	0.40	0.7	15.0			0.40					0.40	
23	东峪	38.33	9.4	20.3			16.15	0.07	10.76	11.35	11.47	26.86	
24	佃坪	2.13	1.9	33.3			2.11		0.02			2.13	
25	圪台头	55.87	14.9	16.7			28.06	2.75	13.71	11.35	14.15	41.72	
26	留峪	0.51	1.4	25.0			0.29		0.22			0.51	

表 4-14-8　汾西县设计暴雨成果表

序号	计算单元名称	历时	均值(mm)	变差系数	C_s/C_v	重现期雨量值 H_p(mm)				
						100 年($H_{1\%}$)	50 年($H_{2\%}$)	20 年($H_{5\%}$)	10 年($H_{10\%}$)	5 年($H_{20\%}$)
1	对竹	10 min	13.8	0.57	3.5	32.4	28.3	22.9	18.8	14.7
		60 min	28.3	0.56	3.5	63.0	55.1	44.6	36.6	28.6
		6 h	40.0	0.52	3.5	106.7	94.3	77.7	64.9	51.9
		24 h	66.8	0.43	3.5	144.4	129.7	109.9	94.5	78.3
		3 d	85.2	0.42	3.5	191.7	172.6	146.9	126.8	105.6

续表 4-14-8

序号	计算单元名称	历时	均值(mm)	变差系数	C_s/C_v	重现期雨量值 H_p(mm)				
						100 年($H_{1\%}$)	50 年($H_{2\%}$)	20 年($H_{5\%}$)	10 年($H_{10\%}$)	5 年($H_{20\%}$)
2	刘家庄	10 min	13.8	0.57	3.5	37.9	33.1	26.7	21.8	16.9
		60 min	28.3	0.56	3.5	69.3	60.4	48.8	39.9	31.1
		6 h	39.0	0.52	3.5	111.6	98.4	80.8	67.4	53.7
		24 h	64.8	0.43	3.5	146.7	131.6	111.0	95.1	78.5
		3 d	83.2	0.42	3.5	194.4	174.8	148.2	127.5	105.8
3	下庄	10 min	13.8	0.57	3.5	37.6	32.8	26.5	21.6	16.8
		60 min	28.3	0.56	3.5	68.9	60.1	48.5	39.7	30.9
		6 h	39.0	0.52	3.5	111.1	98.1	80.5	67.1	53.5
		24 h	64.8	0.43	3.5	146.4	131.3	110.8	95.0	78.3
		3 d	83.2	0.42	3.5	194.1	174.5	148.0	127.3	105.7
4	北掌	10 min	13.8	0.57	3.5	31.6	27.6	22.3	18.3	14.3
		60 min	28.3	0.56	3.5	61.3	53.5	43.3	35.6	27.8
		6 h	40.0	0.52	3.5	103.9	91.8	75.7	63.3	50.7
		24 h	66.8	0.43	3.5	141.2	127.0	107.7	92.7	76.9
		3 d	85.2	0.42	3.5	188.7	170.0	144.8	125.1	104.3
5	野村	10 min	13.8	0.57	3.5	31.3	27.4	22.2	18.2	14.2
		60 min	28.3	0.56	3.5	61.7	54.0	43.7	35.9	28.1
		6 h	40.0	0.52	3.5	105.1	92.9	76.5	64.0	51.2
		24 h	66.8	0.43	3.5	141.8	127.3	107.9	92.8	76.9
		3 d	85.2	0.42	3.5	188.4	169.6	144.4	124.6	103.8

续表 4-14-8

序号	计算单元名称	历时	均值(mm)	变差系数	C_s/C_v	重现期雨量值 H_p(mm)				
						100年($H_{1\%}$)	50年($H_{2\%}$)	20年($H_{5\%}$)	10年($H_{10\%}$)	5年($H_{20\%}$)
6	冯村	10 min	13.8	0.57	3.5	30.9	27.0	21.9	18.0	14.0
		60 min	28.3	0.56	3.5	61.1	53.5	43.3	35.6	27.8
		6 h	40.0	0.52	3.5	104.4	92.3	76.1	63.6	50.9
		24 h	66.8	0.43	3.5	141.0	126.8	107.5	92.4	76.6
		3 d	85.2	0.42	3.5	187.7	169.0	143.9	124.3	103.6
7	李安庄村	10 min	13.8	0.57	3.5	30.7	26.8	21.7	17.8	13.9
		60 min	28.3	0.56	3.5	60.8	53.2	43.1	35.4	27.7
		6 h	40.0	0.52	3.5	104.0	91.9	75.8	63.4	50.7
		24 h	66.8	0.43	3.5	140.6	126.4	107.2	92.2	76.5
		3 d	85.2	0.42	3.5	187.3	168.6	143.7	124.0	103.4
8	赵家坡	10 min	13.8	0.57	3.5	30.6	26.8	21.7	17.8	13.9
		60 min	28.3	0.56	3.5	60.7	53.1	43.0	35.3	27.6
		6 h	40.0	0.52	3.5	103.8	91.8	75.7	63.3	50.7
		24 h	66.8	0.43	3.5	140.5	126.3	107.1	92.1	76.4
		3 d	85.2	0.42	3.5	187.2	168.5	143.6	124.0	103.4
9	后加楼村	10 min	13.8	0.57	3.5	29.9	26.2	21.2	17.4	13.6
		60 min	28.3	0.56	3.5	59.9	52.4	42.5	34.9	27.3
		6 h	40.0	0.52	3.5	102.7	90.8	75.0	62.7	50.3
		24 h	66.8	0.43	3.5	138.1	124.2	105.4	90.7	75.4
		3 d	85.2	0.42	3.5	184.9	166.5	141.8	122.5	102.1

续表 4-14-8

序号	计算单元名称	历时	均值(mm)	变差系数	C_s/C_v	重现期雨量值 H_p(mm)				
						100 年($H_{1\%}$)	50 年($H_{2\%}$)	20 年($H_{5\%}$)	10 年($H_{10\%}$)	5 年($H_{20\%}$)
10	前加楼村	10 min	13.8	0.57	3.5	29.9	26.1	21.1	17.3	13.5
		60 min	28.3	0.56	3.5	59.9	52.4	42.4	34.9	27.3
		6 h	40.0	0.52	3.5	102.6	90.8	74.9	62.7	50.2
		24 h	66.8	0.43	3.5	138.0	124.1	105.4	90.7	75.4
		3 d	85.2	0.42	3.5	184.8	166.4	141.8	122.4	102.0
11	涧底	10 min	13.8	0.57	3.5	29.0	25.3	20.5	16.9	13.2
		60 min	28.3	0.56	3.5	58.8	51.4	41.7	34.3	26.8
		6 h	40.0	0.52	3.5	101.5	89.8	74.1	62.1	49.8
		24 h	66.8	0.43	3.5	136.7	123.0	104.5	90.0	74.8
		3 d	85.2	0.42	3.5	183.0	164.7	140.5	121.4	101.3
12	它支	10 min	12.7	0.52	3.5	34.1	30.0	24.6	20.4	16.2
		60 min	25.5	0.52	3.5	68.7	60.4	49.4	41.0	32.5
		6 h	45.3	0.52	3.5	124.9	110.0	90.0	74.8	59.3
		24 h	67.0	0.51	3.5	184.0	162.2	133.0	110.7	88.0
		3 d	90.0	0.48	3.5	236.6	209.9	174.0	146.4	118.0
13	暖泉头	10 min	13.1	0.56	3.5	35.0	30.6	24.8	20.3	15.9
		60 min	26.5	0.54	3.5	70.1	61.4	49.8	41.1	32.2
		6 h	46.0	0.54	3.5	126.1	110.8	90.4	74.9	59.1
		24 h	68.0	0.51	3.5	183.5	161.8	132.8	110.6	87.9
		3 d	84.0	0.5	3.5	225.4	199.2	164.2	137.3	109.8

续表 4-14-8

序号	计算单元名称	历时	均值(mm)	变差系数	C_s/C_v	重现期雨量值 H_p(mm)				
						100 年($H_{1\%}$)	50 年($H_{2\%}$)	20 年($H_{5\%}$)	10 年($H_{10\%}$)	5 年($H_{20\%}$)
14	广落庄	10 min	13.1	0.56	3.5	34.4	30.1	24.3	20.0	15.6
		60 min	26.5	0.54	3.5	69.1	60.5	49.2	40.5	31.8
		6 h	46.0	0.54	3.5	124.9	109.8	89.6	74.3	58.7
		24 h	68.0	0.51	3.5	182.4	160.9	132.1	110.1	87.6
		3 d	84.0	0.5	3.5	224.5	198.4	163.6	136.9	109.6
15	云城	10 min	12.8	0.55	3.5	30.5	26.7	21.7	17.9	14.0
		60 min	27.0	0.54	3.5	64.4	56.5	46.1	38.1	30.0
		6 h	46.1	0.52	3.5	118.5	104.5	85.9	71.6	57.0
		24 h	68.4	0.49	3.5	171.1	151.8	125.9	106.0	85.5
		3 d	87.3	0.47	3.5	217.5	193.6	161.6	136.9	111.3
16	堡落村	10 min	13.3	0.56	3.5	34.9	30.5	24.7	20.2	15.8
		60 min	27.5	0.56	3.5	72.7	63.5	51.2	41.9	32.6
		6 h	46.4	0.55	3.5	129.7	113.7	92.4	76.2	59.9
		24 h	68.6	0.5	3.5	179.6	158.8	130.9	109.5	87.6
		3 d	85.8	0.48	3.5	221.6	196.7	163.4	137.6	111.2
17	西村	10 min	13.4	0.56	3.5	36.6	32.0	25.9	21.2	16.6
		60 min	28.7	0.56	3.5	76.5	66.8	53.9	44.1	34.3
		42 h	46.4	0.55	3.5	134.2	117.6	95.5	78.7	61.8
		60 h	68.6	0.5	3.5	180.5	159.5	131.3	109.8	87.7
		4 d	85.9	0.48	3.5	223.6	198.4	164.6	138.6	111.9

续表 4-14-8

序号	计算单元名称	历时	均值(mm)	变差系数	C_s/C_v	重现期雨量值 H_p(mm)				
						100 年($H_{1\%}$)	50 年($H_{2\%}$)	20 年($H_{5\%}$)	10 年($H_{10\%}$)	5 年($H_{20\%}$)
18	回城村	10 min	12.8	0.55	3.5	26.4	23.1	18.8	15.5	12.2
		60 min	27.0	0.54	3.5	57.6	50.5	41.2	34.1	26.9
		6 h	46.1	0.52	3.5	109.9	96.9	79.6	66.4	52.9
		24 h	68.4	0.49	3.5	163.6	145.2	120.7	101.7	82.2
		3 d	87.3	0.47	3.5	210.1	186.9	156.2	132.4	107.7
19	上团柏村	10 min	12.2	0.52	3.5	30.9	27.2	22.3	18.6	14.7
		60 min	27.0	0.5	3.5	64.6	57.1	47.0	39.3	31.4
		6 h	44.3	0.5	3.5	117.6	104.1	86.1	72.2	58.0
		24 h	66.2	0.48	3.5	167.7	148.8	123.4	103.9	83.8
		3 d	77.8	0.46	3.5	195.2	174.0	145.4	123.3	100.5
20	徐庄	10 min	13.6	0.58	3.5	36.6	31.9	25.7	21.0	16.2
		60 min	28.7	0.54	3.5	69.5	60.7	49.2	40.4	31.5
		6 h	42.1	0.55	3.5	121.3	106.6	87.0	72.0	56.9
		24 h	68.6	0.5	3.5	175.6	155.2	127.7	106.7	85.2
		3 d	86.0	0.5	3.5	228.7	202.2	166.8	139.6	111.8
21	圪垛沟	10 min	13.6	0.58	3.5	40.6	35.3	28.4	23.1	17.9
		60 min	28.7	0.54	3.5	75.2	65.7	53.0	43.5	33.8
		6 h	42.1	0.55	3.5	127.9	112.2	91.4	75.5	59.4
		24 h	68.6	0.5	3.5	180.9	159.6	131.1	109.3	87.0
		3 d	86	0.5	3.5	233.4	206.2	169.8	141.9	113.3

续表 4-14-8

序号	计算单元名称	历时	均值(mm)	变差系数	C_s/C_v	重现期雨量值 H_p(mm)				
						100年($H_{1\%}$)	50年($H_{2\%}$)	20年($H_{5\%}$)	10年($H_{10\%}$)	5年($H_{20\%}$)
22	蔡家坡	10 min	13.6	0.58	3.5	39.5	34.4	27.6	22.5	17.4
		60 min	28.7	0.54	3.5	73.6	64.3	52.0	42.6	33.2
		6 h	42.1	0.55	3.5	126.1	110.7	90.2	74.6	58.7
		24 h	68.6	0.5	3.5	179.6	158.6	130.2	108.6	86.6
		3 d	86	0.5	3.5	232.3	205.3	169.1	141.3	113.0
23	东峪	10 min	13.6	0.58	3.5	34.9	30.4	24.5	20.0	15.5
		60 min	28.7	0.54	3.5	66.9	58.5	47.4	39.0	30.5
		6 h	42.1	0.55	3.5	118.2	104.0	84.9	70.4	55.7
		24 h	68.6	0.5	3.5	172.9	152.8	126.0	105.3	84.3
		3 d	86.0	0.5	3.5	226.0	200.0	165.1	138.4	111.0
24	佃坪	10 min	13.6	0.58	3.5	40.1	34.9	28.1	22.9	17.7
		60 min	28.7	0.54	3.5	74.5	65.1	52.6	43.1	33.6
		6 h	42.1	0.55	3.5	127.1	111.6	90.9	75.1	59.1
		24 h	68.6	0.5	3.5	180.4	159.2	130.7	109.0	86.8
		3 d	86	0.5	3.5	232.9	205.8	169.5	141.6	113.2
25	圪台头	10 min	13.6	0.58	3.5	33.9	29.6	23.8	19.5	15.1
		60 min	28.7	0.54	3.5	65.8	57.5	46.6	38.3	29.9
		6 h	42.1	0.55	3.5	117.0	102.9	84.0	69.6	55.1
		24 h	68.6	0.5	3.5	171.5	151.7	125.1	104.7	83.8
		3 d	86.0	0.5	3.5	224.5	198.7	164.2	137.7	110.5

续表 4-14-8

序号	计算单元名称	历时	均值(mm)	变差系数	C_s/C_v	重现期雨量值 H_p(mm)				
						100 年($H_{1\%}$)	50 年($H_{2\%}$)	20 年($H_{5\%}$)	10 年($H_{10\%}$)	5 年($H_{20\%}$)
26	留峪	10 min	13.6	0.58	3.5	33.8	29.5	23.8	19.4	15.1
		60 min	28.7	0.54	3.5	65.6	57.4	46.5	38.2	29.8
		6 h	42.1	0.55	3.5	116.8	102.7	83.9	69.5	55.0
		24 h	68.6	0.5	3.5	171.3	151.4	124.9	104.5	83.7
		3 d	86.0	0.5	3.5	224.3	198.5	164.1	137.6	110.5

表 4-14-9　汾西县设计洪水成果表

序号	行政区划名称	洪水要素	重现期洪水要素值				
			100 年	50 年	20 年	10 年	5 年
1	对竹	洪峰流量(m^3/s)	996	810	573	393	235
		洪量(万 m^3)	572	457	314	214	136
		洪水历时(h)	6.5	6.0	5.5	5.5	5.0
		洪峰水位(m)	958.2	957.86	957.36	957.17	956.77
2	刘家庄	洪峰流量(m^3/s)	252	210	154	109	68
		洪量(万 m^3)	87	69	48	33	21
		洪水历时(h)	3.0	2.5	2.5	2.5	1.5
		洪峰水位(m)	965.35	965.2	964.99	964.77	964.51

续表 4-14-9

序号	行政区划名称	洪水要素	重现期洪水要素值				
			100 年	50 年	20 年	10 年	5 年
3	下庄	洪峰流量(m^3/s)	219	180	129	89	55
		洪量(万 m^3)	100	80	55	38	24
		洪水历时(h)	4.0	3.5	3.5	3.0	2.5
		洪峰水位(m)	958.2	957.86	957.36	957.17	956.77
4	北掌	洪峰流量(m^3/s)	1 327	1 077	759	518	308
		洪量(万 m^3)	745	594	408	278	177
		洪水历时(h)	6.5	6.0	5.5	5.5	5.5
		洪峰水位(m)	903.35	902.7	902.28	901.7	900.79
5	野村	洪峰流量(m^3/s)	1 311	1 065	751	515	307
		洪量(万 m^3)	769	614	423	288	184
		洪水历时(h)	7.0	6.5	5.5	5.5	5.5
		洪峰水位(m)	891.26	890.74	889.92	889.21	888.56
6	冯村	洪峰流量(m^3/s)	1 342	1 085	760	519	307
		洪量(万 m^3)	858	685	472	322	205
		洪水历时(h)	7.5	7.0	6.0	6.0	6.0
		洪峰水位(m)	872.27	871.9	871.39	870.93	870.41
7	李安庄村	洪峰流量(m^3/s)	1 261	1 014	705	478	280
		洪量(万 m^3)	919	734	506	345	221
		洪水历时(h)	8.0	8.0	7.0	7.0	7.0
		洪峰水位(m)	837.39	836.82	836.26	835.5	834.61
8	赵家坡	洪峰流量(m^3/s)	1 224	983	680	461	269
		洪量(万 m^3)	939	751	517	353	226
		洪水历时(h)	8.5	8.5	7.5	7.0	7.0
		洪峰水位(m)	821.82	821.29	820.55	819.9	819.26

续表 4-14-9

序号	行政区划名称	洪水要素	重现期洪水要素值				
			100 年	50 年	20 年	10 年	5 年
9	后加楼村	洪峰流量(m^3/s)	1 287	1 027	706	475	283
		洪量(万 m^3)	1 147	918	634	434	278
		洪水历时(h)	9.5	9.5	8.5	8.5	8.5
		洪峰水位(m)	806.43	805.91	805.25	804.68	804.15
10	前加楼村	洪峰流量(m^3/s)	1 259	1 015	699	463	279
		洪量(万 m^3)	1 161	929	642	440	282
		洪水历时(h)	9.5	9.5	8.5	8.5	8.5
		洪峰水位(m)	780.62	779.85	778.7	777.65	776.61
11	涧底	洪峰流量(m^3/s)	1 458	1 172	803	532	318
		洪量(万 m^3)	1 426	1 142	789	541	346
		洪水历时(h)	10.5	10.5	9.5	9.5	9.5
		洪峰水位(m)	762.9	762.55	761.93	761.38	760.66
12	它支	洪峰流量(m^3/s)	10.0	8.8	7.1	5.9	4.7
		洪量(万 m^3)					
		洪水历时(h)					
		洪峰水位(m)					
13	暖泉头	洪峰流量(m^3/s)	97	80	57	40	25
		洪量(万 m^3)	76	60	41	28	18
		洪水历时(h)	5.5	4.8	4.3	3.5	2.8
		洪峰水位(m)	1 222.14	1 222.01	1 221.53	1 220.97	1 220.51
14	广落庄	洪峰流量(m^3/s)	126	103	73	50	31
		洪量(万 m^3)	114	90	62	42	27
		洪水历时(h)	6.5	6.0	5.0	4.5	3.5
		洪峰水位(m)	1 189.16	1 188.56	1 187.58	1 186.7	1 185.74

续表 4-14-9

序号	行政区划名称	洪水要素	重现期洪水要素值				
			100 年	50 年	20 年	10 年	5 年
15	云城	洪峰流量(m^3/s)	733	612	449	326	212
		洪量(万 m^3)	384	305	209	143	91
		洪水历时(h)	6.0	5.5	4.5	4.0	4.0
		洪峰水位(m)	1 087.93	1 087.6	1 087.01	1 085.96	1 085.17
16	堡落村	洪峰流量(m^3/s)	206	171	125	90	59
		洪量(万 m^3)	139	112	78	54	35
		洪水历时(h)	6.0	5.5	4.5	4.0	3.5
		洪峰水位(m)	1 045.58	1 045.48	1 045.31	1 045.18	1 045.04
17	西村	洪峰流量(m^3/s)	54.4	47.4	38.2	31.2	24.2
		洪量(万 m^3)					
		洪水历时(h)					
		洪峰水位(m)					
18	回城村	洪峰流量(m^3/s)	1 024	782	490	296	163
		洪量(m^3)	1 184	914	599	393	242
		洪水历时(h)	12.0	11.5	11.5	11.5	10.5
		洪峰水位(m)	991.08	990.61	989.95	989.44	989.02
19	上团柏村	洪峰流量(m^3/s)	177	149	112	84	58
		洪量(万 m^3)	75	60	42	29	19
		洪水历时(h)	4.5	3.5	2.8	2.5	2.0
		洪峰水位(m)	586.66	586.45	586.14	585.87	585.59
20	徐庄	洪峰流量(m^3/s)	85	62	37	22	12
		洪量(万 m^3)	80	61	39	26	16
		洪水历时(h)	5.5	5.5	5.0	4.5	3.5
		洪峰水位(m)	1 253.54	1 253.17	1 252.69	1 252.37	1 252.07

续表 4-14-9

序号	行政区划名称	洪水要素	重现期洪水要素值				
			100 年	50 年	20 年	10 年	5 年
21	圪垛沟	洪峰流量(m^3/s)	18.3	16.0	12.9	10.5	8.2
		洪量(万 m^3)					
		洪水历时(h)					
		洪峰水位(m)	1 257.13	1 256.54	1 255.72	1 255.03	1 254.31
22	蔡家坡	洪峰流量(m^3/s)	4.0	3.6	2.9	2.4	1.9
		洪量(万 m^3)					
		洪水历时(h)					
		洪峰水位(m)					
23	东峪	洪峰流量(m^3/s)	222	166	102	62	35
		洪量(万 m^3)	206	159	104	68	42
		洪水历时(h)	7.0	7.0	6.5	6.0	5.5
		洪峰水位(m)	1 204.41	1 204.27	1 203.91	1 203.67	1 203.42
24	佃坪	洪峰流量(m^3/s)	20.8	18.1	14.6	12.0	9.3
		洪量(万 m^3)					
		洪水历时(h)					
		洪峰水位(m)					
25	圪台头	洪峰流量(m^3/s)	296	226	139	84	46
		洪量(万 m^3)	330	256	169	111	69
		洪水历时(h)	9.0	9.0	9.0	8.0	7.5
		洪峰水位(m)	1 116.34	1 116.14	1 115.83	1 115.59	1 115.34
26	留峪	洪峰流量(m^3/s)	5.6	4.9	3.9	3.2	2.5
		洪量(万 m^3)					
		洪水历时(h)					
		洪峰水位(m)					

表4-14-10　汾西县防洪现状评价成果表

序号	行政区划名称	防洪能力（年）	极高危险区（<5年一遇）		高危险区（5~20年一遇）		危险区（≥20年一遇）	
			人口（人）	户数（户）	人口（人）	户数（户）	人口（人）	户数（户）
1	对竹	26	0	0	0	0	94	18
2	刘家庄	76	0	0	0	0	20	2
3	下庄	22	0	0	0	0	19	4
4	北掌	93	0	0	0	0	22	4
5	野村	17	0	0	5	1	5	1
6	冯村	24	0	0	0	0	23	3
7	李安庄村	70	0	0	0	0	13	2
8	赵家坡	63	0	0	0	0	11	2
9	后加楼村	11	0	0	31	7	29	8
10	前加楼村	45	0	0	0	0	14	3
11	涧底	11	0	0	17	3	27	4
12	它支	20	0	0	0	0	55	9
13	暖泉头	31	0	0	0	0	13	2
14	广落庄	58	0	0	0	0	33	4
15	云城	18	0	0	13	3	0	0
16	堡落村	60	0	0	0	0	17	3
17	西村	20	0	0	0	0	21	4
18	回城村	87	0	0	0	0	10	2
19	上团柏村	31	0	0	16	4	51	9
20	徐庄	76	0	0	0	0	13	3
21	圪垛沟	15	0	0	28	5	0	0
22	蔡家坡	20	0	0	0	0	31	5
23	东峪	60	0	0	0	0	45	8
24	佃坪	20	0	0	0	0	21	4
25	圪台头	60	0	0	0	0	5	2
26	留峪	20	0	0	0	0	30	8

表 4-14-11　汾西县预警指标成果表

序号	行政区划名称	类别	降雨历时	预警指标(mm)		临界雨量(mm)	方法
				准备转移	立即转移		
1	对竹	雨量(B_0 =0)	0.5 h	32	46	46	流域模型法
			1 h	46	55	55	
		雨量(B_0 =0.3)	0.5 h	29	41	41	
			1 h	41	50	50	
		雨量(B_0 =0.6)	0.5 h	26	37	37	
			1 h	37	45	45	
2	刘家庄	雨量(B_0 =0)	0.5 h	48	68	68	流域模型法
			1 h	68	86	86	
		雨量(B_0 =0.3)	0.5 h	45	64	64	
			1 h	64	81	81	
		雨量(B_0 =0.6)	0.5 h	42	59	59	
			1 h	59	77	77	
3	下庄	雨量(B_0 =0)	0.5 h	33	47	47	流域模型法
			1 h	47	59	59	
		雨量(B_0 =0.3)	0.5 h	30	43	43	
			1 h	43	53	53	
		雨量(B_0 =0.6)	0.5 h	27	38	38	
			1 h	38	48	48	
4	北掌	雨量(B_0 =0)	0.5 h	47	67	67	流域模型法
			1 h	67	79	79	
		雨量(B_0 =0.3)	0.5 h	44	62	62	
			1 h	62	73	73	
		雨量(B_0 =0.6)	0.5 h	40	58	58	
			1 h	58	66	66	

续表 4-14-11

序号	行政区划名称	类别	降雨历时	预警指标(mm)		临界雨量(mm)	方法
				准备转移	立即转移		
5	野村	雨量($B_0=0$)	0.5 h	33	47	47	流域模型法
			1 h	47	56	56	
		雨量($B_0=0.3$)	0.5 h	30	43	43	
			1 h	43	51	51	
		雨量($B_0=0.6$)	0.5 h	27	38	38	
			1 h	38	45	45	
6	冯村	雨量($B_0=0$)	0.5 h	36	52	52	流域模型法
			1 h	52	60	60	
			2 h	71	79	79	
		雨量($B_0=0.3$)	0.5 h	33	47	47	
			1 h	47	55	55	
			2 h	65	73	73	
		雨量($B_0=0.6$)	0.5 h	30	43	43	
			1 h	43	49	49	
			2 h	60	67	67	
7	李安庄村	雨量($B_0=0$)	0.5 h	46	65	65	流域模型法
			1 h	65	75	75	
			2 h	88	99	99	
		雨量($B_0=0.3$)	0.5 h	43	61	61	
			1 h	61	68	68	
			2 h	82	92	92	
		雨量($B_0=0.6$)	0.5 h	39	56	56	
			1 h	56	63	63	
			2 h	77	87	87	

续表 4-14-11

序号	行政区划名称	类别	降雨历时	预警指标(mm)		临界雨量(mm)	方法
				准备转移	立即转移		
8	赵家坡	雨量(B_0 =0)	0.5 h	45	64	64	流域模型法
			1 h	64	73	73	
			2 h	86	97	97	
		雨量(B_0 =0.3)	0.5 h	42	59	59	
			1 h	59	67	67	
			2 h	79	91	91	
		雨量(B_0 =0.6)	0.5 h	38	55	55	
			1 h	55	61	61	
			2 h	74	83	83	
9	后加楼村	雨量(B_0 =0)	0.5 h	28	41	41	流域模型法
			1 h	41	47	47	
			2 h	53	58	58	
		雨量(B_0 =0.3)	0.5 h	26	37	37	
			1 h	37	42	42	
			2 h	47	52	52	
		雨量(B_0 =0.6)	0.5 h	23	32	32	
			1 h	32	36	36	
			2 h	41	46	46	
10	前加楼村	雨量(B_0 =0)	0.5 h	42	60	60	流域模型法
			1 h	60	68	68	
			2 h	77	86	86	
		雨量(B_0 =0.3)	0.5 h	39	56	56	
			1 h	56	61	61	
			2 h	70	79	79	
		雨量(B_0 =0.6)	0.5 h	36	52	52	
			1 h	52	56	56	
			2 h	63	72	72	

续表 4-14-11

序号	行政区划名称	类别	降雨历时	预警指标(mm)		临界雨量(mm)	方法
				准备转移	立即转移		
11	涧底	雨量($B_0=0$)	0.5 h	28	41	41	流域模型法
			1 h	41	48	48	
			2 h	53	58	58	
		雨量($B_0=0.3$)	0.5 h	25	36	36	
			1 h	36	43	43	
			2 h	47	52	52	
		雨量($B_0=0.6$)	0.5 h	23	32	32	
			1 h	32	37	37	
			2 h	41	45	45	
12	它支	雨量($B_0=0.3$)	0.5 h	28	40	40	同频率法
			1 h	40	52	52	
13	暖泉头	雨量($B_0=0$)	0.5 h	45	64	64	流域模型法
			1 h	64	73	73	
			2 h	86	97	97	
		雨量($B_0=0.3$)	0.5 h	42	59	59	
			1 h	59	67	67	
			2 h	81	92	92	
		雨量($B_0=0.6$)	0.5 h	38	55	55	
			1 h	55	61	61	
			2 h	74	86	86	

续表 4-14-11

序号	行政区划名称	类别	降雨历时	预警指标(mm)		临界雨量(mm)	方法
				准备转移	立即转移		
14	广落庄	雨量(B_0 =0)	0.5 h	51	73	73	流域模型法
			1 h	73	81	81	
			2 h	99	110	110	
		雨量(B_0 =0.3)	0.5 h	48	68	68	
			1 h	68	77	77	
			2 h	90	102	102	
		雨量(B_0 =0.6)	0.5 h	45	64	64	
			1 h	64	70	70	
			2 h	84	96	96	
15	云城	雨量(B_0 =0)	0.5 h	35	50	50	流域模型法
			1 h	50	61	61	
		雨量(B_0 =0.3)	0.5 h	32	46	46	
			1 h	46	55	55	
		雨量(B_0 =0.6)	0.5 h	29	41	41	
			1 h	41	50	50	
16	堡落村	雨量(B_0 =0)	0.5 h	51	73	73	流域模型法
			1 h	73	86	86	
		雨量(B_0 =0.3)	0.5 h	49	70	70	
			1 h	70	79	79	
		雨量(B_0 =0.6)	0.5 h	46	65	65	
			1 h	65	75	75	
17	西村	雨量(B_0 =0.3)	0.5 h	33	47	47	同频率法
			1 h	47	61	61	

续表 4-14-11

序号	行政区划名称	类别	降雨历时	预警指标(mm)		临界雨量(mm)	方法
				准备转移	立即转移		
18	回城村	雨量(B_0 = 0)	0.5 h	48	68	68	流域模型法
			1 h	68	79	79	
			2 h	86	96	96	
			3 h	102	109	109	
		雨量(B_0 = 0.3)	0.5 h	44	62	62	
			1 h	62	71	71	
			2 h	78	87	87	
			3 h	93	97	97	
		雨量(B_0 = 0.6)	0.5 h	40	58	58	
			1 h	58	64	64	
			2 h	70	79	79	
			3 h	83	88	88	
19	上团柏村	雨量(B_0 = 0)	0.5 h	36	52	52	流域模型法
			1 h	52	66	66	
		雨量(B_0 = 0.3)	0.5 h	33	47	47	
			1 h	47	61	61	
		雨量(B_0 = 0.6)	0.5 h	30	43	43	
			1 h	43	56	56	
20	徐庄	雨量(B_0 = 0)	0.5 h	45	64	64	流域模型法
			1 h	64	76	76	
			2 h	85	92	92	
		雨量(B_0 = 0.3)	0.5 h	39	56	56	
			1 h	56	68	68	
			2 h	75	83	83	
		雨量(B_0 = 0.6)	0.5 h	35	50	50	
			1 h	50	59	59	
			2 h	64	72	72	

续表 4-14-11

序号	行政区划名称	类别	降雨历时	预警指标(mm)		临界雨量(mm)	方法
				准备转移	立即转移		
21	圪垛沟	雨量(B_0 =0)	0.5 h	26	37	37	流域模型法
			1 h	37	45	45	
		雨量(B_0 =0.3)	0.5 h	23	32	32	
			1 h	32	41	41	
		雨量(B_0 =0.6)	0.5 h	19	28	28	
			1 h	28	34	34	
22	蔡家坡	雨量(B_0 =0.3)	0.5 h	30	44	44	同频率法
			1 h	44	55	55	
23	东峪	雨量(B_0 =0)	0.5 h	46	65	65	流域模型法
			1 h	65	77	77	
			2 h	85	92	92	
		雨量(B_0 =0.3)	0.5 h	42	59	59	
			1 h	59	68	68	
			2 h	75	84	84	
		雨量(B_0 =0.6)	0.5 h	37	53	53	
			1 h	53	61	61	
			2 h	66	74	74	
24	佃坪	雨量(B_0 =0.3)	0.5 h	30	44	44	同频率法
			1 h	44	55	55	

续表 4-14-11

序号	行政区划名称	类别	降雨历时	预警指标(mm)		临界雨量(mm)	方法
				准备转移	立即转移		
25	圪台头	雨量(B_0 =0)	67	0.5 h	47	67	流域模型法
			1 h	67	77	77	
			2 h	85	96	96	
			3 h	102	107	107	
		雨量(B_0 =0.3)	0.5 h	44	62	62	
			1 h	62	70	70	
			2 h	77	86	86	
			3 h	93	97	97	
		雨量(B_0 =0.6)	0.5h	39	56	56	
			1 h	56	64	64	
			2 h	68	77	77	
			3 h	82	87	87	
26	留峪	雨量(B_0 =0.3)	0.5 h	30	44	44	同频率法
			1 h	44	55	55	

第15章 侯马市

15.1 侯马市基本情况

15.1.1 地理位置

侯马市位于汾河下游,临汾盆地南部,地理位置为东径111°23′~111°41′、北纬35°34′~35°52′,东邻曲沃,西接新绛,南依紫金山与闻喜、绛县接壤,北与襄汾隔汾河相望,东西长17.5 km,南北宽16.5 km。总面积222 km^2。

紫金山蜿蜒市境南部,峰峦起伏,气势雄伟,形成一个天然屏障,汾、浍两河流经侯马形成自然环带,构成一个天然的平川盆地。侯马市就处在汾、浍两河交接的三角地带的盆地里,地理位置十分优越。侯马市行政区划图见图4-15-1。

15.1.2 社会经济

侯马市5个街道办事处,新田、高村、凤城3个乡,104个行政村。至2014年底,全县总人口约为24.5万人,其中城镇人口约15.4万人,农村人口约9.1万。2014年底全县国内生产总值852 478万元,其中第一产业33 342万元,第二产业249 968万元,第三产业569 168万元。

侯马市受地理位置局限,矿产资源相对匮乏工业主要以装备制造、精密铸造、医药化工、轻型加工等为主,农业主要以种植业、养殖业为主,其中焦铁生产、焦炭产能、药品生产等是全市经济发展的主要支柱产业。

15.1.3 河流水系

侯马市境内所有的河流都属于黄河流域,流域面积大于50 km^{2}的主要河流有4条。按照水利部河湖普查河流级别划分原则,1级河流有1条,为汾河;2级河流有2条,分别为排碱沟和浍河;3级河流有1条,为礼元河。县境内主要河流为汾河与浍河。

侯马市河流水系图见图4-15-2,主要河流基本情况见表4-15-1。

15.1.3.1 汾河

汾河为黄河的一级支流。汾河源自吕梁、太行两大山区的支流,穿越太原、临汾两大盆地,至运城市新绛县境急转西行,于禹门口下游万荣县荣河镇庙前村附近汇入黄河。在临汾境内自北向南流经霍州市。汾河全长718 km,流域面积39 721 km^2,河流比降为1.10‰。其中汾河在侯马市境内流域面积为220.2 km^2。

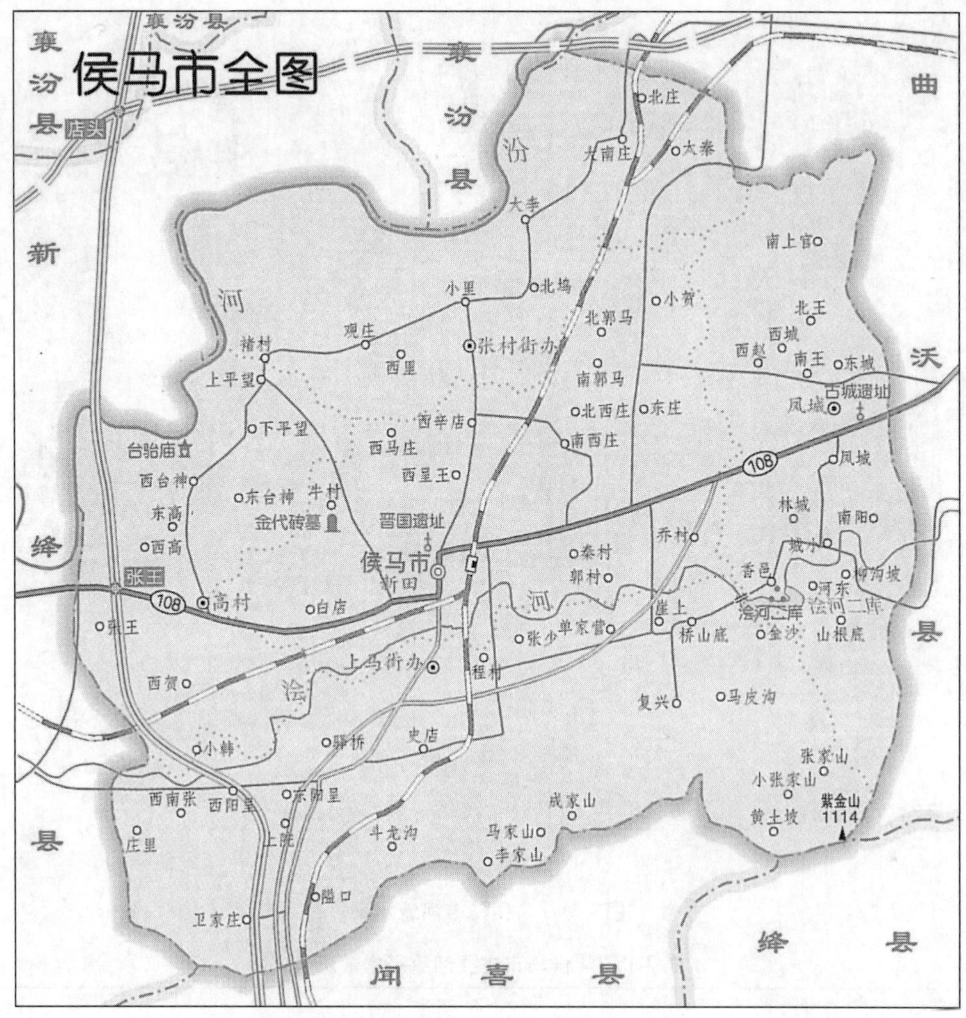

图4-15-1 侯马市行政区划图

15.1.3.2 排碱沟

排碱沟为汾河的一级支流。排碱沟起源于曲沃县史村镇南常村(河源经度111°31′41.5″,河源纬度35°40′10.1″,河源高程513.9 m),自东北向西南流经曲沃县、侯马市,于曲沃县高显镇汾阴村汇入汾河(河口经度111°22′59.6″,河口纬度36°42′37.0″,河口高程339.2 m),河流全长16 km,流域面积73.3 km^2,河流比降为5.41‰。侯马市境内流域面积为1.9 km^2。

15.1.3.3 浍河

浍河为汾河的一级支流。浍河起源于浮山县米家垣乡新庄村花沟(河源经度112°0′22.7″,河源纬度35°54′17.3″,河源高程1 337.7 m),自东北向西南流经浮山县、翼城县、绛县、曲沃县、侯马市、新绛县,于新绛县开发区西曲村汇入汾河(河口经度111°11′57.3″,河口纬度35°35′27.0″,河口高程390.0 m),河流全长111 km,流域面积2 052 km^2,河流比降为3.24‰。侯马市境内流域面积为156.1 km^2。

图 4-15-2　侯马市河流水系

表 4-15-1　侯马市主要河流基本情况表

编号	河流名称	上级河流名称	河流等级	流域面积(km^2)	河长(km)	比降(‰)	县境内流域面积(km^2)
1	汾河	黄河	1	39 721	718	1.10	220.2
2	排碱沟	汾河	2	73.3	16	5.41	1.9
3	浍河	汾河	2	2 052	111	3.24	156.1
4	礼元河	浍河	3	53.5	13	12.87	14.2

15.1.3.4　礼元河

礼元河为汾河的一级支流。礼元河起源于闻喜县礼元镇南村(河源经度 111°15′35.3″,河源纬度 35°29′56.6″,河源高程 703.1 m),自南向北流经闻喜县、侯马市,于侯马市上马街道办事处驿桥汇入浍河(河口经度 111°18′41.5″,河口纬度 35°34′51.1″,

河口高程 399.5 m),河流全长 13 km,流域面积 53.5 km^2,河流比降为 12.87‰。侯马市境内流域面积为 14.2 km^2。

15.1.4　水文气象

侯马市属于温暖带半干旱大陆性气候,季风影响显著,雨量分配不均,降雨多集中在汛期 6 ~ 9 月,常出现局部暴雨,在十年九旱的情况下,又形成旱中有涝、涝中有旱、旱涝交错的天气;冬夏温差悬殊,夏季最高 42 ℃,冬季最低 -42 ℃,年平均气温 12.6 ℃;无霜期 193 d;多年平均降雨量 519.7 mm,雨量多集中在汛期 6 ~ 9 月,占全年降雨量的 70% 以上,最大降雨量 880.7 mm,最小降雨量 278.9 mm,极值比为 3.2;多年平均蒸发量 1 039 mm;多年平均日照时数 2 402 h。

15.1.5　历史山洪灾害

侯马市历史洪水调查已有成果资料来源于《山西省历史洪水调查成果》和《山西洪水研究》以及当地部门的洪水记载等。

15.1.5.1　文献记载洪水资料

文献记载洪水资料主要来自于《山西省历史洪水调查成果》和《山西洪水研究》。其资料来源于《山西通志》,各市、县的府志或县志,中央档案馆明清档案部的清代档案奏折以及少量的洪水碑刻和家书等。该县文献洪水记载共计 3 条。洪水发生年份分别为 1920 年、1942 年、1980 年,见表 4-15-2。本次工作还收集了侯马市文献记载旱情资料,见表 4-15-3。

表 4-15-2　侯马市文献记载洪水统计表

序号	公元	年号	记载	资料来源
1	1920	民国九年	山西临汾以南涝,余均旱和大旱。黎城、沁水、泽州、襄垣、长治、武乡、安邑、临晋、虞乡、芮城、平陆、汾西、万泉、临汾、荣河、榆次、榆县、阳曲、平遥、介休、太原、文水、孝义、崞县、应县、代县、忻县、定襄、泽州、临汾、新绛、太谷、朔州、昔阳、闻喜、平顺、壶关、襄陵、大同、阳高、浑源、静乐、保德、临晋、芮城、襄垣:受旱	山西自然灾害史年表
2	1942	民国卅一年	汾河、团柏河、对竹河大水	调查
3	1980		6 月间全省出现 6 次灾害性天气,主要发生在 1 日、4 日、14 日、22 日、26 日、28 ~ 29 日,全省有 32 个县 138 个公社 900 多个大队遭受雹、洪、风、暴雨袭击。这次受灾以雁北、忻县的 10 个县和晋东南的 8 个县以及闻喜、侯马等破坏性最大	山西自然灾害史年表

表 4-15-3　侯马市文献记载旱情统计表

序号	公元	年号	记载	资料来源
1	1472	明成化八年	山西全省性旱和大旱	山西通志
2	1720	清康熙五十九年	山西全省性大旱	山西自然灾害史年表
3	1721	清康熙六十年	山西全省性持续大旱	山西自然灾害史年表
4	1722	清康熙六十一年	山西全省性大旱,中部尤甚	山西水旱灾害
5	1936	民国廿五年	十二月太原地震。全省持续性大旱	山西自然灾害史年表
6	1960		山西晋南旱象严重	山西水旱灾害
7	1965		山西全省性大旱。晋南春夏连旱,尤以伏旱为甚	山西水旱灾害
8	1972		山西全省性大旱,整个三伏天无雨	山西水旱灾害
9	1978		全省严重干旱的同时,风、雹、冻、病虫害亦严重发生	山西水旱灾害
10	1987		山西全省性旱,严重的有忻州、吕梁、临汾西部、太原市等	山西水旱灾害

15.1.5.2 《山西省历史洪水调查成果》中的调查成果

2011 年出版的《山西省历史洪水调查成果》中,暴雨洪水调查资料已收集至 2008 年,是目前资料最为可靠、最为完整的历史洪水调查成果。其中收集侯马市历史洪水调查成果 1 条。洪水发生地点为凤城乡,年份为 1895 年,分布在浍河流域。侯马市现有历史洪水调查成果统计表见表 4-15-4。

表 4-15-4　侯马市现有历史洪水调查成果统计表

编号	调查地点				河长(km)	集水面积(km^2)	调查洪水			调查单位
	水系	河名	河段名	地点			洪峰流量(m^3/s)	发生时间	可靠程度	
1	汾河	浍河	香邑	侯马市凤城乡		1 900	2 600	1895 年 8 月		

15.1.5.3 当地相关部门洪水记载

本次工作收集了地方县志、当地水利及相关部门对洪水的记载,可作为侯马市历史洪水调查成果的补充。本次共收集洪水记载 6 条,洪水发生年份分别为 1964 年、1976 年、1982 年、1993 年、1996 年、2007 年。侯马市相关部门历史洪水调查成果统计表见表 4-15-5。

表 4-15-5　侯马市相关部门历史洪水调查成果统计表

序号	发生时间	位置	洪水灾害描述
1	1964年7~8月	侯马市	普降大雨5次,雨量438.7 mm,8月汾河发生洪水,河岸南移50 m,大李电力排灌站节制闸距河岸仅4 m
2	1976年9月6日	北庄电灌站	汾河突发大水,北庄电灌站一级站2条引水渠和50 m长的护岸工程被冲跨
3	1982年8月	侯马市	月内连降暴雨,累计雨量229.4 mm,汾河洪峰流量1 400 m^3/s,水利设施损失16.8万元。秋粮减产21.37万斤,棉花减产3.6万斤,经济作物损失9.4万斤
4	1993年8月5日	侯马市	汾河洪峰流量1 060 m^3/s,汾河滩全部淹没,成灾农田3.43万亩,直接经济损失2 055万元,水毁工程总值415万元
5	1996年8月6日	侯马市	汾河洪峰流量1 200 m^3/s,汾河滩全部淹没,受灾农田5万亩,直接经济损失4 986万元,其中水利设施损失537万元
6	2007年7月30日	侯马市	浍河流域突遭从绛县和曲沃下泄的特大山洪,流量达300 m^3/s以上,全市农作物淹没,绝收面积1 350 hm^2,直接经济损失1 400万元,部分水利工程损失达383.3万元;鱼池淹没810亩,经济损失839万元。此次洪灾还造成下裴、南杨两座城市水源地中的15眼生产水井被淹没,水源地供电设施和输水管道设施损毁严重,直接经济损失350万元。以上洪水灾害共造成3 154万元的经济损失

15.2　侯马市山洪灾害分析评价成果

15.2.1　分析评价名录确定

侯马市共有11个重点防治区,名录见表4-15-6;侯马市将11个重点防治区划分为10个计算小流域(流域面积相同的村落在表中只体现为一个计算小流域),基本信息见表4-15-7。其中包括名称、面积、主沟道长度、主沟道比降、产流地类、汇流地类。

表 4-15-6　侯马市山洪灾害分析评价名录

序号	沿河村落	行政区划代码	所在乡镇	所在河流	影响形式
1	山根底	141081202206100	凤城乡	浍河支流	坡面汇流
2	河东村	141081202206000	凤城乡	浍河支流	坡面汇流
3	复兴村	141081004204000	上马街道办事处	浍河支流	河道洪水
4	新村	141081004205100	上马街道办事处	浍河支流	坡面汇流
5	史店村	141081004208000	上马街道办事处	礼元河	河道洪水
6	斗龙沟村	141081004210000	上马街道办事处	礼元河	河道洪水
7	上院村(企业)	141081004213000	上马街道办事处	礼元河	河道洪水
8	驿桥村	141081004209000	上马街道办事处	礼元河	河道洪水
9	上院村	141081004213000	上马街道办事处	礼元河	河道洪水
10	东阳呈村	141081004214000	上马街道办事处	礼元河	河道洪水
11	东南张村	141081004216000	上马街道办事处	礼元河	坡面汇流

15.2.2　设计暴雨成果

侯马市的11个重点防治区分为10个计算小流域,各时段雨量的均值 $\overline{H}$、变差系数 C_v、C_s/C_v 和各时段相应频率的雨量值成果 H_p 见表4-15-8(本次对侯马市11个山洪灾害沿河村落均采用《山西省水文手册》中提供的方法进行了设计暴雨计算。对采用流域模型法计算设计洪水的进行设计暴雨时程分配计算,对采用经验公式法计算设计洪水的不进行设计暴雨时程分配计算)。侯马市沿河村落100年一遇设计暴雨分布图见附图4-169～附图4-172。

15.2.3　设计洪水成果

侯马市的11个重点防治区都进行了设计洪水的推求。其中设计洪水成果表见表4-15-9(11个沿河村落均采用由设计暴雨推求设计洪水的方法计算,本次采用《山西省水文手册》中的流域模型法与经验公式法计算,对采用流域模型法计算设计洪水的进行设计净雨深计算,对采用经验公式法计算设计洪水的不进行设计净雨深计算)。侯马市沿河村落100年一遇设计洪水分布图见附图4-173。

表 4-15-7　侯马市小流域基本信息汇总表

序号	计算单元名称	流域面积(km^2)	主沟道长度(km)	主沟道比降(‰)	产流地类(km^2)		汇流地类(km^2)
					耕种平地	黄土丘陵阶地	草坡山地
1	山根底	1.33	0.6	12.0	0.25	1.08	1.33
2	河东村	0.88	0.7	13.0	0.25	0.63	0.88
3	复兴村	5.46	3.0	20.0	0.1	5.36	5.46
4	新村	2.79	2.1	23.0	0.82	1.97	2.79
5	史店村	2.63	1.8	26.0	0.78	1.85	2.63
6	斗龙沟村	3.15	0.6	47.1	0.06	3.09	3.15
7	上院村(企业)	45.38	5.9	12.2	2.21	43.17	45.38
8	驿桥村	53.17	7.5	10.5	6.68	46.49	53.17
9	上院村	1.66	1.9	35.6	0.71	0.95	1.66
10	东南张村	1.41	1.9	34.9	0.26	1.15	1.41

表 4-15-8　侯马市设计暴雨计算成果表

序号	计算单元名称	历时	均值(mm)	变差系数	C_s/C_v	重现期雨量值 H_p(mm)				
						100年($H_{1\%}$)	50年($H_{2\%}$)	20年($H_{5\%}$)	10年($H_{10\%}$)	5年($H_{20\%}$)
1	山根底	10 min	12.3	0.53	3.5	33.4	29.4	23.9	19.8	15.6
		60 min	26.7	0.53	3.5	72.6	63.8	52.1	43.2	34.1
		6 h	46.6	0.52	3.5	128.5	113.0	92.4	76.6	60.7
		24 h	60.8	0.52	3.5	169.2	148.9	121.9	101.1	80.1
		3 d	76.0	0.50	3.5	206.3	182.2	150.0	125.4	100.2
2	河东村	10 min	12.3	0.53	3.5	33.7	29.6	24.1	20.0	15.7
		60 min	26.7	0.53	3.5	73.1	64.2	52.4	43.4	34.3
		6 h	46.6	0.52	3.5	129.0	113.5	92.8	76.9	60.9
		24 h	60.8	0.52	3.5	169.6	149.2	122.1	101.3	80.3
		3 d	76.0	0.50	3.5	206.3	183.6	151.1	125.5	100.3

续表 4-15-8

序号	计算单元名称	历时	均值(mm)	变差系数	C_s/C_v	重现期雨量值 H_p(mm)				
						100 年($H_{1\%}$)	50 年($H_{2\%}$)	20 年($H_{5\%}$)	10 年($H_{10\%}$)	5 年($H_{20\%}$)
3	复兴村	10 min	12.3	0.53	3.5	31.9	28.1	22.9	19.0	15.0
		60 min	26.7	0.54	3.5	71.9	63.1	51.3	42.4	33.3
		6 h	47.0	0.54	3.5	129.7	113.8	92.6	76.4	60.1
		24 h	60.8	0.53	3.5	170.4	149.8	122.2	101.1	79.8
		3 d	77.0	0.52	3.5	214.1	185.5	154.2	128.1	101.5
4	新村	10 min	12.3	0.54	3.5	33.2	29.1	23.7	19.5	15.3
		60 min	26.6	0.54	3.5	73.2	64.1	52.1	43.0	33.8
		6 h	47.0	0.54	3.5	130.9	114.8	93.4	77.1	60.6
		24 h	61.2	0.53	3.5	172.9	151.9	123.8	102.4	80.7
		3 d	77.0	0.53	3.5	221.0	191.9	156.4	129.4	102.0
5	史店村	10 min	12.3	0.55	3.5	33.4	29.3	23.7	19.5	15.3
		60 min	26.6	0.55	3.5	73.8	64.6	52.3	43.0	33.6
		6 h	47.0	0.55	3.5	132.5	116.0	94.0	77.4	60.6
		24 h	61.5	0.54	3.5	176.1	154.4	125.4	103.4	81.2
		3 d	78.0	0.54	3.5	224.5	196.8	159.9	131.8	103.5
6	斗龙沟村	10 min	12.3	0.55	3.5	33.8	29.5	23.9	19.7	15.4
		60 min	26.5	0.55	3.5	74.3	65.0	52.6	43.2	33.8
		6 h	47.0	0.55	3.5	132.9	116.4	94.3	77.6	60.7
		24 h	61.4	0.54	3.5	176.5	154.7	125.6	103.5	81.3
		3 d	78.0	0.54	3.5	227.4	199.2	160.2	132.0	103.6

续表 4-15-8

序号	计算单元名称	历时	均值(mm)	变差系数	C_s/C_v	重现期雨量值 H_p(mm)				
						100 年($H_{1\%}$)	50 年($H_{2\%}$)	20 年($H_{5\%}$)	10 年($H_{10\%}$)	5 年($H_{20\%}$)
7	上院村(企业)	10 min	12.3	0.58	3.5	30.1	26.2	21.2	17.3	13.5
		60 min	26.4	0.57	3.5	67.7	59.1	47.8	39.1	30.5
		6 h	46.7	0.57	3.5	124.9	109.3	88.5	72.7	56.8
		24 h	61.6	0.55	3.5	170.2	149.3	121.5	100.3	78.9
		3 d	81.0	0.55	3.5	221.9	194.7	158.5	131.0	103.0
8	驿桥村	10 min	12.3	0.58	3.5	29.4	25.7	20.8	17.0	13.3
		60 min	26.4	0.57	3.5	66.5	58.1	47.0	38.6	30.1
		6 h	46.7	0.57	3.5	123.3	107.9	87.6	72.1	56.5
		24 h	61.6	0.55	3.5	168.8	148.2	120.7	99.7	78.5
		3 d	81.0	0.55	3.5	221.9	194.7	158.5	131.0	103.0
9	上院村	10 min	12.3	0.57	3.5	35.2	30.7	24.7	20.2	15.6
		60 min	26.3	0.56	3.5	75.8	66.2	53.4	43.7	34.0
		6 h	47.0	0.56	3.5	135.2	118.1	95.5	78.3	61.0
		24 h	61.9	0.55	3.5	181.6	158.8	128.5	105.5	82.4
		3 d	79	0.55	3.5	231.9	202.8	164.2	134.9	105.3
10	东南张村	10 min	12.3	0.58	3.5	35.7	31.1	25.0	20.3	15.7
		60 min	26.2	0.56	3.5	76.2	66.5	53.6	43.9	34.1
		6 h	47.0	0.56	3.5	134.4	117.5	95.0	77.9	60.8
		24 h	60.8	0.55	3.5	178.9	156.4	126.6	103.9	81.1
		3 d	80	0.55	3.5	235.0	205.5	166.4	137.6	106.7

表 4-15-9　侯马市设计洪水成果表

序号	行政区划名称	洪水要素	重现期洪水要素值				
			100 年($Q_{1\%}$)	50 年($Q_{2\%}$)	20 年($Q_{5\%}$)	10 年($Q_{10\%}$)	5 年($Q_{20\%}$)
1	山根底	洪峰流量(m^3/s)	12.0	11.0	9.00	7.00	6.00
		洪量(万 m^3)					
		洪水历时(h)					
		洪峰水位(m)					
2	河东村	洪峰流量(m^3/s)	9.00	8.00	6.00	5.00	4.00
		洪量(万 m^3)					
		洪水历时(h)					
		洪峰水位(m)					
3	复兴村	洪峰流量(m^3/s)	41.0	36.0	29.0	24.0	19.0
		洪量(万 m^3)					
		洪水历时(h)					
		洪峰水位(m)	495.25	495.18	495.07	494.98	494.90
4	新村	洪峰流量(m^3/s)	24.0	21.0	17.0	14.0	11.0
		洪量(万 m^3)					
		洪水历时(h)					
		洪峰水位(m)					
5	史店村	洪峰流量(m^3/s)	30.0	26.0	21.0	17.0	14.0
		洪量(万 m^3)					
		洪水历时(h)					
		洪峰水位(m)	421.69	421.56	421.37	421.20	421.06
6	斗龙沟村	洪峰流量(m^3/s)	23.0	20.0	16.0	13.0	10.0
		洪量(万 m^3)					
		洪水历时(h)					
		洪峰水位(m)	464.73	464.65	464.54	464.45	464.34

续表 4-15-9

序号	行政区划名称	洪水要素	重现期洪水要素值				
			100年($Q_{1\%}$)	50年($Q_{2\%}$)	20年($Q_{5\%}$)	10年($Q_{10\%}$)	5年($Q_{20\%}$)
7	上院村(企业)	洪峰流量(m^3/s)	734	607	437	310	194
		洪量(万 m^3)	378	298	200	133	82
		洪水历时(h)	5.5	5.0	4.5	4.0	3.5
		洪峰水位(m)	420.36	419.72	418.80	418.24	417.70
8	驿桥村	洪峰流量(m^3/s)	779	643	461	326	204
		洪量(万 m^3)	439	346	233	156	97.0
		洪水历时(h)	6.0	5.5	5.0	4.5	4.0
		洪峰水位(m)	405.90	405.72	405.46	405.24	405.00
9	上院村	洪峰流量(m^3/s)	16.0	14.0	11.0	9.00	7.00
		洪量(万 m^3)					
		洪水历时(h)					
		洪峰水位(m)	419.33	419.29	419.22	419.18	419.13
10	东阳呈村	洪峰流量(m^3/s)	16.0	14.0	11.0	9.00	7.00
		洪量(万 m^3)					
		洪水历时(h)					
		洪峰水位(m)	419.33	419.29	419.22	419.18	419.13
11	东南张村	洪峰流量(m^3/s)	14.0	12.0	10.0	8.00	6.00
		洪量(万 m^3)					
		洪水历时(h)					
		洪峰水位(m)					

15.2.4 分析评价成果

现状防洪能力评价主要是在设计洪水分析成果的基础上,结合沿河村落地形地貌、居民户高程情况,勾绘划定其淹没范围,进行危险区等级的划分,确定最佳转移路线和临时安置地点,并统计各沿河村落5个典型频率设计洪水位下的累计人口、户数,获得水位—流量—人口关系,综合评价现状防洪能力。本次对侯马市11个山洪灾害沿河村落进行防洪现状评价。现状防洪能力小于100年一遇的有11个沿河村落。11个沿河村落中,大于等于5年一遇小于20年一遇的有2个,大于等于20年一遇小于100年一遇的有9个。

经统计,侯马市11个沿河村落中高危险区内有3户21人,危险区内有66户294人。现状防洪能力成果见表4-15-10与附图4-174。

表4-15-10 侯马市防洪现状评价成果表

序号	行政区划名称	防洪能力(年)	极高危险区(<5年一遇)		高危险区(5~20年一遇)		危险区(≥20年一遇)	
			人口(人)	户数(户)	人口(人)	户数(户)	人口(人)	户数(户)
1	山根底	20	0	0	0	0	25	5
2	河东村	20	0	0	0	0	30	6
3	复兴村	18	0	0	7	1	32	7
4	新村	20	0	0	0	0	20	5
5	史店村	12	0	0	14	2	22	4
6	斗龙沟村	25	0	0	0	0	11	3
7	上院村(企业)	40	0	0	0	0	12	1
8	驿桥村	26	0	0	0	0	10	3
9	上院村	20	0	0	0	0	70	16
10	东阳呈村	28	0	0	0	0	42	12
11	东南张村	20	0	0	0	0	20	4

15.2.5 雨量预警指标分析成果

侯马市的11个重点防治区都进行了雨量预警指标的确定。侯马市预警指标分析成果表和侯马市沿河村落预警指标分布图见表4-15-11与附图4-175~附图4-180。

表 4-15-11　侯马市预警指标成果表

序号	行政区划名称	类别	降雨历时	预警指标(mm)		临界雨量(mm)	方法
				准备转移	立即转移		
1	山根底	雨量(B_0 =0.3)	0.5 h	29	42	42	同频率法
			1 h	42	55	55	
2	河东村	雨量(B_0 =0.3)	0.5 h	29	42	42	同频率法
			1 h	42	55	55	
3	复兴村	雨量(B_0 =0)	0.5 h	20	29	29	流域模型法
			1 h	29	36	36	
		雨量(B_0 =0.3)	0.5 h	18	25	25	
			1 h	25	32	32	
		雨量(B_0 =0.6)	0.5 h	14	21	21	
			1 h	21	27	27	
4	新村	雨量(B_0 =0.3)	0.5 h	29	42	42	同频率法
			1 h	42	55	55	
5	史店村	雨量(B_0 =0)	0.5 h	23	32	32	流域模型法
			1 h	32	41	41	
		雨量(B_0 =0.3)	0.5 h	19	28	28	
			1 h	28	36	36	
		雨量(B_0 =0.6)	0.5 h	16	23	23	
			1 h	23	31	31	
6	斗龙沟村	雨量(B_0 =0)	0.5 h	19	28	28	流域模型法
			1 h	28	34	34	
		雨量(B_0 =0.3)	0.5 h	17	24	24	
			1 h	24	31	31	
		雨量(B_0 =0.6)	0.5 h	14	21	21	
			1 h	21	26	26	

续表 4-15-11

序号	行政区划名称	类别	降雨历时	预警指标(mm)		临界雨量(mm)	方法
				准备转移	立即转移		
7	上院村(企业)	雨量($B_0=0$)	0.5 h	44	62	62	流域模型法
			1 h	62	77	77	
		雨量($B_0=0.3$)	0.5 h	40	58	58	
			1 h	58	73	73	
		雨量($B_0=0.6$)	0.5 h	37	53	53	
			1 h	53	66	66	
8	驿桥村	雨量($B_0=0$)	0.5 h	33	47	47	流域模型法
			1 h	47	59	59	
		雨量($B_0=0.3$)	0.5 h	30	43	43	
			1 h	43	54	54	
		雨量($B_0=0.6$)	0.5 h	27	38	38	
			1 h	38	48	48	
9	上院村	雨量($B_0=0$)	0.5 h	23	32	32	流域模型法
			1 h	32	38	38	
		雨量($B_0=0.3$)	0.5 h	19	28	28	
			1 h	28	34	34	
		雨量($B_0=0.6$)	0.5 h	16	23	23	
			1 h	23	31	31	
10	东阳呈村	雨量($B_0=0$)	0.5 h	23	32	32	流域模型法
			1 h	32	41	41	
		雨量($B_0=0.3$)	0.5 h	19	28	28	
			1 h	28	38	38	
		雨量($B_0=0.6$)	0.5 h	16	23	23	
			1 h	23	31	31	
11	东南张村	雨量($B_0=0.3$)	0.5 h	30	43	43	同频率法
			1 h	43	56	56	

第16章　霍州市

16.1　霍州市基本情况

16.1.1　地理位置

霍州市位于山西省中南部,临汾市的北端,因地处霍山西麓而得名。本市北跨韩信岭与灵石县交界,西与汾西县毗邻,东依太岳山与沁源、古县相连,南与洪洞县接壤,地理坐标为东经 110°37′~112°01′,北纬 36°27′~36°43′,南北最大距离 30 km,东西最大距离 36 km,全市总面积 764 km^2。

霍州市处于灵石隆起与临汾盆地的过渡地带,汾河自北而南穿越本市西部,东西两侧为山地,山前是丘陵,中间为汾河,总的地势是东北高、西南低。东部为古老变质岩系构成的霍山侵蚀山地,向西为黄土台垣与坡洪积平原,地势渐次变低,汾河河谷地带地势最低,海拔 516~600 m。汾河两侧为黄土丘陵区,地带沟谷纵横,海拔 600~1 000 m。按地形分类,平原占 31.1%,丘陵占 38.4%,山地占 30.5%。除东部森林石山区外,植被覆盖很差。霍州市行政区划图如图 4-16-1 所示。

16.1.2　社会经济

霍州市现辖白龙、辛置、大张、李曹 4 个镇,陶唐峪、三教、师庄 3 个乡,5 个街道办事处,227 个行政村。至 2014 年底,霍州市总人口约为 30 万人,其中城镇人口约 19 万人,农村人口约 11 万人。2014 年底霍州市国内生产总值 890 295 万元,其中第一产业 37 367 万元,第二产业 645 210 万元,第三产业 207 718 万元。

霍州市旅游资源、矿产资源丰富,工业经济发达。农业主要以畜牧业和种植业为主,工业主要以发电、煤开采和煤炭加工转化业为主,其中发电、煤炭加工转化业是霍州市经济发展的主要支柱产业。

16.1.3　河流水系

霍州市境内河流都属于黄河流域,流域面积大于 50 km^2 的主要河流有 7 条。按照水利部河湖普查河流级别划分原则,1 级河流有 1 条,为汾河;2 级河流有 4 条,分别为姚村河、对竹河、南涧河、辛置河;3 级河流有 2 条,分别为李曹河、北涧河。

霍州市河流水系图见图 4-16-2,主要河流基本情况见表 4-16-1。

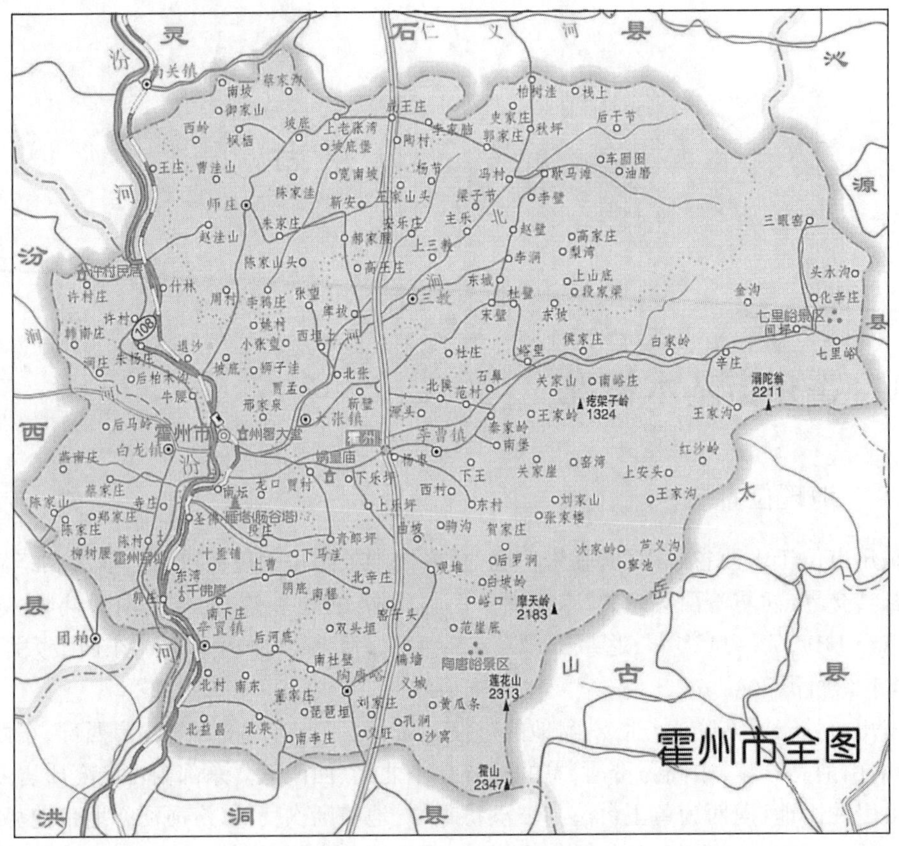

图 4-16-1　霍州市行政区划图

16.1.3.1　**汾河**

汾河是黄河的一级支流。汾河源自吕梁、太行两大山区的支流,穿越太原、临汾两大盆地,至运城市新绛县境急转西行,于禹门口下游万荣县荣河镇庙前村附近汇入黄河。在临汾境内自北向南流经霍州市。汾河全长 718 km,流域面积 39 721 km^2,河流比降为 1.10‰。在霍州市境内流域面积为 764 km^2。

16.1.3.2　**姚村河**

姚村河是汾河的一级支流。姚村河起源于霍州市三教乡史家庄柏家洼(河源经度 111°51′55.6″,河源纬度 36°42′50.2″,河源高程 1 247.2 m),自东北向西南流经霍州市、灵石县,于霍州市退沙街道办事处退沙村汇入汾河(河口经度 111°41′18.8″,河口纬度 36°35′40.1″,河口高程 549.8 m),河流全长 24 km,流域面积 61.2 km^2,河流比降为 21.30‰。霍州市境内流域面积为 56.9 km^2。

16.1.3.3　**对竹河**

对竹河是汾河的一级支流。对竹河起源于灵石县梁家焉角角焉(河源经度 111°24′51.8″,河源纬度 36°49′52.5″,河源高程 1 195.4 m),自西北向东南流经灵石县、汾西县、霍州市,于霍州市白龙镇涧北村汇入汾河(河口经度 111°42′43.3″,河口纬度 36°34′35.1″,河口高程 539.8 m),河流全长 51 km,流域面积 282 km^2,河流比降为 10.98‰。霍州市境内流域面积为 9.2 km^2。

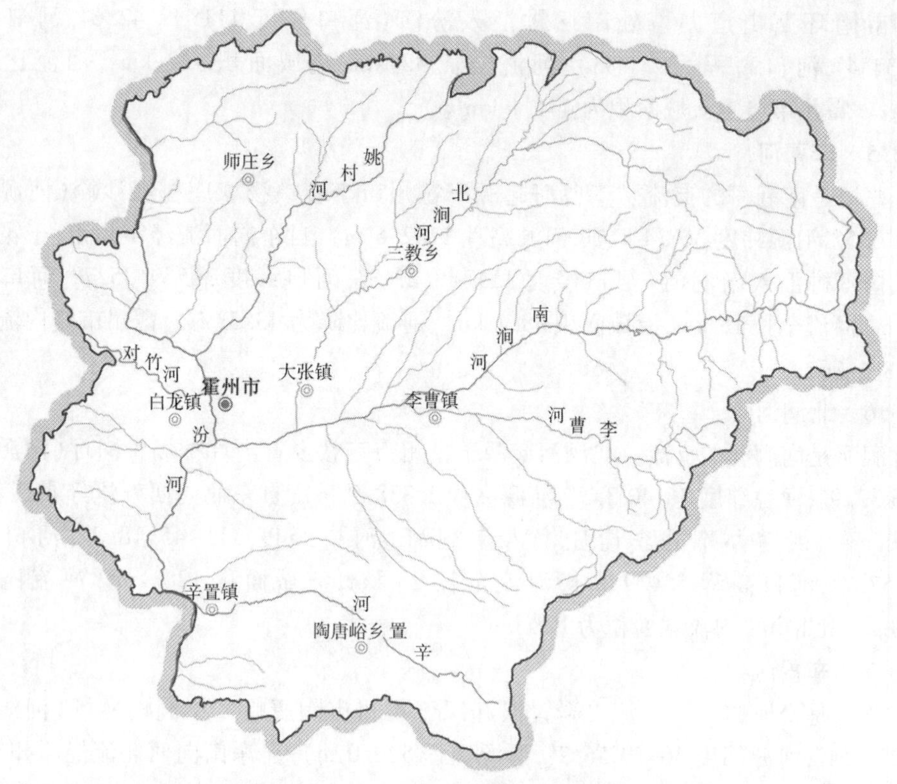

图 4-16-2　霍州市河流水系图

表 4-16-1　霍州市主要河流基本情况表

编号	河流名称	上级河流名称	河流等级	流域面积 (km^2)	河长 (km)	比降 (‰)	市境内流域面积 (km^2)
1	汾河	黄河	1	39 721	718	1.10	764
2	姚村河	汾河	2	61.2	24	21.30	56.9
3	对竹河	汾河	2	282	51	10.98	9.2
4	南涧河	汾河	2	442	42	26.82	431.1
5	李曹河	南涧河	3	68.1	18	43.53	68.1
6	北涧河	南涧河	3	128	25	21.00	128
7	辛置河	汾河	2	51.6	17	44.70	51.6

16.1.3.4　南涧河

南涧河是汾河的一级支流。南涧河起源于沁源县韩洪乡仁道(河源经度 111°3′13.6″,河源纬度 36°40′10.2″,河源高程 1 939.0 m),自东向西流经沁源县、霍州市,于霍州市南环路街道办事处南坛村汇入汾河(河口经度 111°42′43.6″,河口纬度 36°33′37.4″,河口高程 539.1 m),河流全长 42 km,流域面积 442 km^2,河流比降为 26.82‰。霍州市境内流域面积为 431.1 km^2。

16.1.3.5 李曹河

李曹河是南涧河的支流。李曹河起源于霍州市李曹镇杨家庄村红沙岭(河源经度 111°58′0.5″,河源纬度 36°34′8.1″,河源高程 1752.6 m),自东向西流经霍州市,于霍州市李曹镇杨枣村汇入南涧河(河口经度 111°48′29.3″,河口纬度 36°34′35.7″,河口高程 659.6 m)河流全长 18 km,流域面积 68.1 km^2,河流比降为 43.53‰。霍州市境内流域面积为 68.1 km^2。

16.1.3.6 北涧河

北涧河是南涧河的支流。北涧河起源于霍州市三教乡青岗坪林场青岗坪(河源经度 111°55′32.9″,河源纬度 36°40′3.5″,河源高程 1 338.9 m),自东北向西南流经霍州市,于霍州市开元街道办事处李诠庄汇入南涧河(河口经度 111°45′18.2″,河口纬度 36°33′57.7″,河口高程 584.9 m),河流全长 25 km,流域面积 128 km^2,河流比降为 21.00‰。霍州市境内流域面积为 128 km^2。

16.1.3.7 辛置河

辛置河是汾河的一级支流。辛置河起源于霍州市陶唐峪乡小涧峪林场(河源经度 111°42′13.4″,河源纬度 36°29′56.2″,河源高程 520.0 m),自东南向西北流经霍州市,于霍州市辛置镇辛置村辛置汇入汾河(河口经度 111°42′13.4″,河口纬度 36°29′56.2″,河口高程 520.0 m),河流全长 17 km,流域面积 51.6 km^2,河流比降为 44.70‰。霍州市境内流域面积为 51.6 km。

16.1.4 水文气象

霍州市地处内陆,属大陆性半干旱季风气候,1956~2000 年多年平均降水量为 533.8 mm,降水量最大年份 1975 年为 741.7 mm,最小年份 1997 年为 309.9 mm。降水时空分布不均匀,6~9 月降水量占全年降水量的 60%,春旱严重。受地形影响,东部山区寒冷湿润,西部河谷气候温和。城区附近多年平均降水量为 474.8 mm,年平均气温 12 ℃,极端最高气温 40 ℃(1978 年 7 月 31 日),年日照时数平均 2 388.5 h,多年平均水面蒸发量为 1 064.9 mm。全年无霜期 180~235 d,主导风向为西北风,次为西南风。

地表径流主要为大气降水补给,河川水资源量比较贫乏,不少河流常年断流,径流量年际变化较大。据临汾市第二次水资源评价结果,霍州市多年平均河川径流量 2 635 万 m^3(不含泉水),最大 7 881 万 m^3,最小 202 万 m^3,极值比 39。径流量年内分配不均,洪水主要集中在 6~9 月,最大洪峰大多发生在 7、8 月。流域洪水均由暴雨形成,暴雨洪水来势凶猛、持续时间短、发生频繁,笼罩面积不大,但威胁较大。

16.1.5 历史山洪灾害

霍州市境内山洪灾害发生频次较高,是本市的主要自然灾害之一。历史上及中华人民共和国成立后发生过多次大的山洪灾害。本次首先收集了各种文献对霍州市山洪灾害的记载,其次在进行沿河村落调查时走访当地村民调查历史洪水情况,整理如下。

16.1.5.1　文献记载洪水资料

文献记载洪水资料主要来自于《山西省历史洪水调查成果》和《山西洪水研究》以及当地部门洪水记载等。这两本的资料来源于《山西通志》,各市、县的府志或县志,中央档案馆明清档案部的清代档案奏折以及少量的洪水碑刻和家书等。霍州市文献洪水记载共计10条。洪水发生年份分别为1466年、1471年、1503年、1520年、1543年、1566年、1795年、1822年、1869年、1942年(见表4-16-2)。本次工作还收集了霍州市文献记载旱情资料,见表4-16-3。

表4-16-2　霍州市文献记载洪水统计表

序号	公元	年号	记载	资料来源
1	1466	明成化二年	代州大饥人相食,十月大雪。盂县旱,是岁大饥人相食。临县大饥人相食,次年六月始雨。霍州大雨河溢	山西通志
2	1471	明成化七年	代州大饥人相食,十月大雪。盂县旱,是岁大饥人相食。临县大饥人相食,次年六月始雨。霍州大雨河溢。灵石六月大水。霍州水	山西通志
3	1503	明弘治十六年	临晋大旱。霍州大水	山西通志
4	1520	明正德十五年	灵石大水坏城。汾阳大雨河溢。霍州大水	山西通志
5	1543	明嘉靖廿二年	吉县五月大水。霍州大水。长治七月大雨河溢	山西通志
6	1566	明嘉靖四十五年	洪洞丙寅秋九月禾稼已成,猛然墨云大雷,从北如飞,顷刻大雨四集,其色如墨,日夜方止,沟渠皆盈,禾稼尽烂,次年民大饥。霍州九月大雨。朔平七月大雨	山西通志
7	1795	清乾隆六十年	大同大雨雹。霍州汾河决,冲没田亩。临晋、猗氏、永济、万泉、荣河旱。泽州大水。平陆旱	山西自然灾害史年表
8	1822	清道光二年	霍州春涧水泛溢,冲塌北桥,秋义成峪水泛溢,义成村四庐被淹	
9	1869	清同治八年	洪洞夏六月淫雨河暴涨。平陆六月大雨雹。霍州夏雨雹伤稼	山西自然灾害史年表
10	1942	民国卅一年	汾河、团柏河、对竹河大水	调查

表 4-16-3　霍州市文献记载旱情统计表

序号	公元	年号	记载	资料来源
1	1358	元至正十八年	霍州春夏大旱	山西水旱灾害
2	1472	明成化八年	山西全省性旱和大旱	山西通志
3	1482	明成化十八年	高平山水暴涨,损伤田禾庐舍无算。翼城雨伤稼。潞州、宁乡水;霍州、汾西、寿阳旱,保德、定州、文水饥	雍正山西通志
4	1534	明嘉靖十三年	永和、交城、文水、徐沟、寿阳、汾西、洪洞、翼城、临汾、霍州、沁源、安泽旱大饥,禾稼殆尽,饿殍盈野	山西水旱灾害
5	1561	明嘉靖四十年	石楼、太原、阳曲、徐沟、榆次、寿阳、祁县、灵石、洪洞、霍州、芮城旱甚民饥,死者过半	山西自然灾害史年表
6	1639	明崇祯十二年	永和、隰县、太原、阳曲、翼城、霍州、襄汾、绛县、万泉、万荣、稷山、安泽大旱,蝗伤稼,饿死人甚众	山西水旱灾害
7	1720	清康熙五十九年	山西全省性大旱	山西自然灾害史年表
8	1721	清康熙六十年	山西全省性持续大旱	山西自然灾害史年表
9	1722	清康熙六十一年	山西全省性大旱,中部尤甚	山西水旱灾害
10	1935	民国廿四年	全省持续旱和大旱。怀仁、广灵、朔州、阳高、天镇、大同、太原、介休、文水、定襄、和顺、忻州、岢岚、昔阳、寿阳、兴县、榆社、静乐、新绛、赵城、霍州、临汾、蒲县、安邑、闻喜、虞乡、平陆、曲沃、河津、翼城、新绛、解州、芮城、荣河、永济、浮山、石楼、沁州、长治、潞城、泽州:旱	山西自然灾害史年表
11	1936	民国廿五年	十二月太原地震。全省持续性大旱	山西自然灾害史年表
12	1960		山西晋南旱象严重	山西水旱灾害
13	1965		山西全省性大旱。晋南春夏连旱,尤以伏旱为甚	山西水旱灾害
14	1972		山西全省性大旱,整个三伏天无雨	山西水旱灾害
15	1978		全省严重干旱的同时,风、雹、冻、病虫害亦严重发生	山西水旱灾害
16	1987		山西全省性旱,严重的有忻州、吕梁、临汾西部、太原市等	山西水旱灾害

16.1.5.2　《山西省历史洪水调查成果》中的调查成果

2011 年出版的《山西省历史洪水调查成果》中,暴雨洪水调查资料已收集至 2008 年,是目前资料最为可靠、最为完整的历史洪水调查成果。其中收集霍州市历史洪水调查成果 3 条,发生年份分别为 1908 年、1928 年、1929 年、1930 年、1932 年、1942 年、1958 年,分布在北涧河、南涧河、对竹河流域,见表 4-16-4。

表 4-16-4　霍州市现有历史洪水调查成果统计表

序号	调查地点				集水面积(km^2)	调查洪水			调查单位
	水系	河名	河段名	地点		洪峰流量(m^3/s)	发生年份	可靠程度	
1	汾河	北涧河	西牧村	霍州市西牧村	428	486	1908		
						175	1929		
						189	1932		
2	汾河	南涧河		霍州市城关村	379	312	1928		
						141	1929		
						138	1930		
3	汾河	对竹河	白龙村	霍州市白龙镇白龙村	1757	823	1942		
						469	1958		

16.1.5.3　当地相关部门洪水记载

本次工作收集了地方县志、当地水利及相关部门对洪水的记载,可作为霍州市历史洪水调查成果的补充。本次共收集洪水记载 7 条,洪水发生年份分别为 1972 年、1976 年、1982 年、1993 年、2005 年、2010 年、2011 年,见表 4-16-5。

表 4-16-5　霍州市相关部门历史洪水调查成果统计表

序号	发生时间	位置	洪水访问情况
1	1972 年	陶唐峪流域	陶唐峪流域山洪暴发,300 余户进水,土墙倒塌
2	1976 年 7 月	王庄河流域	王庄河流域冲毁房子 100 间,耕地 200 亩,牲口 200 头,经济损失 200 余万元
3	1982 年 6 月 12 日	李曹河流域	李曹河流域共死 12 人,淹没农田 100 亩
4	1993 年 6 月	北涧河流域	北涧河流域发洪水,洪水冲走 3 人。道路冲毁 300 m,农田冲毁 150 亩
5	2005 年	北涧河流域	北涧河流域冲毁农田作物 100 亩,冲走林场围墙
6	2010 年 10 月 8 日	白龙村	白龙村淹没农田、猪场等
7	2011 年	陶唐峪流域	陶唐峪流域河水猛涨,有 3 户居民院内进水

16.2 霍州市山洪灾害分析评价成果

16.2.1 分析评价名录确定

霍州市共有28个重点防治区,名录见表4-16-6;霍州市将28个重点防治区划分为23个计算小流域(流域面积相同的村落在表中只体现为一个计算小流域),基本信息见表4-16-7,其中包括行政区划名称、面积、主沟道长度、主沟道比降、产流地类、汇流地类。

16.2.2 设计暴雨成果

霍州市的28个重点防治区分为23个计算小流域,各时段雨量的均值$\overline{H}$、变差系数C_v、C_s/C_v和各时段相应频率的雨量值成果H_p见表4-16-8(本次对霍州市28个山洪灾害沿河村落均采用《山西省水文手册》中提供的方法进行了设计暴雨计算。对采用流域模型法计算设计洪水的进行设计暴雨时程分配计算,对采用经验公式法计算设计洪水的不进行设计暴雨时程分配计算)。霍州市沿河村落100年一遇设计暴雨分布图见附图4-181~附图4-184。

16.2.3 设计洪水成果

霍州市的28个重点防治区都进行了设计洪水的推求。其中设计洪水成果表见表4-16-9(28个沿河村落均采用由设计暴雨推求设计洪水的方法计算,本次采用《山西省水文手册》中的流域模型法与经验公式法计算,对采用流域模型法计算设计洪水的进行设计净雨深计算,对采用经验公式法计算设计洪水的不进行设计净雨深计算)。霍州市沿河村落100年一遇设计洪水分布图见附图4-185。

16.2.4 现状防洪能力成果

现状防洪能力评价主要是在设计洪水分析成果的基础上,结合沿河村落地形地貌、居民户高程情况,勾绘划定其淹没范围,进行危险区等级的划分,确定最佳转移路线和临时安置地点,并统计各沿河村落5个典型频率设计洪水位下的累计人口、户数,获得水位—流量—人口关系,综合评价现状防洪能力。本次对霍州市28个山洪灾害沿河村落进行防洪现状评价。现状防洪能力大于等于100年一遇的有1个,小于100年一遇的有27个。27个沿河村落均大于5年一遇,大于等于5年一遇小于20年一遇的有5个,大于等于20年一遇小于100年一遇的有22个。

经统计,霍州市28个沿河村落中,极高危险区内没有居民,高危险区内有107户581人,危险区内有206户1 212人。现状防洪能力成果见表4-16-10与附图4-186。

16.2.5 雨量预警指标分析成果

霍州市的27个重点防治区进行了雨量预警指标的确定。霍州市预警指标分析成果表和霍州市沿河村落预警指标分布图见表4-16-11与附图4-187~附图4-192。

表 4-16-6　霍州市山洪灾害分析评价名录

序号	沿河村落	行政区划代码	所在乡镇	所在河流	影响形式
1	李雅庄村	141082202210000	师庄乡	姚村河	河道洪水
2	姚村	141082005202000	退沙街道办事处	姚村河	河道洪水
3	坡底村	141082005201000	退沙街道办事处	姚村河	河道洪水
4	干节村	141082201225000	三教乡	北涧河	河道洪水
5	前干节	141082201225101	三教乡	北涧河	河道洪水
6	车囫囵	141082201224101	三教乡	北涧河	河道洪水
7	上三教村	141082201201000	三教乡	北涧河	河道洪水
8	库拔村	141082201215000	三教乡	北涧河	河道洪水
9	安乐村	141082201217000	三教乡	北涧河	河道洪水
10	西张村	141082102207000	大张镇	北涧河	河道洪水
11	尉侯村	141082103223000	李曹镇	南涧河	河道洪水
12	峪里村	141082103222000	李曹镇	南涧河	河道洪水
13	石鼻村	141082103224000	李曹镇	南涧河	河道洪水
14	范村	141082103226000	李曹镇	南涧河	河道洪水
15	窑底村	141082103227000	李曹镇	南涧河	河道洪水
16	鸭底村	141082103228000	李曹镇	南涧河	河道洪水
17	源头村	141082103230000	李曹镇	南涧河	河道洪水
18	杨枣村	141082103206000	李曹镇	南涧河	河道洪水
19	腰庄	141082200217103	陶唐峪乡	陶唐峪	河道洪水
20	峪口	141082200217105	陶唐峪乡	陶唐峪	坡面水流
21	成家庄村	141082200217000	陶唐峪乡	陶唐峪	坡面水流
22	范崖底	141082200217104	陶唐峪乡	陶唐峪	坡面水流
23	王海平村	141082200218000	陶唐峪乡	陶唐峪	坡面水流
24	成庄村	141082200225000	陶唐峪乡	陶唐峪	河道洪水
25	下乐坪村	141082102209000	大张镇	辛置河	河道洪水
26	新村	141082101205000	辛置镇	辛置河	河道洪水
27	塔底村	141082101209000	辛置镇	辛置河	河道洪水
28	北村	141082101204000	辛置镇	辛置河	坡面水流

表 4-16-7　霍州市小流域基本信息汇总表

序号	行政区划名称	流域面积(km^2)	主沟道长度(km)	主沟道比降(‰)	产流地类(km^2)							汇流地类(km^2)		
					灰岩森林山地	灰岩灌丛山地	灰岩土石山区	变质岩森林山地	黄土丘陵阶地	砂页岩灌丛山地	变质岩灌丛山地	森林山地	灌丛山地	草坡山地
1	李雅庄村	45.55	20.3	23.0					13.4	32.15			2.56	42.99
2	姚村	55.74	21.9	21.9					13.71	42.03			2.56	53.18
3	坡底村	61.07	24.4	20.5					15.76	45.31			2.56	58.51
4	前干节	9.06	8.1	86.5			1.47	7.35	0.24			8.10	0.72	0.24
5	车圐圙	21.73	7.8	63.7	2.29		0.07	17.38	0.92	1.07		19.67	1.14	0.92
6	上三教村	81.79	14.6	27.2	2.43		7.45	27.97	40.28		3.66	33.75	7.78	40.26
7	库拔村	106.1	25.0	33.1	2.44		7.53	28.08	63.59	0.79	3.67	34.98	7.53	63.59
8	安乐村	18.18	9.2	21.6					17.67	0.51				18.18
9	西张村	120.4	31.7	26.2	2.44		7.53	28.08	76.12	2.56	3.67	33.9	7.82	78.68
10	峪里村	113.33	28.7	42.0	40.01	1.55		40.57	1		30.2	78.14	33.41	1.78
11	石鼻村	125.4	29.9	39.6	40.02	1.55		40.57	4.97		38.29	80.48	35.66	9.26
12	窑底村	132.61	32.1	36.6	40.02	1.55		40.57	12.18		38.29	80.48	37.2	14.93
13	源头村	140.5	33.9	36.3	40.01	1.55		40.57	20.08		38.29	80.48	37.5	22.52
14	杨枣村	22.84	4.5	47.6				2.86	17.91		2.07	2.86	1.68	18.3
15	腰庄	2.03	1.0	39.0				0.92	0.22		0.89	0.92	0.89	0.22
16	峪口	1.34	0.8	38.2				0.54	0.1		0.7	0.54	0.7	0.1
17	范崖底	1.06	0.6	36.8					0.46		0.6		0.6	0.46
18	王海平村	2.78	1.2	39.0				0.99	0.7		1.09	0.99	1.09	0.70
19	成庄村	10.84	10.6	53.7	1.07				8.37		1.4	1.07	1.4	8.37
20	下乐坪村	24.56	11.3	42.0	1.63				19.83		3.1	1.63	3.1	19.83
21	新村	20.91	9.9	40.7				6.18	12.32		2.41	6.18	2.41	12.32
22	塔底村	23.49	13.0	35.1				6.18	14.9		2.41	6.18	2.41	14.9
23	北村	26.73	14.9	30.6				6.17	18.15		2.41	6.18	2.41	18.14

表 4-16-8　霍州市设计暴雨成果表

序号	计算单元名称	历时	均值(mm)	变差系数	C_s/C_v	重现期雨量值 H_p(mm)				
						100年($H_{1\%}$)	50年($H_{2\%}$)	20年($H_{5\%}$)	10年($H_{10\%}$)	5年($H_{20\%}$)
1	李雅庄村	10 min	13.6	0.57	3.5	31.8	27.8	22.4	18.4	14.3
		60 min	28.0	0.53	3.5	63.9	56.2	46.0	38.1	30.2
		6 h	45.0	0.49	3.5	109.9	97.5	80.9	68.1	55.0
		24 h	65.0	0.46	3.5	148.1	132.5	111.4	95.1	78.1
		3 d	78.0	0.44	3.5	177.1	159.0	134.6	115.6	95.7
2	姚村	10 min	13.6	0.57	3.5	30.9	27.0	21.8	17.9	13.9
		60 min	28.0	0.53	3.5	62.4	54.9	44.9	37.3	29.6
		6 h	45.0	0.49	3.5	107.8	95.7	79.5	67.0	54.1
		24 h	65.0	0.46	3.5	145.8	130.5	109.7	93.7	77.0
		3 d	78.0	0.44	3.5	175.6	157.6	133.4	114.5	94.7
3	坡底村	10 min	13.6	0.57	3.5	30.6	26.7	21.6	17.7	13.8
		60 min	28.0	0.53	3.5	62.0	54.5	44.7	37.1	29.4
		6 h	45.0	0.49	3.5	107.3	95.3	79.2	66.7	53.9
		24 h	65.0	0.46	3.5	145.4	130.1	109.5	93.4	76.8
		3 d	78.0	0.44	3.5	175.2	157.3	133.1	114.3	94.6
4	前干节	10 min	13.7	0.55	3.5	36.8	32.2	26.1	21.4	16.8
		60 min	30.0	0.54	3.5	72.7	63.9	52.1	43.2	34.1
		6 h	45.1	0.5	3.5	124.4	110.0	90.6	75.7	60.5
		24 h	68.0	0.48	3.5	169.0	150.1	124.7	105.2	85.1
		3 d	87.0	0.43	3.5	207.3	186.0	157.1	134.6	111.2

续表 4-16-8

序号	行政区划名称	历时	均值(mm)	变差系数	C_s/C_v	重现期雨量值 H_p(mm)				
						100 年($H_{1\%}$)	50 年($H_{2\%}$)	20 年($H_{5\%}$)	10 年($H_{10\%}$)	5 年($H_{20\%}$)
5	车圙囵	10 min	13.8	0.55	3.5	35.3	30.9	25.1	20.7	16.2
		60 min	30.0	0.54	3.5	71.7	62.9	51.2	42.2	33.2
		6 h	45.3	0.52	3.5	124.2	109.6	90.0	75.0	59.8
		24 h	69.0	0.47	3.5	167.6	149.2	124.3	105.1	85.4
		3 d	88.0	0.44	3.5	211.3	189.2	159.4	136.2	112.1
6	上三教村	10 min	13.7	0.55	3.5	32.1	28.0	22.7	18.6	14.5
		60 min	30.0	0.54	3.5	65.3	57.4	46.9	38.9	30.7
		6 h	45.1	0.5	3.5	113.8	100.8	83.4	70.1	56.4
		24 h	68.0	0.48	3.5	154.6	138.1	115.9	98.7	80.8
		3 d	87.0	0.43	3.5	194.9	174.8	147.8	126.8	104.8
7	库拔村	10 min	13.7	0.55	3.5	31.0	27.1	21.9	18.0	14.1
		60 min	30.0	0.54	3.5	63.6	55.9	45.7	37.8	29.9
		6 h	45.1	0.5	3.5	111.5	98.8	81.9	68.9	55.5
		24 h	68.0	0.48	3.5	152.7	136.5	114.8	97.9	80.4
		3 d	87.0	0.43	3.5	189.8	170.4	144.3	123.9	102.6
8	安乐村	10 min	13.0	0.57	3.5	34.9	30.4	24.5	20.0	15.5
		60 min	28.9	0.55	3.5	69.0	60.5	49.3	40.7	32.1
		6 h	44.0	0.49	3.5	117.8	104.3	86.3	72.4	58.2
		24 h	68.0	0.45	3.5	158.9	142.1	119.4	101.8	83.6
		3 d	77.0	0.43	3.5	182.2	163.5	138.2	118.5	97.9

续表 4-16-8

序号	行政区划名称	历时	均值(mm)	变差系数	C_s/C_v	重现期雨量值 H_p(mm)				
						100 年($H_{1\%}$)	50 年($H_{2\%}$)	20 年($H_{5\%}$)	10 年($H_{10\%}$)	5 年($H_{20\%}$)
9	西张村	10 min	13.8	0.55	3.5	30.1	26.3	21.3	17.4	13.6
		60 min	30.0	0.54	3.5	62.1	54.6	44.6	37.0	29.3
		6 h	45.3	0.52	3.5	109.1	96.8	80.4	67.7	54.7
		24 h	69.0	0.47	3.5	148.6	133.2	112.4	96.2	79.3
		3 d	88.0	0.44	3.5	184.1	165.2	140.0	120.3	99.6
10	峪里村	10 min	13.6	0.55	3.5	30.2	26.5	21.5	17.7	13.9
		60 min	29.2	0.53	3.5	61.8	54.3	44.4	36.8	29.1
		6 h	45.0	0.52	3.5	113.6	100.5	83.0	69.5	55.7
		24 h	75.0	0.47	3.5	167.7	149.5	125.0	106.0	86.3
		3 d	98.0	0.45	3.5	216.1	193.8	163.8	140.5	116.0
11	石鼻村	10 min	13.6	0.55	3.5	29.9	26.2	21.3	17.6	13.8
		60 min	29.2	0.53	3.5	61.3	53.9	44.0	36.5	28.9
		6 h	45.0	0.52	3.5	112.9	99.9	82.5	69.1	55.5
		24 h	75.0	0.47	3.5	167.0	148.9	124.5	105.6	86.1
		3 d	98.0	0.45	3.5	215.4	193.1	163.4	140.1	115.8
12	窑底村	10 min	13.6	0.55	3.5	29.7	26.0	21.2	17.4	13.7
		60 min	29.2	0.53	3.5	61.0	53.6	43.8	36.4	28.8
		6 h	45.0	0.52	3.5	112.5	99.6	82.2	68.9	55.3
		24 h	75.0	0.47	3.5	166.6	148.5	124.3	105.4	86.0
		3 d	98.0	0.45	3.5	215.0	192.8	163.1	140.0	115.7

续表 4-16-8

序号	行政区划名称	历时	均值(mm)	变差系数	C_s/C_v	重现期雨量值 H_p(mm)				
						100 年($H_{1\%}$)	50 年($H_{2\%}$)	20 年($H_{5\%}$)	10 年($H_{10\%}$)	5 年($H_{20\%}$)
13	源头村	10 min	13.6	0.55	3.5	29.5	25.9	21.0	17.3	13.6
		60 min	29.2	0.53	3.5	60.5	53.2	43.5	36.1	28.6
		6 h	45.0	0.52	3.5	111.2	98.5	81.5	68.4	55.0
		24 h	75.0	0.47	3.5	164.2	146.5	122.7	104.2	85.1
		3 d	98.0	0.45	3.5	212.3	190.2	160.8	137.7	113.7
14	杨枣村	10 min	13.6	0.55	3.5	34.3	30.0	24.4	20.1	15.8
		60 min	28.0	0.49	3.5	63.7	56.4	46.6	39.1	31.4
		6 h	44.5	0.47	3.5	109.5	97.7	81.6	69.3	56.5
		24 h	66.5	0.45	3.5	157.7	141.0	118.3	100.7	82.5
		3 d	79.5	0.39	3.5	174.7	158.2	135.7	118.0	99.4
15	腰庄	10 min	13.2	0.54	3.5	36.2	31.7	25.8	21.3	16.8
		60 min	27.0	0.49	3.5	67.8	59.9	49.4	41.3	33.0
		6 h	44.5	0.48	3.5	115.1	102.4	85.3	72.2	58.6
		24 h	66.5	0.44	3.5	161.2	144.1	121.1	103.1	84.5
		3 d	79.0	0.41	3.5	183.8	165.5	140.7	121.3	100.9
16	峪口	10 min	13.2	0.54	3.5	36.5	32.0	26.1	21.5	16.9
		60 min	27.0	0.49	3.5	68.3	60.3	49.7	41.6	33.3
		6 h	44.5	0.48	3.5	115.7	102.9	85.8	72.6	58.8
		24 h	66.5	0.44	3.5	161.7	144.6	121.3	103.3	84.7
		3 d	79.0	0.41	3.5	184.1	165.8	140.9	121.5	101.1

续表 4-16-8

序号	行政区划名称	历时	均值(mm)	变差系数	C_s/C_v	重现期雨量值 H_p(mm)				
						100 年($H_{1\%}$)	50 年($H_{2\%}$)	20 年($H_{5\%}$)	10 年($H_{10\%}$)	5 年($H_{20\%}$)
17	范崖底	10 min	13.2	0.54	3.5	36.7	32.2	26.2	21.6	17.0
		60 min	27.0	0.49	3.5	68.6	60.6	49.9	41.8	33.4
		6 h	44.5	0.48	3.5	116.0	103.2	86.0	72.7	59.0
		24 h	66.5	0.44	3.5	161.9	144.8	121.5	103.4	84.7
		3 d	79.0	0.41	3.5	184.3	165.9	141.0	121.5	101.1
18	王海平村	10 min	13.2	0.54	3.5	35.8	31.4	25.6	21.1	16.6
		60 min	27.0	0.49	3.5	67.3	59.4	49.0	41.1	32.8
		6 h	44.5	0.48	3.5	114.6	101.9	85.0	71.9	58.3
		24 h	66.5	0.44	3.5	161.0	143.9	120.8	102.9	84.3
		3 d	79.0	0.41	3.5	183.5	165.3	140.5	121.1	100.8
19	成庄村	10 min	13.2	0.54	3.5	34.1	29.9	24.4	20.1	15.9
		60 min	27.0	0.49	3.5	64.7	57.2	47.2	39.6	31.7
		6 h	44.5	0.48	3.5	111.6	99.3	82.9	70.3	57.1
		24 h	66.5	0.44	3.5	158.5	141.9	119.3	101.6	83.5
		3 d	79.0	0.41	3.5	181.7	163.7	139.3	120.2	100.2
20	下乐坪村	10 min	13.2	0.5	3.5	30.4	26.9	22.3	18.7	15.0
		60 min	27.0	0.5	3.5	63.2	55.9	46.0	38.4	30.7
		6 h	44.5	0.5	3.5	112.6	99.9	82.9	69.7	56.2
		24 h	66.5	0.44	3.5	156.1	139.7	117.5	100.4	82.6
		3 d	79.0	0.4	3.5	176.5	159.5	136.3	118.2	99.1

续表 4-16-8

序号	行政区划名称	历时	均值(mm)	变差系数	C_s/C_v	重现期雨量值 H_p(mm)				
						100 年($H_{1\%}$)	50 年($H_{2\%}$)	20 年($H_{5\%}$)	10 年($H_{10\%}$)	5 年($H_{20\%}$)
21	新村	10 min	13.3	0.53	3.5	32.5	28.6	23.4	19.4	15.4
		60 min	27.0	0.48	3.5	61.8	54.8	45.4	38.2	30.8
		6 h	44.5	0.47	3.5	107.4	95.9	80.3	68.4	55.9
		24 h	66.5	0.43	3.5	154.0	138.2	116.8	99.9	82.5
		3 d	79.5	0.4	3.5	178.1	160.9	137.5	119.1	99.8
22	塔底村	10 min	13.3	0.53	3.5	32.3	28.4	23.2	19.3	15.3
		60 min	27.0	0.48	3.5	61.5	54.5	45.1	38.0	30.6
		6 h	44.5	0.47	3.5	107.0	95.5	80.0	68.2	55.7
		24 h	66.5	0.43	3.5	153.6	137.9	116.5	99.7	82.4
		3 d	79.5	0.4	3.5	177.8	160.6	137.3	119.0	99.7
23	北村	10 min	13.3	0.53	3.5	32.0	28.2	23.0	19.1	15.2
		60 min	27.0	0.48	3.5	61.1	54.2	44.9	37.8	30.4
		6 h	44.5	0.47	3.5	106.6	95.1	79.7	67.9	55.5
		24 h	66.5	0.43	3.5	153.2	137.6	116.2	99.5	82.2
		3 d	79.5	0.4	3.5	177.5	160.3	137.1	118.8	99.6

表 4-16-9　霍州市设计洪水成果表

序号	行政区划名称	洪水要素	重现期洪水要素值				
			100年	50年	20年	10年	5年
1	李雅庄村	洪峰流量(m^3/s)	624	521	384	281	188
		洪量(万 m^3)	344	279	199	141	94
		洪水历时(h)	6.0	6.0	5.0	4.5	4.5
		洪峰水位(m)	633.45	633.14	632.57	632.25	631.86
2	姚村	洪峰流量(m^3/s)	725	605	444	325	217
		洪量(万 m^3)	411	334	237	168	112
		洪水历时(h)	6.0	6.0	5.5	4.5	4.5
		洪峰水位(m)	602.79	602.64	602.39	602.19	601.95
3	坡底村	洪峰流量(m^3/s)	749	620	449	323	209
		洪量(万 m^3)	430	347	244	171	113
		洪水历时(h)	6.5	6.0	5.0	5.0	5.0
		洪峰水位(m)	577.09	576.76	576.21	575.48	574.93
4	干节村	洪峰流量(m^3/s)	77	62	43	29	18
		洪量(万 m^3)	80	64	45	31	20
		洪水历时(h)	6.0	6.0	5.5	4.5	4.0
		洪峰水位(m)	1 259.33	1 259.13	1 258.83	1 258.54	1 258.26
5	前干节	洪峰流量(m^3/s)	77	62	43	29	18
		洪量(万 m^3)	80	64	45	31	20
		洪水历时(h)	6.0	6.0	5.5	4.5	4.0
		洪峰水位(m)	1 164.87	1 164.51	1 164.29	1 164.2	1 163.53
6	车圐圙	洪峰流量(m^3/s)	164	131	89	59	35
		洪量(万 m^3)	173	138	95	65	42
		洪水历时(h)	8.0	7.0	7.0	6.5	5.5
		洪峰水位(m)	1 171.57	1 171.43	1 171.22	1 171.02	1 170.82

续表 4-16-9

序号	行政区划名称	洪水要素	重现期洪水要素值				
			100 年	50 年	20 年	10 年	5 年
7	上三教村	洪峰流量(m^3/s)	588	473	326	217	133
		洪量(万 m^3)	582	466	324	224	146
		洪水历时(h)	9.5	9.0	8.5	8.0	8.0
		洪峰水位(m)	809.81	809.61	809.32	809.05	808.78
8	库拔村	洪峰流量(m^3/s)	707	568	390	259	158
		洪量(万 m^3)	742	594	412	285	186
		洪水历时(h)	10.5	10.0	9.5	9.0	9.0
		洪峰水位(m)	708.87	708.61	708.23	707.91	707.29
9	安乐村	洪峰流量(m^3/s)	346	290	215	158	105
		洪量(万 m^3)	142	115	81	56	37
		洪水历时(h)	4.5	3.5	3.0	3.0	2.5
		洪峰水位(m)	773.4	773.17	772.81	772.49	772.14
10	西张村	洪峰流量(m^3/s)	746	598	409	272	166
		洪量(万 m^3)	817	655	456	315	206
		洪水历时(h)	11.0	10.5	10.0	10.0	9.5
		洪峰水位(m)	609.74	609.43	609.04	608.64	607.77
11	尉侯村	洪峰流量(m^3/s)	508	390	253	157	90
		洪量(万 m^3)	711	558	376	254	161
		洪水历时(h)	12.5	12.0	12.0	12.0	11.0
		洪峰水位(m)	867.92	867.58	867.16	866.8	866.5
12	峪里村	洪峰流量(m^3/s)	508	390	253	157	90
		洪量(万 m^3)	711	558	376	254	161
		洪水历时(h)	12.5	12.0	12.0	12.0	11.0
		洪峰水位(m)	799.46	798.49	797.06	795.79	794.63

续表 4-16-9

序号	行政区划名称	洪水要素	重现期洪水要素值				
			100年	50年	20年	10年	5年
13	石鼻村	洪峰流量(m^3/s)	411	309	191	118	67
		洪量(万 m^3)	804	632	427	289	184
		洪水历时(h)	13.0	12.5	12.0	12.0	11.0
		洪峰水位(m)	763.23	762.91	762.53	762.06	761.69
14	范村	洪峰流量(m^3/s)	620	480	315	198	112
		洪量(万 m^3)	850	668	452	305	194
		洪水历时(h)	13.0	12.5	12.0	12.0	11.0
		洪峰水位(m)	740.81	740.19	739.34	738.63	738.01
15	窑底村	洪峰流量(m^3/s)	620	480	315	198	112
		洪量(万 m^3)	850	668	452	305	194
		洪水历时(h)	13.0	12.5	12.0	12.0	11.0
		洪峰水位(m)	711.09	710.78	710.36	709.50	708.84
16	鸭底村	洪峰流量(m^3/s)	647	502	330	208	119
		洪量(万 m^3)	893	704	477	324	207
		洪水历时(h)	13.5	13.0	12.5	12.0	11.5
		洪峰水位(m)	694.02	693.93	693.8	693.65	693.48
17	源头村	洪峰流量(m^3/s)	647	502	330	208	119
		洪量(万 m^3)	893	704	477	324	207
		洪水历时(h)	13.5	13.0	12.5	12.0	11.5
		洪峰水位(m)	682.95	682.25	681.44	680.78	680.22
18	杨枣村	洪峰流量(m^3/s)	290	241	176	127	83
		洪量(万 m^3)	162	131	93	66	44
		洪水历时(h)	5.5	5.0	4.0	4.0	3.5
		洪峰水位(m)	664.67	664.49	664.17	663.91	663.39

续表 4-16-9

序号	行政区划名称	洪水要素	重现期洪水要素值				
			100 年	50 年	20 年	10 年	5 年
19	腰庄	洪峰流量(m^3/s)	17	15	12	10	8
		洪量(万 m^3)					
		洪水历时(h)					
		洪峰水位(m)	1 041.46	1 041.42	1 041.36	1 041.32	1 041.26
20	峪口	洪峰流量(m^3/s)	12	10	9	7	6
		洪量(万 m^3)					
		洪水历时(h)					
		洪峰水位(m)					
21	成家庄村	洪峰流量(m^3/s)	12	10	9	7	6
		洪量(万 m^3)					
		洪水历时(h)					
		洪峰水位(m)					
22	范崖底	洪峰流量(m^3/s)	12	10	9	7	6
		洪量(万 m^3)					
		洪水历时(h)					
		洪峰水位(m)					
23	王海平村	洪峰流量(m^3/s)	22	16	10	5	3
		洪量(万 m^3)					
		洪水历时(h)					
		洪峰水位(m)					
24	成庄村	洪峰流量(m^3/s)	147	122	90	64	41
		洪量(万 m^3)	70	56	39	28	18
		洪水历时(h)	4.0	3.5	3.0	3.0	2.0
		洪峰水位(m)	702.15	701.88	701.48	701.12	700.75

续表 4-16-9

序号	行政区划名称	洪水要素	重现期洪水要素值				
			100 年	50 年	20 年	10 年	5 年
25	下乐坪村	洪峰流量(m^3/s)	324	269	196	140	89
		洪量(万 m^3)	172	138	96	66	43
		洪水历时(h)	5.5	4.5	4.0	4.0	3.0
		洪峰水位(m)	626.19	625.95	625.39	624.87	624.37
26	新村	洪峰流量(m^3/s)	216	179	130	94	60
		洪量(万 m^3)	144	116	82	58	39
		洪水历时(h)	6.0	5.5	5.0	4.5	4.0
		洪峰水位(m)	644.44	644.2	643.49	642.9	641.85
27	塔底村	洪峰流量(m^3/s)	226	186	134	96	62
		洪量(万 m^3)	161	130	92	65	44
		洪水历时(h)	6.5	6.0	5.0	5.0	4.0
		洪峰水位(m)	553.05	552.81	552.11	551.66	551.21
28	北村	洪峰流量(m^3/s)	248	204	147	106	68
		洪量(万 m^3)	180	145	103	73	49
		洪水历时(h)	6.5	6.0	5.5	5.0	4.5
		洪峰水位(m)	540.51	540.33	540.06	539.76	539.16

表 4-16-10　霍州市防洪现状评价成果表

序号	行政区划名称	防洪能力(年)	极高危险区(<5 年一遇)		高危险区(5~20 年一遇)		危险区(≥20 年一遇)	
			人口(人)	户数(户)	人口(人)	户数(户)	人口(人)	户数(户)
1	李雅庄村	18	0	0	5	1	10	2
2	姚村	50	0	0	0	0	15	1
3	坡底村	22	0	0	0	0	82	17
4	干节村	>100	0	0	0	0	0	0
5	前干节	26	0	0	0	0	70	17

续表 4-16-10

序号	行政区划名称	防洪能力（年）	极高危险区（<5 年一遇）		高危险区(5～20 年一遇)		危险区(≥20 年一遇)	
			人口（人）	户数（户）	人口（人）	户数（户）	人口（人）	户数（户）
6	车囫囵	26	0	0	0	0	68	17
7	上三教村	19	0	0	15	1	0	0
8	库拔村	41	0	0	0	0	14	2
9	安乐村	53	0	0	0	0	30	5
10	西张村	32	0	0	0	0	54	9
11	尉侯村	53	0	0	0	0	4	1
12	峪里村	48	0	0	0	0	29	6
13	石鼻村	55	0	0	0	0	6	1
14	范村	40	0	0	0	0	6	1
15	窑底村	22	0	0	0	0	10	4
16	鸭底村	54	0	0	0	0	35	8
17	源头村	49	0	0	0	0	276	46
18	杨枣村	20	0	0	2	1	15	3
19	腰庄	20	0	0	27	5	69	12
20	峪口	20	0	0	35	9	10	3
21	成家庄村	20	0	0	22	7	7	2
22	范崖底	20	0	0	85	14	6	1
23	王海平村	20	0	0	173	29	14	2
24	成庄村	10	0	0	93	15	70	12
25	下乐坪村	12	0	0	117	24	7	2
26	新村	21	0	0	0	0	47	10
27	塔底村	22	0	0	0	0	34	7
28	北村	17	0	0	7	1	224	15

表 4-16-11　霍州市预警指标成果表

序号	行政区划名称	类别	降雨历时	预警指标(mm)		临界雨量(mm)/水位(m)	方法
				准备转移	立即转移		
1	李雅庄村	雨量(B_0=0)	0.5 h	64	92	92	流域模型法
			1 h	92	102	102	
		雨量(B_0=0.3)	0.5 h	62	88	88	
			1 h	88	97	97	
		雨量(B_0=0.6)	0.5 h	59	85	85	
			1 h	85	90	90	
2	姚村	雨量(B_0=0)	0.5 h	43	61	61	流域模型法
			1 h	61	73	73	
		雨量(B_0=0.3)	0.5 h	39	56	56	
			1 h	56	67	67	
		雨量(B_0=0.6)	0.5 h	36	52	52	
			1 h	52	61	61	
3	坡底村	雨量(B_0=0)	0.5 h	64	92	92	流域模型法
			1 h	92	102	102	
		雨量(B_0=0.3)	0.5 h	62	88	88	
			1 h	88	97	97	
		雨量(B_0=0.6)	0.5 h	59	85	85	
			1 h	85	90	90	
4	前干节	雨量(B_0=0)	0.5 h	48	68	68	流域模型法
			1 h	68	77	77	
			2 h	88	99	99	
		雨量(B_0=0.3)	0.5 h	45	64	64	
			1 h	64	70	70	
			2 h	79	89	89	
		雨量(B_0=0.6)	0.5 h	42	59	59	
			1 h	59	64	64	
			2 h	71	81	81	

续表 4-16-11

序号	行政区划名称	类别	降雨历时	预警指标(mm)		临界雨量(mm)/水位(m)	方法
				准备转移	立即转移		
5	车圐圙	雨量(B_0=0)	0.5 h	46	65	65	流域模型法
			1 h	65	75	75	
			2 h	82	91	91	
		雨量(B_0=0.3)	0.5 h	42	59	59	
			1 h	59	68	68	
			2 h	74	83	83	
		雨量(B_0=0.6)	0.5 h	38	55	55	
			1 h	55	61	61	
			2 h	65	74	74	
6	上三教村	雨量(B_0=0)	0.5 h	38	55	55	流域模型法
			1 h	55	61	61	
			2 h	70	77	77	
		雨量(B_0=0.3)	0.5 h	35	50	50	
			1 h	50	56	56	
			2 h	62	69	69	
		雨量(B_0=0.6)	0.5 h	32	45	45	
			1 h	45	50	50	
			2 h	54	62	62	
7	库拔村	雨量(B_0=0)	0.5 h	46	65	65	流域模型法
			1 h	65	73	73	
			2 h	82	91	91	
		雨量(B_0=0.3)	0.5 h	43	61	61	
			1 h	61	66	66	
			2 h	74	83	83	
		雨量(B_0=0.6)	0.5 h	38	55	55	
			1 h	55	59	59	
			2 h	66	74	74	
		水位		706.25	706.55	706.55	比降面积法

续表 4-16-11

序号	行政区划名称	类别	降雨历时	预警指标(mm)		临界雨量(mm)/水位(m)	方法
				准备转移	立即转移		
8	安乐村	雨量(B_0=0)	0.5 h	45	64	64	流域模型法
			1 h	64	81	81	
		雨量(B_0=0.3)	0.5 h	43	61	61	
			1 h	61	75	75	
		雨量(B_0=0.6)	0.5 h	38	55	55	
			1 h	55	70	70	
9	西张村	雨量(B_0=0)	0.5 h	43	61	61	流域模型法
			1 h	61	69	69	
			2 h	77	84	84	
		雨量(B_0=0.3)	0.5 h	39	56	56	
			1 h	56	63	63	
			2 h	68	77	77	
		雨量(B_0=0.6)	0.5 h	36	52	52	
			1 h	52	56	56	
			2 h	61	69	69	
		水位		706.15	706.45	706.45	
10	尉侯村	雨量(B_0=0)	0.5 h	56	80	80	流域模型法
			1 h	80	90	90	
			2 h	99	107	107	
			3 h	112	119	119	
		雨量(B_0=0.3)	0.5 h	52	74	74	
			1 h	74	81	81	
			2 h	90	96	96	
			3 h	102	107	107	
		雨量(B_0=0.6)	0.5 h	49	70	70	
			1 h	70	75	75	
			2 h	81	86	86	
			3 h	91	94	94	

续表 4-16-11

序号	行政区划名称	类别	降雨历时	预警指标(mm)		临界雨量(mm)/水位(m)	方法
				准备转移	立即转移		
11	峪里村	雨量(B_0 =0)	0.5 h	54	77	77	流域模型法
			1 h	77	86	86	
			2 h	96	102	102	
			3 h	109	115	115	
		雨量(B_0 =0.3)	0.5 h	50	71	71	
			1 h	71	79	79	
			2 h	86	92	92	
			3 h	98	103	103	
		雨量(B_0 =0.6)	0.5 h	47	67	67	
			1 h	67	71	71	
			2 h	77	83	83	
			3 h	86	91	91	
12	石鼻村	雨量(B_0 =0)	0.5 h	45	64	64	流域模型法
			1 h	64	73	73	
			2 h	81	87	87	
			3 h	93	97	97	
		雨量(B_0 =0.3)	0.5 h	42	59	59	
			1 h	59	66	66	
			2 h	72	78	78	
			3 h	83	87	87	
		雨量(B_0 =0.6)	0.5 h	37	53	53	
			1 h	53	58	58	
			2 h	63	68	68	
			3 h	72	76	76	

续表 4-16-11

序号	行政区划名称	类别	降雨历时	预警指标(mm)		临界雨量(mm)/水位(m)	方法
				准备转移	立即转移		
13	范村	雨量(B_0=0)	0.5 h	51	73	73	流域模型法
			1 h	73	83	83	
			2 h	90	99	99	
			3 h	103	109	109	
		雨量(B_0=0.3)	0.5 h	48	68	68	
			1 h	68	75	75	
			2 h	82	89	89	
			3 h	94	99	99	
		雨量(B_0=0.6)	0.5 h	45	64	64	
			1 h	64	68	68	
			2 h	74	79	79	
			3 h	83	87	87	
14	窑底村	雨量(B_0=0)	0.5 h	45	64	64	流域模型法
			1 h	64	73	73	
			2 h	79	86	86	
			3 h	93	97	97	
		雨量(B_0=0.3)	0.5 h	40	58	58	
			1 h	58	65	65	
			2 h	71	77	77	
			3 h	82	87	87	
		雨量(B_0=0.6)	0.5 h	37	53	53	
			1 h	53	57	57	
			2 h	62	67	67	
			3 h	71	75	75	

续表 4-16-11

序号	行政区划名称	类别	降雨历时	预警指标(mm)		临界雨量(mm)/水位(m)	方法
				准备转移	立即转移		
15	鸭底村	雨量(B_0 =0)	0.5 h	55	79	79	流域模型法
			1 h	79	88	88	
			2 h	96	104	104	
			3 h	109	115	115	
		雨量(B_0 =0.3)	0.5 h	51	73	73	
			1 h	73	79	79	
			2 h	88	94	94	
			3 h	100	103	103	
		雨量(B_0 =0.6)	0.5 h	48	68	68	
			1 h	68	73	73	
			2 h	79	84	84	
			3 h	89	91	91	
16	源头村	雨量(B_0 =0)	0.5 h	53	76	76	流域模型法
			1 h	76	86	86	
			2 h	95	102	102	
			3 h	107	113	113	
		雨量(B_0 =0.3)	0.5 h	50	71	71	
			1 h	71	79	79	
			2 h	86	92	92	
			3 h	98	101	101	
		雨量(B_0 =0.6)	0.5 h	47	67	67	
			1 h	67	71	71	
			2 h	77	83	83	
			3 h	86	91	91	

续表 4-16-11

序号	行政区划名称	类别	降雨历时	预警指标(mm)		临界雨量(mm)/水位(m)	方法
				准备转移	立即转移		
17	杨枣村	雨量($B_0=0$)	0.5 h	28	41	41	流域模型法
			1 h	41	51	51	
		雨量($B_0=0.3$)	0.5 h	26	37	37	
			1 h	37	45	45	
		雨量($B_0=0.6$)	0.5 h	23	32	32	
			1 h	32	40	40	
18	腰庄	雨量($B_0=0$)	0.5 h	26	37	37	流域模型法
			1 h	37	48	48	
		雨量($B_0=0.3$)	0.5 h	24	35	35	
			1 h	35	41	41	
		雨量($B_0=0.6$)	0.5 h	21	30	30	
			1 h	30	38	38	
19	峪口	雨量($B_0=0.3$)	0.5 h	29	41	41	同频率法
			1 h	41	52	52	
20	成家庄村	雨量($B_0=0.3$)	0.5 h	29	41	41	同频率法
			1 h	41	52	52	
21	范崖底	雨量($B_0=0.3$)	0.5 h	29	41	41	同频率法
			1 h	41	52	52	
22	王海平村	雨量($B_0=0.3$)	0.5 h	29	41	41	同频率法
			1 h	41	52	52	

续表 4-16-11

序号	行政区划名称	类别	降雨历时	预警指标(mm)		临界雨量(mm)/水位(m)	方法
				准备转移	立即转移		
23	成庄村	雨量(B_0 =0)	0.5 h	21	30	30	流域模型法
			1 h	30	36	36	
		雨量(B_0 =0.3)	0.5 h	18	26	26	
			1 h	26	31	31	
		雨量(B_0 =0.6)	0.5 h	15	22	22	
			1 h	22	26	26	
24	下乐坪村	雨量(B_0 =0)	0.5 h	30	43	43	流域模型法
			1 h	43	52	52	
		雨量(B_0 =0.3)	0.5 h	27	38	38	
			1 h	38	46	46	
		雨量(B_0 =0.6)	0.5 h	23	33	33	
			1 h	33	41	41	
25	新村	雨量(B_0 =0)	0.5 h	36	52	52	流域模型法
			1 h	52	61	61	
			2 h	72	79	79	
		雨量(B_0 =0.3)	0.5 h	33	47	47	
			1 h	47	56	56	
			2 h	66	74	74	
		雨量(B_0 =0.6)	0.5 h	30	43	43	
			1 h	43	50	50	
			2 h	60	68	68	

续表 4-16-11

序号	行政区划名称	类别	降雨历时	预警指标(mm)		临界雨量(mm)/水位(m)	方法
				准备转移	立即转移		
26	塔底村	雨量(B_0 =0)	0.5 h	36	52	52	流域模型法
			1 h	52	61	61	
			2 h	72	81	81	
		雨量(B_0 =0.3)	0.5 h	34	48	48	
			1 h	48	56	56	
			2 h	66	74	74	
		雨量(B_0 =0.6)	0.5 h	31	44	44	
			1 h	44	50	50	
			2 h	60	69	69	
27	北村	雨量(B_0 =0)	0.5 h	34	49	49	流域模型法
			1 h	49	57	57	
			2 h	66	74	74	
		雨量(B_0 =0.3)	0.5 h	31	44	44	
			1 h	44	51	51	
			2 h	61	68	68	
		雨量(B_0 =0.6)	0.5 h	28	40	40	
			1 h	40	45	45	
			2 h	55	62	62	

参考文献

[1] 山西省水利厅. 山西省历史洪水调查成果[M].郑州:黄河水利出版社, 2011.

[2] 山西省水利厅. 山西省水文计算手册[M].郑州:黄河水利出版社, 2011.

[3] 山西省水利厅. 山西洪水研究[M].郑州:黄河水利出版社,2014.

[4] 王旭东.山西省山洪灾害防治县级非工程措施项目建设成效综述[J].山西水利,2012,08:9-11.

[5] 王旭东.山西省山洪灾害防治县级非工程措施项目建设实践与思考[J].山西水利,2012,04:12-13,15.

[6] 王彦红.临汾市废污水调查分析方法与环境影响分析[J].山西水利科技,2010,(01):22-24.

[7] 水利部,国土资源部,中国气象局,等. 全国山洪灾害防治规划[R].北京:全国山洪灾害防治规划领导小组办公室,2004.

[8] 水利部水文局.中小河流山洪监测与预警预测技术研究[M].北京:科学出版社,2010.

[9] 石海波,马荣立,李松平.河南省山洪灾害防治群测群防体系建设探讨[J].中国防汛抗旱,2014,(S1):85-87.

[10] 卢爱萍.山洪灾害防治规划与实践[J].水利水电快报,2008,(07):14-16,21.

[11] 申天平.长治市暴雨洪水特性分析[J].山西水利科技,2009,(01):89-91.

[12] 田庆春,周汶.临汾市近60年来气候变化特征分析[J].山西师范大学学报(自然科学版),2015,(03):98-104.

[13] 史念海.黄土高原主要河流流量的变迁[J].中国历史地理论丛,1992,(02):1-36.

[14] 白金戈.临汾市城镇化与生态环境协调关系研究[D].临汾:山西师范大学,2014.

[15] 冯超,丁在峰.吴起县山洪灾害调查中河道危险区断面测量的处理探讨[J].中国水利,2016,(08):25-26.

[16] 师丽霞.临汾市生态功能区划及生态调控措施[D].太原:山西大学,2011.

[17] 乔建伟.临汾盆地内部典型地裂缝发育特征及成因机理研究[D].西安:长安大学,2013.

[18] 任春凤.山东省小流域山洪灾害预警指标分析研究与应用[D].济南:山东大学,2015.

[19] 任洪玉,张平仓,杨勤科,等.全国山洪灾害防治区划理论与实践初探[J].中国水利,2005,(14):17-20.

[20] 刘效雨.重庆市山洪灾害的初步研究[D].重庆:西南大学,2009.

[21] 孙风朝,张书花.浍河水库1960—2008年蓄水量变化趋势分析[J].浙江水利科技,2016,(03):20-22,26.

[22] 苏慧慧.山西汾河流域公元前730年至2000年旱涝灾害研究[D].西安:陕西师范大学,2010.

[23] 杜咏梅.山西省山洪灾害防治现状及对策[J].山西水利,2007,(01):32-33,35.

[24] 杜保存.山西省山洪灾害特点与防治[J].山西水利科技,2005,(03):28-29.

[25] 李心愉.山东省山洪灾害监测预警系统的设计与开发[D].大连:大连理工大学,2015.

[26] 李玉刚.甘肃省泾川县合志沟山洪灾害堤防工程治理措施研究[D].兰州:甘肃农业大学,2014.

[27] 李自红.临汾盆地地壳精细结构探测与孕震构造研究[D].太原:太原理工大学,2014.

[28] 李兴勇.黑龙江省山洪灾害防御系统初步研究[D].哈尔滨:黑龙江大学,2013.

[29] 杨丽雯. 资源型城市——临汾市生态功能区划研究[J]. 干旱区资源与环境,2011,(07):28-34.
[30] 杨秀芳. 山西省山洪灾害分布研究及灾害区地貌分析[J]. 山西水利,2010,(08):7-9.
[31] 杨玮. 临汾市降水与径流特性分析[J]. 地下水,2009,(06):92-94.
[32] 邱瑞田,黄先龙,张大伟,等. 我国山洪灾害防治非工程措施建设实践[J]. 中国防汛抗旱,2012,(01):31-33.
[33] 邱瑞田. 山洪灾害防治县级非工程措施项目建设进展及成效[J]. 中国水利,2012(23):7-9.
[34] 邱瑞田. 全国山洪灾害防御试点建设成效显著[J]. 中国水利,2007(14): 56-58.
[35] 何秉顺,常清睿,褚明华. 山洪灾害防治群测群防体系建设探析[J]. 中国水利,2012,(13):44-46.
[36] 狄晓英,崔宜少,代淑媚,等. 临汾市气象要素的均一性检验[J]. 山西师范大学学报(自然科学版),2013,(02):76-79.
[37] 张红萍. 山区小流域洪水风险评估与预警技术研究[D]. 北京:中国水利水电科学研究院,2013.
[38] 张志彤. 山洪灾害防治措施与成效[J]. 水利水电技术,2016,(01):1-5,11.
[39] 张淑玉. 山西闻喜县山洪灾害防御工作浅析[J]. 中国防汛抗旱,2011,(02):25-26.
[40] 张瑞祥. 临汾市县域经济发展水平研究[D]. 临汾:山西师范大学,2013.
[41] 张颖. 浅析易县山洪灾害防治工程措施[J]. 河北水利,2013,(01):41.
[42] 张骞. 基于 GIS 的北京地区山洪灾害风险区划研究[D]. 北京:首都师范大学,2014.
[43] 陈素霞. 浅析临汾市地下水动态特征[J]. 科技情报开发与经济,2009,(22):143-145.
[44] 陈真莲. 小流域山洪灾害成因及防治技术研究[D]. 广州:华南理工大学,2014.
[45] 范堆相. 山西省水资源评价[M]. 北京:中国水利水电出版社,2005.
[46] 林莉. 南平市延平区山洪灾害防治对策研究[D]. 福州:福建农林大学,2012.
[47] 郑玮. 临汾市文化旅游资源开发与保护研究[D]. 临汾:山西师范大学,2015.
[48] 赵振斌,韩军青,陈硕. 临汾市地质灾害及其危害性分析[J]. 山西师范大学学报(自然科学版),2016,(02):117-123.
[49] 赵然杭,王敏,陆小蕾. 山洪灾害雨量预警指标确定方法研究[J]. 水电能源科学,2011,(09):49-53.
[50] 南水仙. 山西省水资源开发利用及其潜力研究[D]. 杨凌:西北农林科技大学,2007.
[51] 侯会玲. 山西运城市山洪灾害防治非工程措施项目建设经验探讨[J]. 中国防汛抗旱,2014,(01):72-73.
[52] 俎晓东. 汾河干流临汾段洪水演进规律研究[J]. 中国防汛抗旱,2014,(04):21-22,45.
[53] 姚昆中. 山西省山洪特点与防治措施[J]. 山西水土保持科技,1989,(02):22-24.
[54] 贾小军. 临汾市地下水降落漏斗成因及影响分析[J]. 水利技术监督,2016,(04):48-49,55.
[55] 倪祺. 山洪灾害防治非工程措施运行效果分析[D]. 杨凌:西北农林科技大学,2015.
[56] 郭炜. 临汾市县域经济发展研究[D]. 晋中:山西农业大学,2014.
[57] 郭春兴. 对临汾市中小河流治理的思考[J]. 山西水利科技,2013,(03):80-81.
[58] 郭瑾. 临汾市城区主要断裂活动性及地震危险性评价[D]. 成都:成都理工大学,2015.
[59] 唐川,朱静. 基于 GIS 的山洪灾害风险区划[J]. 地理学报,2005,(01):87-94.
[60] 唐川,朱静. 基于 GIS 的区域山洪灾害风险区划探讨[A]. 中国土木工程学会. 科技、工程与经济社会协调发展——中国科协第五届青年学术年会论文集[C]. 中国土木工程学会:,2004:2.
[61] 黄长红,吴士夫,黎炎庆,等. 山洪灾害外业调查方法[J]. 水利水电快报,2016,37(07):44-48.
[62] 黄先龙,褚明华,左吉昌,等. 大力加强我国山洪灾害防治非工程措施建设[J]. 中国防汛抗旱,2010,(06):4-6.
[63] 黄利红. 浅析河北万全县山洪灾害防治工程措施[J]. 中小企业管理与科技(上旬刊),2012,(08):

122.
[64] 龚明权. 黄河壶口瀑布国家地质公园旅游资源评价[D]. 北京:中国地质大学(北京),2006.
[65] 康爱卿. 山西省山洪灾害调查评价工作分析[J]. 中国防汛抗旱,2014,(S1):54-56.
[66] 韩德宏. 临汾市水资源可持续利用探讨[J]. 山西水利,2011,(11):49-50.
[67] 程昱涵. 临汾市县域经济问题研究[D]. 晋中:山西农业大学,2013.
[68] 雷鸣华. 山西省临汾市区域环境可持续发展分析与研究[D]. 临汾:山西师范大学,2010.
[69] 路阳. 基于临界雨量指标的小流域山洪灾害预警研究[D]. 兰州:兰州大学,2016.
[70] 阙博明. 广西山洪灾害防治项目实施管理研究[D]. 南宁:广西大学,2014.

附 图

1. 第 3 篇

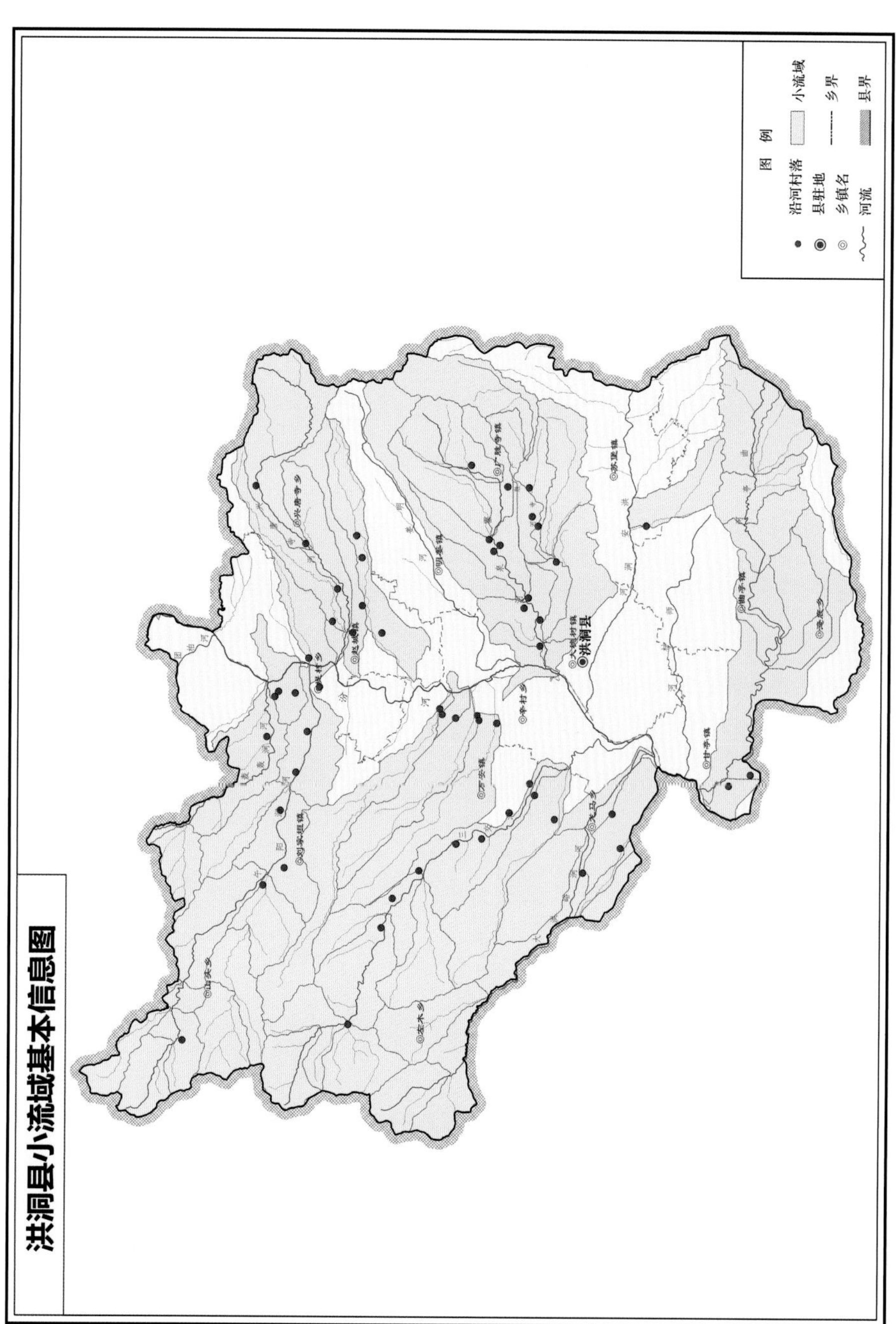

附图 3-1 洪洞县小流域基本信息图

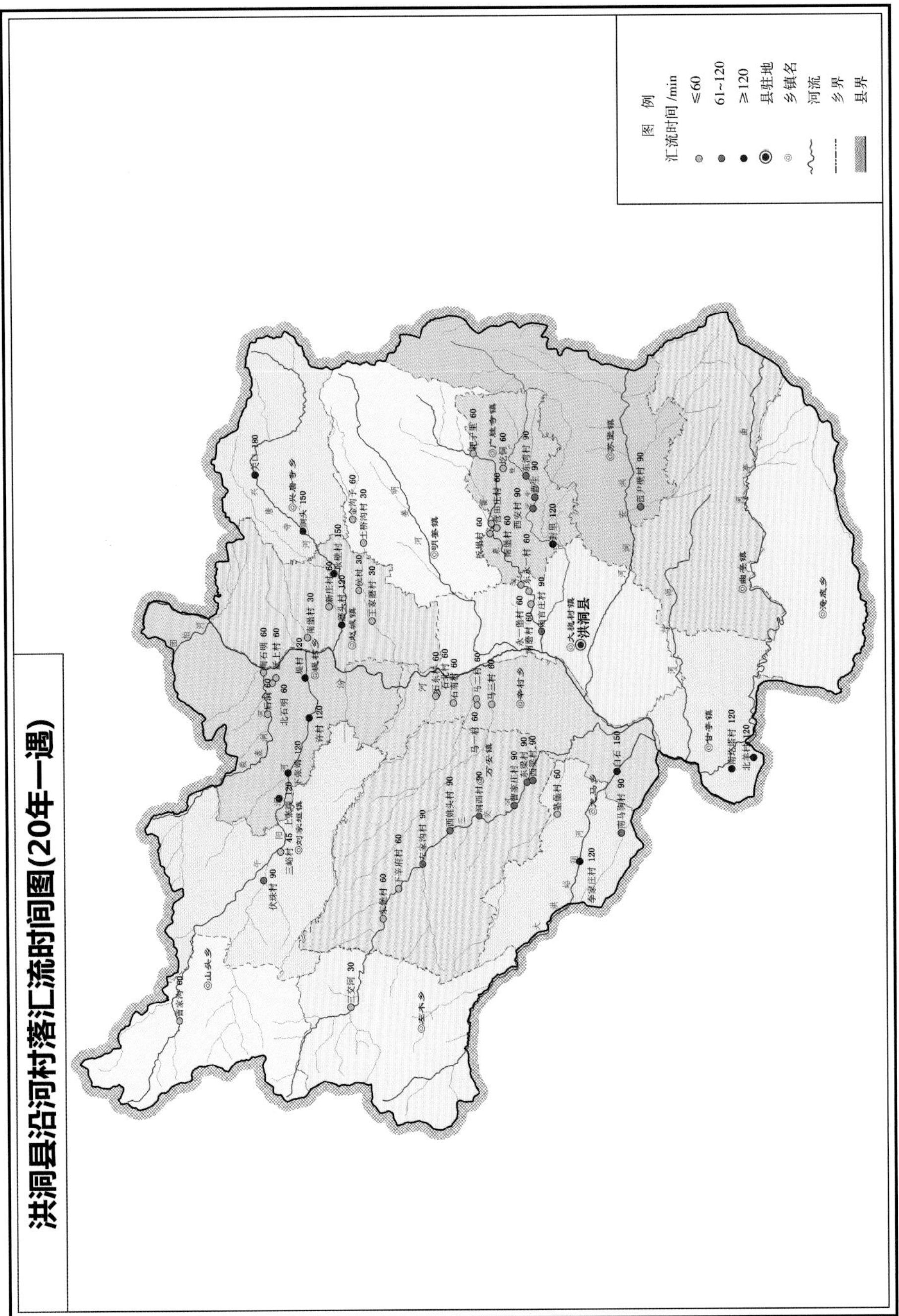

附图 3-2　洪洞县沿河村落汇流时间图（20 年一遇）

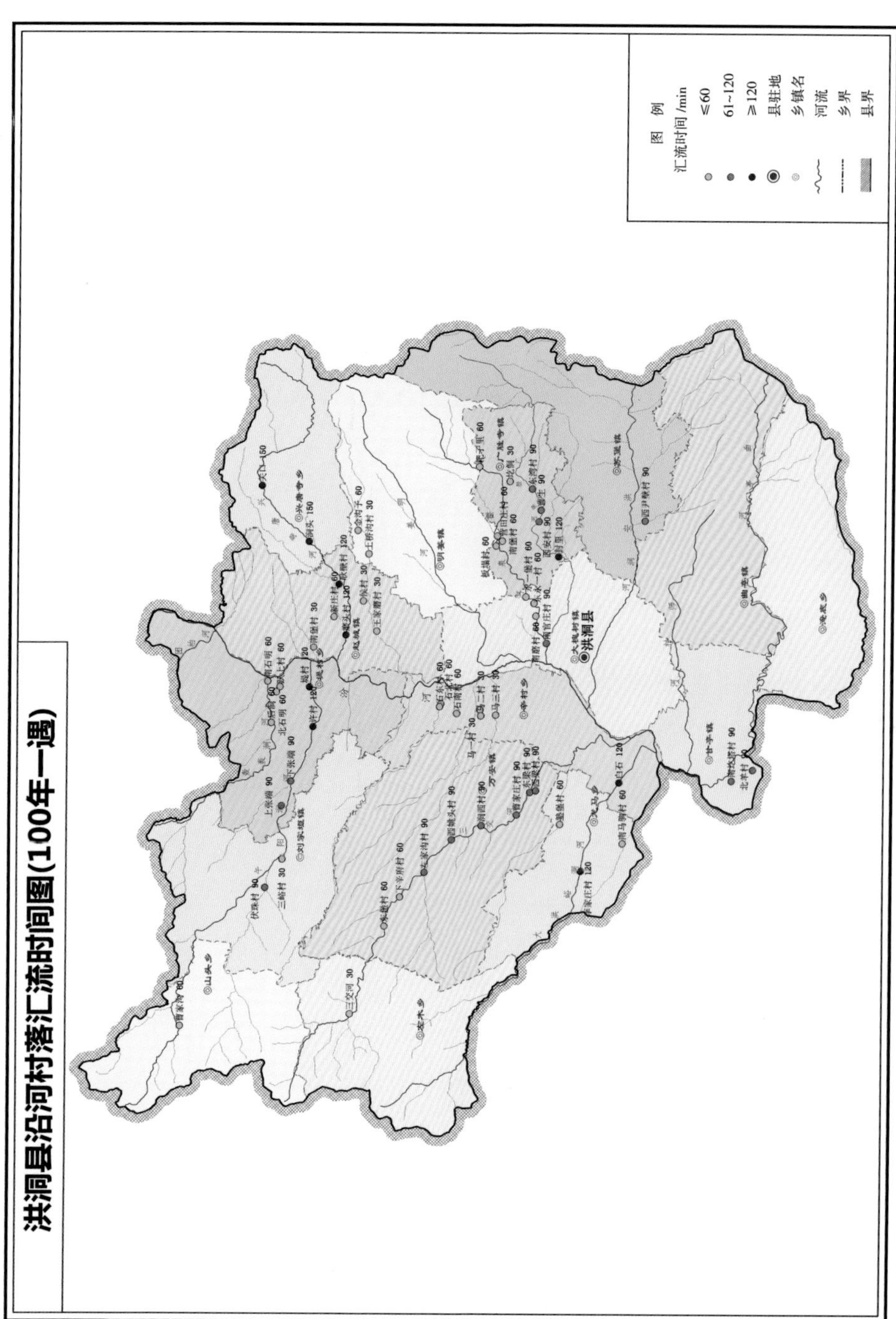

附图 3-3 洪洞县沿河村落汇流时间图（100 年一遇）

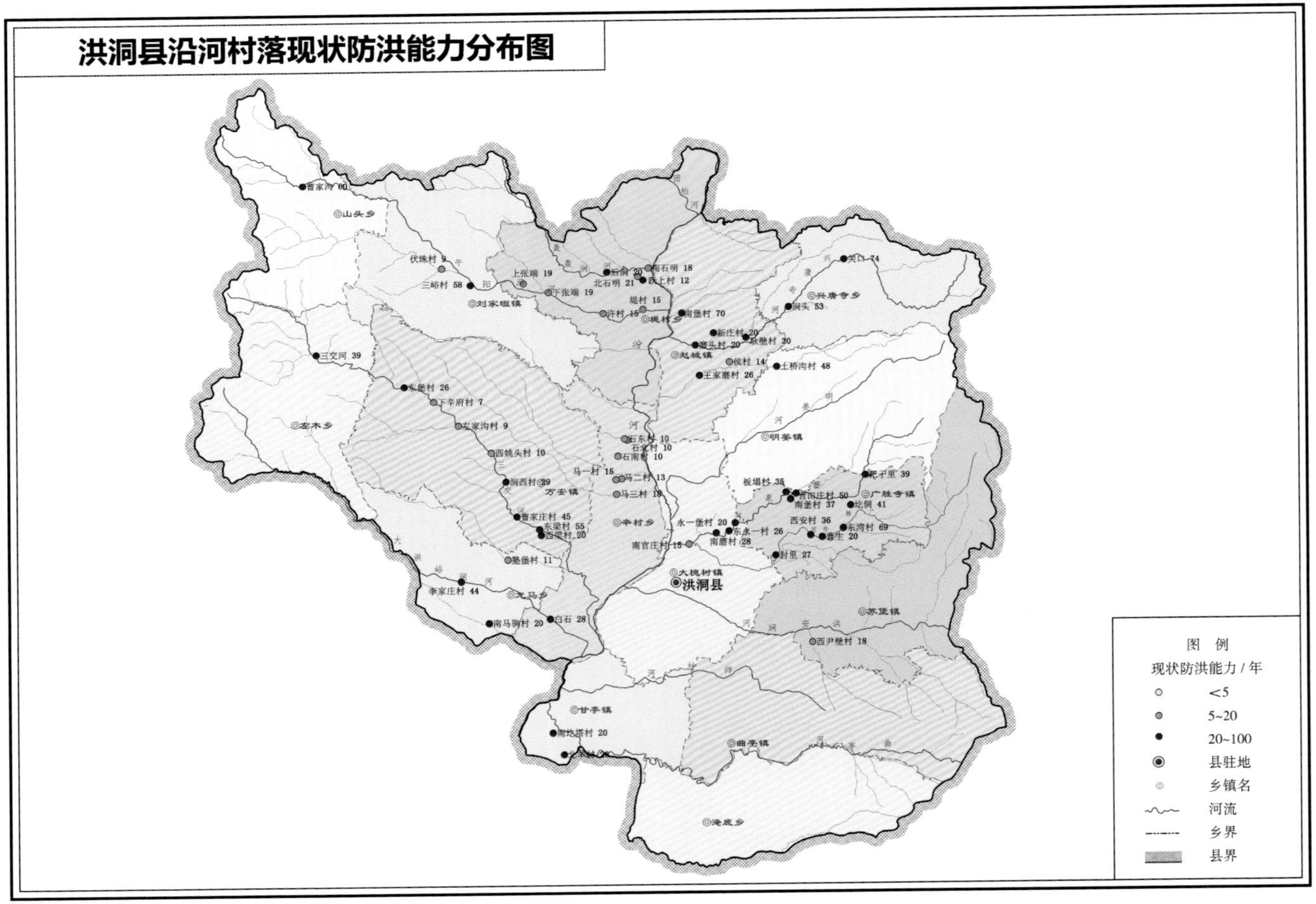

附图 3-4　洪洞县沿河村落现状防洪能力分布图

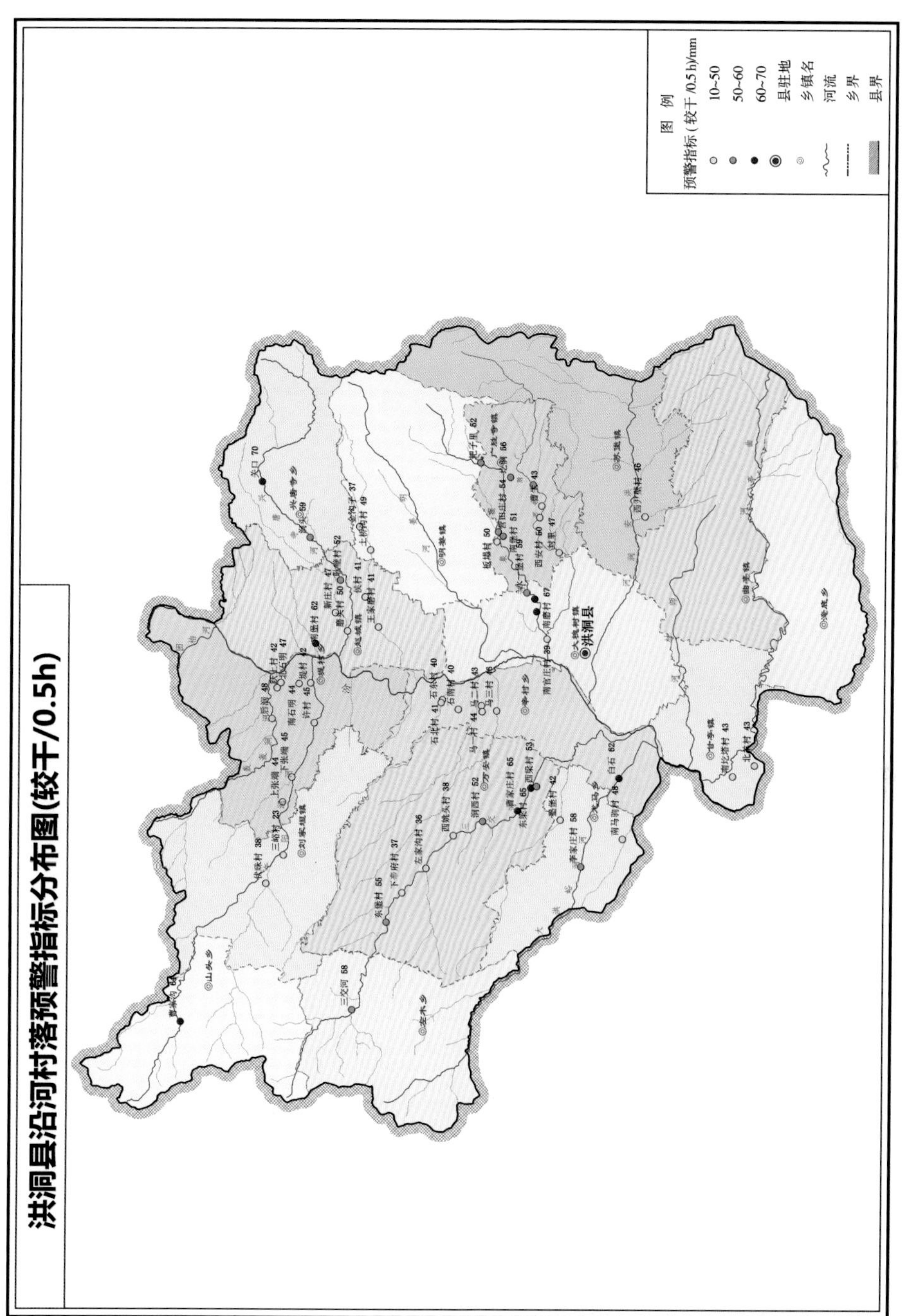

附图 3-5 洪洞县沿河村落预警指标分布图(较干/0.5 h)

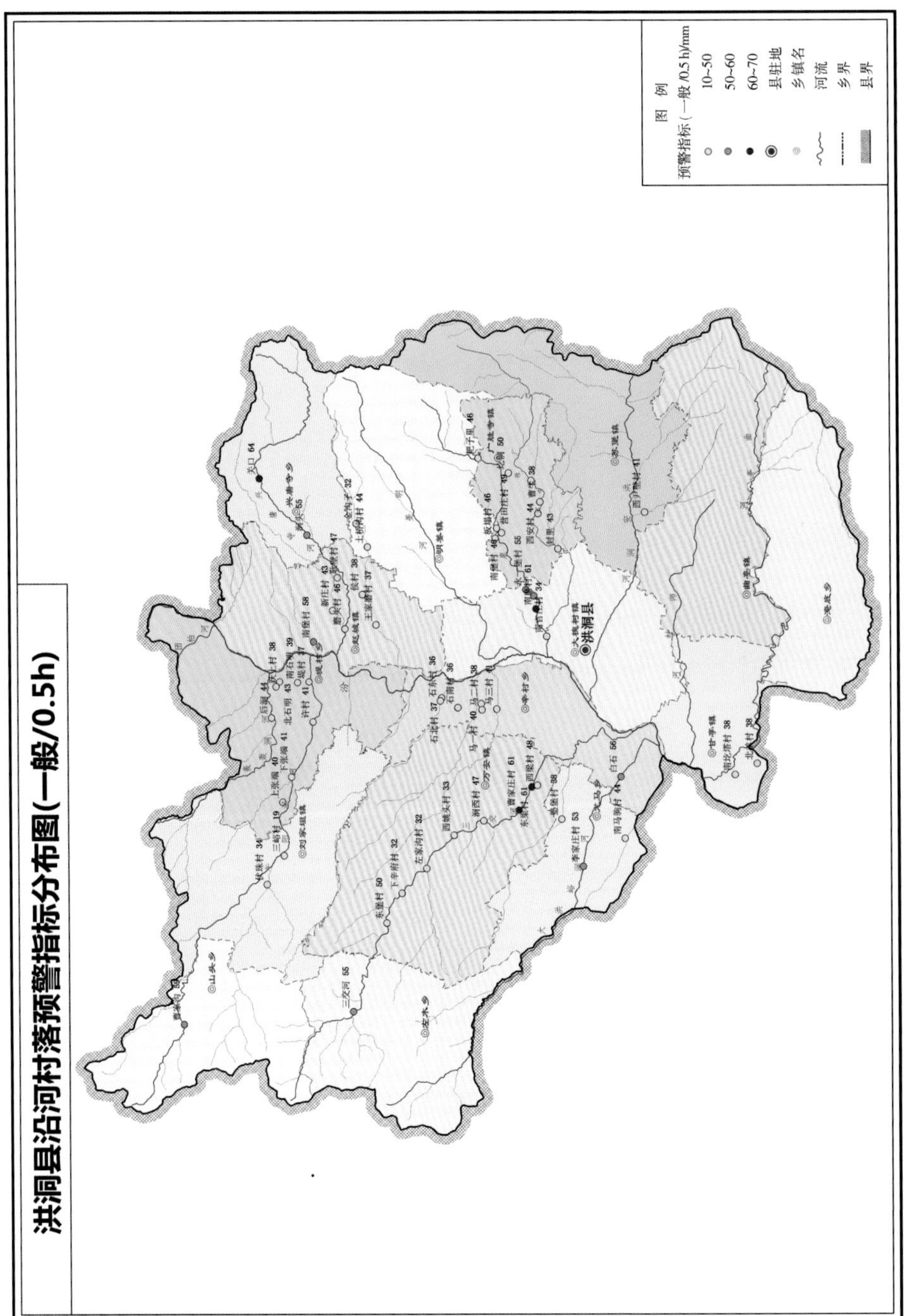

附图 3-6　洪洞县沿河村落预警指标分布图(一般/0.5 h)

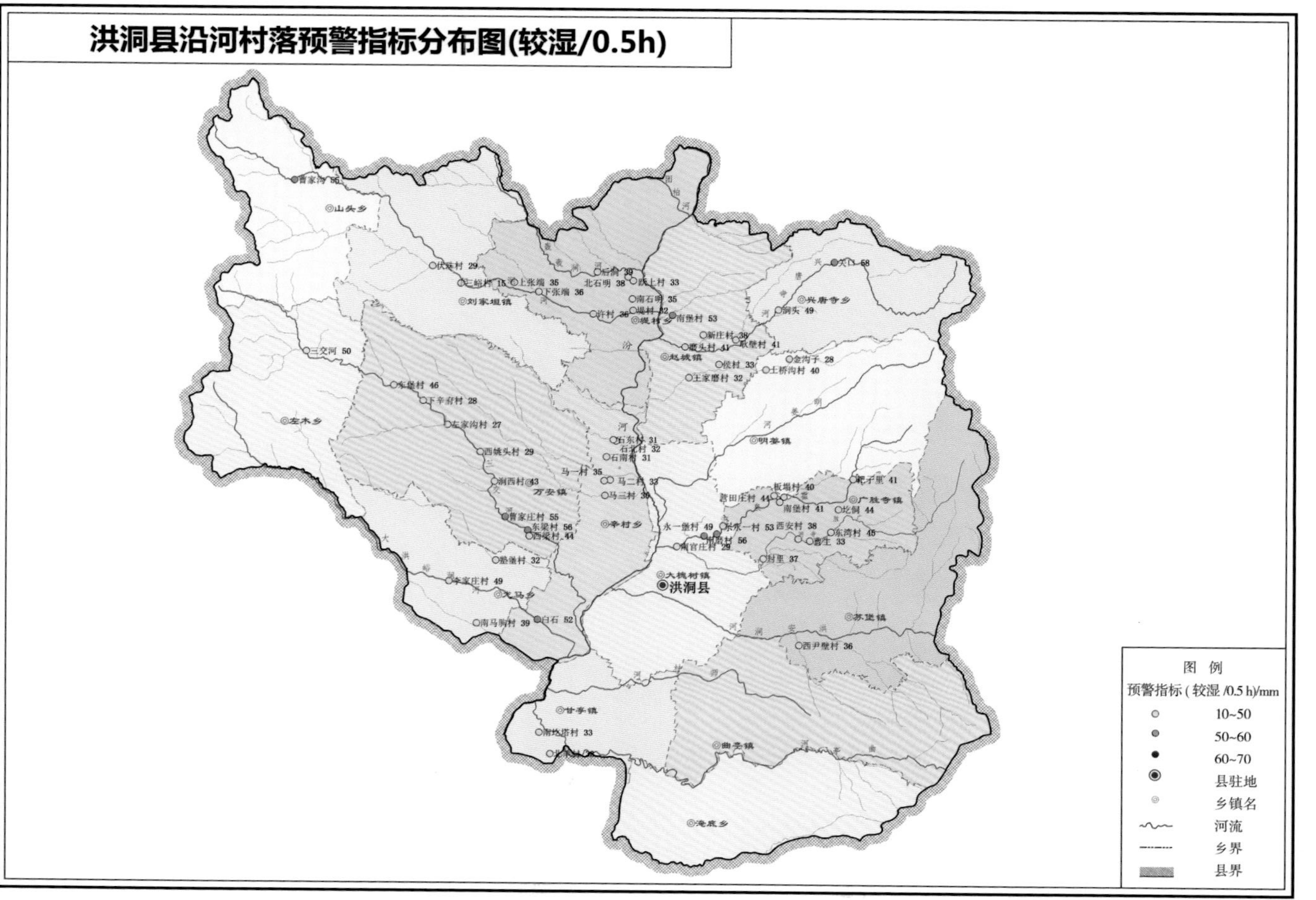

附图 3-7　洪洞县沿河村落预警指标分布图（较湿/0.5 h）

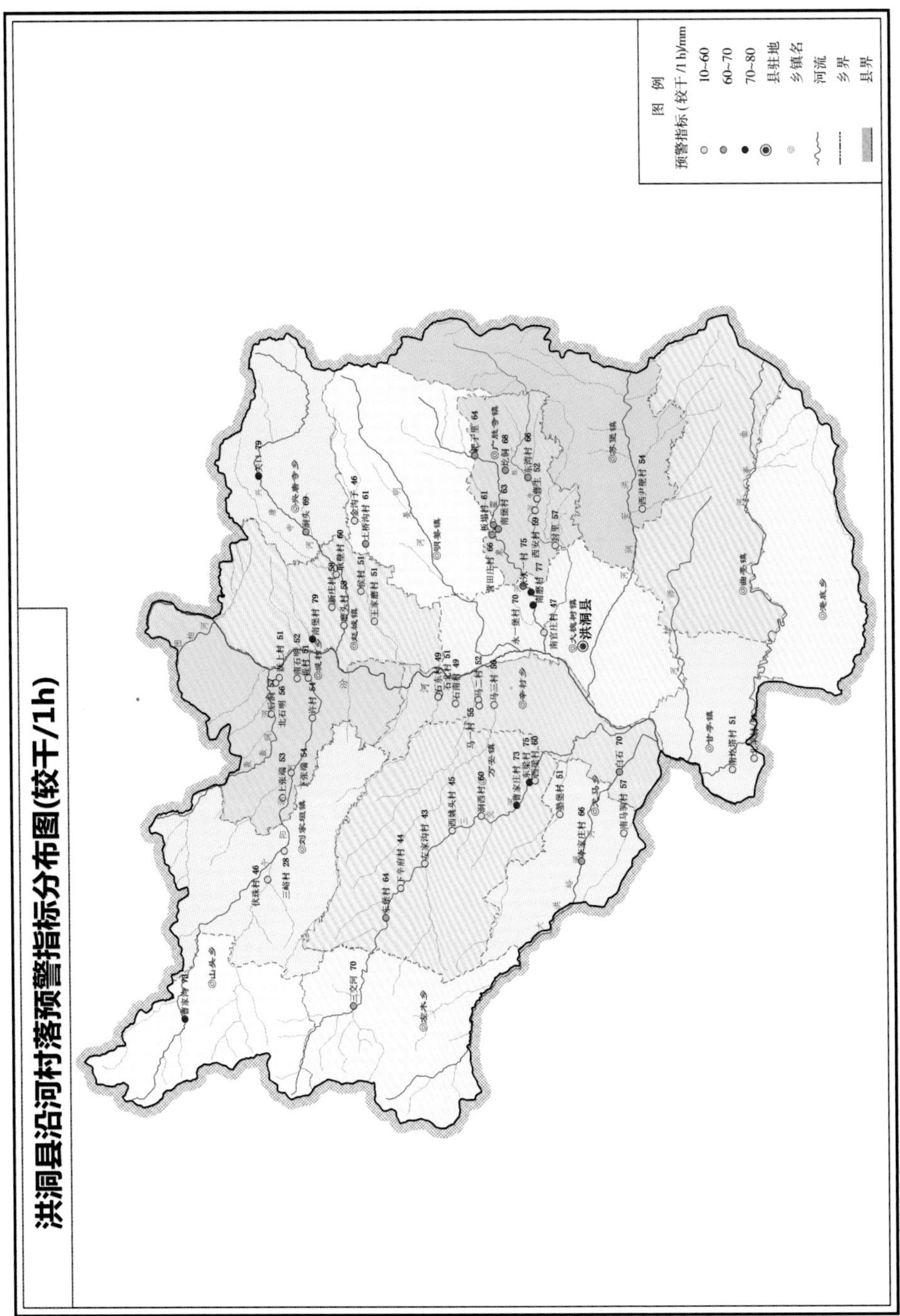

附图 3-8　洪洞县沿河村落预警指标分布图(较干/1 h)

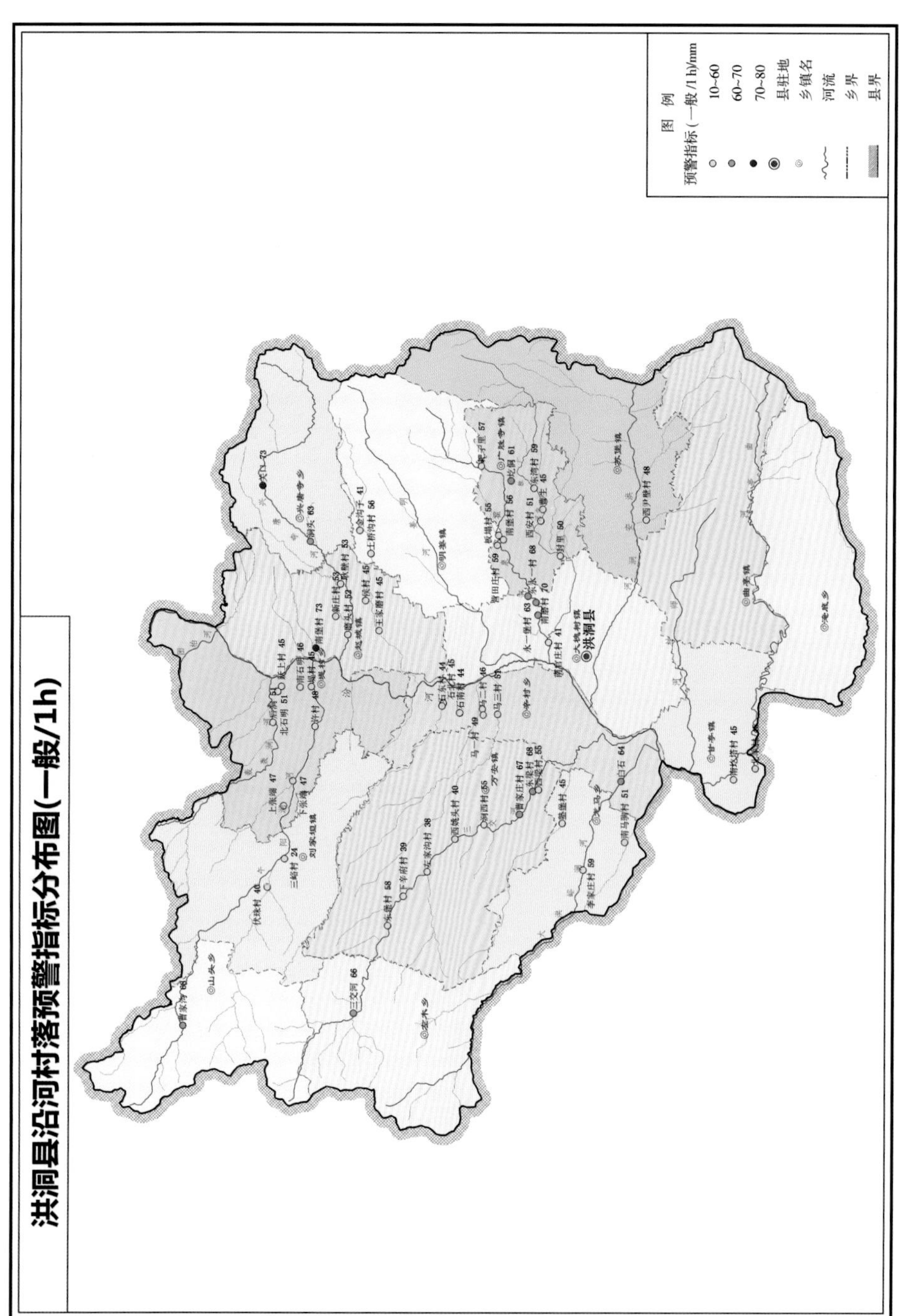

附图 3-9 洪洞县沿河村落预警指标分布图（一般/1 h）

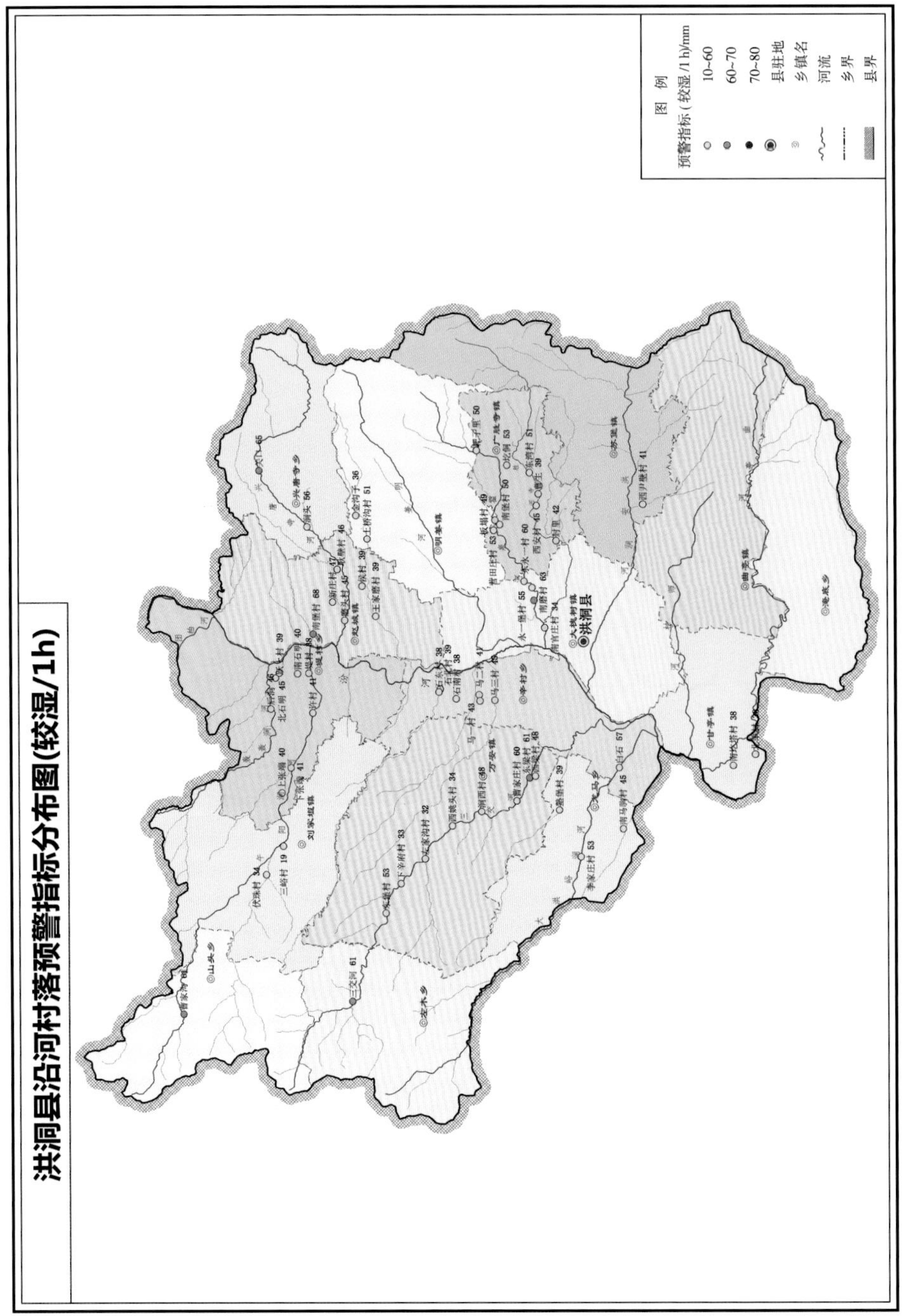

附图 3-10　洪洞县沿河村落预警指标分布图(较湿/1 h)

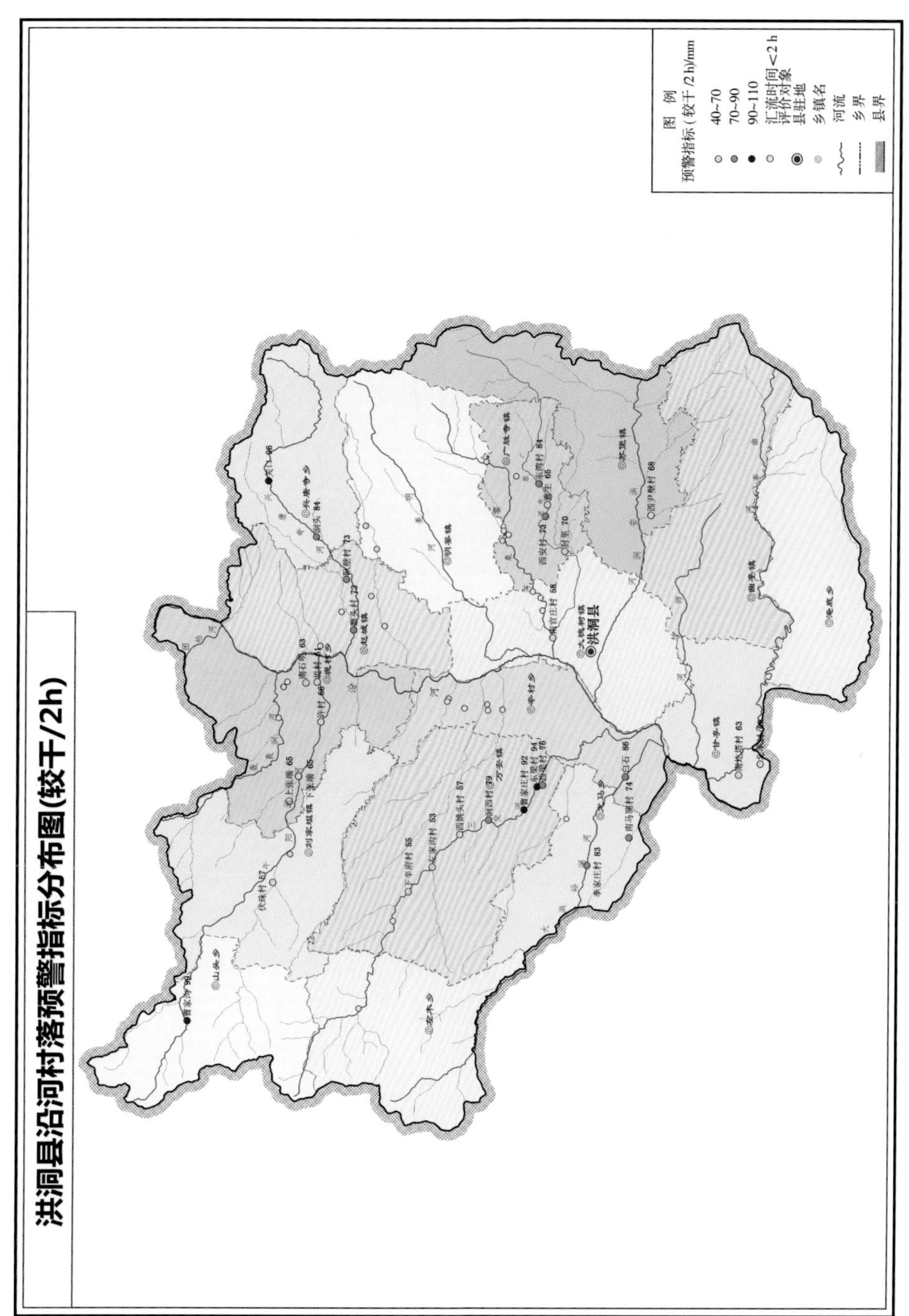

附图 3-11　洪洞县沿河村落预警指标分布图(较干/2 h)

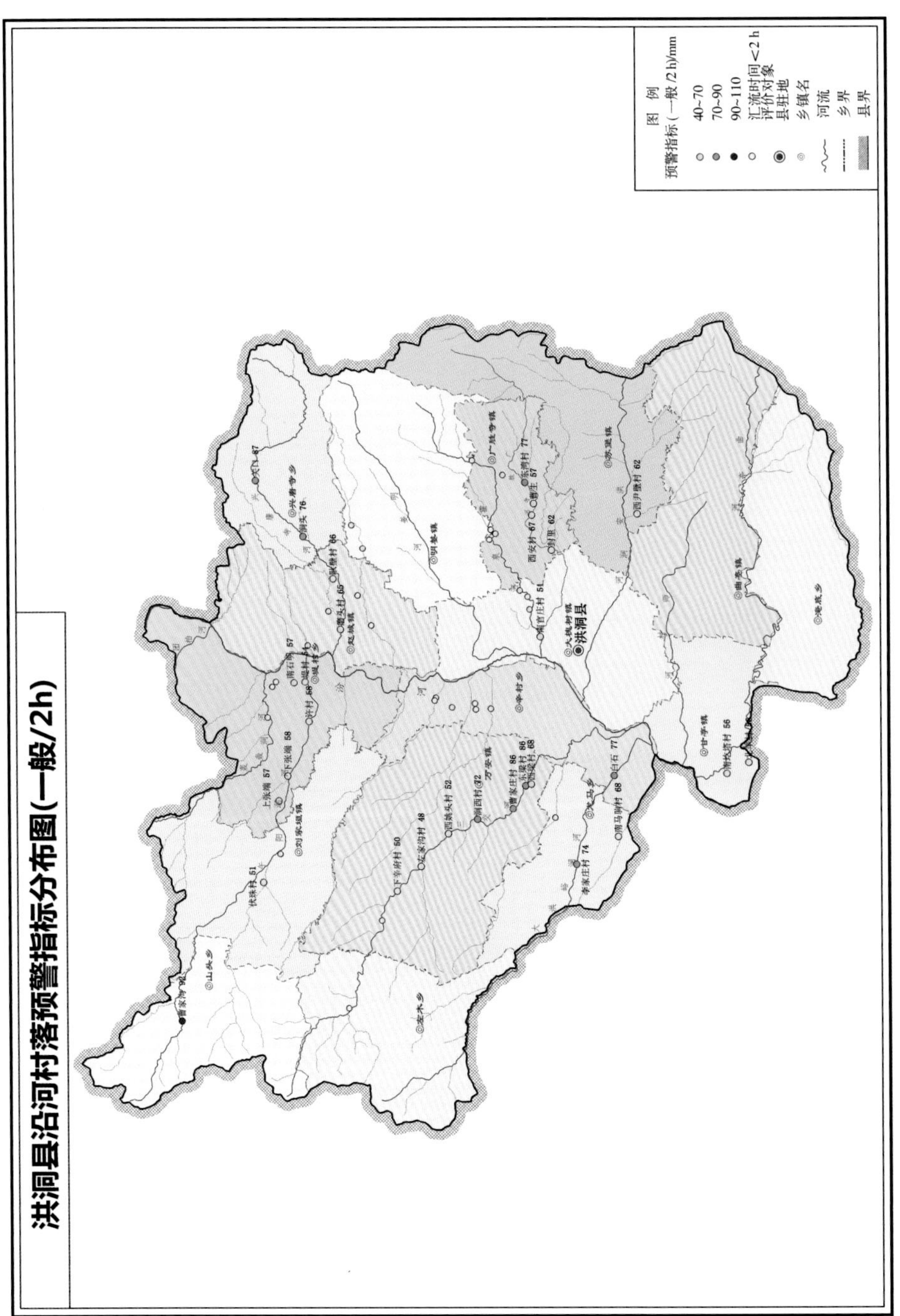

附图 3-12 洪洞县沿河村落预警指标分布图(一般/2 h)

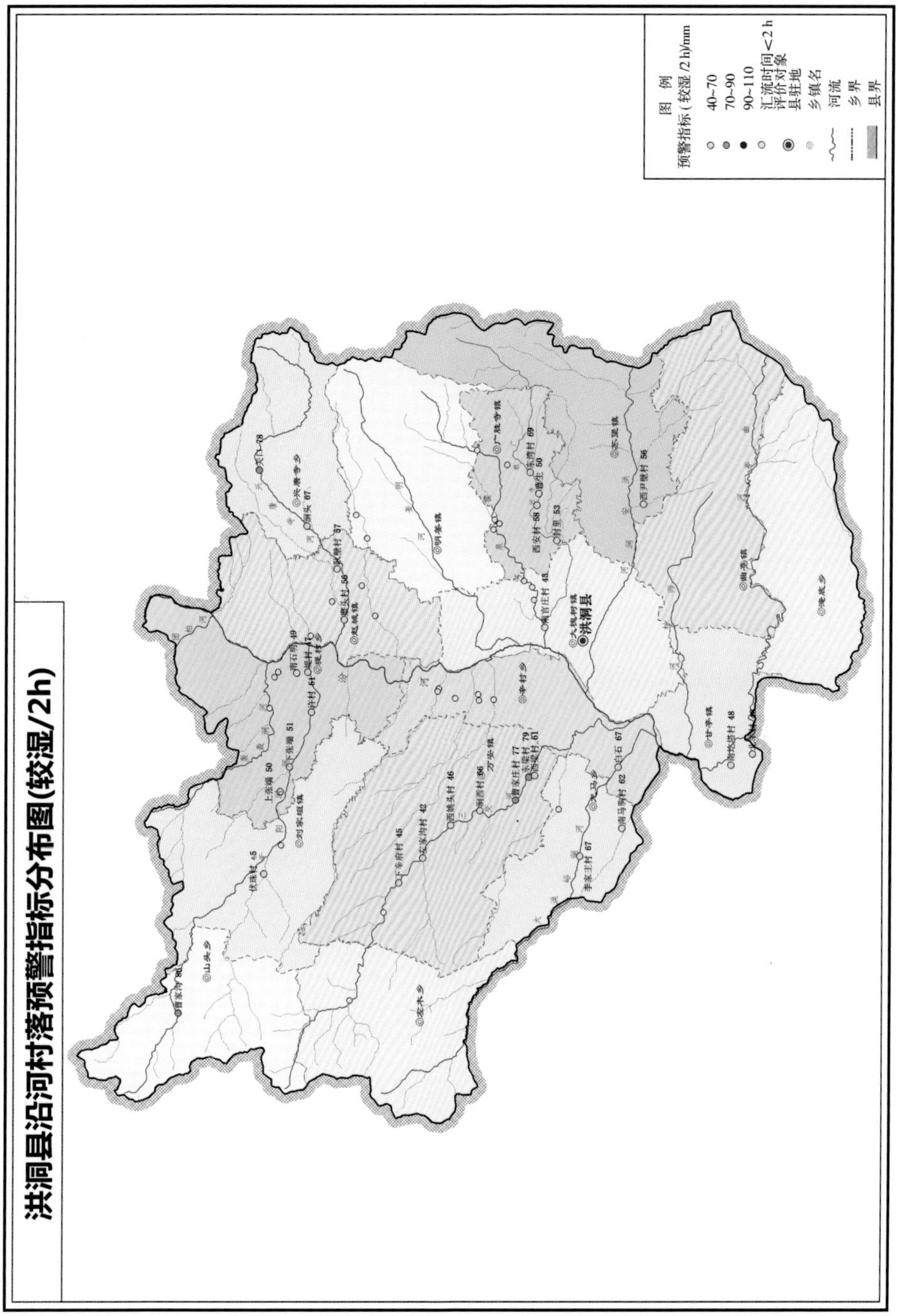

洪洞县沿河村落预警指标分布图(较湿/2h)

附图 3-13　洪洞县沿河村落预警指标分布图（较湿/2 h）

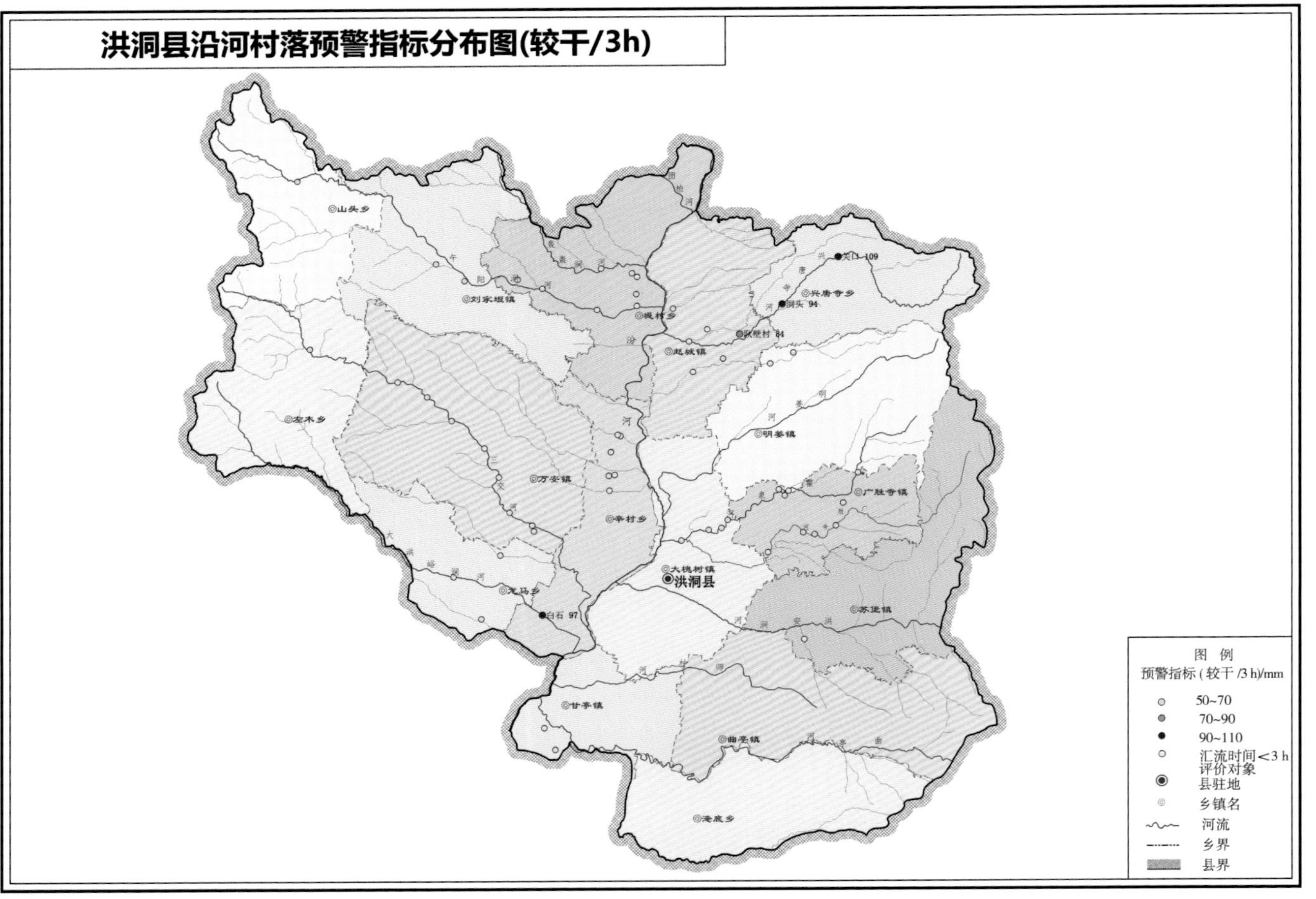

附图 3-14　洪洞县沿河村落预警指标分布图(较干/3 h)

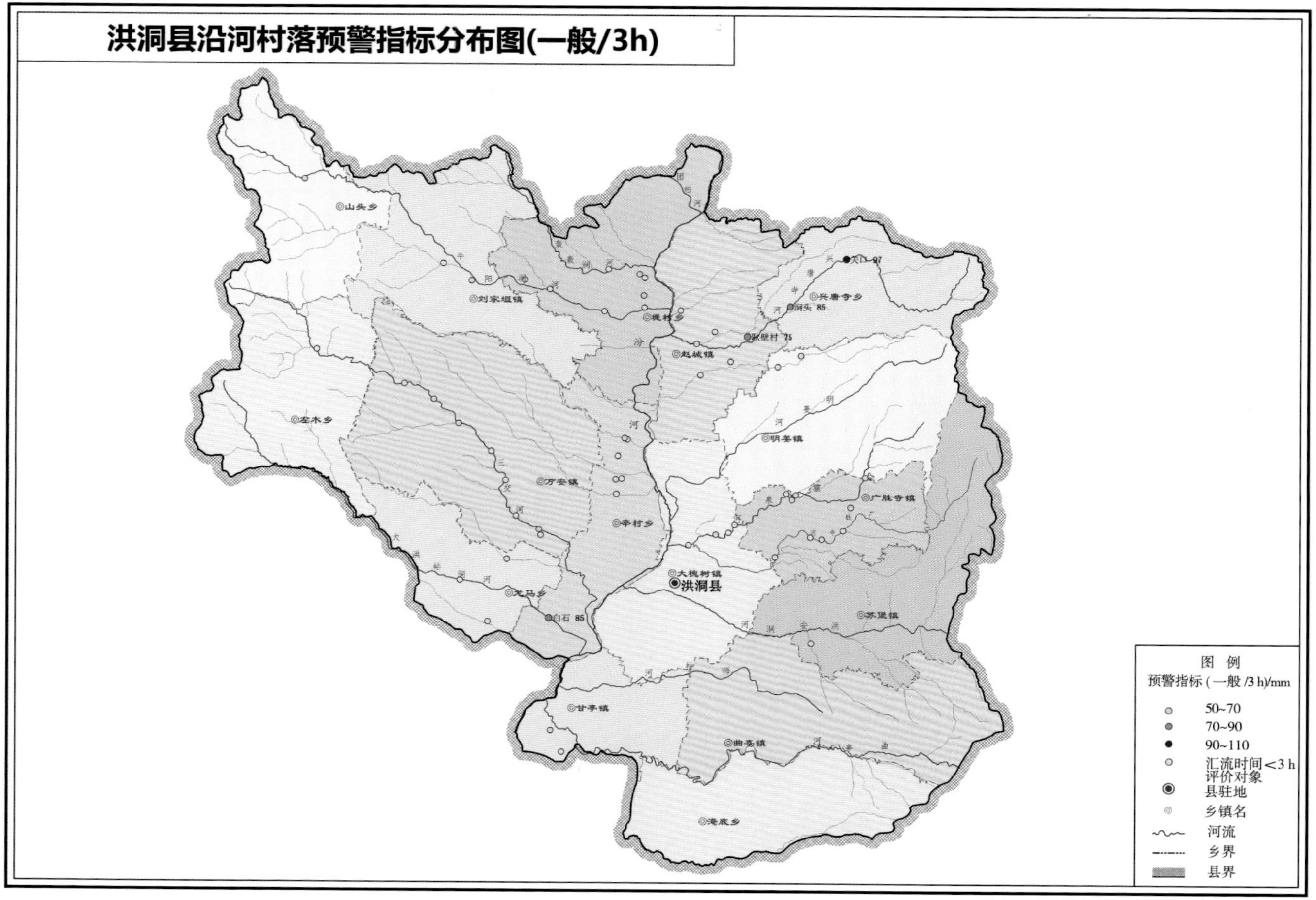

洪洞县沿河村落预警指标分布图(一般/3h)

附图 3-15　洪洞县沿河村落预警指标分布图(一般/3 h)

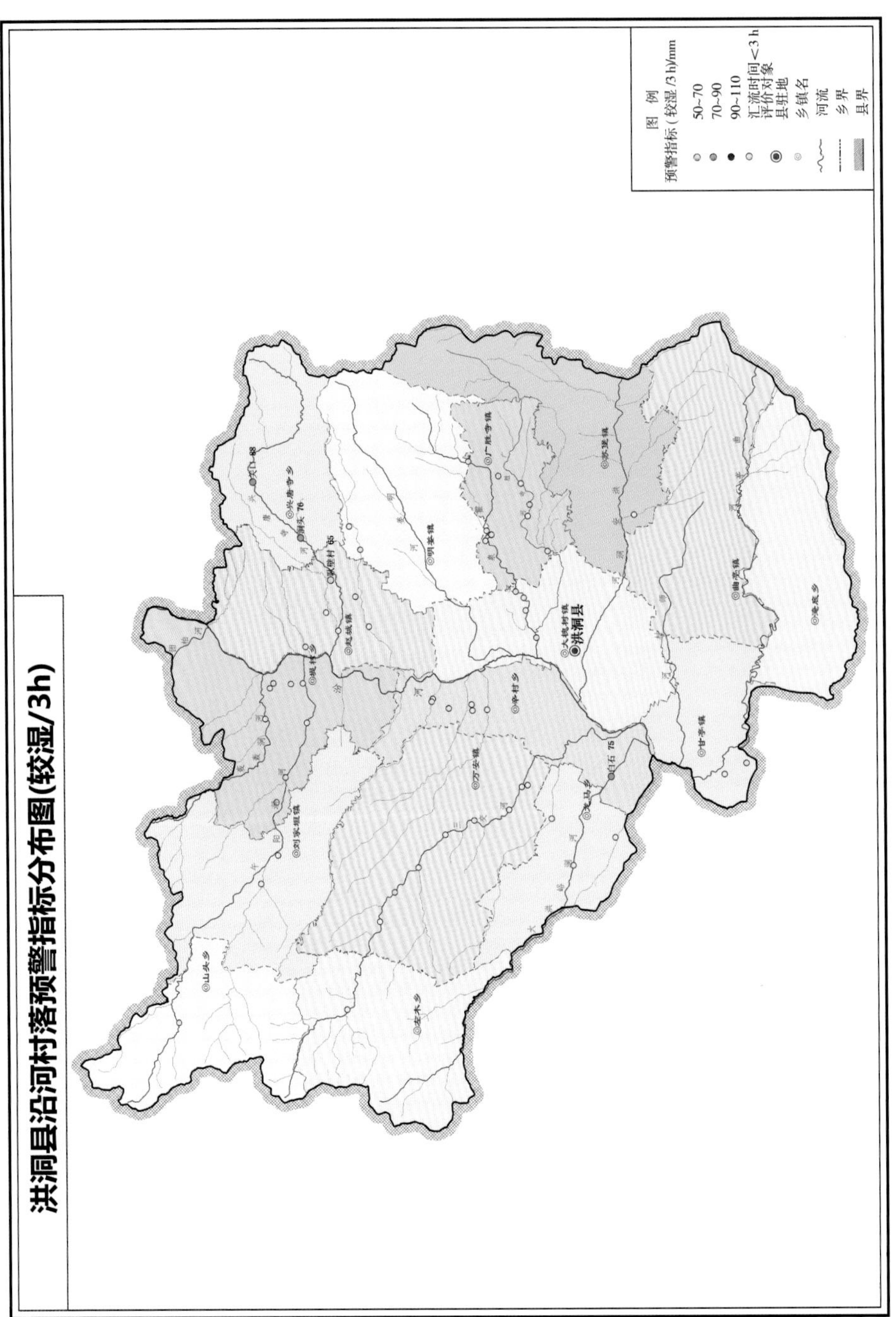

附图 3-16　洪洞县沿河村落预警指标分布图(较湿/3 h)

2. 第 4 篇

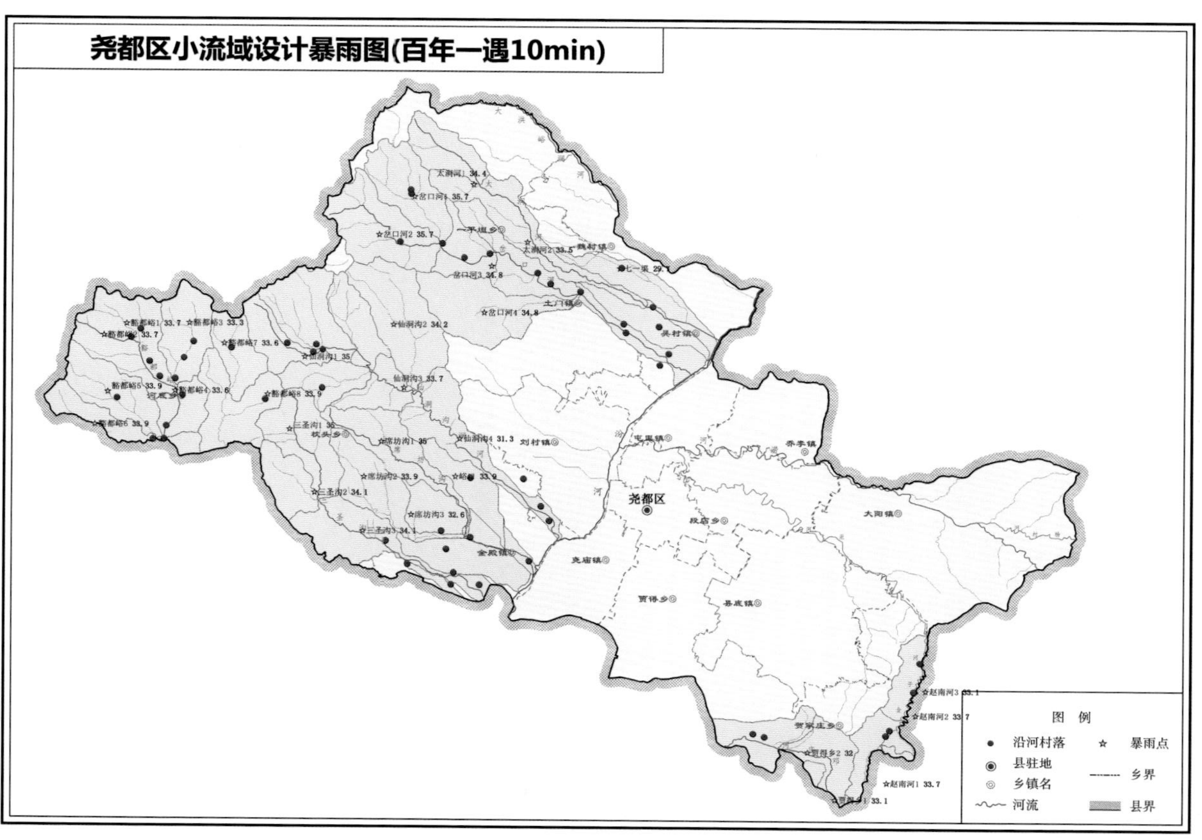

附图 4-1 尧都区沿河村落百年一遇 10 min 设计暴雨分布图

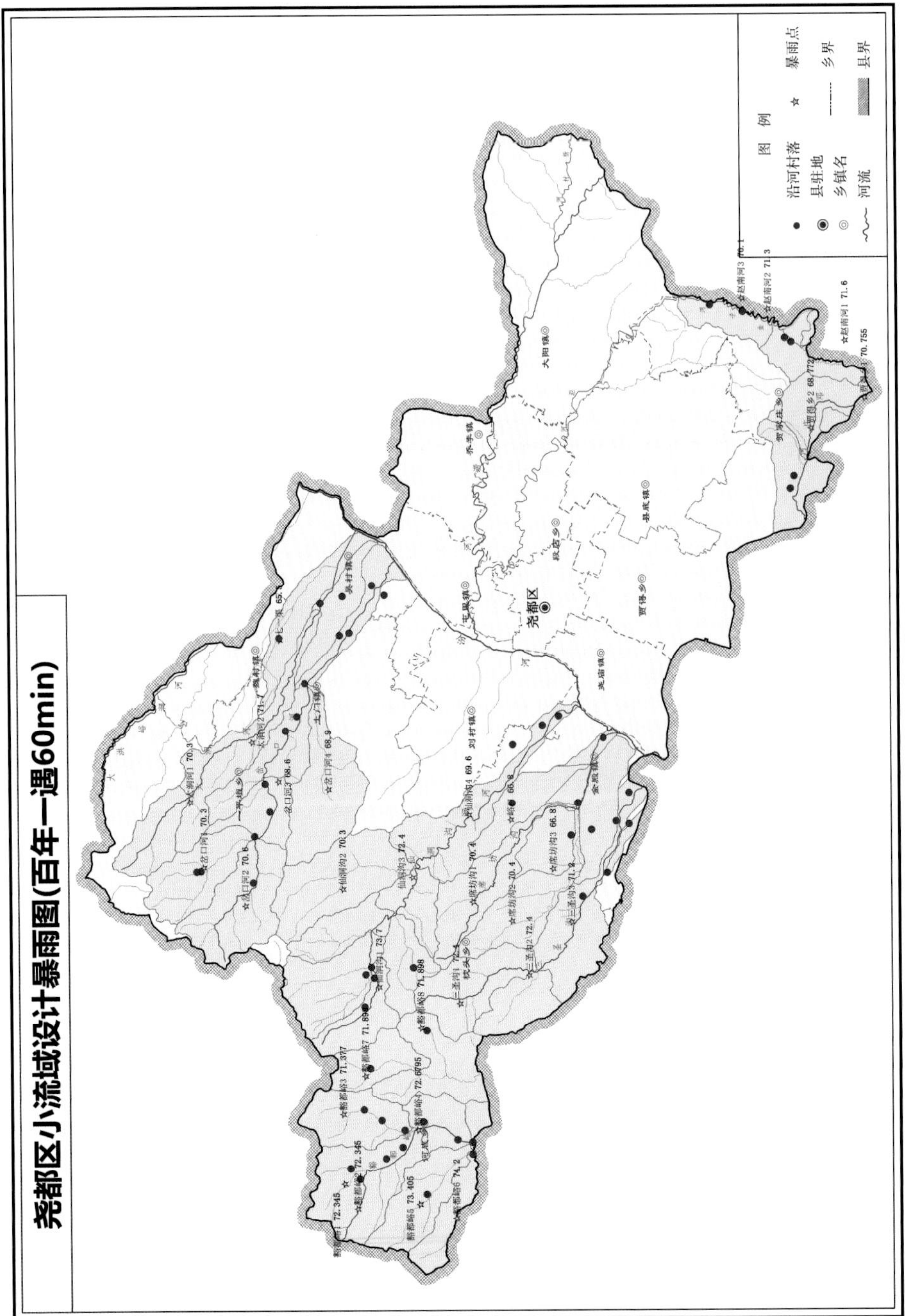

附图 4-2　尧都区沿河村落百年一遇 60 min 设计暴雨分布图

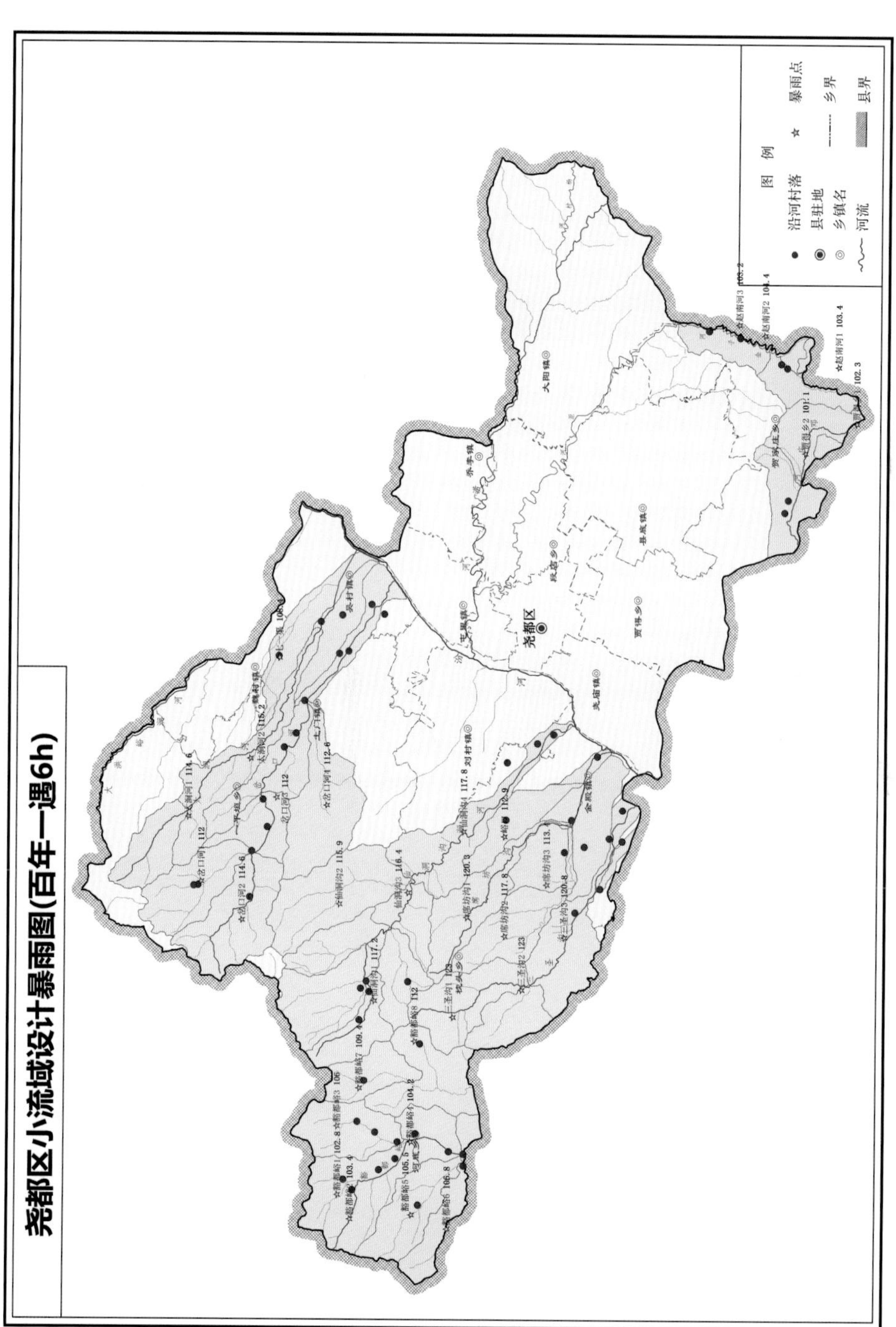

附图 4-3 尧都区沿河村落百年一遇 6 h 设计暴雨分布图

附图 4-4　尧都区沿河村落百年一遇 24 h 设计暴雨分布图

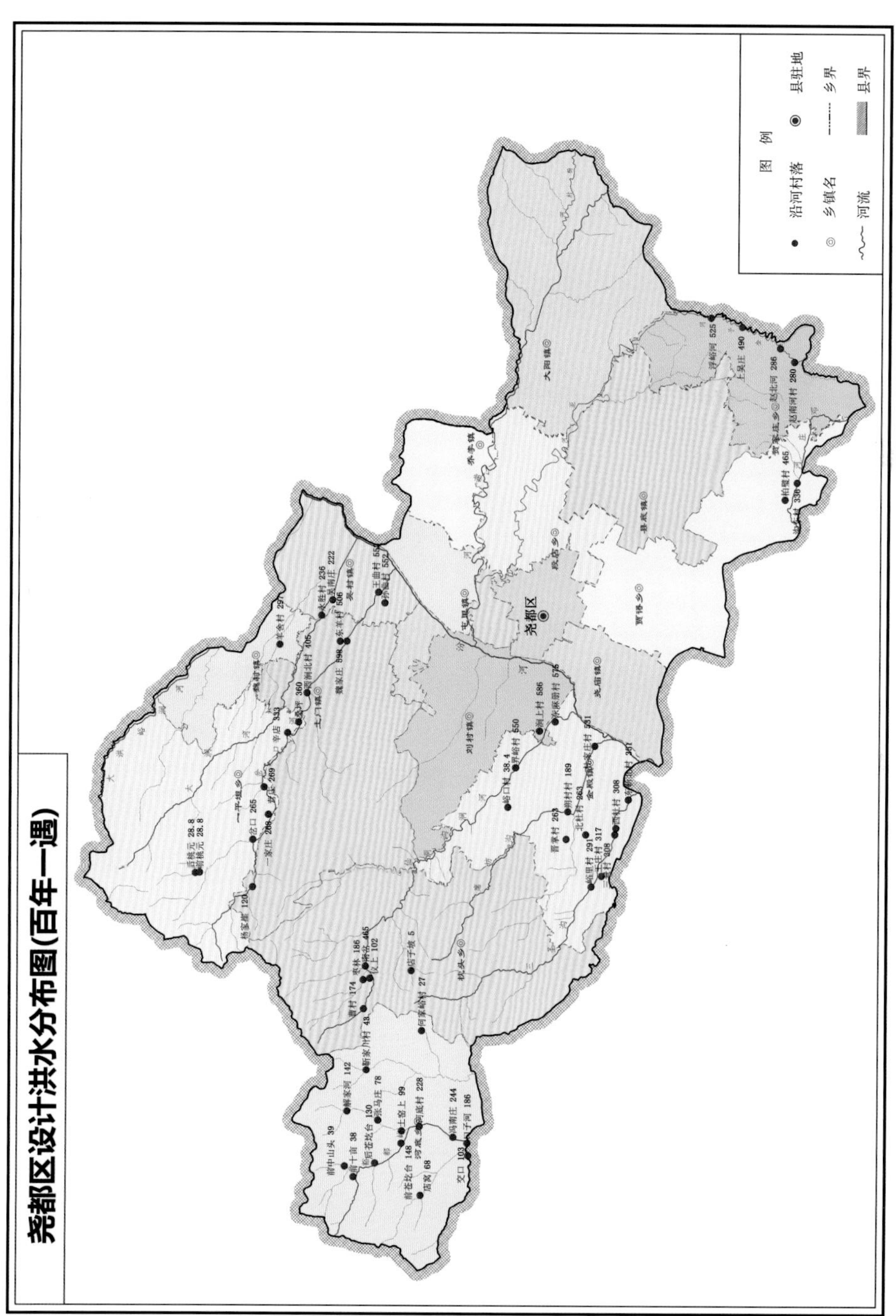

附图 4-5　尧都区沿河村落百年一遇设计洪水分布图

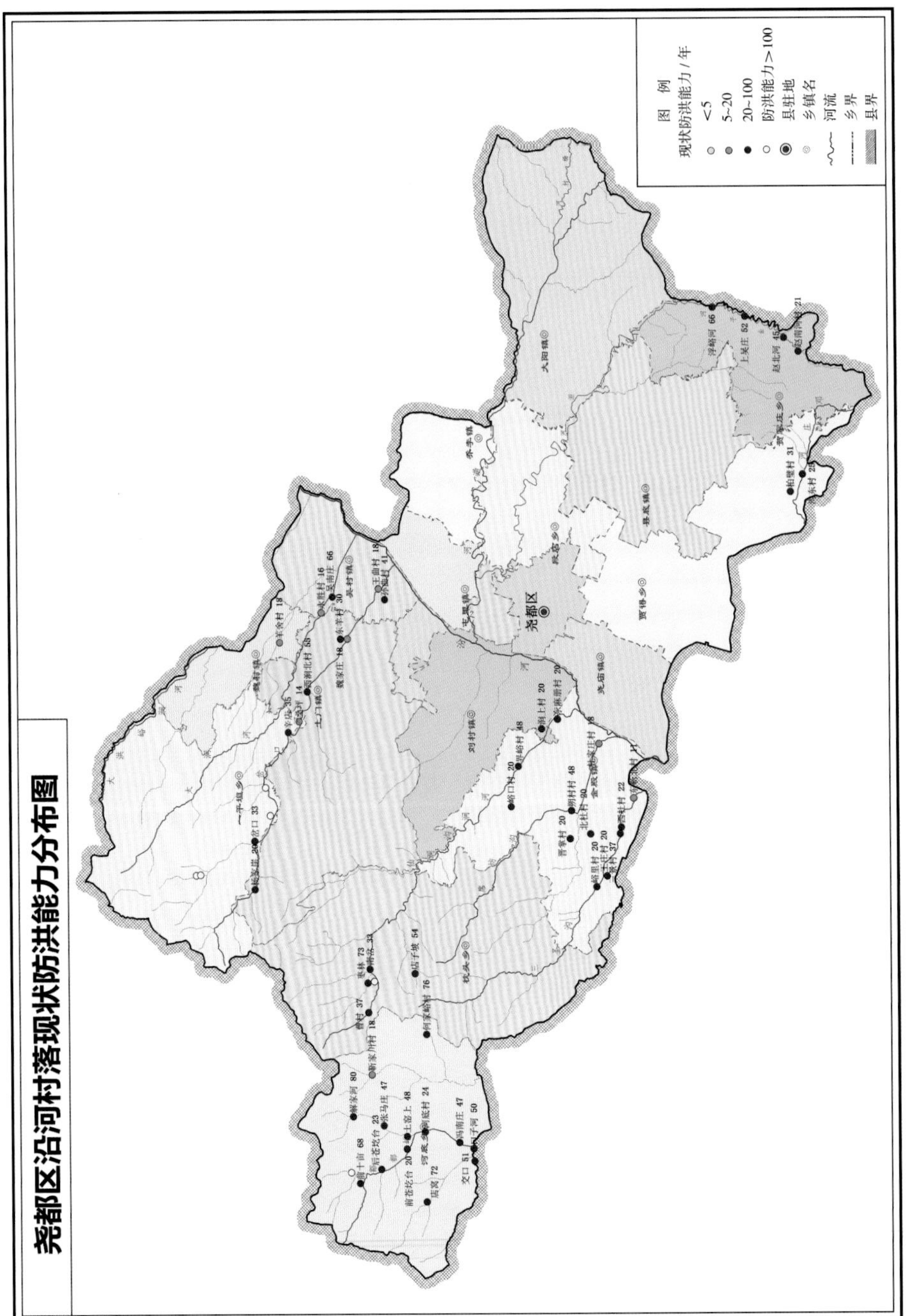

附图 4-6　尧都区沿河村落现状防洪能力分布图

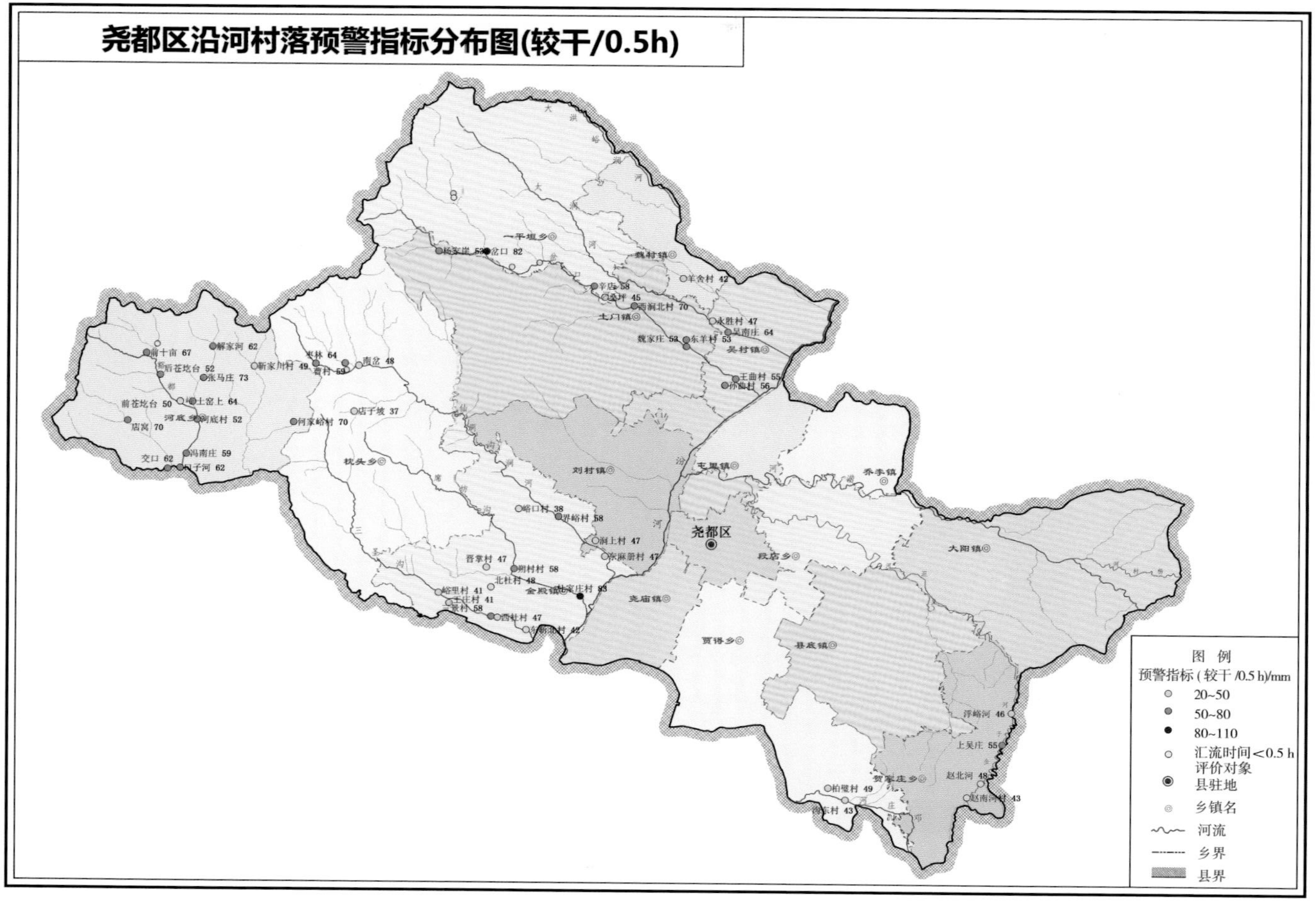

尧都区沿河村落预警指标分布图(较干/0.5h)

图 例

预警指标(较干/0.5 h)/mm

- 20~50
- 50~80
- 80~110
- 汇流时间<0.5 h 评价对象
- 县驻地
- 乡镇名
- 河流
- 乡界
- 县界

附图 4-7 尧都区沿河村落预警指标分布图(较干/0.5 h)

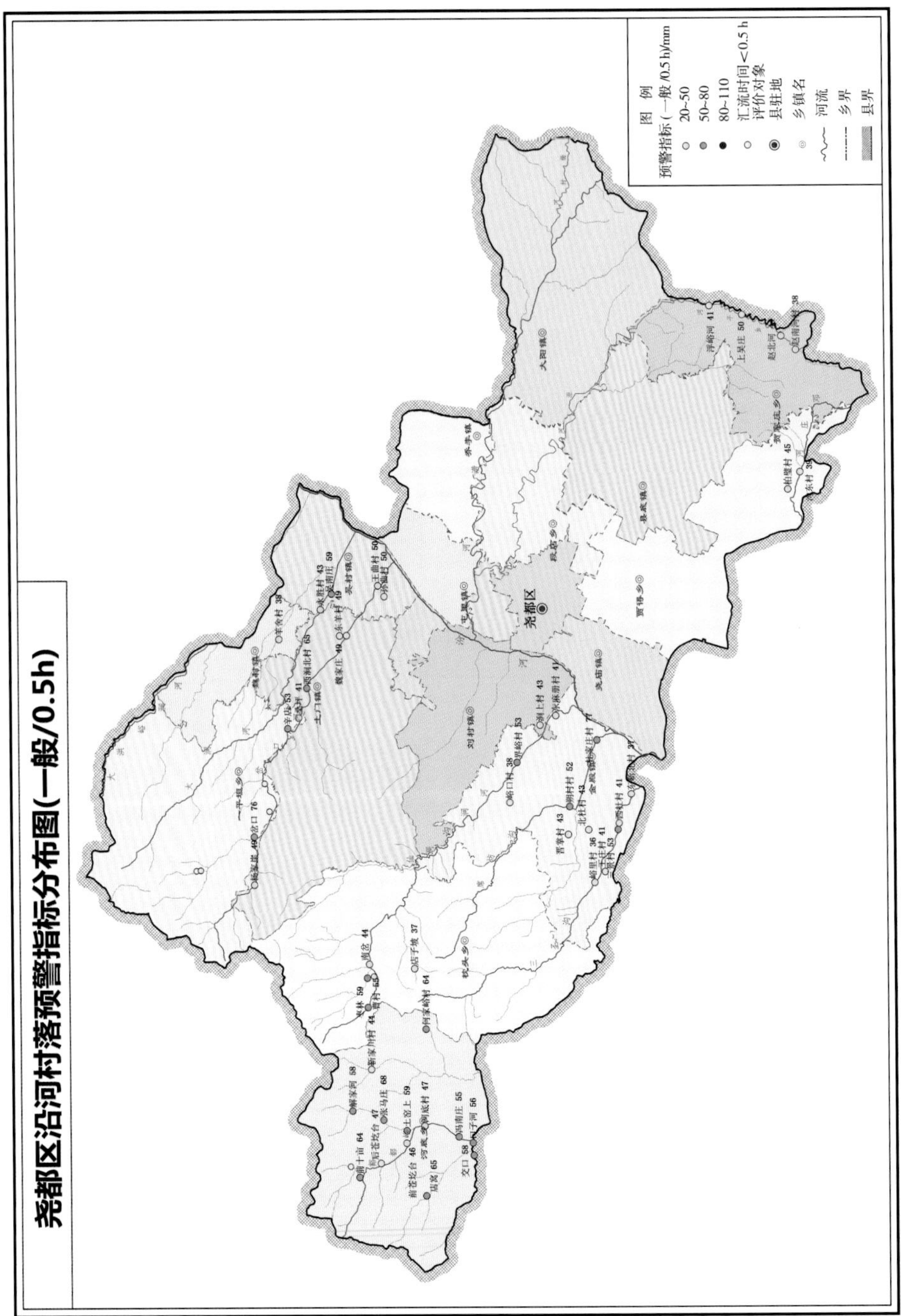

附图 4-8 尧都区沿河村落预警指标分布图(一般/0.5 h)

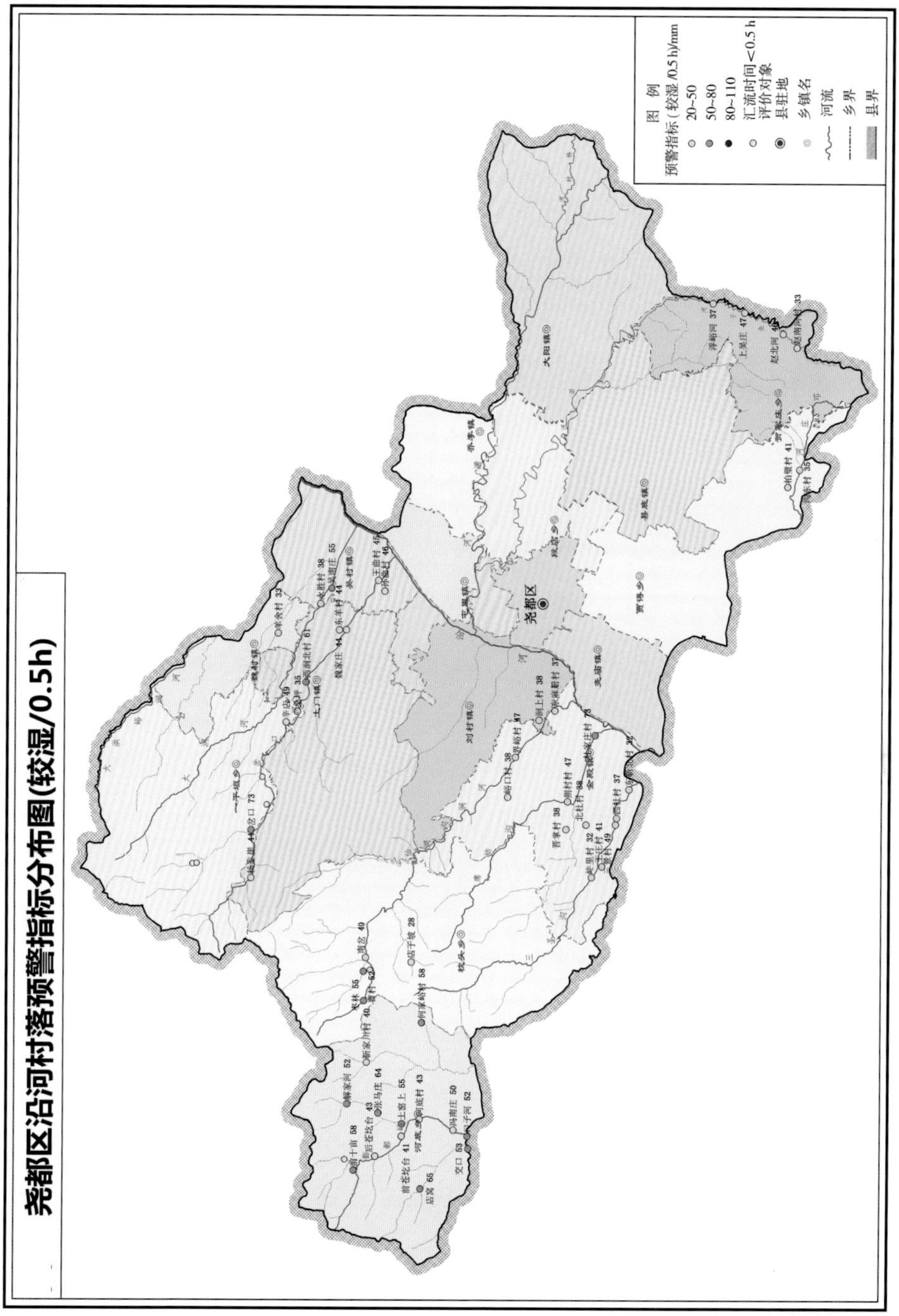

尧都区沿河村落预警指标分布图(较湿/0.5h)

图 例

预警指标(较湿/0.5 h)/mm

20~50

50~80

80~110

汇流时间<0.5 h 评价对象

县驻地

乡镇名

河流

乡界

县界

附图 4-9　尧都区沿河村落预警指标分布图(较湿/0.5 h)

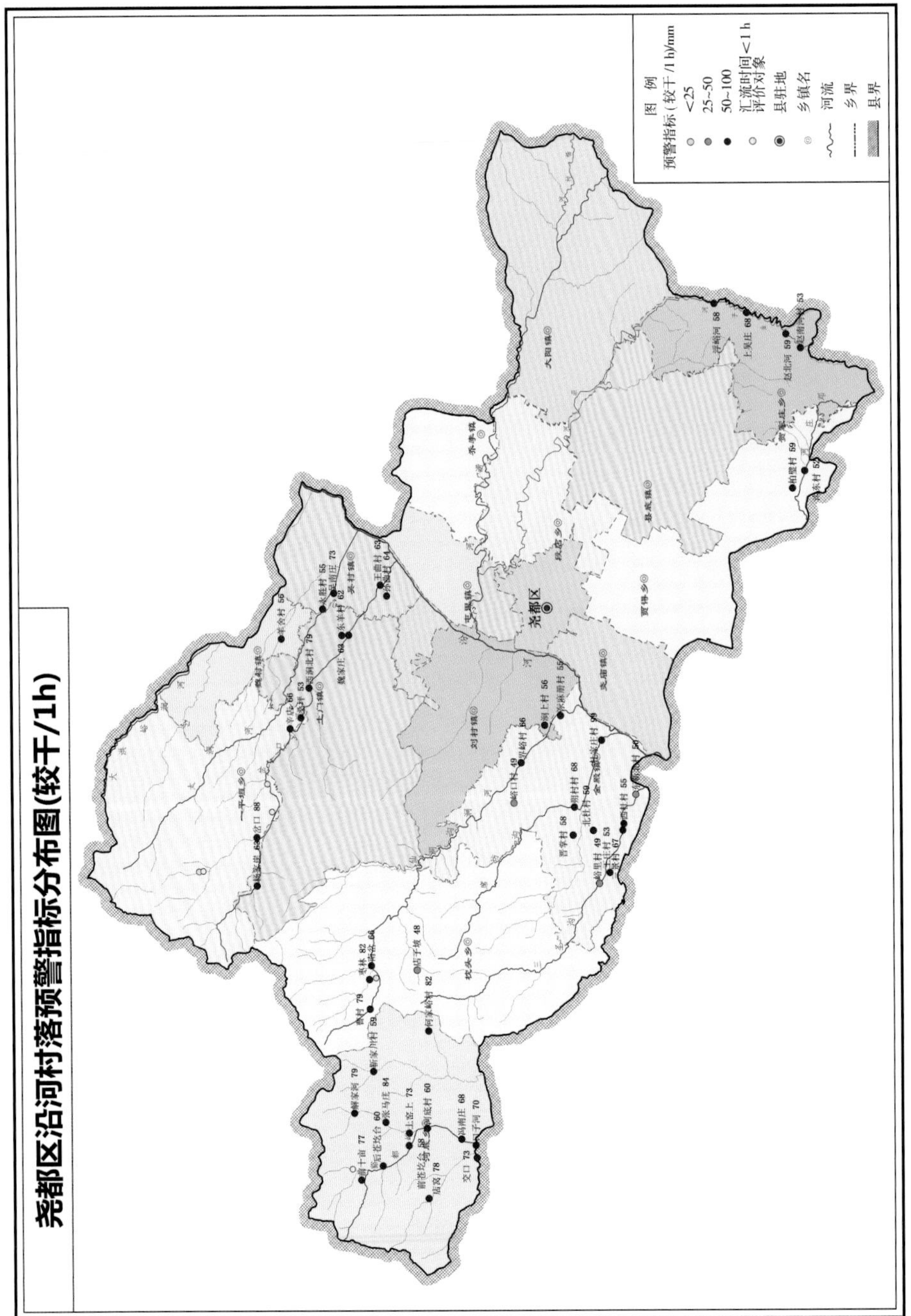

附图 4-10 尧都区沿河村落预警指标分布图(较干/1 h)

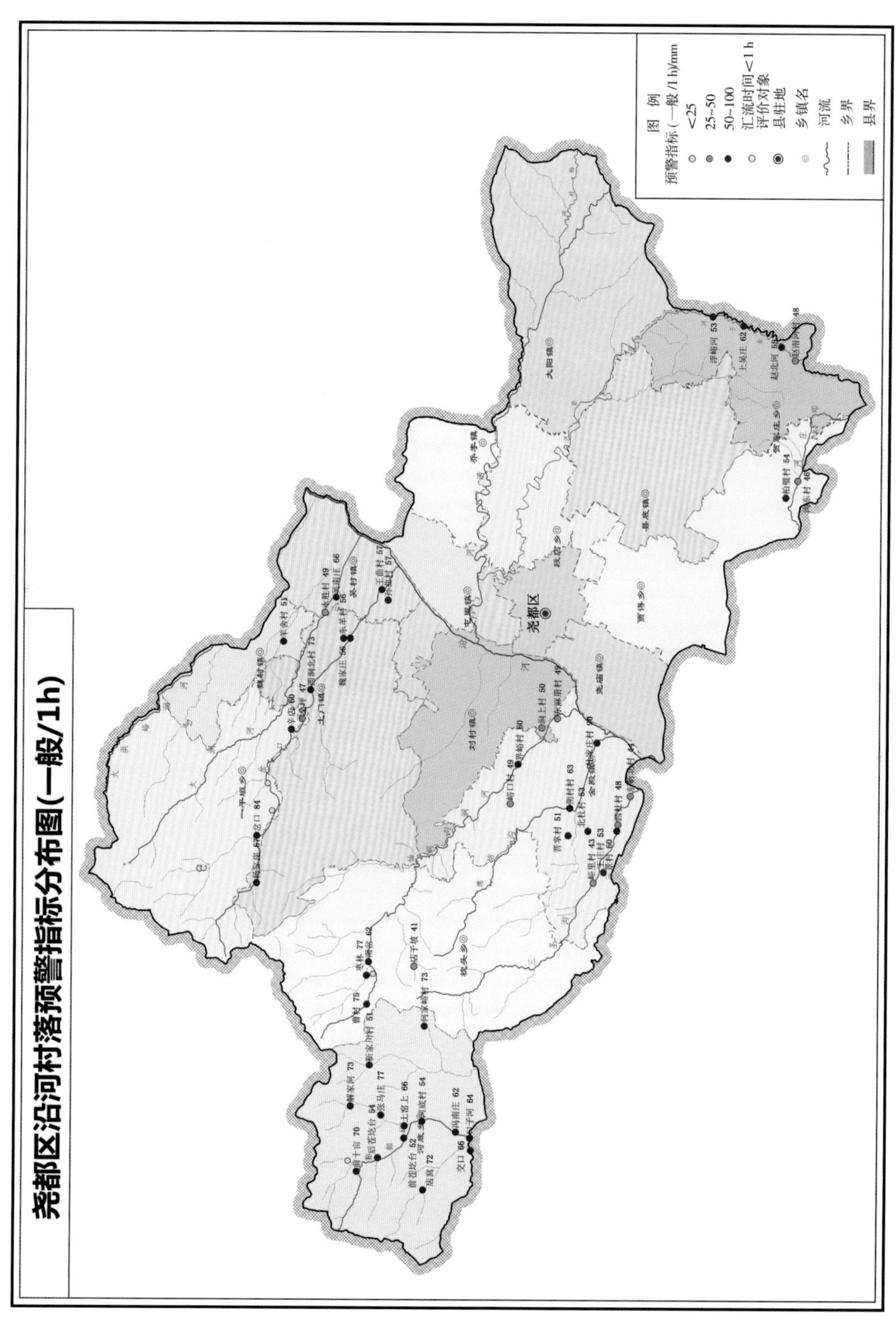

附图 4-11 尧都区沿河村落预警指标分布图(一般/1 h)

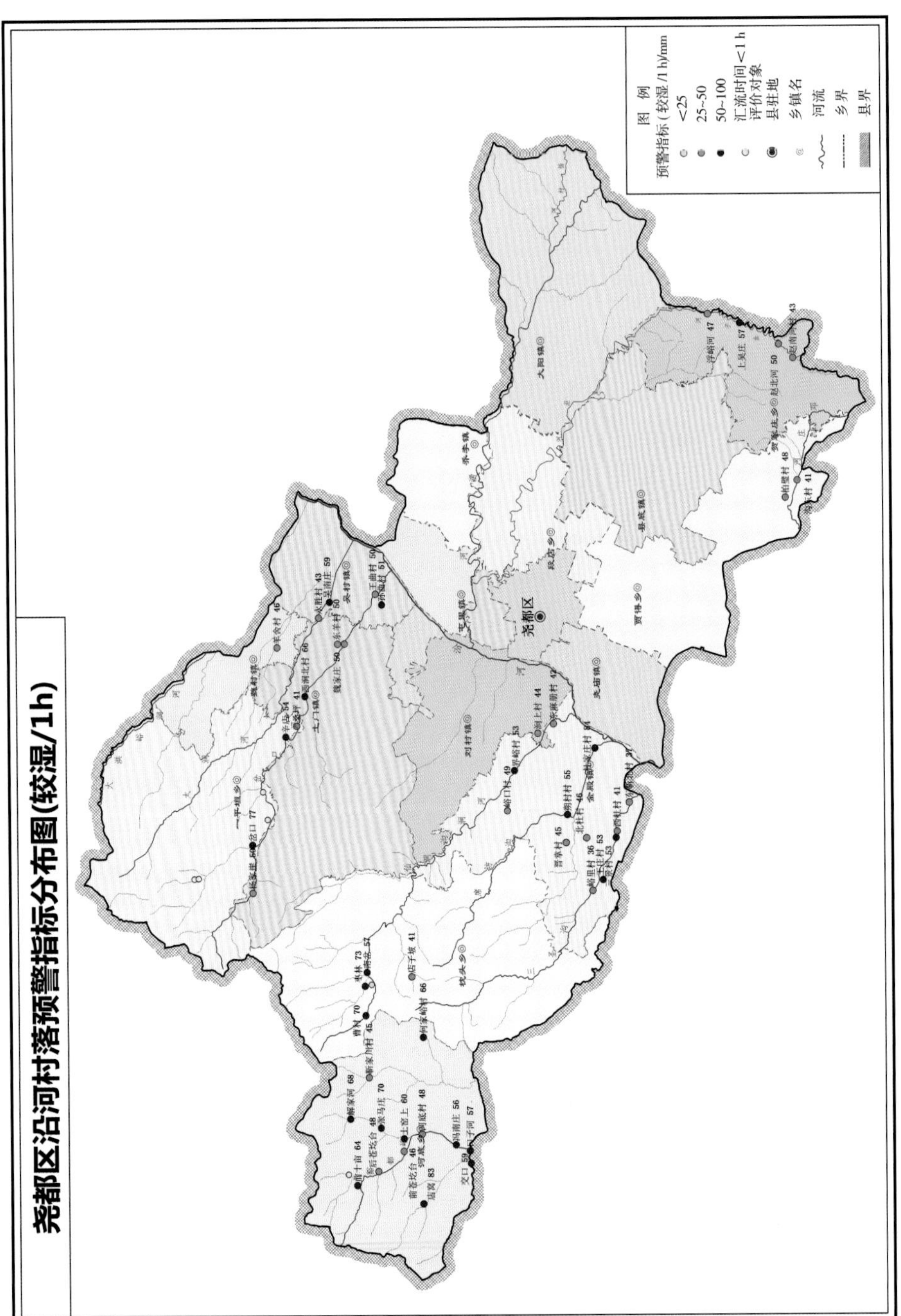

附图 4-12　尧都区沿河村落预警指标分布图(较湿/1 h)

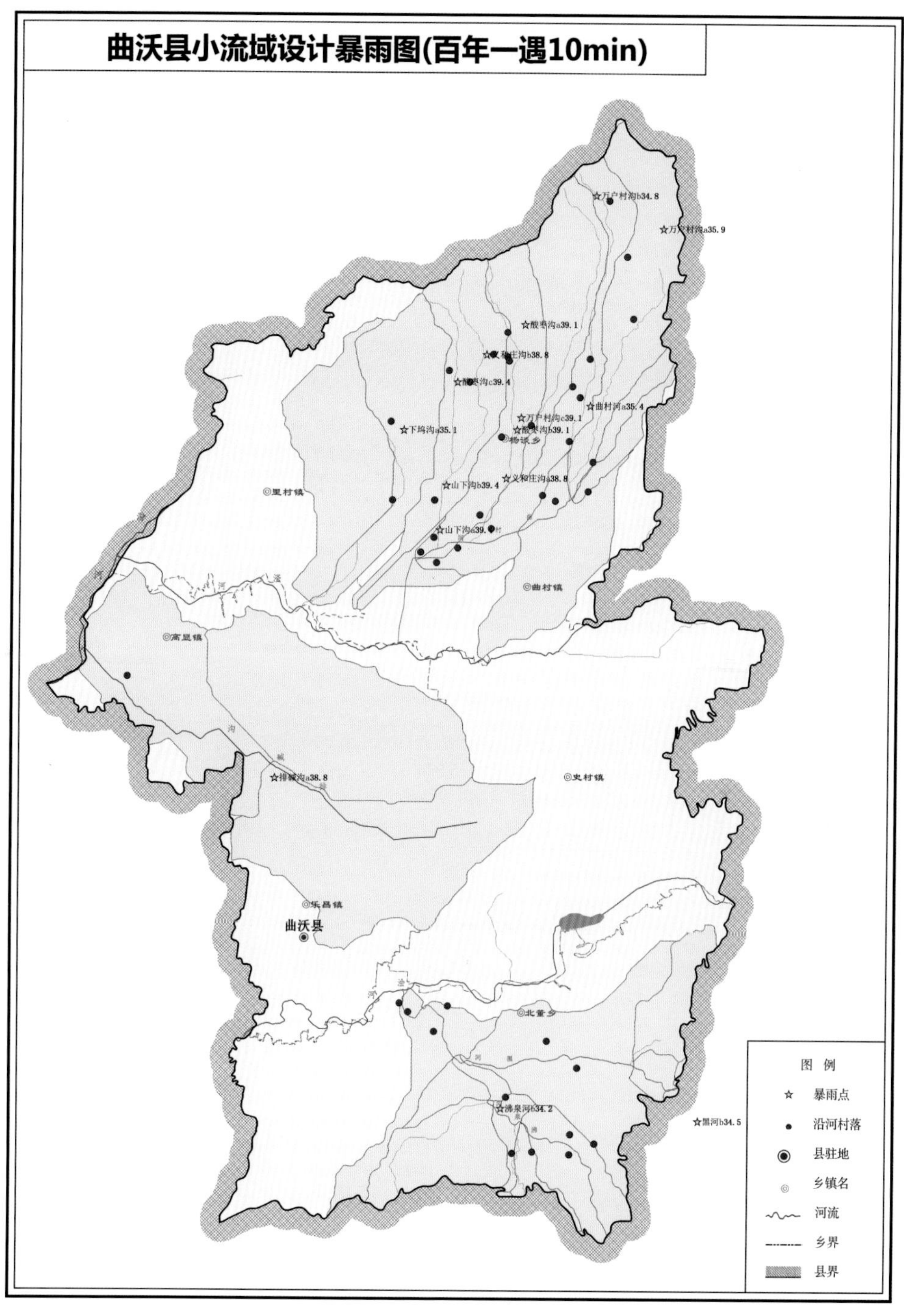

附图 4-13 曲沃县沿河村落百年一遇 10 min 设计暴雨分布图

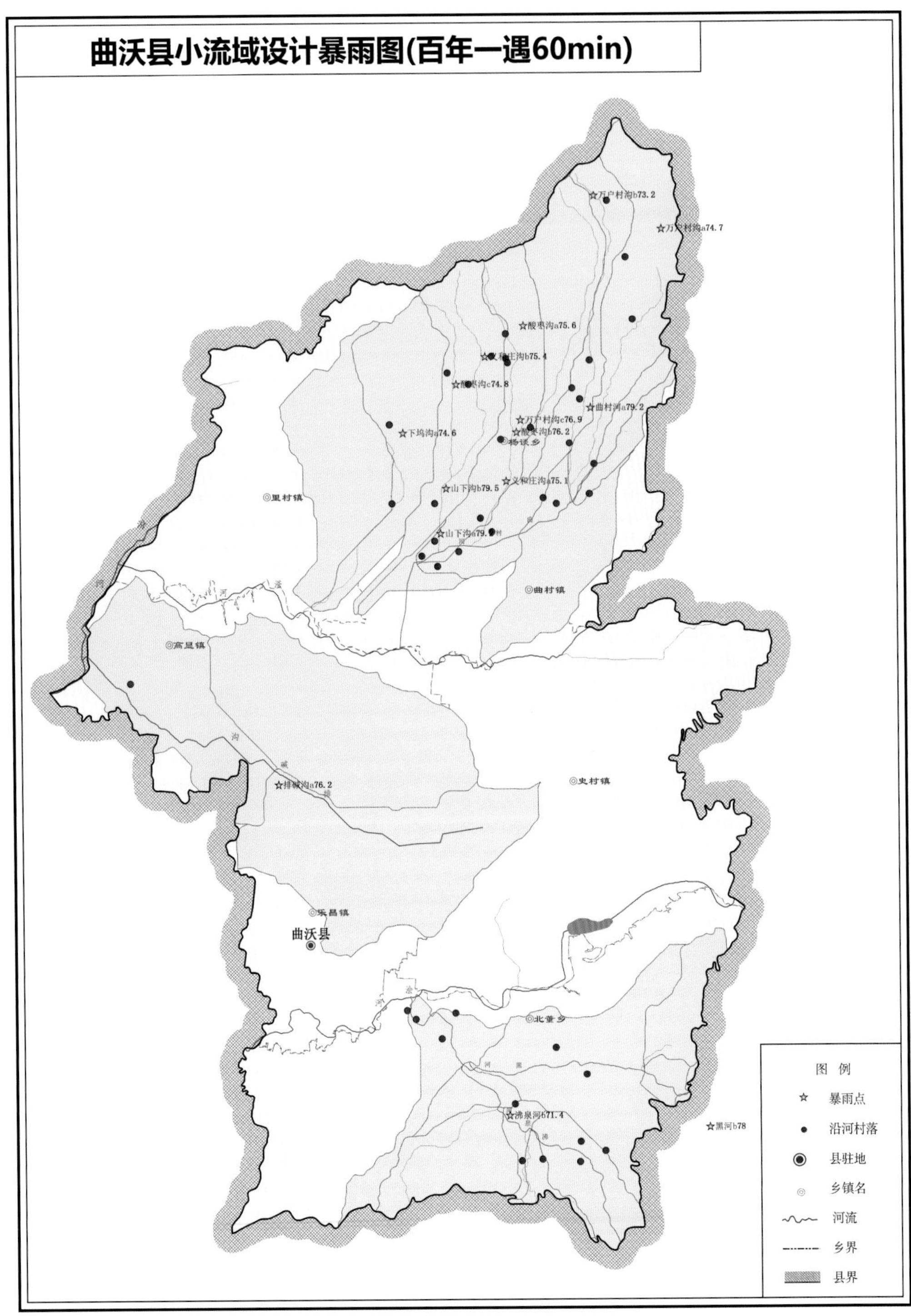

附图 4-14　曲沃县沿河村落百年一遇 60 min 设计暴雨分布图

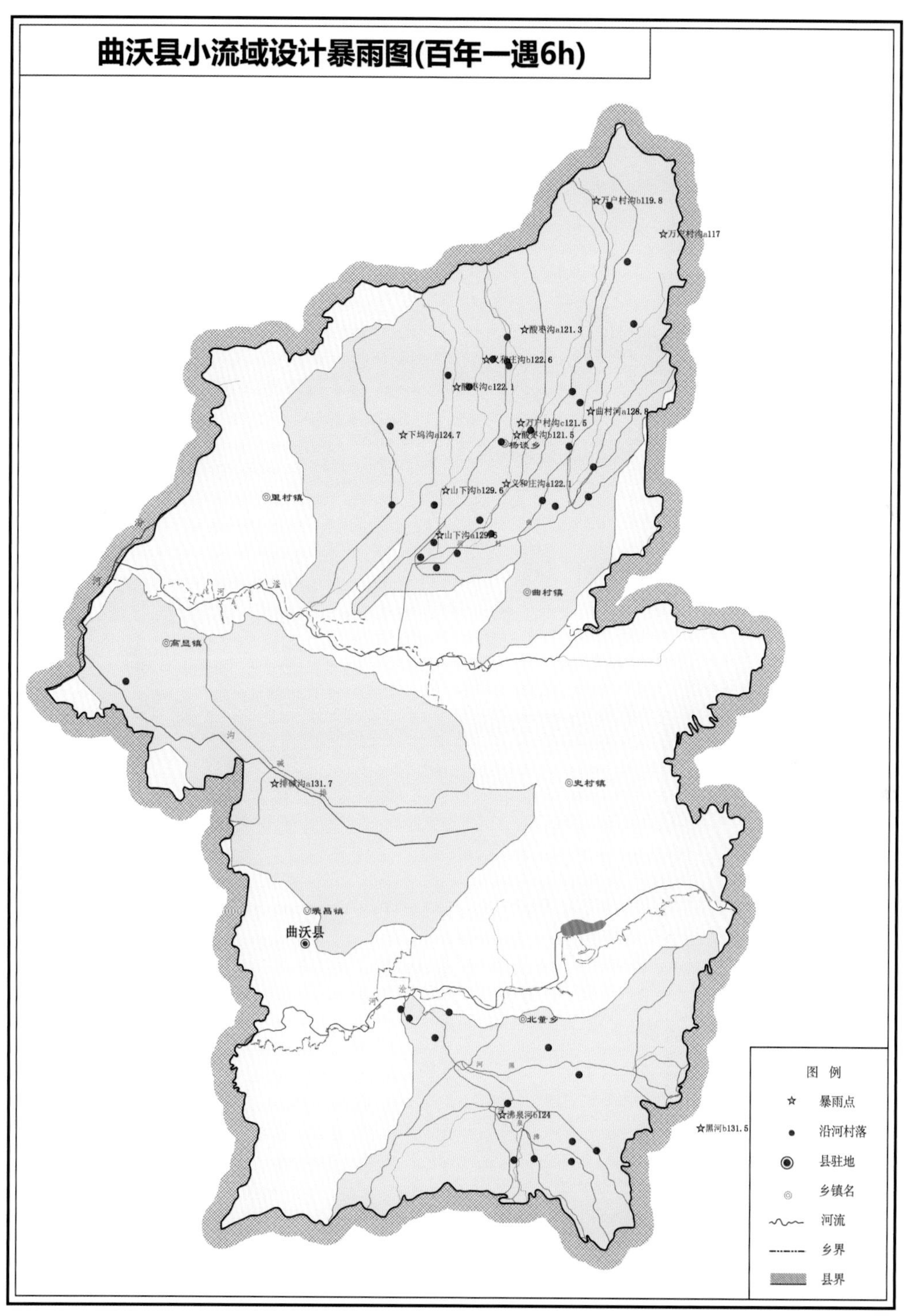

附图 4-15　曲沃县沿河村落百年一遇 6 h 设计暴雨分布图

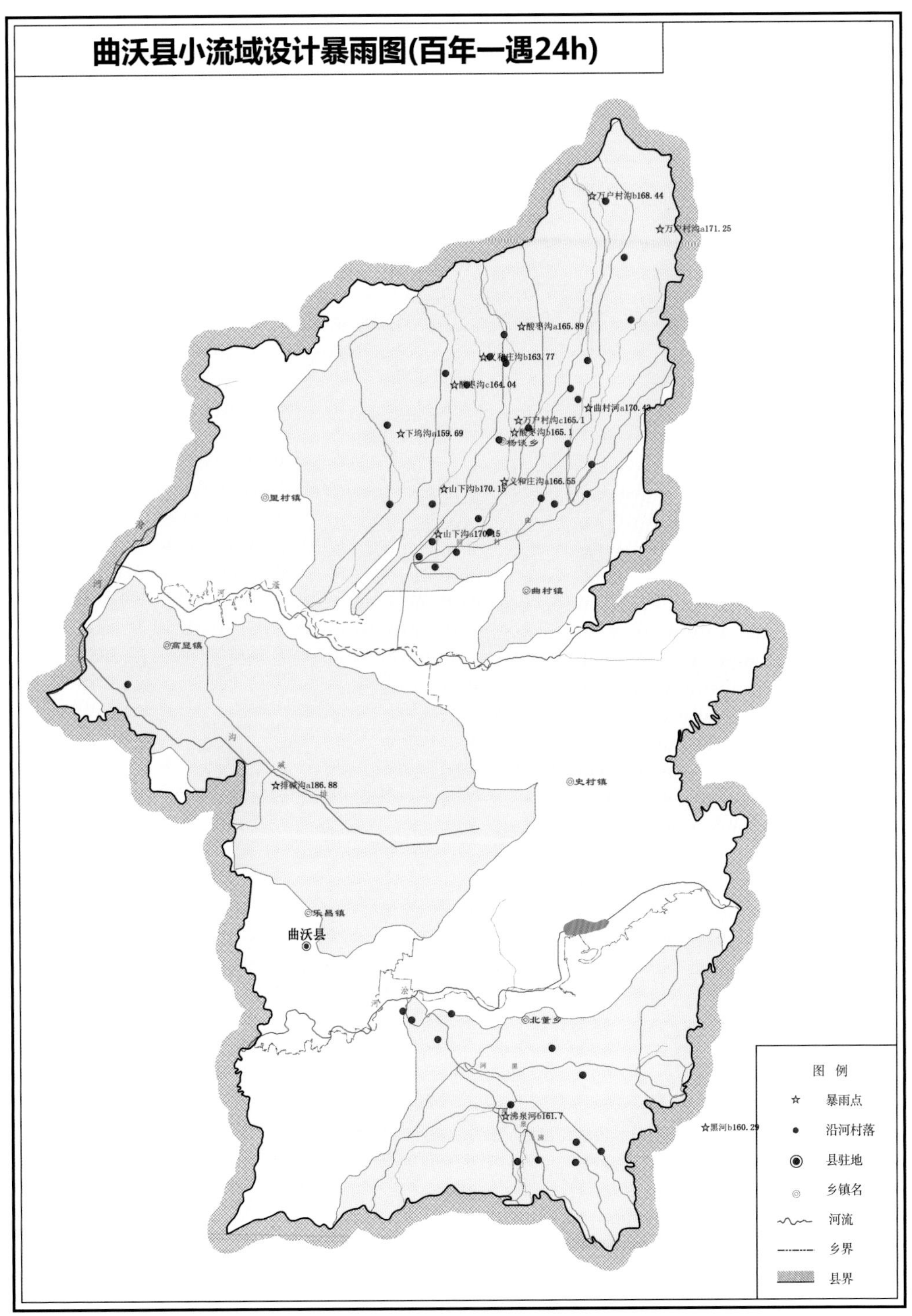

附图 4-16　曲沃县沿河村落百年一遇 24 h 设计暴雨分布图

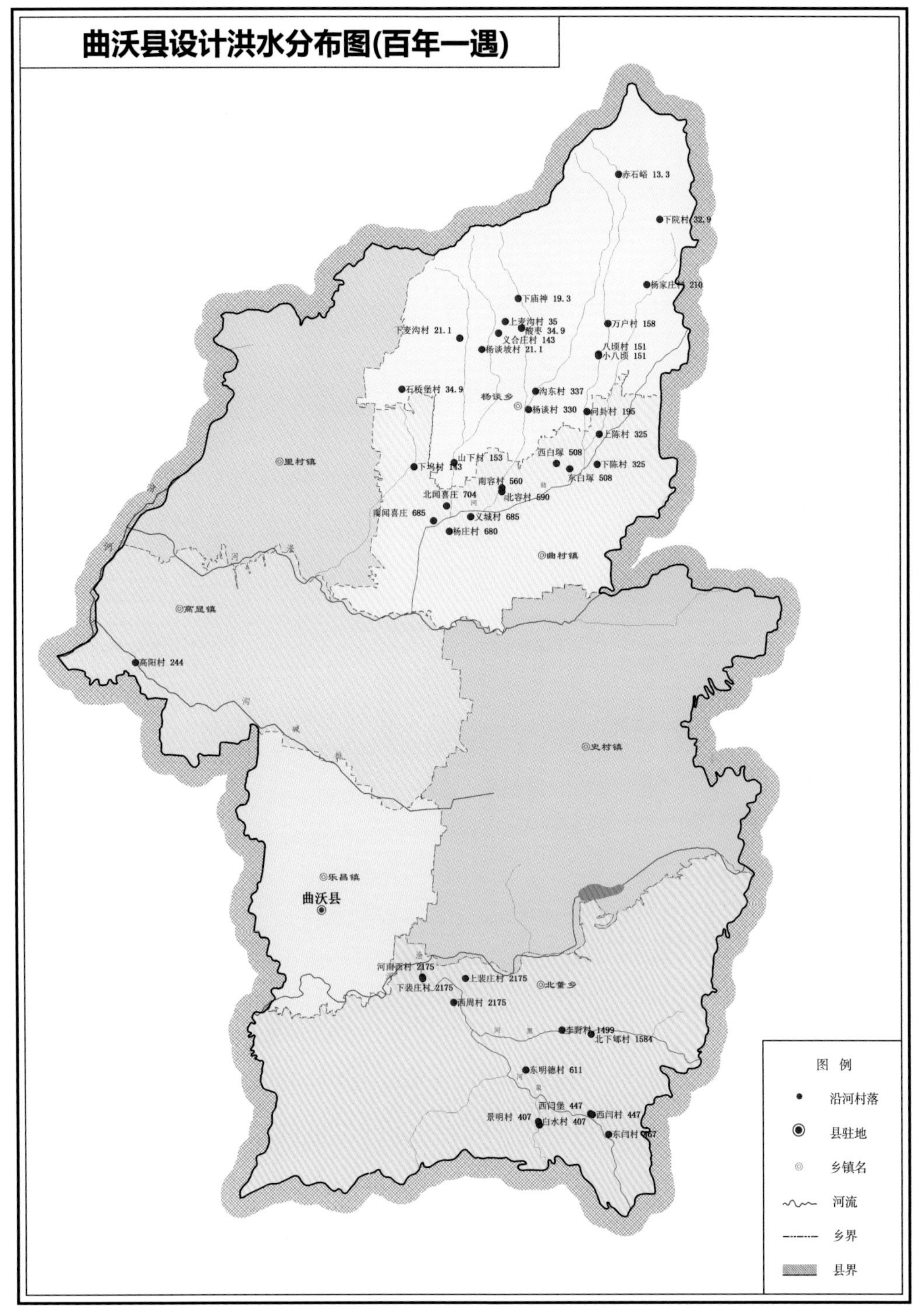

附图 4-17 曲沃县沿河村落百年一遇设计洪水分布图

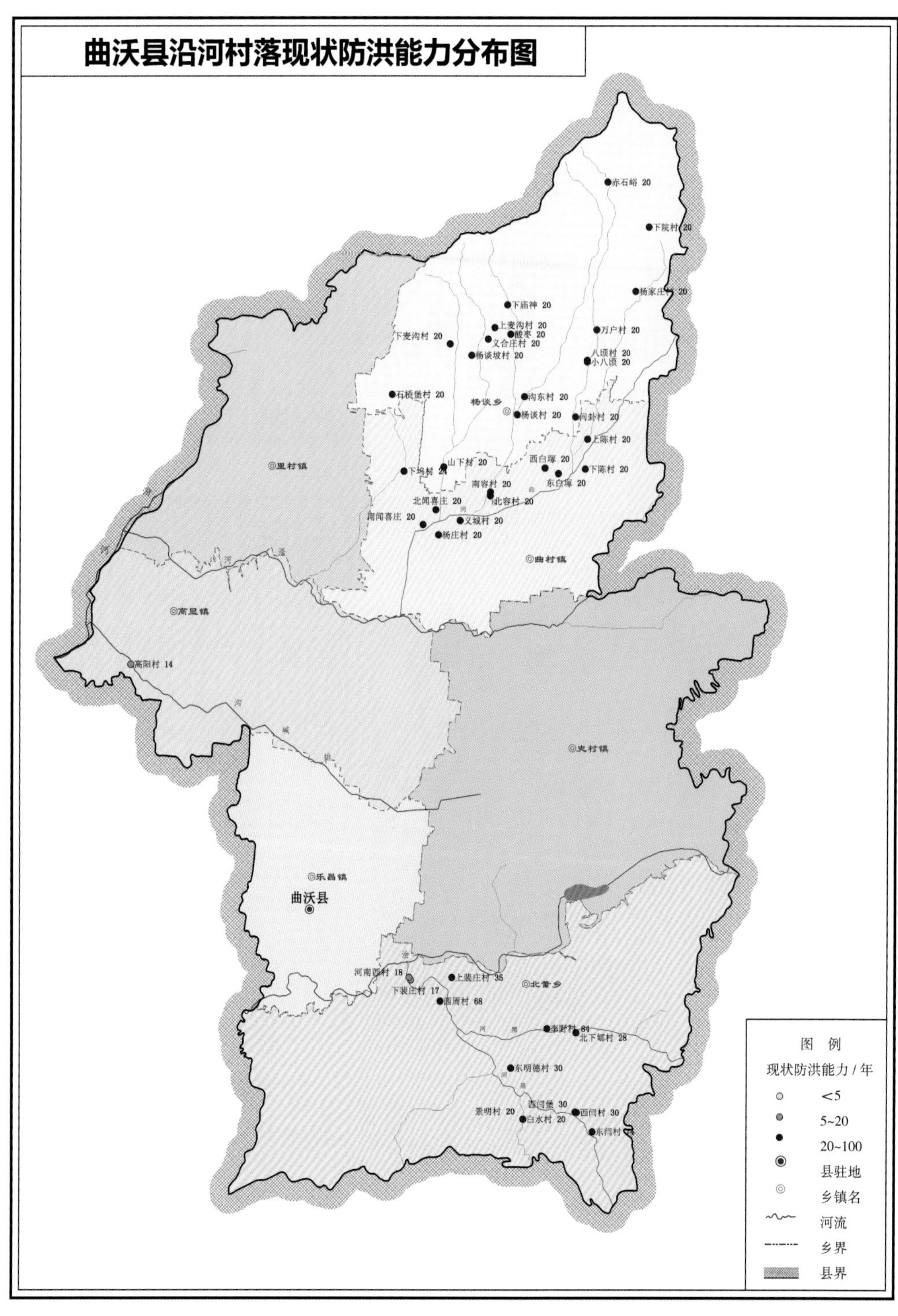

附图 4-18　曲沃县沿河村落现状防洪能力分布图

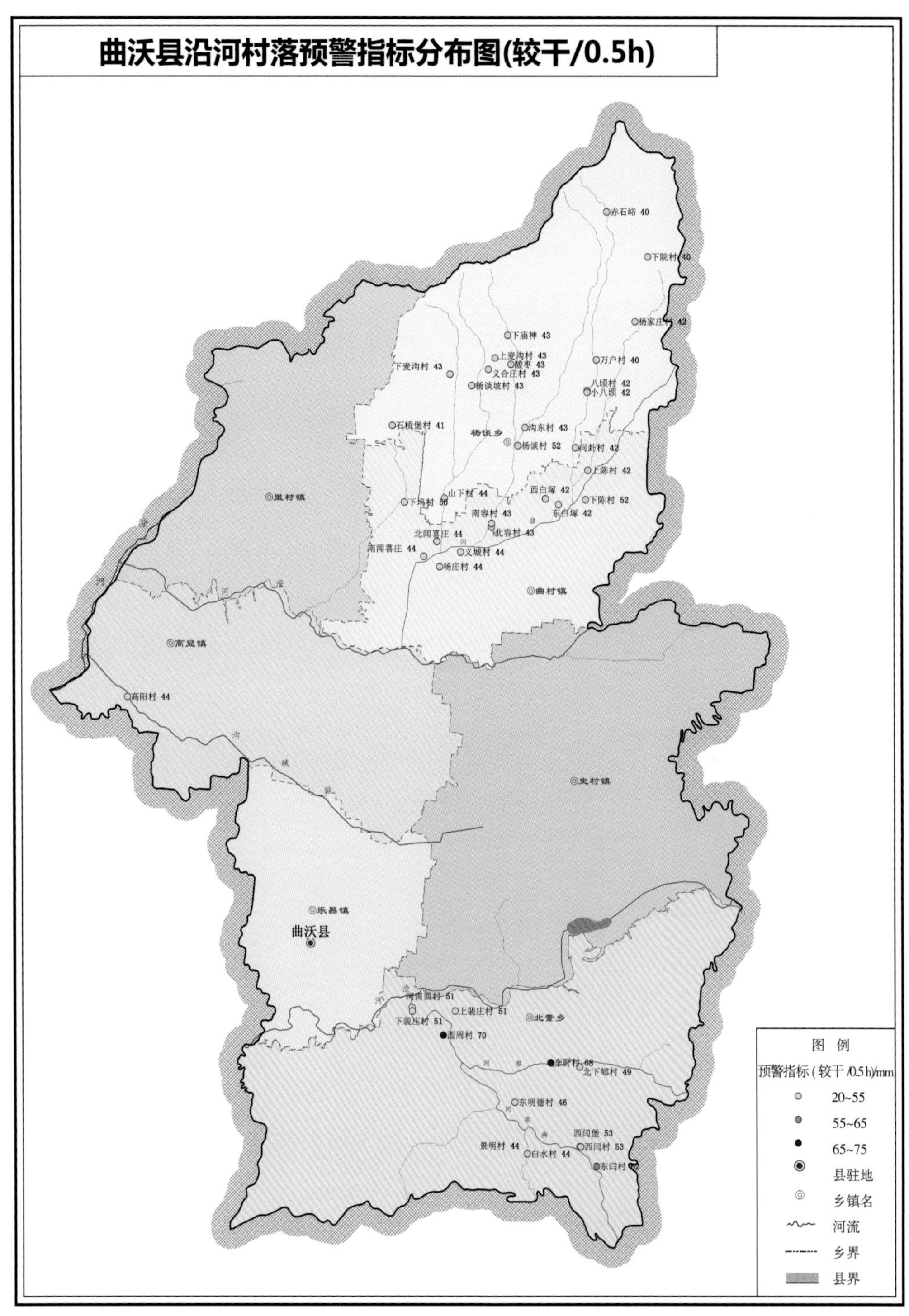

附图 4-19 曲沃县沿河村落预警指标分布图(较干/0.5 h)

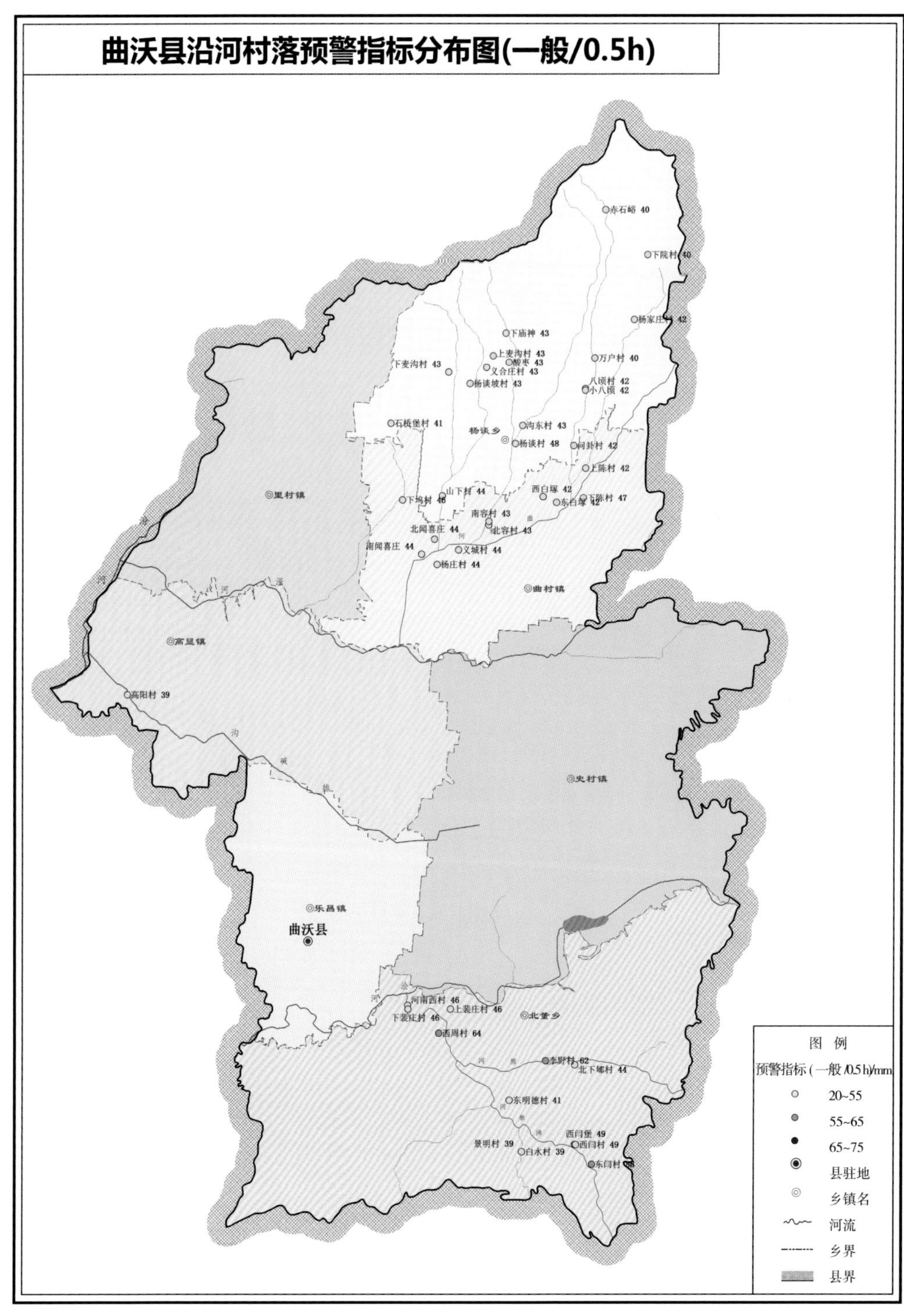

附图 4-20　曲沃县沿河村落预警指标分布图(一般/0.5 h)

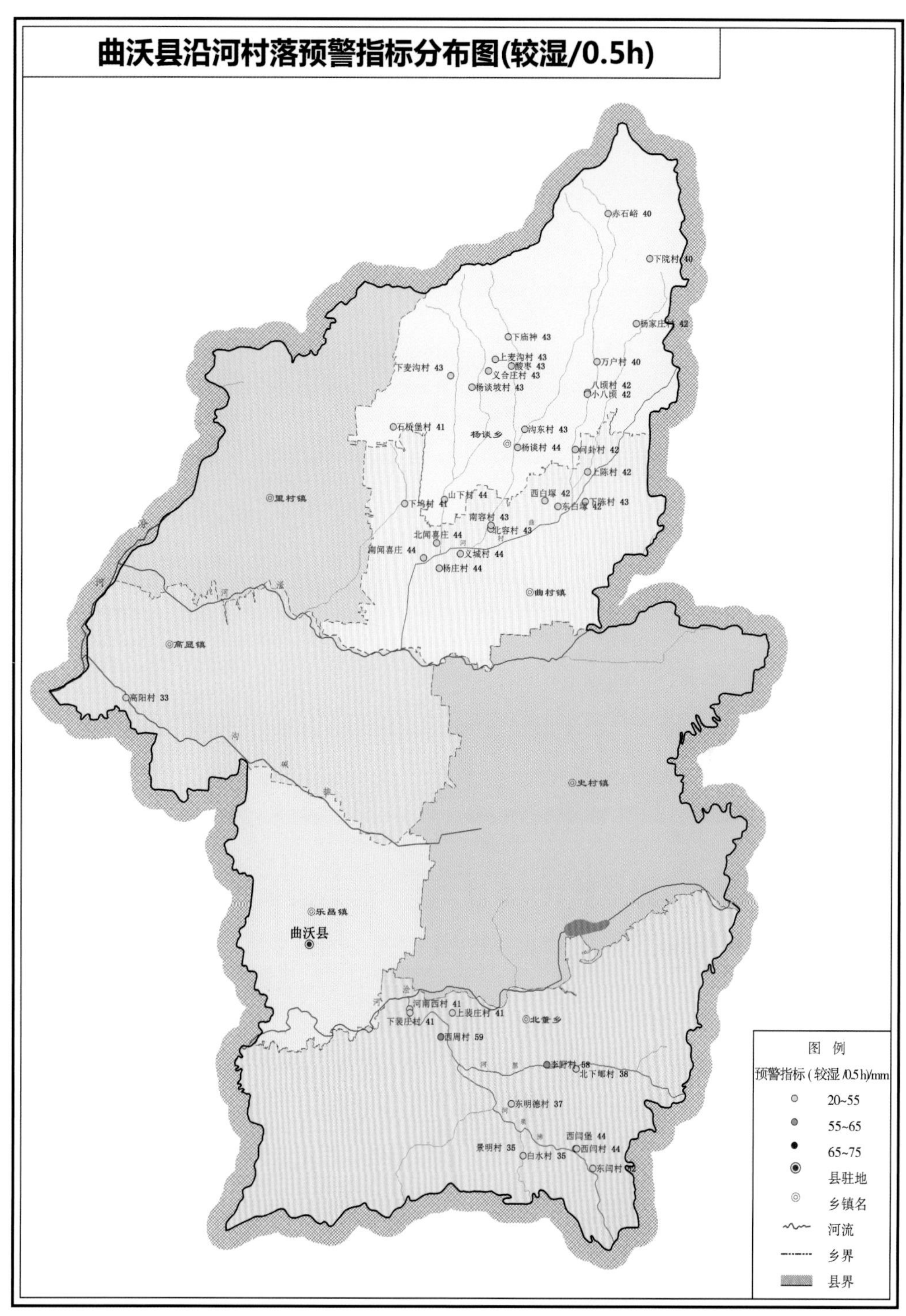

附图 4-21　曲沃县沿河村落预警指标分布图(较湿/0.5 h)

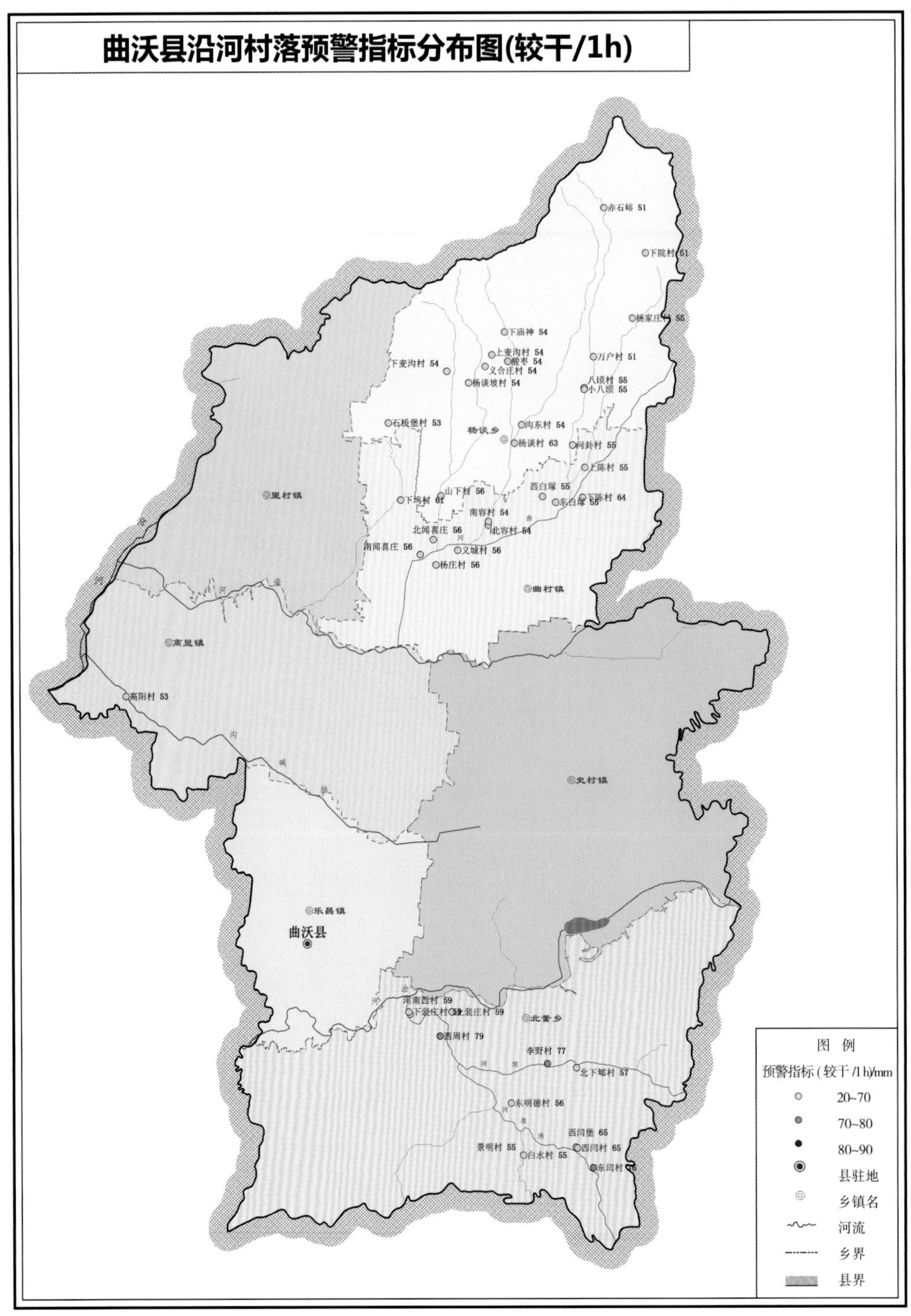

附图 4-22 曲沃县沿河村落预警指标分布图(较干/1 h)

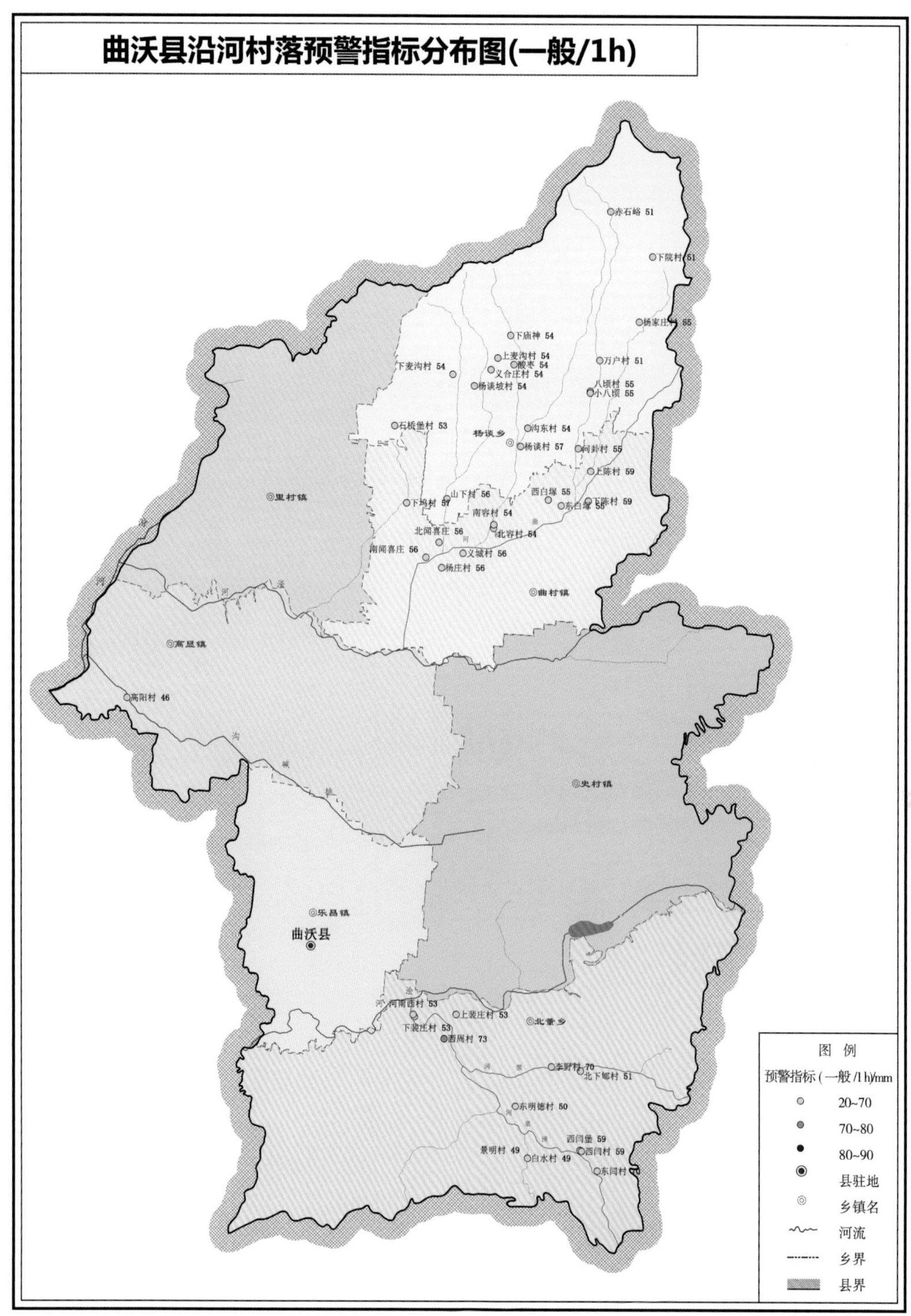

附图 4-23　曲沃县沿河村落预警指标分布图(一般/1 h)

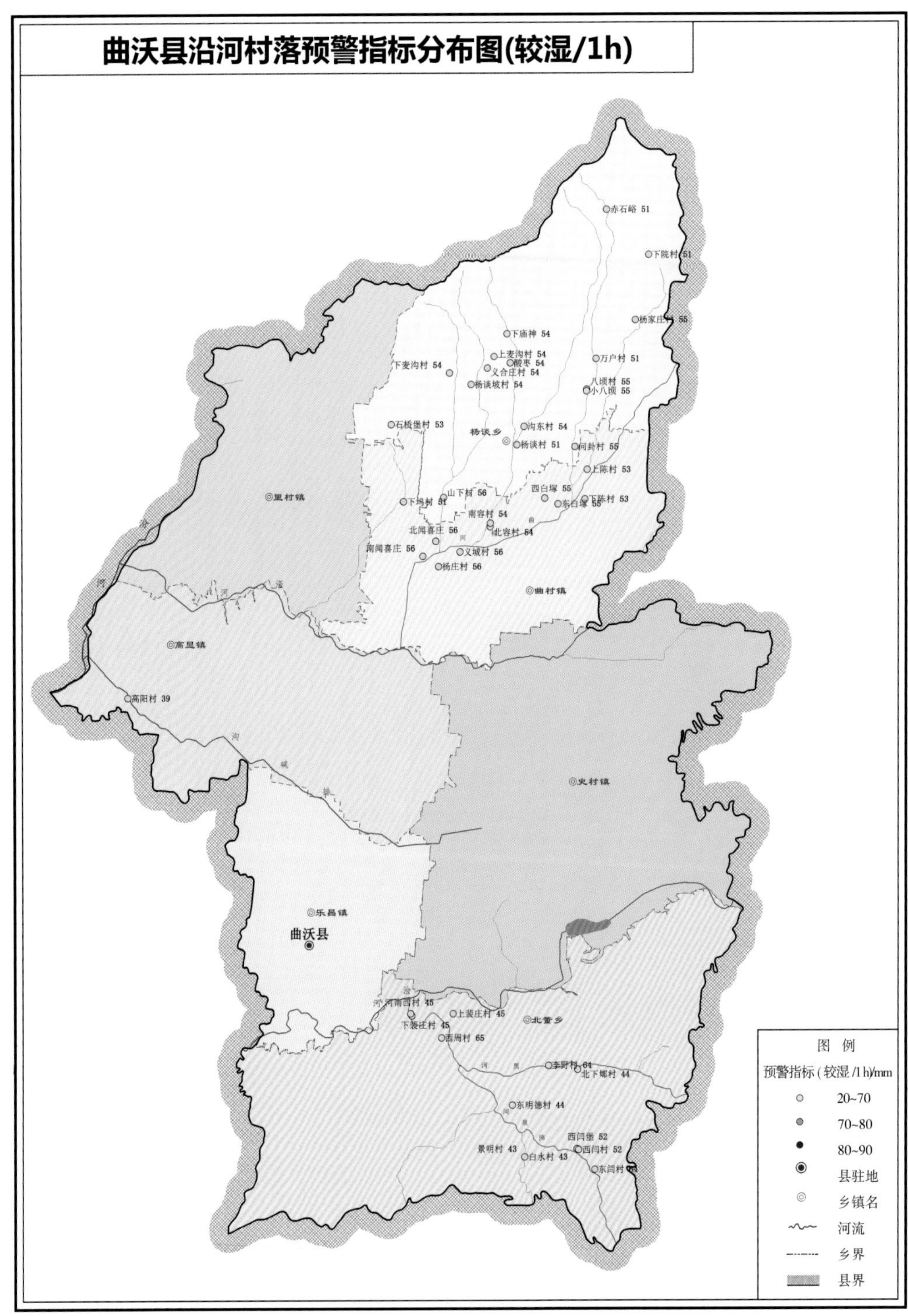

附图 4-24　曲沃县沿河村落预警指标分布图(较湿/1 h)

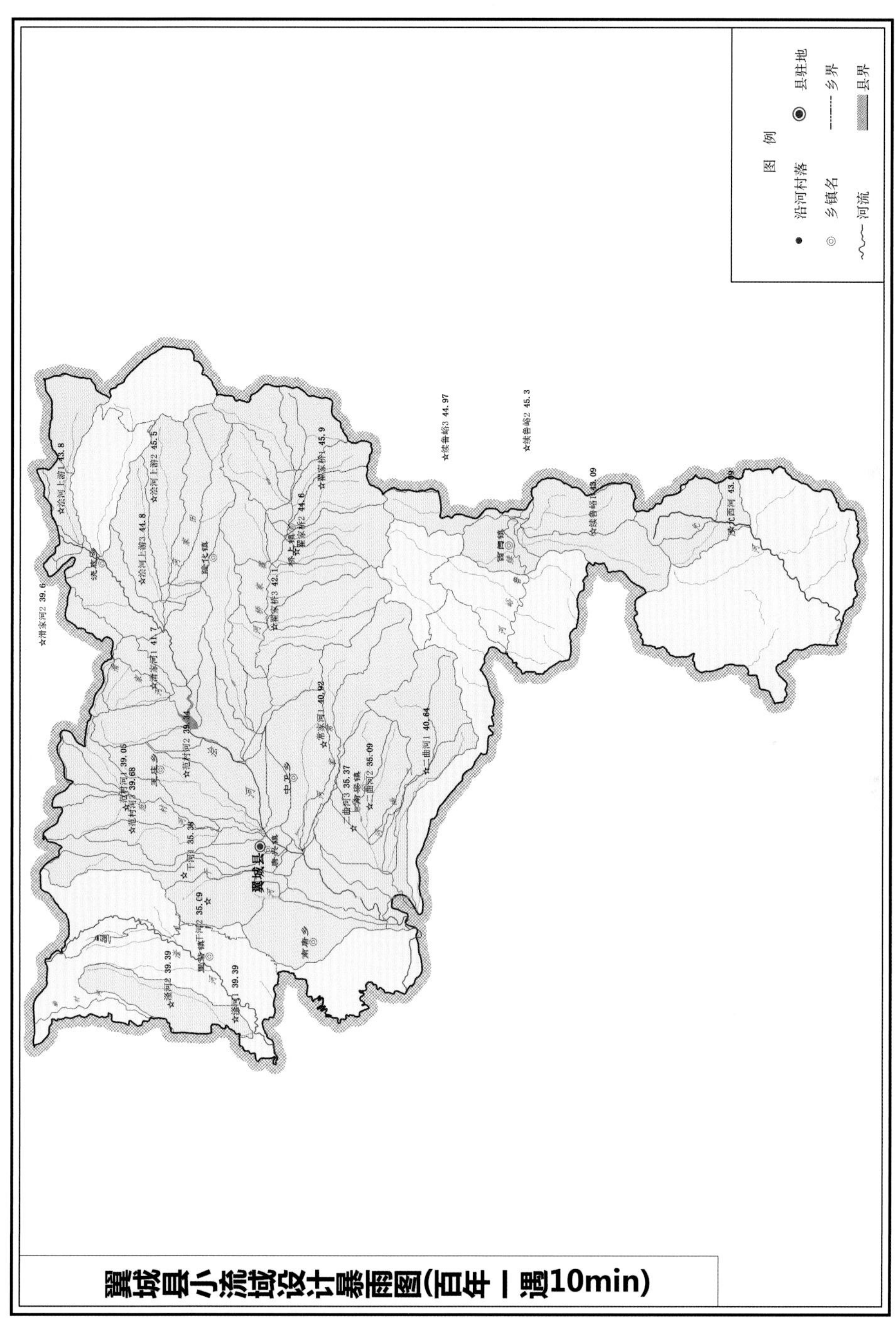

附图4-25 翼城县沿河村落百年一遇10 min设计暴雨分布图

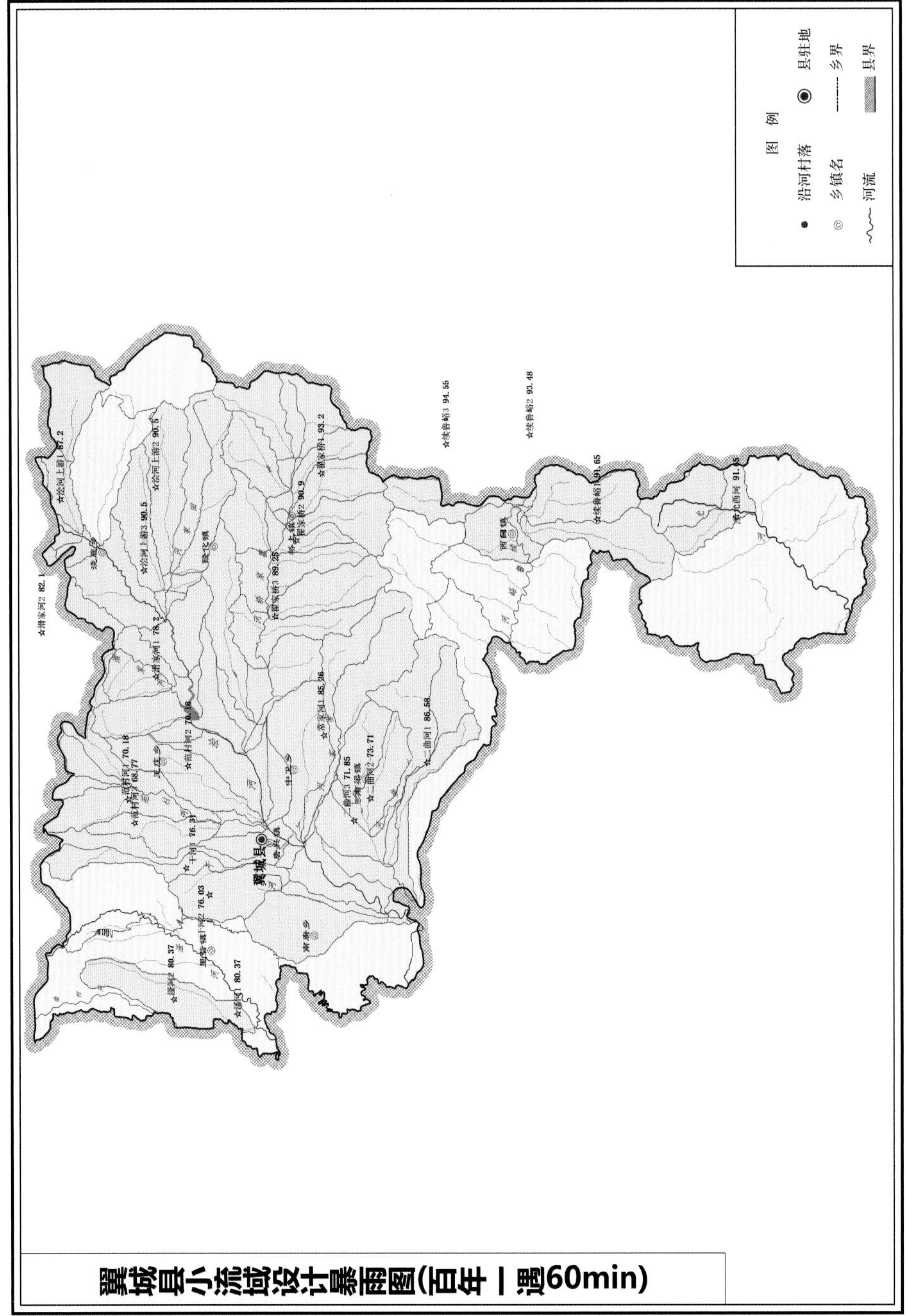

附图 4-26　翼城县沿河村落百年一遇 60 min 设计暴雨分布图

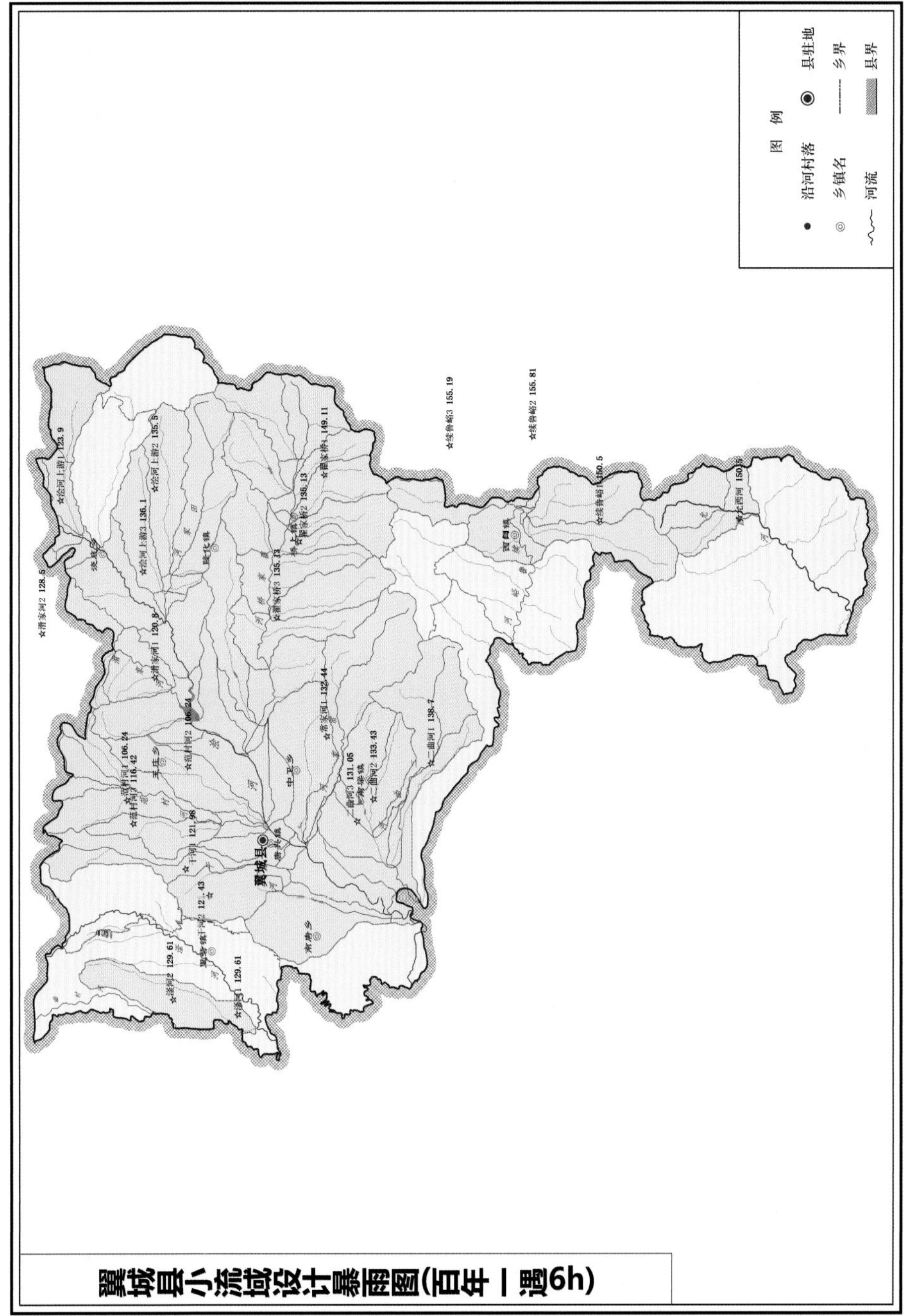

附图 4-27 翼城县沿河村落百年一遇 6 h 设计暴雨分布图

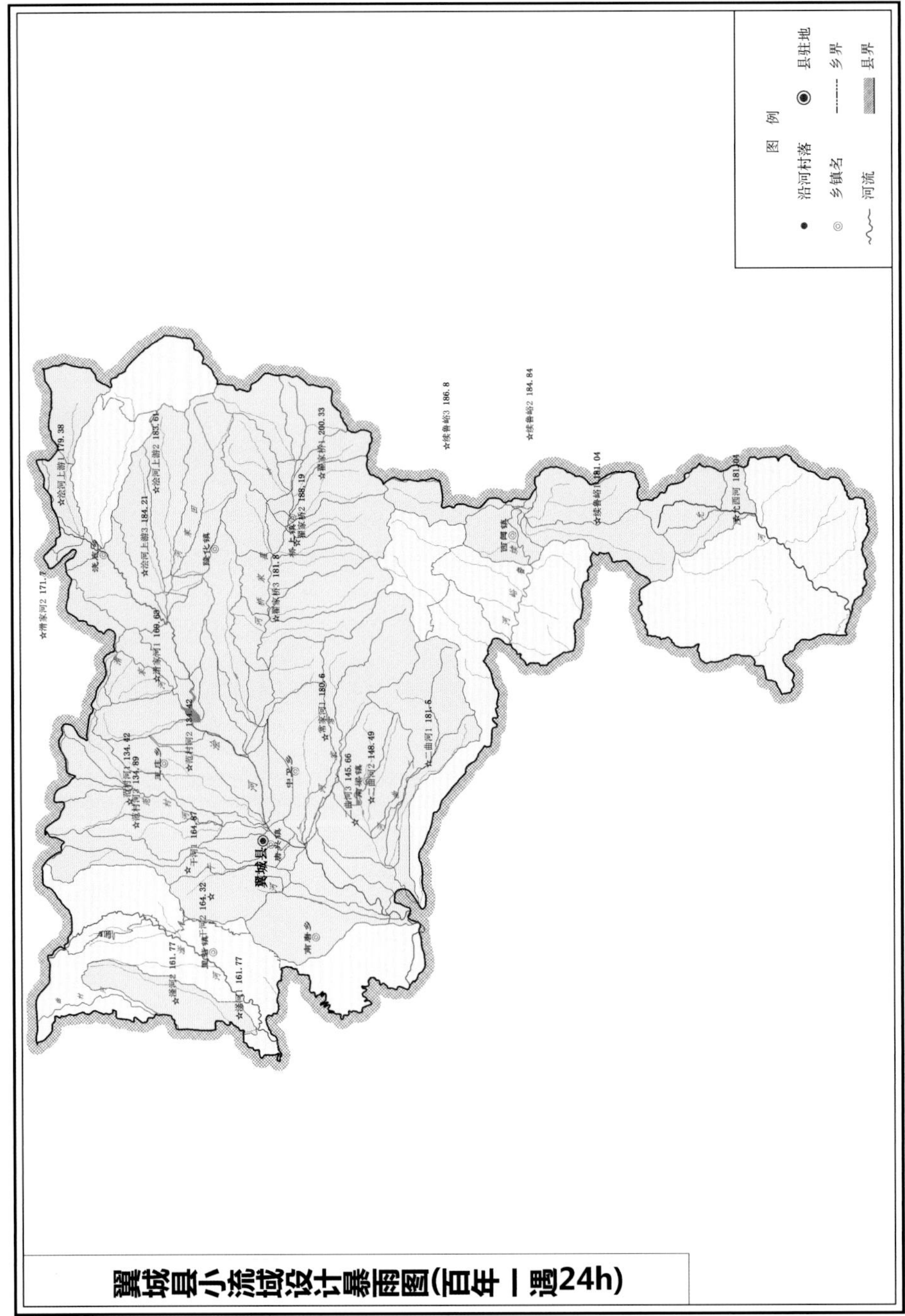

附图 4-28　翼城县沿河村落百年一遇 24 h 设计暴雨分布图

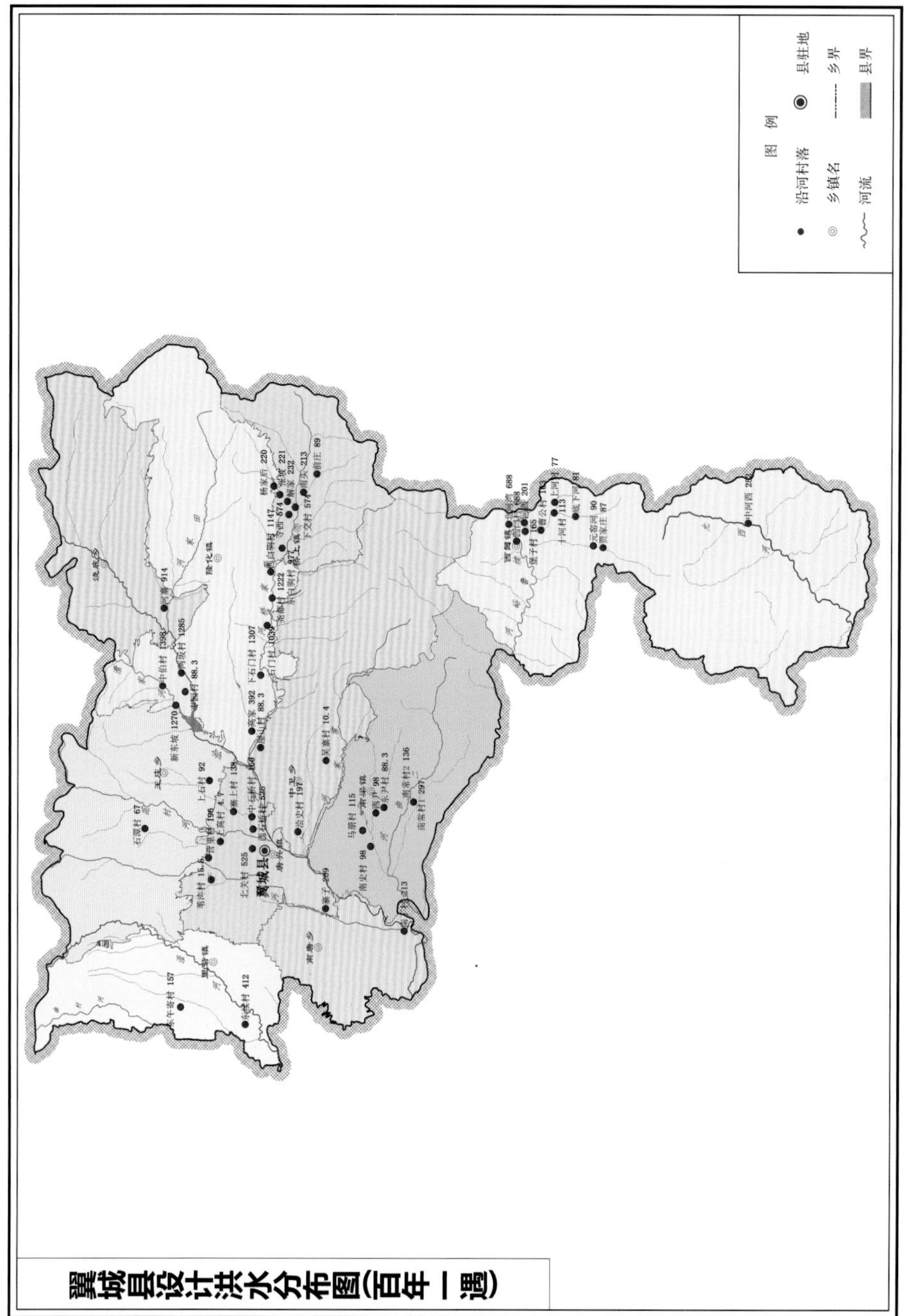

附图 4-29 翼城县沿河村落百年一遇设计洪水分布图

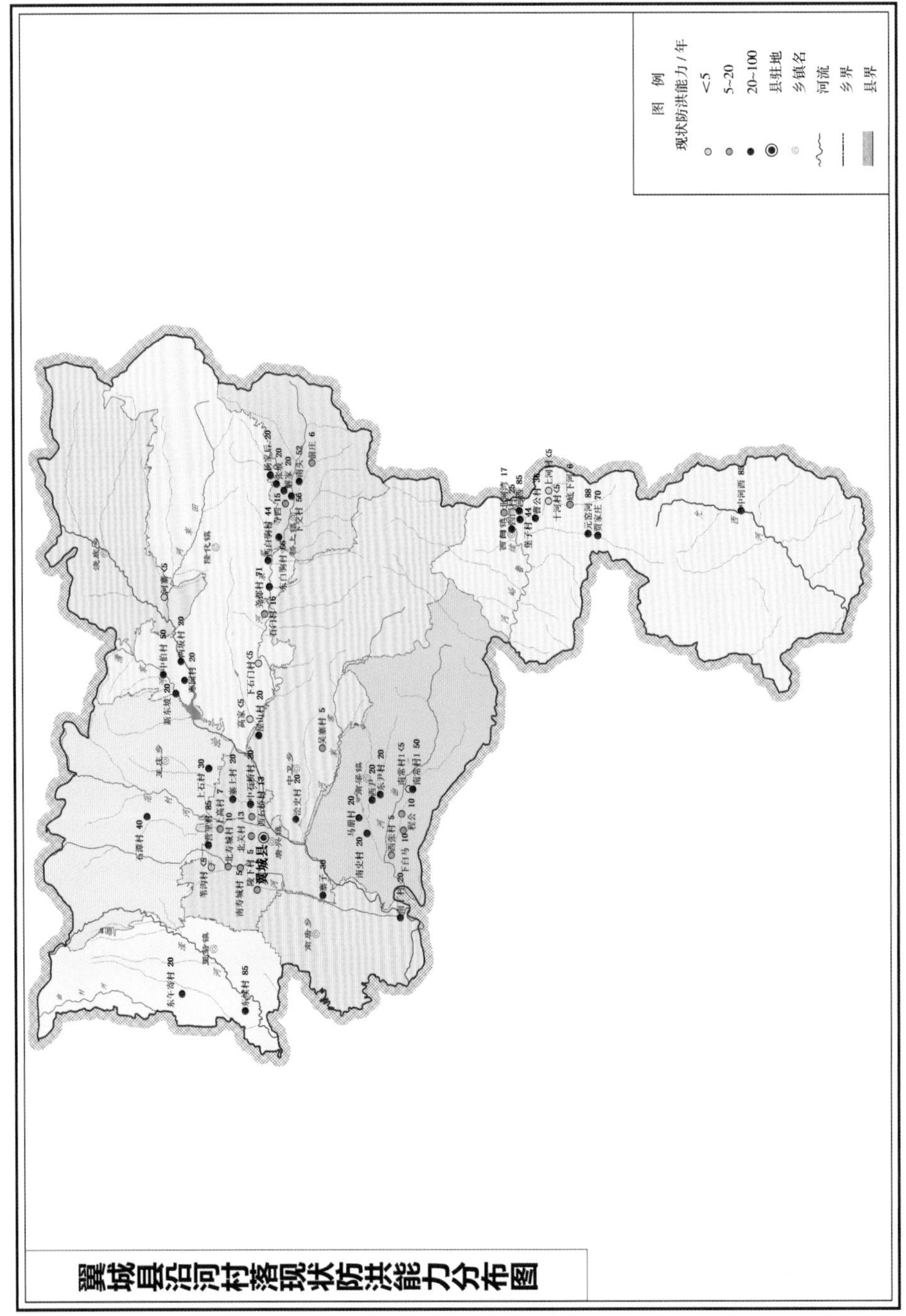

附图 4-30 翼城县沿河村落现状防洪能力分布图

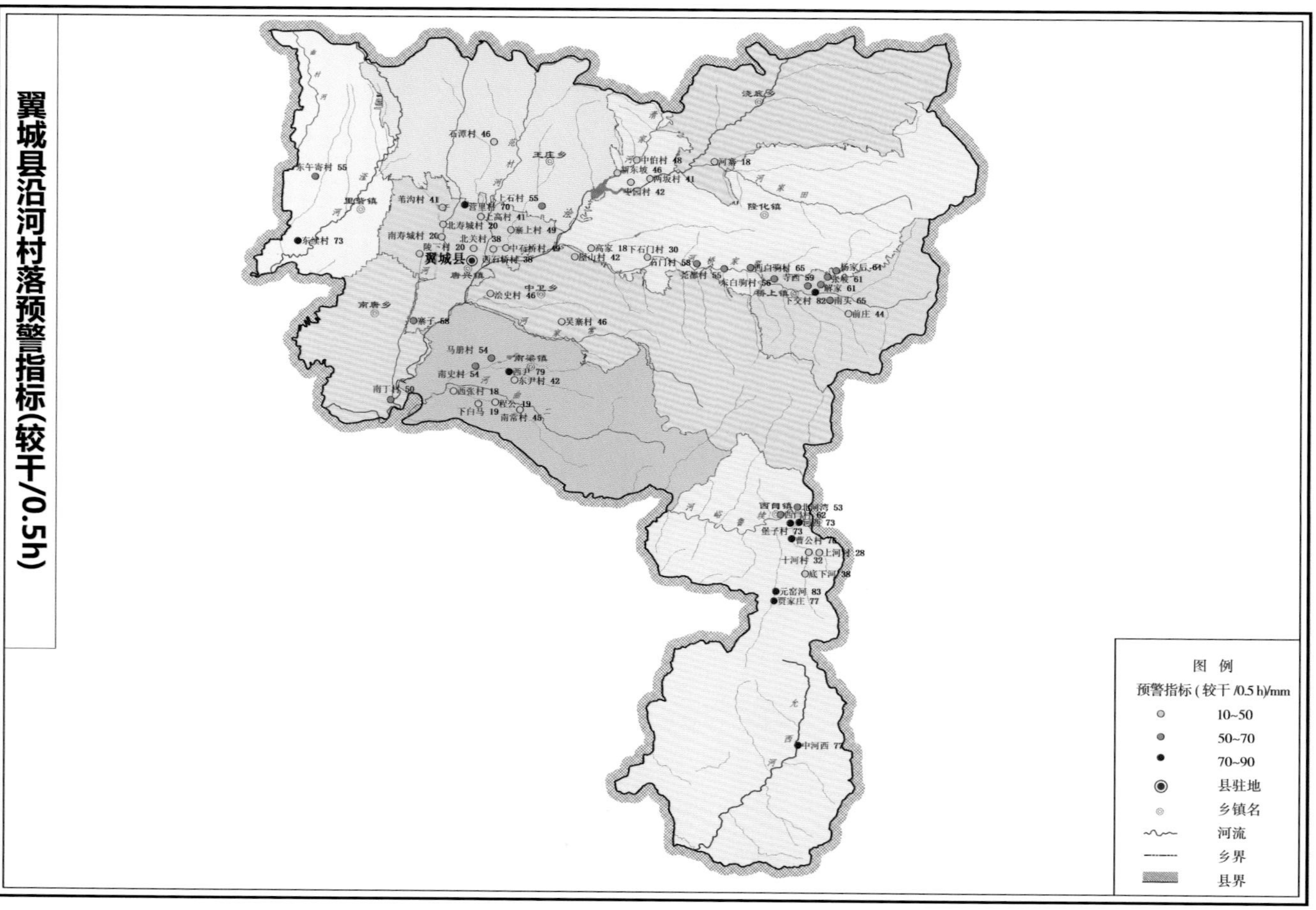

附图 4-31　翼城县沿河村落预警指标分布图(较干/0.5 h)

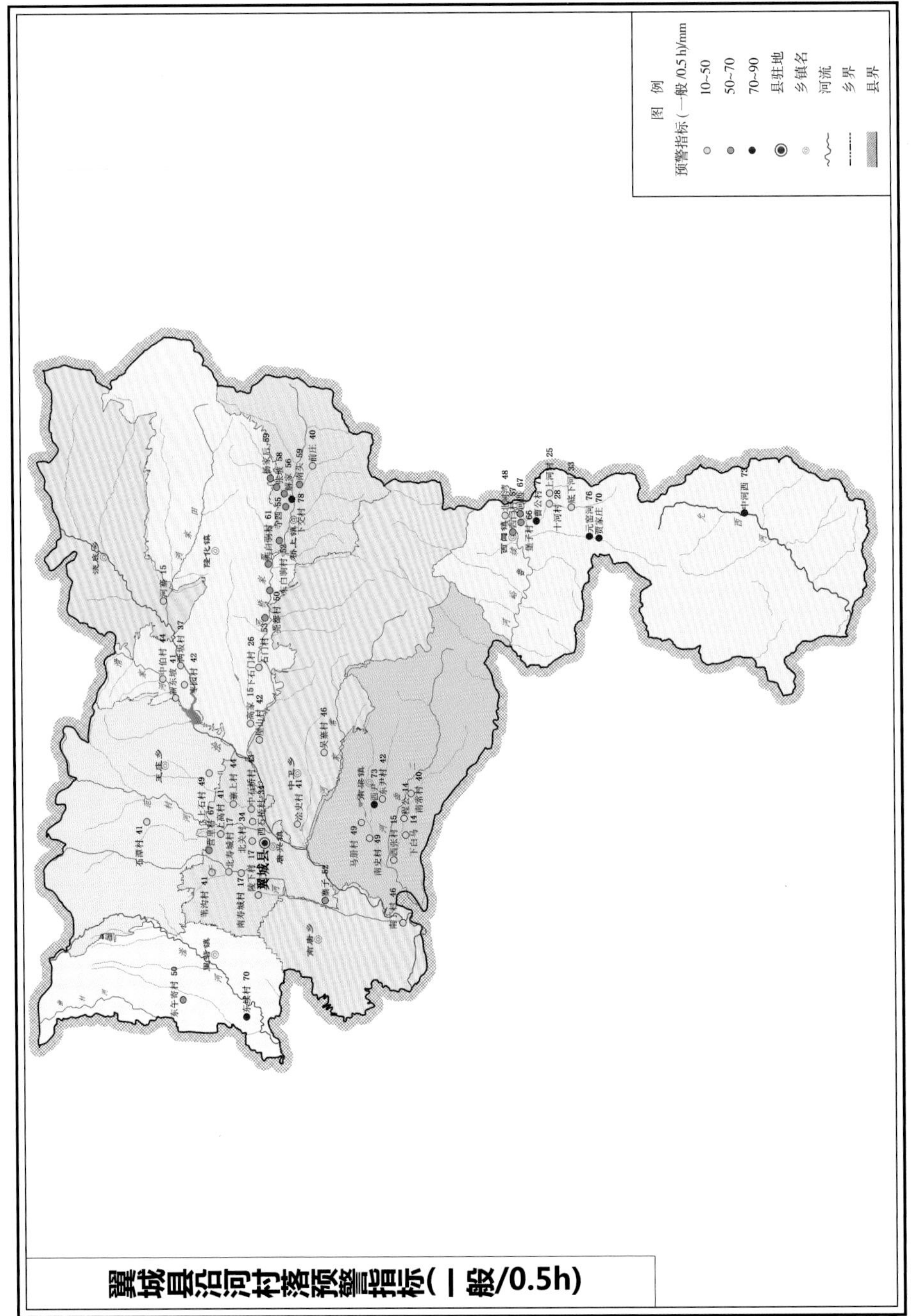

附图 4-32　翼城县沿河村落预警指标分布图(一般/0.5 h)

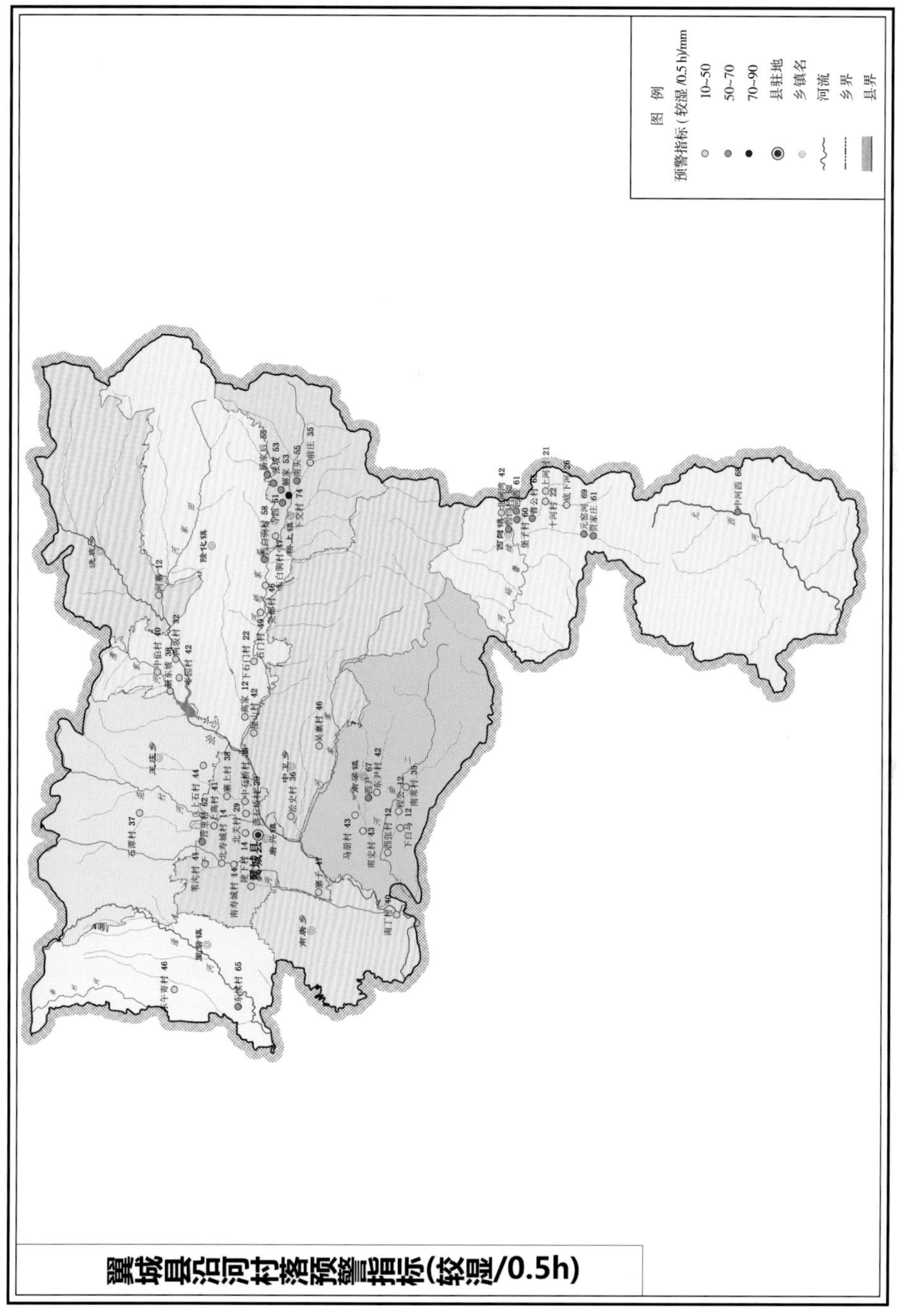

附图 4-33　翼城县沿河村落预警指标分布图(较湿/0.5 h)

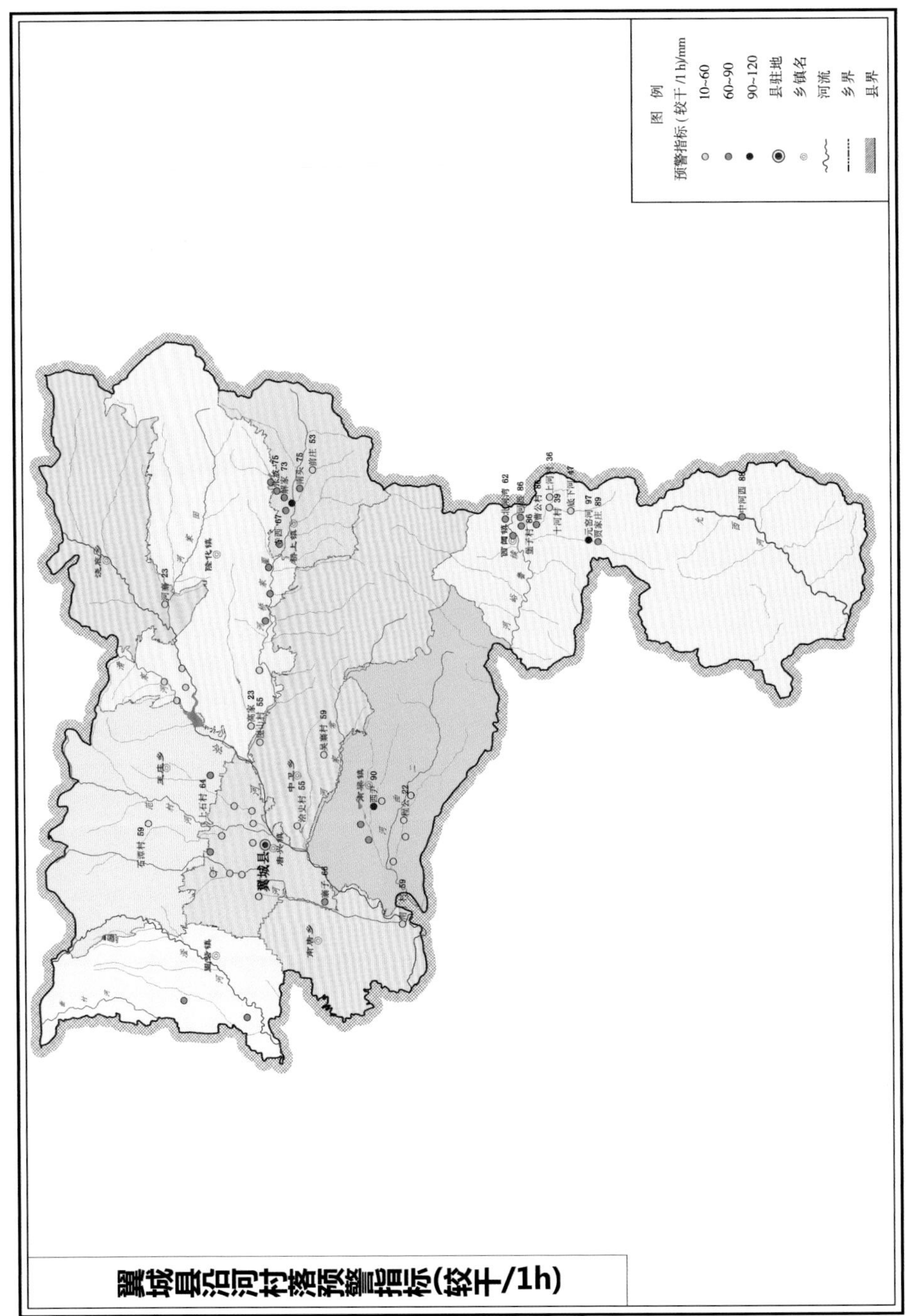

附图 4-34　翼城县沿河村落预警指标分布图(较干/1 h)

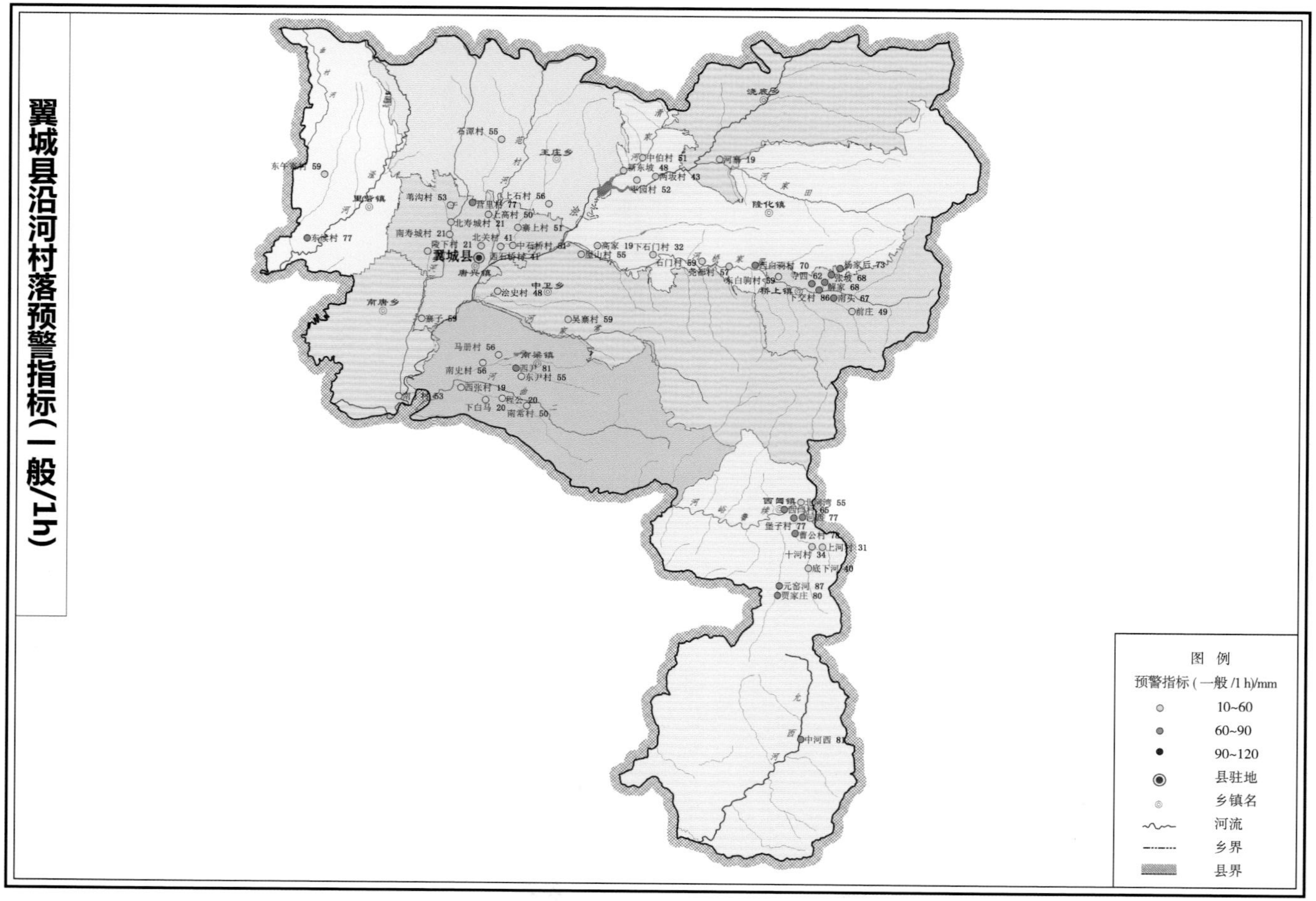

翼城县沿河村落预警指标(一般/1h)

图 例

预警指标(一般/1 h)/mm

10~60

60~90

90~120

县驻地

乡镇名

河流

乡界

县界

附图 4-35 翼城县沿河村落预警指标分布图(一般/1 h)

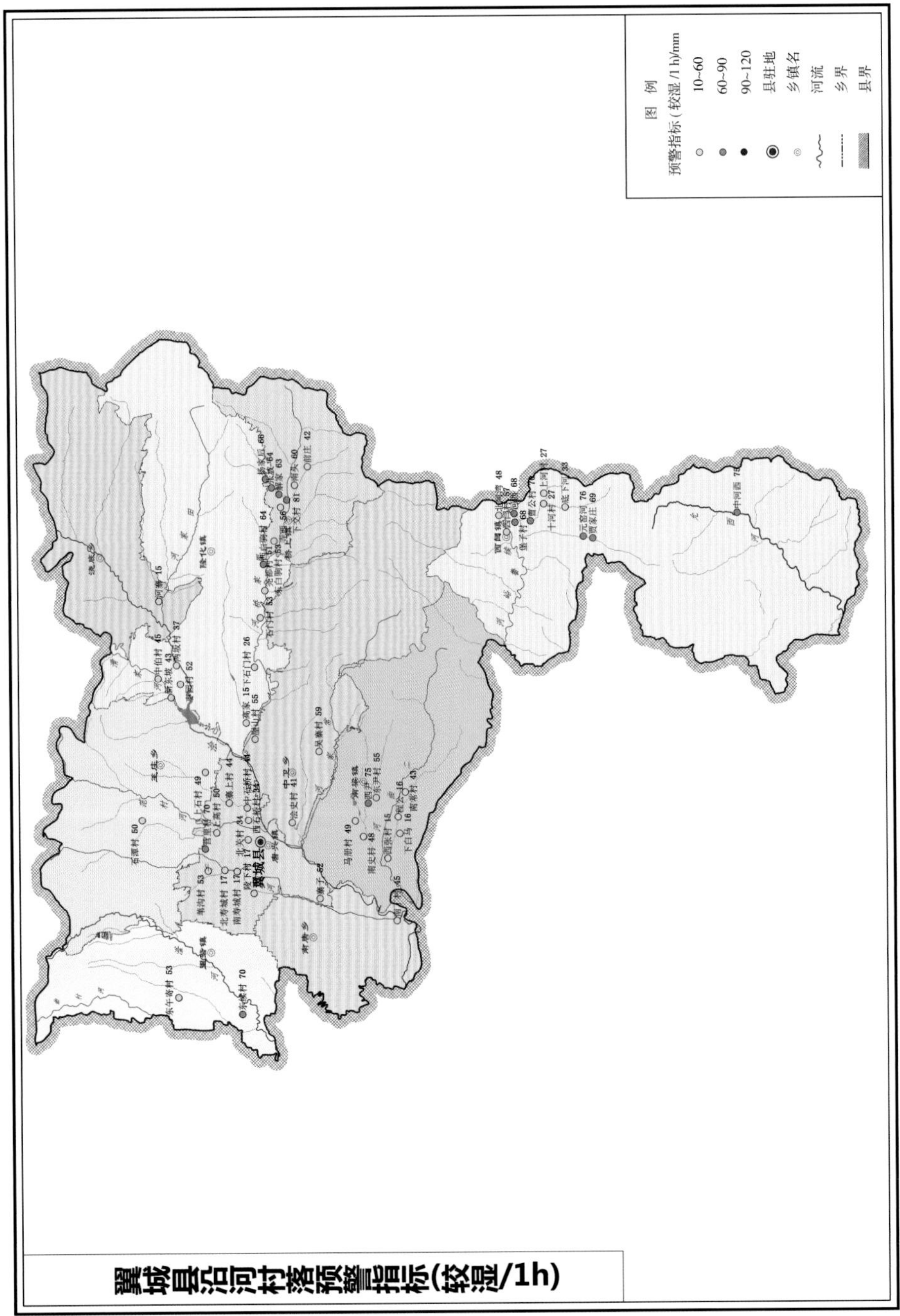

附图 4-36　翼城县沿河村落预警指标分布图(较湿/1 h)

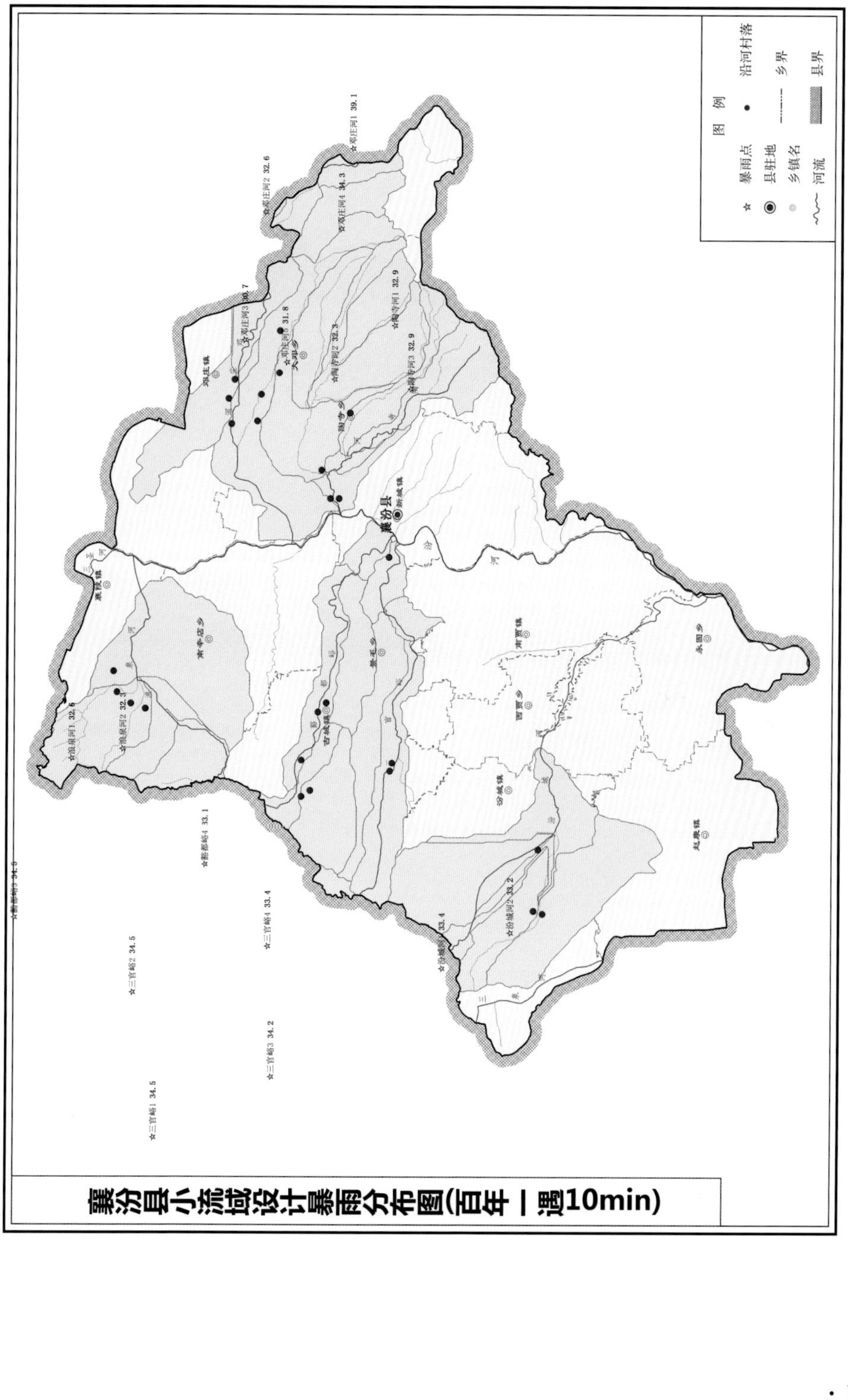

襄汾县小流域设计暴雨分布图(百年一遇10min)

附图 4-37 襄汾县沿河村落百年一遇 10 min 设计暴雨分布图

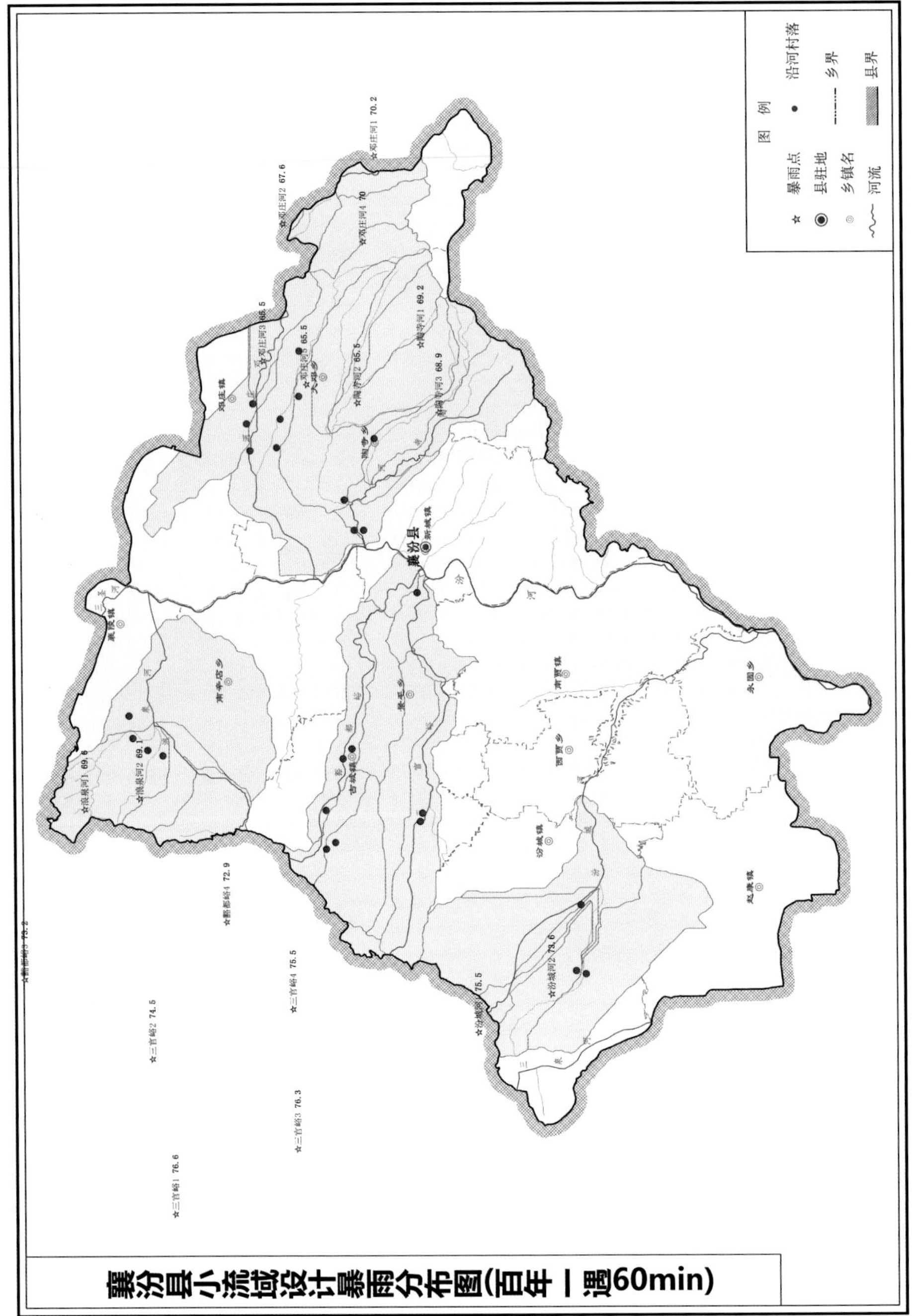

附图 4-38　襄汾县沿河村落百年一遇 60 min 设计暴雨分布图

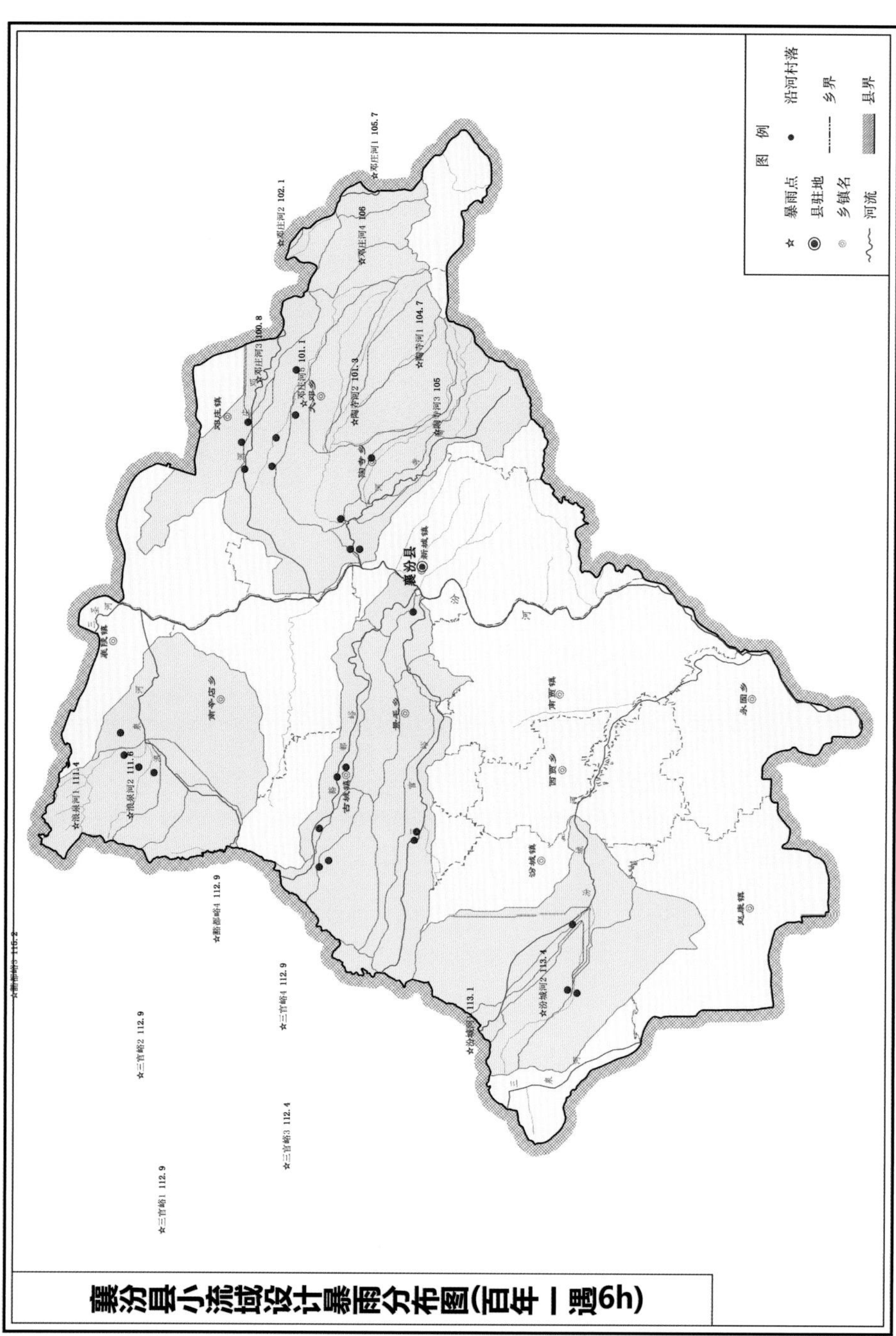

附图 4-39　襄汾县沿河村落百年一遇 6 h 设计暴雨分布图

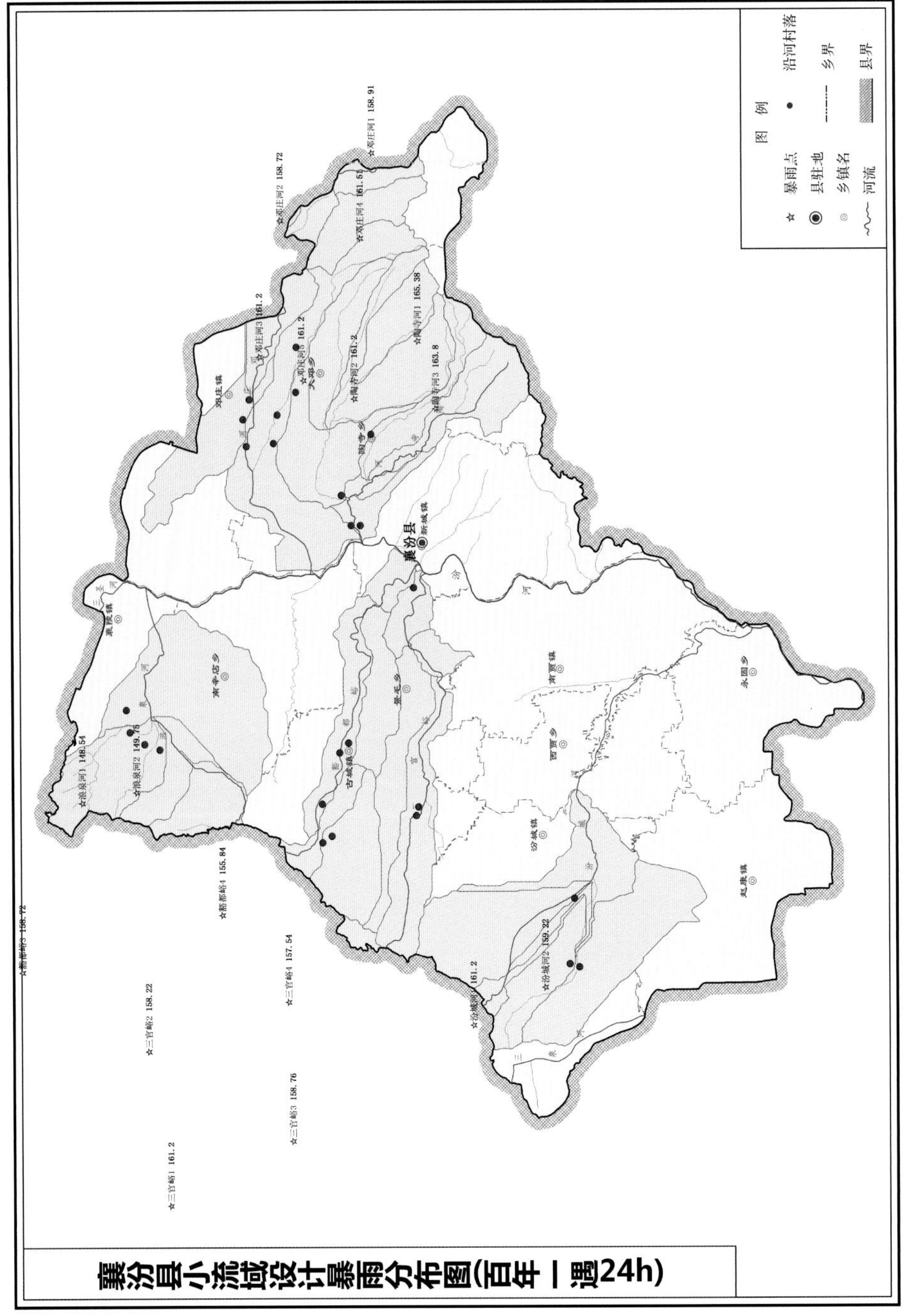

附图 4-40 襄汾县沿河村落百年一遇 24 h 设计暴雨分布图

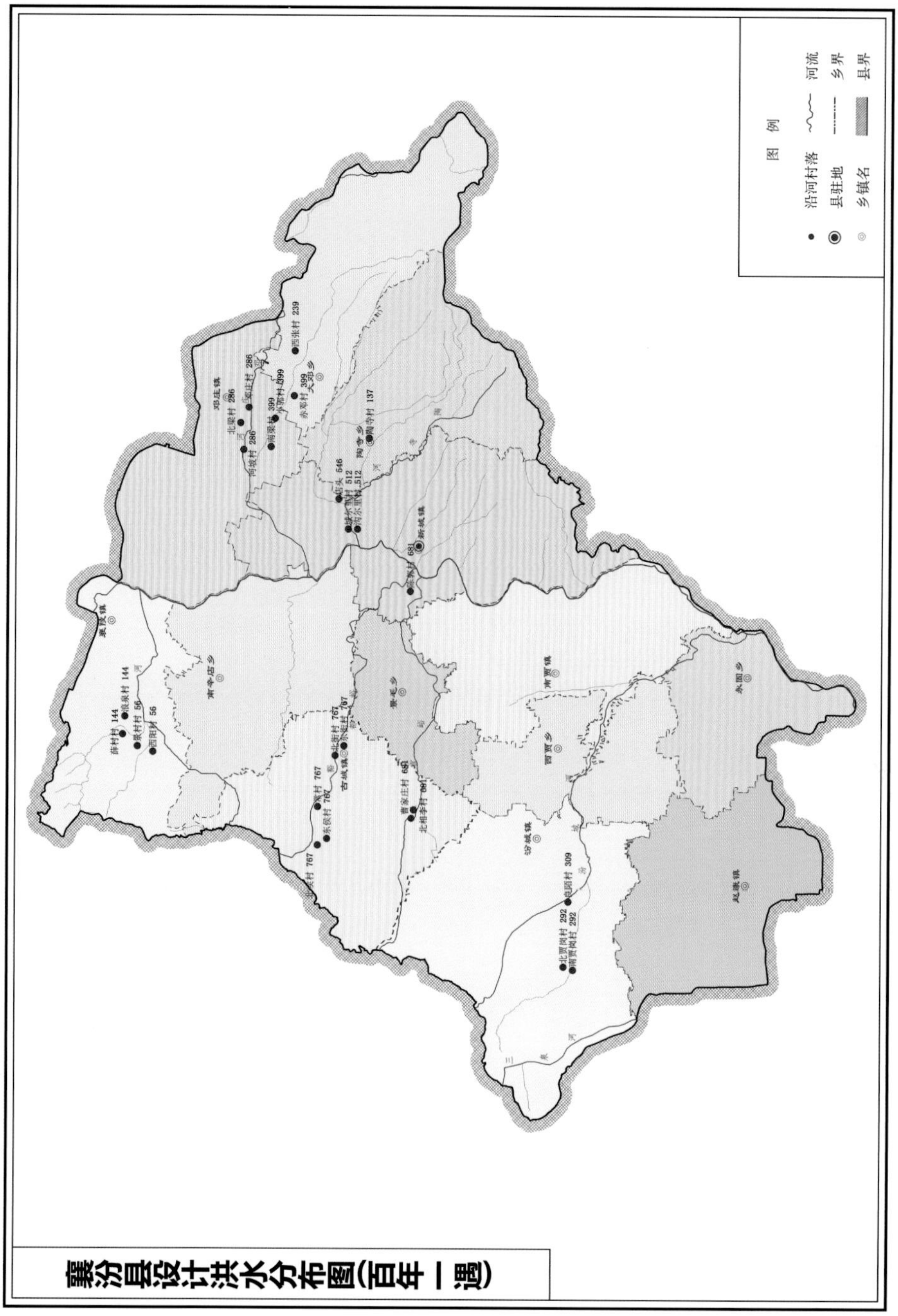

襄汾县设计洪水分布图(百年一遇)

图 例

● 沿河村落　〰 河流

◉ 县驻地　---- 乡界

◎ 乡镇名　▓ 县界

附图 4-41　襄汾县沿河村落百年一遇设计洪水分布图

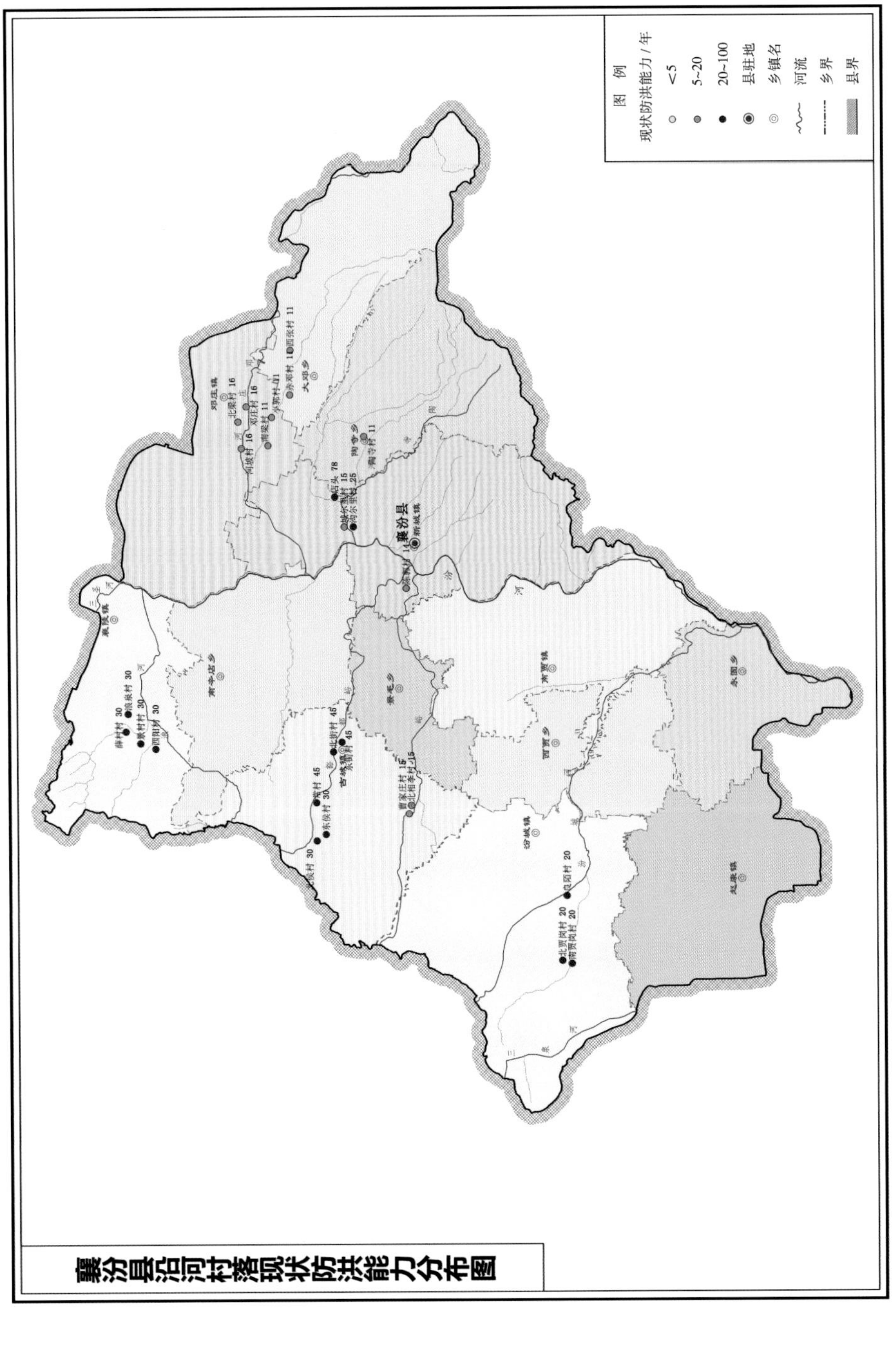

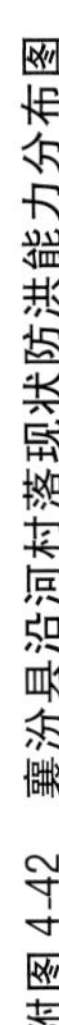

附图 4-42 襄汾县沿河村落现状防洪能力分布图

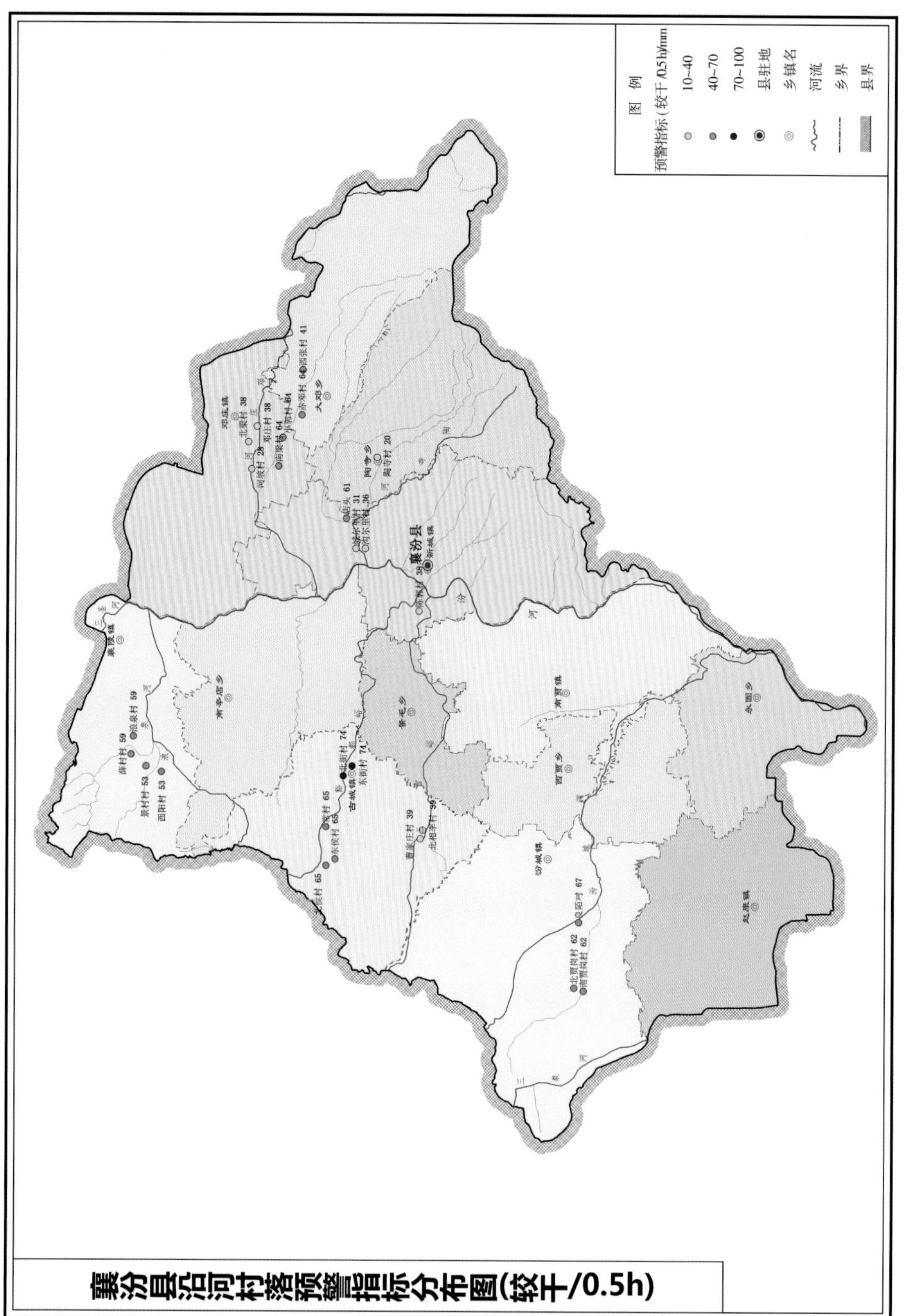

附图 4-43 襄汾县沿河村落预警指标分布图(较干/0.5 h)

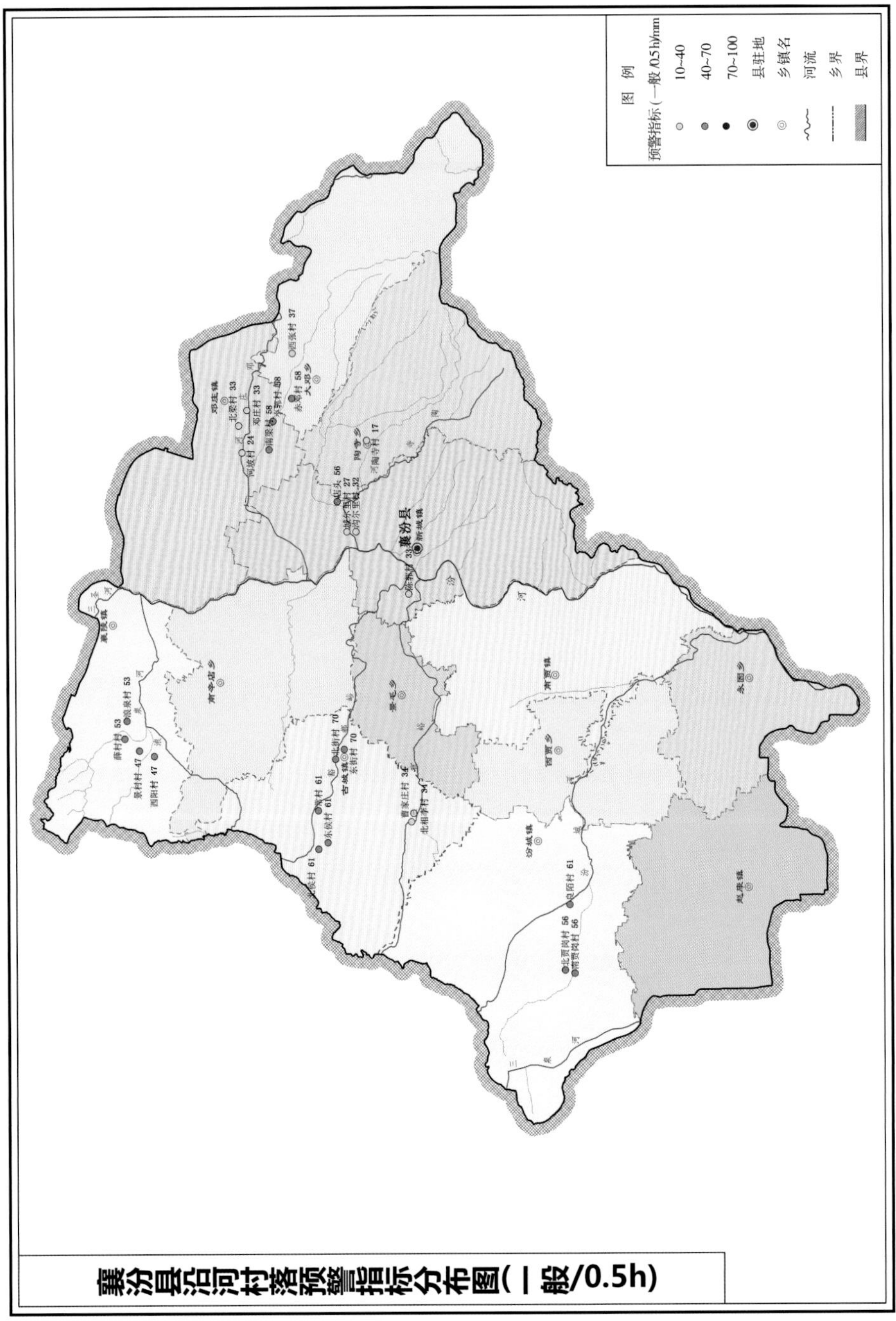

襄汾县沿河村落预警指标分布图(一般/0.5h)

附图 4-44　襄汾县沿河村落预警指标分布图（一般/0.5 h）

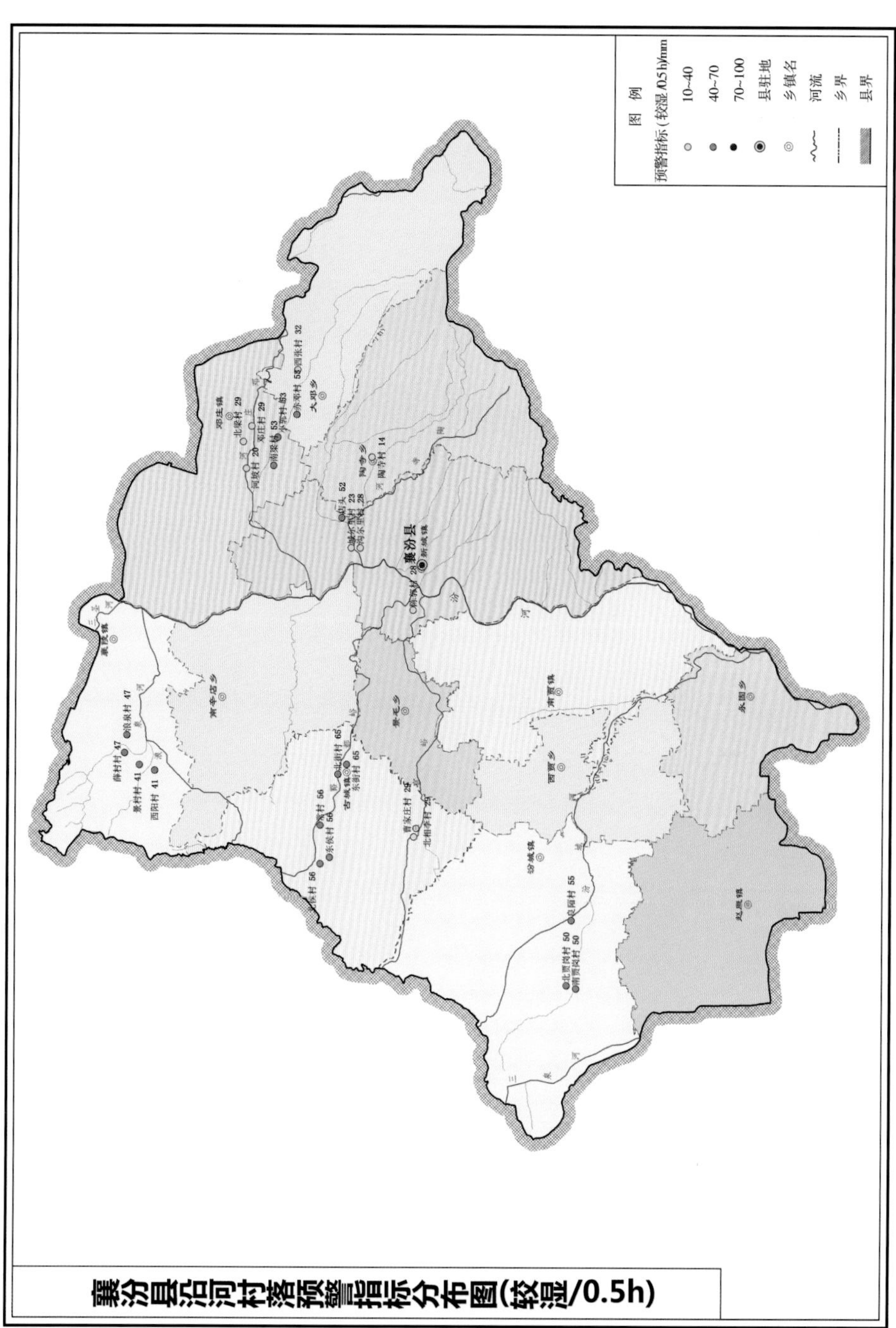

附图 4-45 襄汾县沿河村落预警指标分布图(较湿/0.5 h)

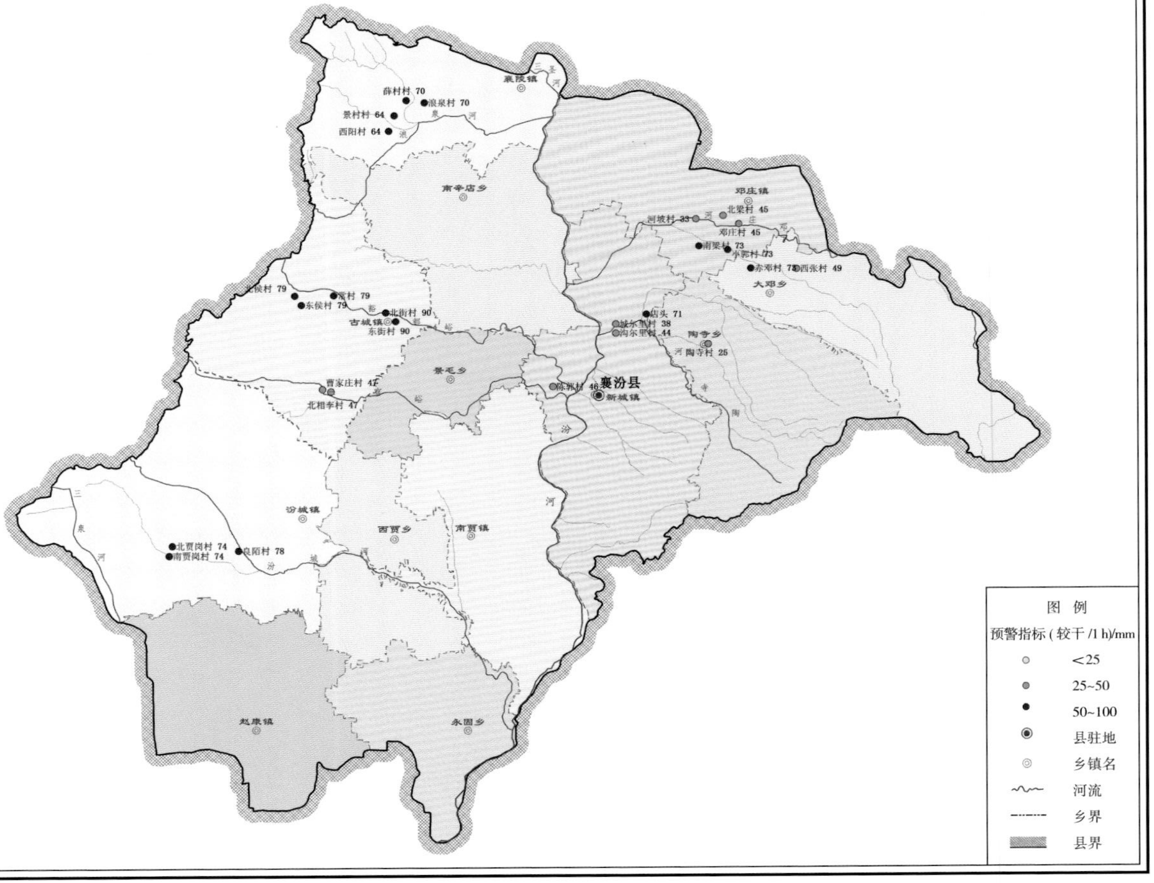

附图 4-46 襄汾县沿河村落预警指标分布图(较干/1 h)

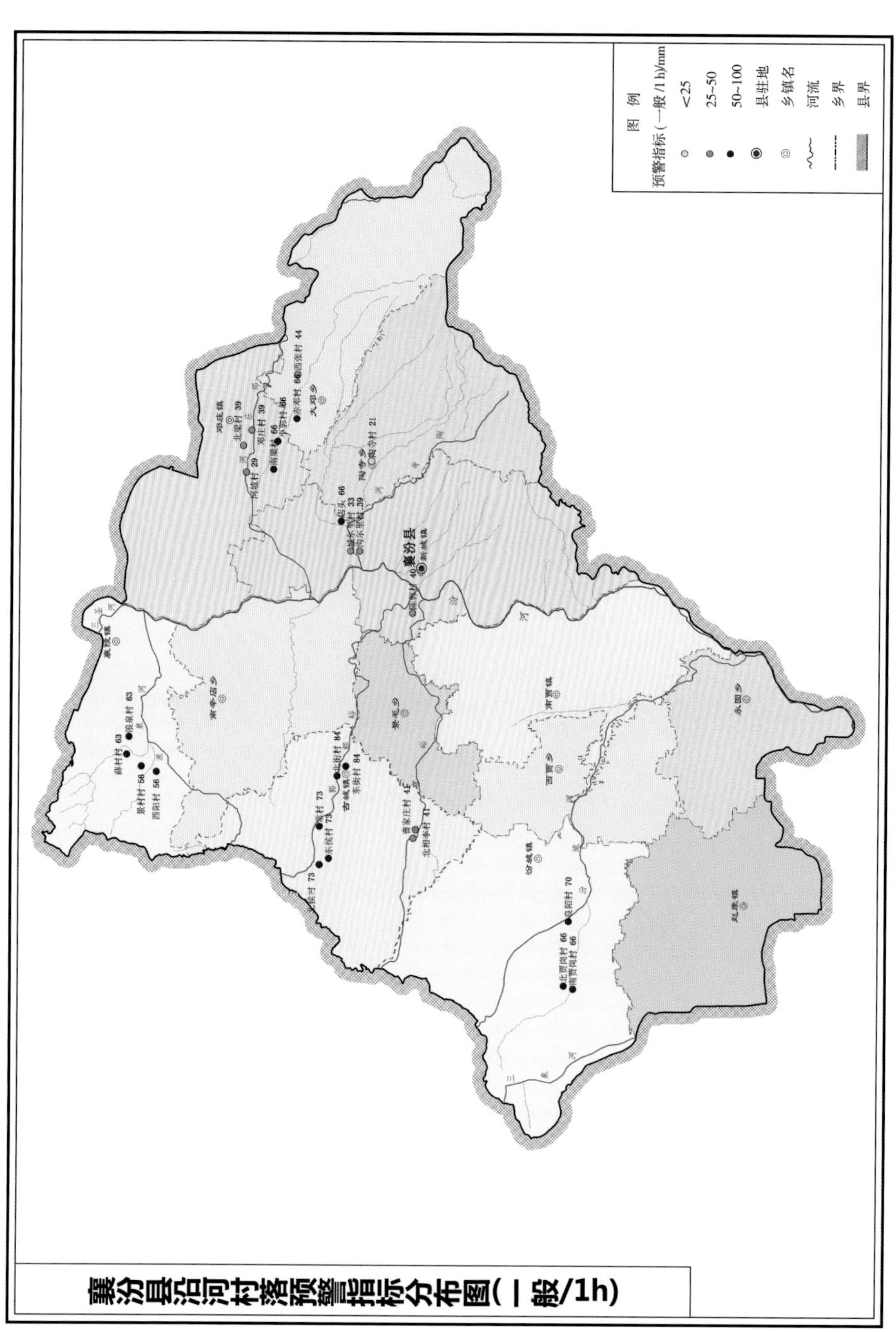

附图 4-47 襄汾县沿河村落预警指标分布图(一般/1 h)

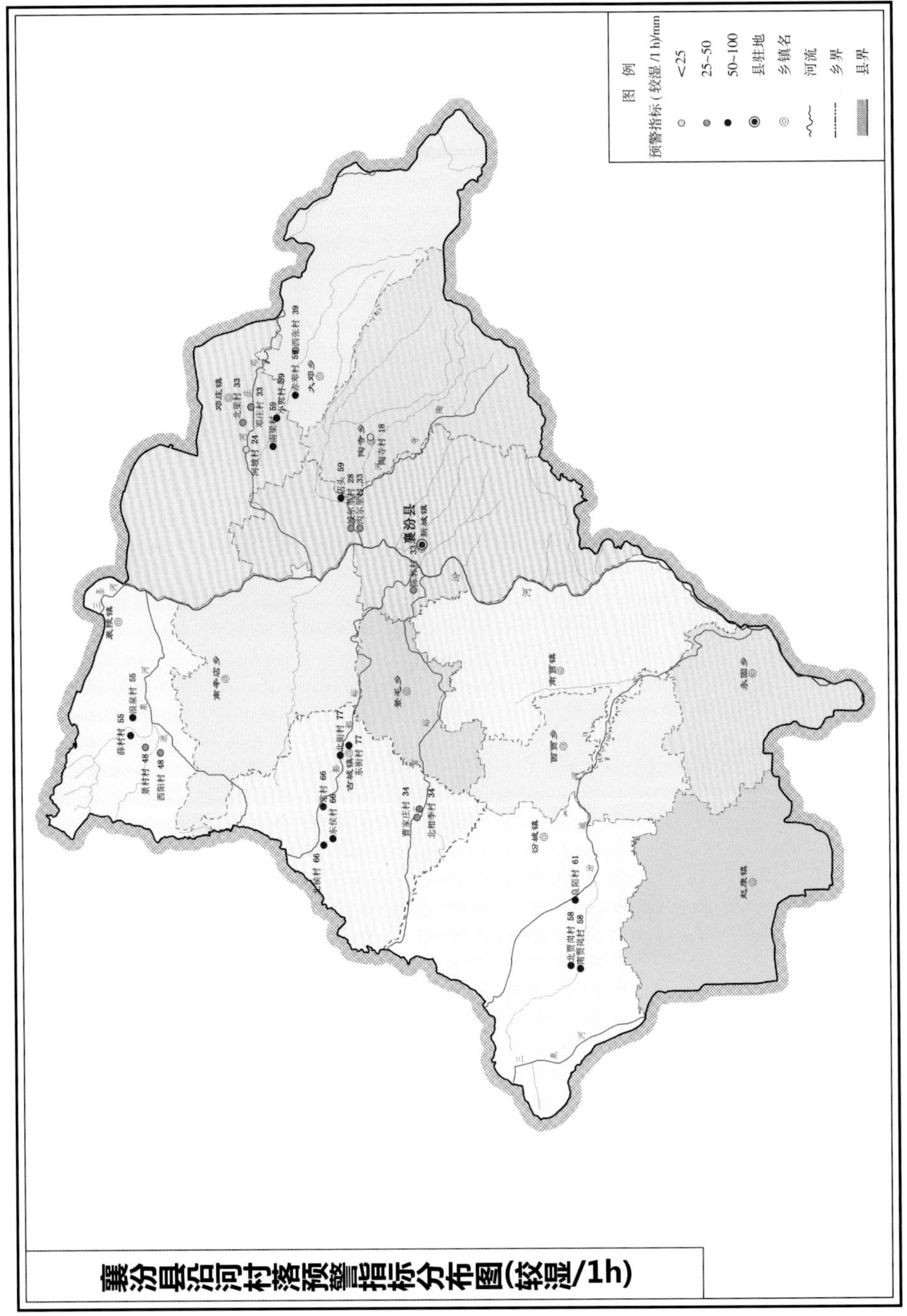

附图 4-48　襄汾县沿河村落预警指标分布图(较湿/1 h)

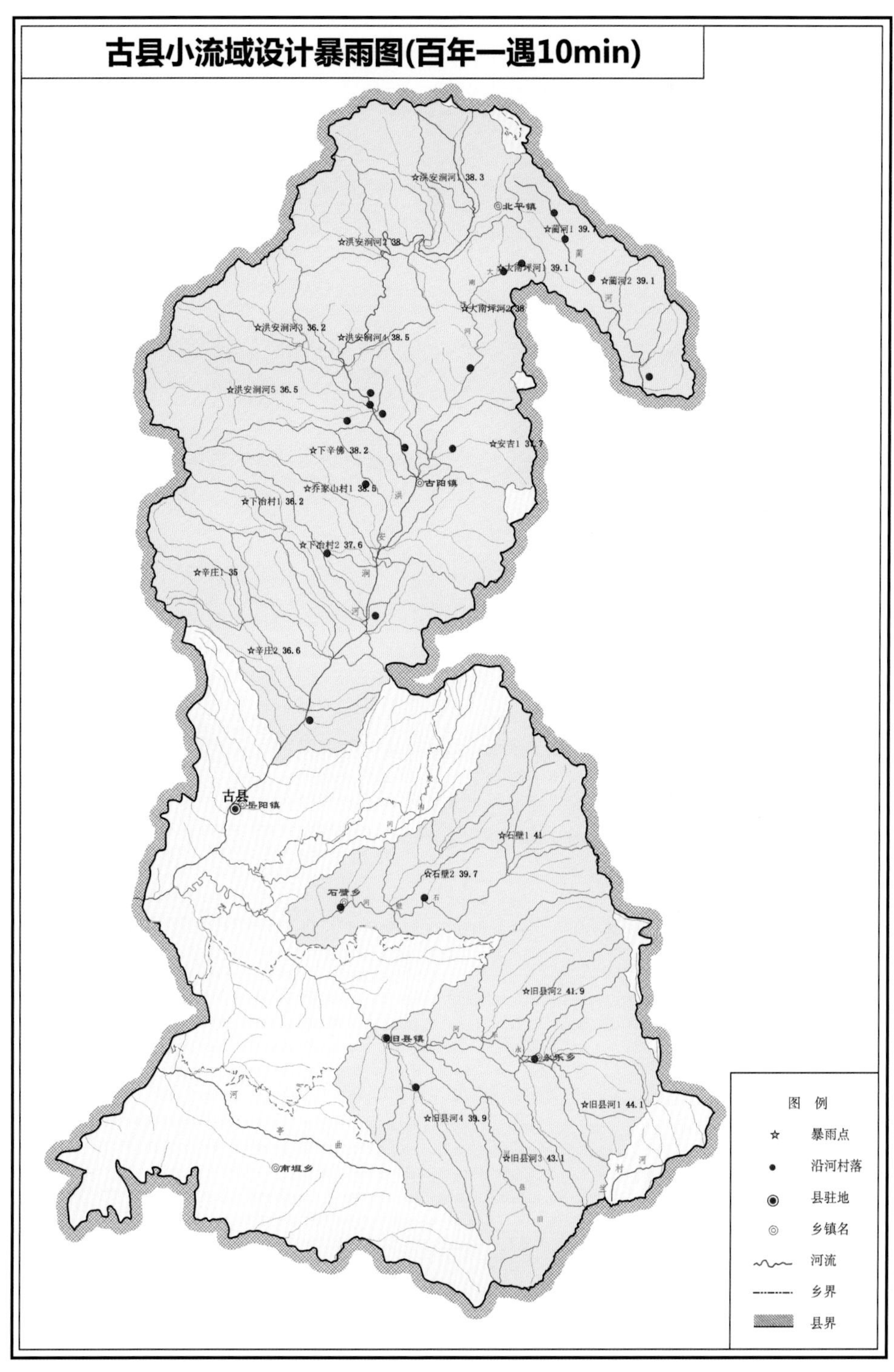

附图 4-49 古县沿河村落百年一遇 10 min 设计暴雨分布图

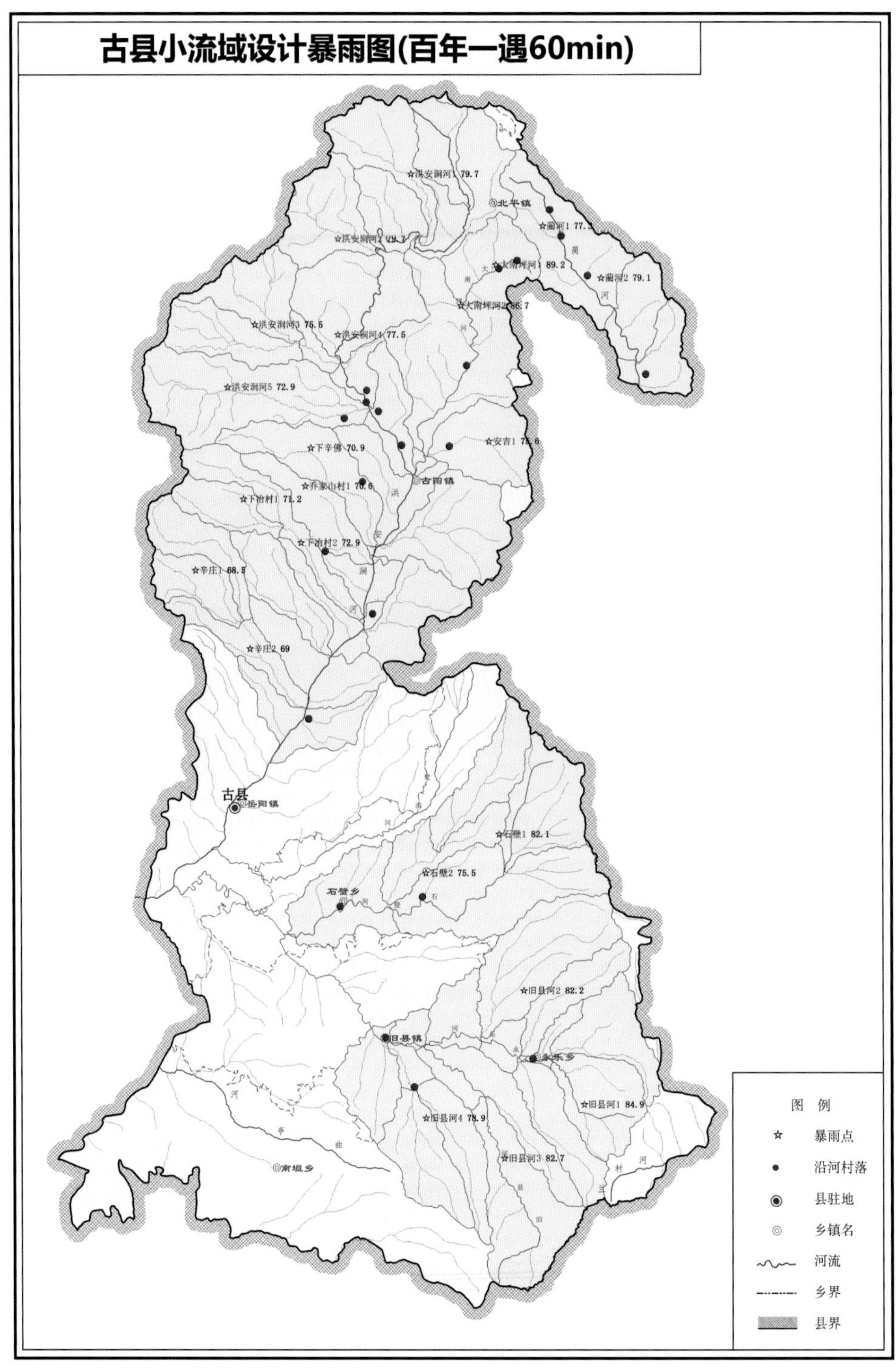

附图 4-50　古县沿河村落百年一遇 60 min 设计暴雨分布图

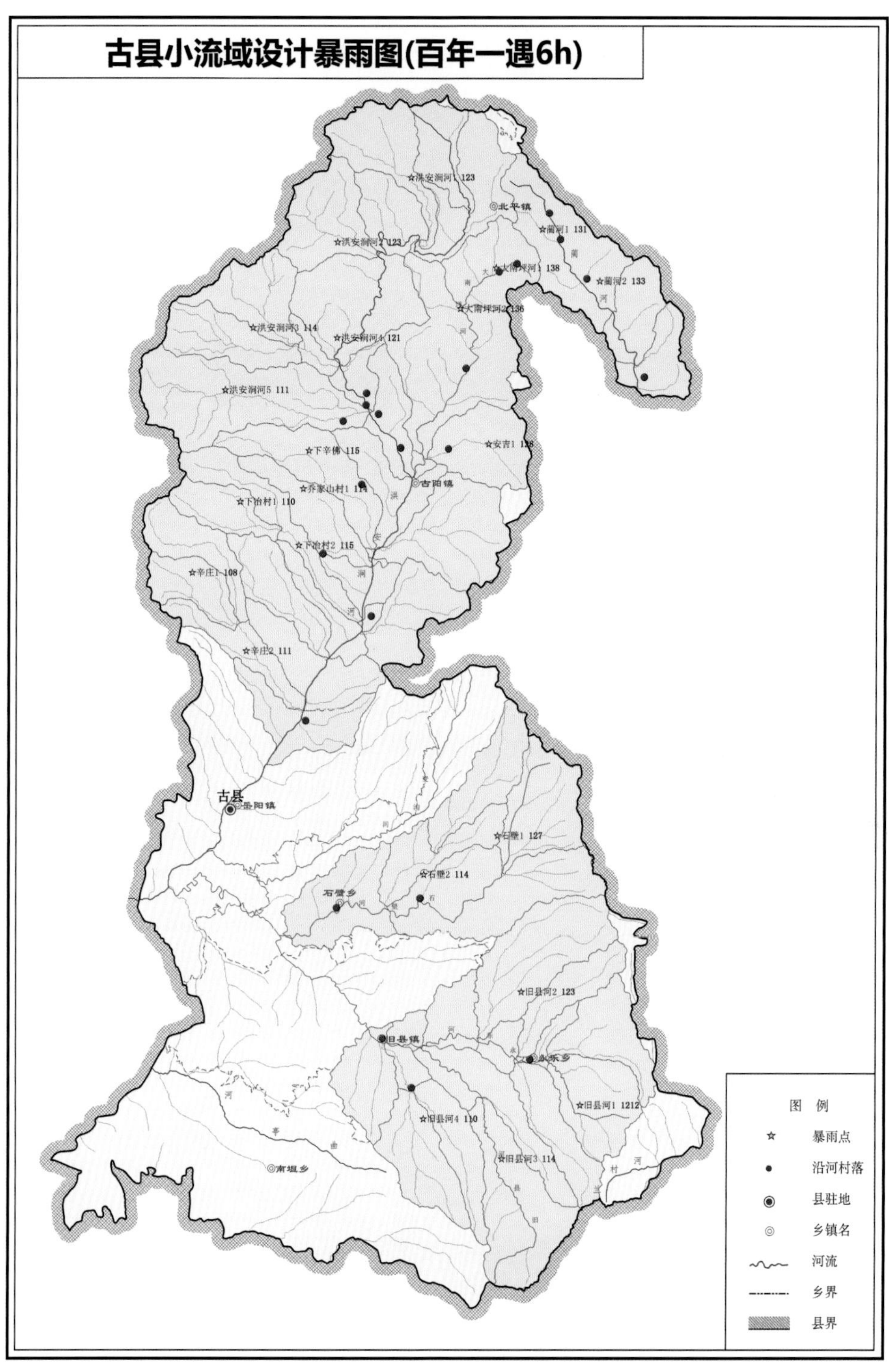

附图 4-51　古县沿河村落百年一遇 6 h 设计暴雨分布图

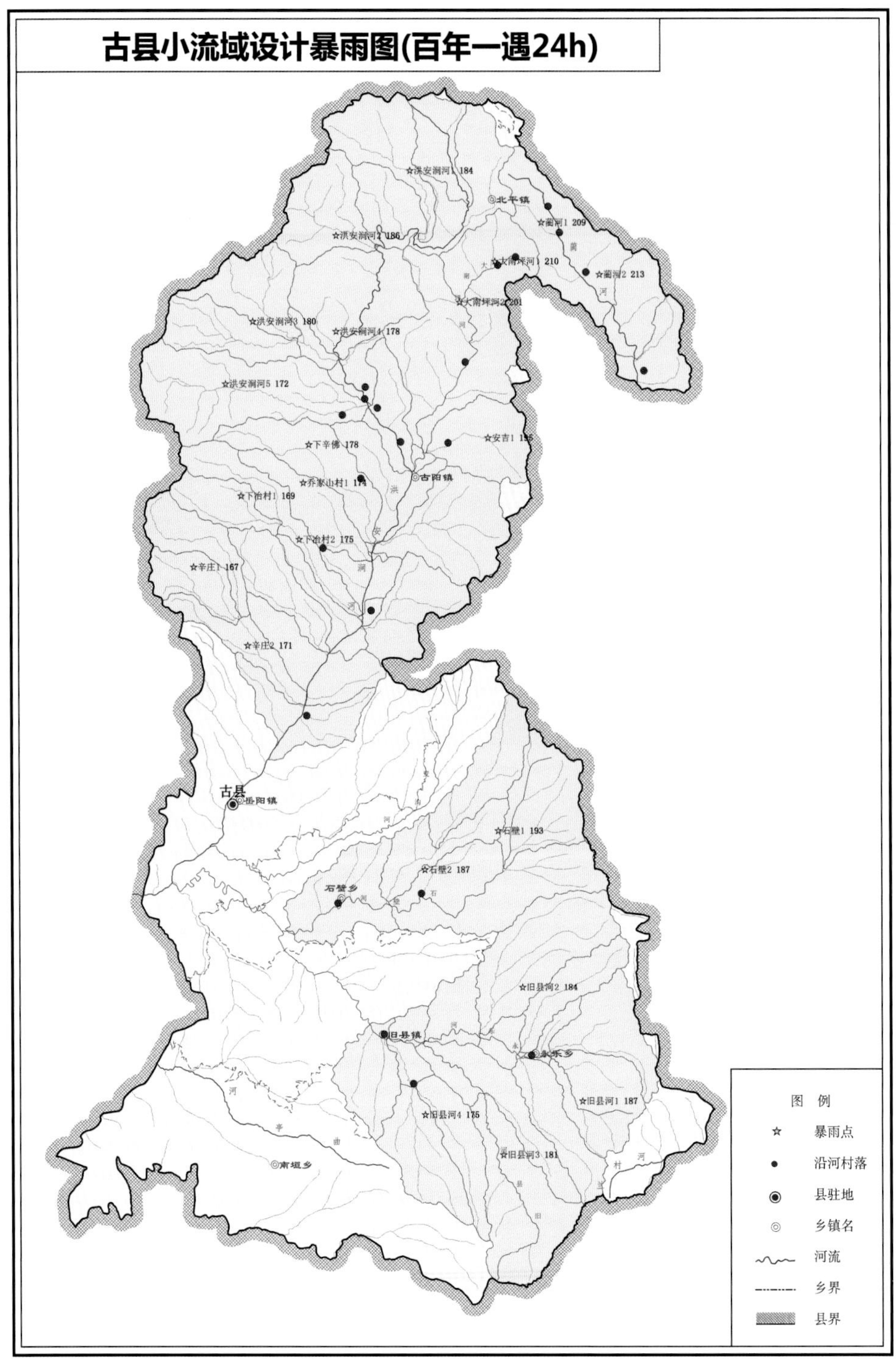

附图 4-52　古县沿河村落百年一遇 24 h 设计暴雨分布图

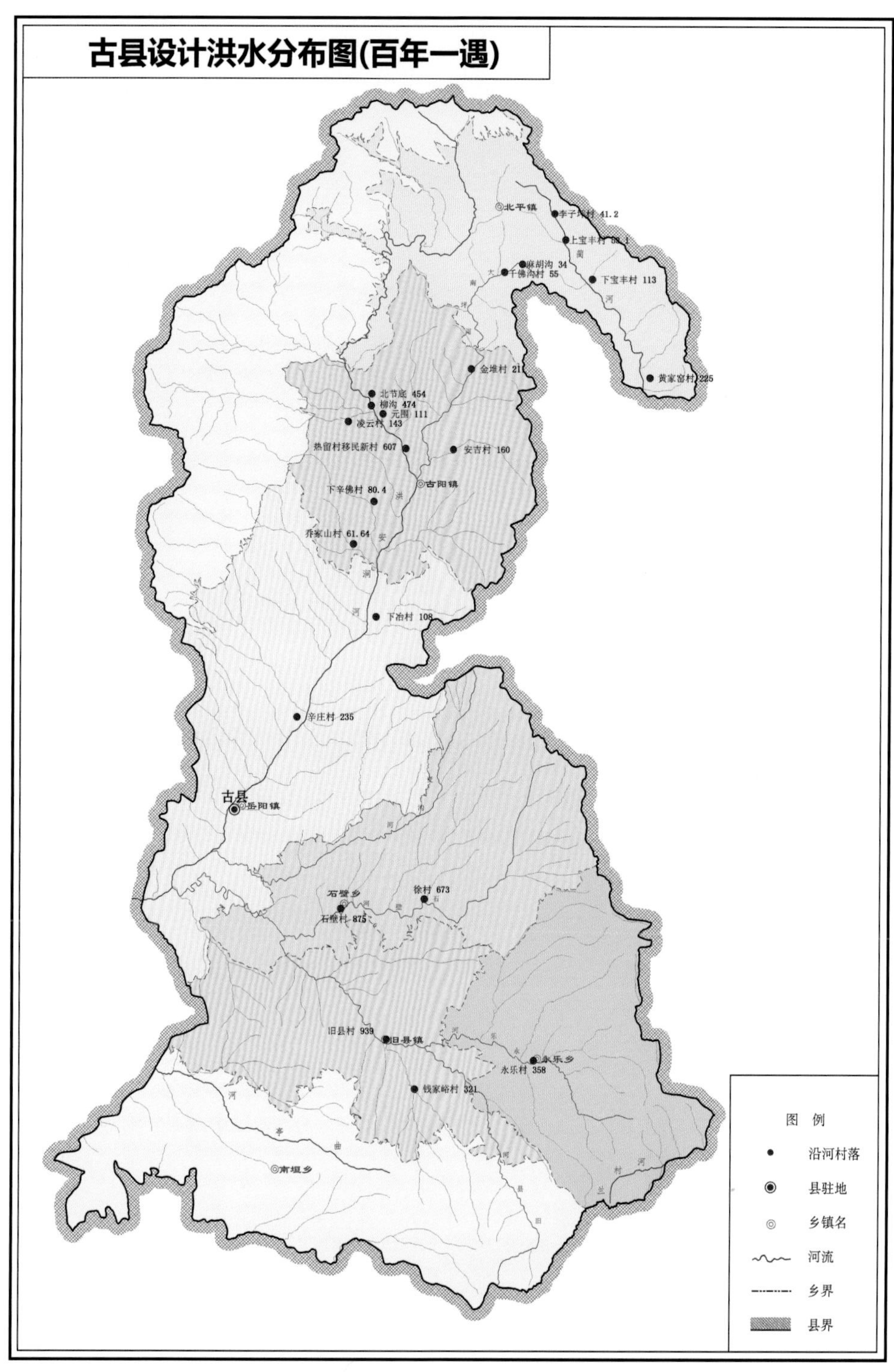

附图 4-53　古县沿河村落百年一遇设计洪水分布图

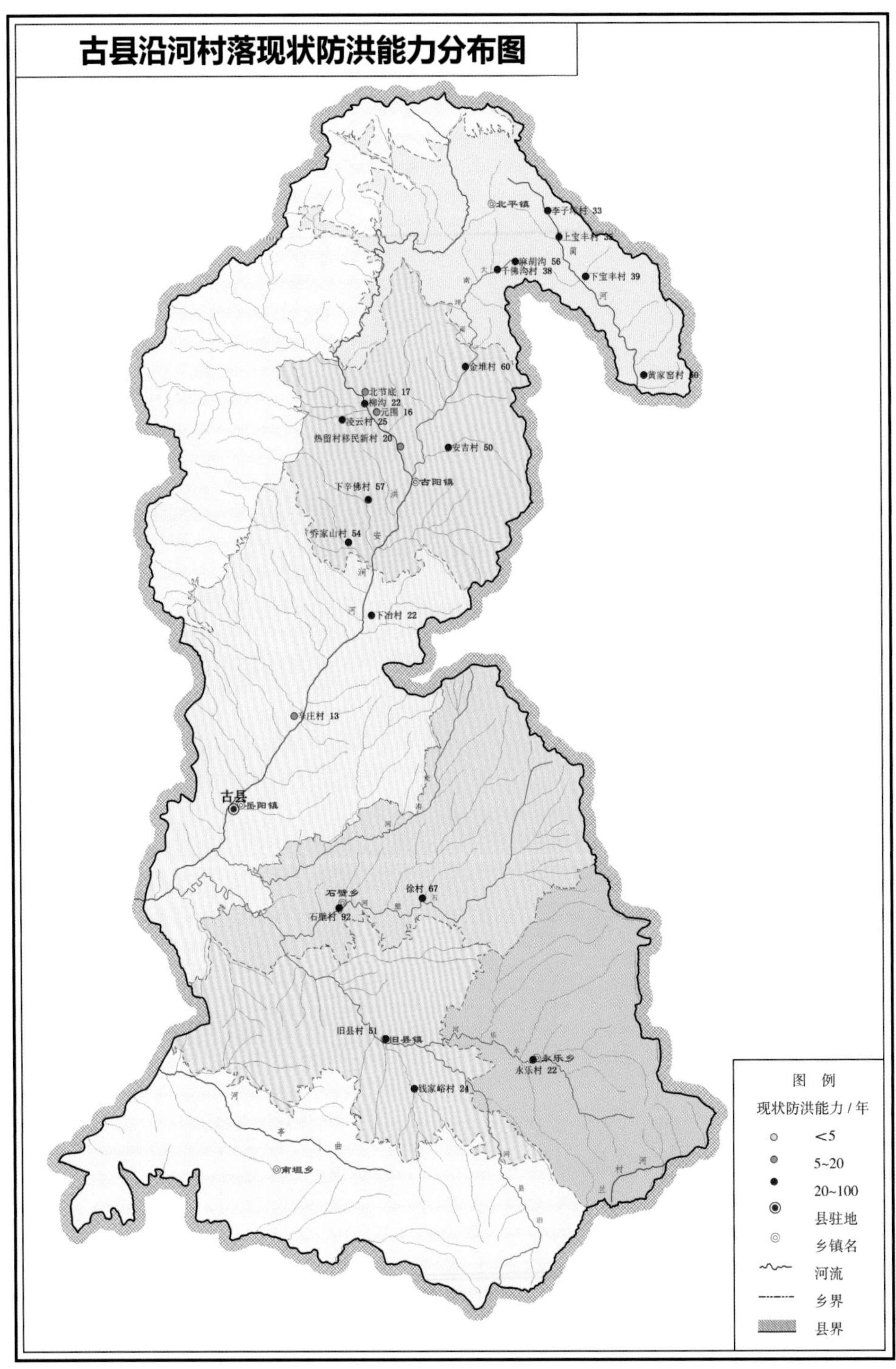

附图 4-54　古县沿河村落现状防洪能力分布图

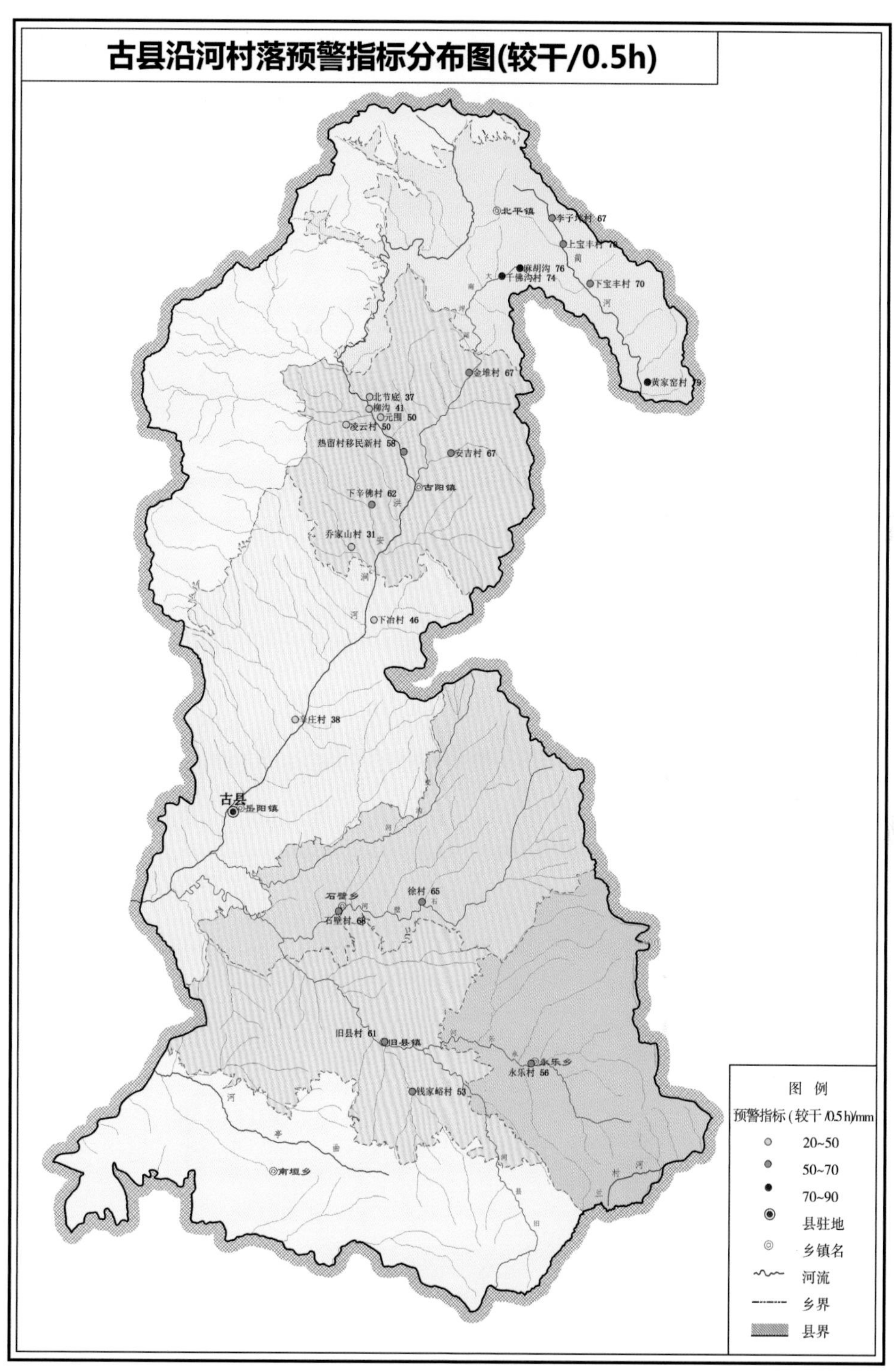

附图 4-55　古县沿河村落预警指标分布图(较干/0.5 h)

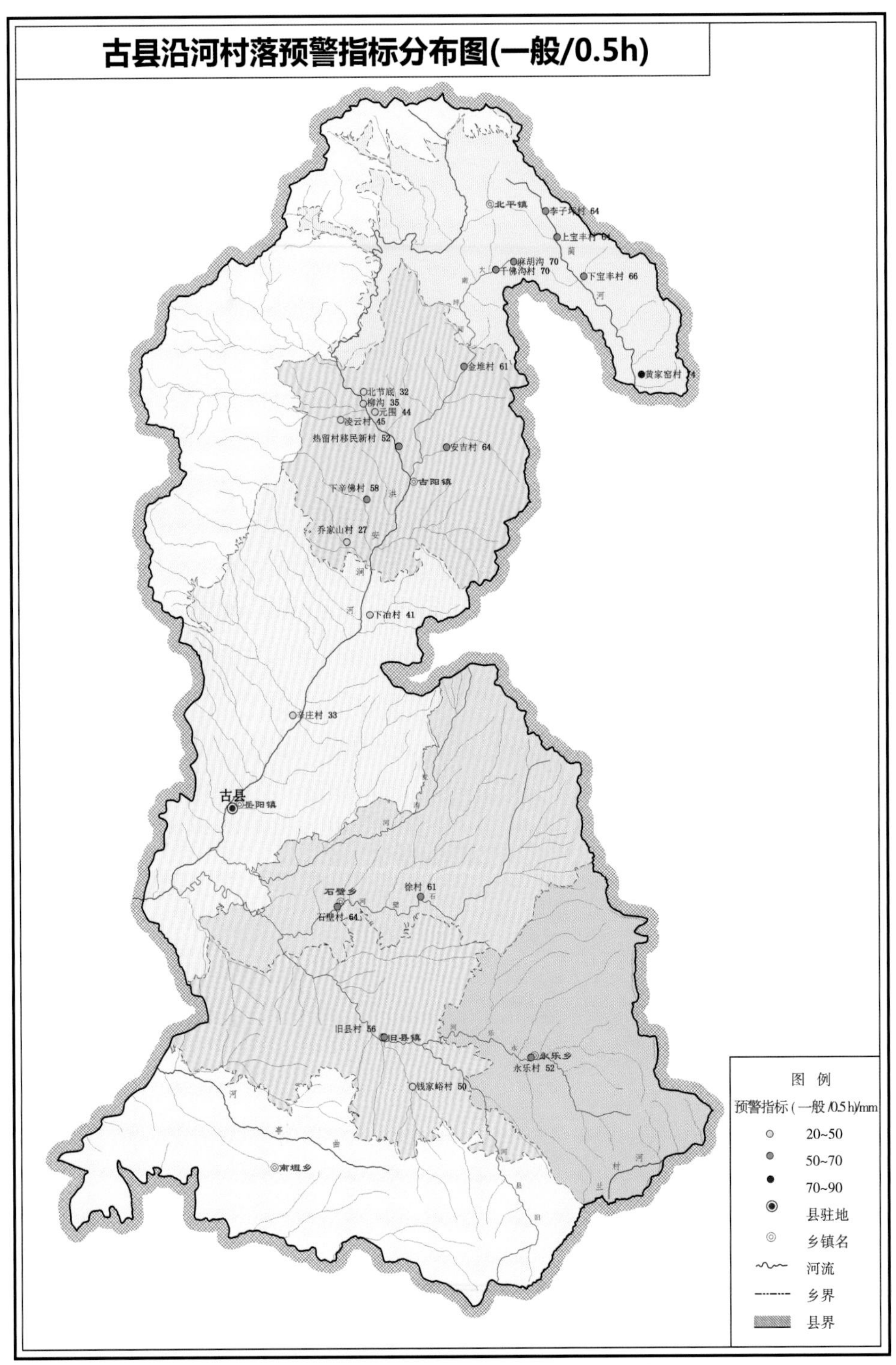

附图 4-56　古县沿河村落预警指标分布图(一般/0.5 h)

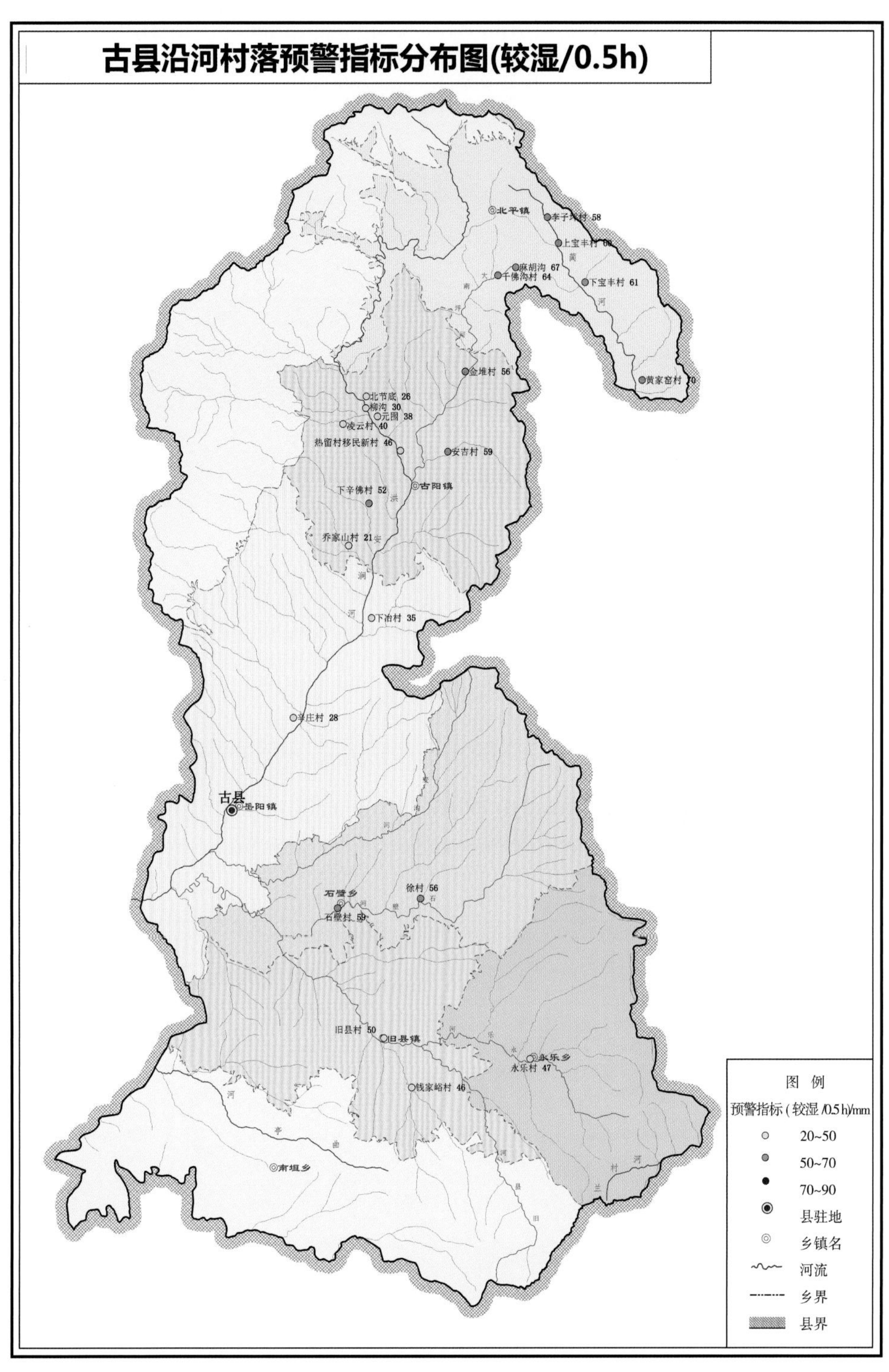

附图 4-57 古县沿河村落预警指标分布图(较湿/0.5 h)

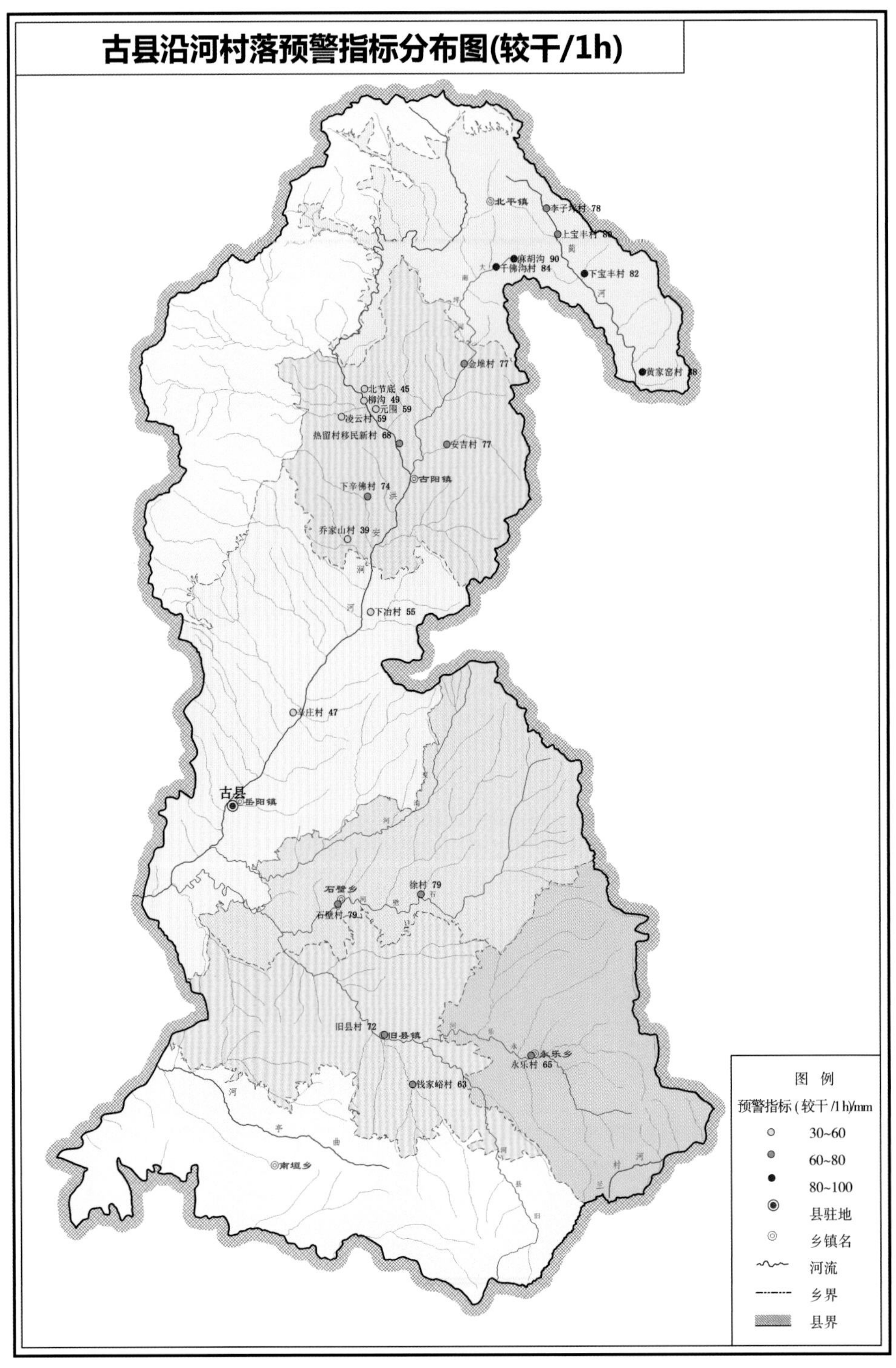

附图 4-58　古县沿河村落预警指标分布图(较干/1 h)

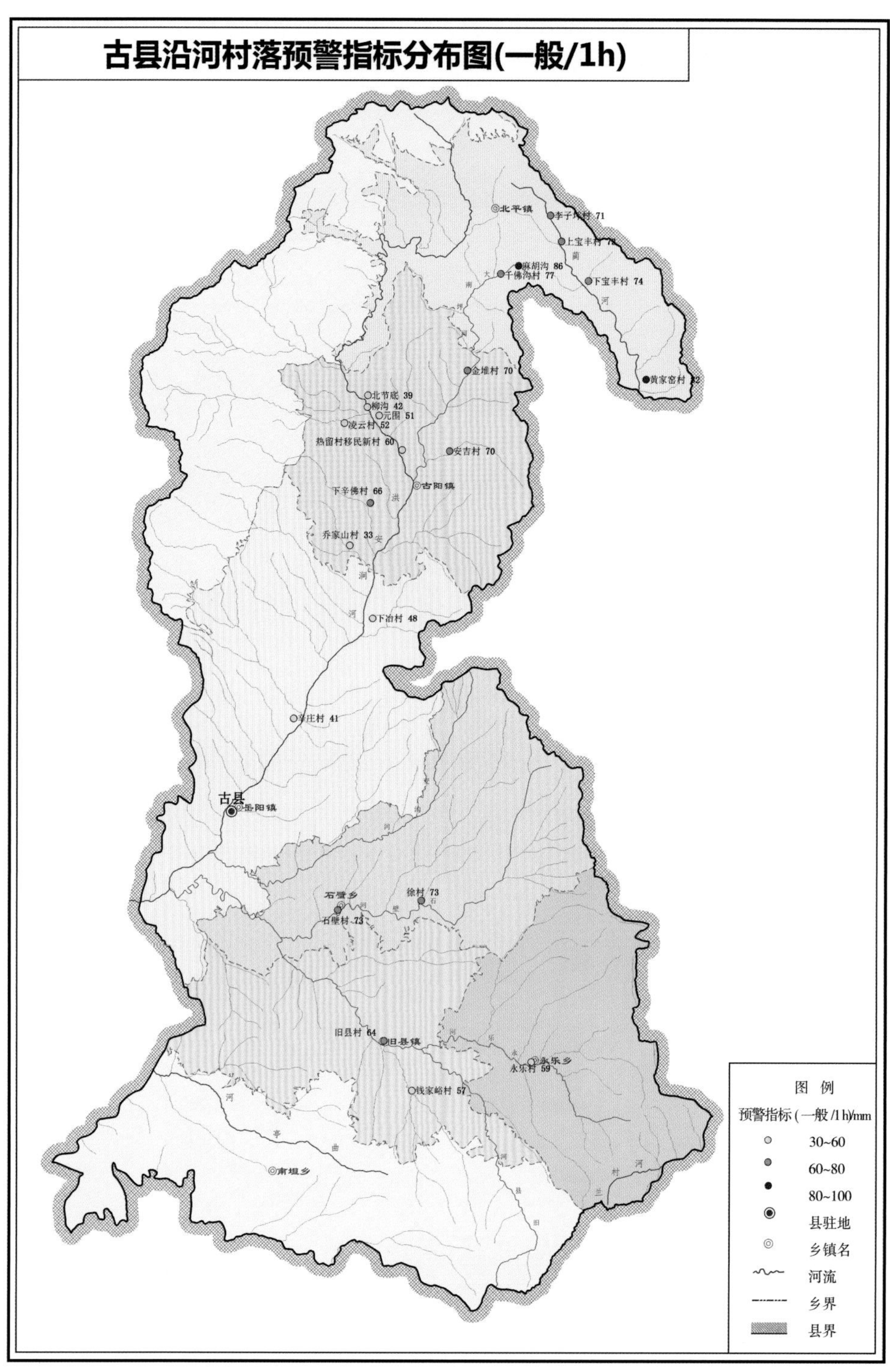

附图 4-59　古县沿河村落预警指标分布图(一般/1 h)

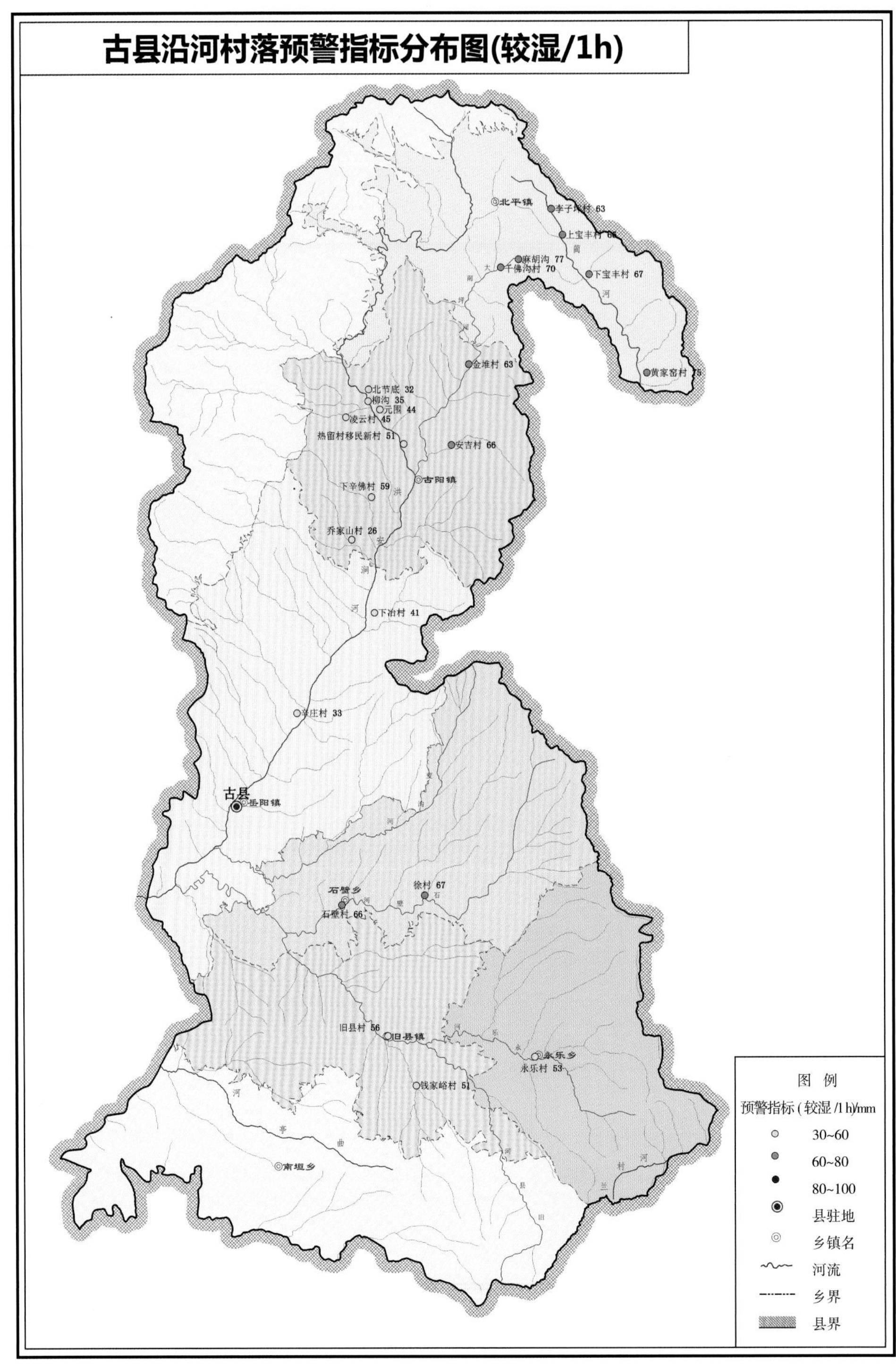

附图 4-60　古县沿河村落预警指标分布图(较湿/1 h)

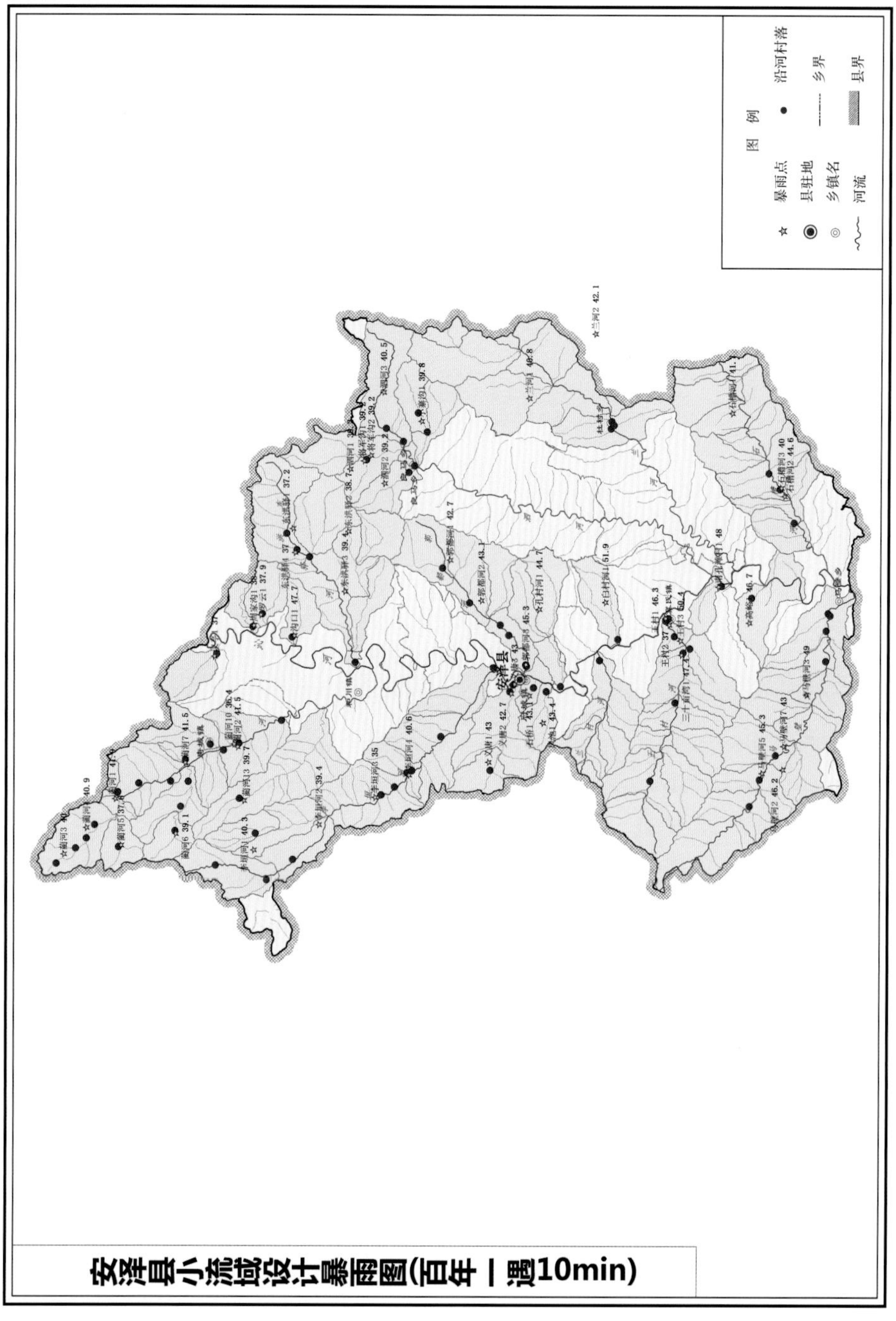

安泽县小流域设计暴雨图(百年一遇10min)

图 例

☆ 暴雨点 ● 沿河村落
◉ 县驻地 —— 乡界
◎ 乡镇名 ▬ 县界
〰 河流

附图 4-61 安泽县沿河村落百年一遇 10 min 设计暴雨分布图

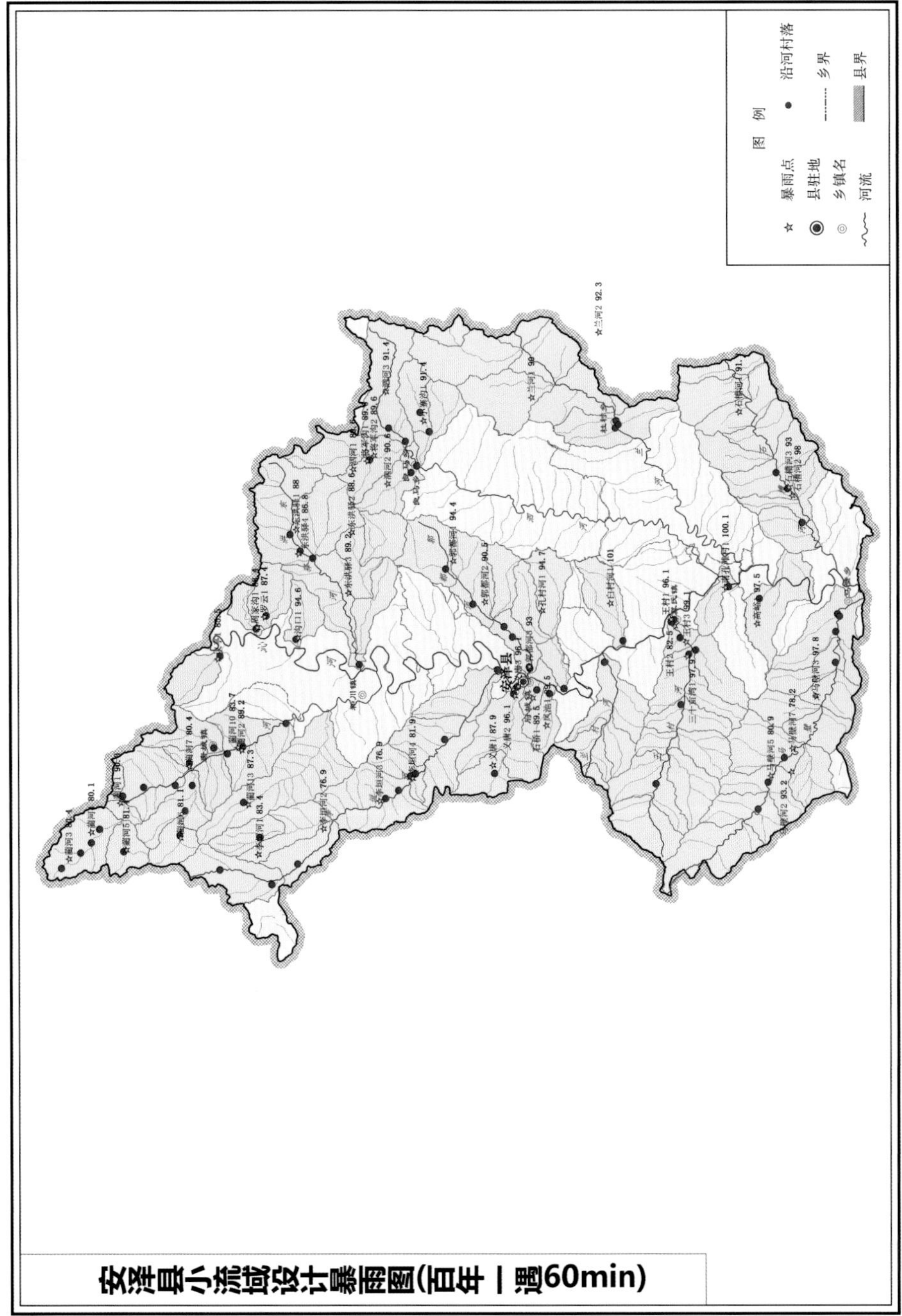

附图 4-62　安泽县沿河村落百年一遇 60 min 设计暴雨分布图

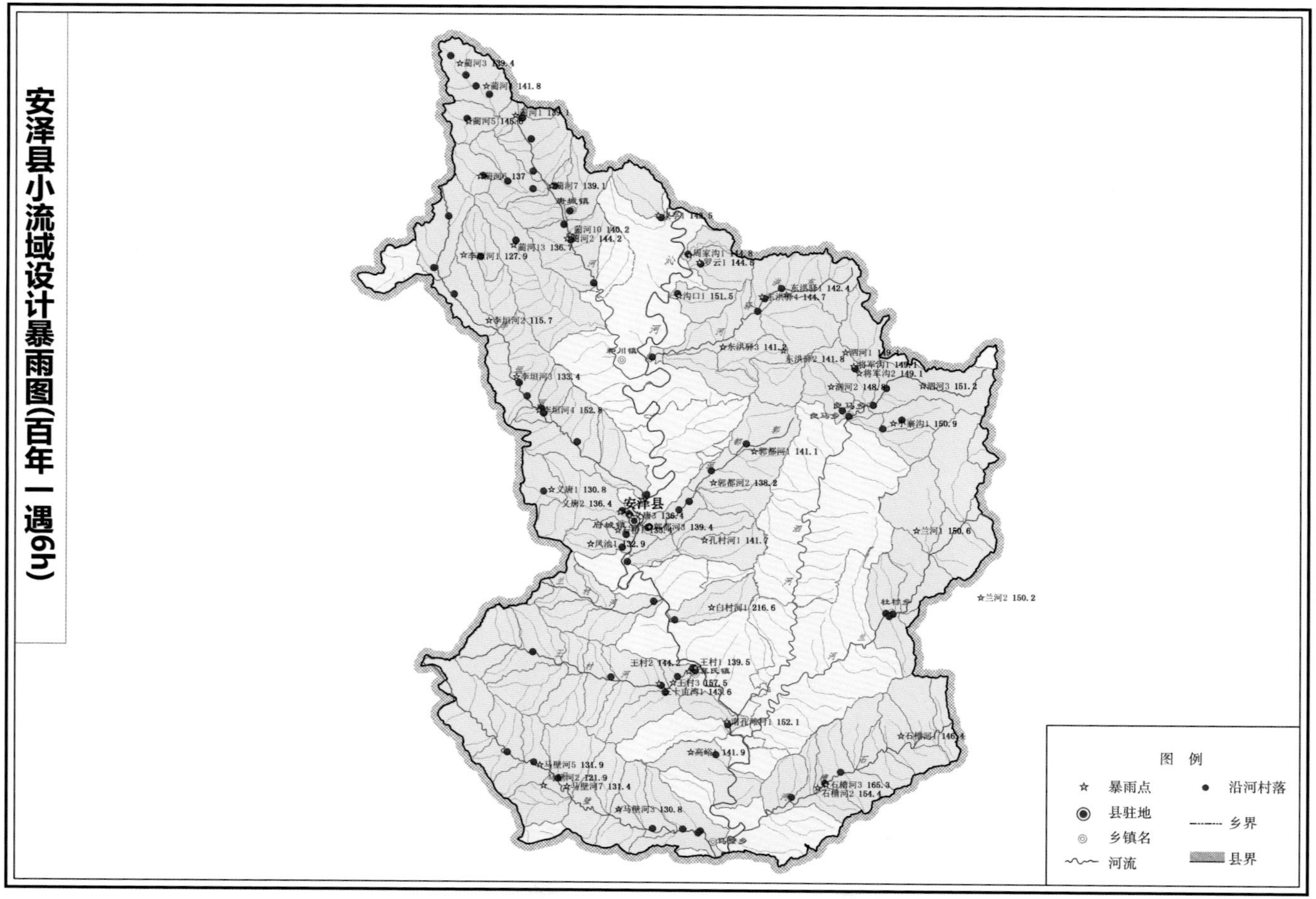

安泽县小流域设计暴雨图(百年一遇6h)

图 例

☆ 暴雨点 ● 沿河村落

◉ 县驻地 ------ 乡界

◎ 乡镇名 ▬ 县界

〰 河流

附图 4-63 安泽县沿河村落百年一遇 6 h 设计暴雨分布图

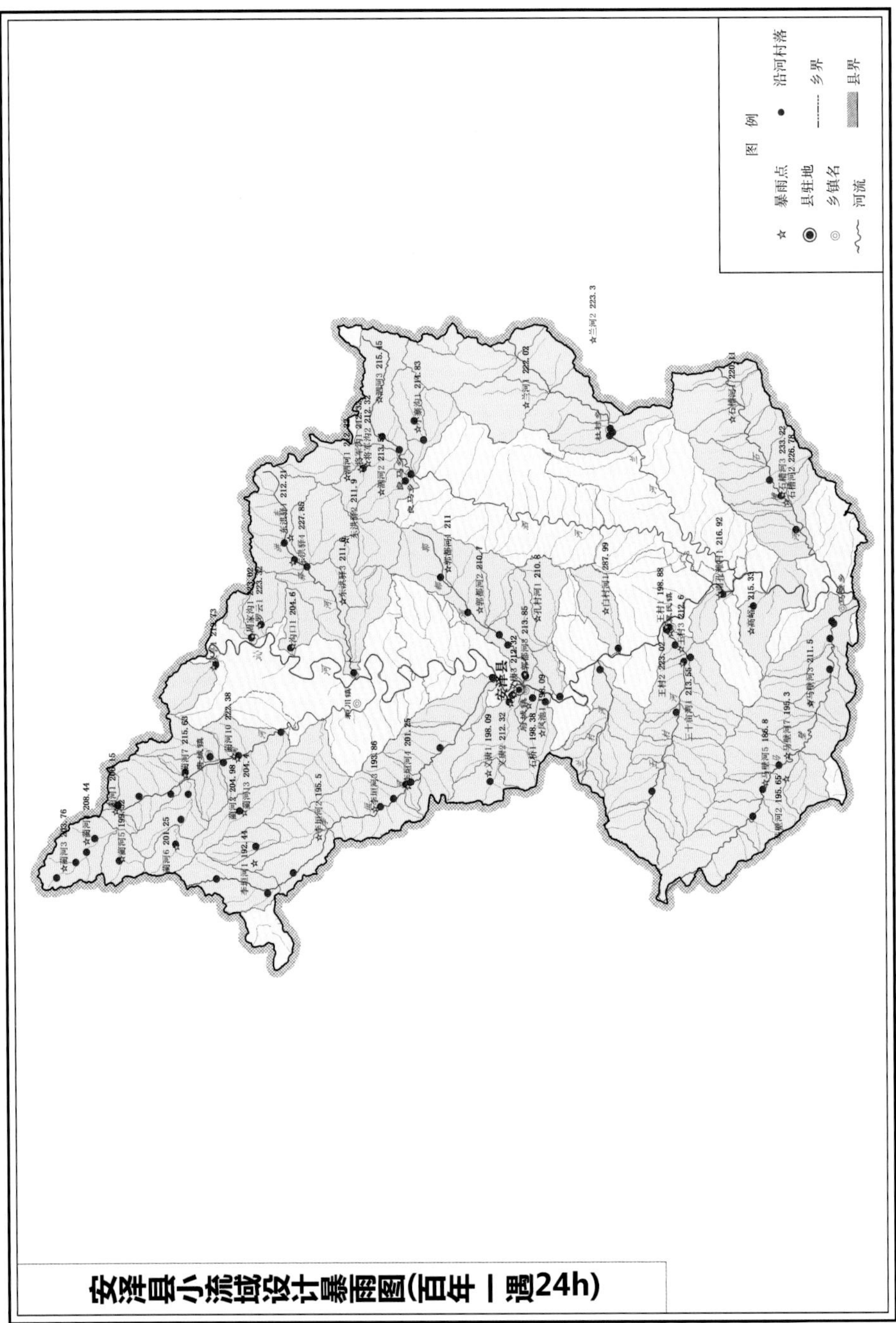

附图 4-64　安泽县沿河村落百年一遇 24 h 设计暴雨分布图

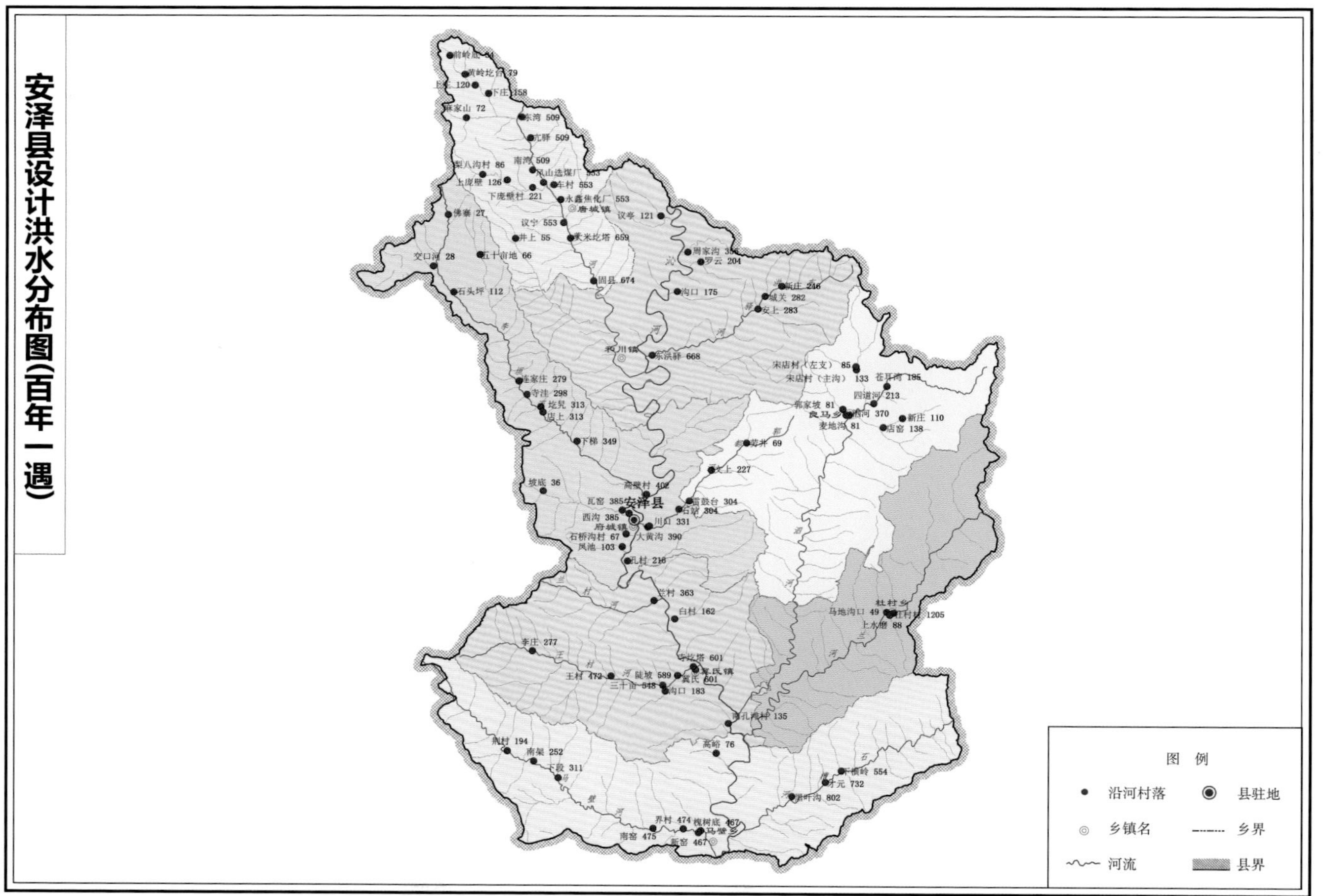

附图 4-65 安泽县沿河村落百年一遇设计洪水分布图

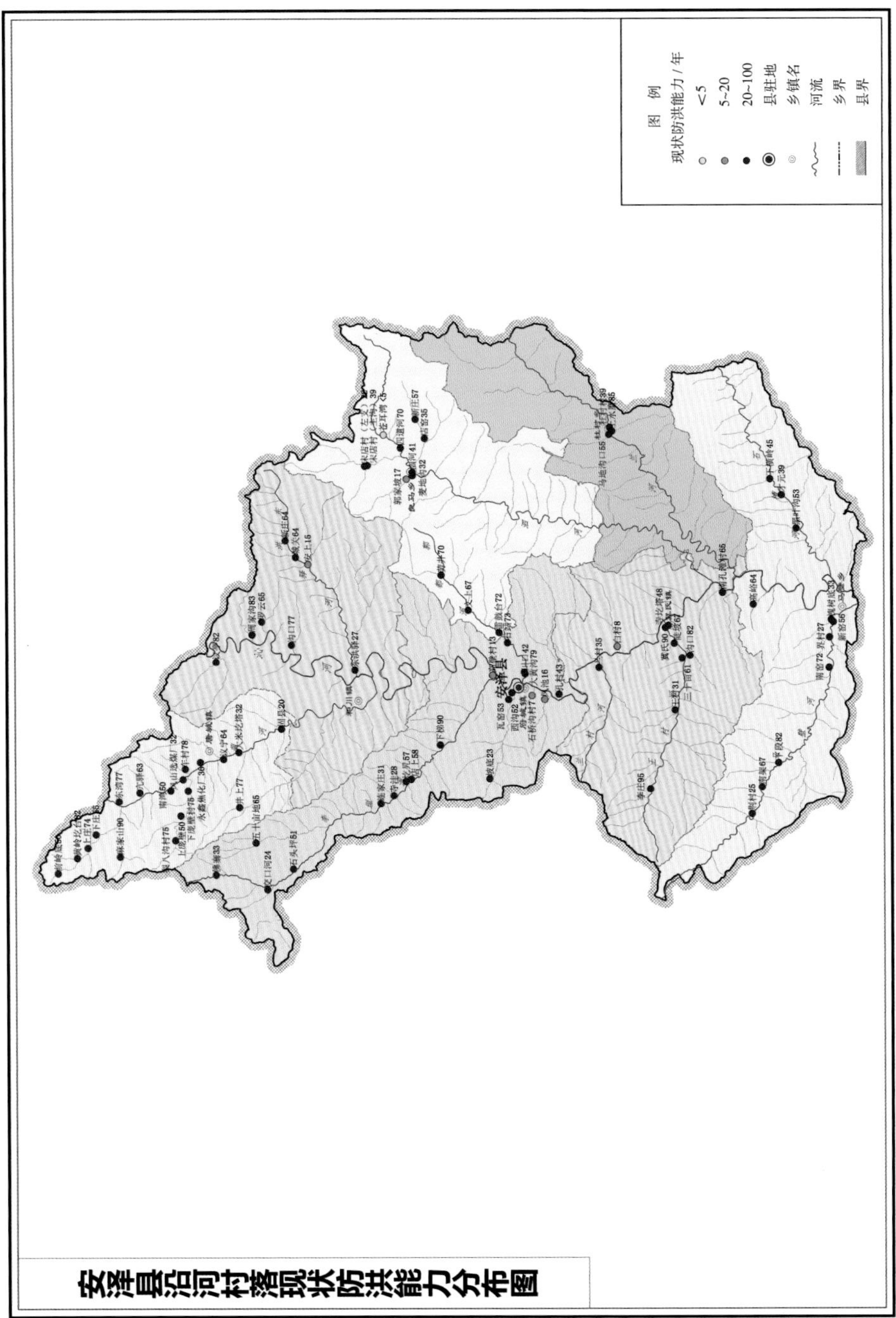

附图 4-66　安泽县沿河村落现状防洪能力分布图

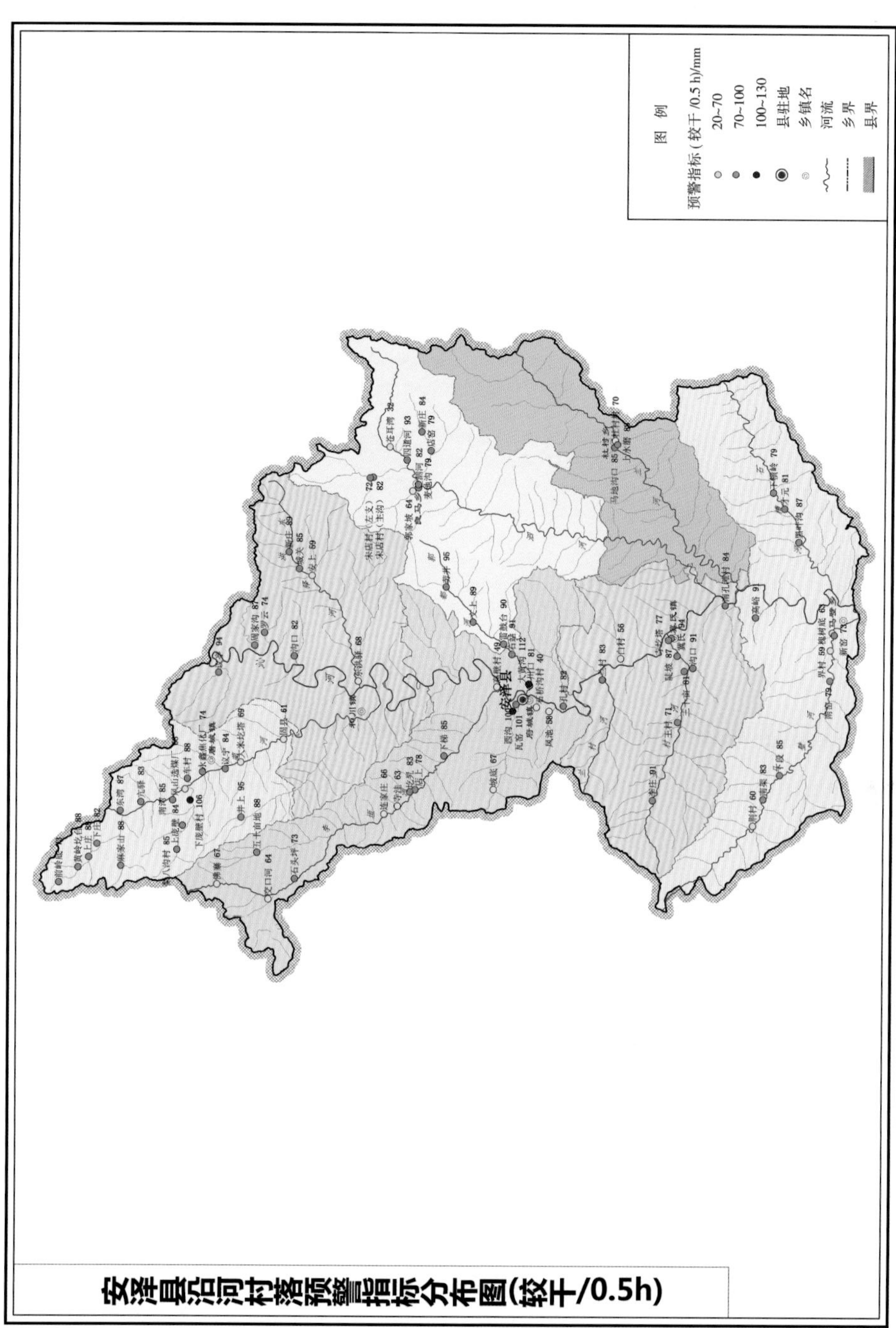

附图 4-67 安泽县沿河村落预警指标分布图(较干/0.5 h)

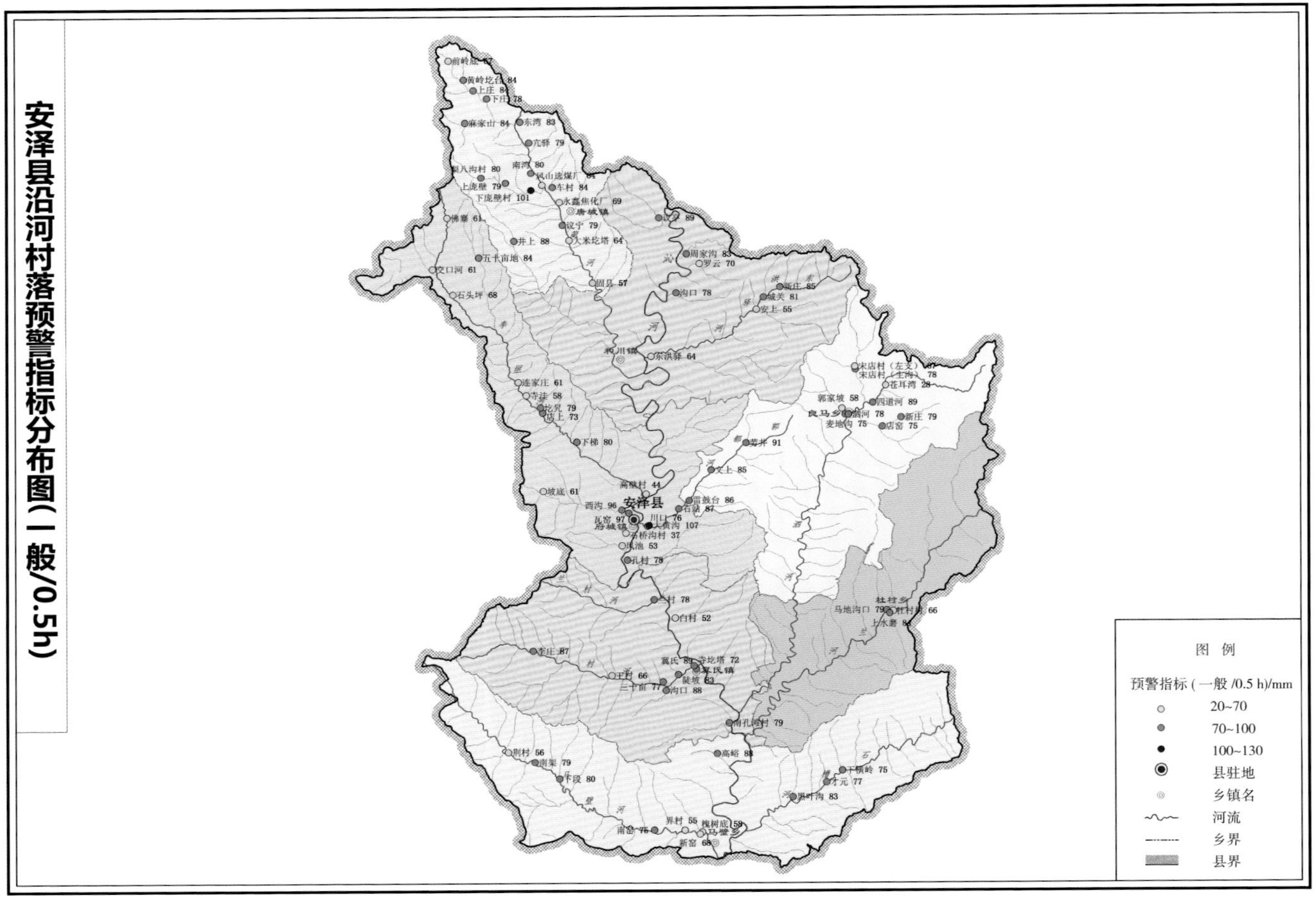

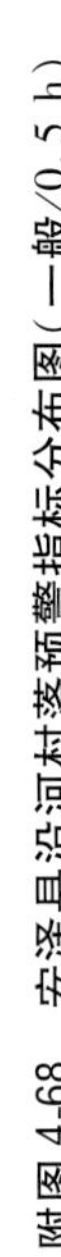

附图 4-68　安泽县沿河村落预警指标分布图(一般/0.5 h)

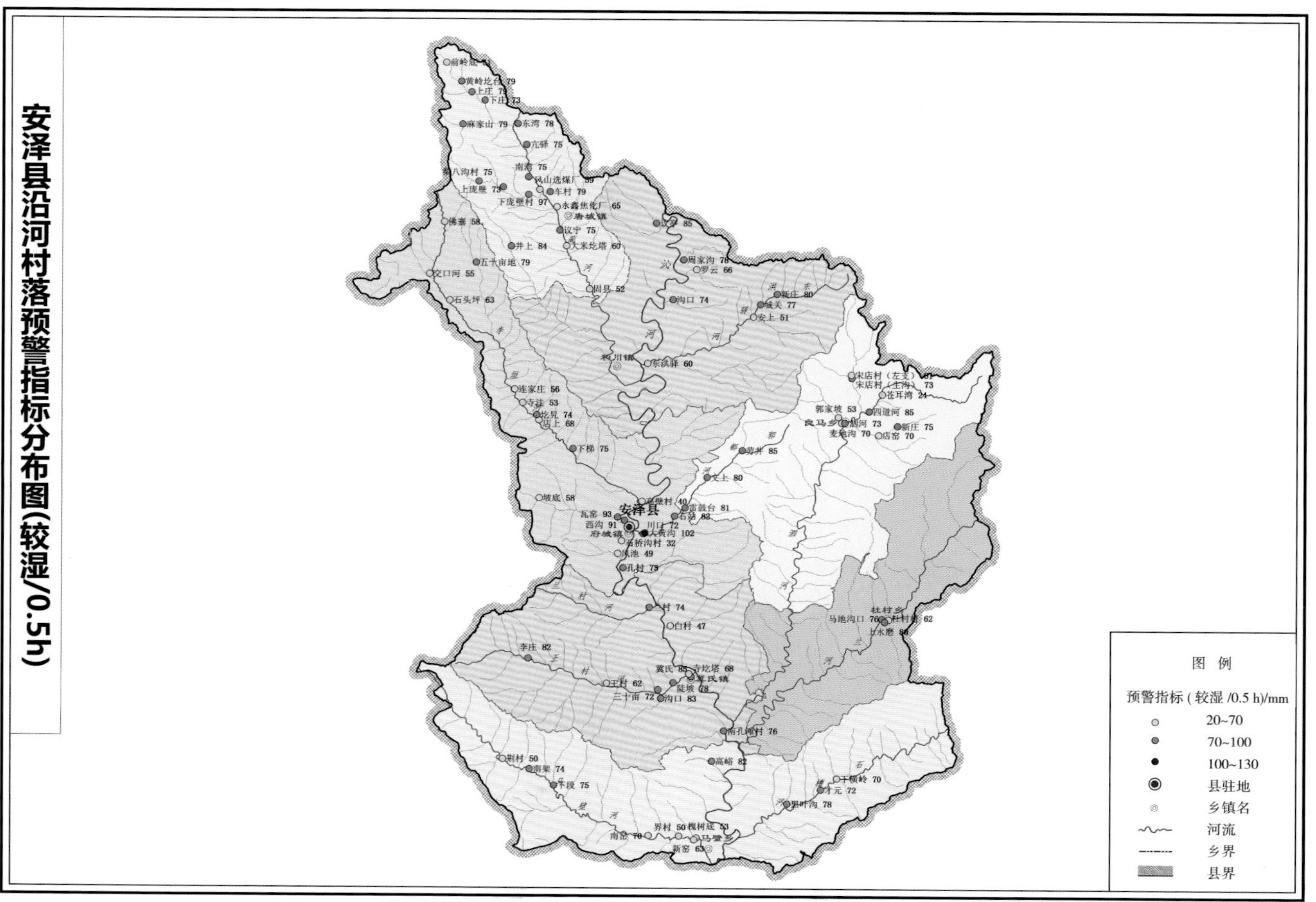

附图 4-69　安泽县沿河村落预警指标分布图(较湿/0.5 h)

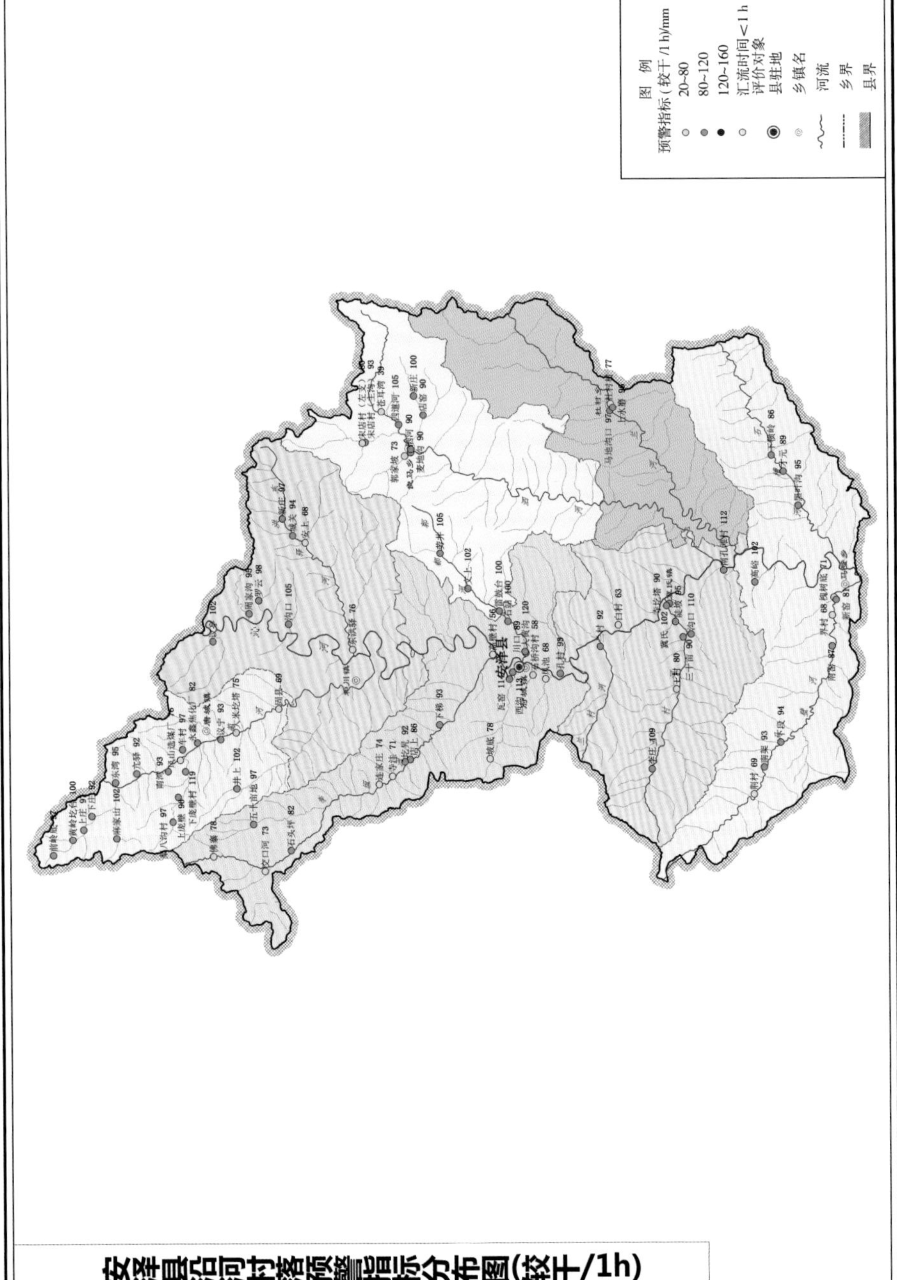

附图 4-70　安泽县沿河村落预警指标分布图(较干/1 h)

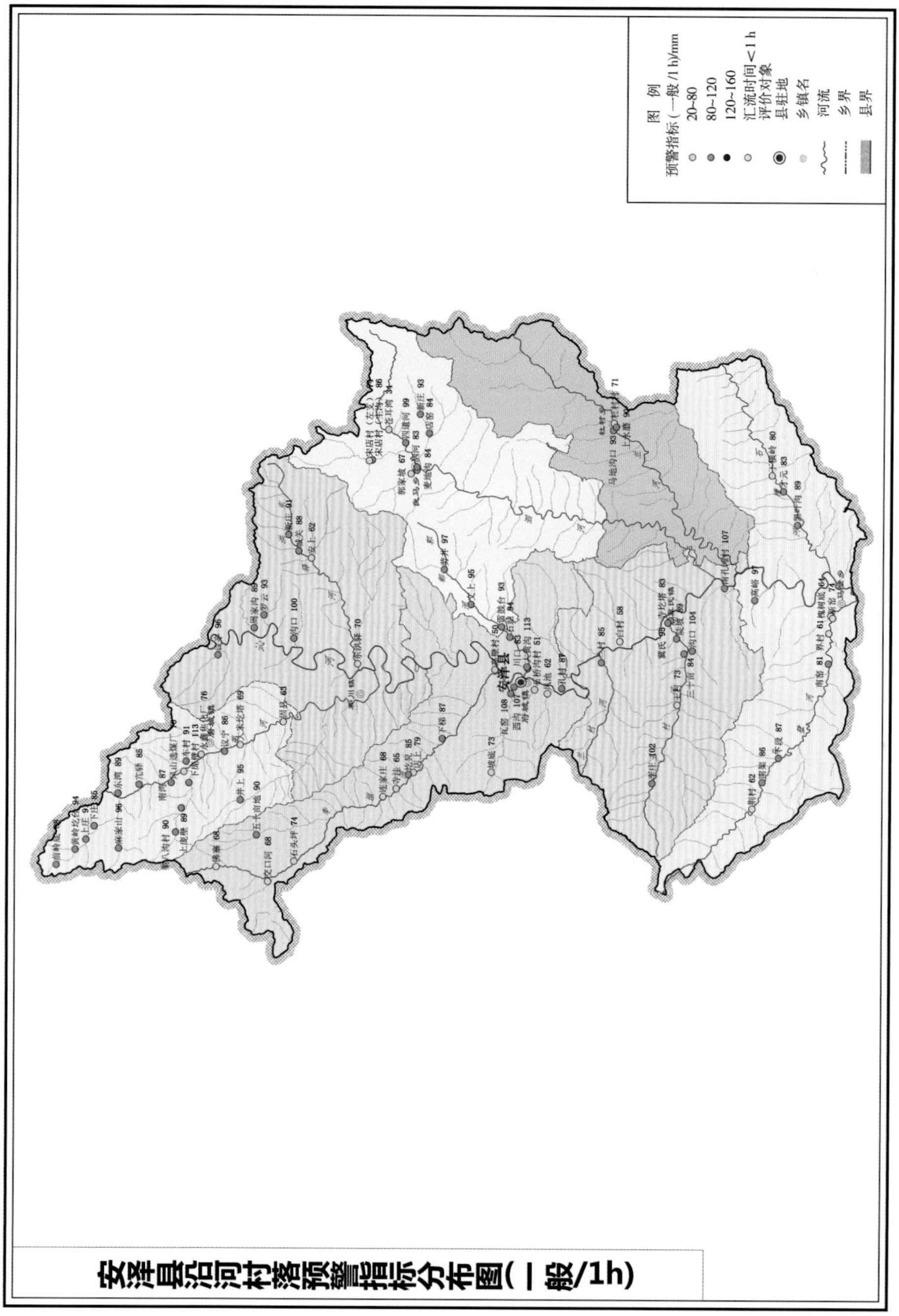

安泽县沿河村落预警指标分布图(一般/1h)

图 例

预警指标(一般/1 h/mm

20~80

80~120

120~160

汇流时间<1 h

评价对象

县驻地

乡镇名

河流

乡界

县界

附图 4-71 安泽县沿河村落预警指标分布图(一般/1 h)

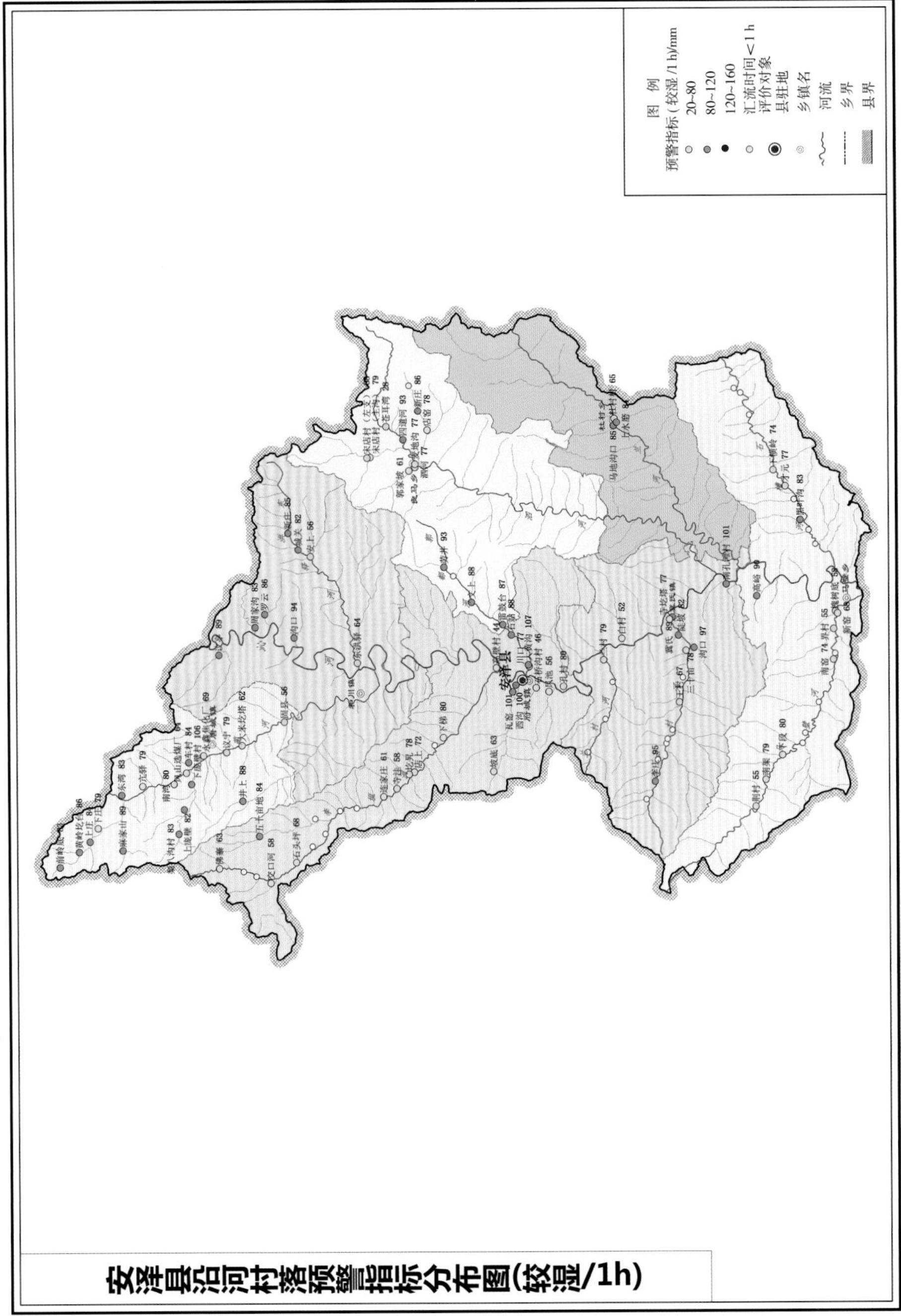

附图 4-72　安泽县沿河村落预警指标分布图(较湿/1 h)

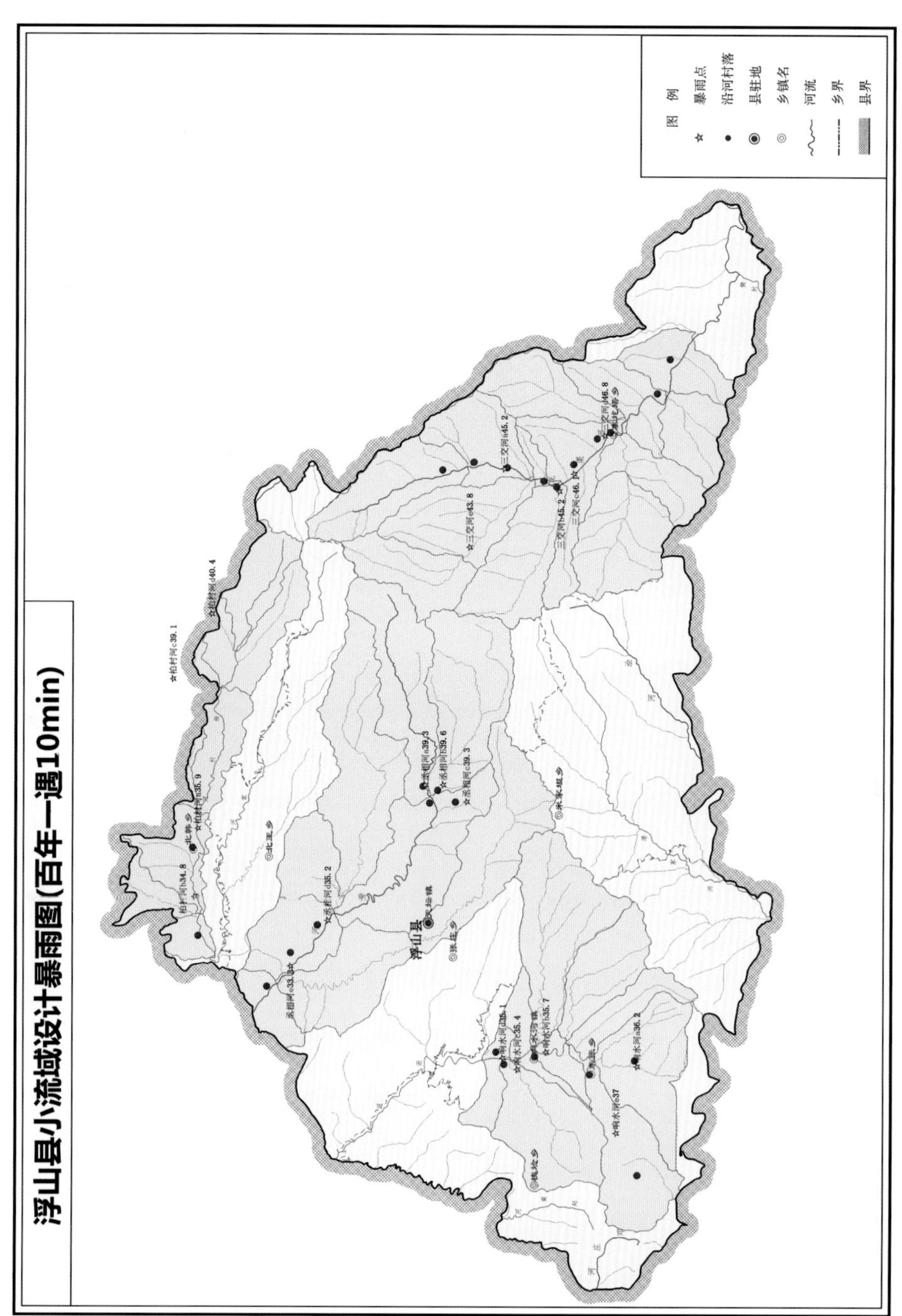

附图 4-73　浮山县沿河村落百年一遇 10 min 设计暴雨分布图

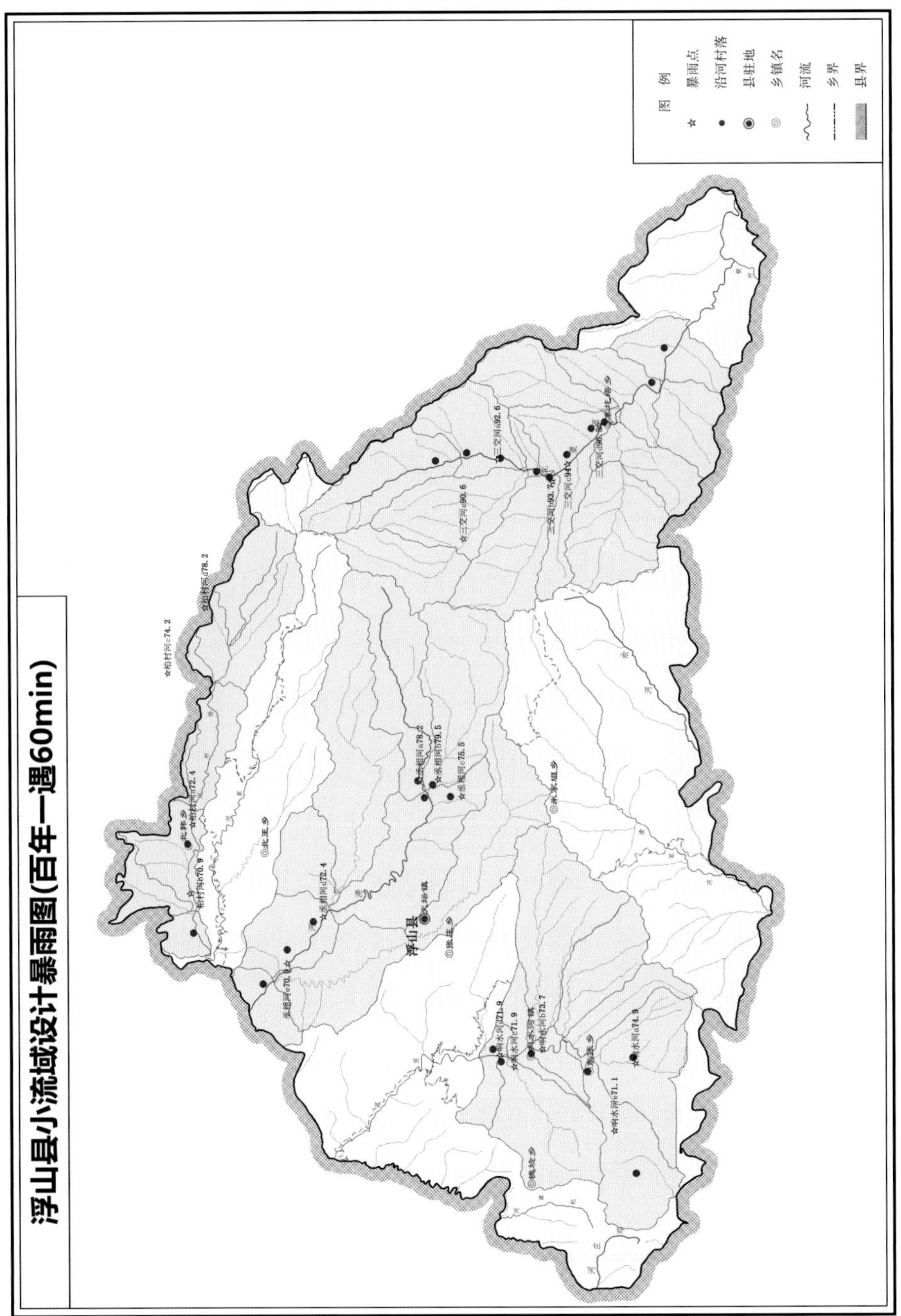

附图 4-74　浮山县沿河村落百年一遇 60 min 设计暴雨分布图

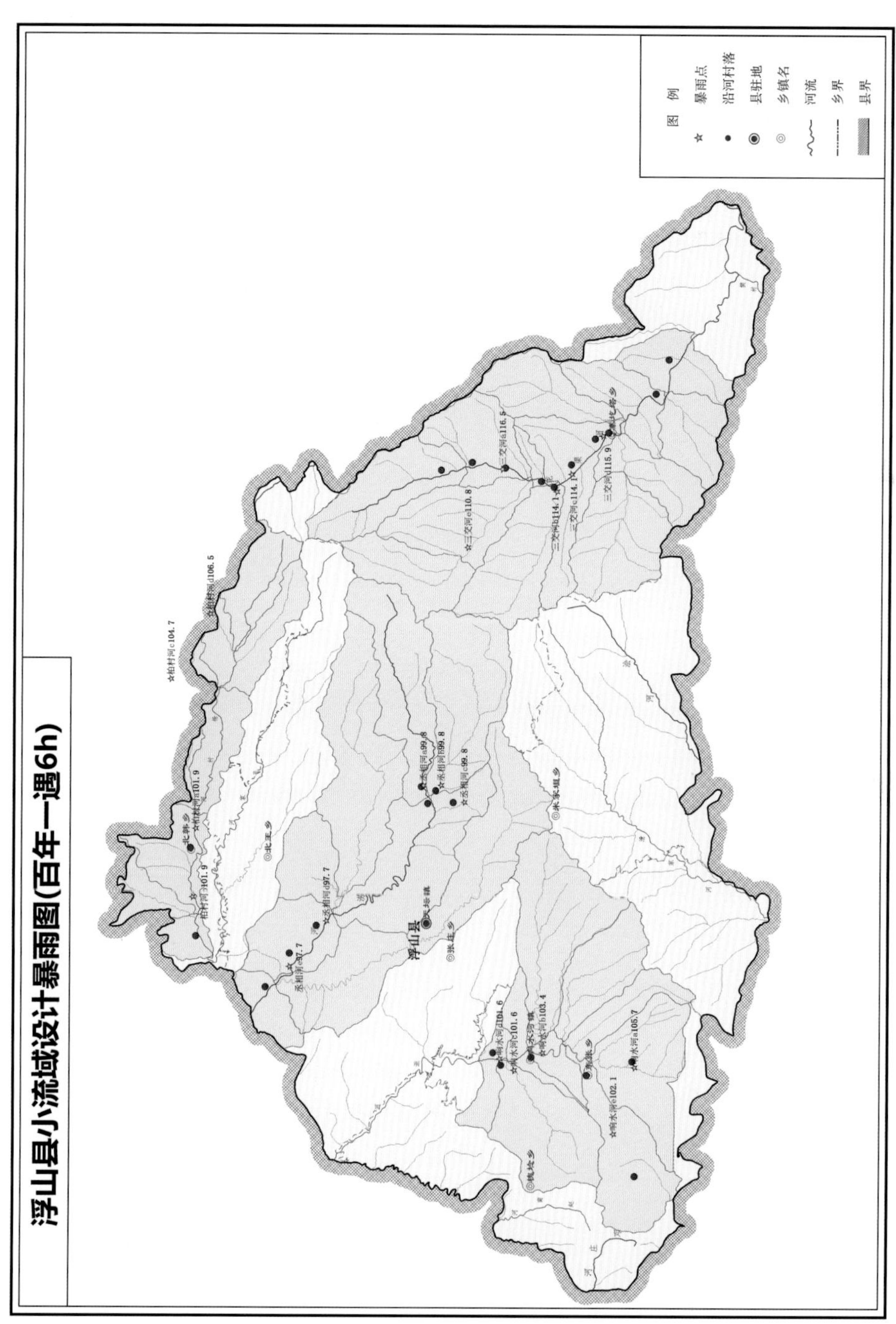

附图 4-75 浮山县沿河村落百年一遇 6 h 设计暴雨分布图

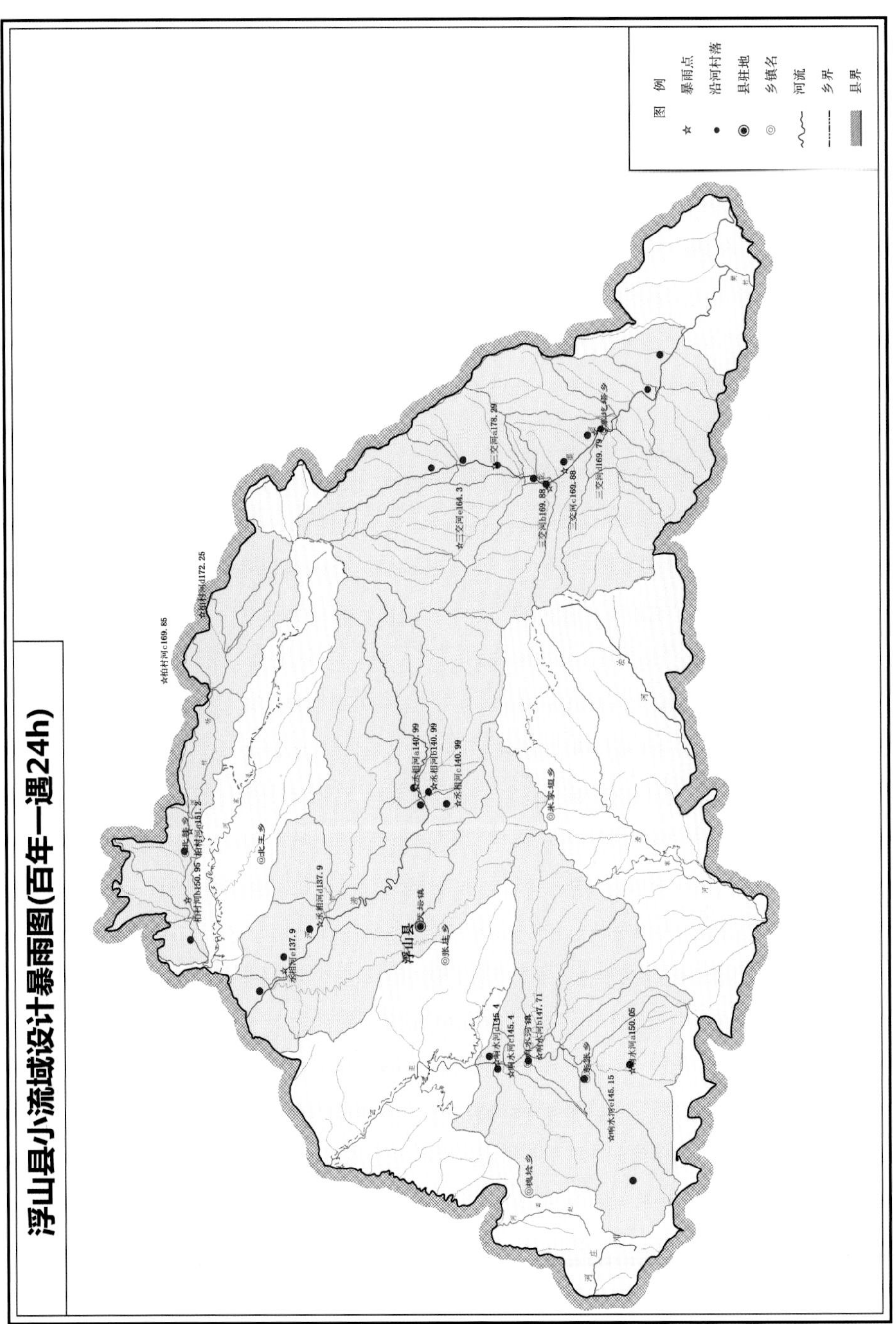

附图 4-76 浮山县沿河村落百年一遇 24 h 设计暴雨分布图

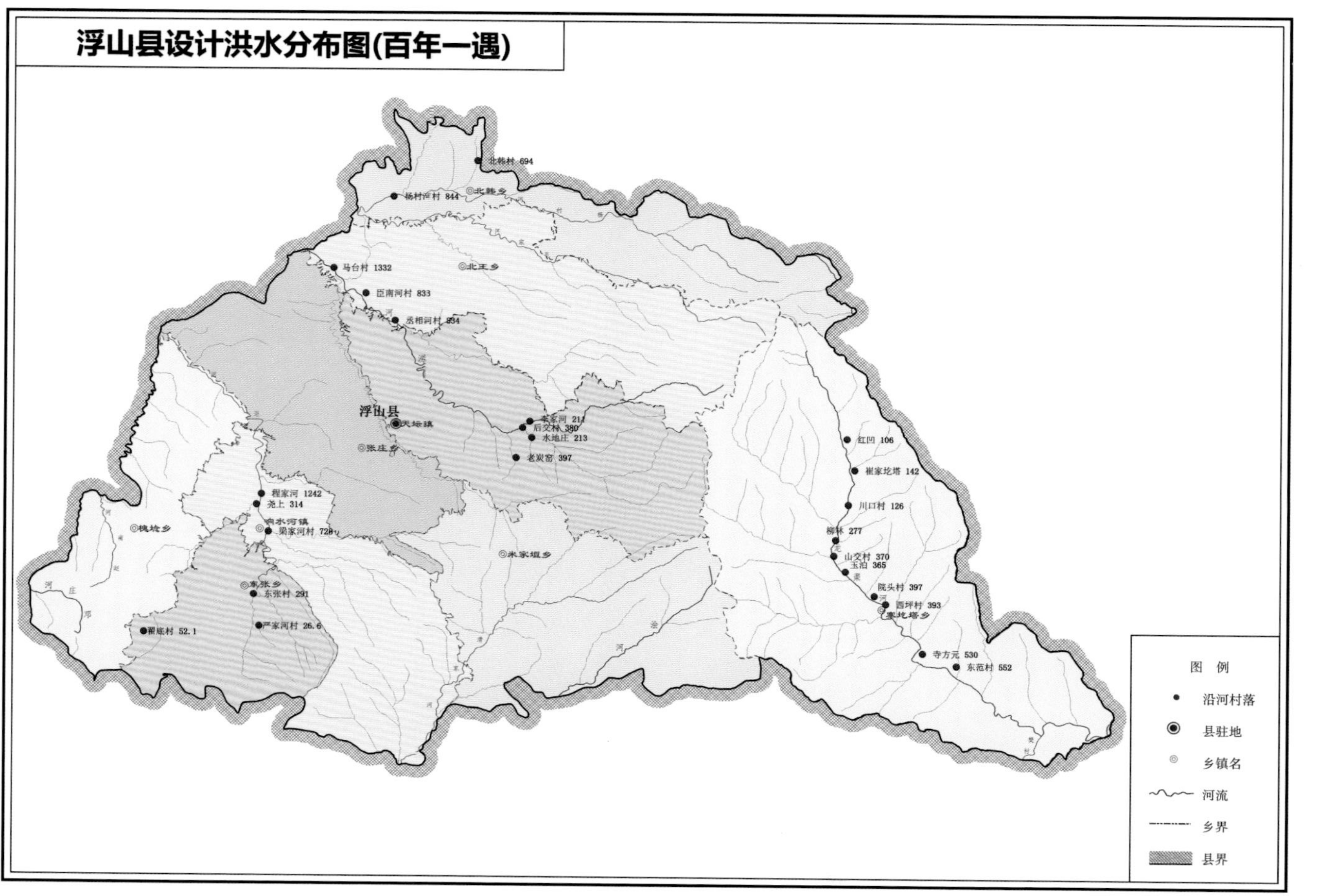

附图 4-77　浮山县沿河村落百年一遇设计洪水分布图

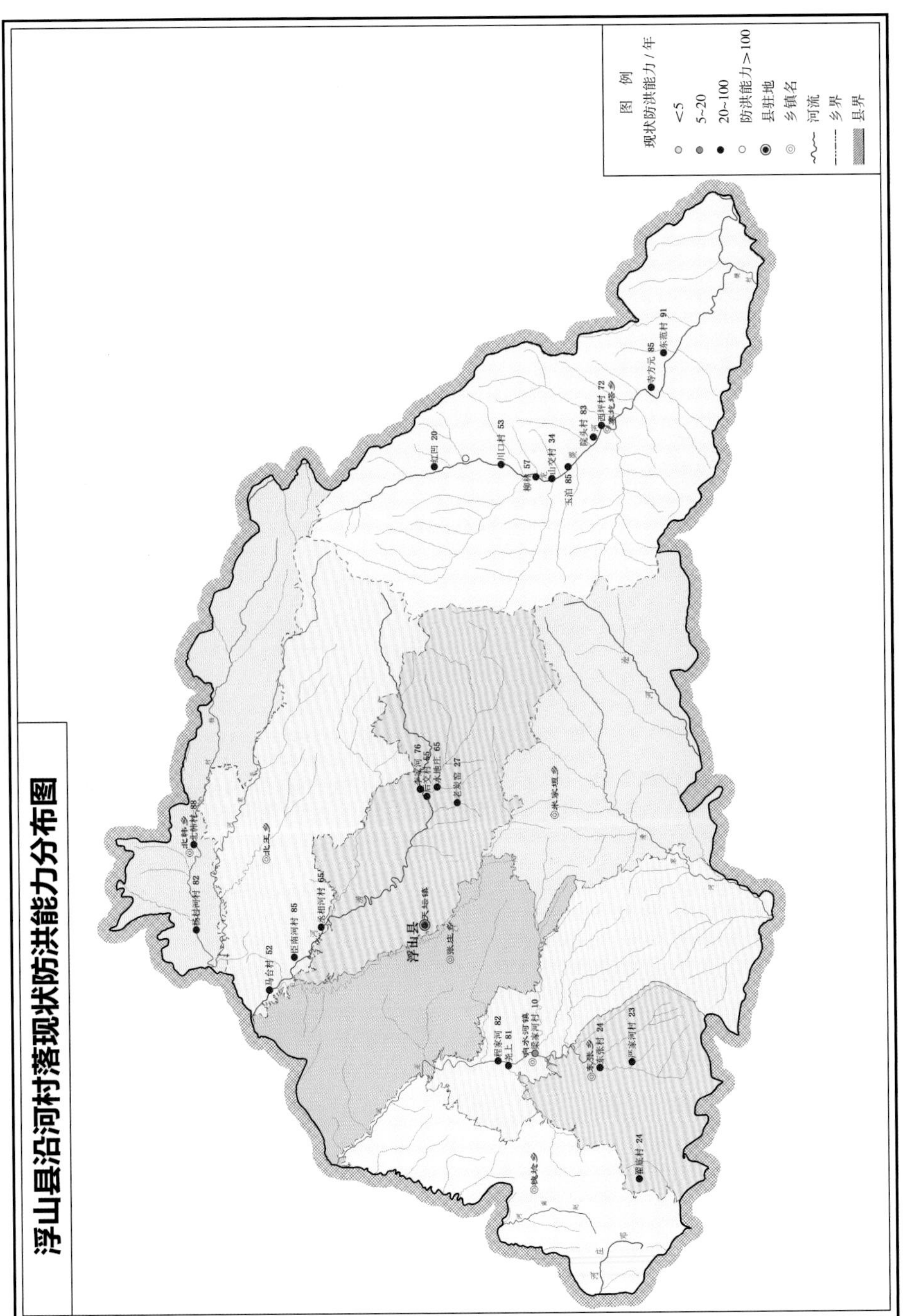

附图 4-78　浮山县沿河村落现状防洪能力分布图

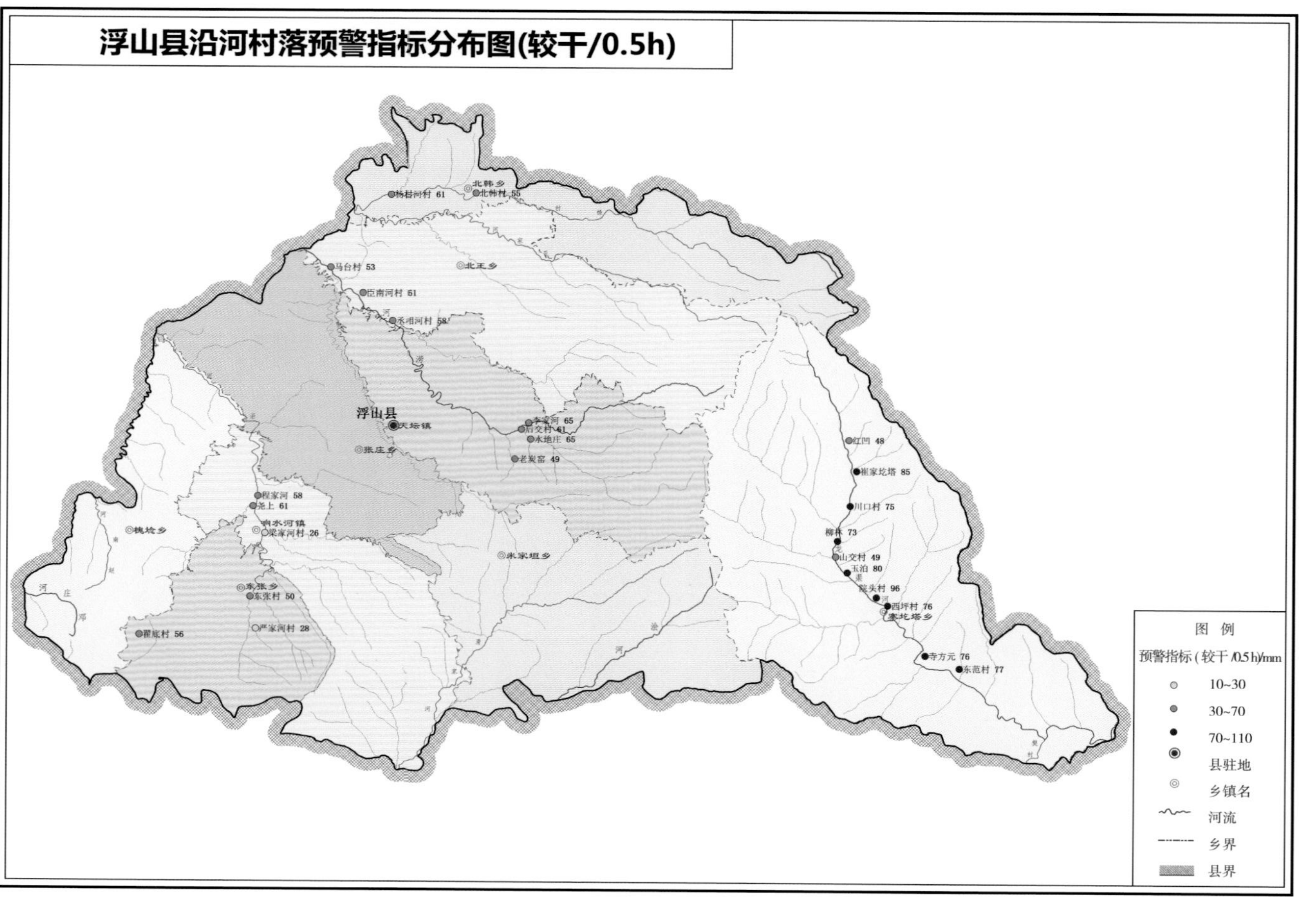

附图 4-79 浮山县沿河村落预警指标分布图(较干/0.5 h)

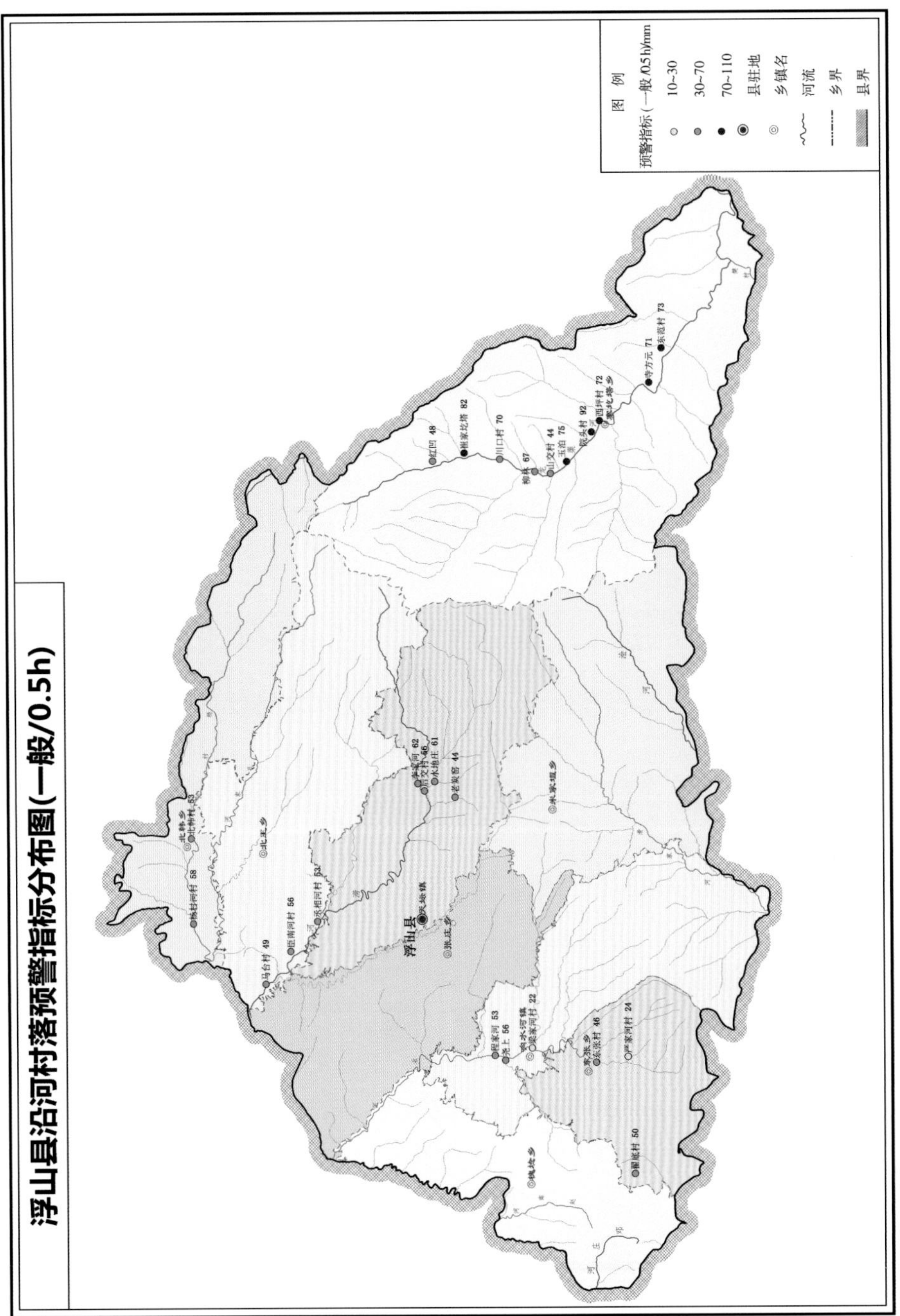

附图 4-80　浮山县沿河村落预警指标分布图(一般/0.5 h)

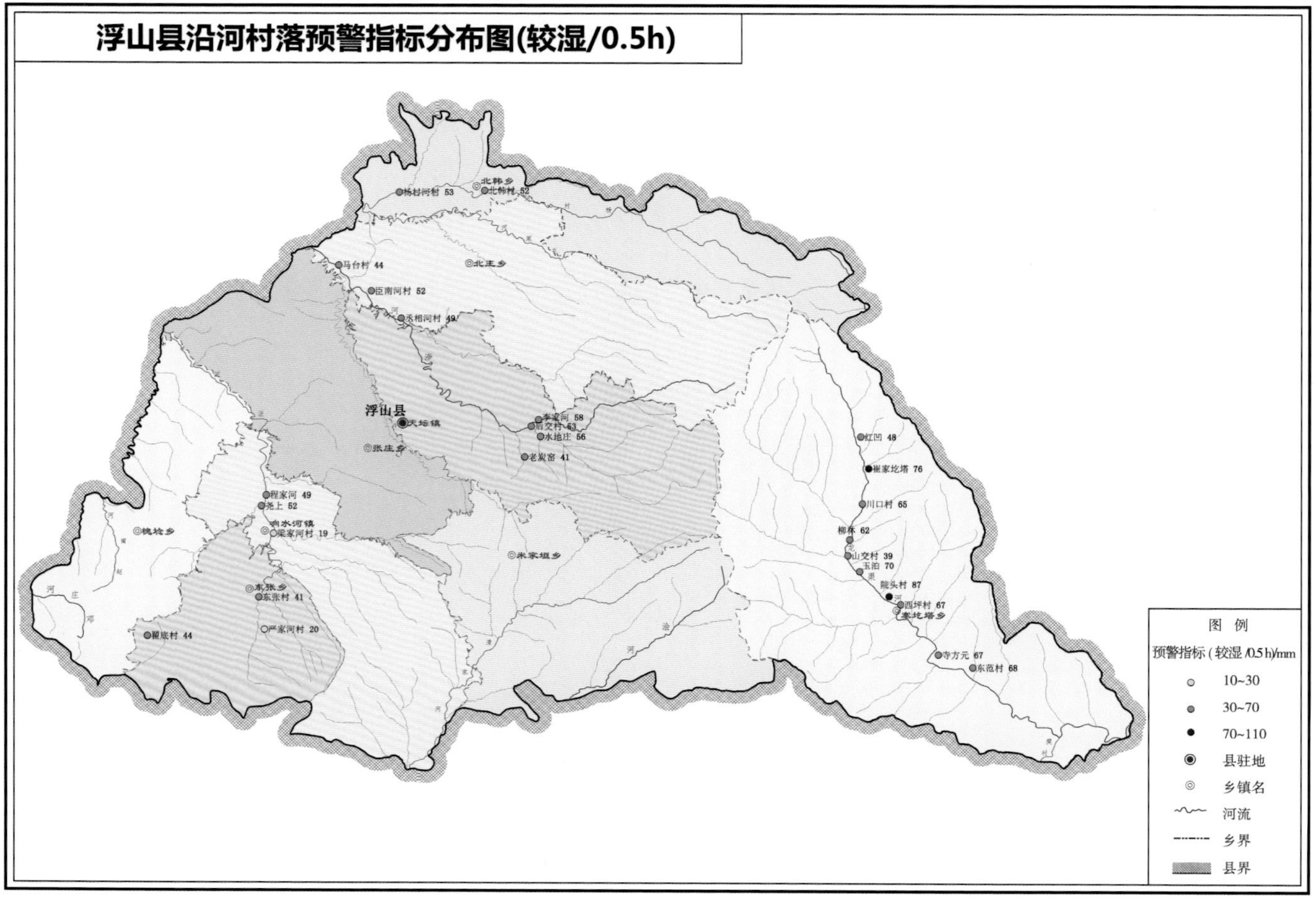

浮山县沿河村落预警指标分布图(较湿/0.5h)

图 例

预警指标（较湿/0.5 h)/mm

- 10~30
- 30~70
- 70~110
- 县驻地
- 乡镇名
- 河流
- 乡界
- 县界

附图 4-81　浮山县沿河村落预警指标分布图（较湿/0.5 h）

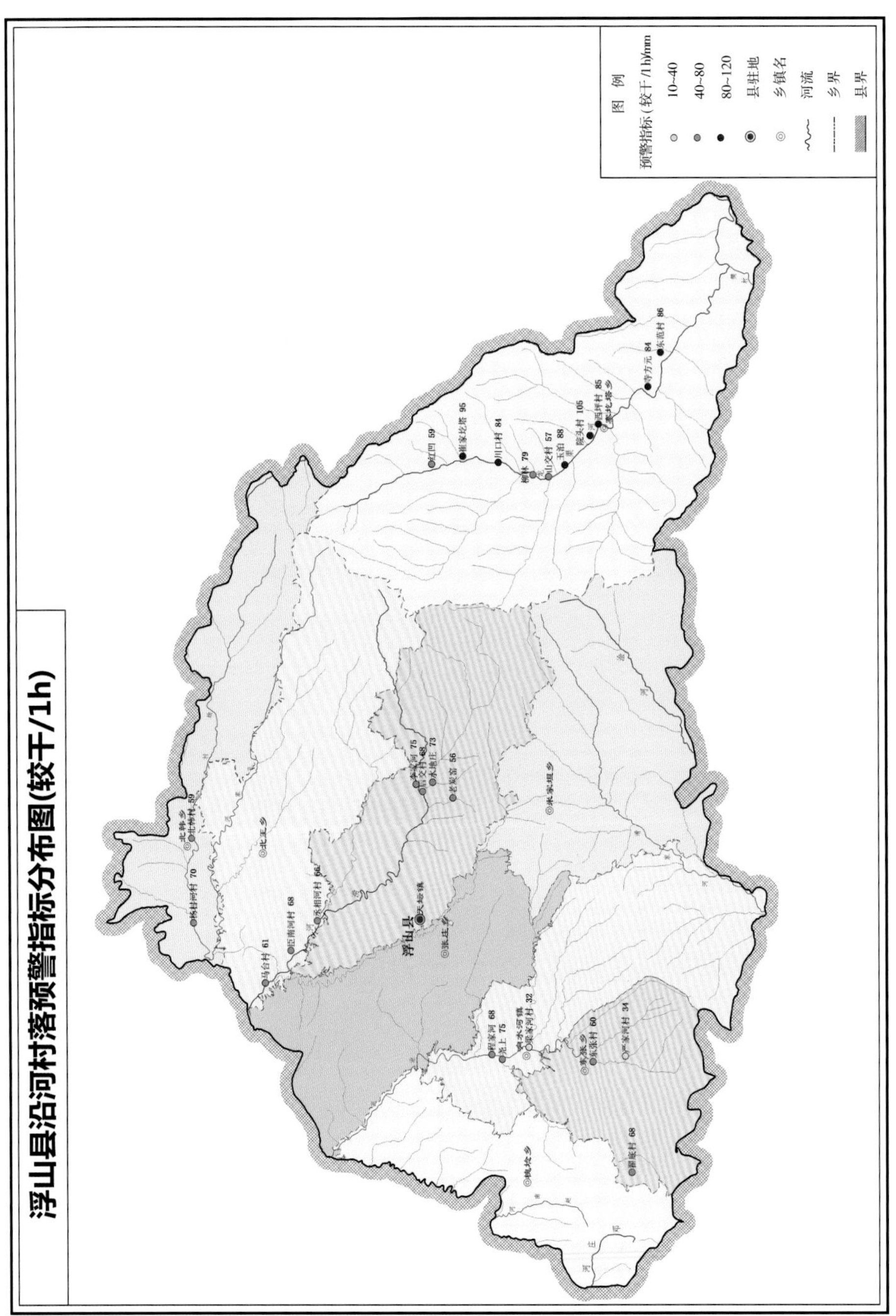

附图 4-82　浮山县沿河村落预警指标分布图(较干/1 h)

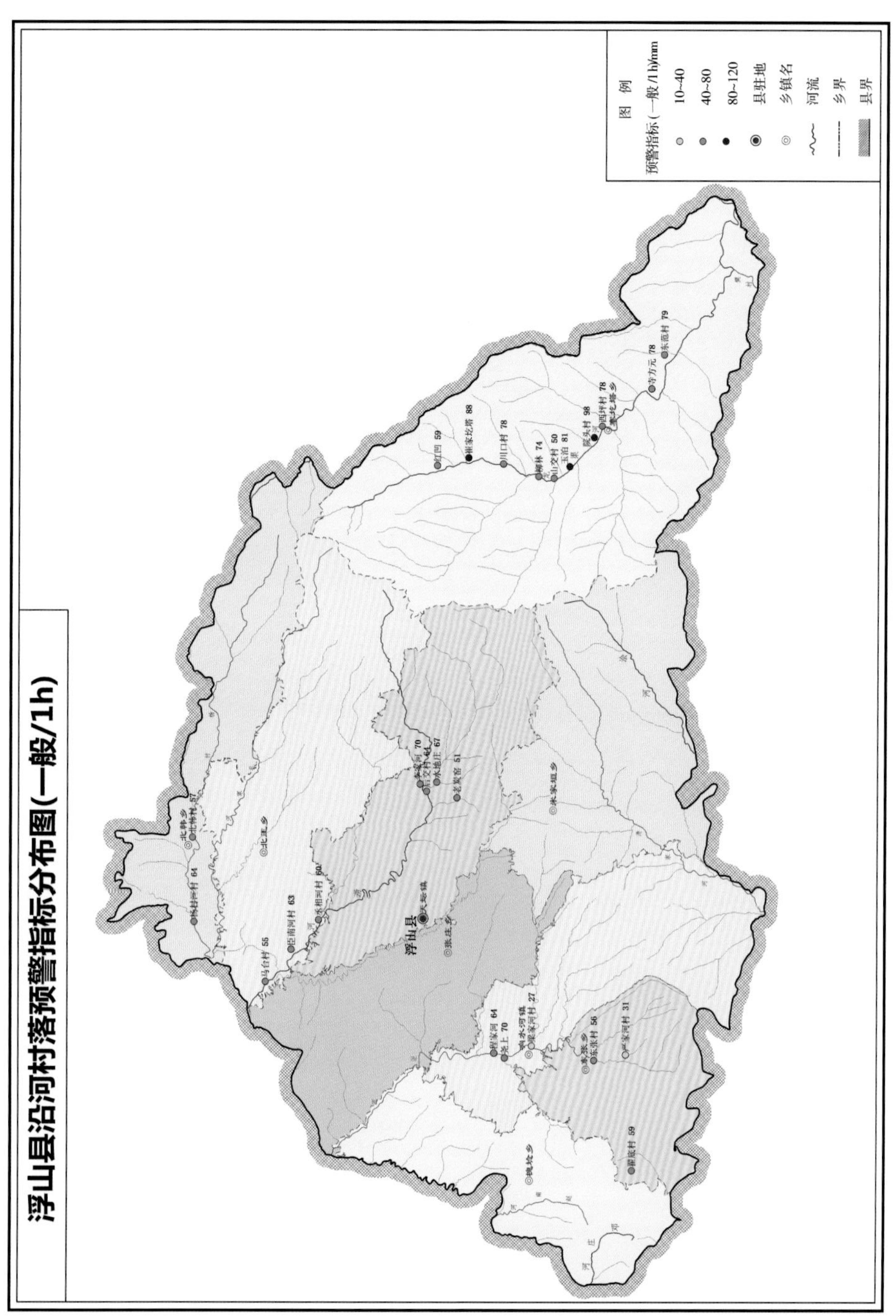

附图 4-83　浮山县沿河村落预警指标分布图（一般/1 h）

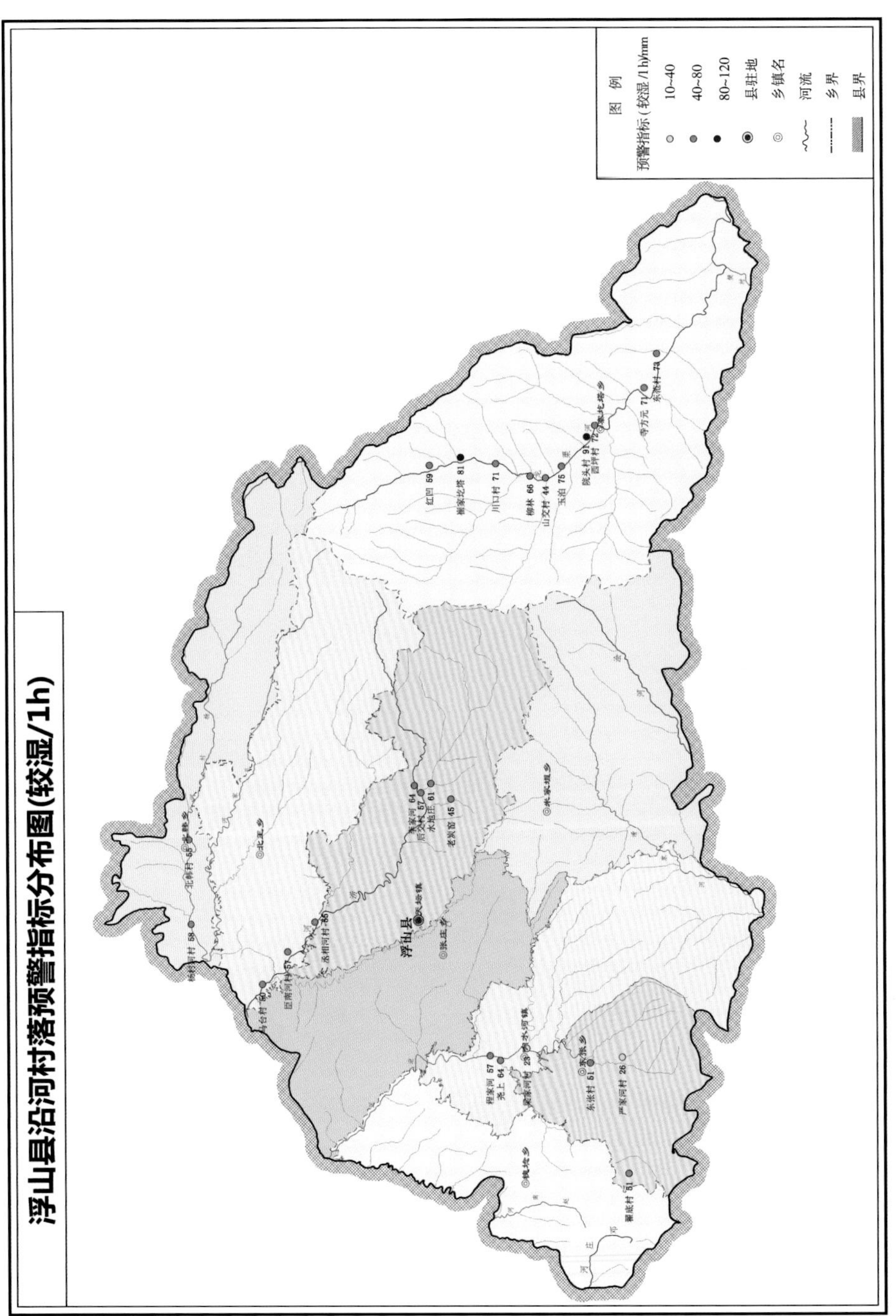

附图 4-84 浮山县沿河村落预警指标分布图(较湿/1 h)

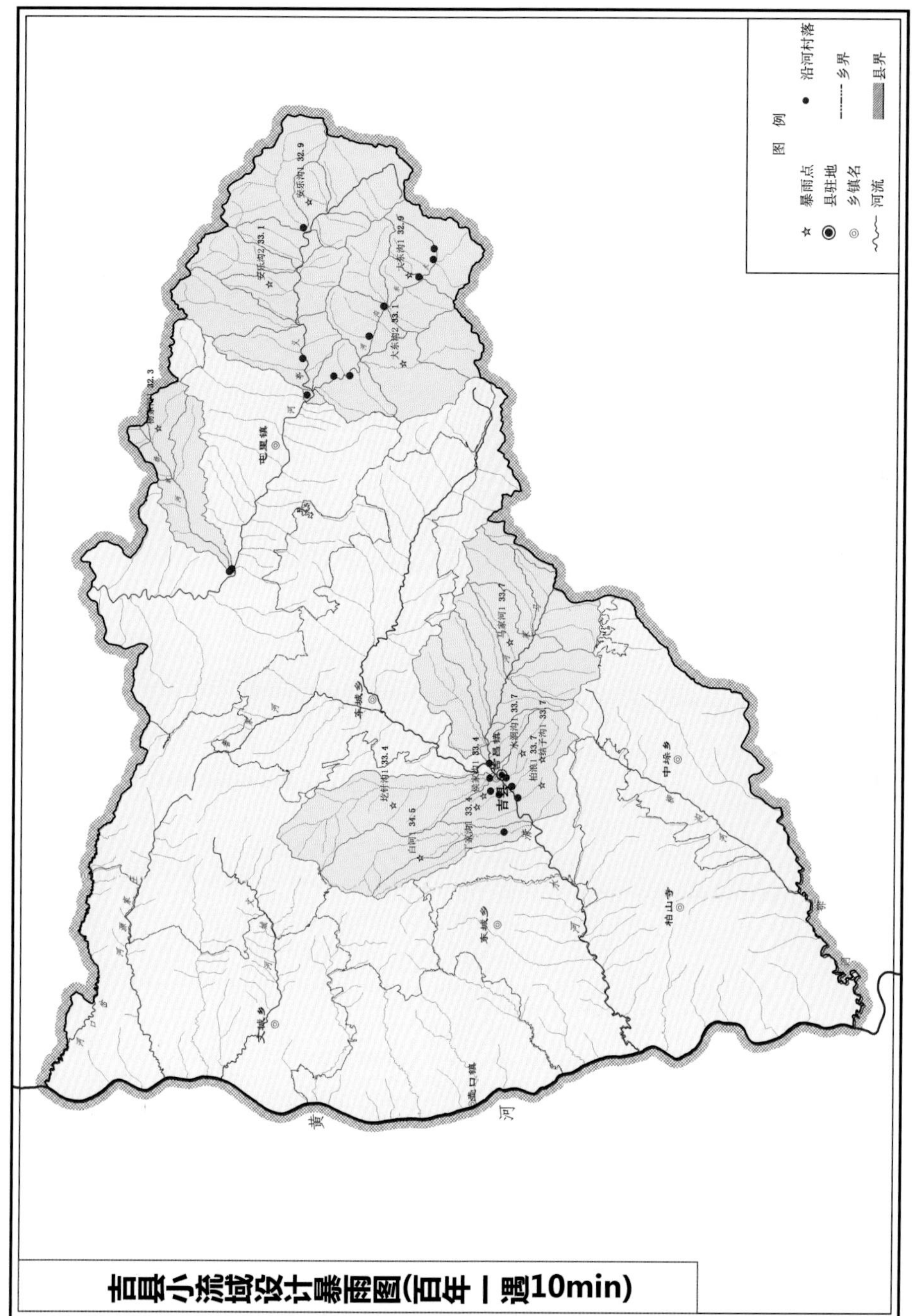

附图 4-85 吉县沿河村落百年一遇 10 min 设计暴雨分布图

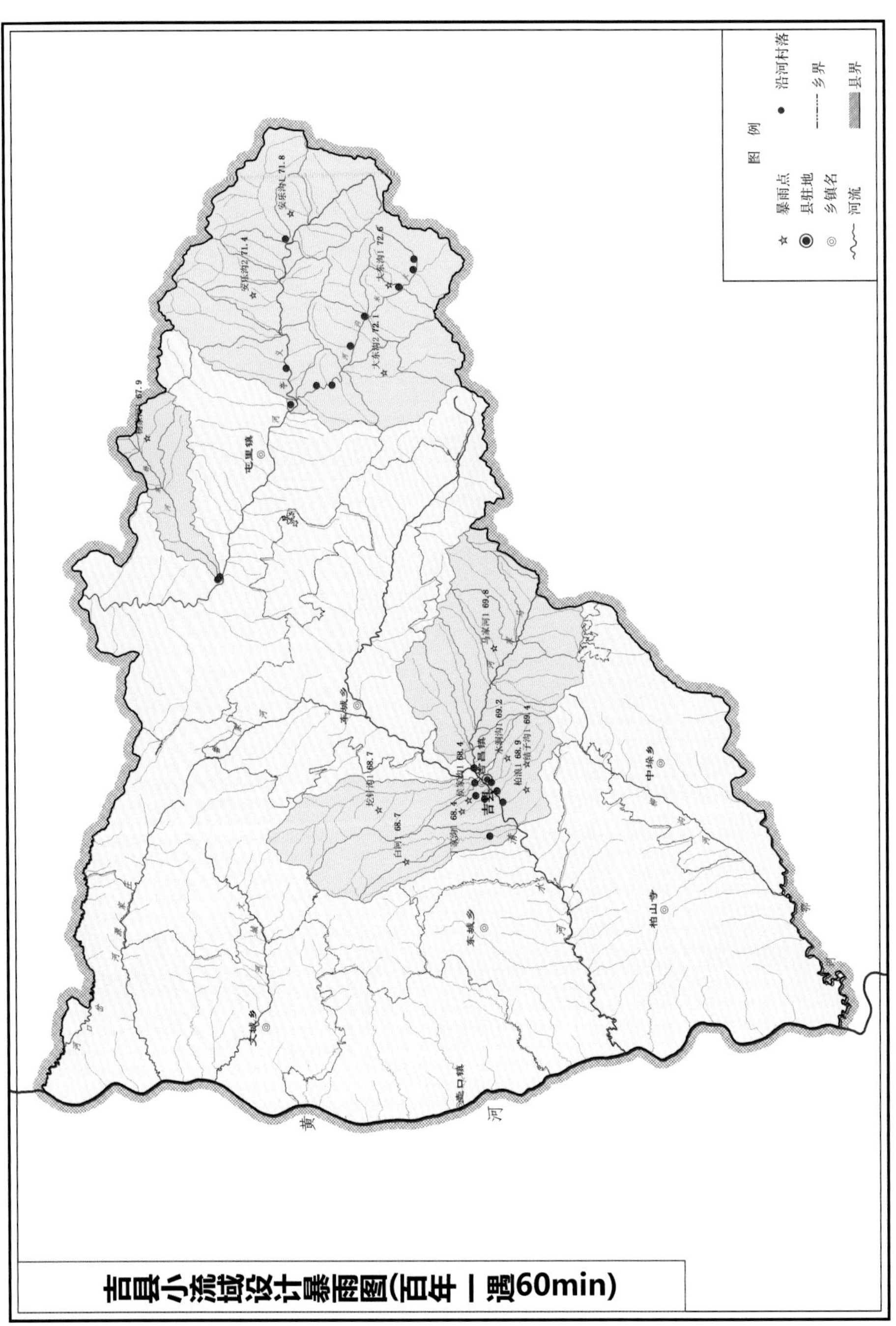

附图 4-86　吉县沿河村落百年一遇 60 min 设计暴雨分布图

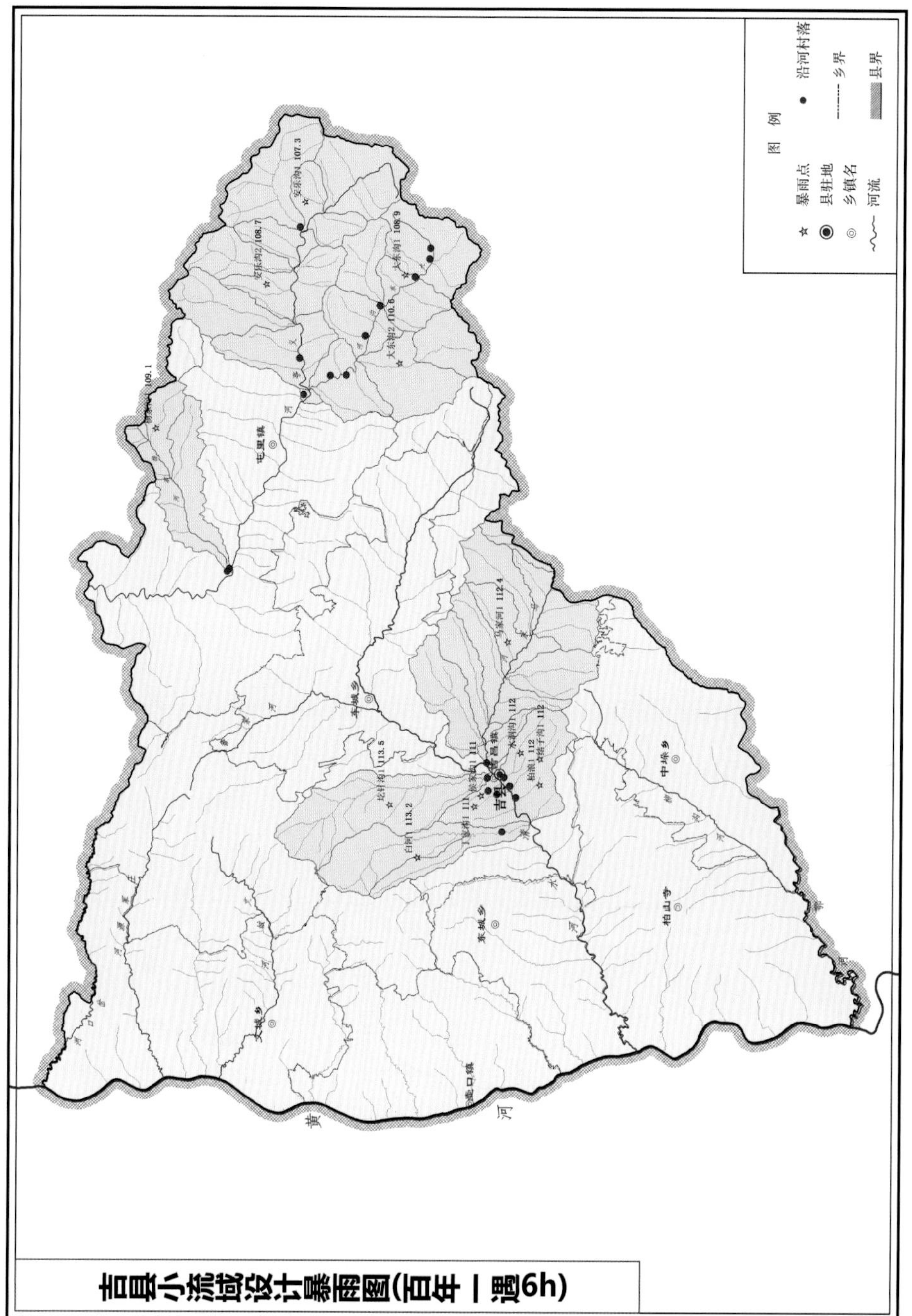

附图 4-87 吉县沿河村落百年一遇 6 h 设计暴雨分布图

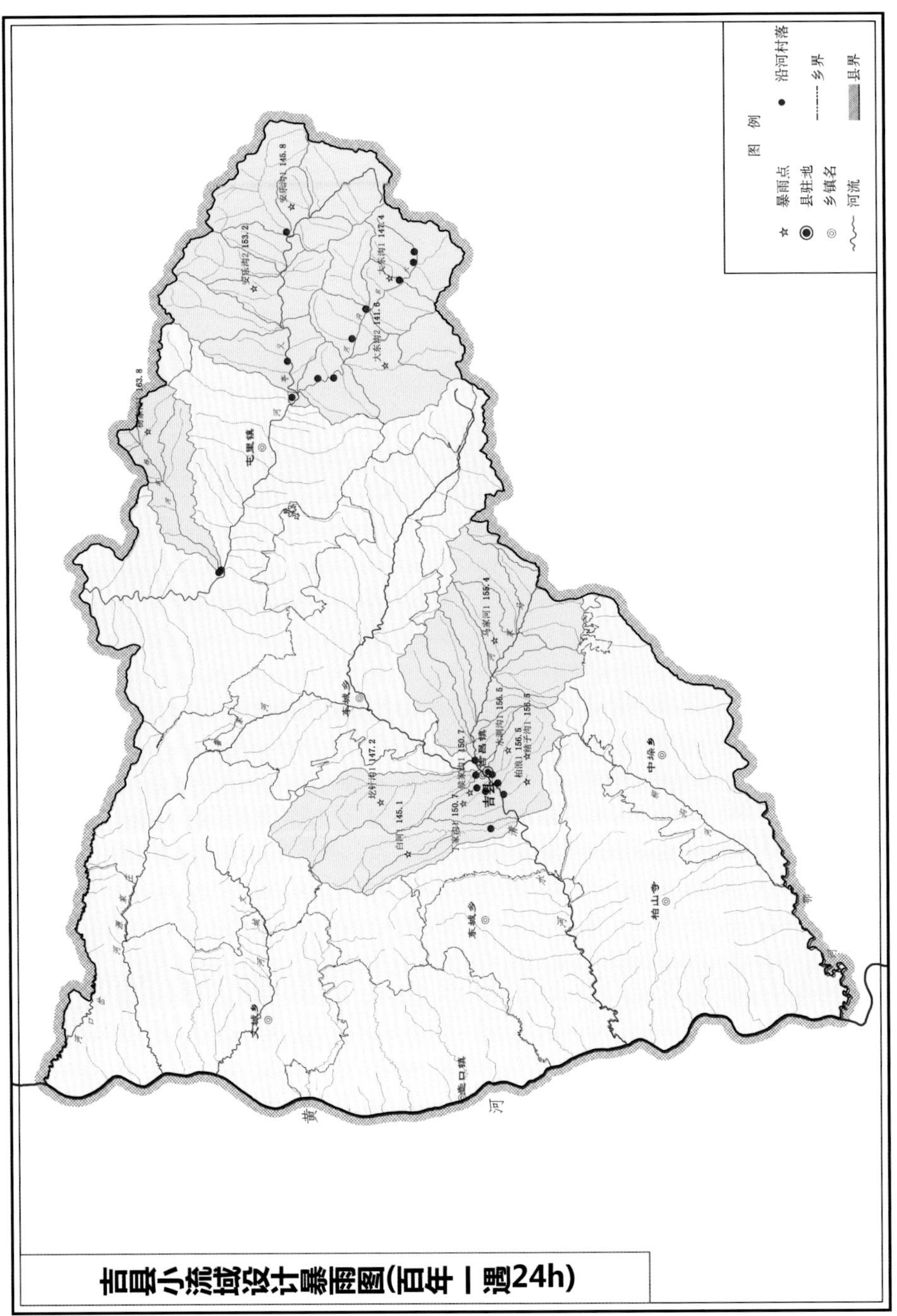

附图 4-88　吉县沿河村落百年一遇 24 h 设计暴雨分布图

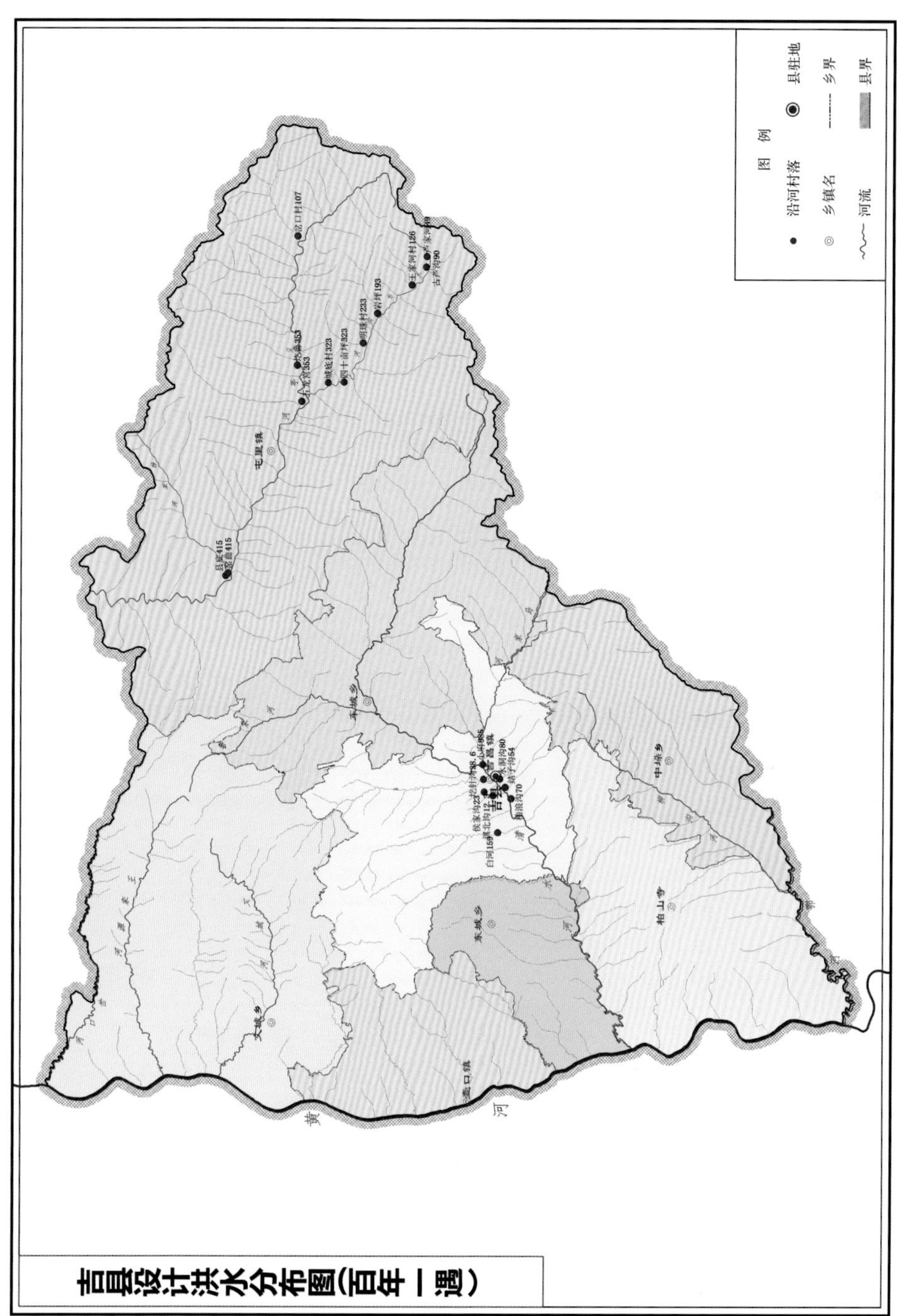

附图 4-89 吉县沿河村落百年一遇设计洪水分布图

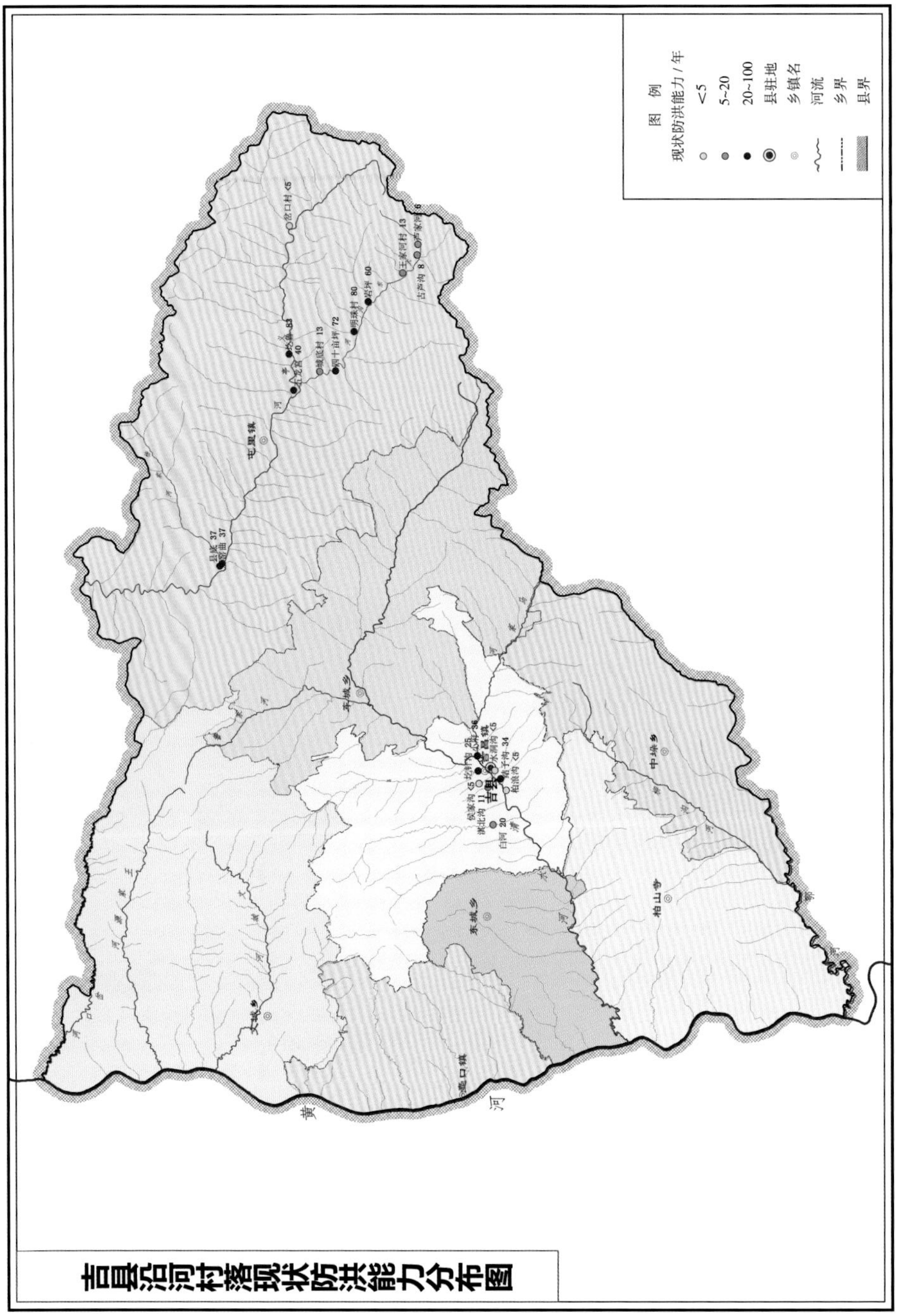

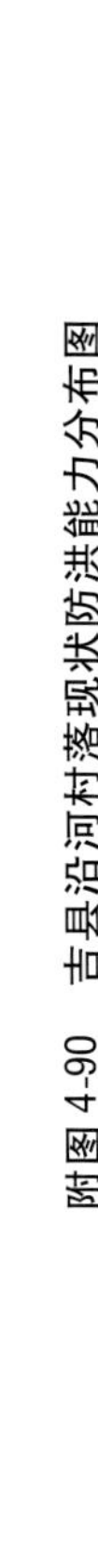

附图 4-90　吉县沿河村落现状防洪能力分布图

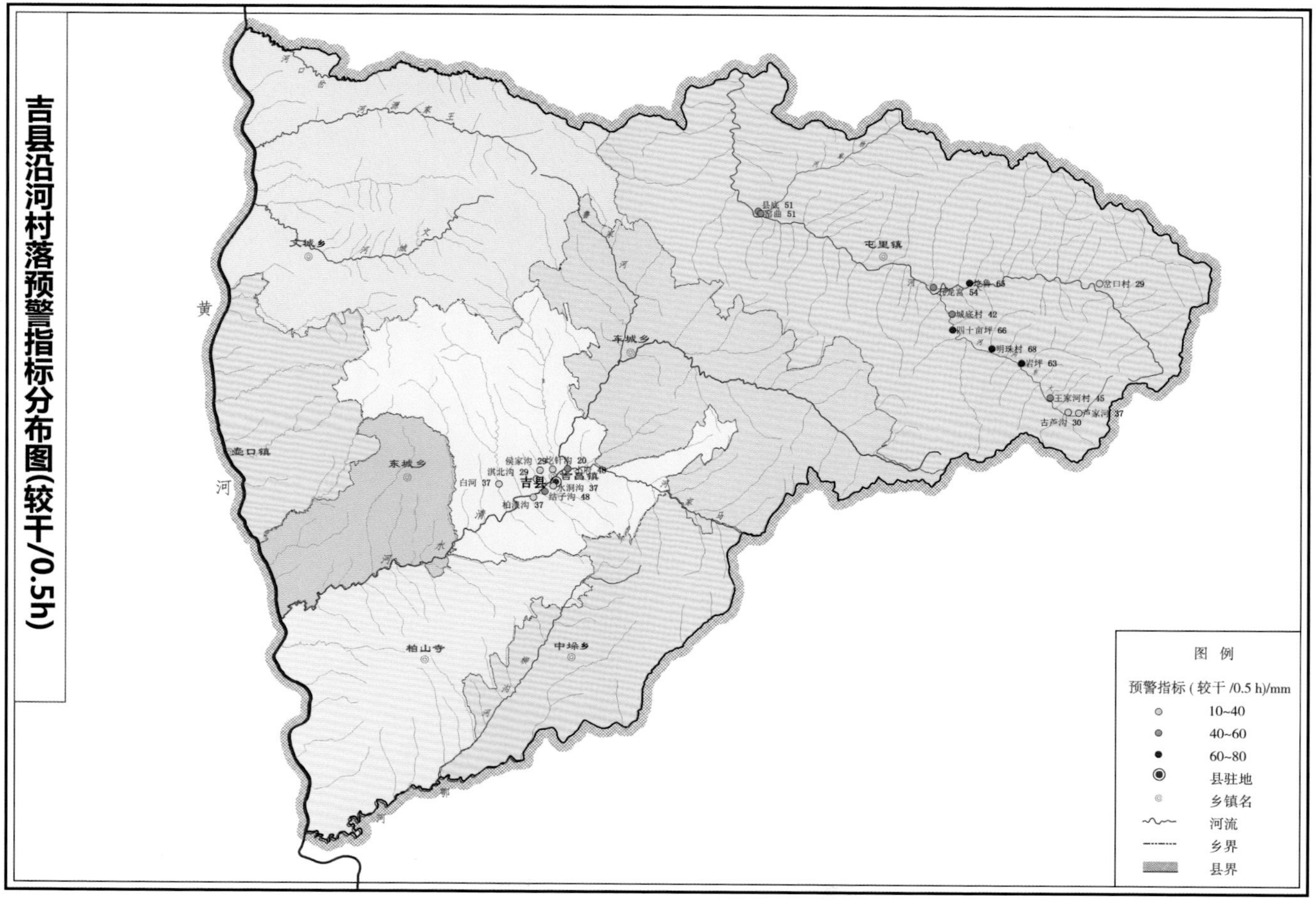

吉县沿河村落预警指标分布图(较干/0.5h)

附图 4-91　吉县沿河村落预警指标分布图(较干/0.5 h)

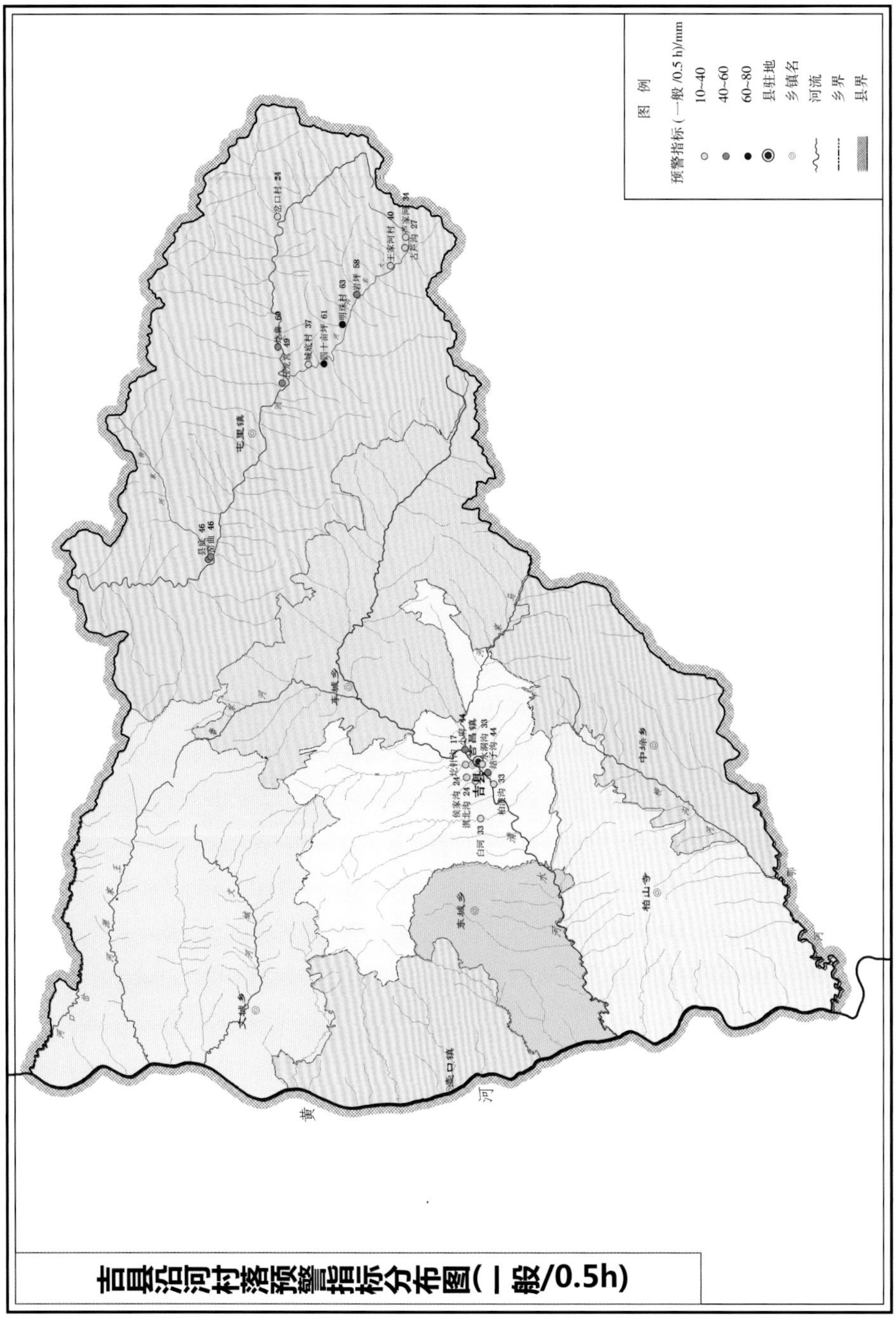

附图 4-92　吉县沿河村落预警指标分布图(一般/0.5 h)

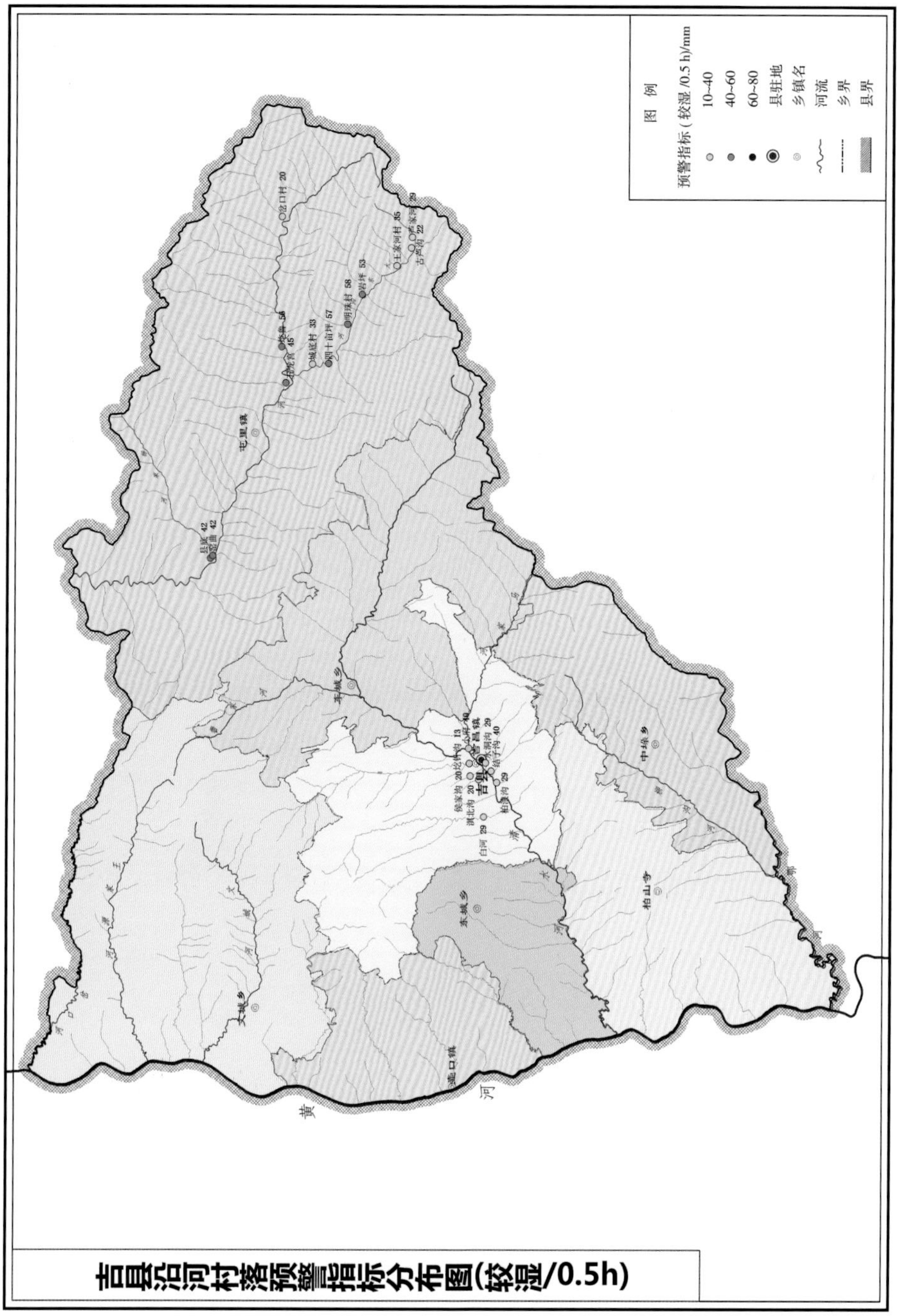

吉县沿河村落预警指标分布图(较湿/0.5h)

附图 4-93　吉县沿河村落预警指标分布图（较湿/0.5 h）

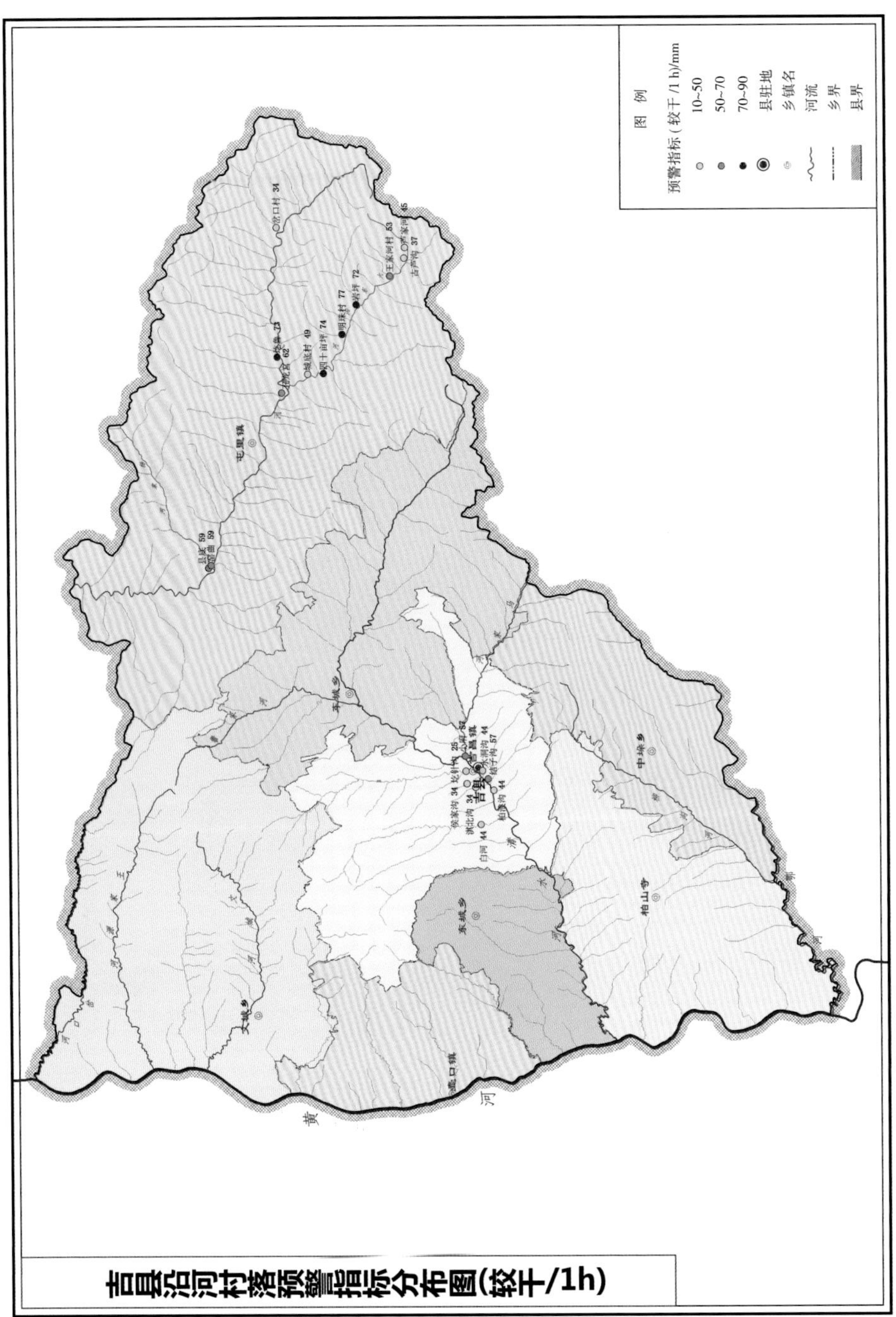

附图 4-94 吉县沿河村落预警指标分布图(较干/1 h)

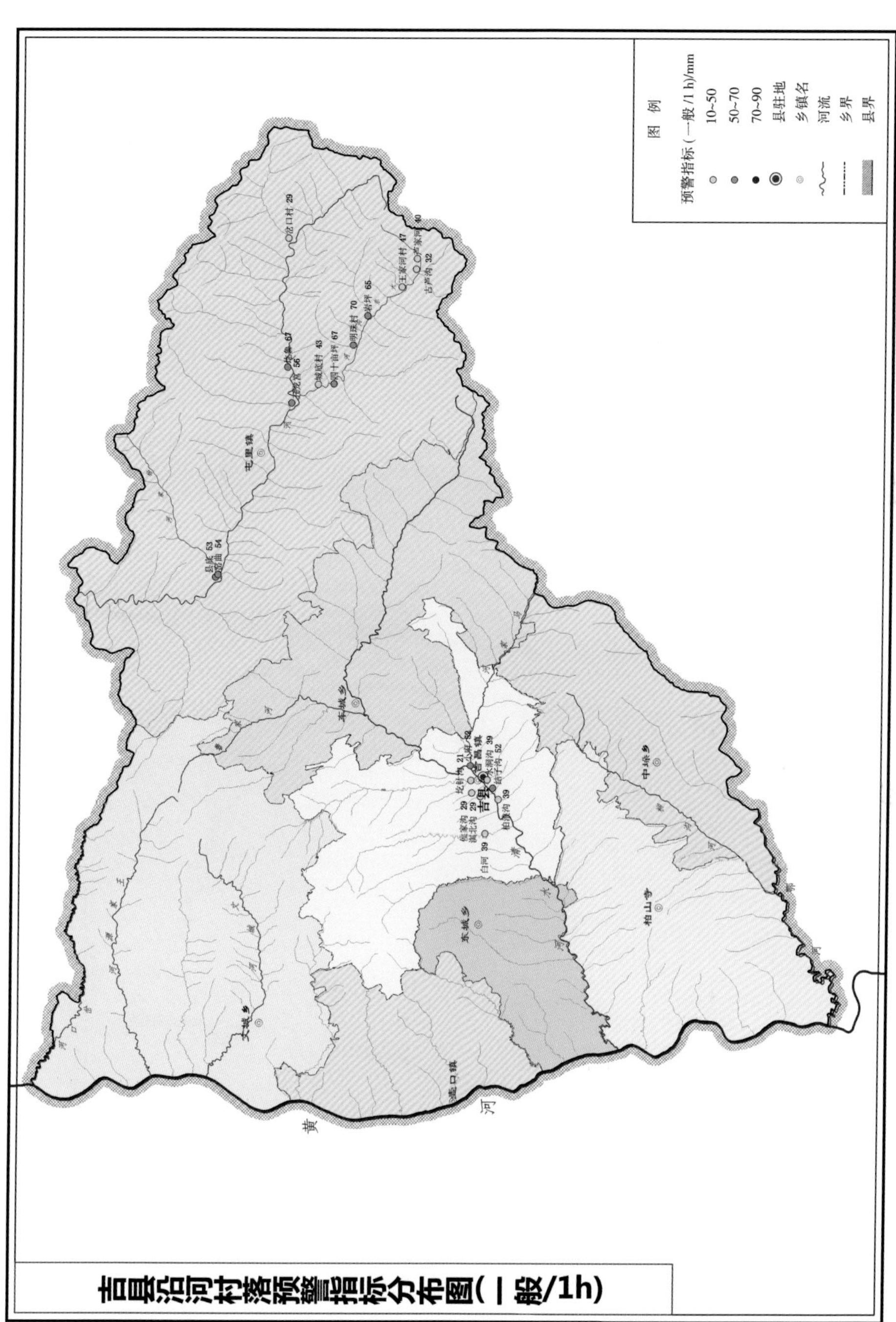

附图 4-95　吉县沿河村落预警指标分布图（一般/1 h）

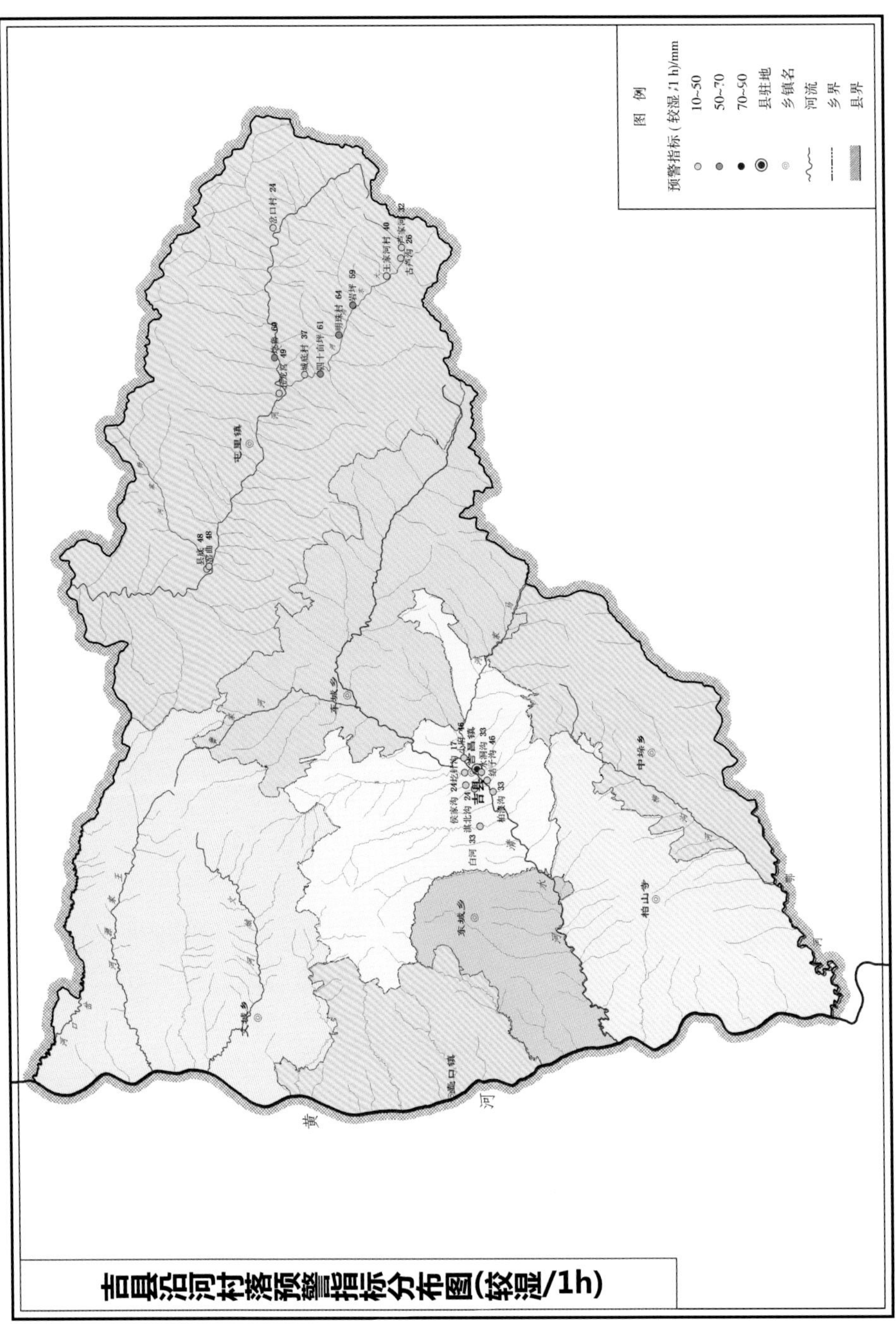

附图 4-96　吉县沿河村落预警指标分布图(较湿/1 h)

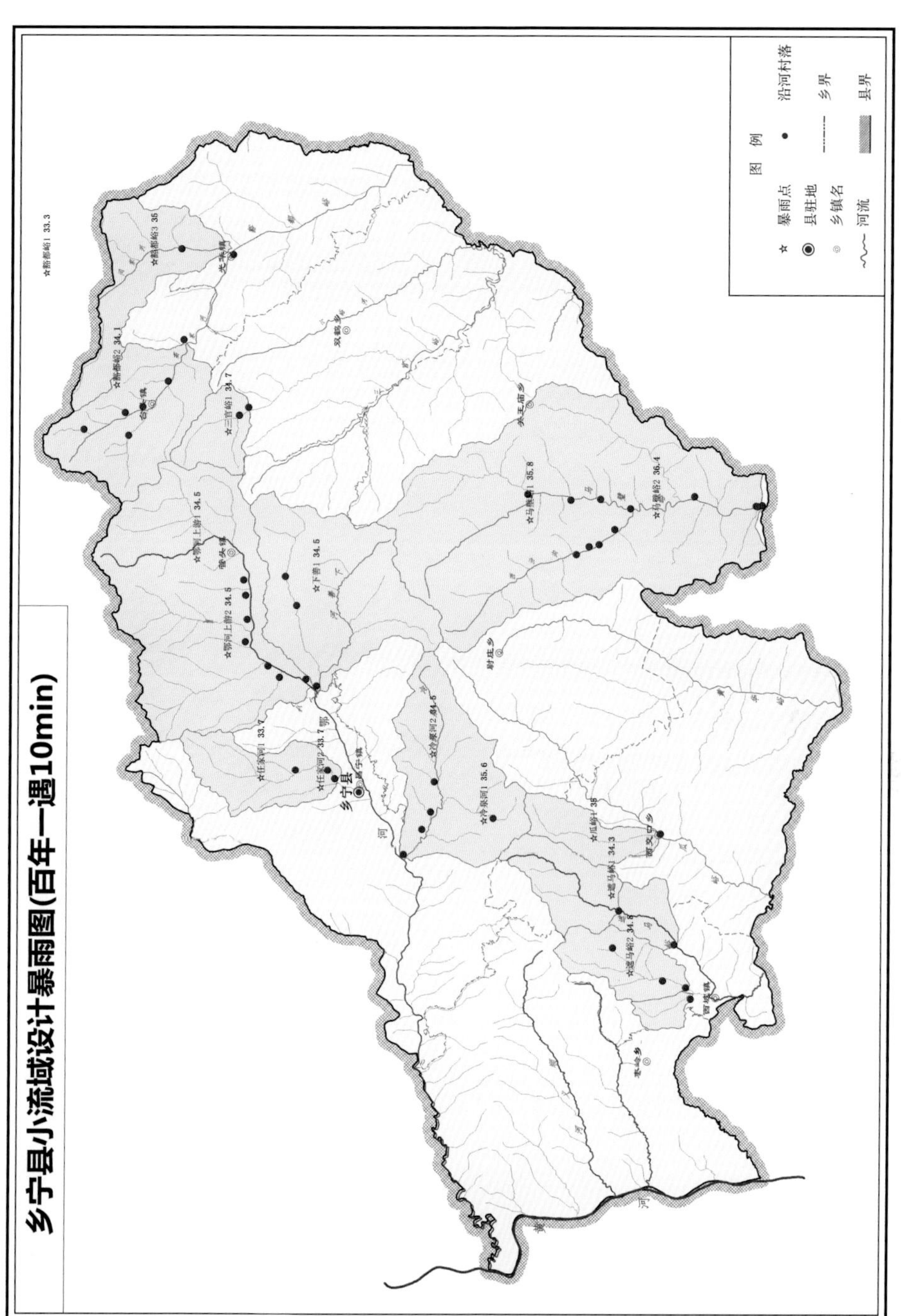

附图 4-97 乡宁县沿河村落百年一遇 10 min 设计暴雨分布图

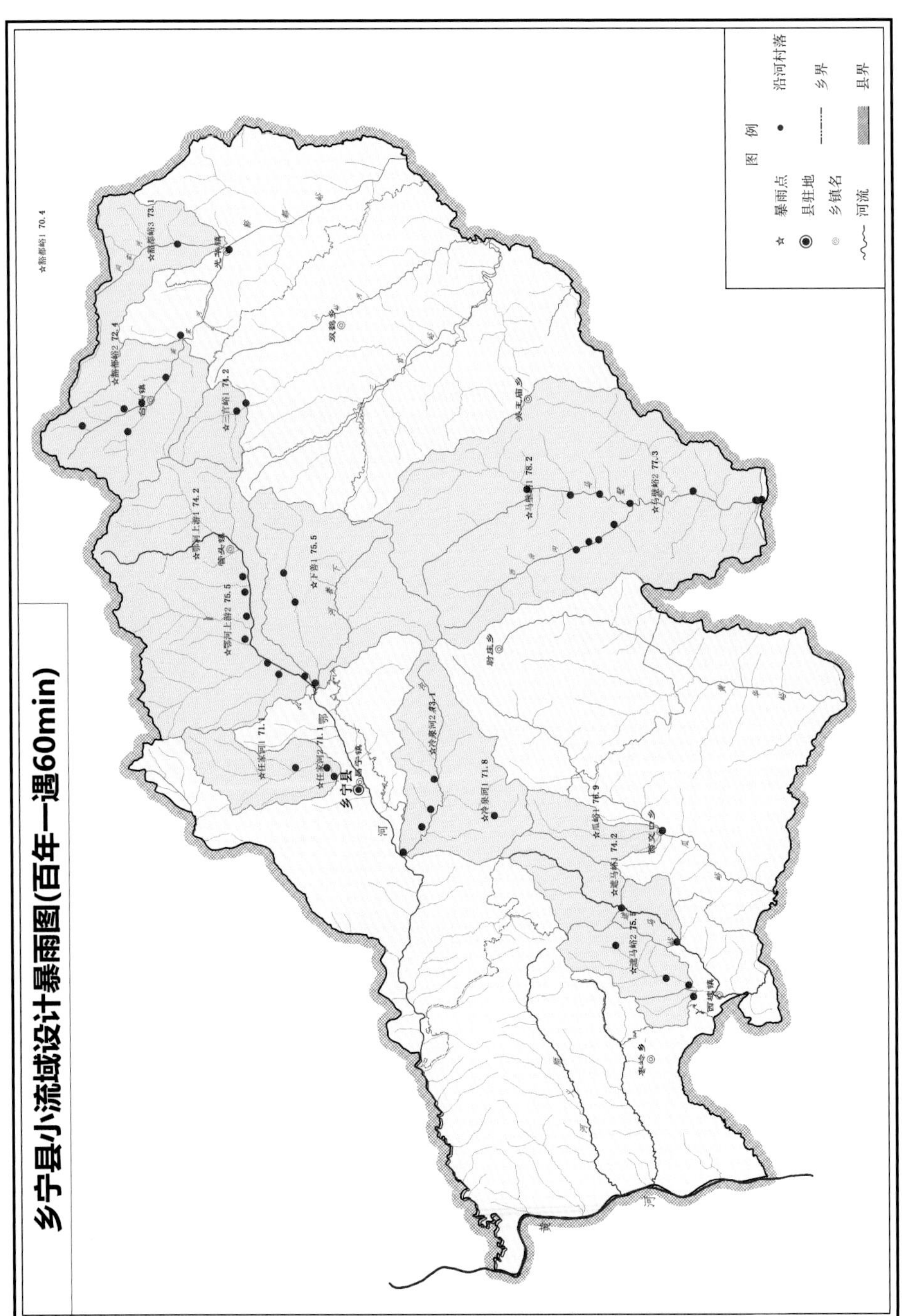

附图 4-98　乡宁县沿河村落百年一遇 60 min 设计暴雨分布图

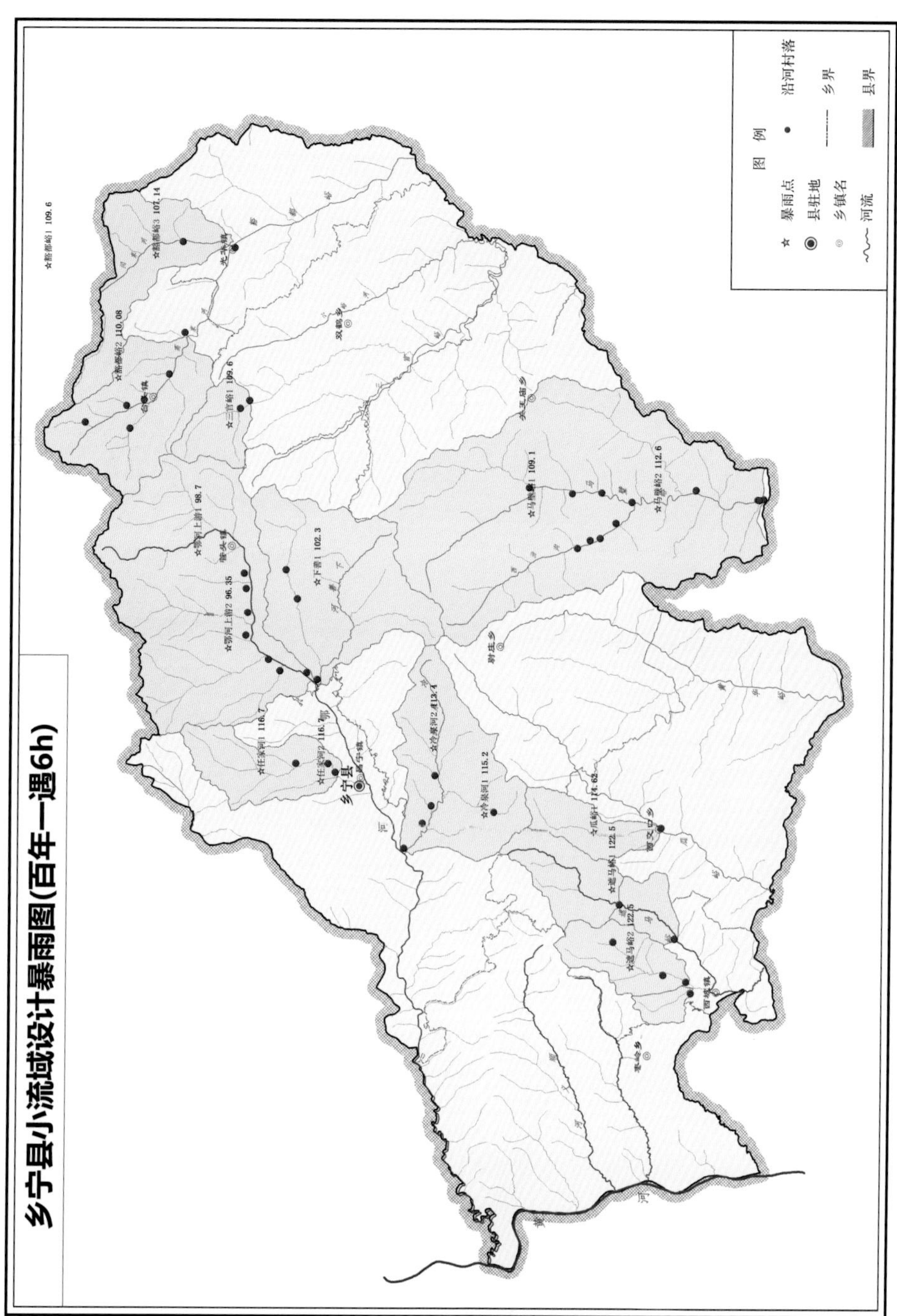

附图 4-99 乡宁县沿河村落百年一遇 6 h 设计暴雨分布图

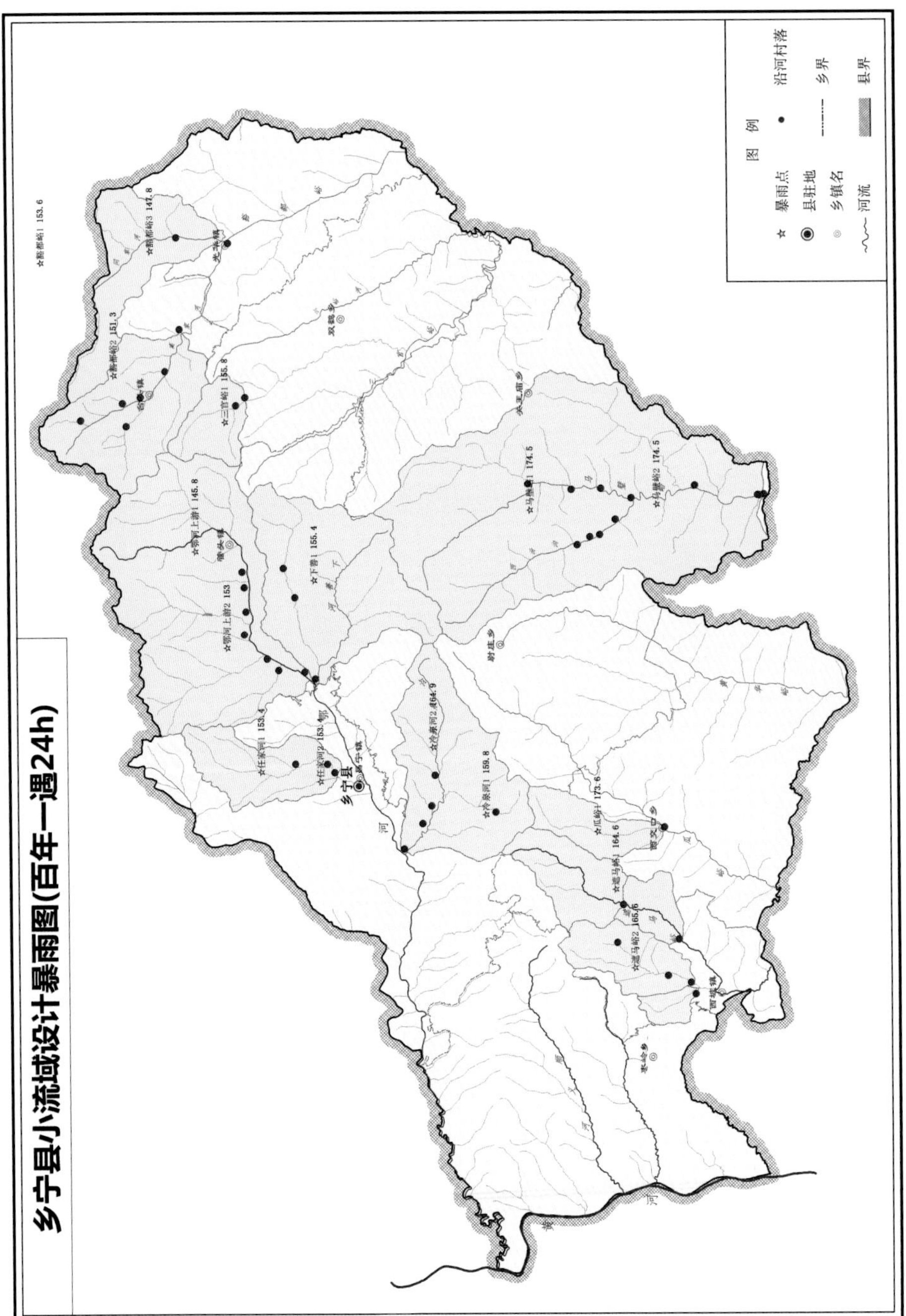

附图 4-100 乡宁县沿河村落百年一遇 24 h 设计暴雨分布图

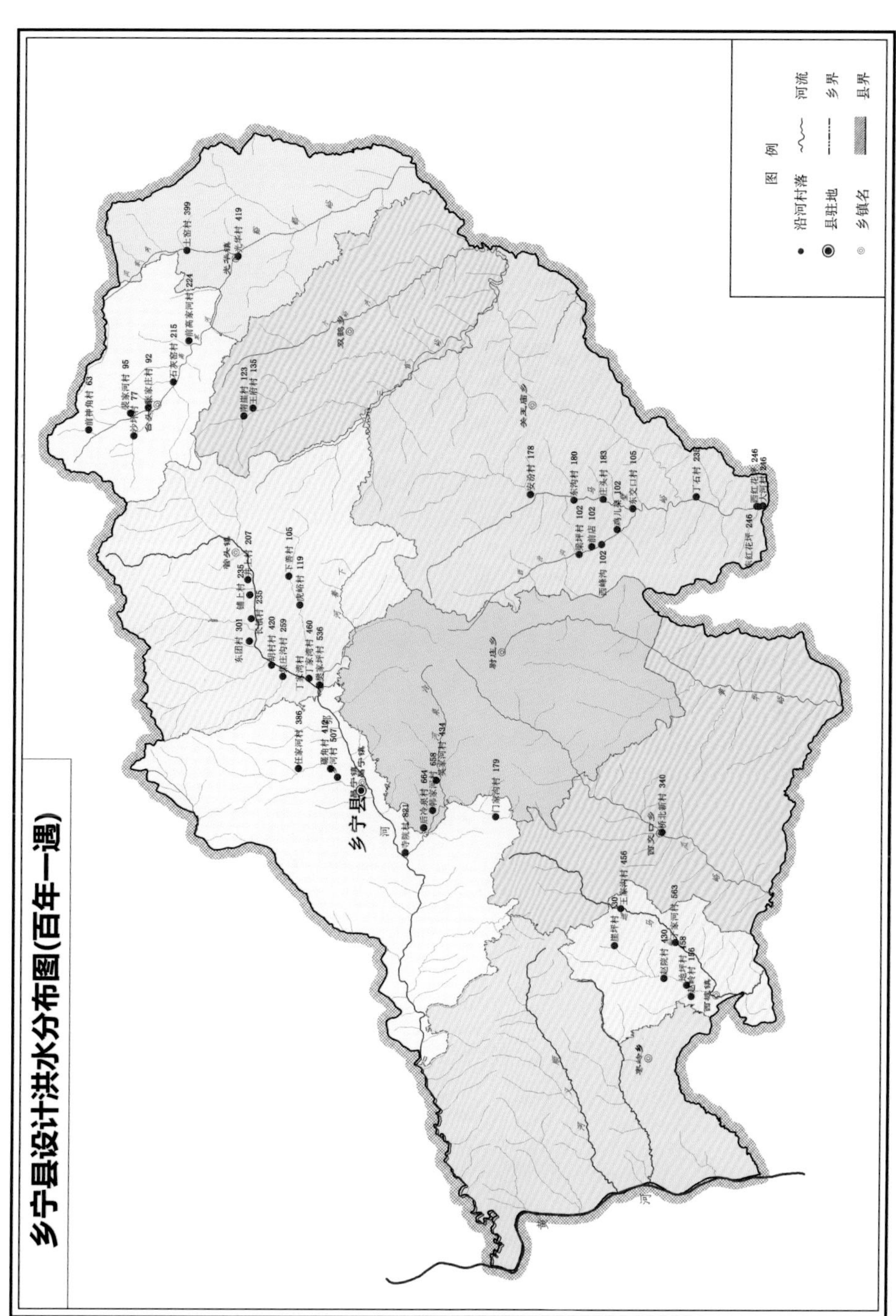

附图 4-101 乡宁县沿河村落百年一遇设计洪水分布图

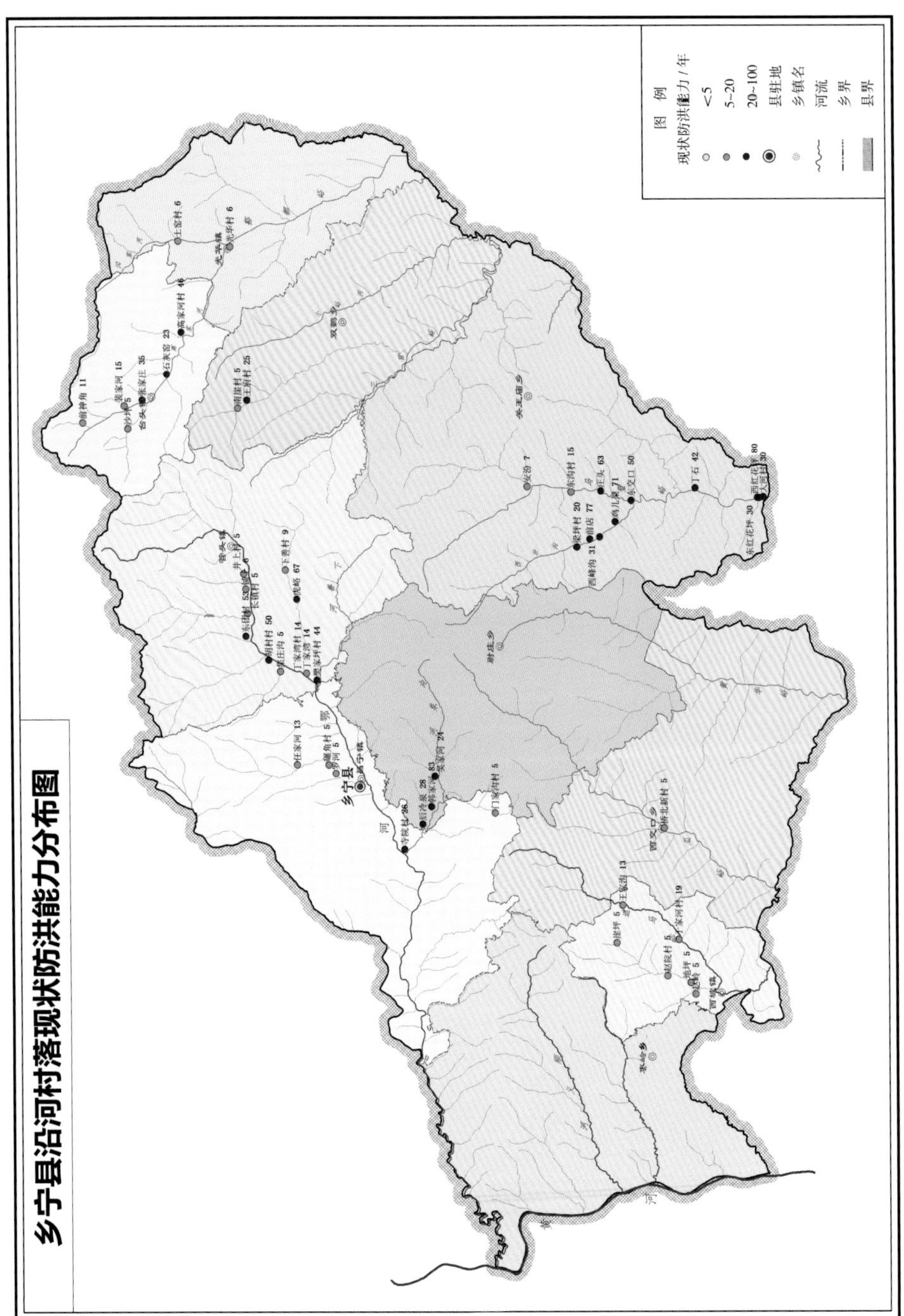

附图 4-102　乡宁县沿河村落现状防洪能力分布图

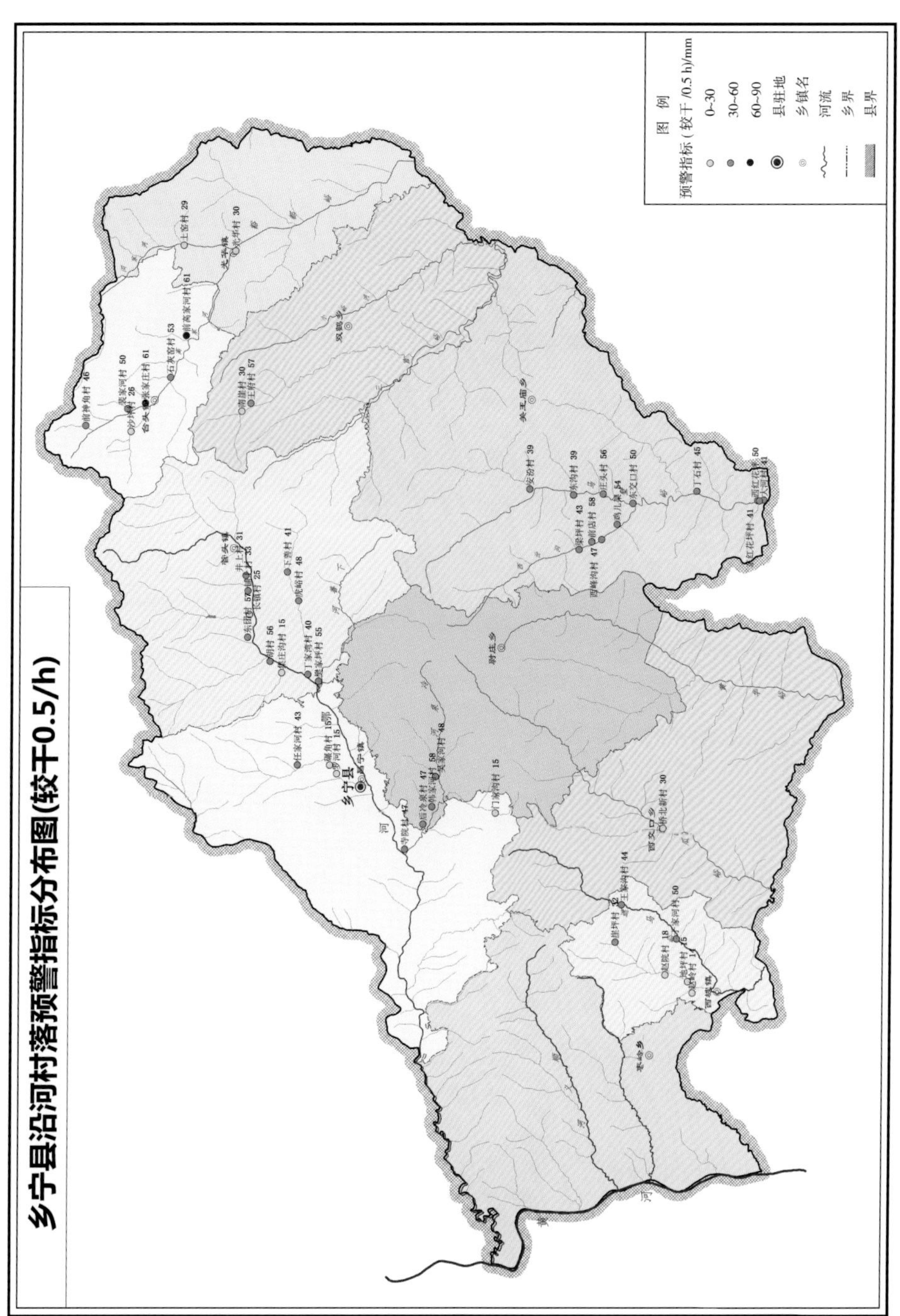

附图 4-103　乡宁县沿河村落预警指标分布图(较干/0.5 h)

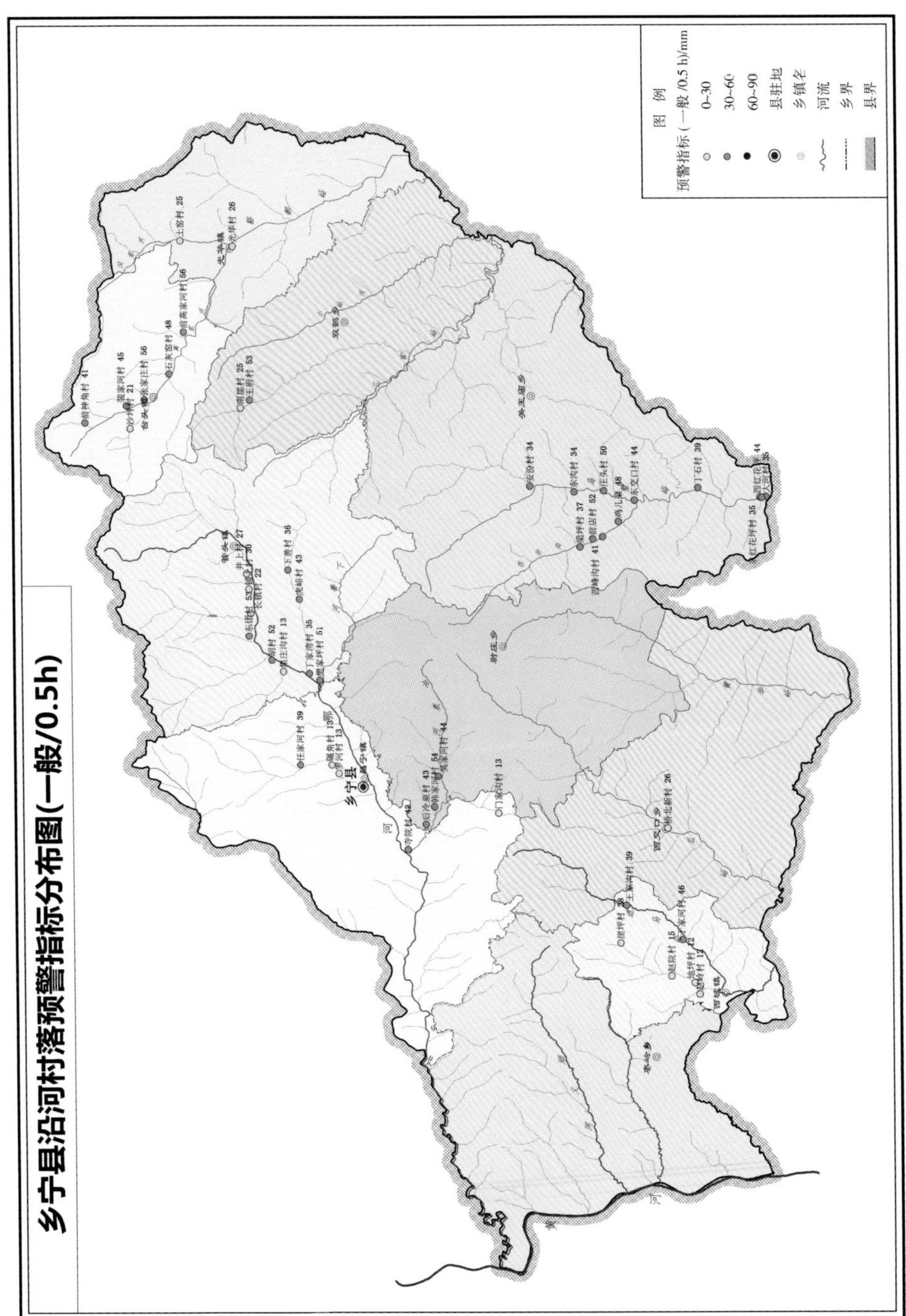

附图 4-104 乡宁县沿河村落预警指标分布图(一般/0.5 h)

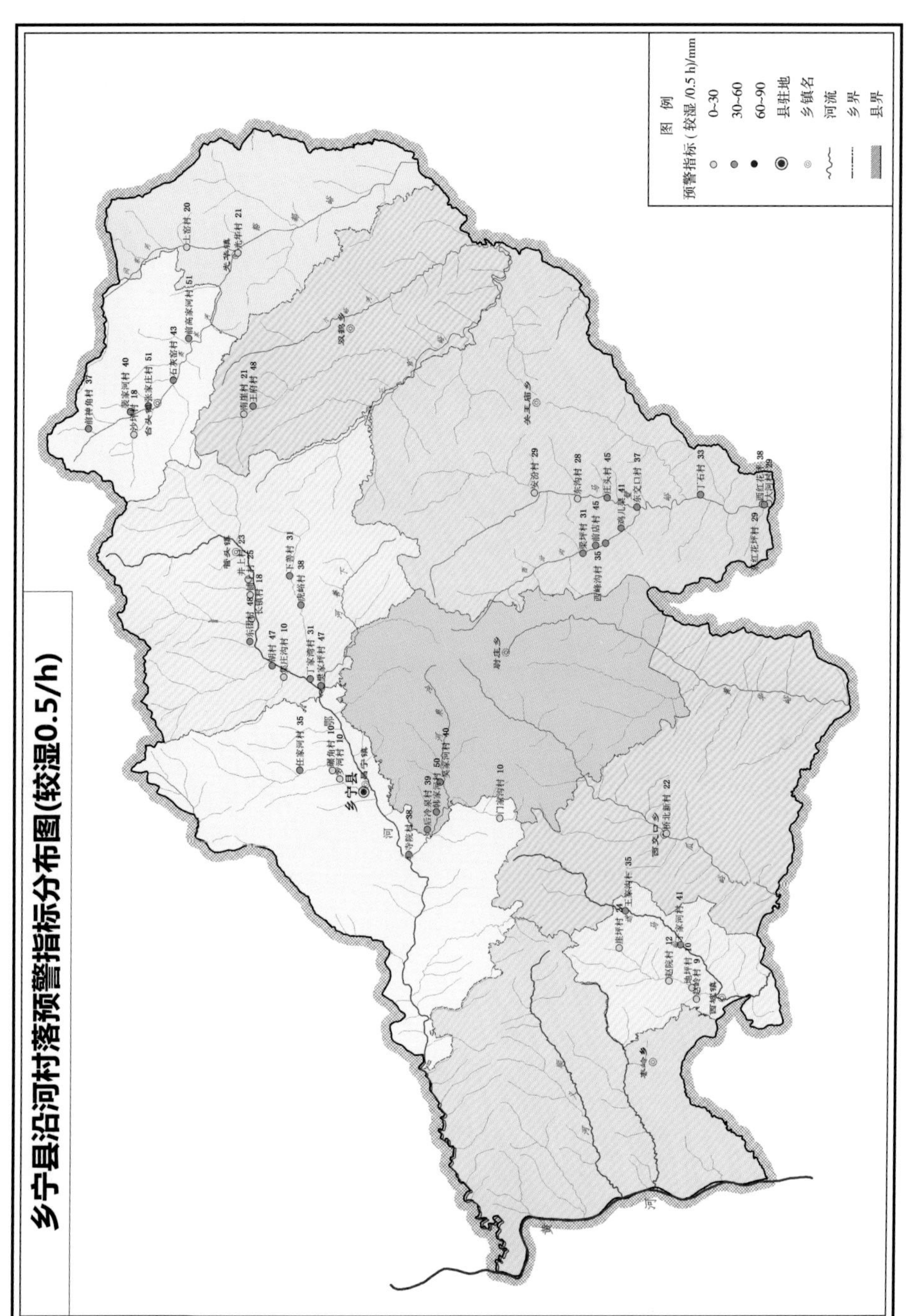

附图 4-105 乡宁县沿河村落预警指标分布图(较湿/0.5 h)

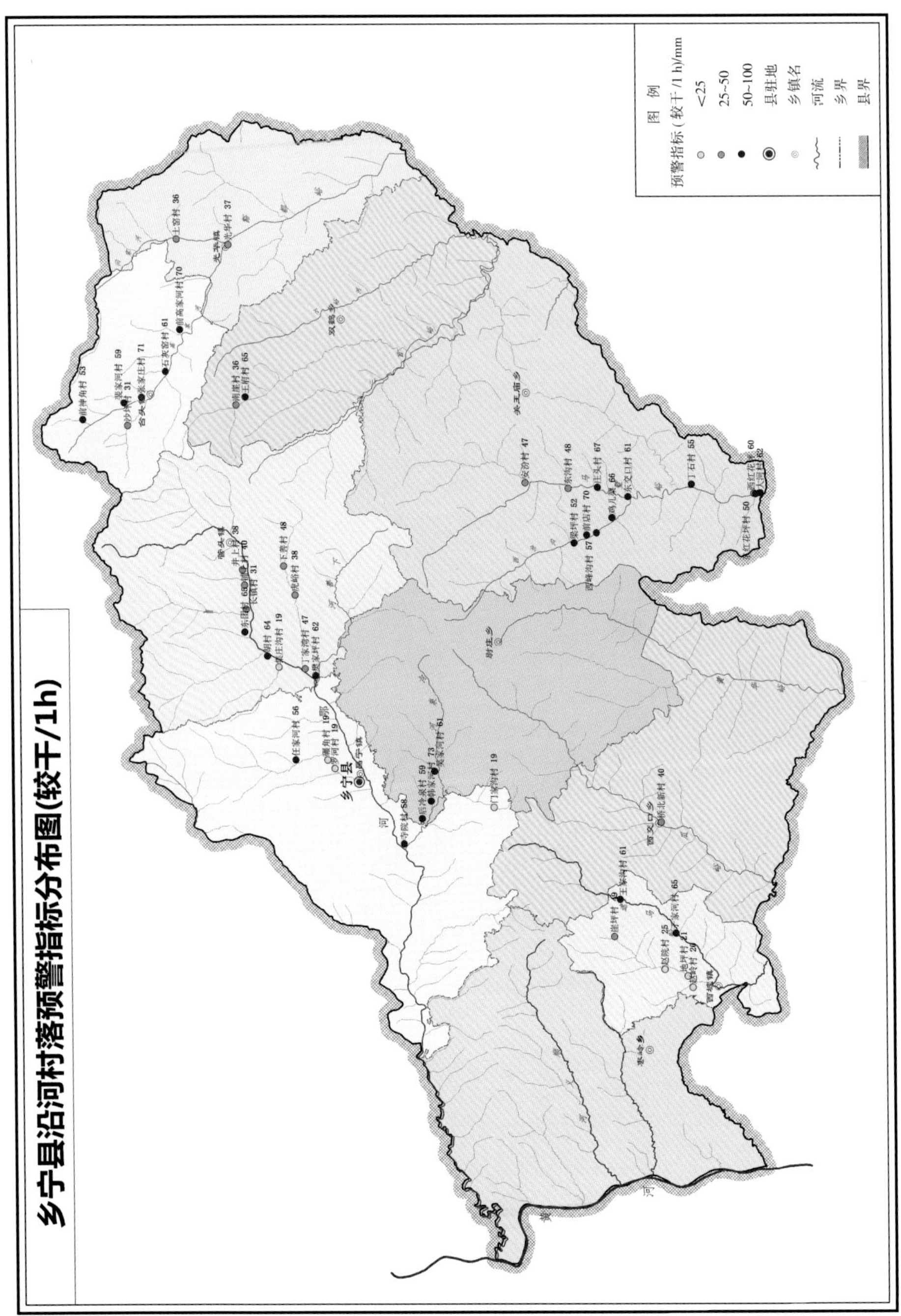

附图 4-106　乡宁县沿河村落预警指标分布图(较干/1 h)

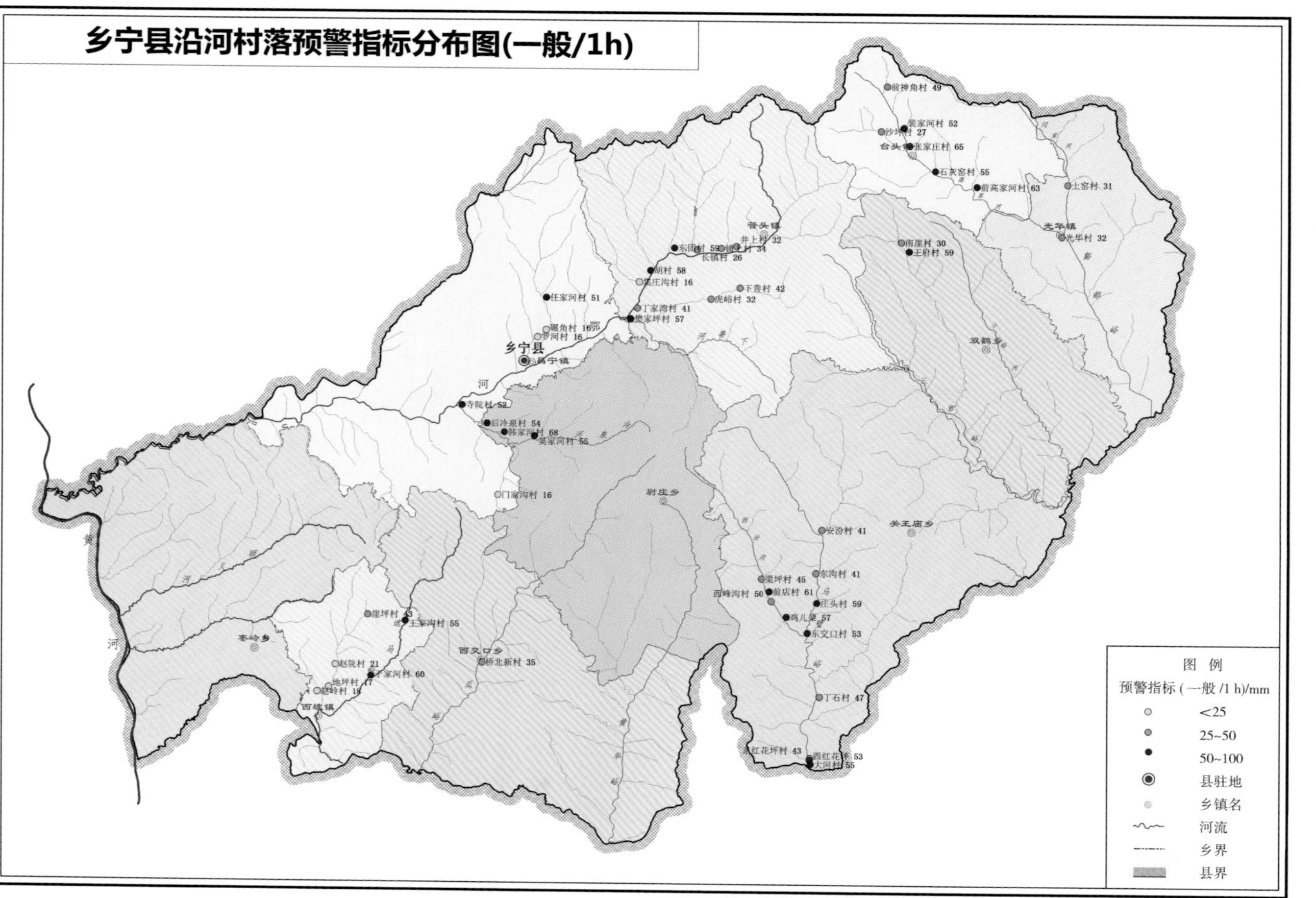

附图 4-107 乡宁县沿河村落预警指标分布图(一般/1 h)

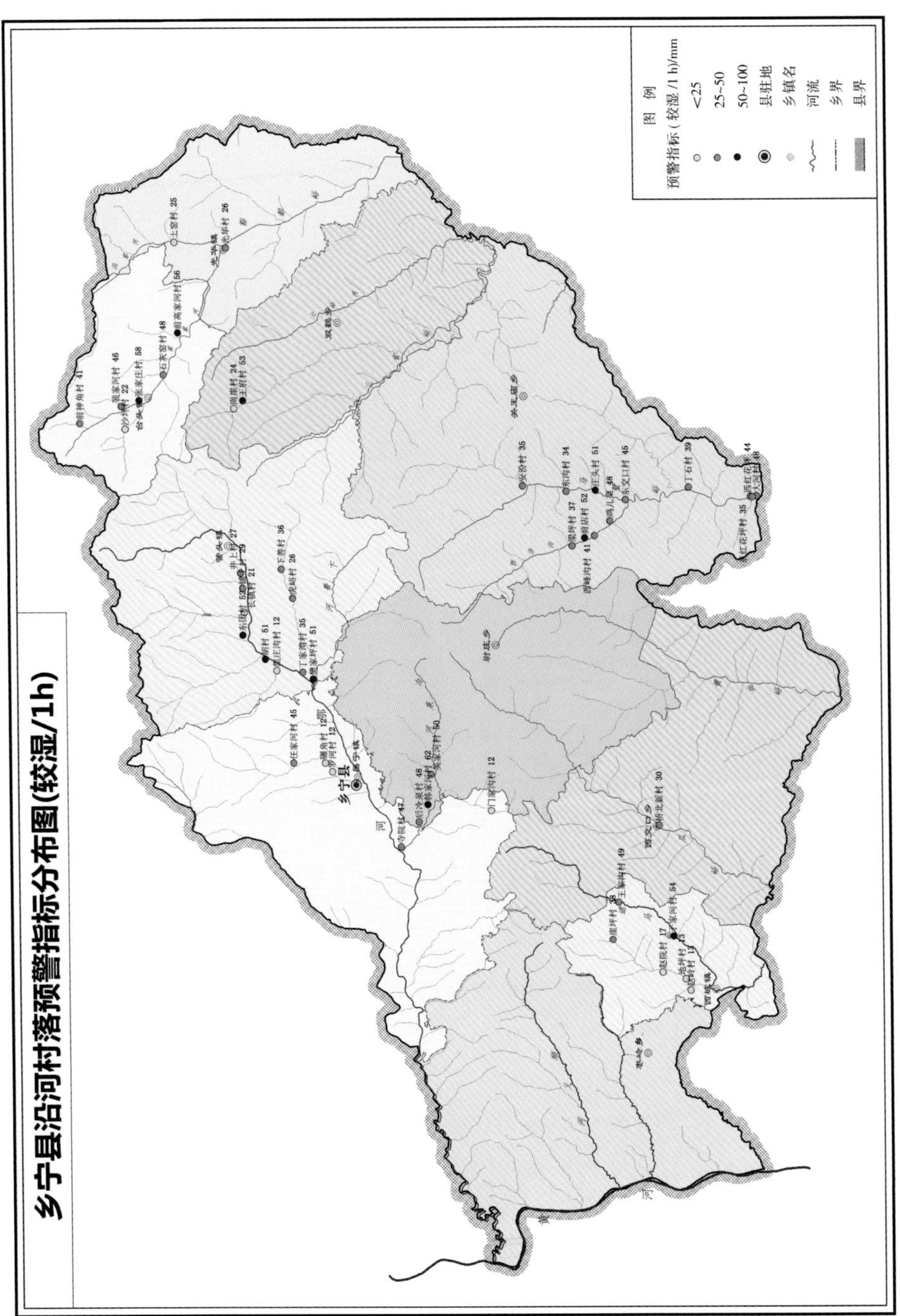

附图 4-108　乡宁县沿河村落预警指标分布图(较湿/1 h)

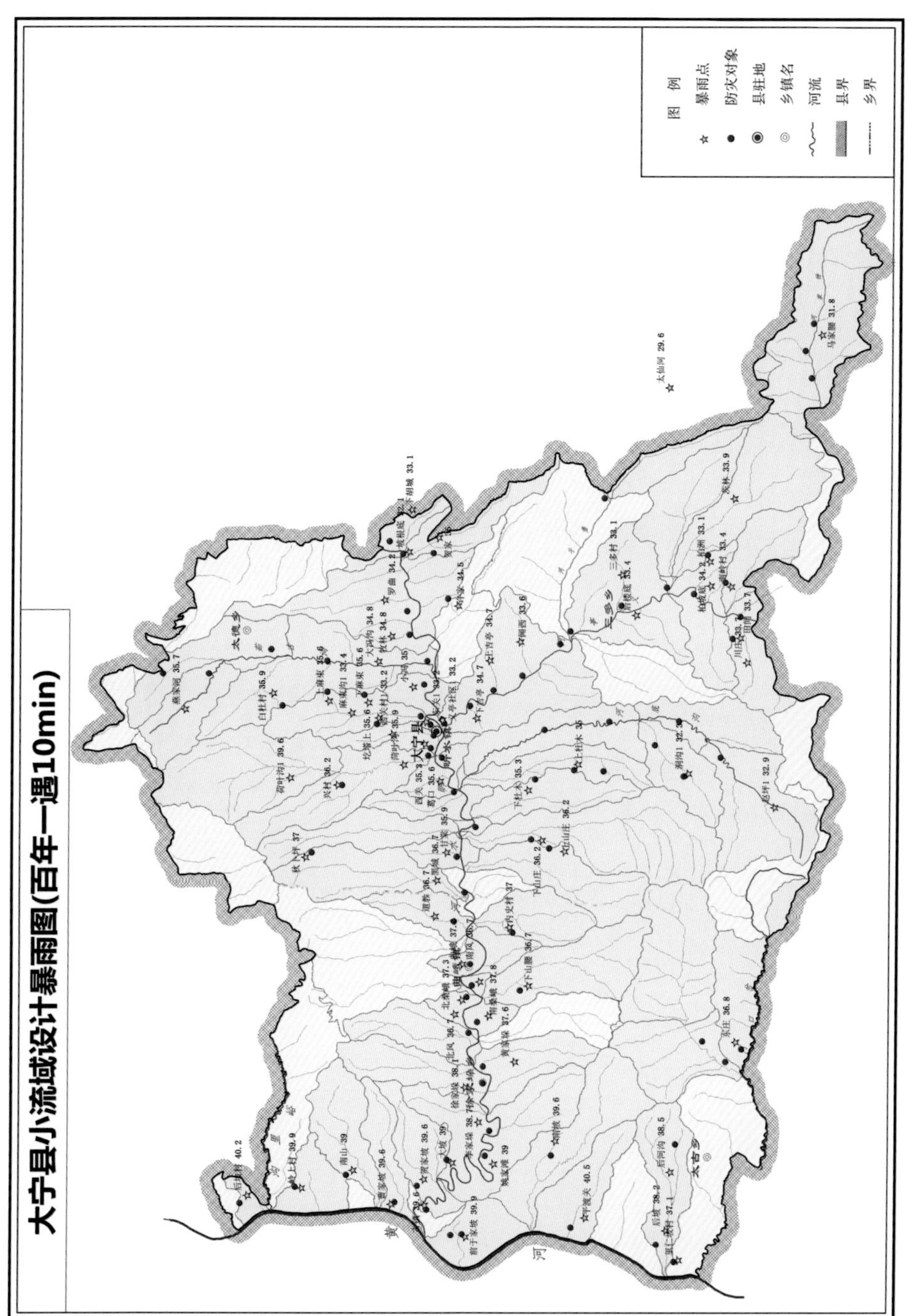

附图 4-109 大宁县沿河村落百年一遇 10 min 设计暴雨分布图

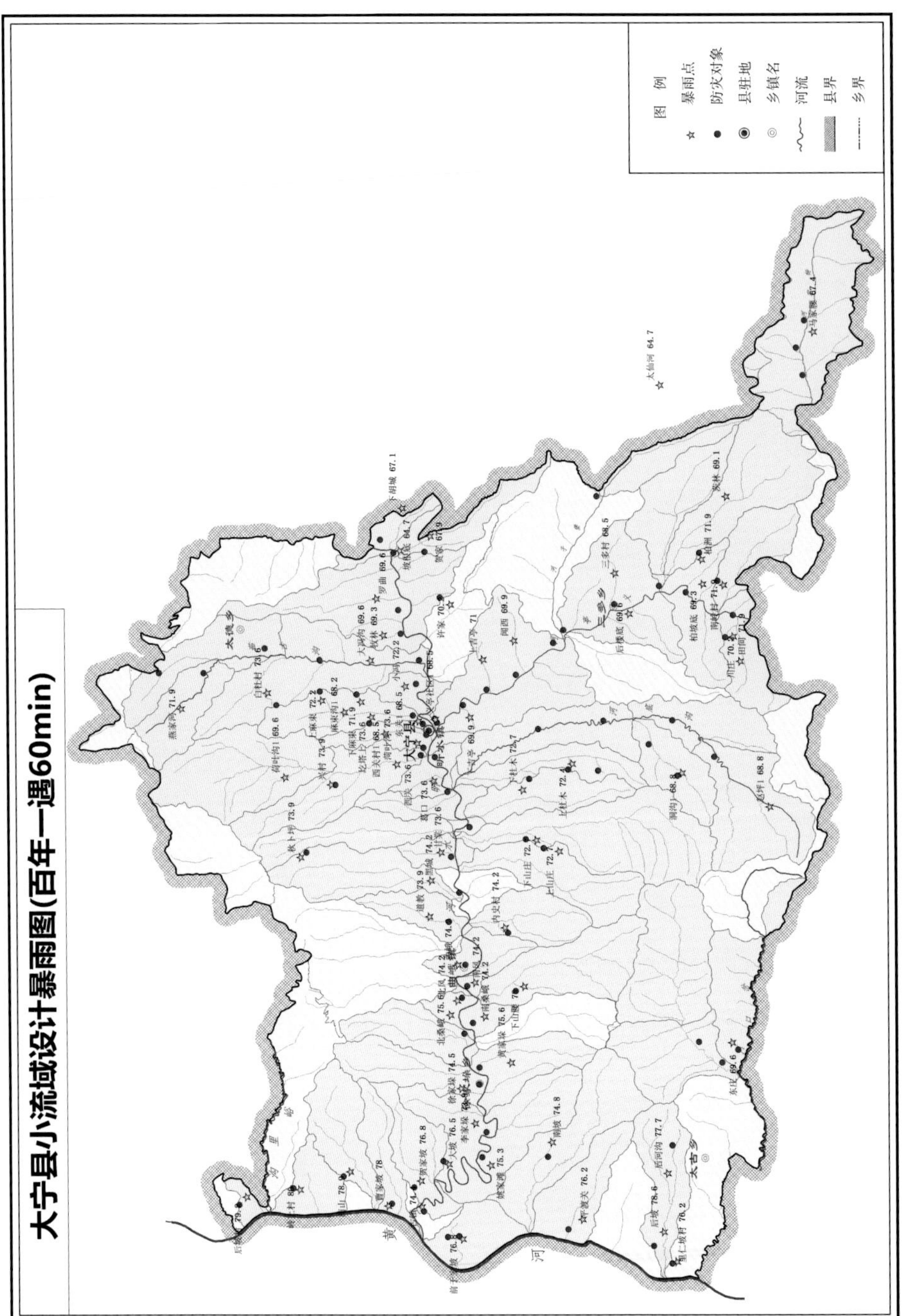

附图 4-110　大宁县沿河村落百年一遇 60 min 设计暴雨分布图

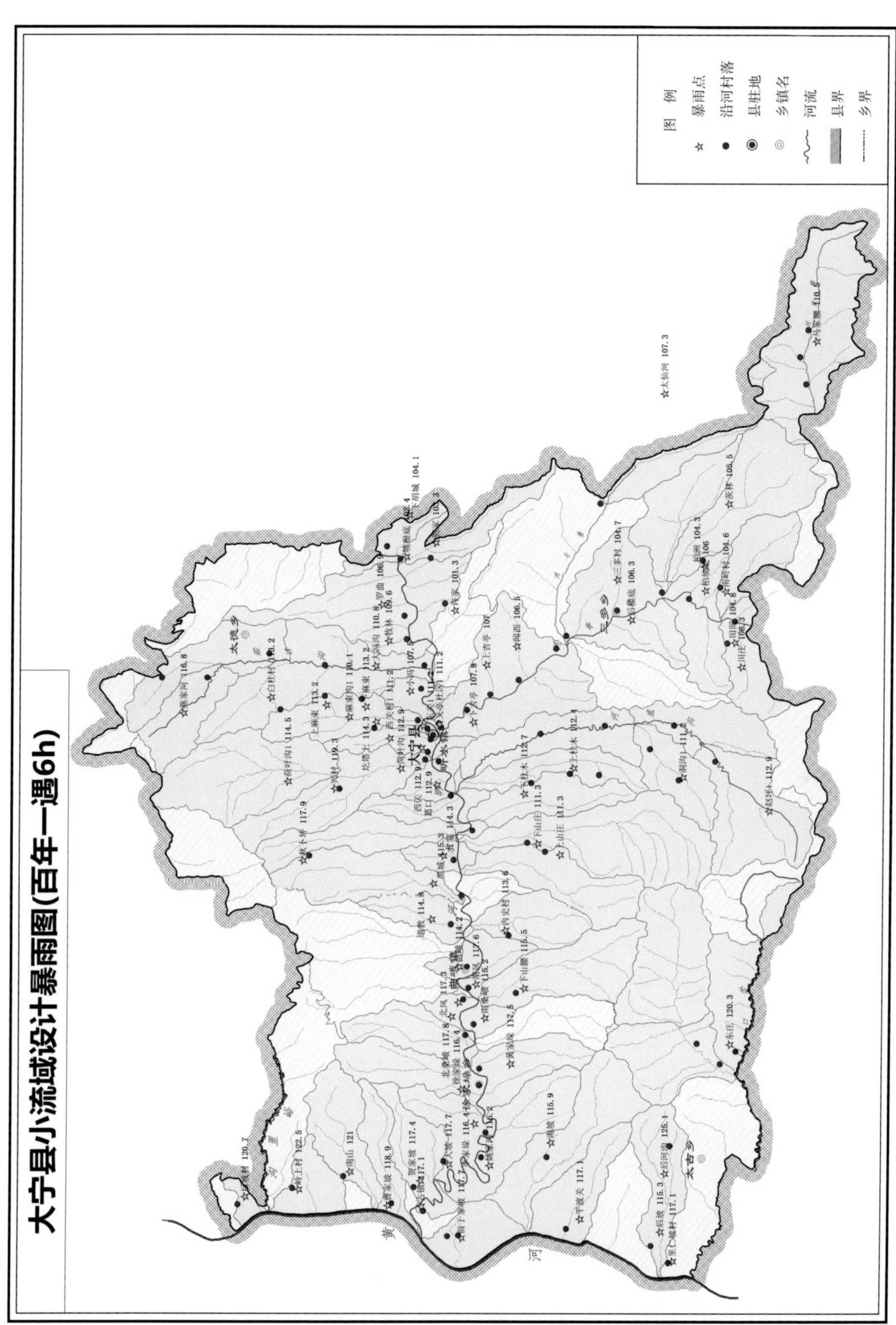

附图 4-111　大宁县沿河村落百年一遇 6 h 设计暴雨分布图

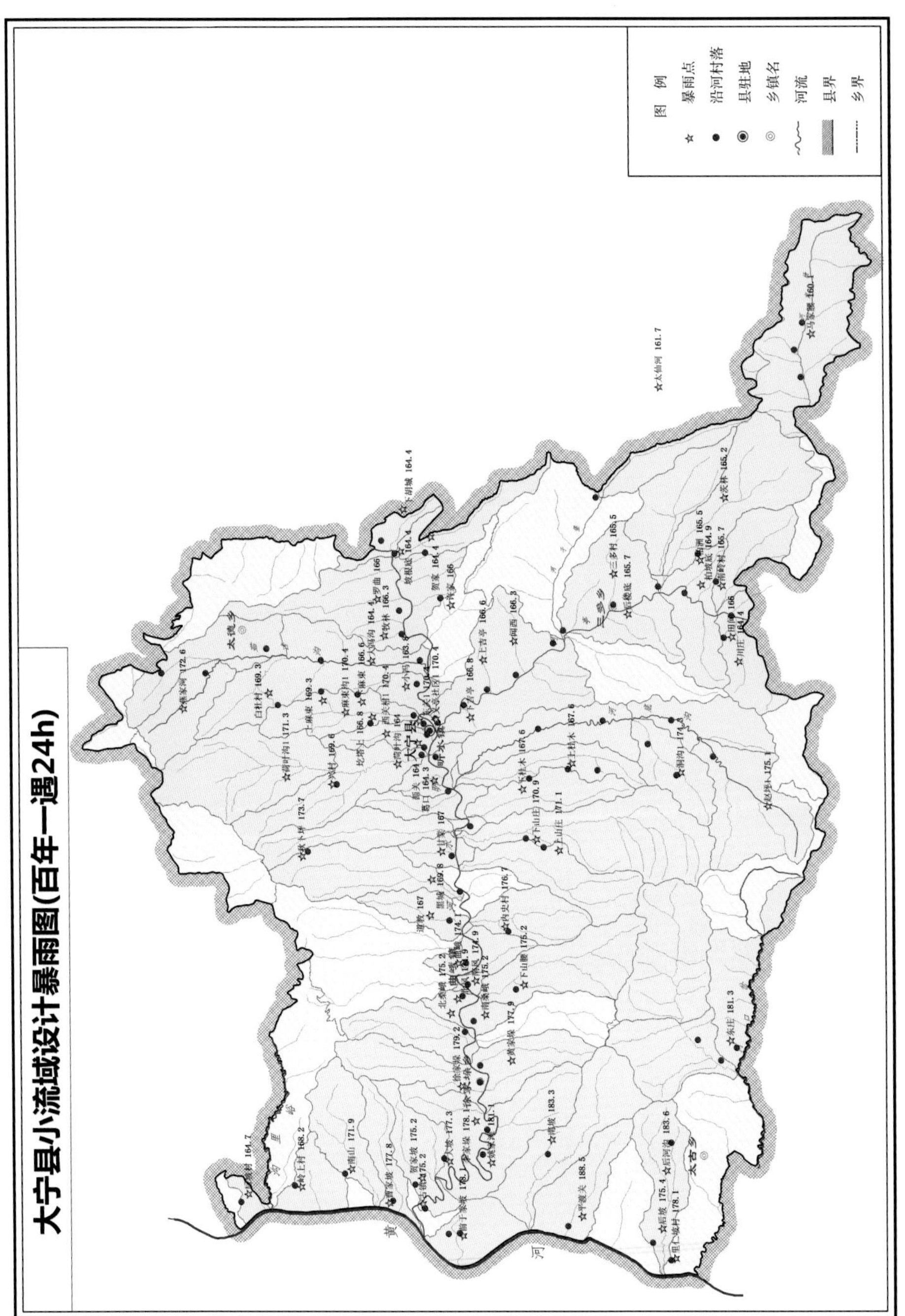

附图 4-112　大宁县沿河村落百年一遇 24 h 设计暴雨分布图

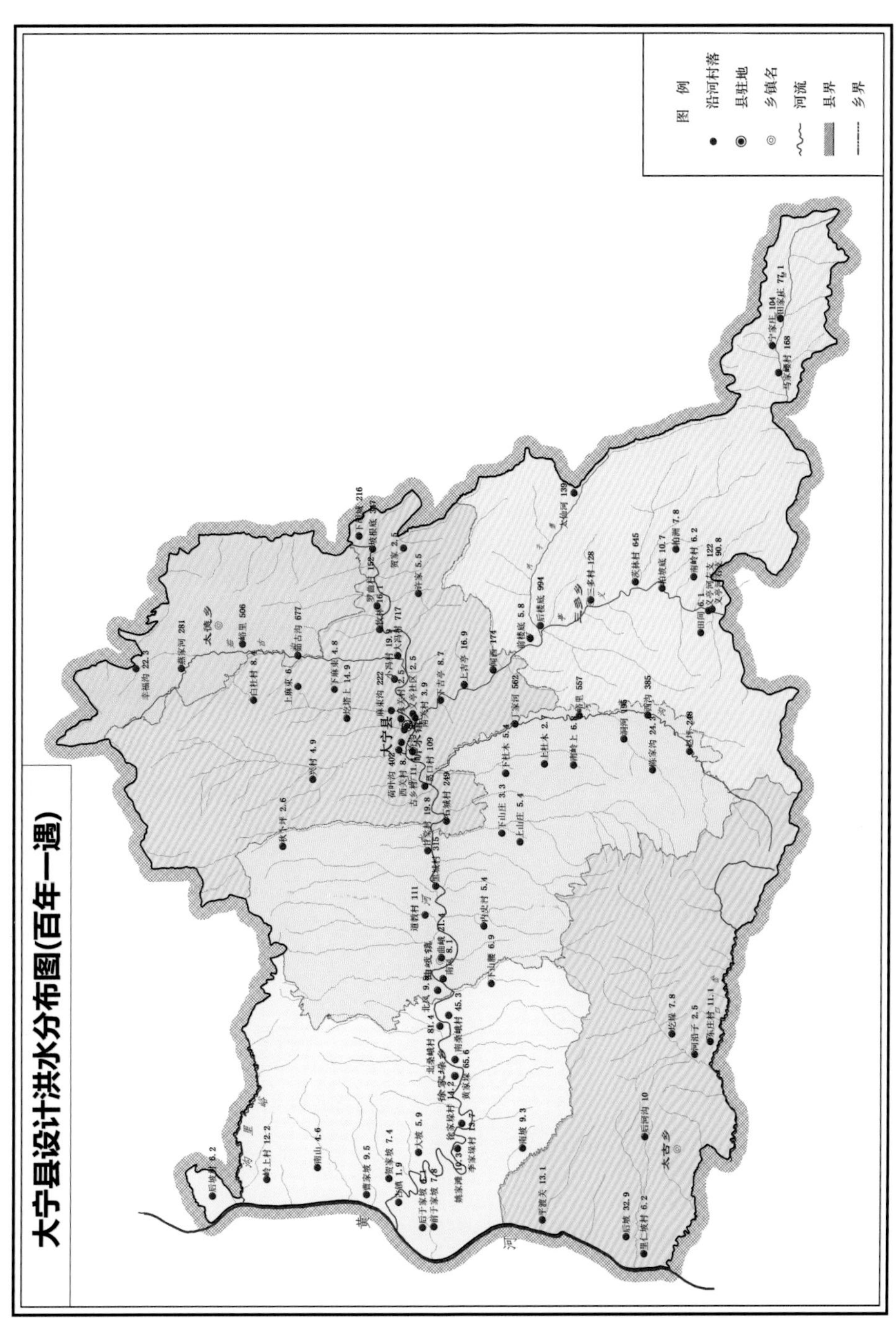

附图 4-113　大宁县沿河村落百年一遇设计洪水分布图

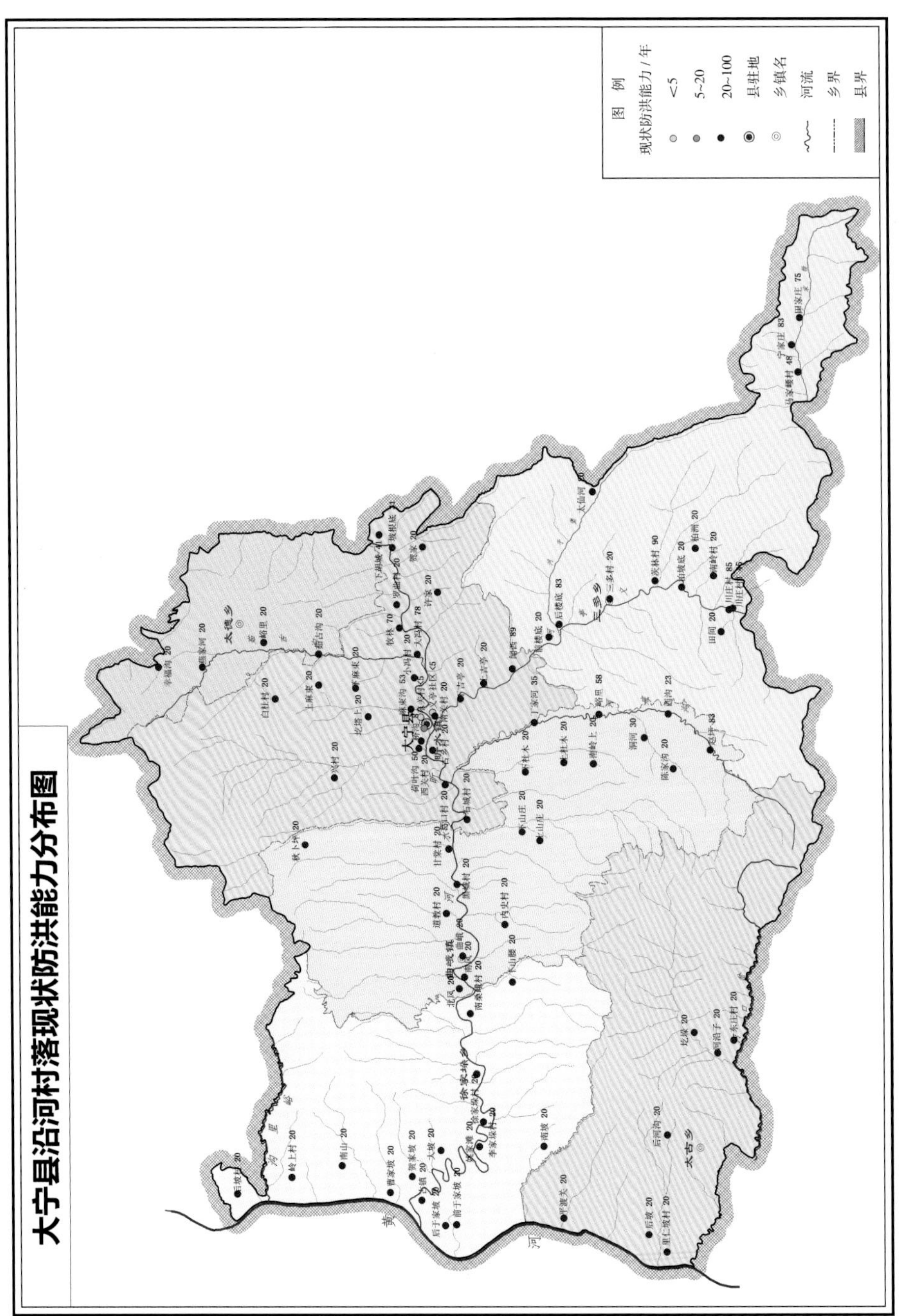

附图 4-114 大宁县沿河村落现状防洪能力分布图

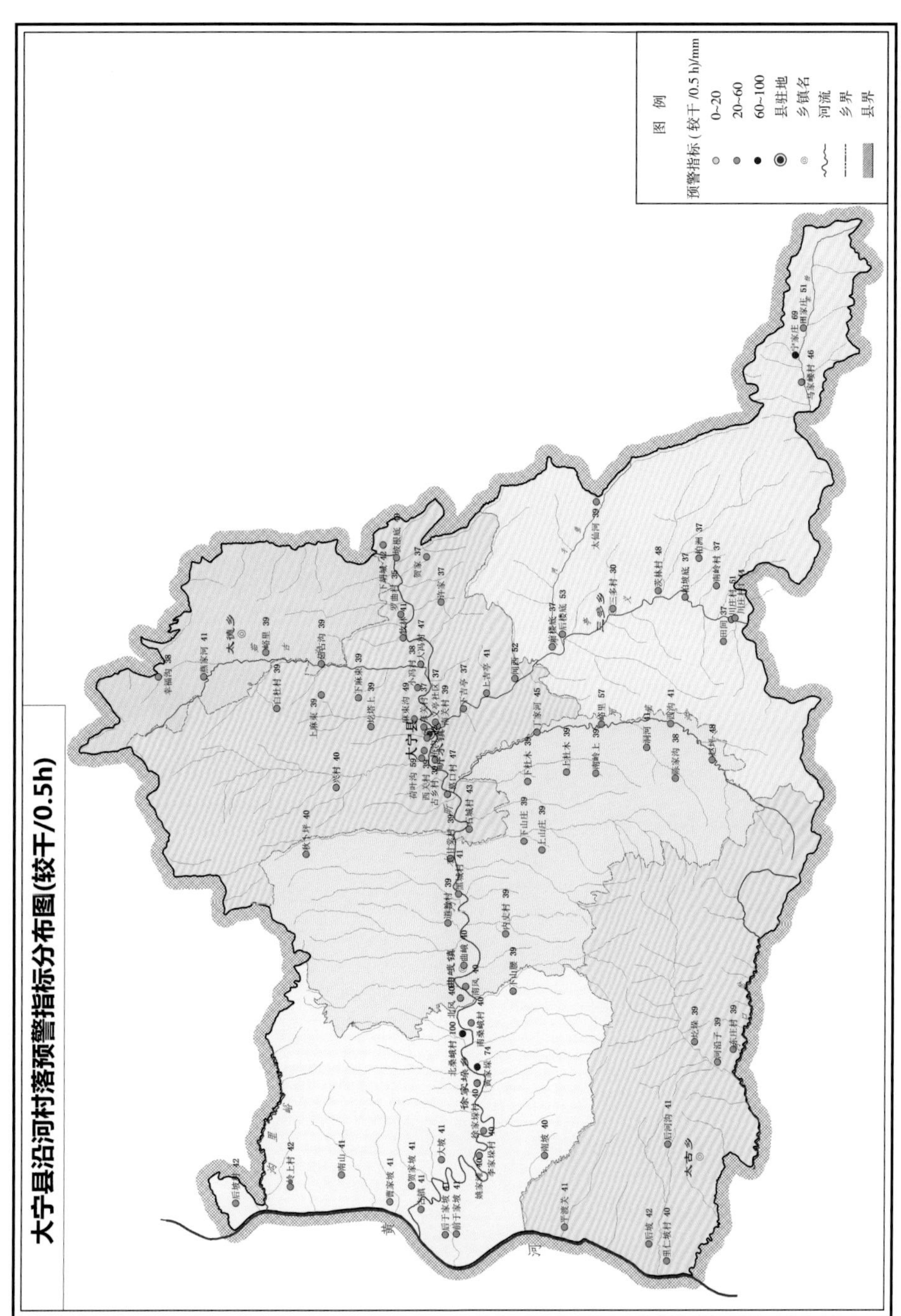

附图 4-115 大宁县沿河村落预警指标分布图(较干/0.5 h)

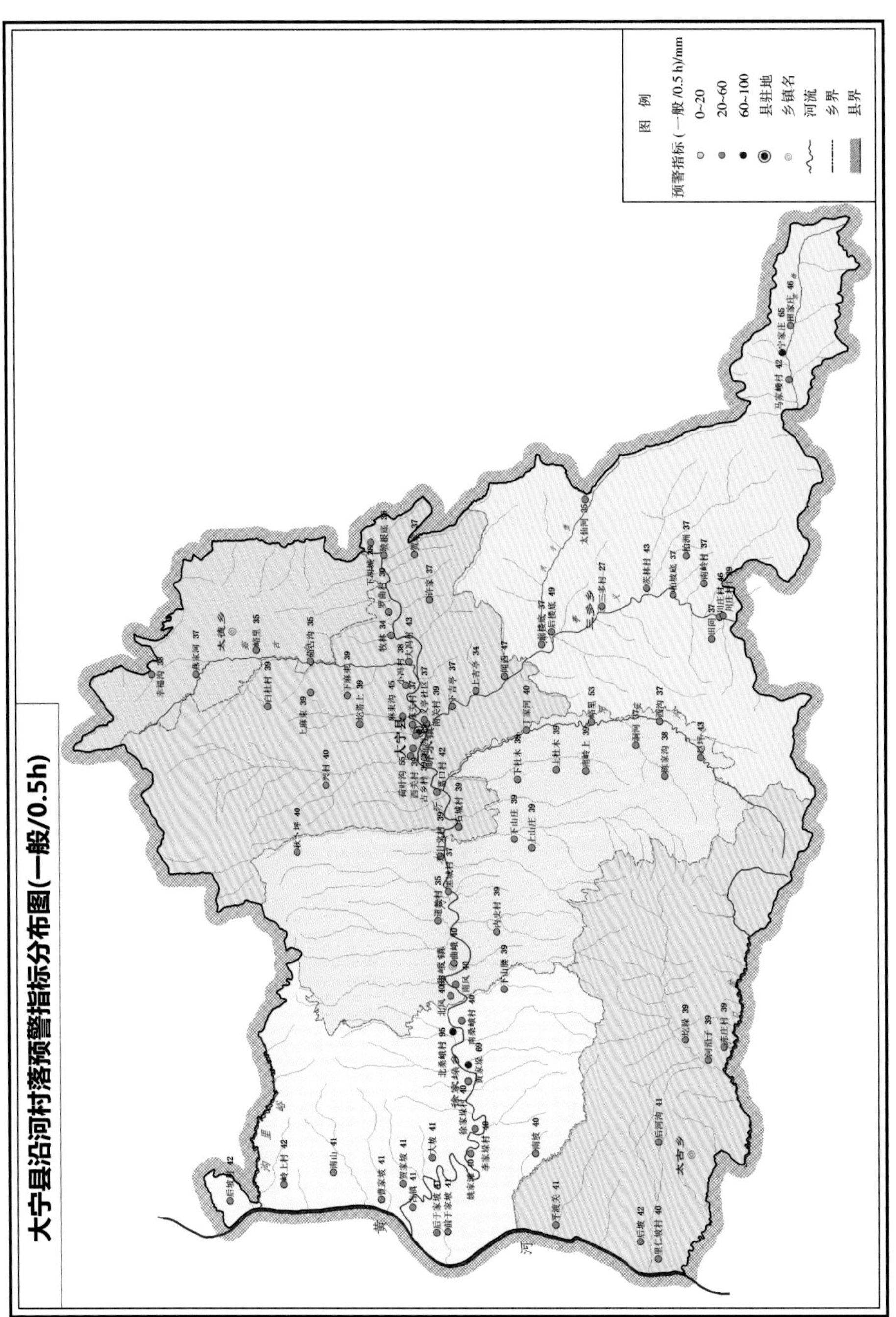

附图 4-116 大宁县沿河村落预警指标分布图(一般/0.5 h)

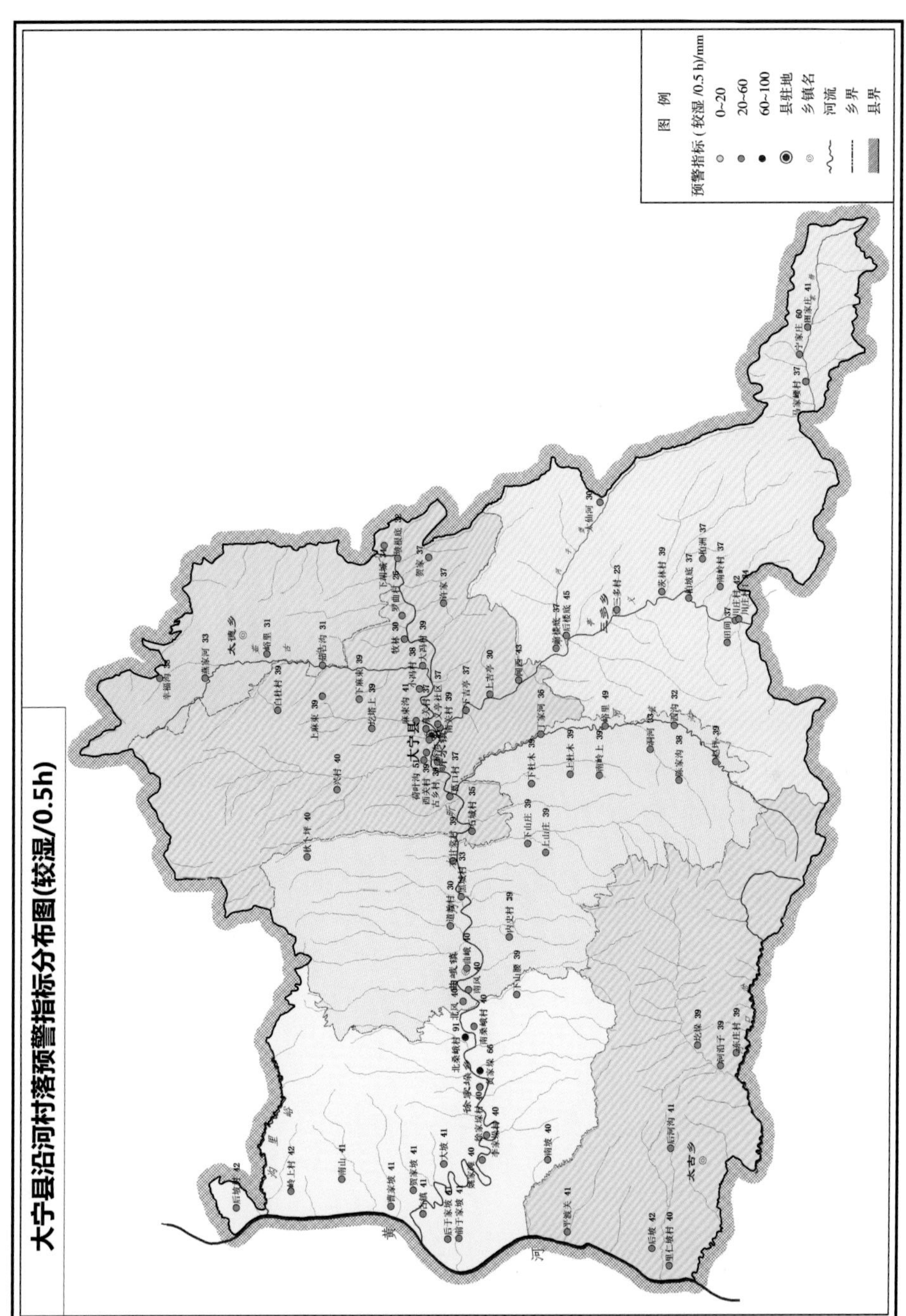

附图 4-117　大宁县沿河村落预警指标分布图(较湿/0.5 h)

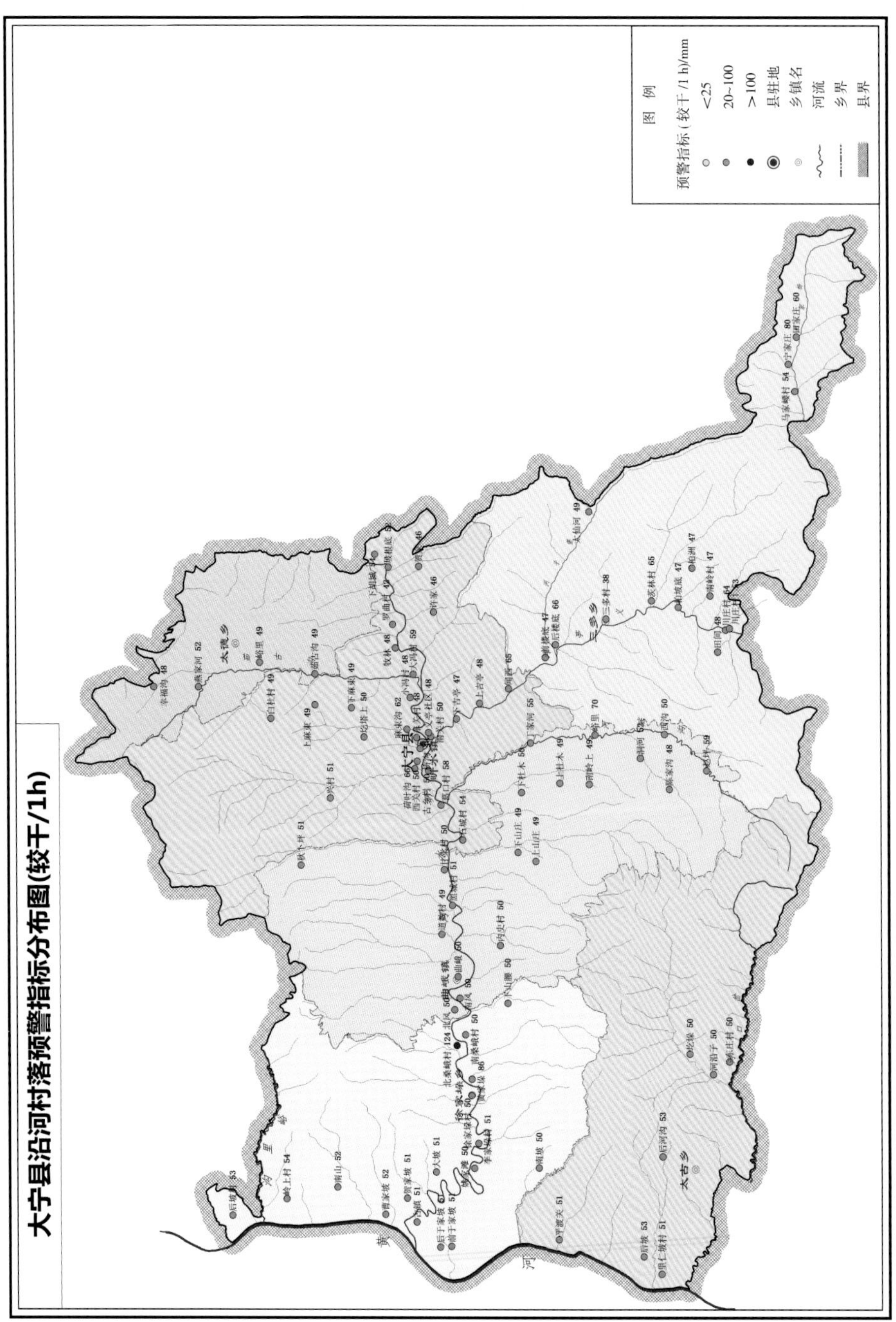

附图 4-118　大宁县沿河村落预警指标分布图(较干/1 h)

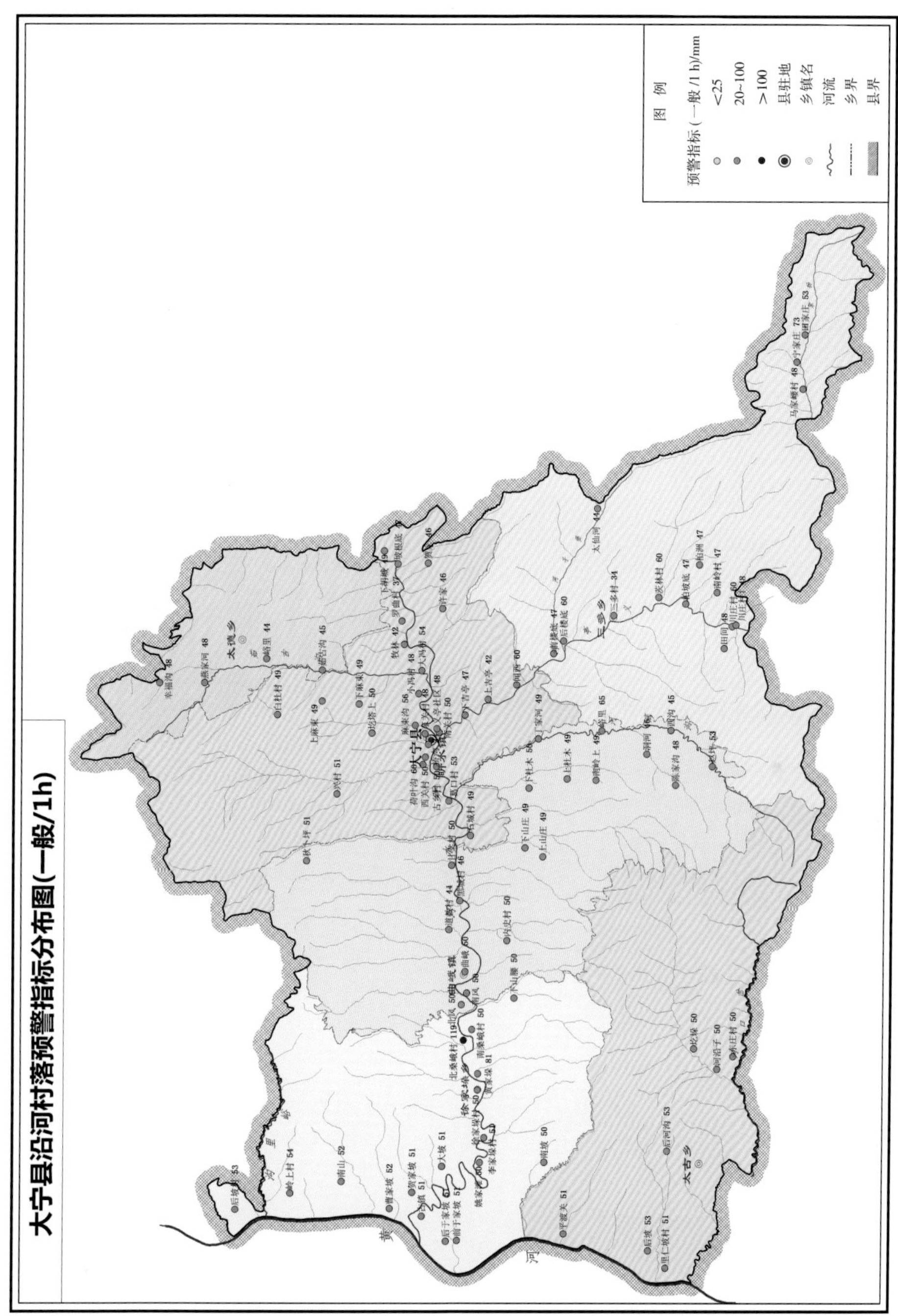

附图 4-119 大宁县沿河村落预警指标分布图(一般/1 h)

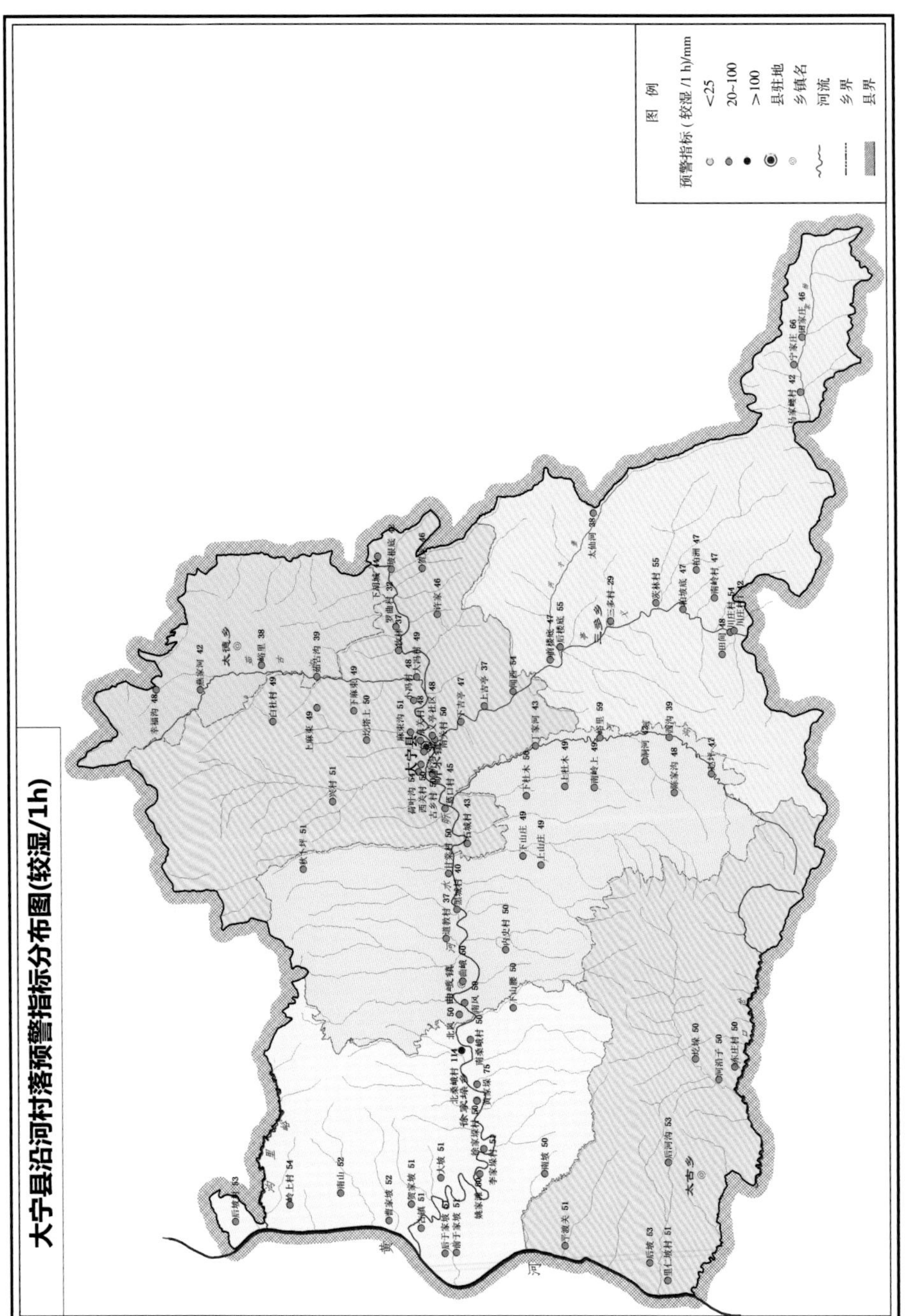

附图 4-120　大宁县沿河村落预警指标分布图(较湿/1 h)

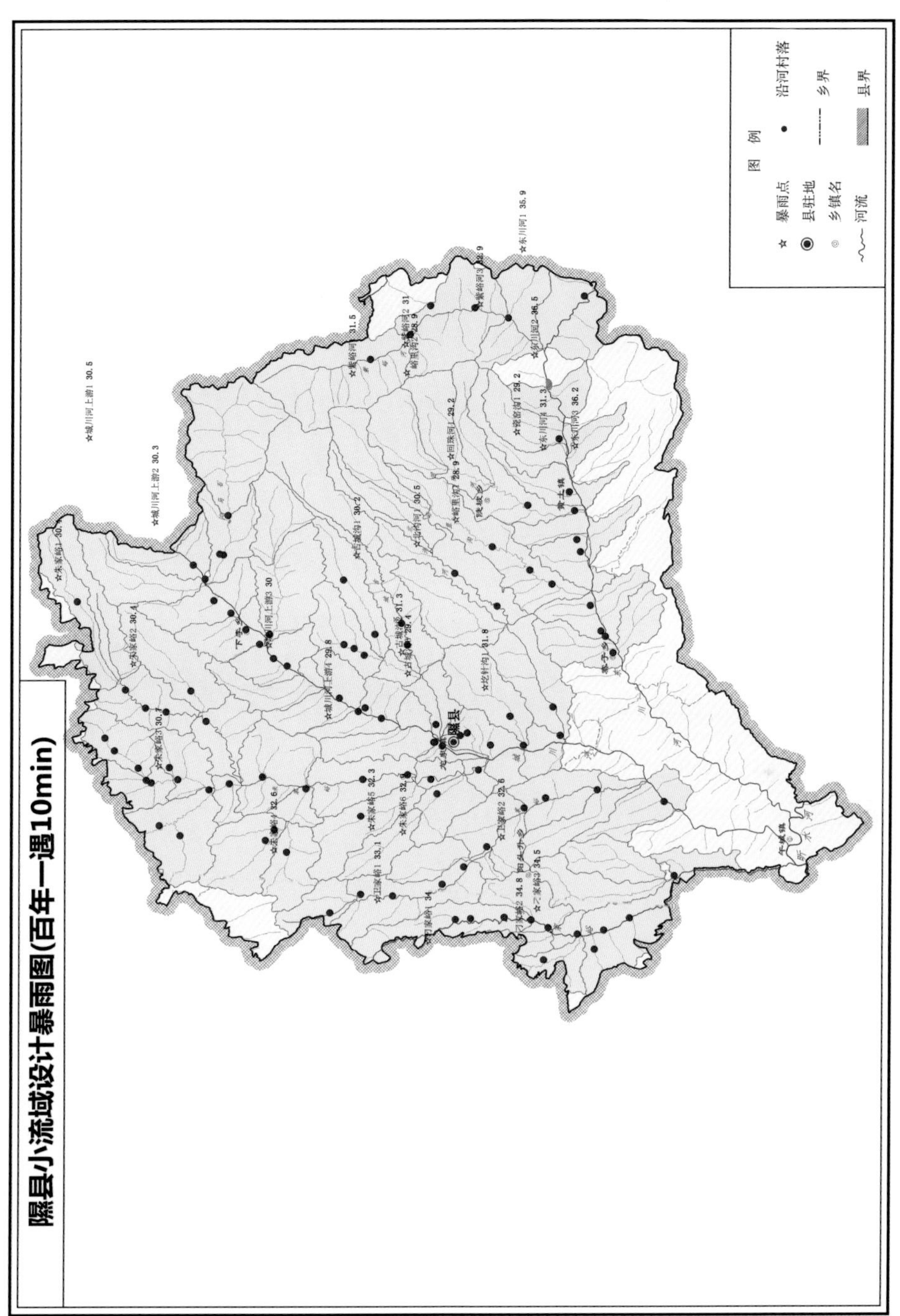

附图 4-121 隰县沿河村落百年一遇 10 min 设计暴雨分布图

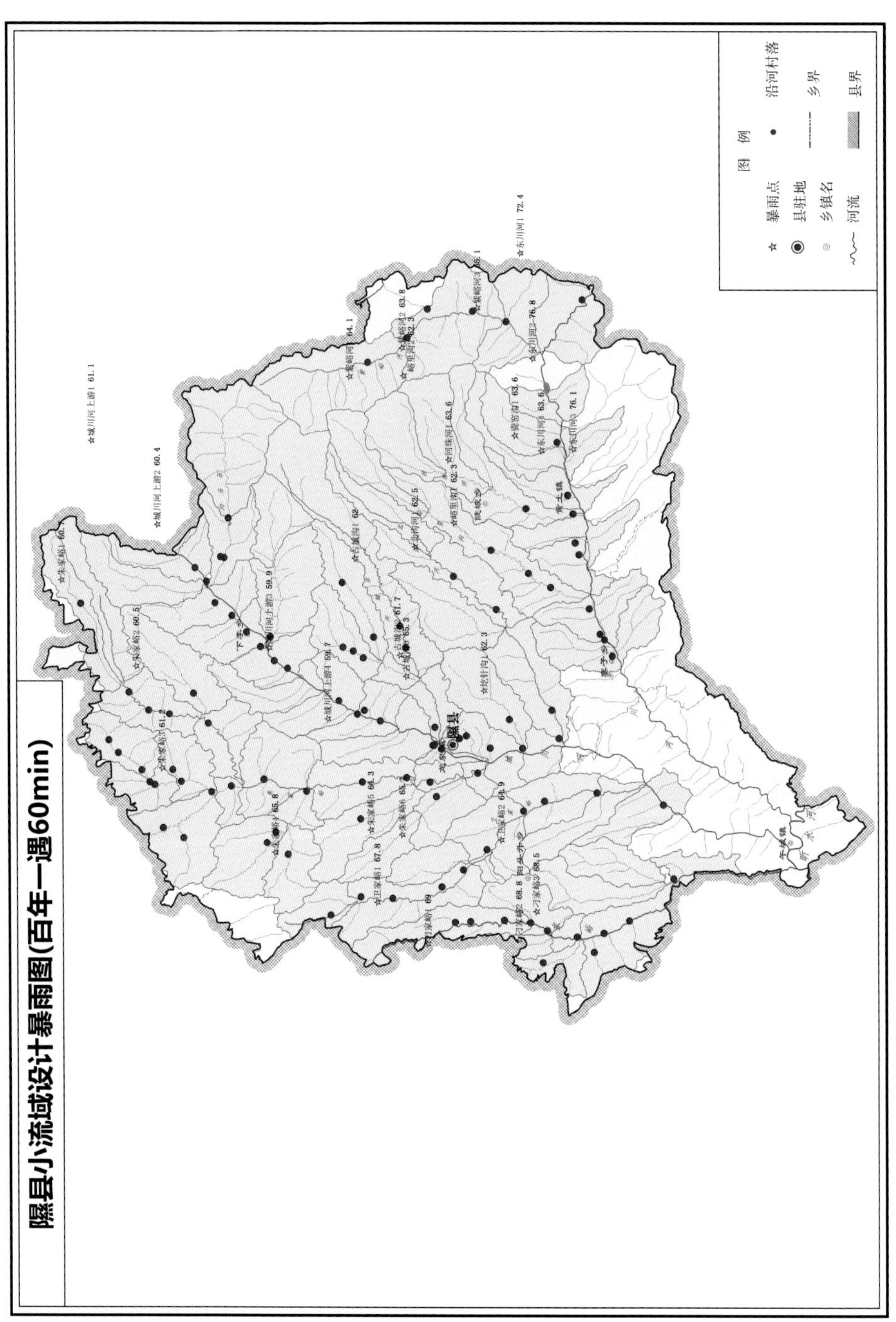

附图 4-122　隰县沿河村落百年一遇 60 min 设计暴雨分布图

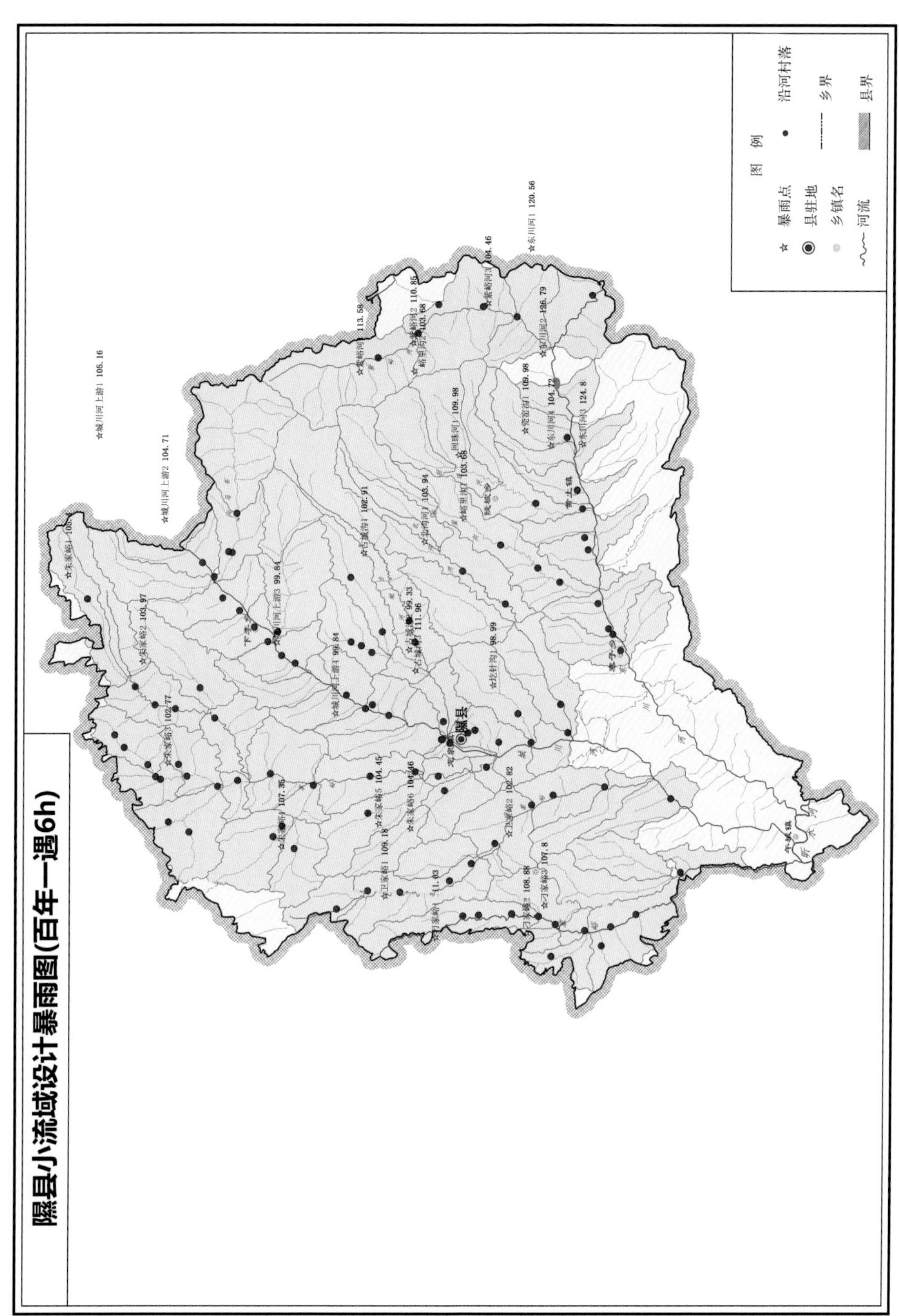

附图 4-123 隰县沿河村落百年一遇 6 h 设计暴雨分布图

附图 4-124　隰县沿河村落百年一遇 24 h 设计暴雨分布图

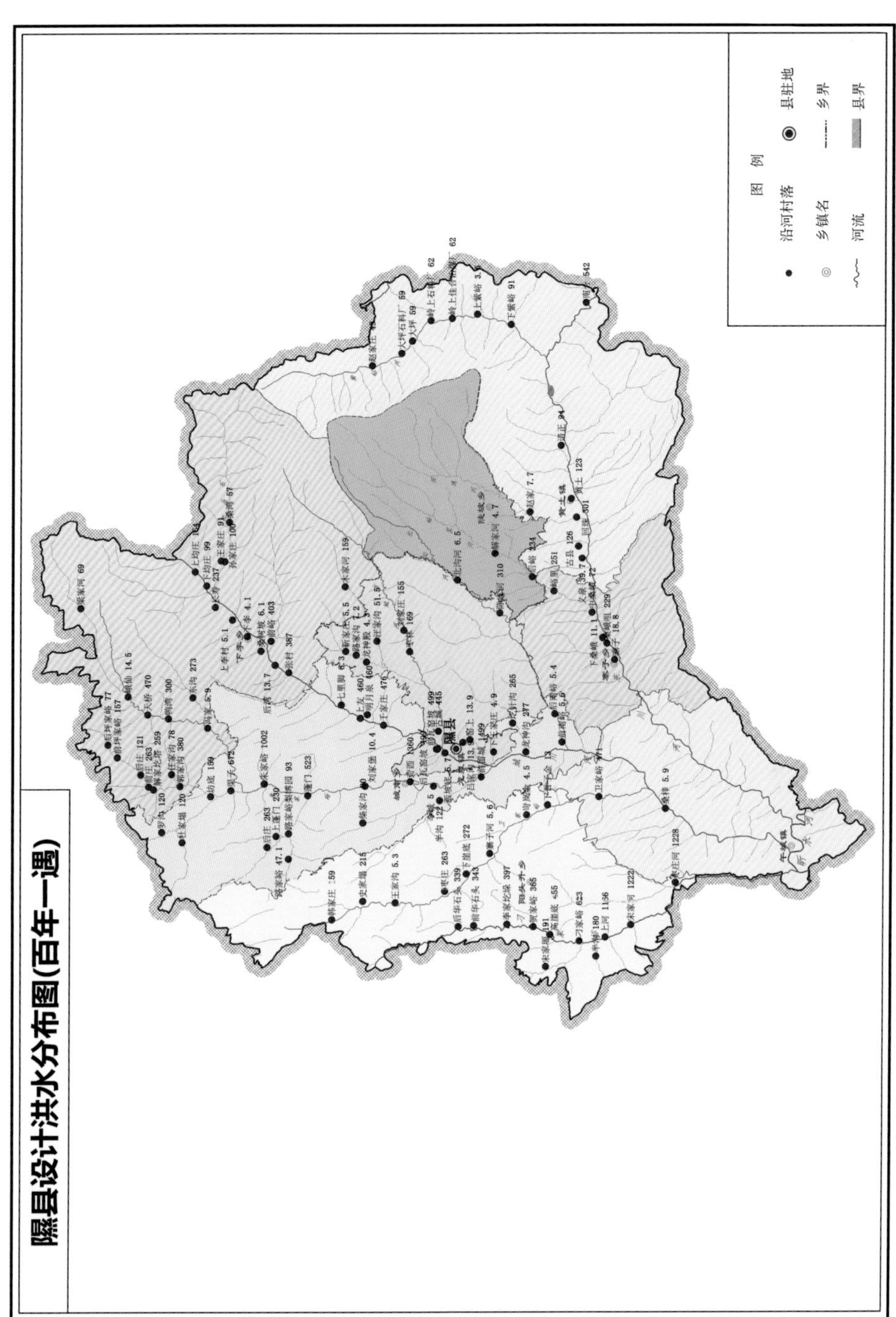

附图 4-125　隰县沿河村落百年一遇设计洪水分布图

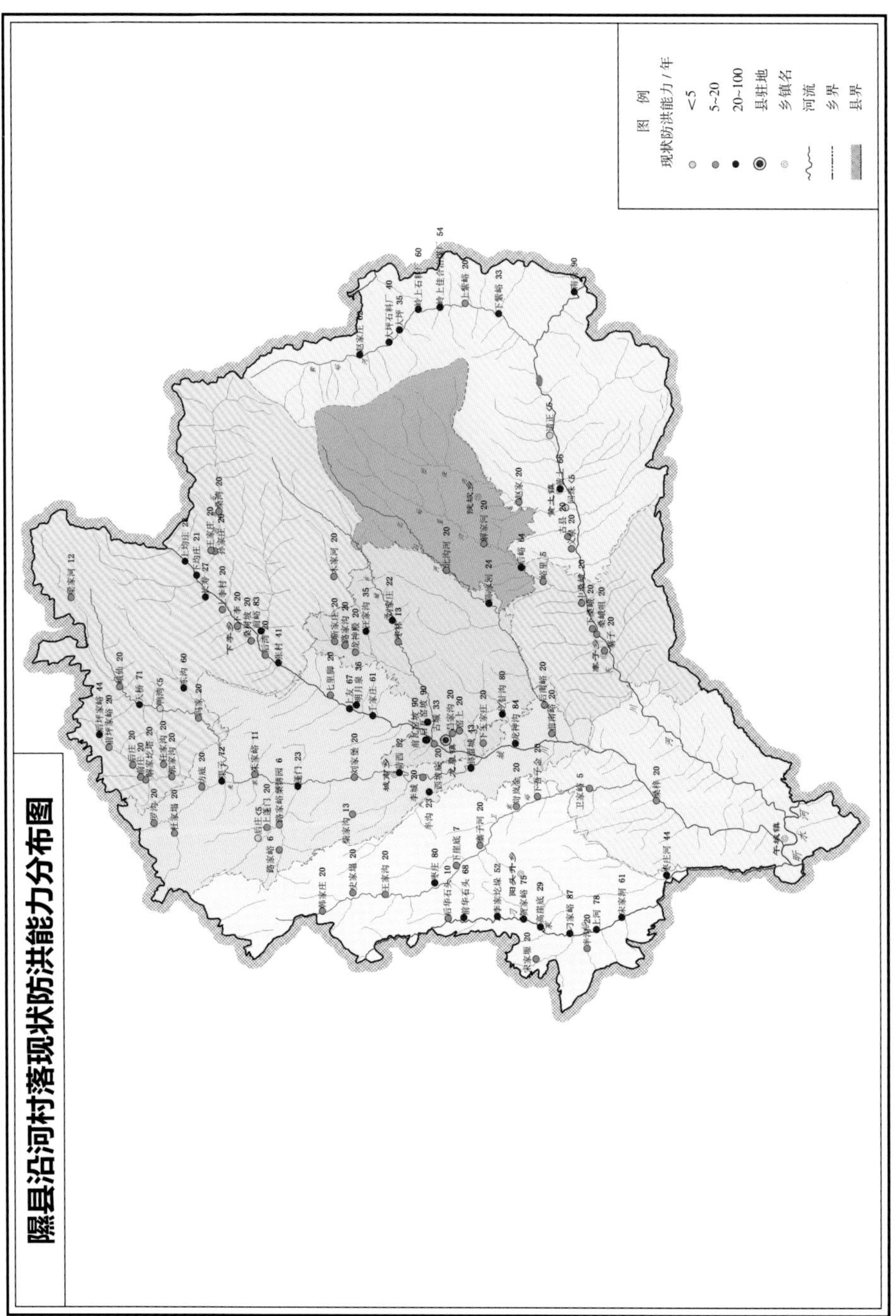

附图 4-126 隰县沿河村落现状防洪能力分布图

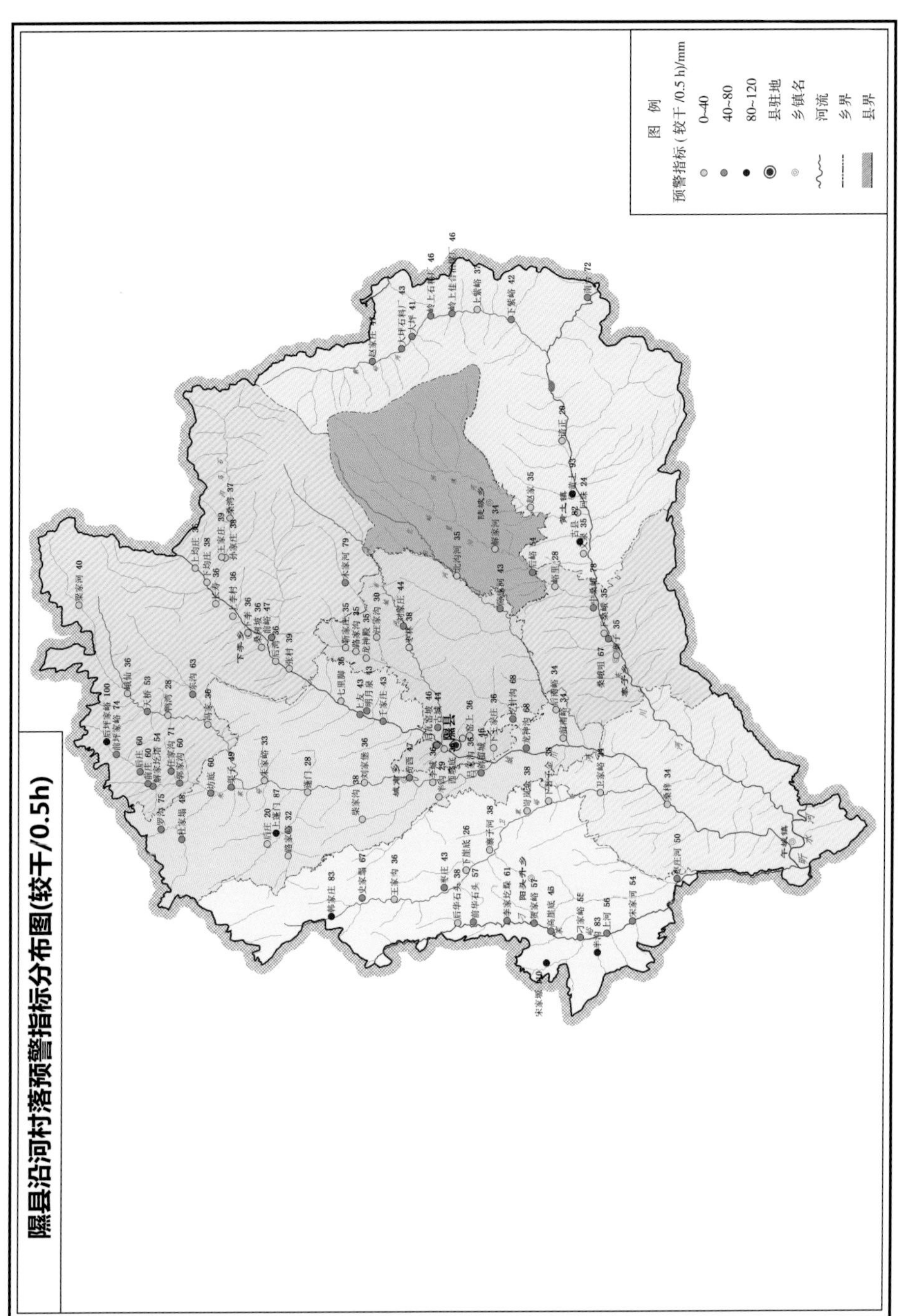

附图 4-127 隰县沿河村落预警指标分布图(较干/0.5 h)

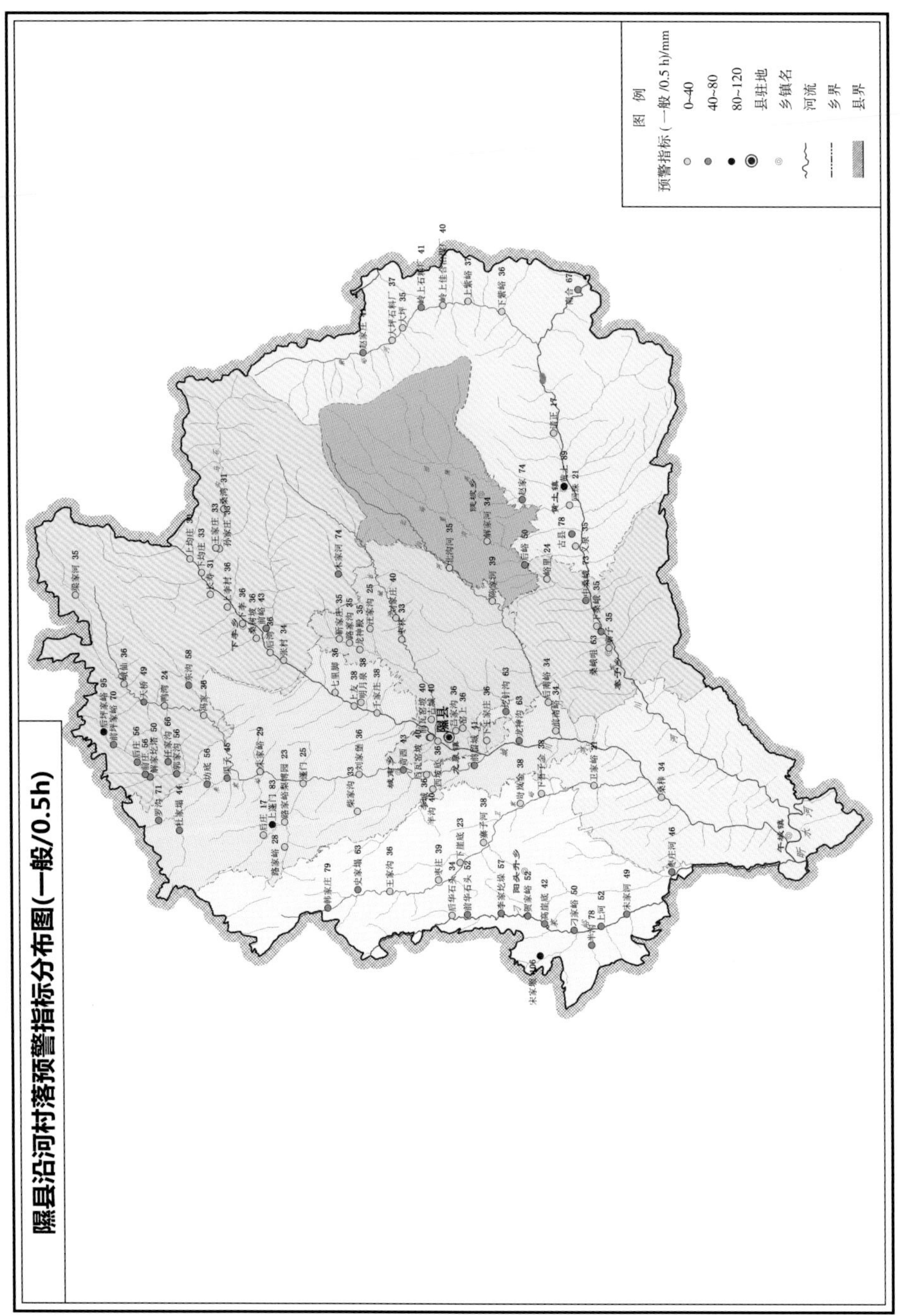

附图 4-128　隰县沿河村落预警指标分布图（一般/0.5 h）

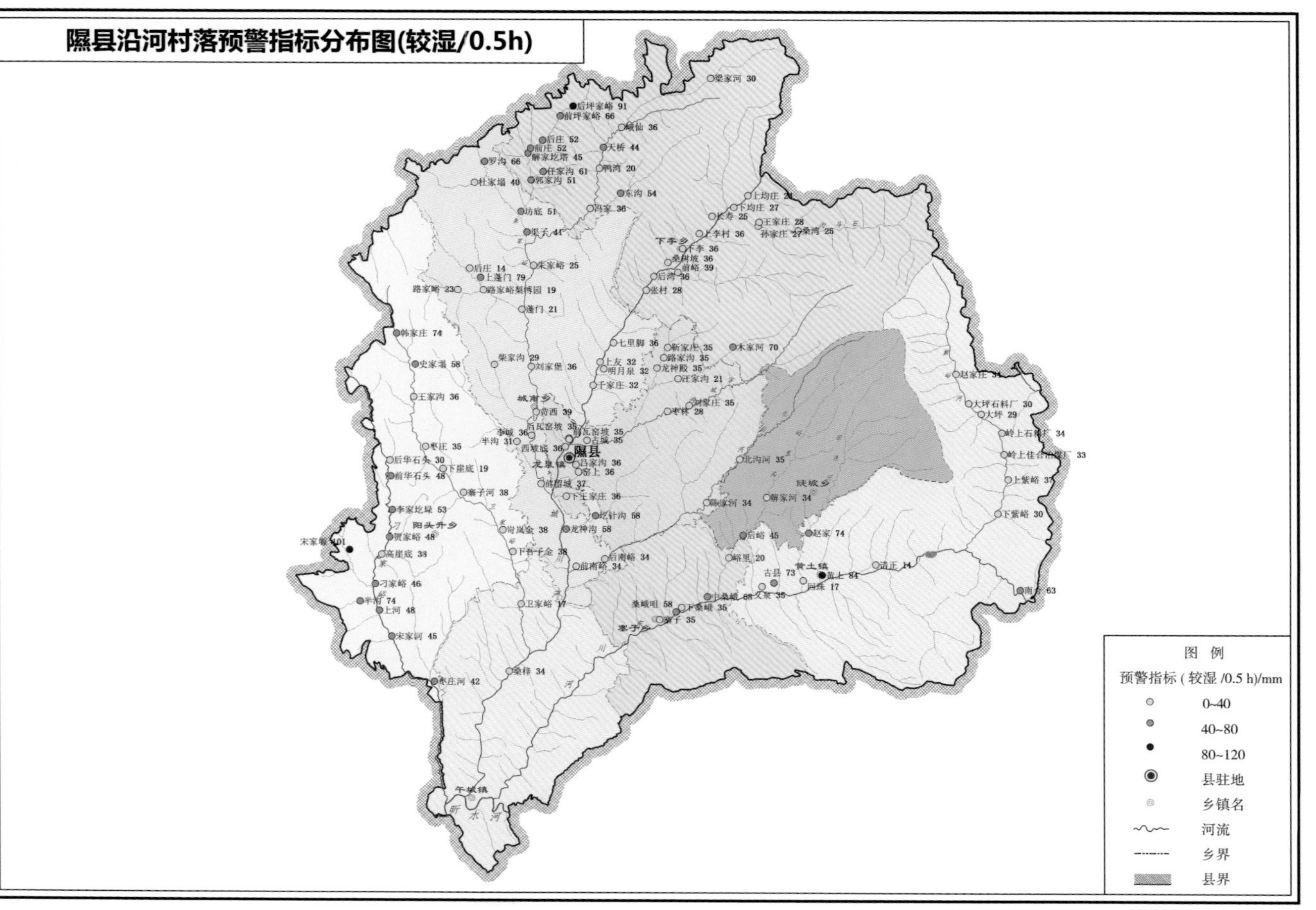

附图 4-129 隰县沿河村落预警指标分布图(较湿/0.5 h)

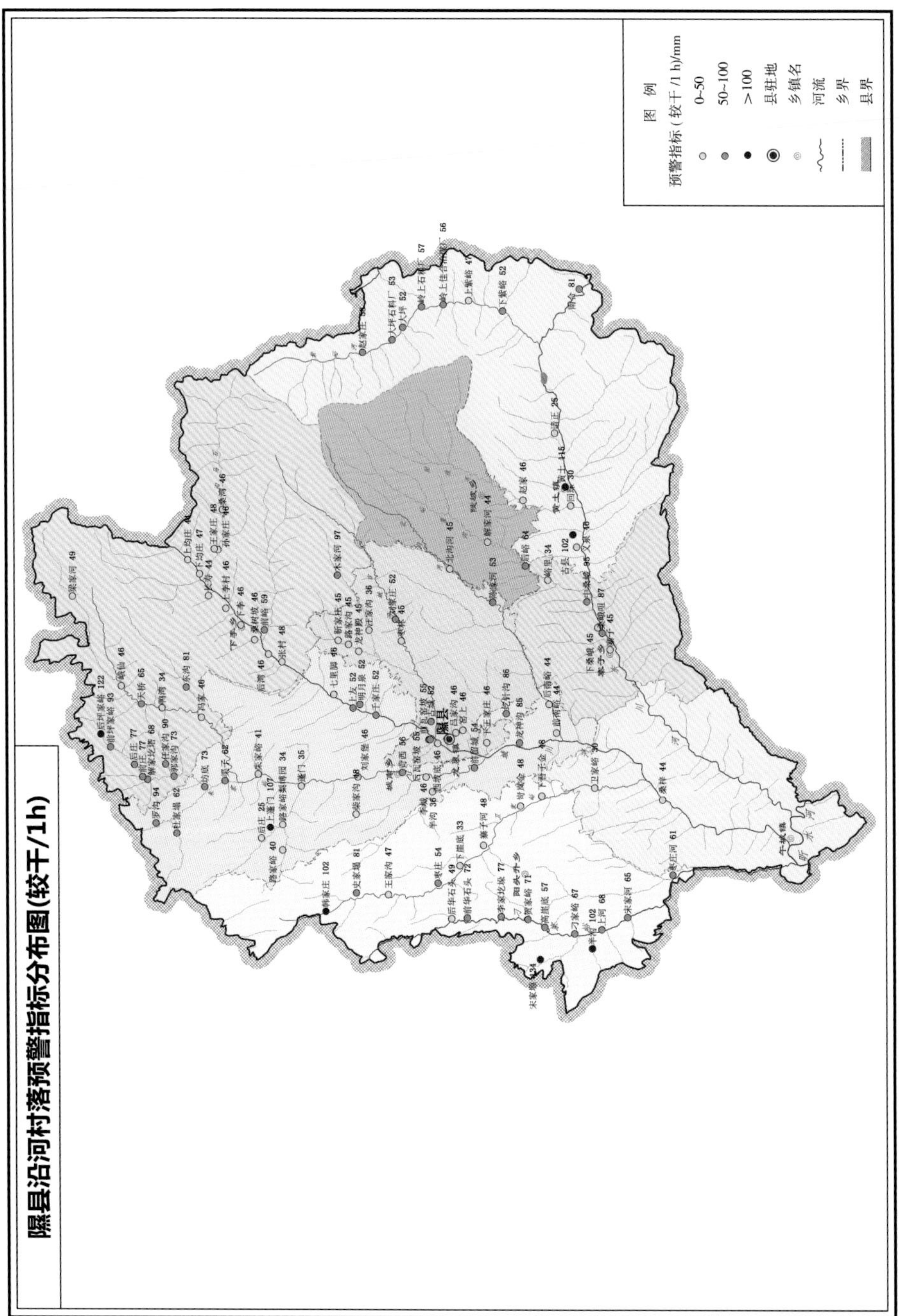

附图 4-130 隰县沿河村落预警指标分布图(较干/1 h)

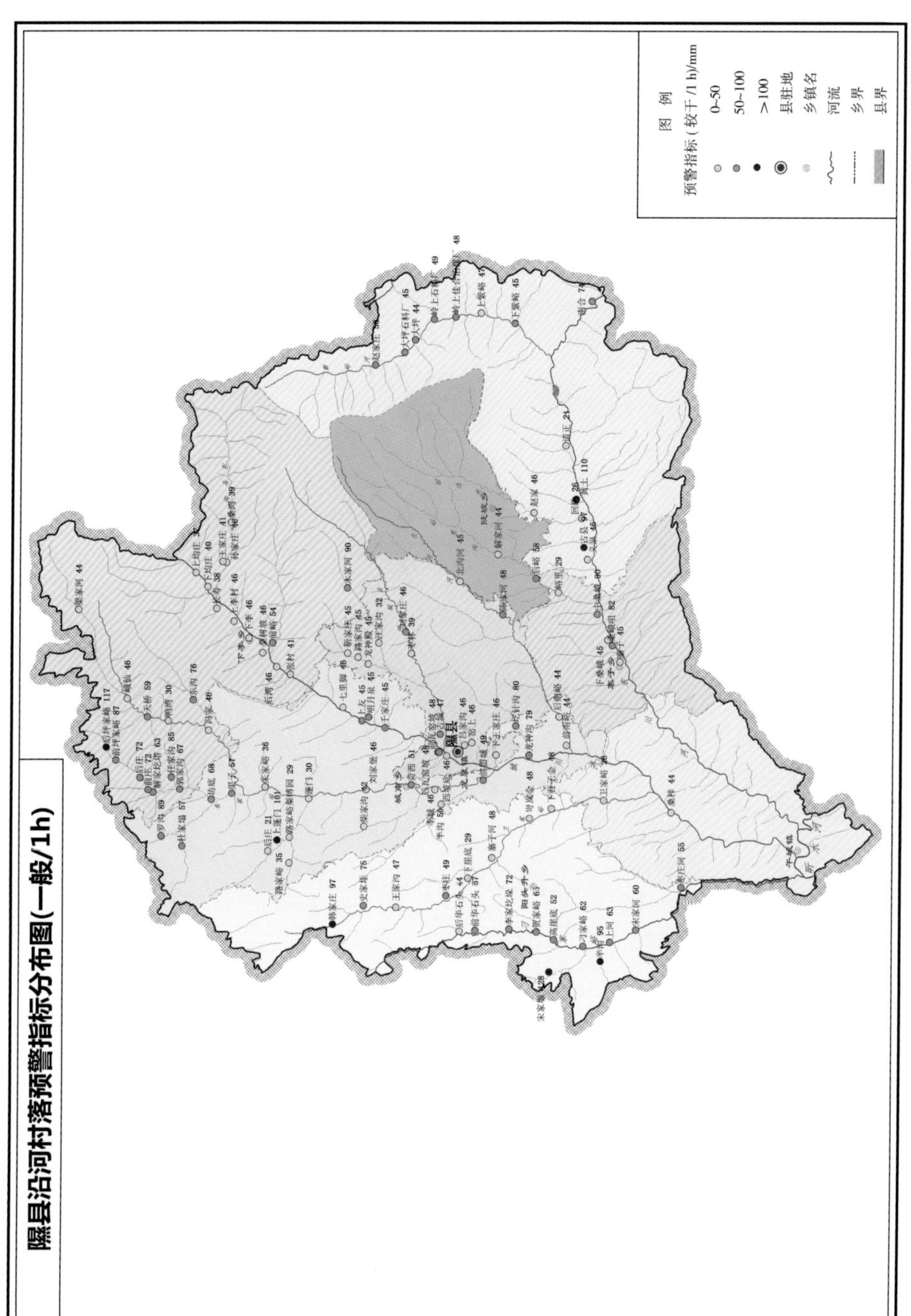

附图 4-131 隰县沿河村落预警指标分布图(一般/1 h)

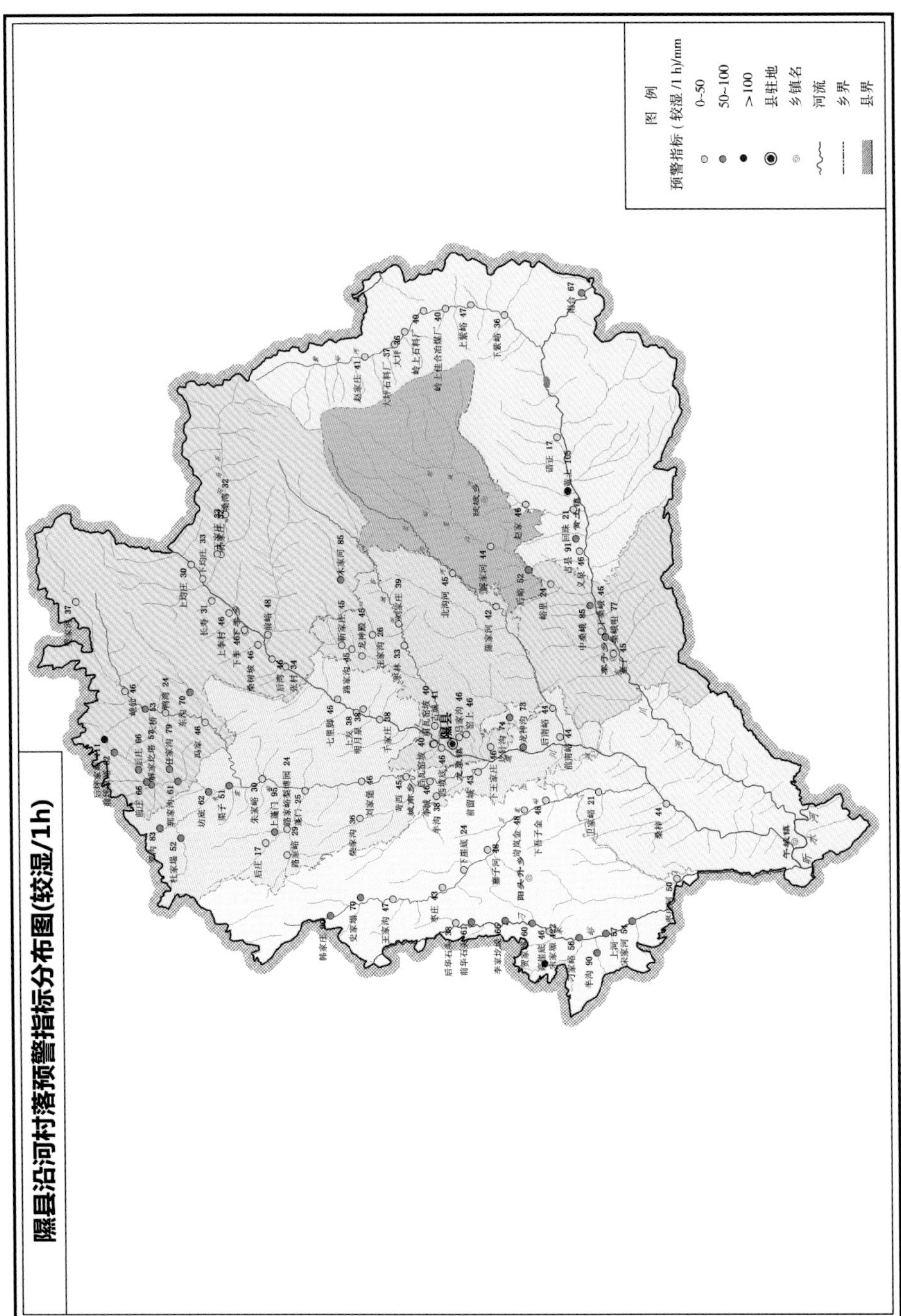

附图 4-132 隰县沿河村落预警指标分布图(较湿/1 h)

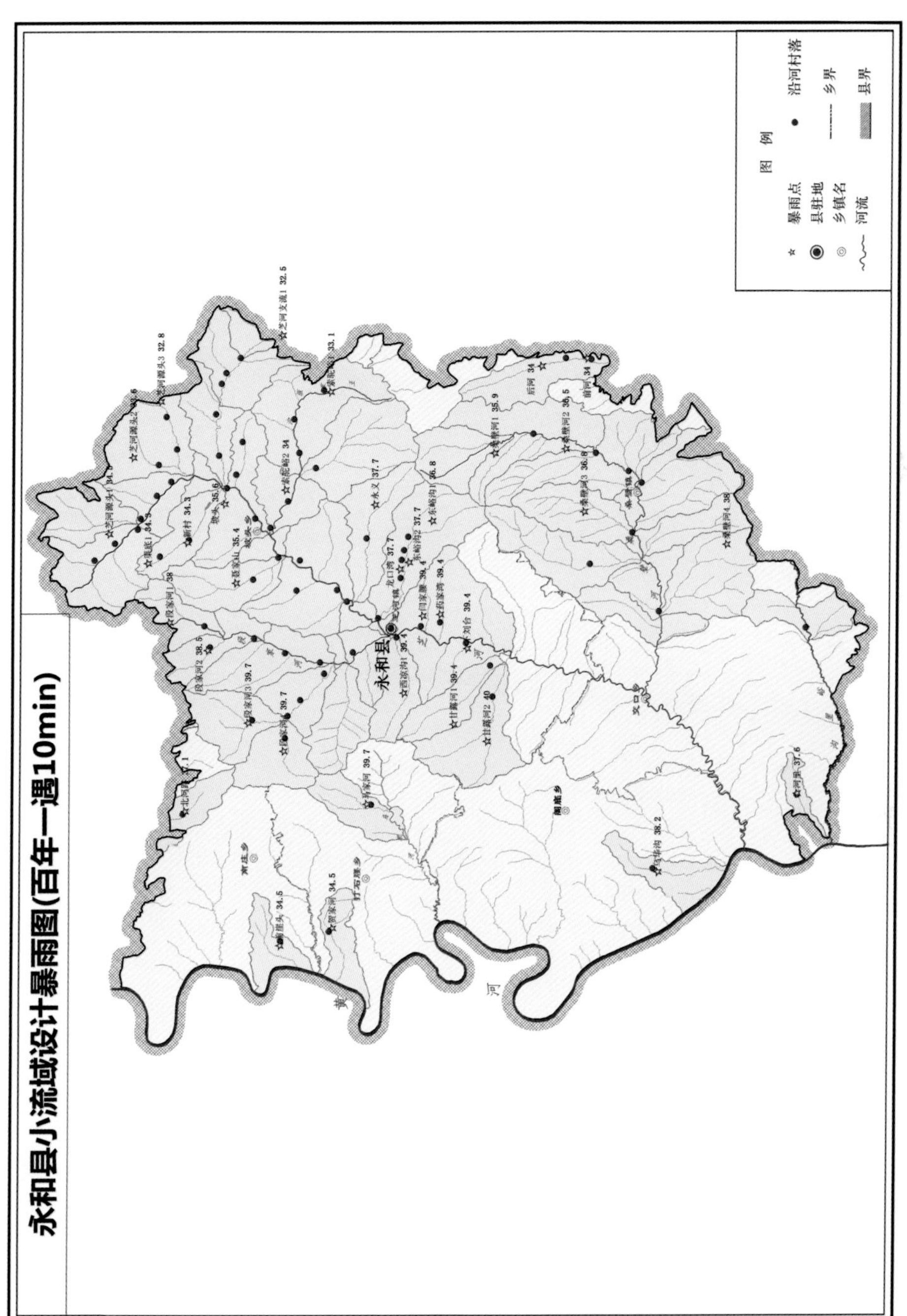

附图 4-133　永和县沿河村落百年一遇 10 min 设计暴雨分布图

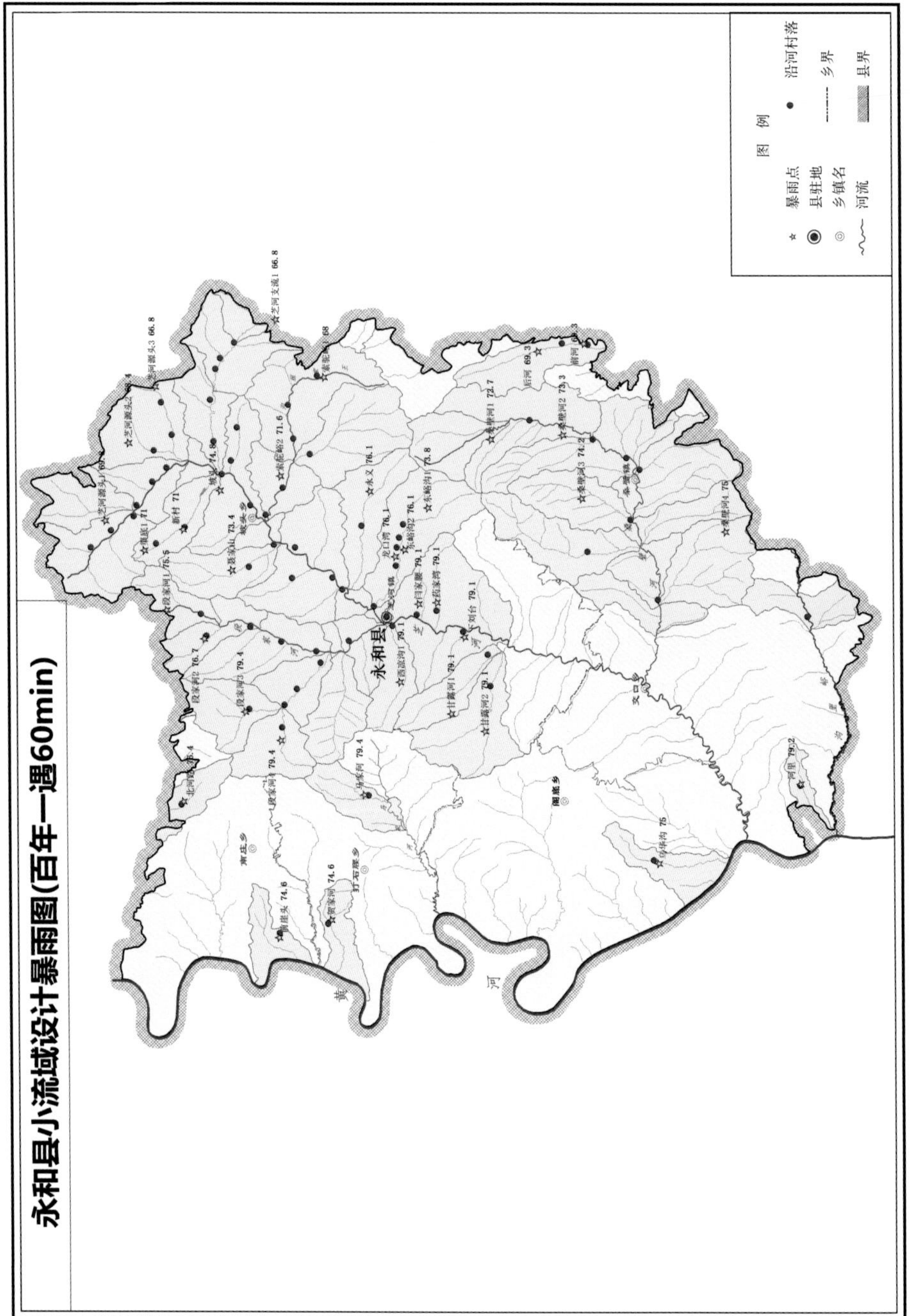

附图 4-134　永和县沿河村落百年一遇 60 min 设计暴雨分布图

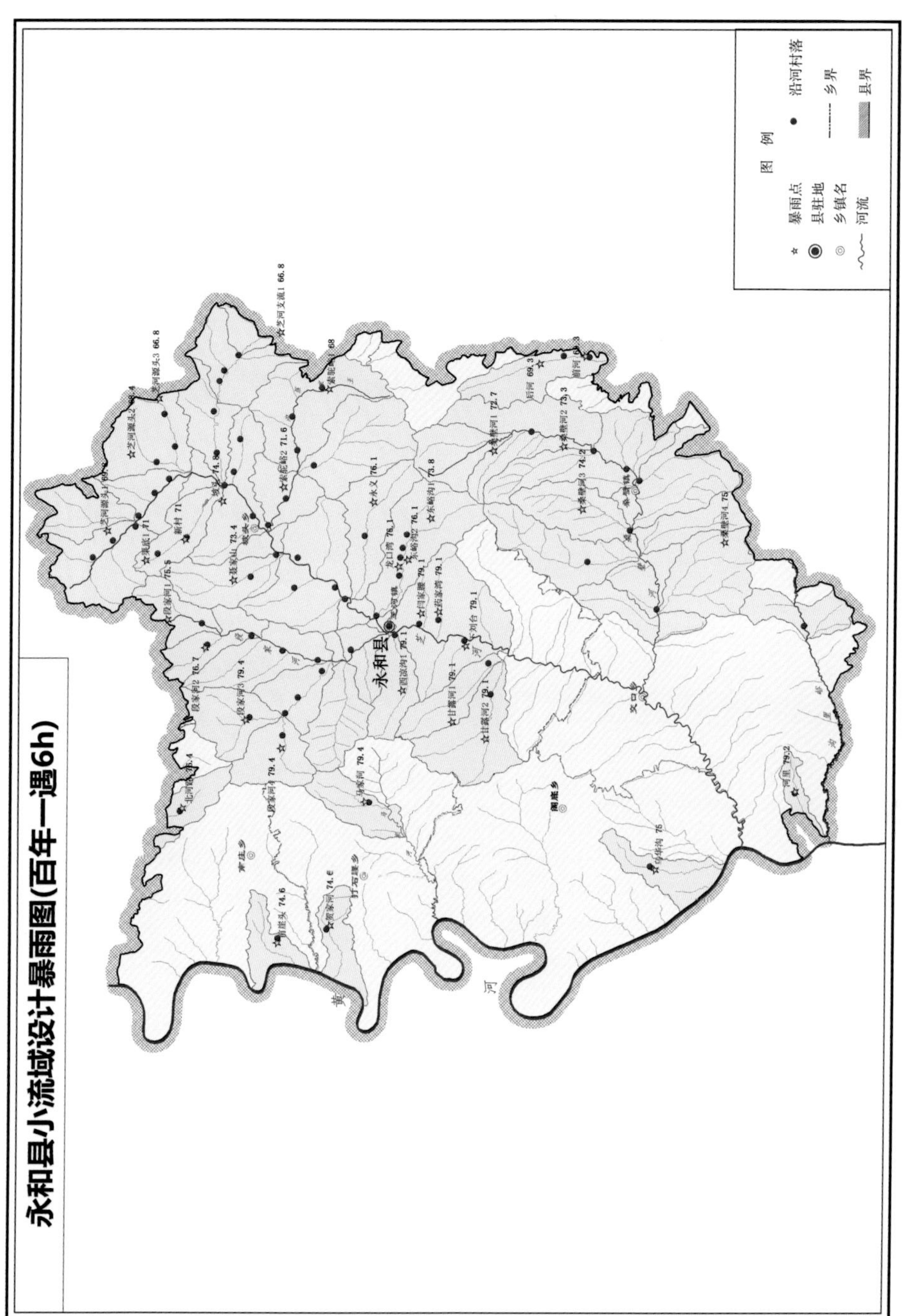

附图 4-135　永和县沿河村落百年一遇 6 h 设计暴雨分布图

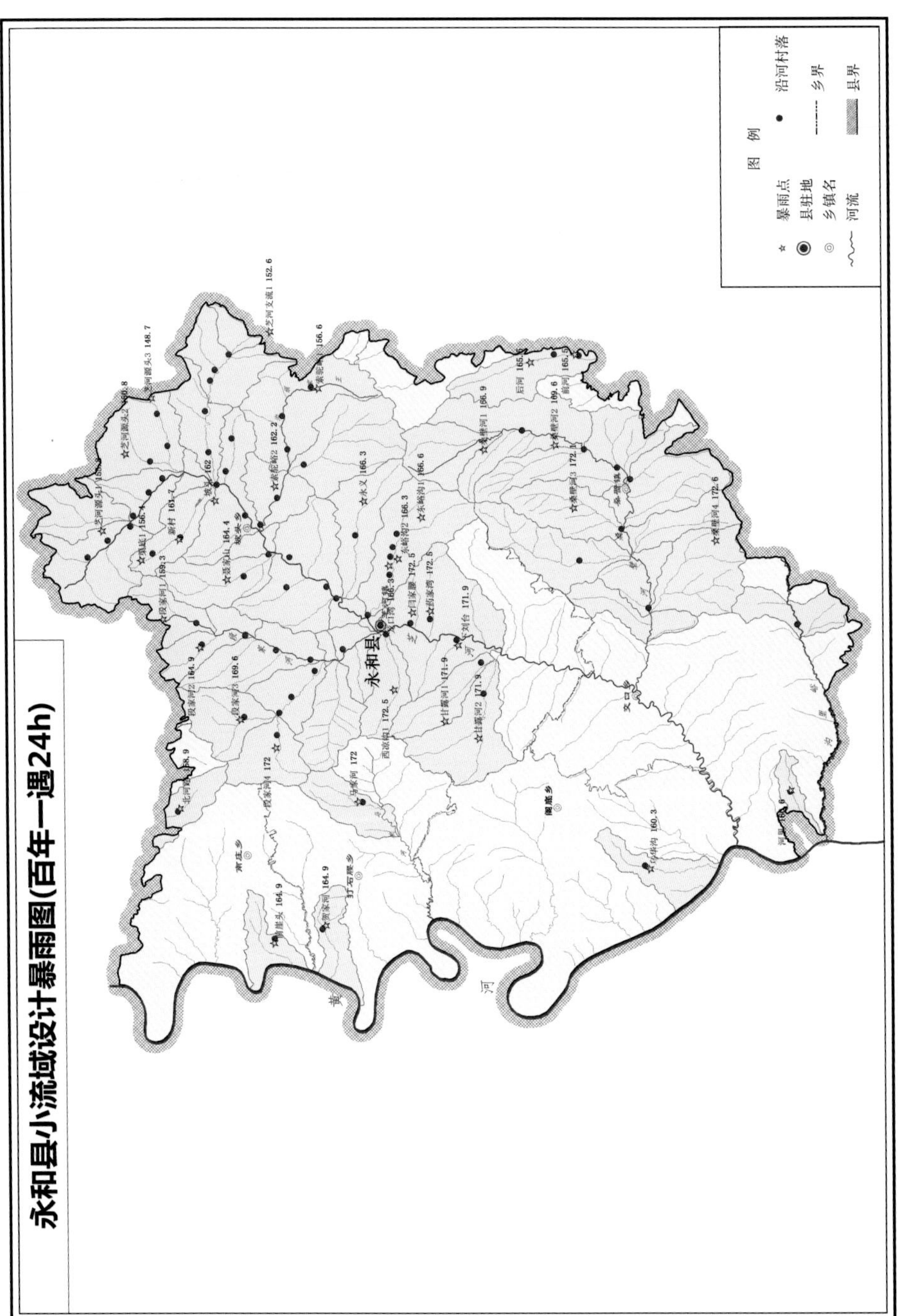

附图 4-136 永和县沿河村落百年一遇 24 h 设计暴雨分布图

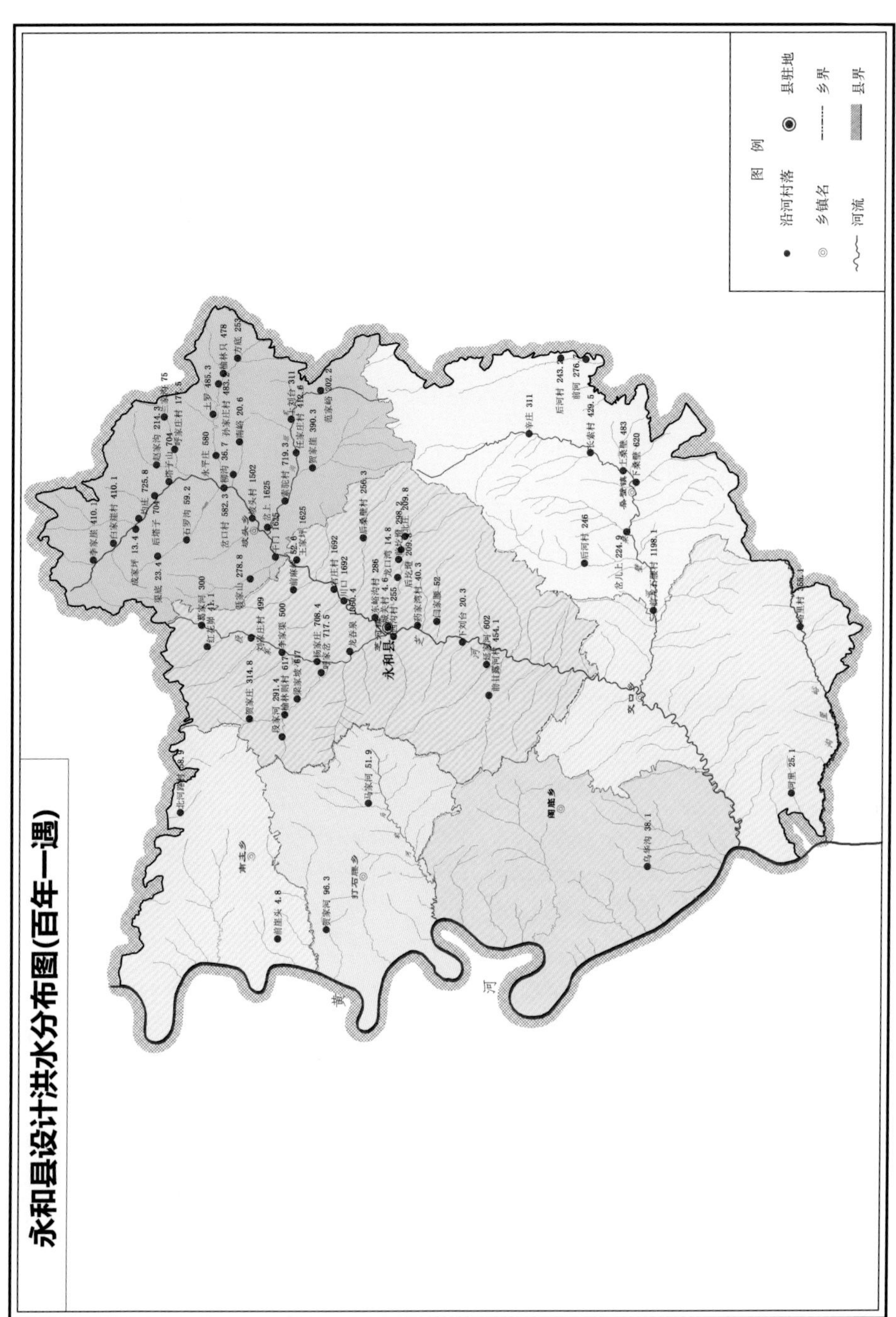

附图 4-137 永和县沿河村落百年一遇设计洪水分布图

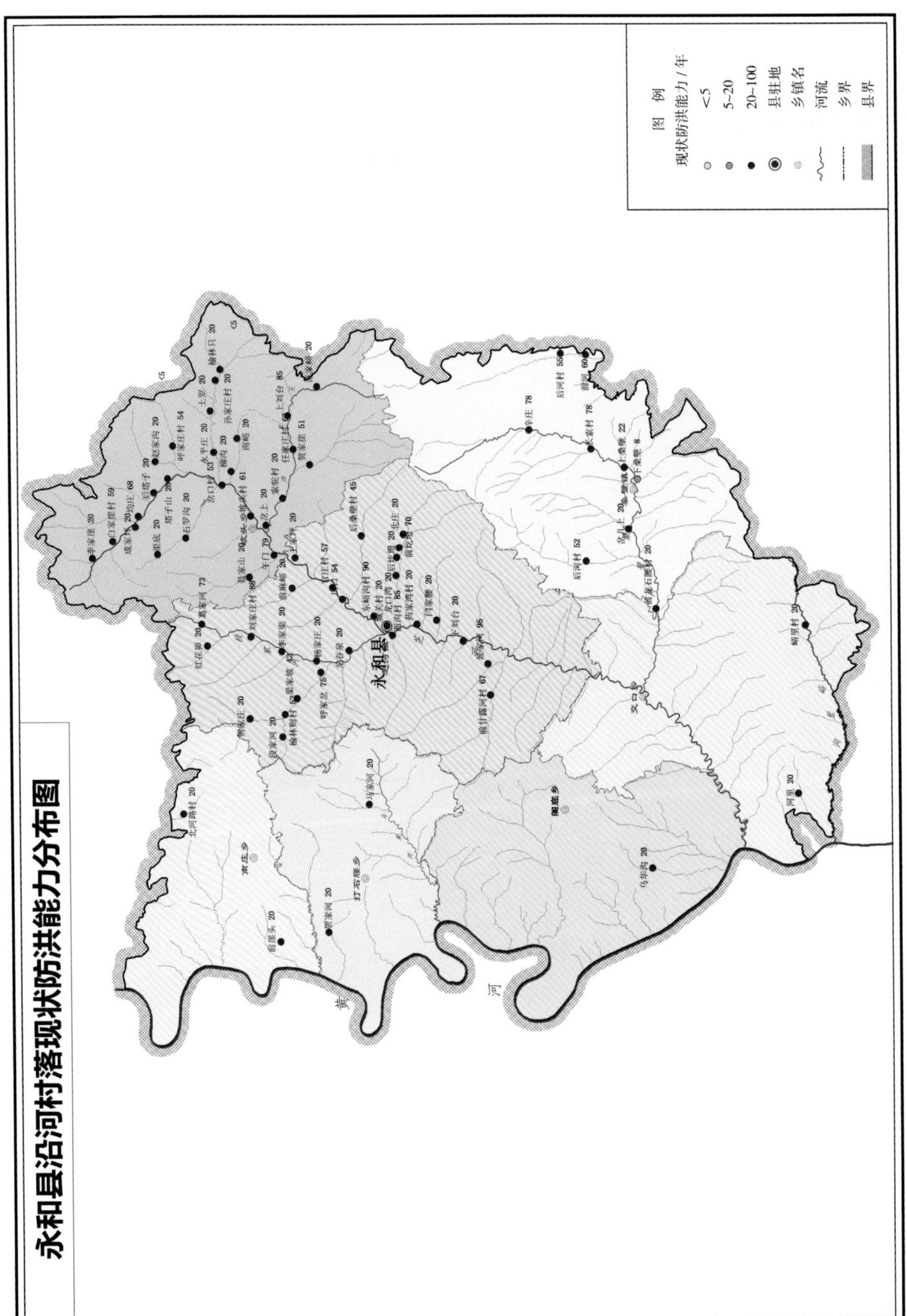

附图 4-138　永和县沿河村落现状防洪能力分布图

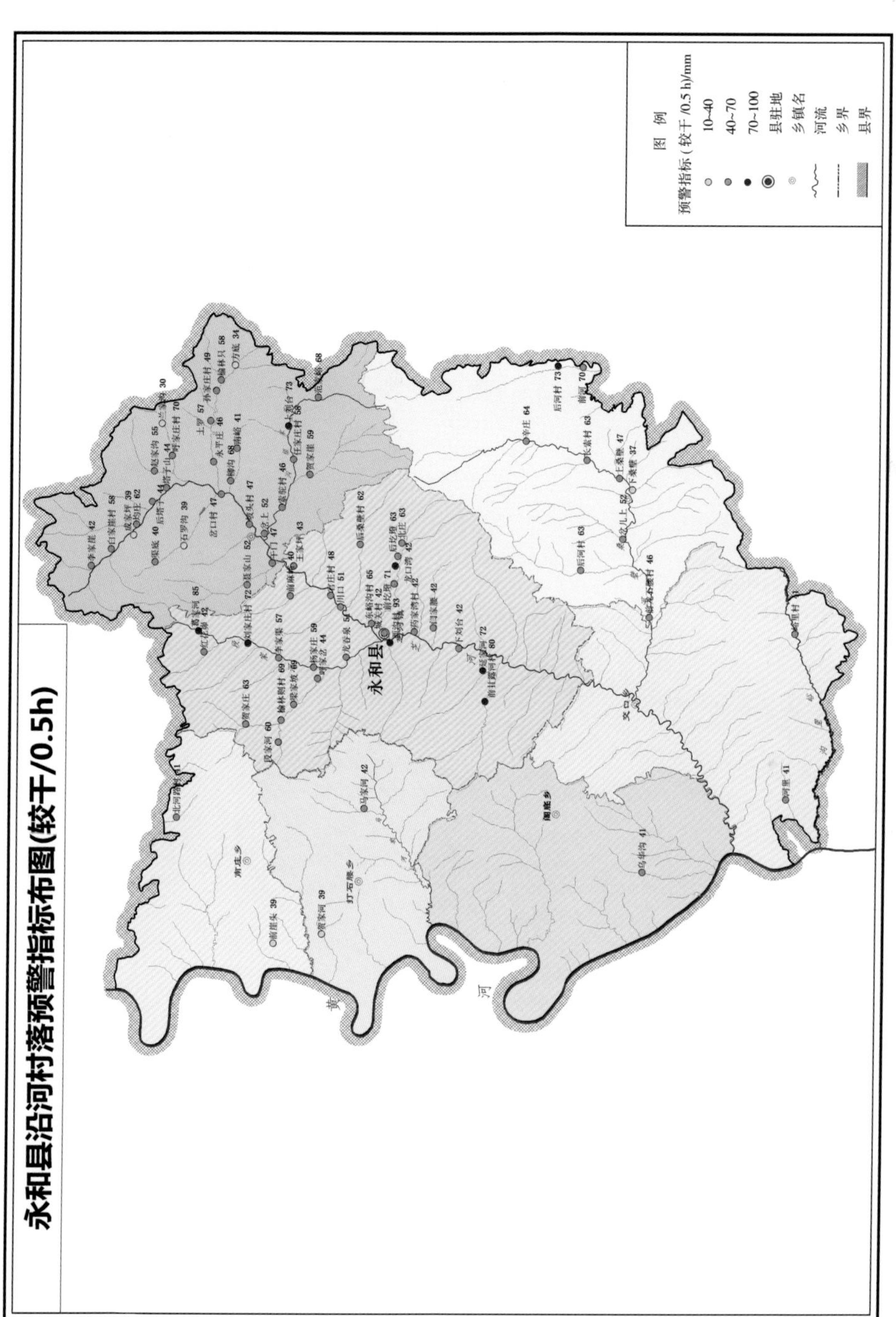

附图 4-139 永和县沿河村落预警指标分布图(较干/0.5 h)

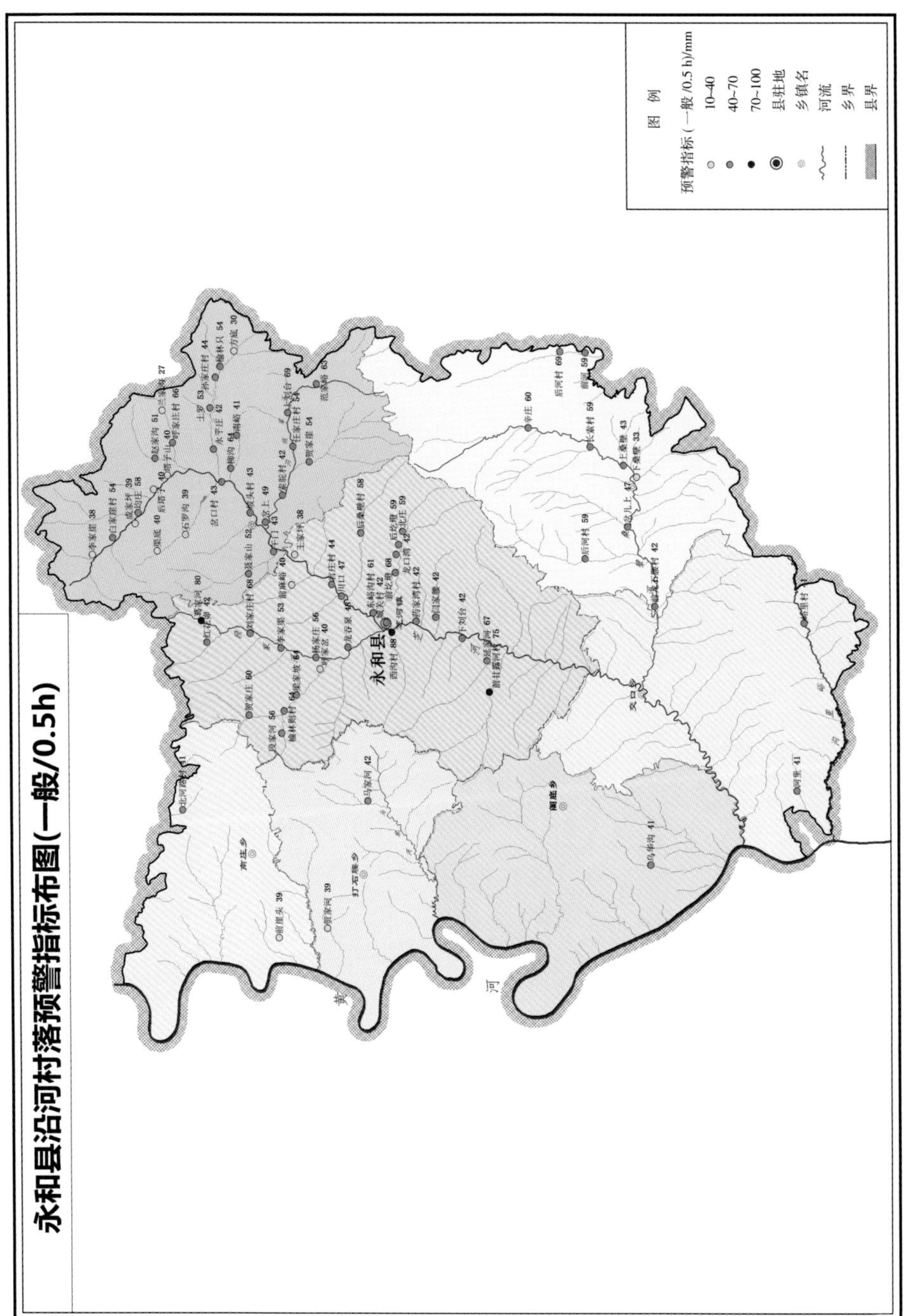

附图 4-140　永和县沿河村落预警指标分布图(一般/0.5 h)

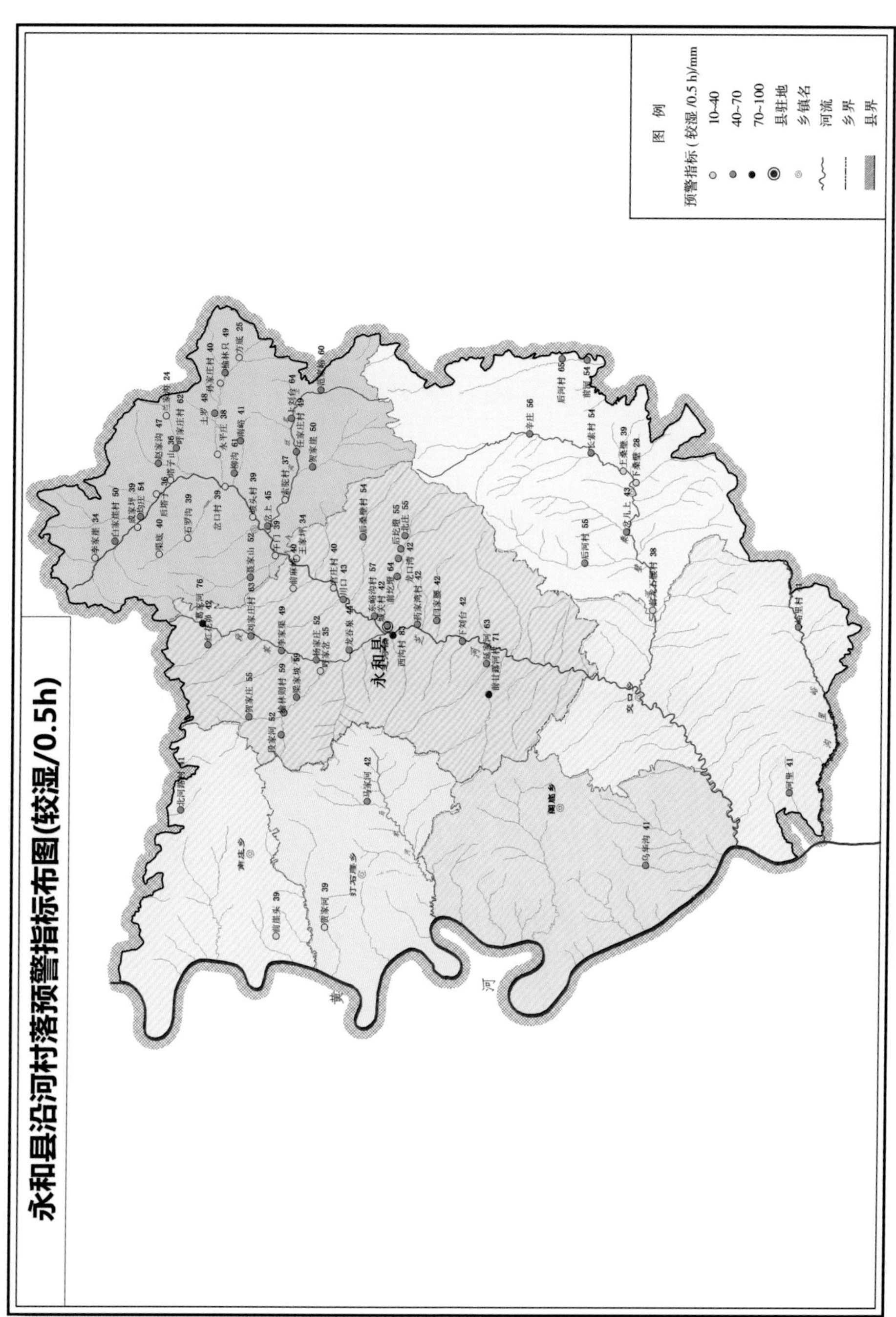

附图 4-141 永和县沿河村落预警指标分布图(较湿/0.5 h)

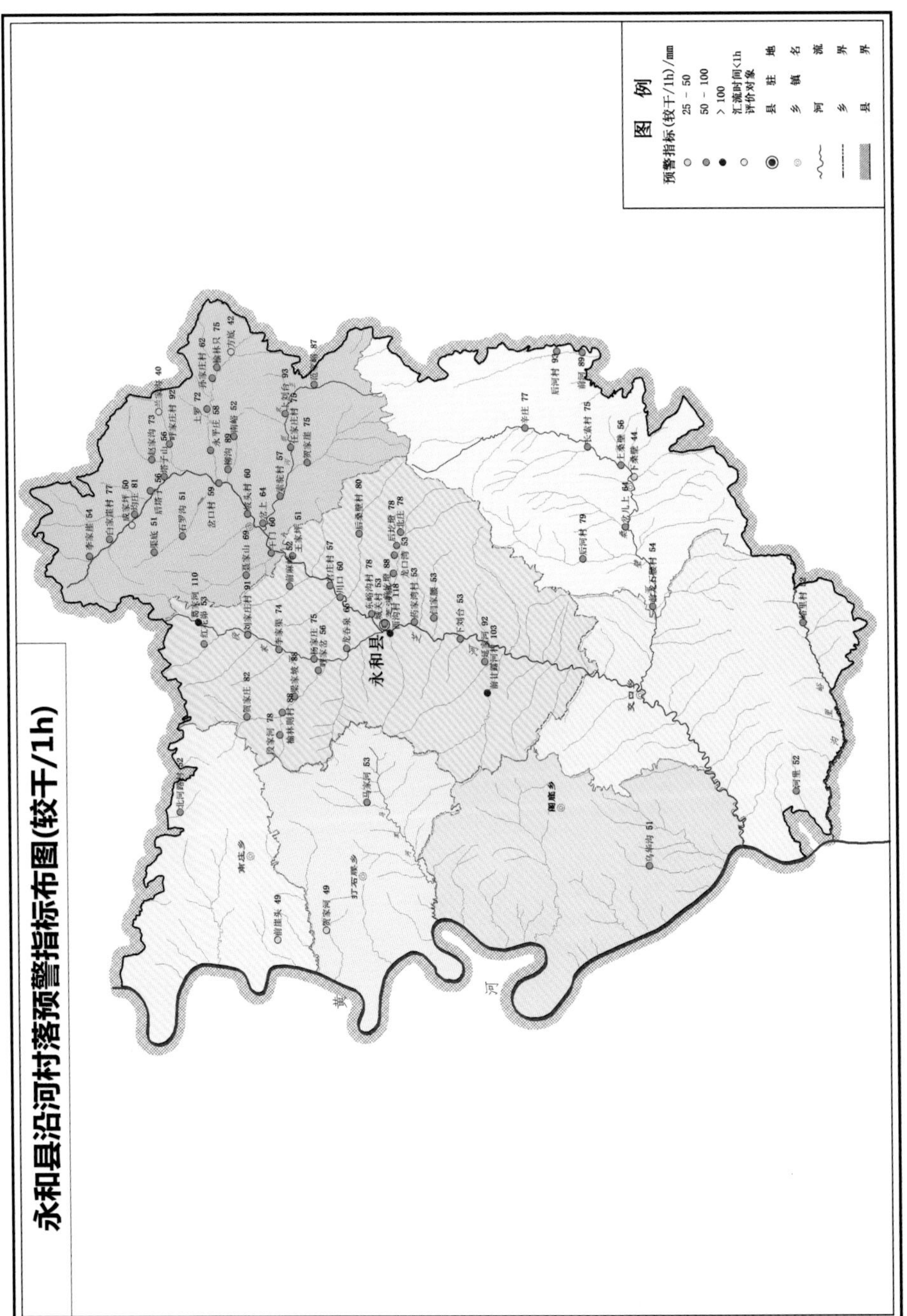

附图 4-142　永和县沿河村落预警指标分布图(较干/1 h)

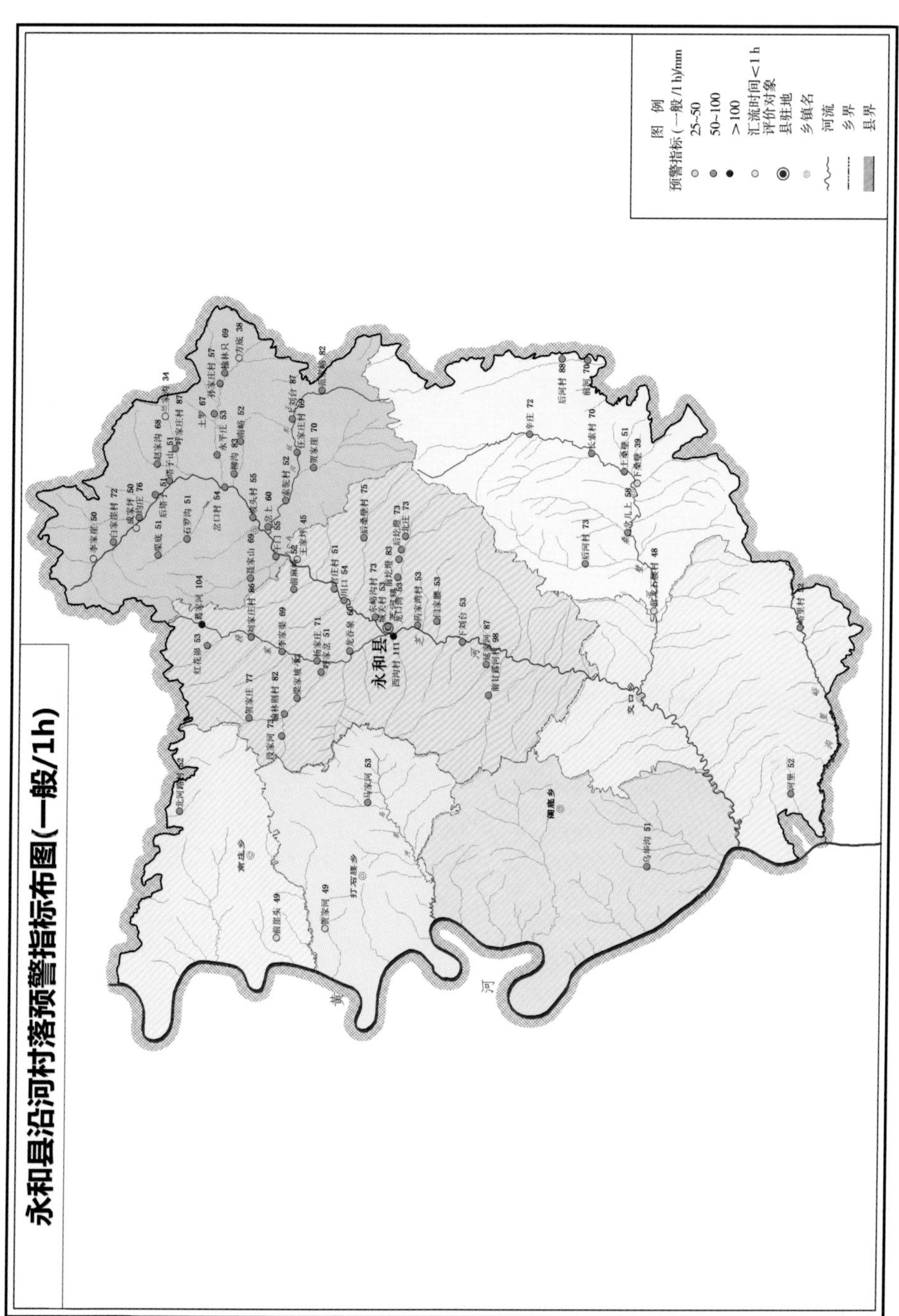

附图 4-143 永和县沿河村落预警指标分布图(一般/1h)

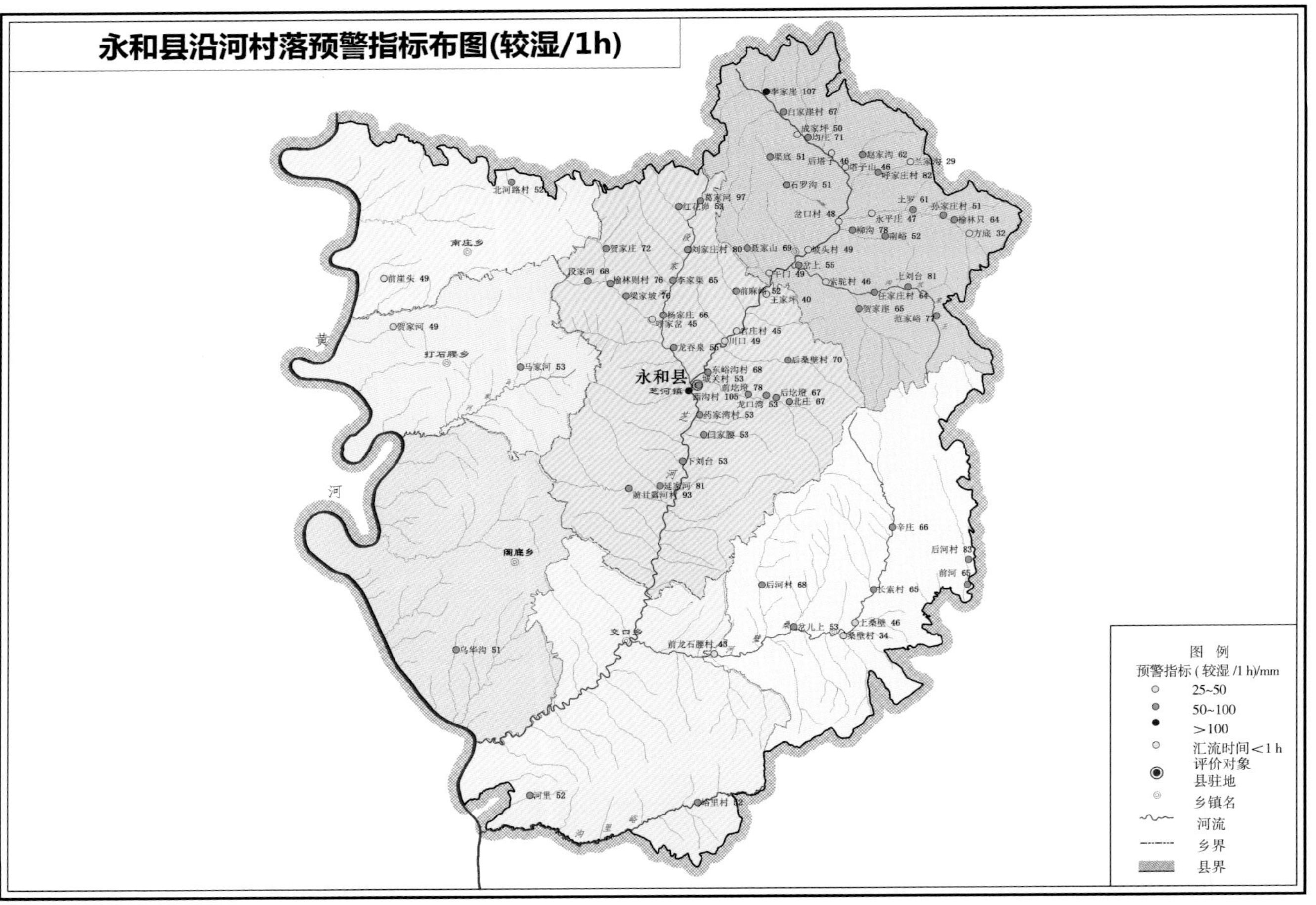

附图 4-144　永和县沿河村落预警指标分布图(较湿/1 h)

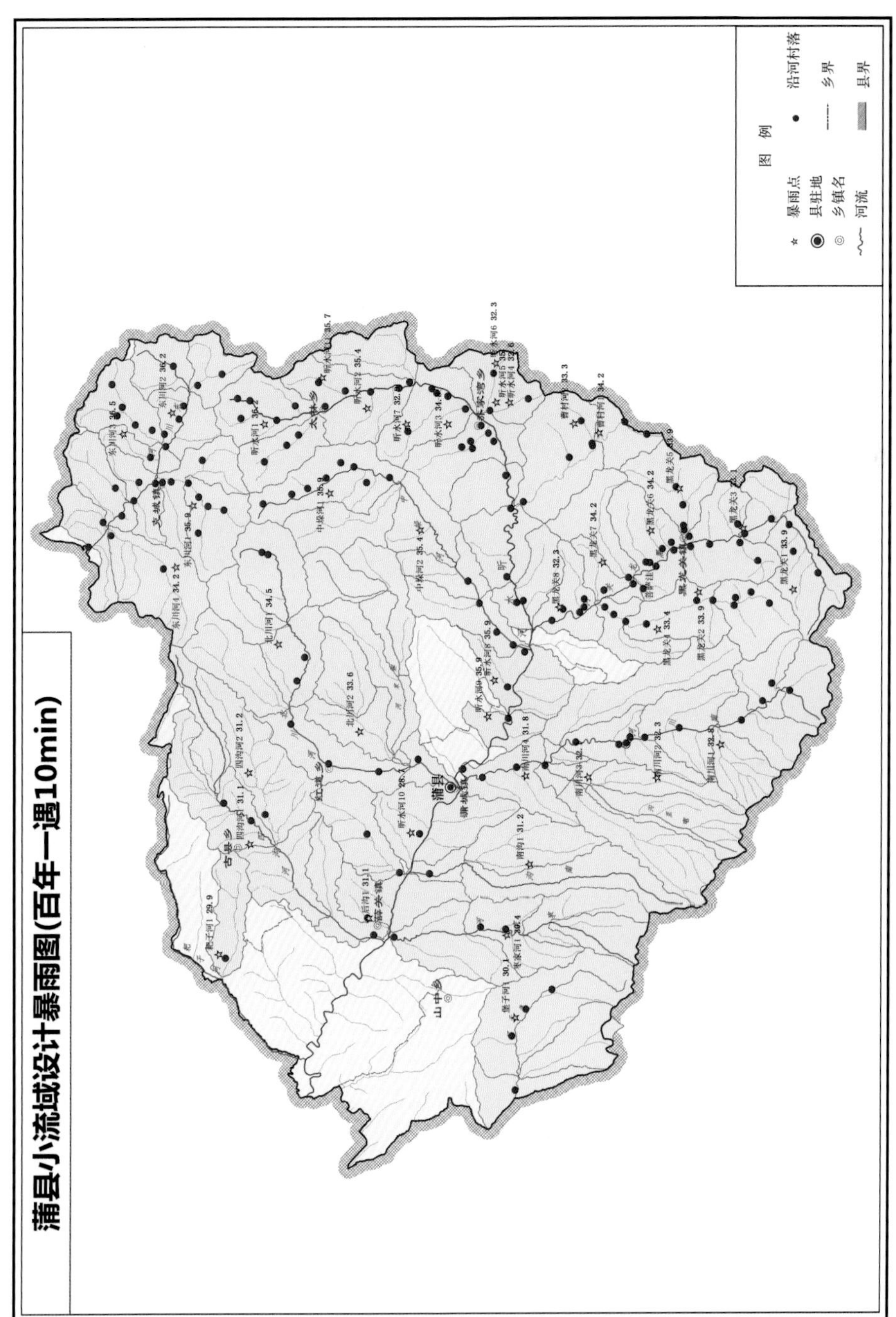

附图 4-145 蒲县沿河村落百年一遇 10 min 设计暴雨分布图

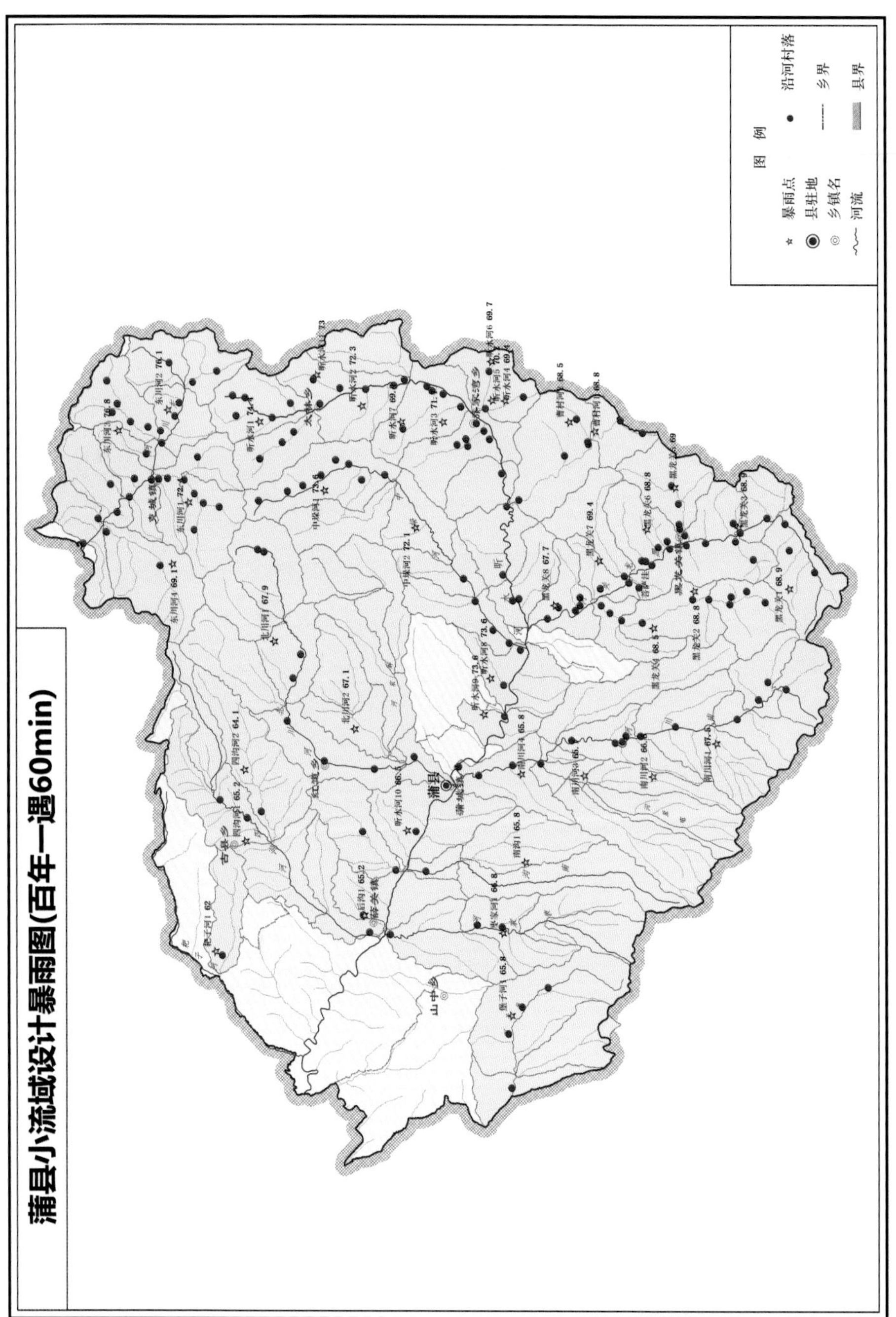

附图 4-146　蒲县沿河村落百年一遇 60 min 设计暴雨分布图

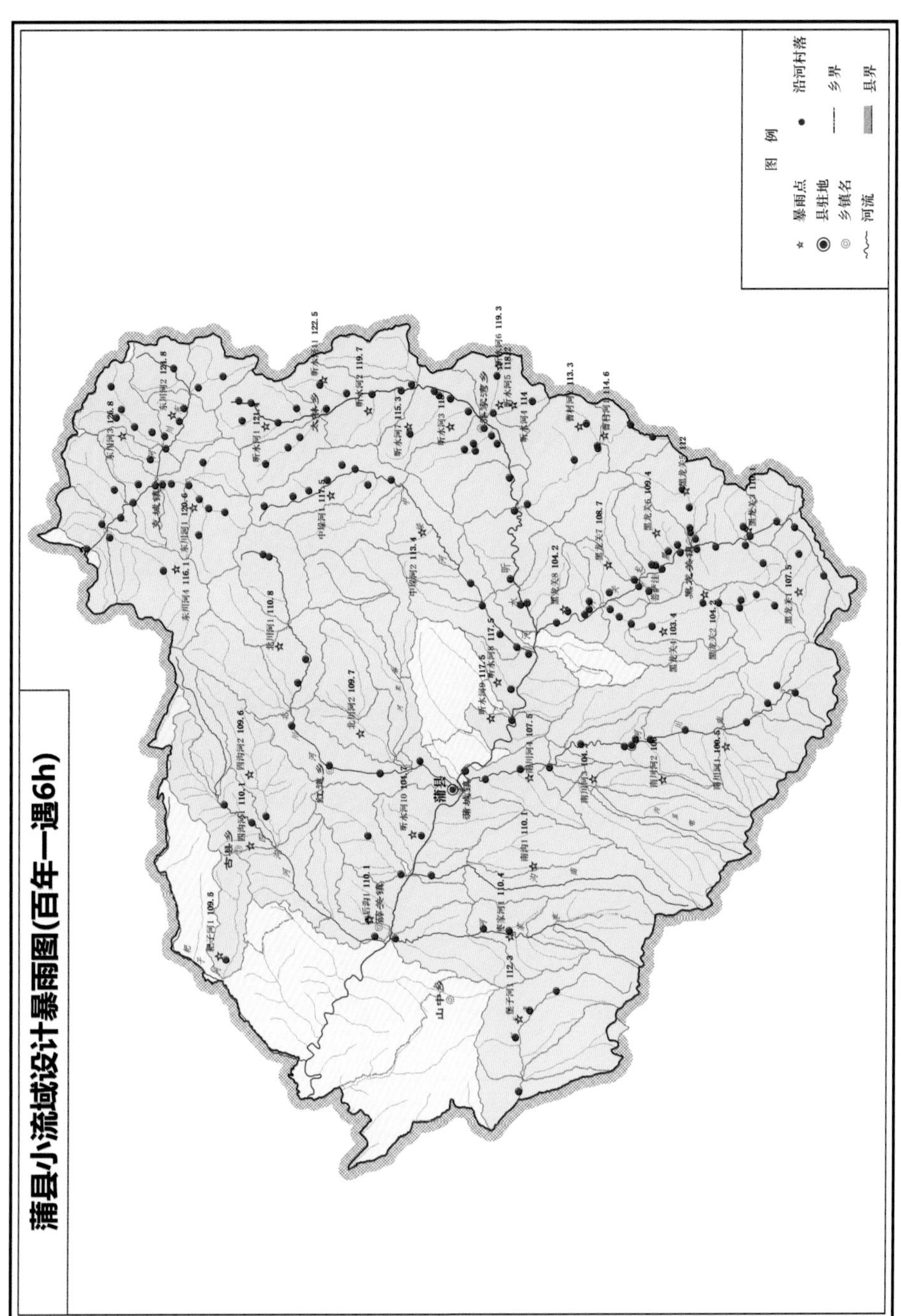

附图 4-147 蒲县沿河村落百年一遇 6 h 设计暴雨分布图

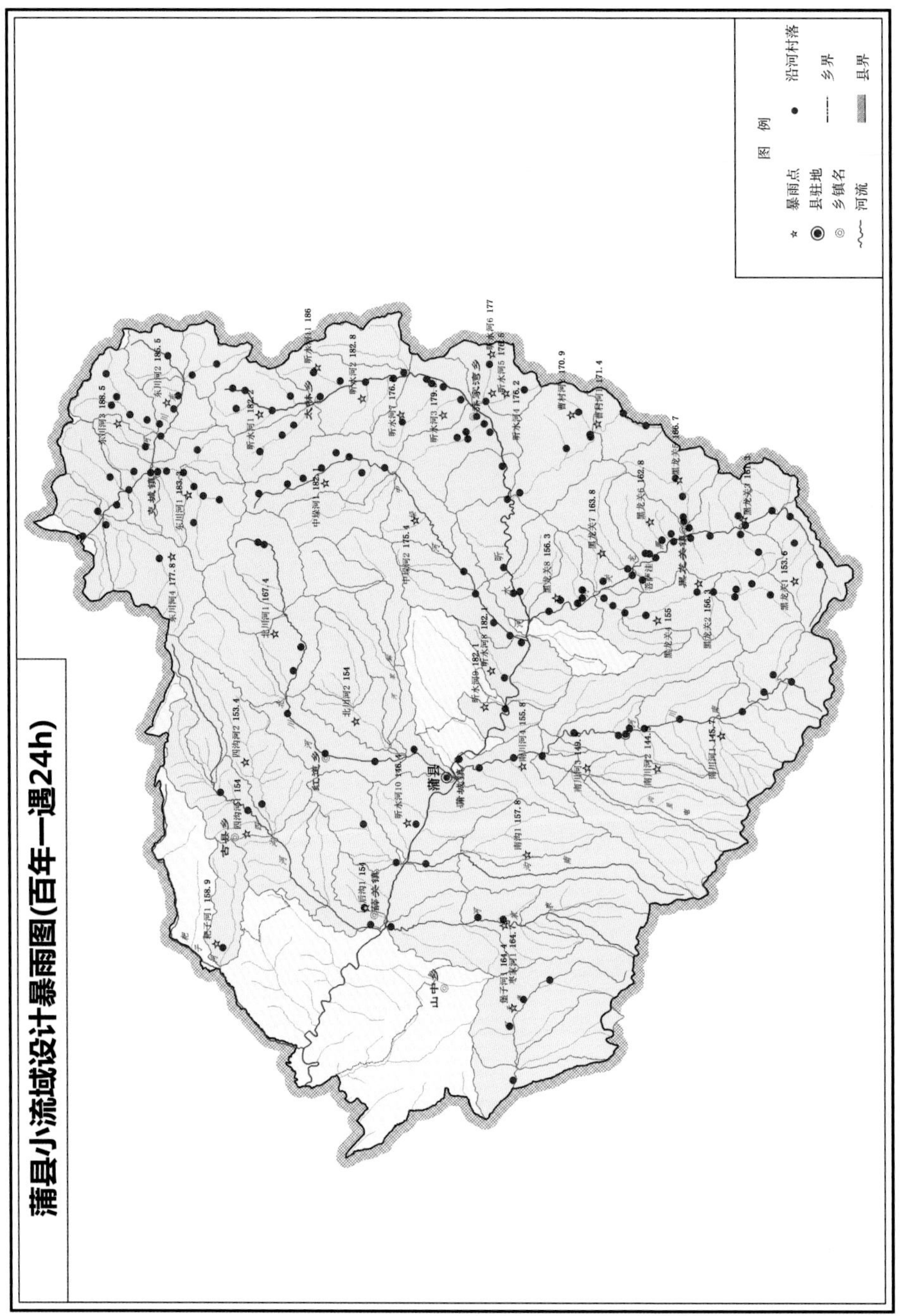

附图 4-148 蒲县沿河村落百年一遇 24 h 设计暴雨分布图

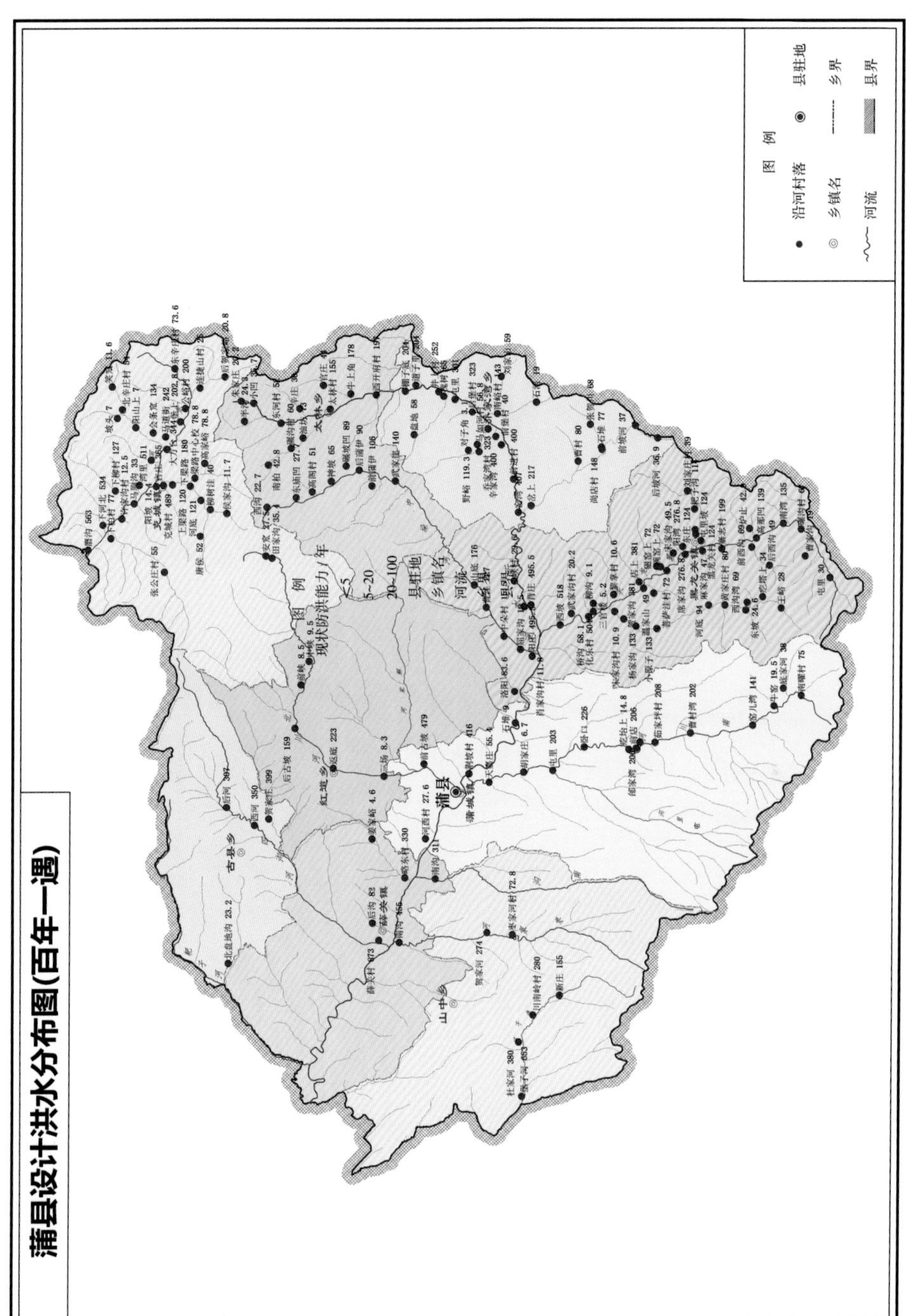

附图 4-149 蒲县沿河村落百年一遇设计洪水分布图

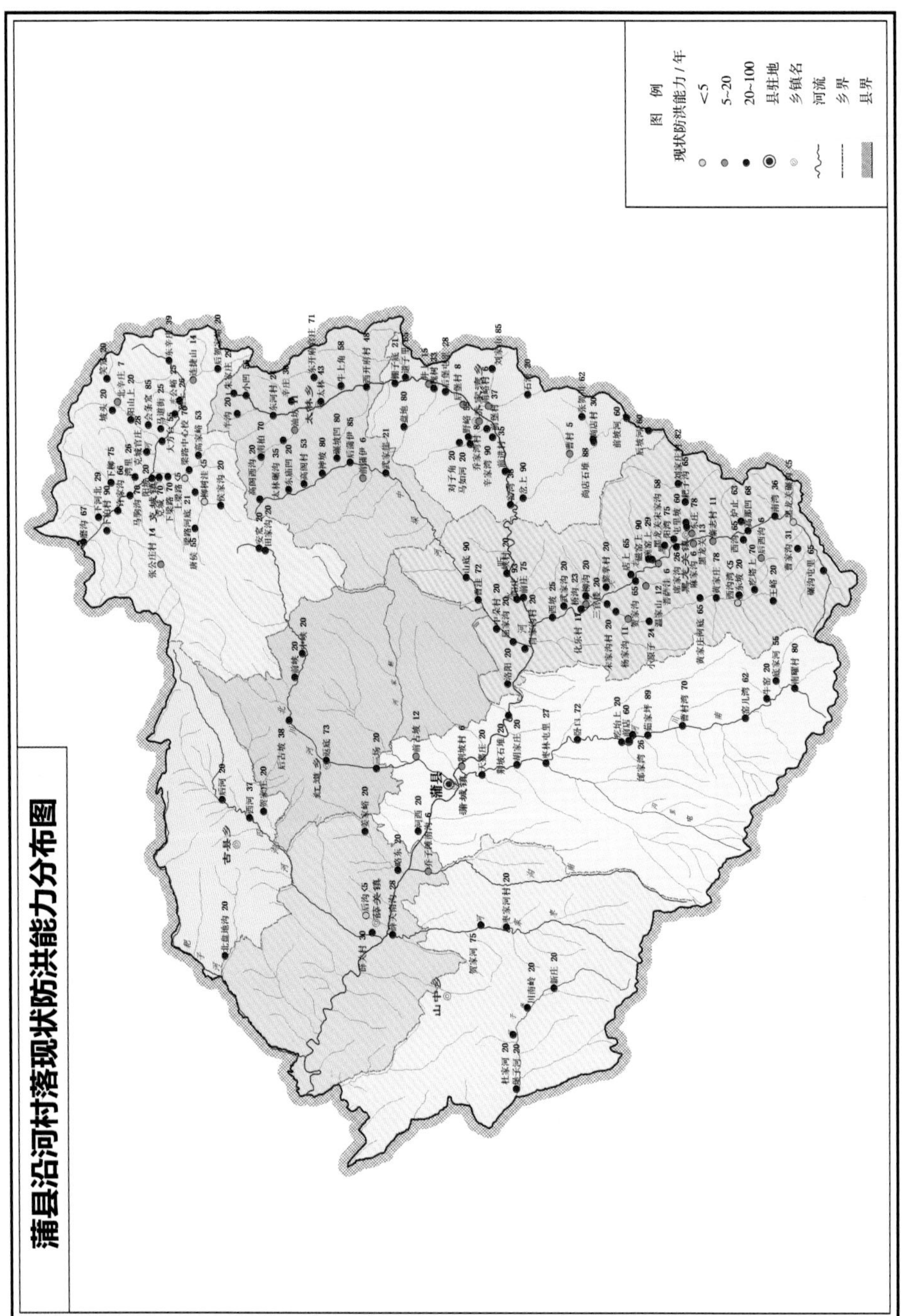

附图 4-150　蒲县沿河村落现状防洪能力分布图

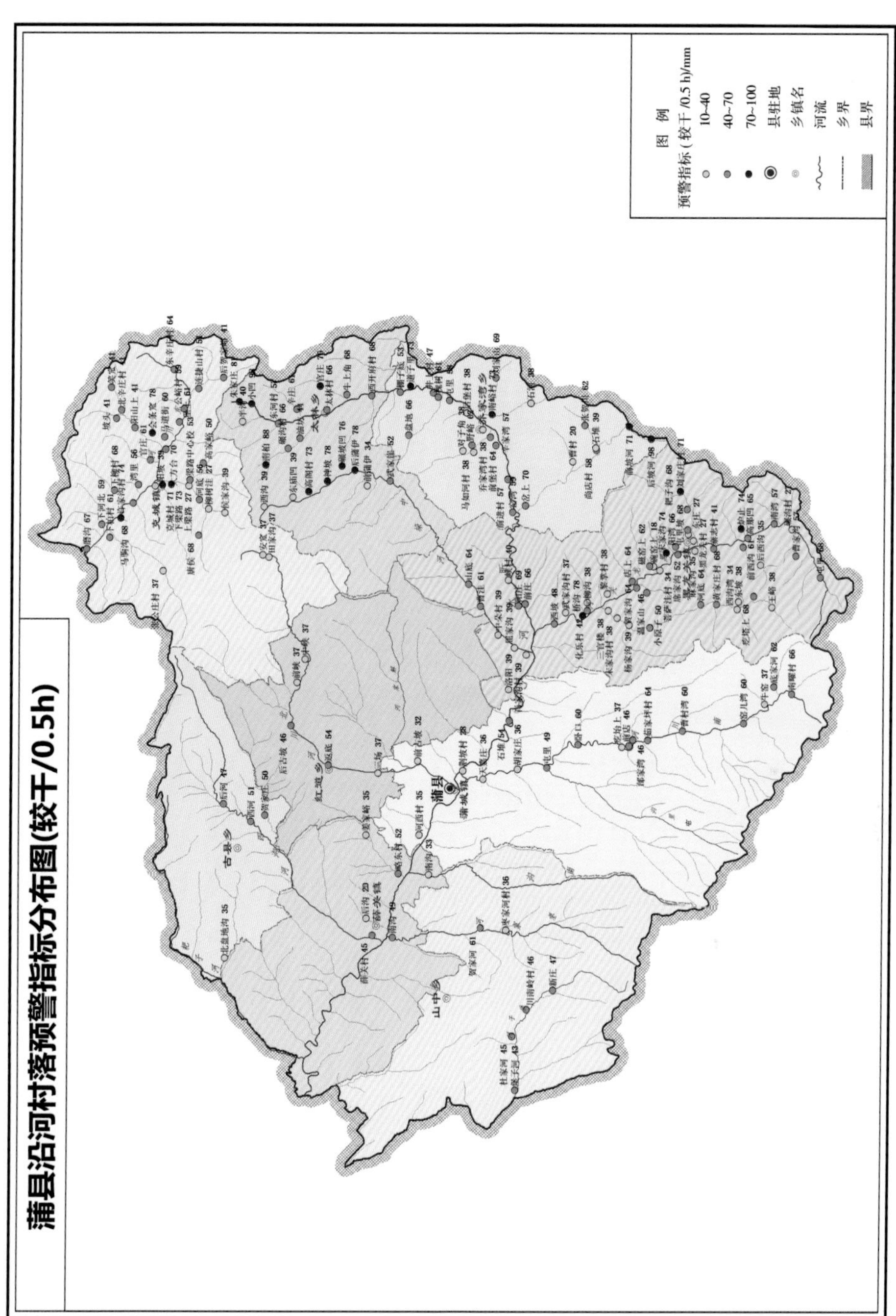

附图 4-151　蒲县沿河村落预警指标分布图(较干/0.5 h)

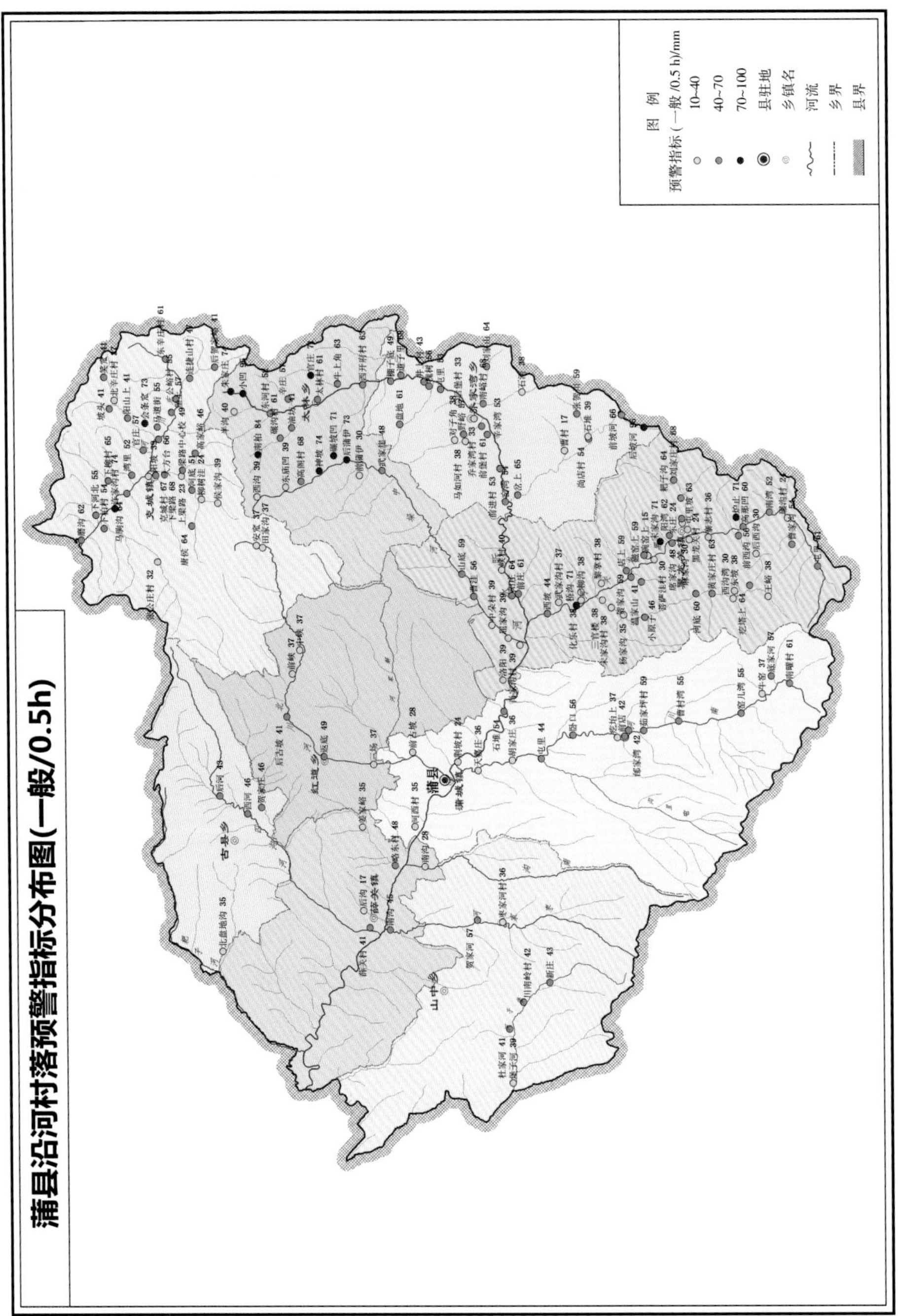

附图 4-152　蒲县沿河村落预警指标分布图(一般/0.5 h)

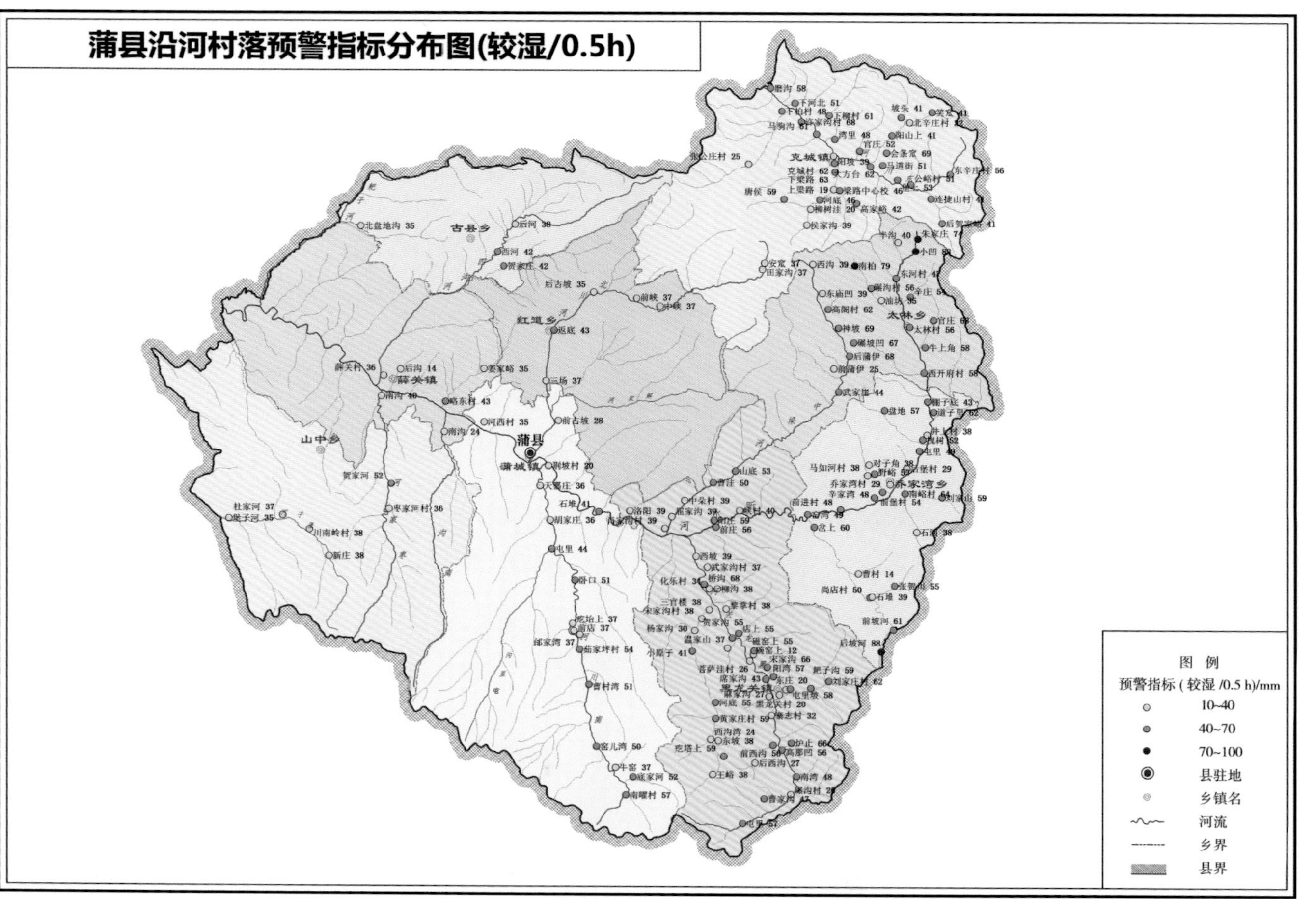

附图 4-153　蒲县沿河村落预警指标分布图（较湿/0.5 h）

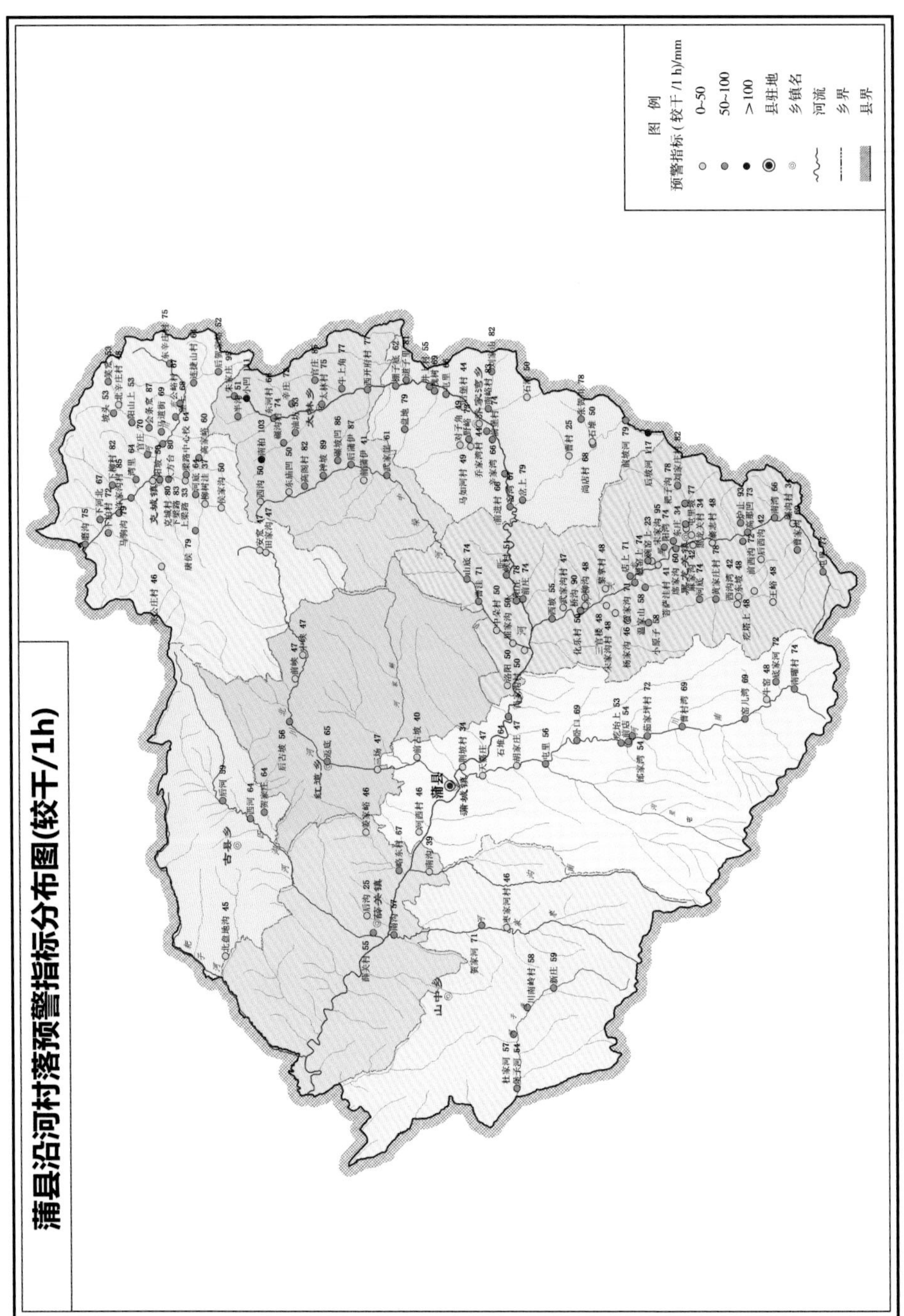

附图 4-154 蒲县沿河村落预警指标分布图(较干/1 h)

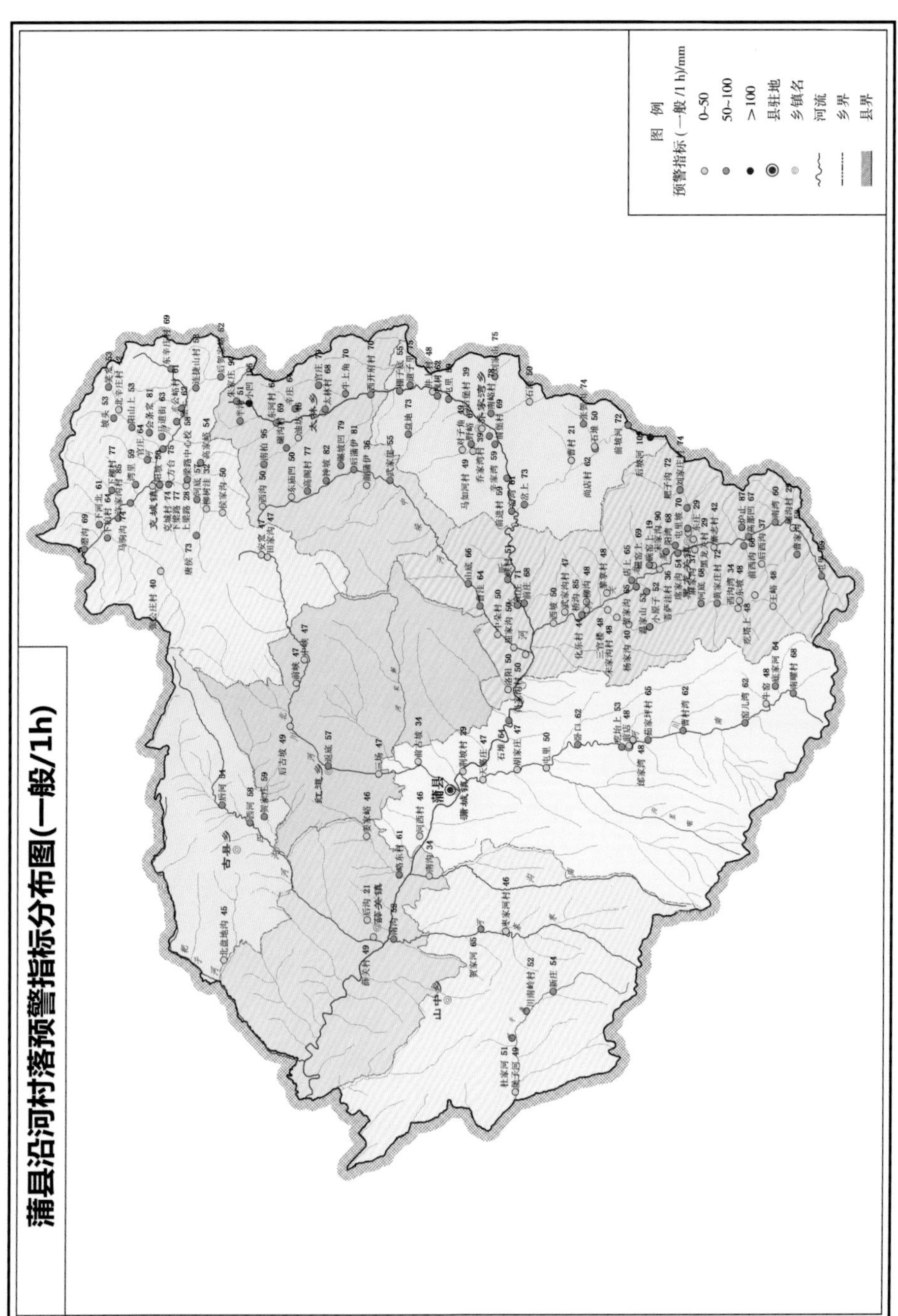

附图 4-155 蒲县沿河村落预警指标分布图(一般/1 h)

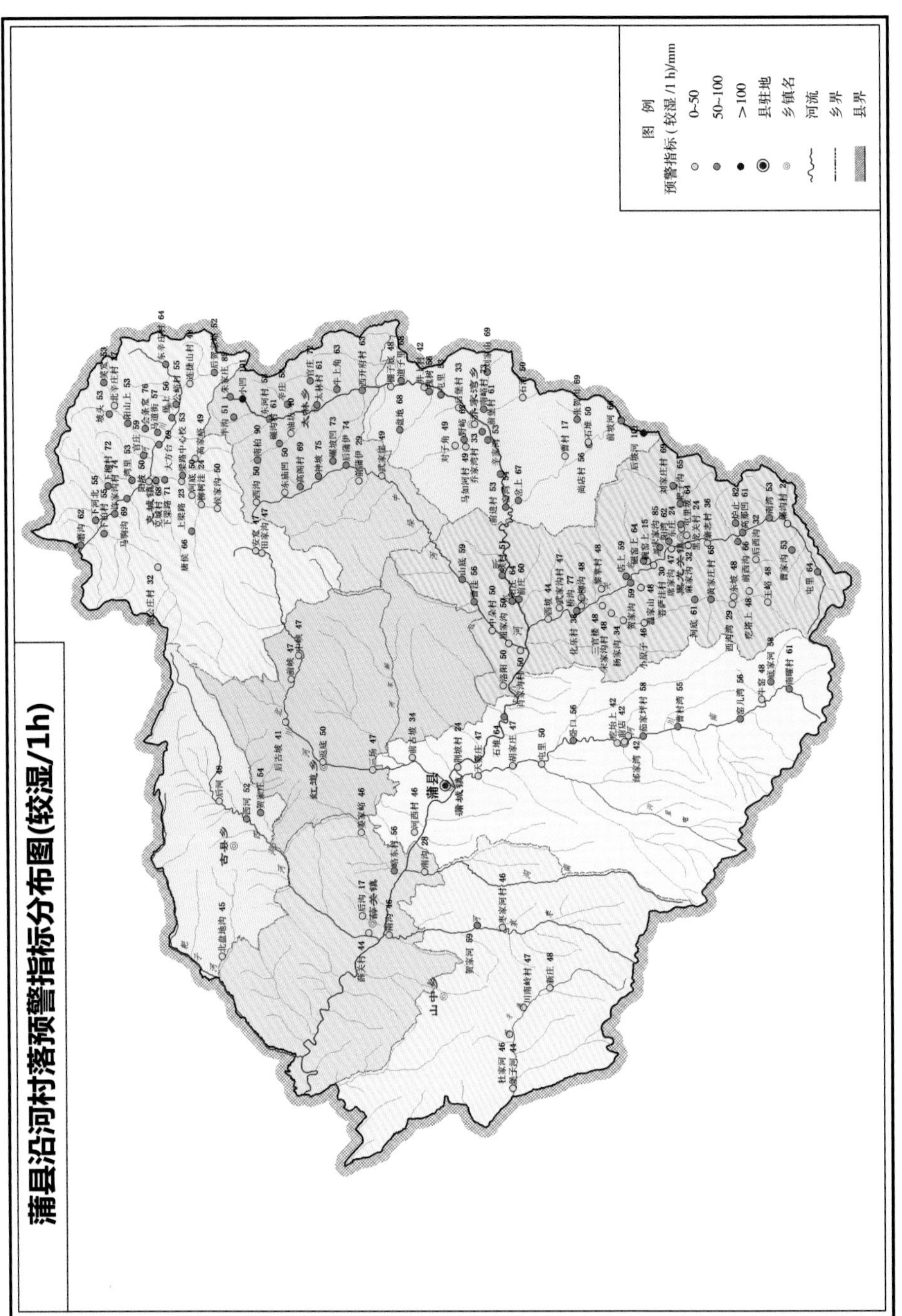

附图 4-156　蒲县沿河村落预警指标分布图(较湿/1 h)

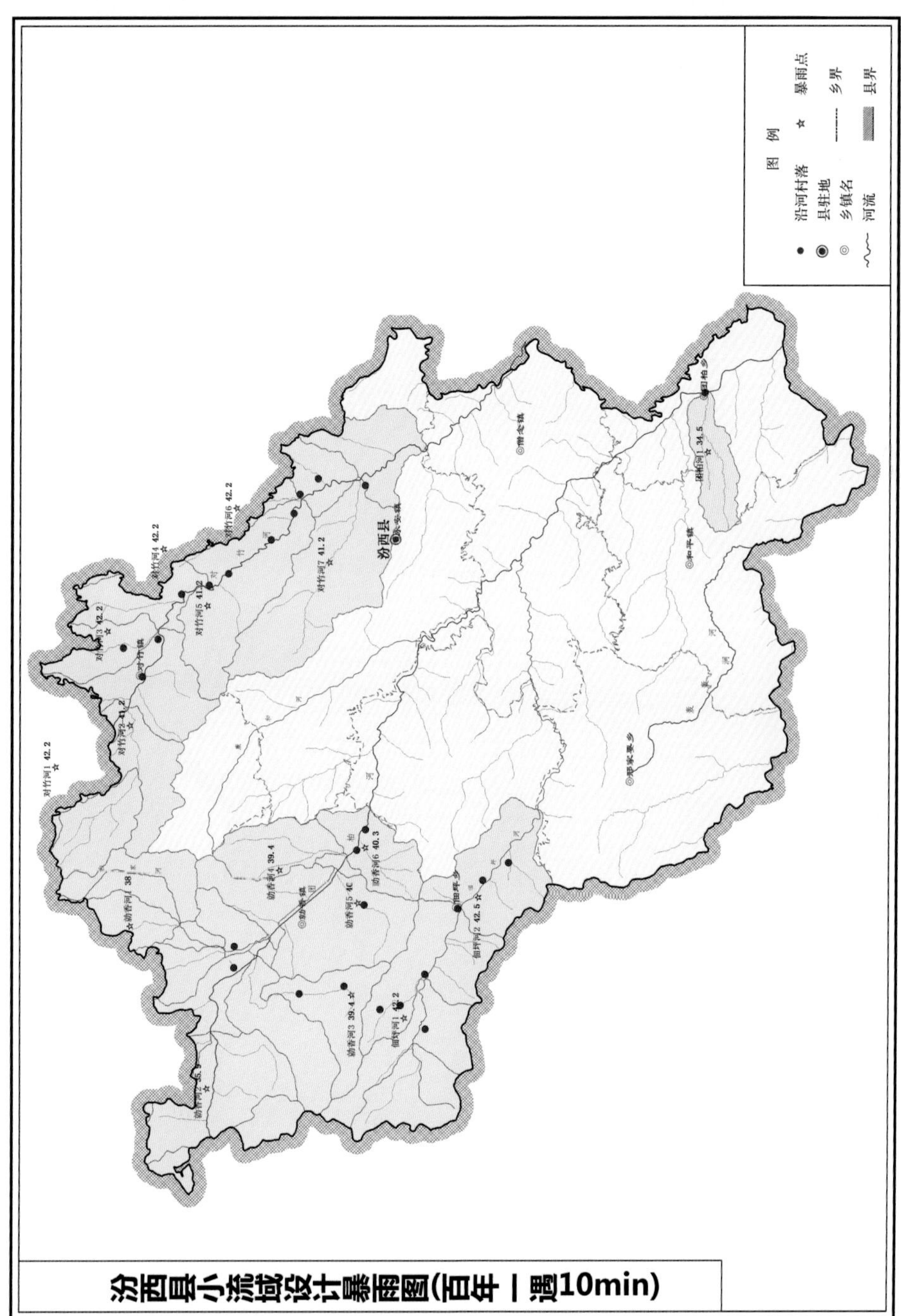

附图 4-157　汾西县沿河村落百年一遇 10 min 设计暴雨分布图

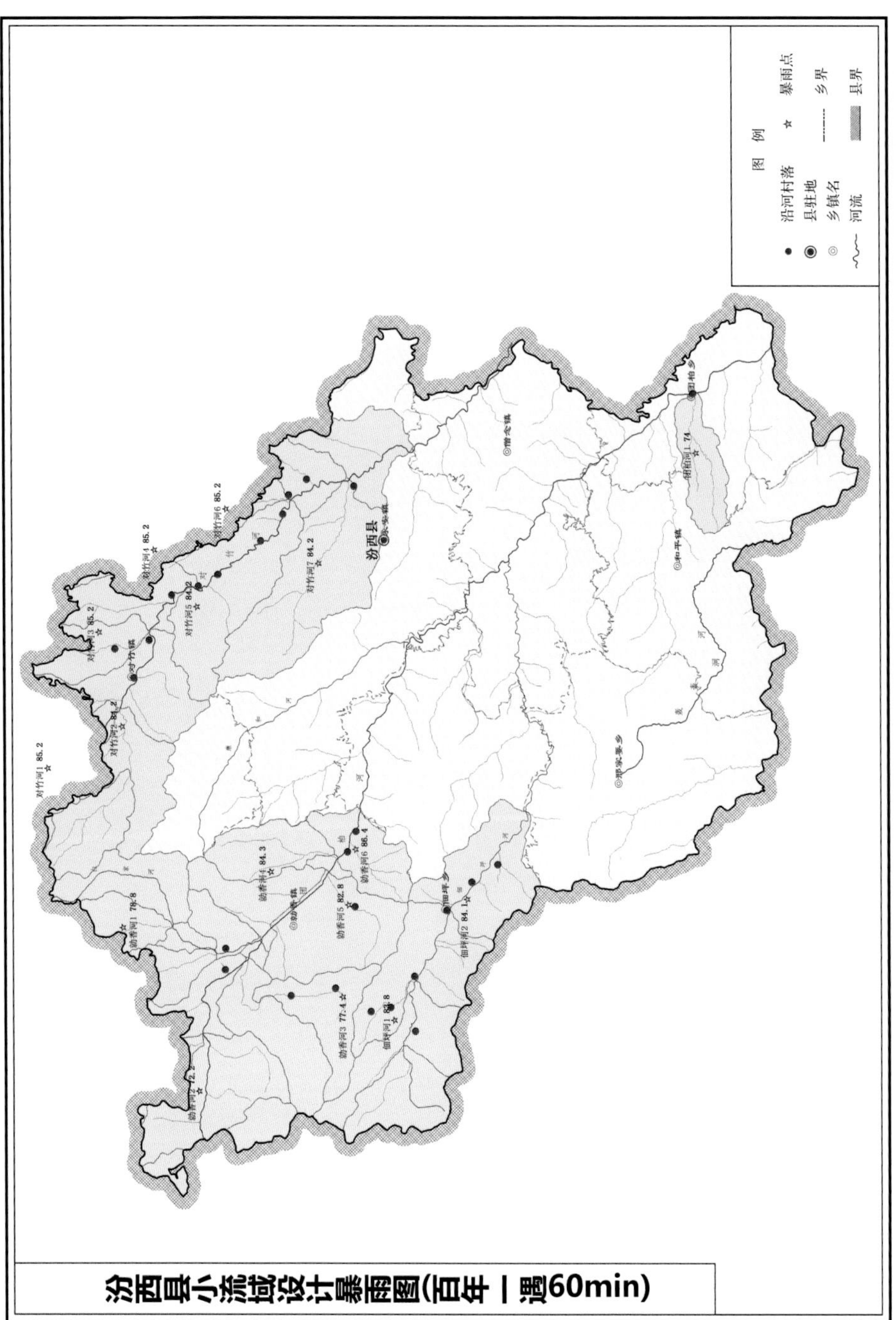

附图 4-158 汾西县沿河村落百年一遇 60 min 设计暴雨分布图

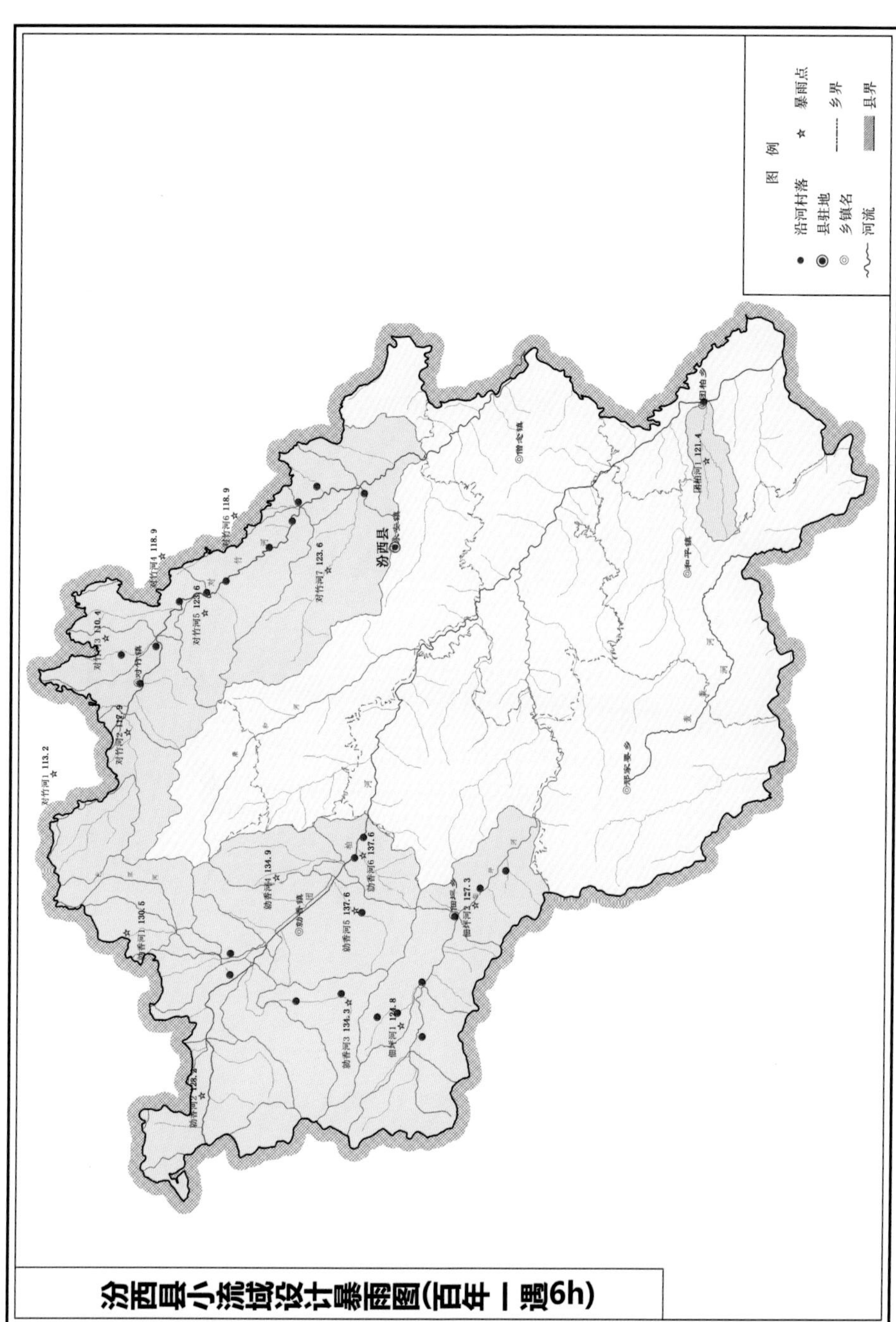

附图 4-159 汾西县沿河村落百年一遇 6 h 设计暴雨分布图

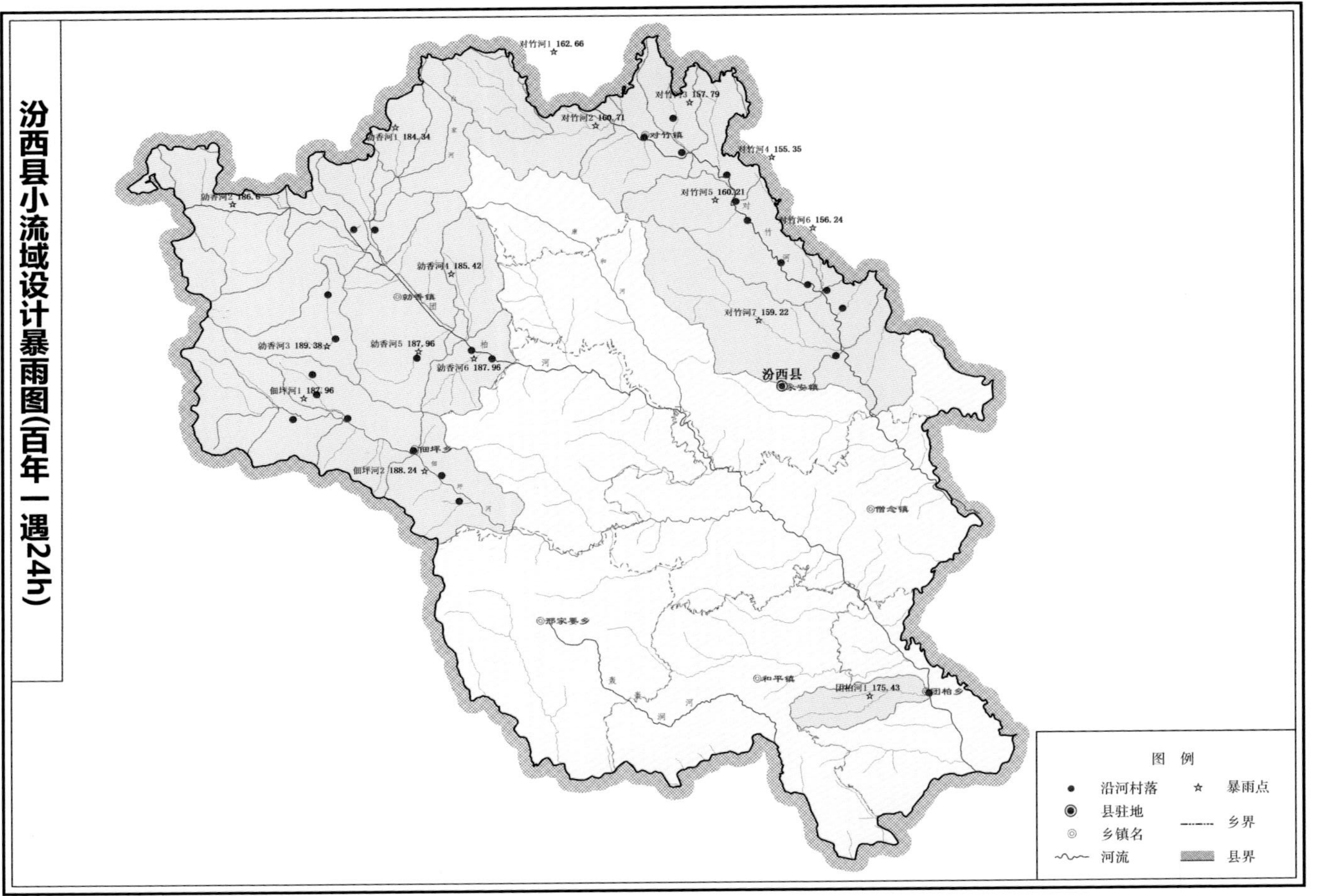

附图 4-160　汾西县沿河村落百年一遇 24 h 设计暴雨分布图

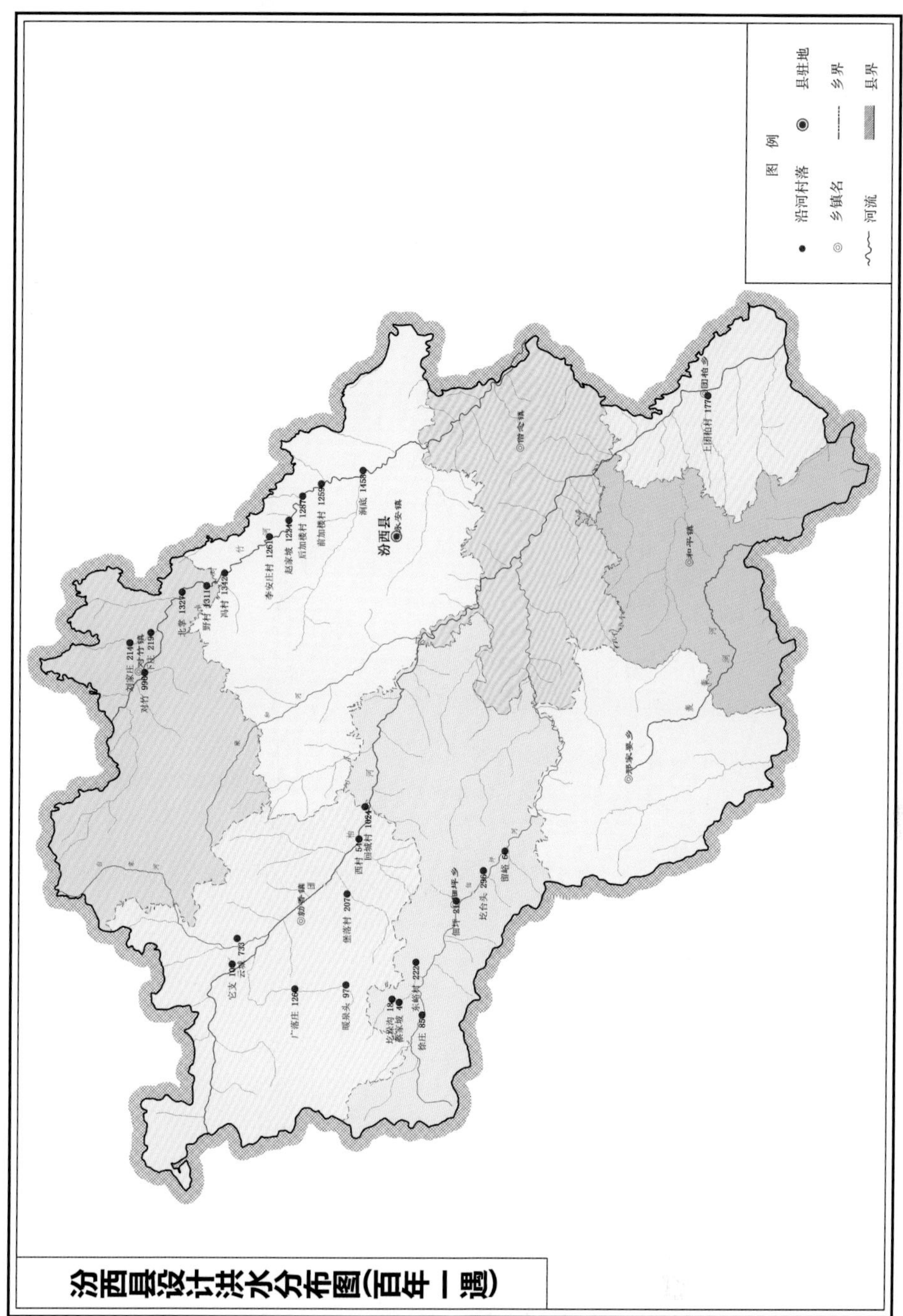

附图 4-161 汾西县沿河村落百年一遇设计洪水分布图

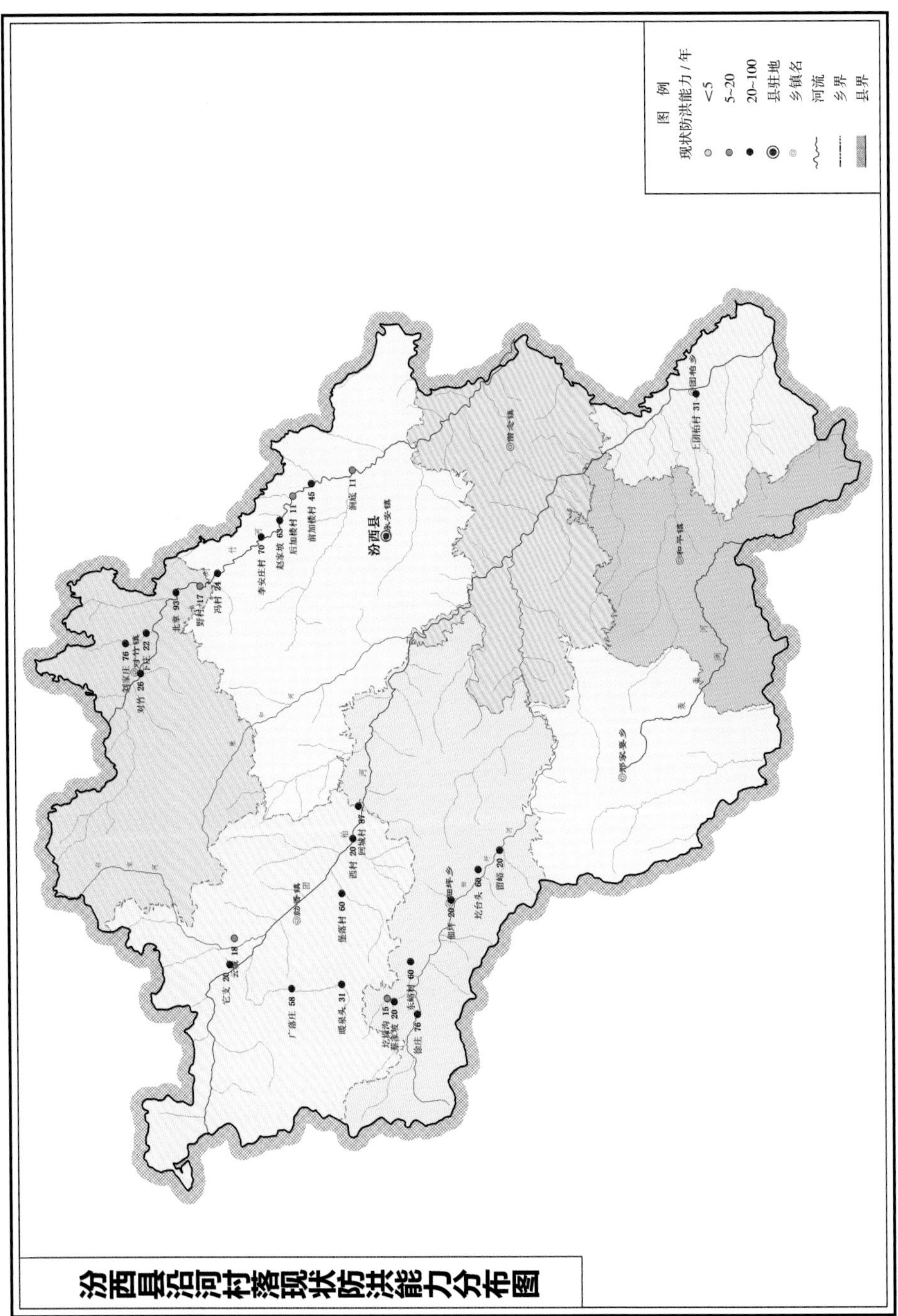

附图 4-162　汾西县沿河村落现状防洪能力分布图

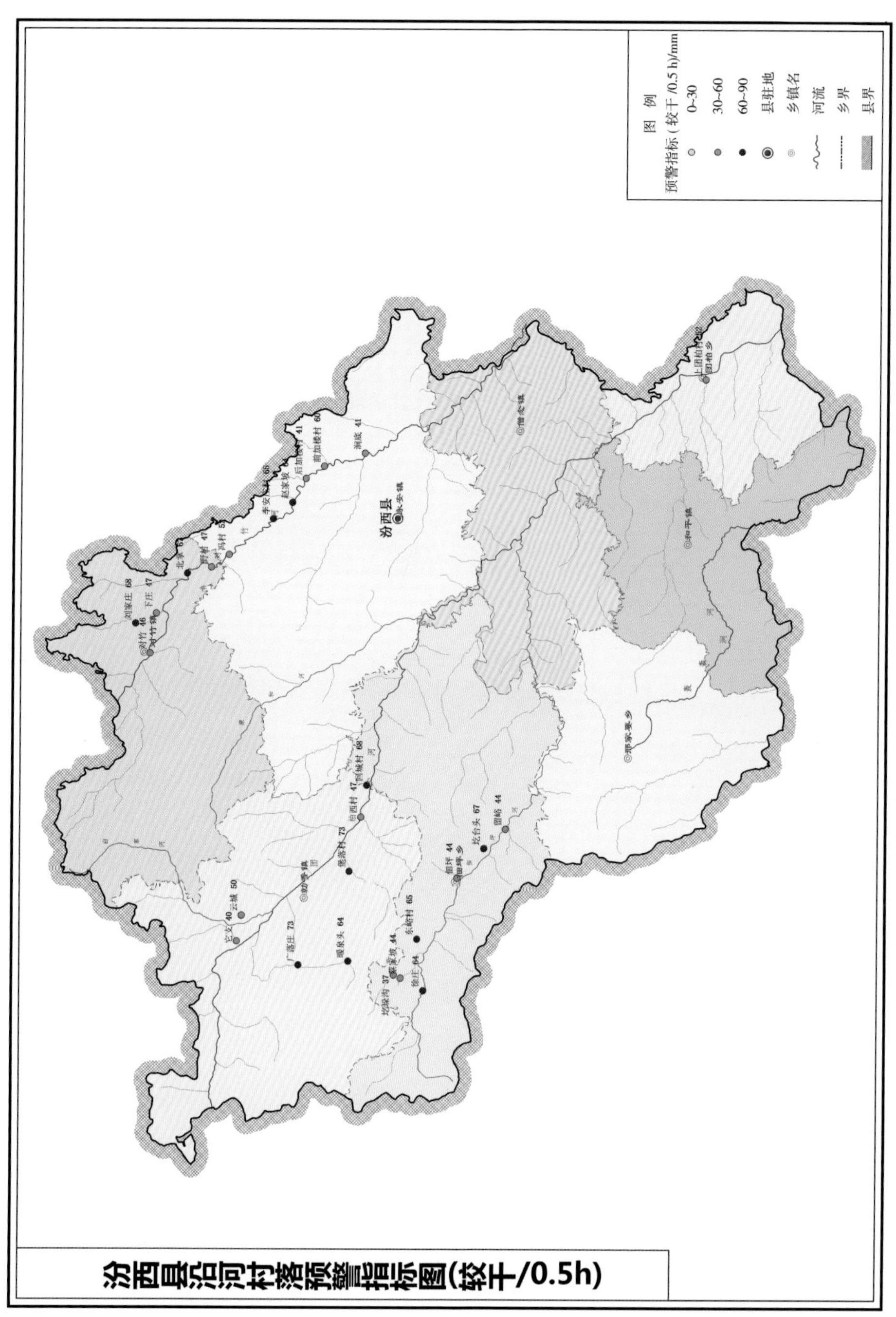

附图 4-163　汾西县沿河村落预警指标分布图(较干/0.5 h)

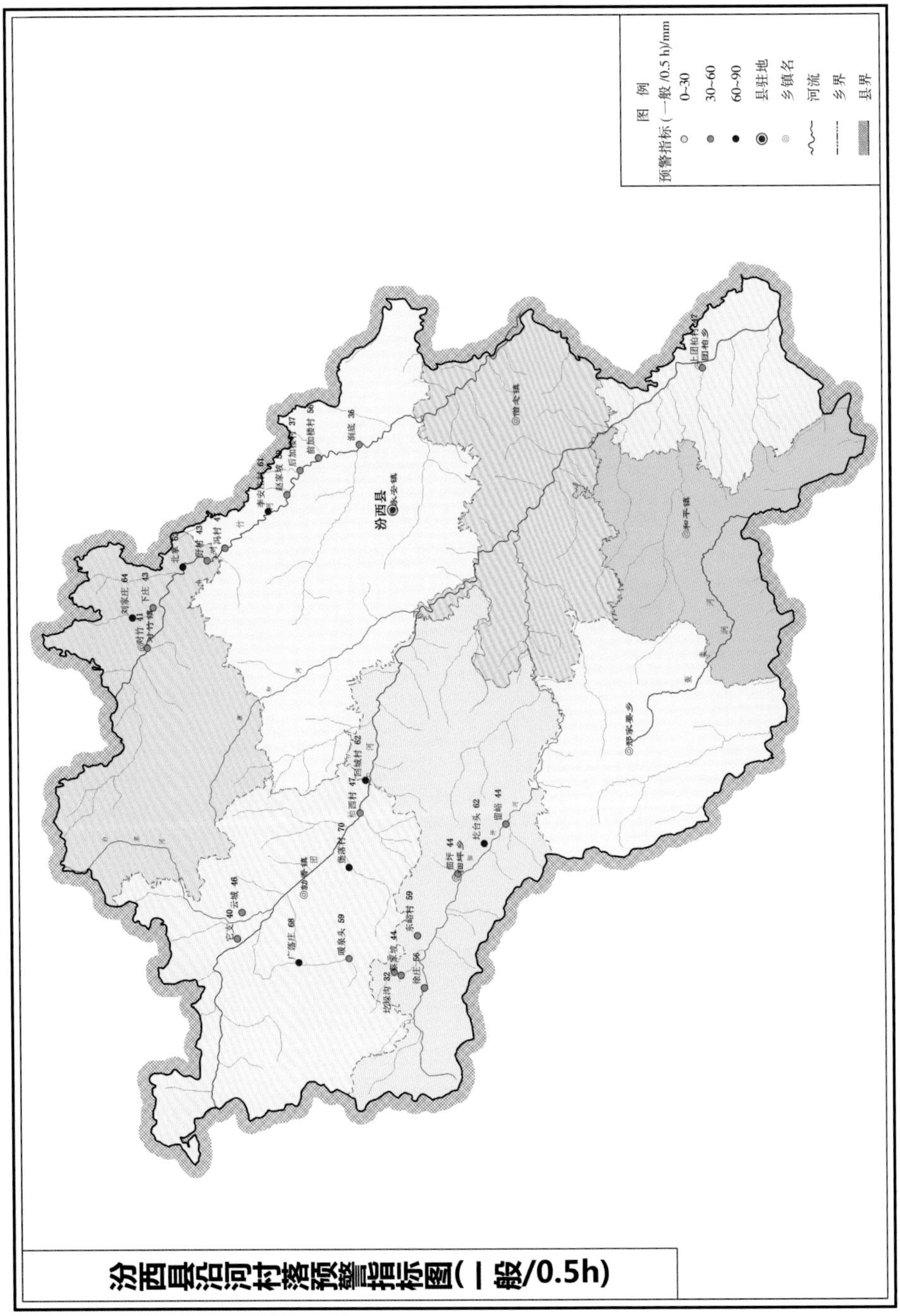

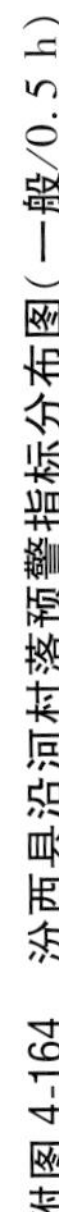

附图 4-164　汾西县沿河村落预警指标分布图（一般/0.5 h）

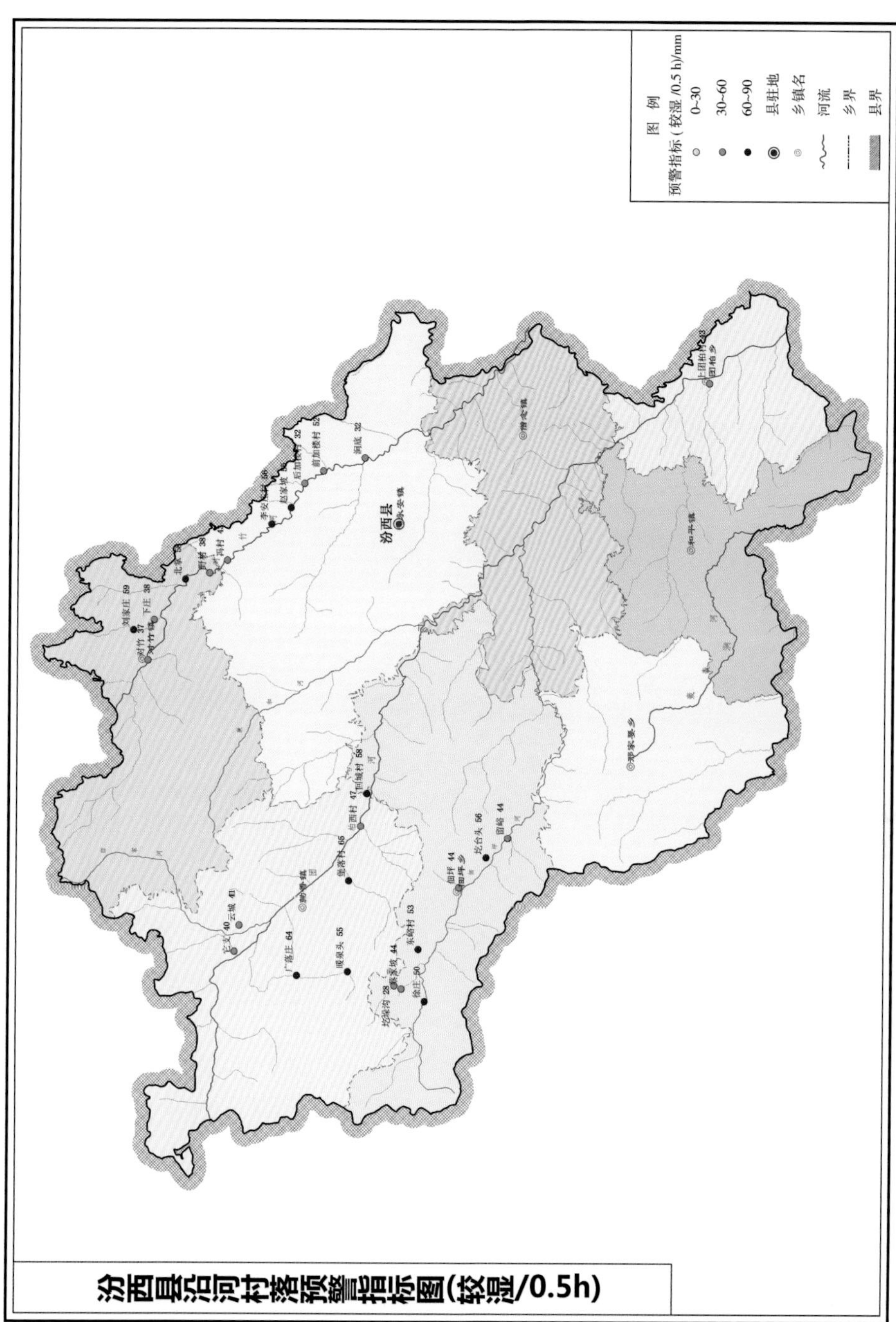

附图 4-165 汾西县沿河村落预警指标分布图(较湿/0.5 h)

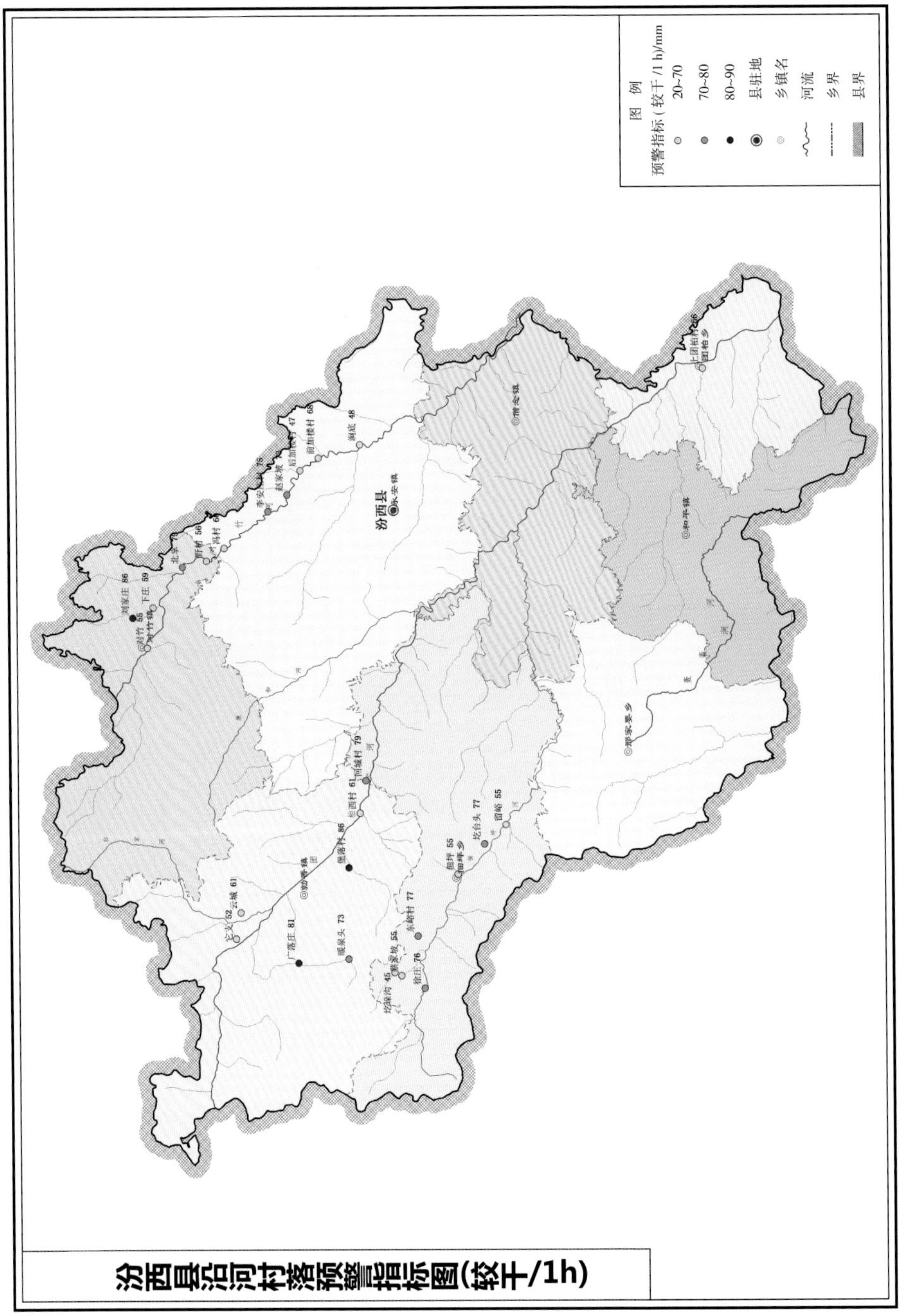

附图 4-166　汾西县沿河村落预警指标分布图(较干/1 h)

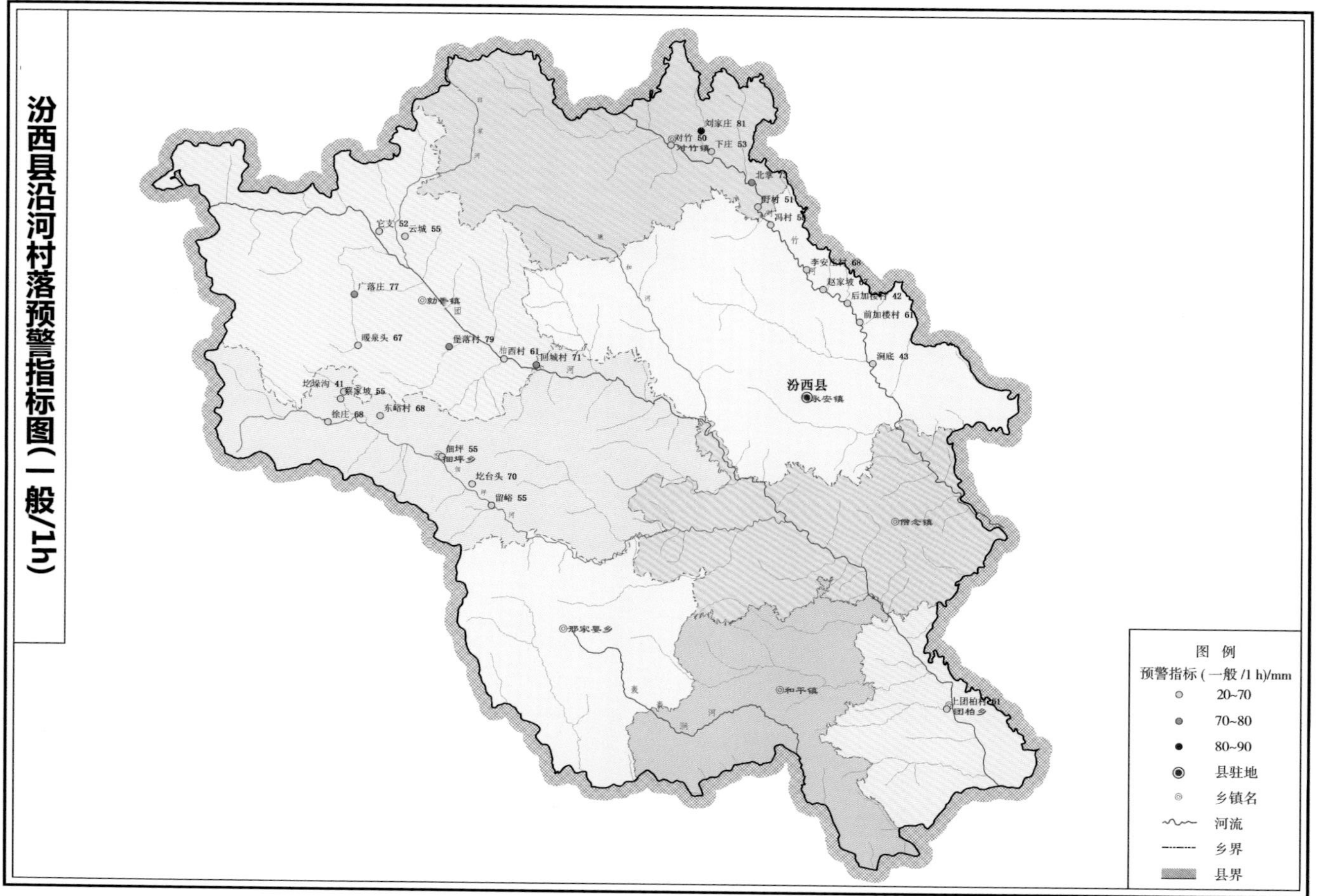

附图 4-167　汾西县沿河村落预警指标分布图(一般/1 h)

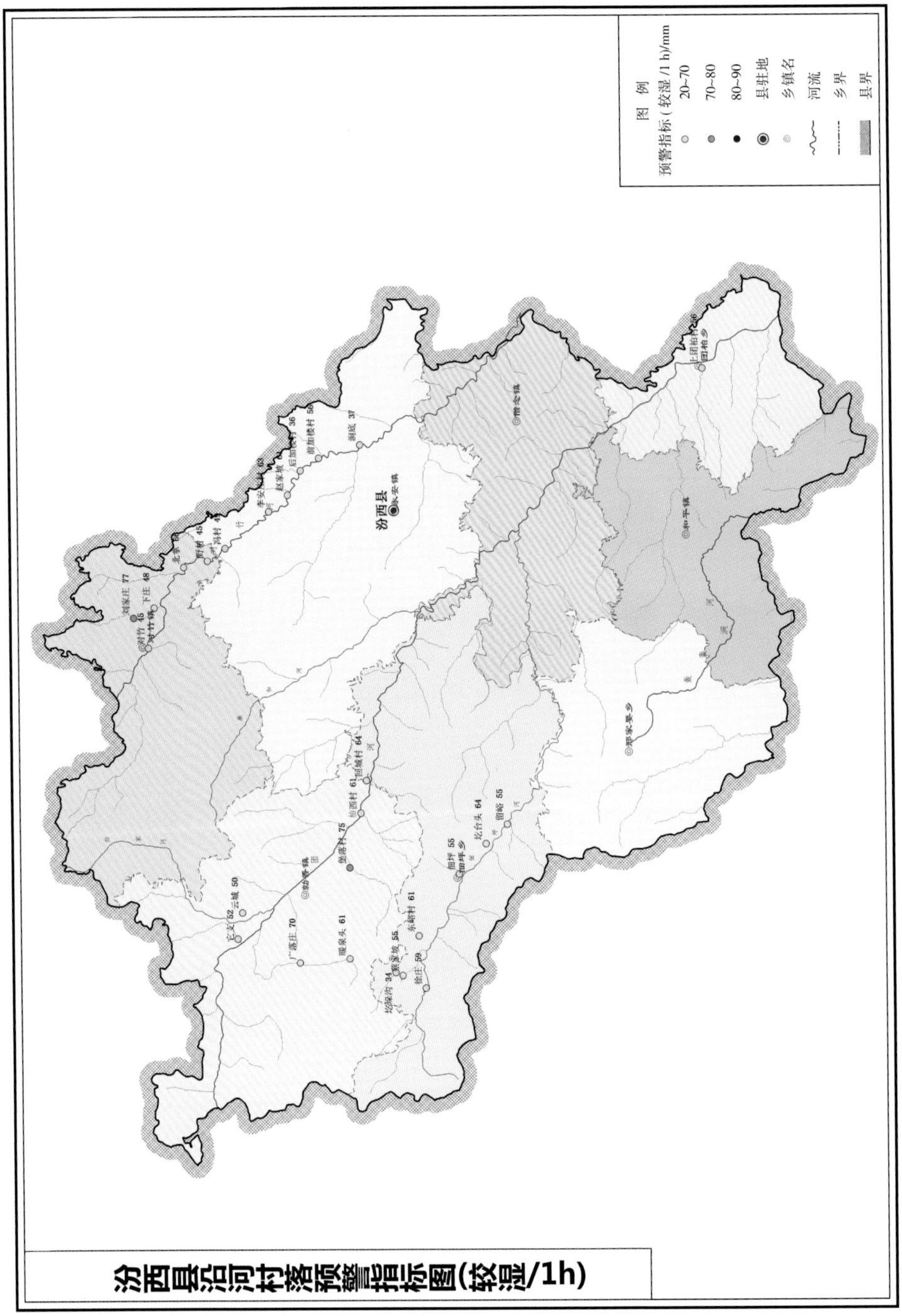

附图 4-168　汾西县沿河村落预警指标分布图(较湿/1 h)

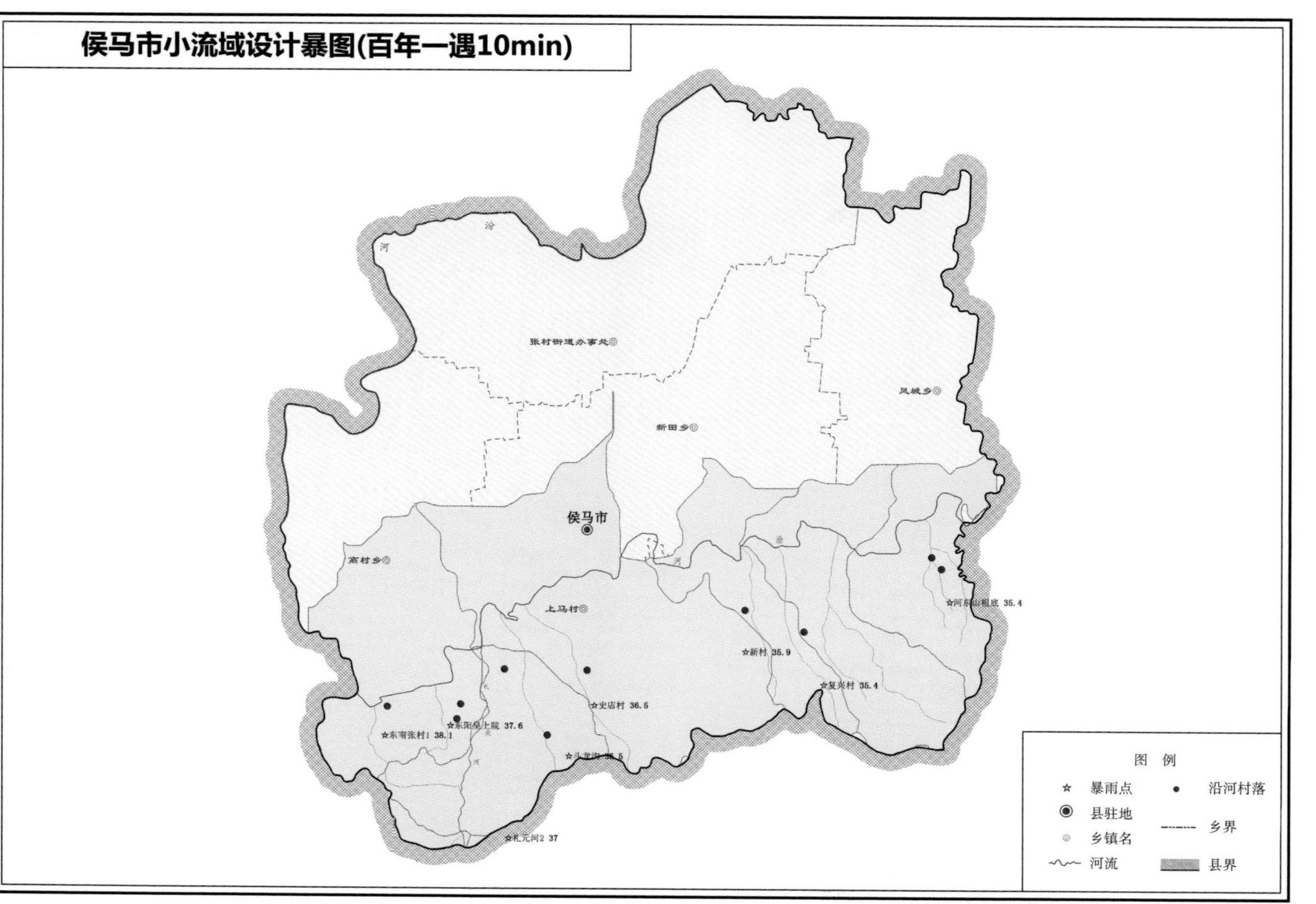

附图 4-169 侯马市沿河村落百年一遇 10 min 设计暴雨分布图

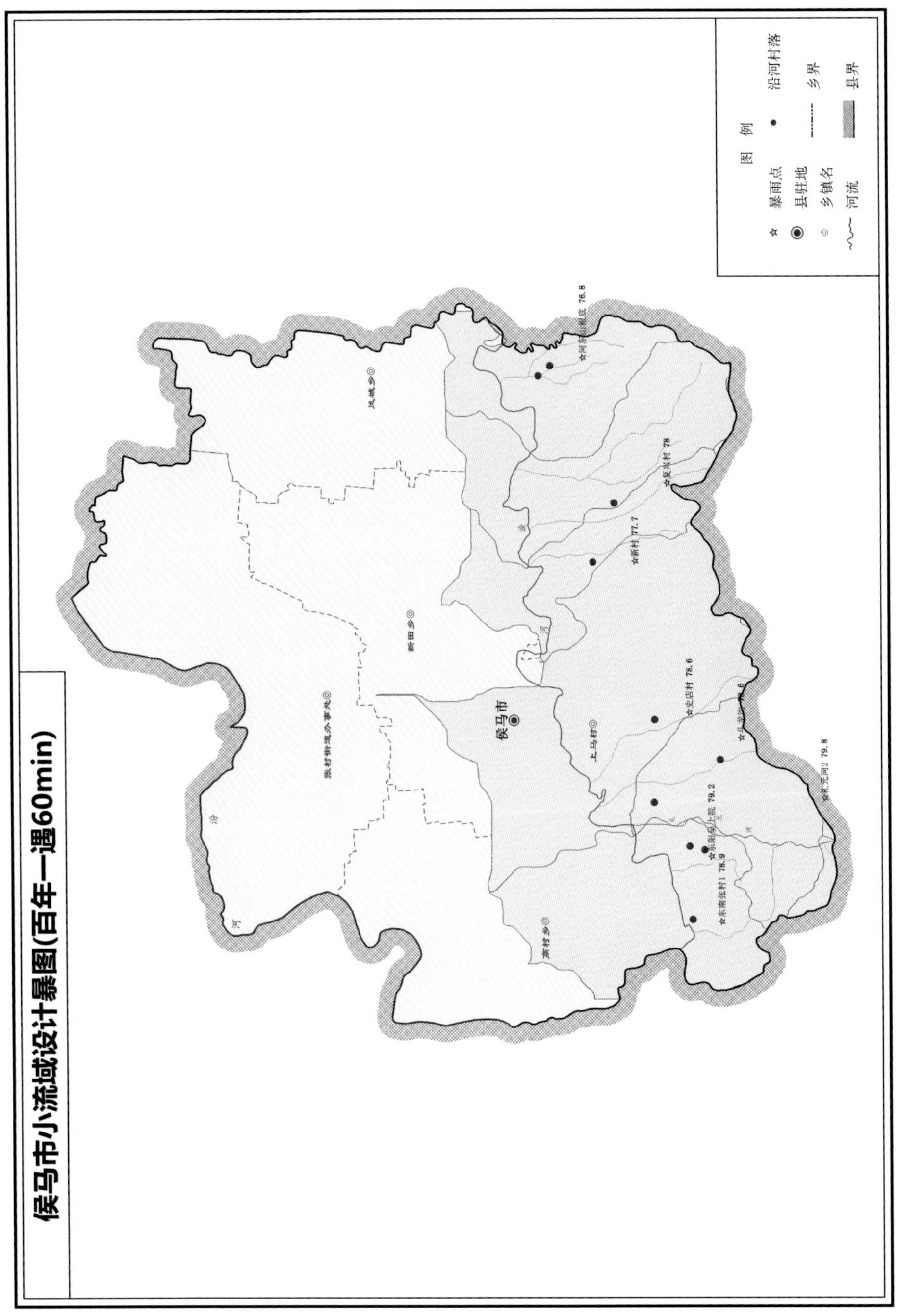

附图 4-170　侯马市沿河村落百年一遇 60 min 设计暴雨分布图

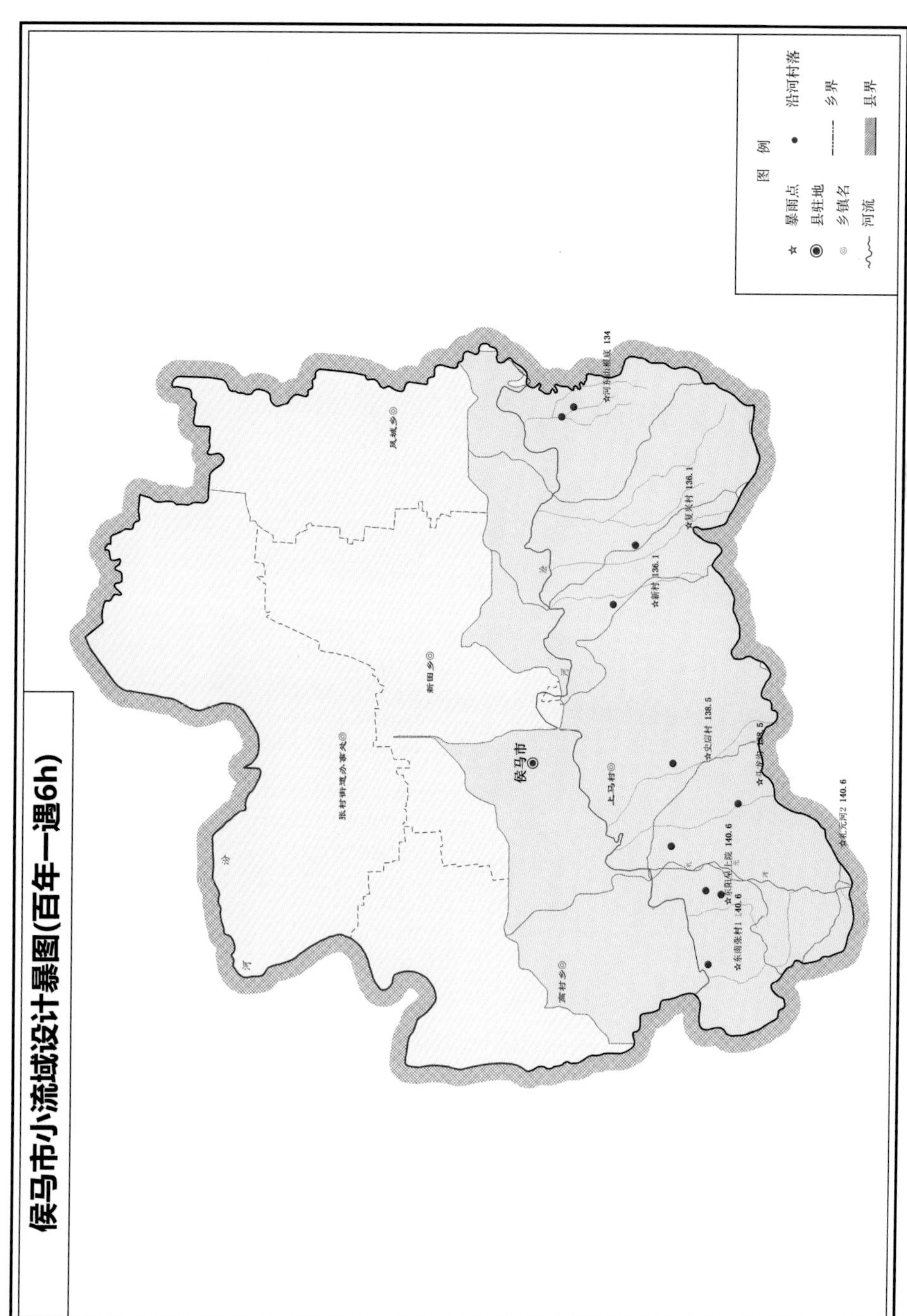

附图 4-171 侯马市沿河村落百年一遇 6 h 设计暴雨分布图

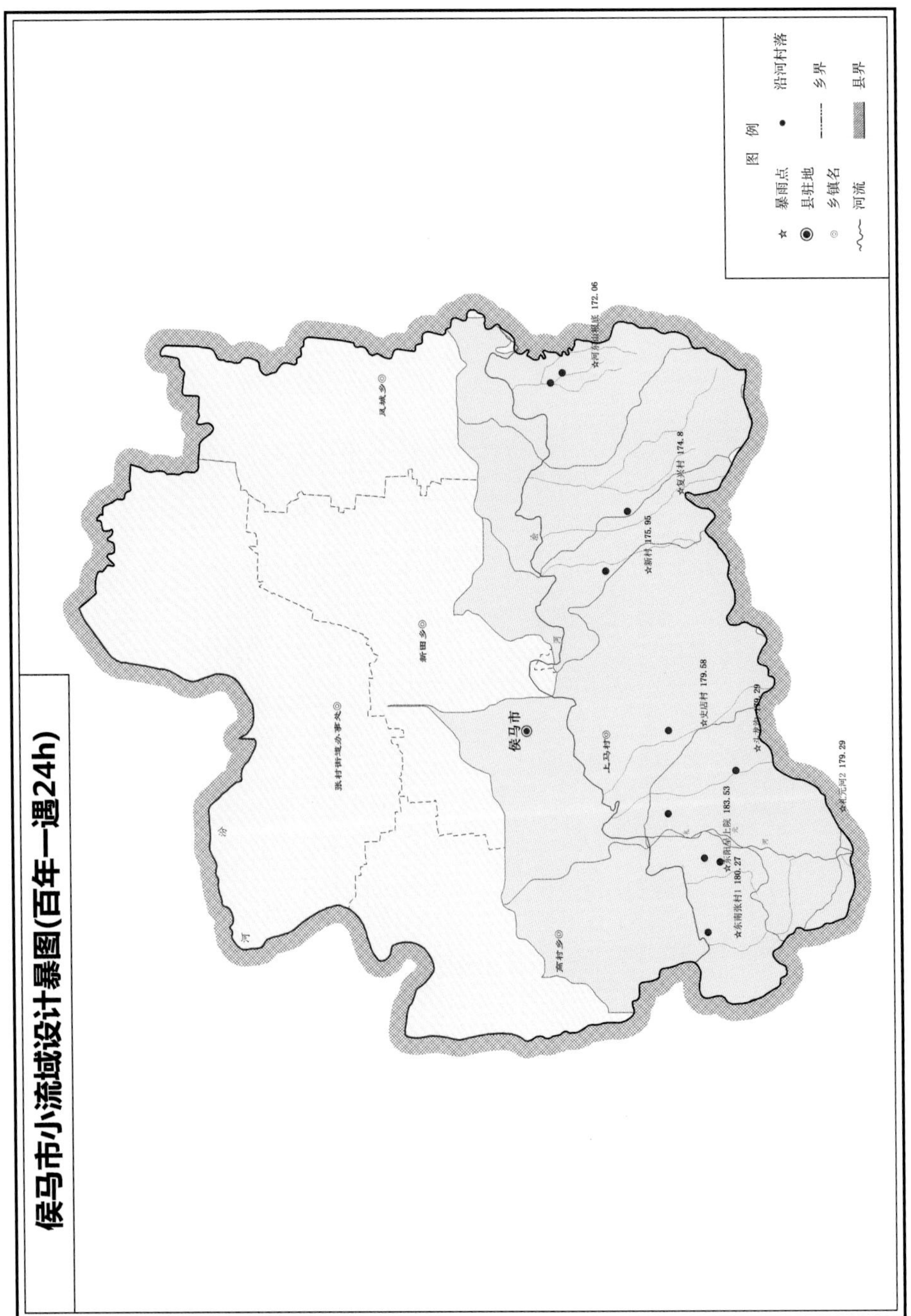

附图 4-172　侯马市沿河村落百年一遇 24 h 设计暴雨分布图

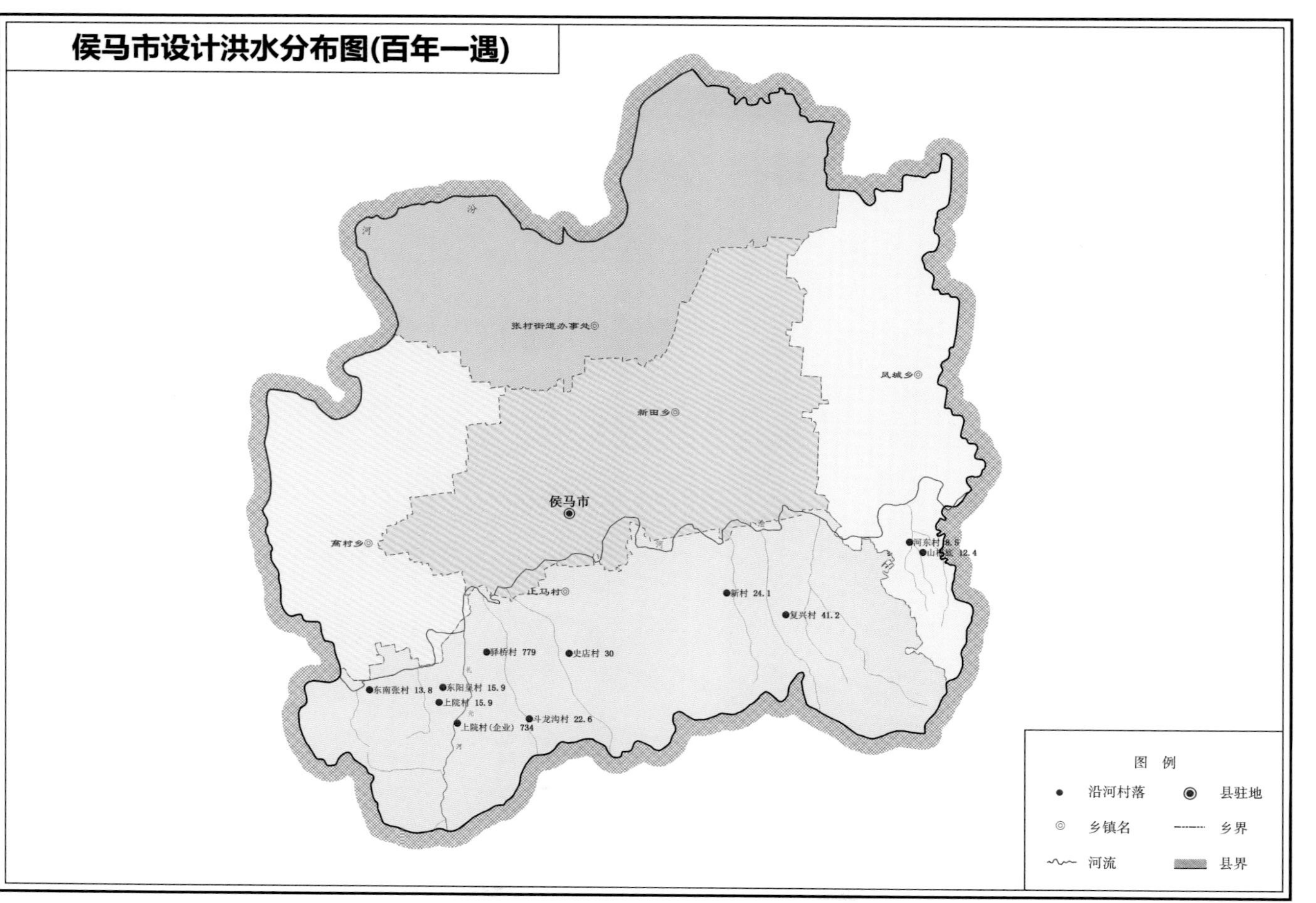

附图 4-173 侯马市沿河村落百年一遇设计洪水分布图

附图 4-174　侯马市沿河村落现状防洪能力分布图

附图 4-175　侯马市沿河村落预警指标分布图(较干/0.5 h)

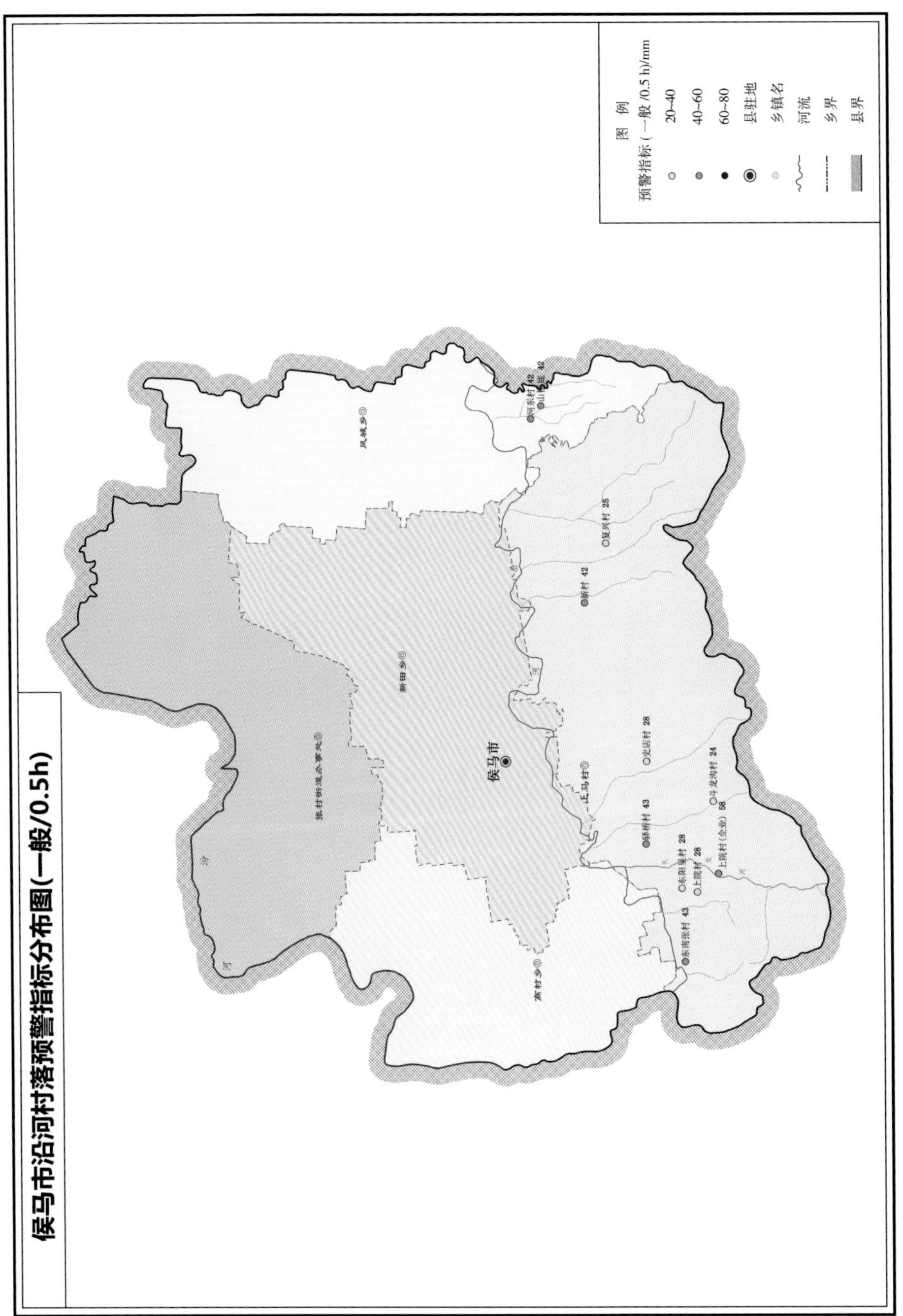

附图 4-176 侯马市沿河村落预警指标分布图(一般/0.5 h)

附图 4-177　侯马市沿河村落预警指标分布图(较湿/0.5 h)

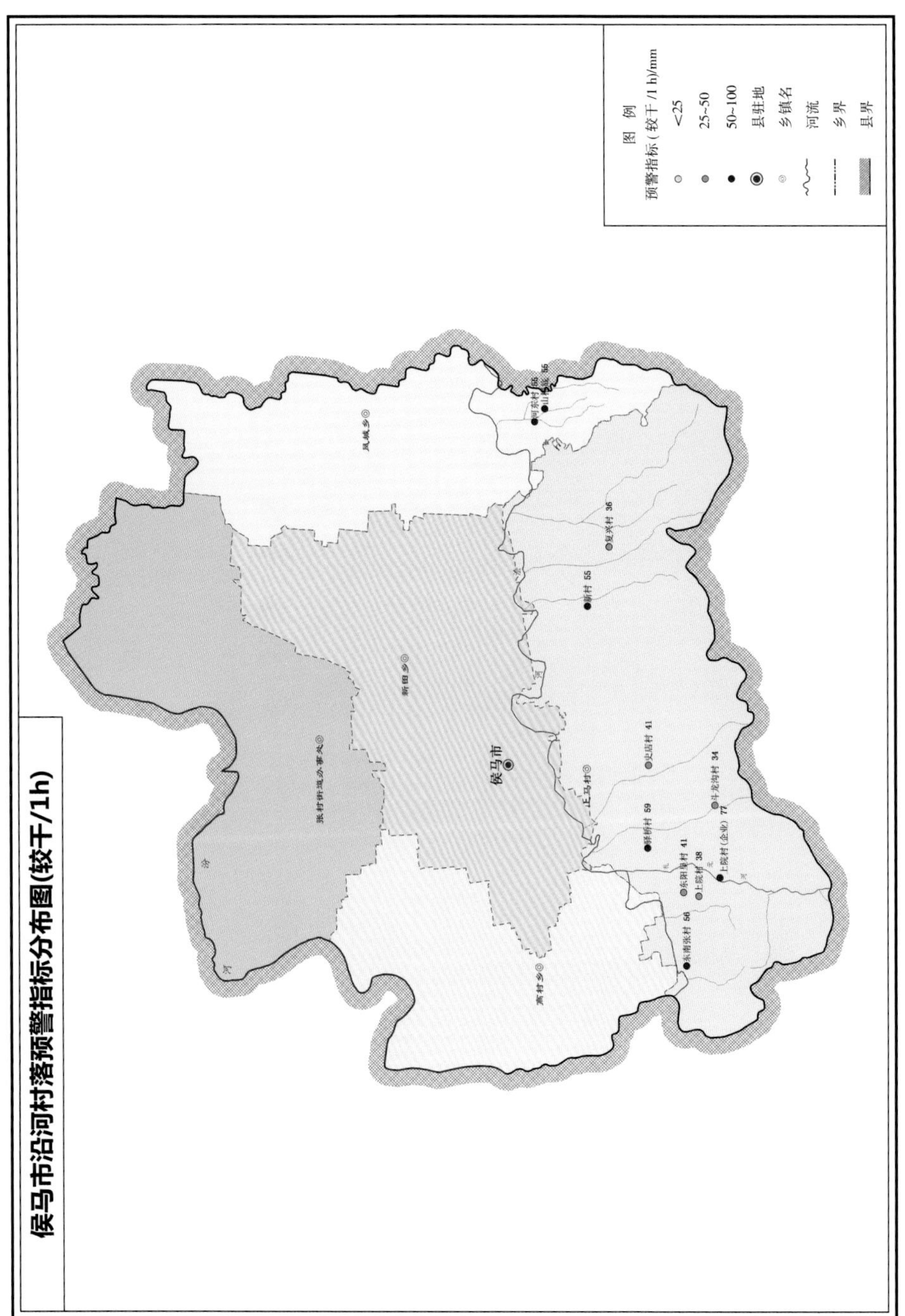

附图 4-178 侯马市沿河村落预警指标分布图(较干/1 h)

附图 4-179 侯马市沿河村落预警指标分布图(一般/1 h)

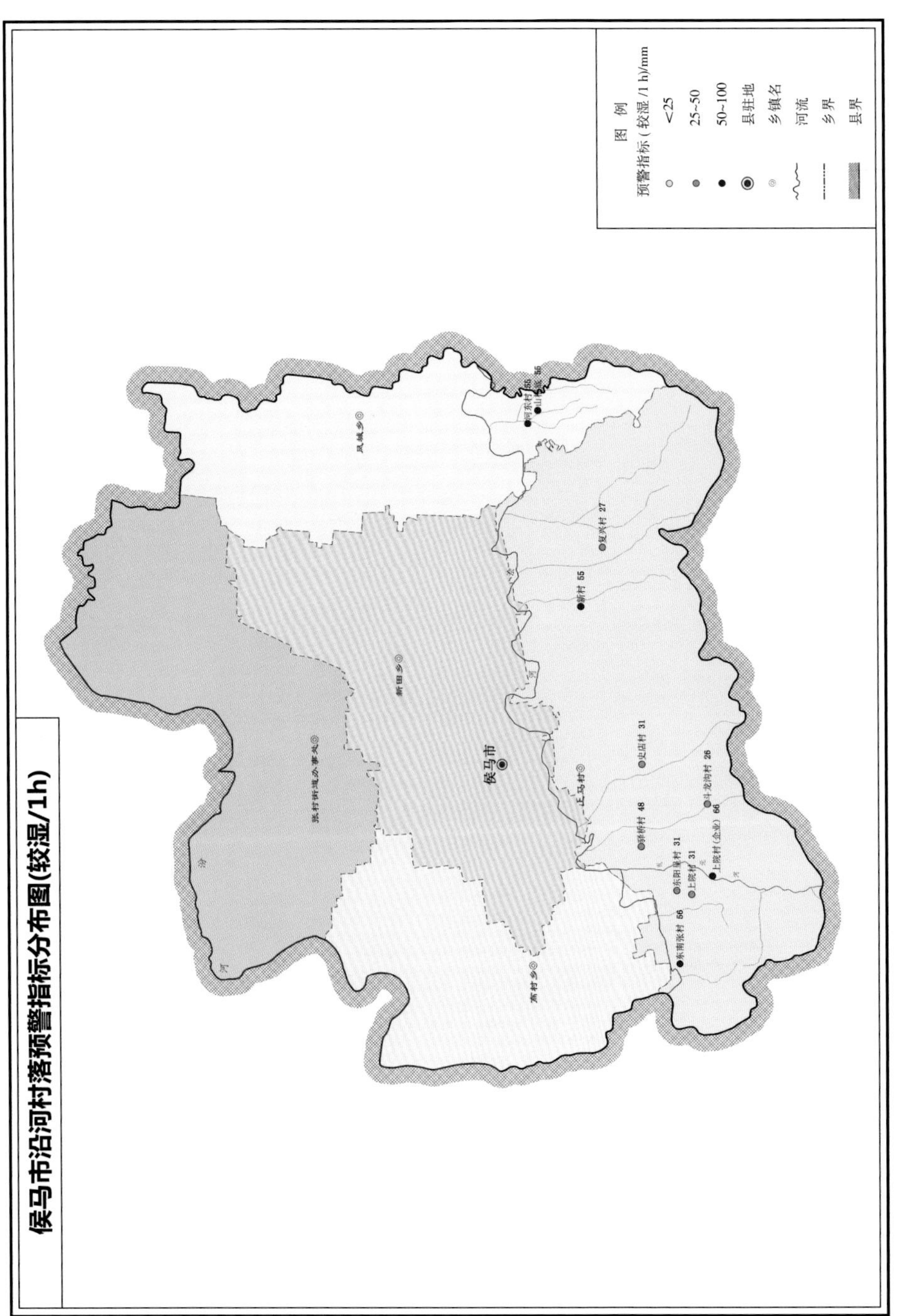

附图 4-180　侯马市沿河村落预警指标分布图(较湿/1 h)

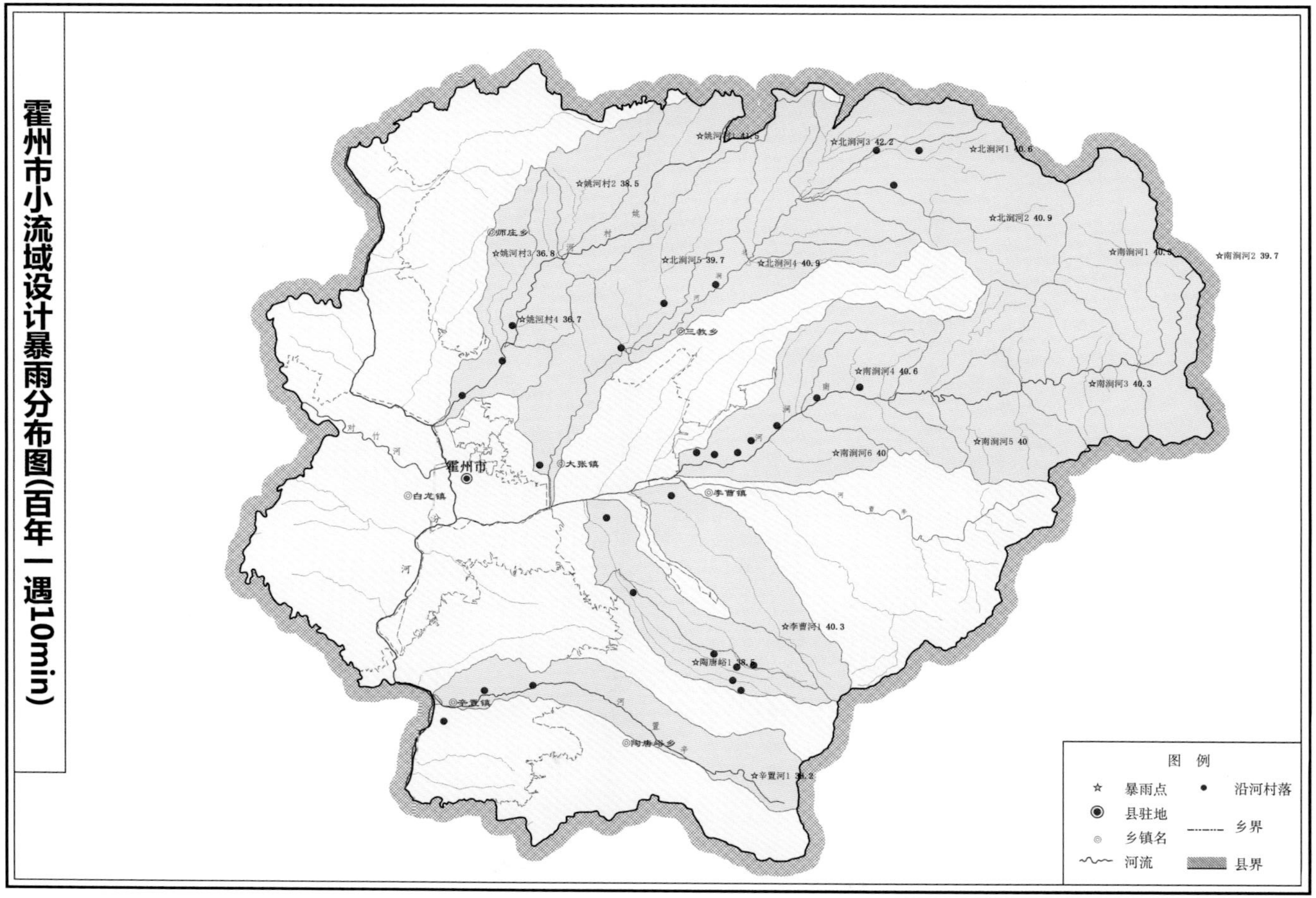

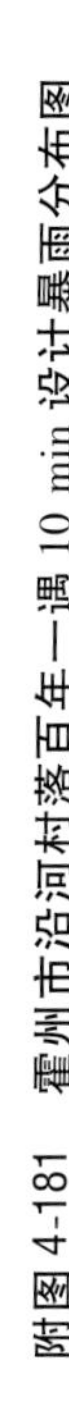

附图 4-181　霍州市沿河村落百年一遇 10 min 设计暴雨分布图

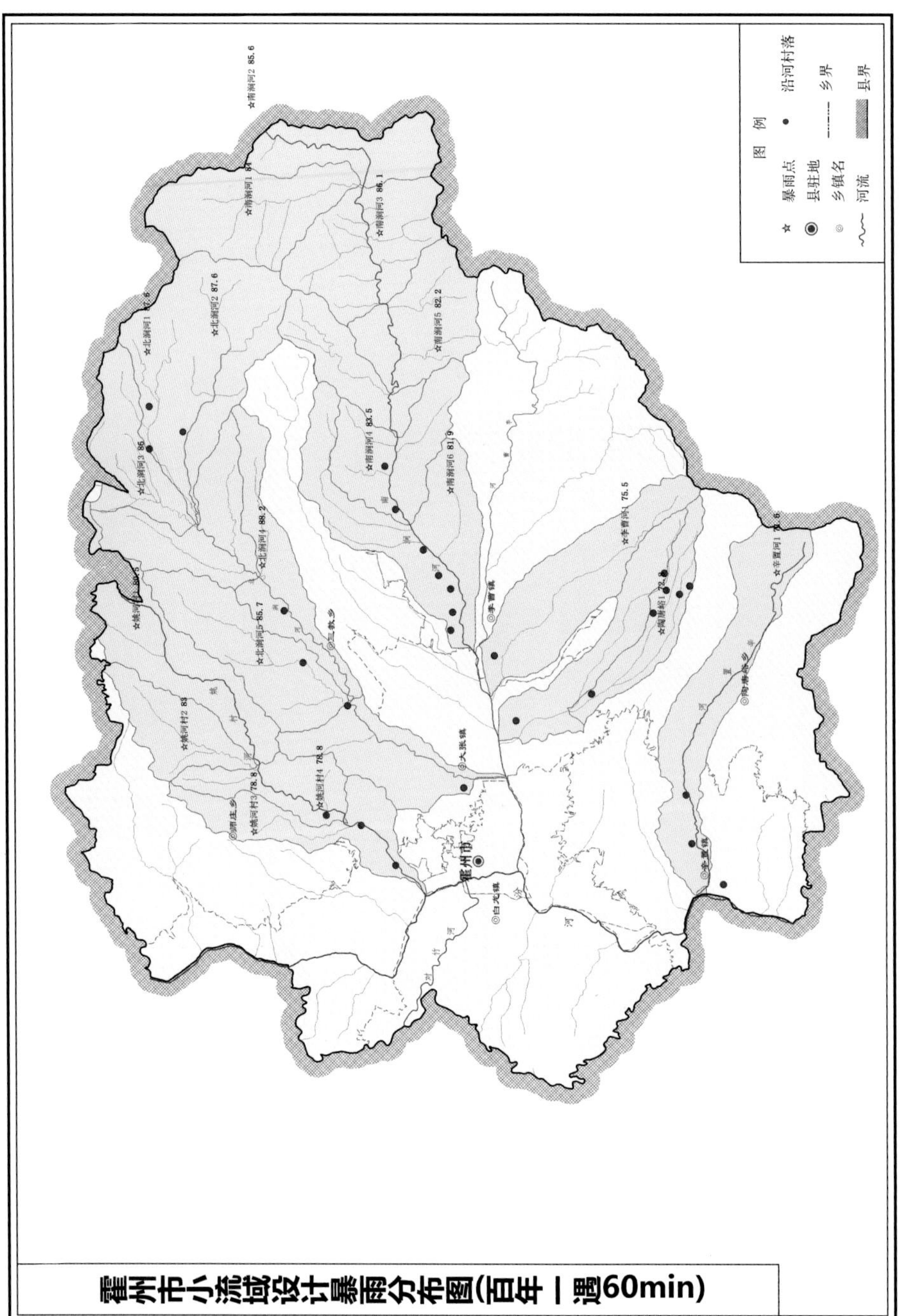

附图 4-182　霍州市沿河村落百年一遇 60 min 设计暴雨分布图

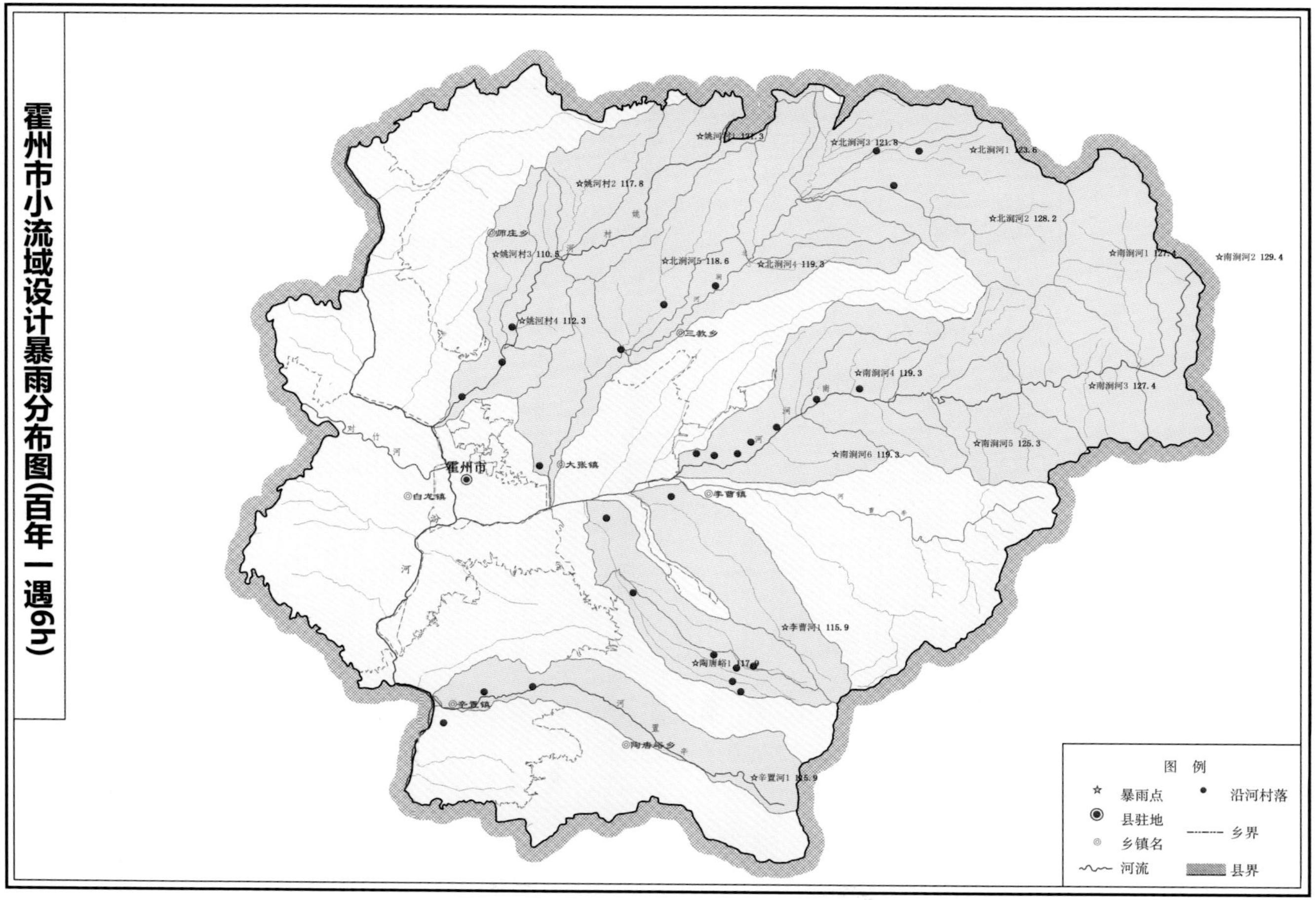

霍州市小流域设计暴雨分布图(百年一遇6h)

附图 4-183 霍州市沿河村落百年一遇 6 h 设计暴雨分布图

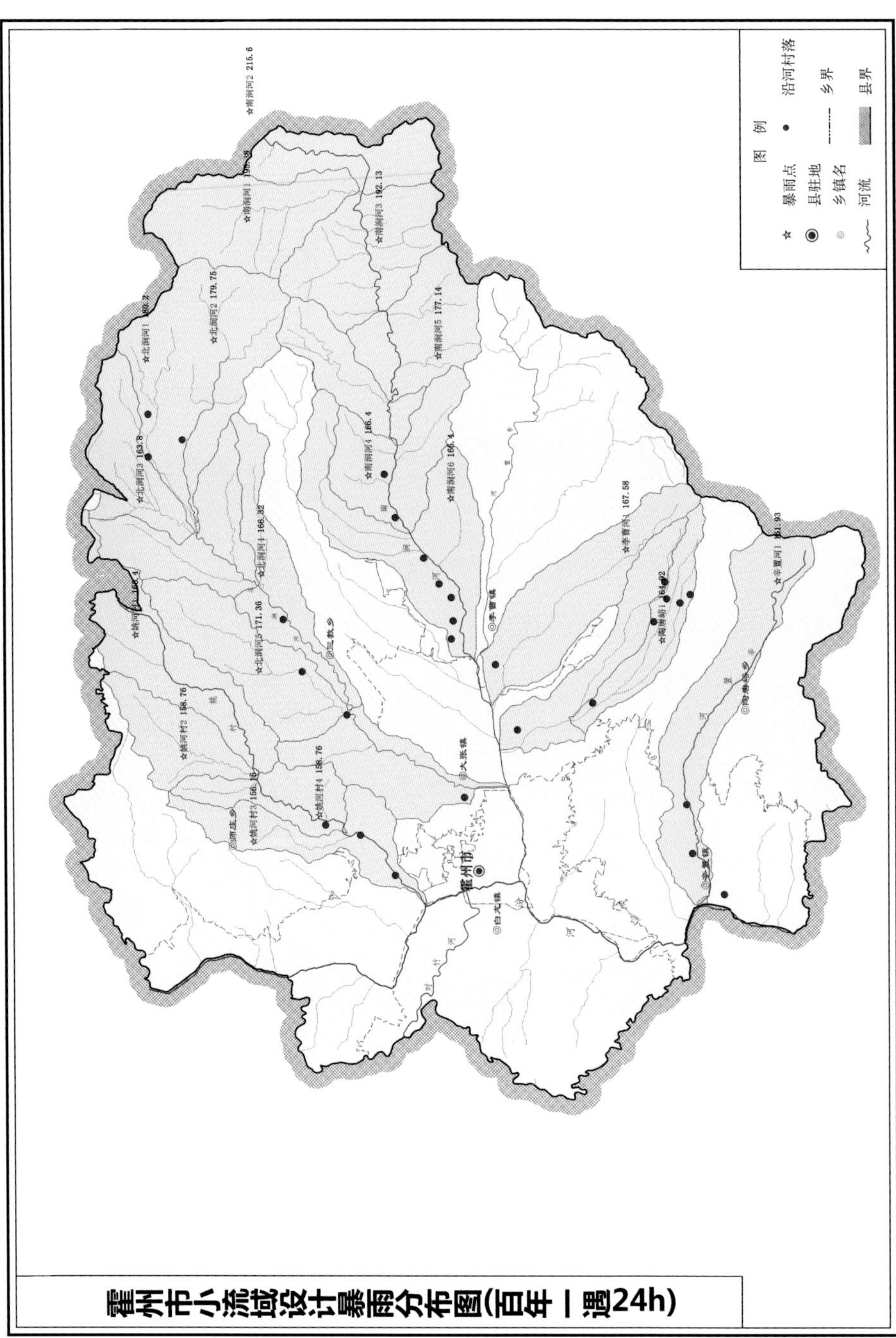

附图4-184　霍州市沿河村落百年一遇24 h设计暴雨分布图

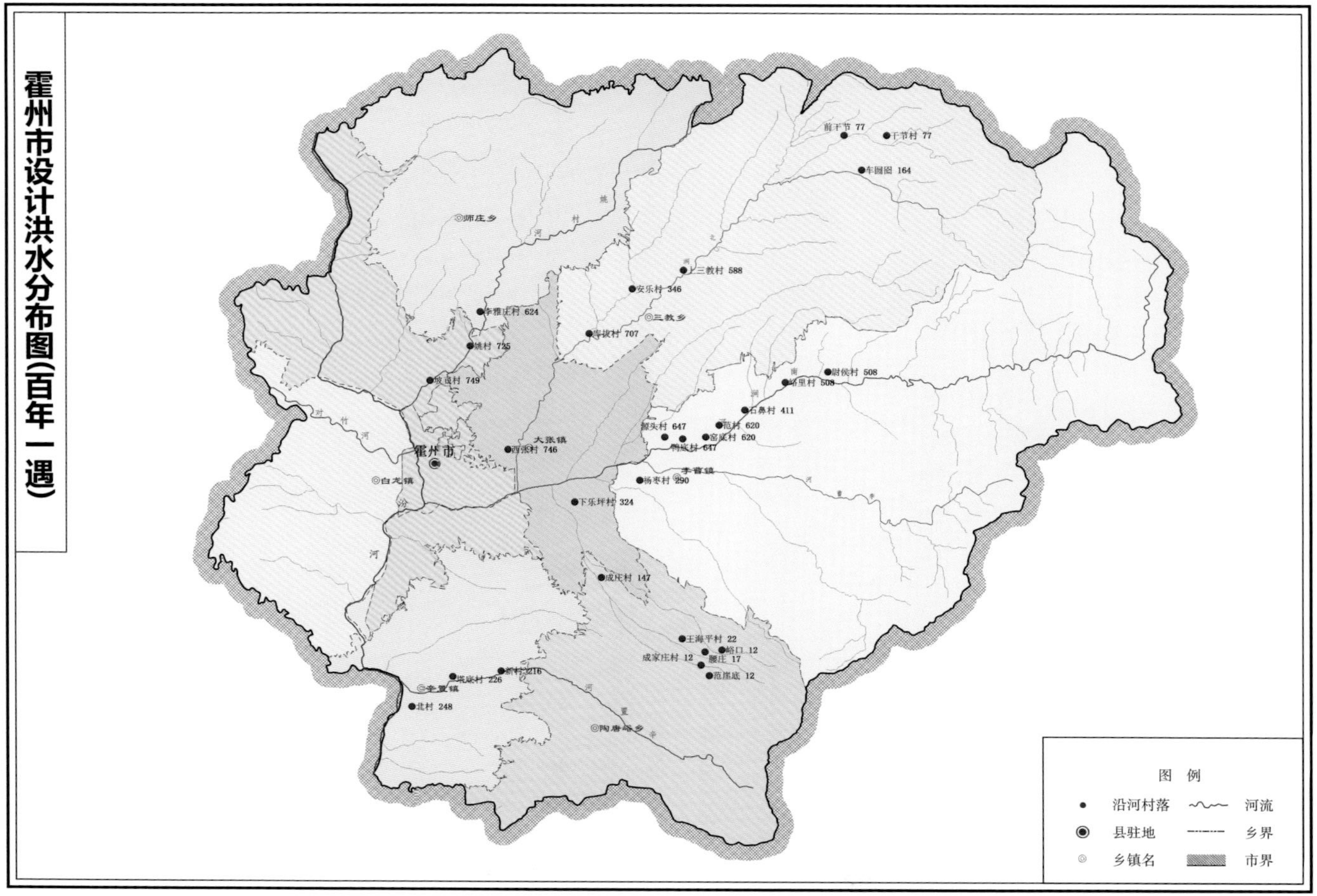

霍州市设计洪水分布图(百年一遇)

附图 4-185 霍州市沿河村落百年一遇设计洪水分布图

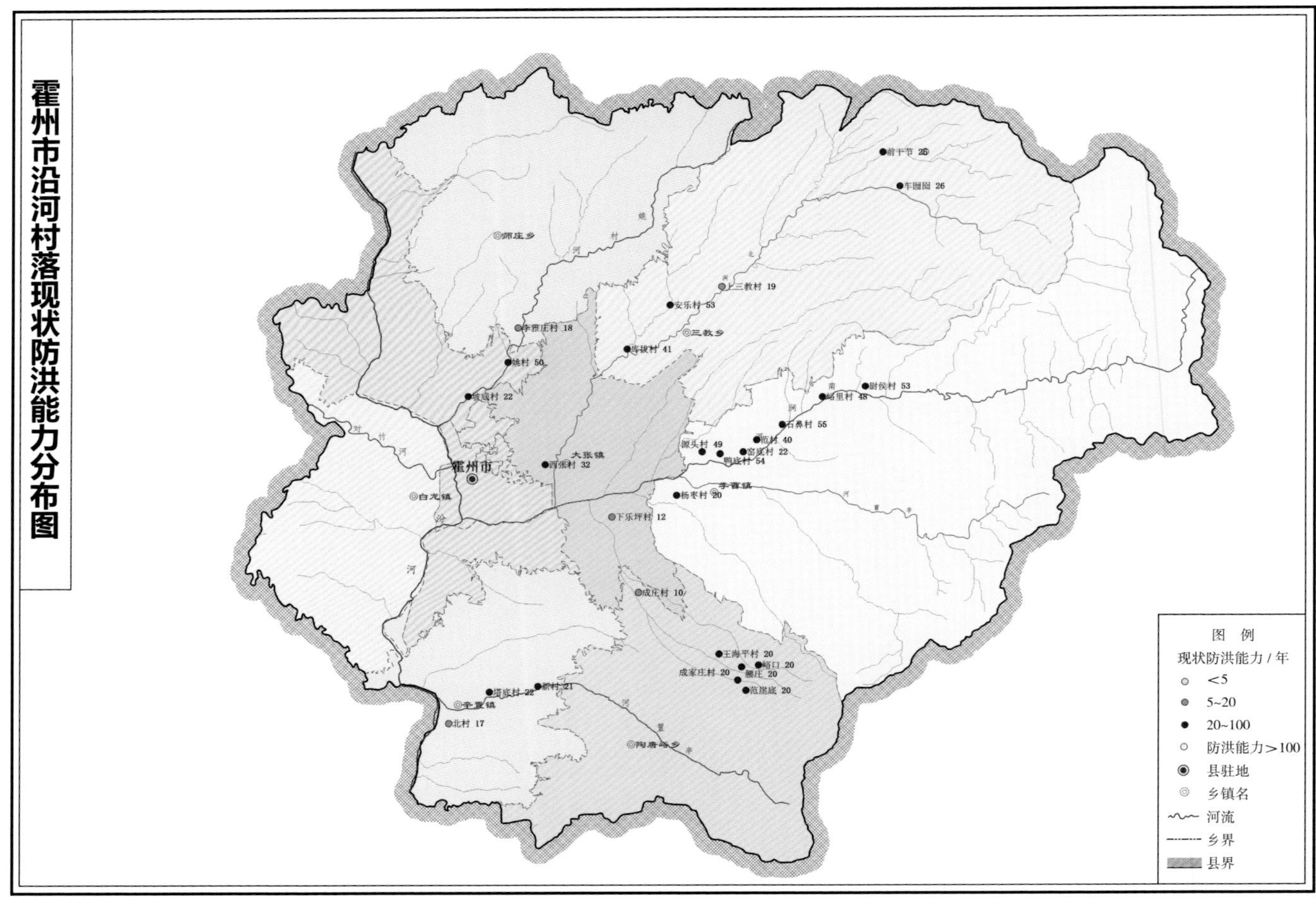

附图 4-186　霍州市沿河村落现状防洪能力分布图

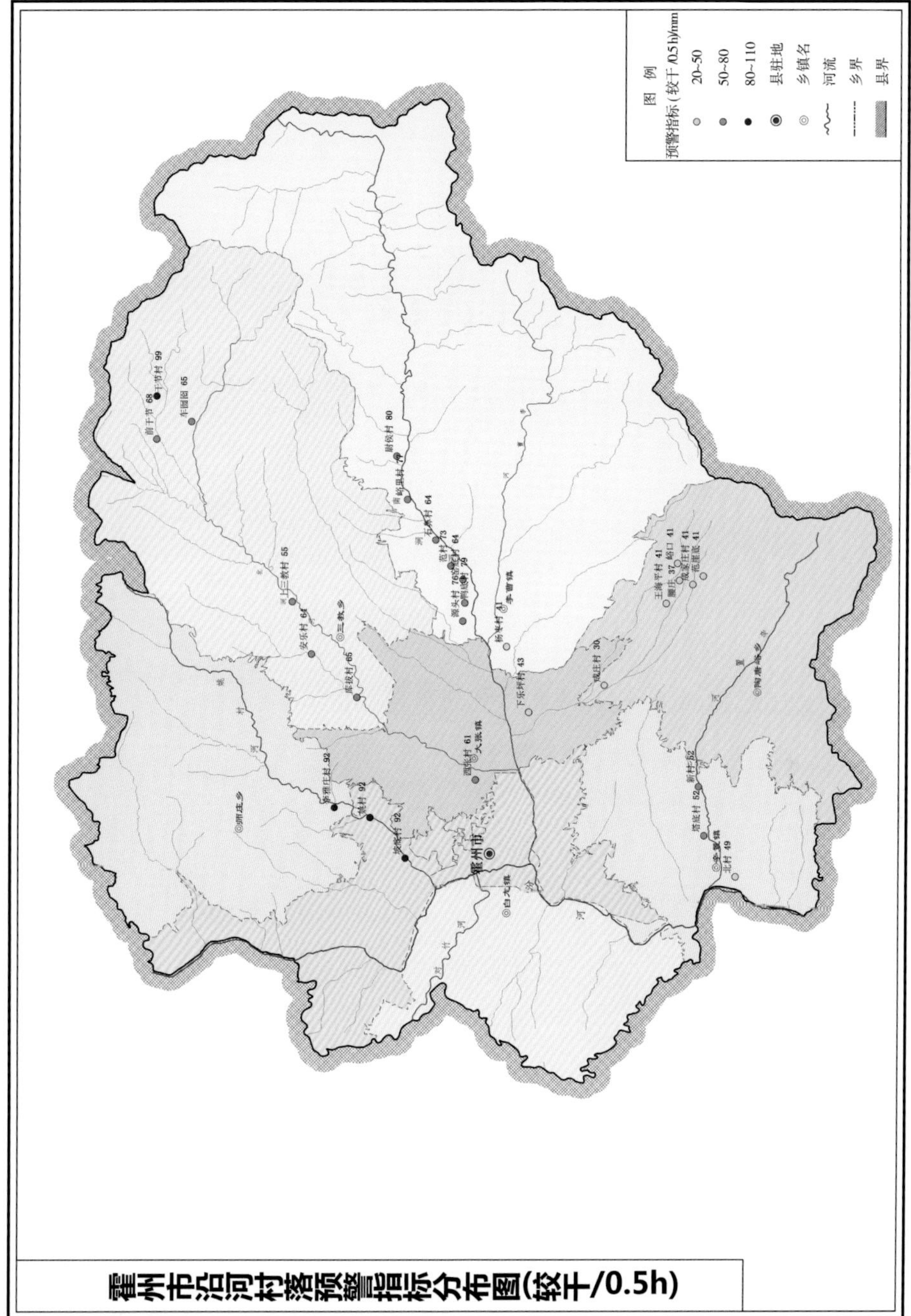

附图 4-187 霍州市沿河村落预警指标分布图(较干/0.5 h)

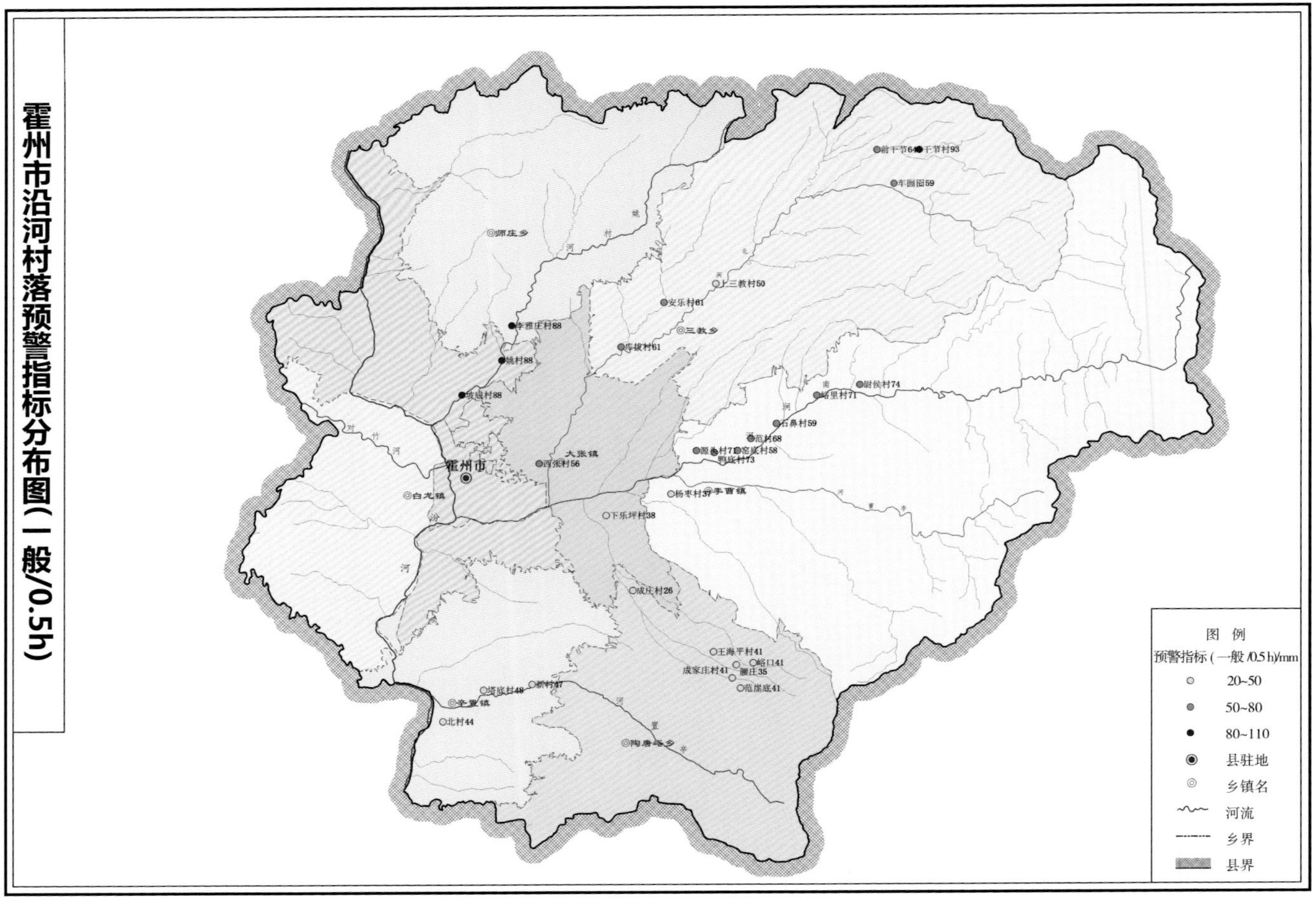

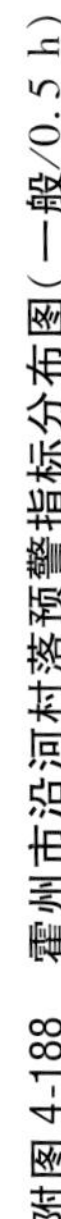

附图 4-188　霍州市沿河村落预警指标分布图(一般/0.5 h)

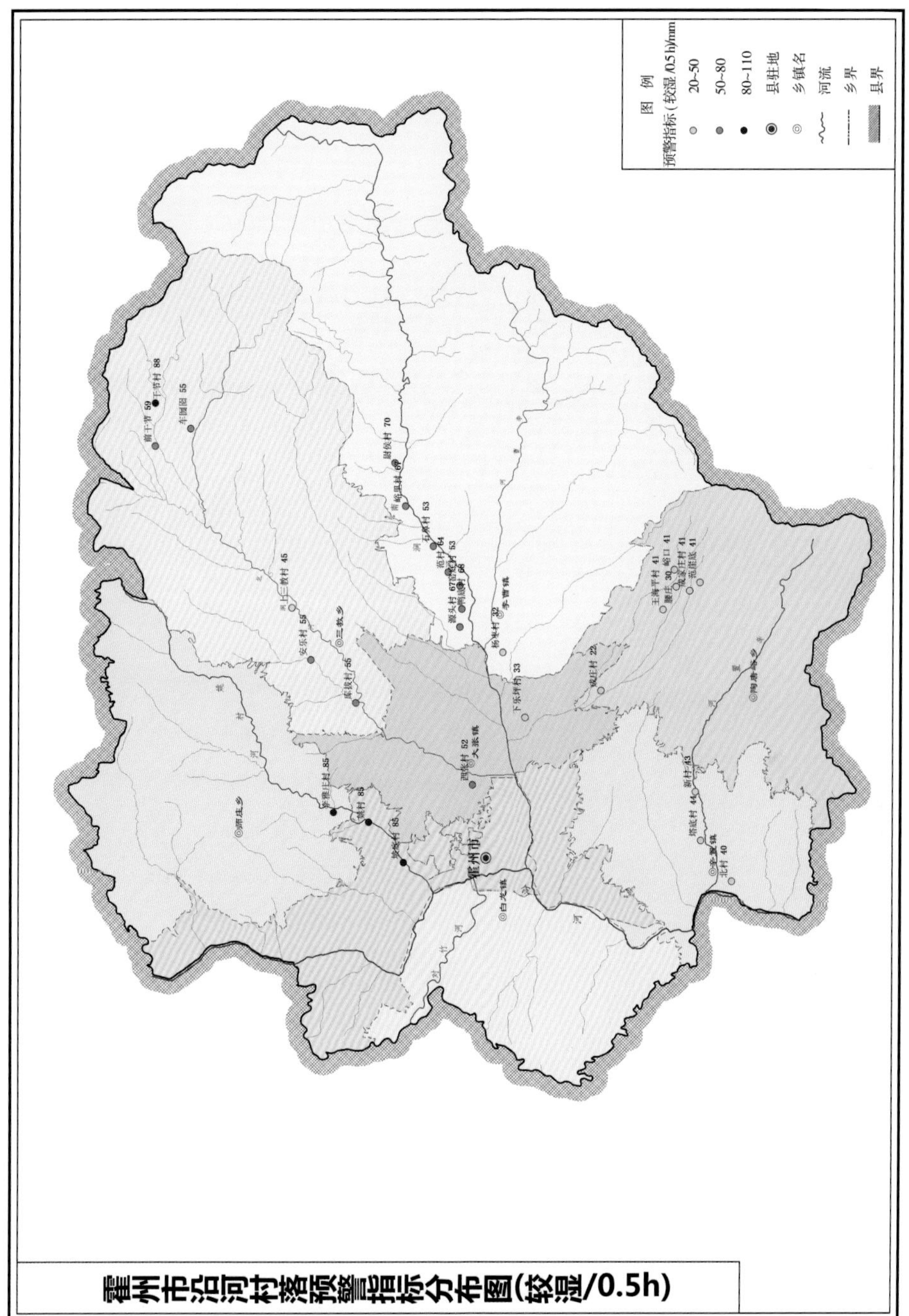

附图 4-189　霍州市沿河村落预警指标分布图（较湿/0.5 h）

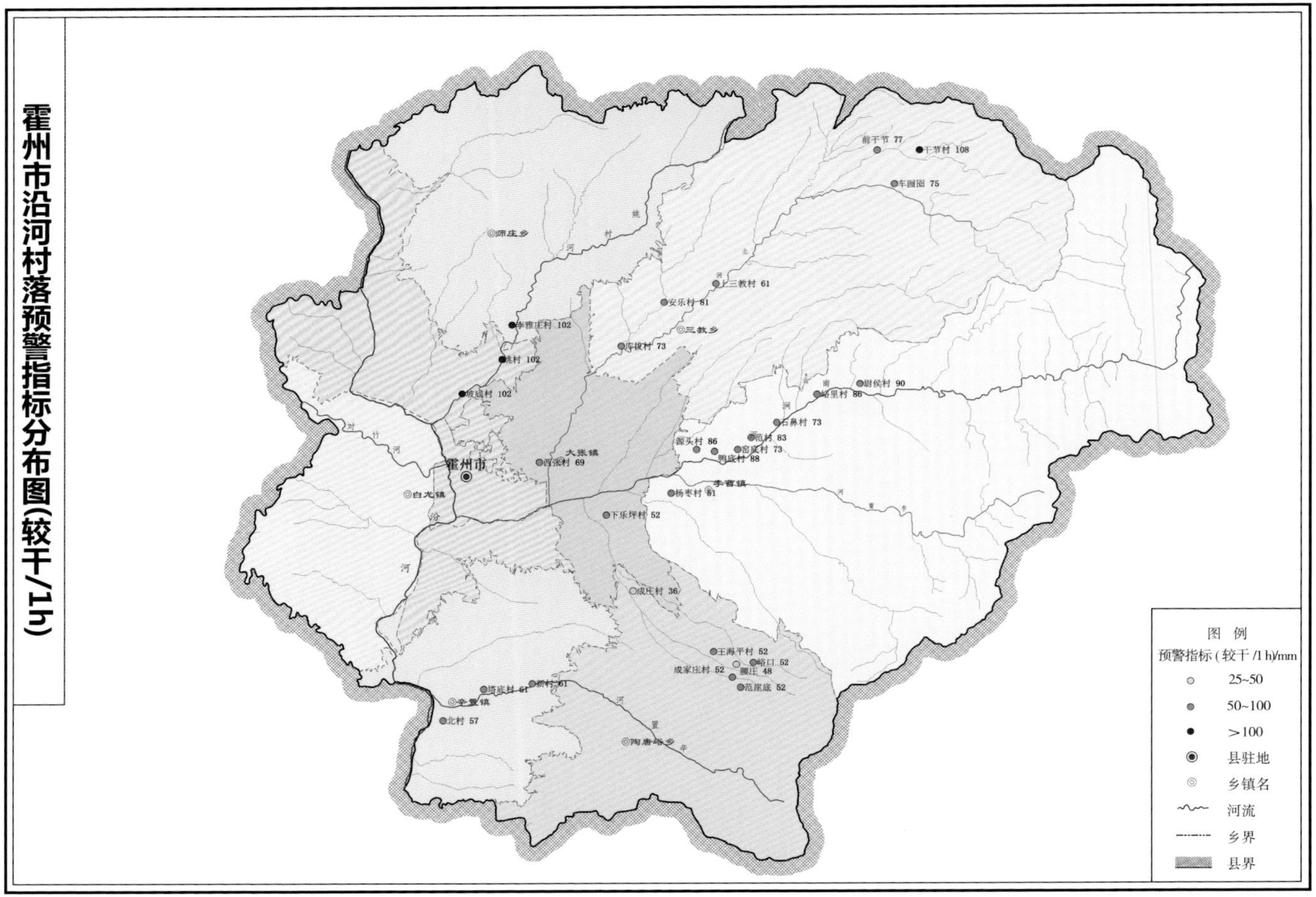

附图 4-190　霍州市沿河村落预警指标分布图(较干/1 h)

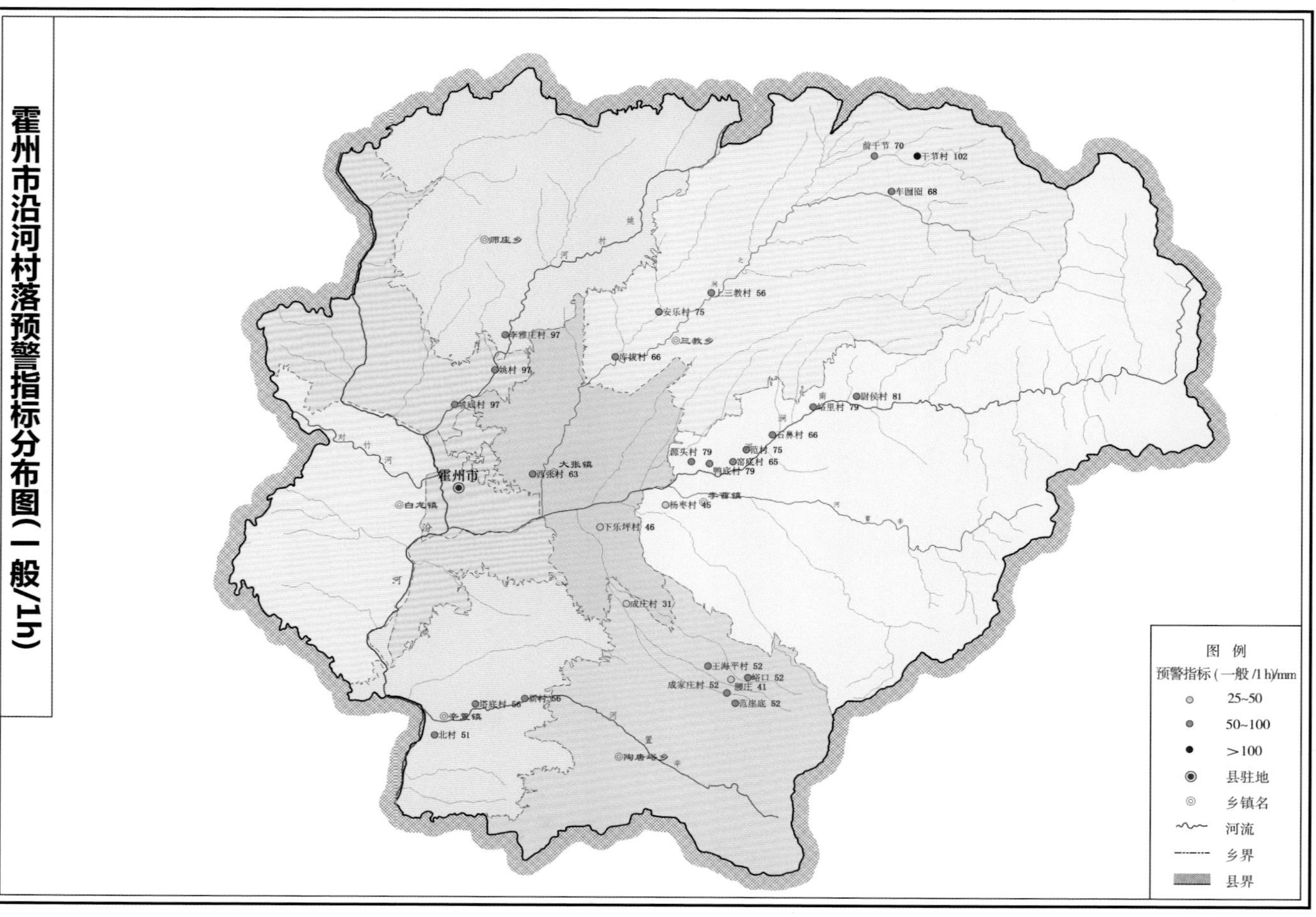

附图 4-191　霍州市沿河村落预警指标分布图(一般/1 h)

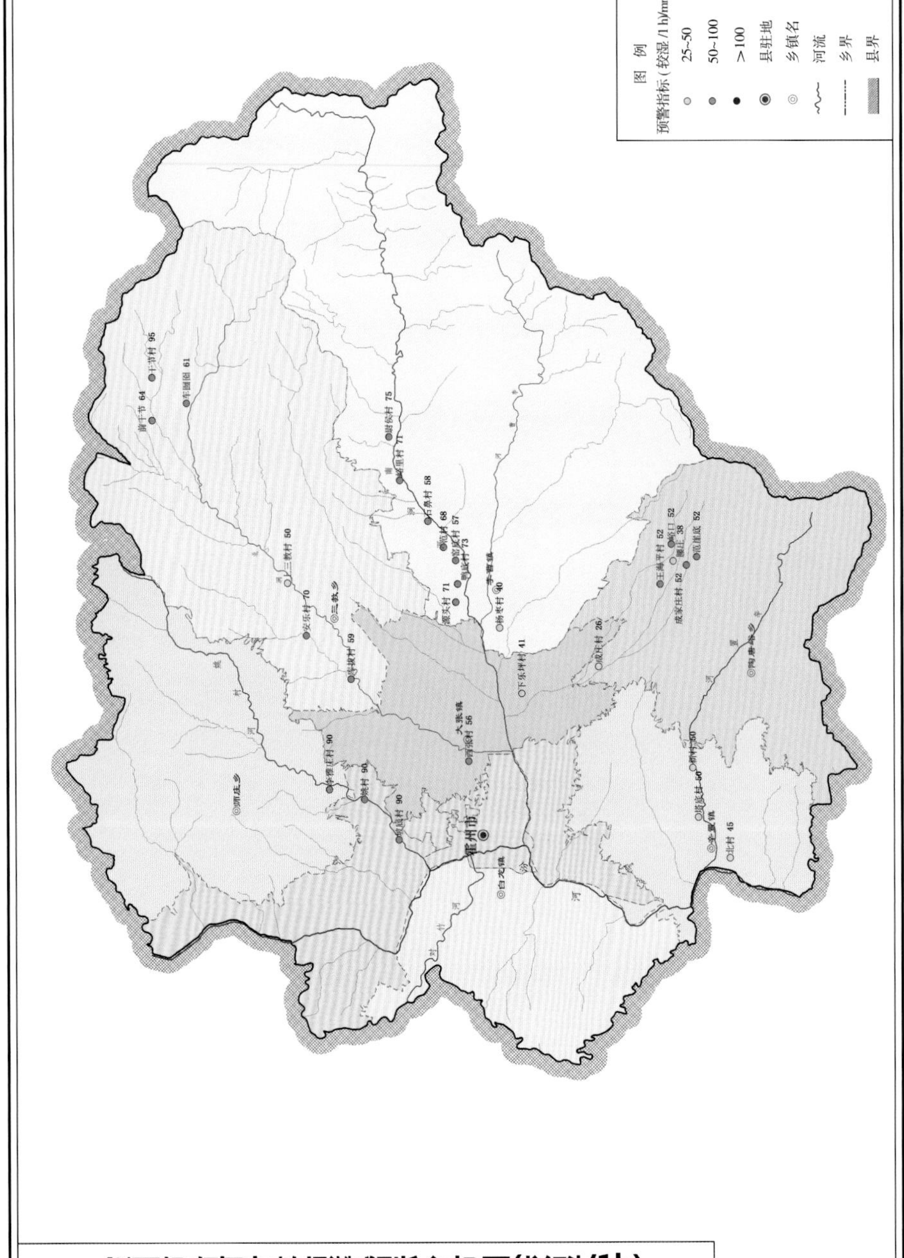

附图 4-192 霍州市沿河村落预警指标分布图(较湿/1 h)